新 五 金 手 册

（第二版）

孔凌嘉　主编

中国建筑工业出版社

图书在版编目（CIP）数据

新五金手册/孔凌嘉主编 . —2 版. —北京：中国
建筑工业出版社，2015.8（2022.11 重印）
ISBN 978-7-112-18424-8

Ⅰ.①新…　Ⅱ.①孔…　Ⅲ.①五金制品-手册
Ⅳ.①TS914-62

中国版本图书馆 CIP 数据核字（2015）第 209780 号

　　本手册是一部介绍现代五金产品的大型综合性工具书，第一版于 2010 年出版，曾多次重印，深受广大读者欢迎，此为第二版。

　　近年来由于新五金产品不断涌现以及传统产品标准的更新，我们对第一版进行了修订。第二版除了对五金产品的特点、用途、分类、规格、性能进行全面介绍外，还精心增选了近年来市场上出现的新五金产品，并将产品标准进行了全面更新。

　　全书力求做到取材实用，叙述简明，查阅方便，使之成为读者的好助手。

　　本手册适合于机械、建筑及其他专业从事五金产品科研、设计、生产、管理、经营等方面的人员使用。

* 　　 * 　　 *

责任编辑：李金龙
责任校对：陈晶晶　刘　钰

新五金手册（第二版）
孔凌嘉　主编
*
中国建筑工业出版社出版、发行（北京西郊百万庄）
各地新华书店、建筑书店经销
北京红光制版公司制版
北京中科印刷有限公司印刷
*
开本：787×1092 毫米　1/16　印张：9¾　字数：2287 千字
2016 年 3 月第二版　　2022 年 11 月第八次印刷
定价：**198.00** 元
ISBN 978-7-112-18424-8
（27376）

第 二 版 前 言

《新五金手册》于 2010 年出版，自出版以来，连续重印数次，深受广大读者欢迎。但由于近年来新的五金产品不断出现，很多传统产品的标准也进行了更新，为了适应现代五金业的发展需求，方便广大科研、设计、生产、管理、经营等人员对五金产品信息的及时了解，我们对原手册进行了修订再版工作。第二版手册仍保持第一版的章节设置，对每种五金产品的特点、用途、分类、规格、性能进行了全面的介绍。《新五金手册》第二版的特点在于它所介绍的产品标准全部采用了新的国家标准和行业标准，并精心增选了近年来市场出现的新五金产品。编写上力求做到取材实用，叙述简明，查阅方便，使之成为读者的好助手。

参加本手册第二版编写工作的人员有孔凌嘉（第一章、第四章、第十四章），殷耀华（第二章、第九章），荣辉（第三章、第八章），王文中（第五章、第十章、第十二章），王艳辉（第六章、第十三章），黄祖德（第七章、第十一章）。

何小敏、刘亚丽、成佳蕾、张爱莉、申建汛、魏义儒、张海波、张耀光、赵自强、焦明、孔令侠、张欣、王静、程苗苗、杜逸飞、杜雨、姜岳、金威、李萌、李鹏林、林子韬、马兆利、牛中轲、潘肖康、钱禹东、尚超、孙海育、孙浩文、王昌茂、王梦琦、徐小芮、许晨阳、杨一翀、翟树朋、张驰涛、张点金、赵加鹏、赵泽宇、郑直、钟英祥、周佳、周强等在资料收集整理、描图、校对等方面做了工作。

全书由孔凌嘉负责统稿，并担任主编。

由于编者水平有限，书中缺点和错误在所难免，敬请读者批评指正。

总目录

目　　录

第一章 常 用 资 料

一、常 用 符 号

1. 拉丁字母（表 1-1）

拉 丁 字 母

表 1-1

正体		斜体		名称 （国际音 标注音）	正体		斜体		名称 （国际音 标注音）
大写	小写	大写	小写		大写	小写	大写	小写	
A	a	*A*	*a*	[ei]	N	n	*N*	*n*	[en]
B	b	*B*	*b*	[bi:]	O	o	*O*	*o*	[ou]
C	c	*C*	*c*	[si:]	P	p	*P*	*p*	[pi:]
D	d	*D*	*d*	[di:]	Q	q	*Q*	*q*	[kju:]
E	e	*E*	*e*	[i:]	R	r	*R*	*r*	[a:]
F	f	*F*	*f*	[ef]	S	s	*S*	*s*	[es]
G	g	*G*	*g*	[dʒi:]	T	t	*T*	*t*	[ti:]
H	h	*H*	*h*	[eitʃ]	U	u	*U*	*u*	[ju:]
I	i	*I*	*i*	[ai]	V	v	*V*	*v*	[vi:]
J	j	*J*	*j*	[dʒei]	W	w	*W*	*w*	[ˈdʌblju:]
K	k	*K*	*k*	[kei]	X	x	*X*	*x*	[eks]
L	l	*L*	*l*	[el]	Y	y	*Y*	*y*	[wai]
M	m	*M*	*m*	[em]	Z	z	*Z*	*z*	[zed]

2. 希腊字母（表 1-2）

希 腊 字 母

表 1-2

正体		斜体		英文名称 （国际音标注音）	正体		斜体		英文名称 （国际音标注音）
大写	小写	大写	小写		大写	小写	大写	小写	
A	α	*A*	*α*	alpha[ˈælfə]	N	ν	*N*	*ν*	nu[nju:]
B	β	*B*	*β*	beta[ˈbi:tə]	Ξ	ξ	*Ξ*	*ξ*	xi[ksai]
Γ	γ	*Γ*	*γ*	gamma[ˈgæmə]	O	o	*O*	*o*	omicron[ouˈmaikrən]
Δ	δ	*Δ*	*δ*	delta[ˈdeltə]	Π	π	*Π*	*π*	pi[pai]
E	ε	*E*	*ε*	epsilon[ˈepsilən]	P	ρ	*P*	*ρ*	rho[rou]
Z	ζ	*Z*	*ζ*	zeta[ˈzi:tə]	Σ	σ	*Σ*	*σ*	sigma[ˈsigmə]
H	η	*H*	*η*	eta[ˈi:tə]	T	τ	*T*	*τ*	tau[tau]
Θ	θ, ϑ	*Θ*	*θ, ϑ*	theta[ˈθi:tə]	Υ	υ	*Υ*	*υ*	upsilon[ˈju:psilən]
I	ι	*I*	*ι*	iota[aiˈoutə]	Φ	φ, φ	*Φ*	*φ, φ*	phi[fai]
K	κ	*K*	*κ*	kappa[ˈkæpə]	X	χ	*X*	*χ*	chi[kai]
Λ	λ	*Λ*	*λ*	lambda[ˈlæmdə]	Ψ	ψ	*Ψ*	*ψ*	psi[psi:]
M	μ	*M*	*μ*	mu[mju:]	Ω	ω	*Ω*	*ω*	omega[ˈoumigə]

3. 汉语拼音字母（表 1-3）

汉语拼音字母　　　　　　　　　　　　　　　　　　表 1-3

大写	小写	名称		大写	小写	名称		大写	小写	名称	
		拼音	汉字注音			拼音	汉字注音			拼音	汉字注音
A	a	a	啊	J	j	jie	基	S	s	ês	思
B	b	bê	玻	K	k	kê	科	T	t	tê	特
C	c	cê	雌	L	l	êl	勒	U	u	u	乌
D	d	dê	得	M	m	êm	摸	V	v	vê	物
E	e	e	鹅	N	n	nê	讷	W	w	wa	蛙
F	f	êf	佛	O	o	o	喔	X	x	xi	希
G	g	gê	哥	P	p	pê	坡	Y	y	ya	呀
H	h	ha	哈	Q	q	qiu	欺	Z	z	zê	资
I	i	i	衣	R	r	ar	日				

注：1. 名称栏内的汉字注音是按普通话的近似音。
　　2. "V" 只用来拼写外来语、少数民族语言和方言。

4. 常用数学符号（GB 3102.11—1993）（表 1-4）

常用数学符号　　　　　　　　　　　　　　　　　　表 1-4

符　号	意义或读法	符　号	意义或读法
$\overline{AB}$，AB	［直］线段 AB	$\{\ \}$	花括号
$\angle$	［平面］角	$\pm$	正或负
$\overset{\frown}{AB}$	弧 AB	$\mp$	负或正
π	圆周率	max	最大
$\triangle$	三角形	min	最小
$\square$	平行四边形	$+$	加
$\odot$	圆	$-$	减
$\perp$	垂直	ab，$a \cdot b$，$a \times b$	a 乘以 b
$/\!/$，$\parallel$	平行	$\dfrac{a}{b}$，a/b，ab^{-1}	a 除以 b 或 a 被 b 除
$\backsim$	相似	$\displaystyle\sum_{i=1}^{n} a_i$	$a_1 + a_2 + \cdots + a_n$
$\cong$	全等	$\displaystyle\prod_{i=1}^{n} a_i$	$a_1 \cdot a_2 \cdot \cdots \cdot a_n$
$=$	等于	a^p	a 的 p 次方或 a 的 p 次幂
$\neq$	不等于	$a^{1/2}, a^{\frac{1}{2}}$，$\sqrt{a}, \sqrt[2]{a}$	a 的 $\dfrac{1}{2}$ 次方，a 的平方根
$\triangleq$	相当于		
$\approx$	约等于	$a^{1/n}, a^{\frac{1}{n}}$，$\sqrt[n]{a}, \sqrt[n]{a}$	a 的 $\dfrac{1}{n}$ 次方，a 的 n 次方根
∞	成正比		
:	比	$|a|$	a 的绝对值；a 的模
$<$	小于	sgn$a$	a 的符号函数
$>$	大于	$\overline{a}$，$\langle a \rangle$	a 的平均值
$\leqslant$	小于或等于	$n!$	n 的阶乘
$\geqslant$	大于或等于	f	函数 f
$\ll$	远小于	$f(x)$	函数 f 在 x 或在 $(x, y, \cdots)$ 的值
$\gg$	远大于	$f(x, y, \cdots)$	
∞	无穷［大］或无限［大］	$x \rightarrow a$	x 趋于 a
.	小数点	$\lim\limits_{x \to a} f(x)$	x 趋于 a 时 $f(x)$ 的极限
%	百分率	$\varlimsup$	上极限
( )	圆括号	$\varliminf$	下极限
［ ］	方括号		

符　号	意义或读法	符　号	意义或读法
sup	上确界	$\log_a x$	以 a 为底的 x 的对数
inf	下确界	$\ln x,\ \log_e x$	x 的自然对数
$\simeq$	渐近等于	$\lg x,\ \log_{10} x$	x 的常用对数
Δx	x 的 [有限] 增量	$\mathrm{lb}x,\ \log_2 x$	x 的以 2 为底的对数
$\dfrac{\mathrm{d}f}{\mathrm{d}x}$	单变量函数 f	$\sin x$	x 的正弦
$\mathrm{d}f/\mathrm{d}x$	的导 [函] 数或微商	$\cos x$	x 的余弦
f'		$\tan x$	x 的正切
$\dfrac{\partial f}{\partial x}$	多变量 $x,\ y\cdots\cdots$	$\cot x$	x 的余切
$\partial f/\partial x$	的函数 f 对于 x	$\sec x$	x 的正割
$\partial_x f$	的偏微商或偏导数	$\csc x$	x 的余割
$\mathrm{d}f$	函数 f 的全微分	$\arcsin x$	x 的反正弦
δf	f 的（无穷小）变分	$\arccos x$	x 的反余弦
$\int f(x)\,\mathrm{d}x$	函数 f 的不定积分	$\arctan x$	x 的反正切
$\int_a^b f(x)\,\mathrm{d}x$	函数 f 由 a 至 b 的定积分	$\mathrm{arccot}\,x$	x 的反余切
$\iint_A f(x,y)\,\mathrm{d}A$	函数 $f(x,y)$ 在集合 A 上的二重积分	$\mathrm{arcsec}\,x$	x 的反正割
		$\mathrm{arccsc}\,x$	x 的反余割
a^x	x 的指数函数（以 a 为底）	$\sinh x$	x 的双曲正弦
e	自然对数的底	$\cosh x$	x 的双曲余弦
$\mathrm{e}^x,\ \exp x$	x 的指数函数（以 e 为底）	$\mathrm{arsinh}\,x$	x 的反双曲正弦
		$\mathrm{arcosh}\,x$	x 的反双曲余弦

5. 化学元素名称及符号（表 1-5）

化学元素名称及符号　　　　　　　　　　　　　　表 1-5

原子序数	元素名称	符号	原子序数	元素名称	符号	原子序数	元素名称	符号	原子序数	元素名称	符号
1	氢	H	29	铜	Cu	57	镧	La	85	砹	At
2	氦	He	30	锌	Zn	58	铈	Ce	86	氡	Rn
3	锂	Li	31	镓	Ga	59	镨	Pr	87	钫	Fr
4	铍	Be	32	锗	Ge	60	钕	Nd	88	镭	Ra
5	硼	B	33	砷	As	61	钷	Pm	89	锕	Ac
6	碳	C	34	硒	Se	62	钐	Sm	90	钍	Th
7	氮	N	35	溴	Br	63	铕	Eu	91	镤	Pa
8	氧	O	36	氪	Kr	64	钆	Gd	92	铀	U
9	氟	F	37	铷	Rb	65	铽	Tb	93	镎	Np
10	氖	Ne	38	锶	Sr	66	镝	Dy	94	钚	Pu
11	钠	Na	39	钇	Y	67	钬	Ho	95	镅	Am
12	镁	Mg	40	锆	Zr	68	铒	Er	96	锔	Cm
13	铝	Al	41	铌	Nb	69	铥	Tm	97	锫	Bk
14	硅	Si	42	钼	Mo	70	镱	Yb	98	锎	Cf
15	磷	P	43	锝	Tc	71	镥	Lu	99	锿	Es
16	硫	S	44	钌	Ru	72	铪	Hf	100	镄	Fm
17	氯	Cl	45	铑	Rh	73	钽	Ta	101	钔	Md
18	氩	Ar	46	钯	Pd	74	钨	W	102	锘	No
19	钾	K	47	银	Ag	75	铼	Re	103	铹	Lr
20	钙	Ca	48	镉	Cd	76	锇	Os	104	𬬻	Rf
21	钪	Sc	49	铟	In	77	铱	Ir	105	𬭊	Db
22	钛	Ti	50	锡	Sn	78	铂	Pt	106	𬭳	Sg
23	钒	V	51	锑	Sb	79	金	Au	107	𬭛	Bh
24	铬	Cr	52	碲	Te	80	汞	Hg	108	𬭶	Hs
25	锰	Mn	53	碘	I	81	铊	Tl	109	鿏	Mt
26	铁	Fe	54	氙	Xe	82	铅	Pb	110	𫟼	Ds
27	钴	Co	55	铯	Cs	83	铋	Bi	111	𬬭	Rg
28	镍	Ni	56	钡	Ba	84	钋	Po	112		Uub

6. 常用物理量名称及符号 (GB 3102.1~7—1993)(表 1-6)

常用物理量名称及符号   表 1-6

量的名称	符号	量的名称	符号	量的名称	符号
空间和时间		面质量,面密度	ρ_A, (ρ_s)	体[膨]胀系数	α_V, (α, γ)
[平面]角	$\alpha, \beta, \gamma, \theta, \varphi$	转动惯量,(惯性矩)	J, (I)	相对压力系数	α_P
立体角	Ω	动量	p	压力系数	β
长度	l, L	力	F	热,热量	Q
宽度	b	重量	W, (P, G)	热流量	Φ
高度	h	冲量	I	热流[量]密度	q, φ
厚度	d, δ	动量矩,角动量	L	热导率,(导热系数)	λ, k
半径	r, R	力矩	M	传热系数	K, (k)
直径	d, D	力偶矩	M	表面传热系数	h, (α)
程长	s	转矩	M, T	热扩散率	α
距离	d, r	角冲量	H	热容	C
曲率半径	ρ	引力常量	G, (f)	质量热容,比热容	c
曲率	κ	压力,压强	p	质量热容比,	
面积	A, (S)	正应力	σ	比热[容]比	
体积	V	切应力	τ	等熵指数	γ
时间,时间间隔,持续时间	t	线应变	ε, e	熵	κ
		切应变	γ		S
角度速	ω	体应变	θ	质量熵,比熵	s
角加速度	α	泊松比	μ, ν	热力学能	U, (E)
速度	v, c, u, w	弹性模量	E	焓	H, (I)
加速度	a	切变模量,刚量模量	G	质量能,比能	
自由落体加速度,重力加速度	g	体积模量,压缩模量	K	质量热力学能,比热力学能	u
周期及其有关现象		截面二次矩,		质量焓,比焓	h
周期	T	截面二次轴距,(惯性矩)	I_n, (I)	**电学和磁学**	
时间常数	τ			电流	I
频率	f, ν	截面二次极矩,(极惯性矩)	I_p	电荷[量]	Q
旋转频率,转速	n	截面系数	W, Z	体积电荷,电荷[体]密度	ρ, (η)
角频率,圆频率	ω	动摩擦因数	μ, (f)		
波长	λ	静摩擦因数	μ_s, (f_s)	面积电荷,电荷面密度	σ
波数	σ	[动力]黏度	η, (μ)	电场强度	E
角波数	k	运动黏度	ν	电位,(电势)	V, φ
场[量]级	L_F	表面张力	γ, σ	电位差,(电势差),	
功率[量]级	L_P	能[量]	E	电压	U, (V)
阻尼系数	δ	功	W, (A)	电动势	E
对数减缩	Λ	势能,位能	E_P (V)	电通[量]密度	D
衰减系数	α	功能	E_k, (T)	电通[量]	Ψ
相位系数	β	功率	P	电容	C
传播系统	γ	效率	η	面积电流,电流密度	J, (S)
力学		质量流量	q_m		
质量	m	体积流量	q_V	线电流,电流线密度	A, (α)
体积质量,[质量]密度	ρ	**热学**			
相对体积质量,相对[质量]密度	d	热力学温度	T, (Θ)	磁场强度	H
质量体积,比体积	v	摄氏温度	t, θ	磁位差,(磁势差)	U_m
线质量,线密度	ρ_l	线[膨]胀系数	α_l	磁通势,磁动势	F, F_m

量的名称	符号	量的名称	符号	量的名称	符号
磁通[量]密度，磁感应强度	B	**光及有关电磁辐射**		声能密度	w, (e), (D)
		辐[射]能	Q, W, (U, Q_e)	声功率	W, P
磁通[量]	Φ	辐[射]功率，		声强[度]	I, J
磁导率	μ	辐[射能]通量	P, Φ, (Φ_e)	声阻抗	Z_a
磁化强度	M, (H_i)	辐[射]强度	I, (I_e)	声阻	R_a
[直流]电阻	R	辐[射]亮度，辐		声抗	X_a
[直流]电导	G	射度	L, (L_e)	声质量	M_a
电阻率	ρ	辐[射]出[射]		声导纳	Y_a
电导率	γ, σ	度	M, (M_e)	声导	G_a
磁阻	R_m	辐[射]照度	E, (E_e)	声呐	B_a
磁导	Λ, (P)	发射率	ε	损耗因数，	
绕组的匝数	N	发光强度	I, (I_v)	(损耗系数)	δ, ψ
相数	m	光通量	Φ, (Φ_v)	反射因数，	
相[位]差，相位移	φ	光量	Q, (Q_v)	(反射系数)	r, (ρ)
阻抗，(复[数]阻抗)	Z	[光]亮度	L, (L_v)	透射因数，	
[交流]电阻	R	光出射度	M, (M_v)	(透射系数)	τ
电抗	X	[光]照度	E, (E_v)	吸收因数，	
导纳，(复[数]导纳)	Y	曝光量	H	(吸声系数)	α
[交流]电导	G	光视效能	K	隔声量	R
电纳	B	光视效率	V	吸声量	A
[有功]功率	P	折射率	n	响度级	L_N
[有功]电能[量]	W	**声学**		响度	N
		声速，(相速)	c		

注：1. 物理量名称中带方括号的字可以省略。

2. 圆括号中的名称为习惯的同义词；圆括号中的符号为备用符号。

二、标 准 代 号

1. 国内部分标准代号

国家标准代号列于表 1-7，行业标准代号列于表 1-8。

国家标准代号　　　　　　　　　　　　　　　　表 1-7

标准代号	标准名称	标准代号	标准名称
GB	强制性国家标准	GHZB	国家环境质量标准
GB/T	推荐性国家标准	GWKB	国家污染物控制标准
GBn	国家内部标准	GWPB	国家污染物排放标准
GBJ	工程建设国家标准	JJF	国家计量技术规范
GJB	国家军用标准	JJG	国家计量检定规程

行业标准代号 表 1-8

代号	标准名称	代号	标准名称	代号	标准名称
AQ	安全生产行业标准	JC	建材行业标准	SL	水利工程行业标准
BB	包装行业标准	JG	建筑工业行业标准	SN	商检行业标准
CB	船舶行业标准	JR	金融行业标准	SY	石油天然气行业标准
CH	测绘行业标准	JT	交通行业标准	TB	铁道行业标准
CJ	城镇建设行业标准	JY	教育行业标准	TD	土地管理行业标准
CY	新闻出版行业标准	LB	旅游行业标准	TY	体育行业标准
DA	档案行业标准	LD	劳动和劳动安全行业标准	WB	物资管理行业标准
DB	地震行业标准	LS	粮食行业标准	WH	文化行业标准
DL	电力行业标准	LY	林业行业标准	WJ	民工民品行业标准
DZ	地质矿产行业标准	MH	民用航空行业标准	WM	外经贸行业标准
EJ	核工业行业标准	MT	煤炭行业标准	WS	卫生行业标准
FZ	纺织行业标准	MZ	民政行业标准	WW	文物行业标准
GA	公共安全行业标准	NY	农业行业标准	XB	稀土行业标准
GH	供销合作行业标准	QB	轻工业行业标准	YB	黑色冶金行业标准
GY	广播电影电视行业标准	QC	汽车行业标准	YC	烟草行业标准
HB	航空行业标准	QJ	航天行业标准	YD	通信行业标准
HG	化工行业标准	QX	气象行业标准	YS	有色冶金行业标准
HJ	环境保护行业标准	SB	商业行业标准	YY	医药行业标准
HS	海关行业标准	SC	水产行业标准	YZ	邮政行业标准
HY	海洋行业标准	SH	石油化工行业标准	ZY	中医药行业标准
JB	机械行业标准	SJ	电子行业标准		

注：行业标准分为强制性和推荐性标准。表中给出的是强制性行业标准代号，推荐性行业标准的代号是在强制性行业标准代号后面加"/T"，例如农业行业的推荐性行业标准代号是 NY/T。

2. 国外部分标准代号

部分国际组织及区域标准代号列于表 1-9，部分国家及组织标准代号列于表 1-10。

国际组织及区域标准代号 表 1-9

代号	标 准 名 称	代号	标 准 名 称
BISFA	国际人造纤维标准化局标准	ICRP	国际辐射防护委员会标准
CAC	食品法典委员会标准	ICRU	国际辐射单位和测量委员会标准
CCC	关税合作理事会标准	IDF	国际乳制品联合会标准
CIE	国际照明委员会	IEC	国际电工委员会标准
CISPR	国际无线电干扰特别委员会标准	IFLA	国际签书馆协会和学会联合会标准
IAEA	国际原子能机构标准	IIR	国际制冷学会标准
ATA	国际航空运输协会标准	ILO	国际劳工组织标准
ICAO	国际民航组织标准	IMO	国际海事组织标准

续表

代号	标 准 名 称	代号	标 准 名 称
IOOC	国际橄榄油理事会标准	WHO	世界卫生组织标准
ISO	国际标准化组织标准	WIPO	世界知识产权组织标准
ITU	国际电信联盟标准	ARS	非洲地区标准
OIE	国际兽疫局标准	ASMO	阿拉伯标准
OIML	国际法制计量组织标准	EN	欧洲标准
OIV	国际葡萄与葡萄酒局标准	ETS	欧洲电信标准
UIC	国际铁路联盟标准	PAS	泛美标准
UNESCO	联合国教科文组织标准		

部分国家及组织标准代号　　　　　　　表 1-10

代号	标 准 名 称	代号	标 准 名 称
ANSI	美国国家标准	FDA	美国食品与药物管理局标准
API	美国石油学会标准	JIS	日本工业标准
ASME	美国机械工程师协会标准	NF	法国国家标准
ASTM	美国试验与材料协会标准	SAE	美国机动车工程师协会标准
BS	英国国家标准	TIA	美国电信工业协会标准
DIN	德国国家标准	VDE	德国电气工程师协会标准

三、常用单位及换算

1. 常用物理量的法定计量单位（GB 3100—1993）
（1）SI 词头（表 1-11）

SI 词 头　　　　　　　表 1-11

因数	词头名称 英文	词头名称 中文	符号	因数	词头名称 英文	词头名称 中文	符号
10^{24}	yotta	尧［它］	Y	10^{-1}	deci	分	d
10^{21}	zetta	泽［它］	Z	10^{-2}	centi	厘	c
10^{18}	exa	艾［可萨］	E	10^{-3}	milli	毫	m
10^{15}	peta	拍［它］	P	10^{-6}	micro	微	μ
10^{12}	tera	太［拉］	T	10^{-9}	nano	纳［诺］	n
10^{9}	giga	吉［咖］	G	10^{-12}	pico	皮［可］	p
10^{6}	mega	兆	M	10^{-15}	femto	飞［母托］	f
10^{3}	kilo	千	k	10^{-18}	atto	阿［托］	a
10^{2}	hecto	百	h	10^{-21}	zepto	仄［普托］	z
10^{1}	deca	十	da	10^{-24}	yocto	幺［科托］	y

（2）SI 基本单位（表 1-12）

SI 基本单位 表 1-12

量的名称	单位名称	单位符号	量的名称	单位名称	单位符号
长度	米	m	热力学温度	开〔尔文〕	K
质量	千克（公斤）	kg	物质的量	摩〔尔〕	mol
时间	秒	s	发光强度	坎〔德拉〕	cd
电流	安〔培〕	A			

注：1. 圆括号中的名称，是它前面的名称的同义词，下同。

　　2. 无方括号的量的名称与单位名称均为全称。方括号中的字，在不致引起混淆、误解的情况下，可以省略。
　　　　去掉方括号中的字即为其名称的简称。下同。

　　3. 本标准所称的符号，除特殊指明外，均指我国法定计量单位中所规定的符号以及国际符号，下同。

　　4. 人民生活和贸易中，质量习惯称为重量。

（3）SI 辅助单位与导出单位（表 1-13）

包括 SI 辅助单位在内的具有专门名称的 SI 导出单位 表 1-13

量的名称	SI 导出单位			量的名称	SI 导出单位		
	名称	符号	用 SI 基本单位和 SI 导出单位表示		名称	符号	用 SI 基本单位和 SI 导出单位表示
〔平面〕角	弧度	rad	$1rad=1m/m=1$	电容	法〔拉〕	F	$1F=1C/V$
立体角	球面度	sr	$1sr=1m^2/m^2=1$	电阻	欧〔姆〕	Ω	$1\Omega=1V/A$
频率	赫〔兹〕	Hz	$1Hz=1s^{-1}$	电导	西〔门子〕	S	$1S=1\Omega^{-1}$
力	牛〔顿〕	N	$1N=1kg \cdot m/s^2$	磁通〔量〕	韦〔伯〕	Wb	$1Wb=1V \cdot s$
压力，压强，应力	帕〔斯卡〕	Pa	$1Pa=1N/m^2$	磁通〔量〕密度，磁感应强度	特〔斯拉〕	T	$1T=1Wb/m^2$
能〔量〕，功，热量	焦〔耳〕	J	$1J=1N \cdot m$	电感	亨〔利〕	H	$1H=1Wb/A$
				摄氏温度	摄氏度	℃	$1℃=1K$
功率，辐〔射能〕通量	瓦〔特〕	W	$1W=1J/s$	光通量	流〔明〕	lm	$1lm=1cd \cdot sr$
电荷〔量〕	库〔仑〕	C	$1C=1A \cdot s$	〔光〕照度	勒〔克斯〕	lx	$1lx=1lm/m^2$
				〔放射性〕活度	贝可〔勒尔〕	Bq	$1Bq=1s^{-1}$
电压，电动势，电位，（电势）	伏〔特〕	V	$1V=1W/A$	吸收剂量	戈〔瑞〕	Gy	$1Gy=1J/kg$
				剂量当量	希〔沃特〕	Sv	$1Sv=1J/kg$

2. 可与国际单位制单位并用的我国法定计量单位（表 1-14）

可与国际单位制单位并用的我国法定计量单位 表 1-14

量的名称	单位名称	单位符号	与 SI 单位的关系
时间	分	min	$1min=60s$
	〔小〕时	h	$1h=60min=3600s$
	日，（天）	d	$1d=24h=86400s$
〔平面〕角	度	°	$1°=(\pi/180)\ rad$
	〔角〕分	′	$1'=(1/60)°=(\pi/10800)\ rad$
	〔角〕秒	″	$1''=(1/60)'=(\pi/648000)\ rad$
体积，容积	升	L，（l）	$1L=1dm^3=10^{-3}m^3$
面积	公顷	hm²	$1hm^2=10^4m^2$
质量	吨	t	$1t=10^3kg$
	原子质量单位	u	$1u\approx1.66057\times10^{-27}kg$

续表

量的名称	单位名称	单位符号	与SI单位的关系
旋转速度	转每分	r/min	$1\text{r/min}=(1/60)\text{ s}^{-1}$
长度	海里	n mile	$1\text{n mile}=1852\text{ m}$（只用于航行）
速度	节	kn	$1\text{kn}=1\text{n mile/h}=(1852/3600)\text{ m/s}$（只用于航行）
能［量］	电子伏	eV	$1\text{eV}\approx1.602117\times10^{-19}\text{J}$
级差	分贝	dB	
线密度	特［克斯］	tex	$1\text{tex}=10^{-6}\text{kg/m}$

注：1. 平面角单位度、分、秒的符号，在组合单位中应采用(°)、(′)、(″)的形式。例如，不用(°)/s而用(°)/s。

2. 升的符号中，小写字母 l 为备用符号。

3. 公顷的国际通用符号为 ha。

3. 常用法定计量单位及其换算（表1-15）

常用法定计量单位及其换算 表 1-15

物理量名称	法定计量单位		非法定计量单位		单位换算
	单位名称	单位符号	单位名称	单位符号	
长度	米	m	费密		$1\text{费密}=1\text{fm}=10^{-15}\text{m}$
	海里	n mile	埃	Å	$1\text{Å}=0.1\text{nm}=10^{-10}\text{m}$
			码	yd	$1\text{yd}=0.9144\text{m}$
			［市］里		$1\text{里}=500\text{m}$
			丈		$1\text{丈}=(10/3)\text{m}=3.3\dot{3}\text{m}$
			尺		$1\text{尺}=(1/3)\text{m}=0.3\dot{3}\text{m}$
			寸		$1\text{寸}=(1/30)\text{m}=0.03\dot{3}\text{m}$
			［市］分		$1\text{分}=(1/300)\text{m}=0.003\dot{3}\text{m}$
			英尺	ft	$1\text{ft}=0.3048\text{m}$
			英寸	in	$1\text{in}=0.0254\text{m}$
			英里	mile	$1\text{mile}=1609.344\text{m}$
			密耳	mil	$1\text{mil}=25.4\times10^{-6}\text{m}$
面积	平方米	m^2	公亩	a	$1\text{a}=100\text{m}^2$
	公顷	$\text{hm}^{2①}$	平方英尺	ft^2	$1\text{ft}^2=0.0929030\text{m}^2$
			平方英寸	in^2	$1\text{in}^2=6.4516\times10^{-4}\text{m}^2$
			平方英里	mile^2	$1\text{mile}^2=2.58999\times10^6\text{m}^2$
			平方码	yd^2	$1\text{yd}^2=0.836127\text{m}^2$
			英亩	acre	$1\text{acre}=4046.856\text{m}^2$
			亩		$1\text{亩}=10000/15\text{m}^2=666.6\text{m}^2$
体积	立方米	m^3	立方英尺	ft^3	$1\text{ft}^3=0.0283168\text{m}^3$
	升	L,（l）	立方英寸	in^3	$1\text{in}^3=1.63871\times10^{-5}\text{m}^3$
			立方码	yd^3	$1\text{yd}^3=0.7645549\text{m}^3$
			英加仑	UKgal	$1\text{UKgal}=4.54609\text{dm}^3$
			美加仑	USgal	$1\text{USgal}=3.78541\text{dm}^3$
			英品脱	UKpt	$1\text{UKpt}=0.568261\text{dm}^3$
			美液品脱	USliqpt	$1\text{USliqpt}=0.4731765\text{dm}^3$
			美干品脱	USdrypt	$1\text{USdrypt}=0.5506105\text{dm}^3$
			美桶（用于石油）		$1\text{美桶}=158.9873\text{dm}^3$

续表

物理量名称	法定计量单位		非法定计量单位		单位换算
	单位名称	单位符号	单位名称	单位符号	
体积			英液盎司	UKfloz	$1UKfloz=28.41306cm^3$
			美液盎司	USfloz	$1USfloz=29.57353cm^3$
速度	米每秒	m/s	英尺每秒	ft/s	$1ft/s=0.3048m/s$
			英里每[小]时	mile/h	$1mile/h=0.44704m/s$
加速度	米每二次方秒	m/s^2	英尺每二次方秒	ft/s^2	$1ft/s^2=0.3048m/s^2$
			伽	Gal	$1Gal=0.01m/s^2$
质量	千克(公斤)	kg	磅	lb	$1lb=0.45359237kg$
	吨	t	英担	cwt	$1cwt=50.8023kg$
	原子质量单位	u	英吨	ton	$1ton=1016.05kg$
			短吨	sh ton	$1sh\,ton=907.185kg$
			盎司	oz	$1oz=28.3495g$
			格令	gr	$1gr=0.06479891g$
			夸特	qr,qtr	$1qr=12.7006kg$
			[米制]克拉		1 米制克拉$=2\times10^{-4}kg$
体积质量 [质量]密度	千克每立方米	kg/m^3	磅每立方英尺	lb/ft^3	$1lb/ft^3=16.0185kg/m^3$
	吨每立方米	t/m^3	磅每立方英寸	lb/in^3	$1lb/in^3=27679.9kg/m^3$
	千克每升	kg/L	盎司每立方英寸	oz/in^3	$1oz/in^3=1729.99kg/m^3$
质量体积 比体积	立方米每千克	m^3/kg	立方英尺每磅	ft^3/lb	$1ft^3/lb=0.0624280m^3/kg$
			立方英寸每磅	in^3/lb	$1in^3/lb=3.61273\times10^{-5}m^3/kg$
线质量 线密度	千克每米 特[克斯]	kg/m tex	旦[尼尔]	den	$1den=0.111112\times10^{-6}kg/m$
			磅每英尺	lb/ft	$1lb/ft=1.48816kg/m$
			磅每英寸	lb/in	$1lb/in=17.8580kg/m$
			磅每码	lb/yd	$1lb/yd=0.496055kg/m$
转动惯量	千克二次方米	$kg\cdot m^2$	磅二次方英尺	$lb\cdot ft^2$	$1lb\cdot ft^2=0.0421401kg\cdot m^2$
			磅二次方英寸	$lb\cdot in^2$	$1lb\cdot in^2=2.92640\times10^{-4}kg\cdot m^2$
			盎司二次方英寸	$oz\cdot in^2$	$1oz\cdot in^2=1.82900\times10^{-5}kg\cdot m^2$
动量	千克米每秒	$kg\cdot m/s$	磅英尺每秒	$lb\cdot ft/s$	$1lb\cdot ft/s=0.138255kg\cdot m/s$
			达因秒	$dyn\cdot s$	$1dyn\cdot s=10^{-5}kg\cdot m/s$
力	牛[顿]	N	达因	dyn	$1dyn=10^{-5}N$
			千克力	kgf	$1kgf=9.80665N$
			磅力	lbf	$1lbf=4.44822N$
			吨力	tf	$1ft=9.80665\times10^3N$
			盎司力	ozf	$1ozf=0.278014N$
			磅达	pdl	$1pdl=0.138255N$
动量矩角动量	千克二次方米每秒	$kg\cdot m^2/s$	磅二次方英尺每秒	$1b\cdot ft^2/s$	$1lb\cdot ft^2/s=0.0421401kg\cdot m^2/s$
力矩 力偶矩 转矩	牛[顿]米	$N\cdot m$	千克力米	$kgf\cdot m$	$1kgf\cdot m=9.80665N\cdot m$
			磅力英尺	$lbf\cdot ft$	$1lbf\cdot ft=1.35582N\cdot m$
			磅力英寸	$lbf\cdot in$	$1lbf\cdot in=0.112985N\cdot m$
			达因厘米	$dyn\cdot cm$	$1dyn\cdot cm=10^{-7}N\cdot m$
			盎司力英寸	$ozf\cdot in$	$1ozf\cdot in=7.06155\times10^{-3}N\cdot m$
压力 压强 正应力 切应力	帕[斯卡]	Pa	达因每平方厘米	dyn/cm^2	$1dyn/cm^2=0.1Pa$
			英寸汞柱	inHg	$1inHg=3386.39Pa$
			英寸水柱	inH_2O	$1inH_2O=249.082Pa$
			巴	bar	$1bar=10^5Pa$
			千克力每平方厘米	kgf/cm^2	$1kgf/cm^2=0.0980665MPa$
			毫米水柱	mmH_2O	$1mmH_2O=9.80665Pa$

续表

物理量名称	法定计量单位		非法定计量单位		单位换算
	单位名称	单位符号	单位名称	单位符号	
压力 压强 正应力 切应力	帕[斯卡]	Pa	毫米汞柱	mmHg	1mmHg=133.322Pa
			托	Torr	1Torr=133.322Pa
			工程大气压	at	1at=98066.5Pa=98.0665kPa
			标准大气压	atm	1atm=101325Pa=101.325kPa
			磅力每平方英尺	lbf/ft^2	$1lbf/ft^2$=47.8803Pa
			磅力每平方英寸	lbf/in^2	$1lbf/in^2$=6894.76Pa=6.89476kPa
[动力]黏度	帕[斯卡]秒	Pa·s	泊	P,Po	$1P=10^{-1}Pa \cdot s$
			厘泊	cP	$1cP=10^{-3}Pa \cdot s$
			千克力秒每平方米	$kgf \cdot s/m^2$	$1kgf \cdot s/m^2$=9.80665Pa·s
			磅力秒每平方英尺	$lbf \cdot s/ft^2$	$1lbf \cdot s/ft^2$=47.8803Pa·s
			磅力秒每平方英寸	$lbf \cdot s/in^2$	$1lbf \cdot s/in^2$=6894.76Pa·s
运动黏度	二次方米每秒	m^2/s	斯[托克斯]	St	$1St=10^{-4}m^2/s$
			厘斯[托克斯]	cSt	$1cSt=10^{-6}m^2/s$
			二次方英尺每秒	ft^2/s	$1ft^2/s=9.29030\times10^{-2}m^2/s$
			二次方英寸每秒	in^2/s	$1in^2/s=6.4516\times10^{-4}m^2/s$
能[量] 功 热	焦[耳] 电子伏	J eV	尔格	erg	$1erg=10^{-7}J$
			千克力米	kgf·m	1kgf·m=9.80665J
			英马力[小]时	hp·h	1hp·h=2.68452MJ
			卡	cal	1cal=4.1868J
			热化学卡	cal_{th}	$1cal_{th}$=4.1840J
			马力[小]时		1 马力·时=2.64779MJ
			电工马力[小]时		1 电工马力·时=2.68560MJ
			英热单位	Btu	1Btu=1055.06J=1.05506kJ
			吨标准煤,吨当量煤	tec	1tec=29.3076GJ
			英尺磅力	ft·lbf	1ft·lbf=1.35582J
功率	瓦[特]	W	千克力米每秒	kgf·m/s	1kgf·m/s=9.80665W
			马力,[米制]马力	法 ch,CV; 德 PS	1 马力=735.499W
			英马力	hp	1hp=745.700W
			电工马力		1 电工马力=746W
			卡每秒	cal/s	1cal/s=4.1868W
			千卡每[小]时	kcal/h	1kcal/h=1.163W
			热化学卡每秒	cal_{th}/s	$1cal_{th}/s$=4.184W
			英尺磅力每秒	ft·lbf/s	1ft·lbf/s=1.35582W
			尔格每秒	erg/s	$1erg/s=10^{-7}W$
质量流量	千克每秒	kg/s	磅每秒	lb/s	1lb/s=0.453592kg/s
			磅每[小]时	lb/h	$1lb/h=1.25998\times10^{-4}kg/s$
体积流量	立方米每秒 升每秒	m^3/s L/s	立方英尺每秒	ft^3/s	$1ft^3/s=0.0283168m^3/s$
			立方英寸每[小]时	in^3/h	$1in^3/h=4.55196\times10^{-6}L/s$
热力学温度	开[尔文]	K			表示温度差和温度间隔时:
摄氏温度	摄氏度	℃			1℃=1K 表示温度数值时: $\frac{t^{②}}{℃}=\frac{T^{②}}{K}-273.15$
			华氏度	°F	表示温度差和温度间隔时: $1°F=\frac{5}{9}K$ 表示温度数值时:

续表

物理量名称	法定计量单位		非法定计量单位		单位换算
	单位名称	单位符号	单位名称	单位符号	
热力学温度 摄氏温度	开[尔文] 摄氏度	K ℃	兰氏度	°R	$\dfrac{T}{K}=\dfrac{5}{9}\left(\dfrac{\theta^{②}}{°F}+459.67\right)$ $\dfrac{t}{℃}=\dfrac{5}{9}\left(\dfrac{\theta}{°F}-32\right)$ 表示温度差和温度间隔时： $1°R=\dfrac{5}{9}K$ 表示温度数值时：$\dfrac{T}{K}=\dfrac{5}{9}\dfrac{\Theta}{°R}$ $\dfrac{t}{℃}=\dfrac{5}{9}\left(\dfrac{\Theta^{②}}{°R}-491.67\right)$
热导率 （导热系数）	瓦[特]每米开[尔文]	W/(m·K)	卡每厘米秒开[尔文]	cal/(cm·s·K)	1cal/(cm·s·K) =418.68W/(m·K)
			千卡每米[小]时开[尔文]	kcal/(m·h·K)	1kcal/(m·h·K) =1.163W/(m·K)
			英热单位每英尺[小]时华氏度	Btu/(ft·h·°F)	1Btu/(ft·h·°F) =1.730 73W/(m·K)
传热系数 表面传热系数	瓦[特]每平方米开[尔文]	W/(m²·K)	卡每平方厘米秒开[尔文]	cal/(cm²·s·K)	1cal/(cm²·s·K)=41868W/(m²·K)
			千卡每平方米[小]时开[尔文]	kcal/(m²·h·K)	1kcal/(m²·h·K) =1.163W/(m²·K)
			英热单位每平方英尺[小]时华氏度	Btu/(ft²·h·°F)	1Btu/(ft²·h·°F)=5.67826W/(m²·K)
			尔格每平方厘米秒开[开文]	erg/(cm²·s·K)	1erg/(cm²·s·K) =0.001W/(m²·K)
热容熵	焦[耳]每开[尔文]	J/K	克劳	Cl	1Cl=4.1868J/K
质量热容 比热容比熵	焦[耳]每千克开[尔文]	J/(kg·K)	千卡每千克开[尔文]	kcal/(kg·K)	1kcal/(kg·K) =4.186.8J/(kg·K)
			热化学千卡每千克开[尔文]	kcal_{th}/(kg·K)	1kcal_{th}/(kg·K) =4184J/(kg·K)
			英热单位每磅华氏度	Btu/(lb·°F)	1Btu/(lb·°F) =4186.8J/(kg·K)
			英热单位每磅兰氏度	Btu/(lb·°R)	1Btu/(lb·°R) =4186.8J/(kg·K)
			尔格每克开[尔文]	erg/(g·K)	1erg/(g·K)=10^{-4}J/(kg·K)
质量能 比能 质量焓	焦[耳]每千克	J/kg	千卡每千克	kcal/kg	1kcal/kg=4186.8J/kg
			热化学千卡每千克	kcal_{th}/kg	1kcal_{th}/kg=4184J/kg
			英热单位每磅	Btu/lb	1Btu/lb=2326J/kg

续表

物理量 名称	法定计量单位		非法定计量单位		单位换算
	单位名称	单位符号	单位名称	单位符号	
比焓			尔格每克	erg/g	$1erg/g=10^{-4}J/kg$
磁场强度	安［培］每米	A/m	奥斯特	Oe	$1Oe=79.5775A/m$
磁通［量］ 密度磁感应 强度	特［斯拉］	T	高斯	Gs，G	$1Gs=10^{-4}T$
磁通［量］	韦［伯］	Wb	麦克斯韦	Mx	$1Mx=10^{-8}Wb$
电导	西［门子］	S	欧［姆］	Ω	$1Ω=1S$
［光］亮 度	坎［德拉］ 每平方米	cd/m²	尼特	nt	$1nt=1cd/m^2$
［光］照 度	勒［克斯］	lx	辐透 英尺烛光	ph fc	$1ph=10^4lx$ $1fc=10.764lx$

① $1hm^2=10^4m^2$，公顷的国际通用符号为 ha。
② T、t、Θ、θ 分别表示热力学温度、摄氏温度、兰氏温度和华氏温度。

4. 英寸与毫米对照（表 1-16～表 1-18）

分数英寸、小数英寸与毫米对照 表 1-16

英寸（in）	毫米（mm）	英寸（in）	毫米（mm）	英寸（in）	毫米（mm）
1/64	0.015625	23/64	0.359375	45/64	0.703125	17.859375
1/32	0.031250	3/8	0.375000	23/32	0.718750	18.256250
3/64	0.046875	25/64	0.390625	47/64	0.734375	18.653125
1/16	0.062500	13/32	0.406250	3/4	0.750000	19.050000
5/64	0.078125	27/64	0.421875	49/64	0.765625	19.446875
3/32	0.093750	7/16	0.437500	25/32	0.781250	19.843750
7/64	0.109375	29/64	0.453125	51/64	0.796875	20.240625
1/8	0.125000	15/32	0.468750	13/16	0.812500	20.637500
9/64	0.140625	31/64	0.484375	53/64	0.828125	21.034375
5/32	0.156250	1/2	0.500000	27/32	0.843750	21.431250
11/64	0.171875	33/64	0.515625	55/64	0.859375	21.828125
3/16	0.187500	17/32	0.531250	7/8	0.875000	22.225000
13/64	0.203125	35/64	0.546875	57/64	0.890625	22.621875
7/32	0.218750	9/16	0.562500	29/32	0.906250	23.018750
15/64	0.234375	37/64	0.578125	59/64	0.921875	23.415625
1/4	0.250000	19/32	0.593750	15/16	0.937500	23.812500
17/64	0.265625	39/64	0.609375	61/64	0.953125	24.209375
9/32	0.281250	5/8	0.625000	31/32	0.968750	24.606250
19/64	0.296875	41/64	0.640625	63/64	0.984375	25.003125
5/16	0.312500	21/32	0.656250	1	1.000000	25.400000
21/64	0.328125	43/64	0.671875			
11/32	0.343750	11/16	0.687500			

英寸与毫米对照　　　　　　　　　　　　　　　　　　　　　　表 1-17

英寸 in	0	1/16	1/8	3/16	1/4	5/16	3/8	7/16	1/2	9/16	5/8	11/16	3/4	13/16	7/8	15/16
0	毫米	1.588	3.175	4.763	6.350	7.938	9.525	11.113	12.700	14.288	15.875	17.463	19.050	20.638	22.225	23.813
1	25.400	26.988	28.575	30.163	31.750	33.338	34.925	36.513	38.100	39.688	41.275	42.863	44.450	46.038	47.625	49.213
2	50.800	52.388	53.975	55.563	57.150	58.738	60.325	61.913	63.500	65.088	66.675	68.263	69.850	71.438	73.025	74.613
3	76.200	77.788	79.375	80.963	82.550	84.138	85.725	87.313	88.900	90.488	92.075	93.663	95.250	96.838	98.425	100.01
4	101.60	103.19	104.78	106.36	107.95	109.54	111.13	112.71	114.30	115.89	117.48	119.06	120.65	122.24	123.83	125.41
5	127.00	128.59	130.18	131.76	133.35	134.94	136.53	138.11	139.70	141.29	142.88	144.46	146.05	147.64	149.23	150.81
6	152.40	153.99	155.58	157.16	158.75	160.34	161.93	163.51	165.10	166.69	168.28	169.86	171.45	173.04	174.63	176.21
7	177.80	179.39	180.98	182.56	184.15	185.74	187.33	188.91	190.50	192.09	193.68	195.26	196.85	198.44	200.03	201.61
8	203.20	204.79	206.38	207.96	209.55	211.14	212.73	214.31	215.90	217.49	219.08	220.66	222.25	223.84	225.43	227.01
9	228.60	230.19	231.78	233.36	234.95	236.54	238.13	239.71	241.30	242.89	244.48	246.06	247.65	249.24	250.83	252.41
10	254.00	255.59	257.18	258.76	260.35	261.94	263.53	265.11	266.70	268.29	269.88	271.46	273.05	274.64	276.23	277.81
11	279.40	280.99	282.58	284.16	285.75	287.34	288.93	290.51	292.10	293.69	295.28	296.86	298.45	300.04	301.63	303.21
12	304.80	306.39	307.98	309.56	311.15	312.74	314.33	315.91	317.50	319.09	320.68	322.26	323.85	325.44	327.03	328.61
13	330.20	331.79	333.38	334.96	336.55	338.14	339.73	341.31	342.90	344.49	346.08	347.66	349.25	350.84	352.43	354.01
14	355.60	357.19	358.78	360.36	361.95	363.54	365.13	366.71	368.30	369.89	371.48	373.06	374.65	376.24	377.83	379.41
15	381.00	382.59	384.18	385.76	387.35	388.94	390.53	392.11	393.70	395.29	396.88	398.46	400.05	401.64	403.23	404.81
16	406.40	407.99	409.58	411.16	412.75	414.34	415.93	417.51	419.10	420.69	422.28	423.86	425.45	427.0	428.63	430.21
17	431.80	433.39	434.98	436.56	438.15	439.74	441.33	442.91	444.50	446.09	447.68	449.26	450.85	452.44	454.03	455.61
18	457.20	458.79	460.38	461.96	463.55	465.14	466.73	468.31	469.90	471.49	473.08	474.66	476.25	477.84	479.43	481.01
19	482.60	484.19	485.78	487.36	488.95	490.54	492.13	493.71	495.30	496.89	498.48	500.06	501.65	503.24	504.83	506.41
20	508.00	509.59	511.18	512.76	514.35	515.94	517.53	519.11	520.70	522.29	523.88	525.46	527.05	528.64	530.23	531.81
21	533.40	534.99	536.58	538.16	539.75	541.34	542.93	544.51	546.10	547.69	549.28	550.86	552.45	554.04	555.63	557.21
22	558.80	560.39	561.98	563.56	565.15	566.74	568.33	569.91	571.50	573.09	574.68	576.26	577.85	579.44	581.03	582.61
23	584.20	585.79	587.38	588.96	590.55	592.14	593.73	595.31	596.90	598.49	600.08	601.66	603.25	604.84	606.43	608.01
24	609.60	611.19	612.78	614.36	615.95	617.54	619.13	620.71	622.30	623.89	625.48	627.06	628.65	630.24	631.83	633.41
25	635.00	636.59	638.18	639.76	641.35	642.94	644.53	646.11	647.70	649.29	650.88	652.46	654.05	655.64	657.23	658.81
26	660.40	661.99	663.58	665.16	666.75	668.34	669.93	671.51	673.10	674.69	676.28	677.86	679.45	681.04	682.63	684.21
27	685.80	687.39	688.98	690.56	692.15	693.74	695.33	696.91	698.50	700.09	701.68	703.26	704.85	706.44	708.03	709.61
28	711.20	712.79	714.38	715.96	717.55	719.14	720.73	722.31	723.90	725.49	727.08	728.66	730.25	731.84	733.43	735.01
29	736.60	738.19	739.78	741.36	742.95	744.54	746.13	747.71	749.30	750.89	752.48	754.06	755.65	757.24	758.83	760.41
30	762.00	763.59	765.18	766.76	768.35	769.94	771.53	773.11	774.70	776.29	777.88	779.46	781.05	782.64	784.23	785.81
31	787.40	788.99	790.58	792.16	793.75	795.34	796.93	798.51	800.10	801.69	803.28	804.86	806.45	808.04	809.63	811.21
32	812.80	814.39	815.98	817.56	819.15	820.74	822.33	823.91	825.50	827.09	828.68	830.26	831.85	833.44	835.03	836.61
33	838.20	839.79	841.38	842.96	844.55	846.14	847.73	849.31	850.90	852.49	854.08	855.66	857.25	858.84	860.43	862.01
34	863.60	865.19	866.78	868.36	869.95	871.54	873.13	874.71	876.30	877.89	879.48	881.06	882.65	884.24	885.83	887.41
35	889.00	890.59	892.18	893.76	895.35	896.94	898.53	900.11	901.70	903.29	904.88	906.46	908.05	909.64	911.23	912.81
36	914.40	915.99	917.58	919.16	920.75	922.34	923.93	925.51	927.10	928.69	930.28	931.86	933.45	935.04	936.63	938.21
37	939.80	941.39	942.98	944.56	946.15	947.74	949.33	950.91	952.50	954.09	955.68	957.26	958.85	960.44	962.03	963.61
38	965.20	966.79	968.38	969.96	971.55	973.14	974.73	976.31	977.90	979.49	981.08	982.66	984.25	985.84	987.43	989.01

续表

英寸 in	0	1/16	1/8	3/16	1/4	5/16	3/8	7/16	1/2	9/16	5/8	11/16	3/4	13/16	7/8	15/16
39	990.60	992.19	993.78	995.36	996.95	998.54	1000.1	1001.7	1003.3	1004.9	1006.5	1008.1	1009.7	1011.2	1012.8	1014.4
40	1016.0	1017.6	1019.2	1020.8	1022.4	1023.9	1025.5	1027.1	1028.7	1030.3	1031.9	1033.5	1035.1	1036.6	1038.2	1039.8
41	1041.4	1043.0	1044.6	1046.2	1047.8	1049.3	1050.9	1052.5	1054.1	1055.7	1057.3	1058.9	1060.5	1062.0	1063.6	1065.2
42	1066.8	1068.4	1070.0	1071.6	1073.2	1074.7	1076.3	1077.9	1079.5	1081.1	1082.0	1084.3	1085.9	1087.4	1089.0	1090.6
43	1092.2	1093.8	1095.4	1097.0	1098.6	1100.1	1101.7	1103.3	1104.9	1106.5	1108.1	1109.7	1111.3	1112.8	1114.4	1116.0
44	1117.6	1119.2	1120.8	1122.4	1124.0	1125.5	1127.1	1128.7	1130.3	1131.9	1133.5	1135.1	1136.7	1138.2	1139.8	1141.4
45	1143.0	1144.6	1146.2	1147.8	1149.4	1150.9	1152.5	1154.1	1155.7	1157.3	1158.9	1160.5	1162.1	1163.6	1165.2	1166.8
46	1168.4	1170.0	1171.6	1173.2	1174.8	1176.3	1177.9	1179.5	1181.1	1182.7	1184.3	1185.9	1187.5	1189.0	1190.6	1192.2
47	1193.8	1195.4	1197.0	1198.6	1200.2	1201.7	1203.3	1204.9	1206.5	1208.1	1209.7	1211.3	1212.9	1214.4	1216.0	1217.6
48	1219.2	1220.8	1222.4	1224.0	1225.6	1227.1	1228.7	1230.3	1231.9	1233.5	1235.1	1236.7	1238.3	1239.8	1241.4	1243.0
49	1244.6	1246.2	1247.8	1249.4	1251.0	1252.5	1254.1	1255.7	1257.3	1258.9	1260.5	1262.1	1263.7	1265.2	1266.8	1268.4
50	1270.0	1271.6	1273.2	1274.8	1276.4	1277.9	1279.5	1281.1	1282.7	1284.3	1285.9	1287.5	1289.1	1290.6	1292.2	1293.8

毫米与英寸对照　　　　　　　　　　　　　　　　　　　表 1-18

毫米（mm）	英寸（in）	毫米（mm）	英寸（in）	毫米（mm）	英寸（in）	毫米（mm）	英寸（in）
1	0.0394	26	1.0236	51	2.0079	76	2.9921
2	0.0787	27	1.0630	52	2.0472	77	3.0315
3	0.1181	28	1.1024	53	2.0866	78	3.0709
4	0.1575	29	1.1417	54	2.1260	79	3.1102
5	0.1969	30	1.1811	55	2.1654	80	3.1496
6	0.2362	31	1.2205	56	2.2047	81	3.1890
7	0.2756	32	1.2598	57	2.2441	82	3.2283
8	0.3150	33	1.2992	58	2.2835	83	3.2677
9	0.3543	34	1.3386	59	2.3228	84	3.3071
10	0.3937	35	1.3780	60	2.3622	85	3.3465
11	0.4331	36	1.4173	61	2.4016	86	3.3858
12	0.4724	37	1.4567	62	2.4409	87	3.4252
13	0.5118	38	1.4961	63	2.4803	88	3.4646
14	0.5512	39	1.5354	64	2.5197	89	3.5039
15	0.5906	40	1.5748	65	2.5591	90	3.5433
16	0.6299	41	1.6142	66	2.5984	91	3.5827
17	0.6693	42	1.6535	67	2.6378	92	3.6220
18	0.7087	43	1.6929	68	2.6772	93	3.6614
19	0.7480	44	1.7323	69	2.7165	94	3.7008
20	0.7874	45	1.7717	70	2.7559	95	3.7402
21	0.8268	46	1.8110	71	2.7953	96	3.7795
22	0.8661	47	1.8504	72	2.8346	97	3.8189
23	0.9055	48	1.8898	73	2.8740	98	3.8583
24	0.9449	49	1.9291	74	2.9134	99	3.8976
25	0.9843	50	1.9685	75	2.9528	100	3.9370

5. 千克与磅对照（表1-19、表1-20）

磅与千克对照   表 1-19

磅 lb	千克 kg	磅 lb	千克 kg	磅 lb	千克 kg	磅 lb	千克 kg
1	0.4536	26	11.793	51	23.133	76	34.473
2	0.9072	27	12.247	52	23.587	77	34.927
3	1.3608	28	12.701	53	24.040	78	35.380
4	1.8144	29	13.154	54	24.494	79	35.834
5	2.2680	30	13.608	55	24.948	80	36.287
6	2.7216	31	14.061	56	25.401	81	36.741
7	3.1751	32	14.515	57	25.855	82	37.195
8	3.6287	33	14.969	58	26.308	83	37.648
9	4.0823	34	15.422	59	26.762	84	38.102
10	4.5359	35	15.876	60	27.216	85	38.555
11	4.9895	36	16.329	61	27.669	86	39.009
12	5.4431	37	16.783	62	28.123	87	39.463
13	5.8967	38	17.237	63	28.576	88	39.916
14	6.3503	39	17.690	64	29.030	89	40.370
15	6.8039	40	18.144	65	29.484	90	40.823
16	7.2575	41	18.597	66	29.937	91	41.277
17	7.7111	42	19.051	67	30.391	92	41.731
18	8.1647	43	19.504	68	30.844	93	42.184
19	8.6183	44	19.958	69	31.298	94	42.638
20	9.0718	45	20.412	70	31.751	95	43.091
21	9.5254	46	20.865	71	32.205	96	43.545
22	9.9790	47	21.319	72	32.659	97	43.999
23	10.433	48	21.772	73	33.112	98	44.452
24	10.886	49	22.226	74	33.566	99	44.906
25	11.340	50	22.680	75	34.019	100	45.359

千克与磅对照   表 1-20

千克（kg）	磅（lb）	千克（kg）	磅（lb）	千克（kg）	磅（lb）	千克（kg）	磅（lb）
1	2.2046	26	57.320	51	112.436	76	167.551
2	4.4092	27	59.525	52	114.640	77	169.756
3	6.6139	28	61.729	53	116.845	78	171.960
4	8.8185	29	63.934	54	119.050	79	174.165
5	11.023	30	66.139	55	121.254	80	176.370
6	13.228	31	68.343	56	123.459	81	178.574
7	15.432	32	70.548	57	125.663	82	180.779
8	17.637	33	72.752	58	127.868	83	182.983
9	19.842	34	74.957	59	130.073	84	185.188
10	22.046	35	77.162	60	132.277	85	187.393
11	24.251	36	79.366	61	134.482	86	189.597
12	26.455	37	81.571	62	136.686	87	191.802
13	28.660	38	83.776	63	138.891	88	194.007
14	30.865	39	85.980	64	141.096	89	196.211
15	33.069	40	88.185	65	143.300	90	198.416
16	35.274	41	90.389	66	145.505	91	200.620
17	37.479	42	92.594	67	147.710	92	202.825
18	39.683	43	94.799	68	149.914	93	205.030
19	41.888	44	97.003	69	152.119	94	207.234
20	44.092	45	99.208	70	154.324	95	209.439
21	46.297	46	101.413	71	156.528	96	211.644
22	48.502	47	103.617	72	158.733	97	213.848
23	50.706	48	105.822	73	160.937	98	216.053
24	52.911	49	108.026	74	163.142	99	218.257
25	55.116	50	110.231	75	165.347	100	220.462

6. 马力与千瓦对照（表 1-21、表 1-22）

米制马力与千瓦对照　　　　　　　　　　　表 1-21

米制马力(PS)	千瓦(kW)	米制马力(PS)	千瓦(kW)	米制马力(PS)	千瓦(kW)	米制马力(PS)	千瓦(kW)
1	0.74	10	7.36	19	13.97	60	44.13
2	1.47	11	8.09	20	14.71	65	47.80
3	2.21	12	8.83	25	18.39	70	51.48
4	2.94	13	9.56	30	22.07	75	55.16
5	3.68	14	10.30	35	25.74	80	58.84
6	4.41	15	11.03	40	29.42	85	62.52
7	5.15	16	11.77	45	33.10	90	66.19
8	5.88	17	12.50	50	36.78	95	69.87
9	6.62	18	13.24	55	40.45	100	73.55

注：1 英马力(hp)=0.746 千瓦(kW)。

千瓦与米制马力对照　　　　　　　　　　　表 1-22

千瓦(kW)	米制马力(PS)	千瓦(kW)	米制马力(PS)	千瓦(kW)	米制马力(PS)	千瓦(kW)	米制马力(PS)
1	1.36	10	13.60	19	25.83	60	81.58
2	2.72	11	14.96	20	27.19	65	88.38
3	4.08	12	16.32	25	33.99	70	95.17
4	5.44	13	17.68	30	40.79	75	101.97
5	6.80	14	19.03	35	47.58	80	108.16
6	8.16	15	20.39	40	54.38	85	115.57
7	9.52	16	21.75	45	61.18	90	122.37
8	10.88	17	23.11	50	67.98	95	129.16
9	12.24	18	24.47	55	74.78	100	135.96

注：1 千瓦(kW)=1.341 英马力(hp)。

7. 摄氏温度与华氏温度对照（表 1-23、表 1-24）

华氏温度与摄氏温度对照　　　　　　　　　　表 1-23

华氏(℉)	摄氏(℃)	华氏(℉)	摄氏(℃)	华氏(℉)	摄氏(℃)	华氏(℉)	摄氏(℃)
−40	−40.00	38	3.33	84	28.89	170	76.67
−30	−34.44	40	4.44	86	30.00	180	82.22
−20	−28.89	42	5.56	88	31.11	190	87.78
−10	−23.33	44	6.67	90	32.22	200	93.33
0	−17.78	46	7.78	92	33.33	210	98.89
2	−16.67	48	8.89	94	34.44	220	104.44
4	−15.56	50	10.00	96	35.56	230	110.00
6	−14.44	52	11.11	98	36.67	240	115.56
8	−13.33	54	12.22	100	37.78	250	121.11
10	−12.22	56	13.33	102	38.89	260	126.67
12	−11.11	58	14.44	104	40.00	270	132.22
14	−10.00	60	15.56	106	41.11	280	137.78
16	−8.89	62	16.67	108	42.22	290	143.33
18	−7.78	64	17.78	110	43.33	300	148.89
20	−6.67	66	18.89	112	44.44	310	154.44
22	−5.56	68	20.00	114	45.56	320	160.00
24	−4.44	70	21.11	116	46.67	330	165.56
26	−3.33	72	22.22	118	47.78	340	171.11
28	−2.22	74	23.33	120	48.89	350	176.67
30	−1.11	76	24.44	130	54.44	360	182.22
32	0	78	25.56	140	60.00	370	187.78
34	1.11	80	26.67	150	65.56	380	193.33
36	2.22	82	27.78	160	71.11	390	198.89

注：从华氏温度（℉）求摄氏温度（℃）的公式：摄氏温度＝（华氏温度−32）×$\dfrac{5}{9}$

摄氏温度与华氏温度对照 表 1-24

摄氏（℃）	华氏（℉）	摄氏（℃）	华氏（℉）	摄氏（℃）	华氏（℉）	摄氏（℃）	华氏（℉）
−40	−40.0	15	59.0	38	100.4	105	221.0
−35	−31.0	16	60.8	39	102.2	110	230.0
−30	−22.0	17	62.6	40	104.0	115	239.0
−25	−13.0	18	64.4	41	105.8	120	248.0
−20	−4.0	19	66.2	42	107.6	125	257.0
−15	5.0	20	68.0	43	109.4	130	266.0
−10	14.0	21	69.8	44	111.2	135	275.0
−5	23.0	22	71.6	45	113.0	140	284.0
0	32.0	23	73.4	46	114.8	145	293.0
1	33.8	24	75.2	47	116.6	150	302.0
2	35.6	25	77.0	48	118.4	155	311.0
3	37.4	26	78.8	49	120.2	160	320.0
4	39.2	27	80.6	50	122.0	165	329.0
5	41.0	28	82.4	55	131.0	170	338.0
6	42.8	29	84.2	60	140.0	175	347.0
7	44.6	30	86.0	65	149.0	180	356.0
8	46.4	31	87.8	70	158.0	185	365.0
9	48.2	32	89.6	75	167.0	190	374.0
10	50.0	33	91.4	80	176.0	195	383.0
11	51.8	34	93.2	85	185.0	200	392.0
12	53.6	35	95.0	90	194.0	205	401.0
13	55.4	36	96.8	95	203.0	210	410.0
14	57.2	37	98.6	100	212.0	215	419.0

注：从摄氏温度（℃）求华氏温度（℉）的公式：华氏温度＝摄氏温度×$\frac{9}{5}$＋32

8. 中外线径、线规对照（表 1-25）

中外线径、线规对照 表 1-25

中 国 线 规			英 SWG		美 AWG		德 DIN[①]
线径 mm	实际截面 mm²	标准截面 mm²	线号	线径 mm	线号	线径 mm	线径 mm
			7/0	12.70			12.50
			6/0	11.786	4/0	11.684	
11.20	98.52	100.00	5/0	10.973	3/0	10.404	11.20
10.00	78.54	80.00	4/0	10.160			10.00
9.00	63.62	63.00	3/0	9.449	2/0	9.266	9.00
			2/0	8.839			
8.00	50.27	50.00	0	8.230	0	8.253	8.00
			1	7.620			
7.10	39.59	40.00	2	7.010	1	7.348	7.10
6.30	31.17	31.50	3	6.401	2	6.544	6.30
			4	5.893	3	5.827	
5.60	24.63	25.00	5	5.385	4	5.189	5.60
5.00	19.64	20.00	6	4.877			5.00
4.50	15.90	16.00	7	4.470	5	4.620	4.50
4.00	12.57	12.50	8	4.064	6	4.115	4.00
3.55	9.898	10.00	9	3.658	7	3.665	3.55
3.15	7.793	8.00	10	3.251	8	3.264	3.15
			11	2.946	9	2.906	
2.80	6.158	6.30	12	2.642	10	2.588	2.80

中　国　线　规			英 SWG		美 AWG		德 DIN①
线径 mm	实际截面 mm²	标准截面 mm²	线号	线径 mm	线号	线径 mm	线径 mm
2.50	4.909	5.00	13	2.337	11	2.305	2.50
2.24	3.941	4.00					2.24
2.00	3.142	3.15	14	2.032	12	2.053	2.00
1.80	2.545	2.50	15	1.829	13	1.829	1.80
1.60	2.011	2.00	16	1.626	14	1.628	1.60
1.40	1.539	1.60	17	1.422	15	1.450	1.40
1.25	1.227	1.25	18	1.219	16	1.291	1.25
1.12	0.985	1.00			17	1.150	1.12
1.00	0.7854	0.80	19	1.016	18	1.024	1.00
0.90	0.6362	0.63	20	0.914	19	0.912	0.90
0.80	0.5027	0.50	21	0.813	20	0.812	0.80
0.71	0.3959	0.40	22	0.711	21	0.723	0.71
					22	0.644	
0.63	0.3117	0.315	23	0.610			0.63
0.56	0.2463	0.250	24	0.559	23	0.573	0.56
0.50	0.1964	0.20	25	0.508	24	0.511	0.50
0.45	0.1590	0.16	26	0.457	25	0.455	0.45
0.40	0.1257	0.125	27	0.4166	26	0.405	0.40
			28	0.3759			
0.355	0.0990	0.100	29	0.3454	27	0.361	0.36
			30	0.3150			
0.315	0.0779	0.08	31	0.2946	28	0.321	0.32
0.28	0.06158	0.063	32	0.2743	29	0.286	0.28
0.25	0.04909	0.050	33	0.2540	30	0.255	0.25
0.224	0.03941	0.040	34	0.2337			0.22
0.20	0.03142	0.032	35	0.2134	31	0.227	0.20
0.18	0.02545	0.025	36	0.1930	32	0.202	0.18
			37	0.1727	33	0.180	
0.16	0.02011	0.020	38	0.1524	34	0.160	0.16
0.14	0.01539	0.016	39	0.1321	35	0.143	0.14
0.125	0.01228	0.012	40	0.1219	36	0.127	0.12
0.112	0.009849	0.010	41	0.1118	37	0.113	0.11
0.100	0.007854	0.008	42	0.1016	38	0.101	0.100
0.09	0.006362	0.0063	43	0.091	39	0.090	
					40	0.080	

①DIN 177—1971

9. 金属硬度及强度换算

（1）钢铁（黑色金属）硬度及强度换算（表1-26、表1-27）

钢铁（黑色金属）硬度及强度换算（适用于碳钢及合金钢）（GB/T 1172—1999）　　表1-26

硬　　　　度							抗拉强度 MPa （碳　钢）
洛氏		表　面　洛　氏			维氏	布氏 ($F/D^2=30$)	
HRC	HRA	HR15N	HR30N	HR45N	HV	HBW	
20.0	60.2	68.8	40.7	19.2	226	225	774

| 硬　　　度 | | | | | | | 抗拉强度 MPa（碳　钢） |
| 洛氏 | | 表　面　洛　氏 | | | 维氏 | 布氏（$F/D^2=30$） | |
HRC	HRA	HR15N	HR30N	HR45N	HV	HBW	
20.5	60.4	69.0	41.2	19.8	228	227	784
21.0	60.7	69.3	41.7	20.4	230	229	793
21.5	61.0	69.5	42.2	21.0	233	232	803
22.0	61.2	69.8	42.6	21.5	235	234	813
22.5	61.5	70.0	43.1	22.1	238	237	823
23.0	61.7	70.3	43.6	22.7	241	240	833
23.5	62.0	70.6	44.0	23.3	244	242	843
24.0	62.2	70.8	44.5	23.9	247	245	854
24.5	62.5	71.1	45.0	24.5	250	248	864
25.0	62.8	71.4	45.5	25.1	253	251	875
25.5	63.0	71.6	45.9	25.7	256	254	886
26.0	63.3	71.9	46.4	26.3	259	257	897
26.5	63.5	72.2	46.9	26.9	262	260	908
27.0	63.8	72.4	47.3	27.5	266	263	919
27.5	64.0	72.7	47.8	28.1	269	266	930
28.0	64.3	73.0	48.3	28.7	273	269	942
28.5	64.6	73.3	48.7	29.3	276	273	954
29.0	64.8	73.5	49.2	29.9	280	276	965
29.5	65.1	73.8	49.7	30.5	284	280	977
30.0	65.3	74.1	50.2	31.1	288	283	989
30.5	65.6	74.4	50.6	31.7	292	287	1002
31.0	65.8	74.7	51.1	32.3	296	291	1014
31.5	66.1	74.9	51.6	32.9	300	294	1027
32.0	66.4	75.2	52.0	33.5	304	298	1039
32.5	66.6	75.5	52.5	34.1	308	302	1052
33.0	66.9	75.8	53.0	34.7	313	306	1065
33.5	67.1	76.1	53.4	35.3	317	310	1078
34.0	67.4	76.4	53.9	35.9	321	314	1092
34.5	67.7	76.7	54.4	36.5	326	318	1105
35.0	67.9	77.0	54.8	37.0	331	323	1119
35.5	68.2	77.2	55.3	37.6	335	327	1133
36.0	68.4	77.5	55.8	38.2	340	332	1147
36.5	68.7	77.8	56.2	38.8	345	336	1162
37.0	69.0	78.1	56.1	39.4	350	341	1177
37.5	69.2	78.4	57.2	40.0	355	345	1192
38.0	69.5	78.7	57.6	40.6	360	350	1207
38.5	69.7	79.0	58.1	41.2	365	355	1222
39.0	70.0	79.3	58.6	41.8	371	360	1238
39.5	70.3	79.6	59.0	42.4	376	365	1254
40.0	70.5	79.9	59.5	43.0	381	370	1271
40.5	70.8	80.2	60.0	43.6	387	375	1288
41.0	71.1	80.5	60.4	44.2	393	381	1305
41.5	71.3	80.8	60.9	44.8	398	386	1322
42.0	71.6	81.1	61.3	45.4	404	392	1340
42.5	71.8	81.4	61.8	45.9	410	397	1359

硬　　度							抗拉强度 MPa（碳钢）
洛氏		表　面　洛　氏			维氏	布氏 (F/D²=30)	
HRC	HRA	HR15N	HR30N	HR45N	HV	HBW	
43.0	72.1	81.7	62.3	46.5	416	403	1378
43.5	72.4	82.0	62.7	47.1	422	409	1397
44.0	72.6	82.3	63.2	47.7	428	415	1417
44.5	72.9	82.6	63.6	48.3	435	422	1438
45.0	73.2	82.9	64.1	49.9	441	428	1459
45.5	73.4	83.2	64.6	49.5	448	435	1481
46.0	73.7	83.5	65.0	50.1	454	441	1503
46.5	73.9	83.7	65.5	50.7	461	448	1526
47.0	74.2	84.0	65.9	51.2	468	455	1550
47.5	74.5	84.3	66.4	51.8	475	463	1575
48.0	74.7	84.6	66.8	52.4	482	470	1600
48.5	75.0	84.9	67.3	53.0	489	478	1626
49.0	75.3	85.2	67.7	53.6	497	486	1653
49.5	75.5	85.5	68.2	54.2	504	494	1681
50.0	75.8	85.7	68.6	54.7	512	502	1710
50.5	76.1	86.0	69.1	55.3	520	510	
51.0	76.3	86.3	69.5	55.9	527	518	
51.5	76.6	86.6	70.0	56.5	535	527	
52.0	76.9	86.8	70.4	57.1	544	535	
52.5	77.1	87.1	70.9	57.6	552	544	
53.0	77.4	87.4	71.3	58.2	561	552	
53.5	77.7	87.6	71.8	58.8	569	561	
54.0	77.9	87.9	72.2	59.4	578	569	
54.5	78.2	88.1	72.6	59.9	587	577	
55.0	78.5	88.4	73.1	60.5	596	585	
55.5	78.7	88.6	73.5	61.1	606	593	
56.0	79.0	88.9	73.9	61.7	615	601	
56.5	79.3	89.1	74.4	62.2	625	608	
57.0	79.5	89.4	74.8	62.8	635	616	
57.5	79.8	89.6	75.2	63.4	645	622	
58.0	80.1	89.8	75.6	63.9	655	628	
58.5	80.3	90.0	76.1	64.5	666	634	
59.0	80.6	90.2	76.5	65.1	676	639	
59.5	80.9	90.4	76.9	65.6	687	643	
60.0	81.2	90.6	77.3	66.2	698	647	
60.5	81.4	90.8	77.7	66.8	710	650	
61.0	81.7	91.0	78.1	67.3	721		
61.5	82.0	91.2	78.6	67.9	733		
62.0	82.2	91.4	79.0	68.4	745		
62.5	82.5	91.5	79.4	69.0	757		
63.0	82.8	91.7	79.8	69.5	770		
63.5	83.1	91.8	80.2	70.1	782		
64.0	83.3	91.9	80.6	70.6	795		
64.5	83.6	92.1	81.0	71.2	809		
65.0	83.9	92.2	81.3	71.7	822		

续表

硬度							抗拉强度 MPa （碳 钢）
洛氏		表 面 洛 氏			维氏	布氏 (F/D²=30)	
HRC	HRA	HR15N	HR30N	HR45N	HV	HBW	
65.5	84.1				836		
66.0	84.4				850		
66.5	84.7				865		
67.0	85.0				879		
67.5	85.2				894		
68.0	85.0				909		

注：1. 本表适用于包括碳钢、铬钢、铬钒钢、铬镍钢、铬钼钢、铬镍钼钢、铬锰硅钢、超高强度钢、不锈钢等钢系中碳含量由低到高的主要钢种。

2. 本标准所列换算值只有当试件组织均匀一致时，才能得到较精确的结果。

钢铁（黑色金属）硬度及强度换算（主要适用于低碳钢）（GB/T 1172—1999）　　**表 1-27**

硬度							抗拉强度 MPa
洛氏	表 面 洛 氏			维氏	布氏		
					HBW		
HRB	HR15T	HR30T	HR45T	HV	F/D²=10	F/D²=30	
60.0	80.4	56.1	30.4	105	102		375
60.5	80.5	56.4	30.9	105	102		377
61.0	80.7	56.7	31.4	106	103		379
61.5	80.8	57.1	31.9	107	103		381
62.0	80.9	57.4	32.4	108	104		382
62.5	81.1	57.7	32.9	108	104		384
63.0	81.2	58.0	33.5	109	105		386
63.5	81.4	58.3	34.0	110	105		388
64.0	81.5	58.7	34.5	110	106		390
64.5	81.6	59.0	35.0	111	106		393
65.0	81.8	59.3	35.5	112	107		395
65.5	81.9	59.6	36.1	113	107		397
66.0	82.1	59.9	36.6	114	108		399
66.5	82.2	60.3	37.1	115	108		402
67.0	82.3	60.6	37.6	115	109		404
67.5	82.5	60.9	38.1	116	110		407
68.0	82.6	61.2	38.6	117	110		409
68.5	82.7	61.5	39.2	118	111		412
69.0	82.9	61.9	39.7	119	112		415
69.5	83.0	62.2	40.2	120	112		418
70.0	83.2	62.5	40.7	121	113		421
70.5	83.3	62.8	41.2	122	114		424
71.0	83.4	63.1	41.7	123	115		427
71.5	83.6	63.5	42.3	124	115		430
72.0	83.7	63.8	42.8	125	116		433
72.5	83.9	64.1	43.3	126	117		437
73.0	84.0	64.4	43.8	128	118		440
73.5	84.1	64.7	44.3	129	119		444
74.0	84.3	65.1	44.8	130	120		447
74.5	84.4	65.4	45.4	131	121		451

硬				度			抗拉强度
洛氏	表 面 洛 氏			维氏	布氏		
HRB	HR15T	HR30T	HR45T	HV	HBW		MPa
					$F/D^2=10$	$F/D^2=30$	
75.0	84.5	65.7	45.9	132	122		455
75.5	84.7	66.0	46.4	134	123		459
76.0	84.8	66.3	46.9	135	124		463
76.5	85.0	66.6	47.4	136	125		467
77.0	85.1	67.0	47.9	138	126		471
77.5	85.2	67.3	48.5	139	127		475
78.0	85.4	67.6	49.0	140	128		480
78.5	85.5	67.9	49.5	142	129		484
79.0	85.7	68.2	50.0	143	130		489
79.5	85.8	68.6	50.5	145	132		493
80.0	85.9	68.9	51.0	146	133		498
80.5	86.1	69.2	51.6	148	134		503
81.0	86.2	69.5	52.1	149	136		508
81.5	86.3	69.8	52.6	151	137		513
82.0	86.5	70.2	53.1	152	138		518
82.5	86.6	70.5	53.6	154	140		523
83.0	86.8	70.8	54.1	156		152	529
83.5	86.9	71.1	54.7	157		154	534
84.0	87.0	71.4	55.2	159		155	540
84.5	87.2	71.8	55.7	161		156	546
85.0	87.3	72.1	56.2	163		158	551
85.5	87.5	72.4	56.7	165		159	557
86.0	87.6	72.7	57.2	166		161	563
86.5	87.7	73.0	57.8	168		163	570
87.0	87.9	73.4	58.3	170		164	576
87.5	88.0	73.7	58.8	172		166	582
88.0	88.1	74.0	59.3	174		168	589
88.5	88.3	74.3	59.8	176		170	596
89.0	88.4	74.6	60.3	178		172	603
89.5	88.6	75.0	60.9	180		174	609
90.0	88.7	75.3	61.4	183		176	617
90.5	88.8	75.6	61.9	185		178	624
91.0	89.0	75.9	62.4	187		180	631
91.5	89.1	76.2	62.9	189		182	639
92.0	89.3	76.6	63.4	191		184	646
92.5	89.4	76.9	64.0	194		187	654
93.0	89.5	77.2	64.5	196		189	662
93.5	89.7	77.5	65.0	199		192	670
94.0	89.8	77.8	65.5	201		195	678
94.5	89.9	78.2	66.0	203		197	686
95.0	90.1	78.5	66.5	206		200	695
95.5	90.2	78.8	67.1	208		203	703
96.0	90.4	79.1	67.6	211		206	712
96.5	90.5	79.4	68.1	214		209	721
97.0	90.6	79.8	68.6	216		212	730
97.5	90.8	80.1	69.1	219		215	739

续表

硬　　　　　度					布氏		抗拉强度 MPa
洛氏	表 面 洛 氏			维氏	HBW		
HRB	HR15T	HR30T	HR45T	HV	$F/D^2=10$	$F/D^2=30$	
98.0	90.9	80.4	69.6	222		218	749
98.5	91.1	80.7	70.2	225		222	758
99.0	91.2	81.0	70.7	227		226	768
99.5	91.3	81.4	71.2	230		229	778
100.0	91.5	81.7	71.7	233		232	788

注：1. 本表主要适用于表 1-26 注 1 中所列钢系中的低碳钢。

　　2. 本标准所列换算值只有当试件组织均匀一致时，才能得到较精确的结果。

（2）铜合金硬度与强度换算（表 1-28）

铜合金硬度与强度换算（GB/T 3771—1983）　　　　表 1-28

硬　　　　　度						抗拉强度/MPa							
布氏	维氏	洛氏		表面洛氏			黄铜		铍青铜				
							板材	棒材	板材			棒材		
HB $30D^2$	HV	HRB	HRF	HR 15T	HR 30T	HR 45T	σ_b	σ_b	σ_b	$\sigma_{0.2}$	$\sigma_{0.01}$	σ_b	$\sigma_{0.2}$	$\sigma_{0.01}$
90.0	90.5	53.7	87.1	77.2	50.8	26.7	—	—	—	—	—	—	—	—
91.0	91.5	53.9	87.2	77.3	51.0	26.9	—	—	—	—	—	—	—	—
92.0	92.6	54.2	87.4	77.4	51.2	27.2	—	—	—	—	—	—	—	—
93.0	93.6	54.5	87.6	77.5	51.4	27.6	—	—	—	—	—	—	—	—
94.0	94.7	54.8	87.7	77.6	51.6	27.7	—	—	—	—	—	—	—	—
95.0	95.7	55.1	87.9	77.7	51.8	28.1	—	—	—	—	—	—	—	—
96.0	96.8	55.5	88.1	77.8	52.0	28.4	—	—	—	—	—	—	—	—
97.0	97.8	55.8	88.3	77.9	52.3	28.8	—	—	—	—	—	—	—	—
98.0	98.9	56.2	88.5	78.0	52.5	29.1	—	—	—	—	—	—	—	—
99.0	99.9	56.6	88.8	78.2	52.9	29.6	—	—	—	—	—	—	—	—
100.0	101.0	57.1	89.1	78.3	53.2	30.1	—	—	—	—	—	—	—	—
101.0	102.0	57.5	89.3	78.5	53.5	30.5	—	—	—	—	—	—	—	—
102.0	103.0	58.0	89.6	78.6	53.8	31.0	—	—	—	—	—	—	—	—
103.0	104.1	58.5	89.9	78.8	54.2	31.5	—	—	—	—	—	—	—	—
104.0	105.1	58.9	90.1	78.9	54.4	31.9	—	—	—	—	—	—	—	—
105.0	106.2	59.4	90.4	79.1	54.8	32.4	—	—	—	—	—	—	—	—
106.0	107.2	60.0	90.7	79.2	55.1	32.9	—	—	—	—	—	—	—	—
107.0	108.3	60.5	91.0	79.4	55.5	33.4	—	—	—	—	—	—	—	—
108.0	109.3	61.0	91.3	79.6	55.8	33.9	—	—	—	—	—	—	—	—
109.0	110.4	61.5	91.6	79.7	56.2	34.4	—	—	—	—	—	—	—	—
110.0	111.4	62.1	91.9	79.9	56.5	35.0	372	384	—	—	—	—	—	—
111.0	112.5	62.6	92.2	80.1	56.9	35.5	374	387	—	—	—	—	—	—
112.0	113.5	63.2	92.6	80.3	57.4	36.2	375	389	—	—	—	—	—	—
113.0	114.6	63.7	92.8	80.4	57.6	36.5	377	392	—	—	—	—	—	—
114.0	115.6	64.3	93.2	80.6	58.1	37.2	379	395	—	—	—	—	—	—
115.0	116.7	64.9	93.5	80.8	58.4	37.7	380	398	—	—	—	—	—	—
116.0	117.7	65.4	93.8	81.0	58.8	38.2	382	400	—	—	—	—	—	—
117.0	118.8	66.0	94.2	81.2	59.3	38.9	384	403	—	—	—	—	—	—
118.0	119.8	66.6	94.5	81.4	59.6	39.4	385	406	—	—	—	—	—	—
119.0	120.9	67.1	94.8	81.5	60.0	40.0	388	409	—	—	—	—	—	—
120.0	121.9	67.7	95.1	81.7	60.3	40.5	390	412	—	—	—	—	—	—

续表

硬　　度							抗拉强度/MPa							
布氏	维氏	洛氏		表面洛氏			黄铜		铍青铜					
							板材	棒材	板材			棒材		
HB 30D²	HV	HRB	HRF	HR 15T	HR 30T	HR 45T	σ_b	σ_b	σ_b	$\sigma_{0.2}$	$\sigma_{0.01}$	σ_b	$\sigma_{0.2}$	$\sigma_{0.01}$
121.0	122.9	68.2	95.4	81.9	60.7	41.0	392	414						
122.0	124.0	68.8	95.8	82.1	61.2	41.7	394	417	—	—	—	—	—	—
123.0	125.0	69.4	96.1	82.3	61.5	42.2	396	420	—	—	—	—	—	—
124.0	126.1	69.9	96.4	82.5	61.9	42.7	399	423	—	—	—	—	—	—
125.0	127.1	70.5	96.7	82.6	62.2	43.2	401	426	—	—	—	—	—	—
126.0	128.2	71.0	97.0	82.8	62.6	43.7	404	429	—	—	—	—	—	—
127.0	129.2	71.5	97.3	83.0	63.0	44.3	406	431	—	—	—	—	—	—
128.0	130.3	72.1	97.7	83.2	63.4	44.9	409	434	—	—	—	—	—	—
129.0	131.3	72.6	97.9	83.3	63.7	45.3	411	437	—	—	—	—	—	—
130.0	132.4	73.1	98.2	83.5	64.0	45.8	414	440	—	—	—	—	—	—
131.0	133.4	73.6	98.5	83.6	64.4	46.3	417	443	—	—	—	—	—	—
132.0	134.5	74.1	98.8	83.8	64.7	46.8	420	447	—	—	—	—	—	—
133.0	135.5	74.7	99.2	84.0	65.2	47.5	423	450	—	—	—	—	—	—
134.0	136.6	75.1	99.4	84.1	65.5	47.9	426	453	—	—	—	—	—	—
135.0	137.6	75.6	99.7	84.3	65.8	48.4	429	456	—	—	—	—	—	—
136.0	138.6	76.1	100.0	84.5	66.2	48.9	431	459	—	—	—	—	—	—
137.0	139.7	76.6	100.2	84.6	66.4	49.2	434	463	—	—	—	—	—	—
138.0	140.7	77.0	100.5	84.8	66.8	49.8	437	466	—	—	—	—	—	—
139.0	141.8	77.5	100.8	84.9	67.1	50.3	440	469	—	—	—	—	—	—
140.0	142.8	77.9	101.0	85.0	67.4	50.6	444	472	—	—	—	—	—	—
141.0	143.9	78.4	101.3	85.2	67.7	51.1	447	476	—	—	—	—	—	—
142.0	144.9	78.8	101.5	85.3	67.9	51.5	451	479	—	—	—	—	—	—
143.0	146.0	79.2	101.7	85.4	68.2	51.8	454	482	—	—	—	—	—	—
144.0	147.0	79.7	102.0	85.6	68.5	52.3	458	485	—	—	—	—	—	—
145.0	148.1	80.1	102.2	85.7	68.8	52.7	461	488	—	—	—	—	—	—
146.0	149.1	80.5	102.5	85.8	69.1	53.2	465	492	—	—	—	—	—	—
147.0	150.2	80.8	102.6	85.9	69.3	53.4	469	495	—	—	—	—	—	—
148.0	151.2	81.2	102.9	86.1	69.6	53.9	473	499	—	—	—	—	—	—
149.0	152.3	81.6	103.1	86.2	69.8	54.2	477	502	—	—	—	—	—	—
150.0	153.3	82.0	103.3	86.3	70.1	54.6	480	506	—	—	—	—	—	—
151.0	154.3	82.3	103.5	86.4	70.3	54.9	483	509	—	—	—	—	—	—
152.0	155.4	82.7	103.7	86.6	70.6	55.3	488	513	—	—	—	—	—	—
153.0	156.4	83.0	103.9	86.7	70.8	55.6	492	516	—	—	—	—	—	—
154.0	157.5	83.3	104.1	86.8	71.0	56.0	496	520	—	—	—	—	—	—
155.0	158.5	83.7	104.3	86.9	71.3	56.3	500	524	—	—	—	—	—	—
156.0	159.6	84.0	104.5	87.0	71.5	56.6	504	527	—	—	—	—	—	—
157.0	160.6	84.3	104.7	87.1	71.7	57.0	509	530	—	—	—	—	—	—
158.0	161.7	84.6	104.8	87.2	71.9	57.2	513	534	—	—	—	—	—	—
159.0	162.7	84.9	105.0	87.3	72.1	57.5	518	537	—	—	—	—	—	—
160.0	163.8	85.2	105.2	87.4	72.3	57.9	522	541	—	—	—	—	—	—
161.0	164.8	85.5	105.3	87.5	72.5	58.0	527	545	—	—	—	—	—	—
162.0	165.9	85.8	105.5	87.6	72.7	58.4	531	549	—	—	—	—	—	—
163.0	166.9	86.0	105.6	87.6	72.8	58.5	535	553	—	—	—	—	—	—
164.0	168.0	86.3	105.8	87.7	73.1	58.9	540	556	—	—	—	—	—	—

硬　　　度							抗拉强度/MPa							
布氏	维氏	洛氏		表面洛氏			黄铜		铍青铜					
							板材	棒材	板材			棒材		
HB 30D²	HV	HRB	HRF	HR 15T	HR 30T	HR 45T	σ_b	σ_b	σ_b	$\sigma_{0.2}$	$\sigma_{0.01}$	σ_b	$\sigma_{0.2}$	$\sigma_{0.01}$
165.0	169.0	86.6	106.0	87.9	73.3	59.2	545	560	—	—	—	—	—	—
166.0	170.1	86.8	106.1	87.9	73.4	59.4	550	564	—	—	—	—	—	—
167.0	171.1	87.1	106.3	88.0	73.7	59.7	555	568	—	—	—	—	—	—
168.0	172.1	87.4	106.4	88.1	73.8	59.9	560	572	—	—	—	—	—	—
169.0	173.2	87.6	106.5	88.1	73.9	60.1	565	576	—	—	—	—	—	—
170.0	174.2	87.9	106.7	88.2	74.1	60.4	570	580	545	467	326	649	367	285
171.0	175.3	88.1	106.8	88.3	74.2	60.6	575	583	548	470	329	652	371	288
172.0	176.3	88.4	107.0	88.4	74.5	61.0	580	587	551	473	330	654	375	291
173.0	177.4	88.6	107.1	88.4	74.6	61.1	585	591	555	477	333	657	379	294
174.0	178.4	88.8	107.2	88.5	74.7	61.3	590	595	558	480	335	660	382	297
175.0	179.5	89.1	107.4	88.6	75.0	61.6	596	599	561	483	337	662	386	300
176.0	180.5	89.3	107.5	88.7	75.1	61.8	601	603	565	486	340	665	390	303
177.0	181.6	89.6	107.7	88.8	75.3	62.2	607	607	568	489	342	668	394	306
178.0	182.6	89.8	107.8	88.9	75.4	62.3	612	612	571	493	345	670	398	308
179.0	183.7	90.0	107.9	88.9	75.6	62.5	618	616	575	496	347	673	402	311
180.0	184.7	90.3	108.1	89.0	75.8	62.8	624	620	578	499	349	676	406	314
181.0	185.8	90.5	108.2	89.1	75.9	63.0	630	624	581	503	352	678	410	317
182.0	186.8	90.8	108.4	89.2	76.1	63.4	635	628	584	506	354	681	414	320
183.0	187.8	91.0	108.5	89.3	76.3	63.5	640	633	587	510	357	684	418	323
184.0	188.9	91.3	108.7	89.4	76.5	63.9	646	636	591	513	359	686	422	326
185.0	189.9	91.5	108.8	89.4	76.6	64.1	653	640	594	516	361	688	426	329
186.0	191.0	91.8	109.0	89.5	76.9	64.4	659	645	597	520	364	691	430	330
187.0	192.0	92.0	109.1	89.6	77.0	64.6	665	649	601	523	366	694	433	333
188.0	193.1	92.3	109.2	89.7	77.1	64.7	671	653	604	527	368	697	437	336
189.0	194.1	92.5	109.4	89.8	77.3	65.1	677	658	608	530	371	700	441	339
190.0	195.2	92.8	109.5	89.8	77.5	65.3	684	662	611	533	373	703	445	342
191.0	196.2	93.1	109.7	89.9	77.7	65.6	689	667	614	536	376	705	449	345
192.0	197.3	93.3	109.8	90.0	77.8	65.8	696	671	618	539	378	708	453	348
193.0	198.3	93.6	110.0	90.1	78.0	66.1	702	676	621	542	380	711	457	351
194.0	199.4	93.9	110.2	90.2	78.3	66.5	709	680	625	546	382	714	461	353
195.0	200.4	94.2	110.3	90.3	78.4	66.6	715	685	628	549	384	717	465	356
196.0	201.5	94.4	110.4	90.3	78.5	66.8	722	688	631	553	387	720	469	359
197.0	202.5	94.7	110.6	90.4	78.8	67.2	729	693	634	556	389	723	473	362
198.0	203.5	95.0	110.8	90.6	79.0	67.5	735	698	637	559	392	726	477	365
199.0	204.6	95.3	111.0	90.7	79.2	67.8	742	702	641	563	394	729	481	368
200.0	205.6	95.6	111.1	90.7	79.4	68.0	749	707	644	566	396	732	484	371
201.0	206.7	95.9	111.3	90.8	79.6	68.4	—	—	648	570	399	735	488	374
202.0	207.7	96.2	111.5	90.9	79.8	68.7	—	—	651	573	401	737	492	376
203.0	208.8	96.5	111.7	91.1	80.1	69.0	—	—	654	576	404	740	496	378
204.0	209.8	96.8	111.8	91.2	80.2	69.2	—	—	658	580	406	743	500	381
205.0	210.9	97.2	112.1	91.3	80.5	69.7	—	—	661	583	408	746	504	384
206.0	211.9	97.5	112.2	91.4	80.9	69.9	—	—	665	586	411	749	508	387
207.0	212.9	97.8	112.4	91.5	80.9	70.2	—	—	668	589	413	752	512	390
208.0	214.0	98.1	112.6	91.6	81.1	70.6	—	—	672	592	416	755	516	393

续表

硬　　度						抗拉强度/MPa							
布氏	维氏	洛氏		表面洛氏			黄铜		铍青铜				
									板材			棒材		
HB	HV	HRB	HRF	HR	HR	HR	板材	棒材					
$30D^2$				15T	30T	45T	σ_b	σ_b	σ_b	$\sigma_{0.2}$	$\sigma_{0.01}$	σ_b	$\sigma_{0.2}$	$\sigma_{0.01}$
209.0	215.0	98.4	112.7	91.7	81.3	70.8	—	—	675	596	418	758	520	396
210.0	216.1	98.8	113.0	91.8	81.6	71.3	—	—	679	599	420	761	524	398
211.0	217.2	17.8	59.1	67.8	38.7	17.1	—	—	682	602	423	764	528	401
212.0	218.2	18.0	59.2	67.9	38.9	17.3	—	—	685	606	425	767	532	404
213.0	219.3	18.2	59.3	68.0	39.0	17.6	—	—	688	609	428	770	535	407
214.0	220.3	18.4	59.4	68.2	39.2	17.8	—	—	692	613	430	774	539	410
215.0	221.3	18.6	59.5	68.3	39.4	18.0	—	—	695	616	431	777	543	413
216.0	222.4	18.8	59.6	68.4	39.6	18.3	—	—	699	619	434	780	547	416
217.0	223.4	18.9	59.7	68.4	39.7	18.4	—	—	702	623	436	783	551	419
218.0	224.5	19.1	59.8	68.5	39.9	18.6	—	—	706	626	438	786	555	421
219.0	225.5	19.3	59.9	68.7	40.1	18.9	—	—	709	630	441	788	559	424
220.0	226.6	19.5	60.0	68.8	40.3	19.1	—	—	713	633	443	792	563	427
221.0	227.6	19.7	60.1	68.9	40.5	19.3	—	—	716	635	446	795	567	430
222.0	228.7	19.9	60.2	69.0	40.7	19.6	—	—	720	639	448	798	571	432
223.0	229.7	20.0	60.2	69.1	40.8	19.7	—	—	723	642	450	801	575	435
224.0	230.8	20.2	60.3	69.2	40.9	19.9	—	—	727	645	453	804	579	438
225.0	231.8	20.4	60.4	69.3	41.1	20.1	—	—	730	649	455	808	583	441
226.0	232.9	20.6	60.5	69.4	41.3	20.4	—	—	734	652	458	811	586	443
227.0	233.9	20.8	60.6	69.5	41.5	20.6	—	—	736	656	460	814	590	446
228.0	235.0	20.9	60.7	69.6	41.6	20.7	—	—	740	659	462	817	594	449
229.0	236.0	21.1	60.8	69.7	41.8	21.0	—	—	743	662	465	820	597	452
230.0	237.0	21.3	60.9	69.8	42.0	21.2	—	—	747	666	467	824	601	455
231.0	238.1	21.5	61.0	69.9	42.2	21.4	—	—	750	669	470	827	605	458
232.0	239.1	21.7	61.1	70.0	42.4	21.6	—	—	754	673	472	831	609	461
233.0	240.2	21.8	61.2	70.1	42.5	21.8	—	—	757	676	474	834	613	464
234.0	241.2	22.0	61.3	70.2	42.6	22.0	—	—	761	679	477	837	617	466
235.0	242.3	22.2	61.4	70.3	42.8	22.2	—	—	764	683	479	840	621	469
236.0	243.3	22.4	61.5	70.4	43.0	22.5	—	—	768	685	482	843	625	472
237.0	244.4	22.5	61.5	70.5	43.1	22.6	—	—	772	689	483	846	629	475
238.0	245.4	22.7	61.6	70.6	43.3	22.8	—	—	775	692	485	850	633	478
239.0	246.5	22.9	61.7	70.7	43.5	23.0	—	—	779	695	488	853	636	481
240.0	247.5	23.0	61.8	70.8	43.6	23.2	—	—	782	699	490	857	640	483
241.0	248.6	23.2	61.9	70.9	43.8	23.4	—	—	786	702	493	860	644	486
242.0	249.6	23.4	62.0	71.0	44.0	23.7	—	—	788	705	495	863	648	488
243.0	250.7	23.6	62.1	71.1	44.2	23.9	—	—	792	709	497	867	652	491
244.0	251.7	23.7	62.1	71.1	44.3	24.0	—	—	796	712	500	870	656	494
245.0	252.7	23.9	62.2	71.2	44.4	24.2	—	—	799	716	502	874	660	497
246.0	253.8	24.1	62.3	71.3	44.6	24.4	—	—	803	719	505	877	664	500
247.0	254.8	24.2	62.4	71.4	44.7	24.6	—	—	806	722	507	881	668	503
248.0	255.9	24.4	62.5	71.5	44.9	24.8	—	—	810	726	509	884	672	506
249.0	256.9	24.6	62.6	71.6	45.1	25.0	—	—	814	729	512	888	676	509
250.0	258.0	24.7	62.6	71.7	45.2	25.1	—	—	817	733	514	890	680	510
251.0	259.0	24.9	62.7	71.8	45.4	25.4	—	—	821	735	517	894	684	514
252.0	260.1	25.1	62.8	71.9	45.6	25.6	—	—	824	738	519	897	687	517

硬　　度							抗拉强度/MPa							
布氏	维氏	洛氏		表面洛氏			黄铜		铍青铜					
							板材	棒材	板材			棒材		
HB 30D²	HV	HRB	HRF	HR 15T	HR 30T	HR 45T	σ_b	σ_b	σ_b	$\sigma_{0.2}$	$\sigma_{0.01}$	σ_b	$\sigma_{0.2}$	$\sigma_{0.01}$
253.0	261.1	25.2	62.9	72.0	45.7	25.7	—	—	828	742	521	901	691	520
254.0	262.2	25.4	63.0	72.1	45.9	26.0	—	—	832	745	524	904	696	523
255.0	263.2	25.6	63.1	72.2	46.1	26.2	—	—	836	748	526	908	699	526
256.0	264.3	25.7	63.1	72.3	46.2	26.3	—	—	838	752	529	911	703	529
257.0	265.3	25.9	63.2	72.4	46.3	26.5	—	—	842	755	531	915	707	532
258.0	266.4	26.0	63.3	72.4	46.4	26.7	—	—	845	759	533	918	711	533
259.0	267.4	26.2	63.4	72.5	46.6	26.9	—	—	849	762	535	922	715	536
260.0	268.5	26.4	63.5	72.6	46.8	27.1	—	—	852	765	537	925	719	539
261.0	269.5	26.5	63.5	72.7	46.9	27.2	—	—	856	769	540	929	723	542
262.0	270.5	26.7	63.6	72.8	47.1	27.4	—	—	860	772	542	933	727	545
263.0	271.6	26.8	63.7	72.9	47.2	27.6	—	—	863	776	544	936	731	548
264.0	272.6	27.0	63.8	73.0	47.4	27.8	—	—	867	779	547	939	735	551
265.0	273.7	27.2	63.9	73.1	47.6	28.0	—	—	871	782	549	942	738	554
266.0	274.7	27.3	64.0	73.2	47.7	28.2	—	—	874	786	551	946	742	556
267.0	275.8	27.5	64.1	73.3	47.9	28.4	—	—	878	788	554	950	746	559
268.0	276.8	27.6	64.1	73.3	48.0	28.6	—	—	882	792	556	953	750	562
269.0	277.9	27.8	64.2	73.4	48.1	28.8	—	—	885	795	559	957	754	565
270.0	278.9	27.9	64.3	73.5	48.2	28.9	—	—	888	798	561	961	758	568
271.0	280.0	28.1	64.4	73.6	48.4	29.1	—	—	892	802	563	964	762	571
272.0	281.0	28.2	64.4	73.7	48.5	29.2	—	—	895	805	566	968	766	574
273.0	282.1	28.4	64.5	73.8	48.7	29.4	—	—	899	808	568	972	770	577
274.0	283.1	28.6	64.6	73.9	48.9	29.6	—	—	903	812	571	975	774	580
275.0	284.2	28.7	64.7	74.0	49.0	29.8	—	—	907	815	573	979	778	582
276.0	285.2	28.9	64.8	74.1	49.2	30.0	—	—	910	819	575	983	782	584
277.0	286.2	29.0	64.8	74.1	49.3	30.1	—	—	914	822	578	986	786	587
278.0	287.3	29.2	64.9	74.2	49.5	30.3	—	—	918	825	580	989	789	590
279.0	288.3	29.3	65.0	74.3	49.6	30.5	—	—	921	829	583	993	793	593
280.0	289.4	29.5	65.1	74.4	49.8	30.7	—	—	925	832	584	997	797	596
281.0	290.4	29.6	65.1	74.5	49.9	30.9	—	—	929	836	586	1000	801	599
282.0	291.5	29.8	65.2	74.6	50.0	31.1	—	—	932	838	589	1004	805	602
283.0	292.5	29.9	65.3	74.6	50.1	31.2	—	—	936	841	591	1008	809	604
284.0	293.6	30.1	65.4	74.7	50.3	31.4	—	—	939	845	594	1012	813	607
285.0	294.6	30.2	65.4	74.8	50.4	31.6	—	—	943	848	596	1015	817	610
286.0	295.7	30.4	65.5	74.9	50.6	31.8	—	—	946	851	598	1019	821	613
287.0	296.7	30.5	65.6	75.0	50.7	31.9	—	—	950	855	601	1023	825	616
288.0	297.8	30.7	65.7	75.1	50.9	32.1	—	—	954	858	603	1027	829	619
289.0	298.8	30.8	65.7	75.1	51.0	32.3	—	—	958	862	606	1030	832	622
290.0	299.9	31.0	65.8	75.2	51.2	32.5	—	—	961	865	608	1034	836	625
291.0	300.9	31.1	65.9	75.3	51.3	32.6	—	—	965	868	610	1038	839	627
292.0	301.9	31.2	65.9	75.4	51.4	32.7	—	—	969	872	613	1041	843	630
293.0	303.0	31.4	66.0	75.5	51.6	32.9	—	—	973	875	615	1045	847	633
294.0	304.0	31.5	66.1	75.5	51.7	33.1	—	—	976	879	618	1049	851	635
295.0	305.1	31.7	66.2	75.6	51.8	33.3	—	—	980	882	620	1052	855	638
296.0	306.1	31.8	66.2	75.7	51.9	33.4	—	—	984	885	622	1056	859	642

续表

硬　　度						抗拉强度/MPa							
布氏	维氏	洛氏		表面洛氏			黄铜		铍青铜					
									板材			棒材		
HB 30D²	HV	HRB	HRF	HR 15T	HR 30T	HR 45T	板材 σ_b	棒材 σ_b	σ_b	$\sigma_{0.2}$	$\sigma_{0.01}$	σ_b	$\sigma_{0.2}$	$\sigma_{0.01}$
297.0	307.2	32.0	66.3	75.8	52.1	33.6	—	—	988	888	625	1060	863	644
298.0	308.2	32.1	66.4	75.9	52.2	33.8	—	—	990	891	627	1064	867	647
299.0	309.3	32.3	66.5	76.0	52.4	34.0	—	—	994	895	630	1068	871	649
300.0	310.3	32.4	66.5	76.0	52.5	34.1	—	—	998	898	632	1072	875	652
301.0	311.4	32.5	66.6	76.1	52.6	34.2	—	—	1002	901	634	1075	879	657
302.0	312.4	32.7	66.7	76.2	52.8	34.4	—	—	1006	905	636	1079	883	658
303.0	313.5	32.8	66.8	76.3	52.9	34.6	—	—	1009	908	638	1083	887	661
304.0	314.5	33.0	66.9	76.4	53.1	34.8	—	—	1013	911	641	1087	890	664
305.0	315.6	33.1	66.9	76.4	53.2	34.9	—	—	1017	915	643	1090	894	667
306.0	316.6	33.2	67.0	76.5	53.3	35.0	—	—	1021	918	645	1094	898	670
307.0	317.7	33.4	67.1	76.6	53.5	35.2	—	—	1025	921	648	1098	902	672
308.0	318.7	33.5	67.1	76.7	53.6	35.4	—	—	1028	925	650	1102	906	675
309.0	319.7	33.7	67.2	76.8	53.7	35.6	—	—	1032	928	653	1105	910	678
310.0	320.8	33.8	67.3	76.8	53.8	35.7	—	—	1036	932	655	1109	914	681
311.0	321.8	33.9	67.3	76.9	53.9	35.9	—	—	1040	935	657	1113	918	684
312.0	322.9	34.1	67.4	77.0	45.1	36.1	—	—	1043	938	660	1117	922	686
313.0	323.9	34.2	67.5	77.0	54.2	36.2	—	—	1046	941	662	1121	926	689
314.0	325.0	34.3	67.5	77.1	54.3	36.3	—	—	1050	944	664	1125	930	692
315.0	326.0	34.5	67.6	77.2	54.5	36.5	—	—	1054	948	666	1129	934	694
316.0	327.1	34.6	67.7	77.3	54.6	36.7	—	—	1058	951	669	1133	938	697
317.0	328.1	34.8	67.8	77.4	54.8	36.9	—	—	1062	955	672	1137	941	700
318.0	329.2	34.9	67.8	77.4	54.9	37.0	—	—	1066	958	674	1140	945	703
319.0	330.2	35.0	67.9	77.5	55.0	37.2	—	—	1069	961	676	1144	949	706
320.0	331.3	35.2	68.0	77.6	55.2	37.4	—	—	1072	965	679	1148	953	709
321.0	332.3	35.3	68.0	77.6	55.3	37.5	—	—	1077	968	681	1152	957	712
322.0	333.4	35.4	68.1	77.7	55.4	37.6	—	—	1081	971	684	1156	961	715
323.0	334.4	35.6	68.2	77.8	55.5	37.8	—	—	1085	974	685	1160	965	717
324.0	335.4	35.7	68.2	77.9	55.6	38.0	—	—	1089	978	687	1164	969	720
325.0	336.5	35.8	68.3	78.0	55.7	38.1	—	—	1092	982	690	1168	973	723
326.0	337.5	36.0	68.4	78.1	55.9	38.3	—	—	1095	985	692	1172	977	726
327.0	338.6	36.1	68.4	78.1	56.0	38.4	—	—	1099	988	695	1176	981	729
328.0	339.6	36.2	68.5	78.2	56.1	38.5	—	—	1103	992	697	1180	985	732
329.0	340.7	36.4	68.6	78.3	56.3	38.8	—	—	1107	994	699	1183	989	735
330.0	341.7	36.5	68.6	78.3	56.4	38.9	—	—	1111	998	702	1187	992	737
331.0	342.8	36.6	68.7	78.4	56.5	39.0	—	—	1115	1001	704	1191	996	739
332.0	343.8	36.7	68.7	78.5	56.6	39.1	—	—	1119	1004	707	1194	1000	742
333.0	344.9	36.9	68.8	78.6	56.8	39.4	—	—	1123	1008	709	1199	1004	745
334.0	345.9	37.0	68.9	78.6	56.9	39.5	—	—	1127	1011	711	1203	1008	748
335.0	347.0	37.1	68.9	78.7	57.0	39.6	—	—	1130	1014	714	1207	1012	751
336.0	348.0	37.3	69.0	78.8	57.1	39.8	—	—	1134	1018	716	1211	1016	754
337.0	349.1	37.4	69.1	78.8	57.2	39.9	—	—	1138	1021	719	1215	1020	757
338.0	350.1	37.5	69.1	78.9	57.3	40.1	—	—	1141	1025	721	1219	1024	760
339.0	351.1	37.7	69.2	79.0	57.5	40.3	—	—	1145	1028	723	1223	1028	762
340.0	352.2	37.8	69.3	79.1	57.6	40.4	—	—	1149	1031	726	1227	1032	765

续表

硬 度								抗拉强度/MPa						
布氏	维氏	洛氏		表面洛氏			黄铜		铍青铜					
									板材			棒材		
HB 30D²	HV	HRB	HRF	HR 15T	HR 30T	HR 45T	板材 σ_b	棒材 σ_b	σ_b	$\sigma_{0.2}$	$\sigma_{0.01}$	σ_b	$\sigma_{0.2}$	$\sigma_{0.01}$
341.0	353.2	37.9	69.3	79.1	57.7	40.5	—	—	1153	1035	728	1231	1036	768
342.0	354.3	38.0	69.4	79.2	57.8	40.6	—	—	1157	1038	731	1235	1040	771
343.0	355.3	38.2	69.5	79.3	58.0	40.9	—	—	1161	1041	733	1239	1043	774
344.0	356.4	38.3	69.5	79.3	58.1	41.0	—	—	1165	1044	735	1243	1047	777
345.0	357.4	38.4	69.6	79.4	58.2	41.1	—	—	1169	1047	737	1246	1051	780
346.0	358.5	38.5	69.7	79.5	58.3	41.2	—	—	1173	1051	739	1250	1055	783
347.0	359.5	38.7	69.8	79.6	58.5	41.5	—	—	1177	1054	742	1254	1059	785
348.0	360.6	38.8	69.8	79.6	58.6	41.6	—	—	1181	1058	744	1258	1063	787
349.0	361.6	38.9	69.9	79.7	58.7	41.7	—	—	1184	1061	746	1262	1066	790
350.0	362.7	39.0	69.9	79.8	58.8	41.8	—	—	1188	1064	749	1266	1070	793
351.0	363.7	39.2	70.0	79.9	58.9	42.0	—	—	1192	1068	751	1270	1074	796
352.0	364.8	39.3	70.1	79.9	59.0	42.2	—	—	1195	1071	754	1274	1078	799
353.0	365.8	39.4	70.1	80.0	59.1	42.3	—	—	1199	1074	756	1278	1082	802
354.0	366.9	39.5	70.2	80.1	59.2	42.4	—	—	1203	1078	758	1282	1086	805
355.0	367.9	39.8	70.3	80.2	59.5	42.7	—	—	1207	1081	761	1286	1090	807
356.0	368.9	39.9	70.4	80.2	59.6	42.9	—	—	1211	1085	763	1291	1093	810
357.0	370.0	40.0	70.4	80.3	59.7	43.0	—	—	1215	1088	766	1294	1097	813
358.0	371.0	40.2	70.5	80.4	59.9	43.2	—	—	1223	1090	768	1298	1101	816
359.0	372.1	40.3	70.6	80.5	60.0	43.3	—	—	1223	1094	770	1302	1105	819
360.0	373.1	40.4	70.6	80.5	60.1	43.4	—	—	1227	1097	773	1306	1109	822
361.0	374.2	40.5	70.7	80.6	60.2	43.5	—	—	1231	1101	775	1310	1113	825
362.0	375.2	40.6	70.7	80.7	60.3	43.7	—	—	1235	1104	777	1314	1117	828
363.0	376.3	40.8	70.8	80.8	60.5	43.9	—	—	1239	1107	780	1318	1121	830
364.0	377.3	40.9	70.9	80.8	60.6	44.0	—	—	1243	1111	782	1322	1125	833
365.0	378.4	41.0	70.9	80.9	60.7	44.1	—	—	1246	1114	785	1326	1129	836
366.0	379.4	41.1	71.0	80.9	60.8	44.2	—	—	1250	1117	786	1330	1133	838
367.0	380.5	41.2	71.0	81.0	60.8	44.4	—	—	1254	1121	788	1334	1137	841
368.0	381.5	41.3	71.1	81.0	60.9	44.5	—	—	1258	1124	791	1339	1141	844
369.0	382.6	41.4	71.1	81.1	61.0	44.6	—	—	1262	1128	793	1343	1144	847
370.0	383.6	41.5	71.2	81.1	61.1	44.7	—	—	1266	1131	796	1346	1148	850
371.0	384.6	41.6	71.2	81.2	61.2	44.8	—	—	1270	1134	798	1350	1152	852
372.0	385.7	41.7	71.3	81.3	61.3	44.9	—	—	1274	1138	800	1354	1156	855
373.0	386.7	41.9	71.4	81.4	61.5	45.2	—	—	1278	1141	803	1358	1160	858
374.0	387.8	42.0	71.4	81.4	61.6	45.3	—	—	1282	1144	805	1362	1164	861
375.0	388.8	42.1	71.5	81.5	61.7	45.4	—	—	1286	1147	808	1366	1168	864
376.0	389.9	42.2	71.5	81.5	61.8	45.5	—	—	1290	1150	810	1370	1172	867
377.0	390.9	42.3	71.6	81.6	61.9	45.6	—	—	1293	1154	812	1374	1176	870
378.0	392.0	42.4	71.6	81.7	62.0	45.8	—	—	1298	1157	815	1379	1180	872
379.0	393.0	42.6	71.7	81.8	62.2	46.0	—	—	1302	1161	817	1383	1184	875
380.0	394.1	42.7	71.8	81.8	62.3	46.1	—	—	1306	1164	820	1387	1188	878
381.0	395.1	42.8	71.8	81.9	62.4	46.2	—	—	1310	1167	822	1391	—	—
382.0	396.2	42.9	71.9	81.9	62.5	46.3	—	—	1314	1171	824	1395	—	—
383.0	397.2	43.0	71.9	82.0	62.6	46.5	—	—	1318	1174	827	1398	—	—
384.0	398.3	43.2	72.0	82.1	62.7	46.7	—	—	1322	1177	829	1402	—	—

续表

硬　　　度							抗拉强度/MPa							
布氏	维氏	洛氏		表面洛氏			黄铜		铍青铜					
							板材	棒材	板材			棒材		
HB 30D²	HV	HRB	HRF	HR 15T	HR 30T	HR 45T	σ_b	σ_b	σ_b	$\sigma_{0.2}$	$\sigma_{0.01}$	σ_b	$\sigma_{0.2}$	$\sigma_{0.01}$
385.0	399.3	43.3	72.1	82.2	62.8	46.8	—	—	1326	1181	832	1406	—	—
386.0	400.3	43.4	72.1	82.2	62.9	46.9	—	—	1330	1184	834	1410	—	—
387.0	401.4	43.5	72.2	82.3	63.0	47.0	—	—	1334	1188	836	1415	—	—
388.0	402.4	43.6	72.2	82.3	63.1	47.2	—	—	1338	1191	838	1419	—	—
389.0	403.5	43.7	72.3	82.4	63.2	47.3	—	—	1342	1193	840	1423	—	—
390.0	404.5	43.9	72.4	82.5	63.4	47.5	—	—	1345	1197	843	1427	—	—
391.0	405.6	44.0	72.4	82.6	63.5	47.6	—	—	1349	1200	845	1431	—	—
392.0	406.6	44.1	72.5	82.6	63.6	47.7	—	—	1354	1204	847	1435	—	—
393.0	407.7	44.2	72.6	82.7	63.7	47.9	—	—	1358	1207	850	1439	—	—
394.0	408.7	44.3	72.6	82.7	63.8	48.0	—	—	1362	1210	852	1443	—	—
395.0	409.8	44.4	72.7	82.8	63.9	48.1	—	—	1366	1214	855	1446	—	—
396.0	410.8	44.6	72.8	82.9	64.1	48.3	—	—	1370	1217	857	1451	—	—
397.0	411.9	44.7	72.8	82.9	64.2	48.4	—	—	1374	1220	859	1455	—	—
398.0	412.9	44.8	72.9	83.0	64.3	48.6	—	—	1378	1224	862	1459	—	—
399.0	414.0	44.9	72.9	83.1	64.4	48.7	—	—	1382	1227	864	1463	—	—
400.0	415.0	45.0	73.0	83.1	64.4	48.8	—	—	1386	1231	867	1467	—	—
401.0	416.0	45.1	73.0	83.2	64.5	48.9	—	—	1391	—	—	1471	—	—
402.0	417.7	45.3	73.1	83.3	64.7	49.1	—	—	1395	—	—	1475	—	—
403.0	418.1	45.4	73.2	83.3	64.8	49.3	—	—	1398	—	—	1479	—	—
404.0	419.2	45.5	73.2	83.4	64.9	49.4	—	—	1402	—	—	1483	—	—
405.0	420.2	45.6	73.3	83.5	65.0	49.5	—	—	1406	—	—	1488	—	—
406.0	421.3	45.7	73.3	83.5	65.1	49.6	—	—	1410	—	—	1492	—	—
407.0	422.3	45.8	73.4	83.6	65.2	49.7	—	—	1414	—	—	1496	—	—
408.0	423.4	45.9	73.4	83.6	65.3	49.8	—	—	1419	—	—	1499	—	—
409.0	424.4	46.0	73.5	83.7	65.4	50.0	—	—	1423	—	—	1503	—	—
410.0	425.5	46.2	73.6	83.8	65.6	50.2	—	—	1427	—	—	1507	—	—
411.0	426.5	46.3	73.6	83.8	65.7	50.3	—	—	1431	—	—	1511	—	—
412.0	427.6	46.4	73.7	83.9	65.8	50.4	—	—	1435	—	—	1515	—	—
413.0	428.6	46.5	73.7	84.0	65.9	50.5	—	—	1439	—	—	1519	—	—
414.0	429.7	46.6	73.8	84.0	66.0	50.7	—	—	1444	—	—	1523	—	—
415.0	430.7	46.7	73.8	84.1	66.1	50.8	—	—	1447	—	—	1528	—	—
416.0	431.8	46.8	73.9	84.1	66.2	50.9	—	—	1451	—	—	1532	—	—
417.0	432.8	46.9	73.9	84.2	66.3	51.0	—	—	1455	—	—	1536	—	—
418.0	433.8	47.0	74.0	84.3	66.4	51.1	—	—	1459	—	—	1540	—	—
419.0	434.9	47.2	74.1	84.4	66.6	51.3	—	—	1464	—	—	1544	—	—
420.0	435.9	47.3	74.1	84.4	66.6	51.5	—	—	1468	—	—	1547	—	—

注：本表只适用于黄铜（H62、HPb59-1 等）和铍青铜。

（3）铝合金硬度与强度换算（表 1-29）

铝合金硬度与强度换算　　　　　　　　　　　　表 1-29

硬度								抗拉强度 σ_b/MPa						
布氏		维氏	洛氏		表面洛氏			退火、淬火人工时效				淬火自然时效		变形铝合金
$P=10D^2$		HV	HRB	HRF	HR15T	HR30T	HR45T	2A11 2A12	7A04	2A50	2A14	2A11 2A12	2A50 2A14	
HB	d_{10},$2d_5$, $4d_{2.5}$/mm													
55.0	4.670	56.1	—	52.5	62.3	17.6	—	197	207	208	207	—	—	215
56.0	4.631	57.1	—	53.7	62.9	18.8	—	201	209	209	209	—	—	218
57.0	4.592	58.2	—	55.0	63.5	20.2	—	204	212	211	211	—	—	221
58.0	4.555	59.8	—	56.2	64.1	21.5	—	208	216	215	215	—	—	224
59.0	4.518	60.4	—	57.4	64.7	22.8	—	211	220	219	219	—	—	227
60.0	4.483	61.5	—	58.6	65.3	24.1	—	215	225	223	223	—	—	230
61.0	4.448	62.6	—	59.7	65.9	25.2	—	218	230	228	229	—	—	233
62.0	4.414	63.6	—	60.9	66.4	26.5	—	222	235	233	234	—	—	235
63.0	4.381	64.7	—	62.0	67.0	27.7	—	225	240	239	240	—	—	238
64.0	4.348	65.8	—	63.1	67.5	28.9	—	229	246	245	246	—	—	241
65.0	4.316	66.9	6.9	64.2	68.1	30.0	—	232	252	251	252	—	—	244
66.0	4.285	68.0	8.8	65.2	68.6	31.5	—	236	257	257	258	—	—	247
67.0	4.254	69.1	10.8	66.3	69.1	32.3	—	239	263	263	263	—	—	250
68.0	4.225	70.1	12.7	67.3	69.6	33.4	—	243	269	269	269	—	—	253
69.0	4.195	71.2	14.6	68.3	70.1	34.4	—	246	274	274	275	—	—	256
70.0	4.167	72.3	16.5	69.3	70.6	35.5	—	250	279	280	280	—	—	259
71.0	4.139	73.4	18.2	70.2	71.0	36.5	0.8	253	284	285	285	—	—	263
72.0	4.111	74.5	20.0	71.1	71.5	37.4	2.3	257	289	291	290	—	—	266
73.0	4.084	75.6	21.9	72.1	72.0	38.5	3.9	260	294	295	295	—	—	269
74.0	4.058	76.7	23.4	72.9	72.3	39.3	5.2	264	298	300	299	—	—	272
75.0	4.032	77.7	25.1	73.8	72.8	40.3	6.7	267	302	305	303	—	—	275
76.0	4.006	78.8	26.8	74.7	73.2	41.3	8.2	271	306	309	307	—	—	278
77.0	3.981	79.9	28.3	75.5	73.6	42.1	9.5	274	310	312	310	—	—	281
78.0	3.957	81.0	29.8	76.3	74.0	43.0	10.8	278	313	316	314	—	—	285
79.0	3.933	82.1	31.3	77.1	74.4	43.8	12.1	281	316	391	317	—	—	288
80.0	3.909	83.2	32.9	77.9	74.8	44.7	13.4	285	319	322	319	—	—	291
81.0	3.886	84.2	34.2	78.6	75.2	45.4	14.6	288	322	325	322	—	—	294
82.0	3.863	85.3	35.5	79.3	75.5	46.2	15.7	292	325	327	324	—	—	298
83.0	3.841	86.4	36.9	80.0	75.8	46.9	16.9	295	327	329	326	—	—	301
84.0	3.819	87.5	38.2	80.7	76.2	47.7	18.0	299	330	331	328	—	—	304
85.0	3.797	88.6	39.5	81.4	76.5	48.4	19.2	302	332	333	330	—	—	307
86.0	3.776	89.7	40.8	82.1	76.9	49.2	20.3	306	334	334	332	—	—	311
87.0	3.755	90.7	42.0	82.7	77.2	49.8	21.3	309	336	336	334	—	—	314
88.0	3.734	91.8	43.1	83.3	77.5	50.4	22.3	313	337	337	335	—	—	317
89.0	3.714	92.9	44.3	83.9	77.8	51.1	23.3	316	339	338	337	—	—	321
90.0	3.694	94.0	45.4	84.5	78.1	51.7	24.2	320	341	339	338	351	414	324
91.0	3.675	95.1	46.5	85.1	78.3	52.4	25.2	323	342	340	340	357	417	328
92.0	3.655	96.2	47.7	85.7	78.6	53.0	26.2	327	344	341	341	363	421	331
93.0	3.636	97.2	48.6	86.2	78.9	53.5	27.0	330	346	342	343	368	425	335
94.0	3.618	98.3	49.6	86.7	79.1	54.1	27.9	334	347	343	345	374	429	338
95.0	3.599	99.4	50.7	87.3	79.4	54.7	28.8	337	349	345	346	379	433	341

续表

硬　　　度							抗拉强度 σ_b/MPa						
布氏		维氏	洛氏		表面洛氏			退火、淬火人工时效				淬火自然时效	变形铝合金
$P=10D^2$		HV	HRB	HRF	HR15T	HR30T	HR45T	2A11 2A12	7A04	2A50	2A14	2A11 2A12	2A50 2A14
HB	d_{10}, $2d_5$, $4d_{2.5}$/mm												
96.0	3.581	100.5	51.7	87.8	79.7	55.2	29.7	341	350	346	348	385	436	345
97.0	3.563	101.6	52.6	88.3	79.9	55.8	30.5	344	352	347	350	390	440	349
98.0	3.545	102.7	53.4	88.7	80.1	56.2	31.1	348	354	349	352	396	444	352
99.0	3.528	103.7	54.3	89.2	80.4	56.7	32.0	351	356	351	354	402	448	356
100.0	3.511	104.8	55.3	89.7	80.6	57.3	32.8	355	358	353	357	407	451	359
101.0	3.494	105.9	56.0	90.1	80.8	57.7	33.4	358	360	355	359	413	455	363
102.0	3.478	107.0	57.0	90.6	81.1	58.2	34.3	362	362	357	362	418	459	366
103.0	3.461	108.1	57.7	91.0	81.2	58.6	34.9	365	365	360	364	424	463	370
104.0	3.445	109.2	58.5	91.4	81.4	59.1	35.6	369	367	363	367	429	466	374
105.0	3.429	110.2	59.3	91.8	81.6	59.5	36.2	372	370	366	370	435	470	377
106.0	3.413	111.1	60.0	92.2	81.8	59.9	36.9	376	372	370	373	441	474	381
107.0	3.398	112.4	60.8	92.6	82.0	60.4	37.5	379	375	373	376	446	479	385
108.0	3.383	113.5	61.5	93.0	82.2	60.8	38.2	383	378	377	379	452	482	388
109.0	3.367	114.6	62.3	93.4	82.4	61.2	38.8	386	381	382	383	457	485	392
110.0	3.353	115.7	63.1	93.8	82.6	61.6	39.5	390	385	386	386	463	489	396
111.0	3.338	116.7	63.6	94.1	82.8	62.0	40.0	393	388	391	390	468	493	400
112.0	3.323	117.8	64.4	94.5	83.0	62.4	40.7	397	391	396	394	474	497	403
113.0	3.309	118.9	65.0	94.8	83.1	62.7	41.1	400	395	402	397	480	500	407
114.0	3.295	120.0	65.7	95.2	83.3	63.1	41.8	404	399	407	401	485	504	411
115.0	3.281	121.1	66.3	95.5	83.5	63.5	42.3	407	403	413	405	491	508	415
116.0	3.267	122.2	67.0	95.9	83.7	63.9	43.0	411	407	419	409	496	512	419
117.0	3.254	123.2	67.6	96.2	83.8	64.2	43.4	414	411	425	413	502	516	422
118.0	3.240	124.3	68.2	96.5	84.0	64.5	43.9	418	415	432	417	507	519	426
119.0	3.227	125.4	68.8	96.8	84.1	64.8	44.4	421	419	438	421	513	523	430
120.0	3.214	126.5	69.3	97.1	84.2	65.2	44.9	425	423	444	425	519	527	434
121.0	3.201	127.6	69.9	97.4	84.4	65.5	45.4	428	427	451	429	524	531	438
122.0	3.188	128.7	70.6	97.8	84.6	65.9	46.1	432	431	457	432	530	534	442
123.0	3.175	129.7	71.2	98.1	84.7	66.2	46.4	435	435	464	436	535	538	446
124.0	3.163	130.8	71.6	98.3	84.8	66.4	46.9	439	440	470	440	540	542	450
125.0	3.151	131.9	72.0	98.6	85.0	66.8	47.4	442	444	476	444	546	546	454
126.0	3.138	133.0	72.7	98.9	85.1	67.1	47.9	446	448	482	448	552	550	458
127.0	3.126	134.1	73.3	99.2	85.3	67.4	48.4	449	452	488	452	558	553	462
128.0	3.114	135.2	73.9	99.5	85.4	67.7	48.9	453	457	493	455	563	557	466
129.0	3.103	136.2	74.4	99.8	85.6	68.0	49.3	456	461	498	459	569	561	470
130.0	3.091	137.3	74.8	100.0	85.7	68.3	49.7	460	465	503	463	574	565	474
131.0	3.079	138.4	75.4	100.3	85.8	68.6	50.2	463	469	507	467	580	—	478
132.0	3.068	139.5	76.0	100.6	86.0	68.9	50.7	467	473	511	471	585	—	482
133.0	3.057	140.6	76.3	100.8	86.1	69.1	51.0	470	477	514	474	591	—	486
134.0	3.046	141.7	76.9	101.1	86.2	69.4	51.5	474	480	517	478	597	—	491
135.0	3.035	142.7	77.3	101.3	86.3	69.6	51.8	477	484	519	483	602	—	495
136.0	3.024	143.8	77.9	101.6	86.5	70.0	52.3	481	488	521	487	608	—	499

续表

硬　　　度								抗拉强度 σ_b/MPa						
布氏		维氏	洛氏		表面洛氏			退火、淬火人工时效				淬火自然时效		变形铝合金
$P=10D^2$		HV	HRB	HRF	HR15T	HR30T	HR45T	2A11 2A12	7A04	2A50	2A14	2A11 2A12	2A50 2A14	
HB	d_{10}，$2d_5$，$4d_{2.5}$/mm													
137.0	3.013	144.9	78.2	101.8	86.6	70.2	52.6	484	491	522	491	613	—	503
138.0	3.002	146.0	78.8	102.1	86.7	70.5	53.1	488	495	523	496	619	—	507
139.0	2.992	147.1	79.2	102.3	86.8	70.7	53.5	491	498	—	501	—	—	512
140.0	2.981	148.2	79.8	102.6	87.0	71.0	53.9	495	502	—	506	—	—	516
141.0	2.971	149.2	80.1	102.8	87.1	71.2	54.3	498	505	—	511	—	—	520
142.0	2.961	150.3	80.5	103.0	87.2	71.5	54.6	502	509	—	517	—	—	524
143.0	2.951	151.4	81.1	103.3	87.3	71.8	55.1	505	512	—	524	—	—	529
144.0	2.940	152.5	81.5	103.5	87.4	72.0	55.4	509	515	—	530	—	—	533
145.0	2.931	153.6	81.9	103.7	87.5	72.2	55.7	512	519	—	538	—	—	537
146.0	2.921	154.7	82.2	103.9	87.6	72.4	56.1	516	522	—	546	—	—	542
147.0	2.911	155.7	82.6	104.1	87.7	72.6	56.4	519	526	—	555	—	—	546
148.0	2.901	156.8	83.0	104.3	87.8	72.8	56.7	523	529	—	564	—	—	550
149.0	2.892	157.9	83.4	104.5	87.9	73.1	57.1	526	533	—	575	—	—	555
150.0	2.882	159.0	83.9	104.8	88.0	73.4	57.6	530	537	—	586	—	—	559
151.0	2.873	160.1	84.3	105.0	88.1	73.6	57.9	533	541	—	—	—	—	—
152.0	2.864	161.2	84.7	105.2	88.2	73.8	58.2	537	545	—	—	—	—	—
153.0	2.855	162.2	85.1	105.4	88.3	74.0	58.5	540	550	—	—	—	—	—
154.0	2.846	163.3	85.5	105.6	88.4	74.2	58.9	544	554	—	—	—	—	—
155.0	2.837	164.4	85.8	105.8	88.5	74.4	59.2	547	559	—	—	—	—	—
156.0	2.828	165.5	86.2	106.0	88.6	74.7	59.5	551	564	—	—	—	—	—
157.0	2.819	166.6	86.6	106.2	88.7	74.9	59.9	554	570	—	—	—	—	—
158.0	2.810	167.7	86.8	106.3	88.8	75.0	60.0	558	576	—	—	—	—	—
159.0	2.801	168.7	87.2	106.5	88.9	75.2	60.3	561	582	—	—	—	—	—
160.0	2.793	169.8	87.5	106.7	89.0	75.4	60.7	565	588	—	—	—	—	—
161.0	2.784	170.9	87.9	106.9	89.1	75.6	61.0	—	595	—	—	—	—	—
162.0	2.776	172	88.3	107.1	89.2	75.8	61.3	—	602	—	—	—	—	—
163.0	2.767	173.1	88.7	107.3	89.3	76.0	61.7	—	610	—	—	—	—	—
164.0	2.759	174.2	89.3	107.6	89.4	76.4	62.1	—	617	—	—	—	—	—
165.0	4.670	169.7	87.5	106.7	89.0	75.4	60.7	587	—	—	—	—	—	—
166.0	4.657	170.8	87.9	106.9	89.1	75.6	61.0	—	594	—	—	—	—	—
167.0	4.644	171.9	88.3	107.1	89.2	75.8	61.3	—	601	—	—	—	—	—
168.0	4.631	172.9	88.7	107.3	89.3	76.0	61.7	—	608	—	—	—	—	—
169.0	4.618	173.8	89.1	107.5	89.4	76.3	62.0	—	616	—	—	—	—	—
170.0	4.605	175	89.4	107.7	89.5	76.5	62.3	—	624	—	—	—	—	—
171.0	4.592	176.0	89.8	107.9	89.6	76.7	62.6	—	631	—	—	—	—	—
172.0	4.580	177.1	90.2	108.1	89.7	76.9	63.0	—	640	—	—	—	—	—
173.0	4.567	178.2	90.8	108.4	89.8	77.2	63.5	—	649	—	—	—	—	—
174.0	4.555	179.3	91.2	108.6	89.9	77.4	63.8	—	658	—	—	—	—	—
175.0	4.543	180.2	91.5	108.8	90.0	77.6	64.1	—	666	—	—	—	—	—

10. 钢铁的洛氏硬度与肖氏硬度对照（表 1-30）

钢铁的洛氏硬度与肖氏硬度对照　　　　　　　　　**表 1-30**

洛氏 HRC	68	67.5	67	66.5	66	65.5	65	64.5	64	63.5	63	62.5	62
肖氏 HS	96.6	95.6	94.6	93.5	92.6	91.5	90.5	89.4	88.4	87.6	86.5	85.7	84.8
洛氏 HRC	61.5	61	60.5	60	59.5	59	58.5	58	57.5	57	56.5	56	55.5
肖氏 HS	84.0	83.1	82.2	81.4	80.6	79.7	78.9	78.1	77.2	76.5	75.6	74.9	74.2
洛氏 HRC	55	54.5	54	53.5	53	52.6	52	51.5	51	50.5	50	49	48
肖氏 HS	73.5	72.6	71.9	71.2	70.5	69.8	69.1	68.5	67.7	67.0	66.3	65.0	63.7
洛氏 HRC	47	46	45	44	43	42	41	40	39	38	37	36	35
肖氏 HS	62.3	61.0	59.7	58.4	57.1	55.9	54.7	53.5	52.3	51.1	50.0	48.8	47.8
洛氏 HRC	34	33	32	31	30	29	28	27	26	25	24	23	22
肖氏 HS	46.6	45.6	44.5	43.5	42.5	41.6	40.6	39.7	38.8	37.9	37.0	36.3	35.5
洛氏 HRC	21	20	19	18	17								
肖氏 HS	34.7	34	33.2	32.6	31.9								

11. 黏度值换算（表 1-31）

黏度值换算　　　　　　　　　**表 1-31**

泊	秒 ($\phi 4$)	秒 (漏斗)	°E (恩格拉)	泊	秒 ($\phi 4$)	秒 (漏斗)	°E (恩格拉)
	11	2	1.85	2.50	85	16	
	16	3	2.00	2.75	96	18	10.89
0.50	20	4	2.79	3.00	108	20	11.50
0.65	26	5	3.45	3.20	117	22	
0.85	34	6	4.14	3.40	123	31	
1.00	40	7	4.84	3.70	127	32	
1.25	46	8	5.02	4.00	131	33	
1.40	51	9	5.63	4.35	137	35	
1.65	57	10	6.89	4.70	144	36.5	
1.80	60	11	—	4.80	147	37	
2.00	65	12	7.47	5.00	154		
2.25	75	14	8.10	5.50	166		

四、常用数据

1. 常用物理量常数（表 1-32）

常用物理量常数　　　　　　　　　**表 1-32**

名　称	符　号	数值及单位
冰点的热力学温度	T_0	273.15K
纯水三相点的热力学温度	T	273.16K
标准大气压		101.325kPa
基本电荷	e	$1.6021892 \times 10^{-19}$C
摩尔气体常数	R	8.31441J/(mol·K)
4℃时水的密度		0.999973g/cm³
0℃时水银的密度		13.5951g/cm³
标准条件下干燥空气的密度		0.001293g/cm³
标准条件下空气中的声速	c	331.4m/s
真空中的光速	c_0	2.99792458×10^8m/s
标准自由落体加速度	g_n	9.80665m/s²

续表

名　　称	符　号	数值及单位
真空中的介电常数	ε_0	$8.854187818\times10^{-12}$F/m
电子的静止质量	m_e	9.109534×10^{-28}g
质子的静止质量	m_p	1.6726485×10^{-24}g
中子的静止质量	m_n	1.6749543×10^{-24}g
真空中的磁导率	μ_0	$4\pi\times10^{-7}$H/m

2. 常用材料的密度

(1) 金属材料及元素密度 (表1-33)

金属材料及元素密度　　　　　　　　　　　表 1-33

材料名称	牌　　号	密度 g·cm^{-3}	材料名称	牌　　号	密度 g·cm^{-3}
灰口铸铁	HT100～HT350	6.6～7.4	轴承钢	GCr15	7.81
白口铸铁	BTMCr15Mo、BTMCr26 等	7.4～7.7	不锈钢	06Cr13、12Cr13、20Cr13、30Cr13、40Cr13	7.75
可锻铸铁	KTH300-6～KTZ700-2	7.2～7.4		10Cr17	7.7
球墨铸铁	QT350-20AL～QT400-18AL	7.0～7.4		14Cr17Ni2、95Cr18	7.75
铸钢	ZG200-400、ZG20Cr13 等	7.8		06Cr19Ni10、12Cr18Ni9	7.85
工业纯铁	YT1、YT2、YT3、DT4 等	7.87		06Cr18Ni11Nb、06Cr23Ni13	7.9
碳素结构钢	Q150～Q275	7.85		14Cr18Ni11Si4AlTi	7.52
优质碳素结构钢	08F、10F、15F、10、15、20、25、30、35、40、45、50	7.85	高温合金	GH3030	8.4
碳素工具钢	T7、T8、T8Mn、T9、T10、T11、T12、T13、T7A、T8A、T8MnA、T9A、T10A、T11A、T12A、T13A	7.85		GH4033	8.2
				GH1035	8.17
				GH2036	7.85
易切钢	Y12、Y30	7.85		GH4037	8.37
碳素弹簧钢丝	B、C、D 级	7.85		GH2038	7.90
重要用途低碳钢丝	zd、zg	7.85		GH3039	8.38
				GH1040	8.08
锰钢	20Mn、60Mn、65Mn	7.81		GH4043	8.32
铬钢	15CrA	7.74		GH3044	8.89
	20Cr、30Cr、40Cr	7.82		GH4049	8.44
				GH3128	8.81
铬钒钢	50CrVA	7.85		GH2130	8.2
铬镍钢	12CrNi3、20CrNi3、37CrNi3	7.85		GH1131	8.33
				GH2132	7.95
铬镍钼钢	40CrNiMoA	7.85		GH2135	7.92
铬镍钨钢	18Cr2Ni4WA	7.8		GH1139	7.83
铬镍铝钢	38CrMoAl	7.65		GH1140	8.1
铬锰硅钢	30CrMnSiA	7.85		GH2302	8.09
硅锰钢	60Si2MnA	7.85	纯铜	T1、T2、T3、TU0、TU1、TU2、TP1、TP2	8.9
高速工具钢	W9Mo3Cr4V	8.3			
	W18Cr4V	8.7			

材料名称	牌　号	密度 g·cm⁻³	材料名称	牌　号	密度 g·cm⁻³
黄铜	H59、H62、H65、H68	8.5	锻铝	6A02	2.7
	H80、H85、H90	8.7		2A50	2.75
	H96	8.8		2A80	2.77
	HPb59-1、HPb63-3	8.5		2A70、2A90、2A14	2.8
	HSn90-1	8.8	超硬铝	7A03、7A04、7A09	2.85
	HSn70-1	8.54	铸造铝合金	ZAlSi7Mg	2.66
	HSn62-1、HSn60-1	8.5		ZAlSi12、ZAlSi9Mg	2.65
	HAl77-2	8.6		ZAlSi5Cu1Mg	2.55
	HAl67-2.5、HAl66-6-3-2	8.5		ZAlCu5Mn	2.78
	HAl60-1-1	8.5		ZAlCu4	2.8
	HMn58-2	8.5		ZAlMg10	2.55
	HMn57-3-1	8.5		ZAlMg5Si1	2.63
	HMn55-3-1	8.5		ZAlZn11Si7	2.95
	HFe59-1-1、HFe58-1-1	8.5	工业纯镁	Mg99.50、Mg99.00	1.74
	HSi80-3	8.6	工业纯钛	TA1、TA2、TA3、TA4	4.5
	HNi65-5	8.5	纯镍	N2、N4、N5、N6、N7、N8、N9	8.85
铸造青铜	ZCuSn5Pb5Zn5	8.84	铸造锌合金	ZZnAl4Cu1Mg	6.7
	ZCuSn3Zn11Pb4	8.69		ZZnAl9Cu2Mg	6.2
青铜	QSn7-0.2、QSn6.5-0.4	8.8	镉	Cd99.995、Cd99.99、Cd99.95	8.64
	QSn6.5-0.1、QSn4-3	8.8	锡	Sn99.995、Sn99.99、Sn99.95	7.3
	QSn4-0.3、QSn4-4.4	8.9	纯铅	Pb1、Pb2	11.34
	QSn4-4-2.5	8.75	铅锑合金	PbSb0.5	11.32
	QAl5	8.2		PbSb2	11.25
	QAl7	7.8		PbSb4	11.15
	QAl9-2	7.6		PbSb6	11.06
	QAl9-4、QAl10-3-1.5	7.5	金	Au99.99、Au99.95	19.32
	QAl10-4-4	7.46	金银合金	Au60AgCu-2	14.3
	QBe1.7、QBe1.9、QBe2	8.3	金镍合金	Au91NiCu	17.5
	QSi3-1	8.47	银	Ag	10.5
	QSi1-3	8.6	锑	Sb	6.68
	QCdl	8.8	钨	·W	19.3
白铜	B5、B19、B30、BMn40-1.5	8.9	钴	Co	8.9
	BMn3-12	8.4	钛	Ti	4.51
	BZn15-20	8.6	锰	Mn	7.43
	BAl6-1.5	8.7	铬	Cr	7.19
	BAl13-3	8.5	钒	V	6.11
纯铝	1070A、1060、1050A、1035、1200、8A06	2.71	硼	B	2.34
防锈铝	5A02	2.68	硅	Si	2.33
	5A03	2.67	硒	Se	4.81
	5A05、5B05	2.65	砷	As	5.73
	5A06	2.64	钼	Mo	10.22
	3A21	2.73			
硬铝	2A01、2A02、2A04、2A06	2.76			
	2B11、2A10、2A11	2.8			
	2B12、2A12	2.78			
	2A16、2A17	2.84			

续表

材料名称	牌 号	密度 g·cm⁻³	材料名称	牌 号	密度 g·cm⁻³
铌	Nb	8.57	碲	Te	6.24
锇	Os	22.5	钍	Th	11.72
钡	Ba	3.5	铂	Pt	21.45
铍	Be	1.85	钾	K	0.87
铋	Bi	9.84	钠	Na	0.97
铱	Ir	22.4	钙	Ca	1.55
铈	Ce	6.9	汞	Hg	13.6
钽	Ta	16.67			

（2）非金属材料密度（表 1-34）

非金属材料密度　　　　　　　　表 1-34

材料名称	密度/g·cm⁻³	材料名称	密度/g·cm⁻³	材料名称	密度/g·cm⁻³
华山松	0.437	石膏	2.3~2.4	地蜡	0.96
红松	0.440	生石灰	1.1	地沥青	0.9~1.5
马尾松	0.533	熟石灰	1.2	石蜡	0.9
云南松	0.588	水泥	1.2	纤维蛇纹石石棉	2.2~2.4
红皮云杉	0.417	普通黏土砖	1.7	角闪石石棉	3.2~3.3
兴安落叶松	0.625	黏土耐火砖	2.10	纯橡胶	0.93
长白落叶松	0.594	硅质耐火砖	1.8~1.9	平胶板	1.6~1.8
四川红杉	0.458	镁质耐火砖	2.6	皮革	0.4~1.2
臭冷杉	0.384	镁铬质耐火砖	2.8	纤维纸板	1.3
铁杉	0.500	高铬质耐火砖	2.2~2.5	平板玻璃	2.5
杉木	0.376	大理石	2.6~2.7	实验室用器皿玻璃	2.45
柏木	0.588	花岗石	2.6~3.0	耐高温玻璃	2.23
水曲柳（大叶梣）	0.686	石灰石	2.6~2.8	石英玻璃	2.2
大叶榆（榆木）	0.548	石板石	2.7~2.9	陶瓷	2.3~2.45
桦木	0.615	砂岩	2.2~2.5	碳化钙（电石）	2.22
山杨	0.486	石英	2.5~2.8	电木（胶木）	1.3~1.4
楠木	0.610	天然浮石	0.4~0.9	电玉	1.45~1.55
柞栎（柞木）	0.766	滑石	2.6~2.8	聚氯乙烯	1.35~1.40
软木	0.1~0.4	金刚石	3.5~3.6	聚苯乙烯	0.91
胶合板	0.56	金刚砂	4.0	聚乙烯	0.92~0.95
刨花板	0.40	普通刚玉	3.85~3.90	赛璐珞	1.35~1.40
竹材	0.9	白刚玉	3.90	有机玻璃	1.18
木炭	0.3~0.5	碳化硅	3.10	泡沫塑料	0.2
石墨	1.9~2.1	云母	2.7~3.1		

注：表中木材及木材加工制品（从"华山松"顺序至"木炭"）为含 15% 水分时的数据。

3. 常用纯金属和非金属的性能参数（表 1-35）

常用纯金属和非金属的性能参数　　　　　　　表 1-35

名称	元素符号	熔点/℃	线膨胀系数 $10^{-6}K^{-1}$	相对电导率/%	抗拉强度 σ_b/MPa	伸长率 δ %	断面收缩率 ψ/%	布氏硬度 HB
银	Ag	960.5	18.9	100.0	180	50	90	25
铝	Al	660.2	23.6	60.0	80～110	32～40	70～90	25
金	Au	1063.0	14.2	71.0	140	40	90	20
铍	Be	1285.0	11.5	27.0	310～450	2	—	120
铋	Bi	271.2	13.4	1.4	5～20	—	—	9
镉	Cd	321.0	31.0	22.0	65	20	50	20
钴	Co	1492.0	12.5	26.0	250	5	—	125
铬	Cr	1855.0	6.2	12.0	200～280	9～17	9～23	110
铜	Cu	1083.0	16.5	95.0	200～240	45～50	65～75	40
铁	Fe	1539.0	11.8	16.0	250～330	25～55	70～85	50
铱	Ir	2454.0	6.5	32.0	230	2	—	170
镁	Mg	650.0	25.7	36.0	200	11.5	12.5	36
锰	Mn	1244.0	23.0	0.9	脆	—	—	210
钼	Mo	2625.0	4.9	31.0	700	30	60	160
铌	Nb	2468.0	7.1	12.0	300	28	80	75
镍	Ni	1455.0	13.5	23.0	400～500	40	70	80
铅	Pb	327.4	29.3	7.7	15	45	90	5
铂	Pt	1772.0	8.9	17.0	150	40	90	40
锑	Sb	630.5	11.3	4.1	5～10	0	0	45
锡	Sn	231.9	23.0	14.0	15～20	40	90	5
钽	Ta	2996.0	6.5	12.0	350～450	25～40	86	85
钛	Ti	1677.0	9.0	3.4	380	36	64	115
钒	V	1910.0	8.3	6.4	220	17	75	264
钨	W	3400.0	4.3	29.0	1100	—	—	350
锌	Zn	419.5	39.5	27.0	120～170	40～50	60～80	35
锆	Zr	1852.0	5.9	3.8	400～450	20～30	—	125
砷	As	814.0	4.7	—	—	—	—	—
硼	B	2300.0	8.3	—	—	—	—	—
碳	C	3727.0	6.6	—	—	—	—	—
磷	P	44.1	125.0	—	—	—	—	—
硫	S	115.00	67.5	—	—	—	—	—
硅	Si	1412.0	4.2	—	—	—	—	—

注：相对电导率为其他金属的电导率与银的电导率之比。

4. 常用材料的弹性模量及泊松比（表 1-36）

常用材料的弹性模量及泊松比　　　　　　　表 1-36

名称	弹性模量 E/GPa	切变模量 G/GPa	泊松比 μ	名称	弹性模量 E/GPa	切变模量 G/GPa	泊松比 μ
灰铸铁	118～126	44.3	0.3	轧制锌	82	31.4	0.27
球墨铸铁	173		0.3	铅	16	6.8	0.42
碳钢、镍铬钢、合金钢	206	79.4	0.3	玻璃	55	1.96	0.25
				有机玻璃	2.35～29.42		
铸钢	202		0.3	橡胶	0.0078		0.47
轧制纯铜	108	39.2	0.31～0.34	电木	1.96～2.94	0.69～2.06	0.35～0.38
冷拔纯铜	127	48.0		夹布酚醛塑料	3.92～8.83		
轧制磷锡青铜	113	41.2	0.32～0.35	赛璐珞	1.71～1.89	0.69～0.98	0.4
冷拔黄铜	89～97	34.3～36.3	0.32～0.42	尼龙1010	1.07		
轧制锰青铜	108	39.2	0.35	硬聚氯乙烯	3.14～3.92		0.34～0.35
轧制铝	68	25.5～26.5	0.32～0.36	聚四氟乙烯	1.14～1.42		
拔制铝线	69			低压聚乙烯	0.54～0.75		
铸铝青铜	103	41.1	0.3	高压聚乙烯	0.147～0.245		
铸锡青铜	103		0.3	混凝土	13.73～39.2	4.9～15.69	0.1～0.18
硬铝合金	70	26.5	0.3				

5. 常用材料线［膨］胀系数（表1-37）

常用材料线［膨］胀系数 α（10^{-6}K^{-1}） 表 1-37

材　料	温　度　范　围/℃								
	20	20~100	20~200	20~300	20~400	20~600	20~700	20~900	70~100
工程用铜		16.6~17.1	17.1~17.2	17.6	18~18.1	18.6	—		
黄铜		17.8	18.8	20.9	—				
青铜		17.6	17.9	18.2	—				
铸铝合金	18.44~24.5	—							
铝合金		22.0~24.0	23.4~24.8	24.0~25.9	—				
碳钢		10.6~12.2	11.3~13	12.1~13.5	12.9~13.9	13.5~14.3	14.7~15		
铬钢		11.2	11.8	12.4	13	13.6	—		
3Cr13		10.2	11.1	11.6	11.9	12.3	12.8		
1Cr18Ni9Ti		16.6	17	17.2	17.5	17.9	18.6	19.3	
铸铁		8.7~11.1	8.5~11.6	10.1~12.1	11.5~12.7	12.9~13.2	—		
镍铬合金		14.5	—						17.6
砖	9.5	—							
水泥、混凝土	10~14	—							
胶木、硬橡皮	64~77	—							
玻璃		4~11.5							
赛璐珞		100							
有机玻璃		130							

6. 金属材料的比热容和热导率（表1-38）

金属材料的比热容和热导率 表 1-38

材　料　名　称	20℃		热导率 λ/［W/（m·K）］									
	比热容 c_p/［J/（kg·K）］	热导率 λ/［W/（m·K）］	温　度/℃									
			−100	0	100	200	300	400	600	800	1000	1200
纯铝	902	236	243	236	240	238	234	228	215	—	—	—
杜拉铝（96Al，4Cu，微量Mg）	881	169	124	160	188	188	193					
铝合金（92Al，8Mg）	904	107	86	102	128	148						
铝合金（87Al，13Si）	871	162	139	158	173	176	180	—				
铍	1758	219	382	218	170	145	129	118				
纯铜	386	398	421	401	393	389	384	379	366	352		
铝青铜（90Cu，10Al）	420	56	—	49	57	66						
青铜（89Cu，11Sn）	343	24.8	—	24	28.4	33.2						
黄铜（70Cu，30Zn）	377	109	90	106	131	143	145	148				
铜合金（60Cu，40Ni）	410	22.2	19	22.2	23.4							
黄金	127	315	331	318	313	310	305	300	287			
纯铁	455	81.1	96.7	83.5	72.1	63.5	56.5	50.3	39.4	29.6	29.4	31.6

材料名称	20℃		热导率 λ/[W/(m·K)]									
	比热容 c_p/[J/(kg·K)]	热导率 λ/[W/(m·K)]	温度/℃									
			−100	0	100	200	300	400	600	800	1000	1200
工业纯铁	455	73.2	82.9	74.7	67.5	61.0	54.8	49.9	38.6	29.3	29.3	31.1
灰铸铁 (w_C≈3%)	470	39.2	—	28.5	32.4	35.8	37.2	36.6	20.8	19.2	—	—
碳钢 (w_C≈0.5%)	465	49.8	—	50.5	47.5	44.8	42.0	39.4	34.0	29.0	—	—
碳钢 (w_C≈1%)	470	43.2	—	43.0	42.8	42.2	41.5	40.6	36.7	32.2	—	—
碳钢 (w_C≈1.5%)	470	36.7	—	36.8	36.6	36.2	35.7	34.7	31.7	27.8	—	—
铬钢 (w_{Cr}≈5%)	460	36.1	—	36.3	35.2	34.7	33.5	31.4	28.0	27.2	27.2	27.2
铬钢 (w_{Cr}≈13%)	460	26.8	—	26.5	27.0	27.0	27.0	27.6	28.4	29.0	29.0	—
铬钢 (w_{Cr}≈17%)	460	22	—	22	22.2	22.6	22.6	23.3	24.0	24.8	25.5	—
铬钢 (w_{Cr}≈26%)	460	22.6	—	22.6	23.8	25.5	27.2	28.5	31.8	35.1	38	—
铬镍钢 (w_{Cr}=18%~20%, w_{Ni}=8%~12%)	460	15.2	12.2	14.7	16.6	18.0	19.4	20.8	23.5	26.3	—	—
铬镍钢 (w_{Cr}=17%~19%, w_{Ni}=9%~13%)	460	14.7	11.8	14.3	16.1	17.5	18.8	20.2	22.8	25.5	28.2	30.9
镍钢 (w_{Ni}≈1%)	460	45.5	40.8	45.2	46.8	46.1	44.1	41.2	35.7	—	—	—
镍钢 (w_{Ni}≈3.5%)	460	36.5	30.7	36.0	38.8	39.7	39.2	37.8	—	—	—	—
镍钢 (w_{Ni}≈25%)	460	13.0	—	—	—	—	—	—	—	—	—	—
镍钢 (w_{Ni}≈35%)	460	13.8	10.9	13.4	15.4	17.1	18.6	20.1	23.1	—	—	—
镍钢 (w_{Ni}≈40%)	460	15.8	—	15.7	16.1	16.5	16.9	17.1	17.8	18.4	—	—
镍钢 (w_{Ni}≈50%)	460	19.6	17.3	19.4	20.5	21.0	21.1	21.3	22.5	—	—	—
锰钢 (w_{Mn}≈12%~13%, w_{Ni}≈13%)	487	13.6	—	—	14.8	16.0	17.1	18.3	—	—	—	—
锰钢 (w_{Mn}≈0.4%)	440	51.2	—	—	51.0	50.0	47.0	43.5	35.5	27	—	—
钨钢 (w_W≈5%~6%)	436	18.7	—	18.4	19.7	21.0	22.3	23.6	24.9	26.3	—	—
铅	128	35.3	37.2	35.5	34.3	32.8	31.5	—	—	—	—	—
镁	1020	156	160	157	154	152	150	—	—	—	—	—
钼	255	138	146	139	135	131	127	123	116	109	103	93.7
镍	444	91.4	144	94	82.8	74.2	67.3	64.6	69.0	73.3	77.6	81.9
铂	133	71.4	73.3	71.5	71.6	72.0	72.8	73.6	76.6	80.0	84.2	88.9
银	234	427	431	428	422	415	407	399	384	—	—	—
锡	228	67	75	68.2	63.2	60.9	—	—	—	—	—	—
钛	520	22	23.3	22.4	20.7	19.9	19.5	19.4	19.9	—	—	—
铀	116	27.4	24.3	27	29.1	31.1	33.4	35.7	40.6	45.6	—	—
锌	388	121	123	122	117	112	—	—	—	—	—	—
锆	276	22.9	26.5	23.2	21.8	21.2	20.9	21.4	22.3	24.5	26.4	28.0
钨	134	179	204	182	166	153	142	134	125	119	114	110

注：化学成分均指质量分数。

7. 常用材料的摩擦系数

（1）常用材料的滑动摩擦系数（表1-39）

常用材料的滑动摩擦系数   表 1-39

材料名称	摩擦系数 f				材料名称	摩擦系数 f			
	静摩擦		动摩擦			静摩擦		动摩擦	
	无润滑剂	有润滑剂	无润滑剂	有润滑剂		无润滑剂	有润滑剂	无润滑剂	有润滑剂
钢-钢	0.15~0.8	0.1~0.12	0.15	0.05~0.10	硬钢-电木			0.35	
					硬钢-玻璃			0.48	
钢-软钢			0.2	0.1~0.2	硬钢-硬质橡胶			0.38	
					硬钢-石墨			0.15	
钢-铸铁	0.3~0.4		0.18	0.05~0.15	铸铁-铸铁		0.18	0.15	0.07~0.12
钢-青铜	0.12~0.3	0.08~0.12	0.15	0.1~0.15	铸铁-青铜			0.15~0.2	0.07~0.15
钢-巴氏合金			0.15~0.3		铸铁-橡皮			0.8	0.5
钢-铜铅合金			0.15~0.3		铸铁-皮革	0.3~0.5	0.15	0.6	0.15
钢-粉末金属	0.35~0.55				铸铁-层压纸板			0.3	
钢-橡胶	0.9		0.6~0.8		铸铁-懈木	0.65		0.3~0.5	0.2
钢-塑料	0.09	0.1			铸铁-榆、杨木			0.4	0.1
钢-尼龙			0.3~0.5	0.05~0.1	青铜-青铜		0.1		0.07~0.1
钢-软木			0.15~0.39		黄铜-黄铜			0.8~1.5	
软钢-软钢			0.40		铅-铅			1.2	
软钢-铸铁	0.2		0.18	0.05~0.15	镍-镍			0.8	
软钢-黄铜			0.46		铬-铬			0.8~1.5	
软钢-铝合金			0.30		锌-锌			0.3	
软钢-铅			0.40		钛-钛			0.35~0.65	
软钢-镍			0.40		镍-石墨			0.24	
软钢-铝			0.36		青铜-懈木	0.6		0.3	
软钢-青铜	0.2		0.18	0.07~0.15	玻璃-玻璃			0.7	
软钢-铅基白合金			0.40		玻璃-硬质橡胶			0.53	
软钢-锡基白合金			0.30		金刚石-金刚石	0.1			
软钢-镉镍合金			0.35		尼龙-尼龙	0.2			0.1~0.2
软钢-油膜轴承合金			0.18		橡胶-纸	1.0			
软钢-铝青铜			0.20		砖-木	0.6			
软钢-玻璃			0.51		皮革（外）-懈木	0.6		0.3~0.5	
软钢-石墨			0.21		皮革（内）-懈木	0.4		0.3~0.4	
软钢-懈木	0.6	0.12	0.4~0.6	0.1	木材-木材	0.4~0.6	0.1	0.2~0.5	0.07~0.11
软钢-榆木			0.25						
硬钢-红宝石			0.24						
硬钢-蓝宝石			0.35						
硬钢-二硫化钼			0.15						

（2）各种工程塑料的摩擦系数（表 1-40）

各种工程塑料的摩擦系数　　　　　表 **1-40**

下试样的塑料名称	上试样（钢）		上试样（塑料）	
	静滑动摩擦系数	动滑动摩擦系数	静滑动摩擦系数	动滑动摩擦系数
聚四氟乙烯	0.10	0.05	0.04	0.04
聚全氟乙丙烯	0.25	0.18	—	—
低密度聚乙烯	0.27	0.26	0.33	0.33
高密度聚乙烯	0.18	0.08~0.12	0.12	0.11
聚甲醛	0.14	0.13	—	—
聚偏二氟乙烯	0.33	0.25	—	—
聚碳酸酯	0.60	0.53	—	—
聚苯二甲酸乙二醇酯	0.29	0.28	0.27[①]	0.20[①]
聚酰胺（尼龙 66）	0.37	0.34	0.42[①]	0.35[①]
聚三氟氯乙烯	0.45[①]	0.33[①]	0.43[①]	0.32[①]
聚氯乙烯	0.45[①]	0.40[①]	0.50[①]	0.40[①]
聚偏二氯乙烯	0.68[①]	0.45[①]	0.90[①]	0.52[①]

①粘滑运动。

（3）常用材料的滚动摩擦系数（表 1-41）

常用材料的滚动摩擦系数　　　　　表 **1-41**

摩擦材料	滚动摩擦系数 K/cm	摩擦材料	滚动摩擦系数 K/cm
低碳钢与低碳钢	0.005	木材与木材	0.05~0.08
淬火钢与淬火钢	0.001	表面淬火圆锥车轮与钢轨	0.08~0.1
铸铁与铸铁	0.005	表面淬火圆柱车轮与钢轨	0.05~0.07
木材与钢	0.03~0.04	橡胶轮胎与路面	0.2~0.4

五、常　用　公　式

1. 常用面积计算（表 1-42）

常用面积计算　　　　　表 **1-42**

名　　称	简　图	计　算　公　式
正方形		$A = a^2 = \dfrac{d^2}{2}$ $d = \sqrt{2}a \approx 1.4142a$
长方形		$A = ab$ $d = \sqrt{a^2 + b^2}$
平行四边形		$A = bh$

名　称	简　图	计　算　公　式
菱形		$A = \dfrac{Dd}{2}$ $D^2 + d^2 = 4a^2$
梯形		$A = \dfrac{(a+b)h}{2} = mh$ $m = \dfrac{a+b}{2}$
正多边形		$A = \dfrac{nar}{2} = \dfrac{na}{2}\sqrt{R^2 - \dfrac{a^2}{4}}$ $a = 2\sqrt{R^2 - r^2}$ $\alpha = \dfrac{360°}{n}$ $\beta = 180° - \alpha$
三角形		$A = \dfrac{bh}{2} = \dfrac{b}{2}\sqrt{a^2 - \left(\dfrac{a^2+b^2-c^2}{2b}\right)^2}$ $\quad = \sqrt{P(P-a)(P-b)(P-c)}$ $P = \dfrac{a+b+c}{2}$ $m = \dfrac{1}{2}\sqrt{2(a^2+c^2)-b^2}$
圆		$A = \dfrac{\pi d^2}{4} = \pi r^2$ $L = \pi d = 2\pi r$
椭圆		$A = \pi ab$ $2P \approx \pi\sqrt{2(a^2+b^2)}$ $2P = \pi[1.5(a+b) - \sqrt{ab}]$（较精确值）
扇形		$A = \dfrac{\pi r^2 \alpha°}{360} = \dfrac{1}{2}rl$ $l = \dfrac{\pi r\alpha°}{180}$
弓形		$A = \dfrac{1}{2}[rl - c(r-h)]$ $c = 2\sqrt{h(2r-h)}$ $\alpha = \dfrac{180°l}{\pi r}$ $r = \dfrac{c^2 + 4h^2}{8h}$ $h = r - \dfrac{1}{2}\sqrt{4r^2 - c^2}$

注：A—面积；n—边数；P—半周长；L—圆周长。

2. 常用几何体的体积、面积及重心位置（表 1-43）

常用几何体的体积、面积及重心位置　　　　表 **1-43**

名　称	简　图	计　算　公　式
长方体		$V = abh$ $A = 2h(a+b)$ $A_n = 2(ab+ah+bh)$ $d = \sqrt{a^2+b^2+h^2}$ $Z_G = \dfrac{h}{2}$
正六棱柱		$V = \dfrac{3\sqrt{3}}{2}a^2h$ $A = 6ah$ $A_n = 3\sqrt{3}a^2 + 6ah$ $d = \sqrt{4a^2+h^2}$ $Z_G = \dfrac{h}{2}$
正棱锥		$V = \dfrac{na^2h}{12}\cot\dfrac{\alpha}{2}$ $A = \dfrac{1}{2}nal$ $A_n = \dfrac{1}{2}na\left(\dfrac{a}{2}\cot\dfrac{\alpha}{2}+l\right)$ $\alpha = \dfrac{360°}{n}$ $Z_G = \dfrac{h}{4}$
正棱台		$V = \dfrac{h}{3}(A_1 + \sqrt{A_1\cdot A_2} + A_2)$ $A = \dfrac{bn}{2}(a+a_1)$ $A_n = A + A_1 + A_2$ $Z_G = \dfrac{h(A_2 + 2\sqrt{A_1\cdot A_2} + 3A_1)}{4(A_2 + \sqrt{A_1\cdot A_2} + A_1)}$ A_1—顶面积；A_2—底面积
正圆柱		$V = \pi r^2 h$ $A = 2\pi rh$ $A_n = 2\pi r(h+r)$ $Z_G = \dfrac{h}{2}$
斜截圆柱		$V = \dfrac{\pi r^2(h_2+h_1)}{2}$ $A = \pi r(h_2+h_1)$ $A_n = \pi r\left[h_1+h_2+r+\sqrt{r^2+\left(\dfrac{h_2-h_1}{2}\right)^2}\right]$ $Z_G = \dfrac{h_2+h_1}{4} + \dfrac{(h_2-h_1)^2}{16(h_2+h_1)}$ $Y_G = \dfrac{r(h_2-h_1)}{4(h_2+h_1)}$

名　称	简　图	计　算　公　式
圆锥		$V=\dfrac{\pi r^2 h}{3}$ $A=\pi r l$ $A_n=\pi r(l+r)$ $l=\sqrt{r^2+h^2}$ $Z_G=\dfrac{h}{4}$
圆台		$V=\dfrac{\pi h}{3}(R^2+Rr+r^2)$ $A=\pi l(R+r)$ $A_n=A+\pi(R^2+r^2)$ $l=\sqrt{(R-r)^2+h^2}$ $Z_G=\dfrac{h(R^2+2Rr+3r^2)}{4(R^2+Rr+r^2)}$
球		$V=\dfrac{4\pi r^3}{3}=\dfrac{\pi d^3}{6}$ $A_n=4\pi r^2=\pi d^2$ 重心 G 与球心重合
球缺		$V=\dfrac{\pi h^2}{3}(3R-h)$ $A=2\pi Rh=\pi(r^2+h^2)$ $A_n=\pi(h^2+2r^2)$ $Z_G=\dfrac{3}{4}\cdot\dfrac{(2R-h)^2}{3R-h}$
球台		$V=\dfrac{\pi h}{6}(3r_1^2+3r_2^2+h^2)$ $A=2\pi Rh$ $A_n=\pi[2Rh+(r_1^2+r_2^2)]$ $h_1=\dfrac{r_2^2-r_1^2+h^2}{2h}$ $Z_G=\dfrac{(2r_1^2+4r_2^2+h^2)h}{2(3r_1^2+3r_2^2+h^2)}$
圆环		$V=2\pi^2 Rr^2=\pi^2 Dd^2/4$ $A_n=4\pi^2 Rr$ 重心 G 在圆环中心
椭球		$V=\dfrac{4}{3}\pi abc$ 重心 G 在椭球中心
圆鼓		抛物线形母线 $V=\dfrac{\pi h}{15}(2D^2+Dd+\dfrac{3}{4}d^2)$ 圆形母线 $V=\dfrac{1}{12}\pi h(2D^2+d^2)$ 重心 G 在圆鼓中心

注：V—体积；A—侧面积；A_n—全面积；G—重心位置；n—侧面数。

3. 型材断面积及理论质量计算 （表 1-44）

常用型材断面积计算

表 1-44

型材类别	圆　　形	断面积计算公式
方型材		$A = a^2$
圆角方型材		$A = a^2 - 0.8584r^2$
板材、带材		$A = a\delta$
圆角板材、带材		$A = a\delta - 0.8584r^2$
圆材		$A = \dfrac{\pi}{4}d^2 \approx 0.7854d^2$
六角型材		$A = 0.866s^2 = 2.598a^2$
八角型材		$A = 0.8284s^2 = 4.8284a^2$
管材		$A = \pi\delta(D-\delta) = 3.1416\delta(D-\delta)$
等边角钢		$A = d(2b-d) + 0.2146(r^2 - r_1^2)$

型材类别	圆　形	断面积计算公式
不等边角钢		$F = d(B+b-d) + 0.2146(r^2 - 2r_1^2)$
工字钢		$A = hd + 2t(b-d) + 0.8584(r^2 - r_1^2)$
槽钢		$A = hd + 2t(b-d) + 0.4292(r^2 - r_1^2)$

注：型材理论质量的计算公式 $m = A \times L \times \rho \times \dfrac{1}{1000}$

式中　m——质量（kg）；A——断面积（mm²）；ρ——密度（g/cm³）；L——长度（m）。

4. 常用数学公式

（1）指数

$a^x \cdot a^y = a^{x+y}$

$a^x \div a^y = a^{x-y}$

$(a^x)^y = a^{xy}$

$(a \cdot b)^x = a^x \cdot b^x$

$\left(\dfrac{a}{b}\right)^x = \dfrac{a^x}{b^x}$

$a^{\frac{n}{m}} = \sqrt[m]{a^n} = (\sqrt[m]{a})^n,(a \geqslant 0, m、n\text{ 是正整数})$

$a^{-n} = \dfrac{1}{a^n},(a \neq 0)$

$a^0 = 1$

（2）对数

1）定义　若 $a^x = b$（$a > 0$，$a \neq 1$），则 x 叫做 b 的以 a 为底的对数，记作 $x = \log_a b$。

当 $a = 10$ 时，$\log_a b$ 记作 $\lg b$，叫做常用对数。

当 $a = e$ 时，$\log_a b$ 记作 $\ln b$，叫做自然对数（$e = 2.7182818\cdots$）。

2）性质

$a^{\log_a b} = b$

$\log_a a^x = x$

$\log_a 1 = 0$

$\log_a a = 1$

3）运算法则

$\log_a(b_1 b_2 \cdots b_n) = \log_a b_1 + \log_a b_2 + \cdots + \log_a b_n$

$\log_a\left(\dfrac{b_1}{b_2}\right) = \log_a b_1 - \log_a b_2$

$\log_a b^x = x \log_a b$（x 为任意实数）

4）换底公式

$\log_a b = \dfrac{\log_c b}{\log_c a}$

$\ln b = \dfrac{\lg b}{\lg e}$

$\log_a b \cdot \log_b a = 1$

$\lg b \approx 0.4342944819 \ln b$

$\ln b \approx 2.3025850930 \lg b$

（3）三角函数

1）定义（图 1-1）

$$c = \sqrt{a^2 + b^2}$$

正弦：$\sin \alpha = \dfrac{a}{c}$

余弦：$\cos \alpha = \dfrac{b}{c}$

正切：$\tan \alpha = \dfrac{a}{b}$

余切：$\cot \alpha = \dfrac{b}{a}$

正割：$\sec \alpha = \dfrac{c}{b}$

余割：$\csc \alpha = \dfrac{c}{a}$

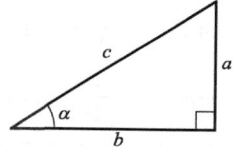

图 1-1　三角函数定义

2）基本关系

$\sin^2 \alpha + \cos^2 \alpha = 1$

$\sec^2 \alpha - \tan^2 \alpha = 1$

$\csc^2 \alpha - \cot^2 \alpha = 1$

$\tan \alpha = \dfrac{\sin \alpha}{\cos \alpha}$

$\cot \alpha = \dfrac{\cos \alpha}{\sin \alpha}$

$\tan \alpha \cot \alpha = 1$

3）两角和的三角函数

$\sin(\alpha \pm \beta) = \sin \alpha \cos \beta \pm \cos \alpha \sin \beta$

$$\cos(\alpha \pm \beta) = \cos \alpha \cos \beta \mp \sin \alpha \sin \beta$$

$$\tan(\alpha \pm \beta) = \frac{\tan \alpha \pm \tan \beta}{1 \mp \tan \alpha \tan \beta}$$

$$\cot(\alpha \pm \beta) = \frac{\cot \alpha \cot \beta \mp 1}{\cot \beta \pm \cot \alpha}$$

4）倍角的三角函数

$$\sin 2\alpha = 2\sin \alpha \cos \alpha$$

$$\cos 2\alpha = \cos^2\alpha - \sin^2\alpha = 1 - 2\sin^2\alpha = 2\cos^2\alpha - 1$$

$$\tan 2\alpha = \frac{2\tan \alpha}{1 - \tan^2\alpha}$$

$$\cot 2\alpha = \frac{\cot^2\alpha - 1}{2\cot \alpha}$$

$$\sin^2\alpha = \frac{1}{2}(1 - \cos 2\alpha)$$

$$\cos^2\alpha = \frac{1}{2}(1 + \cos 2\alpha)$$

$$\sin^3\alpha = \frac{1}{4}(3\sin \alpha - \sin 3\alpha)$$

$$\cos^3\alpha = \frac{1}{4}(\cos 3\alpha + 3\cos \alpha)$$

5）半角的三角函数

$$\sin \frac{\alpha}{2} = \pm \sqrt{\frac{1 - \cos \alpha}{2}}$$

$$\cos \frac{\alpha}{2} = \pm \sqrt{\frac{1 + \cos \alpha}{2}}$$

$$\tan \frac{\alpha}{2} = \pm \sqrt{\frac{1 - \cos \alpha}{1 + \cos \alpha}} = \frac{1 - \cos \alpha}{\sin \alpha} = \frac{\sin \alpha}{1 + \cos \alpha}$$

$$\cot \frac{\alpha}{2} = \pm \sqrt{\frac{1 + \cos \alpha}{1 - \cos \alpha}} = \frac{1 + \cos \alpha}{\sin \alpha} = \frac{\sin \alpha}{1 - \cos \alpha}$$

6）三角形的边角关系（图 1-2）

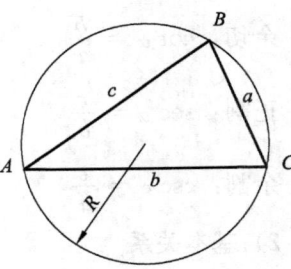

图 1-2　三角形的边角关系

正弦定理：$\dfrac{a}{\sin A} = \dfrac{b}{\sin B} = \dfrac{c}{\sin C} = 2R$（$R$ = 外接圆半径）

余弦定理：

$$a^2 = b^2 + c^2 - 2bc \cos A$$

$$b^2 = c^2 + a^2 - 2ca \cos B$$

$$c^2 = a^2 + b^2 - 2ab \cos C$$

正切定理：$\tan \dfrac{A-B}{2} = \dfrac{a-b}{a+b} \cdot \cot \dfrac{C}{2}$ 或 $\dfrac{a-b}{a+b} = \dfrac{\tan \dfrac{A-B}{2}}{\tan \dfrac{A+B}{2}}$

第二章 黑色金属材料

一、黑色金属材料的分类及产品牌号的表示方法

通常把钢和铁统称为黑色金属。

1. 生铁的分类（GB/T 20932—2007）

生铁是碳的质量分数超过 2%，并且其他元素的含量不超过表 2-1 中所规定的极限值的一种铁-碳合金。

生铁在熔融条件下可进一步处理成钢或者铸铁。按化学成分对生铁的分类与命名见表2-2。

生铁中其他元素的极限值（质量分数）　　　　　表 2-1

元　素	极限值[1]/%	元　素	极限值[1]/%
Mn	≤30.0	Cr	≤10.0
Si	≤8.0	其他合金元素总量[2]	≤10.0
P	≤3.0		

①含量比该极限值高的材料是铁合金。

②C、Si、Mn、P、Cr 除外的其他合金元素。

按化学成分对生铁的分类与命名[1]（质量分数%）　　　　　表 2-2

(1)	(2)		(3)	(4)	(5)	(6)	(7)	(8)	(9)
分类号	生铁的分类			C 总含量	Si	Mn	P	S 最高含量	其他
	名　称		缩写名						
1.1	非合金生铁	炼钢生铁	低磷 Pig-P2	(3.3~5.5)	≤1.25[2]	≤6.0[2]	≤0.25[2]	0.07[2]	
1.2			高磷 Pig-P20	(3.0~5.5)		≤2.0	≥1.5~2.5	0.08	
1.3			普通含磷 Pig-P3	(3.3~5.5)		≤6.0[2]	>0.25~0.40	0.07	
2.1		铸造生铁 ④	Pig-P1Si	(3.3~4.5)	1.25~4.0[2] (1.5~3.5)	≤1.5	≤0.12	0.06[2]	③
2.2			Pig-P3Si				>0.12~0.5		
2.3			Pig-P6Si				>0.5~1.0 (>0.5~0.7)		
2.4			Pig-P12Si				>1.0~1.4		
2.5			Pig-P17Si				>1.4~2.0		
3.1			球墨基体 Pig-Nod	(3.5~4.6)	≤3.0[2]	≤0.1	≤0.08	0.045	③、⑥
3.2			球墨基体锰较高⑤ Pig-NodMn		≤4.0[2]	>0.1~0.8[2]			
3.3			低碳 Pig-LC	>2.0~3.5	≤3.0[2]	>0.4~1.5	≤0.30	0.06	

续表

(1)	(2)		(3)	(4)	(5)	(6)	(7)	(8)	(9)
分类号	生铁的分类			C 总含量	Si	Mn	P	S最高含量	其他
	名　称	缩写名							
4.0	其他非合金生铁		Pig-SPU	⑦					
5.1	合金生铁	镜铁	Pig-Mn	(4.0~6.5)	最高含量 1.5	>6.0~30.0②	≤0.30 (≤0.20)	0.05	③
5.2		其他合金生铁	Pig-SPA	⑧					

①未加括号的值为确定生铁类别的值，括号内的值表明该元素的实际含量通常所处的范围。

②对该含量范围再进行细化，通常可将该类生铁产品进一步分成不同的等级。

③根据冶炼生铁所使用的原料不同，生铁中可能会含有不属于第（4）至第（8）栏所表示的其他元素，对这些元素未规定限定值。这些元素的质量分数有可能达到 0.5%，供需双方可协商其限定值，但这些元素不用于对生铁的分类。

④名称由缩写名代替。

⑤通常用于珠光体球墨铸铁或可锻铸铁。

⑥根据生铁用途，对具有阻碍球状石墨生成和促进碳化物生成低含量元素的生铁，其分类可细化。

⑦该类包括不能分在 1.1 至 3.3 类和 5.1 及 5.2 类中的生铁。

⑧其他合金生铁，包括：

1）硅的质量分数在 >4.0% 至 8.0% 之间的生铁。

2）锰的质量分数在 >6.0% 至 30.0% 之间，不能被划为镜铁（5.1 类）的生铁。

3）含有未包含在第（4）至第（8）栏之内且至少规定了最低含量元素的生铁。

4）下列元素中至少有一种其质量分数在下列规定的限定值内的生铁：

Cr>0.3% 至 10.0%。

Mo>0.1%、Ni>0.3%、Ti>0.2%、V>0.1%、W>0.1%，它们属于表 2-1 中所述的其他合金元素，它们质量分数总和不超过 10%。

2. 铸铁的分类

把铸造用生铁放入熔铁炉内熔炼的产品，即为液状铸铁，再把液状铸铁浇铸成铸件，称为铸铁件。铸铁分类及说明见表 2-3。

铸铁分类及说明　　　　　　　　　　　　表 2-3

分类方法	分类名称	说　　　　明
按断口颜色	灰口铸铁	其断口呈暗灰色，有一定的机械性能和良好的被切削性能，普遍应用于工业中
	白口铸铁	其断口呈灰亮色，硬而脆，不能进行切削加工，很少在工业中直接用来制作零件。由于其具有很高的表面硬度和耐磨性，又称激冷铸铁或硬铸铁
	麻口铸铁	断口呈灰白相间的麻点状，性能不好，极少应用
按化学成分	普通铸铁	普通铸铁是指不含其他合金元素的铸铁，如灰口铸铁、可锻铸铁、球墨铸铁等
	合金铸铁	是指在普通铸铁内加入一些合金元素，用以提高某些特殊性能，配制成的高级铸铁。如各种耐蚀、耐热、耐磨的特殊性能铸铁

分类方法	分类名称	说　　　　明
按生产方法和组织性能	普通灰口铸铁	（见灰口铸铁）
	孕育铸铁	是在灰口铸铁基础上，采用"变质处理"而成，又称变质铸铁。其强度、塑性和韧性均比一般灰口铸铁好得多，组织也较均匀。主要用于机械性能要求较高，而截面尺寸变化较大的大型铸件
	可锻铸铁	由一定成分的白口铸铁经石墨化退火而成，比灰口铸铁具有较高的韧性，又称韧性铸铁，其并不可以锻造。常用来制造承受冲击载荷的铸件
	球墨铸铁	简称球铁。和钢相比，除塑性和韧性稍低外，其他性能均接近，是兼有钢和铸铁优点的优良材料，在机械工程上应用广泛
	特殊性能铸铁	根据用途不同，可分为耐磨铸铁、耐热铸铁、耐蚀铸铁等等。大都属于合金铸铁，在机械制造上应用较广泛

3. 钢的分类（GB/T 13304.1—2008、GB/T 13304.2—2008）

把炼钢用生铁放入炼钢炉内熔炼，再把钢液浇铸成型，冷却后即得到钢锭或连铸坯（供再轧制成各种钢材）或者直接铸成各种铸钢件。钢是含碳量小于 2% 的一种铁-碳合金，此外，尚含有少量的硅、锰、硫、磷等元素。

（1）钢按化学成分分类（GB/T 13304.1—2008）

可分为非合金钢、低合金钢和合金钢，见表 2-4。

非合金钢、低合金钢和合金钢合金元素规定含量界限值（GB/T 13304.1—2008）　表 2-4

合金元素	合金元素规定含量界限值（质量分数）/%		
	非合金钢	低合金钢	合金钢
Al	<0.10	—	≥0.10
B	<0.0005	—	≥0.0005
Bi	<0.10	—	≥0.10
Cr	<0.30	0.30～<0.50	≥0.50
Co	<0.10	—	≥0.10
Cu	<0.10	0.10～<0.50	≥0.50
Mn	<1.00	1.00～<1.40	≥1.40
Mo	<0.05	0.05～<0.10	≥0.10
Ni	<0.30	0.30～<0.50	≥0.50
Nb	<0.02	0.02～<0.06	≥0.06
Pb	<0.40	—	≥0.40
Se	<0.10	—	≥0.10
Si	<0.50	0.50～<0.90	≥0.90
Te	<0.10	—	≥0.10
Ti	<0.05	0.05～<0.13	≥0.13
W	<0.10	—	≥0.10
V	<0.04	0.04～<0.12	≥0.12
Zr	<0.05	0.05～<0.12	≥0.12
La 系（每一种元素）	<0.02	0.02～<0.05	≥0.05
其他规定元素（S、P、C、N 除外）	<0.05	—	≥0.05

因为海关关税的目的而区分非合金钢、低合金钢和合金钢时，除非合同或订单中另有协议，表中 Bi、Pb、Se、Te、La 系和其他规定元素（S、P、C、N 除外）的规定界限值可不予考虑。

注：1. La 系元素含量，也可作为混合稀土含量总量。

2. 表中"—"表示不规定，不作为划分依据。

（2）钢按主要质量等级和主要性能或使用特性分类（GB/T 13304.2—2008）

非合金钢、低合金钢和合金钢按主要质量等级和主要性能或使用特性分类见表 2-5。

非合金钢的主要分类及举例见表 2-6。

低合金钢的主要分类及举例见表 2-7。

合金钢的主要分类及举例见表 2-8。

非合金钢、低合金钢和合金钢按主要质量等级和主要性能或使用特性分类　　　表 2-5

按化学成分分类名称	按主要质量等级分类名称	说　明
非合金钢	普通质量非合金钢	普通质量非合金钢指不规定生产过程中需要特别控制质量的非合金钢
	优质非合金钢	优质非合金钢指除普通质量非合金钢和特殊质量非合金钢以外的非合金钢，在生产过程中需要特别控制质量（如控制晶粒度，降低 S、P 含量，改善表面质量或增加工艺控制等），以达到比普通质量非合金钢特殊的质量要求（如良好的抗脆断性能，良好的冷成型性能等），但其生产控制又不如特殊质量合金钢严格（如不控制淬透性）
	特殊质量非合金钢	特殊质量非合金钢在生产过程中需要特别严格控制质量和性能（如控制淬透性和纯洁度）
低合金钢	普通质量低合金钢	普通质量低合金钢是指不规定生产过程中需要特别控制质量要求，供做一般用途的低合金钢
	优质低合金钢	优质低合金钢是指除普通质量低合金钢和特殊质量低合金钢以外的低合金钢，在生产过程中需要特别控制质量（如降低 S、P 含量，控制晶粒度，改善表面质量，增加工艺控制等），以达到比普通质量低合金钢特殊的质量要求（如良好的抗脆断性能，良好的冷成型性能等），但其生产控制和质量要求，不如特殊低合金钢严格
	特殊质量低合金钢	特殊质量低合金钢在生产过程中需要特别严格控制质量和性能（特别是严格控制 S、P 等杂质含量和纯洁度）
合金钢	优质合金钢	优质合金钢在生产过程中需要特别控制质量和性能，但其生产控制和质量要求，不如特殊质量合金钢严格
	特殊质量合金钢	特殊质量合金钢在生产过程中需要特别严格控制质量和性能的合金钢，除优质合金钢以外的其他合金钢都为特殊质量合金钢

非合金钢的主要分类及举例（GB/T 13304.2—2008）　　　表 2-6

按主要特性分类	按 主 要 质 量 等 级 分 类		
	1 普通质量非合金钢	2 优质非合金钢	3 特殊质量非合金钢
以规定最高强度为主要特性的非合金钢	普通质量低碳结构钢板和钢带 GB 912 中的 Q195 牌号	a）冲压薄板低碳钢 GB/T 5213 中的 DC01 GB 3276 中的 08、10 b）供镀锡、镀锌、镀铅板带和原板用碳素钢 GB/T 2518 GB/T 2520　全部碳素钢牌号 YB/T 5364 c）不经热处理的冷顶锻和冷挤压用钢 GB/T 6478 中表 1 的牌号	

按主要 特性分类	按 主 要 质 量 等 级 分 类		
	1	2	3
	普通质量非合金钢	优质非合金钢	特殊质量非合金钢
以规定最低强度为主要特性的非合金钢	a）碳素结构钢 GB/T 700中的 Q215 中 A、B 级、Q235 的 A、B 级、Q275 的 A、B 级 b）碳素钢筋钢 GB 1499.1 中的 HPB235、HPB300 GB 13013 中的 Q235 c）铁道用钢 GB/T 11264 中的 50Q、55Q GB/T 11265 中的 Q235-A d）一般工程用不进行热处理的普通质量碳素钢 GB/T 14292 中的所有普通质量碳素钢 e）锚链用钢 GB/T 18669 中的 CM370	a）碳素结构钢 GB/T 700 中除普通质量 A、B 级钢以外的所有牌号及 A、B 级规定冷成型性及模锻性特殊要求者 b）优质碳素结构钢 GB/T 699 中除 65Mn、70Mn、70、75、80、85 以外的所有牌号 c）锅炉和压力容器用钢 GB 713 中的 Q245R GB 3087 中的 10、20 GB 6479 中的 10、20 GB 6653 中的 HP235、HP265 d）造船用钢 GB 712 中的 A、B、D、E GB/T 5312 中的所有牌号 GB/T 9945 中的 A、B、D、E e）铁道用钢 GB 2585 中的 U74 GB 8601 中的 CL60B 级 GB 8602 中的 LG60B 级与 LG65B 级 f）桥梁用钢 GB/T 714 中的 Q235qC、Q235qD g）汽车用钢 YB/T 4151 中的 330CL、380CL YB/T 5227 中的 12LW YB/T 5035 中的 45 YB/T 5209 中的 08Z、20Z h）输送管线用钢 GB/T 3091 中的 Q195、Q215A、Q215B、Q235A、Q235B GB/T 8163 中的 10、20 i）工程结构用铸造碳素钢 GB 11352 中的 ZG200-400、ZG230-450、ZG270-500、ZG310-570、ZG340-640 GB 7659 中的 ZG200-400H、ZG230-450H、ZG275-485H j）预应力及混凝土钢筋用优质非合金钢	a）优质碳素结构钢 GB/T 699 中的 65Mn、70Mn、70、75、80、85 钢 b）保证淬透性钢 GB/T 5216 中的 45H c）保证厚度方向性能钢 GB/T 5313 中的所有非合金钢 d）汽车用钢 GB/T 20564.1 中的 CR180BH、CR220BH、CR260BH GB/T 20564.2 中的 CR260/450DP e）铁道用钢 GB 5068 中的所有牌号 GB 8601 中的 CL60A 级 GB 8602 中的 LG60A、LG65A 级 f）航空用钢 包括所有航空专用非合金结构钢牌号 g）兵器用钢 包括各种兵器用非合金结构钢牌号 h）核压力容器用非合金钢 i）输送管线用钢 GB/T 21237 中的 L245、L290、L320、L360 j）锅炉和压力容器用钢 GB 5310 中的所有非合金钢
以含碳量为主要特性的非合金钢	a）普通碳素钢盘条（C 级钢除外） GB/T 701 中的所有碳素钢牌号 YB/T 170.2 中的所有牌号（C4D、C7D除外）	a）焊条用钢（不包括成品分析 S、P 不大于 0.025 的钢） GB/T 14957 中的 H08A、H08MnA、H15A、H15Mn GB/T 3429 中的 H08A、H08MnA、H15A、H15Mn	a）焊条用钢（成品分析 S、P 不大于 0.025 的钢） GB/T 14957 中的 H08E、H08C GB/T 3429 中的 H04E、H08E、H08C

续表

按主要特性分类	按主要质量等级分类		
	1	2	3
	普通质量非合金钢	优质非合金钢	特殊质量非合金钢
以含碳量为主要特性的非合金钢	b）一般用途低碳素钢丝 　YB/T 5294 中的所有碳素钢牌号 　c）热轧花纹钢板及钢带 　YB/T 4159 中的普通质量碳素结构钢	b）冷镦用钢 　YB/T 4115 中的 BL1、BL2、BL3 　GB/T 5953 中的 ML10～ML45 　YB/T 5144 中的 ML15、ML20 　GB/T 6478 中的 ML08Mn、ML22Mn、ML25～ML45、ML15Mn～ML35Mn 　c）花纹钢板 　YB/T 4159 优质非合金钢 　d）盘条钢 　GB/T 4354 中的 25～65、40Mn～60Mn 　e）非合金调质钢（特殊质量钢除外） 　f）非合金表面硬化钢（特殊质量钢除外） 　g）非合金弹簧钢（特殊质量钢除外）	b）碳素弹簧钢 　GB/T 1222 中的 65～85、65Mn 　GB/T 4357 中的所有非合金钢 　c）特殊盘条钢 　YB/T 5100 中的 60、60Mn、65、65Mn、70、70Mn、75、80、T8MnA、T9A（所有牌号） 　YB/T 146 中的所有非合金钢 　d）非合金调质钢 　e）非合金表面硬化钢 　f）火焰及感应淬火硬化钢 　g）冷顶锻和冷挤压钢
非合金易切削钢		a）易切削结构钢 　GB/T 8731 中的牌号 Y08～Y45、Y08Pb、Y12Pb、Y15Pb、Y45Ca	a）特殊易切削钢 　要求测定热处理后冲击韧性等GJB 1494 中的 Y75
非合金工具钢			a）碳素工具钢 　GB/T 1298 中的全部牌号
规定磁性能和电性能的非合金钢		a）非合金电工钢板、带 　GB/T 2521 电工钢板、带 　b）具有规定导电性能（＜9S/m）的非合金电工钢	a）具有规定导电性能（≥9S/m）的非合金电工钢 　b）具有规定磁性能的非合金软磁材料 　GB/T 6983 规定的非合金钢
其他非合金钢	a）栅栏用钢丝 　YB/T 4026 中普通质量非合金钢牌号		a）原料纯铁 　GB/T 9971 中的 YT1、YT2、YT3

低合金钢的主要分类及举例（GB/T 13304.2—2008）　　　　表 2-7

按主要特性分类	按主要质量等级分类		
	1	2	3
	普通质量低合金钢	优质低合金钢	特殊质量低合金钢
可焊接合金高强度结构钢	a）一般用途低合金结构钢 　GB/T 1591 中的 Q295、Q345 牌号的 A 级钢	a）一般用途低合金结构钢 　GB/T 1591 中的 Q295B、Q345（A级钢以外）和 Q390（E级钢以外） 　b）锅炉和压力容器用低合金钢 　GB 713 中除 Q245 以外的所有牌号 　GB 6653 中除 HP235、HP265 以外的所有牌号 　GB 6479 中的 16Mn、15MnV 　c）造船用低合金钢 　GB 712 中的 A32、D32、E32、A36、D36、E36、A40、D40、E40	a）一般用途低合金结构钢 　GB/T 1591 中的 Q390E、Q345E、Q420 和 Q460 　b）压力容器用低合金钢 　GB/T 19189 中的 12MnNiVR 　GB 3531 中的所有牌号 　c）保证厚度方向性能低合金钢 　GB/T 19879 中除 Q235GJ 以外的所有牌号 　GB/T 5313 中的所有低合金钢牌号

续表

按主要 特性分类	按 主 要 质 量 等 级 分 类		
	1	2	3
	普通质量低合金钢	优质低合金钢	特殊质量低合金钢
可焊接合金 高强度结构钢		d) 汽车用低合金钢 GB/T 3273 中的所有牌号 YB/T 5209 中的 08Z、20Z 　YB/T 4151 中的 440CL、490CL、540CL 　e) 桥梁用低合金钢 GB/T 714 中的除 Q235q 以外的钢 　f) 输送管线用低合金钢 　GB/T 3091 中的 Q295A、Q295B、Q345A、Q345B 　GB/T 8163 中的 Q295、Q345 　g) 锚链用低合金钢 GB/T 18669 中的 CM490、CM690 　h) 钢板钢 GB/T 20933 中的 Q295bz、Q390bz	d) 造船用低合金钢 GB 712 中的 F32、F36、F40 　e) 汽车用低合金钢 　GB/T 20564.2 中的 CR300/500DP 　YB/T 4151 中的 590CL 　f) 低焊接敏感性钢 　YB/T 4137 中的所有牌号 　g) 输送管线用低合金钢 　GB/T 21237 中的 L390、L415、L450、L485 　h) 舰船、兵器用低合金钢 　i) 核能用低合金钢
低合金耐候 钢		a) 低合金耐候性钢 GB/T 4171 中的所有牌号	
混凝土用低 合金钢	a) 一般低合金钢 筋钢 GB 1499.2 中的所 有牌号		a) 预应力混凝土用钢 YB/T 4160 中的 30MnSi
铁道用低合 金钢	a) 低合金轻轨钢 GB/T 11264 中的 45SiMnP、50SiMnP	a) 低合金重轨钢 GB 2585 中除 U74 以外的牌号 b) 起重机用低合金钢轨钢 YB/T 5055 中的 U71Mn c) 铁路用异型钢 YB/T 5181 中的 09CuPRE、09V	a) 铁路用低合金车轮钢 GB 8601 中的 CL45MnSiV
矿用低合金 钢	a) 矿用低合金钢 GB/T 3414 中的 M510、M540、M565 热轧钢 　GB/T 4697 中的 所有牌号	a) 矿用低合金结构钢 GB/T 3414 中的 M540、M565 热处 理钢	a) 矿用低合金钢 GB/T 10560 中的 20MnA、20MnV、25MnV
其他低合金 钢		a) 易切削结构钢 GB/T 8731 中的 Y08MnS、Y15Mn、Y40Mn、Y45Mn、Y45MnS、Y45MnSPb b) 焊条用钢 GB/T 3429 中的 H08MnSi、H10MnSi	a) 焊条用钢 GB/T 4329 中的 H05MnSiTiZrAlA、H11MnSi、H11MnSiA

表2-8

合金钢的主要分类及举例（GB/T 13304.2—2008）

按主要质量分类	优质合金钢		特殊质量合金钢					
按主要使用特性分类	**1** 工程结构用钢 / 其他	**2** 工程结构用钢	**3** 机械结构用钢①（4、6除外）	**4** 不锈、耐蚀和耐热钢②	**5** 工具钢	**6** 轴承钢	**7** 特殊物理性能钢	**8** 其他
内容	工程结构用钢： 11 一般工程结构用合金钢 GB/T 20933 中的 Q420bz 12 合金钢筋钢 GB/T 20065 中的合金钢 13 凿岩钎杆用钢 GB/T 1301 中的 30CrSi 14 耐磨钢 GB/T 5680 中的合金钢 其他： 16 电工用硅（铝）钢（无磁导磁要求）GB/T 6983 中的合金钢 17 铁道用合金钢 GB/T 11264 中的 30CuCr 18 易切削钢 GB/T 8731 中的合金钢 19 其他	21 锅炉和压力容器用合金钢（4类除外）GB/T 19189 中的 07MnCrMoVR、07MnNiMoVDR 22 热处理合金钢筋钢 23 汽车用钢 GB/T 20564.2 中的 CR340/590DP、CR420/780DP、CR550/980DP 24 预应力用钢 25 矿用合金钢 GB/T 10560 中的合金钢 26 输送管线用钢 GB/T 21237 中的 L555、L690 27 高锰钢	31 V、Mn、Mn(x) 系钢 32 SiMn(x) 系钢 33 Cr(x) 系钢 34 CrMo(x) 系钢 35 CrNiMo(x) 系钢 36 Ni(x) 系钢 37 B(x) 系钢 38 其他	41 马氏体型 或 42 铁素体型： 411/421 Cr(x) 系钢 412/422 CrNi(x) 系钢 413/423 CrMo(x)、CrCo(x) 系钢 414/424 CrAl(x)、CrSi(x) 系钢 415/425 其他 43 奥氏体型 或 44 奥氏体-铁素体型 或 45 沉淀硬化型： 431/441/451 CrNi(x) 系钢 432/442/452 CrNiMo(x) 系钢 433/443/453 CrNi+Ti 或 Nb 钢 434/444/454 CrNiMo+Ti 或 Nb 钢 435/445/455 CrNi+V、W、Co 钢 436/446 CrNiSi(x) 系钢 437 CrMnSi(x) 系钢 438 其他	51 合金工具钢 GB/T 1299 中所有牌号： 511 Cr(x) 512 Ni(x)、CrNi(x) 513 Mo(x)、CrMo(x) 514 V(x)、CrV(x) 515 W(x)、CrW(x) 516 其他 52 高速工具钢 GB/T 9943 中所有牌号： 521 WMo 系钢 522 W 系钢 523 Co 系钢	61 高碳铬轴承钢 GB/T 18254 中所有牌号 62 渗碳轴承钢 GB/T 3203 中所有牌号 63 不锈轴承钢 GB/T 3086 中所有牌号 64 高温轴承钢 65 无磁轴承钢	71 软磁钢（16 除外）GB/T 14986 中所有牌号 72 永磁钢 GB/T 14991 中所有牌号 73 无磁钢 74 高电阻钢和合金 GB/T 1234 中所有牌号	焊接用钢 GB/T 3429 中的合金钢

注：（x）表示该系合金系列中还包括有其他合金元素，如 Cr(x) 系，除 Cr 钢外，还包括 CrMn 钢等。

① GB/T 3007 中所有牌号，GB/T 1222 和 GB/T 6478 中的合金钢等。

② GB/T 1220、GB/T 1221、GB/T 2100、GB/T 6892 和 GB/T 12230 中所有牌号。

4. 钢铁产品牌号表示方法（GB/T 221-2008）

（1）总则

钢铁产品牌号的表示，通常采用大写汉语拼音字母、化学元素符号及阿拉伯数字相结合的方法表示。为了便于国际交流和贸易的需要，也可采用大写英文字母或国际惯例表示符号。

采用汉语拼音字母或英文字母表示产品名称、用途、特性和工艺方法时，一般从产品名称中选取有代表性汉字的汉语拼音首位字母或英文单词的首位字母。当和另一产品所取字母重复时，改取第二个或第三个字母，或同时选取两个（或多个）汉字或英文单词的首位字母。

采用汉语拼音字母或英文字母，原则上只取一个，一般不超过三个。

产品牌号中组成部分的表示方法应符合相应规定，各部分按顺序排列，如无必要可省略相应部分。除有特殊规定外，字母、符号及数字之间应无间隙。

产品牌号中的元素含量用质量分数表示。

常用化学元素符号见表2-9。

常用化学元素符号　　　　　　　　　　　　　　　　　　　　　表2-9

元素名称	化学元素符号	元素名称	化学元素符号	元素名称	化学元素符号	元素名称	化学元素符号
铁	Fe	锂	Li	钐	Sm	铝	Al
锰	Mn	铍	Be	锕	Ac	铌	Nb
铬	Cr	镁	Mg	硼	B	钽	Ta
镍	Ni	钙	Ca	碳	C	镧	La
钴	Co	锆	Zr	硅	Si	铈	Ce
铜	Cu	锡	Sn	硒	Se	钕	Nd
钨	W	铅	Pb	碲	Te	氮	N
钼	Mo	铋	Bi	砷	As	氧	O
钒	V	铯	Cs	硫	S	氢	H
钛	Ti	钡	Ba	磷	P	—	—

注：混合稀土元素符号用"RE"表示。

（2）牌号表示方法

1）生铁

生铁产品牌号通常由两部分组成：

第一部分：表示产品用途、特性及工艺方法的大写汉语拼音字母。

第二部分：表示主要元素平均含量（以千分之几计）的阿拉伯数字。炼钢用生铁、铸造用生铁、球墨铸铁用生铁、耐磨生铁为硅元素平均含量。脱碳低磷粒铁为碳元素平均含量，含钒生铁为钒元素平均含量。

生铁牌号的表示方法见表2-10。

生铁牌号的含义和表示方法　　　　　　　　　　　　　　　　表 2-10

序号	产品名称	第 一 部 分			第 二 部 分	牌号示例
		采用汉字	汉语拼音	采用字母		
1	炼钢用生铁	炼	LIAN	L	含硅量为 0.85%～1.25% 的炼钢用生铁，阿拉伯数字为 10	L10
2	铸造用生铁	铸	ZHU	Z	含硅量为 2.80%～3.20% 的铸造用生铁，阿拉伯数字为 30	Z30
3	球墨铸铁用生铁	球	QIU	Q	含硅量为 1.00%～1.40% 的球墨铸铁用生铁，阿拉伯数字为 12	Q12
4	耐磨生铁	耐磨	NAI MO	NM	含硅量为 1.60%～2.00% 的耐磨生铁，阿拉伯数字为 18	NM18
5	脱碳低磷粒铁	脱粒	TUO LI	TL	含碳量为 1.20%～1.60% 的炼钢用脱碳低磷粒铁，阿拉伯数字为 14	TL14
6	含钒生铁	钒	FAN	F	含钒量不小于 0.40% 的含钒生铁，阿拉伯数字为 04	F04

2）碳素结构钢和低合金结构钢

碳素结构钢和低合金结构钢的牌号通常由四部分组成：

第一部分：前缀符号＋强度值（以 N/mm² 或 MPa 为单位），其中通用结构钢前缀符号为代表屈服强度的拼音的字母"Q"，专用结构钢的前缀符号见表 2-11。

专用结构钢的前缀符号　　　　　　　　　　　　　　　　　表 2-11

产品名称	采用的汉字及汉语拼音或英文单词			采用字母	位置
	汉字	汉语拼音	英文单词		
热轧光圆钢筋	热轧光圆钢筋	—	Hot Rolled Plain Bars	HPB	牌号头
热轧带肋钢筋	热轧带肋钢筋	—	Hot Rolled Ribbed Bars	HRB	牌号头
晶粒热轧带肋钢筋	热轧带肋钢筋＋细	—	Hot Rolled Ribbed Bars＋Fine	HRBF	牌号头
冷轧带肋钢筋	冷轧带肋钢筋	—	Cold Rolled Ribbed Bars	CRB	牌号头
预应力混凝土用螺纹钢筋	预应力、螺纹、钢筋	—	Prestressing、Screw、Bars	PSB	牌号头
焊接气瓶用钢	焊瓶	HAN PING	—	HP	牌号头
管线用钢	管线	—	Line	L	牌号头
船用锚链钢	船锚	CHUAN MAO	—	CM	牌号头
煤机用钢	煤	MEI	—	M	牌号头

第二部分（必要时）：钢的质量等级，用英文字母 A、B、C、D、E、F……表示。

第三部分（必要时）：脱氧方式表示符号，即沸腾钢、半镇静钢、镇静钢、特殊镇静钢分别以"F"、"b"、"Z"、"TZ"表示。镇静钢、特殊镇静钢表示符号通常可以省略。

第四部分（必要时）：产品用途、特性和工艺方法表示符号，见表 2-12。

碳素结构钢和低合金结构钢产品用途、特性和工艺方法表示符号　　表 2-12

产品名称	采用的汉字及汉语拼音或英文单词			采用字母	位置
	汉字	汉语拼音	英文单词		
锅炉和压力容器用钢	容	RONG	—	R	牌号尾
锅炉用钢（管）	锅	GUO	—	G	牌号尾
低温压力容器用钢	低容	DI RONG	—	DR	牌号尾
桥梁用钢	桥	QIAO	—	Q	牌号尾
耐候钢	耐候	NAI HOU	—	NH	牌号尾
高耐候钢	高耐候	GAO NAI HOU	—	GNH	牌号尾
汽车大梁用钢	梁	LIANG	—	L	牌号尾
高性能建筑结构用钢	高建	GAO JIAN	—	GJ	牌号尾
低焊接裂纹敏感性钢	低焊接裂纹敏感性	—	Crack Free	CF	牌号尾
保证淬透性钢	淬透性	—	Hardenability	H	牌号尾
矿用钢	矿	KUANG	—	K	牌号尾
船用钢	采用国际符号				

根据需要，低合金高强度结构钢的牌号也可以采用两位阿拉伯数字（表示平均含碳量，以万分之几计）加表 2-7 规定的元素符号及必要时加代表产品用途、特性和工艺方法的表示符号，按顺序表示，例如：碳含量为 0.15%～0.26%，锰含量为 1.20%～1.60% 的矿用钢牌号为 20MnK。

碳素结构钢和低合金结构钢的牌号示例见表 2-13。

碳素结构钢和低合金结构钢的牌号示例　　表 2-13

产品名称	第一部分	第二部分	第三部分	第四部分	牌号示例
碳素结构钢	最小屈服强度 235N/mm²	A 级	沸腾钢	—	Q235AF
低合金高强度结构钢	最小屈服强度 345N/mm²	D 级	特殊镇静钢	—	Q345D
热轧光圆钢筋	屈服强度特征值 235N/mm²	—	—	—	HPB235
热轧带肋钢筋	屈服强度特征值 335N/mm²	—	—	—	HRB335
细晶粒热轧带肋钢筋	屈服强度特征值 335N/mm²	—	—	—	HRBF335
冷轧带肋钢筋	最小抗拉强度 550N/mm²	—	—	—	CRB550
预应力混凝土用螺纹钢筋	最小屈服强度 830N/mm²	—	—	—	PSB830
焊接气瓶用钢	最小屈服强度 345N/mm²	—	—	—	HP345
管线用钢	最小规定总延伸强度 415N/mm²	—	—	—	L415
船用锚链钢	最小抗拉强度 370N/mm²	—	—	—	CM370
煤机用钢	最小抗拉强度 510N/mm²	—	—	—	M510
钢炉和压力容器用钢	最小屈服强度 345N/mm²	—	特殊镇静钢	压力容器"容"的汉语拼音首位字母"R"	Q345R

3）优质碳素结构钢和优质碳素弹簧钢

优质碳素结构钢牌号通常由五部分组成：

第一部分：以两位阿拉伯数字表示平均含碳量（以万分之几计）。

第二部分（必要时）：较高含锰量的优质碳素结构钢，加锰元素符号 Mn。

第三部分（必要时）：钢材冶金质量，既高级优质钢、特级优质钢分别以 A、E 表示，优质钢不用字母表示。

第四部分（必要时）：脱氧方法表示符号，既沸腾钢、半镇静钢、镇静钢分别以"F"、"b"、"Z"表示，但镇静钢表示符号通常可以省略。

第五部分（必要时）：产品用途、特性和工艺方法表示符号，见表 2-12。

优质碳素弹簧钢的牌号表示方法与优质碳素结构钢相同，见表 2-14。

优质碳素结构钢和优质碳素弹簧钢的牌号表示方法 表 2-14

产品名称	第一部分	第二部分	第三部分	第四部分	第五部分	牌号示例
优质碳素结构钢	碳含量：$0.05\%\sim0.11\%$	锰含量：$0.25\%\sim0.50\%$	优质钢	沸腾钢	—	08F
优质碳素结构钢	碳含量：$0.47\%\sim0.55\%$	锰含量：$0.50\%\sim0.80\%$	高级优质钢	镇静钢	—	50A
优质碳素结构钢	碳含量：$0.48\%\sim0.56\%$	锰含量：$0.70\%\sim1.00\%$	特级优质钢	镇静钢	—	50MnE
保证淬透性用钢	碳含量：$0.42\%\sim0.50\%$	锰含量：$0.50\%\sim0.85\%$	高级优质钢	镇静钢	保证淬透性钢表示符号"H"	45AH
优质碳素弹簧钢	碳含量：$0.62\%\sim0.70\%$	锰含量：$0.90\%\sim1.20\%$	优质钢	镇静钢	—	65Mn

4）合金结构钢和合金弹簧钢

合金结构钢牌号通常由四部分组成：

第一部分：以两位阿拉伯数字表示平均含碳量（以万分之几计）。

第二部分：合金元素含量，以化学元素及阿拉伯数字表示。具体表示方法为：平均合金含量小于 1.5% 时，牌号中只标明元素，一般不标明含量；平均合金含量为 $1.50\%\sim2.49\%$、$2.50\%\sim3.49\%$、$3.50\%\sim4.49\%$、$4.50\%\sim5.49\%$……时，在合金元素后相应写成 2、3、4、5……。

化学元素符号的排列顺序推荐按含量值递减排列。如果两个或多个元素的含量相同时，相应符号位置按英文字母的顺序排列。

第三部分：钢材冶金质量，即高级优质钢、特级优质钢分别以 A、E 表示，优质钢不用字母表示。

第四部分（必要时）：产品用途、特性和工艺方法表示符号，见表 2-12。

合金弹簧钢的牌号表示方法与合金结构钢相同，见表 2-15。

合金结构钢和合金弹簧钢的牌号表示方法　　　表 2-15

产品名称	第一部分	第二部分	第三部分	第四部分	牌号示例
合金结构钢	碳含量：0.22%~0.29%	铬含量：1.50%~1.80% 钼含量：0.25%~0.35% 钒含量：0.15%~0.30%	高级优质钢	—	25Cr2MoVA
锅炉和压力容器用钢	碳含量：≤0.22%	锰含量：1.20%~1.60% 钼含量：0.45%~0.65% 铌含量：0.025%~0.050%	特级优质钢	锅炉和压力容器用钢	18MnMoNbER
优质弹簧钢	碳含量：0.56%~0.64%	硅含量：1.60%~2.00% 锰含量：0.70%~1.00%	优质钢		60Si2Mn

5）其余各种钢、纯铁及合金

其余各种钢、纯铁及合金牌号表示方法见表 2-16 和表 2-17。

其余各种钢、纯铁及合金牌号表示法　　　表 2-16

产品类别	牌　号　表　示　法
易切削钢	易切削钢牌号通常由三部分组成：第一部分：易切削钢表示符号"Y"；第二部分：以两位阿拉伯数字表示平均含碳量（以万分之几计）；第三部分：易切削元素符号，如：含钙、铅、锡等易切削元素的易切削钢分别以 Ca、Pb、Sn 表示。加硫或加硫磷易切削钢，通常不加易切削元素符号 S、P。较高含锰量的加硫或加硫磷易切削钢，本部分为锰元素符号"Mn"。为区分牌号，对较高硫含量的易切削钢，在牌号尾部加硫元素符号 S。 例如：碳含量为 0.40%~0.50%、钙含量为 0.002%~0.006%的易切削钢，其牌号表示为 Y45Ca； 碳含量为 0.42%~0.48%、锰含量为 1.35%~1.65%、硫含量为 0.16%~0.24%的易切削钢，其牌号表示为 Y45Mn； 碳含量为 0.42%~0.48%、锰含量为 1.35%~1.65%、硫含量为 0.24%~0.32%的易切削钢，其牌号表示为 Y45MnS
车辆车轴及机车车辆用钢	车辆车轴及机车车辆用钢牌号通常由两部分组成：第一部分：车辆车轴用钢表示符号"LZ"或机车车辆用钢表示符号"JZ"；第二部分：以两位阿拉伯数字表示平均含碳量（以万分之几计）； 车辆车轴及机车车辆用钢牌号表示方法见表 2-17
工具钢	1）碳素工具钢 碳素工具钢牌号通常由四部分组成：第一部分：碳素工具钢表示符号"T"；第二部分：阿拉伯数字表示平均含碳量（以千分之几计）；第三部分（必要时）：较高含锰量碳素工具钢，加锰元素符号"Mn"；第四部分（必要时）：钢材冶金质量，即高级优质碳素工具钢以 A 表示，优质钢不用字母表示。 2）合金工具钢 合金工具钢牌号通常由两部分组成：第一部分：平均含碳量小于 1.00%时，采用一位数字表示含碳量（以千分之几计）。平均含碳量不小于 1.00%时，不标明含碳量数字；第二部分：合金元素含量，以化学元素和阿拉伯数字表示，表示方法同合金结构钢第二部分。低铬（平均含铬量小于 1%）合金工具钢在铬含量（以千分之几计）前加数字"0"。 3）高速工具钢 高速工具钢牌号表示方法与合金结构钢相同，但在牌号头部一般不标明表示碳含量的阿拉伯数字。为了区别牌号，在牌号头部可以加"C"表示高碳高速工具钢。 工具钢牌号表示方法见表 2-17

产品类别	牌 号 表 示 法
非调质机械结构钢	非调质机械结构钢牌号通常由四部分组成：第一部分：非调质机械结构钢表示符号"F"；第二部分：以两位阿拉伯数字表示平均含碳量（以万分之几计）；第三部分：合金元素含量，以化学元素符号和阿拉伯数字表示，表示方法同合金结构钢第二部分；第四部分（必要时）：改善切削性能的非调质机械结构钢加硫元素符号 S。 非调质机械结构钢牌号表示方法见表 2-17
轴承钢	1）高碳铬轴承钢 高碳铬轴承钢牌号通常由两部分组成：第一部分：（滚珠）轴承钢表示符号"G"，但不标明含碳量；第二部分：合金元素"Cr"符号及其含量（以千分之几计）。其他元素含量，以化学元素符号和阿拉伯数字表示，表示方法同合金结构钢第二部分。 2）渗碳轴承钢 在牌号头部加符号"G"，采用合金结构钢牌号表示方法。高级优质渗碳轴承钢在牌号尾部加"A"。 3）高碳铬不锈轴承钢和高温轴承钢 在牌号头部加符号"G"，采用不锈钢和耐热钢牌号表示方法。 轴承钢牌号表示方法见表 2-17
钢轨钢、冷镦钢	钢轨钢、冷镦钢牌号通常由三部分组成：第一部分：钢轨钢表示符号"U"，冷镦钢（铆螺钢）表示符号"ML"；第二部分：阿拉伯数字表示平均含碳量，钢轨钢同优质碳素结构钢第一部分，冷镦钢（铆螺钢）同合金结构钢第一部分；第三部分：合金元素含量，以化学元素符号和阿拉伯数字表示，表示方法同合金结构钢第二部分。 钢轨钢、冷镦钢牌号表示方法见表 2-17
焊接用钢	焊接用钢包括焊接用碳素钢、焊接用合金钢、焊接用不锈钢等。 焊接用钢牌号通常由两部分组成：第一部分：焊接用钢表示符号"H"；第二部分：各类焊接用钢牌号表示方法。其中优质结构碳素钢、合金结构钢和不锈钢等应分别符合各自钢号的规定。 焊接用钢牌号表示方法见表 2-17
不锈钢和耐热钢	牌号采用表 2-9 规定的化学元素符号和表示各元素含量的阿拉伯数字表示。各元素含量的阿拉伯数字表示应符合如下规定： 1）含碳量：用两位或三位阿拉伯数字表示碳含量最佳控制值（以万分之几或十万分之几计）；只规定碳含量上限者，当碳含量上限不大于 0.10% 时，以其上限的 3/4 表示碳含量；当碳含量上限大于 0.10% 时，以其上限的 4/5 表示碳含量。对超低碳不锈钢（即碳含量不大于 0.030%）用三位阿拉伯数字表示碳含量最佳控制值（十万分之几计）；规定上下限者，以平均碳含量 X100 表示。 2）合金元素含量：合金元素含量以化学符号及阿拉伯数字表示，表示方法同合金结构钢第二部分。钢中有意加入的铌、钛、锆、氮等合金元素，虽然含量很低，也应在牌号中标出。 例如：碳含量不大于 0.08%、铬含量为 18.00%～20.00%、镍含量为 8.00%～11.00% 的不锈钢，牌号为 06Cr19Ni10； 碳含量不大于 0.030%、铬含量为 16.00%～19.00%、钛含量为 0.10%～1.00% 的不锈钢，牌号为 022Cr18Ti； 碳含量为 0.15%～0.25%、铬含量为 14.00%～16.00%、锰含量为 14.00%～16.00%、镍含量为 1.50%～3.00%、氮含量为 0.15%～0.30% 的不锈钢，牌号为 20Cr15Mn15Ni2N。 碳含量不大于 0.25%、铬含量为 24.00%～26.00%、镍含量为 19.00%～22.00% 的耐热钢，牌号为 20Cr25Ni20

产品类别	牌　号　表　示　法
冷轧电工钢	冷轧电工钢分为取向电工钢和无取向电工钢。 冷轧电工钢牌号通常由三部分组成：第一部分：材料公称厚度（单位：mm）100 倍的数字；第二部分：普通级取向电工钢表示符号"Q"，高磁导率级取向电工钢表示符号"QG"或无取向电工钢表示符号"W"；第三部分：取向电工钢，磁极化强度在 1.7T 和频率 50Hz，以 W/kg 为单位及相应厚度产品的最大比总损耗值的 100 倍；无取向电工钢，磁极化强度在 1.5T 和频率 50Hz，以 W/kg 为单位及相应厚度产品的最大比总损耗值的 100 倍； 例如：公称厚度为 0.30mm，比总损耗 $P1.7/50$ 为 1.30W/kg 的普通级取向电工钢，牌号为 30Q130； 公称厚度为 0.30mm，比总损耗 $P1.7/50$ 为 1.10W/kg 的高磁导率级取向电工钢，牌号为 30QG110； 公称厚度为 0.50mm，比总损耗 $P1.5/50$ 为 4.0W/kg 的无取向电工钢，牌号为 50W400
电磁纯铁	电磁纯铁牌号通常由三部分组成：第一部分：电磁纯铁表示符号"DT"；第二部分：以阿拉伯数字表示不同牌号的顺序号；第三部分：根据电磁性能不同，分别采用加质量等级表示符号"A"、"C"、"E"。 电磁纯铁牌号表示方法见表 2-17
原料纯铁	原料纯铁牌号通常由两部分组成：第一部分：原料纯铁表示符号"YT"；第二部分：以阿拉伯数字表示不同牌号的顺序号。 原料纯铁牌号表示方法见表 2-17
高阻电热合金	高阻电热合金牌号采用表 2-9 规定的化学元素符号和表示各元素含量的阿拉伯数字表示。牌号表示方法与不锈钢和耐热钢的牌号表示方法相同（镍铬基合金不标出含碳量）。 例如：铬含量为 18.00%～21.00%、镍含量为 34.00%～37.00%、碳含量不大于 0.08% 的合金（其余为铁），牌号为 06Cr20Ni35

各种钢、纯铁牌号表示法　　　　　表 2-17

产品名称	第一部分			第二部分	第三部分	第四部分	牌号示例
	汉字	汉语拼音	采用字母				
车辆车轴用钢	辆轴	LIANG ZHOU	LZ	碳含量：0.40%～0.48%	—	—	LZ45
机车车辆用钢	机轴	JI ZHOU	JZ	碳含量：0.40%～0.48%	—	—	JZ45
非调质机械结构钢	非	FEI	F	碳含量：0.32%～0.39%	钒含量：0.06%～0.13%	硫含量 0.035%～0.075%	F35VS
碳素工具钢	碳	TAN	T	碳含量：0.80%～0.90%	锰含量：0.40%～0.60%	高级优质钢	T8MnA
合金工具钢	碳含量：0.85%～0.95%			硅含量：1.20%～1.60% 铬含量：0.95%～1.25%	—	—	9SiCr
高速工具钢	碳含量 0.80%～0.90%			钨含量：5.50%～6.75% 钼含量：4.50%～5.50% 铬含量：3.80%～4.40% 钒含量：1.75%～2.20%	—	—	W6Mo5Cr4V2

续表

产品名称	第一部分			第二部分	第三部分	第四部分	牌号示例
	汉字	汉语拼音	采用字母				
高速工具钢	碳含量：0.86%～0.94%			钨含量：5.90%～6.70% 钼含量：4.70%～5.20% 铬含量：3.80%～4.50% 钒含量：1.75%～2.10%	—	—	CW6Mo5Cr4V2
高碳铬轴承钢	滚	GUN	G	铬含量：1.40%～1.65%	硅含量：0.45%～0.75% 锰含量：0.95%～1.25%	—	GCr15SiMn
钢轨钢	轨	GUI	U	碳含量：0.66%～0.74%	硅含量：0.85%～1.15% 锰含量：0.85%～1.15%	—	U70MnSi
冷镦钢	铆螺	MAO LUO	ML	碳含量：0.26%～0.34%	铬含量：0.80%～1.10% 钼含量：0.15%～0.25%	—	ML30CrMo
焊接用钢	焊	HAN	H	碳含量：≤0.10%的高级优质碳素结构钢			H08A
焊接用钢	焊	HAN	H	碳含量：≤0.10% 铬含量：0.80%～1.10% 钼含量：0.40%～0.60% 的高级优质合金结构钢			H08CrMoA
电磁纯铁	电铁	DIAN TIE	DT	顺序号4	磁性能A级	—	DT4A
原料纯铁	原铁	YUAN TIE	YT	顺序号1	—	—	YT1

5. 铁合金产品牌号表示方法（GB/T 7738—2008）

铁合金产品名称、用途、工艺方法和特性表示符号见表2-18。

铁合金产品名称、用途、工艺方法和特性表示符号　　　　表2-18

名　称	采用的汉字及汉语拼音		采用符号	字体	位置
	汉字	汉语拼音			
金属锰（电硅热法）、金属铬	金	JIN	J	大写	牌号头
金属锰（电解重熔法）	金重	JIN CHONG	JC	大写	牌号头
真空法微碳铬铁	真空	ZHENG KONG	ZK	大写	牌号头
电解金属锰	电金	DIAN JIN	DJ	大写	牌号头
钒渣	钒渣	FAN ZHA	FZ	大写	牌号头
氧化钼块	氧	YANG	Y	大写	牌号头
组别			英文字母		
			A	大写	牌号尾
			B	大写	牌号尾
			C	大写	牌号尾
			D	大写	牌号尾

各类铁合金产品牌号表示方法按下列格式编写，示例见表2-19。

```
××××
     └──── 表示主要杂质元素及其最高质量分数或组别(第四部分)
    └───── 表示主元素(或化合物)及其质量分数(第三部分)
   └────── 表示含铁元素的铁合金产品,以化学符号"Fe"表示(第二部分)
  └─────── 表示铁合金产品名称、用途、工艺方法和特性,以汉语拼音字母表示(第一部分)
```

例如：高炉法用"G"表示；

电解法用"D"表示；

重熔法用"C"表示；

真空法用"ZK"表示；

金属用"J"表示；

氧化物用"Y"表示；

钒渣用"FZ"表示。

含有一定铁量的铁合金产品,其牌号中应有"Fe"符号,示例见表2-19。

主元素（或化合物）及其质量分数表示,示例见表2-19。

需要表明产品的杂质含量时,以元素符号及其最高质量分数或以组别符号"－A"、"－B"等表示,示例见表2-19。

铁合金产品牌号表示方法　　　　　　　　　　　　　　表2-19

序号	产品名称	第一部分	第二部分	第三部分	第四部分	牌号表示示例
1	硅铁		Fe	Si75	Al1.5-A	FeSi75Al1.5-A
		T	Fe	Si75	A	TFeSi75-A
	金属锰	J		Mn97	A	JMn97-A
		JC		Mn98		JCMn98
	金属铬	J		Cr99	A	JCr99-A
2	钛铁		Fe	Ti30	A	FeTi30-A
3	钨铁		Fe	W78	A	FeW78-A
	钼铁		Fe	Mo60		FeMo60-A
	锰铁		Fe	Mn68	C7.0	FeMn68C7.0
	钒铁		Fe	V40	A	FeV40-A
	硼铁		Fe	B23	C0.1	FeB23C0.1
	铬铁		Fe	Cr65	C1.0	FeCr65C1.0
		ZK	Fe	Cr65	C0.010	ZKFeCr65C0.010
	铌铁		Fe	Nb60	B	FeNb60-B
	锰硅合金		Fe	Mn64Si27		FeMn64Si27
	硅铬合金		Fe	Cr30Si40	A	FeCr30Si40-A
	稀土硅铁合金		Fe	SiRE23		FeSiRE23
	稀土镁硅铁合金		Fe	SiMg8RE5		FeSiMg8RE5
	硅钡合金		Fe	Ba30Si35		FeBa30Si35
	硅铝合金		Fe	Al52Si5		FeAl52Si5
	硅钡铝合金		Fe	Al34Ba6Si20		FeAl34Ba6Si20

续表

序号	产品名称	第一部分	第二部分	第三部分	第四部分	牌号表示示例
	硅钙钡铝合金		Fe	Al16Ba9Ca12Si30		FeAl16Ba9Ca12Si30
	硅钙合金			Ca31Si60		Ca31Si60
	磷铁		Fe	P24		FeP24
	五氧化二钒			V_2O_5 98		V_2O_5 98
	钒氮合金			VN12		VN12
	电解金属锰	DJ		Mn	A	DJMn-A
	钒渣	FZ		FZ1		FZ1（建议修订标准时，用英文字母代替阿拉伯数字）
	氧化钼块	Y		Mo55.0	A	YMo55.0-A
	氮化金属锰	J		MnN	A	JMnN-A
	氮化锰铁		Fe	MnN	A	FeMnN-A
	氮化铬铁		Fe	NCr3	A	FeNCr3A（建议修订标准时，改为FeCrN3-A）

6. 铸铁牌号表示方法（GB/T 5612—2008）

铸铁基本代号由表示该铸铁特征的汉语拼音字母的第一个大写正体字母组成，当两种铸铁名称的代号字母相同时，可在该大写正体字母后面加小写字母来区别。当要表示铸铁组织特征或特殊性能时，代表铸铁组织特征或特殊性能的汉语拼音字母的第一个大写正体字母排在基本代号的后面。

合金化元素符号用国际化学元素符号表示，混合稀土元素用符号"RE"表示。名义含量及力学性能用阿拉伯数字表示。

当以化学成分表示铸铁的牌号时，合金元素符号及名义含量（质量分数）排列在铸铁代号之后。在牌号中常规碳、硅、锰、硫、磷元素一般不标注，有特殊作用时，才标注其元素符号及含量。合金化元素的含量大于或等于1%时，在牌号中用整数标注，数值的修约按GB/T8170执行，小于1%时，一般不标注，只有对该合金特性有较大影响时，才标注其合金化元素符号。合金化元素按其含量递减次序排列，含量相等时按元素符号的字母顺序排列。

当以力学性能表示铸铁的牌号时，力学性能值排列在铸铁代号之后。当牌号中有合金元素符号时，抗拉强度值排列于元素符号及含量之后，之间用"-"隔开。牌号中代号后面有一组数字时，该组数字表示抗拉强度值，单位为MPa；当有两组数字时，第一组表示抗拉强度值，单位为MPa，第二组表示伸长率值，单位为%，两组数字用"-"隔开。例：

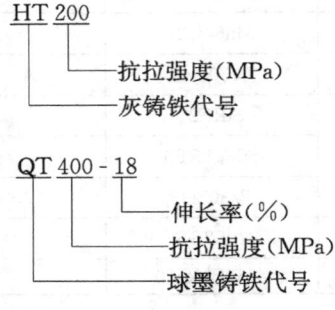

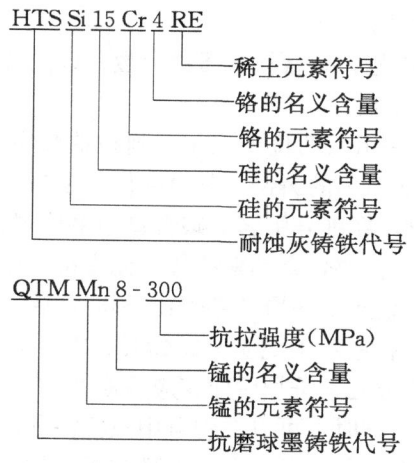

各种铸铁名称及代号见表 2-20。

各种铸铁名称及代号　　　　　　　　　　　　　表 2-20

铸铁名称	代号	牌号表示方法实例	铸铁名称	代号	牌号表示方法实例
灰铸铁	HT		耐热球墨铸铁	QTR	QTR Si5
灰铸铁	HT	HT250，HT Cr-300	耐蚀球墨铸铁	QTS	QTS Ni20Cr2
奥氏体灰铸铁	HTA	HTA Ni20Cr2	蠕墨铸铁	RuT	RuT420
冷硬灰铸铁	HTL	HTL Cr1Ni1Mo	可锻铸铁	KT	
耐磨灰铸铁	HTM	HTM CulCrMo	白心可锻铸铁	KTB	KTB350-04
耐热灰铸铁	HTR	HTR Cr	黑心可锻铸铁	KTH	KTH350-10
耐蚀灰铸铁	HTS	HTS Nl2Cr	珠光体可锻铸铁	KTZ	KTZ650-02
球墨铸铁	QT		白口铸铁	BT	
球墨铸铁	QT	QT400-18	抗磨白口铸铁	BTM	BTM Cr15Mo
奥氏体球墨铸铁	QTA	QTA Ni30Cr3	耐热白口铸铁	BTR	BTRCr16
冷硬球墨铸铁	QTL	QTL Cr Mo	耐蚀白口铸铁	BTS	BTSCr28
抗磨球墨铸铁	QTM	QTM Mn8-30			

7. 铸钢牌号表示方法（GB/T 5613—2014）

铸钢代号用"铸""钢"两字的汉语拼音的第一个大写正体字母"ZG"表示。当要表示铸钢的特殊性能时，可以用代表铸钢特殊性能的汉语拼音的第一个大写正体字母排列在铸钢代号的后面，如：

铸造碳钢	代号：ZG，	牌号表示方法实例：ZG270-500
焊接结构用铸钢	代号：ZGH，	牌号表示方法实例：ZGH230-450
耐热铸钢	代号：ZGR，	牌号表示方法实例：ZGR40Cr25Ni20
耐蚀铸钢	代号：ZGS，	牌号表示方法实例：ZGS06Cr16Ni5Mo
耐蚀铸钢	代号：ZGM，	牌号表示方法实例：ZGM30CrMnSiMo

铸钢牌号中主要合金元素符号用国际化学元素符号表示，混合稀土元素用符号"RE"表示。名义含量及力学性能用阿拉伯数字表示。其含量修约规则执行 GB/T 8170 的规定。

以力学性能表示的铸钢牌号，在牌号中"ZG"后面的两组数字表示力学性能，第一组数字表示该牌号铸钢的屈服强度最低值，第二组数字表示其抗拉强度最低值，单位均为

MPa。两组数字间用"-"隔开。

以化学成分表示的铸钢牌号，碳含量（质量分数）以及合金元素符号和含量（质量分数）排列在铸钢代号"ZG"之后。

在牌号中"ZG"后面以一组（两位或三位）阿拉伯数字表示铸钢的名义碳含量（以万分之几计）。平均含碳量$<0.1\%$的铸钢，其第一位数字为"0"，牌号中碳名义含量用上限表示；含碳量$\geq1\%$的铸钢，在牌号中名义碳含量用平均碳含量表示。

在名义碳含量后面排列各主要合金元素符号，元素符号用阿拉伯数字表示合金元素名义含量（以百分之几计）。合金元素平均含量$<1.5\%$时，牌号中只标明元素符号，一般不标明含量；合金元素平均含量为$1.5\%\sim2.49\%$、$2.5\%\sim3.49\%$、$3.5\%\sim4.49\%$、$4.5\%\sim5.49\%$······时，在合金元素符号后面相应写成2、3、4、5······。

当主要合金化元素多于三种时，可以在牌号中只标注前两种或前三种元素的名义含量值。各元素符号的标注顺序按它们的平均含量的递减顺序排列。若两种或多种元素平均含量相同，则按元素符号的英文字母顺序排列。

铸钢中常规的锰、硅、磷、硫等元素一般在牌号中不标明。

在特殊情况下，当同一种牌号分几个品种时，可在牌号后面用"-"隔开，用阿拉伯数字标注品种序号。

例：

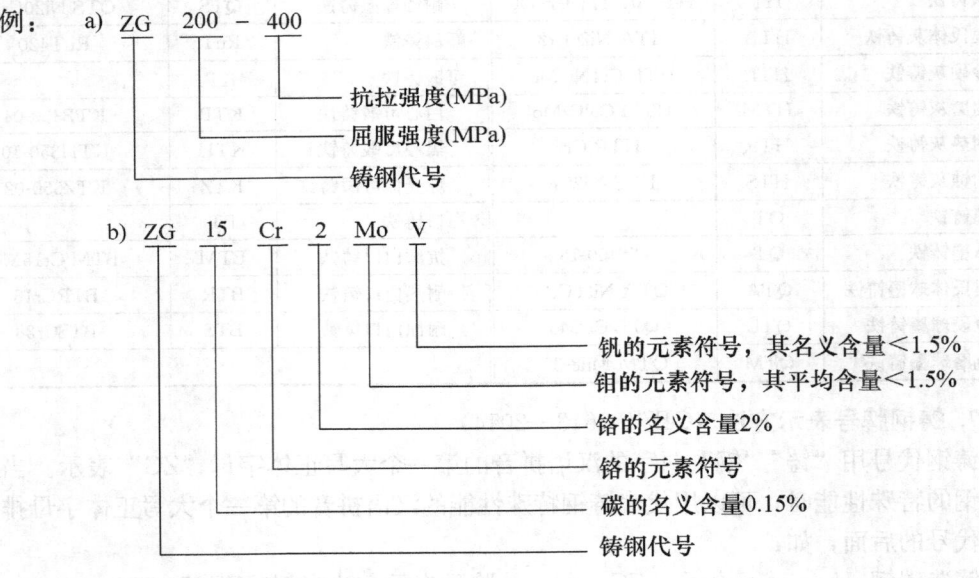

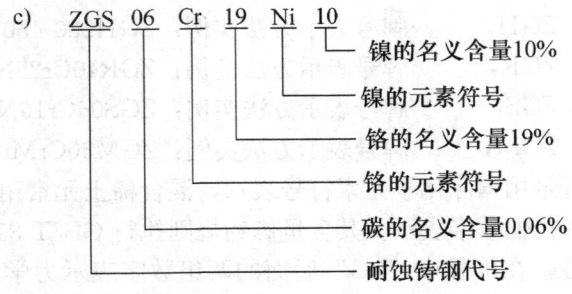

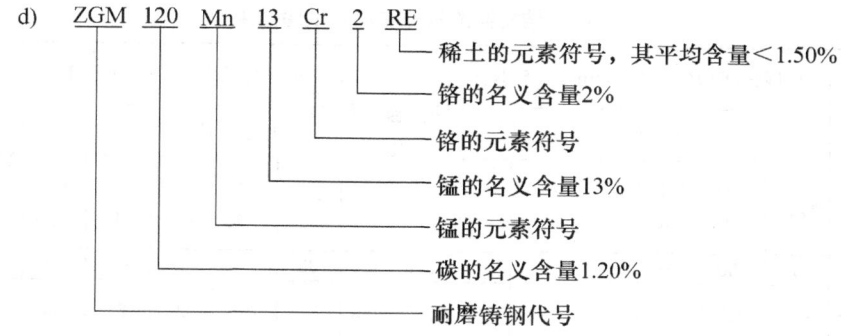

d) ZGM 120 Mn 13 Cr 2 RE
- 稀土的元素符号，其平均含量＜1.50%
- 铬的名义含量2%
- 铬的元素符号
- 锰的名义含量13%
- 锰的元素符号
- 碳的名义含量1.20%
- 耐磨铸钢代号

二、常 用 钢 种

1. 碳素结构钢（GB/T 700—2006）

碳素结构钢适用于一般以交货状态使用，通常用于焊接、铆接、栓接工程结构用热轧钢板、钢带、型钢和棒钢。其化学成分也适用于钢锭、连铸坯、钢坯及其制品。

钢的牌号由代表屈服强度的汉语拼音首位字母（Q）、屈服强度数值、质量等级符号（A、B、C、D）、脱氧方法符号（F——沸腾钢、Z——镇静钢、TZ——特殊镇静钢）等四部分按顺序组成。例如：Q235AF。在牌号组成表示方法中，"Z"与"TZ"符号可以省略。

钢材一般以热轧、控轧或正火状态交货。

碳素结构钢牌号和化学成分（熔炼分析）见表2-21，拉伸和冲击试验结果见表2-22，弯曲试验结果见表2-23，碳素结构钢的特性和用途见表2-24。

碳素结构钢牌号和化学成分表　　　　　　表 2-21

牌号	等级	厚度（或直径）mm	脱氧方法	化学成分（质量分数）/%，不大于				
				C	Si	Mn	P	S
Q195	—	—	F、Z	0.12	0.30	0.50	0.035	0.040
Q215	A	—	F、Z	0.15	0.35	1.20	0.045	0.050
	B							0.045
Q235	A	—	F、Z	0.22	0.35	1.40	0.045	0.050
	B			0.20[①]				0.045
	C		Z	0.17			0.040	0.040
	D		TZ				0.035	0.035
Q275	A	—	F、Z	0.24	0.35	1.50	0.045	0.050
	B	≤40	Z	0.21			0.045	0.045
		＞40		0.22				
	C	—	Z	0.20			0.040	0.040
	D		TZ				0.035	0.035

①经需方同意，Q235B的碳含量可不大于0.22%。

碳素结构钢的拉伸和冲击试验结果 表 2-22

牌号	等级	屈服强度[1]R_{eH}/（N/mm²），不小于						抗拉强度[2] R_m N/mm²	断后伸长率 A/%，不小于					冲击试验（V 型缺口）	
		厚度（或直径）/mm							厚度（或直径）/mm					温度/℃	冲击吸收功（纵向）/J 不小于
		≤16	>16~40	>40~60	>60~100	>100~150	>150~200		≤40	>40~60	>60~100	>100~150	>150~200		
Q195	—	195	185	—	—	—	—	315~430	33	—	—	—	—	—	—
Q215	A	215	205	195	185	175	165	335~450	31	30	29	27	26	—	—
	B													+20	27
Q235	A	235	225	215	215	195	185	370~500	26	25	24	22	21	—	—
	B													+20	27[3]
	C													0	
	D													−20	
Q275	A	275	265	255	245	225	215	410~540	22	21	20	18	17	—	—
	B													+20	27
	C													0	
	D													−20	

① Q195 的屈服强度值仅供参考，不作交货条件。

② 厚度大于 100mm 的钢材，抗拉强度下限允许降低 20N/mm²。宽带钢（包括剪切钢板）抗拉强度上限不作交货条件。

③ 厚度小于 25mm 的 Q235B 级钢材，如供方能保证冲击吸收值合格，经需方同意，可不作检验。

碳素结构钢的弯曲试验结果 表 2-23

牌 号	试 样 方 向	冷弯试验 180° B=2a[1]	
		钢材厚度（或直径）[2]/mm	
		≤60	>60~100
		弯心直径 d	
Q195	纵	0	—
	横	0.5a	—
Q215	纵	0.5a	1.5a
	横	a	2a
Q235	纵	a	2a
	横	1.5a	2.5a
Q275	纵	1.5a	2.5a
	横	2a	3a

① B 为试样宽度，a 为试样厚度（或直径）。

② 钢材厚度（或直径）大于 100mm 时，弯曲试验由双方协商确定。

碳素结构钢的特性和用途 表 2-24

牌号	特 性 和 用 途
Q195	含碳量低，强度不高，塑性、韧性、加工性能和焊接性能好。用于轧制薄板和盘条。冷、热轧薄钢板及以其为原料制成的镀锌、镀锡及塑料复合薄钢板。大量用于屋面板、装饰板、通用除尘管道、包装容器、铁桶、仪表壳、开关箱、防护罩、火车车厢等。盘条则多冷拔成低碳钢丝或经镀锌制成镀锌低碳钢丝，用于捆绑、张拉固定或用作钢丝网、铆钉等
Q215	强度稍高于 Q195 钢，用途与 Q195 钢大体相同。此外，还大量用作焊接钢管、镀锌焊管、炉撑、地脚螺钉、螺栓、圆钉、木螺钉、冲制铁铰链等五金零件

续表

牌号	特　性　和　用　途
Q235	含碳适中，综合性能较好，强度、塑性和焊接等性能得到较好统一，用途最广泛。常轧制成盘条或圆钢、方钢、扁钢、角钢、工字钢、槽钢、窗框钢等型钢。大量用于建筑及工程结构。用以制作钢筋或建造厂房房架、高压输电铁塔、桥梁、车辆、锅炉、容器、船舶等，也大量用作对性能要求不太高的机械零件。C、D 级钢还可作某些专业用钢使用
Q275	强度、硬度较高，耐磨性较好。用于制造轴类、农业机具、耐磨零件、钢轨接头夹板、垫板、车轮、轧辊等

2. 优质碳素结构钢（GB/T 699—1999）

优质碳素结构钢适用于直径或厚度不大于 250mm 的棒材。经供需双方协商，也可提供直径或厚度大于 250mm 的优质碳素结构钢棒材。其化学成分也适用于钢锭、钢坯及其制品。

优质碳素结构钢通常以热轧或热锻状态交货。如需方有要求，并在合同中注明，也可以热处理（退火、正火或高温回火）状态或特殊表面状态交货。

钢材按冶金质量等级分为优质钢、高级优质钢 A 和特级优质钢 E，按使用加工方法分为压力加工用钢 UP（热压力加工用钢 UHP、顶锻用钢 UF、冷拔坯料用钢 UCD）和切削加工用钢 UC 两类。

优质碳素结构钢牌号与化学成分见表 2-25，力学性能见表 2-26，常用优质碳素结构钢特性和用途见表 2-27。

优质碳素结构钢牌号与化学成分　　　　表 2-25

序号	牌号	化学成分（质量分数）/%					
		C	Si	Mn	Cr	Ni	Cu
					≤		
1	08F	0.05～0.11	≤0.03	0.25～0.50	0.10	0.30	0.25
2	10F	0.07～0.13	≤0.07	0.25～0.50	0.15	0.30	0.25
3	15F	0.12～0.18	≤0.07	0.25～0.50	0.25	0.30	0.25
4	08	0.05～0.11	0.17～0.37	0.35～0.65	0.10	0.30	0.25
5	10	0.07～0.13	0.17～0.37	0.35～0.65	0.15	0.30	0.25
6	15	0.12～0.18	0.17～0.37	0.35～0.65	0.25	0.30	0.25
7	20	0.17～0.23	0.17～0.37	0.35～0.65	0.25	0.30	0.25
8	25	0.22～0.29	0.17～0.37	0.50～0.80	0.25	0.30	0.25
9	30	0.27～0.34	0.17～0.37	0.50～0.80	0.25	0.30	0.25
10	35	0.32～0.39	0.17～0.37	0.50～0.80	0.25	0.30	0.25
11	40	0.37～0.44	0.17～0.37	0.50～0.80	0.25	0.30	0.25
12	45	0.42～0.50	0.17～0.37	0.50～0.80	0.25	0.30	0.25
13	50	0.47～0.55	0.17～0.37	0.50～0.80	0.25	0.30	0.25
14	55	0.52～0.60	0.17～0.37	0.50～0.80	0.25	0.30	0.25

序号	牌号	化学成分（质量分数）/%					
		C	Si	Mn	Cr	Ni	Cu
					≤		
15	60	0.57~0.65	0.17~0.37	0.50~0.80	0.25	0.30	0.25
16	65	0.62~0.70	0.17~0.37	0.50~0.80	0.25	0.30	0.25
17	70	0.67~0.75	0.17~0.37	0.50~0.80	0.25	0.30	0.25
18	75	0.72~0.80	0.17~0.37	0.50~0.80	0.25	0.30	0.25
19	80	0.77~0.85	0.17~0.37	0.50~0.80	0.25	0.30	0.25
20	85	0.82~0.90	0.17~0.37	0.50~0.80	0.25	0.30	0.25
21	15Mn	0.12~0.18	0.17~0.37	0.70~1.00	0.25	0.30	0.25
22	20Mn	0.17~0.23	0.17~0.37	0.70~1.00	0.25	0.30	0.25
23	25Mn	0.22~0.29	0.17~0.37	0.70~1.00	0.25	0.30	0.25
24	30Mn	0.27~0.34	0.17~0.37	0.70~1.00	0.25	0.30	0.25
25	35Mn	0.32~0.39	0.17~0.37	0.70~1.00	0.25	0.30	0.25
26	40Mn	0.37~0.44	0.17~0.37	0.70~1.00	0.25	0.30	0.25
27	45Mn	0.42~0.50	0.17~0.37	0.70~1.00	0.25	0.30	0.25
28	50Mn	0.48~0.56	0.17~0.37	0.70~1.00	0.25	0.30	0.25
29	60Mn	0.57~0.65	0.17~0.37	0.70~1.00	0.25	0.30	0.25
30	65Mn	0.62~0.70	0.17~0.37	0.90~1.20	0.25	0.30	0.25
31	70Mn	0.67~0.75	0.17~0.37	0.90~1.20	0.25	0.30	0.25

注：1. 按钢中硫、磷含量组别分：优质钢——硫、磷含量分别为≤0.035%；高级优质钢——硫、磷含量分别为≤0.030%；

特级优质钢——硫含量≤0.020%，磷含量≤0.025%。

2. 使用废钢冶炼的钢允许铜含量≤0.30%，热压力用钢铜含量≤0.20%。

3. 铅浴淬火（派登脱）钢丝用的35~85钢的锰含量为0.30%~0.60%；铬含量≤0.10%；镍含量≤0.15%；铜含量≤0.20%；硫、磷含量应符合钢丝标准要求。

4. 用铝脱氧冶炼的08镇静钢，牌号为08Al，其锰含量下限为0.25%，硅含量≤0.02%，铝含量0.02%~0.07%。

5. 冷冲压沸腾钢硅含量≤0.03%，经供需双方协议可供应08b~25b半镇静钢，其硅含量≤0.17%。

6. 氧气转炉冶炼的钢，其含氮量≤0.008%，若供方能保证合格时，可不作分析。

优质碳素结构钢的力学性能　　　　　　　　　　　　　　　表 2-26

序号	牌号	试样毛坯尺寸 mm	推荐热处理/℃			力 学 性 能					钢材交货状态硬度 HBW	
			正火	淬火	回火	σ_b MPa	σ_s MPa	δ_5 %	ψ %	A_{KU2} J	≤	
						≥					未热处理	退火钢
1	08F	25	930	—	—	295	175	35	60	—	131	
2	10F	25	930	—	—	315	185	33	55	—	137	
3	15F	25	920	—	—	355	205	29	55	—	143	
4	08	25	930	—	—	325	195	33	60	—	131	

续表

序号	牌号	试样毛坯尺寸 mm	推荐热处理/℃			力 学 性 能					钢材交货状态硬度 HBW	
			正火	淬火	回火	σ_b MPa	σ_s MPa	δ_5 %	ψ %	A_{KU2} J	≤	
						≥					未热处理	退火钢
5	10	25	930	—	—	335	205	31	55	—	137	
6	15	25	920			375	225	27	55		143	
7	20	25	910	—	—	410	245	25	55		156	
8	25	25	900	870	600	450	275	23	50	71	170	
9	30	25	880	860	600	490	295	21	50	63	179	—
10	35	25	870	850	600	530	315	20	45	55	197	
11	40	25	860	840	600	570	335	19	45	47	217	187
12	45	25	850	840	600	600	355	16	40	39	229	197
13	50	25	830	830	600	630	375	14	40	31	241	207
14	55	25	820	820	600	645	380	13	35	—	255	217
15	60	25	810	—	—	675	400	12	35		255	229
16	65	25	810			695	410	10	30		255	229
17	70	25	790			715	420	9	30		269	229
18	75	试样	—	820	480	1080	880	7	30		285	241
19	80	试样	—	820	480	1080	930	6	30		285	241
20	85	试样	—	820	480	1130	980	6	30		302	255
21	15Mn	25	920	—	—	410	245	26	55		163	—
22	20Mn	25	910			450	275	24	50		197	—
23	25Mn	25	900	870	600	490	295	22	50	71	207	—
24	30Mn	25	880	860	600	540	315	20	45	63	217	187
25	35Mn	25	870	850	600	560	335	18	45	55	229	197
26	40Mn	25	860	840	600	590	355	17	45	47	229	207
27	45Mn	25	850	840	600	620	375	15	40	39	241	217
28	50Mn	25	830	830	600	645	390	13	40	31	255	217
29	60Mn	25	810	—	—	695	410	11	35		269	229
30	65Mn	25	810			735	430	9	30		285	229
31	70Mn	25	790			785	450	8	30		285	229

注：1. 钢材通常以热轧或热锻状态交货。如需方有要求，并在合同中注明，也可以热处理（如退火、正火或高温回火）状态或特殊表面处理状态交货。

2. 75、80 及 85 钢用留有加工余量的试样进行热处理。

3. 对于直径或厚度小于 25mm 的钢材，热处理是在与成品截面尺寸相同的试样毛坯上进行。

4. 表中所列正火推荐保温时间不少于 0.5 小时，空冷；淬火推荐保温时间不少于 0.5 小时，水冷（70、80 和 85 钢油冷）；回火推荐保温时间不少于 1 小时。

5. 表中所规定的力学性能是纵向性能，仅适用于直径或厚度不大于 80mm 的钢材。

常用优质碳素结构钢的特性和用途 表 2-27

牌号	特 性 和 用 途
08F	优质沸腾钢，强度、硬度低，冷变形塑性很好，可深冲压加工，焊接性好，成分偏析倾向大，时效敏感性大，故冷加工时，应采用消除应力热处理，防止冷加工断裂。常用于生产薄板、薄带、冷变形材、冷拉钢丝等，用作冲压件、压延件，各类不承受载荷的覆盖件、套筒、油桶、高级搪瓷制品、桶、管、垫片、仪表板、心部强度要求不高的渗碳件和碳氮共渗件等
08	极软低碳钢，强度、硬度很低，塑性、韧性极好，冷加工性好，淬透性极差，时效敏感性比 08F 稍弱，不宜切削加工，退火后，导磁性能好。用于生产薄板、薄带、冷变形材、冷拉、冷冲压、焊接件、心部强度要求不高的表面硬化件如离合器盘、薄板和薄带制品如桶、管、垫片，以及焊条等
10、10F	强度稍高于 08/08F 钢，塑性、韧性很好，易冷热加工成形，正火或冷加工后切削加工性能好，焊接性优良，无回火脆性，淬透性和淬硬性均差。用于制造要求受力不大、韧性高的零件，如汽车车身、贮器、炮弹弹体、深冲压器皿、管子、垫片等，可用作冷轧、冷冲、冷镦、冷弯、热轧、热挤压、热镦等工艺成形，也可用作心部强度要求不高的渗碳件、碳氮共渗件等
15、15F	强度、硬度、塑性与 10/10F 钢相近。为改善其切削性能需进行正火或水韧处理，以适当提高硬度。韧性、焊接性好，淬透性和淬硬性均低。用作受力不大，形状简单，但韧性要求较高或焊接性能较好的中、小结构件，以及渗碳零件、机械紧固件、冲模锻件和不需要处理的低载荷零件，如螺栓、螺钉、法兰盘及化工机械用贮器、蒸气锅炉等
20	强度、硬度稍高于 15/15F 钢，冷变形、塑性高，焊接性能好，热轧或正火后韧性好，经热处理后可改善切削加工性能，无回火脆性，一般供弯曲、压延、弯边等加工。用于不经受很大应力而要求韧性的各种机械零件，如拉杆、轴套、螺钉、起重钩等；也可用于制造在 60 大气压、450℃ 以下非腐蚀介质中使用的管子、导管等；还可以用于心部强度不大的渗碳及氰化零件，如轴套、链条的滚子、轴以及不重要的齿轮、链轮等
25	具有一定的强度、硬度，塑性和韧性好，焊接性、冷变形塑性均较高，切削加工性中等，淬透性、淬硬性不高。淬火及低温回火后强韧性好，无回火脆性倾向。用作热锻和热冲压的机械零件，焊接件，渗碳和碳氮共渗的机床零件，以及重型机械上受力不大的零件，如轴、辊子、连接器、垫圈、螺栓、螺帽等，还可用作铸钢件
30	强度、硬度比 25 钢高，塑性好，焊接性尚好，热处理后具有较好的综合力学性能，可在正火或调质后使用，切削加工性能良好，适于热锻、热冲压成形。用作热锻和热冲压的机械零件、冷拉丝，重型与一般机械用轴、拉杆、套环，也用于受力不大，温度<150℃ 的低载荷零件，如丝杠、柱杆、轴键、齿轮、轴套等以及机械上用的铸件，如汽缸、汽轮机机架、轧钢机机架和零件、机床机架及飞轮等
35	有良好的塑性和适当的强度，切削性能好，冷塑性高，焊接性尚可，淬透性低，正火或调质使用。用于制作热锻和热冲压的机械零件，冷拉和冷顶锻钢材、无缝钢管、机械制造中零件、铸件、重型和中型机械制造中的锻制机轴、压缩机汽缸、减速器轴、曲轴、杠杆、连杆、钩环、轮圈等，也可用来铸造汽轮机机身、飞轮和均衡器，以及各种标准件、紧固件等
40	具有较高的强度，切削加工性良好，冷变形能力中等，焊接性差，淬透性低，多在调质或正火状态使用，表面淬火后可用于制造承受较大应力件。用于制造机器的运动零件，如辊子、轴、连杆、链轮、齿轮、圆盘等。以及火车的车轴，还可用于冷拉丝、钢板、钢带、无缝管等。作焊接件时焊前需顶热，焊后缓冷

牌号	特 性 和 用 途
45	是最常用的中碳调质钢。强度较高，有较好的强韧性配合，因淬透性差，水淬易变形和开裂，小型件采用调质处理，大型件宜采用正火处理。冷变形塑性中等。主要用于制造强度高的运动零件，如蒸汽透平机叶轮、压缩机活塞；还可代替渗碳钢制造齿轮、轴、齿条、蜗杆、活塞销等零件（零件需经高频或火焰表面淬火）；并可用作铸件。焊接件焊前需预热，焊后消除应力退火
50	强度高，弹性性能好，冷变形塑性低，切削加工性中等，焊接性差，无回火脆性，淬透性较低，水淬时易生裂纹。多在正火、淬火后回火，或高频表面淬火后使用。 用作耐磨性要求高、动载荷及冲击作用力不大的零件，如锻造齿轮、拉杆、轧辊、轴摩擦盘、机床主轴、发动机曲轴、农业机械犁、重载荷心轴等，以及较次要的减振弹簧、弹簧垫圈等，并可制造铸件
55	强度和硬度较50钢略高，弹性性能好，切削加工性中等，焊接性差，淬透性较低，多在正火或调质处理后使用。用于制造高强度、高弹性、高耐磨性零件，如连杆、轧辊、齿轮、扁弹簧、轮圈、轮缘、机车轮箍、热轧轧辊等，也可作铸件
60	具有高强度、高硬度和高弹性。淬火易出现裂纹，冷变形塑性差，切削加工性能中等，焊接性不好，淬透性低，水淬易生裂纹，仅小型件可进行淬火，而大型零件多采用正火处理。用于制造轧辊、轴、偏心轴、轮箍、离合器、凸轮、弹簧、弹簧圈、减振弹簧、钢丝绳、各种垫圈等
65	经热处理或冷作硬化后具有较高强度与弹性，冷变形塑性低，焊接性不好，易形成裂纹，可加工性差，淬透性不好，一般采用油淬，大截面部件采用水淬油冷或正火处理。用于制造截面、形状简单、受力小的扁形或螺旋形弹簧零件，如气门弹簧、弹簧环等，也用作高耐磨性零件，如轧辊、曲轴、凸轮及钢丝绳等
70	性能与65钢相近，经适当热处理，可获得较高的强度和弹性，但焊接性能不好，冷变形塑性低，淬透性差，水淬易变形和开裂，油淬不透，主要在淬火或回火状态下使用，用于制造形状简单，受力不大的扁形或螺旋形弹簧、钢丝、钢带、车轮圈、农机犁铧等
75	性能与70钢相近，强度较高而弹性稍差，淬透性不好，通常在淬火，回火后使用。用于制造螺旋弹簧、板弹簧以及承受摩擦的机械零件
80	性能与75钢相似，强度较高而弹性略低，淬透性不好，通常在淬火，回火后使用。用于制造螺旋弹簧、板弹簧、抗磨损件、较低速车轮等
85	碳含量最高的碳素结构钢，强度、硬度比其他高碳钢高，但弹性略低，其他性能与65，70，75，80钢相近似。用作制造铁道弹簧、扁形板弹簧、圆形螺旋弹簧、锯片、农机中的摩擦盘等
15Mn	锰含量较高的低碳渗碳钢，其强度、塑性和淬透性均比15钢稍高，切削加工性也有提高，低温冲击韧性和焊接性能良好，宜进行渗碳、碳氮共渗处理。用作齿轮、凸轮轴、曲柄轴、支架、活塞销、拉杆、铰链、螺钉、螺母及铆焊结构件、寒冷地区农具；板材适于制造油罐等
20Mn	其强度和淬透性比15Mn钢略高，其他性能与15Mn多相近。用途与15Mn钢基本相同，常用于对中心部分的力学性能要求高且需表面渗碳的机械零件
25Mn	性能与25钢相近，但其淬透性、强度、塑性均比25钢有所提高，低温冲击韧性和焊接性能良好。用途与20Mn及25钢相近，常用于各种结构件和机械零件
30Mn	与30钢相比具有较高的强度和淬透性，冷变形塑性好，焊接性中等，切削性良好。热处理时有回火脆性倾向及过热敏感性，一般正火状态下使用。用于各种机械结构件和机械零件，如螺栓、螺母、螺钉、杠杆、小轴、刹车齿轮、掣动踏板；还可用冷拉钢制作在高应力下工作的细小零件，如农机上的钩、环、链等

续表

牌号	特性和用途
35Mn	强度和淬透性比 30Mn 高，切削加工性良好，冷变形时的塑性中等，焊接性较差，宜调质处理后使用。用作传动轴、啮合杆、螺栓、螺母，以及心轴、齿轮、叉等
40Mn	淬透性略高于 40 钢，调质处理后，强度、硬度、韧性均比 40 钢高，切削加工性能好，冷变形塑性中等，焊接性低，有过热敏感性和回火脆性。用作承受疲劳载荷的部件，如辊、曲轴、连杆、制动杠杆等，也可用作高应力下工作的螺钉、螺帽等
45Mn	淬透性、强度、韧性均比 45 钢高，调质处理后具有良好的综合力学性能。切削加工性能尚好，冷变形塑性低，焊接性差，有回火脆性倾向。用作曲轴、连杆、心轴、汽车半轴、万向节轴、花键轴、制动杠杆、啮合杆、齿轮、离合器盘、螺栓、螺帽等
50Mn	性能与 50 钢相近，但其淬透性较高，热处理后强度、硬度、弹性均稍高于 50 钢。焊接性差，有过热敏感性和回火脆性倾向，多在淬火、回火下使用。用作耐磨性要求高、在高载荷下工作的零件，如齿轮、齿轮轴、摩擦盘、心轴、滚子及平板弹簧等
60Mn	强度、硬度、弹性和淬透性比 60 钢稍高，退火后的加工性良好，冷变形塑性和焊接性均差，有过热敏感和回火脆性倾向。用作尺寸稍大的螺旋弹簧、板簧、各种圆扁弹簧、弹簧环、片及犁铧等，还可制作冷拉钢丝及发条等
65Mn	具有高的强度和硬度，弹性良好，淬透性较高，退火后加工性尚可，冷变形塑性低，焊接性差，有过热敏感和回火脆性倾向。用作承受中等载荷的板弹簧，直径小于 15mm 的螺旋弹簧和弹簧环、气门弹簧、刹车弹簧、离合器簧片，以及高耐磨性零件，如弹簧卡头、切刀、螺旋辊子等，也可冷拔钢丝
70Mn	性能与 70 钢相近，但淬透性稍高，热处理后强度、硬度、弹性均比 70 钢好，但易脱碳及水淬时形成裂纹倾向，冷塑性变形能力差，焊接性差，有过热敏感和回火脆性倾向。用作承受较大应力、抗磨损的机械零件，如各种弹簧圈、弹簧垫圈、止推环、锁紧圈、离合器盘等

3. 易切削结构钢（GB/T 8731—2008）

易切削结构钢因添加较高含量的硫、铅、锡、钙及其他易切削元素而具有良好的切削加工性能，适用于机械切削加工用条钢、盘条、钢丝、钢板及钢带等钢材。其化学成分同样适用于锭、坯及其制品。

易切削结构钢以热轧、热锻或冷轧、冷拉、银亮等状态交货，交货状态应在合同中注明。根据需方要求也可按其他状态交货。

易切削结构钢按使用加工方法分为压力加工钢 UP 和切削加工钢 UC。

易切削结构钢的牌号及化学成分（熔炼分析）见表 2-28～表 2-31，热轧状态交货的易切削结构钢条钢和盘条的力学性能及布氏硬度见表 2-32～表 2-35，冷拉状态交货的易切削结构钢条钢和盘条的力学性能及布氏硬度见表 2-36～表 2-39，常用易切削结构钢特性和用途见表 2-40。

硫系易切削结构钢的牌号及化学成分（熔炼分析）　　　　　　　表 2-28

牌号	化学成分（质量分数）/%				
	C	Si	Mn	P	S
Y08	≤0.09	≤0.15	0.75～1.05	0.04～0.09	0.26～0.35

牌号	化学成分（质量分数）/%				
	C	Si	Mn	P	S
Y12	0.08~0.16	0.15~0.35	0.70~1.00	0.08~0.15	0.10~0.20
Y15	0.10~0.18	≤0.15	0.80~1.20	0.05~0.10	0.23~0.33
Y20	0.17~0.25	0.15~0.35	0.70~1.00	≤0.06	0.08~0.15
Y30	0.27~0.35	0.15~0.35	0.70~1.00	≤0.06	0.08~0.15
Y35	0.32~0.40	0.15~0.35	0.70~1.00	≤0.06	0.08~0.15
Y45	0.42~0.50	≤0.40	0.70~1.10	≤0.06	0.15~0.25
Y08MnS	≤0.09	≤0.07	1.00~1.50	0.04~0.09	0.32~0.48
Y15Mn	0.14~0.20	≤0.15	1.00~1.50	0.04~0.09	0.08~0.13
Y35Mn	0.32~0.40	≤0.10	0.90~1.35	≤0.04	0.18~0.30
Y40Mn	0.37~0.45	0.15~0.35	1.20~1.55	≤0.05	0.20~0.30
Y45MnS	0.40~0.48	≤0.40	1.35~1.65	≤0.04	0.24~0.33

铅系易切削结构钢的牌号及化学成分（熔炼分析）　　**表 2-29**

牌　号	化学成分（质量分数）/%					
	C	Si	Mn	P	S	Pb
Y08Pb	≤0.09	≤0.15	0.75~1.05	0.04~0.09	0.26~0.35	0.15~0.35
Y12Pb	≤0.15	≤0.15	0.85~1.15	0.04~0.09	0.26~0.35	0.15~0.35
Y15Pb	0.10~0.18	≤0.15	0.80~1.20	0.05~0.10	0.23~0.33	0.15~0.35
Y45MnSPb	0.40~0.48	≤0.40	1.35~1.65	≤0.04	0.24~0.33	0.15~0.35

锡系易切削结构钢的牌号及化学成分（熔炼分析）　　**表 2-30**

牌　号	化学成分（质量分数）/%					
	C	Si	Mn	P	S	Sn
Y08Sn	≤0.09	≤0.15	0.75~1.20	0.04~0.09	0.26~0.40	0.09~0.25
Y15Sn	0.13~0.18	≤0.15	0.40~0.70	0.03~0.07	≤0.05	0.09~0.25
Y45Sn	0.40~0.48	≤0.40	0.60~1.00	0.03~0.07	≤0.05	0.09~0.25
Y45MnSn	0.40~0.48	≤0.40	1.20~1.70	≤0.06	0.20~0.35	0.09~0.25

注：本表中所列牌号为专利所有，见国家发明专利"含锡易切削结构钢"，专利号：ZL 03122768.6，国际专利主
　　分类号：C22C38/04。

钙系易切削结构钢的牌号及化学成分（熔炼分析）　　**表 2-31**

牌　号	化学成分（质量分数）/%					
	C	Si	Mn	P	S	Ca
Y45Ca[①]	0.42~0.50	0.20~0.40	0.60~0.90	≤0.04	0.04~0.08	0.002~0.006

① Y45Ca 钢中残余元素镍、铬、铜含量各不大于 0.25%；供热压力加工用时，铜含量不大于 0.20%。供方能保
　　证合格时可不作分析。

热轧状态交货的硫系易切削结构钢条钢和盘条的力学性能及布氏硬度　　表 2-32

牌　号	力 学 性 能			布氏硬度 HBW 不大于
	抗拉强度 R_m N/mm²	断后伸长率 A/％ 不小于	断面收缩率 Z/％ 不小于	
Y08	360～570	25	40	163
Y12	390～540	22	36	170
Y15	390～540	22	36	170
Y20	450～600	20	30	175
Y30	510～655	15	25	187
Y35	510～655	14	22	187
Y45	560～800	12	20	229
Y08MnS	350～500	25	40	165
Y15Mn	390～540	22	36	170
Y35Mn	530～790	16	22	229
Y40Mn	590～850	14	20	229
Y45Mn	610～900	12	20	241
Y45MnS	610～900	12	20	241

热轧状态交货的铅系易切削结构钢条钢和盘条的力学性能及布氏硬度　　表 2-33

牌　号	力 学 性 能			布氏硬度 HBW 不大于
	抗拉强度 R_m N/mm²	断后伸长率 A/％ 不小于	断面收缩率 Z/％ 不小于	
Y08Pb	360～570	25	40	165
Y12Pb	360～570	22	36	170
Y15Pb	390～540	22	36	170
Y45MnSPb	610～900	12	20	241

热轧状态交货的锡系易切削结构钢条钢和盘条的力学性能及布氏硬度　　表 2-34

牌　号	力 学 性 能			布氏硬度 HBW 不大于
	抗拉强度 R_m N/mm²	断后伸长率 A/％ 不小于	断面收缩率 Z/％ 不小于	
Y08Sn	350～500	25	40	165
Y15Sn	390～540	22	36	165
Y45Sn	600～745	12	26	241
Y45MnSn	610～850	12	26	241

热轧状态交货的钙系易切削结构钢条钢和盘条的力学性能及布氏硬度　　表 2-35

牌　号	力 学 性 能			布氏硬度 HBW 不大于
	抗拉强度 R_m N/mm² 不小于	断后伸长率 A/％ 不小于	断面收缩率 Z/％ 不小于	
Y45Ca	600～745	12	26	241

以冷拉状态交货的硫系易切削结构钢条钢和盘条的力学性能及布氏硬度　　**表 2-36**

牌　号	力　学　性　能				布氏硬度 HBW
	抗拉强度 R_m/（N/mm²）			断后伸长率 A/% 不小于	
	钢材公称尺寸/mm				
	8～20	＞20～30	＞30		
Y08	480～810	460～710	360～710	7.0	140～217
Y12	530～755	510～735	490～685	7.0	152～217
Y15	530～755	510～735	490～685	7.0	152～217
Y20	570～785	530～745	510～705	7.0	167～217
Y30	600～825	560～765	540～735	6.0	174～223
Y35	625～845	590～785	570～765	6.0	176～229
Y45	695～980	655～880	580～880	6.0	196～255
Y08MnS	480～810	460～710	360～710	7.0	140～217
Y15Mn	530～755	510～735	490～685	7.0	152～217
Y45Mn	695～980	655～880	580～880	6.0	196～255
Y45MnS	695～980	655～880	580～880	6.0	196～255

以冷拉状态交货的铅系易切削结构钢条钢和盘条的力学性能及布氏硬度　　**表 2-37**

牌　号	力　学　性　能				布氏硬度 HBW
	抗拉强度 R_m/（N/mm²）			断后伸长率 A/% 不小于	
	钢材公称尺寸/mm				
	8～20	＞20～30	＞30		
Y08Pb	480～810	460～710	360～710	7.0	140～217
Y12Pb	480～810	460～710	360～710	7.0	140～217
Y15Pb	530～755	510～735	490～685	7.0	152～217
Y45MnSPb	695～980	655～880	580～880	6.0	196～255

以冷拉状态交货的锡系易切削结构钢条钢和盘条的力学性能及布氏硬度　　**表 2-38**

牌　号	力　学　性　能				布氏硬度 HBW
	抗拉强度 R_m/（N/mm²）			断后伸长率 A/% 不小于	
	钢材公称尺寸/mm				
	8～20	＞20～30	＞30		
Y08Sn	480～705	460～685	440～635	7.5	140～200
Y15Sn	530～755	510～735	490～685	7.0	152～217
Y45Sn	695～920	655～855	635～835	6.0	196～255
Y45MnSn	695～920	655～855	635～835	6.0	196～255

以冷拉状态交货的钙系易切削结构钢条钢和盘条的力学性能及布氏硬度　　　表 2-39

牌　号	力　学　性　能				布氏硬度 HBW
	抗拉强度 R_m/（N/mm^2）			断后伸长率 A/% 不小于	
	钢材公称尺寸/mm				
	8～20	>20～30	>30		
Y45Ca	695～920	655～855	635～835	6.0	196～255

常用易切削结构钢的特性和用途　　　表 2-40

牌号	特　性　和　用　途
Y12	硫磷复合低碳易切削钢，是现有易切削钢中磷含量最多的一个钢种。切削性较 15 钢有明显的改善，钢材的力学性能有明显的各向异性。常代替 15 钢制造对力学性能要求不高的各种机器和仪器仪表零件，如螺栓、螺母、销钉、轴、管接头等
Y12Pb	含铅易切削钢，切削加工性好，不存在性能上的方向性，并有较高的力学性能，常用于制造较重要的机械零件、精密仪表零件等
Y15	复合高硫低硅易切削钢，是我国自行研制成功的钢种，切削性明显高于 Y12 钢，常用于制造不重要的标准件，如螺栓、螺母、管接头、弹簧座等
Y15Pb	同 Y12Pb，切削加工性更好
Y20	低硫磷复合易切削钢，切削加工性优于 20 钢而低于 Y12 钢，但力学性能优于 Y12 钢，可进行渗碳处理，常用于制造要求表面硬、心部韧性高的仪器、仪表、轴类耐磨零件
Y30	低硫磷复合易切削钢，力学性能较高，切削加工性也有适当改善，可制造强度要求较高的标准件，也可制造热处理件
Y35	同 Y30 钢，可调质处理
Y40Mn	高硫中碳易切削钢，有较高的强度、硬度和良好的切削加工性，适于加工要求刚性高的机床零部件，如机床丝杠、光杠、花键轴、齿条等
Y45Ca	钙硫复合易切削钢，不仅被切削性好，而且热处理后具有良好的力学性能，适于制造较重要的机器结构件，如机床齿轮轴、花键轴、拖拉机传动轴等

4. 低合金高强度结构钢（GB/T 1591—2008）

低合金高强度结构钢是供一般结构和工程用的钢板、钢带、型钢和钢棒等，由于具有良好的塑性和较好的冲击韧性、冷弯性、焊接性及一定的耐蚀性而得到广泛的应用。钢的牌号由代表屈服强度的汉语拼音字母 Q、屈服强度数值和质量等级符号（A、B、C、D、E）三部分组成。例如：Q345D。当需方要求钢板具有厚度方向性能时，则在上述规定的牌号后面加上代表厚度方向（Z 向）性能级别的符号，例如：Q345DZ15。

低合金高强度结构钢一般以热轧、控轧、正火、正火轧制或正火加回火、热机械轧制（TMCP）或热机械轧制加回火状态交货。

低合金高强度结构钢牌号与化学成分见表 2-41，拉伸性能见表 2-42，钢材的夏比（V 型）冲击试验的试验温度和冲击吸收能量见表 2-43，弯曲试验结果见表 2-44，常用低合金高强度结构钢特性和用途见表 2-45。

低合金高强度结构钢牌号与化学成分　　表2-41

牌号	质量等级	化学成分①②（质量分数）/%														
		C	Si	Mn	P	S	Nb	V	Ti	Cr	Ni	Cu	N	Mo	B	Als
										不大于						不小于
Q345	A	≤0.20	≤0.50	≤1.70	0.035	0.035	0.07	0.15	0.20	0.30	0.50	0.30	0.012	0.10	—	—
	B	≤0.20			0.035	0.035										—
	C	≤0.18			0.030	0.030										—
	D	≤0.18			0.030	0.025										0.015
	E	≤0.18			0.025	0.020										0.015
Q390	A	≤0.20	≤0.50	≤1.70	0.035	0.035	0.07	0.20	0.20	0.30	0.50	0.30	0.015	0.10	—	—
	B	≤0.20			0.035	0.035										—
	C	≤0.20			0.030	0.030										—
	D	≤0.20			0.030	0.025										0.015
	E	≤0.20			0.025	0.020										0.015
Q420	A	≤0.20	≤0.50	≤1.70	0.035	0.035	0.07	0.20	0.20	0.30	0.80	0.30	0.015	0.20	—	—
	B	≤0.20			0.035	0.035										—
	C	≤0.20			0.030	0.030										—
	D	≤0.20			0.030	0.025										0.015
	E	≤0.20			0.025	0.020										0.015
Q460	C	≤0.20	≤0.60	≤1.80	0.030	0.030	0.11	0.20	0.20	0.30	0.80	0.55	0.015	0.20	0.004	0.015
	D				0.030	0.025										
	E				0.025	0.020										
Q500	C	≤0.18	≤0.60	≤1.80	0.030	0.030	0.11	0.12	0.20	0.60	0.80	0.55	0.015	0.20	0.004	0.015
	D				0.030	0.025										
	E				0.025	0.020										
Q550	C	≤0.18	≤0.60	≤2.00	0.030	0.030	0.11	0.12	0.20	0.80	0.80	0.80	0.015	0.30	0.004	0.015
	D				0.030	0.025										
	E				0.025	0.020										
Q620	C	≤0.18	≤0.60	≤2.00	0.030	0.030	0.11	0.12	0.20	1.00	0.80	0.80	0.015	0.30	0.004	0.015
	D				0.030	0.025										
	E				0.025	0.020										
Q690	C	≤0.18	≤0.60	≤2.00	0.030	0.030	0.11	0.12	0.20	1.00	0.80	0.80	0.015	0.30	0.004	0.015
	D				0.030	0.025										
	E				0.025	0.020										

① 型材及棒材P、S含量可提高0.005%，其中A级钢上限可为0.045%。

② 当细化晶粒元素组合加入时，20(Nb+V+Ti)≤0.22%，20(Mo+Cr)≤0.30%。

低合金高强度结构钢拉伸性能

表 2-42

拉伸试验①②③

牌号	质量等级	下屈服强度 R_{eL} (MPa)，以下公称厚度（直径、边长）									抗拉强度 R_m (MPa)，以下公称厚度（直径、边长）							断后伸长率 (A)/%，公称厚度（直径、边长）					
		≤16mm	>16~40mm	>40~63mm	>63~80mm	>80~100mm	>100~150mm	>150~200mm	>200~250mm	>250~400mm	≤40mm	>40~63mm	>63~80mm	>80~100mm	>100~150mm	>150~250mm	>250~400mm	≤40mm	>40~63mm	>63~100mm	>100~150mm	>150~250mm	>250~400mm
Q345	A	≥345	≥335	≥325	≥315	≥305	≥285	≥275	≥265	≥265	470~630	470~630	470~630	470~630	450~600	450~600	450~600	≥20	≥19	≥19	≥18	≥17	—
	B																	≥20	≥19	≥19	≥18	≥17	—
	C																	≥21	≥20	≥20	≥19	≥18	≥17
	D																	≥21	≥20	≥20	≥19	≥18	≥17
	E																	≥21	≥20	≥20	≥19	≥18	≥17
Q390	A	≥390	≥370	≥350	≥330	≥330	≥310	—	—	—	490~650	490~650	490~650	490~650	470~620	—	—	≥20	≥19	≥19	≥18	≥18	—
	B																	≥20	≥19	≥19	≥18	≥18	—
	C																	≥20	≥19	≥19	≥18	≥18	—
	D																	≥20	≥19	≥19	≥18	≥18	—
	E																	≥20	≥19	≥19	≥18	≥18	—
Q420	A	≥420	≥400	≥380	≥360	≥360	≥340	—	—	—	520~680	520~680	520~680	520~680	500~650	—	—	≥19	≥18	≥18	≥18	—	—
	B																	≥19	≥18	≥18	≥18	—	—
	C																	≥19	≥18	≥18	≥18	—	—
	D																	≥19	≥18	≥18	≥18	—	—
	E																	≥19	≥18	≥18	≥18	—	—

续表

牌号	质量等级	拉伸试验①②③ 以下公称厚度（直径、边长）下屈服强度（R_{eL}）MPa									以下公称厚度（直径、边长）抗拉强度（R_m）MPa							断后伸长率（A）/% 公称厚度（直径、边长）					
		≤16mm	>16~40mm	>40~63mm	>63~80mm	>80~100mm	>100~150mm	>150~200mm	>200~250mm	>250~400mm	≤40mm	>40~63mm	>63~80mm	>80~100mm	>100~150mm	>150~250mm	>250~400mm	≤40mm	>40~63mm	>63~100mm	>100~150mm	>150~250mm	>250~400mm
Q460	C	≥460	≥440	≥420	≥400	≥400	≥380	—	—	—	550~720	550~720	550~720	550~720	530~700	—	—	≥17	≥16	≥16	—	—	—
	D	≥460	≥440	≥420	≥400	≥400	≥380	—	—	—	550~720	550~720	550~720	550~720	530~700	—	—	≥17	≥16	≥16	—	—	—
	E	≥460	≥440	≥420	≥400	≥400	≥380	—	—	—	550~720	550~720	550~720	550~720	530~700	—	—	≥17	≥16	≥16	—	—	—
Q500	C	≥500	≥480	≥470	≥450	≥440	—	—	—	—	610~770	600~760	590~750	540~730	—	—	—	≥17	≥17	≥17	—	—	—
	D	≥500	≥480	≥470	≥450	≥440	—	—	—	—	610~770	600~760	590~750	540~730	—	—	—	≥17	≥17	≥17	—	—	—
	E	≥500	≥480	≥470	≥450	≥440	—	—	—	—	610~770	600~760	590~750	540~730	—	—	—	≥17	≥17	≥17	—	—	—
Q550	C	≥550	≥530	≥520	≥500	≥490	—	—	—	—	670~830	620~810	600~790	590~780	—	—	—	≥16	≥16	≥16	—	—	—
	D	≥550	≥530	≥520	≥500	≥490	—	—	—	—	670~830	620~810	600~790	590~780	—	—	—	≥16	≥16	≥16	—	—	—
	E	≥550	≥530	≥520	≥500	≥490	—	—	—	—	670~830	620~810	600~790	590~780	—	—	—	≥16	≥16	≥16	—	—	—
Q620	C	≥620	≥600	≥590	≥570	—	—	—	—	—	710~880	690~880	670~860	—	—	—	—	≥15	≥15	≥15	—	—	—
	D	≥620	≥600	≥590	≥570	—	—	—	—	—	710~880	690~880	670~860	—	—	—	—	≥15	≥15	≥15	—	—	—
	E	≥620	≥600	≥590	≥570	—	—	—	—	—	710~880	690~880	670~860	—	—	—	—	≥15	≥15	≥15	—	—	—
Q690	C	≥690	≥670	≥640	—	—	—	—	—	—	770~940	750~920	730~900	—	—	—	—	≥14	≥14	≥14	—	—	—
	D	≥690	≥670	≥640	—	—	—	—	—	—	770~940	750~920	730~900	—	—	—	—	≥14	≥14	≥14	—	—	—
	E	≥690	≥670	≥640	—	—	—	—	—	—	770~940	750~920	730~900	—	—	—	—	≥14	≥14	≥14	—	—	—

①当屈服不明显时，可测量 $R_{p0.2}$ 代替下屈服强度。
②宽度不小于600mm扁平材，拉伸试验取横向试样；宽度小于600mm的扁平材、型材及棒材取纵向试样，断后伸长率最小值相应提高1%（绝对值）。
③厚度>250mm~400mm的数值适用于扁平材。

低合金高强度结构钢的夏比（V型）冲击试验的试验温度和冲击吸收能量　　表 2-43

牌　号	质量等级	试验温度/℃	冲击吸收能量（KV_2)[①]/J		
			公称厚度（直径、边长）		
			12～150mm	>150～250mm	>250～400mm
Q345	B	20	≥34	≥27	—
	C	0			
	D	−20			27
	E	−40			
Q390	B	20	≥34	—	—
	C	0			
	D	−20			
	E	−40			
Q420	B	20	≥34	—	—
	C	0			
	D	−20			
	E	−40			
Q460	C	0	≥34	—	—
	D	−20			
	E	−40			
Q500	C	0	≥55	—	—
Q550	D	−20	≥47		
Q620					
Q690	E	−40	≥31		

① 冲击试验取纵向试样。

低合金高强度结构钢的弯曲试验结果　　表 2-44

牌　号	试　样　方　向	180°弯曲试验［d=弯心直径，a=试样厚度（直径）]	
		钢材厚度（直径，边长）	
		≤16mm	>16mm～100mm
Q345 Q390 Q420 Q460	宽度不小于 600mm 扁平材，拉伸试验取横向试样。宽度小于 600mm 的扁平材、型材及棒材取纵向试样	2a	3a

常用低合金高强度结构钢的特性和用途　　表 2-45

牌号	特　性　和　用　途
Q345 Q390	综合力学性能好，焊接性能、冷热加工性能和耐蚀性能均好，C、D、E 级钢具有良好的低温韧性。主要用于船舶，锅炉，压力容器，石油储罐，桥梁，电站设备，起重运输机械及其他较高载荷的焊接结构件
Q420	强度高，特别是在正火或正火加回火状态有较高的综合力学性能。主要用于大型船舶，桥梁，电站设备，中、高压锅炉，高压容器，机车车辆，起重机械，矿山机械及其他大型焊接结构件
Q460	强度最高，在正火、正火加回火或淬火加回火状态有很高的综合力学性能，全部用铝补充脱氧，质量等级为 C、D、E 级，可保证钢的良好韧性的备用钢种。用于各种大型工程结构及要求强度高，载荷大的轻型结构

5. 合金结构钢（GB/T 3077—1999）

合金结构钢是供普通机床和自动机床切削加工用的直径或厚度不大于 250mm 的棒材，经供需双方协商，也可供应直径或厚度大于 250mm 的棒材。其化学成分同样适用于钢锭、钢坯及其制品。

合金结构钢通常以热轧或热锻状态交货。如需方要求并在合同中注明，也可以热处理（退火、正火或高温回火）状态交货。

根据供需双方协议，压力加工用钢，表面可经车削、剥皮或其他精整方法交货。

合金结构钢按冶金质量不同，分为：优质钢、高级优质钢（牌号后加"A"）和特级优质钢（牌号后加"E"）。按使用加工用途不同分为：压力加工用钢 UP（热压力加工用钢 UHP、顶锻用钢 UF、冷拔坯料 UCD）和切削加工用钢 UC。

合金结构钢牌号与化学成分见表 2-46，力学性能见表 2-47，常用合金结构钢特性和用途见表 2-48。

合金结构钢牌号与化学成分

表 2-46

钢组	序号	牌号	化学成分 /% C	Si	Mn	Cr	Mo	Ni	W	B	Al	Ti	V
Mn	1	20Mn2	0.17~0.24	0.17~0.37	1.40~1.80								
	2	30Mn2	0.27~0.34	0.17~0.37	1.40~1.80								
	3	35Mn2	0.32~0.39	0.17~0.37	1.40~1.80								
	4	40Mn2	0.37~0.44	0.17~0.37	1.40~1.80								
	5	45Mn2	0.42~0.49	0.17~0.37	1.40~1.80								
	6	50Mn2	0.47~0.55	0.17~0.37	1.40~1.80								
MnV	7	20MnV	0.17~0.24	0.17~0.37	1.30~1.60								0.07~0.12
SiMn	8	27SiMn	0.24~0.32	1.10~1.40	1.10~1.40								
	9	35SiMn	0.32~0.40	1.10~1.40	1.10~1.40								
	10	42SiMn	0.39~0.45	1.10~1.40	1.10~1.40								
SiMnMoV	11	20SiMn2MoV	0.17~0.23	0.90~1.20	2.20~2.60		0.30~0.40						0.05~0.12
	12	25SiMn2MoV	0.22~0.28	0.90~1.20	2.20~2.60		0.30~0.40						0.05~0.12
	13	37SiMn2MoV	0.33~0.39	0.60~0.90	1.60~1.90		0.40~0.50						0.05~0.12
B	14	40B	0.37~0.44	0.17~0.37	0.60~0.90					0.0005~0.0035			
	15	45B	0.42~0.49	0.17~0.37	0.60~0.90					0.0005~0.0035			
	16	50B	0.47~0.55	0.17~0.37	0.60~0.90					0.0005~0.0035			
MnB	17	40MnB	0.37~0.44	0.17~0.37	1.10~1.40					0.0005~0.0035			
	18	45MnB	0.42~0.49	0.17~0.37	1.10~1.40					0.0005~0.0035			
MnMoB	19	20MnMoB	0.16~0.22	0.17~0.37	0.90~1.20		0.20~0.30			0.0005~0.0035			
MnVB	20	15MnVB	0.12~0.18	0.17~0.37	1.20~1.60					0.0005~0.0035			0.07~0.12
	21	20MnVB	0.17~0.23	0.17~0.37	1.20~1.60					0.0005~0.0035			0.07~0.12
	22	40MnVB	0.37~0.44	0.17~0.37	1.10~1.40					0.0005~0.0035			0.05~0.10

续表

钢组	序号	牌号	化学成分/%										
			C	Si	Mn	Cr	Mo	Ni	W	B	Al	Ti	V
MnTiB	23	20MnTiB	0.17~0.24	0.17~0.37	1.30~1.60					0.0005~0.0035		0.04~0.10	
	24	25MnTiBRE	0.22~0.28	0.20~0.45	1.30~1.60					0.0005~0.0035		0.04~0.10	
Cr	25	15Cr	0.12~0.18	0.17~0.37	0.40~0.70	0.70~1.00							
	26	15CrA	0.12~0.17	0.17~0.37	0.40~0.70	0.70~1.00							
	27	20Cr	0.18~0.24	0.17~0.37	0.50~0.80	0.70~1.00							
	28	30Cr	0.27~0.34	0.17~0.37	0.50~0.80	0.80~1.10							
	29	35Cr	0.32~0.39	0.17~0.37	0.50~0.80	0.80~1.10							
	30	40Cr	0.37~0.44	0.17~0.37	0.50~0.80	0.80~1.10							
	31	45Cr	0.42~0.49	0.17~0.37	0.50~0.80	0.80~1.10							
	32	50Cr	0.47~0.54	0.17~0.37	0.50~0.80	0.80~1.10							
CrSi	33	38CrSi	0.35~0.43	1.00~1.30	0.30~0.60	1.30~1.60							
CrMo	34	12CrMo	0.08~0.15	0.17~0.37	0.40~0.70	0.40~0.70	0.40~0.55						
	35	15CrMo	0.12~0.18	0.17~0.37	0.40~0.70	0.80~1.10	0.40~0.55						
	36	20CrMo	0.17~0.24	0.17~0.37	0.40~0.70	0.80~1.10	0.15~0.25						
	37	30CrMo	0.26~0.34	0.17~0.37	0.40~0.70	0.80~1.10	0.15~0.25						
	38	30CrMoA	0.26~0.33	0.17~0.37	0.40~0.70	0.80~1.10	0.15~0.25						
	39	35CrMo	0.32~0.40	0.17~0.37	0.40~0.70	0.80~1.10	0.15~0.25						
	40	42CrMo	0.38~0.45	0.17~0.37	0.50~0.80	0.90~1.20	0.15~0.25						

续表

钢组	序号	牌号	化学成分/% C	Si	Mn	Cr	Mo	Ni	W	B	Al	Ti	V
CrMoV	41	12CrMoV	0.08~0.15	0.17~0.37	0.40~0.70	0.30~0.60	0.25~0.35						0.15~0.30
	42	35CrMoV	0.30~0.38	0.17~0.37	0.40~0.70	1.00~1.30	0.20~0.30						0.10~0.20
	43	12Cr1MoV	0.08~0.15	0.17~0.37	0.40~0.70	0.90~1.20	0.25~0.35						0.15~0.30
	44	25Cr2MoVA	0.22~0.29	0.17~0.37	0.40~0.70	1.50~1.80	0.25~0.35						0.15~0.30
	45	25Cr2Mo1VA	0.22~0.29	0.17~0.37	0.50~0.80	2.10~2.50	0.90~1.10						0.30~0.50
CrMoAl	46	38CrMoAl	0.35~0.42	0.20~0.45	0.30~0.60	1.35~1.65	0.15~0.25				0.70~1.10		
CrV	47	40CrV	0.37~0.44	0.17~0.37	0.50~0.80	0.80~1.10							0.10~0.20
	48	50CrVA	0.47~0.54	0.17~0.37	0.50~0.80	0.80~1.10							0.10~0.20
CrMn	49	15CrMn	0.12~0.18	0.17~0.37	1.10~1.40	0.40~0.70							
	50	20CrMn	0.17~0.23	0.17~0.37	0.90~1.20	0.90~1.20							
	51	40CrMn	0.37~0.45	0.17~0.37	0.90~1.20	0.90~1.20							
	52	20CrMnSi	0.17~0.23	0.90~1.20	0.80~1.10	0.80~1.10							
	53	25CrMnSi	0.22~0.28	0.90~1.20	0.80~1.10	0.80~1.10							
	54	30CrMnSi	0.27~0.34	0.90~1.20	0.80~1.10	0.80~1.10							
	55	30CrMnSiA	0.28~0.34	0.90~1.20	0.80~1.10	0.80~1.10							
	56	35CrMnSiA	0.32~0.39	1.10~1.40	0.80~1.10	1.10~1.40							
CrMnMo	57	20CrMnMo	0.17~0.23	0.17~0.37	0.90~1.20	1.10~1.40	0.20~0.30						
	58	40CrMnMo	0.37~0.45	0.17~0.37	0.90~1.20	0.90~1.20	0.20~0.30						

续表

钢组	序号	牌号	化学成分/%										
			C	S	Mn	Cr	Mo	Ni	W	B	Al	Ti	V
CrMnTi	59	20CrMnTi	0.17~0.23	0.17~0.37	0.80~1.10	1.00~1.30						0.04~0.10	
	60	30CrMnTi	0.24~0.32	0.17~0.37	0.80~1.10	1.00~1.30						0.04~0.10	
CrNi	61	20CrNi	0.17~0.23	0.17~0.37	0.40~0.70	0.45~0.75		1.00~1.40					
	62	40CrNi	0.37~0.44	0.17~0.37	0.50~0.80	0.45~0.75		1.00~1.40					
	63	45CrNi	0.42~0.49	0.17~0.37	0.50~0.80	0.45~0.75		1.00~1.40					
	64	50CrNi	0.47~0.54	0.17~0.37	0.50~0.80	0.45~0.75		1.00~1.40					
	65	12CrNi2	0.10~0.17	0.17~0.37	0.30~0.60	0.60~0.90		1.50~1.90					
	66	12CrNi3	0.10~0.17	0.17~0.37	0.30~0.60	0.60~0.90		2.75~3.15					
	67	20CrNi3	0.17~0.24	0.17~0.37	0.30~0.60	0.60~0.90		2.75~3.15					
	68	30CrNi3	0.27~0.33	0.17~0.37	0.30~0.60	0.60~0.90		2.75~3.15					
	69	37CrNi3	0.34~0.41	0.17~0.37	0.30~0.60	1.20~1.60		3.00~3.50					
	70	12Cr2Ni4	0.10~0.16	0.17~0.37	0.30~0.60	1.25~1.65		3.25~3.65					
	71	20Cr2Ni4	0.17~0.23	0.17~0.37	0.30~0.60	1.25~1.65		3.25~3.65					
CrNiMo	72	20CrNiMo	0.17~0.23	0.17~0.37	0.60~0.95	0.40~0.70	0.20~0.30	0.35~0.75					
	73	40CrNiMoA	0.37~0.44	0.17~0.37	0.50~0.80	0.60~0.90	0.15~0.25	1.25~1.65					
CrMnNiMo	74	18CrNiMnMoA	0.15~0.21	0.17~0.37	1.10~1.40	1.00~1.30	0.20~0.30	1.00~1.30					
CrNiMoV	75	45CrNiMoVA	0.42~0.49	0.17~0.37	0.50~0.80	0.80~1.10	0.20~0.30	1.30~1.80					0.10~0.20
CrNiW	76	18Cr2Ni4WA	0.13~0.19	0.17~0.37	0.30~0.60	1.35~1.65		4.00~4.50	0.80~1.20				
	77	25Cr2Ni4WA	0.21~0.28	0.17~0.37	0.30~0.60	1.35~1.65		4.00~4.50	0.80~1.20				

注：1. 本标准中规定带"A"字标志的牌号仅能作为高级优质钢订货，其他牌号按优质钢订货。

2. 根据需方要求，可对表中各牌号按高级优质钢（省不带"A"）或特级优质钢（全部牌号）订货，只需在所订牌号后加"A"或"B"字标志（对有"A"字牌号应先去掉"A"）。需方对表中牌号化学成分提出其他要求时可按特殊要求订货。

3. 稀土成分按0.05%计算量加入，成品分析结果供参考。

合金结构钢的力学性能

表 2-47

钢组	序号	牌号	试样毛坯尺寸 mm	淬火 加热温度/℃ 第一次淬火	淬火 加热温度/℃ 第二次淬火	淬火 冷却剂	回火 加热温度 ℃	回火 冷却剂	抗拉强度 σ_b MPa	屈服点 σ_s MPa	断后伸长率 δ_5 %	断面收缩率 ψ %	冲击吸收功 A_{ku2} J	钢材退火或高温回火供应状态布氏硬度 HBW10/3000 不大于
									不小于					
Mn	1	20Mn2	15	850 / 880	—	水、油 / 水、油	200 / 440	水、空 / 水、空	785	590	10	40	47	187
	2	30Mn2	25	840	—	水	500	水	785	635	12	45	63	207
	3	35Mn2	25	840	—	水	500	水	835	685	12	45	55	207
	4	40Mn2	25	840	—	水、油	540	水	885	735	12	45	55	217
	5	45Mn2	25	840	—	油	550	水、油	885	735	10	45	47	217
	6	50Mn2	25	820	—	油	550	水、油	930	785	9	40	39	229
MnV	7	20MnV	15	880	—	水、油	200	水、空	785	590	10	40	55	187
SiMn	8	27SiMn	25	920	—	水	450	水、油	980	835	12	40	39	217
	9	35SiMn	25	900	—	水	570	水、油	885	735	15	45	47	229
	10	42SiMn	25	880	—	水	590	水	885	735	15	40	47	229
SiMnMoV	11	20SiMn2MoV	试样	900	—	油	200	水、空	1380	—	10	45	55	269
	12	25SiMn2MoV	试样	900	—	油	200	水、空	1470	—	10	40	47	269
	13	37SiMn2MoV	25	870	—	水、油	650	水、空	980	835	12	50	63	269
B	14	40B	25	840	—	水	550	水	785	635	12	45	55	207
	15	45B	25	840	—	水	550	水	835	685	12	45	47	217
	16	50B	20	840	—	油	600	空	785	540	10	45	39	207
MnB	17	40MnB	25	850	—	油	500	水、油	980	785	10	45	47	207
	18	45MnB	25	840	—	油	500	水、油	1030	835	9	40	39	217

续表

钢组	序号	牌号	试样毛坯尺寸 mm	热处理					力学性能					钢材退火或高温回火供应状态布氏硬度 HBW10/3000 不大于
				淬火			回火		抗拉强度 σ_b MPa	屈服点 σ_s MPa	断后伸长率 δ_5 %	断面收缩率 ψ %	冲击吸收功 A_{ku2} J	
				加热温度/℃		冷却剂	加热温度 ℃	冷却剂			不小于			
				第一次淬火	第二次淬火									
MnMoB	19	20MnMoB	15	880	—	油	200	油、空	1080	885	10	50	55	207
MnVB	20	15MnVB	15	860	—	油	200	水、空	885	635	10	45	55	207
	21	20MnVB	15	860	—	油	200	水、空	1080	885	10	45	55	207
	22	40MnVB	25	850	—	油	520	水、油	980	785	10	45	47	207
MnTiB	23	20MnTiB	15	860	—	油	200	水、空	1130	930	10	45	55	187
	24	25MnTiBRE	试样	860	—	油	200	水、空	1380	—	10	40	47	229
Cr	25	15Cr	15	880	780~820	水、油	200	水、空	735	490	11	45	55	179
	26	15CrA	15	880	770~820	水、油	180	油、空	685	490	12	45	55	179
	27	20Cr	15	880	780~820	水、油	200	水、空	835	540	10	40	47	179
	28	30Cr	25	860	—	油	500	水、油	885	685	11	45	47	187
	29	35Cr	25	860	—	油	500	水、油	930	735	11	45	47	207
	30	40Cr	25	850	—	油	520	水、油	980	785	9	45	47	207
	31	45Cr	25	840	—	油	520	水、油	1030	835	9	40	39	217
	32	50Cr	25	830	—	油	520	水、油	1080	930	9	40	39	229
CrSi	33	38CrSi	25	900	—	油	600	水、油	980	835	12	50	55	255
CrMo	34	12CrMo	30	900	—	空	650	空	410	265	24	60	110	179
	35	15CrMo	30	900	—	空	650	空	440	295	22	60	94	179
	36	20CrMo	15	880	—	水、油	500	水、油	885	685	12	50	78	197
	37	30CrMo	25	880	—	水、油	540	水、油	930	785	12	50	63	229

续表

钢组	序号	牌号	试样毛坯尺寸 mm	热处理					力学性能					钢材退火或高温回火供应状态布氏硬度 HBW10/3000 不大于
				淬火			回火		抗拉强度 σ_b MPa	屈服点 σ_s MPa	断后伸长率 δ_5 %	断面收缩率 ψ %	冲击吸收功 A_{ku2} J	
				加热温度/℃		冷却剂	加热温度 ℃	冷却剂						
				第一次淬火	第二次淬火				不 小 于					
CrMo	38	30CrMoA	15	880	—	油	540	水、油	930	735	12	50	71	229
	39	35CrMo	25	850	—	油	550	水、油	980	835	12	45	63	229
	40	42CrMo	25	850	—	油	560	水、油	1080	930	12	45	63	217
CrMoV	41	12CrMoV	30	970	—	空	750	空	440	225	22	50	78	241
	42	35CrMoV	25	900	—	油	630	水、油	1080	930	10	50	71	241
	43	12Cr1MoV	30	970	—	空	750	空	490	245	22	50	71	179
	44	25Cr2MoVA	25	900	—	油	640	空	930	785	14	55	63	241
	45	25Cr2Mo1VA	25	1040	—	空	700	空	735	590	16	50	47	241
CrMoAl	46	38CrMoAl	30	940	—	水、油	640	水、油	980	835	14	50	71	229
CrV	47	40CrV	25	880	—	油	650	水、油	885	735	10	50	71	241
	48	50CrVA	25	860	—	油	500	水、油	1280	1130	10	40	—	255
CrMn	49	15CrMn	15	880	—	油	200	水、空	785	590	12	50	47	179
	50	20CrMn	15	850	—	油	200	空	930	735	10	45	47	187
	51	40CrMn	25	840	—	油	550	水、油	980	835	9	45	47	229
CrMnSi	52	20CrMnSi	25	880	—	油	480	水、油	785	635	12	45	55	207
	53	25CrMnSi	25	880	—	油	480	水、油	1080	885	10	40	39	217
	54	30CrMnSi	25	880	—	油	520	水、油	1080	885	10	45	39	229
	55	30CrMnSiA	25	880	—	油	540	水、油	1080	835	10	45	39	229
	56	35CrMnSiA	试样	加热到880℃，于280～310℃等温淬火					1620	1280	9	40	31	241
			试样	950	890	空、油	230	油						
CrMnMo	57	20CrMnMo	15	850	—	油	200	水、空	1180	885	10	45	55	217
	58	40CrMnMo	25	850	—	油	600	水、油	980	785	10	45	63	217

续表

钢组	序号	牌号	试样毛坯尺寸 mm	热处理					力学性能					钢材退火或高温回火供应状态布氏硬度 HBW10/3000 不大于
				淬火			回火		抗拉强度 σ_b MPa	屈服点 σ_s MPa	断后伸长率 δ_5 %	断面收缩率 ψ %	冲击吸收功 A_{ku2} J	
				加热温度/℃		冷却剂	加热温度 ℃	冷却剂	不小于					
				第一次淬火	第二次淬火									
CrMnTi	59	20CrMnTi	15	880	870	油	200	水、空	1080	850	10	45	55	217
	60	30CrMnTi	试样	880	850	油	200	水、空	1470	—	9	40	47	229
CrNi	61	20CrNi	25	850	—	水、油	460	水、油	785	590	10	50	63	197
	62	40CrNi	25	820	—	油	500	水、油	980	785	10	45	55	241
	63	45CrNi	25	820	—	油	530	水、油	980	785	10	45	55	255
	64	50CrNi	25	820	—	油	500	水、油	1080	835	8	40	39	255
	65	12CrNi2	15	860	780	水、油	200	水、空	785	590	12	50	63	207
	66	12CrNi3	15	860	780	油	200	水、空	930	685	11	50	71	217
	67	20CrNi3	25	830	—	水、油	480	水、油	930	735	11	55	78	241
	68	30CrNi3	25	820	—	油	500	水、油	980	785	9	45	63	241
	69	37CrNi3	25	820	—	油	500	水、空	1130	980	10	50	47	269
	70	12Cr2Ni4	15	860	780	油	200	水、空	1080	835	10	50	71	269
	71	20Cr2Ni4	15	880	780	油	200	空	1180	1080	10	45	63	269
CrNiMo	72	20CrNiMo	15	850	—	油	200	水、油	980	785	9	40	47	197
	73	40CrNiMoA	25	850	—	油	600	空	980	835	12	55	78	269
CrMnNiMo	74	18CrMnNiMoA	15	830	—	油	200	油	885	885	10	45	71	269
CrNiMoV	75	45CrNiMoVA	试样	860	—	油	460	空	1470	1330	7	35	31	269
CrNW	76	18Cr2Ni4WA	15	950	850	空	200	水、空	1180	835	10	45	78	269
	77	25Cr2Ni4WA	25	850	—	油	550	水、油	1080	930	11	45	71	269

注：1. 表中所列热处理温度允许调整范围：淬火±15℃，低温回火±20℃，高温回火±50℃。
2. 硼钢在淬火前可先经正火，正火温度应不高于其淬火温度，铬锰钛钢第一次淬火可用正火代替。
3. 拉伸试验时试样钢上不能发现屈服、无法测定屈服点，情况下，可以测规定残余伸长应力 $\sigma_{0.2}$。

常用合金结构钢的特性和用途　　　　　　　　　　　　　表 2-48

牌　号	特　性　和　用　途
20Mn2	具有中等强度，冷变形时塑性高，低温性能良好，与相应含碳量的碳钢相比，其淬透性较高。 　　一般用作较小截面的零件与 20Cr 钢相当，可作渗碳小齿轮、小轴、钢套、活塞销、柴油机套筒、汽车转向滚轮轴、气门顶杆等；也可作调质钢用，如冷镦螺栓或较大截面的调质零件
30Mn2	此钢经调质后具有高强度、韧性及耐磨性，而且静强度及疲劳强度均良好，因而大多在调质状态下使用。 　　用作小截面的重要紧固件；在汽车、拖拉机及一般机器制造中可作车架纵梁、变速箱齿轮轴、冷镦螺栓及较大截面的调质件；在矿山机械制造中，可用作中心强度要求较高的渗碳件，如起重机后车轴和轴颈等
35Mn2	此钢冷变形时塑性中等，可切削性尚可，但焊接性差，一般在调质或正火状态下使用。 　　用作连杆、心轴、轴颈、曲轴、操纵杆、螺栓、风机配件、轴销螺钉等；在农机上可用作锄铲、锄铲柄等；在制造小断面的零件时，可与 40Cr 钢互换；并可用作载重汽车、拖拉机上所用的多数重要冷镦螺栓
40Mn2	是一种中碳调质锰钢，强度、塑性、耐磨性都较高，但冷变形塑性不高，焊接性差，一般在调质状态下使用。 　　用作在重负荷下工作的调质零件，如轴、半轴、曲轴、车轴、螺杆、蜗杆、活塞杆、操纵杆、杠杆、连杆、有载荷的螺栓、螺钉、加固环、弹簧等；在用作直径在 40mm 以下的小断面重要零件时，与 40Cr 钢相当
45Mn2	此钢的强度、耐磨性和淬透性均较高，调质后具有良好的综合力学性能，故一般在调质状态下使用，也可在正火状态下使用。 　　用来制造较高应力与磨损条件下工作的零件，在用作直径 60mm 以下零件时，与 40Cr 钢相当；在汽车、拖拉机和一般机械制造中，用于万向接头轴、车轴、连杆盖、摩擦盘、蜗杆、齿轮、齿轮油；电车和蒸汽机车车轴、车箱轴；重载荷机架以及冷拉状态的螺栓、螺帽等
50Mn2	是一种高强度中碳调质锰钢，具有高的强度、弹性和耐磨性，且淬透性也较高。通常在调质后使用。 　　用作在高应力承受强烈磨损条件下工作的大型零件，如万向接头轴、齿轮、曲轴、连杆、各类小轴等；重型机械上用作制造滚动轴承中工作的主轴、轴及大型齿轮；汽车上传动花键轴及承受巨大冲击负荷的心轴等；还可用作板弹簧及平卷簧
20MnV	此钢的强度、塑性、韧性及淬透性均比 20Mn2 好。 　　相当于 20CrNi 钢，可用于制造锅炉、高压容器及管道等的焊接构件
27SiMn	此钢性能优于 30Mn2 钢、淬透性高。 　　用作高韧性和耐磨性的热冲压零件；用作截面 < 30 毫米的零件时，可代替 25Ni3 钢；也可用于不经热处理的零件，或在正火后应用，如拖拉机的履带销等
35SiMn	是一种性能较好、比较经济的合金调质钢，淬透性好，冷变形、塑性中等，焊接性差。 　　用作中等速度、中负荷或高负荷而冲击不大的零件，如传动齿轮、心轴、连杆、蜗杆、电车轴、发动机轴、飞轮等，还用作汽轮机的叶轮、400℃ 以下的重要紧固件，农机上的锄链柄等。这种钢除了低温（−20℃ 以下）冲击韧性稍差外，可以全面代替 40Cr 作调质钢，亦可部分代替 40CrNi 钢

牌　号	特　性　和　用　途
42SiMn	性能与35SiMn钢基本相同，但其强度、耐磨性及淬透性均稍高。主要用作表面淬火钢，可用来制造截面较大及需火焰表面淬火与高频淬火的零件，也可代40Cr、40CrNi钢作轴类零件
20SiMn2MoV	是新型的高强度、高韧性的低碳马氏体淬火钢，用于制作截面较大、负荷较重、应力状态复杂或低温下长期运转的机件，也可代替25CrNi4钢作调质零件
37SiMn2MoV	是一种综合性能优良的高级调质钢，淬透性高，调质后具有高的强度和韧性。用于制造大截面承受重负荷的主要机械零件，如重型机械的轴类、齿轮及高压无缝钢管等，也可代替35CrMo，40CrNiMo等钢使用
40B	此钢与40号钢相比，其硬度、韧性、断面收缩率及淬透性均较高。 用作制造齿轮、转向轴、拉杆、轴、凸轮等；在制造要求不高的零件时，可与40Cr钢互用
45B	此钢与45号钢相比，有较高的硬度、强度、耐磨性及淬透性。用于制造截面较45号钢稍大，要求较高的零件，如拖拉机曲轴柄和其他类似的零件，在制造小尺寸要求不高的零件时可代替40Cr钢
50B	此钢通常在调质状态下使用，其综合力学性能比50号钢好。主要用于代替50号钢，制作要求淬透性较高的零件，如齿轮、转向轴、拉杆、凸轮、轴、拖拉机轴柄等
40MnB	具有较高的强度、硬度、耐磨性及良好的韧性，是一种取代40Cr钢较成功的新钢种。 用作汽车上的转向臂、转向节、转向轴、半轴、蜗杆、花键轴、刹车调整臂等，也可代替40Cr钢制造较大截面的零件
45MnB	此钢强度比40Cr钢高，但韧性稍低，淬透性良好。 用来代替40Cr、45Cr钢制造较耐磨的中、小截面调质零件，如机床齿轮、钻床主轴、拖拉机拐轴、曲轴齿轮、惰轮、左右分离叉、花键轴和套等
20Mn2B	是一种性能较好的渗碳钢，其综合性能和淬透性比20Cr钢高，可代替20Cr钢制造心部强度要求高、表面耐磨、尺寸较大、承受一般载荷的渗碳零件，如机床上的轴套、齿轮、离合器、滑动轴承中运转的主轴等
15MnVB	此钢具有一般低碳钢所固有的优良的冷成型性与焊接性，可用来代替40Cr钢，制造要求高强度的重要螺栓，如汽车上的连杆螺栓、半轴螺栓等
15Cr	是一种常用的低碳合金渗碳钢，冷变形塑性高，焊接性良好，在退火状态下可切削性好。 用作工作速度较高而断面不大的、心部韧性高的渗碳零件，如衬套、曲柄销、活塞销、活塞环、联轴节，以及工作速度较高的齿轮、凸轮、轴和轴承圈、船舰主机用螺钉、机车小零件、汽轮机套环等
20Cr	与15Cr钢相比，有较高的强度和淬透性，但韧性较差，焊接性较好，焊后一般不需热处理，大多用作渗碳钢。 用于心部强度要求较高和表面承受磨损、尺寸较大的、或形状较复杂而负荷不大的渗碳零件，如齿轮、齿轮轴、凸轮、活塞销、蜗杆、顶杆等；也可用作工作速度较大并承受中等冲击负荷的调质零件
30Cr	与30号钢相比，强度及淬透性均高，此钢通常在调质状态下使用，也可在正火后使用。 用作在磨损及很大冲击负荷下工作的重要零件，如轴、小轴、平衡杠杆、摇杆、连杆、螺栓、螺帽、齿轮和各种滚子等；也可用作需经表面淬火处理的零件

牌　号	特　性　和　用　途
40Cr	是一种最常用的合金结构钢，与40号钢相比，抗拉强度、屈服强度及淬透性均高，但焊接性有限，有形成裂纹的倾向。 用于较重要的调质零件，如在交变负荷下工作的零件，中等转速和中等负荷的零件；表面淬火后可作负荷及耐磨性较高的、而无很大冲击的零件，如齿轮、套筒、轴、曲轴、销子、连杆螺钉、螺帽以及进气阀等；又适于制造碳氮共渗处理的各种传动零件
50Cr	此钢正火或调质后可切削性良好，退火后的可切削性也较好，淬透性好，钢在冷变形时塑性低，焊接性不好。 用作受重负荷及受摩擦的零件，如热轧辊、减速机轴、齿轮、传动轴止推环、支承辊的心轴、拖拉机离合器齿轮、柴油机连杆、螺栓、梃杆、重型矿山机械上的高强度与耐磨的齿轮、油膜轴承套等；还可用作中等弹性的弹簧
38CrSi	此钢高强度、中等韧性，它的淬透性比40Cr钢稍好，通常在淬火回火后使用。 用作制造直径30～40mm的重要零件，如主轴、拖拉机的进气阀、内燃机的油泵齿轮等；也可用作冷作的冲击工具，如铆钉机压头等
12CrMo	是一种珠光体型耐热钢，冷应变塑性及可切削性均良好，焊接性尚可。 用于制造蒸汽温度达510℃的主导管，管壁温度达540℃的过热管等；也可制作高温下工作的各种弹性元件
20CrMo	是一种广泛采用的铬钼结构钢，淬透性较高，无回火脆性，焊接性相当好，形成冷裂的倾向很小，可切削性及冷应变塑性也良好。一般在调质或渗碳淬火状态下使用。用于制造在非腐蚀性介质及工作温度低于250℃的、含有氮氢混合物的介质中工作的高压管及各种紧固件；也可用来制造较高级的渗碳零件，如齿轮、轴等
35CrMo	此钢有很高的静力强度、冲击韧性及较高的疲劳极限，淬透性较40Cr钢高，在高温下有高的蠕变强度与持久强度，长期工作温度可达500℃，冷变形时塑性中等，焊接性差。通常用作调质件，也可高、中频表面淬火或淬火及低、中温回火后使用。 用作在高负荷下工作的重要结构件，如车辆和发动机的传动件，汽轮发电机的转子、主轴、重载荷的传动轴，石油工业用穿孔器，锅炉上温度<480℃的紧固件，化工设备上温度<500℃和非腐蚀介质中工作的厚壁无缝的高压导管；可代替38CrMnNi和40CrNi作大断面零件
12CrMoV	是一种珠光体型耐热钢，在高温长期使用时具有高的组织稳定性和热强性。通常在高温正火或高温回火状态下使用。 用作蒸汽温度达540℃的主导管、转向导叶环、汽轮机隔板、隔板外环，以及管壁温度<570℃的各种过热器管、导管和相应的锻件
25Cr2MoVA	是一种珠光体型中碳耐热钢，在室温时强度及韧性都高，淬透性较好，在500℃以下时又具有良好的高温性能和高的松弛稳定性，焊接性差。 用作汽轮机整体转子、套筒、阀、主汽阀、调节阀，蒸汽温度达535℃和受热在550℃以下的螺母，受热在530℃以下的螺栓，在510℃以下长期工作的其他连接件；也可用氮化钢零件
38CrMoAl	是传统采用的高级氮化钢，氮化处理有高的表面硬度、耐磨性及高的疲劳强度，并具有良好的耐热性（可达500℃）及耐蚀性，但淬透性不高。 用于制造高耐磨性、高疲劳强度和相当大的强度、处理后尺寸精度高的氮化零件，如仿模、汽缸套、齿轮、滚子、量规、样板、高压阀门、阀杆、橡胶及塑料挤压机、镗床的镗杆、蜗杆、磨床主轴等。但尺寸较大的零件不宜采用

续表

牌　号	特　性　和　用　途
20CrV	是一种渗碳钢，其强度及韧性均高于 20Cr 钢，淬火后表面硬度很高，而且韧性也好，但淬透性较低。 　　用于表面要求高硬度和耐磨、心部有较大强度而断面又不大的渗碳零件，如齿轮、活塞销、滑轮传动齿轮、小轴、分配轴、顶杆、气门推杆等；还用于制造汽轮机上在 300~500℃ 下工作的耐热螺母及热圈，以及非腐蚀介质中工作的高压管道等
40CrV	是一种调质钢，淬透性较高，经调质后具有高的强度和屈服点，性能优于 40Cr 钢。 　　用作重要零件，如曲轴、齿轮、推杆、受强力的双头螺栓、螺钉、机车连杆、螺旋桨、轴承支架、横梁等
20CrMn	此钢为渗碳钢，但也可作调质钢，淬透性与 20CrNi 相近。 　　用作在高速与高弯曲负荷下工作的轴、连杆；在高速、高负荷而无强冲击负荷下工作的齿轮轴、齿轮、水泵转子、离合器、小轴、心轴及载煤机上受到摩擦的零件；在化工设备上可作高压容器盖板的螺栓；并可部分代替 42CrMo 和 40CrNi 钢
40CrMn	此钢强度高，可切削性良好，淬透性与 40CrNi 相近，通常在调质状态下使用。可用来制造在高速与弯曲负荷下工作的轴、连杆及在高速、高负荷而无强力冲击负荷下工作的齿轮轴、齿轮、水泵转子、离合器等
30CrMnSi	是常用的高强度调质结构钢，淬透性较高，焊接性良好。 　　用作在震动负荷下工作的焊接结构和铆接结构，如高压鼓风机叶片、阀板、高速高负荷的砂轮轴、齿轮、链轮、轴、离合器、螺栓、螺帽、轴套等，以及温度不高而要求耐磨的零件；30CrMnSiA 还可用作飞机上高强度零件
20CrMnTi	是一种性能良好的渗碳钢，淬透性较高，经渗碳淬火后具有硬而耐磨的表面，坚韧的心部，并具有较高的低温冲击韧性，焊接性中等，正火后可切削性良好。 　　用于制造截面<30mm 的承受高速、中等或重载荷、冲击及摩擦的重要零件，如齿轮、齿圈、齿轮轴十字头等
50CrNi	是高级调质结构钢，具有高强度，又有高塑性和韧性，热处理后可得到均匀一致的显微组织和力学性能。用于制造截面较大和重要的调质零件，如内燃机曲轴、重型机床中的主轴、齿轮、螺栓等
12CrNi3	是用途较广的高级渗碳钢，与 15Cr、20Cr 钢相比，其强度、塑性、淬透性均高。主要用来制作重负荷条件下，要求高强度、高硬度和高韧性的主轴及要求中心韧性很高或承受冲击负荷、表面耐磨、热处理变形小的轴、杆以及在高速和冲击负荷下工作的各种传动齿轮、调节螺钉、凸轮轴等

6. 耐候结构钢（GB/T 4171—2008）

　　耐候结构钢是通过添加少量的合金元素如 Cu、P、Cr、Ni 等，使其在金属基体表面上形成保护层，以提高耐大气腐蚀性能的钢，适用于车辆、桥梁、集装箱、建筑、塔架和其他结构用具有耐大气腐蚀性能的热轧和冷轧的钢板、钢带和型钢，耐候钢可制作螺栓连接、铆接和焊接的结构件。

　　耐候结构钢通常以热轧、控轧或正火状态交货，牌号为 Q460NH、Q500NH、Q550NH

的钢材可以淬火加回火状态交货，冷轧钢材一般以退火状态交货。

　　钢的牌号由"屈服强度"、"高耐候"或"耐候"的汉语拼音首位字母"Q"、"GNH"或"NH"、屈服强度的下限值以及质量等级（A、B、C、D、E）组成，例如：Q335GNHC。

　　耐候结构钢的分类及用途见表 2-49，牌号与化学成分（熔炼分析）见表 2-50，力学性能和工艺性能见表 2-51。

耐候结构钢的分类及用途　　　　　　　　　　　　　　　　　表 2-49

类　别	牌　号	生产方式	用　途
高耐候钢	Q295GNH、Q355GNH	热轧	车辆、集装箱、建筑、塔架或其他结构件等结构用，与焊接耐候钢相比，具有较好的耐大气腐蚀性能
	Q265GNH、Q310GNH	冷轧	
焊接耐候钢	Q235NH、Q295NH、Q355NH Q415NH、Q460NH、Q500NH Q550NH	热轧	车辆、桥梁、集装箱、建筑或其他结构件等结构用，与高耐候钢相比，具有较好的焊接性能

耐候结构钢牌号与化学成分　　　　　　　　　　　　　　　　　表 2-50

牌　号	化学成分（质量分数）/ %								
	C	Si	Mn	P	S	Cu	Cr	Ni	其他元素
Q265GNH	≤0.12	0.10～0.40	0.20～0.50	0.07～0.12	≤0.020	0.20～0.45	0.30～0.65	0.25～0.50⑤	①、②
Q295GNH	≤0.12	0.10～0.40	0.20～0.50	0.07～0.12	≤0.020	0.25～0.45	0.30～0.65	0.25～0.50⑤	①、②
Q310GNH	≤0.12	0.25～0.75	0.20～0.50	0.07～0.12	≤0.020	0.20～0.50	0.30～0.65	≤0.65	①、②
Q355GNH	≤0.12	0.25～0.75	≤1.00	0.07～0.15	≤0.020	0.25～0.55	0.30～1.25	≤0.65	①、②
Q235NH	≤0.13⑥	0.10～0.40	0.20～0.60	≤0.030	≤0.030	0.25～0.55	0.30～1.25	≤0.65	①、②
Q295NH	≤0.15	0.10～0.50	0.30～1.00	≤0.030	≤0.030	0.25～0.55	0.40～0.80	≤0.65	①、②
Q355NH	≤0.16	≤0.50	0.50～1.50	≤0.030	≤0.030	0.25～0.55	0.40～0.80	0.12～0.65⑤	①、②
Q415NH	≤0.12	≤0.65	≤1.10	≤0.025	≤0.030④	0.20～0.55	0.40～0.80	0.12～0.65⑤	①、②、③
Q465NH	≤0.12	≤0.65	≤1.50	≤0.025	≤0.030④	0.20～0.55	0.30～1.25	0.12～0.65⑤	①、②、③
Q500NH	≤0.12	≤0.65	≤2.00	≤0.025	≤0.030④	0.20～0.55	0.30～1.25	0.12～0.65⑤	①、②、③
Q550NH	≤0.16	≤0.65	≤2.00	≤0.025	≤0.030④	0.20～0.55	0.30～1.25	0.12～0.65⑤	①、②、③

　　①为了改善钢的性能，各牌号均可添加一种或一种以上的微量合金元素：Nb0.015%～0.060%，V0.02%～0.12%，Ti0.02%～0.10%，Alt≥0.020%，若上述元素组合使用时，应至少保证其中一种元素含量达到上述化学成分的下限规定。

　　②可以添加下列合金元素：Mo≤0.30%，Zr≤0.15%。

　　③Nb、V、Ti 三种合金元素的添加总量不应超过 0.22%。

　　④供需双方协商，S 的含量可以不大于 0.008%。

　　⑤供需双方协商，Ni 含量的下限可不做要求。

　　⑥供需双方协商，C 的含量可以不大于 0.15%。

耐候结构钢的力学性能和工艺性能 表 2-51

牌 号	拉 伸 试 验[①]									180°弯曲试验 弯心直径		
	下屈服强度 R_{eL}/（N/mm²） 不小于				抗拉强度 R_m N/mm²	断后伸长率 A/% 不小于						
	≤16	>16~40	>40~60	>60		≤16	>16~40	>40~60	>60	≤6	>6~16	>16
Q235NH	235	225	215	215	360~510	25	25	24	23	a	a	2a
Q295NH	295	285	275	255	430~560	24	24	23	22	a	2a	3a
Q295GNH	295	285			430~560	24	24	—	—	a	2a	3a
Q355NH	355	345	335	325	490~630	22	22	21	20	a	2a	3a
Q355GNH	355	345			490~630	22	22	—	—	a	2a	3a
Q415NH	415	405	395		520~680	22	22	20		a	2a	3a
Q460NH	460	450	440		570~730	20	20	19		a	2a	3a
Q500NH	500	490	480		600~760	18	16	15		a	2a	3a
Q550NH	550	540	530		620~780	16	16	15		a	2a	3a
Q265GNH	265	—			≥410	27	—	—	—	a	—	—
Q310GNH	310	—			≥450	26	—	—	—	a	—	—

注：a 为钢材厚度。

① 当屈服现象不明显时，可以采用 $R_{p0.2}$。

7. 弹簧钢（GB/T 1222—2007）

弹簧钢包括直径或边长不大于 100mm 的弹簧钢圆钢和方钢（以下简称棒材）、厚度不大于 40mm 的弹簧钢扁钢、直径不大于 25mm 的弹簧钢盘条（不包括油淬火——回火弹簧钢丝用盘条（YB/T5365））。经供需双方协商，也可供应直径或边长大于 100mm 的棒材、厚度大于 40mm 的扁钢和直径大于 25mm 的盘条。

弹簧钢通常以热处理或非热处理状态交货。当要求热处理状态交货时应在合同中注明。根据供需双方协议，并在合同中注明，钢材可以剥皮、磨光或其他表面状态交货。

弹簧钢的牌号及化学成分也适用于钢锭、钢坯及其制品。

弹簧钢牌号及化学成分见表 2-52 和表 2-53，弹簧钢的力学性能见表 2-54 和表 2-55，弹簧钢的交货硬度见表 2-56，常用弹簧钢的特性和用途见表 2-57。

弹簧钢牌号及化学成分 表 2-52

序号	牌号[②]	化学成分（质量分数）/%										
		C	Si	Mn	Cr	V	W	B	Ni	Cu[①]	P	S
									不大于			
1	65	0.62~0.70	0.17~0.37	0.50~0.80	≤0.25				0.25	0.25	0.035	0.035
2	70	0.62~0.75	0.17~0.37	0.50~0.80	≤0.25				0.25	0.25	0.035	0.035

序号	牌号[2]	化学成分（质量分数）/%										
		C	Si	Mn	Cr	V	W	B	Ni	Cu[1]	P	S
									不大于			
3	85	0.82~0.90	0.17~0.37	0.50~0.80	≤0.25				0.25	0.25	0.035	0.035
4	65Mn	0.62~0.70	0.17~0.37	0.90~1.20	≤0.25				0.25	0.25	0.035	0.035
5	55SiMnVB	0.52~0.60	0.70~1.00	1.00~1.30	≤0.35	0.08~0.16		0.0005~0.0035	0.35	0.25	0.035	0.035
6	60Si2Mn	0.56~0.64	1.50~2.00	0.70~1.00	≤0.35				0.35	0.25	0.035	0.035
7	60Si2MnA	0.56~0.64	1.60~2.00	0.70~1.00	≤0.35				0.35	0.25	0.025	0.025
8	60Si2CrA	0.56~0.64	1.40~1.80	0.40~0.70	0.70~1.00				0.35	0.25	0.025	0.025
9	60Si2CrVA	0.56~0.64	1.40~1.80	0.40~0.70	0.90~1.20	0.10~0.20			0.35	0.25	0.025	0.025
10	55SiCrA	0.51~0.59	1.20~1.60	0.50~0.80	0.50~0.80				0.35	0.25	0.025	0.025
11	55CrMnA	0.52~0.60	0.17~0.37	0.65~0.95	0.65~0.95				0.35	0.25	0.025	0.025
12	60CrMnA	0.56~0.64	0.17~0.37	0.70~1.00	0.70~1.00				0.35	0.25	0.025	0.025
13	50CrVA	0.46~0.54	0.17~0.37	0.50~0.80	0.80~1.10	0.10~0.20			0.35	0.25	0.025	0.025
14	60CrMnBA	0.56~0.64	0.17~0.37	0.70~1.00	0.70~1.00			0.0005~0.0040	0.35	0.25	0.025	0.025
15	30W4Cr2VA	0.26~0.34	0.17~0.37	≤0.40	2.00~2.50	0.50~0.80	4.00~4.50		0.35	0.25	0.025	0.025

①根据需方要求，并在合同中注明，钢中残余铜含量应不大于0.20%。

②28MnSiB 的化学成分见表 2-53。

28MnSiB 化学成分　　　　　　　　　　　　　　　　表 2-53

牌　号	化学成分（质量分数）/%								
	C	Si	Mn	Cr	B	Ni	Cu[1]	P	S
						不大于			
28MnSiB	0.24~0.32	0.60~1.00	1.20~1.60	≤0.25	0.0005~0.0035	0.35	0.25	0.035	0.035

①根据需方要求，并在合同中注明，钢中残余铜含量不大于0.20%。

弹簧钢的力学性能   表 2-54

序号	牌号②	热处理制度①			力学性能，不小于				
		淬火温度 ℃	淬火 介质	回火温度 ℃	抗拉强度 R_m N/mm²	屈服强度 R_{eL} N/mm²	断后伸长率		断面收缩 率 Z/%
							A %	$A_{11.3}$ %	
1	65	840	油	500	980	785		9	35
2	70	830	油	480	1030	835		8	30
3	85	820	油	480	1130	980		6	30
4	65Mn	830	油	540	980	785		6	30
5	55SiMnVB	860	油	460	1375	1225		5	30
6	60Si2Mn	870	油	480	1275	1180		5	25
7	60Si2MnA	870	油	440	1570	1375		5	20
8	60Si2CrA	870	油	420	1765	1570	6		20
9	60Si2CrVA	850	油	410	1860	1665	6		20
10	55SiCrA	860	油	450	1450~1750	1300（$R_{p0.2}$）	6		25
11	55CrMnA	830~860	油	460~510	1225	1080（$R_{p0.2}$）	9③		20
12	60CrMnA	830~860	油	460~520	1225	1080（$R_{p0.2}$）	9③		20
13	50CrVA	850	油	500	1275	1130	10		40
14	60CrMnBA	830~860	油	460~520	1225	1080（$R_{p0.2}$）	9③		20
15	30W4Cr2VA④	1050~1100	油	600	1470	1325	7		40

①除规定热处理温度上下限外，表中热处理温度允许偏差为淬火，±20℃，回火，±50℃。根据需方特殊要求，
   回火可按±30℃进行。

②28MnSiB 的力学性能见表 2-55。

③其试样可采用下列试样中的一种。若按 GB/T 228 规定作拉伸试验时，所测断后伸长率值供参考。

试样一　标距为 50mm，平行长度 60mm，直径 14mm，肩部半径大于 15mm。

试样一　标距为 4 $\sqrt{S_0}$（S_0 表示平行长度的原始横截面积，mm²），平行长度 12 倍标距长度，肩部半径大于
15mm。

④30W4Cr2VA 除抗拉强度外，其他力学性能检验结果供参考，不作为交货依据。

28MnSiB 力学性能   表 2-55

牌　号	热处理制度①			力学性能，不小于			
	淬火温度 ℃	淬火介质	回火温度 ℃	下屈服强度 R_{eL} N/mm²	抗拉强度 R_m N/mm²	断后伸长率 $A_{11.3}$ %	断面收缩率 Z %
28MnSiB	900	水或油	320	1180	1275	5	25

①表中热处理温度允许偏差为淬火±20℃，回火±30℃。

弹簧钢的交货硬度

表 2-56

组号	牌　　号	交货状态	布氏硬度 HBW，不大于
1	65　70	热轧	285
2	85　65Mn		302
3	60Si2Mn　60Si2MnA　50CrVA 55SiMnVB　55CrMnA　60CrMnA		321
4	60Si2CrA　60Si2CrVA　60CrMnBA 55SiCrA　30W4Cr2VA	热轧	供需双方协商
		热轧＋热处理	321
5	所有牌号	冷拉＋热处理	321
6		冷拉	供需双方协商

常用弹簧钢的特性和用途

表 2-57

牌　号	特　性　和　用　途
65	是一种价格低、最常用的碳素弹簧钢，经过适当的热处理或冷拔硬化后，可得到较高的弹性和强度。但焊接性与淬透性不好，可切削性不高。此钢主要在淬火并中温回火状态下使用，用于制造截面较小（≤15mm），形状简单，受力不大的扁形或螺旋弹簧以及弹簧式零件，如汽门弹簧、弹簧环、弹簧垫圈等
70	性能与65号钢相近，但其弹性及强度均较65号钢稍高。适用制造截面不大，强度要求不高的一般机器上的圆方型螺旋弹簧等
85	性能与65、70号钢相近。适用制造截面不大，承受强度不太高的振动弹簧。主要用于制造铁道车辆、汽车拖拉机及一般机械上的扁形板簧、圆形螺旋弹簧等
65Mn	是一种常用的锰弹簧钢，与65号钢相比，具有较高的强度、硬度、弹性及淬透性，但焊接性差，一般不应焊接。主要在淬火、中温回火下使用，用于制造厚度达5～15mm，受中等负荷的板弹簧和直径达7～20mm的螺旋弹簧以及弹簧垫圈、弹簧环等弹簧式零件
55SiCrA	是一种常用的硅锰弹簧钢，强度大、弹性极限好，屈强比（σ_s/σ_b）的比值高，热处理后韧性较好，但焊接性差。主要在淬火和中温回火状态下使用，用于铁道车辆、汽车拖拉机上制作承受中等负荷的扁形弹簧；线径25mm以下的螺旋弹簧、车辆缓冲弹簧、汽缸安全阀簧以及其他高应力下工作的重要弹簧
60Si2Mn 60Si2MnA	是应用广泛的硅锰弹簧钢，强度和弹性极限较55Si2Mn稍高，淬透性也较高。适于铁道车辆、汽车拖拉机工业上制作承受较大负荷的扁形弹簧或线径在30mm以下的螺旋弹簧，以及工作温度在250℃以下非腐蚀介质中的耐热弹簧。也可用于其他工业上制作承受交变负荷及在高应力下工作的大型重要卷制弹簧
60Si2CrA	与60Si2MnA相比，塑性相近时，具有较高的抗拉强度和屈服强度。主要用作承受高应力及工作温度在300℃条件下使用的弹簧，如调速器弹簧、汽轮机汽封弹簧、高压水泵碟形弹簧、冷凝器支承弹簧等

续表

牌　号	特　性　和　用　途
60Si2CrVA	性能、用途与60Si2CrA相近。主要用于制造在低于300~350℃条件下使用的耐热弹簧及承受冲击性应力、高负荷的重要弹簧
55CrMnA 60CrMnA	此钢具有较高强度、塑性和韧性，焊接性差，可切削性尚可，淬透性比硅锰、硅铬弹簧钢都好。一般在淬火、中温回火后使用，主要用于车辆、拖拉机工业上制作负荷较重、应力较大的板簧及直径较大（可达50mm）的螺旋弹簧
50CrVA	是一种较高级的弹簧钢，在热处理后具有较好的韧性、高的强度和弹性极限、高的疲劳强度和较低的弹性模量，并具有高的淬透性，但焊接性差，冷应变塑性低。用于制作大截面的高负荷重要弹簧及工作温度<300℃的阀门弹簧、活塞弹簧等
60CrMnBA	基本性能与60CrMnA钢相似，但具有更好的淬透性，在油中临界淬透直径可达100~150mm。适用于制作超大型的弹簧，如推土机上的迭板弹簧、船舶上的大型螺旋弹簧和大型扭力弹簧
30W4Cr2VA	是一种高强度的耐热弹簧钢，具有特别高的淬透性，回火稳定性甚佳，热加工性能良好。在调质状态下使用，用作工作温度≤500℃下的耐热弹簧，如锅炉主安全阀弹簧、汽轮机汽封弹簧片等
55SiMnVB	是立足我国资源的新弹簧钢种，通常在淬火、中温回火后使用，适合于代替60Si2MnA制作大量使用的中型断面的板簧和螺旋弹簧

8. 不锈钢棒（GB/T 1220—2007）

不锈钢棒适用于尺寸（直径、边长、厚度或对边距离）不大于250mm的热轧和锻制不锈钢棒。经供需双方协商，也可供应尺寸大于250mm的热轧和锻制不锈钢棒。

不锈钢棒按使用加工方法不同分为压力加工钢UP（热压力加工UHP、热顶锻用钢UHF及冷拔坯料UCD）及切削加工用钢UC；按组织特征分为奥氏体型、奥氏体-铁素体型、铁素体型、马氏体型和沉淀硬化型等五种类型。

不锈钢棒可以热处理或非热处理状态交货，交货状态在合同中注明，未注明者按非热处理交货。

切削加工用奥氏体型、奥氏体-铁素体型钢棒应进行固溶处理，经供需双方协商，也可不进行处理。热压力加工用钢棒不进行固溶处理。

铁素体型钢棒应进行退火处理，经供需双方协商，也可不进行处理。

马氏体型钢棒应进行退火处理。

沉淀硬化型钢棒应根据钢的组织选择固溶处理或退火处理，退火制度由供需双方协商确定，无协议时，退火温度一般为650℃~680℃。经供需双方协商，沉淀硬化型钢棒（除05Cr17Ni4Cu4Nb外）可不进行处理。

不锈钢棒牌号与化学成分见表2-58~表2-62，不锈钢棒的力学性能见表2-63~表2-67，常用不锈钢棒的特性和用途见表2-68。

奥氏体不锈钢的化学成分

表2-58

GB/T 20878 中序号	新牌号	旧牌号	化学成分（质量分数）/%										
			C	Si	Mn	P	S	Ni	Cr	Mo	Cu	N	其他元素
1	12Cr17Mn6Ni5N	1Cr17Mn6Ni5N	0.15	1.00	5.50~7.50	0.030	0.030	3.50~5.50	16.00~18.00	—	—	0.05~0.25	—
3	12Cr18Mn9Ni5N	1Cr18Mn8Ni5N	0.15	1.00	7.50~10.00	0.050	0.030	4.00~6.00	17.00~18.00	—	—	0.05~0.25	—
9	12Cr17Ni7	1Cr17Ni7	0.15	1.00	2.00	0.045	0.030	6.00~8.00	16.00~18.00	—	—	0.10	—
13	12Cr18Ni9	1Cr18Ni9	0.15	1.00	2.00	0.045	0.030	8.00~10.00	17.00~19.00	—	—	0.10	—
15	Y12Cr18Ni9	Y1Cr18Ni9	0.15	1.00	2.00	0.20	≥0.15	8.00~10.00	17.00~19.00	(0.60)	—	—	—
16	Y12Cr18Ni9Se	Y1Cr18Ni9Se	0.15	1.00	2.00	0.20	0.060	8.00~10.00	17.00~19.00	—	—	—	Se≥0.15
17	06Cr19Ni10	0Cr18Ni9	0.08	1.00	2.00	0.045	0.030	8.00~11.00	18.00~20.00	—	—	—	—
18	022Cr19Ni10	00Cr19Ni10	0.030	1.00	2.00	0.045	0.030	8.00~12.00	18.00~20.00	—	—	—	—
22	06Cr18Ni9Cu3	0Cr18Ni9Cu3	0.08	1.00	2.00	0.015	0.030	8.50~10.50	17.00~19.00	—	3.00~4.00	—	—
23	06Cr19Ni10N	0Cr19Ni9N	0.08	1.00	2.00	0.045	0.030	8.00~11.00	18.00~20.00	—	—	0.10~0.16	—
24	06Cr19Ni9NbN	0Cr19Ni10NbN	0.08	1.00	2.00	0.045	0.030	7.50~10.50	18.00~20.00	—	—	0.15~0.30	Nb0.15
25	022Cr19Ni10N	00Cr18Ni10N	0.030	1.00	2.00	0.045	0.030	8.00~11.00	18.00~20.00	—	—	0.10~0.16	—
26	10Cr18Ni12	1Cr18Ni12	0.12	1.00	2.00	0.045	0.030	10.50~13.00	17.00~19.00	—	—	—	—
32	06Cr23Ni13	0Cr23Ni13	0.08	1.00	2.00	0.045	0.030	12.00~15.00	22.00~24.00	—	—	—	—
35	06Cr25Ni20	0Cr25Ni20	0.08	1.50	2.00	0.045	0.030	19.00~22.00	24.00~26.00	—	—	—	—

续表

GB/T 20878 中序号	新牌号	旧牌号	化学成分(质量分数)/%										
			C	Si	Mn	P	S	Ni	Cr	Mo	Cu	N	其他元素
38	06Cr17Ni12Mo2	0Cr17Ni12Mo2	0.08	1.00	2.00	0.045	0.030	10.00~14.00	16.00~18.00	2.00~3.00	—	—	—
39	022Cr17Ni12Mo2	00Cr17Ni14Mo2	0.030	1.00	2.00	0.045	0.030	10.00~14.00	16.00~18.00	2.00~3.00	—	—	—
41	06Cr17Ni12Mo2Ti	0Cr18Ni12Mo3Ti	0.08	1.00	2.00	0.045	0.030	10.00~14.00	16.00~18.00	2.00~3.00	—	—	Ti≥5C
43	06Cr17Ni12Mo2N	0Cr17Ni12Mo2N	0.08	1.00	2.00	0.045	0.030	10.00~13.00	16.00~18.00	2.00~3.00	—	0.10~0.16	—
44	022Cr17Ni12Mo2N	00Cr17Ni13Mo2N	0.030	1.00	2.00	0.045	0.030	10.00~13.00	16.00~18.00	2.00~3.00	—	0.10~0.16	—
45	06Cr18Ni12Mo2Cu2	0Cr18Ni12Mo2Cu2	0.08	1.00	2.00	0.045	0.030	10.00~14.00	17.00~19.00	1.20~2.75	1.00~2.50	—	—
46	022Cr18Ni14Mo2Cu2	00Cr18Ni14Mo2Cu2	0.030	1.00	2.00	0.045	0.030	12.00~16.00	17.00~19.00	1.20~2.75	1.00~2.50	—	—
49	06Cr19Ni13Mo3	0Cr19Ni13Mo3	0.08	1.00	2.00	0.045	0.030	11.00~15.00	18.00~20.00	3.00~4.00	—	—	—
50	022Cr19Ni13Mo3	00Cr19Ni13Mo3	0.030	1.00	2.00	0.045	0.030	11.00~15.00	18.00~20.00	3.00~4.00	—	—	—
52	03Cr18Ni16Mo5	0Cr18Ni16Mo5	0.04	1.00	2.50	0.045	0.030	13.00~17.00	16.00~19.00	4.00~6.00	—	—	—
55	06Cr18Ni11Ti	0Cr18Ni10Ti	0.08	1.00	2.00	0.045	0.030	9.00~12.00	17.00~19.00			—	Ti5C~0.70
62	06Cr18Ni11Nb	0Cr18Ni11Nb	0.08	1.00	2.00	0.045	0.030	9.00~12.00	17.00~19.00	—	—	—	Nb10C~1.10
64	06Cr18Ni13Si4④	0Cr18Ni13Si4④	0.08	3.00~5.00	2.00	0.045	0.030	11.50~15.00	15.00~20.00	—	—	—	—

注：1. 表中所列成分除标明范围或最小值外，其余均为最大值，括号内数值为可加入或允许含有的最大值。
2. 本标准牌号与国外标准牌号对照参见 GB/T 20878。
①必要时，可添加上表以外的合金元素。

表 2-59

奥氏体-铁素体型不锈钢的化学成分

GB/T 20878 中序号	新牌号	旧牌号	化学成分（质量分数）/%										
			C	Si	Mn	P	S	Ni	Cr	Mo	Cu	N	其他元素
67	14Cr18Ni11Si4AlTi	1Cr18Ni11Si4AlTi	0.10~0.18	3.40~4.00	0.80	0.035	0.030	10.00~12.00	17.50~19.50	—	—	—	Ti0.40~0.70 Al0.10~0.30
68	022Cr19Ni5Mo3Si2N	00Cr18Ni5Mo3Si2	0.030	1.30~2.00	1.00~2.00	0.035	0.030	4.50~5.50	18.00~19.50	2.50~3.00	—	0.05~0.12	—
70	022Cr22Ni5Mo3N		0.030	1.00	2.00	0.030	0.020	4.50~6.50	21.00~23.00	2.50~3.50	—	0.08~0.20	—
71	022Cr23Ni5Mo3N		0.030	1.00	2.00	0.030	0.020	4.50~6.50	22.00~23.00	3.00~3.50	—	0.14~0.20	—
73	022Cr25Ni6Mo2N		0.030	1.00	2.00	0.035	0.030	5.50~6.50	24.00~26.00	1.20~2.50	—	0.10~0.20	—
75	03Cr25Ni6Mo3Cu2N		0.04	1.00	1.50	0.035	0.030	4.50~6.50	24.00~27.00	2.90~3.90	1.50~2.50	0.10~0.25	—

注：1. 表中所列成分标明范围或最小值外，其余均为最大值。
　　2. 本标准牌号与国外标准牌号对照参见 GB/T 20878。

表 2-60

铁素体型不锈钢的化学成分

GB/T 20878 中序号	新牌号	旧牌号	化学成分（质量分数）/%										
			C	Si	Mn	P	S	Ni	Cr	Mo	Cu	N	其他元素
78	06Cr13Al	0Cr13Al	0.08	1.00	1.00	0.040	0.030	(0.60)	11.50~14.50	—	—	—	Al0.10~0.30
83	022Cr12	00Cr12	0.030	1.00	1.00	0.040	0.030	(0.60)	11.00~13.50	—	—	—	—
85	10Cr17	1Cr17	0.12	1.00	1.00	0.040	0.030	(0.60)	16.00~18.00	—	—	—	—
86	Y10Cr17	Y1Cr17	0.12	1.00	1.25	0.060	≥0.15	(0.60)	16.00~18.00	(0.60)	—	—	—
88	10Cr17Mo	1Cr17Mo	0.12	1.00	1.00	0.040	0.030	(0.60)	16.00~18.00	0.75~1.25	—	—	—
94	008Cr27Mo①	00Cr27Mo①	0.010	0.40	0.40	0.030	0.020	—	25.00~27.50	0.75~1.50	—	0.015	—
95	008Cr30Mo2①	00Cr30Mo2①	0.010	0.40	0.40	0.030	0.020	—	28.50~32.00	1.50~2.50	—	0.015	—

注：1. 表中所列成分除标明范围或最小值外，其余均为最大值。括号内数值为可加入或允许含有的最大值。
　　2. 本标准牌号与国外标准牌号对照参见 GB/T 20878。
① 允许含有小于或等于0.50%镍，小于或等于0.20%铜，而 Ni+Cu≤0.50%铜，必要时，可添加上表以外的合金元素。

马氏体型不锈钢的化学成分

表 2-61

GB/T 20878 中序号	新牌号	旧牌号	化学成分(质量分数)/%										
			C	Si	Mn	P	S	Ni	Cr	Mo	Cu	N	其他元素
96	12Cr12	1Cr12	0.15	0.50	1.00	0.040	0.030	(0.60)	11.50~13.00	—	—	—	—
97	06Cr13	0Cr13	0.08	1.00	1.00	0.040	0.030	(0.60)	11.50~13.50	—	—	—	—
98	12Cr13①	1Cr13①	0.08~0.15	1.00	1.00	0.040	0.030	(0.60)	11.50~13.50	—	—	—	—
100	Y12Cr13	Y1Cr13	0.15	1.00	1.25	0.060	≥0.15	(0.60)	12.00~14.00	(0.60)	—	—	—
101	20Cr13	2Cr13	0.16~0.25	1.00	1.00	0.040	0.030	(0.60)	12.00~14.00	—	—	—	—
102	30Cr13	3Cr13	0.26~0.35	1.00	1.00	0.040	0.030	(0.60)	12.00~14.00	—	—	—	—
103	Y30Cr13	Y3Cr13	0.26~0.35	1.00	1.25	0.060	≥0.15	(0.60)	12.00~14.00	(0.60)	—	—	—
104	40Cr13	4Cr13	0.36~0.45	0.60	0.80	0.040	0.030	(0.60)	12.00~14.00	—	—	—	—
106	14Cr17Ni2	1Cr17Ni2	0.11~0.17	0.80	0.80	0.040	0.030	1.50~2.50	16.00~18.00	—	—	—	—
107	17Cr16Ni2	17Cr16Ni2	0.12~0.22	1.00	1.50	0.040	0.030	1.50~2.50	15.00~17.00	—	—	—	—
108	68Cr17	7Cr17	0.60~0.75	1.00	1.00	0.040	0.030	(0.60)	16.00~18.00	(0.75)	—	—	—
109	85Cr17	8Cr17	0.75~0.95	1.00	1.00	0.040	0.030	(0.60)	16.00~18.00	(0.75)	—	—	—
110	108Cr17	11Cr17	0.95~1.20	1.00	1.00	0.040	0.030	(0.60)	16.00~18.00	(0.75)	—	—	—
111	Y108Cr17	Y11Cr17	0.95~1.20	1.00	1.25	0.060	≥0.15	(0.60)	16.00~18.00	(0.75)	—	—	—
112	95Cr18	9Cr18	0.90~1.00	0.80	0.80	0.040	0.030	(0.60)	17.00~19.00	—	—	—	—
115	13Cr13Mo	1Cr13Mo	0.08~0.18	0.60	1.00	0.040	0.030	(0.60)	11.50~14.00	0.30~0.60	—	—	—
116	32Cr13Mo	3Cr13Mo	0.28~0.35	0.80	1.00	0.040	0.030	(0.60)	12.00~14.00	0.50~1.00	—	—	—
117	102Cr17Mo	9Cr18Mo	0.95~1.10	0.80	0.80	0.040	0.030	(0.60)	16.00~18.00	0.40~0.70	—	—	—
118	90Cr18MoV	9Cr18MoV	0.85~0.95	0.80	0.80	0.040	0.030	(0.60)	17.00~19.00	1.00~1.30	—	—	V0.07~0.12

注: 1. 表中所列成分除标明范围或最小值外，其余均为最大值。括号内数值为可加入或允许含有的最大值。

2. 本标准牌号与国外标准牌号对照参见 GB/T 20878。

① 相对于 GB/T 20878 调整成分牌号。

表 2-62

沉淀硬化型不锈钢的化学成分

GB/T 20878 中序号	新牌号	旧牌号	化学成分(质量分数)/%										
			C	Si	Mn	P	S	Ni	Cr	Mo	Cu	N	其他元素
136	05Cr15Ni5Cu4Nb	05Cr15Ni5Cu4Nb	0.07	1.00	1.00	0.040	0.030	3.50~5.50	14.00~15.50	—	2.50~4.50	—	Nb 0.15~0.45
137	05Cr17Ni4Cu4Nb	0Cr17Ni4Cu4Nb	0.07	1.00	1.00	0.040	0.030	3.00~5.00	15.00~17.50	—	3.00~5.00	—	Nb 0.15~0.45
138	07Cr17Ni7Al	0Cr17Ni7Al	0.09	1.00	1.00	0.040	0.030	6.50~7.75	16.00~18.00	—	—	—	Al 0.75~1.50
139	07Cr15Ni7Mo2Al	0Cr15Ni7Mo2Al	0.09	1.00	1.00	0.040	0.030	6.50~7.75	14.00~16.00	2.00~3.00	—	—	Al 0.75~1.50

注: 1. 表中所列成分除标明范围或最小值外，其余均为最大值。
　　2. 本标准牌号与国外标准牌号对照参见 GB/T 20878。

表 2-63

经固溶处理的奥氏体型钢棒或试样的力学性能[1]

GB/T 20878 中序号	新牌号	旧牌号	规定非比例延伸强度 $R_{p0.2}$[2]/(N/mm²)	抗拉强度 R_m N/mm²	断后伸长率 A %	断面收缩率 Z[2] %	硬　度[2]		
			不小于	不小于	不小于	不小于	不大于		
							HBW	HRB	HV
1	12Cr17Mn6Ni5N	1Cr17Mn6Ni5N	275	520	40	45	241	100	253
3	12Cr18Mn9Ni5N	1Cr18Mn8Ni5N	275	520	40	45	207	95	218
9	12Cr17Ni7	1Cr17Ni7	205	520	40	60	187	90	200
13	12Cr18Ni9	1Cr18Ni9	205	520	40	60	187	90	200
15	Y12Cr18Ni9	Y1Cr18Ni9	205	520	40	50	187	90	200
16	Y12Cr18Ni9Se	Y1Cr18Ni9Se	205	520	40	50	187	90	200
17	06Cr19Ni10	0Cr18Ni9	205	520	40	60	187	90	200
18	022Cr19Ni10	00Cr19Ni10	175	480	40	60	187	90	200
22	06Cr18Ni9Cu3	0Cr18Ni9Cu3	175	480	40	60	187	90	200
23	06Cr19Ni10N	0Cr19Ni9N	275	550	35	50	217	95	220

续表

GB/T 20878 中序号	新牌号	旧牌号	规定非比例延伸强度 $R_{p0.2}$②/(N/mm²)	抗拉强度 R_m /N/mm² 不小于	断后伸长率 A /% 不小于	断面收缩率 Z③ /% 不小于	硬 度② 不大于		
							HBW	HRB	HV
24	06Cr19Ni9NbN	0Cr19Ni10NbN	345	685	35	50	250	100	260
25	022Cr19Ni10N	00Cr18Ni10N	245	550	40	50	217	95	220
26	10Cr18Ni12	1Cr18Ni12	175	480	40	60	187	90	200
32	06Cr23Ni13	0Cr23Ni13	205	520	40	60	187	90	200
35	06Cr25Ni20	0Cr25Ni20	205	520	40	50	187	90	200
38	06Cr17Ni12Mo2	0Cr17Ni12Mo2	205	520	40	60	187	90	200
39	022Cr17Ni12Mo2	00Cr17Ni14Mo2	175	480	40	60	187	90	200
41	06Cr17Ni12Mo2Ti	0Cr18Ni12Mo3Ti	205	530	40	55	187	90	200
43	06Cr17Ni12Mo2N	0Cr17Ni12Mo2N	275	550	35	50	217	95	220
44	022Cr17Ni12Mi2N	00Cr17Ni13Mo2N	245	550	40	50	217	95	220
45	06Cr18Ni12Mo2Cu2	0Cr18Ni12Mo2Cu2	205	520	40	60	187	90	200
46	022Cr18Ni4Mo2Cu2	00Cr18Ni14Mn2Cu2	175	480	40	60	187	90	200
49	06Cr19Ni13Mo3	0Cr19Ni13Mo3	205	520	40	60	187	90	200
50	022Cr19Ni13Mo3	00Cr19Ni13Mo3	175	480	40	60	187	90	200
52	03Cr18Ni16Mo5	0Cr18Ni16Mo5	175	480	40	45	187	90	200
55	06Cr18Ni11Ti	0Cr18Ni10Ti	205	520	40	50	187	90	200
62	06Cr18Ni11Nb	0Cr18Ni11Nb	205	520	40	50	187	90	200
64	06Cr18Ni13Si4	0Cr18Ni13Si4	205	520	40	60	207	95	218

①表中仅适用于直径、边长、厚度或对边距离小于或等于180mm的钢棒。大于180mm的钢棒，可改锻成180mm的样坯检验，或由供需双方协商，规定允许降低其力学性能的数值。

②规定非比例延伸强度和硬度，仅当需方要求时(合同中注明)才进行测定，且供方可根据钢棒的尺寸或状态任选一种方法测定硬度。

③扁钢不适用，但需方要求时，由供需双方协商。

表 2-64

经固溶处理的奥氏体-铁素体型钢棒或试样的力学性能①

GB/T 20878 中序号	新牌号	旧牌号	规定非比例延伸强度 $R_{p0.2}$②/(N/mm²)	抗拉强度 R_m N/mm²	断后伸长率 A %	断面收缩率 Z② %	冲击吸收功 A_{ku2}④/J	硬度② HBW	HRB	HV
			不小于					不大于		
67	14Cr18Ni11Si4AlTi	1Cr18Ni11Si4AlTi	440	715	25	40	63	—	—	—
68	022Cr19Ni5Mo3Si2N	00Cr18Ni5Mo3Si2	390	590	20	40	—	—	30	300
70	022Cr22Ni5Mo3N		450	620	25	—	—	290	—	—
71	022Cr23Ni5Mo3N		450	655	25	—	—	290	—	—
73	022Cr25Ni6Mo2N		450	620	20	—	—	260	—	—
75	03Cr25Ni6Mo3Cu2N		550	750	25	—	—	290	—	—

① 表中仅适用于直径、边长、厚度或对边距离小于或等于 75mm 的钢棒。大于 75mm 的钢棒，可改锻成 75mm 的坯料检验或取样检验的尺寸或状态任选一种方法测定硬度。
② 规定非比例延伸强度和硬度，仅当需方要求时（合同中注明）才进行测定。
③ 扁钢不适用，但需方要求时，由供需双方协商确定。
④ 直径或对边距离小于或等于 16mm 的圆钢、六角钢，八角钢和边长或厚度小于 12mm 的方钢，扁钢不做冲击试验。
的数值。

表 2-65

经退火处理的铁素体型钢棒或试样的力学性能①

GB/T 20878 中序号	新牌号	旧牌号	规定非比例延伸强度 $R_{p0.2}$②/(N/mm²)	抗拉强度 R_m N/mm²	断后伸长率 A %	断面收缩率 Z② %	冲击吸收功 A_{ku2}④/J	硬度② HBW
			不小于					不大于
78	06Cr13Al	0Cr13Al	175	410	20	60	78	183
83	022Cr12	00Cr12	195	360	22	60	—	183
85	10Cr17	1Cr17	205	450	22	50	—	183
86	Y10Cr17	Y1Cr17	205	450	22	50	—	183
88	10Cr17Mo	1Cr17Mo	205	450	22	60	—	183
94	008Cr27Mo	00Cr27Mo	245	410	20	45	—	219
95	008Cr30Mo2	00Cr30Mo2	295	450	20	45	—	228

① 表中仅适用于直径、边长、厚度或对边距离小于或等于 75mm 的钢棒。大于 75mm 的钢棒，可改锻成 75mm 的样坯检验或取样检验或由供需双方协议，规定允许降低其力学性能的数值。
② 规定非比例延伸强度和硬度，仅当需方要求时（合同中注明）才进行测定。
③ 扁钢不适用，但需方要求时，由供需双方协商确定。
④ 直径或对边距离小于或等于 16mm 的圆钢、六角钢，八角钢和边长或厚度小于 12mm 的方钢，扁钢不做冲击试验。

经热处理的马氏体型钢棒或试样的力学性能[1]

表 2-66

GB/T 20878 中序号	新牌号	旧牌号	组别	规定非比例延伸强度 $R_{p0.2}$[2] /(N/mm²)	抗拉强度 R_m N/mm²	断后伸长率 A %	断面收缩率 Z[2] %	冲击吸收功 A_{ku2}[2] /J	HBW	HRC	退火后钢棒的硬度 HBW[4]
				经淬火回火后试样的力学性能和硬度 不小于							不大于
96	12Cr12	1Cr12		390	590	25	55	118	170	—	200
97	06Cr13	0Cr13		345	490	24	60	—	—	—	183
98	12Cr13	1Cr13		345	540	22	55	78	159	—	200
100	Y12Cr13	Y1Cr13		345	540	17	45	55	159	—	200
101	20Cr13	2Cr13		440	640	20	50	63	192	—	223
102	30Cr13	3Cr13		540	735	12	40	24	217	—	235
103	Y30Cr13	Y3Cr13		540	735	8	35	24	217	—	235
104	40Cr13	4Cr13		—	—	—	—	—	—	50	235
106	14Cr17Ni2	1Cr17Ni2		—	1080	10	—	39	—	—	285
107	17Cr16Ni2[5]		1	700	900~1050	12	45	25(A_{KV})	—	—	295
			2	600	800~950	14			—	—	
108	68Cr17	7Cr17		—	—	—	—	—	—	54	255
109	85Cr17	8Cr17		—	—	—	—	—	—	56	255
110	108Cr17	11Cr17		—	—	—	—	—	—	58	269
111	Y108Cr17	Y11Cr17		—	—	—	—	—	—	58	269
112	95Cr18	9Cr18		—	—	—	—	—	—	55	255
115	13Cr13Mo	1Cr13Mo		490	690	20	60	78	192	—	200
116	32Cr13Mo	3Cr13Mo		—	—	—	—	—	—	50	207
117	102Cr17Mo	9Cr18Mo		—	—	—	—	—	—	55	269
118	90Cr18MoV	9Cr18MoV		—	—	—	—	—	—	55	269

① 表中仅适用于直径、边长、厚度或对边距离小于或等于75mm的钢棒。大于75mm的钢棒，可改锻成75mm的样坯检验或由供需双方协商，规定允许降低其力学性能的数值。

② 扁钢不适用，但需方要求时，由供需双方协商确定。

③ 采用750℃退火时，其硬度由供需双方协商。

④ 直径或对边距离小于等于16mm的圆钢、六角钢、八角钢和边长或厚度小于等于12mm的方钢、扁钢不做冲击试验。

⑤ 17Cr16Ni2钢的性能组别应在合同中注明，未注明时，由供方自行选择。

表 2-67

沉淀硬化型钢棒或试样的力学性能①

GB/T 20878 中序号	新牌号	旧牌号	热处理 类型	组别	规定非比例延伸强度 $R_{p0.2}$ N/mm²	抗拉强度 R_m N/mm²	断后伸长率 A %	断面收缩率 Z② %	硬度③ HBW	硬度③ HRC
					不小于					
136	05Cr15Ni5Cu4Nb		固溶处理	0	—	—	—	—	≤363	≤38
			沉淀硬化 480℃时效	1	1180	1310	10	35	≥375	≥40
			550℃时效	2	1000	1070	12	45	≥331	≥35
			580℃时效	3	865	1000	13	45	≥302	≥31
			620℃时效	4	725	930	16	50	≥277	≥28
137	05Cr17Ni4Cu4Nb	0Cr17Ni4Cu4Nb	固溶处理	0	—	—	—	—	≤363	≤38
			沉淀硬化 480℃时效	1	1180	1310	10	40	≥375	≥40
			550℃时效	2	1000	1070	12	45	≥331	≥35
			580℃时效	3	865	1000	13	45	≥302	≥31
			620℃时效	4	725	930	16	50	≥277	≥28
138	07Cr17Ni7Al	0Cr17Ni7Al	固溶处理	0	≤380	≤1030	20	—	≤229	—
			沉淀硬化 510℃时效	1	1030	1230	4	10	≥388	—
			565℃时效	2	960	1140	5	25	≥363	—
139	07Cr15Ni7Mo2Al	0Cr15Ni7Mo2Al	固溶处理	0	—	—	—	—	≤269	—
			沉淀硬化 510℃时效	1	1210	1320	6	20	≥388	—
			565℃时效	2	1100	1210	7	25	≥375	—

① 表中仅适用于直径、边长、厚度或对边距离小于或等于75mm的钢棒。大于75mm的钢棒，可改锻成75mm的样坯检验或供需双方协商，规定允许降低其力学性能的数值。

② 扁钢不适用，但需方要求时，由供需双方协商确定。

③ 供方可根据钢棒的尺寸或状态任选一种方法测定硬度。

常用不锈钢的特性和用途

表 2-68

GB/T 20878 中序号	新牌号	旧牌号	特 性 和 用 途
奥 氏 体 型			
1	12Cr17Mn6Ni5N	1Cr17Mn6Ni5N	节镍钢，性能与 12Cr17Ni7（1Cr17Ni7）相近，可代替 12Cr17Ni7（1Cr17Ni7）使用。在固态无磁，冷加工后具有轻微磁性。主要用于制造旅馆装备、厨房用具、水池、交通工具等
3	12Cr18Mn9Ni5N	1Cr18Mn8Ni5N	节镍钢，是 Cr-Mn-Ni-N 型最典型、发展比较完善的钢。在 800℃ 以下具有很好的抗氧化性，且保持较高的强度，可代替 12Cr18Ni9（1Cr18Ni9）使用。主要用于制作 800℃ 以下经受弱介质腐蚀和承受载荷的零件，如炊具、餐具等
9	12Cr17Ni7	1Cr17Ni7	亚稳定奥氏体不锈钢，是最易冷变形强化的钢。经冷加工有高的强度和硬度，并仍保留足够的塑韧性，在大气条件下具有较好的耐蚀性。主要用于以冷加工状态承受较高负荷，又希望减轻装备重量和不生锈的设备和部件，如铁道车辆、装饰板、传送带、紧固件等
13	12Cr18Ni9	1Cr18Ni9	历史最悠久的奥氏体不锈钢，在固溶态具有良好的塑性、韧性和冷加工性，在氧化性酸和大气、水、蒸汽等介质中耐蚀性也较好。经冷加工有较高的强度，但伸长率比 12Cr17Ni7（1Cr17Ni7）稍差。主要用于对耐蚀性和强度要求不高的结构件和焊接件，如建筑物外表面装饰材料；也可用于无磁部件和低温装置的部件。但在敏化态或焊后，具有晶间腐蚀倾向。不宜用作焊接结构材料
14	12Cr18Ni9Si3	1Cr18Ni9Si3	耐氧化性比 12Cr18Ni9 好，900 以下与 06Cr25Ni20 具有相同的耐氧化性和强度。用于汽车排气净化装置、工业炉等高温装置部件
15	Y12Cr18Ni9	Y1Cr18Ni9	12Cr18Ni9（1Cr18Ni9）改进切削性能钢。最适用于快速切削（如自动车床）制作辊、轴、螺栓、螺母等
16	Y12Cr18Ni9Se	Y1Cr18Ni9Se	除调整 12Cr18Ni9（1Cr18Ni9）钢的磷、硫含量外，还加入硒，提高 12Cr18Ni9（1Cr18Ni9）钢的切削性能。用于小切削量，也适用于热加工或冷顶锻，如螺丝、铆钉等
17	06Cr19Ni10	0Cr18Ni9	在 12Cr18Ni9（1Cr18Ni9）钢基础上发展演变的钢，性能类似于 12Cr18Ni9（1Cr18Ni9）钢，但耐蚀性优于 12Cr18Ni9（1Cr18Ni9）钢。可用作薄截面尺寸的焊接件，是应用量最大、使用范围最广的不锈钢。适用于制造深冲成型部件和输酸管道、容器、结构件等，也可以制造无磁、低温设备和部件

GB/T 20878中序号	新牌号	旧牌号	特 性 和 用 途
18	022Cr19Ni10	00Cr19Ni10	为解决因 $Cr_{23}C_6$ 析出致使 06Cr19Ni10（0Cr18Ni9）钢在一些条件下存在严重的晶间腐蚀倾向而发展的超低碳奥氏体不锈钢，其敏化态耐晶间腐蚀能力显著优于 06Cr19Ni10（0Cr18Ni9）钢。除强度稍低外，其他性能同 06Cr19Ni10（0Cr18Ni9）钢。主要用于需焊接且焊后又不能进行固溶处理的耐蚀设备和部件
19	07Cr19Ni10		具有耐晶间腐蚀性
20	05Cr19Ni10Si2N		添加 N，提高刚的强度和加工硬化倾向，塑性不降低。改善钢的耐点蚀、晶腐性，可承受更重的负荷，使钢的厚度减少。用于结构用强度部件
22	06Cr18Ni9Cu3	0Cr18Ni9Cu3	在 06Cr19Ni10（0Cr18Ni9）基础上为改进其冷成型性能而发展的不锈钢。铜的加入，使钢的冷作硬化倾向小，冷作硬化率降低，可以在较小的成形力下获得最大的冷变形。主要用于制作冷镦紧固件、深拉等冷成形的部件
23	06Cr19Ni10N	0Cr19Ni9N	在 06Cr19Ni10（0Cr18Ni9）钢基础上添加氮，不仅防止塑性降低，而且提高钢的强度和加工硬化倾向，改善钢的耐点蚀、晶腐性，使材料的厚度减少。用于有一定耐腐蚀性要求，并要求较高强度和减轻重量的设备或结构部件
24	06Cr19Ni9NbN	0Cr19Ni10NbN	在 06Cr19Ni10（0Cr18Ni9）钢基础上添加氮和铌，提高钢的耐点蚀和晶间腐蚀性能，具有与 06Cr19Ni10（0Cr18Ni9）钢相同的性能和用途
25	022Cr19Ni10N	00Cr18Ni10N	06Cr19Ni10N（0Cr18Ni9N）的超低碳钢，因 06Cr19Ni10N（0Cr18Ni9N）钢在450℃～900℃加热后耐晶间腐蚀性能明显下降，因此对于焊接设备构件，推荐用 022Cr19Ni10N（00Cr18Ni10N）钢
26	10Cr18Ni12	1Cr18Ni12	在 12Cr18Ni9（1Cr18Ni9）钢基础上，通过提高钢中镍含量而发展起来的不锈钢。加工硬化性能比钢低。适用于旋压加工、特殊拉拨，如作冷镦钢用等
32	06Cr23Ni13	0Cr23Ni13	高铬镍奥氏体不锈钢，耐腐蚀性比 06Cr19Ni10（0Cr18Ni9）钢好，但实际上多作为耐热钢使用
35	06Cr25Ni20	0Cr25Ni20	高铬镍奥氏体不锈钢，在氧化性介质中具有良好的耐蚀性，同时具有良好的高温力学性能，抗氧化性比 06Cr23Ni13（0Cr23Ni13）钢好，耐点蚀和耐应力腐蚀能力优于18-8型不锈钢，既可用于耐蚀部件又可作为耐热钢使用

GB/T 20878 中序号	新牌号	旧牌号	特　性　和　用　途
36	022Cr25Ni22Mo2N		钢中加 N 提高钢的耐孔蚀性，且使钢具有更高的强度和稳定的奥氏体组织。适用于尿素生产中汽提塔的结构材料，性能远优于 022Cr17Ni12Mo2
38	06Cr17Ni12Mo2	0Cr17Ni12Mo2	在 10Cr18Ni12（1Cr18Ni12）钢基础上加入钼，使钢具有良好的耐还原性介质和耐点蚀能力。在海水和其他各种介质中，耐腐蚀性优于 06Cr19Ni10（0Cr18Ni9）钢。主要用于耐点蚀材料
39	022Cr17Ni12Mo2	00Cr17Ni14Mo2	06Cr17Ni12Mo2（0Cr17Ni12Mo2）的超低碳钢，具有良好的耐敏化态晶间腐蚀性能。适用于制造厚截面尺寸的焊接部件和设备，如石油化工、化肥、造纸、印染及原子能工业用设备的耐蚀材料
41	06Cr17Ni12Mo2Ti	0Cr18Ni12Mo3Ti	为解决 06Cr17Ni12Mo2（0Cr17Ni12Mo2）钢的晶间腐蚀而发展起来的钢种，有良好的耐晶间腐蚀性，其他性能与 06Cr17Ni12Mo2（0Cr17Ni12Mo2）钢相近。适合制造焊接部件
42	06Cr17Ni12Mo2Nb		比 06Cr17Ni12Mo2N 具有更好的耐晶间腐蚀性
43	06Cr17Ni12Mo2N	0Cr17Ni12Mo2N	在 06Cr17Ni12Mo2（0Cr17Ni12Mo2）中加入氮，提高强度，同时又不降低塑性，使材料的使用厚度减薄。用于耐蚀性好的高强度部件
44	022Cr17Ni12Mo2N	00Cr17Ni13Mo2N	在 022Cr17Ni12Mo2（00Cr17Ni14Mo2）钢中加入氮，具有与 022Cr17Ni12Mo2（00Cr17Ni14Mo2）的同样特性，用途于 022Cr17Ni12Mo2（00Cr17Ni14Mo2）相同，但耐晶间腐蚀性能更好。主要用于化肥、造纸、制药、高压设备等领域
45	06Cr18Ni12Mo2Cu2	0Cr18Ni12Mo2Cu2	在 06Cr17Ni12Mo2（0Cr17Ni12Mo2）钢基础上加入约 2%Cu，其耐腐蚀性、耐点蚀性好。主要用于制作耐硫酸材料，也可用作焊接结构件和管道、容器等
46	022Cr18Ni14Mo2Cu2	00Cr18Ni14Mo2Cu2	06Cr18Ni12Mo2Cu2（0Cr18Ni12Mo2Cu2）的超低碳钢。比 06Cr18Ni12Mo2Cu2（0Cr18Ni12Mo2Cu2）钢的耐晶间腐蚀性能好。用途同 06Cr18Ni12Mo2Cu2（0Cr18Ni12Mo2Cu2）钢
48	015Cr21Ni26Mo5Cu2		高 Mo 不锈钢，全面耐硫酸、磷酸、醋酸等腐蚀，又可解决氯化物孔蚀、缝隙腐蚀和应力腐蚀问题。主要用于石化、化工、化肥、海洋开发等的塔、槽、管、换热气等
49	06Cr19Ni13Mo3	0Cr19Ni13Mo3	耐点蚀和抗蠕变能力优于 06Cr17Ni12Mo2（0Cr17Ni12Mo2）。用于制作造纸、印染设备、石油化工及耐有机酸腐蚀的装备等

GB/T 20878 中序号	新牌号	旧牌号	特 性 和 用 途
50	022Cr19Ni13Mo3	00Cr19Ni13Mo3	06Cr19Ni13Mo3（0Cr19Ni13Mo3）的超低碳钢。比 06Cr19Ni13Mo3（0Cr19Ni13Mo3）钢耐晶间腐蚀性能好。在焊接整体件时抑制析出碳。用途与 06Cr19Ni13Mo3（0Cr19Ni13Mo3）钢相同
52	03Cr18Ni16Mo5	0Cr18Ni16Mo5	耐点蚀性能优于 022Cr17Ni12Mo2（00Cr17Ni14Mo2）和 06Cr17Ni12Mo2Ti（0Cr18Ni12Mo3Ti）的一种高钼不锈钢，在硫酸、甲酸、醋酸等介质中的耐蚀性要比一般含 2%～4%Mo 的常用 Cr-Ni 钢更好。主要用于处理含氯离子溶液的热交换器、醋酸设备、磷酸设备、漂白装置等，以及 022Cr17Ni12Mo2（00Cr17Ni14Mo2）和 06Cr17Ni12Mo2Ti（0Cr18Ni12Mo3Ti）不适用环境中使用
53	022Cr19Ni16Mo5N		高 Mo 不锈钢，钢中含 0.10%～0.20%，使其耐孔蚀性能进一步提高，此钢种在硫酸、甲酸、醋酸等介质中的耐腐蚀性要比一般含 2%～4%Mo 的常用 Cr-Ni 钢更好
55	06Cr18Ni11Ti	0Cr18Ni10Ti	钛稳定化的奥氏体不锈钢，添加钛提高耐晶间腐蚀性能，并具有良好的高温力学性能。可用超低碳奥氏体不锈钢代替。除专用（高温或抗氯腐蚀）外，一般不推荐使用
62	06Cr18Ni11Nb	0Cr18Ni11Nb	铌稳定化的奥氏体不锈钢，添加铌提高耐晶间腐蚀性能，在酸、碱、盐等腐蚀介质中的耐腐蚀性同 06Cr18Ni11Ti（0Cr18Ni10Ti），焊接性能良好，既可作为耐蚀材料又可作为耐热钢使用。主要用于火电厂、石油化工等领域，如制作容器、管道、热交换器、轴类零件等，也可作为焊接材料使用
64	06Cr18Ni13Si4	0Cr18Ni13Si4	在 06Cr19Ni10（0Cr18Ni9）中增加镍，添加硅，提高耐应力腐蚀断裂性能。用于含氯离子环境，如汽车排气净化装置等
奥氏体——铁素体型			
67	14Cr18Ni11Si4AlTi	1Cr18Ni11Si4AlTi	含硅使钢的强度和耐浓硝酸腐蚀性能提高，可用于制作抗高温、耐浓硝酸介质的零件和设备，如排酸阀门等
68	022Cr19Ni5Mo3Si2N	00Cr18Ni5Mo3Si2	在瑞典 3RE60 钢基础上，加入 0.05%N～0.10%N 形成的一种耐氯化物应力腐蚀的专用不锈钢。耐点蚀性能与 022Cr17Ni12Mo2（00Cr17Ni14Mo2）相当。适用于含氯离子的环境，用于炼油、化肥、造纸、石油、化工等工业制造热交换器、冷凝器等，也可代替 022Cr19Ni10（00Cr19Ni10）和 022Cr17Ni12Mo2（00Cr17Ni14Mo2）钢在易发生应力腐蚀破坏的环境下使用

续表

GB/T 20878 中序号	新牌号	旧牌号	特性和用途
69	12Cr21Ni5Ti	1Cr21Ni5Ti	用于化学工业、食品工业耐酸腐蚀的容器及设备
70	022Cr22Ni5Mo3N		在瑞典 SAF2205 钢基础上研制的,是目前世界上双相不锈钢中应用最普遍的钢。对含硫化氢、二氧化氮、氯化物的环境具有阻抗性,可进行冷、热加工,成型、焊接性好。适用于作结构材料,用来代替 022Cr19Ni10(00Cr19Ni10)和 022Cr17Ni12Mo2(00Cr17Ni14Mo2)奥氏体不锈钢使用。用于制作油井管、化工储罐、热交换器、冷凝器等易产生点蚀和应力腐蚀的受压设备
71	022Cr23Ni5Mo3N		从 022Cr22Ni5Mo3N 基础上派生出来的,具有更窄的区间。特性和用途同 022Cr22Ni5Mo3N
72	022Cr23Ni4MoCuN		具有双相组织,优异的耐应力腐蚀断裂和其他形式耐蚀的性能以及良好的焊接性。储罐和容器用材
73	022Cr25Ni6Mo2N		在 0Cr26Ni5Mo2 基础上调高钼含量、调低碳含量,添加氮,具有高强度、耐氯化物应力腐蚀、可焊接等特点,是耐点蚀最好的钢。代替 0Cr26Ni5Mo2 钢使用。主要用于化工、化肥、石油化工等工业领域,主要制作热交换器、蒸发器等
74	022Cr25Ni7Mo4WCuN		在 022Cr25Ni7Mo3N 钢中加入 W、Cu 提高 Cr25 型双向钢的性能。特别是耐氯化物点蚀和缝隙腐蚀性能更佳。主要用于以水(含海水、卤水)为介质的热交换设备
75	03Cr25Ni6Mo3Cu2N		在英国 Ferraliumalloy255 合金基础上研制的,具有良好的力学性能和耐局部腐蚀性能,尤其是耐磨损性能优于一般的奥氏体不锈钢,是海水环境中的理想材料。适合作舰船用螺旋推进器、轴、潜艇密封件等,也适用于在化工、石油化工、天然气、纸浆、造纸等领域应用
76	022Cr25Ni7Mo4N		是双向不锈钢中耐局部腐蚀最好的钢,特别是耐点蚀最好,并具有高强度、耐氯化物应力腐蚀、可焊接的特点。非常适用于化工、石油、石化和动力工业中以河水、地下水和海水等为冷却介质的换热设备
铁素体型			
78	06Cr13Al	0Cr13Al	低铬纯铁素体不锈钢,非淬硬性钢。具有相当于低铬钢的不锈性和抗氧化性,塑性、韧性和冷成型性优于铬含量更高的其他铁素体不锈钢,主要用于 12Cr13(1C13)或 10Cr17(1Cr17)由于空气可淬硬而不适用的地方,如石油精制装置、压力容器衬里、蒸汽透平叶片和复合钢板等
80	022Cr11Ti		超低碳钢,焊接性能好,用于汽车排气处理装置
81	022Cr11NbTi		在钢中加入 Nb+Ti 细化晶粒,提高铁素题钢的耐晶间腐蚀性,性能比 022Cr11Ti 更好,用于汽车排气处理装置

GB/T 20878 中序号	新牌号	旧牌号	特　性　和　用　途
82	022Cr12Ni		用于压力容器装置
83	022Cr12	00Cr12	比 022Cr13（0Cr13）碳含量低，焊接部位弯曲性能、加工性能、耐高温氧化性能好。作汽车排气处理装置、锅炉燃烧室、喷嘴等
84	10Cr15	1Cr15	为 10Cr17 改善焊接性的钢种
85	10Cr17	1Cr17	具有耐蚀性、力学性能和导热率高的特点，在大气、水蒸气等介质中具有不锈性，但当介质中含有较高氯离子时，不锈性则不足。主要用于生产硝酸、硝铵的化工设备，如吸收塔、热交换器、贮罐等，薄板主要用于建筑装饰、日用办公设备、厨房器具、汽车装饰、气体燃烧器等。由于它的脆性转变温度在室温以上，且对缺口敏感，不适用制作室温以下的承受载荷的设备和部件，且通常使用的钢材其截面尺寸一般不允许超过 4mm
86	Y10Cr17	Y1Cr17	10Cr17（1Cr17）改进的切削钢，主要用于大切削量自动车床机加零件，如螺栓、螺母等
87	022Cr18Ti	00Cr17	降低 10Cr17Mo 中的 C 和 N，单独或复合加入 Ti、Nb 或 Zr，使加工性和焊接性改善，用于建筑内外装饰、车辆部件、厨房用具、餐具
88	10Cr17Mo	1Cr17Mo	在 10Cr17（1Cr17）钢中加入钼，提高钢的耐点蚀、耐缝隙腐蚀性及强度等，比 10Cr17（1Cr17）钢抗盐溶液性强。主要用作汽车轮毂、紧固件以及汽车外装饰材料使用
	019Cr21CuTi		抗腐蚀性、成型性、焊接性与 06Cr19Ni10 相当。适用于建筑内外装饰材料、电梯、家电、车辆部件、不锈钢制品、集装箱内板、太阳能热水器等领域
90	019Cr18MoTi		在钢中加入 Mo，提高钢的耐点蚀、耐缝隙腐蚀性及强度等
91	022Cr18NbTi		在牌号 10Cr17 中加入 Ti 或 Nb，降低碳含量，改善加工性、焊接性能。用于温水槽、热水供应器、卫生器具、家庭耐用机器、自行车轮缘
92	019Cr19Mo2NbTi	00Cr18Mo2	含 Mo 比 022Cr18MoTi 多，耐腐蚀性提高，耐应力腐蚀破裂性好，用于贮水槽、热交换器、食品机器、染色机械等
94	008Cr27Mo	00Cr27Mo	高纯铁素体不锈钢发展最早的钢，性能类似于 008Cr30Mo2（00Cr30Mo2）。适用于既要求耐腐蚀又要求软磁性的用途

GB/T 20878 中序号	新牌号	旧牌号	特　性　和　用　途
95	008Cr30Mo2	00Cr30Mo2	高纯铁素体不锈钢。脆性转变温度低，耐卤离子应力破坏性好，耐蚀性与纯镍相当，并具有良好的韧性，加工成型性和可焊接性。主要用于化学加工工业（醋酸、乳酸等有机酸、苛性钠浓缩工程）成套设备、食品工业、石油精炼工业、电力工业、水处理和污染控制等用热交换器、压力容器、罐和其他设备等
		马 氏 体 型	
96	12Cr12	1Cr12	作为汽轮机叶片及高应力部件之良好的不耐热锈钢
97	06Cr13	0Cr13	作较高韧性及受冲击负荷的零件，如汽轮机叶片、结构架、衬里、螺栓、螺帽等
98	12Cr13	1Cr13	半马氏体型不锈钢，经淬火回火处理后具有较高的强度、韧性，良好的耐蚀性和机加工性能。主要用于韧性要求较高且具有不锈性的受冲击载荷的部件，如刃具、叶片、紧固件、水压机阀、热裂解抗硫腐蚀设备等，也可制作在常温条件下耐弱腐蚀介质的设备和部件
99	04Cr13Ni5Mo		适用于厚截面尺寸的要求焊接性能良好的使用条件，如大型的水电站转轮和转轮下环等
100	Y12Cr13	Y1Cr13	不锈钢中切削性能最好的钢，自动车床用
101	20Cr13	2Cr13	马氏体型不锈钢，其主要性能类似于12Cr13（1Cr13）。由于碳含量较高，其强度、硬度高于12Cr13（1Cr13），而韧性和耐蚀性略低。主要用于制造承受高应力负荷的零件，如汽轮机叶片、热油泵、轴和轴套、叶轮、水压机阀片等，也可用于造纸工业和医疗器械以及日用消费领域的刀具、餐具等
102	30Cr13	3Cr13	马氏体型不锈钢，较12Cr13（1Cr13）和20Cr13（2Cr13）钢具有更高的强度、硬度和更好的淬透性，在室温的稀硝酸和弱的有机酸中具有一定的耐蚀性，但不及12Cr13（1Cr13）和20Cr13（2Cr13）钢。主要用于高强度部件，以及在承受高应力载荷并在一定腐蚀介质条件下的磨损件，如300℃以下工作的刀具、弹簧、400℃以下工作的轴、螺栓、阀门、轴承等
103	Y30Cr13	Y3Cr13	改善30Cr13（3Cr13）切削性能的钢。用途与30Cr13（3Cr13）相似，需要更好的切削性能
104	40Cr13	4Cr13	特性与用途类似于30Cr13（3Cr13）钢，其强度、硬度高于30Cr13（3Cr13）钢，而韧性和耐蚀性略低。主要用于制造外科医疗用具、轴承、阀门、弹簧等，40Cr13（4Cr13）钢可焊性差，通常不制造焊接部件

GB/T 20878 中序号	新牌号	旧牌号	特 性 和 用 途
106	14Cr17Ni2	1Cr17Ni2	热处理后具有较高的力学性能，耐蚀性优于12Cr13（1Cr13）和10Cr17（1Cr17）。一般用于既要求高力学性能的可淬硬性，又要求耐硝酸、有机酸腐蚀的轴类、活塞杆、泵、阀等零部件以及弹簧和紧固件
107	17Cr16Ni2		加工性能比14Cr17Ni2（1Cr17Ni2）明显改善，适用于制作要求较高强度、韧性和良好的耐蚀性的零部件及在潮湿介质中工作的承力件
108	68Cr17	7Cr17	高铬马氏体型不锈钢，比20Cr13（2Cr13）有较高的淬火硬度，在淬火回火状态下，具有高强度和硬度，并兼有不锈、耐蚀性能。一般用于制造要求具有不锈性或耐稀氧化性酸、有机酸和盐类腐蚀的刀具、量具、轴类、杆件、阀门、钩件等耐腐蚀的部件
109	85Cr17	8Cr17	可淬硬性不锈钢。性能与用途类似于68Cr17（7Cr17），但硬化状态下，比68Cr17（7Cr17）硬，而比108Cr17（11Cr17）韧性高。如刃具、阀座等
110	108Cr17	11Cr17	在可淬硬性不锈钢中硬度最高。性能与用途类似于68Cr17（7Cr17），主要用于制作喷嘴、轴承等
111	Y108Cr17	Y11Cr17	108Cr17（11Cr17）改进的切削性钢种，自动车床用
112	95Cr18	9Cr18	高碳马氏体不锈钢。较Cr17型马氏体型不锈钢耐蚀性有所改善，其他性能与Cr17型马氏体型不锈钢相似。主要用于制造耐蚀、高强度、耐磨损部件，如轴、泵、阀件、杆类、弹簧、紧固件等。由于钢中极易形成不均匀的碳化物而影响钢的质量和性能，需在生产时予以注意
115	13Cr13Mo	1Cr13Mo	比12Cr13（1Cr13）钢耐蚀性高的高强度钢。用于制作汽轮机叶片、高温部件等
116	32Cr13Mo	3Cr13Mo	在30Cr13（3Cr13）钢基础上加入钼，改善了钢的强度和硬度，并增强了二次硬化效应，且耐蚀性优于30Cr13（3Cr13）钢，主要用途同30Cr13（3Cr13）钢
117	102Cr17Mo	9Cr18Mo	性能与用途类似于95Cr18（9Cr18）钢。由于钢中加入了钼和钒，热强性和抗回火能力均优于95Cr18（9Cr18）钢。主要用来制造承受摩擦并在腐蚀介质中工作的零件，如量具、刃具等
118	90Cr18MoV	9Cr18MoV	
沉淀硬化型			
136	05Cr15Ni5Cu4Nb		在05Cr17Ni4Cu4Nb（0Cr17Ni4Cu4Nb）钢基础上发展的马氏体沉淀硬化不锈钢，除高强度外，还具有高的横向韧性和良好的可锻性，耐蚀性与05Cr17Ni4Cu4Nb（0Cr17Ni4Cu4Nb）钢相当。主要应用于具有高强度、良好韧性，又要求有优良耐蚀性的服役环境，如高强度锻件、高压系统阀门部件、飞机部件等

GB/T 20878中序号	新牌号	旧牌号	特性和用途
137	05Cr17Ni4Cu4Nb	0Cr17Ni4Cu4Nb	添加铜和铌的马氏体沉淀硬化不锈钢，强度可通过改变热处理工艺予以调整，耐蚀性优于 Cr13 型及 95Cr18（9Cr18）和 14Cr17Ni2（1Cr17Ni2）钢，抗腐蚀疲劳及抗水滴冲蚀能力优于 12%Cr 马氏体型不锈钢，焊接工艺简便，易于加工制造，但较难进行深度冷成型。主要用于既要求具有不锈性又要求耐弱酸、碱、盐腐蚀的高强度部件，如汽轮机末级动叶片以及在腐蚀环境下工作温度低于 300℃ 的结构件
138	07Cr17Ni7Al	0Cr17Ni7Al	添加铝的半奥氏体沉淀硬化不锈钢，成分接近 18—8 型奥氏体不锈钢，具有良好的冶金和制造加工工艺性能。可用于 350℃ 以下长期工作的结构件、容器、管道、弹簧、垫圈、计器部件。该钢热处理工艺复杂，在全世界范围内有被马氏体时效钢取代的趋势，但目前仍具有广泛的应用领域
139	07Cr15Ni7Mo2Al	0Cr15Ni7Mo2Al	以 2%钼取代 07Cr17Ni7Al（0Cr17Ni7Al）钢中 2%铬的半奥氏体沉淀硬化不锈钢，使之耐还原性介质腐蚀能力有所改善，综合性能优于 07Cr17Ni7Al（0Cr17Ni7Al）。用于宇航、石油化工和能源等领域有一定耐腐蚀要求的高强度容器、零件及结构件

9. 耐热钢棒（GB/T 1221—2007）

耐热钢棒适用于尺寸（直径、边长、厚度或对边距离）不大于 250mm 的热轧和锻制钢棒或尺寸不大于 120mm 的冷加工钢棒。经供需双方协商，也可供应尺寸大于 250mm 的热轧、锻制钢棒和尺寸大于 120mm 的冷加工钢棒。

按使用加工方法分为压力加工钢 UP（热压力加工 UHP、热顶锻用钢 UHF 及冷拔坯料 UCD）及切削加工用钢 UC；钢棒按组织特征分为奥氏体型、铁素体型、马氏体型和沉淀硬化型等四种类型。

耐热钢棒可以热处理或非热处理状态交货，交货状态在合同中注明，未注明者按非热处理交货。

切削加工用奥氏体型钢棒应进行固溶处理或退火处理，经供需双方协商，也可不进行处理。热压力加工用钢棒不进行固溶处理或退火处理。

铁素体型钢棒应进行退火处理，经供需双方协商，也可不进行处理。

马氏体型钢棒应进行退火处理。

沉淀硬化型钢棒应根据钢的组织选择固溶处理或退火处理，退火制度由供需双方协商确定，无协议时，退火温度一般为 650℃～680℃。经供需双方协商，沉淀硬化型钢棒（除 05Cr17Ni4Cu4Nb 外）可不进行处理。

经冷拉、磨光、切削或由这些方法组合制成的冷加工钢棒，根据需方要求可经热处理、酸洗后交货。

耐热钢棒牌号与化学成分见表 2-69～表 2-72，耐热钢棒的力学性能见表 2-73～表 2-76，常用耐热钢棒的特性和用途见表 2-77。

表 2-69

奥氏体型耐热钢的牌号与化学成分

GB/T 20878 序号	新牌号	旧牌号	化学成分(质量分数)/%										
			C	Si	Mn	P	S	Ni	Cr	Mo	Cu	N	其他元素
6	53Cr21Mn9Ni4N	5Cr21Mn9Ni4N	0.48~0.58	0.36	8.00~10.00	0.040	0.030	3.25~4.50	20.00~22.00	—	—	0.35~0.50	—
7	26Cr18Mn12Si2N	3Cr18Mn12Si2N	0.22~0.30	1.40~2.20	10.50~12.50	0.050	0.030	—	17.00~19.00	—	—	0.22~0.33	—
8	22Cr20Mn10Ni2Si2N	2Cr20Mn9Ni2Si2N	0.17~0.26	1.80~2.70	8.50~11.00	0.050	0.030	2.00~3.00	18.00~21.00	—	—	0.20~0.30	—
17	06Cr19Ni10	0Cr18Ni9	0.08	1.00	2.00	0.045	0.030	8.00~11.00	18.00~20.00	—	—	—	—
30	22Cr21Ni12N	2Cr21Ni12N	0.15~0.28	0.75~1.25	1.00~1.60	0.040	0.030	10.50~12.50	20.00~22.00	—	—	0.15~0.30	—
31	16Cr23Ni13	2Cr23Ni13	0.20	1.00	2.00	0.040	0.030	12.00~15.00	22.00~24.00	—	—	—	—
32	06Cr23Ni13	0Cr23Ni13	0.08	1.00	2.00	0.045	0.030	12.00~15.00	22.00~24.00	—	—	—	—
34	20Cr25Ni20	2Cr25Ni20	0.25	1.50	2.00	0.040	0.030	19.00~22.00	24.00~26.00	—	—	—	—
36	06Cr25Ni20	0Cr25Ni20	0.08	1.50	2.00	0.040	0.030	19.00~22.00	24.00~26.00	—	—	—	—
38	06Cr17Ni12Mo2	0Cr17Ni12Mo2	0.08	1.00	2.00	0.045	0.30	10.00~14.00	16.00~18.00	2.00~3.00	—	—	—

续表

GB/T 20878 序号	新牌号	旧牌号	化学成分(质量分数)/%										
			C	Si	Mn	P	S	Ni	Cr	Mo	Cu	N	其他元素
49	06Cr19Ni13Mo3	0Cr19Ni13Mo3	0.08	1.00	2.00	0.045	0.030	11.00~15.00	18.00~20.00	3.00~4.00	—	—	—
55	06Cr18Ni11Ti	0Cr18Ni10Ti	0.08	1.00	2.00	0.045	0.030	9.00~12.00	17.00~19.00	—	—	—	Ti5C~0.70
57	45Cr14Ni14W2Mo	4Cr14Ni14W2Mo	0.40~0.50	0.80	0.70	0.040	0.030	13.00~15.00	13.00~15.00	0.25~0.40	—	—	W2.00~2.75
60	12Cr16Ni35	1Cr16Ni35	0.15	1.50	2.00	0.040	0.030	33.00~37.00	14.00~17.00	—	—	—	—
62	06Cr18Ni11Nb	0Cr18Ni11Nb	0.08	1.00	2.00	0.045	0.030	9.00~12.00	17.00~19.00	—	—	—	Nb10C~1.10
64	06Cr18Ni13Si4①	0Cr18Ni13Si4①	0.08	3.00~5.00	2.00	0.045	0.030	11.50~15.00	15.00~20.00	—	—	—	—
65	16Cr20Ni14Si2	1Cr20Ni14Si2	0.20	1.60~2.50	1.50	0.040	0.030	12.00~15.00	19.00~22.00	—	—	—	—
66	16Cr25Ni20Si2	1Cr25Ni20Si2	0.20	1.50~2.50	1.50	0.040	0.030	18.00~21.00	24.00~27.00	—	—	—	—

注:1. 表中所列成分除标明范围或最小值外,其余均为最大值。

2. 本标准牌号与国外标准牌号对照参见 GB/T 20878。

① 必要时,可添加上表以外的合金元素。

铁素体型耐热钢的牌号与化学成分　　表 2-70

GB/T 20878 序号	新牌号	旧牌号	化学成分（质量分数）/%										
			C	Si	Mn	P	S	Ni	Cr	Mo	Cu	N	其他元素
78	06Cr13Al	0Cr13Al	0.08	1.00	1.00	0.040	0.030	—	11.50~14.50	—	—	—	Al 0.10~0.30
83	022Cr12	00Cr12	0.030	1.00	1.00	0.040	0.030	—	11.00~13.50	—	—	—	—
85	10Cr17	1Cr17	0.12	1.00	1.00	0.040	0.030	—	16.00~18.00	—	—	—	—
93	16Cr25N	2Cr25N	0.20	1.00	1.50	0.040	0.030	—	23.00~27.00	—	(0.30)	0.25	—

注：1. 表中所列成分除注明范围或最小值外，其余均为最大值。括号内值为可加入或允许含有的最大值。

2. 本标准牌号与国外标准牌号对照参见 GB/T 20878。

马氏体型耐热钢的牌号与化学成分　　表 2-71

GB/T 20878 序号	新牌号	旧牌号	化学成分（质量分数）/%										
			C	Si	Mn	P	S	Ni	Cr	Mo	Cu	N	其他元素
98	12Cr13①	1Cr13①	0.08~0.15	1.00	1.00	0.040	0.030	(0.60)	11.50~13.50	—	—	—	—
101	20Cr13	2Cr13	0.15~0.25	1.00	1.00	0.040	0.030	(0.60)	12.00~14.00	—	—	—	—
106	14Cr17Ni2	1Cr17Ni2	0.11~0.17	0.80	0.80	0.040	0.030	1.50~2.50	16.00~18.00	—	—	—	—
107	17Cr16Ni2		0.12~0.28	1.00	1.50	0.040	0.030	1.50~2.50	15.00~17.00	—	—	—	—

续表

GB/T 20878 序号	新牌号	旧牌号	化学成分（质量分数）/%										
			C	Si	Mn	P	S	Ni	Cr	Mo	Cu	N	其他元素
113	12Cr5Mo	1Cr5Mo	0.18	0.50	0.60	0.040	0.030	0.60	15.00~16.00	0.40~0.60	—	—	—
114	12Cr12Mo	1Cr12Mo	0.10~0.15	0.50	0.30~0.50	0.030	0.030	0.30~0.60	11.50~13.00	0.30~0.60	0.30	—	—
115	13Cr13Mo	1Cr13Mo	0.08~0.18	0.50	1.00	0.040	0.030	(0.60)	11.50~14.00	0.30~0.60	—	—	—
119	14Cr11MoV	1Cr11MoV	0.11~0.18	0.50	0.60	0.035	0.030	0.60	10.00~11.50	0.50~0.70	—	—	V 0.25~0.40
122	18Cr12MoVNbN	2Cr12MoVNbN	0.15~0.20	0.50	0.50~1.00	0.035	0.030	(0.60)	10.00~13.00	0.80~0.90	—	0.05~0.10	V0.10~0.40 Nb0.20~0.60
123	15Cr12WMoV	1Cr12WMoV	0.12~0.18	0.50	0.50~0.90	0.035	0.030	0.40~0.80	11.00~13.00	0.50~0.70	—	—	W 0.70~1.10 V 0.15~0.30
124	22Cr12NiWMoV	2Cr12NiMoWV	0.20~0.25	0.50	0.50~1.00	0.040	0.030	0.50~1.00	11.00~13.00	0.75~1.25	—	—	W0.75~1.25 V0.20~0.40
125	13Cr11Ni2W2MoV	1Cr11Ni2W2MoV	0.10~0.16	0.60	0.60	0.035	0.030	1.40~1.80	10.50~12.00	0.35~0.50	—	—	W1.50~2.00 V0.18~0.30
128	18Cr11NiMoNbVN①	(2Cr11NiMoNbVN)①	0.15~0.20	0.50	0.50~0.80	0.030	0.025	0.30~0.60	10.00~12.00	0.60~0.90	—	0.04~0.09	V 0.20~0.30 Al0.30 Nb 0.20~0.60
130	42Cr9Si2	4Cr9Si2	0.35~0.50	2.00~3.00	0.70	0.035	0.030	0.60	8.00~10.00	—	—	—	—

续表

GB/T 20878 序号	新牌号	旧牌号	化学成分(质量分数)/%										
			C	Si	Mn	P	S	Ni	Cr	Mo	Cu	N	其他元素
131	45Cr9Si3	—	0.40~0.50	3.00~3.50	0.60	0.030	0.030	0.60	7.50~9.50	—	—	—	—
132	40Cr10Si2Mo	4Cr10Si2Mo	0.35~0.45	1.50~2.60	0.70	0.035	0.030	0.60	9.00~10.50	0.70~0.90	—	—	—
133	80Cr20Si2Ni	8Cr20Si2Ni	0.70~0.85	1.75~2.25	0.20~0.60	0.030	0.030	1.15~1.65	19.00~20.50	—	—	—	—

注：1. 表中所列成分除标明范围或最小值外，其余均为最大值。括号内值为可加入或允许含有的最大值。

2. 本标准牌号与国外标准牌号对照参照见 GB/T 20878。

① 相对于 GB/T 20878 调整成分牌号。

表 2-72

沉淀硬化型耐热钢的牌号与化学成分

GB/T 20878 序号	新牌号	旧牌号	化学成分(质量分数)/%										
			C	Si	Mn	P	S	Ni	Cr	Mo	Cu	N	其他元素
137	05Cr17Ni4Cu4Nb	0Cr17Ni4Cu4Nb	0.07	1.00	1.00	0.040	0.030	3.00~5.00	15.00~17.50	—	3.00~5.00	—	Nb 0.15~0.45
138	07Cr17Ni7Al	0Cr17Ni7Al	0.09	1.00	1.00	0.040	0.030	6.50~7.75	16.00~18.00	—	—	—	Al 0.75~1.50
143	06Cr15Ni25Ti2Mo-AlVB	0Cr15Ni25Ti2Mo-AlVB	0.08	1.00	2.00	0.040	0.030	24.00~27.00	13.50~16.00	1.00~1.50	—	—	Al0.35 Ti 1.90~2.35 B 0.001~0.010 V 0.10~0.50

注：1. 表中所列成分除标明范围或最小值外，其余均为最大值。

2. 本标准牌号与国外标准牌号对照参照见 GB/T 20878。

表 2-73

经热处理的奥氏体型钢棒的力学性能①

GB/T 20878 中序号	新牌号	旧牌号	热处理状态	规定非比例延伸强度 $R_{p0.2}$②/(N/mm²) 不小于	抗拉强度 R_m /N/mm² 不小于	断后伸长率 A /% 不小于	断面收缩率 Z③ /% 不小于	布氏硬度 HBW② 不大于
6	53Cr21Mn9Ni4N	5Cr21Mn9Ni4N	固溶+时效	560	885	8	—	≥302
7	26Cr18Mn12Si2N	3Cr18Mn12Si2N	固溶处理	390	685	35	45	248
8	22Cr20Mn10Ni2Si2N	2Cr20Mn9Ni2Si2N	固溶处理	390	635	35	45	248
17	06Cr19Ni10	0Cr18Ni9		205	520	40	60	187
30	22Cr21Ni12N	2Cr21Ni12N	固溶+时效	430	820	26	20	269
31	16Cr23Ni13	2Cr23Ni13		205	560	45	50	201
32	06Cr23Ni13	0Cr23Ni13		205	520	40	60	187
34	20Cr25Ni20	2Cr25Ni20		205	590	40	50	201
35	06Cr25Ni20	0Cr25Ni20	固溶处理	205	520	40	50	187
38	06Cr17Ni12Mo2	0Cr17Ni12Mo2		205	520	40	60	187
49	06Cr19Ni13Mo3	0Cr19Ni13Mo3		205	520	40	60	187
55	06Cr18Ni11Ti	0Cr18Ni10Ti		205	520	40	50	187
57	45Cr14Ni14W2Mo	4Cr14Ni14W2Mo	退火	315	705	20	35	248
60	12Cr16Ni35	1Cr16Ni35		205	560	40	50	201
62	06Cr18Ni11Nb	0Cr18Ni11Nb		205	520	40	50	187
64	06Cr18Ni13Si4	0Cr18Ni13Si4	固溶处理	205	520	40	60	207
65	16Cr20Ni14Si2	1Cr20Ni14Si2		295	590	35	50	187
66	16Cr25Ni20Si2	1Cr25Ni20Si2		295	590	35	50	187

① 53Cr21Mn9Ni4N 和 22Cr21Ni12N 仅适用于直径、边长及对边距离或厚度小于或等于 25mm 的钢棒，大于 25mm 的钢棒，可改锻成 25mm 的样坯检验或由供需双方协商确定。其余牌号仅适用于直径、边长及对边距离或厚度小于或等于 180mm，大于 180mm 的钢棒，可改锻成 180mm 的样坯检验或由供需双方协商确定。允许降低其力学性能数值。

② 规定非比例延伸强度和硬度，仅当需方要求时（合同中注明）才进行测定。

③ 扁钢不适用，但需方要求时，可由供需双方协商确定。

表2-74

经退火的铁素体型钢棒或试样的力学性能①

GB/T 20878 中序号	新　牌　号	旧　牌　号	热处理状态	规定非比例延伸强度 $R_{p0.2}$②/(N/mm²)	抗拉强度 R_m N/mm²	断后伸长率 A %	断面收缩率 Z③/%	布氏硬度 HBW②
					不小于			不大于
78	06Cr13Al	0Cr13Al	退火	178	410	20	60	183
83	022Cr12	00Cr12		195	360	22	60	183
85	10Cr17	1Cr17		205	450	22	50	183
93	16Cr25N	2Cr25N		275	510	20	40	201

① 表中仅适用于直径、边长及对边距离或厚度小于或等于75mm的钢棒。大于75mm的钢棒，可改锻成75mm的样坯检验或由供需双方协商，确定允许降低其力学性能的数值。

② 规定非比例延伸强度和硬度，仅当需方要求时（合同中注明）才进行测定。

③ 扁钢不适用，但需方要求时，由供需双方协商确定。

表2-75

经淬火回火的马氏体型钢棒或试样的力学性能①

GB/T 20878 中序号	新　牌　号	旧　牌　号	热处理状态	规定非比例延伸强度 $R_{p0.2}$ N/mm²	抗拉强度 R_m N/mm²	断后伸长率 A %	断面收缩率 Z② %	冲击吸收功 A_{ku2}④ J	经淬火回火后的硬度 HBW	退火后的硬度③ HBW②
						不小于				不大于
98	12Cr13	1Cr13	淬火+回火	345	540	22	55	78	159	200
101	20Cr13	2Cr13		440	640	20	50	63	192	223
106	14Cr12Ni2	1Cr17Ni2		—	1080	10	—	39	—	—
107	17Cr16Ni2②		1	700	900~1050	12	45	25(A_{kv})	—	295
			2	600	800~950	14				
113	12Cr5Mo	1Cr5Mo		390	590	18	—	—	—	200

续表

GB/T 20878 中序号	新牌号	旧牌号	热处理状态	规定非比例延伸强度 $R_{p0.2}$ N/mm²	抗拉强度 R_m N/mm²	断后伸长率 A %	断面收缩率 Z② %	冲击吸收功 A_{ku2}④ J	经淬火回火后的硬度 HBW	退火后的硬度③ HBW
				不小于						不大于
114	12Cr12Mo	1Cr12Mo	淬火+回火	350	685	18	60	78	217~248	255
115	13Cr13Mo	1Cr13Mo		490	690	26	60	78	192	200
119	14Cr11MoV	1Cr11MoV		490	685	16	55	47	—	200
122	18Cr12MoVNbN	2Cr12MoVNbN		685	835	15	30	—	≤321	269
123	15Cr12WMoV	1Cr12WMoV		585	785	15	45	47	—	—
124	22Cr12NiWMoV	2Cr12NiMoWV		785	885	18	25	—	≤341	269
125	13Cr11Ni2W2MoV⑤	1Cr11Ni2W 2MoV⑤		735	885	15	55	71	269~321	269
				885	1080	12	50	55	311~388	
128	18Cr11MoNbVN	(2Cr11MoNbV)		760	930	12	32	20(A_{kv})	277~331	255
130	42Cr9Si2	4Cr9Si2		590	885	15	50	—	—	269
131	45Cr9Si3	4Cr9Si3		685	930	15	35	—	≥269	—
132	40Cr10Si2Mo	4Cr10Si2Mo		685	885	10	35	—	—	269
133	80Cr20Si2Ni	8Cr20Si2Ni		685	885	10	15	8	≥262	321

① 表中仅适用于直径、边长及对边距离或厚度小于或等于75mm的钢棒。大于75mm的钢棒，可改锻成75mm的钢棒或锭检验或由供需双方协商规定允许降低其力学性能的数值。

② 扁钢不适用，但需方要求时，由供需双方协商确定。

③ 采用750℃退火时，其硬度由供需双方协商。

④ 直径或边长对边距离小于或等于16mm的圆钢、六角钢和边长或厚度小于或等于12mm的方钢、扁钢不做冲击试验。

⑤ 17Cr16Ni2和13Cr11Ni2W2MoV钢的性能组别应在合同中注明，未注明时，由供需方自行选择。

沉淀硬化型钢棒或试样的力学性能①

表2-76

GB/T 20878 中序号	新牌号	旧牌号	热处理 类型	热处理 组别	规定非比例延伸强度 $R_{p0.2}$ N/mm²	抗拉强度 R_m N/mm²	断后伸长率 A %	断面收缩率 Z② %	硬度③ HBW	硬度③ HRC
					不小于	不小于	不小于	不小于		
137	05Cr17Ni4Cu4Nb	0Cr17Ni4Cu4Nb	固溶处理	0	—	—	—	—	≤363	≤38
			沉淀硬化 380℃时效	1	1180	1310	10	40	≥375	≥40
			550℃时效	2	1000	1070	12	45	≥331	≥35
			580℃时效	3	865	1000	13	45	≥302	≥31
			620℃时效	4	225	930	16	50	≥277	≥28
138	07Cr17Ni7Al	0Cr17Ni7Al	固溶处理	0	≤380	≤1030	20	—	≤229	—
			沉淀硬化 510℃时效	1	1030	1230	4	10	≥388	—
			565℃时效	2	980	1140	5	25	≥363	—
143	06Cr15Ni25Ti2MoAlVB	0Cr15Ni25Ti2MoAlVB	固溶＋时效		590	900	15	18	≥248	—

① 表中仅适用于直径、边长、厚度或对边距离小于或等于75mm的钢棒。大于75mm的钢棒，可改锻成75mm的样坯检验验由供需双方协商规定允许降低其力学性能的数值。

② 扁钢不适用，但需方要求时，由供需双方协商确定。

③ 供方可根据钢棒的尺寸或状态任选一种方法测定硬度。

常用耐热钢棒的特性和用途   表 2-77

GB/T 20878 中序号	新 牌 号	旧 牌 号	特 性 和 用 途
		奥 氏 体 型	
6	53Cr21Mn9Ni4N	5Cr21Mo9Ni4N	Cr-Mn-Ni-N 型奥氏体阀门钢。用于制作以经受高温强度为主的汽油及柴油机用排气阀
7	26Cr18Mn12Si2N	3Cr18Mn12Si2N	有较高的高温强度和一定的抗氧化性，并且有较好的抗硫及抗增碳性。用于吊挂支架、渗碳炉构件、加热炉传送带、料盘、炉爪
8	22Cr20Mn10Ni2Si2N	2Cr20Mo9Ni2Si2N	特性和用途同 26Cr18Mn12Si2N（3Cr18Mn12Si2N），还可用作盐浴坩埚和加热炉管道等
17	06Cr19Ni10	0Cr18Ni9	通用耐氧化钢，可承受 870℃以下反复加热
30	22Cr21Ni2N	2Cr21Ni12N	Cr-Ni-N 型耐热钢。用以制造以抗氧化为主的汽油及柴油机用排气阀
31	16Cr23Ni13	2Cr23Ni13	承受 980℃以下反复加热的抗氧化钢。加热炉部件，重油燃烧器
32	06Cr23Ni13	0Cr23Ni13	耐腐蚀性比 06Cr19Ni10（0Cr18Ni9）钢好，可承受 980℃以下反复加热。炉用材料
34	20Cr25Ni20	2Cr25Ni20	承受 1035℃以下反复加热的抗氧化钢。主要用于制作炉用部件、喷嘴、燃烧室
35	06Cr25Ni20	0Cr25Ni20	抗氧化性比 06Cr23Ni13（0Cr23Ni13）钢好，可承受 1035℃以下反复加热。炉用材料、汽车排气净化装置等
38	06Cr17Ni12Mo2	0Cr17Ni12Mo2	高温具有优良的蠕变强度，作热交换用部件，高温耐蚀螺栓
19	06Cr19Ni13Mo3	0Cr19Ni13Mo3	耐点蚀和抗蠕变能力优于 06Cr17Ni12Mo2（0Cr17Ni12Mo2）。用于制作造纸、印染设备、石油化工及耐有机酸腐蚀的装备、热交换用部件等
55	05Cr18Ni11Ti	0Cr18Ni10Ti	作在 400℃～900℃腐蚀条件下使用的部件，高温用焊接结构部件
57	45Cr14Ni14W2Mo	4Cr14Ni14W2Mo	中碳奥氏体型阀门钢，在 700℃以下有较高的热强性，在 800℃以下有良好的抗氧化性能。用于制造 700℃以下工作的内燃机、柴油机重负荷进、排气阀和紧固件，500℃以下工作的航空发动机及其他产品零件。也可作为渗氮钢使用

续表

GB/T 20878 中序号	新 牌 号	旧 牌 号	特 性 和 用 途
60	12Cr16Ni35	1Cr16Ni35	抗渗碳,易渗氮,1035℃以下反复加热,炉用钢料、石油裂解装置
62	06Cr18Ni11Nb	0Cr18Ni11Nb	作为 400℃～900℃ 腐蚀条件下使用的部件,高温用焊接结构部件
64	06Cr18Ni13Si4	0Cr18Ni3Si4	具有与 06Cr25Ni20(0Cr25Ni20)相当的抗氧化性。用于含氯离子环境,如汽车排气净化装置等
65	16Cr20Ni14Si2	1Cr20Ni14Si2	具有较高的高温强度及抗氧化性,对含硫气氛较敏感,在 600℃～800℃有析出相的脆化倾向,适用于制作承受应力的各种炉用构件
66	16Cr25Ni20Si2	1Cr25Ni20Si2	

铁 素 体 型

78	06Cr13Al	0Cr13Al	冷加工硬化少,主要用于制作燃气透平压缩机叶片、退火箱、淬火台架等
83	022Cr12	00Cr12	比 022Cr13(0Cr13)碳含量低,焊接部位弯曲性能、加工性能、耐高温氧化性能好。作汽车排气处理装置、锅炉燃烧室、喷嘴等
85	10Cr17	1Cr17	作 900℃以下耐氧化用部件,散热器、炉用部件、油喷嘴等
93	16Cr25N	2Cr25N	耐高温腐蚀性强,1082℃以下不产生易剥落的氧化皮。常用于抗硫气氛,如燃烧室、退火箱、玻璃模具、阀、搅拌杆等

马 氏 体 型

98	12Cr13	1Cr13	作 600℃以下耐氧化用部件
101	20Cr13	2Cr13	淬火状态下硬度高,耐蚀性良好。汽轮机叶片
106	14Cr17Ni2	1Cr17Ni2	作具有较高程度的耐硝酸、有机酸腐蚀的轴类、活塞杆、泵、阀等零部件以及弹簧、紧固件、容器和设备
107	17Cr16Ni2	1Cr17Ni2	改善 14Cr17Ni2(1Cr17Ni2)钢的加工性能,可代替 14Cr17Ni2(1Cr17Ni2)钢使用
113	12Cr5Mo	1Cr5Mo	在中高温下有好的力学性能,能抗石油裂化过程中产生的腐蚀,作热蒸汽管、石油裂解管、锅炉吊架、蒸汽轮机气缸衬套、泵的零件、阀、活塞杆、高压加氢设备部件、紧固件
114	12Cr12Mo	1Cr12Mo	铬钼马氏体耐热钢。作汽轮机叶片

续表

GB/T 20878 中序号	新 牌 号	旧 牌 号	特 性 和 用 途
115	13Cr13Mo	1Cr13Mo	比 12Cr13（1Cr13）耐蚀性高的高强度钢，用于制作汽轮机叶片，高温、高压蒸汽用机械部件等
119	14Cr11MoV	1Cr11MoV	铬钼钒马氏体耐热钢，有较高的热强性，良好的减震性及组织稳定性。用于透平叶片及导向叶片
122	18Cr12MoVNbN	2Cr12MoVNbN	铬钼钒铌氮马氏体耐热钢。用于制作高温结构部件，如汽轮机叶片、盘、叶轮轴、螺栓等
123	15Cr12WMoV	1Cr12WMoV	铬钼钨钒马氏体耐热钢。有较高的热强性，良好的减震性及组织稳定性。用于透平叶片、紧固件、转子及轮盘
124	22Cr12NiWMoV	2Cr12NiMoWV	性能与用途类似于 13Cr11Ni2W2MoV（1Cr11Ni2W2MoV）。用于制作汽轮机叶片
125	13Cr11Ni2W2MoV	1Cr11Ni2W2MoV	铬镍钨钼钒马氏体耐热钢。具有良好的韧性和抗氧化性能，在淡水和湿空气中有较好的耐蚀性
128	18Cr11NiMoNbVN	(2Cr11NiMoNbVN)	具有良好的强韧性、抗蠕变性能和抗松弛性能，主要用于制作汽轮机高温紧固件和动叶片
130	42Cr9Si2	4Cr9Si2	铬硅马氏体阀门钢，750℃以下耐氧化。用于制作内燃机进气阀、轻负荷发动机的排气阀
131	45Cr9Si3		
132	40Cr10Si2Mo	4Cr10Si2Mo	铬硅钼马氏体阀门钢，经淬火回火后使用，因含有钼和硅，高温强度抗蠕变性能及抗氧化性能比 40Cr13（4Cr13）高。用于制作进、排气阀门，鱼雷，火箭部件、预燃烧室等
133	80Cr20Si2Ni	8Cr20Si2Ni	铬硅镍马氏体阀门钢。用于制作以耐磨性为主的进气阀、排气阀、阀座等
沉 淀 硬 化 型			
137	05Cr17Ni4Cu4Nb	0Cr12Ni4Cu4Nb	添加铜和铌的马氏体沉淀硬化型钢，作燃气透平压缩机叶片、燃气透平发动机周围材料
138	07Cr17Ni7Al	0Cr17Ni7Al	添加铝的半奥氏体沉淀硬化型钢，作高温弹簧、膜片、固定器、波纹管
143	06Cr15Ni25Ti2Mo-AlVB	0Cr15Ni25Ti2MoAlVB	奥氏体沉淀硬化型钢，具有高的缺口强度，在温度低于980℃时抗氧化性能与 06Cr25Ni20（0Cr25Ni20）相当。主要用于 700℃ 以下的工作环境，要求具有高强度和优良耐蚀性的部件或设备，如汽轮机转子、叶片、骨架、燃烧室部件和螺栓等

10. 碳素工具钢（GB/T 1298—2008）

碳素工具钢包括热轧、锻制、冷拉及银亮钢钢材和盘条等，其化学成分也适用于锭、坯及其制品。钢材按使用加工方法分为压力加工用钢 UP（热压力加工用钢 UHP、冷压力加工用钢 UCP）和切削加工钢 UC，并在合同中注明；碳素工具钢按冶金质量等级分为：优质钢和高级优质钢。

碳素工具钢热轧（锻）钢材以退火状态交货，经供需双方协议，也可以不退火状态交货。冷拉钢材应为退火后冷拉交货，如有特殊要求，应在合同中注明。

碳素工具钢牌号、化学成分（熔炼分析）及交货状态硬度值和试样淬火硬度值见表 2-78，碳素工具钢中硫、磷含量及残余铜、铬、镍等含量见表 2-79，碳素工具钢的特性和用途见表 2-80。

碳素工具钢牌号、化学成分（熔炼分析）及交货状态硬度值和试样淬火硬度值　表 2-78

序号	牌号	化学成分（质量分数）/%			硬　度			
		C	Mn	Si	交货状态		试样淬火	
					退火	退火后冷拉	淬火温度/℃和冷却剂	洛氏硬度 HRC，不小于
					HBW，不大于			
1	T7	0.65~0.74	≤0.40	≤0.35	187	241	800~820 水	62
2	T8	0.75~0.84					780~800 水	
3	T8Mn	0.80~0.90	0.40~0.60					
4	T9	0.85~0.94	≤0.40		192			
5	T10	0.95~1.04			197		760~780 水	
6	T11	1.05~1.14			207			
7	T12	1.15~1.24						
8	T13	1.25~1.35			217			

注：高级优质钢在牌号后面加"A"。

碳素工具钢中硫、磷含量及残余铜、铬、镍等含量（%）　表 2-79

钢　类	P	S	Cu	Cr	Ni	W	Mo	V
	质量分数，不大于							
优质钢	0.035	0.030	0.25	0.25	0.20	0.30	0.20	0.02
高级优质钢	0.030	0.020	0.25	0.25	0.20	0.30	0.20	0.02

注：供制造铅浴淬火钢丝时，钢中残余铬含量不大于0.10%，镍含量不大于0.12%，铜含量不大于0.20%，三者之和不大于0.40%。

碳素工具钢的特性和用途　　　　　　　　　　　　　　　　表 2-80

牌号	特 性 和 用 途
T7	为亚共析钢，淬火回火后具有较高的强度和韧性，且有一定的硬度，但热硬性低，淬透性差、淬火变形大。常用于制造能承受振动和撞击，要求较高韧性，但切削性能要求不太高的工具，如凿子、冲头等小尺寸风动工具，木工用锯和凿，简单胶木模、锻模、剪刀、钻头、镰刀，打印用的钢印及手用大锤、小锤、钉锤等精度要求不高的工具
T8	为共析钢，淬火回火后具有较高的硬度和耐磨性，但热硬性低，淬透性差、加热时容易过热，变形也大，塑性强度也较低。常用于不受大冲击，需要较高硬度和耐磨性的工具，如简单的模子和冲头、切削软金属的刀具、打眼工具、木工用的铣刀、斧、钻、凿、錾、圆锯片以及钳工装配工具、铆钉冲模、虎钳钳口等较次要的工具
T8Mn	性能同 T8 近似，但因加入了锰，淬透性较好，淬硬层较深。用途同 T8，但可制造断面较大的工具
T9	性能同 T8，但因碳含量较高一些，故硬度和耐磨性较高，韧性较差一些。常用作硬度较高，有一定韧性，但不受剧烈震动冲击的工具，如中心铣、冲模、冲头、木工切削工具以及饲料机刀片、凿岩石用的凿子等
T10	为过共析钢，在淬火加热时不易过热，仍保持细晶粒。韧性尚可，强度及耐磨性均较 T7-T9 高些，但热硬性低，淬透性仍然不高，淬火变形大。这种钢应用较广，适于制造切削条件较差、耐磨性要求较高且不受突然和剧烈冲击振动而需要一定的韧性及具有锋利刃口的各种工具，如车刀、刨刀、钻头、丝锥、扩孔刀具、螺丝板牙、铣刀、切纸机、手锯锯条、小尺寸冷切边模及冲孔模，低精度而形状简单的量具（如卡板等），也可用作不受较大冲击的耐磨零件
T11	为过共析钢，其碳含量介于 T10、T12 之间，具有较好的综合力学性能（如强度、硬度、耐磨性及韧性等）。用途与 T10 钢基本相同，但不如 T10 钢广泛
T12	含碳高、耐磨性好，硬度高，但脆性较大，韧性低，淬火变形大。用作不受冲击负荷、切削速度不高，但需要很高硬度的各种工具和耐磨零件，如车刀、铣刀、绞刀、丝锥、板牙、刮刀、量规以及断面尺寸小的冷切边模、冲孔模等
T13	是碳素工具钢中碳含量最高的钢种，耐磨性最高，也最脆，硬度极高，但力学性能较低，不能承受冲击。用途与 T12 钢基本相同，适用于制造不受震动而需要很高硬度的各种工具，如剃刀、刮刀、锉刀、刻字工具、拉丝工具、钻头以及坚硬岩石加工工具等，也可用作不受冲击而要求极高耐磨性的机械零件

11. 工模具钢（GB/T 1299—2014）

工模具钢适用于热轧、锻制、冷拉、银亮条钢及机加工交货钢材，其化学成分同样适用于锭、坯及其制品。

工模具钢按用途分为刃具模具用非合金钢、量具刃具用钢、耐冲击工具用钢、轧辊用钢、冷作模具用钢、热作模具用钢、塑料模具用钢、特殊用途模具用钢八类；按使用加工方法分为压力加工用钢（UP）和切削加工用钢（UC）两类；按化学成分分为非合金工具钢（牌号头带"T"）、合金工具钢、非合金模具钢（牌号头带"SM"）、合金模具钢四类。

工具钢材一般以退火状态交货，但 SM45、SM50、SM55、2Cr25Ni20Si2 及 7Mn15Cr2Al3V2WMo 钢一般以热轧或热锻状态交货，非合金工具钢可退火后冷拉交货。

工模具钢的牌号及化学成分（成品分析）应符合表 2-81 的规定，交货状态钢材的硬度值和试样的淬火硬度值应符合表 2-82 的规定，各牌号的主要特点及用途见表 2-83。

表2-81

工模具钢的牌号及化学成分(成品分析)

类型	序号	统一数字代号	牌号	化学成分(质量分数)/% C	Si	Mn	P	S	Cr	W	Mo	Ni	V	Al	Nb	Co	其他
刃具模具用非合金钢	1-1	T00070	T7	0.65~0.74	≤0.35	≤0.40	—	—	—	—	—	—	—	—	—	—	—
	1-2	T00080	T8	0.75~0.84	≤0.35	≤0.40	—	—	—	—	—	—	—	—	—	—	—
	1-3	T01080	T8Mn	0.80~0.90	≤0.35	0.40~0.60	—	—	—	—	—	—	—	—	—	—	—
	1-4	T00090	T9	0.85~0.94	≤0.35	≤0.40	—	—	—	—	—	—	—	—	—	—	—
	1-5	T00100	T10	0.95~1.04	≤0.35	≤0.40	—	—	—	—	—	—	—	—	—	—	—
	1-6	T00110	T11	1.05~1.14	≤0.35	≤0.40	—	—	—	—	—	—	—	—	—	—	—
	1-7	T00120	T12	1.15~1.24	≤0.35	≤0.40	—	—	—	—	—	—	—	—	—	—	—
	1-8	T00130	T13	1.25~1.35	≤0.35	≤0.40	—	—	—	—	—	—	—	—	—	—	—
量具刃具用钢	2-1	T31219	9SiCr	0.85~0.95	1.20~1.60	0.30~0.60	—	—	0.95~1.25	—	—	—	—	—	—	—	—
	2-2	T30108	8MnSi	0.75~0.85	0.30~0.60	0.80~1.10	—	—	—	—	—	—	—	—	—	—	—
	2-3	T30200	Cr06	1.30~1.45	≤0.40	≤0.40	—	—	0.50~0.70	—	—	—	—	—	—	—	—
	2-4	T31200	Cr2	0.95~1.10	≤0.40	≤0.40	—	—	1.30~1.65	—	—	—	—	—	—	—	—
	2-5	T31209	9Cr2	0.80~0.95	≤0.40	≤0.40	—	—	1.30~1.70	—	—	—	—	—	—	—	—
	2-6	T30800	W	1.05~1.25	≤0.40	≤0.40	—	—	0.10~0.30	0.80~1.20	—	—	—	—	—	—	—
耐冲击工具用钢	3-1	T40294	4CrW2Si	0.35~0.45	0.80~1.10	≤0.40	—	—	1.00~1.30	2.00~2.50	—	—	—	—	—	—	—
	3-2	T40295	5CrW2Si	0.45~0.55	0.50~0.80	≤0.40	—	—	1.00~1.30	2.00~2.50	—	—	—	—	—	—	—
	3-3	T40296	6CrW2Si	0.55~0.65	0.50~0.80	≤0.40	—	—	1.10~1.30	2.20~2.70	—	—	—	—	—	—	—
	3-4	T40356	6CrMnSi2Mo1V	0.50~0.65	1.75~2.25	0.60~1.00	—	—	0.10~0.50	—	0.20~1.35	—	0.15~0.35	—	—	—	—
	3-5	T40355	5Cr3MnSiMo1V	0.45~0.55	0.20~1.00	0.20~0.90	—	—	3.00~3.50	—	1.30~1.80	—	≤0.35	—	—	—	—
	3-6	T40376	6CrW2SiV	0.55~0.65	0.70~1.00	0.15~0.45	—	—	0.90~1.20	1.70~2.20	—	—	0.10~0.20	—	—	—	—
轧辊用钢	4-1	T42239	9Cr2V	0.85~0.95	0.20~0.40	0.20~0.45	②	②	1.40~1.70	—	0.20~0.40	—	0.10~0.25	—	—	—	—
	4-2	T42309	9Cr2Mo	0.85~0.95	0.25~0.45	0.20~0.35	②	②	1.70~2.10	—	0.20~0.40	—	0.05~0.15	—	—	—	—
	4-3	T42319	9Cr2MoV	0.80~0.90	0.15~0.40	0.25~0.55	②	②	1.80~2.40	—	0.20~0.40	—	0.05~0.15	—	—	—	—
	4-4	T42518	8Cr3NiMoV	0.82~0.90	0.30~0.50	0.20~0.45	≤0.020	≤0.015	2.80~3.20	—	0.20~0.40	0.60~0.80	0.05~0.15	—	—	—	—
	4-5	T42519	9Cr5NiMoV	0.82~0.90	0.50~0.80	0.20~0.50	≤0.020	≤0.015	4.80~5.20	—	0.20~0.40	0.30~0.50	0.10~0.20	—	—	—	—

续表

类型	序号	统一数字代号	牌号	化学成分(质量分数)/%													
				C	Si	Mn	P	S	Cr	W	Mo	Ni	V	Al	Nb	Co	其他
冷作模具用钢	5-1	T20019	9Mn2V	0.85~0.95	≤0.40	1.70~2.00	②	②	—	—	—	—	0.10~0.25	—	—	—	—
	5-2	T20299	9CrWMn	0.85~0.95	≤0.40	0.90~1.20	②	②	0.50~0.80	0.50~0.80	—	—	—	—	—	—	—
	5-3	T21290	CrWMn	0.90~1.05	≤0.40	0.80~1.10	②	②	0.90~1.20	1.20~1.60	—	—	—	—	—	—	—
	5-4	T20250	MnCrWV	0.90~1.05	0.10~0.40	1.05~1.35	②	②	0.50~0.70	0.50~0.70	—	—	0.05~0.15	—	—	—	—
	5-5	T21347	7CrMn2Mo	0.65~0.75	0.10~0.50	1.80~2.50	②	②	0.90~1.20	—	0.90~1.40	—	—	—	—	—	—
	5-6	T21355	5Cr8MoVSi	0.48~0.53	0.75~1.05	0.35~0.50	≤0.030	≤0.015	8.00~9.00	—	1.25~1.70	—	0.30~0.55	—	—	—	—
	5-7	T21357	7CrSiMnMoV	0.65~0.75	0.85~1.15	0.65~1.05	②	②	0.90~1.20	—	0.20~0.50	—	0.15~0.30	—	—	—	—
	5-8	T21350	Cr8Mo2SiV	0.95~1.03	0.80~1.20	0.20~0.50	②	②	7.80~8.30	—	2.00~2.80	—	0.25~0.40	—	—	—	—
	5-9	T21320	Cr4W2MoV	1.12~1.25	0.40~0.70	≤0.40	②	②	3.50~4.00	1.90~2.60	0.80~1.20	—	0.80~1.10	—	—	—	—
	5-10	T21386	6Cr4W3Mo2VNb	0.60~0.70	≤0.40	≤0.40	②	②	3.80~4.40	2.50~3.50	1.80~2.50	—	0.80~1.20	—	0.20~0.35	—	—
	5-11	T21836	6W6Mo5Cr4V	0.55~0.65	≤0.40	≤0.60	②	②	3.70~4.30	6.00~7.00	4.50~5.50	—	0.70~1.10	—	—	—	—
	5-12	T21830	W6Mo5Cr4V2	0.80~0.90	0.15~0.40	0.20~0.45	②	②	3.80~4.40	5.50~6.75	4.50~5.50	—	1.75~2.20	—	—	—	—
	5-13	T21209	Cr8	1.60~1.90	0.20~0.60	0.20~0.60	②	②	7.50~8.50	—	—	—	—	—	—	—	—
	5-14	T21200	Cr12	2.00~2.30	≤0.40	≤0.40	②	②	11.50~13.00	—	—	—	—	—	—	—	—
	5-15	T21290	Cr12W	2.00~2.30	0.10~0.40	0.30~0.60	②	②	11.00~13.00	0.60~0.80	—	—	—	—	—	—	—
	5-16	T21317	7Cr7Mo2V2Si	0.68~0.78	0.70~1.20	≤0.40	②	②	6.50~7.50	—	1.90~2.30	—	1.80~2.20	—	—	—	—
	5-17	T21318	Cr5Mo1V	0.95~1.05	≤0.50	≤1.00	②	②	4.75~5.50	—	0.90~1.40	—	0.15~0.50	—	—	—	—
	5-18	T21319	Cr12MoV	1.45~1.70	≤0.40	≤0.40	②	②	11.00~12.50	—	0.40~0.60	—	0.15~0.30	—	—	—	—
	5-19	T21310	Cr12Mo1V1	1.40~1.60	≤0.60	≤0.60	②	②	11.00~13.00	—	0.70~1.20	—	0.50~1.10	—	—	≤1.00	—
热作模具用钢	6-1	T22345	5CrMnMo	0.50~0.60	0.25~0.60	1.20~1.60	②	②	0.60~0.90	—	0.15~0.30	—	—	—	—	—	—
	6-2	T22505	5CrNiMo	0.50~0.60	≤0.40	0.50~0.80	②	②	0.50~0.80	—	0.15~0.30	1.40~1.80	—	—	—	—	—
	6-3	T23504	4CrNi4Mo	0.40~0.50	0.20~0.50	0.20~0.50	②	②	1.20~1.50	—	0.15~0.35	3.80~4.30	—	—	—	—	—
	6-4	T23514	4Cr2NiMoV	0.35~0.45	≤0.40	≤0.40	②	②	1.80~2.20	—	0.45~0.60	1.10~1.50	0.10~0.30	—	—	—	—
	6-5	T23515	5CrNi2MoV	0.50~0.60	0.10~0.40	0.60~0.90	②	②	0.80~1.20	—	0.35~0.55	1.50~1.80	0.05~0.15	—	—	—	—
	6-6	T23535	5Cr2NiMoVSi	0.46~0.54	0.60~0.90	0.40~0.60	②	②	1.50~2.00	—	0.80~1.20	0.80~1.20	0.30~0.50	—	—	—	—
	6-7	T23208	8Cr3	0.75~0.85	≤0.40	≤0.40	②	②	3.20~3.80	—	—	—	—	—	—	—	—

续表

| 类型 | 序号 | 统一数字代号 | 牌号 | 化学成分(质量分数)/% ||||||||||||||
				C	Si	Mn	P	S	Cr	W	Mo	Ni	V	Al	Nb	Co	其他
热作模具用钢	6-8	T23274	4Cr5W2VSi	0.32~0.42	0.80~1.20	≤0.40	②	②	4.50~5.50	1.60~2.40	—	—	0.60~1.00	—	—	—	—
	6-9	T23273	3Cr2W8V	0.30~0.40	≤0.40	≤0.40	②	②	2.20~2.70	7.50~9.00	—	—	0.20~0.50	—	—	—	—
	6-10	T23352	4Cr5MoSiV	0.33~0.43	0.80~1.20	0.20~0.50	②	②	4.75~5.50	—	1.10~1.60	—	0.30~0.60	—	—	—	—
	6-11	T23353	4Cr5MoSiV1	0.32~0.45	0.80~1.20	0.20~0.50	②	②	4.75~5.50	—	1.10~1.75	—	0.80~1.20	—	—	—	—
	6-12	T23354	4Cr3Mo3SV	0.35~0.45	0.80~1.20	0.25~0.70	②	②	3.00~3.75	—	2.00~3.00	—	0.25~0.75	—	—	—	—
	6-13	T23355	5Cr4Mo3SiMnVAl	0.47~0.57	0.80~1.10	0.80~1.10	②	②	3.80~4.30	—	2.80~3.40	—	0.80~1.20	0.30~0.70	—	—	—
	6-14	T23364	4CrMnSiMoV	0.35~0.45	0.80~1.10	0.80~1.10	②	②	1.30~1.50	—	0.40~0.60	—	0.20~0.40	—	—	—	—
	6-15	T23375	5Cr5WMoSi	0.50~0.60	0.75~1.10	0.20~0.50	②	②	4.75~5.50	1.00~1.50	1.15~1.65	—	—	—	—	—	—
	6-16	T23324	4Cr5MoWVSi	0.32~0.40	0.80~1.20	0.20~0.50	②	②	4.75~5.50	1.10~1.60	1.25~1.60	—	0.20~0.50	—	—	—	—
	6-17	T23323	3Cr3Mo3W2V	0.32~0.42	0.60~0.90	≤0.65	②	②	2.80~3.30	1.20~1.80	2.50~3.00	—	0.80~1.20	—	—	—	—
	6-18	T23325	5Cr4W5Mo2V	0.40~0.50	≤0.40	≤0.40	②	②	3.40~4.40	4.50~5.30	1.50~2.10	—	0.70~1.10	—	—	—	—
	6-19	T23314	4Cr5Mo2V	0.35~0.42	0.25~0.50	0.40~0.60	≤0.020	≤0.008	5.00~5.50	—	2.30~2.60	—	0.60~0.80	—	—	—	—
	6-20	T23313	3Cr3Mo3V	0.28~0.35	0.10~0.40	0.15~0.45	≤0.030	≤0.020	2.70~3.20	—	2.50~3.00	—	0.40~0.70	—	—	—	—
	6-21	T23314	4Cr5Mo3V	0.35~0.40	0.30~0.50	0.30~0.50	≤0.030	≤0.020	4.80~5.20	—	2.70~3.20	—	0.40~0.60	—	—	—	—
	6-22	T23393	3Cr3Mo3VCo3	0.28~0.35	0.10~0.40	0.15~0.45	≤0.030	≤0.020	2.70~3.20	—	2.60~3.00	—	0.40~0.70	—	—	2.50~3.00	—
塑料模具用钢	7-1	T10450	SM45	0.42~0.48	0.17~0.37	0.50~0.80	②	②	—	—	—	—	—	—	—	—	—
	7-2	T10500	SM50	0.47~0.53	0.17~0.37	0.50~0.80	②	②	—	—	—	—	—	—	—	—	—
	7-3	T10550	SM55	0.52~0.58	0.17~0.37	0.50~0.80	②	②	—	—	—	—	—	—	—	—	—
	7-4	T25303	3Cr2Mo	0.28~0.40	0.20~0.80	0.60~1.00	②	②	1.40~2.00	—	0.30~0.55	—	—	—	—	—	—
	7-5	T25553	3Cr2MnNiMo	0.32~0.40	0.20~0.40	1.10~1.50	②	②	1.70~2.00	—	0.25~0.40	0.85~1.15	—	—	—	—	—
	7-6	T25344	4Cr2Mn1MoS	0.35~0.45	0.30~0.50	1.40~1.60	≤0.030	0.05~0.10	1.80~2.00	—	0.15~0.25	—	—	—	—	—	—
	7-7	T25378	8Cr2MnWMoVS	0.75~0.85	≤0.40	1.30~1.70	≤0.030	0.08~0.15	2.30~2.60	0.70~1.10	0.50~0.80	—	0.10~0.25	—	—	—	—
	7-8	T25515	5CrNiMnMoVSCa	0.50~0.60	≤0.45	0.80~1.20	≤0.030	0.06~0.15	0.80~1.20	—	0.45~0.60	0.80~1.20	0.15~0.30	—	—	—	Ca: 0.002~0.008
	7-9	T25512	2CrNiMoMnV	0.24~0.30	≤0.30	1.40~1.60	≤0.025	≤0.015	1.25~1.45	—	0.45~0.60	0.80~1.20	0.10~0.20	—	—	—	—
	7-10	T25572	2CrNi3MoAl	0.20~0.30	0.20~0.50	0.50~0.80	②	②	1.20~1.80	—	0.20~0.40	3.00~4.00	—	1.00~1.60	—	—	—
	7-11	T25611	1Ni3MnCuMoAl	0.10~0.20	≤0.45	1.40~2.00	≤0.030	≤0.015	—	—	0.20~0.50	2.90~3.40	—	0.70~1.20	—	—	Cu: 0.80~1.20

续表

类型	序号	统一数字代号	牌号	化学成分(质量分数)/%													
				C	Si	Mn	P	S	Cr	W	Mo	Ni	V	Al	Nb	Co	其他
	7-12	A64060	06Ni6CrMoVTiAl	≤0.06	≤0.50	≤0.50	②	②	1.30~1.60	—	0.90~1.20	5.50~6.50	0.08~0.16	0.50~0.90	—	—	Ti: 0.90~1.30
	7-13	A64000	00Ni18Co8Mo5TiAl	≤0.03	≤0.10	≤0.15	≤0.010	≤0.010	≤0.60	—	4.50~5.00	17.5~18.5	—	0.05~0.15	—	8.50~10.0	Ti: 0.80~1.10
塑料模具用钢	7-14	S42023	2Cr13	0.16~0.25	≤1.00	≤1.00	②	②	12.00~14.00	—	—	≤0.60	—	—	—	—	—
	7-15	S42043	4Cr13	0.36~0.45	≤0.60	≤0.80	②	②	12.00~14.00	—	—	≤0.60	—	—	—	—	—
	7-16	T25444	4Cr13NiVSi	0.36~0.45	0.90~1.20	0.40~0.70	≤0.010	≤0.003	13.00~14.00	—	—	0.15~0.30	0.25~0.35	—	—	—	—
	7-17	T25402	2Cr17Ni2	0.12~0.22	≤1.00	≤1.50	②	②	15.00~17.00	—	—	1.50~2.50	—	—	—	—	—
	7-18	T25303	3Cr17Mo	0.33~0.45	≤1.00	≤1.50	②	②	15.50~17.50	—	0.80~1.30	≤1.00	—	—	—	—	—
	7-19	T25513	3Cr17NiMoV	0.32~0.40	≤0.60	0.60~0.80	②	②	16.00~18.00	—	1.00~1.30	0.60~1.00	0.15~0.35	—	—	—	—
	7-20	S44093	9Cr18	0.90~1.00	≤0.80	≤0.80	②	②	17.00~19.00	—	—	≤0.60	—	—	—	—	—
	7-21	S46993	9Cr18MoV	0.85~0.95	≤0.80	≤0.80	②	≤0.005	17.00~19.00	—	1.00~1.30	≤0.60	0.07~0.12	—	—	—	—
特殊用途模具用钢	8-1	T26377	7Mn15Cr2Al3V2WMo	0.65~0.75	≤0.80	14.50~16.50	②	②	2.00~2.50	0.50~0.80	0.50~0.80		1.50~2.00	2.30~3.30	—	—	—
	8-2	S31049	2Cr25Ni20Si2	≤0.25	1.50~2.50	≤1.50	②	②	24.00~27.00	—	—	18.00~21.00	—	—	—	—	—
	8-3	S51740	0Cr17Ni4Cu4Nb	≤0.07	≤1.00	≤1.00	≤0.030	≤0.020	15.00~17.00	—	—	3.00~5.00	—	—	0.15~0.45	—	Cu: 3.00~5.00
	8-4	H21231	Ni25Cr15T2MoMn	≤0.08	≤1.00	≤2.00	≤0.030	≤0.020	13.50~17.00	—	1.00~1.50	22.00~26.00	0.10~0.50	≤0.40	—	—	Ti: 1.80~2.50
	8-5	H07718	Ni53Cr19Mo3TiNb	≤0.08	≤0.35	≤0.35	≤0.015	≤0.015	17.00~21.00	—	2.80~3.30	50.00~55.00	—	0.20~0.80	Nb+Ta③: 4.75~5.50	≤1.00	Ti: 0.65~1.15 B≤0.006

①表中钢可供应高级优质钢，此时牌号后加"A"。

②参见GB/T 1299—2014中的表19。

③除非特殊要求，允许仅分析Nb。

工模具钢交货状态钢材的硬度值和试样的淬火硬度值　　　　表 2-82

类型	序号	统一数字代号	牌号	退火交货状态钢材的硬度 HBW	试样淬火硬度		
					淬火温度 ℃	冷却剂	洛氏硬度 HRC, 不小于
刃具模具用非合金钢[①]	1-1	T00070	T7	≤187	800～820	水	62
	1-2	T00080	T8	≤187	780～800	水	62
	1-3	T01080	T8Mn	≤187	780～800	水	62
	1-4	T00090	T9	≤192	760～780	水	62
	1-5	T00100	T10	≤197	760～780	水	62
	1-6	T00110	T11	≤207	760～780	水	62
	1-7	T00120	T12	≤207	760～780	水	62
	1-8	T00130	T13	≤217	760～780	水	62
量具刃具用钢	2-1	T31219	9SiCr	197～241[②]	820～860	油	62
	2-2	T30108	8MnSi	≤229	800～820	油	60
	2-3	T30200	Cr06	187～241	780～810	水	64
	2-4	T31200	Cr2	179～229	830～860	油	62
	2-5	T31209	9Cr2	179～217	820～850	油	62
	2-6	T30800	W	187～229	800～830	水	62
耐冲击工具用钢	3-1	T40294	4CrW2Si	179～217	860～900	油	53
	3-2	T40295	5 CrW2Si	207～255	860～900	油	55
	3-3	T40296	6CrW2Si	229～285	860～900	油	57
	3-4	T40356	6CrMnSi2Mo1V[③]	≤229	667℃±15℃预热,885℃(盐浴)或900℃(炉控气氛)±6℃加热,保温5min～15min 油冷,58℃～204℃回火		58
	3-5	T40355	5Cr3MnSiMo1V[③]	≤235	667℃±15℃预热,941℃(盐浴)或955℃(炉控气氛)±6℃加热,保温5min～15min 油冷,56℃～204℃回火		56
	3-6	T40376	6CrW2SiV	≤225	870～910	油	58
轧辊用钢	4-1	T42239	9Cr2V	≤229	830～900	空气	64
	4-2	T42309	9Cr2Mo	≤229	830～900	空气	64
	4-3	T42319	9Cr2MoV	≤229	880～900	空气	64
	4-4	T42518	8Cr3NiMoV	≤269	900～920	空气	64
	4-5	T42519	9Cr5NiMoV	≤269	930～950	空气	64

类型	序号	统一数字代号	牌号	退火交货状态钢材的硬度HBW	试样淬火硬度		
					淬火温度℃	冷却剂	洛氏硬度HRC，不小于
冷作模具用钢	5-1	T20019	9Mn2V	≤229	780～810	油	62
	5-2	T20299	9CrWMn	197～241	800～830	油	62
	5-3	T21290	CrWMn	207～255	800～830	油	62
	5-4	T20250	MnCrWV	≤255	790～820	油	62
	5-5	T21347	7CrMn2Mo	≤235	820～870	空气	61
	5-6	T21355	5Cr8MoVSi	≤229	1000～1050	油	59
	5-7	T21357	7CrSiMnMoV	≤235	870℃～900℃油冷或空冷，150℃±10℃回火空冷		60
	5-8	T21350	Cr8Mo2SiV	≤255	1020～1040	油或空气	62
	5-9	T21320	Cr4W2MoV	≤269	960～980 或 1020～1040	油	60
	5-10	T21386	6Cr4W3Mo2VNb④	≤255	1100～1160	油	60
	5-11	T21836	6W6Mo5Cr4V	≤269	1180～1200	油	60
	5-12	T21830	W6Mo5Cr4V2③	≤255	730℃～840℃预热，1210℃～1230℃（盐浴或控制气氛）加热，保温 5min～15min 油冷，540℃～560℃回火两次（盐浴或控制气氛），每次 2h		64（盐浴）63（炉控气氛）
	5-13	T21209	Cr8	≤255	920～980	油	63
	5-14	T21200	Cr12	217～269	950～1000	油	60
	5-15	T21290	Cr12W	≤255	950～980	油	60
	5-16	T21317	7Cr7Mo2V2Si	≤255	1100～1150	油或空气	60
	5-17	T21318	Cr5Mo1V③	≤255	790℃±15℃预热，940℃（盐浴）或 950℃（炉控气氛）±6℃加热，保温 5min～15min 油冷，200℃±6℃回火一次，2h		60
	5-18	T21319	Cr12MoV	207～255	950～1000	油	58
	5-19	T21310	Cr12Mo1V1④	≤255	820℃±15℃预热，1000℃（盐浴）±6℃或 1010℃（炉控气氛）±6℃加热，保温 10min～20min 空冷，200℃±6℃回火一次，2h		59

类型	序号	统一数字代号	牌号	退火交货状态钢材的硬度 HBW	试样淬火硬度		
					淬火温度 ℃	冷却剂	洛氏硬度 HRC,不小于
热作模具用钢	6-1	T22345	5CrMnMo	197～241	820～850	油	⑤
	6-2	T22505	5CrNiMo	197～241	830～860	油	⑤
	6-3	T23504	4CrNi4Mo	≤285	840～870	油或空气	⑤
	6-4	T23514	4Cr2NiMoV	≤220	910～960	油	⑤
	6-5	T23515	5CrNi2MoV	≤255	850～880	油	⑤
	6-6	T23535	5Cr2NiMoVSi	≤255	960～1010	油	⑤
	6-7	T23208	8Cr3	207～255	850～880	油	⑤
	6-8	T23274	4Cr5W2VSi	≤229	1030～1050	油或空气	⑤
	6-9	T23273	3Cr2W8V	≤255	1075～1125	油	⑤
	6-10	T23352	4Cr5MoSiV③	≤229	790℃±15℃预热,1010℃（盐浴）或1020℃（炉控气氛）±6℃加热,保温5min～15min油冷,550℃±6℃回火两次回火,每次2h		⑤
	6-11	T23353	4Cr5MoSiV1③	≤229	790℃±15℃预热,1000℃（盐浴）或1010℃（炉控气氛）±6℃加热,保温5min～15min油冷,550℃±6℃回火两次回火,每次2h		⑤
	6-12	T23354	4Cr3Mo3SiV③	≤229	790℃±15℃预热,1010℃（盐浴）或1020℃（炉控气氛）±6℃加热,保温5min～15min油冷,550℃±6℃回火两次回火,每次2h		⑤
	6-13	T23355	5Cr4Mo3SiMnVA1	≤255	1090～1120	⑤	⑤
	6-14	T23364	4CrMnSiMoV	≤255	870～930	油	⑤
	6-15	T23375	5Cr5WMoSi	≤248	990～1020	油	⑤
	6-16	T23324	4Cr5MoWVSi	≤235	1000～1030	油或空气	⑤
	6-17	T23323	3Cr3Mo3W2V	≤255	1060～1130	油	⑤
	6-18	T23325	5Cr4W5Mo2V	≤269	1100～1150	油	⑤
	6-19	T23314	4Cr5Mo2V	≤220	1000～1030	油	⑤
	6-20	T23313	3Cr3Mo3V	≤229	1010～1050	油	⑤
	6-21	T23314	4Cr5Mo3V	≤229	1000～1030	油或空气	⑤
	6-22	T23393	3Cr3Mo3VCo3	≤229	1000～1050	油	⑤

续表

类型	序号	统一数字代号	牌号	退火交货状态钢材的硬度HBW	试样淬火硬度		
					淬火温度℃	冷却剂	洛氏硬度HRC，不小于
塑料模具用钢	7-1	T10450	SM45	热轧交货状态硬度 155～215	—	—	—
	7-2	T10500	SM50	热轧交货状态硬度 165～225	—	—	—
	7-3	T10550	SM55	热轧交货状态硬度 170～230	—	—	—
	7-4	T25303	3Cr2Mo	≤235	850～880	油	52
	7-5	T25553	3Cr2MnNiMo	≤235	830～870	油或空气	48
	7-6	T25344	4Cr2Mn1MoS	≤235	830～870	油	51
	7-7	T25378	8Cr2MnWMoVS	≤235	860～900	空气	62
	7-8	T25515	5CrNiMnMoVSCa	≤255	860～920	油	62
	7-9	T25512	2CrNiMoMnV	≤235	850～930	油或空气	48
	7-10	T25572	2CrNi3MoAl	—	—	—	—
	7-11	T25611	1Ni3MnCuMoAl	—	—	—	—
	7-12	A64060	06Ni6CrMoVTiAl	≤255	850℃～880℃固溶，油或空冷 500℃～540℃时效，空冷		实测
	7-13	A64000	00Ni18Co8Mo5TiAl	协议	805℃～825℃固溶，空冷 460℃～530℃时效，空冷		协议
	7-14	S42023	2Cr13	≤220	1000～1050	油	45
	7-15	S42043	4Cr13	≤235	1050～1100	油	50
	7-16	T25444	4Cr13NiVSi	≤235	1000～1030	油	50
	7-17	T25402	2Cr17Ni2	≤285	1000～1050	油	49
	7-18	T25303	3Cr17Mo	≤285	1000～1040	油	46
	7-19	T25513	3Cr17NiMoV	≤285	1030～1070	油	50
	7-20	S44093	9Cr18	≤255	1000～1050	油	55
	7-21	S46993	9Cr18MoV	≤269	1050～1075	油	55
特殊用途模具用钢	8-1	T26377	7Mn15Cr2Al3V2WMo	—	1170℃～1190℃固溶，水冷 650℃～700℃时效，空冷		45
	8-2	S31049	2Cr25Ni20Si2	—	1040℃～1150℃固溶，水或空冷		⑤
	8-3	S51740	0Cr17Ni4Cu4Nb	协议	1020℃～1060℃固溶，空冷 470℃～630℃时效，空冷		⑤
	8-4	H21231	Ni25Cr15Ti2MoMn	≤300	950℃～980℃固溶，水或空冷 720℃＋620℃时效，空冷		⑤
	8-5	H07718	Ni53Cr19Mo3TiNb	≤300	980℃～1000℃固溶，水、油或空冷 710℃～730℃时效，空冷		⑤

① 非合金工具钢材退火后冷拉交货的布氏硬度应不大于 HBW241。
② 根据需方要求，并在合同中注明，制造螺纹刃具用钢为 HBW187～HBW229。
③ 试样在盐浴中保持时间为 5min，在炉控气氛中保持时间为 5min～15min。
④ 试样在盐浴中保持时间为 10min，在炉控气氛中保持时间为 10min～20min。
⑤ 根据需方要求，并在合同中注明，可提供实测值。

工模具钢各牌号的主要特点及用途

表 2-83

类型	序号	统一数字代号	牌号	主要特点及用途
刃具模具用非合金钢	1-1	T00070	T7	亚共析钢，具有较好的塑性、韧性和强度，以及一定的硬度，能承受震动和冲击负荷，但切削性能力差。用于制造承受冲击负荷不大，且要求具有适当硬度和耐磨性极较好韧性的工具
	1-2	T00080	T8	淬透性、韧性均优于 T10 钢，耐磨性也较高，但淬火加热容易过热，变形也大，塑性和强度比较低，大、中截面模具易残存网状碳化物，适用于制作小型拉拔、拉伸、挤压模具
	1-3	T01080	T8Mn	共析钢，具有较高的淬透性和硬度，但塑性和强度较低。用于制造断面较大的木工工具、手锯锯条、刻印工具、铆钉冲模、煤矿用凿等
	1-4	T00090	T9	过共析钢，具有较高的强度，但塑性和强度较低。用于制造要求较高硬度且有一定韧性的各种工具，如刻印工具、铆钉冲模、冲头、木工工具、凿岩工具等
	1-5	T00100	T10	性能较好的非合金工具钢，耐磨性也较高，淬火时过热敏感性小，经适当热处理可得到较高强度和一定韧性，适合制作要求耐磨性较高而受冲击载荷较小的模具
	1-6	T00110	T11	过共析钢，具有较好的综合力学性能（如硬度、耐磨性和韧性等），在加热时对晶粒长大和形成碳化物网的敏感性小。用于制造在工作时切削刃口不变热的工具，如锯、丝锥、锉刀、刮刀、扩孔钻、板牙、尺寸不大和断面无急剧变化的冷冲模及木工刀具等
	1-7	T00120	T12	过共析钢，由于含碳量高，淬火后仍有较多的过剩碳化物，所以硬度和耐磨性高，但韧性低，且淬火变形成。不适于制造切削速度高和受冲击负荷的工具，用于制造不受冲击负荷、切削速度不高、切削刃口不变热的工具，如车刀、铣刀、钻头、丝锥、锉刀、刮刀、扩孔钻、板牙及断面尺寸小的冷切边模和冲孔模等
	1-8	T00130	T13	过共析钢，由于含碳量高，淬火后有更多的过剩碳化物，所以硬度更高，但韧性更差，又由于碳化物数量增加且分布不均匀，故力学性能较差，不适于制造切削速度较高和受冲击负荷的工具，用于制造不受冲击负荷，但要求极高硬度的金属长削工具，如剃刀、刮刀、拉丝工具、锉刀、刻纹用工具，以及坚硬岩石加工用工具和雕刻用工具等
量具刃具用钢	2-1	T31219	9SiCr	比铬钢具有更高的淬透性和淬硬性，且回火稳定性好。适宜制造形状复杂、变形小、耐磨性要求高的低速切削刃具，如钻头、螺纹工具、手动铰刀、搓丝板及滚丝轮等；也可以制作冷作模具（如冲模、打印模等），冷轧辊，矫正辊以及细长杆件
	2-2	T30108	8MnSi	在 T8 钢基础上同时加入 Si、Mn 元素形成的低合金工具钢，具有较高的回火稳定性、较高的淬透性和耐磨性，热处理变形也较非合金氏具钢小。适宜制造木工工具、冷冲模及冲头；也可制造冷加工用的模具

类型	序号	统一数字代号	牌号	主要特点及用途
量具刃具用钢	2-3	T30200	Cr06	在非合金工具钢基础上添加一定量的Cr，淬透性和耐磨性较非合金工具钢高，冷加工塑性变形和切削加工性能较好，适宜制造木工工具，也可制造简单冷加工模具，如冲孔模、冷压模等
	2-4	T31200	Cr2	在T10的基础上添加一定量的Cr，淬透性提高，硬度、耐磨性也比非合金工具钢高，接触疲劳强度也高，淬火变形小。适宜制造木工工具、冷冲模及冲头，也用于制作中小尺寸冷作模具
	2-5	T31209	9Cr2	与Cr2钢性能基本相似，但韧性好于Cr2钢。适宜制造木工工具、冷轧辊、冷冲模及冲头、钢印冲孔模等
	2-6	T30800	W	在非合金工具钢基础上添加一定量的W，热处理后具有更高的硬度和耐磨性，且过热敏感性小，热处理变形小，回火稳定性好等特点。适宜制造小型磨花钻头，也可用于制造丝锥、锉刀、板牙，以及温度不高、切削速度不快的工具
耐冲击工具用钢	3-1	T40294	4CrW2Si	在铬硅钢的基础上添加一定量的钨，具有一定的淬透性和高温强度。适宜制造高冲击载荷下操作的工具，如风动工具、冲裁切边复合模、冲模、冷切用的剪刀等冲剪工具，以及部分小型热作模具
	3-2	T40295	5CrW2Si	在铬硅钢的基础上添加一定量的钨，具有一定的淬透性和高温强度。适宜制造冷剪金属的刀片、铲搓丝板的铲刀、冷冲裁和切边的凹模，以及长期工作的木工工具等
	3-3	T40296	6CrW2Si	在铬硅钢的基础上添加一定量的钨，淬火硬度较高，有一定的高温强主。适宜制造承受冲击载荷而有要求耐磨性高的工具，如风动工具、凿子和模具，冷剪机刀片，冲裁切边用凹槽，空气锤用工具等
	3-4	T40356	6CrMnSi2MolV	相当于ASTM A681中S5钢。具有较高的淬透性和耐磨性、回火稳定性，钢种淬火温度较低，模具使用过程很少发生崩刃和断裂，适宜制造在高冲击载荷下操作的工具、冲模、冷冲裁切边用凹模等
	3-5	T40355	5Cr3MnSiMol	相当于ASTM A681中S7钢。淬透性较好，有较高的强度和回火稳定性，综合性能良好。适宜制造在较高温度、高冲击载何上工作的工具、冲模，也可用于制造锤锻模具
	3-6	T40376	6CrW2SiV	中碳油淬型耐冲击冷作工具钢，具有良好的耐冲击和耐磨损性能的配合。同时具有良好的抗疲劳性能和高的尺寸稳定性。适宜制作刀片、冷成型工具和精密冲裁模以及热冲孔工具等
轧辊用钢	4-1	T42239	9Cr2V	2%Cr系列，高碳含量保证轧辊有高硬度；加铬，可增加钢的淬透性；加钒，可提高钢的耐磨性和细化钢的晶粒。适宜制作冷轧工作辊、支承辊等
	4-2	T42309	9Cr2Mo	2%Cr系列，高碳含量保证轧辊有高硬度，加铬、钼可增加钢的淬透性和耐磨性。该类钢锻造性能良好，控制较低的终锻温度与合适的变形量可细化晶粒，消除沿晶界分布的网状碳化物，并使其均匀分布。适宜制作冷轧工作辊、支承辊和矫正辊

续表

类型	序号	统一数字代号	牌号	主要特点及用途
轧辊用钢	4-3	T42319	9Cr2MoV	2%Cr 系列，但综合性能优于 9Cr2 系列钢。若采用电渣重熔工艺生产，其辊坯的性能更优良。适宜制作冷轧工作辊、支承辊和矫正辊
	4-4	T42518	8Cr3NiMoV	3%Cr 系列，经淬火及冷处理后的淬硬层深度可达 30mm 左右。用于制作冷轧工作辊，使用寿命高于含 2%铬钢
	4-5	T42519	9Cr5NiMoV	即 MC5 钢，淬透性高，其成品轧辊单边的淬硬层可达 35mm～40mm（≥HSD85），耐磨性好，适宜制造要求淬硬层深，轧制条件恶劣，抗事故性高的冷轧辊
冷作模具用钢	5-1	T20019	9Mn2V	具有较高的硬度和耐磨性，淬火时变形较小，淬透性好。适宜制造各种精密量具、样板，也可用于制造尺寸较小的冲模及冷压模、雕刻模、落料模等，以及机床的丝杆等结构件
	5-2	T20299	9CrWMn	具有一定的淬透性和耐磨性，淬火变形较小，碳化物分布均匀且颗粒细小，适宜制作截面不大而变形复杂的冷冲模
	5-3	T21290	CrWMn	油淬钢。由于钨形成碳化物，在淬火和低温回火后比 9SiCr 钢具有更多的过剩碳化物，更高的硬度和耐磨性及较好的韧性。但该钢对形成碳化物网较敏感，若有网状碳化物的存在，工模具的刃部有剥落的危险，从而降低工模具的使用寿命。有碳化物网的钢必须根据其严重程度进行锻造或正火。适宜制作丝锥、板牙、铰刀、小型冲模等
	5-4	T20250	MnCrWV	国际广泛采用的高碳低合金油淬钢，具有较高的淬透性，热处理变形小，硬度高，耐磨性较好。适宜制作钢板冲裁模，剪切刀，落料模，量具和热固性塑料成型模等
	5-5	T21347	7CrMn2Mo	空淬钢，热处理变形小，适宜制作需要接近尺寸公差的制品如修边模、塑料模、压弯工具、冲切模和精压模等
	5-6	T21355	5Cr8MoVSi	ASTM A681 中 A8 钢的改良钢种，具有良好淬透性、韧性、热处理尺寸稳定性。适宜制作硬度在 HRC55～HRC60 的冲头和冷锻模具。也可用于制作非金属刀具材料
	5-7	T21357	7CrSiMnMoV	火焰淬火钢，淬火温度范围宽，淬透性良好，空冷即可淬硬，硬度达到 HRC62～HRC64，具有淬火操作方便，成本低，过热敏感性小，空冷变形小等优点，适宜制作汽车冷弯模具
	5-8	T21350	Cr8Mo2SiV	高韧性、高耐磨性钢，具有高的淬透性和耐磨性，淬火时尺寸变化小等特点，适宜制作冷剪切模、切边模、滚边模、量规、拉丝模、搓丝板、冷冲模等
	5-9	T21320	Cr4W2MoV	具有较高的淬透性、淬硬性、耐磨性和尺寸稳定性，适宜制作各种冲模、冷镦模、落料模、冷挤凹模及搓丝板等工模具
	5-10	T21386	6Cr4W3Mo2VNb	即 65Nb 钢。加入铌以提高钢的强韧性和改善工艺性。适宜制作冷挤压、厚板冷冲、冷镦等承受较大载荷的冷作模具，也可用于制作温热挤压模具
	5-11	T21836	6W6Mo5Cr4V	低碳型高速钢，较 W6Mo5Cr4V2 的碳、钒含量均低，具有较高的韧性，用于冷作模具钢，主要用于制作钢铁材料冷挤压模具

类型	序号	统一数字代号	牌号	主要特点及用途
冷作模具用钢	5-12	T21830	W6Mo5Cr4V2	钨钼系高速钢的代表牌号。具有韧性高，热塑好，耐磨性、红硬性高等特点。用于冷作模具钢，适宜制作各种类型的工具，大型热塑成型的刀具；还可以制作高负荷下耐磨性零件，如冷挤压模具，温挤压模具等
	5-13	T21209	Cr8	具有较好的淬透性和高的耐磨性，适宜制作要求耐磨性较高的各类冷作模具钢，与Cr12相比具有较好的韧性
	5-14	T21200	Cr12	相当于ASTM A681中D3钢，具有良好的耐磨性，适宜制作受冲击负荷较小的要求较高耐磨的冷冲模及冲头、冷剪切刀、钻套、量规、拉丝模等
	5-15	T21290	Cr12W	莱氏体钢。具有较高的耐磨性和淬透性，但塑性、韧性较低。适宜制作高强度、高耐磨性，且受热不大于300℃～400℃的工模具，如钢板深拉伸模、拉丝模、螺纹搓丝板，冷冲模、剪切刀、锯条等
	5-16	T21317	7Cr7Mo2V2Si	比Cr12钢和W6Mo5Cr4V2钢具有更高的强度和韧性，更好地耐磨性，且冷热加工的工艺性能优良，热处理变形小，通用性强，适宜制作承受高负荷的冷挤压模具，冷镦模具，冷冲模具等
	5-17	T21318	Cr5Mo1V	空淬钢，具有良好的空淬特性，耐磨性介于高碳油淬模具钢和高碳高铬耐磨型模具钢之间，但其韧性较好，通用性强，特别适宜制作既要求好的耐磨性又要求好的韧性工模具，如下料模和成型模、轧辊、冲头、压延模和滚丝模等
	5-18	T21319	Cr12MoV	莱氏体钢。具有高的淬透性和耐磨性，淬火时尺寸变化小，比Cr12钢的碳化物分布均匀和较高的韧性。适宜制作形状复杂的冲孔模、冷剪切刀、拉伸模、拉丝模、搓丝板、冷挤压模、量具等
	5-19	T21310	Cr12Mo1V1	莱氏体钢。具有高的淬透性、淬硬性和高的耐磨性；高温抗氧化性能好，热处理变形小；适宜制作各种高精度、长寿命的冷作模具、刃具和量具，如形状复杂的冲孔凹模、冷挤压模、滚丝轮、搓丝板、冷剪切刀和精密量具等
热作模具用钢	6-1	T22345	5CrMnMo	具有与5CrNiMo相似的性能，淬透性较5CrNiMo略差，在高温下工作，耐热疲劳性逊于5CrNiMo，适宜制作要求具有较高强度和高耐磨性的各种类型的锻模
	6-2	T22505	5CrNiMo	具有良好的韧性、强度和较高的耐磨性，在加热到500℃时仍能保持硬度在HBW300左右。由于含有Mo元素，钢对回火脆性不敏感，适宜制作各种大、中型锻模
	6-3	T23504	4CrNi4Mo	具有良好的淬透性、韧性和抛光性能，可空冷硬化，适宜制作热作模具和塑料模具，也可用于制作部分冷作模具
	6-4	T23514	4Cr2NiMoV	5CrMnMo钢的改进型，具有较高的室温强度及韧性，较好的回火稳定性、淬透性及抗热疲劳性能。适制作热锻模具
	6-5	T23515	5CrNi2MoV	与5CrNiMo钢类似，具有良好的淬透性和热稳定性。适宜制作大型锻压模具和热剪
	6-6	T23535	5Cr2NiMoVSi	具有良好的淬透性和热稳定性。适宜制作各种大型热锻模

续表

类型	序号	统一数字代号	牌号	主要特点及用途
热作模具用钢	6-7	T23208	8Cr3	具有一定的室温、高温力学性能。适宜制作热冲孔模的冲头，热切边模的凹模镶块、热顶锻模、热弯曲模，以及工作温度低于 500℃、受冲击较小且要求耐磨的工作零件，如热剪刀片等。也可用于制作冷轧工作辊
	6-8	T23274	4Cr5W2VSi	压铸模用钢，在中温下具有较高的热强度、硬度、耐磨性、韧性和较好的热疲劳性能，可空冷硬化。适宜制作热挤压用的模具和芯棒，铝、锌等轻金属的压铸模，热顶锻结构钢和耐热钢用的工具，以及成型某些零件用的高速锤锻模
	6-9	T23273	3Cr2W8V	在高温下具有高的强度和硬度（650℃时硬度 HBW300 左右），抗冷热交变疲劳性能较好，但韧性较差。适宜制作高温下高应力、但不受冲击载荷的凸模、凹模，如平锻机上用的凸凹模、镶块、铜合金挤压模、压铸用模具；也可用来制作同时承受大压应力、弯应力、拉应力的模具，如反挤压模具等；还可以制作高温下受力的热金属切刀等
	6-10	T23352	4Cr5MoSiV	具有良好的韧性、热强性和热疲劳性能，可空冷硬化。在较低的奥氏体化温度下空淬，热处理变形小，空淬时产生的氧化皮倾向较小，且可以抵抗熔融铝的冲蚀作用。适宜制作铝压铸模、热挤压模和穿孔芯棒、塑料模等
	6-11	T23353	4Cr5MoSiVl	压铸模用钢，相当于 ASTM A681 中 H13 钢，具有良好的韧性和较好的热强性、热疲劳性能和一定的耐磨性。可空冷淬硬，热处理变形小。适宜制作铝、铜及其合金铸件用的压铸模，热挤压模、穿孔用的工具、芯棒、压机锻模、塑料模等
	6-12	T22354	4Cr3Mo3SiV	相当于 ASTM A681 中 H10 钢，具有非常好的淬透性、很高的韧性和高温强度。适宜制作热挤压模、热冲模、热锻模、压铸模等
	6-13	T23355	5Cr4Mo3SiMnVAl	热作、冷作兼用的模具钢。具有较高的热强性、高温硬度、抗回火稳定性，并具有较好的耐磨性、抗热疲劳性、韧性和热加工塑性。模具工作温度可达 700℃，抗氧化性好。用于热作模具钢时，其高温强度和热疲劳性能优于 3Cr2W8V 钢。用于冷作模具钢时，比 Cr12 型和低合金模具钢具有较高的韧性，主要用于轴承行业的热挤压模和标准件行业的冷镦模
	6-14	T23364	4CrMnSiMoV	低合金大截面热锻模用钢，具有良好的淬透性、较高的热强性、耐热疲劳性能、耐磨性和韧性，较好抗回火性能和冷热加工性能等特点。主要用于制作 5CrNiMo 钢不能满足要求的、大型锤锻模和机锻模
	6-15	T23375	5Cr5WMosi	具有良好淬透性和韧性、热处理尺寸稳定性好和中等的耐磨性。适宜制作硬度在 HRC55～HRC60 的冲头。也适宜制作冷作模具、非金属刀具材料
	6-16	T23324	4Cr5MoWVSi	具有良好的韧性和热强性。可空冷硬化，热处理变形小，空淬时产生的氧化皮倾向较小，而且可以抵抗熔融铝的冲蚀作用。适宜制作铝压铸模、锻压模、热挤压模和穿孔芯棒等

续表

类型	序号	统一数字代号	牌号	主要特点及用途
热作模具用钢	6-17	T23323	3Cr3Mo3W2V	ASTM A681 中 H10 改进型钢种，具有高的强韧性和抗冷热疲劳性能，热稳定性好。适宜制作热挤压模、热冲模、热锻模、压铸模等
	6-18	T23325	5Cr4W5Mo2V	具有较高的回火抗力和热稳定性、高的热强性、高温硬度和耐磨性，但其韧性和抗热疲劳性能低于 4Cr5MoSiVl 钢。适宜制作对高温强度和抗磨损性能有较高要求的热作模具，可替代 3Cr2W8V
	6-19	T23314	4Cr5Mo2V	4Cr5MoSiVl 改进型钢，具有良好的淬透性、韧性、热强性、耐热疲劳性，热处理变形小等特点，适宜制作铝、铜及其合金的压铸模具，热挤压模、穿孔用的工具、芯棒
	6-20	T23313	3Cr3Mo3V	具有较高热强性和韧性，良好的抗回火稳定性和疲劳性能。适宜制作镦锻模、热挤压模和压铸模等
	6-21	T23314	4Cr5Mo3V	具有良好的高温强度、良好的抗回火稳定性和高抗热疲劳性。适宜制作热挤压模、温锻模和压铸模具和其他的热成型模具
	6-22	T23393	3Cr3Mo3VCo3	具有高的热强性、良好的回火稳定性和耐抗热疲劳性等特点。适宜制作热挤压模、温锻模和压铸模
塑料模具用钢	7-1	T10450	SM15	非合金塑料模具钢、切削加工性能好，淬火后具有较高的硬度，调质处理后具有良好的强韧性和一定的耐磨性，适宜制作中、小型的中、低档次的塑料模具
	7-2	T10500	SM50	非合金塑料模具钢、切削加工性能好，适宜制作形状简单的小型塑料模具或精度要求不高、使用寿命不需要很长的塑料模具等，但焊接性能、冷变形性能差
	7-3	T10550	SM55	非合金塑料模具钢，切削加工性能中等。适宜制作成形状简单的小型塑料模具或精度要求不高、使用寿命较短的塑料模具
	7-4	T25303	3Cr2Mo	预硬型钢，相当于 ASTM A681 中的 P20 钢，其综合性能好，淬透性高，较大的截面钢材也可获得均匀的硬度，并且同时具有很好的抛光性能，模具表面光洁度高
	7-5	T25553	3Cr2MnNiMo	预硬型钢，相当于瑞典 ASSAB 公司的 718 钢，其综合力学性能好，淬透性高，大截面钢材在调质处理后具有较均匀的硬度分布，有很好的抛光性能
	7-6	T25344	2Cr2Mn1MoS	易切削预硬化型钢，其使用性能与 3Cr2MnNiMo 相似，但具有更优良的机械加工性能
	7-7	T25378	8Cr2MnWMoVS	预硬化型易切削钢，适宜制作各种类型的塑料模、胶木模、陶土瓷料模以及印制板的冲孔模。由于淬火硬度高，耐磨性好，综合力学性能好，热处理变形小，也可用于制作精密的冷冲模具等
	7-8	T25515	5CrNiMnMoVSCa	预硬化型易切削钢，钢中加入 S 元素改善钢的切削加工工艺性能，加入 Ca 元素主要是改善硫化物的组织形态，改善钢的力学性能，降低钢的各向异性。适宜制作各种类型的精密注塑模具、压塑模具和橡胶模具

类型	序号	统一数字代号	牌号	主要特点及用途
塑料模具用钢	7-9	T25512	2CrNiMoMnV	预硬化型镜面塑料模具钢，是 3Cr2MnNiMo 钢的改进型，其淬透性高、硬度均匀，并具有良好的抛光性能、电火花加工性能和蚀花（皮纹加工）性能，适用于渗氮处理，适宜制作大中型镜面塑料模具
	7-10	T25572	2CrNi3MoAl	时效硬化钢。由于固溶处理工序是在切削加工制成模具之前进行的，从而避免了模具的淬火变形，因而模具的热处理变形小，综合力学性能好，适宜制作复杂、精密的塑料模具
	7-11	T25611	1Ni3MnCuMoAl	即 10Ni3MnCuAl，一种镍铜铝系时效硬化型钢，其淬透性好，热处理变形小，镜面加工性能好，适宜制作高镜面的塑料模具、高外观质量的家用电器塑料模具
	7-12	A64060	06Ni6CrMoVTiAl	低合金马氏体时效钢，简称 06Ni 钢，经固溶处理（也可在粗加工后进行）后，硬度为 HRC25～HRC28。在机械加工成所需要的模具形状和经钳工修整及抛光后，再进行时效处理。使硬度明显增加，模具变形小，可直接使用，保证模具有高的精度和使用寿命
	7-13	A64000	00Ni18Co8Mo5TiAl	沉淀硬化型超高强度钢，简称 18Ni（250）钢，具有高强韧性，低硬化指数，良好成形性和焊接性。适宜制作铝合金挤压模和铸件模、精密模具及冷冲模等工模具等
	7-14	S42023	2Cr13	耐腐蚀型钢，属于 Cr13 型不锈钢，机械加工性能较好，经热处理后具有优良的耐腐蚀性能、较好的强韧性，适宜制作承受高负荷并在腐蚀介质作用下的塑料模具钢和透明塑料制品模具等
	7-15	S42043	4Cr13	耐腐蚀型钢，属于 Cr13 型不锈钢，力学性能较好，经热处理（淬火及回火）后，具有优良的耐腐蚀性能、抛光性能、较高的强度和耐磨性，适宜制作承受高负荷并在腐蚀介质作用下的塑料模具钢和透明塑料制品模具等
	7-16	T25444	4Cr13NiVSi	耐腐蚀预硬化型钢，属于 Cr13 型不锈钢，淬回火硬度高，有超镜面加工性，可预硬至 HRC31～HRC35，镜面加工性好。适宜制作要求高精度、高耐磨、高耐蚀塑料模具；也用于制作透明塑料制品模具
	7-17	T25402	2Cr17Ni2	耐腐蚀预硬化型钢，具有好的抛光性能；在玻璃模具的应用中具有好的抗氧化性。适宜制作耐腐蚀塑料模具，并且不用采用 Cr、Ni 涂层
	7-18	T25303	3Cr17Mo	耐腐蚀预硬化型钢，属于 Cr17 型不锈钢，具有优良的强韧性和较高的耐蚀性，适宜制作各种类型的要求高精度、高耐磨，又要求耐蚀性的塑料模具和透明塑料制品模具
	7-19	T25513	3Cr17NiMoV	耐腐蚀预硬化型钢，属于 Cr17 型不锈钢，具有优良的强韧性和较高的耐蚀性，适宜制作各种要求高精度、高耐磨，又要求耐蚀的塑料模具和压制透明的塑料制品模具

续表

类型	序号	统一数字代号	牌号	主要特点及用途
塑料模具用钢	7-20	S44093	9Cr18	耐腐蚀、耐磨型钢，属于高碳马氏体钢，淬火后具有很高的硬度和耐磨性，较 Cr17 型马氏体钢的耐蚀性能有所改善，在大气、水及某些酸类和盐类的水溶液中有优良的不锈耐蚀性。适宜制作要求耐蚀、高强度和耐磨损的零部件，如轴、杆类、弹簧、紧固件等
	7-21	S46993	9Cr18MoV	耐腐蚀、耐磨型钢，属于高碳铬不锈钢，基本性能和用途与 9Cr18 钢相近，但热强性和抗回火性能更好。适宜制作承受摩擦并在腐蚀介质中工作的零件，如量具、不锈切片机械刃具及剪切工具、手术刀片、高耐磨设备零件等
特殊用模具用钢	8-1	T26377	7Mn15Cr2A13V2WMo	一种高 Mn-V 系无磁钢。在各种状态下都能保持稳定的奥氏体，具有非常低的导磁系数，高的硬度、强度、较好的耐磨性。适宜制作无磁模具、无磁轴承及其他要求在强磁场中不产生磁感应的结构零件。也可以用来制造在 700℃～800℃下使用的热作模具
	8-2	S31049	2Cr25Ni20Si2	奥氏体型耐热钢，具有较好的抗一般耐蚀性能。最高使用温度可达 1200℃。连续使用最高温度为 1150℃；间歇使用最高温度为 1050℃～1100℃。适宜制作加热炉的各种构件，也用于制造玻璃模具等
	8-3	S51740	0Cr17Ni4Cu4Nb	马氏体沉淀硬化不锈钢。含碳量低，其抗腐蚀性和可焊性比一般马氏体不锈钢好，此钢耐酸性能好、切削性好、热处理工艺简单。在 400℃以上长期使用时有脆化倾向，适宜制作工作温度 400℃以下，要求耐酸蚀性、高强度的部件；也适宜制作在腐蚀介质作用下要求高性能、高精密的塑料模具等
	8-4	H21231	Ni25Cr15Ti2MoMn	即 GH2132B，Fe-25Ni-15Cr 基时效强化型高温合金，加入钼、钛、铝、钒和微量硼综合强化，特点是高温耐磨性好，高温抗变形能力强，高温抗氧化性能优良，无缺口敏感性、热疲劳性能优良。适宜制作在 650℃以下长期工作的高温承力部件和热作模具，如铜排模，热挤压模和内筒等
	8-5	H07718	Ni53Cr19Mo3TiNb	即 In718 合金，以体心四方的 γ'' 相和面心立方的 γ' 相沉淀强化的镍基高温合金，在合金名加入铝、钛以形成金属间化合物进行 γ'（Ni3AlTi）相沉淀强化。具有高温强度高，高温稳定性好，抗氧化性好，冷热疲劳性能及冲击韧性优异等特点，适宜制作 600℃以上使用的热锻模、冲头、热挤压模、压铸模等

12. 高速工具钢棒（GB/T 9943—2008）

　　高速工具钢适用于截面尺寸（直径、边长、厚度或对边距离）不大于 250mm 的热轧、锻制、冷拉等钢棒（圆钢、方钢、扁钢、六角钢等）、盘条及银亮钢棒，其化学成分也同样适用于锭、坯。

　　高速工具钢按化学成分分类，可分为钨系高速工具钢和钨钼系高速工具钢。按性能分类，可分为低合金高速工具钢（HSS-L）、普通高速工具钢（HSS）和高性能高速工具钢（HSS-E）。

　　钢棒以退火状态交货，或退火后再经过其他加工方法加工后交货，具体要应在合同中注明。

　　高速工具钢棒牌号与化学成分（熔炼分析）见表 2-84，交货硬度和试样淬火硬度值见表 2-85，常用高速工具钢棒的特性和用途见表 2-86。

高速工具钢棒牌号与化学成分（熔炼分析）　　　　表 2-84

序号	牌 号①	化学成分（质量分数）/%									
		C	Mn	Si②	S③	P	Cr	V	W	Mo	Co
1	W3Mo3Cr4V2	0.95~1.03	≤0.40	≤0.45	≤0.030	≤0.030	3.80~4.50	2.20~2.50	2.70~3.00	2.50~2.90	—
2	W4Mo3Cr4VSi	0.83~0.03	0.20~0.40	0.70~1.00	≤0.030	≤0.030	3.80~4.40	1.20~1.80	3.50~4.50	2.50~3.50	—
3	W18Cr4V	0.73~0.83	0.10~0.40	0.20~0.40	≤0.030	≤0.030	3.80~4.50	1.00~1.20	17.20~18.70	—	—
4	W2Mo8Cr4V	0.77~0.87	≤0.40	≤0.70	≤0.030	≤0.030	3.50~4.50	1.00~1.40	1.40~2.00	8.00~9.00	—
5	W2Mo9Cr4V2	0.95~1.05	0.15~0.40	≤0.70	≤0.030	≤0.030	3.50~4.50	1.75~2.20	1.50~2.10	8.20~9.20	—
6	W6Mo5Cr4V2	0.80~0.90	0.15~0.40	0.20~0.45	≤0.030	≤0.030	3.80~4.40	1.75~2.20	5.50~6.75	4.50~5.50	—
7	CW6MoSCr4V2	0.86~0.94	0.15~0.40	0.20~0.45	≤0.030	≤0.030	3.80~4.50	1.75~2.10	5.90~6.70	4.70~5.20	—
8	W6Mo6Cr4V2	1.00~1.10	≤0.40	≤0.45	≤0.030	≤0.030	3.80~4.50	2.30~2.60	5.90~6.70	5.50~6.50	—
9	W9Mo3Cr4V	0.77~0.87	0.20~0.40	0.20~0.40	≤0.030	≤0.030	3.80~4.40	1.30~1.70	8.50~9.50	2.70~3.30	—
10	W6MoSCr4V3	1.15~1.25	0.15~0.40	0.20~0.46	≤0.030	≤0.030	3.80~4.50	2.70~3.20	5.90~6.70	4.70~6.20	—
11	CW6MoSCr4V3	1.25~1.32	0.15~0.40	≤0.70	≤0.030	≤0.030	3.75~4.50	2.70~3.20	5.90~6.70	4.70~5.20	—
12	W6Mo5Cr4V4	1.25~1.40	≤0.40	≤0.45	≤0.030	≤0.030	3.80~4.50	3.70~4.20	5.20~6.00	4.20~5.00	—
13	W6Mo5Cr4V2Al	1.05~1.15	0.15~0.40	0.20~0.60	≤0.030	≤0.030	3.80~4.40	1.75~2.20	5.50~6.75	4.50~5.50	Al: 0.80~1.20
14	W12Cr4VSCo5	1.50~1.60	0.15~0.40	0.15~0.40	≤0.030	≤0.030	3.75~5.00	4.50~5.25	11.75~13.00	—	4.75~5.25
15	W6Mo5Cr4V2Co5	0.87~0.95	0.15~0.40	0.20~0.45	≤0.030	≤0.030	3.80~4.50	1.70~2.10	5.90~6.70	4.70~5.20	4.50~5.00

续表

序号	牌号①	化学成分（质量分数）/%									
		C	Mn	Si②	S③	P	Cr	V	W	Mo	Co
16	W6Mo5Cr4V3Co8	1.23~1.33	≤0.40	≤0.70	≤0.030	≤0.030	3.80~4.50	2.70~3.20	5.90~6.70	4.70~5.30	8.00~8.80
17	W7Mo4Cr4V2Co5	1.05~1.15	0.20~0.60	0.15~0.50	≤0.030	≤0.030	3.75~4.50	1.75~2.25	6.25~7.00	3.25~4.25	4.75~5.75
18	W2Mo9Cr4VCo8	1.05~1.15	0.15~0.40	0.15~0.65	≤0.030	≤0.030	3.50~4.25	0.95~1.35	1.15~1.85	9.00~10.00	7.75~8.75
19	W10Mo4Cr4V3Co10	1.20~1.35	≤0.40	≤0.45	≤0.030	≤0.030	3.80~4.50	3.00~3.50	9.00~10.00	3.20~3.90	9.50~10.50

① 表中牌号 W18Cr4V、W12Cr4V5Co5 为钨系高速工具钢，其他牌号为钨钼系高速工具钢。

② 电渣钢的硅含量下限不限。

③ 根据需方要求，为改善钢的切削加工性能，其硫含量可规定为 0.06%~0.15%。

高速工具钢棒交货硬度和试样淬火硬度　　　　　　　表 2-85

序号	牌号	交货硬度①（退火态）HBW 不大于	试样热处理制度及淬回火硬度					
			预热温度℃	淬火温度/℃		淬火介质	回火温度②℃	硬度③HRC 不小于
				盐浴炉	箱式炉			
1	W3Mo3Cr4V2	255		1180~1120	1180~1120		540~560	63
2	W4Mo3Cr4VSi	255		1170~1190	1170~1190		540~560	63
3	W18Cr4V	255		1250~1270	1260~1280		550~570	63
4	W2Mo8Cr4V	255		1180~1120	1180~1120		550~570	63
5	W2Mo9Cr4V2	255		1190~1210	1200~1220		540~560	64
6	W6Mo5Cr4V2	255		1200~1220	1210~1230		540~560	64
7	CW6Mo5Cr4V2	255		1100~1210	1200~1220		540~660	64
8	W6Mo6Cr4V2	262		1190~1210	1190~1210		550~570	64
9	W9Mo3Cr4V	255		1200~1220	1220~1240		540~560	64
10	W6Mo5Cr4V3	262	800~900	1190~1210	1200~1220	油或盐浴	540~560	64
11	CW6Mo5Cr4V3	262		1180~1200	1190~1210		540~560	64
12	W6Mo5Cr4V4	269		1200~1220	1200~1220		550~570	64
13	W6Mo5Cr4V2Al	269		1200~1220	1230~1240		550~570	65
14	W12Cr4V5Co5	277		1220~1240	1230~1250		540~560	65
15	W6Mo5Cr4V2Co5	269		1190~1210	1200~1220		540~560	64
16	W6Mo5Cr4V3Co8	285		1170~1190	1170~1190		550~570	65
17	W7Mo4Cr4V2Co5	269		1180~1200	1190~1210		540~560	66
18	W2Mo9Cr4VCo8	269		1170~1190	1180~1200		540~560	66
19	W10Mo4Cr4V3Co10	285		1220~1240	1220~1240		550~570	66

① 退火+冷拉态的硬度，允许比退火态指标增加 50HBW。

② 回火温度为 550℃~570℃时，回火 2 次，每次 1h；回火温度为 540℃~560℃时，回火 2 次，每次 2h。

③ 试样淬回火硬度供方若能保证可不检验。

常用高速工具钢棒的特性和用途　　　　　　　　　表 2-86

牌　　号	特　性　和　用　途
W18Cr4V	是使用最广泛的钨系通用型高速钢，具有较高的硬度、红硬性及高温硬度，易于磨削加工。主要用作工作温度在 600℃ 以下仍能保持切削性能的刀具，如车刀、刨刀、铣刀、钻头、铰刀、拉刀、各种齿轮刀具及丝锥、板牙等，适于加工软的或中等硬度（HBW300～320 以下）的材料。也可制作高温耐磨机械零件
W6Mo5Cr4V2	为钨钼系通用型高速钢的代表钢号，其碳化物细小均匀、韧性高、热塑性好；而硬度、红硬性及高温硬度与 W18Cr4V 相当。可用于制造各种承受冲击力较大的刀具及大型热塑成形刀具，也可作冷作模具等
CW6Mo5Cr4V2	是高碳钼系通用型高速钢，淬火后表面硬度达 HRC67～68，耐热性和耐磨性比 W6Mo5Cr4V2 高。可制作要求切削性能较高的工具。但此钢不能承受大的冲击
W2Mo9Cr4V2	为钨钼系通用型高速钢，易于热处理，较耐磨，热硬度及韧性较高，可磨削性优良，密度较小。可制作钻头、铣刀、刀片、成形刀具、车削及铣削刀具、丝锥、板牙、锯条及各种冷冲模具等
W6Mo5Cr4V3	是高碳高钒型高速钢，该钢经济、碳化物细小均匀、韧性高、塑性好，但可磨削性差，易于氧化脱碳。可制作各种类型一般刀具，适于加工中高强度钢、高温合金等难加工材料，不宜制作高精度复杂刀具
W6Mo5Cr4V2Co5	为钨钼系一般含钴型高速钢，提高了红硬性及高温硬度，改善了耐磨性，有较好的切削性，但强度和冲击韧性较低。一般用作齿轮刀具、铣削工具以及冲头，刀头等工具，供切削硬质材料用
W12Cr4V5Co5	为钨系高碳高钒含钴高速钢，具有很高的耐磨性、高的硬度及抗回头稳定性，并提高了高温硬度和红硬性。可在较高工作温度下使用，耐用度超过一般高速钢 2 倍以上。可用作钻削工具、螺纹梳刀、车刀、铣削工具、成形刀具、齿轮刀具、刮刀刀片等及冷作模具。适于加工中高强度钢、冷轧钢、铸造合金钢、低合金超高强度钢等难加工材料。不宜制作高精度复杂刀具。此钢强度和韧性较低，成本较贵
W6Mo5Cr4V2Al	为"以铝代钴"的钨钼系超硬型高速钢，其硬度高（可达 HRC68～69），耐磨，高温硬度和红硬性高，热塑性好。可制作各种拉刀、齿轮滚刀、插齿刀、车刀、镗刀、刨刀、扩孔钻等切削工具，用于加工高温合金，不锈钢、超高强度钢等
W2Mo9Cr4VCo8	为钨钼系高碳含钴超硬型高速钢的代表钢号，具有高的常温硬度（可达 HRC70）和高温硬度、高红硬性、易磨削、锋利等优点。适用制作各种高精度复杂刀具，如成形铣刀、精密拉刀等，也可用作各种高硬度刀头、刀片等

三、型　　钢

1. 热轧圆钢和方钢（GB/T 702—2008）

本标准适用于直径为 5.5～310mm 的热轧圆钢和边长为 5.5～200mm 的热轧方钢。热轧圆钢和方钢的截面形状见图 2-1，尺寸及理论重量见表 2-87。

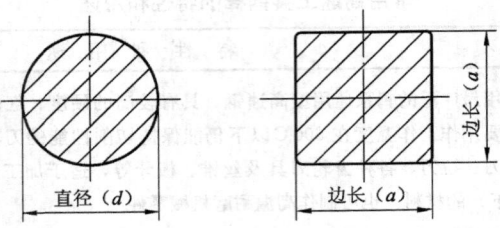

图 2-1 热轧圆钢和方钢截面形状

热轧圆钢和方钢的尺寸及理论重量 表 2-87

圆钢公称直径 d 方钢公称边长 a/mm	理论重量/（kg/m）		圆钢公称直径 d 方钢公称边长 a/mm	理论重量/（kg/m）	
	圆 钢	方 钢		圆 钢	方 钢
5.5	0.186	0.237	26	4.17	5.31
6	0.222	0.283	27	4.49	5.72
6.5	0.260	0.332	28	4.83	6.15
7	0.302	0.385	29	5.18	6.60
8	0.395	0.502	30	5.55	7.06
9	0.499	0.636	31	5.92	7.54
10	0.617	0.785	32	6.31	8.04
11	0.746	0.950	33	6.71	8.55
12	0.888	1.13	34	7.13	9.07
13	1.04	1.33	35	7.55	9.62
14	1.21	1.54	36	7.99	10.2
15	1.39	1.77	38	8.90	11.3
16	1.58	2.01	40	9.86	12.6
17	1.78	2.27	42	10.9	13.8
18	2.00	2.54	45	12.5	15.9
19	2.23	2.83	48	14.2	18.1
20	2.47	3.14	50	15.4	19.6
21	2.72	3.46	53	17.3	22.0
22	2.98	3.80	55	18.6	23.7
23	3.26	4.15	56	19.3	24.6
24	3.55	4.52	58	20.7	26.4
25	3.85	4.91	60	22.2	28.3

圆钢公称直径 d 方钢公称边长 a/mm	理论重量/（kg/m）		圆钢公称直径 d 方钢公称边长 a/mm	理论重量/（kg/m）	
	圆　钢	方　钢		圆　钢	方　钢
63	24.5	31.2	150	139	177
65	26.0	33.2	155	148	189
68	28.5	36.3	160	158	201
70	30.2	38.5	165	168	214
75	34.7	44.2	170	178	227
80	39.5	50.2	180	200	254
85	44.5	56.7	190	223	283
90	49.9	63.6	200	247	314
95	55.6	70.8	210	272	
100	61.7	78.5	220	298	
105	68.0	86.5	230	326	
110	74.6	95.0	240	355	
115	81.5	104	250	385	
120	88.8	113	260	417	
125	96.3	123	270	449	
130	104	133	280	483	
135	112	143	290	518	
140	121	154	300	555	
145	130	165	310	592	

注：1. 表中的理论重量按密度为 7.85g/cm³ 计算的。

2. 通常长度：普通质量钢截面公称尺寸≤25mm 为 4~12m，>25mm 为 3~12m。优质及特殊质量钢（工具钢除外）为 2~12m，碳素和合金工具钢截面公称尺寸≤75mm 为 2~12m，>75mm 为 1~8m。

短尺长度：普通质量钢，不小于 2.5m，优质及特殊质量钢（工具钢除外）不小于 1.5m，碳素和合金工具钢截面公称尺寸≤75mm 为不小于 1.0m，>75mm 为不小于 0.5m（包括高速工具钢全部规格）。

3. 热轧圆钢和方钢以直条交货。经供需双方协商，亦可以盘卷交货。

2. 热轧扁钢（GB/T 702—2008）

本标准适用于厚度为 3~60mm，宽度为 10~200mm 的一般用途热轧扁钢。热轧扁钢的截面形状见图 2-2，尺寸及理论重量见表 2-88。

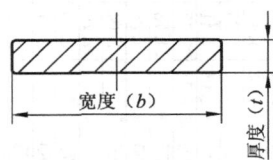

图 2-2　热轧扁钢截面形状

热轧扁钢的尺寸及理论重量

表 2-88

理论重量/(kg/m)

公称宽度/mm ＼ 厚度/mm	3	4	5	6	7	8	9	10	11	12	14	16	18	20	22	25	28	30	32	36	40	45	50	56	60
10	0.24	0.31	0.39	0.47	0.55	0.63																			
12	0.28	0.38	0.47	0.57	0.66	0.75																			
14	0.33	0.44	0.55	0.66	0.77	0.88																			
16	0.38	0.50	0.63	0.75	0.88	1.00	1.13	1.26																	
18	0.42	0.57	0.71	0.85	0.99	1.13	1.27	1.41																	
20	0.47	0.63	0.78	0.94	1.10	1.26	1.41	1.57	1.73	1.88															
22	0.52	0.69	0.86	1.04	1.21	1.38	1.55	1.73	1.90	2.07															
25	0.59	0.78	0.98	1.18	1.37	1.57	1.77	1.96	2.16	2.36	2.75	3.14													
28	0.66	0.88	1.10	1.32	1.54	1.76	1.98	2.20	2.42	2.64	3.08	3.53													
30	0.71	0.94	1.18	1.41	1.65	1.88	2.12	2.36	2.59	2.83	3.30	3.77	4.24	4.71											
32	0.75	1.00	1.26	1.51	1.76	2.01	2.26	2.55	2.76	3.01	3.52	4.02	4.52	5.02											
35	0.82	1.10	1.37	1.65	1.92	2.20	2.47	2.75	3.02	3.30	3.85	4.40	4.95	5.50	6.04	6.87	7.69								
40	0.94	1.26	1.57	1.88	2.20	2.51	2.83	3.14	3.45	3.77	4.40	5.02	5.65	6.28	6.91	7.85	8.79								
45	1.06	1.41	1.77	2.12	2.47	2.83	3.18	3.53	3.89	4.24	4.95	5.65	6.36	7.07	7.77	8.83	9.89	10.60	11.30	12.72					
50	1.18	1.57	1.96	2.36	2.75	3.14	3.53	3.93	4.32	4.71	5.50	6.28	7.06	7.85	8.64	9.81	10.99	11.78	12.56	14.13					
55		1.73	2.16	2.59	3.02	3.45	3.89	4.32	4.75	5.18	6.04	6.91	7.77	8.64	9.50	10.79	12.09	12.95	13.82	15.54					
60		1.88	2.36	2.83	3.30	3.77	4.24	4.71	5.18	5.65	6.59	7.54	8.48	9.42	10.36	11.78	13.19	14.13	15.07	16.96	18.84	21.20			
65		2.04	2.55	3.06	3.57	4.08	4.59	5.10	5.61	6.12	7.14	8.16	9.18	10.20	11.23	12.76	14.29	15.31	16.33	18.37	20.41	22.96			
70		2.20	2.75	3.30	3.85	4.40	4.95	5.50	6.04	6.59	7.69	8.79	9.89	10.99	12.09	13.74	15.39	16.49	17.58	19.78	21.98	24.73			
75		2.36	2.94	3.53	4.12	4.71	5.30	5.89	6.48	7.07	8.24	9.42	10.60	11.78	12.95	14.72	16.48	17.66	18.84	21.20	23.55	26.49			
80		2.51	3.14	3.77	4.40	5.02	5.65	6.28	6.91	7.54	8.79	10.05	11.30	12.56	13.82	15.70	17.58	18.84	20.10	22.61	25.12	28.26	31.40	35.17	
85			3.34	4.00	4.67	5.34	6.01	6.67	7.34	8.01	9.34	10.68	12.01	13.34	14.68	16.68	18.68	20.02	21.35	24.02	26.69	30.03	33.36	37.37	40.04
90			3.53	4.24	4.95	5.65	6.36	7.07	7.77	8.48	9.89	11.30	12.72	14.13	15.54	17.66	19.78	21.20	22.61	25.43	28.26	31.79	35.32	39.56	42.39
95			3.73	4.47	5.22	5.97	6.71	7.46	8.20	8.95	10.44	11.93	13.42	14.92	16.41	18.64	20.88	22.37	23.86	26.85	29.83	33.56	37.29	41.76	44.74
100			3.92	4.71	5.50	6.28	7.06	7.85	8.64	9.42	10.99	12.56	14.13	15.70	17.27	19.62	21.98	23.55	25.12	28.26	31.40	35.32	39.25	43.96	47.10
105			4.12	4.95	5.77	6.59	7.42	8.24	9.07	9.89	11.54	13.19	14.84	16.48	18.13	20.61	23.08	24.73	26.38	29.67	32.97	37.09	41.21	46.16	49.46
110			4.32	5.18	6.04	6.91	7.77	8.64	9.50	10.36	12.09	13.82	15.54	17.27	19.00	21.59	24.18	25.90	27.63	31.09	34.54	38.86	43.18	48.36	51.81
120			4.71	5.65	6.59	7.54	8.48	9.42	10.36	11.30	13.19	15.07	16.96	18.84	20.72	23.55	26.38	28.26	30.14	33.91	37.68	42.39	47.10	52.75	56.52
125				5.89	6.87	7.85	8.83	9.81	10.79	11.78	13.74	15.70	17.66	19.62	21.58	24.53	27.48	29.44	31.40	35.32	39.25	44.16	49.06	54.95	58.88
130				6.12	7.14	8.16	9.18	10.20	11.23	12.25	14.29	16.33	18.37	20.41	22.45	25.51	28.57	30.62	32.66	36.74	40.82	45.92	51.02	57.15	61.23
140					7.69	8.79	9.89	10.99	12.09	13.19	15.39	17.58	19.78	21.98	24.18	27.48	30.77	32.97	35.17	39.56	43.96	49.46	54.95	61.54	65.94
150					8.24	9.42	10.60	11.78	12.95	14.13	16.48	18.84	21.20	23.55	25.90	29.44	32.97	35.32	37.68	42.39	47.10	52.99	58.88	65.94	70.65
160					8.79	10.05	11.30	12.56	13.82	15.07	17.58	20.10	22.61	25.12	27.63	31.40	35.17	37.68	40.19	45.22	50.24	56.52	62.80	70.34	75.36
180					9.89	11.30	12.72	14.13	15.54	16.96	19.78	22.61	25.43	28.26	31.09	35.32	39.56	42.39	45.22	50.87	56.52	63.58	70.65	79.13	84.78
200					10.99	12.56	14.13	15.70	17.27	18.84	21.98	25.12	28.26	31.40	34.54	39.25	43.96	47.10	50.24	56.52	62.80	70.65	78.50	87.92	94.20

注：
1. 表中的理论重量按密度为 7.85g/cm³ 计算的。
2. 表中的粗线用以划分扁钢的组别：1 组——理论重量<19kg/m；2 组——理论重量≥19kg/m。
3. 通常长度：1 组长度为 3~9m，2 组为 3~7m，优质及特殊质量钢为 2~6m。短尺长度：≥1.5m。

3. 热轧六角钢和八角钢（GB/T 702—2008）

本标准适用于对边距离为 8～70mm 的热轧六角钢和对边距离为 16～40mm 的热轧八角钢。热轧六角钢和热轧八角钢的截面形状见图 2-3，尺寸及理论重量见表 2-89。

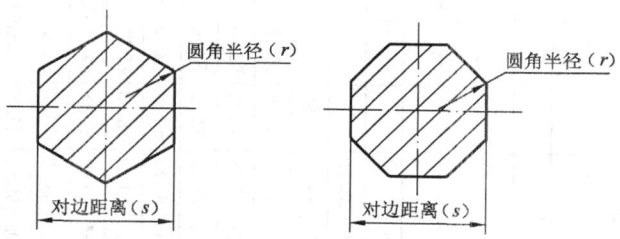

图 2-3　热轧六角钢和热轧八角钢截面形状

热轧六角钢和热轧八角钢的尺寸及理论重量　　　　　　　　　　　　表 2-89

对边距离	截面面积 A/cm²		理论重量/（kg/m）		对边距离	截面面积 A/cm²		理论重量/（kg/m）	
s/mm	六角钢	八角钢	六角钢	八角钢	s/mm	六角钢	八角钢	六角钢	八角钢
8	0.5543	—	0.435	—	28	6.790	6.492	5.33	5.10
9	0.7015	—	0.551	—	30	7.794	7.452	6.12	5.85
10	0.866	—	0.680	—	32	8.868	8.479	6.96	6.66
11	1.048	—	0.823	—	34	10.011	9.572	7.86	7.51
12	1.247	—	0.979	—	36	11.223	10.731	8.81	8.42
13	1.464	—	1.05	—	38	12.505	11.956	9.82	9.39
14	1.697	—	1.33	—	40	13.86	13.250	10.88	10.40
15	1.949	—	1.53	—	42	15.28	—	11.99	—
16	2.217	2.120	1.74	1.66	45	17.54	—	13.77	—
17	2.503	—	1.96	—	48	19.95	—	15.66	—
18	2.806	2.683	2.20	2.16	50	21.65	—	17.00	—
19	3.126	—	2.45	—	53	24.33	—	19.10	—
20	3.464	3.312	2.72	2.60	56	27.16	—	21.32	—
21	3.819	—	3.00	—	58	29.13	—	22.87	—
22	4.192	4.008	3.29	3.15	60	31.18	—	24.50	—
23	4.581	—	3.60	—	63	34.37	—	26.98	—
24	4.988	—	3.92	—	65	36.59	—	28.72	—
25	5.413	5.175	4.25	4.06	68	40.04	—	31.43	—
26	5.854	—	4.60	—	70	42.43	—	33.30	—
27	6.314	—	4.96	—					

注：1. 表中的理论重量按密度为 7.85g/cm³ 计算的。

2. 表中截面积（A）的计算公式：$A = \frac{1}{4}nS^2 \mathrm{tg}\frac{\phi}{2} \times \frac{1}{100}$

六角形 $A = \frac{3}{2}S^2 \tan 30° \times \frac{1}{100} \approx 0.866S^2 \times \frac{1}{100}$

八角形 $A = 2S^2 \tan 22.30' \times \frac{1}{100} \approx 0.828S^2 \times \frac{1}{100}$

式中：n—正 n 边形数；ϕ—正 n 边形圆内角，$\phi=360/n$

3. 通常长度：普通质量钢为 3～8m，优质及特殊质量钢为 2～6m。短尺长度：普通质量钢≥2.5m，优质及特殊质量钢≥1.5m。

4. 热轧工具钢扁钢（GB/T 702—2008）

本标准适用于厚度为 4～100mm，宽度为 10～310mm 的热轧工具钢扁钢。热轧工具钢扁钢的截面形状见图 2-2，尺寸及理论重量见表 2-90。

热轧工具钢扁钢的尺寸及理论重量

表2-90

扁钢公称厚度/mm；理论重量/(kg/m)

公称宽度/mm	4	6	8	10	13	16	18	20	23	25	28	32	36	40	45	50	56	63	71	80	90	100
10	0.31	0.47	0.63																			
13	0.40	0.57	0.75	0.94																		
16	0.50	0.75	1.00	1.26	1.51																	
20	0.63	0.94	1.26	1.57	1.88	2.51	2.83															
25	0.78	1.18	1.57	1.96	2.36	3.14	3.53	3.93	4.32													
32	1.00	1.51	2.01	2.55	3.01	4.02	4.52	5.02	5.53	6.28	7.03											
40	1.26	1.88	2.51	3.14	3.77	5.02	5.65	6.28	6.91	7.85	8.79	10.05	11.30									
50	1.57	2.36	3.14	3.93	4.71	6.28	7.06	7.85	8.64	9.81	10.99	12.56	14.13									
63	1.98	2.91	3.96	4.95	5.93	7.91	8.90	9.89	10.88	12.36	13.85	15.83	17.80	19.78	22.25	24.73						
71	2.23	3.34	4.46	5.57	6.69	8.92	10.03	11.15	12.26	13.93	15.61	17.84	20.06	22.29	25.08	27.87	31.21	35.11				
80	2.51	3.77	5.02	6.28	7.54	10.05	11.30	12.56	13.82	15.70	17.58	20.10	22.61	25.12	28.26	31.40	35.17	39.56	44.59			
90	2.83	4.24	5.65	7.07	8.48	11.30	12.72	14.13	15.54	17.66	19.78	22.61	25.43	28.26	31.79	35.32	39.56	44.51	50.16	56.52		
100	3.14	4.71	6.28	7.85	9.42	12.56	14.13	15.70	17.27	19.62	21.98	25.12	28.26	31.40	35.32	39.25	43.96	49.46	55.74	62.80	70.65	
112	3.52	5.28	7.03	8.79	10.55	14.07	15.83	17.58	19.34	21.98	24.62	28.13	31.65	35.17	39.56	43.96	49.24	55.39	62.42	70.34	79.13	87.92
125	3.93	5.89	7.85	9.81	11.78	15.70	17.66	19.62	21.58	24.53	27.48	31.40	35.32	39.25	44.16	49.06	54.95	61.82	69.67	78.50	88.31	98.13
140	4.40	6.59	8.79	10.99	13.19	17.58	19.78	21.98	24.18	27.48	30.77	35.17	39.56	43.96	49.46	54.95	61.54	69.24	78.03	87.92	98.81	109.90
160	5.02	7.54	10.05	12.56	15.07	20.10	22.61	25.12	27.63	31.40	35.17	40.19	45.22	50.24	56.52	62.80	70.34	79.13	89.18	100.48	113.04	125.60
180	5.65	8.48	11.30	14.13	16.96	22.61	25.43	28.26	31.09	35.33	39.56	45.22	50.87	56.52	63.59	70.65	79.13	89.02	100.32	113.04	127.17	141.30
200	6.28	9.42	12.56	15.70	18.84	25.12	28.26	31.40	34.54	39.25	43.96	50.24	56.52	62.80	70.65	78.50	87.92	98.91	111.47	125.60	141.30	157.00
224	7.03	10.55	14.07	17.58	21.10	28.13	31.65	35.17	38.68	43.96	49.24	56.27	63.30	70.34	79.12	87.92	98.47	110.78	124.85	140.67	158.26	175.84
250	7.85	11.78	15.70	19.63	23.55	31.40	35.33	39.25	43.18	49.06	54.95	62.80	70.65	78.50	88.31	98.13	109.90	123.64	139.34	157.00	176.63	196.25
280	8.79	13.19	17.58	21.98	26.38	35.17	39.56	43.96	48.36	54.95	61.54	70.34	79.13	87.92	98.91	109.90	123.09	138.47	156.06	175.84	197.82	219.80
310	9.73	14.60	19.47	24.34	29.20	38.94	43.80	48.67	53.54	60.84	68.14	77.87	87.61	97.34	109.51	121.68	136.28	153.31	172.78	194.68	219.02	243.35

注: 1. 表中的理论重量按密度为7.85g/cm³ 计算的。

2. 通常长度：公称宽度≤70mm 为≥2m，公称宽度>70mm 为≥1m。短尺长度：公称宽度≤50mm 为≥1.5m，公称宽度>50~70mm 为≥0.75m。

5. 热轧等边角钢（GB/T 706—2008）

热轧等边角钢的截面形状见图 2-4，截面尺寸、截面面积、理论重量及截面特性见表 2-91。

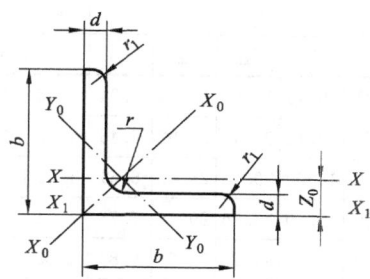

图 2-4 热轧等边角钢截面形状

b—边宽度；d—边厚度；r—内圆弧半径；Z_0—重心距离；r_1—边端内圆弧半径

热轧等边角钢的截面尺寸、截面面积、理论重量及截面特性 表 2-91

型号	截面尺寸 mm			截面面积 cm²	理论重量 kg/m	外表面积 m²/m	惯性矩 cm⁴				惯性半径 cm			截面模数 cm³			重心距离 cm
	b	d	r				I_x	I_{x1}	I_{x0}	I_{y0}	i_x	i_{x0}	i_{y0}	W_x	W_{x0}	W_{y0}	Z_0
2	20	3	3.5	1.132	0.889	0.078	0.40	0.81	0.63	0.17	0.59	0.75	0.39	0.29	0.45	0.20	0.60
		4		1.459	1.145	0.077	0.50	1.09	0.78	0.22	0.58	0.73	0.38	0.36	0.55	0.24	0.64
2.5	25	3		1.432	1.124	0.098	0.82	1.57	1.29	0.34	0.76	0.95	0.49	0.46	0.73	0.33	0.73
		4		1.859	1.459	0.097	1.03	2.11	1.62	0.43	0.74	0.93	0.48	0.59	0.92	0.40	0.76
3.0	30	3		1.749	1.373	0.117	1.46	2.71	2.31	0.61	0.91	1.15	0.59	0.68	1.09	0.51	0.85
		4		2.276	1.786	0.117	1.84	3.63	2.92	0.77	0.90	1.13	0.58	0.87	1.37	0.62	0.89
3.6	36	3	4.5	2.109	1.656	0.141	2.58	4.68	4.09	1.07	1.11	1.39	0.71	0.99	1.61	0.76	1.00
		4		2.756	2.163	0.141	3.29	6.25	5.22	1.37	1.09	1.38	0.70	1.28	2.05	0.93	1.04
		5		3.382	2.654	0.141	3.95	7.84	6.24	1.65	1.08	1.36	0.70	1.56	2.45	1.00	1.07
4	40	3		2.359	1.852	0.157	3.59	6.41	5.69	1.49	1.23	1.55	0.79	1.23	2.01	0.96	1.09
		4		3.086	2.422	0.157	4.60	8.56	7.29	1.91	1.22	1.54	0.79	1.60	2.58	1.19	1.13
		5		3.791	2.976	0.156	5.53	10.74	8.76	2.30	1.21	1.52	0.78	1.96	3.10	1.39	1.17
4.5	45	3	5	2.659	2.088	0.177	5.17	9.12	8.20	2.14	1.40	1.76	0.89	1.58	2.58	1.24	1.22
		4		3.486	2.736	0.177	6.65	12.18	10.56	2.75	1.38	1.74	0.89	2.05	3.32	1.54	1.26
		5		4.292	3.369	0.176	8.04	15.2	12.74	3.33	1.37	1.72	0.88	2.51	4.00	1.81	1.30
		6		5.076	3.985	0.176	9.33	18.36	14.76	3.89	1.36	1.70	0.8	2.95	4.64	2.06	1.33
5	50	3	5.5	2.971	2.332	0.197	7.18	12.5	11.37	2.98	1.55	1.96	1.00	1.96	3.22	1.57	1.34
		4		3.897	3.059	0.197	9.26	16.69	14.70	3.82	1.54	1.94	0.99	2.56	4.16	1.96	1.38
		5		4.803	3.770	0.196	11.21	20.90	17.79	4.64	1.53	1.92	0.98	3.13	5.03	2.31	1.42
		6		5.688	4.465	0.196	13.05	25.14	20.68	5.42	1.52	1.91	0.98	3.68	5.85	2.63	1.46

型号	截面尺寸 mm			截面面积 cm²	理论重量 kg/m	外表面积 m²/m	惯性矩 cm⁴				惯性半径 cm			截面模数 cm³			重心距离 cm
	b	d	r				I_x	I_{x1}	I_{x0}	I_{y0}	i_x	i_{x0}	i_{y0}	W_x	W_{x0}	W_{y0}	Z_0
5.6	56	3	6	3.343	2.624	0.221	10.19	17.56	16.14	4.24	1.75	2.20	1.13	2.48	4.08	2.02	1.48
		4		4.390	3.446	0.220	13.18	23.43	20.92	5.46	1.73	2.18	1.11	3.24	5.28	2.52	1.53
		5		5.415	4.251	0.220	16.02	29.33	25.42	6.61	1.72	2.17	1.10	3.97	6.42	2.98	1.57
		6		6.420	5.040	0.220	18.69	35.26	29.66	7.73	1.71	2.15	1.10	4.68	7.49	3.40	1.61
		7		7.404	5.812	0.219	21.23	41.23	33.63	8.82	1.69	2.13	1.09	5.36	8.49	3.80	1.64
		8		8.367	6.568	0.219	23.63	47.24	37.37	9.89	1.68	2.11	1.09	6.03	9.44	4.16	1.68
6	60	5	6.5	5.829	4.576	0.236	19.89	36.05	31.57	8.21	1.85	2.33	1.19	4.59	7.44	3.48	1.67
		6		6.914	5.427	0.235	23.25	43.33	36.89	9.60	1.83	2.31	1.18	5.41	8.70	3.98	1.70
		7		7.977	6.262	0.235	26.44	50.65	41.92	10.96	1.82	2.29	1.17	6.21	9.88	4.45	1.74
		8		9.020	7.081	0.235	29.47	58.02	46.66	12.28	1.81	2.27	1.17	6.98	11.00	4.88	1.78
6.3	63	4	7	4.978	3.907	0.248	19.03	33.35	30.17	7.89	1.96	2.46	1.26	4.13	6.78	3.29	1.70
		5		6.143	4.822	0.248	23.17	41.73	36.77	9.57	1.94	2.45	1.25	5.08	8.25	3.90	1.74
		6		7.288	5.721	0.247	27.12	50.14	43.03	11.20	1.93	2.43	1.24	6.00	9.66	4.46	1.78
		7		8.412	6.603	0.247	30.87	58.60	48.96	12.79	1.92	2.41	1.23	6.88	10.99	4.98	1.82
		8		9.515	7.469	0.247	34.46	67.11	54.56	14.33	1.90	2.40	1.23	7.75	12.25	5.47	1.85
		10		11.657	9.151	0.246	41.09	84.31	64.85	17.33	1.88	2.36	1.22	9.39	14.56	6.36	1.93
7	70	4	8	5.570	4.372	0.275	26.39	45.74	41.80	10.99	2.18	2.74	1.40	5.14	8.44	4.17	1.86
		5		6.875	5.397	0.275	32.21	57.21	51.08	13.31	2.16	2.73	1.39	6.32	10.32	4.95	1.91
		6		8.160	6.406	0.275	37.77	68.73	59.93	15.61	2.15	2.71	1.38	7.48	12.11	5.67	1.95
		7		9.424	7.398	0.275	43.09	80.29	68.35	17.82	2.14	2.69	1.38	8.59	13.81	6.34	1.99
		8		10.667	8.373	0.274	48.17	91.92	76.37	19.98	2.12	2.68	1.37	9.68	15.43	6.98	2.03
7.5	75	5	9	7.412	5.818	0.295	39.97	70.56	63.30	16.63	2.33	2.92	1.50	7.32	11.94	5.77	2.04
		6		8.797	6.905	0.294	46.95	84.55	74.38	19.51	2.31	2.90	1.49	8.64	14.02	6.67	2.07
		7		10.160	7.976	0.294	53.57	98.71	84.96	22.18	2.30	2.89	1.48	9.93	16.02	7.44	2.11
		8		11.503	9.030	0.294	59.96	112.97	95.07	24.86	2.28	2.88	1.47	11.20	17.93	8.19	2.15
		9		12.825	10.068	0.294	66.10	127.30	104.71	27.48	2.27	2.86	1.46	12.43	19.75	8.89	2.18
		10		14.126	11.089	0.293	71.98	141.71	113.92	30.05	2.26	2.84	1.46	13.64	21.48	9.56	2.22
8	80	5	9	7.912	6.211	0.315	48.79	85.36	77.33	20.25	2.48	3.13	1.60	8.34	13.67	6.66	2.15
		6		9.397	7.376	0.314	57.35	102.50	90.98	23.72	2.47	3.11	1.59	9.87	16.08	7.65	2.19
		7		10.860	8.525	0.314	65.58	119.70	104.07	27.09	2.46	3.10	1.58	11.37	18.40	8.58	2.23
		8		12.303	9.658	0.314	73.49	136.97	116.60	30.39	2.44	3.08	1.57	12.83	20.61	9.46	2.27
		9		13.725	10.774	0.314	81.11	154.31	128.60	33.61	2.43	3.06	1.56	14.25	22.73	10.29	2.31
		10		15.126	11.874	0.313	88.43	171.74	140.09	36.77	2.42	3.04	1.56	15.64	24.76	11.08	2.35

续表

型号	截面尺寸 mm			截面面积 cm²	理论重量 kg/m	外表面积 m²/m	惯性矩 cm⁴				惯性半径 cm			截面模数 cm³			重心距离 cm
	b	d	r				I_x	I_{x1}	I_{x0}	I_{y0}	i_x	i_{x0}	i_{y0}	W_x	W_{x0}	W_{y0}	Z_0
9	90	6	10	10.637	8.350	0.354	82.77	145.87	131.26	34.28	2.79	3.51	1.80	12.61	20.63	9.95	2.44
		7		12.301	9.656	0.354	94.83	170.30	150.47	39.18	2.78	3.50	1.78	14.54	23.64	11.19	2.48
		8		13.944	10.946	0.353	106.47	194.80	168.97	43.97	2.76	3.48	1.78	16.42	26.55	12.35	2.52
		9		15.566	12.219	0.353	117.72	219.39	186.77	48.66	2.75	3.46	1.77	18.27	29.35	13.46	2.56
		10		17.167	13.476	0.353	128.58	244.07	203.90	53.26	2.74	3.45	1.76	20.07	32.04	14.52	2.59
		12		20.306	15.940	0.352	149.22	293.76	236.21	62.22	2.71	3.41	1.75	23.57	37.12	16.49	2.67
10	100	6	12	11.932	9.366	0.393	114.95	200.07	181.98	47.92	3.10	3.90	2.00	15.68	25.74	12.69	2.67
		7		13.796	10.830	0.393	131.86	233.54	208.97	54.74	3.09	3.89	1.99	18.10	29.55	14.26	2.71
		8		15.638	12.276	0.393	148.24	267.09	235.07	61.41	3.08	3.88	1.98	20.47	33.24	15.75	2.76
		9		17.462	13.708	0.392	164.12	300.73	260.30	67.95	3.07	3.86	1.97	22.79	36.81	17.18	2.80
		10		19.261	15.120	0.392	179.51	334.48	284.68	74.35	3.05	3.84	1.96	25.06	40.26	18.54	2.84
		12		22.800	17.898	0.391	208.90	402.34	330.95	86.84	3.03	3.81	1.95	29.48	46.80	21.08	2.91
		14		26.256	20.611	0.391	236.53	470.75	374.06	99.00	3.00	3.77	1.94	33.73	52.90	23.44	2.99
		16		29.627	23.257	0.390	262.53	539.80	414.16	110.89	2.98	3.74	1.94	37.82	58.57	25.63	3.06
11	110	7	12	15.196	11.928	0.433	177.16	310.64	280.94	73.38	3.41	4.30	2.20	22.05	36.12	17.51	2.96
		8		17.238	13.535	0.433	199.46	355.20	316.49	82.42	3.40	4.28	2.19	24.95	40.69	19.39	3.01
		10		21.261	16.690	0.432	242.19	444.65	384.39	99.98	3.38	4.25	2.17	30.60	49.42	22.91	3.09
		12		25.200	19.782	0.431	282.55	534.60	448.17	116.93	3.35	4.22	2.15	36.05	57.62	26.15	3.16
		14		29.056	22.809	0.431	320.71	625.16	508.01	133.40	3.32	4.18	2.14	41.31	65.31	29.14	3.24
12.5	125	8		19.750	15.504	0.492	297.03	521.01	470.89	123.16	3.88	4.88	2.50	32.52	53.28	25.86	3.37
		10		24.373	19.133	0.491	361.67	651.93	573.89	149.46	3.85	4.85	2.48	39.97	64.93	30.62	3.45
		12		28.912	22.696	0.491	423.16	783.42	671.44	174.88	3.83	4.82	2.46	41.17	75.96	35.03	3.53
		14		33.367	26.193	0.490	481.65	915.61	763.73	199.57	3.80	4.78	2.45	54.16	86.41	39.13	3.61
		16		37.739	29.625	0.489	537.31	1048.62	850.98	223.65	3.77	4.75	2.43	60.93	96.28	42.96	3.68
14	140	10	14	27.373	21.488	0.551	514.65	915.11	817.27	212.04	4.34	5.46	2.78	50.58	82.56	39.20	3.82
		12		32.512	25.522	0.551	603.68	1099.28	958.79	248.57	4.31	5.43	2.76	59.80	96.85	45.02	3.90
		14		37.567	29.490	0.550	688.81	1284.22	1093.56	284.06	4.28	5.40	2.75	68.75	110.47	50.45	3.98
		16		42.539	33.393	0.549	770.24	1470.07	1221.81	318.67	4.26	5.36	2.74	77.46	123.42	55.55	4.06
15	150	8		23.750	18.644	0.592	521.37	899.55	827.49	215.25	4.69	5.90	3.01	47.36	78.02	38.14	3.99
		10		29.373	23.058	0.591	637.50	1125.09	1012.79	262.21	4.66	5.87	2.99	58.35	95.49	45.51	4.08
		12		34.912	27.406	0.591	748.85	1351.26	1189.97	307.73	4.63	5.84	2.97	69.04	112.19	52.38	4.15
		14		40.367	31.688	0.590	855.64	1578.25	1359.30	351.98	4.60	5.80	2.95	79.45	128.16	58.83	4.23
		15		43.063	33.804	0.590	907.39	1692.10	1441.09	373.69	4.59	5.78	2.95	84.56	135.87	61.90	4.27
		16		45.739	35.905	0.589	958.08	1806.21	1521.02	395.14	4.58	5.77	2.94	89.59	143.40	64.89	4.31

续表

型号	截面尺寸 mm			截面面积 cm²	理论重量 kg/m	外表面积 m²/m	惯性矩 cm⁴				惯性半径 cm			截面模数 cm³			重心距离 cm
	b	d	r				I_x	I_{x1}	I_{x0}	I_{y0}	i_x	i_{x0}	i_{y0}	W_x	W_{x0}	W_{y0}	Z_0
16	160	10	16	31.502	24.729	0.630	779.53	1365.33	1237.30	321.76	4.98	6.27	3.20	66.70	109.36	52.76	4.31
		12		37.441	29.391	0.630	916.58	1639.57	1455.68	377.49	4.95	6.24	3.18	78.98	128.67	60.74	4.39
		14		43.296	33.987	0.629	1048.36	1914.68	1665.02	431.70	4.92	6.20	3.16	90.95	147.17	68.24	4.47
		16		49.067	38.518	0.629	1175.08	2190.82	1865.57	484.59	4.89	6.17	3.14	102.63	164.89	75.31	4.55
18	180	12	16	42.241	33.159	0.710	1321.35	2332.80	2100.10	542.61	5.59	7.05	3.58	100.82	165.00	78.41	4.89
		14		48.896	38.383	0.709	1514.48	2723.48	2407.42	621.53	5.56	7.02	3.56	116.25	189.14	88.38	4.97
		16		55.467	43.542	0.709	1700.99	3115.29	2703.37	698.60	5.54	6.98	3.55	131.13	212.40	97.83	5.05
		18		61.055	48.634	0.708	1875.12	3502.43	2988.24	762.01	5.50	6.94	3.51	145.64	234.78	105.14	5.13
20	200	14	18	54.642	42.894	0.788	2103.55	3734.10	3343.26	863.83	6.20	7.82	3.98	144.70	236.40	111.82	5.46
		16		62.013	48.680	0.788	2366.15	4270.39	3760.89	971.41	6.18	7.79	3.96	163.65	265.93	123.96	5.54
		18		69.301	54.401	0.787	2620.64	4808.13	4164.54	1076.74	6.15	7.75	3.94	182.22	294.48	135.52	5.62
		20		76.505	60.056	0.787	2867.30	5347.51	4554.55	1180.04	6.12	7.72	3.93	200.42	322.06	146.55	5.69
		24		90.661	71.168	0.785	3338.25	6457.16	5294.97	1381.53	6.07	7.64	3.90	236.17	374.41	166.65	5.87
22	220	16	21	68.664	53.901	0.866	3187.36	5681.62	5063.73	1310.99	6.81	8.59	4.37	199.55	325.51	153.81	6.03
		18		76.752	60.250	0.866	3534.30	6395.93	5615.32	1453.27	6.79	8.55	4.35	222.37	360.97	168.29	6.11
		20		84.756	66.533	0.865	3871.49	7112.04	6150.08	1592.90	6.76	8.52	4.34	244.77	395.34	182.16	6.18
		22		92.676	72.751	0.865	4199.23	7830.19	6668.37	1730.10	6.73	8.48	4.32	266.78	428.66	195.45	6.26
		24		100.512	78.902	0.864	4517.83	8550.57	7170.55	1865.11	6.70	8.45	4.31	288.39	460.94	208.21	6.33
		26		108.264	84.987	0.864	4827.58	9273.39	7656.98	1998.17	6.68	8.41	4.30	309.62	492.21	220.49	6.41
25	250	18	24	87.842	68.956	0.985	5268.22	9379.11	8369.04	2167.41	7.74	9.76	4.97	290.12	473.42	224.03	6.84
		20		97.045	76.180	0.984	5779.34	10426.97	9181.94	2376.74	7.72	9.73	4.95	319.66	519.41	242.85	6.92
		24		115.201	90.433	0.983	6763.93	12529.74	10742.67	2785.19	7.66	9.66	4.92	377.34	607.70	278.38	7.07
		26		124.154	97.461	0.982	7238.08	13585.18	11491.33	2984.84	7.63	9.62	4.90	405.50	650.05	295.19	7.15
		28		133.022	104.422	0.982	7700.60	14643.62	12219.39	3181.81	7.61	9.58	4.89	433.22	691.23	311.42	7.22
		30		141.807	111.318	0.981	8151.80	15706.30	12927.26	3376.34	7.58	9.55	4.88	460.51	731.28	327.12	7.30
		32		150.508	118.149	0.981	8592.01	16770.41	13615.32	3568.71	7.56	9.51	4.87	487.39	770.20	342.33	7.37
		35		163.402	128.271	0.980	9232.44	18374.95	14611.16	3853.72	7.52	9.46	4.86	526.97	825.53	364.30	7.48

注：1. 表中的理论重量按密度为 7.85g/cm³ 计算的。截面图中的 $r_1 = 1/3d$ 及表中 r 值的数据用于孔型设计，不作交货条件。

2. 通常长度：4～19m，根据需方要求也可供应其他长度的产品。

6. 热轧不等边角钢 （GB/T 706—2008）

热轧不等边角钢的截面形状见图 2-5，截面尺寸、截面面积、理论重量及截面特性见表 2-92。

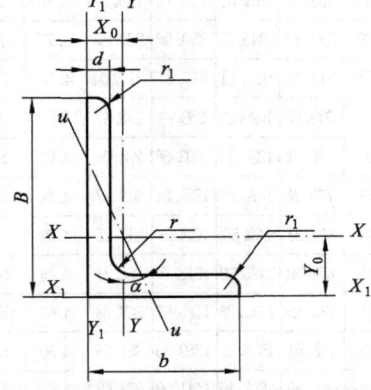

图 2-5　热轧不等边角钢截面形状

B—长边宽度；b—短边宽度；d—边厚度；r—内圆弧半径；r_1—边端内圆弧半径；X_0—重心距离；Y_0—重心距离

热轧不等边角钢截面尺寸、截面面积、理论重量及截面特性

表 2-92

型号	截面尺寸 mm				截面面积 cm²	理论重量 kg/m	外表面积 m²/m	惯性矩 cm⁴					惯性半径 cm			截面模数 cm³			tgα	重心距离 cm	
	B	b	d	r				I_x	I_{x1}	I_y	I_{y1}	I_u	i_x	i_y	i_u	W_x	W_y	W_u		X_0	Y_0
2.5/1.6	25	16	3	3.5	1.162	0.912	0.080	0.70	1.56	0.22	0.43	0.14	0.78	0.44	0.34	0.43	0.19	0.16	0.392	0.42	0.86
			4		1.499	1.176	0.079	0.88	2.09	0.27	0.59	0.17	0.77	0.43	0.34	0.55	0.24	0.20	0.381	0.46	1.86
3.2/2	32	20	3	3.5	1.492	1.171	0.102	1.53	3.27	0.46	0.82	0.28	1.01	0.55	0.43	0.72	0.30	0.25	0.382	0.49	0.90
			4		1.939	1.522	0.101	1.93	4.37	0.57	1.12	0.35	1.00	0.54	0.42	0.93	0.39	0.32	0.374	0.53	1.08
4/2.5	40	25	3	4	1.890	1.484	0.127	3.08	5.39	0.93	1.59	0.56	1.28	0.70	0.54	1.15	0.49	0.40	0.385	0.59	1.12
			4		2.467	1.936	0.127	3.93	8.53	1.18	2.14	0.71	1.36	0.69	0.54	1.49	0.63	0.52	0.381	0.63	1.32
4.5/2.8	45	28	3	5	2.149	1.687	0.143	445	9.10	1.34	2.23	0.80	1.44	0.79	0.61	1.47	0.62	0.51	0.383	0.64	1.37
			4		2.806	2.203	0.143	5.69	12.13	1.70	3.00	1.02	1.42	0.78	0.60	1.91	0.80	0.66	0.380	0.68	1.47
5/3.2	50	32	3	5.5	2.431	1.908	0.161	6.24	12.49	2.02	3.31	1.20	1.60	0.91	0.70	1.84	0.82	0.68	0.404	0.73	1.51
			4		3.177	2.494	0.160	8.02	16.65	2.58	4.45	1.53	1.59	0.90	0.69	2.39	1.06	0.87	0.402	0.77	1.60
5.6/3.6	56	36	3	6	2.743	2.153	0.181	8.88	17.54	2.92	4.70	1.73	1.80	1.03	0.79	2.32	1.05	0.87	0.408	0.80	1.65
			4		3.590	2.818	0.180	11.45	23.39	3.76	6.33	2.23	1.79	1.02	0.79	3.03	1.37	1.13	0.408	0.85	1.78
			5		4.415	3.466	0.180	13.86	29.25	4.49	7.94	2.67	1.77	1.01	0.78	3.71	1.65	1.36	0.404	0.88	1.82
6.3/4	63	40	4	7	4.058	3.185	0.202	16.49	33.30	5.23	8.63	3.12	2.02	1.14	0.88	3.87	1.70	1.40	0.398	0.92	1.87
			5		4.993	3.920	0.202	20.02	41.63	6.31	10.86	3.76	2.00	1.12	0.87	4.74	2.07	1.71	0.396	0.95	2.04
			6		5.908	4.638	0.201	23.36	49.98	7.29	13.12	4.34	1.96	1.11	0.86	5.59	2.43	1.99	0.393	0.99	2.08
			7		6.802	5.339	0.201	26.53	58.07	8.24	15.47	4.97	1.98	1.10	0.86	6.40	2.78	2.29	0.389	1.03	2.12

续表

型号	截面尺寸 mm				截面面积 cm²	理论重量 kg/m	外表面积 m²/m	惯性矩 cm⁴					惯性半径 cm			截面模数 cm³			$tg\alpha$	重心距离 cm	
	B	b	d	r				I_x	I_{x1}	I_y	I_{y1}	I_u	i_x	i_y	i_u	W_x	W_y	W_u		X_0	Y_0
7/4.5	70	45	4	7.5	4.547	3.570	0.226	23.17	45.92	7.55	12.26	4.40	2.26	1.29	0.98	4.86	2.17	1.77	0.410	1.02	2.15
			5		5.609	4.403	0.225	27.95	57.10	9.13	15.39	5.40	2.23	1.28	0.98	5.92	2.65	2.19	0.407	1.06	2.24
			6		6.647	5.218	0.225	32.54	68.35	10.62	18.58	6.35	2.21	1.26	0.98	6.95	3.12	2.59	0.404	1.09	2.28
			7		7.657	6.011	0.225	37.22	79.99	12.01	21.84	7.16	2.20	1.25	0.97	8.03	3.57	2.94	0.402	1.13	2.32
7.5/5	75	50	5	8	6.125	4.808	0.245	34.86	70.00	12.61	21.04	7.41	2.39	1.44	1.10	6.83	3.30	2.74	0.435	1.17	2.36
			6		7.260	5.699	0.245	41.12	84.30	14.70	25.37	8.54	2.38	1.42	1.08	8.12	3.88	3.19	0.435	1.21	2.40
			8		9.467	7.431	0.244	52.39	112.50	18.53	34.23	10.87	2.35	1.40	1.07	10.52	4.99	4.10	0.429	1.29	2.44
			10		11.590	9.098	0.244	62.71	140.80	21.96	43.43	13.10	2.33	1.38	1.06	12.79	6.04	4.99	0.423	1.36	2.52
8/5	80	50	5	8	6.375	5.005	0.255	41.96	85.21	12.82	21.06	7.66	2.56	1.42	1.10	7.78	3.32	2.74	0.388	1.14	2.60
			6		7.560	5.935	0.255	49.49	102.53	14.95	25.41	8.85	2.56	1.41	1.08	9.25	3.91	3.20	0.387	1.18	2.65
			7		8.724	6.848	0.255	56.16	119.33	16.96	29.82	10.18	2.54	1.39	1.08	10.58	4.48	3.70	0.384	1.21	2.69
			8		9.867	7.745	0.254	62.83	136.41	18.85	34.32	11.38	2.52	1.38	1.07	11.92	5.03	4.16	0.381	1.25	2.73
9/5.6	90	56	5	9	7.212	5.661	0.287	60.45	121.32	18.32	29.53	10.98	2.90	1.59	1.23	9.92	4.21	3.49	0.385	1.25	2.91
			6		8.557	6.717	0.286	71.03	145.59	21.42	35.58	12.90	2.88	1.58	1.23	11.74	4.96	4.13	0.384	1.29	2.95
			7		9.880	7.756	0.286	81.01	169.60	24.36	41.71	14.67	2.86	1.57	1.22	13.49	5.70	4.72	0.382	1.33	3.00
			8		11.183	8.779	0.286	91.03	194.17	27.15	47.93	16.34	2.85	1.56	1.21	15.27	6.41	5.29	0.380	1.36	3.04

续表

型号	截面尺寸 mm				截面面积 cm²	理论重量 kg/m	外表面积 m²/m	惯性矩 cm⁴					惯性半径 cm			截面模数 cm³			tgα	重心距离 cm	
	B	b	d	r				I_x	I_{x1}	I_y	I_{y1}	I_u	i_x	i_y	i_u	W_x	W_y	W_u		X_0	Y_0
10/6.3	100	63	6	10	9.617	7.550	0.320	99.06	199.71	30.94	50.50	18.42	3.21	1.79	1.38	14.64	6.35	5.25	0.394	1.43	3.24
			7		11.111	8.722	0.320	113.45	233.00	35.26	59.14	21.00	3.20	1.78	1.38	16.88	7.29	6.02	0.394	1.47	3.28
			8		12.534	9.878	0.319	127.37	266.32	39.39	67.88	23.50	3.18	1.77	1.37	19.08	8.21	6.78	0.391	1.50	3.32
			10		15.467	12.142	0.319	153.81	333.06	47.12	85.73	28.33	3.15	1.74	1.35	23.32	9.98	8.24	0.387	1.58	3.40
10/8	100	80	6	10	10.637	8.350	0.354	107.04	199.83	61.24	102.68	31.65	3.17	2.40	1.72	15.19	10.16	8.37	0.627	1.97	2.95
			7		12.301	9.656	0.354	122.73	233.20	70.08	119.98	36.17	3.16	2.39	1.72	17.52	11.71	9.60	0.626	2.01	3.0
			8		13.944	10.946	0.353	137.92	266.61	78.58	137.37	40.58	3.14	2.37	1.71	19.81	13.21	10.80	0.625	2.05	3.04
			10		17.167	13.476	0.353	166.87	333.63	94.65	172.48	49.10	3.12	2.35	1.69	24.24	16.12	13.12	0.622	2.13	3.12
11/7	110	70	6	10	10.637	8.350	0.354	133.37	265.78	42.92	69.08	25.36	3.54	2.01	1.54	17.85	7.90	6.53	0.403	1.57	3.53
			7		12.301	9.656	0.354	153.00	310.07	49.01	80.82	28.95	3.53	2.00	1.53	20.60	9.09	7.50	0.402	1.61	3.57
			8		13.944	10.946	0.353	172.04	354.39	54.87	92.70	32.45	3.51	1.98	1.53	23.30	10.25	8.45	0.401	1.65	3.62
			10		17.167	13.476	0.353	208.39	443.13	65.88	116.83	39.20	3.48	1.96	1.51	28.54	12.48	10.29	0.397	1.72	3.70
12.5/8	125	80	7	11	14.096	11.066	0.403	227.98	454.99	74.42	120.32	43.81	4.02	2.30	1.76	26.86	12.01	9.92	0.408	1.80	4.01
			8		15.989	12.551	0.403	256.77	519.99	83.49	137.85	49.15	4.01	2.28	1.75	30.41	13.56	11.18	0.407	1.84	4.06
			10		19.712	15.474	0.402	312.04	650.09	100.67	173.40	59.45	3.98	2.26	1.74	37.33	16.56	13.64	0.404	1.92	4.14
			12		23.351	18.330	0.402	364.41	780.39	116.67	209.67	69.35	3.95	2.24	1.72	44.01	19.43	16.01	0.400	2.00	4.22

续表

型号	截面尺寸 mm				截面面积 cm²	理论重量 kg/m	外表面积 m²/m	惯性矩 cm⁴					惯性半径 cm			截面模数 cm³			tgα	重心距离 cm	
	B	b	d	r				I_x	I_{x1}	I_y	I_{y1}	I_u	i_x	i_y	i_u	W_x	W_y	W_u		X_0	Y_0
14/9	140	90	8	12	18.038	14.160	0.453	365.64	730.53	120.69	195.79	70.83	4.50	2.59	1.98	38.48	17.34	14.31	0.411	2.04	4.50
			10		22.261	17.475	0.452	445.50	913.20	140.03	245.92	85.82	4.47	2.56	1.96	47.31	21.22	17.48	0.409	2.12	4.58
			12		26.400	20.724	0.451	521.59	1096.09	169.79	296.89	100.21	4.44	2.54	1.95	55.87	24.95	20.54	0.406	2.19	4.66
			14		30.456	23.908	0.451	594.10	1279.26	192.10	348.82	114.13	4.42	2.51	1.94	64.18	28.54	23.52	0.403	2.27	4.74
15/9	150	90	8	12	18.839	14.788	0.473	442.05	898.35	122.80	195.96	74.14	4.84	2.55	1.98	43.86	17.47	14.48	0.364	1.97	4.92
			10		23.261	18.260	0.472	539.24	1122.85	148.62	246.26	89.86	4.81	2.53	1.97	53.97	21.38	17.69	0.362	2.05	5.01
			12		27.600	21.666	0.471	632.08	1347.50	172.85	297.46	104.95	4.79	2.50	1.95	63.79	25.14	20.80	0.359	2.12	5.09
			14		31.856	25.007	0.471	720.77	1572.38	195.62	349.74	119.53	4.76	2.48	1.94	73.33	28.77	23.84	0.356	2.20	5.17
			15		33.952	26.652	0.471	763.62	1684.93	206.50	376.33	126.67	4.74	2.47	1.93	77.99	30.53	25.33	0.354	2.24	5.21
			16		36.027	28.281	0.470	805.51	1797.55	217.07	403.24	133.72	4.73	2.45	1.93	82.60	32.27	26.82	0.352	2.27	5.25
16/10	160	100	10	13	25.315	19.872	0.512	668.69	1362.89	205.03	336.59	121.74	5.14	2.85	2.19	62.13	26.56	21.92	0.390	2.28	5.24
			12		30.054	23.592	0.511	784.91	1635.56	239.06	405.94	142.33	5.11	2.82	2.17	73.49	31.28	25.79	0.388	2.36	5.32
			14		34.709	27.247	0.510	896.30	1908.50	271.20	476.42	162.23	5.08	2.80	2.16	84.56	35.83	29.56	0.385	0.43	5.40
			16		39.281	30.835	0.510	1003.04	2181.79	301.60	548.22	182.57	5.05	2.77	2.16	95.33	40.24	33.44	0.382	2.51	5.48
18/11	180	110	10	14	28.373	22.273	0.571	956.25	1940.40	278.11	447.22	166.50	5.80	3.13	2.42	78.96	32.49	26.88	0.376	2.44	5.89
			12		33.712	26.440	0.571	1124.72	2328.38	325.03	538.94	194.87	5.78	3.10	2.40	93.53	38.32	31.66	0.374	2.52	5.98
			14		38.967	30.589	0.570	1286.91	2716.60	369.55	631.95	222.30	5.75	3.08	2.39	107.76	43.97	36.32	0.372	2.59	6.06
			16		44.139	34.649	0.569	1443.06	3105.15	411.85	726.46	248.94	5.72	3.06	2.38	121.64	49.44	40.87	0.369	2.67	6.14
20/12.5	200	125	12	14	37.912	29.761	0.641	1570.90	3193.85	483.16	787.74	285.79	6.44	3.57	2.74	116.73	49.99	41.23	0.392	2.83	6.54
			14		43.687	34.436	0.640	1800.97	3726.17	550.83	922.47	326.58	6.41	3.54	2.73	134.65	57.44	47.34	0.390	2.91	6.62
			16		49.739	39.045	0.639	2023.35	4258.88	615.44	1058.86	366.21	6.38	3.52	2.71	152.18	64.89	53.32	0.388	2.99	6.70
			18		55.526	43.588	0.639	2238.30	4792.00	677.19	1197.13	404.83	6.35	3.49	2.70	169.33	71.74	59.18	0.385	3.06	6.78

注：1. 表中的理论重量按密度为 7.85g/cm³ 计算的。截面图中的 $r_1=1/3d$ 及表中 r 值的数据用于孔型设计，不作交货条件。

2. 通常长度：4~19m，根据需方要求也可供应其他长度的产品。

7. 热轧工字钢（GB/T 706—2008）

热轧工字钢的截面形状见图 2-6，截面尺寸、截面面积、理论重量及截面特性见表 2-93。

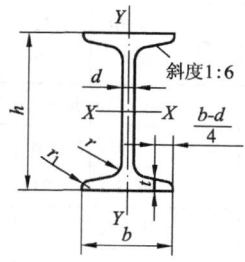

图 2-6　热轧工字钢截面形状

h—高度；b—腿宽度；d—腰厚度；r—内圆弧半径；r_1—腿端圆弧半径；t—平均腿厚度

热轧工字钢的截面尺寸、截面面积、理论重量及截面特性　　　　　表 2-93

型号	截面尺寸/mm						截面面积 cm²	理论重量 kg/m	惯性矩/cm⁴		惯性半径/cm		截面模数/cm³	
	h	b	d	t	r	r_1			I_x	I_y	i_x	i_y	W_x	W_y
10	100	68	4.5	7.6	6.5	3.3	14.345	11.261	245	33.0	4.14	1.52	49.0	9.72
12	120	74	5.0	8.4	7.0	3.5	17.818	13.987	436	46.9	4.95	1.62	72.7	12.7
12.6	126	74	5.0	8.4	7.0	3.5	18.118	14.223	488	46.9	5.20	1.61	77.5	12.7
14	140	80	5.5	9.1	7.5	3.8	21.516	16.890	712	64.4	5.76	1.73	102	16.1
16	160	88	6.0	9.9	8.0	4.0	26.131	20.513	1130	93.1	6.58	1.89	141	21.2
18	180	94	6.5	10.7	8.5	4.3	30.756	24.143	1660	122	7.36	2.00	185	26.0
20a	200	100	7.0	11.4	9.0	4.5	35.578	37.929	2370	158	8.15	2.12	237	31.5
20b	200	102	9.0	11.4	9.0	4.5	39.578	31.069	2500	169	7.96	2.06	250	33.1
22a	220	110	7.5	12.3	9.5	4.8	42.128	33.070	3400	225	8.99	2.31	309	40.9
22b	220	112	9.5	12.3	9.5	4.8	46.528	36.524	3570	239	8.78	2.27	325	42.7
24a	240	116	8.0	13.0	10.0	5.0	47.741	37.477	4570	280	9.77	2.42	381	48.4
24b	240	118	10.0	13.0	10.0	5.0	52.541	41.245	4800	297	9.57	2.38	400	50.4
25a	250	116	8.0	13.0	10.0	5.0	48.541	38.105	5020	280	10.2	2.40	402	48.3
25b	250	118	10.0	13.0	10.0	5.0	53.541	42.030	5280	309	9.94	2.40	423	52.4
27a	270	122	8.5	13.7	10.5	5.3	54.554	42.825	6550	345	10.9	2.51	485	56.6
27b	270	124	10.5	13.7	10.5	5.3	59.954	47.064	6870	366	10.7	2.47	509	58.9
28a	280	122	8.5	13.7	10.5	5.3	55.404	43.492	7110	345	11.3	2.50	508	56.6
28b	280	124	10.5	13.7	10.5	5.3	61.004	47.888	7480	379	11.1	2.49	534	61.2
30a	300	126	9.0	14.4	11.0	5.5	61.254	48.084	8950	400	12.1	2.55	597	63.5
30b	300	128	11.0	14.4	11.0	5.5	67.254	52.794	9400	422	11.8	2.50	627	65.9
30c	300	130	13.0	14.4	11.0	5.5	73.254	57.504	9850	445	11.6	2.46	657	68.5
32a	320	130	9.5	15.0	11.5	5.8	67.156	52.717	11100	460	12.8	2.62	692	70.8
32b	320	132	11.5	15.0	11.5	5.8	73.556	57.741	11600	502	12.6	2.61	726	76.0
32c	320	134	13.5	15.0	11.5	5.8	79.956	62.765	12200	544	12.3	2.61	760	82.2

续表

型号	截面尺寸/mm						截面面积 cm²	理论重量 kg/m	惯性矩/cm⁴		惯性半径/cm		截面模数/cm³	
	h	b	d	t	r	r_1			I_x	I_y	i_x	i_y	W_x	W_y
36a	360	136	10.0	15.8	12.0	6.0	76.480	60.037	15800	552	14.4	2.69	875	81.2
36b		138	12.0				83.680	65.689	16500	582	14.1	2.64	919	84.3
36c		140	14.0				90.880	71.341	17300	612	13.8	2.60	962	87.4
40a	400	142	10.5	16.5	12.5	6.3	86.112	67.598	21700	660	15.9	2.77	1090	93.2
40b		144	12.5				94.112	73.878	22800	692	15.6	2.71	1140	96.2
40c		146	14.5				102.112	80.158	23900	727	15.2	2.65	1190	99.6
45a	450	150	11.5	18.0	13.5	6.8	102.446	80.420	32200	855	17.7	2.89	1430	114
45b		152	13.5				111.446	87.485	33800	894	17.4	2.84	1500	118
45c		154	15.5				120.446	94.550	35300	938	17.1	2.79	1570	122
50a	500	158	12.0	20.0	14.0	7.0	119.304	93.654	46500	1120	19.7	3.07	1860	142
50b		160	14.0				129.304	101.504	48600	1170	19.4	3.01	1940	146
50c		162	16.0				139.304	109.354	50600	1220	19.0	2.96	2080	151
55a	550	166	12.5	21.0	14.5	7.3	134.185	105.335	62900	1370	21.6	3.19	2290	164
55b		168	14.5				145.185	113.970	65600	1420	21.6	3.14	2390	170
55c		170	16.5				156.185	122.605	68400	1480	20.9	3.08	2490	175
56a	560	166	12.5				135.435	106.316	65600	1370	22.0	3.18	2340	165
56b		168	14.5				146.635	115.108	68500	1490	21.6	3.16	2450	174
56c		170	16.5				157.835	123.900	71400	1560	21.3	3.16	2550	183
63a	630	176	13.0	22.0	15.0	7.5	154.658	121.407	93900	1700	24.5	3.31	2980	193
63b		178	15.0				167.258	131.298	98100	1810	24.2	3.29	3160	204
63c		180	17.0				179.858	141.189	102000	1920	23.8	3.27	3300	214

注：1. 表中的理论重量按密度为 7.85g/cm³ 计算的。表中标注的圆弧半径 r、r_1 的数据用于孔型设计，不作交货条件。

2. 通常长度：5～19m，根据需方要求也可供应其他长度的产品。

8. 热轧槽钢（GB/T 706—2008）

热轧槽钢的截面形状见图 2-7，截面尺寸、截面面积、理论重量及截面特性见表 2-94。

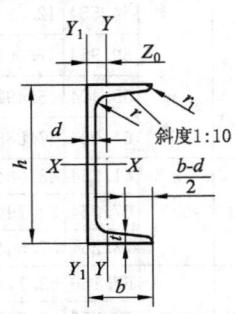

图 2-7　热轧槽钢截面形状

h—高度；b—腿宽度；d—腰厚度；r—内圆弧半径；r_1—腿端圆弧半径；t—平均腿厚度；Z_0—YY 轴与 Y_1Y_1 轴间距

热轧槽钢的截面尺寸、截面面积、理论重量及截面特性 表 2-94

型号	截面尺寸 mm						截面面积 cm²	理论重量 kg/m	惯性矩 cm⁴			惯性半径 cm		截面模数 cm³		重心距离/cm
	h	b	d	t	r	r_1	cm²	kg/m	I_x	I_y	I_{y1}	i_x	i_y	W_x	W_y	Z_0
5	50	37	4.5	7.0	7.0	3.5	6.928	5.438	26.0	8.30	20.9	1.94	1.10	10.4	3.55	1.35
6.3	63	40	4.8	7.5	7.5	3.8	8.451	6.634	50.8	11.9	28.4	2.45	1.19	16.1	4.50	1.36
6.5	65	40	4.3	7.5	7.5	3.8	8.547	6.709	55.2	12.0	28.3	2.54	1.19	17.0	4.59	1.38
8	80	43	5.0	8.0	8.0	4.0	10.248	8.045	101	16.6	37.4	3.15	1.27	25.3	5.79	1.43
10	100	48	5.3	8.5	8.5	4.2	12.748	10.007	198	25.6	54.9	3.95	1.41	39.7	7.80	1.52
12	120	53	5.5	9.0	9.0	4.5	15.362	12.059	346	37.4	77.7	4.75	1.56	57.7	10.2	1.62
12.6	126	53	5.5	9.0	9.0	4.5	15.692	12.318	391	38.0	77.1	4.95	1.57	62.1	10.2	1.59
14a	140	58	6.0	9.5	9.5	4.8	18.516	14.535	564	53.2	107	5.52	1.70	80.5	13.0	1.71
14b	140	60	8.0	9.5	9.5	4.8	21.316	16.733	609	61.1	121	5.35	1.69	87.1	14.1	1.67
16a	160	63	6.5	10.0	10.0	5.0	21.962	17.24	866	73.3	144	6.28	1.83	108	16.3	1.80
16b	160	65	8.5	10.0	10.0	5.0	25.162	19.752	935	83.4	161	6.10	1.82	117	17.6	1.75
18a	180	68	7.0	10.5	10.5	5.2	25.699	20.174	1270	98.6	190	7.04	1.96	141	2060	1.88
18b	180	70	9.0	10.5	10.5	5.2	29.299	23.000	1370	111	210	6.84	1.95	152	21.5	1.84
20a	200	73	7.0	11.0	11.0	5.5	28.837	22.637	1780	128	244	7.86	2.11	178	24.2	2.01
20b	200	75	9.0	11.0	11.0	5.5	32.837	25.777	1910	144	268	7.64	2.09	191	25.9	1.95
22a	220	77	7.0	11.5	11.5	5.8	31.846	24.999	2390	158	298	8.67	2.23	218	28.2	2.10
22b	220	79	9.0	11.5	11.5	5.8	36.246	28.453	2570	176	326	8.42	2.21	234	30.1	2.03
24a	240	78	7.0	12.0	12.0	6.0	34.217	26.860	3050	174	325	9.45	2.25	254	30.5	2.10
24b	240	80	9.0	12.0	12.0	6.0	39.017	30.628	3280	194	355	9.17	2.23	274	32.5	2.03
24c	240	82	11.0	12.0	12.0	6.0	43.817	34.396	3510	213	388	8.96	2.21	293	34.4	2.00
25a	250	78	7.0	12.0	12.0	6.0	34.917	27.410	3370	176	322	9.82	2.24	270	30.6	2.07
25b	250	80	9.0	12.0	12.0	6.0	39.917	31.335	3530	196	353	9.41	2.22	282	32.7	1.98
25c	250	82	11.0	12.0	12.0	6.0	44.917	35.260	3690	218	384	9.07	2.21	295	35.9	1.92
27a	270	82	7.5	12.5	12.5	6.2	39.284	30.838	4360	216	393	10.5	2.34	323	35.5	2.13
27b	270	84	9.5	12.5	12.5	6.2	44.684	35.077	4690	239	428	10.3	2.31	347	37.7	2.06
27c	270	86	11.5	12.5	12.5	6.2	50.084	39.316	5020	261	467	10.1	2.28	372	39.8	2.03
28a	280	82	7.5	12.5	12.5	6.2	40.034	31.427	4760	218	388	10.9	2.33	340	35.7	2.10
28b	280	84	9.5	12.5	12.5	6.2	45.634	35.823	5130	242	428	10.6	2.30	366	37.9	2.02
28c	280	86	11.5	12.5	12.5	6.2	51.234	40.219	5500	268	463	10.4	2.29	393	40.3	1.95

续表

型号	截面尺寸 mm						截面面积 cm²	理论重量 kg/m	惯性矩 cm⁴			惯性半径 cm		截面模数 cm³		重心距离/cm
	h	b	d	t	r	r_1			I_x	I_y	I_{y1}	i_x	i_y	W_x	W_y	Z_0
30a		85	7.5				43.902	34.463	6050	260	467	11.7	2.43	403	41.1	2.17
30b	300	87	9.5	13.5	13.5	6.8	49.902	39.173	6500	289	515	11.4	2.41	433	44.0	2.13
30c		89	11.5				55.902	43.883	6950	316	560	11.2	2.38	463	46.4	2.09
32a		88	8.0				48.513	38.083	7600	305	552	12.5	2.50	475	46.5	2.24
32b	320	90	10.0	14.0	14.0	7.0	54.913	43.107	8140	336	593	12.2	2.47	509	49.2	2.16
32c		92	12.0				61.313	48.131	8690	374	643	11.9	2647	543	52.6	2.09
36a		96	9.0				60.910	47.814	11900	455	818	14.0	2.73	660	63.5	2.44
36b	360	98	11.0	16.0	16.0	8.0	68.110	53.466	12700	497	880	13.6	2.70	703	66.9	2.37
36c		100	13.0				75.310	59.118	13400	536	948	13.4	2.67	746	70.0	2.34
40a		100	10.5				75.068	58.928	17600	592	1070	15.3	2.81	879	78.8	2.49
40b	400	102	12.5	18.0	18.0	9.0	83.068	65.208	18600	640	114	15.0	2.78	932	82.5	2.44
40c		104	14.5				91.068	71.488	19700	688	1220	14.7	2.75	986	86.2	2.42

注：1. 表中的理论重量按密度为 7.85g/cm³ 计算的。表中标注的圆弧半径 r、r_1 的数据用于孔型设计，不作交货条件。

2. 通常长度：5～19m，根据需方要求也可供应其他长度的产品。

9. 热轧 L 型钢（GB/T 706—2008）

热轧 L 型钢的截面形状见图 2-8，截面尺寸、截面面积、理论重量及截面特性见表 2-95。

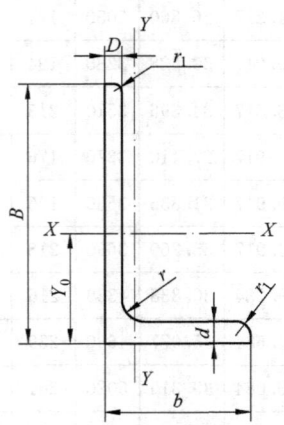

图 2-8 热轧 L 型钢截面形状

B—长边宽度；b—短边宽度；D—长边厚度；d—短边厚度；

r—内圆弧半径；r_1—边端内圆弧半径；Y_0—重心距离

热轧 L 型钢的截面尺寸、截面面积、理论重量及截面特性　　　表 2-95

型　号	截面尺寸/mm						截面面积	理论重量	惯性矩 I_x	重心距离 Y_0
	B	b	D	d	r	r_1	cm²	kg/m	cm⁴	cm
L250×90×9×13			9	13			33.4	26.2	2190	8.64
L250×90×10.5×15	250	90	10.5	15			38.5	30.3	2510	8.76
L250×90×11.5×16			11.5	16	15	7.5	41.7	32.7	2710	8.90
L300×100×10.5×15	300	100	10.5	15			45.3	35.6	4290	10.6
L300×100×11.5×16			11.5	16			49.0	38.5	4630	10.7
L350×120×10.5×16	350	120	10.5	16			54.9	43.1	7110	12.0
L350×120×11.5×18			11.5	18			60.4	47.4	7780	12.0
L400×120×11.5×23	400	120	11.5	23	20	10	71.6	56.2	11900	13.3
L450×120×11.5×25	450	120	11.5	25			79.5	62.4	16800	15.1
L500×120×12.5×33	500	120	12.5	33			98.6	77.4	25500	16.5
L500×120×13.5×35			13.5	35			105.0	82.8	27100	16.6

注：1. 表中的理论重量按密度为 7.85g/cm³ 计算的。

　　2. 通常长度：5～19m，根据需方要求也可供应其他长度的产品。

10. 不锈钢热轧等边角钢（YB/T 5309—2006）

不锈钢热轧等边角钢按组织特征分为两类，共 8 个牌号，见表 2-96。不锈钢热轧等边钢的截面形状见图 2-9，标准截面尺寸及其截面面积、单重、截面特性见表 2-97。

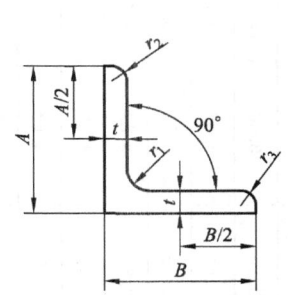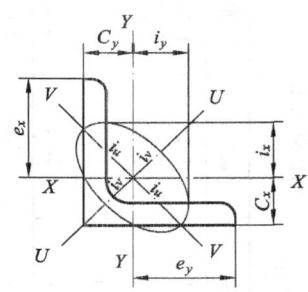

图 2-9　不锈钢热轧等边角钢外形

截面惯性矩 $I=ai^2$；截面惯性半径 $I=I/a$；截面模数 $Z=I/e$；截面积 a

不锈钢热轧等边角钢的类别和牌号　　　表 2-96

序　号	类　别	牌　号	序　号	类　别	牌　号
1		1Cr18Ni9			
2		0Cr19Ni9			
3		00Cr19Ni11			
4	奥氏体型	0Cr17Ni12Mo2	8	铁素体型	1Cr17
5		00Cr17Ni14Mo2			
6		0Cr18Ni11Ti			
7		0Cr18Ni11Nb			

不锈钢热轧等边角钢标准截面尺寸及其截面面积、单重、截面特性

表 2-97

标准截面尺寸 mm				截面面积 cm²	理论重量 kg/m			参考数												
					1Cr18Ni9 0Cr19Ni9 00Cr19Ni1 0Cr18Ni11Ti	0Cr17Ni12Mo2 00Cr17Ni14Mo2 0Cr18Ni11Nb	1Cr17	重心位置 cm		截面惯性矩 cm⁴				截面惯性半径 cm				截面模数 cm³	
$A \times B$	t	r_1	r_2					C_x	C_y	I_x	I_y	最大 I_x	最小 I_u	i_x	i_y	最大 i_u	最小 i_v	Z_x	Z_y
20×20	3	4	2	1.127	0.894	0.899	0.868	0.60	0.60	0.39	0.39	0.61	0.16	0.59	0.59	0.74	0.38	0.28	0.28
25×25	3	4	2	1.427	1.13	1.14	1.10	0.72	0.72	0.80	0.80	1.26	0.33	0.75	0.75	0.94	0.48	0.45	0.45
25×25	4	4	3	1.836	1.46	1.47	1.41	0.79	0.79	0.98	0.98	1.55	0.42	0.73	0.73	0.92	0.48	0.57	0.57
30×30	3	4	2	1.727	1.37	1.38	1.33	0.84	0.84	1.42	1.42	2.26	0.59	0.91	0.91	1.14	0.58	0.66	0.66
30×30	4	4	3	2.236	1.77	1.78	1.72	0.88	0.88	1.77	1.77	2.81	0.74	0.89	0.89	1.12	0.57	0.84	0.84
30×30	5	4	3	2.746	2.18	2.19	2.11	0.92	0.92	2.14	2.14	3.37	0.91	0.88	0.88	1.11	0.57	1.03	1.03
30×30	6	4	4	3.206	2.54	2.56	2.47	0.94	0.94	2.41	2.41	3.79	1.04	0.87	0.87	1.09	0.57	1.17	1.17
40×40	3	4.5	2	2.336	1.85	1.86	1.80	1.09	1.09	3.53	3.53	5.60	1.46	1.23	1.23	1.55	0.79	1.21	1.21
40×40	4	4.5	3	3.045	2.45	2.46	2.38	1.12	1.12	4.46	4.46	7.09	1.84	1.21	1.21	1.53	0.78	1.55	1.55
40×40	5	4.5	3	3.755	2.98	3.00	2.89	1.17	1.17	5.42	5.42	8.59	2.25	1.20	1.20	1.51	0.77	1.91	1.91
40×40	6	4.5	4	4.415	3.61	3.63	3.51	1.20	1.20	6.19	6.19	9.79	2.58	1.18	1.18	1.49	0.76	2.21	2.21
50×50	4	6.5	3	3.892	3.09	3.11	3.00	1.37	1.37	9.06	9.06	14.4	3.76	1.53	1.53	1.92	0.98	2.49	2.49
50×50	5	6.5	3	4.802	3.81	3.83	3.70	1.41	1.41	11.1	11.1	17.5	4.58	1.52	1.52	1.91	0.98	3.08	3.08
50×50	6	6.5	4.5	5.644	4.48	4.50	4.35	1.44	1.44	12.6	12.6	20.0	5.20	1.50	1.50	1.88	0.96	3.55	3.55
60×60	5	6.5	3	5.802	4.60	4.63	4.47	1.66	1.66	19.6	19.6	31.2	8.08	1.84	1.84	2.32	1.18	4.52	4.52
60×60	6	6.5	4	6.862	5.44	5.48	5.28	1.69	1.69	22.8	22.8	36.1	9.40	1.82	1.82	2.29	1.17	5.29	5.29
65×65	5	8.5	3	6.367	5.05	5.08	4.90	1.77	1.77	25.3	25.3	40.1	10.5	1.99	1.99	2.51	1.28	5.35	5.35
65×65	6	8.5	4	7.527	5.97	6.01	5.80	1.81	1.81	29.4	29.4	46.9	12.2	1.98	1.98	2.49	1.27	6.26	6.26
65×65	7	8.5	5	8.658	6.87	6.91	6.67	1.84	1.84	32.8	32.8	51.6	13.7	1.95	1.95	2.45	1.26	7.04	7.04

A×B	t	r_1	r_2	截面面积 cm²	理论重量 kg/m 1Cr18Ni9 0Cr19Ni9 00Cr19Ni11 0Cr18Ni11Ti	0Cr17Ni12Mo2 00Cr17Ni14Mo2 0Cr18Ni11Nb	1Cr17	重心位置 cm C_x	C_y	截面惯性矩 cm⁴ I_x	I_y	最大 I_x	最小 I_u	截面惯性半径 cm i_x	i_y	最大 i_u	最小 i_v	截面模数 cm³ Z_x	Z_y
65×65	8	8.5	6	9.761	7.74	7.79	7.52	1.88	1.88	36.8	36.8	58.3	15.3	1.94	1.94	2.44	1.25	7.96	7.96
70×70	6	8.5	4	8.127	6.44	6.49	6.26	1.93	1.93	37.1	37.1	58.9	15.3	2.14	2.14	2.69	1.37	7.33	7.33
70×70	7	8.5	5	9.358	7.42	7.47	7.21	1.97	1.97	41.5	41.5	65.7	17.3	2.11	2.11	2.65	1.36	8.25	8.25
70×70	8	8.5	6	10.56	8.37	8.43	8.13	2.01	2.01	46.6	46.6	74.0	19.3	2.10	2.10	2.65	1.35	9.34	9.34
75×75	6	8.5	4	8.727	6.92	6.96	6.72	2.06	2.06	46.1	46.1	73.2	19.0	2.30	2.30	2.90	1.48	8.47	8.47
75×75	7	8.5	5	10.06	7.98	8.03	7.75	2.09	2.09	51.7	51.7	81.9	21.5	2.27	2.27	2.85	1.46	9.56	9.56
75×75	8	8.5	6	11.36	9.01	9.07	8.75	2.13	2.13	58.1	58.1	92.2	23.9	2.26	2.26	2.85	1.45	10.8	10.8
75×75	9	8.5	6	12.69	10.1	10.1	9.77	2.17	2.17	64.4	64.4	102	26.7	2.25	2.25	2.84	1.45	12.1	12.1
80×80	6	8.5	4	9.327	7.40	7.44	7.18	2.18	2.18	56.4	56.4	89.6	23.2	2.46	2.46	3.10	1.58	9.70	9.70
80×80	7	8.5	5	10.76	8.53	8.59	8.29	2.22	2.22	62.7	62.7	102	23.3	2.41	2.41	3.07	1.47	10.8	10.8
80×80	8	8.5	6	12.16	9.64	9.70	9.36	2.25	2.25	71.2	71.2	113	29.3	2.42	2.42	3.05	1.55	12.4	12.4
80×80	9	8.5	6	13.59	10.8		10.5	2.30	2.30	79.2	79.2	126	32.7	2.41	2.41	3.04	1.55	13.9	13.9
90×90	8	10	6	13.82	11.0	11.0	10.9	2.50	2.50	102	102	165	39.7	2.72	2.72	3.46	1.69	15.7	15.7
90×90	9	10	6	15.45	12.3	12.3	11.6	2.54	2.54	114	114	183	44.4	2.72	2.72	3.44	1.70	17.6	17.6
90×90	10	10	7	17.00	13.5	13.6	13.1	2.57	2.57	125	125	199	51.7	2.71	2.71	3.42	1.74	19.5	19.5
100×100	8	10	6	15.42	12.2	12.3	11.9	2.75	2.75	145	145	230	59.3	3.07	3.07	3.86	1.96	20.0	20.0
100×100	9	10	6	17.25	13.7	13.8	13.3	2.79	2.79	160	160	255	65.3	3.04	3.04	3.85	1.95	22.2	22.2
100×100	10	10	7	19.00	15.1	15.2	14.6	2.82	2.82	175	175	278	72.0	3.05	3.05	3.83	1.95	24.4	24.4

注：1. 表中的理论重量：1Cr18Ni9、0Cr19Ni9、00Cr19Ni11、0Cr18Ni11Ti 按密度为 7.93g/cm³，0Cr17Ni12Mo2、00Cr17Ni14Mo2、0Cr18Ni11Nb 按密度为 7.98g/cm³，1Cr17 按密度为 7.70g/cm³ 计算的。

　　　2. 角钢的标准长度为 4m，5m（设计时尽可能不用），6m。

11. 冷拉圆钢、方钢、六角钢（GB/T 905—1994）

本标准适用于尺寸为 3～80mm 的冷拉圆钢、方钢、六角钢。冷拉圆钢、方钢、六角钢的截面形状见图 2-10，截面尺寸、截面面积、理论重量见表 2-98。

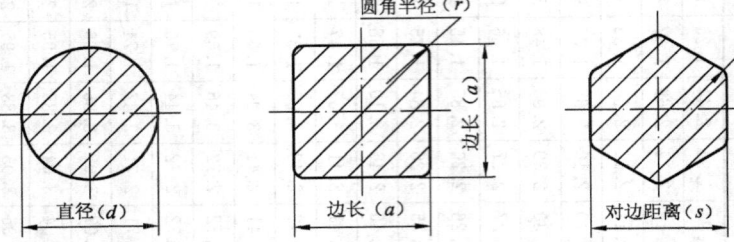

图 2-10 冷拉圆钢、方钢、六角钢外形

冷拉圆钢、方钢、六角钢截面尺寸、截面面积及理论重量　　　　表 2-98

尺 寸 mm	圆 钢		方 钢		六角钢	
	截面面积 mm²	理论重量 kg/m	截面面积 mm²	理论重量 kg/m	截面面积 mm²	理论重量 kg/m
3.0	7.069	0.0555	9.000	0.0706	7.794	0.0612
3.2	8.042	0.0631	10.24	0.0804	8.868	0.0696
3.5	9.621	0.0755	12.25	0.0962	10.61	0.0833
4.0	12.57	0.0986	16.00	0.126	13.86	0.109
4.5	15.90	0.125	20.25	0.159	17.54	0.138
5.0	19.63	0.154	25.00	0.196	21.65	0.170
5.5	23.76	0.187	30.25	0.237	26.20	0.206
6.0	28.27	0.222	36.00	0.283	31.18	0.245
6.3	31.17	0.245	39.69	0.312	34.37	0.270
7.0	38.48	0.302	49.00	0.385	42.44	0.333
7.5	44.18	0.347	56.25	0.442	—	—
8.0	50.27	0.395	64.00	0.502	55.43	0.435
8.5	56.75	0.445	72.25	0.567	—	—
9.0	63.62	0.499	81.00	0.636	70.15	0.551
9.5	70.88	0.556	90.25	0.708	—	—
10.0	78.54	0.617	100.0	0.785	86.60	0.680
10.5	86.59	0.680	110.2	0.865	—	—
11.0	95.03	0.746	121.0	0.950	104.8	0.823
11.5	103.9	0.815	132.2	1.04	—	—
12.0	113.1	0.888	144.0	1.13	124.7	0.979
13.0	132.7	1.04	169.0	1.33	146.4	1.15
14.0	153.9	1.21	196.0	1.54	169.7	1.33
15.0	176.7	1.39	225.0	1.77	194.9	1.53
16.0	201.1	1.58	256.0	2.01	221.7	1.74
17.0	227.0	1.78	289.0	2.27	250.3	1.96
18.0	254.5	2.00	324.0	2.54	280.6	2.20

续表

尺 寸 mm	圆 钢		方 钢		六 角 钢	
	截面面积 mm²	理论重量 kg/m	截面面积 mm²	理论重量 kg/m	截面面积 mm²	理论重量 kg/m
19.0	283.5	2.23	361.0	2.83	312.6	2.45
20.0	314.2	2.47	400.0	3.14	346.4	2.72
21.0	346.4	2.72	441.0	3.46	381.9	3.00
22.0	380.1	2.98	484.0	3.80	419.2	3.29
24.0	452.4	3.55	576.0	4.52	498.8	3.92
25.0	490.9	3.85	625.0	4.91	541.3	4.25
26.0	530.9	4.17	676.0	5.31	585.4	4.60
28.0	615.8	4.83	784.0	6.15	679.0	5.33
30.0	706.9	5.55	900.0	7.06	779.4	6.12
32.0	804.2	6.31	1024	8.04	886.8	6.96
34.0	907.9	7.13	1156	9.07	1001	7.86
35.0	962.1	7.55	1225	9.62	—	—
36.0	—	—	—	—	1122	8.81
38.0	1134	8.90	1444	11.3	1251	9.82
40.0	1257	9.86	1600	12.6	1386	10.9
42.0	1385	10.9	1764	13.8	1528	12.0
45.0	1590	12.5	2025	15.9	1754	13.8
48.0	1810	14.2	2304	18.1	1995	15.7
50.0	1968	15.4	2500	19.6	2165	17.0
52.0	2206	17.3	2809	22.0	2433	19.1
55.0	—	—	—	—	2620	20.5
56.0	2463	19.3	3136	24.6	—	—
60.0	2827	22.2	3600	28.3	3118	24.5
63.0	3117	24.5	3969	31.2	—	—
65.0	—	—	—	—	3654	28.7
67.0	3526	27.7	4489	35.2	—	—
70.0	3848	30.2	4900	38.5	4244	33.3
75.0	4418	34.7	5625	44.2	4871	38.2
80.0	5027	39.5	6400	50.2	5543	43.5

注：1. 表中的理论重量按密度为 7.85g/cm³ 计算的。对高合金钢计算理论重量时应采用相应牌号的密度。

2. 表中尺寸一栏，对圆钢表示直径，对方钢表示边长，对六角钢表示对边距离。

3. 通常长度为 2～6m，允许交付长度不小于 1.5m 的钢材。

12. 银亮钢（GB/T 3207—2008）

本标准适用于对表面质量有较高要求的剥皮、磨光和抛光圆钢（代号分别为：SF、SP 和 SB）。银亮钢公称直径、参考截面面积及参考重量见表 2-99（直径不大于 12mm）和表 2-100（直径大于 12mm）。

银亮钢公称直径(不大于 12mm)、参考截面面积及参考重量　　表 2-99

公称直径 d mm	参考截面 面积 mm²	参考重量 kg/1000m	公称直径 d mm	参考截面 面积 mm²	参考重量 kg/1000m	公称直径 d mm	参考截面 面积 mm²	参考重量 kg/1000m
1.00	0.7854	6.17	3.00	7.069	55.50	8.0	50.27	395
1.10	0.9503	7.46	3.20	8.042	63.11	8.5	56.75	445
1.20	1.131	8.88	3.50	9.621	75.52	9.0	63.62	499
1.40	1.539	12.08	4.00	12.57	98.6	9.5	70.88	556
1.50	1.767	13.87	4.50	15.90	124.8	10.0	78.54	617
1.60	2.001	15.78	5.00	19.63	154.2	10.5	86.59	680
1.80	2.545	19.94	5.50	23.76	187.2	11.0	95.03	746
2.00	3.142	24.65	6.00	28.27	221.9	11.5	103.9	815
2.20	3.801	29.83	6.30	31.17	244.4	12.0	113.1	888
2.50	4.909	38.54	7.0	38.48	302.1			
2.80	6.158	48.36	7.5	44.18	347			

注：1. 表中的理论重量按密度为 7.85g/cm³ 计算的。

　　2. 通常长度：直径≤30mm 为 2～6m，直径＞30mm 为 2～7m。

　　3. 银亮钢交货状态按冷加工方法不同分为剥皮、磨光和抛光三类。根据需方要求并在合同中注明，银亮钢成品可以热处理状态供货。

银亮钢公称直径（大于 12mm）、参考截面面积及参考重量　　表 2-100

公称直径 d mm	参考截面 面积 mm²	参考重量 kg/m	公称直径 d mm	参考截面 面积 mm²	参考重量 kg/m	公称直径 d mm	参考截面 面积 mm²	参考重量 kg/m
13.0	132.7	1.04	36.0	1017.8	7.99	90.0	6362	49.9
14.0	153.9	1.21	38.0	1134	8.90	95.0	7088	55.6
15.0	176.7	1.39	40.0	1257	9.89	100.0	7854	61.7
16.0	201.1	1.58	42.0	1385	10.90	105.0	8659	68.0
17.0	227.0	1.78	45.0	1590	12.50	110.0	9503	74.6
18.0	254.5	2.00	48.0	1810	14.20	115.0	10390	81.5
19.0	283.5	2.23	50.0	1963	15.42	120.0	11310	88.8
20.0	314.2	2.47	53.0	2206	17.30	125.0	12270	96.3
21.0	346.4	2.72	55.0	2376	18.60	130.0	13270	104
22.0	380.1	2.98	56.0	2463	19.30	135.0	14310	112
24.0	452.4	3.55	58.0	2642	20.70	140.0	15390	121
25.0	490.9	3.85	60.0	2827	22.20	145.0	16510	130
26.0	530.9	4.17	63.0	3117	24.50	150.0	17670	139
28.0	615.8	4.83	65.0	3318	26.00	155.0	18870	148
30.0	706.9	5.55	68.0	3632	28.50	160.0	20110	158
32.0	804.2	6.31	70.0	3848	30.20	165.0	21380	168
33.0	855.0	6.71	75.0	4418	34.70	170.0	22700	178
34.0	907.9	7.13	80.0	5027	39.50	175.0	24050	189
35.0	962.1	7.65	85.0	5675	44.5	180.0	25450	200

注：1. 表中的理论重量按密度为 7.85g/cm³ 计算的。

　　2. 通常长度：直径≤30mm 为 2～6m，直径＞30mm 为 2～7m。

　　3. 银亮钢交货状态按冷加工方法不同分为剥皮、磨光和抛光三类。根据需方要求并在合同中注明，银亮钢成品可以热处理状态供货。

13. 锻制圆钢和方钢（GB/T 908—2008）

本标准适用于直径或边长为 50～400mm 的锻制圆钢和方钢。锻制圆钢和方钢的截面形状见图 2-11，尺寸及理论重量见表 2-101。

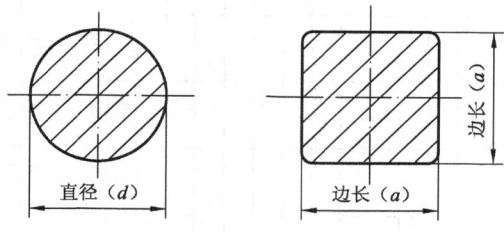

图 2-11　锻制圆钢和方钢外形

锻制圆钢和方钢尺寸及理论重量　　　　　　　　　　　　　　表 2-101

圆钢公称直径 d 或 方钢公称边长 a mm	理论重量 kg/m		圆钢公称直径 d 或 方钢公称边长 a mm	理论重量 kg/m	
	圆钢	方钢		圆钢	方钢
50	15.4	19.6	180	200	254
55	18.6	23.7	190	223	283
60	22.2	28.3	200	247	314
65	26.0	33.2	210	272	346
70	30.2	38.5	220	298	380
75	34.7	44.2	230	326	415
80	39.5	50.2	240	355	452
85	44.5	56.7	250	385	491
90	49.9	63.6	260	417	531
95	55.6	70.8	270	449	572
100	61.7	78.5	280	483	615
105	68.0	86.5	290	518	660
110	74.6	95.0	300	555	707
115	81.5	104	310	592	754
120	88.8	113	320	631	804
125	96.3	123	330	671	855
130	104	133	340	712	908
135	112	143	350	755	962
140	121	154	360	799	1017
145	130	165	370	844	1075
150	139	177	380	890	1134
160	158	201	390	937	1194
170	178	227	400	986	1256

注：1. 表中的理论重量按密度为 7.85g/cm³ 计算的。对高合金钢计算理论重量时应采用相应牌号的密度。

　　2. 通常交货长度不小于 1m。

14. 锻制扁钢（GB/T 908—2008）

本标准适用于厚度为 20～160mm、宽度为 40～300mm 的锻制扁钢。锻制扁钢的截面形状见图 2-2，尺寸及理论重量见表 2-102。

表 2-102

锻制扁钢尺寸及理论重量

公称宽度 b/mm	公称厚度 t/mm																					
	20	25	30	35	40	45	50	55	60	65	70	75	80	85	90	100	110	120	130	140	150	160
	理论重量 /（kg/m）																					
40	6.28	7.85	9.42																			
45	7.06	8.83	10.6																			
50	7.85	9.81	11.8	13.7	15.7																	
55	8.64	10.8	13.0	15.1	17.3																	
60	9.42	11.8	14.1	16.5	18.8	21.1	23.6															
65	10.2	12.8	15.3	17.8	20.4	23.0	25.5															
70	11.0	13.7	16.5	19.2	22.0	24.7	27.5	30.2	33.0													
75	11.8	14.7	17.7	20.6	23.6	26.5	29.4	32.4	35.3													
80	12.6	15.7	18.8	22.0	25.1	28.3	31.4	34.5	37.7	40.8	44.0											
90	14.1	17.7	21.2	24.7	28.3	31.8	35.3	38.8	42.4	45.9	49.4											
100	15.7	19.6	23.6	27.5	31.4	35.3	39.2	43.2	47.1	51.0	55.0	58.9	62.8	66.7								
110	17.3	21.6	25.9	30.2	34.5	38.8	43.2	47.5	51.8	56.1	60.4	64.8	69.1	73.4								
120	18.8	23.6	28.3	33.0	37.7	42.4	47.4	51.8	56.5	61.2	65.9	70.6	75.4	80.1								
130	20.4	25.5	30.6	35.7	40.8	45.9	51.0	56.1	61.2	66.3	71.4	76.5	81.6	86.7								
140	22.0	27.5	33.0	38.5	44.0	49.4	55.0	60.4	65.9	71.4	76.9	82.4	87.9	93.4	98.9	110						
150	23.6	29.4	35.3	41.2	47.1	53.0	58.9	64.8	70.7	76.5	82.4	88.3	94.2	100	106	118						
160	25.1	31.4	37.7	44.0	50.2	56.5	62.8	69.1	75.4	81.6	87.9	94.2	100	107	113	126	138	151				
170	26.7	33.4	40.0	46.7	53.4	60.0	66.7	73.4	80.1	86.7	93.4	100	107	113	120	133	147	160				
180	28.3	35.3	42.4	49.4	56.5	63.6	70.6	77.7	84.8	91.8	98.9	106	113	120	127	141	155	170	184	198		
190						67.1	74.6	82.0	89.5	96.9	104	112	119	127	134	149	164	179	194	209		
200						70.6	78.5	86.4	94.2	102	110	118	127	133	141	157	173	188	204	220		
210						74.2	82.4	90.7	98.9	107	115	124	132	140	148	165	181	198	214	231	247	264
220						77.7	86.4	95.0	103.6	112	121	130	138	147	155	173	190	207	224	242	259	276
230												135	144	153	162	180	199	217	235	253	271	289
240												141	151	160	170	188	207	226	245	264	283	301
250												147	157	167	177	196	216	235	255	275	294	314
260												153	163	173	184	204	224	245	265	286	306	326
280												165	176	187	198	220	242	264	286	308	330	352
300												177	188	200	212	236	259	283	306	330	353	377

注：1. 表中的理论重量按密度为 7.85g/cm³ 计算的。对高合金钢计算理论重量时应采用相应牌号的密度。

2. 通常交货长度不小于 1m。

15. 通用冷弯开口型钢（GB/T 6723—2008）

本标准适用于可冷加工变形的冷轧或热轧钢带在连续辊式冷弯机上生产的通用冷弯开口型钢。型钢按其截面形状分为 8 种，其代号为：

(1) 冷弯等边角钢　　　　　JD
(2) 冷弯不等边角钢　　　　JB
(3) 冷弯等边槽钢　　　　　CD
(4) 冷弯不等边槽钢　　　　CB
(5) 冷弯内卷边槽钢　　　　CN
(6) 冷弯外卷边槽钢　　　　CW
(7) 冷弯 Z 型钢　　　　　　Z
(8) 冷弯卷边 Z 型钢　　　　ZJ

通用冷弯开口型钢的截面形状见图 2-12，冷弯等边角钢基本尺寸及主要参数见表 2-103，冷弯不等边角钢基本尺寸及主要参数见表 2-104，冷弯等边槽钢基本尺寸及主要参数见表 2-105，冷弯不等边槽钢基本尺寸及主要参数见表 2-106，冷弯内卷边槽钢基本尺寸及主要参数见表 2-107，冷弯外卷边槽钢基本尺寸及主要参数见表 2-108，冷弯 Z 型钢基本尺寸及主要参数见表 2-109，冷弯卷边 Z 型钢基本尺寸及主要参数见表 2-110。

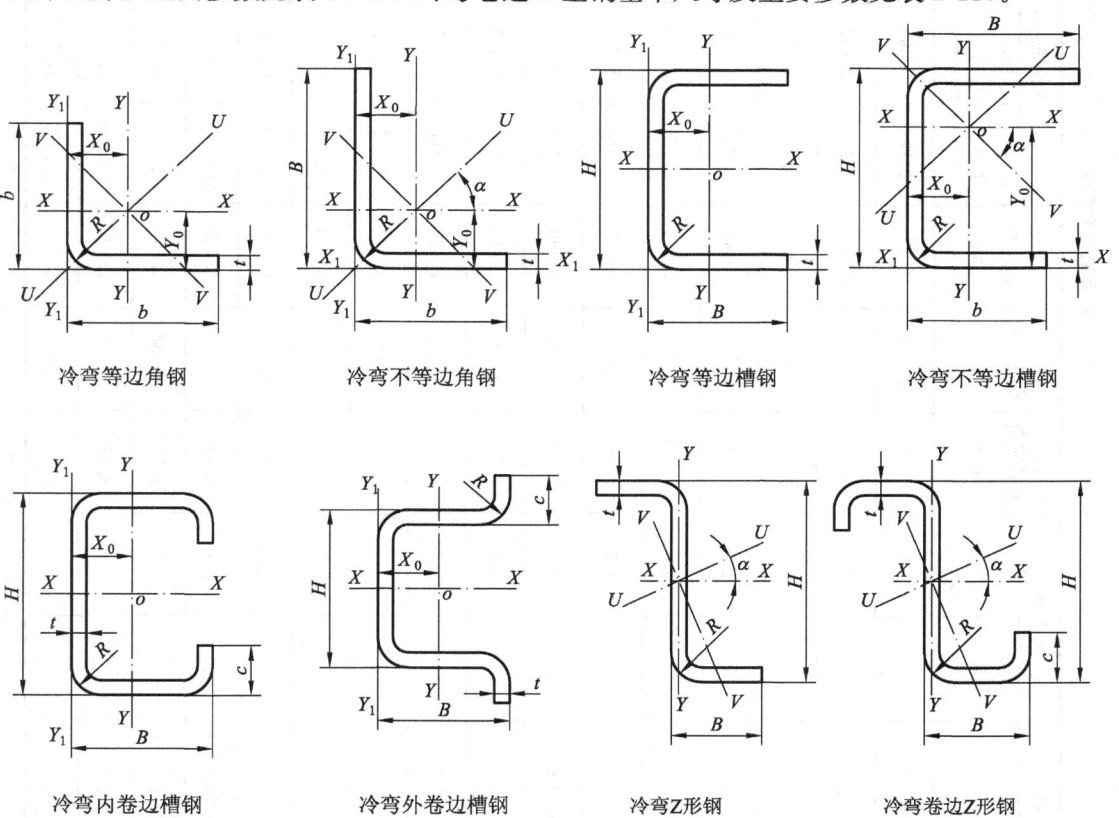

冷弯等边角钢　　　　冷弯不等边角钢　　　　冷弯等边槽钢　　　　冷弯不等边槽钢

冷弯内卷边槽钢　　　　冷弯外卷边槽钢　　　　冷弯Z形钢　　　　冷弯卷边Z形钢

图 2-12　通用冷弯开口型钢截面形状

冷弯等边角钢基本尺寸及主要参数

表 2-103

规格	尺寸/mm		理论重量	截面面积	重心 Y₀	惯性矩/cm⁴			回转半径/cm			截面模数/cm³	
$b \times b \times t$	b	t	kg/m	cm²	cm	$I_x=I_y$	I_u	I_v	$r_x=r_y$	r_u	r_v	$W_{ymax}=W_{xmax}$	$W_{ymin}=W_{xmin}$
20×20×1.2	20	1.2	0.354	0.451	0.599	0.179	0.292	0.066	0.630	0.804	0.385	0.321	0.124
20×20×2.0		2.0	0.566	0.720	0.599	0.278	0.457	0.099	0.621	0.796	0.371	0.464	0.198
30×30×1.6	30	1.6	0.714	0.909	0.829	0.817	1.328	0.307	0.948	1.208	0.581	0.986	0.376
30×30×2.0		2.0	0.880	1.121	0.849	0.998	1.626	0.369	0.943	1.204	0.573	1.175	0.464
30×30×3.0		3.0	1.274	1.623	0.898	1.409	2.316	0.503	0.931	1.194	0.556	1.568	0.571
40×40×1.6	40	1.6	0.966	1.229	1.079	1.985	3.213	0.758	1.270	1.616	0.785	1.839	0.679
40×40×2.0		2.0	1.194	1.521	1.099	2.438	3.956	0.919	1.266	1.612	0.777	2.218	0.840
40×40×3.0		3.0	1.745	2.223	1.148	3.496	5.710	1.282	1.253	1.602	0.759	3.043	1.226
50×50×2.0	50	2.0	1.508	1.921	1.349	4.848	7.845	1.850	1.588	2.020	0.981	3.593	1.327
50×50×3.0		3.0	2.216	2.823	1.398	7.015	11.414	2.616	1.576	2.010	0.962	5.015	1.948
50×50×4.0		4.0	2.894	3.686	1.448	9.022	14.755	3.290	1.564	2.000	0.944	6.229	2.540
60×60×2.0	60	2.0	1.822	2.321	1.599	8.478	13.694	3.262	1.910	2.428	1.185	5.302	1.926
60×60×3.0		3.0	2.687	3.423	1.648	12.342	20.028	4.657	1.898	2.418	1.166	7.486	2.836
60×60×4.0		4.0	3.522	4.486	1.698	15.970	26.030	5.911	1.886	2.408	1.147	9.403	3.712
70×70×3.0	70	3.0	3.158	4.023	1.898	19.853	32.152	7.553	2.221	2.826	1.370	10.456	3.891
70×70×4.0		4.0	4.150	5.286	1.948	25.799	41.944	9.654	2.209	2.816	1.351	13.242	5.107

续表

规格	尺寸/mm		理论重量	截面面积	重心 Y_0	惯性矩/cm⁴			回转半径/cm			截面模数/cm³	
$b \times b \times t$	b	t	kg/m	cm²	cm	$I_x = I_y$	I_u	I_v	$r_x = r_y$	r_u	r_v	$W_{ymax} = W_{xmax}$	$W_{ymin} = W_{xmin}$
80×80×4.0	80	4.0	4.778	6.080	2.198	39.009	63.299	14.719	2.531	3.224	1.555	17.745	6.723
80×80×5.0		5.6	5.895	7.510	2.247	47.677	77.622	17.731	2.519	3.214	1.536	21.209	8.288
100×100×4.0	100	4.0	6.034	7.686	2.698	77.571	125.528	29.613	3.176	4.041	1.962	28.749	10.623
100×100×5.0		5.0	7.465	9.510	2.747	95.237	154.539	35.335	3.164	4.031	1.943	34.659	13.132
150×150×6.0	150	6.0	13.458	17.254	4.062	391.442	635.468	447.415	4.763	6.069	2.923	96.367	35.787
150×150×8.0		8.0	17.685	22.673	4.169	508.593	830.207	186.979	4.736	6.051	2.872	121.994	46.957
150×150×10		10	21.783	27.927	4.277	619.211	1016.638	221.785	4.709	6.034	2.818	144.777	57.746
200×200×6.0	200	6.0	18.138	23.254	5.310	945.753	1529.328	362.177	6.377	8.110	3.947	178.108	64.381
200×200×8.0		8.0	23.925	30.673	5.416	1237.149	2008.393	466.905	6.351	8.091	3.897	228.425	84.829
200×200×10		10	29.583	37.927	5.522	1516.787	2472.471	561.104	6.324	8.074	3.846	274.681	104.765
250×250×8.0	250	8.0	30.164	38.672	6.664	2453.559	3970.580	936.538	7.965	10.133	4.921	368.181	133.811
250×250×10		10	37.383	47.927	6.770	3020.384	4903.304	1137.464	7.939	10.114	4.872	446.142	165.682
250×250×12		12	44.472	57.015	6.876	3568.836	6812.612	1326.064	7.912	10.097	4.821	519.028	196.912
300×300×10	300	10	45.183	57.927	8.018	5286.252	8559.138	2013.367	9.563	12.155	5.896	659.298	240.481
300×300×12		12	53.832	69.016	8.124	6263.069	10167.49	2358.645	9.526	12.138	5.846	770.934	286.299
300×300×14		14	62.022	79.616	8.277	7182.256	11740.00	2624.502	9.504	12.150	5.745	867.737	330.629
300×300×16		16	70.312	90.144	8.392	8095.516	13279.90	2911.336	9.477	12.137	5.683	964.671	374.654

冷弯不等边角钢基本尺寸及主要参数

表 2-104

规格	尺寸/mm			理论重量 kg/m	截面面积 cm²	重心/cm		惯性矩 cm⁴				回转半径/cm				截面模数 cm³			
$B \times b \times t$	B	b	t			Y_0	X_0	I_x	I_y	I_u	I_v	r_x	r_y	r_u	r_v	W_{xmax}	W_{xmin}	W_{ymax}	W_{ymin}
30×20×2.0	30	20	2.0	0.723	0.921	1.011	0.490	0.860	0.318	1.014	0.164	0.966	0.587	1.049	0.421	0.850	0.432	0.648	0.210
30×20×3.0	30	20	3.0	1.039	1.323	1.068	0.536	1.201	0.441	1.421	0.220	0.952	0.577	1.036	0.408	1.123	0.621	0.823	0.301
50×30×2.5	50	30	2.5	1.473	1.877	1.706	0.674	4.962	1.419	5.597	0.783	1.625	0.869	1.726	0.645	2.907	1.506	2.103	0.610
50×30×4.0	50	30	4.0	2.266	2.886	1.794	0.741	7.419	2.104	8.395	1.128	1.603	0.853	1.705	0.625	4.134	2.314	2.838	0.931
60×40×2.5	60	40	2.5	1.866	2.377	1.939	0.913	9.078	3.376	10.665	1.790	1.954	1.191	2.117	0.867	4.682	2.235	3.694	1.094
60×40×4.0	60	40	4.0	2.894	3.686	2.023	0.981	13.774	5.091	16.239	2.625	1.932	1.175	2.098	0.843	6.807	3.463	5.184	1.686
70×40×3.0	70	40	3.0	2.452	3.123	2.402	0.861	16.301	4.142	18.092	2.351	2.284	1.151	2.406	0.867	6.785	3.545	4.810	1.319
70×40×4.0	70	40	4.0	3.208	4.086	2.461	0.905	21.038	5.317	23.381	2.973	2.268	1.140	2.391	0.853	8.546	4.635	5.872	1.718
80×50×3.0	80	50	3.0	2.923	3.723	2.631	1.096	25.450	8.086	29.092	4.444	2.614	1.473	2.795	1.092	9.670	4.740	7.371	2.073
80×50×4.0	80	50	4.0	3.836	4.886	2.688	1.141	33.025	10.449	37.810	5.664	2.599	1.462	2.781	1.076	12.281	6.218	9.151	2.708
100×60×3.0	100	60	3.0	3.629	4.623	3.297	1.269	49.787	14.347	56.038	8.096	3.281	1.761	3.481	1.323	15.100	7.427	11.389	3.026
100×60×4.0	100	60	4.0	4.778	6.086	3.364	1.304	64.939	18.640	73.177	10.402	3.266	1.749	3.467	1.307	19.356	9.772	14.289	3.969
100×60×5.0	100	60	5.0	5.895	7.510	3.412	1.349	79.395	22.707	89.566	12.536	3.251	1.738	3.453	1.291	23.263	12.053	16.830	4.882
150×120×6.0	150	120	6.0	12.054	15.454	4.500	2.962	362.949	211.071	475.645	98.375	4.846	3.696	5.548	2.532	80.655	34.567	71.260	23.354
150×120×8.0	150	120	8.0	15.813	20.273	4.515	3.064	470.343	273.077	619.416	124.003	4.817	3.670	5.528	2.473	101.916	45.291	89.124	30.559
150×120×10	150	120	10	19.443	24.927	4.732	3.167	571.010	331.066	755.971	146.105	4.786	3.644	5.507	2.421	120.670	55.611	104.536	37.481
200×160×8.0	200	160	8.0	21.429	27.473	6.000	3.950	1147.099	667.089	1503.275	310.914	6.462	4.928	7.397	3.364	191.183	81.936	168.883	55.360
200×160×10	200	160	10	24.463	33.927	6.115	4.051	1403.661	815.267	1846.212	372.716	6.432	4.902	7.377	3.314	229.544	101.092	201.251	68.229
200×160×12	200	160	12	31.368	40.215	6.231	4.154	1648.244	956.261	2176.288	428.217	6.402	4.876	7.356	3.263	264.523	119.707	230.202	80.724
250×220×10	250	220	10	35.043	44.927	7.188	5.652	2894.335	2122.346	4102.990	913.691	8.026	6.873	9.556	4.510	402.662	162.494	375.504	129.823
250×220×12	250	220	12	41.664	53.415	7.299	5.756	3416.991	2504.222	4859.116	1062.097	7.998	6.847	9.538	4.459	468.151	193.042	435.063	154.153
250×220×14	250	220	14	47.826	61.316	7.466	5.904	3895.841	2856.311	5590.119	1162.033	7.971	6.825	9.548	4.353	521.811	222.188	483.793	177.455
300×260×12	300	260	12	50.088	64.215	8.686	6.638	5970.485	4218.566	8347.648	1841.403	9.642	8.105	11.402	5.355	687.369	280.120	635.517	217.879
300×260×14	300	260	14	57.654	73.916	8.861	6.782	6835.520	4831.275	9625.709	2041.085	9.616	8.085	11.412	5.255	772.288	323.208	712.367	251.393
300×260×16	300	260	16	65.320	83.744	8.972	6.894	7697.062	5438.329	10876.951	2258.440	9.587	8.059	11.397	5.193	857.898	366.039	788.850	284.640

冷弯等边槽钢基本尺寸及主要参数

表 2-105

规格	尺寸/mm			理论重量 kg/m	截面面积 cm²	重心 X₀ cm	惯性矩/cm⁴		回转半径/cm		截面模数/cm³		
H×B×t	H	B	t				I_x	I_y	r_x	r_y	W_x	W_{ymax}	W_{ymin}
20×10×1.5	20	10	1.5	0.401	0.511	0.324	0.281	0.047	0.741	0.305	0.281	0.146	0.070
20×10×2.0			2.0	0.505	0.643	0.349	0.330	0.058	0.716	0.300	0.330	0.165	0.089
50×30×2.0	50	30	2.0	1.604	2.043	0.922	8.093	1.872	1.990	0.957	3.237	2.029	0.901
50×30×3.0			3.0	2.314	2.947	0.975	11.119	2.632	1.942	0.994	4.447	2.699	1.299
50×50×3.0		50	3.0	3.256	4.147	1.850	17.765	10.834	2.069	1.616	7.102	5.855	3.440
100×50×3.0	100	50	3.0	4.433	5.647	1.398	87.275	14.030	3.931	1.576	17.455	10.031	3.896
100×50×4.0			4.0	5.788	7.373	1.448	111.051	18.045	3.880	1.564	22.210	12.458	6.081
140×60×3.0	140	60	3.0	5.846	7.447	1.527	220.977	25.929	5.447	1.865	31.568	16.970	5.798
140×60×4.0			4.0	7.672	9.773	1.575	284.429	33.601	5.394	1.854	40.632	21.324	7.594
140×60×5.0			5.0	9.436	12.021	1.623	343.066	40.823	5.342	1.842	49.009	25.145	9.327
200×80×4.0	200	80	4.0	10.812	13.773	1.966	821.120	83.686	7.721	2.464	82.112	42.564	13.859
200×80×5.0			5.0	13.361	17.021	2.013	1000.710	102.441	7.667	2.453	100.071	50.886	17.111
200×80×6.0			6.0	15.849	20.190	2.060	1170.516	120.388	7.614	2.441	117.051	58.436	20.267
250×130×6.0	250	130	6.0	22.703	29.107	3.630	2876.401	497.071	9.941	4.132	230.112	136.934	53.049
250×130×8.0			8.0	29.755	38.147	3.739	3687.729	642.760	9.832	4.105	295.018	171.907	69.405

续表

规格	尺寸/mm			理论重量 kg/m	截面面积 cm²	重心 X₀ cm	惯性矩/cm⁴		回转半径/cm		截面模数/cm³		
$H \times B \times t$	H	B	t				I_x	I_y	r_x	r_y	W_x	W_{ymax}	W_{ymin}
300×150×6.0	300	150	6.0	26.915	34.507	4.062	4911.518	782.884	11.930	4.763	327.435	192.734	71.575
300×150×8.0			8.0	35.371	45.347	4.169	6337.148	1017.186	11.822	4.736	422.477	243.988	93.914
300×150×10			10	43.566	55.854	4.277	7660.498	1238.423	11.711	4.708	510.700	289.554	116.492
350×180×8.0	350	180	8.0	42.235	54.147	4.983	10488.540	1771.766	13.918	5.721	599.345	355.562	136.112
350×180×10			10	52.146	66.864	5.092	12719.074	2166.713	13.809	5.693	728.519	425.513	167.858
350×180×12			12	61.799	79.230	5.501	14869.892	2542.823	13.700	5.665	849.708	462.247	203.442
400×200×10	400	200	10	59.166	75.854	5.522	18932.658	3033.576	16.799	6.324	946.633	549.362	209.630
400×200×12			12	70.223	90.030	5.630	22169.727	3569.548	15.689	6.297	1107.986	634.022	248.403
400×200×14			14	80.366	103.033	5.791	24854.034	4051.828	15.531	6.271	1242.702	699.677	285.159
450×220×10	450	220	10	66.186	84.854	5.956	26844.416	4103.714	17.787	6.954	1193.085	689.005	255.779
450×220×12			12	78.647	100.830	6.063	31506.135	4838.741	17.676	6.927	1400.273	798.077	303.617
450×220×14			14	90.194	115.633	6.219	35494.843	5610.415	17.520	6.903	1577.549	886.061	349.180
500×250×12	500	250	12	88.943	114.030	6.876	44593.265	7137.673	19.775	7.912	1783.731	1038.056	393.824
500×250×14			14	102.206	131.033	7.032	50455.689	8152.938	19.623	7.888	2018.228	1159.405	453.748
550×280×12	550	280	12	99.239	127.230	7.691	60862.568	10068.390	21.872	8.896	2213.184	1309.114	496.760
550×280×14			14	114.218	146.433	7.848	69095.642	11527.579	21.722	8.873	2512.569	1469.230	571.975
600×300×14	600	300	14	124.046	159.033	8.276	89412.972	14364.512	23.711	9.504	2980.432	1735.683	661.228
600×300×16			16	140.624	180.287	8.392	100367.430	16191.032	23.595	9.477	3345.581	1929.341	749.307

表 2-106

冷弯不等边槽钢基本尺寸及主要参数

规格	尺寸/mm				理论重量 kg/m	截面面积 cm²	重心/cm		惯性矩/cm⁴				回转半径/cm				截面模数/cm³			
$H×B×b×t$	H	B	b	t			Y_0	X_0	I_x	I_y	I_u	I_v	r_x	r_y	r_u	r_v	$W_{x\max}$	$W_{x\min}$	$W_{y\max}$	$W_{y\min}$
50×32×20×2.5	50	32	20	2.5	1.840	2.344	0.817	2.803	8.536	1.853	8.769	1.619	1.908	0.889	1.934	0.831	3.887	3.044	2.266	0.777
50×32×20×3.0	50	32	20	3.0	2.169	2.764	0.842	2.806	9.804	2.155	10.083	1.876	1.883	0.883	1.909	0.823	4.468	3.494	2.539	0.914
80×40×20×2.5	80	40	20	2.5	2.586	3.294	0.828	4.588	28.922	3.775	29.607	3.090	2.962	1.070	2.997	0.968	8.476	6.303	4.555	1.190
80×40×20×3.0	80	40	20	3.0	3.064	3.904	0.852	4.591	33.654	4.431	34.423	3.611	2.936	1.065	2.971	0.961	9.874	7.329	5.200	1.407
100×60×30×3.0	100	60	30	3.0	4.242	5.404	1.326	5.807	77.936	14.880	80.845	11.970	3.797	1.659	3.867	1.488	18.590	13.419	11.220	3.183
150×60×50×3.0	150	60	50	3.0	5.890	7.504	1.304	7.793	245.876	21.452	246.257	21.071	5.724	1.690	5.728	1.675	34.120	31.647	16.440	4.569
200×70×60×4.0	200	70	60	4.0	9.832	12.605	1.469	10.311	706.995	47.735	707.583	47.149	7.489	1.946	7.492	1.934	72.969	68.567	32.495	8.630
200×70×60×5.0	200	70	60	5.0	12.061	15.463	1.527	10.315	848.963	57.959	849.689	57.233	7.410	1.936	7.413	1.924	87.058	82.304	37.956	10.590
250×80×70×5.0	250	80	70	5.0	14.791	18.963	1.647	12.823	1616.200	92.101	1617.030	91.271	9.232	2.204	9.234	2.194	132.726	126.039	55.920	14.497
250×80×70×6.0	250	80	70	6.0	17.555	28.507	1.696	12.825	1891.478	108.125	1892.465	107.139	9.167	2.192	9.170	2.182	155.358	147.484	63.753	17.152
300×90×80×6.0	300	90	80	6.0	20.831	26.707	1.822	15.330	3222.869	161.726	3223.981	160.513	10.985	2.461	10.987	2.452	219.691	210.233	88.763	22.531
300×90×80×8.0	300	90	80	8.0	27.259	34.947	1.918	15.334	4115.825	207.566	4117.270	206.110	10.852	2.437	10.854	2.429	280.637	268.412	108.214	29.307
350×100×90×6.0	350	100	90	6.0	24.107	30.907	1.953	17.834	5064.502	230.463	5055.739	229.226	12.801	2.731	12.802	2.723	295.031	283.980	118.005	28.640
350×100×90×8.0	350	100	90	8.0	31.627	40.547	2.048	17.837	6506.423	297.082	6508.041	295.464	12.668	2.707	12.669	2.699	379.096	364.771	145.060	37.359
400×150×100×8.0	400	150	100	8.0	38.491	49.347	2.882	21.589	10787.704	763.610	10843.850	707.463	14.786	3.934	14.824	3.786	585.938	499.685	264.958	63.015
400×150×100×10	400	150	100	10	47.466	60.854	2.981	21.602	13071.444	931.170	13144.358	851.255	14.656	3.912	14.695	3.762	710.482	605.103	312.368	77.475
450×200×150×10	450	200	150	10	59.166	75.854	4.402	23.950	22328.149	2337.132	22430.862	2234.420	17.157	5.551	17.196	5.427	1060.720	932.282	530.925	149.835
450×200×150×12	450	200	150	12	70.223	90.030	4.504	23.960	26133.270	2750.039	26256.075	2627.235	17.037	5.527	17.077	5.402	1242.076	1090.704	610.577	177.458
500×250×200×12	500	250	200	12	84.263	108.030	6.008	26.355	40821.990	5579.208	40985.443	5416.752	19.439	7.186	19.178	7.080	1735.458	1548.928	928.630	293.766
500×250×200×14	500	250	200	14	96.746	124.033	6.159	26.371	46087.838	6369.068	46277.561	6179.346	19.276	7.166	19.306	7.058	1950.478	1747.671	1034.107	338.043
550×300×250×14	550	300	250	14	113.126	145.033	7.714	28.794	67847.216	11314.348	68086.256	11075.308	21.629	8.832	21.667	8.739	2588.995	2356.297	1466.729	507.689
550×300×250×16	550	300	250	16	128.144	164.287	7.831	28.800	76016.861	12738.984	76288.341	12467.503	21.511	8.806	21.549	8.711	2901.407	2639.474	1626.788	574.631

冷弯内卷边槽钢基本尺寸及主要参数

表2-107

规格	尺寸/mm				理论重量	截面面积	重心 X_0	惯性矩/cm⁴		回转半径/cm		截面模数/cm³		
$H×B×C×t$	H	B	C	t	kg/m	cm²	cm	I_x	I_y	r_x	r_y	W_x	W_{ymax}	W_{ymin}
60×30×10×2.5	60	30	10	2.5	2.363	3.010	1.043	16.009	3.353	2.306	1.055	5.336	3.214	1.713
60×30×10×3.0	60	30	10	3.0	2.743	3.495	1.036	18.077	3.688	2.274	1.027	6.025	3.559	1.878
100×50×20×2.5	100	50	20	2.5	4.325	5.510	1.853	84.932	19.389	3.925	1.899	16.986	10.730	6.321
100×50×20×3.0	100	50	20	3.0	5.098	6.495	1.848	98.560	22.802	3.895	1.873	19.712	12.333	7.235
140×60×20×2.5	140	60	20	2.5	5.503	7.010	1.974	212.137	34.786	5.500	2.227	30.305	17.615	8.642
140×60×20×3.0	140	60	20	3.0	6.511	8.295	1.969	248.006	40.132	5.467	2.199	35.429	20.379	9.956
180×60×20×3.0	180	60	20	3.0	7.453	9.495	1.739	449.695	43.611	6.881	2.143	49.966	25.073	10.235
180×70×20×3.0	180	70	20	3.0	7.924	10.095	2.106	496.693	63.712	7.014	2.512	55.188	30.248	13.019
200×60×20×3.0	200	60	20	3.0	7.924	10.095	1.644	578.425	45.041	7.569	2.112	57.842	27.382	10.342
200×70×20×3.0	200	70	20	3.0	9.395	10.695	1.996	636.643	65.883	7.715	2.481	63.664	32.999	13.167
250×40×15×3.0	250	40	15	3.0	7.924	10.095	0.790	773.495	14.809	8.753	1.211	61.879	18.734	4.614
300×40×15×3.0	300	40	15	3.0	9.102	11.595	0.707	1231.616	15.356	10.306	1.150	82.107	21.700	4.664
400×50×15×3.0	400	50	15	3.0	11.928	15.195	0.783	2837.843	28.888	13.666	1.376	141.892	36.879	6.851
450×70×30×6.0	450	70	30	6.0	28.092	36.015	1.421	8796.963	159.703	15.629	2.106	390.976	112.388	28.626
450×70×30×8.0	450	70	30	8.0	36.421	46.593	1.429	11030.645	182.734	15.370	1.978	490.251	127.875	82.801
500×100×40×6.0	500	100	40	6.0	34.176	43.815	2.297	14275.246	479.809	18.050	3.309	571.010	208.885	62.289
500×100×40×8.0	500	100	40	8.0	44.533	57.093	2.293	18150.796	578.026	17.830	3.182	726.032	252.083	76.000
500×100×40×10	500	100	40	10	54.372	69.708	2.289	21594.366	648.778	17.601	3.051	863.775	283.433	84.137
550×120×50×8.0	550	120	50	8.0	51.397	65.893	2.940	26259.069	1069.797	19.953	4.029	954.875	363.877	118.079
550×120×50×10	550	120	50	10	62.952	80.708	2.933	31484.498	1229.103	19.751	3.902	1144.891	419.060	135.558
550×120×50×12	550	120	50	12	73.990	94.859	2.926	36186.756	1349.879	19.531	3.772	1315.882	461.339	148.763
600×150×60×12	600	150	60	12	86.158	110.459	3.902	54745.539	2755.348	21.852	4.994	1824.851	706.137	248.274
600×150×60×14	600	150	60	14	97.395	124.865	3.840	67733.224	2867.742	21.503	4.792	1924.441	746.808	256.966
660×150×60×16	660	150	60	16	109.026	139.775	5.819	63178.379	3010.816	21.260	4.641	2105.946	788.378	269.280

冷弯外卷边槽钢基本尺寸及主要参数

表 2-108

规格 H×B×C×t	尺寸/mm H	B	C	t	理论重量 kg/m	截面面积 cm²	重心 X₀ cm	惯性矩/cm⁴ I_x	I_y	回转半径/cm r_x	r_y	截面模数/cm³ W_x	W_{ymax}	W_{ymin}
30×30×16×2.5	30	30	16	2.5	2.009	2.560	1.526	6.010	3.126	1.532	1.105	2.109	2.047	2.122
50×20×15×3.0	50	20	15	3.0	2.272	2.895	0.823	13.863	1.639	2.188	0.729	3.746	1.869	1.309
60×25×32×2.5	60	26	32	2.5	3.030	3.860	1.279	42.431	3.969	3.315	1.012	7.131	3.095	3.243
60×25×32×3.0	60	25	32	3.0	3.544	4.615	1.279	49.003	4.438	3.294	0.991	8.305	3.469	3.635
80×40×20×4.0	80	40	20	4.0	5.296	6.746	1.573	79.594	14.537	3.434	1.467	14.213	9.241	5.900
100×30×15×3.0	100	30	15	3.0	3.921	4.995	0.932	77.669	5.575	3.943	1.056	12.527	5.979	2.696
150×40×20×4.0	150	40	20	4.0	7.497	9.611	1.176	325.197	18.311	5.817	1.380	35.786	15.571	6.484
150×40×20×5.0	150	40	20	5.0	8.913	11.427	1.158	370.697	19.357	5.696	1.302	41.189	6.716	6.811
200×50×30×4.0	200	50	30	4.0	10.305	13.211	1.525	834.155	44.255	7.946	1.830	66.203	29.020	12.736
200×50×30×5.0	200	50	30	5.0	12.423	15.927	1.511	976.969	49.376	7.832	1.761	78.158	32.678	10.999
250×60×40×5.0	250	60	40	5.0	15.938	20.427	1.856	2029.828	99.402	9.968	2.206	126.864	53.558	23.987
250×60×40×6.0	250	60	40	6.0	18.732	21.015	1.853	2342.687	111.005	9.877	2.150	147.339	59.906	26.768
300×70×50×6.0	300	70	50	6.0	22.944	29.415	2.195	4246.582	197.478	12.015	2.591	218.896	89.967	41.098
300×70×50×8.0	300	70	50	8.0	29.557	37.893	2.191	8304.784	233.118	11.832	2.480	276.291	106.398	48.475

续表

规 格	尺寸/mm				理论重量 kg/m	截面面积 cm²	重心 X₀ cm	惯性矩/cm⁴		回转半径/cm		截面模数/cm³		
$H×B×C×t$	H	B	C	t				I_x	I_y	r_x	r_y	W_x	W_{ymax}	W_{ymin}
350×80×60×6.0	350	80	60	6.0	27.156	34.815	2.533	6978.923	319.320	14.153	3.029	304.538	126.068	58.410
350×80×60×8.0				8.0	35.178	45.093	2.475	8804.763	365.038	13.978	2.845	387.875	147.490	66.070
400×90×70×8.0	400	90	70	8.0	40.789	52.293	2.773	13577.846	548.603	16.114	3.239	598.238	197.837	88.101
400×90×70×10				10	49.692	63.708	2.868	16171.507	672.619	15.932	3.249	621.981	234.526	109.690
450×100×80×8.0	450	100	80	8.0	46.405	59.493	3.206	19821.232	855.920	18.253	3.793	667.382	266.974	125.982
450×100×80×10				10	56.712	72.708	3.205	23751.957	987.987	18.074	3.686	805.151	308.254	145.399
500×150×90×10	500	150	90	10	69.972	89.708	5.003	38191.923	2907.975	20.633	5.694	1157.331	581.246	290.885
500×150×90×12				12	82.414	105.659	4.992	44274.544	3291.816	20.470	5.582	1349.834	659.418	328.918
550×200×100×12	550	200	100	12	98.326	126.059	6.564	66449.957	6427.780	22.959	7.141	1830.577	979.247	478.400
550×200×100×14				14	111.591	143.066	6.815	74080.384	7829.699	22.755	7.398	2052.088	1148.892	593.834
600×250×150×14	600	250	150	14	138.891	178.065	9.717	125436.851	17163.911	26.541	9.818	2876.992	1766.380	1123.072
600×250×150×16				16	156.449	200.575	9.700	139827.681	18879.946	26.403	9.702	3221.836	1946.386	1233.983

表2-109

冷弯Z型钢基本尺寸及主要参数

规　格	尺寸/mm			理论重量	截面面积	惯性矩/cm⁴				回转半径/cm	惯性积矩/cm⁴	截面模数/cm³		角度
$H×B×t$	H	B	t	kg/m	cm²	I_x	I_y	I_u	I_v	r_v	I_{xy}	W_x	W_y	$\tan\alpha$
80×40×2.5	80	40	2.5	2.947	3.755	37.021	9.707	43.307	3.421	0.954	14.532	9.255	2.505	0.432
80×40×3.0			3.0	3.491	4.447	43.148	11.429	50.606	3.970	0.944	17.094	10.787	2.968	0.436
100×50×2.5	100	50	2.5	3.732	4.755	74.429	19.321	86.840	6.910	1.205	28.947	14.885	3.963	0.428
100×50×3.0			3.0	4.433	5.647	87.275	22.837	102.038	8.073	1.195	34.194	17.455	4.708	0.431
140×70×3.0	140	70	3.0	6.291	8.066	249.769	64.316	290.867	23.218	1.697	96.492	35.681	9.389	0.426
140×70×4.0			4.0	8.272	10.605	322.421	83.925	376.599	29.747	1.675	125.922	46.061	12.342	0.430
200×100×3.0	200	100	3.0	9.099	11.665	749.379	191.180	870.468	70.091	2.451	286.800	74.938	19.409	0.422
200×100×4.0			4.0	12.016	15.405	977.164	251.093	1137.292	90.965	2.430	376.703	97.716	25.622	0.425
300×120×4.0	300	120	4.0	16.384	21.005	2871.420	438.304	3124.579	185.144	2.969	824.655	191.428	37.144	0.307
300×120×5.0			5.0	20.251	25.963	3506.942	541.080	3823.534	224.489	2.940	1019.410	233.796	46.049	0.311
400×150×6.0	400	150	6.0	31.595	40.507	9598.705	1271.376	10321.169	548.912	3.681	2556.980	479.935	86.488	0.283
400×150×8.0			8.0	41.611	53.347	12449.116	1661.661	13404.115	706.662	3.640	3348.736	622.456	113.812	0.285

表 2-110

冷弯卷边 Z 型钢基本尺寸及主要参数

| 规格 | 尺寸/mm | | | | 理论重量 | 截面面积 | 惯性矩/cm⁴ | | | | 回转半径 cm | 惯性积矩 cm⁴ | 截面模数/cm³ | | 角度 |
$H×B×C×t$	H	B	C	t	kg/m	cm²	I_x	I_y	I_u	I_v	r_v	I_{xy}	W_x	W_y	$\tan\alpha$
100×40×20×2.0	100	40	20	2.0	3.208	4.086	60.618	17.202	71.373	6.448	1.256	24.136	12.123	4.410	0.445
100×40×20×2.5				2.5	3.933	5.010	73.047	20.324	86.730	7.641	1.234	28.802	14.609	5.245	0.440
140×50×20×2.5	140	50	20	2.5	5.110	6.510	188.502	36.358	210.140	14.720	1.503	51.321	26.928	7.458	0.352
140×50×20×3.0				3.0	6.040	7.695	219.848	41.554	244.527	16.875	1.480	70.775	31.406	8.567	0.348
180×70×20×2.5	180	70	20	2.5	6.680	8.510	422.926	88.578	476.503	35.002	2.028	144.165	46.991	12.884	0.371
180×70×20×3.0				3.0	7.924	10.095	496.693	102.345	558.511	40.527	2.008	157.926	55.188	14.940	0.368
230×75×25×3.0	230	75	25	3.0	9.573	12.195	951.373	138.928	1030.579	59.722	2.212	265.792	82.728	18.901	0.298
230×75×25×4.0				4.0	12.518	15.946	1222.685	173.031	1320.991	74.725	2.164	335.933	106.320	23.708	0.292
250×75×25×3.0	250	75	25	3.0	10.044	12.795	1160.008	138.933	1236.730	62.211	2.205	290.214	92.800	18.902	0.264
250×75×25×4.0				4.0	13.146	16.746	1492.957	173.042	1588.130	77.869	2.156	366.984	119.436	23.704	0.259
300×100×30×4.0	300	100	30	4.0	16.545	21.211	2828.642	416.757	3066.877	178.622	2.901	794.575	188.576	42.526	0.300
300×100×30×6.0				6.0	23.880	30.615	3944.956	548.081	4268.604	234.434	2.767	1078.794	262.997	56.606	0.291
400×120×40×8.0	400	120	40	8.0	40.789	52.293	11648.355	1293.651	12363.204	578.802	3.327	2818.016	582.418	111.522	0.254
400×120×40×10				10	49.692	63.708	13835.982	1463.588	14645.376	654.194	3.204	3266.384	691.799	127.269	0.248

注: 1. 表 2-103～表 2-110 中的理论重量按密度为 7.85g/cm³ 计算。

2. 型钢的通常长度为 4～16m, 经供需双方协议可供应超过上述规定长度的型钢。

1. 无缝钢管 (GB/T 17395—2008)

钢管的外径和壁厚分为三类：普通钢管、精密钢管和不锈钢管。钢管的外径分为三个系列：系列 1 是通用系列；系列 2 是非通用系列；系列 3 是少数特殊、专用系列。

普通钢管的外径、壁厚及单位长度理论重量见表 2-111，精密钢管的外径、壁厚及单位长度理论重量见表 2-112，不锈钢管的外径及壁厚见表 2-113。

表 2-111

普通钢管的外径和壁厚及单位长度理论重量

外径/mm			壁厚/mm															
系列1	系列2	系列3	0.25	0.30	0.40	0.50	0.60	0.80	1.0	1.2	1.4	1.5	1.6	1.8	2.0	2.2(2.3)	2.5(2.6)	2.8
			单位长度理论重量①/(kg/m)															
	6		0.035	0.042	0.055	0.068	0.080	0.103	0.123	0.142	0.159	0.166	0.174	0.186	0.197			
	7		0.042	0.050	0.065	0.080	0.095	0.122	0.148	0.172	0.193	0.203	0.213	0.231	0.247	0.260	0.277	
	8		0.048	0.057	0.075	0.092	0.109	0.142	0.173	0.201	0.228	0.240	0.253	0.275	0.296	0.315	0.339	
	9		0.054	0.064	0.085	0.105	0.124	0.162	0.197	0.231	0.262	0.277	0.292	0.320	0.345	0.369	0.401	0.428
10(10.2)			0.060	0.072	0.095	0.117	0.139	0.182	0.222	0.260	0.297	0.314	0.331	0.364	0.395	0.423	0.462	0.497
	11		0.066	0.079	0.105	0.129	0.154	0.201	0.247	0.290	0.331	0.351	0.371	0.408	0.444	0.477	0.524	0.566
	12		0.072	0.087	0.114	0.142	0.169	0.221	0.271	0.320	0.366	0.388	0.410	0.453	0.493	0.532	0.586	0.635
	13(12.7)		0.079	0.094	0.124	0.154	0.183	0.241	0.296	0.349	0.401	0.425	0.450	0.497	0.543	0.586	0.647	0.704
13.5			0.082	0.098	0.129	0.160	0.191	0.251	0.308	0.364	0.418	0.444	0.470	0.519	0.567	0.613	0.678	0.739
		14	0.085	0.101	0.134	0.166	0.198	0.260	0.321	0.379	0.435	0.462	0.489	0.542	0.592	0.640	0.709	0.773
	16		0.097	0.116	0.154	0.191	0.228	0.300	0.370	0.438	0.504	0.536	0.568	0.630	0.691	0.749	0.832	0.911
17(17.2)			0.103	0.124	0.164	0.203	0.243	0.320	0.395	0.468	0.539	0.573	0.608	0.675	0.740	0.803	0.894	0.981
		18	0.109	0.131	0.174	0.216	0.257	0.339	0.419	0.497	0.573	0.610	0.647	0.719	0.789	0.857	0.956	1.05
	19		0.116	0.138	0.183	0.228	0.272	0.359	0.444	0.527	0.608	0.647	0.687	0.764	0.838	0.911	1.02	1.12
	20		0.122	0.146	0.193	0.240	0.287	0.379	0.469	0.556	0.642	0.684	0.726	0.808	0.888	0.966	1.08	1.19
21(21.3)					0.203	0.253	0.302	0.399	0.493	0.586	0.677	0.721	0.765	0.852	0.937	1.02	1.14	1.26
		22			0.213	0.265	0.317	0.418	0.518	0.616	0.711	0.758	0.805	0.897	0.986	1.07	1.20	1.33
	25				0.243	0.302	0.361	0.477	0.592	0.704	0.815	0.869	0.923	1.03	1.13	1.24	1.39	1.53
		25.4			0.247	0.307	0.367	0.485	0.602	0.716	0.829	0.884	0.939	1.05	1.15	1.26	1.41	1.56
27(26.9)					0.262	0.327	0.391	0.517	0.641	0.764	0.884	0.943	1.00	1.12	1.23	1.35	1.51	1.67
	28				0.272	0.339	0.405	0.537	0.666	0.793	0.918	0.980	1.04	1.16	1.28	1.40	1.57	1.74

续表

外径/mm			壁厚/mm　单位长度理论重量①/(kg/m)														
系列1	系列2	系列3	(2.9)3.0	3.2	3.5(3.6)	4.0	4.5	5.0	(5.4)5.5	6.0	(6.3)6.5	7.0(7.1)	7.5	8.0	8.5	(8.8)9.0	9.5	10
	6		0.518	0.537	0.561													
	7		0.592	0.616	0.647													
	8		0.666	0.694	0.734	0.789												
	9		0.740	0.773	0.820	0.888												
10(10.2)			0.777	0.813	0.863	0.937												
	11		0.814	0.852	0.906	0.986												
	12		0.962	1.01	1.08	1.18	1.28	1.36										
	13(12.7)		1.04	1.09	1.17	1.28	1.39	1.48										
13.5		14	1.11	1.17	1.25	1.38	1.50	1.60										
	16		1.18	1.25	1.34	1.48	1.61	1.73	1.83	1.92								
17(17.2)			1.26	1.33	1.42	1.58	1.72	1.85	1.97	2.07								
		18	1.33	1.40	1.51	1.68	1.83	1.97	2.10	2.22								
	19		1.41	1.48	1.60	1.78	1.94	2.10	2.24	2.37								
	20		1.63	1.72	1.86	2.07	2.28	2.47	2.64	2.81	2.97	3.11						
21(21.3)			1.66	1.75	1.89	2.11	2.32	2.52	2.70	2.87	3.03	3.18						
		22	1.78	1.88	2.03	2.27	2.50	2.71	2.92	3.11	3.29	3.45						
	25	25.4	1.85	1.96	2.11	2.37	2.61	2.84	3.05	3.26	3.45	3.63						
27(26.9)																		
	28																	

续表

系列1	系列2	系列3	0.25	0.30	0.40	0.50	0.60	0.80	1.0	1.2	1.4	1.5	1.6	1.8	2.0	2.2(2.3)	2.5(2.6)	2.8
外径/mm									壁厚/mm									
								单位长度理论重量① /(kg/m)										
		30			0.292	0.364	0.435	0.576	0.715	0.852	0.987	1.05	1.12	1.25	1.38	1.51	1.70	1.88
	32(31.8)				0.312	0.388	0.465	0.616	0.765	0.911	1.06	1.13	1.20	1.34	1.48	1.62	1.82	2.02
34(33.7)					0.331	0.413	0.494	0.655	0.814	0.971	1.13	1.20	1.28	1.43	1.58	1.73	1.94	2.15
		35			0.341	0.425	0.509	0.675	0.838	1.00	1.16	1.24	1.32	1.47	1.63	1.78	2.00	2.22
	38				0.371	0.462	0.553	0.734	0.912	1.09	1.26	1.35	1.44	1.61	1.78	1.94	2.19	2.43
	40				0.391	0.487	0.583	0.773	0.962	1.15	1.33	1.42	1.52	1.70	1.87	2.05	2.31	2.57
42(42.4)									1.01	1.21	1.40	1.50	1.59	1.78	1.97	2.16	2.44	2.71
		45(44.5)							1.09	1.30	1.51	1.61	1.71	1.92	2.12	2.32	2.62	2.91
48(48.3)									1.16	1.38	1.61	1.72	1.83	2.05	2.27	2.48	2.81	3.12
	51								1.23	1.47	1.71	1.83	1.95	2.18	2.42	2.65	2.99	3.33
		54							1.31	1.56	1.82	1.94	2.07	2.32	2.56	2.81	3.18	3.54
	57								1.38	1.65	1.92	2.05	2.19	2.45	2.71	2.97	3.36	3.74
60(60.3)									1.46	1.74	2.02	2.16	2.30	2.58	2.86	3.14	3.55	3.95
	63(63.5)								1.53	1.83	2.13	2.28	2.42	2.72	3.01	3.30	3.73	4.16
	65								1.58	1.89	2.20	2.35	2.50	2.81	3.11	3.41	3.85	4.30
	68								1.65	1.98	2.30	2.46	2.62	2.94	3.26	3.57	4.04	4.50
	70								1.70	2.04	2.37	2.53	2.70	3.03	3.35	3.68	4.16	4.64
		73							1.78	2.12	2.47	2.64	2.82	3.16	3.50	3.84	4.35	4.85
76(76.1)									1.85	2.21	2.58	2.76	2.94	3.29	3.65	4.00	4.53	5.05
	77										2.61	2.79	2.98	3.34	3.70	4.06	4.59	5.12
	80										2.71	2.90	3.09	3.47	3.85	4.22	4.78	5.33

续表

外径/mm 系列1	系列2	系列3	壁厚/mm 单位长度理论重量①/(kg/m)															
			(2.9)3.0	3.2	3.5(3.6)	4.0	4.5	5.0	(5.4)5.5	6.0	(6.3)6.5	7.0(7.1)	7.5	8.0	8.5	(8.8)9.0	9.5	10
		30	2.00	2.11	2.29	2.56	2.83	3.08	3.32	3.55	3.77	3.97	4.16	4.34				
	32(31.8)		2.15	2.27	2.46	2.76	3.05	3.33	3.59	3.85	4.09	4.32	4.53	4.74				
34(33.7)			2.29	2.43	2.63	2.96	3.27	3.58	3.87	4.14	4.41	4.66	4.90	5.13				
		35	2.37	2.51	2.72	3.06	3.38	3.70	4.00	4.29	4.57	4.83	5.09	5.33	5.56	5.77		
	38		2.59	2.75	2.98	3.35	3.72	4.07	4.41	4.74	5.05	5.35	5.64	5.92	6.18	6.44	6.68	6.91
	40		2.74	2.90	3.15	3.55	3.94	4.32	4.68	5.03	5.37	5.70	6.01	6.31	6.60	6.88	7.15	7.40
42(42.4)			2.89	3.06	3.32	3.75	4.16	4.56	4.95	5.33	5.69	6.04	6.38	6.71	7.02	7.32	7.61	7.89
		45(44.5)	3.11	3.30	3.58	4.04	4.49	4.93	5.36	5.77	6.17	6.56	6.94	7.30	7.65	7.99	8.32	8.63
48(48.3)			3.33	3.54	3.84	4.34	4.83	5.30	5.76	6.21	6.65	7.08	7.49	7.89	8.28	8.66	9.02	9.37
	51		3.55	3.77	4.10	4.64	5.16	5.67	6.17	6.66	7.13	7.60	8.05	8.48	8.91	9.32	9.72	10.11
		54	3.77	4.01	4.36	4.93	5.49	6.04	6.58	7.10	7.61	8.11	8.60	9.08	9.54	9.99	10.43	10.85
	57		4.00	4.25	4.62	5.23	5.83	6.41	6.99	7.55	8.10	8.63	9.16	9.67	10.17	10.65	11.13	11.59
60(60.3)			4.22	4.48	4.88	5.52	6.16	6.78	7.39	7.99	8.58	9.15	9.71	10.26	10.80	11.32	11.83	12.33
	63(63.5)		4.44	4.72	5.14	5.82	6.49	7.15	7.80	8.43	9.06	9.67	10.27	10.85	11.42	11.99	12.53	13.07
	65		4.59	4.88	5.31	6.02	6.71	7.40	8.07	8.73	9.38	10.01	10.64	11.25	11.84	12.43	13.00	13.56
	68		4.81	5.11	5.57	6.31	7.05	7.77	8.48	9.17	9.86	10.53	11.19	11.84	12.47	13.10	13.71	14.30
	70		4.96	5.27	5.74	6.51	7.27	8.02	8.75	9.47	10.18	10.88	11.56	12.23	12.89	13.54	14.17	14.80
		73	5.18	5.51	6.00	6.81	7.60	8.38	9.16	9.91	10.66	11.39	12.11	12.82	13.52	14.21	14.88	15.54
76(76.1)			5.40	5.75	6.26	7.10	7.93	8.75	9.56	10.36	11.14	11.91	12.67	13.42	14.15	14.87	15.58	16.28
	77		5.47	5.82	6.34	7.20	8.05	8.88	9.70	10.51	11.30	12.08	12.85	13.61	14.36	15.09	15.81	16.52
	80		5.70	6.06	6.60	7.50	8.38	9.25	10.11	10.95	11.78	12.60	13.41	14.21	14.99	15.76	16.52	17.26

续表

外径/mm			壁 厚/mm 单位长度理论重量①/(kg/m)															
系列1	系列2	系列3	11	12(12.5)	13	14(14.2)	15	16	17(17.5)	18	19	20	22(22.2)	24	25	26	28	30
		30																
	32(31.8)																	
34(33.7)																		
		35																
	38																	
	40																	
42(42.4)																		
		45(44.5)	9.22	9.77														
48(48.3)			10.04	10.65														
	51		10.85	11.54														
		54	11.66	12.43	13.14	13.81												
	57		12.48	13.32	14.11	14.85												
60(60.3)			13.29	14.21	15.07	15.88	16.65	17.36										
	63(63.5)		14.11	15.09	16.03	16.92	17.76	18.55										
	65		14.65	15.68	16.67	17.61	18.50	19.33										
	68		15.46	16.57	17.63	18.64	19.61	20.52										
	70		16.01	17.16	18.27	19.33	20.35	21.31	22.22									
		73	16.82	18.05	19.24	20.37	21.46	22.49	23.48									
76(76.1)			17.63	18.94	20.20	21.41	22.57	23.68	24.74	25.75	26.71	27.62						
	77		17.90	19.24	20.52	21.75	22.94	24.07	25.15	26.19	27.18	28.11						
	80		18.72	20.12	21.48	22.79	24.05	25.25	26.41	27.52	28.58	29.59						

续表

外径/mm			壁　厚/mm															
系列1	系列2	系列3	0.25	0.30	0.40	0.50	0.60	0.80	1.0	1.2	1.4	1.5	1.6	1.8	2.0	2.2(2.3)	2.5(2.6)	2.8
			单位长度理论重量①/(kg/m)															
		83(82.5)									2.82	3.01	3.21	3.60	4.00	4.38	4.96	5.54
	85										2.89	3.09	3.32	3.69	4.09	4.49	5.09	5.68
89(88.9)											3.02	3.24	3.45	3.87	4.29	4.71	5.33	5.95
	95										3.23	3.46	3.69	4.14	4.59	5.03	5.70	6.37
102(101.6)											3.47	3.72	3.96	4.45	4.93	5.41	6.13	6.85
		108									3.68	3.94	4.20	4.71	5.23	5.74	6.50	7.26
114(114.3)												4.16	4.44	4.98	5.52	6.07	6.87	7.68
	121											4.42	4.71	5.29	5.87	6.45	7.31	8.16
	127													5.56	6.17	6.77	7.68	8.58
	133																8.05	8.99
140(139.7)																		
		142(141.3)																
	146																	
		152(152.4)																
		159																
168(168.3)																		
		180(177.8)																
		194(193.7)																
	203																	
219(219.1)																		
		232																
		245(244.5)																
		267(267.4)																

续表

外径/mm			壁厚/mm　单位长度理论重量①/(kg/m)														
系列1	系列2	系列3	(2.9)3.0	3.2	3.5(3.6)	4.0	4.5	5.0	(5.4)5.5	6.0	(6.3)6.5	7.0(7.1)	7.5	8.0	8.5	(8.8)9.0	9.5	10
		83(82.5)	5.92	6.30	6.86	7.79	8.71	9.62	10.51	11.39	12.26	13.12	13.96	14.80	15.62	16.42	17.22	18.00
	85		6.07	6.46	7.03	7.99	8.93	9.86	10.78	11.69	12.58	13.47	14.33	15.19	16.04	16.87	17.69	18.50
89(88.9)			6.36	6.77	7.38	8.38	9.38	10.36	11.33	12.28	13.22	14.16	15.07	15.98	16.87	17.76	18.63	19.48
	95		6.81	7.24	7.90	8.98	10.04	11.10	12.14	13.17	14.19	15.19	16.18	17.16	18.13	19.09	20.03	20.96
102(101.6)			7.32	7.80	8.50	9.67	10.82	11.96	13.09	14.21	15.31	16.40	17.48	18.55	19.60	20.64	21.67	22.69
		108	7.77	8.27	9.02	10.26	11.49	12.70	13.90	15.09	16.27	17.44	18.59	19.73	20.86	21.97	23.08	24.17
114(114.3)			8.21	8.74	9.54	10.85	12.15	13.44	14.72	15.98	17.23	18.47	19.70	20.91	22.12	23.31	24.48	25.65
	121		8.73	9.30	10.14	11.54	12.93	14.30	15.67	17.02	18.35	19.68	20.99	22.29	23.58	24.86	26.12	27.37
	127		9.17	9.77	10.66	12.13	13.59	15.04	16.48	17.90	19.32	20.72	22.10	23.48	24.84	26.19	27.53	28.85
	133		9.62	10.24	11.18	12.73	14.26	15.78	17.29	18.79	20.28	21.75	23.21	24.66	26.10	27.52	28.93	30.33
140(139.7)			10.14	10.80	11.78	13.42	15.04	16.65	18.24	19.83	21.40	22.96	24.51	26.04	27.57	29.08	30.57	32.06
		142(141.3)	10.28	10.95	11.95	13.61	15.26	16.89	18.51	20.12	21.72	23.31	24.88	26.44	27.98	29.52	31.04	32.55
	146		10.58	11.27	12.30	14.01	15.70	17.39	19.06	20.72	22.36	24.00	25.62	27.23	28.82	30.41	31.98	33.54
		152(152.4)	11.02	11.74	12.82	14.60	16.37	18.13	19.87	21.60	23.32	25.03	26.73	28.41	30.08	31.74	33.39	35.02
		159			13.42	15.29	17.15	18.99	20.82	22.64	24.45	26.24	28.02	29.79	31.55	33.29	35.03	36.75
168(168.3)					14.20	16.18	18.14	20.10	22.04	23.97	25.89	27.79	29.69	31.57	33.43	35.29	37.13	38.97
		180(177.8)			15.23	17.36	19.48	21.58	23.67	25.75	27.81	29.87	31.91	33.93	35.95	37.95	39.95	41.92
		194(193.7)			16.44	18.74	21.03	23.31	25.67	27.82	30.06	32.28	34.50	36.70	38.89	41.06	43.23	45.38
	203				17.22	19.63	22.03	24.41	26.79	29.15	31.50	33.84	36.16	38.47	40.77	43.06	45.33	47.59
219(219.1)										31.52	34.06	36.60	39.12	41.63	44.13	46.61	49.08	51.54
		232								33.44	36.15	38.84	41.52	44.19	46.85	49.50	52.13	54.75
		245(244.5)								35.36	38.23	41.09	43.93	46.76	49.58	52.38	55.17	57.95
		267(267.4)								38.62	41.76	44.88	48.00	51.10	54.19	57.26	60.33	63.38

壁厚/mm　单位长度理论重量[①]/(kg/m)

外径/mm 系列1	系列2	系列3	11	12(12.5)	13	14(14.2)	15	16	17(17.5)	18	19	20	22(22.2)	24	25	26	28	30
		83(82.5)	19.53	21.01	22.44	23.82	25.15	26.44	27.67	28.85	29.99	31.07	33.10					
	85		20.07	21.60	23.08	24.51	25.89	27.23	28.51	29.74	30.93	32.06	34.18					
89(88.9)			21.16	22.79	24.37	25.89	27.37	28.80	30.19	31.52	32.80	34.03	36.35	38.47				
	95		22.79	24.56	26.29	27.97	29.59	31.17	32.70	34.18	35.61	36.99	39.61	42.02				
102(101.6)			24.69	26.63	28.53	30.38	32.18	33.93	35.64	37.29	38.89	40.44	43.40	46.17	47.47	48.73	51.10	
		108	26.31	28.41	30.46	32.45	34.40	36.30	38.15	39.95	41.70	43.40	46.66	49.71	51.17	52.58	55.24	57.71
114(114.3)			27.94	30.19	32.38	34.53	36.62	38.67	40.67	42.62	44.51	46.36	49.91	53.27	54.87	56.43	59.39	62.15
	121		29.84	32.26	34.62	36.94	39.21	41.43	43.60	45.72	47.79	49.82	53.71	57.41	59.19	60.91	64.22	67.33
	127		31.47	34.03	36.55	39.01	41.43	43.80	46.12	48.39	50.61	52.78	56.97	60.96	62.89	64.76	68.36	71.77
	133		33.10	35.81	38.47	41.09	43.65	46.17	48.63	51.05	53.42	55.74	60.22	64.51	66.59	68.61	72.50	76.20
140(139.7)			34.99	37.88	40.72	43.50	46.24	48.93	51.57	54.16	56.70	59.19	64.02	68.66	70.90	73.10	77.34	81.38
		142(141.3)	35.54	38.47	41.36	44.19	46.98	49.72	52.41	55.04	57.63	60.17	65.11	69.84	72.14	74.38	78.72	82.86
	146		36.62	39.66	42.64	45.57	48.46	51.30	54.08	56.82	59.51	62.15	67.28	72.21	74.60	76.94	81.48	85.82
		152(152.4)	38.25	41.43	44.56	47.65	50.68	53.66	56.60	59.48	62.32	65.11	70.53	75.76	78.30	80.79	85.62	90.26
		159	40.15	43.50	46.81	50.06	53.27	56.43	59.53	62.59	65.60	68.56	74.33	79.90	82.62	85.28	90.46	95.44
168(168.3)			42.59	46.17	49.69	53.17	56.60	59.98	63.31	66.59	69.82	73.00	79.21	85.23	88.17	91.05	96.67	102.10
		180(177.8)	45.85	49.72	53.54	57.31	61.04	64.71	68.34	71.91	75.44	78.92	85.72	92.33	95.56	98.74	104.96	110.98
		194(193.7)	49.64	53.86	58.03	62.15	66.22	70.24	74.21	78.13	82.00	85.82	93.32	100.62	104.20	107.72	114.63	121.33
	203		52.09	56.52	60.91	65.25	69.55	73.79	77.98	82.13	86.22	90.26	98.20	105.95	109.74	113.49	120.84	127.99
219(219.1)			56.43	61.26	66.04	70.78	75.46	80.10	84.69	89.23	93.71	98.15	106.88	115.42	119.61	123.75	131.89	139.83
		232	59.95	65.11	70.21	75.27	80.27	85.23	90.14	95.00	99.81	104.57	113.94	123.11	127.62	132.09	140.87	149.45
		245(244.5)	63.48	68.95	74.38	79.76	85.08	90.36	95.59	100.77	105.90	110.98	120.99	130.80	135.64	140.42	149.84	159.07
		267(267.4)	69.45	75.46	81.43	87.35	93.22	99.04	104.81	110.53	116.21	121.83	132.93	143.83	149.20	154.53	165.04	175.34

外径/mm 系列1	系列2	系列3	壁厚/mm 单位长度理论重量①/(kg/m) 32	34	36	38	40	42	45	48	50	55	60	65
		83(82.5)												
	85													
89(88.9)														
	95													
102(101.6)														
		108												
114(114.3)														
	121		70.24											
	127		74.97											
	133		79.71	83.01	86.12									
140(139.7)			85.23	88.88	92.33									
		142(141.3)	86.81	90.56	94.11									
	146		89.97	93.91	97.66	101.21	104.57							
		152(152.4)	94.70	98.94	102.99	106.83	110.48							
		159	100.22	104.81	109.20	113.39	117.39	121.19	126.51					
168(168.3)			107.33	112.36	117.19	121.83	126.27	130.51	136.50					
		180(177.8)	116.80	122.42	127.85	133.07	138.10	142.94	149.82	156.26	160.30			
		194(193.7)	127.85	134.16	140.27	146.19	151.92	157.44	165.36	172.83	177.56			
	203		134.95	141.71	148.27	154.63	160.79	166.76	175.34	183.48	188.66	200.75		
219(219.1)			147.57	155.12	162.47	169.62	176.58	183.33	193.10	202.42	208.39	222.45		
		232	157.83	166.02	174.01	181.81	189.40	196.80	207.53	217.81	224.42	240.08	254.51	267.70
		245(244.5)	168.09	176.92	185.55	193.99	202.22	210.26	221.95	233.20	240.45	257.71	273.74	288.54
		267(267.4)	185.45	195.37	205.09	214.60	223.93	233.05	246.37	259.24	267.58	287.55	306.30	323.81

续表

外径/mm 系列1	系列2	系列3	壁厚/mm 4.0	4.5	5.0	(5.4)5.5	6.0	(6.3)6.5	7.0(7.1)	7.5	8.0	8.5	(8.8)9.0	9.5	10	11
			单位长度理论重量①/(kg/m)													
273								42.72	45.92	49.11	52.28	55.45	58.60	61.73	64.86	71.07
	299(298.5)									53.92	57.41	60.90	64.37	67.83	71.27	78.13
		302								54.47	58.00	61.52	65.03	68.53	72.01	78.94
		318.5								57.52	61.26	64.98	68.69	72.39	76.08	83.42
325(323.9)										58.73	62.54	66.35	70.14	73.92	77.68	85.18
	340(339.7)										65.50	69.49	73.47	77.43	81.38	89.25
	351										67.67	71.80	75.91	80.01	84.10	92.23
356(355.6)													77.02	81.18	85.33	93.59
		368											79.68	83.99	88.29	96.85
	377												81.68	86.10	90.51	99.29
	402												87.23	91.96	96.67	106.07
406(406.4)													88.12	92.89	97.66	107.15
		419											91.00	95.94	100.87	110.68
	426												92.55	97.58	102.59	112.58
	450												97.88	103.20	108.51	119.09
457													99.44	104.84	110.24	120.99
	473												102.99	108.59	114.18	125.33
	480												104.54	110.23	115.91	127.23
	500												108.98	114.92	120.84	132.65
508													110.76	116.79	122.81	134.82
	530												115.64	121.95	128.24	140.79
		560(559)											122.30	128.97	135.64	148.93
610													133.39	140.69	147.97	162.50

续表

外径/mm 系列1	系列2	系列3	壁厚/mm 单位长度理论重量①/(kg/m)															
			12(12.5)	13	14(14.2)	15	16	17(17.5)	18	19	20	22(22.2)	24	25	26	28	30
273			77.24	83.36	89.42	95.44	101.41	107.33	113.20	119.02	124.79	136.18	147.38	152.90	158.38	169.18	179.78
	299(298.5)		84.93	91.69	98.40	105.06	111.67	118.23	124.74	131.20	137.61	150.29	162.77	168.93	175.05	187.13	199.02
		302	85.82	92.65	99.44	106.17	112.85	119.49	126.07	132.61	139.09	151.92	164.54	170.78	176.97	189.20	201.24
		318.5	90.71	97.94	105.13	112.27	119.36	126.40	133.39	140.34	147.23	160.87	174.31	180.95	187.55	200.60	213.45
325(323.9)			92.63	100.03	107.38	114.68	121.93	129.13	136.28	143.38	150.44	164.39	178.16	184.96	191.72	205.09	218.25
	340(339.7)		97.07	104.84	112.56	120.23	127.85	135.42	142.94	150.41	157.83	172.53	187.03	194.21	201.34	215.44	229.35
	351		100.32	108.36	116.35	124.29	132.19	140.03	147.82	155.57	163.26	178.50	193.54	200.99	208.39	223.04	237.49
356(355.6)			101.80	109.97	118.08	126.14	134.16	142.12	150.04	157.91	165.73	181.21	196.50	204.07	211.60	226.49	241.19
		368	105.35	113.81	122.22	130.58	138.89	147.16	155.37	163.53	171.64	187.72	203.61	211.47	219.29	234.78	250.07
	377		108.02	116.70	125.33	133.91	142.45	150.93	159.36	167.75	176.08	192.61	208.93	217.02	225.06	240.99	256.73
	402		115.42	124.71	133.96	143.16	152.31	161.41	170.46	179.46	188.41	206.17	223.73	232.44	241.09	258.26	275.22
406(406.4)			116.60	126.00	135.34	144.64	153.89	163.09	172.24	181.34	190.39	208.34	226.10	234.90	243.66	261.02	278.18
		419	120.45	130.16	139.83	149.45	159.02	168.54	178.01	187.43	196.80	215.39	233.79	242.92	251.99	269.99	287.80
	426		122.52	132.41	142.25	152.04	161.78	171.47	181.11	190.71	200.25	219.19	237.93	247.23	256.48	274.83	292.98
	450		129.62	140.10	150.53	160.92	171.25	181.53	191.77	201.95	212.09	232.21	252.14	262.03	271.87	291.40	310.74
457			131.69	142.35	152.95	163.51	174.01	184.47	194.88	205.23	215.54	236.01	256.28	266.34	276.36	296.23	315.91
	473		136.43	147.48	158.48	169.42	180.33	191.18	201.98	212.73	223.43	244.69	265.75	276.21	286.62	307.28	327.75
	480		138.50	149.72	160.89	172.01	183.09	194.11	205.09	216.01	226.89	248.49	269.90	280.53	291.11	312.12	332.93
	500		144.42	156.13	167.80	179.41	190.98	202.50	213.96	225.38	236.75	259.34	281.73	292.86	303.93	325.93	347.93
508			146.79	158.70	170.56	182.37	194.14	205.85	217.51	229.13	240.70	263.68	286.47	297.79	309.06	331.45	353.65
	530		153.30	165.75	178.16	190.51	202.82	215.07	227.28	239.44	251.55	275.62	299.49	311.35	323.17	346.64	369.92
		560(559)	162.17	175.37	188.51	201.61	214.65	227.65	240.60	253.50	266.34	291.89	317.25	329.85	342.40	367.36	392.12
610			176.97	191.40	205.78	220.10	234.38	248.61	262.79	276.92	291.01	319.02	346.84	360.67	374.46	401.88	429.11

续表

外径/mm			壁厚/mm 单位长度理论重量①/(kg/m)										
系列1	系列2	系列3	32	34	36	38	40	42	45	48	50	55	60
273			190.19	200.40	210.41	220.23	229.85	239.27	253.03	266.34	274.98	295.69	315.17
	299(298.5)		210.71	222.20	233.50	244.59	255.49	266.20	281.88	297.12	307.04	330.96	353.65
		302	213.08	224.72	236.16	247.40	258.45	269.30	285.21	300.67	310.74	335.03	358.09
		318.5	226.10	238.55	250.81	262.87	274.73	286.39	303.52	320.21	331.08	357.41	382.50
325(323.9)			231.23	244.00	256.58	268.96	281.14	293.13	310.74	327.90	339.10	366.22	392.12
	340(339.7)		243.06	256.58	269.90	283.02	295.94	308.66	327.38	345.66	357.59	386.57	414.31
	351		251.75	265.80	279.66	293.32	306.79	320.06	339.59	358.68	371.16	401.49	430.59
356(355.6)			255.69	269.99	284.10	298.01	311.72	325.24	345.14	364.60	377.32	408.27	437.99
		368	265.16	280.06	294.75	309.26	323.56	337.67	358.46	378.80	392.12	424.55	455.75
	377		272.26	287.60	302.75	317.69	332.44	346.99	368.44	389.46	403.22	436.76	469.06
	402		291.99	308.57	324.94	341.12	357.10	372.88	396.19	419.05	434.04	470.67	506.06
406(406.4)			295.15	311.92	328.49	344.87	361.05	377.03	400.63	423.78	438.98	476.09	511.97
		419	305.41	322.82	340.03	357.05	373.87	390.49	415.05	439.17	455.01	493.72	531.21
	426		310.93	328.69	346.25	363.61	380.77	397.74	422.82	447.46	463.64	503.22	541.57
	450		329.87	348.81	367.56	386.10	404.45	422.60	449.46	475.87	493.23	535.77	577.08
457			335.40	354.68	373.77	392.66	411.35	429.85	457.23	484.16	501.86	545.27	587.44
	473		348.02	368.10	387.98	407.66	427.14	446.42	474.98	503.10	521.59	566.97	611.11
	480		353.55	373.97	394.19	414.22	434.04	453.67	482.75	511.38	530.22	576.46	621.47
	500		369.33	390.74	411.95	432.96	453.77	474.39	504.95	535.06	554.89	603.59	651.07
508			375.64	397.45	419.05	440.46	461.66	482.68	513.82	544.53	564.75	614.44	662.90
	530		393.01	415.89	438.58	461.07	483.37	505.46	538.24	570.57	591.88	644.28	695.46
		560(559)	416.68	441.06	465.22	489.19	512.96	536.54	571.53	606.08	628.87	684.97	739.85
610			456.14	482.97	509.61	536.04	562.28	588.33	627.02	665.27	690.52	752.79	813.83

续表

单位长度理论重量①/(kg/m)

外径/mm			壁厚/mm									
系列1	系列2	系列3	65	70	75	80	85	90	95	100	110	120
273			333.42	350.44	366.22	380.77	394.09					
	299(298.5)		375.10	395.32	414.31	432.07	448.59	463.88	477.94	490.77		
		302	379.91	400.50	419.86	437.99	454.88	470.54	484.97	498.16		
		318.5	406.36	428.99	450.38	470.54	489.47	507.16	523.63	538.86		
325(323.9)			416.78	440.21	462.40	483.37	503.10	521.59	538.86	554.89		
340(339.7)			440.83	466.10	490.15	512.96	534.54	554.89	574.00	591.88		
	351		458.46	485.09	510.49	534.66	557.60	579.30	599.77	619.01		
356(355.6)			466.47	493.72	519.74	544.53	568.08	590.40	611.48	631.34		
		368	485.71	514.44	541.94	568.20	593.23	617.03	639.60	660.93		
	377		500.14	529.98	558.58	585.96	612.10	637.01	660.68	683.13		
	402		540.21	573.13	604.82	635.28	664.51	692.50	719.25	744.78		
406(406.4)			546.62	580.04	612.22	643.17	672.89	701.37	728.63	754.64		
		419	567.46	602.48	636.27	668.82	700.14	730.23	759.08	786.70		
	426		578.68	614.57	649.22	682.63	714.82	745.77	775.48	803.97		
	450		617.16	656.00	693.61	729.98	765.12	799.03	831.71	863.15		
457			628.38	668.08	706.55	743.79	779.80	814.57	848.11	880.42		
	473		654.02	695.70	736.15	775.36	813.34	850.08	885.60	919.88		
	480		665.25	707.79	749.09	789.17	828.01	865.62	902.00	937.14		
	500		697.31	742.31	786.09	828.63	869.94	910.01	948.85	986.46	1057.98	
508			710.13	756.12	800.88	844.41	886.71	927.77	967.60	1006.19	1079.68	
	530		745.40	794.10	841.58	887.82	932.82	976.60	1019.14	1060.45	1139.36	1213.35
		560(559)	793.49	845.89	897.06	947.00	995.71	1043.18	1089.42	1134.43	1220.75	1302.13
610			873.64	932.21	989.55	1045.65	1100.52	1154.16	1206.57	1257.74	1356.39	1450.10

续表

单位长度理论重量①/(kg/m)

系列1	系列2	系列3	壁厚/mm												
			9	9.5	10	11	12(12.5)	13	14(14.2)	15	16	17(17.5)	18	19	20	22(22.2)
	630		137.83	145.37	152.90	167.92	182.89	197.81	212.68	227.50	242.28	257.00	271.67	286.30	300.87	329.87
		660	144.49	152.40	160.30	176.06	191.77	207.43	223.04	238.60	254.11	269.58	284.99	300.35	315.67	346.15
		699					203.31	219.93	236.50	253.03	269.50	285.93	302.30	318.63	334.90	367.31
711							206.86	223.78	240.65	257.47	274.24	290.06	307.63	324.25	340.82	373.82
	720						209.52	226.66	243.75	260.80	277.79	294.73	311.62	328.47	345.26	378.70
	762														365.98	401.49
		788.5													379.05	415.87
813															391.13	429.16
		864													416.29	456.83

单位长度理论重量①/(kg/m)

系列1	系列2	系列3	壁厚/mm											
			24	25	26	28	30	32	34	36	38	40	42	45	48
	630		358.68	373.01	387.29	415.70	443.91	471.92	499.74	527.36	554.79	582.01	609.04	649.22	688.95
		660	376.43	391.50	406.52	436.41	466.10	495.60	524.90	554.00	582.90	611.61	640.12	682.51	724.46
		699	399.52	415.55	431.53	463.34	494.96	526.38	557.60	588.62	619.45	650.08	680.51	725.79	770.62
711			406.62	422.95	439.22	471.63	503.84	535.85	567.66	599.28	630.69	661.92	692.94	739.11	784.83
	720		411.95	428.49	444.99	477.84	510.49	542.95	575.21	607.27	639.13	670.79	702.26	749.09	795.48
	762		436.81	454.39	471.92	506.84	541.57	576.09	610.42	644.55	678.49	712.23	745.77	795.71	845.20
		788.5	452.49	470.73	488.92	525.14	561.17	597.01	632.64	668.08	703.32	738.37	773.21	825.11	876.57
813			466.99	485.83	504.62	542.06	579.30	616.34	653.18	689.83	726.28	762.54	798.59	852.30	905.57
		864	497.18	517.28	537.33	577.28	617.03	656.59	695.95	735.11	774.08	812.85	851.42	908.90	965.94
914				548.10	569.39	611.80	654.02	696.05	737.87	779.50	820.93	862.17	903.20	964.39	1025.13
		965		579.55	602.09	647.02	691.76	736.30	780.64	824.78	868.73	912.48	956.03	1020.99	1085.50
1016				610.99	634.79	682.24	729.49	776.54	823.40	870.06	916.52	962.79	1008.86	1077.59	1145.87

续表

外径/mm			壁厚/mm 单位长度理论重量①/(kg/m)													
系列1	系列2	系列3	50	55	60	65	70	75	80	85	90	95	100	110	120
	630		715.19	779.92	843.43	905.70	966.73	1026.54	1085.11	1142.45	1198.55	1253.42	1307.06	1410.64	1509.29
		660	752.18	820.61	887.82	953.79	1018.52	1082.03	1144.30	1205.33	1265.14	1323.71	1381.05	1492.02	1598.07
		699	800.27	873.51	945.52	1016.30	1085.85	1154.16	1221.24	1287.09	1351.70	1415.08	1477.23	1597.82	1713.49
711			815.06	889.79	963.28	1035.54	1106.56	1176.36	1244.92	1312.24	1378.33	1443.19	1506.82	1630.38	1749.00
	720		826.16	902.00	976.60	1049.97	1122.10	1193.00	1262.67	1331.11	1398.31	1464.28	1529.02	1654.79	1775.63
	762		877.95	958.96	1038.74	1117.29	1194.61	1270.69	1345.53	1419.15	1491.53	1562.68	1632.60	1768.73	1899.93
		788.5	910.63	994.91	1077.96	1159.77	1240.35	1319.70	1397.82	1474.70	1550.35	1624.77	1697.95	1840.62	1978.35
813			940.84	1028.14	1114.21	1199.05	1282.65	1365.02	1446.15	1526.06	1604.73	1682.17	1758.37	1907.08	2050.86
	864		1003.73	1097.32	1189.67	1280.80	1370.69	1459.35	1546.77	1632.97	1717.92	1801.65	1884.14	2045.43	2201.78
914			1065.38	1165.14	1263.66	1360.95	1457.00	1551.83	1645.42	1737.78	1828.90	1918.79	2007.45	2181.07	2349.75
	965		1128.27	1234.31	1339.12	1442.70	1545.05	1646.16	1746.04	1844.68	1942.10	2038.28	2133.22	2319.42	2500.68
1016			1191.15	1303.49	1414.59	1524.45	1633.09	1740.49	1846.66	1951.59	2055.29	2157.76	2259.00	2457.77	2651.61

注: 1. 括号内尺寸为相应的 ISO 4200 的规格。
2. 通常长度为 3~12.5m。
① 钢的密度为 7.85kg/dm³。

表2-112

精密钢管的外径、壁厚及单位长度理论重量

外径/mm		壁 厚/mm 单位长度理论重量①/(kg/m)																				
系列2	系列3	0.5	(0.8)	1.0	(1.2)	1.5	(1.8)	2.0	(2.2)	2.5	(2.8)	3.0	(3.5)	4	(4.5)	5	(5.5)	6	(7)	8	(9)	10
4		0.043	0.063	0.074	0.083																	
5		0.055	0.083	0.099	0.112																	
6		0.068	0.103	0.123	0.142	0.166	0.186	0.197														
8		0.092	0.142	0.173	0.201	0.240	0.275	0.296	0.315	0.339												
10		0.117	0.182	0.222	0.260	0.314	0.364	0.395	0.423	0.462												
12		0.142	0.221	0.271	0.320	0.388	0.453	0.493	0.532	0.586	0.635	0.666										
12.7		0.150	0.235	0.289	0.340	0.414	0.484	0.528	0.570	0.629	0.684	0.718										
	14	0.166	0.260	0.321	0.379	0.462	0.542	0.592	0.640	0.709	0.773	0.814	0.906									
16		0.191	0.300	0.370	0.438	0.536	0.630	0.691	0.749	0.832	0.911	0.962	1.08	1.18								
	18	0.216	0.339	0.419	0.497	0.610	0.719	0.789	0.857	0.956	1.05	1.11	1.25	1.38	1.50							
20		0.240	0.379	0.469	0.556	0.684	0.808	0.888	0.966	1.08	1.19	1.26	1.42	1.58	1.72	1.85						
	22	0.265	0.418	0.518	0.616	0.758	0.897	0.986	1.07	1.20	1.33	1.41	1.60	1.78	1.94	2.10						
25		0.302	0.477	0.592	0.704	0.869	1.03	1.13	1.24	1.39	1.53	1.63	1.86	2.07	2.28	2.47	2.64	2.81				
	28	0.339	0.537	0.666	0.793	0.980	1.16	1.28	1.40	1.57	1.74	1.85	2.11	2.37	2.61	2.84	3.05	3.26	3.63	3.95		
	30	0.364	0.576	0.715	0.852	1.05	1.25	1.38	1.51	1.70	1.88	2.00	2.29	2.56	2.83	3.08	3.32	3.55	3.97	4.34		
32		0.388	0.616	0.765	0.911	1.13	1.34	1.48	1.62	1.82	2.02	2.15	2.46	2.76	3.05	3.33	3.59	3.85	4.32	4.74		
	35	0.425	0.675	0.838	1.00	1.24	1.47	1.63	1.78	2.00	2.22	2.37	2.72	3.06	3.38	3.70	4.00	4.29	4.83	5.33		
38		0.462	0.734	0.912	1.09	1.35	1.61	1.78	1.94	2.19	2.43	2.59	2.98	3.35	3.72	4.07	4.41	4.74	5.35	5.92	6.44	6.91
40		0.487	0.773	0.962	1.15	1.42	1.70	1.87	2.05	2.31	2.57	2.74	3.15	3.55	3.94	4.32	4.68	5.03	5.70	6.31	6.88	7.40
42			0.813	1.01	1.21	1.50	1.78	1.97	2.16	2.44	2.71	2.89	3.32	3.75	4.16	4.56	4.95	5.33	6.04	6.71	7.32	7.89

续表

外径/mm		壁厚/mm																	
系列2	系列3	(0.8)	1.0	(1.2)	1.5	(1.8)	2.0	(2.2)	2.5	(2.8)	3.0	(3.5)	4	(4.5)	5	(5.5)	6	(7)	8
		单位长度理论重量①/(kg/m)																	
	45	0.872	1.09	1.30	1.61	1.92	2.12	2.32	2.62	2.91	3.11	3.58	4.04	4.49	4.93	5.36	5.77	6.56	7.30
48		0.931	1.16	1.38	1.72	2.05	2.27	2.48	2.81	3.12	3.33	3.84	4.34	4.83	5.30	5.76	6.21	7.08	7.89
50		0.971	1.21	1.44	1.79	2.14	2.37	2.59	2.93	3.26	3.48	4.01	4.54	5.05	5.55	6.04	6.51	7.42	8.29
	55	1.07	1.33	1.59	1.98	2.36	2.61	2.86	3.24	3.60	3.85	4.45	5.03	5.60	6.17	6.71	7.25	8.29	9.27
60		1.17	1.46	1.74	2.16	2.58	2.86	3.14	3.55	3.95	4.22	4.88	5.52	6.16	6.78	7.39	7.99	9.15	10.26
63		1.23	1.53	1.83	2.28	2.72	3.01	3.30	3.73	4.16	4.44	5.14	5.82	6.49	7.15	7.80	8.43	9.67	10.85
70		1.37	1.70	2.04	2.53	3.03	3.35	3.68	4.16	4.64	4.96	5.74	6.51	7.27	8.02	8.75	9.47	10.88	12.23
76		1.48	1.85	2.21	2.76	3.29	3.65	4.00	4.53	5.05	5.40	6.26	7.10	7.93	8.75	9.56	10.36	11.91	13.42
80		1.56	1.95	2.33	2.90	3.47	3.85	4.22	4.78	5.33	5.70	6.60	7.50	8.38	9.25	10.11	10.95	12.60	14.21
	90			2.63	3.27	3.92	4.34	4.76	5.39	6.02	6.44	7.47	8.48	9.49	10.48	11.46	12.43	14.33	16.18
100				2.92	3.64	4.36	4.83	5.31	6.01	6.71	7.18	8.33	9.47	10.60	11.71	12.82	13.91	16.05	18.15
	110			3.22	4.01	4.80	5.33	5.85	6.63	7.40	7.92	9.19	10.46	11.71	12.95	14.17	15.39	17.78	20.12
120						5.25	5.82	6.39	7.24	8.09	8.66	10.06	11.44	12.82	14.18	15.53	16.87	19.51	22.10
130						5.69	6.31	6.93	7.86	8.78	9.40	10.92	12.43	13.93	15.41	16.89	18.35	21.23	24.07
	140					6.13	6.81	7.48	8.48	9.47	10.14	11.78	13.42	15.04	16.65	18.24	19.83	22.96	26.04
150						6.58	7.30	8.02	9.09	10.16	10.88	12.65	14.40	16.15	17.88	19.60	21.31	24.69	28.02
160						7.02	7.79	8.56	9.71	10.86	11.62	13.51	15.39	17.26	19.11	20.96	22.79	26.41	29.99
170												14.37	16.38	18.37	20.35	22.31	24.27	28.14	31.96
	180														21.58	23.67	25.75	29.87	33.93
190																25.03	27.23	31.59	35.91
200																	28.71	33.32	37.88
	220																	36.77	41.83

续表

外径/mm		壁厚/mm　单位长度理论重量[①]/(kg/m)											
系列2	系列3	(7)	8	(9)	10	(11)	12.5	(14)	16	(18)	20	(22)	25
	45			7.99	8.63	9.22	10.02						
48				8.66	9.37	10.04	10.94						
50				9.10	9.86	10.58	11.56						
	55			10.21	11.10	11.94	13.10	14.16					
60				11.32	12.33	13.29	14.64	15.88	17.36				
63				11.99	13.07	14.11	15.57	16.92	18.55				
70				13.54	14.80	16.01	17.73	19.33	21.31				
76				14.87	16.28	17.63	19.58	21.41	23.68				
80				15.76	17.26	18.72	20.81	22.79	25.25	27.52			
	90			17.98	19.73	21.43	23.89	26.24	29.20	31.96	34.53	36.89	
	100			20.20	22.20	24.14	26.97	29.69	33.15	36.40	39.46	42.32	46.24
110				22.42	24.66	26.86	30.06	33.15	37.09	40.84	44.39	47.74	52.41
120				24.64	27.13	29.57	33.14	36.60	41.04	45.28	49.32	53.17	58.57
130				26.86	29.59	32.28	36.22	40.05	44.98	49.72	54.26	58.60	64.74
	140			29.08	32.06	34.99	39.30	43.50	48.93	54.16	59.19	64.02	70.90
150				31.30	34.53	37.71	42.39	46.96	52.87	58.60	64.12	69.45	77.07
160				33.52	36.99	40.42	45.47	50.41	56.82	63.03	69.05	74.87	83.23
170				35.73	39.46	43.13	48.55	53.86	60.77	67.47	73.98	80.30	89.40
	180			37.95	41.92	45.85	51.64	57.31	64.71	71.91	78.92	85.72	95.56
190				40.17	44.39	48.56	54.72	60.77	68.66	76.35	83.85	91.15	101.73
200				42.39	46.86	51.27	57.80	64.22	72.60	80.79	88.78	96.57	107.89
	220			46.83	51.79	56.70	63.97	71.12	80.50	89.67	98.65	107.43	120.23
240		40.22	45.77	51.27	56.72	62.12	70.13	78.03	88.39	98.55	108.51	118.28	132.56
260		43.68	49.72	55.71	61.65	67.55	76.30	84.93	96.28	107.43	118.38	129.13	144.99

注：括号内尺寸不推荐采用。

① 钢的密度为7.85kg/dm³。

不锈钢管的外径及壁厚

表 2-113

外径/mm			壁厚/mm													
系列 1	系列 2	系列 3	0.5	0.6	0.7	0.8	0.9	1.0	1.2	1.4	1.5	1.6	2.0	2.2(2.3)	2.5(2.6)	2.8(2.9)
	6		●	●	●	●	●	●	●							
	7		●	●	●	●	●	●	●							
	8		●	●	●	●	●	●	●							
	9		●	●	●	●	●	●	●				●			
10(10.2)			●	●	●	●	●	●	●	●	●	●	●			
	12		●	●	●	●	●	●	●	●	●	●	●			
	12.7		●	●	●	●	●	●	●	●	●	●	●			
13(13.5)			●	●	●	●	●	●	●	●	●	●	●	●	●	●
		14	●	●	●	●	●	●	●	●	●	●	●	●	●	●
	16		●	●	●	●	●	●	●	●	●	●	●	●	●	●
17(17.2)			●	●	●	●	●	●	●	●	●	●	●	●	●	●
		18	●	●	●	●	●	●	●	●	●	●	●	●	●	●
	19		●	●	●	●	●	●	●	●	●	●	●	●	●	●
	20		●	●	●	●	●	●	●	●	●	●	●	●	●	●
21(21.3)			●	●	●	●	●	●	●	●	●	●	●	●	●	●
		22	●	●	●	●	●	●	●	●	●	●	●	●	●	●
	24		●	●	●	●	●	●	●	●	●	●	●	●	●	●
	25		●	●	●	●	●	●	●	●	●	●	●	●	●	●
		25.4	●	●	●	●	●	●	●	●	●	●	●	●	●	●
27(26.9)				●				●	●	●	●	●	●	●	●	●
		30						●	●	●	●	●	●	●	●	●
	32(31.8)							●	●	●	●	●	●	●	●	●

续表

外径/mm			壁厚/mm											
系列1	系列2	系列3	3.0	3.2	3.5(3.6)	4.0	4.5	5.0	5.5(5.6)	6.0	(6.3)6.5	7.0(7.1)	7.5	8.0
	6													
	7													
	8													
	9													
10(10.2)														
	12													
	12.7		●	●										
13(13.5)			●	●										
		14	●	●	●									
	16		●	●	●	●								
17(17.2)			●	●	●	●								
		18	●	●	●	●	●							
	19		●	●	●	●	●							
	20		●	●	●	●	●	●						
21(21.3)			●	●	●	●	●	●						
		22	●	●	●	●	●	●						
	24		●	●	●	●	●	●						
	25		●	●	●	●	●	●	●	●				
		25.4	●	●	●	●	●	●	●	●				
27(26.9)			●	●	●	●	●	●	●	●				
		30	●	●	●	●	●	●	●	●	●			
	32(31.8)		●	●	●	●	●	●	●	●	●			

续表

| 外径/mm | | | 壁　厚/mm | | | | | | | | | | | | | | |
系列 1	系列 2	系列 3	1.0	1.2	1.4	1.5	1.6	2.0	2.2(2.3)	2.5(2.6)	2.8(2.9)	3.0	3.2	3.5(3.6)	4.0	4.5	5.0
34(33.7)			●	●	●	●	●	●	●	●	●	●	●	●	●	●	●
		35	●	●	●	●	●	●	●	●	●	●	●	●	●	●	●
	38		●	●	●	●	●	●	●	●	●	●	●	●	●	●	●
	40		●	●	●	●	●	●	●	●	●	●	●	●	●	●	●
42(42.4)			●	●	●	●	●	●	●	●	●	●	●	●	●	●	●
		45(44.5)	●	●	●	●	●	●	●	●	●	●	●	●	●	●	●
48(48.3)			●	●	●	●	●	●	●	●	●	●	●	●	●	●	●
	51		●	●	●	●	●	●	●	●	●	●	●	●	●	●	●
		54					●	●	●	●	●	●	●	●	●	●	●	●
	57						●	●	●	●	●	●	●	●	●	●	●	●
60(60.3)							●	●	●	●	●	●	●	●	●	●	●	●
	64(63.5)						●	●	●	●	●	●	●	●	●	●	●	●
	68						●	●	●	●	●	●	●	●	●	●	●	●
	70						●	●	●	●	●	●	●	●	●	●	●	●
	73						●	●	●	●	●	●	●	●	●	●	●	●
76(76.1)							●	●	●	●	●	●	●	●	●	●	●	●
		83(82.5)					●	●	●	●	●	●	●	●	●	●	●	●
89(88.9)							●	●	●	●	●	●	●	●	●	●	●	●
	95						●	●	●	●	●	●	●	●	●	●	●	●
	102(101.6)						●	●	●	●	●	●	●	●	●	●	●	●
	108						●	●	●	●	●	●	●	●	●	●	●	●
114(114.3)							●	●	●	●	●	●	●	●	●	●	●	●

续表

外径/mm			壁厚/mm												
系列1	系列2	系列3	5.5(5.6)	6.0	(6.3)6.5	7.0(7.1)	7.5	8.0	8.5	(8.8)9.0	9.5	10	11	12(12.5)	14(14.2)
34(33.7)			●	●	●										
		35	●	●	●										
	38		●	●	●										
	40		●	●	●										
42(42.4)			●	●	●	●									
		45(44.5)	●	●	●	●	●								
48(48.3)			●	●	●	●	●	●	●						
	51		●	●	●	●	●	●	●						
		54	●	●	●	●	●	●	●						
	57		●	●	●	●	●	●	●	●					
60(60.3)			●	●	●	●	●	●	●	●	●	●			
	64(63.5)		●	●	●	●	●	●	●	●	●	●			
	68		●	●	●	●	●	●	●	●	●	●			
	70		●	●	●	●	●	●	●	●	●	●	●		
	73		●	●	●	●	●	●	●	●	●	●	●		
76(76.1)			●	●	●	●	●	●	●	●	●	●	●	●	
		83(82.5)	●	●	●	●	●	●	●	●	●	●	●	●	●
89(88.9)			●	●	●	●	●	●	●	●	●	●	●	●	●
	95		●	●	●	●	●	●	●	●	●	●	●	●	●
	102(101.6)		●	●	●	●	●	●	●	●	●	●	●	●	●
	108		●	●	●	●	●	●	●	●	●	●	●	●	●
114(114.3)			●	●	●	●	●	●	●	●	●	●	●	●	●

续表

外径/mm			壁厚/mm												
系列1	系列2	系列3	1.6	2.0	2.2(2.3)	2.5(2.6)	2.8(2.9)	3.0	3.2	3.5(3.6)	4.0	4.5	5.0	5.5(5.6)	6.0
	127		●	●	●	●	●	●	●	●	●	●	●	●	●
	133		●	●	●	●	●	●	●	●	●	●	●	●	●
140(139.7)			●	●	●	●	●	●	●	●	●	●	●	●	●
	146		●	●	●	●	●	●	●	●	●	●	●	●	●
	152		●	●	●	●	●	●	●	●	●	●	●	●	●
	159		●	●	●	●	●	●	●	●	●	●	●	●	●
168(168.3)			●	●	●	●	●	●	●	●	●	●	●	●	●
	180			●	●	●	●	●	●	●	●	●	●	●	●
	194			●	●	●	●	●	●	●	●	●	●	●	●
219(219.1)				●	●	●	●	●	●	●	●	●	●	●	
	245					●	●	●	●	●	●	●	●	●	
273				●	●	●	●	●	●	●	●	●	●	●	
325(323.9)						●	●	●	●	●	●	●	●	●	
	351							●	●	●	●	●	●	●	
356(355.6)								●	●	●	●	●	●	●	
	377							●	●	●	●	●	●	●	
406(406.4)											●	●	●	●	●
	426											●	●	●	●

续表

外径/mm			壁厚/mm									
系列 1	系列 2	系列 3	(6.3)6.5	7.0(7.1)	7.5	8.0	8.5	(8.8)9.0	9.5	10	11	12(12.5)
	127		●	●	●	●	●	●	●	●	●	●
	133		●	●	●	●	●	●	●	●	●	●
140(139.7)			●	●	●	●	●	●	●	●	●	●
	146		●	●	●	●	●	●	●	●	●	●
	152		●	●	●	●	●	●	●	●	●	●
	159		●	●	●	●	●	●	●	●	●	●
168(168.3)			●	●	●	●	●	●	●	●	●	●
	180		●	●	●	●	●	●	●	●	●	●
	194		●	●	●	●	●	●	●	●	●	●
219(219.1)			●	●	●	●	●	●	●	●	●	●
	245		●	●	●	●	●	●	●	●	●	●
273			●	●	●	●	●	●	●	●	●	●
325(323.9)			●	●	●	●	●	●	●	●	●	●
	351		●	●	●	●	●	●	●	●	●	●
356(355.6)			●	●	●	●	●	●	●	●	●	●
	377		●	●	●	●	●	●	●	●	●	●
406(406.4)			●	●	●	●	●	●	●	●	●	●
	426		●	●	●	●	●	●	●	●	●	●

续表

外径/mm			壁厚/mm										
系列1	系列2	系列3	14(14.2)	15	16	17(17.5)	18	20	22(22.2)	24	25	26	28
	127		●										
	133		●										
140(139.7)			●	●	●								
	146		●	●	●								
	152		●	●	●								
	159		●	●	●								
168(168.3)			●	●	●	●	●						
	180		●	●	●	●	●						
	194		●	●	●	●	●						
219(219.1)			●	●	●	●	●	●	●	●	●	●	●
	245		●	●	●	●	●	●	●	●	●	●	●
273			●	●	●	●	●	●	●	●	●	●	●
325(323.9)			●	●	●	●	●	●	●	●	●	●	●
	351		●	●	●	●	●	●	●	●	●	●	●
356(355.6)			●	●	●	●	●	●	●	●	●	●	●
	377		●	●	●	●	●	●	●	●	●	●	●
406(406.4)			●	●	●	●	●	●	●	●	●	●	●
	426		●	●	●	●	●	●					

注：1. 括号内尺寸为相应的英制单位。
2. "●"表示常用规格。

2. 结构用无缝钢管（GB/T 8162—2008）

本标准适用于机械结构、一般工程结构用无缝钢管。钢管采用热轧（挤压、扩）或冷拔（轧）无缝方法制造。需方指定某一种方法制造时，应在合同中注明。

热轧（挤压、扩）钢管应以热轧状态或热处理状态交货。要求热处理状态交货时，应在合同中注明。冷拔（轧）钢管应以热处理状态交货。根据需方要求，并在合同中注明，也可以冷拔（轧）状态交货。

钢管通常长度为3～12.5m。外径和壁厚应符合 GB/T 17395 的规定（见表 2-111）。

优质碳素结构钢、低合金高强度结构钢和牌号为 Q235、Q275 的钢管的力学性能见表 2-114，合金钢钢管的力学性能见表 2-115。

优质碳素结构钢、低合金高强度结构钢和牌号为 Q235、
Q275 的钢管的力学性能　　　　　　　　　　　表 2-114

牌　号	质量等级	抗拉强度 R_m/MPa	下屈服强度 $R_{eL}^{①}$/MPa			断后伸长率 A/%	冲击试验	
			壁厚/mm				温度/℃	吸收能量 KV_2/J
			≤16	>16～30	>30			
			不小于					不小于
10	—	≥335	205	195	185	24	—	—
15	—	≥375	225	215	205	22	—	—
20	—	≥410	245	235	225	20	—	—
25	—	≥450	275	265	255	18	—	—
35	—	≥510	305	295	285	17	—	—
45	—	≥590	335	325	315	14	—	—
20Mn	—	≥450	275	265	255	20	—	—
25Mn	—	≥490	295	285	275	18	—	—
Q235	A	375～500	235	225	215	25	—	27
	B						+20	
	C						0	
	D						−20	
Q275	A	415～540	275	265	255	22	—	27
	B						+20	
	C						0	
	D						−20	
Q295	A	390～570	295	275	255	22	—	
	B						+20	34
Q345	A	470～630	345	325	295	20	—	34
	B						+20	
	C						0	
	D					21	−20	
	E						−40	27

续表

牌　号	质量 等级	抗拉强度 R_m/MPa	下屈服强度 $R_{eL}^{①}$/MPa			断后 伸长率 A/%	冲击试验	
			壁厚/mm				温度/℃	吸收能量 KV_2/J
			≤16	>16~30	>30			
			不小于					不小于
Q390	A	490~650	390	370	350	18	—	—
	B						+20	
	C						0	34
	D					19	−20	
	E						−40	27
Q420	A	520~680	420	400	380	18	—	—
	B						+20	
	C						0	34
	D					19	−20	
	E						−40	27
Q460	C	550~720	460	440	420	17	0	34
	D						−20	
	E						−40	27

① 拉伸试验时，如不能测定屈服强度，可测定规定非比例延伸强度 $R_{p0.2}$ 代替 R_{eL}。

合金钢钢管的力学性能　　　　　　　　　　　　表 2-115

序号	牌　号	推荐的热处理制度①					拉伸性能			钢管退火或 高温回火交 货状态布氏 硬度 HBW
		淬火（正火）			回　火		抗拉 强度 R_m MPa	下屈服 强度^⑥ R_{eL} MPa	断后 伸长率 A/%	
		温度/℃		冷却剂	温度/℃	冷却剂				
		第一次	第二次							
							不小于			不大于
1	40Mn2	840	—	水、油	540	水、油	885	735	12	217
2	45Mn2	840	—	水、油	550	水、油	885	735	10	217
3	27SiMn	920	—	水	450	水、油	980	835	12	217
4	40MnB②	850	—	油	500	水、油	980	785	10	207
5	45MnB②	840	—	油	500	水、油	1030	835	9	217
6	20Mn2B②③	880	—	油	200	水、空	980	785	10	187
7	20Cr③⑤	880	800	水、油	200	水、空	835	540	10	179
							785	490	10	179
8	30Cr	860	—	油	500	水、油	885	685	11	187
9	35Cr	860	—	油	500	水、油	930	735	11	207
10	40Cr	850	—	油	520	水、油	980	785	9	207
11	45Cr	840	—	油	520	水、油	1030	835	9	217
12	50Cr	830	—	油	520	水、油	1080	930	9	229

续表

序号	牌　　号	推荐的热处理制度[1]					拉伸性能			钢管退火或高温回火交货状态布氏硬度 HBW
		淬火（正火）			回　　火		抗拉强度 R_m MPa	下屈服强度[6] R_{eL} MPa	断后伸长率 $A/\%$	
		温度/℃		冷却剂	温度/℃	冷却剂				
		第一次	第二次				不小于			不大于
13	38CrSi	900	—	油	600	水、油	980	835	12	255
14	12CrMo	900	—	空	650	空	410	265	24	179
15	15CrMo	900	—	空	650	空	440	295	22	179
16	20CrMo[3][5]	880	—	水、油	500	水、油	885	685	11	197
							845	635	12	197
17	35CrMo	850	—	油	550	水、油	980	835	12	229
18	42CrMo	850	—	油	560	水、油	1080	930	12	217
19	12CrMoV	970	—	空	750	空	440	225	22	241
20	12Cr1MoV	970	—	空	750	空	490	245	22	179
21	38CrMoAl[3]	940	—	水、油	640	水、油	980	835	12	229
							930	785	14	229
22	50CrVA	860	—	油	500	水、油	1275	1130	10	255
23	20CrMn	850	—	油	200	水、空	930	735	12	187
24	20CrMnSi[5]	880	—	油	480	水、油	785	635	12	207
25	30CrMnSi[3][5]	880	—	油	520	水、油	1080	885	8	229
							980	835	10	229
26	35CrMnSiA[6]	880	—	油	230	水、空	1620	—	9	229
27	20CrMnTi[4][5]	880	870	油	200	水、空	1080	835	10	217
28	30CrMnTi[4][5]	880	850	油	200	水、空	1470	—	9	229
29	12CrNi2	860	780	水、油	200	水、空	785	590	12	207
30	12CrNi3	860	780	油	200	水、空	930	685	11	217
31	12Cr2Ni4	860	780	油	200	水、空	1080	835	10	269
32	40CrNiMoA	850	—	油	600	水、油	980	835	12	269
33	45CrNiMoVA	860	—	油	460	油	1470	1325	7	269

① 表中所列热处理温度允许调整范围：淬火±20℃，低温回火±30℃，高温回火±50℃。

② 含硼钢在淬火前可先正火，正火温度应不高于其淬火温度。

③ 按需方指定的一组数据交货；当需方未指定时，可按其中任一组数据交货。

④ 含铬锰钛钢第一次淬火可用正火代替。

⑤ 于 280℃～320℃等温淬火。

⑥ 拉伸试验时，如不能测定屈服强度，可测定规定非比例延伸强度 $R_{p0.2}$ 代替 R_{eL}。

3. 结构用不锈钢无缝钢管（GB/T 14975—2012）

本标准适用于一般结构及机械结构用不锈钢无缝钢管。钢管按产品加工方式分为两类：热轧（挤、扩）钢管，代号为：W-H 和冷拔（轧）钢管，代号为：W-C。钢管按尺寸精度分为二级：普通级，代号为：PA 和高级，代号为：PC。热轧（挤、扩）钢管通常长度为 2～12m，冷拔（轧）钢管通常长度为 1～12m。不锈钢无缝钢管的公称外径和公称壁厚应符合 GB/T 17395 的相关规定（见表 2-113）。

结构用不锈钢无缝钢管推荐热处理制度、力学性能、硬度及密度见表 2-116。

结构用不锈钢无缝钢管推荐热处理制度、力学性能、硬度及密度表　　表 2-116

组织类型	序号	GB/T 20878 序号	统一数字代号	牌　　号	推荐热处理制度	抗拉强度 R_m MPa	规定塑性延伸强度 $R_{P0.2}$ MPa	断后伸长率 A/%	硬度 HBW/HV/HRB	密度 ρ/(kg/dm³)
						不小于			不大于	
奥氏体型	1	13	S30210	12Cr18Ni9	1010℃～1150℃，水冷或其他方式快冷	520	205	35	192HBW/200HV/90HRB	7.93
	2	17	S30438	06Cr19Ni10	1010℃～1150℃，水冷或其他方式快冷	520	205	35	192HBW/200HV/90HRB	7.93
	3	18	S30403	022Cr19Ni10	1010℃～1150℃，水冷或其他方式快冷	480	175	35	192HBW/200HV/90HRB	7.90
	4	23	S30458	06Cr19Ni10N	1010℃～1150℃，水冷或其他方式快冷	550	275	35	192HBW/200HV/90HRB	7.93
	5	24	S30478	06Cr19Ni9NbN	1010℃～1150℃，水冷或其他方式快冷	685	345	35	—	7.98
	6	25	S30453	022Cr19Ni10N	1010℃～1150℃，水冷或其他方式快冷	550	245	40	192HBW/200HV/90HRB	7.93
	7	32	S30908	06Cr23Ni13	1030℃～1150℃，水冷或其他方式快冷	520	205	40	192HBW/200HV/90HRB	7.98
	8	35	S31008	06Cr25Ni20	1030℃～1180℃，水冷或其他方式快冷	520	205	40	192HBW/200HV/90HRB	7.98
	9	37	S31252	015Cr20Ni18Mo6CuN	≥1150℃，水冷或其他方式快冷	655	310	35	220HBW/230HV/96HRB	8.00
	10	38	S31608	06Cr17Ni12Mo2	1010℃～1150℃，水冷或其他方式快冷	520	205	35	192HBW/200HV/90HRB	8.00
	11	39	S31603	022Cr17Ni12Mo2	1010℃～1150℃，水冷或其他方式快冷	480	175	35	192HBW/200HV/90HRB	8.00
	12	40	S31609	07Cr17Ni12Mo2	≥1040℃，水冷或其他方式快冷	515	205	35	192HBW/200HV/90HRB	7.98
	13	41	S31668	06Cr17Ni12Mo2Ti	1000℃～1100℃，水冷或其他方式快冷	530	205	35	192HBW/200HV/90HRB	7.90
	14	44	S31653	022Cr17Ni12Mo2N	1010℃～1150℃，水冷或其他方式快冷	550	245	40	192HBW/200HV/90HRB	8.04
	15	43	S31658	06Cr17Ni12Mo2N	1010℃～1150℃，水冷或其他方式快冷	550	275	35	192HBW/200HV/90HRB	8.00
	16	45	S31688	06Cr18Ni12Mo2Cu2	1010℃～1150℃，水冷或其他方式快冷	520	205	35	—	7.96
	17	46	S31683	022Cr18Ni14Mo2Cu2	1010℃～1150℃，水冷或其他方式快冷	480	180	35	—	7.96
	18	48	S31782	015Cr21Ni26Mo5Cu2	≥1100℃，水冷或其他方式快冷	490	215	35	192HBW/200HV/80HRB	8.00
	19	49	S31708	06Cr19Ni13Mo3	1010℃～1150℃，水冷或其他方式快冷	520	205	35	192HBW/200HV/90HRB	8.00
	20	50	S31703	022Cr19Ni13Mo3	1010℃～1150℃，水冷或其他方式快冷	480	175	35	192HBW/200HV/90HRB	7.98
	21	55	S32168	06Cr18Ni11Ti	920℃～1150℃，水冷或其他方式快冷	520	205	35	192HBW/200HV/90HRB	8.03

续表

组织类型	序号	GB/T 20878 统一数字代号	牌 号	推荐热处理制度	力学性能			硬度 HBW/HV/HRB	密度 ρ/(kg/dm³)
					抗拉强度 R_m MPa	规定塑性延伸强度 $R_{P0.2}$ MPa	断后伸长率 A/%		
					不小于			不大于	
奥氏体型	22	56	S32169	07Cr19Ni11T1	冷拔(轧)≥1100℃,热轧(挤,扩)≥1050℃,水冷或其他方式快冷	520	205	35	192HBW/200HV/90HRB	7.93
	23	62	S34778	06Cr18Ni11Nb	980℃～1150℃,水冷或其他方式快的	520	205	35	192HBW/200HV/90HRB	8.03
	24	63	S34779	07Cr18Ni11Nb	冷拔(轧)≥1100℃,热轧(挤,扩)≥1050℃,水冷或其他方式快冷	520	205	35	192HBW/200HV/90HRB8.00	8.00
	25	66	S38340	16Cr25ni20Si2	1030℃～1180℃,水冷或其他方式快冷	520	205	40	192HBW/200HV/90HRB	7.98
铁素体型	26	78	S11348	06Cr13Al	780℃～830℃,空冷或缓冷	415	205	20	207HBW/95HRB	7.75
	27	84	S11510	10Cr15	780℃～850℃,空冷或缓冷	415	240	20	190HBW/90HRB	7.70
	28	85	S11710	10Cr17	780℃～850℃,空冷或缓冷	410	245	20	190HBW/90HRB	7.70
	29	87	S11863	022Cr8Ti	780℃～950℃,空冷或缓冷	415	205	20	190HBW/90HRB	7.70
	30	92	S11972	019Cr19Mo2NbTi	800℃～1050℃,空冷	415	275	20	217HBW/230HV/96HRB	7.75
马氏体型	31	97	S41008	06Cr13	800℃～900℃,缓冷或750℃空冷	370	180	22	—	7.75
	32	93	S41010	12Cr13	800℃～900℃,缓冷或750℃空冷	410	205	20	207HBW/95HRB	7.70
	33	101	S42020	20Cr13	800℃～900℃,缓冷或750℃空	470	215	19		7.75

4. 冷拔或冷轧精密无缝钢管 (GB/T 3639—2009)

本标准适用于制造机械结构、液压设备、汽车零部件等具有特殊尺寸精度和高表面质量要求的冷拔或冷轧精密无缝钢管。钢管通常长度为 2～12m。

钢管按交货状态分为五类,类别和代号为:冷加工/硬状态:＋C、冷加工/软状态;＋LC、消除应力退火状态:＋SR、退火状态:＋A、正火状态:＋N。具体含义见表 2-117。

钢管的直径和壁厚见表 2-118,力学性能见表 2-119。

冷拔或冷轧精密无缝钢管的交货状态　　　　表 2-117

交货状态	代 号	说 明
冷加工/硬	＋C	最后冷加工之后钢管不进行热处理
冷加工/软	＋LC	最后热处理之后进行适当的冷加工
冷加工后消除应力退火	＋SR	最后冷加工后,钢管在控制气氛中进行去应力退火
退火	＋A	最后冷加工之后,钢管在控制气氛中进行完全退火
正火	＋N	最后冷加工之后,钢管在控制气氛中进行正火

冷拔或冷轧精密无缝钢管的直径和壁厚(mm)

表 2-118

外径和允许偏差	壁厚（内径和允许偏差）													
	0.5	0.8	1	1.2	1.5	1.8	2	2.2	2.5	2.8	3	3.5	4	4.5
4 (±0.08)	3±0.15	2.4±0.15	2±0.15	1.6±0.15										
5	4±0.15	3.4±0.15	3±0.15	2.6±0.15										
6	5±0.15	4.4±0.15	4±0.15	3.6±0.15	3±0.15	2.4±0.15	2±0.15							
7	6±0.15	5.4±0.15	5±0.15	4.6±0.15	4±0.15	3.4±0.15	3±0.15							
8	7±0.15	6.4±0.15	6±0.15	5.6±0.15	5±0.15	4.4±0.15	4±0.15	3.6±0.15	3±0.25					
9	8±0.15	7.4±0.15	7±0.15	6.6±0.15	6±0.15	5.4±0.15	5±0.15	4.6±0.15	4±0.25	3.4±0.25				
10	9±0.15	8.4±0.15	8±0.15	7.6±0.15	7±0.15	6.4±0.15	6±0.15	5.6±0.15	5±0.15	4.4±0.25	4±0.25			
12	11±0.15	10.4±0.15	10±0.15	9.6±0.15	9±0.15	8.4±0.15	8±0.15	7.6±0.15	7±0.15	6.4±0.15	6±0.25	5±0.25	4±0.25	
14	13±0.08	12.4±0.08	12±0.08	11.6±0.15	11±0.15	10.4±0.15	10±0.15	9.6±0.15	9±0.15	8.4±0.15	8±0.15	7±0.15	6±0.25	5±0.25
15	14±0.08	13.4±0.08	13±0.08	12.6±0.08	12±0.15	11.4±0.15	11±0.15	10.6±0.15	10±0.15	9.4±0.15	9±0.15	8±0.15	7±0.15	6±0.25
16	15±0.08	14.4±0.08	14±0.08	13.6±0.08	13±0.08	12.4±0.15	12±0.15	11.6±0.15	11±0.15	10.4±0.15	10±0.15	9±0.15	8±0.15	7±0.15
18	17±0.08	16.4±0.08	16±0.08	15.6±0.08	15±0.08	14.4±0.08	14±0.08	13.6±0.15	13±0.15	12.4±0.15	12±0.15	11±0.15	10±0.15	9±0.15
20	19±0.08	18.4±0.08	18±0.08	17.6±0.08	17±0.08	16.4±0.08	16±0.08	15.6±0.15	15±0.15	14.4±0.15	14±0.15	13±0.15	12±0.15	11±0.15
22	21±0.08	20.4±0.08	20±0.08	19.6±0.08	19±0.08	18.4±0.08	18±0.08	17.6±0.08	17±0.15	16.4±0.15	16±0.15	15±0.15	14±0.15	13±0.15
25	24±0.08	23.4±0.08	23±0.08	22.6±0.08	22±0.08	21.4±0.08	21±0.08	20.6±0.08	20±0.08	19.4±0.15	19±0.15	18±0.15	17±0.15	16±0.15
26	25±0.08	24.4±0.08	24±0.08	23.6±0.08	23±0.08	22.4±0.08	22±0.08	21.6±0.08	21±0.08	20.4±0.08	20±0.15	19±0.15	18±0.15	17±0.15
28	27±0.08	26.4±0.08	26±0.08	25.6±0.08	25±0.08	24.4±0.08	24±0.08	23.6±0.08	23±0.08	22.4±0.08	22±0.15	21±0.15	20±0.15	19±0.15
30	29±0.08	28.4±0.08	28±0.08	27.6±0.08	27±0.08	26.4±0.08	26±0.08	25.6±0.08	25±0.08	24.4±0.08	24±0.15	23±0.15	22±0.15	21±0.15
32 (±0.15)	31±0.15	30.4±0.15	30±0.15	29.6±0.15	29±0.15	28.4±0.15	28±0.15	27.6±0.15	27±0.15	26.4±0.15	26±0.15	25±0.15	24±0.15	23±0.15
35	34±0.15	33.4±0.15	33±0.15	32.6±0.15	32±0.15	31.4±0.15	31±0.15	30.6±0.15	30±0.15	29.4±0.15	29±0.15	28±0.15	27±0.15	26±0.15
38	37±0.15	36.4±0.15	36±0.15	35.6±0.15	35±0.15	34.4±0.15	34±0.15	33.6±0.15	33±0.15	32.4±0.15	32±0.15	31±0.15	30±0.15	29±0.15
40	39±0.15	38.4±0.15	38±0.15	37.6±0.15	37±0.15	36.4±0.15	36±0.15	35.6±0.15	35±0.15	34.4±0.15	34±0.15	33±0.15	32±0.15	31±0.15
42			40±0.20	39±0.20	39±0.20	38.4±0.20	38±0.20	37.6±0.20	37±0.20	36.4±0.20	36±0.20	35±0.20	34±0.20	33±0.20

续表

外径	允许偏差	壁厚												
		5	5.5	6	7	8	9	10	12	14	16	18	20	22
		内径和允许偏差												
4	±0.08													
5														
6														
7														
8														
9														
10														
12														
14														
15		5±0.25												
16		6±0.25	5±0.25	4±0.25										
18		8±0.15	7±0.25	6±0.25										
20		10±0.15	9±0.15	8±0.25	6±0.25									
22		12±0.15	11±0.15	10±0.15	8±0.25									
25		15±0.15	14±0.15	13±0.15	11±0.15	9±0.25								
26		16±0.15	15±0.15	14±0.15	12±0.15	10±0.25								
28		18±0.15	17±0.15	16±0.15	14±0.15	12±0.15								
30		20±0.15	19±0.15	18±0.15	16±0.15	14±0.15	12±0.15	10±0.25						
32		22±0.15	21±0.15	20±0.15	18±0.15	16±0.15	14±0.15	12±0.25						
35		25±0.15	24±0.15	23±0.15	21±0.15	19±0.15	17±0.15	15±0.15						
38	±0.15	28±0.15	27±0.15	26±0.15	24±0.15	22±0.15	20±0.15	18±0.15						
40		30±0.15	29±0.15	28±0.15	26±0.15	24±0.15	22±0.15	20±0.15						
42		32±0.20	31±0.20	30±0.20	28±0.20	26±0.20	24±0.20	22±0.20						

续表

壁 厚（内径和允许偏差）

外径	允许偏差	0.5	0.8	1	1.2	1.5	1.8	2	2.2	2.5	2.8	3	3.5	4	4.5
45	±0.20			43±0.20	42.6±0.20	42±0.20	41.4±0.20	41±0.20	40.6±0.20	40±0.20	39.4±0.20	39±0.20	38±0.20	37±0.20	36±0.20
48	±0.20			46±0.20	45.6±0.20	45±0.20	44.4±0.20	44±0.20	43.6±0.20	43±0.20	42.4±0.20	42±0.20	41±0.20	40±0.20	39±0.20
50	±0.20			48±0.20	47.6±0.20	47±0.20	46.4±0.20	46±0.20	45.6±0.20	45±0.20	44.4±0.20	44±0.20	43±0.20	42±0.20	41±0.20
55	±0.25			53±0.25	52.6±0.25	52±0.25	51.4±0.25	51±0.25	50.6±0.25	50±0.25	49.4±0.25	49±0.25	48±0.25	47±0.25	46±0.25
60	±0.25			58±0.25	57.6±0.25	57±0.25	56.4±0.25	56±0.25	55.6±0.25	55±0.25	54.4±0.25	54±0.25	53±0.25	52±0.25	51±0.25
65	±0.30			63±0.30	62.6±0.30	62±0.30	61.4±0.30	61±0.30	60.6±0.30	60±0.30	59.4±0.30	59±0.30	58±0.30	57±0.30	56±0.30
70	±0.30			68±0.30	67.6±0.30	67±0.30	66.4±0.30	66±0.30	65.6±0.30	65±0.30	64.4±0.30	64±0.30	63±0.30	62±0.30	61±0.30
75	±0.35			73±0.35	72.6±0.35	72±0.35	71.4±0.35	71±0.35	70.6±0.35	70±0.35	69.4±0.35	69±0.35	68±0.35	67±0.35	66±0.35
80	±0.35			78±0.35	77.6±0.35	77±0.35	76.4±0.35	76±0.35	75.6±0.35	75±0.35	74.4±0.35	74±0.35	73±0.35	72±0.35	71±0.35
85	±0.40					82.4±0.40	81.4±0.40	81±0.40	80.6±0.40	80±0.40	79.4±0.40	79±0.40	78±0.40	77±0.40	76±0.40
90	±0.40					87±0.40	86.4±0.40	86±0.40	85.6±0.40	85±0.40	84.4±0.40	84±0.40	83±0.40	82±0.40	81±0.40
95	±0.45							91±0.45	90.6±0.45	90±0.45	89.4±0.45	89±0.45	88±0.45	87±0.45	86±0.45
100	±0.45							96±0.45	95.6±0.45	95±0.45	94.4±0.45	94±0.45	93±0.45	92±0.45	91±0.45
110	±0.50							106±0.50	105.6±0.50	105±0.50	104.4±0.50	104±0.50	103±0.50	102±0.50	101±0.50
120	±0.50							116±0.50	115.6±0.50	115±0.50	114.4±0.50	114±0.50	113±0.50	112±0.50	111±0.50
130	±0.70									125±0.70	124.4±0.70	124±0.70	123±0.70	122±0.70	121±0.70
140	±0.70									135±0.70	134.4±0.70	134±0.70	133±0.70	132±0.70	131±0.70
150	±0.80											144±0.80	143±0.80	142±0.80	141±0.80
160	±0.80											154±0.80	153±0.80	152±0.80	151±0.80
170	±0.90											164±0.90	163±0.90	162±0.90	161±0.90
180	±0.90												173±0.90	172±0.90	171±0.90
190	±1.00												183±1.00	182±1.00	181±1.00
200	±1.00												193±1.00	192±1.00	191±1.00

续表

外径和允许偏差		壁厚												
外径	允许偏差	5	5.5	6	7	8	9	10	12	14	16	18	20	22
		内径和允许偏差												
45	±0.20	35±0.20	34±0.20	33±0.20	31±0.20	29±0.20	27±0.20	25±0.20						
48	±0.20	38±0.20	37±0.20	36±0.20	34±0.20	32±0.20	30±0.20	28±0.20						
50	±0.20	40±0.20	39±0.20	38±0.20	36±0.20	34±0.20	32±0.20	30±0.20						
55	±0.25	45±0.25	44±0.25	43±0.25	41±0.25	39±0.25	37±0.25	35±0.25	31±0.25					
60	±0.25	50±0.25	49±0.25	48±0.25	46±0.25	44±0.25	42±0.25	40±0.25	36±0.25					
65	±0.30	55±0.30	54±0.30	53±0.30	51±0.30	49±0.30	47±0.30	45±0.30	41±0.30	37±0.30				
70	±0.30	60±0.30	59±0.30	58±0.30	56±0.30	54±0.30	52±0.30	50±0.30	46±0.30	42±0.30				
75	±0.35	65±0.35	64±0.35	63±0.35	61±0.35	59±0.35	57±0.35	55±0.35	51±0.35	47±0.35	43±0.35			
80	±0.35	70±0.35	69±0.35	68±0.35	66±0.35	64±0.35	62±0.35	60±0.35	56±0.35	52±0.35	48±0.35			
85	±0.40	75±0.40	74±0.40	73±0.40	71±0.40	69±0.40	67±0.40	65±0.40	61±0.40	57±0.40	53±0.40			
90	±0.40	80±0.40	79±0.40	78±0.40	76±0.40	74±0.40	72±0.40	70±0.40	66±0.40	62±0.40	58±0.40			
95	±0.45	85±0.45	84±0.45	83±0.45	81±0.45	79±0.45	77±0.45	75±0.45	71±0.45	67±0.45	63±0.45	59±0.45		
100	±0.45	90±0.45	89±0.45	88±0.45	86±0.45	84±0.45	82±0.45	80±0.45	76±0.45	72±0.45	68±0.45	64±0.45		
110	±0.50	100±0.50	99±0.50	98±0.50	96±0.50	94±0.50	92±0.50	90±0.50	86±0.50	82±0.50	78±0.50	74±0.50		
120	±0.50	110±0.50	109±0.50	108±0.50	106±0.50	104±0.50	102±0.50	100±0.50	96±0.50	92±0.50	88±0.50	84±0.50		
130	±0.70	120±0.70	119±0.70	118±0.70	116±0.70	114±0.70	112±0.70	110±0.70	106±0.70	102±0.70	98±0.70	94±0.70		
140	±0.70	130±0.70	129±0.70	128±0.70	126±0.70	124±0.70	122±0.70	120±0.70	116±0.70	112±0.70	106±0.70	104±0.70		
150	±0.80	140±0.80	139±0.80	138±0.80	136±0.80	134±0.80	132±0.80	130±0.80	126±0.80	122±0.80	118±0.80	114±0.80	110±0.80	
160	±0.80	150±0.80	149±0.80	148±0.80	146±0.80	144±0.80	142±0.80	140±0.80	136±0.80	132±0.80	128±0.80	124±0.80	120±0.80	
170	±0.90	160±0.90	159±0.90	158±0.90	156±0.90	154±0.90	152±0.90	150±0.90	146±0.90	142±0.90	138±0.90	134±0.90	130±0.90	
180	±0.90	170±0.90	169±0.90	168±0.90	166±0.90	164±0.90	162±0.90	160±0.90	156±0.90	152±0.90	148±0.90	144±0.90	140±0.90	
190	±1.00	180±1.00	179±1.00	178±1.00	176±1.00	174±1.00	172±1.00	170±1.00	166±1.00	162±1.00	158±1.00	154±1.00	150±1.00	146±1.00
200	±1.00	190±1.00	189±1.00	188±1.00	186±1.00	184±1.00	182±1.00	180±1.00	176±1.00	172±1.00	168±1.00	164±1.00	160±1.00	156±1.00

冷拔或冷轧精密无缝钢管的力学性能　　　　　　　　表 2-119

牌号	交货状态[1]										
	+C[2]		+LC[2]		+SR			+A[3]		+N		
	R_m MPa	$A/\%$	R_m MPa	$A/\%$	R_m MPa	R_{eH} MPa	$A/\%$	R_m MPa	$A/\%$	R_m MPa	R_{eH}[4] MPa	$A/\%$
	不　　小　　于											
10	430	8	380	10	400	300	16	335	24	320~450	215	27
20	550	5	520	8	520	375	12	390	21	440~570	255	21
35	590	5	550	7	—	—	—	510	17	≥460	280	21
45	645	4	630	6	—	—	—	590	14	≥540	340	18
Q345B	640	4	580	7	580	450	10	450	22	490~630	355	22

① R_m 表示抗拉强度，R_{eH} 表示上屈服强度，A 表示断后伸长率。
② 受冷加工变形程度的影响，屈服强度非常接近抗拉强度，因此，推荐下列关系式计算：
　　——+C 状态：$R_{eH} \geqslant 0.8 R_m$；——+LC 状态：$R_{eH} \geqslant 0.7 R_m$。
③ 推荐下列关系式计算：$R_{eH} \geqslant 0.5 R_m$。
④ 外径不大于 30mm 且壁厚不大于 3mm 的钢管，其最小上屈服强度可降低 10MPa。

五、钢板、钢带

1. 冷轧钢板和钢带（GB/T 708—2006）

冷轧钢板和钢带的尺寸范围：

公称厚度 0.30~4.00mm，公称宽度 600~2050mm，公称长度 1000~6000mm。

钢板和钢带推荐的公称尺寸：

钢板和钢带在上述的尺寸范围内，公称厚度小于 1mm 的按 0.05mm 倍数的任何尺寸；公称厚度不小于 1mm 的按 0.1mm 倍数的任何尺寸。

钢板和钢带在上述的尺寸范围内，公称宽度按 10mm 倍数的任何尺寸，公称长度按 50mm 倍数的任何尺寸。

冷轧钢板和钢带分类及代号见表 2-120，理论重量的计算方法见表 2-121。

冷轧钢板和钢带分类及代号　　　　　　　　表 2-120

产品形态	分　类　及　代　号								
	边缘状态	厚度精度		宽度精度		长度精度		不平度精度	
		普通	较高	普通	较高	普通	较高	普通	较高
钢带	不切边 EM	PT. A	PT. B	PW. A	—	—	—	—	—
	切边 EC	PT. A	PT. B	PW. A	PW. B	—	—	—	—
钢板	不切边 EM	PT. A	PT. B	PW. A	—	PL. A	PL. B	PF. A	PF. B
	切边 EC	PT. A	PT. B	PW. A	PW. B	PL. A	PL. B	PF. A	PF. B
纵切钢带	切边 EC	PT. A	PT. B	PW. A	—	—	—	—	—

冷轧钢板和钢带理论重量的计算方法　　　　　　　　表 2-121

计　算　顺　序	计　算　方　法	结　果　的　修　约
基本重量/[kg/(mm・m²)]	7.85(厚度 1mm，面积 1m² 的重量)	—
单位重量/(kg/m²)	基本重量[kg/(mm・m²)]×厚度(mm)	修约到有效数字 4 位

续表

计 算 顺 序	计 算 方 法	结 果 的 修 约
钢板的面积/m²	宽度(m)×长度(m)	修约到有效数字4位
一张钢板的重量/kg	单位重量(kg/m²)×面积(m²)	修约到有效数字3位
总重量/kg	各张钢板重量之和	kg 的整数值

注：1. 表的理论重量按密度为 7.85g/cm³ 计算。
    2. 数值修约方法按 GB/T 8170 的规定。

2. 热轧钢板和钢带（GB/T 709—2006）

热轧钢板和钢带的尺寸范围：

单轧钢板公称厚度　　　　　　　　　　3mm～400mm；
单轧钢板公称宽度　　　　　　　　　　600mm～4800mm；
钢板公称长度　　　　　　　　　　　　2000mm～20000mm；
钢带（包括连轧钢板）公称厚度　　　　0.8mm～25.4mm；
钢带（包括连轧钢板）公称宽度　　　　600mm～2200mm；
纵切钢带公称宽度　　　　　　　　　　120mm～900mm。

钢板和钢带推荐的公称尺寸：

单轧钢板公称厚度在上述的尺寸范围内，厚度小于 30mm 的钢板按 0.5mm 倍数的任何尺寸；厚度不小于 30mm 的钢板按 1mm 倍数的任何尺寸。

单轧钢板公称宽度在上述的尺寸范围内，按 10mm 或 50mm 倍数的任何尺寸。

钢带（包括连轧钢板）公称厚度在上述的尺寸范围内，按 0.1mm 倍数的任何尺寸。

钢带（包括连轧钢板）公称宽度在上述的尺寸范围内，按 10mm 倍数的任何尺寸。

钢板的长度在上述的尺寸范围内，按 50mm 或 100mm 倍数的任何尺寸。

热轧钢板和钢带理论重量的计算方法与表 2-121 相同。

3. 优质碳素结构钢热轧薄钢板和钢带（GB/T 710—2008）

本标准适用于厚度小于 3mm、宽度不小于 600mm 的优质碳素结构钢热轧薄钢板和钢带。

钢板和钢带的尺寸、外形及允许偏差应符合 GB/T 709 的规定。

钢板和钢带按拉延级别分为三级：最深拉延级（Z）、深拉延级（S）、普通拉延级（P）。

优质碳素结构钢热轧薄钢板和钢带的力学性能见表 2-122。

用 08、08Al 钢轧制厚度不大于 2mm 的钢板和钢带可进行杯突试验，每个测量点的杯突值见表 2-123。

优质碳素结构钢热轧薄钢板和钢带的力学性能　　　　表 2-122

牌　号	拉 延 级 别				
	Z	S 和 P	Z	S	P
	抗拉强度 R_m/MPa		断后伸长率 A/% 不小于		
08、08Al	275～410	≥300	36	35	34
10	280～410	≥335	36	34	32
15	300～430	≥370	34	32	30

续表

牌　号	拉　延　级　别				
	Z	S 和 P	Z	S	P
	抗拉强度 R_m/MPa		断后伸长率 A/%不小于		
20	340～480	≥410	30	28	26
25	—	≥450	—	26	24
30	—	≥490	—	24	22
35	—	≥530	—	22	20
40	—	≥570	—		19
45	—	≥600	—		17
50	—	≥610	—		16

优质碳素结构钢热轧薄钢板和钢带的杯突值（mm）　　　　　表 2-123

厚　　度	冲压深度，不小于
≤1.0	9.5
>1.0～1.5	10.5
>1.5～2.0	11.5

4. 优质碳素结构钢热轧厚钢板和钢带（GB/T 711—2008）

本标准适用于厚度为 3～60mm、宽度不小于 600mm 的优质碳素结构钢热轧厚钢板和钢带。

钢板和钢带的尺寸、外形及允许偏差应符合 GB/T 709 的规定。

优质碳素结构钢热轧厚钢板和钢带的力学性能见表 2-124。

优质碳素结构钢热轧厚钢板和钢带的力学性能　　　　　表 2-124

牌　号	交货状态	抗拉强度 R_m/(N/mm²)	断后伸长率 A/%	牌　号	交货状态	抗拉强度 R_m/(N/mm²)	断后伸长率 A/%
		不小于				不小于	
08F	热轧或热处理	315	34	50[①]	热处理	625	16
08		325	33	55[①]		645	13
10F		325	32	60[①]		675	12
10		335	32	65[①]		695	10
15F		355	30	70[①]		715	9
15		370	30	20Mn	热轧或热处理	450	24
20		410	28	25Mn		490	22
25		450	24	30Mn		540	20
30		490	22	40Mn[①]	热处理	590	17
35[①]	热处理	530	20	50Mn[①]		650	13
40[①]		570	19	60Mn[①]		695	11
45[①]		600	17	65Mn[①]		735	9

注：热处理指正火、退火或高温回火。

① 经供需双方协议，也可以热轧状态交货，以热处理样坯测定力学性能，样坯尺寸为 $a×3a×3a$，a 为钢材厚度。

5. 优质碳素结构钢冷轧钢板和钢带（GB/T 13237—2013）

本标准适用于汽车、航空工业以及其他部门使用的厚度不大于 4mm 宽度不小于 600mm 的优质碳素结构钢冷轧钢板和钢带。

钢板和钢带的尺寸、外形、重量及允许偏差应符合 GB/T 708 的规定。

钢板和钢带按表面质量分为三级：较高级表面（FB）、高级表面（FC）、超高级表面（FD）。

钢板和钢带按边缘状态分为：切边（EC）和不切边（EM）。

优质碳素结构钢冷轧钢板和钢带的力学性能见表 2-125。

表 2-125

优质碳素结构钢冷轧钢板和钢带的力学性能

牌号	抗拉强度[1],[2] R_m N/mm²	以下公称厚度(mm)的断后伸长率[3] A_{80mm} ($L_0=80mm$, $b=20mm$) %					
		≤0.6	>0.6~1.0	>1.0~1.5	>1.5~2.0	>2.0~≤2.5	>2.5
08Al	275~410	≥21	≥24	≥26	≥27	≥28	≥30
08	275≥410	≥21	≥24	≥26	≥27	≥28	≥30
10	295~430	≥21	≥24	≥26	≥27	≥28	≥30
15	355~370	≥19	≥1	≥23	≥24	≥25	≥26
20	355~500	≥18	≥20	≥22	≥23	≥24	≥25
25	375≥490	≥18	≥20	≥21	≥22	≥23	≥24
30	390~510	≥16	≥18	≥19	≥21	≥21	≥22
35	410~530	≥15	≥16	≥18	≥19	≥19	≥20
40	430~550	≥14	≥15	≥17	≥18	≥18	≥19
45	430~570	—	≥14	≥15	≥16	≥16	≥17
50	470~590	—	—	≥13	≥14	≥14	≥15
55	490~610	—	—	≥11	≥12	≥12	≥13
60	510~630	—	—	≥10	≥10	≥10	≥11
65	530~650	—	—	≥8	≥8	≥8	≥9
70	550~670	—	—	≥6	≥6	≥6	≥7

① 拉伸试验取横向试样。

② 在需方同意的情况，25、30、35、40、45、50、55、60、65 和 70 牌号钢板和钢带的抗拉强度上限值允许比规定值提高 50MPa。

③ 经供需双方协商，可采用其他标距。

6. 碳素结构钢和低合金结构钢热轧钢带（GB/T 3524—2005）

本标准适用于厚度不大于 12.00mm，宽度 50~600mm 的碳素结构钢和低合金结构钢热轧钢带。

碳素结构钢和低合金结构钢热轧钢带的力学性能见表 2-126。

碳素结构钢和低合金结构钢热轧钢带的力学性能　　　　表 2-126

牌　号	下屈服强度 R_{eL}/(N/mm^2)	抗拉强度 R_m/(N/mm^2)	断后伸长率 A/%	180°冷弯试验 a—试样厚度 d—弯心直径
	不小于		不小于	
Q195	(195)①	315～430	33	$d=0$
Q215	215	335～450	31	$d=0.5a$
Q235	235	375～500	26	$d=a$
Q255	255	410～550	24	
Q275	275	490～630	20	
Q295	295	390～570	23	$d=2a$
Q345	345	470～630	21	$d=2a$

注：钢带采用碳素结构钢和低合金结构钢的 A 级钢轧制时，冷弯试验合格，抗拉强度上限可不作交货条件；

采用 B 级钢轧制的钢带抗拉强度可以超过表中规定的上限 50N/mm^2。

① 牌号 Q195 的屈服点仅供参考，不作交货条件。

7. 碳素结构钢冷轧薄钢板及钢带（GB/T 11253—2007）

本标准适用于厚度不大于 3mm，宽度不小于 600mm 的碳素结构钢冷轧薄钢板及钢带。

钢板及钢带按表面质量可分为：较高级表面 FB 和高级表面 FC；按表面结构可分为光亮表面 B：其特征为轧辊经磨床精加工处理；粗糙表面 D：其特征为轧辊磨床加工后喷丸等处理。

钢板和钢带的尺寸、外形及允许偏差应符合 GB/T 708 的规定。

碳素结构钢冷轧薄钢板及钢带的力学性能见表 2-127。

碳素结构钢冷轧薄钢板及钢带的力学性能　　　　表 2-127

牌　号	下屈服强度 $R_{eL}^①$/(N/mm^2)	抗拉强度 R_m/(N/mm^2)	断后伸长率/%	
			A_{50mm}	A_{80mm}
Q195	≥195	315～430	≥26	≥24
Q215	≥215	355～450	≥24	≥22
Q235	≥235	375～500	≥22	≥20
Q275	≥275	410～540	≥20	≥18

① 无明显屈服时采用 $R_{p0.2}$。

8. 碳素结构钢冷轧钢带（GB/T 716—1991）

本标准适用于厚度 0.1～3mm，宽度 10～250mm 的碳素结构钢冷轧钢带。

钢带按尺寸精度可分为：普通精度钢带 P、宽度较高精度钢带 K、厚度较高精度钢带 H、宽度、厚度较高精度钢带 KH。

钢带按表面精度可分为：普通精度表面钢带 Ⅰ、较高精度表面钢带 Ⅱ。

钢带按力学性能可分为：软钢带 R、半软钢带 BR、硬钢带 Y。

碳素结构钢冷轧钢带的力学性能见表 2-128。

碳素结构钢冷轧钢带的力学性能   表 2-128

类　别	抗拉强度 σ_b/MPa	伸长率 δ/% 不小于	维氏硬度 HV
软钢带	275～440	23	≤130
半软钢带	370～490	10	105～145
硬钢带	490～785	—	140～230

9. 冷轧低碳钢板及钢带（GB/T 5213—2008）

本标准适用于汽车、家电等行业使用的厚度为 0.30～3.5mm 的冷轧低碳钢板及钢带。

钢板及钢带的牌号由三部分组成，第一部分为字母"D"，代表冷成形用钢板及钢带；第二部分为字母"C"，代表轧制条件为冷轧；第三部分为两位数字序列号，即 01、02、03、04 等，例如：DC01。

钢板及钢带的尺寸、外形、重量及允许偏差应符合 GB/T 708 的规定。

冷轧低碳钢板及钢带牌号及用途见表 2-129，表面质量级别、代号及特征见表 2-130，表面结构及代号见表 2-131，冷轧低碳钢板及钢带的力学性能见表 2-132。

冷轧低碳钢板及钢带牌号及用途   表 2-129

牌　号	用　途	牌　号	用　途
DC01	一般用	DC05	特深冲用
DC03	冲压用	DC06	超深冲用
DC04	深冲用	DC07	特超深冲用

冷轧低碳钢板及钢带表面质量级别、代号及特征   表 2-130

级　别	代号	特　征
较高级表面	FB	表面允许有少量不影响成形性及涂、镀附着力的缺陷，如轻微的划伤、压痕、麻点、辊印及氧化色等
高级表面	FC	产品两面中较好的一面无肉眼可见的明显缺陷，另一面至少应达到 FB 的要求
超高级表面	FD	产品两面中较好的一面不应有影响涂漆后的外观质量或电镀后的外观质量的缺陷，另一面至少应达到 FB 的要求

冷轧低碳钢板及钢带表面结构及代号   表 2-131

表　面　结　构	代　号	表　面　结　构	代　号
光亮表面	B	麻面	D

冷轧低碳钢板及钢带的力学性能   表 2-132

牌　号	屈服强度[1][2] R_{eL} 或 $R_{p0.2}$/MPa 不大于	抗拉强度 R_m/MPa	断后伸长率[3][4] A_{80}/% ($L_0=80mm$, $b=20mm$) 不小于	r_{90}值[5] 不小于	n_{90}值[5] 不小于
DC01	280[6]	270～410	28	—	—
DC03	240	270～370	34	1.3	—

续表

牌　号	屈服强度[1][2] R_{eL}或$R_{p0.2}$/MPa 不大于	抗拉强度 R_m/MPa	断后伸长率[3][4]A_{80}/% （$L_0=80mm$，$b=20mm$） 不小于	r_{90}值[5] 不小于	n_{90}值[5] 不小于
DC04	210	270～350	38	1.6	0.18
DC05	180	270～330	40	1.9	0.20
DC06	170	270～330	41	2.1	0.22
DC07	150	250～310	44	2.5	0.23

① 无明显屈服时采用$R_{p0.2}$，否则采用R_{eL}。当厚度大于0.50mm且不大于0.70mm时，屈服强度上限值可以增加20MPa；当厚度不大于0.50mm时，屈服强度上限值可以增加40MPa。

② 经供需双方协商同意，DC01、DC03、DC04屈服强度的下限值可设定为140MPa，DC05、DC06屈服强度的下限值可设定为120MPa，DC07屈服强度的下限值可设定为100MPa。

③ 试样为GB/T 228中的P6试样，试样方向为横向。

④ 当厚度大于0.50mm且不大于0.70mm时，断后伸长率最小值可以降低2%（绝对值）；当厚度不大于0.50mm时，断后伸长率最小值可以降低4%（绝对值）。

⑤ r_{90}值和n_{90}值的要求仅适用于厚度不小于0.50mm的产品。当厚度大于2.0mm时，r_{90}值可以降低0.2。

⑥ DC01的屈服强度上限值的有效期仅为从生产完成之日起8天内。

10. 热连轧低碳钢板及钢带（GB/T 25053—2010）

本标准适用于冷成形用热连轧低碳钢板及钢带。

钢板及钢带的牌号由两部分组成，第一部分为"热轧"英文"Hot rolled"的首位字母"HR"，第二部为数字序列号，代表压延级别，即01、02、03、04等，例如：HR02。

钢板及钢带的尺寸、外形、重量及允许偏差应符合GB/T 709的规定。

钢板及钢带的牌号和按压延级别分类见表2-133，力学性能和工艺性能见表2-134，弯曲试验后试样弯曲处的外面和侧面不得有肉眼可见的裂纹、断裂或起层。

热连轧低碳钢板及钢带的牌号和按压延级别分类　　　　　表2-133

牌　号	公称厚度/mm	压延给别
HR1	1.2～16.0	一般用
HR2	1.2～16.0	冲压用
HR3	1.2～11.0	深冲用
HR4	1.2～11.0	特深冲用

连热轧低碳钢板及钢带的力学性能和工艺性能　　　　　表2-134

牌号	抗拉强度 R_m/MPa	拉伸试验[1]						180°弯曲试验[2][3]	
		断后伸长率A_{50mm}/% （$L_9=50mm$，$b=25mm$）						d—弯心直径 a—试样厚度	
		厚度/mm						厚度/mm	
		1.2～<1.6	1.6～<2.0	2.0～<2.5	2.5～<3.2	3.2～<4.0	≥4.0	<3.2	≥3.2
HRB	270～440	≥27	≥29	≥29	≥29	≥31	≥31	$d=0$	$d=a$
HR2	270～420	≥30	≥32	≥33	≥35	≥37	≥39	—	—
HR3	270～400	≥31	≥33	≥35	≥37	≥39	≥41	—	—
HR4	270～380	≥37	≥38	≥39	≥39	≥40	≥42	—	—

①，②拉伸、弯曲试验取纵向试样。

③供方如能保证，可不进行弯曲试验。

11. 合金结构钢薄钢板（YB/T 5132—2007）

本标准适用于厚度不大于 4mm 的合金结构钢热轧及冷轧薄钢板。

冷轧钢板的尺寸外形及其允许偏差应符合 GB/T 708 的规定。

热轧钢板的尺寸外形及其允许偏差应符合 GB/T 709 的规定。

钢板按表面质量分为四组，组别、生产方法及表面特征见表 2-135，钢板的力学特性和杯突值见表 2-136 和表 2-137。

合金结构钢薄钢板按表面质量分组组别、生产方法及表面特征   表 2-135

组 别	生产方法	表 面 特 征
Ⅰ	冷轧	钢板的正面（质量较好的一面），允许有个别长度不大于 20mm 的轻微划痕； 钢板的反面允许有深度不超过钢板厚度公差 1/4 的一般轻微麻点、划痕和压痕
Ⅱ	冷轧	距钢板边缘不大于 50mm 内允许有氧化色； 钢板的正面允许有深度不超过钢板厚度公差之半的一般轻微麻点、轻微划痕和擦伤； 钢板的反面允许有深度不超过钢板厚度公差之半的下列缺陷：一般的轻微麻点、轻微划痕、擦伤、小气泡、小拉痕、压痕和凹坑
Ⅲ	冷轧或热轧	距钢板边缘不大于 200mm 内允许有氧化色； 钢板的正面允许有深度不超过钢板厚度公差之半的下列缺陷：一般的轻微麻点、划伤、擦伤、压痕和凹坑； 钢板的反面允许有深度和高度不超过钢板厚度公差的下列缺陷：一般的轻微麻点、划伤、擦伤、小气泡、小拉痕、压痕和凹坑。热轧钢板允许有小凸包
Ⅳ	热轧	钢板的正反两面允许有深度和高度不超过钢板厚度公差的下列缺陷：麻点、小气泡、小拉痕、划伤、压痕、凹坑、小凸包和局部的深压坑（压坑数量每平方米不得超过两个）

合金结构钢薄钢板的力学性能   表 2-136

牌　号	抗拉强度 R_m N/mm²	断后伸长率 $A_{11.3}^{①}$ 不小于/%	牌　号	抗拉强度 R_m N/mm²	断后伸长率 $A_{11.3}^{①}$ 不小于/%
12Mn2A	390~570	22	30Cr	490~685	17
16Mn2A	490~635	18	35Cr	540~735	16
45Mn2A	590~835	12	38CrA	540~735	16
35B	490~635	19	40Cr	540~785	14
40B	510~655	18	20CrMnSiA	440~685	18
45B	540~685	16	25CrMnSiA	490~685	18
50B，50BA	540~715	14	30CrMnSi，30CrMnSiA	490~735	16
15Cr，15CrA	390~590	19	35CrMnSiA	590~785	14
20Cr	390~590	18			

① 厚度不大于 0.9mm 的钢板，伸长率仅供参考。

合金结构钢薄钢板的杯突试验值 (mm)　　　表 2-137

钢板公称厚度	牌　号		
	12Mn2A	16Mn2A，25CrMnSiA	30CrMnSiA
	冲压深度不小于		
0.5	7.3	6.6	6.5
0.6	7.7	7.0	6.7
0.7	8.0	7.2	7.0
0.8	8.5	7.5	7.2
0.9	8.8	7.7	7.5
1.0	9.0	8.0	7.7

12. 合金结构钢热轧厚钢板 (GB 11251—2009)

本标准适用于厚度大于 4~30mm 的合金结构钢热轧厚钢板。

钢板的尺寸、外形及允许偏差应符合 GB/T 709 的规定。

合金结构钢热轧厚钢板的力学性能见表 2-138。

合金结构钢热轧厚钢板的力学性能　　　表 2-138

牌　号	力　学　性　能		
	抗拉强度 R_m/（N/mm^2）	断后伸长率 A/% 不小于	布氏硬度 HBW 不大于
45Mn2	600~850	13	—
27SiMn	550~800	18	—
40B	500~700	20	—
45B	550~750	18	—
50B	550~750	16	—
15Cr	400~600	21	—
20Cr	400~650	20	—
30Cr	500~700	19	—
35Cr	550~750	18	—
40Cr	550~800	16	—
20CrMnSiA	450~700	21	—
25CrMnSiA	500~700	20	229
30CrMnSiA	550~750	19	229
35CrMnSiA	600~800	16	—

注：1. 正火状态交货的钢板，在伸长率符合表中规定的情况下，抗拉强度上限允许较表中提高 50MPa。
　　2. 厚度大于 20mm 的钢板，厚度每增加 1mm，伸长率允许较表中规定降低 0.25%（绝对值），但不应超过 2%（绝对值）。
　　3. 表中未列牌号的力学性能由供需双方协议规定。

13. 不锈钢冷轧钢板和钢带 (GB/T 3280—2007)

不锈钢冷轧钢板和钢带的尺寸外形及其允许偏差应符合 GB/T 708 的规定。

经固溶处理的奥氏体型不锈钢冷轧钢板和钢带的力学性能见表 2-139。

不同冷作硬化状态不锈钢冷轧钢板和钢带的力学性能见表 2-140~表 2-143。

经固溶处理的奥氏体·铁素体型不锈钢冷轧钢板和钢带的力学性能见表 2-144。

经退火处理的铁素体型不锈钢冷轧钢板和钢带的力学性能见表 2-145。

经退火处理的马氏体型不锈钢冷轧钢板和钢带的力学性能见表 2-146。

经固溶处理的沉淀硬化型不锈钢冷轧钢板和钢带试样的力学性能见表 2-147。

沉淀硬化处理后的沉淀硬化型不锈钢冷轧钢板和钢带试样的力学性能见表 2-148。

不锈钢冷轧钢板和钢带加工类型及表面状态见表 2-149。

经固溶处理的奥氏体型不锈钢冷轧钢板和钢带的力学性能　　　　表 2-139

GB/T 20878 中序号	新牌号	旧牌号	规定非比例延伸强度 $R_{p0.2}$/MPa	抗拉强度 R_m/MPa	断后伸长率 A/%	硬度值		
						HBW	HRB	HV
			不小于			不大于		
9	12Cr17Ni7	1Cr17Ni7	205	515	40	217	05	218
10	022Cr17Ni7		220	550	45	241	100	—
11	022Cr17Ni7N		240	550	45	241	100	—
13	12Cr18Ni9	1Cr18Ni9	205	515	40	201	92	210
14	12Cr18Ni9Si3	1Cr18Ni9Si3	205	515	40	217	95	220
17	06Cr19Ni10	0Cr18Ni9	205	515	40	201	92	210
18	022Cr19Ni10	00Cr19Ni10	170	485	40	201	92	210
19	07Cr19Ni10		205	515	40	201	92	210
20	05Cr19Ni10Si2NbN		290	600	40	217	95	—
23	06Cr19Ni10N	0Cr19Ni9N	240	550	30	201	92	220
24	06Cr19Ni9NbN	0Cr19Ni10NbN	345	685	35	250	100	260
25	022Cr19Ni10N	00Cr18Ni10N	205	515	40	201	92	220
26	10Cr18Ni12	1Cr18Ni12	170	485	40	183	88	200
32	06Cr23Ni13	0Cr23Ni13	205	515	40	217	95	220
35	06Cr25Ni20	0Cr25Ni20	205	515	40	217	95	220
36	022Cr25Ni22Mo2N		270	580	25	217	95	—
38	06Cr17Ni12Mo2	0Cr17Ni12Mo2	205	515	40	217	95	220
39	022Cr17Ni12Mo2	00Cr17Ni14Mo2	170	485	40	217	95	220
41	06Cr17Ni12Mo2Ti	0Cr18Ni12Mo3Ti	205	515	40	217	95	220
42	06Cr17Ni12Mo2Nb		205	515	30	217	95	—
43	06Cr17Ni12Mo2N	0Cr17Ni12Mo2N	240	550	35	217	95	220
44	022Cr17Ni12Mo2N	00Cr17Ni13Mo2N	205	515	40	217	95	220
45	06Cr18Ni12Mo2Cu2	0Cr18Ni12Mo2Cu2	205	520	40	187	90	200
48	015Cr21Ni26Mo5Cu2		220	490	35	—	90	—
49	06Cr19Ni13Mo3	0Cr19Ni13Mo3	205	515	35	217	95	220
50	022Cr19Ni13Mo3	00Cr19Ni13Mo3	205	515	40	217	95	220
53	022Cr19Ni16Mo5N		240	550	40	223	96	—
54	022Cr19Ni13Mo4N		240	550	40	217	95	—
55	06Cr18Ni11Ti	0Cr18Ni10Ti	205	515	40	217	95	220
58	015Cr24Ni22Mo8Mn3CuN		430	750	40	250		—
61	022Cr24Ni17Mo5Mn6NbN		415	795	35	241	100	—
62	06Cr18Ni11Nb	0Cr18Ni11Nb	205	515	40	201	92	210

低冷作硬化（H1/4）状态不锈钢冷轧钢板和钢带的力学性能　　表 2-140

GB/T 20878 中序号	新 牌 号	旧 牌 号	规定非比例延伸强度 $R_{p0.2}$/MPa	抗拉强度 R_m/MPa	断后伸长率 A/%		
					厚度 <0.4mm	厚度 ≥0.4～<0.8mm	厚度 ≥0.8mm
			不　小　于				
9	12Cr17Ni7	1Cr17Ni7	515	860	25	25	25
10	022Cr17Ni7		515	825	25	25	25
11	022Cr17Ni7N		515	825	25	25	25
13	12Cr18Ni9	1Cr18Ni9	515	860	10	10	12
17	06Cr19Ni10	0Cr18Ni9	515	860	10	10	12
18	022Cr19Ni10	00Cr19Ni10	515	860	8	8	10
23	06Cr19Ni10N	0Cr19Ni9N	515	860	12	12	12
25	022Cr19Ni10N	00Cr18Ni10N	515	860	10	10	12
38	06Cr17Ni12Mo2	0Cr17Ni12Mo2	515	860	10	10	10
39	022Cr17Ni12Mo2	00Cr17Ni14Mo2	515	860	8	8	8
41	06Cr17Ni12Mo2Ti	0Cr18Ni12Mo3Ti	515	860	12	12	12

半冷作硬化（H1/2）状态不锈钢冷轧钢板和钢带的力学性能　　表 2-141

GB/T 20878 中序号	新 牌 号	旧 牌 号	规定非比例延伸强度 $R_{p0.2}$/MPa	抗拉强度 R_m/MPa	断后伸长率 A/%		
					厚度 <0.4mm	厚度 ≥0.4～<0.8mm	厚度 ≥0.8mm
			不　小　于		不　小　于		
9	12Cr17Ni7	1Cr17Ni7	760	1035	15	18	18
10	022Cr17Ni7		690	930	20	20	20
11	022Cr17Ni7N		690	930	20	20	20
13	12Cr18Ni9	1Cr18Ni9	760	1035	9	10	10
17	06Cr19Ni10	0Cr18Ni9	760	1035	6	7	7
18	022Cr19Ni10	00Cr19Ni10	760	1035	5	6	6
23	06Cr19Ni10N	0Cr19Ni9N	760	1035	6	8	8
25	022Cr19Ni10N	00Cr18Ni10N	760	1035	6	7	7
38	06Cr17Ni12Mo2	0Cr17Ni12Mo2	760	1035	6	7	7
39	022Cr17Ni12Mo2	00Cr17Ni14Mo2	760	1035	5	6	6
43	06Cr17Ni12Mo2N	0Cr17Ni12Mo2N	760	1035	6	8	8

冷作硬化（H）状态不锈钢冷轧钢板和钢带的力学性能　　表 2-142

GB/T 20878 中序号	新 牌 号	旧 牌 号	规定非比例延伸强度 $R_{p0.2}$/MPa	抗拉强度 R_m/MPa	断后伸长率 A/%		
					厚度 <0.4mm	厚度 ≥0.4～<0.8mm	厚度 ≥0.8mm
			不　小　于		不　小　于		
9	12Cr17Ni7	1Cr17Ni7	930	1205	10	12	12
13	12Cr18Ni9	1Cr18Ni9	930	1205	5	6	6

特别冷作硬化（H2）状态不锈钢冷轧钢板和钢带的力学性能   表 2-143

GB/T 20878 中序号	新牌号	旧牌号	规定非比例延伸强度 $R_{p0.2}$/MPa	抗拉强度 R_m/MPa	断后伸长率 A/%		
					厚度 <0.4mm	厚度 ≥0.4~<0.8mm	厚度 ≥0.8mm
			不 小 于		不 小 于		
9	12Cr17Ni7	1Cr17Ni7	965	1275	8	9	9
13	12Cr18Ni9	1Cr18Ni9	965	1275	3	4	4

经固溶处理的奥氏体·铁素体型不锈钢冷轧钢板和钢带的力学性能   表 2-144

GB/T 20878 中序号	新牌号	旧牌号	规定非比例延伸强度 $R_{p0.2}$/MPa	抗拉强度 R_m/MPa	断后伸长率 A/%	硬度值	
						HBW	HRC
			不小于			不大于	
67	14Cr18Ni11Si4AlTi	1Cr18Ni11Si4AlTi	—	715	25	—	—
68	022Cr19Ni5Mo3Si2N	00Cr18Ni5Mo3Si2	440	630	25	290	31
69	12Cr21Ni5Ti	1Cr21Ni5Ti	—	635	20	—	—
70	022Cr22Ni5Mo3N		450	620	25	293	31
71	022Cr23Ni5Mo3N		450	620	25	293	31
72	022Cr23Ni4MoCuN		400	600	25	290	31
73	022Cr25Ni6Mo2N		450	640	25	295	31
74	022Cr25Ni7Mo4WCuN		550	750	25	270	—
75	03Cr25Ni6Mo3Cu2N		550	760	15	302	32
76	022Cr25Ni7Mo4N		550	795	15	310	32

注：奥氏体·铁素体双相不锈钢不需要做冷弯试验。

经退火处理的铁素体型不锈钢冷轧钢板和钢带的力学性能   表 2-145

GB/T 20878 中序号	新牌号	旧牌号	规定非比例延伸强度 $R_{p0.2}$/MPa	抗拉强度 R_m/MPa	断后伸长率 A/%	冷弯180°	硬度值		
							HBW	HRB	HV
			不小于				不大于		
78	06Cr13Al	0Cr13Al	170	415	20	$d=2a$	179	88	200
80	022Cr11Ti		275	415	20	$d=2a$	197	92	200
81	022Cr11NbTi		275	415	20	$d=2a$	197	92	200
82	022Cr12Ni		280	450	18	—	180	88	—
83	022Cr12	00Cr12	195	360	22	$d=2a$	183	88	200
84	10Cr15	1Cr15	205	450	22	$d=2a$	183	89	200
85	10Cr17	1Cr17	205	450	22	$d=2a$	183	89	200
87	022Cr18Ti	00Cr17	175	360	22	$d=2a$	183	88	200
88	10Cr17Mo	1Cr17Mo	240	450	22	$d=2a$	183	89	200

GB/T 20878 中序号	新牌号	旧牌号	规定非比例延伸强度 $R_{p0.2}$/MPa	抗拉强度 R_m/MPa	断后伸长率 A/%	冷弯180°	硬度值		
			不小于				HBW	HRB	HV
							不大于		
	019Cr21CuTi		205	390	22	$d=2a$	192	90	200
90	019Cr18MoTi		245	410	20	$d=2a$	217	96	230
91	022Cr18NbTi		250	430	18	—	180	88	
92	019Cr19Mo2NbTi	00Cr18Mo2	275	415	20	$d=2a$	217	96	230
94	008Cr27Mo	00Cr27Mo	245	410	22	$d=2a$	190	90	200
95	008Cr30Mo2	00Cr30Mo2	295	450	22	$d=2a$	209	95	220

经退火处理的马氏体型不锈钢冷轧钢板和钢带的力学性能　　表 2-146

GB/T 20878 中序号	新牌号	旧牌号	规定非比例延伸强度 $R_{p0.2}$/MPa	抗拉强度 R_m/MPa	断后伸长率 A/%	冷弯180°	硬度值		
			不小于				HBW	HRB	HV
							不大于		
96	12Cr12	1Cr12	205	485	20	$d=2a$	217	96	210
97	06Cr13	0Cr13	205	415	20	$d=2a$	183	89	200
98	12Cr13	1Cr13	205	450	20	$d=2a$	217	96	210
99	04Cr13Ni5Mo		620	795	15	—	302	32[1]	—
101	20Cr13	2Cr13	225	520	18		223	97	234
102	30Cr13	3Cr13	225	540	18		235	99	247
104	40Cr13	4Cr13	225	590	15				
107	17Cr16Ni2[2]		90	880~1080	12		262~326	—	
			1050	1350	10		388	—	
108	68Cr17	1Cr12	245	590	15		255	25[1]	269

注：d—弯芯直径；a—钢板厚度。

[1] 为 HRC 硬度值。

[2] 表列为淬火、回火后的力学性能。

经固溶处理的沉淀硬化型不锈钢冷轧钢板和钢带试样的力学性能　　表 2-147

GB/T 20878 中序号	新牌号	旧牌号	钢材厚度/mm	规定非比例延伸强度 $R_{p0.2}$/MPa	抗拉强度 R_m/MPa	断后伸长率 A/%	硬度值	
				不大于		不小于	HRC	HBW
							不大于	
134	04Cr13Ni8Mo2Al		≥0.10~<8.0	—	—	—	38	363
135	022Cr12Ni9Cu2NbTi		≥0.30~<8.0	1105	1205	3	36	331
138	07Cr17Ni7Al	0Cr17Ni7Al	≥0.10~<0.30	450	1035	—	—	—
			≥0.30~≤8.0	380	1035	20	92[1]	—
139	07Cr15Ni7Mo2Al	0Cr15Ni7Mo2Al	≥0.10~<8.0	450	1035	25	100[1]	—

续表

GB/T 20878 中序号	新牌号	旧牌号	钢材厚度/mm	规定非比例延伸强度 $R_{p0.2}$/MPa	抗拉强度 R_m/MPa	断后伸长率 A/%	硬度值 HRC	HBW
				不大于		不小于	不大于	
141	09Cr17Ni5Mo3N		≥0.10～<0.30	585	1380	8	30	—
			≥0.30～≤8.0	585	1380	12	30	—
142	06Cr17Ni7AlTi		≥0.10～<1.50	515	825	4	32	—
			≥1.50～≤8.0	515	825	5	32	—

① 为 HRB 硬度值。

沉淀硬化处理后的沉淀硬化型不锈钢冷轧钢板和钢带试样的力学性能　　表 2-148

GB/T 20878 中序号	新牌号	旧牌号	钢材厚度/mm	处理① 温度 ℃	非比例延伸强度 $R_{p0.2}$/MPa	抗拉强度 R_m/MPa	断后② 伸长率 A/%	硬度值 HRC	HB
					不小于			不小于	
134	04Cr13Ni8-Mo2Al		≥0.10～<0.50	510±6	1410	1515	6	45	—
			≥0.50～<5.0		1410	1515	8	45	—
			≥5.0～≤8.0		1410	1515	10	45	—
			≥0.10～<0.50	538±6	1310	1380	6	43	—
			≥0.50～<5.0		1310	1380	8	43	—
			≥5.0～≤8.0		1310	1380	10	43	—
135	022Cr12Ni9Cu-2NbTi		≥0.10～<0.50	510±6	1410	1525	—	44	—
			≥0.50～<1.50	或	1410	1525	3	44	—
			≥1.50～≤8.0	482±6	1410	1525	4	44	—
138	07Cr17Ni7Al	0Cr17Ni7Al	≥0.10～<0.30	760±15	1035	1240	3	38	—
			≥0.30～<5.0	15±3	1035	1240	5	38	—
			≥5.0～≤8.0	566±6	965	1170	7	43	352
			≥0.10～<0.30	954±8	1310	1450	1	44	—
			≥0.30～<5.0	−73±6	1310	1450	3	44	—
			≥5.0～≤8.0	510±6	1240	1380	6	43	401
139	07Cr15Ni7-Mo2Al	0Cr15Ni7-Mo2Al	≥0.10～<0.30	760±15	1170	1310	3	40	—
			≥0.30～<5.0	15±3	1170	1310	4	40	—
			≥5.0～≤8.0	566±6	1170	1310	4	40	375
			≥0.10～<0.30	954±8	1380	1550	2	46	—
			≥0.30～<5.0	−73±6	1380	1550	4	46	—
			≥5.0～≤8.0	510±6	1380	1550	4	45	429
			≥0.10～≤1.2	冷轧	1205	1380	1	41	—
			≥0.10～≤1.2	冷轧+482	1580	1655	1	46	—
141	09Cr17Ni5-Mo3N		≥0.10～<0.30	455±8	1035	1275	6	42	—
			≥0.30～≤5.0		1035	1275	8	42	—
			≥0.10～<0.30	540±8	1000	1140	6	36	—
			≥0.30～≤5.0		1000	1140	8	36	—

续表

GB/T 20878 中序号	新牌号	旧牌号	钢材厚度/mm	处理① 温度 ℃	非比例 延伸强度 $R_{p0.2}$/MPa	抗拉 强度 R_m/MPa	断后② 伸长率 A/%	硬度值	
								HRC	HB
					不小于			不小于	
			≥0.10～<0.80	510±8	1170	1310	3	39	—
			≥0.80～<1.50		1170	1310	4	39	—
			≥1.50～≤8.0		1170	1310	5	39	—
142	06Cr17Ni7AlTi		≥0.10～<0.80	538±8	1105	1240	3	37	—
			≥0.80～<1.50		1105	1240	4	37	—
			≥1.50～≤8.0		1105	1240	5	37	—
			≥0.10～<0.80	566±8	1035	1170	3	35	—
			≥0.80～<1.50		1035	1170	4	35	—
			≥1.50～≤8.0		1035	1170	5	35	—

① 为推荐性热处理温度，供方应向需方提供推荐性热处理制度。
② 适用于沿宽度方向的试验，垂直于轧制方向且平行于钢板表面。

不锈钢冷轧钢板和钢带加工类型及表面状态　　　　表 2-149

简　称	加工类型	表面状态	备　注
2D 表面	冷轧、热处理、酸洗或除鳞	表面均匀、呈亚光状	冷轧后热处理、酸洗。亚光表面经酸洗或除鳞产生。可用毛面辊进行平整。毛面加工便于在深冲时将润滑剂保留在钢板表面。这种表面适用于加工深冲部件，但这些部件成型后还要进行抛光处理
2B 表面	冷轧、热处理、酸洗或除鳞、光亮加工	较 2D 表面光滑平直	在 2D 表面的基础上，对经热处理、除鳞后的钢板用抛光辊进行小压下量的平整。属最常用的表面加工。除极为复杂的深冲外，可用于任何用途
BA 表面	冷轧、光亮退火	平滑、光亮、反光	冷轧后在可控气氛炉内进行光亮退火。通常采用干氢或干氢与干氮混合气氛，以防止退火过程中的氧化现象。也是后工序再加工常用的表面加工
3# 表面	对单面或双面进行刷磨或亚光抛光	无方向纹理、不反光	需方可指定抛光带的等级或表面粗糙度。由于抛光带的等级或表面粗糙度的不同，表面所呈现的状态不同。这种表面适用于延伸产品还需进一步加工的场合。若钢板或钢带做成的产品不进行另外的加工或抛光处理时，建议用 4# 表面
4# 表面	对单面或双面进行通用抛光	无方向纹理、反光	经粗磨料粗磨后，再用粒度为 120# ～150# 或更细的研磨料进行精磨。这种材料被广泛用于餐馆设备、厨房设备、店铺门面、乳制品设备等
6# 表面	单面或双面亚光缎面抛光，坦皮科研磨	呈亚光状、无方向纹理	表面反光率较 4# 表面差。是用 4# 表面加工的钢板在中粒度研磨料和油的介质中经坦皮科刷磨而成。适用于不要求光泽度的建筑物和装饰。研磨粒度可由需方指定
7# 表面	高光泽度表面加工	光滑、高反光度	是由优良的基础表面进行擦磨而成。但表面磨痕无法消除。该表面主要适用于要求高光泽度的建筑物外墙装饰
8# 表面	镜面加工	无方向纹理、高反光度、影像清晰	该表面是用逐步细化的磨料抛光和用极细的铁丹大量擦磨而成。表面不留任何擦磨痕迹。该表面被广泛用于模压板、镜面
TR 表面	冷作硬化处理	应材质及冷作量的大小而变化	对退火除鳞或光亮退火的钢板进行足够的冷作硬化处理。大大提高强度水平

续表

简　称	加工类型	表面状态	备　　注
HL表面	冷轧、酸洗、平整、研磨	呈连续性磨纹状	用适当粒度的研磨材料进行抛光，使表面呈连续性磨纹

注：1. 单面抛光的钢板，另一面需进行粗磨，以保证必要的平直度。

　　2. 标准的抛光工艺在不同的钢种上所产生的效果不同。对于一些关键性的应用，订单中需要附"典型标样"做参照，以便于取得一致的看法。

14. 不锈钢复合钢板和钢带（GB/T 8165—2008）

本标准适用于以不锈钢做复层、碳素钢和低合金钢做基层的复合钢板（带）。包括用于制造石油、化工、轻工、海水淡化、核工业的各类压力容器、贮罐等结构件的不锈钢复层厚度≥1mm的复合中厚板，以及用于轻工机械、食品、炊具、建筑、装饰、焊管、铁路客车、医药卫生、环境保护等行业的设备或用具制造需要的复层厚度≤0.8mm的单面、双面对称和非对称复合钢带及其剪切钢板。

不锈钢复合钢板和钢带按制造方法和用途的分类级别及代号见表2-150。

不锈钢复合钢板和钢带分类级别及代号　　　　表 2-150

级　别	代　号			用　途
	爆炸法	轧制法	爆炸轧制法	
Ⅰ级	BⅠ	RⅠ	BRⅠ	适用于不允许有未结合区存在的、加工时要求严格的结构件上
Ⅱ级	BⅡ	RⅡ	BRⅡ	适用于可允许有少量未结合区存在的结构件上
Ⅲ级	BⅢ	RⅢ	BRⅢ	适用于复层材料只作为抗腐蚀层来使用的一般结构件上

复合中厚板总公称厚度不小于6.0mm。轧制复合带及其剪切钢板总公称厚度为0.8～6.0mm，见表2-151。供需双方协商也可供0.8～6.0mm的其他公称厚度规格或其他复层厚度规格。

轧制复合带及其剪切钢板总公称厚度及复层厚度（mm）　　　表 2-151

轧制复合板（带）总公称厚度	复层厚度　不小于			表　示　法	
	对称型 AB面	非对称型		对　称　型	非对称型
		A面	B面		
0.8	0.09	0.09	0.06		
1.0	0.12	0.12	0.06		
1.2	0.14	0.14	0.06		
1.5	0.16	0.16	0.08	总厚度（复×2＋基）例：3.0(0.25×2+2.50)	总厚度（A面复层＋B面复层＋基层）例：1.5(0.16+0.08+1.26)
2.0	0.18	0.18	0.10		
2.5	0.22	0.22	0.12		
3.0	0.25	0.25	0.15		
3.5～6.0	0.30	0.30	0.15		

注：A面为钢板较厚复层面。

复合中厚板公称宽度1450～4000mm，轧制复合带及其剪切钢板公称宽度为900～

1200mm。

复合中厚板公称长度 4000～10000mm，轧制复合带可成卷交货，其剪切钢板公称长度为 2000mm，或其他定尺，成卷交货的钢带内径应在合同中注明。

单面复合中厚板的复层公称厚度 1.0～18mm，通常为 2～4mm。

单面复合中厚板的基层最小厚度为 5mm，也可根据需方需要，由供需双方协商确定。

单面或双面复合板（带）用于焊接时复层最小厚度为 0.3mm，用于非焊接时复层最小厚度为 0.06mm。

不锈钢复合钢板和钢带的复层材料和基层材料见表 2-152，复合中厚板的常规力学特性见表 2-153，轧制复合带及其剪切钢板的常规力学特性和杯突值见表 2-154 和表 2-155，不锈钢复合钢板和钢带的表面质量等级及特征见表 2-156。

不锈钢复合钢板和钢带的复层材料和基层材料　　　　　　　表 2-152

复 层 材 料		基 层 材 料	
标准号	GB/T 3280、GB/T 4237	标准号	GB/T 3274、GB 713、GB 3531、GB/T 710
典型钢号	06Cr13 06Cr13Al 022Cr17Ti 06Cr19Ni10 06Cr18Ni11Ti 06Cr17Ni12Mo2 022Cr17Ni12Mo2 022Cr25Ni7Mo4N 022Cr22Ni5No3N 022Cr19Ni5Mo3Si2N 06Cr25Ni20 06Cr23Ni13	典型钢号	Q235-A、B、C Q345-A、B、C Q245R、Q345R、15CrMoR 09MnNiDR 08Al

注：根据需方要求也可选用表以外的牌号，其质量应符合相应标准并有质量证明书。

复合中厚板的常规力学性能　　　　　　　表 2-153

级　别	界面抗剪强度 τ/MPa	上屈服强度[①] R_{eH}/MPa	抗拉强度 R_m/MPa	断后伸长率 A/%	冲击吸收能量 KV_2/J
Ⅰ　级	≥210	不小于基层对应 厚度钢板标准值[②]	不小于基层对应 厚度钢板标准下限 值，且不大于上限 值 35MPa[③]	不小于基层对应 厚度钢板标准值[④]	应符合基层对应 厚度钢板的规定[⑤]
Ⅱ　级					
Ⅲ　级	≥200				

① 屈服现象不明显时，按 $R_{p0.2}$。

② 复合钢板和钢带的屈服下限值亦可按下式计算：$R_p = \dfrac{t_1 R_{p1} + t_2 R_{p2}}{t_1 + t_2}$

　　式中：R_{p1}——复层钢板的屈服点下限值，单位为兆帕（MPa）；

　　　　　R_{p2}——基层钢板的屈服点下限值，单位为兆帕（MPa）；

　　　　　t_1——复层钢板的厚度，单位为毫米（mm）；

　　　　　t_2——基层钢板的厚度，单位为毫米（mm）。

③ 复合钢板和钢带的抗拉强度下限值亦可按下式计算：$R_m = \dfrac{t_1 R_{m1} + t_2 R_{m2}}{t_1 + t_2}$

　　式中：R_{m1}——复层钢板的抗拉强度下限值，单位为兆帕（MPa）；

　　　　　R_{m2}——基层钢板的抗拉强度下限值，单位为兆帕（MPa）；

　　　　　t_1——复层钢板的厚度，单位为毫米（mm）；

　　　　　t_2——基层钢板的厚度，单位为毫米（mm）。

④ 当复层伸长率标准值小于基层标准值、复合钢板伸长率小于基层、但又不小于复层标准值时，允许剥去复层仅对基层进行拉伸试验，其伸长率应不小于基层标准值。

⑤ 复合钢板复层不做冲击试验。

轧制复合带及其剪切钢板的常规力学特性   表 2-154

基层钢号	上屈服强度[1] R_{eH}/MPa	抗拉强度 R_m/MPa	断后伸长率 A/%	
			复层为奥氏体不锈钢	复层为铁素体不锈钢
08Al	≤350	345~490	≥28	≥18

[1] 屈服现象不明显时，按 $R_{p0.2}$。

轧制复合带及其剪切钢板的杯突值（mm）   表 2-155

公称厚度	抗 延 级 别	公称厚度	抗 延 级 别
	冲压深度 不小于		冲压深度 不小于
0.8	9.3	1.5	10.3
1.0	9.6	2.0	11.0
1.2	10.0		

注：1. 中间厚度的轧制复合板（带），其杯突试验值按内插法计算。

2. 基层为其他牌号时，不进行杯突试验。

不锈钢复合钢板和钢带的表面质量等级及特征   表 2-156

等 级	表 面 质 量 特 征
Ⅰ级表面	钢板表面允许有深度不大于钢板厚度公差之半，且不使钢板小于允许最小厚度的轻微麻点、轻微划伤、凹坑和辊印。 钢板反面超出上述范围的缺陷允许用砂轮清除，清除深度不得大于钢板厚度公差
Ⅱ级表面	钢板表面允许有深度不大于钢板厚度公差之半，且不使钢板小于允许最小厚度的下列缺陷。正面：一般的轻微麻点、轻微划伤、凹坑和辊印。反面：一般的轻微麻点、局部的深麻点、轻微划伤、凹坑和辊印。 钢板两面超出上述范围的缺陷允许用砂轮清除，清除深度正面不得大于钢板复层厚度之半，反面不得大于钢板厚度公差

15. 连续热镀锌钢板及钢带（GB/T 2518—2008）

本标准适用于厚度为 0.30~5.0mm 的钢板及钢带，主要用于制作汽车、建筑、家电等行业对成形性和耐腐蚀性有要求的内外覆盖件和结构件。

（1）连续热镀锌钢板及钢带的牌号

连续热镀锌钢板及钢带的牌号由产品用途代号、钢级代号（或序列号）、钢种特性（如有）、热镀代号（D）和镀层种类代号五部分组成，其中热镀代号（D）和镀层种类代号之间用加号"＋"连接。具体规定如下：

1）用途代号

a）DX：第一位字母 D 表示冷成形用扁平钢材，第二位字母如果为 X，代表基板的轧制状态不规定，第二位字母如果为 C，则代表基板规定为冷轧基板，第二位字母如果为 D，则代表基板规定为热轧基板；

b）S：表示为结构用钢；

c）HX：第一位字母 H 代表冷成形用高强度扁平钢材，第二位字母如果为 X，代表基板的轧制状态不规定，第二位字母如果为 C，则代表基板规定为冷轧基板，第二位字母如果为 D，则代表基板规定为热轧基板。

　　2）钢级代号（或序列号）

　　a）51～57：2 位数字，用以代表钢级序列号；

　　b）180～980：3 位数字，用以代表钢级代号；根据牌号命名方法的不同，一般为规定的最小屈服强度或最小屈服强度和最小抗拉强度，单位为 MPa。

　　3）钢种特性

　　钢种特性通常用 1 到 2 位字母表示；其中：

　　a）Y 表示钢种类型为无间隙原子钢；

　　b）LA 表示钢种类型为低合金钢；

　　c）B 表示钢种类型为烘烤硬化钢；

　　d）DP 表示钢种类型为双相钢；

　　e）TR 表示钢种类型为相变诱导塑性钢；

　　f）CP 表示钢种类型为复相钢；

　　g）G 表示钢种特性不规定。

　　4）热镀代号

　　热镀代号表示为 D。

　　5）镀层代号

　　纯镀锌层表示为 Z，锌铁合金镀层表示为 ZF。

　　（2）连续热镀锌钢板及钢带的牌号命名示例

　　1）DC57D＋ZF　表示产品用途为冷成形用，扁平钢材，规定基板为冷轧基板，钢级序列号为 57，锌铁合金镀层热镀产品。

　　2）HC340/690DPD＋Z　表示产品用途为冷成形用，高强度扁平钢材，规定基板为冷轧基板，规定的最小屈服强度值为 340MPa，规定的最小抗拉强度值为 690MPa，钢种类型为双相钢，纯锌镀层热镀产品。

　　（3）连续热镀锌钢板及钢带的表面质量分类、代号和特征连续热镀锌钢板及钢带的表面质量分类、代号和表面质量特征见表 2-157。

　　（4）连续热镀锌钢板及钢带的镀层种类、镀层表面结构、表面处理的分类和代号连续热镀锌钢板及钢带的镀层种类、镀层表面结构、表面处理的分类和代号见表 2-158。

　　（5）连续热镀锌钢板及钢带的公称尺寸范围

　　连续热镀锌钢板及钢带的公称尺寸范围见表 2-159。

　　（6）连续热镀锌钢板及钢带的力学性能

　　连续热镀锌钢板及钢带的力学性能见表 2-160～表 2-162。

　　（7）连续热镀锌钢板及钢带理论计重时的重量计算方法

　　1）镀层公称厚度的计算方法

　　镀层公称厚度＝［两面镀层公称重量之和（g/m²）/ 50（g/m²）］× 7.1×10⁻³（mm）

　　推荐的公称镀层重量及相应的镀层代号见表 2-163。

　　2）连续热镀锌钢板及钢带理论计重时的重量计算方法见表 2-164。

连续热镀锌钢板及钢带的表面质量分类、代号和表面质量特征　　　表 2-157

级　别	代号	表 面 质 量 特 征
普通级表面	FA	表面允许有缺欠，例如小锌粒，压印、划伤、凹坑、色泽不均、黑点、条纹、轻微钝化斑、锌起伏等。该表面通常不进行平整（光整）处理
较高级表面	FB	较好的一面允许有小缺欠，例如光整压印、轻微划伤、细小锌花、锌起伏和轻微钝化斑。另一面至少为表面质量 FA。该表面通常进行平整（光整）处理
高级表面	FC	较好的一面必须对缺欠进一步限制，即较好的一面不应有影响高级涂漆表面外观质量的缺欠，另一面至少为表面质量 FB，该表面通常进行平整（光整）处理

连续热镀锌钢板及钢带的镀层种类、镀层表面结构、表面处理的分类和代号　　　表 2-158

分 类 项 目	类　　别		代　号
镀层种类	纯锌镀层		Z
	锌铁合金镀层		ZF
镀层表面结构	纯锌镀层（Z）	普通锌花	N
		小锌花	M
		无锌花	F
	锌铁合金镀层（ZF）	普通锌花	R
表 面 处 理	铬酸钝化		C
	涂油		O
	铬酸钝化＋涂油		CO
	无铬钝化		C5
	无铬钝化＋涂油		CO5
	磷化		P
	磷化＋涂油		PO
	耐指纹膜		AF
	无铬耐指纹膜		AF5
	自润滑膜		SL
	无铬自润滑膜		SL5
	不处理		U

连续热镀锌钢板及钢带的公称尺寸范围　　　表 2-159

项　　目		公称尺寸/mm
公 称 厚 度		0.30～5.0
公 称 宽 度	钢板及钢带	600～2050
	纵切钢带	＜600
公称长度	钢　　板	1000～8000
公称内径	钢带及纵切钢带	610 或 508

连续热镀锌钢板及钢带的力学性能（一）　　　表 2-160

牌　　号	屈服强度^{①②} R_{eL} 或 $R_{p0.2}$ MPa	抗拉强度 R_m/MPa	断后伸长率^{③} A_{80}/% 不小于	r_{90} 不小于	n_{90} 不小于	烘烤硬化值 BH_2/MPa 不小于
DX51D+Z，DX51D+ZF	—	270～500	22	—	—	—
DX52D+Z^{⑥}，DX52D+ZF^{⑥}	140～300	270～420	26	—	—	—
DX53D+Z，DX53D+ZF	140～260	270～380	30	—	—	—
DX54D+Z	120～220	260～350	36	1.6	0.18	—
DX54D+ZF			34	1.4	0.18	—
DX56D+Z	120～180	260～350	39	1.9^{④}	0.21	—
DX56D+ZF			37	1.7^{④⑤}	0.20^{⑤}	—
DX57D+Z	120～170	260～350	41	2.1^{④}	0.22	—
DX57D+ZF			39	1.9^{④⑤}	0.21^{⑤}	—
HX180YD+Z	180～240	340～400	34	1.7^{④}	0.18	—
HX180YD+ZF			32	1.5^{④}	0.18	—
HX220YD+Z	220～280	340～410	32	1.5^{④}	0.17	—
HX220YD+ZF			30	1.3^{④}	0.17	—
HX260YD+Z	260～320	380～440	30	1.4^{④}	0.16	—
HX260YD+ZF			28	1.2^{④}	0.16	—
HX180BD+Z	180～240	300～360	34	1.5^{④}	0.16	30
HX180BD+ZF			32	1.3^{④}	0.16	30
HX220BD+Z	220～280	340～400	32	1.2^{④}	0.15	30
HX220BD+ZF			30	1.0^{④}	0.15	30
HX260BD+Z	260～320	360～440	28	—	—	30
HX260BD+ZF			26	—	—	30
HX300BD+Z	300～360	400～480	26	—	—	30
HX300BD+ZF			24	—	—	30

① 无明显屈服时采用 $R_{p0.2}$，否则采用 R_{eL}。

② 试样为 GB/T 228 中的 P6 试样，试样方向为横向。

③ 当产品公称厚度大于 0.5mm，但不大于 0.7mm 时，断后伸长率允许下降 2%；当产品公称厚度不大于 0.5mm 时，断后伸长率允许下降 4%。

④ 当产品公称厚度大于 1.5mm，r_{90} 允许下降 0.2。

⑤ 当产品公称厚度小于等于 0.7mm 时，r_{90} 允许下降 0.2，n_{90} 允许下降 0.01。

⑥ 屈服强度值仅适用于光整的 FB、FC 级表面的钢板及钢带。

连续热镀锌钢板及钢带的力学性能（二）　　　表 2-161

牌　　号	屈服强度^{①②} R_{eL} 或 $R_{p0.2}$/MPa	抗拉强度 R_m/MPa	断后伸长率$^{④}A_{80}$/% 不小于
S220GD+Z，S220GD+ZF	≥220	≥300^{③}	20
S250GD+Z，S250GD+ZF	≥250	≥330^{③}	19

续表

牌　号	屈服强度[①][②] R_{eL} 或 $R_{p0.2}$/MPa	抗拉强度 R_m/MPa	断后伸长率[④] A_{80}/% 不小于
S280GD+Z, S280GD+ZF	≥280	≥360[③]	18
S320GD+Z, S320GD+ZF	≥320	≥390[③]	17
S350GD+Z, S350GD+ZF	≥350	≥420[③]	16
S550GD+Z, S550GD+ZF	≥550	≥560[③]	—
HX260LAD+Z	260～330	350～430	26
HX260LAD+ZF			24
HX300LAD+Z	300～380	380～480	23
HX300LAD+ZF			21
HX340LAD+Z	340～420	410～510	21
HX340LAD+ZF			19
HX380LAD+Z	380～480	440～560	19
HX380LAD+ZF			17
HX420LAD+Z	420～520	470～590	17
HX420LAD+ZF			15

① 无明显屈服时采用 $R_{p0.2}$，否则采用 R_{eL}。

② 试样为 GB/T 228 中的 P6 试样，试样方向为纵向。

③ 除 S550GD+Z 和 S550GD+ZF 外，其他牌号的抗拉强度可要求 140MPa 的范围值。

④ 当产品公称厚度大于 0.5mm，但不大于 0.7mm 时，断后伸长率允许下降 2%；当产品公称厚度不大于 0.5mm 时，断后伸长率允许下降 4%。

连续热镀锌钢板及钢带的力学性能（三）　　　　表 2-162

牌　号	屈服强度[①][②] R_{eL} 或 $R_{p0.2}$/MPa	抗拉强度 R_m/不小于	断后伸长率[③] A_{80}/% 不小于	n_0 不小于	烘烤硬化值 BH_2/MPa 不小于
HC260/450DPD+Z	260～340	450	27	0.16	30
HC260/450DPD+ZF			25		30
HC300/500DPD+Z	300～380	500	23	0.15	30
HC300/500DPD+ZF			21		30
HC340/600DPD+Z	340～420	600	20	0.14	30
HC340/600DPD+ZF			18		30
HC450/780DPD+Z	450～560	780	14	—	30
HC450/780DPD+ZF			12		30
HC600/980DPD+Z	600～750	980	10	—	30
HC600/980DPD+ZF			8		30
HC430/690TRD+Z	430～550	690	23	0.18	40
HC430/690TRD+ZF			21		40
HC470/780TRD+Z	470～600	780	21	0.16	40
HC470/780TRD+ZF			18		40

续表

牌　　　号	屈服强度①②R_{eL}或$R_{p0.2}$/MPa	抗拉强度R_m/不小于	断后伸长率③A_{80}/%不小于	n_0不小于	烘烤硬化值BH_2/MPa不小于
HC350/600CPD+Z	350～500	600	16	—	30
HC350/600CPD+ZF			14	—	
HC500/780CPD+Z	500～700	780	10	—	30
HC500/780CPD+ZF			8	—	
HC700/980CPD+Z	700～900	980	7	—	30
HC700/980CPD+ZF			5	—	

① 无明显屈服时采用$R_{p0.2}$，否则采用R_{eL}。
② 试样为 GB/T 228 中的 P6 试样，试样方向为横向。
③ 当产品公称厚度大于 0.5mm，但不大于 0.7mm 时，断后伸长率允许下降 2%；当产品公称厚度不大于 0.5mm 时，断后伸长率允许下降 4%。

连续热镀锌钢板及钢带公称镀层重量及相应的镀层代号　　　　表 2-163

镀层种类	镀层形式	推荐的公称镀层重量 g/m²	镀层代号	镀层种类	镀层形式	推荐的公称镀层重量 g/m²	镀层代号
Z	等厚镀层	60	60	ZF	等厚镀层	60	60
		80	80			90	90
		100	100			120	120
		120	120			140	140
		150	150				
		180	180				
		200	200	Z	差厚镀层	30/40	30/40
		220	220			40/60	40/60
		250	250			40/100	40/100
		275	275				
		350	350				
		450	450				
		600	600				

连续热镀锌钢板及钢带理论计重时的重量计算方法　　　　表 2-164

	计　算　顺　序	计　算　方　法	结果的修约
	基板的基本重量/[kg(mm·m²)]	7.85(厚度 1mm·面积 1m² 的重量)	
	基板的单位重量/(kg/m²)	基板基本重量[kg/(mm·m²)]×(订货公称厚度—公称镀层厚度)(mm)	修约到有效数字 4 位
	镀后的单位重量/(kg/m²)	基板单位重量(kg/m²)+公称镀层重量(kg/m²)	修约到有效数字 4 位
钢板	钢板的面积/m²	宽度(mm)×长度(mm)×10⁻⁶	修约到有效数字 4 位
	1 块钢板重量/kg	镀锌后的单位重量(kg/m²)×面积(m²)	修约到有效数字 3 位
	单捆重量/kg	1 块钢板重量(kg)×1 捆中同规格钢板块数	修约到 kg 的整数值
	总重量/kg	各捆重量(kg)相加	kg 的整数值

16. 连续电镀锌、锌镍合金镀层钢板及钢带（GB/T 15675—2008）

本标准适用于汽车、电子、家电等行业使用的电镀锌、锌镍合金镀层钢板及钢带。

钢板及钢带按镀层种类分为两种：纯镀锌层（ZE）和锌镍合金层（ZN）。

钢板及钢带按镀层形式分为三种：等厚镀层、差厚镀层及单面镀层。

钢板及钢带的公称厚度为基板厚度和镀锌层厚度之和，尺寸、外形及其允许偏差应符合 GB/T 708 的规定。

连续电镀锌、锌镍合金镀层钢板及钢带表面质量分类、代号及表面质量特征见表 2-165，表面处理的种类及代号见表 2-166，钢板及钢带公称镀层重量和理论重量的计算方法见表 2-167 和表 2-168。

连续电镀锌、锌镍合金镀层钢板及钢带表面质量分类、代号及表面质量特征 表 2-165

代号	级 别	特 征
FA	普通级表面	不得有漏镀、镀层脱落、裂纹等缺陷，但不影响成形性及涂漆附着力的轻微缺陷，如小划痕、小辊印、轻微的刮伤及轻微氧化色等缺陷则允许存在
FB	较高级表面	产品二面中较好的一面必须对轻微划痕、辊印等缺陷进一步限制，另一面至少应达到 FA 的要求
FC	高级表面	产品二面中较好的一面必须对缺陷进一步限制，即不能影响涂漆后的外观质量，另一面至少应达到 FA 的要求

连续电镀锌、锌镍合金镀层钢板及钢带表面处理的种类及代号   表 2-166

类 别	表面处理种类	代 号	类 别	表面处理种类	代 号
表面处理	铬酸钝化	C	表面处理	磷化（含无铬封闭处理）＋涂油	PCO5
	铬酸钝化＋涂油	CO		磷化（不含封闭处理）	P
	磷化（含铬封闭处理）	PC		磷化（不含封闭处理）＋涂油	PO
	磷化（含铬封闭处理）＋涂油	PCO		涂油	O
	无铬钝化	C5		无铬耐指纹	AF5
	无铬钝化＋涂油	CO5		不处理	U
	磷化（含无铬封闭处理）	PC5			

连续电镀锌、锌镍合金镀层钢板及钢带公称镀层重量（g/m²）   表 2-167

镀层形式	镀 层 种 类	
	纯锌镀层	锌镍合金镀层
等　厚	3/3，10/10，15/15，20/20，30/30，40/40，50/50，60/60，70/70，80/80，90/90	10/10，15/15，20/20，25/25，30/30，35/35，40/40
单　面	10，20，30，40，50，60，70，80，90，100，110	10，15，20，25，30，35，40

注：1. 50g/m² 纯锌镀层的厚度约为 7.1μm，50g/m² 锌镍合金镀层的厚度约为 6.8μm。

2. 对于差厚的纯锌镀层，两面镀层重量的之差最大不能超过 40g/m²。

3. 对于差厚的锌镍镀层，两面镀层重量的之差最大不能超过 20g/m²。

连续电镀锌、锌镍合金镀层钢板及钢带理论重量的计算方法　　表 2-168

计　算　顺　序	计　算　方　法	结果的位数
基本重量/[kg/(mm·m²)]	7.85(厚度 1mm，面积 1m² 的重量)	—
基板的单位重量/(kg/m²)	基本重量(kg/(mm·m²))×(公称厚度一镀层厚度)(mm)	修约到有效数字 4 位
镀层后的单位重量/(kg/m²)	基板的单位重量(kg/m²)+镀层上下表面公称重量(kg/m²)	修约到有效数字 4 位
钢板 钢板面积/m²	宽度(m)×长度(m)	修约到有效数字 4 位
1块钢板的重量/kg	镀层后的单位重量(kg/m²)×面积(m²)	修约到有效数字 3 位
1捆的重量/kg	1块钢板的重量(kg)×1捆中同一规格钢板块数	修约到 kg 的整数值
总重量/kg	各捆重量相加	kg 的整数值

注：1. 钢板的总重量也可以 1 块钢板的重量(kg)×总块数来求得。

2. 纯锌镀层厚度=[镀层上下表面公称重量(g/m²)/50(g/m²)]×7.1(mm×10^{-3})。

3. 锌镍合金镀层厚度=[镀层上下表面公称重量(g/m²)/50(g/m²)]×6.8(mm×10^{-3})。

17. 冷轧电镀锡钢板及钢带(GB/T 2520—2008)

本标准适用于公称厚度为 0.15～0.60mm 的一次冷轧电镀锡钢板及钢带以及公称厚度为 0.12～0.36mm 的二次冷轧电镀锡钢板及钢带。

钢板及钢带的公称厚度小于 0.50mm 时，按 0.01mm 的倍数进级。钢板及钢带的公称厚度大于等于 0.50mm 时，按 0.05mm 的倍数进级。钢卷内径可为 406mm、420mm、450mm 或 508mm。

钢板及钢带的分类及代号见表 2-169，冷轧电镀锡钢板及钢带的原钢板种类及特征见表 2-170，冷轧电镀锡钢板及钢带表面状态的区分及特征见表 2-171。

冷轧电镀锡钢板及钢带的分类及代号　　表 2-169

分类方式	类　别	代　号
原板钢种	—	MR，L，D
调质度	一次冷轧钢板及钢带	T-1，T-1.5，T-2，T-2.5，T-3，T-3.5，T-4，T-5
	二次冷轧钢板及钢带	DR-7M，DR-8，DR-8M，DR-9，DR-9M，DR-10
退火方式	连续退火	CA
	罩式退火	BA
差厚镀锡标识	薄面标识方法	D
	厚面标识方法	A
表面状态	光亮表面	B
	粗糙表面	R
	银色表面	S
	无光表面	M
钝化方式	化学钝化	CP
	电化学钝化	CE
	低铬钝化	LCr
边部形状	直边	SL
	花边	WL

冷轧电镀锡钢板及钢带的原钢板种类及特征 表 2-170

原板钢种类型	特 性
MR	绝大多数食品包装和其他用途镀锡板钢基，非金属夹杂物含量与 L 类钢相近，残余元素含量的限制没有 L 类钢严格
L	高耐蚀性用镀锡板钢基，非金属夹杂物及残余元素含量低，能改善某些食品罐内壁的耐蚀性
D	铝镇静钢，超深冲耐时效用镀锡板钢基，能使垂直于弯曲方向的折痕和拉伸变形现象减至最低程度

冷轧电镀锡钢板及钢带表面状态的区分及特征 表 2-171

成 品	代 号	区 分	特 征
一次冷轧钢板及钢带	B	光亮表面	在具有极细磨石花纹的光滑表面的原板上镀锡后进行锡的软熔处理得到的有光泽的表面
	R	粗糙表面	在具有一定方向性的磨石花纹为特征的原板上镀锡后进行锡的软熔处理得到的有光泽的表面
	S	银色表面	在具有粗糙无光泽表面的原板上镀锡后进行锡的软熔处理得到的有光泽的表面
	M	无光表面	在具有一般无光泽表面的原板上镀锡后不进行锡的软熔处理的无光表面
二次冷轧钢板及钢带	R	粗糙表面	在具有一定方向性的磨石花纹为特征的原板上镀锡后进行锡的软熔处理得到的有光泽的表面
	M	无光表面	在具有一般无光泽表面的原板上镀锡后不进行锡的软熔处理的无光表面

18. 高强度结构用调质钢板（GB/T 16270—2009）

本标准适用于厚度不大于 150mm，以调质（淬火加回火）状态交货的高强度结构用钢板，其尺寸、外形及允许偏差应符合 GB/T 709 的规定。

高强度结构用调质钢板牌号和力学及工艺性能见表 2-172。

高强度结构用调质钢板牌号和力学及工艺性能 表 2-172

牌号	拉伸试验[①]						断后伸长率 A/%	冲击试验[①]			
	屈服强度[②] R_{eH}/MPa，不小于			抗拉强度 R_m/MPa				冲击吸收能量（纵向）KV_2/J			
	厚度/mm			厚度/mm				试验温度/℃			
	≤50	>50~100	>100~150	≤50	>50~100	>100~150		0	−20	−40	−60
Q460C	460	440	400	550~720	500~670		17	47			
Q460D									47		
Q460E										34	
Q460F											34
Q500C	500	480	440	590~770	540~720		17	47			
Q500D									47		
Q500E										34	
Q500F											34

续表

牌号	拉伸试验[①]							冲击试验[①]			
	屈服强度[②] R_{eH}/MPa，不小于			抗拉强度 R_m/MPa			断后伸长率 A/%	冲击吸收能量（纵向）KV_2/J			
	厚度/mm			厚度/mm				试验温度/℃			
	≤50	>50~100	>100~150	≤50	>50~100	>100~150		0	−20	−40	−60
Q550C	550	530	490	640~820	590~770		16	47			
Q550D									47		
Q550E										34	
Q550F											34
Q620C	620	580	560	700~890	650~830		15	47			
Q620D									47		
Q620E										34	
Q620F											34
Q690C	690	650	630	770~940	760~930	710~900	14	47			
Q690D									47		
Q690E										34	
Q690F											34
Q800C	800	740	—	840~1000	800~1000	—	13	34			
Q800D									34		
Q800E										27	
Q800F											27
Q890C	890	830	—	940~1100	880~1100	—	11	34			
Q890D									34		
Q890E										27	
Q890F											27
Q960C	960	—	—	980~1150	—	—	10	34			
Q960D									34		
Q960E										27	
Q960F											27

① 拉伸试验适用于横向试样，冲击试验适用于纵向试样。

② 当屈服现象不明显时，采用 $R_{p0.2}$。

19. 热处理弹簧钢带（YB/T 5063—2007）

本标准适用于厚度不大于 1.5mm、宽度不大于 100mm 制造弹簧零件用，经热处理的弹簧钢带，其尺寸、外形及允许偏差应符合 GB/T 15391 的规定。

钢带按边缘状态可分为：切边 EC 和不切边 EM。

钢带按尺寸精度可分为：普通厚度精度 PT·A；较高厚度精度 PT·B；普通宽度精度 PW·A；较高宽度精度 PW·B。

钢带按力学性能可分为：Ⅰ组强度、Ⅱ组强度、Ⅲ组强度。

钢带按表面状态可分为：抛光钢带 SB；光亮钢带 SL；经色调处理的钢带 SC；灰暗色钢带 SD。

热处理弹簧钢带的力学性能见表 2-173。

热处理弹簧钢带的力学性能　　　　　　　　　　　　　　　　表 2-173

强度级别	抗拉强度 R_m/MPa	强度级别	抗拉强度 R_m/MPa	强度级别	抗拉强度 R_m/MPa
Ⅰ	1270~1560	Ⅱ	>1560~1860	Ⅲ	>1860

六、钢 丝

1. 钢丝分类及术语（GB/T 341—2008）

本标准适用于制定钢丝及相关领域的标准化文件和技术文件，用于规范钢丝生产和使用过程中的分类和术语。

钢丝分类见表 2-174。

钢 丝 分 类 名 称 表 2-174

分 类 方 式	类 型 名 称
按截面形状	圆形钢丝；异形钢丝(方形钢丝、矩形钢丝、菱形钢丝、扁形钢丝、梯形钢丝、三角形钢丝、六角形钢丝、八角形钢丝、椭圆形钢丝、弓形钢丝、扇形钢丝、半圆形钢丝、Z字形钢丝、卵形钢丝、其他特殊断面钢丝)；周期断面钢丝(螺旋肋钢丝、刻痕钢丝)
按尺寸	微细钢丝(直径或截面尺寸≤0.10mm)；细钢丝(0.10～0.50mm)；较细钢丝(0.50～1.50mm)；中等尺寸钢丝(1.50～3.0mm)；较粗钢丝(3.0～6.0mm)；粗钢丝(6.0～16.0mm)；特粗钢丝(>16.0mm)
按化学成分	低碳钢丝(含碳量≤0.25%)；中碳钢丝(含碳量0.25%～0.60%)；高碳钢丝(含碳量>0.60%)；低合金钢丝(含合金元素成分总量≤5.0%)；中合金钢丝(含合金元素成分总量5.0%～10.0%)；高合金钢丝(含合金元素成分总量>10.0%)；特殊性能合金丝
按最终热处理方法	退火钢丝；正火钢丝；油淬火-回火钢丝；索氏体化(派登脱)钢丝；固溶处理钢丝；稳定化处理钢丝
按表面加工状态	冷拉钢丝；冷轧钢丝；温拉钢丝；直条钢丝；银亮钢丝；抛光钢丝；磨光钢丝
按抗拉强度	低强度钢丝(σ_b≤500MPa)；较低强度钢丝(σ_b>500～800MPa)；中等强度钢丝(σ_b>800～1000MPa)；较高强度钢丝(σ_b>1000～2000MPa)；高强度钢丝(σ_b>2000～3000MPa)；超高强度钢丝(σ_b>3000MPa)
按用途	一般用途钢丝；结构钢丝；弹簧钢丝；工具钢丝；冷顶锻(冷镦)钢丝；不锈钢丝；轴承钢丝；高速工具钢丝；易切削钢丝；焊接钢丝；高温合金丝；精密合金丝；耐蚀合金丝；弹性合金丝；膨胀合金丝；电阻合金丝；软磁合金丝；电热合金丝；捆扎包装钢丝；制钉钢丝；织网钢丝；制绳钢丝；制针钢丝；铆钉钢丝；抽芯铆钉芯轴钢丝；针布钢丝；琴钢丝；乐器钢丝；编织和针织钢丝；胸罩钢丝；医疗器械钢丝；链条钢丝；辐条钢丝；钢筋混凝土用钢丝；预应力混凝土用钢丝(PC)钢丝；钢芯铝绞线钢丝；铠装电缆钢丝；架空通讯钢丝；胎圈钢丝；橡胶软管增强用钢丝；录井钢丝；边框和支架钢丝；喷涂钢丝；铝包钢丝；铜包钢丝；光缆用钢丝；食品包装用光亮钢丝；引爆用钢丝

2. 冷拉圆钢丝、方钢丝、六角钢丝 （GB/T 342—1997）

本标准适用于直径为 0.05～16.0mm 的圆钢丝；边长为 0.5～10.0mm 的方钢丝；对边距离为 1.60～10.0mm 的六角钢丝。

钢丝的截面形状与冷拉圆钢、方钢、六角钢完全相同，见图 2-10。

钢丝的公称尺寸、截面面积及理论重量见表 2-175。

冷拉圆钢丝、方钢丝、六角钢丝的公称尺寸、截面面积及理论重量　　表 2-175

公称尺寸 mm	圆　　形		方　　形		六　角　形	
	截面面积 mm²	理论重量 kg/1000m	截面面积 mm²	理论重量 kg/1000m	截面面积 mm²	理论重量 kg/1000m
0.050	0.0020	0.016				
0.055	0.0024	0.019				
0.063	0.0031	0.024				
0.070	0.0038	0.030				
0.080	0.0050	0.039				
0.090	0.0064	0.050				
0.10	0.0079	0.062				
0.11	0.0095	0.075				
0.12	0.0113	0.089				
0.14	0.0154	0.121				
0.16	0.0201	0.158				
0.18	0.0254	0.199				
0.20	0.0314	0.246				
0.22	0.0380	0.298				
0.025	0.0491	0.385				
0.28	0.0616	0.484				
0.30*	0.0707	0.555				
0.32	0.0804	0.631				
0.35	0.096	0.754				
0.40	0.126	0.989				
0.45	0.159	1.248				
0.50	0.196	1.539	0.250	1.962		
0.55	0.238	1.868	0.302	2.371		
0.60*	0.283	2.22	0.360	2.826		
0.63	0.312	2.447	0.397	3.116		
0.70	0.385	3.021	0.490	3.846		
0.80	0.503	3.948	0.640	5.024		
0.90	0.636	4.993	0.810	6.358		
1.00	0.785	6.162	1.000	7.850		
1.10	0.950	7.458	1.210	9.498		
1.20	1.131	8.878	1.440	11.30		
1.40	1.539	12.08	1.960	15.39		
1.60	2.011	15.79	2.560	20.10	2.217	17.40
1.80	2.545	19.98	3.240	25.43	2.806	22.03

续表

公称尺寸 mm	圆 形		方 形		六 角 形	
	截面面积 mm²	理论重量 kg/1000m	截面面积 mm²	理论重量 kg/1000m	截面面积 mm²	理论重量 kg/1000m
2.00	3.142	24.66	4.000	31.40	3.464	27.20
2.20	3.801	29.84	4.840	37.99	4.192	32.91
2.50	4.909	38.54	6.250	49.06	5.413	42.49
2.80	6.158	48.34	7.840	61.54	6.790	53.30
3.00*	7.069	55.49	9.000	70.65	7.795	61.19
3.20	8.042	63.13	10.24	80.38	8.869	69.62
3.50	9.621	75.52	12.25	96.16	10.61	83.29
4.00	12.57	98.67	16.00	125.6	13.86	108.8
4.50	15.90	124.8	20.25	159.0	17.54	137.7
5.00	19.64	154.2	25.00	196.2	21.65	170.0
5.50	23.76	186.5	30.25	237.5	26.20	205.7
6.00*	28.27	221.9	36.00	282.6	31.18	244.8
6.30	31.17	244.7	39.69	311.6	34.38	269.9
7.00	38.48	302.1	49.00	384.6	42.44	333.2
8.00	50.27	394.6	64.00	502.4	55.43	435.1
9.00	63.62	499.4	81.00	635.8	70.15	550.7
10.0	78.54	616.5	100.00	785.0	86.61	679.9
11.0	95.03	746.0				
12.0	113.1	887.8				
14.0	153.9	1208.1				
16.0	201.1	1578.6				

注：1. 表中的理论重量是按密度为 7.85g/cm³ 计算的，对特殊合金钢丝，在计算理论重量时应采用相应牌号的密度。

2. 表内尺寸一栏，对于圆钢丝表示直径；对于方钢丝表示边长；对于六角钢丝表示对边距离。

3. 表中的钢丝直径系列采用 R20 优先数系。其中"*"符号系列补充的 R40 优先数系中的优先数系。

3. 一般用途低碳钢丝（YB/T 5294—2009）

本标准适用于一般的捆绑、牵拉、制钉、编织及建筑等用途的圆截面低碳钢丝。

钢丝按交货状态分为三种：冷拉钢丝 WCD；退火钢丝 TA 和镀锌钢丝 SZ。

钢丝按用途分为三类：Ⅰ类——普通用；Ⅱ类——制钉用；Ⅲ类——建筑用。

一般用途低碳钢丝的直径、每捆钢丝的重量、根数及单根最低重量见表 2-176，钢丝的力学性能见表 2-177。

一般用途低碳钢丝的直径、每捆钢丝的重量、根数及单根最低重量　表 2-176

钢丝公称直径/mm	标 准 捆			非标准捆最低重量 kg
	捆重/kg	每捆焊接头数量不多于	单根最低重量/kg	
≤0.30	5	6	0.5	0.5
>0.30~0.50	10	5	1	1
>0.50~1.00	25	4	2	2
>1.00~1.20	25	3	3	3
>1.20~3.00	50	3	4	4
>3.00~4.50	50	3	5	10
>4.50~6.00	50	2	6	12

一般用途低碳钢丝的力学性能　表 2-177

公称直径 mm	抗拉强度 R_m/MPa					弯曲试验(180°/次)			伸长率/% (标距 100mm)	
	冷拉钢丝			退火钢丝	镀锌钢丝[①]	冷拉钢丝		冷拉建筑用钢丝	镀锌钢丝	
	普通用	制钉用	建筑用			普通用	建筑用			
≤0.30	≤980	—	—			见原标准 6.2.3 条	—	—	≥10	
>0.30~0.80	≤980	—	—				—	—		
>0.80~1.20	≤980	880~1320	—				—	—		
>1.20~1.80	≤1060	785~1220	—			≥6	—	—		
>1.80~2.50	≤1010	735~1170	—	295~540	295~540		—	—		
>2.50~3.50	≤960	685~1120	≥550				—	—	≥12	
>3.50~5.00	≤890	590~1030	≥550			≥4	≥4	≥2		
>5.00~6.00	≤790	540~930	≥550				—	—		
>6.00	≤690	—	—			—	—	—		

① 对于先镀后拉的镀锌钢丝的力学性能按冷拉钢丝的力学性能执行。

4. 重要用途低碳钢丝（YB/T 5032—2006）

本标准适用于机器制造中重要部件及零件所用的低碳圆钢丝。

重要用途低碳钢丝的直径及盘重见表 2-178，重要用途低碳钢丝的力学性能见表 2-179。

重要用途低碳钢丝的直径及盘重　表 2-178

公称直径/mm	盘重不小于/kg	公称直径/mm	盘重不小于/kg
0.30~0.40	0.3	>1.00~1.60	5
>0.40~0.60	0.5	>1.60~3.50	10
>0.60~1.00	1	>3.50~6.00	20

重要用途低碳钢丝的力学性能   表 2-179

公称直径/mm	抗拉强度不小于/MPa		扭转次数不少于 次/360°	弯曲次数不少于 次/180°
	光　面	镀　锌		
0.30			30	
0.40			30	打结拉伸试验抗拉强度:
0.50			30	光面：不小于 225MPa
0.60			30	镀锌：不小于 185MPa
0.80			30	
1.00			25	22
1.20			25	18
1.40			20	14
1.60			20	12
1.80	395	365	18	12
2.00			18	10
2.30			15	10
2.60			15	8
3.00			12	10
3.50			12	10
4.00			10	8
4.50			10	8
5.00			8	6
6.00			6	3

5. 优质碳素结构钢丝（YB/T 5303—2010）

本标准适用于制造各种机器结构零件、标准件等优质钢丝。

钢丝按力学性能分为两类：硬状态 I；软状态 R。

钢丝按截面形状分为三种：圆钢丝 d；方钢丝 a；六角钢丝 s。

钢丝按表面状态分为两种：冷拉 WCD；银亮 ZY。

冷拉钢丝尺寸及允许偏差应符合 GB/T 342 的规定。银亮钢丝尺寸及允许偏差应符合 GB/T 3207 的规定。

每盘应由一根钢丝组成，其重量见表 2-180，硬状态优质碳素结构钢丝的力学性能见表 2-181，软状态优质碳素结构钢丝的牌号及力学性能见表 2-182。

钢 丝 盘 重   表 2-180

钢丝公称直径/mm	每盘重量/kg 不小于	钢丝公称直径/mm	每盘重量/kg 不小于
≥0.3～1.0	6	>3.0～6.0	12
>1.0～3.0	10	>6.0～10.0	15

硬状态优质碳素结构钢丝的抗拉强度和弯曲性能   表 2-181

钢丝公称直径 mm	抗拉强度 R_m/MPa 不小于					反复弯曲/次不少于				
	牌号									
	08、10	15、20	25、30、35	40、45、50	55、60	8～10	15～20	25～35	40～50	55～60
0.3～0.8	750	800	1000	1100	1200	—	—	—	—	—

钢丝公称直径 mm	抗拉强度 R_m/MPa 不小于					反复弯曲/次不少于				
	牌号									
	08、10	15、20	25、30、35	40、45、50	55、60	8～10	15～20	25～35	40～50	55～60
>0.8～1.0	700	750	900	1000	1100	6	6	6	5	5
>1.0～3.0	650	700	800	900	1000	6	6	6	4	4
>3.0～6.0	600	650	700	800	900	5	5	5	4	4
>6.0～10.0	550	600	650	750	800	5	4	3	2	2

软状态优质碳素结构钢丝的牌号及力学性能　　　　表 2-182

牌　　号	抗拉强度 R_m/MPa	断后伸长率 A/% 不小于	断面收缩率 Z/% 不小于
10	450～700	8	50
15	500～750	8	45
20	500～750	7.5	40
25	550～800	7	40
30	550～800	7	35
35	600～850	6.5	35
40	600～850	6	35
45	650～900	6	30
50	650～900	6	30

6. 高速工具钢丝（YB/T 5302—2010）

本标准适用于制造各类工具的圆钢丝，也可适用于制造偶件针阀等其他用途的圆钢丝。

钢丝按交货状态分为：退火 A；磨光 SP。

钢丝的直径范围为 1.00～16.0mm，退火钢丝的直径及允许偏差应符合 GB/T 342 的规定，磨光钢丝的直径及允许偏差应符合 GB/T 3207 的规定。

当以盘状交货时，公称直径小于 3.00mm 的钢丝，最小盘重不小于 15kg，公称直径大于等于 3.00mm 的钢丝，最小盘重不小于 30kg。

当以直条状态交货时，钢丝的通常长度和短尺长度见表 2-183。

直径不小于 5mm 的钢丝应检验布氏硬度，硬度值应符合表 2-184 的规定，直径小于 5mm 的钢丝应检验维氏硬度，其硬度值为 206HV～256HV。

钢丝的通常长度和短尺长度　　　　表 2-183

钢丝公称直径	通常长度	短尺长度，不小于
1.00～3.00	1000～2000	800
>3.00	2000～4000	1200

直径不小于 5mm 的钢丝硬度值　　　　　　　　　　　　表 2-184

序号	牌　　　号	交货硬度（退火态）HBW	试样热处理制度及淬火—回火硬度				
			预热温度℃	淬火温度℃	淬火介质	回火温度℃	硬度 HRC 不小于
1	W3Mo3Cr4V2	≤255		1180～1200		540～550	53
2	W4Mo3Cr4VSi	207～255		1170～1190		540～560	63
3	W18Cr4V	207～255		1250～1270		550～570	63
4	W2Mo8Cr4V2	≤255		1190～1210		540～560	64
5	W6Mo5Cr4V2	207～255		1200～1220		550～570	63
6	CW6Mo5Cr4V2	≤255	800～900	1190～1210	油	540～560	64
7	W9Mo3Cr4V	207～255		1200～1220		540～560	63
8	W6Mo6Cr4V2	≤262		1180～1210		540～560	64
9	W6Mo5Cr4V3	≤262		1180～1200		540～560	64
10	W6Mo5Cr4V2Al	≤269		1200～1220		550～570	65
11	W6Mo5Cr4V2Co5	≤262		1190～1210		540～560	64
12	W2Mo9Cr4VCo8	≤269		1170～1190		540～560	66

7. 合金结构钢丝（YB/T 5301—2010）

本标准适用于直径不大于 10mm 的合金结构钢冷拉圆钢丝以及 2～8mm 的冷拉方、六角钢丝。

钢丝按交货状态分为两种：冷拉 WCD；退火 A。

钢丝的尺寸、外形应符合 GB/T342 的规定。

钢丝以盘状交货，每盘由一根钢丝组成，每盘重量见表 2-185

钢丝交货状态的力学性能见表 2-186。

每盘的最小重量　　　　　　　　　　　　表 2-185

钢丝公称尺寸/mm	最小重量/kg
≤3.00	10
>3.00	15
马氏体及半马氏体钢	10

钢丝交货状态的力学性能　　　　　　　　　　　　表 2-186

交货状态	公称尺寸，小于 5.00mm	公称尺寸，不小于 5.00mm
	抗拉强度 R_m/MPa	硬度，HBW
冷拉	≤1080	≤302
退火	≤930	≤296

8. 不锈钢丝（GB/T 4240—2009）

本标准适用于不锈钢丝，但不包括奥氏体型和沉淀硬化型不锈弹簧钢丝、冷顶锻用和焊接用不锈钢丝。

不锈钢丝的类别、牌号、交货状态及代号见表 2-187，软态不锈钢丝的力学性能见表 2-188，轻拉不锈钢丝的力学性能见表 2-189，冷拉不锈钢丝的力学性能见表 2-190。

不锈钢丝的类别、牌号、交货状态及代号　　　　表 2-187

类别	牌　号	交货状态及代号	类别	牌　号	交货状态及代号
奥氏体	12Cr17Mn6Ni5N 12Cr18Mn9Ni5N 12Cr18Ni9 06Cr19Ni9 10Cr18Ni12 06Cr17Ni12Mo2 Y06Cr17Mn6Ni6Cu2 Y12Cr18Ni9 Y12Cr18Ni9Cu3 02Cr19Ni10 06Cr20Ni11 16Cr23Ni13 06Cr23Ni13 06Cr25Ni20 20Cr25Ni20Si2 022Cr17Ni12Mo2 06Cr19Ni13Mo3 06Cr17Ni12Mo2Ti	软态（S） 轻拉（LD） 冷拉（WCD）	铁素体	06Cr13Al 06Cr11Ti 02Cr11Nb 10Cr17 Y10Cr17 10Cr17Mo 10Cr17MoNb	软态（S） 轻拉（LD） 冷拉（WCD）
			马氏体	12Cr13 Y12Cr13 20Cr13 30Cr13 32Cr13Mo Y30Cr13 Y16Cr17Ni2Mo	软态（S） 轻拉（LD）
				40Cr13 12Cr12Ni2 20Cr17Ni2	软态（S）

软态不锈钢丝的力学性能　　　　表 2-188

牌　号	公称直径范围/mm	抗拉强度，R_m/（N/mm²）	断后伸长率[①]，A/%，不小于
12Cr17Mn6Ni5N 12Cr18Mn9Ni5N 12Cr18Ni9 Y12Cr18Ni9 16Cr23Ni13 20Cr25Ni20Si2	0.05～0.10 ＞0.10～0.30 ＞0.30～0.60 ＞0.60～1.0 ＞1.0～3.0 ＞3.0～6.0 ＞6.0～10.0 ＞10.0～16.0	700～1000 660～950 640～920 620～900 620～880 600～850 580～830 550～800	15 20 20 25 30 30 30 30
Y06Cr17Mn6Ni6Cu2 Y12Cr18Ni9Cu3 06Cr19Ni9 022Cr19Ni10 10Cr18Ni12 06Cr17Ni12Mo2 06Cr20Ni11 06Cr23Ni13 06Cr25Ni20 06Cr17Ni12Mo2 022Cr17Ni14Mo2 06Cr19Ni13Mo3 06Cr17Ni12Mo2Ti	0.05～0.10 ＞0.10～0.30 ＞0.30～0.60 ＞0.60～1.0 ＞1.0～3.0 ＞3.0～6.0 ＞6.0～10.0 ＞10.0～16.0	650～930 620～900 600～870 580～850 570～830 550～800 520～770 500～750	15 20 20 25 30 30 30 30
30Cr13 32Cr13Mo Y30Cr13 40Cr13 12Cr12Ni2 Y16Cr17Ni2Mo 20Cr17Ni2	1.0～2.0 ＞2.0～16.0	600～850 600～850	10 15

① 易切削钢丝和公称直径小于 1.0mm 的钢丝，伸长率供参考，不作判定依据。

轻拉不锈钢丝的力学性能 表 2-189

牌　号	公称尺寸范围 mm	抗拉强度, R_m/ (N/mm²)	牌　号	公称尺寸范围 mm	抗拉强度, R_m/ (N/mm²)
12Cr17Mn6Ni5N 12Cr18Mn9Ni5N Y06Cr17Mn6Ni6Cu2 12Cr18Ni9 Y12Cr18Ni9 Y12Cr18Ni9Cu3 06Cr19Ni9 022Cr19Ni10 10Cr18Ni12 06Cr20Ni11 16Cr23Ni13 06Cr23Ni13 06Cr25Ni20 20Cr25Ni20Si2 06Cr17Ni12Mo2 022Cr17Ni14Mo2 06Cr19Ni13Mo3 06Cr17Ni12Mo2Ti	0.50～1.0 >1.0～3.0 >3.0～6.0 >6.0～10.0 >10.0～16.0	850～1200 830～1150 800～1100 770～1050 750～1030	06Cr13Al 06Cr11Ti 022Cr11Nb 10Cr17 Y10Cr17 10Cr17Mo 10Cr17MoNb	0.3～3.0 >3.0～6.0 >6.0～16.0	530～780 500～750 480～730
			12Cr13 Y12Cr13 20Cr13	1.0～3.0 >3.0～6.0 >6.0～16.0	600～850 580～820 550～800
			30Cr13 32Cr13Mo Y30Cr13 Y16Cr17Ni2Mo	1.0～3.0 >3.0～6.0 >6.0～16.0	650～950 600～900 600～850

冷拉不锈钢丝的力学性能 表 2-190

牌　号	公称尺寸范围/mm	抗拉强度, R_m/ (N/mm²)
12Cr17Mn6Ni5N 12Cr18Mn9Ni5N 12Cr18Ni9 06Cr19Ni9 10Cr18Ni12 06Cr17Ni12Mo2	0.10～1.0 >1.0～3.0 >3.0～6.0 >6.0～12.0	1200～1500 1150～1450 1100～1400 950～1250

9. 焊接用不锈钢丝（YB/T 5092—2005）

适用于制作电焊条焊芯、气体保护焊、埋弧焊、电渣焊等焊接用不锈钢钢丝。

焊接用不锈钢丝按交货状态分为两类：冷拉状态 WCD；软态（光亮热处理或热处理后酸洗）S。

焊接用不锈钢丝按组织状态分类和牌号见表 2-191，焊接用不锈钢丝各牌号的主要用途见表 2-192。

焊接用不锈钢丝按组织状态分类和牌号 表 2-191

类　别	牌　号		
奥氏体型	H05Cr22Ni11Mn6Mo3VN	H12Cr24Ni13	H03Cr19Ni12Mo2Si1
	H10Cr17Ni8Mn8Si4N	H03Cr24Ni13Si	H03Cr19Ni12Mo2Cu2
	H05Cr20Ni6Mn9N	H03Cr24Ni13	H08Cr19Ni14Mo3
	H05Cr18Ni5Mn12N	H12Cr24Ni13Mo2	H03Cr19Ni14Mo3
	H10Cr21Ni10Mn6	H03Cr24Ni13Mo2	H08Cr19Ni12Mo2Nb

类　别	牌　号		
奥氏体型	H09Cr21Ni9Mn4Mo	H12Cr24Ni13Si1	H07Cr20Ni34Mo2Cu3Nb
	H08Cr21Ni10Si	H03Cr24Ni13Si1	H02Cr20Ni34Mo2Cu3Nb
	H08Cr21Ni10	H12Cr26Ni21Si	H08Cr19Ni10Ti
	H06Cr21Ni10	H12Cr26Ni21	H21Cr16Ni35
	H03Cr21Ni10Si	H08Cr26Ni21	H08Cr20Ni10Nb
	H03Cr21Ni10	H08Cr19Ni12Mo2Si	H08Cr20Ni10SiNb
	H08Cr20Ni11Mo2	H08Cr19Ni12Mo2	H02Cr27Ni32Mo3Cu
	H04Cr20Ni11Mo2	H06Cr19Ni12Mo2	H02Cr20Ni25Mo4Cu
	H08Cr21Ni10Si1	H03Cr19Ni12Mo2Si	H06Cr19Ni10TiNb
	H03Cr21Ni10Si1	H03Cr19Ni12Mo2	H10Cr16Ni8Mo2
	H12Cr24Ni13Si	H08Cr19Ni12Mo2Si1	
奥氏体＋铁素体（双相钢）型	H03Cr22Ni8Mo3N	H04Cr25Ni5Mo3Cu2N	H15Cr30Ni9
马氏体型	H12Cr13	H06Cr12Ni4Mo	H31Cr13
铁素体型	H06Cr14	H01Cr26Mo	H08Cr11Nb
	H10Cr17	H08Cr11Ti	
沉淀硬化型	H05Cr17Ni4Cu4Nb		

焊接用不锈钢丝各牌号的主要用途　　　　　　　表 2-192

序号	牌　号	主　要　用　途
1	H05Cr22Ni11Mn6Mo3VN	常用于焊接同牌号的不锈钢，也可以用于不同种类合金及低碳钢与不锈钢的焊接。用作熔化极气体保护焊丝可直接在碳钢上进行堆焊，形成具有较高强韧性和良好抗晶间腐蚀能力的耐腐蚀保护层
2	H10Cr17Ni8Mn8Si4N	常用于焊接同牌号的不锈钢，也可以用于低碳钢与不锈钢等不同钢种的焊接。与 08Cr19Ni9 类钢比较，该种焊丝的熔敷层具有更好的强韧性和耐磨性，常用作低碳钢的堆焊材料
3	H05Cr20Ni6Mn9N	常用于焊接同牌号的不锈钢，也可以用于低碳钢与不锈钢等不同钢种的焊接。该焊丝使用性能与前两种相似，主要用作熔化极气体保护焊丝，不适宜用作钨极气体保护焊、等离子弧焊和电子束焊的充填焊丝
4	H05Cr18Ni5Mn12N	常用于焊接同牌号的不锈钢，用途和使用性能与 H05Cr20Ni6Mn9N 相似，只是熔敷层的耐蚀稍差，而耐磨性能更好点
5	H10Cr21Ni10Mn6	用途同 H05Cr22Ni11Mn6Mo3VN 焊丝，具有良好的强韧性和优良的抗磨性能，主要用于耐磨高锰钢的焊接和碳钢的表面堆焊
6	H09Cr21Ni9Mn4Mo	主要用于不同种钢的焊接，如奥氏体锰钢与碳钢锻件或铸件的焊接。焊缝强度适中，但具有良好的抗裂性能

续表

序号	牌　号	主　要　用　途
7	H08Cr21Ni10Si H08Cr21Ni10	用于 18-8、18-12 和 20-10 型奥氏体不锈钢的焊接，是 08Cr19Ni9（304）型不锈钢最常用的焊接材料
8	H06Cr21Ni10	除碳含量控制在上限外，其他成分与 H08Cr21Ni10 相同。由于碳量较高，焊缝在高温条件下具有较高的抗拉强度和较好的抗蠕变性能。常用于焊接 07Cr19Ni9（304H）
9	H03Cr21Ni10Si H03Cr21Ni10	除碳含量较低外，其他成分与 H08Cr21Ni10 相同。由于碳含量较低，不至于在晶间产生碳化物析出，其抗晶间腐蚀能力与含铌或钛等稳定化元素的钢相似，但高温强度稍低
10	H08Cr20Ni11Mo2	除钼含量较高外，其他成分与 H03Cr21Ni10 基本相同。常用于焊接铬、镍、钼含量相近的铸件；在希望焊缝中铁素体含量较高条件下，也可用于 07Cr17Ni12Mo2（316）锻件的焊接
11	H04Cr20Ni11Mo2	除碳含量较低外，其他成分与 H08Cr20Ni11Mo2 相同。常用于焊接铬、镍、钼含量相近的铸件；在希望焊缝中铁素体含量较高，也可用于 03Cr17Ni12Mo2（316L）锻件的焊接
12	H08Cr21Ni10Si1 H03Cr21Ni10Si1	除硅含量较高外，其他成分与 H08Cr21Ni10 和 H03Cr21Ni10 相同。在气体保护焊接过程中，硅能改善焊缝钢水的流动性和浸润性，使得焊缝光滑、平整。如果焊缝被母材稀释生成低铁素体或纯奥氏体组织，则焊缝裂纹敏感性要比用低硅焊丝高点
13	H12Cr24Ni13Si H12Cr24Ni13	用于焊接成分相似的锻件和铸件，也可以用于不同种金属的焊接，如 08Cr19Ni9 不锈钢与碳钢的焊接；常用于 08Cr19Ni9 复合钢板的复层焊接，以及碳钢壳体内衬不锈钢薄板的焊接
14	H03Cr24Ni13Si H03Cr24Ni13	除碳含量较低外，其他成分与 H12Cr24Ni13Si 和 H12Cr24Ni13 相同。由于碳含量较低，不至于在晶间产生碳化物析出，其抗晶间腐蚀能力与含铌或钛等稳定化元素的钢相似，但高温强度稍低
15	H12Cr24Ni13Mo2	除含 2.0%～3.0%钼外，其他成分与 H12Cr24Ni13 相同。因为钼能提高钢在含卤化物气氛中的抗点腐蚀的能力，该焊丝主要用于钢材表面堆焊，作为 H08Cr19Ni12Mo2 或 H08Cr19Ni14Mo3 填充金属多层堆焊的第一层堆焊，以及在碳钢壳体中含钼不锈钢内衬的焊接、含钼不锈钢复合钢板与碳钢或 08Cr19Ni9 不锈钢的连接
16	H03Cr24Ni13Mo2	除碳含量较低外，其他成分与 H12Cr24Ni13Mo2 相同，其抗晶闸腐蚀能力优于 H12Cr24Ni13Mo2。在表面多层的堆焊时，为保证后续堆焊层有较低的含碳量，第一层通常采用低碳的 H03Cr24Ni13Mo2 焊丝
17	H12Cr24Ni13Si1 H03Cr24Ni13Si1	除硅含量提高到 0.65%～1.00%外，其他成分与 H12Cr24Ni13Si 和 H03Cr24Ni13Si 相同。在气体保护焊接过程中，硅能改善焊缝钢水的流动性和浸润性，使得焊缝光滑、平整，如果焊缝被母材稀释生成低铁素体或纯奥氏体组织，则焊缝裂纹敏感性要比用低硅焊丝高点

序号	牌　号	主　要　用　途
18	H12Cr26Ni21Si H12Cr26Ni21	该牌号具有良好的耐热和耐腐蚀性能，常用于焊接 25—20（310）型不锈钢
19	H08Cr19Ni12Mo2Si H08Cr19Ni12Mo2	牌号中含有 2.0%～3.0% 的钼，因而钢具有良好的抗点腐蚀能力，在高温下抗蠕变性能也显著提高。常用于焊接在高温下工作或在含有氯离子气氛中工作的 07Cr17Ni12Mo2 不锈钢
20	H06Cr19Ni12Mo2	除碳含量控制在上限外，其他成分与 H08Cr19Ni12Mo2 相同，但其高温抗拉强度有所提高。主要用于焊接 07Cr17Ni12Mo2（316H）不锈钢
21	H03Cr19Ni12Mo2Si H03Cr19Ni12Mo2	除碳含量较低外，其他成分与 H08Cr19Ni12Mo2 相同，主要用于焊接超低碳含钼奥氏体不锈钢及合金。因为碳含量低，在不采用钛、铌等稳定化元素的条件下，焊缝具有良好的抗晶间腐蚀性能，但高温抗拉强度低于含钛、铌的焊缝
22	H08Cr19Ni12Mo2Si1 H03Cr19Ni12Mo2Si1	除硅含量提高到 0.65%～1.00% 外，其他成分与 H08Cr19Ni12Mo2Si1 和 H03Cr19Ni12Mo2Si1 相同。用于熔化极气体保护焊中，可改善充填金属的工艺性，如果焊缝被母材稀释生成低铁素体或纯奥氏体组织，则焊缝裂纹敏感性要比用低硅焊丝高点
23	H03Cr19Ni12Mo2Cu2	牌号中含有 1.0%～2.5% 的铜，其耐腐蚀和耐点蚀性能优于 H03Cr19Ni12Mo2。主要用于焊接耐硫酸腐蚀的容器、管道及结构件
24	H08Cr19Ni14Mo3	该牌号耐点蚀、缝隙腐蚀和抗蠕变性能优于 H08Cr19Ni12Mo2。常用于焊接 08Cr19Ni13Mo3 不锈钢和成分相似的合金，在点腐蚀和缝隙腐蚀的比较严重的环境中工作
25	H03Cr19Ni14Mo3	在不添加钛或铌等稳定化元素的情况下，通过降低碳含量，提高钢的抗晶间腐蚀能力
26	H08Cr19Ni12Mo2Nb	通过添加铌来稳定碳，防止晶间析出碳化铬，提高钢的抗晶间腐蚀能力。用于焊接成分相似的不锈钢
27	H07Cr20Ni34Mo2Cu3Nb	用于焊接成分相似的合金，通常焊件均用于腐蚀性较强的气氛或介质中，如含硫酸、亚硫酸及其盐类的介质中。因为含有稳定化元素铌，用该焊丝焊接的铸件和锻件，焊后可以不进行热处理
28	H02Cr20Ni34Mo2Cu3Nb	该牌号的基本成分与 H07Cr20Ni34Mo2Cu3Nb 相同，但碳、硅、磷、硫的含量比较低，对铌和锰含量控制也比较严，因而可以在不降低抗晶间腐蚀的前提下，大幅度减少纯奥氏体焊缝的热裂纹和刀状腐蚀裂纹。焊丝用于成分相似的合金的钨极气体保护焊、熔化极气体保护焊及埋弧焊，但采用埋弧焊时，焊缝容易产生热裂纹。焊缝抗拉强度比用 H07Cr20Ni34Mo2Cu3Nb 焊接时低

续表

序号	牌号	主要用途
29	H08Cr19Ni10Ti	通过添加钛来稳定碳，防止晶间析出碳化铬，提高钢的抗晶间腐蚀能力，用于焊接成分相似的不锈钢。该焊丝宜采用惰性气体保护焊，不宜采用埋弧焊。因为埋弧焊极易造成焊缝中钛的流失
30	H21Cr16Ni35	用于焊接在980℃以上工作的耐热和抗氧化部件，因为镍含量高，不适宜焊接在高硫气氛中工作的部件。最常见的用途是焊接成分相似的铸件和锻件，或用于合金铸件缺陷的补焊
31	H08Cr20Ni10Nb	通过添加铌来稳定碳，防止晶间析出碳化铬，提高钢的抗晶间腐蚀能力，用于焊接成分相似的不锈钢。如果焊缝被母材稀释生成低铁素体或纯奥氏体组织，则焊缝裂纹敏感性明显升高
32	H08Cr20Ni10SiNb	除硅含量提高到 $0.65\% \sim 1.00\%$ 外，其他成分与 H08Cr20Ni10Nb 相同。用于熔化极气体保护焊中，可改善充填金属的工艺性，如果焊缝被母材稀释生成低铁素体或纯奥氏体组织，则焊缝裂纹敏感性要比用低硅焊丝高点
33	H02Cr27Ni32Mo3Cu	用于焊接铁镍基高温合金和成分相近的不锈钢，通常在硫酸和磷酸介质中使用。为减少焊缝中的热裂纹和刀状腐蚀裂纹，应将焊丝中的碳、硅、磷、硫控制在规定的较低范围内
34	H02Cr20Ni25Mo4Cu	主要用于焊接装运硫酸或装运含有氯化物介质的容器，也可用于03Cr19Ni14Mo3 型不锈钢的焊接。为减少焊缝中的热裂纹和刀状腐蚀裂纹，应将焊丝中的碳、硅、磷、硫控制在规定的较低范围内
35	H06Cr19Ni10TiNb	该焊丝成分与 H06Cr21Ni10 相似，只是对铬、钼含量加以限制，同时添加适量钛和铌，目的是控制焊缝中铁素体含量，降低在高温下长期使用过程中的 σ 相的析出，防止焊缝变脆。为保持相平衡，焊接过程中要采取相应措施，防止增铬与铬的烧损
36	H10Cr16Ni8Mo2	主要用于 08Cr16Ni8Mo2、07Cr17Ni12Mo2（316）和08Cr18Ni12Nb（347）型高温、高压不锈钢管的焊接。因为焊缝中一般含有不高于 5%（体积比）的铁素体，焊缝具有良好的热塑性，即使在应力作用下，也不会产生热裂纹和弧坑裂纹，焊缝可在焊态或固溶状态下使用。在某些介质中 H12Cr16Ni8Mo2 焊缝的耐蚀性能不如 07Cr17Ni12Mo2，此时应选用耐蚀性能更好的焊丝
37	H03Cr22Ni8Mo3N	主要用于焊接 03Cr22Ni6Mo3N 等含有 22%铬的双相不锈钢。因为焊缝为奥氏体-铁素体两相组织，具有抗拉强度高、抗应力腐蚀能力强、抗点蚀性能显著改善等优点
38	H04Cr25Ni5Mo3Cu2N	主要用于焊接含有 25%铬的双相不锈钢。焊缝具有奥氏体-铁素体双相不锈钢的全部优点
39	H15Cr30Ni9	常用于焊接成分相似的铸造合金，也可以用于碳钢和不锈钢（特别是高镍不锈钢）的焊接。因焊丝的铁素体形成元素含量高，即使焊缝金属被母材（高镍）稀释，焊丝中仍能保持较高的铁素体含量，焊缝仍具有很强的抗裂纹能力

序号	牌　号	主　要　用　途
40	H12Cr13	常用于焊接成分相似的合金，也可以用于碳钢表面堆焊，以获得耐腐蚀、抗点蚀的耐磨层，焊前应对焊接进行预热，焊后应进行热处理
41	H06Cr12Ni14Mo	主要用于焊接 08Cr13Ni4Mo 铸件和各种规格的 15Cr13、08Cr13 和 08Cr13Al 不锈钢。该焊丝通过降铬和加镍来限制焊缝产生铁素体。为防止显微组织中未回火马氏体重新硬化，焊后热处理温度不宜超过 620℃
42	H31Cr13	除碳含量较高外，其他成分与 H12Cr13 相似，主要用于 12％铬钢的表面堆焊，其熔敷层硬度更大，耐磨性更好
43	H06Cr14	用于焊接 08Cr13 型不锈钢，焊缝韧性较好，有一定的耐腐性能，焊接前后无需预热和热处理
44	H10Cr17	用于焊接 12Cr17 型不锈钢，焊缝具有良好的抗腐蚀性能，经热处理后能保持足够的韧性。焊接过程中，通常要求预热和焊后热处理
45	H01Cr26Mo	该牌号为超纯铁素体焊丝，主要用于超纯铁素体不锈钢的惰性气体保护焊。焊接过程中应充分注意焊件的清洁和保护气体的有效使用，防止焊缝被氧和氮污染
46	H08Cr11Ti	用于焊接同类不锈钢或不同种类的低碳钢材。焊缝中因含有稳定化元素钛，改善钢的抗晶间腐蚀性能，抗拉强度也有所提高，目前主要用于汽车尾气排放部件的焊接
47	H08Cr11Nb	以铌代钛，用途同 H08Cr11Ti。因为铌在电弧下氧化烧损很少，可以更精确地控制焊缝成分
48	H05Cr17Ni4Cu4Nb	用于焊接 07Cr17Ni4Cu4Nb 和其他类型的沉淀硬化型不锈钢。焊丝成分经调整后，可以防止焊缝中产生有害的网状铁素体组织。根据焊缝尺寸和使用条件，焊件可在焊态、焊态加沉淀硬化态或焊态加固溶处理加沉淀硬化态使用

10. 冷拉碳素弹簧钢丝（GB/T 4357—2009）

本标准适用于制造静载荷和动载荷应用机械弹簧的圆形冷拉碳素弹簧钢丝，不适用于制造高疲劳强度弹簧（如阀门簧）用钢丝。

冷拉碳素弹簧钢丝按照强度分类为低抗拉强度、中等抗拉强度和高抗拉强度，分别用符号 L、M 和 H 代表。按照弹簧载荷特点分类为静载荷和动载荷，分别用 S 和 D 代表。

冷拉碳素弹簧钢丝的不同强度等级和不同载荷类型所对应的直径范围及类别代码见表 2-193，冷拉碳素弹簧钢丝的力学性能见表 2-194。

冷拉碳素弹簧钢丝的强度等级、载荷类型所对应的直径范围及类别代码　　表 2-193

强度等级	静载荷	公称直径范围 / mm	动载荷	公称直径范围 / mm
低抗拉强度	SL 型	1.00～10.00	—	—
中等抗拉强度	SM 型	0.30～13.00	DM 型	0.08～13.00
高抗拉强度	SH 型	0.30～13.00	DH 型	0.05～13.00

冷拉碳素弹簧钢丝的力学性能　　　　　　　表 2-194

钢丝公称直径[①]	抗拉强度[②]/MPa				
mm	SL 型	SM 型	DM 型	SH 型	DH[③] 型
0.05					2800~3520
0.06			—		2800~3520
0.07					2800~3520
0.08			2780~3100		2800~3480
0.09			2740~3060		2800~3430
0.10			2710~3020		2800~3380
0.11			2690~3000		2800~3350
0.12		—	2660~2960	—	2800~3320
0.14			2620~2910		2800~3250
0.16			2570~2860		2800~3200
0.18			2530~2820		2800~3160
0.20			2500~2790		2800~3110
0.22			2470~2760		2770~3080
0.25			2420~2710		2720~3010
0.28			2390~2670		2680~2970
0.30		2370~2650	2370~2650	2660~2940	2660~2940
0.32		2350~2630	2350~2630	2640~2920	2640~2920
0.34	—	2330~2600	2330~2600	2610~2890	2610~2890
0.36		2310~2580	2310~2580	2590~2890	2590~2890
0.38		2290~2560	2290~2560	2570~2850	2570~2850
0.40		2270~2550	2270~2550	2560~2830	2570~2830
0.43		2250~2520	2250~2520	2530~2800	2570~2800
0.45		2240~2500	2240~2500	2510~2780	2570~2780
0.48		2220~2480	2240~2500	2490~2760	2570~2760
0.50		22000~2470	2200~2470	2480~2740	2480~2740
0.53		2180~2450	2180~2450	2460~2720	2460~2720
0.56		2170~2430	2170~2430	2440~2700	2440~2700
0.60		2140~2400	2140~2400	2410~2670	2410~2670
0.63		2130~2380	2130~2380	2390~2650	2390~2650
0.65		2120~2370	2120~2370	2380~2640	2380~2640
0.70		2090~2350	2090~2350	2360~2610	2360~2610
0.80		2050~2300	2050~2300	2310~2560	2310~2560
0.85		2030~2280	2030~2280	2290~2530	2290~2530
0.90		2010~2260	2010~2260	2270~2510	2270~2510
0.95		2000~2240	2000~2240	2250~2490	2250~2490

钢丝公称直径[①]	抗拉强度[②]/MPa				
mm	SL 型	SM 型	DM 型	SH 型	DH[③] 型
1.00	1720~1970	1980~2220	1980~2220	2230~2470	2230~2470
1.05	1710~1950	1960~2220	1960~2220	2210~2450	2210~2450
1.10	1690~1940	1950~2190	1950~2190	2200~2430	2200~2430
1.20	1670~1910	1920~2160	1920~2160	2170~2400	2170~2400
1.25	1660~1900	1910~2130	1910~2130	2140~2380	2140~2380
1.30	1640~1890	1900~2130	1900~2130	2140~2370	2140~2370
1.40	1620~1860	1870~2100	1870~2100	2110~2340	2110~2340
1.50	1600~1840	1850~2080	1850~2080	2090~2310	2090~2310
1.60	1590~1820	1830~2050	1830~2050	2060~2290	2060~2290
1.70	1570~1800	1810~2030	1810~2030	2040~2260	2040~2260
1.80	1550~1780	1790~2010	1790~2010	2020~2240	2020~2240
1.90	1540~1760	1770~1990	1770~1990	2000~2220	2000~2220
2.00	1520~1750	1760~1970	1760~1970	1980~2200	1980~2200
2.10	1510~1730	1740~1960	1740~1960	1970~2180	1970~2180
2.25	1490~1710	1720~1930	1720~1930	1940~2150	1940~2150
2.40	1740~1690	1700~1910	1700~1910	1920~2130	1920~2130
2.50	1460~1680	1690~1890	1690~1890	1900~2110	1900~2110
2.60	1450~1660	1670~1880	1670~1880	1890~2100	1890~2100
2.80	1420~1640	1650~1850	1650~1850	1860~2070	1860~2070
3.00	1410~1620	1630~1830	1630~1830	1840~2040	1840~2040
3.20	1390~1600	1610~1810	1610~1810	1820~2020	1820~2020
3.40	1370~1580	1590~1780	1590~1780	1790~1990	1790~1990
3.60	1350~1560	1570~1760	1570~1760	1770~1970	1770~1970
3.80	1340~1540	1550~1740	1550~1740	1750~1950	1750~1950
4.00	1320~1520	1530~1730	1530~1730	1740~1930	1740~1930
4.25	1310~1500	1510~1700	1510~1700	1710~1900	1710~1900
4.50	1290~1490	1500~1680	1500~1680	1690~1880	1690~1880
4.75	1270~1470	1480~1670	1480~1670	1680~1840	1680~1840
5.00	1260~1450	1460~1650	1460~1650	1660~1830	1660~1830
5.30	1240~1430	1440~1630	1440~1630	1640~1820	1640~1820

钢丝公称直径①	抗拉强度②/MPa				
mm	SL 型	SM 型	DM 型	SH 型	DH③ 型
5.60	1230～1420	1430～1610	1430～1610	1620～1800	1620～1800
6.00	1210～1390	1400～1580	1400～1580	1590～1770	1590～1770
6.30	1190～1380	1390～1560	1390～1560	1570～1750	1570～1750
6.50	1180～1370	1380～1550	1380～1550	1560～1740	1560～1740
7.00	1160～1340	1350～1530	1350～1530	1540～1710	1540～1710
7.50	1140～1320	1330～1500	1330～1500	1510～1680	1510～1680
8.00	1120～1300	1310～1480	1310～1480	1490～1660	1490～1660
8.50	1110～1280	1290～1460	1290～1460	1470～1630	1470～1630
9.00	1090～1260	1270～1440	1270～1440	1450～1610	1450～1610
9.50	1070～1250	1260～1420	1260～1420	1430～1590	1430～1590
10.00	1060～1230	1240～1400	1240～1400	1410～1570	1410～1570
10.50		1220～1380	1220～1380	1390～1550	1390～1500
11.00		1210～1370	1210～1370	1380～1530	1380～1530
12.00	—	1180～1340	1180～1340	1350～1500	1350～1500
12.50		1170～1320	1170～1320	1330～1480	1330～1480
13.00		1160～1310	1160～1310	1320～1470	1320～1470

注：直条定尺钢丝的极限强度最多可能低 10%；矫直和切断作业也会降低扭转值。

① 中间尺寸钢丝抗拉强度值按表中相邻较大钢丝的规定执行。

② 对特殊用途的钢丝，可商定其他抗拉强度。

③ 对直径为 0.08～0.18mm 的 DH 型钢丝，经供需双方协商，其抗拉强度波动值范围可规定为 300MPa。

11. 重要用途碳素弹簧钢丝 （YB/T 5311—2010）

本标准适用于制造承受动载荷、阀门等重要用途的碳素弹簧钢丝。弹簧形成后，不需进行淬火—回火处理，仅需低温去除应力处理。

重要用途碳素弹簧钢丝按用途分为三组：E 组、F 组、G 组。各组别钢丝的用途见表 2-195。

重要用途碳素弹簧钢丝公称直径的偏差应符合 GB/T 342 的规定。E 组和 F 组钢丝的公称直径范围为 0.10mm～7.00mm；G 组为 1.00mm～7.00mm。

每盘由一根钢丝组成，不允许有任何接头存在，每盘钢丝的最小重量见表 2-196，重要用途碳素弹簧钢丝的力学性能见表 2-197。

重要用途碳素弹簧钢丝的用途　　　　　　　　　　　　表 2-195

组　　别	用　　途
E	主要用于制造承受中等应力的动载荷的弹簧
F	主要用于制造承受较高应力的动载荷的弹簧
G	主要用于制造承受振动载荷的阀门弹簧

重要用途碳素弹簧钢丝的直径及盘重　　表 2-196

钢丝直径/mm	最小盘重/kg	钢丝直径/mm	最小盘重/kg
0.10	0.1	>0.8~1.80	2.0
>0.10~0.20	0.2	>1.80~3.00	5.0
>0.20~0.30	0.5	>3.00~7.00	8.0
>0.30~0.80	1.0		

重要用途碳素弹簧钢丝的抗拉强度　　表 2-197

直径 mm	抗拉强度 R_m/MPa			直径 mm	抗拉强度 R_m/MPa		
	E 组	F 组	G 组		E 组	F 组	G 组
0.10	2240~2890	2900~3380	—	0.90	2070~2400	2410~2740	—
0.12	2440~2860	2870~3320	—	1.00	2020~2350	2360~2660	1850~2110
0.14	2440~2840	2850~3250	—	1.20	1940~2270	2280~2580	1820~2080
0.16	2440~2840	2850~3200	—	1.40	1880~2200	2210~2510	1780~2040
0.18	2390~2770	2780~3160	—	1.60	1820~2140	2150~2450	1750~2010
0.20	2390~2750	2760~3110	—	1.80	1800~2120	2060~2360	1700~1960
0.22	2370~2720	2730~3080	—	2.00	1790~2090	1970~2250	1670~1910
0.25	2340~2690	2700~3050	—	2.20	1700~2000	1870~2150	1620~1860
0.28	2310~2660	2670~3020	—	2.50	1680~1960	1830~2110	1620~1860
0.30	2290~2640	2650~3000	—	2.80	1630~1910	1810~2070	1570~1810
0.32	2270~2620	2630~2980	—	3.00	1610~1890	1780~2040	1570~1810
0.35	2250~2600	2610~2960	—	3.20	1560~1840	1760~2020	1570~1810
0.40	2250~2580	2590~2940	—	3.50	1500~1760	1710~1970	1470~1710
0.45	2210~2560	2570~2920	—	4.00	1470~1730	1680~1930	1470~1710
0.50	2190~2540	2550~2900	—	4.50	1420~1680	1630~1880	1470~1710
0.55	2170~2520	2530~2880	—	5.00	1400~1650	1580~1830	1420~1660
0.60	2150~2500	2510~2850	—	5.50	1370~1610	1550~1800	1400~1640
0.63	2130~2480	2490~2830	—	6.00	1350~1580	1520~1770	1350~1590
0.70	2100~2460	2470~2800	—	6.50	1320~1550	1490~1740	1350~1590
0.80	2080~2430	2440~2770	—	7.00	1300~1530	1460~1710	1300~1540

12. 合金弹簧钢丝（YB/T 5318—2010）

本标准适用于制造承受中、高应力的机械合金弹簧钢丝。

钢丝按交货状态分为三类，其代号如下：

冷拉：WCD；

热处理：退火 A、正火 N；

银亮：ZY。

钢丝的公称直径范围为 0.50mm～14.00mm，冷拉或热处理钢丝直径及允许偏差应符合 GB/T 342 的规定，银亮钢丝直径及允许偏差应符合 GB/T 3207 的规定。

钢丝应以盘卷状交货，钢丝盘应规整，打开钢丝盘时不应散乱或呈"∞"字形。按直条交货时其长度一般为 2000mm～4000mm，允许有长度不小于 1500mm 的钢丝，但数量应不超过总重量的 5%。

对于公称直径大于 5.00mm 的冷拉钢丝，其抗拉强度不大于 1030MPa。经供需双方协商，也可用布氏硬度代替抗拉强度，其硬度值不大于 HBW302。根据需方要求，公称直径不大于 5.00mm 的冷拉钢丝可检验抗拉强度，其合格值由供需双方协商。对于其他状态交货的钢丝，其抗拉强度值由供需双方协商确定。

每盘钢丝应由一根组成，不允许有任何焊接头存在。每盘钢丝的最小重量应符合表 2-198 的规定。

合金弹簧钢丝的盘重　　　　　　　　表 2-198

钢丝公称直径/mm	最小盘重/kg	钢丝公称直径/mm	最小盘重/kg
0.50～1.00	1.0	>6.00～9.00	15.0
>1.00～3.00	5.0	>9.00～14.00	30.0
>3.00～6.00	10.0		

13. 不锈弹簧钢丝（GB/T 24588—2009）

本标准适用于制作弹簧用奥氏体型和沉淀硬化型不锈钢丝。

不锈弹簧钢丝的牌号、组别和公称直径范围见表 2-199，力学性能见表 2-200。

不锈弹簧钢丝的牌号、组别和公称直径范围　　　　　表 2-199

牌　号	组别	公称直径范围 mm	牌　号	组别	公称直径范围 mm
12Cr18Ni9 06Cr19Ni9 06Cr17Ni12Mo2 10Cr18Ni9Ti 12Cr18Mn9Ni5N	A	0.20～10.0	12Cr18Ni9 06Cr18Ni9N 12Cr18Mn9Ni5N	B	0.20～12.0
			07Cr17Ni7Al	C	0.20～10.0
			12Cr17Mn8Ni3Cu3N[①]	D	0.20～6.0

① 此牌号不宜在耐蚀性要求较高的环境中应用。

不锈弹簧钢丝的力学性能（MPa）　　　　　表 2-200

公称直径 d/mm	A　组 12Cr18Ni9 06Cr19Ni9 06Cr17Ni12Mo2 10Cr18Ni9Ti 12Cr18Mn9Ni5N	B　组 12Cr18Ni9 06Cr18Ni9N 12Cr18Mn9Ni5N	C　组 07Cr17Ni7Al[①]		D　组 12Cr17Mn8Ni3Cu3N
			冷拉 不小于	时　效	
0.20	1700～2050	2050～2400	1970	2270～2610	1750～2050
0.22	1700～2050	2050～2400	1950	2250～2580	1750～2050
0.25	1700～2050	2050～2400	1950	2250～2580	1750～2050
0.28	1650～1950	1950～2300	1950	2250～2580	1720～2000
0.30	1650～1950	1950～2300	1950	2250～2580	1720～2000
0.32	1650～1950	1950～2300	1920	2220～2550	1680～1950
0.35	1650～1950	1950～2300	1920	2220～2550	1680～1950
0.40	1650～1950	1950～2300	1920	2220～2550	1680～1950
0.45	1600～1900	1900～2200	1900	2200～2530	1680～1950
0.50	1600～1900	1900～2200	1900	2200～2530	1650～1900

续表

公称直径 d/mm	A　组 12Cr18Ni9 06Cr19Ni9 06Cr17Ni12Mo2 10Cr18Ni9Ti 12Cr18Mn9Ni5N	B　组 12Cr18Ni9 06Cr18Ni9N 12Cr18Mn9Ni5N	C　组 07Cr17Ni7Al①		D　组 12Cr17Mn8Ni3Cu3N
			冷拉 不小于	时　效	
0.55	1600~1900	1900~2200	1850	2150~2470	1650~1900
0.60	1600~1900	1900~2200	1850	2150~2470	1650~1900
0.63	1550~1850	1850~2150	1850	2150~2470	1650~1900
0.70	1550~1850	1850~2150	1820	2120~2440	1650~1900
0.80	1550~1850	1850~2150	1820	2120~2440	1620~1870
0.90	1550~1850	1850~2150	1800	2100~2410	1620~1870
1.0	1550~1850	1850~2150	1800	2100~2410	1620~1870
1.1	1450~1750	1750~2050	1750	2050~2350	1620~1870
1.2	1450~1750	1750~2050	1750	2050~2350	1580~1830
1.4	1450~1750	1750~2050	1700	2000~2300	1580~1830
1.5	1400~1650	1650~1900	1700	2000~2300	1550~1800
1.6	1400~1650	1650~1900	1650	1950~2240	1550~1800
1.8	1400~1650	1650~1900	1600	1900~2180	1550~1800
2.0	1400~1650	1650~1900	1600	1900~2180	1550~1800
2.2	1320~1570	1550~1800	1550	1850~2140	1550~1800
2.5	1320~1570	1550~1800	1550	1850~2140	1510~1760
2.8	1230~1480	1450~1700	1500	1790~2060	1510~1760
3.0	1230~1480	1450~1700	1500	1790~2060	1510~1760
3.2	1230~1480	1450~1700	1450	1740~2000	1480~1730
3.5	1230~1480	1450~1700	1450	1740~2000	1480~1730
4.0	1230~1480	1450~1700	1400	1680~1930	1480~1730
4.5	1100~1350	1350~1600	1350	1620~1870	1400~1650
5.0	1100~1350	1350~1600	1350	1620~1870	1330~1580
5.5	1100~1350	1350~1600	1300	1550~1800	1330~1580
6.0	1100~1350	1350~1600	1300	1550~1800	1230~1480
6.3	1020~1270	1270~1520	1250	1500~1750	—
7.0	1020~1270	1270~1520	1250	1500~1750	—
8.0	1020~1270	1270~1520	1200	1450~1700	—
9.0	1000~1250	1150~1400	1150	1400~1650	—
10.0	980~1200	1000~1250	1150	1400~1650	—
11.0	—	1000~1250	—	—	—
12.0	—	1000~1250	—	—	—

① 钢丝试样时效处理推荐工艺制度为：400℃~500℃，保温 0.5h~1.5h，空冷。

七、铸铁件、铸钢件

1. 灰铸铁件（GB/T 9439—2010）

灰铸铁件是用于砂型或导热性与砂型相当的铸型中铸造的灰铸铁件。

灰铸铁件的牌号应符合 GB/T 5612 的规定。

根据直径 Φ30mm 单铸试棒加工的标准拉伸试样所测得的抗拉强度值，将灰铸铁分为八个牌号，其力学性能见表 2-201。

Φ30mm 单铸试棒和 Φ30mm 附铸试棒的力学性能见表 2-202。Φ30mm 单铸试棒和 Φ30mm 附铸试棒的物理性能见表 2-203。

灰铸铁件的硬度等级分为六个等级，见表 2-204，各硬度等级的硬度是指主要壁厚 t >40mm 且壁厚 t≤80mm 的上限硬度值。

灰铸铁的牌号和力学性能 表 2-201

牌号	铸件壁厚/mm		最小抗拉强度 R_m（强制性值）（min）		铸件本体预期抗拉强度 R_m（min）
	>	≤	单铸试棒 MPa	附铸试棒或试块 MPa	MPa
HT100	5	40	100	—	—
HT150	5	10	150	—	155
	10	20		—	130
	20	40		120	110
	40	80		110	95
	80	150		100	80
	150	300		90	—
HT200	5	10	200	—	205
	10	20		—	180
	20	40		170	155
	40	80		150	130
	80	150		140	115
	150	300		130	—
HT225	5	10	225	—	230
	10	20		—	200
	20	40		190	170
	40	80		170	150
	80	150		155	135
	150	300		145	—
HT250	5	10	250	—	250
	10	20		—	225
	20	40		210	195
	40	80		190	170
	80	150		170	155
	150	300		160	—

续表

牌号	铸件壁厚/mm		最小抗拉强度 R_m（强制性值）(min)		铸件本体预期抗拉强度 R_m(min)
	>	≤	单铸试棒 MPa	附铸试棒或试块 MPa	MPa
HT275	10	20	275	—	250
	20	40		230	220
	40	80		205	190
	80	150		190	175
	150	300		175	—
HT300	10	20	300	—	270
	20	40		250	240
	40	80		220	210
	80	150		210	195
	150	300		190	—
HT350	10	20	350	—	315
	20	40		290	280
	40	80		260	250
	80	150		230	225
	150	300		210	—

注：1. 当铸件壁厚超过 300mm 时，其力学性能由供需双方商定。

　　2. 当某牌号的铁液浇注壁厚均匀、形状简单的铸件时，壁厚变化引起抗拉强度的变化，可从本表查出参考数据，当铸件壁厚不均匀，或有型芯时，此表只能给出不同壁厚处大致的抗拉强度值，铸件的设计应根据关键部位的实测值进行。

　　3. 表中斜体字数值表示指导值，其余抗拉强度值均为强制性值，铸件本体预期抗拉强度值不作为强制性值。

Φ30mm 单铸试棒和 Φ30mm 附铸试棒的力学性能　　　　　　表 2-202

力 学 性 能	材 料 牌 号[①]						
	HT150	HT200	HT225	HT250	HT275	HT300	HT350
	基体组织						
	铁素体＋珠光体	珠光体					
抗拉强度 R_m/MPa	150～250	200～300	225～325	250～350	275～375	300～400	350～450
屈服强度 $R_{p0.1}$/MPa	98～165	130～195	150～210	165～228	180～245	195～260	228～285
伸长率 A/%	0.3～0.8	0.3～0.8	0.3～0.8	0.3～0.8	0.3～0.8	0.3～0.8	0.3～0.8
抗压强度 σ_{db}/MPa	600	720	780	840	900	960	1080
抗压屈服强度 $\sigma_{d0.1}$/MPa	195	260	290	325	360	390	455
抗弯强度 σ_{dB}/MPa	250	290	315	340	365	390	490

续表

力 学 性 能	材 料 牌 号①						
	HT150	HT200	HT225	HT250	HT275	HT300	HT350
	基体组织						
	铁素体+珠光体	珠光体					
抗剪强度 σ_{aB}/MPa	170	230	260	290	320	345	400
扭转强度② τ_{tB}/MPa	170	230	260	290	320	345	400
弹性模量③ E/(k MPa)	78~103	88~113	95~115	103~118	105~28	108~137	123~143
泊松比 ν	0.26	0.26	0.26	0.26	0.26	0.26	0.26
弯曲疲劳强度④ σ_{bW}/MPa	70	90	105	120	130	140	145
反压应力疲劳极限⑤ σ_{zdW}/MPa	40	50	55	60	68	75	85
断裂韧性 K_{IC}/MPa³/⁴	320	400	440	480	520	560	650

① 当对材料的机加工性能和抗磁性能有特殊要求时，可以选用 HT100。如果试图通过热处理的方式改变材料金相组织而获得所要求的性能时，不宜选用 HT100。

② 扭转疲劳强度 τ_{tw} (MPa) ≈ 0.42R_m。

③ 取决于石黑的数量及形态，以及加载量。

④ σ_{bw} ≈ (0.35~0.50) R_m。

⑤ σ_{zdw} ≈ 0.53σ_{bw} ≈ 0.26R_m。

Φ30mm 单铸试棒和 Φ30mm 附铸试棒的物理性能   表 2-203

特　　性		材 料 牌 号						
		HT150	HT200	HT225	HT250	HT275	HT300	HT350
密度 ρ/(kg/mm³)		7.10	7.15	7.15	7.20	7.20	7.25	7.30
热容 c J/(kg·K)	20℃~200℃	460						
	20℃~600℃	535						
线膨胀系数 α μm/(m·K)	−20℃~600℃	10.0						
	20℃~200℃	11.7						
	20℃~400℃	13.0						
热传导率 Λ W/(m·K)	100℃	52.5	50.0	49.0	48.5	48.0	47.5	45.5
	200℃	51.0	49.0	48.0	47.5	47.0	46.0	44.5
	300℃	50.0	48.0	47.0	46.5	46.0	45.0	43.5
	400℃	49.0	47.0	46.0	45.0	44.5	44.0	42.0
	500℃	48.5	46.0	45.0	44.5	43.5	43.0	41.5
电阻率 ρ/(Ω·mm²/m)		0.80	0.77	0.75	0.73	0.72	0.70	0.67
矫磁性 H_o/(A/m)		560~720						
室温下的最大磁导率 μ/(Mh/m)		220~330						
B=1T 时的磁滞损耗/(J/m³)		2500~3000						

注：当对材料的机加工性能和抗磁性能有特殊要求时，可以选用 HT100。如果试图通过热处理的方式改变材料金相组织而获得所要求的性能时，不宜选用 HT100。

灰铸铁件的硬度等级和铸件硬度　　　　　　　　　　表 2-204

硬度等级	铸件主要壁厚/mm		铸件上的硬度范围/HBW	
	>	≤	min	max
H155	5	10	—	185
	10	20	—	170
	20	40	—	160
	40	80		155
H175	5	10	140	225
	10	20	125	205
	20	40	110	185
	40	80	100	175
H195	4	5	190	275
	5	10	170	260
	10	20	150	230
	20	40	125	210
	40	80	120	195
H215	5	10	200	275
	10	20	180	255
	20	40	160	235
	40	80	145	215
H235	10	20	200	275
	20	40	180	255
	40	80	165	235
H255	20	40	200	275
	40	80	185	255

注：1. 硬度和抗拉强度的关系见 GB/T 9439—2010 附录 B，硬度和壁厚的关系见附录 C。

2. 黑体数字表示与该硬度等级所对应的主要壁厚的最大和最小硬度值。

3. 在供需双方商定的铸件某位置上，铸件硬度差可以控制在 40HBW 硬度值范围内。

2. 球墨铸铁件（GB/T 1348—2009）

本标准适用于砂型或导热性与砂型相当的铸型中铸造的普通和低合金球墨铸铁件。

球墨铸铁件的牌号应符合 GB/T 5612 的规定，并分为单铸和附铸试块两类。单铸试块的力学性能分为 14 个牌号，附铸试块的力学性能分为 14 个牌号。

球墨铸铁件单铸试块的牌号与力学性能见表 2-205，球墨铸铁件单铸试块 V 型缺口试样的冲击功见表 2-206，球墨铸铁件附铸试块的牌号与力学性能见表 2-207，球墨铸铁件附铸试块 V 型缺口试样的冲击功见表 2-208。

球墨铸铁件单铸试块的牌号与力学性能　　　　　　表 2-205

材料牌号	抗拉强度 R_m/MPa (min)	屈服强度 $R_{p0.2}$ MPa (min)	伸长率 A/% (min)	布氏硬度 HBW	主要基体组织
QT350-22L	350	220	22	≤160	铁素体
QT350-22R	350	220	22	≤160	铁素体
QT350-22	350	220	22	≤160	铁素体
QT400-18L	400	240	18	120～175	铁素体
QT400-18R	400	250	18	120～175	铁素体
QT400-18	400	250	18	120～175	铁素体
QT400-15	400	250	15	120～180	铁素体
QT450-10	450	310	10	160～210	铁素体
QT500-7	500	320	7	170～230	铁素体＋珠光体
QT550-5	550	350	5	180～250	铁素体＋珠光体
QT600-3	600	370	3	190～270	珠光体＋铁素体
QT700-2	700	420	2	225～305	珠光体
QT800-2	800	480	2	245～335	珠光体或索氏体
QT900-2	900	600	2	280～360	回火马氏体或屈氏体＋索氏体

注：1. 如需求球铁 QT500-10 时，其性能要求见原标准附录 A。
2. 字母"L"表示该牌号有低温（－20℃或－40℃）下的冲击性能要求；字母"R"表示该牌号有室温（23℃）下的冲击性能要求。
3. 伸长率是从原始标距 $L_0=5d$ 上测得的，d 是试样上原始标距处的直径。

球墨铸铁件单铸试块 V 型缺口试样的冲击功　　　　　表 2-206

牌　号	最小冲击功/J					
	室温 (23±5)℃		低温 (－20±2)℃		低温 (－40±2)℃	
	三个试样平均值	个别值	三个试样平均值	个别值	三个试样平均值	个别值
QT350-22L	—	—	—	—	12	9
QT350-22R	17	14	—	—	—	—
QT400-18L	—	—	12	9	—	—
QT400-18R	14	11	—	—	—	—

注：1. 冲击功是从砂型铸造的铸件或者导热性与砂型相当的铸型中铸造的铸块上测得的。用其他方法生产的铸件的冲击功应满足经双方协商的修正值。
2. 这些材料牌号也可用于压力容器，其断裂韧性见原标准附录 D。

球墨铸铁件附铸试块的牌号与力学性能　　　　　　表 2-207

材料牌号	铸件壁厚 mm	抗拉强度 R_m MPa (min)	屈服强度 $R_{p0.2}$ MPa (min)	伸长率 A/% (min)	布氏硬度 HBW	主要基体组织
QT350-22AL	≤30	350	220	22	≤160	铁素体
	>30～60	330	210	18		
	>60～200	320	200	15		

材料牌号	铸件壁厚 mm	抗拉强度 R_m MPa（min）	屈服强度 $R_{p0.2}$ MPa（min）	伸长率 $A/\%$ （min）	布氏硬度 HBW	主要基体组织
QT350-22AR	≤30	350	220	22	≤160	铁素体
	>30~60	330	220	18		
	>60~200	320	210	15		
QT350-22A	≤30	350	220	22	≤160	铁素体
	>30~60	330	210	18		
	>60~200	320	200	15		
QT400-18AL	≤30	380	240	18	120~175	铁素体
	>30~60	370	230	15		
	>60~200	360	220	12		
QT400-18AR	≤30	400	250	18	120~175	铁素体
	>30~60	390	250	15		
	>60~200	370	240	12		
QT400-18A	≤30	400	250	18	120~175	铁素体
	>30~60	390	250	15		
	>60~200	370	240	12		
QT400-15A	≤30	400	250	15	120~180	铁素体
	>30~60	390	250	14		
	>60~200	370	240	11		
QT450-10A	≤30	450	310	10	160~210	铁素体
	>30~60	420	280	9		
	>60~200	390	260	8		
QT500-7A	≤30	500	320	7	170~230	铁素体＋珠光体
	>30~60	450	300	7		
	>60~200	420	290	5		
QT550-5A	≤30	550	350	5	180~250	铁素体＋珠光体
	>30~60	520	330	4		
	>60~200	500	320	3		
QT600-3A	≤30	600	370	3	190~270	珠光体＋铁素体
	>30~60	600	360	2		
	>60~200	550	340	1		

续表

材料牌号	铸件壁厚 mm	抗拉强度 R_m MPa（min）	屈服强度 $R_{p0.2}$ MPa（min）	伸长率 A/% （min）	布氏硬度 HBW	主要基体组织
QT700-2A	≤30	700	420	2	225～305	珠光体
	>30～60	700	400	2		
	>60～200	650	380	1		
QT800-2A	≤30	800	480	2	245～335	珠光体或索氏体
	>30～60	由供需双方商定				
	>60～200					
QT900-2A	≤30	900	600	2	280～360	回火马氏体或索氏体＋屈氏体
	>30～60	由供需双方商定				
	>60～200					

注：1. 从附铸试样测得的力学性能并不能准确地反映铸件本体的力学性能，但与单铸试棒上测得的值相比更接近于铸件的实际性能值。

　　2. 伸长率在原始标距 $L_0=5d$ 上测得，d 是试样上原始标距处的直径。

　　3. 如需球铁 QT500-10，其性能要求见原标准附录 A。

球墨铸铁件附铸试块 V 型缺口试样的冲击功　　　　　表 2-208

牌 号	铸件壁厚 mm	最小冲击功/J					
		室温（23±5）℃		低温（−20±2）℃		低温（−40±2）℃	
		三个试样平均值	个别值	三个试样平均值	个别值	三个试样平均值	个别值
QT350-22AR	≤60	17	14	—	—	—	—
	>60～200	15	12	—	—	—	—
QT350-22AL	≤60	—	—	—	—	12	9
	>60～200	—	—	—	—	10	7
QT400-18AR	≤60	14	11	—	—	—	—
	>60～200	12	9	—	—	—	—
QT400-18AL	≤60	—	—	12	9	—	—
	>60～200	—	—	10	7	—	—

注：从附铸试样测得的力学性能并不能准确地反映铸件本体的力学性能，但与单铸试棒上测得的值相比更接近于铸件的实际性能值。

3. 可锻铸铁件（GB/T 9440—2010）

可锻铸铁件是将白口铸铁坯件通过石墨化或氧化脱碳热处理，改变其金相组织或成分，而获得具有较高韧性的铸铁件。

可锻铸铁件的牌号应符合 GB/T 5612 的规定。根据化学成分、热处理工艺而导致的性能和金相组织的不同分为两类，第一类：黑心可锻铸铁和珠光体可锻铸铁；第二类：白心可锻铸铁。

　　黑心可锻铸铁和珠光体可锻铸铁的牌号与力学性能见表 2-209，白心可锻铸铁的牌号与力学性能见表 2-210。

黑心可锻铸铁和珠光体可锻铸铁的牌号与力学性能　　　　表 2-209

牌号	试样直径 $d^{①,②}$/mm	抗拉强度 R_m/MPa min	0.2%屈服强度 $R_{p0.2}$/MPa min	伸长率 A/% min ($L_0=3d$)	布氏硬度 HBW
KTH275-05⑤	12 或 15	275	—	5	
KTH300-06③	12 或 15	300	—	6	
KTH330-08	12 或 15	330	—	8	≤150
KTH350-10	12 或 15	350	200	10	
KTH370-12	12 或 15	370	—	12	
KTZ450-06	12 或 15	450	270	6	150～200
KTZ500-05	12 或 15	500	300	5	165～215
KTZ550-04	12 或 15	550	340	4	180～230
KTZ600-03	12 或 15	600	390	3	195～245
KTZ650-02④,⑤	12 或 15	650	430	2	210～260
KTZ700-02	12 或 15	700	530	2	240～290
KTZ800-01④	12 或 15	800	600	1	270～320

① 如果需方没有明确要求，供方可以任意选取两种试棒直径中的一种。

② 试样直径代表同样壁厚的铸件，如果铸件为薄壁件时，供需双方可以协商选取直 6mm 或者 9mm 试样。

③ KTH275-05 和 KTH300-06 为专门用于保证压力密封性能，而不要求高强度或者高延展性的工作条件的。

④ 油淬加回火。

⑤ 空冷加固火。

白心可锻铸铁的牌号与力学性能　　　　表 2-210

牌　号	试样直径 d/mm	抗拉强度 R_m/MPa min	0.2%屈服强度 $R_{p0.2}$/MPa min	伸长率 A/% min ($L_0=3d$)	布氏硬度 HBW max
KTB 350-04	6	270	—	10	
	9	310	—	5	230
	12	350	—	4	
	15	360	—	3	
KTB 360-12	6	280	—	16	
	9	320	170	15	200
	12	360	190	12	
	15	370	200	7	
KTB 400-05	6	300	—	12	
	9	360	200	8	220
	12	400	220	5	
	15	420	230	4	

续表

牌　号	试样直径 d/mm	抗拉强度 R_m/MPa min	0.2%屈服强度 $R_{p0.2}$/MPa min	伸长率 A/% min（$L_0=3d$）	布氏硬度 HBW max
KTB 450-07	6	330	—	12	220
	9	400	230	10	
	12	450	260	7	
	15	480	280	4	
KTB 550-04	6	—	—	—	250
	9	490	310	5	
	12	550	340	4	
	15	570	350	3	

注：1. 所有级别的白心可锻铸铁均可以焊接。
2. 对于小尺寸的试样，很难判断其屈服强度，屈服强度的检测方法和数值由供需双方在签订订单时商定。

4. 耐热铸铁件（GB/T 9437—2009）

本标准适用于砂型铸造或导热性与砂型相仿的铸型中浇注而成的且工作在 1100 ℃以下的耐热铸铁件。

耐热铸铁件的牌号应符合 GB/T 5612 的规定。根据化学成分的不同分为 11 个牌号。

耐热铸铁的牌号、室温力学性能和高温短时抗拉强度见表 2-211，耐热铸铁的使用条件及应用举例见表 2-212。

耐热铸铁的牌号、室温力学性能和高温短时抗拉强度　　　表 2-211

铸铁牌号	最小抗拉强度 R_m/MPa	布氏硬度 HBW	在下列温度时的最小抗拉强度 R_m/MPa				
			500 ℃	600 ℃	700 ℃	800 ℃	900 ℃
HTRCr	200	189～288	225	144	—	—	—
HTRCr2	150	207～288	243	166	—	—	—
HTRCr16	340	400～450	—	—	—	144	88
HTRSi5	140	160～270	—	—	41	27	—
QTRSi4	420	143～180	—	—	75	35	—
QTRSi4Mo	520	188～241	—	—	101	46	—
QTRSi4Mo1	550	200～240	—	—	101	46	—
QTRSi5	370	228～302	—	—	67	30	—
QTRAl4Si4	250	285～341	—	—	—	82	32
QTRAl5Si5	200	302～363	—	—	—	167	75
QTRAl22	300	241～364	—	—	—	130	77

注：室温力学性能允许用热处理方法达到。

耐热铸铁的使用条件及应用举例　　　表 2-212

铸铁牌号	使用条件	应用举例
HTRCr	在空气炉气中，耐热温度到 550℃。具有高的抗氧化性和体积稳定性	适用于急冷急热的薄壁、细长件。用于炉条、高炉支梁式水箱、金属型、玻璃模等

续表

铸铁牌号	使用条件	应 用 举 例
HTRCr2	在空气炉气中,耐热温度到 600℃。具有高的抗氧化性和体积稳定性	适用于急冷急热的薄壁、细长件。用于煤气炉内灰盆、矿山烧结车挡板等
HTRCr16	在空气炉气中,耐热温度到 900℃。具有室温及高温强度,高的抗氧化性,但常温脆性较大。耐硝酸的腐蚀	可在室温及高温下作抗磨件使用。用于退火罐、煤粉烧嘴、炉栅、水泥焙烧炉零件、化工机械等零件
HTRSi5	在空气炉气中,耐热温度到 700℃。耐热性较好,承受机械和冲击能力较差	用于炉条、煤粉烧嘴、锅炉用梳形定位析、换热器针状管、二硫化碳反应瓶等
QTRSi4	在空气炉气中,耐热温度到 650℃。力学能力、抗裂性较 QTRSi5 好	用于玻璃窑烟道闸门、玻璃引上机墙板、加热炉两端管架等
QTRSi4Mo	在空气炉气中,耐热温度到 680℃。高温力学能力性能较好	用于内燃机排气歧管、罩式退火炉导向器、烧结机中后热筛板、加热炉吊梁等
QTRSi4Mo1	在空气炉气中,耐热温度到 800℃。高温力学能力性能较好	
QTRSi5	在空气炉气中,耐热温度到 800℃。常温及高温能力显著优于 HTRSi5	用于煤粉烧嘴、炉条、辐射管、烟道闸门、加热炉中间管架等
QTRAl4Si4	在空气炉气中,耐热温度到 900℃。耐热性良好	适用于高温轻载下工作的耐热件。用于烧结机篦条、炉用件等
QTRAl5Si5	在空气炉气中,耐热温度到 1050℃。耐热性良好	
QTRAl22	在空气炉气中,耐热温度到 1100℃。具有优良的抗氧化能力,较高的室温和高温强度,韧性好,抗高温硫蚀性好	适用于高温(1100℃)、载荷较小、温度变化较缓的工件。用于锅炉用侧密封块、链式加热炉炉爪、黄铁矿焙烧炉零件等

5. 抗磨白口铸铁件（GB/T 8263—2010）

本标准适用于冶金、建材、电力、建筑、船舶、煤炭、化工和机械等行业的抗磨损零部件。

抗磨白口铸铁件根据化学成分的不同分为 10 个牌号。

抗磨白口铸铁件的牌号与硬度见表 2-213。

抗磨白口铸铁件的牌号与硬度　　　　表 2-213

牌号	表 面 硬 度					
	铸态或铸态去应力处理		硬化态或硬化态去应力处理		软化退火态	
	HRC	HBW	HRC	HBW	HRC	HBW
BTMNi4Cr2-DT	≥53	≥550	≥56	≥600	—	—
BTMNi4Cr2-GT	≥53	≥550	≥56	≥600	—	—
BTMCr9Ni5	≥50	≥500	≥56	≥600	—	—
BTMCr2	≥45	≥435	—	—	—	—
BTMCr8	≥46	≥450	≥56	≥600	≥41	≥400
BTMCr12-DT	—	—	≥50	≥500	≤41	≤400
BTMCr12-GT	≥46	≥450	≥58	≥650	≤41	≤400
BTMCr15	≥46	≥450	≥58	≥650	≤41	≤400

续表

牌号	表 面 硬 度					
	铸态或铸态去应力处理		硬化态或硬化态去应力处理		软化退火态	
	HRC	HBW	HRC	HBW	HRC	HBW
BTMCr20	≥46	≥450	≥58	≥650	≤41	≤400
BTMCr26	≥46	≥450	≥58	≥650	≤41	≤400

注：1. 洛氏硬度值（HRC）和布氏硬度值（HBW）之间没有精确的对应值，因此，这两种硬度值应独立使用。

2. 铸件断面深度数 40％处的硬度应不低于表面硬度值的 92％。

6. 一般工程用铸造碳钢件（GB/T 11352—2009）

本标准适用于一般工程用铸造碳钢件。

一般工程用铸造碳钢件的牌号应符合 GB/T 5613 的规定，分为 5 个牌号。

一般工程用铸造碳钢件的牌号与力学性能见表 2-214。

一般工程用铸造碳钢件的牌号与力学性能 表 2-214

牌　号	屈服强度 R_{eH} $(R_{p0.2})$ MPa	抗拉强度 R_m/MPa	伸长率 A_5/％	根据合同选择		
				断面收缩率 Z/％	冲击吸收功 A_{KV}/J	冲击吸收功 A_{KU}/J
ZG 200-400	200	400	25	40	30	47
ZG 230-450	230	450	22	32	25	35
ZG 270-500	270	500	18	25	22	27
ZG 310-570	310	570	15	21	15	24
ZG 340-640	340	640	10	18	10	16

注：1. 表中所列的各牌号性能，适应于厚度为 100mm 以下的铸件。当铸件厚度超过 100mm 时，表中规定的 R_{eH} $(R_{p0.2})$ 屈服强度仅供设计使用。

2. 表中冲击吸收功 A_{KU} 的试样缺口为 2mm。

7. 焊接结构用钢铸件（GB/T 7659—2010）

本标准适用于一般工程结构用焊接性好的钢铸件。

焊接结构用钢铸件的牌号应符合 GB/T 5613 的规定，分为 5 个牌号，牌号末尾的"H"为"焊"字汉语拼音的第一个大写字母，表示焊接用钢。

焊接结构用钢铸件的牌号与力学性能见表 2-215。

焊接结构用钢铸件的牌号与力学性能 表 2-215

牌　　号	拉 伸 性 能			根据合同选择	
	上屈服强度 R_{eH} MPa （min）	抗拉强度 R_m MPa （min）	断后伸长率 A ％ （min）	断面收缩率 Z ％≥ （min）	冲击吸收功 A_{KVZ} J （min）
ZG200-400H	200	400	25	40	45
ZG230-450H	230	450	22	35	45
ZG270-480H	270	480	20	35	40
ZG300-500H	300	500	20	21	40
ZG340-550H	340	550	15	21	35

注：当无明显屈服时，测定规定非比例延伸强度 $R_{p0.2}$。

8. 一般用途耐热钢和合金铸件（GB/T 8492—2014）

本标准适用于一般工程用耐热钢和合金铸件，其包括的牌号代表了适合在一般工程中不同耐热条件下广泛应用的铸造耐热钢和耐热合金铸件的种类。凡是本标准中未规定者，可在订货合同中规定。

一般用途耐热钢和合金铸件的牌号应符合 GB/T 5613 和 GB/T 8063 的规定，共有 26 种牌号。

一般用途耐热钢和合金铸件的牌号、室温力学性能与最高使用温度见表 2-216。

一般用途耐热钢和合金铸件的牌号、室温力学性能与最高使用温度　　表 2-216

牌号	屈服强度 $R_{p0.2}$/MPa 大于或等于	抗拉强度 R_m/MPa 大于或等于	断后伸长率 A/% 大于或等于	布氏硬度 HBW	最高使用温度[1]/℃
ZG30Cr7Si2					750
ZG40Cr13Si2				300[2]	850
ZG40Cr17Si2				300[2]	900
ZG40Cr24Si2				300[2]	1050
ZG40Cr28Si2				320[2]	1100
ZGCR29Si2				400[2]	1100
ZG25Cr18Ni9Si2	230	450	15		900
ZG25CR20Ni14Si2	230	450	10		900
ZG40Cr22Ni10Si2	230	450	8		950
ZG40Cr24Ni24Si2Nb1	220	400	4		1050
ZG40CR25Ni12Si2	220	450	6		1050
ZG40Cr25Ni20Si2	220	450	6		1100
ZG45Cr27Ni4Si2	250	400	3	400[3]	1100
ZG45Cr20Co20Ni20Mo3W3	320	400	6		1150
ZG10NI31Cr20Nb1	170	440	20		1000
ZG40Ni35Cr17Si2	220	420	6		980
ZG40Ni35Cr26Si2	220	440	6		1050
ZG40Ni35Cr26Si2Nb1	220	440	4		1050
ZG40Ni38Cr19Si2	220	420	6		1050
ZG40Ni38Cr19Si2Nb1	220	420	4		1100
ZNiCr28Fe17W5Si2C0.4	220	400	3		1200
ZNiCr50NblC0.1	230	540	8		1050
ZNiCr18Fe18Si1C0.5	220	440	5		1100
ZNiFe18Cr15SilC0.5	200	400	3		1100
ZNiCr25Fe20Co15W5Si1C0.46	270	480	5		1200
ZCoCr28Fe18C0.3	—[4]	—[4]	—[4]	—[4]	1200

① 最高使用温度取决于实际使用条件，所列数据仅供用户参考，这些数据适用于氧化气氛，实际的合金成分对其也有影响。

② 退火态最大 HBW 硬度值，铸件也可以铸态提供，此时硬度限制就不适用。

③ 最大 HBW 值。

④ 由供需双方协商确定。

9. 工程结构用中、高强度不锈钢铸件（GB/T 6967—2009）

本标准适用于工程结构用中高强度马氏体不锈钢铸件。

工程结构用中、高强度不锈钢铸件的牌号与力学性能见表 2-217。

工程结构用中、高强度不锈钢铸件的牌号与力学性能　　　　表 2-217

铸钢牌号		屈服强度 $R_{p0.2}$ MPa（≥）	抗拉强度 R_m MPa（≥）	伸长率 A_5 %（≥）	断面收缩率 $Z/\%$（≥）	冲击吸收功 A_{KV}/J（≥）	布氏硬度 HBW
ZG15Cr13		345	540	18	40	—	163～229
ZG20Cr13		390	590	16	35	—	170～235
ZG15Cr13Ni1		450	590	16	35	20	170～241
ZG10Cr13Ni1Mo		450	620	16	35	27	170～241
ZG06Cr13Ni4Mo		550	750	15	35	50	221～294
ZG06Cr13Ni5Mo		550	750	15	35	50	221～294
ZG06Cr16Ni5Mo		550	750	15	35	50	221～294
ZG04Cr13Ni4Mo	HT1[①]	580	780	18	50	80	221～294
	HT2[②]	830	900	12	35	35	294～350
ZG04Cr13Ni5Mo	HT1[①]	580	780	18	50	80	221～294
	HT2[②]	830	900	12	35	35	294～350

注：表中前三个牌号铸钢力学性能适用于壁厚小于或等于 150 mm 的铸件。后六个牌号铸钢的力学性能适用于壁厚小于或等于 300mm 的铸件。

① 回火温度应在 600℃～650℃。

② 回火温度应在 500℃～550℃。

10. 一般工程与结构用低合金铸钢件（GB/T 14408—2014）

本标准适用于在常温下使用的一般工程与结构用低合金铸钢件。

一般工程与结构用低合金铸钢件的牌号与力学性能见表 2-218。

一般工程与结构用低合金铸钢件的牌号与力学性能　　　　表 2-218

材料牌号	屈服强度 $R_{p0.2}$ MPa ≥	抗拉强度 R_m MPa ≥	断后伸长率 A_5 % ≥	断面收缩率 Z % ≥	冲击吸收能量 A_{KV}/J ≥
ZGD270-480	270	480	18	38	25
ZGD290-510	290	510	16	35	25
ZGD345-570	345	570	14	35	20
ZGD410-620	410	620	13	35	20
ZGD535-720	535	720	12	30	18
ZGD650-830	650	830	10	25	18
ZGD730-910	730	910	8	22	15
ZGD840-1030	840	1030	6	20	15
ZGD1030-1240	1030	124	5	20	22
ZGD1240-1450	1240	1450	4	15	18

第三章　有色金属材料

一、有色金属及合金产品牌号的表示方法

1. 铸造有色金属与合金牌号表示方法（GB/T 8063—1994）

铸造有色金属及合金牌号表示方法　　　　　　　　表 3-1

纯金属	铸造有色纯金属牌号由"Z"和相应纯金属的化学元素符号及表明产品纯度百分含量的数字或用一短横加顺序号组成
合金	铸造有色合金牌号表示方法： 　铸造有色合金牌号由"Z"和基体金属的化学元素符号、主要合金化学元素符号（其中混合稀土元素符号统一用 RE 表示）以及表明合金化元素名义百分含量的数字组成； 　当合金化元素多于两个时，合金牌号中应列出足以表明合金主要特性的元素符号及其名义百分含量的数字； 　合金化元素符号按其名义百分含量递减的次序排列。当名义百分含量相等时，则按元素符号字母顺序排列。当需要表明决定合金类别的合金化元素首先列出时，不论其含量多少，该元素符号均应紧置于基体元素符号之后； 　除基体元素的名义百分含量不标注外，其他合金化元素的名义百分含量均标注于该元素符号之后。当合金化元素含量规定为大于或等于1%的某个范围时，采用其平均含量的修约化整值。必要时也可用带一位小数的数字标注。合金化元素含量小于1%时，一般不标注，只对合金性能起重大影响的合金化元素，才允许用一位小数标注其平均含量； 　数值修约按 GB/T 8170 的规定执行； 　对具有相同主成分需要控制低间隙元素的合金在牌号后的圆括弧内标注 ELI； 　对杂质限量要求严、性能高的优质合金，在牌号后面标注大写字母"A"表示优质
示例	铸造纯铝 铸造纯钛 铸造优质铝合金 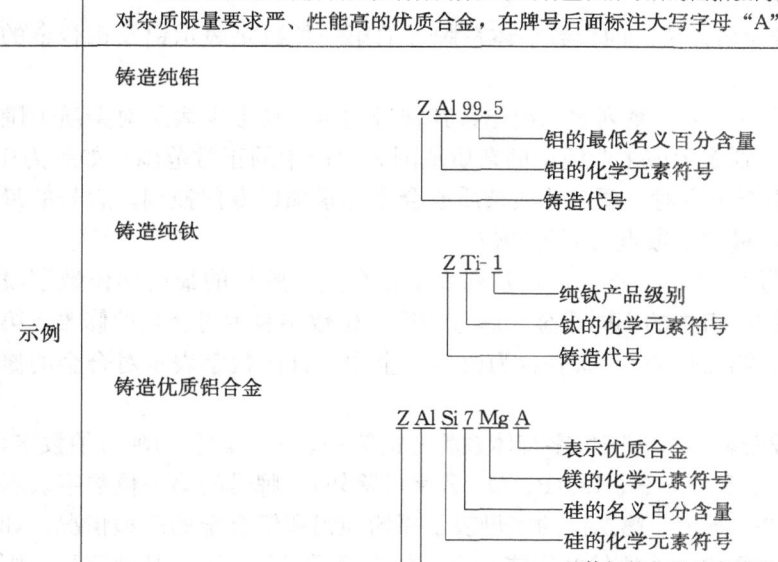

铸造纯铝

Z Al 99.5
— 铝的最低名义百分含量
— 铝的化学元素符号
— 铸造代号

铸造纯钛

Z Ti-1
— 纯钛产品级别
— 钛的化学元素符号
— 铸造代号

铸造优质铝合金

Z Al Si 7 Mg A
— 表示优质合金
— 镁的化学元素符号
— 硅的名义百分含量
— 硅的化学元素符号
— 基体铝的化学元素符号
— 铸造代号

续表

示例	铸造镁合金	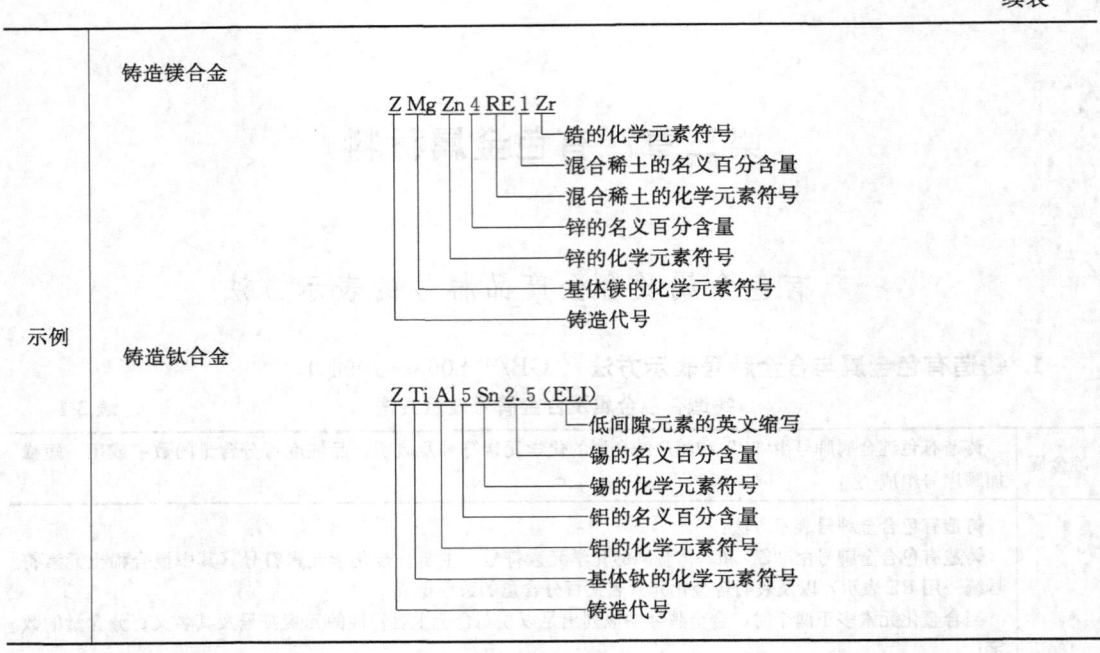

2. 变形铝及铝合金（加工铝及铝合金）牌号表示方法及状态代号（GB/T 16474—2011、GB/T 16475—2008）

（1）变形铝及铝合金牌号表示方法（GB/T 16474—2011）

变形铝及铝合金牌号表示方法在国际上通常采用四位数字体系牌号表示方法，未命名为国际四位数字体系牌号的变形铝及铝合金应采用四位字符牌号（但试验铝及铝合金采用前缀 X 加四位字符牌号）命名，并按标准附录 A 的要求注册化学成分，并按标准附录 B 计算变形铝及铝合金的密度。

1）四位数字体系牌号命名方法。四位数字体系牌号的第一位数字表示铝及铝合金的组别，如表 3-2 所示。

国际四位数字体系牌号 1×××系列表示纯铝，其牌号的第二位数字表示对杂质范围的修改，如果第二位为零，则表示该工业纯铝的杂质范围为生产中的正常范围；如果为 1～9 中的自然数，则表示生产中应对一项或几项杂质或合金元素加以专门控制。牌号的最后两位数表示最低铝百分含量中小数点后面的两位。

国际四位数字体系牌号 2×××～8×××系列表示铝合金，牌号的最后两位数字没有特殊意义，仅用来区分同一组中的不同合金。牌号的第二位数字表示对合金的修改，第二位为零，表示原始合金，第二位为 1～9 表示为改型合金中，具体数字表示对合金的修改次数。

2）四位字符体系牌号命名方法。四位字符体系牌号的第一、三、四位为阿拉伯数字，第二位为英文大写字母（C、I、L、N、O、P、Q、Z 字母除外）。牌号的第一位数字表示铝及铝合金的组别，如表 3-2 所示。第二位的字母表示原始纯铝和铝合金的改型情况，如果牌号第二位的字母是 A，则表示为原始纯铝或合金，如果字母是 B～Y 的其他字母，则表示为原始合金的改型合金。牌号的最后两位数用以标识同一组中不同的铝合金或表示铝的纯度。

国际四位数字体系及四位字符体系牌号第一位数字的意义　　　　表 3-2

组　别	牌号系列
纯铝（铝含量不小于 99.00%）	1×××
以铜为主要合金元素的铝合金	2×××
以锰为主要合金元素的铝合金	3×××
以硅为主要合金元素的铝合金	4×××
以镁为主要合金元素的铝合金	5×××
以镁和硅为主要合金元素并以 Mg_2Si 相为强化相的铝合金	6×××
以锌为主要合金元素的铝合金	7×××
以其他合金元素为主要合金元素的铝合金	8×××
备用合金组	9×××

（2）变形铝及铝合金状态代号（GB/T 16475—2008）

铝及铝合金加工产品的状态代号分为基础状态代号和细分状态代号。基础状态代号用一个英文大写字母表示，基础状态分为 5 种，见表 3-3；细分状态代号采用基础状态代号后跟一位或多位阿拉伯数字或英文大写字母表示，这些阿拉伯数字或英文大写字母表示影响产品特性的基本处理或特殊处理，T 细分状态代号后面的附加数字 1～10 表示的状态说明及应用见表 3-4。新旧状态代号对照见表 3-5。

变形铝及铝合金基础状态代号、名称及应用　　　　表 3-3

代号	名　称	说　明　与　应　用
F	自由加工状态	适用于在成型过程中，对于加工硬化和热处理条件无特殊要求的产品，该状态产品的力学性能不作规定
O	退火状态	适用于经完全退火获得最低强度的加工产品
H	加工硬化状态	适用于通过加工硬化提高强度的产品，产品在加工硬化后可经过（也可不经过）使强度有所降低的附加热处理。 H 代号后面必须跟有两位或三位阿拉伯数字
W	固溶热处理状态	一种不稳定状态，仅适用于经固溶热处理后，室温下自然时效的合金，该状态代号仅表示产品处于自然时效阶段
T	热处理状态 （不同于 F、O、H 状态）	适用于热处理后，经过（或不经过）加工硬化达到稳定状态的产品。 T 代号后面必须跟有一位或多位阿拉伯数字

T 细分状态代号后面的附加数字 1～10 表示的状态　　　　表 3-4

代号	说　明　与　应　用
T1	由高温成型过程冷却，然后自然时效至基本稳定的状态。适用于由高温成型过程冷却后，不再进行冷加工（可进行矫直、矫平、但不影响力学性能极限）的产品
T2	由高温成型过程冷却，经冷加工后自然时效至基本稳定的状态。适用于由高温成型过程冷却后，进行冷加工、或矫直、矫平以提高强度的产品

续表

代号	说 明 与 应 用
T3	固溶热处理后进行冷加工，再经自然时效至基本稳定的状态。适用于在固溶热处理后，进行冷加工，或矫直、矫平以提高强度的产品
T4	固溶热处理后自然时效至基本稳定的状态。适用于固溶热处理后，不再进行冷加工（可进行矫直、矫平，但不影响力学性能极限）的产品
T5	由高温成型过程冷却，然后进行人工时效的状态。适用于由高温成型过程冷却后，不经过冷加工（可进行矫直、矫平，但不影响力学性能极限），予以人工时效的产品
T6	固溶热处理后进行人工时效的状态。适用于固溶热处理后，不再进行冷加工（可进行矫直、矫平，但不影响力学性能极限）的产品
T7	固熔处理后进行过时效的状态。适用于固熔热处理后，为获取某些重要特性，在人工时效时，强度在时效直线上超过了最高峰点的产品
T8	固熔热处理后经冷加工，然后进行人工时效的状态。适用于经冷加工、或矫直、矫平以提高强度的产品
T9	固熔热处理后人工时效，然后进行冷加工的状态。适用于经冷加工提高强度的产品
T10	由高温成型过程冷却后，进行冷加工，然后人工时效的状态。适用于经冷加工、或矫直、矫平以提高强度的产品

新旧状态代号对照   表 3-5

旧代号	新代号	旧代号	新代号
M	O	CYS	T_51、T_52 等
R	热处理不可强化合金：H112 或 F	CZY	T2
R	热处理可强化合金：T1 或 F	CSY	T9
Y	HX8	MCS	T62①
Y₁	HX6	MCZ	T42①
Y₂	HX4	CGS1	T73
Y₄	HX2	CGS2	T76
T	HX9	CGS3	T74
CZ	T4	RCS	T5
CS	T6		

①原以 R 状态交货的、提供 CZ、CS 试样性能的产品，其状态可分别对应新代号 T42、T62。

二、铜及铜合金加工产品

1. 加工铜及铜合金的牌号、化学成分和产品形状（GB/T 5231—2012）

加工铜化学成分、加工高铜合金化学成分、加工黄铜化学成分、加工青铜化学成分、加工白铜化学成分分别见表 3-6、表 3-7、表 3-8、表 3-9 和表 3-10。

加 工 铜 化 学 成 分　　　表3-6

化学成分质量分数/%

分类	代号	牌号	Cu+Ag(最小值)②	P	Ag	Bi①	Sb①	As①	Fe	Ni	Pb	Sn	S	Zn	O
无氧铜	C10100	TU00	99.99②	0.0003	0.0025	0.0001	0.0004	0.0005	0.0010	0.0010	0.0005	0.0002	0.0015	0.0001	0.0005
无氧铜	T10130	TU0	99.97	0.002	—	0.001	0.002	0.002	0.004	0.002	0.003	0.002	0.004	0.003	0.001
无氧铜	T10150	TU1	99.97	0.002	—	0.001	0.002	0.002	0.004	0.002	0.003	0.002	0.004	0.003	0.002
无氧铜	T10180	TU2②	99.95	0.002	—	0.001	0.002	0.002	0.004	0.002	0.004	0.002	0.004	0.003	0.003
无氧铜	C10200	TU3	99.95	0.002	—	—	—	—	—	—	—	—	—	—	0.0010
银无氧铜	T10350	TU00Ag0.06	99.99	0.002	0.05~0.08	0.0003	0.0005	0.0004	0.0025	0.0006	0.0006	0.0007	—	0.0005	0.0005
银无氧铜	C10500	TUAg0.03	99.95	—	≥0.034	—	—	—	—	—	—	—	—	—	0.0010
银无氧铜	T10510	TUAg0.05	99.96	0.002	0.02~0.06	0.001	0.002	0.002	0.004	0.002	0.004	0.002	0.004	0.003	0.003
银无氧铜	T10530	TUAg0.1	99.96	0.002	0.06~0.12	0.001	0.002	0.002	0.004	0.002	0.004	0.002	0.004	0.003	0.003
银无氧铜	T10540	TUAg0.2	99.96	0.002	0.15~0.25	0.001	0.002	0.002	0.004	0.002	0.004	0.002	0.004	0.003	0.003
银无氧铜	T10550	TUAg0.3	99.96	0.002	0.25~0.35	0.001	0.002	0.002	0.004	0.002	0.004	0.002	0.004	0.003	0.003
锆无氧铜	T10600	TUZr0.15	99.97④	0.002	Zr: 0.11~0.21	0.001	0.002	0.002	0.004	0.002	0.003	0.002	0.004	0.003	0.002
纯铜	T10900	T1	99.95	0.001	—	0.001	0.002	0.002	0.005	0.002	0.003	0.002	0.005	0.005	0.02
纯铜	T11050	T2⑤⑥	99.90	—	—	0.001	0.002	0.002	0.005	—	0.005	0.002	0.005	0.005	—
纯铜	T11090	T3	99.70	—	—	0.002	—	—	—	—	0.01	—	—	—	—
银铜	T11200	TAg0.1-0.01	99.9②	0.004~0.012	0.08~0.12	0.002	0.005	0.01	0.05	0.05	0.01	—	0.01	—	0.05
银铜	T11210	TAg0.1	99.5⑧	—	0.06~0.12	0.002	0.005	0.01	0.05	0.2	0.01	0.05	0.01	—	0.1
银铜	T11220	TAg0.15	99.5	—	0.10~0.20	0.002	0.005	0.01	0.05	0.2	0.01	0.05	0.01	—	0.1
磷脱氧铜	C12000	TP1	99.90	0.004~0.012	—	—	—	—	—	—	—	—	—	—	—
磷脱氧铜	C12200	TP2	99.9	0.015~0.040	—	—	—	—	—	—	—	—	—	—	—
磷脱氧铜	T12210	TP3	99.9	0.0~0.025	—	—	—	—	—	—	—	—	—	—	0.01
磷脱氧铜	T12400	TP4	99.90	0.040~0.065	—	—	—	—	—	—	—	—	—	—	0.02

（TU00：Te≤0.0002，Se≤0.0003，Mn≤0.00005，Cd≤0.0001）

续表

化学成分质量分数/%

分类	代号	牌号	Cu+Ag（最小值）	P	Ag	Bi①	Sb①	As①	Fe	Ni	Pb	Sn	S	Zn	O	Cd
碲铜	T14440	TTe0.3	99.9⑨	0.001	Te：0.20~0.35	0.001	0.0015	0.002	0.008	0.002	0.01	0.001	0.0025	0.005	—	0.01
	T14450	TTe0.5-0.008	99.8⑩	0.004~0.012	Te：0.4~0.6	0.001	0.003	0.002	0.008	0.005	0.01	0.01	0.003	0.008	—	0.01
	C14500	TTe0.5	99.90⑩	0.004~0.012	Te：0.40~0.7	—	—	—	—	—	—	0.01	—	—	—	—
	C14510	TTe0.5-0.02	99.85⑩	0.010~0.030	Te：0.30~0.7	—	—	—	—	—	0.05	—	—	—	—	—
硫铜	C14700	TS0.4	99.90⑪	0.002~0.005	—	—	—	—	—	—	—	—	0.20~0.50	—	—	—
锆铜	C15000	TZr0.15⑫	99.80	—	Zr：0.10~0.20	—	—	—	—	—	—	—	—	—	—	—
	C15200	TZr0.2	99.5④	—	Zr：0.15~0.30	0.002	0.005	—	0.05	0.2	0.01	0.05	0.01	—	—	—
	C15400	TZr0.4	99.5④	—	Zr：0.30~0.50	0.002	0.005	—	0.05	0.2	0.01	0.05	0.01	—	—	—
弥散无氧铜	T15700	TUA10.12	余量	0.002	Al_2O_3：0.16~0.26	0.001	0.002	0.002	0.004	0.002	0.003	0.002	0.004	0.003	—	—

① 砷、铋、锑可不分析，但供方必须保证不大于极限值。
② 此值为铜量，铜含量（质量分数）不小于99.99%时，其值应由差减法求得。
③ 电工用无氧铜 TU2 氧含量不大于0.002%。
④ 此值为 Cu+Ag+Zr。
⑤ 经双方协商，可供应 P 不大于0.001%的导电 T2 铜。
⑥ 电力机车接触材料用纯铜导线坯：Bi≤0.0005%，Pb≤0.0005%，O≤0.035%，P≤0.001%，其他杂质总和≤0.03%。
⑦ 此值为 Cu+Ag+P。
⑧ 此值为铜量。
⑨ 此值为 Cu+Ag+Te。
⑩ 此值为 Cu+Ag+Te+P。
⑪ 此值为 Cu+Ag+S+P。
⑫ 此牌号 Cu+Ag+Zr 不小于99.9%。

表 3-7　加工高铜合金①化学成分

分类	代号	牌号	化学成分质量分数/%															杂质总和
			Cu	Be	Ni	Cr	Si	Fe	Al	Pb	Ti	Zn	Sn	S	P	Mn	Co	
镉铜	C16200	TCd1	余量	—	—	—	—	0.02	—	—	—	—	—	—	—	Cd:0.7~1.2	—	0.5
铍铜	C17300	TBe1.9-0.4②	余量	1.80~2.00	—	—	0.20	—	0.20	0.20~0.6	—	—	—	—	—	—	—	0.9
	T17490	TBe0.3-1.5	余量	0.25~0.50	—	—	0.20	0.10	0.20	—	—	—	—	—	—	Ag:0.90~1.10	1.40~1.70	0.5
	C17500	TBe0.6-2.5	余量	0.4~0.7	—	—	0.20	0.10	0.20	—	—	—	—	—	—	—	2.4~2.7	1.0
	C17510	TBe0.4-1.8	余量	0.2~0.6	1.4~2.2	—	0.20	0.10	0.20	—	—	—	—	—	—	—	0.3	1.3
	T17700	TBe1.7	余量	1.6~1.85	0.2~0.4	—	0.15	0.15	0.15	0.005	0.10~0.25	—	—	—	—	—	—	0.5
	T17710	TBe1.9	余量	1.85~2.1	0.2~0.4	—	0.15	0.15	0.15	0.005	0.10~0.25	—	—	—	—	—	—	0.5
	T17715	TBe1.9-0.1	余量	1.85~2.1	0.2~0.4	—	0.15	0.15	0.15	0.005	0.10~0.25	—	—	—	—	Mg:0.07~0.13	—	0.5
	T17720	TBe2	余量	1.80~2.1	0.2~0.5	—	0.15	0.15	0.15	0.005	—	—	—	—	—	—	—	0.5
镍铬铜	C18000	TNi2.4-0.6-0.5	余量	—	1.8~3.0③	0.10~0.8	0.40~0.8	0.15	—	—	—	—	—	—	—	—	—	0.65
铬铜	C18135	TCr0.3-0.3	余量	—	—	0.20~0.6	—	—	—	—	—	—	—	—	—	Cd:0.20~0.6	—	0.5
	T18140	TCr0.5	余量	—	0.05	0.4~1.1	—	0.1	—	—	—	—	—	—	—	—	—	0.5
	T18142	TCr0.5-0.2-0.1	余量	—	—	0.4~1.0	—	—	0.1~0.25	—	—	—	—	—	—	Mg:0.1~0.25	—	0.5
	T18144	TCr0.5-0.1	余量	—	0.05	0.40~0.70	0.05	0.05	—	0.005	—	0.05~0.25	0.01	0.005	—	Ag:0.08~0.13	—	0.25
	T18146	TCr0.7	余量	—	0.05	0.55~0.85	0.05	0.1	—	—	—	—	—	—	—	—	—	0.5

续表

分类	代号	牌号	Cu	Zr	Cr	Ni	Si	Fe	Al	Pb	Mg	Zn	Sn	S	P	B	Sb	Bi	杂质总和
铬铜	T18148	TCr0.8	余量	—	0.6~0.9	0.05	0.03	0.03	0.005	—	—	—	—	0.005	—	—	—	—	0.2
	C18150	TCr1-0.15	余量	0.05~0.25	0.50~1.5	—	—	—	—	—	—	—	—	—	—	—	—	—	0.3
	T18160	TCr1-0.18	余量	0.05~0.30	0.5~1.5	—	0.10	0.10	0.05	0.05	0.05	—	—	—	0.10	0.02	0.01	0.01	0.3④
	T18170	TCr0.6-0.4-0.05②	余量	0.3~0.6	0.4~0.8	—	0.05	0.05	—	—	0.04~0.08	—	—	—	0.01	—	—	—	0.5
	C18200	TCr1	余量	—	0.6~1.2	—	0.10	0.10	—	0.05	—	—	—	—	—	—	—	—	0.75
镁铜	T18658	TMg0.2	余量	—	—	—	—	—	—	—	0.1~0.3	—	—	—	0.01	—	—	—	0.1
	C18661	TMg0.4	余量	—	—	—	—	0.10	—	—	0.10~0.7	—	0.20	—	0.001~0.02	—	—	—	0.8
	T18664	TMg0.5	余量	—	—	—	—	—	—	—	0.4~0.7	—	—	—	0.01	—	—	—	0.1
	T18667	TMg0.8	余量	—	—	0.006	—	0.005	—	0.005	0.70~0.85	0.005	0.002	0.005	—	—	0.005	0.002	0.3
铅铜	C18700	TPb1	余量	—	—	—	—	—	—	0.8~1.5	—	—	—	—	—	—	—	—	0.5
铁铜	C19200	TFe1.0	98.5	—	—	—	—	0.8~1.2	—	—	—	0.20	—	—	0.01~0.04	—	—	—	0.4
	C19210	TFe0.1	余量	—	—	—	—	0.05~0.15	—	—	—	—	—	—	0.025~0.04	—	—	—	0.2
	C19400	TFe2.5	97.0	—	—	—	—	2.1~2.6	—	0.03	—	0.05~0.20	—	—	0.015~0.15	—	—	—	—
钛铜	C19910	TTi3.0-0.2	余量	—	—	—	—	0.17~0.23	—	—	—	—	—	—	—	Ti: 2.9~3.4	—	—	0.5

① 高铜合金，指铜含量在96.0%~99.3%之间的合金。
② 该牌号 Ni+Co≥0.20%，Ni+Co+Fe≤0.6%。
③ 此值为 Ni+Co。
④ 此值为表中所列杂质元素实测值总和。

加工黄铜化学成分

表 3-8

分类	代号	牌号	化学成分质量分数/%								
			Cu	Fe①	Pb	Si	Ni	B	As	Zn	杂质总和
铜锌合金 普通黄铜	C21000	H95	94.0~96.0	0.05	0.05	—	—	—	—	余量	0.3
	C22000	H90	89.0~91.0	0.05	0.05	—	—	—	—	余量	0.3
	C23000	H85	84.0~86.0	0.05	0.05	—	—	—	—	余量	0.3
	C24000	H80②	78.5~81.5	0.05	0.05	—	—	—	—	余量	0.3
	T26100	H70②	68.5~71.5	0.10	0.03	—	—	—	—	余量	0.3
	T26300	H68	67.0~70.0	0.10	0.03	—	—	—	—	余量	0.3
	C26800	H66	64.0~68.5	0.05	0.09	—	—	—	—	余量	0.45
	C27000	H65	63.0~68.5	0.07	0.09	—	—	—	—	余量	0.45
	T27300	H63	62.0~65.0	0.15	0.08	—	—	—	—	余量	0.5
	T27600	H62	60.5~63.5	0.15	0.08	—	—	—	—	余量	0.5
	T28200	H59	57.0~60.0	0.3	0.5	0.5	—	—	—	余量	1.0
硼砷黄铜	T22130	H B90-0.1	89.0~91.0	0.02	0.02	—	—	0.05~0.3	—	余量	0.5①
	T23030	H As85-0.05	84.0~86.0	0.10	0.03	—	—	—	0.02~0.08	余量	0.3
	C26130	H As70-0.05	68.5~71.5	0.05	0.05	—	—	—	0.02~0.08	余量	0.4
	T26330	H As68-0.04	67.0~70.0	0.10	0.03	—	—	—	0.03~0.06	余量	0.3

续表

分类	代号	牌号	化学成分质量分数/%								
			Cu	Fe①	Pb	Al	Mn	Sn	As	Zn	杂质总和
	C31400	HPb89-2	87.5~90.5	0.10	1.3~2.5	—	Ni: 0.7	—	—	余量	1.2
	C33000	HPb66-0.5	65.0~68.0	0.07	0.25~0.7	—	—	—	—	余量	0.5
	T34700	HPb63-3	62.0~65.0	0.10	2.4~3.0	—	—	—	—	余量	0.75
	T34900	HPb63-0.1	61.5~63.5	0.15	0.05~0.3	—	—	—	—	余量	0.5
	T35100	HPb62-0.8	60.0~63.0	0.2	0.5~1.2	—	—	—	—	余量	0.75
铅黄铜 铜锌铅合金	C35300	HPb62-2	60.0~63.0	0.15	1.5~2.5	—	—	—	—	余量	0.65
	C36000	HPb62-3	60.0~63.0	0.35	2.5~3.7	—	—	—	—	余量	0.85
	T36210	HPb62-2-0.1	61.0~63.0	0.1	1.7~2.8	0.05	0.1	0.1	0.02~0.15	余量	0.55
	T36220	HPb61-2-1	59.0~62.0	—	1.0~2.5	—	—	0.30~1.5	0.02~0.25	余量	0.4
	T36230	HPb61-2-0.1	59.2~62.3	0.2	1.7~2.8	—	—	0.2	0.08~0.15	余量	0.5
	C37100	HPb61-1	58.0~62.0	0.15	0.6~1.2	—	—	—	—	余量	0.55
	C37700	HPb60-2	58.0~61.0	0.30	1.5~2.5	—	—	—	—	余量	0.8
	T37900	HPb60-3	58.0~61.0	0.3	2.5~3.5	—	—	0.3	—	余量	0.8②③
	T38100	HPb59-1	57.0~60.0	0.5	0.8~1.9	—	—	—	—	余量	1.0
	T38200	HPb59-2	57.0~60.0	0.5	1.5~2.5	—	—	0.5	—	余量	1.0③
	T38210	HPb58-2	57.0~59.0	0.5	1.5~2.5	—	—	0.5	—	余量	1.0③
	T38300	HPb59-3	57.5~59.5	0.50	2.0~3.0	—	—	—	—	余量	11.2
	T38310	HPb58-3	57.0~59.0	0.5	2.5~3.5	—	—	0.5	—	余量	1.0③
	T38400	HPb57-4	56.0~58.0	0.5	3.5~4.5	—	—	0.5	—	余量	1.2③

续表

分类	代号	牌号	化学成分质量分数/%														
			Cu	Te	B	Si	As	Bi	Cd	Sn	P	Ni	Mn	Fe①	Pb	Zn	杂质总和
锡黄铜	T41900	HSn90-1	88.0~91.0	—	—	—	—	—	—	0.25~0.75	—	—	—	0.10	0.03	余量	0.2
	C44300	HSn72-1	70.0~73.0	—	—	—	0.02~0.06	—	—	0.8~1.2②	—	—	—	0.06	0.07	余量	0.4
	T45000	HSn70-1	69.0~71.0	—	—	—	0.03~0.06	—	—	0.8~1.3	—	—	—	0.10	0.05	余量	0.3
	T45010	HSn70-1-0.01	69.0~71.0	—	0.0015~0.02	—	0.03~0.06	—	—	0.8~1.3	—	—	—	0.10	0.05	余量	0.3
	T45020	HSn70-10.01-0.04	69.0~71.0	—	0.0015~0.02	—	0.03~0.06	—	—	0.8~1.3	—	0.05~1.00	0.02~2.00	0.10	0.05	余量	0.3
	T46100	HSn65-0.03	63.5~68.0	—	—	—	—	—	—	0.01~0.2	0.01~0.07	—	—	0.05	0.03	余量	0.3
	T46300	HSn62-1	61.0~63.0	—	—	—	—	—	—	0.7~1.1	—	—	—	0.10	0.10	余量	0.3
	T46410	HSn60-1	59.0~61.0	—	—	—	—	—	—	1.0~15	—	—	—	0.10	0.30	余量	1.0
铋黄铜	T49230	HBi60-2	59.0~62.0	—	—	—	—	2.0~3.5	0.01	0.3	—	—	—	0.2	0.1	余量	0.5①
	T49240	HBi60-1.3	58.0~62.0	—	—	—	—	0.3~2.3	0.01	0.05~1.2②	—	—	—	0.1	0.2	余量	0.3③
	C49260	HBi60-1.0-0.05	58.0~63.0	—	—	0.10	—	0.50~1.8	0.001	0.50	0.05~0.15	—	—	0.50	0.09	余量	1.5

铜锌锡合金，复杂黄铜

续表

分类	代号	牌号	化学成分质量分数/%														
			Cu	Te	Al	Si	As	Bi	Cd	Sn	P	Ni	Mn	Fe①	Pb	Zn	杂质总和
铋黄铜	T49310	HBi60-0.5-0.01	58.5~61.5	0.010~0.015	—	—	0.01	0.45~0.65	0.01	—	—	—	—	—	0.1	余量	0.5⑤
	T49320	HBi60-0.8-0.01	58.5~61.5	0.010~0.015	—	—	0.01	0.70~0.95	0.01	—	—	—	—	—	0.1	余量	0.5⑤
	T49330	HBi60-1.1-0.01	58.5~61.5	0.010~0.015	—	—	0.01	1.00~1.25	0.01	—	—	—	—	—	0.1	余量	0.5⑤
	T49360	HBi59-1	58.0~60.0	—	—	—	—	0.8~2.0	0.01	0.2	—	—	—	0.2	0.1	余量	0.5⑤
	C49350	HBi62-1	61.0~63.0	Sb:0.02~0.10	—	0.30	—	0.50~2.5	—	1.5~3.0	0.04~0.15	—	—	—	0.09	余量	0.9
复杂黄铜 锰黄铜	T67100	HMn64-8-5-1.5	63.0~66.0	—	4.5~6.0	1.0~2.0	—	—	—	0.5	—	0.5	7.0~8.0	0.5~1.5	0.3~0.8	余量	1.0
	T67200	HMn62-3-3-0.7	60.0~63.0	—	2.4~3.4	0.5~1.5	—	—	—	0.1	—	—	2.7~3.7	0.1	0.05	余量	1.2
	T67300	HMn62-3-3-1	59.0~65.0	—	1.7~3.7	0.5~1.3	Cr:0.07~0.27	—	—	—	—	0.2~0.6	2.2~3.8	0.6	0.18	余量	0.8
	T67310	HMn62-13⑥	59.0~65.0	—	0.5~2.5⑦	0.05	—	—	—	—	—	0.05~0.5⑧	10~15	0.05	0.03	余量	0.15④
	T67320	HMn55-3-1⑨	53.0~58.0	—	—	—	—	—	—	—	—	—	3.0~4.0	0.5~1.5	0.5	余量	1.5

续表

| 分类 | 代号 | 牌号 | 化学成分质量分数/% | | | | | | | | | | | | |
			Cu	Fe①	Pb	Al	Mn	P	Sb	Ni	Si	Cd	Sn	Zn	杂质总和
锰黄铜	T67330	HMn59-2-1.5-0.5	58.0~59.0	0.35~0.65	0.3~0.6	1.4~1.7	1.8~2.2	—	—	—	0.6~0.9	—	—	余量	0.3
	T67400	HMn58-2②	57.0~60.0	1.0	0.1	—	1.0~2.0	—	—	—	—	—	—	余量	1.2
	T67410	HMn57-3-1①	55.0~58.5	1.0	0.2	0.5~1.5	2.5~3.5	—	—	—	—	—	—	余量	1.3
	T67420	HMn57-2-2-0.5	56.5~58.5	0.3~0.8	0.3~0.8	1.3~2.1	1.5~2.3	—	—	0.5	0.5~0.7	—	0.5	余量	1.0
铁黄铜	T67600	HFe59-1-1	57.0~60.0	0.6~1.2	0.20	0.1~0.5	0.5~0.8	—	—	—	—	—	0.3~0.7	余量	0.3
	T67610	HFe58-1-1	56.0~58.0	0.7~1.3	0.7~1.3	—	—	—	—	—	—	—	—	余量	0.5
锑黄铜	T68200	HSb61-0.8-0.5	59.0~63.0	0.2	0.2	—	—	—	0.4~1.2	0.05~1.2②	0.3~1.0	0.01	—	余量	0.5③
	T68210	HSb60-0.9	58.0~62.0	—	0.2	—	—	—	0.3~1.5	0.05~0.9④	—	0.01	—	余量	0.3③
硅黄铜	T68310	HSi80-3	79.0~81.0	0.6	0.1	—	—	—	—	—	2.5~4.0	—	—	余量	1.5
	T68320	HSi75-3	73.0~77.0	0.1	0.1	—	0.1	—	—	0.1	2.7~3.4	0.01	0.2	余量	0.6④
	C68350	HSi62-0.6	59.0~64.0	0.15	0.09	0.30	—	0.04~0.15	—	0.20	0.3~1.0	—	0.6	余量	2.0
	T68360	HSi61-0.6	59.0~63.0	0.15	0.2	—	—	0.05~0.40	—	0.05~1.0⑤	0.4~1.0	0.01	—	余量	0.3
铝黄铜	C68700	HAl77-2	76.0~79.0	0.06	0.07	1.8~2.5	As:0.02~0.06	0.03~0.12	—	—	—	—	—	余量	0.6
	T68900	HAl67-2.5	66.0~68.0	0.6	0.5	2.0~3.0	—	—	—	—	—	—	—	余量	1.5
	T69200	HAl66-6-3-2	64.0~68.0	2.0~4.0	0.5	6.0~7.0	1.5~2.5	—	—	—	—	—	—	余量	1.5
	T69210	HAl64-5-4-2	63.0~66.0	1.8~3.0	0.2~1.0	4.0~6.0	3.0~5.0	—	—	—	0.5	—	0.3	余量	1.3

复杂黄铜

续表

分类	代号	牌号	化学成分质量分数/%															
			Cu	Fe①	Pb	Al	As	Bi	Mg	Cd	Mn	Ni	Si	Co	Sn	Zn	杂质总和
铝黄铜	T69220	HAl61-4-3-1.5	59.0~62.0	0.5~1.3	—	3.5~4.5	—	—	—	—	—	2.5~4.0	0.5~1.5	1.0~2.0	0.2~1.0	余量	1.3
	T69230	HAl61-4-3-1	59.0~62.0	0.3~1.3	—	3.5~4.5	—	—	—	—	—	2.5~4.0	0.5~1.5	0.5~1.0	—	余量	0.7
复杂黄铜	T69240	HAl60-1-1	58.0~61.0	0.70~1.50	0.40	0.70~1.50	—	—	—	—	0.1~0.6	—	—	—	—	余量	0.7
	T69250	HAl59-3-2	57.0~60.0	0.50	0.10	2.5~3.5	—	—	—	—	—	2.0~3.0	—	—	—	余量	0.9
镁黄铜	T69800	HMg60-1	59.0~61.0	0.2	0.1	—	—	0.3~0.8	0.5~2.0	0.01	—	—	—	—	—	余量	0.5③
镍黄铜	T69900	HNi65-5	64.0~67.0	0.15	0.03	—	—	—	—	—	—	5.0~6.5	—	—	0.3	余量	0.3
	T69910	HNi56-3	54.0~58.0	0.15~0.5	0.2	0.3~0.5	—	—	—	—	—	2.0~3.0	—	—	—	余量	0.6

① 抗磁用黄铜的铁的质量分数不大于0.030%。

② 特殊用途的H70、H80的杂质最大值为:Fe0.07%,Sb0.002%,P0.005%,As0.005%,S0.002%;杂质总和为0.20%。

③ 此值为表中所列杂质元素实测值总和。

④ 此牌号为管材产品时,Sn含量最小值为0.9%。

⑤ 此值为Sb+B+Ni+Sn。

⑥ 此牌号P≤0.005%,B≤0.01%,Bi≤0.005%,Sb≤0.005%。

⑦ 此值为Ti+Al。

⑧ 此值为Ni+Co。

⑨ 供异型铸造和热锻用的HMn57-3-1、HMn58-2的磷的质量分数不大于0.03%。供铸珠使用的HMn55-3-1的铝的质量分数不大于0.1%。

⑩ 此值为Ni+Sn+B。

⑪ 此值为Ni+Fe+B。

加工青铜化学成分

表 3-9

分类	代号	牌号	Cu	Sn	P	Fe	Pb	Al	B	Ti	Mn	Si	Ni	Zn	杂质总和
								化学成分质量分数/%							
锡青铜②	T50110	QSn0.4	余量	0.15~0.55	0.001	—	—	—	—	—	—	—	≤0.035	—	0.1
	T50120	QSn0.6	余量	0.4~0.8	0.01	0.020	—	—	—	—	—	—	—	—	0.1
	T50130	QSn0.9	余量	0.85~1.05	0.03	0.05	—	—	—	—	—	—	—	—	0.1
	T50300	QSn0.5-0.025	余量	0.25~0.6	0.015~0.035	0.010	—	—	—	—	—	—	—	—	0.1
	T50400	QSn1-0.5-0.5	余量	0.9~1.2	0.09	—	0.01	0.01	S≤0.005	—	0.3~0.6	0.3~0.6	—	—	0.1
	C50500	QSn1.5-0.2	余量	1.0~1.7	0.03~0.35	0.10	0.05	—	—	—	—	—	—	0.30	0.95
	C50700	QSn1.8	余量	1.5~2.0	0.30	0.10	0.05	—	—	—	—	—	—	—	0.95
	T50800	QSn4-3	余量	3.5~4.5	0.03	0.05	0.02	0.002	—	—	—	—	—	2.7~3.3	0.2
	C51000	QSn5-0.2	余量	4.2~5.8	0.03~0.35	0.10	0.05	—	—	—	—	—	—	0.30	0.95
	T51010	QSn5-0.3	余量	4.5~5.5	0.01~0.40	0.1	0.02	—	—	—	—	—	0.2	0.2	0.75
	C51100	QSn4-0.3	余量	3.5~4.9	0.03~0.35	0.10	0.05	—	—	—	—	—	—	0.30	0.95
	T51500	QSn6-0.05	余量	6.0~7.0	0.05	0.10	—	—	Ag:0.05~0.12	—	—	—	—	0.05	0.2
	T51510	QSn6.5-0.1	余量	6.0~7.0	0.10~0.25	0.05	0.02	0.002	—	—	—	—	—	0.3	0.4
	T51520	QSn6.5-0.4	余量	6.0~7.0	0.26~0.40	0.02	0.02	0.002	—	—	—	—	—	0.3	0.4
	T51530	QSn7-0.2	余量	6.0~8.0	0.10~0.25	0.05	0.02	0.01	—	—	—	—	—	0.3	0.45
	C52100	QSn8-0.3	余量	7.0~9.0	0.03~0.35	0.10	0.05	—	—	—	—	—	—	0.20	0.85
	T52500	QSn15-1-1	余量	12~18	0.5	0.1~1.0	—	—	0.002~1.2	0.002	0.6	—	—	0.5~2.0	1.0⑤
复杂黄铜	T53300	QSn4-4-2.5	余量	3.0~5.0	0.03	0.05	1.5~3.5	0.002	—	—	—	—	—	3.0~5.0	0.2
	T53500	QSn4-4-4	余量	3.0~5.0	0.03	0.05	3.5~4.5	0.002	—	—	—	—	—	3.0~5.0	0.2

续表

分类	代号	牌号	化学成分质量分数/%															杂质总和
			Cu	Al	Fe	Ni	Mn	P	Zn	Sn	Si	Pb	As①	Mg	Sb①	Bi①	S	
铬青铜	T55600	QCr4.5-2.5-0.6	余量	Cr:3.5~5.5	0.05	0.2~1.0	0.5~2.0	0.005	0.05	—	—	—	Ti:1.5~3.5	—	—	—	—	0.1①
锰青铜	T56100	QMn1.5	余量	0.07	0.1	0.1	1.20~1.80	—	—	0.05	0.1	0.01	Cr≤0.1	—	0.005	0.002	0.01	0.3
	T56200	QMn2	余量	0.07	0.1	—	1.5~2.5	—	—	0.05	0.1	0.01	0.01	—	0.05	0.002	—	0.5
	T56300	QMn5	余量	—	0.35	—	4.5~5.5	0.01	0.4	0.1	0.1	0.03	—	—	0.002	—	—	0.9
铝青铜	T60700	QAl5	余量	4.0~6.0	0.5	—	0.5	0.01	0.5	0.1	0.1	0.03	—	—	—	—	—	1.6
	C60800	QAl6	余量	5.0~6.5	0.10	—	—	—	—	—	—	0.10	0.02~0.35	—	—	—	—	0.7
	C61000	QAl7	余量	6.0~8.5	0.50	—	—	—	0.20	—	0.10	0.02	—	—	—	—	—	1.3
	T61700	QAl9-2	余量	8.0~10.0	0.5	—	1.5~2.5	0.01	1.0	0.1	0.1	0.03	—	—	—	—	—	1.7
	T61720	QAl9-4	余量	8.0~10.0	2.0~4.0	—	0.5	0.01	1.0	0.1	0.1	0.01	—	—	—	—	—	1.7
	T61740	QAl9-5-1-1	余量	8.0~10.0	0.5~1.5	4.0~6.0	0.5~1.5	0.01	0.3	—	0.1	0.01	0.01	—	—	—	—	0.6
	T61760	QAl10-3-1.5④	余量	8.5~10.0	2.0~4.0	—	1.0~2.0	0.01	0.5	0.1	0.1	0.03	—	—	—	—	—	0.75
	T61780	QAl10-4-4④	余量	9.5~11.0	3.5~5.5	3.5~5.5	0.3	0.01	0.5	0.1	0.1	0.02	—	—	—	—	—	1.0
	T61790	QAl10-4-4-1	余量	8.5~11.0	3.0~5.0	3.0~5.0	0.5~2.0	—	—	—	0.1	0.01	0.01	—	—	—	—	0.8
	T62100	QAl10-5-5	余量	8.0~11.0	4.0~6.0	4.0~6.0	0.5~2.5	0.1	0.5	0.2	0.25	0.05	—	0.10	—	—	—	1.2
	T62200	QAl11-6-6	余量	10.0~11.5	5.0~6.5	5.0~6.5	0.5	0.1	0.6	0.2	0.2	0.05	—	—	—	—	—	1.5

铜铬、铜锰、铜铝合金

续表

| 分类 | 代号 | 牌号 | 化学成分质量分数/% ||||||||||||| |
			Cu	Si	Fe	Ni	Zn	Pb	Mn	Sn	P	As①	Sb①	Al	杂质总和
铜硅合金 硅青铜	C64700	QSi0.6-2	余量	0.40~0.8	0.10	1.6~2.2⑥	0.50	0.09	—	—	—	—	—	—	1.2
	T64720	QSi1-3	余量	0.6~1.1	0.1	2.4~3.4	0.2	0.15	0.1~0.4	0.1	—	—	—	0.02	0.5
	T64730	QSi3-1②	余量	2.7~3.5	0.3	0.2	0.5	0.03	1.0~1.5	0.25	—	—	—	—	1.1
	T64740	QSi3.5-3-1.5	余量	3.0~4.0	1.2~1.8	0.2	2.5~3.5	0.03	0.5~0.9	0.25	0.03	0.002	0.002	—	1.1

① 砷、锑和铋可不分析，但供方必须保证不大于界限值。
② 抗磁用锡青铜铁的质量分数不大于0.020%，QSi3-1铁的质量分数不大于0.030%。
③ 非耐磨材料用QAL10-3-1.5，其铁的质量分数可达1%，但杂质总和应不大于1.25%。
④ 经双方协商，焊接或特殊要求的QAl10-4-4，其铅的质量分数不大于0.2%。
⑤ 此值为表中所列杂质元素实测值总和。
⑥ 此值为Ni+Co。

表 3-10

加工白铜化学成分

分类		代号	牌号	化学成分质量分数/%													
				Cu	Ni+Co	Al	Fe	Mn	Pb	P	S	C	Mg	Si	Zn	Sn	杂质总和
铜镍合金	普通白铜	T70110	B0.6	余量	0.57~0.63	—	0.005	—	0.005	0.002	0.005	0.002	—	0.002	—	—	0.1
		T70380	B5	余量	4.4~5.0	—	0.20	—	0.01	0.01	0.01	0.03	—	—	—	—	0.5
		T71050	B19②	余量	18.0~20.0	—	0.5	0.5	0.005	0.01	0.01	0.05	0.05	0.15	0.3	—	1.8
		C71100	B23	余量	22.0~24.0	—	0.10	0.15	0.05	—	0.01	0.05	—	0.15	0.20	—	1.0
		T71200	B25	余量	24.0~26.0	—	0.5	0.5	0.005	0.01	0.01	0.05	0.05	0.15	0.3	0.03	1.8
		T71400	B30	余量	29.0~33.0	—	0.9	1.2	0.05	0.006	0.01	0.05	—	0.15	—	—	2.3
	铁白铜	C70400	BFe5-1.5-0.5	余量	4.8~6.2	—	1.3~1.7	0.30~0.8	0.05		—	—	—	—	1.0	—	1.55
		T70510	BFe7-0.4-0.4	余量	6.0~7.0	—	0.1~0.7	0.1~0.7	0.01	0.01	0.01	0.03	—	0.02	0.05	—	0.7
		T70590	BFe10-1-1	余量	9.0~11.0	—	1.0~1.5	0.5~1.0	0.02	0.006	0.01	0.05	—	0.15	0.3	0.03	0.7
		C70610	BFe10-1.5-1	余量	10.0~11.0	—	1.0~2.0	0.50~1.0	0.01	—	0.05	0.05	—	—	—	—	0.6
		T70620	BFe10-1.6-1	余量	9.0~11.0	—	1.5~1.8	0.5~1.0	0.03	0.02	0.01	0.05	—	—	0.20	—	0.4
		T70900	BFe16-1-1-0.5	余量	15.0~18.0	Ti≤0.03	0.50~1.00	0.2~1.0	—	0.05	Cr: 0.30~0.70	—	—	0.03	1.0	—	1.1
		C71500	BFe30-0.7	余量	29.0~33.0	—	0.40~1.0	1.0	0.05	—	—	—	—	—	1.0	—	2.5
		T71510	BFe30-1-1	余量	29.0~32.0	—	0.5~1.0	0.5~1.2	0.02	0.006	0.01	0.05	—	0.15	0.3	0.03	0.7
		T71520	BFe30-2-2	余量	29.0~32.0	—	1.7~2.3	1.5~2.5	0.01	—	0.03	0.06	—	—	—	—	0.6
	锰白铜	T71620	BMn3-12①	余量	2.0~3.5	0.2	0.20~0.50	11.5~13.5	0.020	0.005	0.020	0.05	0.03	0.1~0.3	—	—	0.5
		T71660	BMn40-1.5④	余量	39.0~41.0	—	0.50	1.0~2.0	0.005	0.005	0.02	0.10	0.05	0.10	—	—	0.9
		T71670	BMn43-0.5③	余量	42.0~44.0	—	0.15	0.10~1.0	0.002	0.002	0.01	0.10	0.05	0.10	—	—	0.6
	铝白铜	T72400	BAl6-1.5	余量	5.5~6.5	1.2~1.8	0.50	0.20	0.003	—	—	—	—	—	—	—	1.1
		T72600	BAl13-3	余量	12.0~15.0	2.3~3.0	1.0	0.50	0.003	0.01	—	—	—	—	—	—	1.9

续表

分类	代号	牌号	Cu	Ni+Co	化学成分质量分数/%														Zn	杂质总和
					Fe	Mn	Pb	Al	Si	P	S	C	Sn	Bi②	Ti	Sb①			
铜镍锌合金（锌白铜）	C73500	BZn18-10	70.5~73.5	16.5~19.5	0.25	0.50	0.09	—	—	—	—	0.03	—	—	—	—	余量	1.35
	T74600	BZn15-20	62.0~65.0	13.5~16.5	0.5	0.3	0.02	Mg≤0.05	0.15	0.005	0.01	0.03	—	0.002	As②≤0.010	0.002	余量	0.9
	C5200	BZn18-18	63.0~66.5	16.5~19.5	0.25	0.05	0.05	—	—	—	—	0.03	—	—	—	—	余量	1.3
	T75210	BZn18-17	62.0~66.0	16.5~19.5	0.25	0.50	0.03	—	—	—	—	—	—	—	—	—	余量	0.9
	T76100	BZn9-29	60.0~63.0	7.2~10.4	0.3	0.5	0.03	0.005	0.15	0.005	0.005	0.03	0.08	0.002	0.005	0.002	余量	0.8④
	T76200	BZn12-24	63.0~66.0	11.0~13.0	0.3	0.5	0.03	—	—	—	—	—	0.03	—	—	—	余量	0.8④
	T76210	BZn12-26	60.0~63.0	10.5~13.0	0.3	0.5	0.03	0.005	0.15	0.005	0.005	0.03	0.08	0.002	0.005	0.002	余量	0.8④
	T76220	BZn12-29	57.0~60.0	11.0~13.5	0.3	0.5	0.03	—	—	—	—	—	0.03	—	—	—	余量	0.8④
	T76300	BZn18-20	60.0~63.0	16.5~19.5	0.3	0.5	0.03	0.005	0.15	0.005	0.005	0.03	0.08	0.002	0.005	0.002	余量	0.8④
	T76400	BZn22-16	60.0~63.0	20.5~23.5	0.3	0.5	0.03	0.005	0.15	0.005	0.005	0.03	0.08	0.002	0.005	0.002	余量	0.8④
	T76500	BZn25-18	56.0~59.0	23.5~26.5	0.3	0.5	0.03	0.005	0.15	0.005	0.005	0.03	0.08	0.002	0.005	0.002	余量	0.8④
	C77000	BZn18-26	53.5~56.5	16.5~19.5	0.25	0.50	0.05	0.005	0.15	—	—	0.10	—	—	—	—	余量	0.8
	T77500	BZn40-20	38.0~42.0	38.0~41.5	0.3	0.5	0.03	0.005	0.15	0.005	0.005	0.10	0.08	0.002	0.005	0.002	余量	0.8④
	T78300	BZn15-21-1.8	60.0~63.0	14.0~16.0	0.3	0.5	1.5~2.0	—	0.15	—	—	—	—	—	—	—	余量	0.9
	T79500	BZn15-24-1.5	58.0~60.0	12.5~15.5	0.25	0.05~0.5	1.4~1.7	—	—	0.02	0.005	—	—	—	—	—	余量	0.75
	C79800	BZn10-41-2	45.5~48.5	9.0~11.0	0.25	1.5~2.5	1.5~2.5	—	—	—	—	—	—	—	—	—	余量	0.75
	C79860	BZn12-37-1.5	42.3~43.7	11.8~12.7	0.20	5.6~6.4	1.3~1.8	—	0.06	0.005	—	0.10	0.10	—	—	—	余量	0.56

① 铋、锑和砷可不分析，但供方必须保证正不大于界限值。
② 特殊用途的B19白铜带，可供应硅的质量分数不大于0.05%的材料。
③ 为保证电气性能，对BMn3-12合金，作热电偶用的BMn40-1.5和BMn43-0.5合金，其规定有最大值和最小值的成分，允许略微超出表中的规定。
④ 此值为表中所列杂质元素实测值总和。

2. 铜及铜合金的特性及用途

纯铜、黄铜、青铜和白铜的特性及用途分别见表 3-11、表 3-12、表 3-13 和表 3-14。

纯铜的特性及用途　　　　　　　　　　　表 3-11

类　别	牌　号	特　性　与　用　途
纯铜	T1 T2 T3	有良好的导电、导热、耐蚀和加工性能，可以焊接和钎焊。不宜在高温（>370℃）下还原气氛中加工（退火、焊接等）和使用。适用于制造电线、电缆、导电螺钉、化工用蒸发器、垫圈、铆钉、管嘴等
无氧铜	TU1、TU2	纯度高，有高的导电、导热性能，可焊接和钎焊，有良好的加工性、耐蚀性和耐寒性。适用于制造电真空仪器仪表用零件
磷脱氧铜	TP1、TP2	焊接性能和冷弯性能好，可在还原气氛中加工、使用，但不宜在氧化性气氛中加工和使用。主要适用于制造汽油或气体管道、排水管、冷凝器、蒸发器、热交换器等
银铜	TAg0.1	冷热加工性能均极好。主要用作垫圈、散热器、汇流排线圈、电气开关、化学反应器件、复合材料、印刷线路薄膜

黄铜的特性及用途　　　　　　　　　　　表 3-12

类　别	牌　号	特　性　与　用　途
普通黄铜	H96	强度比紫铜高（但在普通黄铜中，它是最低的），导热、导电性好，在大气和淡水中有高的耐蚀性，且有良好的塑性，易于冷、热压力加工，易于焊接、锻造和镀锡，无应力腐蚀破裂倾向。在一般机械制造中用作导管、冷凝管、散热器管、散热片，以及导电零件等
	H90	性能和 H96 相似，但强度较 H96 稍高，可镀金属及涂敷珐琅。用于供水及排水管、奖章、艺术品以及双金属片
	H85	具有较高的强度，塑性好，能很好地承受冷、热压力加工，焊接和耐蚀性能也都良好。用于冷凝和散热用管、虹吸管、蛇形管、冷却设备制作
	H80	性能和 H85 近似，但强度较高，塑性也较好，在大气、淡水及海水中有较高的耐蚀性。用于造纸网、薄壁管、波纹管及房屋建筑用品
	H75	有相当好的机械性能、工艺性能和耐蚀性能。能很好地在热态和冷态下压力加工。在性能和经济性上居于 H80、H70 之间。用于低载荷耐蚀弹簧
	H70 H68	有极为良好的塑性（是黄铜中最佳者）和较高的强度，切削加工性能好，易焊接，对一般腐蚀非常安定，但易产生腐蚀开裂。H68 是普通黄铜中应用最为广泛的一个品种。用于复杂的冷冲件和深冲件，如散热器外壳、导管、波纹管、垫片等
	H65	性能介于 H68 和 H62 之间，价格比 H68 便宜，也有较高的强度和塑性，能良好地承受冷、热压力加工，有腐蚀破裂倾向。用于小五金、日用品、小弹簧、螺钉、铆钉和机械零件
	H63	适用于在冷态下压力加工，宜于进行焊接和钎焊。易抛光，是进行拉丝、轧制、弯曲等成型的主要合金。用于螺钉、酸洗用的圆辊等
	H62	有良好的机械性能，热态下塑性好，冷态下塑性也可以，切削性好，易钎焊和焊接，耐蚀，但易产生腐蚀破裂。此外价格便宜，是应用广泛的一个普通黄铜品种。用于各种深引绅和弯折制造的受力零件，如销钉、铆钉、垫圈、螺帽、导管、气压表弹簧、筛网、散热器零件等
	H59	价格最便宜，强度、硬度高而塑性差，但在热态下仍能很好地承受压力加工、耐蚀性一般，其他性能和 H62 相近。用于一般机器零件、焊接件、热冲及热轧零件

类　别	牌　号	特　性　与　用　途
铅黄铜	HPb74-3	是含铅高的铅黄铜，一般不进行热加工，因有热脆倾向，有好的切削性。用于钟表、汽车、拖拉机零件以及一般机器零件
	HPb64-2 HPb63-3	含铅高的铅黄铜，不能热态加工，切削性能极为优良，且有高的减摩性能，其他性能和 HPb59-1 相似。主要用于钟表结构零件，也用于汽车、拖拉机零件
	HPb60-1	有好的切削加工性和较高的强度，其他性能同 HPb59-1。用于结构零件
	HPb59-1 HPb59-1A	是应用较广泛的铅黄铜，它的特点是切削性好，有良好的机械性能，能承受冷、热压力加工，易钎焊和焊接，对一般腐蚀有良好的稳定性，但腐蚀破裂倾向，HPb69-1A 杂质含量较高，用于比较次要的制件。适于以热冲压和切削加工制作的各种结构零件。如螺钉、垫圈、垫片、衬套、螺帽、喷嘴等
	HPb61-1	切削性良好，热加工性极好。主要用作自动切削部件
锡黄铜	HSn90-1	机械性能和工艺性能极近似于 H90 普通黄铜，但有高的耐蚀性和减磨性，可作为耐磨合金使用。用于汽车拖拉机弹性套管及其他耐蚀减摩零件
	HSn70-1	在大气、蒸汽、油类和海水中有高的耐蚀性，有良好的机械性能，切削性尚可，易焊接和钎焊。在冷、热状态下压力加工性好，有腐蚀破裂倾向。用于海轮上的耐蚀零件，与海水、蒸汽、油类接触的导管，热工设备零件
	HSn62-1	在海水中有高的耐蚀性，有良好的机械性能，冷加工时有冷脆性，只适于热压加工，切削性好，易焊接和钎焊，但有腐蚀破裂倾向。用作与海水或汽油接触的船舶零件或其他零件
	HSn60-1	性能与 HSn62-1 相似，主要产品为线材。用作船舶焊接结构用的焊条
铝黄铜	HAl77-2	有高的强度和硬度，塑性良好，可在热态及冷态下进行压力加工，对海水及盐水有良好的耐蚀性，并耐冲击腐蚀，但有脱锌及腐蚀破裂倾向。在船舶和海滨热电站中用作冷凝管以及其他耐蚀零件
	HAl77-2A HAl77-2B	性能、成分与 HAl77-2 相似，因加入了少量的砷、锑，提高了对海水的耐蚀性，又因加入少量的铍，机械性能也有所改进。用途同 HAl77-2
	HAl70-1.5	性能与 HAl77-2 接近，在船舶和海滨热电站中用作冷凝管以及其他耐蚀零件
	HAl67-2.5	在冷态、热态下能良好的承受压力加工，耐磨性好，对海水的耐蚀性尚可，对腐蚀破裂敏感，钎焊和镀锡性能不好。用于船舶抗蚀零件
	HAl60-1-1	具有高的强度，在大气、淡水和海水中耐蚀性好，但对腐蚀破裂敏感，在热态下压力加工性好，冷态下可塑性低。用于要求耐蚀的结构零件，如齿轮、蜗轮、衬套、轴等
	HAl59-3-2	具有高的强度，耐蚀性是所有黄铜中最好的，腐蚀破裂倾向不大，冷态下塑性低，热态下压力加工性好。用于发动机和船舶业及其他在常温下工作的高强度耐蚀件
	HAl66-6-3-2	为耐磨合金，具有高的强度、硬度和耐磨性，耐蚀性也较好，但有腐蚀破裂倾向，塑性较差。用于重负荷下工作中固定螺钉的螺母及大型蜗杆；可作铝青铜 QAl10-4-4 的代用品
锰黄铜	HMn58-2	在海水和过热蒸汽、氧化物中有高的耐蚀性，但有腐蚀破裂倾向；机械性能良好，导热导电性低，易于在热态下进行压力加工，冷态下压力加工性尚可，是应用较广的黄铜品种。用于腐蚀条件下工作的重要零件和弱电流工作用零件
	HMn57-3-1	强度、硬度高、塑性低，只能在热态下进行压力加工。在大气、海水、过热蒸汽中的耐蚀性比一般黄铜好，但有腐蚀破裂倾向。用于耐腐蚀结构零件
	HMn55-3-1	性能和 HMn57-3-1 接近，用于耐腐蚀结构零件

类　别	牌　号	特　性　与　用　途
铁黄铜	HFe59-1-1	具有高的强度、韧性，减摩性能良好，在大气、海水中的耐蚀性高，但有腐蚀破裂倾向，热态下塑性良好。用于制作在摩擦和受海水腐蚀条件下工作的结构零件
	HFe58-1-1	强度、硬度高，切削性好，但塑性下降，只能在热态下压力加工，耐蚀性尚好，有腐蚀破裂倾向。适于用热压和切削加工法制作的高强度耐蚀零件
硅黄铜	HSi80-3	有良好的机械性能，耐蚀性高，无腐蚀破裂倾向。耐磨性亦可，在冷态、热态下压力加工性好、易焊接和钎焊，切削性好。导热导电性是黄铜中最低的。用于船舶零件、蒸汽管和水管配件
	HSi65-1.5-3	强度高，耐蚀性好，在冷态和热态下能很好地进行压力加工，易于焊接和钎焊，有很好的耐磨和切削性。但有腐蚀破裂倾向，为耐磨锡青铜的代用品，用于腐蚀和摩擦条件下工作的高强度零件
镍黄铜	HNi65-5	有高的耐蚀性和减摩性，良好的机械性能，在冷态和热态下压力加工性能最好，导热导电性低。但因镍的价格较贵，故 HNi65-5 一般用得不多。用于压力表管、造纸网、船舶用冷凝管等，可作锡磷青铜的代用品

青铜的特性及用途　　　　　　　　　　　　　　　表 3-13

类　别	牌　号	特　性　与　用　途
锡青铜	QSn4-3	为含锌的锡青铜。有高的耐磨性和弹性，抗磁性良好，能很好地承受热态或冷态压力加工；在硬态下，切削性好，易焊接，在大气、淡水和海水中耐蚀性好。用于制作弹簧及其他弹性元件，化工设备上的耐蚀零件以及耐磨零件（如衬套、圆盘、轴承等）和抗磁零件，造纸工业用的刮刀
	QSn4-4-2.5 QSn4-4-4	为添有锌、铅合金元素的锡青铜。有高的减摩性和良好的切削性，易于焊接和钎焊，在大气、淡水中具有良好的耐蚀性；只能在冷态进行压力加工，因含铅、热加工时易引起热脆。用于制作摩擦条件下工作的轴承、卷边轴套、衬套、圆盘以及衬套的内垫等。QSn4-4-4 使用温度可达 300℃ 以下，是一种热强性较好的锡青铜
	QSn6.5-0.1	有高的强度、弹性、耐磨性和抗磁性，在热态和冷态下压力加工性良好，对电火花有较高的抗燃性，可焊接和钎焊，切削性好，在大气和淡水中耐蚀。用于制作弹簧和导电性好的弹簧接触片，精密仪器中的耐磨零件和抗磁零件，如齿轮、电刷盒、振动片、接触器等
	QSn6.5-0.4	性能用途和 QSn6.5-0.1 相似，因含磷量较高，其抗疲劳强度较高，弹性和耐磨性较好，但在热加工时有热脆性，只能接受冷压力加工。除用作弹簧和耐磨零件外，主要用于造纸工业制作耐磨的铜网和单位负荷<9.8MPa，圆周速度<3m/s 的条件下工作的零件
	QSn7-0.2	强度高，弹性和耐磨性好，易焊接和钎焊，在大气、淡水和海水中耐蚀性好，切削性良好，适于热压加工。制作中等负荷、中等滑动速度下承受摩擦的零件，如抗磨垫圈、轴承、轴套、蜗轮等，还可用作弹簧、簧片等
	QSn4-0.3	有高的机械性能、耐蚀性和弹性，能很好地在冷态下承受压力加工，也可在热态下进行压力加工
铝青铜	QAl5	为不含其他元素的铝青铜。有较高的强度、弹性和耐磨性；在大气、淡水、海水和某些酸中耐蚀性高，可电焊、气焊，不易钎焊，能很好地在冷态或热态下承受压力加工，不能淬火回火强化。制作弹簧和其他要求耐蚀的弹性元件，齿轮摩擦轮，蜗轮传动机构等，可作为 QSn6.5-0.4、QSn4-3 和 QSn4-4-4 的代用品
	QAl7	性能用途和 QAl5 相似
	QAl9-2	为含锰的铝青铜。具有高的强度，在大气、淡水和海水中抗蚀性很好，可以电焊和气焊，不易钎焊，在热态和冷态下压力加工性均好。用于高强度耐蚀零件以及在 250℃ 以下蒸汽介质中工作的管配件和海轮上零件

类　别	牌　号	特　性　与　用　途
铝青铜	QAl9-4	为含铁的铝青铜。有高的强度和减磨性，良好的耐蚀性，热态下压力加工性良好，可电焊和气焊，但钎焊性不好，可用作高锡耐磨青铜的代用品。用于制作在高负荷下工作的抗磨、耐蚀零件，如轴承、轴套、齿轮、蜗轮、阀座等，也用于制作双金属耐磨零件
	QAl10-3-1.5	为含有铁、锰元素的铝青铜。有高的强度和耐蚀性，经淬火、回火后可提高硬度，有较好的高温耐蚀性和抗氧化性，在大气、淡水和海水中抗蚀性很好，切削性尚可，可焊接，不易钎焊，热态下压力加工性良好。用于制作高温条件下工作的耐磨零件和各种标准件，如齿轮、轴承、衬套、圆盘、导向摇臂、飞轮、固定螺帽等。可代替高锡青铜制作重要机件
	QAl10-4-4	为含有铁、镍元素的铝青铜。属于高强度耐热青铜，高温（400℃）下机械性能稳定、有良好的减摩性，在大气、淡水和海水中抗蚀性很好，热态下压力加工性良好，可热处理强化、可焊接，不易钎焊，切削性尚可。用于高强度的耐磨零件和高温下（400℃）工作的零件，如轴衬、轴套、齿轮、球形座、螺帽、法兰盘、滑座等以及其他各种重要的耐蚀耐磨零件
	QAl11-6-6	成分、性能和 QAl10-4-4 相近。用于高强度耐磨零件和 500℃下工作的高温抗蚀耐磨零件
铍青铜	QBe2	为含有少量镍的铍青铜。是机械、物理、化学综合性能良好的一种合金。经淬火调质后，具有高的强度、硬度、弹性、耐磨性、疲劳极限和耐热性；同时还具有高的导电性、导热性和耐寒性，无磁性，碰击时不火花，易于焊接和钎焊，在大气、淡水和海水中抗蚀性极好。制作各种精密仪表、仪器中的弹簧和弹性元件，各种耐磨零件以及在高速、高压和高温下工作的轴承、衬套
	QBe2.15	为不含其他合金元素的铍青铜。性能和 QBe2 相似，但强度、弹性、耐磨性比 QBe2 稍高，韧性和塑性降低，对较大型铍青铜的调质工艺性能不如 QBe2 好。用途同 QBe2
	QBe1.7 QBe1.9 QBe1.9-0.1	为含有少量镍、钛的铍青铜。具有和 QBe2 相近的特性，其优点是：弹性迟滞小、疲劳强度高，温度变化时弹性稳定，性能对时效温度变化的敏感性小、价格较低廉，而强度和硬度比 QBe2 降低甚少。QBe1.9-0.1 尤其具有不产生火花的特点。制作各种重要用途弹簧、精密仪表的弹性元件、敏感元件以及承受高变向载荷的弹性元件，可代替 QBe2 及 QBe2.15
硅青铜	QSi1-3	为含有锰、镍元素的硅青铜。具有高的强度、相当好的耐磨性，能热处理强化，淬火回火后强度和硬度大大提高，在大气、淡水和海水中有较高的耐蚀性，焊接性和切削性良好。用于制造在 300℃以下，润滑不良、单位压力不大的工作条件下的摩擦零件以及在腐蚀介质中工作的结构零件
	QSi3-1	为加有锰的硅青铜。有高的强度、弹性和耐磨性。塑性好，低温下仍不变脆；能良好地与青铜、钢和其他合金焊接，特别是钎焊性好；在大气、淡水和海水中的耐蚀性高；能很好地承受冷、热压力加工，不能热处理强化，通常在退火和加工硬化状态下使用，此时有高的屈服极限和弹性。用于制作腐蚀介质中工作的各种零件，弹簧和弹簧零件，以及蜗轮、蜗杆、齿轮、轴套、制动销和杆类耐磨零件，也用于制作焊接结构中的零件，可代替重要的锡青铜，甚至铍青铜
锰青铜	QMn5	为含锰量较高的锰青铜。有较高的强度、硬度和良好的塑性，能很好地在热态及冷态下承受压力加工，有好的耐蚀性，并有高的热强性，400℃下还能保持其机械性能。用于制作蒸汽机零件和锅炉的各种管接头，蒸汽阀门等高温耐蚀零件
	QMn1.5	含锰量较 QMn5 低；与 QMn5 比较，强度、硬度较低，但塑性较高，其他性能相似。用途同 QMn5
镉青铜	QCd1	具有高的导电性和导热性，良好的耐磨性和减磨性，抗蚀性好，压力加工性能良好，一般采用冷作硬化来提高强度。用作工作温度 250℃下的电机整流子片、电车触线和电话用软线以及电焊机的电极

类　别	牌　号	特　性　与　用　途
铬青铜	QCr0.5	在常温及较高温度下（<400℃）具有较高的强度和硬度，导电性和导热性好，耐磨性和减磨性也很好；经时效硬化处理后，强度、硬度、导电性和导热性均显著提高；易于焊接和钎焊，在大气和淡水中具有良好的抗蚀性，高温抗氧化性好，能很好地在冷态和热态下承受压力加工。其缺点是对缺口的敏感性较强。用于制作工作温度350℃以下的电焊机电极、电机整流子片以及其他各种在高温下工作的，要求有高的强度、硬度、导电性和导热性的零件，还可以双金属的形式用于制车盘和圆盘
	QCr0.5-0.2-0.1	为加有少量镁、铝的铬青铜。与 QCr0.5 相比，不仅提高了耐热性，而且改善了缺口敏感性，其他性能和 QCr0.5 相似。用途同 QCr0.5
锆青铜	QZr0.2 QZr0.4	为时效硬化合金。其特点是高温（400℃以下）强度比其他任何高导电合金都高，并且在淬火状态下具有普通纯铜那样的塑性，其他性能和 QCr0.5-0.2-0.1 相似。适于作工作温度350℃以下的电机整流子片、开关零件、导线、点焊电极等

白铜的特性及用途　　　　　　　　　　　　　　表 3-14

类　别	牌　号	特　性　与　用　途
普通白铜	B0.6	为电工铜镍合金。其特点是温差电动势小，最大工作温度为 100℃。用于制造特殊温差电偶（铂-铂铑热电偶）的补偿导线
	B5	为结构白铜。它的强度和耐蚀性都比铜高，无腐蚀破裂倾向。用作船舶耐蚀零件
	B16	为电工铜镍合金。温差电动势小，最大工作温度为 100℃。用于制造特殊温差电偶（铂-金、钯-铂-铑热电偶）的补偿导线
	B19	为结构铜镍合金。有高的耐蚀性和良好的机械性能。在热态及冷态下压力加工性良好，在高温和低温下仍能保持高的强度和塑性，切削性不好。用作在蒸汽、淡水和海水中工作的精密仪表零件、金属网和抗化学腐蚀的化工机械零件以及医疗器具、钱币等
	B30	为结构铜镍合金。具有高的机械性能和抗蚀性，在热态及冷态下压力加工性良好，由于其含镍量较高，故其机械性能和耐蚀性均较 B5、B19 高。用作在蒸汽、海水中工作的抗蚀零件以及在高温高压下工作的金属管和冷凝管等
锰白铜	BMn3-12	为电工铜镍合金，俗称锰铜，有高的电阻率和低的电阻温度系数，电阻长期稳定性高，对铜的热电势小。广泛用于制造工作温度在 100℃ 以下的电阻仪器以及精密电工测量仪器
	BMn40-1.5	为电工铜镍合金，通常称为康铜。具有几乎不随温度而改变的高电阻率和高的热电动势，耐热性和抗蚀性好，且有高的机械性能和变形能力。为制造热电偶（900℃以下）的良好材料及工作温度在 500℃以下的加热器（电炉的电阻丝）和变阻器
	BMn43-0.5	为电工铜镍合金，通常称为考铜。在电工铜镍合金中具有最大的温差电动热，并有高的电阻率和很低的电阻温度系数，耐热性和抗蚀性也比 BM40-1.5 好，同时具有高的机械性能和变形能力。在高温测量中，广泛采用考铜作补偿导线和热电偶的负极以及工作温度不超过 600℃的电热仪器
铁白铜	BFe30-1-1	为结构铜镍合金。有良好的机械性能，在海水、淡水和蒸汽中具有高的耐蚀性，但切削性较差。用于船舶制造业中制作高温、高压和高速条件中工作的冷凝器和恒温器的管材
	BFe5-1	为含镍较少的结构铁白铜。和 BFe30-1-1 相比，其强度、硬度较低，但塑性较高，耐蚀性相似。主要用于船舶业代替 BFe30-1-1 制作冷凝器及其他抗蚀零件

续表

类　别	牌　号	特　性　与　用　途
锌白铜	BZn15-20	为结构铜镍合金。因其外表具有美丽的银白色,俗称德银。这种合金具有高的强度和耐蚀性,可塑性好,在热态及冷态下均能很好地承受压力加工,切削性不好,焊接性差,弹性优于 QSn6.5-0.1。用作潮湿条件下和强腐蚀介质中工作的仪表零件以及医疗器械、工业器皿、艺术品、电讯工业零件、蒸汽配件和水道配件、日用品以及弹簧管和簧片等
	BZn17-18-1.8	为加有铅的锌白铜结构合金。性能和 BZn15-20 相似,但它的切削性较好,而且只能在冷态下进行压力加工。用于钟表工业制作精密零件
铝白铜	BAl13-3	为结构铜镍合金。可以热处理,除具有高的强度(是白铜中强度最高的)和耐蚀性外,还具有高的弹性和抗寒性,在低温下机械性能有些提高,这是其他铜合金所没有的性能。用于制作高强度耐蚀零件
	BAl6-1.5	为结构铜镍合金。可以热处理强化,有较高的强度和良好的弹性。制作重要用途的扁弹簧

3. 铜及铜合金拉制棒材(GB/T 4423—2007)

铜及铜合金拉制棒材的牌号、状态和规格应符合表 3-15 的规定。矩形棒截面的宽高比应同时符合表 3-16 规定。圆形棒、方形棒和六角形棒材力学性能见表 3-17,矩形棒材的力学性能见表 3-18。

铜及铜合金拉制棒材的牌号、状态和规格　　　　表 3-15

牌　号	状　态	直径(或对边距离)/mm 圆形棒、方形棒、六角形棒	矩形棒
T2、T3、TP2、H96、TU1、TU2	Y(硬) M(软)	3～80	3～80
H90	Y(硬)	3～40	—
H80、H65	Y(硬) M(软)	3～40	—
H68	Y₂(半硬) M(软)	3～80 13～35	—
H62	Y₂(半硬)	3～80	3～80
HPb59-1	Y₂(半硬)	3～80	3～80
H63、HPb63-0.1	Y₂(半硬)	3～40	—
HPb63-3	Y(硬) Y₂(半硬)	3～30 3～60	3～80
HPb61-1	Y₂(半硬)	3～20	—
HFe59-1-1、HFe58-1-1、HSn62-1、HMn58-2	Y(硬)	4～60	—
QSn6.5-0.1、QSn6.5-0.4、QSn4-3、QSn4-0.3、QSi3-1、QAl9-2、QAl9-4、QAl10-3-1.5、QZr-0.2、QZr0.4	Y(硬)	4～40	—
QSn7-0.2	Y(硬) T(特硬)	4～40	—

续表

牌　号	状　态	直径（或对边距离）/mm	
		圆形棒、方形棒、六角形棒	矩形棒
QCu1	Y（硬） M（软）	4～60	—
QCr0.5	Y（硬） M（软）	4～40	—
QSi1.8	Y（硬）	4～15	—
BZn15-20	Y（硬） M（软）	4～40	—
BZn15-24-1.5	T（特硬） Y（硬） M（软）	3～18	—
BFe30-1-1	Y（硬） M（软）	16～50	—
BMn40-1.5	Y（硬）	7～40	—

注：经双方协商可供其他规格棒材，具体要求应在合同中注明。

矩形棒截面的宽高比　　　　　　　　　　　　表 3-16

高度/mm	宽度/高度，不大于	高度/mm	宽度/高度，不大于
≤10	2.0	>20	3.5
>10～≤20	3.0		

注：经双方协商可供其他规格棒材，具体要求应在合同中注明。

圆形棒、方形棒和六角形棒材的力学性能　　　　　　　　表 3-17

牌　号	状态	直径、对边距 mm	抗拉强度 R_m N/mm²	断后伸长率 A %	布氏硬度 HBW	牌　号	状态	直径、对边距 mm	抗拉强度 R_m N/mm²	断后伸长率 A %	布氏硬度 HBW
			不小于						不小于		
T2　T3	Y	3～40	275	10	—	H80	Y	3～40	390	—	—
		40～60	245	12	—		M	3～40	275	50	—
		60～80	210	16	—	H68	Y₂	3～12	370	18	—
	M	3～80	200	40	—			12～40	315	30	—
TU1 TU2 TP2	Y	3～80	—	—	—			40～80	295	34	—
H96	Y	3～40	275	8	—		M	13～35	295	50	—
		40～60	245	10	—	H65	Y	3～40	390	—	—
		60～80	205	14	—		M	3～40	295	44	—
	M	3～80	200	40	—	H62	Y₂	3～40	370	18	—
H90	Y	3～40	330	—	—			40～80	335	24	—

续表

牌号	状态	直径、对边距 mm	抗拉强度 R_m N/mm²	断后伸长率 A %	布氏硬度 HBW	牌号	状态	直径、对边距 mm	抗拉强度 R_m N/mm²	断后伸长率 A %	布氏硬度 HBW
			不小于						不小于		
HPb61-1	Y₂	3～20	390	11	—	QSn6.5-0.1 QSn6.5-0.4	Y	3～12	470	13	—
								12～25	440	15	—
HPb59-1	Y₂	3～20	420	12	—			25～40	410	18	—
		20～40	390	14	—	QSn7-0.2	Y	4～40	440	19	130～200
		40～80	370	19	—		T	4～40	—	—	≥180
HPb63-0.1 H63	Y₂	3～20	370	18	—	QSn4-0.3	Y	4～12	410	10	—
		20～40	340	21	—			12～25	390	13	—
HPb63-3	Y	3～15	490	4	—			25～40	355	15	—
		15～20	450	9	—	QSn4-3	Y	4～12	430	14	—
		20～30	410	12	—			12～25	370	21	—
	Y₂	3～20	390	12	—			25～35	335	23	—
		20～60	360	16	—			35～40	315	23	—
HSn62-1	Y	4～40	390	17	—	QCd1	Y	4～60	370	5	≥100
		40～60	360	23	—		M	4～60	215	36	≤75
HMn58-2	Y	4～12	440	24	—	QCr0.5	Y	4～40	390	6	—
		12～40	410	24	—		M	4～40	230	40	—
		40～60	390	29	—	QZr0.2 QZr0.4	Y	3～40	294	6	130①
HFe58-1-1	Y	4～40	440	11	—	BZn15-20	Y	4～12	440	6	—
		40～60	390	13	—			12～25	390	8	—
HFe59-1-1	Y	4～12	490	17	—			25～40	345	13	—
		12～40	440	19	—		M	3～40	295	33	—
		40～60	410	22	—		T	3～18	590	3	—
QAl9-2	Y	4～40	540	16	—	BZn15-24-1.5	Y	3～18	440	5	—
QAl9-4	Y	4～40	580	13	—		M	3～18	295	30	—
QAl10-3-1.5	Y	4～40	630	8	—	BFe30-1-1	Y	16～50	490	—	—
QSi3-1	Y	4～12	490	13	—		M	16～50	345	25	—
		12～40	470	19	—	BMn40-1.5	Y	7～20	540	5	—
QSi1.8	Y	3～15	500	15	—			20～30	490	8	—
								30～40	440	11	—

注：直径或对边距离小于 10mm 的棒材不做硬度试验。

①此硬度值为经淬火处理及冷加工时效后的性能参考值。

矩形棒材的力学性能　　　　　　　　　　表 3-18

牌 号	状 态	高度/mm	抗拉强度 R_m N/mm²	断后伸长率 A/%
			不小于	
T2	M	3～80	196	36
	Y	3～80	245	9
H62	Y₂	3～20	335	17
		20～80	335	23
HPb59-1	Y₂	5～20	390	12
		20～80	375	18
HPb63-3	Y₂	3～20	380	14
		20～80	365	19

4. 铜及铜合金挤制棒材（YS/T 649—2007）

铜及铜合金挤制棒材的牌号、状态和规格见表 3-19，力学性能见表 3-20。

铜及铜合金挤制棒材的牌号、状态、规格　　　　表 3-19

牌 号	状态	直径或长边对边距/mm		
		圆形棒	矩形棒①	方形、六角形棒
T2、T3	挤制（R）	30～300	20～120	20～120
TU1、TU2、TP2		16～300	—	16～120
H96、HFe58-1-1、HAl60-1-1		10～160	—	10～120
HSn62-1、HMn58-2、HFe59-1-1		10～220	—	10～120
H80、H68、H59		16～120	—	16～120
H62、HPb59-1		10～220	5～50	10～120
HSn70-1、HAl77-2		10～160	—	10～120
HMn55-3-1、HMn57-3-1、HAl66-6-3-2、HAl67-2.5		10～160	—	10～120
QAl9-2		10～200	—	30～60
QAl9-4、QAl10-3-1.5、QAl10-4-4、QAl10-5-5		10～200	—	—
QAl11-6-6、HSi80-3、HNi56-3		10～160	—	—
QSi1-3		20～100	—	—
QSi3-1		20～160	—	—
QSi3.5-3-1.5、BFe10-1-1、BFe30-1-1、BAl13-3、BMn40-1.5		40～120	—	—
QCd1		20～120	—	—
QSn4-0.3		60～180	—	—
QSn4-3、QSn7-0.2		40～180	—	40～120
QSn6.5-0.1、QSn6.5-0.4		40～180	—	30～120
QCr0.5		18～160	—	—
BZn15-20		25～120	—	—

注：直径（或对边距）为 10mm～50mm 的棒材，供应长度为 1000mm～5000mm；直径（或对边距）大于 50mm～75mm 的棒材，供应长度为 500mm～5000mm；直径（或对边距）大于 75mm～120mm 的棒材，供应长度为 500mm～4000mm；直径（或对边距）大于 120mm 的棒材，供应长度为 300mm～4000mm。

① 矩形棒的对边距指两短边的距离。

铜及铜合金挤制棒材力学性能 　　　表 3-20

牌号	直径 （对边距） mm	抗拉强度 R_m N/mm²	断后伸 长率 A/%	布氏 硬度 HBW	牌号	直径 （对边距） mm	抗拉强度 R_m N/mm²	断后伸 长率 A/%	布氏 硬度 HBW
T2、T3、 TU1、TU2、 TP2	≤120	≥186	≥40	—	QAl10-3-1.5	≤16	≥610	≥9	130~ 190
						>16	≥590	≥13	
H96	≤80	≥196	≥35	—	QAl10-4-4 QAl10-5-5	≤29	≥690	≥5	170~ 260
						>29~120	≥635	≥6	
H80	≤120	≥275	≥45	—		>120	≥590	≥6	
H68	≤80	≥295	≥45	—	QAl11-6-6	≤28	≥690	≥4	—
H62	≤160	≥295	≥35	—		>28~50	≥635	≥5	
H59	≤120	≥295	≥30	—	QSi1-3	≤80	≥490	≥11	
HPb59-1	≤160	≥340	≥17	—	QSi3-1	≤100	≥345	≥23	
HSn62-1	≤120	≥365	≥22	—	QSi3.5-3-1.5	40~120	≥380	≥35	
HSn70-1	≤75	≥245	≥45	—	QSn4-0.3	60~120	≥280	≥30	
HMn58-2	≤120	≥395	≥29	—	QSn4-3	40~120	≥275	≥30	
HMn55-3-1	≤75	≥490	≥17	—	QSn6.5-0.1、 QSn6.5-0.4	≤40	≥355	≥55	
HMn57-3-1	≤70	≥490	≥16	—		>40~100	≥345	≥60	
HFe58-1-1	≤120	≥295	≥22	—		>100	≥315	≥64	
HFe59-1-1	≤120	≥430	≥31	—	QSn7-0.2	40~120	≥355	≥64	≥70
HAl60-1-1	≤120	≥440	≥20	—	QCd1	20~120	≥196	≥38	≤75
HAl66-6-3-2	≤75	≥735	≥8	—	QCr0.5	20~160	≥230	≥35	—
HAl67-2.5	≤75	≥395	≥17	—	BZn15-20	≤80	≥295	≥33	—
HAl77-2	≤75	≥245	≥45	—	BFe10-1-1	≤80	≥280	≥30	—
HNi56-3	≤75	≥440	≥28	—	BFe30-1-1	≤80	≥345	≥28	—
HSi80-3	≤75	≥295	≥28	—	BAl13-3	≤80	≥685	≥7	—
QAl9-2	≤45	≥490	≥18	110~ 190	BMn40-1.5	≤80	≥345	≥28	—
	>45~160	≥470	≥24	—					
QAl9-4	≤120	≥540	≥17	110~ 190					
	>120	≥450	≥13						

注：直径大于 50mm 的 QAl10-3-1.5 棒材，当断后伸长率 A 不小于 16% 时，其抗拉强度可不小于 540N/mm²。

5. 易切削铜合金棒（GB/T 26306—2010）

易切削铜合金棒截面形状见图 3-1，牌号、状态、规格见表 3-21，力学性能见表 3-22。

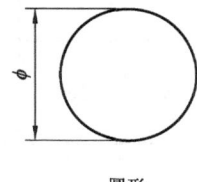
圆形

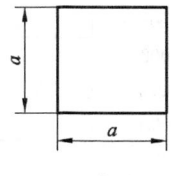
正方形

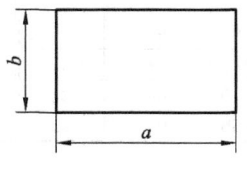
矩形

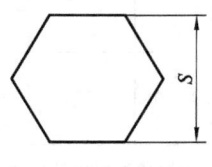
正六角形

图 3-1　易切削铜合金棒截面形状

易切削铜合金棒牌号、状态、规格　　　　　　　　　表 3-21

牌　号	状　态	直径（或对边距）/mm	长度/mm
HPb57-4、HPb58-2、HPb58-3、HPb59-1、HPb59-2、HPb59-3、HPb60-2、HPb60-3、HPb62-3、HPb63-3	半硬（Y₂）、硬（Y）	3～80	500～6000
HBi59-1、HBi60-1.3、HBi60-2、HMg60-1、HSi75-3、HSi80-3	半硬（Y₂）	3～80	500～6000
HSb60-0.9、HSb61-0.8-0.5	半硬（Y₂）、硬（Y）	4～80	500～6000
HBi60-0.5-0.01、HBi60-0.8-0.01、HBi60-1.1-0.01	半硬（Y₂）	5～60	500～5000
QTe0.3、QTe0.5、QTe0.5-0.008、QS0.4、QSn4-4-4、QPb1	半硬（Y₂）、硬（Y）	4～80	500～5000

注：1. 直径（或对边距）不大于 10mm，长度不小于 4000mm 的棒材可成盘（卷）供货。

　　2. 经双方协商，可供其他规格牌号的棒材，具体要求应在合同中注明。

易切削铜合金棒的室温纵向力学性能　　　　　　　　　表 3-22

牌　号	状　态	直径（或对边距）mm	抗拉强度 R_m N/mm²	伸长率 A %	牌　号	状　态	直径（或对边距）mm	抗拉强度 R_m N/mm²	伸长率 A %
			不小于					不小于	
HPb57-4、HPb58-2、HPb58-3	Y₂	3～20	350	10	HSb60-0.9、HSb61-0.8-0.5	Y₂	4～12	390	8
		>20～40	330	15			>12～25	370	10
		>40～80	315	20			>25～80	300	18
	Y	3～20	380	8		Y	4～12	480	4
		>20～40	350	12			>12～25	450	6
		>40～80	320	15			>25～40	420	10
HPb59-1、HPb59-2、HPb60-2	Y₂	3～20	420	12	QSn4-4-4	Y₂	4～12	430	12
		>20～40	390	14			>12～20	400	15
		>40～80	370	19		Y	4～12	450	5
	Y	3～20	480	5			>12～20	420	7
		>20～40	460	7					
		>40～80	440	10					
HPb59-3、HPb60-3、HPb62-3、HPb63-3	Y₂	3～20	390	12	HSi80-3	Y₂	4～80	295	28
		>20～40	360	15					
		>40～80	330	20					
	Y	3～20	490	6	QTe0.3、QTe0.5、QTe0.5-0.008、QS0.4、QPb1	Y₂	4～80	260	8
		>20～40	450	9					
		>40～80	410	12					
HBi59-1、HBi60-2、HBi60-1.3、HMg60-1、HSi75-3	Y₂	3～20	350	10					
		>20～40	330	12		Y	4～80	330	4
		>40～80	320	15					
HBi60-0.5-0.01、HBi60-0.8-0.01、HBi60-1.1-0.01	Y₂	5～20	400	20					
		>20～40	390	22					
		>40～60	380	25					

注：矩形棒按短边长分档。

6. 黄铜磨光棒（YS/T 551—2006）

黄铜磨光棒的牌号、状态、规格及力学性能见表 3-23。

黄铜磨光棒牌号、状态、规格及力学性能　　表 3-23

牌　号	状　态	抗拉强度 σ_b N/mm² 不小于	伸长率/% 不小于		直径/mm
			δ_{10}	δ_6	
HPb 59-1	Y	430	10	12	5～19
	Y₂	390	10	12	
HPb 63-3	Y	430	4	5	
	Y₂	350	12	14	
H62	Y	390	10	12	
	Y₂	370	15	17	

注：1. 伸长率指标，仲裁时以 δ_{10} 为准。
　　2. 有特殊要求的棒材，其力学性能由供需双方在合同中规定。

7. 铜及铜合金拉制管（GB/T 1527—2006、GB/T 16866—2006）

铜及铜合金拉制管的牌号、状态、尺寸范围见表 3-24；拉制铜及铜合金圆形管规格见表 3-25。纯铜圆形管材的纵向室温力学性能符合表 3-26 中的规定，矩（方）形管材的室温力学性能协商确定。黄铜、白铜管材的纵向室温力学性能符合表 3-27 的规定；需方有要求并在合同中注明时，可选择维氏硬度或布氏硬度试验，当选择硬度试验时，拉伸试验结果仅供参考。

铜及铜合金拉制管的牌号、状态、尺寸范围（GB/T 1527—2006）　　表 3-24

牌　号	状　态	尺寸范围/mm			
		圆形		矩（方）形	
		外径	壁厚	对边距	壁厚
T2、T3、TU1、TU2、TP1、TP2	软（M）、轻软（M₂）硬（Y）、特硬（T）	3～360	0.5～15	3～100	1～10
	半硬（Y₂）	3～100			
H96、H90	软（M）、轻软（M₂）半硬（Y₂）、硬（Y）	3～200	0.2～10		0.2～7
H85、H80、H85A					
H70、H68、H59、HPb59-1、HSn62-1、HSn70-1、H70A、H68A		3～100			
H65、H63、H62、HPb66-0.5、H65A		3～200			
HPb63-0.1	半硬（Y₂）	18～31	6.5～13	—	—
	1/3 硬（Y₃）	8～31	3.0～13	—	—
BZn15-20	硬（Y）、半硬（Y₂）、软（M）	4～40			
BFe10-1-1	硬（Y）、半硬（Y₂）、软（M）	8～160	0.5～8	—	—
BFe30-1-1	半硬（Y₂）、软（M）	8～80			

注：1. 外径≤100mm 的圆形直管，供应长度为 1000mm～7000mm；其他规格的圆形直管供应长度为 500mm～6000mm。
　　2. 矩（方）形直管的供应长度为 1000mm～5000mm。
　　3. 外径≤30mm、壁厚<3mm 的圆形管材和圆周长≤100mm 或圆周长与壁厚之比≤15 的矩（方）形管材，可供应长度≥6000mm 的盘管。

表 3-25

拉制铜及铜合金圆形管规格（GB/T 16866—2006）（mm）

公称外径	公称壁厚																									
	0.2	0.3	0.4	0.5	0.6	0.75	1.0	1.25	1.5	2.0	2.5	3.0	3.5	4.0	4.5	5.0	6.0	7.0	8.0	9.0	10.0	11.0	12.0	13.0	14.0	15.0
3,4	○	○	○	○	○																					
5,6,7	○	○	○	○	○		○	○	○																	
8,9,10,11,12,13,14,15	○	○	○	○	○	○	○	○	○	○	○	○														
16,17,18,19,20		○	○	○	○	○	○	○	○	○	○	○	○	○	○											
21,22,23,24,25,26,27,28,29,30			○	○	○	○	○	○	○	○	○	○	○	○	○	○										
31,32,33,34,35,36,37,38,39,40				○	○		○	○	○	○	○	○	○	○	○	○										
42,44,45,46,48,49,50						○	○	○	○	○	○	○	○	○	○	○	○									
52,54,55,56,58,60						○	○		○	○	○	○	○	○	○	○	○	○	○							
62,64,65,66,68,70									○	○	○	○	○	○	○	○	○	○	○	○	○	○				
72,74,75,76,78,80									○	○	○	○	○	○	○	○	○	○	○	○	○	○	○	○		
82,84,85,86,88,90,92,94,96,100										○	○	○	○	○	○	○	○	○	○	○	○	○	○	○	○	○
105,110,115,120,125,130,135,140,145,150											○	○	○	○	○	○	○	○	○	○	○	○	○	○	○	○
155,160,165,170,175,180,185,190,195,200												○	○	○	○	○	○	○	○	○	○	○	○	○	○	○
210,220,230,240,250															○	○	○	○	○	○	○	○	○	○	○	○
260,270,280,290,300,310,320,330,340,350,360															○	○	○	○	○	○	○	○	○	○	○	○

注："○"表示推荐规格，需要其他规格的产品应由供需双方商定。

纯铜管的力学性能（GB/T 1527—2006）　　表 3-26

牌　号	状　态	壁厚/mm	拉伸试验		硬度试验	
			抗拉强度 R_m MPa 不小于	伸长率 A/% 不小于	维氏硬度[①] HV	布氏硬度[②] HBW
T2、T3、TU1、TU2、TP1、TP2	软（M）	所有	200	40	40～65	35～60
	软轻（M₂）	所有	220	40	45～75	40～70
	半硬（Y₂）	所有	250	20	70～100	65～95
	硬（Y）	≤6	290	—	95～120	90～115
		>6～10	265	—	75～110	70～105
		>10～15	250	—	70～100	65～95
	特硬[③]（T）	所有	360	—	≥110	≥150

① 维氏硬度试验负荷由供需双方协商确定。软（M）状态的维氏硬度试验仅适用于壁厚≥1mm 的管材。

② 布氏硬度试验仅适用于壁厚≥3mm 的管材。

③ 特硬（T）状态的抗拉强度仅适用于壁厚≤3mm 的管材；壁厚>3mm 的管材，其性能由供需双方协商确定。

黄铜、白铜管的力学性能（GB/T 1527—2006）　　表 3-27

牌　号	状　态	拉伸试验		硬度试验	
		抗拉强度 R_m/MPa 不小于	伸长率 A/% 不小于	维氏硬度[①] HV	布氏硬度[②] HBW
H96	M	205	42	45～70	40～65
	M₂	220	35	50～75	45～70
	Y₂	260	18	75～105	70～100
	Y	320	—	≥95	≥90
H90	M	220	42	45～75	40～70
	M₂	240	35	50～80	45～75
	Y₂	300	18	75～105	70～100
	Y	360	—	≥100	≥95
H85、H85A	M	240	43	45～75	40～70
	M₂	260	35	50～80	45～75
	Y₂	310	18	80～110	75～105
	Y	370	—	≥105	≥100
H80	M	240	43	45～75	40～70
	M₂	260	40	55～85	50～80
	Y₂	320	25	85～120	80～115
	Y	390	—	≥115	≥110
H70、H68、H70A、H68A	M	280	43	55～85	50～80
	M₂	350	25	85～120	80～115
	Y₂	370	18	95～125	90～120
	Y	420	—	≥115	≥110
H65、HPb66-0.5、H65A	M	290	43	55～85	50～80
	M₂	360	25	80～115	75～110
	Y₂	370	18	90～120	85～115
	Y	430	—	≥110	≥105
H63、H62	M	300	43	60～90	55～85
	M₂	360	25	75～110	70～105
	Y₂	370	18	85～120	80～115
	Y	440	—	≥115	≥110

续表

牌 号	状 态	拉伸试验		硬度试验	
		抗拉强度 R_m/MPa 不小于	伸长率 A/% 不小于	维氏硬度①/ HV	布氏硬度②/ HBW
H59、HPb59-1	M	340	35	75～105	70～100
	M_2	370	20	85～115	80～110
	Y_2	410	15	100～130	95～125
	Y	470	—	≥125	≥120
HSn70-1	M	295	40	60～90	55～85
	M_2	320	35	70～100	65～95
	Y_2	370	20	85～110	80～105
	Y	455	—	≥110	≥105
HSn62-1	M	295	35	60～90	55～85
	M_2	335	30	75～105	70～100
	Y_2	370	20	85～110	80～105
	Y	455	—	≥110	≥105
HPb63-0.1	半硬（Y_2）	353	20	—	110～165
	1/3硬（Y_3）	—	—	—	70～125
BZn15-20	软（M）	295	35	—	—
	半硬（Y_2）	390	20	—	—
	硬（Y）	490	8	—	—
BFe10-1-1	软（M）	290	30	75～110	70～105
	半硬（Y_2）	310	12	105	100
	硬（Y）	480	8	150	145
BFe30-1-1	软（M）	370	35	135	130
	半硬（Y_2）	480	12	85～120	80～115

①维氏硬度试验负荷由供需双方协商确定。软（M）状态的维氏硬度试验仅适用于壁厚≥0.5mm的管材。
②布氏硬度试验仅适用于壁厚≥3mm的管材。

8. 铜及铜合金挤制管（YS/T 662—2007、GB/T 16866—2006）

铜及铜合金挤制管的牌号、状态、规格见表 3-28；化学成分应符合标准 GB/T 5231—2001 中相应牌号的规定；挤制铜及铜合金圆形管规格见表 3-29；室温纵向力学性能应符合表 3-30 规定。

铜及铜合金挤制管的牌号、状态、规格（YS/T 662—2007）　　　　表 3-28

牌号	状态	规格/mm		
		外径	壁厚	长度
TU1、TU2、T2、T3、TP1、TP2	挤制（R）	30～300	5～65	300～6000
H96、H62、HPb59-1、HFe59-1-1		20～300	1.5～42.5	
H80、H65、H68、HSn62-1、HSi80-3、HMn58-2、HMn57-3-1		60～220	7.5～30	
QAl9-2、QAl9-4、QAl10-3-1.5、QAl10-4-4		20～250	3～50	500～6000
QSi3.5-3-1.5		80～200	10～30	
QCr0.5		100～220	17.5～37.5	500～3000
BFe10-1-1		70～250	10～25	300～3000
BFe30-1-1		80～120	10～25	

表 3-29

挤制铜及铜合金圆形管规格（GB/T 16866—2006）(mm)

公称壁厚

公称外径	1.5	2.0	2.5	3.0	3.5	4.0	4.5	5.0	6.0	7.5	9.0	10.0	12.5	15.0	17.5	20.0	22.5	25.0	27.5	30.0	32.5	35.0	37.5	40.0	42.5	45.0	50.0
20，21，22	○	○	○	○		○																					
23，24，25，26	○	○	○	○	○	○																					
27，28，29			○	○	○	○	○	○	○																		
30，32			○	○	○	○	○	○	○																		
34，35，36				○	○	○	○	○	○																		
38，40，42，44				○	○	○	○	○	○		○	○															
45，46，48			○	○	○	○	○	○	○		○	○															
50，52，54，55			○	○	○	○	○	○	○		○	○	○	○	○												
56，58，60						○	○	○	○		○	○	○	○	○												
62，64，65，68，70						○	○	○	○	○	○	○	○	○	○	○	○	○									
72，74，75，78，80							○	○	○	○	○	○	○	○	○	○	○	○									
85，90										○		○	○	○	○	○	○	○	○	○							
95，100										○		○	○	○	○	○	○	○	○	○							
105，110												○	○	○	○	○	○	○	○	○							
115，120												○	○	○	○	○	○	○	○	○	○	○	○				
125，130												○	○	○	○	○	○	○	○	○	○	○					
135，140												○	○	○	○	○	○	○	○	○	○	○	○				
145，150												○	○	○	○	○	○	○	○	○	○	○					
155，160												○	○	○	○	○	○	○	○	○	○	○	○	○	○		
165，170												○	○	○	○	○	○	○	○	○	○	○	○	○	○		
175，180												○	○	○	○	○	○	○	○	○	○	○	○	○	○		
185，190，195，200												○	○	○	○	○	○	○	○	○	○	○	○	○	○	○	
210，220													○	○	○	○	○	○	○	○	○	○	○	○	○	○	
230，240，250													○	○	○	○	○	○	○	○	○	○	○	○	○	○	○
260，280																○		○		○							
290，300																		○		○							

注："○" 表示推荐规格，需要其他规格的产品应由供需双方商定。

铜及铜合金挤制管的室温纵向力学性能（YS/T 662—2007）　　表 3-30

牌号	壁厚/mm	抗拉强度 R_m/（N/mm²）	断后伸长率 A/%	布氏硬度 HBW
T2、T3、TU1、TU2、TP1、TP2	≤65	≥185	≥42	—
H96	≤42.5	≥185	≥42	—
H80	≤30	≥275	≥40	—
H68	≤30	≥295	≥45	—
H65、H62	≤42.5	≥295	≥43	—
HPb59-1	≤42.5	≥390	≥24	—
HFe59-1-1	≤42.5	≥430	≥31	—
HSn62-1	≤30	≥320	≥25	—
HSi80-3	≤30	≥295	≥28	—
HMn58-2	≤30	≥395	≥29	—
HMn57-3-1	≤30	≥490	≥16	—
QAl9-2	≤50	≥470	≥16	—
QAl9-4	≤50	≥450	≥17	—
QAl10-3-1.5	<16	≥590	≥14	140～200
	≥16	≥540	≥15	135～200
QAl10-4-4	≤50	≥635	≥6	170～230
QSi3.5-3-1.5	≤30	≥360	≥35	—
QCr0.5	≤37.5	≥220	≥35	—
BFe10-1-1	≤25	≥280	≥28	—
BFe30-1-1	≤25	≥345	≥25	—

9. 铜及铜合金散热管（GB/T 8891—2013）

散热管的牌号、状态、规格见表 3-31，横截面形状见图 3-2，力学性能见表 3-32。

铜及铜合金散热管的牌号、状态、规格（mm）　　表 3-31

牌号	代号	状态	规格/mm			长度
			圆管 直径 D×壁厚 S	扁管 宽度 A×高度 B ×壁厚 S	矩形管 长边 A×短边 B ×壁厚 S	
TU0	T10130	拉拔硬 （H80）、 轻拉（H55）	（4～25） ×（0.20～2.00）			250～4000
T2 H95	T11050 T21000	拉拔硬 （H80）				
H90 H85 H80	T22000 T23000 T24000	轻拉（H55）				
H68 HAs68-0.04 H65 H63	T26300 T26330 T27000 T27300	轻软退火 （O50）	（10～50） ×（0.20～0.80）	（15～25） ×（1.9～6.0） ×（0.20～0.80）	（15～25） ×（5～12） ×（0.20～0.80）	
HSn70-1	T45000	软化退火 （O60）				

注：经供需双方协商可供应其他牌号或规格的管材。

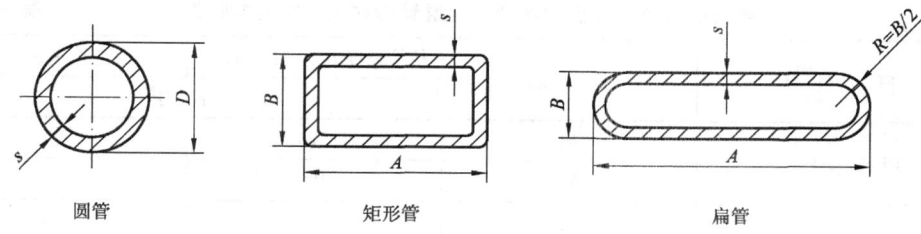

圆管　　　　　　　　　　矩形管　　　　　　　　　　扁管

图 3-2　管材的模截面示意图

铜及铜合金散热管力学性能　　　　　　　　　　表 3-32

牌号	状态	抗拉强度 R_m，不小于 MPa	断后伸长率 A，不小于 %
T2	拉拔硬（H80）	295	—
TU0	轻拉（H55）	250	20
	拉拔硬（H80）	295	—
H95	拉拔硬（H80）	320	
H90	轻拉（H55）	300	18
H85	轻拉（H55）	310	18
H80	轻拉（H55）	320	25
H68、HAs68-0.01、H65、H63	轻软退火（O50）	350	25
HSn70-1	软化退火（O60）	295	40

10. 热交换器及冷凝器用铜合金无缝管（GB/T 8890—2007）

热交换器及冷凝器用铜合金无缝管牌号、状态、规格见表 3-33；HSn70-1B、HSn70-1AB 无缝管的化学成分（质量分数）见表 3-34；室温力学性能见表 3-35。

热交换器及冷凝器用铜合金无缝管牌号、状态、规格　　　　　　　　　　表 3-33

牌　号	种　类	供　应　状　态	规格/mm		
			外　径	壁　厚	长　度
BFe10-1-1	盘管	软（M）、半硬（Y₂）、硬（Y）	3～20	0.3～1.5	—
	直管	软（M）	4～160	0.5～4.5	＜6000
		半硬（Y₂）、硬（Y）	6～76	0.5～4.5	＜18000
BFe30-1-1	直管	软（M）、半硬（Y₂）	6～76	0.5～4.5	＜18000
HAl77-2、HSn70-1、HSn70-1B、HSn70-1AB、H68A、H70A、H85A	直管	软（M） 半硬（Y₂）	6～76	0.5～4.5	＜18000

HSn70-1B、HSn70-1AB 热交换器及冷凝器用铜合金无缝管化学成分（质量分数）　　　　　　表 3-34

牌　号	主成分/%							杂质成分/%，不大于		
	Cu	Sn	As	B	Ni	Mn	Zn	Fe	Pb	杂质总和
HSn70-1B	69.0～71.0	0.8～1.3	0.03～0.06	0.0015～0.02	—	—	余量	0.10	0.05	0.3
HSn70-1AB	69.0～71.0	0.8～1.3	0.03～0.06	0.0015～0.02	0.05～1.00	0.02～2.00	余量	0.10	0.05	0.3

热交换器及冷凝器用铜合金无缝管管材的室温力学性能　　表 3-35

牌　号	状　态	抗拉强度 R_m / (N/mm²)	伸长率 A/%
		不小于	
BFe30-1-1	M	370	30
	Y_2	490	10
BFe10-1-1	M	290	30
	Y_2	345	10
	Y	480	—
HAl77-2	M	345	50
	Y_2	370	45
HSn70-1、HSn70-1B、HSn70-1AB	M	295	42
	Y_2	320	38
H68A、H70A	M	295	42
	Y_2	320	38
H85A	M	245	28
	Y_2	295	22

11. 无缝铜水管和铜气管（GB/T 18033—2007）

无缝铜水管和铜气管牌号、状态、规格见表 3-36；力学性能见表 3-37；外形尺寸系列见表 3-38。

无缝铜水管和铜气管牌号、状态、规格　　表 3-36

牌号	状态	种类	规格/mm		
			外径	壁厚	长度
TP2 TU2	硬（Y）	直管	6~325	0.6~8	≤6000
	半硬（Y_2）		6~159		
	软（M）		6~108		
	软（M）	盘管	≤28		≥15000

无缝铜水管和铜气管力学性能　　表 3-37

牌号	状态	公称外径/mm	抗拉强度 R_m N/mm²	伸长率 A/%	维氏硬度 HV5
			不小于	不小于	
TU2 TU2	Y	≤100	315	—	>100
		>100	295		
	Y_2	≤67	250	30	75~100
		>67~159	250	20	
	M	≤108	205	40	40~75

注：维氏硬度仅供选择性试验。

无缝铜水管和铜气管外形尺寸系列 表 3-38

公称尺寸 DN/mm	公称外径 mm	壁厚/mm			理论重量/（kg/m）			最大工作压力 p/（N/mm²）								
								硬态（Y）			半硬态（Y₂）			软态（M）		
		A型	B型	C型	A型	B型	C型	A型	B型	C型	A型	B型	C型	A型	B型	C型
4	6	1.0	0.8	0.6	0.140	0.117	0.091	24.00	18.80	13.7	19.23	14.9	10.9	15.8	12.3	8.95
6	8	1.0	0.8	0.6	0.197	0.162	0.125	17.50	13.70	10.0	13.89	10.9	7.98	11.4	8.95	6.57
8	10	1.0	0.8	0.6	0.253	0.207	0.158	13.70	10.70	7.94	10.87	8.55	6.30	8.95	7.04	5.19
10	12	1.2	0.8	0.6	0.364	0.252	0.192	13.67	8.87	6.65	1.87	7.04	5.21	8.96	5.80	4.29
15	15	1.2	1.0	0.7	0.465	0.393	0.281	10.79	8.87	6.11	8.55	7.04	4.85	7.04	5.80	3.99
—	18	1.2	1.0	0.8	0.566	0.477	0.386	8.87	7.31	5.81	7.04	5.81	4.61	5.80	4.79	3.80
20	22	1.5	1.2	0.9	0.864	0.701	0.535	9.08	7.19	5.32	7.21	5.70	4.22	6.18	4.70	3.48
25	28	1.5	1.2	0.9	1.116	0.903	0.685	7.05	5.59	4.62	5.60	4.44	3.30	4.61	3.65	2.72
32	35	2.0	1.5	1.2	1.854	1.411	1.140	7.54	5.54	4.44	5.98	4.44	3.52	4.93	3.65	2.90
40	42	2.0	1.5	1.2	2.247	1.706	1.375	6.23	4.63	3.68	4.95	3.68	2.92	4.08	3.03	2.41
50	54	2.5	2.0	1.2	3.616	2.921	1.780	6.06	4.81	2.85	4.81	3.77	2.26	3.96	3.14	1.86
65	67	2.5	2.0	1.5	4.529	3.652	2.759	4.85	3.85	2.87	3.85	3.06	2.27	3.17	3.05	1.88
—	76	2.5	2.0	1.5	5.161	4.157	3.140	4.26	3.38	2.52	3.38	2.69	2.00	2.80	2.68	1.65
80	89	2.5	2.0	1.5	6.074	4.887	3.696	3.62	2.88	2.15	2.87	2.29	1.71	2.36	2.28	1.41
100	108	3.5	2.5	1.5	10.274	7.408	4.487	4.19	2.97	1.77	3.33	2.36	1.40	2.74	1.94	1.16
125	133	3.5	2.5	1.5	12.731	9.164	5.540	3.38	2.40	1.43	2.68	1.91	1.14	—	—	—
150	159	4.0	3.5	2.0	17.415	15.287	8.820	3.23	2.82	1.60	2.56	2.24	1.27	—	—	—
200	219	6.0	5.0	4.0	35.898	30.055	24.156	3.53	2.93	2.33	—	—	—	—	—	—
250	267	7.0	5.5	4.5	51.122	40.399	33.180	3.37	2.64	2.15	—	—	—	—	—	—
—	273	7.5	5.8	5.0	55.932	43.531	37.640	3.54	2.16	1.53	—	—	—	—	—	—
300	325	8.0	6.5	5.5	71.234	58.151	49.359	3.16	2.56	2.16	—	—	—	—	—	—

注：1. 最大计算工作压力 p，是指工作条件为 65℃时，硬态（Y）允许应力为 63N/mm²；半硬态（Y₂）允许应力为 50N/mm²；软态（M）允许应力为 41.2N/mm²。

2. 加工铜的密度值取 8.94g/cm³，作为计算每米钢管重量的依据。

3. 客户需要其他规格尺寸的管材，供需双方协商解决。

12. 铜及铜合金板材（GB/T 2040—2008）

铜及铜合金板材的牌号、状态、规格见表 3-39，力学性能见表 3-40。

铜及铜合金板材的牌号、状态、规格　　　　　　表 3-39

牌 号	状 态	规格/mm		
		厚度	宽度	长度
T2、T3、TP1	R	4～60	≤3000	≤6000
TP2、TU1、TU2	M、Y_4、Y_2、Y、T	0.2～12	≤3000	≤6000
H96、H80	M、Y			
H90、H85	M、Y_2、Y	0.2～10		
H65	M、Y_1、Y_2、Y、T、TY			
H70、H68	R	4～60		
	M、Y_4、Y_2、Y、T、TY	0.2～10		
H63、H62	R	4～60		
	M、Y_2、Y、T	0.2～10		
H59	R	4～60	≤3000	≤6000
	M、Y	0.2～10		
HPb59-1	R	4～60		
	M、Y_2、Y	0.2～10		
HPb60-2	Y、T	0.5～10		
HMn58-2	M、Y_2、Y	0.2～10		
HSn62-1	R	4～60		
	M、Y_2、Y	0.2～10		
HMn55-3-1、HMn57-3-1 HAl60-1-1、HAl67-2.5 HAl66-6-3-2、HNi65-5	R	4～40	≤1000	≤2000
QSn6.5-0.1	R	9～50	≤600	≤2000
	M、Y_4、Y_2、Y、T、TY	0.2～12		
QSn6.5-0.4、QSn4-3 QSn4-0.3、QSn7-0.2	M、Y、T	0.2～12	≤600	≤2000
QSn8-0.3	M、Y_4、Y_2、Y、T	0.2～5	≤600	≤2000
BAl6-1.5	Y	0.5～12	≤600	≤1500
BAl13-3	CYS			
BZn15-20	M、Y_2、Y、T	0.5～10	≤600	≤1500
BZn18-17	M、Y_2、Y	0.5～5	≤600	≤1500
B5、B19	R	7～60	≤2000	≤4000
BFe10-1-1、BFe30-1-1	M、Y	0.5～10	≤600	≤1500

续表

牌　号	状　态	规格/mm		
		厚度	宽度	长度
QAl5	M、Y	0.4～12	≤1000	≤2000
QAl7	Y₂、Y			
QAl9-2	M、Y			
QAl9-4	Y			
QCd1	Y	0.5～10	200～300	800～1500
QCr0.5、QCr0.5-0.2-0.1	Y	0.5～15	100～600	≥300
QMn1.5	M	0.5～5	100～600	≤1500
QMn5	M、Y			
QSi3-1	M、Y、T	0.5～10	100～1000	≥500
QSn4-4-2.5、QSn4-4-4	M、Y₃、Y₂、Y	0.8～5	200～600	800～2000
BMn40-1.5	M、Y	0.5～10	100～600	800～1500
BMn3-12	M			

注：经供需双方协商，可以供应其他规格的板材。

铜及铜合金板材的力学性能　　　　　　　　　　　表 3-40

牌　号	状态	拉　伸　试　验			硬　度　试　验		
		厚度 mm	抗拉强度 R_m/(N/mm²)	断后伸长率 $A_{11.3}$/%	厚度 mm	维氏硬度 HV	洛氏硬度 HRB
T2、T3 TP1、TP2 TU1、TU2	R	4～14	≥195	≥30	—	—	—
	M	0.3～10	≥205	≥30	≥0.3	≤70	—
	Y₁		215～275	≥25		60～90	—
	Y₂		245～345	≥8		80～110	—
	Y		295～380	—		90～120	—
	T		≥350	—		≥110	—
H96	M	0.3～10	≥215	≥30	—	—	—
	Y		≥320	≥3			
H90	M	0.3～10	≥245	≥35	—	—	—
	Y₂		330～440	≥5			
	Y		≥390	≥3			
H85	M	0.3～10	≥260	≥35	≥0.3	≤85	—
	Y₂		305～380	≥15		80～115	—
	Y		≥350	≥3		≥105	—
H80	M	0.3～10	≥265	≥50	—	—	—
	Y		≥390	≥3			
H70、H68	R	4～14	≥290	≥40	—	—	—
H70 H68 H65	M	0.3～10	≥290	≥40	≥0.3	≤90	—
	Y₁		325～410	≥35		85～115	—
	Y₂		355～440	≥25		100～130	—
	Y		410～540	≥10		120～160	—
	T		520～620	≥3		150～190	—
	TY		≥570	—		≥180	—

续表

牌 号	状态	拉 伸 试 验			硬 度 试 验		
		厚度 mm	抗拉强度 R_m/(N/mm^2)	断后伸长率 $A_{11.3}$/%	厚度 mm	维氏硬度 HV	洛氏硬度 HRB
H63 H62	R	4～14	≥290	≥30	—		
	M Y$_2$ Y T	0.3～10	≥290 350～470 410～630 ≥585	≥35 ≥20 ≥10 ≥2.5	≥0.3	≤95 90～130 125～165 ≥155	
H59	R	4～14	≥290	≥25	—		
	M Y	0.3～10	≥290 ≥410	≥10 ≥5	≥0.3	≥130	
HPb59-1	R	4～14	≥370	≥18	—	—	
	M Y$_2$ Y	0.3～10	≥340 390～490 ≥440	≥25 ≥12 ≥5			
HPb60-2	Y	—	—	—	0.5～2.5 2.6～10	165～190 —	 75～92
	T	—	—	—	0.5～1.0	≥180	
HMn58-2	M Y$_2$ Y	0.3～10	≥380 440～610 ≥585	≥30 ≥25 ≥3	—		
HSn62-1	R	4～14	≥340	≥20	—	—	—
	M Y$_2$ Y	0.3～10	≥295 350～400 ≥390	≥35 ≥15 ≥5			
HMn57-3-1	R	4～8	≥440	≥10	—	—	—
HMn55-3-1	R	4～15	≥490	≥15	—	—	—
HAl60-1-1	R	4～15	≥440	≥15	—	—	—
HAl67-2.5	R	4～15	≥390	≥15	—	—	—
HAl66-6-3-2	R	4～8	≥685	≥3	—	—	—
HNi65-5	R	4～15	≥290	≥35	—	—	—
QAl5	M Y	0.4～12	≥275 ≥585	≥33 ≥2.5	—		
QAl7	Y$_2$ Y	0.4～12	585～740 ≥635	≥10 ≥5	—		
QAl9-2	M Y	0.4～12	≥440 ≥585	≥18 ≥5	—		
QAl9-4	Y	0.4～12	≥585	—	—	—	—

续表

牌号	状态	拉 伸 试 验			硬 度 试 验		
		厚度 mm	抗拉强度 $R_m/(N/mm^2)$	断后伸长率 $A_{11.3}/\%$	厚度 mm	维氏硬度 HV	洛氏硬度 HRB
QSn6.5-0.1	R	9～14	≥290	≥38	—		
	M	0.2～12	≥315	≥40	≥0.2	≤120	—
	Y₄	0.2～12	390～510	≥35		110～155	—
	Y₂	0.2～12	490～610	≥8	≥0.2	150～190	
	Y	0.2～3	590～690	≥5		180～230	
		>3～12	540～690	≥5		180～230	
	T	0.2～5	635～720	≥1		200～240	—
	TY		≥690	—		≥210	
QSn6.5-0.4 QSn7-0.2	M	0.2～12	≥295	≥40	—	—	—
	Y		540～690	≥8			
	T		≥665	≥2			
QSn4-3 QSn4-0.3	M	0.2～12	≥290	≥40	—	—	—
	Y		540～690	≥3			
	T		≥635	≥2			
QSn8-0.3	M	0.2～5	≥345	≥40	≥0.2	≤120	—
	Y₄		390～510	≥35		100～160	—
	Y₂		490～610	≥20		150～205	
	Y		590～705	≥5		180～235	
	T		≥685	—		≥210	
QCd1	Y	0.5～10	≥390	—	—	—	—
QCr0.5 QCr0.5-0.2-0.1	Y	—	—	—	0.5～15	≥110	
QMn1.5	M	0.5～5	≥205	≥30	—	—	—
QMn5	M	0.5～5	≥290	≥30	—	—	—
	Y		≥440	≥3			
QSi3-1	M	0.5～10	≥340	≥40	—	—	—
	Y		585～735	≥3			
	T		≥685	≥1			
QSn4-4-2.5 QSn4-4-4	M	0.8～5	≥290	≥35	≥0.8	—	—
	Y₃		390～490	≥10			65～85
	Y₂		420～510	≥9			70～90
	Y		≥510	≥5			—
BZn15-20	M	0.5～10	≥340	≥35	—	—	—
	Y₂		440～570	≥5			
	Y		540～690	≥1.5			
	T		≥640	≥1			

续表

| 牌 号 | 状态 | 拉 伸 试 验 | | | 硬 度 试 验 | | |
		厚度 mm	抗拉强度 R_m/(N/mm²)	断后伸长率 $A_{11.3}$/%	厚度 mm	维氏硬度 HV	洛氏硬度 HRB
BZn18-17	M	0.5～5	≥375	≥20	≥0.5	—	—
	Y₂		440～570	≥5		120～180	
	Y		≥540	≥3		≥150	
B5	R	7～14	≥215	≥20	—	—	—
	M	0.5～10	≥215	≥30	—	—	—
	Y		≥370	≥10			
B19	R	7～14	≥295	≥20	—	—	—
	M	0.5～10	≥290	≥25	—	—	—
	Y		≥390	≥3			
BFe10-1-1	R	7～14	≥275	≥20	—	—	—
	M	0.5～10	≥275	≥28	—	—	—
	Y		≥370	≥3			
BFe30-1-1	R	7～14	≥345	≥15	—	—	—
	M	0.5～10	≥370	≥20	—	—	—
	Y		≥530	≥3			
BAl 6-1.5	Y	0.5～12	≥535	≥3	—	—	—
BAl 13-3	CYS		≥635	≥5	—	—	—
BMn40-1.5	M	0.5～10	390～590	实测	—	—	—
	Y		≥590	实测			
BMn3-12	M	0.5～10	≥350	≥25	—	—	—

注：厚度超出规定范围的板材，其性能由供需双方商定。

13. 电镀用铜阳极板 (GB/T 2056—2005)

电镀用铜阳极板的牌号、状态与规格见表 3-41。

电镀用铜阳极板的牌号、状态及规格   表 3-41

| 牌 号 | 状 态 | 规格/mm | | |
		厚 度	宽 度	长 度
T2、T3	冷轧 (Y)	2.0～15.0	100～1000	300～2000
	热轧 (R)	6.0～20.0		

14. 铜及铜合金带材 (GB/T 2059—2008)

铜及铜合金带材的牌号、状态和规格见表 3-42，BZn18-17 牌号的化学成分应符合表 3-43 的规定，其他牌号的化学成分应符合 GB/T 5231—2001 的相应牌号的规定，力学性能见表 3-44。

铜及铜合金带材的牌号、状态和规格　　　表 3-42

牌　号	状　态	厚度/mm	宽度/mm
T2、T3、TU1、TU2、TP1、TP2	软（M）、1/4 硬（Y₄） 半硬（Y₂）、硬（Y）、特硬（T）	>0.15～<0.50	≤600
		0.50～3.0	≤1200
H96、H80、H59	软（M）、硬（Y）	>0.15～<0.50	≤600
		0.50～3.0	≤1200
H85、H90	软（M）、半硬（Y₂）、硬（Y）	>0.15～<0.50	≤600
		0.50～3.0	≤1200
H70、H68、H65	软（M）、1/4 硬（Y₄）、半硬（Y₂） 硬（Y）、特硬（T）、弹硬（TY）	>0.15～<0.50	≤600
		0.50～3.0	≤1200
H63、H62	软（M）、半硬（Y₂） 硬（Y）、特硬（T）	>0.15～<0.50	≤600
		0.50～3.0	≤1200
HPb59-1、HMn58-2	软（M）、半硬（Y₂）、硬（Y）	>0.15～0.20	≤300
		>0.20～2.0	≤550
HPb59-1	特硬（T）	0.32～1.5	≤200
HSn62-1	硬（Y）	>0.15～0.20	≤300
		>0.20～2.0	≤550
QAl5	软（M）、硬（Y）	>0.15～1.2	≤300
QAl7	半硬（Y₂）、硬（Y）		
QAl9-2	软（M）、硬（Y）、特硬（T）		
QAl9-4	硬（Y）		
QSn6.5-0.1	软（M）、1/4 硬（Y₄）、半硬（Y₂） 硬（Y）、特硬（T）、弹硬（TY）	>0.15～2.0	≤610
QSn7-0.2、QSn6.5-0.4、QSn4-3、QSn4-0.3	软（M）、硬（Y）、特硬（T）	>0.15～2.0	≤610
QSn8-0.3	软（M）、1/4 硬（Y₄）、半硬（Y₂）、 硬（Y）、特硬（T）	>0.15～2.6	≤610
QSn4-4-4、QSn4-4-2.5	软（M）、1/3 硬（Y₃）、半硬（Y₂） 硬（Y）	0.80～1.2	≤200
QCd1	硬（Y）	>0.15～1.2	≤300
QMn1.5	软（M）	>0.15～1.2	
QMn5	软（M）、硬（Y）		
QSi3-1	软（M）、硬（Y）、特硬（T）	>0.15～1.2	≤300
BZn18-17	软（M）、半硬（Y₂）、硬（Y）	>0.15～1.2	≤610

续表

牌　号	状　态	厚度/mm	宽度/mm
BZn15-20	软(M)、半硬(Y₂)、硬(Y)、特硬(T)		
B5、B19、BFe10-1-1、 BFe30-1-1、 BMn40-1.5、BMn3-12	软（M）、硬（Y）	＞0.15～1.2	≤400
BAl13-3	淬火＋冷加工＋人工时效（CYS）	＞0.15～1.2	≤300
BAl6-1.5	硬（Y）		

注：经供需双方协商，也可供应其他规格的带材。

BZn18-17 牌号带材的化学成分　　　　　　　　表 3-43

牌　号	化学成分（质量分数）/%					
	Cu	Ni（含 Co）	Fe	Mn	Pb	Zn
BZn18-17	62.0～66.0	16.5～19.5	≤0.25	≤0.50	≤0.03	余量

铜及铜合金带材的力学性能　　　　　　　　　表 3-44

牌　号	状态	拉 伸 试 验			硬 度 试 验	
		厚度/mm	抗拉强度 R_m N/mm²	断后伸长率 $A_{11.3}$ %	维氏硬度 HV	洛氏硬度 HRB
T2、T3 TU1、TU2 TP1、TP2	M	≥0.2	≥195	≥30	≤70	—
	Y₄		215～275	≥25	60～90	
	Y₂		245～345	≥8	80～110	
	Y		295～380	≥3	90～120	
	T		≥350	—	≥110	
H96	M	≥0.2	≥215	≥30	—	—
	Y		≥320	≥3		
H90	M	≥0.2	≥245	≥35	—	
	Y₂		330～440	≥5		
	Y		≥390	≥3		
H85	M	≥0.2	≥260	≥40	≤85	—
	Y₂		305～380	≥15	80～115	
	Y		≥350	—	≥105	
H80	M	≥0.2	≥265	≥50	—	—
	Y		≥390	≥3		
H70 H68 H65	M	≥0.2	≥290	≥40	≤90	
	Y₄		325～410	≥35	85～115	
	Y₂		355～460	≥25	100～130	
	Y		410～540	≥13	120～160	
	T		520～620	≥4	150～190	
	TY		≥570	—	≥180	

牌 号	状态	拉 伸 试 验			硬 度 试 验	
		厚度/mm	抗拉强度 R_m N/mm²	断后伸长率 $A_{11.3}$ %	维氏硬度 HV	洛氏硬度 HRB
H63、H62	M	≥0.2	≥290	≥35	≤95	—
	Y₂		350～470	≥20	90～130	
	Y		410～630	≥10	125～165	
	T		≥585	≥2.5	≥155	
H59	M	≥0.2	≥290	≥10	—	—
	Y		≥410	≥5	≥130	
HPb59-1	M	≥0.2	≥340	≥25	—	—
	Y₂		390～490	≥12		
	Y		≥440	≥5		
	T	≥0.32	≥590	≥3		
HMn58-2	M	≥0.2	≥380	≥30	—	—
	Y₂		440～610	≥25		
	Y		≥585	≥3		
HSn62-1	Y	≥0.2	390	≥5	—	—
QAl5	M	≥0.2	≥275	≥33	—	—
	Y		≥585	≥2.5		
QAl7	Y₂	≥0.2	585～740	≥10	—	—
	Y		≥635	≥5		
QAl9-2	M	≥0.2	≥440	≥18	—	—
	Y		≥585	≥5		
	T		≥880	—		
QAl9-4	Y	≥0.2	≥635	—	—	—
QSn4-3 QSn4-0.3	M	>0.15	≥290	≥40	—	—
	Y		540～690	≥3		
	T		≥635	≥2		
QSn6.5-0.1	M	>0.15	≥315	≥40	≤120	—
	Y₄		390～510	≥35	110～155	
	Y₂		490～610	≥10	150～190	
	Y		590～690	≥8	180～230	
	T		635～720	≥5	200～240	
	TY		≥690	—	≥210	
QSn7-0.2 QSn6.5-0.4	M	>0.15	≥295	≥40	—	—
	Y		540～690	≥8		
	T		≥665	≥2		

续表

牌　号	状态	拉 伸 试 验			硬 度 试 验	
		厚度/mm	抗拉强度 R_m N/mm²	断后伸长率 $A_{11.3}$ %	维氏硬度 HV	洛氏硬度 HRB
QSn8-0.3	M	≥0.2	≥345	≥45	≤120	—
	Y₄		390～510	≥40	100～160	
	Y₂		490～610	≥30	150～205	
	Y		590～705	≥12	180～235	
	T		≥685	≥5	≥210	
QSn4-4-4 QSn4-4-2.5	M	≥0.8	≥290	≥35	—	
	Y₃		390～490	≥10	—	65～85
	Y₂		420～510	≥9	—	70～90
	Y		≥490	≥5		
QCd1	Y	≥0.2	≥390	—	—	—
QMn1.5	M	≥0.2	≥205	≥30	—	—
QMn5	M	≥0.2	≥290	≥30	—	—
	Y	≥0.2	≥440	≥3	—	—
QSi3-1	M	≥0.15	≥370	≥45		
	Y	≥0.15	635～685	≥5		
	T	≥0.15	735	≥2		
BZn15-20	M	≥0.2	≥340	≥35		
	Y₂		440～570	≥5		
	Y		540～690	≥1.5		
	T		≥640	≥1		
BZn18-17	M	≥0.2	≥375	≥20	—	
	Y₂		440～570	≥5	120～180	
	Y		≥540	≥3	≥150	
B5	M	≥0.2	≥215	≥32	—	
	Y		≥370	≥10		
B19	M	≥0.2	≥290	≥25	—	
	Y		≥390	≥3		
BFe10-1-1	M	≥0.2	≥275	≥28	—	—
	Y		≥370	≥3		
BFe30-1-1	M	≥0.2	≥370	≥23	—	—
	Y		≥540	≥3		
BMn3-12	M	≥0.2	≥350	≥25	—	—
BMn40-1.5	M	≥0.2	390～590	实测数据	—	—
	Y		≥635			
BAl13-3	CYS	≥0.2	供实测值		—	—
BAl6-1.5	Y		≥600	≥5	—	—

注：厚度超出标准范围内的带材，其性能由供需双方商定。

15. 散热器散热片专用铜及铜合金箔材（GB/T 2061—2013）

散热器散热片专用纯及铜合金箔材的牌号、状态和规格见表3-45，力学性能见表3-46。

散热器散热片专用铜及铜合金箔材牌号、状态、规格　　　　　表 3-45

牌　号	代　号	状　态	规格/mm	
			厚度	宽度
TSn0.08-0.01	T14405	特硬（H06） 弹性（H08）	0.03～0.15	15～200
TSn0.12	C14415			
TSn0.1-0.03	C14420			
TTe0.02-0.02	C14530			
H90	T22000	硬（H04）；特硬（H06）		
H70	T26100	1/2硬（H02） 硬（H04） 特硬（H06）	0.04～0.15	
H66	T26800			
H65	T27000			
H62	T27600			

注：需方要求提供其他牌号、状态和规格箔材时，由供需双方协商确定，并在合同（或订货单）中注明。

散热器散热片专用铜及铜合金箔材力学性能　　　　　表 3-46

牌　号	状　态	抗拉强度 R_m/MPa	维氏硬度 HV
TSn0.08-0.01、TSn0.12、 TSn0.1-0.03、TTe0.02-0.02	H06	350～420	100～130
	H08	380～480	110～140
H90	H04	360～430	110～145
	H06	440～500	130～160
H70、H66、H65、H62	H02	380～460	115～160
	H04	440～540	135～185
	H06	≥560	≥180

16. 铜及铜合金线材（GB/T 21652—2008）

铜及铜合金线材的牌号、状态及规格见表3-47，线材各牌号的化学成分应符合GB/T 5231—2001规定，其他不在GB/T 5231—2001标准范围的合金牌号的化学成分应符合表3-48～表3-53的规定，线材室温力学性能见表3-54。

铜及铜合金线材的牌号、状态及规格　　　　　表 3-47

类　别	牌　号	状　态	直径（对边距）/mm
纯铜线	T2、T3	软(M)，半硬(Y_2)，硬(Y)	0.05～8.0
	TU1、TU2	软(M)，硬(Y)	0.05～8.0
黄铜线	H62、H63、H65	软(M)，1/8 硬(Y_8)，1/4 硬(Y_4)，半硬(Y_2)，3/4 硬(Y_1)，硬(Y)	0.05～13.0
		特硬(T)	0.05～4.0
	H68、H70	软(M)，1/8 硬(Y_8)，1/4 硬(Y_4)，半硬(Y_2)，3/4 硬(Y_1)，硬(Y)	0.05～8.5
		特硬(T)	0.1～6.0
	H80、H85、H90、H96	软(M)，半硬(Y_2)，硬(Y)	0.05～12.0
	HSn60-1、HSn62-1	软(M)，硬(Y)	0.5～6.0
	HPb63-3、HPb59-1	软(M)，半硬(Y_2)，硬(Y)	
	HPb59-3	半硬(Y_2)，硬(Y)	1.0～8.5
	HPb51-1	半硬(Y_2)，硬(Y)	0.5～8.5
	HPb52-0.8	半硬(Y_2)，硬(Y)	0.5～6.0
	HSb60-0.9、HSb61-0.8-0.5、HBi60-1.3	半硬(Y_2)，硬(Y)	0.8～12.0
	HMn62-13	软(M)，1/4 硬(Y_4)，半硬(Y_2)，3/4 硬(Y_1)，硬(Y)	0.5～6.0
青铜线	QSn6.5-0.1、QSn6.5-0.4、QSn7-0.2、QSn5-0.2、QSi3-1	软(M)，1/4 硬(Y_4)，半硬(Y_2)，3/4 硬(Y_1)，硬(Y)	0.1～8.5
	QSn4-3	软(M)，1/4 硬(Y_4)，半硬(Y_2)，3/4 硬(Y_1)	0.1～8.5
		硬(Y)	0.1～6.0
	QSn4-4-4	半硬(Y_2)，硬(Y)	0.1～8.5
	QSn15-1-1	软(M)，1/4 硬(Y_4)，半硬(Y_2)，3/4 硬(Y_1)，硬(Y)	0.5～6.0
	QAl7	半硬(Y_2)，硬(Y)	1.0～6.0
	QAl9-2	硬(Y)	0.6～6.0
	QCr1、QCr1-0.18	固溶＋冷加工＋时效(CYS)，固溶＋时效＋冷加工(CSY)	1.0～12.0
	QCr4.5-2.5-0.6	软(M)，固溶＋冷加工＋时效(CYS)，固溶＋时效＋冷加工(CSY)	0.5～6.0
	QCd1	软(M)，硬(Y)	0.1～6.0
白铜线	B19	软(M)，硬(Y)	0.1～6.0
	BFe10-1-1、BFe30-1-1		
	BMn3-12	软(M)，硬(Y)	0.05～6.0
	BMn40-1.5		
	BZn9-29、BZn12-26、BZn15-20、BZn18-20	软(M)，1/8 硬(Y_8)，1/4 硬(Y_4)，半硬(Y_2)，3/4 硬(Y_1)，硬(Y)	0.1～8.0
		特硬(T)	0.5～4.0
	BZn22-16、BZn25-18	软(M)，1/8 硬(Y_8)，1/4 硬(Y_4)，半硬(Y_2)，3/4 硬(Y_1)，硬(Y)	0.1～8.0
		特硬(T)	0.1～4.0
	BZn40～20	软(M)，1/4 硬(Y_4)，半硬(Y_2)，3/4 硬(Y_1)，硬(Y)	1.0～6.0

锰黄铜线材化学成分

表3-48

牌　号	质 量 分 数/%												
	Cu	Mn	Ni+Co	Ti+Al	Pb	Fe	Si	B	P	Sb	Bi	Zn	杂质总和
HMn62-13	59~65	10~15	0.05~0.5	0.5~2.5	0.03	0.05	0.05	0.01	0.005	0.005	0.005	余量	0.15

注: 1. 元素含量为上下限者为合金元素,元素含量者为单个数值者为杂质元素,单个数值表示最高限量。
2. 杂质总和为表中所列杂质元素实测值总和。
3. 表中用"余量"表示的元素含量为100%减去表中所列元素实测值所得。

锑黄铜和铋黄铜线材化学成分

表3-49

牌　号	质 量 分 数/%									
	Cu	Sb	B、Ni、Fe、Sn等	Si	Fe	Bi	Pb	Cd	Zn	杂质总和
HSb60-0.9	58~62	0.3~1.5	0.05<Ni+Fe+B<0.9	—	—	—	0.2	0.01	余量	0.2
HSb61-0.8-0.5	59~63	0.4~1.2	0.05<Ni+Sn+B<1.2	0.3~1.0	0.2	—	0.2	0.01	余量	0.3
HBi60-1.3	58~62		0.05<Sb+B+Ni+Sn<1.2	—	0.1	0.3~2.3	0.2	0.01	余量	0.3

注: 1. 元素含量为上下限者为合金元素,元素含量者为单个数值者为杂质元素,单个数值表示最高限量。
2. 杂质总和为表中所列杂质元素实测值总和。
3. 表中用"余量"表示的元素含量为100%减去表中所列元素实测值所得。

青铜线材化学成分

表3-50

牌　号	质 量 分 数/%												
	Cr	Zr	Pb	Mg	Fe	Si	P	Sb	Bi	Al	B	Cu	杂质总和
QCr1-0.18	0.5~1.5	0.05~0.30	0.05	0.05	0.10	0.10	0.10	0.01	0.01	0.05	0.02	余量	0.3

注: 1. 元素含量为上下限者为合金元素,元素含量者为单个数值者为杂质元素,单个数值表示最高限量。
2. 杂质总和为表中所列杂质元素实测值总和。
3. 表中用"余量"表示的元素含量为100%减去表中所列元素实测值所得。

青铜线材化学成分

表 3-51

牌 号	质 量 分 数 /%					
	Sn	P	Pb	Fe	Zn	Cu
QSn5-0.2 (C51000)	4.2~5.8	0.03~0.35	0.05	0.10	0.30	余量

注: 1. Cu+所列出元素总和≥99.5%。

2. 元素含量为上下限者为合金元素，元素含量为单个数值者为杂质元素，单个数值表示最高限量。

3. 表中用"余量"表示的元素为100%减去表中所列元素所测值所得。

青铜线材化学成分

表 3-52

牌 号	质 量 分 数 / %										
	Sn	B	Zn	Fe	Cr	Ti	Ni+Co	Mn	P	Cu	杂质总和
QSn15-1-1	12~18	0.002~1.2	0.5~2	0.1~1	—	0.008	—	0.6	0.5	余量	1.0
QCr4.5-2.5-0.6	—	—	0.06	0.05	3.6~5.5	1.5~3.5	0.2~1.0	0.5~2	0.005	余量	0.1

注: 1. 元素含量为上下限者为合金元素，元素含量为单个数值者为杂质元素，单个数值表示最高限量。

2. 杂质总和为表中所列杂质元素实测值总和。

3. 表中用"余量"表示的元素为100%减去表中所列元素实测值所得。

白铜线材化学成分

表 3-53

牌 号	质 量 分 数 /%															
	Cu	Ni+Co	Fe	Mn	Pb	Si	Sn	P	Al	Ti	C	S	Sb	Bi	Zn	杂质总和
BZn9-29	60.0~63.0	7.2~10.4	0.3	0.5	0.03	0.15	0.08	0.005	0.005	0.005	0.03	0.005	0.002	0.002	余量	0.8
BZn12-26	60.0~63.0	10.5~13.0	0.3	0.5	0.03	0.15	0.08	0.005	0.005	0.005	0.03	0.005	0.002	0.002	余量	0.8
BZn18-20	60.0~63.0	16.5~19.5	0.3	0.5	0.03	0.15	0.08	0.005	0.005	0.005	0.03	0.005	0.002	0.002	余量	0.8
BZn22-16	60.0~63.0	20.5~23.5	0.3	0.5	0.03	0.15	0.08	0.005	0.005	0.005	0.03	0.005	0.002	0.002	余量	0.8
BZn25-18	56.0~59.0	23.5~26.5	0.3	0.5	0.03	0.15	0.08	0.005	0.005	0.005	0.03	0.005	0.002	0.002	余量	0.8
BZn40-20	38.0~42.0	38.0~41.5	0.3	0.5	0.03	0.15	0.08	0.005	0.005	0.005	0.10	0.005	0.002	0.002	余量	0.8

注: 1. 元素含量为上下限者为合金元素，元素含量为单个数值者为杂质元素，单个数值表示最高限量。

2. 杂质总和为表中所列杂质元素实测值总和。

3. 表中用"余量"表示的元素为100%减去表中所列元素实测值所得。

铜及铜合金线材室温力学性能　　表3-54

牌号	状态	直径(对边距) mm	抗拉强度 R_m N/mm²	伸长率 A_{100mm} %	牌号	状态	直径(对边距) mm	抗拉强度 R_m N/mm²	伸长率 A_{100mm} %
TU1 TU2	M	0.05~8.0	≤255	≥25	H62 H63	Y₁	0.05~0.25	590~785	—
	Y	0.05~4.0	≥345	—			>0.25~1.0	540~735	—
	Y	>4.0~8.0	≥310	≥10			>1.0~2.0	490~685	—
T2 T3	M	0.05~0.3	≥195	≥15			>2.0~4.0	440~635	—
	M	>0.3~1.0	≥195	≥20			>4.0~6.0	390~590	—
	M	>1.0~2.5	≥205	≥25			>6.0~13.0	360~560	—
	M	>2.5~8.0	≥205	≥30		Y	0.05~0.25	785~980	—
	Y₂	0.05~8.0	255~365	—			>0.25~1.0	685~885	—
	Y	0.05~2.5	≥380	—			>1.0~2.0	635~835	—
	Y	>2.5~8.0	≥365	—			>2.0~4.0	590~785	—
H62 H63	M	0.05~0.25	≥345	≥18			>4.0~6.0	540~735	—
	M	>0.25~1.0	≥335	≥22			>6.0~13.0	490~685	—
	M	>1.0~2.0	≥325	≥26		T	0.05~0.25	≥850	—
	M	>2.0~4.0	≥315	≥30			>0.25~1.0	≥830	—
	M	>4.0~6.0	≥315	≥34			>1.0~2.0	≥800	—
	M	>6.0~13.0	≥305	≥36			>2.0~4.0	≥770	—
	Y₈	0.05~0.25	≥360	≥8	H65	M	0.05~0.25	≥335	≥18
		>0.25~1.0	≥350	≥12			>0.25~1.0	≥325	≥24
		>1.0~2.0	≥340	≥18			>1.0~2.0	≥315	≥28
		>2.0~4.0	≥330	≥22			>2.0~4.0	≥305	≥32
		>4.0~6.0	≥320	≥26			>4.0~6.0	≥295	≥35
		>6.0~13.0	≥310	≥30			>6.0~13.0	≥285	≥40
	Y₄	0.05~0.25	≥380	≥5		Y₈	0.05~0.25	≥350	≥10
		>0.25~1.0	≥370	≥8			>0.25~1.0	≥340	≥15
		>1.0~2.0	≥360	≥10			>1.0~2.0	≥330	≥20
		>2.0~4.0	≥350	≥15			>2.0~4.0	≥320	≥25
		>4.0~6.0	≥340	≥20			>4.0~6.0	≥310	≥28
		>6.0~13.0	≥330	≥25			>6.0~13.0	≥300	≥32
	Y₂	0.05~0.25	≥430	—		Y₄	0.05~0.25	≥370	≥6
		>0.25~1.0	≥410	≥4			>0.25~1.0	≥360	≥10
		>1.0~2.0	≥390	≥7			>1.0~2.0	≥350	≥12
		>2.0~4.0	≥375	≥10			>2.0~4.0	≥340	≥18
		>4.0~6.0	≥355	≥12			>4.0~6.0	≥330	≥22
		>6.0~13.0	≥350	≥14			>6.0~13.0	≥320	≥28

牌号	状态	直径(对边距) mm	抗拉强度 R_m N/mm²	伸长率 A_{100mm} %	牌号	状态	直径(对边距) mm	抗拉强度 R_m N/mm²	伸长率 A_{100mm} %
H65	Y₂	0.05~0.25	≥410	—	H68 H70	Y₄	0.05~0.25	≥400	≥10
		>0.25~1.0	≥400	≥4			>0.25~1.0	≥380	≥15
		>1.0~2.0	≥390	≥7			>1.0~2.0	≥370	≥20
		>2.0~4.0	≥380	≥10			>2.0~4.0	≥350	≥25
		>4.0~6.0	≥375	≥13			>4.0~6.0	≥340	≥30
		>6.0~13.0	≥360	≥15			>6.0~8.5	≥330	≥32
	Y₁	0.05~0.25	540~735	—		Y₂	0.05~0.25	≥410	—
		>0.25~1.0	490~685	—			>0.25~1.0	≥390	≥5
		>1.0~2.0	440~635	—			>1.0~2.0	≥375	≥10
		>2.0~4.0	390~590	—			>2.0~4.0	≥355	≥12
		>4.0~6.0	375~570	—			>4.0~6.0	≥345	≥14
		>6.0~13.0	370~550	—			>6.0~8.5	≥340	≥16
	Y	0.05~0.25	685~885	—		Y₁	0.05~0.25	540~735	—
		>0.25~1.0	635~835	—			>0.25~1.0	400~685	—
		>1.0~2.0	590~785	—			>1.0~2.0	440~635	—
		>2.0~4.0	540>735	—			>2.0~4.0	390~590	—
		>4.0~6.0	490~685	—			>4.0~6.0	345~540	—
		>6.0~13.0	440~635	—			>6.0~8.5	340~520	—
	T	0.05~0.25	≥830	—		Y	0.05~0.25	735~930	—
		>0.25~1.0	≥810	—			>0.25~1.0	685~885	—
		>1.0~2.0	≥800	—			>1.0~2.0	635~835	—
		>2.0~4.0	≥780	—			>2.0~4.0	590~785	—
H68 H70	M	0.05~0.25	≥375	≥18			>4.0~6.0	540~735	—
		>0.25~1.0	≥355	≥25			>6.0~8.5	490~685	—
		>1.0~2.0	≥335	≥30		T	0.1~0.25	≥800	—
		>2.0~4.0	≥315	≥35			>0.25~1.0	≥780	—
		>4.0~6.0	≥295	≥40			>1.0~2.0	≥750	—
		>6.0~8.5	≥275	≥45			>2.0~4.0	≥720	—
	Y₈	0.05~0.25	≥385	≥18			>4.0~6.0	≥690	—
		>0.25~1.0	≥365	≥20	H80	M	0.05~12.0	≥320	≥20
		>1.0~2.0	≥350	≥24		Y₂	0.06~12.0	≥540	—
		>2.0~4.0	≥340	≥28		Y	0.05~12.0	≥690	—
		>4.0~6.0	≥330	≥33	H85	M	0.05~12.0	≥280	≥20
		>6.0~8.5	≥320	≥35		Y₂	0.05~12.0	≥455	—

牌号	状态	直径(对边距) mm	抗拉强度 R_m N/mm²	伸长率 A_{100mm} %
H85	Y	0.05~12.0	≥570	—
H90	M	0.05~12.0	≥240	≥20
H90	Y₂	0.05~12.0	≥385	—
H90	Y	0.05~12.0	≥485	—
H96	M	0.05~12.0	≥220	≥20
H96	Y₂	0.05~12.0	≥340	—
H96	Y	0.05~12.0	≥420	—
HPb59-1	M	0.5~2.0	≥345	≥25
	M	>2.0~4.0	≥335	≥28
	M	>4.0~6.0	≥325	≥30
	Y₂	0.5~2.0	390~590	—
	Y₂	>2.0~4.0	390~590	—
	Y₂	>4.0~6.0	375~570	—
	Y	0.5~2.0	490~735	—
	Y	>2.0~4.0	490~685	—
	Y	>4.0~6.0	440~635	—
HPb59-3	Y₂	>1.0~2.0	≥385	—
	Y₂	>2.0~4.0	≥380	—
	Y₂	>4.0~6.0	≥370	—
	Y₂	>6.0~8.5	≥360	—
	Y	1.0~2.0	≥480	—
	Y	>2.0~4.0	≥460	—
	Y	>4.0~6.0	≥435	—
	Y	>6.0~8.5	≥430	—
HPb61-1	Y₂	0.5~2.0	≥390	≥10
	Y₂	>2.0~4.0	≥380	≥10
	Y₂	>4.0~6.0	≥375	≥15
	Y₂	>6.0~8.5	≥365	≥15
	Y	0.5~2.0	≥520	—
	Y	>2.0~4.0	≥490	—
	Y	>4.0~6.0	≥465	—
	Y	>6.0~8.5	≥440	—
HPb62-0.8	Y₂	0.5~6.0	410~540	≥12
	Y	0.5~6.0	450~560	—

牌号	状态	直径(对边距) mm	抗拉强度 R_m N/mm²	伸长率 A_{100mm} %
HPb63-3	M	0.5~2.0	≥305	≥32
	M	>2.0~4.0	≥295	≥35
	M	>4.0~6.0	≥285	≥35
	Y₂	0.5~2.0	390~610	≥3
	Y₂	>2.0~4.0	390~600	≥4
	Y₂	>4.0~6.0	390~590	≥4
	Y	0.5~6.0	570~735	—
HSn60-1 HSn62-1	M	0.5~2.0	≥315	≥15
	M	>2.0~4.0	≥305	≥20
	M	>4.0~6.0	≥295	≥25
	Y	0.5~2.0	590~835	—
	Y	>2.0~4.0	540~785	—
	Y	>4.0~6.0	490~735	—
HSb60-0.9	Y₂	0.8~12.0	≥330	≥10
	Y	0.8~12.0	≥380	≥5
HSb61-0.8-0.5	Y₂	0.8~12.0	≥380	≥8
	Y	0.8~12.0	≥400	≥5
HBi60-1.3	Y₂	0.8~12.0	≥350	≥8
	Y	0.8~12.0	≥400	≥5
HMn62-13	M	0.5~6.0	400~550	≥25
	Y₄	0.5~6.0	450~600	≥18
	Y₂	0.5~6.0	500~650	≥12
	Y₁	0.5~6.0	550~700	—
	Y	0.5~6.0	≥650	—
QSn6.5-0.1 QSn6.5-0.4 QSn7-0.2 QSn5-0.2 QSi3-1	M	0.1~1.0	≥350	≥35
	M	>1.0~8.5	≥350	≥45
	Y₄	0.1~1.0	480~680	—
	Y₄	>1.0~2.0	450~650	≥10
	Y₄	>2.0~4.0	420~620	≥15
	Y₄	>4.0~6.0	400~600	≥20
	Y₄	>6.0~8.5	380~580	≥22
	Y₂	0.1~1.0	540~740	—
	Y₂	>1.0~2.0	520~720	—
	Y₂	>2.0~4.0	500~700	≥4

牌号	状态	直径(对边距) mm	抗拉强度 R_m N/mm²	伸长率 A_{100mm} %	牌号	状态	直径(对边距) mm	抗拉强度 R_m N/mm²	伸长率 A_{100mm} %
	Y_2	>4.0~6.0	480~680	≥8	QSn4-4-4	Y	0.1~8.5	≥420	≥10
		>6.0~8.5	460~660	≥10			0.5~1.0	≥365	≥28
QSn6.5-0.1		0.1~1.0	750~950	—		M	>1.0~2.0	≥360	≥32
		>1.0~2.0	730~920	—			>2.0~4.0	≥350	≥35
QSn6.5-0.4	Y_1	>2.0~4.0	710~900	—			>4.0~6.0	≥345	≥36
QSn7-0.2		>4.0~6.0	690~880	—			0.5~1.0	630~780	≥25
		>6.0~8.5	640~860	—		Y_4	>1.0~2.0	600~750	≥30
QSn5-0.2		0.1~1.0	880~1130	—			>2.0~4.0	580~730	≥32
		>1.0~2.0	860~1060	—			>4.0~6.0	550~700	≥35
QSi3-1	Y	>2.0~4.0	830~1030	—	QSn15-1-1		0.5~1.0	770~910	≥3
		>4.6~6.0	780~980	—		Y_2	>1.0~2.0	740~880	≥6
		>6.0~8.5	690~950	—			>2.0~4.0	720~850	≥8
	M	0.1~1.0	≥350	≥35			>4.0~6.0	680~810	≥10
		>1.0~8.5		≥45			0.5~1.0	800~930	≥1
		0.1~1.0	460~580	≥5		Y_1	>1.0~2.0	780~910	≥2
		>1.0~2.0	420~540	≥10			>2.0~4.0	750~880	≥2
	Y_4	>2.0~4.0	400~520	≥20			>4.0~6.0	720~850	≥3
		>4.0~6.0	380~480	≥25			0.5~1.0	850~1080	—
		>6.0~8.5	360~450	—		Y	>1.0~2.0	840~980	—
		0.1~1.0	500~700	—			>2.0~4.0	830~960	—
		>1.0~2.0	480~680	—			>4.0~6.0	820~950	—
	Y_2	>2.0~4.0	450~650	—	QAl7	Y_2	1.0~6.0	≥550	≥8
QSn4-3		>4.0~6.0	430~630	—		Y	1.0~6.0	≥600	≥4
		>6.0~8.5	410~610	—			0.6~1.0	≥580	—
		0.1~1.0	620~820	—	QAl9-2	Y	>1.0~2.0		≥1
		>1.0~2.0	600~800	—			>2.0~5.0		≥2
	Y_1	>2.0~4.0	560~760	—			>5.0~6.0	≥530	≥3
		>4.0~6.0	540~740	—	QCr1、	CYS	1.0~6.0	≥420	≥9
		>6.0~8.5	520~720	—	QCr1-0.18	CSY	>6.0~12.0	≥400	≥10
		0.1~1.0	880~1130	—	QCr4.5-2.5-0.6	M	0.5~6.0	400~600	≥25
	Y	>1.0~2.0	860~1060	—		CYS,CSY	0.5~6.0	550~850	—
		>2.0~4.0	830~1030	—		M	0.1~6.0	≥275	≥20
		>4.0~6.0	780~980	—	QCd1		0.1~0.5	590~880	—
QSn4-4-4	Y_2	0.1~8.5	≥360	≥12		Y	>0.5~4.0	490~735	—

牌号	状态	直径(对边距) mm	抗拉强度 R_m N/mm²	伸长率 A_{100mm} %
QCd1	Y	>4.0~6.0	470~685	—
B19	M	0.1~0.5	≥295	≥20
B19	M	>0.5~6.0		≥25
B19	Y	0.1~0.5	590~880	—
B19	Y	>0.5~6.0	490~785	—
BFe10-1-1	M	0.1~1.0	≥450	≥15
BFe10-1-1	M	>1.0~6.0	≥400	≥18
BFe10-1-1	Y	0.1~1.0	≥780	—
BFe10-1-1	Y	>1.0~6.0	≥650	—
BFe30-1-1	M	0.1~0.5	≥345	≥20
BFe30-1-1	M	>0.5~6.0		≥25
BFe30-1-1	Y	0.1~0.5	685~980	—
BFe30-1-1	Y	>0.5~6.0	590~880	—
BMn3-12	M	0.05~1.0	≥440	≥12
BMn3-12	M	>1.0~6.0	≥390	≥20
BMn3-12	Y	0.05~1.0	≥785	—
BMn3-12	Y	>1.0~6.0	≥685	—
BMn40-1.5	M	0.05~0.20	≥390	≥15
BMn40-1.5	M	>0.20~0.50		≥20
BMn40-1.5	M	>0.50~6.0		≥25
BMn40-1.5	Y	0.05~0.20	685~980	—
BMn40-1.5	Y	>0.20~0.50	685~880	—
BMn40-1.5	Y	>0.50~6.0	635~835	—
BZn9-29 BZn12-26	M	0.1~0.2	≥320	≥15
BZn9-29 BZn12-26	M	>0.2~0.5		≥20
BZn9-29 BZn12-26	M	>0.5~2.0		≥25
BZn9-29 BZn12-26	M	>2.0~8.0		≥30
BZn9-29 BZn12-26	Y_8	0.1~0.2	400~570	≥12
BZn9-29 BZn12-26	Y_8	>0.2~0.5	380~550	≥16
BZn9-29 BZn12-26	Y_8	>0.5~2.0	360~540	≥22
BZn9-29 BZn12-26	Y_8	>2.0~8.0	340~520	≥25
BZn9-29 BZn12-26	Y_4	0.1~0.2	420~620	≥6
BZn9-29 BZn12-26	Y_4	>0.2~0.5	400~600	≥8
BZn9-29 BZn12-26	Y_4	>0.5~2.0	380~590	≥12
BZn9-29 BZn12-26	Y_4	>2.0~8.0	360~570	≥18
BZn9-29 BZn12-26	Y_2	0.1~0.2	480~680	—
BZn9-29 BZn12-26	Y_2	>0.2~0.5	460~640	≥6
BZn9-29 BZn12-26	Y_2	>0.5~2.0	440~630	≥9
BZn9-29 BZn12-26	Y_2	>2.0~8.0	420~600	≥12
BZn9-29 BZn12-26	Y_1	0.1~0.2	550~800	—
BZn9-29 BZn12-26	Y_1	>0.2~0.5	530~750	—
BZn9-29 BZn12-26	Y_1	>0.5~2.0	510~730	—
BZn9-29 BZn12-26	Y_1	>2.0~8.0	490~630	—
BZn9-29 BZn12-26	Y	0.1~0.2	680~880	—
BZn9-29 BZn12-26	Y	>0.2~0.5	630~820	—
BZn9-29 BZn12-26	Y	>0.5~2.0	600~800	—
BZn9-29 BZn12-26	Y	>2.0~8.0	580~700	—
BZn15-20 BZn18-20	T	0.5~4.0	≥720	—
BZn15-20 BZn18-20	M	>0.1~0.2	≥345	≥15
BZn15-20 BZn18-20	M	>0.2~0.5		≥20
BZn15-20 BZn18-20	M	>0.5~2.0		≥25
BZn15-20 BZn18-20	M	>2.0~8.0		≥30
BZn15-20 BZn18-20	Y_8	0.1~0.2	450~600	≥12
BZn15-20 BZn18-20	Y_8	>0.2~0.5	435~570	≥15
BZn15-20 BZn18-20	Y_8	>0.5~2.0	420~550	≥20
BZn15-20 BZn18-20	Y_8	>2.0~8.0	410~520	≥24
BZn15-20 BZn18-20	Y_4	0.1~0.2	470~660	≥10
BZn15-20 BZn18-20	Y_4	>0.2~0.5	460~620	≥12
BZn15-20 BZn18-20	Y_4	>0.5~2.0	440~600	≥14
BZn15-20 BZn18-20	Y_4	>2.0~8.0	420~570	≥16
BZn15-20 BZn18-20	Y_2	0.1~0.2	510~780	—
BZn15-20 BZn18-20	Y_2	>0.2~0.5	490~735	—
BZn15-20 BZn18-20	Y_2	>0.5~2.0	440~685	—
BZn15-20 BZn18-20	Y_2	>2.0~8.0	440~635	—
BZn15-20 BZn18-20	Y_1	0.1~0.2	620~860	—
BZn15-20 BZn18-20	Y_1	>0.2~0.5	610~810	—
BZn15-20 BZn18-20	Y_1	>0.5~2.0	595~760	—
BZn15-20 BZn18-20	Y_1	>2.0~8.0	580~700	—

牌号	状态	直径(对边距) mm	抗拉强度 R_m N/mm²	伸长率 A_{100mm} %	牌号	状态	直径(对边距) mm	抗拉强度 R_m N/mm²	伸长率 A_{100mm} %
BZn15-20 BZn18-20	Y	0.1~0.2	735~980	—	BZn22-16 BZn25-18	Y₂	0.1~0.2	640~830	—
		0.2~0.5	735~930	—			>0.2~0.5	620~800	—
		>0.5~2.0	635~880	—			>0.5~2.0	600~780	—
		>2.0~8.0	540~785	—			>2.0~8.0	580~760	—
	T	0.5~1.0	≥750			Y₁	0.1~0.2	660~880	—
		>1.0~2.0	≥740				>0.2~0.5	640~850	—
		>2.0~4.0	≥730	—			>0.5~2.0	620~830	—
BZn22-16 BZn25-18	M	0.1~0.2	≥440	≥12			>2.0~8.0	600~810	—
		0.2~0.5		≥16		Y	0.1~0.2	750~990	—
		>0.5~2.0		≥23			>0.2~0.5	740~950	—
		>2.0~8.0		≥28			>0.5~2.0	650~900	—
	Y₈	0.1~0.2	500~680	≥10			>2.0~8.0	630~860	—
		>0.2~0.5	490~650	≥12		T	0.1~1.0	≥820	
		>0.5~2.0	470~630	≥15			>1.0~2.0	≥810	
		>2.0~8.0	460~600	≥18			>2.0~4.0	≥800	
	Y₄	0.1~0.2	540~720	—	BZn40-20	M	1.0~6.0	500~650	≥20
		>0.2~0.5	520~690	≥6		Y₄	1.0~6.0	550~700	≥8
		>0.5~2.0	500~670	≥8		Y₂	1.0~6.0	600~850	
		>2.0~8.0	480~650	≥10		Y₁	1.0~6.0	750~900	
						Y	1.0~6.0	800~1000	—

注：1. 伸长率指标均指拉伸试样在标距内断裂值。

2. 经供需双方协商可供应其余规格、状态和性能的线材，具体要求应在合同中注明。

17. 易切削铜合金线材 （GB/T 26048—2010）

易切削铜合金线材牌号、状态、规格见表 3-55，室温纵向力学性能见表 3-56。

易切削铜合金线材牌号、状态、规格 表 3-55

牌 号	状 态	直径（对边距） mm	形 状
HPb59-1、HPb59-3、 HP60-2、HPb62-3、 HPb63-3	半硬(Y₂)、硬(Y)	0.5~12	
HSb60-0.9、 HSb61-0.8-0.5、 HBi60-1.3、HSi61-0.6	半硬(Y₂)、硬(Y)	0.5~12	
QPb1、QSn4-4-4、 QTe0.5、QTe0.5-0.02	半硬(Y₂)、硬(Y)	0.5~12	

易切削铜合金线材室温纵向力学性能 　　**表 3-56**

牌　号	状　态	直径（对边距） mm	抗拉强度 R_m N/mm²	断后伸长率 A_{100mm} %
			不小于	
HPb59-1 HPb60-2	Y_2	≥0.5~2.0	450	8
		>2.0~4.0	430	8
		>4.0~12.0	420	10
	Y	≥0.5~2.0	530	—
		>2.0~4.0	520	—
		>4.0~12.0	500	—
HPb59-3	Y_2	≥0.5~2.0	385	8
		>2.0~4.0	380	8
		>4.0~6.0	370	8
		>6.0~12.0	360	10
	Y	≥0.5~2.0	480	—
		>2.0~4.0	460	—
		>4.0~6.0	435	—
		>6.0~12.0	430	—
HPb63-3 HPb62-3	Y_2	≥0.5~2.0	420	3
		>2.0~4.0	410	4
		>4.0~12.0	400	4
	Y	≥0.5~12.0	430	—
HSb60-0.9	Y_2	≥0.5~12.0	330	10
	Y	≥0.5~12.0	380	5
HSb61-0.8-0.5	Y_2	≥0.5~12.0	380	8
	Y	≥0.5~12.0	400	5
HBi60-1.3 HSi61-0.6	Y_2	≥0.5~12.0	350	8
	Y	≥0.5~12.0	400	5
QSn4-4-4	Y_2	≥0.5~2.0	480	4
		>2.0~4.0	450	6
		>4.0~12.0	430	8
	Y	≥0.5~2.0	520	—
		>2.0~4.0	500	—
		>4.0~12.0	450	—
QTe0.5-0.02、 QPb1、QTe0.5	Y_2	≥0.5~12	260	6
	Y	≥0.5~12	330	4

注　1. 伸长率指标均指拉伸试样中间断裂值。

　　2. 经供需双方协议可供应其状态和性能的线材，具体要求应在合同中注明。

三、铝及铝合金加工产品

1. 铝及铝合金加工产品的性能特点及用途（表 3-57）

铝及铝合金加工产品的特性与用途   表 3-57

类别	牌号		性能特点	用途举例
	新	旧		
工业用纯铝	1A85、1A90、1A93、1A97、1A99	LG1、LG2、LG3、LG4、LG5	工业用高纯铝	主要用于成产各种电解电容器用箔材，抗酸容器等。产品有板、带、箔
	1060、1050A、1035、8A06	L2、L3、L4、L6	具有塑性高、耐蚀、导电性和导热性好的特点，但强度低，不能通过热处理强化，切削性不好。可接受接触焊、气焊	制造一些具有特定性能的结构件，如铝箔制成垫片及电容器，电子管隔离网、电线、电缆的防护套、网、线芯及飞机通用系统零件及装饰件
	1A30	L4-1	特性与上类似，但其 Fi 与 Si 杂质含量控制严格，工艺与热处理条件特殊	主要用作航天工业及兵器工业纯铝膜片等处的板材
	1100	L5-1	强度较低，但延展性，成型性、焊接性和耐蚀性优良	主要生产板材、带材，适合制作各种深冲压制品
防锈铝	3A21	LF21	为铝锰系合金，强度低，退火状态塑性高，冷作硬化状态塑性低，耐蚀性好，热处理不可强化，焊接性好，切削加工性不良；是一种应用最广泛的防锈铝	用在液体或气体介质中工作的低载荷零件，如油箱、油管、液体容器等；线材可制作铆钉
	5A02	LF2	为铝镁系防锈铝，强度、塑性、耐蚀性高，具有较高的抗疲劳强度，热处理不可强化，焊接性好，冷作硬化状态下切削性较好，可抛光	用于制造在液体介质中工作的中等载荷零件，如油箱、油管、液体容器等；线材可制作铆钉等
	5A03	LF3	为铝镁系防锈铝，性能与5A02相似，但焊接性优于5A02	液体介质中工作的中等载荷零件、焊件、冷冲件
	5A05、5B05	LF5、LF10	铝镁系防锈铝，抗腐蚀性高，强度与5A03类似，热处理不可强化，退火状态塑性高，半冷作硬化状态可切削加工，焊接性尚好	5A05 多用于在液体环境中工作零件，如管道、容器等；5B05主要来制造铆钉
	5A06	LF6	有较高的强度和耐蚀性，退火和挤压状态下塑性良好，切削加工性良好，可氩弧焊、气焊、电焊	焊接容器、受力零件、航空工业的骨架及零件、飞机蒙皮
	5B06、5A13、5A33	LF14、LF13、LF33	镁含量高，且加入了适量 Ti、Be、Zr 等元素，耐蚀性高，焊接性能好。可用冷变形加工进行强化而不能热处理强化	多用于制造各种焊条的合金
	5A43	LF43	系铝、镁、锰合金，成本低、塑性好	多用于民用制品，如铝制餐具、用具

类别	牌号 新	牌号 旧	性能特点	用途举例
防锈铝	5083、5056	LF4、LF5-1	在不可热处理合金中强度良好，耐蚀性、切削性良好，阳极氧化处理后表面美观，电焊性好	广泛用于船舶、汽车、飞机、导弹等方面，民用多来生产自行车、挡泥板
铝	2A01	LY1	强度低、塑性高、耐蚀性低，电焊焊接良好，切削性尚可，工艺性良好，在制作铆钉时应先进行阳极氧化处理	是主要的铆接材料，用来制造工作温度小于 100℃ 的中等强度结构用铆钉
铝	2A02	LY2	为耐热硬铝。强度高，如强度较高，可热处理强化，在淬火及人工时效下使用，切削加工性良好，耐蚀性 LD7、LD8 耐热锻铝好，在挤压半成品中有形成粗晶环的倾向	用于制造在较高温度（200～300℃）下工作的承力结构件
硬铝	2A04、2B11、2B12	LY4、LY8、LY9	LY4 有较好的耐热性，可在 125～250℃ 内使用；LY9 的强度较高，LY8 强度中等，共同缺点为铆钉必须在淬火后 2～6h 内使用	用于制作铆钉
硬铝	2A10	LY10	有较高的剪切强度，铆钉不受热处理后的时间限制，但耐蚀性不好	用于工作温度低于 100℃ 的要求强度较高的铆钉，可替代 2A01，2B12，2A11，2A12 等合金
硬铝	2A11	LY11	是应用最早的标准硬铝。中等强度，可热处理强化，在淬火及自然时效状态下使用，点焊性能良好，气焊和氩弧焊时有裂缝倾向，热态下可塑性尚可，抗蚀性不高，切削加工性在淬火及时效状态下尚好	用于制作中等强度的零件及构件，如空气螺旋桨叶片、螺栓铆钉等，用作铆钉应在淬火后 2h 内使用
硬铝	2A12	LY12	高强度硬铝。可热处理强化，在退火及刚淬火状态下塑性中等，点焊性能好，气焊和氩弧焊时有裂缝倾向，抗蚀性不高，切削加工性在淬火及冷作硬化后尚好，退火后低	制造高负荷零件，工作温度在 150℃ 以下
硬铝	2A16、2A17	LY16、LY17	耐热硬铝。常温下强度不高而在高温下具有较高的蠕变强度，热态下塑性较高，可热处理强化，焊接性能良好，抗蚀性不高，切削加工性尚好	用于制造 200～350℃ 下工作的零件，板材可用于制造常温或高温工作下的焊接件

类别	牌号		性能特点	用途举例
	新	旧		
锻铝	6A02	LD2	中等强度，在热态和退火状态下可塑性高，易于锻造、冲压，在淬火和自然失效状态下具有 3A21 一样好的耐蚀性，易于点焊和氢原子焊，气焊尚可，切削加工性在淬火和失效后尚可	用于制造高塑性、高耐蚀性、中等载荷的零件及形状复杂的锻件
	6B02 6070	LD2-1、 LD2-2	耐蚀性好，焊接性能良好	用于制造大型焊接构件，锻压及挤压件
	2A50	LD5	高强度锻铝，热态下可塑性高，易于锻造、冲压，可热处理强化，工艺性能较好，抗蚀性也较好，但有晶间腐蚀倾向，切削加工性和点焊、滚焊、接触焊性能良好，电焊、气焊性能不好	用于制造形状复杂和中等载荷的锻件及模锻件
	2B50	LD6	在热压力加工时有很好的工艺性，可进行点焊和滚焊，热处理后易产生应力腐蚀倾向和晶间腐蚀敏感性	可制造形状复杂和中等强度的锻件及模锻件
	2A70、2A80、 2A90	LD7、LD8、 LD9	耐热锻铝。可热处理强化，点焊、滚焊、接触焊性能良好，电焊、气焊性能差，耐热性和切削加工性尚好，LD8 的热强性和可塑性比 LD7 差	用于制造在高温下工作的复杂锻件
	2A14	LD10	高强度锻铝，热强性较好，在热态下可塑性差，其他性能同 2A50	用于制造形状简单和高载荷的锻件及模锻件
	6061、 6063	LD30、 LD31	强度中等，焊接性优良，耐蚀性及冷加工性好，是一种广泛应用，很有前途的合金	广泛用于建筑业门窗，台架等结构件及医疗办公、车辆、船舶、机械等方面
超硬铝	7A03	LC3	铆钉合金。可热处理强化，剪切强度较高，耐蚀性和切削加工性尚可，铆接时不受热处理时间的限制	用作承力结构铆钉，工作温度在120℃以下，可作 2A10 铆钉合金代用品
	7A04、7A09	LC4、LC9	高强度铝合金。在退火和淬火状态下的可塑性中等，可热处理强化，通常在淬火、人工时效状态下使用，此时得到的强度比一般硬铝高得多，但塑性较低，有应力集中倾向，点焊性能良好，气焊不良，热处理后的切削加工性能良好，退火状态稍差，LC9 板材的静疲劳、缺口敏感、抗应力腐蚀性能稍优于 LC4	用于制造承力构件和高载荷零件等
特殊铝	4A01	LT1	这是一种含 Si 5％的低合金化二元铝硅合金，其力学性能不高，但抗蚀性很高，压力加工性能良好	适用于制造焊条及焊棒，用于焊接铝合金制品

2. 变形铝及铝合金化学成分（GB/T 3190—2008）（表 3-58、表 3-59）

变形铝及铝合金的化学成分（1）　　　　　　　　表 3-58

序号	牌号	化学成分（质量分数）/%											其他		Al
		Si	Fe	Cu	Mn	Mg	Cr	Ni	Zn		Ti	Zr	单个	合计	
1	1035	0.35	0.6	0.10	0.05	0.05	—	—	0.10	0.05 V	0.03	—	0.03	—	99.35
2	1040	0.30	0.50	0.10	0.05	0.05	—	—	0.10	0.05 V	0.03	—	0.03	—	99.40
3	1045	0.30	0.45	0.10	0.05	0.05	—	—	0.05	0.05 V	0.03	—	0.03	—	99.45
4	1050	0.25	0.40	0.05	0.05	0.05	—	—	0.05	0.05 V	0.03	—	0.03	—	99.50
5	1050A	0.25	0.40	0.05	0.05	0.05	—	—	0.07	—	0.05	—	0.03	—	99.50
6	1060	0.25	0.35	0.05	0.03	0.03	—	—	0.05	0.05 V	0.03	—	0.03	—	99.60
7	1065	0.25	0.30	0.05	0.03	0.03	—	—	0.05	0.05 V	0.03	—	0.03	—	99.65
8	1070	0.20	0.25	0.04	0.03	0.03	—	—	0.04	0.05 V	0.03	—	0.03	—	99.70
9	1070A	0.20	0.25	0.03	0.03	0.03	—	—	0.07	—	0.03	—	0.03	—	99.70
10	1080	0.15	0.15	0.03	0.02	0.02	—	—	0.03	0.03 Ga, 0.05 V	0.03	—	0.02	—	99.80
11	1080A	0.15	0.15	0.03	0.02	0.02	—	—	0.06	0.03 Ga①	0.02	—	0.02	—	99.80
12	1085	0.10	0.12	0.03	0.02	0.02	—	—	0.03	0.03 Ga, 0.05 V	0.02	—	0.01	—	99.85
13	1100	0.95 Si+Fe		0.05~0.20	0.05	—	—	—	0.10	①	—	—	0.05	0.15	99.00
14	1200	1.00 Si+Fe		0.05	0.05	—	—	—	0.10	—	0.05	—	0.05	0.15	99.00
15	1200A	1.00 Si+Fe		0.10	0.30	0.30	0.10	—	0.10	—	—	—	0.05	0.15	99.00
16	1120	0.10	0.40	0.05~0.35	0.01	0.20	0.01	—	0.05	0.03 Ga, 0.05 B, 0.02 V+Ti	—	—	0.03	0.10	99.20
17	1230②	0.70 Si+Fe		0.10	0.05	0.05	—	—	0.10	0.05 V	0.03	—	0.03	—	99.30
18	1235	0.65 Si+Fe		0.05	0.05	0.05	—	—	0.10	0.05 V	0.06	—	0.03	—	99.35
19	1435	0.15	0.30~0.50	0.02	0.05	0.05	—	—	0.10	0.05 V	0.03	—	0.03	—	99.35
20	1145	0.55 Si+Fe		0.05	0.05	0.05	—	—		0.05 V	0.03	—	0.03	—	99.45
21	1345	0.30	0.40	0.10	0.05	0.05	—	—	0.05	0.05 V	0.03	—	0.03	—	99.45
22	1350	0.10	0.40	0.05	0.01	—	0.01	—	0.05	0.03 Ga, 0.05 B, 0.02 V+Ti	—	—	0.03	0.10	99.50
23	1450	0.25	0.40	0.05	0.05	0.05	—	—	0.07	①	0.10~0.20	—	0.03	—	99.50
24	1260	0.40 Si+Fe		0.04	0.01	0.03	—	—	0.05	0.05 V①	0.03	—	0.03	—	99.60
25	1370	0.10	0.25	0.02	0.01	0.02	0.01	—	0.04	0.03 Ga, 0.02 B, 0.02 V+Ti	—	—	0.02	0.10	99.70

续表

序号	牌号	化学成分（质量分数）/%											其他		Al
		Si	Fe	Cu	Mn	Mg	Cr	Ni	Zn		Ti	Zr	单个	合计	
26	1275	0.08	0.12	0.05~0.10	0.02	0.02	—	—	0.03	0.03 Ga, 0.03 V	0.02	—	0.01	—	99.75
27	1185	0.15 Si+Fe		0.01	0.02	0.02	—	—	0.03	0.03 Ga, 0.05 V	0.02	—	0.01	—	99.85
28	1285	0.08③	0.08③	0.02	0.01	0.01	—	—	0.03	0.03 Ga, 0.05 V	0.02	—	0.01	—	99.85
29	1385	0.05	0.12	0.02	0.01	0.02	0.01	—	0.03	0.03 Ga, 0.03 V+Ti④	—	—	0.01	—	99.85
30	2004	0.20	0.20	5.5~6.5	0.10	0.50	—	—	0.10	—	0.05	0.30~0.50	0.05	0.15	余量
31	2011	0.40	0.7	5.0~6.0	—	—	—	—	0.30	⑤	—	—	0.05	0.15	余量
32	2014	0.50~1.2	0.7	3.9~5.0	0.40~1.2	0.20~0.8	0.10	—	0.25	⑥	0.15	—	0.05	0.15	余量
33	2014A	0.50~0.9	0.50	3.9~5.0	0.40~1.2	0.20~0.8	0.10	0.10	0.25	—	0.15	0.20 Zr+Ti	0.05	0.15	余量
34	2214	0.50~1.2	0.30	3.9~5.0	0.40~1.2	0.20~0.8	0.10	—	0.25	⑥	0.15	—	0.05	0.15	余量
35	2017	0.20~0.8	0.7	3.5~4.5	0.40~1.0	0.40~0.8	0.10	—	0.25	⑥	0.15	—	0.05	0.15	余量
36	2017A	0.20~0.8	0.7	3.5~4.5	0.40~1.0	0.40~1.0	0.10	—	0.25	—	—	0.25Zr+Ti	0.05	0.15	余量
37	2117	0.8	0.7	2.2~3.0	0.20	0.20~0.50	0.10	—	0.25	—	—	—	0.05	0.15	余量
38	2218	0.9	1.0	3.5~4.5	0.20	1.2~1.8	0.10	1.7~2.3	0.25	—	—	—	0.05	0.15	余量
39	2618	0.10~0.25	0.9~1.3	1.9~2.7	—	1.3~1.8	—	0.9~1.2	0.10	—	0.04~0.10	—	0.05	0.15	余量
40	2618A	0.15~0.25	0.9~1.4	1.8~2.7	0.25	1.2~1.8	—	0.8~1.4	0.15	—	0.20	0.25 Zr+Ti	0.05	0.15	余量
41	2219	0.20	0.30	5.8~6.8	0.20~0.40	0.02	—	—	0.10	0.05~0.15 V	0.02~0.10	0.10~0.25	0.05	0.15	余量
42	2519	0.25⑦	0.30⑦	5.3~6.4	0.10~0.50	0.05~0.40	—	—	0.10	0.05~0.15 V	0.02~0.10	0.10~0.25	0.05	0.15	余量
43	2024	0.50	0.50	3.8~4.9	0.30~0.9	1.2~1.8	0.10	—	0.25	⑥	0.15	—	0.05	0.15	余量
44	2024A	0.15	0.20	3.7~4.5	0.15~0.8	1.2~1.5	0.10	—	0.25	—	0.15	—	0.05	0.15	余量

| 序号 | 牌号 | 化学成分（质量分数）/% | | | | | | | | | | | 其他 | | Al |
		Si	Fe	Cu	Mn	Mg	Cr	Ni	Zn		Ti	Zr	单个	合计	
45	2124	0.20	0.30	3.8~4.9	0.30~0.9	1.2~1.8	0.10	—	0.25	⑥	0.15	—	0.05	0.15	余量
46	2324	0.10	0.12	3.8~4.4	0.30~0.9	1.2~1.8	0.10	—	0.25	—	0.15	—	0.05	0.15	余量
47	2524	0.06	0.12	4.0~4.5	0.45~0.7	1.2~1.6	0.05	—	0.15	—	0.10	—	0.05	0.15	余量
48	3002	0.08	0.10	0.15	0.05~0.25	0.05~0.20	—	—	0.05	0.05V	0.03	—	0.03	0.10	余量
49	3102	0.40	0.07	0.10	0.05~0.40	—	—	—	0.30	—	0.10	—	0.05	0.15	余量
50	3003	0.6	0.7	0.05~0.20	1.0~1.5	—	—	—	0.10	—	—	—	0.05	0.15	余量
51	3103	0.50	0.7	0.10	0.9~1.5	0.30	0.10	—	0.20	①	—	0.10 Zr+Ti	0.05	0.15	余量
52	3103A	0.50	0.7	0.10	0.7~1.4	0.30	0.10	—	0.20	—	0.10	0.10 Zr+Ti	0.05	0.15	余量
53	3203	0.6	0.7	0.05	1.0~1.5	—	—	—	0.10	①	—	—	0.05	0.15	余量
54	3004	0.30	0.7	0.25	1.0~1.5	0.8~1.3	—	—	0.25	—	—	—	0.05	0.15	余量
55	3004A	0.40	0.7	0.25	0.8~1.5	0.8~1.5	0.10	—	0.25	0.03 Pb	0.05	—	0.05	0.15	余量
56	3104	0.6	0.8	0.05~0.25	0.8~1.4	0.8~1.3	—	—	0.25	0.05 Ga,0.05 V	0.10	—	0.05	0.15	余量
57	3204	0.30	0.7	0.10~0.25	0.8~1.5	0.8~1.5	—	—	0.25	—	—	—	0.05	0.15	余量
58	3005	0.6	0.7	0.30	1.0~1.5	0.20~0.6	0.10	—	0.25	—	0.10	—	0.05	0.15	余量
59	3105	0.6	0.7	0.30	0.30~0.8	0.20~0.8	0.20	—	0.40	—	0.10	—	0.05	0.15	余量
60	3105A	0.6	0.7	0.30	0.30~0.8	0.20~0.8	0.20	—	0.25	—	0.10	—	0.05	0.15	余量
61	3006	0.50	0.7	0.10~0.30	0.50~0.8	0.30~0.6	0.20	—	0.15~0.40	—	0.10	—	0.05	0.15	余量
62	3007	0.50	0.7	0.05~0.30	0.30~0.8	0.6	0.20	—	0.40	—	0.10	—	0.05	0.15	余量
63	3107	0.6	0.7	0.05~0.15	0.40~0.9	—	—	—	0.20	—	0.10	—	0.05	0.15	余量

序号	牌号	化学成分（质量分数）/%											其他		Al
		Si	Fe	Cu	Mn	Mg	Cr	Ni	Zn		Ti	Zr	单个	合计	
64	3207	0.30	0.45	0.10	0.40~0.8	0.10	—	—	0.10	—	—	—	0.05	0.10	余量
65	3207A	0.35	0.6	0.25	0.30~0.8	0.40	0.20	—	0.25		—	—	0.05	0.15	余量
66	3307	0.6	0.8	0.30	0.50~0.9	0.30	0.20	—	0.40		0.10		0.05	0.15	余量
67	4004②	9.0~10.5	0.8	0.25	0.10	1.0~2.0	—	—	0.20		—	—	0.05	0.15	余量
68	4032	11.0~13.5	1.0	0.50~1.3	—	0.8~1.3	0.10	0.50~1.3	0.25		—	—	0.05	0.15	余量
69	4043	4.5~6.0	0.8	0.30	0.05	0.05	—	—	0.10	①	0.20	—	0.05	0.15	余量
70	4043A	4.5~6.0	0.6	0.30	0.15	0.20	—	—	0.10	①	0.15	—	0.05	0.15	余量
71	4343	6.8~8.2	0.8	0.25	0.10	—	—	—	0.20		—	—	0.05	0.15	余量
72	4045	9.0~11.0	0.8	0.30	0.05	0.05	—	—	0.10		0.20	—	0.05	0.15	余量
73	4047	11.0~13.0	0.8	0.30	0.15	0.10	—	—	0.20	①	—	—	0.05	0.15	余量
74	4047A	11.0~13.0	0.6	0.30	0.15	0.10	—	—	0.20	①	0.15	—	0.05	0.15	余量
75	5005	0.30	0.7	0.20	0.20	0.50~1.1	0.10	—	0.25		—	—	0.05	0.15	余量
76	5005A	0.30	0.45	0.05	0.15	0.7~1.1	0.10	—	0.20		—	—	0.05	0.15	余量
77	5205	0.15	0.7	0.03~0.10	0.10	0.6~1.0	0.10	—	0.05		—	—	0.05	0.15	余量
78	5006	0.40	0.8	0.10	0.40~0.8	0.8~1.3	0.10	—	0.25		0.10	—	0.05	0.15	余量
79	5010	0.40	0.7	0.25	0.10~0.30	0.20~0.6	0.15	—	0.30		0.10	—	0.05	0.15	余量
80	5019	0.40	0.50	0.10	0.10~0.6	4.5~5.6	0.20	—	0.20	0.10~0.6 Mn+Gr	0.20	—	0.05	0.15	余量
81	5049	0.40	0.50	0.10	0.50~1.1	1.6~2.5	0.30	—	0.20		0.10	—	0.05	0.15	余量
82	5050	0.40	0.7	0.20	0.10	1.1~1.8	0.10	—	0.25		—	—	0.05	0.15	余量

序号	牌号	化学成分（质量分数）/%											其他		Al
		Si	Fe	Cu	Mn	Mg	Cr	Ni	Zn		Ti	Zr	单个	合计	
83	5050A	0.40	0.7	0.20	0.30	1.1~1.8	0.10	—	0.25	—	—	—	0.05	0.15	余量
84	5150	0.08	0.10	0.10	0.03	1.3~1.7	—	—	0.10		0.06	—	0.03	0.10	余量
85	5250	0.08	0.10	0.10	0.04~0.15	1.3~1.8	—	—	0.05	0.03 Ga, 0.05 V	—	—	0.03	0.10	余量
86	5051	0.40	0.7	0.25	0.20	1.7~2.2	0.10	—	0.25	—	0.10	—	0.05	0.15	余量
87	5251	0.40	0.50	0.15	0.10~0.50	1.7~2.4	0.15	—	0.15	—	0.15	—	0.05	0.15	余量
88	5052	0.25	0.40	0.10	0.10	2.2~2.8	0.15~0.35	—	0.10	—			0.05	0.15	余量
89	5154	0.25	0.40	0.10	0.10	3.1~3.9	0.15~0.35	—	0.20	①	0.20	—	0.05	0.15	余量
90	5154A	0.50	0.50	0.10	0.50	3.1~3.9	0.25	—	0.20	0.10~0.50 Mn+Cr①	0.20	—	0.05	0.15	余量
91	5454	0.25	0.40	0.10	0.50~1.0	2.4~3.0	0.05~0.20	—	0.25	—	0.20	—	0.05	0.15	余量
92	5554	0.25	0.40	0.10	0.50~1.0	2.4~3.0	0.05~0.20	—	0.25	①	0.05~0.20	—	0.05	0.15	余量
93	5754	0.40	0.40	0.10	0.50	2.6~3.6	0.30	—	0.20	0.10~0.6 Mn+Cr	0.15	—	0.05	0.15	余量
94	5056	0.30	0.40	0.10	0.05~0.20	4.5~5.6	0.05~0.20	—	0.10	—	—	—	0.05	0.15	余量
95	5356	0.25	0.40	0.10	0.05~0.20	4.5~5.5	0.05~0.20	—	0.10	①	0.06~0.20	—	0.05	0.15	余量
96	5456	0.25	0.40	0.10	0.50~1.0	4.7~5.5	0.05~0.20	—	0.25	—	0.20	—	0.05	0.15	余量
97	5059	0.45	0.50	0.25	0.6~1.2	5.0~6.0	0.25	—	0.40~0.9		0.20	0.05~0.25	0.05	0.15	余量
98	5082	0.20	0.35	0.15	0.15	4.0~5.0	0.15	—	0.25	—	0.10	—	0.05	0.15	余量
99	5182	0.20	0.35	0.15	0.20~0.50	4.0~5.0	0.10	—	0.25	—	0.10	—	0.05	0.15	余量
100	5083	0.40	0.40	0.10	0.40~1.0	4.0~4.9	0.05~0.25	—	0.25	—	0.15	—	0.05	0.15	余量

续表

序号	牌号	化学成分（质量分数）/%											其他		Al
		Si	Fe	Cu	Mn	Mg	Cr	Ni	Zn		Ti	Zr	单个	合计	
101	5183	0.40	0.40	0.10	0.50~1.0	4.3~5.2	0.05~0.25	—	0.25	①	0.15	—	0.05	0.15	余量
102	5383	0.25	0.25	0.20	0.7~1.0	4.0~5.2	0.25	—	0.40		0.15	0.20	0.05	0.15	余量
103	5086	0.40	0.50	0.10	0.20~0.7	3.5~4.5	0.05~0.25	—	0.25	—	0.15		0.05	0.15	余量
104	6101	0.30~0.7	0.50	0.10	0.03	0.35~0.8	0.03	—	0.10	0.06 B	—		0.03	0.10	余量
105	6101A	0.30~0.7	0.40	0.05	—	0.40~0.9							0.03	0.10	余量
106	6101B	0.30~0.6	0.10~0.30	0.05	0.05	0.35~0.6			0.10				0.03	0.10	余量
107	6201	0.50~0.9	0.50	0.10	0.03	0.6~0.9	0.03	—	0.10	0.06 B	—		0.03	0.10	余量
108	6005	0.6~0.9	0.35	0.10	0.10	0.40~0.6	0.10	—	0.10	—	0.10	—	0.05	0.15	余量
109	6005A	0.50~0.9	0.35	0.30	0.50	0.40~0.7	0.30	—	0.20	0.12~0.50 Mn+Cr	0.10	—	0.05	0.15	余量
110	6105	0.6~1.0	0.35	0.10	0.15	0.45~0.8	0.10	—	0.10	—	0.10	—	0.05	0.15	余量
111	6106	0.30~0.6	0.35	0.25	0.05~0.20	0.40~0.8	0.20	—	0.10	—	—	—	0.05	0.10	余量
112	6009	0.6~1.0	0.50	0.15~0.6	0.20~0.8	0.40~0.8	0.10	—	0.25	—	0.10	—	0.05	0.15	余量
113	6010	0.8~1.2	0.50	0.15~0.6	0.20~0.8	0.6~1.0	0.10	—	0.25	—	0.10	—	0.05	0.15	余量
114	6111	0.6~1.1	0.40	0.50~0.9	0.10~0.45	0.50~1.0	0.10	—	0.15	—	0.10	—	0.05	0.15	余量
115	6016	1.0~1.5	0.50	0.20	0.20	0.25~0.6	0.10	—	0.20		0.15	—	0.05	0.15	余量
116	6043	0.40~0.9	0.50	0.30~0.9	0.35	0.6~1.2	0.15	—	0.20	0.40~0.7 Bi 0.20~0.40 Sn	0.15	—	0.05	0.15	余量
117	6351	0.7~1.3	0.50	0.10	0.40~0.8	0.40~0.8	—	—	0.20	—	0.20	—	0.05	0.15	余量
118	6060	0.30~0.6	0.10~0.30	0.10	0.10	0.35~0.6	0.05		0.15	—	0.10	—	0.05	0.15	余量

序号	牌号	化学成分（质量分数）/%											其他		Al
		Si	Fe	Cu	Mn	Mg	Cr	Ni	Zn		Ti	Zr	单个	合计	
119	6061	0.40~0.8	0.7	0.15~0.40	0.15	0.8~1.2	0.04~0.35	—	0.25	—	0.15	—	0.05	0.15	余量
120	6061A	0.40~0.8	0.7	0.15~0.40	0.15	0.8~1.2	0.04~0.35	—	0.25	⑧	0.15	—	0.05	0.15	余量
121	6262	0.40~0.8	0.7	0.15~0.40	0.15	0.8~1.2	0.04~0.14	—	0.25	⑨	0.15	—	0.05	0.15	余量
122	6063	0.20~0.6	0.35	0.10	0.10	0.45~0.9	0.10	—	0.10	—	0.10	—	0.05	0.15	余量
123	6063A	0.30~0.6	0.15~0.35	0.10	0.15	0.6~0.9	0.05	—	0.15	—	0.10	—	0.05	0.15	余量
124	6463	0.02~0.6	0.15	0.20	0.05	0.45~0.9	—	—	0.05	—		—	0.05	0.15	余量
125	6463A	0.20~0.6	0.15	0.25	0.05	0.30~0.9	—	—	0.05	—		—	0.05	0.15	余量
126	6070	1.0~1.7	0.50	0.15~0.40	0.40~1.0	0.50~1.2	0.10	—	0.25	—	0.15	—	0.05	0.15	余量
127	6181	0.8~1.2	0.45	0.10	0.15	0.6~1.0	0.10	—	0.20	—	0.10	—	0.05	0.15	余量
128	6181A	0.7~1.1	0.15~0.50	0.25	0.40	0.6~1.0	0.15	—	0.30	0.10 V	0.25	—	0.05	0.15	余量
129	6082	0.7~1.3	0.50	0.10	0.40~1.0	0.6~1.2	0.25	—	0.20	—	0.10	—	0.05	0.15	余量
130	6082A	0.7~1.3	0.50	0.10	0.40~1.0	0.6~1.2	0.25	—	0.20	⑧	0.10	—	0.05	0.15	余量
131	7001	0.35	0.40	1.6~2.6	0.20	2.6~3.4	0.18~0.35	—	6.8~8.0	—	0.20	—	0.05	0.15	余量
132	7003	0.30	0.35	0.20	0.30	0.50~1.0	0.20	—	5.0~6.5	—	0.20	0.05~0.25	0.05	0.15	余量
133	7004	0.25	0.35	0.05	0.20~0.7	1.0~2.0	0.05	—	3.8~4.6	—	0.05	0.10~0.20	0.05	0.15	余量
134	7005	0.35	0.40	0.10	0.20~0.7	1.0~1.8	0.06~0.20	—	4.0~5.0	—	0.01~0.06	0.08~0.20	0.05	0.15	余量
135	7020	0.35	0.40	0.20	0.05~0.50	1.0~1.4	0.10~0.35	—	4.0~5.0	⑩	—	—	0.05	0.15	余量
136	7021	0.25	0.40	0.25	0.10	1.2~1.8	0.05	—	5.0~6.0	—	0.10	0.08~0.18	0.05	0.15	余量

续表

序号	牌号	化学成分（质量分数）/%											其他		Al
		Si	Fe	Cu	Mn	Mg	Cr	Ni	Zn		Ti	Zr	单个	合计	
137	7022	0.50	0.50	0.50~1.0	0.10~0.40	2.6~3.7	0.10~0.30	—	4.3~5.2	—	—	0.20 Ti+Zr	0.05	0.15	余量
138	7039	0.30	0.40	0.10	0.10~0.40	2.3~3.3	0.15~0.25	—	3.5~4.5	—	0.10	—	0.05	0.15	余量
139	7049	0.25	0.35	1.2~1.9	0.20	2.0~2.9	0.10~0.22	—	7.2~8.2	—	0.10	—	0.05	0.15	余量
140	7049A	0.40	0.50	1.2~1.9	0.50	2.1~3.1	0.05~0.25	—	7.2~8.4	—	—	0.25 Zr+Ti	0.05	0.15	余量
141	7050	0.12	0.15	2.0~2.6	0.10	1.9~2.6	0.04	—	5.7~6.7	—	0.06	0.08~0.15	0.05	0.15	余量
142	7150	0.12	0.15	1.9~2.5	0.10	2.0~2.7	0.04	—	5.9~6.9	—	0.06	0.08~0.15	0.05	0.15	余量
143	7055	0.10	0.15	2.0~2.6	0.05	1.8~2.3	0.04	—	7.6~8.4	—	0.06	0.08~0.25	0.05	0.15	余量
144	7072②	0.7 Si+Fe		0.10	0.10	0.10	—	—	0.8~1.3	—		—	0.05	0.15	余量
145	7075	0.40	0.50	1.2~2.0	0.30	2.1~2.9	0.18~0.28	—	5.1~6.1	⑪	0.20	—	0.05	0.15	余量
146	7175	0.15	0.20	1.2~2.0	0.10	2.1~2.9	0.18~0.28	—	5.1~6.1	—	0.10	—	0.05	0.15	余量
147	7475	0.10	0.12	1.2~1.9	0.06	1.9~2.6	0.18~0.25	—	5.2~6.2	—	0.06	—	0.05	0.15	余量
148	7085	0.06	0.08	1.3~2.0	0.04	1.2~1.8	0.04	—	7.0~8.0	—	0.06	0.08~0.15	0.05	0.15	余量
149	8001	0.17	0.45~0.7	0.15	—	—	—	0.9~1.3	0.05	⑫	—	—	0.05	0.15	余量
150	8006	0.40	1.2~2.0	0.30	0.30~1.0	0.10	—	—	0.10	—	—	—	0.05	0.15	余量
151	8011	0.50~0.9	0.6~1.0	0.10	0.20	0.05	0.05	—	0.10	—	0.08	—	0.05	0.15	余量
152	8011A	0.40~0.8	0.50~1.0	0.10	0.10	0.10	0.10	—	0.10	—	0.05	—	0.05	0.15	余量
153	8014	0.30	1.2~1.6	0.20	0.20~0.6	0.10	—	—	0.10	—	0.10	—	0.05	0.15	余量
154	8021	0.15	1.2~1.7	0.05	—	—	—	—	0.10	—	—	—	0.05	0.15	余量

续表

序号	牌号	化学成分（质量分数）/%													
		Si	Fe	Cu	Mn	Mg	Cr	Ni	Zn		Ti	Zr	其他		Al
													单个	合计	
155	8021B	0.40	1.1~1.7	0.05	0.03	0.01	0.03	—	0.05	—	0.05	—	0.03	0.10	余量
156	8050	0.15~0.30	1.1~1.2	0.05	0.45~0.55	0.05	0.05	—	0.10	—	—	—	0.05	0.15	余量
157	8150	0.30	0.9~1.3	—	0.20~0.7	—	—	—	—	—	0.05	—	0.05	0.15	余量
158	8079	0.05~0.30	0.7~1.3	0.05	—	—	—	—	0.10	—	—	—	0.05	0.15	余量
159	8090	0.20	0.30	1.0~1.6	0.10	0.6~1.3	0.10	—	0.25	⑬	0.10	0.04~0.16	0.05	0.15	余量

① 焊接电极及填料焊丝的 $w(Be) \leqslant 0.0003\%$。

② 主要用作包覆材料。

③ $w(Si+Fe) \leqslant 0.14\%$。

④ $w(B) \leqslant 0.02\%$。

⑤ $w(Bi)$：$0.20\% \sim 0.6\%$，$w(Pb)$：$0.20\% \sim 0.6\%$。

⑥ 经供需双方协商并同意，挤压产品与锻件的 $w(Zr+Ti)$ 最大可达 0.20%。

⑦ $w(Si+Fe) \leqslant 0.40\%$。

⑧ $w(Pb) \leqslant 0.003\%$。

⑨ $w(Bi)$：$0.40\% \sim 0.7\%$，$w(Pb)$：$0.40\% \sim 0.7\%$。

⑩ $w(Zr)$：$0.08\% \sim 0.20\%$，$w(Zr+Ti)$：$0.08\% \sim 0.25\%$。

⑪ 经供需双方协商并同意，挤压产品与锻件的 $w(Zr+Ti)$ 最大可达 0.25%。

⑫ $w(B) \leqslant 0.001\%$，$w(Cd) \leqslant 0.003\%$，$w(Co) \leqslant 0.001\%$，$w(Li) \leqslant 0.008\%$。

⑬ $w(Li)$：$2.2\% \sim 2.7\%$。

变形铝及铝合金的化学成分（2）　　　　　　　　**表 3-59**

序号	牌号	化学成分（质量分数）/%														备注
		Si	Fe	Cu	Mn	Mg	Cr	Ni	Zn		Ti	Zr	其他		Al	
													单个	合计		
1	1A99	0.003	0.003	0.005	—	—	—	—	0.001	—	0.002	—	0.002	—	99.99	LG5
2	1B99	0.0013	0.0015	0.0030	—	—	—	—	0.001	—	0.001	—	0.001	—	99.993	—
3	1C99	0.0010	0.0010	0.0015	—	—	—	—	0.001	—	0.001	—	0.001	—	99.995	—
4	1A97	0.015	0.015	0.005	—	—	—	—	0.001	—	0.002	—	0.005	—	99.97	LG4
5	1B97	0.015	0.030	0.005	—	—	—	—	0.001	—	0.005	—	0.005	—	99.97	—
6	1A95	0.030	0.030	0.010	—	—	—	—	0.003	—	0.008	—	0.008	—	99.95	—
7	1B95	0.030	0.040	0.010	—	—	—	—	0.003	—	0.008	—	0.005	—	99.95	—
8	1A93	0.040	0.040	0.010	—	—	—	—	0.005	—	0.010	—	0.007	—	99.93	LG3
9	1B93	0.040	0.050	0.010	—	—	—	—	0.005	—	0.010	—	0.007	—	99.93	—
10	1A90	0.060	0.060	0.010	—	—	—	—	0.008	—	0.015	—	0.01	—	99.90	LG2
11	1B90	0.060	0.060	0.010	—	—	—	—	0.008	—	0.010	—	0.01	—	99.90	—

续表

序号	牌号	化学成分(质量分数)/%											其他		Al	备注
		Si	Fe	Cu	Mn	Mg	Cr	Ni	Zn		Ti	Zr	单个	合计		
12	1A85	0.08	0.10	0.01	—				0.01	—	0.01		0.01	—	99.85	LG1
13	1A80	0.15	0.15	0.03	0.02	0.02			0.03	0.03 Ga, 0.05 V	0.03		0.02	—	99.80	—
14	1A80A	0.15	0.15	0.03	0.02	0.02			0.06	0.03 Ga	0.02		0.02	—	99.80	—
15	1A60	0.11	0.25	0.01	—	—	—	—	—	—	0.02 V+Ti+Mn+Cr		0.03	—	99.60	—
16	1A50	0.30	0.30	0.01	0.05	0.05	—		0.03	0.45 Fe+Si	—		0.03	—	99.50	LB2
17	1R50	0.11	0.25	0.01						0.03~0.30 RE	0.02 V+Ti+Mn+Cr		0.03	—	99.50	—
18	1R35	0.25	0.35	0.05	0.03	0.03			0.05	0.10~0.25 RE, 0.05V	0.03		0.03	—	99.35	—
19	1A30	0.10~0.20	0.15~0.30	0.05	0.01	0.01	—	0.01	0.02		0.02		0.03	—	99.30	L4-1
20	1B30	0.05~0.15	0.20~0.30	0.03	0.12~0.18	0.03			0.03		0.02~0.05		0.03	—	99.30	—
21	2A01	0.50	0.50	2.2~3.0	0.20	0.20~0.50	—	—	0.10		0.15		0.05	0.10	余量	LY1
22	2A02	0.30	0.30	2.6~3.2	0.45~0.7	2.0~2.4			0.10		0.15		0.05	0.10	余量	LY2
23	2A04	0.30	0.30	3.2~3.7	0.50~0.8	2.1~2.6	—		0.10	0.001~0.01 Be①	0.05~0.40		0.05	0.10	余量	LY4
24	2A06	0.50	0.50	3.8~4.3	0.50~1.0	1.7~2.3	—		0.10	0.001~0.005 Be①	0.03~0.15		0.05	0.10	余量	LY6
25	2B06	0.20	0.30	3.8~4.3	0.40~0.9	1.7~2.3	—		0.10	0.0002~0.005 Be	0.10		0.05	0.10	余量	—
26	2A10	0.25	0.20	3.9~4.5	0.30~0.50	0.15~0.30	—		0.10		0.15		0.05	0.10	余量	LY10
27	2A11	0.7	0.7	3.8~4.8	0.40~0.8	0.40~0.8	—	0.10	0.30	0.7 Fe+Ni	0.15		0.05	0.10	余量	LY11
28	2B11	0.50	0.50	3.8~4.5	0.40~0.8	0.40~0.8	—		0.10		0.15		0.05	0.10	余量	LY8
29	2A12	0.50	0.50	3.8~4.9	0.30~0.9	1.2~1.8	—	0.10	0.30	0.50 Fe+Ni	0.15		0.05	0.10	余量	LY12
30	2B12	0.50	0.50	3.8~4.5	0.30~0.7	1.2~1.6	—		0.10		0.15		0.05	0.10	余量	LY9

序号	牌号	化学成分(质量分数)/%											其他		Al	备注
		Si	Fe	Cu	Mn	Mg	Cr	Ni	Zn		Ti	Zr	单个	合计		
31	2D12	0.20	0.30	3.8~4.9	0.30~0.9	1.2~1.8	—	0.05	0.10	—	0.10	—	0.05	0.10	余量	—
32	2E12	0.06	0.12	4.0~4.6	0.40~0.7	1.2~1.8	—	—	0.15	0.0002~0.005 Be	0.10	—	0.10	0.15	余量	—
33	2A13	0.7	0.6	4.0~5.0	—	0.30~0.50	—	—	0.6	—	0.15	—	0.05	0.10	余量	LY13
34	2A14	0.6~1.2	0.7	3.9~4.8	0.40~1.0	0.40~0.8	—	0.10	0.30	—	0.15	—	0.05	0.10	余量	LD10
35	2A16	0.30	0.30	6.0~7.0	0.40~0.8	0.05	—	—	0.10	—	0.10~0.20	0.20	0.05	0.10	余量	LY16
36	2B16	0.25	0.30	5.8~6.8	0.20~0.40	0.05	—	—	—	0.05~0.15 V	0.08~0.20	0.10~0.25	0.05	0.10	余量	LY16-1
37	2A17	0.30	0.30	6.0~7.0	0.40~0.8	0.25~0.45	—	—	0.10	—	0.10~0.20	—	0.05	0.10	余量	LY17
38	2A20	0.20	0.30	5.8~6.8	—	0.02	—	—	0.10	0.05~0.15 V 0.001~0.01 B	0.07~0.16	0.10~0.25	0.05	0.15	余量	LY20
39	2A21	0.20	0.20~0.6	3.0~4.0	0.05	0.8~1.2	—	1.8~2.3	0.20	—	0.05	—	0.05	0.15	余量	—
40	2A23	0.05	0.06	1.8~2.8	0.20~0.6	0.6~1.2	—	—	0.15	0.30~0.9 Li	0.15	0.06~0.16	0.10	0.15	余量	—
41	2A24	0.20	0.30	3.8~4.8	0.6~0.9	1.2~1.8	0.10	—	0.25	—	0.20Ti+Zr	0.08~0.12	0.05	0.15	余量	—
42	2A25	0.06	0.06	3.6~4.2	0.50~0.7	1.0~1.5	—	0.06	—	—	—	—	0.05	0.10	余量	—
43	2B25	0.05	0.15	3.1~4.0	0.20~0.8	1.2~1.8	—	0.15	0.10	0.0003~0.0008 Be	0.03~0.07	0.08~0.25	0.05	0.10	余量	—
44	2A39	0.05	0.06	3.4~5.0	0.30~0.8	0.30~0.8	—	—	0.30	0.30~0.6 Ag	0.15	0.10~0.25	0.10	0.15	余量	—
45	2A40	0.25	0.35	4.5~5.2	0.40~0.6	0.50~1.0	0.10~0.20	—	—	—	0.04~0.12	0.10~0.25	0.05	0.15	余量	—
46	2A49	0.25	0.8~1.2	3.2~3.8	0.30~0.6	1.8~2.2	—	0.8~1.2	—	—	0.08~0.12	—	0.05	0.15	余量	—
47	2A50	0.7~1.2	0.7	1.8~2.6	0.40~0.8	0.40~0.8	—	0.10	0.30	0.7 Fe+Ni	0.15	—	0.05	0.10	余量	LD5
48	2B50	0.7~1.2	0.7	1.8~2.6	0.40~0.8	0.40~0.8	0.01~0.20	0.10	0.30	0.7 Fe+Ni	0.02~0.10	—	0.05	0.10	余量	LD6

序号	牌号	化学成分(质量分数)/%											其他		Al	备注
		Si	Fe	Cu	Mn	Mg	Cr	Ni	Zn		Ti	Zr	单个	合计		
49	2A70	0.35	0.9~1.5	1.9~2.5	0.20	1.4~1.8	—	0.9~1.5	0.30	—	0.02~0.10	—	0.05	0.10	余量	LD7
50	2B70	0.25	0.9~1.4	1.8~2.7	0.20	1.2~1.8	—	0.8~1.4	0.15	0.05 Pb, 0.05 Sn	0.10	0.20 Ti+Zr	0.05	0.15	余量	—
51	2D70	0.10~0.25	0.9~1.4	2.0~2.6	0.10	1.2~1.8	0.10	0.9~1.4	0.10	—	0.05~0.10	—	0.05	0.10	余量	—
52	2A80	0.50~1.2	1.0~1.6	1.9~2.5	0.20	1.4~1.8	—	0.9~1.5	0.30	—	0.15	—	0.05	0.10	余量	LD8
53	2A90	0.50~1.0	0.50~1.0	3.5~4.5	0.20	0.40~0.8	—	1.8~2.3	0.30	—	0.15	—	0.05	0.10	余量	LD9
54	2A97	0.15	0.15	2.0~3.2	0.20~0.6	0.25~0.50	—	—	0.17~1.0	0.001~0.10 Be, 0.8~2.3 Li	0.001~0.10	0.08~0.20	0.05	0.15	余量	—
55	3A21	0.5	0.7	0.20	1.0~1.6	0.05	—	—	0.10②	—	0.15	—	0.05	0.10	余量	LF21
56	4A01	4.5~6.0	0.6	0.20	—	—	—	—	0.10 Zn+Sn		0.15	—	0.05	0.15	余量	LT1
57	4A11	11.5~13.5	1.0	0.50~1.3	0.20	0.8~1.3	0.10	0.50~1.3	0.25	—	0.15	—	0.05	0.15	余量	LD11
58	4A13	6.8~8.2	0.50	0.15 Cu+Zn	0.50	0.05	—	—	—	0.10 Ca	0.15	—	0.05	0.15	余量	LT13
59	4A17	11.0~12.5	0.50	0.15 Cu+Zn	0.50	0.05	—	—	—	0.10 Ca	0.15	—	0.05	0.15	余量	LT17
60	4A91	1.0~4.0	0.7	0.7	1.2	1.0	0.20	0.20	1.2	—	0.20	—	0.05	0.15	余量	—
61	5A01	0.40 Si+Fe		0.10	0.30~0.7	6.0~7.0	0.10~0.20	—	0.25	—	0.15	0.10~0.20	0.05	0.15	余量	LF15
62	5A02	0.40	0.40	0.10	或 Cr 0.15~0.40	2.0~2.8	—	—	—	0.6 Si+Fe	0.15	—	0.05	0.15	余量	LF2
63	5B02	0.40	0.40	0.10	0.20~0.6	1.8~2.6	0.05	—	0.20	—	0.10	—	0.05	0.10	余量	—
64	5A03	0.50~0.8	0.50	0.10	0.30~0.6	3.2~3.8	—	—	0.20	—	0.15	—	0.05	0.10	余量	LF3
65	5A05	0.50	0.50	0.10	0.30~0.6	4.8~5.5	—	—	0.20	—	—	—	0.05	0.10	余量	LF5
66	5B05	0.40	0.40	0.20	0.20~0.6	4.7~5.7	—	—	—	0.6 Si+Fe	0.15	—	0.05	0.10	余量	LF10

序号	牌号	化学成分(质量分数)/% Si	Fe	Cu	Mn	Mg	Cr	Ni	Zn		Ti	Zr	其他 单个	其他 合计	Al	备注
67	5A06	0.40	0.40	0.10	0.50~0.8	5.8~6.8	—	—	0.20	0.0001~0.005 Be①	0.02~0.10	—	0.05	0.10	余量	LF6
68	5B06	0.40	0.40	0.10	0.50~0.8	5.8~6.8	—	—	0.20	0.0001~0.005 Be①	0.10~0.30	—	0.05	0.10	余量	LF14
69	5A12	0.30	0.30	0.05	0.40~0.8	8.3~9.6	—	0.10	0.20	0.005 Be 0.004~0.05 Sb	0.05~0.15	—	0.05	0.10	余量	LF12
70	5A13	0.30	0.30	0.05	0.40~0.8	9.2~10.5	—	0.10	0.20	0.005 Be 0.004~0.05 Sb	0.05~0.15	—	0.05	0.10	余量	LF13
71	5A25	0.20	0.30	—	0.05~0.50	5.0~6.3	—	—	—	0.0002~0.002 Be 0.10~0.40 Sc	0.10	0.06~0.20	0.10	0.15	余量	—
72	5A30	0.40 Si+Fe		0.10	0.50~1.0	4.7~5.5	—	—	0.25	0.05~0.20 Cr	0.03~0.15	—	0.05	0.10	余量	LF16
73	5A33	0.35	0.35	0.10	0.10	6.0~7.5	—	—	0.50~1.5	0.0005~0.005 Be①	0.05~0.15	0.10~0.30	0.05	0.10	余量	LF33
74	5A41	0.40	0.40	0.10	0.30~0.6	6.0~7.0	—	—	0.20	—	0.02~0.10	—	0.05	0.10	余量	LT41
75	5A43	0.40	0.40	0.10	0.15~0.40	0.6~1.4	—	—	—	—	0.15	—	0.05	0.15	余量	LF43
76	5A56	0.15	0.20	0.10	0.30~0.40	5.5~6.5	0.10~0.20	—	0.50~1.0		0.10~0.18	—	0.05	0.15	余量	—
77	5A66	0.005	0.01	0.005	—	1.5~2.0	—	—	—	—	—	—	0.005	0.01	余量	LT66
78	5A70	0.15	0.25	0.05	0.30~0.7	5.5~6.3	—	—	0.05	0.15~0.30 Sc 0.0005~0.005 Be	0.02~0.05	0.05~0.15	0.05	0.15	余量	—
79	5B70	0.10	0.20	0.05	0.15~0.40	5.5~6.5	—	—	0.05	0.20~0.40 Sc 0.0005~0.005 Be	0.02~0.05	0.10~0.20	0.05	0.15	余量	—
80	5A71	0.20	0.30	0.05	0.30~0.7	5.8~6.8	0.10~0.20	—	0.05	0.20~0.35 Sc 0.0005~0.005 Be	0.05~0.15	0.05~0.15	0.05	0.15	余量	—
81	5B71	0.20	0.30	0.10	0.30	5.8~6.8	0.30	—	0.30	0.30~0.50 Sc 0.0005~0.005 Be 0.003 B	0.02~0.05	0.08~0.15	0.05	0.15	余量	—

续表

| 序号 | 牌号 | 化学成分(质量分数)/% | | | | | | | | | | | 其他 | | Al | 备注 |
		Si	Fe	Cu	Mn	Mg	Cr	Ni	Zn		Ti	Zr	单个	合计		
82	5A90	0.15	0.20	0.05	—	4.5~6.0	—	—	—	0.005 Na 1.9~2.3 Li	0.10	0.08~0.15	0.05	0.15	余量	—
83	6A01	0.40~0.9	0.35	0.35	0.50	0.40~0.8	0.30	—	0.25	0.50 Mn+Cr	—	—	0.05	0.10	余量	6N01
84	6A02	0.50~1.2	0.50	0.20~0.6	或 Cr0.15~0.35	0.45~0.9		—	0.20		0.15	—	0.05	0.10	余量	LD2
85	6B02	0.7~1.1	0.40	0.10~0.40	0.10~0.30	0.40~0.8		—	0.15		0.01~0.04	—	0.05	0.10	余量	LD2-1
86	6R05	0.40~0.9	0.30~0.50	0.15~0.25	0.10	0.20~0.6	0.10	—	—	0.10~0.20 RE	0.10	—	0.05	0.15	余量	—
87	6A10	0.7~1.1	0.50	0.30~0.8	0.30~0.9	0.7~1.1	0.05~0.25	—	0.20		0.02~0.10	0.04~0.20	0.05	0.15	余量	—
88	6A51	0.50~0.7	0.50	0.15~0.35	—	0.45~0.6		—	0.25	0.15~0.35 Sn	0.01~0.04	—	0.05	0.15	余量	—
89	6A60	0.7~1.1	0.30	0.6~0.8	0.50~0.7	0.7~1.0		—	0.20~0.40	0.30~0.50 Ag	0.04~0.12	0.10~0.20	0.05	0.15	余量	—
90	7A01	0.30	0.30	0.01	—	—	—	—	0.9~1.3	0.45 Si+Fe	—	—	0.03	—	余量	LB1
91	7A03	0.20	0.20	1.8~2.4	0.10	1.2~1.6	0.05	—	6.0~6.7		0.02~0.08	—	0.05	0.10	余量	LC3
92	7A04	0.50	0.50	1.4~2.0	0.20~0.6	1.8~2.8	0.10~0.25	—	5.0~7.0		0.10	—	0.05	0.10	余量	LC4
93	7B04	0.10	0.05~0.25	1.4~2.0	0.20~0.6	1.8~2.8	0.10~0.25	0.10	5.0~6.5		0.05	—	0.05	0.10	余量	—
94	7C04	0.30	0.30	1.4~2.0	0.30~0.50	2.0~2.6	0.10~0.25	—	5.5~6.5		—	—	0.05	0.10	余量	—
95	7D04	0.10	0.15	1.4~2.2	0.10	2.0~2.6	0.05	—	5.5~6.7	0.02~0.07 Be	0.10	0.08~0.16	0.05	0.10	余量	—
96	7A05	0.25	0.25	0.20	0.15~0.40	1.1~1.7	0.05~0.15	—	4.4~5.0		0.02~0.06	0.10~0.25	0.05	0.15	余量	—
97	7B05	0.30	0.35	0.20	0.20~0.7	1.0~2.0	0.30	—	4.0~5.0	0.10 V	0.20	0.25	0.05	0.10	余量	7N01
98	7A09	0.50	0.50	1.2~2.0	0.15	2.0~3.0	0.16~0.30	—	5.1~6.1		0.10	—	0.05	0.10	余量	LC9
99	7A10	0.30	0.30	0.50~1.0	0.20~0.35	3.0~4.0	0.10~0.20	—	3.2~4.2		0.10	—	0.05	0.10	余量	LC10

续表

序号	牌号	化学成分(质量分数)/%											其他		Al	备注
		Si	Fe	Cu	Mn	Mg	Cr	Ni	Zn		Ti	Zr	单个	合计		
100	7A12	0.10	0.06~0.15	0.8~1.2	0.10	1.6~2.2	0.05	—	6.3~7.2	0.0001~0.02 Be	0.03~0.06	0.10~0.18	0.05	0.10	余量	—
101	7A15	0.50	0.50	0.50~1.0	0.10~0.40	2.4~3.0	0.10~0.30	—	4.4~5.4	0.005~0.01 Be	0.05~0.15	—	0.05	0.15	余量	LC15
102	7A19	0.30	0.40	0.08~0.30	0.30~0.50	1.3~1.9	0.10~0.20	—	4.5~5.3	0.0001~0.004 Be①	—	0.08~0.20	0.05	0.15	余量	LC19
103	7A31	0.30	0.6	0.10~0.40	0.20~0.40	2.5~3.3	0.10~0.20	—	3.6~4.5	0.0001~0.001 Be①	0.02~0.10	0.08~0.25	0.05	0.15	余量	
104	7A33	0.25	0.30	0.25~0.55	0.05	2.2~2.7	0.10~0.20	—	4.6~5.4		0.05	—	0.05	0.10	余量	
105	7B50	0.12	0.15	1.8~2.6	0.10	2.0~2.8	0.04	—	6.0~7.0	0.0002~0.002 Be	0.10	0.08~0.16	0.10	0.15	余量	
106	7A52	0.25	0.30	0.05~0.20	0.20~0.50	2.0~2.8	0.15~0.25	—	4.0~4.8		0.05~0.18	0.05~0.15	0.05	0.15	余量	LC52
107	7A55	0.10	0.10	1.8~2.5	0.05	1.8~2.8	0.04	—	7.5~8.5		0.01~0.05	0.08~0.20	0.10	0.15	余量	—
108	7A68	0.15	0.35	2.0~2.6	0.15~0.40	1.6~2.5	0.10~0.20	—	6.5~7.2	0.005 Be	0.05~0.20	0.05~0.20	0.05	0.15	余量	
109	7B68	0.05	0.05	2.0~2.6	0.05	1.8~2.8	0.04	—	7.8~9.0		0.01~0.05	0.08~0.25	0.10	0.15	余量	
110	7D68	0.12	0.25	2.0~2.6	0.10	2.3~3.0	0.05	—	8.0~9.0	0.0002~0.0002 Be	0.03	0.10~0.20	0.05	0.10	余量	7A60
111	7A85	0.05	0.08	1.2~2.0	0.10	1.2~2.0	0.05	—	7.0~8.2		0.05	0.08~0.16	0.05	0.15	余量	—
112	7A88	0.50	0.75	1.0~2.0	0.20~0.6	1.5~2.8	0.05~0.20	0.20	4.5~6.0		0.10	—	0.10	0.20	余量	
113	8A01	0.05~0.30	0.18~0.40	0.15~0.35	0.08~0.35	—					0.01~0.03		0.05	0.15	余量	
114	8A06	0.55	0.50	0.10	0.10	0.10	—		0.10	1.0 Si+Fe	—		0.05	0.15	余量	L6

① 铍含量均按规定加入，可不作分析。
② 做铆钉线材的 3A21 合金，锌含量不大于 0.03%。

3. 铝及铝合金板、带材(GB/T 3880.1—2012、GB/T 3880.2—2012)

铝及铝合金划分为 A、B 两类，如表 3-60 所示。板、带材的牌号、相应的铝及铝合金类别、状态及厚度规格见表 3-61，与厚度相对应的宽度和长度见表 3-62。4006、4007、4015、5040、5449 合金的化学成分应符合表 3-63 的规定，其他牌号板、带材的化学成分应符合 GB/T 3190—1996 的规定。正常包铝或工艺包铝的板材应进行双面包覆，其包铝类别、基体合金和包覆材料牌号及轧制后的板材状态、包覆层厚度见表 3-64。板、带材的力学性能见表 3-65。

铝及铝合金产品分类　　　　　　　　　　　　　表 3-60

牌号系列	铝 或 铝合金 类别		
	A		B
1×××	所有		—
2×××	—		所有
3×××	Mn 的最大含量不大于 1.8%，Mg 的最大含量不大于 1.8%，Mn 的最大含量与 Mg 的最大含量之和不大于 2.3%。如：3003、3103、3005、3105、3102、3A21		A 类外的其他合金。如：3004、3104
4×××	Si 的最大含量不大于 2%。如：4006、4007		A 类外的其他合金，如：4015
5×××	Mg 的最大含量不大于 1.8%，Mn 的最大含量不大于 1.8%，Mg 的最大含量与 Mn 的最大含量之和不大于 2.3%。如：5005、5005A、5050		A 类外的其他合金。如：5A02、5A03、5A05、5A06、5040、5049、5449、5251、5052、5154A、5454、5754、5082、5182、5083、5383、5086
6×××	—		所有
7×××	—		所有
8×××	不可热处理强化的合金。如：8A06、8011、8011A、8079		可热处理强化的合金

铝及铝合金板、带材的牌号、类别、状态及厚度规格　　　表 3-61

牌 号	铝或铝合金 类别	状 态	板材厚度 mm	带材厚度 mm
1A97、1A93、1A90、1A85	A	F	>4.50~150.00	—
		H112	>4.50~80.00	—
1080A	A	O、H111	>0.20~12.50	—
		H12、H22、H14、H24	>0.20~6.00	—
		H16、H26	>0.20~4.00	>0.20~4.00
		H18	>0.20~3.00	>0.20~3.00
		H112	>6.00~25.00	—
		F	>2.50~6.00	—

牌 号	铝或铝合金类别	状 态	板材厚度 mm	带材厚度 mm
1070	A	O	>0.20~50.00	>0.20~6.00
		H12、H22、H14、H24	>0.20~6.00	>0.20~6.00
		H16、H26	>0.20~4.00	>0.20~4.00
		H18	>0.20~3.00	>0.20~3.00
		H112	>4.50~75.00	—
		F	>4.50~150.00	>2.50~8.00
1070A	A	O、H111	>0.20~25.00	—
		H12、H22、H14、H24	>0.20~6.00	—
		H16、H26	>0.20~4.00	—
		H18	>0.20~3.00	—
		H112	>6.00~25.00	—
		F	>4.50~150.00	>2.50~8.00
1060	A	O	>0.20~80.00	>0.20~6.00
		H12、H22	>0.50~6.00	>0.50~6.00
		H14、H24	>0.20~6.00	>0.20~6.00
		H16、H26	>0.20~4.00	>0.20~4.00
		H18	>0.20~3.00	>0.20~3.00
		H112	>4.50~80.00	—
		F	>4.50~150.00	>2.50~8.00
1050	A	O	>0.20~50.00	>0.20~6.00
		H12、H22、H14、H24	>0.20~6.00	>0.20~6.00
		H16、H26	>0.20~4.00	>0.20~4.00
		H18	>0.20~3.00	>0.20~3.00
		H112	>4.50~75.00	—
		F	>4.50~150.00	>2.50~8.00

牌　号	铝或铝合金类别	状　态	板材厚度 mm	带材厚度 mm
1050A	A	O	>0.20～80.00	>0.20～6.00
		H111	>0.20～80.00	—
		H12、H22、H14、H24	>0.20～6.00	>0.20～6.00
		H16、H26	>0.20～4.00	>0.20～4.00
		H18、H28、H19	>0.20～3.00	>0.20～3.00
		H112	>6.00～80.00	—
		F	>4.50～150.00	>2.50～8.00
1145	A	O	>0.20～10.00	>0.20～6.00
		H12、H22、H14、H24、H16、H26、H18	>0.20～4.50	>0.20～4.50
		H112	>4.50～25.00	—
		F	>4.50～150.00	>2.50～8.00
1235	A	O	>0.20～1.00	>0.20～1.00
		H12、H22	>0.20～4.50	>0.20～4.50
		H14、H24	>0.20～3.00	>0.20～3.00
		H16、H26	>0.20～4.00	>0.20～4.00
		H18	>0.20～3.00	>0.20～3.00
1100	A	O	>0.20～80.00	>0.20～6.00
		H12、H22、H14、H24	>0.20～6.00	>0.20～6.00
		H16、H26	>0.20～4.00	>0.20～4.00
		H18、H28	>0.20～3.20	>0.20～3.20
		H112	>6.00～80.00	—
		F	>4.50～150.00	>2.50～8.00
1200	A	O	>0.20～80.00	>0.20～6.00
		H111	>0.20～80.00	—
		H12、H22、H14、H24	>0.20～6.00	>0.20～6.00
		H16、H26	>0.20～4.00	>0.20～4.00
		H18、H19	>0.20～3.00	>0.20～3.00
		H112	>6.00～80.00	—
		F	>4.50～150.00	>2.50～8.00
2A11、包铝 2A11	B	O	>0.50～10.00	>0.50～6.00
		T1	>4.50～80.00	—
		T3、T4	>0.50～10.00	—
		F	>4.50～150.00	—

牌　号	铝或铝合金类别	状　态	板材厚度 mm	带材厚度 mm
2A12、包铝 2A12	B	O	＞0.50～10.00	—
		T1	＞4.50～80.00	—
		T3、T4	＞0.50～10.00	—
		F	＞4.50～150.00	—
2A14	B	O	0.50～10.00	—
		T1	＞4.50～40.00	—
		T6	0.50～10.00	—
		F	＞4.50～150.00	—
2E12、包铝 2E12	B	T3	0.80～6.00	—
2014	B	O	＞0.40～25.00	—
		T3	＞0.40～6.00	—
		T4	＞0.40～100.00	—
		T6	＞0.40～160.00	—
		F	＞4.50～150.00	—
包铝 2014	B	O	＞0.50～25.00	—
		T3	＞0.50～6.30	—
		T4	＞0.50～6.30	—
		T6	＞0.50～6.30	—
		F	＞4.50～150.00	—
2014A、包铝 2014A	B	O	＞0.20～6.00	—
		T4	＞0.20～80.00	—
		T6	＞0.20～140.00	—
2024	B	O	＞0.40～25.00	＞0.50～6.00
		T3	＞0.40～150.00	—
		T4	＞0.40～6.00	—
		T8	＞0.40～40.00	—
		F	＞4.50～80.00	—
包铝 2024	B	O	＞0.20～45.50	—
		T3	＞0.20～6.00	—
		T4	＞0.20～3.20	—
		F	＞4.50～80.00	—
2017、包铝 2017	B	O	＞0.40～25.00	＞0.50～6.00
		T3、T4	＞0.40～6.00	—
		F	＞4.50～150.00	—

牌 号	铝或铝合金类别	状 态	板材厚度 mm	带材厚度 mm
2017A、包铝 2017A	B	O	0.40～25.00	—
		T4	0.40～200.00	—
2219、包铝 2219	B	O	＞0.50～50.00	—
		T81	＞0.50～6.30	—
		T87	＞1.00～12.50	—
3A21	A	O	＞0.20～10.00	—
		H14	＞0.80～4.50	—
		H24、H18	＞0.20～4.50	—
		H112	＞4.50～80.00	—
		F	＞4.50～150.00	—
3102	A	H18	＞0.20～3.00	＞0.20～3.00
3003	A	O	＞0.20～50.00	＞0.20～6.00
		H111	＞0.20～50.00	
		H12、H22、H14、H24	＞0.20～6.00	＞0.20～6.00
		H16、H26	＞0.20～4.00	＞0.20～4.00
		H18、H28、H19	＞0.20～3.00	＞0.20～3.00
		H112	＞4.50～80.00	—
		F	＞4.50～150.00	＞2.50～8.00
3103	A	O、H111	＞0.20～50.00	—
		H12、H22、H14、H24、H16	＞0.20～6.00	—
		H26	＞0.20～4.00	
		H18、H28、H19	＞0.20～3.00	
		H112	＞4.50～80.00	—
		F	＞20.00～80.00	—
3004	B	O	＞0.20～50.00	＞0.20～6.00
		H111	＞0.20～50.00	
		H12、H22、H32、H14	＞0.20～6.00	＞0.20～6.00
		H24、H34、H26、H36、H18	＞0.20～3.00	＞0.20～3.00
		H16	＞0.20～4.00	＞0.20～4.00
		H28、H38、H19	＞0.20～1.50	＞0.20～1.50
		H112	＞4.50～80.00	
		F	＞6.00～80.00	＞2.50～8.00

牌 号	铝或铝合金 类别	状 态	板材厚度 mm	带材厚度 mm
3104	B	O	>0.20~3.00	>0.20~3.00
		H111	>0.20~3.00	—
		H12、H22、H32	>0.50~3.00	>0.50~3.00
		H14、H24、H34、H16、H26、H36	>0.20~3.00	>0.20~3.00
		H18、H28、H38、H19、H29、H39	>0.20~0.50	>0.20~0.50
		F	>6.00~80.00	>2.50~8.00
3005	A	O	>0.20~6.00	>0.20~6.00
		H111	>0.20~6.00	—
		H12、H22、H14	>0.20~6.00	>0.20~6.00
		H24	>0.20~3.00	>0.20~3.00
		H16	>0.20~4.00	>0.20~4.00
		H26、H18、H28	>0.20~3.00	>0.20~3.00
		H19	>0.20~1.50	>0.20~1.50
		F	>6.00~80.00	>2.50~8.00
3105	A	O、H12、H22、H14、H24、H16、H26、H18	>0.20~3.00	>0.20~3.00
		H111	>0.20~3.00	—
		H28、H19	>0.20~1.50	>0.20~1.50
		F	>6.00~80.00	>2.50~8.00
4006	A	O	>0.20~6.00	—
		H12、H14	>0.20~3.00	—
		F	2.50~6.00	—
4007	A	O、H111	>0.20~12.50	—
		H12	>0.20~3.00	—
		F	2.50~6.00	—
4015	B	O、H111	>0.20~3.00	—
		H12、H14、H16、H18	>0.20~3.00	—
5A02	B	O	>0.50~10.00	—
		H14、H24、H34、H18	>0.50~4.50	—
		H112	>4.50~80.00	—
		F	>4.50~150.00	—
5A03	B	O、H14、H24、H34	>0.50~4.50	>0.50~4.50
		H112	>4.50~50.00	—
		F	>4.50~150.00	

牌　号	铝或铝合金 类别	状　态	板材厚度 mm	带材厚度 mm
5A05	B	O	＞0.50～4.50	＞0.50～4.50
		H112	＞4.50～50.00	—
		F	＞4.50～150.00	—
5A06	B	O	0.50～4.50	＞0.50～4.50
		H112	＞4.50～50.00	—
		F	＞4.50～150.00	—
5005、5005A	A	O	＞0.20～50.00	＞0.20～6.00
		H111	＞0.20～50.00	—
		H12、H22、H32、H14、H24、H34	＞0.20～6.00	＞0.20～6.00
		H16、H26、H36	＞0.20～4.00	＞0.20～4.00
		H18、H28、H38、H19	＞0.20～3.00	＞0.20～3.00
		H112	＞6.00～80.00	—
		F	4.50～150.00	＞2.50～8.00
5040	B	H24、H34	0.80～1.80	—
		H26、H36	1.00～2.00	—
5049	B	O、H111	＞0.20～100.00	—
		H12、H22、H32、H14、H24、H34、H16、H26、H36	＞0.20～6.00	—
		H18、H28、H38	＞0.20～3.00	—
		H112	6.00～80.00	—
5449	B	O、H111、H22、H24、H26、H28	＞0.50～3.00	—
5050	A	O、H111	＞0.20～50.00	—
		H12	＞0.20～3.00	—
		H22、H32、H14、H24、H34	＞0.20～6.00	—
		H16、H26、H36	＞0.20～4.00	—
		H18、H28、H38	＞0.20～3.00	—
		H112	6.00～80.00	—
		F	2.50～80.00	—
5251	B	O、H111	＞0.20～50.00	—
		H12、H22、H32、H14、H24、H34	＞0.20～6.00	—
		H16、H26、H36	＞0.20～4.00	—
		H18、H28、H38	＞0.20～3.00	—
		F	2.50～80.00	—

牌 号	铝或铝合金 类别	状 态	板材厚度 mm	带材厚度 mm
5052	B	O	＞0.20～80.00	＞0.20～6.00
		H111	＞0.20～80.00	—
		H12、H22、H32、H14、H24、H34、H16、H26、H36	＞0.20～6.00	＞0.20～6.00
		H18、H28、H38	＞0.20～3.00	＞0.20～3.00
		H112	＞6.00～80.00	—
		F	＞2.50～150.00	＞2.50～8.00
5154A	B	O、H111	＞0.20～50.00	—
		H12、H22、H32、H14、H24、H34、H26、H36	＞0.20～6.00	＞0.20～6.00
		H18、H28、H38	＞0.20～3.00	＞0.20～3.00
		H19	＞0.20～1.50	＞0.20～1.50
		H112	6.00～80.00	—
		F	＞2.50～80.00	—
5454	B	O、H111	＞0.20～80.00	—
		H12、H22、H32、H14、H24、H34、H26、H36	＞0.20～6.00	—
		H28、H38	＞0.20～3.00	—
		H112	6.00～120.00	—
		F	＞4.50～150.00	—
5754	B	O、H111	＞0.20～100.00	—
		H12、H22、H32、H14、H24、H34、H16、H26、H36	＞0.20～6.00	—
		H18、H28、H38	＞0.20～3.00	—
		H112	6.00～80.00	—
		F	＞4.50～150.00	—
5082	B	H18、H38、H19、H39	＞0.20～0.50	＞0.20～0.50
		F	＞4.50～150.00	—
5182	B	O	＞0.20～3.00	＞0.20～3.00
		H111	＞0.20～3.00	—
		H19	＞0.20～1.50	＞0.20～1.50

牌 号	铝或铝合金类别	状 态	板材厚度 mm	带材厚度 mm
5083	B	O	＞0.20～200.00	＞0.20～4.00
		H111	＞0.20～200.00	—
		H12、H22、H32、H14、H24、H34	＞0.20～6.00	＞0.20～6.00
		H16、H25、H36	＞0.20～4.00	—
		H116、H321	＞1.50～80.00	—
		H112	＞6.00～120.00	—
		F	＞4.50～150.00	—
5383	B	O、H111	＞0.20～150.00	—
		H22、H32、H24、H34	＞0.20～6.00	—
		H116、H321	＞1.50～80.00	—
		H112	＞6.00～80.00	—
5086	B	O、H111	＞0.20～150.00	—
		H12、H22、H32、H14、H24、H34	＞0.20～6.00	—
		H16、H26、H36	＞0.20～4.00	—
		H18	＞0.20～3.00	—
		H116、H321	＞1.50～50.00	—
		H112	＞6.00～80.00	—
		F	＞4.50～150.00	—
6A02	B	O、T4、T6	＞0.50～10.00	—
		T1	＞4.50～80.00	—
		F	＞4.50～150.00	—
6061	B	O	0.40～25.00	0.40～6.00
		T4	0.40～80.00	—
		T6	0.40～100.00	—
		F	＞4.50～150.00	＞2.50～8.00
6016	B	T4、T6	0.40～3.00	—
6063	B	O	0.50～20.00	—
		T4、T6	0.50～10.00	—
6082	B	O	0.40～25.00	—
		T4	0.40～80.00	—
		T6	0.40～12.50	—
		F	＞4.50～150.00	—

牌　号	铝或铝合金 类别	状　态	板材厚度 mm	带材厚度 mm
7A04、包铝 7A04 7A09、包铝 7A09	B	O、T6	＞0.50～10.00	—
		T1	＞4.50～40.00	—
		F	＞4.50～150.00	—
7020	B	O、T4	0.40～12.50	—
		T6	0.40～200.00	—
7021	B	T6	1.50～6.00	—
7022	B	T6	3.00～200.00	—
7075	B	O	＞0.40～75.00	—
		T6	＞0.40～60.00	—
		T76	＞1.50～12.50	—
		T73	＞1.50～100.00	—
		F	＞6.00～50.00	—
包铝 7075	B	O	＞0.39～50.00	—
		T6	＞0.39～6.30	—
		T76	＞3.10～6.30	—
		F	＞6.00～100.00	—
7475	B	T6	＞0.35～6.00	—
		T76、T761	1.00～6.50	—
包铝 7475	B	O、T761	1.00～6.50	—
8A06	A	O	＞0.20～10.00	—
		H14、H24、H18	＞0.20～4.50	—
		H112	＞4.50～80.00	—
		F	＞4.50～150.00	＞2.50～8.00
8011	—	H14、H24、H16、H26	＞0.20～0.50	＞0.20～0.50
		H18	0.20～0.50	0.20～0.50
8011A	A	O	＞0.20～12.50	＞0.20～6.00
		H111	＞0.20～12.50	—
		H22	＞0.20～3.00	＞0.20～3.00
		H14、H24	＞0.20～6.00	＞0.20～6.00
		H16、H26	＞0.20～4.00	＞0.20～4.00
		H18	＞0.20～3.00	＞0.20～3.00
8079	A	H14	＞0.20～0.50	＞0.20～0.50

铝及铝合金板、带材的宽度和长度（内径）(mm)　　　表 3-62

板、带材厚度	板材的宽度和长度		带材的宽度和内径	
	板材的宽度	板材的长度	带材的宽度	带材的内径
>0.20~0.50	500.0~1660.0	500~4000	≤1800.0	75、150、200、300、405、505、605、650、750
>0.50~0.80	500.0~2000.0	500~10000	≤2400.0	
>0.80~1.20	500.0~2400.0①	1000~10000	≤2400.0	
>1.20~3.00	500.0~2400.0	1000~10000	≤2400.0	
>3.00~8.00	500.0~2400.0	1000~15000	≤2400.0	
>8.00~15.00	500.0~2500.0	1000~15000	—	
>15.00~250.00	500.0~3500.0	1000~20000	—	

注：带材是否带套筒及套筒材质，由供需双方商定后在订货单（或合同）中注明。

① A 类合金最大宽度为 2000.00mm。

4006、4007、4015、5040、5449 合金的化学成分　　　表 3-63

牌号	质量分数/%										其他杂质①		Al②
	Si	Fe	Cu	Mn	Mg	Cr	Ni	Zn	—	Ti	单个	合计	
4006	0.80~1.20	0.50~0.80	≤0.10	≤0.05	≤0.01	≤0.20	—	≤0.05	—	—	≤0.05	≤0.15	余量
4007	1.00~1.70	0.40~1.00	≤0.20	0.80~1.50	≤0.20	0.05~0.25	0.15~0.70	≤0.10	0.05Co	≤0.10	≤0.05	≤0.15	余量
4015	1.40~2.20	≤0.70	≤0.20	0.60~1.20	0.10~0.50	—	—	≤0.20	—	—	≤0.05	≤0.15	余量
5040	≤0.30	≤0.70	≤0.25	0.90~1.40	1.00~1.50	0.10~0.30	—	≤0.25	—	—	≤0.05	≤0.15	余量
5449	≤0.40	≤0.70	≤0.30	0.60~1.10	1.60~2.60	≤0.30	—	≤0.30	—	≤0.10	≤0.05	≤0.15	余量

① 其他杂质指表中未列出或未规定数值的金属元素。

② 铝的质量分数为 100% 与等于或大于 0.010% 的所有元素含量总和的差值，求和前各元素含量要表示到 0.0X%。

包覆材料牌号及轧制后的板材状态、包覆层厚度　　　表 3-64

牌　号	包铝类别	包覆材料牌号	板材厚度/mm	每面包覆层厚度占板材厚度的百分比，不小于
2A11、2A12	工艺包铝	1230 或 1A50	所有	≤1.5%
包铝 2A11、包铝 2A12	正常包铝		0.50~1.60	4%
			其他	2%
2A14	工艺包铝		所有	≤1.5%
2E12	工艺包铝		所有	≤1.5%
包铝 2E12	正常包铝		0.80~1.60	4%
	正常包铝		其他	2%

续表

牌　号	包铝类别	包覆材料牌号	板材厚度/mm	每面包覆层厚度占板材 厚度的百分比，不小于
2014、2014A 2017、2017A	工艺包铝	6003 或 1230、1A50	所有	≤1.5%
包铝 2014、包铝 2014A 包铝 2017、包铝 2017A	正常包铝		≤0.63	8%
			>0.63～1.00	6%
			>1.00～2.50	4%
			>2.50	2%
2024	工艺包铝	1230 或 1A50	所有	≤1.5%
包铝 2024	正常包铝		≤1.60	4%
			>1.60	2%
2219	工艺包铝	7072 或 1A50	所有	≤1.5%
包铝 2219	正常包铝		≤1.00	8%
			>1.00～2.50	4%
			>2.50	2%
5A06	工艺包铝	1230 或 1A50	所有	≤1.5%
7A04、7A09	工艺包铝	7072 或 7A01	所有	≤1.5%
包铝 7A04、包铝 7A09	正常包铝		0.50～1.60	4%
			>1.60	2%
7075	工艺包铝	7072 或 7A01	≤1.60	≤1.5%
		7008 或 7A01	>1.60	≤1.5%
包铝 7075	正常包铝	7072 或 7A01	0.50～1.60	4%
		7008 或 7A01	>1.60	2%
7475	工艺包铝	7072 或 7A01	所有	≤1.5%
包铝 7475	正常包铝		<1.60	4%
			≥1.60～4.80	2.5%
			≥4.80	1.5%

铝及铝合金板、带材的力学性能　　　　　　　表 3-65

牌号	包铝 分类	供应 状态	试样 状态	厚度/mm	室温拉伸试验结果				弯曲半径[2]	
					抗拉强度 R_m/MPa	规定非比例 延伸强度 $R_{p0.2}$/MPa	断后伸长率[1] %		90°	180°
							A_{50mm}	A		
					不小于					
1A97	—	H112	H112	>4.50～80.00	附实测值				—	—
1A93		F	—	>4.50～150.00					—	—
1A90 1A85	—	H112	H112	>4.50～12.50	60			21	—	—	—
				>12.50～20.00			—	19	—	—
				>20.00～80.00	附实测值				—	—
		F	—	>4.50～150.00					—	—

牌号	包铝分类	供应状态	试样状态	厚度/mm	室温拉伸试验结果				弯曲半径②	
					抗拉强度 R_m/MPa	规定非比例延伸强度 $R_{p0.2}$/MPa	断后伸长率① %			
							A_{50mm}	A	90°	180°
					不小于					
1080A	—	O H111	O H111	>0.20~0.50	60~90	15	26	—	0t	0t
				>0.50~1.50			28	—	0t	0t
				>1.50~3.00			31	—	0t	0t
				>3.00~6.00			35	—	0.5t	0.5t
				>6.00~12.50			35	—	0.5t	0.5t
		H12	H12	>0.20~0.50	8~120	55	5	—	0t	0.5t
				>0.50~1.50			6	—	0t	0.5t
				>1.50~3.00			7	—	0.5t	0.5t
				>3.00~6.00			9	—	1.0t	—
		H22	H22	>0.20~0.50	80~120	50	8	—	0t	0.5t
				>0.50~1.50			9	—	0t	0.5t
		H22	H22	>1.50~3.00	80~120	50	11	—	0.5t	0.5t
				>3.00~6.00			13	—	1.0t	—
		H14	H14	>0.20~0.50	100~140	70	4	—	0t	0.5t
				>0.50~1.50			4	—	0.5t	0.5t
				>1.50~3.00			5	—	1.0t	1.0t
				>3.00~6.00			6	—	1.5t	—
		H24	H24	>0.20~0.50	100~140	60	5	—	0t	0.5t
				>0.50~1.50			6	—	0.5t	0.5t
				>1.50~3.00			7	—	1.0t	1.0t
				>3.00~6.00			9	—	1.5t	—
		H16	H16	>0.20~0.50	110~150	90	2	—	0.5t	1.0t
				>0.50~1.50			2	—	1.0t	1.0t
				>1.50~4.00			3	—	1.0t	1.0t
		H26	H26	>0.20~0.50	110~150	80	3	—	0.5t	—
				>0.50~1.50			3	—	1.0t	—
				>1.50~4.00			4	—	1.0t	—
		H18	H18	>0.20~0.50	125	105	2	—	1.0t	—
				>0.50~1.50			2	—	2.0t	—
				>1.50~3.00			2	—	2.5t	—
		H112	H112	>6.00~12.50	70	—	20	—	—	—
				>12.50~25.00	70	—		20	—	—
		F	—	2.50~25.00	—	—	—		—	—
1070	—	O	O	>0.20~0.30	55~95	15	15	—	0t	
				>0.30~0.50			20	—	0t	
				>0.50~0.80			25	—	0t	
				>0.80~1.50			30	—	0t	
				>1.50~6.00			35	—	0t	
				>6.00~12.50			35	—	—	—
				>12.50~50.00			—	30	—	—

牌号	包铝分类	供应状态	试样状态	厚度/mm	室温拉伸试验结果				弯曲半径②	
					抗拉强度 R_m/MPa	规定非比例延伸强度 $R_{p0.2}$/MPa	断后伸长率① %		90°	180°
							A_{50mm}	A		
					不小于					
1070	—	H12	H12	>0.20~0.30	70~100		2	—	0t	—
				>0.30~0.50		—	3	—	0t	—
				>0.50~0.80			4	—	0t	—
				>0.80~1.50			6	—	0t	—
				>1.50~3.00		55	8	—	0t	—
				>3.00~6.00			9	—	0t	—
		H22	H22	>0.20~0.30	70		2	—	0t	—
				>0.30~0.50		—	3	—	0t	—
				>0.55~0.80			4	—	0t	—
				>0.80~1.50			6	—	0t	—
				>1.50~3.00		55	8	—	0t	—
				>3.00~6.00			9	—	0t	—
		H14	H14	>0.20~0.30	85~120		1	—	0.5t	—
				>0.30~0.50		—	2	—	0.5t	—
				>0.50~0.80			3	—	0.5t	—
				>0.80~1.50			4	—	1.0t	—
				>1.50~3.00		65	5	—	1.0t	—
				>3.00~6.00			6	—	1.0t	—
		H24	H24	>0.20~0.30	85		1	—	0.5t	—
				>0.30~0.50		—	2	—	0.5t	—
				>0.50~0.80			3	—	0.5t	—
				>0.80~1.50			4	—	1.0t	—
				>1.50~3.00		65	5	—	1.0t	—
				>3.00~6.00			6	—	1.0t	—
		H16	H16	>0.20~0.50	100~135		1	—	1.0t	—
				>0.50~0.80		—	2	—	1.0t	—
				>0.80~1.50			3	—	1.5t	—
				>1.50~4.00		75	4	—	1.5t	—
		H26	H26	>0.20~0.50	100		1	—	1.0t	—
				>0.50~0.80		—	2	—	1.0t	—

续表

牌号	包铝分类	供应状态	试样状态	厚度/mm	室温拉伸试验结果				弯曲半径[2]	
					抗拉强度 R_m/MPa	规定非比例延伸强度 $R_{p0.2}$/MPa	断后伸长率[1] %			
							A_{50mm}	A	90°	180°
					不小于					
1070	—	H26	H26	>0.80~1.50	100	75	3	—	1.5t	—
				>1.50~4.00			4	—	1.5t	—
		H18	H18	>0.20~0.50	120	—	1		—	—
				>0.50~0.80			2		—	—
				>0.80~1.50			3		—	—
				>1.50~3.00			4		—	—
		H112	H112	>4.50~6.00	75	35	13		—	—
				>6.00~12.50	70	35	15		—	—
				>12.50~25.00	60	25	—	20	—	—
				>25.00~75.00	55	15	—	25	—	—
		F	—	>2.50~150.00		—			—	—
1070A	—	O H111	O H111	>0.20~0.50	60~90	15	23	—	0t	0t
				>0.50~1.50			25	—	0t	0t
				>1.50~3.00			29	—	0t	0t
				>3.00~6.00			32	—	0.5t	0.5t
				>6.00~12.50			35	—	0.5t	0.5t
				>12.50~25.00				32	—	—
		H12	H12	>0.20~0.50	80~120	55	5	—	0t	0.5t
				>0.50~1.50			6	—	0t	0.5t
				>1.50~3.00			7	—	0.5t	0.5t
				>3.00~6.00			9	—	1.0t	—
		H22	H22	>0.20~0.50	80~120	50	7	—	0t	0.5t
				>0.50~1.50			8	—	0t	0.5t
				>1.50~3.00			10	—	0.5t	0.5t
				>3.00~6.00			12	—	1.0t	—
		H14	H14	>0.20~0.50	100~140	70	4	—	0t	0.5t
				>0.50~1.50			4	—	0.5t	0.5t
				>1.50~3.00			5	—	1.0t	1.0t
				>3.00~6.00			6	—	1.5t	—
		H24	H24	>0.20~0.50	100~140	60	5	—	0t	0.5t

牌号	包铝分类	供应状态	试样状态	厚度/mm	室温拉伸试验结果				弯曲半径②	
					抗拉强度 R_m/MPa	规定非比例延伸强度 $R_{p0.2}$/MPa	断后伸长率① %		90°	180°
							A_{50mm}	A		
					不小于					
1070A	—	H24	H24	>0.50~1.50	100~140	60	6	—	0.5t	0.5t
				>1.50~3.00			7	—	1.0t	1.0t
				>3.00~6.00			9	—	1.5t	—
		H16	H16	>0.20~0.50	110~150	90	2	—	0.5t	1.0t
				>0.50~1.50			2	—	1.0t	1.0t
				>1.50~4.00			3	—	1.0t	1.0t
		H26	H26	>0.20~0.50	110~150	80	3	—	0.5t	—
				>0.50~1.50			3	—	1.0t	—
				>1.50~4.00			4	—	1.0t	—
		H18	H18	>0.20~0.50	125	105	2	—	1.0t	—
				>0.50~1.50			2	—	2.0t	—
				>1.50~3.00			2	—	2.5t	—
		H112	H112	>6.00~12.50	70	20	20	—	—	—
				>12.50~25.00		—	—	20	—	—
		F	—	2.50~150.00	—				—	—
1060	—	O	O	>0.20~0.30	60~100	15	15	—	—	—
				>0.30~0.50			18	—	—	—
				>0.50~1.50			23	—	—	—
				>1.50~6.00			25	—	—	—
				>6.00~80.00			25	22	—	—
		H12	H12	>0.50~1.50	80~120	60	6	—	—	—
				>1.50~6.00			12	—	—	—
		H22	H22	>0.50~1.50	80	60	6	—	—	—
				>1.50~6.00			12	—	—	—
		H14	H14	>0.20~0.30	95~135	70	1	—	—	—
				>0.30~0.50			2	—	—	—
				>0.50~0.80			2	—	—	—
				>0.80~1.50			4	—	—	—
				>1.50~3.00			6	—	—	—
				>3.00~6.00			10	—	—	—

续表

牌号	包铝分类	供应状态	试样状态	厚度/mm	室温拉伸试验结果				弯曲半径②	
					抗拉强度 R_m/MPa	规定非比例延伸强度 $R_{p0.2}$/MPa	断后伸长率① %			
							A_{50mm}	A	90°	180°
					不小于					
1060	—	H24	H24	>0.20~0.30	95	70	1	—	—	—
				>0.30~0.50			2	—	—	—
				>0.50~0.80			2	—	—	—
				>0.80~1.50			4	—	—	—
				>1.50~3.00			6	—	—	—
				>3.00~6.00			10	—	—	—
		H16	H16	>0.20~0.30	110~155	75	1	—	—	—
				>0.30~0.50			2	—	—	—
				>0.50~0.80			2	—	—	—
				>0.80~1.50			3	—	—	—
				>1.50~4.00			5	—	—	—
		H26	H26	>0.20~0.30	110	75	1	—	—	—
				>0.30~0.50			2	—	—	—
				>0.50~0.80			2	—	—	—
				>0.80~1.50			3	—	—	—
				>1.50~4.00			5	—	—	—
		H18	H18	>0.20~0.30	125	85	1	—	—	—
				>0.30~0.50			2	—	—	—
				>0.50~1.50			3	—	—	—
				>1.50~3.00			4	—	—	—
		H112	H112	>4.50~6.00	75	—	10	—	—	—
				>6.00~12.50	75		10	—	—	—
				>12.50~40.00	70		—	18	—	—
				>40.00~80.00	60		—	22	—	—
		F	—	>2.50~150.00	—				—	—
1050	—	O	O	>0.20~0.50	60~100	20	15	—	0t	—
				>0.50~0.80			20	—	0t	—
				>0.80~1.50			25	—	0t	—
				>1.50~6.00			30	—	0t	—
				>6.00~50.00			28	28	—	—

牌号	包铝分类	供应状态	试样状态	厚度/mm	室温拉伸试验结果				弯曲半径②	
					抗拉强度 R_m/MPa	规定非比例延伸强度 $R_{p0.2}$/MPa	断后伸长率① %			
							A_{50mm}	A	90°	180°
					不小于					
1050	—	H12	H12	>0.20~0.30	80~120		2	—	0t	—
				>0.30~0.50		—	3	—	0t	—
				>0.50~0.80			4	—	0t	—
				>0.80~1.50			6	—	0.5t	—
				>1.50~3.00		65	8	—	0.5t	—
				>3.00~6.00			9	—	0.5t	—
		H22	H22	>0.20~0.30	80		2	—	0t	—
				>0.30~0.50		—	3	—	0t	—
				>0.50~0.80			4	—	0t	—
				>0.80~1.50			6	—	0.5t	—
				>1.50~3.00		65	8	—	0.5t	—
				>3.00~6.00			9	—	0.5t	—
		H14	H14	>0.20~0.30	95~130		1	—	0.5t	—
				>0.30~0.50			2	—	0.5t	—
				>0.50~0.80			3	—	0.5t	—
				>0.80~1.50			4	—	1.0t	—
				>1.50~3.00		75	5	—	1.0t	—
				>3.00~6.00			6	—	1.0t	—
		H24	H24	>0.20~0.30	95		1	—	0.5t	—
				>0.30~0.50		—	2	—	0.5t	—
				>0.50~0.80			3	—	0.5t	—
				>0.80~1.50			4	—	1.0t	—
				>1.50~3.00		75	5	—	1.0t	—
				>3.00~6.00			6	—	1.0t	—
		H16	H16	>0.20~0.50	120~150	—	1	—	2.0t	—
				>0.50~0.80			2	—	2.0t	—
				>0.80~1.50		85	3	—	2.0t	—
				>1.50~4.00			4	—	2.0t	—
		H26	H26	>0.20~0.50	120	—	1	—	2.0t	—
				>0.50~0.80		85	2	—	2.0t	—

续表

牌号	包铝分类	供应状态	试样状态	厚度/mm	室温拉伸试验结果				弯曲半径②	
					抗拉强度 R_m/MPa	规定非比例延伸强度 $R_{p0.2}$/MPa	断后伸长率① %		90°	180°
							A_{50mm}	A		
					不小于					
1050	—	H26	H26	>0.80~1.50	120	85	3	—	2.0t	—
				>1.50~4.00			4	—	2.0t	—
		H18	H18	>0.20~0.50	130	—	1	—	—	—
				>0.50~0.80			2	—	—	—
				>0.80~1.50			3	—	—	—
				>1.50~3.00			4	—	—	—
		H112	H112	>4.50~6.00	85	45	10	—	—	—
				>6.00~12.50	80	45	10	—	—	—
				>12.50~25.00	70	35	—	16	—	—
				>25.00~50.00	65	30	—	22	—	—
				>50.00~75.00	65	30	—	22	—	—
		F	—	>2.50~150.00						
1050A	—	O H111	O H111	>0.20~0.50	>65~95	20	20	—	0t	0t
				>0.50~1.50			22	—	0t	0t
				>1.50~3.00			26	—	0t	0t
				>3.00~6.00			29	—	0.5t	0.5t
				>6.00~12.50			35	—	1.0t	1.0t
				>12.50~80.00			—	32	—	—
		H12	H12	>0.20~0.50	>85~125	65	2	—	0t	0.5t
				>0.50~1.50			4	—	0t	0.5t
				>1.50~3.00			5	—	0.5t	0.5t
				>3.00~6.00			7	—	1.0t	1.0t
		H22	H22	>0.20~0.50	>85~125	55	4	—	0t	0.5t
				>0.50~1.50			5	—	0t	0.5t
				>1.50~3.00			6	—	0.5t	0.5t
				>3.00~6.00			11	—	1.0t	1.0t
		H14	H14	>0.20~0.50	>105~145	85	2	—	0t	1.0t
				>0.50~1.50			2	—	0.5t	1.0t
				>1.50~3.00			4	—	1.0t	1.0t
				>3.00~6.00			5	—	1.5t	—

续表

牌号	包铝分类	供应状态	试样状态	厚度/mm	室温拉伸试验结果				弯曲半径②	
					抗拉强度 R_m/MPa	规定非比例延伸强度 $R_{p0.2}$/MPa	断后伸长率① %		90°	180°
							A_{50mm}	A		
					不小于					
1050A	—	H24	H24	>0.20~0.50	>105~145	75	3	—	0t	1.0t
				>0.50~1.50			4	—	0.5t	1.0t
				>1.50~3.00			5	—	1.0t	1.0t
				>3.00~6.00			8	—	1.5t	1.5t
		H16	H16	>0.20~0.50	>120~160	100	1	—	0.5t	—
				>0.50~1.50			2	—	1.0t	—
				>1.50~4.00			3	—	1.5t	—
		H26	H26	>0.20~0.50	>120~160	90	2	—	0.5t	—
				>0.50~1.50			3	—	1.0t	—
				>1.50~4.00			4	—	1.5t	—
		H18	H18	>0.20~0.50	135	120	1	—	1.0t	—
				>0.50~1.50	140		2	—	2.0t	—
				>1.50~3.00			2	—	3.0t	—
		H28	H28	>0.20~0.50	140	110	2	—	1.0t	—
				>0.50~1.50			2	—	2.0t	—
				>1.50~3.00			3	—	3.0t	—
		H19	H19	>0.20~0.50	155	140	1	—	—	—
				>0.50~1.50	150	130		—	—	—
				>1.50~3.00				—	—	—
		H112	H112	>6.00~12.50	75	30	20	—	—	—
				>12.50~80.00	70	25	—	20	—	—
		F	—	25.00~150.00	—				—	—
1145	—	O	O	>0.20~0.50	60~100	—	15	—	—	—
				>0.50~0.80			20	—	—	—
				>0.80~1.50		20	25	—	—	—
				>1.50~6.00			30	—	—	—
				>6.00~10.00			28	—	—	—
		H12	H12	>0.20~0.30	80~120	—	2	—	—	—
				>0.30~0.50			3	—	—	—
				>0.50~0.80			4	—	—	—

牌号	包铝分类	供应状态	试样状态	厚度/mm	室温拉伸试验结果				弯曲半径[2]	
					抗拉强度 R_m/MPa	规定非比例延伸强度 $R_{p0.2}$/MPa	断后伸长率[1] %		90°	180°
							A_{50mm}	A		
					不小于					
1145	—	H12	H12	>0.80~1.50	80~120	65	6	—	—	—
				>1.50~3.00			8	—	—	—
				>3.00~4.50			9	—	—	—
		H22	H22	>0.20~0.30	80	—	2	—	—	—
				>0.30~0.50			3	—	—	—
				>0.50~0.80			4	—	—	—
				>0.80~1.50			6	—	—	—
				>1.50~3.00			8	—	—	—
				>3.00~4.50			9	—	—	—
		H14	H14	>0.20~0.30	95~125	—	1	—	—	—
				>0.30~0.50			2	—	—	—
				>0.50~0.80			3	—	—	—
				>0.80~1.50			4	—	—	—
				>1.50~3.00		75	5	—	—	—
				>3.00~4.50			6	—	—	—
		H24	H24	>0.20~0.30	95	—	1	—	—	—
				>0.30~0.50			2	—	—	—
				>0.50~0.80			3	—	—	—
				>0.80~1.50			4	—	—	—
				>1.50~3.00			5	—	—	—
				>3.00~4.50			6	—	—	—
		H16	H16	>0.20~0.50	120~145	—	1	—	—	—
				>0.50~0.80			2	—	—	—
				>0.80~1.50		85	3	—	—	—
				>1.50~4.50			4	—	—	—
		H26	H26	>0.20~0.50	120	—	1	—	—	—
				>0.50~0.80			2	—	—	—
				>0.80~1.50			3	—	—	—
				>1.50~4.50			4	—	—	—
		H18	H18	>0.20~0.50	125	—	1	—	—	—

牌号	包铝分类	供应状态	试样状态	厚度/mm	室温拉伸试验结果				弯曲半径②	
					抗拉强度 R_m/MPa	规定非比例延伸强度 $R_{p0.2}$/MPa	断后伸长率① %			
							A_{50mm}	A	90°	180°
					不小于					
1145	—	H18	H18	>0.50~0.80	125	—	2	—	—	—
				>0.80~1.50			3	—	—	—
				>1.50~4.50			4	—	—	—
		H112	H112	>4.50~6.50	85	45	10	—	—	—
				>6.50~12.50	80	45	10	—	—	—
				>12.50~25.00	70	35	—	16	—	—
		F	—	>2.50~150.00	—				—	—
1235	—	O	O	>0.20~1.00	65~105	—	15	—	—	—
		H12	H12	>0.20~0.30	95~130	—	2	—	—	—
				>0.30~0.50			3	—	—	—
				>0.50~1.50			6	—	—	—
				>1.50~3.00			8	—	—	—
				>3.00~4.50			9	—	—	—
		H22	H22	>0.20~0.30	95	—	2	—	—	—
				>0.30~0.50			3	—	—	—
				>0.50~1.50			6	—	—	—
				>1.50~3.00			8	—	—	—
				>3.00~4.50			9	—	—	—
		H14	H14	>0.20~0.30	115~150	—	1	—	—	—
				>0.30~0.50			2	—	—	—
				>0.50~1.50			3	—	—	—
				>1.50~3.00			4	—	—	—
		H24	H24	>0.20~0.30	115	—	1	—	—	—
				>0.30~0.50			2	—	—	—
				>0.50~1.50			3	—	—	—
				>1.50~3.00			4	—	—	—
		H16	H16	>0.20~0.50	130~165	—	1	—	—	—
				>0.50~1.50			2	—	—	—
				>1.50~4.00			3	—	—	—
		H26	H26	>0.20~0.50	130	—	1	—	—	—

牌号	包铝分类	供应状态	试样状态	厚度/mm	室温拉伸试验结果				弯曲半径②	
					抗拉强度 R_m/MPa	规定非比例延伸强度 $R_{p0.2}$/MPa	断后伸长率①%			
							A_{50mm}	A	90°	180°
					不小于					
1235	—	H26	H26	>0.50~1.50	130	—	2	—	—	—
				>1.50~4.00			3	—	—	—
		H18	H18	>0.20~0.50	145		1	—	—	—
				>0.50~1.50			2	—	—	—
				>1.50~3.00			3	—	—	—
1200	—	O H111	O H111	>0.20~0.50	75~105	25	19	—	0t	0t
				>0.50~1.50			21	—	0t	0t
				>1.50~3.00			24	—	0t	0t
				>3.00~6.00			28	—	0.5t	0.5t
				>6.00~12.50			33	—	1.0t	1.0t
				>12.50~80.00			—	30	—	—
		H12	H12	>0.20~0.50	95~135	75	2	—	0t	0.5t
				>0.50~1.50			4	—	0t	0.5t
				>1.50~3.00			5	—	0.5t	0.5t
				>3.00~6.00			6	—	1.0t	1.0t
		H22	H22	>0.20~0.50	95~135	65	4	—	0t	0.5t
				>0.50~1.50			5	—	0t	0.5t
				>1.50~3.00			6	—	0.5t	0.5t
				>3.00~6.00			10	—	1.0t	1.0t
		H14	H14	>0.20~0.50	105~155	95	1	—	0t	1.0t
				>0.50~1.50			3	—	0.5t	1.0t
				>1.50~3.00	115~155		4	—	1.0t	1.0t
				>3.00~6.00			5	—	1.5t	1.5t
		H24	H24	>0.20~0.50	115~155	90	3	—	0t	1.0t
				>0.50~1.50			4	—	0.5t	1.0t
				>1.50~3.00			5	—	1.0t	1.0t
				>3.00~6.00			7	—	1.5t	—
		H16	H16	>0.20~0.50	120~170	110	1	—	0.5t	—
				>0.50~1.50	130~170	115	2	—	1.0t	—
				>1.50~4.00			3	—	1.5t	—

牌号	包铝分类	供应状态	试样状态	厚度/mm	室温拉伸试验结果				弯曲半径②	
					抗拉强度 R_m/MPa	规定非比例延伸强度 $R_{p0.2}$/MPa	断后伸长率①%		90°	180°
							A_{50mm}	A		
					不小于					
1200	—	H26	H26	>0.20~0.50	130~170	105	2	—	0.5t	—
				>0.50~1.50			3	—	1.0t	—
				>1.50~4.00			4	—	1.5t	—
		H18	H18	>0.20~0.50	150	130	1	—	1.0t	—
				>0.50~1.50			2	—	2.0t	—
				>1.50~3.00			2	—	3.0t	—
		H19	H19	>0.20~0.50	160	140	1	—	—	—
				>0.50~1.50			1	—	—	—
				>1.50~3.00			1	—	—	—
		H112	H112	>6.00~12.50	85	35	16	—	—	—
				>12.50~80.00	80	30	—	16	—	—
		F	—	>2.50~150.00	—				—	—
包铝2A11 2A11	正常包铝或工艺包铝	O	O	>0.50~3.00	≤225	—	12	—	—	—
				>3.00~10.00	≤235	—	12	—	—	—
			T42③	>0.50~3.00	350	185	15	—	—	—
				>3.00~10.00	355	195	15	—	—	—
		T1	T42	>4.50~10.00	355	195	15	—	—	—
				>10.00~12.50	370	215	11	—	—	—
				>12.50~25.00	370	215	—	11	—	—
				>25.00~40.00	330	195	—	8	—	—
				>40.00~70.00	310	195	—	6	—	—
				>70.00~80.00	285	195	—	4	—	—
		T3	T3	>0.50~1.50	375	215	15	—	—	—
				>1.50~3.00			17	—	—	—
				>3.00~10.00			15	—	—	—
		T4	T4	>0.50~3.00	360	185	15	—	—	—
				>3.00~10.00	370	195	15	—	—	—
		F	—	>4.50~150.00	—				—	—

牌号	包铝分类	供应状态	试样状态	厚度/mm	室温拉伸试验结果				弯曲半径②	
					抗拉强度 R_m/MPa	规定非比例延伸强度 $R_{p0.2}$/MPa	断后伸长率① %			
							A_{50mm}	A	90°	180°
					不小于					
包铝 2A12 2A12	正常包铝 或 工艺包铝	O	O	>0.50~4.50	≤215	—	14	—	—	—
				>4.50~10.00	≤235	—	12	—	—	—
			T42③	>0.50~3.00	390	245	15	—	—	—
				>3.00~10.00	410	265	12	—	—	—
		T1	T42	>4.50~10.00	410	265	12	—	—	—
				>10.00~12.50	420	275	7	—	—	—
				>12.50~25.00	420	275	—	7	—	—
				>25.00~40.00	390	255	—	5	—	—
				>40.00~70.00	370	245	—	4	—	—
				>70.00~80.00	345	245	—	3	—	—
		T3	T3	>0.50~1.60	405	270	15	—	—	—
				>1.60~10.00	420	275	15	—	—	—
		T4	T4	>0.50~3.00	405	270	13	—	—	—
				>3.00~4.50	425	275	12	—	—	—
				>4.50~10.00	425	275	12	—	—	—
		F	—	>4.50~150.00	—				—	—
2A14	工艺包铝	O	O	0.50~10.00	≤245	—	10	—	—	—
		T6	T6	0.50~10.00	430	340	5	—	—	—
		T1	T62	>4.50~12.50	430	340	5	—	—	—
				>12.50~40.00	430	340	—	5	—	—
		F	—	>4.50~150.00	—				—	—
包铝 2E12 2E12	正常包铝 或 工艺包铝	T3	T3	0.80~1.50	405	270	—	15	—	5.0t
				>1.50~3.00	≥420	275	—	15	—	5.0t
				>3.00~6.00	425	275	—	15	—	8.0t
2014	工艺包铝 或 不包铝	O	O	>0.40~1.50	≤220	≤140	12	—	0t	0.5t
				>1.50~3.00			13	—	1.0t	1.0t
				>3.00~6.00			16	—	1.5t	—
				>6.00~9.00			16	—	2.5t	—
				>9.00~12.50			16	—	4.0t	—
				>12.50~25.00			—	10	—	—

牌号	包铝分类	供应状态	试样状态	厚度/mm	室温拉伸试验结果				弯曲半径[2]	
					抗拉强度 R_m/MPa	规定非比例延伸强度 $R_{p0.2}$/MPa	断后伸长率[1] %			
							A_{50mm}	A	90°	180°
					不小于					
2014	工艺包铝或不包铝	T3	T3	>0.40~1.50	395	245	14	—	—	—
				>1.50~6.00	400	245	14	—	—	—
		T4	T4	>0.40~1.50	395	240	14	—	3.0t	3.0t
				>1.50~6.00	395	240	14	—	5.0t	5.0t
				>6.00~12.50	400	250	14	—	8.0t	—
				>12.50~40.00	400	250	—	10	—	—
				>40.00~100.00	395	250	—	7	—	—
		T6	T6	>0.40~1.50	440	390	6	—	—	—
				>1.50~6.00	440	390	7	—	—	—
				>6.00~12.50	450	395	7	—	—	—
				>12.50~40.00	460	400	—	6	5.0t	—
				>40.00~60.00	450	390	—	5	7.0t	—
				>60.00~80.00	435	380	—	4	10.0t	—
				>80.00~100.00	420	360	—	4		
				>100.00~125.00	410	350	—	4		
				>125.00~160.00	390	340	—	2		
		F	—	>4.50~150.00	—		—	—	—	—
包铝 2014	正常包铝	O	O	>0.50~0.63	≤205	≤95	16	—	—	—
				>0.63~1.00	≤220			—	—	—
				>1.00~2.50	≤205			—	—	—
				>2.50~12.50	≤205			9	—	—
				>12.50~25.00	≤220[4]	—	—	5	—	—
		T3	T3	>0.50~0.63	370	230	14	—	—	—
				>0.63~1.00	380	235	14	—	—	—
				>1.00~2.50	395	240	15	—	—	—
				>2.50~6.30	395	240	15	—	—	—
		T4	T4	>0.50~0.63	370	215	14	—	—	—
				>0.63~1.00	380	220	14	—	—	—
				>1.00~2.50	395	235	15	—	—	—
				>2.50~6.30	395	235	15	—	—	—

牌号	包铝分类	供应状态	试样状态	厚度/mm	室温拉伸试验结果				弯曲半径②	
					抗拉强度 R_m/MPa	规定非比例延伸强度 $R_{p0.2}$/MPa	断后伸长率① %		90°	180°
							A_{50mm}	A		
					不小于					
包铝 2014	正常包铝	T6	T6	>0.50~0.63	425	370	7	—	—	—
				>0.63~1.00	435	380	7	—	—	—
				>1.00~2.50	440	395	8	—	—	—
				>2.50~6.30	440	395	8	—	—	—
		F	—	>4.50~150.00		—			—	—
包铝 2014A 2014A	正常包铝、工艺包铝或不包铝	O	O	>0.20~0.50	≤235	≤110		—	1.0t	
				>0.50~1.50			14	—	2.0t	
				>1.50~3.00			16	—	2.0t	
				>3.00~6.00			16	—	2.0t	
		T4	T4	>0.20~0.50	400	225		—	3.0t	
				>0.50~1.50			13	—	3.0t	
				>1.50~6.00			14	—	5.0t	
				>6.00~12.50			14	—		
				>12.50~25.00		250	—	12		
				>25.00~40.00			—	10		
				>40.00~80.00	395		—	7		
		T6	T6	>0.20~0.50	440	380		—	5.0t	
				>0.50~1.50			6	—	5.0t	
				>1.50~3.00			7	—	6.0t	
				>3.00~6.00			8	—	5.0t	
				>6.00~12.50	460	410	8	—		
				>12.50~25.00	460	410	—	6		
				>25.00~40.00	450	400	—	5		
				>40.00~60.00	430	390	—	5	—	—
				>60.00~90.00	430	390	—	4	—	—
				>90.00~115.00	420	370	—	4	—	—
				>115.00~140.00	410	350	—	4	—	—

牌号	包铝分类	供应状态	试样状态	厚度/mm	室温拉伸试验结果				弯曲半径②	
					抗拉强度 R_m/MPa	规定非比例延伸强度 $R_{p0.2}$/MPa	断后伸长率① %		90°	180°
							A_{50mm}	A		
					不小于					
2024	工艺包铝或不包铝	O	O	>0.40~1.50	≤220	≤140	12		0t	0.5t
				>1.50~3.00			13	—	1.0t	2.0t
				>3.00~6.00					1.5t	3.0t
				>6.00~9.00					2.5t	—
				>9.00~12.50					4.0t	
				>12.50~25.00		—	—	11	—	
		T3	T3	>0.40~1.50	435	290	12	11	4.0t	4.0t
				>1.50~3.00	435	290	14		4.0t	4.0t
				>3.00~6.00	440	290	14	—	5.0t	5.0t
				>6.00~12.50	440	290	13		8.0t	
				>12.50~40.00	430	290		11	—	—
				>40.00~80.00	420	290		8		
				>80.00~100.00	400	285		7		—
				>100.00~120.00	380	270		5		
				>120.00~150.00	360	250		5		
		T4	T4	>0.40~1.50	425	275	12	—	—	4.0t
				>1.50~6.00	425	275	14		—	5.0t
		T8	T8	>0.40~1.50	460	400	5	—	—	—
				>1.50~6.00	460	400	6			
				>6.00~12.50	460	400	5			
				>12.50~25.00	455	400	—	4		
				>25.00~40.00	455	395		4		
		F	—	>4.50~80.00	—					
包铝2024	正常包铝	O	O	>0.20~0.25	≤205	≤95	10		—	—
				>0.25~1.60	≤205	≤95	12		—	—
				>1.60~12.50	≤220	≤95	12		—	—
				>12.50~45.50	≤220④	—	—	10	—	—
		T3	T3	>0.20~0.25	400	270	10		—	—
				>0.25~0.50	405	270	12		—	—
				>0.50~1.60	405	270	15		—	—

续表

牌号	包铝分类	供应状态	试样状态	厚度/mm	室温拉伸试验结果				弯曲半径②	
					抗拉强度 R_{m}/MPa	规定非比例延伸强度 $R_{\mathrm{p0.2}}$/MPa	断后伸长率① %			
							$A_{50\mathrm{mm}}$	A	90°	180°
					不小于					
包铝 2024	正常包铝	T3	T3	>1.60~3.20	420	275	15	—	—	—
				>3.20~6.00	420	275	15	—	—	—
		T4	T4	>0.20~0.50	400	245	12	—	—	—
				>0.50~1.60	400	245	15	—	—	—
				>1.60~3.20	420	260	15	—	—	—
		F	—	>4.50~80.00	—				—	—
包铝 2017 2017	正常包铝、工艺包铝或不包铝		O	>0.40~1.60	≤215	≤110	12	—	0.5t	—
				>1.60~2.90					1.0t	—
				>2.90~6.00					1.5t	—
				>6.00~25.00					—	—
			O	>0.40~0.50	355	195	12	—	—	—
				>0.50~1.60			15	—	—	—
			T42③	>1.60~2.90			17	—	—	—
				>2.90~6.50			15	—	—	—
				>6.50~25.00		185	12	—	—	—
		T3	T3	>0.40~0.50	375	215	12	—	1.5t	—
				>0.50~1.60			15	—	2.5t	—
				>1.60~2.90			17	—	3t	—
				>2.90~6.00			15	—	3.5t	—
		T4	T4	>0.40~0.50	355	195	12	—	1.5t	—
				>0.50~1.60			15	—	2.5t	—
				>1.60~2.90			17	—	3t	—
				>2.90~6.00			15	—	3.5t	—
		F	—	>4.50~150.00					—	—
包铝 2017A 2017A	正常包铝、工艺包铝或不包铝		O	0.40~1.50	≤225	≤145	12	—	5t	0.5t
			O	>1.50~3.00			14		1.0t	1.0t
				>3.00~6.00			—		1.5t	—
				>6.00~9.00			13		2.5t	—
				>9.00~12.50					4.0t	—
				>12.50~25.00			—	12	—	—

续表

牌号	包铝分类	供应状态	试样状态	厚度/mm	室温拉伸试验结果				弯曲半径②	
					抗拉强度 R_m/MPa	规定非比例延伸强度 $R_{p0.2}$/MPa	断后伸长率① %			
							A_{50mm}	A	90°	180°
					不小于					
包铝 2017A 2017A	正常包铝、工艺包铝或不包铝	T4	T4	0.40～1.50	390	245	14	—	3.0t	3.0t
				>1.50～6.00		245	15	—	5.0t	5.0t
				>6.00～12.50		260	13	—	8.0t	—
				>12.50～40.00		250	—	12	—	—
				>40.00～60.00	385	245	—	12	—	—
				>60.00～80.00	370		—	7	—	—
				>80.00～120.00	360	240	—	6	—	—
				>120.00～150.00	350		—	4	—	—
				>150.00～180.00	330	220	—	2	—	—
				>180.00～200.00	300	200	—	2	—	—
包铝 2219 2219	正常包铝、工艺包铝或不包铝	O	O	>0.50～12.50	≤220	≤110	12	—	—	—
				>12.50～50.00	≤220④	≤110④	—	10	—	—
		T81	T81	>0.50～1.00	340	255	6	—	—	—
				>1.00～2.50	380	285	7	—	—	—
				>2.50～6.30	400	295	7	—	—	—
		T87	T87	>1.00～2.50	395	315	6	—	—	—
				>2.50～6.30	415	330	6	—	—	—
				>6.30～12.50	415	330	7	—	—	—
3A21	—	O	O	>0.20～0.80	100～150	—	19	—	—	—
				>0.80～4.50			23	—	—	—
				>4.50～10.00			21	—	—	—
		H14	H14	>0.80～1.30	145～215	—	6	—	—	—
				>1.30～4.50			6	—	—	—
		H24	H24	>0.20～1.30	145	—	6	—	—	—
				>1.30～4.50			6	—	—	—
		H18	H18	>0.20～0.50	185	—	1	—	—	—
				>0.50～0.80			2	—	—	—
				>0.80～1.30			3	—	—	—
				>1.30～4.50			4	—	—	—
		H112	H112	>4.50～10.00	110	—	16	—	—	—

续表

牌号	包铝分类	供应状态	试样状态	厚度/mm	室温拉伸试验结果				弯曲半径②	
					抗拉强度 R_m/MPa	规定非比例延伸强度 $R_{p0.2}$/MPa	断后伸长率① %			
							A_{50mm}	A	90°	180°
					不小于					
3A21	—	H112	H112	>10.00~12.50	120	—	16	—	—	—
				>12.50~25.00	120		—	16	—	—
				>25.00~80.00	110		—	16	—	—
		F	—	>4.50~150.00	—				—	—
3102	—	H18	H18	>0.20~0.50	160	—	3	—	—	—
				>0.50~3.00			2	—	—	—
3003	—	O H111	O H111	>0.20~0.50	95~135	35	15	—	0t	0t
				>0.50~1.50			17	—	0t	0t
				>1.50~3.00			20	—	0t	0t
				>3.00~6.00			23	—	1.0t	1.0t
				>6.00~12.50			24	—	1.5t	—
				>12.50~50.00			—	23	—	—
		H12	H12	>0.20~0.50	120~160	90	3	—	0t	1.5t
				>0.50~1.50			4	—	0.5t	1.5t
				>1.50~3.00			5	—	1.0t	1.5t
				>3.00~6.00			6	—	1.0t	—
		H22	H22	>0.20~0.50	120~160	80	6	—	0t	1.0t
				>0.50~1.50			7	—	0.5t	1.0t
				>1.50~3.00			8	—	1.0t	1.0t
				>3.00~6.00			9	—	1.0t	—
		H14	H14	>0.20~0.50	145~195	125	2	—	0.5t	2.0t
				>0.50~1.50			2	—	1.0t	2.0t
				>1.50~3.00			3	—	1.0t	2.0t
				>3.00~6.00			4	—	2.0t	—
		H24	H24	>0.20~0.50	145~195	115	4	—	0.5t	1.5t
				>0.50~1.50			4	—	1.0t	1.5t
				>1.50~3.00			5	—	1.0t	1.5t
				>3.00~6.00			6	—	2.0t	—
		H16	H16	>0.20~0.50	170~210	150	1	—	1.0t	2.5t
				>0.50~1.50			2	—	1.5t	2.5t
				>1.50~4.00			2	—	2.0t	2.5t

牌号	包铝分类	供应状态	试样状态	厚度/mm	室温拉伸试验结果				弯曲半径[2]	
					抗拉强度 R_m/MPa	规定非比例延伸强度 $R_{p0.2}$/MPa	断后伸长率[1] %		90°	180°
							A_{50mm}	A		
					不小于					
3003	—	H26	H26	>0.20~0.50	170~210	140	2	—	1.0t	2.0t
				>0.50~1.50			3	—	1.5t	2.0t
				>1.50~4.00			3	—	2.0t	2.0t
		H18	H18	>0.20~0.50	190	170	1	—	1.5t	—
				>0.50~1.50			2	—	2.5t	
				>1.50~3.00			2	—	3.0t	
		H28	H28	>0.20~0.50	190	160	2	—	1.5t	
				>0.50~1.50			2	—	2.5t	
				>1.50~3.00			3	—	3.0t	
		H19	H19	>0.20~0.50	210	180	1	—	—	—
				>0.50~1.50			2	—	—	
				>1.50~3.00			2	—	—	
		H112	H112	>4.50~12.50	115	70	10	—	—	
				>12.50~80.00	100	40	—	18	—	
		F	—	>2.50~150.00	—				—	
3103	—	O H111	O H111	>0.20~0.50	90~130	35	17	—	0t	0t
				>0.50~1.50			19	—	0t	0t
				>1.50~3.00			21	—	0t	0t
				>3.00~6.00			24	—	1.0t	1.0t
				>6.00~12.50			28	—	1.5t	
				>12.50~50.00			—	25	—	
		H12	H12	>0.20~0.50	115~155	85	3	—	0t	1.5t
				>0.50~1.50			4	—	0.5t	1.5t
				>1.50~3.00			5	—	1.0t	1.5t
				>3.00~6.00			6	—	1.0t	
		H22	H22	>0.20~0.50	115~155	75	6	—	0t	1.0t
				>0.50~1.50			7	—	0.5t	1.0t
				>1.50~3.00			8	—	1.0t	1.0t
				>3.00~6.00			9	—	1.0t	—

牌号	包铝分类	供应状态	试样状态	厚度/mm	室温拉伸试验结果				弯曲半径②	
					抗拉强度 R_m/MPa	规定非比例延伸强度 $R_{p0.2}$/MPa	断后伸长率① %			
							A_{50mm}	A	90°	180°
					不小于					
3103	—	H14	H14	>0.20~0.50	140~180	120	2	—	0.5t	2.0t
				>0.50~1.50			2	—	1.0t	2.0t
				>1.50~3.00			3	—	1.0t	2.0t
				>3.00~6.00			4	—	2.0t	—
		H24	H24	>0.20~0.50	140~180	110	4	—	0.5t	1.5t
				>0.50~1.50			4	—	1.0t	1.5t
				>1.50~3.00			5	—	1.0t	1.5t
				>3.00~6.00			6	—	2.0t	
		H16	H16	>0.20~0.50	160~200	145	1	—	1.0t	2.5t
				>0.50~1.50			2	—	1.5t	2.5t
				>1.50~4.00			2	—	2.0t	2.5t
				>3.00~6.00			2	—	1.5t	2.0t
		H26	H26	>0.20~0.50	160~200	135	2	—	1.0t	2.0t
				>0.50~1.50			3	—	1.5t	2.0t
				>1.50~4.00			3	—	2.0t	2.0t
		H18	H18	>0.20~0.50	185	165	1	—	1.5t	—
				>0.50~1.50			2	—	2.5t	—
				>1.50~3.00			2	—	3.0t	—
		H28	H28	>0.20~0.50	185	155	2	—	1.5t	—
				>0.50~1.50			2	—	2.5t	—
				>1.50~3.00			3	—	3.0t	—
		H19	H19	>0.20~0.50	200	175	1	—	—	—
				>0.50~1.50			2	—	—	—
				>1.50~3.00			2	—	—	—
		H112	H112	>4.50~12.50	110	70	10	—	—	—
				>12.50~80.00	95	40	—	18	—	—
		F	—	>20.00~80.00						

牌号	包铝分类	供应状态	试样状态	厚度/mm	室温拉伸试验结果				弯曲半径[2]	
					抗拉强度 R_m/MPa	规定非比例延伸强度 $R_{p0.2}$/MPa	断后伸长率[1] %		90°	180°
							A_{50mm}	A		
					不小于					
3004	—	O H111	O H111	>0.20~0.50	155~200	60	13	—	0t	0t
				>0.50~1.50			14	—	0t	0t
				>1.50~3.00			15	—	0t	0.5t
				>3.00~6.00			16	—	1.0t	1.0t
				>6.00~12.50			16	—	2.0t	—
				>12.50~50.00			—	14	—	—
		H12	H12	>0.20~0.50	190~240	155	2	—	0t	1.5t
				>0.50~1.50			3	—	0.5t	1.5t
				>1.50~3.00			4	—	1.0t	2.0t
				>3.00~6.00			5	—	1.5t	—
		H22 H32	H22 H32	>0.20~0.50	190~240	145	4	—	0t	1.0t
				>0.50~1.50			5	—	0.5t	1.0t
				>1.50~3.00			6	—	1.0t	1.5t
				>3.00~6.00			7	—	1.5t	—
		H14	H14	>0.20~0.50	220~265	180	1	—	0.5t	2.5t
				>0.50~1.50			2	—	1.0t	2.5t
				>1.50~3.00			2	—	1.5t	2.5t
				>3.00~6.00			3	—	2.0t	—
		H24 H34	H24 H34	>0.20~0.50	220~265	170	3	—	0.5t	2.0t
				>0.50~1.50			4	—	1.0t	2.0t
				>1.50~3.00			4	—	1.5t	2.0t
		H16	H16	>0.20~0.50	240~285	200	1	—	1.0t	3.5t
				>0.50~1.50			1	—	1.5t	3.5t
				>1.50~4.00			2	—	2.5t	—
		H26 H36	H26 H36	>0.20~0.50	240~285	190	3	—	1.0t	3.0t
				>0.50~1.50			3	—	1.5t	3.0t
				>1.50~3.00			3	—	2.5t	—
		H18	H18	>0.20~0.50	260	230	1	—	1.5t	—
				>0.50~1.50			1	—	2.5t	—
				>1.50~3.00			2	—	—	—

牌号	包铝分类	供应状态	试样状态	厚度/mm	室温拉伸试验结果		断后伸长率① %		弯曲半径②	
					抗拉强度 R_m/MPa	规定非比例延伸强度 $R_{p0.2}$/MPa	A_{50mm}	A	90°	180°
					不小于					
3004	—	H28	H28	>0.20~0.50	260	220	2	—	1.5t	—
		H38	H38	>0.50~1.50			3	—	2.5t	—
		H19	H19	>0.20~0.50	270	240	1	—		
				>0.50~1.50			1	—		
		H112	H112	>4.50~12.50	160	60	7	—	—	—
				>12.50~40.00			—	6		
				>40.00~80.00			—	6		
		F	—	>2.50~80.00	—					
3104	—	O H111	O H111	>0.20~0.50	155~195	—	10	—	0t	0t
				>0.50~0.80			14	—	0t	0t
				>0.80~1.30		60	16	—	0.5t	0.5t
				>1.30~3.00			18	—	0.5t	0.5t
		H12 H32	H12 H32	>0.50~0.80	195~245		3	—	0.5t	0.5t
				>0.80~1.30		145	4	—	1.0t	1.0t
				>1.30~3.00			5	—	1.0t	1.0t
		H22	H22	>0.50~0.80	195	—	3	—	0.5t	0.5t
				>0.80~1.30			4	—	1.0t	1.0t
				>1.30~3.00			5	—	1.0t	1.0t
		H14 H34	H14 H34	>0.20~0.50	225~265	—	1	—	1.0t	1.0t
				>0.50~0.80			3	—	1.5t	1.5t
				>0.80~1.30		175	3	—	1.5t	1.5t
				>1.30~3.00			4	—	1.5t	1.5t
		H24	H24	>0.20~0.50	225	—	1	—	1.0t	1.0t
				>0.50~0.80			3	—	1.5t	1.5t
				>0.80~1.30			3	—	1.5t	1.5t
				>1.30~3.00			4	—	1.5t	1.5t
		H16 H36	H16 H36	>0.20~0.50	245~285	—	1	—	2.0t	2.0t
				>0.50~0.80			2	—	2.0t	2.0t
				>0.80~1.30		195	3	—	2.5t	2.5t
				>1.30~3.00			4	—	2.5t	2.5t

牌号	包铝分类	供应状态	试样状态	厚度/mm	室温拉伸试验结果				弯曲半径②	
					抗拉强度 R_m/MPa	规定非比例延伸强度 $R_{p0.2}$/MPa	断后伸长率①%		90°	180°
							A_{50mm}	A		
					不小于					
3104	—	H26	H26	>0.20~0.50	245	—	1	—	2.0t	2.0t
				>0.50~0.80			2	—	2.0t	2.0t
				>0.80~1.30			3	—	2.5t	2.5t
				>1.30~3.00			4	—	2.5t	2.5t
		H18 H38	H18 H38	>0.20~0.50	265	215	1	—	—	—
		H28	H28	>0.20~0.50	265	—	1	—	—	—
		H19 H29 H39	H19 H29 H39	>0.20~0.50	275	—	1	—	—	—
		F	—	>2.50~80.00	—				—	—
3005	—	O H111	O H111	>0.20~0.50	115~165	45	12	—	0t	0t
				>0.50~1.50			14	—	0t	0t
				>1.50~3.00			16	—	0.5t	1.0t
				>3.00~6.00			19	—	1.0t	—
		H12	H12	>0.20~0.50	145~195	125	3	—	0t	1.5t
				>0.50~1.50			4	—	0.5t	1.5t
				>1.50~3.00			4	—	1.0t	2.0t
				>3.00~6.00			5	—	1.5t	—
		H22	H22	>0.20~0.50	145~195	110	5	—	0t	1.0t
				>0.50~1.50			5	—	0.5t	1.0t
				>1.50~3.00			6	—	1.0t	1.5t
				>3.00~6.00			7	—	1.5t	—
		H14	H14	>0.20~0.50	170~215	150	1	—	0.5t	2.5t
				>0.50~1.50			2	—	1.0t	2.5t
				>1.50~3.00			2	—	1.5t	—
				>3.00~6.00			3	—	2.0t	—
		H24	H24	>0.20~0.50	170~215	130	4	—	0.5t	1.5t
				>0.50~1.50			4	—	1.0t	1.5t
				>1.50~3.00			4	—	1.5t	—

牌号	包铝分类	供应状态	试样状态	厚度/mm	室温拉伸试验结果				弯曲半径②	
					抗拉强度 R_m/MPa	规定非比例延伸强度 $R_{p0.2}$/MPa	断后伸长率① %			
							A_{50mm}	A	90°	180°
					不小于					
3005	—	H16	H16	>0.20~0.50	195~240	175	1	—	1.0t	—
				>0.50~1.50			2	—	1.5t	—
				>1.50~4.00			2	—	2.5t	—
		H26	H26	>0.20~0.50	195~240	160	3	—	1.0t	—
				>0.50~1.50			3	—	1.5t	—
				>1.50~3.00			3	—	2.5t	—
		H18	H18	>0.20~0.50	220	200	1	—	1.5t	—
				>0.50~1.50			2	—	2.5t	—
				>1.50~3.00			2	—	—	—
		H28	H28	>0.20~0.50	220	190	2	—	1.5t	—
				>0.50~1.50			2	—	2.5t	—
				>1.50~3.00			3	—	—	—
		H19	H19	>0.20~0.50	235	210	1	—	—	—
				>0.50~1.50	235	210	1	—	—	—
		F	—	>2.50~80.00	—					
4007		H12	H12	>0.20~0.50	140~180	110	4	—	—	—
				>0.50~1.50			4	—	—	—
				>1.50~3.00			5	—	—	—
		F	—	2.50~6.00	110	—	—	—	—	—
4015	—	O H111	O H111	>0.20~3.00	≤150	45	20	—	—	—
		H12	H12	>0.20~0.50	120~175	90	4	—	—	—
				>0.50~3.00			4	—	—	—
		H14	H14	>0.20~0.50	150~200	120	2	—	—	—
				>0.50~3.00			3	—	—	—
		H16	H16	>0.20~0.50	170~220	150	1	—	—	—
				>0.50~3.00			2	—	—	—
		H18	H18	>0.20~3.00	200~250	180	1	—	—	—

牌号	包铝分类	供应状态	试样状态	厚度/mm	室温拉伸试验结果				弯曲半径②	
					抗拉强度 R_m/MPa	规定非比例延伸强度 $R_\mathrm{p0.2}$/MPa	断后伸长率① %			
							$A_{50\mathrm{mm}}$	A	90°	180°
					不小于					
5A02	—	O	O	＞0.50～1.00	165～225	—	17	—	—	—
				＞1.00～10.00			19	—	—	—
		H14 H24 H34	H14 H24 H34	＞0.50～1.00	235	—	4	—	—	—
				＞1.00～4.50			6	—	—	—
		H118	H18	＞0.50～1.00	265	—	3	—	—	—
				＞1.00～4.50			4	—	—	—
		H112	H112	＞4.50～12.50	175		7	—	—	—
				＞12.50～25.00	175		—	7	—	—
				＞25.00～80.00	155		—	6	—	—
		F	—	＞4.50～150.00	—		—	—	—	—
5A03	—	O	O	＞0.50～4.50	195	100	16	—	—	—
		H14 H24 H34	H14 H24 H34	＞0.50～4.50	225	195	8	—	—	—
		H112	H112	＞4.50～10.00	185	80	16	—	—	—
				＞10.00～12.50	175	70	13	—	—	—
				＞12.50～25.00	175	70	—	13	—	—
				＞25.00～50.00	165	60	—	12	—	—
		F	—	＞4.50～150.00						
5A05	—	O	O	0.50～4.50	275	145	16	—	—	—
		H112	H112	＞4.50～10.00	275	125	16	—	—	—
				＞10.00～12.50	265	115	14	—	—	—
				＞12.50～25.00	265	115	—	14	—	—
				＞25.00～50.00	255	105	—	13	—	—
		F	—	＞4.50～150.00	—		—	—	—	—
3105	—	O H111	O H111	＞0.20～0.50	100～155	40	14	—	—	0t
				＞0.50～1.50			15	—	—	0t
				＞1.50～3.00			17	—	—	0.5t

牌号	包铝分类	供应状态	试样状态	厚度/mm	室温拉伸试验结果				弯曲半径②	
					抗拉强度 R_m/MPa	规定非比例延伸强度 $R_{p0.2}$/MPa	断后伸长率① %		90°	180°
							A_{50mm}	A		
					不小于					
3105	—	H12	H12	>0.20~0.50	130~180	105	3	—	—	1.5t
				>0.50~1.50			4	—	—	1.5t
				>1.50~3.00			4	—	—	1.5t
		H22	H22	>0.20~0.50	130~180	105	6	—	—	—
				>0.50~1.50			6	—	—	—
				>1.50~3.00			7	—	—	—
		H14	H14	>0.20~0.50	150~200	130	2	—	—	2.5t
				>0.50~1.50			2	—	—	2.5t
				>1.50~3.00			2	—	—	2.5t
		H24	H24	>0.20~0.50	150~200	120	4	—	—	2.5t
				>0.50~1.50			4	—	—	2.5t
				>1.50~3.00			5	—	—	2.5t
		H16	H16	>0.20~0.50	175~225	160	1	—	—	—
				>0.50~1.50			2	—	—	—
				>1.50~3.00			2	—	—	—
		H26	H26	>0.20~0.50	175~225	150	3	—	—	—
				>0.50~1.50			3	—	—	—
				>1.50~3.00			3	—	—	—
		H18	H18	>0.20~3.00	195	180	1	—	—	—
		H28	H28	>0.20~1.50	195	170	2	—	—	—
		H19	H19	>0.20~1.50	215	190	1	—	—	—
		F	—	>2.50~80.00	—					
4006	—	O	O	>0.20~0.50	95~130	40	17	—	—	0t
				>0.50~1.50			19	—	—	0t
				>1.50~3.00			22	—	—	0t
				>3.00~6.00			25	—	—	1.0t
		H12	H12	>0.20~0.50	120~160	90	4	—	—	1.5t
				>0.50~1.50			4	—	—	1.5t
				>1.50~3.00			5	—	—	1.5t

牌号	包铝分类	供应状态	试样状态	厚度/mm	室温拉伸试验结果					弯曲半径②	
					抗拉强度 R_m/MPa	规定非比例延伸强度 $R_{p0.2}$/MPa	断后伸长率① %			90°	180°
							A_{50mm}	A			
					不小于						
4006	—	H14	H14	>0.20~0.50	140~180	120	3	—	—	2.0t
				>0.50~1.50			3	—	—	2.0t
				>1.50~3.00			3	—	—	2.0t
		F	—	2.50~6.00	—	—	—	—	—	—
4007	—	O H111	O H111	>0.20~0.50	110~150	45	15	—	—	—
				>0.50~1.50			16	—	—	—
				>1.50~3.00			19	—	—	—
				>3.00~6.00			21	—	—	—
				>6.00~12.50			25	—	—	—
5A06	工艺包铝或不包铝	H112	H112	0.50~4.50	315	155	16	—	—	—
				>4.50~10.00	315	155	16	—	—	—
				>10.00~12.50	305	145	12	—	—	—
				>12.50~25.00	305	145	—	12	—	—
				>25.00~50.00	296	135	—	6	—	—
		F	—	>4.50~150.00					—	—
5005 5005A	—	O H111	O H111	>0.20~0.50	100~145	35	15	—	0t	0t
				>0.50~1.50			19	—	0t	0t
				>1.50~3.00			20	—	0t	0.5t
				>3.00~6.00			22	—	1.0t	1.0t
				>6.00~12.50			24	—	1.5t	—
				>12.50~50.00			—	20	—	—
		H12	H12	>0.20~0.50	125~165	95	2	—	0t	1.0t
				>0.50~1.50			2	—	0.5t	1.0t
				>1.50~3.00			4	—	1.0t	1.5t
				>3.00~6.00			5	—	1.0t	—
		H22 H32	H22 H32	>0.20~0.50	125~165	80	4	—	0t	1.0t
				>0.50~1.50			5	—	0.5t	1.0t
				>1.50~3.00			6	—	1.0t	1.5t
				>3.00~6.00			8	—	1.0t	—

牌号	包铝分类	供应状态	试样状态	厚度/mm	室温拉伸试验结果				弯曲半径[2]	
					抗拉强度 R_m/MPa	规定非比例延伸强度 $R_{p0.2}$/MPa	断后伸长率[1] %		90°	180°
							A_{50mm}	A		
					不小于					
5005 5005A	—	H14	H14	>0.20~0.50	145~185	120	2	—	0.5t	2.0t
				>0.50~1.50			2	—	1.0t	2.0t
				>1.50~3.00			3	—	1.0t	2.5t
				>3.00~6.00			4	—	2.0t	—
		H24 H34	H24 H34	>0.20~0.50	145~185	110	3	—	0.5t	1.5t
				>0.50~1.50			4	—	1.0t	1.5t
				>1.50~3.00			5	—	1.0t	2.0t
				>3.00~6.00			6	—	2.0t	—
		H16	H16	>0.20~0.50	165~205	145	1	—	1.0t	—
				>0.50~1.50			2	—	1.5t	—
				>1.50~3.00			3	—	2.0t	—
				>3.00~4.00			3	—	2.5t	—
		H26 H36	H26 H36	>0.20~0.50	165~205	135	2	—	1.0t	—
				>0.50~1.50			3	—	1.5t	—
				>1.50~3.00			4	—	2.0t	—
				>3.00~4.00			4	—	2.5t	—
		H18	H18	>0.20~0.50	185	165	1	—	1.5t	—
				>0.50~1.50			2	—	2.5t	—
				>1.50~3.00			2	—	3.0t	—
		H28 H38	H28 H38	>0.20~0.50	185	160	1	—	1.5t	—
				>0.50~1.50			2	—	2.5t	—
				>1.50~3.00			3	—	3.0t	—
		H19	H19	>0.20~0.50	205	185	1	—	—	—
				>0.50~1.50			2	—	—	—
				>1.50~3.00			2	—	—	—
		H112	H112	>6.00~12.50	115	—	8	—	—	—
				>12.50~40.00	105		—	10	—	—
				>40.00~80.00	100		—	16	—	—
		F	—	>2.5~150.00		—			—	—

牌号	包铝分类	供应状态	试样状态	厚度/mm	室温拉伸试验结果					弯曲半径②	
					抗拉强度 R_m/MPa	规定非比例延伸强度 $R_{p0.2}$/MPa	断后伸长率① %			90°	180°
							A_{50mm}	A			
					不小于						
5040	—	H24 H34	H24 H34	0.80～1.80	220～260	170	6	—	—	—	
		H26 H36	H26 H36	1.00～2.00	240～280	205	5	—	—	—	
5049	—	O H111	O H111	＞0.20～0.50	190～240	80	12	—	0t	0.5t	
				＞0.50～1.50			14	—	0.5t	0.5t	
				＞1.50～3.00			16	—	1.0t	1.0t	
				＞3.00～6.00			18	—	1.0t	1.0t	
				＞6.00～12.50			18	—	2.0t	—	
				＞12.50～100.00			—	17	—	—	
		H12	H12	＞0.20～0.50	220～270	170	4	—	—	—	
				＞0.50～1.50			5	—	—	—	
				＞1.50～3.00			6	—	—	—	
				＞3.00～6.00			7	—	—	—	
		H22 H32	H22 H32	＞0.20～0.50	220～270	130	7	—	0.5t	1.5t	
				＞0.50～1.50			8	—	1.0t	1.5t	
				＞1.50～3.00			10	—	1.5t	2.0t	
				＞3.00～6.00			11	—	1.5t	—	
		H14	H14	＞0.20～0.50	240～280	190	3	—	—	—	
				＞0.50～1.50			4	—	—	—	
				＞1.50～3.00			4	—	—	—	
				＞3.00～6.00			4	—	—	—	
		H24 H34	H24 H34	＞0.20～0.50	240～280	160	6	—	1.0t	2.5t	
				＞0.50～1.50			6	—	1.5t	2.5t	
				＞1.50～3.00			7	—	2.0t	2.5t	
				＞3.00～6.00			8	—	2.5t	—	
		H16	H16	＞0.20～0.50	265～305	220	2	—	—	—	
				＞0.50～1.50			3	—	—	—	
				＞1.50～3.00			3	—	—	—	
				＞3.00～6.00			3	—	—	—	

牌号	包铝分类	供应状态	试样状态	厚度/mm	室温拉伸试验结果				弯曲半径②	
					抗拉强度 R_m/MPa	规定非比例延伸强度 $R_{p0.2}$/MPa	断后伸长率① %			
							A_{50mm}	A	90°	180°
					不小于					
5049	—	H26 H36	H26 H36	>0.20~0.50	265~305	190	4	—	1.5t	—
				>0.50~1.50			4	—	2.0t	—
				>1.50~3.00			5	—	3.0t	—
				>3.00~6.00			6	—	3.5t	—
		H18	H18	>0.20~0.50	290	250	1	—	—	—
				>0.50~1.50			2	—	—	—
				>1.50~3.00			2	—	—	—
		H28 H38	H28 H38	>0.20~0.50	290	230	3	—	—	—
				>0.50~1.50			3	—	—	—
				>1.50~3.00			4	—	—	—
		H112	H112	6.00~12.50	210	100	12	—	—	—
				>12.50~25.00	200	90	—	10	—	—
				>25.00~40.00	190	80	12	—	—	—
				>40.00~80.00	190	80	—	14	—	—
5449	—	O H111	O H111	>0.50~1.50	190~240	80	14	—	—	—
				>1.50~3.00			16	—	—	—
		H22	H22	>0.50~1.50	220~270	130	8	—	—	—
				>1.50~3.00			10	—	—	—
		H24	H24	>0.50~1.50	240~280	160	6	—	—	—
				>1.50~3.00			7	—	—	—
		H26	H26	>0.50~1.50	265~305	190	4	—	—	—
				>1.50~3.00			5	—	—	—
		H28	H28	>0.50~1.50	290	230	3	—	—	—
				>1.50~3.00			4	—	—	—
5050	—	O H111	O H111	>0.20~0.50	130~170	45	16	—	0t	0t
				>0.50~1.50			17	—	0t	0t
				>1.50~3.00			19	—	0t	0.5t
				>3.00~6.00			21	—	1.0t	—
				>6.00~12.50			12	—	2.0t	—
				>12.50~50.00			—	20	—	—

续表

牌号	包铝分类	供应状态	试样状态	厚度/mm	室温拉伸试验结果				弯曲半径②	
					抗拉强度 R_m/MPa	规定非比例延伸强度 $R_{p0.2}$/MPa	断后伸长率① %		90°	180°
							A_{50mm}	A		
					不小于					
5050	—	H12	H12	>0.20~0.50	155~195	130	2	—	0t	—
				>0.50~1.50			2	—	0.5t	—
				>1.50~3.00			4	—	1.0t	—
		H22 H32	H22 H32	>0.20~0.50	155~195	110	4	—	0t	1.0t
				>0.50~1.50			5	—	0.5t	1.0t
				>1.50~3.00			7	—	1.0t	1.5t
				>3.00~6.00			10	—	1.5t	—
		H14	H14	>0.20~0.50	175~215	150	2	—	0.5t	—
				>0.50~1.50			2	—	1.0t	—
				>1.50~3.00			3	—	1.5t	—
				>3.00~6.00			4	—	2.0t	—
		H24 H34	H24 H34	>0.20~0.50	175~215	135	3	—	0.5t	1.5t
				>0.50~1.50			4	—	1.0t	1.5t
				>1.50~3.00			5	—	1.5t	2.0t
				>3.00~6.00			8	—	2.0t	—
		H16	H16	>0.20~0.50	195~235	170	1	—	1.0t	—
				>0.50~1.50			2	—	1.5t	—
				>1.50~3.00			2	—	2.5t	—
				>3.00~4.00			3	—	3.0t	—
		H26 H36	H26 H36	>0.20~0.50	195~235	160	2	—	1.0t	—
				>0.50~1.50			3	—	1.5t	—
				>1.50~3.00			4	—	2.5t	—
				>3.00~4.00			6	—	3.0t	—
		H18	H18	>0.20~0.50	220	190	1	—	1.5t	—
				>0.50~1.50			2	—	2.5t	—
				>1.50~3.00			2	—	—	—
		H28 H38	H28 H38	>0.20~0.50	220	180	1	—	1.5t	—
				>0.50~1.50			2	—	2.5t	—
				>1.50~3.00			3	—	—	—

牌号	包铝分类	供应状态	试样状态	厚度/mm	室温拉伸试验结果				弯曲半径[2]	
					抗拉强度 R_m/MPa	规定非比例延伸强度 $R_{p0.2}$/MPa	断后伸长率[1] %		90°	180°
							A_{50mm}	A		
					不小于					
5050	—	H112	H112	6.00~12.50	140	55	12	—	—	—
				>12.50~40.00			—	10	—	—
				>40.00~80.00				10	—	—
		F	—	2.50~80.00	—					
5251	—	O H111	O H111	>0.20~0.50	160~200	60	13	—	0t	0t
				>0.50~1.50			14	—	0t	0t
				>1.50~3.00			16	—	0.5t	0.5t
				>3.00~6.00			18	—	1.0t	
				>6.00~12.50			18	—	2.0t	
				>12.50~50.00			—	18		
		H12	H12	>0.20~0.50	190~230	150	3	—	0t	2.0t
				>0.50~1.50			4	—	1.0t	2.0t
				>1.50~3.00			5	—	1.0t	2.0t
				>3.00~6.00			8	—	1.5t	—
		H22 H32	H22 H32	>0.20~0.50	190~230	120	4	—	0t	1.5t
				>0.50~1.50			6	—	1.0t	1.5t
				>1.50~3.00			8	—	1.0t	1.5t
				>3.00~6.00			10	—	1.5t	—
		H14	H14	>0.20~0.50	210~250	170	2	—	0.5t	2.5t
				>0.50~1.50			2	—	1.5t	2.5t
				>1.50~3.00			3	—	1.5t	2.5t
				>3.00~6.00			4	—	2.5t	—
		H24 H34	H24 H34	>0.20~0.50	210~250	140	3	—	0.5t	2.0t
				>0.50~1.50			5	—	1.5t	2.0t
				>1.50~3.00			6	—	1.5t	2.0t
				>3.00~6.00			8	—	2.5t	—
		H16	H16	>0.20~0.50	230~270	200	1	—	1.0t	3.5t
				>0.50~1.50			2	—	1.5t	3.5t
				>1.50~3.00			3	—	2.0t	3.5t
				>3.00~4.00			3	—	3.0t	—

牌号	包铝分类	供应状态	试样状态	厚度/mm	室温拉伸试验结果				弯曲半径[②]	
					抗拉强度 R_m/MPa	规定非比例延伸强度 $R_{p0.2}$/MPa	断后伸长率[①]%		90°	180°
							A_{50mm}	A		
					不小于					
5251	—	H26 H36	H26 H36	>0.20~0.50	230~270	170	3	—	1.0t	3.0t
				>0.50~1.50			4	—	1.5t	3.0t
				>1.50~3.00			5	—	2.0t	3.0t
				>3.00~4.00			7	—	3.0t	—
		H18	H18	>0.20~0.50	255	230	1	—	—	—
				>0.50~1.50			2	—	—	—
				>1.50~3.00			2	—	—	—
		H28 H38	H28 H38	>0.20~0.50	255	200	2	—	—	—
				>0.50~1.50			3	—	—	—
				>1.50~3.00			3	—	—	—
		F	—	2.50~80.00	—				—	—
5052	—	O H111	O H111	>0.20~0.50	170~215	65	12	—	0t	0t
				>0.50~1.50			14	—	0t	0t
				>1.50~3.00			16	—	0.5t	0.5t
				>3.00~6.00			18	—	1.0t	—
				>6.00~12.50	165~215		19	—	2.0t	—
				>12.50~80.00			—	18	—	—
		H12	H12	>0.20~0.50	210~260	160	4	—	—	—
				>0.50~1.50			5	—	—	—
				>1.50~3.00			6	—	—	—
				>3.00~6.00			8	—	—	—
		H22 H32	H22 H32	>0.20~0.50	210~260	130	5	—	0.5t	1.5t
				>0.50~1.50			6	—	1.0t	1.5t
				>1.50~3.00			7	—	1.5t	1.5t
				>3.00~6.00			10	—	1.5t	—
		H14	H14	>0.20~0.50	230~280	180	3	—	—	—
				>0.50~1.50			3	—	—	—
				>1.50~3.00			4	—	—	—
				>3.00~6.00			4	—	—	—

牌号	包铝分类	供应状态	试样状态	厚度/mm	室温拉伸试验结果					弯曲半径②	
					抗拉强度 R_{m}/MPa	规定非比例延伸强度 $R_{\mathrm{p0.2}}$/MPa	断后伸长率①%				
							$A_{50\mathrm{mm}}$	A	90°	180°
					不小于						
5052	—	H24 H34	H24 H34	>0.20~0.50	230~280	150	4	—	0.5t	2.0t
				>0.50~1.50			5	—	1.5t	2.0t
				>1.50~3.00			6	—	2.0t	2.0t
				>3.00~6.00			7	—	2.5t	—
		H16	H16	>0.20~0.50	250~300	210	2	—	—	—
				>0.50~1.50			3	—	—	—
				>1.50~3.00			3	—	—	—
				>3.00~6.00			3	—	—	—
		H26 H36	H26 H36	>0.20~0.50	250~300	180	3	—	1.5t	—
				>0.50~1.50			4	—	2.0t	—
				>1.50~3.00			5	—	3.0t	—
				>3.00~6.00			6	—	3.5t	—
		H18	H18	>0.20~0.50	270	240	1	—	—	—
				>0.50~1.50			2	—	—	—
				>1.50~3.00			2	—	—	—
		H28 H38	H28 H38	>0.20~0.50	270	210	3	—	—	—
				>0.50~1.50			3	—	—	—
				>1.50~3.00			4	—	—	—
		H112	H112	>6.00~12.50	190	80	7	—	—	—
				>12.50~40.00	170	70	—	10	—	—
				>40.00~80.00	170	70	—	14	—	—
		F	—	>2.50~150.00	—				—	—
5154A	—	O H111	O H111	>0.20~0.50	215~275	85	12	—	0.5t	0.5t
				>0.50~1.50			13	—	0.5t	0.5t
				>1.50~3.00			15	—	1.0t	1.0t
				>3.00~6.00			17	—	1.5t	—
				>6.00~12.50			18	—	2.5t	—
				>12.50~50.00			—	16	—	—

续表

牌号	包铝分类	供应状态	试样状态	厚度/mm	室温拉伸试验结果				弯曲半径②	
					抗拉强度 R_m/MPa	规定非比例延伸强度 $R_{p0.2}$/MPa	断后伸长率① %		90°	180°
							A_{50mm}	A		
					不小于					
5154A	—	H12	H12	>0.20~0.50	250~305	190	3	—	—	—
				>0.50~1.50			4	—	—	—
				>1.50~3.00			5	—	—	—
				>3.00~6.00			6	—	—	—
		H22 H32	H22 H32	>0.20~0.50	250~305	180	5	—	0.5t	1.5t
				>0.50~1.50			6	—	1.0t	1.5t
				>1.50~3.00			7	—	2.0t	2.0t
				>3.00~6.00			8	—	2.5t	
		H14	H14	>0.20~0.50	270~325	220	2	—	—	—
				>0.50~1.50			3	—	—	—
				>1.50~3.00			3	—	—	—
				>3.00~6.00			4	—	—	—
		H24 H34	H24 H34	>0.20~0.50	270~325	200	4	—	1.0t	2.5t
				>0.50~1.50			5	—	2.0t	2.5t
				>1.50~3.00			6	—	2.5t	3.0t
				>3.00~6.00			7	—	3.0t	—
		H26 H36	H26 H36	>0.20~0.50	290~345	230	3	—	—	—
				>0.50~1.50			3	—	—	—
				>1.50~3.00			4	—	—	—
				>3.00~6.00			4	—	—	—
		H18	H18	>0.20~0.50	310	270	1	—	—	—
				>0.50~1.50			1	—	—	—
				>1.50~3.00			1	—	—	—
		H28 H38	H28 H38	>0.20~0.50	310	250	3	—	—	—
				>0.50~1.50			3	—	—	—
				>1.50~3.00			3	—	—	—
		H19	H19	>0.20~0.50	330	285	1	—	—	—
				>0.50~1.50			1	—	—	—
		H112	H112	6.00~12.50	220	125	8	—	—	—
				>12.50~40.00	215	90	—	9	—	—

续表

牌号	包铝分类	供应状态	试样状态	厚度/mm	室温拉伸试验结果				弯曲半径[2]	
					抗拉强度 R_m/MPa	规定非比例延伸强度 $R_{p0.2}$/MPa	断后伸长率[1] %			
							A_{50mm}	A	90°	180°
					不小于					
5154A	—	H112	H112	>40.00~80.00	215	90	—	13	—	—
		F	—	2.50~80.00		—			—	—
5454	—	O H111	O H111	>0.20~0.50	215~275	85	12	—	0.5t	0.5t
				>0.50~1.50			13	—	0.5t	0.5t
				>1.50~3.00			15	—	1.0t	1.0t
				>3.00~6.00			17	—	1.5t	
				>6.00~12.50			18	—	2.5t	
				>12.50~80.00			—	16		
		H12	H12	>0.20~0.50	250~305	190	3	—	—	—
				>0.50~1.50			4	—	—	—
				>1.50~3.00			5	—	—	—
				>3.00~6.00			6	—	—	—
		H22 H32	H22 H32	>0.20~0.50	250~305	180	5	—	0.5t	1.5t
				>0.50~1.50			6	—	1.0t	1.5t
				>1.50~3.00			7	—	2.0t	2.0t
				>3.00~6.00			8	—	2.5t	
		H14	H14	>0.20~0.50	270~325	220	2	—	—	—
				>0.50~1.50			3	—	—	—
				>1.50~3.00			3	—	—	—
				>3.00~6.00			4	—	—	—
		H24 H34	H24 H34	>0.20~0.50	270~325	200	4	—	1.0t	2.5t
				>0.50~1.50			5	—	2.0t	2.5t
				>1.50~3.00			6	—	2.5t	3.0t
				>3.00~6.00			7	—	3.0t	
		H26 H36	H26 H36	>0.20~1.50	290~345	230	3	—	—	—
				>1.50~3.00			4	—	—	—
				>3.00~6.00			5	—	—	—
		H28 H38	H28 H38	>0.20~3.00	310	250	3	—		

续表

牌号	包铝分类	供应状态	试样状态	厚度/mm	室温拉伸试验结果		断后伸长率[1] %		弯曲半径[2]	
					抗拉强度 R_m/MPa	规定非比例延伸强度 $R_{p0.2}$/MPa	A_{50mm}	A	90°	180°
					不小于					
5454	—	H112	H112	6.00~12.50	220	125	8	—	—	—
				>12.50~40.00	215	90	—	9	—	—
				>40.00~120.00			—	13	—	—
		F	—	>4.50~150.00	—					
5754	—	O H111	O H111	>0.20~0.50	190~240	80	12	—	0t	0.5t
				>0.50~1.50			14	—	0.5t	0.5t
				>1.50~3.00			16	—	1.0t	1.0t
				>3.00~6.00			18	—	1.0t	1.0t
				>6.00~12.50			18	—	2.0t	—
				>12.50~100.00			—	17		
		H12	H12	>0.20~0.50	220~270	170	4	—	—	—
				>0.50~1.50			5	—	—	—
				>1.50~3.00			6	—	—	—
				>3.00~6.00			7	—	—	—
		H22 H32	H22 H32	>0.20~0.50	220~270	130	7	—	0.5t	1.5t
				>0.50~1.50			8	—	1.0t	1.5t
				>1.50~3.00			10	—	1.5t	2.0t
				>3.00~6.00			11	—	1.5t	—
		H14	H14	>0.20~0.50	240~280	190	3	—	—	—
				>0.50~1.50			3	—	—	—
				>1.50~3.00			4	—	—	—
				>3.00~6.00			4	—	—	—
		H24 H34	H24 H34	>0.20~0.50	240~280	160	6	—	1.0t	2.5t
				>0.50~1.50			6	—	1.5t	2.5t
				>1.50~3.00			7	—	2.0t	2.5t
				>3.00~6.00			8	—	2.5t	—
		H16	H16	>0.20~0.50	265~305	220	2	—	—	—
				>0.50~1.50			3	—	—	—
				>1.50~3.00			3	—	—	—
				>3.00~6.00			3	—	—	—

牌号	包铝分类	供应状态	试样状态	厚度/mm	室温拉伸试验结果				弯曲半径②	
					抗拉强度 R_m/MPa	规定非比例延伸强度 $R_{p0.2}$/MPa	断后伸长率① %		90°	180°
							A_{50mm}	A		
					不小于					
5754	—	H26 H36	H26 H36	>0.20~0.50	265~305	190	4	—	1.5t	—
				>0.50~1.50			4	—	2.0t	—
				>1.50~3.00			5	—	3.0t	—
				>3.00~6.00			6	—	3.5t	—
		H18	H18	>0.20~0.50	290	250	1	—	—	—
				>0.50~1.50			2	—	—	—
				>1.50~3.00			2	—	—	—
		H28 H38	H28 H38	>0.20~0.50	290	230	3	—	—	—
				>0.50~1.50			3	—	—	—
				>1.50~3.00			4	—	—	—
		H112	H112	6.00~12.50	190	100	12	—	—	—
				>12.50~25.00		90	—	10	—	—
				>25.00~40.00		80	—	12	—	—
				>40.00~80.00			—	14	—	—
		F	—	>4.50~150.00			—			
5082	—	H18 H38	H18 H38	>0.20~0.50	335	—	1	—	—	—
		H19 H39	H19 H39	>0.20~0.50	355	—	1	—	—	—
		F	—	>4.50~150.00			—		—	—
5182	—	O H111	O H111	>0.20~0.50	255~315	110	11	—	—	1.0t
				>0.50~1.50			12	—	—	1.0t
				>1.50~3.00			13	—	—	1.0t
		H19	H19	>0.20~1.50	380	320	1	—	—	—
5083	—	O H111	O H111	>0.20~0.50	275~350	125	11	—	0.5t	1.0t
				>0.50~1.50			12	—	1.0t	1.0t
				>1.50~3.00			13	—	1.0t	1.5t
				>3.00~6.30			15	—	1.5t	—

牌号	包铝分类	供应状态	试样状态	厚度/mm	室温拉伸试验结果				弯曲半径②	
					抗拉强度 R_m/MPa	规定非比例延伸强度 $R_{p0.2}$/MPa	断后伸长率① %			
							A_{50mm}	A	90°	180°
					不小于					
5083	—	O H111	O H111	>6.30~12.50	270~345	115	16	—	2.5t	—
				>12.50~50.00			—	15	—	—
				>50.00~80.00			—	14	—	—
				>80.00~120.00	260	110		12	—	—
				>120.00~200.00	255	105		12	—	—
		H12	H12	>0.20~0.50	315~375	250	3	—	—	—
				>0.50~1.50			4	—	—	—
				>1.50~3.00			5	—	—	—
				>3.00~6.00			6	—	—	—
		H22 H32	H22 H32	>0.20~0.50	305~380	215	5	—	0.5t	2.0t
				>0.50~1.50			6	—	1.5t	2.0t
				>1.50~3.00			7	—	2.0t	3.0t
				>3.00~6.00			8	—	2.5t	—
		H14	H14	>0.20~0.50	340~400	280	2	—	—	—
				>0.50~1.50			3	—	—	—
				>1.50~3.00			3	—	—	—
				>3.00~6.00			3	—	—	—
		H24 H34	H24 H34	>0.20~0.50	340~400	250	4	—	1.0t	—
				>0.50~1.50			5	—	2.0t	—
				>1.50~3.00			6	—	2.5t	—
				>3.00~6.00			7	—	3.5t	—
		H16	H16	>0.20~0.50	360~420	300	1	—	—	—
				>0.50~1.50			2	—	—	—
				>1.50~3.00			2	—	—	—
				>3.00~4.00			2	—	—	—
		H26 H36	H26 H36	>0.20~0.50	360~420	280	2	—	—	—
				>0.50~1.50			3	—	—	—
				>1.50~3.00			3	—	—	—
				>3.00~4.00			3	—	—	—

牌号	包铝分类	供应状态	试样状态	厚度/mm	室温拉伸试验结果 抗拉强度 R_m/MPa	规定非比例延伸强度 $R_{p0.2}$/MPa	断后伸长率[①] % A_{50mm}	A	弯曲半径[②] 90°	180°
					不小于					
5083	—	H116 H321	H116 H321	1.50~3.00	305	215	8	—	2.0t	—
				>3.00~6.00			10	—	2.5t	
				>6.00~12.50			12	—	4.0t	
				>12.50~40.00			—	10	—	—
				>40.00~80.00	285	200	—	10	—	—
		H112	H112	>6.00~12.50	275	125	12	—	—	—
				>12.50~40.00	275	125	—	10		
				>40.00~80.00	270	115	—	10		
				>40.00~120.00	260	110	—	10		
		F	—	>4.50~150.00	—				—	—
5383	—	O H111	O H111	>0.20~0.50	290~360	145	11	—	0.5t	1.0t
				>0.50~1.50			12	—	1.0t	1.0t
				>1.50~3.00			13	—	1.0t	1.5t
				>3.00~6.00			15	—	1.5t	—
				>6.00~12.50			16	—	2.5t	—
				>12.50~50.00			—	15	—	—
				>50.00~80.00	285~355	135	—	14	—	—
				>80.00~120.00	275	130	—	12	—	—
				>120.00~150.00	270	125	—	12	—	—
		H22 H32	H22 H32	>0.20~0.50	305~380	220	5	—	0.5t	2.0t
				>0.50~1.50			6	—	1.5t	2.0t
				>1.50~3.00			7	—	2.0t	3.0t
				>3.00~6.00			8	—	2.5t	—
		H24 H34	H24 H34	>0.20~0.50	340~400	270	4	—	1.0t	—
				>0.50~1.50			5	—	2.0t	
				>1.50~3.00			6	—	2.5t	
				>3.00~6.00			7	—	3.5t	

牌号	包铝分类	供应状态	试样状态	厚度/mm	室温拉伸试验结果				弯曲半径②	
					抗拉强度 R_m/MPa	规定非比例延伸强度 $R_{p0.2}$/MPa	断后伸长率① %			
							A_{50mm}	A	90°	180°
					不小于					
5383	—	H116 H321	H116 H321	1.50~3.00	305	220	8	—	2.0t	3.0t
				>3.00~6.00			10	—	2.5t	—
				>6.00~12.50			12	—	4.0t	—
				>12.50~40.00			—	10	—	—
				>40.00~80.00	285	205	—	10	—	—
		H112	H112	6.00~12.50	290	145	12	—		
				>12.50~40.00			—	10		
				>40.00~80.00	285	135	—	10		
5086	—	O H111	O H111	>0.20~0.50	240~310	100	11	—	0.5t	1.0t
				>0.50~1.50			12	—	1.0t	1.0t
				>1.50~3.00			13	—	1.0t	1.0t
				>3.00~6.00			15	—	1.5t	1.5t
				>6.00~12.50			17	—	2.5t	—
				>12.50~150.00			—	16	—	—
		H12	H12	>0.20~0.50	275~335	200	3	—	—	—
				>0.50~1.50			4	—	—	—
				>1.50~3.00			5	—	—	—
				>3.00~6.00			6	—	—	—
		H22 H32	H22 H32	>0.20~0.50	275~335	185	5	—	0.5t	2.0t
				>0.50~1.50			6	—	1.5t	2.0t
				>1.50~3.00			7	—	2.0t	2.0t
				>3.00~6.00			8	—	2.5t	—
		H14	H14	>0.20~0.50	300~360	240	2	—	—	—
				>0.50~1.50			3	—	—	—
				>1.50~3.00			3	—	—	—
				>3.00~6.00			3	—	—	—
		H24 H34	H24 H34	>0.20~0.50	300~360	220	4	—	1.0t	2.5t
				>0.50~1.50			5	—	2.0t	2.5t
				>1.50~3.00			6	—	2.5t	2.5t
				>3.00~6.00			7	—	3.5t	—

续表

牌号	包铝分类	供应状态	试样状态	厚度/mm	室温拉伸试验结果				弯曲半径[2]	
					抗拉强度 R_m/MPa	规定非比例延伸强度 $R_{p0.2}$/MPa	断后伸长率[1] %		90°	180°
							A_{50mm}	A		
					不小于					
5086	—	H16	H16	>0.20~0.50	325~385	270	1	—	—	—
				>0.50~1.50			2	—	—	—
				>1.50~3.00			2	—	—	—
				>3.00~4.00			2	—	—	—
		H26 H36	H26 H36	>0.20~0.50	325~385	250	2	—	—	—
				>0.50~1.50			3	—	—	—
				>1.50~3.00			3	—	—	—
				>3.00~4.00			3	—	—	—
		H18	H18	>0.20~0.50	345	290	1	—	—	—
				>0.50~1.50			1	—	—	—
				>1.50~3.00			1	—	—	—
		H116 H321	H116 H321	1.50~3.00	275	195	8	—	2.0t	2.0t
				>3.00~6.00			9	—	2.5t	—
				>6.00~12.50			10	—	3.5t	—
				>12.50~50.00			—	9	—	—
		H112	H112	>6.00~12.50	250	105	8	—	—	—
				>12.50~40.00	240	105	—	9	—	—
				>40.00~80.00	240	100	—	12	—	—
		F	—	>4.50~150.00	—	—	—	—	—	—
6A02	—	O	O	>0.50~4.50	≤145	—	21	—	—	—
				>4.50~10.00			16	—	—	—
		O	T62[5]	>0.50~4.50	295		11	—	—	—
				>4.50~10.00			8	—	—	—
		T4	T4	>0.50~0.80	195	—	19	—	—	—
				>0.80~2.90			21	—	—	—
				>2.90~4.50			19	—	—	—
				>4.50~10.00	175		17	—	—	—
		T6	T6	>0.50~4.50	295		11	—	—	—
				>4.50~10.00			8	—	—	—

牌号	包铝分类	供应状态	试样状态	厚度/mm	室温拉伸试验结果				弯曲半径[2]	
					抗拉强度 R_{m}/MPa	规定非比例延伸强度 $R_{\mathrm{p0.2}}$/MPa	断后伸长率[1] %			
							$A_{50\mathrm{mm}}$	A	90°	180°
					不小于					
6A02	—	T1	T62[6]	>4.50~12.50	295	—	8	—	—	—
				>12.50~25.00			—	7	—	—
				>25.00~40.00	285		—	6	—	—
				>40.00~80.00	275		—	6	—	—
			T42[6]	>4.50~12.50	175	—	17	—	—	—
				>12.50~25.00			—	14	—	—
				>25.00~40.00	165		—	12	—	—
				>40.00~80.00			—	10	—	—
		F	—	>4.50~150.00	—	—	—	—	—	—
6061	—	O	O	0.40~1.50	≤150	≤85	14	—	0.5t	1.0t
				>1.50~3.00			16	—	1.0t	1.0t
				>3.00~6.00			19	—	1.0t	—
				>6.00~12.50			16	—	2.0t	—
				>12.50~25.00			—	16	—	—
		T4	T4	0.40~1.50	205	110	12	—	1.0t	1.5t
				>1.50~3.00			14	—	1.5t	2.0t
				>3.00~6.00			16	—	3.0t	—
				>6.00~12.50			18	—	4.0t	—
				>12.50~40.00			—	15	—	—
				>40.00~80.00			—	14	—	—
		T6	T6	0.40~1.50	290	240	6	—	2.5t	—
				>1.50~3.00			7	—	3.5t	—
				>3.00~6.00			10	—	4.0t	—
				>6.00~12.50			9	—	5.0t	—
				>12.50~40.00			—	8	—	—
				>40.00~80.00			—	6	—	—
				>80.00~100.00			—	5	—	—
		F	—	>2.50~150.00	—					
6016	—	T4	T4	0.40~3.00	170~250	80~140	24	—	0.5t	0.5t
		T6	T6	0.40~3.00	260~300	180~260	10	—	—	—

牌号	包铝分类	供应状态	试样状态	厚度/mm	室温拉伸试验结果				弯曲半径[2]	
					抗拉强度 R_m/MPa	规定非比例延伸强度 $R_{p0.2}$/MPa	断后伸长率[1] %			
							A_{50mm}	A	90°	180°
					不小于					
6063	—	O	O	0.50~5.00	≤130	—	20	—	—	—
				>5.00~12.50			15	—	—	—
				>12.50~20.00			—	15	—	—
			T62[5]	0.50~5.00	230	180	—	8	—	—
				>5.00~12.50	220	170	—	6	—	—
				>12.50~20.00	220	170	6		—	—
		T4	T4	0.50~5.00	150		10		—	—
				5.00~10.00	130		10		—	—
		T6	T6	0.50~5.00	240	190	8		—	—
				>5.00~10.00	230	180	8		—	—
6082	—	O	O	0.40~1.50	≤150	≤85	14	—	0.5t	1.0t
				>1.50~3.00			16	—	1.0t	1.0t
				>3.00~6.00			18	—	1.5t	
				>6.00~12.50			17	—	2.5t	
				>12.50~25.00	≤155	—	—	16		
		T4	T4	0.40~1.50	205	110	12	—	1.5t	3.0t
				>1.50~3.00			14	—	2.0t	3.0t
				>3.00~6.00			15	—	3.0t	—
				>6.00~12.50			14	—	4.0t	
				>12.50~40.00			—	13	—	—
				>40.00~80.00			—	12	—	—
		T6	T6	0.40~1.50	310	260	6	—	2.5t	—
				>1.50~3.00			7	—	3.5t	—
				>3.00~6.00			10	—	4.5t	—
				>6.00~12.50	300	255	9	—	6.0t	—
		F	—	>4.50~150.00	—		—		—	—

续表

牌号	包铝分类	供应状态	试样状态	厚度/mm	抗拉强度 R_m/MPa	规定非比例延伸强度 $R_{p0.2}$/MPa	断后伸长率[①] % A_{50mm}	A	弯曲半径[②] 90°	180°
包铝 7A04 包铝 7A09 7A04 7A09	正常包铝或工艺包铝	O	O	0.50~10.00	≤245	—	11	—	—	—
			T62[⑤]	0.50~2.90	470	390	—	—	—	—
				>2.90~10.00	490	410	—	—	—	—
		T6	T6	0.50~2.90	480	400	7	—	—	—
				>2.90~10.00	490	410		—	—	—
		T1	T62	>4.50~10.00	490	410		—	—	—
				>10.00~12.50	490	410	4	—	—	—
				>12.50~25.00				—	—	—
				>25.50~40.00			3	—	—	—
		F	—	>4.50~150.00						
7020	—	O	O	0.40~1.50	≤220	≤140	12	—	2.0t	—
				>1.50~3.00			13	—	2.5t	—
				>3.00~6.00			15	—	3.5t	—
				>6.00~12.50			12	—	5.0t	—
		T4[⑦]	T4[⑦]	0.40~1.50	320	210	11	—	—	—
				>1.50~3.00			12	—	—	—
				>3.00~6.00			13	—	—	—
				>6.00~12.50			14	—	—	—
		T6	T6	0.40~1.50	350	280	7	—	3.5t	—
				>1.50~3.00			8	—	4.0t	—
				>3.00~6.00			10	—	5.5t	—
				>6.00~12.50			10	—	8.0t	—
				>12.50~40.00			—	9	—	—
				>40.00~100.00	340	270	—	8	—	—
				>100.00~150.00			—	7	—	—
				>150.00~175.00	330	260	—	6	—	—
				>175.00~200.00			—	5	—	—
7021	—	T6	T6	1.50~3.00	400	350	7	—	—	—
				>3.00~6.00			6	—	—	—

续表

牌号	包铝分类	供应状态	试样状态	厚度/mm	室温拉伸试验结果				弯曲半径[2]	
					抗拉强度 R_m/MPa	规定非比例延伸强度 $R_{p0.2}$/MPa	断后伸长率[1] %		90°	180°
							A_{50mm}	A		
					不小于					
7022	—	T6	T6	3.00~12.50	450	370	8	—	—	—
				>12.50~25.00	450	370	—	8	—	—
				>25.00~50.00			—	7	—	—
				>50.00~100.00	430	350	—	5	—	—
				>100.00~200.00	410	330	—	3	—	—
7075	工艺包铝或不包铝	O	O	0.40~0.80	≤275	≤145	10	—	0.5t	1.0t
				>0.80~1.50					1.0t	2.0t
				>1.50~3.00					1.0t	3.0t
				>3.00~6.00					2.5t	—
				>6.00~12.50			—		4.0t	—
				>12.50~75.00			—	9	—	—
			T62[5]	0.40~0.80	525	460	6	—	—	—
				>0.80~1.50	540	460	6	—	—	—
				>1.50~3.00	540	470	7	—	—	—
				>3.00~6.00	545	475	8	—	—	—
				>6.00~12.50	540	460	8	—	—	—
				>12.50~25.00	540	470	—	6	—	—
				>25.00~50.00	530	460	—	5	—	—
				>50.00~60.00	525	440	—	4	—	—
				>60.00~75.00	495	420	—	4	—	—
			T6	0.40~0.80	525	460	6	—	4.5t	—
				>0.80~1.50	540	460	6	—	5.5t	—
				>1.50~3.00	540	470	7	—	6.5t	—
				>3.00~6.00	545	475	8	—	8.0t	—
				>6.00~12.50	540	460	8	—	12.0t	—
				>12.50~25.00	540	470	—	6	—	—
				>25.00~50.00	530	460	—	5	—	—
				>50.00~60.00	525	440	—	4	—	—

牌号	包铝分类	供应状态	试样状态	厚度/mm	室温拉伸试验结果					弯曲半径②	
					抗拉强度 R_m/MPa	规定非比例延伸强度 $R_{p0.2}$/MPa	断后伸长率① %			90°	180°
							A_{50mm}	A			
					不小于						
7075	工艺包铝或不包括	T76	T76	>1.50~3.00	500	425	7	—	—	—
				>3.00~6.00	500	425	8	—	—	—
				>6.00~12.50	490	415	7	—	—	—
		T73	T73	>1.50~3.00	460	385	7	—	—	—
				>3.00~6.00	460	385	8	—	—	—
				>6.00~12.50	475	390	7	—	—	—
				>12.50~25.00	475	390	—	6	—	—
				>25.00~50.00	475	390	—	5	—	—
				>50.00~60.00	455	360	—	5	—	—
				>60.00~80.00	440	340	—	5	—	—
				>80.00~100.00	430	340	—	5	—	—
		F	—	>6.00~50.00	—					
包铝 7075	正常包铝	O	O	>0.39~1.60	≤275	≤145	10	—	—	—
				>1.60~4.00					—	—
				>4.00~12.50					—	—
				>12.50~50.00	—		—	9	—	—
		O	T62⑤	>0.39~1.00	505	435	7	—	—	—
				>1.00~1.60	515	445	8		—	—
				>1.60~3.20	515	445	8		—	—
				>3.20~4.00	515	445	8		—	—
				>4.00~6.30	525	455	8		—	—
				>6.30~12.50	525	455	9		—	—
				>12.50~25.00	540	470	—	6	—	—
				>25.00~50.00	530	460	—	5	—	—
				>50.00~60.00	525	440	—	4	—	—
		T6	T6	>0.39~1.00	505	435	7	—	—	—
				>1.00~1.60	515	445	8	—	—	—
				>1.60~3.20	515	445	8	—	—	—
				>3.20~4.00	515	445	8	—	—	—
				>4.00~6.30	525	455	8	—	—	—

续表

牌号	包铝分类	供应状态	试样状态	厚度/mm		室温拉伸试验结果				弯曲半径[2]	
						抗拉强度 R_{m}/MPa	规定非比例延伸强度 $R_{\mathrm{p0.2}}$/MPa	断后伸长率[1] %		90°	180°
								$A_{50\mathrm{mm}}$	A		
						不小于					
包铝 7075	正常包铝	T76	T76	>3.10~4.00		470	390	8	—	—	—
				>4.00~6.30		485	405	8	—	—	—
		F	—	>6.00~100.00		—					
包铝 7475	正常包铝	O	O	1.00~1.60		≤250	≤140	10	—		2.0t
				>1.60~3.20		≤260	≤140	10	—		3.0t
				>3.20~4.80		≤260	≤140	10	—		4.0t
				>4.80~6.50		≤270	≤145	10	—		4.0t
		T761[3]	T761[3]	1.00~1.60		455	379	9	—		6.0t
				>1.60~2.30		469	393	9	—		7.0t
				>2.30~3.20		469	393	9	—		8.0t
				>3.20~4.80		469	393	9	—		9.0t
				>4.80~6.50		483	414	9	—		9.0t
7475	工艺包铝或不包括	T6	T6	>0.35~6.00		515	440	9	—		—
		T76 T761[3]	T76 T761[3]	1.00~1.60	纵向	490	420	9	—		6.0t
					横向	490	415	9			
				>1.60~2.30	纵向	490	420	9	—		7.0t
					横向	490	415	9			
				>2.30~3.20	纵向	490	420	9	—		8.0t
					横向	490	415	9			
				>3.20~4.80	纵向	490	420	9	—		9.0t
					横向	490	415	9			
				>4.80~6.50	纵向	490	420	9	—		9.0t
					横向	490	415	9			
8A06	—	O	O	>0.20~0.30		≤110	—	16	—	—	—
				>0.30~0.50				21	—	—	—
				>0.50~0.80				26	—	—	—
				>0.80~10.00				30	—	—	—

续表

牌号	包铝分类	供应状态	试样状态	厚度/mm	室温拉伸试验结果				弯曲半径②	
					抗拉强度 R_m/MPa	规定非比例延伸强度 $R_{p0.2}$/MPa	断后伸长率① %			
							A_{50mm}	A	90°	180°
					不小于					
8A06	—	H14 H24	H14 H24	>0.20~0.30	100	—	1	—	—	—
				>0.30~0.50			3	—	—	—
				>0.50~0.80			4	—	—	—
				>0.80~1.00			5	—	—	—
				>1.00~4.50			6	—	—	—
		H18	H18	>0.20~0.30	135		1	—	—	—
				>0.30~0.80			2	—	—	—
				>0.80~4.50			3	—	—	—
		H112	H112	>4.50~10.00	70	—	19	—	—	—
				>10.00~12.50	80		19	—	—	—
				>12.50~25.00	80		—	19	—	—
				>25.00~80.00	65		—	16	—	—
		F	—	>2.50~150	—				—	—
8011	—	H14	H14	>0.20~0.50	125~165	—	2	—	—	—
		H24	H24	>0.20~0.50	125~165	—	3	—	—	—
		H16	H16	>0.20~0.50	130~185	—	1	—	—	—
		H26	H26	>0.20~0.50	130~185	—	2	—	—	—
		H18	H18	0.20~0.50	165	—	1	—	—	—
8011A	—	O H111	O H111	>0.20~0.50	85~130	30	19	—	—	—
				>0.50~1.50			21	—	—	—
				>1.50~3.00			24	—	—	—
				>3.00~6.00			25	—	—	—
				>6.00~12.50			30	—	—	—
		H22	H22	>0.20~0.50	105~145	90	4	—	—	—
				>0.50~1.50			5	—	—	—
				>1.50~3.00			6	—	—	—
		H14	H14	>0.20~0.50	120~170	110	1	—	—	—
				>0.50~1.50	125~165		3	—	—	—
				>1.50~3.00	125~165		3	—	—	—
				>3.00~6.00			4	—	—	—

续表

牌号	包铝分类	供应状态	试样状态	厚度/mm	室温拉伸试验结果				弯曲半径②	
					抗拉强度 R_m/MPa	规定非比例延伸强度 $R_{p0.2}$/MPa	断后伸长率① %			
							A_{50mm}	A	90°	180°
					不小于					
8011A	—	H24	H24	>0.20~0.50	125~165	100	3	—	—	—
				>0.50~1.50			4	—	—	—
				>1.50~3.00			5	—	—	—
				>3.00~6.00			6	—	—	—
		H16	H16	>0.20~0.50	140~190	130	1	—	—	—
				>0.50~1.50	145~185		2	—	—	—
				>1.50~4.00			3	—	—	—
		H26	H26	>0.20~0.50	145~185	120	2	—	—	—
				>0.50~1.50			3	—	—	—
				>1.50~4.00			4	—	—	—
		H18	H18	>0.20~0.50	160	145	1	—	—	—
				>0.50~1.50	165		2	—	—	—
				>1.50~3.00			2	—	—	—
8079	—	H14	H14	>0.20~0.50	125~175	—	2	—	—	—

① 当 A_{50mm} 和 A 两栏均有数值时，A_{50mm} 适用于厚度不大于 12.5mm 的板材，A 适用于厚度大于 12.5mm 的板材。

② 弯曲半径中的 t 表示板材的厚度，对表中既有 90°弯曲也有 180°弯曲的产品，当需方未指定采用 90°弯曲或 180° 弯曲时，弯曲半径由供方任选一种。

③ 对于 2A11、2A12、2017 合金的 O 状态板材，需要 T42 状态的性能值时，应在订货单（或合同）中注明，未注明时，不检测该性能。

④ 厚度为>12.5mm~25.00mm 的 2014、2024、2219 合金 O 状态的板材，其拉伸试样由芯材机加工得到，不得有包铝层。

⑤ 对于 6A02、6063、7A04、7A09 和 7075 合金的 O 状态板材，需要 T62 状态的性能值时，应在订货单（或合同）中注明，未注明时，不检测该性能。

⑥ 对于 6A02 合金 T1 状态的板材，当需方未注明需要 T62 或 T42 状态的性能时，由供方任选一种。

⑦ 应尽量避免订购 7020 合金 T4 状态的产品。T4 状态产品的性能是在室温下自然时数 3 个月后才能达到规定的稳定的力学性能，将淬火后的试样在 60℃～65℃的条件下持续 60h 后也可以得到近似的自然时效性能值。

⑧ T761 状态专用于 7475 合金薄板和带材，与 T76 状态的定义相同，是在固溶热处理后进行人工过时效以获得良好的抗剥落腐蚀性能的状态。

4. 铝及铝合金挤压棒材（GB/T 3191—2010）

铝及铝合金挤压棒材的牌号、状态、规格见表 3-66，化学成分应符合 GB/T 3190 的规定；棒材的室温纵向拉伸力学性能见表 3-67；当需方对 2A11、2A12、2A14、2A50、6A02、7A04、7A09 铝合金挤压棒材抗拉强度有更高要求时，应在合同（或订单）中加注"高强"字样，其室温纵向拉伸力学性能应符合表 3-68 的规定；2A02、2A16 合金棒材，若在合同中注明做高温持久试验时，其高温持久纵向拉伸力学性能应符合表 3-69 规定。

铝及铝合金挤压棒材的牌号、状态、规格　　　　表 3-66

牌　号		供货状态	试样状态	规　格
Ⅱ类 （2×××系、7×××系合金及含镁量平均值大于或等于3%的5×××系合金的棒材）	Ⅰ类 （除Ⅱ类外的其他棒材）			
—	1070A	H112	H112	圆棒直径： 5mm～ 600mm； 方棒、六角 棒对边距离： 5mm～ 200mm。 长度： 1m～6m
—	1060	O	O	
		H112	H112	
—	1050A	H112	H112	
—	1350	H112	H112	
—	1035	O	O	
		H112	H112	
—	1200	H112	H112	
2A02	—	T1、T6	T62、T6	
2A06	—	T1、T6	T62、T6	
2A11	—	T1、T4	T42、T4	
2A12	—	T1、T4	T42、T4	
2A13	—	T1、T4	T42、T4	
2A14	—	T1、T6、T6511	T62、T6、T6511	
2A16	—	T1、T6、T6511	T62、T6、T6511	
2A50	—	T1、T6	T62、T6	
2A70	—	T1、T6	T62、T6	
2A80	—	T1、T6	T62、T6	
2A90	—	T1、T6	T62、T6	
2014、2014A	—	T4、T4510、T4511	T4、T4510、T4511	
		T6、T6510、T6511	T6、T6510、T6511	
2017	—	T4	T42、T4	
2017A	—	T4、T4510、T4511	T4、T4510、T4511	
2024	—	O	O	
		T3、T3510、T3511	T3、T3510、T3511	
—	3A21	O	O	
		H112	H112	
—	3102	H112	H112	
—	3003、3103	O	O	
		H112	H112	
—	4A11	T1	T62	
—	4032	T1	T62	

牌 号		供货状态	试样状态	规 格
Ⅱ类 (2×××系、7×××系合金及含镁量平均值 大于或等于3%的5×××系合金的棒材)	Ⅰ类 (除Ⅱ类外的 其他棒材)			
—	5A02	O	O	
		H112	H112	
5A03	—	H112	H112	
5A05	—	H112	H112	
5A06	—	H112	H112	
5A12	—	H112	H112	
—	5005、5005A	H112	H112	
		O	O	
5019		H112	H112	
		O	O	
5049	—	H112	H112	
—	5251	H112	H112	
		O	O	
—	5052	H112	H112	圆棒直径:
		O	O	5mm～
5154A	—	H112	H112	600mm;
		O	O	方棒、六角
—	5454	H112	H112	棒对边距离:
		O	O	5mm～
5754	—	H112	H112	200mm。
		O	O	长度:
5083		H112	H112	1m～6m
		O	O	
5086		H112	H112	
		O	O	
—	6A02	T1、T6	T62、T6	
—	6101A	T6	T6	
—	6005、6005A	T5	T5	
		T6	T6	
7A04	—	T1、T6	T62、T6	
7A09	—	T1、T6	T62、T6	
7A15	—	T1、T6	T62、T6	
7003		T5	T5	
		T6	T6	

牌　号		供货状态	试样状态	规　格
Ⅱ类 （2×××系、7×××系合金及含镁量平均值 大于或等于3％的5×××系合金的棒材）	Ⅰ类 （除Ⅱ类外的 其他棒材）			
7005	—	T6	T6	圆棒直径： 5mm～ 600mm； 方棒、六角 棒对边距离： 5mm～ 200mm。 长度： 1m～6m
7020	—	T6	T6	
7021	—	T6	T6	
7022	—	T6	T6	
7049A	—	T6、T6510、T6511	T6、T6510、T6511	
7075	—	O	O	
		T6、T6510、T6511	T6、T6510、T6511	
—	8A06	O	O	
		H112	H112	

铝及铝合金挤压棒材室温纵向拉伸力学性能　　　　　　表 3-67

牌　号	供货状态	试样状态	直径（方棒、六角棒指 内切圆直径）/mm	抗拉强度 R_m/MPa	规定非比例 延伸强度 $R_{p0.2}$/MPa	断后伸长率 %	
						A	A_{50mm}
				不小于			
1070A	H112	H112	≤150.00	55	15	—	—
1060	O	O	≤150.00	60～95	15	22	—
	H112	H112		60	15	22	—
1050A	H112	H112	≤150.00	65	20	—	—
1350	H112	H112	≤150.00	60	—	25	—
1200	H112	H112	≤150.00	75	20	—	—
1035、8A06	O	O	≤150.00	60～120	—	25	—
	H112	H112		60	—	25	—
2A02	T1、T6	T62、T6	≤150.00	430	275	10	—
2A06	T1、T6	T62、T6	≤22.00	430	285	10	—
			＞22.00～100.00	440	295	9	—
			＞100.00～150.00	430	285	10	—
2A11	T1、T4	T42、T4	≤150.00	370	215	12	—
2A12	T1、T4	T42、T4	≤22.00	390	255	12	—
			＞22.00～150.00	420	255	12	—
2A13	T1、T4	T42、T4	≤22.00	315	—	4	—
			＞22.00～150.00	345	—	4	—
2A14	T1、T6、T6511	T62、T6、T6511	≤22.00	440	—	10	—
			＞22.00～150.00	450	—	10	—

牌 号	供货状态	试样状态	直径（方棒、六角棒指内切圆直径）/mm	抗拉强度 R_m/MPa	规定非比例延伸强度 $R_{p0.2}$/MPa	断后伸长率 %	
						A	A_{50mm}
				不小于			
2014、2014A	T4、T4510、T4511	T4、T4510、T4511	≤25.00	370	230	13	11
			>25.00～75.00	410	270	12	—
			>75.00～150.00	390	250	10	—
			>150.00～200.00	350	230	8	—
2014、2014A	T6、T6510、T6511	T6、T6510、T6511	≤25.00	415	370	6	5
			>25.00～75.00	460	415	7	—
			>75.00～150.00	465	420	7	—
			>150.00～200.00	430	350	6	—
			>200.00～250.00	420	320	5	—
2A16	T1、T6、T6511	T62、T6、T6511	≤150.00	355	235	8	—
2017	T4	T42、T4	≤120.00	345	215	12	—
2017A	T4、T4510、T4511	T4、T4510、T4511	≤25.00	380	260	12	10
			>25.00～75.00	400	270	10	—
			>75.00～150.00	390	260	9	—
			>150.00～200.00	370	240	8	—
			>200.00～250.00	360	220	7	—
2024	O	O	≤150.00	≤250	≤150	12	10
	T3、T3510、T3511	T3、T3510、T3511	≤50.00	450	310	8	6
			>50.00～100.00	440	300	8	—
			>100.00～200.00	420	280	8	—
			>200.00～250.00	400	270	8	—
2A50	T1、T6	T62、T6	≤150.00	355	—	12	—
2A70、2A80、2A90	T1、T6	T62、T6	≤150.00	355	—	8	—
3102	H112	H112	≤250.00	80	30	25	23
3003	O	O	≤250.00	95～130	35	25	20
	H112	H112		90	30	25	20
3103	O	O	≤250.00	95	35	25	20
	H112	H112		95～135	35	25	20
3A21	O	O	≤150.00	≤165	—	20	20
	H112	H112		90	—	20	—
4A11、4032	T1	T62	100.00～200.00	360	290	2.5	2.5
5A02	O	O	≤150.00	≤225	—	10	—
	H112	H112		170	70	—	—

牌　号	供货状态	试样状态	直径（方棒、六角棒指内切圆直径）/mm	抗拉强度 R_m/MPa	规定非比例延伸强度 $R_{p0.2}$/MPa	断后伸长率 %	
						A	A_{50mm}
				不小于			
5A03	H112	H112	≤150.00	175	80	13	13
5A05	H112	H112	≤150.00	265	120	15	15
5A06	H112	H112	≤150.00	315	155	15	15
5A12	H112	H112	≤150.00	370	185	15	15
5052	H112	H112	≤250.00	170	70	—	—
	O	O		170～230	70	17	15
5005、5005A	H112	H112	≤200.00	100	40	18	16
	O	O	≤60.00	100～150	40	18	16
5019	H112	H112	≤200.00	250	110	14	12
	O	O	≤200.00	250～320	110	15	13
5049	H112	H112	≤250.00	180	80	15	15
5251	H112	H112	≤250.00	160	60	16	14
	O	O		160～220	60	17	15
5154A、5454	H112	H112	≤250.00	200	85	16	16
	O	O		200～275	85	18	18
5754	H112	H112	≤150.00	180	80	14	12
			＞150.00～250.00	180	70	13	—
	O	O	≤150.00	180～250	80	17	15
5083	O	O	≤200.00	270～350	110	12	10
	H112	H112		270	125	12	10
5086	O	O	≤250.00	240～320	95	18	15
	H112	H112	≤200.00	240	95	12	10
6101A	T6	T6	≤150.00	200	170	10	10
6A02	T1、T6	T62、T6	≤150.00	295	—	12	12
6005、6005A	T5	T5	≤25.00	260	215	8	—
	T6	T6	≤25.00	270	225	10	8
			＞25.00～50.00	270	225	8	—
			＞50.00～100.00	260	215	8	—
6110A	T5	T5	≤120.00	380	360	10	8
	T6	T6	≤120.00	410	380	10	8

牌　号	供货状态	试样状态	直径(方棒、六角棒指内切圆直径)/mm	抗拉强度 R_m/MPa	规定非比例延伸强度 $R_{p0.2}$/MPa	断后伸长率 %	
						A	A_{50mm}
				不小于			
6351	T4	T4	≤150.00	205	110	14	12
	T6	T6	≤20.00	295	250	8	6
			>20.00~75.00	300	255	8	—
			>75.00~150.00	310	260	8	—
			>150.00~200.00	280	240	6	—
			>200.00~250.00	270	200	6	—
6060	T4	T4	≤150.00	120	60	16	14
	T5	T5		160	120	8	6
	T6	T6		190	150	8	6
6061	T6	T6	≤150.00	260	240	9	—
	T4	T4		180	110	14	—
6063	T4	T4	≤150.00	130	65	14	12
			>150.00~200.00	120	65	12	—
	T5	T5	≤200.00	175	130	8	6
	T6	T6	≤150.00	215	170	10	8
			>150.00~200.00	195	160	10	—
6063A	T4	T4	≤150.00	150	90	12	10
			>150.00~200.00	140	90	10	—
	T5	T5	≤200.00	200	160	7	5
	T6	T6	≤150.00	230	190	7	5
			>150.00~200.00	220	160	7	—
6463	T4	T4	≤150.00	125	75	14	12
	T5	T5		150	110	8	6
	T6	T6		195	160	10	8
6082	T6	T6	≤20.00	295	250	8	6
			>20.00~150.00	310	260	8	—
			>150.00~200.00	280	240	6	—
			>200.00~250.00	270	200	6	—
7003	T5	T5	≤250.00	310	260	10	8
	T6	T6	≤50.00	350	290	10	8
			>50.00~150.00	340	280	10	8

续表

牌　号	供货状态	试样状态	直径(方棒、六角棒指内切圆直径)/mm	抗拉强度 R_m/MPa	规定非比例延伸强度 $R_{p0.2}$/MPa	断后伸长率 %	
						A	A_{50mm}
				不小于			
7A04、7A09	T1、T6	T62、T6	≤22.00	490	370	7	—
			>22.00~150.00	530	400	6	—
7A15	T1、T6	T62、T6	≤150.00	490	420	6	—
7005	T6	T6	≤50.00	350	290	10	8
			>50.00~150.00	340	275	10	—
7020	T6	T6	≤50.00	350	290	10	8
			>50.00~150.00	340	275	10	—
7021	T6	T6	≤40.00	410	350	10	8
7022	T6	T6	≤80.00	490	420	7	5
			>80.00~200.00	470	400	7	—
7049A	T6、T6510、T6511	T6、T6510、T6511	≤100.00	610	530	5	4
			>100.00~125.00	560	500	5	—
			>125.00~150.00	520	430	5	—
			>150.00~180.00	450	400	3	—
7075	O	O	≤200.00	≤275	≤165	10	8
	T6、T6510、T6511	T6、T6510、T6511	≤25.00	540	480	7	5
			>25.00~100.00	560	500	7	—
			>100.00~150.00	530	470	6	—
			>150.00~250.00	470	400	5	—

高强度铝合金棒材室温纵向拉伸力学性能　　　　　表 3-68

牌　号	供货状态	试样状态	棒材直径(方棒、六角棒内切圆直径) mm	抗拉强度 R_m/MPa	规定非比例延伸强度 $R_{p0.2}$/MPa	断后伸长率 A/%
				不小于		
2A11	T1、T4	T42、T4	20.00~120.00	390	245	8
2A12	T1、T4	T42、T4	20.00~120.00	440	305	8
6A02	T1、T6	T62、T6	20.00~120.00	305	—	8
2A50	T1、T6	T62、T6	20.00~120.00	380	—	10
2A14	T1、T6	T62、T6	20.00~120.00	460	—	8
7A04、7A09	T1、T6	T62、T6	≤20.00~100.00	550	450	6
			>100.00~120.00	530	430	6

棒材高温持久纵向拉伸力学性能   表 3-69

牌　号	温度/℃	应力/MPa	保温时间/h
2A02	270±3	64	100
		78①	50①
2A16	300±3	69	100

① 2A02 合金棒材,78MPa 应力,保温 50h 的试验结果不合格时,以 64MPa 应力,保温 100h 的试验结果作为高温持久纵向拉伸力学性能是否合格的最终判定依据。

5. 铝及铝合金拉制圆线材(GB/T 3195—2008)

本标准适用于导体、铆钉及焊条用铝及铝合金线材。线材的牌号、状态、直径、典型用途见表 3-70。线材的化学成分应符合 GB/T 3190 的规定。直径不大于 5.0mm 的导体用 1A50 合金线材的力学性能应符合表 3-71 的规定,其他线材的力学性能参考表 3-71,或由供需双方具体协商。导体用线材电阻率或体积电阻率见表 3-72。铆钉用线材的抗剪强度及铆接性能见表 3-73 和表 3-74。

铝及铝合金拉制圆线材牌号、状态、直径、典型用途   表 3-70

牌号①	状态①	直径①/mm	典型用途
1035	O	0.8～20.0	焊条用线材
	H18	0.8～1.6	焊条用线材
		＞1.6～3.0	焊条用线材、铆钉用线材
		＞3.0～20.0	焊条用线材
	H14	3.0～20.0	焊条用线材、铆钉用线材
1350	O	9.5～25.0	导体用线材
	H12②、H22②		
	H14、H24		
	H16、H26		
	H19	1.2～6.5	
1A50	O、H19	0.8～20.0	
1050A、1060、1070A、1200	O、H18	0.8～20.0	焊条用线材
	H14	3.0～20.0	
1100	O	0.8～1.6	焊条用线材
		＞1.6～20.0	焊条用线材、铆钉用铝线
		＞20.0～25.0	铆钉用铝线
	H18	0.8～20.0	焊条用线材
	H14	3.0～20.0	
2A01、2A04、2B11、2B12、2A10	H14、T4	1.6～20.0	铆钉用线材
2A14、2A16、2A20	O、H18	0.8～20.0	焊条用线材
	H14		
	H12	7.0～20.0	
3003	O、H14	1.6～25.0	铆钉用线材

续表

牌号①	状态①	直径①/mm	典型用途
3A21	O、H18	0.8～20.0	焊条用线材
	H14	0.8～1.6	
		>1.6～20.0	焊条用线材、铆钉用线材
	H12	7.0～20.0	
4A01、4043、4047	O、H18	0.8～20.0	焊条用线材
	H14		
	H12	7.0～20.0	
5A02	O、H18	0.8～20.0	焊条用线材
	H14	0.8～1.6	
		>1.6～20.0	焊条用线材、铆钉用线材
	H12	7.0～20.0	
5A03	O、H18	0.8～20.0	焊条用线材
	H14		
	H12	7.0～20.0	
5A05	H18	0.8～7.0	焊条用线材、铆钉用线材
	O、H14	0.8～1.6	焊条用线材
		>1.6～7.0	焊条用线材、铆钉用线材
		>7.0～20.0	铆钉用线材
	H12	>7.0～20.0	
5B05、5A06	O	0.8～20.0	焊条用线材
	H18	0.8～7.0	
	H14	0.8～7.0	
	H12	1.6～7.0	铆钉用线材
		>7.0～20.0	焊条用线材、铆钉用线材
5005、5052、5056	O	1.6～25.0	铆钉用线材
5B06、5A33、5183、5356、5554、5A56	O	0.8～20.0	焊条用线材
	H18	0.8～7.0	
	H14		
	H12	>7.0～20.0	
6061	O	0.8～1.6	
		>1.6～20.0	焊条用线材、铆钉用线材
		>20.0～25.0	铆钉用线材
	H18	0.8～1.6	焊条用线材
		>1.6～20.0	焊条用线材、铆钉用线材
	H14	3.0～20.0	焊条用线材
	T6	1.6～20.0	焊条用线材、铆钉用线材
6A02	O、H18	0.8～20.0	焊条用线材
	H14	3.0～20.0	
7A03	H14、T6	1.6～20.0	铆钉用线材
8A06	O、H18	0.8～20.0	焊条用线材
	H14	3.0～20.0	

① 需要其他合金、规格、状态的线材时，供需双方协商并在合同中注明。

② 供方可以1350-H22线材替代需方订购的1350-H12线材；或以1350-H12线材替代需方订购的1350-H22线材，但同一份合同，只能供应同一个状态的线材。

铝及铝合金拉制圆线材的力学性能　　　　　　表 3-71

牌　号	状　态	直径/mm	力　学　性　能	
			抗拉强度 R_m/MPa	断后伸长率 A_{200mm}/%
1A50	O	0.8~1.0	≥75	≥10
		>1.0~1.5		≥12
		>1.5~2.0		
		>2.0~3.0		≥15
		>3.0~4.0		
		>4.0~4.5		≥18
		>4.5~5.0		
	H19	0.8~1.0	≥160	≥1.0
		>1.0~1.5		≥1.2
		>1.5~2.0	≥155	
		>2.0~3.0		≥1.5
		>3.0~4.0		
		>4.0~4.5	≥135	≥2.0
		>4.5~5.0		
1350①	O	9.5~12.7	60~100	—
	H12、H22	9.5~12.7	80~120	—
	H14、H24		100~140	
	H16、H26		115~155	
	H19	1.2~2.0	≥160	≥1.2
		>2.0~2.5	≥175	≥1.5
		>2.5~3.5	≥160	
		>3.5~5.3	≥160	≥1.8
		>5.3~6.5	≥155	≥2.2
1100	O	1.6~25.0	≤110	—
	H14		110~145	
3003	O		≤130	—
	H14		140~180	
5052	O	1.6~25.0	≤220	—
5056	O		≤320	—
6061	O		≤155	—

① 1350 线材允许焊接，但 O 状态线材接头处力学性能不小于 60MPa，其他状态线材接头处力学性能不小于 75MPa。

导体用线材电阻率或体积电阻率　　表 3-72

牌号	状态	20℃时的电阻率（ρ）Ω·μm 不大于	体积电导率 %IACS 不小于	20℃时的电阻率（ρ）Ω·μm 不大于	体积电导率 %IACS 不小于
		普 通 级		高 精 级	
1A50	H19	0.0295	58.4	0.0282	61.1
1350	O	—	—	0.027899	61.8
	H12、H22	—	—	0.028035	61.5
	H14、H24	—	—	0.028080	61.4
	H16、H26	—	—	0.028126	61.3
	H19	—	—	0.028265	61.0

注：表中未包括的其他线材的电阻率或体积电阻率需供货双方协商，并在合同中注明。

铆钉用线材的抗剪强度（MPa）　　表 3-73

牌号	状态	直径/mm	抗剪强度 τ/MPa 不小于	牌号	状态	直径/mm	抗剪强度 τ/MPa 不小于
1035	H14	所有	60	2B11[①]	T4	所有	235
2A01	T4		185	2B12[①]			265
2A04	T4	≤6.0	275	3A21	H14		80
		>6.0	265	5A02			115
2A10		≤8.0	245	5A06	H12		165
		>8.0	235	5A05	H18		
				5B05	H12		155
				6061	T6		170
				7A03			285

注：表中未包括的其他线材的抗剪强度需供货双方协商，并在合同中注明。

① 因为 2B11、2B12 合金铆钉在变形时会破坏其时效过程，所以设计使用时，2B11 抗剪强度指标按 215MPa 计算；2B12 按 245MPa 计算。

铆 接 性 能　　表 3-74

牌　号	状　态	直径/mm	铆 接 性 能	
			试样突出高度与直径之比	铆接试验时间
2A01	T4 或 T6	1.6~4.5	1.5	淬火 96h 以后
		>4.5~10.0	1.4	
2A04	H1X	1.6~5.5	1.5	
		>5.5~10.0	1.4	
	T4 或 T6	1.6~5.0	1.3	淬火后 6h 以内
		>5.0~6.0		淬火后 4h 以内
		>6.0~8.0	1.2	淬火后 2h 以内
		>8.0~10.0	—	
2A10	T4 或 T6	1.6~4.5	1.5	淬火时效后
		>4.5~8.0	1.4	
		>8.0~10.0	1.3	
2B11	T4 或 T6	1.6~4.5	1.5	淬火后 1h 以内
		>4.5~10.0	1.4	
2B12		1.6~4.5	1.4	淬火后 20min 以内
		>4.5~8.0	1.3	
		>8.0~10.0	1.2	
7A03	H1X	1.6~8.0	1.4	—
		>8.0~10.0	1.3	
	T4 或 T6	1.6~4.5	1.4	淬火人工时效后
		>4.5~8.0	1.3	
		>8.0~10.0	1.2	
其他	H1X	1.6~10.0	1.5	—

注：表中未包括的其他线材的抗剪强度需供货双方协商，并在合同中注明。

6. 铝及铝合金热挤压无缝圆管（GB/T 4437.1—2000）（表 3-75、表 3-76）

铝及铝合金热挤压无缝圆管牌号、状态　　　　表 3-75

合　金　牌　号	状　　态
1070A　1060　1100　1200　2A11　2017　2A12　2024　3003 3A21　5A02　5052　5A03　5A05　5A06　5083　5086　5454 6A02　6061　6063　7A09　7075　7A15　8A06	H112、F
1070A　1060　1050A　1035　1100　1200　2A11　2017　2A12 2024　5A06　5083　5454　5086　6A02	O
2A11　2017　2A12　6A02　6061　6063	T4
6A02　6061　6063　7A04　7A09　7075　7A15	T6

注：用户如果需要其他合金状态，可经双方协商确定。

铝及铝合金热挤压无缝圆管室温纵向力学性能　　　　表 3-76

合金牌号	供应状态	试样状态	壁厚 mm	抗拉强度 σ_b/MPa	规定非比例伸长 压力 $\sigma_{p0.2}$/MPa	伸长率/%	
						50mm	δ
				不　小　于			
1070A、1060	O	O	所有	60～95	—	25	22
	H112	H112	所有	60	—	25	22
1050A、1035	O	O	所有	60～100	—	25	23
1100、1200	O	O	所有	75～105	—	25	22
	H112	H112	所有	75	—	25	22
2A11	O	O	所有	≤245	—	—	10
	H112	H112	所有	350	195	—	10
2017	O	O	所有	≤245	≤125	—	16
	H112、T4	T4	所有	345	215	—	12
2A12	O	O	所有	≤245	—	—	10
	H112、T4	T4	所有	390	255	—	10
2017	O	O	所有	≤245	≤130	12	10
	H112	T4	≤18	395	260	12	10
			＞18	395	260	—	9
3A21	H112	H112	所有	≤165	—	—	—
3003	O	O	所有	95～130	—	25	22
	H112	H112	所有	95	—	25	22
5A02	H112	H112	所有	≤225	—	—	—
5052	O	O	所有	170～240	70	—	—
5A03	H112	H112	所有	175	70	—	15
5A05	H112	H112	所有	225	110	—	15
5A06	O、H112	O、H112	所有	315	145	—	15

合金牌号	供应状态	试样状态	壁厚 mm	抗拉强度 σ_b/MPa	规定非比例伸长压力 $\sigma_{p0.2}$/MPa	伸长率/%	
						50mm	δ
				不　小　于			
5083	O	O	所有	270～350	110	14	12
	H112	H112	所有	270	110	12	10
5454	O	O	所有	215～285	85	14	12
	H112	H112	所有	215	85	12	10
5086	O	O	所有	240～315	95	14	12
	H112	H112	所有	240	95	12	10
6A02	O	O	所有	≤145	—	—	17
	T4	T4	所有	205	—	—	14
	H112、T6	T6	所有	295	—	—	8
6061	T4	T4	所有	180	110	16	14
	T6	T6	≤6.3	260	240	8	—
			＞6.3	260	240	10	9
6063	T4	T4	≤12.5	130	70	14	12
			＞12.5～25	125	60	—	12
	T6	T6	所有	205	170	10	9
7A04、7A09	H112、T6	T6	所有	530	400	—	5
7075	H112、T6	T6	≤6.3	540	485	7	—
			＞6.3 ≤12.5	560	505	7	6
			＞12.5	560	495	—	6
7A15	H112、T6	T6	所有	470	420	—	6
8A06	H112	H112	所有	≤120	—	—	20

7. 铝及铝合金热挤压有缝圆管（GB/T 4437.2—2003）（表 3-77、表 3-78）

铝及铝合金热挤压管有缝圆管的牌号、状态　　　　　表 3-77

牌　号	状　态	牌　号	状　态
1070A、1060、1050A、1035、1100、1200	O、H112、F	5A06、5083、5454、5086	O、H112、F
2A11、2017、2A12、2024	O、H112、T4、F	6A02	O、H112、T4、T6、F
3003	O、H112、F	6005A、6005	T5、F
5A02	H112、F	6061	T4、T6、F
5052	O、F	6063	T4、T5、T6、F
5A03、5A05	H112、F	6063A	T5、T6、F

注：用户如果需要其他合金或状态，可经双方协商确定。

铝及铝合金热挤压管有缝圆管室温纵向力学性能　　　表 3-78

牌　号	供应状态	试样状态	壁厚/mm	抗拉强度 R_a N/mm²	规定非比例 延伸强度 $R_{p0.2}$ N/mm²	断后伸长率/% 标距50mm	A_5
				不　小　于			
1070A、1060	O	O	所有	60～95	—	25	22
	H112	H112	所有	60	—	25	22
1050A、1035	O	O	所有	60～100	—	25	23
	H112	H112	所有	60	—	25	23
1100、1200	O	O	所有	75～105	—	25	22
	H112	H112	所有	75	—	25	22
2A11	O	O	所有	≤245	—	—	10
	H112、T4	T4	所有	350	195	—	10
2017	O	O	所有	≤245	≤125	—	16
	H112、T4	T4	所有	345	215	—	12
2A12	O	O	所有	≤245	—	—	10
	H112、T4	T4	所有	390	255	—	10
2024	O	O	所有	≤245	≤130	12	10
	H112、T4	T4	≤18	395	260	12	10
			＞18	395	260	—	9
3003	O	O	所有	95～130	—	25	22
	H112	H112	所有	95	—	25	22
5A02	H112	H112	所有	≤225	—	—	—
5052	O	O	所有	170～240	70		
5A03	H112	H112	所有	175	70	—	15
5A05	H112	H112	所有	225	—	—	15
5A06	O、H112	O、H112	所有	315	145	—	15
5083	O	O	所有	270～350	110	14	12
	H112	H112	所有	270	110	12	10
5454	O	O	所有	215～285	85	14	12
	H112	H112	所有	215	85	12	10
5086	O	O	所有	240～315	95	14	12
	H112	H112	所有	240	95	12	10
6A02	O	O	所有	≤145	—	—	17
	T4	T4	所有	205	—	—	14
	H112、T6	T6	所有	295	—	—	8
6005A	T5	T5	≤6.30	260	215	7	—
			＞6.30	260	215	9	8

续表

牌　号	供应状态	试样状态	壁厚/mm	抗拉强度 R_a N/mm²	规定非比例延伸强度 $R_{p0.2}$ N/mm²	断后伸长率/%	
						标距50mm	A_5
				不　小　于			
6005	T5	T5	≤3.20	260	240	8	—
			>3.21~25.00	260	240	10	9
6061	T4	T4	所有	180	110	16	14
	T6	T6	≤6.30	265	245	8	—
			>6.30	265	245	10	9
6063	T4	T4	≤12.50	130	70	14	12
			>12.50~25.00	125	60	—	12
	T6	T6	所有	205	180	10	8
	T5	T5	所有	160	110	—	8
6063A	T5	T5	≤10.00	200	160	—	5
			>10.00	190	150	—	5
	T6	T6	≤10.00	230	190	—	5
			>10.00	220	180	—	4

注：超出表中范围的管材，性能指标双方协商或提供性能指标实测值的范围。

8. 铝及铝合金拉（轧）制无缝管（GB/T 6893—2010）

铝及铝合金拉（轧）制无缝管牌号及状态见表 3-79，化学成分应符合 GB/T 3190 的规定，力学性能见表 3-80。

铝及铝合金拉（轧）制无缝管牌号及状态　　　　　表 3-79

牌　号	状　态
1035、1050、1050A、1060、1070、1070A、1100、1200、8A06	O、H14
2017、2024、2A11、2A12	O、T4
2A14	T4
3003	O、H14
3A21	O、H14、H18、H24
5052、5A02	O、H14
5A03	O、H34
5A05、5056、5083	O、H32
5A06、5754	O
6061、6A02	O、T4、T6
6063	O、T6
7A04	O
7020	T6

铝及铝合金拉（轧）制无缝管力学性能   表 3-80

牌号	状态	壁 厚 mm		抗拉强度 R_m/(N/mm^2)	规定非比例伸长应力 $R_{p0.2}$/(N/mm^2)	断后伸长率/%		
						全截面试样	其他试样	
						A_{50mm}	A_{50mm}	A[①]
				不小于				
1035 1050A 1050	O	所有		60～95	—		22	25
	H14	所有		100～135	70		5	6
1060 1070A 1070	O	所有		60～95	—			
	H14	所有		85	70		—	
1100 1200	O	所有		70～105	—		16	20
	H14	所有		110～145	80		4	5
2A11	O	所有		≤245			10	
	T4	外径 ≤22	≤1.5	375	195		13	
			>1.5～2.0				14	
			>2.0～5.0				—	
		外径 >22～50	≤1.5	390	225		12	
			>1.5～5.0				13	
		>50	所有	390	225		11	
2017	O	所有		≤245	≤125	17	16	16
	T4	所有		375	215	13	12	12
2A12	O	所有		≤245	—		10	
	T4	外径 ≤22	≤2.0	410	225		13	
			>2.0～5.0				—	
		外径 >22～50	所有	420	275		12	
		>50	所有	420	275		10	
2A14	T4	外径 ≤22	1.0～2.0	360	205		10	
			>2.0～5.0	360	205		—	
		外径 >22	所有	360	205		10	
2024	O	所有		≤240	≤140	—	10	12
	T4	0.63～1.2		440	290	12	10	—
		>1.2～5.0		440	290	14	10	—

续表

牌号	状态	壁厚 mm	室温纵向拉伸力学性能				
			抗拉强度 R_m/(N/mm²)	规定非比例 伸长应力 $R_{p0.2}$/(N/mm²)	断后伸长率/%		
					全截面试样 A_{50mm}	其他试样	
						A_{50mm}	A①
			不小于				
3003	O	所有	95~130	35	—	20	25
	H14	所有	130~165	110	—	4	6
3A21	O	所有	≤135	—		—	
	H14	所有	135	—		—	
	H18	外径<60，壁厚 0.5~5.0	185	—		—	
		外径≥60，壁厚 2.0~5.0	175	—		—	
	H24	外径<60，壁厚 0.5~5.0	145	—		8	
		外径≥60，壁厚 2.0~5.0	135	—		8	
5A02	O	所有	≤225	—		—	
	H14	外径≤55，壁厚≤2.5	225	—		—	
		其他所有	195	—		—	
5A03	O	所有	175	80		15	
	H34	所有	215	125		8	
5A05	O	所有	215	90		15	
	H32	所有	245	145		8	
5A06	O	所有	315	145		15	
5052	O	所有	170~230	65	—	17	20
	H14	所有	230~270	180	—	4	5
5056	O	所有	≤315	100		16	
	H32	所有	305	—			
5083	O	所有	270~350	110	—	14	16
	H32	所有	280	200	—	4	6
5754	O	所有	180~250	80	—	14	16
6A02	O	所有	≤155	—		14	
	T4	所有	205	—		14	
	T6	所有	305	—		8	
6061	O	所有	≤150	≤110	—	14	16
	T4	所有	205	110	—	14	16
	T6	所有	290	240	—	8	10

续表

牌号	状态	壁厚 mm	室温纵向拉伸力学性能				
			抗拉强度 $R_m/(N/mm^2)$	规定非比例伸长应力 $R_{p0.2}/(N/mm^2)$	断后伸长率/%		
					全截面试样	其他试样	
					A_{50mm}	A_{50mm}	A[①]
			不小于				
6063	O	所有	≤130	—	—	15	20
	T6	所有	220	190	—	8	10
7A04	O	所有	≤265	—		8	
7020	T6	所有	350	280	—	8	10
8A06	O	所有	≤120	—		20	
	H14	所有	100	—		5	

① A 表示原始标距(L_0)为 5.65 $\sqrt{S_0}$ 的断后伸长率。

9. 铝及铝合金大规格拉制无缝管（GB/T 26027—2010）

铝及铝合金大规格拉制无缝管截面形状见图 3-3，牌号、供货状态见表 3-81，圆管、方管、矩形管规格分别见表 3-82、表 3-83、表 3-84。

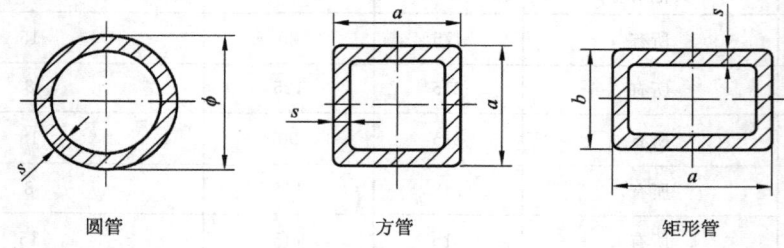

圆管　　　　　　　方管　　　　　　　矩形管

图 3-3　管材截面形状

铝及铝合金大规格拉制无缝管牌号、供货状态　　　　表 3-81

牌　　号	供货状态
1050A、1200、2014、2024、3003、5052、5083、6061、6063、6082	O
5083	H12
1050A、1200、3003、5052、5083	H14
5052	H18
2014、2024	T3511
2014	T4511、T6511
6061、6063、6082	T4、T6

铝及铝合金大规格拉制无缝管圆管规格　　　　表 3-82

外径	壁　厚								
	3.00	3.50	4.00	5.00	6.00	7.00	8.00	9.00	10.00
125.00	○	○	○	○	○	—	—	—	—
130.00	○	○	○	○	○	—	—	—	—

续表

外径	壁　厚								
	3.00	3.50	4.00	5.00	6.00	7.00	8.00	9.00	10.00
135.00	○	○	○	○	○	—	—	—	—
140.00	○	○	○	○	○	○	—	—	—
145.00	—	○	○	○	○	○	—	—	—
150.00	—	○	○	○	○	○	—	—	—
160.00	—	—	○	○	○	○	○	—	—
170.00	—	—	—	○	○	○	○	—	—
180.00	—	—	—	○	○	○	○	—	—
190.00	—	—	—	○	○	○	○	—	—
200.00	—	—	—	○	○	○	○	○	○
210.00	—	—	—	○	○	○	○	○	○
220.00	—	—	—	○	○	○	○	○	○

注：○表示可供货规格。

铝及铝合金大规格拉制无缝管方管规格　　　　　表 3-83

边长	壁　厚							
	2.00	2.50	3.00	3.50	4.00	5.00	6.00	7.00
70.00	○	○	○	○	○	○	—	—
75.00	○	○	○	○	○	○	—	—
80.00	—	○	○	○	○	○	—	—
85.00	—	○	○	○	○	○	—	—
90.00	—	—	○	○	○	○	○	—
95.00	—	—	○	○	○	○	○	—
100.00	—	—	—	○	○	○	○	○
110.00	—	—	—	○	○	○	○	○
120.00	—	—	—	○	○	○	○	○

注：○表示可供货规格。

铝及铝合金大规格拉制无缝管矩形管规格　　　　　表 3-84

公称边长 $a \times b$	壁　厚							
	2.00	2.50	3.00	3.50	4.00	5.00	6.00	7.00
70.00×50.00	○	○	○	○	○	○	—	—
75.00×50.00	○	○	○	○	○	○	—	—

公称边长 a×b	壁　厚							
	2.00	2.50	3.00	3.50	4.00	5.00	6.00	7.00
80.00×60.00	—	○	○	○	○	○	—	—
85.00×60.00	—	○	○	○	○	○	—	—
90.00×70.00	—	○	○	○	○	○	—	—
95.00×70.00	—	○	○	○	○	○	—	—
100.00×80.00	—	—	○	○	○	○	○	○
105.00×80.00	—	—	○	○	○	○	○	○
110.00×90.00	—	—	—	○	○	○	○	○
115.00×90.00	—	—	—	○	○	○	○	○
120.00×100.00	—	—	—	○	○	○	○	○

注：○表示可供货规格。

10. 一般工业用铝及铝合金挤压型材（GB/T 6892—2006）

铝及铝合金挤压型材分类见表 3-85，牌号、供货状态、室温纵向力学性能见表3-86。

铝及铝合金挤压型材分类　　　　　　　　　表 3-85

型材类型	可 供 合 金
车辆型材[1]	5052、5083、6061、6063、6005A、6082、6106、7003、7005
其他型材	1050A、1060、1100、1200、1350、2A11、2A12、2017、2017A、2014、2014A、2024、3A21、3003、3103、5A02、5A03、5A05、5A06、5005、5005A、5051A、5251、5052、5154A、5454、5754、5019、5083、5086、6A02、6101A、6101B、6005、6005A、6106、6351、6060、6061、6261、6063、6063A、6463、6463A、6081、6082、7A04、7003、7005、7020、7022、7049A、7075、7178

①车辆型材指适用于铁道、地铁、轻轨等轨道车辆车体结构及其他车辆车体结构的型材。

铝及铝合金挤压型材牌号、供货状态、室温纵向力学性能　　　　表 3-86

牌　号	状　态	壁厚/mm	抗拉强度 R_m MPa	规定非比例延伸强度 $R_{p0.2}$/MPa	断后伸长率/%	
					$A_{5.65}$[1]	A_{50mm}[2]
			不　小　于			
1050A	H112	—	60	20	25	23
1060	0	—	60~95	15	22	20
	H112	—	60	15	22	20
1100	0	—	75~105	20	22	20
	H112	—	75	20	22	20
1200	H112	—	75	25	20	18
1350	H112	—	60	—	25	23

牌　号	状　态	壁厚/mm	抗拉强度 R_m MPa	规定非比例延伸强度 $R_{p0.2}$/MPa	断后伸长率/%	
					$A_{5.65}$[①]	A_{50mm}[②]
			不　小　于			
2A11	0	—	≤245	—	12	10
	T4	≤10	335	190	—	10
		>10~20	335	200	10	8
		>20	365	210	10	—
2A12	0	—	≤245	—	12	10
	T4	≤5	390	295	—	8
		>5~10	410	295	—	8
		>10~20	420	305	10	8
		>20	440	315	10	—
2017	0	≤3.2	≤220	≤140	—	11
		>3.2~12	≤225	≤145	—	11
	T4	—	390	245	15	13
2017A	T4 T4510 T4511	≤30	380	260	10	8
2014 2014A	0	—	≤250	≤135	12	10
	T4 T4510 T4511	≤25	370	230	11	10
		<25~75	410	270	10	—
	T6 T6510 T6511	≤25	415	370	7	5
		<25~75	460	415	7	—
2024	O	—	≤250	≤150	12	10
	T3 T3510 T3511	≤15	395	290	8	6
		>15~50	420	290	8	—
	T8 T8510 T8511	≤50	455	380	5	4
3A21	O、H112	—	185	—	16	14

续表

牌　号	状　态		壁厚/mm	抗拉强度 R_m MPa	规定非比例延伸强度 $R_{p0.2}$/MPa	断后伸长率/%	
						$A_{5.65}$[①]	A_{50mm}[②]
				不　小　于			
3003 3103	H112		—	95	35	25	20
5A02	O、H112		—	≤245	—	12	10
5A03	O、H112		—	180	80	12	10
5A05	O、H112		—	255	130	15	13
5A06	O、H112		—	315	160	15	13
5005 5005A	H112			100	40	18	16
5051A	H112		—	150	60	16	14
5251	H112		—	160	60	16	14
5052	H112		—	170	70	15	13
5154A 5454	H112		≤25	200	85	16	14
5754	H112		≤25	180	80	14	12
5019	H112		≤30	250	110	14	12
5083	H112		—	270	125	12	10
5086	H112		—	240	95	12	10
6A02	T4		—	180	—	12	10
	T6		—	295	230	10	8
6101A	T6		≤50	200	170	10	8
6101B	T6		≤15	215	160	8	6
6005 6005A	T5		≤6.3	260	215	—	7
	T4		≤25	180	90	15	13
	T6	实心型材	≤5	270	225	—	6
			>5~10	260	215	—	6
			>10~25	250	200	8	6
		空心型材	≤5	255	215	—	6
			>5~15	250	200	8	6
6106	T6		≤10	250	200	—	6
6351	0		—	≤160	≤110	14	12
	T4		≤25	205	110	14	12
	T5		≤5	270	230	—	6
	T6		≤5	290	250	—	6
			>5~25	300	255	10	8

续表

牌　号	状　态		壁厚/mm	抗拉强度 R_m MPa	规定非比例延伸强度 $R_{p0.2}$/MPa	断后伸长率/%	
						$A_{5.65}$[①]	A_{50mm}[②]
				不　小　于			
6060	T4		≤25	120	60	16	14
	T5		≤5	160	120	—	6
			>5~25	140	100	8	6
	T6		≤3	190	150	—	6
			>3~25	170	140	8	6
6061	T4		≤25	180	110	15	13
	T5		≤16	240	205	9	7
	T6		≤5	260	240	—	7
			>5~25	260	240	10	8
6261	0		—	≤170	≤120	14	12
	T4		≤25	180	100	14	12
	T5		≤5	270	230	—	7
			>5~25	260	220	9	8
			>25	250	210	9	—
	T8	实心型材	≤5	290	245	—	7
			>5~10	280	235	—	7
		空心型材	≤5	290	245	—	7
			>5~10	270	230	—	8
6063	T4		≤25	130	65	14	12
	T5		≤3	175	130	—	6
			>3~25	160	110	7	5
	T6		≤10	215	170	—	6
			>10~25	195	160	8	6
6063A	T4		≤25	150	90	12	10
	T5		≤10	200	160	—	5
			>10~25	190	150	6	4
	T6		≤10	230	190	—	5
			>10~25	220	180	5	4
6463	T4		≤50	125	75	14	12
	T5		≤50	150	110	8	6
	T6		≤50	195	160	10	8
6463A	T1		≤12	115	60	—	10
	T5		≤12	150	110	—	6
	T6		≤3	205	170	—	6
			>3~12	205	170	—	8

续表

牌 号	状 态	壁厚/mm	抗拉强度 R_m MPa	规定非比例延伸强度 $R_{p0.2}$/MPa	断后伸长率/% $A_{5.65}$[1]	A_{50mm}[2]
			不 小 于			
6081	T6	≤25	275	240	8	6
6082	0	—	≤160	≤110	14	12
	T4	≤25	205	110	14	12
	T5	≤5	270	230	—	6
	T6	≤5	290	250	—	6
		>5~25	310	260	10	8
7A04	0	—	≤245	—	10	8
	T6	≤10	500	430	—	4
		>10~20	530	440	6	4
		>20	560	460	6	—
7020	T6	≤40	350	290	10	8
7022	T6 T6510 T6511	≤30	490	420	7	5
7049A	T6	≤30	610	530	5	4
7075	T6 T6510 T6511	≤25	530	460	6	4
		>25~60	540	470	6	—
	T73 T73510 T73511	≤25	485	420	7	5
	T76 T76510 T76511	≤6	510	440	—	5
		>6~50	515	450	6	5
7178	T6 T6510 T6511	≤1.6	565	525	—	—
		>1.6~6	580	525	—	3
		>6~35	600	540	4	3
		>35~60	595	530	4	—
	T76 T76510 T76511	>3~6	525	455	—	5
		>6~25	530	460	6	5

①$A_{5.65}$表示原始标距（L_0）为 5.65 $\sqrt{S_0}$ 的断后伸长率。

②壁厚不大于 1.6mm 的型材不要求伸长率，如需方有要求，则供需双方商定，并在合同中注明。

四、钛及钛合金

1. 钛及钛合金的牌号和化学成分（GB/T 3620.1—2007）（表 3-87）

表3-87　钛及钛合金的牌号和化学成分

合金牌号	名义化学成分	化学成分（质量分数）/%														
		主要成分								杂质，不大于					其他元素	
		Ti	Al	Sn	Mo	Pd	Ni	Si	B	Fe	C	N	H	O	单一	总和
TA1ELI	工业纯钛	余量	—	—	—	—	—	—	—	0.10	0.03	0.012	0.008	0.10	0.05	0.20
TA1	工业纯钛	余量	—	—	—	—	—	—	—	0.20	0.08	0.03	0.015	0.18	0.10	0.40
TA1-1	工业纯钛	余量	≤0.20	—	—	—	—	≤0.08	—	0.15	0.05	0.03	0.003	0.12	—	0.10
TA2ELI	工业纯钛	余量	—	—	—	—	—	—	—	0.20	0.05	0.03	0.008	0.10	0.05	0.20
TA2	工业纯钛	余量	—	—	—	—	—	—	—	0.30	0.08	0.03	0.015	0.25	0.10	0.40
TA3ELI	工业纯钛	余量	—	—	—	—	—	—	—	0.25	0.05	0.04	0.008	0.18	0.05	0.20
TA3	工业纯钛	余量	—	—	—	—	—	—	—	0.30	0.08	0.05	0.015	0.35	0.10	0.40
TA4ELI	工业纯钛	余量	—	—	—	—	—	—	—	0.30	0.05	0.05	0.008	0.25	0.05	0.20
TA4	工业纯钛	余量	—	—	—	—	—	—	—	0.50	0.08	0.05	0.015	0.40	0.10	0.40
TA5	Ti-4Al-0.005B	余量	3.3~4.7	—	—	—	—	—	0.005	0.30	0.08	0.04	0.015	0.15	0.10	0.40
TA6	Ti-5Al	余量	4.0~5.5	—	—	—	—	—	—	0.30	0.08	0.05	0.015	0.15	0.10	0.40
TA7	Ti-5Al-2.5Sn	余量	4.0~6.0	2.0~3.0	—	—	—	—	—	0.50	0.08	0.05	0.015	0.20	0.10	0.40
TA7ELI[①]	Ti-5Al-2.5SnELI	余量	4.50~5.75	2.0~3.0	—	—	—	—	—	0.25	0.05	0.035	0.0125	0.12	0.05	0.30
TA8	Ti-0.05Pd	余量	—	—	—	0.04~0.08	—	—	—	0.30	0.08	0.03	0.015	0.25	0.10	0.40
TA8-1	Ti-0.05Pd	余量	—	—	—	0.04~0.08	—	—	—	0.20	0.08	0.03	0.015	0.18	0.10	0.40
TA9	Ti-0.2Pd	余量	—	—	—	0.12~0.25	—	—	—	0.30	0.08	0.03	0.015	0.25	0.10	0.40
TA9-1	Ti-0.2Pd	余量	—	—	—	0.12~0.25	—	—	—	0.20	0.08	0.03	0.015	0.18	0.10	0.40
TA10	Ti-0.3Mo-0.8Ni	余量	—	—	0.2~0.4	—	0.6~0.9	—	—	0.30	0.08	0.03	0.015	0.25	0.10	0.40

续表

合金牌号	名义化学成分	Ti	Al	Sn	Mo	V	Zr	Si	Nd	Fe	C	N	H	O	其他元素 单一	其他元素 总和
					主要成分					杂质，不大于						
TA11	Ti-8Al-1Mo-1V	余量	7.35~8.35	—	0.75~1.25	0.75~1.25	—	—	—	0.30	0.08	0.05	0.015	0.12	0.10	0.30
TA12	Ti-5.5Al-4Sn-2Zr-1Mo-1Nd-0.25Si	余量	4.8~6.0	3.7~4.7	0.75~1.25	—	1.5~2.5	0.2~0.35	0.6~1.2	0.25	0.08	0.05	0.0125	0.15	0.10	0.40
TA12-1	Ti-5.5Al-4Sn-2Zr-1Mo-1Nd-0.25Si	余量	4.5~5.5	3.7~4.7	1.0~2.0	—	1.5~2.5	0.2~0.35	0.6~1.2	0.25	0.08	0.04	0.0125	0.15	0.10	0.30
TA13	Ti-2.5Cu	余量	Cu: 2.0~3.0	—	—	—	—	—	—	0.20	0.08	0.05	0.010	0.20	0.10	0.30
TA14	Ti-2.3Al-11Sn-5Zr-1Mo-0.2Si	余量	2.0~2.5	10.52~11.5	0.8~1.2	—	4.0~6.0	0.10~0.50	—	0.20	0.08	0.05	0.0125	0.20	0.10	0.30
TA15	Ti-6.5Al-1Mo-1V-2Zr	余量	5.5~7.1	—	0.5~2.0	0.8~2.5	1.5~2.5	≤0.15	—	0.25	0.08	0.05	0.015	0.15	0.10	0.30
TA15-1	Ti-2.5Al-1Mo-1V-1.5Zr	余量	2.0~3.0	—	0.5~1.5	0.5~1.5	1.0~2.0	≤0.10	—	0.15	0.05	0.04	0.003	0.12	0.10	0.30
TA15-2	Ti-4Al-1Mo-1V-1.5Zr	余量	3.5~4.5	—	0.5~1.5	0.5~1.5	1.0~2.0	≤0.10	—	0.15	0.05	0.04	0.003	0.12	0.10	0.30
TA16	Ti-2Al-2.5Zr	余量	1.8~2.5	—	—	—	2.0~3.0	≤0.12	—	0.25	0.08	0.04	0.006	0.15	0.10	0.30
TA17	Ti-4Al-2V	余量	3.5~4.5	—	—	1.5~3.0	—	≤0.15	—	0.25	0.08	0.05	0.015	0.15	0.10	0.30
TA18	Ti-3Al-2.5V	余量	2.0~3.5	—	—	1.5~3.0	—	—	—	0.25	0.08	0.05	0.015	0.12	0.10	0.30
TA19	Ti-6Al-2Sn-4Zr-2Mo-0.1Si	余量	5.5~6.5	1.8~2.2	1.8~2.2	—	3.6~4.4	≤0.13	—	0.25	0.05	0.05	0.0125	0.15	0.10	0.30

化学成分（质量分数）/%

续表

合金牌号	名义化学成分	Ti	Al	Mo	V	Mn	Zr	Si	Nd	Fe	C	N	H	O	单一	总和
															其他元素	
		主要成分								杂质，不大于						
TA20	Ti-4Al-3V-1.5Zr	余量	3.5~4.5	—	2.5~3.5	—	1.0~2.0	≤0.10	—	0.15	0.05	0.04	0.003	0.12	0.10	0.30
TA21	Ti-1Al-1Mn	余量	0.4~1.5	—	—	0.5~1.3	≤0.30	≤0.12	—	0.30	0.10	0.05	0.012	0.15	0.10	0.30
TA22	Ti-3Al-1Mo-1Ni-1Zr	余量	2.5~3.5	0.5~1.5	Ni: 0.3~1.0	—	0.8~2.0	≤0.15	—	0.20	0.10	0.05	0.015	0.15	0.10	0.30
TA22-1	Ti-3Al-1Mo-1Ni-1Zr	余量	2.5~3.5	0.2~0.8	Ni: 0.3~0.8	—	0.5~1.0	≤0.04	—	0.20	0.10	0.04	0.008	0.10	0.10	0.30
TA23	Ti-2.5Al-2Zr-1Fe	余量	2.2~3.0	—	Fe: 0.8~1.2	—	1.7~2.3	≤0.15	—	—	0.10	0.04	0.010	0.15	0.10	0.30
TA23-1	Ti-2.5Al-2Zr-1Fe	余量	2.2~3.0	—	Fe: 0.8~1.1	—	1.7~2.3	≤0.10	—	—	0.10	0.04	0.008	0.10	0.10	0.30
TA24	Ti-3Al-2Mo-2Zr	余量	2.5~3.5	1.0~2.5	—	—	1.0~3.0	≤0.15	—	0.30	0.10	0.05	0.015	0.15	0.10	0.30
TA24-1	Ti-3Al-2Mo-2Zr	余量	1.5~2.5	1.0~2.0	—	—	1.0~3.0	≤0.04	—	0.15	0.10	0.04	0.010	0.10	0.10	0.30
TA25	Ti-3Al-2.5V-0.05Pd	余量	2.5~3.5	—	2.0~3.0	—	—	Pd: 0.04~0.08	—	0.25	0.08	0.03	0.015	0.15	0.10	0.40
TA26	Ti-3Al-2.5V-0.1Ru	余量	2.5~3.5	—	2.0~3.0	—	—	Ru: 0.08~0.14	—	0.25	0.08	0.03	0.015	0.15	0.10	0.40
TA27	Ti-0.10Ru	余量	—	—	Ru: 0.08~0.14	—	—	—	—	0.30	0.08	0.03	0.015	0.25	0.10	0.40
TA27-1	Ti-0.10Ru	余量	—	—	Ru: 0.08~0.14	—	—	—	—	0.20	0.08	0.03	0.015	0.18	0.10	0.40
TA28	Ti-3Al	余量	2.0~3.0	—	—	—	—	—	—	0.30	0.08	0.05	0.015	0.15	0.10	0.40

化学成分（质量分数）/%

续表

合金牌号	名义化学成分	化学成分（质量分数）/%																	
		主要成分											杂质，不大于					其他元素	
		Ti	Al	Sn	Mo	V	Cr	Fe	Zr	Pd	Nb	Si	Fe	C	N	H	O	单一	总和
TB2	Ti-5Mo-5V-8Cr-3Al	余量	2.5~3.5	—	4.7~5.7	4.7~5.7	7.5~8.5	—	—	—	—	—	0.30	0.05	0.04	0.015	0.15	0.10	0.40
TB3	Ti-3.5Al-10Mo-8V-1Fe	余量	2.7~3.7	—	9.5~11.0	7.5~8.5	—	0.8~1.2	—	—	—	—	—	0.05	0.04	0.015	0.15	0.10	0.40
TB4	Ti-4Al-7Mo-10V-2Fe-1Zr	余量	3.0~4.5	—	6.0~7.8	9.0~10.5	—	1.5~2.5	0.5~1.5	—	—	—	—	0.05	0.04	0.015	0.20	0.10	0.40
TB5	Ti-15V-3Al-3Cr-3Sn	余量	2.5~3.5	2.5~3.5	—	14.0~16.0	2.5~3.5	—	—	—	—	—	0.25	0.05	0.05	0.015	0.15	0.10	0.30
TB6	Ti-10V-2Fe-3Al	余量	2.6~3.4	—	—	9.0~11.0	—	1.6~2.2	—	—	—	—	—	0.05	0.05	0.0125	0.13	0.10	0.30
TB7	Ti-32Mo	余量	—	—	30.0~34.0	—	—	—	—	—	—	—	0.30	0.08	0.05	0.015	0.20	0.10	0.40
TB8	Ti-15Mo-3Al-2.7Nb-0.25Si	余量	2.5~3.5	—	14.0~16.0	—	—	—	—	—	2.4~3.2	0.15~0.25	0.40	0.05	0.05	0.015	0.17	0.10	0.40
TB9	Ti-3Al-8V-6Cr-4Mo-4Zr	余量	3.0~4.0	—	3.5~4.5	7.5~8.5	5.5~6.5	—	3.5~4.5	≤0.10	—	—	0.30	0.05	0.03	0.030	0.14	0.10	0.40
TB10	Ti-5Mo-5V-2Cr-3Al	余量	2.5~3.5	—	4.5~5.5	4.5~5.5	1.5~2.5	—	—	—	—	—	0.30	0.05	0.04	0.015	0.15	0.10	0.40
TB11	Ti-15Mo	余量	—	—	14.0~16.0	—	—	—	—	—	—	—	0.10	0.10	0.05	0.015	0.20	0.10	0.40

续表

合金牌号	名义化学成分	化学成分（质量分数）/%																	
		主要成分										杂质，不大于					其他元素	
		Ti	Al	Sn	Mo	V	Cr	Fe	Mn	Cu	Si	Fe	C	N	H	O	单一	总和
TC1	Ti-2Al-1.5Mn	余量	1.0 ~ 2.5	—	—	—	—	—	0.7 ~ 2.0	—	—	0.30	0.08	0.05	0.012	0.15	0.10	0.40
TC2	Ti-4Al-1.5Mn	余量	3.5 ~ 5.0	—	—	—	—	—	0.8 ~ 2.0	—	—	0.30	0.08	0.05	0.012	0.15	0.10	0.40
TC3	Ti-5Al-4V	余量	4.5 ~ 6.0	—	—	3.5 ~ 4.5	—	—	—	—	—	0.30	0.08	0.05	0.015	0.15	0.10	0.40
TC4	Ti-6Al-4V	余量	5.5 ~ 6.75	—	—	3.5 ~ 4.5	—	—	—	—	—	0.30	0.08	0.05	0.015	0.20	0.10	0.40
TC4ELI	Ti-6Al-4VELI	余量	5.5 ~ 6.5	—	—	3.5 ~ 4.5	—	—	—	—	—	0.25	0.08	0.03	0.0120	0.13	0.10	0.30
TC6	Ti-6Al-1.5Cr-2.5Mo-0.5Fe-0.3Si	余量	5.5 ~ 7.0	—	2.0 ~ 3.0	—	0.8 ~ 2.3	0.2 ~ 0.7	—	—	0.15 ~ 0.40	—	0.08	0.05	0.015	0.18	0.10	0.40
TC8	Ti-6.5Al-3.5Mo-0.25Si	余量	5.8 ~ 6.8	—	2.8 ~ 3.8	—	—	—	—	—	0.20 ~ 0.35	0.40	0.08	0.05	0.015	0.15	0.10	0.40
TC9	Ti-6.5Al-3.5Mo-2.5Sn-0.3Si	余量	5.8 ~ 6.8	1.8 ~ 2.8	2.8 ~ 3.8	—	—	—	—	—	0.2 ~ 0.4	0.40	0.08	0.05	0.015	0.15	0.10	0.40
TC10	Ti-6Al-6V-2Sn-0.5Cu-0.5Fe	余量	5.5 ~ 6.5	1.5 ~ 2.5	—	5.5 ~ 6.5	—	0.35 ~ 1.0	—	0.35 ~ 1.0	—	—	0.08	0.04	0.015	0.20	0.10	0.40

续表

合金牌号	名义化学成分	化学成分（质量分数）/%																
		主 要 成 分										杂质，不大于					其他元素	
		Ti	Al	Sn	Mo	V	Cr	Fe	Zr	Nb	Si	Fe	C	N	H	O	其一	总和
TC1	Ti-6.5Al-3.5Mo-1.5Zr-0.3Si	余量	5.8~7.0	—	2.8~3.8	—	—	—	0.8~2.0	—	0.2~0.35	0.25	0.08	0.05	0.012	0.15	0.10	0.40
TC2	Ti-5Al-4Mo-4Cr-2Zr-2Sn-1Nb	余量	4.5~5.5	1.5~2.5	3.5~4.5	—	3.5~4.5	—	1.5~3.0	0.5~1.5	—	0.30	0.08	0.05	0.015	0.20	0.10	0.40
TC15	Ti-5Al-2.5Fe	余量	4.5~5.5	—	—	—	—	2.0~3.0	—	—	—	—	0.08	0.05	0.015	0.20	0.10	0.40
TC16	Ti-3Al-5Mo-4.5V	余量	2.2~3.8	—	4.5~5.5	4.0~5.0	—	—	—	—	≤0.15	0.25	0.08	0.05	0.012	0.15	0.10	0.30
TC17	Ti-5Al-2Sn-2Zr-4Mo-4Cr	余量	4.5~5.5	1.5~2.5	3.5~4.5	—	3.5~4.5	—	1.5~2.5	—	≤0.15	0.25	0.05	0.05	0.0125	0.08~0.13	0.10	0.30
TC18	Ti-5Al-4.75Mo-4.75V-1Cr-1Fe	余量	4.4~5.7	—	4.0~5.5	4.0~5.5	0.5~1.5	0.5~1.5	≤0.30	—	—	—	0.08	0.05	0.015	0.18	0.10	0.30
TC19	Ti-6Al-2Sn-4Zr-6Mo	余量	5.5~6.5	1.75~2.25	5.5~6.5	—	—	—	3.5~4.5	—	—	0.15	0.04	0.04	0.0125	0.15	0.10	0.40

续表

合金牌号	名义化学成分	主要成分										杂质，不大于					其他元素	
		Ti	Al	Sn	Mo	V	Cr	Fe	Zr	Nb	Si	Fe	C	N	H	O	单一	总和
TC20	Ti-6Al-7Nb	余量	5.5~6.5	—	—	—	—	—	—	6.5~7.5	Ta≤0.5	0.25	0.08	0.05	0.009	0.20	0.10	0.40
TC21	Ti-6Al-2Mo-1.5Cr-2Zr-2Sn-2Nb	余量	5.2~6.8	1.6~2.5	2.2~3.3	—	0.9~2.0	—	1.6~2.5	1.7~2.3	—	0.15	0.08	0.05	0.015	0.15	0.1	0.40
TC22	Ti-6Al-4V-0.05Pd	余量	5.5~6.75	—	—	3.5~4.5	—	—	—	Pd: 0.04~0.08	—	0.40	0.08	0.05	0.015	0.20	0.10	0.40
TC23	Ti-6Al-4V-0.1Ru	余量	5.5~6.75	—	—	3.5~4.5	—	—	—	Ru: 0.08~0.14	—	0.25	0.08	0.05	0.015	0.13	0.10	0.40
TC24	Ti-4.5Al-3V-2Mo-2Fe	余量	4.0~5.0	—	1.8~2.2	2.5~3.5	—	1.7~2.3	—	—	—	—	0.05	0.05	0.010	0.15	0.10	0.40
TC25	Ti-6.5Al-2Mo-1Zr-1Sn-1W-0.2Si	余量	6.2~7.2	0.8~2.5	1.5~2.5	—	W: 0.5~1.5	—	0.8~2.5	—	0.10~0.25	0.15	0.10	0.04	0.012	0.15	0.10	0.30
TC26	Ti-13Nb-13Zr	余量	—	—	—	—	—	—	12.5~14.0	12.5~14.0	—	0.25	0.08	0.05	0.012	0.15	0.10	0.40

化学成分（质量分数）/%

①TA7 ELI牌号的杂质 "Fe+O" 的总和应不大于0.32%。

2. 钛及钛合金板材（GB/T 3621—2007）（表 3-88、表 3-89）

钛及钛合金板材的牌号、室温力学性能 　　　　　　　　　表 3-88

牌　　号	状　　态	板材厚度/mm	抗拉强度 R_m/MPa	规定非比例延伸强度 $R_{p0.2}$/MPa	断后伸长率[①] A/%，不小于
TA1	M	0.3～25.0	≥240	140～310	30
TA2	M	0.3～25.0	≥400	275～450	25
TA3	M	0.3～25.0	≥500	380～550	20
TA4	M	0.3～25.0	≥580	485～655	20
TA5	M	0.5～1.0 ＞1.0～2.0 ＞2.0～5.0 ＞5.0～10.0	≥685	≥585	20 15 12 12
TA6	M	0.8～1.5 ＞1.5～2.0 ＞2.0～5.0 ＞5.0～10.0	≥685	—	20 15 12 12
TA7	M	0.8～1.5 ＞1.6～2.0 ＞2.0～5.0 ＞5.0～10.0	735～930	≥685	20 15 12 12
TA8	M	0.8～10	≥400	275～450	20
TA8-1	M	0.8～10	≥240	140～310	24
TA9	M	0.8～10	≥400	275～450	20
TA9-1	M	0.8～10	≥240	140～310	24
TA10[②] A类	M	0.8～10.0	≥485	≥345	18
TA10[②] B类	M	0.8～10.0	≥345	≥275	25
TA11	M	5.0～12.0	≥895	≥825	10
TA13	M	0.5～2.0	540～770	460～570	18
TA15	M	0.8～1.8 ＞1.8～4.0 ＞4.0～10.0	930～1130	≥855	12 10 8
TA17	M	0.5～1.0 ＞1.1～2.0 ＞2.1～4.0 ＞4.1～10.0	685～835	—	25 15 12 10
TA18	M	0.5～2.0 ＞2.0～4.0 ＞4.0～10.0	590～735	—	25 20 15
TB2	ST STA	1.0～3.5	≤980 1320		20 8
TB5	ST	0.8～1.75 ＞1.75～3.18	705～945	690～835	12 10

续表

牌　号	状　态	板材厚度/mm	抗拉强度 R_m/MPa	规定非比例延伸强度 $R_{p0.2}$/MPa	断后伸长率[①] A/％，不小于
TB6	ST	1.0～5.0	≥1000	—	6
TB8	ST	0.3～0.6	825～1000	795～965	6
		＞0.6～2.5			8
TC1	M	0.5～1.0	590～735	—	25
		＞1.0～2.0			25
		＞2.0～5.0			20
		＞5.0～10.0			20
TC2	M	0.5～1.0	≥685	—	25
		＞1.0～2.0			15
		＞2.0～5.0			12
		＞5.0～10.0			12
TC3	M	0.8～2.0	≥880	—	12
		＞2.0～5.0			10
		＞5.0～10.0			10
TC4	M	0.8～2.0	≥895	≥830	12
		＞2.0～5.0			10
		＞5.0～10.0			10
		10.0～25.0			8
TC4ELI	M	0.8～25.0	≥860	≥795	10

①厚度不大于 0.64mm 的板材，延伸率报实测值。

②正常供货按 A 类，B 类适应于复合板复材，当需方要求并在合同中注明时，按 B 类供货。

钛及钛合金板材的高温力学性能　　表 3-89

合金牌号	板材厚度 mm	试验温度 ℃	抗拉强度 σ_b/MPa，不小于	持久强度 σ_{100h}/MPa，不小于
TA6	0.8～10	350	420	390
		500	340	195
TA7	0.8～10	350	490	440
		500	440	195
TA11	5.0～12	425	620	—
TA15	0.8～10	500	635	440
		550	570	440
TA17	0.5～10	350	420	390
		400	390	360
TA18	0.5～10	350	340	320
		400	310	280
TC1	0.5～10	350	340	320
		400	310	295
TC2	0.5～10	350	420	390
		400	390	360
TC3、TC4	0.8～10	400	590	540
		500	440	195

3. 板式热交换器用钛板（GB/T 14845—2007）（表 3-90～表 3-92）

板式热交换器用钛板的牌号、状态和规格 表 3-90

牌 号	状 态	产品规格/mm		
		厚 度	宽 度	长 度
TA1、TA8-1、TA9-1	M	0.5～1.0	300～1000	800～3000

板式热交换器用钛板的化学成分 表 3-91

牌 号	Ti	Pd	杂质元素含量，不大于						
			Fe	C	N	H	O	其他元素	
								单个	总和
TA1	余量	—	0.15	0.05	0.03	0.012	0.10	0.10	0.40
TA8-1	余量	0.04～0.08	0.20	0.08	0.03	0.015	0.18	0.10	0.40
TA9-1	余量	0.12～0.25	0.20	0.08	0.03	0.015	0.18	0.10	0.40

注：其他元素一般情况下不做检验，但供方应予以保证。

板式热交换器用钛板的室温力学性能和工艺性能 表 3-92

牌 号	状 态	抗拉强度 R_m/MPa	规定非比例延伸强度 $R_{p0.2}$/MPa	断后伸长率 A/%	弯曲角 α/度	杯突值 /mm
		不 小 于				
TA1	M	240	140	55	140	9.5
TA8-1 TA9-1		240	140	47	140	9.5

注：1. 厚度小于 0.6mm 的板材抗拉强度数值报实测。

2. 用户对板材性能有其他要求时，应经双方协商，并在合同中注明。

4. 钛及钛合金带、箔材（GB/T 3622—2012）

钛及钛合金带、箔材的牌号、品种、加工方式、供货状态、规格和供货方式见表 3-93，钛及钛合金带材的室温力学性能见表 3-94。

钛及钛合金带、箔材的牌号、状态和规格 表 3-93

牌 号	品种	加工方式	供货状态	规格（厚度×宽度×长度）/mm	供货方式
TA1、TA2 TA3、TA4 TA8、TA8-1 TA9、TA9-1 TA10	箔材	冷轧	冷加工态（Y）	(0.01～<0.03)×(30～100)×(≥500)	产品可以片式或卷式供货。 卷式供货可分为切边和不切边两种
			退火态（M）	(0.03～<0.10)×(50～300)×(≥500)	
	带材	冷轧	冷加工态（Y）	(0.10～<0.30)×(50～300)×(≥500)	
			退火态（M）	(0.30<3.00)×(<500)×C	
		热轧	热加工态（R）	(3.00～4.75)×(<600)×C	
			退火态（M）		

注：TA4 仅供带材，其最小厚度为 0.30mm。

钛及钛合金带材的室温力学性能　　　　　　　表 3-94

牌号	状态		产品厚度 mm	室温力学性能				弯曲性能	
				抗拉强度 R_m/MPa	规定非比例延伸 $R_{p0.2}$/MPa	伸长率 A_{50mm}/%		弯曲角度	弯芯直径
						Ⅰ级	Ⅱ级		
TA1 TA8-1 TA9-1	M		0.10~<0.50	≥240	140~310	≥24	≥40	105°	3T
			0.50~2.00				≥35		
			2.00~4.75				—		4T
TA2 TA8 TA9			0.10~<0.50	≥345	275~450	≥20	≥30		4T
			0.50~2.00				≥25		
			2.00~4.75				—		5T
TA3			0.10~<2.00	≥450	380~550	≥18	—		4T
			2.00~4.75						5T
TA4			0.30~2.00	≥550	485~655	≥15	—		5T
			2.00~4.75						6T
TA10[①]		A类	0.10~2.00	≥485	≥345	≥18	—		4T
			2.00~4.75						5T
		B类	0.10~2.00	≥345	≥275	≥25	—		4T
			2.00~4.75						5T

注：T 为板材的名义厚度。

① 合同（或订货单）中未注明时按 A 类供货。B 类适用于复合板材料，仅当需方要求并在合同（或订货单）中注明时，按 B 类供货。

5. 钛及钛合金无缝管（GB/T 3624—2010）（表 3-95～表 3-98）

钛及钛合金无缝管的牌号、供应状态和规格　　　　　表 3-95

牌号	状态	外径 mm	壁厚/mm														
			0.2	0.3	0.5	0.6	0.8	1.0	1.25	1.5	2.0	2.5	3.0	3.5	4.0	4.5	5.0	5.5
TA1 TA2 TA8 TA8-1 TA9 TA9-1 TA10	退火态（M）	3~5	○	○	○	—	—	—	—	—	—	—	—	—	—	—	—	—
		>5~10	—	○	○	○	○	○	○	—	—	—	—	—	—	—	—	—
		>10~15	—	—	○	○	○	○	○	○	○	—	—	—	—	—	—	—
		>15~20	—	—	○	○	○	○	○	○	○	○	—	—	—	—	—	—
		>20~30	—	—	—	○	○	○	○	○	○	○	○	—	—	—	—	—
		>30~40	—	—	—	—	○	○	○	○	○	○	○	○	—	—	—	—
		>40~50	—	—	—	—	—	○	○	○	○	○	○	○	○	—	—	—
		>50~60	—	—	—	—	—	○	○	○	○	○	○	○	○	○	—	—
		>60~80	—	—	—	—	—	—	—	○	○	○	○	○	○	○	○	○
		>80~110	—	—	—	—	—	—	—	—	○	○	○	○	○	○	○	○

注：○表示可以按本标准生产的规格。

TA3 管状态及规格　　　　表 3-96

牌号	状态	外径 mm	壁厚/mm											
			0.5	0.6	0.8	1.0	1.25	1.5	2.0	2.5	3.0	3.5	4.0	4.5
TA3	退火态 (M)	>10~15	○	○	○	○	○	○	○	—	—	—	—	—
		>15~20	—	○	○	○	○	○	○	○	—	—	—	—
		>20~30	—	—	○	○	○	○	○	○	○	—	—	—
		>30~40	—	—	—	—	—	○	○	○	○	○	—	—
		>40~50	—	—	—	—	—	○	○	○	○	○	○	—
		>50~60	—	—	—	—	—	—	○	○	○	○	○	—
		>60~80	—	—	—	—	—	—	—	○	○	○	○	○

注：○表示可以按本标准生产的规格。

钛及钛合金无缝管的长度尺寸（mm）　　　　表 3-97

规　格	无缝管		
	外径≤15	外径>15	
		壁厚≤2.0	壁厚>2.0~5.5
长度	500~4000	500~9000	500~6000

钛及钛合金管的室温力学性能　　　　表 3-98

牌　号	状　态	抗拉强度 R_m/MPa	规定非比例延伸强度 $R_{p0.2}$/MPa	断后伸长率 A_{50mm}/%
TA1	退火 (M)	≥240	140~310	≥24
TA2		≥400	275~450	≥20
TA3		≥500	380~550	≥18
TA8		≥400	275~450	≥20
TA8-1		≥240	140~310	≥24
TA9		≥400	275~450	≥20
TA9-1		≥240	140~310	≥24
TA10		≥460	≥300	≥18

6. 钛及钛合金挤压管（GB/T 26058—2010）（表 3-99~表 3-101）

钛及钛合金挤压管牌号、状态和规格（一）　　　　表 3-99

牌号	供应状态	外径 mm	规定外径和壁厚时的允许最大长度/m														
			壁厚/mm														
			4	5	6	7	8	9	10	12	15	18	20	22	25	28	30
TA1 TA2 TA3 TA4 TA8 TA8-1 TA9 TA9-1 TA10 TA18	热挤压状态 (R)	25、26	3.0	2.5	—												
		28	2.5	2.5	2.5	—											
		30	3.0	2.5	2.0	2.0											
		32	3.0	2.5	2.0	1.5	1.5										
		34	2.5	2.0	1.5	1.2	1.0										
		35	2.5	2.0	1.5	1.2	1.0										
		38	2.0	2.0	1.5	1.2	1.0										
		40	2.0	2.0	1.5	1.5	1.2										
		42	2.0	1.8	1.5	1.2	1.2										
		45	1.5	1.5	1.2	1.2	1.0										
		48	1.5	1.5	1.2	1.2	1.0										
		50	—	1.5	1.2	1.2	1.0										

续表

牌号	供应状态	外径 mm	规定外径和壁厚时的允许最大长度/m 壁厚/mm													
			4	5	6	7	8	9	10	12	15	18	20	22	25	28	30
TA1 TA2 TA3 TA4 TA8 TA8-1 TA9 TA9-1 TA10 TA18	热挤压状态（R）	53	—	1.5	1.2	1.2	1.0	—	—	—	—	—	—	—	—	—	—
		55	—	1.5	1.2	1.2	1.0	—	—	—	—	—	—	—	—	—	—
		60	—	—	—	—	11	10	—	—	—	—	—	—	—	—	—
		63	—	—	—	—	10	9	—	—	—	—	—	—	—	—	—
		65	—	—	—	—	9	8	—	—	—	—	—	—	—	—	—
		70	—	—	10.0	9.0	8.0	7.0	6.5	6.0	—	—	—	—	—	—	—
		75	—	—	10.0	9.0	8.0	7.0	6.0	5.5	—	—	—	—	—	—	—
		80	—	—	8.0	7.0	6.5	6.0	5.5	5.0	4.5	—	—	—	—	—	—
		85	—	—	8.0	7.0	6.5	6.0	5.5	5.0	4.5	—	—	—	—	—	—
		90	—	—	8.0	7.0	6.0	5.5	5.0	4.5	4.5	4.5	4.0	—	—	—	—
		95	—	—	7.0	6.0	5.5	5.0	4.5	5.5	5.0	4.5	4.0	—	—	—	—
		100	—	—	6.0	5.5	5.0	4.5	5.5	5.0	4.5	4.0	3.5	3.0	2.5	—	—
		105	—	—	—	5.0	4.5	4.0	5.0	4.5	4.0	3.5	3.0	2.5	2.0	—	—
		110	—	—	—	5.0	4.5	4.0	5.0	4.5	4.0	3.5	3.0	2.5	2.0	—	—
		115	—	—	—	5.0	4.5	4.0	5.0	4.5	4.0	3.5	3.0	2.5	2.0	1.5	1.2
		120	—	—	—	6.0	5.5	5.0	4.5	4.0	3.5	3.0	2.5	2.0	1.5	1.5	1.2
		130	—	—	—	5.5	5.0	4.5	4.0	3.5	3.0	2.5	2.0	1.5	1.5	1.2	1.0
		140	—	—	—	5.0	4.5	4.0	3.5	3.0	2.5	2.0	1.5	3.5	3.0	2.5	2.0
		150	—	—	—	—	—	—	—	3.5	3.5	3.5	3.0	2.5	2.5	2.0	1.5
		160	—	—	—	—	—	—	—	3.5	3.5	3.5	3.0	2.5	2.0	1.5	1.5
		170	—	—	—	—	—	—	—	3.5	3.0	2.5	2.5	2.0	1.8	1.5	1.2
		180	—	—	—	—	—	—	—	3.5	3.0	2.5	2.5	2.0	1.8	1.5	1.2
		190	—	—	—	—	—	—	—	3.0	2.5	2.5	2.0	1.8	1.5	1.2	1.0
		200	—	—	—	—	—	—	—	—	2.5	2.0	2.0	1.8	1.5	1.2	1.0
		210	—	—	—	—	—	—	—	—	—	—	2.0	1.8	1.5	1.2	1.0

注：1. 管材的最小长度为 500mm。

2. 需方要求时，经协商可提供其他规格的管材。

钛及钛合金挤压管牌号、状态和规格 (二) 表 3-100

牌号	供应状态	外径 mm	规定外径和壁厚时的允许最大长度/m							
			壁厚/mm							
			12	15	18	20	22	25	28	30
TC1 TC4	热挤压状态 (R)	90		4.5	4.5	4.0	—	—	—	—
		95		5.0	4.5	4.0	—	—	—	—
		100		4.5	4.0	3.5	3.0	2.5		
		105		4.0	3.5	3.0	2.5	2.0		
		110	4.5	4.0	3.5	3.0	2.5	2.0	—	
		115				3.0	2.5	2.0	1.5	1.2
		120				2.5	2.0	1.5	1.5	1.2
		130		3.0	2.5	2.0	1.5	1.5	1.2	1.0
		140	3.0	2.5	2.0	1.5	3.5	3.0	2.5	2.0
		150	3.5	3.5	3.5	3.0	2.5	2.5	2.0	1.5
		160	3.5	3.5	3.5	3.0	2.5	2.0	1.5	1.5
		170							1.5	1.2
		180	—	—	—	2.5	2.0	1.8	1.5	1.2
		190		2.5	2.5	2.0	1.8	1.5	1.2	1.0
		200		2.5	2.0	2.0	1.8	1.5	1.2	1.0
		210	—	—	—	—	—	—	—	1.0

注：1. 管材的最小长度为 500mm。

2. 需方要求时，经协商可提供其他规格的管材。

管材室温力学性能 表 3-101

合金牌号	状 态	室温力学性能	
		抗拉强度 R_m/MPa	断后伸长率 A/%
TA1	热挤压 R	≥240	≥24
TA2		≥400	≥20
TA3		≥450	≥18
TA9		≥400	≥20
TA10		≥485	≥18

注：当需方要求并在合同（或订货单）中注明时，其他牌号的力学性能报实测值或由供需双方协商确定。

7. 换热器及冷凝器用钛及钛合金管（GB/T 3625—2007）（表 3-102～表 3-107）

冷轧钛及钛合金无缝管的牌号、状态和规格　　　　　　表 3-102

牌号	状态	外径/mm	壁厚/mm											
			0.5	0.6	0.8	1.0	1.25	1.5	2.0	2.5	3.0	3.5	4.0	4.5
TA1、TA2、TA3、TA9、TA9-1、TA10	退火态（M）	>10～15	○	○	○	○	○	○	○	—	—	—	—	—
		>15～20	—	○	○	○	○	○	○	○	—	—	—	—
		>20～30	—	—	○	○	○	○	○	○	○	—	—	—
		>30～40	—	—	—	○	○	○	○	○	○	○	—	—
		>40～50	—	—	—	—	○	○	○	○	○	○	○	—
		>50～60	—	—	—	—	—	○	○	○	○	○	○	○
		>60～80	—	—	—	—	—	—	○	○	○	○	○	○

注："○"表示可以按本标准生产的规格。

焊接管的牌号、状态和规格　　　　　　表 3-103

牌　号	状　态	外径/mm	壁　厚/mm							
			0.5	0.6	0.8	1.0	1.25	1.5	2.0	2.5
TA1、TA2、TA3、TA9、TA9-1、TA10	退火态（M）	16	○	○	○	○	—	—	—	—
		19	○	○	○	○	○	—	—	—
		25、27	○	○	○	○	○	○	—	—
		31、32、33	—	—	○	○	○	○	○	—
		38	—	—	—	—	—	○	○	○
		50	—	—	—	—	—	—	○	○
		63	—	—	—	—	—	—	○	○

注："○"表示可以按本标准生产的规格。

焊接-轧制管的牌号、状态和规格　　　　　　表 3-104

牌　号	状　态	外径/mm	壁　厚/mm						
			0.5	0.6	0.8	1.0	1.25	1.5	2.0
TA1、TA2、TA3、TA9-1、TA9、TA10	退火态（M）	6～10	○	○	○	○	○	—	—
		>10～15	○	○	○	○	○	○	—
		>15～30	○	○	○	○	○	○	○

注："○"表示可以按本标准生产的规格。

无缝管和焊接轧制管长度（mm）　　　　　　表 3-105

种　类	无　缝　管			焊接-轧制管	
	外径≤15	外径>15		壁　厚	
		壁厚≤2.0	壁厚>2.0～4.5	0.5～0.8	>0.8～2.0
长度	500～4000	500～9000	500～6000	500～8000	500～5000

注：超出表中规定的长度时，可协商供货。

焊接管长度（mm） 表 3-106

种 类	焊 接 管		
	壁厚 0.5～1.25	壁厚＞1.25～2.0	壁厚＞2.0～2.5
长度	500～15000	500～6000	500～4000

注：超出表中规定的长度时，可协商供货。

室温力学性能 表 3-107

合金牌号	状 态	室温力学性能		
		抗拉强度 R_m/MPa	规定非比例延伸强度 $R_{p0.2}$/MPa	断后伸长率 A_{50mm}/%
TA1		≥240	140～310	≥24
TA2		≥400	275～450	≥20
TA3	退火态 M	≥500	380～550	≥18
TA9		≥400	275～450	≥20
TA9-1		≥240	140～310	≥24
TA10		≥460	≥300	≥18

8. 钛及钛合金棒（GB/T 2965—2007）（表 3-108～表 3-110）

棒材的牌号、状态和规格 表 3-108

牌 号	供应状态[1]	直径或截面厚度[2]/mm	长度[2]/mm
TA1、TA2、TA3、TA4、TA5、TA6、TA7、TA9、TA10、TA13、TA15、TA19、TB2、TC1、TC2、TC3、TC4、ELI、TC6、TC9、TC10、TC11、TC12	热加工态（R）	＞7～230	300～6000
	冷加工态（Y）		300～6000
	退火状态（M）		300～3000

[1] TC9、TA19 和 TC11 钛合金棒材的供应状态为热加工态（R）和冷加工态（Y）；TC6 钛合金棒材的退火态（M）为普通退火态。

[2] 经供需双方协商，可供应超出表中规格的棒材。

高温纵向力学性能 表 3-109

牌 号	试验温度/℃	高温力学性能，不小于			
		抗拉强度 R_m/MPa	持久强度/MPa		
			σ_{100h}	σ_{50h}	σ_{35h}
TA6	350	420	390	—	—
TA7	350	490	440	—	—
TA15	500	570	—	470	—
TA19	480	620	—	—	480

续表

牌　　号	试验温度/℃	高温力学性能，不小于			
		抗拉强度 R_m/MPa	持久强度/MPa		
			σ_{100h}	σ_{50h}	σ_{35h}
TC1	350	345	325	—	—
TC2	350	420	390	—	—
TC4	400	620	570	—	—
TC6	400	735	665	—	—
TC9	500	785	590	—	—
TC10	400	835	785	—	—
TC11[①]	500	685	—	—	640[①]
TC12	500	700	590	—	—

①TC11钛合金棒材持久强度不合格时，允许再按500℃的100h持久强度 $\sigma_{100h} \geqslant 590$MPa 进行检验，检验合格则该批棒材的持久强度合格。

室温纵向力学性能　　　　　　　　　　**表 3-110**

牌　　号	室温力学性能，不小于				
	抗拉强度 R_m/MPa	规定非比例延伸强度 $R_{p0.2}$/MPa	断后伸长率 A/%	断面收缩率 Z/%	备　注
TA1	240	140	24	30	
TA2	400	275	20	30	
TA3	500	380	18	30	
TA4	580	485	15	25	
TA5	685	585	15	40	
TA6	685	585	10	27	
TA7	785	680	10	25	
TA9	370	250	20	25	
TA10	485	345	18	25	
TA13	540	400	16	35	
TA15	885	825	8	20	
TA19	895	825	10	25	
TB2	≤980	820	18	40	淬火性能
	1370	1100	7	10	时效性能
TC1	585	460	15	30	
TC2	685	560	12	30	
TC3	800	700	10	25	

续表

牌　号	室温力学性能，不小于				备　注
	抗拉强度 R_m/MPa	规定非比例延伸强度 $R_{p0.2}$/MPa	断后伸长率 A/%	断面收缩率 Z/%	
TC4	895	825	10	25	
TC4 ELI	830	760	10	15	
TC6①	980	840	10	25	
TC9	1060	910	9	25	
TC10	1030	900	12	25	
TC11	1030	900	10	30	
TC12	1150	1000	10	25	

注：符合表中规定的纵向力学性能的棒材横截面积不大于 $64.5cm^2$ 且矩形棒的截面厚度不大于76mm。

① TC6 棒材测定普通退火状态的性能。当需方要求并在合同中注明时，方测定等温退火状态的性能。

9. 钛及钛合金丝（GB/T 3623—2007）（表 3-111～表 3-112）

钛及钛合金丝的牌号、状态和规格　　　　　　　　　　表 3-111

牌　号	直径/mm	状　态
TA1、TA1ELI、TA2、TA2ELI、TA3、TA3ELI、TA4、TA4ELI、TA28、TA7、TA9、TA10、TC1、TC2、TC3	0.1～7.0	热加工态 R 冷加工态 Y 退火态 M
TA1-1、TC4、TC4ELI	1.0～7.0	

注：丝材的用途和供应状态应在合同中注明，未注明时按加工态（Y 或 R）焊丝供应。

钛及钛合金丝的室温力学性能　　　　　　　　　　表 3-112

牌　号	直径/mm	室温力学性能	
		抗拉强度 R_m/MPa	断后伸长率 A/%
TA1	4.0～7.0	≥240	≥24
TA2		≥400	≥20
TA3		≥500	≥18
TA4		≥580	≥15
TA1	0.1～<4.0	≥240	≥15
TA2		≥400	≥12
TA3		≥500	≥10
TA4		≥580	≥8
TA1-1	1.0～7.0	295～470	≥30
TC4ELI	1.0～7.0	≥860	≥10
TC4	1.0～2.0	≥925	≥8
	≥2.0～7.0	≥895	≥10

注：直径小于 2.0 的丝材的延伸率不满足要求时可按实测值报出。

五、镍 及 镍 合 金

1. 加工镍及镍合金名称、牌号和化学成分（GB/T 5235—2007）（表 3-113）

表 3-113

加工镍及镍合金名称、牌号及化学成分

化学成分（质量分数）/%

组别	名称	牌号	元素	Ni+Co	Cu	Si	Mn	C	Mg	S	P	Fe	Pb	Bi	As	Sb	Zn	Cd	Sn	W	Ca	Cr	Ti	Al	杂质总和
纯镍	二号镍	N2	最小值	99.98	—	—	—	—	—	—	—	—	—	—	—	—	—	—	—	—	—	—	—	—	—
			最大值	—	0.001	0.003	0.002	0.005	0.003	0.001	0.001	0.007	0.0003	0.0003	0.0003	0.0003	0.002	0.0003	0.001	—	—	—	—	—	0.02
	四号镍	N4	最小值	99.9	—	—	—	—	—	—	—	—	—	—	—	—	—	—	—	—	—	—	—	—	—
			最大值	—	0.015	0.03	0.002	0.01	0.01	0.001	0.001	0.04	0.001	0.001	0.001	0.001	0.005	0.001	0.001	—	—	—	—	—	0.1
	五号镍	N5 (NW2201) (N02201)	最小值	99.0	—	—	—	—	—	—	—	—	—	—	—	—	—	—	—	—	—	—	—	—	—
			最大值	—	0.25	0.30	0.35	0.02	—	0.01	—	0.40	—	—	—	—	—	—	—	—	—	0.2	—	—	—
	六号镍	N6	最小值	99.5	—	—	—	—	—	—	—	—	—	—	—	—	—	—	—	—	—	—	—	—	—
			最大值	—	0.10	0.10	0.05	0.10	0.10	0.005	0.002	0.10	0.002	0.002	0.002	0.002	0.007	0.002	0.002	—	—	—	—	—	0.5
	七号镍	N7 (NW2200) (N02200)	最小值	99.0	—	—	—	—	—	—	—	—	—	—	—	—	—	—	—	—	—	—	—	—	—
			最大值	—	0.25	0.30	0.35	0.15	—	0.01	—	0.40	—	—	—	—	—	—	—	—	—	0.2	—	—	—
	八号镍	N8	最小值	99.0	—	—	—	—	—	—	—	—	—	—	—	—	—	—	—	—	—	—	—	—	—
			最大值	—	0.15	0.15	0.20	—	0.10	0.015	—	0.30	—	—	—	—	—	—	—	—	—	—	—	—	1.0
	九号镍	N9	最小值	98.63	—	—	—	—	—	—	—	—	—	—	—	—	—	—	—	—	—	—	—	—	—
			最大值	—	0.25	0.35	0.35	0.02	0.10	0.005	0.002	0.4	0.002	0.002	0.002	0.002	0.007	0.002	0.002	—	—	—	—	—	0.5
	电真空镍	DN	最小值	99.35	—	0.02	0.02	0.02	—	—	—	—	—	—	—	—	—	—	—	—	—	—	—	—	—
			最大值	—	0.06	0.10	0.05	0.10	0.10	0.005	0.002	0.10	0.002	0.002	0.002	0.002	0.007	0.002	0.002	—	—	—	—	—	—
阳极镍	一号阳极镍	NY1	最小值	99.7	—	—	—	—	—	—	—	—	—	—	—	—	—	—	—	—	—	—	—	—	—
			最大值	—	0.1	0.10	0.02	0.02	0.10	0.005	—	0.10	—	—	—	—	—	—	—	—	—	—	—	—	0.3
	二号阳极镍	NY2	最小值	99.4	0.01	—	—	O₂: 0.03	—	0.002	—	—	—	—	—	—	—	—	—	—	—	—	—	—	—
			最大值	—	0.10	0.10	—	0.3	0.3	0.01	—	0.10	—	—	—	—	—	—	—	—	—	—	—	—	—
	三号阳极镍	NY3	最小值	99.0	—	—	—	—	—	—	—	—	—	—	—	—	—	—	—	—	—	—	—	—	—
			最大值	—	0.15	0.2	—	0.1	0.10	0.005	—	0.25	—	—	—	—	—	—	—	—	—	—	—	—	—

续表

组别	名称	牌号	元素	化学成分（质量分数）/%																					杂质总和
				Ni+Co	Cu	Si	Mn	C	Mg	S	P	Fe	Pb	Bi	As	Sb	Zn	Cd	Sn	W	Ca	Cr	Ti	Al	
镍锰合金	3镍锰合金	NMn3	最小值	余量	—	—	2.30	—	—	—	—	—	—	—	—	—	—	—	—	—	—	—	—	—	—
			最大值		0.50	0.30	3.30	0.30	0.10	0.03	0.010	0.65	0.002	0.002	0.030	0.002	—	—	—	—	—	—	—	—	1.5
	4-1镍锰合金	NMn4-1	最小值	—	—	0.75	3.75	—	—	—	—	—	—	—	—	—	—	—	—	—	—	—	—	—	—
			最大值	余量	—	1.05	4.25	—	—	—	—	—	—	—	—	—	—	—	—	—	—	—	—	—	—
	5镍锰合金	NMn5	最小值	—	—	—	4.60	—	—	—	—	—	—	—	—	—	—	—	—	—	—	—	—	—	—
			最大值	余量	0.50	0.30	5.40	0.30	0.10	0.03	0.020	0.65	0.002	0.002	0.030	0.002	—	—	—	—	—	—	—	—	—
	1.5-1.5-0.5镍锰合金	NMn1.5-1.5-0.5	最小值	余量	—	0.35	1.3	—	—	—	—	—	—	—	—	—	—	—	—	—	—	1.3	—	—	—
			最大值		—	0.75	1.7	—	—	—	—	—	—	—	—	—	—	—	—	—	—	1.7	—	—	—
镍铜合金	40-2-1镍铜合金	NCu40-2-1	最小值	余量	38.0	—	1.25	—	—	—	—	—	—	—	—	—	—	—	—	—	—	—	—	—	—
			最大值		42.0	0.15	2.25	0.30	—	0.02	0.005	0.2	0.006	—	—	—	—	—	—	—	—	—	—	—	—
	28-1-1镍铜合金	NCu28-1-1	最小值	余量	28	—	1.0	—	—	—	—	1.0	—	—	—	—	—	—	—	—	—	—	—	—	—
			最大值		32	—	1.4	—	—	—	—	1.4	—	—	—	—	—	—	—	—	—	—	—	—	—
	28-2.5-1.5镍铜合金	NCu28-2.5-1.5	最小值	余量	27.0	—	1.2	—	—	—	—	2.0	—	—	—	—	—	—	—	—	—	—	—	—	—
			最大值		29.0	0.1	1.8	0.20	0.10	0.02	0.005	3.0	0.003	0.002	0.010	0.002	—	—	—	—	—	—	—	—	—
	30镍铜合金	NCu30 (NW4400)(N04400)	最小值	63.0	28.0	—	—	—	—	—	—	—	—	—	—	—	—	—	—	—	—	—	—	—	—
			最大值	—	34.0	0.5	2.0	0.3	—	0.024	—	2.5	—	—	—	—	—	—	—	—	—	—	—	—	—
	30-3-0.5镍铜合金	NCu30-3-0.5 (NW5500)(N05500)	最小值	63.0	27.0	—	—	—	—	—	—	—	—	—	—	—	—	—	—	—	—	—	0.35	2.3	—
			最大值	—	33.0	0.5	1.5	0.1	—	0.01	—	2.0	—	—	—	—	—	—	—	—	—	—	0.86	3.15	—

续表

化学成分（质量分数）/%

组别	名称	牌号	元素	Ni+Co	Cu	Si	Mn	C	Mg	S	P	Fe	Pb	Bi	As	Sb	Zn	Cd	Sn	W	Ca	Cr	Ti	Al	杂质总和
镍铜合金	35-1.5-1.5镍铜合金	NCu35-1.5-1.5	最小值	余量	34	0.1	1.0	—	—	—	—	1.0	—	—	—	—	—	—	—	—	—	—	—	—	—
			最大值	—	38	0.4	1.5	—	—	—	—	1.5	—	—	—	—	—	—	—	—	—	—	—	—	—
	0.1镍镁合金	NMg0.1	最小值	99.6	—	—	—	—	0.07	—	—	—	—	—	—	—	—	—	—	—	—	—	—	—	—
			最大值	—	0.05	0.02	0.05	0.05	0.15	0.005	0.002	0.07	0.002	0.002	0.002	0.002	0.007	0.002	0.002	—	—	—	—	—	—
	0.19镍硅合金	NSi0.19	最小值	99.4	—	0.15	—	—	—	—	—	—	—	—	—	—	—	—	—	—	—	—	—	—	—
			最大值	—	0.05	0.25	0.05	0.10	0.05	0.005	0.002	0.07	0.002	0.002	0.002	0.002	0.007	0.002	0.002	—	—	—	—	—	—
电子用镍合金	4-0.15镍钨钙合金	NW4-0.15	最小值	余量	—	—	—	—	—	—	—	—	—	—	—	—	—	—	—	3.0	0.07	—	—	—	—
			最大值	—	0.02	0.01	0.005	0.01	0.01	0.003	0.002	0.03	0.002	0.002	0.002	0.002	0.003	0.002	0.002	4.0	0.17	—	—	0.01	—
	4-0.2-0.2镍钨钙合金	NW4-0.2-0.2	最小值	余量	—	—	—	—	—	—	—	—	—	—	—	—	—	—	—	3.0	0.1	—	—	0.1	—
			最大值	—	0.02	0.01	0.02	0.05	0.03	—	—	—	—	—	—	—	0.003	P+Pb+Sn+Bi+Sb+Cd+S≤0.002	—	4.0	0.19	—	—	0.2	—
	4-0.1镍钨锆合金	NW4-0.1	最小值	余量	—	—	—	—	—	—	—	—	—	—	—	—	—	—	—	3.0	—	Zr: 0.08	—	—	—
			最大值	—	0.005	0.005	0.005	0.01	0.005	0.001	0.001	0.03	0.001	0.001	0.001	0.001	0.003	0.001	0.001	4.0	—	0.14	—	—	—
	4-0.07镍钨镁合金	NW4-0.07	最小值	余量	—	—	—	—	0.05	—	—	—	—	—	—	—	—	—	—	3.5	—	—	—	—	—
			最大值	—	0.02	0.01	0.01	0.01	0.1	0.001	0.001	0.03	0.002	0.002	0.002	0.002	0.005	0.002	0.002	4.5	—	—	—	—	—
热电合金	3镍硅合金	NS3	最小值	97	—	3	—	—	—	—	—	—	—	—	—	—	—	—	—	—	—	—	—	—	—
			最大值	—	—	—	—	—	—	—	—	—	—	—	—	—	—	—	—	—	—	—	—	—	—
	10镍铬合金	NCr10	最小值	90	—	—	—	—	—	—	—	—	—	—	—	—	—	—	—	—	—	—	—	—	—
			最大值	—	—	—	—	—	—	—	—	—	—	—	—	—	—	—	—	—	—	10	0.005	0.005	—
	20镍铬合金	NC20	最小值	余量	—	—	—	—	—	—	—	—	—	—	—	—	—	—	—	—	—	18	—	—	—
			最大值	—	—	—	—	—	—	—	—	—	—	—	—	—	—	—	—	—	—	20	—	0.001	—

注：1. 元素含量为上下限者为合金元素，元素含量为单个数值者，除镍加钴为最低限量外，其他元素为最高限量。

2. 杂质总和为表中所列杂质元素实测值总和。

3. 除 NCu30、NCu30-3-0.5 的 Ni+Co 含量为实测值外，其余牌号的 Ni+Co 含量为 100%减去表中所列元素实测值所得。

4. 热电合金的化学成分为名义成分。

2. 镍及镍合金板（GB/T 2054—2013）（表 3-114、表 3-115）

镍及镍合金板的牌号、状态、规格 表 3-114

牌　号	制造方法	状　态	规格/mm	
			矩形板材 （厚度×宽度×长度）	圆形板材 （厚度×直径）
N4，N5（NW2201，N02201） N6、N7（NW2200，N02200） NSi0.19、NMg0.1、NW4-0.15 NW4-0.1、NW4-0.07、DN NCu28-2.5-1.5	热轧	热加工态(R) 软态(M) 固溶退火态(ST)①	(4.1～100.0) ×(50～3000) ×(500～4500)	(4.1～100.0) ×(50～3000)
NCu30（NW4400，N04400） NS1101（N08800）、NS1102（N08810） NS1402（N08825）、NS3304（N10276） NS3102（NW6600，N06600） NS3306（N06625）	冷轧	冷加工态(Y) 半硬状态(Y₂) 软态(M) 固溶退火态(ST)①	(0.1～4.0) ×(50～1500) ×(500～4000)	(0.5～4.0) ×(50～1500)

① 固溶退火态仅适用于 NS3304（N10276）和 NS3306（N06625）。

厚度不大于 15mm 的镍及镍合金板室温力学性能 表 3-115

牌　号	状态	厚度/mm	室温力学性能，不小于			硬度	
			抗拉强度， R_m/MPa	规定塑性延伸强度①， $R_{p0.2}$/MPa	断后伸长率， A_{50mm}/%	HV	HRB
N4、N5 NW4-0.15 NW4-0.1 NW4-0.07	M	≤1.5②	345	80	35	—	—
		>1.5	345	80	40	—	—
	R③	>4	345	80	30	—	—
	Y	≤2.5	490	—	2	—	—
N6、N7、DN⑤ NSi0.19、 NMg0.1	M	≤1.5②	380	100	35	—	—
		>1.5	380	100	40	—	—
	R	>4	380	135	30	—	—
	Y④	>1.5	620	480	2	188～215	90～95
		≤1.5	540		2		
	Y₂④	>1.5	490	290	20	147～170	79～85
NCu28-2.5-1.5	M	—	440	160	35	—	—
	R③	>4	440		25	—	—
	Y₂④	—	570	—	6.5	157～188	82～90
NCu30 （N04400）	M	—	485	195	35	—	—
	R③	>4	515	260	25	—	—
	Y₂④	—	550	300	25	157～188	92～90
NS1101（N08800）	R	所有规格	550	240	25	—	—
	M		520	205	30	—	—

牌　号	状态	厚度/mm	室温力学性能，不小于			硬度	
			抗拉强度，R_m/MPa	规定塑性延伸强度[①]，$R_{p0.2}$/MPa	断后伸长率，A_{50mm}/%	HV	HRB
NS1102(N08810)	M	所有规格	450	170	30	—	—
NS1402(N08825)	M	所有规格	586	241	30	—	—
NS3102 (NW6600、N06600)	M	0.1～100	550	240	30	—	≤88[⑥]
	Y	<6.4	860	620	2	—	—
	Y_2	<6.4	—	—	—	—	93～98
NS3304(N10276)	ST	所有规格	690	283	40	—	≤100
NS3306(N06625)	ST	所有规格	690	276	30	—	—

① 厚度≤0.5mm板材的规定塑性延伸强度不作考核。

② 厚度<1.0mm用于成型换热器的N4和N6薄板力学性能报实测数据。

③ 热轧板材可在最终热轧前做一次热处理。

④ 硬态及半硬态供货的板材性能，以硬度作为验收依据，需方要求时，可提供拉伸性能。提供拉伸性能时，不再进行硬度测试。

⑤ 仅适用于电真空器作用板。

⑥ 仅适用于薄板和带材，且用于深冲成型时的产品要求。用户要求并在合同中注明时进行检测。

3. 镍及镍合金带材（GB/T 2072—2007）（表 3-116、表 3-117）

镍及镍合金带材的牌号、状态及规格　表 3-116

牌　号	状　态	规格/mm		
		厚　度	宽　度	长度[①]
N4, N5, N6, N7, NMg0.1, DN, NSi0.19, NCu40-2-1, NCu28-2.5-1.5, NW4-0.15, NW4-0.1, NW4-0.07, NCu30	软态（M）半硬态（Y_2）硬态（Y）	0.05～0.15	20～250	≥5000
		>0.15～0.55		≥3000
		>0.55～1.2		≥2000

① 厚度为 0.55mm～1.20mm 的带材，允许交付不超过批重 15% 的长度不短于 1m 的带材。

镍及镍合金带材的纵向室温力学性能　表 3-117

牌　号	产品厚度 mm	状　态	抗拉强度 R_m/（N/mm²）	规定非比例延伸强度 $R_{p0.2}$/（N/mm²）	断后伸长率/%	
					$A_{11.3}$	A_{50}
N4, NW4-0.15 NW4-0.1, NW4-0.07	0.25～1.2	软态（M）	≥345	—	≥30	—
		硬态（Y）	≥490	—	≥2	—
N5	0.25～1.2	软态（M）	≥350	≥85[①]	—	≥35
N7	0.25～1.2	软态（M）	≥380	≥105[①]	—	≥35
		硬态（Y）	≥620	≥480[①]	—	≥2

续表

牌　号	产品厚度 mm	状　态	抗拉强度 R_m/ (N/mm²)	规定非比例延伸强度 $R_{p0.2}$/ (N/mm²)	断后伸长率/%	
					$A_{11.3}$	A_{50}
N6，DN，NMg0.1 NSi0.19	0.25~1.2	软态 (M)	≥392	—	≥30	—
		硬态 (Y)	≥539		≥2	—
NCu28-2.5-1.5	0.5~1.2	软态 (M)	≥441		≥25	
		半硬态 (Y₂)	≥568		≥6.5	
NCu30	0.25~1.2	软态 (M)	≥480	≥195①	≥25	
		半硬态 (Y₂)	≥550	≥300①	≥25	
		硬态 (Y)	≥680	≥620①	≥2	
NCu40-2-1	0.25~1.2	软态 (M) 半硬态 (Y₂) 硬态 (Y)	报实测	—	报实测	

注：需方对性能有其他要求时，指标由双方协商确定。
① 规定非比例延伸强度不适于厚度小于 0.5mm 的带材。

4. 镍及镍合金管（GB/T 2882—2013）（表 3-118～表 3-120）

镍及镍合金管的牌号、状态及规格 表 3-118

牌　号	状　态	规格/mm		长　度
		外　径	壁　厚	
N2、N4、DN	软态 (M) 硬态 (Y)	0.35~18	0.05~0.90	
N6	软态 (M) 半硬态 (Y₂) 硬态 (Y) 消除应力状态 (Y₀)	0.35~110	0.05~8.00	
N5 (N02201)、 N7 (N02200)、N8	软态 (M) 消除应力状态 (Y₀)	5~110	1.00~8.00	
NCr15-8 (N06600)	软态 (M)	12~80	1.00~3.00	
NCu30 (N04400)	软态 (M) 消除应力状态 (Y₀)	10~110	1.00~8.00	100~15000
NCu28-2.5-1.5	软态 (M) 硬态 (Y)	0.35~110	0.05~5.00	
	半硬态 (Y₂)	0.35~18	0.05~0.90	
NCu40-2-1	软态 (M) 硬态 (Y)	0.35~110	0.05~6.00	
	半硬态 (Y₂)	0.35~18	0.05~0.90	
NSi0.19 NMg0.1	软态 (M) 硬态 (Y) 半硬态 (Y₂)	0.35~18	0.05~0.90	

表 3-119

镍及镍合金管的公称尺寸 (mm)

外　径	0.05~0.06	>0.06~0.09	>0.09~0.12	>0.12~0.15	>0.15~0.20	>0.20~0.25	>0.25~0.30	>0.30~0.40	>0.40~0.50	>0.50~0.60	>0.60~0.70	>0.70~0.90	>0.90~1.00	>1.00~1.25	>1.25~1.80	>1.80~3.00	>3.00~4.00	>4.00~5.00	>5.00~6.00	>6.00~7.00	>7.00~8.00	长度
0.35~0.40	○	—	—	—	—	—	—	—	—	—	—	—	—	—	—	—	—	—	—	—	—	≤3000
>0.40~0.50	○	○	—	—	—	—	—	—	—	—	—	—	—	—	—	—	—	—	—	—	—	≤3000
>0.50~0.60	○	○	○	—	—	—	—	—	—	—	—	—	—	—	—	—	—	—	—	—	—	≤3000
>0.60~0.70	○	○	○	○	—	—	—	—	—	—	—	—	—	—	—	—	—	—	—	—	—	≤3000
>0.70~0.80	○	○	○	○	○	—	—	—	—	—	—	—	—	—	—	—	—	—	—	—	—	≤3000
>0.80~0.90	○	○	○	○	○	○	—	—	—	—	—	—	—	—	—	—	—	—	—	—	—	≤3000
>0.90~1.50	○	○	○	○	○	○	○	—	—	—	—	—	—	—	—	—	—	—	—	—	—	≤3000
>1.50~1.75	—	○	○	○	○	○	○	○	—	—	—	—	—	—	—	—	—	—	—	—	—	≤3000
>1.75~2.00	—	○	○	○	○	○	○	○	○	—	—	—	—	—	—	—	—	—	—	—	—	≤3000
>2.00~2.25	—	○	○	○	○	○	○	○	○	—	—	—	—	—	—	—	—	—	—	—	—	≤3000
>2.25~2.50	—	—	○	○	○	○	○	○	○	○	—	—	—	—	—	—	—	—	—	—	—	≤3000
>2.50~3.50	—	—	—	○	○	○	○	○	○	○	○	—	—	—	—	—	—	—	—	—	—	≤3000
>3.50~4.20	—	—	—	—	—	—	○	○	○	○	○	○	—	—	—	—	—	—	—	—	—	≤3000
>4.20~6.00	—	—	—	—	—	—	—	—	○	○	○	○	○	○	○	—	—	—	—	—	—	≤3000
>6.00~8.50	—	—	—	—	—	—	—	—	—	○	○	○	○	○	○	○	—	—	—	—	—	≤3000
>8.50~10	—	—	—	—	—	—	—	—	—	—	—	○	○	○	○	○	—	—	—	—	—	≤15000
>10~12	—	—	—	—	—	—	—	—	—	—	—	—	○	○	○	○	—	—	—	—	—	≤15000
>12~14	—	—	—	—	—	—	—	—	—	—	—	—	—	○	○	○	—	—	—	—	—	≤15000
>14~15	—	—	—	—	—	—	—	—	—	—	—	—	—	—	○	○	○	—	—	—	—	≤15000
>15~18	—	—	—	—	—	—	—	—	—	—	—	—	—	—	○	○	○	—	—	—	—	≤15000
>18~20	—	—	—	—	—	—	—	—	—	—	—	—	—	—	○	○	○	—	—	—	—	≤15000
>20~30	—	—	—	—	—	—	—	—	—	—	—	—	—	—	○	○	○	—	—	—	—	≤15000
>30~35	—	—	—	—	—	—	—	—	—	—	—	—	—	—	—	○	○	○	—	—	—	≤15000
>35~40	—	—	—	—	—	—	—	—	—	—	—	—	—	—	—	—	○	○	○	—	—	≤15000
>40~60	—	—	—	—	—	—	—	—	—	—	—	—	—	—	—	—	○	○	○	○	—	≤15000
>60~90	—	—	—	—	—	—	—	—	—	—	—	—	—	—	—	—	○	○	○	○	○	≤15000
>90~110	—	—	—	—	—	—	—	—	—	—	—	—	—	—	—	—	○	○	○	○	○	≤15000

注: "○" 表示可供规格, "—" 表示不推荐采用规格, 需要其他规格的产品应由供需双方商定。

镍及镍合金管的室温力学性能   表 3-120

牌　号	壁厚/mm	状态	抗拉强度 R_m/MPa 不小于	规定塑性延伸强度 $R_{p0.2}$/MPa	断后伸长率/%，不小于	
					A	A_{50mm}
N4，N2，DN	所有规格	M	390	—	35	—
		Y	540	—		—
N6	<0.90	M	390	—		35
		Y	540	—		
	≥0.90	M	370	—	35	—
		Y_2	450	—		12
		Y	520	—	6	
		Y_0	460	—		
N7（N02200）、N8	所有规格	M	380	105		35
		Y_0	450	275		15
N5（N02201）	所有规格	M	345	80		35
		Y_2	415	205		15
NCu30（N04400）	所有规格	M	480	195		35
		Y_0	585	380		15
NCu28-2.5-1.5 NCu40-2-1 NSi0.19 NMg0.1	所有规格	M	440	—		20
		Y_2	540	—	6	—
		Y	585	—	3	—
NCr15-8（N06600）	所有规格	M	550	210		30

注：1. 外径小于 18mm，壁厚小于 0.90mm 的硬（Y）态镍及镍合金管材的断后伸长率值仅供参考。

　　2. 供农用飞机作喷头用的 Ncu28-2.5-1.5 合金硬状态管材，其抗拉强度不小于 645MPa、断后伸长率不小于 2%。

5. 镍及镍合金棒（GB/T 4435—2010）（表 3-121、表 3-122）

镍及镍合金棒的牌号、状态及规格   表 3-121

牌　号	状态	直径/mm	长度/mm
N4、N5、N6、N7、N8、 NCu28-2.5-1.5、 NCu30-3-0.5、 NCu40-2-1、 NMn5、NCu30、 NCu35-1.5-1.5	Y（硬） Y_2（半硬） M（软）	3～65	300～6000
	R（热加工）	6～254	

注：经双方协商，可供应其他规格棒材，具体要求应在合同中注明。

镍及镍合金棒的力学性能　表3-122

牌　号	状　态	直径/mm	抗拉强度 R_m/ (N/mm^2)	伸长率 A/%
			不小于	
N4、N5、N6、N7、N8	Y	3～20	590	5
		＞20～30	540	6
		＞30～65	510	9
	M	3～30	380	34
		＞30～65	345	34
	R	32～60	345	25
		＞60～254	345	20
NCu28-2.5-1.5	Y	3～15	665	4
		＞15～30	635	6
		＞30～65	590	8
	Y_2	3～20	590	10
		＞20～30	540	12
	M	3～30	440	20
		＞30～65	440	20
	R	6～254	390	25
NCu30-3-0.5	Y	3～20	1000	15
		＞20～40	965	17
		＞40～65	930	20
	R	6～254	实测	实测
	M	3～65	895	20
NCu40-2-1	Y	3～20	635	4
		＞20～40	590	5
	M	3～40	390	25
	R	6～254	实测	实测
NMn5	M	3～65	345	40
	R	32～254	345	40
NCu30	R	76～152	550	30
		＞152～254	515	30
	M	3～65	480	35
	Y	3～15	700	8
	Y_2	3～15	580	10
		＞15～30	600	20
		＞30～65	580	20
NCu35-1.5-1.5	R	6～254	实测	实测

六、镁 及 镁 合 金

1. 镁及镁合金的牌号和化学成分（GB/T 5153—2003）（表3-123）

镁及镁合金的牌号和化学成分

表 3-123

合金组别	牌号	化学成分（质量分数）/%													其他元素②	
		Mg	Al	Zn	Mn	Ce	Zr	Si	Fe	Ca	Cu	Ni	Ti	Be	单个	总计
Mg	Mg99.95	≥99.95	≤0.01	—	≤0.004	—	—	≤0.005	≤0.003	—	—	≤0.001	≤0.01	—	≤0.005	≤0.05
	Mg99.50①	≥99.50	—	—	—	—	—	—	—	—	—	—	—	—	—	≤0.50
	Mg99.00①	≥99.00	—	—	—	—	—	—	—	—	—	—	—	—	—	≤1.0
MgAlZn	AZ31B	余量	2.5~3.5	0.60~1.4	0.20~1.0	—	—	≤0.08	≤0.003	≤0.04	≤0.01	≤0.001	—	—	≤0.05	≤0.30
	AZ31S	余量	2.4~3.6	0.50~1.5	0.15~0.40	—	—	≤0.10	≤0.005	—	≤0.05	≤0.005	—	—	≤0.05	≤0.30
	AZ31T	余量	2.4~3.6	0.50~1.5	0.05~0.40	—	—	≤0.10	≤0.05	—	≤0.05	≤0.005	—	—	≤0.05	≤0.30
	AZ40M	余量	3.0~4.0	0.20~0.80	0.15~0.50	—	—	≤0.10	≤0.05	—	≤0.05	≤0.005	—	—	≤0.01	≤0.30
	AZ41M	余量	3.7~4.7	0.80~1.4	0.30~0.60	—	—	≤0.10	≤0.05	—	≤0.05	≤0.005	—	≤0.01	≤0.01	≤0.30
	AZ61A	余量	5.8~7.2	0.40~1.5	0.15~0.50	—	—	≤0.10	≤0.005	—	≤0.05	≤0.005	—	≤0.01	≤0.01	≤0.30
	AZ61M	余量	5.5~7.0	0.50~1.5	0.15~0.50	—	—	≤0.10	≤0.05	—	≤0.05	≤0.005	—	≤0.01	≤0.01	≤0.30
	AZ61S	余量	5.5~6.5	0.50~1.5	0.15~0.40	—	—	≤0.10	≤0.005	—	≤0.05	≤0.005	—	—	≤0.01	≤0.30
	AZ62M	余量	5.0~7.0	2.0~3.0	0.20~0.50	—	—	≤0.10	≤0.05	—	≤0.05	≤0.005	—	—	—	≤0.30
	AZ63B	余量	5.3~6.7	2.5~3.5	0.15~0.60	—	—	≤0.08	≤0.003	—	≤0.01	≤0.001	—	—	—	≤0.30
	AZ80A	余量	7.8~9.2	0.02~0.80	0.12~0.50	—	—	≤0.10	≤0.005	—	≤0.05	≤0.005	—	—	—	≤0.30
	AZ80M	余量	7.8~9.2	0.20~0.80	0.15~0.50	—	—	≤0.10	≤0.05	—	≤0.05	≤0.005	—	≤0.01	≤0.05	≤0.30
	AZ80S	余量	7.8~9.2	0.20~0.80	0.12~0.40	—	—	≤0.10	≤0.005	—	≤0.05	≤0.005	—	—	≤0.05	≤0.30
	AZ91D	余量	8.5~9.5	0.45~0.90	0.17~0.40	—	—	≤0.08	≤0.004	—	≤0.025	≤0.001	—	0.0005~0.003	≤0.01	—
MgMn	M1C	余量	≤0.01	—	0.50~1.3	—	—	≤0.05	≤0.01	—	≤0.01	≤0.001	—	—	≤0.05	≤0.30
	M2M	余量	0.20	≤0.30	1.3~2.5	—	—	≤0.10	≤0.05	—	≤0.05	≤0.007	—	—	≤0.01	≤0.20
	M2S	余量	—	0.30	1.2~2.0	—	—	≤0.10	—	—	≤0.05	≤0.01	—	—	—	≤0.30
MgZnZr	ZK61M	余量	≤0.05	5.0~6.0	≤0.10	—	0.30~0.90	≤0.05	≤0.05	—	≤0.05	≤0.005	—	—	≤0.05	≤0.30
	ZK61S	余量	—	4.8~6.2	—	—	0.45~0.80	—	—	—	—	—	—	—	≤0.05	≤0.30
MgMnRE	ME20M	余量	0.20	≤0.30	1.3~2.2	0.15~0.35	—	≤0.10	≤0.05	—	≤0.05	≤0.007	—	—	≤0.01	≤0.30

①Mg99.50、Mg99.00 的镁含量（质量分数）＝100%－（Fe＋Si）含量（质量分数）－除Fe、Si之外的所有质量元素含量（质量分数）≥0.01%的余量元素含量（质量分数）之和。

②其他元素指在本表表头中列出了元素符号，但在本表中却未规定极限数值限含量的元素。

2. 镁及镁合金板、带材（GB/T 5154—2010）（表 3-124 、表 3-125）

镁及镁合金板、带材的牌号、状态及规格　　　　　　　表 3-124

牌　号	状　态	规格/mm		
		厚　度	宽　度	长　度
Mg99.00	H18	0.20	3.0～6.0	≥100
M2M	O	0.80～10.00	400～1200	1000～3500
AZ40M	H112、F	>8.00～70.00	400～1200	1000～3500
AZ41M	H18、O	0.40～2.00	≤1000	≤2000
	O	>2.00～10.00	400～1200	1000～3500
	H112、F	>8.00～70.00	400～1200	1000～2000
AZ31B	H24	>0.40～2.00	≤600	≤2000
		>2.00～4.00	≤1000	≤2000
		>8.00≤32.00	400～1200	1000～3500
		>32.00～70.00	400～1200	1000～2000
AZ31B	H26	>6.30～50.00	400～1200	1000～2000
	O	>0.40～1.00	≤600	≤2000
		>1.00～8.00	≤1000	≤2000
		>8.00～70.00	400～1200	1000～2000
	H112、F	>8.00～70.00	400～1200	1000～2000
ME20M	H18、O	0.40～0.80	≤1000	≤2000
	H24、O	>0.80～10.00	400～1200	1000～3500
	H112、F	>8.00～32.00	400～1200	1000～3500
		>32.00～70.00	400～1200	1000～2000

注：新、旧牌号及状态对照见标准附录 A。

镁及镁合金板、带材的室温力学性能　　　　　　　表 3-125

牌号	状态	板材厚度 mm	抗拉强度 R_m(N/mm^2)	规定非比例延伸强度 $R_{p0.2}$/(N/mm^2)	规定非比例压缩强度 $R_{p0.2}$/(N/mm^2)	断后伸长率/%	
						$A_{5.65}$	A_{50mm}
			不小于				
M2M	O	0.80～3.00	190	110	—	—	6.0
		>3.00～5.00	180	100	—	—	5.0
		>5.00～10.00	170	90	—	—	5.0
	H112	8.00～12.50	190	100	—	—	4.0
		>12.50～20.00	190	100	—	4.0	—
		>20.00～70.00	180	110	—	4.0	—
AZ40M	O	0.80～3.00	240	130	—	—	12.0
		>3.00～10.00	230	120	—	—	12.0
	H112	8.00～12.50	230	140	—	—	10.0
		>12.50～20.00	230	140	—	8.0	—
		>20.00～70.00	230	140	70	8.0	—

牌号	状态	板材厚度 mm	抗拉强度 R_m(N/mm²)	规定非比例延伸强度 $R_{p0.2}$/(N/mm²)	规定非比例压缩强度 $R_{p0.2}$/(N/mm²)	断后伸长率/%	
						$A_{5.65}$	A_{50mm}
				不小于			
AZ41M	H18	0.50~0.80	290	—	—	—	2.0
	O	0.40~3.00	250	150	—	—	12.0
		>3.00~5.00	240	140	—	—	12.0
		>5.00~10.00	240	140	—	—	10.0
	H112	8.00~12.50	240	140	—	—	10.0
		>12.50~20.00	250	150	—	6.0	—
		>20.00~70.00	250	140	80	10.0	—
AZ31B	O	0.40~3.00	225	15	—	—	12.0
		>3.00~12.50	225	140	—	—	12.0
		>12.50~70.00	225	140	—	10.0	
	H24	0.40~8.00	270	200	—	—	6.0
		>8.00~12.50	255	165	—	—	8.0
		>12.50~20.00	250	150	—	8.0	
		>20.00~70.00	235	125	—	8.0	
	H26	6.30~10.00	270	186	—	—	6.0
		>10.00~12.50	265	180	—	—	6.0
		>12.50~25.00	255	160	—	6.0	
		>25.00~50.00	240	150	—	5.0	
	H112	8.00~12.50	230	140	—	—	10.0
		>12.50~20.00	230	140	—	8.0	
		>20.00~32.00	230	140	70	8.0	
		>32.00~70.00	230	130	60	8.0	
ME20M	H18	0.40~0.80	260	—	—	—	2.0
	H24	>0.80~3.00	250	160	—	—	8.0
		>3.00~5.00	240	140	—	—	7.0
		>5.00~10.00	240	140	—	—	6.0
	O	0.40~3.00	230	120	—	—	12.0
		>3.00~10.00	220	110	—	—	10.0
	H112	8.00~12.50	220	110	—	—	10.0
		>12.50~20.00	210	110	—	10.0	—
		>20.00~32.00	210	110	70	7.0	—
		>32.00~70.00	200	90	50	6.0	—

3. 镁合金热挤压棒材（GB/T 5155—2013）（表 3-126、表 3-127）

镁合金热挤压棒材的牌号、状态　　　　　　　　表 3-126

合金牌号	状态
AZ31B、AZ40M、AZ41M、AZ61A、AZ61M、ME20M	H112
AZ80A	H112、T5
ZK61M、ZK61S	T5

注：新、旧牌号及状态对照见标准附录 A 和附录 B。

镁合金热挤压棒材的室温纵向力学性能　　　　　　表 3-127

合金牌号	状态	棒材直径（方棒、六角棒内切圆直径）/mm	抗拉强度 R_m/MPa	规定非比例延伸强度 $R_{p0.2}$/MPa	断后伸长率 A/%
			不小于		
AZ31B	H112	≤130	220	140	7.0
AZ40M	H112	≤100	245	—	6.0
		>100~130	245	—	5.0
AZ41M	H112	≤130	250	—	5.0
AZ61A	H112	≤130	260	160	6.0
AZ61M	H112	≤130	265	—	8.0
AZ80A	H112	≤60	295	195	6.0
		>60~130	290	180	4.0
	T5	≤60	325	205	4.0
		>60~130	310	205	2.0
ME20M	H112	≤50	215	—	4.0
		>50~100	205	—	3.0
		>100~130	195	—	2.0
ZK61M	T5	≤100	315	245	6.0
		>100~130	305	235	6.0
ZK61S	T5	≤130	310	230	5.0

注：直径大于 130mm 的棒材力学性能附实测结果。

4. 镁合金热挤压管材（YS/T 495—2005）（表 3-128 、表 3-129）

镁合金热挤压管材的牌号、状态　　　　　　　　表 3-128

牌　号	状　态	牌　号	状　态
AZ31B	H112	M2S	H112
AZ61A	H112	ZK61S	H112、T5

注：需要其他牌号或状态的管材时，可供需双方协商。

镁合金热挤压管材的室温力学性能　　　　　　　表 3-129

牌　号	状　态	管材壁厚/mm	抗拉强度 R_m/（N/mm²）	规定非比例延伸强度 $R_{p0.2}$/（N/mm²）	断后伸长率/%
			不　小　于		
AZ31B	H112	0.70~6.30	220	140	8
		>6.30~20.00	220	140	4

续表

牌 号	状 态	管材壁厚/mm	抗拉强度 R_m/（N/mm²）	规定非比例延伸强度 $R_{p0.2}$/（N/mm²）	断后伸长率/%
				不 小 于	
AZ61A	H112	0.70～20.00	250	110	7
M2S	H112	0.70～20.00	195	—	2
ZK61S	H112	0.70～20.00	275	195	5
	T5	0.70～6.30	315	260	4
		2.50～30.00	305	230	4

注：1. 壁厚＜1.60mm 的管材不要求规定非比例延伸强度。

2. 其他牌号或状态的管材室温力学性能由供需双方商定，并在合同中注明。

5. 镁合金热挤压型材（GB/T 5156—2013）（表 3-130 、表 3-131）

镁合金热挤压型材的牌号、状态 **表 3-130**

牌 号	状 态
AZ31B、AZ40M、AZ41M、AZ61A、AZ61M、ME20M	H112
AZ80A	H112、T5
ZK61M、ZK61S	T5

注：新、旧牌号及状态对照见标准附录 A 和附录 B。

镁合金热挤压型材的力学性能 **表 3-131**

合金牌号	供货状态	产品类型	抗拉强度 R_m/MPa	规定非比例延伸强度 $R_{p0.2}$/MPa	断后伸长率 A/%	HBS
				不小于		
AZ31B	H112	实心型材	220	140	7.0	—
		空心型材	220	110	5.0	—
AZ40M	H112	型材	240	—	5.0	
AZ41M	H112	型材	250	—	5.0	45
AZ61A	H112	实心型材	260	160	6.0	
		空心型材	250	110	7.0	
AZ61M	H112	型材	265	—	8.0	50
AZ80A	H112	型材	295	195	4.0	
	T5	型材	310	215	4.0	
ME20M	H112	型材	225	—	10.0	40
ZK61M	T5	型材	310	245	7.0	60
ZK61S	T5	型材	310	230	5.0	—

注：1. AZ31B、AZ61A、AZ80A 的力学性能仅供参考。

2. 截面积大于 140cm² 的型材力学性能附实测结果。

七、铸造有色金属合金

1. 铸造铜及铜合金（GB/T 1176—2013）（表 3-132～表 3-134）

铸造铜及铜合金的特性及应用　　　　　　　　　　表 3-132

序号	合金牌号	主要特征	应用举例
1	ZCu99	很高的导电、传热和延伸性能，在大气、淡水和流动不大的海水中具有良好的耐蚀性；凝固温度范围窄，流动性好，适用于砂型、金属型、连续铸造，适用于氩弧焊接	在黑色金属冶炼中用作高炉风、渣口小套，高炉风、渣中小套，冷却板，冷却壁；电炉炼钢用氧枪喷头、电极夹持器、熔沟；在有色金属冶炼中用作闪速炉冷却用件；大型电机用屏蔽罩、导电连接件；另外还可用于饮用水管道、铜坩埚等
2	ZCuSn3Zn8Pb6Ni1	耐磨性能好，易加工，铸造性能好，气密性能较好，耐腐蚀，可在流动海水下工作	在各种液体燃料以及海水、淡水和蒸汽（≤225℃）中工作的零件，压力不大于2.5MPa的阀门和管配件
3	ZCuSn3Zn11Pb4	铸造性能好，易加工，耐腐蚀	海水、淡水、蒸汽中，压力不大于2.5MPa的管配件
4	ZCuSn5Pb5Zn5	耐磨性和耐蚀性好，易加工，铸造性能和气密性较好	在较高负荷，中等滑动速度下工作的耐磨、耐腐蚀零件，如轴瓦、衬套、缸套、活塞离合器、泵件压盖以及蜗轮等
5	ZCuSn10P1	硬度高，耐腐性较好，不易产生咬死现象，有较好的铸造性能和切削性能，在大气和淡水中有良好的耐蚀性	可用于高负荷（20MPa以下）和高滑动速度（8m/s）下工作的耐磨零件，如连杆、衬套、轴瓦、齿轮、蜗轮等
6	ZCuSn10Pb5	耐腐蚀，特别是对稀硫酸、盐酸和脂肪酸具有耐腐蚀作用	结构材料、耐蚀、耐酸的配件以及破碎机衬套、轴瓦
7	ZCuSn10Zn2	耐蚀性、耐磨性和切削加工性能好，铸造性能好，铸件致密性较高，气密性较好	在中等及较高负荷和小滑动速度下工作的重要管配件，以及阀、旋塞、泵体、齿轮、叶轮和蜗轮等
8	ZCuPb10Sn5	润滑性、耐磨性能良好，易切削，可焊性良好，软钎焊、硬钎焊性均良好，不推荐氧燃烧气焊和各种形式的电弧焊	轴承和轴套，汽车用衬管轴承
9	ZCuPb10Sn10	润滑性能、耐磨性能和耐蚀性能好，适合用作双金属铸造材料	表面压力高，又存在侧压的滑动轴承，如轧辊、车辆用轴承、负荷峰值60MPa的受冲击零件，最高峰值达100MPa的内燃机双金属轴瓦，及活塞销套、摩擦片等
10	ZCuPb15Sn8	在缺乏润滑剂和用水质润滑剂条件下，滑动性和自润滑性能好，易切削，铸造性能差，对稀硫酸耐蚀性能好	表面压力高，又有侧压力的轴承，可用来制造冷轧机的铜冷却管，耐冲击负荷达50MPa的零件，内燃机的双金属轴瓦，主要用于最大负荷达70MPa的活塞销套，耐酸配件
11	ZCuPb17Sn4Zn4	耐磨性和自润滑性能好，易切削，铸造性能差	一般耐磨件，高滑动速度的轴承等

续表

序号	合金牌号	主要特征	应用举例
12	ZCuPb20Sn5	有较高滑动性能，在缺乏润滑介质和以水为介质时有特别好的自润滑性能，适用于双金属铸造材料，耐硫酸腐蚀，易切削，铸造性能差	高滑动速度的轴承，以及破碎机、水泵、冷轧机轴承，负荷达40MPa的零件，抗腐蚀零件，双金属轴承，负荷达70MPa的活塞销套
13	ZCuPb30	有良好的自润滑性，易切削，铸造性能差，易产生比重偏析	要求高滑动速度的双金属轴承、减磨零件等
14	ZCuAl8Mn13Fe3	具有很高的强度和硬度，良好的耐磨性能和铸造性能，合金致密性高，耐蚀性好，作为耐磨件工作温度不大于400℃，可以焊接，不易钎焊	适用于制造重型机械用轴套，以及要求强度高、耐磨、耐压零件，如衬套、法兰、阀体、泵体等
15	ZCuAl8Mn13Fe3Ni2	有很高的化学性能，在大气、淡水和海水中均有良好的耐蚀性，腐蚀疲劳强度高，铸造性能好，合金组织致密，气密性好，可以焊接，不易钎焊	要求强度高耐腐蚀的重要铸件，如船舶螺旋桨、高压阀体、泵体，以及耐压、耐磨零件，如蜗轮、齿轮、法兰、衬套等
16	ZCuAl8Mn13Fe3Ni2	有很高的力学性能，在大气、淡水和海水中具有良好的耐蚀性，腐蚀疲劳强度高，铸造性能好，合金组织致密，气密性好，可以焊接，不易钎焊	要求强度高，耐腐蚀性好的重要铸件，是制造各类船舶螺旋桨的主要材料之一
17	ZCuAl9Mn2	有高的力学性能，在大气、淡水和海水中耐蚀性好，铸造性能好，组织致密，气密性高，耐磨性好，可以焊接，不易钎焊	耐蚀、耐磨零件、形状简单的大型铸件，如衬套、齿轮、蜗轮，以及在250℃以下工作的管配件和要求气密性高的铸件，如增压器内气封
18	ZCuAl8BelCOl	有很高的力学性能，在大气、淡水和海水中具有良好的耐蚀性，腐蚀疲劳强度高，耐空泡腐蚀性能优异，铸造性能好，合金组织致密，可以焊接	要求强度高，耐腐蚀、耐空蚀的重要铸件，主要用于制造小型快艇螺旋桨
19	ZCuAl9Fe4Ni4Mn2	有很高的力学性能，在大气、淡水和海水中耐蚀性好，铸造性能好，在400℃以下具有耐热性，可以热处理，焊接性能好，不易钎焊，铸造性能尚好	要求强度高、耐蚀性好的重要铸件，是制造船舶螺旋桨的主要材料之一，也可用作耐磨和400℃以下工作的零件，如轴承、齿轮、蜗轮、螺帽、法兰、阀体、导向套筒
20	ZCuAl10Fe4Ni4	有很高的力学性能，良好的耐蚀性，高的腐蚀疲劳强度，可以热处理强化，在400℃以下有高的耐热性	高温耐蚀零件，如齿轮、球形座、法兰、阀导管及航空发动机的阀座，抗蚀零件，如轴瓦、蜗杆、酸洗吊钩及酸洗筐、搅拌器等
21	ZCuAl10Fe3	具有高的力学性能，耐腐性和耐蚀性能好，可以焊接，不易钎焊，大型铸件700℃空冷可以防止变脆	要求强度高、耐磨、耐蚀的重型铸件，如轴套、螺母、蜗轮以及250℃以下工作的管配件
22	ZCuAl10Fe3Mn2	具有高的力学性能和耐磨性，可热处理，高温下耐蚀性和抗氧化性能好，在大气、淡水和海水中耐蚀性好，可以焊接，不易钎焊，大型铸件700℃空冷可以防止变脆	要求强度高，耐磨，耐蚀的零件，如齿轮、轴承、衬套、管嘴，以及耐热管配件等

序号	合金牌号	主要特征	应用举例
23	ZCuZn38	具有优良的铸造性能和较高的力学性能，切削加工性能好，可以焊接，耐蚀性较好，有应力腐蚀开裂倾向	一般结构件和耐蚀零件，如法兰、阀座、支架、手柄和螺母等
24	ZCuZn21Al5Fe2Mn2	有很高的力学性能，铸造性能良好，耐蚀性较好，有应力腐蚀开裂倾向	适用高强、耐磨零件，小型船舶及军辅船螺旋桨
25	ZCuZn25Al6Fe3Mn3	有很高的力学性能，铸造性能良好，耐蚀性较好，有应力腐蚀开裂倾向，可以焊接	适用高强、耐磨零件，如桥梁支撑板、螺母、螺杆、耐磨板、滑块和蜗轮等
26	ZCuZn26Al4Fe3Mn3	有很高的力学性能，铸造性能良好，在空气、淡水和海水中耐蚀性较好，可以焊接	要求强度高、耐蚀零件
27	ZCuZn31Al2	铸造性能良好，在空气、淡水、海水中耐蚀性较好，易切削，可以焊接	适用于压力铸造，如电机、仪表等压力铸件，以及造船和机械制造业的耐蚀零件
28	ZCuZn35Al2Mn2Fe1	具有高的力学性能和良好的铸造性能，在大气、淡水、海水中有较好的耐蚀性，切削性能好，可以焊接	管路配件和要求不高的耐磨件
29	ZCuZn38Mn2Pb2	有较高的力学性能和耐蚀性、耐磨性较好，切削性能良好	一般用途的结构件、船舶、仪表等使用的外形简单的铸件，如套筒、衬套、轴瓦、滑块等
30	ZCuZn40Mn2	有较高的力学性能和耐蚀性，铸造性能好，受热时组织稳定	在空气、淡水、海水、蒸汽（小于300℃）和各种液体燃料中工作的零件和阀体、阀杆、泵、管接头，以及需要浇注巴氏合金和镀锡零件等
31	ZCuZn40Mn3Fe1	有高的力学性能，良好的铸造性能和切削加工性能，在空气、淡水、海水中耐蚀性能好，有应力腐蚀开裂倾向	耐海水腐蚀的零件，300℃以下工作的管配件，制造船舶螺旋桨等大型铸件
32	ZCuZn33Pb2	结构材料，给水温度为90℃时抗氧化性能好，电导率约为10MS/m～14MS/m	煤气和给水设备的壳体、机器制造业、电子技术、精密仪器和光学仪器的部分构件配件
33	ZCuZn40Pb2	有好的铸造性能和耐磨性，切削加工性能好，耐蚀性较好，在海水中有应力倾向	一般用途的耐磨、耐蚀零件，如轴套、齿轮等
34	ZCuZn16Si4	具有较高的力学性能和良好的耐蚀性，铸造性能好、流动性高，铸件组织致密，气密性好	接触海水工作的管配件以及水泵、叶轮、旋塞和在空气、淡水、油、燃料，以及工作压力4.5MPa、250℃以下蒸汽中工作的铸件
35	ZCuNi10Fe1Mn1	具有高的力学性能和良好的耐海水腐蚀性能，铸造性能好，可以焊接	耐海水腐蚀的结构件和压力设备，海水泵、阀和配件
36	ZCuNi30Fe1Mn1	具有高的力学性能和良好的耐海水腐蚀性能，铸造性能好，铸件致密，可以焊接	用于需要抗海水腐蚀的阀、泵体、凸轮和弯管等

表 3-133 铸造铜及铜合金主要元素化学成分

序号	合金牌号	合金名称	主要元素含量（质量分数）/%										
			Sn	Zn	Pb	P	Ni	Al	Fe	Mn	Si	其他	Cu
1	ZCu99	99铸造纯铜											≥99.0
2	ZCuSn3Zn8Pb6Ni1	3-8-6-1锡青铜	2.0~4.0	6.0~9.0	4.0~7.0		0.5~1.5						其余
3	ZCuSn3Zn11Pb4	3-11-4锡青铜	2.0~4.0	9.0~13.0	3.0~6.0								其余
4	ZCuSn5Pb5Zn5	5-5-5锡青铜	4.0~6.0	4.0~6.0	4.0~6.0								其余
5	ZCuSn10P1	10-1锡青铜	9.0~11.5			0.8~1.1							其余
6	ZCuSn10Pb5	10-5锡青铜	9.0~11.0		4.0~6.0								其余
7	ZCuSn10Zn2	10-2锡青铜	9.0~11.0	1.0~3.0									其余
8	ZCuPb9Sn5	9-5铅青铜	4.0~6.0		8.0~10.0								其余
9	ZCuPb10Sn10	10-10铅青铜	9.0~11.0		8.0~11.0								其余
10	ZCuPb15Sn8	15-8铅青铜	7.0~9.0		13.0~17.0								其余
11	ZCuPb17Sn4Zn4	17-4-4铅青铜	3.5~5.0	2.0~6.0	14.0~20.0								其余
12	ZCuPb20Sn5	20-5铅青铜	4.0~6.0		18.0~23.0								其余
13	ZCuPb30	30铅青铜			27.0~33.0								其余

续表

序号	合金牌号	合金名称	主要元素含量（质量分数）/%										
			Sn	Zn	Pb	P	Ni	Al	Fe	Mn	Si	其他	Cu
14	ZCuAl8Mn13Fe3	8-13-3 铝青铜						7.0~9.0	2.0~4.0	12.0~14.5			其余
15	ZCuAl8Mn13Fe3Ni2	8-13-3-2 铝青铜					1.8~2.5	7.0~8.5	2.5~4.0	11.5~14.0			其余
16	ZCuAl8Mn14Fe3Ni2	8-14-3-2 铝青铜		<0.5			1.9~2.3	7.4~8.1	2.6~3.5	12.4~13.2			其余
17	ZCuAl9Mn2	9-2 铝青铜						8.0~10.0		1.5~2.5			其余
18	ZCuAl8BeCu1	8-1-1 铝青铜						7.0~8.5	<0.4			Be 0.7~1.0 Co 0.7~1.0	其余
19	ZCuAl9Fe4Ni4Mn2	9-4-4-2 铝青铜					4.0~5.0*	8.5~10.0	4.0~5.0*	0.8~2.5			其余
20	ZCuAl10Fe4Ni4	10-4-4 铝青铜					3.5~5.5	9.5~11.0	3.5~5.5				其余
21	ZCuAl10Fe3	10-3 铝青铜						8.5~11.0	2.0~4.0				其余
22	ZCuAl10Fe3Mn2	10-3-2 铝青铜						9.0~11.0	2.0~4.0	1.0~2.0			其余
23	ZCuZn38	38 黄铜		其余									60.0~63.0
24	ZCuZn21Al5Fe2Mn2	21-5-2-2 铝黄铜	<0.5	其余				4.5~6.0	2.0~3.0	2.0~3.0			67.0~70.0
25	ZCuZn25Al6Fe3Mn3	25-6-3-3 铝黄铜		其余				4.5~7.0	2.0~4.0	2.0~4.0			60.0~66.0

续表

| 序号 | 合金牌号 | 合金名称 | 主要元素含量（质量分数）/% | | | | | | | | | | |
			Sn	Zn	Pb	P	Ni	Al	Fe	Mn	Si	其他	Cu
26	ZCuZn26Al4Fe3Mn3	26-4-3-3铝黄铜		其余				2.5~5.0	2.0~4.0	2.0~4.0			60.0~66.0
27	ZCuZn31Al2	31-2铝黄铜		其余				2.0~3.0					66.0~68.0
28	ZCuZn35Al2Mn2Fe1	35-2-2-1铝黄铜		其余				0.5~2.5	0.5~2.0	0.1~2.0			57.0~65.0
29	ZCuZn38Mn2Pb2	38-2-2锰黄铜		其余	1.5~2.5					1.5~2.5			57.0~60.0
30	ZCuZn40Mn2	40-2锰黄铜		其余						1.0~2.0			57.0~60.0
31	ZCuZn40Mn3Fe1	40-3-1锰黄铜		其余					0.5~1.5	3.0~4.0			53.0~58.0
32	ZCuZn33Pb2	33-2铅黄铜		其余	1.0~3.0								63.0~67.0
33	ZCuZn40Pb2	40-2铅黄铜		其余	0.5~2.5			0.2~0.8					58.0~63.0
34	ZCuZn16Si4	16-4硅黄铜		其余							2.5~4.5		79.0~81.0
35	ZCuNi10Fe1Mn1	10-1-1镍白铜					9.0~11.0		1.0~1.8	0.8~1.5			84.5~87.0
36	ZCuNi30Fe1Mn1	30-1-1镍白铜					29.5~31.5		0.25~1.5	0.8~1.5			65.0~67.0

注：* 表示铁的含量不能超过镍的含量。

铸造铜及铜合金力学性能　　　　　　　　　　　表 3-134

序号	合金牌号	铸造方法	室温力学性能，不低于			
			抗拉强度 R_m/MPa	屈服强度 $R_{p0.2}$/MPa	伸长率 A/%	布氏硬度 HBW
1	ZCu99	S	150	40	40	40
2	ZCuSn3Zn8Pb6Ni1	S	175		8	60
		J	215		10	70
3	ZCuSn3Zn11Pb4	S、R	175		8	60
		J	215		10	60
4	ZCuSn5Pb5Zn5	S、J、R	200	90	13	60*
		Li、La	250	100	13	65*
5	ZCuSn10P1	S、R	220	130	3	80*
		J	310	170	2	90*
		Li	330	170	4	90*
		La	360	170	6	90*
6	ZCuSn10Pb5	S	195		10	70
		J	245		10	70
7	ZCuSn10Zn2	S	240	120	12	70*
		J	245	140	6	80*
		Li、La	270	140	7	80*
8	ZCuPb9Sn5	La	230	110	11	60
9	ZCuPb10Sn10	S	180	80	7	65*
		J	220	140	5	70*
		Li、La	220	110	6	70*
10	ZCuPb15Sn8	S	170	80	5	60*
		J	200	100	6	65*
		Li、La	220	100	8	65*
11	ZCuPb17Sn4Zn4	S	150		5	55
		J	175		7	60
12	ZCuPb20Sn5	S	150	60	5	45*
		J	150	70	6	55*
		La	180	80	7	55*
13	ZCuPb30	J				25
14	ZCuAl8Mn13Fe3	S	600	270	15	160
		J	650	280	10	170
15	ZCuAl8Mn13Fe3Ni2	S	645	280	20	160
		J	670	310	18	170
16	ZCuAl8Mn14Fe3Ni2	S	735	280	15	170
17	ZCuAl9Mn2	S、R	390	150	20	85
		J	440	160	20	95

续表

序号	合金牌号	铸造方法	室温力学性能，不低于			
			抗拉强度 R_m/MPa	屈服强度 $R_{p0.2}$/MPa	伸长率 A/%	布氏硬度 HBW
18	ZCuAl8Be1Co1	S	647	280	15	160
19	ZCuAl9Fe4Ni4Mn2	S	630	250	16	160
20	ZCuAl10Fe4Ni4	S	539	200	5	155
		J	588	235	5	166
21	ZCuAl10Fe3	S	490	180	13	100*
		J	540	200	15	110*
		Li、La	540	200	15	110*
22	ZCuAl10Fe3Mn2	S、R	490		15	110
		J	540		20	120
23	ZCuZn38	S	295	95	30	60
		J	295	95	30	70
24	ZCuZn21Al5Fe2Mn2	S	608	275	15	160
25	ZCuZn25Al6Fe3Mn3	S	725	380	10	160*
		J	740	400	7	170*
		Li、La	740	400	7	170*
26	ZCuZn26Al4Fe3Mn3	S	600	300	18	120*
		J	600	300	18	130*
		Li、La	600	300	18	130*
27	ZCuZn31Al2	S、R	295		12	80
		J	390		15	90
28	ZCuZn35Al2Mn2Fe2	S	450	170	20	100*
		J	475	200	18	110*
		Li、La	475	200	18	110*
29	ZCuZn38Mn2Pb2	S	245		10	70
		J	345		18	80
30	ZCuZn40Mn2	S、R	345		20	80
		J	390		25	90
31	ZCuZn40Mn3Fe1	S、R	440		18	100
		J	490		15	110
32	ZCuZn33Pb2	S	180	70	12	50*
33	ZCuZn40Pb2	S、R	220	95	15	80*
		J	280	120	20	90*
34	ZCuZn16Si4	S、R	345	180	15	90
		J	390		20	100
35	ZCuNi10Fe1Mn1	S、J、Li、La	310	170	20	100
36	ZCuNi30Fe1Mn1	S、J、Li、La	415	220	20	140

注：1. 有"＊"符号的数据为参考值。

2. 布氏硬度试验，力的单位为 N。

3. 铸造方法代号含义为：S—砂型铸造；J—金属型铸造；Li—离心铸造；La—连续铸造，R—熔模铸造。

2. 铸造铝合金（GB/T 1173—2013）

铸造铝合金代号由"Z"、"L"（它们分别是"铸"、"铝"的汉语拼音第一个字母）及其后的三个阿拉伯数字组成。ZL后面的第一个数字表示合金系列，其中1、2、3、4分别表示铝硅、铝铜、铝镁、铝锌系列合金，ZL后面第二、三两个数字表示合金的顺序号，优质合金在数字后面附加字母"A"。

合金铸造方法、变质处理代号为：S——砂型铸造；J——金属型铸造；R——熔模铸造；K——壳型铸造；B——变质处理。

合金状态代号为：F——铸态；T1——人工时效；T2——退火；T4——固溶处理加自然时效；T5——固溶处理加不完全人工时效；T6——固溶处理加完全人工时效；T7——固溶处理加稳定化处理；T8——固溶处理加软化时效。

铸造铝合金的特性及应用、化学成分、力学性能分别见表3-135、表3-136和表3-137。

铸造铝合金的特性及应用　　　　　　　　　　　　　表 3-135

类别	合金牌号	主要特性	应用举例
铸造铝硅合金	ZAlSi7Mg（代号 ZL101）ZAlSi7Mg A (ZL101A)	成分简单，容易熔炼和铸造，铸造性能好，耐腐蚀性高，气密性好、焊接和切削加工性能也比较好，但力学性能不高	适合铸造薄壁、大面积和形状复杂的、壁厚较薄或要求气密性高的承受中等载荷的零件，工作温度小于 250℃，如支臂、支架、液压元件、附件壳体，仪器外壳等
	ZAlSi12（代号 ZL102）	流动性好，其他性能与 ZL101 差不多，但气密性比 ZL101 要好	用于形状复杂、工作温度小于 200℃，要求高气密性、承受低载荷的零件，如仪表壳体、活塞、制动器外壳等
	ZAlSi9Mg（代号 ZL104）	有较好的铸造性能和优良的气密性、耐蚀性，焊接和切削加工性能也比较好，但耐热性能较差	适合制作形状复杂、尺寸较大的有较大载荷的动力结构件，如增压器壳体、气缸盖、气缸套等零件，主要用压铸，也多采用砂型和金属型铸造
	ZAlSi5Cu1Mg（代号 ZL105）ZAlSi5Cu1MgA（代号 ZL105A）	铸造性能和焊接性能都比 ZL104 差，但室温和高温强度、切削加工性能都比 ZL104 要好，塑性稍低，抗蚀性能较差	适于铸造形状较复杂和承受中等载荷，工作温度小于 250℃ 的各种发动机零件和附件零件如气缸件、机匣、油泵壳体等
	ZAlSi8Cu1Mg（代号 ZL106）	ZL106 由于提高了 Si 的含量，又加入了微量的 Ti、Mn，使合金的铸造性能和高温性能优于 ZL105，气密性、耐蚀性也较好	可用作一般载荷的结构件及要求气密性较好和在较高温度下工作的零件，主要采用砂型和金属型铸造
	ZAlSi7Cu4（代号 ZL107）	ZL107 有优良的铸造性能和气密性能，力学性能也较好，焊接和切削加工性能一般，抗蚀性能稍差	适合制作承受一般动载荷或静载荷的结构件及有气密性要求的零件。多用砂型铸造
	ZAlSi2Cu2Mg1（代号 ZL108）ZAlSi12Cu1Mg1Ni1（代号 ZL109）	铸造性能优良，并且热膨胀系数小，耐磨性好，强度高，并具有较好的耐热性能。但抗蚀性稍低	用于发动机活塞等高温下（≤250℃）工作的零件。当要求热膨胀系数小，强度高，耐磨性高时，也可采用
	ZAlSi5Cu6Mg（代号 ZL110）	有优良的铸造性能，较好的耐蚀性、气密性，高的强度。其焊接和切削加工性能一般	适合铸制形状复杂、承受重大载荷的动力结构件（如飞机发动机的结构件、水泵、油泵）

续表

类别	合金牌号	主要特性	应用举例
铸造铝硅合金	ZAlSi9Cu2Mg（代号 ZL111）	铸造性能好，在铸态或热处理强化后机械性能是铝—硅系合金中最好的，可与高强度铸铝合金 ZL201 相比美，切削加工性和焊接性良好，耐蚀性较差	用于形状复杂，承受高载荷，气密性要求高的大型零件
铸造铝铜合金	ZAlCu5Mn（代号 ZL201）ZAlCu5MnA（代号 ZL201A）	铸造性能好，热处理后具有较高的强度，良好的塑性和韧性，耐热性高，切削加工性和焊接性良好，耐蚀性较差	适用于制造承受较高载荷或在 175℃～300℃下工作的，形状不太复杂的零件，如飞机的外挂架、支臂等
	ZAlCu4（代号 ZL203）	铸造性能差，经淬火后具有较高的强度，好的塑性，切削加工性和焊接性良好，耐蚀性较差，耐热性不高	用于形状简单，承受中等静载荷和冲击载荷，工作温度不超过 200℃，并要求切削性良好的小型零件，如曲轴箱、支架、飞轮盖等
铸造铝镁合金	ZAlMg10（代号 ZL301）	室温下机械性能较高，耐蚀性好，切削加工性好，铸造性差	工作温度在 150℃以下，在大气和海水中工作要求耐蚀性高的零件，如飞行器零件
	ZAlMg5Si1（代号 ZL303）	耐蚀性好但强度不高，有优良切削加工性能和表面加工性能，生产工艺简单	在对耐蚀性有特殊要求的条件下（海水或其他腐蚀介质）或工作温度较高（200℃）时用。如水上飞机的一些承载不大的零件或装饰件
铸造铝锌合金	ZAlZn11Si7（代号 ZL401）	铸造性能好，在熔炼中需进行变质处理，它的主要优点在于铸态下有自然时效能力，有高的强度，不必进行热处理，耐热性低，焊接和切削加工性良好，耐蚀性一般，相对密度大，价格便宜	用于制造大型、复杂和承受高的静载荷而又不便进行热处理的零件，工作温度不宜超过 200℃，如仪表薄壳体压铸零件
	ZAlZn6Mg（代号 ZL402）	铸造性能好，在静态时经过时效处理可获得较高的机械性能，但高温性能低，耐腐蚀性能良好，具有优良的切削加工性能，焊接性能，相对密度较大	用于承受高的静载荷和冲击载荷而又不便于进行热处理的零件，亦可用于要求同腐蚀介质接触和尺寸稳定性高的零件，工作温度小于 150℃，如高空飞行氧气调节器等

注：本表非标准内容，仅供参考。

铸造铝合金的化学成分   表 3-136

合金牌号	主要元素（质量分数）/%							Al
	Si	Cu	Mg	Zn	Mn	Ti	其他	
ZAlSi7Mg（代号 ZL101）	6.5～7.5		0.25～0.45					余量
ZAlSi7MgA（代号 ZL101A）	6.5～7.5		0.25～0.45			0.08～0.20		余量
ZAlSi12（代号 ZL102）	10.0～13.0							余量

续表

合金牌号	主要元素（质量分数）/%							
	Si	Cu	Mg	Zn	Mn	Ti	其他	Al
ZAlSi9Mg （代号 ZL104）	8.0～ 10.5		0.17～ 0.35		0.2～ 0.5			余量
ZAlSi5Cu1Mg （代号 ZL105）	4.5～ 5.5	1.0～ 1.5	0.4～ 0.6					余量
ZAlSi5Cu1MgA （代号 ZL105A）	4.5～ 5.5	1.0～ 1.5	0.4～ 0.55					余量
ZAlSi8Cu1Mg （代号 ZL106）	7.5～ 8.5	1.0～ 1.5	0.3～ 0.5		0.3～ 0.5	0.10～ 0.25		余量
ZAlSi7Cu4 （代号 ZL107）	6.5～ 7.5	3.5～ 4.5						余量
ZAlSi12Cu2Mg1 （代号 ZL108）	11.0～ 13.0	1.0～ 2.0	0.4～ 1.0		0.3～ 0.9			余量
ZAlSi12Cu1Mg1Ni1 （代号 L109）	11.0～ 13.0	0.5～ 1.5	0.8～ 1.3				Ni0.8～ 1.5	余量
ZAlSi5Cu6Mg （代号 ZL110）	4.0～ 6.0	5.0～ 8.0	0.2～ 0.5					余量
ZAlSi9Cu2Mg （代号 ZL111）	8.0～ 10.0	1.3～ 1.8	0.4～ 0.6		0.10～ 0.35	0.10～ 0.35		余量
ZAlSi7Mg1A （代号 ZL114 A）	6.5～ 7.5		0.45～ 0.75			0.10～ 0.20	Be0～ 0.07[①]	余量
ZAlSi5Zn1Mg （代号 ZL115）	4.8～ 6.2		0.4～ 0.65	1.2～ 1.8			Sb0.1～ 0.25	余量
ZAlSi8MgBe （代号 ZL116）	6.5～ 8.5		0.35～ 0.55			0.10～ 0.30	Be0.15～ 0.40	余量
ZAlSi7Cu2Mg （代号 ZL118）	6.0～ 8.0	1.3～ 1.8	0.2～ 0.5		0.10～ 0.3	0.10～ 0.25		余量
ZAlCu5Mn （代号 ZL201）		4.5～ 5.3			0.6～ 1.0	0.15～ 0.35		余量
ZAlCu5MnA （代号 ZL201A）		4.8～ 5.3			0.6～ 1.0	0.15～ 0.35		余量
ZAlCu10 （代号 ZL202）		9.0～ 11.0						余量
ZAlCu4 （代号 ZL203）		4.0～ 5.0						余量
ZAlCu5MnCdA （代号 ZL204A）		4.6～ 5.3			0.6～ 0.9	0.15～ 0.35	Cd0.15～ 0.25	余量

续表

合金牌号	主要元素（质量分数）/%							
	Si	Cu	Mg	Zn	Mn	Ti	其他	Al
ZAlCu5MnCdV A（代号 ZL205A）		4.6~5.3			0.3~0.5	0.15~0.35	Cd0.15~0.25 V0.05~0.3 Zr0.05~0.2 B0.005~0.06	余量
ZAlRE5Cu3Si2（代号 ZL207）	1.6~2.0	3.0~3.4	0.15~0.25		0.9~1.2		Ni0.2~0.3 Zr0.15~0.25 RE4.4~5.0[①]	余量
ZAlMg10（代号 ZL301）			9.5~11.0					余量
ZAlMg5Si1（代号 ZL303）	0.8~1.3		4.5~5.5		0.1~0.4			余量
ZAlMg8Zn1（代号 ZL305）			7.5~9.0	1.0~1.5		0.1~0.2	Be0.03~0.1	余量
ZAlZn11Si7（代号 ZL401）	6.0~8.0		0.1~0.3	9.0~13.0				余量
ZAlZn6Mg（代号 ZL402）			0.5~0.65	5.0~6.5		0.15~0.25	Cr0.4~0.6	余量

① "RE"为"含铈混合稀土"，混合稀土中含各种稀土总量不小于98%，其中含铈（Ce）不少于45%。

铸造铝合金力学性能   表 3-137

合金种类	合金牌号	合金代号	铸造方法	合金状态	力学性能≥		
					抗拉强度 R_m/MPa	伸长率 A/%	布氏硬度 HBW
Al-Si合金	ZAlSi7Mg	ZL101	S、J、R、K	F	155	2	50
			S、J、R、K	T2	135	2	45
			JB	T4	185	4	50
			S、R、K	T4	175	4	50
			J、JB	T5	205	2	60
			S、R、K	T5	195	2	60
			SB、RB、KB	T5	195	2	60
			SB、RB、KB	T6	225	1	70
			SB、RB、KB	T7	195	2	60
			SB、RB、KB	T8	155	3	55
	ZAlSi7MgA	ZL101A	S、R、K	T4	195	5	60
			J、JB	T4	225	5	60
			S、R、K	T5	235	4	70
			SB、RB、KB	T5	235	4	70
			J、JB	T5	265	4	70
			SB、RB、KB	T6	275	2	80
			J、JB	T6	295	3	80

合金 种类	合金牌号	合金代号	铸造方法	合金 状态	力学性能≥		
					抗拉强度 R_m/MPa	伸长率 A/%	布氏硬度 HBW
Al-Si 合金	ZAlSi12	ZL102	SB、JB、RB、KB	F	145	4	50
			J	F	155	2	50
			SB、JB、RB、KB	T2	135	4	50
			J	T2	145	3	50
	ZAlSi9Mg	ZL104	S、R、J、K	F	150	2	50
			J	T1	200	1.5	65
			SB、RB、KB	T6	230	2	70
			J、JB	T6	240	2	70
	ZAlSi5Cu1Mg	ZL105	S、J、R、K	T1	155	0.5	65
			S、R、K	T5	215	1	70
			J	T5	235	0.5	70
			S、R、K	T6	225	0.5	70
			S、J、R、K	T7	175	1	65
	ZAlSi5Cu1MgA	ZL105A	SB、R、K	T5	275	1	80
			J、JB	T5	295	2	80
	ZAlSi8Cu1Mg	ZL106	SB	F	175	1	70
			JB	T1	195	1.5	70
			SB	T5	235	2	60
			JB	T5	255	2	70
			SB	T6	245	1	80
			JB	T6	265	2	70
			SB	T7	225	2	60
			JB	T7	245	2	60
	ZAlSi7Cu4	ZL107	SB	F	165	2	65
			SB	T6	245	2	90
			J	F	195	2	70
			J	T6	275	2H5	100
	ZAlSi12Cu2Mg1	ZL108	J	T1	195	—	85
			J	T6	255	—	90
	ZAlSi12Cu1Mg1Ni1	ZL109	J	T1	195	0.5	90
			J	T6	245	—	100
	ZAlSi5Cu6Mg	ZL110	S	F	125	—	80
			J	F	155	—	80
			S	T1	145	—	80
			J	T1	165	—	90

合金种类	合金牌号	合金代号	铸造方法	合金状态	力学性能≥		
					抗拉强度 R_m/MPa	伸长率 A/%	布氏硬度 HBW
Al-Si合金	ZAlSi9Cu2Mg	ZL111	J	F	205	1.5	80
			SB	T6	255	1.5	90
			J、JB	T6	315	2	100
	ZAlSi7Mg1A	ZL114A	SB	T5	290	2	85
			J、JB	T5	310	3	95
	ZAlSi5Zn1Mg	ZL115	S	T4	225	4	70
			J	T4	275	6	80
			S	T5	275	3.5	90
			J	T5	315	5	100
	ZAlSi8MgBe	ZL116	S	T4	255	4	70
			J	T4	275	6	80
			S	T5	295	2	85
			J	T5	335	4	90
	ZAlSi7Cu2Mg	ZL118	SB、RB	T6	290	1	90
			JB	T6	305	2.5	105
Al-Cu合金	ZAlCu5Mg	ZL201	S、J、R、K	T4	295	8	70
			S、J、R、K	T5	335	4	90
			S	T7	315	2	80
	ZAlCu5MgA	ZL201A	S、J、R、K	T5	390	8	100
	ZAlCu10	ZL202	S、J	F	104	—	50
			S、J	T6	163	—	100
	ZAlCu4	ZL203	S、R、K	T4	195	6	60
			J	T4	205	6	60
			S、R、K	T5	215	3	70
			J	T5	225	3	70
	ZAlCu5MnCdA	ZL204A	S	T5	440	4	100
	ZAlCu5MnCdVA	ZL205A	S	T5	440	7	100
			S	T6	470	3	120
			S	T7	460	2	110
	ZAlR5Cu3Si2	ZL207	S	T1	165	—	75
			J	T1	175	—	75
Al-Mg合金	ZAlMg10	ZL301	S、J、R	T4	280	9	60
	ZAlMg5Si	ZL303	S、J、R、K	F	143	1	55
	ZAlMg8Zn1	ZL305	S	T4	290	8	90

合金种类	合金牌号	合金代号	铸造方法	合金状态	力学性能≥		
					抗拉强度 R_m/MPa	伸长率 A/%	布氏硬度 HBW
Al-Zn合金	ZAlZn11Si7	ZL401	S、R、K	T1	195	2	80
			J	T1	245	1.5	90
	ZAlZn6Mg	ZL402	J	T1	235	4	70
			S	T1	220	4	65

3. 压铸铜合金（GB/T 15116—1994）（表 3-138）

压铸铜合金牌号是由铜及主要合金元素的化学符号组成。主要合金元素后面跟有表示其名义百分含量的数字（名义百分含量为该元素平均百分含量的修约化整值）。在合金牌号前面冠以字母"YZ"（"Y"及"Z"分别为"压"及"铸"两字汉语拼音的第一个字母）表示为压铸合金。

压铸合金代号按合金名义成分的百分含量命名，并在合金代号前面标注字母"YT"（"压"、"铜"汉语拼音的第一个字母）表示压铸铜合金，后加文字说明合金分类，如：YT40-1 铅黄铜、YT16-4 硅黄铜、YT30-3 铝黄铜。

压铸铜合金的牌号、化学成分和力学性能见表 3-138。

压铸铜合金的牌号、化学成分和力学性能　　　　表 3-138

序号	合金牌号	合金代号	化学成分/%															力学性能（不低于）		
			主要成分							杂质含量（不大于）								抗拉强度 σ_b N/mm²	伸长率 δ_5/%	布氏硬度 HBW 5/250/30
			Cu	Pb	Al	Si	Mn	Fe	Zn	Fe	Si	Ni	Sn	Mn	Al	Pb	Sb	总和			
1	YZCuZn40Pb	YT40-1 铅黄铜	58.0~63.0	0.5~1.5	0.2~0.5	—	—	—	余	0.8	0.05	—	—	0.5	—	—	1.0	1.5	300	6	85
2	YZCuZn16Si4	YT16-4 硅黄铜	79.0~81.0	—	—	2.5~4.5	—	—	余	0.6	—	—	0.3	0.5	0.1	0.5	0.1	2.0	345	25	85
3	YZCuZn30Al3	YT30-3 铝黄铜	66.0~68.0	—	2.0~3.0	—	—	—	余	0.8	—	—	1.0	0.5	—	1.0	—	3.0	400	15	110
4	YZCuZn35Al2Mn2Fe	YT35-2-2-1 铝锰铁黄铜	57.0~65.0	—	0.5~2.5	—	0.1~3.0	0.5~2.0	余	—	0.1	3.0	1.0	—	—	0.5	Sb+Pb+As 0.4	2.0①	475	3	130

①杂质总和中不含 Ni。

4. 压铸铝合金（GB/T 15115—2009）（表 3-139）

压铸铝合金牌号以字母"YZ"（"Y"及"Z"分别为"压"、"铸"两字汉语拼音的第一个字母）和由铝及主要合金元素的化学符号组成，后面跟有表示其名义百分含量的数字（名义百分含量为该元素平均百分含量的修约化整值）。

压铸铝合金代号以字母"YL"（"压"、"铝"汉语拼音的第一个字母）表示。

压铸铝合金的牌号及化学成分见表 3-139。

压铸铝合金的牌号和化学成分 表 3-139

序号	合金牌号	合金代号	化学成分（质量分数）/%										
			Si	Cu	Mn	Mg	Fe	Ni	Ti	Zn	Pb	Sn	Al
1	YZAlSi10Mg	YL101	9.0~10.0	≤0.5	≤0.35	0.45~0.65	≤1.0	≤0.50	—	≤0.40	≤0.10	≤0.15	余量
2	YZAlSi12	YL102	10.0~13.0	≤1.0	≤0.35	≤0.10	≤1.0	≤0.50	—	≤0.40	≤0.10	≤0.15	余量
3	YZAlSi10	YL104	8.0~10.5	≤0.3	0.2~0.5	0.30~0.50	0.5~0.8	≤0.10		≤0.30	≤0.05	≤0.01	余量
4	YZAlSi9Cu4	YL112	7.5~9.5	3.0~4.0	≤0.50	≤0.10	≤1.0	≤0.50		≤2.90	≤0.10	≤0.15	余量
5	YZAlSi11Cu3	YL113	9.5~11.5	2.0~3.0	≤0.50	≤0.10	≤1.0	≤0.30		≤2.90	≤0.10	—	余量
6	YZAlSi17Cu5Mg	YL117	16.0~18.0	4.0~5.0	≤0.50	0.50~0.70	≤1.0	≤0.10	≤0.20	≤1.40	≤0.10	—	余量
7	YZAlMg5Si1	YL302	≤0.35	≤0.25	≤0.35	7.60~8.60	≤1.1	≤0.15	—	≤0.15	≤0.10	≤0.15	余量

注：除有范围的元素和铁为必检元素外，其余元素在有要求时抽检。

第四章 金属建筑型材

一、钢筋和钢丝

1. 钢筋混凝土用热轧光圆钢筋 (GB 1499.1—2008)

热轧光圆钢筋是经热轧成型，横截面通常为圆形（图 4-1），表面光滑的成品钢筋。钢筋屈服强度特征值为 300 级。钢筋的牌号构成及其含义见表 4-1。

钢筋的公称直径范围为 6mm～22mm，标准推荐的钢筋公称直径为 6mm、8mm、10mm、12mm、16mm、20mm。公称横截面面积与理论重量见表 4-2。

钢筋可按直条或盘卷交货，直条钢筋定尺长度应在合同中注明。

钢筋的化学成分（熔炼分析）应符合表 4-3 的规定，力学性能应符合表 4-4 的规定。

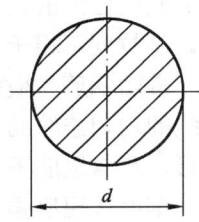

图 4-1 光圆钢筋的
截面形状
d—钢筋直径

钢筋的牌号构成及其含义 表 4-1

产品名称	牌号	牌号构成	英文字母含义
热轧光圆钢筋	HPB300	由 HPB＋屈服强度特征值构成	HPB——热轧光圆钢筋的英文（Hot rolled Plain Bars）缩写

公称横截面面积与理论重量 表 4-2

公称直径 mm	公称横截面面积 mm²	理论重量 kg/m	公称直径 mm	公称横截面面积 mm²	理论重量 kg/m
6（6.5）	28.27（33.18）	0.222（0.260）	16	201.1	1.58
8	50.27	0.395	18	254.5	2.00
10	78.54	0.617	20	314.2	2.47
12	113.1	0.888	22	380.1	2.98
14	153.9	1.21			

注：表中理论重量按密度为 7.85g/cm³ 计算。公称直径 6.5mm 的产品为过渡性产品。

化 学 成 分 表 4-3

牌 号	化学成分（质量分数）/% 不大于				
	C	Si	Mn	P	S
HPB300	0.25	0.55	1.50	0.045	0.050

力　学　性　能　　　　　　　　　　　　　　　　　　　表 4-4

牌　号	屈服强度 R_{eL} MPa	抗拉强度 R_m MPa	断后伸长率 A %	最大力总伸长率 $A_{gt}/\%$	冷弯试验 180° d—弯芯直径 a—钢筋公称直径
	不　小　于				
HPB300	300	420	25.0	10.0	$d=a$

2. 钢筋混凝土用热轧带肋钢筋 （GB 1499.2—2007）

本标准适用于普通热轧带肋钢筋和细晶粒热轧带肋钢筋。

普通热轧钢筋是按热轧状态交货的钢筋。其金相组织主要是铁素体加珠光体，不得有影响使用性能的其他组织存在。细晶粒热轧钢筋是通过控扎和控冷工艺形成的细晶粒钢筋，晶粒度不粗于 9 级。

带肋钢筋是横截面通常是圆形，且表面带肋的混凝土结构用钢材。纵肋是平行于钢筋轴线的均匀连续肋，横肋是与钢筋轴线不平行的其他肋。月牙肋钢筋是横肋的纵截面呈月牙形，且与纵肋不相交的钢筋。

钢筋按屈服强度特征值分为 335、400、500 级。钢筋的牌号构成及其含义见表 4-5。

钢筋的公称直径范围为 6mm～50mm，标准推荐的钢筋公称直径为 6mm、8mm、10mm、12mm、16mm、20mm、25mm、32mm、40mm、50mm。公称横截面面积与理论重量见表 4-6。

钢筋通常按定尺长度交货，具体交货长度应在合同中注明。钢筋可以盘卷交货，每盘应是一条钢筋，允许每批有 5% 的盘数（不足两盘时可有两盘）由两条钢筋组成，其盘重及盘径由供需双方协商确定。

带有纵肋的月牙肋钢筋的表面形状见图 4-2，截面尺寸见表 4-7。

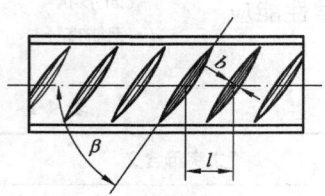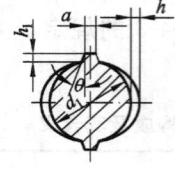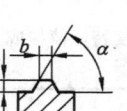

图 4-2　月牙肋钢筋（带纵肋）表面及截面形状

钢筋的化学成分（熔炼分析）应符合表 4-8 的规定，力学性能应符合表 4-9 的规定。

钢筋的牌号构成及其含义　　　　　　　　　　　　　　　表 4-5

产品名称	牌　号	牌号构成	英文字母含义
普通热轧钢筋	HRB354	由 HRB＋屈服强度特征值构成	HRB——热轧带肋钢筋的英文 (Hot rolled Ribbed Bars) 缩写
	HRB400		
	HRB500		
细晶粒热轧钢筋	HRBF354	由 HRBF＋屈服强度特征值构成	HRBF——在热轧带肋钢筋的英文缩写后加"细"的英文（Fine）首位字母
	HRBF400		
	HRBF500		

公称横截面面积与理论重量　表 4-6

公称直径 mm	公称横截面面积 mm²	理论重量 kg/m	公称直径 mm	公称横截面面积 mm²	理论重量 kg/m
6	28.27	0.222	22	380.1	2.98
8	50.27	0.395	25	490.9	3.85
10	78.54	0.617	28	615.8	4.83
12	113.1	0.888	32	804.2	6.31
14	153.9	1.21	36	1018	7.99
16	201.1	1.58	40	1257	9.87
18	254.5	2.00	50	1964	15.42
20	314.2	2.47			

注：表中理论重量按密度为 $7.85 \mathrm{g/cm^3}$ 计算。

带纵肋的月牙肋钢筋截面尺寸（mm）　表 4-7

公称直径 d	内径 d_1	横肋高 h	纵肋高 h_1 （不大于）	横肋宽 b	纵肋宽 a	间距 l	横肋末端最大间距 （公称周长的 10% 弦长）
6	5.8	0.6	0.8	0.4	1.0	4.0	1.8
8	7.7	0.8	1.1	0.5	1.5	5.5	2.5
10	9.6	1.0	1.3	0.6	1.5	7.0	3.1
12	11.5	1.2	1.6	0.7	1.5	8.0	3.7
14	13.4	1.4	1.8	0.8	1.8	9.0	4.3
16	15.4	1.5	1.9	0.9	1.8	10.0	5.0
18	17.3	1.6	2.0	1.0	2.0	10.0	5.6
20	19.3	1.7	2.1	1.2	2.0	10.0	6.2
22	21.3	1.9	2.4	1.3	2.5	10.5	6.8
25	24.2	2.1	2.6	1.5	2.5	12.5	7.7
28	27.2	2.2	2.7	1.7	3.0	12.5	8.6
32	31.0	2.4	3.0	1.9	3.0	14.0	9.9
36	35.0	2.6	3.2	2.1	3.5	15.0	11.1
40	38.7	2.9	3.5	2.2	3.5	15.0	12.4
50	48.5	3.2	3.8	2.5	4.0	16.0	15.5

注：1. 纵肋斜角 θ 为 0～30°。

　　2. 尺寸 a、b 为参考。

化 学 成 分　表 4-8

牌 号	化学成分（质量分数）/ %，不大于					
	C	Si	Mn	P	S	Ceq
HRB335 HRBF335	0.25	0.80	1.60	0.045	0.045	0.52
HRB400 HRBF400						0.54
HRB500 HRBF500						0.55

牌 号	屈服强度 R_{eL} MPa	抗拉强度 R_m MPa	断后伸长率 A %	最大力总伸长率 A_{gt} %
	不小于			
HRB335 HRBF335	335	455	17	
HRB400 HRBF400	400	540	16	7.5
HRB500 HRBF500	500	630	15	

力 学 性 能   表 4-9

3. 钢筋混凝土用余热处理钢筋 （GB 13014—2013）

钢筋混凝土用余热处理钢筋是热轧后利用热处理原理进行表面控制冷却，并利用芯部余热自身完成回火处理所得的成品钢筋，其基圆上形成环状的淬火自回火组织。

钢筋混凝土用余热处理钢筋按屈服强度特征值分为 400 级、500 级，按用途分为可焊和非可焊。钢筋牌号的构成及其含义见表 4-10。

钢筋牌号的构成及其含义   表 4-10

类别	牌号	牌号构成	英文字母含义
余热处理钢筋	RRB400 RRB500	由 RRB＋规定的屈服强度特征值构成	RRB——余热处理筋的英文缩写；
	RRB400W	由 RRB＋规定的屈服强度特征值构成＋可焊	W——焊接的英文缩写

钢筋的公称直径范围为 8mm～50mm，RRB400、RRB500 钢筋推荐的公称直径为 8mm、10mm、12mm、16mm、20mm、25mm、32mm、40mm、50mm，RRB400W 钢筋推荐直径为 8mm、10mm、12mm、16mm、20mm、25mm、32mm、40mm。公称横截面面积与理论重量见表 4-11。

钢筋的公称横截面面积与理论重量   表 4-11

公称直径 mm	公称横截面面积 mm^2	理论重量 kg/m	公称直径 mm	公称横截面面积 mm^2	理论重量 kg/m
8	50.27	0.395	22	380.1	2.98
10	78.54	0.617	25	490.9	3.85
12	113.1	0.888	28	615.8	4.83
14	153.9	1.21	32	804.2	6.31
16	201.1	1.58	36	1018	7.99
18	254.5	2.00	40	1257	9.87
20	314.2	2.47	50	1964	15.42

注：理论重量按密度 7.85g/cm³ 计算。

　　钢筋按直条交货时，其通常长度为3.5～12m。其中长度为3.5m至小于6m之间的钢筋不应超过每批的3％。带肋钢筋以盘卷钢筋交货时每盘应是一整条钢筋，其盘重及盘径应由供需双方协商。

　　钢筋通常按定尺长度交货，具体交货长度应在合同中注明。钢筋可以盘卷交货，每盘应是一条钢筋，允许每批有5％的盘数（不足两盘时可有两盘）由两条钢筋组成。其盘重及盘径由供需双方协商确定。

　　带肋钢筋通常带有纵肋，也可不带纵肋。带有纵肋的月牙肋钢筋的表面形状见图4-3，截面尺寸见表4-12。

　　钢筋的化学成分（熔炼分析）应符合表4-13的规定，力学性能应符合表4-14的规定。

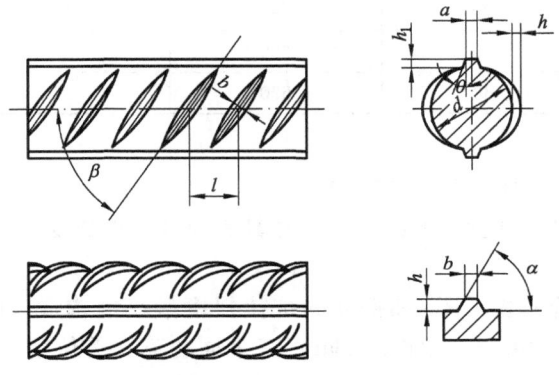

图 4-3　月牙肋钢筋（带纵肋）表面及截面形状

带纵肋的月牙肋钢筋截面尺寸（mm）　　　　　　　　　　　　　表 4-12

公称直径 d	内径 d_1	横肋高 h	纵肋高 h_1（不大于）	横肋顶宽 b	纵肋顶宽 a	间距 l	横肋末端最大间距（公称周长的10％弦长）
8	7.7	0.8	1.1	0.5	1.5	5.5	2.5
10	9.6	1.0	1.3	0.6	1.5	7.0	3.1
12	11.5	1.2	1.6	0.7	1.5	8.0	3.7
14	13.4	1.4	1.8	0.8	1.8	9.0	4.3
16	15.4	1.5	1.9	0.9	1.8	10.0	5.0
18	17.3	1.6	2.0	1.0	2.0	10.0	5.6
20	19.3	1.7	2.1	1.2	2.0	10.0	6.2
22	21.3	1.9	2.4	1.3	2.5	10.5	6.8
25	24.2	2.1	2.6	1.5	2.5	12.5	7.7
28	27.2	2.2	2.7	1.7	3.0	12.5	8.6
32	31.0	2.4	3.0	1.9	3.0	14.0	9.9
36	35.0	2.6	3.2	2.1	3.5	15.0	11.1
40	38.7	2.9	3.5	2.2	3.5	15.0	12.4
50	48.5	3.2	3.8	2.5	4.0	16.0	15.5

　　注：1. 纵肋斜角 θ 为0～30°。

　　　　2. 尺寸 a、b 为参考尺寸。

化 学 成 分 表 4-13

牌号	化学成分（质量分数）/%（不大于）					
	C	Si	Mn	P	S	Ceq
RRB400 RRB500	0.30	1.00	1.60	0.045	0.045	—
RRB400W	0.25	0.80	1.60	0.045	0.045	0.50

力 学 性 能 表 4-14

牌 号	R_{eL}/MPa	R_m/MPa	A/%	A_{gt}/%
	不小于			
RRB400	400	540	14	5.0
RRB500	500	630	13	
RRB400W	430	570	16	7.5

注：时效后检验结果。

4. 冷轧带肋钢筋 （GB 13788—2008）

冷轧带肋钢筋是热轧圆盘条经冷轧后，在其表面带有沿长度方向均匀分布的三面或二面横肋的钢筋。

冷轧带肋钢筋的牌号由 CRB 和钢筋的抗拉强度最小值构成。C、R、B 分别为冷轧（cold rolled）、带肋（Ribbed）、钢筋（Bar）三个词的英文首位字母。冷轧带肋钢筋分为 CRB550、CRB650、CRB800、CRB970 四个牌号。CRB550 为普通钢筋混凝土用钢筋，其他牌号为预应力混凝土用钢筋。

CRB550 钢筋的公称直径范围为 4mm～12mm，CRB650 以上牌号钢筋的公称直径为 4mm、5mm、6mm。

三面肋和二面肋钢筋的外形见图 4-4 和图 4-5，尺寸和重量见表 4-15。

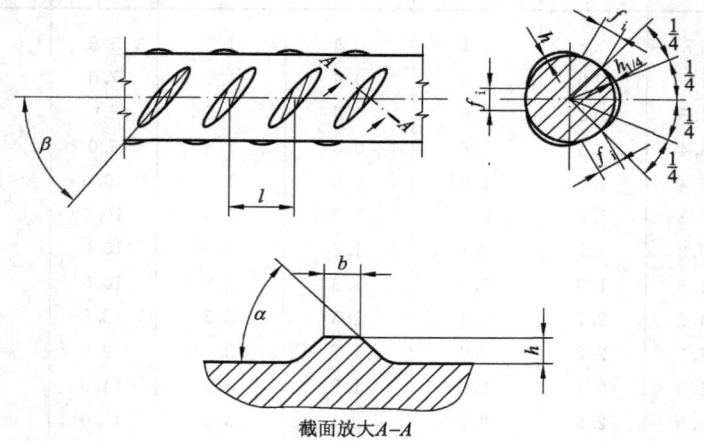

图 4-4 三面肋钢筋表面及截面形状

α—横肋斜角；β—横肋与钢筋轴线夹角；h—横肋中点高；
l—横肋间距；b—横肋顶宽；f_i—横肋间隙

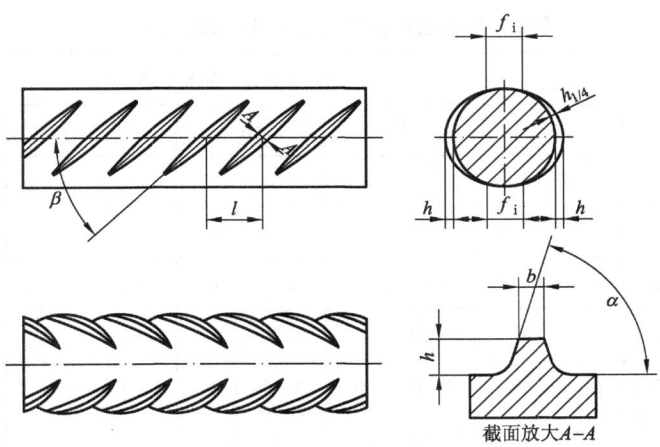

图 4-5　二面肋钢筋表面及截面形状

α—横肋斜角；β—横肋与钢筋轴线夹角；h—横肋中点高；l—横肋间距；b—横肋顶宽；f_i—横肋间隙

钢筋通常按盘卷交货，CRB550 钢筋也可按直条交货。钢筋按直条交货时，其长度及允许偏差按供需双方协商确定。

冷轧带肋钢筋用盘条的牌号和化学成分参考表 4-16。钢筋的力学性能和工艺性能应符合表 4-17 的规定。

三面肋和二面肋钢筋的尺寸、重量　　　　　　　表 4-15

公称直径 d mm	公称横截面积 mm²	理论重量 kg/m	横肋中点高 h/mm	横肋 1/4 处高 $h_{1/4}$/mm	横肋顶宽 b mm	横肋间距 l mm	相对肋面积 f_τ 不小于
4	12.6	0.099	0.30	0.24		4.0	0.036
4.5	15.9	0.125	0.32	0.26		4.0	0.039
5	19.6	0.154	0.32	0.26		4.0	0.039
5.5	23.7	0.186	0.40	0.32		5.0	0.039
6	28.3	0.222	0.40	0.32		5.0	0.039
6.5	33.2	0.261	0.46	0.37		5.0	0.045
7	38.5	0.302	0.46	0.37		5.0	0.045
7.5	44.2	0.347	0.55	0.44		6.0	0.045
8	50.3	0.395	0.55	0.44	~0.2d	6.0	0.045
8.5	56.7	0.445	0.55	0.44		7.0	0.045
9	63.6	0.499	0.75	0.60		7.0	0.052
9.5	70.8	0.556	0.75	0.60		7.0	0.052
10	78.5	0.617	0.75	0.60		7.0	0.052
10.5	86.5	0.679	0.75	0.60		7.4	0.052
11	95.0	0.746	0.85	0.68		7.4	0.056
11.5	103.8	0.815	0.95	0.76		8.4	0.056
12	113.1	0.888	0.95	0.76		8.4	0.056

注：1. 横肋 1/4 处高，横肋顶宽供孔型设计用。

　　2. 二面肋钢筋允许有高度不大于 0.5h 的纵肋。

冷轧带肋钢筋用盘条的参考牌号和化学成分   表 4-16

钢筋牌号	盘条牌号	化学成分（质量分数）/%					
		C	Si	Mn	V、Ti	S	P
CRB550	Q215	0.09～0.15	≤0.30	0.25～0.55	—	≤0.050	≤0.045
CRB650	Q235	0.14～0.22	≤0.30	0.30～0.65	—	≤0.050	≤0.045
CRB800	24MnTi	0.19～0.27	0.17～0.37	1.20～1.60	Ti：0.01～0.05	≤0.045	≤0.045
	20MnSi	0.17～0.25	0.40～0.80	1.20～1.60	—	≤0.045	≤0.045
CRB970	41MnSiV	0.37～0.45	0.60～1.10	1.00～1.40	V：0.05～0.12	≤0.045	≤0.045
	60	0.57～0.65	0.17～0.37	0.50～0.80	—	≤0.035	≤0.035

力学性能和工艺性能   表 4-17

牌号	$R_{p0.2}$/MPa 不小于	R_m/MPa 不小于	伸长率/% 不小于		弯曲试验 180°	反复弯曲次数	应力松弛 初始应力应相当于 公称抗拉强度的70%
			$A_{11.3}$	A_{100}			1000h 松弛率/% 不大于
CRB550	500	550	8.0	—	$D=3d$	—	—
CRB650	585	650	—	4.0	—	3	8
CRB800	720	800	—	4.0	—	3	8
CRB970	875	970	—	4.0	—	3	8

注：表中 D 为弯心直径，d 为钢筋公称直径。

5. 冷轧扭钢筋（JG 190—2006）

冷轧扭钢筋是低碳钢热轧圆盘条经专用钢筋冷轧扭机调直、冷轧并冷扭（或冷滚）一次成型具有规定截面形式和相应节距的连续螺旋状钢筋。

冷轧扭钢筋按其截面形状（见图 4-6）不同分为三种类型：近似矩形截面为Ⅰ型；近似正方形截面为Ⅱ型；近似圆形截面为Ⅲ型。

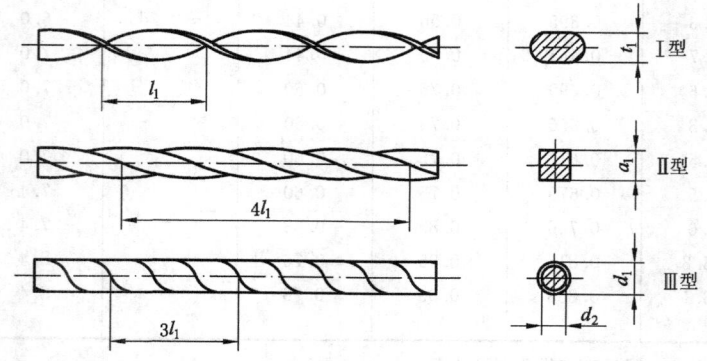

图 4-6 冷轧扭钢筋形状及截面控制尺寸

冷轧扭钢筋按其强度级别不同分为二级：550 级、650 级。

生产冷轧扭钢筋的原材料应选用符合 GB/T 701 规定的低碳钢热轧圆盘条。采用低碳钢的牌号应为 Q235 或 Q215。当采用 Q215 牌号时，其碳的含量不应低于 0.12%。

冷轧扭钢筋截面控制尺寸、节距应符合表 4-18 的规定，公称横截面面积和理论质量应符合表 4-19 的规定，力学性能和工艺性能应符合表 4-20 的规定。

对于 550 级 Ⅰ、Ⅱ 和 Ⅲ 型冷轧钢筋均应以冷加工状态直条交货；对于 650 级 Ⅲ 型钢筋，可采用冷加工状态盘条交货。

截面控制尺寸、节距　　　　　　　　　　表 4-18

强度级别	型号	标志直径 d/mm	截面控制尺寸/mm　不小于				节距 l_1/mm 不大于
			轧扁厚度（t_1）	正方形边长（a_1）	外圆直径（d_1）	内圆直径（d_2）	
CTB550	Ⅰ	6.5	3.7	—	—	—	75
		8	4.2	—	—	—	95
		10	5.3	—	—	—	110
		12	6.2	—	—	—	150
	Ⅱ	6.5	—	5.40	—	—	30
		8	—	6.50	—	—	40
		10	—	8.10	—	—	50
		12	—	9.60	—	—	80
	Ⅲ	6.5	—	—	6.17	5.67	40
		8	—	—	7.59	7.09	60
		10	—	—	9.49	8.89	70
CTB650	Ⅲ	6.5	—	—	6.00	5.50	30
		8	—	—	7.38	6.88	50
		10	—	—	9.22	8.67	70

公称横截面面积和理论质量　　　　　　　　　　表 4-19

强度级别	型　号	标志直径 d/mm	公称横截面面积 A_s/mm²	理论质量/（kg/m）
CTB550	Ⅰ	6.5	29.50	0.232
		8	45.30	0.356
		10	68.30	0.536
		12	96.14	0.755
	Ⅱ	6.5	29.20	0.229
		8	42.30	0.332
		10	66.10	0.519
		12	92.74	0.728
	Ⅲ	6.5	29.86	0.234
		8	45.24	0.355
		10	70.69	0.555
CTB650	Ⅲ	6.5	28.20	0.221
		8	42.73	0.335
		10	66.76	0.524

力学性能和工艺性能指标

表 4-20

强度级别	型 号	抗拉强度 σ_b N/mm²	伸长率 A/%	180°弯曲试验（弯心直径=3d）	应力松弛率/%（当 $\sigma_{con}=0.7f_{ptk}$）	
					10h	1000h
CTB550	I	≥550	$A_{11.3}$≥4.5	受弯曲部位钢筋表面不得产生裂纹	—	—
	II	≥550	A≥10		—	—
	III	≥550	A≥12		—	—
CTB650	III	≥650	A_{100}≥4		≤5	≤8

注：1. d 为冷轧扭钢筋标志直径。
　　2. A、$A_{11.3}$ 分别表示以标距 5.65$\sqrt{S_0}$ 或 11.3$\sqrt{S_0}$（S_0 为试样原始截面面积）的试样拉断伸长率，A_{100} 表示标距为 100mm 的试样拉断伸长率。
　　3. σ_{con} 为预应力钢筋张拉控制应力；f_{ptk} 为预应力冷轧扭钢筋抗拉强度标准值。

6. 预应力混凝土用钢棒（GB/T 5223.3—2005）

预应力混凝土用钢棒为用低合金钢热轧圆盘条经冷加工后（或不经冷加工）淬火和回火所得。

预应力混凝土用钢棒按表面形状分为光圆钢棒、螺旋槽钢棒、螺旋肋钢棒、带肋钢棒四种。代号及意义见表 4-21。

钢棒的公称直径、横截面积、重量及性能符合表 4-22 的规定。

螺旋槽钢棒的外形见图 4-7，尺寸符合表 4-23 的规定；螺旋肋钢棒的外形见图 4-8，尺寸符合表 4-24 的规定；有纵肋带肋钢棒的外形见图 4-9，尺寸符合表 4-25 的规定；无纵肋带肋钢棒的外形见图 4-10，尺寸符合表 4-26 的规定。

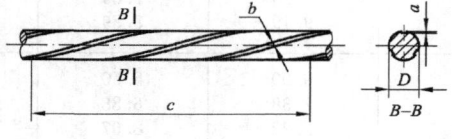

3条螺旋槽

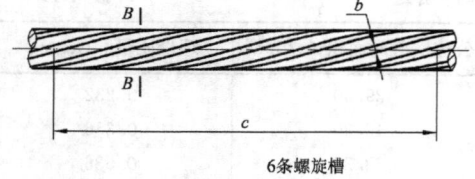 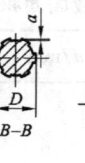

6条螺旋槽

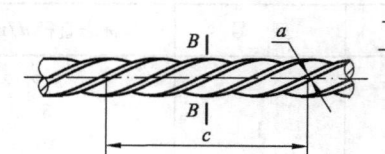

图 4-7　螺旋槽钢棒外形示意图　　　　　图 4-8　螺旋肋钢棒外形示意图

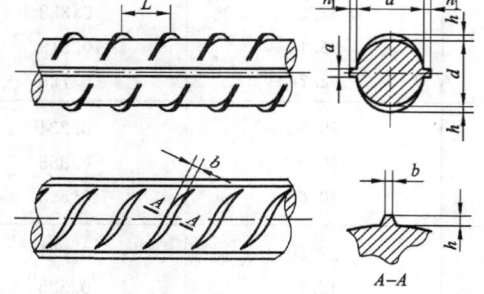 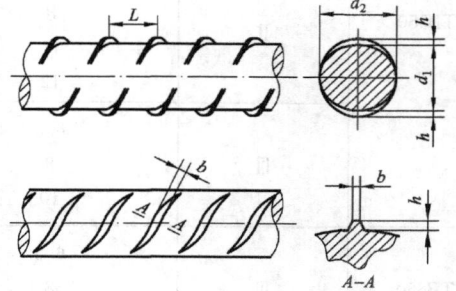

图 4-9　有纵肋带肋钢棒外形示意图　　　图 4-10　无纵肋带肋钢棒外形示意图

产品可以盘卷或直条交货。

代 号 及 意 义　　　　　　　　　　　　　　　　　表 4-21

代号	意义	代号	意义
PCB	预应力混凝土用钢棒	R	带肋钢棒
P	光圆钢棒	N	普通松弛
HG	螺旋槽钢棒	L	低松弛
HR	螺旋肋钢棒		

钢棒的公称直径、横截面积、重量及性能　　　　　　　　　表 4-22

表面形状类型	公称直径 D_n/mm	公称横截面积 S_n/mm²	横截面积 S/mm² 最小	横截面积 S/mm² 最大	每米参考重量 g/m	抗拉强度 R_m 不小于 MPa	规定非比例延伸强度 $R_{p0.2}$ 不小于 MPa	弯曲性能 性能要求	弯曲性能 弯曲半径 mm
光圆	6	28.3	26.8	29.0	222	对所有规格钢棒 1080 1230 1420 1570	对所有规格钢棒 930 1080 1280 1420	反复弯曲不小于 4次/180°	15
	7	38.5	36.3	39.5	302				20
	8	50.3	47.5	51.5	394				20
	10	78.5	74.1	80.4	616				25
	11	95.0	93.1	97.4	746			弯曲 160°～180° 后弯曲处无裂纹	弯芯直径为钢棒公称直径的10倍
	12	113	106.8	115.8	887				
	13	133	130.3	136.3	1044				
	14	154	145.6	157.8	1209				
	16	201	190.2	206.0	1578				
螺旋槽	7.1	40	39.0	41.7	314			—	
	9	64	62.4	66.5	502				
	10.7	90	87.5	93.6	707				
	12.6	125	121.5	129.9	981				
螺旋肋	6	28.3	26.8	29.0	222			反复弯曲不小于 4次/180°	15
	7	38.5	36.3	39.5	302				20
	8	50.3	47.5	51.5	394				20
	10	78.5	74.1	80.4	616				25
	12	113	106.8	115.8	888			弯曲 160°～180° 后弯曲处无裂纹	弯芯直径为钢棒公称直径的10倍
	14	154	145.6	157.8	1209				
带肋	6	28.3	26.8	29.0	222			—	
	8	50.3	47.5	51.5	394				
	10	78.5	74.1	80.4	616				
	12	113	106.8	115.8	887				
	14	154	145.6	157.8	1209				
	16	201	190.2	206.0	1578				

螺旋槽钢棒的尺寸（mm） 表 4-23

公称直径 D_n	螺旋槽数量/（条）	外轮廓直径 D	螺旋槽尺寸		导程
			深度 a	宽度 b	
7.1	3	7.25	0.20	1.70	公称直径的10倍
9	6	9.15	0.30	1.50	
10.7	6	11.10	0.30	2.00	
12.6	6	13.10	0.45	2.20	

螺旋肋钢棒的尺寸（mm） 表 4-24

公称直径 D_n	螺旋肋数量/（条）	基圆直径 D_1	外轮廓直径 D	单肋宽度 a	螺旋肋导程 c
6	4	5.80	6.30	2.20～2.60	40～50
7	4	6.73	7.46	2.60～3.00	50～60
8	4	7.75	8.45	3.00～3.40	60～70
10	4	9.75	10.45	3.60～4.20	70～85
12	4	11.70	12.50	4.20～5.00	85～100
14	4	13.75	14.40	5.00～5.80	100～115

有纵肋带肋钢棒的尺寸（mm） 表 4-25

公称直径 D_n	内径 d	横肋高 h	纵肋高 h_1	横肋宽 b	纵肋宽 a	间距 L	横肋末端最大间隙（公称周长的10%弦长）
6	5.8	0.5	0.6	0.4	1.0	4	1.8
8	7.7	0.7	0.8	0.6	1.2	5.5	2.5
10	9.6	1.0	1.0	1.0	1.5	7	3.1
12	11.5	1.2	1.2	1.2	1.5	8	3.7
14	13.4	1.4	1.4	1.2	1.8	9	4.3
16	15.4	1.5	1.5	1.2	1.8	10	5.0

注：1. 钢棒的横截面积、每米参考质量应参照表 4-21 中相应规格对应的数值。

2. 公称直径是指横截面积等同于光圆钢棒横截面积时所对应的直径。

3. 纵肋斜角 θ 为 0～30°。

4. 尺寸 a、b 为参考数据。

无纵肋带肋钢棒的尺寸（mm） 表 4-26

公称直径 D_n	垂直内径 d_1	水平内径 d_2	横肋高 h	横肋宽 b	间距 L
6	5.7	6.2	0.5	0.4	4
8	7.5	8.3	0.7	0.6	5.5
10	9.4	10.3	1.0	1.0	7
12	11.3	12.3	1.2	1.2	8
14	13	14.3	1.4	1.2	9
16	15	16.3	1.5	1.2	10

注：1. 钢棒的横截面积、每米参考质量应参照表 4-21 中相应规格对应的数值。

2. 公称直径是指横截面积等同于光圆钢棒横截面积时所对应的直径。

3. 尺寸 b 为参考数据。

7. 预应力混凝土用螺纹钢筋（GB/T 20065—2006）

螺纹钢筋是一种热轧成带有不连续的外螺纹的直条钢筋，该钢筋在任意截面处，均可用带有匹配形状的内螺纹的连接器或锚具进行连接或锚固。

预应力混凝土用螺纹钢筋以屈服强度划分级别，其代号为"PSB"加上规定屈服强度最小值表示。P、S、B 分别为 Prestressing 、Screw、Bars 的英文首位字母。例如：PSB830 表示屈服强度最小值为 830MPa 的钢筋。

钢筋的公称直径范围为 18mm～50mm，本标准推荐的钢筋公称直径为 25mm，32mm。可根据用户要求提供其他规格的钢筋。

钢筋的公称截面面积与理论重量见表 4-27。

钢筋外形采用螺纹状无纵肋且钢筋两侧螺纹在同一螺旋线上，其外形如图 4-11 所示。

钢筋外形尺寸应符合表 4-28 的规定。钢筋通常按定尺长度交货，具体交货长度应在合同中注明。可按需方要求长度进行锯切再加工。

钢筋钢的熔炼分析中，硫、磷含量不大于 0.035％。生产厂应进行化学成分和合金元素的选择，以保证经过不同方法加工的成品钢筋能满足表 4-29 规定的力学性能要求。

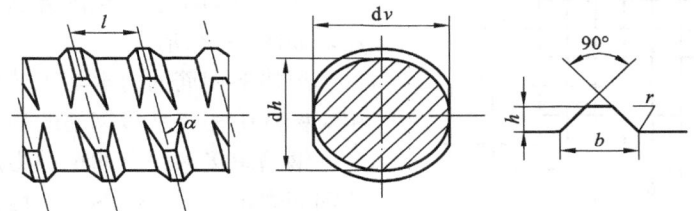

图 4-11　钢筋表面及截面形状

dh—基圆直径；dv—基圆直径；h—螺纹高；b—螺纹底宽；l—螺距；r—螺纹根弧；α—导角

钢筋的公称截面面积与理论重量　　　　　　　　　　　　　　　表 4-27

公称直径/mm	公称截面面积/mm²	有效截面系数	理论截面面积/mm²	理论重量/(kg/m)
18	254.5	0.95	267.9	2.11
25	490.9	0.94	522.2	4.10
32	804.2	0.95	846.5	6.65
40	1256.6	0.95	1322.7	10.34
50	1963.5	0.95	2066.8	16.28

钢筋外形尺寸(mm)　　　　　　　　　　　　　　　表 4-28

公称直径	基圆直径		螺纹高	螺纹底宽	螺距	螺纹根弧	导角
	dh	dv	h	b	l	r	α
18	18.0	18.0	1.2	4.0	9.0	1.0	80°42′
25	25.0	25.0	1.6	6.0	12.0	1.5	81°19′
32	32.0	32.0	2.0	7.0	16.0	2.0	80°40′
40	40.0	40.0	2.5	8.0	20.0	2.5	80°29′
50	50.0	50.0	3.0	9.0	24.0	2.5	81°19′

钢筋的力学性能　　　　　　　　　　　　　　　　表 4-29

级　别	屈服强度 R_{eL}/MPa	抗拉强度 R_m/MPa	断后伸长率 A/%	最大力下总伸长率 A_{gt}/%	应力松弛性能	
					初始应力	1000h 后应力松弛率 V_r/%
	不小于					
PSB785	785	980	7			
PSB830	830	1030	6	3.5	0.8R_{eL}	≤3
PSB930	930	1080	6			
PSB1080	1080	1230	6			

注：无明显屈服时，用规定非比例延伸强度（$R_{p0.2}$）代替。

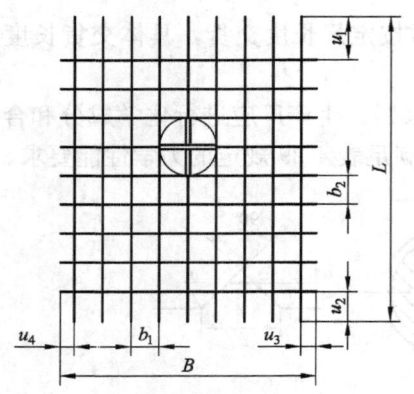

图 4-12　钢筋焊接网形状
b_1、b_2—间距；u_1、u_2、u_3、u_4—伸出长度

8. 钢筋混凝土用钢筋焊接网（GB/T 1499.3—2010）

钢筋混凝土用钢筋焊接网是用纵向钢筋和横向钢筋分别以一定的间距排列且互成直角、全部交叉点均用电阻点焊方法焊接在一起的网片，如图 4-12 所示。

焊接网钢筋的力学与工艺性能应分别符合相应标准中相应牌号钢筋的规定。

钢筋焊接网焊点的抗剪力应不小于试样受拉钢筋规定屈服力值的 0.3 倍。

定型钢筋焊接网的型号见表 4-30；用于桥面、建筑的钢筋焊接网分别见表 4-31 和表 4-32。

定型钢筋焊接网的型号　　　　　　　　　　　　表 4-30

钢筋焊接网型号	纵向钢筋			横向钢筋			重量 kg/m²
	公称直径 mm	间距 mm	每延米面积 mm²/m	公称直径 mm	间距 mm	每延米面积 mm²/m	
A18	18		1273	12		566	14.43
A16	16		1006	12		566	12.34
A14	14		770	12		566	10.49
A12	12		566	12		566	8.88
A11	11		475	11		475	7.46
A10	10	200	393	10	200	393	6.16
A9	9		318	9		318	4.99
A8	8		252	8		252	3.95
A7	7		193	7		193	3.02
A6	6		142	6		142	2.22
A5	5		98	5		98	1.54

续表

钢筋焊接网型号	纵向钢筋			横向钢筋			重量 kg/m²
	公称直径 mm	间距 mm	每延米面积 mm²/m	公称直径 mm	间距 mm	每延米面积 mm²/m	
B18	18	100	2545	12	200	566	24.42
B16	16		2011	10		393	18.89
B14	14		1539	10		393	15.19
B12	12		1131	8		252	10.90
B11	11		950	8		252	9.43
B10	10		785	8		252	8.14
B9	9		635	8		252	6.97
B8	8		503	8		252	5.93
B7	7		385	7		193	4.53
B6	6		283	7		193	3.73
B5	5		196	7		193	3.05
C18	18	150	1697	12	200	566	17.77
C16	16		1341	12		566	14.98
C14	14		1027	12		566	12.51
C12	12		754	12		566	10.36
C11	11		634	11		475	8.70
C10	10		523	10		393	7.19
C9	9		423	9		318	5.82
C8	8		335	8		252	4.61
C7	7		257	7		193	3.53
C6	6		189	6		142	2.60
C5	5		131	5		98	1.80
D18	18	100	2545	12	100	1131	28.86
D16	16		2011	12		1131	24.68
D14	14		1539	12		1131	20.98
D12	12		1131	12		1131	17.75
D11	11		950	11		950	14.92
D10	10		785	10		785	12.33
D9	9		635	9		635	9.98
D8	8		503	8		503	7.90
D7	7		385	7		385	6.04
D6	6		283	6		283	4.44
D5	5		196	5		196	3.08

钢筋焊接网型号	纵向钢筋			横向钢筋			重量 kg/m²
	公称直径 mm	间距 mm	每延米面积 mm²/m	公称直径 mm	间距 mm	每延米面积 mm²/m	
E18	18		1697	12		1131	19.25
D16	16		1341	12		754	16.46
E14	14		1027	12		754	13.99
E12	12		754	12		754	11.84
E11	11		634	11		634	9.95
E10	10	150	523	10	150	523	8.22
E9	9		423	9		423	6.66
E8	8		335	8		335	5.26
E7	7		257	7		257	4.03
E6	6		189	6		189	2.96
E5	5		131	5		131	2.05
F18	18		2545	12		754	25.90
F16	16		2011	12		754	21.70
F14	14		1539	12		754	18.00
F12	12		1131	12		754	14.80
F11	11		950	11		634	12.43
F10	10	100	785	10	150	523	10.28
F9	9		635	9		423	8.32
F8	8		503	8		335	6.58
F7	7		385	7		257	5.03
F6	6		283	6		189	3.70
F5	5		196	5		131	2.57

桥面用标准钢筋焊接网 表 4-31

序号	网片编号	网片型号		网片尺寸		伸出长度				单片钢网		重量
		直径	间距	纵向	横向	纵向钢筋		横向钢筋		纵向钢筋根数	横向钢筋根数	
						u_1	u_2	u_3	u_4			
		mm	mm	mm	mm	mm	mm	mm	mm	根	根	kg
1	QW-1	7	100	10250	2250	50	300	50	300	20	100	129.9
2	QW-2	8	100	10300	2300	50	350	50	350	20	100	172.2
3	QW-3	9	100	10350	2250	50	400	50	400	19	100	210.4
4	QW-4	10	100	10350	2250	50	400	50	400	19	100	260.2
5	QW-5	11	100	10400	2250	50	450	50	450	19	100	319.0

建筑用标准钢筋焊接网　　　　　　　　　　　　　　　　表 4-32

序号	网片编号	网片型号		网片尺寸		伸出长度				单片钢网		
		直径	间距	纵向	横向	纵向钢筋		横向钢筋		纵向钢筋根数	横向钢筋根数	重量
						u_1	u_2	u_3	u_4			
		mm	mm	mm	mm	mm	mm	mm	mm	根	根	kg
1	JW-1a	6	150	6000	2300	75	75	25	25	16	40	41.7
2	JW-1b	6	150	5950	2350	25	375	25	375	14	38	38.3
3	JW-2a	7	150	6000	2300	75	75	25	25	16	40	56.8
4	JW-2b	7	150	5950	2350	25	375	25	375	14	38	52.1
5	JW-3a	8	150	6000	2300	75	75	25	25	16	40	74.3
6	JW-3b	8	150	5950	2350	25	375	25	375	14	38	68.2
7	JW-4a	9	150	6000	2300	75	75	25	25	16	40	93.8
8	JW-4b	9	150	5950	2350	25	375	25	375	14	38	86.1
9	JW-5a	10	150	6000	2300	75	75	25	25	16	40	116.0
10	JW-5b	10	150	5950	2350	25	375	25	375	14	38	106.5
11	JW-6a	12	150	6000	2300	75	75	25	25	16	40	166.9
12	JW-6b	12	150	5950	2350	25	375	25	375	14	38	153.3

9. 预应力混凝土用钢丝（GB/T 5223—2014）

　　预应力混凝土用钢丝按加工状态分为冷拉钢丝（代号为 WCB）和消除应力钢丝（低松弛钢丝代号为 WLR）两类。钢丝按外形分为光圆钢丝（代号为 P）、螺旋肋钢丝（代号为 H）、刻痕钢丝（代号为 I）三种。

　　光圆钢丝的尺寸应符合表 4-33 的规定，每米质量参见表 4-33；螺旋肋钢丝的尺寸应符合表 4-34 的规定，外形见图 4-13，钢丝的公称横截面积、每米参考质量与光圆钢丝相同；三面刻痕钢丝的尺寸应符合表 4-35 的规定，外形见图 4-14，钢丝的公称横截面积、每米参考质量与光圆钢丝相同，三条痕中的其中一条倾斜方向与其他两条相反。

　　制造钢丝宜选用符合 GB/T 24238 或 GB/T 24242.2 规定的牌号制造，也可采用其他牌号制造，生产厂不提供化学成分。钢丝应以热轧盘条为原料，经冷加工或冷加工后进行连续的稳定化处理制成。

　　压力管道用无涂（镀）层冷拉钢丝的力学性能应符合表 4-36 的规定，0.2% 屈服力 $F_{p0.2}$ 应不小于最大力的特征值 F_m 的 75%；消除应力的光圆及螺旋肋钢丝的力学性能应符合表 4-37 的规定，0.2% 屈服力 $F_{p0.2}$ 应不小于最大力的特征值 F_m 的 88%；消除应力的刻痕钢丝的力学性能，除弯曲次数外其他应符合表 4-37 的规定，对所有规格消除应力的刻痕钢丝，其弯曲次数均应不小于 3 次。

光圆钢丝尺寸及每米参考质量　　　　　　　　　　　　表 4-33

公称直径 d_n/mm	公称横截面积 S_n/mm²	每米参考质量/(g/m)
4.00	12.57	98.6
4.80	18.12	142
5.00	19.63	154
6.00	28.27	222
6.25	30.68	241
7.00	38.48	302
7.50	44.18	347
8.00	50.26	394
9.00	63.62	499
9.50	70.88	556
10.00	78.54	616
12.00	113.1	888

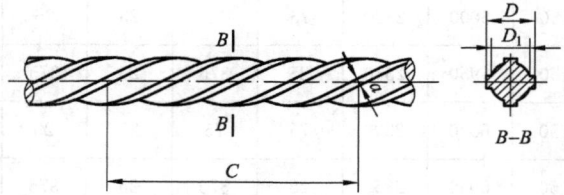

图 4-13　螺旋肋钢丝

螺旋肋钢丝的尺寸（mm）　　　　　　　　　　　　表 4-34

公称直径 d_n	螺旋肋数量/条	基圆直径 D_1	外轮廓直径 D	单肋宽度 a	螺旋肋导程 C
4.00	4	3.85	4.25	0.90～1.30	24～30
4.80	4	4.60	5.10	1.30～1.70	28～36
5.00	4	4.80	5.30	1.30～1.70	28～36
6.00	4	5.80	6.30	1.60～2.00	30～38
6.25	4	6.00	6.70	1.60～2.00	30～40
7.00	4	6.73	7.46	1.80～2.20	35～45
7.50	4	7.26	7.96	1.90～2.30	36～46
8.00	4	7.75	8.45	2.00～2.40	40～50
9.00	4	8.75	9.45	2.10～2.70	42～52
9.50	4	9.30	10.10	2.20～2.80	44～53
10.00	4	9.75	10.45	2.50～3.00	45～58
11.00	4	10.76	11.47	2.60～3.10	50～64
12.00	4	11.78	12.50	2.70～3.20	55～70

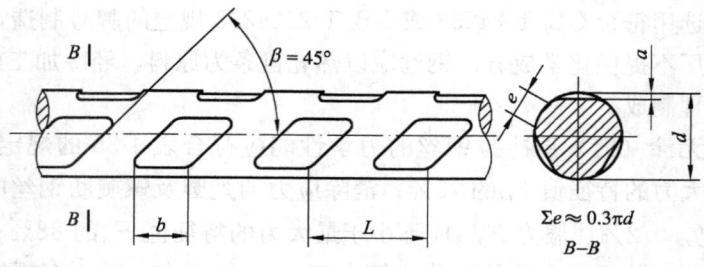

图 4-14　三面刻痕钢丝

三面刻痕钢丝尺寸（mm）　　　　　　表 4-35

公称直径 d_n	刻痕深度 a	刻痕长度 b	公称节距 L
≤5.00	0.12	3.5	5.5
>5.00	0.15	5.0	8.0

注：公称直径指横截面积等同于光圆钢丝横截面积时所对应的直径。

压力管道用冷拉钢丝的力学性能　　　　　　表 4-36

公称直径 d_n/mm	公称抗拉强度 R_m/MPa	最大力的特征值 F_m/kN	最大力的最大值 $F_{m,max}$/kN	0.2%屈服力 $F_{p0.2}$/kN ≥	每 210mm 扭矩的扭转次数/N ≥	断面收缩率 Z/% ≥	氢脆敏感性能负载为 70%最大力时，断裂时间 t/h ≥	应力松弛性能初始力为最大力 70%时，1000h 应力松弛率 r/% ≤
4.00		18.48	20.99	13.86	10	35		
5.00		28.86	32.79	21.65	10	35		
6.00	1470	41.56	47.21	31.17	8	30		
7.00		56.57	64.27	42.42	8	30		
8.00		73.88	83.93	55.41	7	30		
4.00		19.73	22.24	14.80	10	35		
5.00		30.82	34.75	23.11	10	35		
6.00	1570	44.38	50.03	33.29	8	30		
7.00		60.41	68.11	45.31	8	30		
8.00		78.91	88.96	59.18	7	30	75	7.5
4.00		20.99	23.50	15.74	10	35		
5.00		32.78	36.71	24.59	10	35		
6.00	1670	47.21	52.86	35.41	8	30		
7.00		64.26	71.96	48.20	8	30		
8.00		83.93	93.99	62.95	6	30		
4.00		22.25	24.76	16.69	10	35		
5.00		34.75	38.68	26.06	10	35		
6.00	1770	50.04	55.69	37.53	8	30		
7.00		68.11	75.81	51.08	6	30		

消除应力光圆及螺旋肋钢丝的力学性能　　表 4-37

公称直径 d_n/mm	公称抗拉强度 R_m/MPa	最大力的特征值 F_m/kN	最大力的最大值 $F_{m,max}$/kN	0.2%屈服力 $F_{p0.2}$/kN ≥	最大力总伸长率 (L_0=200mm) A_{gt}/% ≥	反复弯曲性能		应力松弛性能	
						弯曲次数/(次/180°) ≥	弯曲半径 R/mm	初始力相当于实际最大力的百分数 %	1000h应力松弛率 r/% ≤
4.00		18.48	20.99	16.22		3	10		
4.80		26.61	30.23	23.35		4	15		
5.00		28.86	32.78	25.32		4	15		
6.00		41.56	47.21	36.47		4	15		
6.25		45.10	51.24	39.58		4	20		
7.00		56.57	64.26	49.64		4	20		
7.50	1470	64.94	73.78	56.99		4	20		
8.00		73.88	83.93	64.84		4	20		
9.00		93.52	106.25	82.07		4	25		
9.50		104.19	118.37	91.44		4	25		
10.00		115.45	131.16	101.32		4	25		
11.00		139.69	158.70	122.59		—	—		
12.00		166.26	188.88	145.90		—	—		
4.00		19.73	22.24	17.37		3	10		
4.80		28.41	32.03	25.00		4	15		
5.00		30.82	34.75	27.12		4	15		
6.00		44.38	50.03	39.06		4	15		
6.25		48.17	54.31	42.39		4	20		
7.00		60.41	68.11	53.16		4	20		
7.50	1570	69.36	78.20	61.04		4	20		2.5
8.00		78.91	88.96	69.44		4	20	70	
9.00		99.88	112.60	87.89	3.5	4	25		
9.50		111.28	125.46	97.93		4	25	80	4.5
10.00		123.31	139.02	108.51		4	25		
11.00		149.20	168.21	131.30		—	—		
12.00		177.57	200.19	156.26		—	—		
4.00		20.99	23.50	18.47		3	10		
5.00		32.78	36.71	28.85		4	15		
6.00		47.21	52.86	41.54		4	15		
6.25	1670	51.24	57.38	45.09		4	20		
7.00		64.26	71.96	56.55		4	20		
7.50		73.78	82.62	64.93		4	20		
8.00		83.93	93.98	73.86		4	20		
9.00		106.25	118.97	93.50		4	25		
4.00		22.25	24.76	19.58		3	10		
5.00		34.75	38.68	30.58		4	15		
6.00	1770	50.04	55.69	44.03		4	15		
7.00		68.11	75.81	59.94		4	20		
7.50		78.20	87.04	68.81		4	20		
4.00		23.38	25.89	20.57		3	10		
4.50	1860	36.51	40.44	32.13		4	15		
6.00		52.58	58.23	46.27		4	15		
7.00		71.57	79.27	62.98		4	20		

10. 预应力混凝土用钢绞线 （GB/T 5224—2014）

预应力混凝土用钢绞线按结构分为 5 类：用两根钢丝捻制的钢绞线（代号 1×2）、用三根钢丝捻制的钢绞线（代号 1×3）、用三根刻痕钢丝捻制的钢绞线（代号 1×3I）、用七根钢丝捻制的标准型钢绞线（代号 1×7）、用六根刻痕钢丝和一根光圆中心钢丝捻制的钢绞线（代号 1×7I）、用七根钢丝捻制又经模拔的钢绞线 [代号 (1×7) C]、用十九根钢丝捻制的 $1+9+9$ 西鲁式钢绞线（代号 1×19S）、用十九根钢丝捻制的 $1+6+6/6$ 瓦林吞式钢绞线（代号 1×19W）。

1×2 结构钢绞线的尺寸、每米理论重量见表 4-38，外形见图 4-15；1×3 结构钢绞线尺寸、每米理论重量见表 4-39，外形见图 4-16；1×7 结构钢绞线尺寸、每米理论重量见表 4-40，外形见图 4-17；1×19 结构钢绞线尺寸、每米理论重量见表 4-41，外形见图 4-18、图 4-19。

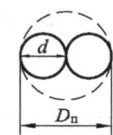

图 4-15　1×2 结构钢绞线
外形示意图

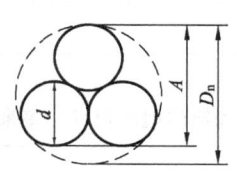

图 4-16　1×3 结构钢绞线
外形示意图

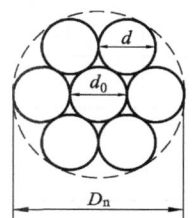

图 4-17　1×7 结构钢绞线
外形示意图

制造钢绞线宜选用符合 GB/T 24238 或 GB/T 24242.2、GB/T 24242.4 规定的牌号制造，也可采用其他的牌号制造，生产厂不提供化学成分。

1×2 结构钢绞线的力学性能应符合表 4-42 的规定；1×3 结构钢绞线的力学性能应符合表 4-43 的规定；1×7 结构钢绞线的力学性能应符合表 4-44 的规定；1×19 结构钢绞线的力学性能应符合表 4-45 的规定。

1×2 结构钢绞线的尺寸、每米理论重量　　　　　　　表 4-38

| 钢绞线结构 | 公称直径 | | 钢绞线公称横截面积 S_n/mm^2 | 每米理论重量 g/m |
	钢绞线直径 D_n/mm	钢丝直径 d/mm		
1×2	5.00	2.50	9.82	77.1
	5.80	2.90	13.2	104
	8.00	4.00	25.1	197
	10.00	5.00	39.3	309
	12.00	6.00	56.5	444

1×3 结构钢绞线的尺寸、每米理论重量 表 4-39

钢绞线结构	公称直径		钢绞线测量尺寸 A/mm	钢绞线公称横截面积 S_n/mm²	每米理论重量 g/m
	钢绞线直径 D_n/mm	钢丝直径 d/mm			
1×3	6.20	2.90	5.41	19.8	155
	6.50	3.00	5.60	21.2	166
	8.60	4.00	7.46	37.7	296
	8.74	4.05	7.56	38.6	303
	10.80	5.00	9.33	58.9	462
	12.90	6.00	11.2	84.8	666
1×3I	8.74	4.05	7.56	38.5	302

1×7 结构钢绞线的尺寸、每米理论重量 表 4-40

钢绞线结构	公称直径 D_n/mm	钢绞线公称横截面积 S_n/mm²	每米理论重量 g/m	中心钢丝直径 d_0 加大范围/% ≥
1×7	9.50 (9.53)	54.8	430	
	11.10 (11.11)	74.2	582	
	12.70	98.7	775	
	15.20 (15.24)	140	1101	
	15.70	150	1178	
	17.80 (17.78)	191 (189.7)	1500	2.5
	18.90	220	1727	
	21.60	285	2237	
1×7I	12.70	98.7	775	
	15.20 (15.24)	110	1101	
(1×7) C	12.70	112	890	
	15.20 (15.24)	165	1295	
	18.00	223	1750	

注：可按括号内规格供货。

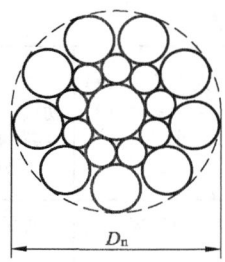

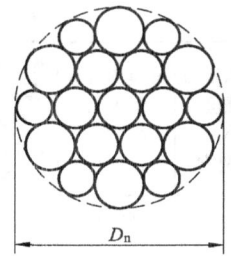

图 4-18　1×19 结构西鲁式
钢绞线外形示意图

图 4-19　1×19 结构瓦林吞式
钢绞线外形示意图

1×19 结构钢绞线的尺寸、每米理论重量　　　表 4-41

钢绞线结构	公称直径 D_n/mm	钢绞线公称横截面积 S_n/mm²	每米理论重量 g/m
1×19S (1+9+9)	17.8	208	1652
	19.3	244	1931
	20.3	271	2149
	21.8	313	2482
	28.6	532	4229
1×19W (1+6+6/6)	28.6	532	4229

注：1×19 钢绞线的公称直径为钢绞线的外接圆的直径。

1×2 结构钢绞线力学性能　　　表 4-42

钢绞线结构	钢绞线公称直径 D_n/mm	公称抗拉强度 R_m/MPa	整根钢绞线最大力 F_m/kN ≥	整根钢绞线最大力的最大值 $F_{m,max}$/kN ≤	0.2%屈服力 $F_{p0.2}$/kN ≥	最大力总伸长率 (L_0≥400mm) A_{gt}/% ≥	应力松弛性能	
							初始负荷相当于实际最大力的百分数/%	1000h 应力松弛率 r % ≤
1×2	8.00	1470	36.9	41.9	32.5	对所有规格	对所有规格	对所有规格
	10.00		57.8	65.6	50.9			
	12.00		83.1	94.4	73.1			
	5.00	1570	15.4	17.4	13.6			
	5.80		20.7	23.4	18.2			
	8.00		39.4	44.4	34.7			
	10.00		61.7	69.6	54.3			
	12.00		88.7	100	78.1			
	5.00	1720	16.9	18.9	14.9	3.5	70	2.5
	5.80		22.7	25.3	20.0			
	8.00		43.2	48.2	38.0			
	10.00		67.6	75.5	59.5			
	12.00		97.2	108	85.5			
	5.00	1860	18.3	20.2	16.1		80	4.5
	5.80		24.6	27.2	21.6			
	8.00		46.7	51.7	41.1			
	10.00		73.1	81.0	64.3			
	12.00		105	116	92.5			
	5.00	1960	19.2	21.2	16.9			
	5.80		25.9	28.5	22.8			
	8.00		49.2	54.2	43.3			
	10.00		77.0	84.9	67.8			

1×3 结构钢绞线力学性能　　　　　表 4-43

钢绞线结构	钢绞线公称直径 D_n/mm	公称抗拉强度 R_m/MPa	整根钢绞线最大力 F_m/kN ≥	整根钢绞线最大力的最大值 $F_{m,max}$/kN ≤	0.2%屈服力 $F_{p0.2}$/kN ≥	最大力总伸长率 ($L_0 \geqslant 400mm$) A_{gt}/% ≥	应力松弛性能	
							初始负荷相当于实际最大力的百分数/%	1000h应力松弛率 r % ≤
1×3	8.60	1470	55.4	63.0	48.8	对所有规格	对所有规格	对所有规格
	10.80		86.6	98.4	76.2			
	12.90		125	142	110			
	6.20	1570	31.1	35.0	27.4			
	6.50		33.3	37.5	29.3			
	8.60		59.2	66.7	52.1			
	8.74		60.6	68.3	53.3			
	10.80		92.5	104	81.4			
	12.90		133	150	117			
	8.74	1670	64.5	72.2	56.8			
	6.20	1720	34.1	38.0	30.0	3.5	70	2.5
	6.50		36.5	40.7	32.1			
	8.60		64.8	72.4	57.0			
	10.80		101	113	88.9			
	12.90		146	163	128		80	4.5
	6.20	1860	36.8	40.8	32.4			
	6.50		39.4	43.7	34.7			
	8.60		70.1	77.7	61.7			
	8.74		71.8	79.5	63.2			
	10.80		110	121	96.8			
	12.90		158	175	139			
	6.20	1960	38.8	42.8	34.1			
	6.50		41.6	45.8	36.6			
	8.60		73.9	81.4	65.0			
	10.80		115	127	101			
	12.90		166	183	146			
1×3I	8.70	1570	60.4	68.1	53.2			
		1720	66.2	73.9	58.3			
		1860	71.6	79.3	63.0			

1×7 结构钢绞线力学性能

表 4-44

钢绞线结构	钢绞线公称直径 D_n/mm	公称抗拉强度 R_m/MPa	整根钢绞线最大力 F_m/kN ⩾	整根钢绞线最大力的最大值 $F_{m,max}$/kN ⩽	0.2%屈服力 $F_{p0.2}$/kN ⩾	最大力总伸长率 ($L_0⩾400mm$) A_{gt}/% ⩾	应力松弛性能 初始负荷相当于实际最大力的百分数/%	应力松弛性能 1000h 应力松弛率 r % ⩽
1×7	15.20 (15.24)	1470	206	234	181	对所有规格	对所有规格	对所有规格
		1570	220	248	194			
		1670	234	262	206			
	9.50 (9.53)		94.3	105	83.0			
	11.10 (11.11)		128	142	113			
	12.70	1720	170	190	150			
	15.20 (15.24)		241	269	212			
	17.80 (17.78)		327	365	288			
	18.90	1820	400	414	352			
	15.70	1770	266	296	234			
	21.60		504	561	444			
	9.50 (9.53)		102	113	89.8			
	11.10 (11.11)		138	153	121		70	2.5
	12.70		184	203	162			
	15.20 (15.24)	1860	260	288	229	3.5		
	15.70		279	309	246			
	17.80 (17.80)		355	391	311		80	4.5
	18.90		409	453	360			
	21.60		530	587	466			
	9.50 (9.53)		107	118	94.2			
	11.10 (11.11)	1960	145	160	128			
	12.70		193	213	170			
	15.20 (15.24)		274	302	241			
1×7I	12.70	1860	184	203	162			
	15.20 (15.24)		260	288	229			
(1×7)C	12.70	1860	208	231	183			
	15.20 (15.24)	1820	300	333	264			
	18.00	1720	384	428	338			

1×19 结构钢绞线力学性能 表4-45

钢绞线结构	钢绞线公称直径 D_n/mm	公称抗拉强度 R_m/MPa	整根钢绞线最大力 F_m/kN ≥	整根钢绞线最大力的最大值 $F_{m,max}$/kN ≤	0.2%屈服力 $F_{p0.2}$/kN ≥	最大力总伸长率 ($L_0 \geq 500mm$) A_{gt}/% ≥	应力松弛性能	
							初始负荷相当于实际最大力的百分数/%	1000h应力松弛率 r % ≤
1×19S (1+9+9)	28.6	1720	915	1021	805	对所有规格	对所有规格	对所有规格
	17.8	1770	368	410	334			
	19.3		431	481	379			
	20.3		480	534	422			
	21.8		554	617	488			
	28.6	1810	942	1048	829	3.5	70	2.5
	20.3		491	545	432			
	21.8		567	629	499		80	4.5
	17.8	1860	387	428	341			
	19.3		454	503	400			
	20.3		504	558	444			
	21.8		583	645	513			
1×19W (1+6+6/6)	28.6	1720	915	1021	805			
		1770	942	1048	829			
		1860	990	1096	854			

11. 不锈钢钢绞线 (GB/T 25821—2010)

不锈钢钢绞线由多根圆形截面不锈钢钢丝组成，主要用于吊架、悬挂、拴系、固定物件及地面架空线、建筑用拉索、缆索用的钢绞线。

钢绞线按其断面结构分为：1×3、1×7、1×19、1×37、1×61、1×91，见图4-20。

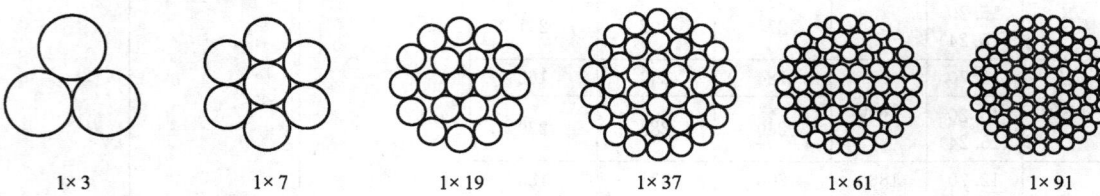

1×3   1×7   1×19   1×37   1×61   1×91

图4-20 钢绞线断面结构

钢绞线按其破断拉力分为 1180MPa、1320MPa、1420MPa、1520MPa 四级。

钢绞线按标准长度供货。标准长度为：30m、75m、150m、300m、750m、1500m。

钢绞线用钢丝宜选用符合 GB/T 4240 中规定的奥氏体型不锈钢制造。其牌号包括：06Cr18Ni9、12Cr18Ni9、06Cr19Ni9N、06Cr17Ni12Mo2。

钢绞线的最小破断拉力应符合表 4-46 的规定。

钢绞线的最小破断拉力　　　　　　　　　表 4-46

结构	直径/mm	最小破断拉力/kN				参考重量 kg/100m
		1180MPa	1320MPa	1420MPa	1520MPa	
1×3	5.0	13.9	15.5	16.7	17.9	10.3
	5.5	16.8	18.8	20.2	21.6	12.4
	6.0	20.0	22.3	24.0	25.7	14.8
	6.5	23.4	26.2	28.2	30.2	17.3
	8.0	35.5	39.7	42.7	45.7	26.2
	9.5	50.1	56.0	60.2	64.5	37.0
1×7	5.5	19.6	22.0	23.6	25.3	15.1
	6.5	27.4	30.7	33.0	35.3	21.1
	7.0	31.8	35.6	38.2	41.0	24.5
	8.0	41.5	46.5	50.0	53.5	32.0
	9.5	58.6	65.5	70.5	75.4	45.1
1×19	6.0	22.5	25.2	27.1	29.0	17.6
	8.0	40.0	44.8	48.2	51.6	31.4
	9.5	56.4	63.1	68.0	72.7	44.2
	10.0	62.5	70.0	75.2	80.6	49.0
	11.0	75.7	84.7	91.0	97.4	59.3
	12.0	90.1	101	108	116	70.6
	12.5	97.7	109	117	126	76.6
	14.0	123	137	147	158	96.0
	16.0	160	179	193	206	125
	18.0	203	227	244	261	159
	19.0	226	253	272	291	177
	22.0	303	339	364	390	237
1×37	12	85.0	95.0	102	109	70.6
	12.5	92.2	103	111	119	76.6
	14	116	129	139	149	96.0
	16	151	169	182	195	125
	18	191	214	230	246	159
	19.5	224	251	270	289	186
	21	260	291	313	335	216

续表

结构	直径/mm	最小破断拉力/kN				参考重量
		1180MPa	1320MPa	1420MPa	1520MPa	kg/100m
1×37	22.5	299	334	359	385	248
	24	340	380	409	438	282
	26	399	446	480	514	331
	28	463	517	557	596	384
1×61	18	183	205	221	236	156
	20	227	253	273	292	192
	22	274	307	330	353	232
	24	326	365	293	420	276
	26	383	428	461	493	324
	28	444	497	534	572	376
	30	510	570	613	657	432
	32	580	649	698	747	492
	34	655	732	788	843	555
	36	734	821	883	945	622
1×91	30	478	535	575	—	441
	32	544	608	654		502
	34	614	686	739		566
	36	688	770	828		635
	38	766	858	922	—	707
	40	850	950	1022	—	784
	42	937	1048	1127		864
	45	1075	1203	1294		992
	48	1223	1368	1472		1129

二、钢 板 和 型 钢

1. 建筑结构用钢板（GB/T 19879—2005）

建筑结构用钢板适用于制造高层建筑结构、大跨度结构及其他重要建筑结构用厚度为6mm～100mm 的钢板。钢板的牌号由代表屈服强度的汉语拼音字母（Q）、屈服强度数值、代表高性能建筑结构用钢的汉语拼音字母（GJ）、质量等级符号（B、C、D、E）组成，如 Q345GJC；对于厚度方向性能钢板，在质量等级后加上厚度方向性能级别（Z15、Z25 或 Z35），如 Q345GJCZ25。

钢板的尺寸、外形、重量及允许偏差应符合 GB/T 709 的规定，厚度负偏差限定为—0.3mm。

钢的牌号及化学成分（熔炼分析）符合表 4-47 的规定。

钢板的交货状态为热轧、正火、正火轧制、正火＋回火、淬火＋回火或温度——形变控轧控冷。交货状态由供需双方商定，并在合同中注明。

钢板的力学性能和工艺性能符合表 4-48 的规定。

牌号及化学成分　　　　　　　　表 4-47

牌号	质量等级	厚度/mm	化学成分（质量分数）/%										
			C	Si	Mn	P	S	V	Nb	Ti	Als	Cr	Cu	Ni
Q235GJ	B C D E	6~100	≤0.20 ≤0.18	≤0.35	0.60~1.20	≤0.025 ≤0.020	≤0.015	—	—	—	≥0.015	≤0.30	≤0.30	≤0.30
Q345GJ	B C D E	6~100	≤0.20 ≤0.18	≤0.55	≤1.60	≤0.025 ≤0.020	≤0.015	0.020~0.150	0.015~0.060	0.010~0.030	≥0.015	≤0.30	≤0.30	≤0.30
Q390GJ	C D E	6~100	≤0.20 ≤0.18	≤0.55	≤1.60	≤0.025 ≤0.020	≤0.015	0.020~0.200	0.015~0.060	0.010~0.030	≥0.015	≤0.30	≤0.30	≤0.70
Q420GJ	C D E	6~100	≤0.20 ≤0.18	≤0.55	≤1.60	≤0.025 ≤0.020	≤0.015	0.020~0.200	0.015~0.060	0.010~0.030	≥0.015	≤0.40	≤0.30	≤0.70
Q460GJ	C D E	6~100	≤0.20 ≤0.18	≤0.55	≤1.60	≤0.025 ≤0.020	≤0.015	0.020~0.200	0.015~0.060	0.010~0.030	≥0.015	≤0.70	≤0.30	≤0.70

力学性能和工艺性能　　　　　　　　表 4-48

牌号	质量等级	屈服强度 R_{eH}/（N/mm²）				抗拉强度 R_m N/mm²	伸长率 A/%	冲击功（纵向）A_{KV}/J		180°弯曲试验 d=弯心直径 a=试样厚度		屈强比，不大于
		钢板厚度/mm						温度℃	不小于	钢板厚度/mm		
		6~16	>16~35	>35~50	>50~100					≤16	>16	
Q235GJ	B C D E	≥235	235~355	225~345	215~335	400~510	≥23	20 0 -20 -40	34	d=2a	d=3a	0.80
Q345GJ	B C D E	≥345	345~465	335~455	325~445	490~610	≥22	20 0 -20 -40	34	d=2a	d=3a	0.83
Q390GJ	C D E	≥390	390~510	380~500	370~490	490~650	≥20	0 -20 -40	34	d=2a	d=3a	0.85
Q420GJ	C D E	≥420	420~550	410~540	400~530	520~680	≥19	0 -20 -40	34	d=2a	d=3a	0.85
Q460GJ	C D E	≥460	460~600	450~590	440~580	550~720	≥17	0 -20 -40	34	d=2a	d=3a	0.85

注：1. 1N/mm²=1MPa。

　　2. 拉伸试样采用系数为 5.65 的比例试样。

　　3. 伸长率按有关标准进行换算时，表中伸长率 A=17% 与 A_{50mm}=20% 相当。

2. 建筑用低屈服强度钢板 （GB/T 28905—2012）

建筑用低屈服强度钢板适用于制造建筑抗震耗能等结构件（如耗能阻尼构件等）的厚度不大于 100mm 的厚钢板。

钢的牌号由低屈服的英文"Low Yield"中的首位英文字母"LY"和规定屈服强度目标值两部分按顺序排列。例如：LY160。

钢板的尺寸符合 GB/T 709 的规定。

钢的牌号及化学成分（熔炼分析）符合表 4-49 的规定。钢板的力学性能符合表 4-50 的规定。

牌号及化学成分 表 4-49

牌号	化学成分（质量分数）[①]/%					
	C	Si	Mn	P	S	N
LY100	≤0.03	≤0.10	≤0.40	≤0.025	≤0.015	≤0.006
LY160	≤0.05	≤0.10	≤0.50	≤0.025	≤0.015	≤0.006
LY225	≤0.10	≤0.10	≤0.60	≤0.025	≤0.015	≤0.006

① 由供方选择，根据需要可添加 Nb、V、Ti、B 等其他合金元素。

力 学 性 能 表 4-50

牌号	拉伸试验[①,②]				V 型冲击试验[④]	
	下屈服强度[③] R_{eL}/MPa	抗拉强度 R_m/MPa	断后伸长率 A_{50mm}/% 不小于	屈强比 不大于	试验温度 ℃	冲击吸收能量 KV_2/J 不小于
LY100	80~120	200~300	50	0.60	0	27
LY160	140~180	220~320	45	0.80	0	27
LY225	205~245	300~400	40	0.80	0	27

① 拉伸试验规定值适用于横向试样。

② 拉伸试样尺寸：厚度≤50mm，采用 L_0=50mm，b=25mm；厚度>50mm，采用 L_0=50mm，d=14mm。对于厚度>25mm~50mm，也可采用 L_0=50mm，d=14mm，但仲裁时为 L_0=50mm，b=25mm。

③ 屈服现象不明显时，屈服强度采用 $R_{p0.2}$。

④ 冲击试验规定值适用于纵向试样。

3. 冷轧高强度建筑结构用薄钢板 （JG/T 378—2012）

冷轧高强度建筑结构用薄钢板用于结构构件、维护面板，公称厚度为 0.30mm~3.00mm、规定最小屈服强度不小于 450MPa 的热镀锌、热镀铝锌、彩涂热镀锌、彩涂热镀铝锌钢质板材及钢带。

高强钢板代号以 S 表示，以 450、500、550 表示钢种等级，不规定钢种特性以 G 表示，热镀代号以 D 表示。

高强钢板的用途分类应符合表 4-51 的规定。公称尺寸应符合表 4-52 的规定。

钢的化学成分（熔炼分析）见表 4-53，力学性能应符合表 4-54 的规定。

高强钢板的用途分类　　　　　　　　　表 4-51

分　类	产　品	应　用
结构构件	热镀锌钢板 热镀铝锌钢板	梁、柱、龙骨、檩木、墙梁
压型钢板	热镀锌钢板 热镀铝锌钢板 彩涂热镀锌钢板 彩涂热镀铝锌钢板	外屋面板、内外 墙面板、吊顶
	热镀锌钢板	楼承板

公称尺寸（mm）　　　　　　　　　表 4-52

项　目		公称尺寸
公称厚度	热镀锌钢板及彩涂热镀锌钢板	0.30～3.00
	热镀铝锌钢板及彩涂热镀铝锌钢板	0.30～2.00
公称宽度	钢板及钢带	600～1300
	纵切钢带	<600
公称长度	钢板	1000～8000
公称内径	钢带及纵切钢带①	508 或 610

①纵切钢带特指由钢带（母带）经纵切后获得的窄钢带，宽度一般在 600mm 以下。

钢的化学成分　　　　　　　　　表 4-53

代号	化学成分（熔炼分析）（质量分数）/%				
	C	Si	Mn	P	S
S450GD S500GD S550CD	$\leqslant$0.25	$\leqslant$0.60	$\leqslant$1.7	$\leqslant$0.10	$\leqslant$0.045

力　学　性　能　　　　　　　　　表 4-54

钢种名称	工程厚度 t	纵向拉伸性能			
		屈服强度① R_{eH} 或 $R_{p0.2}\geqslant$	拉伸强度 R_m $\geqslant$	断后伸长率②/% $\geqslant$	
	mm	MPa	MPa	$L_0=50mm$	$L_0=80mm$
S450GD	1.5<t≤3.0	450	480	10	9
S500GD	1.2<t≤1.5	500	520	8	7
S550GD	0.8<t≤1.2	550	560	4	—
	0.6<t≤0.8	550	560	2	—
	0.5<t≤0.6	550	560	1	—
	0.3≤t≤0.5	550	560	—	—

①当屈服现象不明显时采用非比例延伸强度 $R_{p0.2}$，否则采用上屈服强度 R_{eH}。

②断后伸长率采用标距 50mm 或 80mm 其中之一，但 S550GD 应采用标距 50mm 进行试验。

4. 建筑用压型钢板（GB/T 12755—2008）

建筑用压型钢板用于建筑物维护结构（屋面、墙面）及组合楼盖并独立使用的压型钢板。

建筑用压型钢板分为屋面用板、墙面用板与楼盖用板三类。其型号由压型代号（代号 Y）、用途代号（屋面板用 W、墙面板用 Q、楼盖板用 L）与板型特征代号（用波高尺寸与覆盖长度组合表示）三部分组成。

压型钢板典型板型示意见图 4-21。压型钢板典型连接构造示意见图 4-22。

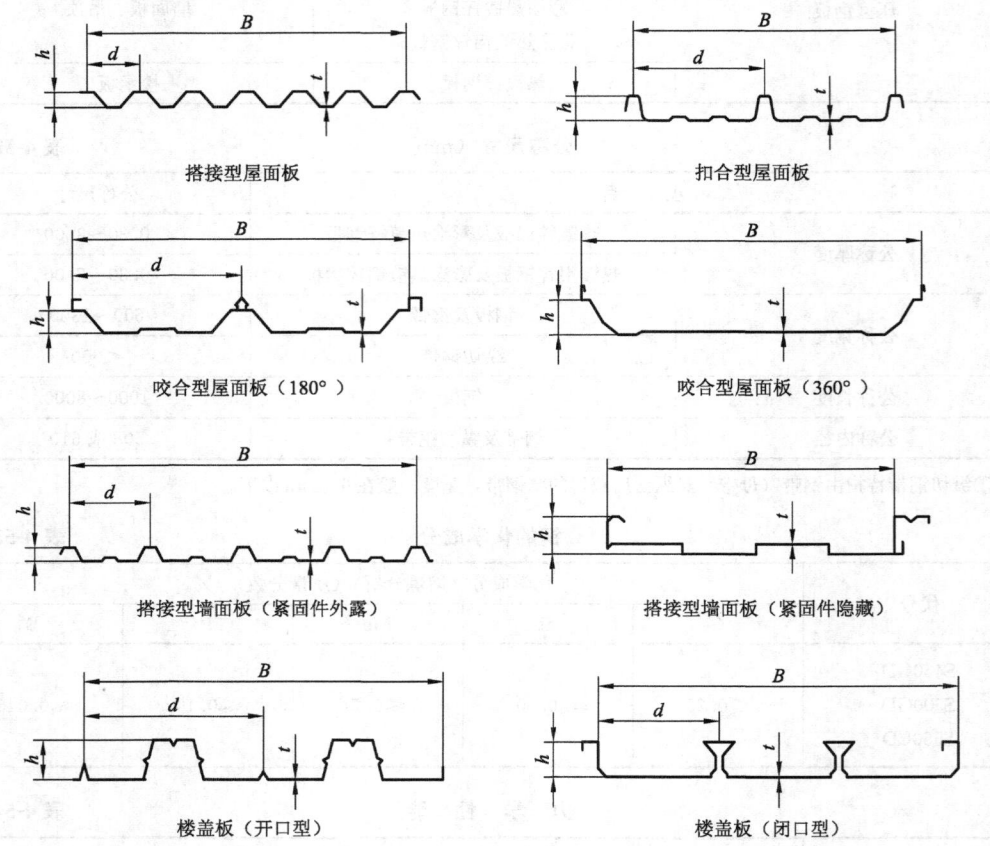

搭接型屋面板　　　　　　　　扣合型屋面板

咬合型屋面板（180°）　　　　咬合型屋面板（360°）

搭接型墙面板（紧固件外露）　搭接型墙面板（紧固件隐藏）

楼盖板（开口型）　　　　　　楼盖板（闭口型）

图 4-21　压型钢板典型板型

B—板宽；*d*—波距；*h*—波高；*t*—板厚

原板应采用冷轧、热轧板或钢带。压型钢板板型的展开宽度（基板宽度）宜符合 600mm、1000mm 或 1200mm 系列基本尺寸的要求。常用宽度尺寸宜为 1000mm。

基板与涂层板均可直接辊压成型为压型钢板使用。基板钢材按屈服强度级别宜选用 250 级（MPa）或 350 级（MPa）结构级钢。

工程中墙面压型钢板基板的公称厚度不宜小于 0.5mm，屋面压型钢板基板的公称厚度不宜小于 0.6mm，楼盖压型钢板基板的公称厚度不宜小于 0.8mm。

基板的镀层（锌、铝锌、锌铝）应采用热浸镀方法。

压型钢板用涂层板的涂层类别、性能、质量等技术要求及检验方法均应符合国家标准 GB/T 12754 的规定。

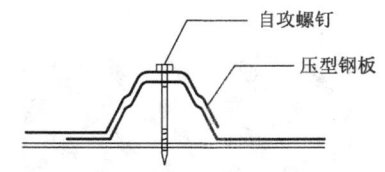
搭接板屋面连接构造（带防水空腔，紧固件外露）

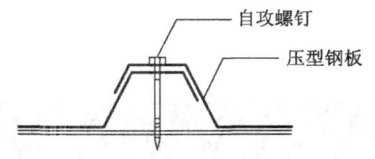
搭接板墙面连接构造一（紧固件外露）

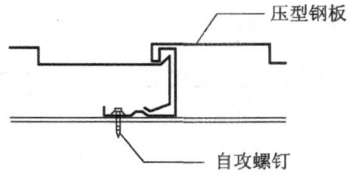
搭接板墙面连接构造二（紧固件隐藏）

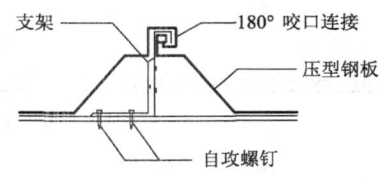
咬合板屋面连接构造一（180°咬合）

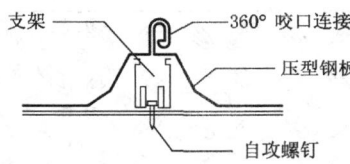
咬合板屋面连接构造二（360°咬合）

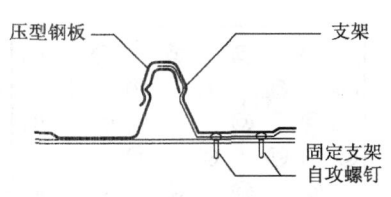
扣合板连接构造

图 4-22　压型钢板典型连接构造

建筑用压型钢板不应采用电镀锌钢板或无任何镀层与涂层的钢板（带）。

组合楼盖用压型钢板应采用热镀锌钢板。

压型钢板长度宜按使用及运输条件妥善确定。

5. 热轧花纹钢板和钢带（YB/T 4159—2007）

热轧花纹钢板和钢带是由碳素结构钢、船体用结构钢、高耐候性结构钢生产的具有菱形花纹、扁豆形花纹、圆豆形花纹或组合型花纹的热轧钢板。其具有防滑作用，可用作厂房扶梯、防滑地面、车辆踏步板、操作平台板、地沟盖板等。

钢板和钢带的分类和代号见表 4-55。

钢板和钢带的分类和代号　　表 4-55

按边缘形状分：切边（EC）、不切边（EM）；
按花纹形状分：菱形（CX）、扁豆形（BD）、圆豆形（YD）、组合形（ZH）

钢板和钢带的尺寸按表 4-56 的规定。钢板和钢带花纹的尺寸、外形及其分布如图 4-23～图 4-26 所示。钢板和钢带的基本厚度和纹高符合表 4-57 的规定。

钢板和钢带的尺寸（mm）　　表 4-56

基本厚度	宽度	长度	
2.0～10.0	600～1500	钢　板	2000～12000
		钢　带	—

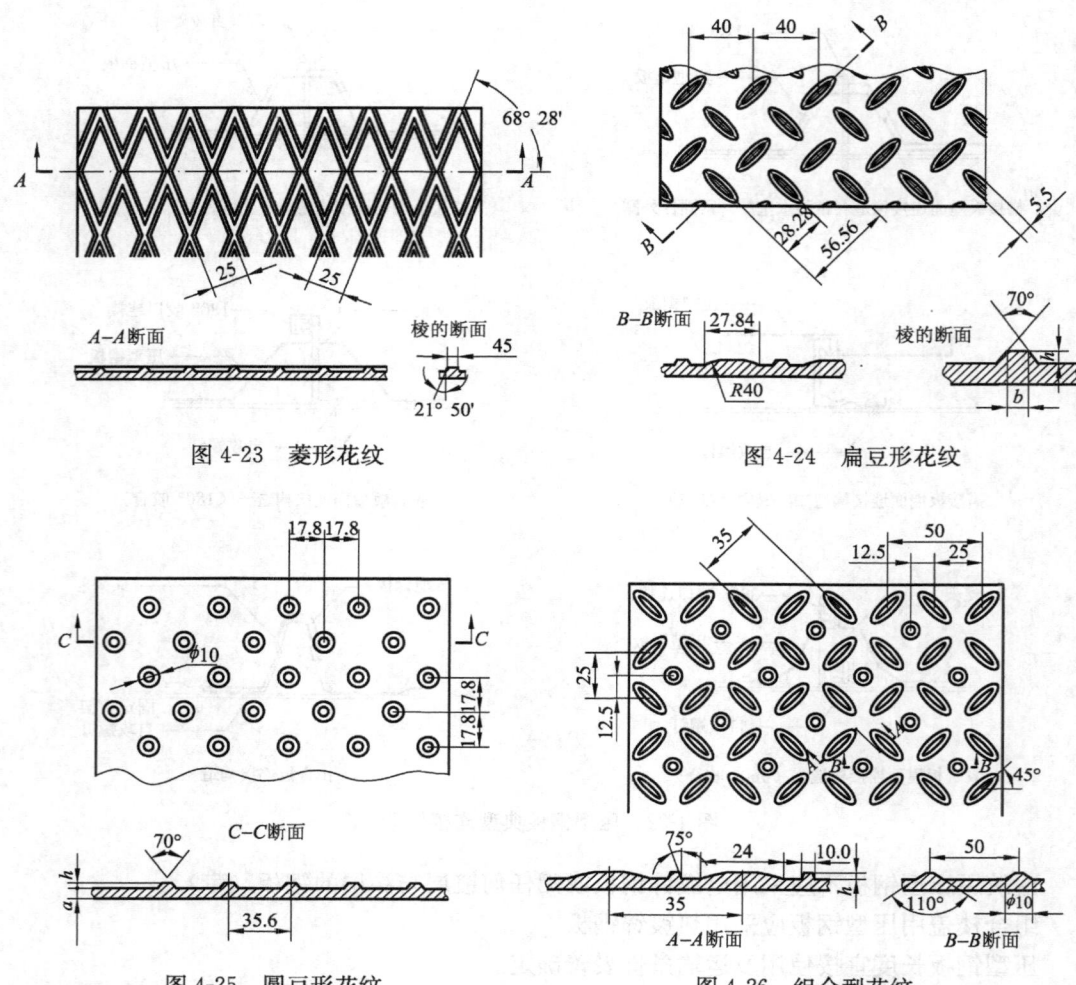

图 4-23 菱形花纹

图 4-24 扁豆形花纹

图 4-25 圆豆形花纹

图 4-26 组合型花纹

钢板和钢带的基本厚度和纹高（mm） 表 4-57

基本厚度	纹高	基本厚度	纹高	基本厚度	纹高
2.0	≥0.4	4.0	≥0.6	6.0	≥0.7
2.5	≥0.4	4.5	≥0.6	7.0	≥0.7
3.0	≥0.5	5.0	≥0.6	8.0	≥0.9
3.5	≥0.5	5.5	≥0.7	10.0	≥1.0

热轧花纹钢板理论计重方法见表 4-58。

钢板和钢带用钢的牌号和化学成分（熔炼分析）应符合 GB/T 700、GB 712、GB/T 4171 的规定。经供需双方协议，也可供其他牌号的钢板和钢带。

如需方要求并在合同中注明，可进行拉伸、弯曲试验，其性能指标应符合 GB/T 700、GB 712、GB/T 4171 的规定或按双方协议。

基本厚度/mm	钢板理论重量/（kg/m²）			
	菱　形	圆豆形	扁豆形	组合形
2.0	17.7	16.1	16.8	16.5
2.5	21.6	20.4	20.7	20.4
3.0	25.9	24.0	24.8	24.5
3.5	29.9	27.9	28.8	28.4
4.0	34.4	31.9	32.8	32.4
4.5	38.3	35.9	36.7	36.4
5.0	42.2	39.8	40.1	40.3
5.5	46.6	43.8	44.9	44.4
6.0	50.5	47.7	48.8	48.4
7.0	58.4	55.6	56.7	56.2
8.0	67.1	63.6	64.9	64.4
10.0	83.2	79.3	80.8	80.27

热轧花纹钢板理论计重方法　　　　表 4-58

6. 焊接 H 型钢（YB 3301—2005）

焊接 H 型钢主要用于工业与民用建筑、构筑物及其他钢结构。焊接 H 型钢的规定符号为 WH，"W"为焊接的英文第一位字母，"H"代表 H 型钢。

焊接 H 型钢截面图及标注符号如图 4-27 所示。焊接 H 型钢的型号、尺寸、截面面积、理论重量见表 4-59 的规定。

焊接 H 型钢的通常长度为 6m～12m，经供需双方协商，可按定尺长度供货（在合同中注明）。

焊接 H 型钢可采用 Q235，Q295，Q345，Q390，Q420 强度级别的钢材，其质量等级应根据构件特定的工作条件，遵守相关现行国家规范、规程的规定。钢材的牌号、化学成分及力学性能应分别符合 GB/T 700，GB/T 714，GB/T 1591，GB/T 4172，YB 4104 中有关规定，并有质量证明书；当 H 型钢用于防止钢材层状撕裂而采用 Z 向钢时，其钢材应符合 GB/T 5313 的规定，并有质量证明书；制造焊接 H 型钢的钢板和钢带的技术要求应符合相应标准的规定，其表面质量应符合 GB/T 3274 的规定。

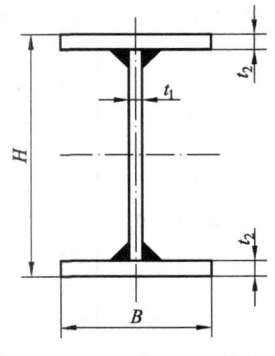

图 4-27　焊接 H 型钢截面图

采用不同焊接方法所使用的焊接材料应分别符合 GB/T 2537，GB/T 4282，GB/T 5117，GB/T 5118，GB/T 5293，GB/T 8110，GB/T 10045，GB/T 12470，GB/T 14957，GB/T 14958，GB/T 17493 等相关标准的规定。

焊接 H 型钢的型号、尺寸、截面面积、理论重量   表 4-59

型 号	尺 寸 H	B	t_1	t_2	截面面积 cm²	理论重量 kg/m	型 号	尺 寸 H	B	t_1	t_2	截面面积 cm²	理论重量 kg/m
			mm							mm			
WH100×50	100	50	3.2	4.5	7.41	5.82	WH300×250	300	250	6	10	66.8	52.4
	100	50	4	5	8.60	6.75		300	250	6	12	76.5	60.1
WH100×75	100	75	4	6	12.5	9.83		300	250	8	14	91.7	72.0
WH100×100	100	100	4	6	15.5	12.2		300	250	10	16	106	83.8
	100	100	6	8	21.0	16.5	WH300×300	300	300	6	10	76.8	60.3
WH125×75	125	75	4	6	13.5	10.6		300	300	8	12	94.0	73.9
WH125×125	125	125	4	6	19.5	15.3		300	300	8	14	105	83.0
WH150×75	150	75	3.2	4.5	11.2	8.8		300	300	10	16	122	96.4
	150	75	4	6	14.5	11.4		300	300	10	18	134	106
	150	75	5	8	18.7	14.7		300	300	12	20	151	119
WH150×100	150	100	3.2	4.5	13.5	10.6	WH350×175	350	175	4.5	6	36.2	28.4
	150	100	4	6	17.5	13.8		350	175	4.5	8	43.0	33.8
	150	100	5	8	22.7	17.8		350	175	6	8	48.0	37.7
WH150×150	150	150	4	6	23.5	18.5		350	175	6	10	54.8	43.0
	150	150	5	8	30.7	24.1		350	175	6	12	61.5	48.3
	150	150	6	8	32.0	25.2		350	175	8	12	68.0	53.4
WH200×100	200	100	3.2	4.5	15.1	11.9		350	175	8	14	74.7	58.7
	200	100	4	6	19.5	15.3		350	175	10	16	87.8	68.9
	200	100	5	8	25.2	19.8	WH350×200	350	200	6	8	52.0	40.9
WH200×150	200	150	4	6	25.5	20.0		350	200	6	10	59.8	46.9
	200	150	5	8	33.2	26.1		350	200	6	12	67.5	53.0
WH200×200	200	200	5	8	41.2	32.3		350	200	8	10	66.4	52.1
	200	200	6	10	50.8	39.9		350	200	8	12	74.0	58.2
WH250×125	250	125	4	6	24.5	19.2		350	200	8	14	81.7	64.2
	250	125	5	8	31.7	24.9		350	200	10	16	95.8	75.2
	250	125	6	10	38.8	30.5	WH350×250	350	250	6	10	69.8	54.8
WH250×150	250	150	4	6	27.5	21.6		350	250	6	12	79.5	62.5
	250	150	5	8	35.7	28.0		350	250	8	12	86.0	67.6
	250	150	6	10	43.8	34.4		350	250	8	14	95.7	75.2
WH250×200	250	200	5	8	43.7	34.3		350	250	10	16	111	87.8
	250	200	5	10	51.5	40.4	WH350×300	350	300	6	10	79.8	62.6
	250	200	6	10	53.8	42.2		350	300	6	12	91.5	71.9
	250	200	6	12	61.5	48.3		350	300	8	14	109	86.2
WH250×250	250	250	6	10	63.8	50.1		350	300	10	16	127	100
	250	250	6	12	73.5	57.7		350	300	10	18	139	109
	250	250	8	14	87.7	68.9	WH350×350	350	350	6	12	103	81.3
WH300×200	300	200	6	8	49.0	38.5		350	350	8	14	123	97.2
	300	200	6	10	56.8	44.6		350	350	8	16	137	108
	300	200	6	12	64.5	50.7		350	350	10	16	143	113
	300	200	8	14	77.7	61.0		350	350	10	18	157	124
	300	200	10	16	90.8	71.3		350	350	12	20	177	139

型　号	H	B	t_1	t_2	截面面积 cm²	理论重量 kg/m
			mm			
WH400×200	400	200	6	8	55.0	43.2
	400	200	6	10	62.8	49.3
	400	200	6	12	70.5	55.4
	400	200	8	12	78.0	61.3
	400	200	8	14	85.7	67.3
	400	200	8	16	93.4	73.4
	400	200	8	18	101	79.4
	400	200	10	16	100	79.1
	400	200	10	18	108	85.1
	400	200	10	20	116	91.1
WH400×250	400	250	6	10	72.8	57.1
	400	250	6	12	82.5	64.8
	400	250	8	14	99.7	78.3
	400	250	8	16	109	85.9
	400	250	8	18	119	93.5
	400	250	10	16	116	91.7
	400	250	10	18	126	99.2
	400	250	10	20	136	107
WH400×300	400	300	6	10	82.8	65.0
	400	300	6	12	94.5	74.2
	400	300	8	14	113	89.3
	400	300	10	16	132	104
	400	300	10	18	144	113
	400	300	10	20	156	122
	400	300	12	20	163	128
WH400×400	400	400	8	14	141	111
	400	400	8	18	173	136
	400	400	10	16	164	129
	400	400	10	18	180	142
	400	400	10	20	196	154
	400	400	12	22	218	172
	400	400	12	25	242	190
	400	400	16	25	256	201
	400	400	20	32	323	254
	400	400	20	40	384	301
WH450×250	450	250	8	12	94.0	73.9
	450	250	8	14	103	81.5
	450	250	10	16	121	95.6
	450	250	10	18	131	103
	450	250	10	20	141	111
	450	250	12	22	158	125
	450	250	12	25	173	136

型　号	H	B	t_1	t_2	截面面积 cm²	理论重量 kg/m
			mm			
WH450×300	450	300	8	12	106	83.3
	450	300	8	14	117	92.4
	450	300	10	16	137	108
	450	300	10	18	149	117
	450	300	10	20	161	126
	450	300	12	20	169	133
	450	300	12	22	180	142
	450	300	12	25	198	155
WH450×400	450	400	8	14	145	114
	450	400	10	16	169	133
	450	400	10	18	185	146
	450	400	10	20	201	158
	450	400	12	22	224	176
	450	400	12	25	248	195
WH500×250	500	250	8	12	98.0	77.0
	500	250	8	14	107	84.6
	500	250	8	16	117	92.2
	500	250	10	16	126	99.5
	500	250	10	18	136	107
	500	250	10	20	146	115
	500	250	12	22	164	129
	500	250	12	25	179	141
WH500×300	500	300	8	12	110	86.4
	500	300	8	14	121	95.6
	500	300	8	16	133	105
	500	300	10	16	142	112
	500	300	10	18	154	121
	500	300	10	20	166	130
	500	300	12	22	186	147
	500	300	12	25	204	160
WH500×400	500	400	8	14	149	118
	500	400	10	16	174	137
	500	400	10	18	190	149
	500	400	10	20	206	162
	500	400	12	22	230	181
	500	400	12	25	254	199
WH500×500	500	500	10	18	226	178
	500	500	10	20	246	193
	500	500	12	22	274	216
	500	500	12	25	304	239
	500	500	20	25	340	267

型　号	尺　寸				截面面积	理论重量	型　号	尺　寸				截面面积	理论重量
	H	B	t_1	t_2				H	B	t_1	t_2		
	mm				cm²	kg/m		mm				cm²	kg/m
WH600×300	600	300	8	14	129	102	WH700×400	700	400	12	30	316	249
	600	300	10	16	152	120		700	400	12	36	363	285
	600	300	10	18	164	129		700	400	14	32	345	271
	600	300	10	20	176	138		700	400	16	36	388	305
	600	300	12	22	198	156	WH800×300	800	300	10	18	184	145
	600	300	12	25	216	170		800	300	10	20	196	154
WH600×400	600	400	8	14	157	124		800	300	10	25	225	177
	600	400	10	16	184	145		800	300	12	22	222	175
	600	400	10	18	200	157		800	300	12	25	240	188
	600	400	10	20	216	170		800	300	12	28	257	202
	600	400	10	25	255	200		800	300	12	30	268	211
	600	400	12	22	242	191		800	300	12	36	303	238
	600	400	12	28	289	227		800	300	14	32	295	232
	600	400	12	30	304	239		800	300	16	36	332	261
	600	400	14	32	331	260	WH800×350	800	350	10	18	202	159
WH700×300	700	300	10	18	174	137		800	350	10	20	216	170
	700	300	10	20	186	146		800	350	10	25	250	196
	700	300	10	25	215	169		800	350	12	22	244	192
	700	300	12	22	210	165		800	350	12	25	265	208
	700	300	12	25	228	179		800	350	12	28	285	224
	700	300	12	28	245	193		800	350	12	30	298	235
	700	300	12	30	256	202		800	350	12	36	339	266
	700	300	12	36	291	229		800	350	14	32	327	257
	700	300	14	32	281	221		800	350	16	36	368	289
	700	300	16	36	316	248	WH800×400	800	400	10	18	220	173
WH700×350	700	350	10	18	192	151		800	400	10	20	236	185
	700	350	10	20	206	162		800	400	10	25	275	216
	700	350	10	25	240	188		800	400	10	28	298	234
	700	350	12	22	232	183		800	400	12	22	266	209
	700	350	12	25	253	199		800	400	12	25	290	228
	700	350	12	28	273	215		800	400	12	28	313	246
	700	350	12	30	286	225		800	400	12	32	344	270
	700	350	12	36	327	257		800	400	12	36	375	295
	700	350	14	32	313	246		800	400	14	32	359	282
	700	350	16	36	352	277		800	400	16	36	404	318
WH700×400	700	400	10	18	210	165	WH900×350	900	350	10	20	226	177
	700	400	10	20	226	177		900	350	12	20	243	191
	700	400	10	25	265	208		900	350	12	22	256	202
	700	400	12	22	254	200		900	350	12	25	277	217
	700	400	12	25	278	218		900	350	12	28	297	233
	700	400	12	28	301	237		900	350	14	32	341	268
								900	350	14	36	367	289
								900	350	16	36	384	302

型号	H	B	t_1	t_2	截面面积 cm²	理论重量 kg/m	型号	H	B	t_1	t_2	截面面积 cm²	理论重量 kg/m
WH900×400	900	400	10	20	246	193	WH1200×500	1200	500	14	20	362	284
	900	400	12	20	263	207		1200	500	14	22	381	300
	900	400	12	22	278	219		1200	500	14	25	411	323
	900	400	12	25	302	237		1200	500	14	28	440	346
	900	400	12	28	325	255		1200	500	14	32	479	376
	900	400	12	30	340	268		1200	500	14	36	517	407
	900	400	14	32	373	293		1200	500	16	36	540	424
	900	400	14	36	403	317		1200	500	16	40	579	455
	900	400	14	40	434	341		1200	500	16	45	627	493
	900	400	16	36	420	330	WH1200×600	1200	600	14	30	519	408
	900	400	16	40	451	354		1200	600	16	36	612	481
WH1100×400	1100	400	12	20	287	225		1200	600	16	40	659	517
	1100	400	12	22	302	238		1200	600	16	45	717	563
	1100	400	12	25	326	256	WH1300×450	1300	450	16	25	425	334
	1100	400	12	28	349	274		1300	450	16	30	468	368
	1100	400	14	30	385	303		1300	450	16	36	520	409
	1100	400	14	32	401	315		1300	450	18	40	579	455
	1100	400	14	36	431	339		1300	450	18	45	622	489
	1100	400	16	40	483	379	WH1300×500	1300	500	16	25	450	353
WH1100×500	1100	500	12	20	327	257		1300	500	16	30	498	391
	1100	500	12	22	346	272		1300	500	16	36	556	437
	1100	500	12	25	376	295		1300	500	18	40	619	486
	1100	500	12	28	405	318		1300	500	18	45	667	524
	1100	500	14	30	445	350	WH1300×600	1300	600	16	30	558	438
	1100	500	14	32	465	365		1300	600	16	36	628	493
	1100	500	14	36	503	396		1300	600	18	40	699	549
	1100	500	16	40	563	442		1300	600	18	45	757	595
WH1200×400	1200	400	14	20	322	253		1300	600	20	50	840	659
	1200	400	14	22	337	265	WH1400×450	1400	450	16	25	441	346
	1200	400	14	25	361	283		1400	450	16	30	484	380
	1200	400	14	28	384	302		1400	450	18	36	563	442
	1200	400	14	30	399	314		1400	450	18	40	597	469
	1200	400	14	32	415	326		1400	450	18	45	640	503
	1200	400	14	36	445	350	WH1400×500	1400	500	16	25	466	366
	1200	400	16	40	499	392		1400	500	16	30	514	404
WH1200×450	1200	450	14	20	342	269		1400	500	18	36	599	470
	1200	450	14	22	359	282		1400	500	18	40	637	501
	1200	450	14	25	386	303		1400	500	18	45	685	538
	1200	450	14	28	412	324	WH1400×600	1400	600	16	30	574	451
	1200	450	14	30	429	337		1400	600	16	36	644	506
	1200	450	14	32	447	351		1400	600	18	40	717	563
	1200	450	14	36	481	378		1400	600	18	45	775	609
	1200	450	16	36	504	396		1400	600	18	50	834	655
	1200	450	16	40	539	423							

型 号	尺 寸				截面面积	理论重量	型 号	尺 寸				截面面积	理论重量
	H	B	t_1	t_2	cm²	kg/m		H	B	t_1	t_2	cm²	kg/m
	mm							mm					
WH1500×500	1500	500	18	25	511	401	WH1700×700	1700	700	18	32	742	583
	1500	500	18	30	559	439		1700	700	18	36	797	626
	1500	500	18	36	617	484		1700	700	18	40	851	669
	1500	500	18	40	655	515		1700	700	20	45	952	747
	1500	500	20	45	732	575		1700	700	20	50	1020	801
WH1500×550	1500	550	18	30	589	463	WH1700×750	1700	750	18	32	774	608
	1500	550	18	36	653	513		1700	750	18	36	833	654
	1500	550	18	40	695	546		1700	750	18	40	891	700
	1500	550	20	45	777	610		1700	750	20	45	997	783
WH1500×600	1500	600	18	30	619	486		1700	750	20	50	1070	840
	1500	600	18	36	689	541	WH1800×600	1800	600	18	30	673	528
	1500	600	18	40	735	577		1800	600	18	36	743	583
	1500	600	20	45	822	645		1800	600	18	40	789	620
	1500	600	20	50	880	691		1800	600	20	45	882	692
WH1600×600	1600	600	18	30	637	500		1800	600	20	50	940	738
	1600	600	18	36	707	555	WH1800×650	1800	650	18	30	703	552
	1600	600	18	40	753	592		1800	650	18	36	779	612
	1600	600	20	45	842	661		1800	650	18	40	829	651
	1600	600	20	50	900	707		1800	650	20	45	927	728
WH1600×650	1600	650	18	30	667	524		1800	650	20	50	990	777
	1600	650	18	36	743	583	WH1800×700	1800	700	18	32	760	597
	1600	650	18	40	793	623		1800	700	18	36	815	640
	1600	650	20	45	887	696		1800	700	18	40	869	683
	1600	650	20	50	950	746		1800	700	20	45	972	763
WH1600×700	1600	700	18	30	697	547		1800	700	20	50	1040	816
	1600	700	18	36	779	612	WH1800×750	1800	750	18	32	792	622
	1600	700	18	40	833	654		1800	750	18	36	851	668
	1600	700	20	45	932	732		1800	750	18	40	909	714
	1600	700	20	50	1000	785		1800	750	20	45	1017	798
WH1700×600	1700	600	18	30	655	514		1800	750	20	50	1090	856
	1700	600	18	36	725	569	WH1900×650	1900	650	18	30	721	566
	1700	600	18	40	771	606		1900	650	18	36	797	626
	1700	600	20	45	862	677		1900	650	18	40	847	665
	1700	600	20	50	920	722		1900	650	20	45	947	743
WH1700×650	1700	650	18	30	685	538		1900	650	20	50	1010	793
	1700	650	18	36	761	597	WH1900×700	1900	700	18	32	778	611
	1700	650	18	40	811	637		1900	700	18	36	833	654
	1700	650	20	45	907	712		1900	700	18	40	887	697
	1700	650	20	50	970	761		1900	700	20	45	992	779
								1900	700	20	50	1060	832

续表

型　号	尺　寸				截面面积	理论重量	型　号	尺　寸				截面面积	理论重量
	H	B	t_1	t_2	cm²	kg/m		H	B	t_1	t_2	cm²	kg/m
	mm							mm					
WH1900×750	1900	750	18	34	839	659	WH2000×750	2000	750	18	34	857	673
	1900	750	18	36	869	682		2000	750	18	36	887	696
	1900	750	18	40	927	728		2000	750	18	40	945	742
	1900	750	20	45	1037	814		2000	750	20	45	1057	830
	1900	750	20	50	1110	871		2000	750	20	50	1130	887
WH1900×800	1900	800	18	34	873	686	WH2000×800	2000	800	18	34	891	700
	1900	800	18	36	905	710		2000	800	18	36	923	725
	1900	800	18	40	967	760		2000	800	20	40	1024	804
	1900	800	20	45	1082	849		2000	800	20	45	1102	865
	1900	800	20	50	1160	911		2000	800	20	50	1180	926
WH2000×650	2000	650	18	30	739	580	WH2000×850	2000	850	18	36	959	753
	2000	650	18	36	815	640		2000	850	18	40	1025	805
	2000	650	18	40	865	679		2000	850	20	45	1147	900
	2000	650	20	45	967	759		2000	850	20	50	1230	966
	2000	650	20	50	1030	809		2000	850	20	55	1313	1031
WH2000×700	2000	700	18	32	796	625							
	2000	700	18	36	851	668							
	2000	700	18	40	905	711							
	2000	700	20	45	1012	794							
	2000	700	20	50	1080	848							

注：1. 表列 H 型钢的板件宽厚比应根据钢材牌号和 H 型钢用于结构的类型验算腹板和翼缘的局部稳定性，当不满足时应按 GB 50017 及相关规范、规程的规定进行验算并采取相应措施（如设置加劲肋等）。

2. 特定工作条件下的焊接 H 型钢板件宽厚比限值，应遵守相关现行国家规范、规程的规定。

3. 表中理论重量未包括焊缝重量。

7. 建筑结构用冷弯薄壁型钢（JG/T 380—2012）

建筑结构用冷弯薄壁型钢适用于工业与民用建筑及构筑物。

冷弯薄壁开口型钢按截面形状分为 6 种，见图 4-28，其代号如下：

冷弯等边角钢，代号为 JL-JD；

冷弯不等边角钢，代号为 JL-JB；

冷弯等边卷边角钢，代号为 JL-JJ；

冷弯等边槽钢，代号为 JL-CD；

冷弯内卷边槽钢，代号为 JL-CN

冷弯斜卷边 Z 形钢，代号为 JL-ZJ。

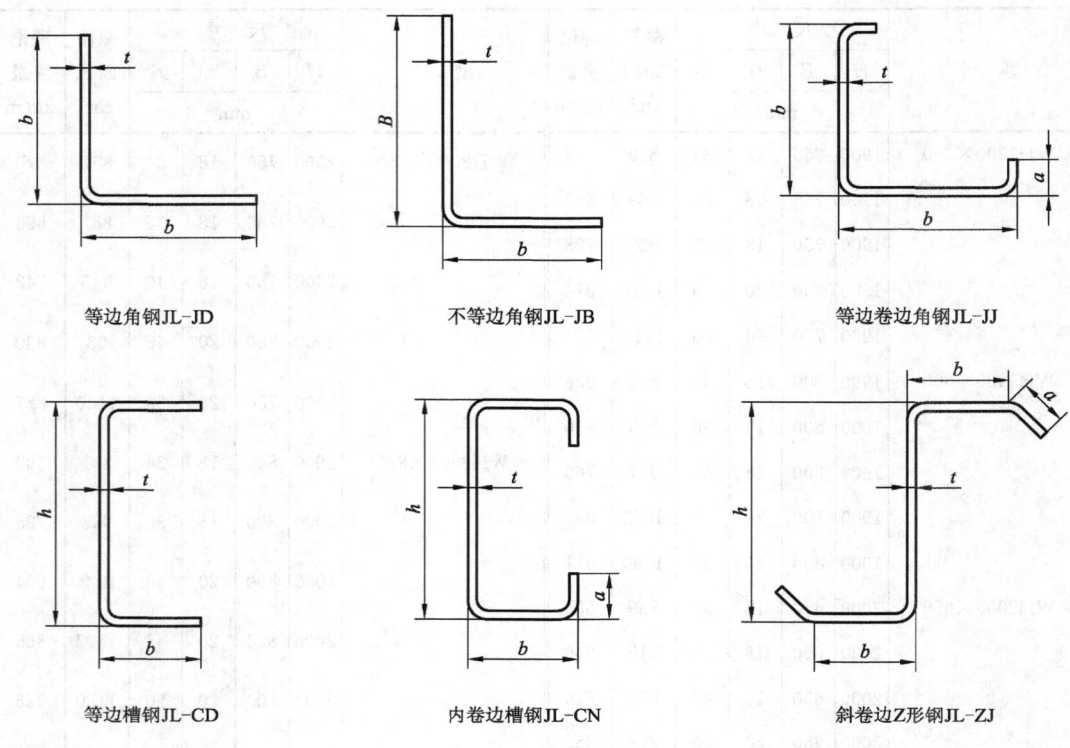

图 4-28   冷弯薄壁开口型钢截面示意图

冷弯薄壁型钢宜采用 GB/T 700 中的 Q235 钢或 GB/T 1591 中的 Q345 钢；也可采用 GB/T 1591 中的 Q390 钢、GB/T 4171 中的 Q235NH、Q355NH 焊接耐候钢、GB/T 2518 中的 S250GD＋Z、S350GD＋Z 镀锌钢板及 GB/T 14978 中的 S250GD＋AZ、S350GD＋AZ 镀铝锌钢板。

冷弯薄壁型钢成品力学性能应符合表 4-60 的规定。

各类冷弯薄壁开口型钢的规格见表 4-61～表 4-66。

<table>
<tr><td colspan="4" align="center">型钢成品力学性能</td><td align="right">表 4-60</td></tr>
<tr><td>钢 材 牌 号</td><td>屈服强度 R/MPa
≥</td><td>抗拉强度 R_m/MPa
≥</td><td colspan="2">断后伸长率 A/%
≥</td></tr>
<tr><td>Q235</td><td>235</td><td>370</td><td colspan="2">24</td></tr>
<tr><td>Q345</td><td>345</td><td>470</td><td colspan="2">20</td></tr>
<tr><td>Q390</td><td>390</td><td>490</td><td colspan="2">17</td></tr>
<tr><td>Q235NH</td><td>235</td><td>360</td><td colspan="2">24</td></tr>
<tr><td>Q355NH</td><td>335</td><td>490</td><td colspan="2">20</td></tr>
</table>

注：力学性能应在成品上未变形的平板部分取样试验。

JL-JD 冷弯等边角钢规格　　　　　　　表 4-61

尺寸/mm		截面面积	每米质量	尺寸/mm		截面面积	每米质量
h	t	cm²	kg/m	h	t	cm²	kg/m
50	2.0	1.92	1.50	90	4.5	7.68	6.03
50	2.2	2.10	1.65	90	5.0	8.48	6.66
50	2.5	2.37	1.86	100	4.0	7.67	6.02
60	2.2	2.54	1.99	100	4.5	8.58	6.74
60	2.5	2.87	2.25	100	5.0	9.48	7.44
60	3.0	3.41	2.68	100	5.5	10.37	8.14
70	2.5	3.37	2.65	120	4.5	10.38	8.15
70	3.0	4.01	3.15	120	5.0	11.48	9.01
70	3.5	4.65	3.65	120	5.5	12.57	9.87
80	3.0	4.61	3.62	120	6.0	13.65	10.72
80	3.5	5.35	4.20	150	4.5	13.08	10.27
80	4.0	6.07	4.76	150	5.0	14.48	11.37
80	4.5	6.78	5.32	150	5.5	15.87	12.46
90	3.5	6.05	4.75	150	6.0	17.25	13.54
90	4.0	6.87	5.39				

JL-JB 冷弯不等边角钢规格　　　　　　　表 4-62

尺寸/mm			截面面积	每米质量	尺寸/mm			截面面积	每米质量
B	b	t	cm²	kg/m	B	b	t	cm²	kg/m
50	30	2.0	1.53	1.20	90	60	4.5	6.37	5.00
50	30	2.2	1.67	1.31	90	60	5.0	7.04	5.52
50	30	2.5	1.88	1.48	100	70	4.0	6.50	5.10
60	40	2.2	2.11	1.66	100	70	4.5	7.27	5.71
60	40	2.5	2.38	1.87	100	70	5.0	8.04	6.31
60	40	3.0	2.83	2.22	100	70	5.5	8.79	6.90
70	40	2.5	2.63	2.07	120	80	4.5	8.62	6.77
70	40	3.0	3.13	2.46	120	80	5.0	9.54	7.49
70	40	3.5	3.62	2.84	120	80	5.5	10.44	8.19
80	50	3.0	3.73	2.93	120	80	6.0	11.33	8.89
80	50	3.5	4.32	3.39	150	120	4.5	11.77	9.24
80	50	4.0	4.90	3.85	150	120	5.0	13.04	10.23
80	50	4.5	5.47	4.30	150	120	5.5	14.29	11.22
90	60	3.5	5.02	3.94	150	120	6.0	15.53	12.19
90	60	4.0	5.70	4.48					

JL-JJ 冷弯等边卷边角钢规格　　表 4-63

尺寸/mm			截面面积 cm²	每米质量 kg/m	尺寸/mm			截面面积 cm²	每米质量 kg/m
h	b	t			h	b	t		
50	15	2.0	2.38	1.87	90	20	3.5	7.02	5.51
50	15	2.2	2.59	2.03	90	20	4.0	7.91	6.21
50	15	2.5	2.90	2.28	90	20	4.5	8.77	6.89
60	15	2.2	3.03	2.38	90	20	5.0	9.61	7.54
60	15	2.5	3.40	2.67	100	25	4.0	9.11	7.15
60	15	3.0	4.00	3.14	100	25	4.5	10.12	7.94
70	20	2.5	4.15	3.26	100	25	5.0	11.11	8.72
70	20	3.0	4.90	3.85	100	25	5.5	12.06	9.47
70	20	3.5	5.62	4.41	120	25	4.5	11.92	9.36
80	20	3.0	5.50	4.32	120	25	5.0	13.11	10.29
80	20	3.5	6.32	4.96	120	25	5.5	14.26	11.20
80	20	4.0	7.11	5.58	120	25	6.0	15.39	12.08
80	20	4.5	7.87	6.18					

JL-CD 冷弯等边槽钢规格　　表 4-64

尺寸/mm			截面面积 cm²	每米质量 kg/m	尺寸/mm			截面面积 cm²	每米质量 kg/m
h	b	t			h	b	t		
60	25	2.0	2.05	1.61	160	60	4.0	10.61	8.33
60	25	2.5	2.52	1.98	180	70	3.0	9.27	7.27
60	25	3.0	2.97	2.33	180	70	3.5	10.74	8.43
80	30	2.0	2.65	2.08	180	70	4.0	12.21	9.58
80	30	2.5	3.27	2.57	200	70	3.5	11.44	8.98
80	30	3.0	3.87	3.03	200	70	4.0	13.01	10.21
100	40	2.0	3.45	2.71	200	70	4.5	14.55	11.42
100	40	2.5	4.27	3.35	200	70	5.0	16.07	12.62
100	40	3.0	5.07	3.98	220	70	4.5	15.45	12.13
120	40	2.5	4.77	3.74	220	70	5.0	17.07	13.40
120	40	3.0	5.67	4.45	220	70	5.5	18.68	14.66
120	40	3.5	6.54	5.14	220	70	6.0	20.26	15.91
140	50	2.5	5.77	4.53	250	75	4.5	17.25	13.54
140	50	3.0	6.87	5.39	250	75	5.0	19.07	14.97
140	50	3.5	7.94	6.24	250	75	5.5	20.88	16.39
160	60	3.0	8.07	6.33	250	75	6.0	22.66	17.79
160	60	3.5	9.34	7.34					

JL-CN 冷弯内卷边槽钢规格　　表 4-65

尺寸/mm				截面面积	每米质量	尺寸/mm				截面面积	每米质量
h	b	a	t	cm²	kg/m	h	b	a	t	cm²	kg/m
120	50	20	1.50	3.73	2.93	180	70	20	3.00	10.13	7.95
120	50	20	1.80	4.44	3.48	200	70	20	2.00	7.30	5.73
120	50	20	2.00	4.90	3.85	200	70	20	2.20	8.00	6.28
120	50	20	2.20	5.36	4.21	200	70	20	2.50	9.04	7.09
120	50	20	2.50	6.04	4.74	200	70	20	2.75	9.89	7.76
120	50	20	2.75	6.59	5.17	200	70	20	3.00	10.73	8.42
120	50	20	3.00	7.13	5.60	220	75	20	2.00	7.90	6.20
140	50	20	1.50	4.03	3.17	220	75	20	2.20	8.66	6.80
140	50	20	1.80	4.80	3.77	220	75	20	2.50	9.79	7.68
140	50	20	2.00	5.30	4.16	220	75	20	2.75	10.71	8.41
140	50	20	2.20	5.80	4.55	220	75	25	3.00	11.93	9.37
140	50	20	2.50	6.54	5.13	250	75	20	2.20	9.32	7.32
140	50	20	2.75	7.14	5.60	250	75	20	2.50	10.54	8.27
140	50	20	3.00	7.73	6.07	250	75	20	2.75	11.54	9.06
160	60	20	1.50	4.63	3.64	250	75	25	3.00	12.83	10.07
160	60	20	1.80	5.52	4.33	280	80	20	2.20	10.20	8.01
160	60	20	2.00	6.10	4.79	280	80	20	2.50	11.54	9.06
160	60	20	2.20	6.68	5.24	280	80	20	2.75	12.64	9.92
160	60	20	2.50	7.54	5.92	280	80	25	3.00	14.03	11.01
160	60	20	3.00	8.93	7.01	300	80	20	2.20	10.64	8.35
180	70	20	2.00	6.90	5.42	300	80	20	2.50	12.04	9.45
180	70	20	2.20	7.56	5.93	300	80	20	2.75	13.19	10.35
180	70	20	2.50	8.54	6.70	300	80	25	3.00	14.63	11.49
180	70	20	2.75	9.34	7.33						

JL-ZJ 冷弯斜卷边 Z 形钢规格　　　　　表 4-66

尺寸/mm				截面面积	每米质量	尺寸/mm				截面面积	每米质量
h	b	a	t	cm²	kg/m	h	b	a	t	cm²	kg/m
120	50	20	1.50	3.75	2.95	180	70	20	2.50	8.59	6.74
120	50	20	1.80	4.47	3.51	180	70	20	2.75	9.40	7.38
120	50	20	2.00	4.94	3.88	180	70	20	3.00	10.21	8.01
120	50	20	2.20	5.40	4.24	200	70	20	2.00	7.34	5.76
120	50	20	2.50	6.09	4.78	200	70	20	2.20	8.04	6.31
120	50	20	2.75	6.65	5.22	200	70	20	2.50	9.09	7.13
120	50	20	3.00	7.21	5.66	200	70	20	2.75	9.95	7.81
140	50	20	1.50	4.05	3.18	200	70	20	3.00	10.81	8.48
140	50	20	1.80	4.83	3.79	220	75	20	2.00	7.94	6.23
140	50	20	2.00	5.34	4.19	220	75	20	2.20	8.70	6.83
140	50	20	2.20	5.84	4.59	220	75	20	2.50	9.84	7.72
140	50	20	2.50	6.59	5.17	220	75	20	2.75	10.78	8.46
140	50	20	2.75	7.20	5.65	220	75	20	3.00	12.01	9.43
140	50	20	3.00	7.81	6.13	250	75	20	2.20	9.36	7.35
160	60	20	1.50	4.65	3.65	250	75	20	2.50	10.59	8.31
160	60	20	1.80	5.55	4.35	250	75	20	2.75	11.60	9.11
160	60	20	2.00	6.14	4.82	250	75	25	3.00	12.91	10.13
160	60	20	2.20	6.72	5.28	280	80	20	2.20	10.24	8.04
160	60	20	2.50	7.59	5.96	280	80	20	2.50	11.59	9.10
160	60	20	2.75	8.30	6.52	280	80	20	2.75	12.70	9.97
160	60	20	3.00	9.01	7.07	280	80	25	3.00	14.11	11.07
180	70	20	1.50	5.25	4.12	300	80	20	2.20	10.68	8.38
180	70	20	1.80	6.27	4.92	300	80	20	2.50	12.09	9.49
180	70	20	2.00	6.94	5.45	300	80	20	2.75	13.25	10.40
180	70	20	2.20	7.60	5.97	300	80	25	3.00	14.71	11.55

8. 护栏波形梁用冷弯型钢（YB/T 4081—2007）

护栏波形梁用冷弯型钢是用冷轧或热轧钢带在连续辊式冷弯机组上生产的。护栏波形冷弯型钢的代号为 HL，按截面型式分为 A 型和 B 型。

护栏波形梁用冷弯型钢的截面形状见图 4-29。型钢的截面尺寸、截面参数及理论重量符合表 4-67 的规定。

型钢按定尺长度交货。定尺长度由供需双方协商，并在合同中注明。

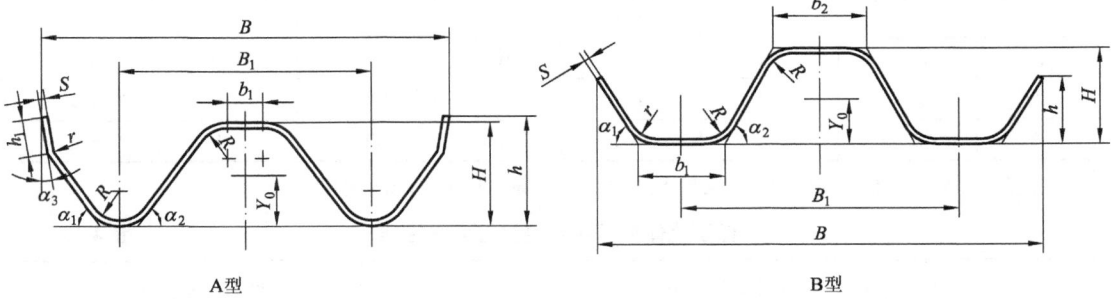

A型　　　　　　　　　　　　　　　　B型

图 4-29　护栏波形梁用冷弯型钢的截面形状

型钢的截面尺寸、截面参数及理论重量　　　　　　　　　表 4-67

项目 截面	公称尺寸/mm										弯曲角度 α/(°)			截面 面积 cm²	理论 重量 kg/m	重心 位置 i_{y0} cm	惯性矩 I_{y0} cm⁴	截面模数 W_{y0} cm³
A 型	H	h	h_i	B	B_1	b_1	b_2	R	r	S	α_1	α_2	α_3					
B 型	83	85	27	310	192	—	28	24	10	3	55	55	10	14.5	11.4	4.4	110.7	24.6
	75	55	—	350	214	63	69	25	25	4	55	60	—	18.6	14.6	3.2	119.9	27.9
	75	53	—	350	218	68	75	25	20	4	57	62	—	18.7	14.7	3.1	117.8	26.8
	79	42	—	350	227	45	60	14	14	4	45	50	—	17.8	14.0	3.4	122.1	27.1
	53	34	—	350	223	63	63	14	14	3.2	45	45	—	13.2	10.4	2.1	45.5	14.2
	52	33	—	350	224	63	63	14	14	2.3	45	45	—	9.4	7.4	2.1	33.2	10.7

注：表中钢的理论重量按密度为 7.85g/cm³ 计算。

三、钢　　管

1. 低压流体输送用焊接钢管（GB/T 3091—2008）

低压流体输送用焊接钢管主要用于输送水、空气、采暖蒸汽、燃气等低压流体。

钢管的外径（D）和壁厚（t）应符合 GB/T 21835 的规定，其中管端用螺纹和沟槽连接的钢管尺寸见表 4-68。钢管的通常长度为 3000mm～12000mm。

钢的牌号和化学成分（熔炼分析）应符合 GB/T 700 中牌号 Q195、Q215A、Q215B、Q235A、Q235B 和 GB/T 1591 中牌号 Q295A、Q295B、Q345A、Q345B 的规定。根据需方要求，经供需双方协商，并在合同中注明，也可采用其他易焊接的钢牌号。

钢管的力学性能要求符合表 4-69 的规定，其他钢牌号的力学性能要求由供需双方协商确定。

钢管的公称口径与钢管的外径、壁厚对照表（mm） 表 4-68

公称口径	外 径	壁 厚		公称口径	外 径	壁 厚	
		普通钢管	加厚钢管			普通钢管	加厚钢管
6	10.2	2.0	2.5	40	48.3	3.5	4.5
8	13.5	2.5	2.8	50	60.3	3.8	4.5
10	17.2	2.5	2.8	65	76.1	4.0	4.5
15	21.3	2.8	3.5	80	88.9	4.0	5.0
20	26.9	2.8	3.5	100	114.3	4.0	5.0
25	33.7	3.2	4.0	125	139.7	4.0	5.5
32	42.4	3.5	4.0	150	168.3	4.5	6.0

注：表中的公称口径系近似内径的名义尺寸，不表示外径减去两个壁厚所得的内径。

低压流体输送用焊接钢管力学性能 表 4-69

牌 号	下屈服强度 $R_{eL}/N/mm^2$ 不小于		抗拉强度 $R_m/N/mm^2$ 不小于	断后伸长率 $A/\%$ 不小于	
	$t \leqslant 16mm$	$t > 16mm$		$D \leqslant 168.3mm$	$D > 168.3mm$
Q195	195	185	315	15	20
Q215A、Q215B	215	205	335		
Q235A、Q235B	235	225	370		
Q295A、Q295B	295	275	390	13	18
Q345A、Q345B	345	325	470		

2. 输送流体用无缝钢管（GB/T 8163—2008）

输送流体用无缝钢管用于输送流体的一般管道。其尺寸规格按 GB/T 17395 的规定（可参见本手册表 2-111）。钢管的通常长度为 3000mm～12500mm。

钢管由 10、20、Q295、Q345、Q390、Q420、Q460 牌号的钢制造。

钢管的力学性能应符合表 4-70 的规定。

输送流体用无缝钢管力学性能 表 4-70

牌 号	质量等级	拉伸性能					冲击试验	
		抗拉强度 R_m MPa	下屈服强度①R_{eL}/MPa			断后伸长率 A %	温度 ℃	吸收能量 KV_2/J
			壁厚/mm					
			$\leqslant 16$	$>16\sim30$	>30			
		不小于						不小于
10	—	335～475	205	195	185	24	—	—
20	—	410～530	245	235	225	20	—	—
Q295	A	390～570	295	275	255	22	—	—
	B						+20	34

牌　号	质量等级	拉 伸 性 能					冲 击 试 验	
		抗拉强度 R_m MPa	下屈服强度[①]R_{eL}/MPa			断后伸长率 A %	温度 ℃	吸收能量 KV_2/J
			壁厚/mm					
			≤16	>16～30	>30			
			不小于					不小于
Q345	A	470～630	345	325	295	20	—	—
	B						+20	
	C						0	34
	D					21	−20	
	E						−40	27
Q390	A	490～650	390	370	350	18	—	—
	B						+20	
	C						0	34
	D					19	−20	
	E						−40	27
Q420	A	520～680	420	400	380	18	—	—
	B						+20	
	C						0	34
	D					19	−20	
	E						−40	27
Q460	C	550～720	460	440	420	17	0	34
	D						−20	
	E						−40	27

① 拉伸试验时，如不能测定屈服强度，可测定规定非比例延伸强度 $R_{p0.2}$ 代替 R_{eL}。

3. 流体输送用不锈钢焊接钢管（GB/T 12771—2008）

流体输送用不锈钢焊接钢管用于输送流体的耐腐蚀管道。

钢管按制造类别分为以下六类：

Ⅰ类——钢管采用双面自动焊接方法制造，且焊缝100%全长射线探伤；

Ⅱ类——钢管采用单面自动焊接方法制造，且焊缝100%全长射线探伤；

Ⅲ类——钢管采用双面自动焊接方法制造，且焊缝局部射线探伤；

Ⅳ类——钢管采用单面自动焊接方法制造，且焊缝局部射线探伤；

Ⅴ类——钢管采用双面自动焊接方法制造，且焊缝不做射线探伤；

Ⅵ类——钢管采用单面自动焊接方法制造，且焊缝不做射线探伤。

钢管按供货状态分为四类：焊接状态（H）；热处理状态（T）；冷拔（轧）状态（WC）；磨（抛光）状态（SP）。

钢管的外径（D）和壁厚（S）符合 GB/T 21835 的规定。钢管的通常长度为3000mm～9000mm。

钢的牌号和化学成分（熔炼分析）应符合表4-71的规定。力学性能应符合表4-72的规定。

钢的牌号和化学成分（熔炼分析）

表 4-71

序号	类型	统一数字代号	牌号	化学成分（质量分数）/%									
				C	Si	Mn	P	S	Ni	Cr	Mo	N	其他元素
1	奥氏体型	S30210	12Cr18Ni9	≤0.15	≤0.75	≤2.00	≤0.040	≤0.030	8.00~10.00	17.00~19.00	—	≤0.10	—
2		S30408	06Cr19Ni10	≤0.08	≤0.75	≤2.00	≤0.040	≤0.030	8.00~11.00	18.00~20.00	—	—	—
3		S30403	022Cr19Ni10	≤0.030	≤0.75	≤2.00	≤0.040	≤0.030	8.00~12.00	18.00~20.00	—	—	—
4		S31008	06Cr25Ni20	≤0.08	≤1.50	≤2.00	≤0.040	≤0.030	19.00~22.00	24.00~26.00	—	—	—
5		S31608	06Cr17Ni12Mo2	≤0.08	≤0.75	≤2.00	≤0.040	≤0.030	10.00~14.00	16.00~18.00	2.00~3.00	—	—
6		S31603	022Cr17Ni12Mo2	≤0.030	≤0.75	≤2.00	≤0.040	≤0.030	10.00~14.00	16.00~18.00	2.00~3.00	—	—
7		S32168	06Cr18Ni11Ti	≤0.08	≤0.75	≤2.00	≤0.040	≤0.030	9.00~12.00	17.00~19.00	—	—	Ti 5×C~0.70
8		S34778	06Cr18Ni11Nb	≤0.08	≤0.75	≤2.00	≤0.040	≤0.030	9.00~12.00	17.00~19.00	—	—	Nb 10×C~1.10
9	铁素体型	S11863	022Cr18Ti	≤0.030	≤0.75	≤1.00	≤0.040	≤0.030	(0.60)	16.00~19.00	—	—	Ti 或 Nb 0.10~1.00
10		S11972	019Cr19Mo2NbTi	≤0.025	≤0.75	≤1.00	≤0.040	≤0.030	1.00	17.50~19.50	1.75~2.50	≤0.035	(Ti+Nb) [0.20+4(C+N)]~0.80
11		S11348	06Cr13Al	≤0.08	≤0.75	≤1.00	≤0.040	≤0.030	(0.60)	11.50~14.50	—	—	Al 0.10~0.30
12		S11163	022Cr11Ti	≤0.030	≤0.75	≤1.00	≤0.040	≤0.020	(0.60)	10.50~11.70	—	≤0.030	Ti≥8(C+N)，Ti 0.15~0.50，Nb 0.10
13		S11213	022Cr12Ni	≤0.030	≤0.75	≤1.50	≤0.040	≤0.015	0.30~1.00	10.50~12.50	—	≤0.030	—
14	马氏体型	S41008	06Cr13	≤0.08	≤0.75	≤1.00	≤0.040	≤0.030	(0.60)	11.50~13.50	—	—	—

钢管的力学性能　　　　表 4-72

序号	牌　号	规定非比例延伸强度 $R_{p0.2}$/MPa	抗拉强度 R_m/MPa	断后伸长率 A/%	
				热处理状态	非热处理状态
		不小于			
1	12Cr18Ni9	210	520	35	25
2	06Cr19Ni10	210	520		
3	022Cr19Ni10	180	480		
4	06Cr25Ni20	210	520		
5	06Cr17Ni12Mo2	210	520		
6	022Cr17Ni12Mo2	180	480		
7	06Cr18Ni11Ti	210	520		
8	06Cr18Ni11Nb	210	520		
9	022Cr18Ti	180	360		
10	019Cr19Mo2NbTi	240	410	20	—
11	06Cr13Al	177	410		
12	022Cr11Ti	275	400	18	—
13	022Cr12Ni	275	400	18	—
14	06Cr13	210	410	20	—

4. 流体输送用不锈钢无缝钢管 (GB/T 14976—2012)

流体输送用不锈钢无缝钢管用于输送流体的耐腐蚀管道。钢管按产品加工方式分为热轧（挤、扩，代号 W-H）和冷拔（轧，代号 W-C）两类；按尺寸精度分为普通级（代号 PA）和高级（代号 PC）二级。钢管的尺寸规格按 GB/T 17395 的规定（可参见本手册表 2-113）。钢管的通常长度：热轧（挤、扩）钢管为 2000mm～12000mm；冷拔（轧）钢管为 1000mm～12000mm。

钢的牌号和化学成分（熔炼分析）应符合表 4-73 的规定。

钢管经热处理并酸洗后交货。成品钢管的推荐热处理制度见表 4-74。热处理状态钢管的纵向力学性能（抗拉强度 R_m，断后伸长率 A）应符合表 4-74 的规定。

表4-73

流体输送用不锈钢无缝钢管牌号和化学成分

组织类型	序号	GB/T 20878 序号	GB/T 20878 统一数字代号	牌号	C	Si	Mn	P	S	Ni	Cr	Mo	Cu	N	其他
奥氏体型	1	13	S30210	12Cr18Ni9	0.15	1.00	2.00	0.035	0.030	8.00~10.00	17.00~19.00	—	—	0.10	—
	2	17	S30408	06Cr19Ni10	0.08	1.00	2.00	0.035	0.030	8.00~11.00	18.00~20.00	—	—	—	—
	3	18	S30403	022Cr19Ni10	0.030	1.00	2.00	0.035	0.030	8.00~12.00	18.00~20.00	—	—	—	—
	4	23	S30458	06Cr19Ni10N	0.08	1.00	2.00	0.035	0.030	8.00~11.00	18.00~20.00	—	—	0.10~0.16	—
	5	24	S30478	06Cr19Ni9NbN	0.08	1.00	2.50	0.035	0.030	7.50~10.50	18.00~20.00	—	—	0.15~0.30	Nb:0.15
	6	25	S30453	022Cr19Ni10N	0.030	1.00	2.00	0.035	0.030	8.00~11.00	18.00~20.00	—	—	0.10~0.16	—
	7	32	S30908	06Cr23Ni13	0.08	1.00	2.00	0.035	0.030	12.00~15.00	22.00~24.00	—	—	—	—
	8	35	S31008	06Cr25Ni20	0.08	1.50	2.00	0.035	0.30	19.00~22.00	24.0~26.00	—	—	—	—
	9	38	S31608	06Cr17Ni12Mo2	0.08	1.00	2.00	0.035	0.030	10.00~14.00	16.00~18.00	2.00~3.00	—	—	—
	10	39	S31603	022Cr17Ni12Mo2	0.030	1.00	2.00	0.035	0.030	10.00~14.00	16.00~18.00	2.00~3.00	—	—	—
	11	40	S31609	07Cr17Ni12Mo2	0.04~0.10	1.00	2.00	0.035	0.030	10.00~14.00	16.00~18.00	2.00~3.00	—	—	—
	12	41	S31668	06Cr17Ni12Mo2Ti	0.08	1.00	2.00	0.035	0.030	10.00~14.00	16.00~18.00	2.00~3.00	—	—	Ti:5C~0.70
	13	43	S31658	06Cr17Ni12Mo2N	0.08	1.00	2.00	0.035	0.030	10.00~13.00	16.00~18.00	2.00~3.00	—	0.10~0.16	—
	14	44	S31653	022Cr17Ni12Mo2N	0.030	1.00	2.00	0.035	0.030	10.00~13.00	16.00~18.00	2.00~3.00	—	0.10~0.16	—
	15	45	S31688	06Cr18Ni12Mo2Cu2	0.08	1.00	2.00	0.035	0.030	10.00~14.00	17.00~19.00	1.20~2.75	1.00~2.50	—	—

化学成分(质量分数)①%

续表

组织类型	序号	GB/T 20878 序号	统一数字代号	牌号	C	Si	Mn	P	S	Ni	Cr	Mo	Cu	N	其他
奥氏体型	16	46	S31683	022Cr18Ni14Mo2Cu2	0.030	1.00	2.00	0.035	0.030	12.00~16.00	17.00~19.00	1.20~2.75	1.00~2.50	—	—
	17	49	S31708	06Cr19Ni13Mo3	0.08	1.00	2.00	0.035	0.030	11.00~15.00	18.00~20.00	3.00~4.00	—	—	—
	18	50	S31703	022Cr19Ni13Mo3	0.030	1.00	2.00	0.035	0.030	11.00~15.00	18.00~20.00	3.00~4.00	—	—	—
	19	55	S32168	06Cr18Ni11Ti	0.08	1.00	2.00	0.035	0.030	9.00~12.00	17.00~19.00	—	—	—	Ti:5C~0.70
	20	56	S32169	07Cr19Ni11Ti	0.04~0.10	0.75	2.00	0.030	0.030	9.00~13.00	17.00~20.00	—	—	—	Ti:4C~0.60
	21	62	S34778	06Cr18Ni11Nb	0.08	1.00	2.00	0.035	0.030	9.00~12.00	17.00~19.00	—	—	—	Nb:10C~1.10
	22	63	S34779	07Cr18Ni11Nb	0.04~0.10	1.00	2.00	0.035	0.030	9.00~12.00	17.00~19.00	—	—	—	Nb:8C~1.10
铁素体型	23	78	S11348	06Cr13Al	0.08	1.00	1.00	0.035	0.030	(0.60)	11.50~14.50	—	—	—	Al:0.10~0.30
	24	84	S11510	10Cr15	0.12	1.00	1.00	0.035	0.030	(0.60)	14.00~16.00	—	—	—	—
	25	85	S11710	10Cr17	0.12	1.00	1.00	0.035	0.030	(0.60)	16.00~18.00	—	—	—	—
	26	87	S11863	022Cr18Ti	0.030	0.75	1.00	0.035	0.030	(0.60)	16.00~19.00	—	—	—	Ti 或 Nb: 0.10~1.00
	27	92	S11972	019Cr19Mo2NbTi	0.025	1.00	1.00	0.035	0.030	1.00	17.50~19.50	1.75~2.50	—	0.035	(Ti+Nb): [0.20+4(C+N)]~0.80
马氏体型	28	97	S41008	06Cr13	0.08	1.00	1.00	0.035	0.030	(0.60)	11.50~13.50	—	—	—	—
	29	98	S41010	12Cr13	0.15	1.00	1.00	0.035	0.030	(0.60)	11.50~13.50	—	—	—	—

① 表中所列成分除标明范围或最小值外，其余均为最大值。括号内值为允许添加的最大值。

流体输送用不锈钢无缝钢管推荐热处理制度及力学性能

表 4-74

组织类型	序号	GB/T 20878 序号	统一数字代号	牌号	推荐热处理制度	力学性能			密度 ρ /(kg/dm³)
						抗拉强度 R_m /MPa	规定塑性延伸强度 $R_{p0.2}$ /MPa	断后伸长率 A /%	
						不小于			
奥氏体型	1	13	S30210	12Cr18Ni19	1010℃~1150℃,水冷或其他方式快冷	520	205	35	7.93
	2	17	S30438	06Cr19Ni10	1010℃~1150℃,水冷或其他方式快冷	520	205	35	7.93
	3	18	S30403	022Cr19Ni10	1010℃~1150℃,水冷或其他方式快冷	480	175	35	7.90
	4	23	S30458	06Cr19Ni10N	1010℃~1150℃,水冷或其他方式快冷	550	275	35	7.93
	5	24	S30478	06Cr19Ni9NbN	1010℃~1150℃,水冷或其他方式快冷	685	345	35	7.98
	6	25	S30453	022Cr19Ni10N	1010℃~1150℃,水冷或其他方式快冷	550	245	40	7.93
	7	32	S30908	06Cr23Ni13	1030℃~1150℃,水冷或其他方式快冷	520	205	40	7.98
	8	35	S31008	06Cr25Ni20	1030℃~1180℃,水冷或其他方式快冷	520	205	40	7.98
	9	38	S31608	06Cr17Ni12Mo2	1010℃~1150℃,水冷或其他方式快冷	520	205	35	8.00
	10	39	S31603	022Cr17Ni12Mo2	1010℃~1150℃,水冷或其他方式快冷	480	175	35	8.00
	11	40	S31609	07Cr17Ni12Mo2	≥1040℃,水冷或其他方式快冷	515	205	35	7.98
	12	41	S31668	06Cr17Ni12Mo2Ti	1000℃~1100℃,水冷或其他方式快冷	530	205	35	7.90
	13	43	S31658	06Cr17Ni12Mo2N	1010℃~1150℃,水冷或其他方式快冷	550	275	35	8.00
	14	44	S31653	022Cr17Ni12Mo2N	1010℃~1150℃,水冷或其他方式快冷	550	245	40	8.04
	15	45	S31688	06Cr18Ni12Mo2Cu2	1010℃~1150℃,水冷或其他方式快冷	520	205	35	7.96

续表

组织类型	序号	GB/T 20878 序号	GB/T 20878 统一数字代号	牌号	推荐热处理制度	力学性能 抗拉强度 R_m/MPa	力学性能 规定塑性延伸强度 $R_{p0.2}$/MPa (不小于)	力学性能 断后伸长率 A/%	密度 ρ/(kg/dm³)
奥氏体型	16	46	S31683	022Cr18Ni14Mo2Cu2	1010℃~1150℃,水冷或其他方式快冷	480	180	35	7.96
奥氏体型	17	49	S31708	06Cr19Ni13Mo3	1010℃~1150℃,水冷或其他方式快冷	520	205	35	8.00
奥氏体型	18	50	S31703	022Cr19Ni13Mo3	1010℃~1150℃,水冷或其他方式快冷	480	175	35	7.98
奥氏体型	19	55	S32168	06Cr18Ni11Ti	920℃~1150℃,水冷或其他方式快冷	520	205	35	8.03
奥氏体型	20	56	S32169	07Cr19Ni11Ti	冷拔(轧)≥1100℃,热轧(挤、扩)≥1050℃,水冷或其他方式快冷	520	205	35	7.93
奥氏体型	21	62	S34778	06Cr18Ni11Nb	980℃~1150℃,水冷或其他方式快冷	520	205	35	8.03
奥氏体型	22	63	S34779	07Cr18Ni11Nb	冷拔(轧)≥1100℃,热轧(挤、扩)≥1050℃,水冷或其他方式快冷	520	205	35	8.00
铁素体型	23	78	S11348	06Cr13Al	780℃~830℃,空冷或缓冷	415	205	20	7.75
铁素体型	24	84	S11510	10Cr15	780℃~850℃,空冷或缓冷	415	240	20	7.70
铁素体型	25	85	S11710	10Cr17	780℃~850℃,空冷或缓冷	415	240	20	7.70
铁素体型	26	87	S11863	022Cr18Ti	780℃~950℃,空冷或缓冷	415	205	20	7.70
铁素体型	27	92	S11972	019Cr19Mo2NbTi	800℃~1050℃,空冷	415	275	20	7.75
马氏体型	28	97	S41008	06Cr13	800℃~900℃,缓冷或750℃空冷	370	180	22	7.75
马氏体型	29	98	S41010	12Cr13	800℃~900℃,缓冷或750℃空冷	415	205	20	7.70

5. 建筑脚手架用焊接钢管（YB/T 4202—2009）

建筑脚手架用焊接钢管的外径（D）和壁厚（S）应符合表 4-75 的规定，根据需方要求，经供需双方协商，可以供应其他外径和壁厚符合 GB/T 21835 规定的钢管。钢管的通常长度为 4000mm～8000mm。

钢的牌号和化学成分（熔炼分析）应符合 GB/T 700—2006 中牌号的 Q235A，Q235B，Q275A，Q275B 和 GB/T 1591—2008 中牌号的 Q345A，Q345B，Q390A，Q390B 的规定，牌号 Q295A，Q295B 的化学成分符合表 4-76 的规定。力学性能符合表 4-77 的规定。

钢管的外径、壁厚及理论重量　　　　　　　　表 4-75

外径 D/mm	壁厚 S/mm				
	2.3①	3.25②	3.5	3.75	4.0
	钢管的理论重量/（kg/m）				
48.3	2.61	3.61	3.87	4.12	4.37

① 适用于 Q345A、Q345B、Q390A、Q390B 牌号。
② 适用于 Q275A、Q275B、Q295A、Q295B、Q345A、Q345B、Q390A、Q390B 牌号。

牌号 Q295A，Q295B 的化学成分　　　　　　　　表 4-76

牌号	质量等级	化学成分，质量分数/%							
		C	Mn	Si	P	S	V	Nb	Ti
Q295	A	≤0.16	0.80～1.50	≤0.55	≤0.045	≤0.045	0.02～0.15	0.015～0.060	0.02～0.20
	B	≤0.16	0.80～1.50	≤0.55	≤0.040	≤0.040	0.02～0.15	0.015～0.060	0.02～0.20

力 学 性 能　　　　　　　　表 4-77

牌　　号	下屈服强度 R_{eL}/（N/mm²）不小于	抗拉强度 R_m/（N/mm²）不小于	断后伸长率 A/%不小于
Q235A、Q235B	235	370	15
Q275A、Q275B	275	410	
Q295A、Q295B	295	390	13
Q345A、Q345B	345	470	
Q390A、Q390B	390	490	11

6. 建筑结构用冷弯矩形钢管（JG/T 178—2005）

建筑结构用冷弯矩形钢管，也适用于桥梁等其他结构，Ⅰ级钢管适用于建筑、桥梁等结构中的主要构件及承受较大动力荷载的场合，Ⅱ级钢管适用于建筑结构中一般承载能力的场合。

冷弯矩形钢管按产品截面形状分为：冷弯正方形钢管、冷弯长方形钢管；按产品屈服强度等级分为：235，345，390；按产品性能和质量要求等级分为：Ⅰ级（较高级）、Ⅱ级（普通级）；按产品成型方式分为：直接成方（方变方），以 Z 表示、先圆后方（圆变方），以 X 表示。

　　冷弯矩形钢管的原料牌号和化学成分（熔炼分析）应符合 GB/T 699，GB/T 700，GB/T 714，GB/T 1591，GB/T 4171 等相应标准的规定。

　　Ⅰ级产品的力学性能应符合表 4-78 的规定。Ⅱ级产品仅提供原料的屈服强度、抗拉强度及延伸率，具体应符合 GB/T 699，GB/T 700，GB/T 714，GB/T 1591，GB/T 4171 等相应标准的规定。

　　冷弯矩形钢管的截面图见图 4-30、外形尺寸见表 4-79、表 4-80。冷弯矩形钢管通常交货长度 4m～16m，经供需双方协议，可供应其他长度的产品。

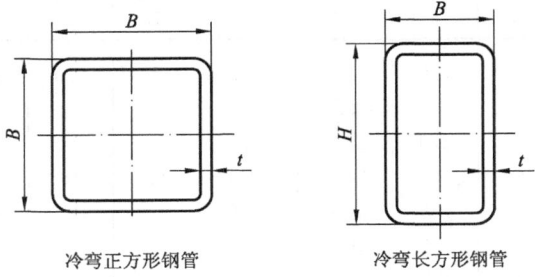

冷弯正方形钢管　　　　　冷弯长方形钢管

图 4-30　冷弯矩形钢管的截面图

Ⅰ级产品的力学性能　　　　　　　　　　　　　　　　　**表 4-78**

产品屈服强度等级	壁厚 mm	屈服强度 MPa	抗拉强度 MPa	延伸率 ％	（常温）冲击功 J
235	4～12	≥235	≥375	≥23	—
	>12～22				≥27
345	4～12	≥345	≥470	≥21	—
	>12～22				≥27
390	4～12	≥390	≥490	≥19	—
	>12～22				≥27

冷弯正方形钢管外形尺寸　　　　　　　　　　　　　　　　**表 4-79**

边长 mm	壁厚 mm	理论重量 kg/m	截面面积 cm²	边长 mm	壁厚 mm	理论重量 kg/m	截面面积 cm²	边长 mm	壁厚 mm	理论重量 kg/m	截面面积 cm²
B	t	M	A	B	t	M	A	B	t	M	A
100	4.0	11.7	11.9	130	4.0	15.5	19.8	140	4.0	16.7	21.3
	5.0	14.4	18.4		5.0	19.1	24.4		5.0	20.7	26.4
	6.0	17.0	21.6		6.0	22.6	28.8		6.0	24.5	31.2
	8.0	21.4	27.2		8.0	28.9	36.8		8.0	31.8	40.6
	10	25.5	32.6		10	35.0	44.6		10	38.1	48.6
110	4.0	13.0	16.5		12	39.6	50.4		12	43.4	55.3
	5.0	16.0	20.4						13	46.1	58.8
	6.0	18.8	24.0	135	4.0	16.1	20.5	150	4.0	18.0	22.9
	8.0	23.9	30.4		5.0	19.9	25.3		5.0	22.3	28.4
	10	28.7	36.5		6.0	23.6	30.0		6.0	26.4	33.6
120	4.0	14.2	18.1		8.0	30.2	38.4		8.0	33.9	43.2
	5.0	17.5	22.4		10	36.6	46.6		10	41.3	52.6
	6.0	20.7	26.4		12	41.5	52.8		12	47.1	60.1
	8.0	26.8	34.2		13	44.1	56.2		14	53.2	67.7
	10	31.8	40.6								

续表

边长 mm	壁厚 mm	理论重量 kg/m	截面面积 cm²	边长 mm	壁厚 mm	理论重量 kg/m	截面面积 cm²	边长 mm	壁厚 mm	理论重量 kg/m	截面面积 cm²
B	t	M	A	B	t	M	A	B	t	M	A
160	4.0	19.3	24.5	220	5.0	33.2	42.4	350	6.0	64.1	81.6
	5.0	23.8	30.4		6.0	39.6	50.4		7.0	74.1	94.4
	6.0	28.3	36.0		8.0	51.5	65.6		8.0	84.2	108
	8.0	36.9	47.0		10	63.2	80.6		10	104	133
	10	44.4	56.6		12	73.5	93.7		12	124	156
	12	50.9	64.8		14	83.9	107		14	141	180
	14	57.6	73.3		16	93.9	119		16	159	203
170	4.0	20.5	26.1	250	5.0	38.0	48.4		19	185	236
	5.0	25.4	32.3		6.0	45.2	57.6	380	8.0	91.7	117
	6.0	30.1	38.4		8.0	59.1	75.2		10	113	144
	8.0	38.9	49.6		10	72.7	92.6		12	134	170
	10	47.5	60.5		12	84.8	108		14	154	197
	12	54.6	69.6		14	97.1	124		16	174	222
	14	62.0	78.9		16	109	139		19	203	259
180	4.0	21.8	27.7	280	5.0	42.7	54.4		22	231	294
	5.0	27.0	34.4		6.0	50.9	64.8	400	8.0	96.5	123
	6.0	32.1	40.8		8.0	66.6	84.8		9.0	108	138
	8.0	41.5	52.8		10	82.1	104		10	120	153
	10	50.7	64.6		12	96.1	122		12	141	180
	12	58.4	74.5		14	110	140		14	163	208
	14	66.4	84.5		16	124	158		16	184	235
190	4.0	23.0	29.3	300	6.0	54.7	69.6		19	215	274
	5.0	28.5	36.4		8.0	71.6	91.2		22	245	312
	6.0	33.9	43.2		10	88.4	113	450	9.0	122	156
	8.0	44.0	56.0		12	104	132		10	135	173
	10	53.8	68.6		14	119	153		12	160	204
	12	62.2	79.3		16	135	172		14	185	236
	14	70.8	90.2		19	156	198		16	209	267
200	4.0	24.3	30.9	320	6.0	58.4	74.4		19	245	312
	5.0	30.1	38.4		8.0	76.6	97		22	279	355
	6.0	35.8	45.6		10	94.6	120	480	9.0	130	166
	8.0	46.5	59.2		12	111	141		10	144	184
	10	57.0	72.6		14	128	163		12	171	218
	12	66.0	84.1		16	144	183		14	198	252
	14	75.2	95.7		19	167	213		16	224	285
	16	83.8	107						19	262	334
									22	300	382
								500	9.0	137	174
									10	151	193
									12	179	228
									14	207	264
									16	235	299
									19	275	350
									22	314	400

注：表中理论重量按钢密度 7.85g/cm³ 计算。

冷弯长方形钢管外形尺寸　　　　　　　　　表 4-80

边长/mm		壁厚/mm	理论重量 kg/m	截面面积 cm²	边长/mm		壁厚/mm	理论重量 kg/m	截面面积 cm²
H	B	t	M	A	H	B	t	M	A
120	80	4.0	11.7	11.9	200	120	4.0	19.3	24.5
		5.0	14.4	18.3			5.0	23.8	30.4
		6.0	16.9	21.6			6.0	28.3	36.0
		7.0	19.1	24.4			8.0	36.5	46.4
		8.0	21.4	27.2			10	44.4	56.6
140	80	4.0	13.0	16.5	200	150	4.0	21.2	26.9
		5.0	15.9	20.4			5.0	26.2	33.4
		6.0	18.8	24.0			6.0	31.1	39.6
		8.0	23.9	30.4			8.0	40.2	51.2
150	100	4.0	14.9	18.9			10	49.1	62.6
		5.0	18.3	23.3			12	56.6	72.1
		6.0	21.7	27.6			14	64.2	81.7
		8.0	28.1	35.8	220	140	4.0	21.8	27.7
		10	33.4	42.6			5.0	27.0	34.4
160	60	4.0	13.0	16.5			6.0	32.1	40.8
		4.5	14.5	18.5			8.0	41.5	52.8
		6.0	18.9	24.0			10	50.7	64.6
160	80	4.0	14.2	18.1			12	58.5	74.5
		5.0	17.5	22.4			13	62.5	79.6
		6.0	20.7	26.4	250	150	4.0	24.3	30.9
		8.0	26.8	33.6			5.0	30.1	38.4
180	65	4.0	14.5	18.5			6.0	35.8	45.6
		4.5	16.3	20.7			8.0	46.5	59.2
		6.0	21.2	27.0			10	57.0	72.6
180	100	4.0	16.7	21.3			12	66.0	84.1
		5.0	20.7	26.3			14	75.2	95.7
		6.0	24.5	31.2	250	200	5.0	34.0	43.4
		8.0	31.5	40.4			6.0	40.5	51.6
		10	38.1	48.5			8.0	52.8	67.2
200	100	4.0	18.0	22.9			10	64.8	82.6
		5.0	22.3	28.3			12	75.4	96.1
		6.0	26.1	33.6			14	86.1	110
		8.0	34.4	43.8			16	96.4	123
		10	41.2	52.6					

边长/mm		壁厚/mm	理论重量 kg/m	截面面积 cm²	边长/mm		壁厚/mm	理论重量 kg/m	截面面积 cm²
H	B	t	M	A	H	B	t	M	A
260	180	5.0	33.2	42.4	400	200	6.0	54.7	69.6
		6.0	39.6	50.4			8.0	71.6	91.2
		8.0	51.5	65.6			10	88.4	113
		10	63.2	80.6			12	104	132
		12	73.5	93.7			14	119	152
		14	84.0	107			16	134	171
300	200	5.0	38.0	48.4	400	250	5.0	49.7	63.4
		6.0	45.2	57.6			6.0	59.4	75.6
		8.0	59.1	75.2			8.0	77.9	99.2
		10	72.7	92.6			10	96.2	122
		12	84.8	108			12	113	144
		14	97.1	124			14	130	166
		16	109	139			16	146	187
350	200	5.0	41.9	53.4	400	300	7.0	74.1	94.4
		6.0	49.9	63.6			8.0	84.2	107
		8.0	65.3	83.2			10	104	133
		10	80.5	102			12	122	156
		12	94.2	120			14	141	180
		14	108	138			16	159	203
		16	121	155			19	185	236
350	250	5.0	45.8	58.4	450	250	6.0	64.1	81.6
		6.0	54.7	69.6			8.0	84.2	107
		8.0	71.6	91.2			10	104	133
		10	88.4	113			12	123	156
		12	104	132			14	141	180
		14	119	152			16	159	203
		16	134	171					
350	300	7.0	68.6	87.4	450	350	7.0	85.1	108
		8.0	77.9	99.2			8.0	96.7	123
		10	96.2	122			10	120	153
		12	113	144			12	141	180
		14	130	166			14	163	208
		16	146	187			16	184	235
		19	170	217			19	215	274

续表

边长/mm		壁厚/mm	理论重量 kg/m	截面面积 cm²	边长/mm		壁厚/mm	理论重量 kg/m	截面面积 cm²
H	B	t	M	A	H	B	t	M	A
450	400	9.0	115	147	500	400	9.0	122	156
		10	127	163			10	135	173
		12	151	192			12	160	204
		14	174	222			14	185	236
		16	197	251			16	209	267
		19	230	293			19	245	312
		22	262	334			22	279	356
500	200	9.0	94.2	120	500	450	10	143	183
		10	104	133			12	170	216
		12	123	156			14	196	250
		14	141	180			16	222	283
		16	159	203			19	260	331
500	250	9.0	101	129			22	297	378
		10	112	143	500	480	10	148	189
		12	132	168			12	175	223
		14	152	194			14	203	258
		16	172	219			16	229	292
500	300	10	120	153			19	269	342
		12	141	180			22	307	391
		14	163	208					
		16	184	235					
		19	215	274					

注：表中理论重量按钢密度 7.85g/cm³ 计算。

7. 建筑结构用冷成型焊接圆钢管（JG/T 381—2012）

冷成型焊接圆钢管为将钢板〈带〉冷弯成型，并经直缝对接焊接制成的圆钢管，适用于工业与民用建筑及建筑物。

钢管材料宜采用 GB/T 700 中的 Q235 钢或 GB/T 1591 中的 Q235 钢、Q390 钢、Q420 钢；也可采用 GB/T 19879 中的 Q235GJ、Q345GJ、Q390GJ、Q420GJ 钢板或 GB 5313 中的厚度方向性能钢板。

钢管直径与壁厚系列规格应符合表 4-81 和表 4-82 的规定。钢管的长度宜为 2000mm～12000mm。

钢管成品力学性能应符合表 4-83 的规定。

钢管所用焊接材料应与母材匹配，焊缝质量等级及检验要求应符合 GB 50205 的规定。

系列 1 钢管规格 表 4-81

外径 D	壁厚 t/mm																										
mm	3	4	5	6	8	10	12	14	16	18	20	22	25	28	30	32	36	40	45	50	55	60	65	70	80	90	100
200	•	•	•	•	•	•																					
250	•	•	•	•	•	•	•																				
300	•	•	•	•	•	•	•	•																			
350		•	•	•	•	•	•	•	•	•																	
400			•	•	•	•	•	•	•	•	•																
450				•	•	•	•	•	•	•	•	•															
500				•	•	•	•	•	•	•	•	•	•														
550				•	•	•	•	•	•	•	•	•	•														
600				•	•	•	•	•	•	•	•	•	•	•	•												
650				•	•	•	•	•	•	•	•	•	•	•	•												
700				•	•	•	•	•	•	•	•	•	•	•	•	•											
750				•	•	•	•	•	•	•	•	•	•	•	•	•	•										
800				•	•	•	•	•	•	•	•	•	•	•	•	•	•	•									
850					•	•	•	•	•	•	•	•	•	•	•	•	•	•									
900						•	•	•	•	•	•	•	•	•	•	•	•	•	•								
950						•	•	•	•	•	•	•	•	•	•	•	•	•	•								
1000						•	•	•	•	•	•	•	•	•	•	•	•	•	•	•							
1100							•	•	•	•	•	•	•	•	•	•	•	•	•	•	•						
1200							•	•	•	•	•	•	•	•	•	•	•	•	•	•	•	•					
1300								•	•	•	•	•	•	•	•	•	•	•	•	•	•	•	•				
1400								•	•	•	•	•	•	•	•	•	•	•	•	•	•	•	•	•			
1500									•	•	•	•	•	•	•	•	•	•	•	•	•	•	•	•			
1600									•	•	•	•	•	•	•	•	•	•	•	•	•	•	•	•			
1700										•	•	•	•	•	•	•	•	•	•	•	•	•	•	•			
1800											•	•	•	•	•	•	•	•	•	•	•	•	•	•	•	•	
1900												•	•	•	•	•	•	•	•	•	•	•	•	•	•	•	
2000											•	•	•	•	•	•	•	•	•	•	•	•	•	•	•	•	•
2200													•	•	•	•	•	•	•	•	•	•	•	•	•	•	•
2500													•	•	•	•	•	•	•	•	•	•	•	•	•	•	•
2800														•	•	•	•	•	•	•	•	•	•	•	•	•	•
3000															•	•	•	•	•	•	•	•	•	•	•	•	•

系列 2 钢管规格　　　　　　　　　　　　　　　表 4-82

外径 D mm	壁厚 t/mm																						
	3.2	4	5	6.3	8	10	12.5	14.2	16	17.5	20	22.2	25	28	30	32	36	40	45	50	55	60	65
48.3	•																						
60.3	•	•																					
76.1	•	•																					
88.9	•	•	•																				
114.3	•	•	•	•																			
139.7	•	•	•	•																			
168.3	•	•	•	•	•																		
219.1		•	•	•	•	•																	
273.1		•	•	•	•	•	•																
323.9		•	•	•	•	•	•																
355.6		•	•	•	•	•	•	•	•	•													
406.4			•	•	•	•	•	•	•	•	•												
475				•	•	•	•	•	•	•													
508				•	•	•	•	•	•	•	•	•											
610				•	•	•	•	•	•	•	•	•	•	•									
711					•	•	•	•	•	•	•	•	•	•	•	•							
813					•	•	•	•	•	•	•	•	•	•	•	•	•	•					
914						•	•	•	•	•	•	•	•	•	•	•	•						
1016						•	•	•	•	•	•	•	•	•	•	•	•	•	•				
1067							•	•	•	•	•	•	•	•	•	•	•	•					
1118							•	•	•	•	•	•	•	•	•	•	•	•	•	•			
1219								•	•	•	•	•	•	•	•	•	•	•	•	•			
1422									•	•	•	•	•	•	•	•	•	•	•	•	•	•	•
1626										•	•	•	•	•	•	•	•	•	•	•	•	•	•
1829											•	•	•	•	•	•	•	•	•	•	•	•	•
2032												•	•	•	•	•	•	•	•	•	•	•	•
2235												•	•	•	•	•	•	•	•	•	•	•	•
2540													•	•	•	•	•	•	•	•	•	•	•

注：压弯工艺生产的钢管规格范围为直径 406mm～1829mm，壁厚为 6.4mm～50mm。

钢管成品力学性能 表 4-83

钢管牌号		屈服强度 R_{eL} N/mm²					抗拉强度 R_m N/mm²	断后伸长率 A %
厚度分组		$t\leqslant16$	$16<t\leqslant40$	$40<t\leqslant60$	$60<t\leqslant100$	—	—	—
JY Q235	性能指标	$\geqslant235$	$\geqslant225$	$\geqslant215$	$\geqslant215$		$370\sim500$	$\geqslant22$
厚度分组		$t\leqslant16$	$16<t\leqslant40$	$40<t\leqslant63$	$60<t\leqslant80$	$80<t\leqslant100$	—	—
JY Q345	性能指标	$\geqslant345$	$\geqslant335$	$\geqslant325$	$\geqslant315$	$\geqslant305$	$470\sim630$	$\geqslant18$
JY Q390		$\geqslant390$	$\geqslant370$	$\geqslant350$	$\geqslant330$	$\geqslant330$	$490\sim650$	$\geqslant18$
JY Q420		$\geqslant420$	$\geqslant400$	$\geqslant380$	$\geqslant360$	$\geqslant360$	$520\sim680$	$\geqslant17$
厚度分组		$t\leqslant16$	$16<t\leqslant35$	$35<t\leqslant50$	—	$50<t\leqslant100$	—	—
JY Q235GJ	性能指标	$\geqslant235$	$\geqslant235$	$\geqslant225$		$\geqslant215$	$400\sim510$	$\geqslant22$
JY Q345GJ		$\geqslant345$	$\geqslant345$	$\geqslant335$		$\geqslant325$	$490\sim610$	$\geqslant20$
JY Q390GJ		$\geqslant390$	$\geqslant390$	$\geqslant380$		$\geqslant370$	$490\sim650$	$\geqslant18$
JY Q420GJ		$\geqslant420$	$\geqslant420$	$\geqslant410$		$\geqslant400$	$520\sim680$	$\geqslant17$

注：1. 当钢管壁厚 $t>40$mm 或径厚比（D/t）<20 时，其力学性能指标需另行确定。

2. 拉伸试样为标距 $5.65\sqrt{S_0}$ 的试样。S_0 为试件的标距。

3. 表中 t 为钢管壁厚，D 为钢管公称外径，单位均为 mm。厚度分组应按 GB/T 700、GB/T 1591、GB/T 19879 规定。

8. 建筑结构用铸钢管（JG/T 300—2011）

建筑结构用铸钢管主要用于建筑钢结构，塔桅结构与桥梁结构等。

铸钢管的牌号由代表离心铸造的拼音字母（LX）和屈服强度值组成，如 LX345。

铸钢管的化学成分和力学性能应分别符合表 4-84 和表 4-85 的规定。铸钢管的规格尺寸与截面特性应符合表 4-86 的规定。

化 学 成 分 表 4-84

牌号	化学成分（质量分数）/ %										
	C	Si	Mn	S	P	Cr	Mo	Ni	V	Nb	Ti
LX235	$\leqslant0.22$	$\leqslant0.50$	$0.50\sim1.20$	$\leqslant0.025$	$\leqslant0.030$	—	—	—	—	—	—
LX345	$\leqslant0.20$	$\leqslant0.80$	$0.50\sim1.50$	$\leqslant0.025$	$\leqslant0.030$	$\leqslant0.50$	$\leqslant0.20$	$\leqslant0.50$	$0.02\sim0.15$	$0.015\sim0.06$	$0.01\sim0.10$
LX390	$\leqslant0.20$	$\leqslant0.80$	$0.50\sim1.50$	$\leqslant0.025$	$\leqslant0.030$	$\leqslant0.50$	$\leqslant0.50$	$\leqslant0.50$	$0.02\sim0.15$	$0.015\sim0.06$	$0.01\sim0.10$
LX420	$\leqslant0.20$	$\leqslant1.00$	$0.80\sim1.50$	$\leqslant0.025$	$\leqslant0.030$	$\leqslant0.50$	$\leqslant0.50$	$\leqslant2.50$	$0.02\sim0.15$	$0.015\sim0.06$	$0.01\sim0.10$

注：1. LX 345、LX 390、LX 420 化学成分中，至少应含有 V、Nb、Ti 中的一种；如同时含有其中两种以上元素，至少应有一种元素的含量不低于规定的最小值。

2. 经供需双方协商，也可采用其他牌号的钢材制造铸钢管。

3. 经供需双方协商，可加入适量稀土元素，改善铸钢管的性能。

力　学　性　能　　　　　　　　　表 4-85

牌　号	壁厚／mm	屈服强度 R_e N/mm²	抗拉强度 R_m N/mm²	伸长率 A ％	0℃冲击吸收功 J
LX235	≤50	≥235	400～480	≥22	≥34
	>50～≤100	≥225			
	>100	≥215			
LX345	≤50	≥325	470～550	≥21	≥34
	>50～≤100	≥295			
	>100	≥275			
LX390	≤50	≥370	490～570	≥20	≥34
	>50～≤100	≥355			
	>100	≥330			
LX420	≤50	≥400	520～6000	≥19	≥34
	>50～≤100	≥380			
	>100	≥360			

注：1. 所列性能指标系经正火和回火处理的铸钢管。如有特殊要求时，铸钢管可进行调质处理。

2. 冲击吸收功规定的最小值适用于三个数值的平均数，允许单个数值低于规定的最小值，但不能低于该值的 70％。

3. −20℃或−40℃冲击吸收功可由供需双方协商确定。

铸钢管的规格尺寸与截面特性　　　　　　　表 4-86

规格尺寸		截面面积 cm²	理论重量 kg/m	规格尺寸		截面面积 cm²	理论重量 kg/m
外径/mm	壁厚/mm			外径/mm	壁厚/mm		
D	t	A	M	D	t	A	M
203	20	114.98	90.26	299	20	175.30	137.61
	22	125.10	98.20		22	191.45	150.29
	25	139.80	109.74		25	215.20	168.93
	28	153.94	120.84		28	238.38	187.13
	30	163.05	127.99		30	253.53	199.02
	32	171.91	134.95		32	268.42	210.71
	36	188.87	148.26		36	297.45	233.49
					40	325.47	255.49
					45	359.08	281.88
245	20	141.37	110.98	351	20	207.97	163.26
	22	154.13	120.99		22	227.39	178.50
	25	172.79	135.64		25	256.04	200.99
	28	190.88	149.84		28	284.13	223.04
	30	202.63	159.07		30	302.54	237.49
	32	214.13	168.09		32	320.69	251.74
	36	236.37	185.55		36	356.26	279.66
	40	257.61	202.22		40	390.81	306.79
					45	432.60	339.59
					50	472.81	371.16

续表

规格尺寸		截面面积	理论重量	规格尺寸		截面面积	理论重量
外径/mm	壁厚/mm	cm²	kg/m	外径/mm	壁厚/mm	cm²	kg/m
D	t	A	M	D	t	A	M
402	20	240.02	188.41	550	30	490.09	384.72
	22	262.64	206.17		32	520.75	408.79
	25	296.09	232.43		34	551.16	432.66
	28	328.99	258.26		36	581.32	456.34
	30	350.60	275.22		38	611.23	479.81
	32	371.96	291.99		40	640.88	503.09
	36	413.94	324.94		45	713.93	560.43
	40	454.90	357.10		50	785.40	616.54
	45	504.70	396.19		55	855.30	671.41
	50	552.92	434.04		60	923.63	725.05
	55	599.57	470.66		65	990.39	777.45
	60	644.65	506.05		70	1055.57	828.63
450	22	295.81	232.21	600	30	537.21	421.71
	25	333.79	262.03		32	571.02	448.25
	28	371.21	291.40		36	637.87	500.73
	30	395.84	310.73		40	703.72	552.42
	32	420.22	329.87		45	784.61	615.92
	36	468.22	367.55		50	863.94	678.19
	40	515.22	404.45		55	941.69	739.23
	45	572.55	449.46		60	1017.88	799.03
	50	628.32	493.23		65	1092.49	857.60
	55	682.51	535.77		70	1165.53	914.94
	60	735.13	577.08		75	1237.00	971.05
	65	786.18	617.15				
	70	835.66	656.00				
500	25	373.06	292.86	650	32	621.28	487.71
	28	415.19	325.93		36	694.42	545.12
	30	442.96	347.73		40	766.55	601.74
	32	470.48	369.33		45	855.30	671.41
	36	524.77	411.95		50	942.48	739.84
	40	578.05	453.77		55	1028.09	807.05
	45	643.24	504.94		60	1112.12	873.02
	50	706.86	554.88		65	1194.59	937.75
	55	768.90	603.59		70	1275.49	1001.26
	60	829.38	651.06				
	65	888.28	697.30				

规格尺寸		截面面积	理论重量	规格尺寸		截面面积	理论重量
外径/mm	壁厚/mm	cm²	kg/m	外径/mm	壁厚/mm	cm²	kg/m
D	t	A	M	D	t	A	M
700	36	750.97	589.51	900	45	1208.73	948.85
	40	829.38	651.06		50	1335.18	1048.11
	45	925.98	726.90		60	1583.36	1242.94
	50	1021.02	801.50		70	1825.26	1432.83
	55	1114.48	874.87		80	2060.88	1617.79
	60	1206.37	947.00		90	2290.22	1797.82
	65	1296.69	1017.90		100	2513.27	1972.92
	70	1385.44	1087.57	1000	50	1492.26	1171.42
	75	1472.62	1156.01		60	1771.86	1390.91
	80	1558.23	1223.21		70	2045.18	1605.46
750	36	807.51	633.90		80	2312.21	1815.09
	40	892.21	700.39		90	2572.96	2019.78
	45	996.67	782.39		100	2827.43	2219.53
	50	1099.56	863.15	1100	60	1960.35	1538.88
	55	1200.87	942.69		70	2265.09	1778.09
	60	1300.62	1020.99		80	2563.54	2012.38
	65	1398.79	1098.05		90	2855.71	2241.73
	70	1495.40	1173.89		100	3141.59	2466.15
	75	1590.43	1248.49		110	3421.19	2685.64
	80	1683.89	1321.86	1200	60	2148.85	1686.85
	85	1775.78	1393.99		70	2485.00	1950.72
800	40	955.04	749.71		80	2814.86	2209.67
	50	1178.10	924.81		90	3138.45	2463.68
	60	1394.87	1094.97		100	3455.75	2712.76
	70	1605.35	1260.20		120	4071.50	3196.13
	80	1809.56	1420.50				
	90	2007.48	1575.87				

四、铝及铝合金型材

1. 铝及铝合金压型板（GB/T 6891—2006）

铝及铝合金压型板主要用于工业及民用建筑、设备围护结构材料。其具有重量轻、外观美观、耐久性好、安装简便等优点，表面经氧化处理后可呈各种颜色。

压型板的型号、板型、牌号、供应状态、规格符合表 4-87 的规定。

压型板的化学成分应符合 GB/T 3190 的规定。

压型板的型号、板型、牌号、供应状态、规格 **表 4-87**

型号	板型	牌号	状态	规格/mm				
				波高	波距	坯料厚度	宽度	长度
V25-150 Ⅰ	见图 4-31	1050A、1050、1060、1070A、1100、1200、3003、5005	H18	25	150	0.6~1.0	635	1700~6200
V25-150 Ⅱ	见图 4-32						935	
V25-150 Ⅲ	见图 4-33						970	
V25-150 Ⅳ	见图 4-34						1170	
V60-187.5	见图 4-35		H16、H18	60	187.5	0.9~1.2	826	1700~6200
V25-300	见图 4-36		H16	25	300	0.6~1.0	985	1700~5000
V35-115 Ⅰ	见图 4-37		H16、H18	35	115	0.7~1.2	720	≥1700
V35-115 Ⅱ	见图 4-38						710	
V35-125	见图 4-39		H16、H18	35	125	0.7~1.2	807	≥1700
V130-550	见图 4-40		H16、H18	130	550	1.0~1.2	625	≥1700
V173	见图 4-41		H16、H18	173	—	0.9~1.2	387	≥1700
Z295	见图 4-42		H18	—	—	0.6~1.0	295	1200~2500

注：需方需要其他规格或板型的压型板时，供需双方协商。

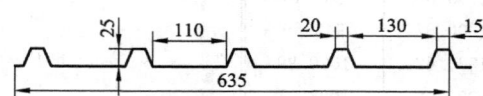

图 4-31 V25-150 Ⅰ 型压型板

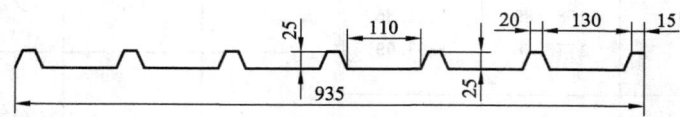

图 4-32 V25-150 Ⅱ 型压型板

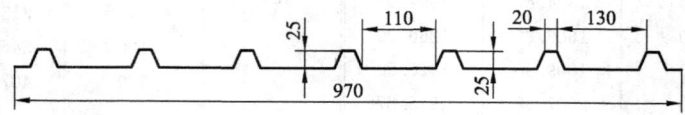

图 4-33 V25-150 Ⅲ 型压型板

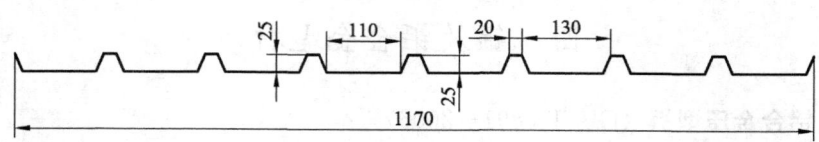

图 4-34 V25-150 Ⅳ 型压型板

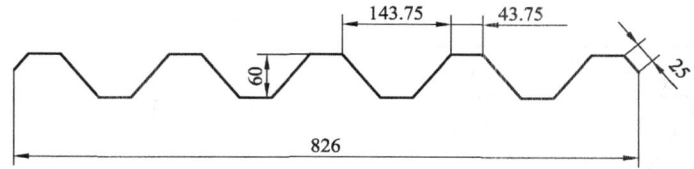

图 4-35　V60-187.5 型压型板

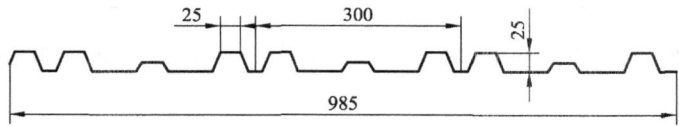

图 4-36　V25-300 型压型板

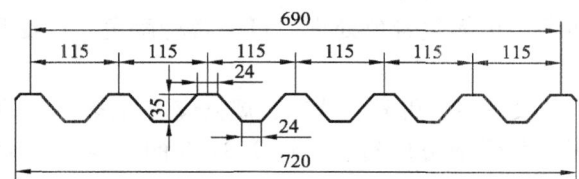

图 4-37　V35-115Ⅰ型压型板

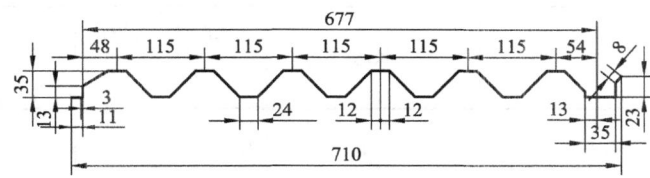

图 4-38　V35-115Ⅱ型压型板

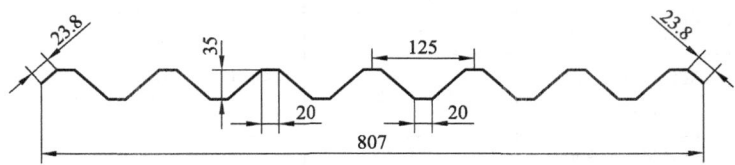

图 4-39　V35-125 型压型板

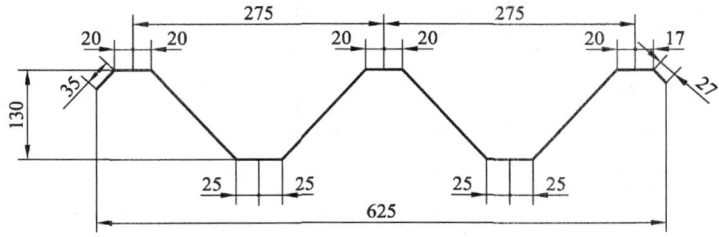

图 4-40　V130-550 型压型板

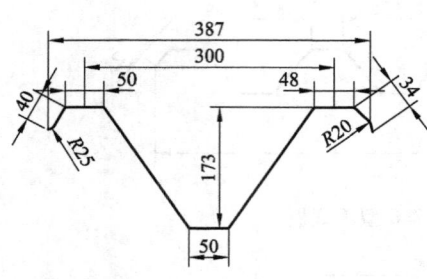

图 4-41 V173 型压型板

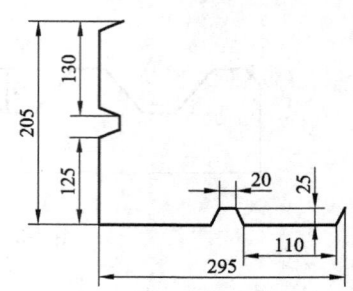

图 4-42 Z295 型压型板

2. 铝及铝合金花纹板（GB/T 3618—2006）

铝及铝合金花纹板是将坯料用特制的花纹轧辊轧制而成的。花纹美观大方、不易磨损、防滑性能好。表面经阳极氧化着色处理后可呈各种颜色。广泛用于建筑、车辆、船舶、飞机等处的防滑。

产品的花纹代号、花纹图案、牌号、状态、规格应符合表 4-88 的规定。

铝及铝合金花纹板的化学成分应符合 GB/T 3190 的规定。力学性能符合表 4-89 的规定。

花纹板的花纹代号、花纹图案、牌号、状态、规格 表 4-88

花纹代号	花纹图案	牌号	状态	底板厚度	筋高	宽度	长度
				mm			
1号	方格型（如图 4-43）	2A12	T4	1.0～3.0	1.0	1000～1600	2000～10000
2号	扁豆型（如图 4-44）	2A11、5A02、5052	H234	2.0～4.0	1.0		
		3105、3003	H194				
3号	五条型（如图 4-45）	1×××、3003	H194	1.5～4.5	1.0		
		5A02、5052、3105、5A43、3003	O、H114				
4号	三条型（如图 4-46）	1×××、3003	H194	1.5～4.5	1.0		
		2A11、5A02、5052	H234				
5号	指针型（如图 4-47）	1×××	H194	1.5～4.5	1.0		
		5A02、5052、5A43	O、H114				
6号	菱型（如图 4-48）	2A11	H234	3.0～8.0	0.9		
7号	四条型（如图 4-49）	6061	O	2.0～4.0	1.0		
		5A02、5052	O、H234				
8号	三条型（如图 4-50）	1×××	H114、H234、H194	1.0～4.5	0.3		
		3003	H114、H194				
		5A02、5052	O、H114、H194				

续表

花纹代号	花纹图案	牌号	状态	底板厚度	筋高	宽度	长度
				mm			
9号	星月型 （如图4-51）	1×××	H114、H234、H194	1.0～4.0	0.7		
		2A11	H194				
		2A12	T4	1.0～3.0			
		3003	H114、H234、H194	1.0～4.0			
		5A02、5052	H114、H234、H194				

注：1. 要求其他合金、状态及规格时，应由供需双方协商并在合同中注明。

2. 2A11、2A12合金花纹板双面可带有1A50合金包覆层，其每面包覆层平均厚度应不小于底板公称厚度的4%。

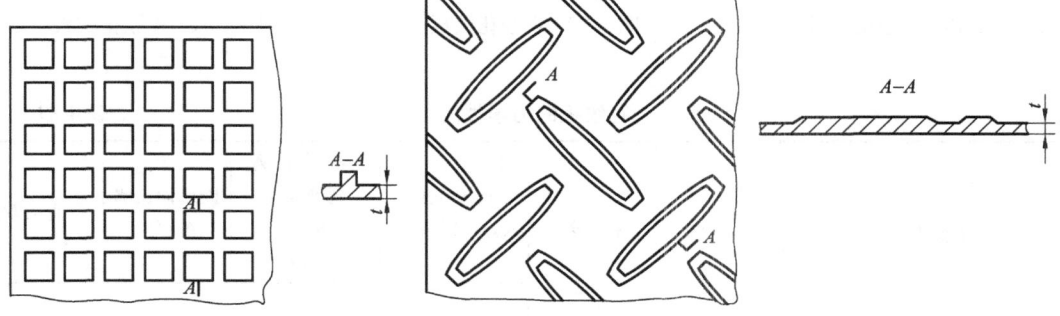

图4-43 1号花纹板   图4-44 2号花纹板

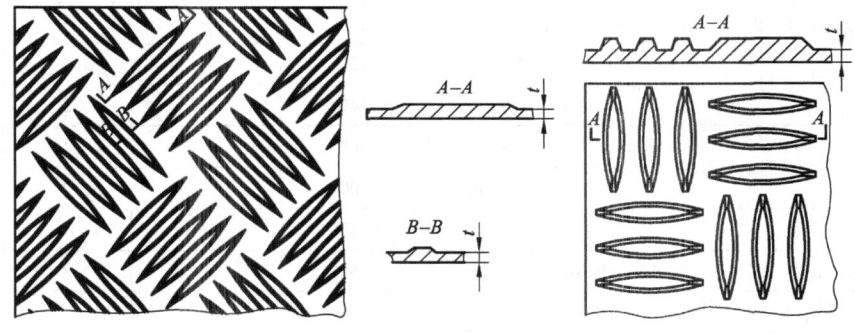

图4-45 3号花纹板   图4-46 4号花纹板

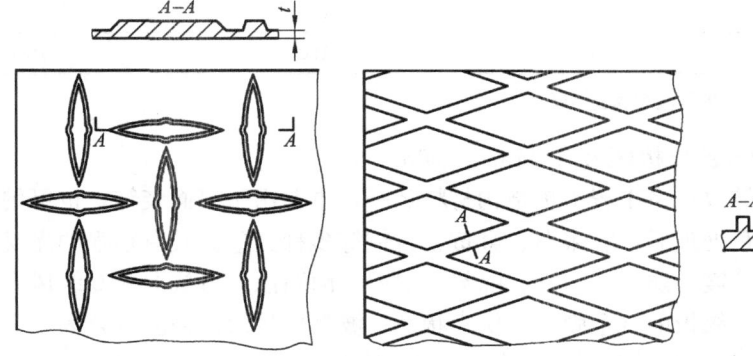

图4-47 5号花纹板   图4-48 6号花纹板

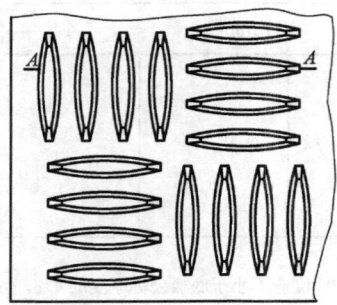

图 4-49　7 号花纹板

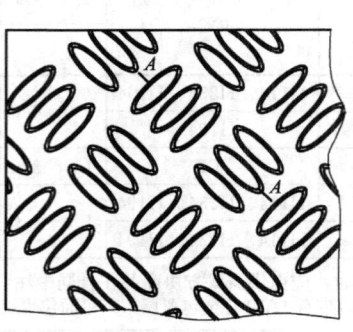

图 4-50　8 号花纹板

图 4-51　9 号花纹板

花纹板的力学性能　　　　　　　　　　　　　　　　　　表 4-89

花纹代号	牌　号	状　态	抗拉强度 $R_m/(\text{N/mm}^2)$	规定非比例延伸强度 $R_{p0.2}$ N/mm^2	断后伸长率 $A_{50}/\%$	弯曲系数
			不小于			
1 号、9 号	2A12	T4	405	255	10	—
2 号、4 号、6 号、9 号	2A11	H234、H194	215	—	3	—
4 号、8 号、9 号	3003	H114、H234	120	—	4	4
		H194	140	—	3	8
3 号、4 号、5 号、8 号、9 号	1×××	H114	80	—	4	2
		H194	100	—	3	6
3 号、7 号	5A02、5052	O	≤150	—	14	3
2 号、3 号		H114	180	—	3	3
2 号、4 号、7 号、8 号、9 号		H194	195	—	3	8
3 号	5A43	O	≤100	—	15	2
		H114	120	—	4	4
7 号	6061	O	≤150	—	12	—

注：计算截面积所用的厚度为底板厚度。

3. 铝及铝合金波纹板（GB/T 4438—2006）

铝及铝合金波纹板系工程围护结构材料之一，主要用于墙面装饰，也可用作屋面。表面经阳极氧化着色处理后，有银白、金黄、古铜等多种颜色。其有很强的光反射能力，且质轻、强度好、抗震、防火、防潮、隔热、保温、耐腐蚀，可抗 8～10 级风力不损坏。

铝及铝合金波纹板的合金牌号、供应状态、波型代号及规格应符合表 4-90 的规定。

波纹板坯料（波纹板成形前的板材）的化学成分应符合 GB/T 3190 的规定。波纹板坯料的室温拉伸力学性能应符合 GB/T 3808 的规定。

波纹板的牌号、状态、波型代号、规格　　　　　　表 4-90

牌　号	状态	波型代号	规格/mm				
			坯料厚度	长度	宽度	波高	波距
1050A、1050、1060、1070A、1100、1200、3003	H18	波 20-106（波型见图 4-52）	0.60～1.00	2000～10000	1115	20	106
		波 33-131（波型见图 4-53）			1008	33	131

注：需方需要其他波型时，可供需双方协商并在合同中注明。

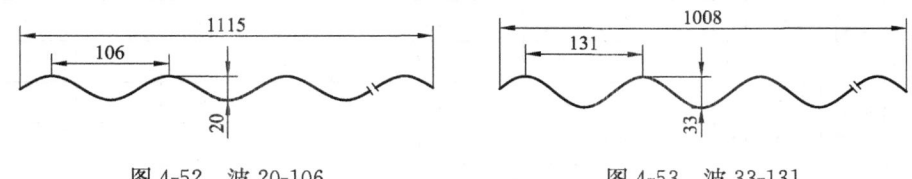

图 4-52　波 20-106　　　　　　　图 4-53　波 33-131

4. 铝合金建筑型材（GB 5237.1～GB 5237.5—2008、GB 5237.6—2012）

铝合金建筑型材具有强度高、重量轻、耐腐蚀、装饰性好、使用寿命长、色彩丰富等优点。产品种类可分为：阳极氧化着色型材、电泳涂漆型材、粉末喷涂型材、氟碳漆喷涂型材、隔热型材。

合金牌号、供应状态符合表 4-91 的规定。

型材的横截面规格应符合 YS/T 436 的规定或以供需双方签订的技术图样确定，且由供方给予命名；建筑型材的长度由供需双方商定，并在合同中注明。

6463、6463A 牌号的化学成分应符合表 4-92 的规定，其他牌号的化学成分应符合 GB/T 3190 的规定。室温力学性能应符合表 4-93 的规定。

型材种类、表面处理方式及外观质量见表 4-94。

常用铝合金建筑型材的截面形状、型号、面积及质量见表 4-95。

合金牌号及供应状态　　　　　　　　　　　　表 4-91

合　金　牌　号	供　应　状　态
6005、6060、6063、6063A、6463、6463A	T5、T6
6061	T4、T6

注：1. 订购其他牌号或状态时，需供需双方协商。
　　2. 如果同一建筑结构型材同时选用 6005、6060、6061、6063 等不同合金（或同一合金不同状态），采用同一工艺进行阳极氧化，将难以获得颜色一致的阳极氧化表面，建议选用合金牌号和供应状态时，充分考虑颜色不一致性对建筑结构的影响。

6463、6463A 合金牌号的化学成分　　　　　　表 4-92

牌　号	质量分数[①]/%								Al
	Si	Fe	Cu	Mn	Mg	Zn	其他杂质		
							单个	合计	
6463	0.20～0.60	≤0.15	≤0.20	≤0.05	0.45～0.90	≤0.05	≤0.05	≤0.15	余量
6463A	0.20～0.60	≤0.15	≤0.25	≤0.05	0.30～0.90	≤0.05	≤0.05	≤0.15	余量

① 含量有上下限者为合金元素；含量为单个数值者，铝为最低限。"其他杂质"一栏系指未列出或未规定数值的金属元素。铝含量应由计算确定，即由 100.00% 减去所有含量不小于 0.010% 的元素总和的差值而得，求和前各元素数值要表示到 0.0×%。

室温力学性能   表 4-93

合金牌号	供应状态		壁厚 mm	拉伸性能				硬度[1]		
				抗拉强度（R_m）N/mm²	规定非比例延伸强度（$R_{p0.2}$）N/mm²	断后伸长率/%		试样厚度/mm	维氏硬度 HV	韦氏硬度 HW
						A	A_{50mm}			
				不小于						
6005	T5		≤6.3	260	240	—	8	—	—	—
	T6	实心型材	≤5	270	225	—	6	—	—	—
			>5~10	260	215	—	6	—	—	—
			>10~25	250	200	8	6	—	—	—
		空心型材	≤5	255	215	—	6	—	—	—
			>5~15	250	200	8	6	—	—	—
6060	T5		≤5	160	120	—	6	—	—	—
			>5~25	140	100	8	6	—	—	—
	T6		≤3	190	150	—	6	—	—	—
			>3~25	170	140	8	6	—	—	—
6061	T4		所有	180	110	16	16	—	—	—
	T6		所有	265	245	8	8	—	—	—
6063	T5		所有	160	110	8	8	0.8	58	8
	T6		所有	205	180	8	8	—	—	—
6063A	T5		≤10	200	160	—	5	0.8	65	10
			>10	190	150	5	5	0.8	65	10
	T6		≤10	230	190	—	5	—	—	—
			>10	220	180	4	4	—	—	—
6463	T5		≤50	150	110	8	8	—	—	—
	T6		≤50	195	160	10	8	—	—	—
6463A	T5		≤12	150	110	—	6	—	—	—
	T6		≤3	205	170	—	6	—	—	—
			>3~12	205	170	—	8	—	—	—

① 硬度仅作参考。

型材种类、表面处理方式及外观质量   表 4-94

牌号	种类	表面处理方式	外观质量
6005 6060 6061 6063 6063A 6463 6463A	基材（GB 5237.1—2008）	表面未经处理	表面应整洁，不允许有裂纹、起皮、腐蚀和气泡等缺陷存在。表面上允许有轻微的压坑、碰伤、擦伤存在。装饰面要在图纸中注明，未注明时按非装饰面执行。型材端头允许有因锯切产生的局部变形，其纵向长度不应超过 10mm

续表

牌号	种类	表面处理方式	外观质量
6005 6060 6061 6063 6063A 6463 6463A	阳极氧化型材（GB 5237.2—2008）	阳极氧化（银白色） 阳极氧化＋电解着色 阳极氧化＋有机着色	表面不允许有电灼伤、氧化膜脱落等影响使用的缺陷。距型材端头 80mm 以内允许局部无膜
	电泳涂漆型材（GB 5237.3—2008）	阳极氧化＋电泳涂漆 阳极氧化、电解着色＋电泳涂漆	涂漆前型材的外观质量应符合 GB 5237.2 的有关规定。涂漆后的漆膜应均匀、整洁、不允许有皱纹、裂纹、气泡、流痕、夹杂物、发黏和漆膜脱落等影响使用的缺陷。但在型材端头 80mm 范围内允许局部无膜
	粉末喷涂型材（GB 5237.4—2008）	以热固性有机聚合物粉末作涂层	型材装饰面上的涂层应平滑、均匀，不允许有皱纹、流痕、鼓泡、裂纹、发黏等影响使用的缺陷。允许有轻微的橘皮现象，其允许程度应由供需双方商定的实物标样表明
	氟碳漆喷涂型材（GB 5237.5—2008）	以聚偏二氟乙烯漆作涂层。 二涂层：底漆＋面漆 三涂层：底漆＋面漆＋清漆 四涂层：底漆＋阻挡漆＋面漆＋清漆	型材装饰面上的涂层应平滑、均匀，不允许有流痕、皱纹、气泡、脱落及其他影响使用的缺陷
	隔 热 型 材（GB 5237.6—2012）	以隔热材料连接铝合金型材制成有隔热功能的复合型材。 复合方式分为穿条式和浇注式	穿条式隔热型材复合部位允许涂层有轻微裂纹，但不允许铝基材有裂纹。 浇注式隔热型材的隔热材料表面应光滑、色泽均匀，去除金属临时连接桥时，切口应规则、平整

常用铝合金建筑型材的截面形状、型号、面积及质量　　　　表 4-95

推拉门、窗用铝型材

截面形状 型　号	J×C-01	J×C-02	J×C-03	J×C-04
截面面积/cm²	4.9	3.3	3.11	3.02
质量/(kg/m)	1.32	0.89	0.84	0.81
截面形状 型　号	J×C-05	J×C-06	J×C-07	J×C-08
截面面积/cm²	4.01	3.9	3.9	3.8
质量/(kg/m)	1.084	1.02	1.05	1.007

平开门窗、卷帘门用铝型材

截面形状 型 号	J×C-10	J×C-11	J×C-12	J×C-13
截面面积/cm²	0.72	2.695	2.1	3.05
质量/(kg/m)	0.194	0.727	0.567	0.824
截面形状 型 号	J×C-14	J×C-19	J×C-20	J×C-21
截面面积/cm²	1.33	1.96	1.526	2.26
质量/(kg/m)	0.359	0.53	0.41	0.608

截面形状 型 号	J×C-22	J×C-103
截面面积/cm²	0.47	2.34
质量/(kg/m)	0.126	0.655

自动门用铝型材

截面形状 型 号	J×C-107	J×C-108	J×C-109	J×C-110	J×C-111
截面面积/cm²	4.488	4.96	5.68	4.475	1.98
质量/(kg/m)	1.21	1.34	1.53	1.208	2.16
截面形状 型 号	J×C-112	J×C-113	J×C-114	J×C-115	J×C-116
截面面积/cm²	3.4	2.7	3.3	4.77	0.59
质量/(kg/m)	2.35	0.729	0.918	1.33	0.16

截面形状 型 号	J×C-117	J×C-118	J×C-119	J×C-120
截面面积/cm²	0.08	4.73	1.21	4.8
质量/(kg/m)	2.45	1.28	0.33	1.35

橱窗用铝型材

截面形状 型 号	J×C-43	J×C-72	J×C-74	J×C-40	J×C-41
截面面积/cm²	1.53	0.53	2.07	2.83	1.35
质量/(kg/m)	0.413	0.144	0.56	0.763	0.315

续表

其他门窗用铝型材

截面形状 型　号	J×C-69	J×C-48	J×C-49	J×C-33
截面面积/cm²	1.7	3.766	2.659	5.77
质量/(kg/m)	0.459	1.02	0.718	1.56
截面形状 型　号	J×C-34	J×C-35	J×C-37	J×C-38
截面面积/cm²	3.34	3.125	2.52	3.47
质量/(kg/m)	1.04	0.84	0.68	0.94
截面形状 型　号	J×C-39	J×C-73	J×C-83	J×C-84
截面面积/cm²	3.46	0.625	2.73	4.99
质量/(kg/m)	0.933	1.76	0.738	1.347
截面形状 型　号	J×C-85	J×C-86	J×C-87	J×C-88
截面面积/cm²	2.48	1.37	5.73	3.97
质量/(kg/m)	0.669	1.99	1.55	1.31
截面形状 型　号	J×C-89	J×C-90	J×C-91	J×C-92
截面面积/cm²	4.2	3.8	2.2	3.2
质量/(kg/m)	1.19	1.07	0.57	0.86
截面形状 型　号	J×C-93	J×C-23	J×C-24	J×C-99
截面面积/cm²	6.2	0.83	0.73	3.24
质量/(kg/m)	1.76	0.22	0.2	0.875

续表

楼梯栏杆用铝型材

截面形状 型　号	J×C-44	J×C-45	J×C-46	J×C-50
截面面积/cm²	4.64	2.46	1.82	1.8
质量/(kg/m)	1.25	0.66	0.491	0.486
截面形状 型　号	J×C-51	J×C-68	J×C-70	J×C-71
截面面积/cm²	2.48	0.869	3.185	1.019
质量/(kg/m)	0.67	0.235	0.86	0.275

护墙板、装饰板用铝型材

截面形状 型　号	J×C-96	J×C-97	JXC-98
截面面积/cm²	0.81	0.81	0.60
质量/(kg/m)	0.22	0.22	0.63
截面形状 型　号	JXC-100	JXC-101	JXC-102
截面面积/cm²	0.69	2.33	2.03
质量/(kg/m)	0.186	0.63	0.55

注：本表内容非标准内容，仅供参考。

5. 铝塑复合型材（YB/T 729—2010）

铝塑复合型材是在铝合金型材槽内嵌入或在表面扣接塑料型材制成的型材。

制作复合型材用的塑料型材与铝合金型材类别见表 4-96，复合方式见图 4-54。

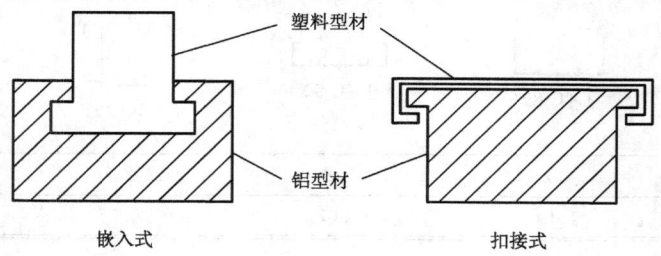

图 4-54　塑料型材与铝合金型材复合方式示意图

复合型材用铝合金型材符合 GB/T 6892 的规定。塑料型材的性能符合表 4-97 的规定。

嵌入式的复合型材纵向剪切试验、横向拉伸试验、高温持久荷载试验结果符合表4-98的规定。扣接式复合型材性能由供需双方商定。

制作复合型材用的塑料型材与铝合金型材类别　　表 4-96

塑料型材类别	铝型材铝合金型材类别			备　　注
	牌号	状态	表面处理类型	
ABS 改性 PVC				1. 使用 ABS 改性 PVC 类塑料型材制作而成的复合型材，适用于外部环境温度为－25℃～40℃，且使用过程中的外表面最高温度低于60℃的制品。
PVC	6060 6063 6063A 6463 6463A	T5 T6	阳极氧化 电泳涂漆 粉末喷涂 氟碳漆喷涂	2. 使用 PVC 类塑料型材制作而成的复合型材，适用于外部环境温度为－25℃～35℃、内部环境温度不低于5℃，且使用过程中的外表面最高温度低于50℃的制品。 3. 复合型材不适用于抗风压要求大于3kPa的制品，不适用于高层建筑或冷库或无采暖措施的厂房的外围护结构

塑料型材的性能　　表 4-97

项　　目	要　　求	
	ABS 改性 PVC	PVC
密度/(g/cm³)	1.20±0.20	1.38～1.43
线膨胀系数/K⁻¹	≤7.57×10⁻⁵	≤6.8×10⁻⁵
维卡软化温度/℃	≥93	≥85
轴钉应力开裂试验结果	孔口无裂纹	孔口无裂纹
邵氏硬度(H_D)	80±2	70±5
无缺口冲击强度/(kJ/m²)	≥40	≥15
弹性模量/MPa	≥2200	≥2200
断裂伸长率/%	≥25	≥40
室温抗拉特征值/MPa	≥40	≥28
高温抗拉特征值/MPa	≥30	≥20
低温抗拉特征值/MPa	≥50	≥35
6000h 老化/MPa	≥28	≥20

嵌入式复合型材纵向剪切试验、横向拉伸试验、高温持久荷载试验　　表 4-98

试验项目	类别	试验结果[①]						塑料型材变形量平均值 mm
		纵向抗剪特征值 N/mm			横向抗拉特征值 N/mm			
		室温	低温	高温	室温	低温	高温	
纵向剪切试验	Ⅰ	≥24	≥24	≥24	≥24	≥24	≥24	—
横向拉伸试验	Ⅱ	≥12	≥12	≥12	≥24	≥24	≥24	—
高温持久荷载试验	Ⅰ	—	—	—	—	≥24	≥24	≤0.6
	Ⅱ	—	—	—	—	≥24	≥24	≤0.6

① 需方有特殊要求时，可供需双方商定其他指标，并在合同（或订货单）中注明。

6. 建筑用铝合金木纹型材（YB/T 730—2010）

　　铝合金木纹型材是指粉末喷涂型材表面经热转印或二次喷涂处理制成的、表面具有木纹图案的铝合金型材。

木纹型材按处理方法的不同可分为热转印木纹型材和喷涂木纹型材两种类型。

木纹型材化学成分和室温力学性能应符合 GB 5237.1 的规定。

木纹型材装饰面上涂层的最小局部厚度应≥40μm，但截面形状复杂的木纹型材，在某些表面(如内角、沟槽等)的涂层厚度允许低于规定值。热转印木纹型材装饰面上的油墨图案渗透深度应≥25μm。涂层其他性能要求可参见 YB/T 730—2010。

7. 建筑用铝—挤压木复合型材(YB/T 731—2010)

建筑用铝—挤压木复合型材是采用穿压式或卡扣式复合的型材。

复合型材按复合方式分为穿压式和卡扣式两类，见图 4-55。

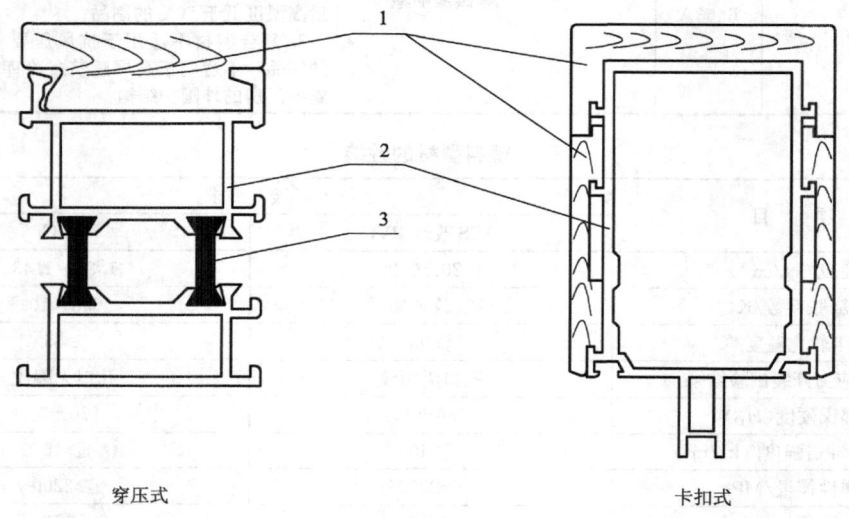

穿压式   卡扣式

图 4-55　复合方式
1—挤压木型材；2—铝合金型材；3—隔热材料

穿压式是将铝合金型材与木型材连接部位开齿、并穿入木型材、再滚压，使木型材被铝合金型材牢固咬合的复合方式。卡扣式是利用铝合金型材和木型材的物理性能(如弹性、连接部位结构等)，将木型材卡接或扣合在在铝合金型材上的复合方式。

复合型材中的铝合金型材应符合 GB 5237.2~5237.6 的相应规定。

复合型材中的木型材应符合表 4-99 的规定。

复合型材的纵向剪切试验和横向拉伸试验结果应符合表 4-100 的规定。

挤压木型材性能要求　　　　　　　　　　　　　　表 4-99

序号	项　目	要　求	备　注
1	密度	$0.6g/cm^3 \sim 0.9g/cm^3$	
2	含水率	≤2%	
3	表面邵氏硬度(H_D)	≥50	
4	表面耐磨性能	≤0.15g	
5	维卡软化温度	≥75℃	
6	吸水长度伸长率	≤0.3%	
7	加热后的长度变化率	≤0.3%	
8	加热后状态	无气泡、裂痕、麻点，无明显色差	

序号	项 目	要 求	备 注
9	耐候性	试验后表面无明显变化，变色程度(色差)≤1级	木型材安装在室内侧时，不要求
10	阻燃性能(氧指数)	≥32%	—
11	甲醛释放量	≤1.5mg/L	
12	铅含量	≤0.009%	
13	耐灰浆性	试验后表面不能起泡、开裂及有明显色差	
14	耐洗涤剂性	试验后表面不能起泡、开裂及有明显色差	
15	耐盐酸腐蚀性	试验后表面不能起泡、开裂及有明显色差	木型材用在室内侧时，不要求
16	尺寸偏差	符合 GB 5237.1 或供需双方商定	
17	颜色与外观质量	目视法观察同一批次的产品颜色应该基本一致。颜色、色差应与合同所规定的标准色板基本一致，其色差不超过合同规定所允许的相邻上、下标准色板。表面应平整，无气泡，无裂纹，其装饰面应无明显影响装饰效果的擦伤、划伤及凹坑，擦划痕迹及凹坑的深度应≤0.3mm	—

复合型材纵向剪切试验、横向拉伸试验 表 4-100

试验项目	复合方式	试验结果			
		任意试样单位长度上所能承受的最大剪切力			任意试样单位长度上所能承受的最大拉伸力
		N/mm			
		室温(23℃±2℃)	低温(−30℃±2℃)	高温(65℃±2℃)	室温(23℃±2℃)
纵向剪切试验	穿压式	≥5	≥5	≥5	—
横向拉伸试验	卡扣式	—			≥5

第五章 非金属材料

一、橡胶制品

1. 焊接、切割和类似作业用橡胶软管（GB/T 2550—2007）

焊接、切割和类似作业用橡胶软管适用于−20℃～＋60℃温度下，气体焊接和切割、在惰性或活性气体保护下的电弧焊接及类似焊接和切割的作业。软管的内径应符合表 5-1 的尺寸。内衬层和外衬层所用橡胶拉伸强度和拉断伸长率应不小于表 5-2 给出的值。软管应满足表 5-3 的静液压要求。

公称内径、内径（mm）　　　　　　　　　　　　　　　　表 5-1

公称内径	4	5	6.3	8	10	12.5	16	20	25	32	40	50
内径	4	5	6.3	8	10	12.5	16	20	25	32	40	50

拉伸强度和拉断伸长率　　　　　　　　　　　　　　　　表 5-2

胶　层	拉伸强度/MPa	拉断伸长率/％
内衬层	5.0	200
外覆层	7.0	250

静 液 压 要 求　　　　　　　　　　　　　　　　　　　表 5-3

性　能	轻 负 荷	正 常 负 荷
公称内径	≤6.3	所有规格
最大工作压力	1MPa(10bar)	2MPa(20bar)
验证压力	2MPa(20bar)	4MPa(40bar)
最小爆破压力	3MPa(30bar)	6MPa(60bar)
在最大工作压力下长度变化	±5%	
在最大工作压力下直径变化	±10%	

2. 压缩空气用织物增强橡胶软管（GB/T 1186—2007）

压缩空气用织物增强橡胶软管适用于−40℃～＋70℃环境下输送工作压力为 2.5MPa 以下的工业用压缩空气，用以驱动各种风动工具等。软管分为七种型别、两种类别。型别分别为：1 型——最大工作压力为 1.0MPa 的一般工业用空气软管；2 型——最大工作压力为 1.0MPa 的重型建筑用空气软管；3 型——最大工作压力为 1.0MPa 的具有良好耐油性能的重型建筑用空气软管；4 型——最大工作压力为 1.6MPa 的重型建筑用空气软管；5 型——最大工作压力为 1.6MPa 的具有良好耐油性能的重型建筑用空气软管；6 型——最大工作压力为 2.5MPa 的重型建筑用空气软管；7 型——最大工作压力为 2.5MPa 的具有良好耐油性能的重型建筑用空气软管。两个类别为：A 类——软管工作温度范围为

－25℃～＋70℃；B类——软管工作温度范围为－40℃～＋70℃。其规格见表 5-4，其性能要求见表 5-5 和表 5-6。

公称内径（mm）　　　　表 5-4

公称内径	5	6.3	8	10	12.5	16	20(19)	25	31.5	40(38)	50	63	80(76)	100(102)

注：括号中的数字是供选择的。

拉伸强度和拉断伸长率　　　　表 5-5

软管类型	软管组成	拉伸强度/MPa	拉断伸长率/%
1	内衬层	5.0	200
	外覆层	7.0	250
2、3、4、5、6、7	内衬层	7.0	250
	外覆层	10.0	300

静 液 压 要 求　　　　表 5-6

软管型别	工作压力/MPa	试验压力/MPa	最小爆破压力/MPa	在试验压力下尺寸变化	
				长 度	直 径
1、2、3	1.0	2.0	4.0	±5%	±5%
4 和 5	1.6	3.2	6.4	±5%	±5%
6 和 7	2.5	5.0	10.0	±5%	±5%

3. 钢丝增强液压橡胶软管(油基流体适用)（GB/T 3683.1—2006）

钢丝增强液压橡胶软管由耐液体的内胶层、一层或多层钢丝增强层及耐气候优良的合成橡胶外胶层组成（外胶层也可增添织物辅助层加固）。适用于使用普通液压液体（如矿物油、可溶性油、油水乳浊液、乙二醇水溶液及水等），工作温度范围为－40℃～＋100℃，但不适用于蓖麻油基和酯基液体。其尺寸规格见表 5-7，性能要求见表 5-8 和表 5-9。

钢丝增强液压橡胶软管根据其结构、工作压力和耐油性能分为 8 个型别：

——1ST 和 R1A 型：具有单层钢丝编织增强层和厚外覆层的软管。

——2ST 和 R2A 型：具有两层钢丝编织增强层和厚外覆层的软管。

——1SN 和 R1AT 型：具有单层钢丝编织增强层和薄外覆层的软管。

——2SN 和 R2AT 型：具有两层钢丝编织增强层和薄外覆层的软管。

软管的尺寸（mm）　　　　表 5-7

公称内径	所有类别		1ST/R1A 型				1SN/R1AT 型			2ST/R2A 型				2SN/R2AT 型		
	内径		增强层外径		软管外径		软管外径	外覆层厚度		增强层外径		软管外径		软管外径	外覆层厚度	
	最小	最大	最小	最大	最小	最大	最大	最小	最大	最小	最大	最小	最大	最大	最小	最大
5	4.6	5.4	8.9	10.1	11.9	13.5	12.5	0.8	1.5	10.6	11.7	15.1	16.7	14.1	0.8	1.5
6.3	6.2	7.0	10.6	11.7	15.1	16.7	14.1	0.8	1.5	12.1	13.3	16.7	18.3	15.7	0.8	1.5
8	7.7	8.5	12.1	13.3	16.7	18.3	15.7	0.8	1.5	13.7	14.9	18.3	19.9	17.3	0.8	1.5
10	9.3	10.1	14.5	15.7	19.0	20.6	18.1	0.8	1.5	16.1	17.3	20.6	22.2	19.7	0.8	1.5
12.5	12.3	13.5	17.5	19.1	22.0	23.8	21.5	0.8	1.5	19.0	20.6	23.8	25.4	23.1	0.8	1.5

续表

公称内径	所有类别		1ST/R1A 型				1SN/R1AT 型			2ST/R2A 型				2SN/R2AT 型		
	内径		增强层外径		软管外径		软管外径	外覆层厚度		增强层外径		软管外径		软管外径	外覆层厚度	
	最小	最大	最小	最大	最小	最大	最大	最小	最大	最小	最大	最小	最大	最大	最小	最大
16	15.5	16.7	20.6	22.2	25.4	27.0	24.7	0.8	1.5	22.2	23.8	27.0	28.6	26.3	0.8	1.5
19	18.6	19.8	24.6	26.2	29.4	31.0	28.6	0.8	1.5	26.2	27.8	31.0	32.6	30.2	0.8	1.5
25	25.0	26.4	32.5	34.1	36.9	39.3	36.6	0.8	1.5	34.1	35.7	38.5	40.9	38.9	1.0	2.0
31.5	31.4	33.0	39.3	41.7	44.4	47.6	44.8	1.5	2.0	43.2	45.7	49.2	52.4	49.6	1.0	2.0
38	37.7	39.3	45.6	48.0	50.8	54.0	52.1	1.5	2.5	49.6	52.0	55.6	58.8	56.0	1.3	2.5
51	50.4	52.0	58.7	61.9	65.1	68.3	65.9	1.5	2.5	62.3	64.7	68.2	71.4	68.6	1.3	2.5

最大工作压力、验证压力和最小爆破压力　　　　　表 5-8

公称内径	最大工作压力 MPa		验证压力 MPa		最小爆破压力 MPa	
	1ST 和 1SN 型	2ST 和 2SN 型	1ST 和 1SN 型	2ST 和 2SN 型	1ST 和 1SN 型	2ST 和 2SN 型
5	25.0	41.5	50.0	83.0	100.0	165.0
6.3	22.5	40.0	45.0	80.0	90.0	160.0
8	21.5	35.0	43.0	70.0	85.0	140.0
10	18.0	33.0	36.0	66.0	72.0	132.0
12.5	16.0	27.5	32.0	55.0	64.0	110.0
16	13.0	25.0	26.0	50.0	52.0	100.0
19	10.5	21.5	21.0	43.0	42.0	86.0
25	8.8	16.5	17.5	32.5	35.0	65.0
31.5	6.3	12.5	12.5	25.0	25.0	50.0
38	5.0	9.0	10.0	18.0	20.0	36.0
51	4.0	8.0	8.0	16.0	16.0	32.0
	R1A 和 R1AT 型	R2A 和 R2AT 型	R1A 和 R1AT 型	R2A 和 R2AT 型	R1A 和 R1AT 型	R2A 和 R2AT 型
5	21.0	35.0	42.0	70.0	84.0	140.0
6.3	19.2	35.0	38.5	70.0	77.0	140.0
8	17.5	29.7	35.0	59.5	70.0	119.0
10	15.7	28.0	31.5	56.0	63.0	112.0
12.5	14.0	24.5	28.0	49.0	56.0	98.0
16	10.5	19.2	21.0	38.5	42.0	77.0
19	8.7	15.7	17.5	31.5	35.0	63.0
25	7.0	14.0	14.0	28.0	28.0	56.0
31.5	4.3	11.3	8.7	22.7	17.5	45.5
38	3.5	8.7	7.0	17.5	14.0	35.0
51	2.6	7.8	5.2	15.7	10.5	31.5

最小弯曲半径（mm）　　　　　表 5-9

公称内径	5	6.3	8	10	12.5	16	19	25	31.5	38	51
最小弯曲半径	90	100	115	130	180	200	240	300	420	500	630

4. 在 2.5MPa 及以下压力下输送液态或气态液化石油气(LPG)和天然气的橡胶软管
(GB/T 10546—2013)

此类橡胶软管用于输送液态或气态液化石油(LPG)和天然气,工作压力介于真空与最大 2.5 之间,温度范围为 -30℃~+70℃或者低温软管(表示为-LT)为 -50℃~+70℃。

软管应为下列型别之一:
——D 型:排放软管;
——D-LT 型:低温排放软管;
——SD 型:螺旋线增强的排吸软管;
——SD-LTR 型:低温(粗糙内壁)螺旋线增强的排吸软管;
——SD-LTS 型:低温(光滑内壁)螺旋线增强的排吸软管。

所有型别软管可为:
——电连线式,用符号 M 标示和标志;
——导电式,借助导电橡胶层,用符号 Ω 标示和标志;
——非导电式,仅在软管组合件的一个管接头上安装有金属连接线。

软管由下列部分组成:
——一层耐正戊烷的橡胶内衬层;
——多层机织、编织或缠绕纺织材料或者编织或缠绕钢丝增强层;
——一层埋置的螺旋线增强层(仅 SD,SD-LTR 和 SD-LTS 型);
——两根或多根低电阻电连接线(仅标示 M 的软管);
——耐磨和耐室外暴露的橡胶外覆层,外覆层刺孔以便于气体渗透;
——管内非埋置的螺旋钢丝,适于-50℃下使用(仅 SD-LTR 型)。

软管的尺寸规格符合表 5-10 的规定(对于带有内装式管接头的软管的外径不适合),成品软管的物理性能应符合表 5-11 给出的值。

软管尺寸(mm)　　　　表 5-10

公称内径	内径	外径	最小弯曲半径		公称内径	内径	外径	最小弯曲半径	
			D、D-LT 型	SD、SD-LT 型				D、D-LT 型	SD、SD-LT 型
12	12.7	22.7	100	90	63	63	81	550	480
15	15	25	120	95	75	75	93	650	550
16	15.9	25.9	125	95	76	76	94	650	550
19	19	31	160	100	80	80	98	725	680
25	25	38	200	150	100	100	120	800	720
32	32	45	250	200	150	150	174	1200	1000
38	38	52	320	280	200	200	224	1600	1400
50	50	66	400	350	250	254	—	2000	1750
51	51	67	400	350	300	305	—	2500	2100

注:公称内径 250 和 300 仅应用于内接式连接管。

成品软管的物理性能

表 5-11

性 能	要 求
验证压力，最小/MPa	3.75（无泄漏或其他缺陷）
验证压力下长度变化，最大/%	D 型和 D-LT 型：+5 SD、SD-LTR 和 SD-LTS 型：+10
验证压力下扭转变化，最大/[(°)/m]	8
耐真空 0.08MPa 下 10min（仅 SD、SD-LTS 及 SD-LTR 型）	无结构破坏，无塌陷
爆破压力，最小/MPa	10
层间粘合强度，最小/(kN/m)	2.4
外覆层耐臭氧 40℃	72h 后在两倍放大镜下观察无龟裂
低温弯曲性能： －30℃下（D 和 SD 型） －50℃下（D-LT、SD-LTR 和 SD-LTS 型）	无永久变形或可见的结构缺陷，电阻无增长及电连续性无损害
电阻性能，Ω	软管的电性能应满足软管组合件的要求
燃烧性能	立即熄灭或在 2min 后无可见的发光
在最小弯曲半径下软管外径的变形系数，最大（内压 0.07MPa，D 和 D-LT 型）	$T/D \geqslant 0.9$

5. 油基流体用织物增强液压型橡胶软管（GB/T 15329.1—2003）

此类橡胶软管适用于在－40～＋100℃温度范围内，工作介质为符合 GB/T 7631.2 的液压流体 HH、HL、HM、HR、和 HV。

根据结构、工作压力和最小弯曲半径分为 5 种型别：1 型，带有一层编织织物增强层；2 型带有一层或多层织物增强层；3 型带有一层或多层织物增强层（有较高工作压力）；R3 型带有二层编织织物增强层；R6 带有一层编织织物增强层。软管尺寸见表 5-12，其最大工作压力、试验压力和爆破压力见表 5-13，最小弯曲半径见表 5-14。

油基流体用织物增强液压型橡胶软管尺寸

表 5-12

公称内径	内径/mm		外径/mm									
	所有型别		1 型		2 型		3 型		R6 型		R3 型	
	最小	最大	最小	最大	最小	最大	最小	最大	最小	最大	最小	最大
5	4.4	5.2	10.0	11.6	11.0	12.6	12.0	13.5	10.3	11.9	11.9	13.5
6.3	5.9	6.9	11.6	13.2	12.6	14.2	13.6	15.2	11.9	13.5	13.5	15.1
8	7.4	8.4	13.1	14.7	14.1	15.7	16.1	17.7	13.5	15.1	16.7	18.3
10	9.0	10.0	14.7	16.3	15.7	17.3	17.7	19.3	15.1	16.7	18.3	19.8
12.5	12.1	13.3	17.7	19.7	18.7	20.7	20.7	22.7	19.0	20.6	23.0	24.6
16	15.3	16.5	21.9	23.9	22.9	24.9	24.9	26.9	22.2	23.8	26.2	27.8
19	18.2	19.8	—	—	26.0	28.0	28.0	30.0	25.4	27.8	31.0	32.5
25	24.6	26.2	—	—	32.9	35.9	34.4	37.4	—	—	36.9	39.3
31.5	30.8	32.8	—	—	—	—	40.8	43.8	—	—	42.9	46.0
38	37.1	39.1	—	—	—	—	47.6	51.6	—	—	—	—
51	49.8	51.8	—	—	—	—	60.3	64.3	—	—	—	—
60	58.8	61.2	—	—	—	—	70.0	74.0	—	—	—	—
80	78.8	81.2	—	—	—	—	91.5	96.5	—	—	—	—
100	98.6	101.4	—	—	—	—	113.5	118.5	—	—	—	—

软管最大工作压力、试验压力和爆破压力　　　　表 5-13

公称内径	最大工作压力/MPa					试验压力/MPa					最小爆破压力/MPa				
	1型	2型	3型	R6型	R3型	1型	2型	3型	R6型	R3型	1型	2型	3型	R6型	R3型
5	2.5	8.0	16.0	3.5	10.5	5.0	16.0	32.0	7.0	21.0	10.0	32.0	64.0	14.0	42.0
6.3	2.5	7.5	14.5	3.0	8.8	5.0	15.0	29.0	6.0	17.5	10.0	30.0	58.0	120	35.0
8	2.0	6.8	13.0	3.0	8.2	4.0	13.6	26.0	6.0	16.5	8.0	27.2	52.0	120	33.0
10	2.0	6.3	11.0	3.0	7.9	4.0	12.6	22.0	6.0	15.8	8.0	25.2	44.0	120	31.5
12.5	1.6	5.8	9.3	3.0	7.0	3.2	11.6	18.6	6.0	14.0	6.4	23.2	37.2	120	28.0
16	1.6	5.0	8.0	2.6	6.1	3.2	10.0	16.0	5.2	12.2	6.4	20.0	32.0	105	24.5
19	—	4.5	7.0	2.2	5.2	—	9.0	14.0	4.4	10.5	—	18.0	28.0	88	21.0
25	—	4.0	5.5	—	3.9	—	8.0	11.0	—	7.9	—	16.0	22.0	—	15.8
31.5	—	—	4.5	—	2.6	—	—	9.0	—	5.2	—	—	18.0	—	10.5
38	—	—	4.0	—	—	—	—	8.0	—	—	—	—	16.0	—	—
51	—	—	3.3	—	—	—	—	6.6	—	—	—	—	13.2	—	—
60	—	—	2.5	—	—	—	—	5.0	—	—	—	—	10.0	—	—
80	—	—	1.8	—	—	—	—	3.6	—	—	—	—	7.2	—	—
100	—	—	1.0	—	—	—	—	2.0	—	—	—	—	4.0	—	—

软管最小弯曲半径　　　　表 5-14

公称内径	最小弯曲半径/mm				
	1型	2型	3型	R6型	R3型
5	35	25	40	50	80
6.3	45	40	45	65	80
8	65	50	55	80	100
10	75	60	70	80	100
12.5	90	70	85	100	125
16	115	90	105	125	140
19	—	110	130	150	150
25	—	150	150	—	205
31.5	—	—	190	—	255
38	—	—	240	—	—
51	—	—	300	—	—
60	—	—	400	—	—
80	—	—	500	—	—
100	—	—	600	—	—

6. 耐稀酸碱橡胶软管（HG/T 2183—2014）

适用于在－20～＋45℃环境中输送浓度不高于40%的硫酸溶液及浓度不高于15%的氢氧化钠溶液以及与上述浓度程度相当的酸碱溶液（硝酸除外）。

软管按结构分为 A、B、C 三种类型：A 型，有增强层不含钢丝螺旋线，用于输送酸碱液体；B 型，有增强层含钢丝螺旋线，用于吸引酸碱液体；C 型，有增强层含钢丝螺旋线，用于排吸酸碱液体。耐稀酸碱橡胶软管的规格尺寸和技术要求见表 5-15。

耐稀酸碱橡胶软管的规格尺寸和技术要求　　　　表 5-15

公称内径/mm	A 型	12.5, 16, 19, 22, 25	31.5, 38, 45, 51, 63.5, 76	89	102,127,152
	B 型及 C 型	—	31.5, 38, 45, 51, 63.5, 76	89	102,127,152
内衬层厚度/mm（不小于）		2.2	2.5	2.8	3.5
外覆层厚度/mm（不小于）		1.2	1.5	2.0	2.0
内衬层和外覆层的拉伸强度/MPa ≥		7.0			
内衬层和外覆层的拉断伸长率/% ≥		250			
内衬层的耐酸碱性能	拉伸强度变化率/% ≥	−15			
	拉断伸长率变化率/% ≥	−20			
内衬层与外覆层的热空气老化性能（70℃，72h）	拉伸强度变化率/% ≥	−25～+25			
	拉断伸长率变化率/% ≥	−30～+10			
各层间粘合强度/（kN/m） ≥		2.0			
A 型、C 型静液压要求	最大工作压力/MPa	0.3	0.5	0.7	1.0
	验证压力/MPa	0.6	1.0	1.4	2.0
	最小爆破压力/MPa	1.2	2.0	2.8	4.0
耐真空性能要求		B 型、C 型软管在−80kPa 的压力下，经耐真空试验后，内衬层应无剥离、凹陷或塌瘪等异常现象			

注：软管长度由使用方提出，制造厂同意确定。

7. 通用输水织物增强橡胶软管（HG/T 2184—2008）

适用于在−25～+70℃下输水用，也可用于输送降低水的冰点的添加剂，但不适用于输送饮用水、洗衣机进水和专用农业机械，也不可以用作消防软管或可折叠式水管。最大工作压力为 2.5MPa。通用输水织物增强橡胶软管分类、性能和规格尺寸见表 5-16。

通用输水织物增强橡胶软管分类、性能和规格尺寸　　　　表 5-16

型号	类型	级别	工作压力 P/MPa	规格尺寸/mm		
				内径	内胶层	外胶层
I	低压型	a 级	$P \leqslant 0.3$	10, 12.5, 16	1.5	1.5
		b 级	$0.3 < P \leqslant 0.5$	19, 20, 22	2.0	1.5
		c 级	$0.5 < P \leqslant 0.7$	25, 27, 32, 38, 40	2.5	1.5
II	中压型	d 级	$0.7 < P \leqslant 1$	50, 63, 76, 80, 100	3.0	2.0
III	高压型	e 级	$1 < P \leqslant 2.5$			

8. 工业用橡胶板（GB/T 5574—2008）

由天然橡胶或合成橡胶制成，用作橡胶垫圈、密封衬垫、缓冲零件以及铺设地板、工作台。根据需要橡胶板可制成光面或带花纹、布纹、夹杂物的橡胶板。花纹橡胶板有防滑作用，主要用于铺地。带夹杂物的橡胶板，具有较高的强度和不易伸长的特点，多用于具有一定压力和不允许过度伸长的场合。耐酸碱、耐油和耐热橡胶板，分别适宜在稀酸碱溶液、油类和蒸汽、热空气等介质中使用。其分类和规格见表 5-17。

工业用橡胶板分类和规格　　　　　　　　　　　　　　　　表 5-17

	厚度/mm	0.5，1.0，1.5，2.0，2.5，3.0，4.0，5.0，6.0，8.0，10，12，14，16，18，20，22，25，30，40，50
	宽度/mm	500～2000
橡胶板性能分类	耐油性能	A 类：不耐油；B 类：中等耐油；C 类：耐油
	体积变化率/%	B 类：＋40～＋90；C 类－5～＋40
	拉伸强度/MPa	1 型≥3、2 型≥4、3 型≥5、4 型≥7、5 型≥10、6 型≥14、7 型≥17
	扯断伸长率/%	1 级≥100、2 级≥150、3 级≥200、4 级≥250、5 级≥300、6 级≥350、7 级≥400、8 级≥500、9 级≥600
	耐热性能/℃	Hr1：100、Hr2：125、Hr3：150
	耐低温性能/℃	Tb1：－20、Tb2：－40

注：1. 橡胶板尚有按"耐热空气老化性能（代号 Ar）分类"：Ar1（70℃×72h）、Ar2（100℃×72h）。老化后，其抗拉强度降低率分别≤25％和20％；扯断伸长率降低率分别≤35％和50％。B 类和 C 类橡胶板必须符合 Ar2 要求；如不满足要求，由供需双方商定。
　　2. 耐热性能和耐低温性能为附加性能，由供需双方商定。
　　3. 橡胶板的公称长度，以及表面花纹型和颜色，由供需双方商定。

二、塑　料　制　品

1. 织物增强液压型热塑性塑料软管（GB/T 15908—2009）

织物增强型热塑性塑料软管公称内径为 5mm～25mm。根据最大工作压力不同，软管分为两种型别：R7 型——具有一层或多层增强层；R8 型——在较高工作压力下工作、具有一层或多层增强层。根据导电性要求，每种型别分为两个等级：1 级——没有电性能要求；2 级——非导电。它们适用于：液压流体 HH、HL、HM、HR、HV，温度范围为－40～＋100℃；水基液压流体 HFC、HFAE、HFAS、HFB，温度范围为 0～60℃。织物增强液压型热塑性塑料软管的规格和要求见表 5-18。

织物增强液压型热塑性塑料软管的规格和要求　　　　　　　　表 5-18

公称内径 mm	内径范围 mm				最大外径 mm		最大工作压力/MPa		验证压力 MPa		最小爆破压力/MPa		最小弯曲半径/mm
	R7 型		R8 型		R7 型	R8 型	R7 型	R8 型	R7 型	R8 型	R7 型	R8 型	R7 型 R8 型
	最小	最大	最小	最大									
5	4.6	5.4	4.6	5.4	11.4	14.6	21.0	35.0	42.0	70.0	84.0	140.0	90

续表

公称内径 mm	内径范围 mm				最大外径 mm		最大工作压力/MPa		验证压力 MPa		最小爆破压力/MPa		最小弯曲半径/mm
	R7 型		R8 型		R7 型	R8 型	R7 型	R8 型	R7 型	R8 型	R7 型	R8 型	R7 型 R8 型
	最小	最大	最小	最大									
6.3	6.2	7.0	6.2	7.0	13.7	16.8	19.2	35.0	38.5	70.0	77.0	140.0	100
8	7.7	8.5	7.7	8.5	15.6	18.6	17.5	—	35.0	—	70.0	—	115
10	9.3	10.3	9.3	10.3	18.4	20.3	15.8	28.0	31.5	56.0	63.0	112.0	125
12.5	12.3	13.5	12.3	13.5	22.5	24.6	14.0	24.5	28.0	49.0	56.0	98.0	180
16	15.6	16.7	15.6	16.7	25.8	29.8	10.5	19.2	21.0	38.0	42.0	77.0	205
19	18.6	19.8	18.6	19.8	28.6	33.0	8.8	15.8	17.5	31.5	35.0	63.0	240
25	25.0	26.4	25.0	26.4	36.7	38.6	7.0	14.0	14.0	28.0	28.0	56.0	300

注：软管按买方规定的长度供货。

2. 压缩空气用织物增强热塑性塑料软管（HG/T 2301—2008）

由耐油雾的柔性热塑性塑料内层、天然或合成织物的增强层及柔性热塑性塑料外层组成。适用于工作温度为−10～+55℃范围内的压缩空气。压缩空气用织物增强热塑性塑料软管规格及性能见表 5-19。

压缩空气用织物增强热塑性塑料软管规格（mm）　　　表 5-19

公称直径	内　径	最小壁厚			
		A 型	B 型	C 型	D 型
4	4	1.5	1.5	1.5	2.0
5	5	1.5	1.5	1.5	2.0
6.3	6.3	1.5	1.5	1.5	2.3
8	8	1.5	1.5	1.5	2.3
9	9	1.5	1.5	1.5	2.3
10	10	1.5	1.5	1.8	2.3
12.5	12.5	2.0	2.0	2.3	2.8
16	16	2.4	2.4	2.8	3.0
19	19	2.4	2.4	2.8	3.5
25	25	2.7	3.0	3.3	4.0
31.5	31.5	3.0	3.3	3.5	4.5
38	38	3.0	3.5	3.8	4.5
40	40	3.3	3.5	4.1	5.0
50	50	3.5	3.8	4.5	5.0

3. 吸引和低压排输石油液体用塑料软管（HG/T 2799—2011）

用于排吸煤油、供暖用油、柴油和润滑油，使用温度−10～+60℃。不适用于输送机动车或航空用燃油，也不适用于计量输送液体。吸引和低压排输石油液体用塑料软管规格尺寸和性能见表 5-20。

吸引和低压排输石油液体用塑料软管规格尺寸和性能　　　　　表 5-20

尺寸规格 （公称内径） mm	1 型（轻型）	12.5，16，19，20，25，31.5，38， 40，50，63，80，100，125
	2 型（重型）	12.5，16，19，20，25，31.5，38，40，50
耐燃油性能	拉伸强度的最大变化率（原始值的）/%	−30
	拉断伸长率的最大变化率（原始值的）/%	−30
	体积变化率/%	−5～+25
耐油性能	拉伸强度的最大变化率（原始值的）/%	−40
	拉断伸长率的最大变化率（原始值的）/%	−40
	体积变化率/%	−5～+25
老化性能变化	拉伸强度的最大变化率（原始值的）/%	−20
	拉断伸长率的最大变化率（原始值的）/%	−50
	最大硬度变化（邵尔 A 度）	10

4. 工业用硬聚氯乙烯（PVC-U）管道系统管材（GB/T 4219.1—2008）

以聚氯乙烯（PVC）树脂为主要原料，经挤出成型。适用于工业用硬聚氯乙烯管道系统，也适用于承压给排水输送以及污水处理、水处理、石油、化工、电子电力、冶金、电镀、造纸、食品饮料、医药、中央空调、建筑等领域的粉体、液体的输送。当用于输送易燃易爆介质时，应符合防火、防爆有关规定。设计时应考虑输送介质随温度变化对管材的影响，应考虑管材的低温脆性和高温蠕变，建议使用温度范围为−5～+45℃。当输送饮用水、食品饮料、医药时，其卫生性能应符合有关规定。管材规格见表 5-21。管材长度示意见图 5-1。

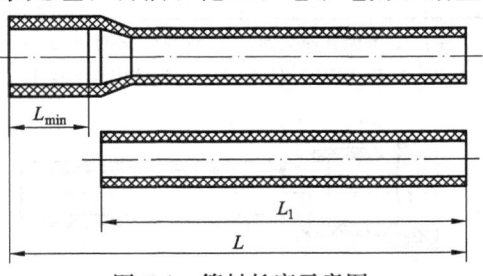

图 5-1　管材长度示意图

管材规格尺寸、壁厚（mm）　　　　　表 5-21

公称外径 d_n	壁厚 e						
	管系列 S 和标准尺寸比 SDR						
	S20 SDR41	S16 SDR33	S12.5 SDR26	S10 SDR21	S8 SDR17	S6.3 SDR13.6	S5 SDR11
	e_{min}	e_{min}	e_{min}	e_{min}	e_{min}	e_{min}	e_{min}
16	—	—	—	—	—	—	2.0
20	—	—	—	—	—	—	2.0
25	—	—	—	—	—	2.0	2.3
32	—	—	—	—	2.0	2.4	2.9
40	—	—	—	2.0	2.4	3.0	3.7
50	—	—	2.0	2.4	3.0	3.7	4.6
63	—	2.0	2.5	3.0	3.8	4.7	5.8
75	—	2.3	2.9	3.6	4.5	5.6	6.8

续表

公称外径 d_n	壁厚 e 管系列 S 和标准尺寸比 SDR						
	S20 SDR41	S16 SDR33	S12.5 SDR26	S10 SDR21	S8 SDR17	S6.3 SDR13.6	S5 SDR11
	e_{min}	e_{min}	e_{min}	e_{min}	e_{min}	e_{min}	e_{min}
90	—	2.8	3.5	4.3	5.4	6.7	8.2
110	—	3.4	4.2	5.3	6.6	8.1	10.0
125	—	3.9	4.8	6.0	7.4	9.2	11.4
140	—	4.3	5.4	6.7	8.3	10.3	12.7
160	4.0	4.9	6.2	7.7	9.5	11.8	14.6
180	4.4	5.5	6.9	8.6	10.7	13.3	16.4
200	4.9	6.2	7.7	9.6	11.9	14.7	18.2
225	5.5	6.9	8.6	10.8	13.4	16.6	—
250	6.2	7.7	9.6	11.9	14.8	18.4	—
280	6.9	8.6	10.7	13.4	16.6	20.6	—
315	7.7	9.7	12.1	15.0	18.7	23.2	—
355	8.7	10.9	13.6	16.9	21.1	26.1	—
400	9.8	12.3	15.3	19.1	23.7	29.4	—

注: 1. 考虑到安全性，最小壁厚应不小于 2.0mm。
　　2. 除了有其他规定之外，尺寸应与 GB/T 10798 一致。

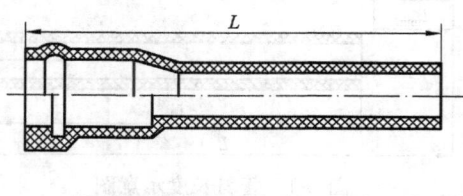

图 5-2　管材长度示意图

5. 给水用硬聚氯乙烯（PVC-U）管材 （GB/T 10002.1—2006）

给水用硬聚氯乙烯管材适用于输送温度不超过 45℃ 的水。包括一般用途和饮用水的输送，管材按连接型式分为弹性密封圈连接型和溶剂粘接型，管材按公称压力分为 0.6、0.8、1.0、1.25、1.6MPa 五级。公称压力等级和规格尺寸见表 5-22，表 5-23。管材弯曲度要求见表 5-24，承口尺寸见表 5-25，管材长度见图 5-2。

给水用硬聚氯乙烯管材根据连接方式不同可分为弹性密封圈式和溶剂粘接式两种。弹性密封圈式承插口见图 5-3，溶剂粘接式承插口见图 5-4。

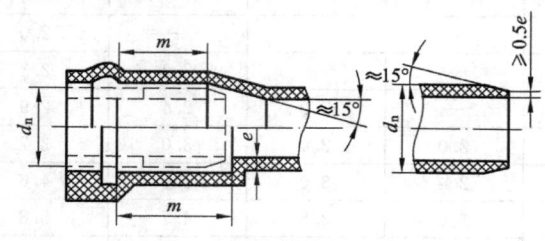

图 5-3　弹性密封圈式承插口

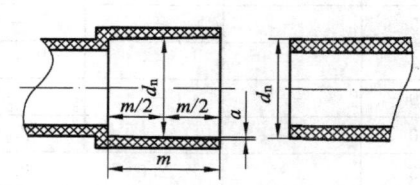

图 5-4　溶剂粘接式承插口

公称压力等级和规格尺寸（mm）　　表 5-22

公称外径 d_n	管材 S 系列 SDR 系列和公称压力						
	S16 SDF33 PN0.63	S12.5 SDR26 PN0.8	S10 SDR21 PN1.0	S8 SDR17 PN1.25	S6.3 SDR13.6 PN1.6	S5 SDR11 PN2.0	S4 SDR9 PN2.5
	公称壁厚 e_n						
20	—	—	—	—	—	2.0	2.3
25	—	—	—	—	2.0	2.3	2.8
32	—	—	—	2.0	2.4	2.9	3.6
40	—	—	2.0	2.4	3.0	3.7	4.5
50	—	2.0	2.4	3.0	3.7	4.6	5.6
63	2.0	2.5	3.0	3.8	4.7	5.8	7.1
75	2.3	2.9	3.6	4.5	5.6	6.9	8.4
90	2.8	3.5	4.3	5.4	6.7	8.2	10.1

注：公称壁厚（e_n）根据设计应力（σ_s）10MPa 确定，最小壁厚不小于 2.0mm。

公称压力等级和规格尺寸（mm）　　表 5-23

公称外径 d_n	管材 S 系列 SDR 系列和公称压力						
	S20 SDR41 PN0.63	S16 SDF33 PN0.8	S12.5 SDR26 PN1.0	S10 SDR21 PN1.25	S8 SDR17 PN1.6	S6.3 SDR13.6 PN2.0	S5 SDR11 PN2.5
	公称壁厚 e_n						
110	2.7	3.4	4.2	5.3	6.6	8.1	10.0
125	3.1	3.9	4.8	6.0	7.4	9.2	11.4
140	3.5	4.3	5.4	6.7	8.3	10.3	12.7
160	4.0	4.9	6.2	7.7	9.5	11.8	14.6
180	4.4	5.5	6.9	8.6	10.7	13.3	16.4
200	4.9	6.2	7.7	9.6	11.9	14.7	18.2
225	5.5	6.9	8.6	10.8	13.4	16.6	—
250	6.2	7.7	9.6	11.9	14.8	18.4	—
280	6.9	8.6	10.7	13.4	16.6	20.6	—
315	7.7	9.7	12.1	15.0	18.7	23.2	—
355	8.7	10.9	13.6	16.9	21.1	26.1	—
400	9.8	12.3	15.3	19.1	23.7	29.4	—
450	11.0	13.8	17.2	21.5	26.7	33.1	—
500	12.3	15.3	19.1	23.9	29.7	36.8	—
560	13.7	17.2	21.4	26.7	—	—	—
630	15.4	19.3	24.1	30.0	—	—	—
710	17.4	21.8	27.2	—	—	—	—
800	19.6	24.5	30.6	—	—	—	—
900	22.0	27.6	—	—	—	—	—
1000	24.5	30.6	—	—	—	—	—

注：公称壁厚（e_n）根据设计应力（σ_s）12.5MPa 确定。

管材弯曲度   表 5-24

公称外径 d_n/mm	≤38	40～200	≥225
弯曲度/%	不规定	≤1.0	≤0.5

承口尺寸（mm）   表 5-25

公称外径 d_n	弹性密封圈承口最小配合深度 m_{min}	溶剂粘接承口最小深度 m_{min}	溶剂粘接承口中部平均内径 d_{sm}	
			$d_{sm,min}$	$d_{sm,max}$
20	—	16.0	20.1	20.3
25	—	18.5	25.1	25.3
32	—	22.0	32.1	32.3
40	—	26.0	40.1	40.3
50	—	31.0	50.1	50.3
63	64	37.5	63.1	63.3
75	67	43.5	75.1	75.3
90	70	51.0	90.1	90.3
110	75	61.0	110.1	110.4
125	78	68.5	125.1	125.4
140	81	76.0	140.2	140.5
160	86	86.0	160.2	160.5
180	90	96.0	180.3	180.6
200	94	106.0	200.3	200.6
225	100	118.5	225.3	225.6
250	105	—	—	—
280	112	—	—	—
315	118	—	—	—
355	124	—	—	—
400	130	—	—	—
450	138	—	—	—
500	145	—	—	—
560	154	—	—	—
630	165	—	—	—
710	177	—	—	—
800	190	—	—	—
1000	220	—	—	—

注：1. 承口中部的平均内径是指在承口深度二分之一处所测定的相互垂直的两直径的算术平均值。承口的最大锥度 (a) 不超过 $0°30'$。

2. 当管材长度大于 12m 时，密封圈式承口深度 m_{min} 需另行设计。

6. 给水用聚乙烯（PE）管材（GB/T 13663—2000）

用聚乙烯树脂为主要原料的材料，经挤出成型。适用于温度不超过 40℃，一般用途的压力输水，以及饮用水的输送。按材料类型（PE）和分级数将材料命名为 PE63、PE80 和 PE100。各级聚乙烯管材公称压力和规格尺寸见表 5-26。

各级聚乙烯管材公称压力和规格尺寸

表 5-26

材料分级	PE63 级				
公称外径 d_n/mm	公称壁厚 e_n/mm				
	标准尺寸比				
	SDR33	SDR26	SDR17.6	SDR13.6	SDR11
	公称压力/MPa				
	0.32	0.4	0.6	0.8	1.0
16	—	—	—	—	2.3
20	—	—	—	2.3	2.3
25	—	—	2.3	2.3	2.3
32	—	—	2.3	2.4	2.9
40	—	2.3	2.3	3.0	3.7
50	—	2.3	2.9	3.7	4.6
63	2.3	2.5	3.6	4.7	5.8
75	2.3	2.9	4.3	5.6	6.8
90	2.8	3.5	5.1	6.7	8.2
110	3.4	4.2	6.3	8.1	10.0
125	3.9	4.8	7.1	9.2	11.4
140	4.3	5.4	8.0	10.3	12.7
160	4.9	6.2	9.1	11.8	14.6
180	5.5	6.9	10.2	13.3	16.4
200	6.2	7.7	11.4	14.7	18.2
225	6.9	8.6	12.8	16.6	20.5
250	7.7	9.6	14.2	18.4	22.7
280	8.6	10.7	15.9	20.6	25.4
315	9.7	12.1	17.9	23.2	28.6
355	10.9	13.6	20.1	26.1	32.2
400	12.3	15.3	22.7	29.4	36.3
450	13.8	17.2	25.5	33.1	40.9
500	15.3	19.1	28.3	36.8	45.4
560	17.2	21.4	31.7	41.2	50.8
630	19.3	24.1	35.7	46.3	57.2
710	21.8	27.2	40.2	52.2	
800	24.5	30.6	45.3	58.8	
900	27.6	34.4	51.0		
1000	30.6	38.2	56.6		

材料分级	PE80 级				
公称外径 d_n/mm	公称壁厚 e_n/mm				
	标准尺寸比				
	SDR33	SDR21	SDR17	SDR13.6	SDR11
	公称压力/MPa				
	0.4	0.6	0.8	1.0	1.25
16	—	—	—	—	—
20	—	—	—	—	—
25	—	—	—	—	2.3
32	—	—	—	—	3.0
40	—	—	—	—	3.7
50	—	—	—	—	4.6
63	—	—	—	4.7	5.8
75	—	—	4.5	5.6	6.8
90	—	4.3	5.4	6.7	8.2
110	—	5.3	6.6	8.1	10.0
125	—	6.0	7.4	9.2	11.4
140	4.3	6.7	8.3	10.3	12.7
160	4.9	7.7	9.5	11.8	14.6
180	5.5	8.6	10.7	13.3	16.4
200	6.2	9.6	11.9	14.7	18.2
225	6.9	10.8	13.4	16.6	20.5
250	7.7	11.9	14.8	18.4	22.7
280	8.6	13.4	16.6	20.6	25.4
315	9.7	15.0	18.7	23.2	28.6
355	10.9	16.9	21.1	26.1	32.2
400	12.3	19.1	23.7	29.4	36.3
450	13.8	21.5	26.7	33.1	40.9
500	15.3	23.9	29.7	36.8	45.4
560	17.2	26.7	33.2	41.2	50.8
630	19.3	30.0	37.4	46.3	57.2
710	21.8	33.9	42.1	52.2	
800	24.5	38.1	47.4	58.8	
900	27.6	42.9	53.3		
1000	30.6	47.7	59.3		

续表

材料分级	PE100 级				
	公称壁厚 e_n/mm				
	标准尺寸比				
公称外径 d_n/mm	SDR26	SDR21	SDR17	SDR13.6	SDR11
	公称压力/MPa				
	0.6	0.8	1.0	1.25	1.6
32	—	—	—	—	3.0
40	—	—	—	—	3.7
50	—	—	—	—	4.6
63	—	—	—	4.7	5.8
75	—	—	4.5	5.6	6.8
90	—	4.3	5.4	6.7	8.2
110	4.2	5.3	6.6	8.1	10.0
125	4.8	6.0	7.4	9.2	11.4
140	5.4	6.7	8.3	10.3	12.7
160	6.2	7.7	9.5	11.8	14.6
180	6.9	8.6	10.7	13.3	16.4
200	7.7	9.6	11.9	14.7	18.2
225	8.6	10.8	13.4	16.6	20.5
250	9.6	11.9	14.8	18.4	22.7
280	10.7	13.4	16.6	20.6	25.4
315	12.1	15.0	18.7	23.2	28.6
355	13.6	16.9	21.1	26.1	32.2
400	15.3	19.1	23.7	29.4	36.3
450	17.2	21.5	26.7	33.1	40.9
500	19.1	23.9	29.7	36.8	45.4
560	21.4	26.7	33.2	41.2	50.8
630	24.1	30.0	37.4	46.3	57.2
710	27.2	33.9	42.1	52.2	
800	30.6	38.1	47.4	58.8	
900	34.4	42.9	53.3		
1000	38.2	47.7	59.3		

7. 埋地给水用聚丙烯（PP）管材（QB/T 1929—2006）

以聚丙烯树脂为原料，经挤出成型，适用于 40℃以下乡镇给水及农业灌溉用埋地管材。埋地给水用聚丙烯（PP）管材规格及性能见表 5-27。

埋地给水用聚丙烯（PP）管材规格及性能　　　　表 5-27

公称外径/mm				50	63	75	90	110	125	140	160	180	200	225	250
公称压力 MPa	PN0.4	管系列	S16	公称壁厚 e_n mm	2.0	2.0	2.3	2.8	3.4	3.9	4.3	4.9	5.5	6.2	6.9	7.7
	PN0.6		S10		2.4	3.0	3.6	4.3	5.3	6.0	6.7	7.7	8.6	9.6	10.8	11.9
	PN0.8		S8		3.0	3.8	4.5	5.4	6.6	7.4	8.3	9.5	10.7	11.9	13.4	14.8
	PN1.0		S6.3		3.7	4.7	5.6	6.7	8.1	9.2	10.3	11.8	13.3	14.7	16.6	18.4

	项目	试验参数			指标
		试验温度/℃	试验时间/h	环向静液压应力/MPa	
物理力学性能	纵向回缩率	PP-H，PP-B：150±2 PP-R：135±2	≤8mm：1 8mm<e_n≤8mm：2 ≤8mm：4		2%
	静液压试验	20	1	16.0	无破裂、无渗漏
			22	4.8	
		80	165	4.2	
	熔体质量流动速率 MFR（230℃/2.16kg）/（g/10min）				变化率≤原料 MFR 的30%
	落锤冲击试验				无裂纹、龟裂、破碎

8. 给水用低密度聚乙烯管材（QB/T 1930—2006）

低密度聚乙烯管材为低密度聚乙烯（LDPF）树脂或线性低密度聚乙烯（LLDPE）树脂及两者的混合物经挤出成型。公称压力不大于 0.6MPa、公称外径 16mm～110mm、输送水温在 40℃以下。给水用低密度聚乙烯管材规格及性能见表 5-28。

给水用低密度聚乙烯管材规格及性能　　　　表 5-28

公称外径 d_n/mm	公称压力/MPa			项　目			指　标
	PN0.25	PN0.4	PN0.6				
	公称壁厚/mm						
16	0.8	1.2	1.8	氧化诱导时间（190℃）/mm ≥			20
20	1.0	1.5	2.2	断裂伸长率/% ≥			350
25	1.2	1.9	2.7	纵向回缩率/% ≤			3
32	1.6	2.4	3.5	耐环境应力开裂			折弯处不合格数不超过10%
40	1.9	3.0	4.3	静液压强度	短期	20℃	不断裂 不泄漏
50	2.4	3.7	5.4			6.9MPa 环压力	
63	3.0	4.7	6.8			1h	
75	3.6	5.6	8.1		长期	70℃	
90	4.3	6.7	9.7			2.5MPa 环压力	
110	5.3	8.1	11.8			100h	

9. 建筑排水用硬聚氯乙烯（PVC-U）管材（GB/T 5836.1—2006）

建筑排水用硬聚氯乙烯管材以聚氯乙烯树脂为主要原料，加入必须的助剂，经挤出成型。适用于民用建筑内排水。在考虑材料的耐化学性和耐热性的条件下也可用于工业排水。管材平均外径与壁厚见表 5-29，胶粘剂粘接型管材承口尺寸见表 5-30，弹性密封圈连接型管材承口尺寸见表 5-31，管材物理力学性能见表 5-32。管材长度示意图见图 5-5。胶粘剂粘接型管材承口示意图见图 5-6，弹性密封圈连接型管材承口见图 5-7。

管材平均外径与壁厚（mm）　　　　　表 5-29

公称外径 d_n	平均外径		壁　厚	
	最小平均外径 $d_{cm,min}$	最大平均外径 $d_{cm,max}$	最小壁厚 e_{min}	最大壁厚 e_{max}
32	32.0	32.2	2.0	2.4
40	40.0	40.2	2.0	2.4
50	50.0	50.2	2.0	2.4
75	75.0	75.3	2.3	2.7
90	90.0	90.3	3.0	3.5
110	110.0	110.3	3.2	3.8
125	125.0	125.3	3.2	3.8
160	160.0	160.4	4.0	4.6
200	200.0	200.5	4.9	5.6
250	250.0	250.5	6.2	7.0
315	315.0	315.6	7.8	8.6

胶粘剂粘接型管材承口尺寸（mm）　　　　　表 5-30

公称外径 d_n	承口中部平均内径		承口深度 $L_{0,min}$
	$d_{sm,min}$	$d_{sm,max}$	
32	32.1	32.4	22
40	40.1	40.4	25
50	50.1	50.4	25
75	75.2	75.5	40
90	90.2	90.5	46
110	110.2	110.6	48
125	125.2	125.7	51
160	160.3	160.8	58
200	200.4	200.9	60
250	250.4	250.9	60
315	315.5	316.0	60

弹性密封圈连接型管材承口尺寸（mm）　　　　　表 5-31

公称外径 d_n	承口端部平均内径 $d_{am,min}$	承口配合深度 A_{min}
32	32.3	16
40	40.3	18
50	50.3	20
75	75.4	25
90	90.4	28
110	110.4	32
125	125.4	35
160	160.5	42
200	200.6	50
250	250.8	55
315	316.0	62

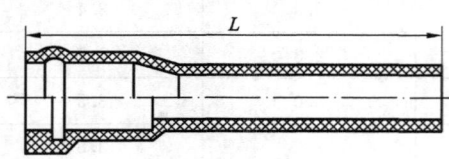
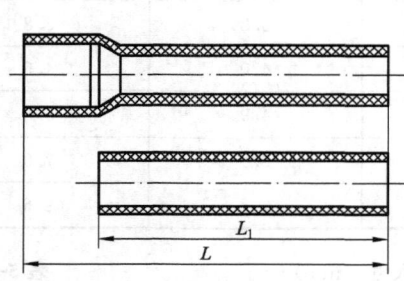

图 5-5　管材长度示意图

管材物理力学性能　　　　表 5-32

项　目	要　求
密度/（kg/m³）	1350～1550
维卡软化温度（VST）/℃	≥79
纵向回缩率/（%）	≤5
二氯甲烷浸渍试验	表面变化不劣于 4L
拉伸屈服强度/MPa	≥40
落锤冲击试验 TIR	TIR≤10%

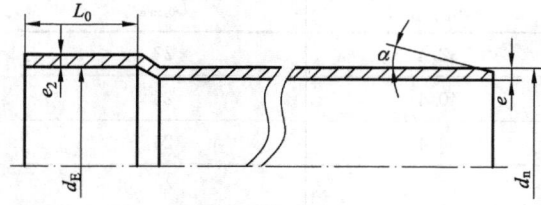
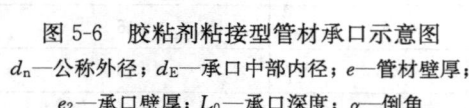

图 5-6　胶粘剂粘接型管材承口示意图

d_n—公称外径；d_E—承口中部内径；e—管材壁厚；
e_2—承口壁厚；L_0—承口深度；α—倒角

注：1. 倒角 α，当管材需要进行倒角时，倒角方向与
管材轴线夹角 α 应在 15°～45° 之间，倒角后管
端所保留的壁厚应不小于最小壁厚 e_{min} 的 $\frac{1}{3}$。

2. 管材承口壁厚 e_2 不宜小于同规格管材壁厚的
0.75 倍。

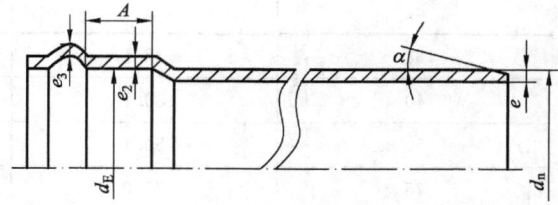

图 5-7　弹性密封圈连接型管材承口示意图

d_n—公称外径；d_E—承口中部内径；e—管材壁厚；
e_2—承口壁厚；e_3—密封圈槽壁厚；
A—承口配合深度；α—倒角

注：管材承口壁厚 e_2 不宜小于同规格管材壁厚的 0.9
倍，密封圈槽壁厚 e_3 不宜小于同规格管材壁厚的
0.75 倍。

10. 超高分子量聚乙烯复合管材（CJ/T 320—2009）

以超高分子量聚乙烯树脂为内层，高密度乙烯（HDPE）树脂为外层经复合挤出的管材，其中添加剂不超过 5%。

管材的公称外径、公称压力和对应的壁厚应符合表 5-33 的规定。

超高分子量聚乙烯复合管材公称外径、公称压力和规格尺寸　　　　表 5-33

公称外径 d_n/mm	公称壁厚 e_n/mm				
	标准尺寸比				
	SDR26	SDR21	SDR17	SDR13.6	SDR11
	公称压力/MPa				
	0.6	0.8	1.0	1.26	1.6
50	2.0	2.5	3.1	3.7	4.6
53	2.5	3.1	3.9	4.7	5.8
75	3.0	3.8	4.5	5.6	6.8
90	3.7	4.3	5.4	6.7	8.2
110	4.2	5.3	6.6	8.1	10.0
125	4.8	6.0	7.4	9.2	11.4
140	5.4	6.7	8.3	10.3	12.7
160	6.2	7.7	9.5	11.8	14.6
180	6.9	8.6	10.7	13.3	16.4
200	7.7	9.6	11.9	14.7	18.2
225	8.6	10.8	13.4	16.6	20.5
250	9.6	11.9	14.8	18.4	22.7
280	10.7	13.4	16.6	20.6	25.4
315	12.1	15.0	18.7	23.2	28.6
355	13.6	16.9	21.1	26.1	32.2
400	15.3	19.1	23.7	29.4	36.3
450	17.2	21.5	26.7	33.1	40.9
500	19.1	23.9	29.7	36.8	45.4
560	21.4	26.7	33.2	41.2	50.8
630	24.1	30.0	37.4	46.3	57.2

注：管材内层壁厚为总壁厚的 50%，其他比例供需双方协商确定。

11. 硬质聚氯乙烯板材（GB/T 22789.1—2008）

本标准适用于厚度 1mm 以上（含 1mm）的硬质聚氯乙烯板材。

硬质聚氯乙烯板材按加工工艺分为层压板材和挤出板材。根据板材的特点和其主要性能（拉伸屈服应力、简支梁冲击强度、维卡软化温度）可将层压板材和挤出板材各分为五类。第一类：一般用途级；第二类：透明级；第三类：高模量级；第四类：高抗冲击级；第五类：耐热级。

板材的长度和宽度由当事双方协商确定。硬质聚氯乙烯板材基本性能见表 5-34。

表 5-34

硬质聚氯乙烯板材基本性能

性能	试验方法	单位	层压板材					挤出板材				
			第一类一般用途级	第二类透明级	第三类高模量级	第四类高抗冲级	第五类耐热级	第一类一般用途级	第二类透明级	第三类高模量级	第四类高抗冲级	第五类耐热级
拉伸屈服应力	GB/T 1042.2 I B 型	MPa	≥50	≥45	≥60	≥45	≥60	≥50	≥45	≥60	≥45	≥60
拉伸断裂伸长率	GB/T 1042.2 I B 型	%	≥5	≥5	≥8	≥10	≥8	≥6	≥5	≥3	≥8	≥10
拉伸弹性模量	GB/T 1042.2 I B 型	MPa	≥2500	≥2500	≥3000	≥2000	≥2500	≥2500	≥2000	≥3200	≥2300	≥2500
缺口冲击强度[1]	GB/T 1043.1 1epA 型	kJ/m²	≥2	≥1	≥2	≥10	≥2	≥2	≥1	≥2	≥5	≥2
维卡软化温度	ISO 306：2004 方法 B50	℃	≥75	≥65	≥78	≥70	≥90	≥70	≥60	≥70	≥70	≥85
加热尺寸变化率	GB/T 22789.1	%	−3～3					厚度：1.0≤d≤2.0mm：−10～10 2.0<d≤5.0mm：−5～5 5.0<d≤10.0mm：−4～4 d>10.0 −4～4				
层积性（层间剥离力）	GB/T 22789.1		无气泡/破裂或剥落（分层剥离）					—				
总透光率（适用于第2类）	ISO 13468−1	%	厚度：d≤2.0mm： ≥82 2.0<d≤6.0mm：≥78 6.0<d≤10.0mm：≥75 d>10.0 —									

注：压花板材的基本性能由当事双方协商确定。

① 厚度小于 4mm 的板材不做缺口冲击强度。

12. 聚四氟乙烯板材（QB/T 3625—1999）

聚四氟乙烯板材分为三类：SFB-1 主要用作电器绝缘方面之用；SFB-2 主要用作腐蚀介质中的衬垫、密封件及润滑材料之用；SFB-3 主要作腐蚀介质中的隔膜及视镜之用。聚四氟乙烯板材的规格尺寸及性能见表 5-35。

聚四氟乙烯板材的规格尺寸及性能（mm）　　　　表 5-35

厚度	宽 度	长度	厚度	宽 度	长度
0.5 0.6 0.7 0.8 0.9 1.0	60、90、120、150、200、250、300、600、1000、1200、1500	≥500	2.5	120 160 200 250	120 160 200 250
1.0	120 160 200 250	120 160 200 250	3.0 4.0 5.0 6.0 7.0 8.0 9.0 10.0 11.0 12.0 13.0 14.0 15.0	120 160 200 300 400 450	120 160 200 300 400 450
1.2	60、90、120、150、200、250、300、600、1000、1500	≥500			
1.2	120 160 200 250	120 160 200 250			
1.5	60、90、120、150、200、250、300、600、1000、1200、1500	≥300	16、17、18、19、20、22、24、26、28、30、32、34、36、38、40、45、50、55、60、65、70、75	120 160 200 300 400 450	120 160 200 300 400 450
1.5	120 160 200 250	120 160 200 250			
2.0 2.5	60、90、120、150、200、250、300、600、1000、1200、1500	≥500	80 85 90 95 100	300 400 450	300 400 450
2.0	120 160 200 250 300 400 450	120 160 200 250 300 400 450			

牌　号	SFB-1	SFB-2	SFB-3
密度/g·cm⁻³	2.10～2.30	2.10～2.30	2.10～2.30
抗拉强度/MPa≥	14.7	14.7	29.4
断裂伸长率/%≥	150	150	30
耐电压/kV·mm⁻¹	10	—	—
用　途	主要作电器绝缘之用	主要作腐蚀介质中的衬垫、密封件及润滑材料之用	主要作腐蚀介质中的隔膜与视镜之用

注：厚度 0.8、1.0、1.2、1.5mm 的圆形板材直径为 100、120、140、160、180、200、250mm。

13. 酚醛纸层压板（JB/T 8149.1—2000）

由酚醛树脂和纤维素纸制成，常态下具有较好的机械加工性能及绝缘性能，主要用于各种电器设备中作绝缘材料、结构件等用。酚醛纸层压板的型号、性能要求见表 5-36～表 5-40。

酚醛纸层压板的型号、应用范围与特性　　　　　　　　表 5-36

型号	应 用 范 围
3020	工频高电压用，油中电气强度高，正常湿度下电气强度好
3021	机械及电气用，正常湿度下电气性能好，也适用于热冲加工

酚醛纸层压板的规格（mm）　　　　　　　　　　　表 5-37

标称厚度	0.4，0.5，0.6，0.8，1.0，1.2，1.6，2.0，2.5，3.0，4.0，5.0，6.0，8.0，10.0，12.0，14.0，16.0，20.0，25.0，30.0，35.0，40.0，45.0，50.0
宽度	450～2600
长度	450～2600

酚醛纸层压板的性能要求　　　　　　　　　　　表 5-38

序号	性　能	单位	适合试验用的板材标称厚度 mm	要　求 3020	要　求 3021
1	垂直层向弯曲强度	MPa	≥1.6	≥120	≥120
2	表观弯曲弹性模量	MPa	≥1.6	≥(7000)	≥(7000)
3	垂直层向压缩强度	MPa	≥5	≥(300)	≥(250)
4	平行层向剪切强度	MPa	≥5	≥(10)	≥(10)
5	拉伸强度	MPa	≥1.6	≥(100)	≥(100)
6	粘合强度	N	≥10	≥3600	≥3200
7	垂直层向电气强度 90℃±2℃油中	MV/m	≤3	见表 5-39	
8	平行层向击穿电压① 90℃±2℃油中	kV	>3	≥35	≥20
9a	相对介电常数 48Hz～62Hz 下	—	≤3	≤5.5	—
9b	相对介电常数 1MHz 下	—	≤3	—	≤5.5
10a	介质损耗因数 48Hz～62Hz 下	—	≤3	≤0.05	—
10b	介质损耗因数 1MHz 下	—	≤3	—	≤0.05
11	浸水后绝缘电阻	Ω	全部	—	≥1×10⁷
12	相比漏电起痕指数	—	≥3	≥(100)	≥(100)
13	长期耐热性 TI	—	≥3	≥(120)	≥(105)
14	载荷变形温度	℃		—	
15	密度	g/cm³	全部	(1.3～1.4)	(1.3～1.4)
16	吸水性	mg	全部	见表 5-40	

注：括号内值是典型值，仅供一般指导用，并不考虑作为标准的要求。

①试验前经 105℃空气中予以处理 96h 后，立即试验。

酚醛纸层压板的垂直层向电气强度 表 5-39

试样厚度平均值 mm	电气强度 MV/m		试样厚度平均值 mm	电气强度 MV/m	
	3020	3021		3020	3021
0.4	≥19.0	≥15.7	1.6	≥14.3	≥10.1
0.5	≥18.2	≥14.7	1.8	≥13.9	≥9.6
0.6	≥17.6	≥14.0	2.0	≥13.6	≥9.3
0.7	≥17.1	≥13.4	2.2	≥13.4	≥9.0
0.8	≥16.6	≥12.9	2.4	≥13.3	≥8.8
0.9	≥16.2	≥12.5	2.6	≥13.2	≥8.6
1.0	≥15.8	≥12.1	2.8	≥13.0	≥8.5
1.2	≥15.2	≥11.4	3.0	≥13.0	≥8.4
1.4	≥14.7	≥10.7			

注：1. 对 90℃±2℃油中垂直层向电气强度，可任选 20s 逐级升压法和 1min 耐压试验要求中的一种。对符合二者之一的材料，应视其为 90℃±2℃油中的垂直层向的电气强度是符合本标准要求的。

2. 如果测得的试样厚度算术平均值是介于上表中两厚度值之间，则其要求值应由内插法求取。如果测得的厚度算数平均值低于 0.4mm，则其电气强度要求值取 0.4mm 的要求值，如果标称厚度为 3mm，并且测得的厚度算术平均值超过 3mm 时，则取 3mm 厚度的要求值。

3. 3020 型在试验前应经 105℃±5℃空气中预处理 96h 后立即转移到热油中。

酚醛纸层压板的吸水性 表 5-40

试样厚度平均值 mm	吸水性 mg		试样厚度平均值 mm	吸水性 mg	
	3020	3021		3020	3021
0.4	≤165	≤160	5.0	≤342	≤235
0.5	≤167	≤162	6.0	≤382	≤250
0.6	≤168	≤163	8.0	≤470	≤285
0.8	≤173	≤167	10.0	≤550	≤320
1.0	≤180	≤170	12.0	≤630	≤350
1.2	≤188	≤174	14.0	≤720	≤390
1.6	≤204	≤182	16.0	≤800	≤420
2.0	≤220	≤190	20.0	≤970	≤490
2.5	≤240	≤195	25.0	≤1150	≤570
3.0	≤260	≤200	单面加工至	≤1380	≤684
4.0	≤300	≤220	22.5		

注：如果测得的试样厚度算术平均值介于上表中两厚度之间，则其要求值应由内插法求取。如果测得厚度算术平均值低于 0.4mm，则其吸水性要求值取 0.4mm 的要求值。如果标称厚度为 25mm，并且测得的厚度算术平均值超过 25mm 时，则取 25mm 厚度的要求值。标称厚度超过 25mm 的板材，则应从单面机加工至 22.5mm，且加工平面应光滑。

14. 酚醛棉布层压板（JB/T 8149.2—2000）

由酚醛树脂和棉布制成，主要用作机械、电机、电器设备中要求具有一定机械性能和电器性能的结构零部件，并可在变压器油中使用。酚醛棉布层压板的型号及性能要求见表 5-41～表 5-45。

酚醛棉布层压板的型号、应用范围与特性　　　　表 5-41

型　号	应用范围与特征
3025	机械用（粗布），电气性能差
3026	机械用（细布），电气性能差
3027	机械及电气用（粗布），电气性能差
3028	机械及电气用（细布），电气性能差。推荐作小零部件（像 3026）

酚醛棉布层压板的标称厚度（mm）　　　　表 5-42

标称厚度	0.8，1.0，1.2，1.6，2.0，2.5，3.0，4.0，5.0，6.0，8.0，10.0，12.0，14.0，16.0，20.，25.0，30.0，35.0，40.0，45.0，50.0

酚醛棉布层压板的性能要求　　　　表 5-43

序号	性　能	单位	适合试验用的板材标称厚度 mm	要　求				说明
				3025	3026	3027	3028	
1	垂直层向弯曲强度	MPa	≥1.6	≥100	≥110	≥90	≥100	
2	表观弯曲弹性模量	MPa	≥1.6	≥(7000)	≥(7000)	≥(7000)	≥(7000)	
3	平行层向冲击强度简支梁法，缺口试样	kJ/m²	≥5	≥8.8	≥(7.0)	≥7.8	≥6.0	两者之一满足本标准要求即可
4	平行层向冲击强度悬臂梁法，缺口试样	kJ/m²	≥5	≥5.4	≥5.9	≥5.9	≥4.9	
5	平行层向剪切强度	MPa	≥5	≥(25)	≥(25)	≥(20)	≥(20)	
6	拉伸强度	MPa	≥1.6	≥(80)	≥(85)	≥(60)	≥(80)	
7	垂直层向电气强度 90℃±2℃油中	MV/m	≤3	见表 5-42				
8	平行层向击穿电压 90℃±2℃油中	kV	>3	≥1	≥1	≥18	≥20	
9	相对介电常数 48Hz～62Hz 下	—	≤3			≤5.5	≤5.5	
10	浸水后绝缘电阻	Ω	全部	≥1×10⁶	≥1×10⁶	≥5×10⁷	≥5×10⁷	
11	相比漏电起痕指数	—	≥3	≥(100)	≥(100)	≥(100)	≥(100)	
12	长期耐热性 T1	—	≥3	≥(120)	≥(120)	≥(120)	≥(120)	
13	负荷变形温度	℃		—				
14	密度	g/cm³	全部	(1.3～1.4)				
15	吸水性	mg	全部	见表 5-43				

注：括号内的值是典型值，仅供一般指导用，并不考虑作为本标准的要求。

酚醛棉布层压板的垂直层向电气强度 表 5-44

试样厚度平均值 mm	电气强度 MV/m				试样厚度平均值 mm	电气强度 MV/m			
	3025	3026	3027	3028		3025	3026	3027	3028
0.5	—	≥0.98	—	≥8.1	1.6	≥0.72	≥0.72	≥3.8	≥5.1
0.6	—	≥0.95	—	≥7.7	1.8	≥0.69	≥0.69	≥3.6	≥4.8
0.7	—	≥0.92	—	≥7.3	2.0	≥0.65	≥0.65	≥3.4	≥4.6
0.8	≥0.89	≥0.89	≥5.6	≥7.0	2.2	≥0.61	≥0.61	≥3.3	≥4.4
0.9	≥0.84	≥0.84	≥5.3	≥6.6	2.4	≥0.58	≥0.58	≥3.2	≥4.2
1.0	≥0.82	≥0.82	≥5.1	≥6.3	2.6	≥0.56	≥0.56	≥3.1	≥4.1
1.2	≥0.80	≥0.80	≥4.6	≥5.8	2.8	≥0.53	≥0.53	≥3.0	≥4.1
1.4	≥0.76	≥0.76	≥4.2	≥5.4	3.0	≥0.50	≥0.50	≥3.0	≥4.0

注：1. 对90℃±2℃油中垂直层向电气强度，可任选20s逐级升压法和1min耐压试验要求的一种。对符合二者之一要求的材料，应视其为90℃±2℃油中的垂直层向的电气强度是符合本标准要求的。

2. 如果测得的试样厚度算术平均值介于上表中两厚度值之间，则其极限值应由内插法求取。如果测得的厚度算术平均值低于表中给出的最小厚度，则其电气强度极限值相当于最小厚度的那个值。如果标称厚度为3mm，并且测得的厚度算术平均值超过3mm时，则其电气强度按3mm厚度的极限值。

酚醛棉布层压板的吸水性（JB/T 8149.2—2000） 表 5-45

试样厚度平均值 mm	吸水性 mg				试样厚度平均值 mm	吸水性 mg			
	3025	3026	3027	3028		3025	3026	3027	3028
0.5	—	≤190	—	≤127	5.0	≤275	≤275	≤175	≤175
0.6	—	≤194	—	≤129	6.0	≤284	≤284	≤182	≤182
0.8	≤201	≤201	≤133	≤133	8.0	≤301	≤301	≤195	≤195
1.0	≤206	≤206	≤136	≤136	10.0	≤319	≤319	≤209	≤209
1.2	≤211	≤211	≤139	≤139	12.0	≤336	≤336	≤223	≤223
1.6	≤220	≤220	≤145	≤145	14.0	≤354	≤354	≤236	≤236
2.0	≤229	≤229	≤151	≤151	16.0	≤371	≤371	≤250	≤250
2.5	≤239	≤239	≤157	≤157	20.0	≤406	≤406	≤277	≤277
3.0	≤249	≤249	≤162	≤162	25.0	≤450	≤450	≤311	≤311
4.0	≤262	≤262	≤169	≤169	单面机加工至22.5	≤540	≤540	≤373	≤373

注：1. 如果测得的试样厚度算术平均值介于上表中两厚度之间，则其极限值应由内插法求取。如果测得的厚度算术平均值低于表中给出的最小厚度，则吸水性极限值相当于最小厚度的那个值。如果标称厚度为25mm并测得的厚度算术平均值超过25mm时，则吸水性应按25mm厚度的极限值。

2. 标称厚度超过25mm的板材，应从一面机加工至22.5mm，且加工面应是比较光滑的平面。

15. 聚四氟乙烯棒材（QB/T 4041—2010）

用于各种腐蚀性介质中工作的衬垫、密封件和润滑材料以及在各种频率下使用的电绝缘零件。聚四氟乙烯棒材的规格型号和性能见表 5-46。

聚四氟乙烯棒材的规格型号和性能　　　　表 5-46

分　类	Ⅰ型-T	Ⅰ型-D	Ⅱ型
直径/mm	3，4，5，6，7，8，9，10，11，12，13，14，15，16，17，18，20，22，25，30，35，40，45，50，55，65，70，75，80，85，90，95，100，110，120，130，140，150，160，170，180，190，200		
长度/mm	由供需双方协商		
比重/（g/cm³）	2.10～2.30		2.10～2.3
拉伸强度/MPa	≥15.0		≥10.0
断裂伸长率/%	≥160		≥130
介电强度①/（kV/mm）	≥18.0	≥25.0	≥10.0

①直径小于 10.0mm 棒材不考虑介电强度。

16. 绝热用模塑聚苯乙烯泡沫塑料（GB/T 10801.1—2002）

绝热用模塑聚苯乙烯泡沫塑料按密度分为Ⅰ、Ⅱ、Ⅲ、Ⅳ、Ⅴ、Ⅵ类。第Ⅰ类产品的推荐用途为应用时不承受负载，如夹芯材料、墙体保温材料等。第Ⅱ类产品的推荐用途为应用时承受较小负载，如地板下面隔热材料等。第Ⅲ类产品的推荐用途为应用时承受较大负载，如停车平台隔热材料等。第Ⅳ、Ⅴ、Ⅵ类产品的推荐用途为冷库铺地材料、公路地基材料及需要较高压缩强度的材料。绝热用模塑聚苯乙烯泡沫塑料的密度范围见表 5-47。

绝热用模塑聚苯乙烯泡沫塑料的规格尺寸由供需双方商定，其物理机械性能应符合表5-48 的规定。

绝热用模塑聚苯乙烯泡沫塑料密度范围（kg/m³）　　　　表 5-47

类　别	Ⅰ	Ⅱ	Ⅲ	Ⅳ	Ⅴ	Ⅵ
密度范围	≥15～<20	≥20～<30	≥30～<40	≥40～<50	≥50～<60	≥60

绝热用模塑聚苯乙烯泡沫塑料的物理机械性能　　　　表 5-48

项　目		单位	性能指标					
			Ⅰ	Ⅱ	Ⅲ	Ⅳ	Ⅴ	Ⅵ
表观密度	不小于	kg/cm³	15.0	20.0	30.0	40.0	50.0	60.0
压缩强度	不小于	kPa	60	100	150	200	300	400
导热系数	不小于	W/（m·K）	0.041			0.039		
尺寸稳定性	不小于	%	4	3	2	2	2	1
水蒸气透过系数	不小于	Ng/（Pa.m.s）	6	4.5	4.5	4	3	2
吸水率（体积分数）	不小于	%	6	4	2			
熔结性①	断裂弯曲载荷　不小于	N	15	25	35	60	90	120
	弯曲变形　不小于	mm	20				—	
燃烧性能②	氧指数　不小于	%	30					
	燃烧等级		达到 B2 级					

①断裂弯曲载荷或弯曲变形有一项能符合指标要求即为合格。
②普通性聚苯乙烯泡沫塑料板材不要求。

17. 绝热用挤塑聚苯乙烯泡沫塑料（XPS）（GB/T 10801.2—2002）

以聚苯乙烯树脂或其共聚物为主要成分，添加少量添加剂，通过加热挤塑成型而制得的具有闭孔结构的硬质泡沫塑料。其燃烧性能按 GB 8624 分级应达到 B2。按制品边缘结构分为图 5-8 所示四种。按制品压缩强度 p 和表皮分为十类，见表 5-49，规格见表 5-50，其物理机械性能应符合表 5-51 的规定。

绝热用挤塑聚苯乙烯泡沫塑料分类　　　　　　　　　　　　　　　　　表 5-49

类　别	X150	X200	X250	X300	X350	X400	X450	X500	W200	W300
制品压缩强度/kPa ≥	150	200	250	300	350	400	450	500	200	300
有无表皮	有	有	有	有	有	有	有	有	无	无

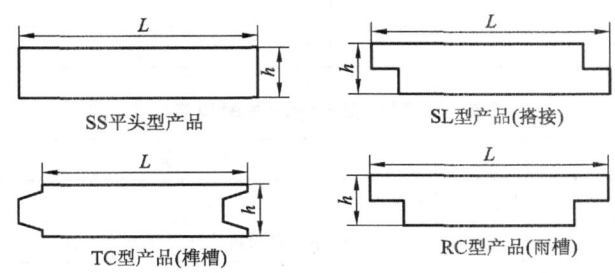

SS平头型产品　　　　　SL型产品(搭接)

TC型产品(榫槽)　　　　　RC型产品(雨槽)

图 5-8　绝热用挤塑聚苯乙烯泡沫塑料边缘结构

绝热用挤塑聚苯乙烯泡沫塑料产品主要规格（mm）　　　　　　　　表 5-50

长　度	宽　度	厚　度
L		h
1200，1250，2450，2500	600，900，1200	20，25，30，40，50，75，100

注：其余尺寸按供需双方决定。

绝热用挤塑聚苯乙烯泡沫塑料产品物理机械性能　　　　　　　　　　表 5-51

项　目		单　位	性 能 指 标									
			带表皮								不带表皮	
			X150	X200	X250	X300	X350	X400	X450	X500	W200	W300
压缩强度		kPa	≥150	≥200	≥250	≥300	≥350	≥400	≥450	≥500	≥200	≥300
吸水率，浸水 96h		%（体积分数）	≤1.5		≤1.0						≤2.0	≤1.5
透湿系数，23℃±1℃·RH50%±5%		ng/(m·g·Pa)	≤3.5		≤3.0			≤2.0			≤3.5	≤3.0
绝热性能	热阻 厚度 25mm 时 平均温度 10℃ 25℃	(m²·K)/W	≥0.89 ≥0.83					≥0.93 ≥0.86			≥0.76 ≥0.71	≥0.83 ≥0.78
	导热系数 平均温度 10℃ 25℃	W/(m·K)	≤0.028 ≤0.030					≤0.027 ≤0.029			≤0.033 ≤0.035	≤0.030 ≤0.032
尺寸稳定性，70℃±2℃下，48h		%	≤2.0		≤1.5			≤1.0			≤2.0	≤1.5

18. 通用软质聚醚型聚氨酯泡沫塑料（GB/T 10802—2006）

本标准适用于块状、片状和条状或切割成以上形状的聚醚型软质聚氨酯泡沫塑料。

产品按 25％压陷硬度分为 8 个等级，见表 5-52，其性能要求见表 5-53、表 5-54。

通用软质聚醚型聚氨酯泡沫塑料型号分类　　表 5-52

按 25％压陷硬度	245N，196N，151N，120N，93N，67N，40N，22N	
按恒定负载反复压陷疲劳性能	AP	运输机械坐垫
	BP	垫子、床垫
	CP	手扶椅、靠背
	DP	其他的缓冲物

通用软质聚醚型聚氨酯泡沫塑料感观要求　　表 5-53

项　目	要　　求
色泽	颜色宜均匀，允许轻微杂色、黄芯
气孔	不允许有长度大于 6mm 的对穿孔和长度大于 10mm 的气孔
裂缝	每平方米内弥和裂缝总长小于 100mm，最大裂缝小于 30mm
两侧表皮	片材两侧斜表皮宽度不超过厚度的一倍，并且最大不得超过 40mm
污染	不允许严重污染
气味	无刺激性气味

通用软质聚醚型聚氨酯泡沫塑料物理力学性能要求　　表 5-54

项　目	性　能　指　标							
等级/N	245	196	151	120	93	67	40	22
25％压陷硬度/N	245±18	196±18	151±14	120±14	93±12	67±12	40±8	22±8
65％/25％压陷比	≥1.8							
75％压缩永久变形/％	≤8							
回弹率/％	≥35							
拉伸强度/kPa	≥100			≥90		≥80		
伸长率/％	≥100			≥130		≥150		
断裂强度/(N/cm)	≥1.8			≥2.0		≥2.5		
干热老化后拉伸强度/kPa	≥55							
干热老化后拉伸强度变化率/％	±30							
湿热老化后拉伸强度/kPa	≥55							
湿热老化后拉伸强度变化率/％	±30							

三、玻璃和有机玻璃制品

　　玻璃是由熔融物经一定的冷却方法冷却后而获得的一种非晶形无机非金属固体材料，其特性是具有良好的光学效果，透光、透视、硬度高、脆性大、热稳定性差、化学稳定性好的一种材料。玻璃分类见表 5-55，常用玻璃的物理性能见表 5-56。

玻　璃　分　类　　表 5-55

分　类		说　　明
按化学成分		钠玻璃、钾玻璃、铅玻璃等以添加元素的名称命名
按用途、性质分	建筑玻璃	平板玻璃（窗用、镜用、装饰用）；安全玻璃（钢化、夹丝、夹层玻璃）；特种平板玻璃（磨光、吸热、双层中空）
	技术玻璃	光学、仪器玻璃、玻璃管道、玻璃器具、特种玻璃等
	日用玻璃	器皿玻璃、装饰玻璃
	玻璃纤维	无碱、低碱、中碱、高碱玻纤

常用玻璃的物理性能　　表 5-56

类　型	密度 g/cm³	热膨胀系数 ×10⁻⁶/℃	折射率系数	软化温度 ℃	安全工作温度 ℃	弹性模量 MPa×10⁴
普通玻璃	2.47	9	1.512	693	110	6.86
铅玻璃	2.85	9	1.542	627	110	5.32
硅酸硼玻璃	2.32	3.24	1.474	821	230	6.37
石英玻璃	2.20	0.54	1.459	1649	1000	6.2～7.2
高硅氧玻璃	2.18	0.72	1.458	1491	800	6.79

1. 平板玻璃（GB 11614—2009）

　　用于建筑采光、商店柜台、橱窗、交通工具、制镜、仪表、农业温室、暖房以及加工其他产品。按颜色属性分为无色透明平板玻璃和本体着色平板玻璃；按外观质量分为合格品、一等品和优等品。平板玻璃外观质量要求见表 5-57，规格见表 5-58。

平板玻璃外观质量　　表 5-57

缺陷种类	质量要求					
	合格品		一等品		优等品	
	尺寸 L/mm	允许个数限度	尺寸 L/mm	允许个数限度	尺寸 L/mm	允许个数限度
点状缺陷①②	0.5≤L≤1.0	2×S	0.3≤L≤0.5	2×S	0.3≤L≤0.5	1×S
	1.0<L≤2.0	1×S	0.5<L≤1.0	0.5×S	0.5<L≤1.0	0.2×S
	2.0<L≤3.0	0.5×S	1.0<L≤1.5	0.2×S		
	L>3.0	0	L>1.5	0	L>1.0	0

续表

缺陷种类	质量要求					
	合格品		一等品		优等品	
点状缺陷密集度	尺寸≥0.5mm的点状缺陷最小间距不小于 300mm；直径100mm 圆内尺寸≥0.3mm 的点状缺陷不超过 3 个		尺寸≥0.3mm 的点状缺陷最小间距不小于 300mm；直径100mm 圆内尺寸≥0.2mm 的点状缺陷不超过 3 个		尺寸≥0.3mm 的点状缺陷最小间距不小于 300mm；直径 100mm 圆内尺寸≥0.1mm 的点状缺陷不超过 3 个	
线道	不允许		不允许		不允许	
裂纹	不允许		不允许		不允许	
划伤	允许范围	允许条数限度	允许范围	允许条数限度	允许范围	允许条数限度
	宽≤0.5mm，长≤60mm	3×S	宽≤0.2mm，长≤40mm	2×S	宽≤0.1mm，长≤30mm	2×S
光学变形	公称厚度	无色透明平板玻璃	本体着色平板玻璃	公称厚度	无色透明平板玻璃	本体着色平板玻璃	公称厚度	无色透明平板玻璃	本体着色平板玻璃

光学变形	公称厚度	无色透明平板玻璃	本体着色平板玻璃	公称厚度	无色透明平板玻璃	本体着色平板玻璃	公称厚度	无色透明平板玻璃	本体着色平板玻璃
	2mm	≥40°	≥40°	2mm	≥50°	≥45°	2mm	≥50°	≥50°
	3mm	≥45°	≥40°	3mm	≥55°	≥50°	3mm	≥55°	≥50°
	≥4mm	≥50°	≥45°	4~12mm	≥60°	≥55°	4~12mm	≥60°	≥55°
				≥15mm	≥55°	≥50°	≥15mm	≥55°	≥50°

断面缺陷	公称厚度不超过 8mm 时，不超过玻璃板的厚度；8mm 以上时，不超过 8mm

注：S 是以平方米为单位的玻璃板面积数值，按 GB/T 8170 修约，保留小数点后两位。点状缺陷的允许个数限度及划伤的允许条数限度为各系数与 S 相乘所得的数值，按 GB/T 8170 修约至整数。

①合格品光畸变点视为 0.5mm~1.0mm。

②对于一等品和优等品点状缺陷中不允许有光畸变点。

平板玻璃的规格及性能　　　　　表 5-58

厚度/mm	2	3	4	5	6	8	10	12	15	19	22	25
透光率/%，≥	89	88	87	86	85	83	81	79	76	72	69	67

2. 建筑用安全玻璃　防火玻璃（GB 15763.1—2009）

在规定的耐火实验中能够保持其完整性和隔热性的特种玻璃，适用于建筑用复合防火玻璃及经钢化工艺制造的单片防火玻璃。防火玻璃的规格和性能见表 5-59。

防火玻璃的规格和性能 　　　　　　　　　　　　　　　　　　表 5-59

分　类		单片防火玻璃	复合防火玻璃
公称厚度/mm		5，6，8，10，12，15，19	≥5
外观质量	气泡	—	直径 300mm 圆内允许长 0.5mm～1.0mm 的气泡 1 个
	胶合层杂质	—	直径 500mm 圆内允许长 2.0mm 以下的杂质 2 个
	划伤	宽度≤0.1mm，长度≤50mm 的轻微划伤，每平方米面积内不超过 2 条	宽度≤0.1mm，长度≤50mm 的轻微划伤，每平方米面积内不超过 4 条
		0.1mm＜宽度＜0.5mm，长度≤50mm 的轻微划伤，每平方米面积内不超过 1 条	0.1mm＜宽度＜0.5mm，长度≤50mm 的轻微划伤，每平方米面积内不超过 1 条
	爆边	不允许存在	每米边长允许有长度不超过 20mm、自边部向玻璃表面延伸深度不超过厚度一半的爆边 4 个
	叠差、脱胶	—	脱胶不允许存在，总叠差不应大于 3mm
	裂纹，结石，缺角	不允许存在	不允许存在
耐火性能要求	耐火极限等级	3.00h	耐火完整性时间≥3.00h；隔热型防火玻璃（A 类）要求耐火隔热性时间≥3.00h，非隔热型防火玻璃（C 类）无耐火隔热性要求
		2.00h	耐火完整性时间≥2.00h；隔热型防火玻璃（A 类）要求耐火隔热性时间≥2.00h，非隔热型防火玻璃（C 类）无耐火隔热性要求
		1.50h	耐火完整性时间≥1.50h；隔热型防火玻璃（A 类）要求耐火隔热性时间≥1.50h，非隔热型防火玻璃（C 类）无耐火隔热性要求
		1.00h	耐火完整性时间≥1.00h；隔热型防火玻璃（A 类）要求耐火隔热性时间≥1.00h，非隔热型防火玻璃（C 类）无耐火隔热性要求
		0.50h	耐火完整性时间≥0.50h；隔热型防火玻璃（A 类）要求耐火隔热性时间≥0.50h，非隔热型防火玻璃（C 类）无耐火隔热性要求

3. 建筑用安全玻璃　钢化玻璃（GB 15763.2—2005）

经热处理工艺之后的玻璃，其特点是在玻璃表面形成压应力层，机械强度和耐热冲击强度得到提高，并具有特殊的碎片状态。按生产工艺分为垂直法钢化玻璃和水平法钢化玻璃。钢化玻璃规格和性能要求见表 5-60。

钢化玻璃规格和性能要求 　　　　　　　　　　　　　　　　　表 5-60

厚度/mm			3，4，5，6，8，10，12，15，19，＞19	
性能	抗冲击性		取 6 块钢化玻璃进行试验，试样破坏数不超过 1 块为合格，多于或等于 3 块为不合格。破坏数为 2 块时，再另取 6 块进行试验，试样必须全部不被破坏为合格	
	碎片状态		公称厚度/mm	最小碎片数/片
		平面钢化玻璃	3	30
			4～12	40
			≥15	30
		曲面钢化玻璃	≥4	30
	耐热冲击性		200℃温差下不破坏	

4. 建筑用安全玻璃 夹层玻璃（GB 15763.3—2009）

玻璃与玻璃和/或塑料等材料，用中间层分隔并通过处理使其粘结为一体的复合材料，常见和多使用的是玻璃与玻璃，用中间层分隔并通过处理使其粘结为一体的玻璃构件。按形状分为平面夹层玻璃和曲面夹层玻璃；按霰弹袋冲击性能分为Ⅰ类夹层玻璃、Ⅱ-1 类夹层玻璃、Ⅱ-2 类夹层玻璃和Ⅲ类夹层玻璃。夹层玻璃的性能要求见表 5-61。

夹层玻璃的性能要求   表 5-61

	缺陷尺寸 (λ) /mm			$0.5<\lambda\leqslant1.0$	$1.0<\lambda\leqslant3.0$			
可视区允许点状缺陷数	玻璃面积 (S) /m²			S 不限	$S\leqslant1$	$1<S\leqslant2$	$2<S\leqslant3$	$3<S$
	允许缺陷数/个	玻璃层数	2	不得密集存在	1	2	1.0m²	1.2m²
			3		2	3	1.5m²	1.8m²
			4		3	4	2.0m²	2.4m²
			5		4	5	2.5 m²	3.0 m²
可视区允许线状缺陷数	缺陷尺寸（长度 L，宽度 B）/mm			$L\leqslant30$ 且 $B\leqslant0.2$	$L>30$ 且 $B>0.2$			
	玻璃面积 (S) /m²			S 不限	$S\leqslant5$		$5<S\leqslant8$	$8<S$
	允许缺陷数/个			允许存在	不允许		1	1
周边区缺陷	使用时装有边框的夹层玻璃周边区域，允许直径不超过 5mm 的点状缺陷存在；如点状缺陷是气泡，气泡面积之和不应超过边缘区面积的 5%。使用时不带边框夹层玻璃的周边区缺陷由供需双方商定							
裂口	不允许存在							
爆边	长度或宽度不得超过玻璃的厚度							
脱胶	不允许存在							
皱痕和条纹	不允许存在							

5. 建筑用安全玻璃 均质钢化玻璃（GB 15763.4—2009）

建筑幕墙上大量使用钢化玻璃，但是钢化玻璃的自爆大大限制了钢化玻璃的应用。均质钢化玻璃是对钢化玻璃进行均质（第二次热处理工艺）处理以降低钢化玻璃的自爆率。其外观和性能要求同钢化玻璃（GB 15763.2—2009）的要求，见表 5-60。

6. 半钢化玻璃（GB/T 17841—2008）

半钢化玻璃是通过控制加热和冷却过程，在玻璃表面引入永久压应力层，使玻璃的机械强度和耐热冲击性能提高，并具有特定的碎片状态的玻璃制品。

半钢化玻璃按生产工艺分类，分为：垂直法半钢化玻璃、水平法半钢化玻璃。

半钢化玻璃的各项性能应符合表 5-62 的规定。

半钢化玻璃的性能要求 表 5-62

项目	技 术 要 求				
厚度偏差	制品的厚度偏差应符合所使用的原片玻璃对应标准的规定				
边长允许偏差	厚度/mm	边长（L）/mm			
		L≤1000	1000<L≤2000	2000<L≤3000	L>3000
	3、4、5、6	+1.0 −2.0	±3.0		±4.0
	8、10、12	+2.0 −3.0			
对角线差	厚度/mm	边长（L）/mm			
		L≤1000	1000<L≤2000	2000<L≤3000	L>3000
	3、4、5、6	2.0	3.0	4.0	5.0
	8、10、12	3.0	4.0	5.0	6.0
边部质量	边部加工形状及质量由供需双方商定				
外观质量	见表 5-63				

弯曲度	水平法生产的平型制品			垂直法生产的平型制品
	缺陷种类	弯曲度		由供需双方商定
		浮法玻璃	其他	
	弓形/（mm/mm）	0.3%	0.4%	
	波形/（mm/300mm）	0.3	0.5	

弯曲强度	原片玻璃种类	弯曲强度值/MPa
	浮法玻璃、镀膜玻璃	≥70
	压花玻璃	≥55

表面应力	原片玻璃种类	表面应力
	浮法玻璃、镀膜玻璃	24MPa≤表面应力值≤60MPa
	压花玻璃	—

碎片状态	对于厚度小于等于 8mm 的玻璃的碎片状态：碎片至少有一边延伸到非检查区域；当有碎片的任何一边不能延伸到非检查区域时，碎片应满足如下要求： a）不应有两个及两个以上小岛碎片； b）不应有面积大于 10cm 的小岛碎片； c）所有"颗粒"碎片的面积之和不应超过 50cm； 厚度大于 8mm 的玻璃的碎片状态由供需双方商定
耐热冲击	本条款应由供需双方商定采用

半钢化玻璃的外观质量 表 5-63

缺陷名称	说　明	允许缺陷数
爆边	每米边长上允许有长度不超过 10mm，自玻璃边部向玻璃板表面延伸深度不超过 2mm，自板面向玻璃厚度延伸深度不超过厚度 1/3 的爆边个数	1 处
划伤	宽度≤0.1mm，长度≤100mm 每平方米面积内允许存在条数	4 条
	0.1＜宽度≤0.5mm，长度≤100mm 每平方米面积内允许存在条数	3 条
夹钳印	夹钳印与玻璃边缘的距离≤20mm，边部变形量≤2mm	
裂纹、缺角	不允许存在	

7. 阳光控制镀膜玻璃（GB/T 18915.1—2013）

镀膜玻璃是通过物理或化学方法，在玻璃表面涂覆一层或多层金属、金属化合物或非金属化合物的薄膜，以满足特定要求的玻璃制品。

阳光控制镀膜玻璃是通过膜层，改变其光学性能，对波长范围 300nm～2500nm 的太阳光具有选择性反射和吸收作用的镀膜玻璃。

阳光控制镀膜玻璃按镀膜工艺分为离线阳光控制镀膜玻璃和在线阳光控制镀膜玻璃。

阳光控制镀膜玻璃按其是否进行热处理或热处理种类进行分类：

a）非钢化阳光控制镀膜玻璃：镀膜前后，未经钢化或半钢化处理；

b）钢化阳光控制镀膜玻璃：镀膜后进行钢化加工或在钢化玻璃上镀膜；

c）半钢化阳光控制镀膜玻璃：镀膜后进行半钢化加工或在半钢化玻璃上镀膜。

按阳光控制镀膜玻璃膜层耐高温性能的不同，分为可钢化阳光控制镀膜玻璃和不可钢化阳光控制镀膜玻璃。

阳光控制镀膜玻璃的性能要求见表 5-64。

阳光控制镀膜玻璃性能要求 表 5-64

项　目	要　求		
尺寸偏差	非钢化阳光控制镀膜玻璃应符合 GB 11614 的要求	钢化阳光控制镀膜玻璃应符合 GB 15763.2 的要求	半钢化阳光控制镀膜玻璃应符合 GB/T 17841 的要求
厚度偏差			
对角线差			
弯曲度			
外观质量	阳光控制镀膜玻璃以平板玻璃、钢化玻璃或半钢化玻璃作为基片时，基片的外观质量应分别满足 GB 11614 中一等品、GB 15763.2 和 GB/T 17841 的要求		
	阳光控制镀膜玻璃的外观质量应符合表 5-65 的规定		
光学性能	允许偏差最大值（明示标称值）	±1.5%	
	允许最大差值（未明示标称值）	≤3.0%	
颜色均匀性	以 CIELAB 均匀色空间的色差 ΔE_{ab}^* 来表示，其色差应不大于 2.5		
耐磨性	试验前后试样的可见光透射比差值的绝对值应不大于 4%		
耐酸性	试验前后试样的可见光透射比差值的绝对值应不大于 4%，且膜层变化应均匀，不允许出现局部膜层脱落		
耐碱性	试验前后试样的可见光透射比差值的绝对值应不大于 4%，且膜层变化应均匀，不允许出现局部膜层脱落		

阳光控制镀膜玻璃的外观质量　　　　　　　表 5-65

缺陷名称	说　明	要　　求
针孔	直径<0.8mm	不允许集中
	0.8mm≤直径<1.5mm	中部：允许个数：$2.0 \times S$，个，且任意两缺陷之间的距离大于 300mm。 边部：不允许集中
	1.5mm≤直径≤2.5mm	中部：不允许 边部允许个数：$1.0 \times S$，个
	直径>2.5mm	不允许
斑点	1.0mm≤直径<2.5mm	中部：不允许 边部允许个数：$2.0 \times S$，个
	直径>2.5mm	不允许
斑纹	目视可见	不允许
暗道	目视可见	不允许
膜面划伤	宽度≥0.1mm 或长度>60mm	不允许
玻璃面划伤	宽度≤ 0.5mm、长度≤60mm	允许条数：$3.0 \times S$，个
	宽度>0.5mm 或长度>60mm	不允许

注：1. 集中是指在 φ100mm 面积内超过 20 个。

　　2. S 是以 m² 为单位的玻璃板面积，保留小数点后两位。

　　3. 允许个数及允许条数为各系数与 S 相乘所得的数值，按 GB/T 8170 修约至整数。

　　4. 玻璃板的边部是指距边 5% 边长距离的区域，其他部分为中部，如图 1 所示。

　　5. 对于可钢化阳光控制镀膜玻璃，其热加工后的外观质量要求可由供需双方商定。

8. 低辐射镀膜玻璃（GB/T 18915.2—2013）

低辐射镀膜玻璃是对 $4.5\mu m \sim 25\mu m$ 红外线有较高反射比的镀膜玻璃，也称 Low-E 玻璃（Low-E coated glass）。

低辐射镀膜玻璃按镀膜工艺分为离线低辐射镀膜玻璃和在线低辐射镀膜玻璃；按膜层耐高温性能分为可钢化低辐射镀膜玻璃和不可钢化低辐射镀膜玻璃。

低辐射镀膜玻璃的性能要求见表 5-66。低辐射镀膜玻璃的外观质量要求见表 5-67。

低辐射镀膜玻璃性能要求　　　　　　　表 5-66

项　　目	要　　求	
	离线低辐射镀膜玻璃	在线低辐射镀膜玻璃
尺寸偏差、厚度偏差、对角线差、弯曲度	非钢化低辐射镀膜玻璃应符合 GB 11614 的要求 钢化低辐射镀膜玻璃应符合 GB 15763.2 的要求 半钢化低辐射镀膜玻璃应符合 GB/T 17841 的要求	
外观质量	低辐射镀膜玻璃以平板玻璃、钢化玻璃或半钢化玻璃作为基片时，基片的外观质量应分别满足 GB 11614 中一等品、GB 15763.2 和 GB/T 17841 的要求	
	低辐射镀膜玻璃的外观质量应符合表 5-67 的规定	

续表

项 目	要　　求	
	离线低辐射镀膜玻璃	在线低辐射镀膜玻璃
光学性能	允许偏差最大值（明示标称值）	±1.5%
	允许最大差值（未明示标称值）	≤3.0%
颜色均匀性	以 CIELAB 均匀色空间的色差 ΔE_{ab}^* 来表示，其色差应不大于 2.5	
辐射率	温度 293K、波长 $4.5\mu m \sim 25\mu m$ 波段范围内膜面的半球辐射率：	
	<0.15	<0.25
耐磨性	试验前后试样的可见光透射比差值的绝对值应不大于 4%	
耐酸性	试验前后试样的可见光透射比差值的绝对值应不大于 4%，且膜层变化应均匀，不允许出现局部膜层脱落	
耐碱性	试验前后试样的可见光透射比差值的绝对值应不大于 4%，且膜层变化应均匀，不允许出现局部膜层脱落	

低辐射镀膜玻璃的外观质量 表 5-67

缺陷名称	说　　明	要　　求
针孔	直径<0.8mm	不允许集中
	0.8mm≤直径<1.5mm	中部：允许 3.0×S，个，且任意两针孔之间的距离大于 300mm。 边部：不允许集中
	1.5mm≤直径<2.5mm	中部：不允许。 边部：允许 2.0×S，个
	直径>2.5mm	不允许
斑点	直径<1.0mm	不允许集中
	1.0mm≤直径<2.5mm	中部：不允许。 边部：允许 3.0×S，个
	直径>2.5mm	不允许
暗道	目视可见	不允许
膜面划伤	长度≤60mm 且宽度<0.1mm	不作要求
	长度≤60mm 且 0.1mm≤宽度≤0.3mm	中部：允许 2.0×S，条 边部：任意二划伤间距不得小于 200mm
	长度>60mm 或宽度>0.3mm	不允许
玻璃面划伤	长度≤60mm 且宽度≤0.5mm	允许 3.0×S，个
	长度>60mm 或宽度>0.5mm	不允许

允许个数及允许条数为各系数与 S 相乘所得的数值，按 GB/T 8170 修约至整数

注：1. S 是以 m² 为单位的玻璃板面积，保留小数点后两位。

　　2. 针孔或斑点集中是指在 φ100mm 面积内针孔或斑点数超过 20 个。

　　3. 玻璃板的边部是指距边 5% 边长距离的区域，其他部分为中部。

　　4. 对于可钢化低辐射镀膜玻璃，其热加工后的外观质量要求由供需双方商定。

9. 中空玻璃 （GB/T 11944—2012）

中空玻璃是两片或多片玻璃以有效支撑均匀隔开并周边粘接密封，使玻璃层间形成有干燥气体空间的玻璃制品。

中空玻璃具有优良的保温、隔热、控光、隔声性能，如在玻璃与玻璃之间，充以各种漫射光材料或介质等，则可获得更好的声控、光控、隔热等效果。用于建筑门窗、幕墙、采光顶棚、花盆温室、冰柜门、细菌培养箱、防辐射透射窗以及车船挡风玻璃等。

中空玻璃可采用平板玻璃、镀膜玻璃、夹层玻璃、钢化玻璃、防火玻璃、半钢化玻璃和压花玻璃等，所用玻璃应符合相应标准要求。

中空玻璃的性能要求见表 5-68。

中空玻璃性能要求 表 5-68

项　目		要　求	
		普通中空玻璃	充气中空玻璃
尺寸偏差	长度偏差	长度<1000mm，允许偏差±2	
		1000mm≤长度<2000mm，允许偏差＋2，－3	
		长度≥2000mm，允许偏差±3	
	厚度偏差	厚度<17mm，允许偏差±1.0	
		17mm≤厚度<22mm，允许偏差±1.5	
		厚度≥22mm，允许偏差±2.0	
	允许叠差	长度<1000mm，允许叠差2	
		1000mm≤长度<2000mm，允许叠差3	
		长度≥2000mm，允许叠差4	
露点		<－40℃	
耐紫外线辐照性能		试验后，试样内表面应无结雾，水汽凝结或污染的痕迹且密封胶无明显变形	
水汽密封耐久性能		水分渗透指数≤0.25，平均值≤0.20	
初始气体含量		—	≥85%（V/V）
气体密封耐久性能		—	试验后气体含量≥85%（V/V）
U 值		供需双方商定是否做此	

10. 滤光玻璃 （GB/T 15488—2010）

对光谱具有选择吸收或透射的各种颜色光学玻璃，按其光谱特性不同分为截止型、选择吸收型和中性型三种类型。滤光玻璃分类及代号见表 5-69。

滤光玻璃分类及代号 表 5-69

类型	名　称	代号	牌　号*
截止型	紫外截止滤光玻璃	ZJB	220，240，260，280，300，320，340，360，380
	金黄色（黄色）滤光玻璃	JB	400，420，450，470，490，510
	橙色滤光玻璃	CB	535，540，550，565，580
	红色滤光玻璃	HB	600，610，630，640，650，670，685，700，720
	红外透射可见吸收滤光玻璃	HWB	760，780，800，830，850，900，930

续表

类型	名称		代号	牌号*
选择吸收型	紫外透射可见吸收滤光玻璃		ZWB	1, 2, 3
	紫色滤光玻璃		ZB	1, 2, 3
	青蓝色滤光玻璃		QB	1, 2, 3, 4, 5, 10, 11, 12, 13, 16, 17, 18, 21, 22, 23, 24, 26, 29
	绿色滤光玻璃		LB	1, 2, 3, 4, 6, 7, 8, 9, 10, 11, 12, 13, 14, 15, 16, 17, 18, 19
	金黄色（黄色）滤光玻璃		JB	1, 9
	橙色滤光玻璃		CB	1, 2
	红色滤光玻璃		HB	1, 3, 5
	红外透射可见吸收滤光玻璃		HWB	1, 3, 4, 6, 7, 8
	防护玻璃		FB	1, 3
	隔热玻璃		GRB	1, 2, 3
	波长标定玻璃		PNB	586
			H_0B	445
	无光玻璃		TB	1, 2
	色温变换玻璃	色温升高	SSB	40, 120, 145, 165, 200
		色温降低	SJB	20, 80, 100, 120, 140
中性型	中性暗色玻璃		ZAB	00, 02, 2, 5, 10, 25, 30, 50, 65, 70

注：* 滤光玻璃牌号由代号及序号两部分组成，如 ZJB220，此处删去了代号。

11. 压花玻璃（JC/T 511—2002）

压花玻璃用于各种建筑物和构筑物的采光门窗、装饰以及家具用品等方面。

压花玻璃按厚度分为 3mm、4mm、5mm、6mm 和 8mm。

压花玻璃应为长方形或正方形，其尺寸允许偏差应符合表 5-70 的要求，外观质量应符合表 5-71 的要求。

压花玻璃尺寸允许偏差 表 5-70

厚度/mm	长度和宽度尺寸允许偏差/mm	厚度允许偏差 mm	对角线差	弯曲度
3	±2	±0.3		
4	±2	±0.4		
5	±2	±0.4	应小于两对角线平均长度的 0.2%	不应超过 0.3%
6	±2	±0.5		
9	±3	±0.6		

压花玻璃外观质量要求 表 5-71

缺陷类型	说明	一等品			合格品		
图案不清	目测可见	不允许					
气泡	长度范围 mm	$2 \leqslant L < 5$	$5 \leqslant L < 10$	$L \geqslant 10$	$2 \leqslant L < 5$	$5 \leqslant L < 15$	$L \geqslant 15$
	允许个数	$6.0 \times S$	$3.0 \times S$	0	$9.0 \times S$	$4.0 \times S$	0

续表

缺陷类型	说明	一等品		合格品	
杂物	长度范围 mm	$2 \leqslant L < 3$	$L \geqslant 3$	$2 \leqslant L < 3$	$L \geqslant 3$
	允许个数	$1.0 \times S$	0	$2.0 \times S$	0
线条	长宽范围 mm	不允许		长度 $100 \leqslant L < 200$，宽度 $W < 0.5$	
	允许条数			$3.0 \times S$	
皱纹	目测可见	不允许		边部 50mm 以内轻微的允许存在	
压痕	长度范围 mm	不允许		$2 \leqslant L < 5$	$L \geqslant 5$
	允许个数			$2.0 \times S$	0
划伤	长宽范围 mm	不允许		长度 $L \leqslant 60$，宽度 $W < 0.5$	
	允许条数			$3.0 \times S$	
裂纹	目测可见	不允许			
断面缺陷	爆边、凹凸、缺角等	不应超过玻璃板的厚度			

注：1. 上表中，L 表示相应缺陷的长度，W 表示其宽度，S 是以平方米为单位的玻璃板的面积，气泡、杂物、压痕和划伤的数量允许上限值是以 S 乘以相应系数所得的数值，此数值应按 GB/T 8170 修约至整数。

2. 对于 2mm 以下的气泡，在直径为 100mm 的圆内不允许超过 8 个。

3. 破坏性的杂物不允许存在。

12. 浇铸型工业有机玻璃板材（GB/T 7134—2008）

以甲基丙烯酸甲酯为原料，在特定的模具内进行本体聚合而成的无色和有色的透明、半透明或不透明，厚度为 1.5mm～50mm 有机玻璃板材。浇铸型工业有机玻璃板材规格和物理力学性能见表 5-72。

浇铸型工业有机玻璃板材规格和物理力学性能　　　　　表 5-72

	项　　目	指　　标	
		无　色	有　色
物理力学性能	抗拉强度/MPa	$\geqslant 70$	$\geqslant 65$
	拉伸断裂应变/%	$\geqslant 3$	—
	拉伸弹性模量/MPa	$\geqslant 3000$	—
	简支梁无缺口冲击强度/（kJ/m²）	$\geqslant 17$	$\geqslant 15$
	维卡软化温度/℃	$\geqslant 100$	—
	加热时尺寸变化（收缩）/%	$\leqslant 2.5$	—
	总透光率/%	$\geqslant 91$	—
	420nm 透光率（厚度 3mm）/%	氙弧灯照射前	$\geqslant 90$	—
		氙弧灯照射 1000h 之后	$\geqslant 88$	—

续表

项　目		指　标	
		无　色	有　色
规格	长度/mm	由相关方商定	
	宽度/mm	由相关方商定	
	厚度/mm	1.5，2.0，2.5，2.8，3.0，3.5，4.0，4.5，5.0，6.0，8.0，9.0，10.0	

注：板材幅面尺寸在（1700mm×1900mm）～（2000mm×3000mm）时，厚度公差允许增加20%。
　　板材幅面尺寸大于2000mm×3000mm时，厚度公差允许增加30%。

四、石棉、云母制品

1. 以云母为基的绝缘材料—云母纸（GB/T 5019.4—2009）

根据所用云母矿物的属性及制造工艺方法，云母纸可分为几种类型。不同类型在厚度、定量以及物理和化学性能方面均有所不同。主要供电气绝缘用。分为以白云母为原料制造的云母纸（MPM）和以金云母为原料制造的云母纸（MPP）。以人工合成云母为原材料制成的云母纸（MPS）。常用的云母纸类型如下：

MPM1 型：以煅烧白云母为原材料，化学法制浆制成的云母纸

MPM2 型：以煅烧白云母为原材料，机械法制浆制成的云母纸

MPM3 型：以未煅烧白云母为原材料，机械法制浆制成的云母纸

MPM4 型：以未煅烧金云母为原材料，机械法制浆制成的云母纸

MPs5 型：以人工合成云母为原材料，机械法制浆制成的云母纸

上述类型相互间存在如多孔性、渗透性及拉伸强度方面的区别。云母纸的性能要求见表 5-73。

云母纸的性能要求　　　　表 5-73

序号	1	2	3	4	5	6	7	8
类型	定量	厚度	透气性 s/100mL	非网面渗透时间/s	水萃取物电导率 μS/cm（最大）	质量损失 %（最大）	拉伸强度 N/cm 宽（最小）	电气强度 kV/mm（平均）
	标称值 g/m²	期望厚度 μm						
MPM1	50	45	2300～5500	40	70	0.5	5.0	30
	60	50	2700～6000	55			5.5	
	68	45	3200～6500	100			8.0	
	75	50	3500～7000	110			8.5	
	82	55	3800～7300	120			9.8	
	100	65	4700～8500	120			9.8	
	115	75	≥600	130			9.8	
	130	85	≥600	130			11.0	
	145	95	≥600	150			11.0	
	160	105	≥600	150			11.0	

续表

序号	1	2	3	4	5	6	7	8
类型	定量	厚度	透气性 s/100mL	非网面渗透 时间/s	水萃取物电导率 μS/cm (最大)	质量损失 % (最大)	拉伸强度 N/cm宽 (最小)	电气强度 kV/mm (平均)
	标称值 g/m²	期望厚度 μm						
MPM2	80	50	1400~2300	50	20	0.5	6.2	27
	100	60	1600~2600	70			7.0	
	115	70	1700~2900	90			7.5	
	120	75	1800~3100	100			7.5	
	125	75	1850~3150	110			8.0	
	150	110	2200~3700	160			9.0	
	180	130	2500~4000	225			9.5	
	250	180	3400~5000	400			9.5	
MPM3		35	100~300	8	10	0.4	3.8	15
	80	55	130~350	10			4.0	
	100	65	150~380	12			4.0	
	120	75	160~420	15			4.3	
	140	90	170~450	17			4.4	
	150	95	170~470	19			4.5	
	160	105	175~480	22			5.0	
	180	115	180~520	28			5.2	
	200	125	195~550	40			5.4	
	240	150	225~600	45			5.5	
	250	155	230~610	65			5.5	
	260	160	230~620	70			5.5	
	280	170	245~650	80			5.5	
	300	180	255~670	90			5.5	
	320	190	270~700	100			6.5	
	370	200	280~750	120				
MPP4	80	55	600~1000	12	10	0.4	3.8	13
	90	60	625~1100	14			4.0	
	100	65	650~1200	16			4.2	
	110	70	700~1250	18			4.3	
	120	75	720~1300	18			4.4	
	130	80	750~1350	20			4.5	
	150	90	800~1450	22			4.6	
	160	100	825~1500	28			4.8	
	170	105	850~1550	30			5.0	
	250	150	1100~1700	60			5.5	
	260	160	1200~1800	70			5.8	
	320	185	1300~1950	120			6.0	
	400	235	1600~2150	150			7.0	
	450	260	1750~2400	180			7.5	

续表

序号	1	2	3	4	5	6	7	8
类型	定量	厚度	透气性	非网面渗透	水萃取物电导率	质量损失	拉伸强度	电气强度
	标称值	期望厚度	s/100mL	时间/s	μS/cm	%	N/cm 宽	kV/mm
	g/m²	μm			（最大）	（最大）	（最小）	（平均）
MPS5 (S506)	80	60	100～200	8	10	0.4	2.0	13
	105	70	150～300	10			2.5	
	120	77	160～350	15			3.0	
	135	87	180～380	18			3.0	
	160	105	200～400	20			3.5	
	195	115	230～450	25			4.5	

2. 塑型云母板（JB/T 7099—1993）

主要用于电气绝缘，以剥片云母为基材，用合适的胶粘剂粘结而成，在常态时为硬质纸状材料，在一定温度条件下可塑制成型。产品型号见表 5-74，规格尺寸见表 5-75。

塑制云母板产品型号 表 5-74

产品型号	粘胶剂	粘胶剂含量/%	介电强度/（MV/m）			可塑性	使用范围
			0.15～0.25mm	0.3～0.5mm	0.6～1.2mm		
5230	醇酸胶粘漆	15～25	≥35	≥30	≥25	在 110±5℃的条件下可塑制成管	适用于工作温度 130℃的各种电机电器用绝缘管、环及其他零件
5231	紫胶胶粘漆						
5235	醇酸胶粘漆	8～15					
5236	紫胶胶粘漆					在 130±5℃的条件下可塑制成管	适用于工作温度 180℃的各种电机电器用绝缘管、环及其他零件
5250	有机硅胶粘漆	15～25					

塑型云母板规格（mm） 表 5-75

标称厚度	0.15	0.2	0.25	0.3	0.4	0.5	0.6	0.7	0.8	1.0	1.2
长度	800～1000										
宽度	400～600										

3. 柔软云母板（JB/T 7100—1993）

主要用于电气绝缘，以剥片云母为基材，带有或不带有补强材料，用合适的胶粘剂粘结而成，在常态时具有柔软性。根据产品的耐热性和结构划分型号，产品型号见表 5-76，性能要求见表 5-77，规格尺寸见表 5-78。

柔软云母板产品型号　　　　　　　　　　　　表 5-76

产品型号	补强材料	胶粘剂	适用范围
5130	双面云母带用纸	醇酸胶粘漆	适用于工作温度 130℃的电机槽绝缘及衬垫绝缘
5131	双面电工用无碱玻璃布		
5133	—		
5150	—	有机硅胶粘漆	适用于工作温度 180℃的电机槽绝缘及衬垫绝缘
5151	单面或双面电工用无碱玻璃布		
5130—1	双面云母带用纸	醇酸胶粘漆	适用于工作温度 130℃的电机槽绝缘及衬垫绝缘
5131—1	双面电工用无碱玻璃布		
5136—1	双面云母带用纸	环氧胶粘漆	
5151—1	双面电工用无碱玻璃布	有机硅胶粘漆	适用于工作温度 180℃的电机槽绝缘及衬垫绝缘

柔软云母板产品性能要求　　　　　　　　　　表 5-77

序号	指标名称	单位	指标值								
			5130	5131	5133	5150	5151	5130-1	5131-1	5136-1	5151-1
1	挥发物含量	%	≤5.0					≤2.0			
2	胶粘剂含量	%	15～30					20～40			
3	云母含量	%	≥50					≥38			
4	介电强度		≥下列相应值								
	0.15mm		15	16	25	20	16	16	16	16	15
	0.20mm		20	18	25	25	18	18	18	18	25
	0.25mm	MV/m	20	18	25	25	18	18	18	18	25
	0.30mm		15	16	25	20	16	16	16	16	20
	0.40mm		15	16	25	20	16	16	16	16	20
	0.50mm		15	16	25	20	16	16	16	16	20
5	柔软性	—	无分层、剥片云母滑动、折损和脱落现象								

柔软云母板规格（mm）　　　　　　　　　　　表 5-78

产品型号	5130	5131	5133	5150	5151	5130-1	5131-1	5136-1	5151-1
标称厚度	0.15、0.2、0.25、0.3、0.4、0.5					0.15、0.2、0.25、0.3、0.4、0.5			
长度	600～1200								
宽度	400～1200								

4. 衬垫云母板（JB/T 900—1999）

主要用于电气绝缘，以剥片云母为基材，用合适的胶粘剂经粘结、烘焙、压制而成。根据产品的耐热性和结构划分型号，产品型号见表 5-79，规格尺寸见表 5-80，性能要求见表 5-81。

衬垫云母板产品型号　　　　表 5-79

型　号	云母基材	胶粘剂	使用范围
5730	剥片白云母	醇酸胶粘漆	
5731	剥片白云母	虫胶胶粘漆	适用作电机、电器的衬垫绝缘，如：垫圈、垫片等零件
5755	剥片白云母	有机硅胶粘漆	
5755-2	剥片金云母	有机硅胶粘漆	
5760-2	剥片金云母	磷酸铵胶粘漆	

衬垫云母板规格（mm）　　　　表 5-80

产品型号	5730	5731	5755 5755-2	5760-2
标称厚度	0.5、0.6、0.7、0.8、0.9、1.0、1.5、2.0、3.0、4.0、5.0		0.15	1.5、2.0、3.0、4.0、5.0
长度	600			550
宽度	400			250

衬垫云母板性能要求　　　　表 5-81

性　能	单位	要　求						
		5730 5731			5755 5755-2	5760-2		
		标称厚度/mm						
		0.5 0.5	0.7～1.0	1.5～5.0	0.15	0.5 0.6	0.8 1.0	1.5 2.0
组成 　云母含量 　胶粘剂含量 　挥发物含量	%	75～85 15～25 ≤1.0			80～95 5～20 ≤1.0	— ≤1.0		
电气强度 　23±2℃时	MV/m	≥20			≥30	≥10		
体积电阻率 　23±2℃时 　受潮48h后	Ω·m	≥1×10^{11} ≥1×10^{10}			≥5×10^{10} ≥5×10^8	≥5×10^{10} ≥5×10^8		
起层率 　试样尺寸 　20mm×40mm 　40mm×40mm	%	≤5 —	— ≤10		≤5 —	≤10 —	— ≤10	

注：1. 电气强度个别值不得低于标准值的 75%；标称厚度 1mm 以上者，其击穿电压不得低于 15kV。

　　2. 标称厚度 1mm 以上者，起层率不作规定。

5. 云母箔 （JB/T 901—1995）

　　主要用于电气绝缘，以剥片云母或云母纸为基材，用合适的胶粘漆为粘结剂，单面、双面或多层粘合补强材料，在一定温度下具有可塑性，其所含 B 阶胶粘剂应用后能最终固化。根据产品的耐热性和结构划分型号，产品型号见表 5-82，性能要求见表 5-83，规格尺寸见表 5-84。

云母箔型号　　　　　　　　　　　　　　　　　　　　　　表 5-82

产品型号	补强材料	胶粘剂	使用范围
5834-1	电工用无碱玻璃布和聚酯薄膜	环氧胶粘漆	适用于工作温度 130℃ 的电机、电器的卷烘式绝缘及零件
5836-1	电工用无碱玻璃布		
5840-1	电工用无碱玻璃布和聚酰亚胺薄膜	酚醛环氧胶粘漆或环氧聚酯胶粘漆	适用于工作温度 155℃ 的电机、电器的卷烘式绝缘及零件
5841-1	电工用无碱玻璃布和聚酯薄膜		
5842-1	电工用无碱玻璃布	环氧二苯醚胶粘漆	
5843-1	聚酯薄膜		
5850	电工用无碱玻璃布	有机硅胶粘漆	适用于工作温度 180℃ 的电机、电器的卷烘式绝缘及零件
5851-1		二苯醚胶粘漆	

云母箔性能要求　　　　　　　　　　　　　　　　　　　　　　表 5-83

序号	指标名称		单位	指标值						
				5834-1	5836-1	5840-1，5841-1	5842-1	5843-1	5850	5851-1
1	挥发物含量		%	≤1.0	≤1.0	≤1.0	≤4.0		≤1.0	≤5.0
2	胶粘剂含量		%	25～35	25～35	25～35	20～35		15～30	20～35
3	云母含量		%	≥30	≥50	≥30	≥50	≥40	≥50	
4	介电强度	平均值	MV/m	≥45	≥25	≥45	≥25	≥60	≥16	≥25
		个别值		≥34	≥18	≥34	≥18	≥45	≥12	≥18
5	可塑性			在 110±5℃ 下处理 15min 可塑制成管					在 130±5℃ 下处理 15min 可塑制成管	
6	长期耐热性温度指数			≥130			≥155		≥180	

云母箔规格（mm）　　　　　　　　　　　　　　　　　　表 5-84

产品型号	5834-1	5836-1	5840-1 5841-1	5842-1	5843-1	5850	5851-1
标称厚度	0.15，0.17，0.2	0.15，0.2，0.25	0.15，0.17，0.2	0.11，0.15，0.17，0.2	0.17	0.15，0.2，0.25，0.3	0.1，0.15，0.2，0.25
长度	500～1200						
宽度	300～1000						

6. 石棉橡胶板（GB/T 3985—2008）

以温石棉为增强纤维，以橡胶为粘合剂的板材。主要用于制造耐压耐热密封垫片。分为表 5-85 中所示 7 个等级牌号，其物理机械性能要求见表 5-86。

石棉橡胶板等级牌号及推荐使用范围　　　　　　　　　　表 5-85

等级牌号	表面颜色	推荐使用范围
XB510	墨绿色	温度 510℃，应力 7MPa 以下的非油、非酸介质
XB450	紫色	温度 450℃，应力 6MPa 以下的非油、非酸介质

续表

等级牌号	表面颜色	推荐使用范围
XB400	紫色	温度 400℃，应力 5MPa 以下的非油、非酸介质
XB350	红色	温度 350℃，应力 4MPa 以下的非油、非酸介质
XB300	红色	温度 300℃，应力 3MPa 以下的非油、非酸介质
XB200	灰色	温度 200℃，应力 1.5MPa 以下的非油、非酸介质
XB150	灰色	温度 150℃，应力 0.8MPa 以下的非油、非酸介质

石棉橡胶板物理机械性能要求 表 5-86

项 目		XB510	XB450	XB400	XB350	XB300	XB200	XB150
横向拉伸强度/MPa	≥	21.0	18.0	15.0	12.0	9.0	6.0	5.0
老化系数	≥	0.9						
烧失量/%	≤	28				30		
压缩率/%		7～17						
回弹率	≥	45			40		35	
蠕变松弛率/%	≤	50						
密度		1.5～2.0						
常温柔软性		在直径为试样公称厚度 12 倍的圆棒上弯曲 180°，试样不得出现裂纹等破坏迹象						
氮气泄漏率/[mL/(h·mm)]		500						
耐热耐压性	温度/℃	500～510	440～450	390～400	340～350	290～300	190～200	140～150
	蒸汽压力/MPa	13～14	11～12	8～9	7～8	4～5	2～3	1.5～2
	要求	保持 30min 不被击穿						

7. 耐油石棉橡胶板（GB/T 539—2008）

主要用于制造耐油密封垫片，以温石棉为增强纤维、以耐油橡胶为粘合剂。根据产品的耐热性和结构划分型号，产品型号见表 5-87，性能要求见表 5-88。

耐油石棉橡胶板型号 表 5-87

分 类	等级牌号	表面颜色	推荐使用范围
一般工业用耐油石棉橡胶板	NY510	草绿色	温度 510℃ 以下、压力 5MPa 以下的油类介质
	NY400	灰褐色	温度 400℃ 以下、压力 4MPa 以下的油类介质
	NY300	蓝色	温度 300℃ 以下、压力 3MPa 以下的油类介质
	NY250	绿色	温度 250℃ 以下、压力 2.5MPa 以下的油类介质
	NY150	暗红色	温度 150℃ 以下、压力 1.5MPa 以下的油类介质
航空工业用耐油石棉橡胶板	HNY300	蓝色	温度 300℃ 以下的航空燃油、石油基润滑油及冷气系统的密封垫片

耐油石棉橡胶板物理性能要求　　　　　　　　　　　　　　　　表 5-88

项　　目		NY510	NY400	NY300	NY250	NY150	HNY300
横向拉伸强度/MPa	⩾	18.0	15.0	12.7	11.0	9.0	12.7
压缩率/%		7～17					
回弹率/%	⩾	50			45	35	50
蠕变松弛率/%	⩽	45				—	45
密度/（g/cm³）		1.6～2.0					
常温柔软性		在直径为试样公称厚度 12 倍的圆棒上弯曲 180°，试样不得出现裂纹等破坏迹象					
浸渍 IRM903 油后性能 149℃，5h	横向拉伸强度/MPa ⩾	15.0	12.0	9.0	7.0	5.0	9.0
	增重率/% ⩽	30					
	外观变化	—					无起泡
浸渍 ASTM 燃料油 B 后性能 21℃～30℃，5h	增厚率%	0～20				—	0～20
	浸油后柔软性	—					同常温柔软性要求
对金属材料的腐蚀性		—					无腐蚀
常温油密封性	介质压力/MPa	18	16	15	10	8	15
	密封要求	保持 30min，无渗漏					
氮气泄漏率/［mL/（h·mm）］	⩽	300					

注：厚度大于 3mm 的耐油石棉橡胶板，不做拉伸强度试验。

8. 耐酸石棉橡胶板（JC 555—2010）

主要用于温度为 200℃、压力为 2.5MPa 以下，以酸类为介质的设备及管道密封衬垫。油橡胶为粘合剂。产品性能要求见表 5-89，规格见表 5-90。

耐酸石棉橡胶板物理性能要求　　　　　　　　　　　　　　　　表 5-89

项目	指　标　名　称			技　术　指　标
物理性能	横向拉伸强度/MPa		⩾	10.0
	密度/（g/m³）			1.7～2.1
	压缩率/%			12±5
	回弹率/%		⩾	40
	柔软性		⩽	在直径为试样公称厚度 12 倍的圆磅上弯曲 180℃，试样不得出现裂纹等破坏现象
耐酸性能	硫酸 c（H_2SO_4）=18mol/L，室温，48h	外观		不起泡，无裂纹
		增重率/%	⩽	50
	盐酸 c（HCL）=12mol/L，室温，48h	外观		不起泡，无裂纹
		增重率/%	⩽	45
	硝酸 c（HNO_3）=1.67mol/L，室温，48h	外观		不起泡，无裂纹
		增重率/%	⩽	40

注：1. 厚度大于 3.0mm 不做拉伸强度试验。

2. 厚度大于等于 2.5mm 不做柔软性试验。

耐油石棉橡胶板厚度允许偏差（mm）   表 5-90

公称厚度/mm	允许偏差/mm	同一张板厚度差/mm
≤0.41	+0.13 −0.05	≤0.08
0.41～1.57（含）	±0.13	≤0.10
1.57～3.00（含）	±0.20	≤0.20
>3.00	±0.25	≤0.25

9. 隔膜石棉布（JC/T 211—2009）

用石棉纱、线织成，用于水电解槽隔离氢氧。规格及性能见表 5-91 和表 5-92。

隔膜石棉布规格尺寸、允许偏差和单位面积质量要求   表 5-91

厚度 mm		幅宽 mm	
公称尺寸	允许偏差	公称尺寸	允许偏差
2.5	±0.2	765 870 1000 1060 1260 1550	+15
3.2			

注：特殊规格，由供需双方商定。

隔膜石棉布物理性能要求   表 5-92

检 验 项 目			厚度/mm	
			2.5	3.2
单位面积质量/（kg/m²）		≤	3.20	3.80
气密性（U 型管指示刻度 300mmH₂O 压力，保持 2min）			不允许有气泡	不允许有气泡
断裂强力	经向/（N/50mm）	≥	1800	2200
	纬向/（N/50mm）	≥	1100	1600
烧失量/%		≤	19.00	
碱失量/%		≤	4.0	

10. 衬垫石棉纸板（JC/T 69—2009）

用于隔热、保温和包覆式密封垫片内衬材料。规格及性能见表 5-93～表 5-95。

石棉纸板长度、宽带及允许偏差（mm）   表 5-93

长度×宽度	允许偏差	两对角线长度之差
1000×1000	±5	≤30

注：其他长宽尺寸及允许偏差可由供需双方商定。

石棉纸板的厚度允许偏差（mm）　　　　　　表 5-94

厚度 t	允许偏差	
	A-1	A-2
$0.2 < t \leqslant 0.5$	±0.05	±0.05
$0.5 < t \leqslant 1.00$	±0.10	±0.07
$1.00 < t \leqslant 1.50$	±0.15	±0.08
$1.50 < t \leqslant 2.00$	±0.20	±0.09
$2.00 < t \leqslant 5.00$	±0.30	±0.10
$t > 5.00$	±0.50	—

注：其他厚度及允许偏差由供需双方商定。

石棉纸板的物理机械性能　　　　　　表 5-95

项　　目	性能要求	
	A-1	A-2
水分/% ≤	3.0	
烧失量/% ≤	24.0	
密度/（g/cm³） ≤	1.5	
横向拉伸强度/MPa ≥	0.8	2.0

注：厚度大于 3mm 者不做横向拉伸强度试验。

五、薄膜与漆绸、漆布

1. 普通用途双向拉伸聚丙烯（BOPP）薄膜（GB/T 10003—2008）

以聚丙烯树脂为主要原料，用平膜法经双向拉伸而制得，作包装用。按表层是否有热封层，分为普通型（A 类）和热封型（B 类）。规格尺寸为宽度小于 1600mm，厚度 $12\mu m$ ~$60\mu m$。其物理机械性能见表 5-96。

普通用途双向拉伸聚丙烯（BOPP）薄膜物理机械性能　　　　　　表 5-96

项　　目		指　　标	
		A　类	B　类
拉伸强度/MPa	纵向	≥120	
	横向	≥200	
断裂标称应变/%	纵向	≤180	≤200
	横向	≤65	≤80
热收缩率/%	纵向	≤4.5	≤5.0
	横向	≤3.0	≤4.0
热封强度/（N/15mm）		—	≥2.0
雾度/%		≤2.0	≤4.0
光泽度/%		≥85	≥80
润湿张力/（mN/m）	处理面①	≥38	≥38
透湿量/〔g/（m²·24h·0.1mm）〕		≤2.0	

①处理面指经过电晕、火焰或等离子体处理的表面。

2. 软聚氯乙烯压延薄膜和片材（GB/T 3830—2008）

软聚氯乙烯压延薄膜分类和用途见表 5-97，其物理机械性能要求见表 5-98。

软聚氯乙烯压延薄膜分类和用途　　　　　　　　　　表 5-97

分　类	主　要　用　途
雨衣用薄膜	用于加工雨衣或雨具等。亦可用于加工成印花雨膜
民杂用薄膜或片材	用于加工书皮封套、票夹、手提袋等各种塑料民用制品
印花用薄膜	用于加工成印花民膜
农业用薄膜	用于农、盐田的覆盖或铺垫；也可用于农田或人参的保温大棚等
工业用薄膜	用于一般的防水覆盖、防渗铺垫及普通工业品的外包装等
玩具用薄膜	用于加工充气塑料玩具等

软聚氯乙烯压延薄膜物理机械性能　　　　　　　　　　表 5-98

序号	项　　目		指　　标						
			雨衣膜	民杂膜	民杂片	印花膜	玩具膜	农业膜	工业膜
1	拉伸强度/MPa	纵向	≥13.0	≥13.0	≥15.0	≥11.0	≥16.0	≥16.0	≥16.0
		横向							
2	断裂伸长率/%	纵向	≥150	≥150	≥180	≥130	≥220	≥210	≥200
		横向							
3	低温伸长率/%	纵向	≥20	≥10	—	≥8	≥20	≥22	≥10
		横向							
4	直角撕裂强度 (kN/m)	纵向	≥30	≥40	≥45	≥30	≥45	≥40	≥40
		横向							
5	尺寸变化率/%	纵向	≤7	≤7	≤5	≤7	≤6	—	—
		横向							
6	加热损失率/%		≤5.0	≤5.0	≤5.0	≤5.0	—	≤5.0	≤5.0
7	低温冲击性/%		—	≤20	≤20				
8	水抽出率/%							≤1.0	
9	耐油性		—						不破裂

3. 聚乙烯热收缩薄膜（GB/T 13519—1992）

聚乙烯热收缩薄膜分类和用途见表 5-99，性能要求见表 5-100。

聚乙烯热收缩薄膜分类和用途　　　　　　　　　　表 5-99

类别	代号	收缩比	收缩率（纵横任一向）/%	特征、用途
A类	A1	＞2.0	较大的为 20~40	单向拉伸薄膜。主要用于筒状包装
	A2	＞2.0	较大的为大于 40	
B类	B1	≤2.0	较大的为 20~40	双向拉伸薄膜。主要用于包裹或集合包装
	B2	≤2.0	较大的为大于 40	

聚乙烯热收缩薄膜物理性能　　表 5-100

项　　目	指　标　要　求	
	厚度≤0.060mm	厚度＞0.060mm
拉伸强度（纵、横向）/MPa	≥12	≥12
断裂伸长率（纵、横向）/％	≥200	≥250
撕裂强度（纵、横向）/（kN/m）	≥40	≥40

4. 电气绝缘用聚酯薄膜（GB/T 13542.4—2009）

电气绝缘用聚酯薄膜由对苯二甲酸乙二醇酯经铸片及双轴定向而制得。薄膜分为两类：1 型及 2 型，1 型为一般用途的透明薄膜（代号 6020）及不透明薄膜（代号 6021），2 型（型号 6022）为电容器介质用薄膜（厚度 23μm 及以下）。电气绝缘用聚酯薄膜与厚度无关的性能要求见表 5-101，与厚度有关的性能要求见表 5-102。

电气绝缘用聚酯薄膜与厚度无关的性能要求　　表 5-101

性　　　能		要　　　求	单位	GB/T 13542.2（章/条）	型号
密度	6020、6022	1390±10	kg/m³	5[①]	1 和 2
	6021	1400±10			
熔点[②]		≥256	℃	22	1
介电常数	48Hz～62Hz	2.9～3.4	—	17.1[③]	1
	1kHz	3.2±0.3		17.1[③]	1
	1kHz	3.2±0.3		17.2[③]	2
介质损耗因数	48Hz～62Hz	≤3×10³	—	17.1[③]	1
	1kHz	≤6×10³		17.1[③]	1
	1kHz	≤6×10⁻³		17.2[③]	2
体积电阻率		≥10¹⁴	Ω·m	16.1[④]	1
		≥10¹⁵		16.2[④]	2
表面电阻率		≥10¹³	Ω	15[④]	1
		≥10¹⁴			2
电解腐蚀		A1	—	21 目测法	1 和 2
		2	％	21[⑤]拉伸导线法	
高温下尺寸稳定性	拉力下	≥200	℃	23	1
	压力下	≥200		24	

① 采用沉浮法或密度梯度柱法进行测试，浸渍液采用碘化钾的水溶液，取三个测试值的中值为试验结果，保留 4 位有效数字。本方法仅适用于厚度大于 12μm 的薄膜。

② 也可采用 DSC 法，按 IEC 61074 的规定进行，指标待定。

③ 试验时施加在试样上的交流电场强度不大于 10V/μm。根据测试仪器的要求，可采用多层薄膜迭合的方法进行。试样数为三个。取三个测试值的中值为试验结果。

④ 测量条件为 23℃，50％RH 下经 24h 暴露后，试验电压对厚度大于 10μm 者为（100±10）V；对厚度小于 10μm 者为 10V。1 型根据测试仪器的要求，可采用多层薄膜迭合的方法进行。电化时间为 2min。试样数为三个。取三个测试值的中值为试验结果。

⑤ 拉伸导线法试验条件为 40℃，93％RH，暴露周期 96h。

电气绝缘用聚酯薄膜与厚度有关的性能要求　　　　表 5-102

性能	单位	要　　　求				型号
		≤15μm	>15μm~≤100μm	>100μm~≤250μm	>250μm	
拉伸强度（两方向中任一方向）最小值	MPa	170①	150	140	110	1 和 2
断裂伸长率（两方向中任一方向）最小值	%	50①	80	80	80	1 和 2
尺寸变化（两方向中任一方向收缩）最大值	%	3.5	3.0	3.0	2.0	1 和 2

① 对厚度小于 5μm 的薄膜不要求。

5. 电气绝缘用聚酰亚胺薄膜（GB/T 13542.6—2006）

聚酰亚胺薄膜共有三种类型：1 型：一般用途；2A 型：单面涂覆，2B 型：双面涂覆（2 型的表面涂覆，目的是使其可热封）；3 型：尺寸稳定（通常仅用于均苯型及对苯型薄膜）；4 型：可热收缩（通常仅用于均苯型薄膜）。聚酰亚胺薄膜与厚度无关的性能要求见表 5-103，与厚度有关的性能要求见表 5-104。

与厚度无关的性能要求　　　　表 5-103

性　能		单位	要　　　求			适用型号
			均苯型	对苯型	联苯型	
密　度		kg/m³	1425±10	1480±10	1390±10	1, 3, 4
熔　点		—	不熔①	不熔①	不熔①	1, 2, 3, 4
相对电容率 23℃	50Hz		3.5±0.4	3.5±0.4	3.5±0.4	1, 3, 4
	1kHz		3.4±0.4	3.4±0.4	3.4±0.4	
介质损耗因数 23℃，50Hz 或 1kHz		—	$\leq4.0\times10^{-3}$	$\leq5.0\times10^{-3}$	$\leq5.0\times10^{-3}$	1, 2, 3, 4
体积电阻率		Ω·m	$\geq1.0\times10^{10}$	$\geq1.0\times10^{13}$	$\geq1.0\times10^{13}$	1, 2, 3, 4
表面电阻率		Ω	$\geq1.0\times10^{14}$	$\geq1.0\times10^{15}$	$\geq1.0\times10^{15}$	1, 2, 3, 4
尺寸稳定性（纵横向的收缩率）②	150℃	%	≤0.35	≤0.2	≤0.2	1.2
	400℃		≤2.50	≤1.0	≤3.0	1
	200℃		≤0.05	≤0.04	—	3
	200℃		≤5.0	—	—	4
吸水性（受潮 24h）		%	≤4.0	≤2.0	≤2.0	1, 2, 3, 4

注：对 2 型无密度和相对电容率的要求，因为它们在很大程度上取决于 PI 和 FEP 的相对厚度。
① 对于 2 型，FTP 涂层将熔化。
② 仅对厚度≥25μm 的有要求。

与厚度有关的性能要求　　　　表 5-104

性　能	适用范围	单位	要　　求 标称厚度/μm								
			7.5	13	20	25	40	50	75	100	125
拉伸强度（纵横向）	均苯型	MPa	≥110	≥138	—	≥165	—	≥165	≥165	—	≥165
	对苯型		≥133	≥176	≥294	≥294	≥294	≥294	≥294	≥294	≥294
	联苯型		≥110	≥138	≥196	≥196	≥196	≥196	≥196	≥196	≥196
断裂伸长率（纵横向）	均苯型	%	≥25	≥35	—	≥40	—	≥50	≥50	—	≥50
	对苯型		≥6	≥8	≥25	≥25	≥25	≥25	≥25	≥25	≥25
	联苯型		≥25	≥40	≥80	≥80	≥80	≥80	≥80	≥80	≥80
交流电气强度（48Hz～62Hz）	均苯型	V/μm	≥120	≥120	—	≥235	—	≥195	≥175	—	≥120
	对苯型		≥150	≥150	≥200	≥200	≥180	≥180	≥130	≥110	≥95
	联苯型		≥150	≥150	≥200	≥200	≥195	≥195	≥135	≥110	≥110

6. 油性漆绸（JB/T 8147—1999）

油性漆绸是以精炼整理的优质桑蚕丝绸均匀地浸以油性绝缘清漆，经烘干而成的电气绝缘用绸，漆绸具有一定的介电性能和机械性能，适用于电机、电器中要求较高介电性能的薄层包扎绝缘或衬垫绝缘。漆绸分两种型号：2210 型为通用型，2212 型为高介电型，允许工作在变压器油中。漆绸标称厚度有：0.04、0.05、0.06、0.08、0.10、0.12、0.15mm 等 7 种。油性漆绸的性能要求见表 5-105～表 5-108。

油性漆绸击穿电压　　　　表 5-105

性　能		标 称 厚 度/mm 击穿电压≥/kV									
		0.04	0.05	0.06	0.08		0.10		0.12		0.15	
		中值	中值	中值	中值	最低值	中值	最低值	中值	最低值	中值	最低值
23±2℃下	2210	—	—	—	4.8	2.4	5.8	3.8	7.2	4.8	8.7	5.2
	2212	1.0	1.7	3.3	5.4	2.8	7.0	4.0	9.1	6.2	9.8	6.5
23±2℃下弯折后	2210	—	—	—	3.0	1.8	4.4	2.2	6.3	3.2	6.9	3.8
	2212	—	—	—	3.2	2.1	5.2	3.0	6.9	3.8	7.7	4.2
105±2℃下	2210	—	—	—	3.0	1.8	4.3	2.2	5.2	2.5	5.8	3.1
	2212	—	—	1.0	3.3	1.9	4.8	2.6	5.5	3.4	7.4	3.7
热处理弯折后	2210	—	—	—	2.5	1.4	3.7	1.7	4.0	2.1	4.2	2.7
	2212	—	—	—	2.5	1.5	4.2	2.3	5.4	2.6	5.8	3.2
受潮24h后	2210	—	—	—	2.3	1.4	3.5	2.0	4.1	2.5	4.7	2.8
	2212	—	—	—	3.2	1.6	4.2	2.1	4.7	2.6	5.5	3.0
45°向延伸6%时	2210	—	—	—	2.7	—	4.1	2.1	5.0	2.5	6.1	3.1
	2212	—	—	—	2.7	—	4.1	2.1	5.0	2.5	6.1	3.1

油性漆绸体积电阻率（Ω·m）　　　　　　表 5-106

体 积 电 阻 率		
23±2℃下	105±2℃下	受潮 24h 后
≥1.0×10^{11}	≥1.0×10^{8}	≥1.0×10^{8}

油性漆绸拉伸强度　　　　　　表 5-107

型号	标称厚度/mm	拉伸强度/（N/10mm 宽）					
		经　向		纬　向		45°向	
		中值	最低值	中值	最低值	中值	最低值
2210 2212	0.04	≥10	≥7	≥7	≥5	≥7	≥5
	0.05	≥14	≥9	≥9	≥7	≥9	≥7
	0.06	≥18	≥11	≥11	≥9	≥11	≥9
	0.08	≥22	≥16	≥15	≥10	≥15	≥10
	0.10	≥24	≥18	≥17	≥12	≥17	≥12
	0.12	≥25	≥20	≥18	≥14	≥18	≥14
	0.15	≥30	≥24	≥22	≥18	≥22	≥18

油性漆绸的弹性要求　　　　　　表 5-108

型号	标称厚度/mm	弹　性		
		标定延伸率 %	获得标定延伸率[①] 时的张力中值/N	获得标定延伸率 时的最大张力/N
2210	0.08	6	2～10	11
	0.10	6	2～12	14
	0.12	6	3～12	14
	0.15	6	3～14	17
2212	0.05	6	1～9	11
	0.06	6	2～10	12
	0.10	6	3～12	14
	0.12	6	3～14	15
	0.15	6	3～15	18

① 单个试样标定延伸下漆绸的张力，允许超出规定的张力中值范围，但不得大于本表最大张力规定值。

7. 醇酸玻璃漆布（JB/T 8148.1—1999）

醇酸玻璃漆布是用无碱玻璃纤维布均匀地浸以醇酸绝缘漆，经烘干而成的，具有一定的介电性能和机械性能，适用于电机、电器作包扎或衬垫绝缘。漆布的型号为 2432。标称厚度有 0.10、0.12、0.15、0.18、0.20、0.25mm 等 6 种。其性能指标见表 5-109。

醇酸玻璃漆布性能指标　　　　　　　　　　表 5-109

性　　能		单　位	要　　求 标称厚度/mm					
			0.10	0.12	0.15	0.18	0.20	0.25
耐油性		—	不低于本表 23±2℃下击穿电压值					
耐湿热性		—	漆膜不脱落					
耐弯曲性		—	不开裂, 弯曲部击穿电压中值不小于平整部中值的 50%					
热失重		%	≤15					
柔软性		mm	供需双方商定					
伸长率		%	≥1.2					
拉伸强度	经向	N/10mm 宽	≥65	≥85	≥105	≥111	≥118	≥131
	纬向		≥45	≥52	≥65	≥78	≥85	≥98
	45°向		≥40	≥60	≥65	≥65	≥70	≥80
斜切搭接处①	浸漆前	浸漆前	≥20	≥25	≥30	≥30	≥30	≥30
	浸漆后	浸漆后	≥20	≥20	≥20	≥30	≥30	≥30
击穿电压 23±2℃下	中值	kV	≥5.0	≥6.0	≥7.0	≥8.0	≥9.0	≥10.0
	最低值		≥4.0	≥4.5	≥6.0	≥6.5	≥7.0	≥8.0
130±2℃下伸长试验后①	中值		≥2.5	≥3.0	≥3.5	≥4.0	≥4.5	≥5.0
	最低值		—	≥3.0	≥4.0	≥4.5	≥5.0	≥6.0

① 为斜切带时增加项目。浸渍前、后搭接处拉伸强度可任选一种。

8. 聚酯玻璃漆布 (JB/T 8148.2—1999)

聚酯玻璃漆布是用无碱玻璃纤维布均匀地浸以改性聚酯漆, 经烘干而成的, 它具有一定的介电性能和机械性能, 适用于电机、电器作包扎绝缘或衬垫绝缘。玻璃漆布的代号为2440, 标称厚度有 0.10、0.12、0.15、0.18、0.20、0.25mm 等 6 种。其物理机械性能见表 5-110。

聚酯玻璃漆布物理机械性能　　　　　　　　　　表 5-110

性　　能			标　称　厚　度/mm					
			0.10	0.12	0.15	0.18	0.20	0.25
耐水解性			在 105±2℃经 24h, 漆膜不被破坏					
玻璃漆布对油的影响			在 105±2℃45 号变压器油中经 72h, 油的酸值不大于 1.0mgKOH/g					
油对玻璃漆布的影响			在 105±2℃45 号变压器油中经 48h, 漆膜不被破坏					
拉伸强度 N/10mm 宽	经向		≥70	≥90	≥100	≥105	≥110	≥120
	纬向		≥40	≥50	≥60	≥65	≥70	≥80
	45°向		≥40	≥60	≥65	≥65	≥70	≥80
	斜切搭接处*	玻璃布浸漆前搭接	≥20	≥25	≥30	≥30	≥35	≥35
		玻璃布浸漆后搭接	≥20	≥20	≥20	≥30	≥30	≥30
	45°向延伸 10%时		2~12	2~12	3~15	3~15	4~16	5~20

续表

性　　能		标　称　厚　度/mm					
		0.10	0.12	0.15	0.18	0.20	0.25
断裂时的延伸率%	经向	≥1.5	≥1.5	≥2.0	≥2.0	≥2.5	≥3.0
	45°向	≥15	≥15	≥15	≥18	≥20	≥20
边缘撕裂强度/N	经向	≥5	≥6	≥7.5	≥10	≥20	≥25
	45°向	≥50	≥60	≥75	≥80	≥90	≥120
击穿电压kV	23±2℃下	≥5.0	≥6.0	≥7.0	≥7.5	≥8.0	≥9.0
	155±2℃下	≥2.5	≥3.0	≥3.5	≥3.8	≥4.0	≥4.5
	45°向延伸6%时	≥3.0	≥3.0	≥3.5	≥4.0	≥4.0	≥4.5
	23±2℃受潮后	≥2.5	≥3.0	≥3.5	≥3.5	≥4.0	≥4.5

注：有 * 为斜切带增加测试项目。浸漆前、后搭接处拉伸强度可任选一种。

9. 有机硅玻璃漆布（JB/T 8148.3—1999）

有机硅玻璃漆布是用无碱玻璃纤维布均匀地浸以有机硅漆，经烘干而成的，它具有一定的介电性能和机械性能，适用于电机、电器作包扎绝缘或衬垫绝缘。有机硅玻璃漆布分为两种型号：2450 型为软型有机硅玻璃漆布；2451 型为硬型有机硅玻璃漆布，标称厚度有 0.10、0.12、0.15、0.18、0.20、0.25mm 等 6 种。其物理机械性能见表 5-111。

有机硅玻璃漆布物理机械性能　　　　　　　　　表 5-111

序号	性　　能			单位	要　　　　求					
					0.10	0.12	0.15	0.18	0.20	0.25
1	耐水解性，(105±2)℃，24h			—	漆膜不被破坏					
2	玻璃漆布对油的影响，(105±2)℃，45 号变压器油中 72h 后，油的酸值			mg KoH/g	≤0.5					
3	油对玻璃漆布的影响，(105±2)℃，45 号变压器油中 48h 后				漆膜不被破坏					
4	拉伸强度	经向		N/10mm 宽	≥70	≥90	≥100	≥105	≥110	≥120
		纬向			≥40	≥50	≥60	≥65	≥70	≥80
		45°向			≥40	≥60	≥65	≥65	≥70	≥80
		斜切搭接处[1]	玻璃布浸漆前搭接		≥20	≥25	≥30	≥30	≥35	≥35
			玻璃布浸漆后搭接		≥20	≥20	≥20	≥30	≥30	≥30
		45°向延伸10%时	2450		2~12	2~12	3~15	3~15	4~16	5~20
			2451		≥15	≥20	≥25	≥30	≥30	≥35
5	断裂时的伸长率	经向		%	≥1.5	≥1.5	≥2.0	≥2.0	≥2.5	≥3.0
		45°向			≥15	≥15	≥15	≥20	≥20	≥20
6	边缘撕裂强度	纬向		N	≥5	≥6	≥7.5	≥10	≥20	≥25
		45°向			≥50	≥60	≥75	≥80	≥90	≥120
7	击穿电压	(23±2)℃		kV	≥5.0	≥6.0	≥7.0	≥7.5	≥8.0	≥9.0
		(180±2)℃	2450, 2451		≥2.0	≥2.5	≥3.0	≥3.0	≥3.0	≥3.5
		45°向延伸3%时[2]	2450		≥2.5	≥2.5	≥3.0	≥3.0	≥3.5	≥3.5
		(23±2)℃受潮后	2450, 2451		≥2.0	≥2.2	≥2.8	≥2.8	≥2.8	≥3.0

① 该项为斜切带增加测试项目。2451 不供斜切带。浸漆前、后搭接处拉伸强度可任选一种。

② 该项为 2451 不测项目。

10. 油性合成纤维漆绸（JB/T 7772—1995）

油性合成纤维漆绸是以合成纤维织物或非织布浸以油性绝缘清漆，经烘干而成的，温度指数为 105。油性合成纤维漆绸分为三种型号：2310 型是以合成纤维为底材，通用型；2311 型是以电工用聚酯纤维非织布（7031）为底材，耐变压器油；2312 型为合成纤维织布为底材，耐变压器油，介电强度高。漆绸标称厚度有 0.08、0.10、0.12、0.15mm 等。其性能指标见表 5-112～表 5-113。

油性合成纤维绸体积电阻率（Ω·m）　　　　　表 5-112

室　　值	高温（105±2℃）	潮　24h 后
≥1.0×10^8		1.0×10^8

油性合成纤维绸性能　　　　　表 5-113

型号	标称厚度 mm	拉伸强度/（N/10mm 宽）不低于						弹　性		
		纵　向		横　向		45°向		标定伸长率 %	获得标定伸长率时的张力中值 N	获得标定伸长率时的最大张力 N
		中　值	最低值	中　值	最低值	中　值	最低值			
2310 2312	0.08	22	16	15	10	15	10	6	1～8	≤10
	0.10	24	18	17	12	17	12	6	1～9	≤11
	0.12	25	20	18	14	18	14	6	1～10	≤12
	0.15	30	24	22	18	22	18	6	1～14	≤17
2311	0.08	26	20	13	10	16	10	6	10～30	≤32
	0.10	30	24	15	12	18	12	6	15～35	≤38
	0.12	34	26	17	14	20	14	6	20～40	≤44
	0.15	38	30	21	18	22	18	6	25～45	≤50

六、涂　　料

涂料按化学组成分为有机涂料和无机涂料两类。有机涂料是一种特制的液态物质，将其涂布在物件表面上能形成一层坚牢的保护层、可隔绝水、气等介质对物件的侵蚀，防止锈蚀或腐蚀变化，并能经受一定的摩擦和外力破坏，延长物件使用寿命。同时它也能调制成各种颜色，色泽鲜明美丽，具有良好的装饰作用。

有机涂料是以树脂或油料为主要成膜物质，添加或不添加颜料制成。早期的涂料是用天然漆与植物油为原料制成，故称为"油漆"。现代的涂料由不挥发物与挥发物两种物质构成，不挥发物主要是各种油料、树脂、颜料、助剂等，挥发物质是各种化学溶剂或称稀释剂。各种涂料的特性及其应用范围见表 5-114。

各种涂料的特性及其应用范围　　　　　表 5-114

涂料类别	特　　性	应　用　范　围
油脂漆	耐大气性好，涂刷性能及渗透性也很好，可内用与外用，作底漆或面漆，价廉。缺点是干燥较慢，膜软，机械性能差，水膨胀性大，不能打磨抛光，不耐碱	可供房屋建筑用漆。清油可涂装油布、雨伞、调配厚漆，亦可直接或以麻丝嵌填金属水管接头，制作帆布防水涂层。油性调和漆可涂装大面积建筑物、门窗以及室外铁、木器材之用

续表

涂料类别	特 性	应 用 范 围
天然树脂漆	干燥比油脂漆稍快，短油度的漆膜坚硬易打磨，长油度的漆膜柔韧，耐大气较好。但短油度的耐大气性差，长油度的不能打磨、抛光	可供作各种一般内用底漆、二道浆、腻子和面漆。虫胶清漆可涂装木器家具
酚醛树脂漆	漆膜坚硬，耐水性良好，纯酚醛的耐化学腐蚀性良好，有一定的绝缘强度，附着力好。缺点是漆膜较脆，颜色易泛黄变深，耐大气性比醇酸漆差、易粉化，不能制作白色或浅色漆	可涂装铁桶容器外壁、室内家具、地板、食品罐头内壁、饮料桶内壁、通风机外壳、耐化工防腐蚀设备内壁、金属纱窗、绝缘材料。聚酰胺改性酚醛涂料可代替虫胶漆用于木材、纸张涂装
沥青漆	耐水、耐潮、耐酸、耐碱，有一定的绝缘强度，价廉，黑度好。缺点是色黑，不能制作白色或浅色漆，对日光不稳定，耐溶剂性差，自干漆干燥不爽滑	可涂装化工防腐蚀的机械设备、管道、车辆底盘、车架、金属屋顶、船底、蓄电池槽等。油性沥青烘漆可涂装自行车车架、缝纫机头、航空发电机的汽缸、仪表盘、绝缘材料。此外尚可作防声、密封材料
醇酸树脂漆	光泽较高、耐候性优良、施工性能好，可刷、可喷、可烘、附着力较好。缺点是漆膜较软，耐水、耐碱性差，干燥较挥发性漆慢，不能打磨	可涂装室内外建筑物、门窗、家具、办公室用具、各种交通车辆、船舶水线以上建筑物、船壳、船舱、桥梁、高架铁塔、井架、建筑机械、农业机械、绝缘器材等
氨基树脂漆	漆膜坚硬，可打磨抛光；光泽亮，丰满度好；色浅，不易泛黄；附着力较好，耐候性和耐水性好，有一定的耐热性。缺点是须高温下烘烤才能固化，烘烤过度漆膜发脆	公共汽车、中级轿车、自行车用的烘干涂料。缝纫机、热水瓶、计算机、仪器仪表、医疗设备、电机设备、罐头涂层、空气调节器、电视机、小型金属零件等涂装
硝基漆（硝基纤维漆）	干燥迅速，耐油，漆膜坚韧，可打磨抛光。缺点是易燃、清漆不耐紫外线，不能在60℃以上温度使用，固体分低	可涂装航空翼布、汽车、皮革、木器、铅笔、工艺美术品，以及需要迅速干燥的机械设备。调制金粉、铝粉涂料、美术复色漆、裂纹漆、闪光漆等
纤维素漆（如乙基纤维漆、戊酸丁酸纤维漆）	耐大气性、保色性好，可打磨抛光，个别品种有耐热、耐碱性，绝缘性也较好，但附着力和耐潮性均较差，价格高	应用不如硝基纤维漆广，且品种不多，一般多制成可剥性涂料，可作为钢铁和有色金属制成的精密机械零件的临时防锈保护用，不需要涂层时可以剥离
过氯乙烯漆	耐候性优良，耐化学腐蚀性和耐水、耐油、三防性能、防延燃性均很好。缺点是附着力和打磨抛光性较差，不能在70℃以上高温使用	可涂装各种机床、电动机外壳和混凝土、砖石、水泥设备表面。航空、化工设备防腐蚀、木材防延烧、金属及非金属防潮、防霉，可供湿热带地区作三防涂料
乙烯类树脂漆	有一定柔韧性，色泽浅淡、耐水、耐化学腐蚀性较好，但耐溶剂性差，清漆不耐紫外光线，固体分低，高温时要碳化	用于织物防水，储罐防油，玻璃、纸张、牙膏软管、电缆、船底防锈、防污、防延烧以及涂装放射性污染物的可剥性涂料
丙烯酸酯漆	漆膜色浅，保色性优良，耐候性优良，有一定的耐化学腐蚀性和耐热性。缺点是耐溶剂性差，固体分低	用于织物处理，人造皮革、金属防腐，罐头外壁、纸张上光、高级木器、仪表、表盘、医疗器械、小轿车、轻工产品、砖石、水泥、混凝土、黄铜、铝、银器等罩光，湿热带工业机械设备涂装。乳胶漆可涂刷门窗、墙壁、织物、纸张
聚酯漆	固体分高，耐磨，能抛光，耐一定的温度，具有较好的绝缘性。缺点是干性不易掌握，施工方法较复杂，对金属附着力差	用于木材、竹器、高级家具、防化学腐蚀设备、漆包线表面涂装，又可制不易收缩的聚酯腻子

续表

涂料类别	特　性	应 用 范 围
环氧树脂漆	附着力强，耐碱、耐溶剂，漆膜坚韧，具有较好的绝缘性能。缺点是室外曝晒易粉化，保光性差，色泽较深，漆膜外观较差	各种化工石油设备的保护，化工设备及贮槽，包括容器内壁。家用机具、缝纫机、电工绝缘、汽车、农机作漆、腻子；食品罐头内壁、船舶油罐衬里、地板、甲板、船舱内壁，电镀槽。环氧煤焦沥青涂料，可用于海洋构筑物的防腐蚀涂层
聚氨酯漆（聚氨基甲酸酯漆）	耐腐性强，附着力好，耐潮、耐水、耐热、耐溶剂性好，耐化学药品和石油腐蚀，耐候性好，具有良好的绝缘性。缺点是漆膜易粉化、泛黄，对酸、碱、盐、醇、水等物很敏感，因此施工要求高，有一定毒性	可涂装化工、船舶、耐大气曝晒的设备，耐化学药品设备。车辆内壁、油罐、槽车、甲板、地板、木制家具，航空飞机骨架及蒙皮。车辆水下潮湿表面，以及木材、皮革、塑料、混凝土、电线、织物、纸张、铝及马口铁等表面
有机硅树脂漆	耐高温，耐候性极优，耐潮、耐水性好，具有良好的绝缘性。缺点是耐汽油性差，漆膜坚硬较脆，附着力较差，一般需要烘烤干燥	可涂装耐高温机械设备（如：烟囱、锅炉、高温反应塔、回转窑、烧结炉），H级绝缘材料，大理石防风蚀，长期维护的室外装置，耐化学腐蚀制件等
橡胶漆	耐化学腐蚀性强，耐磨，耐水性好。缺点是易变色，清漆不耐紫外光，耐溶剂性差，个别品种施工复杂	可涂装化工机械设备、橡胶制品，车辆顶篷、内燃机点火线圈、道路标志、水泥、砖石、防延燃材料、耐大气曝晒机械设备以及冬季施工要求不影响干燥的工业设备等

1. 防锈漆

（1）酚醛树脂防锈涂料（GB/T 25252—2010）

以酚醛树脂或改性酚醛树脂为主要成膜物质制成，主要用于金属基材表面的保护和装饰。产品应符合表 5-115 的技术要求。

酚醛树脂防锈涂料的技术要求　　　　　　　　表 5-115

项　目		指　标				
		红丹	铁红	锌黄	云母氧化铁	其他
在容器中状态		搅拌混合后无硬块，呈均匀状态				
流出时间（ISO 6 号杯）/s	≥	35	45	55	40	45
细度/μm	≤	60	55	50	—	55①
遮盖力/（g/m²）	≥	商定	55	180	商定	
施工性		施涂无障碍				
干燥时间/h 表干 实干	≤	5 24				
涂膜外观		正常				
耐冲击性/cm		50				
硬度	≥	0.20	0.20	0.20	0.30	0.20
附着力/级	≤	2				
结皮性（48h）		不结皮				
耐盐水性（3%NaCl 溶液）		120h	48h	168h	120h	48h
		无异常				

① 含片状颜料，如铝粉等颜料的产品除外。

（2）醇酸树脂防锈漆（GB/T 25251—2010）

以醇酸树脂或改性醇酸树脂为主要成膜物质，且通过氧化干燥成膜，主要用于金属、木质等表面的保护和装饰。产品应符合表 5-116 的技术要求。

醇酸树脂防锈漆的技术要求 　　　　　　　　　　　表 5-116

项　目		指　标
在容器中的状态		搅拌混合后无硬块，呈均匀状态
流出时间（ISO 6 号杯）/s	≥	商定
细度[①]/μm	≤	60
结皮性（48h）		不结皮
与面漆的适应性		对面漆无不良影响
施工性		施涂无障碍
涂膜外观		正常
干燥时间/h　　表干　　实干	≤　≤	5　24
划格试验/级	≤	1
耐盐水性（3%NaCl）		48h 无异常

① 含片状颜料和效应颜料，如铝粉，云母氧化铁，玻璃鳞片，珠光粉的产品除外。

（3）云铁酚醛防锈漆（HG/T 3369—2003）

由酚醛漆料与云母氧化铁等防锈颜料研磨后，加入催干剂及混合溶剂调制而成。该漆防锈性能好，干燥快，遮盖力、附着力强，无铅毒。主要用于钢铁桥梁、铁塔、车辆、船舶、油罐等户外钢铁结构上作防锈打底。产品应符合技表 5-117 的技术要求。

云铁酚醛防锈漆的技术要求 　　　　　　　　　　　表 5-117

项　目		指　标
漆膜颜色及外观		红褐色，色调不定，允许略有刷痕
黏度（涂一4）/s		70~100
细度/μm	≤	75
干燥时间/h　　表干　　实干	≤	3　20
遮盖力/（g/m²）	≤	65
硬度	≥	0.30
耐冲击性/cm		50
柔韧性/mm		1
附着力/级		1
耐盐水性（浸入 3%NaCl 溶液 120h）		不起泡，不生锈

2. 底漆、防腐漆

（1）醇酸树脂底漆（GB/T 25251—2010）

以醇酸树脂或改性醇酸树脂为主要成膜物质，且通过氧化干燥成膜，主要用于金属、木质等表面的保护和装饰。产品应符合表 5-118 的技术要求。

醇酸树脂底漆的技术要求　　　　　　　　表 5-118

项　　目		指　　标
在容器中的状态		搅拌混合后无硬块，呈均匀状态
流出时间（ISO 6 号杯）/s	≥	商定
细度①/μm	≤	50
与面漆的适应性		对面漆无不良影响
施工性		施涂无障碍
干燥时间/h		
表干	≤	5
实干	≤	24
涂膜外观		正常
划格试验/级	≤	1
打磨性		易打磨，不粘砂纸
结皮性（48h）		不结皮
耐盐水性（3%NaCl）		24h无异常

①含片状颜料和效应颜料，如铝粉，云母氧化铁，玻璃鳞片，珠光粉的产品除外。

（2）环氧酯底漆（HG/T 2239—2012）

以环氧树脂与植物油酸经酯化后形成的环氧酯为主要成膜物，主要用于金属基材等表面的打底及防锈保护。产品应符合表 5-119 的技术要求。

环氧酯底漆的技术要求　　　　　　　　表 5-119

项　　目		指　　标
在容器中状态		搅拌混合后无硬块，呈均匀状态
流出时间（ISO 6 号杯）/s	≥	45
细度/μm	≤	60
贮存稳定性[(50±2)℃/30d]		
结皮性/级		10
沉降性/级	≥	6
干燥时间		
实干/h	≤	24
烘干[(120±2)℃]/1h		通过
涂膜外观		正常
耐冲击性/cm		50
划格试验（间距1mm）/级	≤	1
打磨性		易打磨，不粘砂纸
耐硝基漆性		不起泡、不膨胀、不渗色
耐盐水性（3%NaCl 溶液）	锌黄96h	无异常
	其他48h	

（3）酚醛树脂底漆（GB/T 25253—2010）

由酚醛树脂或改性酚醛树脂为主要成膜物制成，主要用于交通工具、机械设备、木器家具等表面的保护和装饰。产品应符合表 5-120 的技术要求。

酚醛树脂底漆的技术要求　　　　　　　表 5-120

项　目		指　标
在容器中的状态		搅拌混合后无硬块，呈均匀状态
流出时间（ISO 6 号杯）/s	≥	45
细度①/μm	≤	60
结皮性（48h）		不结皮
不挥发物含量/%	≥	50
施工性		施涂无障碍
耐硝基漆性		涂膜不膨胀，不起皱，不渗色
涂膜外观		正常
干燥时间/h	≤	
表干		8
实干		24
附着力/级	≤	2

①含铝粉，云母氧化铁，玻璃鳞片，锌粉等颜料的产品除外。

（4）机床底漆（HG/T 2244—1991）

机床底漆适用于各种机床表面打底，属易燃液体，具有一定毒性，应遵守涂装作业安全操作规程。Ⅰ型为过氯乙烯漆；Ⅱ型为环氧酯漆。产品应符合表 5-121 的技术要求。

机床底漆的技术要求　　　　　　　表 5-121

项　目		指　标	
		Ⅰ型	Ⅱ型
漆膜颜色及外观		色调不定、漆膜平整	
流出时间（6 号杯）/s	不小于	40	30
细度/μm	不大于	80	60
不挥发物含量/%	不小于	45	45
干燥时间	不大于		
表干/min		10	—
实干/h		1	24
遮盖力/g/m	不大于	40	40
划格试验（1mm），级		0	0
铅笔硬度		B	HB
耐盐水性（3%NaCl）			
24h		不起泡、不脱落、允许轻微发白	—
48h		—	不起泡、不脱落，允许有轻微发白
贮存稳定性		—	
结皮性，级		—	10
沉降性，级		6	6
闪点/℃	不低于		23

（5）汽车用底漆（GB/T 13493—1992）

汽车用底漆适用于各类汽车车身、车厢及其零部件的底层涂饰。该漆含有二甲苯、200 号溶剂油等有机溶剂，属易燃液体，具有一定的毒性，施工现场应注意通风，采取防静电、防火、预防中毒等安全措施，遵守涂装作业安全操作规程等。产品应符合表 5-122 的技术要求。

汽车用底漆的技术要求　　　　表 5-122

项　　目		指　　标
容器中的物料状态		应无异物、无硬块、易搅拌成黏稠液体
黏度（6 号杯）/s	不小于	50
细度/μm	不大于	60
贮存稳定性级	不小于	
沉降性		6
结皮性		10
闪点/℃	不低于	26
颜色及外观		色调不定、漆膜平整、无光或半光
干燥时间/h	不大于	
实干		24
烘干（120±2℃）		1
铅笔硬度	不小于	B
杯突试验/mm	不小于	5
划格试验/级		0
打磨性，（20 次）		易打磨不粘砂纸
耐油性，（48h）		外观无明显变化
耐汽油性，（6h）		不起泡、不起皱，允许轻微变色
耐水性，（168h）		不起泡、不生锈
耐酸性，（0.05mol/L H_2SO_4 中，7h）		不起泡、不起皱，允许轻微变色
耐碱性，（0.1mol/L NaOH 中，7h）		不起泡、不起皱，允许轻微变色
耐硝基漆性		不咬起、不渗红
耐盐雾性，（168h）级		切割线一侧 2mm 外，通过一级
耐湿热性，（96h）级，	不大于	1

（6）过氯乙烯树脂底漆（GB/T 25259—2010）

以过氧乙烯树脂为主要成膜物制成，主要用于化工设备、管道、机床等表面的保护和装饰。产品应符合表 5-123 的技术要求。

过氯乙烯树脂底漆的技术要求　　　　表 5-123

项　　目		指　　标
流出时间/s	≥	35
不挥发物含量/%	≥	45
干燥时间（实干）/min	≤	60
涂膜外观		正常
弯曲试验/mm		2
划格试验/级	≤	2
耐盐水性（3%NaCl 溶液 24h）		无异常

(7) 硝基底漆（GB/T 25271—2010）

以硝酸纤维素为主要成膜物质，加入醇酸树脂、改性松香树脂、丙烯酸树脂等改性而成的涂料，主要适用于金属、塑料、木质等表面的保护与装饰。产品性能应符合表 5-124 的技术要求。

硝基底漆的技术要求   表 5-124

项　目		指　标
在容器中状态		搅拌混合后无硬块，呈均匀状态
不挥发物含量/%	≥	35
干燥时间/min 　表干 　实干	≤	 10 50
涂膜外观		正常
施工性		施涂无障碍
划格试验/级	≤	2
与面漆的适应性		对面漆无不良影响
打磨性（用 400 号水砂纸打磨 30 次）		易打磨

(8) 富锌底漆（HG/T 3668—2009）

由锌粉（除鳞片状锌粉）、无机或有机漆基及固化剂、溶剂等组成的多组分涂料，主要用于钢铁底材的防锈。

富锌底漆按照漆基类型可分为Ⅰ型和Ⅱ型，Ⅰ型为无机富锌底漆，包括溶剂型富锌底漆和水溶性富锌底漆，Ⅱ型为有机富锌底漆。

每种类型中按照不挥发分中金属锌含量，又分为三类：

1 类，不挥发分中金属锌含量≥80%；

2 类，不挥发分中金属锌含量≥70%；

3 类，不挥发分中金属锌含量≥60%。

产品性能应符合表 5-125 的要求。

富锌底漆产品性能要求   表 5-125

项　目		技　术　指　标					
		Ⅰ　型			Ⅱ　型		
		1 类	2 类	3 类	1 类	2 类	3 类
在容器中状态		粉末，应呈微小的、均匀粉末状态 液料和浆料，搅拌混合后应无硬块，呈均匀状态					
不挥发分/%	≥	70					
密度		商定					
不挥发分中金属锌含量/%	≥	80	70	60	80	70	60
适用期/h	≥	5					
施工性		施工无障碍					

续表

项　目		技　术　指　标					
		Ⅰ　型			Ⅱ　型		
		1类	2类	3类	1类	2类	3类
涂膜外观		涂膜外观正常					
干燥时间（表干）/h	≤	0.5			1		
（实干）/h	≤	5			24		
耐冲击性/cm		—			50		
附着力/MPa	≥	3			6		
		1000h	800h	500h	600h	400h	200h
耐盐雾性		划痕处单向扩蚀≤2.0mm，未划痕区无起泡、生锈、开裂、剥落等现象					

（9）过氯乙烯树脂防腐涂料（GB/T 25258—2010）

以过氯乙烯树脂为主要成膜物质制成，主要用于各种化工设备、管道、钢结构、混凝土结构表面的防腐蚀保护。其产品应符合表 5-126 的技术要求。

过氯乙烯树脂防腐涂料的技术要求　　　　表 5-126

项　目		指　标
黏度（涂-4 杯）/s	≥	30
不挥发物含量/%	≥	20
遮盖力（g/m²） 白色 黑色 其他色	≤	 70 30 商定
干燥时间（实干）/min		60
涂膜外观		正常
硬度	≥	0.4
弯曲试验/mm		2
耐冲击性/cm		50
附着力/级	≤	2
耐酸性（25%H_2SO_4溶液 30d）		不起泡，不生锈，不脱落
耐碱性（40%NaOH 溶液 20d）		不起泡，不生锈，不脱落

（10）氯化橡胶防腐涂料（GB/T 25263—2010）

以氯化橡胶为主要成膜物质，加入增塑剂、颜料、溶剂等制成的底漆、中间层漆、面漆防腐涂料，适用于各类车辆、桥梁、厂房及其他钢结构的防腐涂装。产品性能应符合表 5-127 的规定。

氯化橡胶防腐漆产品性能　　　　　　　　　　　　　　　**表 5-127**

项　目		指　标		
		底漆	中间层漆	面　漆
在容器中的状态		搅拌混合后，无硬块，呈均匀状态		
细度①/μm	≤	60		40
施工性		施涂无障碍		
遮盖力/（g/m²） 白色和浅色② 其他色	≤	—		160 商定
不挥发物含量/%	≥	50		45
漆膜外观		正　常		
干燥时间/h 表干 实干	≤	1 8		
弯曲试验/mm	≤	6		10
耐盐水性（3%NaCl 溶液，168h）		无异常		—
耐碱性③（0.5%NaOH 溶液，48h）		无异常		
划格试验/级	≤	1		—
附着力（拉开法）/MPa	≥	—		3.0
光泽（60°）/单位值		—		商定
耐盐雾性，600h		不起泡、不生锈、不脱落		
耐人工气候 老化性，300h	白色和浅色②	不起泡、不剥落、不开裂、不生锈， 变色≤2 级，粉化≤2 级。		
	其他色	不起泡、不剥落、不开裂、不生锈， 变色≤3 级，粉化≤2 级。		

① 含片状颜料和效应颜料，如铝粉、云母氧化铁、玻璃鳞片、珠光粉等的产品除外。
② 浅色是指以白色涂料为主要成分，添加适量色浆后配制成的浅色涂料形成的涂膜所呈现的浅颜色，按 GB/T
　　15608 中规定明度值为 6 到 9 之间（三刺激值中的 Y_{D65}≥31.26）。
③ 铝粉面漆除外。

3. 面漆

（1）酚醛树脂调合漆和磁漆（GB/T 25253—2010）

由酚醛树脂或改性酚醛树脂为主要成膜物制成，主要用于交通工具、机械设备、木器
家具等表面的保护和装饰。产品应符合表 5-128 的技术要求。

酚醛漆的技术要求　　　　　　　　　　　　　　　**表 5-128**

项　目		指　标	
		调合漆	磁漆
在容器中的状态		搅拌混合后无硬块，呈均匀状态	
流出时间（ISO　6 号杯）/s	≥	40	

续表

项　目		指　标	
		调合漆	磁漆
细度①/μm		40	30
遮盖力②/（g/m²）　　≤			
黑色		45	45
白色		200	120
其他色		商定	商定
不挥发物含量/%　　≥		50	
结皮性（48h）		不结皮	
施工性		施涂无障碍	
涂膜外观		正常	
干燥时间/h　　≤			
表干		8	
实干		24	
硬度　　≥		0.2	0.25
柔韧性/mm		2	
耐冲击性		—	50
附着力/级　　≤		2	
光泽（60°）/单位值		商定	
耐水性		无异常	

①含铝粉、云母氧化铁、玻璃鳞片、锌粉等颜料的产品除外。
②含有透明颜料的产品除外。

（2）醇酸树脂调合漆和磁漆（GB/T 25251—2010）

以醇酸树脂或改性醇酸树脂为主要成膜物质，且通过氧化干燥成膜，主要用于金属、木质等表面的保护和装饰。产品应符合表 5-129 的要求。

醇酸树脂调合漆和磁漆的要求　　　　　表 5-129

项　目		指　标		
		调合漆	磁　漆	
			室内用	室外用
在容器中的状态		搅拌混合后无硬块，呈均匀状态		
流出时间（ISO 6 号杯）/s　　≥		40	35	
细度①/μm　　≤		40	光泽（60°）≥80　20	
			光泽（60°）<80　40	
遮盖力/（g/m²）　　≤				
白色		200	120	
黑色		45	45	
其他色		商定	商定	
（含有透明颜料的产品除外）				

续表

项　目		指　标		
		调合漆	磁　漆	
			室内用	室外用
不挥发物含量 /%	≥	50	黑色、红色、蓝色、透明色　42 其他色　　　　　　　　　50	
施工性		施涂无障碍		
重涂适应性		重涂时无障碍		
干燥时间 /h 　表干 　实干	≤ ≤	8 24	8 15	8 18
漆膜外观		正常		
光泽（60°）		商定		
硬度	≥	0.2		
弯曲试验/mm	≤	—	3	
渗色性（白色、银色、红色不测）		—	无渗色	
结皮性（48h）		不结皮		
耐水性（8h）		—	无异常	
耐挥发油性（4h）		—	无异常	
耐酸性[②] （10g/L H_2SO_4 溶液，24h）		—	—	无异常
耐人工气候老化性（200h）		—	—	不起泡、不开裂、不剥落、不粉化； 白色、黑色： 变色≤2级、失光≤3级 其他色：变色、失光商定

①含片状颜料和效应颜料，如铝粉，云母氧化铁，玻璃鳞片，珠光粉的产品除外。
②含铝粉颜料的产品除外。

（3）硝基面漆（GB/T 25271—2010）

以硝酸纤维素为主要成膜物质，加入醇酸树脂、改性松香树脂、丙烯酸树脂等改性而成的涂料，主要适用于金属、塑料、木质等表面的保护与装饰。产品性能应符合表 5-130 的技术要求。

硝基面漆的技术要求　　　　　　　　　　　　　表 5-130

项　目		指　标
细度[①]/μm 　光泽（60°）≥80 　光泽（60°）<80	≤	26 36
不挥发物含量/%	≥	30

项　目		指　标
遮盖力②/（g/m²）	≤	
白色		60
黑色		20
其他色		商定
施工性		施涂无障碍
干燥时间/min	≤	
表干		10
实干		50
涂膜外观		正常
光泽（60°）/单位值		商定
回粘性/级	≤	2
渗色性③		不渗色
耐热性[（100～105）℃/2h]		无起泡、起皱、裂纹，允许颜色和光泽有轻微变化
耐水性		24h无异常
耐挥发油性（2h）		无异常

①含片状颜料和效应颜料，如铝粉珠光粉的产品除外。
②含有透明颜料的产品除外。
③白色、银色、红色漆除外。

（4）过氯乙烯面漆（GB/T 25259—2010）

以过氯乙烯树脂为主要成膜物制成，主要用于化工设备、管道、机床等表面的保护和装饰。产品应符合表 5-131 的技术要求。

过氯乙烯面漆的技术要求　　　　　表 5-131

项　目		指　标
流出时间/s	≥	20
不挥发物含量/%	≥	30
细度/μm（含片状颜料，如铝粉等的产品除外）	≤	40
遮盖力/（g/m²）（清漆、含有透明颜料的产品除外）	≤	
白色		60
黑色		20
其他色		商定
干燥时间（表干）/min	≤	20
干燥时间（实干）/min	≤	60
光泽（60°）/单位值		商定
弯曲试验/mm		2
划格试验/级	≤	2
涂膜外观		正常
硬度	≥	0.4
耐水性（24h）		无异常
耐冲击性/cm		50
耐油性（SE15W-40 机油 24h）		无异常

(5) 氨基醇酸树脂色漆 (GB/T 25249—2010)

以氨基树脂和醇酸树脂为主要成膜物质,在一定温度下经烘烤固化形成涂膜,主要用于轻工产品、机电仪器仪表、玩具等各种金属制品表面的涂覆,起装饰保护作用。

氨基醇酸树脂色漆分为Ⅰ型和Ⅱ型,Ⅰ型为除锤纹等美术漆以外的色漆,Ⅱ型为锤纹等美术漆,Ⅰ型按使用场合不同又分为室内用和室外用两种。

产品应符合表 5-132 的要求。

氨基醇酸树脂色漆产品要求

表 5-132

项 目		指 标		
		Ⅰ型		Ⅱ型
		室内用	室外用	
在容器中的状态		搅拌混合后无硬块,呈均匀状态		
不挥发物含量/%	≥	47		
细度① μm 　光泽(60°)≥80 　光泽(60°)<80	≤	20 36		
遮盖力②/(g/m²) 　白色 　黑色 　其他色 (含有透明颜料的产品除外)	≤	110 40 商定		—
贮存稳定性[(50±2)℃/72h]		通过		
划格试验/级		1		—
耐冲击性/cm		≥40		
光泽(60°)		商定		—
铅笔硬度(刮破)		HB		
渗色性③		无渗色		—
涂膜外观		正常		
干燥时间		通过		
耐热性[(150±2)℃/1.5h]		允许轻微变色和失光,并通过10mm弯曲试验		
弯曲试验/mm	≤	3		
耐水性(8h)		无异常		
耐碱性④(5%Na₂CO₃溶液24h)		—	无异常	—
耐酸性④(10%H₂SO₄溶液5h)		无异常		—
耐挥发油性(3号普通型油漆及清洗性溶剂油)		24h无异常		
耐人工气候老化性		不起泡,不开裂, 失光≤2级 变色≤2级	—	—

①含片状颜料和效应颜料,如铝粉,云母氧化铁,玻璃鳞片,珠光粉的产品除外。
②含有透明颜料的产品除外。
③白色、银色、红色漆除外。
④含铝粉颜料的产品除外。

（6）铝粉有机硅烘干耐热漆（双组分）（HG/T 3362—2003）

由清漆和铝粉组成，清漆是聚酯改性有机硅树脂的甲苯溶液，同时清漆与铝粉浆以10：1均匀混合而成。该漆可以在150℃烘干，能耐500℃高温。主要用于涂覆高温设备的钢铁零件，如发动机的外壳、烟囱、排气管、烘箱、火炉等。产品应符合表5-133的技术要求。

铝粉有机硅烘干耐热漆（双组分）的技术要求　　　　表5-133

项　　　目		指　标
漆膜颜色及外观		银灰色，漆膜平整
黏度（清漆）（涂-4）/s		12～20
酸值（清漆）（以 KOH 计）/（mg/g）	≤	10
固体含量（清漆）/%	≥	34
干燥时间（150±2）℃/h	≤	2
柔韧性/mm	≤	3
耐冲击性/cm	≥	35
附着力/级	≤	2
耐水性（浸于蒸馏水中24h，取出放置2h后观察）		漆膜外观不变
耐汽油性（浸于 RH-75 汽油中24h，取出放置1h后观察）		漆膜不起泡，不变软
耐热性〔（500±20）℃，烘3h后，测耐冲击性〕/cm	≥	15

（7）溶剂型聚氨酯涂料（双组分）（HG/T 2454—2006）

以含反应性官能团的聚酯树脂、醇酸树脂、丙烯酸树脂等为主要成膜物，以多异氰酸酯树脂为固化剂的双组分固化型涂料，用于金属表面和室内木器表面的装饰。溶剂型聚氨酯涂料类型和应用领域见表5-134，产品应符合表5-135和表5-136的技术要求。

溶剂型聚氨酯涂料的类型和应用领域　　　　表5-134

类型	应　用　领　域
Ⅰ型	室内用木器涂料。根据各类涂料的使用功能，Ⅰ型产品又分为家具厂和装修用面漆、地板用面漆和通用底漆
Ⅱ型	金属表面用涂料。Ⅱ型产品又分为内用面漆和外用面漆，内用面漆适用于室内管道、金属家具、五金制品等表面的装饰和保护，外用面漆适用于金属设备和构件、桥梁、化工设备等表面的装饰和保护

溶剂型聚氨酯涂料Ⅰ型产品技术要求　　　　表5-135

项　　　目		指　　　标		
		家具厂和装修用面漆	地板用面漆	通用底漆
在容器中状态		搅拌后均匀无硬块		
施工性		施涂无障碍		
遮盖率（色漆）	≥	商定	—	

续表

项　　　目		指　　　标		
		家具厂和装修用面漆	地板用面漆	通用底漆
干燥时间　　　　　≤	表干/h	1		
	实干/h	24		
涂膜外观		正常		—
贮存稳定性（50℃/7d）		无异常		
打磨性		—		易打磨
光泽（60°）		商定		—
铅笔硬度（擦伤）　　　　　≥		F	H	
附着力/级（划格间距 2mm）　　　　　≤		1		
耐干热性/级 [（90±2）℃，15min]　　　　　≤		2		—
耐磨性/g（750g/500r）　　　　　≤		0.050	0.040	—
耐冲击性		—	涂膜无脱落、无开裂	—
耐水性（24h）		无异常		—
耐碱性（2h）		无异常		—
耐醇性（8h）		无异常		—
耐污染性（1h）	醋	无异常		—
	茶	无异常		—
耐黄变性[1]（168h）ΔE　　　　　≤	清漆 一级	3.0		
	清漆 二级	6.0		
	色漆	3.0		

[1] 该项目仅限于标称具有耐黄变等类似功能的产品。

溶剂型聚氨酯涂料Ⅱ型产品技术要求　　　　　　　表 5-136

项　　　目		指　　　标	
		内用面漆	外用面漆
在容器中状态		搅拌后均匀无硬块	
遮盖率　　　　　≥	白色和浅色[1]	0.90	
	其他色	商定	
干燥时间　　　　　≤	表干/h	2	
	实干/h	24	
涂膜外观		正常	
贮存稳定性（50℃/7d）		无异常	
适用期/h		商定	
光泽（60°）		商定	
耐弯曲性/mm		2	
耐冲击性/cm		50	
附着力/级（划格间距 1mm）　　　　　≤		1	
铅笔硬度（擦伤）　　　　　≥		H	
耐碱性		48h 无异常	168h 无异常
耐酸性		48h 无异常	168h 无异常
耐盐水性		168h 无异常	—

项　　　目		指　　　标	
		内用面漆	外用面漆
耐湿冷热循环性（5次）		—	无异常
耐人工气候老化性	白色和浅色①	—	800h②不起泡、不生锈、不开裂不脱落
	粉化/级 ≤		2
	变色/级 ≤		2
	失光/级 ≤		2
	其他色		商定
耐盐雾性		—	800h②不起泡、不生锈、不开裂
耐湿热性		—	800h②不起泡、不生锈、不开裂

① 浅色是指以白色涂料为主要成分，添加适量色浆后配制成的浅色涂料形成的涂膜所呈现的浅颜色，按GB/T 15608—1995 中 4.3.2 规定明度值为 6～9 之间（三刺激值中的 $Y_{D65} \geqslant 31.26$）。

② 耐人工气候老化性、耐盐雾性、耐湿热性试验时间也可根据使用场合的要求进行商定。

4. 清漆

（1）酚醛树脂清漆（GB/T 25253—2010）

由酚醛树脂或改性酚醛树脂为主要成膜物制成，主要用于交通工具、机械设备、木器家具等表面的保护和装饰。产品应符合表 5-137 的技术要求。

酚醛清漆的技术要求　　　　　　　　　　　　表 5-137

项　　　目	指　　　标
在容器中的状态	搅拌混合后无硬块，呈均匀状态
原漆颜色①/号　　　　　　　　≤	14
流出时间（ISO 6 号杯）/s	35
不挥发物含量/%　　　　　　　≥	45
结皮性（48h）	不结皮
施工性	施涂无障碍
涂膜外观	正常
干燥时间/h　　　　　　　　≤ 　　表干 　　实干	 8 24
硬度　　　　　　　　　　　≥	0.2
柔韧性/mm	2
附着力/级　　　　　　　　　≤	2
光泽（60°）/单位值	商定
耐水性	无异常

①仅限于透明液体。

（2）硝基清漆（GB/T 25271—2010）

以硝酸纤维素为主要成膜物质，加入醇酸树脂、改性松香树脂、丙烯酸树脂等改性而成的涂料，主要适用于金属、塑料、木质等表面的保护与装饰。产品应符合表 5-138 的技术要求。

硝基清漆的技术要求   表 5-138

项　　目		指　　标
在容器中状态		搅拌混合后无硬块，成均匀状态
原漆颜色①/号	≤	9
不挥发物含量/%	≥	28
施工性		施涂无障碍
干燥时间/min 　表干 　实干	≤	 10 15
涂膜外观		正常
回黏性/级	≤	2
耐热性 [（115~120）℃/2h]		无气泡、起皱、裂纹，允许颜色和光泽有轻微变化
耐水性		18h 无异常
耐挥发油性（2h）		无异常

①非透明液体除外。

（3）醇酸树脂清漆（GB/T 25251—2010）

以醇酸树脂或改性醇酸树脂为主要成膜物质，且通过氧化干燥成膜，主要用于金属、木质等表面的保护和装饰。产品应符合表 5-139 的技术要求。

醇酸树脂清漆的技术要求   表 5-139

项　　目		指　　标
在容器中状态		搅拌混合后无硬块，呈均匀状态
原漆颜色（不透明产品除外）/号	≤	12
不挥发物含量/%	≥	40
流出时间（ISO 6 号杯）/s	≥	25
结皮性（24h）		不结皮
施工性		施涂无障碍
漆膜外观		正常
干燥时间/h 　表干 　实干	≤ ≤	 5 15
弯曲试验/mm	≤	3
回黏性/级	≤	3
耐水性（6h）		无异常
耐挥发油性（4h）		无异常

（4）氨基醇酸树脂清漆（GB/T 25249—2010）

以氨基树脂和醇酸树脂为主要成膜物质，在一定温度下经烘烤固化形成涂膜，主要用于轻工产品、机电仪器仪表、玩具等各种金属制品表面的涂覆，起装饰保护作用。产品应符合表 5-140 的技术要求。

氨基醇酸树脂清漆的技术要求　　　　　　　　　　　表 5-140

项　目		指　标
在容器中的状态		搅拌混合后无硬块，呈均匀状态
原漆颜色[①]/号	≤	6
流出时间（ISO 6 号杯）/s		30
贮存稳定性		通过
干燥时间		通过
施工性		施涂无障碍
涂膜外观		正常
划格试验	≤	1 级
铅笔硬度（刮破）	≥	HB
耐冲击性/cm		50
弯曲试验/mm	≤	3
光泽（60°）		商定
耐水性（24h）		无异常
耐挥发油性（3 号普通型油漆及清洗用溶剂油）		48h 无异常

①非透明液体除外。

（5）丙烯酸清漆（HG/T 2593—1994）

适用于经阳极化处理的铝合金或其他金属表面的装饰与保护。丙烯酸清漆分为两种型号，Ⅰ型由甲基丙烯酸酯、甲基丙烯酸共聚树脂溶于有机混合溶剂中（Ⅱ型另加有氨基树脂），并加入适量助剂调制而成。产品应符合表 5-141 的技术要求。

丙烯酸清漆的技术要求　　　　　　　　　　　表 5-141

项　目		指　标	
		Ⅰ 型	Ⅱ 型
原漆外观		无色透明液体，无机械杂质，允许微带乳光	
原漆颜色（铁钴比色计）/号	不大于	5	
漆膜颜色及外观		漆膜无色或微黄透明，平整、光亮	
弯曲试验/mm	不大于	2	
硬度 S	不小于	80	
流出时间（4 号杯）/s	不小于	20	
酸价/（mgKOH/g）	不大于	—	0.2
不挥发物含量/（％）	不小于	8	10
干燥时间	不大于		
表干/min		30	
实干/h		2	
烘干（80±2℃）/h			4
划格试验/级	不大于	2	1

续表

项　目	指　标	
	Ⅰ型	Ⅱ型
耐汽油性	浸 1h, 取出 10min 后 不发软, 不发黏, 不起泡	浸 3h, 取出 10min 后 不发软, 不发黏, 不起泡
耐水性	8h, 不起泡, 允许轻微失光	24h, 不起泡, 不脱落, 允许轻微发白
耐热性	在 90±2℃下, 烘 3h 后 漆膜不鼓泡, 不起皱	

5. 绝缘漆

(1) 氨基烘干绝缘漆 (HG/T 3371—2012)

以氨基树脂和醇酸树脂为主要成膜物制成, 主要用于浸渍亚热带地区电机、电器, 变压器线圈绕组作抗潮绝缘。产品应符合表 5-142 的技术要求。

氨基烘干绝缘漆的技术要求　　　　　　　　　　表 5-142

项　目		指　标
原漆外观		透明, 无机械杂质
黏度/s		商定
酸值 (以 KOH 计) / (mg/g)	≤	8
不挥发物含量/%	≥	45
干燥时间 (实干) (105±2)℃/2h		通过
漆膜外观		正常
厚层干燥		通过
吸水率/%	≤	1
耐热性[(150±2)℃烘 30h 后通过 3mm 弯曲]		不开裂
耐油性 (浸入 10# 变压器油中 24h)		通过
击穿强度/ (kV/mm) 　常态 　受潮	≥	 90 70
体积电阻系数/ (Ω·cm) 　常态 　受潮	≥	 1×10^{14} 2×10^{12}

(2) 醇酸烘干绝缘漆 (HG/T 3372—2012)

由醇酸树脂为主要成膜物制成, 主要用于电机、变压器绕组的浸渍, 还可用于做云母带和柔软云母板的黏合剂。醇酸烘干绝缘漆根据主要应用领域分为Ⅰ型和Ⅱ型, Ⅰ型主要用于电机、变压器绕组的浸渍; Ⅱ型主要用于做云母带和柔软云母板的黏合剂。产品应符合表 5-143 的技术要求。

醇酸烘干绝缘漆的技术要求　　　　　　　　　　　　　**表 5-143**

项　目		指　标	
		Ⅰ型	Ⅱ型
原漆外观		透明，无机械杂质	
黏度/s		商定	
酸值（以 KOH 计）/（mg/g）	≤	12	
不挥发物含量/%	≥	45	
干燥时间（实干）		(105±2)℃/2h 通过	(90±2)℃/2h 通过
漆膜外观		正常	—
耐热性		(105±2)℃/48h 通过	(150±2)℃/50h 通过
耐油性（浸入 10 号变压器油中）		(105±2)℃/24h 通过	(135±2)℃/3h 通过
击穿强度/（kV/mm） 常态 受潮	≥	 90 50	 70 35

（3）有机硅烘干绝缘漆（HG/T 3375—2003）

由聚甲基苯硅氧烷、二甲苯配制而成，属 H 级绝缘材料。有机硅烘干绝缘漆分为Ⅰ型和Ⅱ型两类：Ⅰ型主要用于浸渍短期在 250℃～300℃工作的电器线圈及长期在 180℃～200℃运行的电机电器线圈；Ⅱ型主要用于浸渍玻璃丝包线及玻璃布，也可用作半导体管保护层。产品应符合表 5-144 的技术要求。

有机硅烘干绝缘漆的技术要求　　　　　　　　　　　　　**表 5-144**

项　目		指　标	
		Ⅰ型	Ⅱ型
原漆外观		淡黄色至黄色或红褐色均匀液体，允许有乳白色，无机械杂质	
黏度（涂-4）/s		25～60	25～75
固体含量/%	≥	50	55
干燥时间（200±2）℃/h	≤	2	1.5
耐热性（200±2）℃/200h		通过试验	
击穿强度/（kV/mm） 常态 [（23+2）℃，相对湿度（50±5）%] 热态（200±2）℃ 受潮 [（23±2）℃蒸馏水中浸 24h 后]	≥	 65 30 40	 70 35 45
体积电阻系数/（Ω·cm） 常态 [（23±2）℃，相对湿度（50±5）%] 热态（200±2）℃ 受潮 [（23±2）℃蒸馏水中浸 24h 后]	≥	$1×10^{14}$ $1×10^{13}$ $1×10^{12}$	$1×10^{13}$
加热减量 [（250±2）℃/3h] /%	≤	5	3
厚层干透性		商定	—
胶合强度		商定	—

6. 建筑用反射隔热涂料 （GB/T 25261—2010）

建筑用反射隔热涂料是具有较高太阳热反射比和半球发射率，可以达到明显隔热效果的涂料，适用于建筑物表面的隔热保温。产品性能应符合表 5-145 的要求。

建筑用发射隔热涂料的性能要求 表 5-145

项　目	指　标
太阳光反射比，白色	≥0.80
半球发射率	≥0.80

7. 建筑用防涂鸦抗粘贴涂料 （JG/T 304—2011）

建筑用防涂鸦抗粘贴涂料是施涂于混凝土、金属、涂层、玻璃、石材、瓷砖等表面用以提高材料表面的防涂鸦能力和（或）抗粘贴能力的涂料，适用于建筑室外、城市公共设施等场所。

建筑用防涂鸦抗粘贴涂料根据功能分为三类：A 类：抗粘贴型；B 类：抗涂鸦型；C 类：抗粘贴并防涂鸦型。

产品应符合表 5-146 的物理性能要求。

建筑用防涂鸦抗粘贴涂料的物理性能 表 5-146

项　目		技　术　指　标		
		A 型	B 型	C 型
容器中状态		搅拌后无硬块、无凝聚，呈均匀状态		
施工性		施涂无障碍		
涂膜外观		涂膜均匀，无针孔、无流挂		
表干时间/h		≤1		
耐水性		96h 无起泡、无掉粉、无明显变色和失光		
耐碱性①		48h 无起泡、无掉粉、无明显变色和失光		
铅笔硬度		≥2H		
耐溶剂擦拭性		100 次不露底		
附着力（划格法）/级		≤1		
抗粘贴性（180°剥离强度）/（N/mm）		≤0.10	—	≤0.10
抗反复粘贴性 50 次	外观	无剥落、无明显失光、无胶残留物	—	无剥落、无明显失光、无胶残留物
	180°剥离强度/（N/mm）	≤0.20	—	≤0.20
抗高温粘贴性 50℃，24h	外观	无剥落、无明显失光、无胶残留物	—	无剥落、无明显失光、无胶残留物
	180°剥离强度/（N/mm）	≤0.25		≤0.25
耐人工气候老化性 400h	外观	无开裂、无剥落、无明显失光	—	无开裂、无剥落、无明显失光
	180°剥离强度/（N/mm）	≤0.20		≤0.20

续表

项　　目		技　术　指　标		
		A 型	B 型	C 型
防涂鸦性（可清洗级别）	墨汁/级	—	≤2	≤2
	油性记号笔/级	—	≤3	≤3
	喷漆/级	—	≤3	≤3

① 仅适用于混凝土、砂浆等碱性基面上使用的产品。

8. 负离子功能涂料（HG/T 4109—2009）

负离子功能涂料是能诱生空气负离子的建筑室内装饰装修用涂料。在正常使用下，能够持续诱生空气负离子。

负离子功能涂料的常规性能应符合相应类别涂料产品的国家标准或行业标准。空气负离子诱生量应不低于 350 个/（s·cm²）。放射性限量应符合 GB 6566—2011A 类装修材料的规定。

9. 不粘涂料（HG/T 4563—2013）

不粘涂料是具有涂层表面不易被物质所粘附或粘附后容易被去除的涂料。

不粘涂料分为两类，A 类为涂层与食品、食品原料接触或可能接触的不粘涂料，如厨具、厨用电器、食品机械等用不粘涂料；B 类为除 A 类产品以外的不粘涂料，如五金制品、车辆零件、机械部件、化工设备、电器设备等不粘涂料。A 类涂料根据涂层使用温度分为两种类型，Ⅰ型为涂层最高使用温度 100℃ 及 100℃ 以下的涂料，Ⅱ型为涂层最高使用温度 100℃ 以下的涂料。

A 类不粘涂料应符合表 5-147 的技术要求，B 类不粘涂料应符合表 5-148 的技术要求。

A 类不粘涂料的技术要求　　　　　　　　　　　表 5-147

项　　目		指　　标	
		Ⅰ 型	Ⅱ 型
在容器中状态		正常	
细度/μm	≤	商定	
不挥发物含量/%		商定	
涂膜外观		涂膜外观正常	
划格试验/级	≤	1	
光泽（60°）/单位值		商定	
硬度（刮破）	≥	H	
热硬度（刮破）	≥		HB
粘附力/（N/mm）	≤	0.1	
不粘性试验			通过
耐磨性/次	≥	商定	
耐热性（2h）			无异常，划格试验≤1 级
耐冷热试验（5 次）			无异常
耐酸性		24h 无异常，划格试验≤1 级	热醋酸溶液浸泡无异常
耐碱性（1h）		无异常，划格试验≤1 级	
耐盐水性		24h 无异常，划格试验≤1 级	热盐水溶液浸泡无异常，划格试验≤1 级

B类不粘涂料的技术要求 **表 5-148**

项　　目		指　　标
在容器中状态		正常
细度/μm	≤	商定
不挥发物含量/%		商定
涂膜外观		涂膜外观正常
划格试验/级	≤	1
光泽（60°）/单位值		商定
硬度（刮破） （试验温度商定）	≥	H
粘附力/（N/mm）	≤	0.1
耐热性[①]（2h） （试验温度商定）		无异常，划格试验≤1级
耐磨性/次	≥	商定
耐溶剂擦拭性/次 （无水乙醇）	≥	100
耐化学试剂腐蚀性[②]		无异常，划格试验≤1级

① 涂层在室温下使用的不粘涂料不测该项目。

② 该项目仅适用于对耐化学试剂腐蚀性有要求的产品，试验温度、化学药品品种和浓度，试验时间等由双方商定。

10. 建筑用水性氟涂料（HG/T 4104—2009）

建筑用水性氟涂料是含 C-F 键的共聚树脂水性涂料，主要用于建筑外表面的装饰和保护。建筑用水性氟涂料不仅具有溶剂型氟涂料的高耐候性、耐沾污性、耐洗刷性等优异性能，同时具有水性乳胶漆类涂料的健康、环保等特点。

建筑用水性氟涂料根据主要成膜物可分为三类，PVDF 类为水性含聚偏二氯乙烯（PVDF）；FEVE 类为水性氟烯烃/乙烯基醚（酯）共聚树脂（FEVE 氟涂料）；含氟丙烯酸类为水性含氟丙烯酸/丙烯酸酯类单体共聚树脂氟涂料。

产品性能应符合表 5-149 的技术要求。

建筑用水性氟涂料的技术要求 **表 5-149**

项　　目		指　　标		
		PVDF	FEVE	含氟丙烯酸类
容器内状态		搅拌后均匀无硬块		
低温稳定性		无变质		
基料中氟含量[①]/%	≥	16	8	6
干燥时间（表干）/h	≤	2		
对比率	≥	白色和浅色[②]（含铝粉、珠光颜料的涂料除外）	0.93	

续表

项　目		指　标		
		PVDF	FEVE	含氟丙烯酸类
涂膜外观		正常		
附着力/级　　　　　　　　　　　≤		1		
耐碱性（168h）		无异常		
耐酸雨性（48h）		无异常		
耐水性（168）		无异常		
耐湿冷热循环性（5次）		无异常		
耐洗刷性/次　　　　　　　　　　≥		3000		
耐沾污性（白色和浅色②）（含铝粉、珠光颜料的涂料除外）/%　≤		15		
耐人工气候老化③	灯加速老化	合格品	白色和浅色b：3000h变色≤2级粉化≤1级 其他色：3000h变色商定粉化商定	
		优等品	白色和浅色b：5000h变色≤2级粉化≤1级 其他色：5000h变色商定粉化商定	
	超级荧光紫外加速老化（UVB-313，1.0W/m²）	合格品	白色和浅色b：1000h变色≤2级粉化≤1级 其他色：1000h变色商定粉化商定	
		优等品	白色和浅色b：1700h变色≤2级粉化≤1级 其他色：1700h变色商定粉化商定	

① 基料指主漆中树脂、助剂成分。铝粉漆体系中只测罩光清漆的氟含量。本标准规定的3类品种之外的其他品种基料中氟含量可以商定。

② 浅色是指以白色涂料为主要成分，添加适量色漆后配置成的浅色涂料形成的涂膜说呈现的浅颜色，按GB/T 15608规定明度值为6～9之间（三刺激值为$Y_{D65} \geqslant 31.26$）。

③ 两种试验方法中任选一种。

11. 建筑用弹性中涂漆（HG/T 4567—2013）

建筑用弹性中涂漆是由合成树脂乳液以及各种颜料、体质颜料、助剂为主要原料按一定比例配制而成的，主要用于墙体涂装中，涂布于底漆与面漆之间，弥盖因基材伸缩而产生的细小裂纹及赋予特定的装饰效果，对建筑物起装饰与保护的作用。

建筑用弹性中涂漆根据产品性能要求不同分为Ⅰ型和Ⅱ型。

产品应符合表5-150的要求。

建筑用弹性中涂漆的要求　　　　　　　　　　　　　　　　表 5-150

项　目		指　标	
		Ⅰ型	Ⅱ型
在容器中的状态		搅拌后无硬块，呈均匀状态	
低温稳定性（3次循环）		不变质	
施工性		施涂无障碍	
干燥时间（表干）/h　　　　　　≤		2	
涂膜外观		正常	
耐碱性（48h）		无异常	

续表

项　目		指　标	
		Ⅰ型	Ⅱ型
耐水性（96h）		无异常	
涂层耐温变性（3次循环）		无异常	
粘结强度（标准状态下）/MPa	≥	0.6	
拉伸强度/MPa	≥	1.0	
断裂伸长率/%	≥	80	150
低温柔性		0℃，直径4mm无裂纹	10℃，直径4mm无裂纹

12. 腻子、稀释剂、脱漆剂、防潮剂

（1）各色醇酸腻子（HG/T 3352—2003）

由醇酸树脂、颜料、体质颜料、催干剂和溶剂调制而成。该腻子易于涂刮，涂层坚硬，附着力好。主要用于填平金属及木制品的表面。产品应符合表5-151的技术要求。

各色醇酸腻子的技术要求　　　　　　　　　　　　　　　　　　**表 5-151**

项　目		指　标
腻子外观		无结皮和搅不开的硬块
腻子膜颜色及外观		各色，色调不定，腻子膜应平整，无明显粗粒，无裂纹
稠度/cm		9~13
干燥时间（实干）/h	≤	18
涂刮性		易涂刮，不卷边
柔韧性/mm	≤	100
打磨性（加200g砝码，400号水砂纸打磨100次）		易打磨成均匀平滑表面，无明显白点，不沾砂纸

（2）各色环氧酯腻子（HG/T 3354—2003）

由环氧树脂、植物油酸、颜料、体质颜料、催干剂、二甲苯、丁醇等有机溶剂调整而成。该腻子膜坚硬，耐潮性好，与底漆有良好的结合力，经打磨后表面光洁。主要用于各种预先涂有底漆的金属表面填平。产品应符合表5-152的技术要求。

各色环氧酯腻子的技术要求　　　　　　　　　　　　　　　　　　**表 5-152**

项　目		指　标	
		Ⅰ型	Ⅱ型
腻子外观		无结皮和搅不开的硬块	
腻子膜颜色及外观		各色，色调不定，腻子膜应平整，无明显粗粒，无裂纹	
稠度/cm		10~12	
干燥时间/h	≤		
自干		—	24
烘干（105±2）℃		1	
涂刮性		易涂刮，不卷边	
柔韧性/mm		50	
耐冲击性/cm	≥	15	—
打磨性（加200g砝码，用400号或320号水砂纸打磨100次）		易打磨成平滑无光表面，不粘水砂纸	
耐硝基漆性		漆膜不膨胀，不起皱，不渗色	

（3）各色硝基腻子（HG/T 3356—2003）

由硝化棉、醇酸树脂等合成树脂、增塑剂、各色颜料、体质颜料和有机溶剂调制而成。该腻子干燥快，附着力好，容易打磨。主要用于涂有底漆的金属和木质物件表面作填平细孔或缝隙之用。产品应符合表 5-153 的技术要求。

各色硝基腻子的技术要求　　　　　　　　　　　表 5-153

项　　目	指　　标
腻子膜颜色及外观	各色，色调不定，腻子膜应平整，无明显粗粒，无裂纹
固体含量/%　　　　　　　　　≥	65
干燥时间/h　　　　　　　　　≤	3
柔韧性/mm　　　　　　　　　≤	100
耐热性（湿膜干燥 3h 后，再在 65℃～70℃烘 6h）	无可见裂纹
打磨性（加 200g 砝码，用 300 号水砂纸打磨 100 次）	打磨后应平整，无明显颗粒或其他杂质
涂刮性	易涂刮，不卷边

（4）各色过氯乙烯腻子（HG/T 3357—2003）

由过氯乙烯树脂、增塑剂、各色颜料、体质颜料，酯、酮、芳烃类等混合溶剂调制而成。该腻子干燥快，主要用于填平已涂有醇酸底漆或过氯乙烯底漆的各种车辆、机床等钢铁或木质表面。产品应符合表 5-154 的技术要求。

各色过氯乙烯腻子的技术要求　　　　　　　　　表 5-154

项　　目	指　　标
腻子外观	无机械杂质和搅不开的硬块
腻子膜颜色及外观	各色，色调不定，腻子膜应平整，无明显粗粒，无裂纹
固体含量/%　　　　　　　　　≥	70
干燥时间（实干）/h　　　　　≤	3
柔韧性/mm　　　　　　　　　≤	100
耐油性（浸入 HJ-20 号机械油中 24h）	不透油
耐热性（湿膜自干 3h 后，再在 60℃～70℃烘 6h）	无裂纹
打磨性（加砝码 200g，用 200 号水砂纸打磨 100 次）	打磨后应平整，无明显颗粒或其他杂质
涂刮性	易涂刮，不卷边
稠度/cm	8.5～14.0

（5）不饱和聚酯腻子（HG/T 4561—2013）

是由不饱和聚酯树脂、颜料和体质颜料及助剂等制备的主剂和过氧化物固化剂组成的双组分腻子，主要用于车辆、船舶、仪器、机床、机械铸件、木质家具制品等表面涂装过程中凹坑、针孔、缩孔、裂纹和焊缝等缺陷的填补。产品应符合表 5-155 的要求。

不饱和聚酯腻子的要求 表 5-155

项　目		指　标	
		合格品	优等品
容器中状态		主剂：无结皮和搅不开的硬块，搅匀后色泽一致；固化剂：均匀膏状体，色泽均匀一致	
稠度（主剂）/cm		8～13	
贮存稳定性（主剂）(80±2)℃/21h		通过	
适用期/min	≥	3	
涂刮性		易涂刮、不卷边	
干燥时间/h　表干　实干	≤　≤	0.5　1	
腻子膜外观		表面平整，无裂纹，无明显粗粒和砂眼	
柔韧性/mm	≤	100	50
打磨性（粒度号为 P100 的耐水砂纸或粒度号为 P150 的砂纸）		易打磨、木粘砂纸	
耐冲击性/cm	≥	10	20
附着力/MPa	≥	3	5
耐硝基漆性		漆膜不膨胀、不起皱、不渗色	
耐热性[1]（试验温度和试验时间商定）		腻子膜不开裂、不起泡、不脱落	

① 有耐热性要求的产品测试该项目。

(6) 建筑室内用腻子 (JG/T 298—2010)

建筑室内用腻子是以合成树脂乳液、聚合物粉末、无机胶凝材料等为主要粘结剂、配以填料、助剂等制成的室内找平用腻子。按照适用特点通常分为三类：

一般型：一般型室内用腻子适用于一般性室内装饰工程，用符号 Y 表示。

柔韧型：柔韧型室内用腻子适用于有一定抗裂要求的室内装饰工程，用符号 R 表示。

耐水型：耐水型室内用腻子适用于要求耐水、高粘结强度场所的室内装饰工程，用符号 N 表示。

室内腻子的物理性能技术指标应符合表 5-156 的规定。

建筑用室内腻子的物理性能要求 表 5-156

项　目	技术指标[1]		
	一般型（Y）	柔韧型（R）	耐水型（N）
容器中状态	无结块、均匀		
低温贮存稳定性[2]	三次循环不变质		
施工性	刮涂无障碍		

续表

项　目			技术指标①		
			一般型（Y）	柔韧型（R）	耐水型（N）
干燥时间（表干）/h	单道施工厚度/mm	<2	≤2		
		≥2	≤5		
初期干燥抗裂性（3h）			无裂纹		
打磨性			手工可打磨		
耐水性				4h 无起泡、开裂及明显掉粉	48h 无起泡、开裂及明显掉粉
粘结强度/MPa	标准状态		>0.30	>0.40	>0.50
	浸水后		—	—	>0.30
柔韧性			—	直径 100mm，无裂纹	—

① 在报告中给出 pH 实测值。
② 液态组分或膏状组分需测试此项指标。

（7）硝基漆稀释剂（HG/T 3378—2003）

由酯、醇、酮、芳烃类等混合溶剂配制而成。产品分为Ⅰ型和Ⅱ型硝基漆稀释剂：Ⅰ型的酯、酮溶剂比例较高，溶解性能较好，可作硝基清漆、磁漆、底漆稀释之用；Ⅱ型的酯、酮溶剂比例较低，溶解性能稍差，可作要求不高的硝基漆及底漆的稀释剂，或作洗涤硝基漆施工工具及用品等。产品应符合表 5-157 的技术要求。

硝基漆稀释剂的技术要求　　　　　　　　表 5-157

项　目		指　标	
		Ⅰ型	Ⅱ型
颜色（铁钴比色计）/号		1	1
外观和透明度		清澈透明，无机械杂质	
酸值（以 KOH 计）/（mg/g）	≤	0.15	0.20
水分		不浑浊、不分层	
胶凝数/mL	≥	20	18
白化性		漆膜不发白及没有无光斑点	

（8）过氯乙烯漆稀释剂（HG/T 3379—2003）

由酯、醇、酮和芳烃类等溶剂调制而成。该稀释剂有较好的稀释能力和适当的挥发速度，主要用于稀释各种过氯乙烯清漆、磁漆、底漆及腻子等。该稀释剂内切勿混入其他稀释剂，特别是醇类和汽油类。产品应符合表 5-158 的技术要求。

过氯乙烯漆稀释剂的技术要求　　　　　　　　表 5-158

项　目		指　标
颜色（铁钴比色计）/号		1
外观和透明度		清澈透明，无机械杂质
酸值（以 KOH 计）/（mg/g）	≤	0.15
水分		不浑浊、不分层
胶凝数/mL	≥	30
白化性		漆膜不发白及没有无光斑点

（9）氨基漆稀释剂（HG/T 3380—2003）

由二甲苯、丁醇混合而成。该稀释剂具有良好的溶解性，主要用于稀释氨基烘漆及氨基锤纹漆等。产品应符合表5-159的技术要求。

氨基漆稀释剂的技术要求　　　　　　　　　表 5-159

项　目	指　标
外观	清澈透明，无机械杂质
颜色（铁钴比色计）/号	1
溶解性	完全溶解
水分	不浑浊、不分层

（10）硝基涂料防潮剂（GB/T 25272—2010）

由沸点较高、挥发速度较慢的酯类、醇类、酮类等有机溶剂混合而成。该防潮剂与硝基涂料稀释剂配合使用时，可在湿度大的环境下施工，以防止硝基涂料发白。产品性能应符合表 5-160 的要求。

硝基涂料防潮剂的性能要求　　　　　　　　　表 5-160

项　目	要　求
颜色（铁钴比色计）/号	≤1
外观	清澈透明，无机械杂质
酸值（以 KOH 计）/（mg/g）　≤	0.1
水分	不浑浊，不分层
挥发性/倍	商定
胶凝数/mL　　　　　　　　　　≥	60
白化性	漆膜不发白及没有无光斑点

（11）脱漆剂（HG/T 3381—2003）

由酮类、醇类、酯类、芳烃类等溶剂（再加入适量石蜡）配制而成。产品分为Ⅰ型和Ⅱ型脱漆剂：Ⅰ型脱漆剂含有石蜡，主要用于清除油基漆的旧漆膜；Ⅱ型脱漆剂不含石蜡，主要用于清除油基、醋酸及硝基漆的旧漆膜。产品应符合表 5-161 的技术要求。

脱漆剂的技术要求　　　　　　　　　表 5-161

项　目	指　标	
	Ⅰ型	Ⅱ型
外观和透明度	乳白色糊状物，36℃时为均匀透明的液体	均匀透明液体
酸值（以 KOH 计）/（mg/g）　≤	—	0.08
脱漆效率[①]/% 　　　　　　　　≥	85	90
对金属的腐蚀作用	无任何腐蚀现象	无任何腐蚀现象

① Ⅰ型：涂脱漆剂 30min 后测试；Ⅱ型：涂脱漆剂 5min 后测试。

第六章　紧　固　件

一、紧　固　件　基　础

1. 普通螺纹（GB/T 192—2003、GB/T 193—2003、GB/T 197—2003）

普通螺纹是一般用途米制螺纹。适用于一般用途的机械紧固螺纹连接，其螺纹本身不具有密封功能。

（1）基本牙型（GB/T 192—2003）

普通螺纹的基本牙型应符合图 6-1 的规定。

D—内螺纹的基本大径（公称直径）；

d—外螺纹的基本大径（公称直径）；

D_2—内螺纹的基本中径，

$$D_2 = D - 2 \times \frac{3}{8} H = D - 0.6495P;$$

d_2—外螺纹的基本中径，

$$d_2 = d - 2 \times \frac{3}{8} H = d - 0.6495P;$$

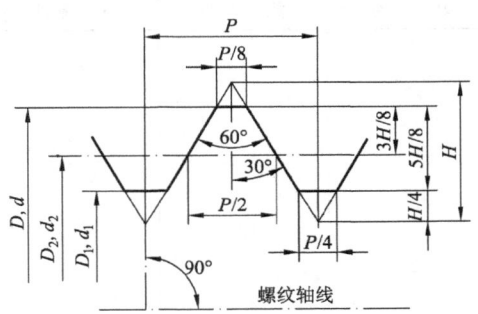

图 6-1　普通螺纹的基本牙型

D_1—内螺纹的基本小径，$D_1 = D - 2 \times \frac{5}{8} H = D - 1.0825P;$

d_1—外螺纹的基本小径，$d_1 = d - 2 \times \frac{5}{8} H = d - 1.0825P;$

P—螺距；

H—原始三角形高度$\left(H = \frac{\sqrt{3}}{2} P = 0.866P \right)$。

（2）螺纹标记（GB/T 197—2003）

完整的螺纹标记由螺纹特征代号、尺寸代号、公差带代号及其他有必要做进一步说明的个别信息组成。螺纹特征代号用字母"M"表示；单线螺纹的尺寸代号用"公称直径×螺距"表示，公称直径和螺距数值的单位为 mm。对粗牙螺纹，可以省略标注其螺距项。多线螺纹的尺寸代号用"公称直径×导程 P_h 螺距 P"表示，公称直径、导程和螺距数值的单位为 mm。如要进一步表明螺纹的线数，可在后面加括号说明（用英语，如双线为 two starts、三线为 three starts 等）。对粗牙螺纹，可以省略标注其螺距项。对左旋螺纹，在螺纹公差带代号和旋合长度代号之后标注"LH"代号，旋合长度代号与旋向代号之间用"—"号分开。右旋螺纹不标注旋向代号。

例：M24—表示公称直径为 24mm 的粗牙普通螺纹；

　　M24×1.5—表示公称直径为 24mm，螺距为 1.5mm 的细牙普通螺纹；

　　M24×P_h3P1.5—表示公称直径为 24mm，螺距为 1.5mm、导程为 3mm 双线的

　　　　　　　　细牙普通螺纹；

M24×1.6-LH（公差带代号和旋合长度代号被省略）—表示公称直径为 24mm，螺距为
1.5mm，方向为左旋的细牙普通
螺纹。

（3）直径与螺距系列（GB/T 193—2003）

直径与螺距标准组合系列应符合表 6-1 的规定。对于标准直径系列，如果需要使用比表 6-1 规定还要小的特殊螺距，则应从下列螺距中选择：3mm、2mm、1.5mm、1mm、0.75mm、0.5mm、0.35mm、0.25mm 和 0.2mm。选择比表 6-1 规定还小的螺距会增加螺纹的制造难度。

普通螺纹的直径与螺距系列（mm） 表 6-1

公 称 直 径 D、d			螺 距 P	
第一系列	第二系列	第三系列	粗 牙	细 牙
1			0.25	0.2
	1.1		0.25	0.2
1.2			0.25	0.2
	1.4		0.3	0.2
1.6			0.35	0.2
	1.8		0.35	0.2
2			0.4	0.25
	2.2		0.45	0.25
2.5			0.45	0.35
3			0.5	0.35
	3.5		(0.6)	0.35
4			0.7	0.5
	4.5		(0.75)	0.5
5			0.8	0.5
		5.5		0.5
6			1	0.75, (0.5)
		7	1	0.75, (0.5)
8			1.25	1, 0.75, (0.5)
		9	(1.25)	1, 0.75, (0.5)
10			1.5	1.25, 1, 0.75, (0.5)
		11	(1.5)	1, (0.75), (0.5)
12			1.75	1.5, 1.25, 1, (0.75), (0.5)
	14		2	1.5, (1.25), 1, (0.75), (0.5)
		15		1.5, (1)
16			2	1.5, 1, (0.75), (0.5)
		17		1.5, (1)
	18		2.5	2, 1.5, 1, (0.75), (0.5)
20			2.5	2, 1.5, 1, (0.75), (0.5)
	22		2.5	2, 1.5, 1, (0.75), (0.5)
24			3	2, 1.5, 1, (0.75)

公　称　直　径　D、d			螺　距　P	
第一系列	第二系列	第三系列	粗　牙	细　牙
		25		2，1.5，(1)
		26		1.5
	27		3	2，1.5，1，(0.75)
		28		2，1.5，1
30			3.5	(3)，2，1.5，1，(0.75)
		32		2，1.5
	33		3.5	(3)，2，1.5，(1)，(0.75)
		35		1.5
36			4	3，2，1.5，(1)
		38		1.5
	39		4	3，2，1.5，(1)
		40		(3)，(2)，1.5
42			4.5	(4)，3，2，1.5，(1)
	45		4.5	(4)，3，2，1.5，(1)
48			5	(4)，3，2，1.5，(1)
		50		(3)，(2)，1.5
	60		(5.5)	4，3，2，1.5，(1)
		62		(4)，(3)，2，1.5
64			6	4，3，2，1.5，(1)
		65		(4)，(3)，2，1.5
	68		6	4,3,2,1.5,(1)
		70		(6)，(4)，(3)，2，1.5
72				6，4，3，2，1.5，(1)
		75		(4)，(3)，2，1.5
	76			6，4，3，2，1.5(1)
		78		2
80				6，4，3，2，1.5，(1)
		82		2
	85			6，4，3，2，(1.5)
90				6，4，3，2，(1.5)
	95			6，4，3，2，(1.5)
100				6，4，3，2，(1.5)
		105		6，4，3，2，(1.5)
110				6，4，3，2，(1.5)
		115		6，4，3，2，(1.5)
	120			6，4，3，2，(1.5)
125				6，4，3，2，(1.5)
	130			6，4，3，2，(1.5)
		135		6，4，3，2，(1.5)
140				6，4，3，2，(1.5)
		145		6，4，3，2，(1.5)
		150		6，4，3，2，(1.5)

注：1. 螺纹直径应优先选用第一系列，其次是第二系列，第三系列尽可能不用。括号内的螺距应尽可能不用。

2. M14×1.25仅用于火花塞，M35×1.5仅用于滚动轴承锁紧螺母。

3. M155～M600系列本表从略。

2. 60°密封管螺纹（GB/T 12716—2011）

本螺纹适用于管子、阀门、管接头、旋塞及其管路附件的密封螺纹连接。

（1）基本牙型

圆柱内螺纹的牙型、圆锥内、外螺纹的牙型应符合图 6-2 的规定。牙型中每个牙的左、右牙的牙侧角相等，牙型角的角平分线垂直于螺纹轴线。圆锥螺纹的锥度为 1：16。圆锥管螺纹的基本尺寸应符合表 6-2 的规定。圆柱内螺纹的大径、中径和小径的基本尺寸与圆锥螺纹在基准平面内的大径、中径和小径的基本尺寸值相等。圆柱内螺纹的极限尺寸应符合表 6-3 的规定。

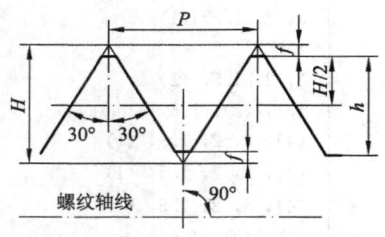

圆柱内螺纹（NPSC）的牙型

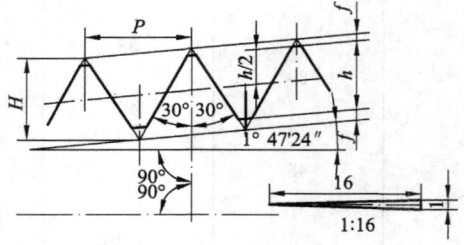

圆锥内、外螺纹（NPT）牙型

$$P=25.4/n \qquad h=0.800000P$$
$$H=0.866025P \quad f=0.033P$$

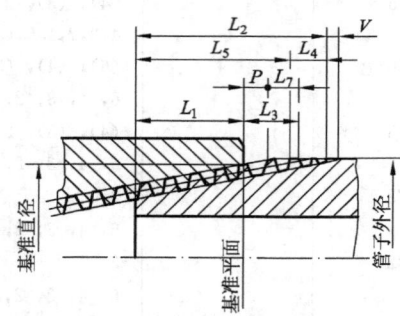

圆锥外螺纹上各主要尺寸的分布位置

图 6-2 60°密封管螺纹的基本牙型

（2）螺纹标记

管螺纹的标记由螺纹特征代号和尺寸代号组成。

螺纹特征代号：NPT—圆锥管螺纹；

NPSC—圆柱内螺纹。

螺纹尺寸代号为表 6-2 和表 6-3 中第一列所规定的分数或整数。

标记示例：尺寸代号为 3/4 的右旋圆柱内螺纹的标记为 NPSC 3/4-14 或 NPSC 3/4；

尺寸代号为 6 的右旋圆锥内螺纹或圆锥外螺纹的标记为 NPT 6。

当螺纹为左旋时应在尺寸代号后加注"LH"。

标记示例：尺寸为 14 的左旋圆锥外螺纹或圆锥内螺纹的标记为 NPT 14-LH。

圆锥管螺纹（NPT）的基本尺寸（mm）　　　　　　　　　　　　**表 6-2**

螺纹尺寸代号	牙数 n	螺距 P/mm	牙型高度 h/mm	基准平面内的基本直径/mm			基准距离 L_1		装配余量 L_3		外螺纹小端面内的基本小径 mm
				大径 D、d	中径 D_2、d_2	小径 D_1、d_1	mm	圈数	mm	圈数	
1/16	27	0.941	0.753	7.895	7.142	6.389	4.064	4.32	2.822	3	6.137
1/8	27	0.941	0.753	10.242	9.489	8.736	4.102	4.36	2.822	3	8.481
1/4	18	1.411	1.129	13.616	12.487	11.358	5.786	4.10	4.234	3	10.996
3/8	18	1.411	1.129	17.055	15.926	14.797	6.096	4.32	4.234	3	14.417
1/2	14	1.814	1.451	21.223	19.772	18.321	8.128	4.48	5.443	3	17.813
3/4	14	1.814	1.451	26.568	25.117	23.666	8.611	4.75	5.443	3	23.127
1	11.5	2.209	1.767	33.228	31.461	29.694	10.160	4.60	6.627	3	29.060
1¼	11.5	2.209	1.767	41.985	40.218	38.451	10.668	4.83	6.627	3	37.785
1½	11.5	2.209	1.767	48.054	46.287	44.520	10.668	4.83	6.627	3	43.853
2	11.5	2.209	1.767	60.092	58.325	56.558	11.074	5.01	6.627	3	55.867
2½	8	3.175	2.540	72.699	70.159	67.619	17.323	5.46	6.350	2	66.535
3	8	3.175	2.540	88.608	86.068	83.528	19.456	6.13	6.350	2	82.311
3½	8	3.175	2.540	101.316	98.776	96.236	20.853	6.57	6.350	2	94.933
4	8	3.175	2.540	113.973	111.433	108.893	21.438	6.75	6.350	2	107.554
5	8	3.175	2.540	140.952	138.412	135.872	23.800	7.50	6.350	2	134.384
6	8	3.175	2.540	167.792	165.252	162.712	24.333	7.66	6.350	2	161.191
8	8	3.175	2.540	218.441	215.901	213.361	27.000	8.50	6.350	2	211.673
10	8	3.175	2.540	272.312	269.772	267.232	30.734	9.68	6.350	2	265.311
12	8	3.175	2.540	323.032	320.492	317.952	34.544	10.88	6.350	2	315.793
14	8	3.175	2.540	354.905	352.365	349.825	39.675	12.50	6.350	2	347.345
16	8	3.175	2.540	405.784	403.244	400.704	46.025	14.50	6.350	2	397.828
18	8	3.175	2.540	456.565	454.025	451.485	50.800	16.00	6.350	2	448.310
20	8	3.175	2.540	507.246	504.706	502.166	53.975	17.00	6.350	2	498.793
24	8	3.175	2.540	608.608	606.068	603.528	60.325	19.00	6.350	2	599.758

圆柱内螺纹（NPSC）的极限尺寸（mm）　　　　　　　　　　　　**表 6-3**

螺纹尺寸代号	牙数 n	中径/mm		小径/mm
		max	min	min
1/8	27	9.578	9.401	8.636
1/4	18	12.619	12.355	11.227
3/8	18	16.058	15.794	14.656
1/2	14	19.942	19.601	18.161
3/4	14	25.288	24.948	23.495
1	11.5	31.669	31.255	29.489

续表

螺纹尺寸代号	牙数 n	中径/mm		小径/mm
		max	min	min
1¼	11.5	40.424	40.010	38.252
1½	11.5	46.495	46.081	44.323
2	11.5	58.532	58.118	56.363
2½	8	70.457	69.860	67.310
3	8	86.365	85.771	83.236
3½	8	99.073	98.478	95.936
4	8	111.730	111.135	108.585

3. 55°密封管螺纹（GB/T 7306.1—2000、GB/T 7306.2—2000）

本螺纹适用于管子、阀门、管接头、旋塞及其他管路附件的螺纹连接。

（1）基本牙型

圆柱内螺纹和圆锥外螺纹的设计牙型应符合图 6-3 的规定。其左、右两牙侧的牙侧角相等，牙型角的角平分线垂直于螺纹轴线。其基本尺寸应符合表 6-4 的规定。圆锥外螺纹

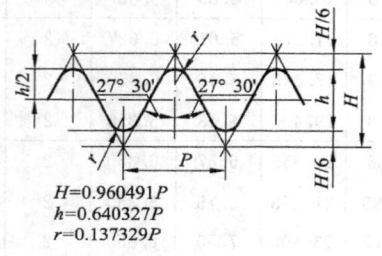

$H=0.960491P$
$h=0.640327P$
$r=0.137329P$

圆柱内螺纹的设计牙型

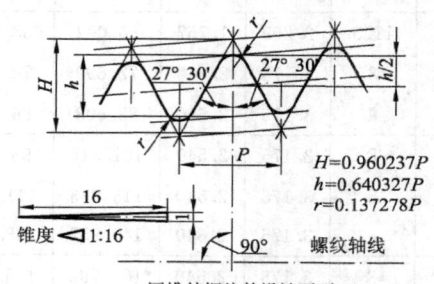

$H=0.960237P$
$h=0.640327P$
$r=0.137278P$

锥度 ◁1:16

90° 螺纹轴线

圆锥外螺纹的设计牙型

圆锥外螺纹上各主要尺寸的分布位置

圆柱内螺纹上各主要尺寸的分布位置

$$D_2=d_2=d-h=d-0.640327P$$
$$D_1=d_1=d-2h=d-1.280654P$$

图 6-3 圆柱内螺纹与圆锥外螺纹（GB/T 7306.1—2000）

和圆锥内螺纹的设计牙型和基本尺寸应符合图 6-4 和表 6-5 的规定。

圆柱内螺纹和圆锥外螺纹的基本尺寸（mm）　　　　表 6-4

尺寸代号	每25.4mm内所包含的牙数 n	螺距 P	牙高 h	基准平面内的基本直径			基准距离			装配余量		外螺纹的有效螺纹不小于		
				大径（基准直径）d=D	中径 $d_2=D_2$	小径 $d_1=D_1$	基本	max	min		圈数	基准距离分别为		
												基本	max	min
1/16	28	0.907	0.581	7.723	7.142	6.561	4	4.9	3.1	2.5	2¾	6.5	7.4	5.6
1/8	28	0.907	0.581	9.728	9.147	8.566	4	4.9	3.1	2.5	2¾	6.5	7.4	5.6
1/4	19	1.337	0.856	13.157	12.301	11.445	6	7.3	4.7	3.7	2¾	9.7	11	8.4
3/8	19	1.337	0.856	16.662	15.806	14.950	6.4	7.7	5.1	3.7	2¾	10.1	11.4	8.8
1/2	14	1.814	1.162	20.955	19.793	18.631	8.2	10.0	6.4	5.0	2¾	13.2	15	11.4
3/4	14	1.814	1.162	26.441	25.279	24.117	9.5	11.3	7.7	5.0	2¾	14.5	16.3	12.7
1	11	2.309	1.479	33.249	31.770	30.291	10.4	12.7	8.1	6.4	2¾	16.8	19.1	14.5
1¼	11	2.309	1.479	41.910	40.431	38.952	12.7	15.0	10.4	6.4	2¾	19.1	21.4	16.8
1½	11	2.309	1.479	47.803	46.324	44.845	12.7	15.0	10.4	6.4	2¾	19.1	21.4	16.8
2	11	2.309	1.479	59.614	58.135	56.656	15.9	18.2	13.6	7.5	3¼	23.4	25.7	21.1
2½	11	2.309	1.479	75.184	73.705	72.226	17.5	21.0	14.0	9.2	4	26.7	30.2	23.2
3	11	2.309	1.479	87.884	86.405	84.926	20.6	24.1	17.1	9.2	4	29.8	33.3	26.3
4	11	2.309	1.479	113.030	111.551	110.072	25.4	28.9	21.9	10.4	4½	35.8	39.3	32.3
5	11	2.309	1.479	138.430	136.951	135.472	28.6	32.1	25.1	11.5	5	40.1	43.6	36.6
6	11	2.309	1.479	163.830	162.351	160.872	28.6	32.1	25.1	11.5	5	40.1	43.6	36.6

（2）螺纹标记

管螺纹的标记由螺纹特征代号和尺寸代号组成。

螺纹特征代号：R_P—表示圆柱内螺纹；

R_C—表示圆锥内螺纹；

R_1—表示与圆柱内螺纹相配合的圆锥外螺纹；

R_2—表示与圆锥内螺纹相配合的圆锥外螺纹。

螺纹尺寸代号为表 6-4 和表 6-5 中第一列所规定的分数或整数。

标记示例：尺寸代号为 3/4 的右旋圆柱内螺纹的标记为 R_P 3/4，

尺寸代号为 3 的右旋圆锥外螺纹的标记为 R_1 3，

尺寸代号为 3/4 的右旋圆锥内螺纹的标记为 R_C 3/4，

尺寸代号为 3 的右旋圆锥外螺纹的标记为 R_2 3。

当螺纹为左旋时应在尺寸代号后加注"LH"。

标记示例：尺寸为 3/4 的左旋圆柱螺纹的标记为 R_P 3/4 LH

表示螺纹副时，螺纹的特征代号为 R_P/R_1（R_C/R_2），前面为内螺纹的特征代号，后面为外螺纹的特征代号，中间用斜线分开。

标记示例：尺寸代号为 3 的右旋圆锥外螺纹与圆柱内螺纹所组成的螺纹副的标记为 R_P/R_13；尺寸代号为 3 的右旋圆锥内螺纹与圆锥外螺纹所组成的螺纹副的标记为 R_C/R_23。

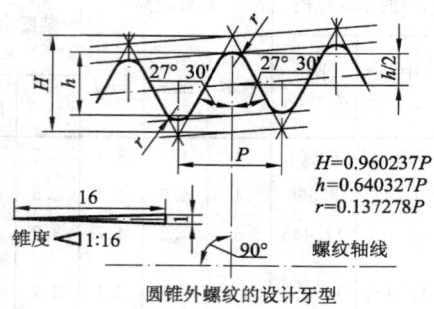

$H=0.960237P$
$h=0.640327P$
$r=0.137278P$

圆锥外螺纹的设计牙型

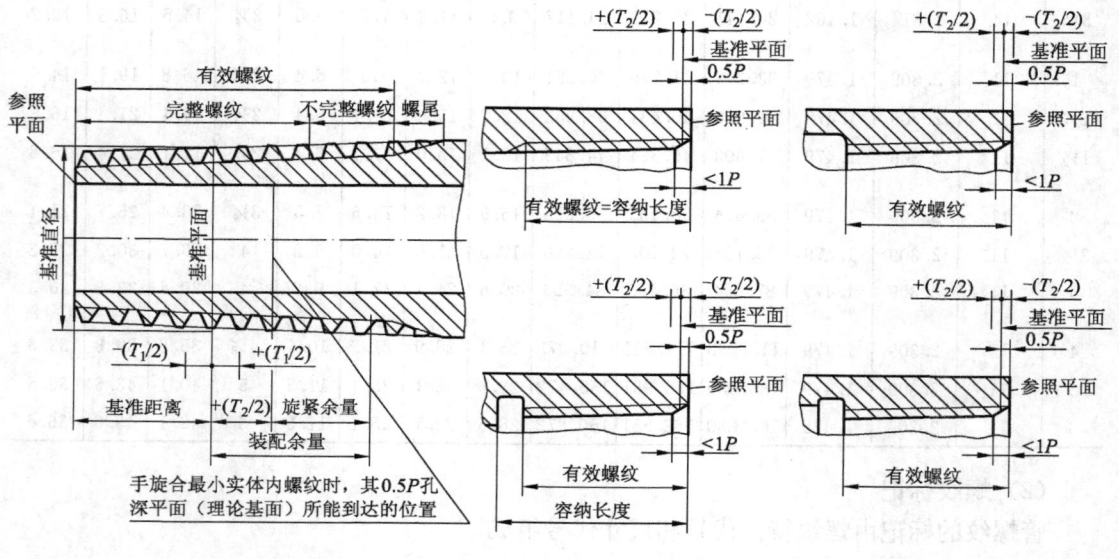

圆锥外螺纹上各主要尺寸的分布位置　　　　　圆锥内螺纹上各主要尺寸的分布位置

$$D_2=d_2=d-h=d-0.640327P$$
$$D_1=d_1=d-2h=d-1.280654P$$

图 6-4　圆锥内螺纹和外螺纹（GB/T 7306.2—2000）

圆锥内螺纹和圆锥外螺纹的基本尺寸（mm）　　　　表 6-5

尺寸代号	每25.4 mm内所包含的牙数 n	螺距 P	牙高 h	基准平面内的基本直径			基准距离			装配余量		外螺纹的有效螺纹不小于		
				大径（基准直径）$d=D$	中径 $d_2=D_2$	小径 $d_1=D_1$	基本	max	min		圈数	基准距离分别为		
												基本	max	min
1/16	28	0.907	0.581	7.723	7.142	6.561	4	4.9	3.1	2.5	2¾	6.5	7.4	5.6
1/8	28	0.907	0.581	9.728	9.147	8.566	4	4.9	3.1	2.5	2¾	6.5	7.4	5.6
1/4	19	1.337	0.856	13.157	12.301	11.445	6	7.3	4.7	3.7	2¾	9.7	11	8.4

尺寸代号	每25.4mm内所包含的牙数 n	螺距 P	牙高 h	基准平面内的基本直径			基准距离			装配余量		外螺纹的有效螺纹不小于		
				大径（基准直径）d=D	中径 $d_2=D_2$	小径 $d_1=D_1$	基本	max	min		圈数	基准距离分别为		
												基本	max	min
3/8	19	1.337	0.856	16.662	15.806	14.950	6.4	7.7	5.1	3.7	2¾	10.1	11.4	8.8
1/2	14	1.814	1.162	20.955	19.793	18.631	8.2	10.0	6.4	5.0	2¾	13.2	15	11.4
3/4	14	1.814	1.162	26.441	25.279	24.117	9.5	11.3	7.7	5.0	2¾	14.5	16.3	12.7
1	11	2.309	1.479	33.249	31.770	30.291	10.4	12.7	8.1	6.4	2¾	16.8	19.1	14.5
1¼	11	2.309	1.479	41.910	40.431	38.952	12.7	15.0	10.4	6.4	2¾	19.1	21.4	16.8
1½	11	2.309	1.479	47.803	46.324	44.845	12.7	15.0	10.4	6.4	2¾	19.1	21.4	16.8
2	11	2.309	1.479	59.614	58.135	56.656	15.9	18.2	13.6	7.5	3¼	23.4	25.7	21.1
2½	11	2.309	1.479	75.184	73.705	72.226	17.5	21.0	14.0	9.2	4	26.7	30.2	23.2
3	11	2.309	1.479	87.884	86.405	84.926	20.6	24.1	17.1	9.2	4	29.8	33.3	26.3
4	11	2.309	1.479	113.030	111.551	110.072	25.4	28.9	21.9	10.4	4½	35.8	39.3	32.3
5	11	2.309	1.479	138.430	136.951	135.472	28.6	32.1	25.1	11.5	5	40.1	43.6	36.6
6	11	2.309	1.479	163.830	162.351	160.872	28.6	32.1	25.1	11.5	5	40.1	43.6	36.6

4. 55°非密封管螺纹（GB/T 7307—2001）

本螺纹适用于管子、阀门、管接头、旋塞及其他管路附件的螺纹连接。

（1）基本牙型

圆柱管螺纹的设计牙型应符合图 6-5 的规定。其左、右两牙侧的牙侧角相等。非密封管螺纹的基本尺寸应符合表 6-6 的规定。

（2）螺纹标记

圆柱管螺纹的标记由螺纹特征代号、尺寸代号和公差等级代号组成。

螺纹特征代号用字母"G"表示。

螺纹尺寸代号为表 6-6 第 1 栏中所规定的分数和整数。

螺纹公差等级代号：对外螺纹分 A、B 两级进行标记；对内螺纹不标记公差等级代号。

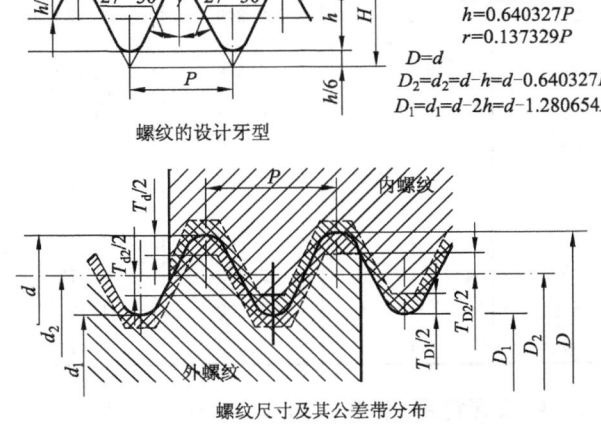

$$H=0.960491P$$
$$h=0.640327P$$
$$r=0.137329P$$
$$D=$$
$$D_2=d_2=d-h=d-0.640327P$$
$$D_1=d_1=d-2h=d-1.280654P$$

螺纹的设计牙型

螺纹尺寸及其公差带分布

图 6-5 非密封管螺纹

标记示例：尺寸代号为 2 的右旋圆柱内螺纹的标记为 G2。

尺寸代号为 3 的 A 级右旋圆柱外螺纹的标记为 G3A。

尺寸代号为 4 的 B 级右旋圆柱外螺纹的标记为 G4B。

当螺纹为左旋时，应在外螺纹的公差等级代号或内螺纹的尺寸代号之后加注"LH"。

标记示例：尺寸代号为 2 的左旋圆柱内螺纹的标记为 G2 LH。

尺寸代号为 3 的 A 级左旋圆柱外螺纹的标记为 G3A-LH。

尺寸代号为 4 的 B 级左旋圆柱外螺纹的标记为 G4B-LH。

非密封管螺纹的基本尺寸（mm）　　　　表 6-6

尺寸代号	每 25.4mm 内所包含的牙数 n	螺距 P	牙高 h	基本直径		
				大径 $d=D$	中径 $d_2=D_2$	小径 $d_1=D_1$
1/16	28	0.907	0.581	7.723	7.142	6.561
1/8	28	0.907	0.581	9.728	9.147	8.566
1/4	19	1.337	0.856	13.157	12.301	11.445
3/8	19	1.337	0.856	16.662	15.806	14.950
1/2	14	1.814	1.162	20.955	19.793	18.631
5/8	14	1.814	1.162	22.911	21.749	20.587
3/4	14	1.814	1.162	26.441	25.279	24.117
7/8	14	1.814	1.162	30.201	29.039	27.877
1	11	2.309	1.479	33.249	31.770	30.291
1⅛	11	2.309	1.479	37.897	36.418	34.939
1¼	11	2.309	1.479	41.910	40.431	38.952
1½	11	2.309	1.479	47.803	46.324	44.845
1¾	11	2.309	1.479	53.746	52.267	50.788
2	11	2.309	1.479	59.614	58.135	56.656
2¾	11	2.309	1.479	65.710	64.231	62.752
2½	11	2.309	1.479	75.184	73.705	72.226
2¼	11	2.309	1.479	81.534	80.055	78.576
3	11	2.309	1.479	87.884	86.405	84.926
3½	11	2.309	1.479	100.330	98.851	97.372
4	11	2.309	1.479	113.030	111.551	110.072
4½	11	2.309	1.479	125.730	124.251	122.772
5	11	2.309	1.479	138.430	136.951	135.472
5½	11	2.309	1.479	151.130	149.651	148.172
6	11	2.309	1.479	163.830	162.351	160.872

5. 自攻螺钉用螺纹（GB/T 5280—2002）

本标准规定了螺纹规格为 ST 1.5～ST 9.5 的自攻螺钉（金属薄板用螺钉）用螺纹及其末端。且末端型号包括 C 型-锥端，F 型-平端和 R 型-倒圆端三种类型。其中 C 型自攻螺钉用螺纹由辗制螺纹形成（不超出 C 型锥端顶点多余的金属是允许的，顶点轻微的倒圆或截锥较理想）。自攻螺钉用螺纹的型式与尺寸见图 6-6 和表 6-7。

螺纹规格为 ST 3.5 的自攻螺钉用螺纹的标记示例为：自攻螺纹 GB/T 5280—ST 3.5。

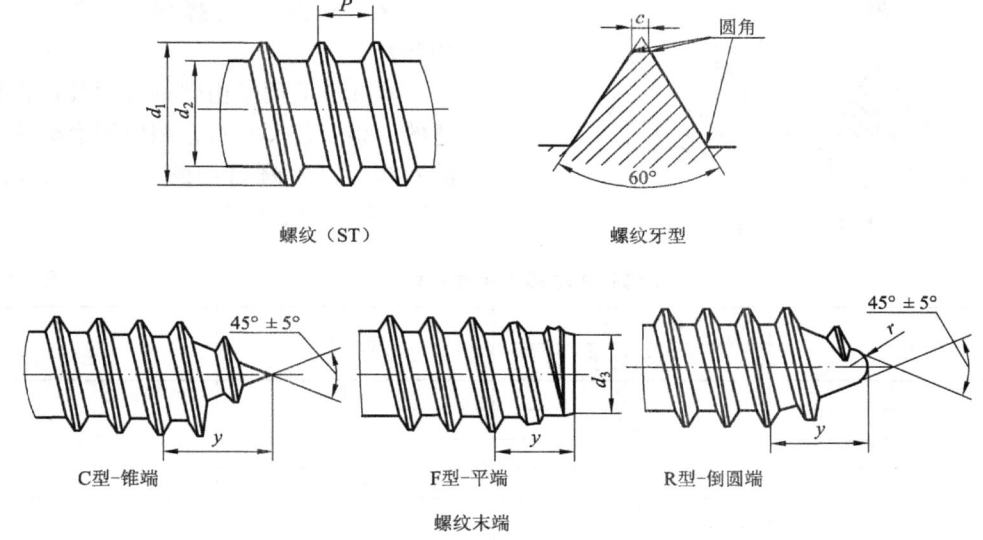

螺纹（ST）　　　　　　　　　螺纹牙型

C型-锥端　　　　　　F型-平端　　　　　　R型-倒圆端

螺纹末端

图 6-6　自攻螺钉用螺纹（ST）

自攻螺钉用螺纹尺寸系列（mm）　　　　　　　　　表 6-7

螺纹规格		ST1.5	ST1.9	ST2.2	ST2.6	ST2.9	ST3.3	ST3.5	ST3.9	ST4.2	ST4.8	ST5.5	ST6.3	ST8	ST9.5
P	$\approx$	0.5	0.6	0.8	0.9	1.1	1.3	1.3	1.3	1.4	1.6	1.8	1.8	2.1	2.1
d_1	max	1.52	1.90	2.24	2.57	2.90	3.30	3.53	3.91	4.22	4.80	5.46	6.25	8.00	9.65
	min	1.38	1.76	2.10	2.43	2.76	3.12	3.35	3.73	4.04	4.62	5.28	6.03	7.78	9.43
d_2	max	0.91	1.24	1.63	1.90	2.18	2.39	2.64	2.92	3.10	3.58	4.17	4.88	6.20	7.85
	min	0.84	1.17	1.52	1.80	2.08	2.29	2.51	2.77	2.95	3.43	3.99	4.70	5.99	7.59
d_3	max	0.79	1.12	1.47	1.73	2.01	2.21	2.41	2.67	2.84	3.30	3.86	4.55	5.84	7.44
	min	0.69	1.02	1.37	1.60	1.88	2.08	2.26	2.51	2.69	3.12	3.68	4.34	5.64	7.24
c	max	0.1	0.1	0.1	0.1	0.1	0.1	0.1	0.1	0.1	0.15	0.15	0.15	0.15	0.15
r[1]	$\approx$						0.5	0.6	0.6	0.7	0.8	0.9	1.1	1.4
参考[2]	C型	1.4	1.6	2	2.3	2.6	3	3.2	3.5	3.7	4.3	5	6	7.5	8
	F型	1.1	1.2	1.6	1.8	2.1	2.5	2.5	2.7	2.8	3.2	3.6	3.6	4.2	4.2
	R型	—	—	—	—	—	2.7	3	3.2	3.6	4.3	5	6.3	—
号码	No.[3]	0	1	2	3	4	5	6	7	8	10	12	14	16	20

①　r 是参考尺寸，仅供指导，末端不一定是完整的球面，但触摸时不应是尖锐的。

②　不完整螺纹的长度。

③　以前的螺纹标记，仅为信息。

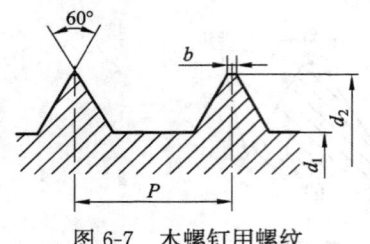

图 6-7 木螺钉用螺纹

6. 木螺钉用螺纹（GB/T 922—1986）

本标准适用于由碳钢或铜及铜合金制造的、型式及尺寸符合相应国家标准规定的木螺钉。木螺钉用螺纹基本尺寸按图 6-7 和表 6-8 的规定。

木螺钉用木螺纹尺寸系列（mm）　　　　　　表 6-8

d	螺纹小径 d_1	螺距 P	b
	基本尺寸		≤
1.6	1.2	0.8	
2	1.4	0.9	0.25
2.5	1.8	1	
3	2.1	1.2	
3.5	2.5	1.4	
4	2.8	1.6	0.3
(4.5)	3.2	1.8	
5	3.5	2	
(5.5)	3.8	2.2	0.3
6	4.2	2.5	
(7)	4.9	2.8	
8	5.6	3	0.35
10	7.2	3.5	
12	8.7	4	
16	12	5	0.4
20	15	6	

注：尽量不采用括号内规格。

7. 螺栓、螺钉、螺柱和螺母的机械性能及材料（GB/T 3098.1—2010、GB/T 3098.2～4—2000、GB/T 3098.6—2000、GB/T 3098.10—1993、GB/T 3098.11—2002、GB/T 3098.15—2000）

（1）螺栓、螺钉、螺柱的紧固件机械性能（GB/T 3098.1—2010）

本标准规定了由碳钢或合金钢制造的在环境温度为 10～35℃ 条件下进行试验时，螺栓、螺钉和螺柱的机械和物理性能。本标准适用于螺栓、螺钉和螺柱粗牙螺纹 M1.6～M39 与细牙螺纹 M8×1～M39×3 且由碳钢或合金钢制造的。本标准不适用于紧定螺钉及类似的不受拉力的螺纹紧固件。在环境温度下按规定的方法做试验时，螺栓、螺钉和螺柱应符合表 6-9 规定的机械或物理性能。

螺栓、螺钉和螺柱的性能等级标记代号由两部分数字组成。第一部分数字表示公称抗拉强度（$R_{m,公称}$）的 1/100（表 6-9 的第二列），第二部分数字表示公称屈服强度（下屈服强度（$R_{eL,公称}$））或规定非比例延伸 0.2% 的公称应力（$R_{p0.2,公称}$）或规定非比例延伸 0.0048d 的公称应力（$R_{pf,公称}$）与公称抗拉强度（$R_{m,公称}$）比值（屈强比）的 10 倍。这两部分数字的乘积为公称屈服点的 1/10。最小屈服点或最小规定非比例伸长应力和最小抗拉强度等于或大于其公称值。

例：性能等级标记为 4.8，其 $R_{m,公称}$ 和 $R_{eL,公称}$ 或 $R_{p0.2,公称}$ 或 $R_{pf,公称}$ 的数值如下：

$R_{m,公称}=4\times100=400MPa$，$R_{eL,公称}$ 或 $R_{p0.2,公称}$ 或 $R_{pf,公称}$ / $R_{m,公称}=0.8$ ，$R_{m,公称}=0.8$ $R_{eL,公称}$ 或 $R_{p0.2,公称}$ 或 $R_{pf,公称}\times100=320MPa$ 。

螺栓、螺钉和螺柱的机械性能及材料　　　　表 6-9

性能等级		抗拉强度 R_m/MPa	下屈服强度 R_{eL}/MPa	规定非比例延伸 0.2%的应力 $R_{p0.2}/MPa$	材料及热处理
4.6		400	240	—	碳钢或添加元素的碳钢
4.8			—	—	
5.6		500	300	—	
5.8			—	—	
6.8		600	—	—	
8.8	≤M16	800	—	640	添加元素的碳钢（如硼锰或铬）淬火并回火或中碳钢淬火并回火或合金钢淬火并回火
	>M16		—		
9.8		900	—	720	
10.9		1000	—	900	中碳钢淬火并回火或添加元素的碳钢（如硼锰或铬）淬火并回火或合金钢淬火并回火
12.9/12.9		1200	—	1080	合金钢淬火并回火/添加元素的碳钢（如硼锰或铬或钼）淬火并回火

注：1. 4.6，4.8，5.8，6.8 这些性能等级允许采用易切钢制造。其硫、磷及铅的最大含量为：硫 0.34%；磷 0.11%；铅 0.35%。

2. 为保证良好的淬透性，螺纹直径超过 20mm 的紧固件，需采用对 10.9 级规定的钢。

3. 用于 8.8、9.8、10.9 和 12.9 性能等级的材料应具有良好的淬透性，以保证紧固件螺纹截面的芯部在淬火后、回火前获得约 90%的马氏体组织。

4. 对应于 8.8、9.8、10.9 和 12.9 性能等级的合金钢淬火并回火至少应含有以下元素中的一种元素，其最小含量为：铬 0.30%；镍 0.30%；钼 0.20%；钒 0.10%。当含有二、三或四种复合的合金成分时，合金元素的含量不能少于单个合金元素含量总和的 70%。

5. 考虑承受抗拉应力，12.9 级的表面不允许有金相能测出的白色磷聚集层。

6. 因超拧造成载荷超出保证载荷时，对螺纹直径 $d\leq16mm$ 的 8.8 级螺栓则增加了螺母脱扣的危险。推荐参考 GB/T 3098.2。

7. 9.8 级仅适用于螺纹直径 $d\leq16mm$。

8. 8.8 级第一栏（≤M16）不适用于拴接结构；8.8 级第二栏（>M16），对钢结构用螺栓为 12mm。

9. 当不能测定下屈服强度 R_{eL} 时，允许以测量规定非比例延伸 0.2%的应力 $R_{p0.2}$ 代替。4.8，5.8 和 6.8 级的 R_{pf} 值仅为计算用，不是试验数值。

10. 按性能等级标记的屈强比和规定屈服强度适用于机械加工试件。因受试件加工方法和尺寸的影响，这些数值与螺栓和螺钉实物测出的数值是不相同的。

(2) 螺母的机械性能（GB/T 3098.2—2000）

本标准规定了在环境温度为 10～35℃条件下进行试验时，规定保证载荷值的螺母机械性能。本标准适用于由碳钢或合金钢制造的、公称高度≥0.5D、对边宽度符合 GB/T 3104 规定的或相当的、有特定的机械要求、符合 GB/T 192 规定的普通螺纹、符合 GB/T 193 规定的粗牙螺纹直径与螺距组合、符合 GB/T 196 规定的基本尺寸、符合 GB/T 197 规定的公差与配合、螺纹公称直径 $D\leq39mm$ 的螺母。

公称高度≥0.8D（螺纹有效长度≥0.6D）的螺母的性能等级标记，用与其相配的螺栓中最高性能等级的第一部分数字表示，该螺栓应为可与该螺母相配螺栓中性能等级最高的。螺母的机械性能见表6-10。对公称高度≥0.5D而<0.8D的螺母性能等级标记中，第2位数字表示用淬硬试验芯棒测出的公称保证应力的1/100（以N/mm^2计）。而第一位数字"0"则表示这种螺栓—螺母组合件的承载能力比淬硬芯棒测出的承载能力要小。有效承载能力不仅取决于螺母本身的硬度和螺纹有效长度而且还与相配合的螺栓抗拉强度有关。

螺母的机械性能 表 6-10

		公 称 高 度 ≥0.8D							公称高度≥0.5D、<0.8D	
螺母性能等级		4	5	6	8	9	10	12	04	05
保证应力 S_P/MPa	D≥3~4mm	—	520	600	800	900	1040	1150		
	D>4~7mm	—	580	670	855	915	1040	1150		
	D>7~10mm	—	590	680	870	940	1040	1160	380	500
	D>10~16mm	—	610	700	880	950	1050	1190		
	D>16~39mm	510	630	720	920	920	1060	1200		
相配的螺栓、螺钉和螺柱	性能等级	3.6 4.6 4.8	3.6 4.6 4.8	5.6 5.8	6.8	8.8	8.8	9.8	10.9	12.9
	螺纹直径范围/mm	>16	≤16	≤39	≤39	≤39	>16~≤39	≤16	≤39	≤39

注：1. D——螺纹直径。
2. 性能等级较高的螺母一般均可代替性能等级较低的螺母。

（3）紧定螺钉的机械性能（GB/T 3098.3—2000）

本标准规定了由碳钢或合金钢制造的、在环境温度为10~35℃条件下进行试验时，螺纹公称直径为1.6~24的紧定螺钉及类似的不受拉应力的紧固件机械性能。制造紧定螺钉的材料应符合表6-11规定的技术要求。

紧定螺钉的性能等级用代号标记由数字和H表示，数字部分表示最低维氏硬度的1/10，代号中的字母H表示硬度，如表6-11所示。

紧定螺钉的机械性能及材料 表 6-11

性能等级			14H	22H	33H	45H
维氏硬度 HV_{min}			140	220	330	450
材料及热处理			碳 钢①②	碳 钢③ 淬火并回火	碳 钢③ 淬火并回火	合金钢③④ 淬火并回
化学成分/%	C	max	0.50	0.50	0.50	0.50
		min	—	—	—	0.19
	P	max	0.11	0.05	0.05	0.05
	S	max	0.15	0.05	0.05	0.05

①使用易切钢时，其铅、磷及硫的最大含量为：铅0.35%，磷0.11%，硫0.34%。
②方头紧定螺钉允许表面硬化。
③可以采用最大含铅量为0.35%的钢材。
④应含有一种或多种铬、镍、钼、钒或硼合金元素。

（4）细牙螺母的机械性能及材料（GB/T 3098.4—2000）

本标准规定了在环境温度为 $10\sim35℃$ 条件下进行试验时，规定保证载荷值的螺母机械性能。本标准适用于由碳钢或合金钢制造的、公称高度 $\geqslant0.5D$、对边宽度符合 GB/T 3104 规定的或相当的、有特定的机械要求、符合 GB/T 192 规定的普通螺纹（细牙螺纹）、符合 GB/T 193 规定的细牙螺纹直径与螺距组合、符合 GB/T 196 规定的基本尺寸、符合 GB/T 197 规定的公差与配合、螺纹公称直径 $D=8\sim39mm$（细牙螺纹）的螺母。

公称高度 $\geqslant0.8D$（螺纹有效长度 $\geqslant0.6D$）的螺母，用螺栓性能等级的第一部分数字表示，该螺栓应为可与该螺母相配螺栓中性能等级最高的；对公称高度 $\geqslant0.5D$ 而 $<0.8D$（螺纹有效长度 $\geqslant0.4D$ 而 $<0.6D$）的螺母，有两位数字标记：第 2 位数字表示用淬硬试验芯棒测出的公称保证应力的 1/100（以 N/mm^2 计）；而第一位数字"0"则表示这种螺栓—螺母组合件的承载能力比淬硬芯棒测出的承载能力要小。表 6-12 给出了螺母的性能等级和保证应力。

细牙螺母的机械性能　　表 6-12

		公称高度≥0.8D							0.8D>公称高度≥0.5D	
细牙螺母性能等级		5	6	8		10		12	04	05
型式及热处理		1型不淬火回火	1型不淬火回火	1型淬火并回火	2型不淬火回火	1型淬火并回火	2型淬火并回火	1型淬火并回火	薄型不淬火回火	薄型淬火并回火
保证应力 S_P N/mm^2	8≤D≤10	690	770	955	890	1100	1055	1200	380	500
	10<D≤16		780			1110				
	16<D≤33	720	870	1030	—	—	—	1080		
	33<D≤39		930	1090				—		
相配的螺栓、螺钉和螺柱	性能等级	3.6、4.6、4.8、4.6、5.8	6.8	8.8		10.9		12.9		
	螺纹直径/mm	≤39	≤39	≤39		≤39		≤16	—	—
螺母的螺纹直径/mm		≤39	≤39	≤39	≤16	≤16	≤39	≤16	—	—

注：1. 一般来说，性能等级较高的螺母，可以替换性能等级较低的螺母。螺栓-螺母组合件的应力高于螺栓的屈服强度或保证应力是可行的。

　　2. 对 6 级 $D>16mm$ 的螺母，可以淬火并回火，由制造者确定。

（5）不锈钢螺栓、螺钉、螺柱和螺母的机械性能及材料（GB/T 3098.6—2000，GB/T 3098.15—2000）

本标准适用于由奥氏体、马氏体和铁素体耐腐蚀不锈钢制造的、在环境温度为 $15\sim25℃$ 条件下进行试验时，螺母、螺栓、螺钉、螺柱和紧定螺钉及类似的不受拉应力的紧固件的机械性能。本标准适用任何形状的、符合 GB/T 192 规定的普通螺纹、符合 GB/T 193 规定的直径与螺距组合、符合 GB/T 196 规定的基本尺寸、符合 GB/T 192 规定的公差的、螺纹公称直径 $d\leqslant39mm$ 的螺栓、螺钉、螺柱；螺纹公称直径 $D\leqslant39mm$ 的、公称高度 $\geqslant0.5D$、对边宽度符合 GB/T 3104 规定的螺母。本标准的目的在于对不锈钢紧固件

第六章 紧 固 件

682

的性能进行分级。本标准生产的不锈钢螺栓、螺钉、螺柱和螺母的机械性能应符合表6-13的规定（GB/T 3098.15 为不锈钢螺母）。

不锈钢螺栓、螺钉、螺柱和螺母的材料标记由短线隔开的两部分组成：第一部分标记钢的组别；第二部分标记性能等级。钢的组别第一部分标记由字母和一个数字组成。字母表示钢的类别，数字表示该类钢的化学成分范围。其中 A-奥氏体钢；C-马氏体钢；F-铁素体钢。性能等级（第二部分）标记对公称高度 $m\geqslant0.8D$ 的（1型）螺母，由两个数字组成，并表示保证载荷应力的1/10；对高度 $0.5D\leqslant m<0.8D$ 的（薄型）螺母，由三个数字组成，第一位数字表示降低承载能力的螺母；后两位数字表示保证载荷应力的1/10。标记示例：

对螺母，A2-70 表示：奥氏体钢、冷加工、最小保证应力（1型螺母）为 700N/mm²（700MPa）。

对螺栓、螺钉、螺柱，A2-70 表示：奥氏体钢、冷加工、最小抗拉强度（1型螺母）为 700N/mm²（700MPa）。

不锈钢螺栓、螺钉、螺柱和螺母的机械性能及材料　　　表 6-13

材料		机　械　性　能						
		性能等级		保证应力 S_P/MPa		螺栓、螺钉和螺柱		
类别	组别	薄螺母 ($0.5D\leqslant m<0.8D$)	I型螺母 ($m\geqslant0.8D$)	薄螺母 ($0.5D\leqslant m<0.8D$)	I型螺母 ($m\geqslant0.8D$)	性能等级	抗拉强度 R_{mmin}/MPa	规定非比例延伸0.2%的应力 $R_{p0.2min}$/MPa
A 奥氏体	A1，A2	025	50	250	500	50	500	210
	A3，A4	030	70	350	700	70	700	450
	A5	040	80	400	800	80	800	600
C 马氏体	C1	025	50	250	500	50	500	250
		—	70	—	700	70	700	410
		055	110	550	1100	110	1100	820
	C3	040	80	400	800	80	800	640
	C4		50		500	50	500	250
		035	70	350	700	70	700	410
F 铁素体	F1	020	45	200	450	45	450	250
		030	60	300	600	60	600	410

（6）自钻自攻螺钉渗碳层厚度工作性能及钻孔性能（GB/T 3098.11—2002）

本标准规定了符合 GB/T 5280 的自攻螺纹、其钻头部分在安装过程中能钻出螺纹预制孔、经热处理的自攻螺钉的性能。这种螺钉在挤压出与其配合的螺纹时，是借助螺钉的钻头部分及与其相连的螺纹部分，先钻孔后挤压螺纹。本标准的目的在于保证螺钉在钻预制孔和挤压螺纹的过程中，不变形或断裂，保证不发生过载。自钻自攻螺钉渗碳层厚度工作性能及钻孔性能应符合表 6-14 的规定。

自钻自攻螺钉渗碳层厚度工作性能及钻孔性能　　　　　　表 6-14

螺纹规格	渗碳层厚 mm	工 作 性 能				钻孔性能	
		试验板厚度 mm	轴向总推力 N	拧入时间 s	自攻螺钉的转速 r/min	试验板厚 mm	螺纹底孔直径 max mm
ST2.9	0.05~0.18	0.7+0.7=1.4	150	3	1800~2500	1	2.5
ST3.5	0.05~0.18	1+1=2	150	4	1800~2500	1	3.0
ST4.2	0.10~0.23	1.5+1.5=3	250	5	1800~2500	2	3.6
ST4.8	0.10~0.23	2+2=4	250	7	1800~2500	2	4.2
ST5.5	0.10~0.23	2+3=5	350	11	1000~1800	2	4.8
ST6.3	0.15~0.28	2+3=5	350	13	1000~1800	2	5.4

（7）有色金属螺栓、螺钉、螺柱和螺母的机械性能及材料（GB/T 3098.10—1993）

本标准适用于由铜及铜合金或铝及铝合金制造的、螺纹直径为 1.6~39mm 的粗牙螺纹，其螺纹尺寸按 GB 196 和 GB 197 规定的螺栓、螺钉、螺柱和螺母等商品紧固件产品。有色金属螺栓、螺钉、螺柱和螺母的性能等级的标记代号中，其字母与有色金属材料化学元素符号的字母相同，数字表示性能等级序号，如表 6-15 所示。在常温下，螺栓、螺钉、螺柱和螺母机械性能应符合表 6-15 的规定。表中规定了各性能等级适用的有色金属材料牌号，根据供需双方协议，当能保证机械性能时，可采用其他的有色金属材料制造。

有色金属螺栓、螺钉、螺柱和螺母的机械性能及材料　　　　　表 6-15

性能等级	机 械 性 能				材料牌号及标准号
	螺纹直径 d/mm	抗拉强度 $R_{m\,min}$/MPa	规定非比例延伸 0.2%的应力 $R_{p0.2min}$/MPa	伸长率 A_{min}/%	
CU1	≤39	240	160	14	T2 GB/T 5231
CU2	≤6	440	340	11	H63 GB/T 5232
	>6~39	370	250	19	
CU3	≤6	440	340	11	HPb58-2 GB/T 5232
	>6~39	370	250	19	
CU4	≤12	470	340	22	QSn6.5-0.4 GB/T 5233
	>12~39	400	200	33	
CU5	≤39	590	540	12	QSi1-3 GB/T 5233
CU6	>6~39	440	180	18	
CU7	>12~39	640	270	15	QA1-10-4-4 GB/T 5233
AL1	≤10	270	230	3	LF2 GB/T 3190
	>10~20	250	180	4	
AL2	≤14	310	205	6	LF11、LF5 GB/T 3190
	>14~39	280	200	6	
AL3	≤6	320	250	6	LF43 GB/T 3190
	>6~39	310	260	10	
AL4	≤10	420	290	6	LY8、LD9 GB/T 3190
	>10~39	380	260	10	
AL5	≤39	460	380	7	—
AL6	≤39	510	440	7	LC9 GB/T 3190

注：为保证紧固件符合有关机械性能的要求，由制造者确定是否进行热处理。

二、螺　栓

1. 六角头螺栓（GB/T 5780—2000～GB/T 5783—2000、GB/T 5784—1986）

六角头螺栓应用普遍，产品分为 A、B 和 C 级。A 级最精密，B 级其次，C 级最不精密。A 级用于重要的、装配精度高的以及受较大冲击振动或变载荷的连接处；C 级适用于表面粗糙和对精度要求不高的地方。A 级用于 $d=1.6\sim24$mm 和 $l\leqslant10d$ 或 $l\leqslant150$mm（按较小值）的螺栓；B 级用于 $d>24$mm 或 $l>10d$ 或 $l>150$mm（按较小值）的螺栓；C 级的螺纹规格 为 M5～M64；细杆 B 级的螺纹规格为 M3～M20。六角头螺栓（粗制）又叫毛六角头螺栓或毛螺栓；六角头螺栓细杆螺纹通常都采用部分螺纹螺纹；要求较长螺纹长度的场合，可采用全螺纹螺栓。粗牙螺纹的六角头螺栓的型式和尺寸见图 6-8 和表 6-16。

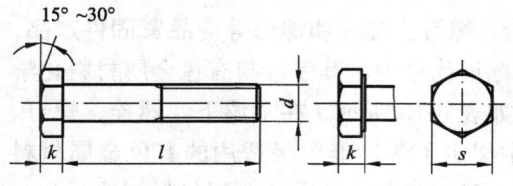

六角头螺栓 C级（GB/T 5780-2000）

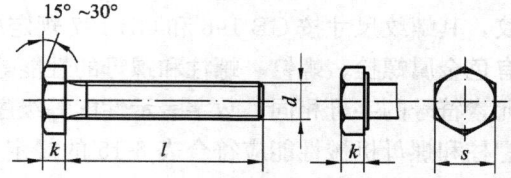

六角头螺栓 全螺纹 C级（GB/T 5781-2000）

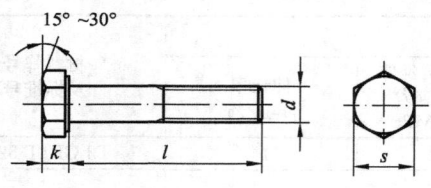

六角头螺栓 A和B级（GB/T 5782-2000）

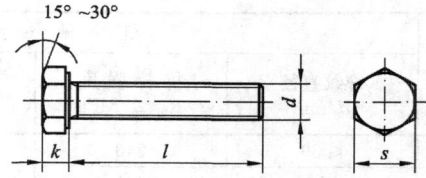

六角头螺栓 全螺纹 A和B级（GB/T 5783-2000）

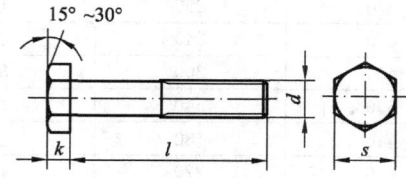

六角头螺栓-细杆-B级（GB/T 5784-1986）

图 6-8　螺纹六角头螺栓

六角头螺栓规格尺寸（mm）　　　　　　　　　　　　　　　　　　　　　**表 6-16**

螺纹规格 d	k	s	l				
			六角头螺栓 C级 GB/T 5780—2000	六角头螺栓 全螺纹 C级 GB/T 5781—2000	六角头螺栓 A和B级 GB/T 5782—2000	六角头螺栓 全螺纹 A和B级 GB/T 5783—2000	六角头螺栓-细杆-B级 GB/T 5784—1986
M1.6	1.1	3.2	—	—	12～16	2～16	—
M2	1.4	4.0	—	—	16～20	4～20	—

续表

螺纹规格 d	k	s	六角头螺栓　C 级 GB/T 5780—2000	六角头螺栓 全螺纹　C 级 GB/T 5781—2000	六角头螺栓 A 和 B 级 GB/T 5782—2000	六角头螺栓　全螺纹　A 和 B 级 GB/T 5783—2000	六角头螺栓 -细杆-B 级 GB/T 5784—1986
M2.5	1.7	5.0	—	—	16～25	5～25	—
M3	2	5.5	—	—	20～30	6～30	20～30
M3.5	2.4	6	—	—	20～35	8～35	—
M4	2.8	7	—	—	25～40	8～40	20～40
M5	3.5	8	25～50	10～50	25～50	10～50	25～50
M6	4	10	30～60	12～60	30～60	12～60	25～60
M8	5.3	13	40～80	16～80	40～80	16～80	30～80
M10	6.4	16	45～100	20～100	45～100	20～100	40～100
M12	7.5	18	55～120	25～120	50～120	25～120	45～120
(M14)	8.8	21	60～140	30～140	60～140	30～140	50～140
M16	10	24	65～160	35～160	65～160	30～150	55～150
(M18)	11.5	27	80～180	35～180	70～180	35～150	—
M20	12.5	30	80～200	40～200	80～200	40～150	65～150
(M22)	14	34	90～220	45～220	90～220	45～150	—
M24	15	36	100～240	50～240	90～240	50～150	—
(M27)	17	41	110～260	55～280	100～260	55～200	—
M30	18.7	46	120～300	60～300	110～300	60～200	—
(M33)	21	50	130～320	65～360	130～320	65～200	—
M36	22.5	55	140～360	70～360	140～360	70～200	—
(M39)	25	60	150～400	80～400	150～380	80～200	—
M42	26	65	180～420	80～420	160～440	80～200	—
(M45)	28	70	180～440	90～440	180～440	90～200	—
M48	30	75	200～480	100～480	180～480	100～200	—
(M52)	33	80	200～500	100～500	200～480	100～200	—
M56	35	85	240～500	110～500	200～500	110～200	—
(M60)	38	90	240～500	120～500	240～500	120～200	—
M64	40	95	260～500	120～500	260～500	120～200	—

注：1. 公称长度系列为：2、3、4、5、6、8、10、12、16、20、25、30、35、40、45、50、55、60、65、70、80、90、100、110、120、130、140、150、160、180、200、220、240、260、280、300、320、340、360、380、400、420、440、460、480、500。

2. 尽可能不采用括号内的规格。

3. 螺纹公差 GB/T 5780、GB/T 5781 为 8g，其余均为 6g。

4. 机械性能等级：钢——GB/T 5780、GB/T 5781 当 $d≤39$ mm 为 3.6、4.6 和 4.8，$d>39$ mm 按协议；GB/T 5782、GB/T 5783 当 16mm$≤d≤39$mm 为 5.6、8.8、10.9，3mm$≤d≤16$mm 为 9.8，$d>39$mm 或 $d<3$mm 按协议；GB/T 5784 为 5.8、6.8 和 8.8；不锈钢——GB/T 5782、GB/T 5783 当 $d≤24$mm 为 A2-70、A4-70，24mm$<d≤39$mm 为 A2-50、A4-50，$d>39$mm 按协议；GB/T 5784 为 A2-70；有色金属——GB/T 5782、GB/T 5783 为 CU2、CU3、AL4。

2. 六角头螺栓—细牙（GB/T 5785—2000、GB/T 5786—2000）

本标准系列规定了螺纹规格为 M8×1～M64×4、细牙螺纹、产品等级为 A 级和 B 级的六角头螺栓。细牙六角头螺栓（精制）又叫细牙光六角头螺栓或细牙光螺栓。细牙螺纹螺栓的自锁性较好，主要适用于薄壁零件或承受交变载荷、振动和冲击载荷的零件，还可用于微调机构的调整。A 级用于 $d=8～24mm$ 和 $l≤10d$ 或 $l≤150mm$（按较小值）的螺栓；B 级用于 $d>24mm$ 或 $l>10d$ 或 $l>150mm$（按较小值）的螺栓。六角头螺栓细牙螺纹通常都采用部分螺纹螺栓；要求较长螺纹长度的场合，可采用全螺纹螺栓。六角头细牙螺栓的型式和尺寸见图 6-9 和表 6-17。

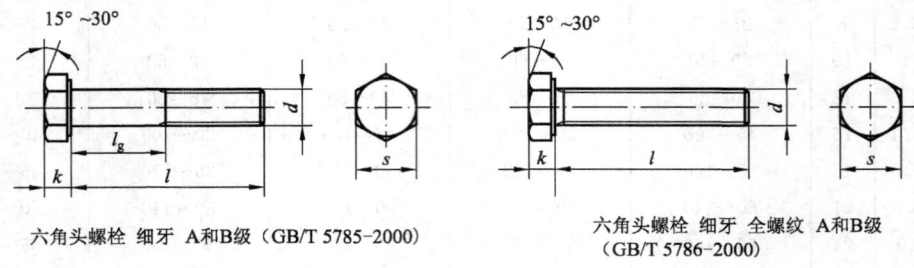

六角头螺栓　细牙　A和B级（GB/T 5785-2000）　　六角头螺栓　细牙　全螺纹　A和B级（GB/T 5786-2000）

图 6-9　六角头螺栓—细牙

六角头螺栓—细牙的规格尺寸（mm）　　　　表 6-17

螺纹规格 ($d \times P$)	k 公称	s_{max}	六角头螺栓　细牙　A 和 B 级 GB/T 5785—2000 l/l_g	六角头螺栓　细牙 全螺纹　A 和 B 级 GB/T 5786—2000 l
M8×1	5.3	13.00	40～80/l-22	16～80
M10×1	6.4	16.00	45～100/l-26	20～100
(M10×1.25)	6.4	16.00	45～100/l-26	20～100
M12×1.5	7.5	18.00	50～120/l-30	25～120
(M12×1.25)	7.5	18.00	50～120/l-30	25～120
(M14×1.5)	8.8	21.00	60～120/l-34、130～140/l-40	30～140
M16×1.5	10	24.00	65～120/l-38、130～160/l-44	35～160
(M18×1.5)	11.5	27.00	70～120/l-42、130～180/l-48	35～180
(M20×2)	12.5	30.00	80～120/l-46、130～200/l-52	40～200
M20×1.5	12.5	30.00	80～120/l-46、130～200/l-52	40～200
(M22×1.5)	14	34.00	90～120/l-50、130～200/l-56、220/l-69	45～220
M24×2	15	36.00	100～120/l-54、130～200/l-60、220～240/l-73	40～200
(M27×2)	17	41	110～120/l-60、130～200/l-66、220～260/l-79	55～260
M30×2	18.7	46	120/l-66、130～200/l-72、220～300/l-85	40～200
(M33×2)	21	50	130～200/l-78、220～320/l-91	65～360
M36×3	22.5	55.0	140～200/l-84、220～360/l-97	40～200
(M39×3)	25	60.0	150～200/l-90、220～380/l-103	80～380

螺纹规格 ($d \times P$)	k 公称	s_{max}	六角头螺栓　细牙　A 和 B 级 GB/T 5785—2000	六角头螺栓　细牙 全螺纹　A 和 B 级 GB/T 5786—2000
			l/l_g	l
M42×3	26	65.0	160～200/l-96、220～440/l-109	90～420
(M45×3)	28	70.0	180～200/l-102、220～440/l-115	90～440
M48×3	30	75.0	200/l-108、220～480/l-121	100～480
(M52×4)	33	80.0	200/l-116、220～480/l-129	100～500
M56×4	35	85.0	220～500/l-137	120～500
(M60×4)	38	90.0	240～500/l-145	120～500
M64×4	40	95.0	260～500/l-153	130～500

注：1. 公称长度系列为：16、20、25、30、35、40、45、50、55、60、65、70、80、90、100、110、120、130、
　　　140、150、160、180、200、220、240、260、280、300、320、340、360、380、400、420、440、460、
　　　480、500。

2. 尽可能不采用括号内的规格。

3. 螺纹公差均为 6g；机械性能等级同 GB/T 5782—2000。

4. P—螺距。

5. 螺纹规格（d）M36 以下为商品规格，M42～M64 为通用规格。

3. 六角法兰面螺栓（GB/T 5789～GB/T 5790—1986、GB/T 16674.1—2004）

六角法兰面螺栓的特点是扳拧部分由六角头与法兰面组成，比同一直径的六角头螺栓具有更大的"支承面积与应力面积"的比值，能承受更高的预紧力。因此，被广泛应用于汽车发动机、重型机械等产品上。六角法兰面螺栓的型式和尺寸见图 6-10 和表 6-18。

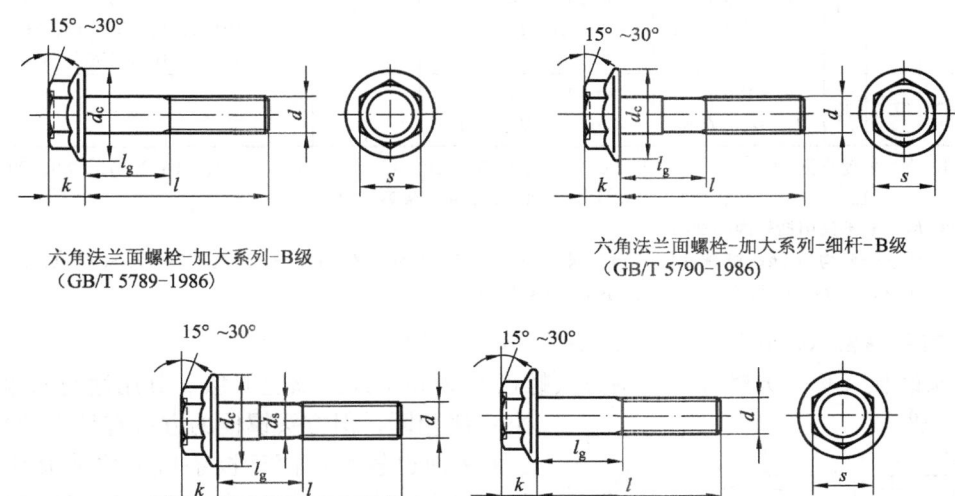

六角法兰面螺栓-加大系列-B级
（GB/T 5789-1986）

六角法兰面螺栓-加大系列-细杆-B级
（GB/T 5790-1986）

六角法兰面螺栓　小系列
（GB/T 16674.1-2004）

图 6-10　六角法兰面螺栓

六角法兰面螺栓规格尺寸（mm）　　　　　　　　　　　　　　表 6-18

螺纹规格 d	六角法兰面螺栓-加大系列-B级 GB/T 5789—1986、六角法兰面螺栓-加大系列-细杆-B级 GB/T 5790—1986					六角法兰面螺栓　小系列 GB/T 16674.1—2004				
	d_C	k	s	l/l_g		d_S	d_C	k	s	l/l_g
				GB/T 5789	GB/T 5790					
M5	11.8	5.4	8	10～50/l-16	30～50/l-16	5	11.4	5.6	7	25/9、30/14、35/19、40/24、45/29、50/34
M6	14.2	6.6	10	12～60/l-18	35～60/l-18	6	13.6	6.9	8	30/12、35/17、40/22、45/27、50/32、55/37、60/42
M8	18	8.1	13	16～80/l-22	40～80/l-22	8	17.0	8.5	10	35/13、40/18、45/23、50/28、55/33、60/38、65/43、70/48、80/58
M10	22.3	9.2	15	20～100/l-26	45～100/l-26	10	20.8	9.7	13	40/14、45/19、50/24、55/29、60/34、65/39、70/44、80/54、90/64、100/74
M12	26.6	10.4	18	25～120/l-30	50～120/l-30	12	24.7	12.1	15	45/15、50/20、55/25、60/30、65/35、70/40、80/50、90/60、100/70、110/80、120/90
(M14)	30.5	12.4	21	30～120/l-34　130～140/l-40	55～120/l-34　130～140/l-40	14	28.6	12.9	18	50/16、55/21、60/26、65/31、70/36、80/46、90/56、100/66、110/76、120/90、130/100
M16	35	14.1	24	35～120/l-38　130～160/l-44	60～120/l-38　130～160/l-44	16	32.8	15.2	21	55/17、60/22、65/27、70/32、80/42、90/52、100/62、110/72、120/82、130/86、140/96、150/106、150/116
M20	43	17.7	30	40～120/l-46　130～200/l-52	70～120/l-46　130～200/l-52	—	—	—	—	

注：1. 公称长度系列为：10、12、16、20、25、30、35、40、45、50、（55）、60、（65）、70、80、90、100、110、120、130、140、150、160、180、200。l_g 为最小夹紧长度。
2. 尽可能不采用括号内的规格。
3. 螺纹公差均为 6g；机械性能等级：钢——GB/T 5789 为 8.8～12.9；GB/T 5790 为 8.8～10.9；GB/T 16674.1 为 8.8、9.8、10.9；不锈钢——均为 A2-70。

4. 方头螺栓（GB/T 8—1988、GB/T 35—2013）

方头螺栓又称毛方螺栓，包括方头螺栓 C 级和小方头螺栓 B 级。其用途与六角头螺栓 C 级相同，但方头螺栓的方头有较大的尺寸，受力表面也较大，便于扳手口卡住或靠住其他零件起止转作用，常用在一些比较粗糙的结构上，也可用于带 T 型槽的零件中，便于在槽中调整螺栓位置。方头螺栓的型式和尺寸见图 6-11 和表 6-19。

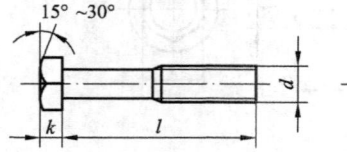

方头螺栓 C级（GB/T 8-1988）
小方头螺栓 B级（GB/T 35-2013）

图 6-11　方头螺栓

方头螺栓规格尺寸（mm）　　　　　　　表 6-19

螺纹规格 （d）	s	方头螺栓　C级 GB/T 8—1988		小方头螺栓　B级 GB/T 35—2013	
		k	l	k	l
M5	8	—	—	3.5	20～50
M6	10	—	—	4	30～60
M8	13	—	—	5	35～80
M10	16	7	40～100	6	40～100
M12	18	8	45～120	7	45～120
(M14)	21	9	50～140	8	55～140
M16	24	10	55～160	9	55～160
(M18)	27	12	60～180	10	60～180
M20	30	13	65～200	11	65～200
(M22)	34	14	70～220	12	70～220
M24	36	15	80～240	13	80～240
(M27)	41	17	90～260	15	90～260
M30	46	19	90～300	17	90～300
M36	55	23	110～300	20	110～300
M42	65	26	130～300	23	130～300
M48	75	30	140～300	26	140～300

注：1. 公称长度系列为：20、25、30、35、40、45、50、(55)、60、(65)、70、80、90、100、110、120、130、
　　140、150、160、180、200、220、240、260、280、300。

　　2. 尽可能不采用括号内的规格。

　　3. 螺纹公差 GB/T 8 为 8g，GB/T 35 为 6g；机械性能等级：GB/T 8 当 $d \leqslant 39$mm 为 4.8；GB/T 35 当 $d \leqslant$
　　39mm 为 5.8、8.8；$d > 39$mm 都按协议。

5. 沉头螺栓（GB/T 10—2013、GB/T 11—2013）

沉头螺栓，包括沉头方颈螺栓和沉头带榫螺栓。常用于零件表面要求平坦或光滑不阻挂东西的地方，其方颈或带榫部位起止转作用。等级均为 C 级，多用于较粗糙的结构上。沉头螺栓的型式和尺寸见图 6-12 和表 6-20。

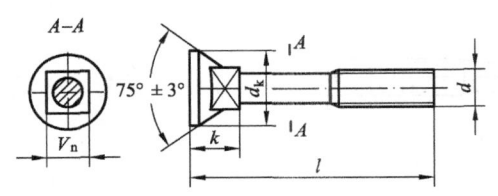

沉头方颈螺栓（GB/T 10-2013）

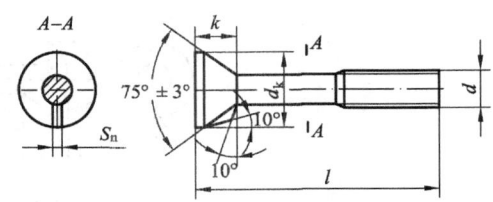

沉头带榫螺栓（GB/T 11-2013）

图 6-12　沉头螺栓

沉头螺栓规格尺寸（mm）　　　　　　　　　　　表 6-20

螺纹规格 (d)	d_k	沉头方颈螺栓 GB/T 10—2013			沉头带榫螺栓 GB/T 11—2013		
		V_n	k	l	S_n	k	l
M6	11.05	6.36	6.1	25～60	2.7	4.1	25～60
M8	14.55	8.36	7.25	25～80	2.7	5.3	30～80
M10	17.55	10.36	8.45	30～100	3.8	6.2	35～100
M12	21.65	12.43	11.05	30～120	3.8	8.5	40～120
(M14)	24.65	—	—		4.3	8.9	45～140
M16	28.65	16.43	13.05	45～160	4.8	10.2	45～160
M20	36.80	20.52	15.05	55～200	4.8	13	60～200
(M22)	40.80	—	—	—	6.3	14.3	65～200
M24	45.80				6.3	16.5	80～200

注：1. 公称长度系列为：25、30、35、40、45、50、(55)、60、(65)、70、80、90、100、110、120、130、140、
150、160、180、200。

2. 尽可能不采用括号内的规格。

3. 螺纹公差均为 8g；机械性能等级均为 4.6、4.8。

6. 圆头螺栓（GB/T 12～GB/T 15—2013）

圆头螺栓多用于结构受限制、不能用其他螺栓头或零件表面要求较光滑的地方。圆头螺栓多用于铁木结构连接，如汽车车身、纺织机械、面粉机械、救生艇及铁驳船的连接等；扁圆头用于木制零件，均为 C 级。包括扁圆头方颈螺栓和扁圆头带榫螺栓，其方颈或榫起止转作用。圆头螺栓的型式和尺寸见图 6-13 和表 6-21。

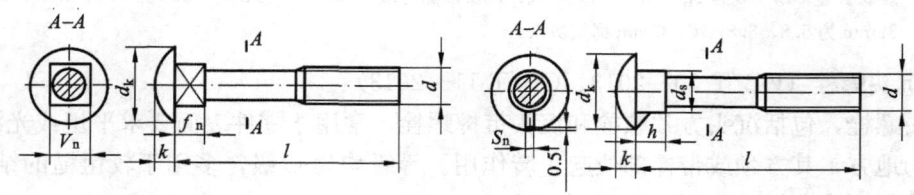

圆头方颈螺栓（GB/T 12–2013）
扁圆头方颈螺栓（GB/T 14–2013）　　　　　　　圆头带榫螺栓（GB/T 13–2013）

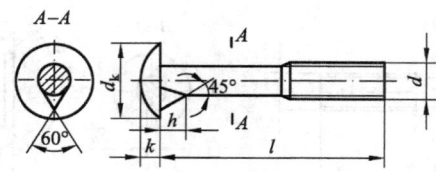

扁圆头带榫螺栓（GB/T 15–2013）

图 6-13　圆头螺栓

（扁）圆头螺栓规格尺寸（mm）　　　　　　　　表 6-21

螺纹规格 d	圆头带榫螺栓 GB/T 13—2013						扁圆头带榫螺栓 GB/T 15—2013			
	d_k	k	l	S_n	d_s	h	d_k	k	l	h
M6	12.1	4.08	20～60	2.7	6.48	4	15.1	3.48	20～60	3.5
M8	15.1	5.28	20～80	2.7	8.58	5	19.1	4.48	20～80	4.3
M10	18.1	6.48	30～100	3.8	10.58	6	24.3	5.48	30～100	5.5
M12	22.3	8.9	35～120	3.8	12.7	7	29.3	6.48	35～120	6.7
(M14)	25.3	9.9	35～140	4.8	14.7	8	33.6	7.9	35～140	7.7
M16	29.3	10.9	50～160	4.8	16.7	9	36.6	8.9	50～160	8.8
M20	35.6	13.1	60～200	4.8	20.84	11	45.6	10.9	60～200	9.9
M24	43.6	17.1	80～200	6.3	24.84	13	53.9	13.1	80～200	12

螺纹规格 d	圆头方颈螺栓 GB/T 12—2013					扁圆头方颈螺栓 GB/T 14—2013				
	d_k	k	l	V_n	f_n	d_k	k	l	V_n	f_n
M5	—	—	—	—	—	13	3.1	20～50	5.48	4.1
M6	13.1	4.08	16～60	6.3	4.4	16	3.6	30～60	6.48	4.6
M8	17.1	5.28	16～80	8.36	5.4	20	4.6	40～80	8.58	5.6
M10	21.3	6.48	25～100	10.36	6.4	24	5.8	45～100	10.58	6.6
M12	25.3	8.9	30～120	12.43	8.45	30	6.8	55～120	12.7	8.8
(M14)	29.3	9.9	40～140	14.43	9.45	—	—	—	—	—
M16	33.6	10.9	45～160	16.43	10.45	38	8.9	65～200	16.7	12.9
M20	41.6	13.1	60～200	20.52	12.55	46	10.9	80～200	20.84	15.9

注：1. 公称长度系列为：16、20、25、30、35、40、45、50、(55)、60、(65)、70、80、90、100、110、120、130、140、150、160、180、200。公称长度超过 200mm 应采用 20mm 递增尺寸。

　　2. 尽可能不采用括号内的规格。

　　3. 螺纹公差 GB/T 13、GB/T 15 均为 8g，GB/T 12 的 A2-70 级为 6g，其余为 8g，GB/T 14 的 8.8、A2-70 级为 6g，其余为 8g；机械性能等级：GB/T 13 为 4.6、4.8 级；GB/T 15 为 4.8 级；GB/T 12 为钢 4.6 和 4.8 级，不锈钢为 A2-50、A2-70；GB/T 14 为钢 4.6、4.8 和 8.8 级，不锈钢为 A2-50、A2-70。

7. T 型槽用螺栓（GB/T 37—1988）

　　T 型槽用螺栓可在只旋松螺母而不卸下螺栓的情况下，使被连接件脱出或回松，但在另一连接件上须制出相应的 T 形槽。主要用于机床，机床附件等，也用于结构要求紧凑的地方。产品等级为 B 级。T 型槽用螺栓的型式和尺寸见图 6-14 和表 6-22。

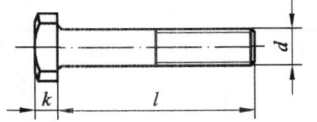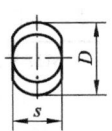

图 6-14　T 型槽用螺栓

T 型槽用螺栓规格尺寸（mm）　　　　　　　　表 6-22

螺纹规格 (d)	T 型槽宽	s	D	k	l
M5	6	9	12	4.24	25～50
M6	8	12	16	5.24	30～60
M8	10	14	20	6.24	35～80
M10	12	18	25	7.29	40～100
M12	14	22	30	9.29	45～120
M16	18	28	38	12.35	55～160
M20	24	34	46	14.35	65～200
M24	28	44	58	16.35	80～240
M30	36	57	75	20.42	90～300
M36	42	67	85	24.42	110～300
M42	48	76	95	28.42	130～300
M48	54	86	105	32.50	140～300

注：1. 公称长度系列为：25、30、35、40、45、50、(55)、60、(65)、70、80、90、100、110、120、130、140、150、160、180、200、220、240、260、280、300。

　　2. 尽可能不采用括号内的规格。

　　3. 螺纹公差为 6g；机械性能等级：$d \leqslant 39$mm 为 8.8，$d > 39$mm 按协议。

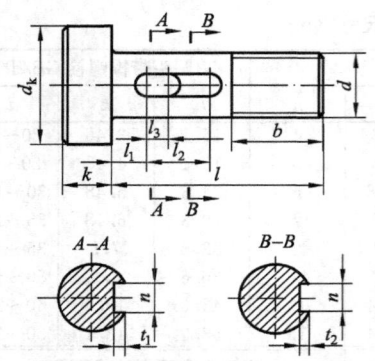

图 6-15 钢网架螺栓球节点用高强度螺栓

8. 钢网架螺栓球节点用高强度螺栓
（GB/T 16939—1997）

钢网架螺栓球节点用高强度螺栓适用于钢网架螺栓球节点的连接。其产品等级除规定一般为 B 级。钢网架螺栓球节点用高强度螺栓的材料及机械性能见表 6-23。钢网架螺栓球节点用高强度螺栓的型式和尺寸按图 6-15 和表 6-24 的规定。

钢网架螺栓球节点用高强度螺栓材料及机械性能（mm）　　表 6-23

螺纹规格 （d）	性能等级	推 荐 材 料	抗拉强度 R_m/MPa	规定非比例 延伸 0.2% 的应力 $R_{p0.2}$/MPa	伸长率 A_5/%	收缩率 Z/%
M12～M24	10.9S	20MnTiB、40Cr、35CrMo	1040～1240	≥940	≥10	≥42
M27～M36		35VB、40Cr、35CrMo				
M39～M64×4	9.8S	35CrMo、40Cr	900～1100	≥720		

注：性能等级中的"S"表示钢结构用螺栓。

钢网架螺栓球节点用高强度螺栓规格尺寸（mm）　　表 6-24

螺纹规格（$d×P$）	b_{min}	d_{kmax}	k公称	l公称	l_1公称	l_2参考	l_3	n_{min}	t_{1min}	t_{2min}
M12×1.75	15	18	6.4	50	18	10	4	3	2.2	1.7
M14×2	17	21	7.5	54	18	10	4	3	2.2	1.7
M16×2	20	24	10	62	22	13	4	3	2.2	1.7
M20×2.5	25	30	12.5	73	24	16	4	5	2.7	2.2
M22×2.5	27	34	14	75	24	16	4	5	2.7	2.2
M24×3	30	36	15	82	24	18	4	5	2.7	2.2
M27×3	33	41	17	90	28	20	4	6	3.62	2.7
M30×3.5	37	46	18.7	98	28	24	4	6	3.62	2.7
M33×3.5	40	50	21	101	28	24	4	6	3.62	2.7
M36×4	44	55	22.5	125	43	26	4	8	4.62	3.62
M39×4	47	60	25	128	43	26	4	8	4.62	3.62
M42×4.5	50	65	26	136	43	30	4	8	4.62	3.62
M45×4.5	55	70	28	145	48	30	4	8	4.62	3.62
M48×5	58	75	30	148	48	30	4	8	4.62	3.62
M52×5	62	80	33	162	48	38	4	8	4.62	3.62
M56×4	66	90	35	172	53	42	4	8	4.62	3.62
M60×4	70	95	38	196	53	57	4	8	4.62	3.62
M64×4	74	100	40	205	58	57	4	8	4.62	3.62

注：螺栓螺纹公差均为 6g；产品等级为 B 级。

9. 活节螺栓 (GB/T 798—1988)

活节螺栓多用于需经常拆开连接的地方和工装上，产品等级为 C 级。活节螺栓的型式和规格尺寸见图 6-16 和表 6-25。

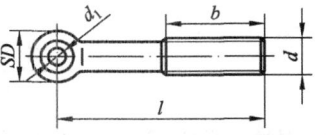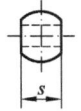

图 6-16　活节螺栓

活节螺栓规格尺寸（mm）　　　　　　表 **6-25**

螺纹规格（d）	d_1	s	b	D	l
M4	3	5	14	8	20～35
M5	4	6	16	10	25～45
M6	5	8	18	12	30～55
M8	6	10	22	14	35～70
M10	8	12	26	18	40～110
M12	10	14	30	20	50～130
M16	12	18	38	28	60～160
M20	16	22	52	34	70～180
M24	20	26	60	42	90～260
M30	25	34	72	52	110～300
M36	30	40	84	64	130～300

注：1. 公称长度系列为：20、25、30、35、40、45、50、(55)、60、(65)、70、80、90、100、110、120、130、140、150、160、180、200、220、240、260、280、300。

　　2. 尽可能不采用括号内的规格。

　　3. 螺纹公差为 8g；机械性能等级为 4.6、5.6。

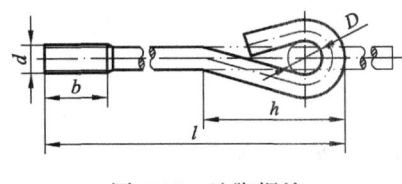

图 6-17　地脚螺栓

10. 地脚螺栓 (GB/T 799—1988)

地脚螺栓，又称地脚螺丝。地脚螺栓埋于混凝土地基中，作固定各种机器、设备的底座用。产品等级为 C 级。地脚螺栓的型式和规格尺寸见图 6-17 和表 6-26。

地脚螺栓规格尺寸（mm）　　　　　　表 **6-26**

螺纹规格（d）	b	h	D	l
M6	27	41	10	80、120、160
M8	31	46	10	120、160、220
M10	36	65	15	160、220、300
M12	40	82	20	160、220、300、400
M16	50	93	20	220、300、400、500
M20	58	127	30	300、400、500、600
M24	68	139	30	300、400、500、600、800
M30	80	192	45	400、500、600、800、1000
M36	94	244	60	500、600、800、1000
M42	106	261	60	600、800、1000、1250
M48	118	302	70	600、800、1000、1250、1500

注：螺纹公差为 8g；机械性能等级：$d \leqslant 39$ 为 3.6，$d > 39$ 按协议。

三、螺　柱、螺　杆

1. 双头螺柱 （GB/T 897～GB/T 900—1988）

螺柱两端都制有螺纹，多用于被连接件太厚，不便使用螺栓连接或因拆卸频繁，不宜使用螺钉连接的地方，或使用在结构要求比较紧凑的地方。带螺纹长度 b_m 的一端拧入并固定在被连接件的螺孔中，带螺纹长度 b 的一端穿过另一被连接件的通孔，再旋上六角螺母，使两个被连接件连接成为一个整体。把螺母旋下，又可以使两个被连接件分开。其螺纹长度 b_m 分别为 $b_m = 1d$

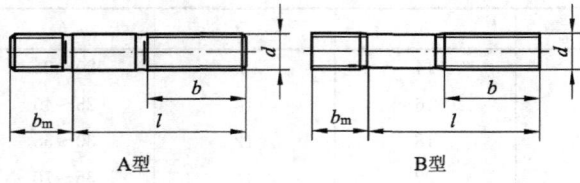

图 6-18   双头螺柱

$b_m = 1d$（GB/T 897—1988）；$b_m = 1.25d$（GB/T 898—1988）；
$b_m = 1.5d$（GB/T 899—1988）；$b_m = 2d$（GB/T 900—1988）

（一般用于钢对钢）、$b_m = 1.25d$ 和 $b_m = 1.5d$（一般用于钢对铸铁）、$b_m = 2d$（一般用于钢对铝合金）。双头螺柱的型式和尺寸见图 6-18 和表 6-27。

双头螺柱规格尺寸（mm）   表 6-27

螺纹规格 (d)	b_m				l/b
	1d GB/T 897	1.25d GB/T 898	1.5d GB/T 899	2d GB/T 900	
M2	—	—	3	4	12～16/6,18～25/10
M2.5	—	—	3.5	5	14～18/8,20～30/11
M3	—	—	4.5	6	16～20/6,22～40(* 22～38)/12
M4	—	—	6	8	16～22/8,25～40(* 25～38)/14
M5	5	6	8	10	16～22/10,25～50(* 25～45)/16
M6	6	8	10	12	20～22(* 18～22)/10,25～30(* 25)/14,32～75(* 28～75)/18
M8	8	10	12	16	20～22(* 18～22)/12,25～30(* 25)/16,32～90(* 28～95)/22
M10	10	12	15	20	25～28(* 22)/14,30～38(* 25～30)/16,40～120(* 32～110)26,130(* 120)/32
M12	12	15	18	24	25～30(* 22～25)/16,32～40(* 28～35)/20,45～120(* 38～110)/30,130～180(*、* * * 120～170)/36
(M14)	14	18	21	28	30～35(* 25～28)/18,38～45(* 30～38)/25,50～120(* 40～110)/34,130～180(* 120～170)/40
M16	16	20	24	32	30～38(* 25～30)/20,40～55(* * * 40～50,* 32～40)/30,60～120(* * * 55～120,* 45～110)/38,130～200(* 120～200)/44
M18	18	22	27	36	35～40/22,45～60/35,65～120/42,130～200/48
M20	20	25	30	40	35～40/25,45～65(* * * 45～60)/35,70～120(* * * 65～120)/46,130～200/52
(M22)	22	28	33	44	40～45/30,50～70/40,75～120/50,130～200/56
M24	24	30	36	48	45～50/30,55～75/45,80～120/54,130～200/60
(M27)	27	35	40	54	50～60(* 45～58)/35,65～85(* 60～75)/50,90～120(* 80～120)/60,130～200/66
M30	30	38	45	60	60～65(* 50～55)/40,70～90(* 60～80)/50,95～120(* 85～120)/66,130～200/72, 210～250/85
(M33)	33	41	49	66	65～70(* 60～65)/45,75～95(* 70～90)/60,100～120(* 95～120)/72,130～200/78, 210～300/91
M36	36	45	54	72	60～75(* *、* * * 65～75,* 60～65)/45,80～110(* 70～110)/60,120/78,130～200/84,210～300/97

续表

螺纹规格 (d)	b_m				l/b
	1d GB/T 897	1.25d GB/T 898	1.5d GB/T 899	2d GB/T 900	
(M39)	39	49	58	78	70～80(＊65～75)/50,85～110(＊80～110)/65,120/84,130～200/90,210～300/103
M42	42	52	63	84	70～80(＊65～75)/50,85～110(＊80～110)/70,120/90,130～200/96,210～300/109
M48	48	60	72	96	80～90(＊75～90)/60,95～110/80,120～102,130～200/108,210～300/121

注：1. 公称长度系列（l）为：12、(14)、16、(18)、20、(22)、25、(28)、30、(32)、35、(38)、40、45、50、(55)、60、(65)、70、(75)、80、(85)、90、(95)、100、110、120、130、140、150、160、170、180、190、200、210、220、230、240、250、260、280、300。
2. 尽可能不采用括号内的规格。
3. 螺纹公差为6g；机械性能等级：钢为4.8、5.8、6.8、8.8、10.9、12.9；不锈钢为A2-50、A2-70；产品等级为B级。
4. 过渡配合螺纹代号GM、G2M，过盈配合螺纹代号YM。
5. 表中 l 值为 $b_m=1.5d$ 的规定值，其他不同者另在括号内注明 "＊" 后为 $b_m=2d$ 的 l 值；"＊＊" 后为 $b_m=1d$ 的 l 值；"＊＊＊" 后为 $b_m=1.25d$ 的 l 值）。

2. 等长双头螺柱（GB/T 901—1988、GB/T 953—1988）

等长双头螺柱主要用于带螺纹孔的被连接件不能或不便安装带头螺栓的场合，或用于被连接的一端不能用带头螺栓、螺钉，并要经常拆卸的铁木结构的连接。等长双头螺柱两端均配带螺母。其型式和尺寸见图6-19和表6-28。

图6-19　等长双头螺柱
等长双头螺柱-B级（GB/T 901—1988）
等长双头螺柱-C级（GB/T 953—1988）

等长双头螺柱规格尺寸（mm）　　　　　　表6-28

d	等长双头螺柱-B级 GB/T 901—1988		等长双头螺柱-C级 GB/T 953—1988		d	等长双头螺柱-B级 GB/T 901—1988		等长双头螺柱-C级 GB/T 953—1988	
	b	l	b	l		b	l	b	l
M2	10	10～60	—	—	M20	52	70～300	46	200～1400
M2.5	11	10～80	—	—	(M22)	56	80～300	50	200～1800
M3	12	12～250	—	—	M24	60	90～300	54	300～1800
M4	14	20～300	—	—	(M27)	66	100～300	60	300～2000
M5	16	20～300	—	—	M30	72	120～400	66	350～2500
M6	18	25～300	—	—	(M33)	78	140～400	72	350～2500
M8	28	35～300	22	100～600	M36	84	140～500	78	350～2500
M10	32	40～300	26	100～800	(M39)	89	140～500	84	350～2500
M12	36	50～300	30	130～950	M42	96	140～500	90	550～2500
(M14)	40	60～300	30	130～950	M48	108	150～500	102	550～2500
M16	44	60～300	38	170～1400	M56	124	140～500	—	—
(M18)	48	60～300	42	170～1400					

注：1. 公称长度系列为：10、12、(14)、16、(18)、20、(22)、25、(28)、30、(32)、35、(38)、40、45、50、(55)、60、(65)、70、(75)、80、(85)、90、(95)、100、110、120、130、140、150、160、170、180、190、200、(210)、220、(230)、(240)、250、(260)、280、300、320、350、380、400、420、450、480、500、略。
2. 尽可能不采用括号内的规格。
3. GB/T 901 螺纹公差为6g；机械性能等级：钢为4.8、5.8、6.8、8.8、10.9、12.9；不锈钢为A2-50、A2-70。
GB/T 953 螺纹公差为8g；机械性能等级：钢为4.8、6.8、8.8。

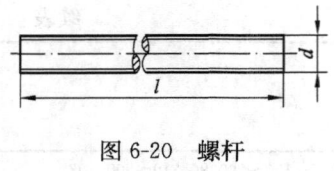

图 6-20 螺杆

3. 螺杆 （GB/T 15389—1994）

螺杆为整杆全螺纹。通常用于建筑业、设备安装及电站建设等做连接件，可由碳钢、不锈钢和有色金属制造。螺杆的型式见图 6-20，螺杆的品种规格和螺杆的重量表分别见表 6-29 和表 6-30。

螺杆品种规格 （mm）　　　　　　　　　　表 6-29

螺纹规格 $d \times P$	M4	M5	M6	M8	M10	M12	(M14)	M16	(M18)
	—	—	—	M8×1	M10×1	M12×1.5	(M14×1.5)	M16×1.5	(M18×1.5)
	—	—	—		(M10×1.25)	(M12×1.25)			

螺纹规格 $d \times P$	M20	(M22)	M24	(M27)	M30	(M33)	M36	(M39)	M42
	M20×1.5	(M22×1.5)	M24×2	(M27×2)	M30×2	(M33×2)	M36×3	(M39×3)	M42×3

注：1. 尽可能不采用括号内的规格。

2. P——螺距。

3. 螺杆公称长度系列为：1000、2000、3000、4000mm。

4. 螺纹公差为 6g；机械性能等级：钢为 4.6、4.8、5.6、5.8；不锈钢为 A2-70、A4-70；有色金属为 CU2、CU3。

螺杆重量表 （mm）　　　　　　　　　　表 6-30

螺纹规格	M4	M5	M6	M8	M10	M12	M14	M16	M18	M20
l 公称	每千件钢制品的理论重量/kg ≈									
1000	80	120	180	320	500	730	970	1330	1650	1080
2000	160	240	360	640	1000	1460	1940	2660	3300	4180
3000	240	360	540	960	1500	2190	2910	4000	4950	6240
4000	320	480	720	1280	2000	2920	3880	5320	6600	8320

螺纹规格	M22	M24	M27	M30	M33	M36	M39	M42
l 公称	每千件钢制品的理论重量/kg ≈							
1000	2540	3000	3850	4750	5900	6900	8280	9400
2000	5080	6000	7700	9500	11800	13800	16400	18800
3000	7620	9000	11550	14250	17700	20700	24600	28200
4000	10160	12000	15400	19000	23600	27600	32800	37600

注：适用于粗牙螺纹。

四、螺 钉

1. 开槽普通螺钉 （GB/T 65—2000、GB/T 67—2008、GB/T 68～GB/T 69—2000）

开槽普通螺钉多用于较小零件的连接，应用广泛，以盘头螺钉应用最广；沉头螺钉用于不允许钉头露出的场合；半沉头螺钉头部弧形，顶端略露在外，比较美观与光滑，在仪器或较精密机件上应用较多；圆柱头螺钉与盘头形似，钉头强度较好。开槽普通螺钉的型式和尺寸见图 6-21 和表 6-31。

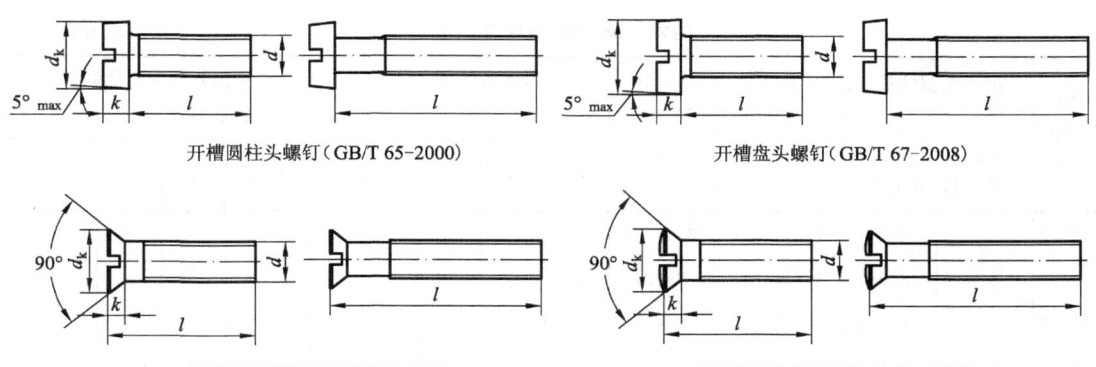

开槽圆柱头螺钉（GB/T 65-2000）　　　　开槽盘头螺钉（GB/T 67-2008）

开槽沉头螺钉（GB/T 68-2000）　　　　开槽半沉头螺钉（GB/T 69-2000）

图 6-21　开槽普通螺钉

开槽普通螺钉规格尺寸（mm）　　　　　　　表 6-31

螺纹规格	开槽圆柱头螺钉			开槽盘头螺钉			开槽沉头螺钉			开槽半沉头螺钉		
	GB/T 65—2000			GB/T 67—2008			GB/T 68—2000			GB/T 69—2000		
(d)	d_k	k	l	d_k	k	l	d_k	k	l	d_k	k	l
M1.6	3	1.1	2～16	3.2	1	2～16	3	1	2.5～16	3	1	2.5～16
M2	3.8	1.4	3～20	4	1.3	2.5～20	3.8	1.2	3～20	3.8	1.2	3～20
M2.5	4.5	1.8	3～25	5	1.5	3～25	4.7	1.5	4～25	4.7	1.5	4～25
M3	5.5	2.0	4～30	5.6	1.8	4～30	5.5	1.65	5～30	5.5	1.65	5～30
(M3.5)	6	2.4	5～35	7	2.1	5～35	7.3	2.35	6～35	7.3	2.35	6～35
M4	7	2.6	5～40	8	2.4	5～40	8.4	2.7	6～40	8.4	2.7	6～40
M5	8.5	3.3	6～50	9.5	3	6～50	9.3	2.7	8～50	9.3	2.7	8～50
M6	10	3.9	8～60	12	3.6	8～60	11.3	3.3	8～60	11.3	3.3	8～60
M8	13	5	10～80	16	4.8	10～80	15.8	4.65	10～80	15.8	4.65	10～80
M10	16	6	12～80	20	6	12～80	18.3	5	12～80	18.3	5	12～80

注：1. 尽可能不采用括号内的规格。

　　2. 螺纹公差为 6g；机械性能等级：钢为 4.8、5.8；不锈钢为 A2-50、A2-70；有色金属为 CU2、CU3、AL4；产品等级为 A 级。

2. 内六角螺钉（GB/T 70.1～3—2008）

内六角螺钉头部能埋入机件中（机件中须制出相应尺寸的圆柱形孔）。可施加较大的拧紧力矩，连接强度高，一般可代替六角螺栓，用于结构要求紧凑，外形平滑的连接处。内六角螺钉的型式和尺寸见图 6-22 和表 6-32。

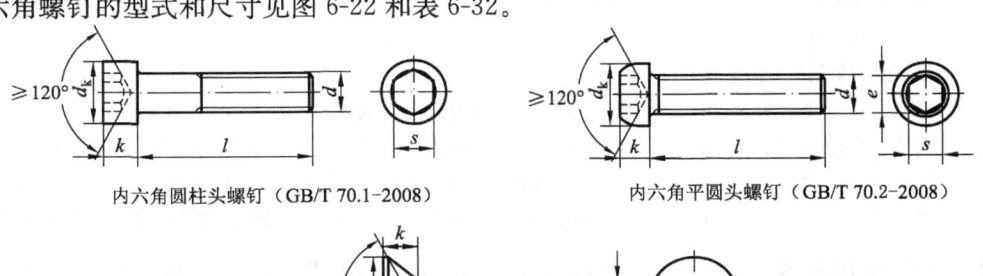

内六角圆柱头螺钉（GB/T 70.1-2008）　　　　内六角平圆头螺钉（GB/T 70.2-2008）

内六角沉头螺钉（GB/T 70.3-2008）

图 6-22　内六角螺钉

内六角螺钉规格尺寸（mm）　　　　　　　　表 6-32

螺纹规格 (d)	内六角圆柱头螺钉 （GB/T 70.1—2008）					内六角平圆头螺钉 （GB/T 70.2—2008）				内六角沉头螺钉 （GB/T 70.3—2008）			
	d_{kmax}		s	k	l	d_{kmax}	s	k	l	d_{kmax}	s	k	l
	光滑头部	滚花头部											
M1.6	3	3.14	1.5	1.6	2.5～16	—	—	—	—	—	—	—	—
M2	3.8	3.98	1.5	2	3～20	—	—	—	—	—	—	—	—
M2.5	4.5	4.68	2	2.5	4～25	—	—	—	—	—	—	—	—
M3	5.5	5.68	2.5	3	5～30	5.7	2	1.65	6～12	5.54	2	1.86	8～30
M4	7	7.22	3	4	6～40	7.6	2.5	2.20	8～16	7.53	2.5	2.48	8～40
M5	8.5	8.72	4	5	8～50	9.5	3	2.75	10～30	9.43	3	3.1	8～50
M6	10	10.22	5	6	10～60	10.5	4	3.3	10～30	11.34	4	3.72	8～60
M8	13	13.27	6	8	12～80	14.0	5	4.4	10～40	15.24	5	4.95	10～80
M10	16	16.27	8	10	16～100	17.5	6	5.5	16～40	19.22	6	6.2	12～100
M12	18	18.27	10	12	20～120	21.0	8	6.6	16～50	23.12	8	7.44	20～100
(M14)	21	21.33	12	14	25～140	—	—	—	—	26.52	10	8.4	25～100
M16	24	24.33	14	16	25～160	28.0	10	8.8	20～50	29.01	10	8.8	30～100
M20	30	30.33	17	20	30～200	—	—	—	—	36.05	12	10.6	30～100
M24	36	36.39	19	24	40～200	—	—	—	—	—	—	—	—
M30	45	45.39	22	30	45～200	—	—	—	—	—	—	—	—
M36	54	54.46	27	36	55～200	—	—	—	—	—	—	—	—
M42	63	63.46	32	42	60～300	—	—	—	—	—	—	—	—
M48	72	72.46	36	48	70～300	—	—	—	—	—	—	—	—
M56	84	84.54	41	56	80～300	—	—	—	—	—	—	—	—
M64	96	96.54	46	64	90～300	—	—	—	—	—	—	—	—

注：1. 公称长度系列为：2.5、3、4、5、6、8、10、12、(14)、16、20、25、30、35、40、45、50、(55)、60、(65)、70、80、90、100、110、120、130、140、150、160、180、200、300。

2. 尽可能不采用括号内的规格。

3. 螺纹公差 12.9 级为 5g、6g，其他等级为 6g；产品等级为 A 级。

4. 机械性能等级：钢——GB/T 70.2、GB/T 70.3 为 8.8、10.9、12.9；GB/T 70.1 当 3mm≤d≤39mm 为 8.8、10.9、12.9，d<3mm 或 d>39mm 按协议；不锈钢——d≤24 mm 为 A2-70、A3-70、A4-70、A5-70，24mm<d≤39mm 为 A2-50、A3-50、A4-50、A5-50，d>39mm 按协议；有色金属——CU2、CU3。

3. 内六角花形螺钉（GB/T 2671.1～2—2004、GB/T 2672—2004、GB/T 2673—2007、GB/T 2674—2004）

内六角花形螺钉的内六角可承受较大的拧紧力矩，连接强度高，可替代六角头螺栓。其头部可埋入零件沉孔中，外形平滑，结构紧凑。内六角花形螺钉的型式和尺寸见图6-23和表 6-33。

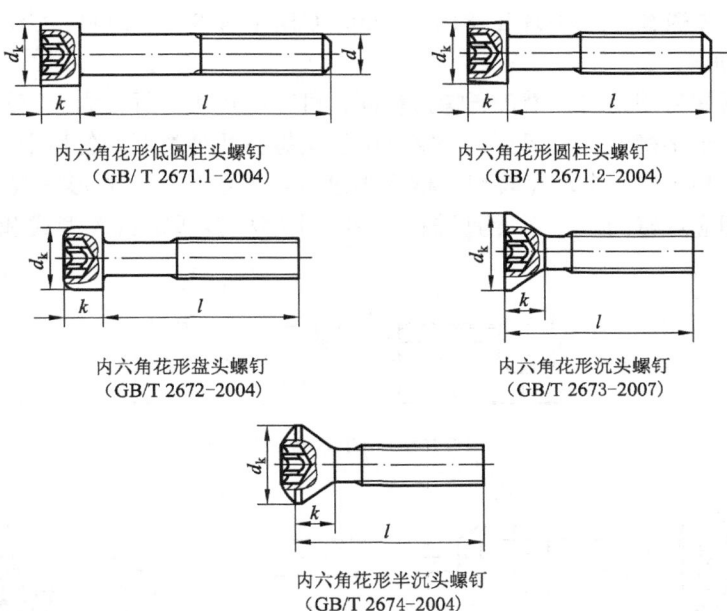

内六角花形低圆柱头螺钉
（GB/ T 2671.1-2004）

内六角花形圆柱头螺钉
（GB/ T 2671.2-2004）

内六角花形盘头螺钉
（GB/T 2672-2004）

内六角花形沉头螺钉
（GB/T 2673-2007）

内六角花形半沉头螺钉
（GB/T 2674-2004）

图 6-23　内六角花形螺钉

内六角花形螺钉规格尺寸（mm）　　　　　　　表 6-33

螺纹规格 (d)	内六角花形低圆柱头螺钉 GB/T 2671.1—2004			内六角花形圆柱头螺钉 GB/T 2671.2—2004			内六角花形盘头螺钉 GB/T 2672—2004			内六角花形沉头螺钉 GB/T 2673—2007			内六角花形半沉头螺钉 GB/T 2674—2004		
	d_k	k	l	d_k	k	l	d_k	k	l	d_k	k	l	d_k	k	l
M2	3.8	1.55	3~20	3.8	2	3~20	4	1.6	3~20	—	—	—	3.8	1.2	3~20
M2.5	4.5	1.85	3~25	4.5	2.5	4~25	5	2.1	3~25	—	—	—	4.7	1.5	3~25
M3	5.5	2.40	4~30	5.5	3	5~30	5.6	2.4	4~30	—	—	—	5.5	1.65	4~30
(M3.5)	6	2.60	5~35	—	—	—	7.0	2.6	5~35	—	—	—	7.3	2.35	5~35
M4	7	3.10	5~40	7	4	6~40	8.0	3.1	5~40	—	—	—	8.4	2.7	5~40
M5	8.5	3.65	6~50	8.5	5	8~50	9.5	3.7	6~50	—	—	—	9.3	2.7	6~50
M6	10	4.4	8~60	10	6	10~60	12	4.6	8~60	11.3	3.3	8~60	11.3	3.3	8~60
M8	13	5.8	10~80	13	8	12~80	16	6	10~80	15.8	4.65	10~80	15.8	4.65	10~60
M10	16	6.9	12~80	16	10	45~100	20	7.5	12~80	18.3	5	12~80	18.3	5	12~60
M12	—	—	—	18	12	55~120	—	—	—	22	6	20~80	—	—	—
(M14)	—	—	—	21	14	60~140	—	—	—	25.5	7	25~80	—	—	—
M16	—	—	—	24	16	65~160	—	—	—	29	8	25~80	—	—	—
(M18)	—	—	—	27	18	70~180	—	—	—	—	—	—	—	—	—
M20	—	—	—	30	20	80~200	—	—	—	36	10	35~80	—	—	—

注：1. 公称长度系列为：3、4、5、6、8、10、12、（14）、16、20、25、30、35、40、45、50、（55）、60、（65）、70、（75）、80、90、100、110、120、130、140、150、160、180、200。

2. 尽可能不采用括号内的规格。

3. 螺纹公差除 GB/T 2671.2 的 12.9 级为 5g、6g 外，其余均为 6g；产品等级为 A 级。

4. 机械性能等级：钢——GB/T 2671.1 为 4.8、5.8；GB/T 2671.2 当 d<3mm 按协议，3mm≤d≤20mm 为 8.8、9.8、10.9、12.9；GB/T 2672、GB/T 2673、GB/T 2674 为 4.8；不锈钢——GB/T 2671.1 为 A2-50、A2-70、A3-50、A3-70；GB/T 2671.2 为 A2-70、A3-70、A4-70、A5-70；GB/T 2672、GB/T 2673、GB/T 2674 为 A2-70、A3-70；有色金属——均为 CU2、CU3。

4. 十字槽普通螺钉 （GB/T 818—2000、GB/T 819.1—2000、GB/T 820—2000、GB/T 822—2000）

十字槽普通螺钉用途与开槽普通螺钉相同，可互相代用，可分为十字槽盘头螺钉、十字槽沉头螺钉、十字槽半沉头螺钉、十字槽圆柱头螺钉几种类型。各种十字槽普通螺钉旋拧时对中性好，易于实现自动化装配，槽形强度好，不易拧秃，外形美观，生产效率高。但须用与螺钉相应规格的十字形旋具进行装卸。十字槽普通螺钉的型式和尺寸见图 6-24 和表 6-34。

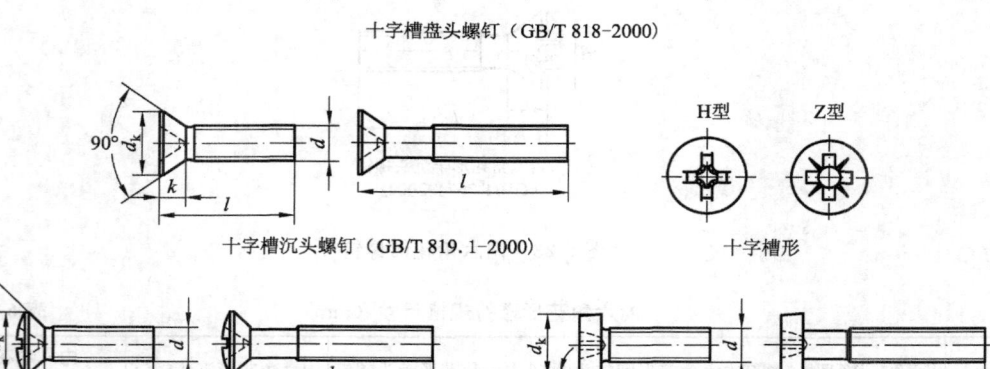

十字槽盘头螺钉（GB/T 818-2000）

十字槽沉头螺钉（GB/T 819.1-2000）

十字槽形

十字槽半沉头螺钉（GB/T 820-2000）

十字槽圆柱头螺钉（GB/T 822-2000）

图 6-24　十字槽普通螺钉

十字槽普通螺钉规格尺寸（mm）　　　　　　表 **6-34**

螺纹规格 (d)	十字槽盘头螺钉 GB/T 818—2000			十字槽沉头螺钉 GB/T 819.1—2000 十字槽半沉头螺钉 GB/T 820—2000			十字槽号 No.	十字槽圆柱头螺钉 GB/T 822—2000			十字槽号 No.
	d_k	k	l	d_k	k	l		d_k	k	l	
M1.6	3.2	1.3	3～16	3	1	3～16	0	—	—	—	—
M2	4	1.6	3～20	3.8	1.2	3～20	0	—	—	—	—
M2.5	5	2.1	3～25	4.7	1.5	3～25	1	4.5	1.8	3～25	1
M3	5.6	2.4	4～30	5.5	1.65	4～30	1	5.5	2.0	4～30	2
(M3.5)	7	2.6	5～35	7.3	2.35	5～35	2	6.0	2.4	5～35	2
M4	8	3.1	5～40	8.4	2.7	5～40	2	7.0	2.6	5～40	2
M5	9.5	3.7	6～45	9.3	2.7	6～50	2	8.5	3.3	6～50	2
M6	12	4.6	8～60	11.3	3.3	8～60	3	10.0	3.9	8～60	3
M8	16	6	10～60	15.8	4.65	10～60	4	13.0	5.0	10～80	4
M10	20	7.5	12～60	18.3	5	12～60	4	—	—	—	—

注：1. 公称长度系列为：3、4、5、6、8、10、12、（14）、16、20、25、30、35、40、45、50、（55）、60、70、80。
　　2. 螺纹公差为 6g；产品等级为 A 级。
　　3. 机械性能等级：钢——GB/T 818、GB/T 819.1、GB/T 820 为 4.8；GB/T 822 为 4.8、5.8；不锈钢——GB/T 818、GB/T 820 为 A2-50、A2-70；GB/T 822 为 A2-70；有色金属——GB/T 818、GB/T 820、GB/T 822 为 CU2、CU3、AL4。

5. 精密机械用十字槽螺钉 （GB/T 13806.1—1992）

精密机械用十字槽螺钉有圆柱头（A 型）、沉头（B 型）和半沉头（C 型）三种型式，可由碳钢 Q215、铜 H68、HPb59-1 制成，用于精密机械连接。精密机械用十字槽螺钉的型式和尺寸见图 6-25 和表 6-35。

精密机械用十字槽螺钉规格尺寸（mm）　　　　　　表 6-35

螺纹规格 (d)	a	圆柱头（A 型）		沉头（B 型）		半沉头（C 型）		十字槽号 No.	l
		d_k	k	d_k	k	d_k	k		
M1.2	0.5	2	0.55	2	0.7	2.2	0.7	0	1.6～4
(M1.4)	0.6	2.3	0.55	2.35	0.7	2.5	0.7	0	1.8～5
M1.6	0.7	2.6	0.55	2.7	0.8	2.8	0.8	0	2～6
M2	0.8	3	0.70	3.1	0.9	3.5	0.9	0	2.5～8
M2.5	0.9	3.8	0.90	3.8	1.1	4.3	1.1	1	3～10
M3	1	5	1.40	5.5	1.4	5.5	1.4	1	4～10

注：1. 公称长度系列为：1.6、(1.8)、2、(2.2)、2.5、(2.8)、3、(3.5)、4、(4.5)、5、(5.5)、6、(7)、8、(9)、10。

　　2. 螺纹公差为 4h（M1.2、M1.4）和 6g（M1.6～M3）。

　　3. 产品等级为 A 级、F 级。

　　4. 尽可能不采用括号内规格。

6. 钢 8.8、不锈钢和有色金属十字槽沉头螺钉 （GB/T 819.2—1997）

钢 8.8、不锈钢和有色金属十字槽沉头螺钉，分为头下带台肩和头下不带台肩两种。其型式和尺寸见图 6-26 和表 6-36。

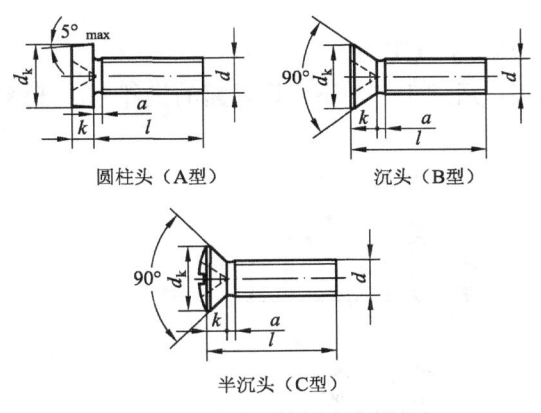

图 6-25　精密机械用十字槽螺钉

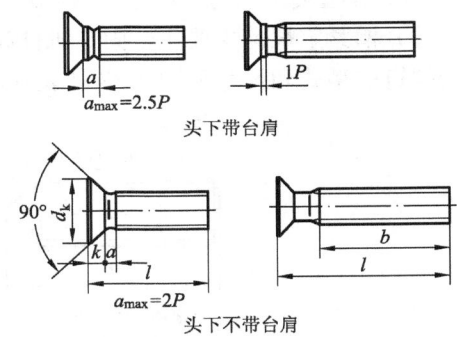

图 6-26　钢 8.8、不锈钢 A2-70 和有色金属 CU2 或 CU3 十字槽沉头螺钉

钢 8.8、不锈钢 A2-70 和有色金属 CU2 或 CU3 十字槽沉头螺钉规格尺寸（mm）　　表 6-36

螺纹规格 (d)	M2	M2.5	M3	(M3.5)	M4	M5	M6	M8	M10
P	0.4	0.45	0.5	0.6	0.7	0.8	1	1.25	1.5
b	25	25	25	38	38	38	38	38	38

续表

螺纹规格（d）	M2	M2.5	M3	(M3.5)	M4	M5	M6	M8	M10
d_{kmax}	4.4	5.5	6.3	8.2	9.4	10.4	12.6	17.3	20
k	1.2	1.5	1.65	2.35	2.7	2.7	3.3	4.65	5
l	3～20	3～25	4～30	5～35	5～40	6～50	8～60	8～60	8～60
十字槽号 No.	0	1	1	2	2	2	3	4	4

注：1. 尽可能不采用括号内的规格。

2. P——螺距。

3. 公称长度系列为：3、4、5、6、8、10、12、(14)、16、20、25、30、35、40、45、50、(55)、60。

4. 头下带台肩的螺钉用于插入深度系列深的，头下不带台肩的螺钉用于插入深度浅的。

5. 螺纹公差为6g；产品等级为 A 级。

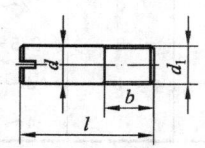

图 6-27　开槽无头螺钉

7. 开槽无头螺钉（GB/T 878—2007）

本标准规定了螺纹规格为 M1～M10，性能等级为 14H、22H、45H、A1-12H、CU2、CU3、AL4。产品等级为 A 级的开槽无头螺钉。其主要用于固定机件的位置，可承受较小的扭矩。开槽无头螺钉的型式和尺寸见图 6-27 和表 6-37。

开槽无头螺钉规格尺寸（mm） 表 6-37

d公称	1.0	1.2	1.6	2.0	2.5	3.0	3.5	4.0	5.0	6.0	8.0	10.0
d_1	M1	M1.2	M1.6	M2	M2.5	M3	(M3.5)	M4	M5	M6	M8	M10
b（max）	1.2	1.4	1.9	2.4	3	3.6	4.2	4.8	6	7.2	9.6	12
l	2.5～4	3～5	4～6	5～8	5～10	6～12	8～14	8～14	10～20	12～25	14～30	16～35
l系列	4、6、8、10、12、(14)、16、18、20、22、24、26、28、30、32、35											

注：尽可能不采用括号内的规格。

8. 开槽紧定螺钉（GB/T 71—1985、GB/T 73～GB/T 75—1985）

开槽紧定螺钉主要用于固定机件相对位置，适用于钉头不允许外露的机件上。开槽紧定螺钉的型式和尺寸见图 6-28 和表 6-38。

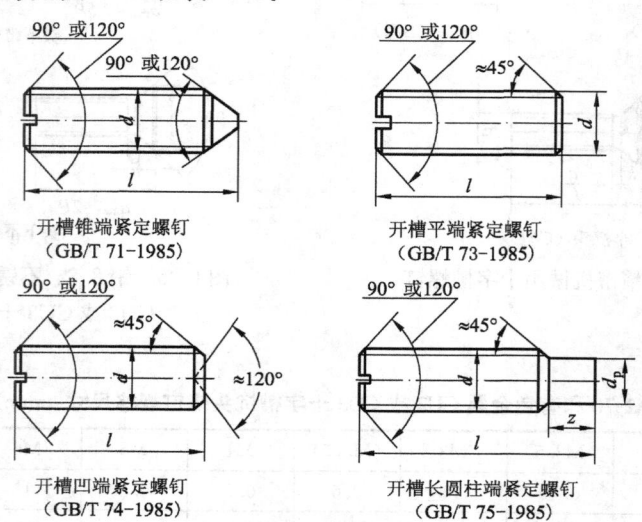

图 6-28　开槽紧定螺钉

开槽紧定螺钉规格尺寸（mm）　　　　表 6-38

螺纹规格 d	开槽锥端紧定螺钉 GB/T 71—1985	开槽平端紧定螺钉 GB/T 73—1985	开槽凹端紧定螺钉 GB/T 74—1985	开槽长圆柱端紧定螺钉 GB/T 75—1985		
	l	l	l	l	d_p	z
M1.2	2～6	2～6	—	—	—	—
M1.6	2～8	2～8	2.5～8	2.5～8	0.8	0.8
M2	3～10	2～10	2.5～10	3～10	1	1
M2.5	3～12	2.5～12	3～12	4～12	1.5	1.25
M3	4～16	3～16	3～16	5～16	2	1.5
M4	6～20	4～20	4～20	6～20	2.5	2
M5	8～25	5～25	5～25	8～25	3.5	2.5
M6	8～30	6～30	6～30	8～30	4	3
M8	10～40	8～40	8～40	10～40	5.5	4
M10	12～50	10～50	10～50	12～50	7	5
M12	14～60	12～60	12～60	14～60	8.5	6

注：1. 公称长度系列为：2、2.5、3、4、5、6、8、10、12、(14)、16、20、25、30、35、40、45、50、(55)、60。

2. 尽可能不采用括号内的规格。

3. 螺纹公差为 6g；机械性能等级：钢为 14H、22H；不锈钢为 A1-50；产品等级为 A 级。

9. 内六角紧定螺钉（GB/T 77～GB/T 80—2007）

内六角紧定螺钉主要用于固定机件的相对位置，适用于钉头不外露的场合。使用时，把螺钉旋入待固定的机件螺孔中，以螺钉的末端紧压在另一机件的表面上，使前一机件固定在后一机件上。六角紧定螺钉的型式和尺寸见图 6-29 和表 6-39。

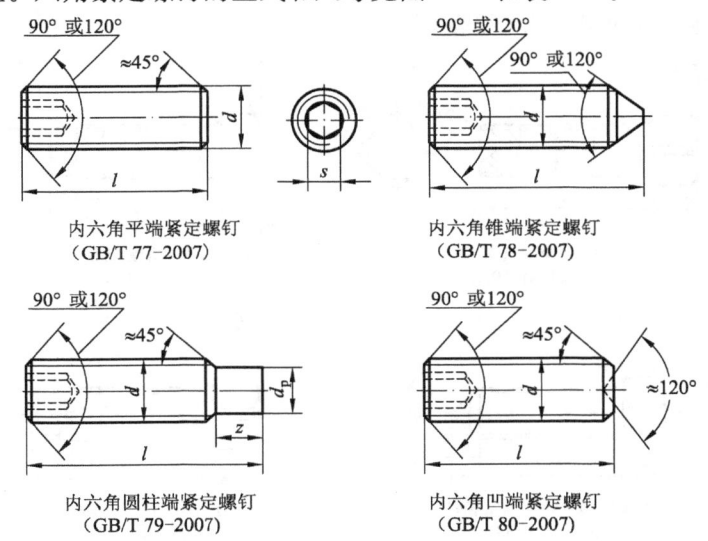

内六角平端紧定螺钉
（GB/T 77-2007）

内六角锥端紧定螺钉
（GB/T 78-2007）

内六角圆柱端紧定螺钉
（GB/T 79-2007）

内六角凹端紧定螺钉
（GB/T 80-2007）

图 6-29　内六角紧定螺钉

内六角紧定螺钉规格尺寸（mm）　　　　表 6-39

螺纹规格 d	s	内六角平端紧定螺钉 GB/T 77—2007	内六角锥端紧定螺钉 GB/T 78—2007	内六角圆柱端紧定螺钉 GB/T 79—2007			内六角凹端紧定螺钉 GB/T 80—2007
		l	l	l	d_p	z（长）	l
M1.6	0.7	2～8	2～8	2～8	0.8	0.8	2～8
M2	0.9	2～10	2～10	2.5～10	1	1.0	2～10
M2.5	1.3	2.5～12	2.5～12	3～12	1.5	1.25	2.5～12
M3	1.5	3～16	3～16	4～16	2.0	1.5	3～16
M4	2.0	4～20	4～20	5～20	2.5	2.0	4～20
M5	2.5	5～25	5～25	6～25	3.5	2.5	5～25
M6	3.0	6～30	6～30	8～30	4	3.0	6～30
M8	4.0	8～40	8～40	8～40	5.5	4.0	8～40
M10	5.0	10～50	10～50	10～50	7.0	5.0	10～50
M12	6.0	12～60	12～60	12～60	8.5	6.0	12～60
M16	8.0	16～60	16～60	16～60	12.0	8.0	16～60
M20	10.0	20～60	20～60	20～60	15.0	10.0	20～60
M24	12.0	25～60	25～60	25～60	18.0	12.0	25～60

注：1. 公称长度系列为：2、2.5、3、4、5、6、8、10、12、16、20、25、30、35、40、45、50、(55)、60。

2. 螺纹公差为 6g；机械性能等级：钢为 45H；不锈钢为 A1-12H、A2-21H、A3-21H、A4-21H、A5-21H；有色金属为 CU2、CU3、AL4；产品等级为 A 级。

3. GB/T 79—2007 的圆柱端有长、短之分，表中 Z 值为长圆柱端尺寸，短圆柱端的 z 值为 z（长）之半。

10. 方头紧定螺钉（GB/T 84～GB/T 86—1988、GB/T 821—1988）

方头紧定螺钉为专供固定机件相对位置用的一种螺钉。方头可施加较大的拧紧力矩，顶紧力大，不易拧秃。但头部尺寸大，不便埋入零件，不安全，不宜用于运动部位。方头紧定螺钉的型式和尺寸见图 6-30 和表 6-40。

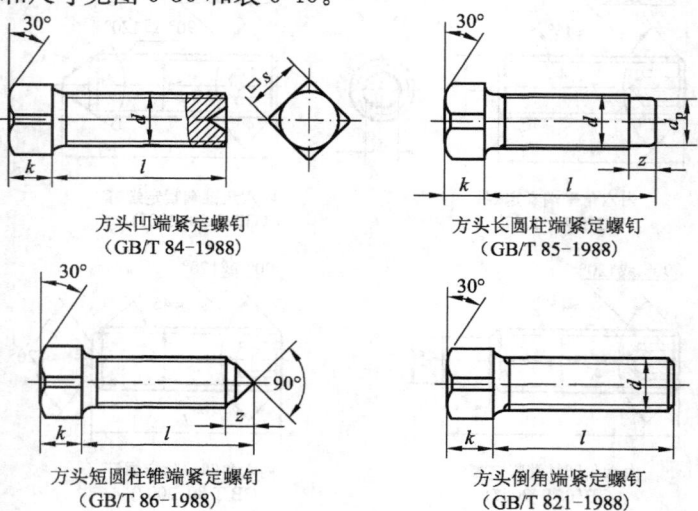

方头凹端紧定螺钉
（GB/T 84-1988）

方头长圆柱端紧定螺钉
（GB/T 85-1988）

方头短圆柱锥端紧定螺钉
（GB/T 86-1988）

方头倒角端紧定螺钉
（GB/T 821-1988）

图 6-30　方头紧定螺钉

方头紧定螺钉规格尺寸（mm）　　　　表 6-40

螺纹规格 d	s	k	方头凹端紧定螺钉 GB/T 84—1988	方头长圆柱端紧定螺钉 GB/T 85—1988			方头短圆柱锥端紧定螺钉 GB/T 86—1988		方头倒角端紧定螺钉 GB/T 821—1988
			l	d_p	z	l	z	l	l
M5	5	5	10～30	3.5	2.5	12～30	3.5	12～30	8～30
M6	6	6	12～30	4	3.0	12～30	4	12～30	8～30
M8	8	7	14～40	5.5	4.0	14～40	5	14～40	10～40
M10	10	8	20～50	7.0	5.0	20～50	6	20～50	12～50
M12	12	10	25～60	8.5	6.0	25～60	7	25～60	14～60
M16	17	14	30～80	12	8.0	25～80	9	25～80	20～80
M20	22	18	40～100	15	10	40～100	11	40～100	40～100

注：1. 公称长度系列为：8、10、12、(14)、16、20、25、30、35、40、45、50、(55)、60、70、80、90、100。
　　2. 尽可能不采用括号内的规格。
　　3. 螺纹公差 45H 级为 5g、6g；其余为 6g；机械性能等级：钢为 33H、45H；不锈钢为 A1-50、C4-50；产品等级为 A 级。

11. 普通自攻螺钉（GB/T 845～GB/T 847—1985、GB/T 5283～GB/T 5285—1985、GB/T 16824.1～2—1997）

　　自攻螺钉多用于连接较薄的金属板，由渗碳钢制造，表面硬度≥HRC45，心部硬度为 HRC26～40。在被连接件上可不预先制出螺纹，在连接时利用螺钉直接攻出螺纹。各种自攻螺钉的装拆，须用专用工具。十字槽自攻螺钉用十字形螺钉旋具；开槽自攻螺钉用一字形螺钉旋具；六角头自攻螺钉用呆扳手或活扳手等。自攻螺钉的型式见图 6-31，螺纹规格为 ST2.2～ST9.5 见表 6-41，螺钉末端分锥端（C 型）与平端（F 型）两种。

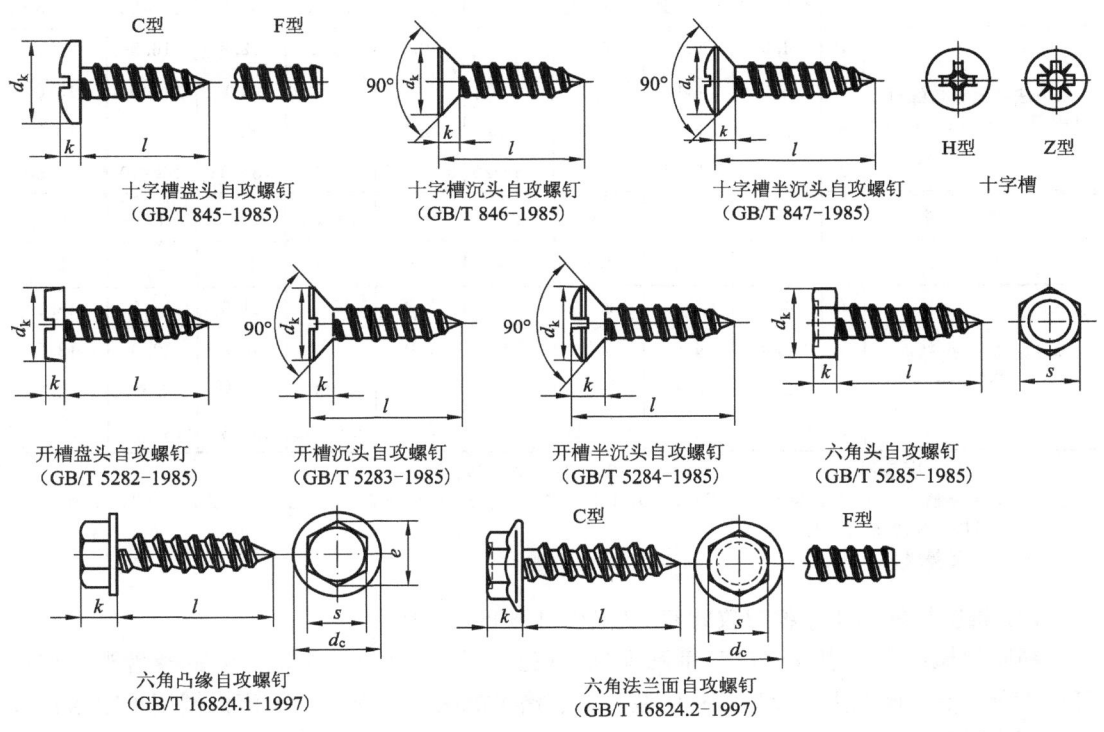

图 6-31　普通自攻螺钉

自攻螺钉规格尺寸（mm） 表 6-41

螺 纹 规 格		ST2.2	ST2.9	ST3.5	ST4.2	ST4.8	ST5.5	ST6.3	ST8	ST9.5
螺 距		0.8	1.1	1.3	1.4	1.6	1.8	1.8	2.1	2.1
十字槽盘头自攻螺钉 GB/T 845—1985	d_k	4	5.6	7	8	9.5	11	12	16	20
	k	1.6	2.4	2.6	3.1	3.7	4	4.6	6	7.5
	l	4.5～16	6.5～19	9.5～25	9.5～32	9.5～38	13～38	13～38	16～50	16～50
十字槽沉头自攻螺钉 GB/T 846—1985 十字槽半沉头自攻螺钉 GB/T 847—1985 开槽沉头自攻螺钉 GB/T 5283—1985	d_k	3.8	5.5	7.3	8.4	9.3	10.3	11.3	15.8	18.3
	k	1.1	1.7	2.35	2.6	2.8	3	3.15	4.65	5.25
	l	4.5～16	6.5～19	9.5～25	9.5～32	9.5～32	13～38	13～38	16～50	16～50
开槽半沉头自攻螺钉 GB/T 5284—1985	d_k	3.8	5.5	7.3	8.4	9.3	10.3	11.3	15.8	18.3
	k	1.1	1.7	2.35	2.6	2.8	3	3.15	4.65	5.25
	l	4.5～16	6.5～19	9.5～22	9.5～32	9.5～32	13～32	13～38	16～50	19～50
开槽盘头自攻螺钉 GB/T 5282—1985	d_k	4	5.6	7	8	9.5	11	12	16	20
	k	1.3	1.8	2.1	2.4	3	3.2	3.6	4.8	6
	l	4.5～16	6.5～19	6.5～22	9.5～25	9.5～32	13～32	13～38	16～50	16～50
六角头自攻螺钉 GB/T 5285—1985	s	3.2	5	5.5	7	8	8	10	13	16
	k	1.6	2.3	2.6	3	3.8	4.1	4.7	6	7.5
	l	4.5～16	6.5～19	6.5～22	9.5～32	9.5～32	13～38	13～38	13～50	16～50
六角法兰面自攻螺钉 GB/T 16824.2—1997	d_c	4.5	6.4	7.5	8.5	10.0	11.2	12.8	16.8	21.0
	s	3.0	4.0	5.0	5.5	7.0	7.0	8.0	10.0	13.0
	k	2.2	3.2	3.8	4.3	5.2	6	6.7	8.6	10.7
	l	4.5～16	6.5～19	9.5～22	9.5～25	9.5～32	13～38	13～38	16～50	19～50

螺 纹 规 格		ST2.2	ST2.9	ST3.5	ST3.9	ST4.2	ST4.8	ST5.5	ST6.3	ST8
螺 距		0.8	1.1	1.3	1.4	1.6	1.8	1.8	2.1	2.1
六角凸缘自攻螺钉 GB/T 16824.1—1997	d_c	4.2	6.3	8.3	8.3	8.8	10.5	11.0	13.5	18.0
	s	3.0	4.0	5.0	5.0	7.0	8.0	8.0	10.0	13.0
	k	2.0	2.8	3.4	3.4	4.1	4.3	5.4	5.9	7.0
	l	4.5～19	6.5～19	6.5～22	9.5～25	9.5～25	9.5～32	13～38	13～50	16～50

注：1. 公称长度系列为：4.5、6.5、9.5、13、16、19、22、25、32、38、45、50。
    2. 十字槽号：ST2.2 为 0 号；ST2.9 为 1 号；ST3.5、ST4.2、ST4.8 为 2 号；ST5.5、ST6.3 为 3 号；ST8、ST9.5 为 4 号。
    3. 产品等级为 A 级。

12. 精密机械用十字槽自攻螺钉（GB/T 13806.2—1992）

精密机械用十字槽自攻螺钉带刮削端，按头部形状分为：A 型—十字槽盘头自攻螺钉；B 型—十字槽沉头自攻螺钉；C 型—十字槽半沉头自攻螺钉。精密机械用十字槽自攻螺钉型式和尺寸见图 6-32 和表 6-42。

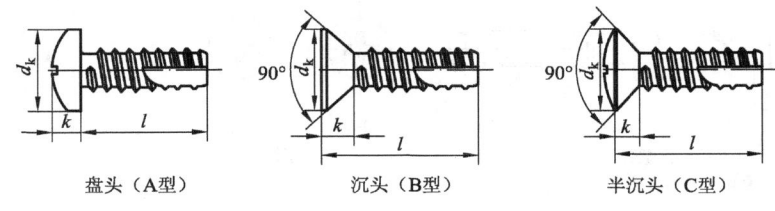

盘头（A型）　　　　　　沉头（B型）　　　　　　半沉头（C型）

图 6-32　精密机械用十字槽自攻螺钉

<table>
<tr><td colspan="10" align="center">精密机械用十字槽自攻螺钉规格尺寸（mm）</td><td align="right">表 6-42</td></tr>
</table>

螺纹规格	螺距	盘头（A 型）		沉头（B 型）		半沉头（C 型）		十字槽号	l
(d)	(P)	d_k	k	d_k	k	d_k	k	No.	
ST1.5	0.5	2.8	0.9	2.8	0.8	2.8	0.8	0	4～8
(ST1.9)	0.6	3.5	1.1	3.5	0.9	3.5	0.9	0	4～8
ST2.2	0.8	4.0	1.6	3.8	1.1	3.8	1.1	0	4.5～10
(ST2.6)	0.9	4.3	2.0	4.8	1.4	4.8	1.4	1	4.5～16
ST2.9	1.1	5.6	2.4	5.5	1.7	5.5	1.7	1	4.5～20
ST3.5	1.3	7.0	2.6	7.3	2.35	7.3	2.35	2	7～25
ST4.2	1.4	8.0	3.1	8.4	2.6	—	—	2	7～25

注：1. 公称长度系列为：4、(4.5)、5、(5.5)、6、(7)、8、(9.5)、10、13、16、20、(22)、25。
　　2. 产品等级为 A 级。
　　3. 尽可能不采用括号内规格。
　　4. 半沉头自攻螺钉其螺纹规格 ST1.5～ST3.5。

13. 墙板自攻螺钉（GB/T 14210—1993）

　　墙板自攻螺钉适用于在不制出预制孔的
条件下，能快速拧入金属龙骨，紧固石膏墙
板等。其由渗碳钢制成，渗碳层深度≥
0.05mm，表面硬度 $HV_{0.3}$≥560。墙板自攻
螺钉的型式和尺寸见图 6-33 和表 6-43。

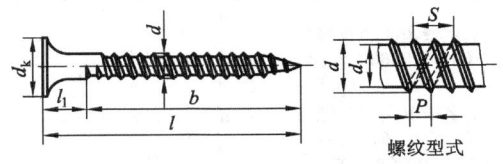

螺纹型式

图 6-33　墙板自攻螺钉

<table>
<tr><td colspan="6" align="center">墙板自攻螺钉规格尺寸（mm）</td><td align="right">表 6-43</td></tr>
</table>

螺纹规格 (d)	螺距 (P)	d_k	d_{1max}	l	十字槽号 No.
ST3.5	1.4	8.58	2.46	19～45	H 型
ST3.9	1.6	8.58	2.74	35～55	2
ST4.2	1.7	8.58	2.93	40～70	

14. 自挤螺钉（GB/T 6560～GB/T 6563—2014、GB/T 6564.1—2014）

　　自挤螺钉的螺杆具有三角截面的螺纹，按头部形状分为十字槽盘头、沉头、半沉头、
六角头、内六角花形圆柱头、盘头、沉头、半沉头等八种类型。其材料为 20Mn、15MnB
（GB/T 699）（A 级）或 10、15（GB/T 699），经渗碳、淬火并回火处理，心部硬度
$HV_{0.3}$＝285～425；表面硬度 $HV_{0.3}$≥450。可拧入黑色或有色金属材料的预制孔（可由钻
削、冲切或压铸制成）内，挤压形成内螺纹。其型式见图 6-34，螺纹规格为 M2～M12，
见表 6-44。自挤螺钉具有低拧入力矩，高锁紧性能。

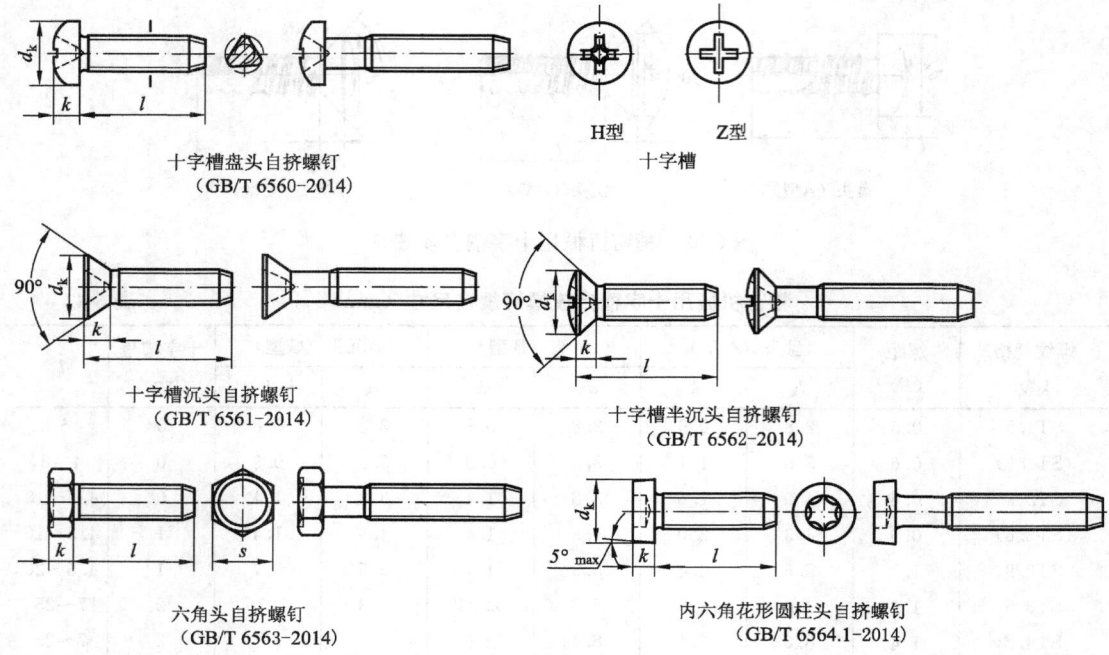

十字槽盘头自挤螺钉
（GB/T 6560-2014）

H型　　Z型
十字槽

十字槽沉头自挤螺钉
（GB/T 6561-2014）

十字槽半沉头自挤螺钉
（GB/T 6562-2014）

六角头自挤螺钉
（GB/T 6563-2014）

内六角花形圆柱头自挤螺钉
（GB/T 6564.1-2014）

图 6-34　自挤螺钉

自挤锁紧螺钉规格尺寸（mm）　　　　表 6-44

螺 纹 规 格		M2	M2.5	M3	M4	M5	M6	M8	M10	M12
十字槽盘头自挤螺钉 GB/T 6560—2014	d_k	4	5	5.6	8	9.5	12	16	20	—
	k	1.6	2.1	2.4	3.1	3.7	4.6	6.0	7.5	—
	l	3~16	4~20	4~25	6~30	8~40	8~40	10~60	16~80	—
十字槽沉头自挤螺钉 GB/T 6561—2014 十字槽半沉头自挤螺钉 GB/T 6562—2014	d_k	3.8	4.7	5.5	8.4	9.3	11.3	15.8	18.3	
	k	1.2	1.5	1.65	2.7	2.7	3.3	4.65	5	
	l	4~16	5~20	6~25	8~30	10~40	10~50	14~60	20~80	
十字槽号（H型、Z型）	No.	0	1	1	2	2	3	4	4	—
六角头自挤螺钉 GB/T 6563—2014	s	4	5	5.5	7	8	10	13	16	18
	k	1.4	1.7	2.0	2.8	3.5	4.0	5.3	6.4	7.5
	l	3~16	4~20	4~25	6~30	8~40	8~50	10~60	12~80	14~80
内六角花形圆柱头自挤螺钉 GB/T 6564.1—2014	d_k	3.8	4.5	5.5	7	8.5	10	13	16	18
	k	2.0	2.5	3	4	5	6	8	10	12
	l	3~16	4~20	4~25	6~30	8~40	8~50	10~60	12~80	16~80
内六角花形代号		6	8	10	20	25	30	45	50	55

注：1. 公称长度系列为：4、5、6、8、10、12、（14）、16、20、25、30、35、40、45、50、（55）、60、（65）、70、80。尽可能不采用括号内的规格。

2. 螺纹公差为 6g；机械性能等级为 A、B 级（GB/T 3098.7）；产品等级为 A 级。

15. 自钻自攻螺钉（GB/T 15856.1～4—2002）

自钻自攻螺钉由钻头和螺杆组成，装配时钻出螺纹底孔，然后攻出内螺纹。其材料为 20Mn、15MnB（GB/T699），经渗碳、淬火并回火处理，心部硬度 $HV_{0.3}=270～425$；表面硬度 $HV_{0.3}\geqslant560$。按头部形状分为：十字槽盘头、十字槽沉头、十字槽半沉头、六角法兰面四种，外形与相应的自攻锁紧螺钉相同，自钻自攻螺钉的型式和尺寸见图 6-35 和表 6-45。

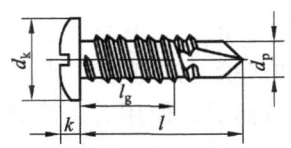

十字槽盘头自钻自攻螺钉
（GB/T 15856.1-2002）

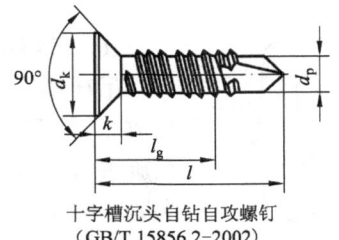

十字槽沉头自钻自攻螺钉
（GB/T 15856.2-2002）

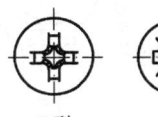

H 型　　Z 型

十字槽

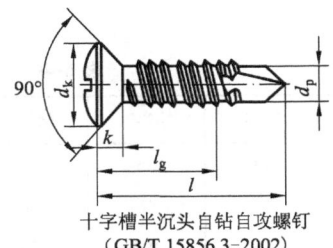

十字槽半沉头自钻自攻螺钉
（GB/T 15856.3-2002）

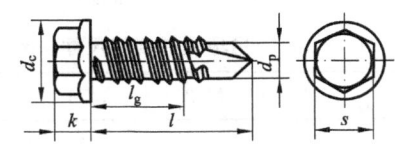

六角法兰面自钻自攻螺钉
（GB/T 15856.4-2002）

图 6-35　自钻自攻螺钉

自钻自攻螺钉品种规格（mm）　　　　　　　　　表 6-45

螺 纹 规 格		ST2.9	ST3.5	ST4.2	ST4.8	ST5.5	ST6.3
螺　距（P）		1.1	1.3	1.4	1.6	1.8	1.8
十字槽盘头自钻自攻螺钉 GB/T 15856.1—2002	d_k	5.6	7.0	8.0	9.5	11.0	12.0
	k	2.4	2.6	3.1	3.7	4.0	4.6
	d_p	2.3	2.8	3.6	4.1	4.8	5.8
十字槽沉头自钻自攻螺钉 GB/T 15856.2—2002 十字槽半沉头自钻自攻螺钉 GB/T 15856.3—2002	d_k	5.5	7.3	8.4	9.3	10.3	11.3
	k	1.7	2.35	2.6	2.8	3.0	3.15
	d_p	2.3	2.8	3.6	4.1	4.8	5.8
六角法兰面自钻自攻螺钉 GB/T 15856.4—2002	d_c	6.3	8.3	8.8	10.5	11.0	13.5
	k	2.8	3.4	4.1	4.3	5.4	5.9
	d_p	2.3	2.8	3.6	4.1	4.8	5.8
	s	4.0	5.5	7.0	8.0	8.0	10.0
十字槽号 No.		1	2	2	2	3	3
钻削板厚		0.7～1.9	0.7～2.5	1.75～3.0	1.75～4.4	1.75～5.25	2.0～6.0
公称长度（l）		l_g					
13		6.6	6.2	4.3	3.7		
16		6.9	9.2	7.3	5.8	5.0	
19		12.5	12.1	10.3	8.7	8.0	7.0
22			15.1	13.3	11.7	11.0	10.0
25			18.1	16.3	14.7	14.0	13.0
32				23.0	21.5	21.0	20.0
38				29.0	27.5	27.0	26.0
45					34.5	34.0	33.0
50					39.5	39.0	38.0

注：1. 公称长度 l 应根据连接板的厚度，两板间的间隙或夹层厚度选择。
　　2. 公称长度 $l \leqslant 38$ 的自钻自攻螺钉，制出全螺纹；$l > 38$ 的自钻自攻螺钉，其螺纹长度由供需双方协商。
　　3. $l > 50$ 的长度规格，由供需双方协商，但应符合 $l=55$、60、65、70、75、80、85、90、95、100。
　　4. 产品等级为 A 级。

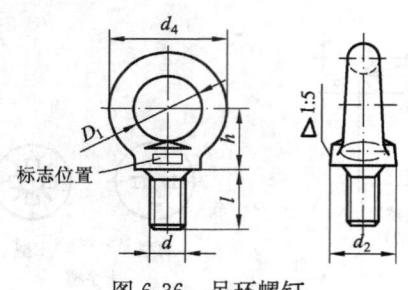

图 6-36　吊环螺钉

16. 吊环螺钉（GB/T 825—1988）

吊环螺钉在安装和运输时起重用，其由 20 号或 25 号钢经整体锻造而成。使用时，螺钉必须旋进致使支承面紧密贴合，但不准使用工具绑紧，并不允许有垂直于吊环平面的载荷。其型式和尺寸见图 6-36 和表 6-46。吊环螺钉的起吊重量见表 6-47。

吊环螺钉规格尺寸（mm）   表 6-46

螺纹规格（d）	M8	M10	M12	M16	M20	M24	M30	M36
D_1	20	24	28	34	40	48	56	67
l	16	20	22	28	35	40	45	55
d_4	36	44	52	62	72	88	104	123
h	18	22	26	31	36	44	53	63
d_2	21.1	25.1	29.1	35.2	41.4	49.4	57.7	69

注：M36～M100×6 从略。

吊环螺钉起吊重量（t）   表 6-47

规　　格		M8	M10	M12	M16	M20	M24	M30	M36
单螺钉起吊	max	0.16	0.25	0.4	0.63	1	1.6	2.5	4
双螺钉起吊	45°max max	0.08	0.125	0.2	0.32	0.5	0.8	1.25	2

注：1. 安装于钢、铸钢或灰铸铁件时。
　　2. 表中数值系指平稳起吊的最大起吊重量。

五、螺　　母

螺母与螺栓、螺钉配合，起连接紧固件作用，其中六角螺母应用最普遍。

1. 六角螺母（GB/T 41—2000、GB/T 56—1988、GB/T 6170—2000、GB/T 6172.1—2000、GB/T 6174～GB/T 6175—2000）

　　六角螺母的产品等级分为 A、B 和 C 级，A 级精度最高，B 级其次，C 级最低。A 级用于 $D \leqslant 16$ 的螺母，B 级用于 $D > 16$ 的螺母，C 级用于 M5～M64 的螺母。1 型六角螺母规定了螺纹规格为 M1.6～M64，性能等级为 6、8、10、A2-50、A2-70、A4-50、A4-70、CU2、CU3 和 AL4 级，产品等级为 A 和 B 级的六角螺母；2 型六角螺母规定了螺纹规格为 M5～M36，性能等级为 9 和 12 级，产品等级为 A 和 B 级的六角螺母。

　　各种粗牙螺纹的六角螺母必须配合粗牙六角头螺栓使用，六角薄螺母在防松装置中用作副螺母，起锁紧作用，也用于结构位置受到限制的场合；厚螺母多用于经常需要装拆的场合。六角螺母的型式和尺寸见图 6-37 和表 6-48。

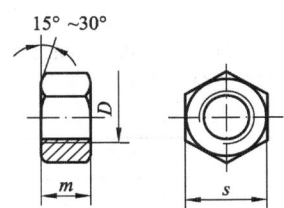
六角螺母 C级（GB/T 41—2000）
六角厚螺母（GB/T 56—1988）

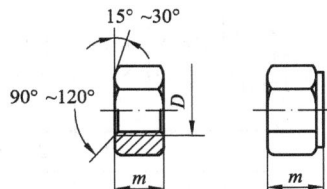
1型六角螺母（GB/T 6170—2000）
2型六角螺母（GB/T 6175—2000）
六角薄螺母（GB/T 6172.1—2000）

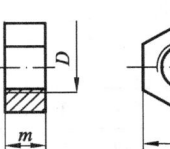
六角薄螺母 无倒角
（GB/T 6174—2000）

图 6-37　六角螺母

六角螺母的规格尺寸（mm）　　　　　　表 6-48

螺纹规格 D		M1.6	M2	M2.5	M3	M3.5	M4	M5	M6	M8	M10	M12	(M14)	M16	(M18)	M20
s		3.2	4	5	5.5	6	7	8	10	13	16	18	21	24	27	30
m	GB/T 41—2000	—	—	—	—	—	—	5.6	6.4	7.9	9.5	12.2	13.9	15.9	16.9	19
	GB/T 56—1988	—	—	—	—	—	—	—	—	—	—	—	—	25	28	30
	GB/T 6170—2000	1.3	1.6	2	2.4	2.8	3.2	4.7	5.2	6.8	8.4	10.8	12.8	14.8	15.8	18
	GB/T 6172.1—2000	1	1.2	1.6	1.8	2	2.2	2.7	3.2	4	5	6	7	8	9	10
	GB/T 6174—2000	1	1.2	1.6	1.8	2	2.2	2.7	3.2	4	5	—	—	—	—	—
	GB/T 6175—2000	—	—	—	—	—	—	5.1	5.7	7.5	9.3	12	14.1	16.4	—	20.3
螺纹规格 D		(M22)	M24	(M27)	M30	(M33)	M36	(M39)	M42	(M45)	M48	(M52)	M56	(M60)	M64	
s		34	36	41	46	50	55	60	65	70	75	80	85	90	95	
m	GB/T 41—2000	20.2	22.3	24.7	26.4	29.5	31.9	34.3	34.9	36.9	38.9	42.9	45.9	48.9	52.4	
	GB/T 56—1988	34	36	41	46	—	55	—	65	—	75	—	—	—	—	
	GB/T 6170—2000	19.4	21.5	23.8	25.6	28.7	31	33.4	34	36	38	42	45	48	51	
	GB/T 6172.1—2000	11	12	13.5	15	16.5	18	19.5	21	22.5	24	26	28	30	32	
	GB/T 6174—2000	—	—	—	—	—	—	—	—	—	—	—	—	—	—	
	GB/T 6175—2000	—	23.9	—	28.6	—	34.7	—	—	—	—	—	—	—	—	

注：尽可能不采用括号内的规格。

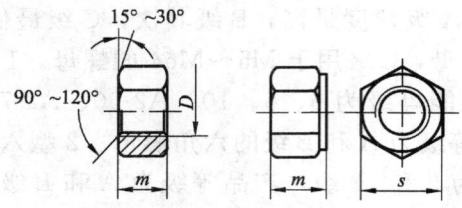

1型六角螺母 细牙（GB/T 6171-2000）
2型六角螺母 细牙（GB/T 6176-2000）
六角薄螺母 细牙（GB/T 6173-2000）

图 6-38 六角螺母-细牙

2. 六角螺母-细牙（GB/T 6171—2000、GB/T 6173—2000、GB/T 6176—2000）

细牙螺母的产品等级分类同粗牙螺母。各种细牙螺纹的六角螺母必须配合细牙六角头螺栓使用，用于薄壁零件或承受交变载荷、振动载荷、冲击载荷的机件上。六角细牙螺母的型式和尺寸见图 6-38 和表 6-49。

六角细牙螺母的规格尺寸（mm）　　　表 6-49

螺纹规格 $D×P$		M8×1	M10×1 (M10 ×1.25)	M12×1.5 (M12 ×1.25)	(M14 ×1.5)	M16 ×1.5	(M18 ×1.5)	M20×1.5 (M20×2)	(M22 ×1.5)	M24 ×2	(M27 ×2)
s		13	16	18	21	24	27	30	34	36	41
m	GB/T 6171—2000	6.8	8.4	10.8	12.8	14.8	15.8	18	19.4	21.5	23.8
	GB/T 6173—2000	4	5	6	7	8	9	10	11	12	13.5
	GB/T 6176—2000	7.5	9.3	12	14.1	16.4	17.6	20.3	21.8	23.9	26.7
螺纹规格 $D×P$		M30	(M33×2)	M36×3	(M39 ×3)	M42 ×3	(M45 ×3)	M48 ×3	(M52 ×4)	M56 ×4	(M60 ×4)	M64 ×4
s		46	50	55	60	65	70	75	80	85	90	95
m	GB/T 6171—2000	25.6	28.7	31	33.4	34	36	38	42	45	48	51
	GB/T 6173—2000	15	16.5	18	19.5	21	22.5	24	26	28	30	32
	GB/T 6176—2000	28.6	32.5	34.7	—	—	—	—	—	—	—	—

注：尽可能不采用括号内的规格。

3. 六角法兰面螺母（GB/T 6177.1—2000）

六角法兰面螺母的防松性能好，不需再用弹簧垫圈。其型式和尺寸见图 6-39 和表 6-50。

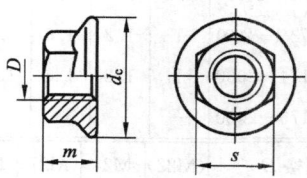

图 6-39 六角法兰面螺母

六角法兰面螺母规格尺寸（mm）　　　表 6-50

螺纹规格 D	M5	M6	M8	M10	M12	(M14)	M16	M20
s	8	10	13	15	18	21	24	30
m	5	6	8	10	12	14	16	20
d_c	11.8	14.2	17.9	21.8	26	29.9	34.5	42.8

注：尽可能不采用括号内的规格。

4. 六角开槽螺母（GB/T 6178～GB/T 6181—1986）

槽型螺母配以螺杆末端带孔的螺栓及开口销，用于振动、冲击、变载荷等易发生螺母松退的地方，防止松动。六角开槽螺母的型式和尺寸见图 6-40 和表 6-51。

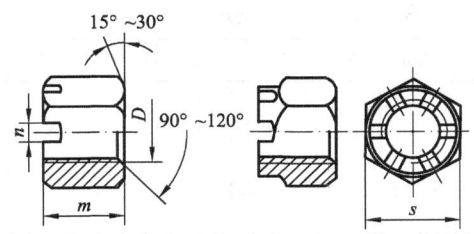

1型六角开槽螺母-A和B级（GB/T 6178-1986）
2型六角开槽螺母-A和B级（GB/T 6180-1986）

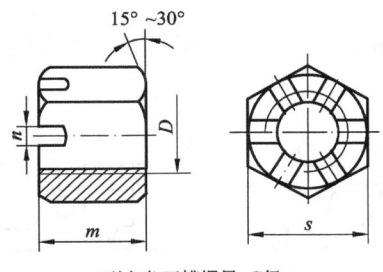

1型六角开槽螺母-C级
（GB/T 6179-1986）

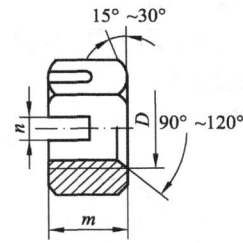

1型六角开槽薄螺母-A和B级
（GB/T 6181-1986）

图 6-40　六角开槽螺母

六角开槽螺母的规格尺寸（mm）　　　　　　　　　　表 6-51

螺纹规格 D	n	s	m			开口销	每 1000 个钢螺母的重量/kg ≈	
			GB/T 6178—1986 GB/T 6179—1986	GB/T 6180—1986	GB/T 6181—1986		GB/T 6178—1986 GB/T 6179—1986 GB/T 6180—1986	GB/T 6181—1986
M4	1.8	7	5	—	—	1×10	0.88	—
M5	2	8	6.7	6.9	5.1	1.2×12	1.48	
M6	2.6	10	7.7	8.3	5.7	1.6×14	3.74	1.87
M8	3.1	13	9.8	10	7.5	2×16	7.22	4.65
M10	3.4	16	12.4	12.3	9.3	2.5×20	13.1	9.92
M12	4.25	18	15.8	16	12	3.2×22	20.52	13.52
(M14)	4.25	21	17.8	19.1	14.1	3.2×25	30.55	21.16
M16	5.7	24	20.8	21.1	16.4	4×28	38.39	27.05
M20	5.7	30	24	26.3	20.3	4×36	78	45.98
M24	6.7	36	29.5	31.9	23.9	5×40	137.1	72.68
M30	8.5	46	34.6	37.6	28.6	6.3×50	264.7	150.6
M36	8.5	55	40	43.7	34.7	6.3×63	482.4	267.3

5. 方螺母 C 级（GB/T 39—1988）

方螺母常与半圆头方颈螺栓配合，用于粗糙、简单的结构上，作紧固连接用。其特点是扳手转动角度大，不易打滑。其型式和尺寸见图 6-41 和表 6-52。

方螺母　C 级规格尺寸（mm）　　　　　　　表 6-52

螺纹规格 D	M3	M4	M5	M6	M8	M10	M12	(M14)	M16	(M18)	M20	(M22)	M24
s	5.5	7	8	10	13	16	18	21	24	27	30	34	36
m	2.4	3.2	4	5	6.5	8	10	11	13	51	16	18	19
每 1000 个钢 螺母的重量 kg $\approx$	0.560	0.857	1.269	2.754	6.682	13.05	19.40	28.81	39.44	53.51	75.12	90.96	126.6

注：1. 尽可能不采用括号内的规格。
　　2. 螺纹公差 7H；机械性能等级 4、5 级。

6. 蝶形螺母（GB/T 62.1—2004）

蝶形螺母一般不用工具即可装拆，通常用于需经常拆开和受力不大之处。其型式和尺寸见图 6-42 和表 6-53。

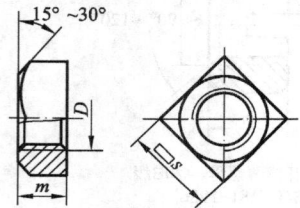

图 6-41　方螺母　C 级

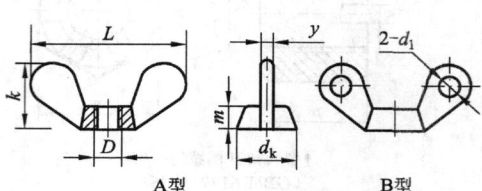

图 6-42　蝶形螺母

蝶形螺母规格尺寸（mm）　　　　　　　表 6-53

螺纹规格 D	d_k min	d $\approx$	L		k	m min	y max	y_1 max	d_1 max	t max
M2	4	3	12		6	2	2.5	3	2	0.3
M2.5	5	4	16		8	3	2.5	3	2.5	0.3
M3	5	4	16	±1.5	8	3	2.5	3	3	0.4
M4	7	6	20		10	4	3	4	4	0.4
M5	8.5	7	25		12	5	3.5	4.5	4	0.5
M6	10.5	9	32	±1.5	16	6	4	5	5	0.5
M8	14	12	40		20	8	4.5	5.5	6	0.6
M10	18	15	50		25	10	5.5	6.5	7	0.7
M12	22	18	60	±2	30	12	7	8	8	1
(M14)	26	22	70		35	14	8	9	9	1.1
M16	26	22	70		35	14	8	10	10	1.2
(M18)	30	25	80	±2	40	16	8	10	10	1.4
M20	34	28	90		45	18	9	11	11	1.5
(M22)	38	32	100	±2.5	50	20	10	12	11	1.6
M24	43	36	112		56	22	11	13	12	1.8

注：1. 尽可能不采用括号内的规格。
　　2. 螺纹公差 7H；材料：钢 Q215、Q235（GB/T 700），KT30-6（GB/T 978）；不锈钢 1Cr18Ni9（GB/T 1220）；有色金属 H62（GB/T 5231）。

7. 扣紧螺母（GB/T 805—1988）

扣紧螺母用作锁母，与六角螺母配合使用，防止螺母回松，防松效果良好。由弹簧钢 65Mn（GB/T 699）制成，经淬火并回火，硬度达 HRC30~40。扣紧螺母型式和尺寸见图 6-43 和表 6-54。

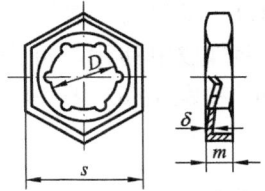

图 6-43　扣紧螺母

扣紧螺母规格尺寸（mm）　　　　　　　　　　　　　　　　　　　表 6-54

螺纹规格 $D \times P$	M6×1	M8×1.25	M10×1.5	M12×1.75	(M14×2)	M16×2	(M18×2.5)	M20×2.5
D_{max}	5.3	7.16	8.86	10.73	12.43	14.43	15.93	17.93
s_{max}	10	13	16	18	21	24	27	30
m	3	4	5	5	6	6	7	7
δ	0.4	0.5	0.6	0.7	0.8	0.8	1	1

螺纹规格 $D \times P$	(M22×2.5)	M24×3	(M27×3)	M30×3.5	M36×4	M48×5	M48×5	
D_{max}	20.02	21.52	24.52	27.02	32.62	38.12	43.62	
S_{max}	34	36	41	46	55	65	75	
m	7	9	9	9	12	12	14	
δ	1	1.2	1.2	1.4	1.4	1.8	1.8	

注：尽可能不采用括号内的规格。

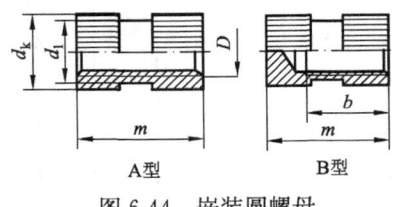

图 6-44　嵌装圆螺母

8. 嵌装圆螺母（GB/T 809—1988）

嵌装圆螺母由黄铜制成，嵌装在机件内起连接作用，有通孔（A 型）与不通孔（B 型）两种型式。其型式和尺寸见图 6-44 和表 6-55。

嵌装圆螺母规格尺寸（mm）　　　　　　　　　　　　　　　　　　　表 6-55

螺纹规格 D		M2	M2.5	M3	M4	M5	M6	M8	M10	M12
d_k		4	4.5	5	6	8	10	12	15	18
d_1		3	3.5	4	5	7	9	10	13	16
m	A 型	2~5	3~8	3~10	4~12	5~16	6~18	8~25	10~30	12~30
	B 型	6	6、8	6~10	8~12	10~16	12~18	16~25	18~30	20~30

注：1. 公称长度（m）系列为：2、3、4、5、6（b=3.24）、8（b=4.74）、10（b=6.29）、12（b=8.29）、14（b=10.29）、16（b=11.35）、18（b=12.35）、20（b=14.35）、25（b=19.42）、30（b=20.42）。

2. b 为最大值。

9. 圆螺母（GB/T 810—1988、GB/T 812—1988）

圆螺母多为细牙螺纹，常用于直径较大的连接，此类螺母便于使用钩头扳手装拆，一般配用圆螺母止动垫圈，常与滚动轴承配套使用。小圆螺母由于外径和厚度较小，结构紧凑，适用于两件成组使用，可作轴向微量调整。大、小圆螺母的型式和尺寸分别见图6-45、图6-46和表6-56、表6-57。

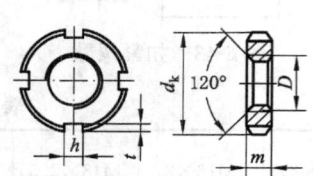

图 6-45　小圆螺母（GB/T 810—1988）

$D<$M100×2；槽数为4；$D\geqslant$M105×2；槽数为6

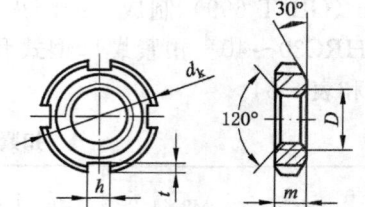

图 6-46　圆螺母（GB/T 812—1988）

$D<$M100×2；槽数为4；$D\geqslant$M105×2；槽数为6

小圆螺母规格尺寸（mm）   表 6-56

螺纹规格 $D\times P$	d_k	m	h	t	每1000个钢螺母的重量/kg ≈	螺纹规格 $D\times P$	d_k	m	h	t	每1000个钢螺母的重量/kg ≈
M10×1	20				12.6	M72×2	95		8	3.5	281.1
M12×1.25	22		4	2	15.3	M76×2	100				312.4
M14×1.5	25	6			17.6	M80×2	105				345.4
M16×1.5	28				19.6	M85×2	110	12	10	4	347.2
M18×1.5	30				21.2	M90×2	115				366.2
M20×1.5	32				27.5	M95×2	120				378.9
M22×1.5	35				33.8	M100×2	125				494.9
M24×1.5	38		5	2.5	36.1	M105×2	130		12	5	522.8
M27×1.5	42				51.1	M110×2	135				546.8
M30×1.5	45	8			55.0	M115×2	140	15			570.4
M33×1.5	48				57.5	M120×2	145				593.4
M36×1.5	52				70.6	M125×2	150				611.3
M39×1.5	55				73.8	M130×2	160		14	6	780.5
M42×1.5	58		6	3	78.5	M140×2	170				1006
M45×1.5	62				90.3	M150×2	180	18			1069
M48×1.5	68				141.3	M160×3	195				1243
M52×1.5	72				155.7	M170×3	205				1412
M56×2	78	10			167.6	M180×3	220				1734
M60×2	80		8	3.5	171.9	M190×3	230	22	16	7	2227
M64×2	85				192.3	M200×3	240				2340
M68×2	90				215.1						

注：螺纹公差6H；材料45号钢（GB/T 699）。

圆螺母规格尺寸（mm）　表 6-57

螺纹规格 $D \times P$	d_k	m	h	t	每1000个钢螺母的重量/kg ≈	螺纹规格 $D \times P$	d_k	m	h	t	每1000个钢螺母的重量/kg ≈
M10×1	22				15.6	M64×2	95		8	3.5	341.6
M12×1.25	25	4		2	20.6	M65×2①	95	12			332.0
M14×1.5	28				25.6	M68×2	100				369.3
M16×1.5	30	8			27.0	M72×2	105				509.4
M18×1.5	32				29.9	M75×2①	105		10	4	461.9
M20×1.5	35				35.6	M76×2	110	15			553.7
M22×1.5	38	5		2.5	53.7	M80×2	115				599.6
M24×1.5	42				67.0	M85×2	120				616.1
M25×1.5①	42				64.0	M90×2	125				786.5
M27×1.5	45				73.7	M95×2	130		12	5	825.1
M30×1.5	48				80.4	M100×2	135	18			845.2
M33×1.5	52	10			85.9	M105×2	140				1099
M35×1.5①	52				77.5	M110×2	150				1295
M36×1.5	55				96.3	M115×2	155				1363
M39×1.5	58		6	3	103.0	M120×2	160				1403
M40×1.5①	58				98.1	M125×2	165	22	14	6	1457
M42×1.5	62				117.2	M130×2	170				1511
M45×1.5	68				140.8	M140×2	180				1924
M48×1.5	72				184.8	M150×2	200				2585
M50×1.5①	72				170.3	M160×3	210	26			2793
M52×1.5	78	12	8	3.5	218.5	M170×3	220		16	7	2953
M55×2①	78				194.8	M180×3	230				3615
M56×2	85				267.8	M190×3	240	30			3801
M60×2	90				310.4	M200×3	250				3986

注：螺纹公差 6H；材料 45 号钢（GB/T 699）。

① 仅用于滚动轴承锁紧装置。

10. 盖形螺母（GB/T 923—2009）

盖形螺母用在端部螺扣需要罩盖的地方。其型式和尺寸见图 6-47 和表 6-58。

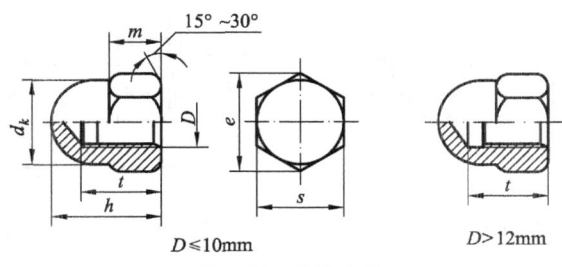

图 6-47　盖形螺母

盖形螺母规格尺寸（mm）　表 6-58

螺纹规格 D	第一系列	M4	M5	M6	M8	M10	M12
	第二系列	—	—	—	M8×1	M10×1	M12×1.5
	第三系列	—	—	—	—	M10×1.25	M12×1.25
P①		0.7	0.8	1	1.25	1.5	1.75
d_k	max	6.5	7.5	9.5	12.5	15	17
e	min	7.66	8.79	11.05	14.38	17.77	20.03
h	max=公称	8	10	12	15	18	22
m	max	3.2	4	5	6.5	8	10
s	公称	7	8	10	13	16	18
t	max	5.74	7.79	8.29	11.35	13.35	16.35
每1000件钢螺母质量≈kg		②	②	4.66	11	20.1	28.3

续表

螺纹规格 D	第一系列	(M14)	(M16)	(M18)	M20	(M22)	M24
	第二系列	(M14×1.5)	M16×1.5	(M18×1.5)	M20×2	(M22×1.5)	M24×2
	第三系列	—	—	(M18×2)	M20×1.5	(M22×2)	—
P①		2	2	2.5	2.5	2.5	3
d_k	max	20	23	26	28	33	34
e	min	23.35	26.75	29.56	32.95	37.29	39.55
h	max=公称	25	28	32	34	39	42
m	max	11	13	15	16	18	19
s	公称	21	24	27	30	34	36
t	max	18.35	21.42	25.42	26.42	29.42	31.5
每1000件钢螺母质量≈kg		②	54.3	95	104	②	216

注：1. 尽可能不采用括号内的规格；按螺纹规格第1~3系列，依次优先选用。
　　2. 螺纹公差均为6H；机械性能等级为6、Al-50、CU3 或 CU6 级；产品等级 $D≤16mm$：A 级；$D>16mm$：B 级。
　　① P—粗牙螺纹螺距，按 GB/T 197。
　　② 目前尚无数据。

11. 焊接螺母（GB/T 13680～GB/T 13681—1992）

焊接螺母用于具有可焊性的钢板上作连接用，有方形和六角形两种。其型式和尺寸见图 6-48 和表 6-59，焊接螺母保证载荷见表 6-60，螺母与钢板焊接型式和尺寸见图 6-49 和表 6-61。

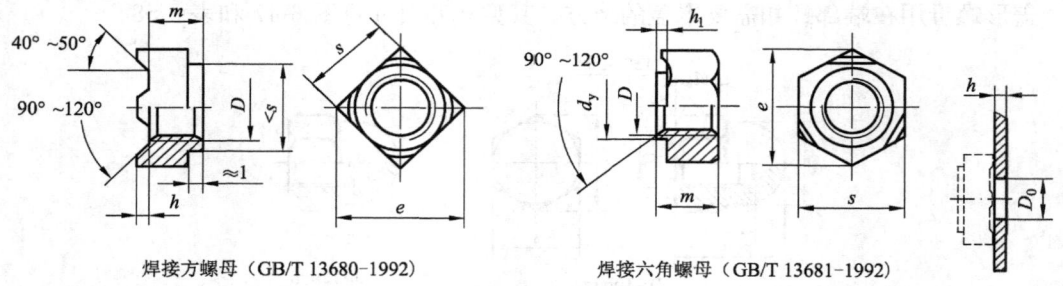

焊接方螺母（GB/T 13680-1992）　　　　焊接六角螺母（GB/T 13681-1992）

图 6-48　焊接螺母

图 6-49　螺母
与钢板焊接
示意图

焊接螺母规格尺寸（mm）　　　　　　　　表 6-59

螺纹规格 D 或 $D×P$		M4	M5	M6	M8	M10	M12	(M14)	M16
		—	—	—	M8×1	M10×1	M12×1.5	(M14×1.5)	M16×1.5
		—	—	—		M10×1.25	M12×1.25	—	—
焊接方螺母 GB/T 13680—1992	s_{max}	7	8	10	13	16	18	21	24
	e_{min}	8.63	9.93	12.53	16.34	20.24	22.84	26.21	30.11
	m_{max}	3.5	4.2	5.0	6.5	8.0	9.5	11.0	13.0
	h_{max}	0.7	0.9	0.9	1.1	1.3	1.5	1.5	1.7

续表

螺纹规格 D 或 $D\times P$		M4	M5	M6	M8	M10	M12	(M14)	M16
		—	—	—	M8×1	M10×1	M12×1.5	(M14×1.5)	M16×1.5
		—	—	—	—	M10×1.25	M12×1.25	—	—
焊接六角螺母 GB/T 13681—1992	s_{max}	9	10	11	14	17	19	22	24
	e_{min}	9.83	10.95	12.02	15.38	18.74	20.91	24.27	26.51
	m_{max}	3.5	4.0	5.0	6.5	8.0	10.0	11.0	13.0
	d_{ymax}	5.97	6.96	7.96	10.45	12.45	14.75	16.75	18.735
	h_{1max}	0.65	0.70	0.75	0.90	1.15	1.40	1.80	1.80
每1000个钢螺母重量/kg≈		1.09	1.48	2.18	4.55	8.13	11.79	16.35	22.24

注：1. P——螺距。螺纹公差 6G，产品精度等级 A 级。

　　2. 尽可能不采用括号内的规格。

焊接螺母保证载荷　　　　　　　　　　　　表 6-60

螺纹规格 D 或 $D\times P$	M4	M5	M6	M8	M10	M12	M14	M16
	—	—	—	M8×1	M10×1	M12×1.5	M14×1.5	M16×1.5
	—	—	—	—	M10×1.25	M12×1.25	—	—
保证载荷/N	6800	11000	15500	28300	44800	65300	89700	123000

焊接用钢板焊接前的孔径与板厚推荐值　　　　　　　表 6-61

螺纹规格 D 或 $D\times P$		M4	M5	M6	M8	M10	M12	M14	M16
		—	—	—	M8×1	M10×1	M12×1.5	M14×1.5	M16×1.5
		—	—	—	—	M10×1.25	M12×1.25	—	—
孔径 D_0	min	6	7	8	10.5	12.5	14.8	16.8	18.8
	max	6.075	7.09	8.09	10.61	12.61	14.91	16.91	18.93
板厚 h	min	0.75	0.9	0.9	1	1.25	1.5	2	2
	max	3	3.5	4	4.5	5	5	6	6

六、垫　　圈

1. 普通圆形垫圈（GB/T 848—2002、GB/T 95—2002、GB/T 96.1～2—2002、GB/T 97.1～2—2002）

普通圆形垫圈一般用于金属零件，以增加支承面，遮盖较大的孔眼，并防止损伤零件表面。小垫圈 A 级（GB/T 848—2002）主要用于带圆柱头的螺钉；其他 A 级垫圈与 A、B 级螺母、螺栓、螺钉配合使用；C 级垫圈与 C 级螺母、螺栓、螺钉配合使用。普通圆形垫圈的型式和尺寸见图6-50 和表6-62。

小垫圈　A级（GB/T 848-2002）
平垫圈　A级（GB/T 97.1-2002）
平垫圈　C级（GB/T 95-2002）
大垫圈　A级（GB/T 96.1-2002）
大垫圈　C级（GB/T 96.2-2002）

平垫圈　倒角型　A级
（GB/T 97.2-2002）
图 6-50　普通圆垫圈

普通圆垫圈规格尺寸（mm） 表 6-62

公称尺寸（螺纹规格 d）	平垫圈 C级 GB/T 95—2002 平垫圈 A级 GB/T 97.1—2002 平垫圈 倒角型 A级 GB/T 97.2—2002 （标准系列）					大垫圈 A级 GB/T 96.1—2002 大垫圈 C级 GB/T 96.2—2002 （大系列）				小垫圈 A级 GB/T 848—2002 （小系列）		
	d_2	h	d_1			d_2	h	d_1		d_2	h	d_1
			GB/T 95	GB/T 97.1	GB/T 97.2			GB/T 96.1	GB/T 96.2			
1.6	4	0.3	1.8	1.7	—	—	—	—	—	3.5	0.3	1.7
2	5	0.3	2.4	2.2	—	—	—	—	—	4.5	0.3	2.2
2.5	6	0.5	2.9	2.7	—	—	—	—	—	5	0.5	2.7
3	7	0.5	3.4	3.2	—	9	0.8	3.2	3.4	6	0.5	3.2
(3.5)	8	0.5	3.9	—	—	11	0.8	3.7	3.9	7	0.5	3.7
4	9	0.8	4.5	4.3	—	12	1	4.3	4.5	8	0.5	4.3
5	10	1	5.5	5.3	5.3	15	1	5.3	5.5	9	1	5.3
6	12	1.6	6.6	6.4	6.4	18	1.6	6.4	6.6	11	1.6	6.4
8	16	1.6	9	8.4	8.4	24	2	8.4	9	15	1.6	8.4
10	20	2	11	10.5	10.5	30	2.5	10.5	11	18	1.6	10.5
12	24	2.5	13.5	13	13	37	3	13	13.5	20	2	13
(14)	28	2.5	15.5	15	15	44	3	15	15.5	24	2.5	15
16	30	3	17.5	17	17	50	3	17	17.5	28	2.5	17
(18)	34	3	20	19	19	56	4	19	20	30	3	19
20	37	3	22	21	21	60	4	21	22	34	3	21
(22)	39	3	24	23	23	66	5	23	24	37	3	23
24	44	4	26	25	25	72	5	25	26	39	4	25
(27)	50	4	30	28	28	85	6	30	30	44	4	28
30	56	4	33	31	31	92	6	33	33	50	4	31
(33)	60	5	36	34	34	105	6	36	36	56	5	34
36	66	5	39	37	37	110	8	39	39	60	5	37
(39)	72	6	42	42	42	—				—		
42	78	8	45	45	45	—				—		
(45)	85	8	48	48	48	—				—		
48	92	8	52	52	52	—				—		
(52)	98	8	56	56	56	—				—		
56	105	10	62	62	62	—				—		
(60)	110	10	66	66	66	—				—		
64	115	10	70	70	70	—				—		

注：尽可能不采用括号内的规格。

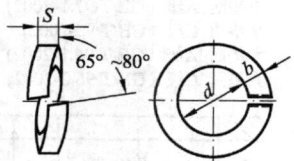

标准型弹簧垫圈（GB/T 93-1987）
轻型弹簧垫圈（GB/T 859-1987）

图 6-51 弹簧垫圈

2. 弹簧垫圈（GB/T 93—1987、GB/T 859—1987）

弹簧垫圈广泛用于经常拆卸的连接处，靠弹性及斜口摩擦防止紧固件的松动。有标准型弹簧垫圈及轻型弹簧垫圈两种。其型式和尺寸见图 6-51 和表 6-63。

弹簧垫圈规格尺寸（mm）　　　　　　　　　　　　　表 6-63

规　格 （螺纹直径）	d （min）	轻型弹簧垫圈 GB/T 859—1987			标准型弹簧垫圈 GB/T 93—1987	
		S	b	每 1000 个钢垫 圈重量/kg ≈	$S=b$	每 1000 个钢垫 圈重量/kg ≈
2	2.1	—	—	—	0.5	0.023
2.5	2.6	—	—	—	0.65	0.053
3	3.1	0.6	1	0.081	0.8	0.097
4	4.1	0.8	1.2	0.130	1.1	0.182
5	5.1	1.1	1.5	0.190	1.3	0.406
6	6.1	1.3	2	0.360	1.6	0.745
8	8.1	1.6	2.5	0.800	2.1	1.530
10	10.2	2	3	1.560	2.6	2.820
12	12.2	2.5	3.5	3.410	3.1	4.630
(14)	14.2	3	4	5.390	3.6	6.850
16	16.2	3.2	4.5	7.360	4.1	7.750
(18)	18.2	3.6	5	10.00	4.5	11.00
20	20.2	4	5.5	14.10	5	15.20
(22)	22.5	4.5	6	18.90	5.5	16.50
24	24.5	5	7	23.70	6	26.20
(27)	27.5	5.5	8	32.30	6.8	28.20
30	30.5	6	9	45.40	7.5	37.60
(33)	33.5	—	—	—	8.5	—
36	36.5	—	—	—	9	51.80
(39)	39.5	—	—	—	10	—
42	42.5	—	—	—	10.5	78.70
(45)	45.5	—	—	—	11	—
48	48.5	—	—	—	12	114.0

注：尽可能不采用括号内的规格。

3. 锁紧垫圈（GB/T 861.1～2—1987、GB/T 862.1～2—1987、GB/T 956.1～2—1987）

锁紧垫圈圆周上具有许多翘齿、刺压在支承面上，能极其可靠地阻止紧固件松动，弹力均匀，防松效果良好。但不宜用于材料较软或常拆卸处。内齿用于头部尺寸较小的螺钉下；外齿应用较多，多用于螺栓头和螺母下；锥形用于沉孔中。锁紧垫圈型式和尺寸见图 6-52 和表 6-64。

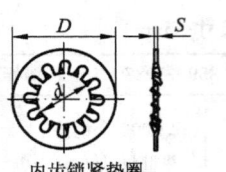

内齿锁紧垫圈
（GB/T 861.1-1987）

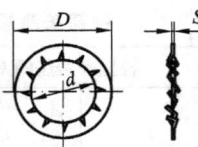

内锯齿锁紧垫圈
（GB/T 861.2-1987）

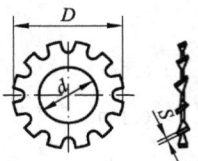

外齿锁紧垫圈
（GB/T 862.1-1987）

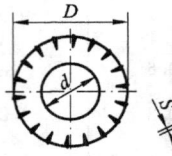

外锯齿锁紧垫圈
（GB/T 862.2-1987）

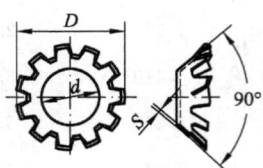

锥形锁紧垫圈
（GB/T 956.1-1987）

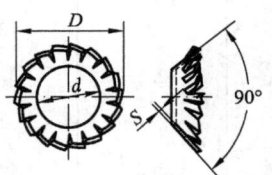

锥形锯齿锁紧垫圈
（GB/T 956.2-1987）

图 6-52　锁紧垫圈

锁紧垫圈规格尺寸（mm）　　　　　　　　　　表 6-64

规格（螺纹直径）		2	2.5	3	4	5	6	8	10	12	(14)	16	(18)	20
d_{min}		2.2	2.7	3.2	4.3	5.3	6.4	8.4	10.5	12.5	14.5	16.5	19	21
D		4.5	5.5	6	8	10 (9.8)	11 (11.8)	15 (15.3)	18 (19)	20.5 (23)	24	26	30	33
S		0.3		0.4	0.5	0.6		0.8	1.0		1.2		1.5	
齿数	内齿锁紧垫圈 GB/T 861.1—1987 外齿锁紧垫圈 GB/T 862.1—1987	6				8			9	10		12		
	内锯齿锁紧垫圈 GB/T 861.2—1987	7			8	9	10		12		14			16
	外锯齿锁紧垫圈 GB/T 862.2—1987	9			11	12	14		16		18			20
	锥形锁紧垫圈 GB/T 956.1—1987	—		6	8	10					—			
	锥形锯齿锁紧垫圈 GB/T 956.2—1987	—		12	14	16	18	20	26		—			

注：1. 尽可能不采用括号内的规格。
　　2. 锥形垫圈规格为 3～12mm；表中 D 带括号的数值为锥形垫圈数值。

4. 方斜垫圈（GB/T 852—1988、GB/T 853—1988）

工字钢（槽钢）用方斜垫圈用于将工字钢、槽钢翼缘倾斜面垫平，使螺母支承面垂直于螺杆，从而螺杆免受弯曲。其型式和尺寸见图 6-53 和表 6-65。

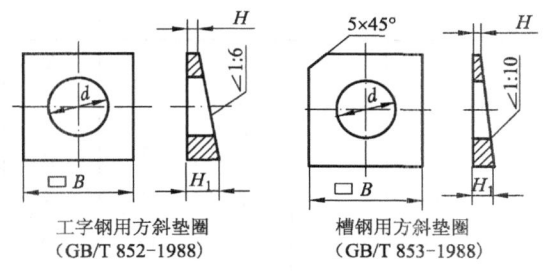

工字钢用方斜垫圈
（GB/T 852-1988）　　槽钢用方斜垫圈
（GB/T 853-1988）

图 6-53　方斜垫圈

方斜垫圈规格尺寸（mm）　　　　　　　　**表 6-65**

规　格 （螺纹直径）	d	B	H	工字钢用方斜垫圈 GB/T 852—1988		槽钢用方斜垫圈 GB/T 853—1988	
				H_1	每 1000 个钢垫 圈重量/kg ≈	H_1	每 1000 个钢垫 圈重量/kg ≈
6	6.6	16	2	4.7	5.7	3.6	4.5
8	9	18		5.0	7.1	3.8	5.67
10	11	22		5.7	11.6	4.2	9.19
12	13.5	28		6.7	18.5	4.8	17.0
16	17.5	35		7.7	37.5	5.4	28.0
(18)	20	40	3	9.7	63.7	7	49.8
20	22	40		9.7	60.4	7	47.3
(22)	24	40		9.7	56.9	7	42.4
24	26	50		11.3	109	8	84.0
(27)	30	50		11.3	102	8	78.0
30	33	60		13.0	174	9	130
36	39	70		14.7	259	10	190

注：尽可能不采用括号内的规格。

5. 止动垫圈（GB/T 854～GB/T 855—1988、GB/T 858—1988）

单耳、双耳止动垫圈用于螺母拧紧在任意位置时加以锁定。其型式和尺寸见图 6-54 和表 6-66。圆螺母用止动垫圈与圆螺母配合使用，主要用于滚动轴承的固定，其型式和尺寸见图 6-55 和表 6-67。

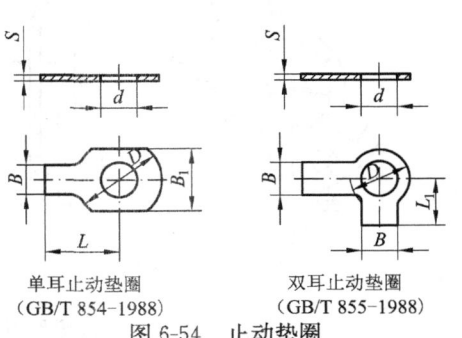

单耳止动垫圈
（GB/T 854-1988）　　双耳止动垫圈
（GB/T 855-1988）

图 6-54　止动垫圈

单耳、双耳止动垫圈规格尺寸（mm）   表 6-66

规 格 （螺纹直径）	d_{min}	L	L_1	S	B	B_1	D_{max}		每1000个钢垫圈 重量/kg ≈	
							单耳	双耳	单耳	双耳
2.5	2.7	10	4		3	6	8	5	0.16	0.12
3	3.2	12	5	0.4	4	7	10	5	0.26	0.19
4	4.2	14	7		5	9	14	8	0.42	0.29
5	5.3	16	8		6	11	17	9	0.79	0.47
6	6.4	18	9		7	12	19	11	1.08	0.66
8	8.4	20	11	0.5	8	16	22	14	1.37	0.85
10	10.5	22	13		10	19	26	17	1.80	1.11
12	13	28	16		12	21	32	22	5.80	3.64
(14)	15	28	16		12	25	32	22	5.50	3.30
16	17	32	20		15	32	40	27	8.55	4.59
(18)	19	36	22	1	18	38	45	32	11.3	6.91
20	21	36	22		18	38	45	32	10.3	6.43
(22)	23	42	25		20	39	50	36	13.9	8.63
24	25	42	25		20	42	50	36	13.3	8.11
(27)	28	48	30		24	48	58	41	27.0	16.1
30	31	52	32		26	55	63	46	31.0	18.0
36	37	62	38		30	65	75	55	44.2	26.2
42	43	70	44	1.5	35	78	88	65	61.9	35.1
48	50	80	50		40	90	100	75	80.5	46.2

注：尽可能不采用括号内的规格。

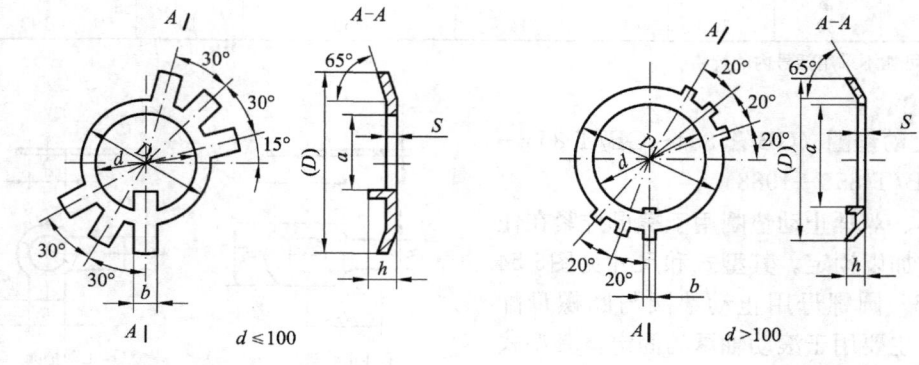

图 6-55   圆螺母用止动垫圈（GB/T 858—1988）

圆螺母用止动垫圈规格尺寸（mm）　　　　　　　表 6-67

规　格 （螺纹直径）	d	D_1	S	h	b	a	每1000个 钢垫圈重量 kg ≈	规　格 （螺纹直径）	d	D_1	S	h	b	a	每1000个 钢垫圈重量 kg ≈
10	10.5	16		3	3.8	8	1.67	64	65	84		6	7.7	61	28.93
12	12.5	19				9	1.91	65*	66	84				62	26.54
14	14.5	20				11	2.12	68	69	88				65	32.91
16	16.5	22				13	2.51	72	73	93	1.5			69	36.14
18	18.5	24				15	2.69	75*	76	93			9.6	71	32.04
20	20.5	27	1	4	4.8	17	3.16	76	77	98				72	39.42
22	22.5	30				19	3.68	80	81	103				76	42.98
24	24.5	34				21	4.37	85	86	108				81	45.02
25*	25.5	34				22	4.06	90	91	112				86	61.98
27	27.5	37				24	4.71	95	96	117			11.6	91	64.57
30	30.5	40				27	5.02	100	101	122				96	67.15
33	33.5	43				30	8.63	105	106	127		7		101	69.74
35*	36.5	43				32	7.94	110	111	135				106	85.32
36	35.5	46				33	9.11	115	116	140	2			111	88.48
39	39.5	49		5	5.7	36	9.58	120	121	145			13.5	116	91.24
40*	40.5	49				37	8.92	125	126	150				121	94.20
42	42.5	53				39	11.01	130	131	155				126	97.16
45	45.5	59	1.5			42	14.66	140	141	165				136	103.1
48	48.5	61				45	14.76	150	151	180				146	170.2
50*	50.5	61				47	12.95	160	161	190				156	179.4
52	52.5	67		6	7.7	49	19.04	170	171	200		8	15.5	166	188.3
55*	56	67				52	15.57	180	181	210	2.5			176	197.3
56	57	74				53	23.52	190	191	220				186	206.2
60	61	79				57	26.15	200	201	230				196	215.2

注：* 仅用于滚动轴承锁紧装置。

七、挡 圈

1. 夹紧挡圈（GB/T 960—1986）

本标准适用于在轴上固定零（部）件用的挡圈。可由 Q215、Q235 或 H62 材料制成。其型式和规格尺寸见图 6-56 和表 6-68。

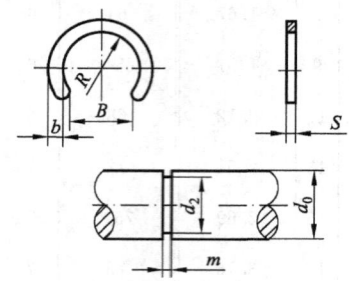

图 6-56　夹紧挡圈

夹紧挡圈规格尺寸及推荐的沟槽尺寸（mm）　　　　　　　　　　　**表 6-68**

轴 径	挡 圈				沟槽（推荐）	
d_0	B	R	b	S	d_2	m
1.5	1.2	0.65	0.6	0.35	1	0.4
2	1.7	0.95		0.4	1.5	0.45
3	2.5	1.4	0.8	0.6	2.2	0.65
4	3.2	1.9	1		3	
5	4.3	2.5	1.2	0.8	3.8	0.85
6	5.6	3.2			4.8	
8	7.7	4.5	1.6	1	6.6	1.05
10	9.6	5.8			8.4	

2. 孔用弹性挡圈（GB/T 893.1～2—1986）

孔用弹性挡圈用于固定装在孔内的零件，其卡在孔槽上，防止零件（如滚动轴承）退出孔外。应采用专用孔用挡圈钳进行装拆。孔用弹性挡圈型式和尺寸见图 6-57 和表 6-69。

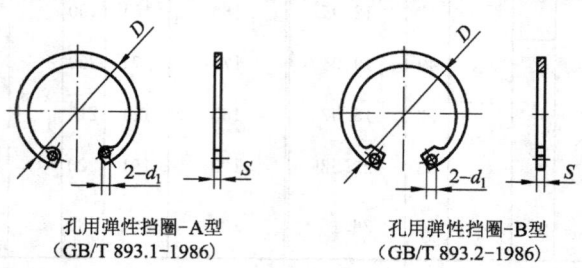

孔用弹性挡圈-A型　　　　　　　　孔用弹性挡圈-B型
（GB/T 893.1-1986）　　　　　　　（GB/T 893.2-1986）

图 6-57　孔用弹性挡圈

孔用弹性挡圈规格尺寸（mm）　　　　　　　　　　　表 6-69

孔径 d_0	D	S	d_1	每1000个钢挡圈重量 kg ≈	孔径 d_0	D	S	d_1	每1000个钢挡圈重量 kg ≈
8	8.7			0.14	63	67.2	2	3	—
9	9.8	0.6	1	0.15	65	69.2			14.3
10	10.8			0.18	68	72.5			16.0
11	11.8	0.8	1.5	0.31	70	74.5			16.5
12	13			0.37	72	76.5			18.1
13	14.1			0.42	75	79.5			18.8
14	15.1			0.52	78	82.5			20.4
15	16.2		1.7	0.56	80	85.5			22.0
16	17.3			0.60	82	87.5	2.5	3	—
17	18.3			0.65	85	90.5			23.1
18	19.5	1		0.74	88	93.5			—
19	20.5			0.83	90	95.5			25.8
20	21.5			0.90	92	97.5			—
21	22.5			1.00	95	100.5			29.2
22	23.5		2	1.10	98	103.5			—
24	25.9			1.42	100	105.5			31.6
25	26.9			1.50	102	108			—
26	27.9			1.60	105	112			42.0
28	30.1	1.2		1.80	108	115			—
30	32.1			2.06	110	117			48.4
31	33.4			—	112	119			—
32	34.4			2.21	115	122			55.9
34	36.5			3.20	120	127			57.8
35	37.8		2.5	3.54	125	132			59.25
36	38.8			3.70	130	137			61.5
37	39.8			3.74	135	142			—
38	40.8			3.90	140	147			65.6
40	43.5	1.5	3	4.70	145	152	3	4	66.75
42	45.5			5.40	150	158			78.8
45	48.5			6.00	155	164			—
47	50.5			6.10	160	169			82.5
48	51.5			6.70	165	174.5			93.75
50	54.2	2		7.30	170	179.5			105.0
52	56.2			8.20	175	184.5			112.5
55	59.2			8.38	180	189.5			123.8
56	60.2			8.70	185	194.5			—
58	62.2			10.5	190	199.5			131.3
60	64.2			11.1	195	204.5			—
62	66.2			11.2	200	209.5			146.3

注：1. GB/T 893.1：d_0=8～200mm；GB/T 893.2：d_0=20～200mm。

2. A型系采用板材冲切工艺制成；B型系采用线材冲切工艺制成。

3. 推荐的沟槽尺寸（d_2、m、n）及允许套入的最大轴径（d_3）可参阅 GB/T 893.1、GB/T 893.2 中的规定值。

3. 轴用弹性挡圈（GB/T 894.1～2—1986）

轴用弹性挡圈用于固定装在轴上零件（如滚动轴承内圈）的位置，防止零件退出轴外。装拆挡圈时应采用专用工具—轴用挡圈钳来进行。轴用弹性挡圈型式和尺寸见图6-58和表6-70。

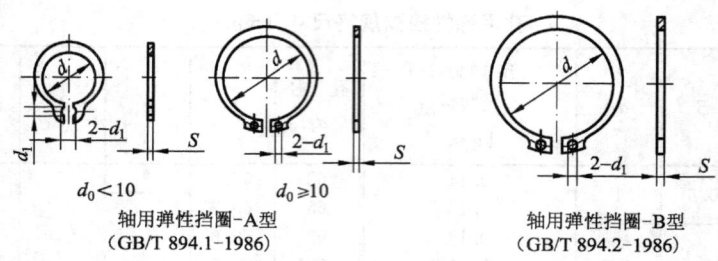

轴用弹性挡圈-A型
（GB/T 894.1-1986）

轴用弹性挡圈-B型
（GB/T 894.2-1986）

图 6-58　轴用弹性挡圈

轴用弹性挡圈规格尺寸（mm）　　　　　表 6-70

轴 径 d_0	d	S	d_1	每1000个钢挡圈重量 kg ≈	轴 径 d_0	d	S	d_1	每1000个钢挡圈重量 kg ≈
3	2.7	0.4	1	—	56	51.8			—
4	3.7			—	58	53.8			12.6
5	4.7			—	60	55.8	2		12.9
6	5.6	0.6		—	62	57.8			15.0
7	6.5		1.2	—	63	58.8			—
8	7.4	0.8		—	65	60.8			18.2
9	8.4			—	68	63.5			21.8
10	9.3			0.34	70	65.5			22.0
11	10.2		1.5	0.41	72	67.5			22.6
12	11			0.50	75	70.5		3	24.2
13	11.9			0.53	78	73.5			26.2
14	12.9			0.64	80	74.5	2.5		27.3
15	13.8		1.7	0.67	82	76.5			—
16	14.7	1		0.70	85	79.5			30.3
17	15.7			0.82	88	82.5			—
18	16.5			1.11	90	84.5			37.1
19	17.5			1.22	95	89.5			40.8
20	18.5			1.30	100	94.5			44.8
21	19.5			—	105	98			60.0
22	20.5			1.60	110	103			61.5
24	22.2		2	1.77	115	108			63.0
25	23.2			1.90	120	113		4	64.5
26	24.2			1.96	125	118			—
28	25.9	1.2		2.92	130	123			75.0
29	26.9			—	135	128			—
30	27.9			3.32	140	133			82.5
32	29.6			3.56	145	138			—
34	31.5			3.80	150	142			90.0
35	32.2			4.00	155	146	3		—
36	33.2		2.5	5.00	160	151			112.5
37	34.2			5.32	165	155.5			—
38	35.2	1.5		5.62	170	160.5			127.5
40	36.5			6.03	175	165.5			—
42	38.5			6.50	180	170.5			142.5
45	41.5			7.50	185	175.5			—
48	44.5		3	7.92	190	180.5			157.5
50	45.8			10.2	195	185.5			—
52	47.8	2		11.1	200	190.5			172.5
55	50.8			11.4					

注：1. GB/T 894.1：$d_0 = 3\sim 200$mm；GB/T 894.2：$d_0 = 20\sim 200$mm。

2. A型系采用板材冲切工艺制成；B型系采用线材冲切工艺制成。

3. 推荐的沟槽尺寸（d_2、m、n）及允许套入的最大轴径（d_3）可参阅 GB/T 894.1、GB/T 894.2 中的规定值。

4. 钢丝挡圈（GB/T 895.1~2—1986）

钢丝挡圈用于孔（轴）内固定零部件，亦可定位其他零件，挡圈靠本身弹性，便于装卸。钢丝挡圈的型式和尺寸见图 6-59 和表 6-71。

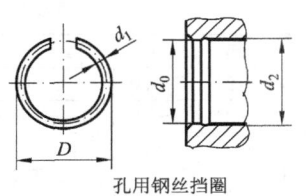
孔用钢丝挡圈
（GB/T 895.1-1986）

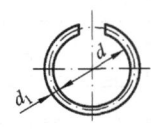
轴用钢丝挡圈
（GB/T 895.2-1986）

图 6-59　钢丝挡圈

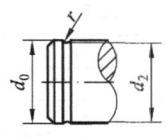

图 6-60　开口挡圈

钢丝挡圈规格尺寸（mm）　　　　　　　　　　　表 6-71

孔径（轴径）d_0	d_1	r	孔用钢丝挡圈 GB/T 895.1—1986 D		轴用钢丝挡圈 GB/T 895.2—1986		孔径（轴径）d_0	d_1	r	孔用钢丝挡圈 GB/T 895.1—1986 D		轴用钢丝挡圈 GB/T 895.2—1986	
			D	d_2	d	d_2				D	d_2	d	d_2
4			—	—	3	3.4	40			43.0	42.6	37.0	37.5
5	0.6	0.4	—	—	4	4.4	42			45.0	44.5	39.0	39.5
6			—	—	5	5.4	45	2.5	1.4	48.0	47.5	42.0	42.5
7			8.0	7.8	6	6.2	48			51.0	50.5	45.0	45.5
8	0.8	0.5	9.0	8.8	7	7.2	50			53.0	52.5	47.0	47.5
10			11.0	10.8	9	9.2	55			59.0	58.2	51.0	51.8
12	1.0	0.6	13.5	13.0	10.5	11.0	60			64.0	63.2	56.0	56.8
14			15.5	15.0	12.5	13.0	65			69.0	68.2	61.0	61.8
16	1.6	0.9	18.0	17.6	14.0	14.4	70			74.0	73.2	66.0	66.8
18			20.0	19.6	16.0	16.4	75			79.0	78.2	71.0	71.8
20			22.5	22.0	17.5	18.0	80			84.0	83.2	76.0	76.8
22			24.5	24.0	19.5	20.0	85			89.0	88.2	81.0	81.8
24			26.5	26.0	21.5	22.0	90	3.2	1.8	94.0	93.2	86.0	86.8
25	2.0	1.1	27.5	27.0	22.5	23.0	95			99.0	98.2	91.0	91.8
26			28.5	28.0	23.5	24.0	100			104.0	103.2	96.0	96.8
28			30.5	30.0	25.5	26.0	105			109.0	108.2	101.0	101.8
30			32.5	32.0	27.5	28.0	110			114.0	113.2	106.0	106.8
32			35.0	34.5	29.0	29.5	115			119.0	118.2	111.0	111.8
35	2.5	1.4	38.0	37.6	32.0	32.5	120			124.0	123.2	116.0	116.8
38			41.0	40.6	35.0	35.5	125			129.0	128.2	121.0	121.8

5. 开口挡圈（GB/T 896—1987）

　　开口挡圈为适用于在轴上固定零（部）件用的挡圈。标准规定了公称直径 $d = 1.2 \sim 15$mm 的开口挡圈。其型式和尺寸见图 6-60 和表 6-72。

开口挡圈规格尺寸（mm）　　　　　　　　　　　表 6-72

公称直径 d	1.2	1.5	2	2.5	3	3.5	4	5	6	8	9	12	15
B	0.9	1.2	1.7	2.2	2.5	3	3.5	4.5	5.5	7.5	8	10.5	13
S	0.3	0.4			0.6		0.8		1			1.2	1.5
D<	3	4	5	6	7	8	9	10	12	16	18	24	30

八、销

1. 圆柱销（GB/T 119.1~2—2000 ）

　　圆柱销主要用于定位，也可用于连接。其销孔需铰制，多次拆装后会降低定位的精度和连接的紧固，只能传递不大的载荷。普通圆柱销直径公差有两种：m6、h8，其中，m6 一般用于定位。圆柱销的型式和尺寸见图 6-61 和表 6-73。

圆柱销规格尺寸（mm）　　　　　　　　　表 6-73

d（公称）	0.6	0.8	1	1.2	1.5	2	2.5	3	4	5
l（GB/T 119.1—2000）	2～6	2～8	4～10	4～12	4～16	6～20	6～24	8～30	8～40	10～50
l（GB/T 119.2—2000）	—	—	3～10	—	4～16	5～20	6～24	8～30	10～40	12～50
d（公称）	6	8	10	12	16	20	25	30	40	50
l（GB/T 119.1—2000）	12～60	14～80	18～95	22～140	26～180	35～200	50～200	60～200	80～200	95～200
l（GB/T 119.2—2000）	14～60	18～80	22～100	26～100	35～100	50～100	—	—	—	—
l 系列	2、3、4、5、6、8、10、12、14、16、18、20、22、24、26、28、30、32、35、40、45、50、55、60、65、70、75、80、85、90、95、100、120、140、160、180、200									

注：1. GB/T 119.1 公差为 m6、h8，GB/T 119.2 公差为 m6，其他公差由供需双方协议。
　　2. 公称长度大于 200mm 按 20mm 递增。
　　3. GB/T 119.1 材料为不淬硬和奥氏体不锈钢，GB/T 119.2 为淬硬和马氏体不锈钢。

2. 内螺纹圆柱销（GB/T 120.1～2—2000）

内螺纹圆柱销的直径公差为 m6，材料为钢，有 A 型和 B 型两种，内螺纹供拆卸用。B 型有通气面，用于不通孔。内螺纹圆柱销的型式和尺寸见图 6-62 和表 6-74。

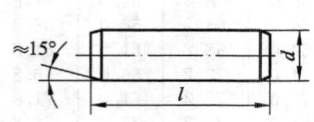

图 6-61　圆柱销
不淬硬钢和奥氏体不锈钢
（GB/T 119.1—2000）
淬火钢和马氏体不锈钢
（GB/T 119.2—2000）

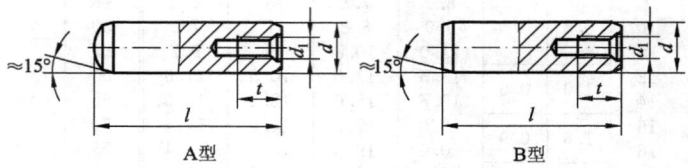

A 型　　　　　　　　B 型

图 6-62　内螺纹圆柱销
不淬硬钢和奥氏体不锈钢（GB/T 120.1—2000）
淬火钢和马氏体不锈钢（GB/T 120.2—2000）

内螺纹圆柱销规格尺寸（mm）　　　　　　　　　表 6-74

d（公称）	6	8	10	12	16	20	25	30	40	50
d_1	M4	M5	M6	M6	M8	M10	M16	M20	M20	M24
t_{min}	6	8	10	12	16	18	24	30	30	36
l	16～60	18～80	22～100	26～120	32～160	40～200	50～200	60～200	80～200	100～200
l 系列	16、18、20、22、24、26、28、30、32、35、40、45、50、55、60、65、70、75、80、85、90、95、100、120、140、160、180、200									

注：1. 公差为 m6，其他公差由供需双方协议。
　　2. 公称长度大于 200mm 按 20mm 递增。
　　3. GB/T 120.1 材料为不淬硬和奥氏体不锈钢，GB/T 120.2 为淬硬和马氏体不锈钢。

3. 弹性圆柱销（GB/T 879.1～2—2000）

 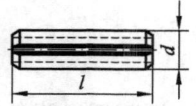

图 6-63　弹性圆柱销
直槽重型（GB/T 879.1—2000）
直槽轻型（GB/T 879.2—2000）

弹性圆柱销由 65Mn 或 60Si2MnA 的 P 级光亮弹簧钢带制成，经热处理，硬度为 HV420～560。具有弹性，装入销孔后与孔壁压紧，不易松脱。销孔精度要求较低，可不铰制，互换性好，可多次装拆。但刚性较差，不适合于高精度定位及不穿通的销孔。多用于有冲击、振动的地方。载荷大时可用几个套在一起使用，相邻内外两销的缺口应错开 180°。弹性圆柱销的型式和尺寸见图 6-63 和表 6-75。

弹性圆柱销规格尺寸（mm）　　　　　　　　　　　表 6-75

d(公称)	1	1.5	2	2.5	3	3.5	4	4.5	5	6	8	10	12	13
GB/T 879.1 s	0.2	0.3	0.4	0.5	0.6	0.75	0.8	1	1	1.2	1.5	2	2.5	2.5
d_1(参考)	0.8	1.1	1.5	1.8	2.1	2.8	2.8	2.9	3.4	4	5.5	6.5	7.5	8.5
剪切载荷(双剪)	0.70	1.58	2.82	4.38	6.32	9.06	11.24	15.36	17.54	26.04	42.70	70.16	104.1	171.1
l	4~20	4~20	4~30	4~30	4~40	4~40	4~50	5~50	5~80	10~100	10~120	10~160	10~180	10~180
GB/T 879.2 s	—	—	0.2	0.25	0.3	0.35	0.5	0.5	0.5	0.75	0.75	1	1	12
d_1(参考)	—	—	1.9	2.3	2.7	3.1	3.4	3.9	4.4	4.9	7	8.5	10.5	11
剪切载荷(双剪)	—	—	1.5	2.4	3.5	4.6	8	8.8	10.4	18	24	40	48	66
l	—	—	4~30	4~30	4~30	4~40	4~50	5~50	5~80	10~100	10~120	10~160	10~180	10~180

d(公称)	14	16	18	20	21	25	28	30	32	35	38	40	45	50
GB/T 879.1 s	3	3	3.5	4	4	5	5.5	6	6	7	7.5	7.5	8.5	9.5
d_1(参考)	8.5	10.5	11.5	12.5	13.5	15.5	17.5	18.5	20.5	21.5	23.5	25.5	28.5	31.5
剪切载荷(双剪)	144.7	171	222.5	280.6	298.2	438.5	542.6	631.4	684	859	1003	1068	1360	1685
l	10~200	10~200	10~200	10~200	14~200	14~200	14~200	14~200	14~200	20~200	20~200	20~200	20~200	20~200
GB/T 879.2 s	1.5	1.5	1.7	2	2	2	2.5	2.5	—	3.5	—	4	4	5
d_1(参考)	11.5	13.5	15	16.5	17.5	21.5	23.5	25.5	—	28.5	—	32.5	37.5	40.5
剪切载荷(双剪)	84	98	126	158	168	202	280	302	—	490	—	634	720	1000
l	10~200	10~200	10~200	10~200	14~200	14~200	14~200	14~200	—	20~200	—	20~200	20~200	20~200

l 系列
4、5、6、8、10、12、14、16、18、20、22、24、26、28、30、32、35、40、45、50、55、60、65、70、75、80、85、90、95、100、120、140、160、180、200

注：1. 销孔的公称直径等于 d（公称），推荐销孔公差带为 H12。

　　2. 公称长度大于 200mm 按 20mm 递增的规定。

　　3. 剪切载荷值仅适用于钢和马氏体不锈钢产品；对奥氏体不锈钢弹性销不规定双面剪切载荷值。

4. 圆锥销（GB/T 117—2000）

圆锥销主要用于定位，也可用于固定零件传递动力。有 1：50 的锥度，对准容易，便于安装，多用于经常装卸的场合，定位精度比圆柱销高。其销孔需铰制，在受横向力时能自锁，但受力不及圆柱销均匀。A 型磨削，B 型切削或冷镦。圆锥销的型式和尺寸见图 6-64 和表 6-76。

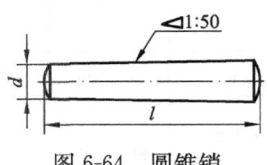

图 6-64　圆锥销

圆锥销规格尺寸（mm）   表 6-76

d（公称）	0.6	0.8	1	1.2	1.5	2	2.5	3	4	5
l	4～8	5～12	6～16	6～20	8～24	10～35	10～35	12～45	14～55	18～60
d（公称）	6	8	10	12	16	20	25	30	40	50
l	22～90	22～120	26～160	32～180	40～200	45～200	50～200	55～200	60～200	65～200
l系列	2、3、4、5、6、8、10、12、14、16、18、20、22、24、26、28、30、32、35、40、45、50、55、60、65、70、75、80、85、90、95、100、120、140、160、180、200									

注：1. 其他公差，如 a11、c11 和 r8，由供需双方协议。

2. 公称长度大于 200mm，按 20mm 递增。

5. 内螺纹圆锥销（GB/T 118—2000）

内螺纹圆锥销多用于盲孔，螺纹孔供拆卸使用。内螺纹圆锥销的型式和尺寸见图 6-65 和表 6-77。

内螺纹圆锥销规格尺寸（mm）   表 6-77

d（公称）	6	8	10	12	16	20	25	30	40	50
d_1	M4	M5	M6	M8	M10	M12	M16	M20	M20	M24
t_{min}	6	8	10	12	16	18	24	30	30	36
l	16～60	18～80	22～100	24～120	32～160	40～200	50～200	60～200	80～200	100～200
l系列	16、18、20、22、24、26、28、30、32、35、40、45、50、55、60、65、70、75、80、85、90、95、100、120、140、160、180、200									

注：1. 公称直径 d 的公差一般为 h10，可由供需双方协议采用公差 a11、c11 和 f8。

2. 公称长度大于 200mm 按 20mm 递增的规定。

3. 内螺纹精度为 6H 级。

6. 开尾圆锥销（GB/T 877—1986）

开尾圆锥销用于冲击振动的场合，打入后末端稍张开，以防松脱。开尾圆锥销的型式和尺寸见图 6-66 和表 6-78。

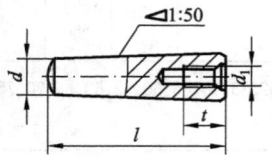

图 6-65　内螺纹圆锥销

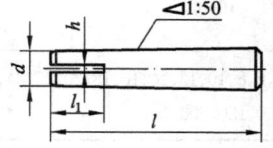

图 6-66　开尾圆锥销

开尾圆锥销规格尺寸（mm）   表 6-78

d公称	3	4	5	6	8	10	12	16
h_{max}	1	1	1.2	1.2	1.6	1.6	2	2
l_1	10	10	12	15	20	25	30	40
l	30～55	35～60	40～80	45～100	60～120	70～160	80～200	100～200
l系列	30、32、35、40、45、50、55、60、65、70、75、80、85、90、95、100、120、140、160、180、200							

7. 螺尾锥销（GB/T 881—2000）

螺尾锥销主要用于定位，也用于固定零件、传递动力，多用于拆卸困难的场合。其型式和尺寸见图 6-67 和表 6-79。

螺尾锥销规格尺寸（mm）　　　　　　　　表 6-79

d_1 (h10①)	5	6	8	10	12	16	20	25	30	40	50
$a\approx$	2.4	3	4	4.5	5.3	6	6	7.5	9	10.5	12
b min	14	18	22	24	27	35	35	40	46	58	70
d_2	M5	M6	M8	M10	M12	M16	M16	M20	M24	M30	M36
d_3 max	3.5	4	5.5	7	8.5	12	12	15	18	23	28
z max	1.5	1.75	2.25	2.75	3.25	4.3	4.3	5.3	6.3	7.59	9.4
l② 商品规格范围	40~50	45~60	55~75	65~100	85~120	100~160	120~190	140~250	160~280	190~360	220~400

① 其他公差由供需双方协议。
② 公称长度系列为：40~65（5 进级）、75、85、100~160（10 进级）、190、220、250、280、320、360、400mm。

8. 开口销（GB/T 91—2000）

开口销在经常拆卸的机件、轴及带孔的螺栓上作锁定用，使其他紧固件不致松脱，工作可靠，拆卸方便。材料有碳素钢、特种钢、铜及其合金。开口销型式和尺寸见图 6-68 和表 6-80。

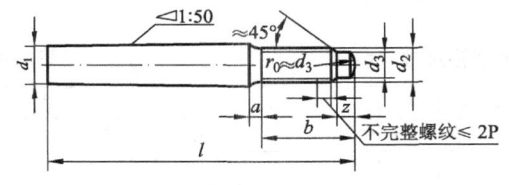

图 6-67　螺尾锥销

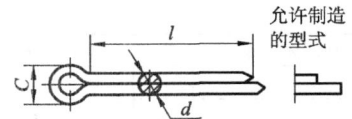

图 6-68　开口销

开口销规格尺寸（mm）　　　　　　　　表 6-80

d(公称)	0.6	0.8	1	1.2	1.6	2	2.5	3.2	4	5	6.3	8	10	13	16	20
C(max)	1	1.4	1.8	2	2.8	3.6	4.6	5.8	7.4	9.2	11.8	15	19	24.8	30.8	38.5
l	4~12	5~16	6~20	8~26	8~32	10~40	12~50	14~65	18~80	22~100	30~120	40~160	45~200	70~200	80~280	80~280
l 系列	4、5、6、8、10、14、16、18、20、22、24、26、28、30、32、36、40、45、50、55、60、65、70、75、80、85、90、95、100、120、140、160、180、200															

注：1. 公称规格等于开口销孔的直径，对销孔直径推荐的公差为公称规格≤1.2，取 H19；公称规格>1.2 取 H14。
2. 根据供需双方协议允许采用公称规格为 3、6 和 12 的开口销。
3. 用于铁道和在 U 形销中，开口销承受交变横向力的场合，推荐使用的开口销规格应较本表规定的加大一档。

9. 平行沟槽槽销（GB/T 13829.1~4—2004）

槽销的特点是在销子表面上有三个互成 120°的等体积的纵向沟槽，并有便于插入带倒角及全长平行沟槽的槽销。直径 d_2 由各沟槽每边挤出的材料形成，且 d_2 大于 d，其销孔不需铰光，可多次装拆。槽销一般由碳钢和奥氏体不锈钢制成，其中碳钢硬度为 125~245 HV30，奥氏体不锈钢硬度为 Al（GB/T 3098.6）210~280 HV30。70°槽角仅适用于碳钢制造的槽销。

平行沟槽槽销有四种型式：带导杆及全长平行沟槽槽销、带倒角及全长平行沟槽槽销、中部带 1/3 全长平行沟槽槽销、中部带 1/2 全长平行沟槽槽销。前两种类型用于有严重振动和冲击载荷的场合；后两种类型用作心轴，将带毂的零件固定在短槽处。平行沟槽销型式和尺寸见图 6-69 和表 6-81。

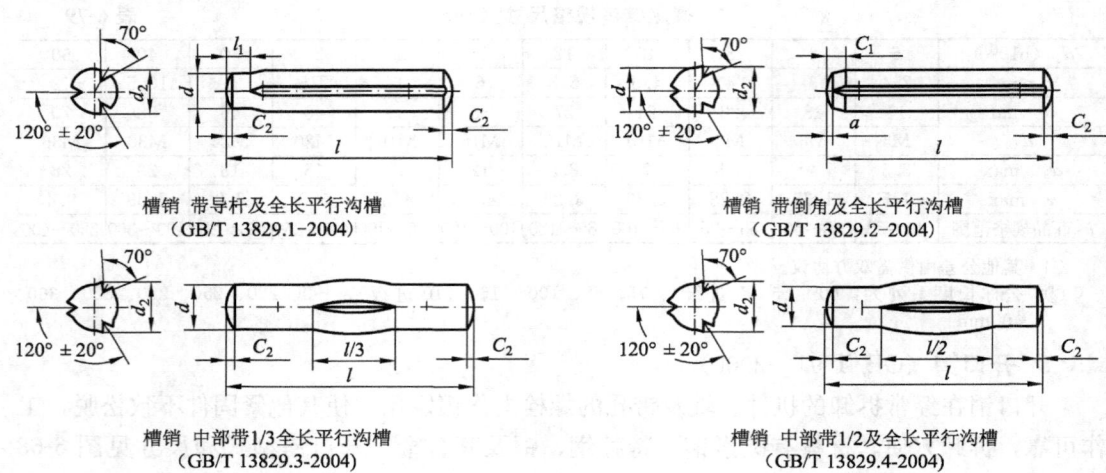

槽销 带导杆及全长平行沟槽
（GB/T 13829.1-2004）

槽销 带倒角及全长平行沟槽
（GB/T 13829.2-2004）

槽销 中部带1/3全长平行沟槽
（GB/T 13829.3-2004）

槽销 中部带1/2及全长平行沟槽
（GB/T 13829.4-2004）

图 6-69　平行沟槽槽销

平行沟槽槽销规格尺寸（mm）　　　　　　　　　　　表 6-81

d（公称）	1.5	2	2.5	3	4	5	6	8	10	12	16	20	25
a	0.12	0.18	0.25	0.3	0.4	0.5	0.6	0.8	1	1.2	1.6	2	2.5
l_{1max}	2	2	2.5	2.5	3	3	4	4	5	5	5	7	7
C_{2min}	0.2	0.25	0.3	0.4	0.5	0.63	0.8	1	1.2	1.6	2	2.5	3
C_1	0.6	0.8	1	1.2	1.4	1.7	2.1	2.6	3	3.8	4.6	6	7.5
最小抗剪力 双剪/kN	1.6	2.84	4.4	6.4	11.3	17.6	25.4	45.2	70.4	101.8	181	283	444
GB/T 13829.1—2004 GB/T 13829.2—2004 l/d_2	8~20 1.60	8~30 2.15	10~30 2.65	10~40 3.20	10~60 4.25	14~60 5.25	14~80 6.30	14~100 8.30	14~100 10.35	18~100 12.35	22~100 16.40	26~100 20.50	26~100 25.50
l/d_2　GB/T 13829.3—2004 GB/T 13829.4—2004	8~12 1.60 / 14~20 1.63	12~20 2.10 / 22~30 2.15	12~16 2.60 / 18~30 2.65	12~16 3.10 / 18~24 3.15 / 26~40 3.20	18~20 4.15 / 22~30 4.20 / 32~45 4.25 / 50~60 4.30	18~20 5.15 / 22~30 5.20 / 32~55 5.25 / 60 5.30	22~24 6.15 / 26~35 6.25 / 40~60 6.30 / 65~80 6.35	26~30 8.20 / 32~35 8.25 / 40~45 8.30 / 50~65 8.35 / 70~100 8.40	32~40 10.20 / 45~55 10.30 / 60~75 10.40 / 80~100 10.45 / 120~160 10.50	40~45 12.25 / 50~60 12.30 / 65~80 12.40 / 85~200 12.50	45 16.25 / 50~60 16.30 / 65~80 16.40 / 85~200 16.50	40~50 20.25 / 55~65 20.30 / 70~90 20.40 / 95~200 20.50	40~50 25.25 / 55~65 25.30 / 70~90 25.40 / 95~200 25.50
l系列	8、10、12、14、16、18、20、22、24、26、28、30、32、35、40、45、50、55、60、65、70、75、80、85、90、95、100、120、140、160、180、200													

注：槽销孔的直径应等于槽销的公称直径 d，其公差为 H11 级。d 为 1.5~3mm 槽销的公差为 h9，d 为 4~25mm 槽销公差为 h11。

10. 锥槽槽销（GB/T 13829.5~7—2004）

锥槽槽销有三种型式：全长锥槽的槽销、半长锥槽的槽销、半长倒锥槽的槽销。其中前两种型式与圆锥销同，可用于定位，也可以用以固定零件传递动力；半长锥槽的槽销的半长为圆柱销，半长为倒锥槽销，用作轴杆。锥槽槽销型式和尺寸见图 6-70 和表 6-82。

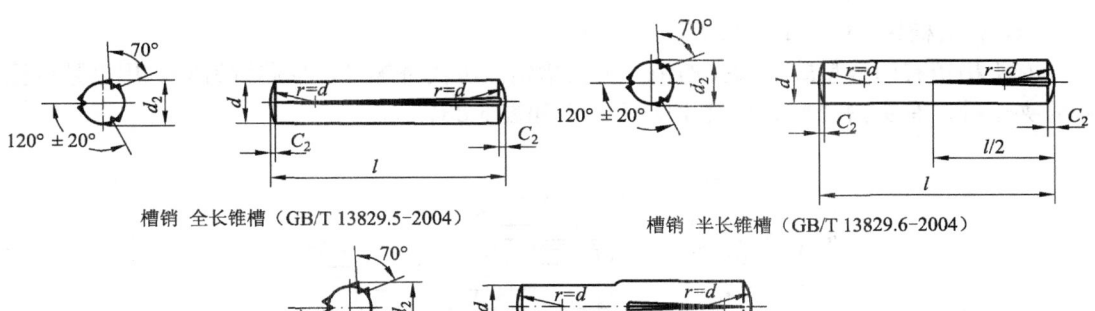

槽销　全长锥槽（GB/T 13829.5-2004）　　　　槽销　半长锥槽（GB/T 13829.6-2004）

槽销　半长锥槽（GB/T 13829.7-2004）

图 6-70　锥槽槽销

锥槽槽销规格尺寸（mm）　　　　　　　　　　　　表 6-82

名称	1.5	2	2.5	3	4	5	6	8	10	12	16	20	25
d(公称)	1.5	2	2.5	3	4	5	6	8	10	12	16	20	25
C_2	0.2	0.25	0.3	0.4	0.5	0.63	0.8	1	1.2	1.6	2	2.5	3
最小抗剪力双剪/kN	1.6	2.84	4.4	6.4	11.3	17.6	25.4	45.2	70.4	101.8	181	283	444
GB/T 13829.5—2004	8~10 1.63 12~20 1.60	8~30 2.15	8~16 18~30 2.65	8 3.30 10~16 3.30 18~24 3.25 26~40 3.20	8~10 5.30 12~20 4.35 22~35 4.30 40~60 4.25	8~12 5.35 14~20 5.35 22~40 5.30 45~60 5.25	10~12 6.35 14~30 6.35 32~50 6.30 55~80 6.25	12~16 8.40 18~30 8.40 32~55 8.55 60~80 8.30 85~100 8.25	14~20 10.40 22~40 10.45 45~60 10.40 65~100 10.35 120 10.30	14~20 12.45 22~40 12.45 45~65 12.40 70~120 12.30	24 16.65 26~50 16.60 55~90 16.55 95~120 16.50	26~120 20.60	26~120 25.60
GB/T 13829.6—2004	8~20 1.63	8~30 2.15	8~10 2.65 12~30 2.70	8~10 3.20 12~16 3.25 18~30 3.30 32~40 3.25	10~12 4.20 14~20 4.30 22~40 4.35 45~60 4.30	10~12 5.25 14~20 5.30 22~50 5.35 55~60 5.30	10~16 6.25 18~24 6.30 26~60 6.35 65~80 6.30	14~16 8.25 18~20 8.30 22~40 8.35 45~75 8.40 80~100 8.35	14~20 10.30 22~24 10.35 26~45 10.40 50~80 10.45 85~120 10.45 140~200 10.35	18~20 12.30 22~24 12.35 26~45 12.40 50~80 12.40 85~120 12.45 140~200 12.35	26~30 16.50 32~55 16.55 60~100 16.60 120~200 16.55	26~30 20.55 55~200 20.60	26~50 25.50 55~200 25.60
GB/T 13829.7—2004	8~10 1.60 12~20 1.63	8~16 2.10 18~30 2.15	8~12 2.60 14~16 2.65 22~30 2.70	8~12 3.10 14~16 3.15 18~24 3.20 26~40 3.25	10~12 4.15 14~20 4.20 22~35 4.25 40~60 4.30	10~12 5.15 14~20 5.20 22~35 5.25 40~60 5.30	12~16 6.15 18~24 6.20 26~40 6.30 45~80 6.35	14~20 8.20 22~24 8.30 26~30 8.30 32~45 8.30 50~75 8.40 80~100 8.35	18~24 10.20 26~35 10.30 40~50 10.40 55~90 10.40 95~160 10.40	18~24 12.25 26~35 12.30 40~55 12.40 60~100 12.50 120~200 12.45	26~30 16.25 32~40 16.30 45~55 16.40 60~100 16.50 120~200 16.45	26~35 20.25 40~45 20.30 50~55 20.40 60~120 20.50 140~200 20.45	16~35 25.25 40~45 25.30 50~55 25.40 60~120 25.50 140~200 25.45

（以上三栏左侧总标注为 l/d_2）

l 系列：8、10、12、14、16、18、20、22、24、26、28、30、32、35、40、45、50、55、60、65、70、75、80、85、90、95、100、120、140、160、180、200

注：槽销孔的直径应等于槽销的公称直径 d，其公差为 H11 级。d 为 1.5～3mm 槽销的公差为 h9，d 为 4～25mm 槽销公差为 h11。

11. 有头槽销（GB/T 13829.8～9—2004）

有头槽销有两种型式：圆头槽销、沉头槽销。可代替螺钉、抽芯铆钉等，用以紧定标牌管夹子等。有头槽销型式和尺寸见图 6-71 和表 6-83。

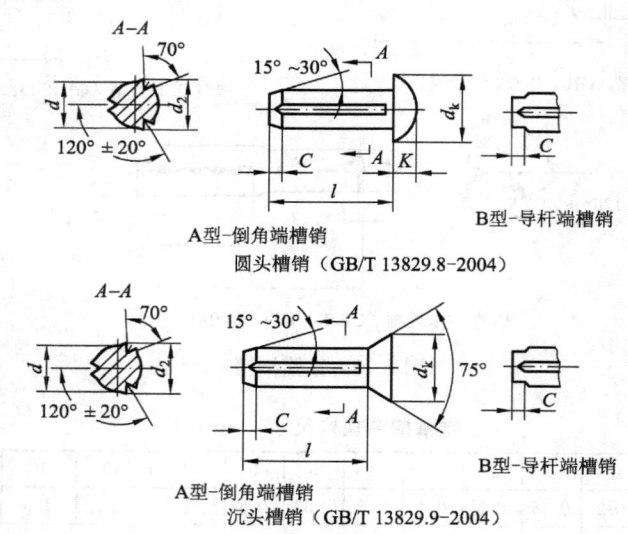

A型-倒角端槽销
圆头槽销（GB/T 13829.8-2004）

A型-倒角端槽销
沉头槽销（GB/T 13829.9-2004）

图 6-71　有头槽销

有头槽销规格尺寸（mm）　　　　　　　　　　　　　　　表 6-83

d(公称)		1.4	1.6	2	2.5	3	4	5	6	8	10	12	16	20
$d_{k\max}$	沉头	2.7	3.0	3.7	4.6	5.45	7.25	9.1	10.8	14.4	16	19	26	31.5
	圆头	2.6	3.0	3.7	4.6	5.45	7.25	9.1	10.8	14.4	16	19	25	32
$K_{\max}$		0.9	1.1	1.3	1.6	1.95	2.55	3.15	3.75	5.0	7.4	8.4	10.9	13.9
C		0.42	0.48	0.6	0.75	0.9	1.2	1.5	1.8	2.4	3.0	3.6	4.8	6
l/d_2	沉头	$\frac{3～6}{1.50}$	$\frac{3～8}{1.70}$	$\frac{4～10}{2.15}$	$\frac{4～12}{2.70}$	$\frac{5～16}{3.20}$	$\frac{6～20}{4.25}$	$\frac{8～25}{5.25}$	$\frac{8～30}{6.30}$	$\frac{10～40}{8.30}$	$\frac{12～40}{10.35}$	$\frac{16～40}{12.35}$	$\frac{20～40}{16.40}$	$\frac{25～40}{20.50}$
	圆头			$\frac{3～10}{2.15}$	$\frac{3～12}{2.70}$	$\frac{4～16}{3.20}$	$\frac{5～20}{4.25}$	$\frac{6～25}{5.25}$						
l		3、4、5、6、8、10、12、16、20、25、30、35、40												

注：1. 扩展直径 d_2 公差：$d=1.4～2$ 为 $^{+0.05}_{0}$；$d=2.5～10$ 为 ±0.05；$d=12～20$ 为 ±0.10。

2. 直径 d_2 仅适用于由易切钢制成的槽销。

3. 槽销孔的直径应等于槽销的公称直径 d，其公差为 H11 级。d 为 1.5～3mm 槽销的公差为 h9，d 为 4～25mm 槽销公差为 h11。

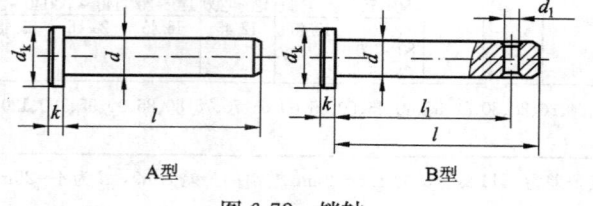

A型　　　　B型

图 6-72　销轴

12. 销轴（GB/T 882—2008）

销轴用于铰接处，其连接比较松动，装拆方便。分 A，B 型，B 型带有销孔，可配合用开口销锁定。销轴型式和尺寸见图 6-72 和表 6-84。

销轴规格尺寸（mm）　　　　　　　**表 6-84**

d(公称)	d_k	d_1	k	l	l_1	d(公称)	d_k	d_1	k	l	l_1
3	5	0.8	1	6～30	l-1.6	27	40	6.3	6	55～200	l-9
4	6	1	1	8～40	l-2.2	30	44	8	8	60～200	l-10
5	8	1.2	1.6	10～50	l-2.9	33	47	8	8	65～200	l-10
6	10	1.6	2	12～60	l-3.2	36	50	8	8	70～200	l-10
8	14	2	3	16～80	l-3.5	40	55	8	8	80～200	l-10
10	18	3.2	4	20～100	l-4.5	45	60	10	9	90～200	l-12
12	20	3.2	4	24～120	l-5.5	50	66	10	9	100～200	l-12
14	22	4	4	28～140	l-6	55	72	10	11	120～200	l-14
16	25	4	4.5	32～160	l-6	60	78	10	12	120～200	l-14
18	28	5	5	35～180	l-7	70	90	13	13	140～200	l-16
20	30	5	5	40～200	l-8	80	100	13	13	160～200	l-16
22	33	5	5.5	45～200	l-8	90	110	13	13	180～200	l-16
24	36	6.3	6	50～200	l-9	100	120	13	13	200	l-16

注：1. l 系列为：6、8、10、12、14、16、18、20、22、24、26、28、30、32、35、40、45、50、55、60、65、70、75、80、85、90、95、100、120、140、160、200。

2. 公称直径 d 的公差带为 h11，长度 l_1 的公差带为 H14。d_k 的公差带为 h14，d_1 的公差带为 H13。

3. 公称长度大于 200mm，按 20mm 递增。

九、铆　　钉

1. 半圆头、平锥头、沉头、半沉头粗制铆钉（GB/T 863.1～2—1986、GB/T 864～GB 866—1986）

半圆头粗制铆钉应用最普遍，多作强固接缝和强密度接缝用；平锥头铆钉钉头肥大，能耐腐蚀，常用于船壳、锅炉水箱等腐蚀强烈的铆接场合；沉头、半沉头粗制铆钉用在零件表面要求平滑，并且载荷不大的铆缝。半圆头、平锥头、沉头和半沉头粗制铆钉的型式和尺寸见图 6-73 和表 6-85。

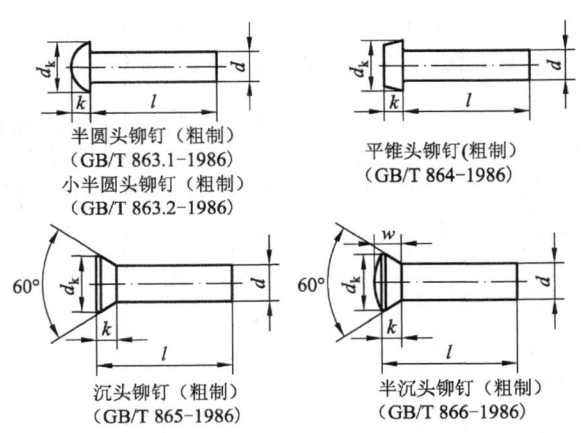

半圆头铆钉（粗制）
（GB/T 863.1-1986）
小半圆头铆钉（粗制）
（GB/T 863.2-1986）

平锥头铆钉（粗制）
（GB/T 864-1986）

沉头铆钉（粗制）
（GB/T 865-1986）

半沉头铆钉（粗制）
（GB/T 866-1986）

图 6-73　半圆头、平锥头、沉头、半沉头粗制铆钉

半圆头、平锥头、沉头、半沉头粗制铆钉规格尺寸（mm）　　　　　**表 6-85**

公称直径 d	半圆头铆钉（粗制）GB/T 863.1—1986			小半圆头铆钉（粗制）GB/T 863.2—1986			平锥头铆钉（粗制）GB/T 864—1986			沉头铆钉（粗制）GB/T 865—1986 半沉头铆钉（粗制）GB/T 866—1986			
	d_k	k	l	d_k	k	l	d_k	k	l	d_k	k	l	w
10	—	—	—	16	7.4	12～50	—	—	—	—	—	—	—
12	22	8.5	20～90	19	8.4	16～60	21	10.5	20～100	19.6	6	20～75	8.8
(14)	25	9.5	22～100	22	9.9	20～70	25	12.8	20～100	22.5	7	20～100	10.4
16	30	10.5	26～110	25	10.9	25～80	29	14.8	24～110	25.7	8	24～100	11.4
(18)	33.4	13.3	32～150	28	12.6	28～90	32.4	16.8	30～150	29	9	28～150	12.8
20	36.4	14.8	32～150	32	14.1	30～200	35.4	17.8	30～150	33.4	11	30～150	15.3

续表

公称直径 d	半圆头铆钉（粗制）GB/T 863.1—1986			小半圆头铆钉（粗制）GB/T 863.2—1986			平锥头铆钉（粗制）GB/T 864—1986			沉头铆钉（粗制）GB/T 865—1986 半沉头铆钉（粗制）GB/T 866—1986			
	d_k	k	l	d_k	k	l	d_k	k	l	d_k	k	l	w
(22)	40.4	16.3	38～180	36	15.1	35～200	39.9	20.2	38～180	37.4	12	38～150	16.8
24	44.4	17.8	52～180	40	17.1	38～200	41.4	22.7	50～180	40.4	13	50～180	18.3
(27)	49.4	20.2	55～180	43	18.1	40～200	46.4	24.7	58～180	44.4	14	55～180	19.5
30	54.8	22.2	55～180	48	20.3	42～200	51.4	28.2	65～180	51.4	17	60～200	23
36	63.8	26.2	58～200	58	24.3	48～200	61.8	34.6	70～200	59.8	19	65～200	26

注：1. 公称长度系列为：12、14、16、18、20、22、24▲、(25)、26▲、28、30、32、35、38、40、42、45、48、50、52、55、58、60、(62)、65、(68)、70、75、80、85、90、95、100、110、120、130、140、150、160、170、180、190、200。（带括号的GB/T 863.2有，带▲的其余各标准都有）。
　　2. 尽可能不采用括号内的规格。

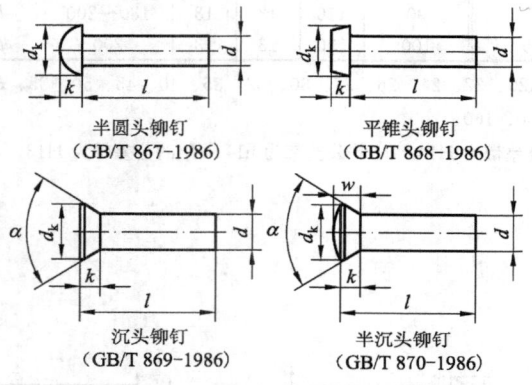

半圆头铆钉
（GB/T 867-1986）

平锥头铆钉
（GB/T 868-1986）

沉头铆钉
（GB/T 869-1986）

半沉头铆钉
（GB/T 870-1986）

图6-74　半圆头、平锥头、沉头、半沉头铆钉

2. 半圆头、平锥头、沉头、半沉头铆钉（GB/T 867～GB/T 870—1986）

半圆头、平锥头、沉头、半沉头精制铆钉的应用同粗制铆钉。精制铆钉一般较粗制铆钉的尺寸规格小，精度高。半圆头、平锥头、沉头与半沉头铆钉的型式和尺寸见图6-74和表6-86。

半圆头、平锥头、沉头铆钉规格尺寸（mm）　　　表6-86

d (公称)	半圆头铆钉 GB/T 867—1986			平锥头铆钉 GB/T 868—1986			沉头铆钉 GB/T 869—1986 半沉头铆钉 GB/T 870—1986				
	d_{kmax}	k_{max}	l	d_{kmax}	k_{max}	l	d_{kmax}	$k\approx$	α	l	w
0.6	1.3	0.5	1～6	—	—	—	—	—		—	—
0.8	1.6	0.6	1.5～8	—	—	—	—	—		—	—
1	2	0.7	2～8	—	—	—	2.03	0.5		2～8	0.8
(1.2)	2.3	0.8	2.5～8	—	—	—	2.23	0.5		2.5～8	0.85
1.4	2.7	0.9	3～12	—	—	—	2.83	0.7		3～12	1.1
(1.6)	3.2	1.2	3～12	—	—	—	3.03	0.7		3～12	1.15
2	3.74	1.4	3～16	3.84	1.2	3～16	4.05	1		3.5～16	1.55
2.5	4.84	1.8	5～20	4.74	1.5	4～20	4.75	1.1	90°	5～18	1.8
3	5.54	2	5～26	5.64	1.7	6～24	5.35	1.2		5～22	2.05
(3.5)	6.59	2.3	7～26	6.59	2	6～28	6.28	1.4		6～24	2.4
4	7.39	2.6	7～50	7.49	2.2	8～32	7.18	1.6		6～30	2.7
5	9.09	3.2	7～55	9.29	2.7	10～40	8.98	2		6～50	3.4
6	11.35	3.84	8～60	11.15	3.2	12～40	10.62	2.4		6～50	4
8	14.35	5.04	16～65	14.75	4.24	16～60	14.22	3.2		12～60	5.2
10	17.35	6.24	16～85	18.35	5.24	16～90	17.82	4		16～75	6.6
12	21.42	8.29	20～90	20.42	6.24	18～110	18.86	6		18～75	8.8
(14)	24.42	9.29	22～100	24.42	7.29	18～110	21.76	7	60°	20～100	10.4
16	29.42	10.29	26～110	28.42	8.29	24～110	24.96	8		24～100	11.4

注：1. 公称长度系列为：1、1.5、2、2.5、3、3.5、4、5、6、7、8、9、10、11、12、13、14、15、16、17、18、19、20、22、24、26、28、30、32、34、36、38、40、42、44、46、48、50、52、55、58、60、62、65、68、70、75、80、85、90、95、100、110。
　　2. d=2～10为商品规格，其他为通用规格。
　　3. 尽可能不采用括号内规格。

3. 平头、扁平头、空心铆钉（GB/T 109—1986、GB/T 872—1986、GB/T 875~GB/T 876—1986）

平头铆钉作扁薄件强固接缝用；扁平头铆钉及扁平头半空心铆钉用于金属薄板或皮革、帆布、木料、塑料等材料之间的铆缝；空心铆钉用于受剪力不大处，常用以连接塑料、皮革、木料、帆布等。平头、扁平头、空心铆钉的型式和尺寸见图 6-75 和表 6-87。

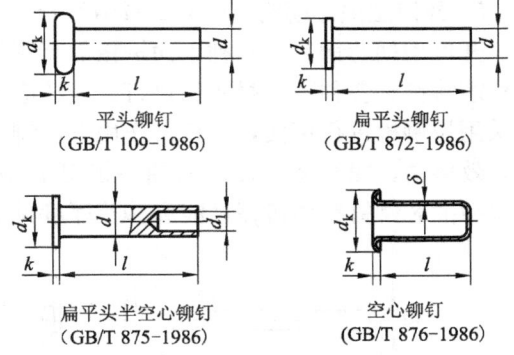

图 6-75　平头、扁平头、空心铆钉

平头、扁平头、空心铆钉规格尺寸（mm）　　　　表 6-87

d (公称)	平头铆钉 GB/T 109—1986			扁平头铆钉 GB/T 872—1986 扁平头半空心铆钉 GB/T 875—1986				空心铆钉 GB/T 876—1986			
	d_k	k	l	d_k	k	d_1	l	d_k	k	δ	l
(1.2)	—	—	—	2.4	0.58	0.66	1.5~6	—	—	—	—
1.4	—	—	—	2.7	0.58	0.77	2~7	2.6	0.5	0.2	1.5~5
(1.6)	—	—	—	3.2	0.58	0.87	2~8	2.8	0.5	0.22	2~5
2	4.24	1.2	4~8	3.74	0.68	1.12	2~13	3.5	0.6	0.25	2~6
2.5	5.24	1.4	5~10	4.74	0.68	1.62	3~15	4	0.6	0.25	2~8
3	6.24	1.6	6~14	5.74	0.88	2.12	3.5~30	5	0.7	0.3	2~10
(3.5)	7.29	1.8	6~18	6.79	0.88	2.32	5~36	5.5	0.7	0.3	2.5~10
4	8.29	2	8~22	7.79	1.13	2.62	5~40	6	0.82	0.35	3~12
5	10.29	2.2	10~26	9.79	1.13	3.66	6~50	8	1.12	0.35	3~15
6	12.35	2.6	12~30	11.85	1.33	4.66	7~50	10	1.12	0.35	4~15
8	16.35	3	16~30	15.85	1.33	6.16	9~50	—	—	—	—
10	20.42	3.44	20~30	19.42	1.63	7.7	10~50	—	—	—	—

注：1. 公称长度系列为：1.5、2、2.5、3、3.5、4、5、6、7、8、9、10、11、12、13、14、15、16、17、18、19、20、22、24、26、28、30、32、34、36、38、40、42、44、46、48、50。
2. 全部商品规格。
3. 尽可能不采用括号内的规格。
4. d_t 为钢铆钉的数值。

4. 标牌铆钉（GB/T 827—1986）

标牌铆钉用于标牌的铆接。标牌铆钉的型式和尺寸见图 6-76 和表 6-88。

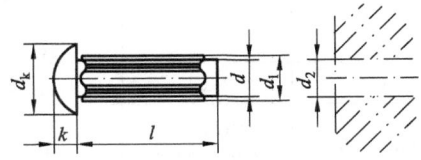

图 6-76　标牌铆钉

标牌铆钉规格尺寸（mm）　　　　表 6-88

d (公称)	(1.6)	2	2.5	3	4	5
d_{kmax}	3.2	3.74	4.84	5.54	7.39	9.09
k_{max}	1.2	1.4	1.8	2.0	2.6	3.2
d_1	1.75	2.15	2.65	3.15	4.15	5.15
d_{2max} (推荐)	1.56	1.96	2.46	2.96	3.96	4.96
l	3~6	3~8	3~10	4~12	6~18	8~20

注：1. 公称长度系列为：3、4、5、6、8、10、12、15、18、20。
2. 尽可能不采用括号内的规格。

5. 开口型抽芯铆钉（GB/T 12617.1~5—2006、GB/T 12618.1~6—2006）

开口型抽芯铆钉是一种单面铆接的新颖紧固件。按头部形状分为扁圆头抽芯铆钉及沉头抽芯铆钉。各种不同材质的铆钉，能适应不同强度的铆接，广泛适用于各紧固领域。其须采用拉铆枪进行铆接，在拉铆作用下，铆钉体逐渐膨胀至钉芯拉断，铆接完成，操作方便，效率高，噪音低。开口型抽芯铆钉的型式见图 6-77，抽芯铆钉材料牌号见表 6-89；开口型抽芯铆钉钉体机械性能和铆接厚度见表 6-90 和表 6-91，其尺寸见表 6-92。

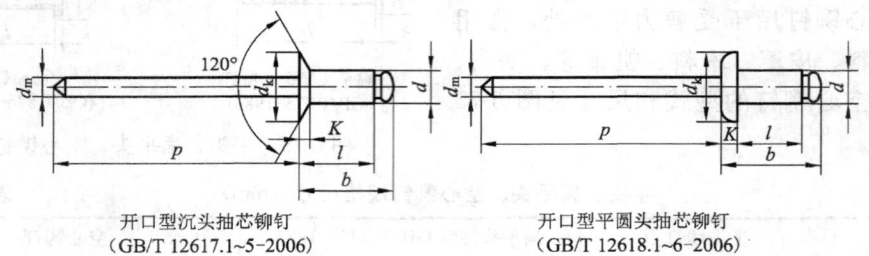

开口型沉头抽芯铆钉　　　　　　　　　　开口型平圆头抽芯铆钉
（GB/T 12617.1~5-2006）　　　　　　　　（GB/T 12618.1~6-2006）

图 6-77　开口型抽芯铆钉

抽芯铆钉材料牌号（GB/T 3098.19—2004）　　　　　　　　　　**表 6-89**

性能等级	钉体材料			钉芯材料	
	种类	材料牌号	标准编号	材料牌号	标准编号
06	铝	1035	GB/T 3190	7A03 5183	GB/T 3190
08	铝合金	5005、5A05	GB/T 3190	10、15 35、45	GB/T 699 GB/T 3206
10		5052、5A02			
11		5056、5A05			
12		5052、5A02		7A03 5183	GB/T 3190
15		5056、5A05		0Cr18Ni9 1Cr18Ni9	GB/T 4232
20	铜	T1 T2 T3	GB/T 14956	10、15、 35、45	GB/T 699 GB/T 3206
21				青铜①	①
22				0Cr18Ni9 1Cr18Ni9	GB/T 4232
23	黄铜	①	①	①	①
30	碳素钢	08F、10	GB/T 699 GB/T 3206	10、15、 35、45	GB/T 699 GB/T 3206
40	镍铜合金	28-2、5-1、5 镍铜合金 (NiCu28-2.5-1.5)	GB/T 5235	0Cr18Ni9 2Cr13	GB/T 4232
41					
50	不锈钢	0Cr18Ni9 1Cr18Ni9	GB/T 1220	10、15、 35、45	GB/T 699 GB/T 3206
51				0Cr18Ni9 2Cr13	GB/T 4232

①　数据待生产验证（含选用材料牌号）

开口型抽芯铆钉钉体机械性能（GB/T 3098.19—2004）　表 6-90

性能等级	机械性能/N	钉体直径/mm							
		2.4	3.0	3.2	4.0	4.8	5.0	6.0	6.4
10、12	最小抗剪载荷	250	400	500	850	1200	1400	2100	2200
	最小抗拉载荷	350	550	700	1200	1700	2000	3000	3150
11、15	最小抗剪载荷	350	550	750	1250	1850	2150	3200	3400
	最小抗拉载荷	650	850	1100	1800	2600	3100	4600	4850
20、21	最小抗剪载荷	—	760	800	1500①	2000	—	—	—
	最小抗拉载荷	—	950	1000	1800	2500	—	—	—
30	最小抗剪载荷	650	950	1100①	1700	2900①	3100	4500	4900
	最小抗拉载荷	700	1100	1200	2200	3100	4000	4800	5700
40、41	最小抗剪载荷	—	—	1400	2200	3300	—	—	5500
	最小抗拉载荷	—	—	1900	3000	3700	—	—	6800
51	最小抗剪载荷	—	1800①	1900①	2700	4000	4700	—	—
	最小抗拉载荷	—	2200①	2500①	3500	5000	5800	—	—

① 数据待生产验证（含选用材料牌号）

开口型抽芯铆钉推荐的铆接厚度（mm）　表 6-91

$l_{公称}$		钉体直径（d）							
$l_{公称}$＝min	max	2.4	3	3.2	4	4.8	5	6	6.4
4	5	0.5～2.0	0.5～1.5	—	—	—	—	—	
6	7	2.0～4.0	1.5～3.5	1.0～3.0	1.5～2.5	—	—	—	
8	9	4.0～6.0	3.5～5.0	3.0～5.0	2.5～4.0	2.0～3.0	—	—	
10	11	6.0～8.0	5.0～7.0	5.0～6.5	4.0～6.0	3.0～5.0	—	—	
12	13	8.0～9.5	7.0～9.0	6.5～8.5	6.0～8.0	5.0～7.0	3.0～6.0		
16	17	—	9.0～13.0	8.5～12.5	8.0～12.0	7.0～11.0	6.0～10.0		
20	21		13.0～17.0	12.5～16.5	12.0～15.0	11.0～15.0	10.0～14.0		
25	26		17.0～22.0	16.5～21.0	15.0～20.0	15.0～20.0	14.0～18.0		
30	31				20.0～25.0	20.0～25.0	18.0～23.0		

注：公称长度大于 30mm 时，应按 5mm 递增。为确认其可行性以及铆接范围可向制造者咨询。

开口型抽芯铆钉规格尺寸（mm）　表 6-92

d 公称		d_{kmax}	K_{max}	d_{mmax}	p_{min}	l		b
平圆头	沉头					平圆头	沉头	
2.4	2.4	5.0	1	1.55		4～13	4～13	$l+3.5$
3	3	6.3	1.3	2.0	25	4～26	4～26	$l+3.5$
3.2	3.2	6.7	1.3	2.0		4～26	5～26	$l+4.0$
4	4	8.4	1.7	2.45		6～26	8～26	$l+4.0$
4.8	4.8	10.1	2.0	2.95		6～31	8～31	$l+4.5$
5	5	10.5	2.1	2.95	27	6～31	8～31	$l+4.5$
6	—	12.6	2.5	3.4		8～31	—	$l+5.0$
6.4	—	13.4	2.7	3.9		12～31	—	$l+5.5$

6. 封闭型抽芯铆钉（GB/T 12615.1～4—2004、GB/T 12616.1—2004）

封闭型抽芯铆钉是一种单面铆接的新颖紧固件。按头部形状分为扁圆头抽芯铆钉及沉头抽芯铆钉。不同材质的铆钉适用于不同场合的铆接，广泛用于客车、航空、机械制造、建筑工程等。铆接方法同开口型。封闭型抽芯铆钉的型式见图 6-78，其钉体机械性能和铆接厚度见表 6-93～表 6-99。

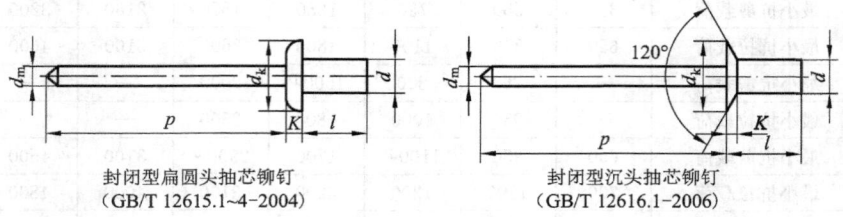

封闭型扁圆头抽芯铆钉　　　　　　　　封闭型沉头抽芯铆钉
（GB/T 12615.1~4-2004）　　　　　　（GB/T 12616.1-2006）

图 6-78　封闭型抽芯铆钉

封闭型抽芯铆钉钉体机械性能（GB/T 3098.19—2004）　　　　　　**表 6-93**

性能等级	机械性能/N	钉体直径/mm				
		3.2	4.0	4.8	5.0	6.4
06	最小抗剪载荷	460	720	1000	—	1220
	最小抗拉载荷	540	760	1400	—	1580
11	最小抗剪载荷	1100	1600	2200	2420	3600
	最小抗拉载荷	1450	2200	3100	3500	4900
30	最小抗剪载荷	1150	1700	2400	—	3600
	最小抗拉载荷	1300	1550	2800	—	4000
51	最小抗剪载荷	2000	3000	4000	—	6000
	最小抗拉载荷	2200	3500	4400	—	8000

封闭型平圆头抽芯铆钉 11 级推荐的铆接厚度（GB/T 12615.1—2004）　　　　**表 6-94**

钉体	公称	3.2	4	4.8	5[1]	6.4
公称=min	max	推荐的铆接范围[2]				
6.5	7.5	0.5～2.0				
8	9	2.0～3.5	0.5～3.5			
8.5	9.5	—		0.5～3.5		
9.5	10.5	3.5～5.0	3.5～5.0	3.5～5.0		
11	12	5.0～6.5	5.0～6.5	5.0～6.5		
12.5	13.5	4.5～8.0	6.5～8.0	—		1.5～6.5
13	14			6.5～8.0		—
14.5	15.5		8～10	8.0～9.5		—
15.5	16.5			—		6.5～9.5
16	17			9.5～11.0		—
18	19			11～13		—
21	22			13～16		—

①ISO 15973 无此规格。

②用最小和最大铆接长度表示。最小铆接长度仅为推荐值，某些使用场合可能使用更小的长度。

封闭型平圆头抽芯铆钉 30 级推荐的铆接厚度（GB/T 12615.2—2004）　　**表 6-95**

钉体	公称 d	3.2	4	4.8	6.4
铆钉长度 l		推荐的铆接范围①			
公称＝min	max				
6	7	0.5～1.5	0.5～1.5		
8	9	1.5～3.0	1.5～3.0	0.5～3.0	
10	11	3.0～5.0	3.0～5.0	3.0～5.0	
12	13	5.0～6.5	5.0～6.5	5.0～6.5	
15	16		6.5～10.5	6.5～10.5	3.0～6.5
16	17				6.5～8.0
21	22				8.0～12.5

①最小铆接长度仅为推荐值，某些使用场合可能使用更小的长度。

封闭型平圆头抽芯铆钉 06 级推荐的铆接厚度（GB/T 12615.3—2004）　　**表 6-96**

钉体公称 d		3.2	4	4.8	6.4①
铆钉长度 l		推荐的铆接范围②			
公称＝min	max				
8.0	9.0	0.5～3.5	—	1.0～3.5	—
9.5	10.5	3.5～5.0	1.0～5.0	—	—
11.0	12.0	5.0～6.5	—	3.5～6.5	—
11.5	12.5	—	5.0～6.5	—	—
12.5	13.5	—	6.5～8.0	—	1.5～7.0
14.5	15.5	—	—	6.5～9.5	7.0～8.5
18.0	19.0	—	—	9.5～13.5	8.5～10.0

①ISO 15974 无此规格。

②最小铆接长度仅为推荐值，某些使用场合可能使用更小的长度。

封闭型平圆头抽芯铆钉 51 级推荐的铆接厚度（GB/T 12615.4—2004）　　**表 6-97**

钉体	公称 d	3.2	4	4.8	6.4
铆钉长度 l		推荐的铆接范围①			
公称＝min	max				
6	7	0.5～1.5	0.5～1.5		
8	9	1.5～3.0	1.5～3.0	0.5～3.0	
10	11	3.0～5.0	3.0～5.0	3.0～5.0	
12	13	5.0～6.5	5.0～6.5	5.0～6.5	1.5～6.5
14	15	6.5～8.0	6.5～8.0	—	—
16	17		8.0～11.0	6.5～9.0	6.5～8.0
20	21			9.0～12.0	8.0～12.0

① 最小铆接长度仅为推荐值，某些使用场合可能使用更小的长度。

封闭型沉头抽芯铆钉 11 级推荐的铆接厚度（GB/T 12616.1—2004）（mm）　　**表 6-98**

钉体　公称 d		3.2	4	4.8	5[①]	6.4[①]
铆钉长度 l		推荐的铆接范围[②]				
公称＝min	max					
8	9	2.0～3.5	2.0～3.5			
8.5	9.5	—	—	2.5～3.5		
9.5	10.5	3.5～5.0	3.5～5.0	3.5～5.0		
11	12	5.0～6.5	5.0～6.5	5.0～6.5		
12.5	13.5	6.5～8.0	6.5～8.0	—		1.5～6.5
13	14			6.5～8.0		
14.5	15.5		8.0～10.0	8.0～9.5		
15.5	16.5			—		6.5～9.5
16	17			9.5～11.0		
18	19			11.0～13.0		
21	22			13.0～16.0		

① ISO 15974 无此规格。

② 最小铆接长度仅为推荐值，某些使用场合可能使用更小的长度。

封闭型抽芯铆钉规格尺寸（mm）　　**表 6-99**

d	d_{kmax}	K_{max}	平圆头 d_m				沉头 d_m	p	$l_{公称}$
			06	11	30	51	11		
3.2	6.7	1.3	1.85	1.85	2.0	2.15	1.85		
4	8.4	1.7	2.35	2.35	2.35	2.75	2.35	25	见铆接厚度
4.8	10.1	2.0	2.77	2.77	2.95	3.2	2.77		各表
5	10.5	2.1	—	2.8	—	—	2.8	27	
6.4	13.4	2.7	3.75	3.71	3.9	3.9	3.75		

7. 击芯铆钉（GB/T 15855.1～2—1995）

击芯铆钉是一种单面铆接的紧固件，广泛用于各种客车、航空、船舶、机械制造、电讯器材、钢木家具等紧固领域。按头部形状分为扁圆头击芯铆钉和沉头击芯铆钉。其钉体由铝合金（LF6-1）或低碳钢（08F、10、15）制成，钉芯由低碳、中碳钢丝或不锈钢（2Cr13）制成。铆接时，将铆钉放入钻好孔的工件内，用手锤敲击钉芯直至进入铆钉头，钉芯敲入后，铆钉的另一端即刻朝外翻成四瓣，将工件紧固。击芯铆钉的型式和尺寸见图 6-79 和表 6-100。

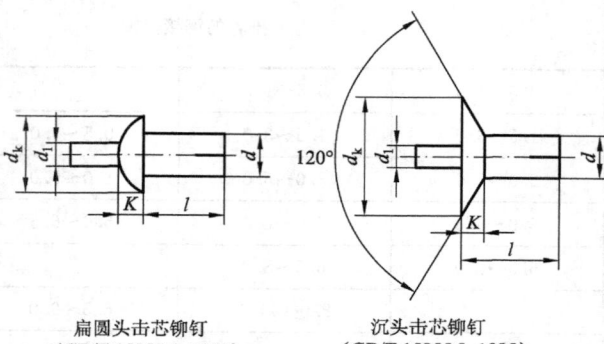

扁圆头击芯铆钉　　　　沉头击芯铆钉
（GB/T 15855.1-1995）　　（GB/T 15855.2-1995）

图 6-79　击芯铆钉

击芯铆钉规格尺寸及推荐的铆接厚度（mm）　　　　　**表 6-100**

铆钉直径(d)	3	4	5	(6)	6.4
d_{kmax}	6.24	8.29	9.89	12.35	13.29
K_{max}	1.4	1.7	2	2.4	3
$d_{1参考}$	1.8	2.18	2.8	3.6	3.8
$l_{公称}$	推　荐　的　铆　接　厚　度				
6	2.5～3	1.5～2.5			
7	3.5～4	2.5～3.5			
8	4.5～5	3.5～4.5	3～4.5		3～4.5
9	5.5～6	4.5～5.5	4～5.5		4～5.5
10	6.5～7	5.5～6.5	5～6.5		5～6.5
(11)	7.5～8	6.5～7.5	6～7.5		6～7.5
12	8.5～9	7.5～8.5	7～8.5		7～8.5
(13)	9.5～10	8.5～9.5	8～9.5		8～9.5
14	10.5～11	9.5～10.5	9.0～10.5		9.0～10.5
(15)	11.5～12	10.5～11.5	10～11.5		10～11.5
16		11.5～12.5	11～12.5		11～12.5
(17)		12.5～13.5	12～13.5		12～13.5
18		13.5～14.5	13～14.5		13～14.5
(19)		14.5～15.5	14～15.5		14～15.5
20		15.5～16.5	15～16.5		15～16.5
(21)			16～17.5		16～17.5
22			17～18.5		17～18.5
(23)			18～19.5		18～19.5
24			19～20.5		19～20.5
(25)			20～21.5		20～21.5
26					21～22.5
(27)					22～23.5
28					23～24.5
(29)					24～25.5
30					25～26.5
(31)					26～27.5
32					27～28.5
(33)					28～29.5
34					29～30.5
(35)					30～31.5
36					31～32.5
(37)					32～33.5
38					33～34.5
(39)					34～35.5
40					35～36.5
(41)					36～37.5
42					37～38.5
(43)					38～39.5
44					39～40.5
(45)					40～41.5

注：1. 尽可能不采用括号内的规格。

　　2. 被铆接件的铆钉孔应比铆钉公称直径大 0.1mm。

　　3. 推荐的铆接厚度按 GB/T 15855.3—1995。

8. 铆螺母（GB/T 17880.1～6—1999）

铆螺母是一种新颖紧固件，其特点是工件被铆接后，能将相应规格的螺钉旋入铆螺母螺纹孔内，起到连接其他构件的作用。铆接时须采用专用的铆螺母枪，使铆螺母膨胀将工件紧固，铆接不同规格的铆螺母，应调换与其相符的拉拔螺栓。铆接完成后，将相应的螺钉旋入铆螺母螺纹孔内，即形成一个紧固的铆接体。不同材质的铆螺母，适用于不同强度的铆接，使用方便。铆螺母的型式见图 6-80，其机械性能和尺寸见表 6-101、表 6-102～表 6-104。

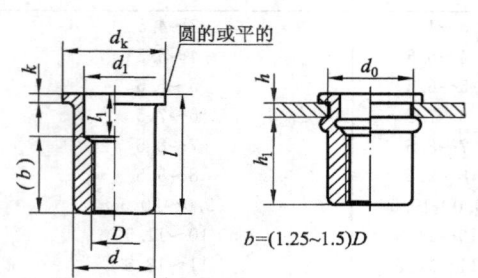

平头铆螺母（GB/T 17880.1–1999）
平头六角铆螺母（GB/T 17880.5–1999）

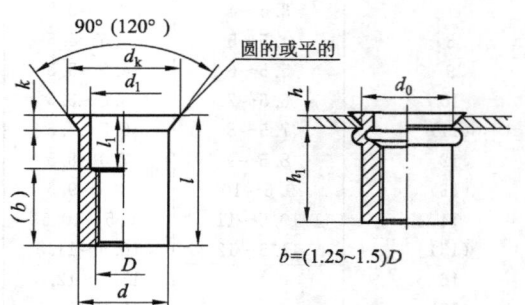

沉头铆螺母（GB/T 17880.2–1999）
小沉头铆螺母（GB/T 17880.3–1999）
120° 小沉头铆螺母（GB/T 17880.4–1999）

图 6-80　铆螺母

铆螺母的机械性能（mm）　　　　　　　　　表 6-101

铆螺母	机械性能		螺纹规格						
			M3	M4	M5	M6	M8	M10	M12
平头、平头六角、沉头、小沉头、120°小沉头	保证载荷 min	钢	3900	6800	11500	16500	23000	32000	34000
		铝	1900	4000	6500	7800	12300	17500	—
平头、平头六角、沉头、小沉头、120°小沉头	剪切力 min	钢	1100	2100	2600	3800	5400	6900	7500
		铝	640	1200	1900	2700	3900	4200	—

注：$M10 \times 1$、$M12 \times 1.5$ 的保证载荷、头部结合力、剪切力由供需双方协议。

注：1. 铆螺母材料为 08F 钢或 LF5-1 防锈铝。

2. 铆螺母的螺纹基本尺寸按 GB/T 196 的规定；螺纹公差带按 GB/T 197 规定的 6H。

平头铆螺母的规格尺寸（GB/T 17880.1—1999，GB/T 17880.5—1999）（mm）　表 6-102

螺纹规格		d $^{-0.03}_{-0.10}$	d_1 H12	d_k max	k	l max	d_0 $^{+0.15}_{0}$	h_1 参考	铆接厚度 h 推荐	d_1 H12 六角头
粗牙 D	细牙 $D \times P$									
M3	—	5	4.0	8	0.8	7.5	5	5.8	0.25～1.0	
						8.5			1.0～2.0	
						9.5			2.0～3.0	
						10.5			3.0～4.0	

续表

螺纹规格		d	d_1	d_k	k	l	d_0	h_1	铆接厚度 h	d_1
粗牙 D	细牙 $D \times P$	$^{-0.03}_{-0.10}$	H12	max		max	$^{+0.15}_{0}$	参考	推荐	H12 六角头
M4	—	6	4.8	9	0.8	9	6	7.5	0.25～1.0	—
						10			1.0～2.0	
						11			2.0～3.0	
						12			3.0～4.0	
M5	—	7	5.6	10	1.0	11	7	9.3	0.25～1.0	—
						12			1.0～2.0	
						13			2.0～3.0	
						14			3.0～4.0	
M6	—	9	7.5	12	1.5	13.5	9	11	0.5～1.5	8
						15.0			1.5～3.0	
						16.5			3.0～4.5	
						18.0			4.5～6.0	
M8	—	11	9.2	14	1.5	15.0	11	12.3	0.5～1.5	10
						16.5			1.5～3.0	
						18.0			3.0～4.5	
						19.5			4.5～6.0	
M10	M10×1	13	11	16	1.8	18.0	13	15.0	0.5～1.5	11.5
						19.5			1.5～3.0	
						21.0			3.0～4.5	
						22.5			4.5～6.0	
M12	M12×1.5	15	13	18	1.8	21.0	15	17.5	0.5～1.5	13.5
						22.5			1.5～3.0	
						24.0			3.0～4.5	
						25.5			4.5～6.0	

注：平头六角铆螺母（GB/T 17880.5）的规格为 M6～M12。

沉头铆螺母的规格尺寸（GB/T 17880.2—1999）（mm）　　表 6-103

螺纹规格		d	d_1	d_k	k	l	l_1	d_0	h_1	铆接厚度 h
粗牙 D	细牙 $D \times P$	$^{-0.03}_{-0.10}$	H12	max		max	参考	$^{+0.15}_{0}$	参考	推荐
M3	—	5	4.0	8	1.5	9.0	4.0	5	5.8	1.7～2.5
						10.0	5.0			2.5～3.5
						11.0	6.0			3.5～4.5
M4	—	6	4.8	9	1.5	10.5	4.0	6	7.5	1.7～2.5
						11.5	5.0			2.5～3.5
						12.5	6.0			3.5～4.5

续表

螺纹规格 粗牙 D	螺纹规格 细牙 $D \times P$	d $^{-0.03}_{-0.10}$	d_1 H12	d_k max	k	l max	l_1 参考	d_0 $^{+0.15}_{0}$	h_1 参考	铆接厚度 h 推荐
M5	—	7	5.6	10	1.5	12.5	4.5	7	9.3	1.7~2.5
						13.5	5.5			2.5~3.5
						14.5	6.5			3.5~4.5
M6	—	9	7.5	12	1.5	15.0	5.5	9	11.0	1.7~3.0
						16.5	7.0			3.0~4.5
						18.0	8.5			4.5~6.0
M8	—	11	9.2	14	1.5	16.5	6.0	11	12.3	1.7~3.0
						18.0	7.5			3.0~4.5
						19.5	9.0			4.5~6.0
M10	M10×1	13	11	16	1.5	19.5	6.5	13	15.0	1.7~3.0
						21.0	8.0			3.0~4.5
						22.5	9.5			4.5~6.0
						24.0	11.0			6.0~7.5
M12	M12×1.5	15	13	18	1.5	22.5	7.0	15	17.5	1.7~3.0
						24.0	8.5			3.0~4.5
						25.5	10.0			4.5~6.0
						27.0	11.5			6.0~7.5

小沉头铆螺母的规格尺寸（GB/T 17880.3—1999，GB/T 17880.4—1999）（mm）　　表 6-104

螺纹规格 粗牙 D	螺纹规格 细牙 $D \times P$	d $^{-0.03}_{-0.10}$	d_1 H12	d_k max 小沉头	d_k max 120°小沉头	k	l max	d_0 $^{+0.15}_{0}$	h_1 参考	铆接厚度 h 推荐
M3	—	5	4.0	5.5	6.5	0.35	7.5	5	5.8	0.5~1.0
							8.5			1.0~2.0
							9.5			2.0~3.0
M4	—	6	4.8	6.75	8.0	0.5	9.0	6	7.5	0.5~1.0
							10.0			1.0~2.0
							11.0			2.0~3.0
M5	—	7	5.6	8.0	9.0	0.6	11.0	7	9.3	0.5~1.0
							12.0			1.0~2.0
							13.0			2.0~3.0
M6	—	9	7.5	10.0	11.0	0.6	13.5	9	11.0	0.5~1.5
							15.0			1.5~3.0
							16.5			3.0~4.5

续表

| 螺纹规格 | | d $_{-0.10}^{-0.03}$ | d_1 H12 | d_k　max | | k | l max | d_0 $_0^{+0.15}$ | h_1 参考 | 铆接厚度 h 推荐 |
粗牙 D	细牙 $D \times P$			小沉头	120℃小沉头					
M8	—	11	9.2	12.0	13.0	0.6	15.0	11	12.3	0.5～1.5
							16.5			1.5～3.0
							18.0			3.0～4.5
M10	M10×1	13	11	14.5	16.0	0.85	18.0	13	15.0	0.5～1.5
							19.5			1.5～3.0
							21.0			3.0～4.5
M12	M12×1.5	15	13	16.5	18.0	0.85	21.0	15	17.5	0.5～1.5
							22.5			1.5～3.0
							24.0			3.0～4.5

第七章　传动件与支承件

一、带 传 动 件

带传动是由带和带轮组成的（图 7-1），分摩擦传动和啮合传动两类，其功能是传递运动和动力。由于带具有弹性，在转动过程中无声，有吸收振动的特性。图 7-2 列出几种常用带，有平行带、V 型带、多楔带、圆形带和同步带。

1. 平带（GB/T 524—2007）

一条平带可与两个或多个带轮组成摩擦传动，带的工作面与带轮的轮缘表面接触。平带由多层帆布和橡胶制成，在规定条件下传递动力。平带标准定有四种结构，有切边式、包边式（边部封口）、包边式（中部封口）和包边式（双封口），如图 7-3 所图示。传动形式有开口式传动、交叉式传动、半交叉式传动、角度传动、锥轮传动和塔轮传动等，如图 7-4 所示。带的规格和尺寸见表 7-1～表 7-3。

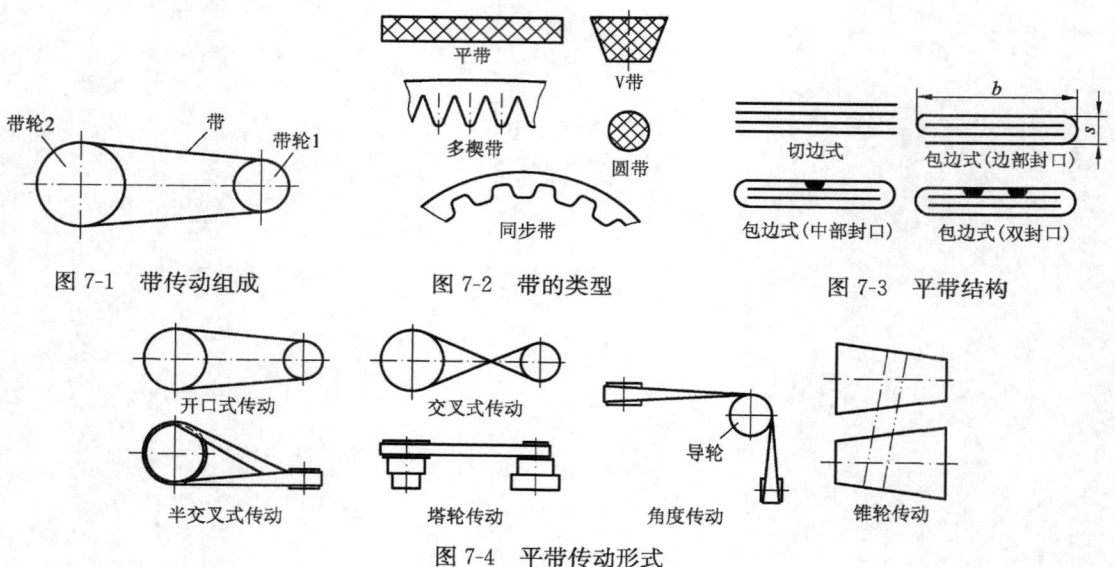

图 7-1　带传动组成　　　图 7-2　带的类型　　　图 7-3　平带结构

图 7-4　平带传动形式

平带宽度、轮宽荐用值（mm）　　　　　　　　　　表 7-1

公称带宽 b	轮宽荐用值	公称带宽 b	轮宽荐用值	公称带宽 b	轮宽荐用值	公称带宽 b	轮宽荐用值	公称带宽 b	轮宽荐用值
16	20	50	63	100	112	180	200	315	355
20	25	63	71	112	125	200	224	355	400
25	32	71	80	125	140	224	250	400	450
32	40	80	90	140	160	250	280	450	500
40	50	90	100	160	180	280	315	500	560

注：带宽的极限偏差为±2。

环形带长度（mm）　　　　　　　　　　　　表 7-2

优先系列	500　560　630　710　800　900　1000　1120　1250　1400　1600　1800　2000　2240　2500　2800 3150　3550　4000　4500　5000
第二系列	530　600　670　750　850　950　1060　1180　1320　1500　1700　1900

注：1. 如果优先系列的长度范围不够用，可按下列原则补充：①系列的两端以外，选用 R20 优先系数中的其他数；②两相邻长度之间，选用 R40 数系中的数（2000 以上）。

　　2. 平带最小长度：带宽 $b \leqslant 90mm$，最小长度为 8m，带宽 $90 < b \leqslant 250mm$，最小长度为 15m，带宽 $b > 250mm$，最小长度为 20m。

全厚度拉伸强度规格和要求　　　　　　　　　表 7-3

拉伸强度 规格	拉伸强度 纵向最小值 kN/m	拉伸强度 横向最小值 kN/m	拉伸强度 规格	拉伸强度 纵向最小值 kN/m	拉伸强度 横向最小值 kN/m
190/40	190	75	340/60	340	200
190/60	190	110	285/60	385	225
240/40	240	95	425/60	425	250
240/60	240	140	450	450	—
290/40	290	115	500	500	—
290/60	290	175	560	560	—
340/40	340	130			

2. 轻型平型传动带（HG/T 4361—2012）

　　本标准适用纺织机械、烟草机械、办公设备、轻工机械、精密机械、包装机械等行业用平行传动带（聚酰胺片基平带除外）。平带结构由上覆盖层、带芯层（织物芯，代号为 D，或绳芯，代号为 C）及下覆盖层等构成，见图 7-5，其性能、规格尺寸见表 7-4～表 7-6。

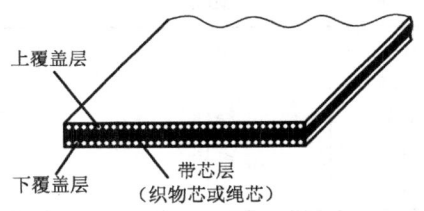

图 7-5　轻型平型传动带结构

环形平带内周长度　　　　　　　　　　　　表 7-4

内周长度 L /mm	长度系列尺寸
$L \leqslant 1000$	优先系列：500　560　630　710　800　900　1000　1120　1250　1400 1600　1800　2000　2240　2500　2800　3150　3550　4000　4500　5000 第二系列：530　600　670　750　850　950　1060　1180　1320　1500 1700　1900
$1000 < L \leqslant 2000$	
$2000 < L \leqslant 5000$	
$5000 < L \leqslant 20000$	
$L > 20000$	

平 带 宽 度　　　　　　　　　　　　表 7-5

宽度 b /mm	长度系列尺寸
$b \leqslant 63$	16　20　25　32　40　50　63　71　80　90　100　112　125　140 160　180　200　224　250　280　315　355　400　450　500
$63 < b \leqslant 125$	
$125 < b \leqslant 250$	
$b > 250$	

注：平带宽度与轮宽的荐用对应关系见表 7-1。

平带的拉伸强度 表 7-6

织物芯厚度 mm	全厚度拉伸强度 N/mm	绳芯厚度 mm	全厚度拉伸强度 N/mm
0.3	60	0.45	250
0.5	90	0.60	350
0.8	160	0.80	400
1.0	170	1.00	450

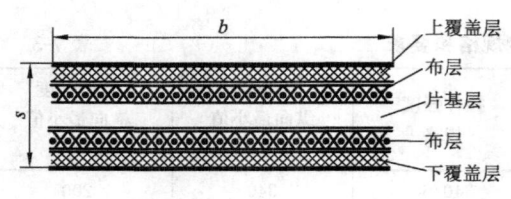

图 7-6 聚酰胺片基平带的结构

3. 聚酰胺片基平带（GB/T 11063—2003）

本标准用于以聚酰胺片基为抗拉体的平型传动带。聚酰胺片基平带的结构一般由上覆盖层、布层、片基层、布层、下覆盖层组成，见图 7-6。也可由聚酰胺片基与皮革或其他材质层组成。聚酰胺片基平带的长度、宽度规格和尺寸可参考平带标准见表 7-1 和表 7-2，带的拉伸性见表 7-7。

聚酰胺片基平带的拉伸性能 表 7-7

带厚度 mm	平带 1% 定伸应力 MPa	平带拉伸应力 MPa	平带拉断伸长率 % ±5	安装伸长率 2% 时，张紧力/(N/mm)
0.2	≥16	≥300	22	4
0.5	≥18	≥350	22	10
0.75	≥18	≥350	22	15
1.0	≥18	≥350	22	20
1.5	≥18	≥350	22	30

4. 机用平带扣（QB/T 2291—1997）

连接平带的方法有用胶粘接的和带扣的，见图 7-7。常用的机用平带扣规格尺寸见表 7-8。

机用平带扣规格和尺寸 表 7-8

规格型号		15	20	25	27	35	45	55	65	75
L		190	290	290	290	290	290	290	290	290
B		15	20	22	25	30	34	40	47	60
A		2.3	2.6	3.3	3.3	3.9	5.0	6.7	6.9	8.5
T	mm	5.59	6.44	8.06	8.06	9.67	12.08	16.11	16.11	20.71
C		3.0	3.0	3.3	3.3	4.7	5.5	6.5	7.2	9.0
K		5	6	7	8	9	10	12	14	18
δ		1.1	1.2	1.3	1.3	1.5	1.8	2.3	2.5	3.0
每支齿数		34	45	36	36	30	24	18	18	14
每盒扣数，/支		16	10	16	16	8	8	8	8	8
每盒节销数，/根		10	6	10	10	5	5	5	5	5

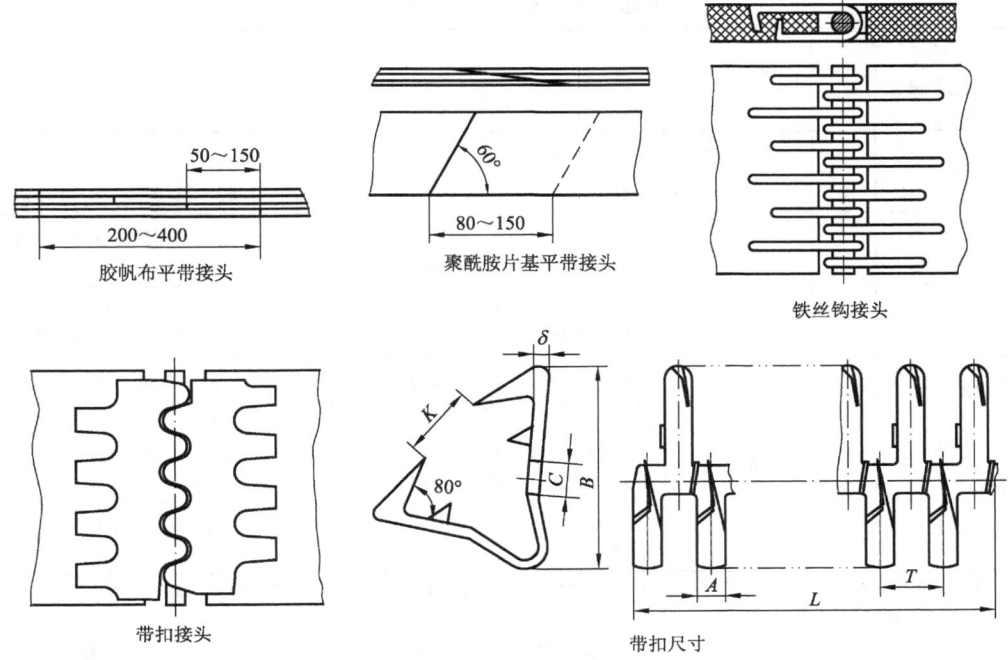

图 7-7　平带连接形式

5. 一般传动用普通 V 带（GB/T 1171—2006）

本标准适用一般机械传动装置用的线绳结构的普通 V 带，其结构分为包边 V 带和切边 V 带（普通切边 V 带、有齿切边 V 带和底胶切边 V 带）二种。带为对称的梯形截面，高与节宽之比为 0.7，楔角为 40°，型号有 Y、Z、A、B、C、D、E 等 7 种，见图 7-8 和图 7-9，尺寸规格与性能见表 7-9 和表 7-10。

本标准不适用于帘布结构的普通 V 带，不适用于汽车、农机、摩托车等机械传动装置。

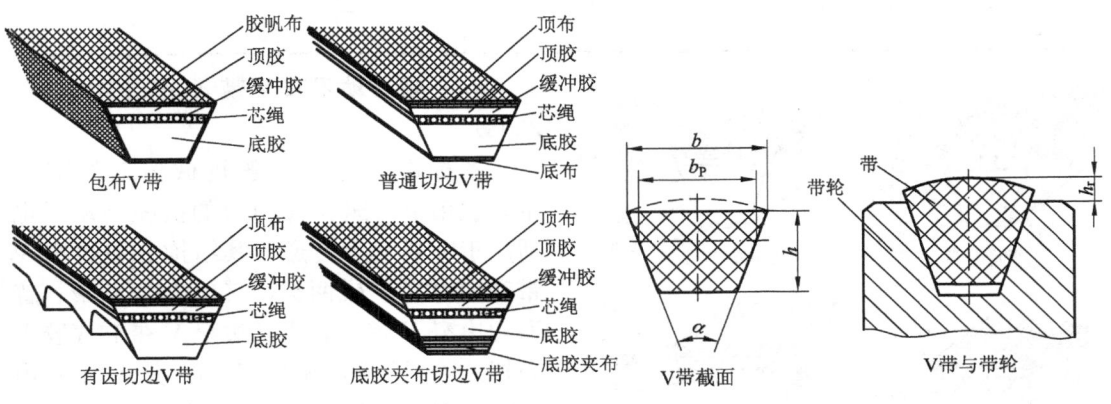

图 7-8　普通 V 带的结构类型　　　　图 7-9　普通 V 带截面和结构

普通 V 带规格和尺寸（mm） 表 7-9

型号	截面尺寸			露出高度 h_r	基准长度 L_d
	节宽 b_p	顶宽 b	高度 h		
Y	5.3	6	4	+0.8～−0.8	200 224 250 280 315 355 400 450 500
Z	8.5	10	6	+1.6～−1.6	405 475 530 625 700 780 820 1080 1330 1420 1540
A	11	13	8	+1.6～−1.6	630 700 790 890 990 1100 1250 1430 1550 1640 1750 1940 2050 2200 2300 2480 2700
B	14	17	11	+1.6～−1.6	930 1000 1100 1210 1370 1560 1760 1950 2180 2300 2500 2700 2870 3200 3600 4060 4430 4820 5370 6070
C	18	22	14	+1.5～−2.0	1565 1760 1950 2195 2420 2715 2880 3080 3520 4060 4600 5380 3100 3815 7600 9100 10700
D	27	32	19	+1.6～−3.2	2740 3100 3330 3730 4080 4620 5400 6100 6840 7620 9140 10700 12200 13700 15200
E	32	38	23	+1.6～−3.2	4660 5040 5420 6100 6850 7650 9150 12230 13750 15280 16800

注：1. 各型号的楔角 α=40°，当 V 带的节面与带轮的基准宽度重合时，基准宽度才等于节宽。
2. 基准长度摘自 GB/T 11544—1997。

普通 V 带的物理性能 表 7-10

型 号	拉伸强度 kN ≥	参考力伸长率/% ≤		线绳粘合强度/（kN/m）≥		布与顶胶间粘合强度 kN/m，≥
		包边 V 带	切边 V 带	包边 V 带	切边 V 带	
Y	1.2			10	15	
Z	2			13	25	—
A	3		5	17	28	
B	5	7		21	28	
C	9			27	35	
D	15			31	—	2
E	20		—	31	—	

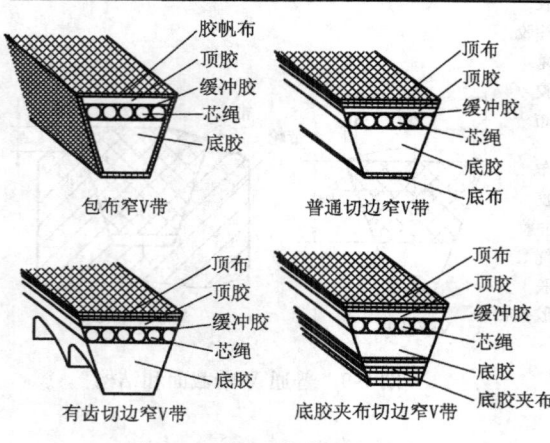

图 7-10 窄 V 带截面和结构

包布窄V带　普通切边窄V带　有齿切边窄V带　底胶夹布切边窄V带

6. 一般传动用窄 V 带（GB/T 12730—2008）

本标准规定了一般机械传动的窄 V 带，适用于高速及大动力的机械传动，也适用于一般动力传递。其结构分包边窄 V 带和切边窄 V 带两类，有包边窄 V 带、普通切边窄 V 带、有齿切边窄 V 带和底胶夹布切边窄 V 带，见图 7-10。其型号分由 SPZ、SPA、SPB、SPC 和 9N、15N、25N 等 7 种，尺寸规格与性能见表 7-11～表 7-13。

SP 型窄 V 带规格和尺寸（mm）   表 7-11

型号	截面尺寸/mm			露出高度 h_r	基准长度 L_d
	节宽 b_p	顶宽 b	高度 h		
SPZ	8	10	8	$+1.1\sim-0.4$	630　710　800　900　1000　1120　1250　1400　1600　1800　2000 2240　2500　2800　3150　3550
SPA	11	13	10	$+1.3\sim-0.6$	800　900　1000　1120　1250　1400　1600　1800　2000　2240 2500　2800　3150　3550　4000　4500
SPB	14	17	14	$+1.4\sim-0.7$	1250　1400　1600　1800　2000　2240　2500　2800　3150　3550 4000　4500　5000　5600　6300　7100　8000
SPC	19	22	18	$+1.5\sim-1.0$	2000　2240　2500　2800　3150　3550　4000　4500　5000　5600 6300　7100　8000　9000　10000　11200　12500

注：1. 各型号的楔角 α＝40°，当 V 带的节面与带轮的基准宽度重合时，基准宽度才等于节宽。

2. 基准长度摘自 GB/T 11544—1997。

N 型窄 V 带规格和尺寸   表 7-12

型号	截面尺寸/mm		公称有效长度/mm
	顶宽 b	高度 h	
9N	9.5	8	630　670　710　760　800　850　900　950　1015　1080　1140　1205　1270 1345　1420　1525　1600　1700　1800　1900　2030　2160　2290　2410　2540 2690　2840　3000　3180　3350　3550
15N	16	13.5	1270　1345　1420　1525　1600　1700　1800　1900　2030　2160　2290 2410　2540　2690　2840　3000　3180　3350　3550　3810　4060　4320　4570 4830　5080　6000　6350　6730　7100　7620　8000　8500　9000
25N	25.5	23	2540　2690　2840　3000　3180　3350　3550　3810　4060　4320　4570 4830　5080　6000　6350　6730　7100　7620　8000　8500　9000　9500 10160　10800　11430　12060　12700

注：1. 各型号的楔角 α＝38°，当 V 带的节面与带轮的基准宽度重合时，基准宽度才等于节宽。

2. 基准长度摘自 GB/T 11544—1997。

窄 V 带的物理性能   表 7-13

型　号	拉伸强度 kN ≥	参考力伸长率/% ≤		线绳粘合强度/（kN/m）≥		布与顶胶间粘合强度 kN/m，≥
		包边 V 带	切边 V 带	包边 V 带	切边 V 带	
SPZ、9N	2.3	4	3	13	20	—
SPA	3			17	25	
SPB、15N	5.4			21	28	
SPC	9.8	5	4	27	35	2
25N	12.7			31	—	

7. 农业机械用 V 带（GB/T 10821—2008）

本标准适用于农业机械一般传动的普通 V 带和窄 V 带、双面传动的六角带、变速传动 V 带和多楔带传动。

（1）农业机械用普通 V 带

根据截面尺寸，普通 V 带分为 HA、HB、HC、HD 等 4 种。带的截面结构见图 7-11，其规格和尺寸见表 7-14。

普通 V 带规格和尺寸（mm）　　　　　　表 7-14

型号	截面尺寸			基准长度 L_d
	节宽 W_p	顶宽 W	高度 T	
HA	11	13	8	630　700　790　890　990　1100　1250　1430　1550　1640 1750　1940　2050　2200　2300　2480　2700
HB	14	17	11	930　1000　1100　1210　1370　1560　1760　1950　2180　2300 2500　2700　2870　3200　3600　4060　4430　4820　5370　6070
HC	18	22	14	1565　1760　1950　2195　2420　2715　2880　3080　3520　4060 4600　5380　3100　3815　7600　9100　10700
HD	27	32	19	2740　3100　3330　3730　4080　4620　5400　6100　6840　7620 9140　10700　12200　13700　15200

注：各型号的楔角 $\alpha=40°$，当 V 带的节面与带轮的基准宽度重合时，基准宽度才等于节宽。

（2）农业机械用六角带

根据截面尺寸，六角带分为 HAA、HBB、HCC、HDD 等 4 种。带的截面结构见图 7-12，其规格和尺寸见表 7-15。

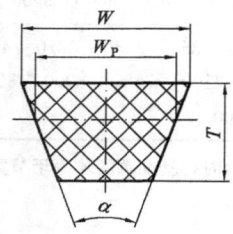

图 7-11　普通 V 带结构

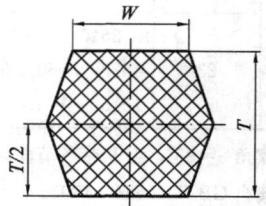

图 7-12　六角带结构

六角带规格和尺寸（mm）　　　　　　表 7-15

型号	带宽 W	带高 T	有效长度范围 L_e	基准长度系列								
HAA	13	8	1250～3550	1250	1320	1400	1500	1600	1700	1800	1900	2000
HBB	17	11	2000～5000	2240	2360	2500	2650	2800	3000	3150	3350	3550
HCC	22	14	2240～8000	3750	4000	4250	4500	4750	5000	5300	5600	6000
HDD	32	19	4000～10000	6300	6700	7100	7500	8000	8500	9000	9500	10000

（3）农业机械用窄 V 带

根据截面尺寸，窄 V 带分为 H9N（H3V）、H15N（H5V）、H25N（H8V）等 3 种。带的截面结构参见图 7-9，其规格和尺寸见表 7-16。

窄 V 带规格和尺寸（mm） 表 7-16

型号	顶宽 b	高度 h	有效长度范围 L_e	基准长度系列											
H9N	9.5	8	630～3550	630	670	710	760	800	850	900	950	1015	1080	1145	1205
				1270	1345	1420	1525	1600	1700	1800	1900	2030	2160	2290	
H15N	16	13.5	1270～9000	2410	2540	2690	2840	3000	3180	3350	3810	4060	4320	4570	
				4830	5080	5380	5690	6000	6350	6730	7100	7620	8000	8500	
H25N	25.5	23	2540～12700	9000	9500	10160	10800	11430	12060	12700					

（4）农业机械用变速 V 带

农业机械用变速 V 带单位截面积要传递很大的力。根据截面尺寸，V 带分为 HG、HH、HI、HJ、HK、HL、HM、HN、HO 等 9 种。带的截面结构参见图 7-13，其规格和尺寸见表 7-17。

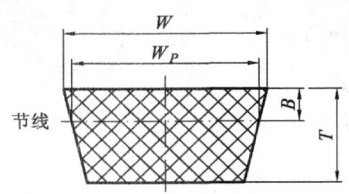

图 7-13　变速带结构

农业机械用变速 V 带规格和尺寸（mm） 表 7-17

尺寸	HG	HH	HI	HJ	HK	HL	HM	HN	HO
节宽 W_P	15.4	19	23.6	29.6	35.5	41.4	47.3	53.2	59.1
顶宽 W	16.5	20.4	25.4	31.8	38.1	44.5	50.8	57.2	63.5
高度 T	8	10	12.7	15.1	17.5	19.8	22.2	23.9	25.4
节线以上高度 B	2.5	3	3.8	4.7	5.7	6.6	7.6	8.5	9.5
基准长度	630～1120	800～1600	1060～1800	1400～2360	1600～3000	2000～4000	2000～5000	2120～5000	2240～5000
基准长度系列	630 670 710 750 800 850 900 950 1000 1060 1120 1180 1250 1320 1400 1500 1600 1700 1800 1900 2000 2120 2240 2360 2500 2650 2800 3000 3150 3350 3550 2750 4000 4250 4500 4750 5000								

注：HH 型带无 1000mm 基准长度尺寸。

（5）农业机械用多楔带

根据截面尺寸，多楔带分为 J、L、M 三种。带的截面结构参见图 7-17，其规格和尺寸见表 7-18。

多楔带规格和尺寸 表 7-18

型号	楔距 P_b	楔顶圆角半径最小值 r_b	带高 h	有效长度
	mm			
J	2.34	0.4	4	375～3000
L	4.7	0.4	10	750～8000
M	9.4	0.75	17	2000～17000

8. 汽车用 V 带（GB 12732—2008）

汽车用 V 带标准规定带的结构有 4 种，见图 7-14。本标准适用于汽车内燃机附属机械传动装置使用的 V 带。带的型号根据顶宽分为 AV10、AV13、AV15、AV17、AV22 共 5 种型号，截面尺寸见图 7-15 和表 7-19。同组内 V 带长度的配组差为有效长度公称值的 0.2%。

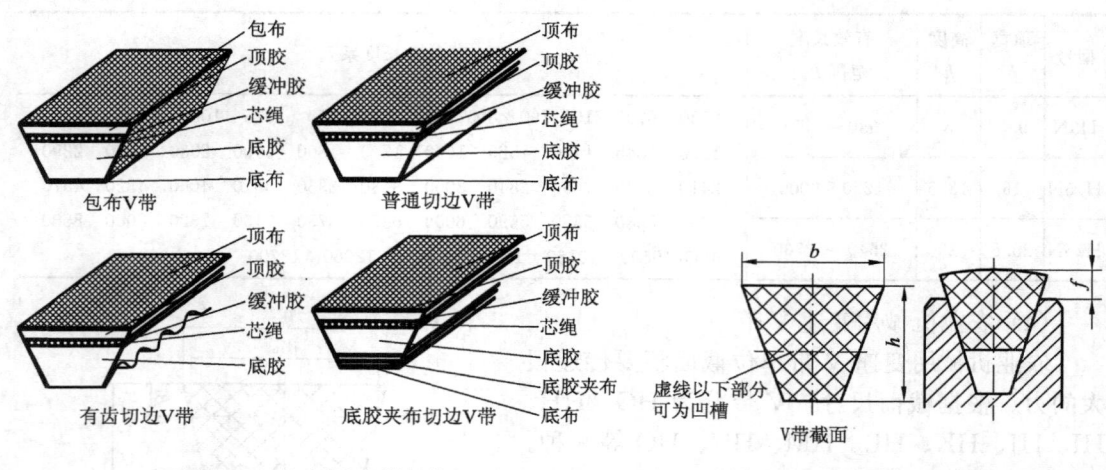

图 7-14   汽车用 V 带结构   图 7-15   汽车用 V 带截面尺寸

V 带规格和截面尺寸 （GB/T 13352—1996）（mm）   表 **7-19**

型号	顶宽 b	高度 h			露出高度 f
		包边式	普通包边式及底胶夹布切边式	有齿切边式	
AV10	10.0	8.0	7.5	8.0	0＜f＜2.4
AV13	13.0	10.0	8.5	9.0	
AV15	15.0	9.0	—	—	
AV17	16.5	10.5	9.5	11.0	0＜f＜3.4
AV22	22.0	14.0	—	13.0	

9. 汽车用多楔带 （GB 13552—2008）

本标准规定只有 1 种，见图 7-16。本标准适用于汽车内燃机的风扇、电机、水泵、压缩机、动力转向泵、增压器等传动用带，其性能、规格和尺寸见图 7-17 和表 7-20、表 7-21。

带的有效长度为 10 的整数倍。长度大于 3000m 的，由供需双方商定。

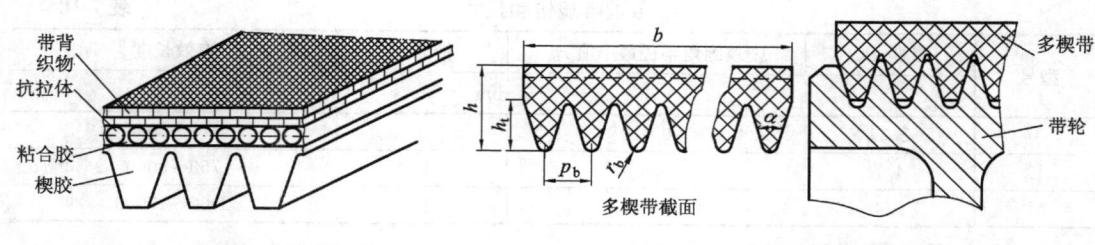

图 7-16   汽车用多楔带结构   图 7-17   多楔带截面尺寸

PK 型带截面尺寸　　　　　　　　　表 7-20

名称	楔距	楔角	楔顶弧最小半径	带厚	楔高
符号	p_b	α	r_b	h	h_t
尺寸/mm	3.56	40°	0.5	4～6	2～3

PK 型带的拉伸性能　　　　　　　　表 7-21

楔数 n	拉伸强度/kN	参考力/kN	参考力伸长率/%
3	≥2.4	0.75	
4	≥3.2	1.00	
5	≥4.0	1.25	≤3.0
6	≥4.8	1.50	
7 以上	≥0.8×n	0.25×n	

注：n 为带的楔数。

10. 工业用多楔带（GB/T 16588—2009）

多楔带传动由多楔带与两个或多个带轮组成的传动，其中至少一个带轮带有楔槽。带轮的轴线与带的纵截面垂直。本标准适用 PH、PJ、PK、PL、PM 型工业用环形多楔带，多楔带用楔数、型号和有效长度表示带特征，本多楔带的截面参考图 7-17，其规格尺寸见表 7-22。

多楔带规格和尺寸　　　　　　　　表 7-22

型 号	楔距 P_b	楔顶圆角半径最小值 r_b	带高 h	带长范围
	mm			
PH	1.6	0.3	3	200～3000
PJ	2.34	0.4	4	370～3000
PK	3.56	0.5	6	200～3000
PL	4.7	0.4	10	750～8000
PM	9.4	0.75	17	2000～17000

11. 梯形齿同步带（GB/T 11361—2008）

本标准规定 MXL、XXL、XL、L、H、XH、XXH 等 7 种型号，由纤维绳、布和橡胶组成，用于一般的机械传动，传递运动及动力。本标准不适用于圆弧同步带和汽车同步带。梯形同步带的截面尺寸见图 7-18，其性能、规格尺寸见表 7-23～表 7-26。

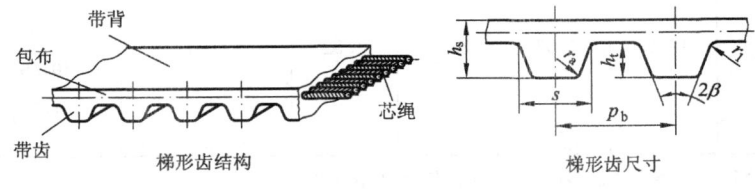

图 7-18　梯形同步带组成

梯形同步带规格及尺寸（mm）

表 7-23

型　号	截面基本尺寸					公称高度 h_s	标准宽度	
	p_b	s	h_t	r_1	r_a		b	代号
MXL	2.032	1.14	0.51	0.13	0.13	1.14	3.2 4.8 6.4	012 019 025
XXL	3.175	1.73	0.76	0.20	0.30	1.52	3.2 4.8 6.4	3.2 4.8 6.4
XL	5.080	2.57	1.27	0.38	0.38	2.3	6.4 7.9 9.5	025 031 037
L	9.525	4.65	1.91	0.51	0.51	3.6	12.7 19.1 25.4	050 075 100
H	12.700	6.12	2.29	1.02	1.02	4.3	19.1 25.4 38.1 50.8 76.2	075 100 150 200 300
XH	22.225	12.57	6.35	1.57	1.19	11.2	50.8 76.2 101.6	200 300 400
XXH	31.750	19.05	9.53	2.29	1.52	15.7	50.8 76.2 101.6 127	200 300 400 500

注：1. 表中 XXL、XL 型号的齿形角 $2\beta = 50°$，其余均 $2\beta = 40°$。

2. 基本尺寸摘自 GB/T 11616—1989。

H、XH、XXH 型同步带长度与齿数　　　　表 7-24

长度代号	节线长/mm	齿 数			长度代号	节线长/mm	齿 数			
		XL	L	H			L	H	XH	XXH
60	152.4	30			420	1066.8	112	84		
70	177.8	35			450	1143	120	90		
80	203.2	40			480	1219.2	128	96		
90	228.6	45			507	1289.05	—	—	58	
100	254	50			510	1295.4	136	102	—	
110	279.4	55	—		540	1371.6	144	108	—	
120	304.8	60	—		560	1422.4	—	—	64	
124	314.33	—	33		570	1447.8	—	114	—	
130	330.2	65	—		600	1524	160	120	—	
140	355.6	70	—		630	1600.2		126	72	—
150	381	75	40		660	1676.4		132	—	
160	406.4	80	—		700	1778		140	80	56
170	431.8	85	—		750	1905		150	—	
180	457.2	90	—		770	1955.8		—	88	—
187	476.25	—	50		800	2032		160	—	64
190	482.6	95	—		840	2133.6		—	96	
200	508	100	—		850	2169		170	—	
210	533.4	105	56	—	900	2286		180	—	72
220	558.8	110	—	—	980	2489.2		—	112	—
225	571.5	—	60	—	1000	2540		209	—	80
230	584.2	115	—	—	1100	2794		220	—	
240	609.6	120	64	48	1120	2844.8		—	128	
250	635	125	—	—	1200	3048		—	—	96
255	647.7	—	68	—	1250	3175		250	—	—
260	660.4	130	—	—	1260	3200.4		—	144	
270	685.8	—	72	54	1400	3556		280	160	112
285	723.9	—	76	—	1540	3911.5		—	176	—
300	762	—	80	60	1600	4064		—	—	128
322	819.15		86	—	1700	4318		340	—	—
330	838.2		—	66	1750	4445			200	—
345	876.3		92	—	1800	4572			—	144
360	914.4		—	72						
367	933.45		98	—						
390	990.6		104	78						

MXL、XXL 型同步带长度与齿数   表 7-25

MXL 型			XXL 型		
长度代号	节线长/mm	齿数	长度代号	节线长/mm	齿数
36.0	91.44	45	B40	127.0	40
40.0	101.6	50	B48	152.4	48
44.0	11.76	55	B56	177.8	56
48.0	121.92	60	B64	203.2	64
56.0	142.24	70	B72	228.6	72
60.0	152.4	75	B80	254.0	80
64.0	162.56	80	B88	279.4	88
72.0	182.88	90	B96	304.8	96
80.0	203.2	100	B104	330.2	104
88.0	223.52	110	B112	355.6	112
100.0	254.0	125	B120	381.0	120
112.0	284.48	140	B128	406.4	128
124.0	314.96	155	B144	457.2	144
140.0	355.6	175	B160	508.0	160
160.0	406.4	200	B176	558.0	176
180.0	457.2	225			
200.0	508.0	250			

同步带的物理性能（GB/T 13487—2002）   表 7-26

项　目		梯形齿					圆弧齿				
		XL	L	H	XH	XXH	3M	5M	8M	14M	20M
拉伸强度/(N/mm)　≥		80	120	270	380	450	90	160	300	400	520
参考力伸长率	参考力/(N/mm)	60	90	220	300	360	70	130	240	320	410
	伸长率	≤4%									
带背硬度（邵尔 A 型）		75±5									
包布粘合强度/(N/mm)		5	6.5	8	10	12	—	6	10	12	15
芯绳粘合强度/N		200	380	600	800	1500		400	700	1200	1600
齿体剪切强度/(N/mm)		50	60	70	75	90		50	60	80	100

12. 圆弧齿同步带（JB/T 7512.1—2014）

本标准适用于一般传动用圆弧齿同步带传动，标准按节距分为 3M、5M、8M、14M、20M 等 5 种型号；按带齿分布情况，如图 7-19 所示，分为单面齿和双面齿同步带，双面齿同步带根据齿的相对位置又分为对称双面齿同步带和交错双面齿同步带。

带由纤维绳、布和橡胶组成，用于一般的机械传动，传递运动及动力。带的截面尺寸见图 7-19，其性能、规格尺寸见表 7-27～表 7-29。

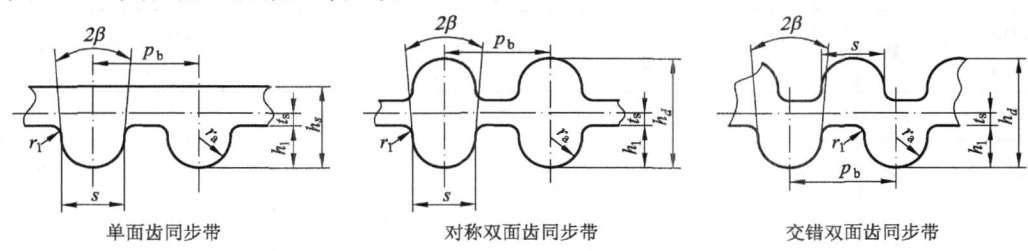

单面齿同步带　　　对称双面齿同步带　　　交错双面齿同步带

图 7-19　圆弧齿带齿分布构成

带齿尺寸（mm）　　　　　　　　　　　　　　　表 7-27

型号	节距 P_b	齿高 h_1	齿顶圆角半径 r_a	齿根圆角半径 r_r	齿根厚 s	带高（单面）h_s	带高（双面）h_d	节线差 l_a
3M	3	1.22	0.87	0.30	1.78	2.4	3.2	0.381
5M	5	2.06	1.49	0.41	3.05	3.8	5.3	0.572
8M	8	3.38	2.46	0.76	5.15	6.0	8.1	0.686
14M	14	6.02	4.50	1.35	9.40	10.0	14.8	1.397
20M	20	8.40	6.50	2.03	14	13.2		2.159

注：带的齿形角 $2\beta \approx 14°$。

带宽尺寸（mm）　　　　　　　　　　　　　　　表 7-28

型号	3M	5M	8M	4M	20M
标准宽度系列	6 9 15	9 15 25	20 30 50 85	40 55 85 115 170	115 170 230① 290① 340①

① 此类宽度尺寸，其带的节线长度在 1680mm 以上。

圆弧齿同步带长度系列　　　　　　　　　　　　表 7-29

节线长 L_p mm	齿数	节线长 L_p mm	齿数	节线长 L_p mm	齿数	节线长 L_p mm	齿数	节线长 L_p mm	齿数
3M 型									
120	40	201	67	276	92	459	153	633	211
144	48	207	69	300	100	486	162	750	250
150	50	225	75	339	113	501	167	936	312
177	59	252	84	384	128	537	179	1800	600
192	64	264	88	420	140	564	188		

续表

节线长 L_p mm	齿数	节线长 L_p mm	齿数	节线长 L_p mm	齿数	节线长 L_p mm	齿数	节线长 L_p mm	齿数
				5M 型					
295	59	520	104	710	142	930	186	1295	259
300	60	550	110	740	148	940	188	1350	270
320	64	560	112	800	160	950	190	1380	276
350	70	565	113	830	166	975	195	1420	284
375	75	600	120	845	169	1000	200	1595	319
400	80	615	123	860	172	1025	205	1800	360
420	84	635	127	870	174	1050	210	1870	374
450	90	645	129	890	178	1125	225	2000	400
475	95	670	134	900	180	1145	229	2350	470
500	100	695	139	920	184	1270	254		
				8M 型					
416	52	800	100	1056	132	1424	178	2400	300
424	53	840	105	1080	135	1440	180	2600	325
480	60	856	107	1120	140	1600	200	2800	350
560	70	880	110	1200	150	1760	220	3048	381
600	75	920	115	1248	156	1800	225	3200	400
640	80	960	120	1280	160	2000	250	3280	410
720	90	1000	125	1393	174	2240	280	3600	450
760	95	1040	130	1400	175	2272	284	4400	550
				14M 型					
966	69	1778	127	2310	165	3360	240	4956	345
1196	85	1890	135	2450	175	3500	250	5320	380
1400	100	2002	143	2590	185	3850	275		
1540	110	2100	150	2800	200	4326	309		
1610	115	2198	157	3150	225	4578	327		
				20M 型					
2000	100	3800	190	5000	250	5600	280	6200	310
2500	125	4200	210	5200	260	5800	290	6400	320
3400	170	4600	230	5400	270	6000	300	6600	330

二、链 传 动 件

　　链传动是由链条（中间体）和链轮组成的，见图7-20，其功能是通过链和轮齿的啮合传递运动和动力，故传递能力较大，传递的距离较远。链传动是一种广泛应用的机械传动形式，通常使用于轴距较大的场合。

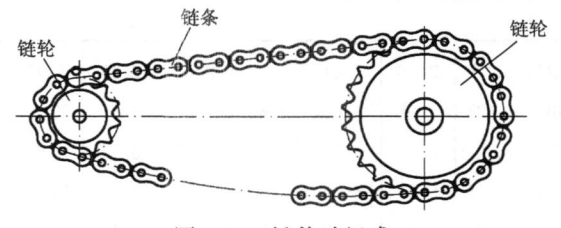

图 7-20　链传动组成

　　按照用途，链可划分为传动链、起重链和输送链三大类。起重链和输送链用于起重机械和运输机械的特别工况，传动链使用于一般的机械传动。按结构分为滚子链、套筒链和齿形链三种。链条的品种很多，分述如下：

1. 短节距精密滚子链和套筒链（GB/T 1243—2006）

　　本标准适用于机械传动和类似短节距精密滚子链和套筒链传动的链条，其结构和截面形状见图7-21，标准系列链条的规格和尺寸见表7-30，重载系列的链条见表7-31。本标准不适用于自行车和摩托车的链条。

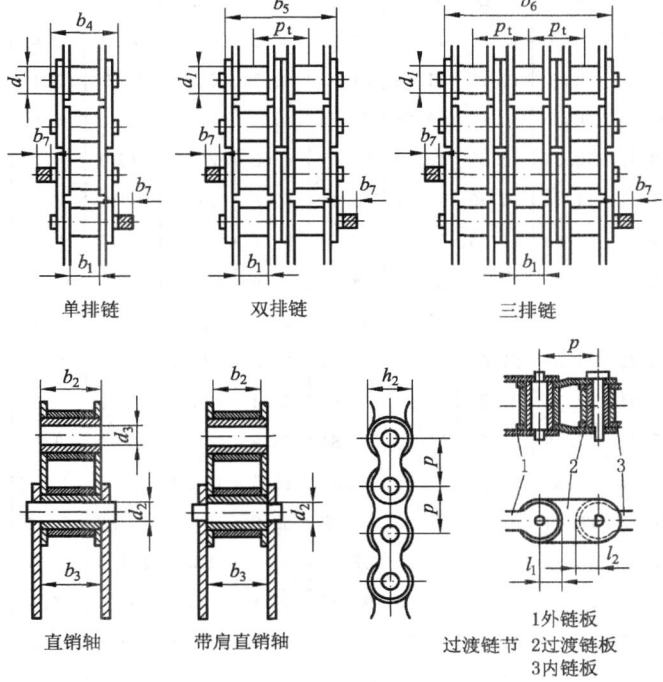

图 7-21　短节距精密滚子链和套筒链

精密滚子链和套筒链规格和尺寸及抗拉强度

表 7-30

链号	节距 p	滚子直径 d_1	销轴直径 d_2	套筒孔径 d_3	过渡链节最小尺寸		排距 p_t	最大销轴长度			止锁件附加宽度 b_7	最小抗拉强度		
					l_1	l_2		单排 b_4	双排 b_5	三排 b_6		单排	双排	三排
	mm											kN		
04C	6.35	3.30	2.31	2.34	2.65	3.18	6.40	9.1	15.5	21.8	2.5	3.5	7.0	10.5
06C	9.525	5.08	3.60	3.62	3.97	4.60	10.13	13.2	23.4	33.5	3.3	7.9	15.8	23.7
05B	8.00	5.00	2.31	2.36	3.71	3.71	5.64	8.6	14.3	19.9	3.1	4.4	7.8	11.1
06B	9.525	6.35	3.28	3.33	4.32	4.32	10.24	13.5	23.8	34.0	3.3	8.9	16.9	24.9
08A	12.70	7.92	3.98	4.00	5.29	6.10	14.38	17.8	32.3	46.7	3.9	13.9	27.8	41.7
08B	12.70	8.51	4.45	4.50	5.66	6.12	13.92	17.0	31.0	44.9	3.9	17.8	31.1	44.5
081	12.70	7.75	3.66	3.71	5.36	5.36	—	10.2	—	—	1.5	8.0	—	—
083	12.70	7.75	4.09	4.14	5.36	5.36	—	12.9	—	—	1.5	11.6	—	—
084	12.70	7.75	4.09	4.14	5.77	5.77	—	14.8	—	—	1.5	15.6	—	—
085	12.70	7.77	3.60	3.62	4.35	5.03	—	14.0	—	—	2.0	6.7	—	—
10A	15.875	10.16	5.09	5.12	6.61	7.62	18.11	21.8	39.9	57.9	4.1	31.8	43.6	65.4
10B	15.875	10.16	5.08	5.13	7.11	7.62	16.59	19.6	36.2	52.5	4.1	22.2	44.5	66.7
12A	19.05	11.91	5.96	5.98	7.90	9.15	22.78	26.9	49.8	72.6	4.6	31.3	62.6	93.9
12B	19.05	12.07	5.72	5.77	8.33	8.35	19.46	22.7	42.2	61.7	4.6	28.9	57.8	86.7
16A	25.4	15.88	7.94	7.98	10.55	12.20	29.29	33.5	62.7	91.9	5.4	55.6	111.2	166.8
16B	25.4	15.88	8.28	8.33	11.15	11.15	31.88	36.1	68.0	99.9	5.4	60.0	106.0	160
20A	31.75	19.05	9.54	9.55	13.16	15.24	35.76	41.1	77.0	113.0	6.1	87.0	174.0	261
20B	31.75	19.05	10.19	10.24	13.89	13.89	36.45	43.2	79.7	116.1	6.1	95.0	170.0	250
24A	38.10	22.23	11.11	11.14	15.80	18.27	45.44	50.8	96.3	141.7	6.6	125	250	375
24B	38.10	25.40	14.63	14.68	17.55	17.55	48.36	53.4	101.8	150.2	6.6	160	280	425
28A	44.45	25.40	12.71	12.74	18.42	21.32	48.87	54.9	103.6	152.4	7.4	170	340	510
28B	44.45	27.94	15.90	15.95	19.51	19.51	59.56	65.1	124.7	184.3	7.4	200	360	530
32A	50.80	28.58	14.29	14.31	21.04	24.33	58.55	65.5	124.2	182.9	7.9	223	446	669
32B	50.80	29.21	17.81	17.86	22.20	22.20	58.55	67.4	126.0	184.5	7.9	250	450	670
36A	57.15	35.71	17.46	17.49	23.65	27.36	65.84	73.9	140.0	206.0	9.1	281	562	843
40A	63.50	39.68	19.85	19.87	26.24	30.36	71.55	80.3	151.9	223.5	10.2	247	694	1041
40B	63.50	39.37	22.89	22.94	27.76	27.76	72.29	82.6	154.9	227.2	10.2	255	630	950
48A	76.20	47.63	23.81	23.84	31.45	36.40	87.83	95.5	183.4	271.3	10.5	500	1000	1500
48B	76.20	48.26	29.24	29.29	33.45	33.45	91.21	99.1	190.4	281.6	10.5	560	1000	1500
56B	88.90	53.98	34.32	34.37	40.61	40.61	106.60	114.6	221.2	327.8	11.7	850	1600	2240
64B	101.60	63.50	39.40	39.45	14.07	47.07	119.89	130.9	250.8	370.7	13.0	1120	2000	3000
72B	114.30	72.39	44.48	44.53	53.37	53.37	136.27	147.4	283.7	420.0	14.3	1400	2500	3750

注：1. 对于高应力使用场合，不推荐使用过渡链节。
　　2. 止锁件的实际尺寸取决于其类型。但都不应超过规定尺寸，使用者应从制造商处获取详细的资料。

精密滚子链和套筒链规格和尺寸及抗拉强度（重载系列）　　　　表 7-31

链号	节距 p	滚子直径 d_1	销轴直径 d_2	套筒孔径 d_3	过渡链节最小尺寸		排距 p_t	最大销轴长度			止锁件附加宽度 b_7	最小抗拉强度		
					l_1	l_2		单排 b_4	双排 b_5	三排 b_6		单排	双排	三排
	mm											kN		
60H	19.05	11.91	5.95	5.98	7.90	9.15	26.11	30.2	56.3	82.4	4.6	31.3	62.6	93.9
80H	25.40	15.88	7.94	7.96	10.55	12.20	32.59	37.4	70.0	102.6	5.4	55.6	112.2	166.8
100H	31.75	19.05	9.54	9.56	13.16	15.24	39.09	44.5	83.6	122.7	6.1	87.0	174	261
120H	38.10	22.23	11.11	11.14	15.80	18.27	48.87	55.0	103.9	152.8	6.6	125	250	375
140H	44.45	25.40	12.71	12.74	18.42	21.32	52.20	59.0	111.2	163.4	7.4	170	340	510
160H	50.80	25.58	14.29	14.31	21.04	24.33	61.90	69.4	131.3	193.2	7.9	223	446	669
180H	57.15	35.71	17.46	17.49	23.65	27.36	69.16	77.3	146.5	215.7	9.1	281	562	843
200H	63.50	39.68	19.85	19.87	26.24	30.36	78.31	87.1	165.4	243.7	10.2	342	694	1041
240H	76.20	47.63	23.81	23.84	31.45	36.40	101.22	111.4	212.6	313.8	10.6	500	1000	1500

注：1. 对于高应力使用场合，不推荐使用过渡链节。
　　2. 止锁件的实际尺寸取决于其类型。但都不应超过规定尺寸，使用者应从制造商处获取详细的资料。

2. 传动与输送用双节距精密滚子链（GB/T 5269—2008）

本标准规定适用于机械动力传动和输送用双节距精密滚子链条。

（1）传动用双节距精密滚子链的链条结构和截面形状见图 7-22，规格和尺寸见表 7-32。

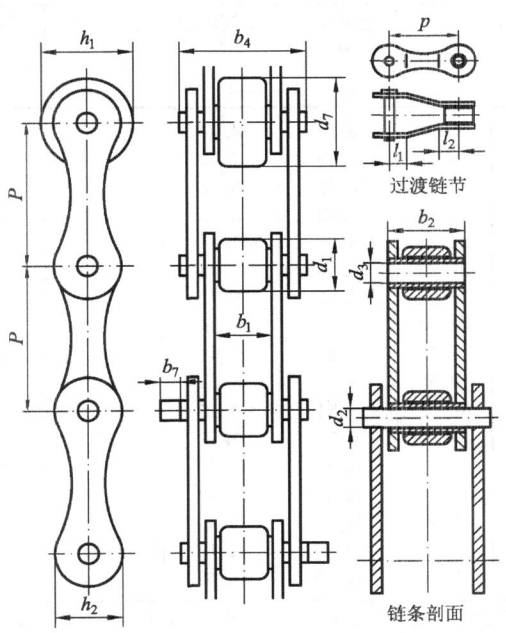

图 7-22　双节距精密滚子链

双节距精密滚子传动链规格和尺寸及抗拉载荷   表 7-32

链 号	节距 p	滚子直径 d_1	滚子直径 d_7	销轴直径 d_2	套筒内径 d_3	过渡链板 l_1	销轴全长 b_4	止锁件附加宽度 b_7	抗拉载荷 kN
				mm					
208A	25.4	7.92	15.88	3.98	4.00	6.9	17.8	3.9	13.9
208B	25.4	8.51	15.88	4.45	4.50	6.9	17.0	3.9	17.8
210A	31.75	10.16	19.05	5.09	5.12	8.4	21.8	4.1	21.8
210B	31.75	10.16	19.05	5.08	5.13	8.4	19.6	4.1	22.2
212A	38.1	11.91	22.23	5.96	5.98	9.9	26.9	4.6	31.3
212B	38.1	12.07	22.23	5.72	5.77	9.9	22.7	4.6	28.9
216A	50.8	15.88	28.58	7.94	7.96	13	33.5	5.4	55.6
216B	50.8	15.88	28.58	8.28	8.33	13	36.1	5.4	60.0
220A	63.5	19.05	39.67	9.54	9.56	16	41.1	6.1	87.0
220B	63.5	19.05	39.67	10.19	10.24	16	43.2	6.1	95.0
224A	76.2	22.23	44.45	11.11	11.14	19.1	50.8	6.6	125
224B	76.2	25.40	44.45	14.63	14.68	19.1	53.4	6.6	160
228B	88.9	27.94	—	15.90	15.95	21.3	65.1	7.4	200
232B	101.6	29.21	—	17.81	17.86	24.4	67.4	7.9	250

注：1. 大滚子链在链号后加 L，它主要用于输送，但有时也用于传动。
2. 对于繁重的工况不推荐使用过渡链节。
3. 实际尺寸取决于止锁件的形式，但不得超过所给尺寸。详细资料应从链条制造商得到。

图 7-23 大滚子输送链结构与截面形状

（2）输送用双节距精密滚子链的链板一般采用直边，还可以采用大直径滚子（d_7），结构见图 7-23，规格和尺寸见表 7-33。

标准规定本输送链可带有三种附件，二种附板（K 型和 M 型）及一种加长销轴链。本节列出 K 型和 M 型附板结构、尺寸规格。

输送链规格、尺寸及抗拉强度   表 7-33

型 号 (基本)	节距 p	滚子直径 d_1	滚子直径 d_7	销轴直径 d_2	套筒内径 d_3	过渡链板 l_1	销轴全长 b_4	止锁件附加宽度 b_7	抗拉载荷 kN
				mm					
C208A	25.4	7092	15.88	3.98	4.00	6.9	17.8	3.9	13.9
C208B	25.4	8.51	15.88	4.45	4.50	6.9	17.0	3.9	17.8
C210A	31.75	10.16	19.05	5.09	5.12	8.4	21.8	4.1	21.8
C210B	31.75	10.16	19.05	5.08	5.13	8.4	19.6	4.1	22.2
C212A	38.1	11.91	22.23	5.96	5.98	9.9	26.9	4.6	31.3
C212A-H	38.1	11.91	22.23	5.96	5.98	9.9	30.2	4.6	31.3
C212B	38.1	12.07	22.23	5.72	5.77	9.9	22.7	4.6	28.9
C216A	50.8	15.88	28.58	7.94	7.96	13	33.5	5.4	55.6
C216A-H	50.8	15.88	28.58	7.94	7.96	13	37.4	5.4	55.6
C216B	50.8	15.88	28.58	8.28	8.33	13	36.1	5.4	60.0
C220A	63.5	19.05	39.67	9.54	9.56	16	41.1	6.1	87.0
C220A-H	63.5	19.05	39.67	9.54	9.56	16	44.5	6.1	87.0
C220B	63.5	19.05	39.67	10.19	10.24	16	43.2	6.1	95.0
C224A	76.2	22.23	44.45	11.11	11.14	19.1	50.8	6.6	125
C224A-H	76.2	22.23	44.45	11.11	11.14	19.1	55.0	6.6	125
C224B	76.2	25.4	44.45	14.63	14.68	19.1	53.4	6.6	160
C232A-H	101.6	28.58	57.15	14.29	14.31	25.2	69.4	7.9	222.4

注：1. 型号前缀加字母 C 表示输送链，字尾加 S 表示小滚子链，L 表示大滚子链，H 表示重载链条。
2. 重载应用场合，不推荐使用过渡链节。
3. 实际尺寸取决于止锁件的形式，但不得超过所给尺寸。详细资料应从链条制造商得到。

（3）输送链附板

输送链的附板有 K 型（K1 和 K2）及 M 型（M1 和 M2）二种形式，结构见图 7-24，规格和尺寸见表 7-34 及表 7-35。M 型二种附板均可在内链板上使用，也可在外链板上使用。

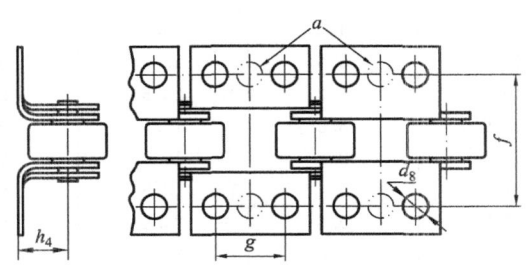

K型附板

a：K2型附板带有两个孔，K1型附板只在中间开一个孔。

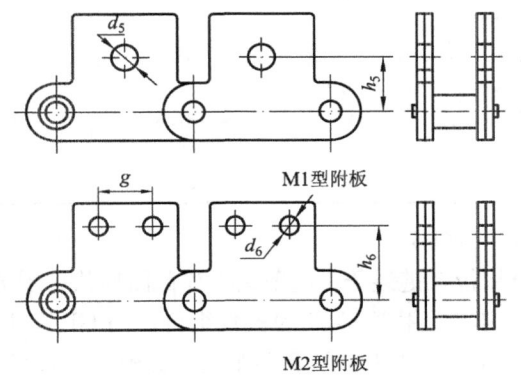

M1型附板

M2型附板

图 7-24　输送链附板结构

K 型附板尺寸（mm）　　　　　　　　　　　　　　表 7-34

链号	平台高度 h_4	孔中心横向距离 f	最小孔径 d_8	孔中心纵向距离 g	链号	平台高度 h_4	孔中心横向距离 f	最小孔径 d_8	孔中心纵向距离 g
C208A	9.1	25.4	3.3	9.5	C216B	19.1	50.8	6.4	25.4
C208B	9.1	25.4	4.3	12.7	C220A	23.4	66.6	8.2	23.8
C210A	11.1	31.8	5.1	11.9	C220A-H	23.4	66.6	8.2	23.8
C210B	11.1	31.8	5.3	15.9	C220B	23.4	63.5	8.4	31.8
C212A	14.7	42.9	5.1	14.3	C224A	27.8	79.3	9.8	28.6
C212A-H	14.7	42.9	5.1	14.3	C224A-H	27.8	79.3	9.8	28.6
C212B	14.7	38.1	6.4	19.1	C224B	27.8	76.2	10.5	38.1
C216A	19.1	55.6	6.6	19.1	C232A-H	36.5	104.7	13.1	38.1
C216A-H	19.1	55.6	6.6	19.1					

注：重载链条标以后缀 H。（下同）

M1 型、M2 型附板尺寸（mm） **表 7-35**

链 号	M1 型附板		M2 型附板		
	板孔至链条中心线高度 h_5	最小孔径 d_5	板孔至链条中心线高度 h_6	最小孔径 d_6	板孔至中心线纵向距离 g
C208A	11.1	5.1	13.5	3.3	9.5
C208B	13.0	4.3	13.7	4.3	12.7
C210A	14.3	6.6	15.9	5.1	11.9
C210B	16.5	5.3	16.5	5.3	15.9
C212A	17.5	8.2	19.0	5.1	14.3
C212A-H	17.5	8.2	19.0	5.1	14.3
C212B	21.0	6.4	18.5	6.4	19.1
C216A	22.2	9.8	25.4	6.6	19.1
C216A-H	22.2	9.8	25.4	6.6	19.1
C216B	23.0	6.4	27.4	6.4	25.4
C220A	28.6	13.1	31.8	8.2	23.8
C220A-H	28.6	13.1	31.8	8.2	23.8
C220B	30.5	8.4	33.0	8.4	31.8
C224A	33.3	14.7	37.3	9.8	28.6
C224A-H	33.3	14.7	37.3	9.8	28.6
C224B	36.0	10.5	42.7	10.5	38.1
C232A-H	44.5	19.5	50.8	13.1	38.1

3. 板式链（GB/T 6074—2006）

本标准规定了一般提升用板式链链条，链条结构和截面形状见图 7-25，规格和尺寸见表 7-36 及表 7-37。本标准的规定不适用于 8×8 的板数组合。由 GB/T 1243A 系列派生出的板式链条用前缀"LH"标号；由 GB/T 1243B 系列派生出的板式链条用前缀"LL"标号。

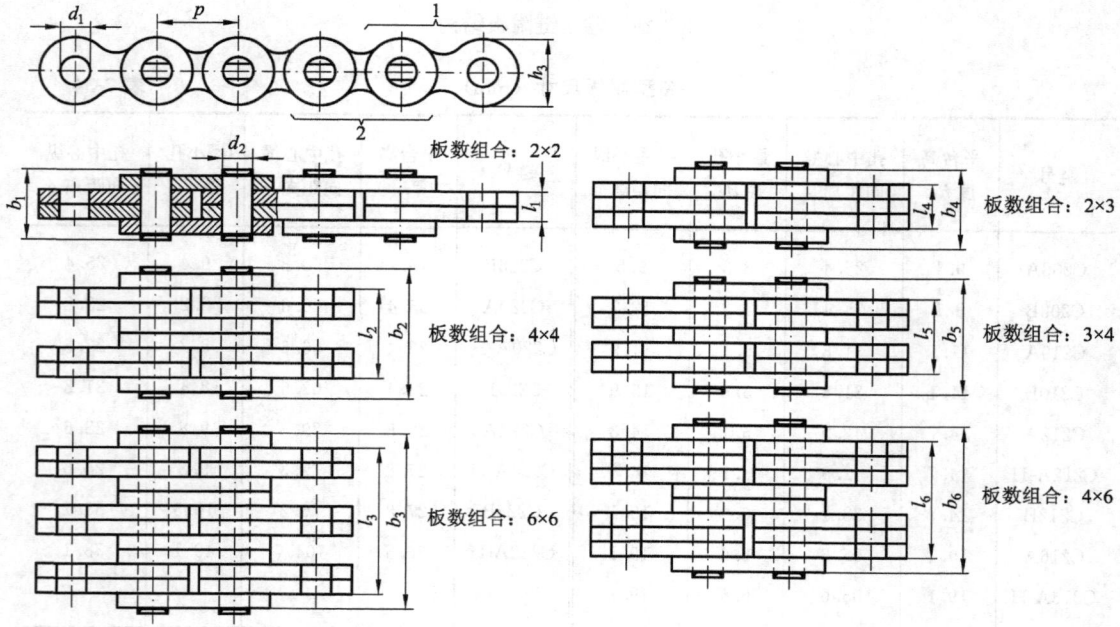

图 7-25 板式链的组合、截面结构与形状

LH 系列链规格和尺寸及抗拉强度　　　　表 7-36

链号	ASME 链号	节距 p	链板厚度 b_0	内链板孔径 d_1	销轴直径 d_2	链板高度 h_3	铆接销轴高度 $b_1 \sim b_6$	外链节内宽 $l_1 \sim l_6$	板数组合	抗拉强度
					mm					kN
LH0822	BL422						11.1	4.2	2×2	22.2
LH0823	BL423						13.2	6.3	2×3	22.2
LH0834	BL434						17.4	10.4	3×4	33.4
LH0844	BL444	12.7	2.08	5.11	5.09	12.07	19.6	12.4	4×4	44.5
LH0846	BL446						23.8	16.6	4×6	44.5
LH0866	BL466						28	21	6×6	66.7
LH1022	BL522						12.9	4.9	2×2	33.4
LH1023	BL523						15.4	7.4	2×3	33.4
LH1034	BL534						20.4	12.3	3×4	48.9
LH1044	BL544	15.875	2.48	5.98	5.96	15.09	22.8	14.7	4×4	66.7
LH1046	BL546						27.7	19.5	4×6	66.7
LH1066	BL566						32.7	24.6	6×6	100.1
LH1222	BL622						17.4	6.6	2×2	48.9
LH1223	BL623						20.8	9.9	2×3	48.9
LH1234	BL634						27.5	16.5	3×4	75.6
LH1244	BL644	19.05	3.3	7.96	7.94	18.11	30.8	19.8	4×4	97.9
LH1246	BL646						37.5	26.4	4×6	97.9
LH1266	BL666						44.2	33.2	6×6	146.8
LH1622	BL822						21.4	8.2	2×2	84.5
LH1623	BL823						25.5	12.3	2×3	84.5
LH1634	BL834						33.8	20.5	3×4	129
LH1644	BL844	25.4	4.09	9.56	9.54	24.13	37.9	24.6	4×4	169
LH1646	BL846						46.2	32.7	4×6	169
LH1666	BL866						54.5	41.1	6×6	235.6
LH2022	BL1022						25.4	9.8	2×2	115.6
LH2023	BL1023						30.4	14.8	2×3	115.6
LH2034	BL1034						40.3	24.5	3×4	182.4
LH2044	BL1044	31.75	4.9	11.14	11.11	30.18	45.2	29.5	4×4	231.3
LH2046	BL1046						55.1	39.4	4×6	231.3
LH2066	BL1066						65.0	49.2	6×6	347

续表

链号	ASME 链号	节距 p	链板 厚度 b_0	内链板 孔径 d_1	销轴 直径 d_2	链板 高度 h_3	铆接销轴 高度 $b_1 \sim b_6$	外链节 内宽 $l_1 \sim l_6$	板数 组合	抗拉 强度
					mm					kN
LH2422	BL1222						2.97	11.6	2×2	151.2
LH2423	BL1223						35.5	17.4	2×3	151.2
LH2434	BL1234	38.1	5.77	12.74	12.71	36.2	47.1	28.9	3×4	244.6
LH2444	BL1244						52.9	34.4	4×4	302.5
LH2446	BL1246						64.6	46.3	4×6	302.5
LH2466	BL1266						76.2	57.9	6×6	453.7
LH2822	BL1422						33.6	13.2	2×2	191.3
LH2823	BL1423						40.2	19.7	2×3	191.3
LH2834	BL1434	44.45	6.6	14.31	14.29	42.24	53.4	32.7	3×4	315.8
LH2844	BL1444						60.0	39.1	4×4	382.6
LH2846	BL1446						73.2	52.3	4×6	382.6
LH2866	BL1466						86.4	65.5	6×6	578.3
LH3222	BL1622						40.0	15.0	2×2	289.1
LH3223	BL1623						46.6	22.5	2×3	289.1
LH3234	BL1634	50.8	7.52	17.49	17.46	48.26	61.8	37.5	3×4	440.4
LH3244	BL1644						69.3	44.8	4×4	578.3
LH3246	BL1646						84.5	59.9	4×6	578.3
LH3266	BL1666						100	75.0	6×6	857.4
LH4022	BL2022						51.8	19.9	2×2	433.7
LH4023	BL2023						61.7	29.8	2×3	433.7
LH4034	BL2034	63.5	9.91	23.84	23.81	60.33	81.7	49.4	3×4	649.4
LH4044	BL2044						91.6	59.1	4×4	867.4
LH4046	BL2046						111.5	78.9	4×6	867.4
LH4066	BL2066						131.4	99	6×6	1301.1

LL 系列链规格和尺寸及抗拉强度　　　　　表 7-37

链号	节距 p	链板 厚度 b_0	内链板 孔径 d_1	销轴 直径 d_2	链板 高度 h_3	铆接销轴 高度 $b_1 \sim b_3$	外链节 内宽 $l_1 \sim l_3$	板数 组合	抗拉 强度
				mm					kN
LL0822						8.5	3.1	2×2	18
LL0844	12.7	1.55	4.46	4.45	10.92	14.6	9.1	4×4	36
LL0866						20.7	15.2	6×6	54

续表

链 号	节距 p	链板厚度 b_0	内链板孔径 d_1	销轴直径 d_2	链板高度 h_3	铆接销轴高度 $b_1 \sim b_3$	外链节内宽 $l_1 \sim l_3$	板数组合	抗拉强度
				mm					kN
LL1022						9.3	3.4	2×2	22
LL1044	15.875	1.65	5.09	5.08	13.72	16.1	10.1	4×4	44
LL1066						22.9	16.8	6×6	66
LL1222						10.7	3.9	2×2	29
LL1244	19.05	1.9	5.73	5.72	16.13	18.5	11.6	4×4	58
LL1266						26.3	19.0	6×6	87
LL1622						17.2	6.2	2×2	60
LL1644	25.4	3.2	8.3	8.28	21.08	30.2	19.4	4×4	120
LL1666						43.2	31.0	6×6	180
LL2022						20.1	7.2	2×2	85
LL2044	31.75	3.7	10.21	10.19	26.42	35.1	22.4	4×4	190
LL2066						50.1	36.0	6×6	285
LL2422						28.4	10.2	2×2	170
LL2444	38.1	5.2	14.65	14.63	33.4	49.4	30.6	4×4	340
LL2466						70.4	51.0	6×6	510
LL2822						34	12.8	2×2	200
LL2844	44.45	6.45	15.92	15.9	37.08	60	38.4	4×4	400
LL2866						86	64.0	6×6	600
LL3222						35	12.8	2×2	260
LL3244	50.8	6.45	17.83	17.81	42.29	61	38.4	4×4	520
LL3266						87	64.0	6×6	780
LL4022						44.7	16.2	2×2	360
LL4044	63.5	8.25	22.91	22.89	52.96	77.9	48.6	4×4	720
LL4066						111.1	81.0	6×6	1080
LL4822						56.1	20.2	2×2	560
LL4844	76.2	10.3	29.26	29.24	63.88	97.4	60.6	4×4	1120
LL4866						138.9	101	6×6	1680

4. 工程用焊接结构弯板链（GB/T 15390—2005）

本标准规定了用于输送大块或堆积材料的工程用钢制焊接结构弯板链，链条结构和截面形状见图 7-26，规格和尺寸见表 7-38。

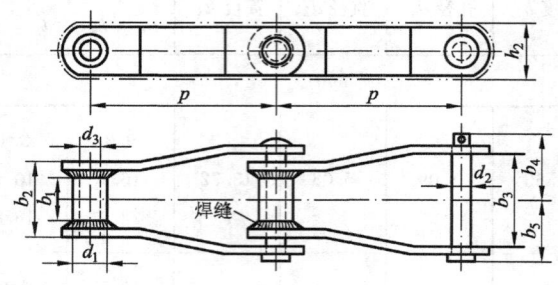

图 7-26 弯板链结构

									弯板链规格和尺寸及抗拉强度			表 7-38	

链号	节距 p	套筒外径 d_1	与链轮接触处宽度 b_1	连接销轴直径 d_2	套筒内径 d_3	链板高度 h_2	链节窄端外宽 b_2	链节宽端内宽 b_3	止锁轴全宽		链板厚度	抗拉强度 kN	
									b_4	b_5	c	热处理	
						mm						销轴	全部
W78	66.27	22.9	28.4	12.78	12.9	28.4	51.0	51.6	45.2	39.6	6.4	93	107
W82	78.10	31.5	31.6	14.35	14.48	31.8	57.4	57.9	48.3	41.7	6.4	100	131
W106	152.40	37.1	41.2	19.13	19.25	38.1	71.6	72.1	62.2	56.4	9.6	169	224
W110	152.40	32.0	46.7	19.13	19.25	38.1	76.5	77.0	62.2	54.9	9.6	169	224
W111	120.90	37.1	51.7	19.13	19.25	38.1	85.6	86.4	69.8	63.5	9.6	169	224
W124	101.60	37.1	41.2	19.13	19.25	38.1	71.6	72.1	62.0	56.4	9.6	169	224
W124H	103.20	41.7	41.2	22.30	22.43	50.8	76.5	77.0	70.6	62.5	12.7	275	355
W132	153.67	44.7	69.85	25.48	25.60	50.8	111.8	112.3	88.1	79.2	12.7	275	378
W855	153.67	44.7	69.85	28.57	28.78	63.5	118.64	118.87	94.5	84.8	15.87	—	552

5. 自动扶梯梯级链（JB/T 8545—2010）

本标准规定了自动扶梯用梯级链条的结构型式、基本参数和尺寸、抗拉强度和链长精度。自动扶梯梯级链的结构型式有带过渡链节的梯级链、∞字形链板梯级链、带大滚子或轴承滚子的梯级链、外置滚轮的梯级链、空心销轴梯级链（W 型）、一侧带加长销轴梯级链（D 型）、链板带孔梯级链（Y 型）和带整体梯级长轴的梯级链（I 型）等 8 种。适用于梯级距为 400mm 和 405mm 的自动扶梯。标准规定梯级距长度公差为其公称长度的 0.1%，梯级距同步精度不应超过 0.3mm，配对使用的链条的链长同步精度不应超过 0.3mm。链条结构和截面形状见图 7-27，梯级链各种结构型式见图 7-28，规格和尺寸见表 7-39 和表 7-40。表中最小抗拉强度不是链条的工作载荷，关于链条应用方面的资料，应向链条制造厂咨询或查阅公布的相关数据。

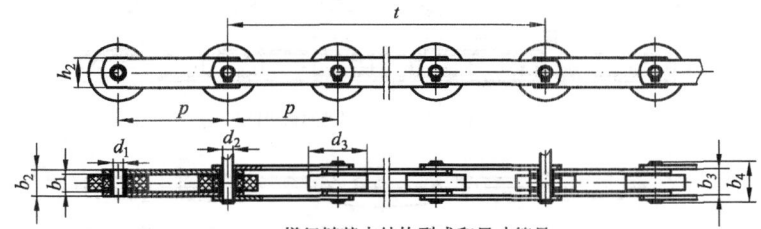

梯级链基本结构型式和尺寸符号

注:1. 图示并不定义链板、销轴、套筒或滚子的真实形状。
　　2. 锁紧件类型（开口销、螺栓等）可任选。

图 7-27　梯级链结构与截面形状

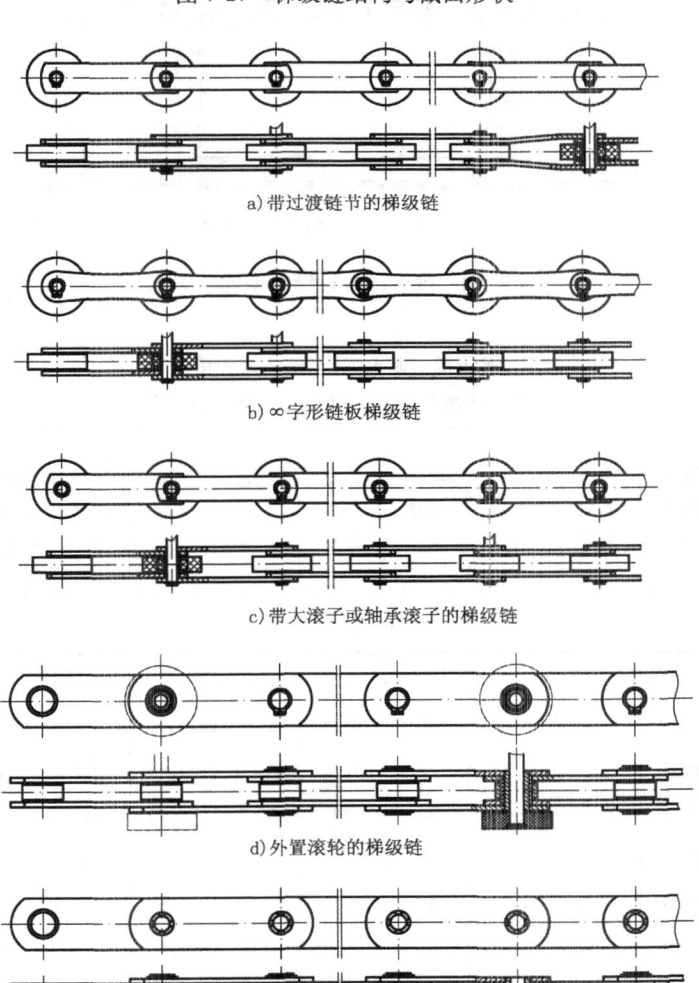

a)带过渡链节的梯级链

b)∞字形链板梯级链

c)带大滚子或轴承滚子的梯级链

d)外置滚轮的梯级链

e)空心销轴梯级链(W型)

图 7-28　梯级链各种结构型式（一）

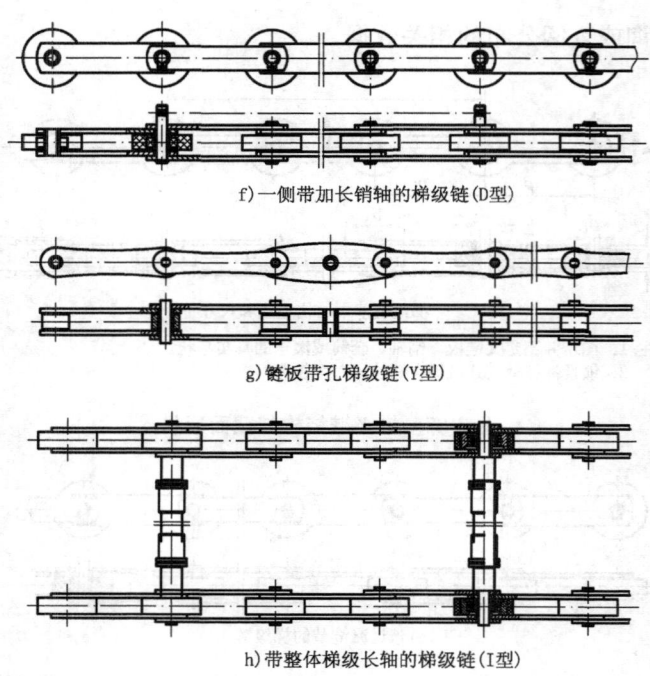

f) 一侧带加长销轴的梯级链(D型)

g) 链板带孔梯级链(Y型)

h) 带整体梯级长轴的梯级链(Ⅰ型)

图 7-28 梯级链各种结构型式（二）

梯级链规格和尺寸及抗拉强度
（适用于梯级距为 400mm 的自动扶梯）

表 7-39

链号	节距 p	滚子直径 d_1	内链板内宽 b_1	销轴直径 d_2	内链板高 h_2	内链节外宽 b_2	外链节内宽 b_3	套筒内径 d_3	销轴长度 b_4	梯级距400mm内链节数	抗拉载荷	附件型式
					mm						kN	
ST66	66.7	25.4	20.6	9.45	30	28.6	28.8	9.59	41	6	88.2	Y
ST100A	100	25.4	25.4	11.06	32	35.4	35.6	11.11	50.2	4	117.6	D，Y
ST100B	100	25.4	25.4	12.67	38	37	37.2	12.72	54	4	176.4	D，Y
ST100C	100	25.4	25.4	14.63	40	37.7	37.9	14.69	53	4	221.5	W
ST100D	100	34.3	34.3	20.50	50	50.8	51	20.55	73.5	4	254.8	W
ST100E	100	48.26	45.7	29.23	65	65.8	66	29.28	94.1	4	441	W
T133A	133.33	76	27.0	14.63	40.3	37.3	38.7	14.74	55.2	3	180	D，Y
ST133B	133.33	76	27	24	50.6	37.8	39	24.1	36	3	180	D，Y
ST133C	133.33	76	27	12.67	40	33.3	37.2	12.78	51	3	90	D

梯级链规格和尺寸及抗拉强度

（适用于梯级距为 405mm 及其他梯级距的自动扶梯）

表 7-40

链号	节距 p	滚子直径 d_1	内链板内宽 b_1	销轴直径 d_2	内链板高 h_2	内链节外宽 b_2	外链节内宽 b_3	套筒内径 d_3	销轴长度 b_4	梯级距 406.4mm 内链节数	抗拉载荷	附件型式
					mm						kN	
ST67A	67.73	28	15.8	11.11	28.0	24.1	24.3	11.16	40	6	58.8	Y
ST67B	67.73	28	25.4	14.27	38.5	35.4	35.6	14.32	51	6	148	Y
ST67C	67.73	28	30.7	14.29	48.26	40.7	40.9	14.34	58	6	137.2	Y
ST67D	67.73	33.4	43.3	14.46	46.4	61.3	62.3	17.51	85.5	6	274.4	Y
ST68A	68.40	32	20.7	14.29	38.5	30.5	30.7	14.34	46	6	130	Y
ST68B	68.40	28	20.7	12.7	39	29	29.1	12.85	42.3	6	80	Y
ST101A	101.60	25.4	22.2	14.27	40	31.8	32	14.32	46	4	177.9	D
ST101B	101.60	38.1	35.8	19.8	50	50	50.2	19.85	64	4	294	Y
ST101C	101.25	75	32.3	25	60*	44.2	44.5	25.1	63	6	340	D
ST135A	135.46	70	27	14.63	45.2	38.1	38.3	14.72	53	3	143	D
ST135B	135.46	76.4	24	15	35	34.3	34.5	15.05	50	3	90	D
ST135C	135.73	76.2	24	12.7	35	34.3	34.5	12.75	50	3	120.9	D
ST135D	135	75	27.3	14.63	32	37.3	37.6	14.73	54	3	120	D
ST135E	135	75	27.3	20	46	37.4	37.7	20.1	55	3	190	D
ST135F	135	75	32.4	22	50	42.4	42.7	22.1	60	3	230	D
ST136	136.8	80	24	15	43	34.3	34.5	15.05	51	3	156.8	I

* 链号为 ST101C 的梯级链同一内链节上耳朵两块内链板的高度和厚度可能不一致，具体数值由生产厂与用户商定。

注 1：此锁件附加宽度由生产厂与用户商定。

2：附件型式符号说明：D——链条一侧带加长销轴的梯级链，见图 7-28f）；Y——链板带孔梯级链，见图 7-28g）；I——带整体梯级长轴的梯级链，见图 7-28h）。

6. 输送用平顶链（GB/T 4140—2003）

本标准规定了主要用于瓶罐输送机的平顶链，有两种形式：单铰链式和双铰链式。链条结构和截面形状见图 7-29，规格和尺寸见表 7-41 和表 7-42。

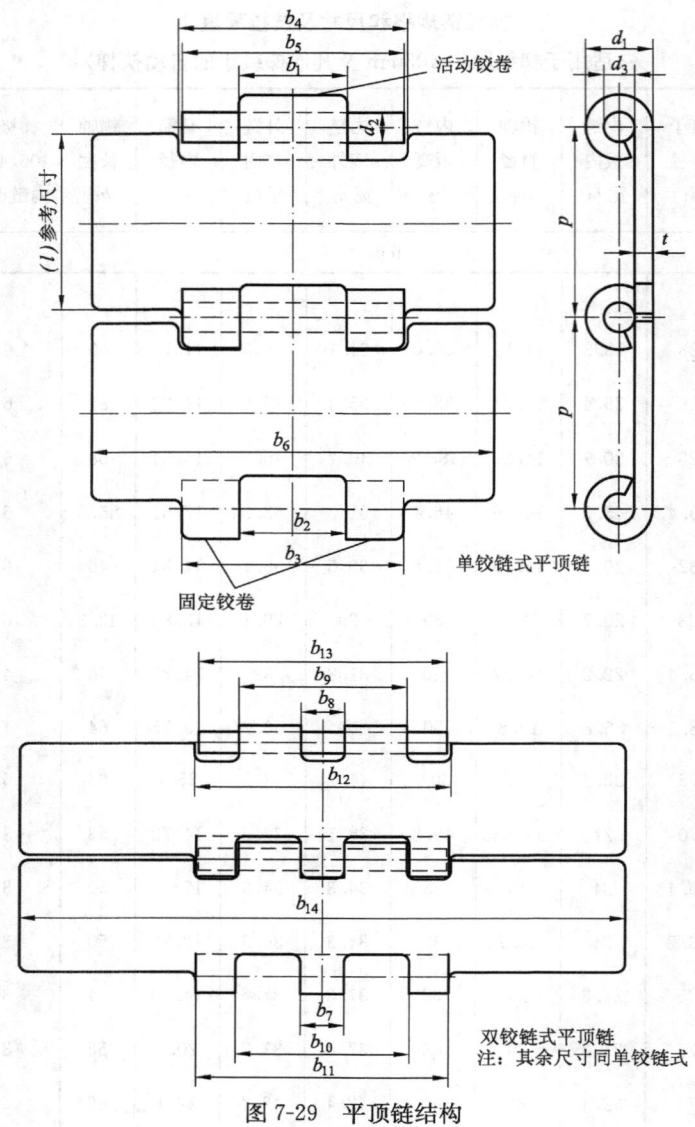

图 7-29 平顶链结构

单铰链式平顶链规格和尺寸及抗拉强度   表 7-41

链号	节距 p	铰卷外径 d_1	销轴直径 d_2	活动铰卷孔径 d_3	链板厚度 t	活动铰卷宽度 b_1	固定铰卷内宽 b_2	固定铰卷外宽 b_3	链板凹槽宽度 b_4	销轴长度 b_5	链板长度 b_6		链板长度 l	抗拉强度
											最大	最小		
						mm								N
C12S											77.2	76.2		碳钢
C13S											83.6	82.6		10000
C14S											89.9	88.9		一级耐蚀钢
C16S	38.1	13.13	6.38	6.40	3.35	20.00	20.10	42.05	42.10	42.6	102.6	101.6	37.28	8000
C18S											115.3	114.3		二级耐蚀钢
C24S											153.4	152.4		6250
C30S											191.5	190.5		

双铰链式平顶链规格和尺寸及抗拉强度　　　　表 7-42

链号	节距 p	铰卷外径 d_1	销轴直径 d_2	活动铰卷孔径 d_3	链板厚度 t	中央固定铰卷宽度 b_7	活动铰卷间宽 b_8	活动铰卷跨宽 b_9	外侧固定铰卷间宽 b_{10}
	mm								
C30D	38.1	13.13	6.38	6.40	3.35	13.50	13.70	53.50	53.60

链号	链板长度 b_6 最大	链板长度 b_6 最小	链板长度 l	外侧固定铰卷跨宽 b_{11}	链板凹槽总宽度 b_{12}	销轴长度 b_{13}	链板宽度 b_{14} 最大	链板宽度 b_{14} 最小	抗拉强度
	mm								N
C30D	77.2 83.6 89.9 102.6 115.3 153.4 191.5	76.2 82.6 88.9 101.6 114.3 152.4 190.5	37.28	80.50	80.60	81.00	191.50	190.50	碳钢 20000 一级耐蚀钢 16000 二级耐蚀钢 12500

7. 重载传动用弯板滚子链（GB/T 5858—1997）

本标准规定适用于在繁重工况下，作动力、机械传动用的弯板滚子链条。链条结构和截面形状见图 7-30，规格和尺寸见表 7-43。

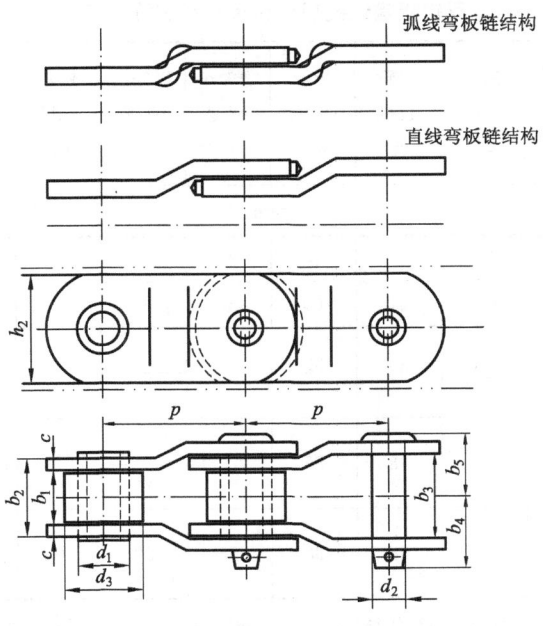

图 7-30　弯板滚子链结构

弯板滚子链规格和尺寸及抗拉强度   表 7-43

链号	节距 p	滚子直径 d_1	销轴直径 d_2	套筒内径 d_3	链板厚度 c	窄端内板 b_1	链板高度 h_2	窄端外宽 b_2	宽端内宽 b_3	销轴长度 b_4	销轴长度 b_5	抗拉强度
					mm							kN
2010	63.5	31.75	15.9	15.95	7.9	38.1	47.8	54.38	54.51	47.8	42.9	250
2512	77.9	41.28	19.08	19.13	9.7	39.6	60.5	59.13	59.26	55.6	47.8	340
2814	88.9	44.45	22.25	22.33	12.7	38.1	60.5	64.01	64.14	62	55.6	470
3315	103.45	45.24	23.85	23.93	14.2	49.3	63.5	78.28	78.41	71.4	63.5	550
3618	114.3	57.15	27.97	28.07	14.2	52.3	79.2	81.46	81.58	76.2	65	760
4020	127	63.5	31.78	31.88	15.7	69.9	91.9	102.39	102.51	90.4	77.7	990
4824	152.4	76.2	38.13	38.25	19	76.2	104.6	115.09	115.21	98.6	88.9	1400
5628	177.8	88.9	44.48	44.63	22.4	82.6	133.4	127.79	129.91	114.3	101.6	1890

8. 双铰接输送链（JB/T 8546—2011）

本标准规定了输送机用双铰接输送链的结构型式、规格、尺寸、最小抗拉强度，适用于连续运输成件货物的轻型输送机用双铰接输送链。根据走轮和导轮的不同，分为 A 型（为双链板双走轮单导轮结构）、S 型（为双链板双走轮双导轮结构）和 Q 型（为轻型的双链板双走轮双导轮结构）等三种结构。链条的结构形式和截面形状见图 7-31，规格和尺寸见表 7-44。

双铰接输送链规格和尺寸及抗拉强度   表 7-44

链号	节距 p	内链节内宽 b_1	销轴直径 d_2	走轮直径 d_3	导轮直径 d_4	走轮组宽度 B	导轮组宽度 C	销轴长度 b_4	链板厚度 t	链板高度 h_2	抗拉强度	单点最大吊重
						mm					kg	kN
SJ150A-8	150	14.5	6.5	37	44	37	—	—	2.4	20	25	8
SJ200A-30	200	20	8.5	57	60	52	—	—	4	20	30	30
SJ250A-50	250	22	10	66	68	58	—	4	4	24	450	50
SJ250S-50							28					
SJ300A-120	300	30	12	83	85	75	—	5	5	30	900	120
SJ300S-120							75					
SJ381Q-80	381	26	13.8	38	38	92	92	105	5	30	800	80
SJ406Q-80	406.4											

注：链号中的"A"为双链板双走轮单导轮结构；"S"为双链板双单走轮双导轮结构；"Q"为轻型的双链板双走轮双导轮结构。

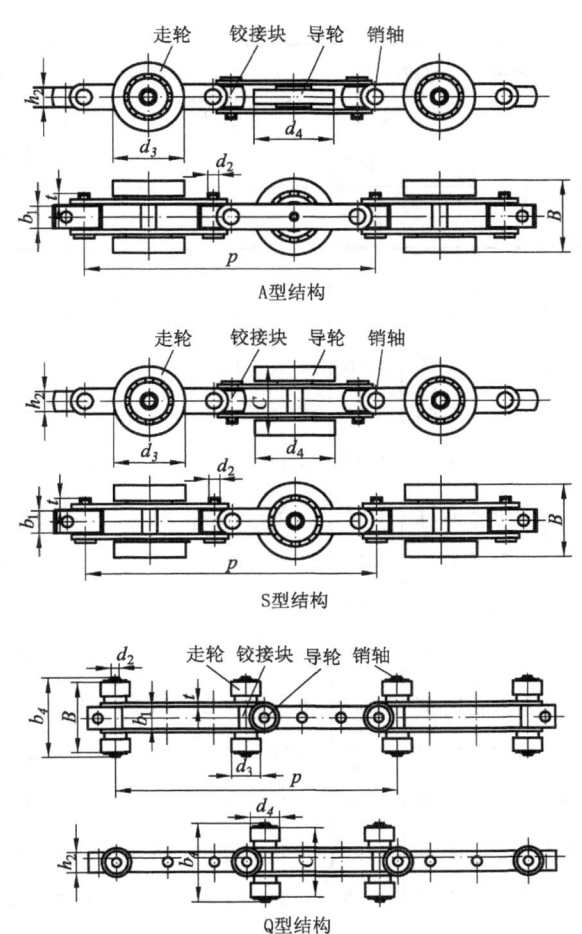

走轮　铰接块　导轮　销轴

A型结构

走轮　铰接块　导轮　销轴

S型结构

走轮　铰接块　导轮　销轴

Q型结构

图 7-31　双铰接输

9. 不锈钢短节距滚子链和套筒链（JB/T 10539—2005）

本标准规定适用于轻化、食品和卫生等行业应用的单排和多排不锈钢短节距滚子链和套筒链。其链条的结构与短节距精密滚子链和套筒链相同，形式和截面形状见图 7-21，规格和尺寸见表 7-45。

不锈钢短节距滚子链和套筒链规格和尺寸及抗拉强度　　　　表 7-45

链号	节距 p	滚子直径 d_1	内节内宽 b_1	销轴直径 d_2	过渡链节最小尺寸		排距 p_t	销轴长度			内链板高度 h_2	最小抗拉强度		
					l_1	l_2		单排 b_4	双排 b_5	三排 b_6		单排	双牌	三排
	mm											kN		
04CSS	6.35	3.30*	3.10	2.31	2.65	3.08	6.40	9.1	15.5	21.8	6.02	2.1	4.2	6.3
06CSS	9.525	5.08*	4.68	3.60	3.97	4.60	10.13	13.2	23.4	33.5	9.05	4.7	9.5	14.2
05BSS	8.00	5.00	3.00	2.31	3.71	3.71	5.64	8.6	14.3	19.9	7.11	2.6	4.7	6.7

续表

链号	节距 p	滚子直径 d_1	内节内宽 b_1	销轴直径 d_2	过渡链节最小尺寸		排距 p_t	销轴长度			内链板高度 h_2	最小抗拉强度		
					l_1	l_2		单排 b_4	双排 b_5	三排 b_6		单排	双牌	三排
	mm											kN		
06BSS	9.525	6.35	5.72	3.28	4.32	4.32	10.24	13.5	23.8	34.0	8.26	5.3	10.1	14.9
08ASS	12.70	7.92	7.85	3.98	5.28	6.10	14.38	17.8	32.3	46.7	12.07	8.3	16.7	25.2
08BSS	12.70	8.51	7.75	4.45	5.66	6.12	13.92	17.0	31.0	44.9	11.81	10.7	18.7	26.7
10ASS	15.875	10.16	9.40	5.09	6.61	7.62	18.11	21.8	39.9	57.9	15.09	13.1	26.2	39.2
10BSS	15.875	10.16	9.65	5.08	7.11	7.62	16.59	19.6	36.2	52.5	14.73	26.7	26.7	40.0
12ASS	19.05	11.91	12.57	5.96	7.90	9.14	22.75	26.9	49.8	72.6	18.8	18.8	37.6	56.3
12BSS	19.05	12.07	11.68	5.72	8.33	8.33	19.46	22.7	42.2	61.7	16.13	17.3	34.7	52.0
16ASS	25.4	15.88	15.75	7.94	10.54	12.19	29.29	33.5	62.7	91.9	24.13	33.46	66.7	100.1
16BSS	25.4	15.88	17.02	8.28	11.15	11.15	31.88	36.1	68.0	99.9	21.08	36.0	63.6	96.0
20ASS	31.75	19.05	18.9	9.54	13.16	15.24	35.76	41.1	77.0	113.0	30.18	52.2	104.4	156.6
20BSS	31.75	19.05	19.56	10.19	13.89	13.89	36.45	43.2	79.7	116.1	26.42	57.0	102.0	150.0
24ASS	38.10	22.23	25.22	11.11	15.80	18.26	45.44	50.8	96.3	141.7	36.20	75.0	150.0	150.0
24BSS	38.10	25.40	25.40	14.63	17.55	17.55	48.36	53.4	101.8	150.2	33.40	96.0	168.0	255.0
28ASS	44.45	25.40	25.22	12.71	18.42	21.31	48.87	54.9	103.6	152.4	42.67	102.0	204.0	306.0
32ASS	50.80	28.58	31.55	14.29	21.04	24.33	58.55	65.5	124.2	182.9	48.26	133.8	267.6	401.4

注：1. 带"*"为套筒直径。

2. 对于"A"型链条可以采用加长销轴，其尺寸见本标准。

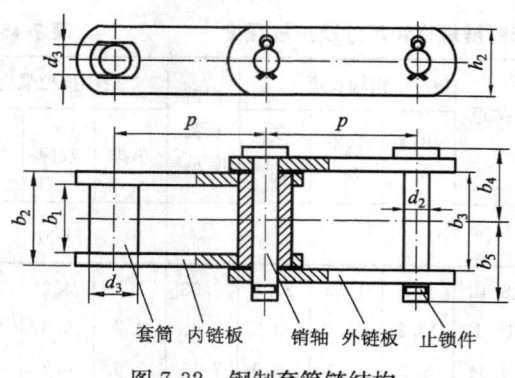

图 7-32　钢制套筒链结构

10. 钢制套筒链（JB/T 5398—2005）

本标准规定适用于各种物料输送机及提升机用链条，链条由内链节和外链节交替连接组成，内链节由内链板和套筒组成，外链节由外链板和销轴组成，销轴通过与套筒配合组成铰链，其结构形式和截面形状见图 7-32，规格和尺寸见表 7-46。

钢制套筒链规格和尺寸及抗拉强度　　　表 7-46

链号	节距 p	套筒外径 d_1	内链节内宽 b_1	销轴直径 d_2	链板高度 h_2	板链厚度 t	抗拉强度
	mm						kN
S102B	101.60	25.4	54.1	15.88	38.1	9.7	160
S110	152.10	32.0	54.1	15.88	38.1	9.7	160
S111	120.90	36.6	66.8	19.05	50.8	9.7	214
S131	78.11	32.0	33.5	15.88	38.1	9.7	160
S150	153.67	44.7	84.3	25.4	63.5	12.7	378
S188	66.27	22.4	26.9	12.7	28.4	6.4	102
S856	152.40	44.4	76.2	25.4	63.5	12.7	365
S857	152.40	44.4	76.2	25.4	82.6	12.7	432
S859	152.40	60.4	95.3	31.75	101.6	16.0	690
S864	177.80	60.4	95.3	31.75	101.6	16.0	690

11. 无衬套拉曳链 （JB/T 10843—2008）

　　本标准规定的无衬套拉曳链适用于链速最大不超过 0.5 的重载传动。链条的结构形式和截面形状见图 7-33，尺寸规格见表 7-47。本拉曳链按节距 p 和节数选用。配用的附件有连接销轴和锁销，有 A、B、C 三种形式，其结构形状见图 7-33b，尺寸规格见表 7-48。

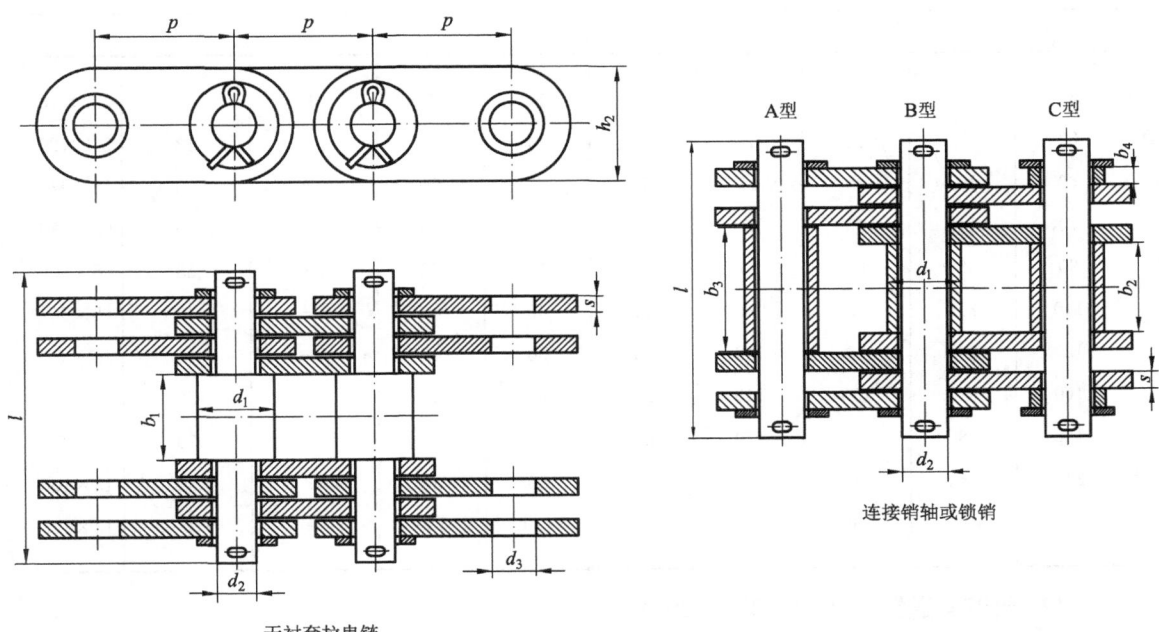

图 7-33　无衬套拉曳链结构

无衬套拉曳链链条规格和尺寸及抗拉强度 表 7-47

节距 p	l	b_1	d_1	d_2	d_3	h_2	s	开口销 GB/T 91	抗拉 强度	[注]	重重 ≈
				mm					kN		kg/m
30	60	20	11	9	9	20	3.5	2.5×16	30	5	4
50	71	25	14	12	12	30	3.5	3.2×20	60	10	5.5
60	103	35	22	20	20	40	5.5	5×32	190	31.5	14
70	143	45	28	25	25	50	8.5	6.3×36	380	63	27
90	183	60	36	32	32	60	10.5	8×50	600	100	42
110	211	70	45	40	40	80	12.5	8×56	960	160	68
120	248	80	50	45	45	80	15.5	10×63	1200	200	83
160	320	100	60	55	55	100	20.5	10×71	1900	315	130
180	385	120	80	70	70	130	26	13×90	3000	500	220
240	456	140	90	80	80	160	31	13×100	4800	800	305
260	481	160	110	100	100	200	31	13×125	6000	1000	395

注: 此列数据为双排钩形啮合时的许用拉力。

装有附件的连接销轴和锁销的尺寸 表 7-48

节距 p	l	b_2	b_3	b_4	d_1	d_2	垫圈 GB/T 95	垫圈 GB/T 97.3	开口销 GB/T 91
				mm					
30	60	20	26	3	11	9	8	—	2.5×16
50	71	25	31	3	14	12		12	3.2×20
60	103	35	45	5	22	20	—	20	5×32
70	143	45	61	8	28	25	24		6.3×36
90	183	60	80	10	36	32	—	33	8×50
110	211	70	94	12	45	40		40	8×56
120	248	80	110	15	50	45	—	45	10×63
160	320	100	140	20	60	55		55	10×71
180	385	120	170	25	80	70	—	70	13×90
240	456	140	200	30	90	80	—	80	13×100
260	481	160	220	30	110	100	—	100	13×125

12. 倍速输送链（JB/T 7364—2004）

本标准规定适用于各种停留式输送机用链条，其结构形式和截面形状见图 7-34，规格和尺寸见表 7-49 和表 7-50。

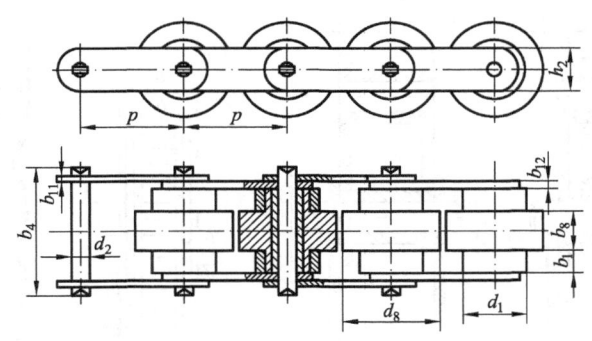

图 7-34　倍速输送链结构与截面形状

2.5 倍速输送链规格和尺寸及抗拉强度　　　　　　　　　　表 7-49

链　号	节距 p	滚子直径 d_1	滚轮外径 d_3	滚子高度 b_1	滚轮高度 b_3	销轴直径 d_2	链板高度 h_2	外链板厚度 h_{11}	内链板厚度 h_{12}	销轴长度 b_4
					mm					
BS25-C206B	19.05	11.91	18.3	4	8	3.28	9	1.3	1.5	24.2
BS25-C208B	25.4	15.88	24.5	5.7	10.3	3.98	12.07	1.5	2	32.6
BS25-C210B	31.75	19.05	30.6	7.1	13	5.09	15.09	2	2.4	40.2
BS25-C212B	38.1	22.23	36.6	8.5	15.5	5.96	18.08	3	4	51.1
BS25-C216B	50.8	28.58	49	11	21.5	7.94	24.13	4	5	66.2

注：除 b_1 为最小尺寸外，其余均为最大尺寸。

3 倍速输送链规格和尺寸及抗拉强度　　　　　　　　　　表 7-50

链　号	节距 p	滚子直径 d_1	滚轮外径 d_3	滚子高度 b_1	滚轮高度 b_3	销轴直径 d_2	链板高度 h_2	外链板厚度 h_{11}	内链板厚度 h_{12}	销轴长度 b_4
					mm					
BS30-C206B	19.05	9	18.3	4.5	9.1	3.28	7.28	1.3	1.5	26.7
BS30-C208B	25.4	11.91	24.6	6.1	12.5	3.98	9.6	1.5	2	35.6
BS30-C210B	31.75	14.8	30.6	7.5	15	5.09	12.2	2	2.4	43
BS30-C212B	38.1	18	37	9.75	20	5.96	15	3.2	4	58.5
BS30-C216B	50.8	22.23	49	12	25.2	7.94	18.6	4	5	71.9

注：除 b_1 为最小尺寸外，其余均为最大尺寸。

13. 摩托车链条（GB/T 14212—2010）

本标准规定了适用于摩托车传动的滚子链和套筒链，节距从 6.35mm 到 19.05mm。这些链条适用于外传动（如后轮驱动）。

滚子链与套筒链结构形式和截面形状相同，套筒链只是无滚子，见图 7-35，规格和尺寸见表 7-51。

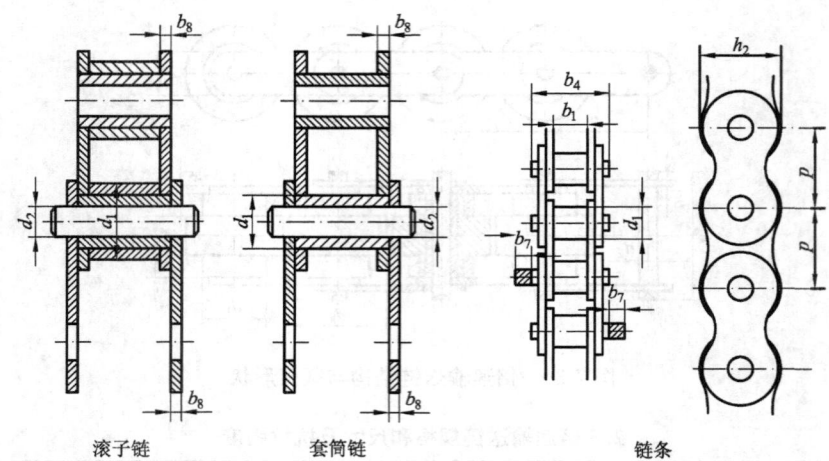

滚子链　　　　　　套筒链　　　　　　　链条

图 7-35　摩托车链结构

链条主要尺寸及抗拉强度　　　　　　　　　　　　　　表 7-51

链号	节距 p	滚子外径 d_1	内链节 内宽 b_1	销轴直径 d_2	内链板 高度 h_2	销轴长度 b_4	止锁件附加 长度 b_7	链板厚度 h_8	抗拉 强度
	mm								kN
25H	6.35	3.3	3.1	2.31	6	9.1	1.0	1	4.8
219	7.774	4.59	4.68	3.17	7.6	12.0	1.7	1.2	6.5
219H	7.774	4.59	4.68	3.17	7.6	12.6	1.7	1.4	7.3
05T	8	4.73	4.55	3.17	7.8	12.1	1.7	1.3	6.8
270H	8.50	5	4.75	3.25	8.6	13.3	—	1.5	10.8
415M	12.7	7.77	4.68	3.97	10.4	11.8	1.9	1.3	11.8
415	12.7	7.77	4.68	3.97	12.0	13.3	1.5	1.5	15.5
415MH	12.7	7.77	4.68	3.97	12.0	13.5	1.9	1.5	17.7
420	12.7	7.77	6.25	2.99	12.0	14.9	1.5	1.5	15.6
420MH	12.7	7.77	6.25	2.99	18.0	17.5	1.5	1.8	18.0
428	12.7	8.51	7.85	4.51	15.3	18.9	1.9	1.5	16.7
428MH	12.7	8.51	7.55	4.51	12.0	18.6	1.9	2.0	20.5
520	15.875	10.16	6.25	5.09	15.3	17.5	2.2	2.0	26.4
520MH	15.875	10.22	6.25	5.25	15.3	19.0	2.2	2.0	30.5
525	15.875	10.16	7.85	5.09	15.3	19.5	2.2	2.0	20.4
525MH	15.875	10.22	7.85	5.25	15.3	21.2	3.0	2.2	30.5
530	15.875	10.16	9.40	5.09	15.3	20.8	3.1	2.0	26.4
530MH	15.875	10.22	9.40	5.40	15.3	23.1	3.0	2.4	30.4
630	19.05	11.91	9.40	5.96	18.8	24.0	2.2	2.4	35.5

注：1. 尽可能将链条都成无接头的封闭环。

2. 链号 25H，219，319H，05T 以及 270H 的链条是套筒链，其对应的 d_1 是最大套筒直径。

3. 销轴直径和链板厚度仅为参考值，不同商标的链条可以不同；不同厂家的产品不允许连接在一起使用。

4. 止锁件附加长度仅为参考值，不推荐使用止锁件；在各种使用场合应尽可能将链条铆接成封闭形式。

14. 齿形链 （GB/T 10855—2003）

本标准适用于外接触式齿形链，分为内导板链和外导板链，见图 7-36。外导式齿形链的导板跨骑在链轮两侧，内导式齿形链的导板则是嵌在链轮中间部位。其结构形式和截面形状见图 7-37，规格和尺寸见表 7-52。

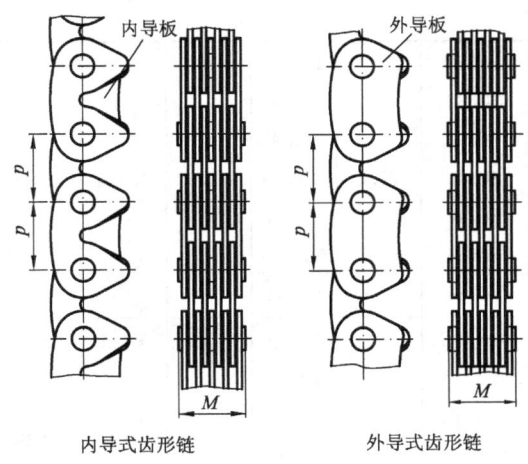

图 7-36　齿形链结构

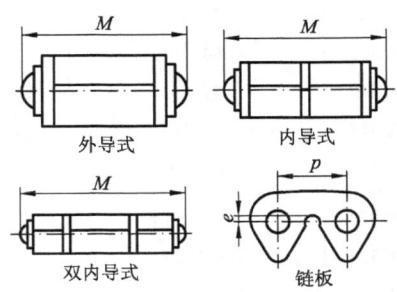

图 7-37　齿形链板形状

齿形链规格和尺寸　　　　　　　　　　　表 7-52

链　号	链条节距 p	销轴长度 M	导板间距 D	最小分叉口高度 e	导板类型	链　号	链条节距 p	销轴长度 M	导板间距 D	最小分叉口高度 e	导板类型
		mm						mm			
SC302		15.09	—		外导						
SC303		21.44	—			SC405		34.92	—		
SC304		27.79	—			SC406		41.28	—		
SC305		34.14	—			SC407		47.62	—		
SC306		40.49	—		内导	SC408		53.98	—		
SC307		46.84	—			SC409		60.32	—		内导
SC308	9.525	53.19	—	0.590		SC410		66.68	—		
SC309		59.54	—			SC411		73.02	—		
SC310		65.89	—			SC412	12.7	79.38	—	0.787	
						SC414		92.08	—		
SC312		78.59									
SC316		103.99	25.4		双内导						
SC320		129.39				SC416		104.78			
SC324		154.79				SC420		130.18	25.4		双内导
SC402		19.05	—		外导	SC422		155.58			
SC403	12.7	22.22	—	0.787	内导	SC432		206.38			
SC404		28.58	—								

链　号	链条节距 p	销轴长度 M	导板间距 D	最小分叉口高度 e	导板类型	链　号	链条节距 p	销轴长度 M	导板间距 D	最小分叉口高度 e	导板类型
		mm						mm			
SC504		29.36	—		内导	SC828		184.15			双内导
SC505		35.71	—			SC832		209.55			
SC506		42.06	—			SC836		234.95			
SC507		48.41	—			SC840	25.4	260.35	101.60	1.575	
SC508		54.76	—			SC840		311.15			
SC510		67.46	—			SC856		361.95			
SC512	15.875	80.16	—	0.986		SC864		412.75			
SC516		105.56	—			SC1010		71.42	—		内导
SC520		130.98			双内导	SC1012		84.12	—		
SC524		156.36				SC1016		109.52	—		
SC528		181.76	50.8			SC1020		134.92	—		
SC532		207.16				SC1024		160.32	—		
SC540		257.96				SC1028		185.72	—		
SC604		30.15	—		内导	SC1032	31.75	211.12		1.969	双内导
SC605		36.50	—			SC1036		236.52			
SC606		42.85	—			SC1040		261.92			
SC608		55.55	—			SC1048		312.72			
SC610		68.25	—			SC1056		363.52	101.60		
SC612		80.95	—			SC1064		414.32			
SC614		93.65	—			SC1072		465.12			
SC616	19.05	106.35	—	1.181		SC1080		515.92			
SC620		131.75				SC1212		85.72	—		内导
SC624		157.15				SC1216		111.12	—		
SC628		182.55			双内导	SC1220		136.52	—		
SC632		207.95				SC1224		161.92	—		
SC636		233.35	101.60			SC1228		187.32	—		
SC640		258.75				SC1232		212.72			双内导
SC648		309.55				SC1236		238.12			
SC808		57.15	—		内导	SC1240	38.10	263.52		2.362	
SC810		69.85	—			SC1248		314.32			
SC812		82.55	—			SC1256		365.12	101.60		
SC816	25.4	107.95	—	1.575		SC1264		415.92			
SC820		133.35	—			SC1272		466.72			
SC824		158.75	—			SC1280		517.52			
						SC1288		568.32			
						SC1296		619.12			

续表

链　号	链条节距 p	销轴长度 M	导板间距 D	最小分叉口高度 e	导板类型	链　号	链条节距 p	销轴长度 M	导板间距 D	最小分叉口高度 e	导板类型
	mm						mm				
SC1616		114.30	—		内导	SC1656		368.30			
SC1620		139.70	—			SC1664		419.10			
SC1624		165.10	—			SC1672		469.90			双内导
SC1628	50.80	190.50	—	3.150		SC1680	50.80	520.70	101.60	3.150	
SC1632		215.90			双内导	SC1688		571.50			
SC1640		266.70	101.60			SC1696		571.50			
SC1648		317.50				SC16120		571.50			

注：本标准只对链板节距和最小分叉口高度 e 作了规定，其余不做严格要求。

三、滚 动 轴 承

滚动轴承被广泛地应用在各种传动机械中，是一个重要的精密部件，正确的安装和合理的润滑，对机器的工作性能和使用寿命起着直接作用。滚动轴承一般由内、外轴承圈、滚动体（如球、滚子、滚针）和保持架组成，如图 7-38 所示。为了适应不同机器的要求，滚动轴承有很多结构类型和尺寸，需要时，可以将不同结构的轴承组合在一起使用。

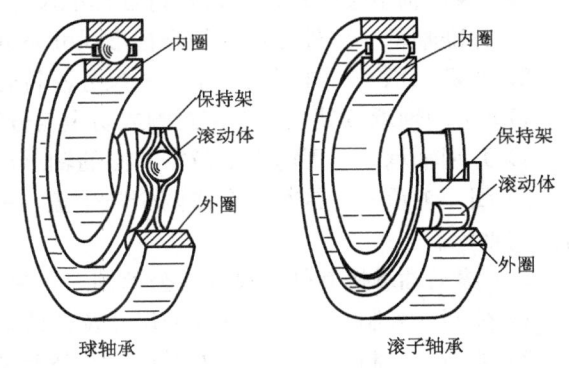

图 7-38　滚动轴承组成

1. 滚动轴承的结构类型分类（GB/T 271—2008）

（1）滚动轴承按其所能承受载荷方向或公称接触角的不同分为：

1）向心轴承——主要用于承受径向载荷的滚动轴承，其公称接触角从 $0°\sim45°$。按公称接触角不同。又分为：

a. 径向接触轴承——公称接触角为 $0°$ 的向心轴承，如深沟球轴承；

b. 角接触向心轴承——公称接触角大于 $0°$ 到 $45°$ 的向心轴承。

2）推力轴承——主要用于承受轴向载荷的滚动轴承，其公称接触角大于 $45°\sim90°$。按公称接触角的不同，又分为：

a. 轴向接触轴承——公称接触角为 $90°$ 的推力轴承；

b. 角接触推力轴承——公称接触角大于 $45°$ 但小于 $90°$ 的推力轴承。

（2）滚动轴承按滚动体的种类分为：

1）球轴承——滚动体为球；

2）滚子轴承——滚动体为滚子。

滚子轴承按滚子种类，又分为：

a. 圆柱滚子轴承——滚动体是圆柱滚子的轴承；

b. 滚针轴承——滚动体是滚针的轴承；

c. 圆锥滚子轴承——滚动体是圆锥滚子的轴承；

d. 调心滚子轴承——滚动体是球面滚子的轴承。

（3）滚动轴承按其能否调心分为：

1）调心轴承——滚道是球面形的，能适应两滚道轴心线间的角偏差及角运动的轴承；

2）非调心轴承——能阻抗滚道间轴心线角偏移的轴承。

（4）滚动轴承按滚动体的列数分为：

1）单列轴承——具有一列滚动体的轴承；

2）双列轴承——具有两列滚动体的轴承；

3）多列轴承——具有多于两列的滚动体并承受同一方向载荷的轴承。如：三列轴承、四列轴承。

（5）滚动轴承按主要用途分为：

1）通用轴承——应用于通用机械或一般用途的轴承；

2）专用轴承——专门用于或主要用于特定主机或特殊状况的轴承。

（6）滚动轴承按外形尺寸是否符合标准尺寸系列分为：

1）标准轴承——外形尺寸符合标准尺寸系列规定的轴承；

2）非标轴承——外形尺寸中任一尺寸不符合标准尺寸系列规定的轴承。

（7）滚动轴承按其是否有密封圈或防尘盖分为：

1）开型轴承——无防尘盖及密封圈的轴承；

2）闭型轴承——带有一个或两个防尘盖、一个或两个密封圈、一个防尘盖和一个密封圈的轴承。

（8）滚动轴承按其外形尺寸及公差的表示单位分为：

1）公制（米制）轴承——外形尺寸及公差采用公制（米制）单位表示的滚动轴承。

2）英制（时制）轴承——外形尺寸及公差采用英制（时制）单位表示的滚动轴承。

（9）滚动轴承按其组件能否分离分为：

1）可分离轴承——具有可分离组件的轴承；

2）不可分离轴承——轴承在最终配套后，套圈均不能任意自由分离的轴承。

（10）滚动轴承按产品扩展分类分为：

1）轴承；

2）组合轴承；

3）轴承单元。

（11）滚动轴承接其结构形状（如：有无内外圈、有无保持架。有无装填槽以及套圈的形状、挡边的结构等）还可以分为多种结构类型。

（12）滚动轴承按其公称外径尺寸大小分为：

1）微型轴承——公称外径尺寸 $D \leqslant 26$mm 的轴承；

2）小型轴承——公称外径尺寸 26mm$<D<$60mm 的轴承；

3）中小型轴承——公称外径尺寸 60mm≤D＜120mm 的轴承；

4）中大型轴承——公称外径尺寸 120mm≤D＜200mm 的轴承；

5）大型轴承——公称外径尺寸 200mm≤D≤440mm 的轴承；

6）特大型轴承——公称外径尺寸 D＞440mm 的轴承。

（13）滚动轴承综合分类如下：

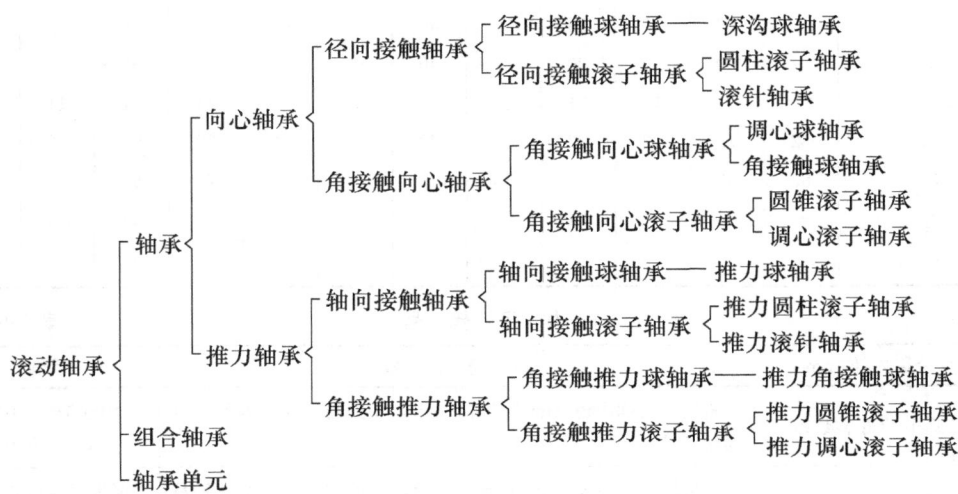

2. 滚动轴承代号方法（GB/T 272—1993）

（1）轴承代号的构成

轴承代号由基本代号、前置代号和后置代号组成。前置代号在基本代号的前端，后置代号在基本代号的后端，如下所示。

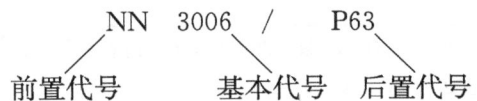

基本代号表示轴承的基本类型、结构和尺寸（内径），是轴承代号的基础。前置、后置代号是轴承在结构形状、尺寸、公差、材料和技术要求方面的描述。

（2）轴承的基本代号

基本代号由轴承类型、尺寸系列和内径的三个代号组成，大多用数字表示（少数用英文字母）。表 7-53 为轴承类型的代号对照，表 7-54 为尺寸系列的代号对照，表 7-55 为内径代号规则。

轴承类型代号　　　　　　　　　　　　表 7-53

代 号	轴承类型	代 号	轴承类型
0	双列角接触球轴承	6	深沟球轴承
1	调心球轴承	7	角接触球轴承
2	调心滚子轴承和推力调心滚子轴承	8	推力圆柱滚子轴承
3	圆锥滚子轴承	N	圆柱滚子轴承，双列或多列用 NN 表示
4	双列深沟球轴承	U	外球面轴承
5	推力球轴承	QJ	四点接触球轴承

尺寸系列代号　　　　　　　表 7-54

直径系列代号	向心轴承（宽度系列代号）								推力轴承（高度系列代号）			
	8	0	1	2	3	4	5	6	7	9	1	2
7	—	—	17	—	37	—	—	—	—	—	—	—
8	—	08	18	28	38	48	58	68	—	—	—	—
9	—	09	19	29	39	49	59	69	—	—	—	—
0	—	00	10	20	30	40	50	60	70	90	10	—
1	—	01	11	21	31	41	51	61	71	91	11	—
2	82	02	12	22	32	42	52	62	72	92	12	22
3	83	03	13	23	33	—	—	—	73	93	13	23
4	—	04	—	24	—	—	—	—	74	94	14	24
5	—	—	—	—	—	—	—	—	—	95	—	—

内 径 代 号　　　　　　　表 7-55

轴承公称内径/mm	内 径 代 号		示 例
0.6 到 10（非整数）	直接用公称内径（mm）数值表示，在其与尺寸系列代号之间用"/"分开		深沟球轴承 618/2.5 $d=2.5mm$
1 到 9（整数）	直接用公称内径（mm）数值表示，对深沟及角接触球轴承 7，8，9 直径系列，内径与尺寸系列代号之间用"/"分开		深沟球轴承 618/5 $d=5mm$
10 到 17	10	00	深沟球轴承 6200 $d=10mm$
	12	01	
	15	02	
	17	03	
20 到 480 （22，28，32 除外）	公称内径（mm）数除以 5 的商数，商数为个位数，需在商数左边加"0"，如 08		调心滚子轴承 23208 $d=40mm$
大于或等于 500，以及 22，28，32	直接用公称内径（mm）数值表示，但在与尺寸系列代号之间用"/"分开		调心滚子轴承 232/500 $d=500mm$

注：滚针轴承基本代号是由轴承类型代号和表示轴承配合安装特征的尺寸组成。

（3）轴承的前置代号（见表 7-56）

用字母表示前置代号　　　　　　　表 7-56

代 号	含 义	示 例
L	可分离轴承的可分离内圈或外圈	LNU207，LN207
R	不带可分离内圈或外圈的轴承（滚针轴承仅适用于 NA 型）	RUN207 RNA6904
K	滚针和保持架组件	K81107
WS	推力圆柱滚子轴承轴圈	WS81107
GS	推力圆柱滚子轴承座圈	GS81107

（4）轴承的后置代号

后置代号用字母或加数字表示，它与基本代号间隔半格。后置代号包含轴承的内部结构改变、密封与防尘和套圈变形、保持架及其材料、轴承材料、公差等级、游隙、轴承配置及其他因素等等的状况，见表7-57～表7-61。

保持架结构及其材料改变、轴承材料改变的代号按 JB/T 2974—2004 的规定。在轴承振动、噪音、摩擦力矩、工作温度、润滑等要求特殊时，其代号按 JB/T 2974—2004 的规定。

内部结构代号 表 7-57

代号	含　义	示　例
A，B C，D E	1）表示内部结构改变 2）表示标准设计，其含义随不同类型而异	B：①角接触球轴承　公称接触角40°，7210B ②角锥滚子轴承　接触角加大，32310B C：①角接触球轴承　公称接触角15°，7005C ②调心滚子轴承 C 型，207C E：加强型，NU207E
AC D ZW	角接触球轴承　公称接触角25° 剖分式轴承 滚针保持架组件　双列	7210AC K50×55×20D K20×25×40ZW

密封、防尘和套圈变形代号 表 7-58

代号	含　义	示　例
K	圆锥孔轴承锥度1：12（外球面球轴承除外）	1210K
K30	圆锥孔轴承锥度1：30	24122K30
R	轴承外圈有止动挡边（凸缘外圈）（不适用于内径小于10mm的深沟球轴承）	30307R
N	轴承外圈上有止动槽	6210N
NR	轴承外圈上有止动槽，并带止动环	6210NR
-RS	轴承一面带骨架式橡胶密封圈（接触式）	6210-RS
-2RS	轴承两面带骨架式橡胶密封圈（接触式）	6210-2RS
-RZ	轴承一面带骨架式橡胶密封圈（非接触式）	6210-RZ
-2RZ	轴承两面带骨架式橡胶密封圈（非接触式）	6210-2RZ
-Z	轴承一面带防尘盖	6210-Z
-2Z	轴承两面带防尘盖	6210-2Z
-FS	轴承一面带毡圈密封	6210-FS
-2FS	轴承两面带毡圈密封	6210-2FS
-RSZ	轴承一面带骨架式橡胶密封圈（接触式）、一面带防尘盖	6210-RSZ
-RZZ	轴承一面带骨架式橡胶密封圈（非接触式）、一面带防尘盖	6210-RZZ
-ZN	轴承一面带防尘盖，另一面外圈有止动槽	6210-ZN
-ZNR	轴承一面带防尘盖，另一面外圈有止动槽并带止动环	6210-ZNR
-ZNB	轴承一面带防尘盖，另一面外圈有止动槽	6210-ZNB
-2ZN	轴承两面带防尘盖，外圈有止动槽	6210-2ZN
U	有调心座垫圈的外调心推力球轴承	53210U

公差等级代号 表 7-59

代　号	含　义	示　例
/P0	公差等级符合标准规定的 0 级，在代号中可省略不写	6203
/P6	公差等级符合标准规定的 6 级	6203/P6
/P6x	公差等级符合标准规定的 6x 级	30210/P6x
/P5	公差等级符合标准规定的 5 级	6203/P5
/P4	公差等级符合标准规定的 4 级	6203/P4
/P2	公差等级符合标准规定的 2 级	6203/P2

径向游隙代号 表 7-60

代　号	含　义	示　例
/C1	游隙符合标准规定的 1 级	NN3006K/C1
/C2	游隙符合标准规定的 2 级	6203/C2
—	游隙符合标准规定的 0 级	6210（可省略不写）
/C3	游隙符合标准规定的 3 级	6203/C3
/C4	游隙符合标准规定的 4 级	NN3006/C4
/C5	游隙符合标准规定的 5 级	NNU4920K/C5

注：/63 表示轴承公差等级为 P6 级，径向游隙为第 3 组。

配置代号 表 7-61

代　号	含　义	示　例
/DB	成对，背对背安装	7210C/DB
/DF	成对，面对面安装	32208/DF
/DT	成对，串联安装	7210C/DT

3. 深沟球轴承（GB/T 276—2013）

　　深沟球轴承的结构简单，是应用最广泛的一类轴承。主要承受径向载荷，也可承受较小的轴向载荷。轴承的摩擦系数小，极限转速高，允许内、外圈相对倾斜 $8'\sim15'$。

　　深沟球轴承标准规定有多种结构形式，见图 7-39。有深沟球轴承 60000 型、外圈有止动槽的深沟球轴承 60000N 型、外圈有止动槽并带止动环的深沟球轴承 60000NR 型、一面带防尘盖的深沟球轴承 60000-Z 型、两面带防尘盖的深沟球轴承 60000-2Z 型、一面带密封圈（接触式）深沟球轴承 60000-RS 型、两面带密封圈（接触式）深沟球轴承 60000-2RS 型、一面带密封圈（非接触式）深沟球轴承 60000-RZ 型及两面带密封圈（非接触式）深沟球轴承 60000-2RZ 型等 9 种。表 7-62～表 7-75 列出各类深沟球轴承规格和尺寸。止动槽和止动环的尺寸见 GB/T 305—1998。

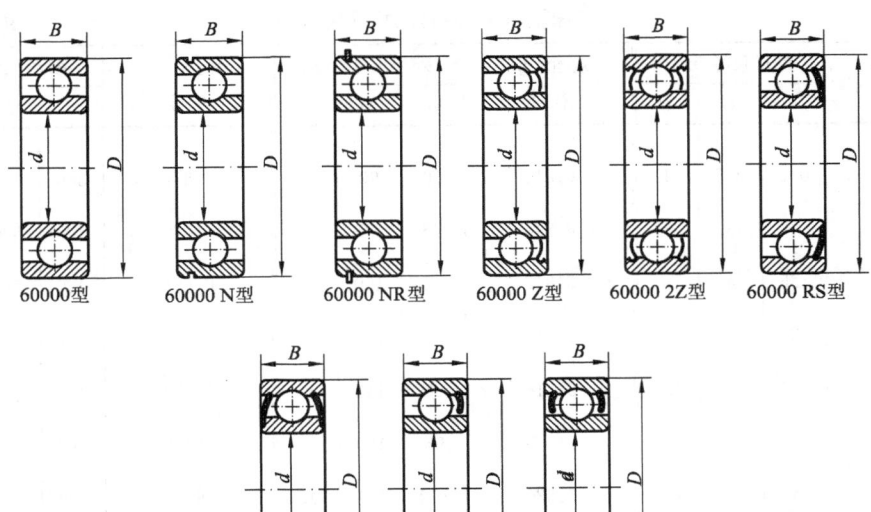

图 7-39　深沟球轴承多种结构形式

深沟球轴承 17、37 系列尺寸规格　　　　表 7-62

轴承型号、代号			17 系列外形尺寸 mm			轴承型号、代号			37 系列外形尺寸 mm		
60000	60000-Z	60000-2Z	d	D	B	60000	60000-Z	60000-2Z	d	D	B
617/0.6	—	—	0.6	2	0.8	637/1.5	—	—	1.5	3	1.8
617/1	—	—	1	2.5	1	637/2	—	—	2	4	2
617/1.5	—	—	1.5	3	1	637/2.5	—	—	2.5	5	2.3
617/2	—	—	2	4	1.2	637/3	637/3-Z	637/3-2Z	3	6	3
617/2.5	—	—	2.5	5	1.5	637/4	637/4-Z	637/4-2Z	4	7	3
617/3	617/3-Z	617/3-2Z	3	6	2	637/5	637/5-Z	637/5-2Z	5	8	3
617/4	617/4-Z	617/4-2Z	4	7	2	637/6	637/6-Z	637/6-2Z	6	10	3.5
617/5	617/5-Z	617/5-2Z	5	8	2	637/7	637/7-Z	637/7-2Z	7	11	3.5
617/6	617/6-Z	617/6-2Z	6	10	2.5	637/8	637/8-Z	637/8-2Z	8	12	3.5
617/7	617/7-Z	617/7-2Z	7	11	2.5	637/9	637/9-Z	637/9-2Z	9	14	4.5
617/8	617/8-Z	617/8-2Z	8	12	2.5	63700	63700-Z	63700-2Z	10	15	4.5
617/9	617/9-Z	617/9-2Z	9	14	3						
61700	61700-Z	61700-2Z	10	15	3						

注：最大倒角尺寸规定在 GB/T 274—2000 中。

深沟球轴承 18 系列尺寸规格 (1)   表 7-63

60000 型	外形尺寸/mm			60000 型	外形尺寸/mm			60000 型	外形尺寸/mm		
代号	d	D	B	代号	d	D	B	代号	d	D	B
618/0.6	0.6	2.5	1	61814	70	90	10	61876	380	480	46
618/1	1	3	1	61815	75	95	10	61880	400	500	46
618/1.5	1.5	4	1.2	61816	80	100	10	61884	420	520	46
618/2	2	5	1.5	61817	85	110	13	61888	440	540	46
618/2.5	2.5	6	1.8	61818	90	115	13	61892	460	580	56
618/3	3	7	2	61819	95	120	13	61896	480	600	56
618/4	4	9	2.5	61820	100	125	13	618/500	500	620	56
618/5	5	11	3	61821	105	130	13	618/530	530	650	56
618/6	6	13	3.5	61822	110	140	16	618/560	560	680	56
618/7	7	14	3.5	61824	120	150	16	618/600	600	730	60
618/8	8	16	4	61826	130	165	18	618/630	630	780	69
618/9	9	17	4	61828	140	175	18	618/670	670	820	69
61800	10	19	5	61830	150	190	20	618/710	710	870	74
61801	12	21	5	61832	160	200	20	618/750	750	920	78
61802	15	24	5	61834	170	215	22	618/800	800	980	82
61803	17	26	5	61836	180	225	22	618/850	850	1030	82
61804	20	32	7	61838	190	240	24	618/900	900	1090	85
61805	25	37	7	61840	200	250	24	618/950	950	1150	90
61806	30	42	7	61844	220	270	24	618/1000	1000	1220	100
61807	35	47	7	61848	240	300	28	618/1060	1060	1280	100
61808	40	52	7	61852	260	320	28	618/1120	1120	1360	106
61809	45	58	7	61856	280	350	33	618/1180	1180	1420	106
61810	50	65	7	61860	300	380	38	618/1250	1250	1500	112
61811	55	72	9	61864	320	400	38	618/1320	1320	1600	122
61812	60	78	10	61868	340	420	38	618/1400	1400	1700	132
61813	65	85	10	61872	360	440	38	618/1500	1500	1820	140

深沟球轴承 18 系列尺寸规格（2）　　　　表 7-64

轴　承　代　号								外形尺寸 /mm		
60000-N	60000-NR	60000-Z	60000-2Z	60000-RS	60000-2RS	60000-RZ	60000-2RZ	d	D	B
—	—	61800-Z	61800-2Z	61800-RS	61800-2RS	61800-RZ	61800-2RZ	10	19	5
—	—	61801-Z	61801-2Z	61801-RS	61801-2RS	61801-RZ	61801-2RZ	12	21	5
—	—	61802-Z	61802-2Z	61802-RS	61802-2RS	61802-RZ	61802-2RZ	15	24	5
—	—	61803-Z	61803-2Z	61803-RS	61803-2RS	61803-RZ	61803-2RZ	17	26	5
61804-N	61804-NR	61804-Z	61804-2Z	61804-RS	61804-2RS	61804-RZ	61804-2RZ	20	32	7
61805-N	61805-NR	61805-Z	61805-2Z	61805-RS	61805-2RS	61805-RZ	61805-2RZ	25	37	7
61806-N	61806-NR	61806-Z	61806-2Z	61806-RS	61806-2RS	61806-RZ	61806-2RZ	30	42	7
61807-N	61807-NR	61807-Z	61807-2Z	61807-RS	61807-2RS	61807-RZ	61807-2RZ	35	47	7
61808-N	61808-NR	61808-Z	61808-2Z	61808-RS	61808-2RS	61808-RZ	61808-2RZ	40	52	7
61809-N	61809-NR	61809-Z	61809-2Z	61809-RS	61809-2RS	61809-RZ	61809-2RZ	45	58	7
61810-N	61810-NR	61810-Z	61810-2Z	61810-RS	61810-2RS	61810-RZ	61810-2RZ	50	65	7
61811-N	61811-NR	61811-Z	61811-2Z	61811-RS	61811-2RS	61811-RZ	61811-2RZ	55	72	9
61812-N	61812-NR	61812-Z	61812-2Z	61812-RS	61812-2RS	61812-RZ	61812-2RZ	60	78	10
61813-N	61813-NR	61813-Z	61813-2Z	61813-RS	61813-2RS	61813-RZ	61813-2RZ	65	85	10
61814-N	61814-NR	61814-Z	61814-2Z	61814-RS	61814-2RS	61814-RZ	61814-2RZ	70	90	10
61815-N	61815-NR	61815-Z	61815-2Z	61815-RS	61815-2RS	61815-RZ	61815-2RZ	75	95	10
61816-N	61816-NR	61816-Z	61816-2Z	61816-RS	61816-2RS	61816-RZ	61816-2RZ	80	100	10
61817-N	61817-NR	61817-Z	61817-2Z	61817-RS	61817-2RS	61817-RZ	61817-2RZ	85	110	13
61818-N	61818-NR	61818-Z	61818-2Z	61818-RS	61818-2RS	61818-RZ	61818-2RZ	90	115	13
61819-N	61819-NR	61819-Z	61819-2Z	61819-RS	61819-2RS	61819-RZ	61819-2RZ	95	120	13
61820-N	61820-NR	61820-Z	61820-2Z	61820-RS	61820-2RS	61820-RZ	61820-2RZ	100	125	13
61821-N	61821-NR	61821-Z	61821-2Z	61821-RS	61821-2RS	61821-RZ	61821-2RZ	105	130	13
61822-N	61822-NR	61822-Z	61822-2Z	61822-RS	61822-2RS	61822-RZ	61822-2RZ	110	140	16
61824-N	61824-NR	61824-Z	61824-2Z	61824-RS	61824-2RS	61824-RZ	61824-2RZ	120	150	16
61826-N	61826-NR	61826-Z	61826-2Z	61826-RS	61826-2RS	61826-RZ	61826-2RZ	130	165	18
61828-N	61828-NR	61828-Z	61828-2Z	61828-RS	61828-2RS	61828-RZ	61828-2RZ	140	175	18
61830-N	61830-NR	—	—	—	—	—	—	150	190	20
61832-N	61832-NR	—	—	—	—	—	—	160	200	20

深沟球轴承 19 系列尺寸规格 (1)   表 7-65

60000 型	外形尺寸/mm			60000 型	外形尺寸/mm		
代号	d	D	B	代号	d	D	B
619/1	1	4	1.6	61922	110	150	20
619/1.5	1.5	5	2	61924	120	165	22
619/2	2	6	2.3	61926	130	180	24
619/2.5	2.5	7	2.5	61928	140	190	24
619/3	3	8	3	61930	150	210	28
619/4	4	11	4	61932	160	220	28
619/5	5	13	4	61934	170	230	28
619/6	6	15	5	61936	180	250	33
619/7	7	17	5	61938	190	260	33
619/8	8	19	6	61940	200	280	38
619/9	9	20	6	61944	220	300	38
61900	10	22	6	61948	240	320	38
61901	12	24	6	61952	260	360	46
61902	15	28	7	61956	280	380	46
61903	17	30	7	61960	300	420	56
61904	20	37	9	61964	320	440	56
61905	25	42	9	61968	340	460	56
61906	30	47	9	61972	360	480	56
61907	35	55	10	61976	380	520	65
61908	40	62	12	61980	400	540	65
61809	45	68	12	61984	420	560	65
61910	50	72	12	61988	440	600	74
61911	55	80	13	61992	460	620	74
61912	60	85	13	61996	480	650	78
61913	65	90	13	619/500	500	670	78
61914	70	100	16	619/530	530	710	82
61915	75	105	16	619/560	560	750	85
61916	80	110	16	619/600	600	800	90
61917	85	120	18	619/630	630	850	100
61918	90	125	18	619/670	670	900	103
61919	95	130	18	619/710	710	950	106
61920	100	140	20	619/750	750	1000	112
61921	105	145	20	619/800	800	1060	115

深沟球轴承 19 系列尺寸规格（2）　　　　表 7-66

轴　承　代　号								外形尺寸　/mm		
60000-N	60000-NR	60000-Z	60000-2Z	60000-RS	60000-2RS	60000-RZ	60000-2RZ	d	D	B
—	—	619/1-Z	619/1-2Z	—	—	—	—	1	4	1.6
—	—	619/1.5-Z	619/1.5-2Z	—	—	—	—	1.5	5	2
—	—	619/2-Z	619/2-2Z	—	—	—	—	2	6	2.3
—	—	619/2.5-Z	619/2.5-2Z	—	—	—	—	2.5	7	2.5
—	—	619/3-Z	619/3-2Z	—	—	619/3-RZ	619/3-2RZ	3	8	3
—	—	619/4-Z	619/4-2Z	619/4-RS	619/4-2RS	619/4-RZ	619/4-2RZ	4	11	4
—	—	619/5-Z	619/5-2Z	619/5-RS	619/5-2RS	619/5-RZ	619/5-2RZ	5	13	4
—	—	619/6-Z	619/6-2Z	619/6-RS	619/6-2RS	619/6-RZ	619/6-2RZ	6	15	5
—	—	619/7-Z	619/7-2Z	619/7-RS	619/7-2RS	619/7-RZ	619/7-2RZ	7	17	5
—	—	619/8-Z	619/8-2Z	619/8-RS	619/8-2RS	619/8-RZ	619/8-2RZ	8	19	6
		619/9-Z	619/9-2Z	619/9-RS	619/9-2RS	619/9-RZ	619/9-2RZ	9	20	6
61900-N	61900-NR	61900-Z	61800-2Z	61800-RS	61800-2RS	61800-RZ	61800-2RZ	10	22	6
61901-N	61901-NR	61901-Z	61801-2Z	61801-RS	61801-2RS	61801-RZ	61801-2RZ	12	24	6
61902-N	61902-NR	61902-Z	61802-2Z	61802-RS	61802-2RS	61802-RZ	61802-2RZ	15	28	7
61903-N	61903-NR	61903-Z	61803-2Z	61803-RS	61803-2RS	61803-RZ	618032-RZ	17	30	7
61904-N	61804-NR	61804-Z	61804-2Z	61804-RS	61804-2RS	61804-RZ	61804-2RZ	20	37	9
61905-N	61805-NR	61805-Z	61805-2Z	61805-RS	61805-2RS	61805-RZ	61805-2RZ	25	42	9
61906-N	61806-NR	61806-Z	61806-2Z	61806-RS	61806-2RS	61806-RZ	61806-2RZ	30	47	9
61907-N	61807-NR	61807-Z	61807-2Z	61807-RS	61807-2RS	61807-RZ	61807-2RZ	35	55	10
61908-N	61808-NR	61808-Z	61808-2Z	61808-RS	61808-2RS	61808-RZ	61808-2RZ	40	62	12
61909-N	61809-NR	61809-Z	61809-2Z	61809-RS	61809-2RS	61809-RZ	61809-2RZ	45	68	12
61910-N	61810-NR	61810-Z	61810-2Z	61810-RS	61810-2RS	61810-RZ	61810-2RZ	50	72	12
61911-N	61811-NR	61811-Z	61811-2Z	61811-RS	61811-2RS	61811-RZ	61811-2RZ	55	80	13
61912-N	61812-NR	61812-Z	61812-2Z	61812-RS	61812-2RS	61812-RZ	61812-2RZ	60	85	13
61913-N	61813-NR	61813-Z	61813-2Z	61813-RS	61813-2RS	61813-RZ	61813-2RZ	65	90	13
61914-N	61814-NR	61814-Z	61814-2Z	61814-RS	61814-2RS	61814-RZ	61814-2RZ	70	100	16
61915-N	61815-NR	61815-Z	61815-2Z	61815-RS	61815-2RS	61815-RZ	61815-2RZ	75	105	16
61916-N	61816-NR	61816-Z	61816-2Z	61816-RS	61816-2RS	61816-RZ	61816-2RZ	80	110	16
61917-N	61817-NR	61817-Z	61817-2Z	61817-RS	61817-2RS	61817-RZ	61817-2RZ	85	120	18
61918-N	61818-NR	61818-Z	61818-2Z	61818-RS	61818-2RS	61818-RZ	61818-2RZ	90	125	18
61919-N	61819-NR	61819-Z	61819-2Z	61819-RS	61819-2RS	61819-RZ	61819-2RZ	95	130	18
61920-N	61820-NR	61820-Z	61820-2Z	61820-RS	61820-2RS	61820-RZ	61820-2RZ	100	140	20
61921-N	61821-NR	61821-Z	61821-2Z	61821-RS	61821-2RS	61821-RN	61821-2RZ	105	145	20
61922-N	61822-NR	61822-Z	61822-2Z	61822-RS	61822-2RS	61822-RN	61822-2RZ	110	150	20
61924-N	61824-NR	61824-Z	61824-2Z	61824-RS	61824-2RS	61824-RN	61824-2RZ	120	165	22
61926-N	61826-NR	61826-Z	61826-2Z	61826-RS	61826-2RS	61826-RN	61826-2RZ	130	180	24
61928-N	61828-NR	—	—	61828-RS	61828-2RS	—	—	140	190	24
—	—	—	—	61930-RS	61930-2RS	—	—	150	210	28
—	—	—	—	61932-RS	61932-2RS	—	—	160	220	28
—	—	—	—	61934-RS	61934-2RS	—	—	170	230	28
—	—	—	—	61936-RS	61936-2RS	—	—	180	250	33
—	—	—	—	61938-RS	61938-2RS	—	—	190	260	33
—	—	—	—	61940-RS	61940-2RS	—	—	200	280	38
—	—	—	—	61944-RS	61944-2RS	—	—	220	300	38

深沟球轴承 00 系列尺寸规格（1）　　　表 7-67

轴承代号	外形尺寸/mm			轴承代号	外形尺寸/mm			轴承代号	外形尺寸/mm		
	d	D	B		d	D	B		d	D	B
16001	12	28	7	16015	75	116	13	16036	180	280	31
16002	15	32	8	16016	80	125	14	16038	190	290	31
16003	17	35	8	16017	85	130	14	16040	200	310	34
16004	20	42	8	16018	90	140	16	16044	220	340	37
16005	25	47	8	16019	95	145	16	16048	240	360	37
16006	30	55	9	16020	100	150	16	16052	260	400	44
16007	35	62	9	16021	105	160	18	16056	280	420	44
16008	40	68	9	16022	110	170	19	16060	300	460	50
16009	45	75	10	16024	120	180	19	16064	320	480	50
16010	50	80	10	16026	130	200	22	16068	340	520	57
16011	55	90	11	16028	140	210	22	16072	360	540	57
16012	60	95	11	16030	150	225	24	16076	380	560	57
16013	65	100	11	16032	160	240	25				
16014	70	110	13	16034	170	260	28				

深沟球轴承 00 系列尺寸规格（2）　　　表 7-68

轴承代号	外形尺寸/mm			轴承代号	外形尺寸/mm			轴承代号	外形尺寸/mm		
	d	D	B		d	D	B		d	D	B
604	4	12	4	6010	50	80	16	6036	180	280	46
605	5	14	5	6011	55	90	18	6038	190	290	46
606	6	17	6	6012	60	95	18	6040	200	310	51
607	7	19	6	6013	65	100	18	6044	220	340	56
608	8	22	7	6014	70	110	20	6048	240	360	56
609	9	24	7	6015	75	115	20	6052	260	400	65
6000	10	26	8	6016	80	125	22	6056	280	420	65
6001	12	28	8	6017	85	130	22	6060	300	460	74
6002	15	32	9	6018	90	140	24	6064	320	480	74
6003	17	35	10	6019	95	145	24	6068	340	520	82
6004	20	42	12	6020	100	150	24	6072	360	540	82
60/22	22	44	12	6021	105	160	26	6076	380	560	82
6005	25	47	12	6022	110	170	28	6080	400	600	90
60/28	28	52	12	6024	120	180	28	6084	420	620	90
6006	30	55	13	6026	130	200	33	6088	440	650	94
60/32	32	58	13	6028	140	210	33	6092	460	680	100
6007	35	62	14	6030	150	225	35	6096	580	700	100
6008	40	68	15	6032	160	240	38	60/500	500	720	100
6009	45	75	16	6034	170	260	42				

深沟球轴承 10 系列尺寸规格（1）　　　表 7-69

轴承代号				外形尺寸/mm		
60000-2Z	60000	60000-Z	60000-2Z	d	D	B
16001	16001	16001	16001	12	28	7
16002	16002	16002	16002	15	32	8
16003	16003	16003	16003	17	35	8
16004	16004	16004	16004	20	42	8
16005	16005	16005	16005	25	47	8
16006	16006	16006	16006	30	55	9
16007	16007	16007	16007	35	62	9
16008	16008	16008	16008	40	68	9
16009	16009	16009	16009	45	75	10
16010	16010	16010	16010	50	80	10
16011	16011	16011	16011	55	90	11
16012	16012	16012	16012	60	95	11

深沟球轴承 10 系列尺寸规格 (2)　　　　表 7-70

轴　承　代　号								外形尺寸　/mm		
60000-N	60000-NR	60000-Z	60000-2Z	60000-RS	60000-2RS	60000-RZ	60000-2RZ	d	D	B
—	—	604	604	—	—	—	—	4	12	4
—	—	605	605	—	—	—	—	5	14	5
—	—	606	606	—	—	—	—	6	17	6
—	—	607	607	607	607	607	607	7	19	6
—	—	608	608	608	608	608	608	8	22	7
—	—	609	609	609	609	609	609	9	24	7
—	—	6000	6000	6000	6000	6000	6000	10	26	8
—		6001	6001	6001	6001	6001	6001	12	28	8
6002	6002	6002	6002	6002	6002	6002	6002	15	32	9
6003	6003	6003	6003	6003	6003	6003	6003	17	35	10
6004	6004	6004	6004	6004	6004	6004	6004	20	42	12
60/22	60/22	60/22	60/22	60/22	—	—	—	22	44	12
6005	6005	6005	6005	6005	6005	6005	6005	25	47	12
60/28	60/28	60/28	60/28	60/28	—	—	—	28	52	12
6006	6006	6006	6006	6006	6006	6006	6006	30	55	13
60/32	60/32	60/32	60/32	60/32	—	—	—	32	58	13
6007	6007	6007	6007	6007	6007	6007	6007	35	62	14
6008	6008	6008	6008	6008	6008	6008	6008	40	68	15
6009	6009	6009	6009	6009	6009	6009	6009	45	75	16
6010	6010	6010	6010	6010	6010	6010	6010	50	80	16
6011	6011	6011	6011	6011	6011	6011	6011	55	90	18
6012	6012	6012	6012	6012	6012	6012	6012	60	95	18
6013	6013	6013	6013	6013	6013	6013	6013	65	100	18
6014	6014	6014	6014	6014	6014	6014	6014	70	110	20
6015	6015	6015	6015	6015	6015	6015	6015	75	115	20
6016	6016	6016	6016	6016	6016	6016	6016	80	125	22
6017	6017	6017	6017	6017	6017	6017	6017	85	130	22
6018	6018	6018	6018	6018	6018	6018	6018	90	140	24
6019	6019	6019	6019	6019	6019	6019	6019	95	145	24
6020	6020	6020	6020	6020	6020	6020	6020	100	150	24
6021	6021	6021	6021	6021	6021	6021	6021	105	160	26
6022	6022	6022	6022	6022	6022	6022	6022	110	170	28
6024	6024	6024	6024	6024	6024	6024	6024	120	180	28
6026	6026	6026	6026	6026	6026	6026	6026	130	200	33
6028	6028	6028	6028	6028	6028	6028	6028	140	210	33
6030	6030	6030	6030	6030	6030	6030	6030	150	225	35
6032	6032	6032	6032	6032	6032	6032	6032	160	240	38

深沟球轴承 02 系列尺寸规格 (1)   表 7-71

60000 型代号	外形尺寸/mm			60000 型代号	外形尺寸/mm		
	d	D	B		d	D	B
623	3	10	4	6214	70	125	24
624	4	13	5	6215	75	130	25
625	5	16	5	6216	80	140	26
626	6	19	6	6217	85	150	28
627	7	22	7	6218	90	160	30
628	8	24	8	6219	95	170	32
629	9	26	8	6220	100	180	34
6200	10	30	9	6221	105	190	36
6201	12	32	10	6222	110	200	38
6202	15	35	11	6224	120	215	40
6203	17	40	12	6226	130	230	40
6204	20	47	14	6228	140	250	42
62/22	22	50	14	6230	150	270	45
6205	25	52	15	6232	160	290	48
62/28	28	58	16	6234	170	310	52
6206	30	62	16	6236	180	320	52
62/32	32	65	17	6238	190	340	55
6207	35	72	17	6240	200	360	58
6208	40	80	18	6244	220	400	65
6209	45	85	19	6248	240	440	72
6210	50	90	20	6252	260	480	80
6211	55	100	21	6256	280	500	80
6212	60	110	22	6260	300	540	85
6213	65	120	23	6264	320	580	92

深沟球轴承 02 系列尺寸规格 (2)　　　　　表 7-72

轴　承　代　号								外形尺寸 /mm		
60000-N	60000-NR	60000-Z	60000-2Z	60000-RS	60000-2RS	60000-RZ	60000-2RZ	d	D	B
—	—	623-Z	623-2Z	623-RS	623-2RS	623-RZ	623-2RZ	3	10	4
—	—	624-Z	624-2Z	624-RS	624-2RS	624-RZ	624-2RZ	4	13	5
—	—	625-Z	625-2Z	625-RS	625-2RS	625-RZ	625-2RZ	5	16	5
626-N	626-NR	626-Z	626-2Z	626-RS	626-2RS	626-RZ	626-2RZ	6	19	6
627-N	627-NR	627-Z	627-2Z	627-RS	627-2RS	627-RZ	627-2RZ	7	22	7
628-N	628-NR	628-Z	628-2Z	628-RS	628-2RS	628-RZ	628-2RZ	8	24	8
629-N	629-NR	629-Z	629-2Z	629-RS	629-2RS	629-RZ	629-2RZ	9	26	8
6200-N	6200-NR	6200-Z	6200-2Z	6200-RS	6200-2RS	6200-RZ	6200-2RZ	10	30	9
6201-N	6201-NR	6201-Z	6201-2Z	6201-RS	6201-2RS	6201-RZ	6201-2RZ	12	32	10
6202-N	6202-NR	6202-Z	6202-2Z	6202-RS	6202-2RS	6202-RZ	6202-2RZ	15	35	11
6203-N	6203-NR	6203-Z	6203-2Z	6203-RS	6203-2RS	6203-RZ	6203-2RZ	17	40	12
6204-N	6204-NR	6204-Z	6204-2Z	6204-RS	6204-2RS	6204-RZ	6204-2RZ	20	47	14
62/22-N	62/22-NR	62/22-Z	62/22-2Z	—	—	—	—	22	50	14
6205-N	6205-NR	6205-Z	6205-2Z	6205-RS	6205-2RS	6205-RZ	6205-2RZ	25	52	15
62/28-N	62/28-NR	62/28-Z	62/28-2Z	—	—	—	—	28	58	16
6206-N	6206-NR	6206-Z	6206-2Z	6206-RS	6206-2RS	6206-RZ	6206-2RZ	30	62	16
62/32-N	62/32-NR	62/32-Z	62/32-2Z	—	—	—	—	32	65	17
6207-N	6207-NR	6207-Z	6207-2Z	6207-RS	6207-2RS	6207-RZ	6207-2RZ	35	72	17
6208-N	6208-NR	6208-Z	6208-2Z	6208-RS	6208-2RS	6208-RZ	6208-2RZ	40	80	18
6209-N	6209-NR	6209-Z	6209-2Z	6209-RS	6209-2RS	6209-RZ	6209-2RZ	45	85	19
6210-N	6210-NR	6210-Z	6210-2Z	6210-RS	6210-2RS	6210-RZ	6210-2RZ	50	90	20
6211-N	6211-NR	6211-Z	6211-2Z	6211-RS	6211-2RS	6211-RZ	6211-2RZ	55	100	21
6212-N	6212-NR	6212-Z	6212-2Z	6212-RS	6212-2RS	6212-RZ	6212-2RZ	60	110	22
6213-N	6213-NR	6213-Z	6213-2Z	6213-RS	6213-2RS	6213-RZ	6213-2RZ	65	120	23
6214-N	6214-NR	6214-Z	6214-2Z	6214-RS	6214-2RS	6214-RZ	6214-2RZ	70	125	24
6215-N	6215-NR	6215-Z	6215-2Z	6215-RS	6215-2RS	6215-RZ	6215-2RZ	75	130	25
6216-N	6216-NR	6216-Z	6216-2Z	6216-RS	6216-2RS	6216-RZ	6216-2RZ	80	140	26
6217-N	6217-NR	6217-Z	6217-2Z	6217-RS	6217-2RS	6217-RZ	6217-2RZ	85	150	28
6218-N	6218-NR	6218-Z	6218-2Z	6218-RS	6218-2RS	6218-RZ	6218-2RZ	90	160	30
6219-N	6219-NR	6219-Z	6219-2Z	6219-RS	6219-2RS	6219-RZ	6219-2RZ	95	170	32
6220-N	6220-NR	6220-Z	6220-2Z	6220-RS	6220-2RS	6220-RZ	6220-2RZ	100	180	34
6221-N	6221-NR	6221-Z	6221-2Z	6221-RS	6221-2RS	6221-RZ	6221-2RZ	105	190	36
6222-N	6222-NR	6222-Z	6222-2Z	6222-RS	6222-2RS	6222-RZ	6222-2RZ	110	200	38
6224-N	6224-NR	6224-Z	6224-2Z	6224-RS	6224-2RS	6224-RZ	6224-2RZ	120	215	40
6226-N	6226-NR	6226-Z	6226-2Z	6226-RS	6226-2RS	6226-RZ	6226-2RZ	130	230	40
6228-N	6228-NR	6228-Z	6228-2Z	6228-RS	6228-2RS	6228-RZ	6228-2RZ	140	250	42

深沟球轴承 03 系列尺寸规格 （1）　　　　　表 7-73

60000 型代号	外形尺寸/mm			60000 型代号	外形尺寸/mm		
	d	D	B		d	D	B
633	3	13	5	6315	75	160	37
634	4	16	5	6316	80	170	39
635	5	19	6	6317	85	180	41
6300	10	35	11	6318	90	190	43
6301	12	37	12	6319	95	200	45
6302	15	42	13	6320	100	215	47
6303	17	47	14	6321	105	225	49
6304	20	52	15	6322	110	240	50
63/22	22	56	16	6324	120	260	55
6305	25	62	17	6326	130	280	58
63/28	28	68	18	6328	140	300	62
6306	30	72	19	6330	150	320	65
63/32	32	75	20	6332	160	340	68
6307	35	80	21	6334	170	360	72
6308	40	90	23	6336	180	380	75
6309	45	100	25	6338	190	400	78
6310	50	110	27	6340	200	420	80
6311	55	120	29	6344	220	460	88
6312	60	130	31	6348	240	500	95
6313	65	140	33	6352	260	540	102
6314	70	150	35	6358	280	580	108

深沟球轴承 03 系列尺寸规格 (2)　表 7-74

轴　承　代　号								外形尺寸 /mm		
60000-N	60000-NR	60000-Z	60000-2Z	60000-RS	60000-2RS	60000-RZ	60000-2RZ	d	D	B
—	—	633-Z	633-2Z	633-RS	633-2RS	633-RS	633-2RS	5	19	6
—	—	634-Z	634-2Z	634-RS	634-2RS	634-RS	634-2RS	10	35	11
635-N	635-NR	635-Z	635-2Z	635-RS	635-2RS	635-RZ	635-2RZ	12	37	12
6300-N	6300-NR	6300-Z	6300-2Z	6300-RS	6300-2RS	6300-RZ	6300-2RZ	15	42	13
6301-N	6301-NR	6301-Z	6301-2Z	6301-RS	6301-2RS	6301-RZ	6301-2RZ	17	47	14
6302-N	6302-NR	6302-Z	6302-2Z	6302-RS	6302-2RS	6302-Z	6302-2RZ	20	52	15
6303-N	6303-NR	6303-Z	6303-2Z	6303-RS	6303-2RS	6303-RZ	6303-2RZ	22	56	16
6304-N	6304-NR	6304-Z	6304-2Z	6304-RS	6304-2RS	6304-RZ	6304-2RZ	25	62	17
63/22-N	63/22-NR	63/22-Z	63/22-2Z	—	—	—	63/22-2RZ	28	68	18
6305-N	6305-NR	6305-Z	6305-2Z	6305-RS	6305-2RS	6305-2Z	6305-2RZ	30	72	19
63/28-N	63/28-NR	63/28-Z	63/28-2Z	—	—	—	63/28-2RZ	32	75	20
6306-N	6306-NR	6306-Z	6306-2Z	6306-2RS	6306-2RS	6306-RZ	6306-2RZ	35	80	21
63/32-N	63/32-NR	63/32-Z	63/32-2Z	—	—	—	63/32-2RZ	40	90	23
6307-N	6307-NR	6307-Z	6307-2Z	6307-RS	6307-2RS	6307-RZ	6307-2RZ	45	100	25
6308-N	6308-NR	6308-Z	6308-2Z	6308-RS	6308-2RS	6308-RZ	6308-2RZ	50	110	27
6309-N	6309-NR	6309-Z	6309-2Z	6309-RS	6309-2RS	6309-RZ	6309-2RZ	55	120	29
6310-N	6310-NR	6310-Z	6310-2Z	6310-RS	6310-2RS	6310-RZ	6310-2RZ	60	130	31
6311-N	6311-NR	6311-Z	6311-2Z	6311-RS	6311-2RS	6311-RZ	6311-2RZ	65	140	33
6312-N	6312-NR	6312-Z	6312-2Z	6312-RS	6312-2RS	6312-RZ	6312-2RZ	70	150	35
6313-N	6313-NR	6313-Z	6313-2Z	6313-RS	6313-2RS	6313-RZ	6313-2RZ	75	160	37
6314-N	6314-NR	6314-Z	6314-2Z	6314-RS	6314-2RS	6314-RZ	6314-2RZ	80	170	39
6315-N	6315-NR	6315-Z	6315-2Z	6315-RS	6315-2RS	6315-RZ	6315-2RZ	85	180	41
6316-N	6316-NR	6316-Z	6316-2Z	6316-RS	6316-2RS	6316-RZ	6316-2RZ	90	190	43
6317-N	6317-NR	6317-Z	6317-2Z	6317-RS	6317-2RS	6317-RZ	6317-2RZ	95	200	45
6318-N	6318-NR	6318-Z	6318-2Z	6318-RS	6318-2RS	6318-RZ	6318-2RZ	100	215	47
6319-N	6319-NR	6319-Z	6319-2Z	6319-RS	6319-2RS	6319-RZ	6319-2RZ	—	—	—
6320-N	6320-NR	6320-Z	6320-2Z	6320-RS	6320-2RS	6320-RZ	6320-2RZ	—	—	—
6321-N	6321-NR	6321-Z	6321-2Z	6321-RS	6321-2RS	6321-RZ	6321-2RZ	—	—	—
6322-N	6322-NR	6322-Z	6322-2Z	6322-RS	6322-2RS	6322-RZ	6322-2RZ	—	—	—
—	—	6324-Z	6324-2Z	6324-RS	6324-2RS	6324-RZ	6324-2RZ	—	—	—
—	—	6326-Z	6326-2Z	—	—	—	—	—	—	—

第七章 传动件与支承件

深沟球轴承 04 系列尺寸规格   表 7-75

轴 承 代 号									外形尺寸 /mm		
60000	60000-N	60000-NR	60000-Z	60000-2Z	60000-RS	60000-2RS	60000-RZ	60000-2RZ	d	D	B
6403	6403-N	6403-NR	6403-Z	6403-2Z	6403-RS	6403-2RS	6403-RZ	6403-2RZ	17	62	17
6404	6404-N	6404-NR	6404-Z	6404-2Z	6404-RS	6404-2RS	6404-RZ	6404-2RZ	20	72	19
6405	6405-N	6405-NR	6405-Z	6405-2Z	6405-RS	6405-2RS	6405-RZ	6405-2RZ	25	82	21
6406	6406-N	6406-NR	6406-Z	6406-2Z	6406-RS	6406-2RS	6406-RZ	6406-2RZ	30	90	23
6407	6407-N	6407-NR	6407-Z	6407-2Z	6407-RS	6407-2RS	6407-RZ	6407-2RZ	35	100	25
6408	6408-N	6408-NR	6408-Z	6408-2Z	6408-RS	6408-2RS	6408-RZ	6408-2RZ	40	110	27
6409	6409-N	6409-NR	6409-Z	6409-2Z	6409-RS	6409-2RS	6409-RZ	6409-2RZ	45	120	29
6410	6410-N	6410-NR	6410-Z	6410-2Z	6410-RS	6410-2RS	6410-RZ	6410-2RZ	50	130	31
6411	6411-N	6411-NR	6411-Z	6411-2Z	6411-RS	6411-2RS	6411-RZ	6411-2RZ	55	140	33
6412	6412-N	6412-NR	6412-Z	6412-2Z	6412-RS	6412-2RS	6412-RZ	6412-2RZ	60	150	35
6413	6413-N	6413-NR	6413-Z	6413-2Z	6413-RS	6413-2RS	6413-RZ	6413-2RZ	65	160	37
6414	6414-N	6414-NR	6414-Z	6414-2Z	6414-RS	6414-2RS	6414-RZ	6414-2RZ	70	180	42
6415	6415-N	6415-NR	6415-Z	6415-2Z	6415-RS	6415-2RS	6415-RZ	6415-2RZ	75	190	45
6416	6416-N	6416-NR	6416-Z	6416-2Z	6416-RS	6416-2RS	6416-RZ	6416-2RZ	80	200	48
6417	6417-N	6417-NR	6417-Z	6417-2Z	6417-RS	6417-2RS	6417-RZ	6417-2RZ	85	210	52
6418	6418-N	6418-NR	6418-Z	6418-2Z	6418-RS	6418-2RS	6418-RZ	6418-2RZ	90	225	54
6419	6419-N	6419-NR	6419-Z	6419-2Z	6419-RS	6419-2RS	6419-RZ	6419-2RZ	95	240	55
6420	6420-N	6420-NR	6420-Z	6420-2Z	6420-RS	6420-2RS	6420-RZ	6420-2RZ	100	250	58
6422	—	—	6422-Z	6422-2Z	6422-RS	6422-2RS	6422-RZ	6422-2RZ	110	280	65

4. 碳钢深沟球轴承（JB/T 8570—2008）

本标准规定了由优质碳素结构钢制造的适用于手推车辆、器具的脚轮、拉门、手工机械等低速、轻载条件下使用的深沟球轴承。

轴承零件采用碳素结构钢的材料代号用"/CS"表示，轴承可一面或两面带密封圈，一面或两面带防尘盖。其结构形式参阅深沟球轴承 GB/T 276-1994 标准（图 7-39），规格和尺寸见表 7-76。

碳钢深沟球轴承 02、03 系列尺寸规格   表 7-76

02 系列轴承代号	外形尺寸/mm			03 系列轴承代号	外形尺寸/mm		
	d	D	B		d	D	B
6200/CS	10	30	9	6300/CS	10	35	11
6201/CS	12	32	10	6301/CS	12	37	12
6202/CS	15	35	11	6302/CS	15	42	13
6203/CS	17	40	12	6303/CS	17	47	14
6204/CS	20	47	14	6304/CS	20	52	15
6205/CS	25	52	15	6305/CS	25	62	17
6206/CS	30	62	16	6306/CS	30	72	19
6207/CS	35	72	17	6307/CS	35	80	21
6208/CS	40	80	18	6308/CS	40	90	23
6209/CS	45	85	19	6309/CS	45	100	25
6210/CS	50	90	20	6310/CS	50	110	27

5. 角接触球轴承（GB/T 292—2007）

角接触球轴承的极限转速较高，可承受径向和轴向载荷。也可承受单向纯轴向载荷，能力随接触角（有 15°、25° 及 40° 三种）增大而增大。在承受径向载荷时会引起附加的轴向力，故通常成对使用。

本标准规定的单列角接触球轴承结构形式见图 7-40，表 7-77～表 7-83 列出内、外圈锁口型及外圈锁口型的角接触球轴承规格和尺寸。表 7-79 和表 7-80 列出内圈锁口型角接触球轴承规格和尺寸。

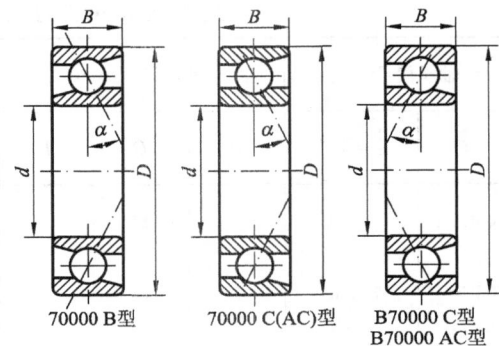

图 7-40　角接触球轴承

角接触球轴承 71 系列（$\alpha = 15°$）尺寸规格　　表 7-77

轴承代号	外形尺寸/mm			轴承代号	外形尺寸/mm		
	d	D	B		d	D	B
71805C	25	37	7	71817C	85	110	13
71806C	30	42	7	71818C	90	115	13
71807C	35	47	7	71819C	95	120	13
71808C	40	52	7	71820C	100	125	13
71809C	45	58	7	71821C	105	130	13
71810C	50	65	7	71822C	110	140	16
71811C	55	72	9	71824C	120	150	16
71812C	60	78	10	71826C	130	165	18
71813C	65	85	10	71828C	140	175	18
71814C	70	90	10	71830C	150	190	20
71815C	75	95	10	71832C	160	200	20
71816C	80	100	10	71834C	170	215	22

角接触球轴承 71 系列（$\alpha=15°$，25°）尺寸规格　　表 7-78

轴承代号		外形尺寸/mm			轴承代号		外形尺寸/mm		
$\alpha = 15°$	$\alpha = 25°$	d	D	B	$\alpha = 15°$	$\alpha = 25°$	d	D	B
719/7C	—	7	17	5	71915C	71915AC	75	105	16
719/8C	—	8	19	6	71916C	71916AC	80	110	16
719/9C	—	9	20	6	71917C	71917AC	85	120	18
71900C	71900AC	10	22	6	71918C	71918AC	90	125	18
71901C	71901AC	12	24	6	71919C	71919AC	95	130	18
71902C	71902AC	15	28	7	71920C	71920AC	100	140	20
71903C	71903AC	17	30	7	71921C	71921AC	105	145	20
71904C	71904AC	20	37	9	71922C	71922AC	110	150	20
71905C	71905AC	25	42	9	71924C	71924AC	120	165	22
71906C	71906AC	30	47	9	71926C	71926AC	130	180	24
71907C	71907AC	35	55	10	71928C	71928AC	140	190	24
71908C	71908AC	40	62	12	71930C	71930AC	150	210	28
71909C	71909AC	45	68	12	71932C	71932AC	160	220	28
71910C	71910AC	50	72	12	71934C	71934AC	170	230	28
71911C	71911AC	55	80	13	71936C	71936AC	180	250	33
71912C	71912AC	60	85	13	71938C	71938AC	190	260	33
71913C	71913AC	65	90	13	71940C	71940AC	200	280	38
71914C	71914AC	70	100	16	71944C	71944AC	220	300	38

接触球轴承70系列（$\alpha=15°$，$25°$）尺寸规格　　　**表 7-79**

轴承代号		外形尺寸/mm			轴承代号		外形尺寸/mm		
$\alpha=15°$	$\alpha=25°$	d	D	B	$\alpha=15°$	$\alpha=25°$	d	D	B
705C	705AC	5	14	5	7014C	7014AC	70	110	20
706C	706AC	6	17	6	7015C	7015AC	75	115	20
707C	707AC	7	19	6	7016C	7016AC	80	125	22
708C	708AC	8	22	7	7017C	7017AC	85	130	22
709C	709AC	9	24	7	7018C	7018AC	90	140	24
7000C	7000AC	10	26	8	7019C	7019AC	95	145	24
7001C	7001AC	12	28	8	7020C	7020AC	100	150	24
7002C	7002AC	15	32	9	7021C	7021AC	105	150	26
7003C	7003AC	17	35	10	7022C	7022AC	110	170	28
7004C	7004AC	20	42	12	7024C	7024AC	120	180	28
7005C	7005AC	25	47	12	7026C	7026AC	130	200	33
7006C	7000AC	30	55	13	7028C	7028AC	140	210	33
7007C	7007AC	35	62	14	7030C	7030AC	150	225	35
7008C	7008AC	40	68	15	7032C	7032AC	160	240	38
7009C	7009AC	45	75	16	7034C	7034AC	170	260	42
7010C	7010AC	50	80	16	7036C	7036AC	180	280	46
7011C	7011AC	55	90	18	7038C	7038AC	190	290	46
7012C	7012AC	60	95	18	7040C	7040AC	200	310	51
7013C	7013AC	65	100	18	7044C	7044AC	220	340	56

角接触球轴承 72 系列（α=15°，25°，40°）尺寸规格　　表 7-80

轴承代号			外形尺寸/mm			轴承代号			外形尺寸/mm		
$\alpha=15°$	$\alpha=25°$	$\alpha=40°$	d	D	B	$\alpha=15°$	$\alpha=25°$	$\alpha=40°$	d	D	B
723C	723AC	—	3	10	4	7213C	7213AC	7213B	65	120	23
724C	724AC	—	4	13	5	7214C	7214AC	7214B	70	125	24
725C	725AC	—	5	16	5	7215C	7215AC	7215B	75	130	25
726C	726AC	—	6	19	6	7216C	7216AC	7216B	80	140	26
727C	727AC	—	7	22	7	7217C	7217AC	7217B	85	150	28
728C	728AC	—	8	24	8	7218C	7218AC	7218B	90	160	30
729C	729AC	—	9	26	8	7219C	7219AC	7219B	95	170	32
7200C	7200AC	7200B	10	30	9	7220C	7220AC	7220B	100	180	34
7201C	7201AC	7201B	12	32	10	7221C	7221AC	7221B	105	190	36
7202C	7202AC	7202B	15	35	11	7222C	7222AC	7222B	110	200	38
7203C	7203AC	7203B	17	40	12	7224C	7224AC	7224B	120	215	40
7204C	7204AC	7204B	20	47	14	7226C	7226AC	7226B	130	230	40
7205C	7205Ac	7205B	25	52	15	7228C	7228AC	7228B	140	250	42
7206C	7206AC	7206B	30	62	16	7230C	7230AC	7230B	150	270	45
7207C	7207AC	7207B	35	72	17	7232C	7232AC	7232B	160	290	48
7208C	7208AC	7208B	40	80	18	7234C	7234AC	7234B	170	310	52
7209C	7209AC	7209B	45	85	19	7236C	7236AC	7236B	180	320	52
7210C	7210AC	7210B	50	90	20	7238C	7238AC	7238B	190	340	55
7211C	7211AC	7211B	55	100	21	7240C	7240AC	7240B	200	360	58
7212C	7212AC	7212B	60	110	22	7244C	7244AC	—	220	400	65

角接触球轴承 73 系列（α=15°，25°，40°）尺寸规格　　表 7-81

轴承代号			外形尺寸/mm			轴承代号			外形尺寸/mm		
$\alpha=15°$	$\alpha=25°$	$\alpha=40°$	d	D	B	$\alpha=15°$	$\alpha=25°$	$\alpha=40°$	d	D	B
7300C	7300AC	7300B	10	35	11	7316C	7316AC	7316B	80	170	39
7301C	7301AC	7301B	12	37	12	7317C	7317AC	7317B	85	180	41
7302C	7302AC	7302B	15	42	13	7318C	7318AC	7318B	90	190	43
7303C	7303AC	7303B	17	47	14	7319C	7319AC	7319B	95	200	45
7304C	7304AC	7304B	20	52	15	7320C	7320AC	7320B	100	215	47
7305C	7305AC	7305B	25	62	17	7321C	7321AC	7321B	105	225	49
7306C	7306AC	7306B	30	72	19	7322C	7322AC	7322B	110	240	50
7307C	7307AC	7307B	35	80	21	7324C	7324AC	7324B	120	260	55
7308C	7308AC	7308B	40	90	23	7326C	7326AC	7326B	130	280	58
7309C	7309AC	7309B	45	100	25	7328C	7328AC	7328B	140	300	62
7310C	7310AC	7310B	50	110	27	7330C	7330AC	7330B	150	320	65
7311C	7311AC	7311B	55	120	29	7332C	7332AC	7332B	160	340	68
7312C	7312AC	7312B	60	130	31	7334C	7334AC	7334B	170	360	72
7313C	7313AC	7313B	65	140	33	7336C	7336AC	7336B	180	380	75
7314C	7314AC	7314B	70	150	35	7338C	7338AC	7338B	190	400	78
7315C	7315AC	7315B	75	160	37	7340C	7340AC	7340B	200	420	80

角接触球轴承 B70 系列（$\alpha=15°$，$25°$）**尺寸规格** 表 7-82

轴承代号		外形尺寸/mm			轴承代号		外形尺寸/mm		
$\alpha=15°$	$\alpha=25°$	d	D	B	$\alpha=15°$	$\alpha=25°$	d	D	B
B705C	B705AC	5	14	5	B7010C	B7010AC	50	80	16
B706C	B706AC	6	17	6	B7011C	B7011AC	55	90	18
B707C	B707AC	7	19	6	B7012C	B7012AC	60	95	18
B708C	B708AC	8	22	7	—	B7013AC	65	100	18
B709C	B709AC	9	24	7	—	B7014AC	70	110	20
B7000C	B7000AC	10	26	8	—	B7015AC	75	115	20
B7001C	B7001AC	12	28	8	—	B7016AC	80	125	22
B7002C	B7002AC	15	32	9	—	B7017AC	85	130	22
B7003C	B7003AC	17	35	10	—	B7018AC	90	140	24
B7004C	B7004AC	20	42	12	—	B7019AC	95	145	24
B7005C	B7005AC	25	47	12	—	B7020AC	100	150	24
B7006C	B7006AC	30	55	13	—	B7021AC	105	160	26
B7007C	B7007AC	35	62	14	—	B7022AC	110	170	28
B7008C	B7008AC	40	68	15	—	B7024AC	120	180	28
B7009C	B7009AC	45	75	16					

注："B" 代表为内圈锁口型角接触轴承。

角接触球轴承 B72 系列（$\alpha=15°$，$25°$）**尺寸规格** 表 7-83

轴承代号		外形尺寸/mm			轴承代号		外形尺寸/mm		
$\alpha=15°$	$\alpha=25°$	d	D	B	$\alpha=15°$	$\alpha=25°$	d	D	B
B723C	B723AC	3	10	4	B7209C	B7209AC	45	85	19
B724C	B724AC	4	13	5	B7210C	B7210AC	50	90	20
B725C	B725AC	5	16	5	B7211C	B7211AC	55	100	21
B726C	B726AC	6	19	6	B7212C	B7212Ac	60	110	22
B727C	B727AC	7	22	7	B7213C	B7213AC	65	120	23
B728C	B728AC	8	24	8	B7214C	B7214AC	70	125	24
B729C	B729AC	9	26	8	B7215C	B7215AC	75	130	25
B7200C	B7200AC	10	30	9	B7216C	B7216AC	80	140	26
B7201C	B7201AC	12	32	10	B7217C	B7217AC	85	150	28
B7202C	B7202AC	15	35	11	B7218C	B7218AC	90	160	30
B7203C	B7203AC	17	40	12	B7219C	B7219AC	95	170	32
B7204C	B7204AC	20	47	14	B7220C	B7220AC	100	180	34
B7205C	B7205AC	25	52	15	B7221C	B7221AC	105	190	36
B7206C	B7206AC	30	62	16	B7222C	B7222AC	110	200	38
B7207C	B7207AC	35	72	17	B7224C	B7224AC	120	215	40
B7208C	B7208AC	40	80	18					

注："B" 代表为内圈锁口型角接触轴承。

6. 双列角接触球轴承（GB/T 296—2015）

该轴承可承受径向载荷，也可承受双向轴向载荷，能力随接触角 α 增大而增大。标准规定有双列角接触（$\alpha=30°$）球轴承（基型）00000A 型，有装填槽的双列角接触（$\alpha=30°$）球轴承 00000 型，两面带带防尘盖双列角接触（$\alpha=30°$）球轴承 00000A-2Z 型，两面带带密封圈的双列角接触（$\alpha=30°$）球轴承 00000A-2RS 型及双内圈双列角接触球轴承 00000D 型（$\alpha=45°$）等 5 种。轴承结构见图 7-41。表 7-84 和表 7-85 列出各类双列角接触球轴承规格和尺寸。

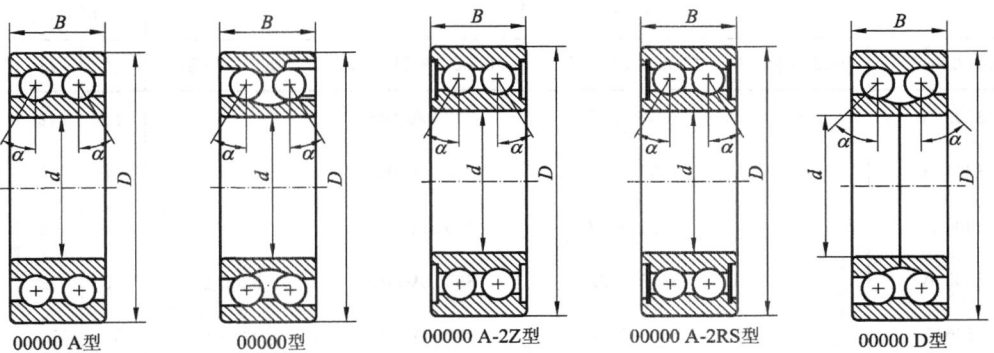

00000 A型　　00000型　　00000 A-2Z型　　00000 A-2RS型　　00000 D型

图 7-41　双列角接触球轴承结构

32 系列尺寸规格　　　　　　　　　　**表 7-84**

轴 承 代 号				外形尺寸/mm		
00000 A 型	00000 型	00000 A-2Z 型	00000 A-2RS 型	d	D	B
3200 A	—	3200 A-2Z	3200 A-2RS	10	30	14.3
3201 A	—	3201 A-2Z	3201 A-2RS	12	32	15.9
3202 A	—	3202 A-2Z	3202 A-2RS	15	35	15.9
3203 A	—	3203 A-2Z	3203 A-2RS	17	40	17.5
3204 A	—	3204 A-2Z	3204 A-2RS	20	47	20.6
3205 A	—	3205 A-2Z	3205 A-2RS	25	52	20.6
3206 A	—	3206 A-2Z	3206 A-2RS	30	62	23.8
3207 A	—	3207 A-2Z	3207 A-2RS	35	72	27
3208 A	—	3208 A-2Z	3208 A-2RS	40	80	30.2
3209 A	—	3209 A-2Z	3209 A-2RS	45	85	30.2
3210 A	—	3210 A-2Z	3210 A-2RS	50	90	30.2
3211 A	—	3211 A-2Z	3211 A-2RS	55	100	33.3
3212 A	—	3212 A-2Z	3212 A-2RS	60	110	36.5
3213 A	—	3213 A-2Z	3213 A-2RS	65	120	38.1
3214 A	—	3214 A-2Z	3214 A-2RS	70	125	39.7
3215 A	—	3215 A-2Z	3215 A-2RS	75	130	41.3
3216 A	—	3216 A-2Z	3216 A-2RS	80	140	44.4
3217 A	3217	3217 A-2Z	3217 A-2RS	85	150	49.2
3218 A	3218	3218 A-2Z	3218 A-2RS	90	160	52.4
3219 A	3219	3219 A-2Z	3219 A-2RS	95	170	55.6
3220 A	3220	3220 A-2Z	3220 A-2RS	100	180	60.3
—	3211	—	—	105	190	65.1
—	3222	—	—	110	200	69.8
—	3224	—	—	120	215	76
—	3226	—	—	130	230	80
—	3228	—	—	140	250	88

33 系列尺寸规格 **表 7-85**

轴 承 代 号					外形尺寸/mm		
00000 A 型	00000 型	00000 A-2Z 型	00000 A-2RS 型	00000 D 型	d	D	B
3302 A	—	3302 A-2Z	3302 A-2RS	—	15	42	19
3303 A	—	3303 A-2Z	3303 A-2RS	—	17	47	22.2
3304 A	—	3304 A-2Z	3304 A-2RS	—	20	52	22.2
3305 A	—	3305 A-2Z	3305 A-2RS	3305 D	25	62	25.4
3306 A	—	3306 A-2Z	3306 A-2RS	3306 D	30	72	30.2
3307 A	—	3307 A-2Z	3307 A-2RS	3307 D	35	80	34.9
3308 A	—	3308 A-2Z	3308 A-2RS	3308 D	40	90	36.5
3309 A	—	3309 A-2Z	3309 A-2RS	3309 D	45	100	39.7
3310 A	—	3310 A-2Z	3310 A-2RS	3310 D	50	110	44.4
3311 A	—	3311 A-2Z	3311 A-2RS	3311 D	55	120	49.2
3312 A	—	3312 A-2Z	3312 A-2RS	3312 D	60	130	54
3313 A	—	3313 A-2Z	3313 A-2RS	3313 D	65	140	58.7
3314 A	3314	3314 A-2Z	3314 A-2RS	3314 D	70	150	63.5
3315 A	3315	3315 A-2Z	3315 A-2RS	3315 D	75	160	68.3
—	3316	—	—	—	80	170	68.3
—	3317	—	—	—	85	180	73
—	3318	—	—	—	90	190	73
—	3319	—	—	—	95	200	77.8
—	3320	—	—	—	100	215	82.6
—	3321	—	—	—	105	225	87.3
—	3322	—	—	—	110	240	92.1

7. 圆柱滚子轴承（GB/T 283—2007）

圆柱滚子轴承属于可分离型轴承。安装、拆卸比较方便。一般只用于承受较大的径向载荷（当内圈或外圈带挡边时，它可承受较小的轴向载荷）。对与此类轴承配合使用的轴、壳体孔等相关零件的加工要求较高。

圆柱滚子轴承标准分为多种结构，按承载能力和受力的方向有所不同。其结构形式见图 7-42，表 7-86～表 7-93 列出轴承的规格和尺寸。

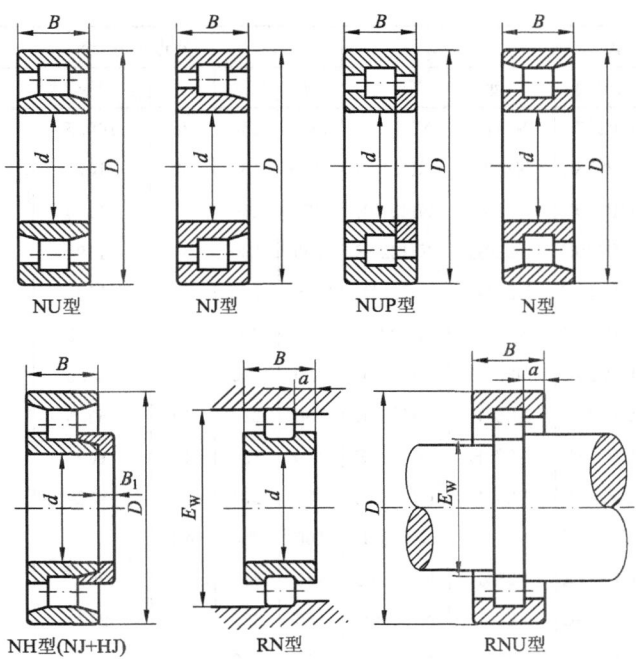

图 7-42　圆柱滚子轴承结构

单列圆柱滚子轴承尺寸规格

表 7-86

轴承代号					外形尺寸/mm					斜挡圈型号
NU 型	NJ 型	NUP 型	N 型	NH 型	d	D	B	F_w	E_w	
NU202E	NJ202E	—	N202E	NH202E	15	35	11	19.3	30.3	HJ202E
NU203E	NJ203E	NUP203E	N203E	NH203E	17	40	12	22.1	35.1	HJ203E
NU204E	NJ204E	NUP204E	N204E	NH204E	20	47	14	26.5	41.5	HJ204E
NU205E	NJ205E	NUP205E	N205E	NH205E	25	52	15	31.5	46.5	HJ205E
NU206E	NJ206E	NUP206E	N206E	NH206E	30	62	16	37.5	55.5	HJ206E
NU207E	NJ207E	NUP207E	N207E	NH207E	35	72	17	44	64	HJ207E
NU208E	NJ208E	NUP208E	N208E	NH208E	40	80	18	49.5	71.5	HJ208E
NU209E	NJ209E	NUP209E	N209E	NH209E	45	85	19	54.5	76.5	HJ209E
NU210E	NJ210E	NUP210E	N210E	NH210E	50	90	20	59.5	81.5	HJ210E
NU211E	NJ211E	NUP211E	N211E	NH211E	55	100	21	66	90	HJ211E
NU212E	NJ212E	NUP212E	N212E	NH212E	60	110	22	72	100	HJ212E
NU213E	NJ213E	NUP213E	N213E	NH213E	65	120	23	78.5	108.5	HJ213E
NU214E	NJ214E	NUP214E	N214E	NH214E	70	125	24	83.5	113.5	HJ214E
NU215E	NJ215E	NUP215E	N215E	NH215E	75	130	25	88.5	118.5	HJ215E
NU216E	NJ216E	NUP216E	N216E	NH216E	80	140	26	95.3	127.3	HJ216E

续表

轴承代号					外形尺寸/mm					斜挡圈型号
NU 型	NJ 型	NUP 型	N 型	NH 型	d	D	B	F_w	E_w	
NU217E	NJ217E	NUP217E	N217E	NH217E	85	150	28	100.5	136.5	HJ217E
NU218E	NJ218E	NUP218E	N218E	NH218E	90	160	30	107	145	HJ218E
NU219E	NJ219E	NUP219E	N219E	NH219E	95	170	32	112.5	154.5	HJ219E
NU220E	NJ220E	NUP220E	N220E	NH220E	100	180	34	119	163	HJ220E
NU221E	NJ221E	NUP221E	N221E	NH221E	105	190	36	125	173	HJ221E
NU222E	NJ222E	NUP222E	N222E	NH222E	110	200	38	132.5	180.5	HJ222E
NU224E	NJ224E	NUP224E	N224E	NH224E	120	215	40	143.5	195.5	HJ224E
NU226E	NJ226E	NUP226E	N226E	NH226E	130	230	40	153.5	209.5	HJ226E
NU228E	NJ228E	NUP228E	N228E	NH228E	140	250	42	169	225	HJ228E
NU230E	NJ230E	NUP230E	N230E	NH230E	150	270	45	182	242	HJ230E
NU232E	NJ232E	NUP232E	N232E	NH232E	160	290	48	195	259	HJ232E
NU234E	NJ234E	NUP234E	N234E	NH234E	170	310	52	207	279	HJ234E
NU236E	NJ236E	NUP236E	N236E	NH236E	180	320	52	217	289	HJ236E
NU238E	NJ238E	NUP238E	N238E	NH238E	190	340	55	230	306	HJ238E
NU240E	NJ240E	NUP240E	N240E	NH240E	200	360	58	243	323	HJ240E
NU244E	NJ244E	NUP244E	N244E	NH244E	220	400	62	268	358	HJ244E
NU248E	NJ248E	—	N248E	NH248E	240	440	72	293	393	HJ248E
NU252E	NJ252E	—	—	NH252E	260	480	80	317	—	HJ252E
NU256E	—	—	—	—	280	500	80	337	—	—
NU260E	—	—	—	—	300	540	85	364	—	—
NU264E	—	—	—	—	320	580	92	392	—	—

注：NU—内圈无挡边圆柱滚子轴承；NJ—内圈单挡边圆柱滚子轴承；NUP—内圈单挡边，带平挡圈圆柱滚子轴承；N—外圈无挡边圆柱滚子轴承；NH—内圈单挡边，带斜挡圈圆柱滚子轴承。（后列表中字母含义相同）

单列圆柱滚子轴承尺寸规格　　　　　　　　　　　　　表 7-87

轴承代号					外形尺寸/mm					斜挡圈型号
NU 型	NJ 型	NUP 型	N 型	NH 型	d	D	B	F_w	E_w	
NU2203E	NJ2203E	NUP2203E	N2203E	NH2203E	17	40	16	22.1	35.1	HJ2203E
NU2204E	NJ2204E	NUP2204E	N2204E	NH2204E	20	47	18	26.5	41.5	HJ2204E
NU2205E	NJ2205E	NUP2205E	N2205E	NH2205E	25	52	18	31.5	46.5	HJ2205E
NU2206E	NJ2206E	NUP2206E	N2206E	NH2206E	30	62	20	37.5	55.5	HJ2206E
NU2207E	NJ2207E	NUP2207E	N2207E	NH2207E	35	72	23	44	64	HJ2207E
NU2208E	NJ2208E	NUP2208E	N2208E	NH2208E	40	80	23	49.5	71.5	HJ2208E
NU2209E	NJ2209E	NUP2209E	N2209E	NH2209E	45	85	23	54.5	76.5	HJ2209E

轴承代号					外形尺寸/mm					斜挡圈型号
NU 型	NJ 型	NUP 型	N 型	NH 型	d	D	B	F_W	E_W	
NU2210E	NJ2210E	NUP2210E	N2210E	NH2210E	50	90	23	59.5	81.5	HJ2210E
NU2211E	NJ2211E	NUP2211E	N2211E	NH2211E	55	100	25	66	90	HJ2211E
NU2212E	NJ2212E	NUP2212E	N2212E	NH2212E	60	110	28	72	100	HJ2212E
NU2213E	NJ2213E	NUP2213E	N2213E	NH2213E	65	120	31	78.5	108.5	HJ2213E
NU2214E	NJ2214E	NUP2214E	N2214E	NH2214E	70	125	31	83.5	113.5	HJ2214E
NU2215E	NJ2215E	NUP2215E	N2215E	NH2215E	75	130	31	88.5	118.5	HJ2215E
NU2216E	NJ2216E	NUP2216E	N2216E	NH2216E	80	140	33	95.3	127.3	HJ2216E
NU2217E	NJ2217E	NUP2217E	N2217E	NH2217E	85	150	36	100.5	136.5	HJ2217E
NU2218E	NJ2218E	NUP2218E	N2218E	NH2218E	90	160	40	107	145	HJ2218E
NU2219E	NJ2219E	NUP2219E	N2219E	NH2219E	95	170	43	112.5	154.5	HJ2219E
NU2220E	NJ2220E	NUP2220E	N2220E	NH2220E	100	180	46	119	163	HJ2220E
NU2222E	NJ2222E	NUP2222E	N2222E	NH2222E	110	200	53	132.5	180.5	HJ2222E
NU2224E	NJ2224E	NUP2224E	N2224E	NH2224E	120	215	58	143.5	195.5	HJ2224E
NU2226E	NJ2226E	NUP2226E	N2226E	NH2226E	130	230	64	153.5	209.5	HJ2226E
NU2228E	NJ2228E	NUP2228E	N2228E	NH2228E	140	250	68	169	225	HJ2228E
NU2230E	NJ2230E	NUP2230E	N2230E	NH2230E	150	270	73	182	242	HJ2230E
NU2232E	NJ2232E	NUP2232E	N2232E	NH2232E	160	290	80	193	259	HJ2232E
NU2234E	NJ2234E	NUP2234E	N2234E	NH2234E	170	310	86	205	279	HJ2234E
NU2236E	NJ2236E	NUP2236E	N2236E	NH2236E	180	320	86	215	289	HJ2236E
NU2238E	NJ2238E	NUP2238E	N2238E	NH2238E	190	340	92	228	306	HJ2238E
NU2240E	NJ2240E	NUP2240E	N2240E	NH2240E	200	360	98	241	323	HJ2240E
NU2244E	—	NUP2244E	—	—	220	400	108	259	—	—
NU2248E	—	—	—	—	240	440	120	287	—	—
NU2252E	—	—	—	—	260	480	130	313	—	—
NU2256E	—	—	—	—	280	500	130	333	—	—
NU2260E	—	—	—	—	300	540	140	355	—	—
NU2264E	—	—	—	—	320	580	150	380	—	—

单列圆柱滚子轴承尺寸规格   表 7-88

轴承代号					外形尺寸/mm					斜挡圈型号
NU 型	NJ 型	NUP 型	N 型	NH 型	d	D	B	F_w	E_w	
NU303E	NJ303E	NUP303E	N303E	NH303E	17	47	14	24.2	40.2	HJ303E
NU304E	NJ304E	NUP304E	N304E	NH304E	20	52	15	27.5	45.5	HJ304E
NU305E	NJ305E	NUP305E	N305E	NH305E	25	62	17	34	54	HJ305E
NU306E	NJ306E	NUP306E	N306E	NH306E	30	72	19	40.5	62.5	HJ306E
NU307E	NJ307E	NUP307E	N307E	NH307E	35	80	21	46.2	70.2	HJ307E
NU308E	NJ308E	NUP308E	N308E	NH308E	40	90	23	52	80	HJ308E
NU309E	NJ309E	NUP309E	N309E	NH309E	45	100	25	58.5	88.5	HJ309E
NU310E	NJ310E	NUP310E	N310E	NH310E	50	110	27	65	97	HJ310E
NU311E	NJ311E	NUP311E	N311E	NH311E	55	120	29	70.5	106.5	HJ311E
NU312E	NJ312E	NUP312E	N312E	NH312E	60	130	31	77	115	HJ312E
NU313E	NJ313E	NUP313E	N313E	NH313E	65	140	33	82.5	124.5	HJ313E
NU314E	NJ314E	NUP314E	N314E	NH314E	70	150	35	89	133	HJ314E
NU315E	NJ315E	NUP315E	N315E	NH315E	75	160	37	95	143	HJ315E
NU316E	NJ316E	NUP316E	N316E	NH316E	80	170	39	101	151	HJ316E
NU317E	NJ317E	NUP317E	N317E	NH317E	85	180	41	108	160	HJ317E
NU318E	NJ318E	NUP318E	N318E	NH318E	90	190	43	113.5	169.5	HJ318E
NU319E	NJ319E	NUP319E	N319E	NH319E	95	200	45	121.5	177.5	H1319E
NU320E	NJ320E	NUP320E	N320E	NH320E	100	215	47	127.5	191.5	H1320E
NU321E	NJ321E	NUP321E	N321E	NH321E	105	225	49	133	201	HJ321E
NU322E	NJ322E	NUP322E	N322E	NH322E	110	240	50	143	211	HJ322E
NU324E	NJ324E	NUP324E	N324E	NH324E	120	260	55	154	230	HJ324E
NU326E	NJ326E	NUP326E	N326E	NH326E	130	280	58	167	247	HJ326E
NU328E	NJ328E	NUP328E	N328E	NH328E	140	300	62	180	260	HJ328E
NU330E	NJ330E	NUP330E	N330E	NH330E	150	320	65	193	283	HJ330E
NU332E	NJ332E	NUP332E	N332E	NH332E	160	340	68	204	300	HJ332E
NU334E	NJ334E	—	N334E	NH334E	170	360	72	218	318	HJ334E
NU336E	NJ336E	—	—	NH336E	180	380	75	231	—	HJ336E
NU338E	—	—	—	—	190	400	78	245	—	—
NU340E	NJ340E	—	—	—	200	420	80	258	—	—
NU344E	—	—	—	—	220	460	88	282	—	—
NU348E	NJ348E	—	—	—	240	500	95	306	—	—
NU352E	—	—	—	—	260	540	102	337	—	—
NU356E	NJ356E	—	—	—	280	580	108	362	—	—

单列圆柱滚子轴承尺寸规格　　　　　　　表 7-89

| 轴承代号 | | | | | 外形尺寸/mm | | | | | 斜挡圈 |
NU 型	NJ 型	NUP 型	N 型	NH 型	d	D	B	F_w	E_w	型号
NU2304E	NJ2304E	NUP2304E	N2304E	NH2304E	20	52	21	27.5	45.5	HJ2304E
NU2305E	NJ2305E	NUP2305E	N2305E	NH2305E	25	62	24	34	54	HJ2305E
NU2306E	NJ2306E	NUP2306E	N2306E	NH2306E	30	72	27	40.5	62.5	HJ2306E
NU2307E	NJ2307E	NUP2307E	N2307E	NH2307E	35	80	31	46.2	70.2	HJ2307E
NU2308E	NJ2308E	NUP2308E	N2308E	NH2308E	40	90	33	52	80	HJ2308E
NU2309E	NJ2309E	NUP2309E	N2309E	NH2309E	45	100	36	58.5	88.5	HJ2309E
NU2310E	NJ2310E	NUP2310E	N2310E	NH2310E	50	110	40	65	97	HJ2310E
NU2311E	NJ2311E	NUP2311E	N2311E	NH2311E	55	120	43	70.5	106.5	HJ2311E
NU2312E	NJ2312E	NUP2312E	N2312E	NH2312E	60	130	46	77	115	HJ2312E
NU2313E	NJ2313E	NUP2313E	N2313E	NH2313E	65	140	48	82.5	124.5	HJ2313E
NU2314E	NJ2314E	NUP2314E	N2314E	NH2314E	70	150	51	89	133	HJ2314E
NU2315E	NJ2315E	NUP2315E	N2315E	NH2315E	75	160	55	95	143	HJ2315E
NU2316E	NJ2316E	NUP2316E	N2316E	NH2316E	80	170	58	101	151	HJ2316E
NU2317E	NJ2317E	NUP2317E	N2317E	NH2317E	85	180	60	108	160	HJ2317E
NU2318E	NJ2318E	NUP2318E	N2318E	NH2318E	90	190	64	113.5	169.5	HJ2318E
NU2319E	NJ2319E	NUP2319E	N2319E	NH2319E	95	200	67	121.5	177.5	HJ2319E
NU2320E	NJ2320E	NUP2320E	N2320E	NH2320E	100	215	73	127.5	191.5	HJ2320E
NU2322E	NJ2322E	NUP2322E	N2322E	NH2322E	110	240	80	143	211	HJ2322E
NU2324E	NJ2324E	NUP2324E	N2324E	NH2324E	120	260	86	154	230	HJ2324E
NU2326E	NJ2326E	NUP2326E	N2326E	NH2326E	130	280	93	167	247	HJ2326E
NU2328E	NJ2328E	NUP2328E	N2328E	NH2328E	140	300	102	180	260	HJ2328E
NU2330E	NJ2330E	NUP2330E	N2330E	NH2330E	150	320	108	193	283	HJ2330E
NU2332E	NJ2332E	NUP2332E	N2332E	NH2332E	160	340	114	204	300	HJ2332E
NU2334E	NJ2334E	—	—	—	170	360	120	216	—	—
NU2336E	NJ2336E	—	—	—	180	380	126	227	—	—
NU2338E	NJ2338E	—	—	—	190	400	132	240	—	—
NU2340E	NJ2340E	—	—	—	200	420	138	253	—	—
NU2344E	—	—	—	—	220	460	145	277	—	—
NU2348E	—	—	—	—	240	500	155	303	—	—
NU2352E	—	—	—	—	260	540	165	324	—	—
NU2356E	—	—	—	—	280	580	175	351	—	—

单列圆柱滚子轴承 NU、N 系列尺寸规格　　　　　　表 7-90

轴承代号		外形尺寸/mm					轴承代号		外形尺寸/mm				
NU 型	N 型	d	D	B	F_w	E_w	NU 型	N 型	d	D	B	F_w	E_w
NU1005	N1005	25	47	12	30.5	41.5	NU1034	N1034	170	260	42	193	237
NU1006	N1006	30	55	13	36.5	48.5	NU1036	N1036	180	280	46	205	255
NU1007	N1007	35	62	14	42	55	NU1038	N1038	190	290	46	215	265
NU1008	N1008	40	68	15	47	61	NU1040	N1040	200	310	51	229	281
NU1009	N1009	45	75	16	52.5	67.5	NU1044	N1044	220	340	56	250	310
NU1010	N1010	50	80	16	57.5	72.5	NU1048	N1048	240	360	56	270	330
NU1011	N1011	55	90	18	64.5	80.5	NU1052	N1052	260	400	65	296	364
NU1012	N1012	60	95	18	69.5	85.5	NU1056	N1056	280	420	65	316	384
NU1013	N1013	65	100	18	74.5	90.5	NU1060	N1060	300	460	74	340	420
NU1014	N1014	70	110	20	80	100	NU1064	N1064	320	480	74	360	440
NU1015	N1015	75	115	20	85	105	NU1068	N1068	340	520	82	385	475
NU1016	N1016	80	125	22	91.5	113.5	NU1072	N1072	360	540	82	405	495
NU1017	N1017	85	130	22	96.5	118.5	NU1076	N1076	380	560	82	425	515
NU1018	N1018	90	140	24	103	127	NU1080	—	400	600	90	450	—
NU1019	N1019	95	145	24	108	132	NU1084	—	420	620	90	470	—
NU1020	N1020	100	150	24	113	137	NU1088	—	440	650	94	493	—
NU1021	N1021	105	160	26	119.5	145.5	NU1092	—	460	680	100	516	—
NU1022	N1022	110	170	28	125	155	NU1096	—	480	700	100	536	—
NU1024	N1024	120	180	28	135	165	NU10/500	—	500	720	100	556	—
NU1026	N1026	130	200	33	148	182	NU10/530	—	530	780	112	593	—
NU1028	N1028	140	210	33	158	192	NU10/560	—	560	820	115	626	—
NU1030	N1030	150	225	35	169.5	205.5	NU10/600	—	600	870	118	667	—
NU1032	N1032	160	240	38	180	220							

单列圆柱滚子轴承 RNU 系列尺寸规格　　　　　　表 7-91

轴承代号	外形尺寸/mm				轴承代号	外形尺寸/mm			
	F_w	D	B	a		F_w	D	B	a
RNU202E	19.3	35	11	—	RNU304E	27.5	52	15	2.5
RNU203E	22.1	40	12	—	RNU305E	34	62	17	3
RNU204E	26.5	47	14	2.5	RNU306E	40.5	72	19	3.5
RNU205E	31.5	52	15	3	RNU307E	46.2	80	21	3.5
RNU206E	37.5	62	16	3	RNU308E	52	90	23	4
RNU207E	44	72	17	3	RNU309E	58.5	100	25	4.5
RNU208E	49.5	80	18	3.5	RNU310E	65	110	27	5
RNU209E	54.5	85	19	3.5	RNU311E	70.5	120	29	5
RNU210E	59.5	90	20	4	RNU312E	77	130	31	5.5
RNU211E	66	100	21	3.5	RNU313E	82.5	140	33	5.5
RNU212E	72	110	22	4	RNU314E	89	150	35	5.5
RNU213E	78.5	120	23	4	RNU315E	95	160	37	5.5
RNU214E	83.5	125	24	4	RNU316E	101	170	39	6
RNU215E	88.5	130	25	4	RNU317E	108	180	41	6.5
RNU216E	95.3	140	26	4.5	RNU318E	113.5	190	43	6.5
RNU217E	100.5	150	28	4.5	RNU319E	121.5	200	45	7.5
RNU218E	107	160	30	5	RNU320E	127.5	215	47	7.5
RNU219E	112.5	170	32	5					
RNU220E	119	180	34	5					
RNU221E	125	190	36	—					
RNU222E	132.5	200	38	6					
RNU224E	143.5	215	40	6					

注：RNU—无内圈圆柱滚子轴承（后列表中字母含义相同）。

单列圆柱滚子轴承 RN 系列尺寸规格　　　　　　　表 7-92

轴承代号	外形尺寸/mm				轴承代号	外形尺寸/mm			
	F_W	D	B	a		F_W	D	B	a
RN202E	30.3	15	11	—	RN304E	45.5	20	15	2.5
RN203E	35.1	17	12	—	RN305E	54	25	17	3
RN204E	41.5	20	14	2.5	RN306E	62.5	30	19	3.5
RN205E	46.5	25	15	3	RN307E	70.5	35	21	3.5
RN206E	55.5	30	16	3	RN308E	80	40	23	4
RN207E	64	35	17	3	RN309E	88.5	45	25	4.5
RN208E	71.5	40	18	3.5	RN310E	97	50	27	5
RN209E	76.5	45	19	3.5	RN311E	106.5	55	29	5
RN210E	81.5	50	20	4	RN312E	115	60	31	5.5
RN211E	90	55	21	3.5	RN313E	124.5	65	33	5.5
RN212E	100	60	22	4	RN314E	133	70	35	5.5
RN213E	108.5	65	23	4	RN315E	143	75	37	5.5
RN214E	113.5	70	24	4	RN316E	151	80	39	6
RN215E	118.5	75	25	4	RN317E	160	85	41	6.5
RN216E	127.5	80	26	4.5	RN318E	169.5	90	43	6.5
RN217E	136.5	85	28	4.5	RN319E	177.5	95	45	7.5
RN218E	145	90	30	5	RN320E	191.5	100	47	7.5
RN219E	154.5	95	32	5					
RN220E	163	100	34	5					
RN221E	173	105	36	—					
RN222E	180.5	110	38	6					
RN224E	195.5	120	40	6					

注：RN—无外圈圆柱滚子轴承（后列表中字母含义相同）。

单列圆柱滚子轴承 RNU 系列尺寸规格　　　　　　　表 7-93

轴承代号	外形尺寸/mm				轴承代号	外形尺寸/mm			
	F_W	D	B	a		F_W	D	B	a
RNU1005	30.5	47	12	3.25	RNU1026	148	200	33	8
RNU1006	36.5	55	13	3.5	RNU1028	158	210	33	8
RNU1007	42	62	14	3.75	RNU1030	169.5	225	35	8.5
RNU1008	47	68	15	4	RNU1032	180	240	38	9
RNU1009	52.5	75	16	4.25	RNU1034	193	260	42	10
RNU1010	57.5	80	16	4.25	RNU1036	205	280	46	10.5
RNU1011	64.5	90	18	5	RNU1038	215	290	46	10.5
RNU1012	69.5	95	18	5	RNU1040	229	310	51	12.5
RNU1013	74.5	100	18	5	RNU1044	250	340	56	13
RNU1014	80	110	20	5	RNU1048	270	360	56	13
RNU1015	85	115	20	5	RNU1052	296	400	65	15.5
RNU1016	91.5	125	22	5.5	RNU1056	316	420	65	15.5
RNU1017	96.5	130	22	5.5	RNU1060	340	460	74	17
RNU1018	103	140	24	6	RNU1064	360	480	74	17
RNU1019	108	145	24	6	RNU1068	385	520	82	18.5
RNU1020	113	150	24	6	RNU1072	405	540	82	18.5
RNU1021	119.5	160	26	6.5	RNU1076	425	560	82	18.5
RNU1022	125	170	28	6.5	RNU1080	450	600	90	20
RNU1024	135	180	28	6.5					

8. 双列圆柱滚子轴承（GB/T 285—2013）

双列圆柱滚子轴承属于可分离型轴承，安装、拆卸比较方便。因轴承可全分离，只承受大的径向载荷，对与此类轴承配合使用的轴、壳体孔等相关零件的加工要求较高。

双列圆柱滚子轴承标准分为多种结构，有双列圆柱滚子轴承（NN 型）、圆锥孔双列圆柱滚子轴承（NN…K 型）、内圈无挡边双列圆柱滚子轴承（NNU 型）、内圈无挡边、圆锥孔双列圆柱滚子轴承（NNU…K 型）等，其结构形式见图 7-43，表 7-94～表 7-97 列出轴承的规格和尺寸。

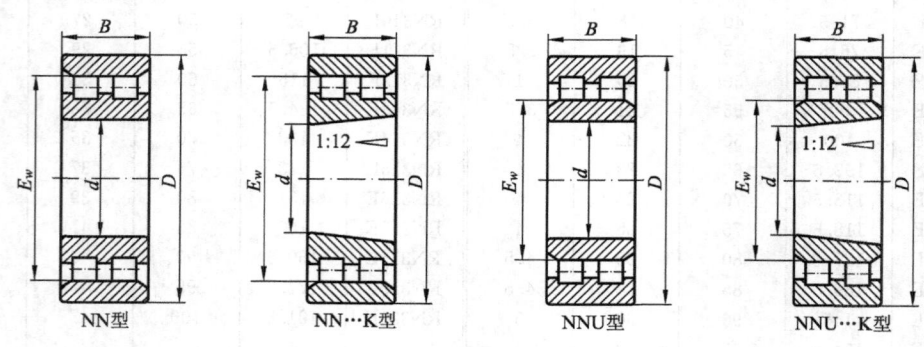

图 7-43　双列圆柱滚子轴承

NNU 型 49 系列尺寸规格　　　　　　　　　　　　　　　　　表 7-94

轴 承 代 号		外形尺寸 /mm				轴 承 代 号		外形尺寸 /mm			
NNU 型	NNU…K 型	d	D	B	E_w	NNU 型	NNU…K 型	d	D	B	E_w
NNU 4920	NNU 4920 K	100	140	40	113	NNU 4964	NNU 4964 K	320	440	118	359
NNU 4921	NNU 4921 K	105	145	40	118	NNU 4968	NNU 4968 K	340	460	118	379
NNU 4922	NNU 4922 K	110	150	40	123	NNU 4972	NNU 4972 K	360	480	118	399
NNU 4924	NNU 4924 K	120	165	45	134.5	NNU 4976	NNU 4976 K	380	520	140	426
NNU 4926	NNU 4926 K	130	180	50	146	NNU 4980	NNU 4980 K	400	540	140	446
NNU 4928	NNU 4928 K	140	190	50	156	NNU 4984	NNU 4984 K	420	550	140	466
NNU 4930	NNU 4930 K	150	210	60	168.5	NNU 4988	NNU 4988 K	440	600	160	490
NNU 4932	NNU 4932 K	160	220	60	178.5	NNU 4992	NNU 4992 K	460	620	160	510
NNU 4934	NNU 4934 K	170	230	60	188.5	NNU 4996	NNU 4996 K	480	650	170	534
NNU 4936	NNU 4936 K	180	250	69	202	NNU 49/500	NNU 49/500 K	500	670	170	554
NNU 4938	NNU 4938 K	190	260	69	212	NNU 49/530	NNU 49/530 K	530	710	180	588
NNU 4940	NNU 4940 K	200	280	80	225	NNU 49/563	NNU 49/563 K	560	750	190	623
NNU 4944	NNU 4944 K	220	300	80	245	NNU 49/600	NNU 49/600 K	600	800	200	666
NNU 4948	NNU 4948 K	240	320	80	265	NNU 49/630	NNU 49/630 K	630	850	218	704
NNU 4952	NNU 4952 K	260	360	100	292	NNU 49/670	NNU 49/670 K	670	900	230	738
NNU 4956	NNU 4956 K	280	380	100	312	NNU 49/710	NNU 49/713 K	710	950	243	782
NNU 4960	NNU 4960 K	300	420	118	339	NNU 49/750	NNU 49/750 K	750	1000	250	831

NNU 型 41 系列尺寸规格　　表 7-95

轴　承　代　号		外形尺寸 /mm				轴　承　代　号		外形尺寸 /mm			
NNU 型	NNU···K 型	d	D	B	E_w	NNU 型	NNU···K 型	d	D	B	E_w
NNU 4120	NNU 4120 K	100	165	65	117	NNU 4168	NNU 4168 K	340	580	243	402
NNU 4121	NNU 4121 K	105	175	69	124	NNU 4172	NNU 4172 K	360	600	243	422
NNU 4122	NNU 4122 K	110	180	69	129	NNU 4176	NNU 4176 K	380	620	243	442
NNU 4124	NNU 4124 K	120	200	80	142	NNU 4180	NNU 4180 K	400	650	250	463
NNU 4126	NNU 4126 K	130	211	80	151	NNU 4184	NNU 4184 K	420	700	280	497
NNU 4128	NNU 4128 K	140	225	85	161	NNU 4188	NNU 4188 K	440	720	280	511
NNU 4130	NNU 4130 K	150	250	100	177	NNU 4192	NNU 4192 K	460	760	300	537
NNU 4132	NNU 4132 K	160	270	109	188	NNU 4196	NNU 4196 K	480	790	308	557
NNU 4134	NNU 4134 K	170	280	109	198	NNU 41/500	NNU 41/500 K	500	830	325	582
NNU 4136	NNU 4136 K	180	300	118	211	NNU 41/530	NNU 41/530 K	530	870	335	618
NNU 4138	NNU 4138 K	160	320	128	222	NNU 41/563	NNU 41/563 K	560	920	355	653
NNU 4140	NNU 4140 K	200	340	140	235	NNU 41/600	NNU 41/600 K	600	980	375	699
NNU 4144	NNU 4144 K	220	370	150	258	NNU 41/630	NNU 41/630 K	630	1030	400	734
NNU 4148	NNU 4148 K	240	400	160	282	NNU 41/670	NNU 41/670 K	670	1090	412	774
NNU 4152	NNU 4152 K	260	440	180	306	NNU 41/710	NNU 41/710 K	710	1150	438	820
NNU 4156	NNU 4156 K	280	460	180	325	NNU 41/750	NNU 41/750 K	750	1220	475	871
NNU 4160	NNU 4160 K	300	500	200	351	NNU 41/800	NNU 41/800 K	800	1280	475	921
NNU 4164	NNU 4164 K	320	540	218	375						

NN 型 49 系列尺寸规格　　表 7-96

轴　承　代　号		外形尺寸 /mm				轴　承　代　号		外形尺寸 /mm			
NN 型	NN···K 型	d	D	B	E_w	NN 型	NN···K 型	d	D	B	E_w
NN4920	NN4920 K	100	140	40	130	NN4936	NN4936 K	180	250	69	232
NN 4921	NN 4921 K	105	145	40	134	NN4938	NN4938 K	190	260	69	243
NN4922	NN4922 K	110	150	40	140	NN 4940	NN 4940 K	200	280	80	260
NN4924	NN4924 K	120	165	45	153	NN4944	NN4944 K	220	300	80	279
NN4926	NN4926 K	130	180	50	168	NN4948	NN4948 K	240	320	80	300
NN4928	NN 4928 K	140	190	50	178	NN4952	NN4952 K	260	360	100	336
NN4930	NN4930 K	150	210	60	195	NN 4956	NN 4956 K	280	380	100	356
NN 4932	NN 4932 K	160	220	60	206	NN4960	NN4960 K	300	420	118	388
NN4934	NN4934 K	170	230	60	216	NN4964	NN4964 K	320	440	118	400

NN 型 30 系列尺寸规格 表 7-97

轴 承 代 号		外形尺寸 /mm				轴 承 代 号		外形尺寸 /mm			
NN 型	NN…K 型	d	D	B	E_w	NN 型	NN…K 型	d	D	B	E_w
NN 3005	NN 3005 K	25	47	16	41.3	NN 3036	NN 3036 K	180	280	74	255
NN 3006	NN 3006 K	30	55	19	48.5	NN 3038	NN 3038 K	190	290	75	265
NN 3007	NN 3007 K	35	62	20	55	NN 3040	NN 3040 K	200	310	82	262
NN 3008	NN 3008 K	40	68	21	61	NN 3044	NN 3044 K	220	340	90	310
NN 3009	NN 3009 K	45	75	23	67.5	NN 3048	NN 3048 K	240	360	92	330
NN3010	NN3010 K	50	80	23	72.5	NN 3052	NN 3052 K	260	400	104	364
NN 3011	NN 3011 K	55	90	26	81	NN 3056	NN 3056 K	280	420	106	384
NN 3012	NN 3012 K	60	95	26	86.1	NN 3060	NN 3060 K	300	460	118	418
NN 3013	NN 3013 K	65	100	26	91	NN 3064	NN 3064 K	320	480	121	438
NN 3014	NN 3014 K	70	110	30	100	NN 3068	NN 3068 K	340	520	133	473
NN 3015	NN 3015 K	75	115	30	105	NN 3072	NN 3072 K	360	540	134	493
NN 3016	NN 3016 K	80	125	34	113	NN 3076	NN 3076 K	380	560	135	513
NN 3017	NN 3017 K	85	130	34	115	NN 3080	NN 3080 K	400	600	148	549
NN 3018	NN 3018 K	90	140	37	127	NN 3084	NN 3084 K	420	620	150	569
NN 3019	NN 3019 K	95	145	37	132	NN 3088	NN 3088 K	440	650	157	597
NN 3020	NN 3020 K	100	150	37	137	NN 3092	NN 3092 K	460	680	163	642
NN 3021	NN 3021 K	105	160	41	146	NN 3096	NN 3096 K	480	700	165	644
NN 3022	NN 3022 K	110	170	45	155	NN 30/500	NN 30/500 K	500	720	167	664
NN 3024	NN 3024 K	120	180	46	165	NN 30/530	NN 30/530 K	530	780	185	715
NN 3026	NN 3026 K	130	200	52	182	NN 30/560	NN 30/560 K	560	820	195	755
NN 3028	NN 3028 K	140	210	53	192	NN 30/600	NN 30/600 K	600	870	200	803
NN 3030	NN 3030 K	150	225	56	206	NN 30/630	NN 30/630 K	630	920	212	845
NN 3032	NN 3032 K	160	240	60	219	NN 30/670	NN 30/670 K	700	980	230	900
NN 3034	NN 3034 K	170	260	67	236						

9. 双列满装圆柱滚子滚轮轴承（JB/T 7754—2007）

本标准规定在轴承圈上装满滚子，滚子间只有微小的间隙，只承受径向载荷，见图 7-44。结构有平挡圈（NUTR）型，外圈为圆柱（NUTR…X）型，螺栓（NUKR）型，外圈为圆柱的螺栓（NUKR…X）型 4 种。表 7-98、表 7-99 列出轴承的规格和尺寸。

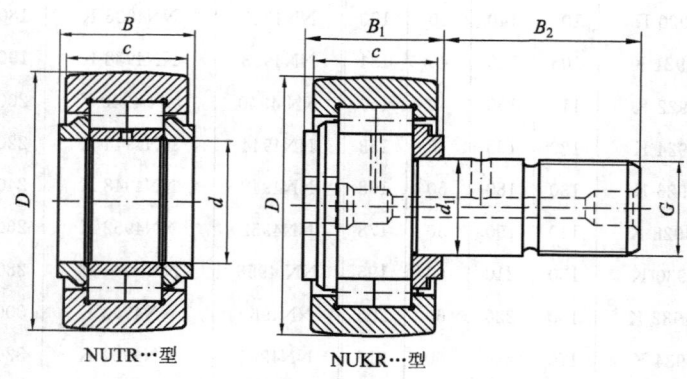

NUTR…型　　　NUKR…型

图 7-44　双列满装圆柱滚子轴承

平挡圈型滚轮轴承尺寸规格　　　　　　　　　　　　　　　表 7-98

轻系列轴承		外形尺寸/mm				重系列轴承		外形尺寸/mm			
NUTR…型	NUTR…X型	d	D	B	C	NUTR…型	NUTR…X型	d	D	B	C
NUTR15	NUTR15X	15	35	19	18	NUTR1542	NUTR1542X	15	42	19	18
NUTR17	NUTR17X	17	40	21	20	NUTR1747	NUTR1747X	17	47	21	20
NUTR20	NUTR20X	20	47	25	24	NUTR2052	NUTR2052X	20	52	25	24
NUTR25	NUTR25X	25	52	25	24	NUTR2562	NUTR2562X	25	62	25	24
NUTR30	NUTR30X	30	62	29	28	NUTR3072	NUTR3072X	30	72	29	28
NUTR35	NUTR35X	35	72	29	28	NUTR3580	NUTR3580X	35	80	29	28
NUTR40	NUTR40X	40	80	32	30	NUTR4090	NUTR4090X	40	90	32	30
NUTR45	NUTR45X	45	85	32	30	NUTR45100	NUTR45100X	45	100	32	30
NUTR50	NUTR50X	50	90	32	30	NUTR50110	NUTR50110X	50	110	32	30

注：本轴承的外圈外表面为微弧形，X 表示外圈外表面为圆柱形。

螺栓型滚轮轴承尺寸规格　　　　　　　　　　　　　　　　表 7-99

轴 承 型 号		外 形 尺 寸/mm			
NUKR…型	NUKR…X型	D	B	C	G
NUKR35	NUKR35X	35	16	18	M16×1.5
NUKR40	NUKR40X	40	18	20	M18×1.5
NUKR47	NUKR47X	47	20	24	M20×1.5
NUKR52	NUKR52X	52	20	24	M20×1.5
NUKR62	NUKR62X	62	24	29	M24×1.5
NUKR72	NUKR72X	72	24	29	M24×1.5
NUKR80	NUKR80X	80	30	35	M30×1.5
NUKR90	NUKR90X	90	30	35	M30×1.5

10. 圆锥滚子轴承（GB/T 297—2015）

圆锥滚子轴承 30000 型属于可分离型轴承，安装、拆卸比较方便。可用于承受较大的单向径向和轴向载荷，但极限转速低。轴承间隙可调节。由于承受径向载荷时会引起附加的轴向力，故成对地使用该类轴承。

本标准规定的结构形式见图 7-45，表 7-100～表 7-108 单列轴承规格和尺寸。

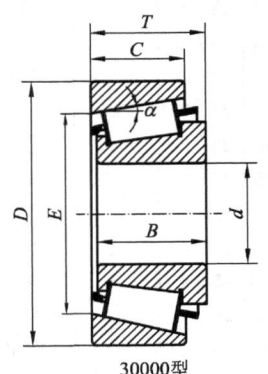

30000型

图 7-45　圆锥滚子轴承结构

圆锥滚子轴承 29 系列尺寸规格   表 7-100

轴承代号	外 形 尺 寸/mm							轴承代号	外 形 尺 寸/mm						
	d	D	T	B	C	α	E		d	D	T	B	C	α	E
32904	20	37	12	12	9	12°	29.6	32921	105	145	25	25	20	12°51	103.4
329/22	22	40	12	12	9	12°	32.7	32922	110	150	25	25	20	13°20′	135.2
32905	25	42	12	12	9	12°	34.6	32924	120	165	29	29	23	13°05′	148.5
329/28	28	45	12	12	9	12°	37.6	32926	130	180	32	32	25	12°45′	161.7
32906	30	47	12	12	9	12°	39.6	32928	140	190	32	32	25	13°30′	171.0
329/32	32	52	14	14	10	12°	44.3	32930	150	210	38	38	30	12°20′	187.9
32907	35	55	14	14	11.5	11°	47.2	32932	160	220	38	38	30	13°	198
32908	40	62	15	15	12	10°55′	53.4	32934	170	230	38	38	30	14°20′	206.6
32909	45	68	15	15	12	12°	58.9	32936	180	250	45	45	34	17°45′	218.6
32910	50	72	15	15	12	12°50′	62.7	32938	190	260	45	45	34	17°39′	228.6
32911	55	80	17	17	14	11°39′	69.5	32940	200	280	51	51	39	14°45′	249.7
32912	60	85	17	17	14	12°27′	74.2	32944	220	300	51	51	39	15°50′	267.7
32913	65	90	17	17	14	13°15′	78.8	32948	240	320	51	51	39	17°	286.9
32914	70	100	20	20	16	11°53′	88.6	32952	260	360	63.5	63.5	48	15°10′	320.8
32915	75	105	20	20	16	12°31′	93.2	32956	280	380	63.5	63.5	48	16°05′	339.7
32916	80	110	20	20	16	13°10′	98	32960	300	420	76	76	57	14°45′	374.7
32917	85	120	23	23	18	12°18′	106.6	32964	320	440	76	76	57	15°30′	393.4
32918	90	125	23	23	18	12°51′	111.3	32968	340	460	76	76	57	16°15′	412.0
32919	95	130	23	23	18	13°25′	116.1	32972	360	480	76	76	57	17°	430.6
32920	100	140	25	25	20	12°23′	125.7								

注：表中的 α、E 为近似值。（下同）

圆锥滚子轴承 20 系列尺寸规格   表 7-101

轴承代号	外 形 尺 寸 /mm							轴承代号	外 形 尺 寸 /mm						
	d	D	T	B	C	α	E		d	D	T	B	C	α	E
32004	20	42	15	15	12	14°	32.8	32020	100	150	32	32	24	17°	129.3
320/22	22	44	15	15	11.5	14°50′	34.7	32021	105	160	35	35	26	16°30′	137.7
32005	25	47	15	15	11.5	16°	37.4	32022	110	170	38	38	29	16°	146.3
320/28	28	52	16	16	12	16°	42	32024	120	180	38	38	29	17°	155.2
32006	30	55	17	17	13	16°	44.4	32026	130	200	45	45	34	16°10′	172.0
320/32	32	58	17	17	13	16°50′	46.7	32028	140	210	45	45	34	17°	180.7
32007	35	62	18	18	14	16°50′	50.5	32030	150	225	48	48	36	17°	193.7
32008	40	68	19	19	14.5	14°10′	56.9	32032	160	240	51	51	38	17°	207.2
32009	45	75	20	20	15.5	14°40′	63.2	32034	170	260	57	57	43	16°30′	223.0
32010	50	80	20	20	15.5	15°45′	67.8	32036	180	280	64	64	48	15°45′	229.9
32011	55	90	23	23	17.5	15°10′	76.5	32038	190	290	64	64	48	16°25′	249.8
32012	60	95	23	23	17.5	16°	80.6	32040	200	310	70	70	53	16°	266.0
32013	65	100	23	23	17.5	17°	85.7	32044	220	340	76	76	57	17°	292.5
32014	70	110	25	25	19	16°10′	93.6	32048	240	360	76	76	57	17°	310.4
32015	75	115	25	25	19	17°	98.4	32052	260	400	87	87	65	16°10′	344.4
32016	80	125	29	29	22	15°45′	107.3	32056	280	420	87	87	65	17°	361.8
32017	85	130	29	29	22	16°25′	111.8	32060	300	460	100	100	74	16°10′	395.7
32018	90	140	32	32	24	15°45′	119.9	32064	320	480	100	100	74	17°	415.6
32019	95	145	32	32	24	16°25′	124.9								

圆锥滚子轴承 30 系列尺寸规格　　　　　　　　　**表 7-102**

轴承代号	外 形 尺 寸 /mm							轴承代号	外 形 尺 寸 /mm						
	d	D	T	B	C	α	E		d	D	T	B	C	α	E
33005	25	47	17	17	14	10°55′	38.3	33016	80	125	36	36	29.5	10°30′	107.8
33006	30	55	20	20	16	11°	45.3	33017	85	130	36	36	29.5	11°	112.8
33007	35	62	21	21	17	11°30′	51.3	33018	90	140	39	39	32.5	10°10′	122.4
33008	40	68	22	22	18	10°40′	57.3	32019	95	145	39	39	32.5	10°30′	126.4
33009	45	75	24	24	19	11°05′	63.1	33020	100	150	39	39	32.5	10°50′	130.3
33010	50	80	24	24	19	11°55′	67.8	33021	105	160	43	43	34	10°40′	139.3
33011	55	90	27	27	21	11°45′	76.7	33022	110	170	47	47	37	10°50′	146.3
33012	60	95	27	27	21	12°20′	80.4	33024	120	180	48	48	38	11°30′	154.8
33013	65	100	27	27	21	13°05′	85.3	33026	130	200	55	55	43	12°50	172.0
33014	70	110	31	31	25.5	10°45′	95.0	33028	140	210	55	55	44	13°30′	180.3
33015	75	115	31	31	25.5	11°15′	99.4	33030	150	225	59	59	46	13°40′	194.3

圆锥滚子轴承 31、32 系列尺寸规格　　　　　　　**表 7-103**

轴承代号	31系列 外 形 尺 寸 /mm							轴承代号	32系列 外 形 尺 寸 /mm						
	d	D	T	B	C	α	E		d	D	T	B	C	α	E
33108	40	75	26	26	20.5	13°20′	61.2	33205	25	52	22	22	18	13°10′	40.4
33109	45	80	26	26	20.5	14°20′	65.7	332/28	28	58	24	24	19	12°45′	45.8
33110	50	85	26	26	20	15°20′	70.2	33206	30	62	25	25	19.5	12°50′	49.5
33111	55	95	30	30	23	14°	78.9	332/32	32	65	26	26	20.5	13°	51.8
33112	60	100	30	30	23	14°50′	83.5	33207	35	72	28	28	22	13°15′	57.2
33113	65	110	34	34	26.5	14°30′	91.7	33208	40	80	32	32	25	13°25′	63.4
33114	70	120	37	37	29	14°10′	99.7	33209	45	85	32	32	25	14°25′	68.1
33115	75	125	37	37	29	14°50′	104.4	33210	50	90	32	32	24.5	15°25′	72.7
33116	80	130	37	37	29	15°30′	109	33211	55	100	35	35	27	14°55′	81.2
33117	85	140	41	41	32	15°10′	117.1	33212	60	110	38	38	29	15°05′	89.0
33118	90	150	45	45	35	14°50′	125.3	33213	65	120	41	41	32	14°35′	97.9
33119	95	160	49	49	38	14°35′	133.2	33214	70	125	41	41	32	15°15′	102.3
33120	100	165	52	52	40	15°10′	137.1	33215	75	130	41	41	31	15°55′	106.7
33121	105	175	56	56	44	15°05′	144.4	33216	80	140	46	46	35	15°50′	114.6
33122	110	180	56	56	43	14°35′	149.1	33217	85	150	49	49	37	15°35′	122.9
33124	120	200	62	62	48	14°50′	166.1	33218	90	160	55	55	42	15°40′	129.8
								33219	95	170	58	58	44	15°15′	138.6
								33220	100	180	63	63	48	15°05′	145.9
								33221	105	190	68	68	52	15°	153.6

圆锥滚子轴承 02 系列尺寸规格　　　　表 7-104

轴承代号	外形尺寸 /mm							轴承代号	外形尺寸 /mm						
	d	D	T	B	C	α	E		d	D	T	B	C	α	E
30202	15	35	11.75	11	10	—	—	30219	95	170	34.5	32	27	15°38′	143.4
30203	17	40	13.25	12	11	12°57′	31.4	30220	100	180	37	34	29	15°38′	151.3
30204	20	47	15.25	14	12	12°57′	37.3	30221	105	190	39	36	30	15°38′	159.8
30205	25	52	16.25	15	13	14°02′	41.1	30222	110	200	41	38	32	15°38′	168.5
30206	30	62	17.25	16	14	14°02′	50	30224	120	215	43.5	40	34	16°10′	181.3
302/32	32	65	18.25	17	15	14°	52.5	30226	130	230	43.75	40	34	16°10′	196.4
30207	35	72	18.25	17	15	14°02′	58.8	30228	140	250	45.75	42	36	16°10′	212.3
30208	40	80	19.75	18	16	14°02′	65.7	30230	150	270	49	45	38	16°10′	227.4
30209	45	85	20.75	19	16	15°06′	70.4	30232	160	290	52	48	40	16°10′	245
30210	50	90	21.75	20	17	15°38′	75.1	30234	170	310	57	52	43	16°10′	262.5
30211	55	100	22.75	21	18	15°06′	84.2	30236	180	320	57	52	43	16°42′	270.9
30212	60	110	23.75	22	19	15°06′	91.9	30238	190	340	60	55	46	16°10′	291.1
30213	65	120	24.75	23	20	15°06′	101.9	30240	200	360	64	58	48	16°10′	307.2
30214	70	125	26.25	24	21	15°38′	105.7	30244	220	400	72	65	54	15°39′	339.9
30215	75	130	27.25	25	22	16°10′	110.4	30248	240	440	79	72	60	15°39′	374.9
30216	80	140	28.25	26	24	15°38′	119.4	30252	260	480	89	80	67	16°26′	410.4
30217	85	150	30.5	28	24	15°38′	126.7	30256	280	500	89	80	67	17°03′	423.9
30218	90	160	32.5	30	26	15°38′	134.9								

圆锥滚子轴承 22 系列尺寸规格　　　　表 7-105

轴承代号	外形尺寸 /mm							轴承代号	外形尺寸 /mm						
	d	D	T	B	C	α	E		d	D	T	B	C	α	E
32203	17	40	17.25	16	14	11°45′	31.1	32220	100	180	49	46	39	15°39′	148.2
32204	20	47	19.25	18	15	12°28′	35.8	32221	105	190	53	50	43	15°39′	155.3
32205	25	52	19.25	18	16	13°30′	41.3	32222	110	200	56	53	46	15°39′	164.0
32206	30	62	21.25	20	17	14°02′	49	32224	120	215	61.5	58	50	16°10′	174.8
32207	35	72	24.25	23	19	14°02′	57.1	32226	130	230	67.75	64	54	16°10′	187.1
32208	40	80	24.75	23	19	14°02′	64.7	32228	140	250	71.75	68	58	16°10′	204.0
32209	45	85	24.75	23	19	15°07′	69.6	32230	150	270	77	73	60	16°10′	219.2
32210	50	90	24.75	23	19	15°39′	74.2	32232	160	290	84	80	67	16°10′	235
32211	55	100	26.75	25	21	15°07′	82.8	32234	170	310	91	86	71	16°10′	251.9
32212	60	110	29.75	28	24	15°07′	90.2	32236	180	320	91	86	71	16°42′	259.9
32213	65	120	32.75	31	27	15°07′	99.5	32238	190	340	97	92	75	16°10′	279.0
32214	70	125	33.25	31	27	15°39′	103.8	32240	200	360	104	98	82	15°10′	294.9
32215	75	130	33.25	31	27	16°10′	108.9	32244	220	400	114	108	90	16°10′	326.5
32216	80	140	35.25	33	28	15°39′	117.5	32248	240	440	127	120	100	16°10′	356.9
32217	85	150	38.5	36	30	15°39′	125	32252	260	480	137	130	105	16°	393.0
32218	90	160	42.5	40	34	15°39′	132.6	32256	280	500	137	130	105	16°	409.1
32219	95	170	45.5	43	37	15°39′	140.3	32260	300	540	149	140	115	16°10′	443.7

圆锥滚子轴承 03 系列尺寸规格　　　　表 7-106

轴承代号	外 形 尺 寸 /mm							轴承代号	外 形 尺 寸 /mm						
	d	D	T	B	C	α	E		d	D	T	B	C	α	E
30302	15	42	14.25	13	11	10°45′	33.3	30319	95	200	49.5	45	38	12°57′	165.9
30303	17	47	15.25	14	12	10°45′	37.4	30320	100	215	51.5	47	39	12°57′	178.6
30304	20	52	16.25	15	13	11°19′	41.3	30321	105	225	53.5	49	41	12°57′	186.8
30305	25	62	18.25	17	15	11°19′	50.6	30322	110	240	54.5	50	42	12°57′	199.9
30306	30	72	20.75	19	16	11°52′	58.3	30324	120	260	59.5	55	46	12°57′	214.9
30307	35	80	22.75	21	18	11°52′	65.8	30326	130	280	63.75	58	49	12°57′	232
30308	40	90	25.25	23	20	12°57′	72.7	30328	140	300	67.75	62	53	12°57′	247.9
30309	45	100	27.25	25	22	12°57′	81.7	30330	150	320	72	65	55	12°57′	266
30310	50	110	29.25	27	23	12°57′	90.6	30332	160	340	75	68	58	12°57′	282.8
30311	55	120	31.5	29	25	12°57′	99.1	30334	170	360	80	72	62	12°57′	300
30312	60	130	33.5	31	26	12°57′	107.8	30336	180	380	83	75	64	12°57′	319.1
30313	65	140	36	33	28	12°57′	116.8	30338	190	400	86	78	65	12°57′	333.5
30314	70	150	38	35	30	12°57′	125.2	30340	200	420	89	80	67	12°57′	352.2
30315	75	160	40	37	31	12°57′	134.1	30344	220	460	97	88	73	12°57′	383.5
30316	80	170	42.5	39	33	12°57′	143.2	30348	240	500	105	95	80	12°57′	416.3
30317	85	180	44.5	41	34	12°57′	150.4	30352	260	540	113	102	85	13°30′	452
30318	90	190	46.5	43	36	12°57′	159.1								

圆锥滚子轴承 13 系列尺寸规格　　　　表 7-107

轴承代号	外 形 尺 寸 /mm							轴承代号	外 形 尺 寸 /mm						
	d	D	T	B	C	α	E		d	D	T	B	C	α	E
31305	25	62	18.25	17	13	28°49′	44.1	31316	80	170	42.5	39	27	28°49′	129.2
31306	30	72	20.75	19	14	28°49′	51.8	31317	85	180	44.5	41	28	28°49′	137.4
31307	35	80	22.75	21	15	28°49′	58.9	31318	90	190	46.5	43	30	28°49′	143.5
31308	40	90	25.25	32	17	28°49′	67	31319	95	200	49.5	45	32	28°49′	151.5
31309	45	100	27.25	35	18	28°49′	75.1	31320	100	215	56.5	51	35	28°49′	162.7
31310	50	110	29.25	37	19	28°49′	82.7	31321	105	225	58	53	36	28°49	170.7
31311	55	120	31.5	39	21	28°49′	89.6	31322	110	240	63	57	38	28°49′	182.0
31312	60	130	33.5	31	22	28°49′	93.2	31324	120	260	68	62	42	28°49′	197.0
31313	65	140	36	33	23	28°49′	10669	31326	130	280	72	66	44	28°49′	211.7
31314	70	150	38	35	25	28°49′	113.4	31328	140	300	77	70	47	28°49′	228
31315	75	160	40	37	26	28°49′	122.1	31330	150	320	82	72	50	28°49′	244.2

圆锥滚子轴承 23 系列尺寸规格   表 7-108

轴承代号	外形尺寸 /mm							轴承代号	外形尺寸 /mm						
	d	D	T	B	C	α	E		d	D	T	B	C	α	E
32303	17	47	20.25	19	16	10°45′	36	32319	95	200	71.5	67	55	12°57′	160.3
32304	20	52	22.25	21	18	11°19′	39.5	32320	100	215	77.5	73	60	12°57′	171.7
32305	25	62	25.25	24	20	11°19′	48.6	32321	105	225	81.5	77	63	12°57′	179.4
32306	30	72	28.75	27	23	11°52′	55.8	32322	110	240	84.5	80	65	12°57′	192.1
32307	35	80	32.75	31	25	11°52′	62.8	32324	120	260	90.5	86	69	12°57′	207
32308	40	90	35.25	33	27	12°57′	69.3	32326	130	280	98.75	93	78	12°57′	223.7
32309	45	100	38.25	36	30	12°57′	78.3	32328	140	300	107.75	102	85	12°57′	240
32310	50	110	42.25	40	33	12°57′	86.3	32330	150	320	114	108	90	12°57′	256.7
32311	55	120	45.5	43	35	12°57′	94.3	32332	160	340	121	114	95	—	—
32312	60	130	48.5	46	37	12°57′	102.9	32334	170	360	127	120	100	13°30′	286.2
32313	65	140	51	48	39	12°57′	111.8	32336	180	380	134	126	106	13°30′	303.7
32314	70	150	54	51	42	12°57′	119.8	32338	190	400	140	132	109	13°30′	321.7
32315	75	160	58	55	45	12°57′	127.9	32340	200	420	146	139	115	13°30′	335.8
32316	80	170	61.5	58	48	12°57′	136.5	32344	220	460	154	145	122	12°57′	368.1
32317	85	180	63.5	60	49	12°57′	144.2	32348	240	500	165	155	132	12°57′	401.3
32318	90	190	67.5	64	53	12°57′	151.7								

11. 双列圆锥滚子轴承（GB/T 299—2008）

双列圆锥滚子轴承属于可分离型轴承，安装、拆卸比较方便。可用于承受较大双向的径向和轴向载荷，但极限转速低，轴承间隙可调节。

双列圆锥滚子轴承标准规定的结构形式见图 7-46，表 7-109～表 7-113 列出轴承规格和尺寸。

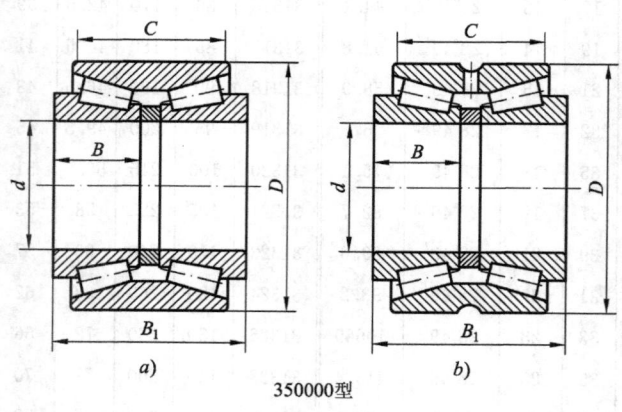

350000型

图 7-46　双列圆锥滚子轴承结构

35000 型 29、19 系列尺寸规格　　　　　　　　　　　表 7-109

轴承代号	29 系列外形尺寸/mm					轴承代号	19 系列外形尺寸/mm				
	d	D	B_1	C	B		d	D	B_1	C	B
352926	130	180	73	59	32	351976	380	520	145	105	65
352928	140	190	73	59	32	351980	400	540	150	105	65
352930	150	210	86	70	38	351984	420	560	145	105	65
352932	160	220	86	70	38	351988	440	600	170	125	74
352934	170	230	86	70	38	351992	460	620	174	130	74
352936	180	250	102	80	45	351996	480	650	180	130	78
352938	190	260	102	80	45	3519/500	500	670	180	130	78
352940	200	280	116	92	51	3519/530	530	710	190	136	82
352944	220	300	116	92	51	3519/560	560	750	213	156	85
352948	240	320	116	92	51	3519/600	600	800	205	156	90
352952	260	360	141	110	63.5	3519/630	630	850	242	182	100
352956	280	380	141	110	63.5	3519/670	670	900	240	180	103
352960	300	420	166	128	76	3519/710	710	950	240	175	106
352964	320	440	166	128	76	3519/750	750	1000	264	194	112
352968	340	460	166	128	76	3519/800	800	1060	270	204	115
352972	360	480	166	128	76	3519/850	850	1120	268	188	118
						3519/900	900	1180	275	205	122
						3519/950	950	1250	300	220	132

35000 型 20 系列尺寸规格　　　　　　　　　　　表 7-110

轴承代号	外形尺寸/mm					轴承代号	外形尺寸/mm				
	d	D	B_1	C	B		d	D	B_1	C	B
352004	20	42	34	28	15	352021	105	160	80	62	35
352005	25	47	34	27	16	352022	110	170	86	68	38
352006	30	55	39	31	17	352024	120	180	88	70	38
352007	35	62	41	33	18	352026	130	200	102	80	45
352008	40	68	44	35	19	352028	140	210	104	82	45
352009	45	75	46	37	20	352030	150	225	110	86	48
352010	50	80	46	37	20	352032	160	240	116	90	51
352011	55	90	52	41	23	352034	170	260	128	100	57
352012	60	95	52	41	23	352036	180	280	142	110	64
352013	65	100	52	41	23	352038	190	290	142	110	64
352014	70	110	57	45	25	352040	200	310	154	120	70
352015	75	115	58	46	25	352044	220	340	166	128	76
352016	80	125	66	52	29	352048	240	360	166	128	76
352017	85	130	67	53	29	352052	260	400	190	146	87
352018	90	140	73	57	32	352056	280	420	190	146	87
352019	95	145	73	57	32	352060	300	460	220	168	100
352020	100	450	73	57	32	352064	320	480	220	168	100

35000 型 10、11 系列尺寸规格　　　　　　　　　　表 7-111

轴承代号	10 系列外形尺寸/mm					轴承代号	11 系列外形尺寸/mm				
	d	D	B_1	C	B		d	D	B_1	C	B
351068	340	520	180	135	82	351156	280	460	185	140	82
351072	360	540	185	140	82	351160	300	500	205	152	90
351076	380	560	190	140	82	351164	320	540	225	160	100
351080	400	600	206	150	90	351168	340	580	242	170	106
351084	420	620	206	150	90	351172	360	600	242	170	106
351088	440	650	212	152	94	351176	380	620	242	170	106
351092	460	680	230	175	100	351180	400	650	255	180	112
351096	480	700	240	180	100	351184	420	700	275	200	122
3510/500	500	720	236	180	100	351188	440	720	275	190	122
3510/530	530	780	255	180	112	381192	460	760	300	210	132
3510/560	560	820	260	185	115	351196	480	790	310	224	136
3510/600	600	870	270	198	118	3511/500	500	830	325	230	145
3510/630	630	920	295	213	128	3511/530	530	870	340	240	150
3510/670	670	980	310	215	138	3511/560	560	920	352	250	160
3510/710	710	1030	315	220	140	3511/600	600	980	370	265	170
3510/750	750	1090	365	255	150	3511/630	630	1030	390	280	175
3510/800	800	1150	380	265	155	3511/670	670	1090	410	296	185
3510/850	850	1220	400	280	165	3511/710	710	1150	430	310	195
3510/900	900	1280	410	300	175	3511/750	750	1220	452	320	206
3510/950	950	1360	440	305	180						

35000 型 13、22 系列尺寸规格　　　　　　　　　　表 7-112

轴承代号	13 系列外形尺寸/mm					轴承代号	22 系列外形尺寸/mm				
	d	D	B_1	C	B		d	D	B_1	C	B
351305	25	62	42	31.5	17	352208	40	80	55	43.5	23
351306	30	72	47	33.5	19	352209	45	85	55	43.5	23
351307	35	80	51	35.5	21	352210	50	90	55	43.5	23
351308	40	90	58	39.5	23	352211	55	100	60	48.5	25
351309	45	100	60	41.5	25	352212	60	110	66	54.5	28
351310	50	110	64	43.5	27	352213	65	120	73	61.5	31
351311	55	120	70	49	29	352214	70	125	74	61.5	31
351312	60	130	74	51	31	352215	75	130	74	61.5	31
351313	65	140	79	53	33	352216	80	140	78	63.5	33
351314	70	150	83	57	35	352217	85	150	86	69	36
351315	75	160	88	60	37	352218	90	160	94	77	40
351316	80	170	94	63	39	352219	95	170	100	83	43
351317	85	180	99	66	41	352220	100	180	107	87	46
351318	90	190	103	70	43	352221	105	190	115	95	50
351319	95	200	109	74	45	352222	110	200	121	101	53
351320	100	215	124	81	51	352224	120	215	132	109	58
351321	105	225	127	83	53	352226	130	230	145	117.5	64
351322	110	240	137	87	57	352228	140	250	153	125.5	68
351324	120	260	148	96	62	352230	150	270	164	130	73
351326	130	280	156	100	66	352232	160	290	178	144	80
351328	140	300	168	108	70	352234	170	310	192	152	86
351330	150	320	178	114	75	352236	180	320	192	152	86
						352238	190	340	204	160	92
						352240	200	360	218	174	98

35000 型 21 系列尺寸规格　　　　　　　　　　　　　　表 7-113

轴承代号	外形尺寸/mm					轴承代号	外形尺寸/mm				
	d	D	B_1	C	B		d	D	B_1	C	B
352122	110	180	95	76	42	352136	180	300	164	134	72
352124	120	200	110	90	48	352138	190	320	170	130	78
352126	130	210	110	90	48	352140	200	340	184	150	82
352128	140	225	115	90	50	352144	220	370	195	150	88
352130	150	250	138	112	60	352148	240	400	210	163	95
352132	160	270	150	120	66	352152	260	440	225	180	106
352134	170	280	150	120	66						

12. 调心球轴承（GB/T 281—2013）

（1）调心球轴承外圈有球面滚道，能使内圈产生少量转角，起到对轴的调心作用，能补偿同轴度偏差。主要承受径向载荷，能承受少量的轴向载荷。不宜承受纯轴向载荷，极限转速高。调心球轴承有圆柱孔调心球轴承（10000 型）、圆锥孔调心球轴承（10000K 型）、带紧定套的调心球轴承（10000K＋H 型）、两面带密封圈的圆柱孔调心球轴承（10000-2RS 型）及两面带密封圈的圆锥孔调心球轴承（10000K-2RS 型）五种，其结构形式见图 7-47。表 7-114～表 7-118 列出轴承的规格和尺寸。

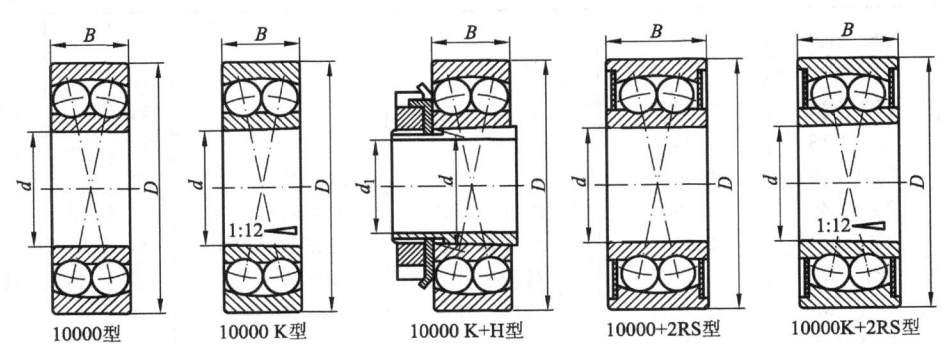

10000 型　　　10000 K 型　　　10000 K＋H 型　　　10000＋2RS 型　　　10000K＋2RS 型

图 7-47　调心球轴承结构

39、10、30 系列轴承尺寸规格　　　　　　　　　　　　表 7-114

轴承代号	39 系列外形尺寸 /mm			轴承代号	10 系列外形尺寸 /mm			轴承代号	30 系列外形尺寸 /mm		
	d	D	B		d	D	B		d	D	B
13940	200	280	60	108	8	22	7	13030	150	225	56
13944	220	300	60					13036	180	280	74
13948	240	320	60								

02 系列轴承尺寸规格　　表 7-115

轴承代号			外形尺寸/mm				轴承代号			外形尺寸/mm			
10000 型	10000 K 型	10000 K＋H 型	d	d_1	D	B	10000 型	10000 K 型	10000 K＋H 型	d	d_1	D	B
126	—	—	6	—	19	6	1212	1212 K	1212 K＋H212	60	55	110	22
127	—	—	7	—	22	7	1213	1213 K	1213 K＋H213	65	60	120	23
129	—	—	9	—	26	8	1214	1214 K	1213 K＋H214	70	60	125	24
1200	1200 K	—	10	—	30	9	1215	1215 K	1215 K＋H215	75	65	130	25
1201	1201 K	—	12	—	32	10	1216	1216 K	1216 K＋H216	80	70	140	26
1202	1202 K	—	15	—	35	11	1217	1217 K	1217 K＋H217	85	75	150	28
1203	1203 K	—	17	—	40	12	1218	1218 K	1218 K＋H218	90	80	160	30
1204	1204 K	1204 K＋H204	20	17	47	14	1219	1219 K	1219 K＋H219	95	85	170	32
1205	1205 K	1205 K＋H205	25	20	52	15	1220	1220 K	1220 K＋H220	100	90	180	34
1206	1206 K	1206 K＋H206	30	25	62	16	1221	1221 K	1221 K＋H221	105	95	190	36
1207	1207 K	1207 K＋H207	35	30	72	17	1222	1222 K	1222 K＋H222	110	100	200	38
1208	1208 K	1208 K＋H208	40	35	80	18	1224	1224 K-	1224 K＋H3024	120	110	215	42
1209	1209 K	1209 K＋H209	45	40	85	19	1226	—	—	130	—	230	46
1210	1210 K	1210 K＋H210	50	45	90	20	1228	—	—	140	—	250	50
1211	1211 K	1211 K＋H211	55	50	100	21							

22 系列轴承尺寸规格　　表 7-116

轴承代号					外形尺寸/mm			
10000 型	10000-2RS 型	10000 K 型	10000 K-2RS 型	10000 K＋H 型	d	d_1	D	B
2200	2200-2RS	—	—	—	10	—	30	14
2201	2201-2RS	—	—	—	12	—	32	14
2202	2202-2RS	2202 K	—	—	15	—	35	14
2203	2203-2RS	2203 K	—	—	17	—	40	16
2204	2204-2RS	2204 K	—	2204 K＋H304	20	17	47	18
2205	2205-2RS	2205 K	2205 K-2RS	2205 K＋H305	25	20	52	18
2206	2206-2RS	2206 K	2206 K-2RS	2206 K＋H306	30	25	62	20
2207	2207-2RS	2207 K	2207 K-2RS	2207 K＋H307	35	30	72	23
2208	2208-2RS	2208 K	2208 K-2RS	2208 K＋H308	40	35	80	23
2209	2209-2RS	2209 K	2209 K-2RS	2209 K＋H309	45	40	85	23
2210	2210-2ES	2210 K	2210 K-2ES	2210 K＋H310	50	45	90	23
2212	2212-2RS	2212 K	2212 K-2RS	2212 K＋H312	60	55	110	28
2213	2213-2RS	2213 K	2213 K-2RS	2213 K＋H313	65	60	120	31
2214	2214-2RS	2214 K	2214 K-2RS	2214 K＋H314	70	60	125	31
2215	—	2215 K	—	2215 K＋H315	75	65	130	31
2216	—	2216 K	—	2216 K＋H316	80	70	140	33
2217	—	2217 K	—	2217 K＋H317	85	75	150	36
2218	—	2218 K	—	2218 K＋H318	90	80	160	40
2219	—	2219 K	—	2219 K＋H319	95	85	170	43
2220	—	2220 K	—	2220 K＋H320	100	90	180	46
2221	—	2221 K	—	2221 K＋H321	105	95	190	50
2222	—	2222 K	—	2222 K＋H322	110	100	200	53

03 系列轴承尺寸规格　　　　　　　　　　　　**表 7-117**

轴　承　代　号			外形尺寸/mm				轴　承　代　号			外形尺寸/mm			
10000 型	10000 K 型	10000 K+ H 型	d	d_1	D	B	10000 型	10000 K 型	10000 K+ H 型	d	d_1	D	B
135	—	—	5	—	19	6	1311	1311 K	1311 K+H311	55	50	120	29
1300	1300 K	—	10	—	35	11	1312	1312 K	1312 K+H312	60	55	130	31
1301	1301 K	—	12	—	37	12	1313	1313 K	1313 K+H313	65	60	140	33
1302	1302 K	—	15	—	42	14	1314	1314 K	1314 K+H314	70	60	150	35
1303	1303 K	—	17	—	47	15	1315	1315 K	1315 K+H315	75	65	160	37
1304	1304 K	1304 K+H304	20	17	52	16	1316	1316 K	1316 K+H316	80	70	170	39
1305	1305 K	1305 K+H305	25	20	62	17	1317	1317 K	1317 K+H317	85	75	180	41
1306	1306 K	1306 K+H306	30	25	72	19	1318	1318 K	1318 K+H318	90	80	190	43
1307	1307 K	1307 K+H307	35	30	80	21	1319	1319 K	1319 K+H319	95	85	200	45
1308	1308 K	1308 K+H308	40	35	90	23	1320	1320 K	1320 K+H320	100	90	215	47
1209	1209 K	1209 K+H209	45	40	100	25	1321	1321 K	1321 K+H321	105	95	225	49
1210	1210 K	1210 K+H210	50	45	110	27	1322	1322 K	1322 K+H322	110	100	240	50

23 系列轴承尺寸规格　　　　　　　　　　　　**表 7-118**

轴　承　代　号				外形尺寸 /mm			
10000 型	10000-2RS 型	10000 K 型	10000 K+ H 型	d	d_1	D	B
2300	—	—	—	10	—	35	17
2301	—	—	—	12	—	37	17
2302	2302-2RS	—	—	15	—	42	17
2303	2303-2RS	—	—	17	—	47	19
2304	2304-2RS	2304 K	2304 K+H2304	20	17	52	21
2305	2305-2RS	2305 K	2305 K+H2305	25	20	62	24
2306	2306-2RS	2306 K	2306 K+H2306	30	25	72	27
2307	2307-2RS	2307 K	2307 K+H2307	35	30	80	31
2308	2308-2RS	2308 K	2308 K+H2308	40	35	90	33
2209	2209-2RS	2209 K	2209 K+H2309	45	40	100	36
2210	2210-2RS	2210 K	2210 K+H2310	50	45	110	40
2311	—	2311 K	2311 K+H2311	55	50	120	43
2312	—	2312 K	2312 K+H2312	60	55	130	46
2313	—	2313 K	2313 K+H2313	65	60	140	48
2314	—	2314 K	2314 K+H2314	70	60	150	51
2315	—	2315 K	2315 K+H2315	75	65	160	55
2316	—	2316 K	2316 K+H2316	80	70	170	58
2317	—	2317 K	2317 K+H2317	85	75	180	60
2318	—	2318 K	2318 K+H2318	90	80	190	64
2319	—	2319 K	2319 K+H2319	95	85	200	67
2320	—	2320 K	2320 K+H2320	100	90	215	73
2321	—	2321 K	2321 K+H2321	105	95	225	77
2322	—	2322 K	2322 K+H2322	110	100	240	80

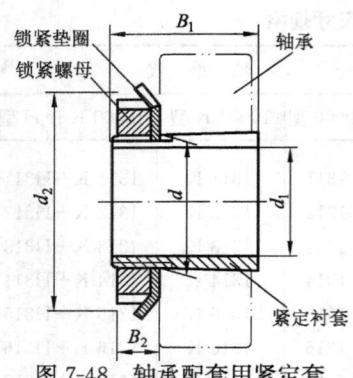

锁紧垫圈
锁紧螺母
轴承
紧定衬套

图 7-48　轴承配套用紧定套

（2）轴承配套用紧定套
（JB/T 7919.2—1999）

本标准适用于调心球轴承和调心滚子轴承（属于轴承附件）定位，其结构见图 7-48，配套用的紧定套系列尺寸见表 7-119～表 7-125。

紧定套 H2 系列尺寸规格　　　　　　　　　　表 7-119

紧定套型号	尺寸/mm					适用轴承型号 调心滚子轴承	紧定套型号	尺寸/mm					适用轴承型号 调心滚子轴承
	d	d_1	B_1	d_2	B_2			d	d_1	B_1	d_2	B_2	
H202	15	12	19	25	6	1202K	H213	65	60	40	85	14	1213K
H203	17	14	20	28	6	1203K	H214	70	60	41	92	14	1214K
H204	20	17	24	32	7	1204K	H215	75	65	43	98	15	1215K
H205	15	20	26	38	8	1205K	H216	80	70	46	105	17	1216K
H206	30	25	27	45	8	1206K	H217	85	75	50	110	18	1217K
H207	35	30	29	52	9	1207K	H218	90	80	52	120	18	1218K
H208	40	35	31	58	10	1208K	H219	95	85	55	125	19	1219K
H209	45	40	33	65	11	1209K	H220	100	90	58	130	20	1220K
H210	50	45	35	70	12	1210K	H221	105	95	60	140	20	1221K
H211	55	50	37	75	12	1211K	H222	110	100	63	145	21	1222K
H212	60	55	38	80	13	1212K							

紧定套 H3 系列尺寸规格　　　　　　　　　　表 7-120

紧定套型号	尺寸/mm					适用轴承型号			
	d	d_1	B_1	d_2	B_2	调心球轴承		调心滚子轴承	
H302	15	12	22	25	6	1302K	2202K	—	—
H303	17	14	24	28	6	1303K	2203K	—	—
H304	20	17	28	32	7	1304K	2204K	21304K	—
H305	15	20	29	38	8	1305K	2205K	21305K	—
H306	30	25	31	45	8	1306K	2206K	21306K	—
H307	35	30	35	52	9	1307K	2207K	21307K	—
H308	40	35	36	58	10	1308K	2208K	21308K	22208K
H309	45	40	39	65	11	1309K	2209K	21309K	22209K
H310	50	45	42	70	12	1310K	2210K	21310K	22210K
H311	55	50	45	75	12	1311K	2211K	21311K	22211K

续表

紧定套型号	尺寸/mm					适用轴承型号			
	d	d_1	B_1	d_2	B_2	调心球轴承		调心滚子轴承	
H312	60	55	47	80	13	1312K	2212K	21312K	22212K
H313	65	60	50	85	14	1313K	2213K	21313K	22213K
H314	70	60	52	92	14	1314K	2214K	21314K	22214K
H315	75	65	55	98	15	1315K	2215K	21315K	22215K
H316	80	70	59	105	17	1316K	2216K	21316K	22216K
H317	85	75	63	110	18	1317K	2217K	21317K	22217K
H318	90	80	65	120	18	1318K	2218K	21318K	22218K
H319	95	85	68	125	19	1319K	2219K	21319K	22219K
H320	100	90	71	130	20	1320K	2220K	21320K	22220K
H321	105	95	74	140	20	—	—	—	—
H322	110	100	77	145	21	1322K	2222K	21322K	22222K

紧定套 H30 系列尺寸规格　　　　表 7-121

紧定套型号	尺寸/mm					适用轴承型号	紧定套型号	尺寸/mm					适用轴承型号
	d	d_1	B_1	d_2	B_2	调心滚子轴承		d	d_1	B_1	d_2	B_2	调心滚子轴承
H3024	120	110	72	145	22	23024K	H3084	420	400	212	490	—	23084K
H3026	130	115	80	155	23	23026K	H3088	440	410	228	520	—	23084K
H3028	140	125	82	165	24	23028K	H3092	460	430	234	540	—	23092K
H3030	150	135	87	180	26	23030K	H3096	480	450	237	560	—	23096K
H3032	160	140	93	190	28	23032K	H30500	500	470	247	580	—	230500K
H3034	170	150	101	200	29	23034K	H30530	530	500	265	630	—	230530K
H3036	180	160	109	210	30	23036K	H30560	560	530	282	650	—	230560K
H3038	190	170	112	220	31	23038K	H30600	600	560	289	700	—	230600K
H3040	200	180	120	240	32	23040K	H30630	630	600	301	730	—	230630K
H3044	220	200	126	260	—	23044K	H30670	670	630	324	780	—	230670K
H3048	240	220	133	290	—	23048K	H30710	710	670	342	830	—	230710K
H3052	260	240	145	310	—	23052K	H30750	750	710	356	870	—	230750K
H3056	280	260	152	330	—	23056K	H30800	800	750	366	920	—	230800K
H3060	300	280	168	360	—	23060K	H30850	850	800	380	980	—	230850K
H3064	320	300	171	380	—	23064K	H30900	900	850	400	1030	—	230900K
H3068	340	320	187	400	—	23068K	H30950	950	900	420	1080	—	230950K
H3072	360	340	188	420	—	23072K	H30/1000	1000	950	430	1140	—	230/1000K
H3076	380	360	193	450	—	23076K	H30/1060	1060	1000	447	1200	—	230/1060K
H3080	400	380	210	470	—	23080K							

紧定套 H31 系列尺寸规格 表 7-122

紧定套型号	尺寸/mm					适用轴承型号	
	d	d_1	B_1	d_2	B_2	调心滚子轴承	
H3120	100	90	76	130	20	23120K	—
H3122	110	100	81	145	21	23122K	22222K
H3124	120	110	88	155	22	23124K	22224K
H3126	130	115	92	165	23	23126K	22226K
H3128	140	125	97	180	24	23128K	22228K
H3130	150	135	111	195	26	23130K	22230K
H3132	160	140	119	210	28	23132K	22232K
H3134	170	150	122	220	29	23134K	22234K
H3136	180	160	131	230	30	23136K	22236K
H3138	190	170	141	240	31	23138K	22238K
H3140	200	180	150	250	32	23140K	22240K
H3144	220	200	161	280	35	23144K	22244K
H3148	240	220	172	300	37	23148K	22248K
H3152	260	240	190	330	39	23152K	22252K
H3156	280	260	195	350	41	23156K	22256K
H3160	300	280	208	380	—	23160K	22260K
H3164	320	300	226	400	—	23164K	22264K
H3168	340	320	254	440	—	23168K	—
H3172	360	340	259	460	—	23172K	—
H3176	380	360	264	490	—	23176K	—
H3180	400	380	272	520	—	23180K	—
H3184	420	400	304	540	—	23184K	—
H3188	440	410	307	560	—	23184K	—
H3192	460	430	326	580	—	23192K	—
H3196	480	450	335	620	—	23196K	—
H31/500	500	470	356	630	—	231/500K	—
H31/530	530	500	364	670	—	231/530K	—
H31/560	560	530	377	710	—	231/560K	—
H31/600	600	560	399	750	—	231/600K	—
H31/630	630	600	424	800	—	231/630K	—
H31/670	670	630	456	850	—	231/670K	—
H31/710	710	670	467	900	—	231/710K	—
H31/750	750	710	493	950	—	231/750K	—
H31/800	800	750	505	1000	—	231/800K	—
H31/850	850	800	536	1060	—	231/850K	—
H31/900	900	850	557	1120	—	231/900K	—
H31/950	950	900	583	1170	—	231/950K	—
H31/1000	1000	950	609	1240	—	231/1000K	—
H31/1060	1060	1000	622	1300	—	231/1060K	—

定套 H23 系列尺寸规格 　　　　　　　　　表 7-123

紧定套型号	尺寸/mm					适用轴承型号		
	d	d_1	B_1	d_2	B_2	调心球轴承	调心滚子轴承	
H2302	15	12	25	25	6	—	—	—
H2303	17	14	27	28	6	—	—	—
H2304	20	17	31	32	7	2304K	—	—
H2305	15	20	35	38	8	2305K	—	—
H2306	30	25	38	45	8	2306K	—	—
H2307	35	30	43	52	9	2307K	—	—
H2308	40	35	46	58	10	2308K	22308K	—
H2309	45	40	50	65	11	2309K	22309K	—
H2310	50	45	55	70	12	2310K	22310K	—
H2311	55	50	59	75	12	2311K	22311K	—
H2312	60	55	62	80	13	2312K	22312K	—
H2313	65	60	65	85	14	2313K	22313K	—
H2314	70	60	68	92	14	2314K	22314K	—
H2315	75	65	73	98	15	2315K	22315K	—
H2316	80	70	78	105	17	2316K	22316K	—
H2317	85	75	82	110	18	2317K	22317K	—
H2318	90	80	86	120	18	2318K	22318K	—
H2319	95	85	90	125	19	2319K	22319K	—
H2320	100	90	97	130	20	2320K	22320K	—
H2322	110	100	105	145	21	2322K	22322K	—
H2324	120	110	112	155	22	2324K	22324K	23224K
H2326	130	115	121	165	23	—	22326K	23226K
H2328	140	125	131	180	24	—	22328K	23228K
H2330	150	135	139	195	26	—	22330K	23230K
H2332	160	140	147	210	28	—	22332K	23232K
H2334	170	150	154	220	29	—	22334K	23234K
H2336	180	160	161	230	30	—	22336K	23236K
H2338	190	170	169	240	31	—	22338K	23238K
H2340	200	180	176	250	32	—	22340K	23240K
H2344	220	200	186	280	35	—	22344K	23244K
H2348	240	220	199	300	37	—	22348K	23248K
H2352	260	240	211	330	39	—	22352K	23252K
H2356	280	260	224	350	41	—	22356K	23256K

紧定套 H32 系列尺寸规格　　　　　　　　　　　　表 7-124

紧定套型号	尺寸/mm					适用轴承型号 调心滚子轴承	紧定套型号	尺寸/mm					适用轴承型号 调心滚子轴承
	d	d_1	B_1	d_2	B_2			d	d_1	B_1	d_2	B_2	
H3260	300	280	240	380	—	23260K	H32/560	560	530	462	710	—	232/560K
H3264	320	300	258	400	—	23264K	H32/600	600	560	487	730	—	232/600K
H3268	340	320	288	440	—	23268K	H32/630	630	600	521	800	—	232/630K
H3272	360	340	299	460	—	23272K	H32/670	670	630	558	850	—	232/670K
H3276	380	360	310	490	—	23276K	H32/710	710	670	572	900	—	232/710K
H3280	400	380	328	520	—	23280K	H32/750	750	710	603	950	—	232/750K
H3284	420	400	352	540	—	23284K	H32/800	800	750	613	1000	—	232/800K
H3288	440	410	361	560	—	23284K	H32/850	850	800	651	1060	—	232/850K
H3292	460	430	382	580	—	23292K	H32/900	900	850	660	1120	—	232/900K
H3296	480	450	397	620	—	23296K	H32/950	950	900	675	1170	—	232/950K
H32/500	500	470	428	630	—	232/500K	H32/1000	1000	950	707	1240	—	232/1000K
H32/530	530	500	447	670	—	232/530K							

紧定套 H39 系列尺寸规格　　　　　　　　　　　　表 7-125

紧定套型号	尺寸/mm					适用轴承型号 调心滚子轴承	紧定套型号	尺寸/mm					适用轴承型号 调心滚子轴承
	d	d_1	B_1	d_2	B_2			d	d_1	B_1	d_2	B_2	
H3924	120	110	60	145	22	—	H3984	420	400	168	490	—	23984K
H3926	130	115	65	155	23	—	H3988	440	410	189	520	—	23984K
H3928	140	125	66	165	24	—	H3992	460	430	189	540	—	23992K
H3930	150	135	76	180	26	—	H3996	480	450	200	560	—	23996K
H3932	160	140	78	190	28	—	H39/500	500	470	208	580	—	239/500K
H3934	170	150	79	200	29	—	H39/530	530	500	216	630	—	239/530K
H3936	180	160	87	210	30	—	H39/560	560	530	227	650	—	239/560K
H3938	190	170	89	220	31	—	H39/600	600	560	239	700	—	239/600K
H3940	200	180	98	240	32	—	H39/630	630	600	254	730	—	239/630K
H3944	220	200	96	260	—	23944K	H39/670	670	630	264	780	—	239/670K
H3948	240	220	101	290	—	23948K	H39/710	710	670	286	830	—	239/710K
H3952	260	240	116	310	—	23952K	H39/750	750	710	291	870	—	239/750K
H3956	280	260	121	330	—	23956K	H39/800	800	750	303	920	—	239/800K
H3960	300	280	140	360	—	23960K	H39/850	850	800	308	980	—	239/850K
H3964	320	300	140	380	—	23964K	H39/900	900	850	326	1030	—	239/900K
H3968	340	320	144	400	—	23968K	H39/950	950	900	344	1080	—	239/950K
H3972	360	340	144	420	—	23972K	H39/1000	1000	950	358	1140	—	239/1000K
H3976	380	360	164	450	—	23976K	H39/1060	1060	1000	372	1200	—	239/1060K
H3980	400	380	168	470	—	23980K							

13. 调心滚子轴承 （GB/T 288—2013）

调心滚子轴承具有两列滚子，主要用于承受径向载荷，同时也能承受任一方向的轴向载荷。有高的径向承载能力，但不能承受纯轴向载荷，调心性能良好，能补偿同轴度误差。

本标准规定的轴承结构有调心滚子轴承 20000 型、圆锥孔调心滚子轴承（1∶12）20000 K 型、圆锥孔调心滚子轴承（1∶30）20000 K30 型及带紧定套的调心滚子轴承 20000 K＋H 型等四种，其形式见图 7-49，表 7-126～表 7-137 列出轴承的规格和尺寸。与本标准轴承配套用的紧定套规格和尺寸见表 7-138～表 7-143。

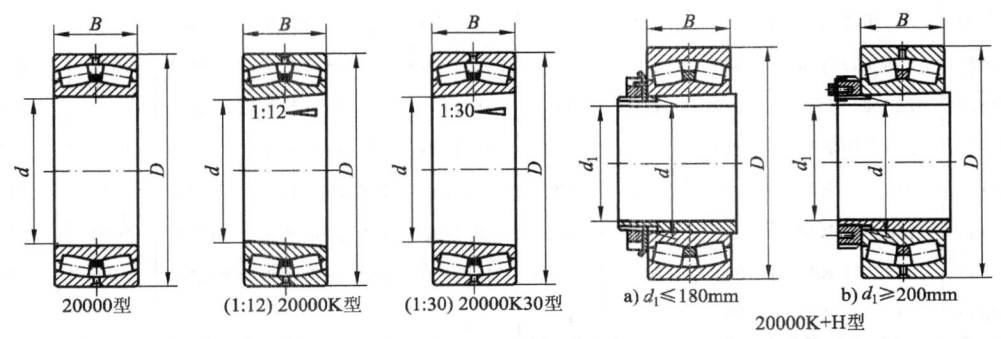

图 7-49　调心滚子轴承

38 系列轴承尺寸规格　　　　　　　　　　　　　　　　　　表 **7-126**

轴 承 代 号		外形尺寸/mm			轴 承 代 号		外形尺寸/mm		
20000 型	20000 K 型	d	D	B	20000 型	20000 K 型	d	D	B
23856	23856 K	280	350	52	238/600	238/600 K	600	730	98
23860	23860 K	300	380	60	238/630	238/630 K	630	780	112
23864	23864 K	320	400	60	238/670	238/670 K	670	820	112
23868	23868 K	340	420	60	238/710	238/710 K	710	870	118
23672	23672 K	360	440	60	238/750	238/750 K	750	920	128
23876	23876 K	380	480	75	238/800	238/800 K	800	980	136
23880	23880 K	400	500	75	238/850	238/850 K	850	1030	136
23884	23884 K	420	520	75	238/900	238/900 K	900	1090	140
23888	23888 K	440	540	75	238/950	238/950 K	950	1150	150
23892	23892 K	450	580	90	238/1000	238/1000 K	1000	1220	165
23896	23896 K	480	600	90	238/1060	238/1060 K	1960	1280	165
238/500	238/500 K	500	620	90	238/1120	238/1120 K	1120	1360	180
238/530	238/530 K	530	650	90	238/1180	238/1180 K	1180	1420	180
238/560	238/560 K	560	680	90					

48 系列轴承尺寸规格 表 7-127

轴 承 代 号		外形尺寸/mm			轴 承 代 号		外形尺寸/mm		
20000 型	20000 K30 型	d	D	B	20000 型	20000 K30 型	d	D	B
24892	24892 K30	460	580	118	248/950	248/950 K30	950	1150	200
24896	24896 K30	480	600	118	248/1000	248/1000 K30	1000	1220	218
248/500	248/500 K30	500	620	118	248/1060	248/1060 K30	1960	1280	218
248/530	248/530 K30	530	650	118	248/1120	248/1120 K30	1120	1360	243
248/560	248/560 K30	560	680	118	248/1180	248/1180 K30	1180	1420	243
248/600	248/600 K30	600	730	128	248/1250	248/1250 K30	1250	1500	250
248/630	248/630 K30	630	780	150	248/1320	248/1320 K30	1320	1600	280
248/670	248/670 K30	670	820	150	248/1400	248/1400 K30	1400	1700	300
248/710	248/710 K30	710	870	160	248/1500	248/1500 K30	1500	1830	315
248/750	248/750 K30	750	920	170	248/1600	248/1600 K30	1600	1950	345
248/800	248/800 K30	800	980	180	248/1700	248/1700 K30	1700	2060	355
248/850	248/850 K30	850	1030	180	248/1800	248/1800 K30	1800	2180	375
248/900	248/900 K30	900	1090	190					

39 系列轴承尺寸规格 表 7-128

轴 承 代 号		外形尺寸/mm			轴 承 代 号		外形尺寸/mm		
20000 型	20000 K 型	d	D	B	20000 型	20000 K 型	d	D	B
23936	23936 K	180	250	52	239/500	239/500 K	500	670	128
23938	23938 K	190	260	52	239/530	239/530 K	530	710	136
23940	23940 K	200	280	60	239/560	239/560 K	560	750	140
23944	23944 K	220	300	60	239/600	239/600 K	600	800	150
23948	23948 K	240	320	60	239/630	239/630 K	630	850	165
23952	23952 K	260	360	75	239/670	239/670 K	670	900	170
23956	23956 K	280	380	75	239/710	239/710 K	710	950	180
23960	23960 K	300	420	90	239/750	239/750 K	750	1000	185
23964	23964 K	320	440	90	239/800	239/800 K	800	1060	195
23968	23968 K	340	460	90	239/850	239/850 K	850	1120	200
23972	23972 K	360	480	90	239/900	239/900 K	900	1180	206
23976	23976 K	380	520	106	239/950	239/950 K	950	1250	224
23980	23980 K	400	540	106	239/1000	239/1000 K	1000	1320	236
23984	23984 K	420	560	106	239/1060	239/1060 K	1060	1400	250
23988	23988 K	440	600	118	239/1120	239/1120 K	1120	1460	250
23992	23992 K	460	620	118	239/1180	239/1180 K	1180	1540	272
23996	23996 K	480	650	128					

49 系列轴承尺寸规格　　　　　　表 7-129

轴承代号		外形尺寸/mm			轴承代号		外形尺寸/mm		
20000 型	20000 K30 型	d	D	B	20000 型	20000 K30 型	d	D	B
249/710	249/710 K30	710	950	243	249/1060	249/1060 K30	1960	1400	335
249/750	249/750 K30	750	1000	250	249/1120	249/1120 K30	1120	1460	335
249/800	249/800 K30	800	1060	258	249/1180	249/1180 K30	1180	1540	355
249/850	249/850 K30	850	1120	272	249/1250	249/1250 K30	1250	1630	375
249/900	249/900 K30	900	1180	280	249/1320	249/1320 K30	1320	1720	400
249/950	249/950 K30	950	1250	300	249/1400	249/1400 K30	1400	1820	425
249/1000	249/1000 K30	1000	1320	315	249/1500	249/1500 K30	1500	1950	450

30 系列轴承尺寸规格　　　　　　表 7-130

轴承代号		外形尺寸/mm			轴承代号		外形尺寸/mm		
20000 型	20000 K 型	d	D	B	20000 型	20000 K 型	d	D	B
23020	23020 K	100	150	37	23084	23084 K	420	620	150
23022	23022 K	110	170	45	23088	23088 K	440	650	157
23024	23024 K	120	180	46	23092	23092 K	460	680	163
23026	23026 K	130	200	52	23096	23096 K	480	700	165
23028	23028 K	140	210	53	230/500	230/500 K	500	720	167
23030	23030 K	150	225	56	230/530	230/530 K	530	780	185
23032	23032 K	160	240	60	230/560	230/560 K	560	820	195
23034	23034 K	170	260	67	230/600	230/600 K	600	870	200
23036	23036 K	180	280	74	230/630	230/630 K	630	920	212
23038	23038 K	190	290	75	230/670	230/670 K	670	980	230
23040	23040 K	200	310	82	230/710	230/710 K	710	1030	236
23044	23044 K	220	340	90	230/750	230/750 K	750	1090	250
23048	23048 K	240	360	92	230/800	230/800 K	800	1150	258
23052	23052 K	260	400	104	230/850	230/850 K	850	1220	272
23056	23056 K	280	420	106	230/900	230/900 K	900	1280	280
23060	23060 K	300	460	118	230/950	230/950 K	950	1360	300
23064	23064 K	320	480	121	230/1000	230/1000 K	1000	1420	308
23068	23068 K	340	520	133	230/1060	230/1060 K	1060	1500	325
23072	23072 K	360	540	134	230/1120	230/1120 K	1120	1580	345
23076	23076 K	380	560	135	230/1180	230/1180 K	1180	1660	355
23080	23080 K	400	600	148	230/1250	230/1250 K	1250	1750	375

40 系列轴承尺寸规格　　　　　　　　　　表 7-131

轴　承　代　号		外形尺寸/mm			轴　承　代　号		外形尺寸/mm		
20000 型	20000 K30 型	d	D	B	20000 型	20000 K30 型	d	D	B
24015	24015 K30	75	115	40	24072	24072 K30	360	540	180
24016	24016 K30	80	125	45	24076	24076 K30	380	560	180
24017	24017 K30	85	130	45	24080	24080 K30	400	600	200
24018	24018 K30	90	140	50	24084	24084 K30	420	620	200
24020	24020 K30	100	150	50	24088	24088 K30	440	650	212
24022	24022 K30	110	170	60	24092	24092 K30	460	680	218
24024	24024 K30	120	180	60	24096	24096 K30	480	700	218
24026	24026 K30	130	200	69	240/500	240/500 K30	500	720	218
24028	24028 K30	140	210	69	240/530	240/530 K30	530	780	250
24030	24030 K30	150	225	75	240/560	240/560 K30	560	820	258
24032	24032 K30	160	240	80	240/600	240/600 K30	600	870	272
24034	24034 K30	170	260	90	240/630	240/630 K30	630	920	290
24036	24036 K30	180	280	100	240/670	240/670 K30	670	980	308
24038	24038 K30	190	290	100	240/710	240/710 K30	710	1030	315
24040	24040 K30	200	310	109	240/750	240/750 K30	750	1090	335
24044	24044 K30	220	340	118	240/800	240/800 K30	800	1150	345
24048	24048 K30	240	360	118	240/850	240/850 K30	850	1220	365
24052	24052 K30	260	400	140	240/900	240/900 K30	900	1280	375
24056	24056 K30	280	420	140	240/950	240/950 K30	950	1360	412
24060	24060 K30	300	460	160	240/1000	240/1000 K30	1000	1420	412
24064	24064 K30	320	480	160	240/1060	240/1060 K30	1060	1500	438
24068	24068 K30	340	520	180	240/1120	240/1120 K30	1120	1580	462

31 系列轴承尺寸规格　　　　　　　　　　表 7-132

轴　承　代　号		外形尺寸/mm			轴　承　代　号		外形尺寸/mm		
20000 型	20000 K 型	d	D	B	20000 型	20000 K 型	d	D	B
23120	23120 K	100	165	52	23176	23176 K	380	620	194
23122	23122 K	110	180	56	23180	23180 K	400	650	200
23124	23124 K	120	200	62	23184	23184 K	420	700	224
23126	23126 K	130	210	64	23188	23188 K	440	720	226
23128	23128 K	140	225	68	23192	23192 K	460	760	240
23130	23130 K	150	250	80	23196	23196 K	480	790	248
23132	23132 K	160	270	86	231/500	231/500 K	500	830	264
23134	23134 K	170	280	88	231/530	231/530 K	530	870	272
23136	23136 K	180	300	96	231/560	231/560 K	560	920	280
23138	23138 K	190	320	104	231/600	231/600 K	600	980	300
23140	23140 K	200	340	112	231/630	231/630 K	630	1030	315
23144	23144 K	220	370	120	231/670	231/670 K	670	1090	336
23148	23148 K	240	400	128	231/710	231/710 K	710	1150	345
23152	23152 K	260	440	144	231/750	231/750 K	750	1220	365
23156	23156 K	280	460	146	231/800	231/800 K	800	1280	375
23160	23160 K	300	500	160	231/850	231/850 K	850	1360	400
23164	23164 K	320	540	176	231/900	231/900 K	900	1420	412
23168	23168 K	340	580	190	231/950	231/950 K	950	1500	438
23172	23172 K	360	600	192	231/1000	231/1000 K	1000	1580	462

41 系列轴承尺寸规格　表 7-133

轴　承　代　号		外形尺寸/mm			轴　承　代　号		外形尺寸/mm		
20000 型	20000 K30 型	d	D	B	20000 型	20000 K30 型	d	D	B
24120	24120 K30	100	165	65	24176	24176 K30	380	620	243
24122	24122 K30	110	180	69	24180	24180 K30	400	650	250
24124	24124 K30	120	200	80	24184	24184 K30	420	700	280
24126	24126 K30	130	210	80	24188	24188 K30	440	720	280
24128	24128 K30	140	225	85	24192	24192 K30	460	760	300
24130	24130 K30	150	250	100	24196	24196 K30	480	790	325
24132	24132 K30	160	270	109	241/500	241/500 K30	500	830	325
24134	24134 K30	170	280	109	241/530	241/530 K30	530	870	335
24136	24136 K30	180	300	118	241/560	241/560 K30	560	920	355
24138	24138 K30	190	320	128	241/600	241/600 K30	600	980	375
24140	24140 K30	200	340	140	241/630	241/630 K30	630	1030	400
24144	24144 K30	220	370	150	241/670	241/670 K30	670	1090	412
24148	24148 K30	240	400	160	241/710	241/710 K30	710	1150	438
24152	24152 K30	260	440	180	241/750	241/750 K30	750	1220	475
24156	24156 K30	280	460	180	241/800	241/800 K30	800	1280	475
24160	24160 K30	300	500	200	241/850	241/850 K30	850	1360	500
24164	24164 K30	320	540	218	241/900	241/900 K30	900	1420	515
24168	24168 K30	340	580	243	241/950	241/950 K30	950	1500	545
24172	24172 K30	360	600	243	241/1000	241/1000 K30	1000	1580	580

22 系列轴承尺寸规格　表 7-134

轴　承　代　号		外形尺寸/mm			轴　承　代　号		外形尺寸/mm		
20000 型	20000 K 型	d	D	B	20000 型	20000 K 型	d	D	B
22205	22205 K	25	52	18	22224	22224 K	120	215	58
22206	22206 K	30	62	20	22226	22226 K	130	230	64
22207	22207 K	35	72	23	22228	22228 K	140	250	68
22208	22208 K	40	80	23	22230	22230 K	150	270	73
22209	22209 K	45	85	23	22232	22232 K	160	290	80
22210	22210 K	50	90	23	22234	22234 K	170	310	86
22211	22211 K	55	100	25	22236	22236 K	180	320	86
22212	22212 K	60	110	28	22238	22238 K	190	340	92
22213	22213 K	65	120	31	22240	22240 K	200	360	98
22214	22214 K	70	125	31	22244	22244 K	220	400	108
22215	22215 K	75	130	31	22248	22248 K	240	440	120
22216	22216 K	80	140	33	22252	22252 K	260	480	130
22217	22217 K	85	150	36	22256	22256 K	280	500	130
22218	22218 K	90	160	40	22260	22260 K	300	540	140
22219	22219 K	95	170	43	22264	22264 K	320	580	150
22220	22220 K	100	180	46	22268	22268 K	340	620	165
22222	22222 K	110	200	53	22272	22272 K	360	650	170

32 系列轴承尺寸规格   表 7-135

轴　承　代　号		外形尺寸/mm			轴　承　代　号		外形尺寸/mm		
20000 型	20000 K 型	d	D	B	20000 型	20000 K 型	d	D	B
23216	23216K	80	140	40.4	23260	23260 K	300	540	192
23217	23217 K	85	150	49.2	23264	23264 K	320	580	208
23218	23218 K	90	160	52.4	23268	23268 K	340	620	224
23219	23219 K	95	170	55.6	23272	23272 K	360	650	232
23220	23220 K	100	180	60.3	23276	23276 K	380	680	240
23222	23222 K	110	200	69.8	23280	23280 K	400	720	256
23224	23224 K	120	215	76	23284	23284 K	420	760	272
23226	23226 K	130	230	80	23288	23288 K	440	790	280
23228	23228 K	140	250	88	23292	23292 K	460	830	296
23230	23230 K	150	270	96	23296	23296 K	480	870	310
23232	23232 K	160	290	104	232/500	232/500 K	500	920	336
23234	23234 K	170	310	110	232/530	232/530 K	530	980	355
23236	23236 K	180	320	112	232/560	232/560 K	560	1030	365
23238	23238 K	190	340	120	232/600	232/600 K	600	1090	388
23240	23240 K	200	360	128	232/630	232/630 K	630	1150	412
23244	23244 K	220	400	144	232/670	232/670 K	670	1220	438
23248	23248 K	240	440	160	232/710	232/710 K	710	1280	450
23252	23252 K	260	480	174	232/750	232/750 K	750	1360	475
23256	23256 K	280	500	176					

03 系列轴承尺寸规格   表 7-136

轴　承　代　号		外形尺寸/mm			轴　承　代　号		外形尺寸/mm		
20000 型	20000 K 型	d	D	B	20000 型	20000 K 型	d	D	B
21304	21304 K	20	52	15	21314	21314 K	70	150	35
21305	21305 K	25	62	17	21315	21315 K	75	160	37
21306	21306 K	30	72	19	21316	21316 K	80	170	39
21307	21307 K	35	80	21	21317	21317 K	85	180	41
21308	21308 K	40	90	23	21318	21318 K	90	190	43
21309	21309 K	45	100	25	21319	21319 K	95	200	45
21310	21310 K	50	110	27	21320	21320 K	100	215	47
21311	21311 K	55	120	29	21321	21321 K	105	225	49
21312	21312 K	60	130	31	21322	21322 K	110	240	50
21313	21313 K	65	140	33					

23 系列轴承尺寸规格 表 7-137

轴承代号		外形尺寸/mm			轴承代号		外形尺寸/mm		
20000 型	20000 K 型	d	D	B	20000 型	20000 K 型	d	D	B
22307	22307 K	35	80	31	22328	22328 K	140	300	102
22308	22308 K	40	90	33	22330	22330 K	150	320	108
22309	22309 K	45	100	36	22332	22332 K	160	340	114
22310	22310 K	50	110	40	22334	22334 K	170	360	120
22311	22311 K	55	120	43	22336	22336 K	180	380	126
22312	22312 K	60	130	46	22338	22338 K	190	400	132
22313	22313 K	65	140	48	22340	22340 K	200	420	138
22314	22314 K	70	150	51	22344	22344 K	220	460	145
22315	22315 K	75	160	55	22348	22348 K	240	500	155
22316	22316 K	80	170	58	22352	22352 K	260	540	165
22317	22317 K	85	180	60	22356	22356 K	280	580	175
22318	22318 K	90	190	64	22360	22360 K	300	620	185
22319	22319 K	95	200	67	22364	22364 K	320	670	200
22320	22320 K	100	215	73	22368	22368 K	340	710	213
22322	22322 K	110	240	80	22372	22372 K	360	750	224
22324	22324 K	120	260	86	22376	22376 K	380	780	230
22326	22326 K	130	280	93	22380	22380 K	400	820	243

30 系列（带紧定套）轴承尺寸规格 表 7-138

轴承代号	外形尺寸/mm				轴承代号	外形尺寸/mm			
20000 K+H 型	d_1	d	D	B	20000 K+H 型	d_1	d	D	B
23024 K+H3024	110	120	180	46	23056 K+H3056	260	280	420	106
23026 K+H3026	115	130	200	52	23060 K+H3060	280	300	460	118
23028 K+H3028	125	140	210	53	23064 K+H3064	300	320	480	121
23030 K+H3030	135	150	225	56	23068 K+H3068	320	340	520	133
23032 K+H3032	140	160	240	60	23072 K+H3072	340	360	540	134
23034 K+H3034	150	170	260	67	23076 K+H3076	360	380	560	135
23036 K+H3036	160	180	280	74	23080 K+H3080	380	400	600	148
23038 K+H3038	170	190	290	75	23084 K+H3084	400	420	620	150
23040 K+H3040	180	200	310	82	23088 K+H3088	410	440	650	157
23044 K+H3044	200	220	340	90	23092 K+H3092	430	460	680	163
23048 K+H3048	220	240	360	92	23096 K+H3096	450	480	700	165
23052 K+H3052	240	260	400	104	230/500 K+H30/500	470	500	720	167

<h3 align="center">31 系列（带紧定套）轴承尺寸规格　　　　　　　　表 7-139</h3>

轴承代号	外形尺寸/mm				轴承代号	外形尺寸/mm			
20000 K＋H 型	d_1	d	D	B	20000 K＋H 型	d_1	d	D	B
23120 K＋H3120	90	100	165	52	23152 K＋H3152	240	260	440	144
23122 K＋H3122	100	110	180	56	23156 K＋H3156	260	280	460	146
23124 K＋H3124	110	120	200	62	23160 K＋H3160	280	300	500	160
23126 K＋H3126	115	130	210	64	23164 K＋H3164	300	320	540	176
23128 K＋H3128	125	140	225	68	23168 K＋H3168	320	340	580	190
23130 K＋H3130	135	150	250	80	23172 K＋H3172	340	360	600	192
23132 K＋H3132	140	160	270	86	23176 K＋H3176	360	380	620	194
23134 K＋H3134	150	170	280	88	23180 K＋H3180	380	400	650	200
23136 K＋H3136	160	180	300	96	23184 K＋H3184	400	420	700	224
23138 K＋H3138	170	190	320	104	23188 K＋H3188	410	440	720	226
23140 K＋H3140	180	200	340	112	23192 K＋H3192	430	460	760	240
23144 K＋H3144	200	220	370	120	23196 K＋H3196	450	480	790	248
23148 K＋H3148	220	240	400	128	231/500 K＋H31/500	470	500	830	264

<h3 align="center">22 系列（带紧定套）轴承尺寸规格　　　　　　　　表 7-140</h3>

轴承代号	外形尺寸/mm				轴承代号	外形尺寸/mm			
20000 K＋H 型	d_1	d	D	B	20000 K＋H 型	d_1	d	D	B
22208 K＋H308	35	40	80	23	22224 K＋H3124	110	120	215	58
22209 K＋H309	40	45	85	23	22226 K＋H3126	115	130	230	64
22210 K＋H310	45	50	90	23	22228 K＋H3128	125	140	250	68
22211 K＋H311	50	55	100	25	22230 K＋H3130	135	150	270	73
22212 K＋H312	55	60	110	28	22232 K＋H3132	140	160	290	80
22213 K＋H313	60	65	120	31	22234 K＋H3134	150	170	310	86
22214 K＋H314	60	70	125	31	22236 K＋H3136	160	180	320	86
22215 K＋H315	65	75	130	31	22238 K＋H3138	170	190	340	92
22216 K＋H316	70	80	140	33	22240 K＋H3140	180	200	360	98
22217 K＋H317	75	85	150	36	22244 K＋H3144	200	220	400	108
22218 K＋H318	80	90	160	40	22248 K＋H3148	220	240	440	120
22219 K＋H319	85	95	170	43	22252 K＋H3152	240	260	480	130
22220 K＋H320	90	100	180	46	22256 K＋H3156	260	280	500	130
22222 K＋H322	100	110	200	53	22260 K＋H3160	280	300	540	140

32 系列（带紧定套）轴承尺寸规格　　　　表 7-141

轴承代号	外形尺寸/mm				轴承代号	外形尺寸/mm			
20000 K＋H 型	d_1	d	D	B	20000 K＋H 型	d_1	d	D	B
23218 K＋H2318	80	90	160	52.4	23252 K＋H2352	240	260	480	174
23220 K＋H2320	90	100	180	60.3	23256 K＋H2356	260	280	500	176
23222 K＋H2322	100	110	200	69.8	23260 K＋H3260	280	300	540	192
23224 K＋H2324	110	120	215	76	23264 K＋H3264	300	320	580	208
23226 K＋H2326	115	130	230	80	23268 K＋H3268	320	340	620	224
23228 K＋H2328	125	140	250	88	23272 K＋H3272	340	360	650	232
23230 K＋H2330	135	150	270	96	23276 K＋H3276	360	380	680	240
23232 K＋H2332	140	160	290	104	23280 K＋H2380	380	400	720	256
23234 K＋H2334	150	170	310	110	23284 K＋H2384	400	420	760	272
23236 K＋H2336	160	180	320	112	23288 K＋H2388	410	440	790	280
23238 K＋H2338	170	190	340	120	23292 K＋H3292	430	460	830	296
23240 K＋H2340	180	200	360	128	23296 K＋H3296	450	480	870	310
23244 K＋H2344	200	220	400	144	232/500 K＋H32/500	470	500	920	336
23248 K＋H2348	220	240	440	160					

03 系列（带紧定套）轴承尺寸规格　　　　表 7-142

轴承代号	外形尺寸/mm				轴承代号	外形尺寸/mm			
20000 K＋H 型	d_1	d	D	B	20000 K＋H 型	d_1	d	D	B
21304 K＋H304	17	20	52	15	21314 K＋H314	60	70	150	35
21305 K＋H305	20	25	62	17	21315 K＋H315	65	75	160	37
21306 K＋H306	25	30	72	19	21316 K＋H316	70	80	170	39
21307 K＋H307	30	35	80	21	21317 K＋H317	75	85	180	41
21308 K＋H308	35	40	90	23	21318 K＋H318	80	90	190	43
21309 K＋H309	40	45	100	25	21319 K＋H319	85	95	200	45
21310 K＋H310	45	50	110	27	21320 K＋H320	90	100	215	47
21311 K＋H311	50	55	120	29	21321 K＋H321	95	105	225	49
21312 K＋H312	55	60	130	31	21322 K＋H322	100	110	240	50
21313 K＋H313	60	65	140	33					

23 系列（带紧定套）轴承尺寸规格									**表 7-143**
轴 承 代 号	外形尺寸/mm				轴 承 代 号	外形尺寸/mm			
20000 K＋H 型	d_1	d	D	B	20000 K＋H 型	d_1	d	D	B
22308 K＋H2308	35	40	90	33	22324 K＋H2324	110	120	260	86
22309 K＋H2309	40	45	100	36	22326 K＋H2326	115	130	280	93
22310 K＋H2310	45	50	110	40	22328 K＋H2328	125	140	300	102
22311 K＋H2311	50	55	120	43	22330 K＋H2330	135	150	320	108
22312 K＋H2312	55	60	130	46	22332 K＋H2332	140	160	340	114
22313 K＋H2313	60	65	140	48	22334 K＋H2334	150	170	360	120
22314 K＋H2314	60	70	150	51	22336 K＋H2336	160	180	380	126
22315 K＋H2315	65	75	160	55	22338 K＋H2338	170	190	400	132
22316 K＋H2316	70	80	170	58	22340 K＋H2340	180	200	420	138
22317 K＋H2317	75	85	180	60	22344 K＋H2344	200	220	460	145
22318 K＋H2318	80	90	190	64	22348 K＋H2348	220	240	500	155
22319 K＋H2319	85	95	200	67	22352 K＋H2352	240	260	540	165
22320 K＋H2320	90	100	215	73	22356 K＋H2356	260	280	580	175
22322 K＋H2322	100	110	240	80					

14. 推力球轴承（GB/T 301—1995）

推力球轴承结构简单，为分离型轴承，接触角为 90°。本标准规定了推力球轴承（51000 型）、双向推力球轴承（52000 型）、外调心推力球轴承（53000 型和 53000U 型）、双向外调心推力球轴承（54000 型荷 54000U 型）的外形尺寸，结构形状见图 7-50，表 7-144～表 7-156 列出该轴承的规格和尺寸。

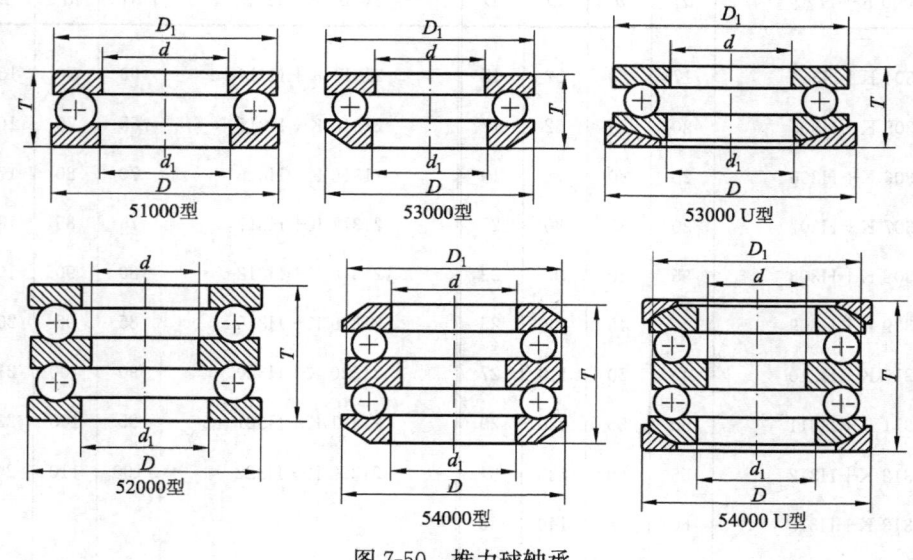

图 7-50　推力球轴承

推力球轴承 11 系列尺寸规格　　　　　　　　　　**表 7-144**

轴承代号	外形尺寸/mm					轴承代号	外形尺寸/mm				
	d	D	T	d_1	D_1		d	D	T	d_1	D_1
51100	10	24	9	11	24	51128	140	180	31	142	178
51101	12	26	9	13	26	51130	150	190	31	152	188
51102	15	28	9	16	28	51132	160	200	31	162	198
51103	17	30	9	18	30	51134	170	215	34	172	213
51104	20	35	10	21	35	51136	180	225	34	183	222
51105	25	42	11	26	42	51138	190	240	37	193	237
51106	30	47	11	32	47	51140	200	250	37	203	247
51107	35	52	12	37	52	51144	220	270	37	223	267
51108	40	60	13	42	60	51148	240	300	45	243	297
51109	45	65	14	47	65	51152	260	320	45	263	317
51110	50	70	14	52	70	51156	280	350	53	283	347
51111	55	78	16	57	78	51160	300	380	62	304	375
51112	60	85	17	62	85	51164	320	400	63	324	396
51113	65	90	18	67	90	51168	340	420	64	344	416
51114	70	95	18	72	95	51172	360	440	65	364	436
51115	75	100	19	77	100	51176	380	460	65	384	456
51116	80	105	19	82	105	51180	400	480	65	404	476
51117	85	110	19	87	110	51184	420	500	65	424	495
51118	90	120	22	92	120	51188	440	540	80	444	535
51120	100	135	25	102	135	51192	460	560	80	464	555
51122	110	145	25	112	145	51196	480	580	80	484	575
51124	120	155	25	122	155	511/500	500	600	80	504	595
51126	130	170	30	132	170						

推力球轴承 12 系列尺寸规格　　　　　　　　　　**表 7-145**

轴承代号	外形尺寸/mm					轴承代号	外形尺寸/mm				
	d	D	T	d_1	D_1		d	D	T	d_1	D_1
51200	10	26	11	12	26	51211	55	90	25	57	90
51201	12	28	11	14	28	51212	60	95	26	62	95
51202	15	32	12	17	32	51213	65	100	27	67	100
51203	17	35	12	19	35	51214	70	105	27	72	106
51204	20	40	14	22	40	51215	75	110	27	77	110
51205	25	47	15	27	47	51216	80	115	28	82	116
51206	30	52	16	32	52	51217	85	125	31	88	126
51207	35	62	18	37	62	51218	90	135	35	93	135
51208	40	68	19	42	68	51220	100	150	38	103	150
51209	45	73	20	47	73	51222	110	160	38	113	160
51210	50	78	22	52	78	51224	120	170	39	123	170

续表

轴承代号	外形尺寸/mm					轴承代号	外形尺寸/mm				
	d	D	T	d_1	D_1		d	D	T	d_1	D_1
51226	130	190	45	133	187	51244	220	300	63	224	297
51228	140	200	46	143	197	51248	240	340	78	244	335
51230	150	215	50	153	212	51252	260	360	79	264	355
51232	160	225	51	163	222	51256	280	380	80	284	375
51234	170	240	55	173	237	51260	300	420	95	304	415
51236	180	260	56	183	247	51264	320	440	95	325	436
51238	190	270	62	194	267	51268	340	460	96	345	455
51240	200	280	62	204	277	51272	360	500	110	365	495

推力球轴承 13 系列尺寸规格　　　　　　　　　　　　　表 7-146

轴承代号	外形尺寸/mm					轴承代号	外形尺寸/mm				
	d	D	T	d_1	D_1		d	D	T	d_1	D_1
51304	20	47	18	22	47	51318	90	155	50	93	155
51305	25	52	18	27	52	51320	100	170	55	103	170
51306	30	60	21	32	60	51322	110	190	63	113	187
51307	35	68	24	37	68	51824	120	210	70	123	205
51308	40	78	26	42	78	51326	130	225	75	134	220
51309	45	85	28	47	85	51328	140	240	80	144	235
51310	50	95	31	52	95	51330	150	250	80	154	245
51311	55	105	35	57	105	51332	160	270	87	164	265
51312	60	110	35	62	110	51334	170	280	87	174	275
51313	65	115	36	67	115	51336	180	300	95	184	295
51314	70	125	40	72	125	51338	190	320	105	195	315
51315	75	135	44	77	135	51340	200	340	110	205	335
51316	80	140	44	82	140	51344	220	360	112	225	355
51317	85	150	49	88	150	51348	240	380	112	245	375

推力球轴承 14 系列尺寸规格　　　　　　　　　　　　　表 7-147

轴承代号	外形尺寸/mm					轴承代号	外形尺寸/mm				
	d	D	T	d_1	D_1		d	D	T	d_1	D_1
51405	25	60	24	27	60	51415	75	160	65	78	160
51406	30	70	28	32	70	51416	80	170	68	83	170
51407	35	80	32	37	80	51417	85	180	72	88	177
51408	40	90	36	42	90	51418	90	190	77	93	187
51409	45	100	39	47	100	51420	100	210	85	103	205
51410	50	110	43	52	110	51422	110	230	95	113	225
51411	55	120	48	57	120	51424	120	250	102	123	245
51412	60	130	51	62	130	51426	130	270	110	134	265
51413	65	140	56	68	140	51428	140	280	112	144	275
51414	70	150	60	73	150	51430	150	300	120	154	295

双向推力球轴承 22 系列尺寸规格　　　　表 7-148

轴承代号	外形尺寸/mm				轴承代号	外形尺寸/mm			
	d	D	T	d_1		d	D	T	d_1
52202	15	32	22	17	52217	85	125	55	88
52204	20	40	26	22	52218	90	135	62	93
52205	25	47	28	27	52220	100	150	67	103
52206	30	52	29	32	52222	110	160	67	113
52207	35	62	34	37	52224	120	170	68	123
52208	40	68	36	42	52226	130	190	80	133
52209	45	73	37	47	52228	140	200	81	143
52210	50	78	39	52	52230	150	215	89	153
52211	55	90	45	57	52232	160	225	90	163
52212	60	95	46	62	52234	170	240	97	173
52213	65	100	47	67	52236	180	250	98	183
52214	70	105	47	72	52238	190	270	109	194
52215	75	110	47	77	52240	200	280	109	204
52216	80	115	48	82					

双向推力球轴承 23 系列尺寸规格　　　　表 7-149

轴承代号	外形尺寸/mm				轴承代号	外形尺寸/mm			
	d	D	T	d_1		d	D	T	d_1
52305	25	52	34	27	52317	85	150	87	88
52306	30	60	38	32	52318	90	155	88	93
52307	35	68	44	37	52320	100	170	97	103
52308	40	78	49	42	52322	110	190	110	113
52309	45	85	52	47	52324	120	210	123	123
52310	50	95	58	52	52326	130	225	130	134
52311	55	105	64	57	52328	140	240	140	144
52312	60	110	64	62	52330	150	250	140	154
52313	65	115	65	67	52332	160	270	153	164
52314	70	125	72	72	52334	170	280	153	174
52315	75	135	79	77	52336	180	300	165	184
52316	80	140	79	82					

双向推力球轴承 24 系列尺寸规格　　　　表 7-150

轴承代号	外形尺寸/mm				轴承代号	外形尺寸/mm			
	d	D	T	d_1		d	D	T	d_1
52405	25	60	45	27	52415	75	160	115	78
52406	30	70	52	32	52416	80	170	120	83
52407	35	80	59	37	52417	85	180	128	88
52408	40	90	65	42	52418	90	190	135	93
52409	45	100	72	47	52420	100	210	150	103
52410	50	110	78	52	52422	110	230	166	113
52411	55	120	87	57	52424	120	250	177	123
52412	60	130	93	62	52426	130	270	192	134
52413	65	140	101	68	52428	140	280	196	144
52414	70	150	107	73	52430	150	300	209	154

外调心推力球轴承 12 系列尺寸规格　　　　　　　　**表 7-151**

轴承代号		外形尺寸/mm				轴承代号		外形尺寸/mm			
53000 型	53000U 型	d	D	T	d_1	53000 型	53000U 型	d	D	T	d_1
53200	53200U	10	26	11.6	12	53220	53220U	100	150	40.9	103
53201	53201U	12	28	11.4	14	53222	53222U	110	160	40.2	113
53202	53202U	15	32	13.3	17	53224	53224U	120	170	40.8	123
53203	53203U	17	35	13.2	19	53226	53226U	130	190	47.9	133
53204	53204U	20	40	14.7	22	53228	53228U	140	200	48.6	143
53205	53205U	25	47	16.7	27	53230	53230U	150	215	53.3	153
53206	53206U	30	52	17.8	32	53232	53232U	160	225	54.7	163
53207	53207U	35	62	19.9	37	53234	53234U	170	240	58.7	173
53208	53208U	40	68	20.3	42	53236	53236U	180	250	58.2	183
53209	53209U	45	73	21.3	47	53238	53238U	190	270	65.6	194
53210	53210U	50	78	23.5	52	53240	53240U	200	280	65.3	204
53211	53211U	55	90	27.3	57	53244	53244U	220	300	65.6	224
53212	53212U	60	95	28	62	53248	53248U	240	340	81.7	244
53213	53213U	65	100	28.7	67	53252	53252U	260	360	82.8	264
53214	53214U	70	105	28.8	72	53256	53256U	280	380	85	284
53215	53215U	75	110	28.3	77	53260	53260U	300	420	100.5	304
53216	53216U	80	115	29.5	82	53264	53264U	320	440	100.5	325
53217	53217U	85	125	33.1	88	53268	53268U	340	460	100.3	345
53218	53218U	90	135	38.5	93	53272	53272U	360	500	116.7	365

注：12 尺寸系列在轴承代号中表示成 32。

外调心推力球轴承 13 系列尺寸规格　　　　　　　　**表 7-152**

轴承代号		外形尺寸/mm				轴承代号		外形尺寸/mm			
53000 型	53000U 型	d	D	T	d_1	53000 型	53000U 型	d	D	T	d_1
53305	53305U	25	52	19.8	27	53318	53318U	90	155	54.6	93
53306	53306U	30	60	22.6	32	53320	53320U	100	170	59.2	103
53307	53307U	35	68	25.6	37	53322	53322U	110	190	67.2	113
53308	53308U	40	78	28.5	42	53324	53324U	120	210	74.1	123
53309	53309U	45	85	30.1	47	53326	53326U	130	225	80.3	134
53310	53310U	50	95	34.3	52	53328	53328U	140	240	84.9	144
53311	53311U	55	105	39.3	57	53330	53330U	150	250	83.7	154
53312	53312U	60	110	38.3	62	53332	53332U	160	270	91.7	164
53313	53313U	65	115	39.4	67	53334	53334U	170	280	91.3	174
53314	53314U	70	125	44.2	72	53336	53336U	180	300	99.3	184
53315	53315U	75	135	48.1	77	53338	53338U	190	320	111	195
53316	53316U	80	140	47.6	82	53340	53340U	200	340	118.4	205
53317	53317U	85	150	53.1	88						

注：13 尺寸系列在轴承代号中表示成 33。

外调心推力球轴承 14 系列尺寸规格　　　　　　　　　　表 7-153

轴承代号		外形尺寸/mm				轴承代号		外形尺寸/mm			
53000 型	53000U 型	d	D	T	d_1	53000 型	53000U 型	d	D	T	d_1
53405	53505U	25	60	26.4	27	53417	53417U	85	180	77	88
53406	53406U	30	70	30.1	32	53418	53418U	90	190	81.2	93
53407	53407U	35	80	34	37	53420	53420U	100	210	90	103
53408	5308U	40	90	38.2	42	53422	53422U	110	230	99.7	113
53409	53409U	45	100	42.4	47	53424	53424U	120	250	107.3	123
53410	53410U	50	110	45.6	52	53426	53426U	130	270	115.2	134
53411	53411U	55	120	50.5	57	53428	53428U	140	280	117	144
53412	53412U	60	130	54	62	53430	53430U	150	300	125.9	154
53413	53413U	65	140	60.2	68	53432	53432U	160	320	135.3	164
53414	53414U	70	150	63.6	73	53434	53434U	170	340	141	174
53415	53415U	75	160	69	78	53436	53436U	180	360	148.3	184
53416	53416U	80	170	72.2	83						

注：14 尺寸系列在轴承代号中表示成 34。

外调心推力球轴承 22 系列尺寸规格　　　　　　　　　　表 7-154

轴承代号		外形尺寸/mm				轴承代号		外形尺寸/mm			
54000 型	54000U 型	d	D	T	d_1	54000 型	54000U 型	d	D	T	d_1
54202	54202U	15	32	24.6	17	54217	54217U	85	125	59.2	88
54204	54204U	20	40	27.4	22	54218	54218U	90	135	69	93
54205	54205U	25	47	31.4	27	54220	54220U	100	150	72.8	103
54206	54206U	30	52	32.6	32	54222	54222U	110	160	71.4	113
54207	54207U	35	62	37.8	37	54224	54224U	120	170	71.6	123
54208	54208U	40	68	38.6	42	54226	54226U	130	190	85.8	133
54209	54209U	45	73	39.6	47	54228	54228U	140	200	86.2	143
54210	54210U	50	78	42	52	54230	54230U	150	215	95.6	153
54211	54211U	55	90	49.6	57	54232	54232U	160	225	97.4	163
54212	54212U	60	95	50	62	54234	54234U	170	240	104.4	173
54213	54213U	65	100	50.4	67	54236	54236U	180	250	102.4	183
54214	54214U	70	105	50.6	72	54238	54238U	190	270	116.4	194
54215	54215U	75	110	49.6	77	54240	54240U	200	280	115.6	204
54216	54216U	80	115	51	82	54244	54244U	220	300	115.2	224

注：22 尺寸系列在轴承代号中表示成 42。

外调心推力球轴承 23 系列尺寸规格　　　　　　　　　　表 7-155

轴承代号		外形尺寸/mm				轴承代号		外形尺寸/mm			
54000 型	54000U 型	d	D	T	d_1	54000 型	54000U 型	d	D	T	d_1
54305	54305U	25	52	37.6	27	54314	54314U	70	125	80.3	72
54306	54306U	30	60	41.3	32	54315	54315U	75	135	87.3	77
54307	54307U	35	68	47.2	37	54316	54316U	80	140	86.1	82
54308	54308U	40	78	54.1	42	54317	54317U	85	150	95.2	88
54309	54309U	45	85	56.3	47	54318	54318U	90	155	97.1	93
54310	54310U	50	95	64.7	52	54320	54320U	100	170	105.4	103
54311	54311U	55	105	72.6	57	54322	54322U	110	190	118.4	113
54312	54312U	60	110	70.7	62	54324	54324U	120	210	131.2	123
54313	54313U	65	115	71.9	67						

注：23 尺寸系列在轴承代号中表示成 43。

外调心推力球轴承 24 系列尺寸规格　　表 7-156

轴承代号		外形尺寸/mm				轴承代号		外形尺寸/mm			
54000 型	54000U 型	d	D	T	d_1	54000 型	54000U 型	d	D	T	d_1
54405	54405U	25	60	49.7	27	54413	54413U	65	140	109.4	68
54406	54406U	30	70	56.2	32	54414	54414U	70	150	114.1	73
54407	54407U	35	80	63.1	37	54415	54415U	75	160	123	78
54408	54408U	40	90	69.5	42	54416	54416U	80	170	128.5	83
54409	54409U	45	100	78.9	47	54417	54417U	85	180	138	88
54410	54410U	50	110	83.2	52	54418	54418U	90	190	143.5	93
54411	54411U	55	120	92	57	54420	54420U	100	210	159.9	103
54412	54412U	60	130	99	62						

注：24 尺寸系列在轴承代号中表示成 44。

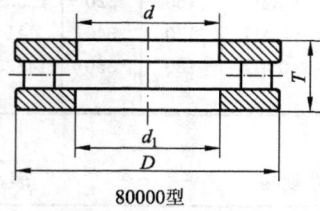

80000型

图 7-51　推力圆柱滚子轴承

15. 推力圆柱滚子轴承（GB/T 4663—1994）

本标准规定轴承只承受单向轴向载荷。轴承的结构形式见图 7-51，表 7-157、表 7-158列出该轴承的规格和尺寸。

推力滚子轴承 11 系列尺寸规格　　表 7-157

轴承代号	外形尺寸/mm				轴承代号	外形尺寸/mm			
	d	D	T	d_1		d	D	T	d_1
81100	10	24	9	11	81156	280	350	53	283
81101	12	26	9	13	81160	300	380	62	304
81102	15	28	9	16	81164	320	400	63	324
81103	17	30	9	18	81168	340	420	64	344
81104	20	35	10	21	81172	360	440	65	364
81105	25	42	11	26	81176	380	460	65	384
81106	30	47	11	32	81180	400	480	65	404
81107	35	52	12	37	81184	420	500	65	424
81108	40	60	13	42	81188	440	540	80	444
81109	45	65	14	47	81192	460	560	80	464
81110	50	70	14	52	81196	480	580	80	484
81111	55	78	16	57	811/500	500	600	80	504
81112	60	85	17	62	811/530	530	640	85	534
81113	65	90	18	67	811/560	560	670	85	564
81114	70	95	18	72	811/600	600	710	85	604
81115	75	100	19	77	811/630	630	750	95	634
81116	80	105	19	82	811/670	670	800	105	674
81117	85	110	19	87	811/710	710	850	112	714
81118	90	120	22	92	811/750	750	900	120	755
81120	100	135	25	102	811/800	800	920	120	806
81122	110	145	25	112	811/850	850	1000	120	855
81124	120	155	25	122	811/1000	1000	1180	140	1005
81126	130	170	30	132	811/1060	1060	1250	150	1065
81128	140	180	31	142	811/1120	1120	1320	160	1125
81130	150	190	31	152	811/1180	1180	1400	175	1185
81132	160	200	31	162	811/1250	1250	1460	175	1255
81134	170	215	34	172	811/1320	1320	1540	175	1325
81136	180	225	34	183	811/1400	1400	1630	180	1410
81138	190	240	37	193	811/1500	1500	1750	195	1510
81140	200	250	37	203	811/1600	1600	1850	195	1610
81144	220	270	37	223	811/1700	1700	1970	212	1710
81148	240	300	45	243	811/1800	1800	2080	220	1810
81152	260	320	45	263					

推力滚子轴承 12 系列尺寸规格　　　　　　　　　　表 7-158

轴承代号	外形尺寸/mm				轴承代号	外形尺寸/mm			
	d	D	T	d_1		d	D	T	d_1
81200	10	26	11	12	81240	200	280	62	204
81201	12	28	11	14	81244	220	300	63	224
81202	15	32	12	17	81248	240	340	78	244
81203	17	35	12	19	81252	260	360	79	264
81204	20	40	14	22	81056	280	380	80	284
81205	25	47	15	27	81260	300	420	95	304
81206	30	52	16	32	81264	320	440	95	325
81207	35	62	18	37	81268	340	460	96	345
81208	40	68	19	42	81272	360	500	110	365
81209	45	73	20	47	81276	380	520	112	385
81210	50	78	22	52	81280	400	540	112	405
81211	55	90	25	57	81284	420	580	130	425
81212	60	95	26	62	81288	440	600	130	445
81213	65	100	27	67	81292	460	620	130	465
81214	70	105	27	72	81296	480	650	135	485
81215	75	110	27	77	812/500	500	670	135	505
81216	80	115	28	82	812/530	530	710	140	535
81217	85	125	31	88	812/560	560	750	150	565
81218	90	135	35	93	812/600	600	800	160	605
81220	100	150	38	103	812/630	630	850	175	635
81222	110	160	38	113	812/670	670	900	180	675
81224	120	170	39	123	812/710	710	950	190	715
81226	130	190	45	133	812/750	750	1000	195	755
81228	140	200	46	143	812/800	800	1060	205	805
81230	150	215	50	153	812/850	850	1120	212	855
81232	160	225	51	163	812/900	900	1180	220	905
81234	170	240	55	173	812/950	950	1250	236	955
81236	180	250	56	183	812/1000	1000	1320	250	1005
81238	190	270	62	194	812/1060	1060	1400	265	1065

16. 推力调心滚子轴承 （GB/T 5859—2008）

本标准适用于球面滚子型单向推力调心滚子轴承（29000 型），内外圈上有球面滚道，结构见图 7-52。

表 7-159～表 7-161 列出该轴承的规格和尺寸。

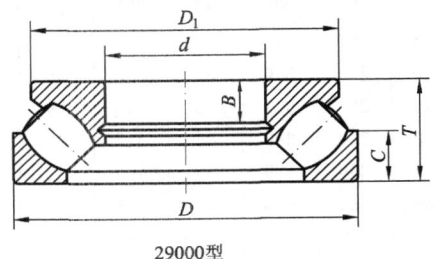

29000型

图 7-52　推力调心滚子轴承

推力调心滚子轴承 92 系列尺寸规格 表 7-159

轴承代号	外形尺寸/mm						轴承代号	外形尺寸/mm					
	d	D	T	D_1	B	C		d	D	T	D_1	B	C
29230	150	215	39	208	14	19	29292	460	620	95	605	30	46
29232	160	225	39	219	14	19	29296	480	650	103	635	33	55
29234	170	240	42	233	15	20	292/500	500	670	103	654	33	55
29236	180	250	42	243	15	20	292/530	530	710	109	692	35	57
29238	190	270	48	262	15	24	292/560	560	750	115	732	37	60
29240	200	280	48	271	15	24	292/600	600	800	122	780	39	65
29244	220	300	48	292	15	24	292/630	630	850	132	830	42	67
29248	240	340	60	330	19	30	292/670	670	900	140	880	45	74
29252	260	360	60	350	19	30	292/710	710	950	145	930	46	75
29256	280	380	60	370	19	30	292/750	750	1000	150	976	48	81
20250	300	420	73	405	21	38	292/800	800	1060	155	1035	50	81
29264	320	440	73	430	21	38	292/850	850	1120	160	1095	51	82
29268	340	460	73	445	21	37	292/900	900	1180	170	1150	54	84
29272	360	500	85	485	25	44	292/950	950	1250	180	1230	58	90
29276	380	520	85	505	27	42	292/1000	1000	1320	190	1290	61	98
29280	400	540	85	526	27	42	292/1060	1060	1400	206	1370	66	108
29284	420	580	95	564	30	46	292/1120	1120	1460	206	1385	72	101
29288	440	600	95	585	30	49	292/1180	1180	1520	206	1450	83	101

推力调心滚子轴承 93 系列尺寸规格 表 7-160

轴承代号	外形尺寸/mm						轴承代号	外形尺寸/mm					
	d	D	T	D_1	B	C		d	D	T	D_1	B	C
29317	85	130	39	143.5	13	19	29372	360	560	122	540	41	59
29318	90	155	39	148.5	13	19	29376	380	600	132	580	44	63
29320	100	170	42	163	14	20.8	29380	400	620	132	596	44	64
29322	110	190	48	182	16	23	29384	420	650	140	626	48	68
29324	120	210	54	200	18	26	29388	440	680	145	655	49	70
29326	130	225	58	215	19	28	29392	460	710	150	685	51	72
29328	140	240	60	230	20	29	29396	480	730	150	705	51	72
29330	150	250	60	240	20	29	293/500	500	750	150	725	51	74
29332	160	270	67	260	23	32	293/530	530	800	160	772	54	76
29334	170	280	67	270	23	32	293/560	560	850	175	822	60	85
29336	180	300	73	290	25	35	293/600	600	900	180	870	61	87
29338	190	320	78	308	27	28	293/630	630	950	190	920	65	92
29340	200	340	85	325	29	41	293/670	670	1000	200	963	68	96
29344	220	360	85	345	29	41	293/710	710	1060	212	1028	72	102
29348	240	380	85	365	29	41	293/750	750	1120	224	1086	76	108
29352	260	420	95	405	32	45	293/800	800	1180	230	1146	78	112
29356	280	440	95	423	32	46	293/850	850	1250	243	4205	85	118
29360	300	480	109	460	37	50	293/900	900	1320	250	1280	86	120
29364	320	500	109	482	37	53	293/950	950	1400	272	1360	93	132
29368	340	540	122	520	41	59	293/1000	1000	1460	276	1365	100	137

推力调心滚子轴承 94 系列尺寸规格　　表 7-161

轴承代号	外形尺寸/mm						轴承代号	外形尺寸/mm					
	d	D	T	D_1	B	C		d	D	T	D_1	B	C
29412	60	130	42	123	15	20	29460	300	540	145	515	52	70
29413	65	140	45	133	16	21	29464	320	580	155	555	55	75
29414	70	150	48	142	17	23	29468	340	620	170	590	61	82
29415	75	160	51	152	18	24	29472	360	640	170	610	61	82
29416	80	170	54	162	19	26	29476	380	670	175	640	63	85
29417	85	180	58	170	21	28	29480	400	710	185	680	67	89
29418	90	190	60	180	22	29	29484	420	730	185	700	67	89
29420	100	210	67	200	24	32	29488	440	780	206	745	74	100
29422	110	230	73	220	26	35	29492	460	800	206	765	74	100
29424	120	250	78	236	29	37	29496	480	850	224	810	81	108
29426	130	270	85	255	31	41	294/500	500	870	224	830	81	107
29428	140	280	85	268	31	41	294/530	530	920	236	880	87	114
29430	150	300	90	285	32	44	294/560	560	980	250	940	92	120
29432	160	320	95	306	34	45	294/600	600	1030	258	990	92	127
29434	170	340	103	324	37	50	29/630	630	1090	280	1040	100	136
29436	180	360	109	342	39	52	294/670	670	1150	290	1105	106	138
29438	190	380	115	360	41	55	294/710	710	1220	308	1165	113	150
29440	200	400	122	380	43	59	294/750	750	1280	315	1220	116	152
29444	220	420	122	400	43	58	294/800	800	1360	335	1310	120	163
29448	240	440	122	420	43	59	294/850	850	1440	354	1372	126	168
29452	260	480	132	460	48	64	294/900	900	1520	372	1460	138	180
29456	280	520	145	495	52	68	294/950	950	1600	390	1470	153	191

17. 滚针轴承及其组件

滚针轴承的径向尺寸较小，有多种结构。

（1）48、49 和 69 尺寸系列滚针轴承（GB/T 5801—2006）

本标准规定为成套滚针轴承（NA 型）和无内圈滚针轴承（RNA 型），可带保持架或不带保持架，可具有一列或两列滚针，外圈上可有润滑槽或无润滑槽。轴承的结构形式见图 7-53，表 7-162～表 7-164 列出轴承的规格和尺寸。

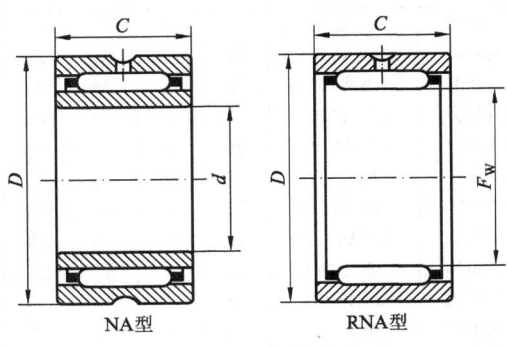

图 7-53　滚针轴承

滚针轴承 48 系列尺寸规格　　　　　　表 7-162

轴承代号		成套轴承和无内圈轴承/mm				轴承代号		成套轴承和无内圈轴承/mm			
NA 型	RNA 型	d	F_W	D	B	NA 型	RNA 型	d	F_W	D	B
NA4822	RNA4822	110	120	140	30	NA4840	RNA4840	200	220	250	50
NA4824	RNA4824	120	130	150	30	NA4844	RNA4844	220	240	270	50
NA4826	RNA4826	130	145	165	35	NA4848	RNA4848	240	265	300	60
NA4828	RNA4828	140	155	175	35	NA4852	RNA4852	250	285	320	60
NA4830	RNA4830	150	165	190	40	NA4856	RNA4856	280	305	350	69
NA4832	RNA4832	160	175	200	40	NA4860	RNA4860	300	330	380	80
NA4834	RNA4834	170	185	215	45	NA4864	RNA4864	320	350	400	80
NA4836	RNA4836	180	195	225	45	NA4868	RNA4868	340	370	420	80
NA4838	RNA4838	190	210	240	50	NA4872	RNA4872	360	390	440	80

滚针轴承 49 系列尺寸规格　　　　　　表 7-163

轴承代号		成套轴承和无内圈轴承/mm				轴承代号		成套轴承和无内圈轴承/mm			
NA 型	RNA 型	d	F_W	D	B	NA 型	RNA 型	d	F_W	D	B
NA49/5	RNA49/5	5	7	13	10	NA4909	RNA4909	45	52	68	22
NA49/6	RNA49/6	6	8	15	10	NA4910	RNA4910	50	58	72	22
NA49/7	RNA49/7	7	9	17	10	NA4911	RNA4911	55	63	80	25
NA49/8	RNA49/8	8	10	19	11	NA4912	RNA4912	60	68	85	25
NA49/9	RNA49/9	9	12	20	11	NA4913	RNA4913	65	72	90	25
NA4900	RNA4900	10	14	22	13	NA4914	RNA4914	70	80	100	30
NA4901	RNA4901	12	16	24	13	NA4915	RNA4915	75	85	105	30
NA4902	RNA4902	15	20	28	13	NA4916	RNA4916	80	90	110	30
NA4903	RNA4903	17	22	30	13	NA4917	RNA4917	85	100	120	35
NA4904	RNA4904	20	25	37	17	NA4918	RNA4918	90	105	125	35
NA49/22	RNA49/22	22	28	39	17	NA4919	RNA4919	95	110	130	35
NA4905	RNA4905	25	30	42	17	NA4920	RNA4920	100	115	140	40
NA49/28	RNA49/28	28	32	45	17	NA4922	RNA4922	110	125	150	40
NA4906	RNA4906	30	35	47	17	NA4924	RNA4924	120	135	165	45
NA49/32	RNA49/32	32	40	52	20	NA4926	RNA4926	130	150	180	50
NA4907	RNA4907	35	42	55	20	NA4928	RNA4928	140	160	190	50
NA4908	RNA4908	40	48	62	22						

滚针轴承 69 系列尺寸规格　　　　　　表 7-164

轴承代号		成套轴承和无内圈轴承/mm				轴承代号		成套轴承和无内圈轴承/mm			
NA 型	RNA 型	d	F_W	D	B	NA 型	RNA 型	d	F_W	D	B
NA6900	RNA6900	10	14	22	22	NA6909	RNA6909	45	52	68	40
NA6901	RNA6901	12	16	24	22	NA6910	RNA6910	50	58	72	40
NA6902	RNA6902	15	20	28	23	NA6911	RNA6911	55	63	80	45
NA6903	RNA6903	17	22	30	23	NA6912	RNA6912	60	68	85	45
NA6904	RNA6904	20	25	37	30	NA6913	RNA6913	65	72	90	45
NA69/22	RNA69/22	22	28	39	30	NA6914	RNA6914	70	80	100	54
NA6905	RNA6905	25	30	42	30	NA6915	RNA6915	75	85	105	54
NA69/28	RNA69/28	28	32	45	30	NA6916	RNA6916	80	90	110	54
NA6906	RNA6906	30	35	47	30	NA6917	RNA6917	85	100	120	63
NA69/32	RNA69/32	32	40	52	36	NA6918	RNA6918	90	105	125	63
NA6907	RNA6907	35	42	55	36	NA6919	RNA6919	95	110	130	63
NA6908	RNA6908	40	48	62	40	NA6920	RNA6920	100	115	140	71

（2）冲压外圈滚针轴承标准（GB/T 290—1998）

本标准规定为无内圈滚针轴承，径向尺寸较小，只承受径向载荷，结构简单，见图7-54。轴承结构有带保持架或不带保持架；具有一列或两列滚针；外圈上可有润滑槽或无润滑槽等。表7-165～表7-169列出轴承的规格和尺寸。

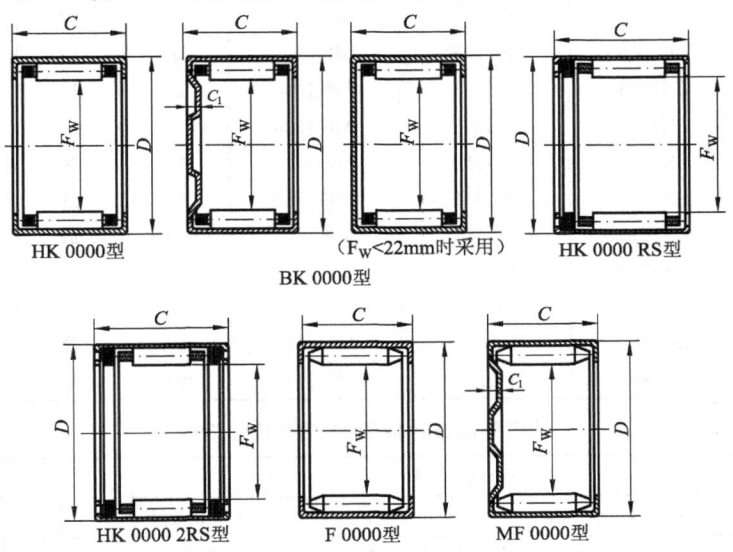

图 7-54　冲压外圈滚针轴承

冲压外圈滚针轴承 21 系列尺寸规格　　　　表 7-165

轴　承　代　号				外形尺寸/mm			
有　保　持　架		满　装　滚　针					
HK0000 型	BK0000 型	F-0000 型	MF-0000 型	F_W	D	C	C_1
HK0306	BK0306	—	—	3	6	6	1.9
HK2010	BK2010	—	—	20	26	10	2.8
HK2210	BK2210	—	—	22	28	10	2.8
HK2512	BK2512	F-2512	MF-2512	25	32	12	2.8
HK3012	BK3012	F-3012	MF-3012	30	37	12	2.8
HK3512	BK3512	F-3512	MF-3512	35	42	12	2.8
HK4012	BK4012	F-4012	MF-4012	40	47	12	2.8
HK4512	BK4512	F-4512	MF-4512	45	52	12	2.8

注：定出 C_1 的最大值是为了使用中避免轴端和冲压外圈端部之间产生接触，如果需要这种接触，用户可与制造厂协商。

冲压外圈滚针轴承 31 系列尺寸规格　　　　表 7-166

轴　承　代　号				外形尺寸/mm			
有　保　持　架		满　装　滚　针					
HK0000 型	BK0000 型	F-0000 型	MF-0000 型	F_W	D	C	C_1
HK0408	BK0408	—	—	4	8	8	1.9
HK0508	BK0508	—	—	5	9	8	1.9
HK0608	BK0608	F-0608	MF-0608	6	10	8	1.9
HK0708	BK0708	F-0708	MF-0708	7	11	8	1.9

轴 承 代 号				外形尺寸/mm			
有 保 持 架		满 装 滚 针					
HK0000 型	BK0000 型	F-0000 型	MF-0000 型	F_W	D	C	C_1
HK0828	BK0828	F-0828	MF-0828	8	12	8	1.9
HK0908	BK0908	F-0908	MF-0908	9	13	8	1.9
HK1008	BK1008	F-1008	MF-1008	10	14	8	1.9
HK1208	BK1208	F-1208	MF-1208	12	16	8	1.9
HK1412	BK1412	F-1412	MF-1412	14	20	12	2.8
HK1512	BK1512	F-1512	MF-1512	15	21	12	2.8
HK1612	BK1612	F-1612	MF-1612	16	22	12	2.8
HK1712	BK1712	F-1712	MF-1712	17	23	12	2.8
HK1812	BK1812	F-1812	MF-1812	18	24	12	2.8
HK2012	BK2012	F-2012	MF-2012	20	26	12	2.8
HK2212	BK2212	F-2212	MF-2212	22	28	12	2.8

冲压外圈滚针轴承 41 系列尺寸规格　　　　　　表 7-167

轴 承 代 号						外形尺寸/mm			
有 保 持 架				满装滚针					
HK0000 型	HK0000-RS 型	HK0000-2RS 型	BK0000 型	F-0000 型	MF-0000 型	F_W	D	C	C_1
HK0409	—	—	BK0409	—	—	4	8	9	1.9
HK0509	—	—	BK0509	F-0509	MF-0509	5	9	9	1.9
HK0609	—	—	BK0609	F-0609	MF-0609	6	10	9	1.9
HK0709	—	—	BK0709	F-0709	MF-0709	7	11	9	1.9
HK0809	—	—	BK0809	F-0809	MF-0809	8	12	9	1.9
HK0909	—	—	BK0909	F-0909	MF-0909	9	13	9	1.9
HK1009	—	—	BK1009	F-1009	MF-1009	10	14	9	1.9
HK1209	—	—	BK1209	F-1209	MF-1209	12	16	9	1.9
HK1414	HK1414-RS	—	BK1414	F-1414	MF-1414	14	20	14	2.8
HK1514	HK1514-RS	—	BK1514	F-1514	MF-1514	15	21	14	2.8
HK1614	HK1614-RS	—	BK1614	F-1614	MF-1614	16	22	14	2.8
HK1714	HK1714-RS	—	BK1714	F-1714	MF-1714	17	23	14	2.8
HK1814	HK1814-RS	—	BK1814	F-1814	MF-1814	18	24	14	2.8
HK2014	HK2014-RS	—	BK2014	F-2014	MF-2014	20	26	14	2.8
HK2214	HK2214-RS	—	BK2214	F-2214	MF-2214	22	28	14	2.8
HK2516	—	HK2516-2RS	BK2516	F-2516	MF-2516	25	32	16	2.8
HK2816	—	HK2816-2RS	BK2816	—	—	28	35	16	2.8
HK3016	—	HK3016-2RS	BK3016	—	—	30	37	16	2.8
HK3516	—	HK3516-2RS	BK3516	—	—	35	42	16	2.8
HK3816	—	HK3816-2RS	BK3816	—	—	38	45	16	2.8
HK4016	—	HK4016-2RS	BK4016	—	—	40	47	16	2.8
HK4216	—	HK4216-2RS	BK4216	—	—	42	49	16	2.8
HK4516	—	HK4516-2RS	BK4516	—	—	45	52	16	2.8

冲压外圈滚针轴承 51 系列尺寸规格　　　　　　表 7-168

轴 承 代 号						外形尺寸/mm			
有 保 持 架				满装滚针					
HK0000 型	HK0000-RS 型	HK0000-2RS 型	BK0000 型	F-0000 型	MF-0000 型	F_W	D	C	C_1
HK0610	—	—	BK0610	—	—	6	10	10	1.9
HK0710	—	—	BK0710	—	—	7	11	10	1.9
HK0810	HK0810-RS	—	BK0810	F-0810	MF-0810	8	12	10	1.9
HK0910	—	—	BK0910	F-0910	MF-0910	9	13	10	1.9
HK1010	—	—	BK1010	F-1010	MF-1010	10	14	10	1.9
HK1210	—	—	BK1210	F-1210	MF-1210	12	16	10	1.9
HK1416	—	HK1416-2RS	BK1416	F-1416	MF-1416	14	20	16	2.8
HK1516	—	HK1516-2RS	BK1516	F-1516	MF-1516	15	21	16	2.8
HK1616	—	HK1616-2RS	BK1616	F-1616	MF-1616	16	22	16	2.8
HK1716	—	HK1716-2RS	BK1716	F-1716	MF-1716	17	23	16	2.8
HK1816	—	HK1816-2RS	BK1816	F-1816	MF-1816	18	24	16	2.8
HK2016	—	HK2016-2RS	BK2016	F-2016	MF-2016	20	26	16	2.8
HK2216	—	HK2216-2RS	BK2216	F-2216	MF-2216	22	28	16	2.8
HK2518	HK2518-RS	—	BK2518	—	—	25	32	18	2.8
HK2818	HK2818-RS	—	BK2818	—	—	28	35	18	2.8
HK3018	HK3018-RS	—	BK3018	—	—	30	37	18	2.8
HK3518	HK3518-RS	—	BK3518	—	—	35	42	18	2.8
HK3818	HK3818-RS	—	BK3818	—	—	38	45	18	2.8
HK4018	HK4018-RS	—	BK4018	—	—	40	47	18	2.8
HK4218	HK4218-RS	—	BK4218	—	—	42	49	18	2.8
HK4518	HK4518-RS	—	BK4518	—	—	45	52	18	2.8
HK5020	—	—	BK5020	—	—	50	58	20	2.8
HK5520	—	—	BK5520	—	—	55	63	20	2.8
HK6020	—	—	BK6020	—	—	60	68	20	2.8

冲压外圈滚针轴承 61 系列尺寸规格　　　　　　表 7-169

轴 承 代 号						外形尺寸/mm			
有 保 持 架				满装滚针					
HK0000 型	HK0000-RS 型	HK0000-2RS 型	BK0000 型	F-0000 型	MF-0000 型	F_W	D	C	C_1
HK0812	—	HK0812-2RS	BK0812	—	—	8	12	12	1.9
HK0912	—	—	BK0912	—	—	9	13	12	1.9
HK1012	HK1012-RS	—	BK1012	—	—	10	14	12	1.9
HK1212	—	—	BK1212	F-1212	MF-1212	12	16	12	2.8
HK1418	—	—	BK1418	F-1418	MF-1418	14	20	18	2.8
HK1518	HK1518-RS	—	BK1518	F-1518	MF-1518	15	21	18	2.8

续表

轴 承 代 号						外形尺寸/mm			
有 保 持 架				满装滚针					
HK0000 型	HK0000-RS 型	HK0000-2RS 型	BK0000 型	F-0000 型	MF-0000 型	F_W	D	C	C_1
HK1618	—	—	BK1618	F-1618	MF-1618	16	22	18	2.8
HK1718	—	—	BK1718	F-1718	MF-1718	17	23	18	2.8
HK1818	—	—	BK1818	F-1818	MF-1818	18	24	18	2.8
HK2018	HK2018-RS	—	BK2018	F-2018	MF-2018	20	26	18	2.8
HK2218	HK2218-RS	—	BK2218	F-2218	MF-2218	22	28	18	2.8
HK2520	HK2520-RS	—	BK2520	—	—	25	32	20	2.8
HK2820	HK2820-RS	—	BK2820	—	—	28	35	20	2.8
HK3020	—	—	BK3020	—	—	30	37	20	2.8
HK3520	—	HK3520-2RS	BK3520	—	—	35	42	20	2.8
HK3820	—	HK3820-2RS	BK3820	—	—	38	45	20	2.8
HK4020	—	HK4020-2RS	BK4020	—	—	40	47	20	2.8
HK4220	—	HK4220-2RS	BK4220	—	—	42	49	20	2.8
HK4520	—	HK4520-2RS	BK4520	—	—	45	52	20	2.8
HK5024	—	HK5024-2RS	BK5024	—	—	50	58	24	2.8
HK5524	—	HK5524-2RS	BK5524	—	—	55	63	24	2.8
HK6024	—	HK6024-2RS	BK6024	—	—	60	68	24	2.8

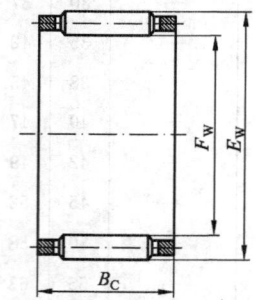

图 7-55　向心滚针和保持架组件

（3）向心滚针和保持架组件（GB/T 20056—2006）

本标准组件的结构简单，径向尺寸较小，只承受径向载荷，如图 7-55 所示。表 7-170、表 7-171 列出组件规格和尺寸。

1C、2C 直径系列尺寸规格（mm）　　　　表 7-170

F_W	E_W	1C直径系列尺寸							E_W	2C直径系列尺寸						
		11C	21C	31C	41C	51C	61C	71C		12C	22C	32C	42C	52C	62C	72C
		B_C								B_C						
4	7	6	8	10	—	—	—	—								
5	8	6	8	10	13	—	—	—	9	8	10	13	15	—	—	—
6	9	6	8	10	13	15	—	—	10	8	10	13	15	17	—	—
7	10	6	8	10	13	15	17	—	11	8	10	13	15	17	—	—
8	11	6	8	10	13	15	17	—	12	8	10	13	15	17	20	—
9	12	6	8	10	13	15	17	—	13	8	10	13	15	17	20	—
10	13	6	8	10	13	15	17	—	14	8	10	13	15	17	20	—
12	15	6	8	10	13	15	17	—	16	8	10	13	17	20	20	—

续表

F_w	E_w	1C直径系列尺寸							E_w	2C直径系列尺寸						
		11C	21C	31C	41C	51C	61C	71C		12C	22C	32C	42C	52C	62C	72C
		B_C								B_C						
14	18	8	10	13	15	17	20	23	19	10	13	15	17	20	23	27
15	19	8	10	13	15	17	20	23	20	10	13	15	17	20	23	27
16	20	8	10	13	15	17	20	23	21	10	13	15	17	20	23	27
17	21	8	10	13	15	17	20	23	22	10	13	15	17	20	23	27
18	22	8	10	13	15	17	20	23	23	10	13	15	17	20	23	27
20	24	8	10	13	15	17	20	23	25	10	13	15	17	20	23	27
22	26	8	10	13	15	17	20	23	27	10	13	15	17	20	23	27
25	29	8	10	13	15	17	20	23	30	10	13	15	17	20	23	27
28	33	10	13	15	17	20	23	27	34	12	15	17	20	25	30	35
30	35	10	13	15	17	20	23	27	36	12	15	17	20	25	30	35
32	37	10	13	15	17	20	23	27	38	12	15	17	20	25	30	35
35	40	10	13	15	17	20	23	27	41	12	15	17	20	25	30	35
38	43	10	13	15	17	20	23	27	44	12	15	17	20	25	30	35
40	45	10	13	15	17	20	23	27	46	12	15	17	20	25	30	35
42	47	10	13	15	17	20	23	27	48	12	15	17	20	25	30	35
45	50	10	13	15	17	20	23	27	51	12	15	17	20	25	30	35
50	55	10	13	15	17	20	23	27	56	12	15	17	20	25	30	35
55	61	12	15	17	20	25	30	35	62	16	20	25	30	35	40	—
60	66	12	15	17	20	25	30	35	67	16	20	25	30	35	40	—
65	71	12	15	17	20	25	30	35	72	16	20	25	30	35	40	—
70	76	12	15	17	20	25	30	35	77	16	20	25	30	35	40	—
75	81	12	15	17	20	25	30	35	82	16	20	25	30	35	40	—
80	86	12	15	17	20	25	30	35	87	16	20	25	30	35	40	—
85	92	16	20	25	30	35	40	—	93	20	25	30	35	40	45	—
90	97	16	20	25	30	35	40	—	98	20	25	30	35	40	45	—
95	102	16	20	25	30	35	40	—	103	20	25	30	35	40	45	—
100	107	16	20	25	30	35	40	—	108	20	25	30	35	40	45	—

3C、4C 和 5C 直径系列尺寸规格（mm）　　　　表 7-171

F_w	E_w	3C直径系列尺寸						E_w	4C直径系列尺寸						E_w	5C直径系列尺寸			
		13C	23C	33C	43C	53C	63C		14C	24C	34C	44C	54C	64C		15C	25C	35C	45C
		B_C							B_C							B_C			
6	11	10	13	15	—	—	—												
7	12	10	13	15	17	—	—												
8	13	10	13	15	17	20	—	14	12	15	17	20	—	—					
9	14	10	13	15	17	20	—	15	12	15	17	20	—	—					
10	15	10	13	15	17	20	—	16	12	15	17	20	—	—	17	16	20	25	—
12	17	10	13	15	17	20	23	18	12	15	17	20	—	—	19	16	20	25	—
14	20	12	15	17	20	25	30	21	16	20	25	30	35	—	22	20	25	30	—

续表

F_W	E_W	3C直径系列尺寸						E_W	4C直径系列尺寸						E_W	5C直径系列尺寸			
		13C	23C	33C	43C	53C	63C		14C	24C	34C	44C	54C	64C		15C	25C	35C	45C
		B_C							B_C							B_C			
15	21	12	15	17	20	25	30	22	16	20	25	30	35	—	23	20	25	30	—
16	22	12	15	17	20	25	30	23	16	20	25	30	35	—	24	20	25	30	35
17	23	12	15	17	20	25	30	24	16	20	25	30	35	—	25	20	25	30	35
18	24	12	15	17	20	25	30	25	16	20	25	30	35	40	26	20	25	30	35
20	26	12	15	17	20	25	30	27	16	20	25	30	35	40	28	20	25	30	35
22	28	12	15	17	20	25	30	29	16	20	25	30	35	40	30	20	25	30	35
25	31	12	15	17	20	25	30	32	16	20	25	30	35	40	33	20	25	30	35
28	35	16	20	25	30	35	40	36	20	25	30	35	40	45	38	25	30	35	40
30	37	16	20	25	30	35	40	38	20	25	30	35	40	45	40	25	30	35	40
32	39	16	20	25	30	35	40	40	20	25	30	35	40	45	42	25	30	35	40
35	42	16	20	25	30	35	40	43	20	25	30	35	40	45	45	25	30	35	40
38	45	16	20	25	30	35	40	46	20	25	30	35	40	45	48	25	30	35	40
40	47	16	20	25	30	35	40	48	20	25	30	35	40	45	50	25	30	35	40
42	49	16	20	25	30	35	40	50	20	25	30	35	40	45	52	25	30	35	40
45	52	16	20	25	30	35	40	53	20	25	30	35	40	45	55	25	30	35	40
50	57	16	20	25	30	35	40	58	20	25	30	35	40	45	60	25	30	35	40
55	63	20	25	30	35	40	45	65	25	30	35	40	45	50	70	35	40	45	50
60	68	20	25	30	35	40	45	70	25	30	35	40	45	50	75	35	40	45	50
65	73	20	25	30	35	40	45	75	25	30	35	40	45	50	80	35	40	45	50
70	78	20	25	30	35	40	45	80	25	30	35	40	45	50	85	35	40	45	50
75	83	20	25	30	35	40	45	85	25	30	35	40	45	50	90	35	40	45	50
80	88	20	25	30	35	40	45	90	25	30	35	40	45	50	95	35	40	45	50
85	95	25	30	35	40	45	50	100	35	40	45	50	60	—	105	45	50	60	70
90	100	25	30	35	40	45	50	105	35	40	45	50	60	—	110	45	50	60	70
95	105	25	30	35	40	45	50	110	35	40	45	50	60	—	115	45	50	60	70
100	110	25	30	35	40	45	50	115	35	40	45	50	60	—	120	45	50	60	70

（4）满装滚针轴承（JB/T 3588—2007）

本标准规定的轴承结构简单，径向尺寸较小，只承受径向载荷。结构有内圈、无内圈二种，见图7-56。表7-172～表7-174列出轴承规格和尺寸。

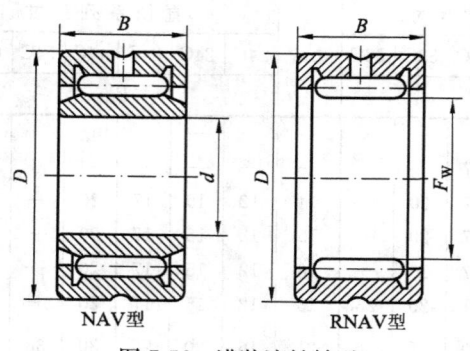

NAV型　　　RNAV型

图 7-56　满装滚针轴承

48 系列尺寸规格　　　　　　　表 7-172

轴 承 型 号		d	F_W	D	B	轴 承 型 号		d	F_W	D	B
NAV 型	RNAV 型					NAV 型	RNAV 型				
NAV4822	RNAV4822	110	120	140	30	NAV4838	RNAV4838	190	210	240	50
NAV4824	RNAV4824	120	130	150	30	NAV4840	RNAV4840	200	220	250	50
NAV4826	RNAV4826	130	145	165	35	NAV4844	RNAV4844	220	240	270	50
NAV4828	RNAV4828	140	155	175	35	NAV4848	RNAV4848	240	265	300	60
NAV4830	RNAV4830	150	165	190	40	NAV4852	RNAV4852	260	285	320	60
NAV4832	RNAV4832	160	175	200	40	NAV4856	RNAV4856	280	305	350	69
NAV4834	RNAV4834	170	185	215	45	NAV4860	RNAV4860	300	330	380	80
NAV4836	RNAV4836	180	195	225	45						

49 系列尺寸规格　　　　　　　表 7-173

轴 承 型 号		d	F_W	D	B	轴 承 型 号		d	F_W	D	B
NAV 型	RNAV 型					NAV 型	RNAV 型				
NAV4902	RNAV4902	15	20	28	13	NAV4914	RNAV4914	70	80	100	30
NAV4903	RNAV4903	17	22	30	13	NAV4916	RNAV4916	80	90	110	30
NAV4904	RNAV4904	20	25	37	17	NAV4918	RNAV4918	90	105	125	35
NAV4905	RNAV4905	25	30	42	17	NAV4919	RNAV4919	95	110	130	35
NAV4906	RNAV4906	30	35	47	17	NAV4920	RNAV4920	100	115	140	40
NAV4907	RNAV4907	35	42	55	20	NAV4922	RNAV4922	110	125	150	40
NAV4908	RNAV4908	40	48	62	22	NAV4924	RNAV4924	120	135	165	45
NAV4909	RNAV4909	45	52	68	22	NAV4926	RNAV4926	130	150	180	50
NAV4910	RNAV4910	50	58	72	22	NAV4928	RNAV4928	140	160	190	50
NAV4912	RNAV4912	60	68	85	25						

40 系列尺寸规格　　　　　　　表 7-174

轴 承 型 号		d	F_W	D	B	轴 承 型 号		d	F_W	D	B
NAV 型	RNAV 型					NAV 型	RNAV 型				
NAV4003	RNAV4003	17	24.5	35	18	NAV4011	RNAV4011	55	69.8	90	35
NAV4004	RNAV4004	20	28.7	42	22	NAV4012	RNAV4012	60	74.6	95	35
NAV4005	RNAV4005	25	33.5	47	22	NAV4013	RNAV4013	65	80.3	100	35
NAV4006	RNAV4006	30	40.1	55	25	NAV4014	RNAV4014	70	88.0	110	40
NAV4007	RNAV4007	35	45.9	62	27	NAV4015	RNAV4015	75	92.7	115	40
NAV4008	RNAV4008	40	51.6	68	28	NAV4016	RNAV4016	80	100.3	125	45
NAV4009	RNAV4009	45	57.4	75	30	NAV4017	RNAV4017	85	104.8	130	45
NAV4010	RNAV4010	50	62.1	80	30						

注：40 系列规格属于本标准的规范性附件。

（5）推力滚针和保持架组件及推力垫圈（GB/T 4605—2003）

推力滚针和保持架组件及推力垫圈标准结构，只能承受轴载荷，见图 7-57。表 7-175 列出轴承规格和尺寸。

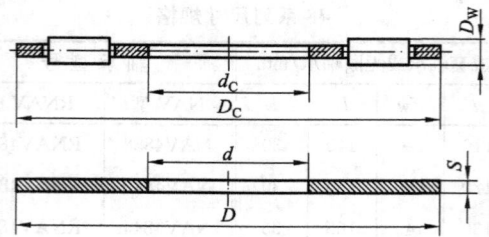

图 7-57 推力滚针和保持架组件

组件及垫圈尺寸规格 表 7-175

轴 承 型 号			外 形 尺 寸/mm				
组件	垫 圈		D_C 和 d	D_C 和 D	D_W	S_{AXA}	S_{AS}
AXK0619	AXA0619	AS0619	6	19	2	0.8	1
AXK0720	AXA0720	AS0720	7	20	2	0.8	1
AXK0821	AXA0821	AS0821	8	21	2	0.8	1
AXK0922	AXA0922	AS0922	9	22	2	0.8	1
AXK1024	ASA1024	AS1024	10	24	2	0.8	1
AXK1226	ASA1226	AS1226	12	26	2	0.8	1
AXK1427	ASA1427	AS1427	14	27	2	0.8	1
AXK1528	ASA1528	AS1528	15	28	2	0.8	1
AXK1629	ASA1629	AS1629	16	29	2	0.8	1
AXK1730	ASA1730	AS1730	17	30	2	0.8	1
AXK1831	ASA1831	AS1831	18	31	2	0.8	1
AXK2035	ASA2035	AS2035	20	35	2	0.8	1
AXK2237	ASA2237	AS2237	22	37	2	0.8	1
AXK2542	ASA2542	AS2542	25	42	2	0.8	1
AXK2845	ASA2845	AS2845	28	45	2	0.8	1
AXK3047	ASA3047	AS3047	30	47	2	0.8	1
AXK3249	ASA3249	AS3249	32	49	2	0.8	1
AXK3552	ASA3552	AS3552	35	52	2	0.8	1
AXK4060	ASA4060	AS4060	40	60	3	0.8	1
AXK4565	ASA4565	AS4565	45	65	3	0.8	1
AXK5070	ASA5070	AS5070	50	70	3	0.8	1
AXK5578	ASA5578	AS5578	55	78	3	0.8	1
AXK6085	ASA6085	AS6085	60	85	3	0.8	1
AXK6590	ASA6590	AS6590	65	90	3	0.8	1
AXK7095	ASA7095	AS7095	70	95	4	0.8	1
AXK75100	ASA75100	AS75100	75	100	4	0.8	1
AXK80105	ASA80105	AS80105	80	105	4	0.8	1
AXK85110	ASA85110	AS85110	85	110	4	0.8	1
AXK90120	ASA90120	AS90120	90	120	4	0.8	1
—	—	AS100135	100	135	4	—	1
—	—	AS110145	110	145	4	—	1
—	—	AS120155	120	155	4	—	1
—	—	AS130170	130	170	5	—	1
—	—	AS140180	140	180	5	—	1
—	—	AS150190	150	190	5	—	1
—	—	AS160200	160	200	5	—	1

18. 滚针和推力组合轴承 （JB/T 3122—2007、GB/T 16643—2015）

（1）滚针和推力球组合轴承 （JB/T 3122—2007）

本标准的结构分为四种：滚针和推力球组合轴承 （NKX 00 型），滚针和带外罩推力

球组合轴承（NKX 00 Z 型），有内圈滚针和推力球组合轴承（NKX 00＋IR 型），有内圈
滚针和带外罩的推力球组合轴承（NKX 00 Z＋IR 型）。结构形状见图 7-58。表 7-176 列出
轴承规格和尺寸。

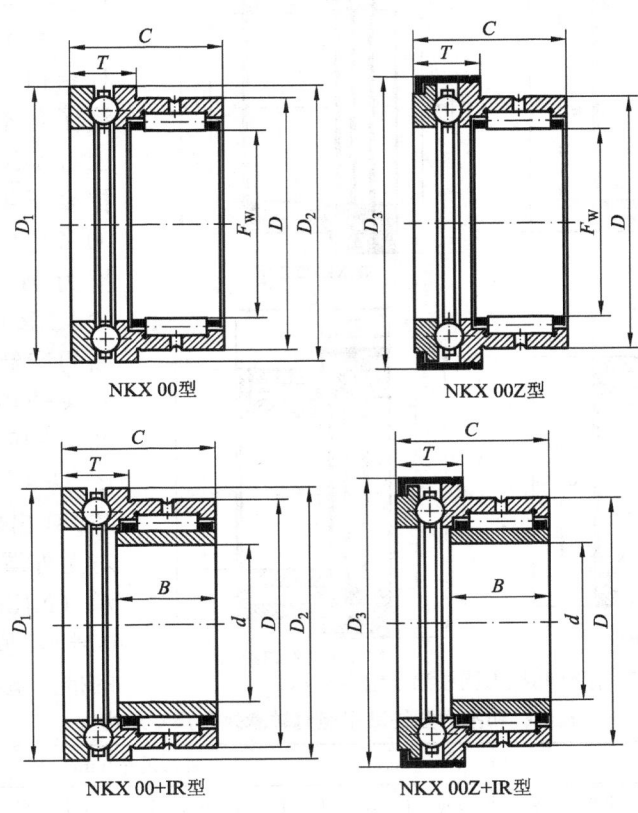

图 7-58　滚针和推力球组合轴承

滚针和推力球组合轴承尺寸规格　　　　　　　　　　**表 7-176**

轴 承 型 号				外形尺寸/mm						
无 内 圈		有 内 圈								
NKX 00 型	NKX 00 Z 型	NKX 00＋IR 型	NKX 00 Z＋IR 型	F_W	d	D	D_1	D_3	C	T
NKX 10	NKX 10 Z	NKX 10＋IR	NKX 10 Z＋IR	10	7	19	24	25.2	23	9
NKX 12	NKX 12 Z	NKX 12＋IR	NKX 12 Z＋IR	12	9	21	26	27.2	23	9
NKX 15	NKX 15 Z	NKX 15＋IR	NKX 15 Z＋IR	15	12	24	28	29.2	23	9
NKX 17	NKX 17 Z	NKX 17＋IR	NKX 17 Z＋IR	17	14	26	30	31.2	25	9
NKX 20	NKX 20 Z	NKX 20＋IR	NKX 20 Z＋IR	20	17	30	35	36.2	30	10
NKX 25	NKX 25 Z	NKX 25＋IR	NKX 25 Z＋IR	25	20	37	42	43.2	30	11
NKX 30	NKX 30 Z	NKX 30＋IR	NKX 30 Z＋IR	30	25	42	47	4832	30	11
NKX 35	NKX 35 Z	NKX 35＋IR	NKX 35 Z＋IR	35	30	47	2	53.2	30	12
NKX 40	NKX 40 Z	NKX 40＋IR	NKX 40 Z＋IR	40	35	52	60	61.2	32	13
NKX 45	NKX 45 Z	NKX 45＋IR	NKX 45 Z＋IR	45	40	58	65	66.5	32	14
NKX 50	NKX 50 Z	NKX 50＋IR	NKX 50 Z＋IR	50	45	62	70	71.5	35	14
NKX 60	NKX 60 Z	NKX 60＋IR	NKX 60 Z＋IR	60	50	72	85	86.5	40	17
NKX 70	NKX 70 Z	NKX 70＋IR	NKX 70 Z＋IR	70	60	85	95	96.5	40	18

注：表中 F_W 用于无内圈组合轴承，d 用于有内圈组合轴承。

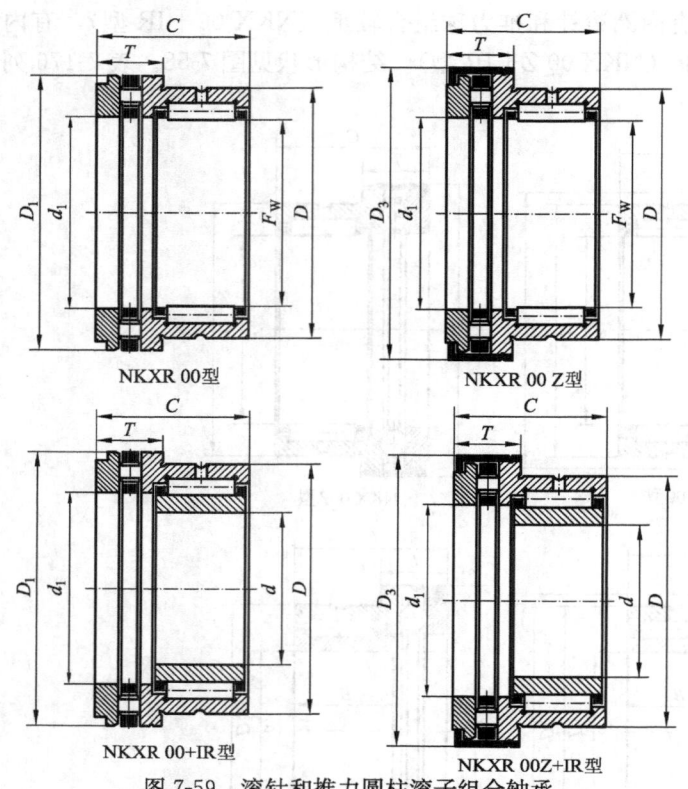

NKXR 00型

NKXR 00 Z型

NKXR 00+IR型

NKXR 00Z+IR型

图 7-59 滚针和推力圆柱滚子组合轴承

（2）滚针和推力圆柱滚子组合轴承（GB/T 16643—2015）

本标准的结构分为四种结构：滚针和推力圆柱滚子组合轴承（NKX 00 型），滚针和带外罩推力圆柱滚子组合轴承（NKXR 00 Z 型），有内圈的滚针和推力圆柱滚子组合轴承（NKXR 00＋IR 型），有内圈的滚针和带外罩推力圆柱滚子组合轴承（NKXR 00 Z＋IR 型）。结构形状见图 7-59。表 7-177 和表 7-178 列出轴承规格和尺寸。对无外罩结构的垫圈的轴承（NKX 00 型及 NKXR 00＋IR 型）可采用带凹槽的推力垫圈。

滚针和推力圆柱滚子组合轴承外形尺寸规格　　　　　表 7-177

轴　承　型　号		外形尺寸/mm							
NKXR 00 型	NKXR 00 Z 型	F_W	d_1	D	$D_{1\,max}$	$D_{3\,max}$	C	T	r
NKXR 15	NKXR 15 Z	15	15	24	28	29.2	23	9	0.3
NKXR 17	NKXR 17 Z	17	17	26	30	31.2	25	9	0.3
NKXR 20	NKXR 20 Z	20	20	30	35	36.2	30	10	0.3
NKXR 25	NKXR 25 Z	25	25	37	42	43.2	30	11	0.3
NKXR 30	NKXR 30 Z	30	30	42	47	48.2	30	11	0.3
NKXR 35	NKXR 35 Z	35	35	47	52	53.2	30	12	0.3
NKXR 40	NKXR 40 Z	40	40	52	60	61.2	32	13	0.6
NKXR 45	NKXR 45 Z	45	45	58	65	66.5	32	14	0.6
NKXR 50	NKXR 50 Z	50	50	62	70	71.5	35	14	0.6

有内圈的滚针和推力圆柱滚子组合轴承外形尺寸规格　　　　　表 7-178

轴　承　型　号		外形尺寸/mm								内圈型号
NKXR 00＋IR 型	NKXR 00 Z＋IR 型	d_1	d	D	$D_{1\,max}$	$D_{3\,max}$	C	T	r	IR 00×00×00
NKXR 15＋IR	NKXR 15 Z＋IR	15	12	24	28	29.2	23	9	0.3	IR 12×15×16
NKXR 17＋IR	NKXR 17 Z＋IR	17	14	26	30	31.2	25	9	0.3	IR 14×17×17
NKXR 20＋IR	NKXR 20 Z＋IR	20	17	30	35	36.2	30	10	0.3	IR 17×20×20
NKXR 25＋IR	NKXR 25 Z＋IR	25	20	37	42	43.2	30	11	0.3	IR 20×25×20
NKXR 30＋IR	NKXR 30 Z＋IR	30	25	42	47	48.2	30	11	0.3	IR 25×30×20
NKXR 35＋IR	NKXR 35 Z＋IR	35	30	47	52	53.2	30	12	0.3	IR 30×35×20
NKXR 40＋IR	NKXR 40 Z＋IR	40	35	52	60	61.2	32	13	0.6	IR 35×40×20
NKXR 45＋IR	NKXR 45 Z＋IR	45	40	58	65	66.5	32	14	0.6	IR 40×45×20
NKXR 50＋IR	NKXR 50 Z＋IR	50	45	62	70	71.5	35	14	0.6	IR 45×50×25

19. 外球面球轴承（GB/T 3882—1995）

本标准规定内圈固定于轴上的紧定装置，可以采用紧定套，或在内圈上直接采用顶丝，见图 7-60。表 7-179～表 7-182 列出各类外球面球轴承规格和尺寸。

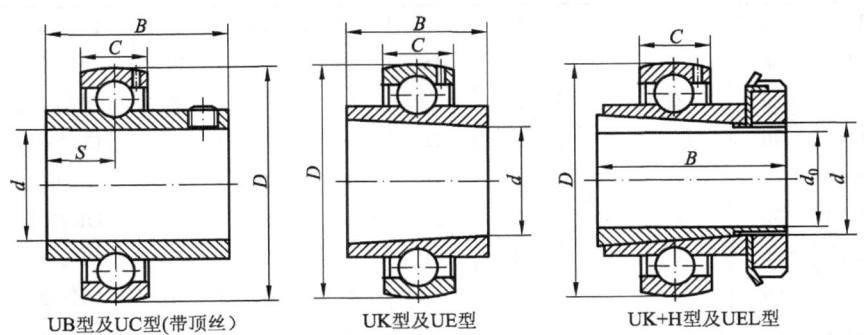

UB型及UC型(带顶丝)　　UK型及UE型　　UK+H型及UEL型

图 7-60　外球面球轴承

UB 型 2 系列外形尺寸　　　　　　　　　　　　　表 7-179

轴承代号	d	D	B	S	C	d_0	轴承代号	d	D	B	S	C	d_0
	mm							mm					
UB201	12	40	22	6	12	M5×0.8	UB205	25	52	27	7.5	15	M6×0.75
UB202	15	40	22	6	12	M5×0.8	UB206	30	62	30	8	16	M6×0.75
UB203	17	40	22	6	12	M5×0.8	UB207	35	72	32	8.5	17	M8×1
UB204	20	47	25	7	14	M6×0.75	UB208	40	80	34	9	18	M8×1

UC 型外形尺寸　　　　　　　　　　　　　表 7-180

轴承代号	d	D	B	S	C_{min}	d_0	轴承代号	d	D	B	S	C_{min}	d_0
	mm							mm					
						2 系列							
UC201	12	40	27.4	11.5	12	M6×0.75	UC211	55	100	55.6	22.2	21	M10×1.25
UC202	15	40	27.4	11.5	12	M6×0.75	UC212	60	110	65.1	25.4	22	M10×1.25
UC203	17	40	27.4	11.5	12	M6×0.75	UC213	65	120	65.1	25.4	23	M10×1.25
UC204	20	47	31	12.7	14	M6×0.75	UC214	70	125	74.6	30.2	24	M12×1.5
UC205	25	52	34.1	14.6	15	M6×0.75	UC215	75	130	77.8	33.3	25	M12×1.5
UC206	30	62	38.1	15.9	16	M6×0.75	UC216	80	140	82.6	33.3	26	M12×1.5
UC207	35	72	42.9	17.5	17	M8×1	UC217	85	150	85.7	34.1	28	M12×1.5
UC208	40	80	49.2	19	18	M8×1	UC218	90	160	96	39.7	30	M12×1.5
UC209	45	85	49.2	19	19	M8×1	UC220	100	180	108	42	34	M12×1.5
UC210	50	90	51.6	19	20	M10×1.25							
						3 系列							
UC305	25	62	38	15	17	M6×0.75	UC316	80	170	86	34	39	M14×1.5
UC306	30	72	43	17	19	M6×0.75	UC317	85	180	96	40	41	M14×1.5
UC307	35	80	48	19	21	M8×1	UC318	90	190	96	40	43	M16×1.5
UC308	40	90	52	19	23	M10×1.25	UC319	95	200	103	41	45	M16×1.5
UC309	45	100	57	22	25	M10×1.25	UC320	100	215	108	42	47	M18×1.5
UC310	50	110	61	22	27	M12×1.5	UC321	105	225	112	44	49	M18×1.5
UC311	55	120	66	25	29	M12×1.5	UC322	110	240	117	46	50	M18×1.5
UC312	60	130	71	26	31	M12×1.5	UC324	120	260	126	51	55	M18×1.5
UC313	65	140	75	30	33	M12×1.5	UC326	130	280	135	54	58	M20×1.5
UC314	70	150	78	33	35	M12×1.5	UC328	140	300	145	59	62	M20×1.5
UC315	75	160	82	32	37	M14×1.5							

UK＋H 型 2 系列外形尺寸　　　　　　　　　　表 7-181

轴承代号	d	D	d_0	B_1	B/mm		C/mm		配用部件代号	
	mm				min	max	min	max	轴承	紧定套[①]
UK205＋H2305	25	52	20	35	15	27	15	17	UK205	H2305
UK206＋H2306	30	62	25	38	16	30	16	19	UK206	H2306
UK207＋H2307	35	72	30	43	17	34	17	20	UK207	H2307
UK208＋H2308	40	80	35	46	18	36	18	22	UK208	H2308
UK209＋H2309	45	85	40	50	19	39	19	22	UK209	H2309
UK210＋H2310	50	90	45	55	20	43	20	24	UK210	H2310
UK211＋H2311	55	100	50	59	21	47	21	25	UK211	H2311
UK212＋H2312	60	110	55	62	22	49	22	27	UK212	H2312
UK213＋H2313	65	120	60	65	23	51	23	32	UK213	H2313
UK215＋H2315	75	130	65	73	25	58	25	34	UK215	H2315
UK216＋H2316	80	140	70	78	26	61	26	35	UK216	H2316
UK217＋H2317	85	150	75	82	28	64	28	36	UK217	H2317
UK218＋H2318	90	160	80	86	30	68	30	38	UK218	H2318

① 紧定套按 GB/T 9160.1—1988 标准。

UK＋H 型 3 系列外形尺寸　　　　　　　　　　表 7-182

轴承代号	d	D	d_0	B_1	B/mm		C/mm		配用部件代号	
	mm				min	max	min	max	轴承	紧定套[①]
UK305＋H2305	25	62	20	35	21	27	17	24	UK305	H2305
UK306＋H2306	30	72	25	38	23	30	19	25	UK306	H2306
UK307＋H2307	35	80	30	43	25	34	21	28	UK307	H2307
UK308＋H2308	40	90	35	46	26	36	23	30	UK308	H2308
UK309＋H2309	45	100	40	50	28	39	25	33	UK309	H2309
UK310＋H2310	50	110	45	55	30	43	27	35	UK310	H2310
UK311＋H2311	55	120	50	59	33	47	29	37	UK11	H2311
UK312＋H2312	60	130	55	62	34	49	31	39	UK312	H2312
UK313＋H2313	65	140	60	65	35	51	33	41	UK313	H2313
UK315＋H2315	75	160	65	73	40	58	37	46	UK315	H2315
UK316＋H2316	80	170	70	78	42	61	39	48	UK316	H2316
UK317＋H2317	85	180	75	82	45	64	41	50	UK317	H2317
UK318＋H2318	90	190	80	86	47	68	43	52	UK318	H2318
UK319＋H2319	95	200	85	90	49	71	45	54	UK319	H2319
UK320＋H2320	100	215	90	97	51	77	47	58	UK320	H2320
UK322＋H2322	110	240	100	105	56	84	50	62	UK322	H2322
UK324＋H2324	120	260	110	112	60	90	55	66	UK324	H2324
UK326＋H2326	130	280	115	121	65	98	58	72	UK326	H2326
UK328＋H2328	140	300	125	131	70	107	62	76	UK328	H2328

① 紧定套按 GB/T 9160.1—1988 标准。

20. 直线运动球轴承（GB/T 16940—1997）

　　本标准规定采用钢球作滚动体，在绕轴的圆柱形轴承体内的若干条封闭滚道上作循环
运动。其结构见图 7-61。表 7-183～表 7-186 列出轴承的规格和尺寸。

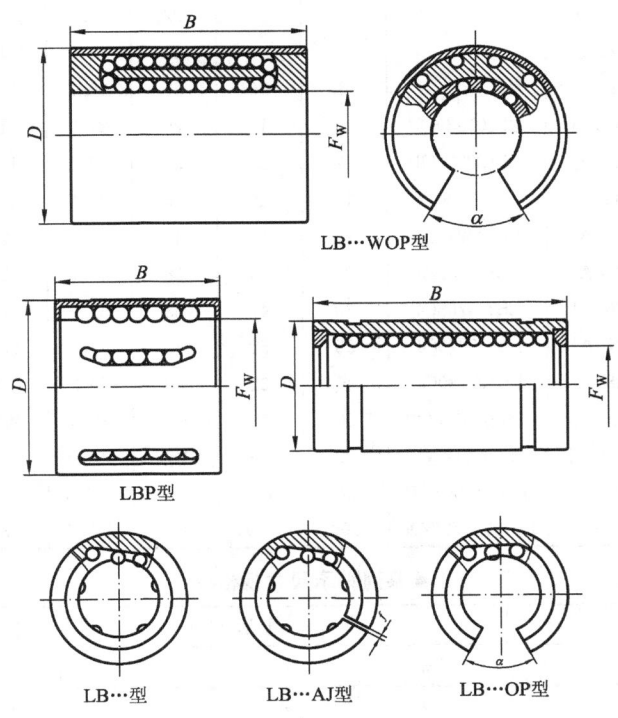

LB···WOP型

LBP型

LB···型　　LB···AJ型　　LB···OP型

图 7-61　直线运动球轴承

1 系列轴承尺寸规格　　　　　　　　　　　　　　　　　**表 7-183**

轴承代号			外形尺寸/mm			轴承代号			外形尺寸/mm		
LBP···型	LB···型	LB···AJ 型	F_W	D	B	LBP···型	LB···型	LB···AJ 型	F_W	D	B
LBP3710	LB3710	LB3710AJ	3	7	10	LBP162430	LB162430	LB162430AJ	16	24	30
LBP4812	LB4812	LB4812AJ	4	8	12	LBP202830	LB202830	LB202830AJ	20	28	30
LBP51015	LB51015	LB51015AJ	5	10	15	LBP253540	LB253540	LB253540AJ	25	35	40
LBP61218	LB61218	LB61218AJ	6	12	19	LBP304050	LB304050	LB304050AJ	30	40	50
LBP81524	LB81524	LB81524AJ	8	15	24	LBP405260	LB405260	LB405260AJ	40	52	60
LBP101726	LB101726	LB101726AJ	10	17	26	LBP506270	LB506270	LB506270AJ	50	62	70
LBP121928	LB121928	LB121928AJ	12	19	28	LBP607585	LB607585	LB607585AJ	60	75	85

2 系列轴承尺寸规格　　　　　　　　　　　　　　　　　**表 7-184**

轴承代号			外形尺寸/mm			轴承代号			外形尺寸/mm		
LBP···型	LB···型	LB···AJ 型	F_W	D	B	LBP···型	LB···型	LB···AJ 型	F_W	D	B
LBP122024	LB122024	LB122024AJ	12	20	24	LBP253737	LB253737	LB253737AJ	25	37	37
LBP162528	LB162528	LB162528AJ	16	25	28	LBP304444	LB304444	LB304444AJ	30	44	44
LBP203030	LB203030	LB203030AJ	20	30	30	LBP405656	LB405656	LB405656AJ	40	56	56

| 3 系列轴承尺寸规格 | | | | | | | | | 表 7-185 |

轴承代号			外形尺寸/mm						开口
LB…型	LB…AJ型	LB…OP型	F_W	D	B	C	f	E	包容角 α
LB51222	LB51222AJ	—	5	12	22	14.2	1	—	—
LB61322	LB61322AJ	—	6	13	22	14.2	1	—	—
LB81625	LB81625AJ	—	8	16	25	16.2	1	—	—
LB101929	LB101929AJ	LB101929OP	10	19	29	21.6	1	6	65°
LB122232	LB122232AJ	LB122232OP	12	22	32	22.6	1.5	6.5	65°
LB162636	LB162636AJ	LB162636OP	16	26	36	24.6	1.5	9	50°
LB203245	LB203245AJ	LB203245OP	20	32	45	31.2	2	9	50°
LB254058	LB254058AJ	LB254058OP	25	40	58	43.7	2	11	50°
LB304768	LB304768AJ	LB304768OP	30	47	68	51.7	2	12.5	50°
LB355270	LB355270AJ	LB355270OP	35	52	70	49.2	2.5	15	50°
LB406280	LB406280AJ	LB406280OP	40	62	80	60.3	2.5	16.5	50°
LB5075100	LB5075100AJ	LB5075100OP	50	75	100	77.3	2.5	21	50°
LB6090125	LB6090125AJ	LB6090125OP	60	90	125	101.3	3	26	50°
LB8012065	LB8012065AJ	LB8012065OP	80	120	165	133.3	3	36	50°
LB100150175	LB100150175AJ	LB100150175OP	100	150	175	143.3	3	45	50°

| 4 系列轴承尺寸规格 | | | | | 表 7-186 |

轴承代号	外形尺寸/mm				开口
LB…WOP型	F_W	D	B	E	包容角 α
LB306075WOP	30	60	75	14	72°
LB4075100WOP	40	75	100	19.5	72°
LB5090125WOP	50	90	125	24.5	72°
LB60110150WOP	60	110	150	29	72°
LB80145200WOP	80	145	200	39	72°

21. 滚轮滚针轴承 （GB/T 6445—2007）

本标准的结构分为有或无保持架、带或不带密封圈以及外圈外表面为圆柱形或凸面形的挡圈型和螺栓型，见图 7-62。表 7-187～表 7-190 列出轴承规格和尺寸。

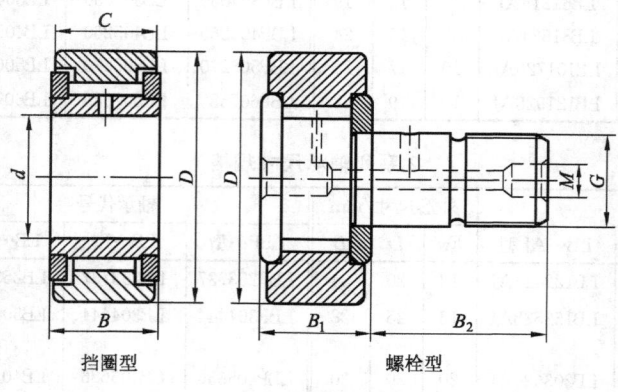

挡圈型　　　　　　螺栓型

图 7-62　滚轮滚针轴承

挡圈型—轻系列尺寸规格 表 7-187

轴承型号		外形尺寸/mm				轴承型号		外形尺寸/mm			
NATR 型	NATV 型	d	D	C	B	NATR 型	NATV 型	d	D	C	B
NATR5	NATV5	5	16	11	12	NATR50	NATV50	50	90	30	32
NATR6	NATV6	6	19	11	12	NATR55	NATV55	55	100	34	36
NATR8	NATV8	8	24	14	15	NATR60	NATV60	60	110	34	36
NATR10	NATV10	10	30	14	15	NATR65	NATV65	65	120	40	42
NATR12	NATV12	12	32	14	15	NATR70	NATV70	70	125	40	42
NATR15	NATV15	15	35	18	19	NATR75	NATV75	75	130	40	42
NATR17	NATV17	17	40	20	21	NATR80	NATV80	80	140	46	48
NATR20	NATV20	20	47	24	25	NATR85	NARV85	85	150	46	48
NATR25	NATV25	25	52	24	25	NATR90	NATV90	90	160	52	54
NATR30	NATV30	30	62	28	29	NATR95	NATV95	95	170	52	54
NATR35	NATV35	35	72	28	29	NATR100	NATV100	100	180	63	65
NATR40	NATV40	40	80	30	32	NATR110	NATV110	110	200	63	65
NATR45	NATV45	45	85	30	32	NATR120	NATV120	120	215	63	65

挡圈型—重系列尺寸规格 表 7-188

轴承型号		外形尺寸/mm				轴承型号		外形尺寸/mm			
NATR 型	NATV 型	d	D	C	B	NATR 型	NATV 型	d	D	C	B
NATR10 32	NATV10 32	10	32	17	18	NATR40 110	NATV40 110	40	110	61	63
NATR12 37	NATV12 37	12	37	20	21	NATR45 125	NATV45 125	45	125	69	71
NATR15 42	NATV15 42	15	42	22	24	NATR50 140	NATV50 140	50	140	76	80
NATR17 47	NATV17 47	17	47	25	27	NATR60 160	NATV60 160	60	160	86	90
NATR20 58	NATV20 58	20	58	32	34	NATR70 190	NATV70 190	70	190	99	103
NATR25 72	NATV25 72	25	72	38	40	NATR80 210	NATV80 210	80	210	111	115
NATR30 85	NATV30 85	30	82	46	48	NATR90 240	NATV90 240	90	240	128	132
NATR35 100	NATV35 100	35	100	54	56						

螺栓型—轻系列规格和尺寸 表 7-189

轴承型号		外形尺寸/mm						
KR 型	KRV 型	d	D	C	B	B_1	G	M
KR13	KRV13	13	5	9	10	13	M5×0.8	4
KR16	KRV16	16	6	11	12.2	16	M6×1	4
KR19	KRV19	19	8	11	12.2	20	M8×1.25	4
KR22	KRV22	22	10	12	13.2	23	M10×1.25	4
KR26	KRV26	26	10	12	13.2	23	M10×1.25	4

续表

轴承型号		外形尺寸/mm						
KR 型	KRV 型	d	D	C	B	B_1	G	M
KR30	KRV30	30	12	14	15.2	25	M12×1.5	6
KR32	KRV32	32	12	14	15.2	25	M12×1.5	6
KR35	KRV35	35	16	18	19.6	32.5	M16×1.5	6
KR40	KRV40	40	18	20	21.6	36.5	M18×1.5	6
KR47	KRV47	47	20	24	25.6	40.5	M20×1.5	8
KR52	KRV52	52	20	24	25.6	40.5	M20×1.5	8
KR62	KRV62	62	24	29	30.6	49.5	M24×1.5	8
KR72	KRV72	72	24	29	30.6	49.5	M24×1.5	8
KR80	KRV80	80	30	35	37	63	M30×1.5	8
KR85	KRV85	85	30	35	37	63	M30×1.5	8
KR90	KRV90	90	30	35	37	63	M30×1.5	8

螺栓型—重系列尺寸规格　　　　　　　表 7-190

轴承型号		外形尺寸/mm					
KR 型	KRV 型	d	D	C	B	B_1	G
KR13 6	KRV13 6	13	6	9	10	15	M6×1
KR16 8	KRV16 8	16	8	11	12	19	M8×1.25
KR19 10	KRV19 10	19	10	11	12	22	M10×1.25
KR24 12	KRV24 12	24	12	14	15	26	M12×1.5
KR32 14	KRV32 14	32	14	17	18	30	M14×1.5
KR37 16	KRV37 16	37	16	20	21	35	M16×1.5
KR42 20	KRV42 20	42	20	22	24	41	M20×1.5
KR47 24	KRV47 24	47	24	25	27	48	M24×1.5
KR58 30	KRV58 30	58	30	32	34	59	M30×1.5
KR72 36	KRV72 36	72	36	38	40	76	M36×3
KR85 42	KRV85 42	85	42	46	48	87	M42×3
KR100 48	KRV100 48	100	48	54	56	100	M48×3
KR110 56	KRV110 56	110	58	61	63	115	M56×4
KR125 64	KRV125 64	125	64	69	71	129	M64×4
KR140 72	KRV140 72	140	72	76	79	143	M72×4
KR160 80	KRV160 80	160	80	86	89	157	M80×4
KR190 80	KRV190 80	190	80	99	102	160	M80×4
KR210 90	KRV210 90	210	90	111	114	178	M90×4
KR240 100	KRV240 100	240	100	128	131	197	M100×4

注：重系列螺栓型油孔尺寸 M 按制造厂的规定。

22. 关节轴承

（1）向心关节轴承（GB/T 9163—2001）

本标准适用于不同滑动材料组合的向心关节轴承，但不适用于飞机机架用向心关节轴承。轴承结构形式见图 7-63。表 7-191～表 7-194 列出轴承规格和尺寸。

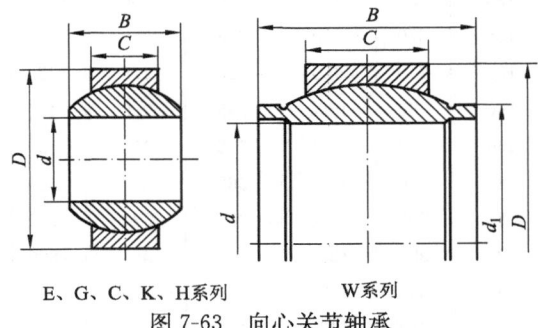

E、G、C、K、H系列　　　　　W系列

图 7-63　向心关节轴承

向心关节 E、G、W 系列轴承尺寸规格　　　　表 7-191

E 系列外形尺寸/mm				G 系列外形尺寸/mm				W 系列外形尺寸/mm			
d	D	B	C	d	D	B	C	d	D	B	C
4	12	5	3	4	14	7	4	12	22	12	7
5	14	6	4	5	14	7	4	15	26	15	9
6	14	6	4	6	16	9	5	16	28	16	9
8	16	8	5	8	19	11	6	17	30	17	10
10	19	9	6	10	22	12	7	20	35	20	12
12	22	10	7	12	26	15	9	25	42	25	16
15	26	12	9	15	30	16	10	30	47	30	18
17	30	14	10	17	35	20	12	32	52	32	18
20	35	16	12	20	42	25	16	35	55	35	20
25	42	20	16	25	47	28	18	40	62	40	22
30	47	22	18	30	55	32	20	45	68	45	25
35	55	25	20	35	62	35	22	50	75	50	28
40	62	28	22	40	68	40	25	60	90	60	36
45	68	32	25	45	75	43	28	63	95	63	36
50	75	35	28	50	90	56	36	70	106	70	40
55	85	40	32	60	105	63	40	80	120	80	45
60	90	44	36	70	120	70	45	100	150	100	55
70	105	49	40	80	130	75	50	125	180	125	70
80	120	55	45	90	150	85	55	160	230	160	80
90	130	60	50	100	160	85	55	200	290	200	100
100	150	70	55	110	180	100	70	250	400	250	120
110	160	70	55	120	210	115	70	320	520	320	160
120	180	85	70	140	230	130	80	—	—	—	—
140	210	90	70	160	260	135	80	—	—	—	—
160	230	105	80	180	290	155	100	—	—	—	—
180	260	105	80	200	320	165	100	—	—	—	—
200	290	130	100	220	340	175	100	—	—	—	—
220	320	135	100	240	370	190	110	—	—	—	—
240	340	140	100	260	400	205	120	—	—	—	—
260	370	150	110	280	430	210	120	—	—	—	—
280	400	155	120	—	—	—	—	—	—	—	—
300	430	165	120	—	—	—	—	—	—	—	—

向心关节轴承 C 系列尺寸规格　　　　　　表 7-192

外形尺寸/mm				外形尺寸/mm				外形尺寸/mm			
d	D	B	C	d	D	B	C	d	D	B	C
320	440	160	135	600	800	272	230	1120	1460	462	390
340	460	160	135	630	850	300	260	1180	1540	488	410
360	480	160	135	670	900	308	260	1250	1630	515	435
380	520	190	160	710	950	325	275	1320	1720	545	460
400	540	190	160	750	1000	335	280	1400	1820	585	495
420	560	190	160	800	1060	355	300	1500	1950	625	530
440	600	218	185	850	1120	365	310	1600	2060	670	565
460	620	218	185	900	1180	375	320	1700	2180	710	600
480	650	230	195	950	1250	400	340	1800	2300	750	635
500	670	230	195	1000	1320	438	370	1900	2430	790	670
530	710	243	205	1060	1400	462	390	2000	2570	835	705
560	750	258	215								

向心关节轴承 K 系列尺寸规格　　　　　　表 7-193

外形尺寸/mm				外形尺寸/mm				外形尺寸/mm			
d	D	B	C	d	D	B	C	d	D	B	C
3	10	6	4.5	14	29	19	13.5	25	47	31	22
5	13	8	6	16	32	21	15	30	55	37	25
6	16	9	6.75	18	35	23	16.5	35	65	43	30
8	19	12	9	20	40	25	18	40	72	49	35
10	22	14	10.5	22	42	28	20	50	90	60	45
12	26	16	12								

向心关节轴承 H 系列尺寸规格　　　　　　表 7-194

外形尺寸/mm				外形尺寸/mm				外形尺寸/mm			
d	D	B	C	d	D	B	C	d	D	B	C
100	150	71	67	320	460	230	218	600	850	425	400
110	160	78	74	340	480	243	230	630	900	450	425
120	180	85	80	360	520	258	243	670	950	475	450
140	210	100	95	380	540	272	258	710	1000	500	475
160	230	115	109	400	580	280	265	750	1060	530	500
180	260	128	122	420	600	300	280	800	1120	565	530
200	290	140	134	440	630	315	300	850	1220	600	565
220	320	155	148	460	650	325	308	900	1250	635	600
240	340	170	162	480	680	340	320	950	1360	670	635
260	370	185	175	500	710	355	335	1000	1450	710	670
280	400	200	190	530	750	375	355				
300	430	212	200	560	800	400	380				

（2）角接触关节轴承（GB/T 9164—2001）

本标准适用于不同滑动材料组合的向心关节轴承，但不适用于飞机机架用向心关节轴承。轴承结构形式见图 7-64。表 7-195 列出轴承规格和尺寸。

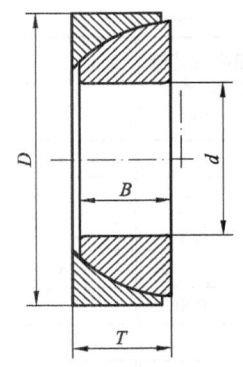

图 7-64　角接触关节轴承

角接触关节轴承规格和尺寸　　　　　　　　　　　　**表 7-195**

外形尺寸/mm					外形尺寸/mm				
d	D	B	C	T	d	D	B	C	T
25	47	15	14	15	90	140	32	30	32
28	52	16	15	16	95	145	32	30	32
30	55	17	16	17	100	150	32	31	32
32	58	17	16	17	105	160	35	35	35
35	62	18	17	18	110	170	38	36	38
40	68	19	18	19	120	180	38	37	38
45	75	20	19	20	130	200	45	43	45
50	80	20	19	20	140	210	45	43	45
55	90	23	22	23	150	225	48	46	48
60	95	23	22	23	160	240	51	49	51
65	100	23	22	23	170	260	57	55	57
70	110	25	24	25	180	280	64	61	64
75	115	25	24	25	190	290	64	62	64
80	125	29	27	29	200	310	70	66	70
85	130	29	27	29					

23. 滚动体

本节列出三种滚动体：球、滚子和滚针。滚子和滚针形状见图 7-65。

（1）钢球（GB/T 308—2002），陶瓷球（GB/T 308.2—2010）

滚动轴承用的球有钢球和陶瓷球二种标准。

钢球 GB/T 308—2002 标准适用于滚动轴承配套用钢球和商品高碳铬轴承钢钢球。表 7-196 列出钢球尺寸规格。

陶瓷球 GB/T 308.2—2010 标准规定了滚动轴承用成品氮化硅球，其尺寸规格与钢球（GB/T 308—2002）相同，见表 7-196，但它的公称直径尺寸范围为 0.3mm～57.15mm。

钢 球 规 格

表 7-196

球公称直径 mm	相应的英制 尺寸（参考） in	球公称直径 mm	相应的英制 尺寸（参考） in	球公称直径 mm	相应的英制 尺寸（参考） in	球公称直径 mm	相应的英制 尺寸（参考） in
0.3		6.747	17/64	18		39.688	$1^9/_{16}$
0.397	1/64	7		18.256	23/32	40	
0.4		7.144	9/32	19		41.275	$1^5/_8$
0.5		7.5		19.05	3/4	42.862	$1^{11}/_{16}$
0.508	0.020	7.541	19/64	19.844	25/32	44.45	$1^3/_4$
0.6		7.938	5/16	20		45	
0.635	0.025	8		20.5		46.038	$1^{13}/_{16}$
0.68		8.334	21/64	20.638	13/16	47.625	$1^7/_8$
0.7		8.5		21		49.212	$1^{15}/_{16}$
0.794	1/32	8.731	11/32	21.431	27/32	50	
0.8		9		22		50.8	2
1		9.128	23/64	22.225	7/8	53.975	$2^1/_8$
1.191	3/64	9.5		22.5		55	
1.2		9.525	3/8	23		57.15	$2^1/_4$
1.5		9.922	25/64	23.019	29/32	60	
1.588	1/16	10		23.814	15/16	60.325	$2^3/_8$
1.984	5/64	10.319	13/32	24		63.5	$2^1/_2$
2		10.5		24.606	31/32	65	
2.381	3/32	11		25		66.675	$2^5/_8$
2.5		11.112	7/16	25.4	1	69.85	$2^3/_4$
2.778	7/64	11.5		26		70	
3		11.509	29/64	26.194	$1^1/_{32}$	73.025	$2^7/_8$
3.175	1/8	11.906	15/32	26.988	$1^1/_{16}$	75	
3.5		12		28		76.2	3
3.572	9/64	12.303	31/64	28.575	$1^1/_8$	79.375	$3^1/_8$
3.969	5/32	12.5		30		80	
4		12.7	1/2	30.162	$1^3/_{16}$	82.55	$3^1/_4$
4.366	11/64	13		31.75	$1^1/_4$	85	
4.5		13.494	17/32	32		85.725	$3^3/_8$
4.762	3/16	14		33		88.9	$3^1/_2$
5		14.288	9/16	33.338	$1^5/_{16}$	90	
5.159	13/64	15		34		92.075	$3^5/_8$
5.5		15.081	19/32	34.925	$1^3/_8$	95	
5.556	7/32	15.875	5/8	35		95.25	$3^3/_4$
5.953	15/64	16		36		98.425	$3^7/_8$
6		16.669	21/32	36.512	$1^7/_{16}$	100	
6.35	1/4	17		38		101.6	4
6.5		17.462	11/16	38.1	$1^1/_2$	104.775	$4^1/_8$

注：GB/T 308.2—2010 标准规定了陶瓷球的直径尺寸范围为表 7.184 中的 0.3mm～57.15mm。

（2）圆柱滚子（GB/T 4661—2002）

本标准适用于滚动轴承配套用圆柱滚子。表 7-197 列出圆柱滚子尺寸规格。

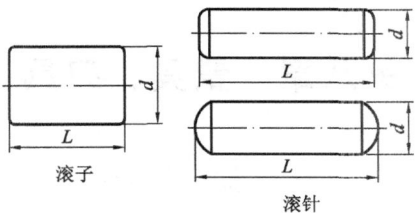

图 7-65　滚子和滚针

滚 子 规 格（/mm）　　　　　　　　　　　　　　　　　　　　　**表 7-197**

滚子尺寸		滚子尺寸		滚子尺寸		滚子尺寸		滚子尺寸	
$D×L$	r	$D×L$	r	$D×L$	r	$D×L$	r	$D×L$	r
3×3		7×7		12×14	0.3	19×28		28×44	0.5
3×5		7×10		12×18		20×20	0.4	30×30	
3.5×5		7×14		13×13		20×30		30×48	
4×4		7.5×7.5		13×20		21×21		32×32	0.6
4×6		7.5×9	0.2	14×14		21×30		32×52	
4×8		7.5×11		14×20		22×22		34×34	
4.5×4.5		8×8		15×15		22×24		34×55	
4.5×6		8×10		15×16		22×30		36×36	
5×5		8×12		15×22		23×23		36×58	
5×8	0.2	9×9		16×16		23×24		38×38	0.7
5×10		9×10		16×17	0.4	24×24	0.5	38×62	
5.5×5.5		9×14		16×24		24×26		40×40	
5.5×8		10×10		17×17		24×36		40×65	
6×6		10×11		17×24		25×25		42×42	
6×8		10×14	0.3	18×18		25×36		45×45	0.9
6×10		11×11		18×19		26×26		48×48	
6×12		11×12		18×26		26×28		50×50	
6.5×6.5		11×15		19×19		26×40			
6.5×9		12×12		19×20		28×28			

（3）滚针（GB/T 309—2000）

本标准有圆头和平头二种，见图 7-65，适用于滚动轴承配套用滚针。表 7-198 列出滚针尺寸规格。

滚 针 规 格　　　　　　　　　　　　　　　　　　　　　　**表 7-198**

直径 D/mm	L/mm																	
	5.8	6.8	7.8	9.8	11.8	13.8	15.8	17.8	19.8	21.8	23.8	25.8	27.8	29.8	34.8	39.8	49.8	59.8
1	+	+	+	+														
1.5	+	+	+	+	+	+												
2			+	+	+	+	+	+	+									
2.5				+	+	+	+	+	+	+	+	+						
3					+	+	+	+	+	+	+	+	+	+				
3.5					+	+	+	+	+	+	+	+	+	+	+			
4					+	+	+	+	+	+	+	+	+	+	+	+		
5							+	+	+	+	+	+	+	+	+	+	+	
6						+	+	+	+	+	+	+	+	+	+	+	+	+

第八章　量具、刃具

一、量　　具

1. 金属直尺（GB/T 9056—2004）

金属直尺（图 8-1）是具有一组或多组有序的标尺标记及标尺数码所构成的金属制板状的测量器具。用于测量工件的长度尺寸，以机械工人采用较多，直尺规格见表8-1。

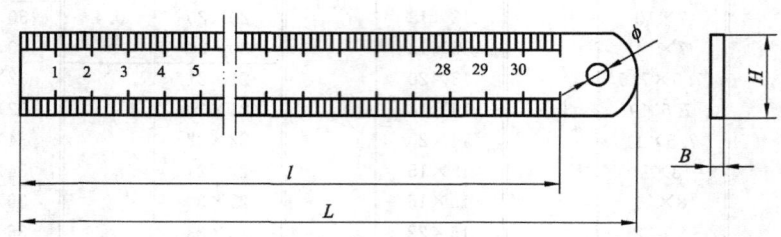

图 8-1　金属直尺

金属直尺规格（mm）　　　　　表 8-1

标称长度 l	全长 L		厚度 B		宽度 H		孔径 φ
	尺寸	偏差	尺寸	偏差	尺寸	偏差	
150	175		0.5	±0.05	15 或 20	±0.3 或 ±0.4	
300	335		1.0	±0.10	25	±0.5	
500	540		1.2	±0.12	30	±0.6	5
600	640	±5	1.2	±0.12	30	±0.6	
1000	1050		1.5	±0.15	35	±0.7	
1500	1565		2.0	±0.20	40	±0.8	7
2000	2065		2.0	±0.20	40	±0.8	

2. 钢卷尺（QB/T 2443—2011）

钢卷尺用于测量较长工件的尺寸及距离，钢卷尺按结构和用途分为 A、B、C、D、E、F 六种型式（见图 8-2）。其中 F 型量油尺主要用于测量油库或其他液体库内储存的油或液体的深度，从而推算库内油或液体的储存量，规格见表 8-2。钢卷尺的精度等级按由高到低分为 Ⅰ、Ⅱ 级。

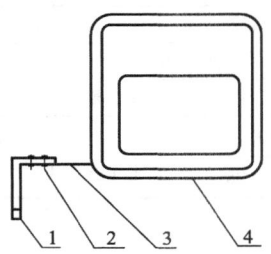

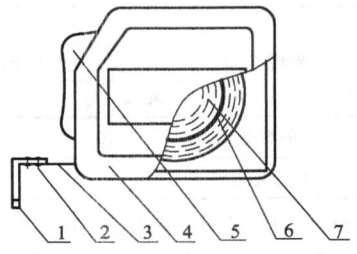

A型（自卷式）
1-尺钩；2-铆钉；3-尺带；4-尺盒

B型（自卷制动式）
1-尺钩；2-铆钉；3-尺带；4-尺盒；
5-制动按钮；6-转盘；7-尺簧

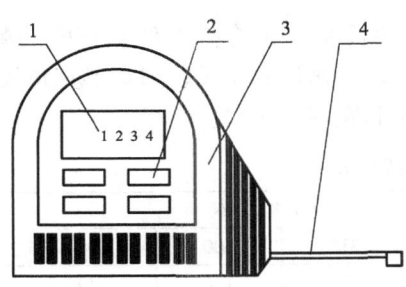

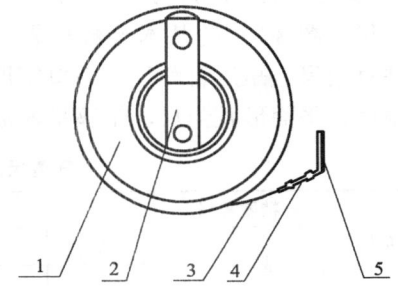

C型（数显式）
1-显示器；2-操作按钮；3-尺盒；
4-尺带组件

D型（摇卷架式）
1-尺盒；2-摇柄；3-尺带；4-铆钉；5-拉环

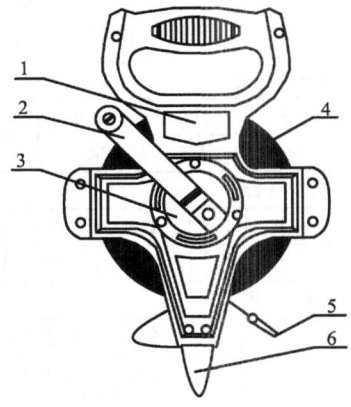

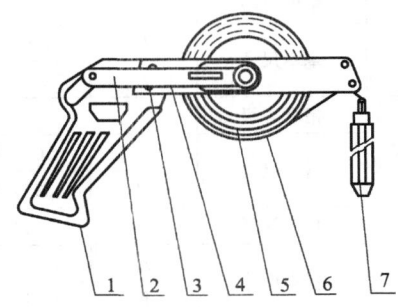

E型（摇卷架式）
1-尺架；2-摇柄；3-转盘；4-尺带；
5-拉环；6-记号尖及护套

F型（量油尺）
1-手柄；2-摇柄；3-铆钉；4-尺架；
5-尺带；6-转盘；7-垂锤体

图 8-2　钢卷尺

钢卷尺的尺带规格和赤带截面　　　　　　　　　　　表 8-2

型式	尺带规格/m	尺带截面				形状
		宽度/mm		厚度/mm		
		基本尺寸	允许偏差	基本尺寸	允许偏差	
A、B、C 型	0.5 的整数倍	4～40	0	0.11～0.16	0	弧面或平面
D、E、F 型	5 的整数倍	10～16	−0.02	0.14～0.28	−0.02	平面

注：1. 有特殊要求的尺带不受本表的限制。

　　 2. 尺带的宽度和厚度系指金属材料的宽度和厚度。

　　钢卷尺的产品标记有产品名称、标准编号、尺带规格、尺带宽度、精度等级代号和型式代号组成。例尺带规格为 5m、尺带宽度为 19mm、Ⅰ级精度的自卷式钢卷尺标记为：钢卷尺 QB/T 2443−5×19ⅠA。

3. 直角尺（GB/T 6092—2004）

　　直角尺（图 8-3）的基本参数见表 8-3。直角尺是用于检验工件垂直度的测量工具。分为圆柱直角尺、矩形直角尺、刀口矩形直角尺、三角形直角尺、刀口形直角尺、宽座刀口形直角尺、平面形直角尺、带座平面形直角尺和宽座直角尺。

直角尺的基本参数（mm）　　　　　　　　　　　表 8-3

	精度等级									
圆柱直角尺	精度等级	00 级、0 级								
	基本尺寸	D	200	315	500	800	1250			
		L	80	100	125	160	200			
矩形直角尺	精度等级	00 级、0 级、1 级								
	基本尺寸	L	125	200	315	500	800			
		B	80	125	200	315	500			
刀口矩形直角尺	精度等级	00 级、0 级								
	基本尺寸	L	63		125		200			
		B	40		80		125			
三角形直角尺	精度等级	00 级、0 级								
	基本尺寸	L	125	200	315	500	800	1250		
		B	80	125	200	315	500	800		
刀口形直角尺	精度等级	0 级、1 级								
	基本尺寸	L	50	63	80	100	125	160	200	
		B	32	40	50	63	80	100	125	
宽座刀口形直角尺	精度等级	0 级、1 级								
	基本尺寸	L	50	75	100	150	200	250	300	500	750	1000
		B	40	50	70	100	130	165	200	300	400	550
平面形直角尺和带座平面形直角尺	精度等级	0 级、1 级、2 级								
	基本尺寸	L	50	75	100	150	200	250	300	500	750	1000
		B	40	50	70	100	130	165	200	300	400	550
宽座直角尺	精度等级	0 级、1 级、2 级								
	基本尺寸	L	63	80	100	125	160	200	250	315	400	500
		B	40	50	63	80	100	125	160	200	250	315
		L	630	800	1000	1250		1600			
		B	400	500	630	800		1000			

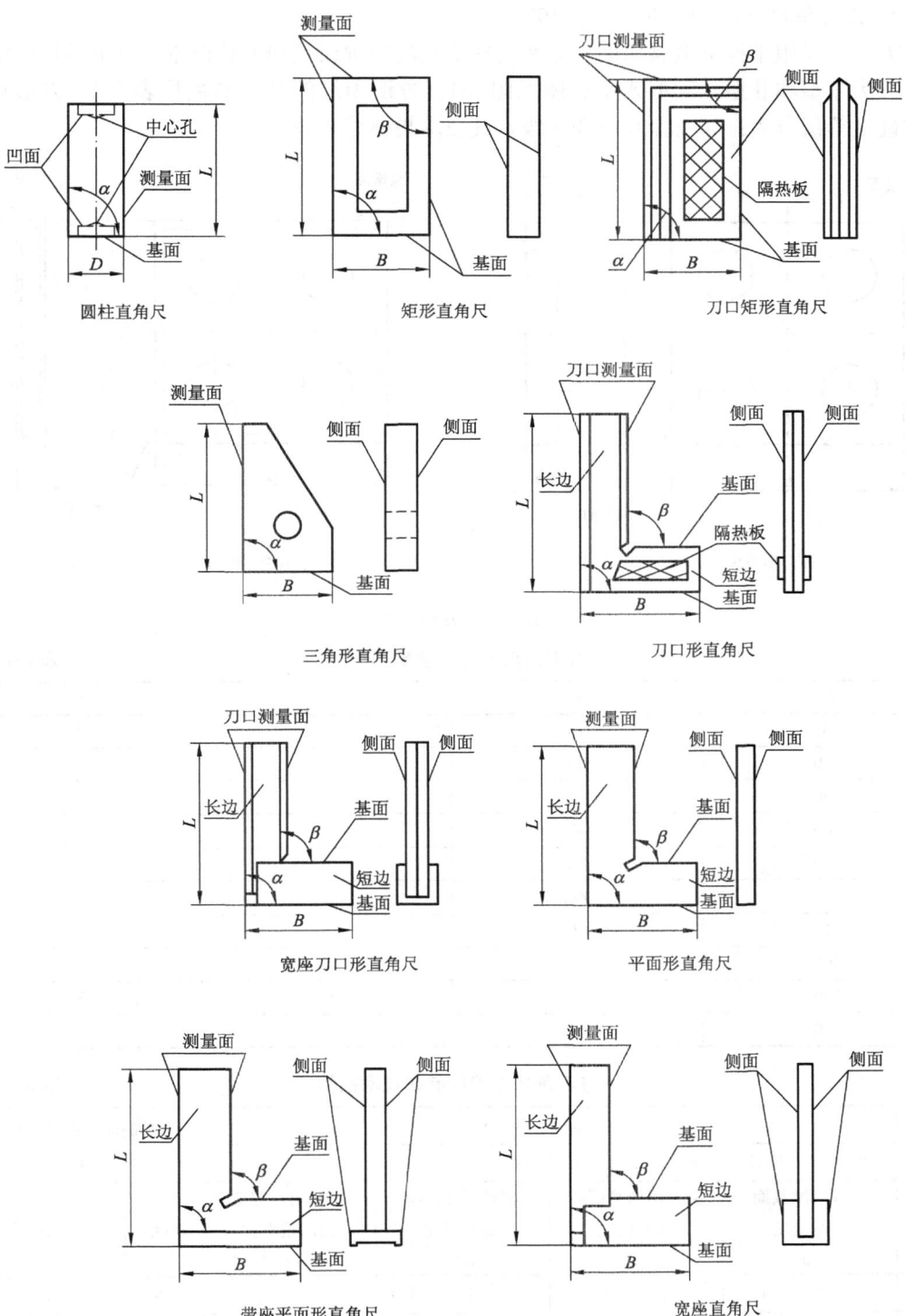

图 8-3　直角尺

4. 方形角尺（JB/T 10027—2010）

方形角尺用于检测金属切削机床及其他机械的位置误差和形状误差。方形角尺的结构型式分为Ⅰ型和Ⅱ型，其型式示意图见图 8-4。方形角尺的基本参数见表 8-4，方形角尺的准确度等级分为：00 级、0 级和 1 级，其技术指标见表 8-5。

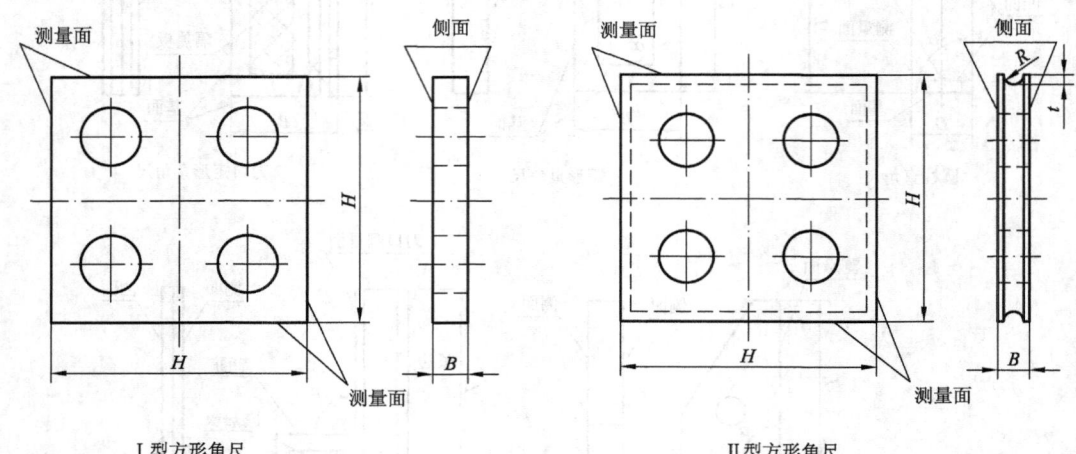

Ⅰ型方形角尺   Ⅱ型方形角尺

图 8-4　方形角尺

方形角尺的基本参数（mm）　　　　　　　　　　　　　　　　　表 8-4

H	B	R	t
100	16	3	2
150	30	4	2
160	30	4	2
200	35	5	3
250	35	6	4
300	40	6	4
315	40	6	4
400	45	8	4
500	55	10	5
630	65	10	5

方形角尺准确度等级技术指标　　　　　　　　　　　　　　　表 8-5

H mm	准 确 度 等 级												两侧面间的平行度 μm	
	00	0	1	00	0	1	00	0	1	00	0	1		
	相邻两测量面的垂直度 μm			测量面的平面度或直线度 μm			相对测量面间的平行度 μm			两侧面对测量面的垂直度 μm			00 级	0 级、1 级
100	1.5	3.0	6.0				1.5	3.0	6.0	15	30	60	18	70
150				0.9	1.8	3.6								
160	2.0	4.0	8.0				2.0	4.0	8.0	20	40	80	24	100
200														

续表

H	准　确　度　等　级											两侧面间的平行度 μm	
mm	00	0	1	00	0	1	00	0	1	00	0	1		
	相邻两测量面的垂直度 μm			测量面的平面度或直线度 μm			相对测量面间的平均度 μm			两侧面对测量面的垂直度 μm			00级	0级、1级
250	2.2	4.5	9.0	1.0	2.0	4.0	2.2	4.5	9.0	22	45	90	27	120
300	2.6	5.2	10.0	1.1	2.3	4.5	2.6	5.2	10.0	26	50	100	31	130
315														
400	3.0	6.0	12.0	1.3	2.6	5.2	3.0	6.0	12.0	30	60	120	36	150
500	3.5	7.0	14.0	1.5	3.0	6.0	3.5	7.0	14.0	35	70	140	42	170
630	4.0	8.0	16.0	2.0	4.0	7.0	4.0	8.0	16.0	42	80	160	50	120

注：1. 各测量面只允许呈凹形，不允许凸，在各测量面相交处 3mm 范围内的平面度或直线度不检测。

　　2. 表中垂直度公差值、平面度公差值、平行度公差值为温度在 20℃时的规定值。

5. 游标、带表和数显万能角度尺（GB/T 6315—2008）

万能角度尺（图 8-5、图 8-6、图 8-7）用于测量一般的角度、长度、深度、水平度以及在圆形工件上定中心等。游标万能角度尺有 Ⅰ型和 Ⅱ形两种。万能角度尺的基本参数和尺寸见表 8-6。

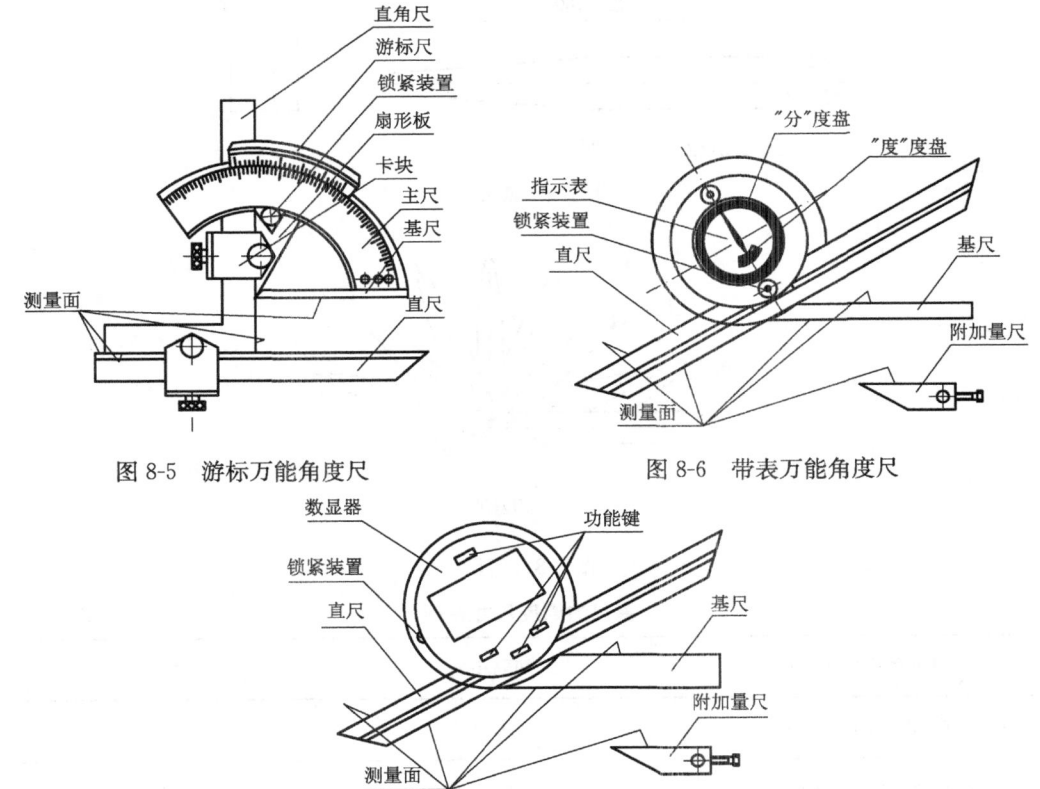

图 8-5　游标万能角度尺　　　　　　　　图 8-6　带表万能角度尺

图 8-7　数显万能角度尺

万能角度尺的基本参数和尺寸（mm）   表 8-6

形　式	测量范围	直尺测量面标称长度	基尺测量面标称长度	附加量尺测量面标称长度
Ⅰ型游标万能角度尺	(0～320)°	≥150		—
Ⅱ型游标万能角度尺			≥50	
带表万能角度尺	(0～360)°	150 或 200 或 300		≥70
数显万能角度尺				

6. 塞尺（GB/T 22523—2008）

塞尺（图 8-8）用于测量或检验两平行面间的间隙。单片塞尺和成组塞尺的型式见图 8-8。塞尺的厚度尺寸系列见表 8-7，成组塞尺的片数、塞尺的长度及组装顺序见表8-8。

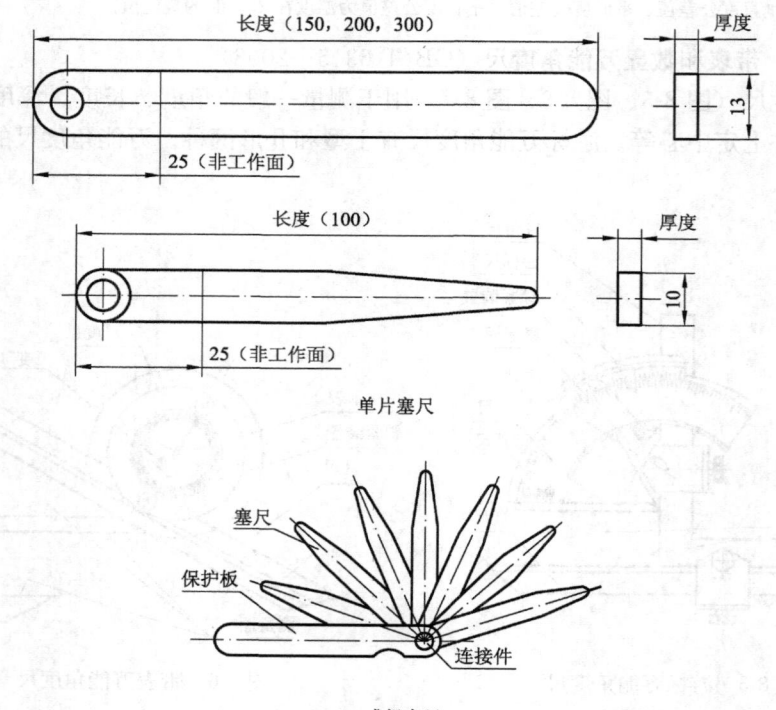

单片塞尺

成组塞尺

图 8-8　塞尺

塞尺的厚度尺寸系列   表 8-7

厚度尺寸系列/mm	间隔/mm	数　量
0.02，0.03，0.04，……，0.10	0.01	9
0.15，0.20，0.25，……，1.00	0.05	18

成组塞尺的片数、塞尺的长度及组装顺序　　　表 8-8

成组塞尺的片数	塞尺的长度/mm	塞尺厚度尺寸及组装顺序/mm
13		0.10, 0.02, 0.02, 0.03, 0.03, 0.04, 0.04, 0.05, 0.05, 0.06, 0.07, 0.08, 0.09
14		1.00, 0.05, 0.06, 0.07, 0.08, 0.09, 0.10, 0.15, 0.20, 0.25, 0.30, 0.40, 0.50, 0.75
17	100, 150, 200, 300	0.50, 0.02, 0.03, 0.04, 0.05, 0.06, 0.07, 0.08, 0.09, 0.10, 0.15, 0.20, 0.25, 0.30, 0.35, 0.40, 0.45
20		1.00, 0.05, 0.10, 0.15, 0.20, 0.25, 0.30, 0.35, 0.40, 0.45, 0.50, 0.55, 0.60, 0.65, 0.70, 0.75, 0.80, 0.85, 0.90, 0.95
21		0.50, 0.02, 0.02, 0.03, 0.03, 0.04, 0.04, 0.05, 0.05, 0.06, 0.07, 0.08, 0.09, 0.10, 0.15, 0.20, 0.25, 0.30, 0.35, 0.40, 0.45

7. 游标、带表和数显卡尺（GB/T 21389—2008）

游标、带表和数显卡尺利用游标、指示表或数显屏可以读出毫米小数值，测量精度比钢尺高，使用也方便。卡尺用于测量工件的外径、内径尺寸，深度游标卡尺用于测量工件的深度尺寸，高度游标卡尺用于测量工件的高度及划线，规格见表 8-9。

卡尺规格（mm）　　　表 8-9

测量范围	0~70、0~150、0~200、0~300、0~500、0~1000、0~1500、0~2000、0~2500、0~3000、0~3500、0~4000		
分度值	游标卡尺	带表卡尺	数显卡尺
	0.02、0.05、0.10	0.01、0.02、0.05	0.01

8. 内径千分尺（GB/T 8177—2004、GB/T 6314—2004）

内径千分尺用于测量工件的孔径、沟槽及卡规等的内尺寸，测量精度较高。其中两点内径千分尺（图 8-9）是带有两个用于测量内尺寸的测砧，并以螺旋副作为中间实物量具的内尺寸测量器具；三爪内径千分尺（图 8-10）通过旋转塔形阿基米德螺旋体将三个测量爪沿半径方向推出，使与内孔接触，利用螺旋副原理进行测量，测量范围大，精度更高。内径千分尺规格见表 8-10。

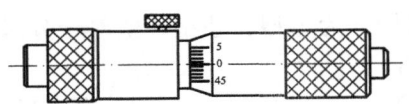

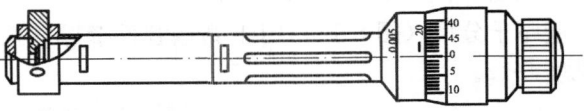

图 8-9　两点内径千分尺　　　　　图 8-10　三爪内径千分尺

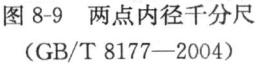

（GB/T 8177—2004）　　　　　（GB/T 6314—2004）

内径千分尺规格（mm）　　　　　　　　　表 8-10

品　　种	测 量 范 围	分 度 值
两点内径千分尺	≤50、50～100、100～150、150～200，200～250，250～300，300～350，350～400，400～450，450～500，500～800，800～1250，1250～1600，1600～2000，2000～2500，2500～3000，3000～4000，4000～5000，5000～6000	0.01, 0.005, 0.002, 0.001
三爪内径千分尺	适用于测量通孔的 I 型：6～8、8～10、10～12、11～14、14～17，17～20、20～25、25～30、30～35、35～40、40～50、50～60、60～70、70～80、80～90、90～100	
	适用于测量通孔和盲孔的 II 型：3.5～4.5、4.5～5.5、5.5～6.5、8～10、10～12、11～14、14～17、17～20、20～25、25～30、30～35、35～40、40～50、50～60、60～70、70～80、80～90、90～100、100～125、125～150、150～175、175～200、200～225、225～250、250～275、275～300	

9. 外径千分尺 （GB/T 1216—2004）

外径千分尺（图 8-11）主要用于测量工件的外尺寸，如外径、长度、厚度等。规格见表 8-11。

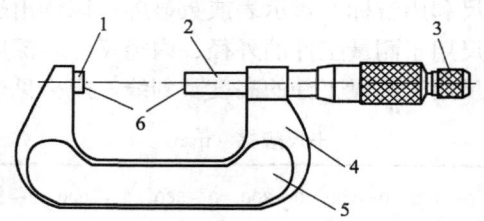

图 8-11　外径千分尺

1—测砧；2—测微螺杆；3—棘轮；4—尺架；5—隔热装置；6—测量面

外径千分尺规格（mm）　　　　　　　　　表 8-11

品　　种	测 量 范 围	分 度 值
外径千分尺	0～25，25～50，50～75，75～100，100～125，125～150，150～175，175～200，200～225，225～250，250～275，275～300，300～325，325～350，350～375，375～400，400～425，425～450，450～475，475～500，500～600，600～700，700～800，800～900，900～1000	0.01, 0.001 0.002, 0.005

10. 壁厚千分尺 （GB/T 6312—2004）

壁厚千分尺（图 8-12）用于测量管件壁厚，按结构分为 I 型、II 型。壁厚千分尺规格见表 8-12。

壁厚千分尺规格（mm）　　　　　　　　　表 8-12

测量范围	分度值
≤50	0.01, 0.001, 0.002, 0.005

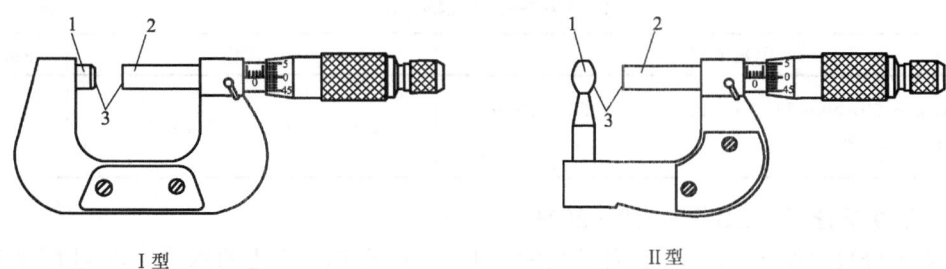

Ⅰ型　　　　　　　　　　　　　　Ⅱ型

图 8-12　壁厚千分尺

1—测砧；2—测微螺杆；3—测量面

11. 尖头千分尺（GB/T 6313—2004）

尖头千分尺（图 8-13）通常用于测量螺纹中径。规格见表 8-13。

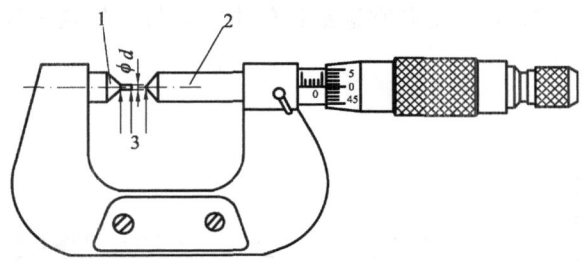

图 8-13　尖头千分尺

1—测砧；2—测微螺杆；3—测量面

尖头千分尺规格（mm）　　　　　　　　　　　　**表 8-13**

测量范围	分度值	测量端锥角
0～25，25～50，50～75，75～100	0.01，0.001，0.002，0.005	30°、45°、60°

12. 公法线千分尺（GB/T 1217—2004）

公法线千分尺（图 8-14）是利用螺旋副原理，对弧形齿架上两盘形测量面间分隔的距离进行读数的一种测量工具，常用于测量外啮合圆柱齿轮的公法线长度，规格见表 8-14。

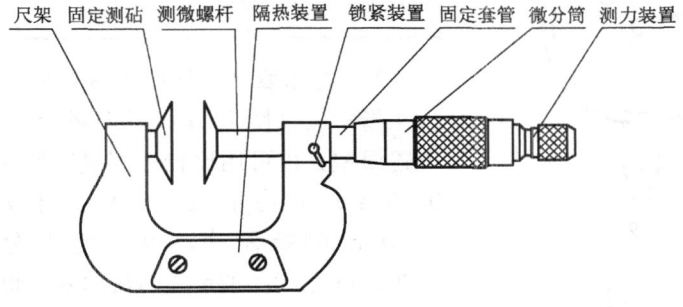

尺架　固定测砧　测微螺杆　隔热装置　锁紧装置　固定套管　微分筒　测力装置

图 8-14　公法线千分尺

公法线千分尺规格（mm）		表 8-14
测量范围	分度值	测量模数
0～25，25～50，50～75，75～100，100～125，125～150，150～175，175～200	0.01，0.001，0.002，0.005	≥1

13. 深度千分尺（GB/T 1218—2004）

深度千分尺（图 8-15）用于测量精密工件的高度和沟槽孔的深度，测量精度较高。深度千分尺的测量范围为：0mm～25mm，0mm～50mm，0mm～100mm，0mm～150mm，0mm～200mm，0mm～250mm，0mm～300mm。分度值为：0.01mm、0.001mm、0.002mm、0.005mm。

14. 螺纹千分尺（GB/T 10932—2004）

螺纹千分尺（图 8-16）用于测量普通螺纹的中径，规格见表 8-15。

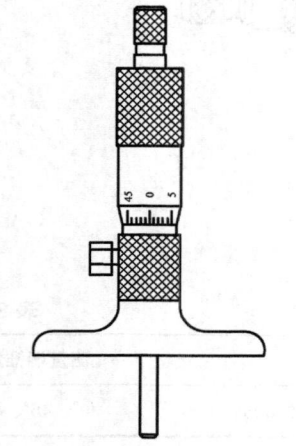

图 8-15 深度千分尺

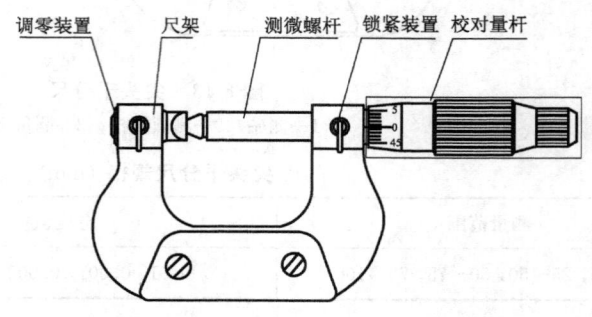

图 8-16 螺纹千分尺

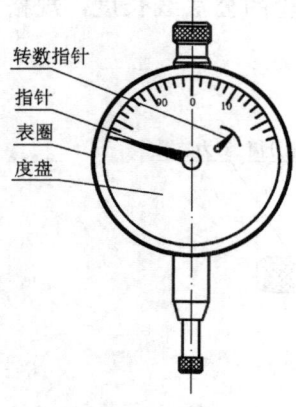

图 8-17 指示表

螺纹千分尺规格（mm）	表 8-15
测量范围	分度值
0～25，25～50，50～75，75～100，100～125，125～150，150～175，175～200	0.01，0.001，0.002，0.005

15. 指示表（GB/T 1219—2008）

指示表（图 8-17）用于测量工件的形状误差及位置误差，也可用比较法测量工件的长度。分度值为 0.10 mm 的指示表，也称为十分表；分度值为 0.01mm 的指示表，也称为百分表；分度值为 0.001mm 和 0.002mm 的指示表，也称为千分表，规格见表 8-16。

指示表规格（mm） 表 8-16

指示表分度值	指示表测量范围	指示表分度值	指示表测量范围
0.10	0～10	0.001	0～1
	0～30		0～5
	0～100		0～3
0.01	0～20	0.002	
	0～100		0～10

16. 半径样板（JB/T 7980—2010）

半径样板（图 8-18）是一种带有准确内、外圆弧半径的标准圆弧薄板，用于检验圆弧半径的测量器具，规格见表 8-17。

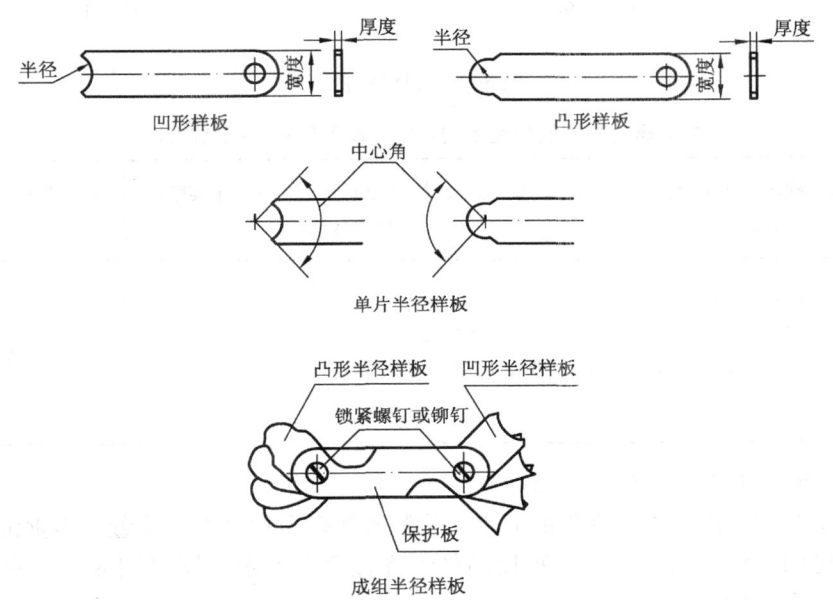

图 8-18　半径样板

半径样板尺寸、规格（mm）　表 8-17

半径样板的尺寸			成组半径样板的半径系列尺寸及组装顺序	成组半径样板的片数	
半径	宽度	厚度	mm	凸形	凹形
1～6.5	13.5	0.5	1、1.25、1.5、1.75、2、2.25、2.5、2.75、3、3.5、4.4、4.5、5、5.5、6、6.5	16	16
7～14.5	20.5		7、7.5、8、8.5、9、9.5、10、10.5、11、11.5、12、12.5、13、13.5、14、14.5		
15～25			15、15.5、16、16.5、17、17.5、18、18.5、19、19.5、20、21、22、23、24、25		

17. 螺纹样板（JB/T 7981—2010）

螺纹样板（图 8-19）是一种带有不同螺距的基本牙型薄片，用作与被测螺纹比较来确定被测螺纹的螺距实物量具，成组螺纹样板的螺距系列尺寸、厚度尺寸及组装顺序见表 8-18。

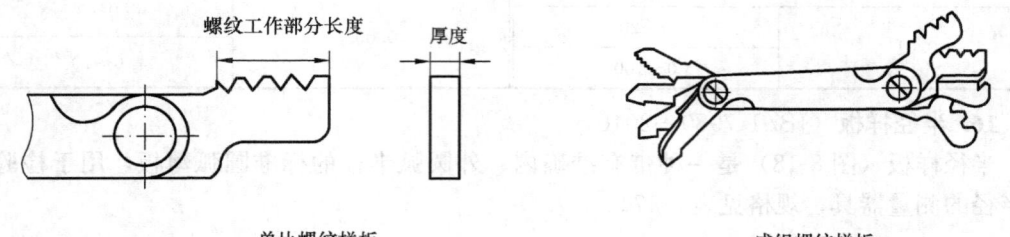

螺纹工作部分长度　　厚度

单片螺纹样板　　　　　　　　　　　　　　　成组螺纹样板

图 8-19　螺纹样板

成组螺纹样板的螺距系列尺寸、厚度尺寸及组装顺序　　　　　表 8-18

普通螺纹样板的螺距系列尺寸及组装顺序 mm	统一螺纹样板的螺距系列尺寸及组装顺序 螺纹牙数/in	螺纹样板的厚度尺寸 mm
0.40、0.45、0.50、0.60、0.70、0.75、0.80、1.00、1.25、1.50、1.75、2.00、2.50、3.00、3.50、4.00、4.50、5.00、5.50、6.00	28、24、20、18、16、14、13、12、11、10、9、8、7、6、5、4.5、4	0.5

18. 水平尺（JB/T 11272—2012）

水平尺是利用水准泡液面水平的原理，检测被测表面相对水平位置、铅垂位置和倾斜位置偏离程度的一种计量器具。水平尺的外形和截面形状示意图见图 8-20。水平尺尺体的基本参数见表 8-19。

水平尺尺体的基本参数（mm）　　　　　表 8-19

长 L	0<L≤150	150<L≤250	250<L≤350	350<L≤600	600<L≤1200	1200<L≤1800
高 H	40				60	100
工作面度 W	30				40	

注：尺体高 H 参数和尺体工作面宽度参数为参考值。

19. 电子水平仪（GB/T 20920—2007）

电子水平仪（图 8-21、图 8-22）为具有一个基座测量面，以电容摆的平衡原理测量被测面相对水平面微小倾角的测量器具。其中，以指针式指示装置指示测量值的仪器称为指针式电子水平仪，以数显式指示装置指示测量值的仪器称为数显式电子水平仪。电子水平仪的主要技术指标见表 8-20。

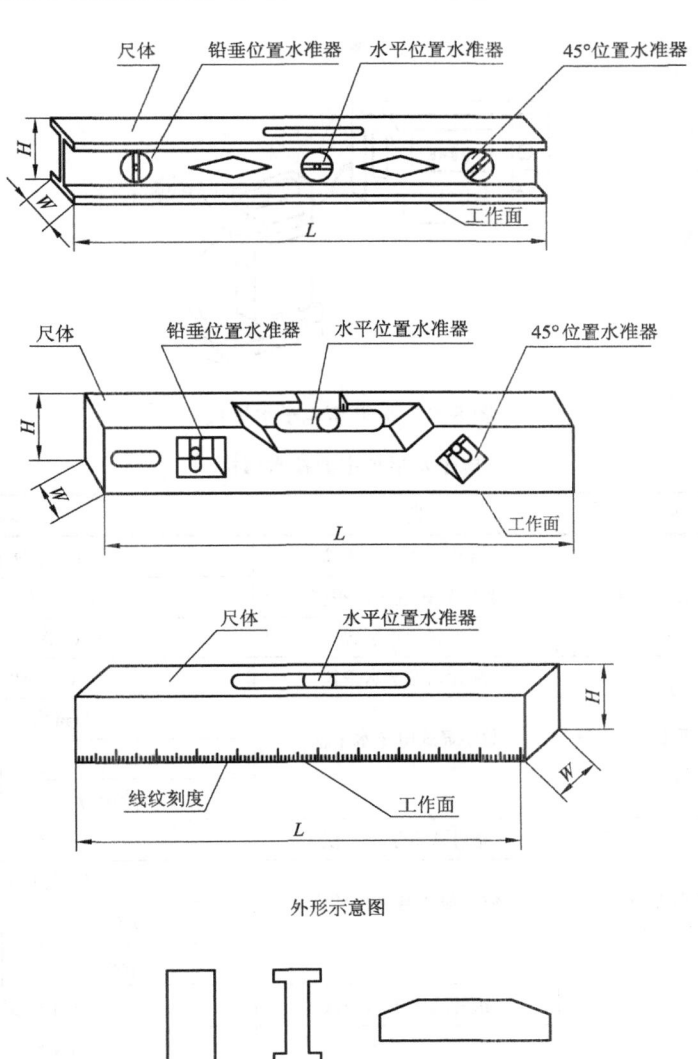

图 8-20　水平尺

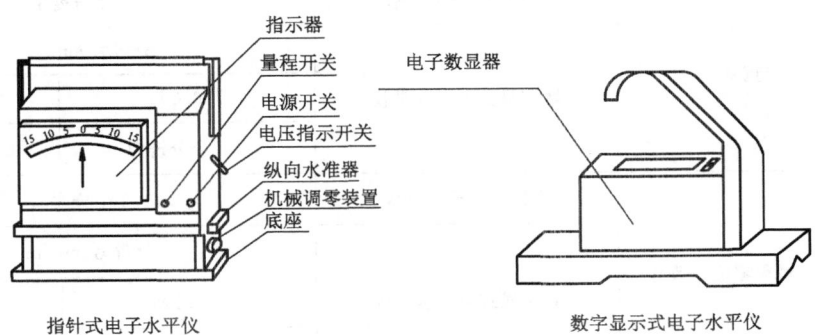

图 8-21　一体型电子水平仪

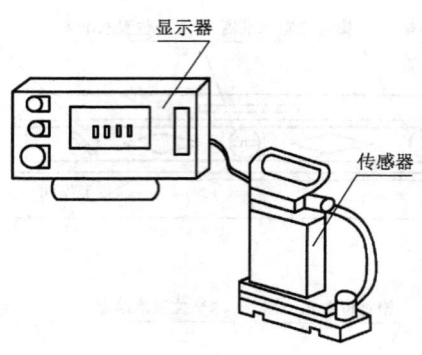

图 8-22　分开型电子水平仪

电子水平仪主要技术指标　　　　　　　　　　　　　　　　　　　　表 8-20

序号	项目	仪器名称	要　求	
1	最大允许误差①	指针式电子水平仪	±1 个分度值	
		数字显示电子水平仪	$\pm(1+\lvert A\rvert\times 2\%)$	
		扩展量程装置	$\pm(\lvert A\rvert\times 1\%)$	
2	回程误差	指针式电子水平仪	1 个分度值	
		数字显式电子水平仪	分辨力 mm/m	
			≥0.005	<0.005
			1 个分辨力	2 个分辨力
3	鉴别力阀	指针式电子水平仪	1/5 个分度值	
		数字显式电子水平仪	分辨力 mm/m	
			≥0.005	<0.005
			1 个分辨力	1 个分辨力
4	稳定度	指针式电子水平仪	1 个分度值	
		数字显式电子水平仪	分辨力 mm/m	
			≥0.005	<0.005
			4 个分辨力/4h； 1 个分辨力/h	6 个分辨力/4h； 3 个分辨力/h
5	重复性	指针式电子水平仪	1/5 个分度值	
		数字显式电子水平仪	分辨力 mm/m	
			≥0.005	<0.005
			±1 个分辨力	±1 个分辨力
6	各量程零位一致性	指针式电子水平仪	1/2 个分度值	
		数字显式电子水平仪	分辨力 mm/m	
			≥0.005	<0.005
			±1 个分辨力	±1 个分辨力

续表

序号	项目	仪器名称	要　求		
7	读数稳定时间	指针式电子水平仪			
		数字显式电子水平仪	分辨力 mm/m		
			＞0.005	0.005	＜0.005
			3s	5s	10s

注：A——受检点的标称值；h——小时的单位符号；s——秒的单位符号。

① 数字显式电子水平仪不包括量化误差，其量化误差允许1个分辨力。

20. 扭簧比较仪（GB/T 4755—2004）

扭簧比较仪（图 8-23）是利用扭簧元件作为尺寸的转换和放大机构，将测量杆的直线位移转变为指针在弧形度盘上的角位移，并由度盘进行读数的用于测量工件尺寸及形位误差的测量器具，规格见表 8-21。

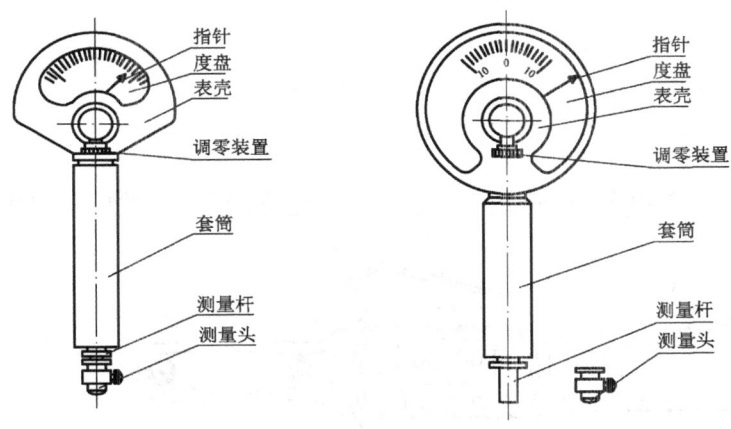

图 8-23　扭簧比较仪

扭簧比较仪规格（μm）　　　　　　　　　　　　　　　**表 8-21**

分度值	示　值　范　围		
	±30 标尺分度	±60 标尺分度	±100 标尺分度
0.1	±3	±6	±10
0.2	±6	±12	±20
0.5	±15	±30	±50
1	±30	±60	±100
2	±60		
5	±150	—	—
10	±300		

21. 带表卡规（JB/T 10017—2012）

带表卡规（图 8-24、图 8-25）分为指针式带表卡规和数显带表两种，其规格见表8-22。

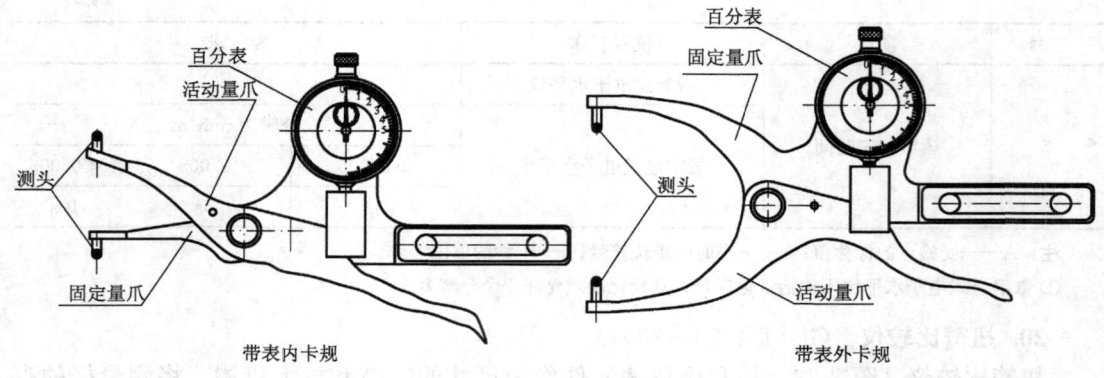

图 8-24 指针式带表卡规

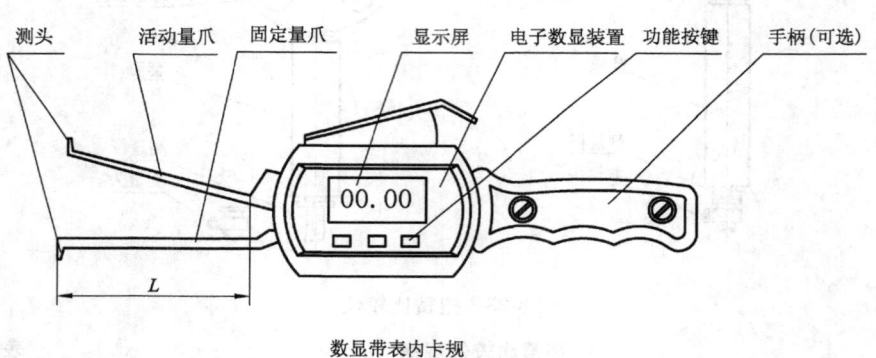

数显带表内卡规

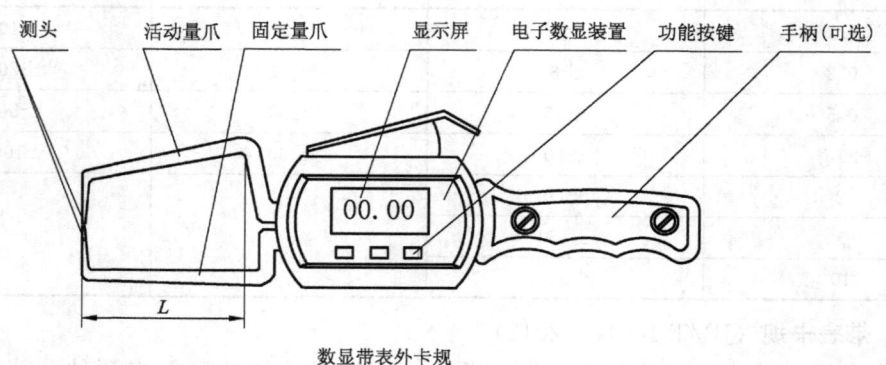

数显带表外卡规

图 8-25 数显带表卡规

带表卡规规格（mm）　　　　　　　　　　　　　　表 8-22

名称	分度值/分辨力	量程	测量范围区间	最大测量臂长度 L
带表内卡规	0.005	5	[2.5，5]	10，20，30，40
		10		
	0.01	10	[5，160]	10，20，25，30，35，50，55，60，80，90，100，120，150，160，175，200，250
		20		
	0.02	40	[10，175]	25，30，40，55，60，70，80，115，170
	0.05	50	[15，230]	125，150，175
	0.10	100	[30，320]	380，540
带表外卡规	0.005	5	[0，10]	10，20，30，40
		10	[0，50]	
	0.01	10	[0，100]	25，30，40，55，60，70，80
		20		
	0.02	20	[0，100]	25，30，40，55，60，70，80，115，170
		40		
		50		
	0.05	50	[0，150]	125，150，175
	0.10	50	[0，400]	200，230，300，360，400，530
		100		

22. 磁性表座（JB/T 10010—2010）

磁性表座（图 8-26）为用于支承指示表类量具，例如千（百）分表、杠杆千（百）分表等，并借助磁力将其位置固定的器具，具有微量调节指示表位置功能的磁性表座称为微调磁性表座。规格见表 8-23。

磁性表座的规格　　　　　　　　　　　　　　表 8-23

表座型式	规格/kg	基本尺寸（推荐值）			夹表孔直径 D/mm
		H/mm	L/mm	座体 V 型工作面角度 α	
Ⅰ型 Ⅱ型 Ⅲ型	40	＞160	＞140	120°、135°、150°	φ8H8 或 φ4H8、φ6H8、φ10H8
	60	＞190	＞170		
	80	＞224	＞200		
	100	＞280	＞250		
Ⅳ型	60	270～360	—		

23. 万能表座（JB/T 10011—2010）

万能表座（图 8-27）为用于支承指示表类量具，例如千（百）分表、杠杆千（百）分表等，且在平面上能凭靠自重固定位置的器具。微量万能表座还具有微量调节指示表位置的功能。规格见表 8-24。

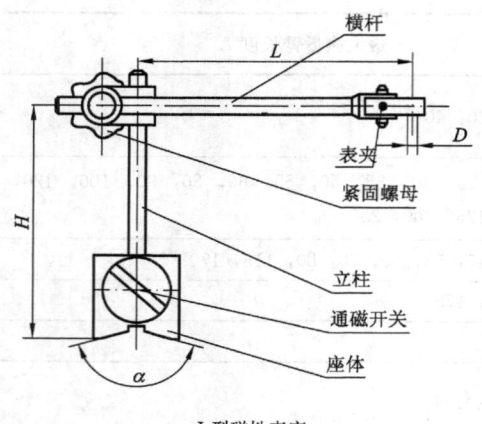

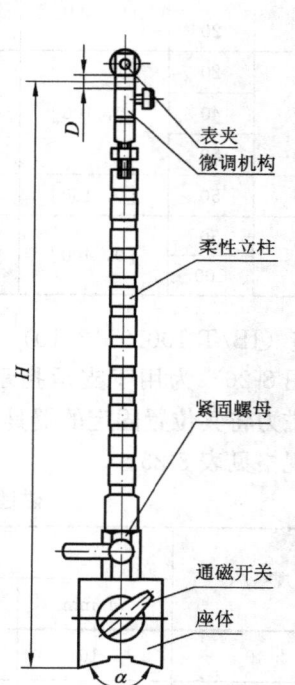

图 8-26 磁性表座

万能表座规格（mm） 表 8-24

夹表孔直径 D	微调量	T 形槽	变形量
$\phi4$、$\phi6$、$\phi8$、$\phi10$	$\geqslant2$	符合 GB/T 158	$\leqslant0.1$

注：变形量指沿表夹的夹表孔轴心线加 1N 力时，测得的值。

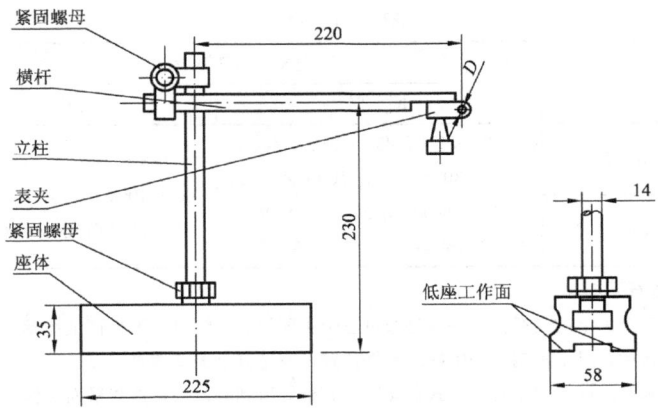

I 型万能表座（不带微调）

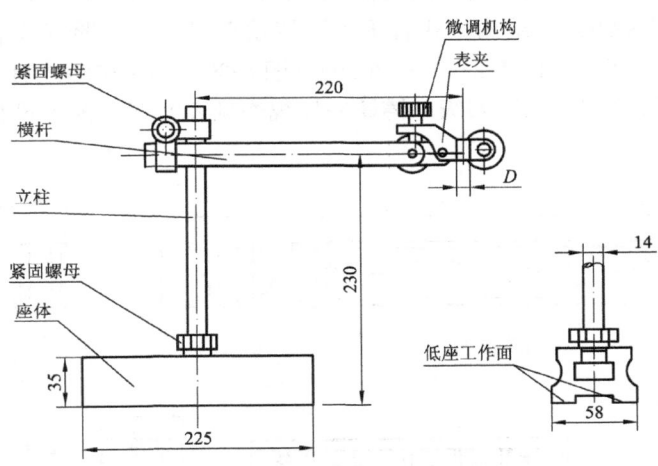

II 型万能表座（带微调）

图 8-27　万能表座

24. 平板（GB/T 22095—2008、GB/T 20428—2006）

平板（图 8-28）是检验与画线用的性能稳定、精度可靠的平面基准器具。铸铁平板的精度等级有"000"、"00"、"0"、"1"、"2"、"3"级六个等级，岩石平板只有"000"、"00"、"0"、"1"四个等级。规格见表 8-25。

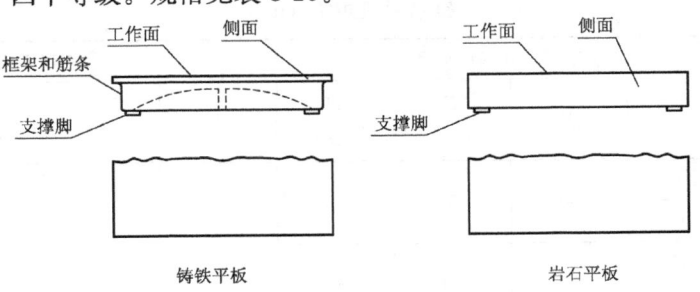

铸铁平板　　　　　　　　　　　　岩石平板

图 8-28　铸铁平板、岩石平板

平板规格（mm）　　　　　　　　　　表 8-25

品种	平板尺寸（工称尺寸）		准确度等级
	长方形	方形	
铸铁平板（GB/T 22095—2008）	160×100，250×160，400× 250，630×400，1000×630， 1600×1000①，2000×1000①， 2500×1600①，（4000×2500①）	（160×160），250×250， 400×400，630×630，1000 ×1000①，（1600×1600①）	0、1、2、3
岩石平板（GB/T 20428—2006）			

注：带括号的只有岩石平板。

① 这些平板均提供三个以上的支撑脚。一般是通过三个主要的调平螺钉将平板仔细地调平后，其余的支撑脚可调整得与平板刚好接触，且不影响已调整好的水平位置，或把其余的支撑脚调整得使平板平面度偏差为最小。此偏差适用于用户和制造商之间以协议方式在安装并调整好得到确认后，这些平面应作周期性检查，以确保调整好的状态一致不变。

25. 平尺（GB/T 24760—2009、GB/T 24761—2009）

平尺是用于测量工件的平面形状误差的测量器具，测量面为平面。铸铁平尺（GB/T 24760—2009）（图 8-29）的结构型式有Ⅰ字形铸铁平尺、Ⅱ字形铸铁平尺和桥形铸铁平尺；钢平尺和岩石平尺（GB/T 24761—2009）（图 8-30）的结构型式有工字形和矩形。精度均有"00"、"0"、"1"、"2"四级。铸铁平尺规格见表 8-26，钢平尺和岩石平尺规格见表 8-27。

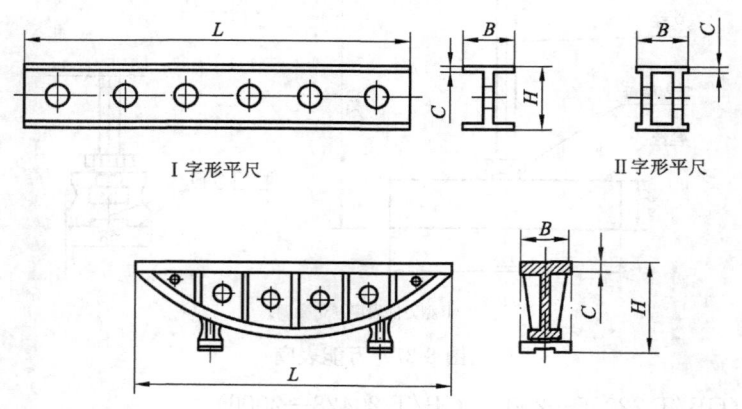

Ⅰ字形平尺　　　　　　Ⅱ字形平尺

桥形平尺

图 8-29　铸铁平尺

铸铁平尺规格（mm）　　　　　　　　　表 8-26

规格	Ⅰ字形、Ⅱ字形平尺				桥形平尺			
	L	B	C (≥)	H (≥)	L	B	C (≥)	H (≥)
400	400	30	8	75				
500	500							
630	630	35	10	80				
800	800							

续表

规格	Ⅰ字形、Ⅱ字形平尺				桥形平尺			
	L	B	C ($\geqslant$)	H ($\geqslant$)	L	B	C ($\geqslant$)	H ($\geqslant$)
1000	1000	40	12	100	1000	50	16	180
1250	1250				1250			
1600	(1600)	45	14	150	1600	60	24	300
2000	(2000)				2000	80	26	350
2500	(2500)	50	16	200	2500	90	32	400
3000	(3000)	55	20	250	3000	100		
4000	(4000)	60		280	4000		38	500
5000					5000	110	40	550
6300	—	—	—	—	6300	120	50	600

注：括号（　）内的长度 L 尺寸，表示其型式建议制成Ⅱ字形截面的结构。

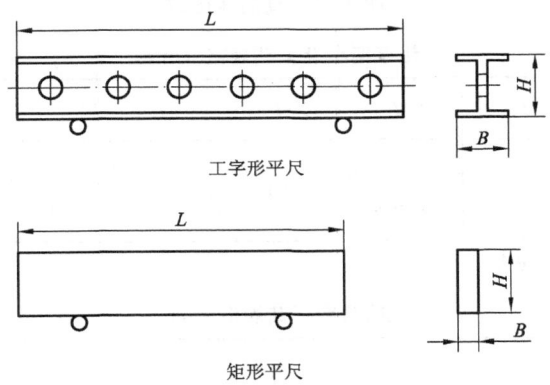

工字形平尺

矩形平尺

图 8-30　钢平尺和岩石平尺

钢平尺和岩石平尺规格（mm）　　　　　表 8-27

规格	岩石平尺			钢平尺				
	L	H	B	L	00 级和 0 级		1 级和 2 级	
					H	B	H	B
400	400	60	25	400	45	8	40	6
500	500	80	30	500	50		45	8
630	630	100	35	630	60		50	
800	800	120	40	800	70	10	60	
1000	1000	160	50	1000	75		70	10
1250	1250	200	60	1250	85		75	
1600	1600	250	80	1600	100	12	80	
2000	2000	300	100	2000	125		100	12
2500	2500	360	120	2500	150	14	120	

二、刃 具

1. 直柄麻花钻（GB/T 6135.1～GB/T 6135.4—2008）

直柄麻花钻（图 8-31）包括：粗直柄小麻花钻（GB/T 6135.1—2008）、直柄短麻花钻（GB/T 6135.2—2008）、直柄麻花钻（GB/T 6135.2—2008）、直柄长麻花钻（GB/T 6135.3—2008）、直柄超长麻花钻（GB/T 6135.4—2008）。

粗直柄小麻花钻规格见表 8-28、直柄短麻花钻规格见表 8-29、直柄麻花钻规格见表 8-30 直柄长麻花钻规格见表 8-31、直柄超长麻花钻规格见表 8-32。

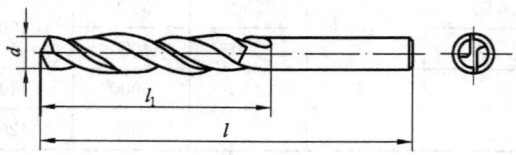

图 8-31 直柄麻花钻

粗直柄小麻花钻规格（mm）　　　　　　　　　表 8-28

d	l	l_1	d	l	l_1	d	l	l_1
0.10～0.12	20	1.2	0.16～0.19	20	2.2	0.25～0.30	20	3.2
0.13～0.15		1.5	0.20～0.24		2.5	0.31～0.35		3.5

注：d 尺寸系列按 0.01mm 进级。

直柄短麻花钻规格（mm）　　　　　　　　　表 8-29

d h8	l	l_1	d h8	l	l_1	d h8	l	l_1
0.50	20	3	3.20	49	18	6.00	66	28
0.80	24		3.50	52	20	6.20	70	31
1.00	26	6	3.80			6.50		
1.20	30	8	4.00	55	22	6.80		
1.50	32	9	4.20			7.00	74	34
1.80	36	11	4.50	58	24	7.20		
2.00	38	12	4.80			7.50		
2.20	40	13	5.00	62	26	7.80		
2.50	43	14	5.20			8.00	79	37
2.80	46	16	5.50	66	28	8.20		
3.00			5.80			8.50		

续表

d h8	l	l_1	d h8	l	l_1	d h8	l	l_1
8.80			16.25			23.75		
9.00	84	40	16.50	119	60	24.00	151	75
9.20			16.75			24.25		
9.50			17.00			24.50		
9.80			17.25			24.75		
10.00	89	43	17.50	123	62	25.00		
10.20			17.75			25.25		
10.50			18.00			25.50		
10.80			18.25			25.75	156	78
11.00			18.50	127	64	26.00		
11.20	95	47	18.75			26.25		
11.50			19.00			26.50		
11.80			19.25			26.75		
12.00			19.50	131	66	27.00		
12.20			19.75			27.25	162	81
12.50	102	51	20.00			27.50		
12.80			20.25			27.75		
13.00			20.50	136	68	28.00		
13.20			20.75			28.25		
13.50			21.00			28.50		
13.80	107	54	21.25			28.75		
14.00			21.50			29.00	168	84
14.25			21.75	141	70	29.25		
14.50	111	56	22.00			29.50		
14.75			22.25			29.75		
15.00			22.50			30.00		
15.25			22.75			30.25		
15.50	115	58	23.00	146	72	30.50	174	87
15.75			23.25			30.75		
16.00			23.50			31.00		

续表

d h8	l	l_1	d h8	l	l_1	d h8	l	l_1
31.25	174	87	34.00	186	93	37.50	193	96
31.50			34.50			38.00		
31.75			35.00			38.50		
32.00	180	90	35.50			39.00	200	100
32.50			36.00	193	96	39.50		
33.00			36.50			40.00		
33.50			37.00					

直柄麻花钻规格（mm）　　　　表 8-30

d h8	l	l_1	d h8	l	l_1	d h8	l	l_1
0.20	19	2.5	0.78	30	10	1.70	43	20
0.22			0.80			1.75		
0.25		3	0.82			1.80	46	22
0.28			0.85			1.85		
0.30			0.88			1.90		
0.32		4	0.90	32	11	1.95	49	24
0.35			0.92			2.00		
0.38			0.95			2.05		
0.40	20	5	0.98			2.10		
0.42			1.00	34	12	2.15		
0.45			1.05			2.20		
0.48			1.10	36	14	2.25	53	27
0.50	22	6	1.15			2.30		
0.52			1.20			2.35		
0.55	24	7	1.25	38	16	2.40	57	30
0.58			1.30			2.45		
0.60	26	8	1.35	40	18	2.50		
0.62			1.40			2.55		
0.65			1.45			2.60		
0.68	28	9	1.50			2.65		
0.70			1.55			2.70		
0.72			1.60	43	20	2.75	61	33
0.75			1.65			2.80		

d h8	l	l_1	d h8	l	l_1	d h8	l	l_1
2.85			6.00	93	57	9.20		
2.90	61	33	6.10			9.30	125	81
2.95			6.20			9.40		
3.00			6.30			9.50		
3.10			6.40	101	93	9.60		
3.20	65	36	6.50			9.70		
3.30			6.60			9.80		
3.40			6.70			9.90		
3.50	70	39	6.80			10.00		
3.60			6.90			10.10	133	87
3.70			7.00			10.20		
3.80			7.10	109	69	10.30		
3.90			7.20			10.40		
4.00	75	43	7.30			10.50		
4.10			7.40			10.60		
4.20			7.50			10.70		
4.30			7.60			10.80		
4.40			7.70			10.90		
4.50	80	47	7.80			11.00		
4.60			7.90			11.10		
4.70			8.00	117	75	11.20	142	94
4.80			8.10			11.30		
4.90			8.20			11.40		
5.00	86	52	8.30			11.50		
5.10			8.40			11.60		
5.20			8.50			11.70		
5.30			8.60			11.80		
5.40			8.70			11.90		
5.50			8.80			12.00		
5.60	93	57	8.90	125	81	12.10	151	101
5.70			9.00			12.20		
5.80						12.30		
5.90			9.10			12.40		

续表

d h8	l	l_1	d h8	l	l_1	d h8	l	l_1
12.50			13.60			15.75	178	120
12.60			13.70			16.00		
12.70	151	101	13.80	160	108	16.50	184	125
12.80			13.90			17.00		
12.90			14.00			17.50	191	130
13.00			14.25			18.00		
13.10			14.50	169	114	18.50	198	135
13.20			14.75			19.00		
13.30			15.00			19.50	205	140
13.40	160	108	15.25	178	120	20.00		
13.50			15.50					

直柄长麻花钻规格（mm） 表 8-31

d h8	l	l_1	d h8	l	l_1	d h8	l	l_1
1.00	56	33	3.40			5.80		
1.10	60	37	3.50	112	73	5.90	139	91
1.20	65	41	3.60			6.00		
1.30			3.70			6.10		
1.40	70	45	3.80			6.20		
1.50			3.90			6.30		
1.60	75	50	4.00	119	78	6.40	148	97
1.70			4.10			6.50		
1.80	80	53	4.20			6.60		
1.90			4.30			6.70		
2.00	85	56	4.40			6.80		
2.10			4.50	126	82	6.90		
2.20	90	59	4.60			7.00		
2.30			4.70			7.10	156	102
2.40	95	62	4.80			7.20		
2.50			4.90			7.30		
2.60			5.00	132	87	7.40		
2.70			5.10			7.50		
2.80	100	66	5.20			7.60		
2.90			5.30			7.70		
3.00			5.40			7.80		
3.10			5.50	139	91	7.90	165	109
3.20	106	69	5.60			8.00		
3.30			5.70			8.10		

续表

d h8	l	l_1	d h8	l	l_1	d h8	l	l_1
8. 20	165	109	12. 20	205	134	19. 50	254	166
8. 30			12. 30			19. 75		
8. 40			12. 40			20. 00		
8. 50	175	115	12. 50			20. 25	261	171
8. 60			12. 60			20. 50		
8. 70			12. 70			20. 75		
8. 80			12. 80			21. 00		
8. 90			12. 90			21. 25	268	176
9. 00			13. 00			21. 50		
9. 10			13. 10			21. 75		
9. 20			13. 20			22. 00		
9. 30			13. 30	214	140	22. 25		
9. 40			13. 40			22. 50	275	180
9. 50			13. 50			22. 75		
9. 60	184	121	13. 60			23. 00		
9. 70			13. 70			23. 25		
9. 80			13. 80			23. 50		
9. 90			13. 90			23. 75		
10. 00			14. 00			24. 00		
10. 10			14. 25	220	144	24. 25	282	185
10. 20			14. 50			24. 50		
10. 30			14. 75			24. 75		
10. 40			15. 00			25. 00		
10. 50	195	128	15. 25	227	149	25. 25	290	190
10. 60			15. 50			25. 50		
10. 70			15. 75			25. 75		
10. 80			16. 00			26. 00		
10. 90			16. 25	235	154	26. 25		
11. 00			16. 50			26. 50		
11. 10			16. 75			26. 75		
11. 20			17. 00			27. 00		
11. 30			17. 25	241	158	27. 25	298	195
11. 40			17. 50			27. 50		
11. 50			17. 75			27. 75		
11. 60			18. 00			28. 00		
11. 70			18. 25	247	162	28. 25		
11. 80			18. 50			28. 50		
11. 90	205	134	18. 75			28. 75	307	201
12. 00			19. 00			29. 00		
12. 10			19. 25	254	166	29. 25		

续表

d h8	l	l_1	d h8	l	l_1	d h8	l	l_1
29.50			30.25			31.00		
29.75	307	201	30.50	316	207	31.25	316	207
30.00			30.75			31.50		

直柄超长麻花钻规格（mm）　　　　　表 8-32

d h8	$l=125$ $l_1=80$	$l=160$ $l_1=100$	$l=200$ $l_1=150$	$l=250$ $l_1=200$	$l=315$ $l_1=250$	$l=400$ $l_1=300$
2.0	×	×				
2.5	×	×	—	—		
3.0		×	×		—	—
3.5		×	×	×		
4.0		×	×	×	×	
4.5		×	×	×	×	×
5.0			×	×	×	×
5.5			×	×	×	×
6.0			×	×	×	×
6.5			×	×	×	×
7.0			×	×	×	×
7.5			×	×	×	×
8.0	—		×	×	×	×
8.5			×	×	×	×
9.0			×	×	×	×
9.5		—	×	×	×	×
10.0			×	×	×	×
10.5			×	×	×	×
11.0			—	×	×	×
11.5				×	×	×
12.0				×	×	×
12.5				×	×	×
13.0				×	×	×
13.5					×	×
14.0				×	×	

注：×——表示有的规格。

2. 锥柄麻花钻（GB/T 1438.1 ~ GB/T 1438.4—2008）

锥柄麻花钻（图 8-32）包括：莫氏锥柄麻花钻（GB/T 1438.1—2008）、莫氏锥柄长麻花钻（GB/T 1438.2—2008）、莫氏锥柄加长麻花钻（GB/T 1438.3—2008）、莫氏锥柄超长麻花钻（GB/T 1438.4—2008）等。锥柄麻花钻因钻柄是莫氏锥度柄，故无须钻卡头，可以直接装在钻

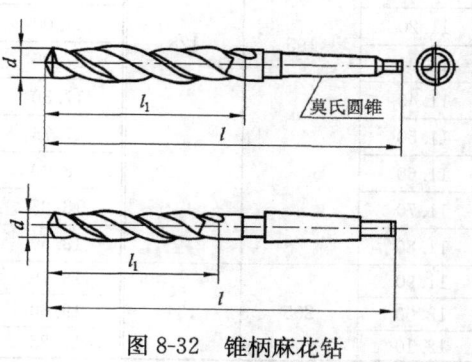

图 8-32　锥柄麻花钻

床主轴的锥孔内。

莫氏锥柄麻花钻规格见表8-33、莫氏锥柄长麻花钻规格见表8-34、莫氏锥柄加长麻花钻规格见表8-35、莫氏锥柄超长麻花钻规格见表8-36。

莫氏锥柄麻花钻规格（mm）　　　　　　　表 8-33

d	l_1	标准柄		粗　柄		d	l_1	标准柄		粗　柄	
		l	莫氏圆锥号	l	莫氏圆锥号			l	莫氏圆锥号	l	莫氏圆锥号
3.00	33	114				25.25～26.50	165	286		—	—
3.20	36	117				26.75～28.00	170	291		319	
3.50	39	120				28.25～30.00	175	296	3	324	4
3.80～4.20	43	124				30.25～31.50	180	301		329	
4.50	47	128				31.75	185	306		334	
4.80～5.20	52	133				32.00～33.50		334			
5.50～6.00	57	138	1	—	—	34.00～35.50	190	339			
6.20～6.50	63	144				36.00～37.50	195	344		—	
6.80～7.50	69	150				38.00～40.00	200	349			
7.80～8.50	75	156				40.50～42.50	205	354	4	392	
8.80～9.50	81	162				43.00～45.00	210	359		397	
9.80～10.50	87	168				45.50～47.50	215	364		402	5
10.80～11.80	94	175				48.00～50.00	220	369		407	
12.00～13.20	101	182		199	2	50.50	225	374		412	
13.50～14.00	108	189		206		51.00～53.00		412			
14.25～15.00	114	212				54.00～56.00	230	417			
15.25～16.00	120	218				57.00～60.00	235	422		—	
16.25～17.00	125	223	2	—	—	61.00～63.00	240	427	5		
17.25～18.00	130	228				64.00～67.00	245	432		499	
18.25～19.00	135	233		256		68.00～71.00	250	437		504	
19.25～20.00	140	238		261		72.00～75.00	255	442		509	6
20.25～21.00	145	243		266	3	76.00	260	447		514	
21.25～22.50	150	248		271		77.00～80.00		514			
22.50～23.50	155	253		276		81.00～85.00	265	519		—	
		276				86.00～90.00	270	524	6		
23.75～25.00	160	281	3	—		91.00～95.00	275	529			
						96.00～100.0	280	534			

注：d 尺寸系列：3.00～14.00mm 按 0.20，0.50，0.80 及整数进级；＞14.00～32.00mm 按 0.25mm 进级；＞32.00～51mm 按 0.5mm 进级；＞51.00～100.00mm 按 1.00mm 进级。

莫氏锥柄长麻花钻规格（mm）

表 8-34

d h8	l_1	l	莫氏圆锥号	d h8	l_1	l	莫氏圆锥号	d h8	l_1	l	莫氏圆锥号
5.00	74	155		13.50				22.00	191	289	
5.20				13.80	142	223	1	22.25			
5.50				14.00				22.50			2
5.80	80	161		14.25				22.75	198	296	
6.00				14.50	147	245		23.00			
6.20	86	167		14.75				23.25	198	319	
6.50				15.00				23.50			
6.80				15.25				23.75			
7.00	93	174		15.50	153	251		24.00			
7.20				15.75				24.25	206	327	
7.50				16.00				24.50			
7.80				16.25				24.75			
8.00	100	181		16.50	159	257		25.00			
8.20				16.75				25.25			
8.50				17.00				25.50			
8.80				17.25				25.75	214	335	
9.00	107	188	1	17.50	165	263		26.00			
9.20				17.75				26.25			
9.50				18.00			2	26.50			
9.80				18.25				26.75			3
10.00	116	197		18.50	171	269		27.00			
10.20				18.75				27.25	222	343	
10.50				19.00				27.50			
10.80				19.25				27.75			
11.00				19.50	177	275		28.00			
11.20	125	206		19.75				28.25			
11.50				20.00				28.50			
11.80				20.25				28.75			
12.00				20.50	184	282		29.00	230	351	
12.20				20.75				29.25			
12.50	134	215		21.00				29.50			
12.80				21.25				29.75			
13.00				21.50	191	289		30.00			
13.20				21.75							

续表

d h8	l_1	l	莫氏圆锥号	d h8	l_1	l	莫氏圆锥号	d h8	l_1	l	莫氏圆锥号
30.25				36.00				43.00			
30.50				36.50	267	416		43.50			
30.75	239	360		37.00				44.00	298	447	
31.00			3	37.50				44.50			
31.25				38.00				45.00			
31.50				38.50				45.50			
31.75	248	369		39.00	277	426		46.00			
32.00				39.50			4	46.50	310	459	4
32.50	248	397		40.00				47.00			
33.00				40.50				47.50			
33.50				41.00				48.00			
34.00			4	41.50	287	436		48.50			
34.50				42.00				49.00	321	470	
35.00	257	406		42.50				49.50			
35.50								50.00			

莫氏锥柄加长麻花钻规格（mm）　　　　　　　　　　表 8-35

d h8	l_1	l	莫氏圆锥号	d h8	l_1	l	莫氏圆锥号	d h8	l_1	l	莫氏圆锥号
6.00	145	225		9.80				13.50			
6.20	150	230		10.00	170	250		13.80	185	265	1
6.50				10.20				14.00			
6.80				10.50				14.25			
7.00	155	235		10.80				14.50	190	290	
7.20				11.00				14.75			
7.50				11.20	175	255		15.00			
7.80			1	11.50			1	15.25			
8.00	160	240		11.80				15.50	195	295	2
8.20				12.00				15.75			
8.50				12.20				16.00			
8.80				12.50	180	260		16.25			
9.00	165	245		12.80				16.50	200	300	
9.20				13.00				16.75			
9.50				13.20				17.00			

续表

d h8	l_1	l	莫氏圆锥号	d h8	l_1	l	莫氏圆锥号	d h8	l_1	l	莫氏圆锥号
17.25				21.75				26.25	255	375	
17.50	205	305		22.00	235	335		26.50			
17.75				22.25				26.75			
18.00				22.50	240	340		27.00			
18.25				22.75			2	27.25	265	385	
18.50	210	310		23.00				27.50			
18.75				23.25	240	360		27.75			
19.00				23.50				28.00			
19.25			2	23.75				28.25			
19.50	220	320		24.00				28.50			3
19.75				24.25	245	365		28.75			
20.00				24.50				29.00			
20.25				24.75			3	29.25	275	395	
20.50	230	330		25.00				29.50			
20.75				25.25				29.75			
21.00				25.50	255	375		30.00			
21.25	235	335		25.75							
21.50				26.00							

莫氏锥柄超长麻花钻规格（mm）   表 8-36

d	$l=200$	$l=250$	$l=315$	$l=400$	$l=500$	$l=6300$	莫氏圆锥号
	l_1						
6.00～9.50	110	160	225	—	—		1
10.00～14.00				310		—	
15.00～23.00			215	300	400		2
24.00～30.00	—		275	375	505		3
32.00～40.00			250				
42.00～50.00			—	350	480		4

注：d 尺寸系列：6.00～10.00mm 按 0.50 进级；＞10.00～30.00mm 按 1.00mm 进级；＞30.00～50.00mm 按 0、2、5、8mm 进级。

3. 攻丝前钻孔用直柄阶梯麻花钻（GB/T 6138.1— 2007）

攻丝前钻孔用直柄阶梯麻花钻的型式见图 8-33 所示，尺寸规格在表 8-37、表 8-38 给出。

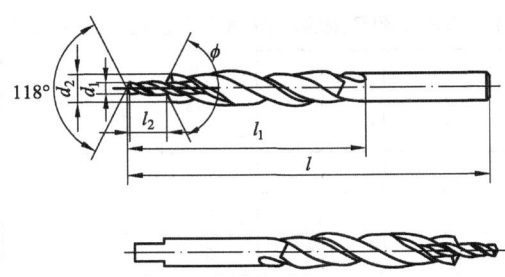

图 8-33　直柄阶梯麻花钻

攻普通螺纹粗牙用直柄阶梯麻花钻规格表（mm）　　　表 8-37

$d_1^{①}$	$d_2^{①}$	l	l_1	l_2	ϕ	适用的螺纹孔
2.5	3.4	70	39	8.8	90° (120°) (180°)	M3
3.3	4.5	80	47	11.4		M4
4.2	5.5	93	57	13.6		M5
5.0	6.6	101	63	16.5		M6
6.8	9.0	125	81	21.0		M8
8.5	11.0	142	94	25.5		M10
10.2	13.5(14.0)	160	108	30.0		M12
12.0	15.5(16.0)	178	120	34.5		M14

注：根据用户需要选择括号内的直径和角度。

① 阶梯麻花钻钻孔部分直径（d_1）公差为：普通级 h9，精密级 h8；锪孔部分直径（d_2）公差为：普通级 h9，精密级 h8。

攻普通螺纹细牙用直柄阶梯麻花钻规格（mm）　　　表 8-38

$d_1^{①}$	$d_2^{①}$	l	l_1	l_2	ϕ	适用的螺纹孔
2.65	3.4	70	39	8.8	90° (120°) (180°)	M3×0.35
3.50	4.5	80	47	11.4		M4×0.5
4.50	5.5	93	57	13.6		M5×0.5
5.20	6.6	101	63	16.5		M6×0.75
7.00	9.0	125	81	21.0		M8×1
8.80	11.0	142	94	25.5		M10×1.25
10.50	14.0	160	108	30.0		M12×1.5
12.50	16.0	178	120	34.5		M14×1.5

注：根据用户需要选择括号内的角度。

① 阶梯麻花钻钻孔部分直径（d_1）公差为：普通级 h9，精密级 h8；锪孔部分直径（d_2）公差为：普通级 h9，精密级 h8。

4. 攻丝前钻孔用莫氏锥柄阶梯麻花钻（GB/T 6138.2—2007）

攻丝前钻孔用锥柄阶梯麻花钻的型式见图 8-34 所示，尺寸规格在表 8-39、表 8-40 给出。

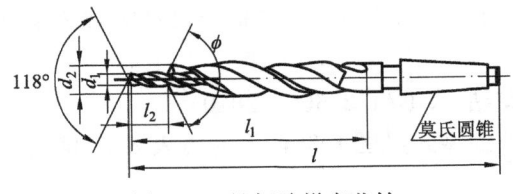

图 8-34　锥柄阶梯麻花钻

攻普通螺纹粗牙用锥柄阶梯麻花钻规格表（mm）　　　　　表 8-39

d_1[①]	d_2[①]	l	l_1	l_2	ϕ	莫氏圆锥号	适用的螺纹孔
6.8	9.0	162	81	21.0			M8
8.5	11.0	175	94	25.5		1	M10
10.2	13.5(14.0)	189	108	30.0			M12
12.0	15.5(16.0)	218	120	34.5			M14
14.0	17.5(18.0)	228	130	38.5	90°(120°)(180°)	2	M16
15.5	20.0	238	140	43.5			M18
17.5	22.0	248	150	47.5			M20
19.5	24.0	281	160	51.5			M22
21.0	26.0	286	165	56.5		3	M24
24.0	30.0	296	175	62.5			M27
26.5	33.0	334	185	70.0		4	M30

注：根据用户需要选择括号内的直径和角度。

①阶梯麻花钻钻孔部分直径（d_1）公差为：普通级 h9，精密级 h8；锪孔部分直径（d_2）公差为：普通级 h9，精密级 h8。

攻普通螺纹细牙用锥柄阶梯麻花钻规格表（mm）　　　　　表 8-40

d_1[①]	d_2[①]	l	l_1	l_2	ϕ	莫氏圆锥号	适用的螺纹孔
7.0	9.0	162	81	21.0			M8×1
8.8	11.0	175	94	25.5		1	M10×1.25
10.5	14.0	189	108	30.0			M12×1.5
12.5	16.0	218	120	34.5			M14×1.5
14.5	18.0	228	130	38.5	90°(120°)(180°)	2	M16×1.5
16.0	20.0	238	140	43.5			M18×2
18.0	22.0	248	150	47.5			M20×2
20.0	24.0	281	160	51.5			M22×2
22.0	26.0	286	165	56.5		3	M24×2
25.0	30.0	296	175	62.5			M27×2
28.0	33.0	334	185	70.0		4	M30×2

注：根据用户需要选择括号内的角度。

①阶梯麻花钻钻孔部分直径（d_1）公差为：普通级 h9，精密级 h8；锪孔部分直径（d_2）公差为：普通级 h9，精密级 h8。

5. 硬质合金直柄麻花钻（GB/T 25666—2010）

硬质合金直柄麻花钻的型式见图 8-35，尺寸由表 8-41 确定，硬质合金刀片按 YS/T 79 选用。

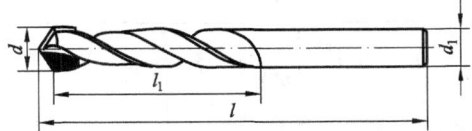

图 8-35　硬质合金直柄麻花钻

硬质合金直柄麻花钻规格、尺寸（mm）　　　　　　表 8-41

d h8	d_1 h8	l		l_1		硬质合金刀片型号	d h8	d_1 h8	l		l_1		硬质合金刀片型号
		短型	标准型	短型	标准型	参考			短型	标准型	短型	标准型	参考
5.00	5.0						7.60	7.5					
5.10	5.0						7.70	7.5					
5.20	5.0	70	86	36	52		7.80	7.5					
5.30	5.0					E106	7.90	7.5					
5.40	5.0						8.00	7.5	95	117	52	75	E109
5.50	5.0						8.10	8.0					
5.60	5.5						8.20	8.0					
5.70	5.5	75	93	40	57		8.30	8.0					
5.80	5.5						8.40	8.0					
5.90	5.5						8.50	8.0					
6.00	5.5					E107	8.60	8.5					
6.10	6.0						8.70	8.5					
6.20	6.0						8.80	8.5					
6.30	6.0						8.90	8.5					
6.40	6.0	80	101	42	63		9.00	8.5	100	125	55	81	E110
6.50	6.0						9.10	9.0					
6.60	6.5						9.20	9.0					
6.70	6.5						9.30	9.0					
6.80	6.5						9.40	9.0					
6.90	6.5						9.50	9.0					
7.00	6.5					E108	9.60	9.5					
7.10	7.0						9.70	9.5					
7.20	7.0	85	109	45	69		9.80	9.5	105	133	60	87	E210
7.30	7.0						9.90	9.5					
7.40	7.0						10.00	9.5					
7.50	7.0						10.10	10.0					E211

续表

d h8	d_1 h8	l		l_1		硬质合金 刀片型号	d h8	d_1 h8	l		l_1		硬质合金 刀片型号
		短型	标准型	短型	标准型	参考			短型	标准型	短型	标准型	参考
10.20	10.0						13.40	13.0					
10.30	10.0						13.50	13.0					
10.40	10.0	105	133	60	87		13.60	13.5					
10.50	10.0						13.70	13.5	122	160	70	108	E215
10.60	10.5					E211	13.80	13.5					
10.70	10.5						13.90	13.5					
10.80	10.5						14.00	13.5					
10.90	10.5						14.25	14.2					
11.00	10.5						14.50	14.2	130	169	75	114	E216
11.10	11.0						14.75	14.7					
11.20	11.0						15.00	14.7					
11.30	11.0	110	142	65	94		15.25	15.2					
11.40	11.0						15.50	15.2		178		120	E217
11.50	11.0						15.75	15.7					
11.60	11.5					E213	16.00	15.7					
11.70	11.5						16.25	16.2					
11.80	11.5						16.50	16.2		184		125	E218
11.90	11.5						16.75	16.7					
12.00	11.5						17.00	16.7					
12.10	12.0						17.25	17.2					
12.20	12.0						17.50	17.2					
12.30	12.0						17.75	17.7	138	191	80	130	E219
12.40	12.0						18.00	17.7					
12.50	12.0						18.25	18.2					
12.60	12.5	120	151	70	101	E214	18.50	18.2					
12.70	12.5						18.75	18.7		198		135	E220
12.80	12.5						19.00	18.7					
12.90	12.5						19.25	19.2					
13.00	12.5						19.50	19.2					
13.10	13.0						19.75	19.7		205		140	E221
13.20	13.0					E215	20.00	19.7					
13.30	13.0	122	160	70	108								

6. 整体硬质合金直柄麻花钻（GB/T 25667.1—2010）

整体硬质合金直柄麻花钻有 A 型和 B 型两种，见图 8-36；尺寸规定见表 8-42、表 8-43。

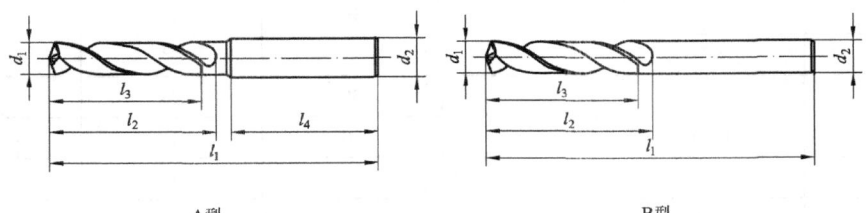

A型　　　　　　　　　　　　　　　　　　B型

图 8-36　整体硬质合金直柄麻花钻

A 型直柄麻花钻规格、尺寸（mm）　　　　　　　　　　　　表 8-42

直径范围 d_1 m7		柄部直径 d_2 h6	短系列			长系列			柄长 l_4
>	≤		总长 l_1	槽长 l_2 max	刃长 l_3 min	总长 l_1	槽长 l_2 max	刃长 l_3 min	
2.9	3.75	6	62	20	14	66	28	23	36
3.75	4.75		66	24	17	74	36	29	
4.75	6.00			28	20	82	44	35	
6.00	7.00	8	79	34	24	91	53	43	
7.00	8.00			41	29				
8.00	10.00	10	89	47	35	103	61	49	40
10.00	12.00	12	102	55	40	118	71	56	45
12.00	14.00	14	107	60	43	124	77	60	
14.00	16.00	16	115	65	45	133	83	63	48
16.00	18.00	18	123	73	51	143	93	71	
18.00	20.00	20	131	79	55	153	101	77	50

B 型直柄麻花钻规格、尺寸（mm）　　　　　　　　　　　　表 8-43

直径范围 d_1 h7		柄部直径 d_2 h6	总长 l_1	槽长 l_2 ≈	刃长 l_3 min
>	≤				
1.90	2.12	$d_2 = d_1$	38	12	9
2.12	2.36		40	13	10
2.36	2.65		43	14	11
2.65	3.00		46	16	12
3.00	3.35		49	18	14
3.35	3.75		52	20	15
3.75	4.25		55	22	17
4.25	4.75		58	24	18
4.75	5.30		62	26	20

直径范围 d_1 h7		柄部直径 d_2 h6	总长 l_1	槽长 l_2 ≈	刃长 l_3 min
>	≤				
5.30	6.00		66	28	21
6.00	6.70		70	31	23
6.70	7.50		74	34	25
7.50	8.00		79	37	27
8.00	8.50				
8.50	9.50		84	40	29
9.50	10.00		89	43	31
10.00	10.60		89	43	31
10.60	11.8		95	47	33
11.8	12.00	$d_2 = d_1$	102	51	35
12.00	13.20				
13.20	14.00		107	54	37
14.00	15.00		111	56	38
15.00	16.00		115	58	
16.00	17.00		119	60	39
17.00	18.00		123	62	40
18.00	19.00		127	64	41
19.00	20.00		131	66	42

7. 中心钻（GB/T 6078.1～GB/T 6078.3—1998）

中心钻用于加工 A 型、B 型、R 型中心孔（见 GB/T 145），其规格也分为 A 型、B 型、R 型三种型号，如图 8-37 所示，尺寸规格见表 8-44、表 8-45、表 8-46。

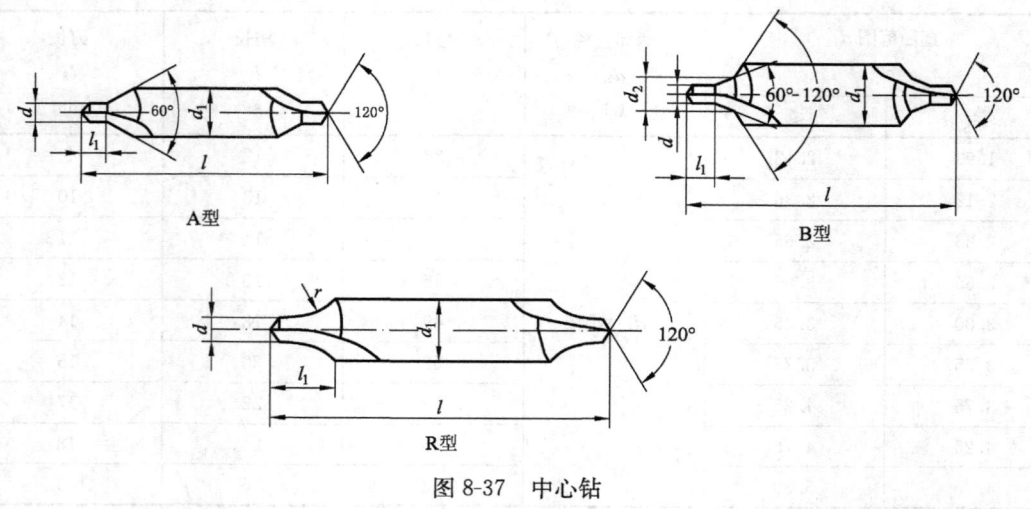

图 8-37　中心钻

A 型中心钻规格（mm）　　　　　　　　　　表 8-44

d k12	d_1 h9	l		l_1	
		基本尺寸	极限偏差	基本尺寸	极限偏差
(0.50)				0.8	+0.2 0
(0.63)				0.9	+0.3 0
(0.80)	3.15	31.5		1.1	+0.4 0
1.00			±2	1.3	+0.6 0
(1.25)				1.6	
1.60	4.0	35.5		2.0	+0.8 0
2.00	5.0	40.0		2.5	
2.50	6.3	45.0		3.1	+1.0 0
3.15	8.0	50.0		3.9	
4.00	10.0	56.0		5.0	+1.2 0
(5.00)	12.5	63.0		6.3	
6.30	16.0	71.0	±3	8.0	
(8.00)	20.0	80.0		10.1	+1.4 0
10.00	25.0	100.0		12.8	

注：括号内的尺寸尽量不采用。

B 型中心钻规格（mm）　　　　　　　　　　表 8-45

d k12	d_1 h9	d_2 k12	l		l_1	
			基本尺寸	极限偏差	基本尺寸	极限偏差
1.00	4.0	2.12	35.5		1.3	+0.6 0
(1.25)	5.0	2.65	40.0	±2	1.6	
1.60	6.3	3.35	45.0		2.0	+0.8 0
2.00	8.0	4.25	50.0		2.5	
2.50	10.0	5.30	56.0		3.1	+1.0 0
3.15	11.2	6.70	60.0		3.9	
4.00	14.0	8.50	67.0		5.0	+1.2 0
(5.00)	18.0	10.60	75.0	±3	6.3	
6.30	20.0	13.20	80.0		8.0	
(8.00)	25.0	17.00	100.0		10.1	+1.4 0
10.00	31.5	21.20	125.0		12.8	

注：括号内的尺寸尽量不采用。

R 型中心钻规格（mm）　　　　表 8-46

d	d_1	l		l_1		r	
k12	h9	基本尺寸	极限偏差	基本尺寸	max	min	
1.00		31.5		3.0	3.15	2.5	
(1.25)	3.15			3.35	4.0	3.15	
1.60	4.0	35.5		4.25	5.0	4.0	
2.00	5.0	40.0	±2	5.3	6.3	5.0	
2.50	6.3	45.0		6.7	8.0	6.3	
3.15	8.0	50.0		8.5	10.0	8.0	
4.00	10.0	56.0		10.6	12.5	10.0	
(5.00)	12.5	63.0		13.2	16.0	12.5	
6.30	16.0	71.0	±3	17.0	20.0	16.0	
(8.00)	20.0	80.0		21.2	25.0	20.0	
10.00	25.0	100.0		26.5	31.5	25.0	

注：括号内的尺寸尽量不采用。

8. 直柄锥面锪钻（GB/T 4258—2004）

直柄锥柄锪钻结构型式见图 8-38，尺寸规格见表 8-47。

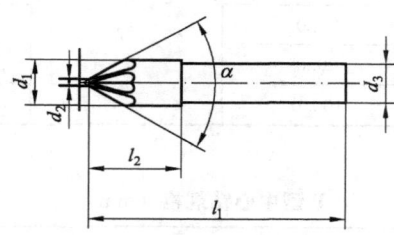

图 8-38　直柄锥面锪钻

直柄锥面锪钻规格（mm）　　　　表 8-47

公称尺寸 d_1	小端直径 d_2	总长 l_1		钻体长 l_2		柄部直径 d_3 h9
		α=60°	α=90°或120°	α=60°	α=90°或120°	
8	1.6	48	44	16	12	8
10	2	50	46	18	14	8
12.5	2.5	52	48	20	16	8
16	3.2	60	56	24	20	10
20	4	64	60	28	24	10
25	7	69	65	33	29	10

9. 莫氏锥柄锥面锪钻（GB/T 1143—2004）

莫氏锥柄锥面锪钻结构型式见图 8-39，尺寸规格见表 8-48。

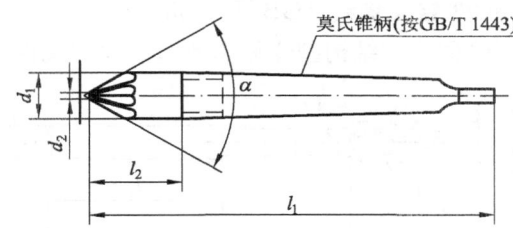

图 8-39　莫氏锥柄锥面锪钻

莫氏锥柄锥面锪钻规格（mm）　　表 8-48

公称尺寸 d_1	小端直径 $d_2^{①}$	总长 l_1		钻体长 l_2		莫氏锥柄号
		$α=60°$	$α=90°$ 或 120°	$α=60°$	$α=90°$ 或 120°	
16	3.2	97	93	24	20	1
20	4	120	116	28	24	2
25	7	125	121	33	29	2
31.5	9	132	124	40	32	2
40	12.5	160	150	45	35	3
50	16	165	153	50	38	3
63	20	200	185	58	43	4
80	25	215	196	73	54	4

① 前端部结构不作规定。

10. 带整体导柱直柄平底锪钻（GB/T 4260—2004）

带整体导柱直柄平底锪钻结构型式见图 8-40，尺寸规格见表 8-49。

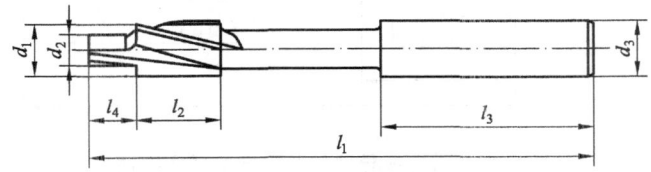

图 8-40　带整体导柱直柄平底锪钻

带整体导柱直柄平底锪钻规格（mm）　　表 8-49

切削直径 d_1 z9	导柱直径 d_2 e8	柄部直径 d_3 h9	总长 l_1	刃长 l_2	柄长 l_3 ≈	导柱长 l_4
$2≤d_1≤3.15$			45	7	—	
$3.15<d_1≤5$	按引导孔直径配套要求规定（最小直径为：$d_2=1/3d_1$）	$=d_1$	56	10		$≈d_2$
$5<d_1≤8$			71	14	31.5	
$8<d_1≤10$			80	18	35.5	
$10<d_1≤12.5$		10				
$12.5<d_1≤20$		12.5	100	22	40	

11. 带整体导柱的直柄90°锥面锪钻（GB/T 4263—2004）

带整体导柱的直柄 90°锥面锪钻结构型式见图 8-41，尺寸规格见表 8-50。

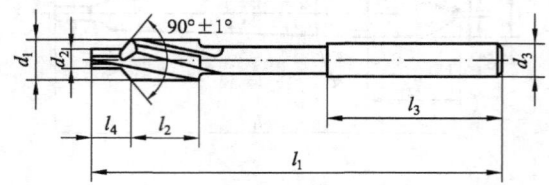

图 8-41 带整体导柱的直柄 90°锥面锪钻

带整体导柱的直柄 90°锥面锪钻规格（mm）　　　　　　　　**表 8-50**

切削直径 d_1 z9	导柱直径 d_2 e8	柄部直径 d_3 h9	总长 l_1	刃长 l_2	柄长 l_3 ≈	导柱长 l_4
$2 \leqslant d_1 \leqslant 3.15$	按引导孔直径配套要求规定 （最小直径为：$d_2=1/3d_1$）	$=d_1$	45	7	—	≈d_2
$3.15 < d_1 \leqslant 5$			56	10		
$5 < d_1 \leqslant 8$			71	14	31.5	
$8 < d_1 \leqslant 10$			80	18	35.5	
$10 < d_1 \leqslant 12.5$		10				
$12.5 < d_1 \leqslant 20$		12.5	100	22	40	

12. 带可换导柱的莫氏锥柄平底锪钻（GB/T 4261—2004）

带可换导柱的莫氏锥柄平底锪钻结构型式见图 8-42，尺寸规格见表 8-51。

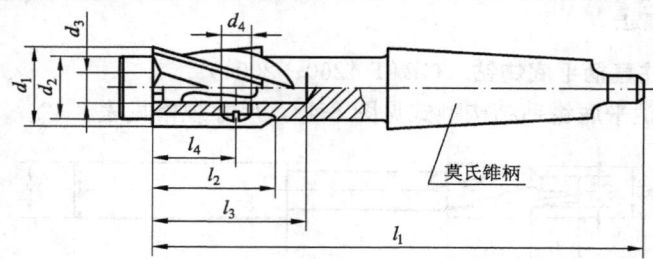

莫氏锥柄

图 8-42 带可换导柱的莫氏锥柄平底锪钻

带可换导柱的莫氏锥柄平底锪钻规格（mm）　　　　　　　　**表 8-51**

切削直径 d_1 z9		导柱直径 d_2 e8		d_3 H8	d_4	l_1	l_2	l_3	l_4	莫氏圆锥号
大于	至	大于	至							
12.5	16	5	14	4	M3	132	22	30	16	2
16	20	6.3	18	5	M4	140	25	38	19	
20	25	8	22.4	6	M5	150	30	46	23	
25	31.5	10	28	8	M6	180	35	54	27	3
31.5	40	12.5	35.5	10	M8	190	40	64	32	
40	50	16	45	12	M8	236	50	76	42	4
50	63	20	56	16	M10	250	63	88	53	

13. 带可换导柱的莫氏锥柄 **90°锥面锪钻**（GB/T 4264—2004）

带可换导柱的莫氏锥柄平底锪钻结构型式见图 8-43，尺寸规格见表 8-52。

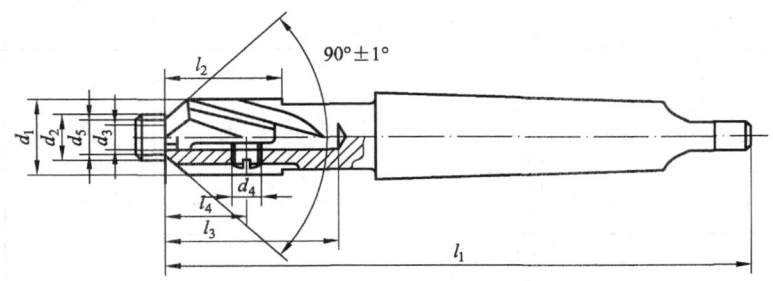

图 8-43 带可换导柱的莫氏锥柄 90°锥面锪钻

带可换导柱的莫氏锥柄 90°锥面锪钻规格（mm） **表 8-52**

切削直径 d_1 z9		导柱直径 d_2 e8		d_3 H8	螺钉 d_4	d_5	l_1	l_2	l_3	l_4	莫氏圆锥号
大于	至	大于	至								
12.5	16	6.3	14	4	M3	6	132	22	30	16	
16	20	6.3	18	5	M4	6	140	25	38	19	2
20	25	8	22.4	6	M5	7.5	150	30	46	23	
25	31.5	10	28	8	M6	9.5	180	35	54	27	3
31.5	40.4	12.5	35.5	10	M8	12	190	40	64	32	

14. 锪钻用可换导柱（GB/T 4266—2004）

莫氏锥柄平底锪钻和 90°锥面锪钻的可换导柱结构型式见图 8-44，尺寸规格见表 8-53。

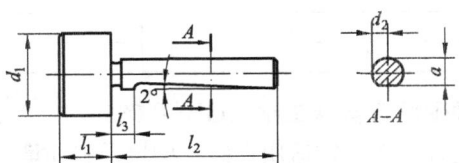

图 8-44 莫氏锥柄平底锪钻和 90°锥面锪钻的可换导柱

莫氏锥柄平底锪钻和 90°锥面锪钻的可换导柱规格（mm） **表 8-53**

d_2 f7	d_1 e8		a 0 −0.1	l_1	l_2	l_3
	大于	至				
		5	6.3		5	
	6.3	8		6		3
4	8	10	3.6	7	20	
	10	12.5		8		
	12.5	14		10		4

续表

d_2 f7	d_1 e8		a 0 -0.1	l_1	l_2	l_3
	大于	至				
5	6.3	8	4.6	6	23	3
	8	10		7		
	10	12.5		8		
	12.5	16		10		4
	16	18		12		
6	8	10	5.5	7	28	4
	10	12.5		8		
	12.5	16		10		
	16	20		12		5
	20	22.4		15		
8	10	12.5	7.5	8	32	4
	12.5	16		10		
	16	20		12		
	20	25		15		5
	25	28		18		
10	12.5	16	9.1	10	40	5
	16	20		12		
	20	25		15		
	25	31.5		18		6
	31.5	35.5		22		
12	16	20	11.3	12	50	5
	20	25		15		
	25	31.5		18		6
	31.5	40		22		
	40	45		27		
16	20	25	15.2	15	60	6
	25	31.5		18		
	31.5	40		22		
	40	50		27		
	50	56		30		

15. 旋转和旋转冲击式硬质合金建工钻（GB/T 6335.1—2010）

旋转和旋转冲击式硬质合金建工钻适用在砖、砌块及轻质墙等上钻孔。其钻头硬质合金刀片按 JB/T 8369 的规定制造，冲击钻导体和刀柄的材料用 45 号钢或同等以上性能的其他牌号的碳素结构钢制造，柄部热处理硬度不低于 HRC35。冲击钻头（图 8-45）的柄部形状有四种：A 型为直柄、B 型为缩柄、C 型为粗柄、D 型为三角柄。尺寸规格见表 8-54。

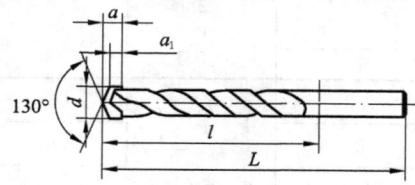

图 8-45　旋转和旋转冲击式硬质合金建工钻钻头

注：1. 冲击钻直径 d 为在转角处去掉油漆或保护层后的硬质合金刀片的尺寸。

2. l 为悬伸于冲击钻机夹头外的长度。

旋转和旋转冲击式硬质合金建工钻钻头规格尺寸（mm）　　　　**表 8-54**

d 基本尺寸	d 极限偏差	a min	a_1 min	短系列 总长 L	短系列 工作长度 ≈l	长系列 总长 L	长系列 工作长度 ≈l	加长系列（穿墙钻）总长 L	加长系列（穿墙钻）工作长度 ≈l	加长系列（穿墙钻）总长 L	加长系列（穿墙钻）工作长度 ≈l	夹持部分尺寸
4.0				75	39							10
4.5	+0.40 +0.15	0.8d	0.57d	85	39	150	85	—	—	—	—	10 或 13
5.0												
5.5												
6.0												
6.5				100	54							
7.0												
8.0	+0.45 +0.20			120	80	200	135	—	—	—	—	
9.0												
10.0												
11.0		0.7d	0.47d									10、13 或 16
12.0				220	150	400	350	600	550			
13.0						—	—	—	—			
14.0	+0.5 +0.2			150	90							
15.0												
16.0		0.6d	0.37d					400	350	600	550	
18.0				—	—							
20.0												
22.0	+0.55 +0.20			160	100							13 或 16
24.0		0.55d	0.32d					—	—	—	—	
25.0										600	550	

注　1. a 或 a_1 为参考尺寸。

　　2. 夹持部分尺寸可按需要的柄部直径制造。

16. 木工钻和电工钻（QB/T 1736—1993）

木工钻是木工在木材加工中用于钻孔的工具，木工钻（图 8-46）按柄的长度来分有长柄与短柄之分两种，长柄木工钻要安装木棒当执手，用于手工操作，短柄木工钻柄尾是1：6 的方锥体，可以安装在弓摇钻或其他机械上进行操作。木工钻按头部的型式来分有双刀木工钻和单刀木工钻两种结构型式，如图 8-47。

电工操作时在木材上钻孔用的工具称电工钻（图 8-48），分为铁柄电工钻和木柄电工钻两种。

短柄木工钻、长柄木工钻及电工钻规格分别见表 8-55、表 8-56 和表 8-57。

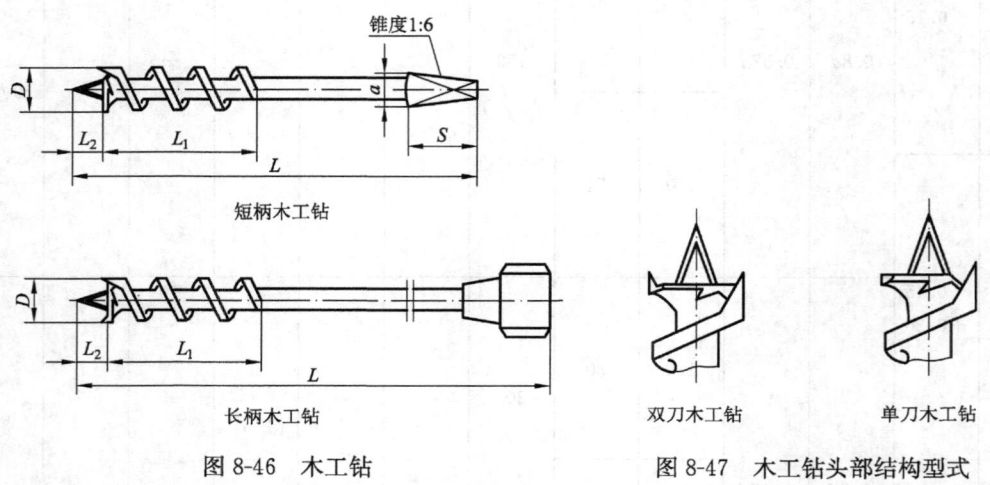

图 8-46　木工钻　　　　　　　图 8-47　木工钻头部结构型式

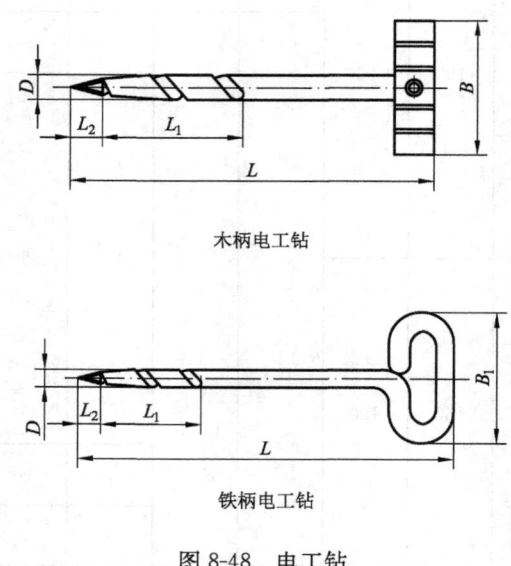

图 8-48　电工钻

短柄木工钻规格（mm）　　　　　　　　　　　　表 8-55

项目／规格	D 基本尺寸	D 偏差	L 基本尺寸	L 偏差	L₁ 基本尺寸	L₁ 偏差	L₂ 基本尺寸	L₂ 偏差	S 基本尺寸	S 偏差	a 基本尺寸	a 偏差
5	5	+0.40 0	150	±5	65	±6	4.5	±1.0		±1.6		
6	6		170		75		5		19		5.5	±0.60
6.5	6.5											
8	8						6		21		6.5	
9.5	9.5		200		95		6.5		24		7.5	
10	10											
11	11						7		26		8	
12	12						7.5				9	
13	13						8					
14	14	+0.50 0	230	±0.6	110	±7	9		28		9.5	±0.75
(14.5)	14.5											
16	16						10		30			
19	19						13		31		10	
20	20											
22	22		250		120	±8	14	±1.4	33			
(22.5)	22.5										10.5	±0.90
24	24								35			
25	25											
(25.5)	25.5						15				11	
28	28											
(28.5)	28.5											
30	30	+0.60 0	280		130	±9	16		36			
32	32								37		11.5	
38	38						18					

长柄木工钻规格（mm）　　　　　　　　　　　表 8-56

项目 / 规格	D 基本尺寸	D 偏差	L 基本尺寸	L 偏差	L_1 基本尺寸	L_1 偏差	L_2 基本尺寸	L_2 偏差
5	5	+0.4 / 0	250	±8	120	±7	4.5	
6	6						5	
6.5	6.5		380		170			
8	8						6	
9.5	9.5						6.5	
10	10							
11	11		420		200		7	
12	12						7.5	
13	13						8	
14	14	+0.5 / 0	500	±9	250	±8	9	±1
(14.5)	14.5							
16	16						10	
19	19						13	
20	20							
22	22		560	±10	300	±9	14	
(22.5)	22.5							
24	24							
25	25						15	
(25.5)	25.5							
28	28	+0.6 / 0						
(28.5)	28.5						16	
30	30		610		320	±10		
32	32							
38	38						18	

电工钻规格（mm）　　　　　　　　　　　表 8-57

项目 / 规格	D 基本尺寸	D 偏差	L 基本尺寸	L 偏差	L_1 基本尺寸	L_1 偏差	L_2 基本尺寸	L_2 偏差	B 基本尺寸	B 偏差	B_1 基本尺寸	B_1 偏差
4	4	+0.3 / 0	120	±5	50	±4	10	±1	70	±3	70	±3
5	5				55							
6	6		130		60		11		80		80	
8	8						12		90		85	
10	10		150		70		13					
12	12						14		95		90	
(14)	14		170		75		15					

注：1. 表中括号内的规格和尺寸尽可能不采用。

　　2. 特殊规格由供需双方协商规定。

17. 手用和机用圆板牙（GB/T 970.1—2008）

手用和机用圆板牙（图 8-49）用于切削普通螺纹（6g 公差带），分为粗牙、细牙两种。根据需要也可生产 6e、6f、6h 公差带的圆板牙。尺寸规格见表 8-58、表 8-59。

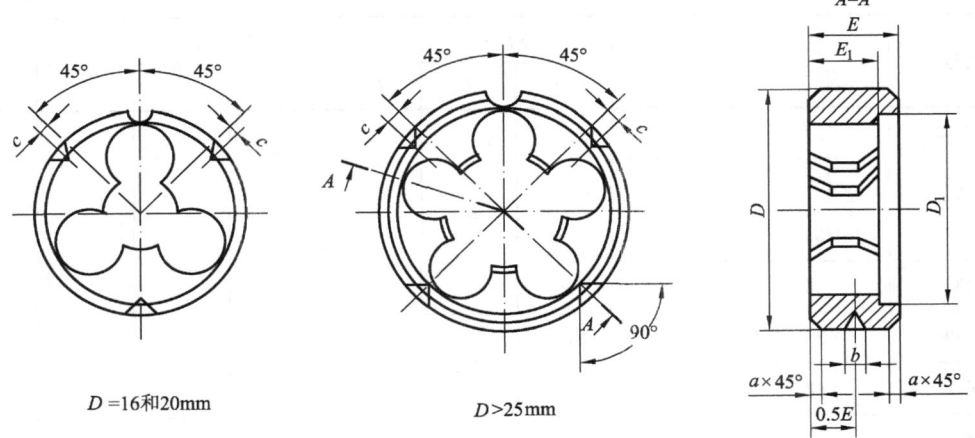

D=16和20mm   D>25mm

图 8-49　圆板牙

粗牙普通螺纹用圆板牙（mm）　　　　　　　　　　　　　　　　　表 8-58

代号	公称直径 d	螺距 P	基本尺寸		参 考 尺 寸				
			D	E	D_1	E_1	c	b	a
M1	1	0.25	16	5	11	2	0.5	3	0.2
M1.1	1.1								
M1.2	1.2								
M1.4	1.4	0.3				2.5			
M1.6	1.6	0.35							
M1.8	1.8								
M2	2	0.4							
M2.2	2.2	0.45				3			
M2.5	2.5								
M3	3	0.5	20					4	
M3.5	3.5	0.6							
M4	4	0.7							
M4.5	4.5	0.75		7			0.6		
M5	5	0.8							
M6	6	1							0.5
M7	7								
M8	8	1.25	25	9			0.8	5	
M9	9	1.25							
M10	10	1.5	30	11			1.0		
M11	11	1.5							
M12	12	1.75	38	14				6	1
M14	14	2							
M16	16						1.2		
M18	18		45	18①					
M20	20	2.5							
M22	22		55	22			1.5	8	2
M24	24	3							

代号	公称直径 d	螺距 P	基本尺寸		参 考 尺 寸					
			D	E	D_1	E_1	c	b	a
M27	27	3							
M30	30	3.5	65	25			1.8		
M33	33								
M36	36	4						8	
M39	39		75	30					
M42	42	4.5			—	—			2
M45	45								
M48	48	5	90				2		
M52	52								
M56	56	5.5	105	36					
M60	60						2.5	10	
M64	64	6	120						
M68	68								

①根据用户需要，M16 圆板牙的厚度 E 尺寸可按 14mm 制造。

细牙普通螺纹用圆板牙（mm）　　　　　　　　　　表 8-59

代　号	公称直径 d	螺距 P	基本尺寸		参 考 尺 寸					
			D	E	D_1	E_1	c	b	a
M1×0.2	1	0.2	16	5	11	2	0.5	3	0.2
M1.1×0.2	1.1								
M1.2×0.2	1.2								
M1.4×0.2	1.4								
M1.6×0.2	1.6								
M1.8×0.2	1.8								
M2×0.25	2	0.25							
M2.2×0.25	2.2								
M2.5×0.35	2.5	0.35	20		15	2.5		4	
M3×0.35	3					3			
M3.5×0.35	3.5								

代　号	公称直径 d	螺距 P	基本尺寸		参　考　尺　寸				
			D	E	D_1	E_1	c	b	a
M4×0.5	4								
M4.5×0.5	4.5	0.5	20	5			0.5	4	0.2
M5×0.5	5								
M5.5×0.5	5.5								
M6×0.75	6			7	—	—	0.6		
M7×0.75	7	0.75							0.5
M8×0.75	8		25	9			0.8		
M8×1		1							
M9×0.75	9	0.75						5	
M9×1		1							
M10×0.75	10	0.75			24	8			
M10×1		1	30	11	—	—	1		
M10×1.25		1.25							
M11×0.75	11	0.75			24	8			
M11×1		1							
M12×1	12								
M12×1.25		1.25			—	—			1
M12×1.5		1.5							
M14×1	14	1	38	10				6	
M14×1.25		1.25					1.2		
M14×1.5		1.5							
M15×1.5	15								
M16×1	16	1			36	10			
M16×1.5		1.5	45	14	—	—			
M17×1.5	17								

续表

代号	公称直径 d	螺距 P	基本尺寸		参 考 尺 寸				
			D	E	D_1	E_1	c	b	a
M18×1	18	1	45	14	36	10	1.2	6	1
M18×1.5		1.5			—	—			
M18×2		2							
M20×1	20	1			36	10			
M20×1.5		1.5			—	—			
M20×2		2							
M22×1	22	1	55	16	45	12	1.5		
M22×1.5		1.5			—	—			
M22×2		2							
M24×1	24	1			45	12			
M24×1.5		1.5							
M24×2		2			—	—			
M25×1.5	25	1.5							
M25×2		2							
M27×1	27	1	65	18	54	12	1.8	8	
M27×1.5		1.5			—	—			
M27×2		2							
M28×1	28	1			54	12			
M28×1.5		1.5			—	—			
M28×2		2							
M30×1	30	1			54	12			
M30×1.5		1.5							
M30×2		2							
M30×3		3		25	—	—			
M32×1.5	32	1.5		18					2
M32×2		2							

续表

代　号	公称直径 d	螺距 P	基本尺寸		参　考　尺　寸				
			D	E	D_1	E_1	c	b	a
M33×1.5		1.5		18					
M33×2	33	2							
M33×3		3		25					
M35×1.5	35	1.5	65		—	—			
M36×1.5				18					
M36×2	36	2							
M36×3		3		25					
M39×1.5		1.5		20	63	16			
M39×2	39	2			—	—	1.8		
M39×3		3		30					
M40×1.5		1.5		20	63	16			
M40×2	40	2	75					8	2
M40×3		3		30					
M42×1.5		1.5		20	63	16			
M42×2	42	2							
M42×3		3		30	—	—			
M42×4		4							
M45×1.5		1.5		22	75	18			
M45×2	45	2							
M45×3		3		36	—	—	2		
M45×4		4	90						
M48×1.5		1.5		22	75	18			
M48×2	48	2							
M48×3		3		36	—	—			
M48×4		4							

续表

代　号	公称直径 d	螺距 P	基本尺寸		参　考　尺　寸				
			D	E	D_1	E_1	c	b	a
M50×1.5	50	1.5	90	22	75	18	2	8	2
M50×2		2			—	—			
M50×3		3		36					
M52×1.5	52	1.5		22	75	18			
M52×2		2			—	—			
M52×3		3		36					
M52×4		4							
M55×1.5	55	1.5	105	22	90	18	2.5	10	
M55×2		2			—	—			
M55×3		3		36					
M55×4		4							
M56×1.5	56	1.5		22	90	18			
M56×2		2			—	—			
M56×3		3		36					
M56×4		4							

注：制造厂根据使用需要，表中部分规格圆板牙的厚度 E 可按 GB/T 970.1—2008 附录 A（补充件）生产。

18. 手用和机用丝锥（GB/T 3464.1—2007、GB/T 3464.2—2003、GB/T 3464.3 —2007）

手用和机用丝锥是加工普通螺纹（GB/T 192～193，GB/T 196～197）用切削工具。机用丝锥通常是指高速钢磨牙丝锥，手工丝锥是指碳素工具钢或合金工具钢滚牙（或切牙）丝锥，生产中机用丝锥可用于手工攻丝，而手工丝锥也有用于机攻，名称上的差别主要是沿用国内的习惯。

（1）通用柄机用和手用丝锥（GB/T 3464.1—2007）。

通用柄机用和手用丝锥包括：粗柄机用和手用丝锥（结构型式见图 8-50，尺寸规格见表 8-60、表 8-61）、粗柄带颈机用和手用丝锥（结构型式见图 8-51，尺寸规格见表 8-62、表 8-63）、细柄机用和手用丝锥（结构型式见图 8-52，尺寸规格见表 8-64、表 8-65）。

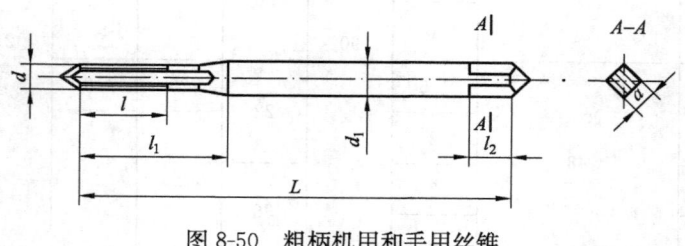

图 8-50　粗柄机用和手用丝锥

粗柄粗牙普通螺纹机用和手用丝锥（mm）　　表 8-60

代号	公称直径 d	螺距 P	d_1	l	L	l_1	方头	
							a	l_2
M1	1							
M1.1	1.1	0.25		5.5	38.5	10		
M1.2	1.2							
M1.4	1.4	0.3	2.5	7	40	12	2	4
M1.6	1.6	0.35		8	41	13		
M1.8	1.8							
M2	2	0.4				13.5		
M2.2	2.2	0.45	2.8	9.5	44.5	15.5	2.24	5
M2.5	2.5							

粗柄细牙普通螺纹机用和手用丝锥（mm）　　表 8-61

代号	公称直径 d	螺距 P	d_1	l	L	l_1	方头	
							a	l_2
M1×0.2	1							
M1.1×0.2	1.1			5.5	38.5	10		
M1.2×0.2	1.2	0.2	2.5					
M1.4×0.2	1.4			7	40	12	2	4
M1.6×0.2	1.6			8	41	13		
M1.8×0.2	1.8							
M2×0.25	2	0.25				13.5		
M2.2×0.25	2.2		2.8	9.5	44.5	15.5	2.24	5
M2.5×0.35	2.5	0.35						

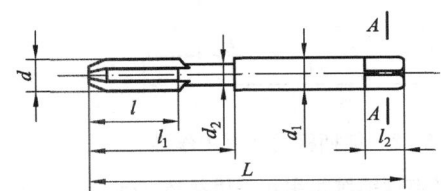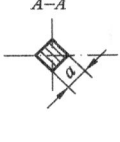

图 8-51　粗柄带颈机用和手用丝锥

粗柄带颈粗牙普通螺纹机用和手用丝锥（mm）　　表 8-62

代号	公称直径 d	螺距 P	d_1	l	L	d_2 min	l_1	方头	
								a	l_2
M3	3	0.5	3.15	11	48	2.12	18	2.5	5
M3.5	3.5	(0.6)	3.55		50	2.5	20	2.8	
M4	4	0.7	4	13	53	2.8	21	3.15	6
M4.5	4.5	(0.75)	4.5			3.15		3.55	
M5	5	0.8	5	16	58	3.55	25	4	7
M6	6	1	6.3	19	66	4.5	30	5	8
M7	7		7.1			5.3		5.6	
M8	8	1.25	8	22	72	6	35	6.3	9
M9	9		9			7.1	36	7.1	10
M10	10	1.5	10	24	80	7.5	39	8	11

注：1. 括号内的尺寸尽可能不用。

2. 允许无空刀槽，无空刀槽时螺纹部分长度尺寸应为 $l+(l_1-l)/2$。

粗柄带颈细牙普通螺纹机用和手用丝锥（mm）　　　　表 8-63

代 号	公称直径 d	螺距 P	d_1	l	L	d_2 min	l_1	方 头	
								a	l_2
M3×0.35	3	0.35	3.15	11	48	2.12	18	2.5	5
M3.5×0.35	3.5		3.55		50	2.5	20	2.8	
M4×0.5	4	0.5	4	13	53	2.8	21	3.15	6
M4.5×0.5	4.5		4.5			3.15		3.55	
M5×0.5	5		5	16	58	3.55	25	4	7
M5.5×0.5	5.5		5.6	17	62	4	26	4.5	
M6×0.5	6		6.3			4.5	30	5	8
M6×0.75		0.75							
M7×0.75	7	0.75	7.1	19	66	5.3		5.6	
M8×0.5	8	0.5	8			6	32	6.3	9
M8×0.75		0.75							
M8×1		1		22	72		35		
M9×0.75	9	0.75	9	19	66	7.1	33	7.1	10
M9×1		1		22	72		36		
M10×0.75	10	0.75	10	20	73	7.5	35	8	11
M10×1		1		24	80		39		
M10×1.25		1.25							

注：允许无空刀槽，无空刀槽时螺纹部分长度尺寸应为 $l+(l_1-l)/2$。

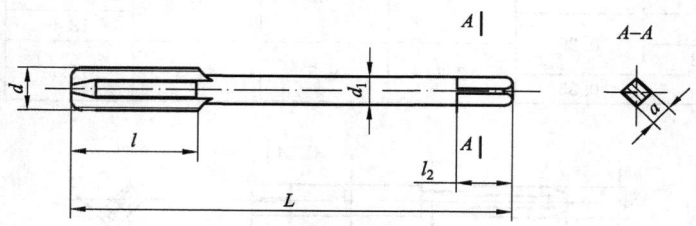

图 8-52　细柄机用和手用丝锥

细柄粗牙普通螺纹机用和手用丝锥（mm）　　　　表 8-64

代 号	公称直径 d	螺距 P	d_1	l	L	方 头	
						a	l_2
M3	3	0.5	2.24	11	48	1.8	4
M3.5	3.5	(0.6)	2.5		50	2	
M4	4	0.7	3.15	13	53	2.5	5
M4.5	4.5	(0.75)	3.55			2.8	
M5	5	0.8	4	16	58	3.15	6
M6	6	1	4.5	19	66	3.55	
M7	(7)		5.6			4.5	7
M8	8	1.25	6.3	22	72	5	8
M9	(9)		7.1			5.6	
M10	10	1.5	8	24	80	6.3	9
M11	(11)			25	85		
M12	12	1.75	9	29	89	7.1	10
M14	14	2	11.2	30	95	9	12
M16	16		12.5	32	102	10	13
M18	18	2.5	14	37	112	11.2	14
M20	20						
M22	22		16	38	118	12.5	16

续表

代　号	公称直径 d	螺距 P	d_1	l	L	方　头 a	方　头 l_2
M24	24	3	18	45	130	14	18
M27	27	3	20	45	135	16	20
M30	30	3.5	20	48	138	16	20
M33	33	3.5	22.4	51	151	18	22
M36	36	4	25	57	162	20	24
M39	39	4	28	60	170	22.4	26
M42	42	4.5	28	60	170	22.4	26
M45	45	4.5	31.5	67	187	25	28
M48	48	5	31.5	67	187	25	28
M52	52	5	35.5	70	200	28	31
M56	56	5.5	35.5	70	200	28	31
M60	60	5.5	40	76	221	31.5	34
M64	64	6	40	79	224	31.5	34
M68	68	6	45	79	234	35.5	38

注：括号内的尺寸尽可能不用。

细柄细牙普通螺纹机用和手用丝锥（mm）　　　表 8-65

代　号	公称直径 d	螺距 P	d_1	l	L	方　头 a	方　头 l_2
M3×0.35	3	0.35	2.24	11	48	1.8	4
M3.5×0.35	3.5	0.35	2.5	11	50	2	4
M4×0.5	4	0.5	3.15	13	53	2.5	5
M4.5×0.5	4.5	0.5	3.55	13	53	2.8	5
M5×0.5	5	0.5	4	16	58	3.15	6
M5.5×0.5	(5.5)	0.5	4	17	62	3.15	6
M6×0.75	6	0.75	4.5	19	66	3.55	6
M7×0.75	(7)	0.75	5.6	19	66	4.5	7
M8×0.75	8	0.75	6.3	19	66	5	8
M8×1	8	1	6.3	22	72	5	8
M9×0.75	(9)	0.75	7.1	19	66	5.6	8
M9×1	(9)	1	7.1	22	72	5.6	8
M10×0.75	10	0.75	8	20	73	6.3	9
M10×1	10	1	8	24	80	6.3	9
M10×1.25	10	1.25	8	24	80	6.3	9
M11×0.75	(11)	0.75	8	24	80	6.3	9
M11×1	(11)	1	8	22	80	6.3	9
M12×1	12	1	9	22	80	7.1	10
M12×1.25	12	1.25	9	29	89	7.1	10
M12×1.5	12	1.5	9	29	89	7.1	10
M14×1	14	1	11.2	22	87	9	12
M14×1.25①	14	1.25	11.2	30	95	9	12
M14×1.5	14	1.5	11.2	30	95	9	12
M15×1.5	(15)	1.5	11.2	30	95	9	12
M16×1	16	1	12.5	22	92	10	13
M16×1.5	16	1.5	12.5	32	102	10	13
M17×1.5	(17)	1.5	12.5	32	102	10	13

续表

代　号	公称直径 d	螺距 P	d_1	l	L	方　头	
						a	l_2
M18×1		1		22	97		
M18×1.5	18	1.5		37	112		
M18×2		2	14			11.2	14
M20×1		1		22	102		
M20×1.5	20	1.5		37	112		
M20×2		2					
M22×1		1		24	109		
M22×1.5	22	1.5	16	38	118	12.5	16
M22×2		2					
M24×1		1		24	114		
M24×1.5	24	1.5					
M24×2		2		45	130	14	18
M25×1.5	25	1.5	18				
M25×2		2					
M26×1.5	26	1.5		35	120		
M27×1		1		25			
M27×1.5	27	1.5		37	127		
M27×2		2					
M28×1		1		25	120		
M28×1.5	(28)	1.5	20	37	127	16	20
M28×2		2					
M30×1		1		25	120		
M30×1.5	30	1.5		37	127		
M30×2		2					
M30×3		3		48	138		
M32×1.5	(32)	1.5					
M32×2		2		37	137		
M33×1.5		1.5	22.4			18	22
M33×2	33	2					
M33×3		3		51	151		
M35×1.5[②]	(35)						
M36×1.5		1.5	25	39	144		
M36×2	36	2				20	24
M36×3		3		57	162		
M38×1.5	38						
M39×1.5		1.5	28	39	149	22.4	26
M39×2	39	2					
M39×3		3		60	170		

续表

代　号	公称直径 d	螺距 P	d_1	l	L	方　头	
						a	l_2
M40×1.5	(40)	1.5	28	39	149	22.4	26
M40×2		2					
M40×3		3		60	170		
M42×1.5	42	1.5		39	149		
M42×2		2					
M42×3		3		60	170		
M42×4		(4)					
M45×1.5	45	1.5	31.5	45	165	25	28
M45×2		2					
M45×3		3		67	187		
M45×4		(4)					
M48×1.5	48	1.5		45	165		
M48×2		2					
M48×3		3		67	187		
M48×4		(4)					
M50×1.5	(50)	1.5		45	165		
M50×2		2					
M50×3		3		67	187		
M52×1.5	52	1.5	35.5	45	175	28	31
M52×2		2					
M52×3		3		70	200		
M52×4		4					
M55×1.5	(55)	1.5		45	175		
M55×2		2					
M55×3		3		70	200		
M55×4		4					
M56×1.5	56	1.5		45	175		
M56×2		2					
M56×3		3		70	200		
M56×4		4					
M58×1.5	58	1.5	40	76	193	31.5	34
M58×2		2					
M58×3		(3)			209		
M58×4		(4)					
M60×1.5	60	1.5			193		
M60×2		2					
M60×3		3			209		
M60×4		4					

续表

代　　号	公称直径 d	螺距 P	d_1	l	L	方　头	
						a	l_2
M62×1.5	62	1.5	40	76	193	31.5	34
M62×2		2					
M62×3		(3)			209		
M62×4		(4)					
M64×1.5	64	1.5			193		
M64×2		2					
M64×3		3			209		
M64×4		4					
M65×1.5	65	1.5			193		
M65×2		2					
M65×3		(3)			209		
M65×4		(4)					
M68×1.5	68	1.5	45	79	203	35.5	38
M68×2		2					
M68×3		3			219		
M68×4		4					
M70×1.5	70	1.5			203		
M70×2		2					
M70×3		(3)			219		
M70×4		(4)					
M70×6		(6)			234		
M72×1.5	72	1.5			203		
M72×2		2					
M72×3		3			219		
M72×4		4					
M72×6		6			234		
M75×1.5	75	1.5			203		
M75×2		2					
M75×3		(3)			219		
M75×4		(4)					
M75×6		(6)			234		
M76×1.5	76	1.5	50	83	226	40	42
M76×2		2					
M76×3		3			242		
M76×4		4					
M76×6		6			258		
M78×2	78	2			226		

代　号	公称直径 d	螺距 P	d_1	l	L	方头	
						a	l_1
M80×1.5	80	1.5	50	83	226	40	42
M80×2		2					
M80×3		3			242		
M80×4		4					
M80×6		6			258		
M82×2	82	2		86	226		
M85×2	85	2					
M85×3		3			242		
M85×4		4					
M85×6		6			261		
M90×2	90	2			226		
M90×3		3			242		
M90×4		4					
M90×6		6			261		
M95×2	95	2	56	89	244	45	46
M95×3		3			260		
M95×4		4					
M95×6		6			279		
M100×2	100	2			244		
M100×3		3			260		
M100×4		4					
M100×6		6			279		

注：括号内的尺寸尽可能不用。

① 仅用于火花塞。

② 仅用于滚动轴承锁紧螺母。

（2）细长柄机用丝锥（GB/T 3464.2—2003）。

结构型式见图 8-53，尺寸规格见表 8-66。

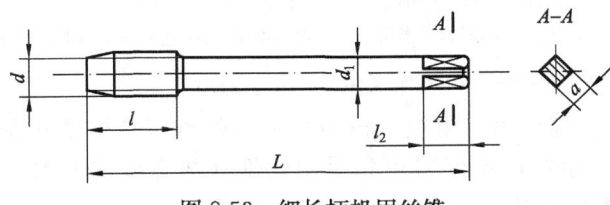

图 8-53　细长柄机用丝锥

细长柄机用丝锥规格（mm）　　　　　　　　　　　　　　表 8-66

| 代号 | | 公称直径 | 螺距 | | d_1 | l | L | 方头 | |
粗牙	细牙	d	粗牙	细牙	h9①	max	h16	a h11②	l_2 ±0.8
M3	M3×0.35	3	0.5	0.35	2.24	11	66	1.8	4
M3.5	M3.5×0.35	3.5	0.6		2.5		68	2	
M4	M4×0.5	4	0.7	0.5	3.15	13	73	2.5	5
M4.5	M4.5×0.5	4.5	0.75		3.55			2.8	
M5	M5×0.5	5	0.8		4	16	79	3.15	6
—	M5.5×0.5	5.5	—			17	84	3.55	
M6	M6×0.75	6	1	0.75	4.50	19	89	3.55	7
M7	M7×0.75	7			5.60			4.5	
M8	M8×1	8	1.25	1	6.30	22	97	5.0	8
M9	M9×1	9			7.1			5.6	
M10	M10×1	10	1.5	1	8	24	108	6.3	9
	M10×1.25			1.25					
M11	—	11		—		25	115		
M12	M12×1.25	12	1.75	1.25	9	29	119	7.1	10
	M12×1.5			1.5					
M14	M14×1.25	14	2	1.25	11.2	30	127	9	12
	M14×1.5			1.5					
—	M15×1.5	15	—						
M16	M16×1.5	16	2	1.5	12.5	32	137	10	13
—	M17×1.5	17	—						
M18	M18×1.5	18	2.5	1.5	14	37	149	11.2	14
	M18×2			2					
M20	M20×1.5	20		1.5					
	M20×2			2					
M22	M22×1.5	22		1.5	16	38	158	12.5	16
	M22×2			2					
M24	M24×1.5	24	3	1.5	18	45	172	14	18
	M24×2			2					

①根据 ISO 237[1] 的规定，公差 h9 应用于精密柄；非精密柄的公差为 h11。

②根据 ISO 237[1] 的规定，当方头的形状误差和方头对柄部的位置误差考虑在内时，为 h12。

(3) 短柄机用和手用丝锥（GB/T 3464.3 —2007）。

短柄机用和手用丝锥分为：粗短柄机用和手用丝锥（结构型式见图 8-54，尺寸规格见表 8-67、表 8-68）、粗短柄带颈机用和手用丝锥（结构型式见图 8-55，尺寸规格见表 8-69、表 8-70）、细短柄机用和手用丝锥（结构型式见图 8-56，尺寸规格见表 8-71、表

8-72)。

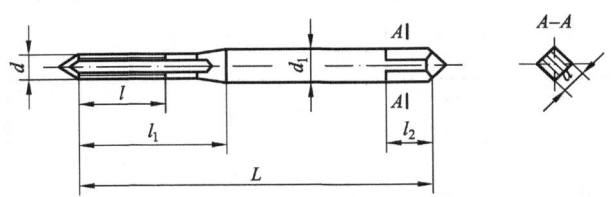

图 8-54　粗短柄机用和手用丝锥

粗短柄粗牙普通螺纹机用和手用丝锥（mm）　　　　**表 8-67**

代　号	公称直径 d	螺距 P	d_1	l	L	l_1	方　头	
							a	l_2
M1	1							
M1.1	1.1	0.25		5.5	28	10		
M1.2	1.2		2.5					
M1.4	1.4	0.3		7		12	2	4
M1.6	1.6	0.35			32	13		
M1.8	1.8			8				
M2	2	0.4				13.5		
M2.2	2.2	0.45	2.8	9.5	36	15.5	2.24	5
M2.5	2.5							

粗短柄细牙普通螺纹机用和手用丝锥（mm）　　　　**表 8-68**

代　号	公称直径 d	螺距 P	d_1	l	L	l_1	方　头	
							a	l_2
M1×0.2	1							
M1.1×0.2	1.1			5.5	28	10		
M1.2×0.2	1.2	0.2						
M1.4×0.2	1.4		2.5	7		12	2	4
M1.6×0.2	1.6				32	13		
M1.8×0.2	1.8			8				
M2×0.25	2	0.25				13.5		
M2.2×0.25	2.2		2.8	9.5	36	15.5	2.24	5
M2.5×0.35	2.5	0.35						

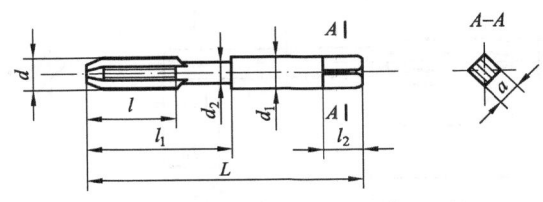

图 8-55　粗短柄带颈机用和手用丝锥

粗短柄带颈粗牙普通螺纹机用和手用丝锥（mm）　　　表 8-69

代　号	公称直径 d	螺距 P	d_1	l	L	d_2 min	l_1	方　头 a	方　头 l_2
M3	3	0.5	3.15	11	40	2.12	18	2.5	5
M3.5	3.5	(0.6)	3.55			2.5	20	2.8	
M4	4	0.7	4	13	45	2.8	21	3.15	6
M4.5	4.5	(0.75)	4.5			3.15		3.55	
M5	5	0.8	5	16	50	3.55	25	4	7
M6	6	1	6.3	19	55	4.5	30	5	8
M7	7		7.1			5.3		5.6	
M8	8	1.25	8	22	65	6	35	6.3	9
M9	9		9			7.1	36	7.1	10
M10	10	1.5	10	24	70	7.5	39	8	11

　　注：1. 括号内的尺寸尽可能不用。

　　　　2. 允许无空刀槽，无空刀槽时螺纹部分长度尺寸应为 $l+(l_1-l)/2$。

粗短柄带颈细牙普通螺纹机用和手用丝锥（mm）　　　表 8-70

代　号	公称直径 d	螺距 P	d_1	l	L	d_2 min	l_1	方　头 a	方　头 l_2
M3×0.35	3	0.35	3.15	11	40	2.12	18	2.5	5
M3.5×0.35	3.5		3.55			2.5	20	2.8	
M4×0.5	4	0.5	4	13	45	2.8	21	3.15	6
M4.5×0.5	4.5		4.5			3.15		3.55	
M5×0.5	5	0.5	5	16		3.55	25	4	7
M5.5×0.5	5.5		5.6	17		4	26	4.5	
M6×0.5	6		6.3		50	4.5	30	5	8
M6×0.75		0.75							
M7×0.75	7	0.75	7.1	19		5.3		5.6	
M8×0.5	8	0.5	8			6	32	6.3	9
M8×0.75		0.75							
M8×1		1		22	60		35		
M9×0.75	9	0.75	9	19		7.1	33	7.1	10
M9×1		1		22			36		
M10×0.75	10	0.75	10	20	65	7.5	35	8	11
M10×1		1		24			39		
M10×1.25		1.25							

　　注：允许无空刀槽，无空刀槽时螺纹部分长度尺寸应为 $l+(l_1-l)/2$。

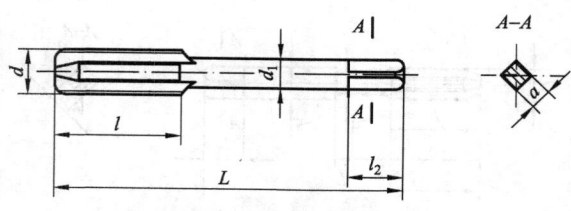

图 8-56　细短柄机用和手用丝锥

细短柄粗牙普通螺纹机用和手用丝锥（mm）

表 8-71

代 号	公称直径 d	螺距 P	d_1	l	L	方 头	
						a	l_2
M3	3	0.5	2.24	11	40	1.8	4
M3.5	3.5	(0.6)	2.5			2	
M4	4	0.7	3.15	13	45	2.5	5
M4.5	4.5	(0.75)	3.55			2.8	
M5	5	0.8	4	16	50	3.15	6
M6	6	1	4.5	19	55	3.55	
M7	(7)		5.6			4.5	7
M8	8	1.25	6.3	22	65	5	8
M9	(9)		7.1			5.6	
M10	10	1.5	8	24	70	6.3	9
M11	(11)			25			
M12	12	1.75	9	29	80	7.1	10
M14	14	2	11.2	30	90	9	12
M16	16		12.5	32		10	13
M18	18	2.5	14	37	100	11.2	14
M20	20						
M22	22		16	38	110	12.5	16
M24	24	3	18	45	120	14	18
M27	27		20			16	20
M30	30	3.5		48	130		
M33	33		22.4	51		18	22
M36	36	4	25	57	145	20	24
M39	39		28	60		22.4	26
M42	42	4.5			160		
M45	45		31.5	67		25	28
M48	48	5			175		
M52	52		35.5	70		28	31

注：括号内的尺寸尽可能不用。

细短柄细牙普通螺纹机用和手用丝锥（mm） 表 8-72

代 号	公称直径 d	螺距 P	d_1	l	L	方 头	
						a	l_2
M3×0.35	3	0.35	2.24	11	40	1.8	4
M3.5×0.35	3.5		2.5			2	
M4×0.5	4	0.5	3.15	13	45	2.5	5
M4.5×0.5	4.5		3.55			2.8	
M5×0.5	5		4	16	50	3.15	6
M5.5×0.5	(5.5)			17			
M6×0.75	6		4.5			3.55	
M7×0.75	(7)	0.75	5.6	19		4.5	7
M8×0.75	8		6.3		60	5	8
M8×1		1		22			
M9×0.75	(9)	0.75	7.1	19		5.6	
M9×1		1		22			
M10×0.75	10	0.75	8	20	65	6.3	9
M10×1		1		24			
M10×1.25		1.25					
M11×0.75	(11)	0.75					
M11×1		1		22			
M12×1	12	1	9			7.1	10
M12×1.25		1.25		29			
M12×1.5		1.5					
M14×1	14	1	11.2	22	70	9	12
M14×1.25①		1.25		30			
M14×1.5		1.5					
M15×1.5	(15)						
M16×1	16	1	12.5	22	80	10	13
M16×1.5		1.5		32			
M17×1.5	(17)						
M18×1	18	1	14	22	90	11.2	14
M18×1.5		1.5		37			
M18×2		2					

代　号	公称直径 d	螺距 P	d_1	l	L	方　头	
						a	l_2
M20×1	20	1	14	22	90	11.2	14
M20×1.5		1.5		37			
M20×2		2					
M22×1	22	1	16	24		12.5	16
M22×1.5		1.5		38			
M22×2		2					
M24×1	24	1	18	24	95	14	18
M24×1.5		1.5					
M24×2		2		45			
M25×1.5	25	1.5					
M25×2		2					
M26×1.5	26	1.5		35			
M27×1	27	1	20	25	105	16	20
M27×1.5		1.5		37			
M27×2		2					
M28×1	(28)	1		25			
M28×1.5		1.5		37			
M28×2		2					
M30×1	30	1		25			
M30×1.5		1.5		37			
M30×2		2					
M30×3		3		48			
M32×1.5	(32)	1.5	22.4	37	115	18	22
M32×2		2					
M33×1.5	33	1.5					
M33×2		2					
M33×3		3		51			
M35×1.5[②]	(35)	1.5	25	39	125	20	24
M36×1.5	36						
M36×2		2					
M36×3		3		57			
M38×1.5	38	1.5	28	39	130	22.4	26
M39×1.5	39						
M39×2		2		60			
M39×3		3					
M40×1.5	(40)	1.5		39			
M40×2		2					
M40×3		3		60			

续表

代 号	公称直径 d	螺距 P	d_1	l	L	方 头	
						a	l_2
M42×1.5	42	1.5	28	39	130	22.4	26
M42×2		2					
M42×3		3		60			
M42×4		(4)					
M45×1.5	45	1.5		45	140		
M45×2		2					
M45×3		3		67			
M45×4		(4)					
M48×1.5	48	1.5	31.5	45		25	28
M48×2		2					
M48×3		3		67			
M48×4		(4)					
M50×1.5	(50)	1.5		45	150		
M50×2		2					
M50×3		3		67			
M52×1.5	52	1.5	35.5	45		28	31
M52×2		2					
M52×3		3		70			
M52×4		4					

注：括号内的尺寸尽可能不用。
①仅用于火花塞。
②仅用于滚动轴承锁紧螺母。

19. 螺旋槽丝锥（GB/T 3506—2008）

螺旋槽丝锥（图 8-57）是用来加工普通螺纹（GB/T 192—193、GB/T 196—197）的

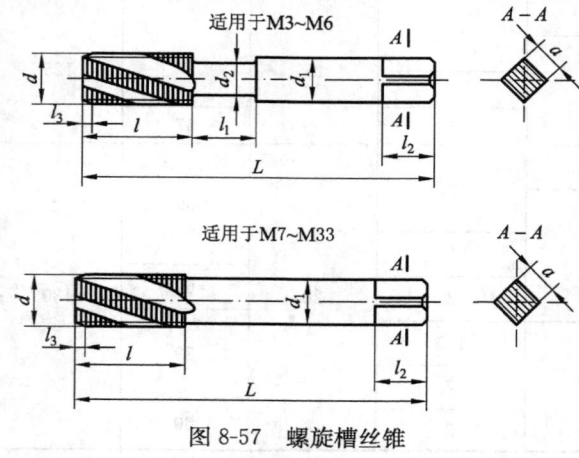

适用于M3~M6

适用于M7~M33

图 8-57　螺旋槽丝锥

机用丝锥。这种丝锥通常用于在韧性金属制件上对盲孔或断续表面孔的攻丝，丝锥螺纹公差有 H_1、H_2、H_3 三种公差带。螺旋槽丝锥分为粗牙普通螺纹螺旋槽丝锥及细牙普通螺纹螺旋槽丝锥。

丝锥螺旋槽的螺旋角分为两种：用于加工碳钢、合金结构钢等制件为 $30°\sim50°$；用于加工不锈钢、轻合金等制件为 $40°\sim45°$。结构尺寸见表 8-73、表 8-74。

粗牙普通螺纹螺旋槽丝锥（mm）　　　　　　　　　　　　表 8-73

代　号	公称直径 d	螺距 P	L	l	l_1	d_2	d_2 min	a	l_2
M3	3.0	0.50	48	11	7	3.15	2.12	2.50	5
M3.5	3.5	0.60	50		9	3.55	2.50	2.80	
M4	4.0	0.70	53	13	8	4.00	2.80	3.15	6
M4.5	4.5	0.75				4.50	3.15	3.55	
M5	5.0	0.80	58	16	9	5.00	3.55	4.00	7
M6	6.0	1.00	66	19	11	6.30	4.50	5.00	8
M7	7			19		5.6		4.5	7
M8	8	1.25	72	22		6.3		5.0	8
M9	9					7.1		5.6	
M10	10	1.50	80	24		8.0		6.3	9
M11	11		85	25					
M12	12	1.75	89	29		9.0		7.1	10
M14	14	2.00	95	30	—	11.2	—	9.0	12
M16	16		102	32		12.5		10.0	13
M18	18	2.50	112	37		14.0		11.2	14
M20	20								
M22	22		118	38		16.0		12.5	16
M24	24	3.00	130	45		18.0		14.0	18
M27	27		135			20.0		16.0	20

注：允许无空刀槽，无空刀槽时螺纹部分长度尺寸应为 $(l+l_1)/2$。

细牙普通螺纹螺旋槽丝锥（mm）　　　　　　　　　　　　表 8-74

代　号	公称直径 d	螺距 P	L	l	l_1	d_1	d_2 min	a	l_2
M3×0.35	3.0	0.35	48	11	7	3.15	2.12	2.50	5
M3.5×0.35	3.5		50	13	7	3.55	2.50	2.80	
M4×0.5	4.0	0.50	53	13	8	4.00	2.80	3.15	6
M4.5×0.5	4.5		53	13		4.5	3.15	3.55	
M5×0.5	5.0	0.50	58	16	9	5.0	3.55	4.00	7
M5.5×0.5	5.5		62	17		5.6	4.00	4.50	

代　号	公称直径 d	螺距 P	L	l	l_1	d_1	d_2 min	a	l_2
M6×0.75	6.0	0.75	66	19	11	6.3	4.50	5.00	8
M7×0.75	7.0					5.6		4.50	7
M8×1	8.0	1.00	72	22		6.3		5.00	8
M9×1	9.0					7.1		5.60	
M10×1	10.0		80	24		8.0		6.30	9
M10×1.25		1.25							
M12×1.25	12.0		89	29		9.0		7.10	10
M12×1.5		1.50							
M14×1.25	14.0	1.25	95	30	—	11.2	—	9.00	12
M14×1.5		1.50							
M15×1.5	15.0								
M16×1.5	16.0	1.50	102	32		12.5		10.00	13
M17×1.5	17.0								
M18×1.5	18.0		112	37		14.0		11.20	14
M18×2		2.00							
M20×1.5	20.0	1.50						12.50	16
M20×2		2.00							
M22×1.5	22.0	1.50	118	38		16.0			
M22×2		2.00							
M24×1.5	24	1.50	130	45		18		14	18
M24×2		2.00							
M25×1.5	25	1.50							
M25×2		2.00							
M27×1.5	27	1.50							
M27×2		2.00							
M28×1.5	28	1.50	127	37	—	20	—	16	20
M28×2		2.00							
M30×1.5	30	1.50							
M30×2		2.00							
M30×3		(3.00)	138	48					
M32×1.5	32	1.50	137	37		22.4		18	22
M32×2		2.00							
M33×1.5	33	1.50							
M33×2		2.00							
M33×3		3.00	151	151					

注：允许无空刀槽，无空刀槽时螺纹部分长度尺寸应为 $(l+l_1)/2$。

20. 挤压丝锥（GB/T 28253—2012）

挤压丝锥（图 8-58）分为粗柄挤压丝锥、粗柄带颈挤压丝锥和细柄挤压丝锥三种型式，尺寸规格分别见表 8-75、表 8-76，表 8-77、表 8-78，表 8-79、表 8-80。

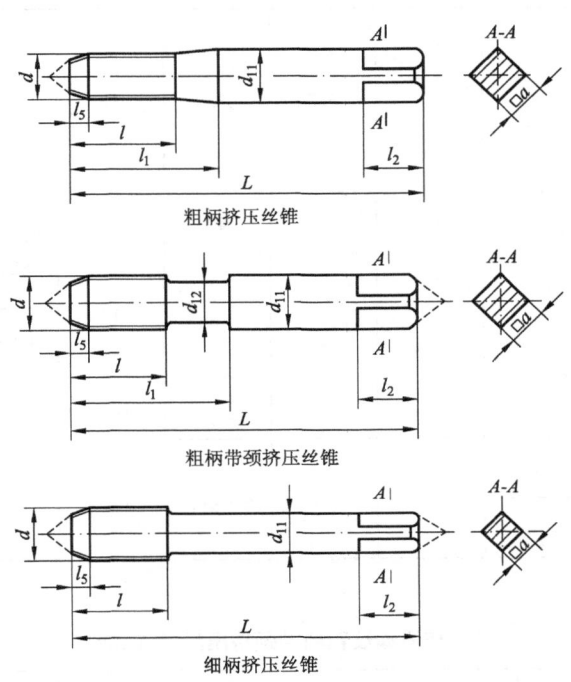

粗柄挤压丝锥

粗柄带颈挤压丝锥

细柄挤压丝锥

图 8-58　挤压丝锥

粗牙普通螺纹粗柄挤压丝锥（mm）　　　　表 8-75

代号	公称直径 d	螺距 P	d_{11}	l	L	l_1	l_5	a	l_2
M1	1								
M1.1	1.1	0.25		5.5	38.5	10			
M1.2	1.2								
M1.4	1.4	0.3	2.5	7	40	12	见 GB/T 28253—2012 中的 3.6	2	4
M1.6	1.6	0.35				13			
M1.8	1.8			8	41				
M2	2	0.4				13.5			
M2.2	2.2	0.45	2.8	9.5	44.5	15.5		2.24	5
M2.5	2.5								

细牙普通螺纹粗柄挤压丝锥（mm）　　　　表 8-76

代号	公称直径 d	螺距 P	d_{11}	l	L	l_1	l_5	a	l_2
M1×0.2	1								
M1.1×0.2	1.1			5.5	38.5	10			
M1.2×0.2	1.2	0.2	2.5					2	4
M1.4×0.2	1.4			7	40	12			
M1.6×0.2	1.6					13	见 GB/T 28253—2012 中的 3.6		
M1.8×0.2	1.8			8	41				
M2×0.25	2	0.25				13.5			
M2.2×0.25	2.2		2.8	9.5	44.5	15.5		2.24	5
M2.5×0.35	2.5	0.35							

粗牙普通螺纹粗柄带颈挤压丝锥（mm）　　　　表 8-77

代号	公称直径 d	螺距 P	d_{11}	l	L	d_{12} min	l_1	l_5	a	l_2
M3	3	0.5	3.15	11	48	2.12	18		2.50	
M3.5	3.5	0.6	3.55		50	2.50	20		2.80	5
M4	4	0.7	4	13		2.8			3.15	
M4.5	4.5	0.75	4.5		53	3.15	21		3.55	6
M5	5	0.8	5	16	58	3.55	25	见 GB/T 28253—2012 中的 3.6	4	7
M6	6		6.3			4.5			5	
M7	7	1	7.1	19	66	5.3	30		5.6	8
M8	8		8			6	35		6.3	9
M9	9	1.25	9	22	72	7.1	36		7.1	10
M10	10	1.50	10	24	80	7.5	39		8	11

注：允许无空刀槽，无空刀槽时螺纹部分长度尺寸应为 $l+(l_1-l)/2$。

细牙普通螺纹粗柄带颈挤压丝锥（mm） 表 8-78

代号	公称直径 d	螺距 P	d_{11}	l	L	d_{12} min	l_1	l_5	a	l_2
M3×0.35	3	0.35	3.15	11	48	2.12	18	见 GB/T 28253—2012 中的 3.6	2.50	5
M3.5×0.35	3.5		3.55		50	2.50	20		2.80	
M4×0.5	4	0.5	4	13	53	2.8	21		3.15	6
M4.5×0.5	4.5		4.5			3.15			3.55	
M5×0.5	5		5	16	58	3.55	25		4	7
M5.5×0.5	5.5		5.6	17	62	4	26		4.5	
M6×0.5	6		6.3			4.5	30		5	8
M6×0.75		0.75		19	66					
M7×0.75	7		7.1			5.3			5.6	
M8×0.5	8	0.50	8			6	32		6.3	9
M8×0.75		0.75								
M8×1		1		22	72		35			
M9×0.75	9	0.75	9	19	66	7.1	33		7.1	10
M9×1		1		22	72		36			
M10×0.75		0.75		20	73		35			
M10×1	10	1	10			7.5			8	11
M10×1.25		1.25		24	80		39			

注：允许无空刀槽，无空刀槽时螺纹部分长度尺寸应为 $l+(l_1-l)2$。

粗牙普通螺纹细柄挤压丝锥（mm） 表 8-79

代号	公称直径 d	螺距 P	d_{11}	l	L	l_5	a	l_2
M3	3	0.5	2.24	11	48	见 GB/T 28253—2012 中的 3.6	1.8	4
M3.5	3.5	0.6	2.5		50		2	
M4	4	0.7	3.15	13	53		2.5	5
M4.5	4.5	0.75	3.55				2.8	
M5	5	0.8	4	16	58		3.15	6
M6	5.5	1	4.5	19	66		3.55	
M7	7		5.6				4.5	7
M8	8	1.25	6.3	22	72		5	8
M9	9		7.1				5.6	
M10	10	1.5	8	24	80		6.3	9
M11	11			25	85			
M12	12	1.75	9	29	89		7.1	10
M14	14	2	11.2	30	95		9	12
M16	16		12.5	32	102		10	13
M18	18	2.5	14	37	112		11.2	14
M20	20							
M22	22		16	38	118		12.5	16
M24	24	3	18	45	130		14	18
M27	27		20		135		16	20

细牙普通螺纹细柄挤压丝锥 (mm) 表 8-80

代号	公称直径 d	螺距 P	d_{11}	l	L	l_5	a	l_2
M3×0.35	3	0.35	2.24	11	48		1.8	4
M3.5×0.35	3.5		2.5		50		2	
M4×0.5	4		3.15	13	53		2.5	5
M4.5×0.5	4.5		3.55				2.8	
M5×0.5	5	0.5	4	16	58		3.15	6
M5.5×0.5	5.5			17	62			
M6×0.5	6		4.5				3.55	
M6×0.75		0.75						
M7×0.75	7		5.6	19	66		4.5	7
M8×0.5	8	0.5	6.3				5	8
M8×0.75		0.75						
M8×1		1		22	72			
M9×0.75	9	0.75	7.1	19	66		5.6	
M9×1		1		22	72			
M10×0.75	10	0.75	8	20	73	见 GB/T 28253—2012 中的 3.6	6.3	9
M10×1		1		24				
M10×1.25		1.25						
M11×0.75	11	0.75			80			
M11×1		1		22				
M12×1	12		9				7.1	10
M12×1.25		1.25		29	89			
M12×1.5		1.5						
M14×1	14	1	11.2	22	87		9	12
M14×1.25		1.25						
M14×1.5		1.5		30	95			
M15×1.5	15	1.5						
M16×1	16	1	12.5	22	92		10	13
M16×1.5		1.5		32	102			
M17×1.5	17	1.5						
M18×1	18	1	14	22	97		11.2	14
M18×1.5		1.5		37	112			
M18×2		2						
M20×1	20	1		22	102			
M20×1.5		1.5		37	112			
M20×2		2						

续表

代号	公称直径 d	螺距 P	d_{11}	l	L	l_5	a	l_2
M22×1		1		24	109			
M22×1.5	22	1.5	16	38	118		12.5	16
M22×2		2						
M24×1		1		24	114			
M24×1.5	24	1.5				见 GB/T 28253—2012 中的 3.6		
M24×2		2	18	45	130		14	18
M25×1.5	25	1.5						
M25×2		2						
M26×1.5	26	1.5		35	120			
M27×1		1		25				
M27×1.5	27	1.5	20	37	127		16	20
M27×2		2						

21. 螺尖丝锥（GB/T 28254—2012）

螺尖丝锥（图 8-59）分为粗柄螺尖丝锥、粗柄带颈螺尖丝锥和细柄螺尖丝锥三种型式，规格尺寸见表 8-81、表 8-82，表 8-83、表 8-84，表 8-85，表 8-86。

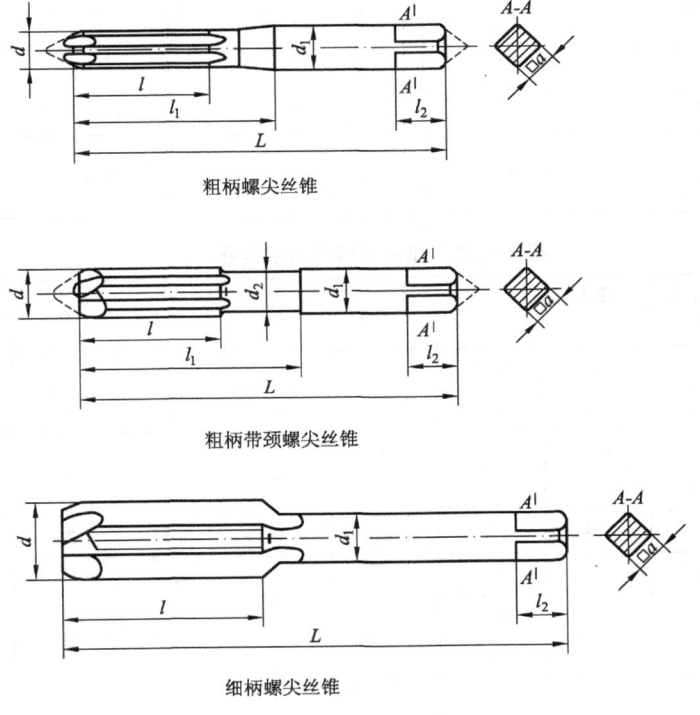

粗柄螺尖丝锥

粗柄带颈螺尖丝锥

细柄螺尖丝锥

图 8-59　螺尖丝锥

粗牙普通螺纹粗柄螺尖丝锥（mm） 　　表 8-81

代号	公称直径 d	螺距 P	d_1	l	L	l_1	方头	
							a	l_2
M1	1	0.25	2.5	5.5	38.5	10	2	4
M1.1	1.1							
M1.2	1.2							
M1.4	1.4	0.3		7	40	12		
M1.6	1.6	0.35	2.5	8	41	13	2	4
M1.8	1.8							
M2	2	0.4				13.5		
M2.2	2.2	0.45	2.8	9.5	44.5	15.5	2.24	5
M2.5	2.5							

细牙普通螺纹粗柄螺尖丝锥（mm） 　　表 8-82

代号	公称直径 d	螺距 P	d_1	l	L	l_1	方头	
							a	l_2
M1×0.2	1	0.2	2.5	5.5	38.5	10	2	4
M1.1×0.2	1.1							
M1.2×0.2	1.2							
M1.4×0.2	1.4			7	40	12		
M1.6×0.2	1.6							
M1.8×0.2	1.8			8	41	13		
M2×0.25	2	0.25				13.5		
M2.2×0.25	2.2		2.8	9.5	44.5	15.5	2.24	5
M2.5×0.35	2.5	0.35						

粗牙普通螺纹粗柄带颈螺尖丝锥（mm） 　　表 8-83

代号	公称直径 d	螺距 P	d_1	l	L	d_2 min	l_1	方头	
								a	l_2
M3	3	0.5	3.15	11	48	2.12	18	2.5	5
M3.5	3.5	0.6	3.55		50	2.5	20	2.8	
M4	4	0.7	4	3	53	2.8	21	3.15	6
M4.5	4.5	0.75	4.5			3.15		3.55	
M5	5	0.8	5	16	58	3.55	25	4	7
M6	6	1	6.3	19	66	4.5	30	5	8
M7	7		7.1			5.3		5.6	
M8	8	1.25	8	22	72	6	35	6.3	9
M9	9		9			7.1	36	7.1	10
M10	10	1.5	10	24	80	7.5	39	8	11

允许无空刀槽，无空刀槽时螺纹部分长度尺寸应为 $l+(l_1-l)/2$。

细牙普通螺纹粗柄带颈螺尖丝锥 （mm）　　　　表 8-84

代号	公称直径 d	螺距 P	d_1	l	L	d_2 min	l_1	方头	
								a	l_2
M3×0.35	3	0.35	3.15	11	48	2.12	18	2.5	5
M3.5×0.35	3.5		3.55		50	2.5	20	2.8	
M4×0.5	4	0.5	4	13	53	2.8	21	3.15	6
M4.5×0.5	4.5		4.5			3.15		3.55	
M5×0.5	5	0.5	5	16	58	3.55	25	4	7
M5.5×0.5	5.5		5.6	17	62	4	26	4.5	
M6×0.5	6		6.3			4.5	30	5	8
M6×0.75		0.75							
M7×0.75	7	0.75	7.1	19	66	5.3		5.6	
M8×0.5	8	0.5	8			6	32	6.3	9
M8×0.75		0.75							
M8×1		1		22	72		35		
M9×0.75	9	0.75	9	19	66	7.1	33	7.1	10
M9×1		1		22	72		36		
M10×0.75	10	0.75	10	20	73	7.5	35	8	11
M10×1		1		24	80		39		
M10×1.25		1.25							

允许无空刀槽，无空刀槽时螺纹部分长度尺寸应为 $l+(l_1-l)/2$。

粗牙普通螺纹细柄螺尖丝锥 （mm）　　　　表 8-85

代号	公称直径 d	螺距 P	d_1	l	L	方头	
						a	l_2
M3	3	0.5	2.24	11	48	1.8	4
M3.5	3.5	0.6	2.5		50	2	
M4	4	0.7	3.15	13	53	2.5	5
M4.5	4.5	0.75	3.55			2.8	
M5	5	0.8		16	58	3.15	6
M6	6	1	4.5	19	66	3.55	
M7	7		5.6			4.5	7
M8	8	1.25	6.3	22	72	5	8
M9	9		7.1			5.6	
M10	10	1.5	8	24	80	6.3	9
M11	11			25	85		
M12	12	1.75	9	29	89	7.1	10
M14	14	2	11.2	30	95	9	12
M16	16		12.5	32	102	10	13

代号	公称直径 d	螺距 P	d_1	l	L	方头 a	l_2
M18	18	2.5	14	37	112	11.2	14
M20	20						
M22	22		16	38	118	12.5	16
M24	24	3	18	45	130	14	18
M27	27		20		135	16	20
M30	30	3.5		48	138		
M33	33		22.4	51	151	18	22
M36	36	4	25	57	162	20	24
M39	39		28	60	170	22.4	26
M42	42	4.5					
M45	45		31.5	67	187	25	28
M48	48	5					
M52	52		35.5	70	200	28	31
M56	56	5.5					
M60	60		40	76	221	31.5	34
M64	64	6		79	224		
M68	68		45		234	35.5	38

细牙普通螺纹细柄螺尖丝锥（mm）　　　　表 8-86

代号	公称直径 d	螺距 P	d_1	l	L	方头 a	l_2
M3×0.35	3	0.35	2.24	11	48	1.8	4
M3.5×0.35	3.5		2.5		50	2	
M4×0.5	4	0.5	3.15	13	53	2.5	5
M4.5×0.5	4.5		3.55			2.8	
M5×0.5	5		4	16	58	3.15	6
M5.5×0.5	5.5			17	62		
M6×0.75	6	0.75	4.5	19	66	3.55	
M7×0.75	7		5.6			4.5	7
M8×0.75	8	0.75	6.3			5	8
M8×1		1		22	72		
M9×0.75	9	0.75	7.1	19	66	5.6	
M9×1		1		22	72		
M10×0.75	10	0.75	8	20	73	6.3	9
M10×1		1		24	80		
M10×1.25		1.25					

续表

代号	公称直径 d	螺距 P	d_1	l	L	方头	
						a	l_2
M11×0.75	11	0.75	8	22	80	6.3	9
M11×1		1					
M12×1	12	1	9			7.1	10
M12×1.25		1.25		29	89		
M12×1.5		1.5					
M14×1	14	1	11.2	22	87	9	12
M14×1.25		1.25		30	95		
M14×1.5		1.5					
M15×1.5	15						
M16×1	16	1	12.5	22	92	10	13
M16×1.5		1.5		32	102		
M17×1.5	17						
M18×1	18	1	14	22	97	11.2	14
M18×1.5		1.5		37	112		
M18×2		2					
M20×1	20	1		22	102		
M20×1.5		1.5		37	112		
M20×2		2					
M22×1	22	1	16	24	109	12.5	16
M22×1.5		1.5		38	118		
M22×2		2					
M24×1	24	1	18	24	114	14	18
M24×1.5		1.5		45	130		
M24×2		2					
M25×1.5	25	1.5					
M25×2		2					
M26×1.5	26	1.5	20	35	120	16	20
M27×1	27	1		25			
M27×1.5		1.5		37	127		
M27×2		2					
M28×1	28	1		25	120		
M28×1.5		1.5		37	127		
M28×2		2					
M30×1	30	1		25	120		
M30×1.5		1.5		37	127		

代号	公称直径 d	螺距 P	d_1	l	L	方头	
						a	l_2
M30×2	30	2	20	37	127	16	20
M30×3		3		48	138		
M32×1.5	32	1.5	22.4	37	137	18	22
M32×2		2					
M33×1.5	33	1.5					
M33×2		2					
M33×3		3		51	151		
M35×1.5	35	1.5	25	39	144	20	24
M36×1.5	36						
M36×2		2					
M36×3		3		57	162		
M38×1.5	38	1.5	28	39	149	22.4	26
M39×1.5	39						
M39×2		2					
M39×3		3		60	170		
M40×1.5	40	1.5	28	39	149	22.4	26
M40×2		2					
M40×3		3		60	170		
M42×1.5	42	1.5	28	39	149	22.4	26
M42×2		2					
M42×3		3		60	170		
M42×4		4					
M45×1.5	45	1.5	31.5	45	165	25	28
M45×2		2					
M45×3		3		67	187		
M45×4		4					
M48×1.5	48	1.5	31.5	45	165	25	28
M48×2		2					
M45×3		3		67	187		
M48×4		4					
M50×1.5	50	1.5		45	165		
M50×2		2					
M50×3		3		67	187		

代号	公称直径 d	螺距 P	d_1	l	L	方头	
						a	l_2
M52×1.5	52	1.5	35.5	45	175	28	31
M52×2		2					
M52×3		3		70	200		
M52×4		4					
M55×1.5	55	1.5		45	175		
M55×2		2					
M55×3		3		70	200		
M55×4		4					
M56×1.5	56	1.5		45	175		
M56×2		2					
M56×3		3		70	200		
M56×4		4					
M58×1.5	58	1.5	40	76	193	31.5	34
M58×2		2					
M58×3		3			209		
M58×4		4					
M60×1.5	60	1.5			193		
M60×2		2					
M60×3		3			209		
M60×4		4					
M62×1.5	62	1.5			193		
M62×2		2					
M62×3		3			209		
M62×4		4					
M64×1.5	64	1.5		79	193		
M64×2		2					
M64×3		3			209		
M64×4		4					
M65×1.5	65	1.5			193		
M65×2		2					
M65×3		3			209		
M65×4		4					
M68×1.5	68	1.5	45		203	35.5	38
M68×2		2					
M68×3		3			219		
M68×4		4					

续表

代号	公称直径 d	螺距 P	d_1	l	L	方头	
						a	l_2
M70×1.5	70	1.5	45	79	203	35.5	38
M70×2		2					
M70×3		3			219		
M70×4		4					
M70×6		6			234		
M72×1.5	72	1.5			203		
M72×2		2					
M72×3		3			219		
M72×4		4					
M72×6		6			234		
M75×1.5	75	1.5			203		
M75×2		2					
M75×3		3			219		
M75×4		4					
M75×6		6			234		
M76×1.5	76	1.5	50	83	226	40	42
M76×2		2					
M76×3		3			242		
M76×4		4					
M76×6		6			258		
M78×2	78	2			226		
M80×1.5	80	1.5			226		
M80×2		2					
M80×3		3			242		
M80×4		4					
M80×6		6			258		
M82×2	82	2		86	226		
M85×2	85	2			226		
M85×3		3			242		
M85×4		4					
M85×6		6			261		
M90×2	90	2			226		
M90×3		3			242		
M90×4		4					
M90×6		6			261		

续表

代号	公称直径 d	螺距 P	d_1	l	L	方头	
						a	l_2
M95×2		2			244		
M95×3		3					
M95×4	95	4	56	89	260	45	46
M95×6		6			279		
M100×2		2			244		
M100×3		3			260		
M100×4	100	4	56	89		45	46
M100×6		6			279		

22. 内容屑丝锥（GB/T 28255—2012）

内容屑丝锥（图 8-60）包括整体式内容屑丝锥和套式内容屑丝锥两种型式，尺寸规格见表 8-87、表 8-88。

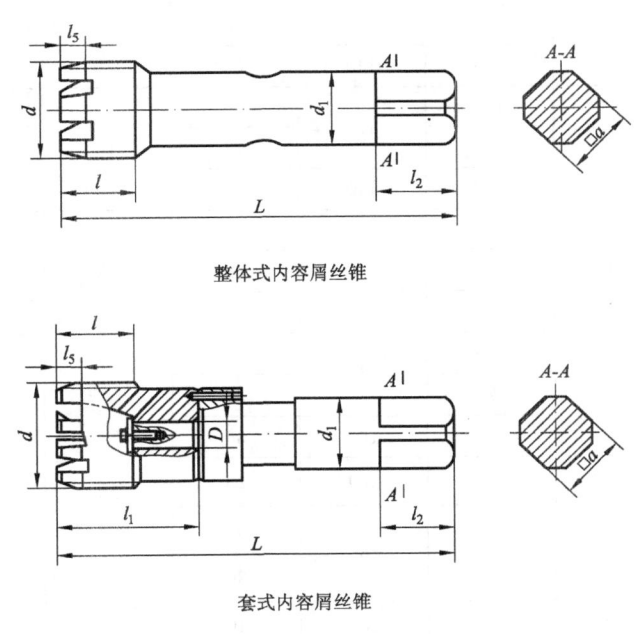

整体式内容屑丝锥

套式内容屑丝锥

图 8-60　内容屑丝锥

整体式内容屑丝锥规格尺寸（mm）   表 8-87

代号	公称直径 d	螺距 P	L	l	d_1	方头	
						a	l_2
M10×1	10	1	100	16	8	6.3	9
M10		1.5		20			
M12×1	12	1	100	18	9	7.1	10
M12×1.5		1.5		22			
M12		1.75	110				
M14×1	14	1	100	18	11.2	9	12
M14×1.5		1.5		22			
M14		2	110	25			
M16×1	16	1	100	18	12.5	10	13
M16×1.5		1.5		22			
M16		2		28			
M18×1.5	18	1.5	110	25	14	11.2	14
M18×2		2		28			
M18		2.5		32			
M20×1.5	20	1.5	125	25			
M20×2		2		28			
M20		2.5	140	32			
M22×1.5	22	1.5	125	25	16	12.5	16
M22×2		2		28			
M22		2.5	140	32			
M24×1.5	24	1.5	125	25	18	14	18
M24×2		2		28			
M24		3	160	32			
M27×1.5	27	1.5	150	25	20	16	20
M27×2		2		32			
M27		3	160	36			
M30×1.5	30	1.5	150	28			
M30×2		2	160	32			
M30×3		3		36			
M30		3.5	180	40			
M33×1.5	33	1.5	160	28	22.4	18	22
M33×2		2	170	32			
M33×3		3		36			
M33		3.5	180	40			

代号	公称直径 d	螺距 P	L	l	d_1	方头	
						a	l_2
M36×1.5	36	1.5	170	28	25	20	24
M36×2		2	180	32			
M36×3		3	190	36			
M36		4	200	45			
M39×1.5	39	1.5	170	28	28.0	22.4	25
M39×2		2	180	32			
M39×3		3	190	36			
M39		4	200	45			
M42×1.5	42	1.5	180	32			
M42×2		2	190	36			
M42×3		3	200	40			
M42		4.5	220	50			
M45×2	45	2	190	36	31.5	25	28
M45×3		3	200	40			
M45		4.5	220	50			
M48×2	48	2	200	36			
M48×3		3	220	40			
M48		5	250	56			
M52×2	52	2	200	36	35.5	28	31
M52×3		3	220	40			
M52		5	250	56			
M56×2	56	2	200	36			
M56×3		3	220	40			
M56×4		4		45			
M56		5.5	250	56			
M60×2	60	2	200	36	40	31.5	34
M60×3		3	220	40			
M60×4		4	230	45			
M60		5.5	250	56			
M64×2	64	2	220	36			
M64×3		3		40			
M64×4		4	250	56			
M64		6	280				
M68×2	68	2	220	36	45	35.5	38
M68×3		3	230	45			
M68×4		4	250	56			
M68		6	280	63			

续表

代号	公称直径 d	螺距 P	L	l	d_1	方头	
						a	l_2
M70×2		2	230	36			
M70×3	70	3	250	45	45	35.5	38
M70×4		4	280	56			
M70×6		6	300	63			
M72×2		2	230	36			
M72×3	72	3	250	45	45	35.5	38
M72×4		4	280	56			
M72×6		6	300	63			
M76×2		2	230	36			
M76×3	76	3	250	45			
M76×4		4	280	56			
M76×6		6	300	63			
M80×2		2	250	36			
M80×3	80	3	250	45	50	40	42
M80×4		4	280	56			
M80×6		6	300	63			
M90×2		2	250	36			
M90×3	90	3	250	45			
M90×4		4	280	56			
M90×6		6	300	63			
M100×2		2	250	36			
M100×3	100	3	250	45	56	45	46
M100×4		4	280	56			
M100×6		6	300	63			

注：整体式内容屑丝锥切削锥齿数 Z 推荐为：M10～M16（Z＝3）；M18～M39（Z＝4）；M42～M80（Z＝6）；M90～M100（Z＝8）。

套式内容屑丝锥规格尺寸（mm）　　表 8-88

代号	公称直径 d	螺距 P	L		l	l_1	D	d_1	方头尺寸	
			I	II					α	l_2
M56×1.5		1.5	225	145	28	50				
M56×2		2			32					
M56×3	56	3	238	158	36	63	9	35.5	28	31
M56×4		4			40					
M56		5.5	255	175	56	80				

代号	公称直径 d	螺距 P	L		l	l_1	D	d_1	方头尺寸	
			I	II					a	l_2
M60×1.5		1.5	225	145	28	50				
M60×2		2			32					
M60×3	60	3	238	158	36	63				
M60×4		4			40					
M60		5.5	255	175	56	80	22	40	31.5	34
M64×1.5		1.5	272	162	28	50				
M64×2		2			32					
M64×3	64	3	285	175	36	63				
M64×4		4	292	182	45	70				
M64		6	302	192	56	80				
M68×1.5		1.5	278	168	32	56				
M68×2		2								
M68×3	68	3	285	175	36	63				
M68×4		4	292	182	45	70				
M68		6	302	192	56	80	22	45	35.5	38
M72×1.5		1.5	278	168	32	56				
M72×2		2								
M72×3	72	3	285	175	36	63				
M72×4		4	292	182	45	70				
M72×6		6	302	192	56	80				
M76×1.5		1.5	296	186	32	56				
M76×2		2	303	193	36	63				
M76×3	76	3								
M76×4		4	320	210	56	80				
M76×6		6	330	220	63	90	27			
M80×1.5		1.5	296	186	32	56				
M80×2		2	303	193	36	63				
M80×3	80	3						50	40	42
M80×4		4	320	210	56	80				
M80×6		6	330	220	63	90				
M85×2		2	342	212	36	70				
M85×3		3	352	222	40	80				
M85×4	85	4			50		32			
M85×6		6	362	232	63	90				

代号	公称直径 d	螺距 P	L I	L II	l	l_1	D	d_1	方头尺寸 α	方头尺寸 l_2
M90×2	90	2	342	212	36	70	32	50	40	42
M90×3	90	3	352	222	40	80	32	50	40	42
M90×4	90	4	352	222	50	80	32	50	40	42
M90×6	90	6	362	232	63	90	32	50	40	42
M95×2	95	2	342	212	36	70	32	50	40	42
M95×3	95	3	352	222	40	80	32	50	40	42
M95×4	95	4	352	222	50	80	32	50	40	42
M95×6	95	6	362	232	63	90	32	50	40	42
M100×2	100	2	379	249	36	70	40	56	45	46
M100×3	100	3	389	259	40	80	40	56	45	46
M100×4	100	4	399	269	56	90	40	56	45	46
M100×6	100	6	409	279	63	100	40	56	45	46
M105×2	105	2	379	249	35	70	40	56	45	46
M105×3	105	3	389	259	40	80	40	56	45	46
M105×4	105	4	399	269	55	90	40	56	45	46
M110×6	105	6	409	279	63	100	40	56	45	46
M110×2	110	2	379	249	36	70	40	56	45	46
M110×3	110	3	389	259	40	80	40	56	45	46
M110×4	110	4	399	269	56	90	40	56	45	46
M110×6	110	6	409	279	63	100	40	56	45	46
M115×2	115	2	379	249	36	70	40	56	45	46
M115×3	115	3	389	259	40	80	40	56	45	46
M115×4	115	4	399	269	56	90	40	56	45	46
M115×6	115	6	409	279	63	100	40	56	45	46
M120×2	120	2	379	249	36	70	40	56	45	46
M120×3	120	3	389	259	40	80	40	56	45	46
M120×4	120	4	399	269	56	90	40	56	45	46
M120×6	120	6	409	279	63	100	40	56	45	46
M125×2	125	2	422	272	36	70	50	56	45	46
M125×3	125	3	432	282	40	80	50	56	45	46
M125×4	125	4	442	292	56	90	50	56	45	46
M125×6	125	6	452	302	63	100	50	56	45	46
M130×2	130	2	422	272	36	70	50	56	45	46
M130×3	130	3	432	282	40	80	50	56	45	46
M130×4	130	4	442	292	56	90	50	56	45	46
M130×6	130	6	452	302	63	100	50	56	45	46

代号	公称直径 d	螺距 P	L		l	l_1	D	d_1	方头尺寸	
			I	II					α	l_2
M140×2	140	2	422	272	36	70				
M140×3		3	432	282	40	80				
M140×4		4	442	292	56	90				
M140×6		6	452	302	63	100				
M150×2	150	2	422	272	36	70	50	56	45	46
M150×3		3	432	282	40	80				
M150×4		4	442	292	56	90				
M150×6		6	452	302	63	100				
M160×3	160	3	432	282	40	80				
M160×4		4	442	292	56	90				
M160×6		6	452	302	63	100				
M170×3	170	3	424	324	40	80				
M170×4		4	434	334	56	90				
M170×6		6	444	344	63	100				
M180×3	180	3	424	324	40	80				
M180×4		4	434	334	56	90				
M180×6		6	444	344	63	100				
M190×3	190	3	424	324	40	80				
M190×4		4	434	334	56	90				
M190×6		6	444	344	63	100				
M200×3	200	3	424	324	40	80				
M200×4		4	434	334	56	90				
M200×6		6	444	344	63	100	60	63	50	51
M210×3	210	3	424	324	40	80				
M210×4		4	434	334	56	90				
M210×6		6	444	344	63	100				
M220×3	220	3	424	324	40	80				
M220×4		4	434	334	56	90				
M220×6		6	444	344	63	100				
M230×3	230	3	424	324	40	80				
M230×4		4	434	334	56	90				
M230×6		6	444	344	63	100				
M240×3	240	3	424	324	40	80				
M240×4		4	434	334	56	90				
M240×6		6	444	344	63	100				

续表

代号	公称直径	螺距	L		l	l₁	D	d₁	方头尺寸	
	d	P	Ⅰ	Ⅱ					a	l_2
M250×3		3	424	324	40	80				
M250×4	250	4	434	334	56	90	60	63	50	51
M250×6		6	444	344	63	100				

注：套式内容屑丝锥切削锥齿数 Z 推荐为：M56～M80（$Z=6$）；M85～M110（$Z=8$）；M115～M140（$Z=10$）；M150～M200（$Z=12$）；M210～M250（$Z=14$）。

23. 梯形螺纹丝锥（GB/T 28256—2012）

梯形螺纹丝锥的型式和规格尺寸见图 8-61 及表 8-89。

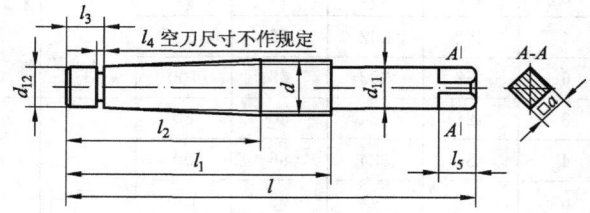

图 8-61　梯形螺纹丝锥

梯形螺纹丝锥规格尺寸（mm） 表 8-89

代号	大径	螺距	Ⅰ型（短型）			Ⅱ型（长型）			l_3	d_{12}	d_{11}	方头	
	d	P	l	l_1	l_2 推荐	l	l_1	l_2 推荐				a	l_5
Tr8×1.5	8.3	1.5	60	24	15	80	30	20	8	6.5	6.3	5.0	8
Tr10×2	10.5	2.0	80	40	28	110	56	40	10	8.0	7.1	5.6	
Tr12×3	12.5	3.0	115	63	45	160	85	65	12	9.0	8.0	6.3	9
Tr14×3	14.5									11.0	10.0	8.0	11
Tr16×4	16.5	4.0	170	100	75	220	125	100	16	12.0	11.2	9.0	12
Tr18×4	18.5									14.0	12.5	10.0	13
Tr20×4	22.5									16.0	14.0	11.2	14
Tr22×5	22.5	5.0	250	155	125	290	170	140	20	17	16.0	12.5	16
Tr24×5	24.5									19.0	18.0	14.0	18
Tr26×5	26.5									21.0	20.0	16.0	20
Tr28×5	28.5									23.0	22.4	18.0	22
Tr30×6	31.0	6.0	300	170	135	350	216	180	24	24.0			
Tr32×6	33.0									26.0	25.0	20.0	24
Tr34×6	35.0									28.0			
Tr36×6	37.0									30.0	28.0	22.4	26

续表

| 代号 | 大径 d | 螺距 P | Ⅰ型（短型） | | | Ⅱ型（长型） | | | l_3 | d_{12} | d_{11} | 方头 | |
			l	l_1	l_2 推荐	l	l_1	l_2 推荐				a	l_5
Tr38×7	39.0									31.0	28.0	22.4	26
Tr40×7	41.0	7.0	360	220	175	420	250	210	28	33.0	31.0	25.0	28
Tr42×7	43.0									35.0			
Tr44×7	45.0									37.0			
Tr46×8	47.0									38.0	35.5	28.0	31
Tr48×8	49.0	8.0	400	240	190	490	290	240	32	40.0			
Tr50×8	51.0									42.0	40.0	31.5	34
Tr52×8	53.0									44.0			

24. 长柄螺母丝锥（GB/T 28257—2012）

长柄螺母丝锥的型式见图 8-62，规格尺寸见图 8-90 及表 8-91。

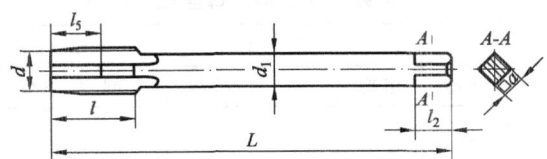

图 8-62　长柄螺母丝锥

粗牙普通螺纹用长柄螺母丝锥（mm）　　　　表 8-90

| 代号 | 公称直径 d | 螺距 P | L | | l | | l_5 | | d_1 | 方头 | |
			Ⅰ型	Ⅱ型	Ⅰ型	Ⅱ型	Ⅰ型	Ⅱ型		a	l_2
M3	3	0.5	80	120	10	15	6	10	2.24	1.8	4
M3.5	3.5	0.6			12	18	7	12	2.5	2	
M4	4	0.7	100	140	14	21	8	14	3.15	2.5	5
M4.5	4.5	0.75		160	15	22	9	15	3.55	2.8	
M5	5	0.8			16	24	10	16	4	3.15	6
M6	6	1	115	180	20	30	12	20	4.5	3.55	
M7	7								5.6	4.5	7
M8	8	1.25	130	200	25	38	15	25	6.3	5	8
M9	9								7.1	5.6	
M10	10	1.5	150	220	30	45	18	28	8	6.3	9
M11	11										

续表

代号	公称直径 d	螺距 P	L I型	L II型	l I型	l II型	l5 I型	l5 II型	d1	方头 a	方头 l2
M12	12	1.75	170	250	35	53	21	35	9	7.1	10
M14	14	2	190	250	40	60	24	40	11.2	9	12
M16	16	2	200	280	40	60	24	40	12.5	10	13
M18	18	2.5	200	280	50	75	30	50	14	11.2	14
M20	20	2.5	220	320	50	75	30	50	14	11.2	14
M22	22	2.5	220	320	50	75	30	50	16	12.5	16
M24	24	3	250	340	60	90	36	60	18	14	18
M27	27	3	250	340	60	90	36	60	20	16	20
M30	30	3.5	280	340	60	90	36	60	20	16	20
M33	33	3.5	280	340	70	105	42	70	22.4	18	22

注：1. I 型为短刃型丝锥，II 型为长刃型丝锥。

2. 表中切削锥长度 l_5 为推荐尺寸。

细牙普通螺母用长柄螺母丝锥（mm）　表 8-91

代号	公称直径 d	螺距 P	L I型	L II型	l I型	l II型	l5 I型	l5 II型	d1	方头 a	方头 l2
M3×0.35	3	0.35	75	115	7	10.5	4	7	2.24	1.8	4
M3.5×0.35	3.5	0.35	75	115	7	10.5	4	7	2.5	2	4
M4×0.5	4	0.5	95	130	10	15	6	10	3.15	2.5	4
M4.5×0.5	4.5	0.5	95	150	10	15	6	10	3.55	2.8	4
M5×0.5	5	0.5	105	170	10	15	6	10	4	3.15	6
M5.5×0.5	5.5	0.5	105	170	10	15	6	10	4	3.15	6
M6×0.75	6	0.75	110	170	15	22	9	15	4.5	3.55	7
M7×0.75	7	0.75	110	170	15	22	9	15	5.6	4.5	7
M8×0.75	8	0.75	120	190	15	22	9	15	6.3	5	8
M8×1	8	1	120	190	20	30	12	20	6.3	5	8
M9×0.75	9	0.75	120	190	15	22	9	15	7.1	5.6	8
M9×1	9	1	120	190	20	30	12	20	7.1	5.6	8
M10×0.75	10	0.75	140	210	15	22	9	15	8	6.3	9
M10×1	10	1	140	210	20	30	12	20	8	6.3	9
M10×1.25	10	1.25	140	210	25	38	15	25	8	6.3	9
M11×0.75	11	1	140	210	15	22	9	15	8	6.3	9
M11×1	11	0.75	140	210	20	30	12	20	8	6.3	9
M12×1	12	1	160	240	20	30	12	20	9	7.1	10
M12×1.25	12	1.25	160	240	25	38	15	25	9	7.1	10
M12×1.5	12	1.5	160	240	30	45	18	30	9	7.1	10

代号	公称直径 d	螺距 P	L		l		l₅		d₁	方头	
			Ⅰ型	Ⅱ型	Ⅰ型	Ⅱ型	Ⅰ型	Ⅱ型		a	l₂
M14×1	14	1	180	240	20	30	12	20	11.2	9	12
M14×1.25		1.25			25	38	15	25			
M14×1.5		1.5			30	45	18	30			
M15×1.5	15										
M16×1	16	1	190	260	20	30	12	20	12.5	10	13
M16×1.5		1.5			30	45	18	30			
M17×1.5	17										
M18×1	18	1			20	30	12	20	14	11.2	14
M18×1.5		1.5			30	45	18	30			
M18×2		2			40	60	24	40			
M20×1	20	1	210	300	20	30	12	20			
M20×1.5		1.5			30	45	18	30			
M20×2		2			40	60	24	40			
M22×1	22	1	210	300	20	30	12	20	16	12.5	16
M22×1.5		1.5			30	45	18	30			
M22×2		2			40	60	24	40			
M24×1	24	1	230	310	20	30	12	20	18	14	18
M24×1.5		1.5			30	45	18	30			
M24×2		2			40	60	24	40			
M25×1.5	25	1.5	230	310	30	45	18	30			
M25×2		2			40	60	24	40			
M26×1.5	26	1.5			30	45	18	30			
M27×1	27	1	230	310	20	30	12	20	20	16	20
M27×1.5		1.5			30	45	18	30			
M27×2		2			40	60	24	40			
M28×1	28	1			20	30	12	20			
M28×1.5		1.5			30	45	18	30			
M28×2		2			40	60	24	40			
M30×1	30	1	270	320	20	30	12	20			
M30×1.5		1.5			30	45	18	30			
M30×2		2			40	60	24	40			
M30×3		3			60	90	36	60			

续表

代号	公称直径 d	螺距 P	L		l		l₅		d₁	方头	
			Ⅰ型	Ⅱ型	Ⅰ型	Ⅱ型	Ⅰ型	Ⅱ型		a	l₂
M32×1.5	32	1.5	270	320	30	45	18	30	22.4	18	22
M32×2		2			40	60	24	40			
M33×1.5		1.5			30	45	18	30			
M33×2	33	2			40	60	24	40			
M33×3		3			60	90	36	60			
M35×1.5	35	1.5			30	45	18	30	25	20	24
M36×1.5											
M36×2	36	2			40	60	24	40			
M36×3		3			60	90	36	60			
M38×1.5	38	1.5			30	45	18	30	28	22.4	26
M39×1.5		1.5			30	45	18	30			
M39×2	39	2			40	60	24	40			
M39×3		3			60	90	36	60			
M40×1.5		1.5			30	45	18	30			
M40×2	40	2			40	60	24	40			
M40×3		3			60	90	36	60			
M42×1.5		1.5	280	340	30	45	18	30			
M42×2	42	2			40	60	24	40			
M42×3		3			60	90	36	60			
M42×4		4			80	120	48	80			
M45×1.5		1.5			30	45	18	30	31.5	25	28
M45×2	45	2			40	60	24	40			
M45×3		3			60	90	36	60			
M45×4		4			80	120	48	80			
M48×1.5		1.5			30	45	18	30			
M48×2	48	2			40	60	24	40			
M48×3		3			60	90	36	60			
M48×4		4			80	120	48	80			
M50×1.5		1.5			30	45	18	30			
M50×2	50	2			40	60	24	40			
M50×3		3			60	90	36	60			
M52×1.5		1.5			30	45	18	30	35.5	28	31
M52×2	52	2			40	60	24	40			
M52×3		3			60	90	36	60			
M52×4		4			80	120	48	80			

注：1. Ⅰ型为短刃型丝锥，Ⅱ型为长刃型丝锥。
　　2. 表中切削锥长度 l₅ 为推荐尺寸。

25. 键槽铣刀（GB/T 1112—2012）

键槽铣刀（图 8-63）是铣键槽用的切削工具，有直柄和斜柄两种。直柄键槽铣刀按其刃长不同分为短系列、标准系列和推荐系列，按其柄部型式不同分为普通直柄键槽铣刀，削平直柄键槽铣刀、2°斜削平直柄键槽铣刀、螺纹柄键槽铣刀四类，尺寸规格见表 8-92。莫氏锥柄键槽铣刀按其刃长不同分为短系列、标准系列和推荐系列，按其柄部型式不同分为 I 型和 II 型两种型式，尺寸规格见表 8-93。

键槽铣刀工作部分采用 W6Mo5Gr4V2 或同等性能的高速钢（代号 HSS）制造，也可采用 W6Mo5Gr4V2Al 或同等性能及以上高性能高速钢（代号 HSS-E）制造。焊接铣刀柄部用 45 钢或同等性能的其他牌号钢材制造。

铣刀工作部分硬度：普通高速钢（HSS）直径 $d \leqslant 6$mm 时，不低于 62HRC；$d > 6$mm 时，不低于 63HRC。铣刀柄部硬度：普通直柄、螺纹柄和锥柄，不低于 30HRC；削平直柄、2°斜削平直柄，不低于 50HRC。

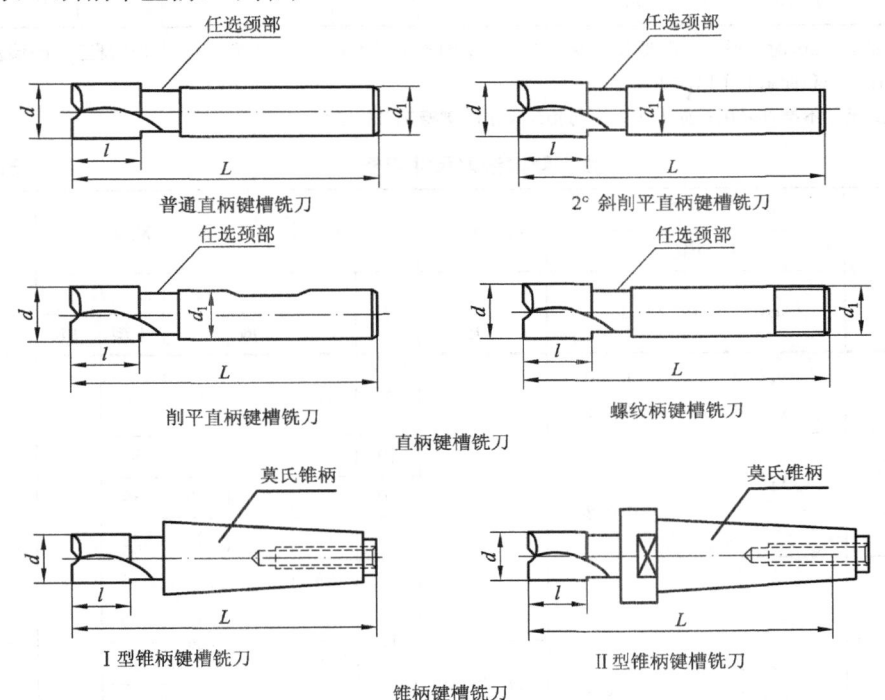

图 8-63　键槽铣刀

直柄键槽铣刀尺寸规格（mm）　　　　　　　　　　　　　　　表 8-92

基本尺寸	d 极限偏差 e8	d 极限偏差 d8	d_1	推荐系列 l	推荐系列 L	短系列 l	短系列 L	标准系列 l	标准系列 L
2	−0.014 −0.028	−0.020 −0.034	3[1]	4	30	4	36	7	39
3	−0.014 −0.028	−0.020 −0.034		5	32	5	37	8	40
4	−0.020 −0.038	−0.030 −0.048	4	7	36	7	39	11	43
5	−0.020 −0.038	−0.030 −0.048	5	8	40	8	42	13	47
6	−0.020 −0.038	−0.030 −0.048	6	10	45		54	13	57

续表

基本尺寸	e8	d8	d_1	推荐系列 l	推荐系列 L	短系列 l	短系列 L	标准系列 l	标准系列 L
7	−0.025 −0.047	−0.040 −0.062	8	14	50	10	54	16	60
8						11	55	19	63
10			10	18	60	13	63	22	72
12	−0.032 −0.059	−0.050 −0.077	12	22	65	16	73	26	83
14			12 ｜ 14①	24	70				
16			16	28	75	19	79	32	92
18			16 ｜ 18①	32	80				
20	−0.040 −0.073	−0.065 −0.098	20	36	85	22	88	38	104

注：当 $d \leqslant 14\text{mm}$ 时，根据用户要求 e8 级的普通直柄键槽铣刀柄部直径偏差允许按圆周刃部直径的偏差制造，并须在标记和标志上予以注明。

①此尺寸不推荐采用；如采用，应与相同规格的键槽铣刀相区别。

锥柄键槽铣刀尺寸规格（mm）　　　　　　　　　　　　表 8-93

基本尺寸	e8	d8	推荐系列 l	推荐系列 L Ⅰ型	短系列 l	短系列 L Ⅰ型	短系列 L Ⅱ型	标准系列 l	标准系列 L Ⅰ型	标准系列 L Ⅱ型	莫氏锥柄号
6	−0.020 −0.038	−0.030 −0.048	—	—	8	78		13	83		1
7	−0.025 −0.047	−0.040 −0.062			10	80		16	86		
8					10	81		19	89		
10					13	83		22	92		
12	−0.032 −0.059	−0.050 −0.077			16	86	101	26	96	111	2
14			24	110		86	101		96	111	1
16			28	115	19	104	—	32	117	—	2
18			32	120							
20	−0.040 −0.073	−0.065 −0.098			22	107	124	38	123	140	3
22			36	125		107	124		123	140	2
24					26	128		45	147		3
25			40	145							
28			45	150							

续表

基本尺寸	极限偏差 e8	极限偏差 d8	推荐系列 l	推荐系列 L (I型)	短系列 l	短系列 L I型	短系列 L II型	标准系列 l	标准系列 L I型	标准系列 L II型	莫氏锥柄号
32			50	155	32	134	—	53	155	—	3
						157	180		178	201	4
36						134	—		155	—	3
			55	185		157	180		178	201	4
38	−0.050	−0.080	60	190	38	163	186	63	188	211	4
40	−0.089	−0.119	—			196	224		221	249	5
45			65	195		163	186		188	211	4
			—			196	224		221	249	5
50			65	195	45	170	193	75	200	223	4
						203	231		233	261	5
56	−0.060	−0.100	—			170	193		200	223	4
	−0.106	−0.146				203	231		233	261	5
63					53	211	239	90	248	276	

26. 半圆键槽铣刀 （GB/T 1127—2007）

半圆键槽铣刀（图 8-64）适于加工键槽宽度 1～10mm 的半圆键槽（GB/T 1098）。铣刀按其柄部形式不同分为普通直柄半圆键槽铣刀、削平直柄半圆键槽铣刀、2°斜削平直柄半圆键槽铣刀、螺纹柄半圆键槽铣刀等。每类又分为 A、B、C 三种型号。尺寸规格见表 8-94。

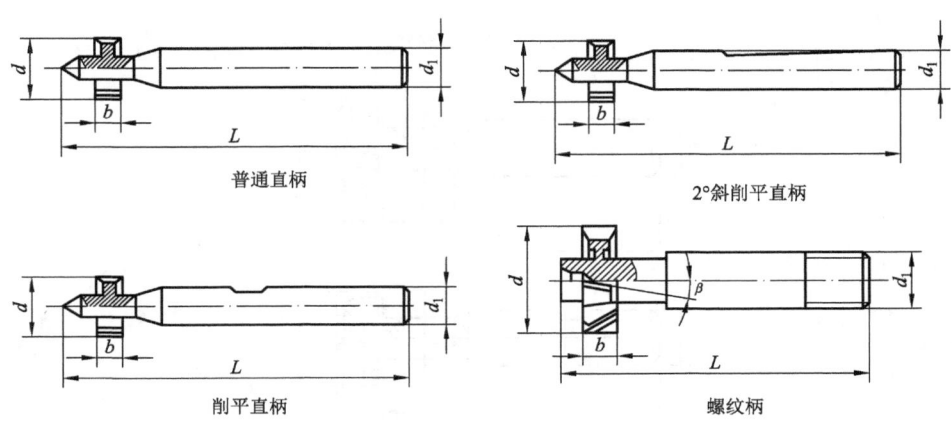

普通直柄　　　　　　　　2°斜削平直柄

削平直柄　　　　　　　　螺纹柄

图 8-64　半圆键槽铣刀

半圆键槽铣刀规格（mm） 表 8-94

d h11	b e8	d_1	L js18	半圆键的基本尺寸（按照 GB/T 1098）宽×直径	铣刀型式	β
4.5	1.0	6	50	1.0×4	A	—
7.5	1.5	6	50	1.5×7	A	
	2.0			2.0×7		
10.5				2.0×10		
	2.5			2.5×10		
13.5	3.0	10	55	3.0×13	B	
				3.0×16		
16.5	4.0			4.0×16		
	5.0			5.0×16		
19.5	4.0			4.0×19		
	5.0			5.0×19		
22.5		12	60	5.0×22	C	12°
	6.0			6.0×22		
25.5				6.0×25		
28.5	8.0		65	8.0×28		
32.5	10.0			10.0×32		

27. T 型槽铣刀（GB/T 6124—2007）

T 型槽铣刀（图 8-65、图 8-66）是加工 GB/T 158 规定的 T 型槽用的刀具。铣刀通常有直柄、螺纹柄和带螺纹孔的莫氏锥柄 T 型槽铣刀。直柄铣刀又分为普通直柄 T 型槽铣刀及削平直柄 T 型槽铣刀，铣刀按其使用材料不同又分为普通铣刀和硬质合金 T 型槽铣刀。硬质合金铣刀刀片材料用 GB/T 2075 中规定的 K20～K30 硬质合金，刀体用 40Cr 或同等以上性能的合金结构钢制造。尺寸规格见表 8-95、表 8-96。

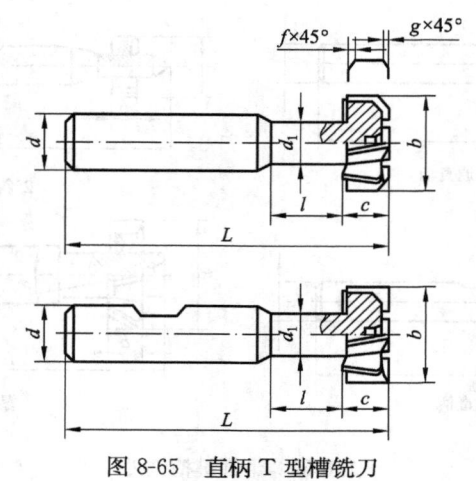

图 8-65　直柄 T 型槽铣刀

普通直柄、削平直柄和螺纹柄 T 型槽铣刀规格（mm）　　　　表 8-95

b h12	c h12	d_1 max	l $^{+1}_{\ 0}$	d①	L js18	f max	g max	T 型槽宽度
11	3.5	4	6.5		53.5			5
12.5	6	5	7	10	57			6
16	8	7	10		62	0.6	1.0	8
18		8	13	12	70			10
21	9	10	16		74			12
25	11	12	17	16	82		1.6	14
32	14	15	22		90			18
40	18	19	27	25	108	1.0	2.5	22
50	22	25	34	32	124			28
60	28	30	43		139			36

①d_1 的公差：普通直柄选用 h8；削平直柄选用 h6；螺纹柄选用 h8。

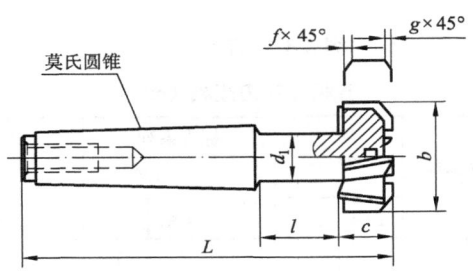

图 8-66　带螺纹孔的莫氏锥柄 T 型槽铣刀

莫氏锥柄 T 型槽铣刀规格（mm）　　　　表 8-96

b h12	c h12	d_1 max	l $^{+1}_{\ 0}$	L	f max	g max	莫氏圆锥号	T 型槽宽度
18	8	8	13	82		1.0	1	10
21	9	10	16	98	0.6		2	12
25	11	12	17	103		1.6		14
32	14	15	22	111			3	18
40	18	19	27	138	1.0	2.5		22
50	22	25	34	173			4	28
60	28	30	43	188				36
72	35	36	50	229	1.6	4.0		42
85	40	42	55	240		6.0	5	48
95	44	44	62	251	2.0			54

28. 直柄、锥柄立铣刀（GB/T 6117.1～GB/T 6117.3—2010）

直柄、锥柄立铣刀是铣床上专用切削工具，用于铣削工件上的垂直台阶、沟槽和凹槽。直柄立铣刀以其柄部形式不同分为普通直柄立铣刀、削平直柄立铣刀、2°斜削平直柄立铣刀和螺纹柄立铣刀四类；莫氏锥柄立铣刀按其柄部形式不同分为Ⅰ组和Ⅱ组两种。立铣刀又以刃长不同分为标准系列和长系列两种。结构形式见图 8-67～图 8-69，尺寸规格见表 8-97～表 8-99。

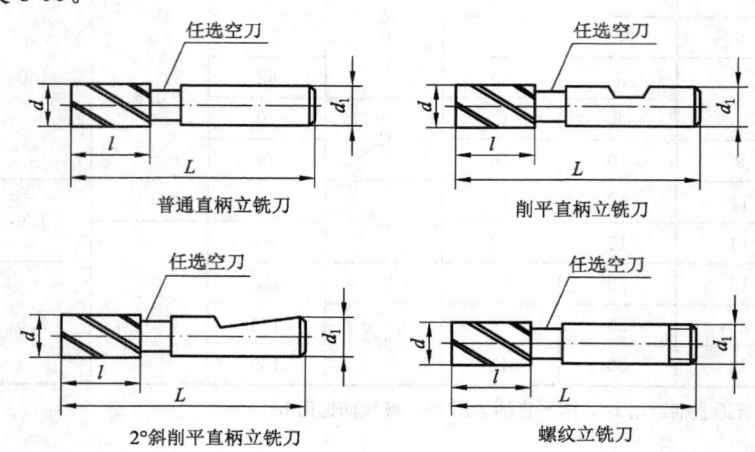

普通直柄立铣刀　　削平直柄立铣刀

2°斜削平直柄立铣刀　　螺纹立铣刀

（任选空刀）

图 8-67　直柄立铣刀

直柄立铣刀规格（mm）　　　　　　　　　　　　　　　　表 8-97

直径范围 d		推荐直径 d	d_1[1]		标准系列			长系列			齿　数		
			Ⅰ组	Ⅱ组	l	L[2]		l	L[2]		粗齿	中齿	细齿
>	≤					Ⅰ组	Ⅱ组		Ⅰ组	Ⅱ组			
1.9	2.36	2	4[3]	—	7	39	51	10	42	54	3	4	—
2.36	3	2.5 / 3	4[3]	—	8	40	52	12	44	56	3	4	—
3	3.75	— / 3.5	4[3]	6	10	42	54	15	47	59	3	4	—
3.75	4	4	5[3]	—	11	43	55	19	51	63	3	4	—
4	4.75	5	5[3]	—	11	45	55	19	53	63	3	4	—
4.75	5	—	5[3]	—	13	47	57	24	58	68	3	4	—
5	6	6	6	6	13	57	57	24	68	68	3	4	—
6	7.5	— / 7	8	10	16	60	66	30	74	80	3	4	5
7.5	8	8	8	10	19	63	69	38	82	88	3	4	5
8	9.5	9	8	10	19	69	69	38	88	88	3	4	5
9.5	10	10	10	—	22	72	72	45	95	95	3	4	5
10	11.8	— / 11	10	12	22	79	79	45	102	102	3	4	5
11.8	15	12	12	14	26	83	83	53	110	110	3	4	6
15	19	16	16	18	32	92	92	63	123	123	3	4	6
19	23.6	20	20	22	38	104	104	75	141	141	3	4	6
23.6	30	24 / 25	28	25	45	121	121	90	166	166	3	4	6

续表

直径范围 d		推荐直径 d		d1①		标准系列			长系列			齿　数		
>	≤			I组	II组	l	L② I组	L② II组	l	L② I组	L② II组	粗齿	中齿	细齿
30	37.5	32	36	32		53	133		106	186				
37.5	47.5	40	45	40		63	155		125	217		4	6	8
47.5	60	50	56	50		75	177		150	252				
60	67	63	—	50	63	90	192	202	180	282	292			
67	75	—	71	63		90	202		180	292		6	8	10

①柄部尺寸和公差分别按 GB/T 6131.1、GB/T 6131.2、GB/T 6131.3 和 GB/T 6131.4 的规定。

②总长尺寸的 I 组和 II 组分别与柄部直径的 I 组和 II 组相对应。

③只适用于普通直柄。

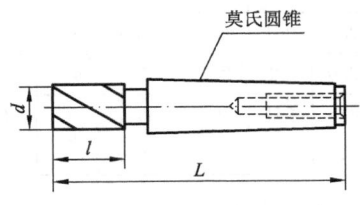

I 型锥柄立铣刀

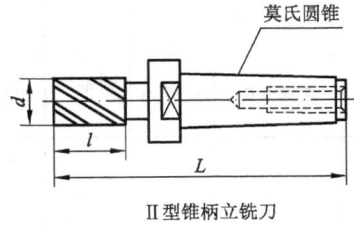

II 型锥柄立铣刀

图 8-68　锥柄立铣刀

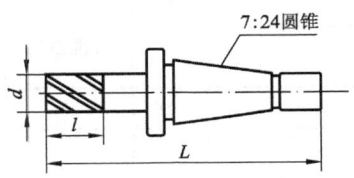

图 8-69　7∶24 锥柄立铣刀

锥柄立铣刀规格（mm）　　　　表 8-98

直径范围 d		推荐直径 d		l		L				莫氏圆锥号	齿　数		
>	≤			标准系列	长系统	标准系列 I组	标准系列 II组	长系列 I组	长系列 II组		粗齿	中齿	细齿
5	6	6	—	13	24	83		94					
6	7.5	—	7	16	30	86		100					—
7.5	9.5	8	9	19	38	89		108		1	3	4	
9.5	11.8	10	11	22	45	92		115					5
11.8	15	12	14	26	53	96		123					
						111		138		2			
15	19	16	18	32	63	117		148					6

续表

直径范围 d >	直径范围 d ≤	推荐直径 d	推荐直径 d	l 标准系列	l 长系统	L 标准系列 I组	L 标准系列 II组	L 长系列 I组	L 长系列 II组	莫氏圆锥号	粗齿	中齿	细齿
19	23.6	20	22	38	75	123		160		2			
						140		177			3	4	6
23.6	30	24 25	28	45	90	147	—	192		3			
30	37.5	32	36	53	106	155		208					
						178	201	231	254	4			
37.5	47.5	40	45	63	125	188	211	250	273	4	4	6	8
						221	249	283	311	5			
47.5	60	50	—	75	150	200	223	275	298	4			
						233	261	308	336	5			
		—	56			200	223	275	298	4			
						233	261	308	336	5	6	8	10
60	75	63	71	90	180	248	276	338	366				

7∶24 锥柄立铣刀规格（mm）　　　　　　　　　　　表 8-99

直径范围 d >	直径范围 d ≤	推荐直径 d	推荐直径 d	l 标准系列	l 长系列	L 标准系列	L 长系列	7∶24 圆锥号	粗齿	中齿	细齿
23.6	30	25	28	45	90	150	195		3	4	6
30	37.5	32	36	53	106	158	211	30			
						188	241	40			
						208	261	45			
37.5	47.5	40	45	63	125	198	260	40			
						218	280	45	4	6	8
						240	302	50			
47.5	60	50	—	75	150	210	285	40			
						230	305	45			
						252	327	50			
		—	56			210	285	40			
						230	305	45			
						252	327	50			
60	75	63	71	90	180	245	335	45	6	8	10
						267	357	50			
75	95	80	—	106	212	283	389				

29. 硬质合金斜齿立铣刀（GB/T 25670—2010）

斜齿立铣刀（图 8-70）有直柄和斜柄两种型式，尺寸规格见表 8-100、表 8-101。

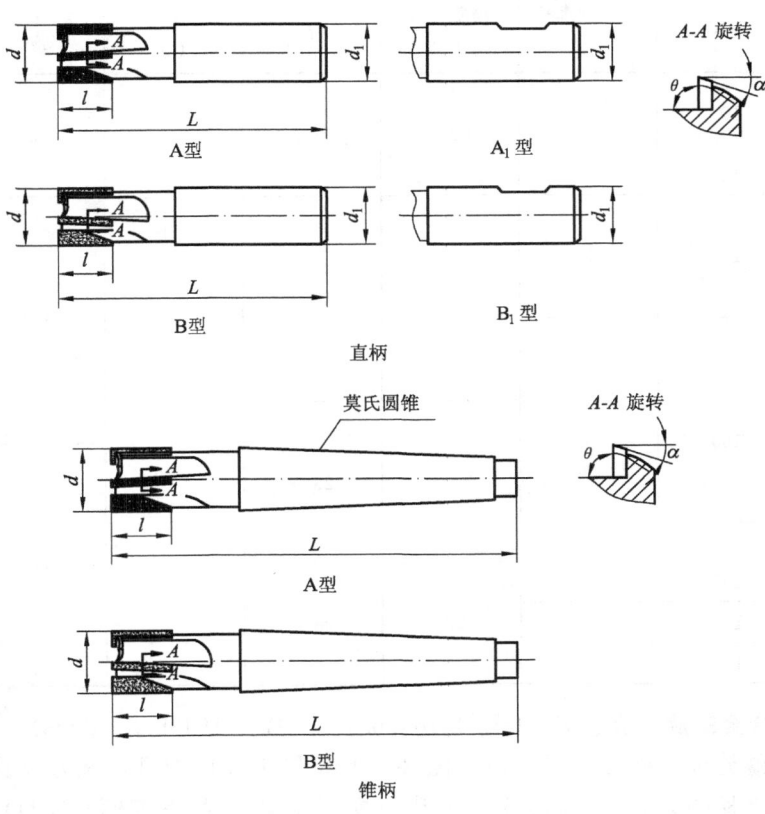

图 8-70　硬质合金斜齿立铣刀

硬质合金斜齿直柄立铣刀（mm）　　　　　　　　　　**表 8-100**

d js14	L js16	d_1[①]	参　考　值				
			硬质合金刀片型号	l	α (°)	θ (°)	齿数
10	75	10	E515	13.5	12°	95°	3
11							
12	80	12					
14			E315				
16	85	16					
18							
20	90	20	E320	18.0			4
22							
25	100	25					
28							

① 普通柄公差为 h8，削平柄公差为 h6。

硬质合金斜齿锥柄立铣刀（mm）　　　　　　**表 8-101**

d js14	L js16	莫氏圆锥号	参 考 值				
			硬质合金刀片型号	l	α (°)	θ (°)	齿数
14	105	2	E315	13.5		95°	3
16	105	2	E315	13.5		95°	3
18	110	2	E315	13.5		95°	3
20	130	3	E320	18.0	12°	90°	4
22	130	3	E320	18.0	12°	90°	4
25	130	3	E320	18.0	12°	90°	4
28	155	3	E320	18.0	12°	90°	4
30	155	3	E320	18.0	12°	90°	4
32	160	4	E325	23.0	12°	90°	4
36	160	4	E325	23.0	12°	90°	4
40	160	4	E325	23.0	12°	90°	4
45	170		E325	23.0	12°	70°	6
45	195	5	E325	23.0	12°	70°	6
50	170	4	E330	28.0	12°	70°	6
50	195	5	E330	28.0	12°	70°	6

30. **硬质合金螺旋齿立铣刀**（GB/T 16456.1～ GB/T 16456.3—2008）

硬质合金螺旋齿立铣刀（图 8-71～图 8-73）是铣床专用刀具，铣刀以其柄部形式不同分为直柄和锥柄两大类。直柄又分为普通直柄（A 型）、削平直柄（B 型）铣刀。锥柄铣刀有莫氏锥柄和 7/24 锥柄，7/24 锥柄分为 A 型、B 型。7/24 锥柄铣刀直径为 32～60mm，莫氏锥柄铣刀直径为 16～63mm，直柄铣刀直径为 12～40mm。尺寸规格见表 8-102～表 8-104。

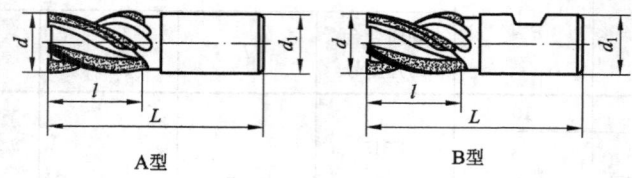

A型　　　　　　　　B型

图 8-71　硬质合金螺旋齿直柄立铣刀

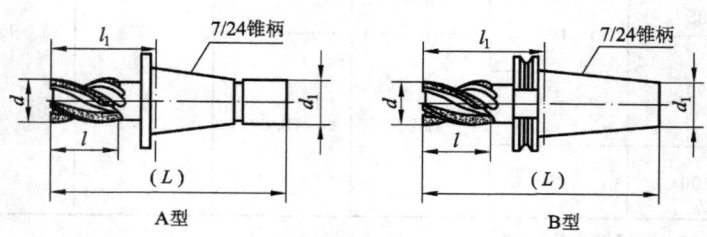

A型　　　　　　　　B型

图 8-72　硬质合金螺旋齿 7/24 锥柄立铣刀

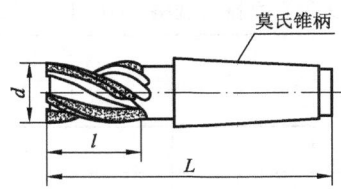

图 8-73　硬质合金螺旋齿莫氏锥柄立铣刀

硬质合金螺旋齿直柄立铣刀规格（GB/T 16456.1—2008）（mm）　　**表 8-102**

d k12	l 基本尺寸	l 极限偏差	d_1	L +2 0
12	20		12	75
12	25		12	80
16	25	+2 0	16	88
16	32		16	95
20	32		20	97
20	40		20	105
25	40		25	111
25	50		25	121
32	40	+3 0	32	120
32	50		32	130
40	50		40	140
40	63		40	153

硬质合金螺旋齿 7/24 锥柄立铣刀规格（GB/T 16456.2—2008）（mm）　　**表 8-103**

d k12	l +3 0	A型 40号圆锥 l_1 +3 0	A型 40号圆锥 L	A型 50号圆锥 l_1 +3 0	A型 50号圆锥 L	B型 40号圆锥 l_1 +3 0	B型 40号圆锥 L	B型 50号圆锥 l_1 +3 0	B型 50号圆锥 L
32	40	84	177.4	—	—	91	159.4	—	—
32	50	94	187.4	—	—	101	169.4	—	—
40	50	94	187.4	103	229.8	101	169.4	107	208.75
40	63	107	200.4	116	242.8	114	182.4	120	221.75
50	50	94	187.4	103	229.8	101	169.4	107	208.75
50	80	124	217.4	133	259.8	131	199.4	137	238.75
63	63	—	—	116	242.8	—	—	120	221.75
63	100	—	—	153	179.8	—	—	157	258.75

硬质合金螺旋齿莫氏锥柄立铣刀规格（GB/T 16456.3—2008）(mm)   **表 8-104**

d k12	l +2 0	L +2 0	莫氏圆锥号
16	25	110	2
	32	117	
20	32	117	2
	40	125	
		142	3
25	40	142	3
	50	152	
32	40	165	4
	50	175	
40	50	181	4
	63	194	
50	63	194	4
	80	238	5
63	63	221	5
	100	258	

31. 整体硬质合金直柄立铣刀（GB/T 16770.1—2008）

整体硬质合金直柄立铣刀（图 8-74）是铣床专用切削刀具，尺寸规格见表 8-105。

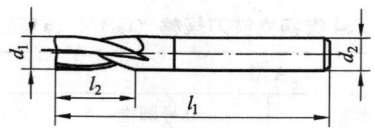

图 8-74　整体硬质合金直柄立铣刀

整体硬质合金直柄立铣刀规格（mm）   **表 8-105**

直径 d_1 h10	柄部直径 d_2	总　长 l_1		刃　长 l_2	
		基本尺寸	极限偏差	基本尺寸	极限偏差
1.0	3	38		3	
	4	43			
1.5	3	38	+2 0	4	+1 0
	4	43			
2.0	3	38		7	
	4	43			

直径 d_1 h10	柄部直径 d_2	总　　长 l_1		刃　　长 l_2	
		基本尺寸	极限偏差	基本尺寸	极限偏差
2.5	3	38		8	
	4	57			
3.0	3	38		8	+1 0
	6	57			
3.5	4	43		10	
	6	57			
4.0	4	43		11	
	6	57			
5.0	5	47	+2 0	13	
	6	57			
6.0	6	57		13	+1.5 0
7.0	8	63		16	
8.0		63		19	
9.0	10	72		19	
10.0	10	72		22	
12.0	12	76		22	
		83		26	
14.0	14	83		26	
16.0	16	89		32	+2 0
18.0	18	92	+3 0	32	
20.0	20	101		38	

注：1. 2齿立铣刀中心刃切削（铰槽铣刀）。3齿或多齿立铣刀可以中心刃切削。

　　2. 表内尺寸可按 GB/T 6131.2 做成削平直柄立铣刀。

32. 角度铣刀（GB/T 6128.1～ GB/T 6128.2—2007）

角度铣刀（图 8-75）是铣床专用刀具，用于铣削有专用角度的工件。分为单角铣刀和双角铣刀，双角铣刀又分为不对称双角铣刀和对称双角铣刀。尺寸规格见表8-106～表8-108。

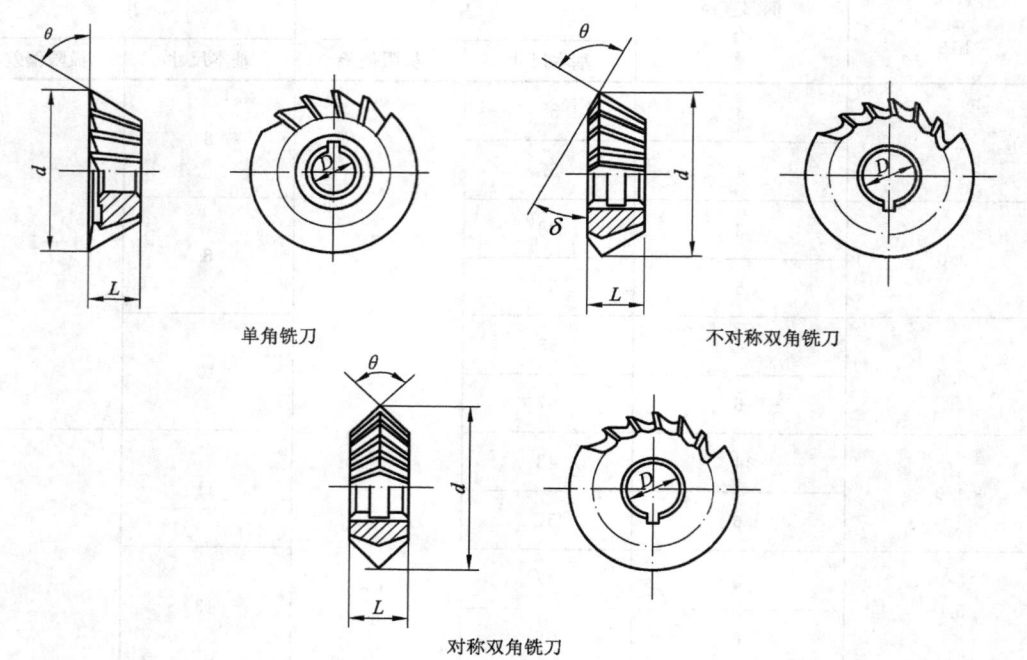

单角铣刀   不对称双角铣刀

对称双角铣刀

图 8-75　角度铣刀

单角铣刀规格（GB/T 6218.1—2007）(mm)　　　　　　　　　　　表 8-106

d js16	θ ±20′	L js16	D H7	d js16	θ ±20′	L js16	D H7
40	45°	8		50	70°	13	16
	50°				75°		
	55°				80°		
	60°				85°		
	65°	13			90°		
	70°			63	18°	6	22
	75°	10			22°	7	
	80°				25°	8	
	85°				30°	9	
	90°				40°		
50	45°	13	16		45°		
	50°				50°		
	55°				55°	16	
	60°				60°		
	65°				65°		

d js16	θ ±20′	L js16	D H7	d js16	θ ±20′	L js16	D H7
63	70°	16	22	80	60°	22	27
	75°	20			65°		
	80°				70°		
	85°				75°	24	
	90°				80°		
80	18°	10			85°		
	22°	12			90°		
	25°	13		100	18°	12	32
	30°	15			22°	14	
	40°				25°	16	
	45°	22	27		30°	18	
	50°				40°		
	55°						

注：单角铣刀的顶刃允许有圆弧，圆弧半径尺寸由制造商自行规定。

不对称双角铣刀规格（GB/T 6218.1—2007）（mm）　　　　　　**表 8-107**

d js16	θ ±20′	δ ±30′	L js16	D H7	d js16	θ ±20′	δ ±30′	L js16	D H7
40	55°	15°	6	13	63	55°	15°	10	22
	60°					60°			
	65°					65°			
	70°		8			70°		13	
	75°					75°			
	80°		10			80°			
	85°					85°		16	
	90°	20°				90°	20°		
	100°	25°	13			100°	25°		
50	55°	15°	8	16	80	50°	15°	13	27
	60°					55°			
	65°					60°		16	
	70°		10			65°			
	75°					70°		20	
	80°		13			75°			
	85°					80°			
	90°	20°	16			85°		24	
	100°	25°				90°	20°		

续表

d js16	θ ±20′	δ ±30′	L js16	D H7	d js16	θ ±20′	δ ±30′	L js16	D H7
100	50°	15°	20	32	100	70°	15°	30	32
	55°					75°			
	60°		24			80°			
	65°								

注：不对称双角铣刀的顶刃允许有圆弧，圆弧半径尺寸由制造商自行规定。

对称双角铣刀规格（GB/T 6218.2—2007）（mm）　　　**表 8-108**

d js16	θ ±30′	L js16	D H7	d js16	θ ±30′	L js16	D H7
50	45°	8	16	80	18°	8	27
	60°	10			22°	10	
	90°	14			25°	11	
63	18°	5	22		30°	12	
	22°	6			40°		
	25°	7			45°	18	
	30°	8			60°		
	40°				90°	22	
	45°	10		100	18°	10	32
	50°				22°	12	
	60°	14			25°	13	
	90°	20			30°	14	
					40°		
					45°	18	
					60°	25	
					90°	32	

注：对称双角铣刀的顶刃允许有圆弧，圆弧半径尺寸由制造商自行规定。

33. 凸凹半圆铣刀（GB/T 1124.1—2007）

凸凹半圆铣刀（图 8-76）是铣床专用刀具，用于加工圆弧面，铣刀有凸半圆铣刀及凹半圆铣刀两类。尺寸规格见表 8-109、表 8-110。

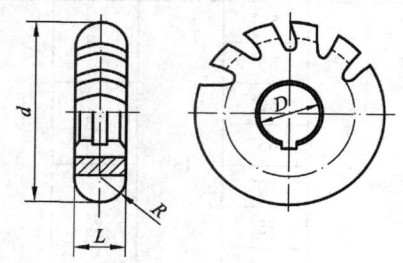

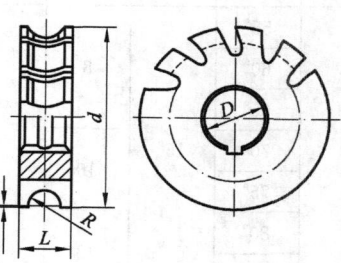

凸半圆铣刀　　　　　　　　　　　凹半圆铣刀

图 8-76　凸凹半圆铣刀

凸半圆铣刀规格（mm）　　　　　　　　　**表 8-109**

R k11	d js16	D H7	L +0.30 0
1			2
1.25	50	16	2.5
1.6			3.2
2			4
2.5			5
3	63	22	6
4			8
5			10
6	80	27	12
8			16
10	100		20
12		32	24
16	125		32
20			40

凹半圆铣刀规格（mm）　　　　　　　　　**表 8-110**

R N11	d js16	D H7	L js16	C
1			6	0.2
1.25	50	16		
1.6			8	0.25
2			9	
2.5			10	0.3
3	63	22	12	
4			16	0.4
5			20	0.5
6	80	27	24	0.6
8			32	0.8
10	100		36	1.0
12		32	40	1.2
16	125		50	1.6
20			60	2.0

34. 锯片铣刀（GB/T 6120—2012、GB/T 14301—2008）

锯片铣刀（图 8-77）用于锯切金属材料或加工零件上的窄槽，分为普通锯片铣刀（GB/T 6120—2012）和硬质合金锯片铣刀（GB/T 14301—2008）两种。

　　普通锯片铣刀有粗齿、中齿、细齿之分。粗齿锯片铣刀齿数 16～64，一般加工铝及铝合金软金属；细齿锯片铣刀齿数 32～200，一般加工钢、铸铁等硬金属；中齿锯片铣刀齿数 20～100，介于两者之间。普通锯片铣刀 $d \geqslant 110$mm，且 $L \geqslant 3$mm 时，内孔应制出键槽，键槽的尺寸按 GB/T 6123 的规定。

　　锯片铣刀尺寸规格见表 8-111～表 8-114。

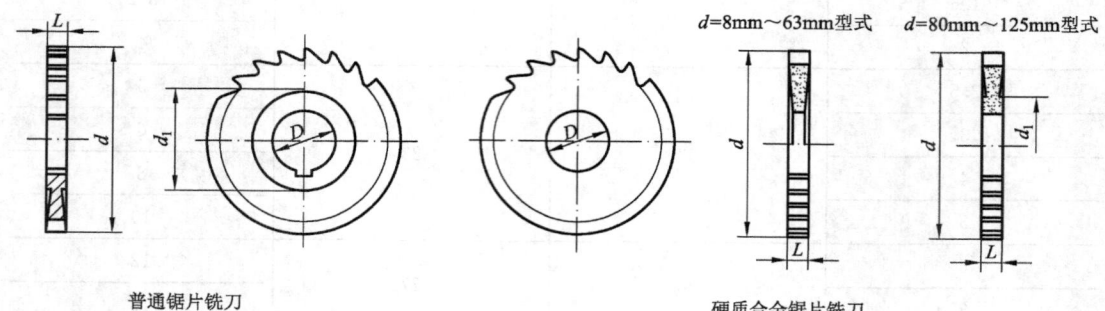

图 8-77　锯片铣刀

d——锯片铣刀外圆直径；

D——锯片铣刀内孔直径；

d_1——锯片铣刀轴台直径；

L——锯片铣刀厚度。

粗齿锯片铣刀规格（GB/T 6120—2012）(mm)　　　　　表 8-111

d js16	50	63	80	100	125	160	200	250	315
D H7	13	16	22	22(27)		32		40	
d_1 min	—		34	34(40)		47	63		80
L js11	齿　数（参考）								
0.80			40			—			
1.00	24	32		40	48	—	—		
1.20			32			48			
1.60		24			40				
2.00	20			32			48	64	
2.50			24			40			
3.00		20			32			48	64
4.00	16			24			40		
5.00			20			32			48
6.00		16		20			32	40	

注：1. 括号内的尺寸尽量不采用；如要采用，则在标记中注明尺寸 D。

　　2. $d \geqslant 80$mm，且 $L < 3$mm 时，允许不做支承台 d_1。

中齿锯片铣刀规格(GB/T 6120—2012)（mm） 表 8-112

d js16	32	40	50	63	80	100	125	160	200	250	315
D H7	8	10(13)	13	16	22	22(27)		32			40
d_1 min	—				34	34(40)		47	63		80
L js11	齿 数（参考）										
0.30		48	64								
0.40	40			64	—	—					
0.50			48				—				
0.60		40			64					—	
0.80	32			48							
1.00			40			64	80				
1.20		32			48			80			
1.60	24			40							
2.00			32			48			80	100	
2.50		24					64	64			100
3.00	20			32		48				80	
4.00		20	24		40			64			
5.00	—					40		48		64	80
6.00				32		32		48			

注：1. 括号内的尺寸尽量不采用；如要采用，则在标记中注明尺寸 D。

  2. $d \geqslant 80\,mm$，且 $L < 3\,mm$ 时，允许不做支承台 d_1。

细齿锯片铣刀规格(GB/T 6120—2012)（mm） 表 8-113

d js16	20	25	32	40	50	63	80	100	125	160	200	250	315
D H7	5	8		10(13)	13	16	22	22(27)		32			40
d_1 min	—						34	34(40)		47	63		80
L js11	齿 数（参考）												
0.20	80		100		128	—							
0.25		80		100	128								
0.30	64			100	128								
0.40			80			128							
0.50		64			100								
0.60	48			80			128	160					
0.80			64			100			160				
1.00		48			80			128					
1.20	40			64		100				160			
1.60			48			80			128				
2.00	32	40			64		100			160	200		
2.50				48			80			128		160	
3.00			40			64		100				160	200
4.00	—			40	48		80			128			
5.00						64			100	80		128	160
6.00				—	48		64	64	80		100		

注：1. 括号内的尺寸尽量不采用；如要采用，则在标记中注明尺寸 D。

  2. $d \geqslant 80\,mm$，且 $L < 3\,mm$ 时，允许不做支承台 d_1。

表 8-114

硬质合金锯片铣刀规格 (GB/T 14301—2008) (mm)

d js13	D H7	d₁	齿数	0.20	0.25	0.30	0.40	0.45	0.50	0.55	0.60	0.65	0.70	0.75	0.80	0.90	1.00	1.10	1.20	1.30	1.40	1.50	1.60	1.80	2.00	2.50	3.00	4.00	5.00
		参考值														*L* js10													
8	3	—	8	×	×	×	×	×	×	×	×	×	×	×	×														
10	5	—	8	×	×	×	×	×	×	×	×	×	×	×	×														
12	5	—	10	×	×	×	×	×	×	×	×	×	×	×	×		×												
16	5	—	12	×	×	×	×	×	×	×	×	×	×	×	×		×		×										
20	5	—	20	×	×	×	×	×	×	×	×	×	×	×	×	×	×	×	×						×				
25	5	—	20			×	×	×	×	×	×	×	×	×	×	×	×	×	×	×	×	×	×		×				
32	8	—	24			×	×	×	×	×	×	×	×	×	×	×	×	×	×	×	×	×	×	×	×	×			
40	10	—	24			×	×	×	×	×	×	×	×	×	×	×	×	×	×	×	×	×	×	×	×	×			
50	13	—	32			×	×	×	×	×	×				×		×		×				×		×	×		×	
63	16	—	36			×	×		×		×				×		×		×				×		×	×	×	×	
80	22	34	36												×		×		×				×		×	×	×	×	×
100	22	34	48														×		×				×		×	×	×	×	×
125	22	34	56														×		×				×		×	×	×	×	×

注：×表示有此规格。

35. 三面刃铣刀（JB/T 7953—2010、GB/T 6119—2012）

三面刃铣刀有整体式和镶齿铣刀（图 8-78）两类，它们又分为直齿和错齿两种。镶齿铣刀的刀齿是镶嵌在刀体上的，用于铣削工件上一定宽度的沟槽及端面。尺寸规格见表 8-115、表 8-116。

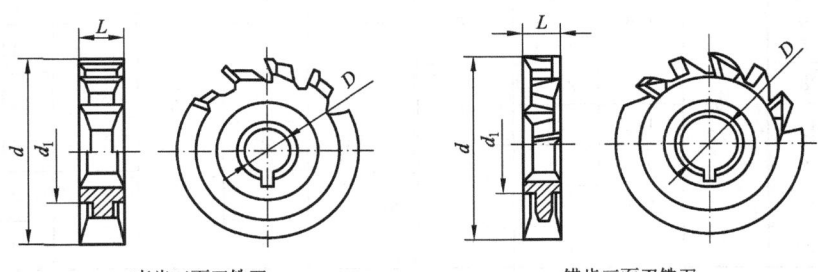

直齿三面刃铣刀　　　　　　错齿三面刃铣刀

整体式三面刃铣刀

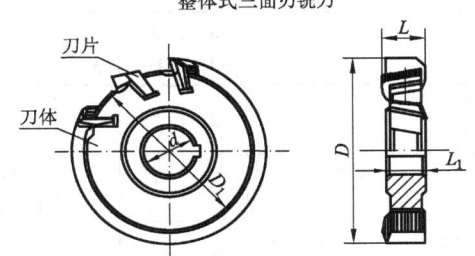

镶齿三面刃铣刀

图 8-78　三面刃铣刀

镶齿三面刃铣刀规格（JB/T 7953—2010）(mm)　　　　　　表 8-115

D js16	L H12	d H17	D_1	L_1	齿数	D js16	L H12	d H17	D_1	L_1	齿数
80	12	22	71	8.5	10	125	12	32	114	9	14
	14			11			14			11	
	16			13			16			13	
	18			14.5			18			14.5	
	20			15			20			15	
100	12	27	90	8.5	12		22		111	17	12
	14			11			25			19.5	
	16			13		160	14	40	146	11	18
	18			14.5			16			13	
	20			15			20			15	
	22		86	17	10		25		114	19.5	16
	25			19.5			28			22.5	

续表

D js16	L H12	d H17	D_1	L_1	齿数	D js16	L H12	d H17	D_1	L_1	齿数
200	14	50	186	10	2	250	28	50	236	22.5	22
	18			13	20		32			24	
	22			15.5	20	315	20		301	14	26
	28		184	22.5	18		25			19	24
	32			24	18		32			24	
250	16	50	236	11	24		36		297	27	
	20			14	24		40			28.5	
	25			19.5	22						

整体三面刃铣刀规格（GB/T 6119—2012）（mm）　表 8-116

d js16	D H7	d_1 min	L k11	d js16	D H7	d_1 min	L k11
50	16	27	4、5、6、8、10	125	32	47	8、10、12、14、16、18、20、22、25、28
63	22	34	4、5、6、8、10、12、14、16				
80	27	41	5、6、8、10、12、14、16、18、20	160	40	55	10、12、14、16、18、20、22、25、28、32
100	32	47	6、8、10、12、14、16、18、20、22、25	200	40	55	12、14、16、18、20、22、25、28、32、36、40

36. 齿轮滚刀（GB/T 6083—2001、GB/T 9205—2005）

齿轮滚刀（图 8-79、图 8-80）是滚制 GB/T 1356《渐开线圆柱齿轮基准齿形》规定的齿轮用刀具，滚制模数 1～10mm 的齿轮滚刀为整体齿轮滚刀（GB/T 6083—2001），滚制模数 10～32mm 的齿轮滚刀多采用镶片齿轮滚刀（GB/T 9205—2005）。尺寸规格见表 8-117、表 8-118。

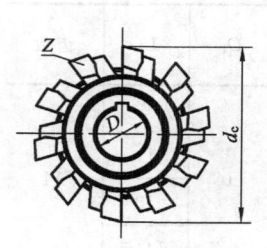
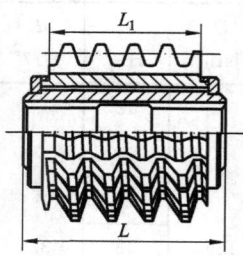

轴向键槽型镶片齿轮滚刀

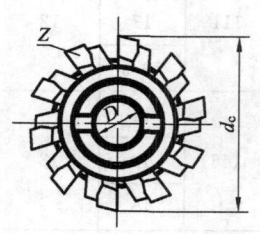
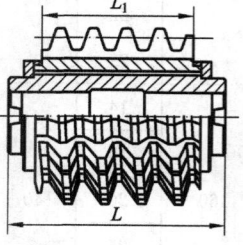

端面键槽型镶片齿轮滚刀

图 8-79　镶片齿轮滚刀

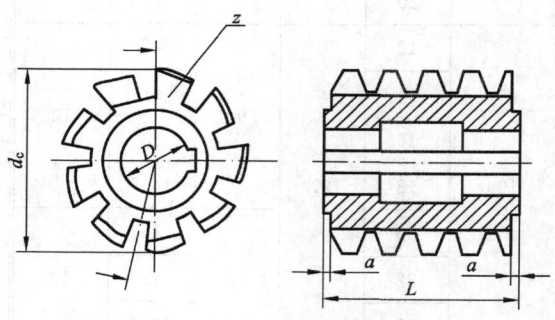

图 8-80　整体齿轮滚刀

整体齿轮滚刀规格（GB/T 6083—2001）（mm）　　　　表 8-117

模数系列		I 型					II 型				
1	2	d_c	L	D	a_{min}	z	d_c	L	D	a_{min}	z
1		63	63	27			50	32	22		
1.25						16					
1.5		71	71				63	40			
	1.75			32					27		14
2		80	80				71	50			
	2.25										
2.5		90	90			14	71	63			
	2.75										
3		100	100	40	5		80	71		4	
	3.5										12
4		112	112				90	90	32		
	4.5										
5		125	125	50		12	100	100			
	5.5										
6		140	140				112	112			10
	7						118		40		
8		160	160	60			125	140		5	
	9	180	180				140				
10		200	200				150	170	50		

镶片齿轮滚刀规格（GB/T 9205—2005）（mm）　　　　表 8-118

模数系列		带轴向键槽型					带端面键槽型				
第一系列	第二系列	d_c	L	D	L_1	Z	d_c	L	D	L_1	Z
10		205	220		175		205	245		175	
	11	215	235		190		215	260		190	
12		220	240	60	195		220	265	60	195	
	14	235	260		215		235	285		215	
16		250	280		235		250	305		235	
	18	265	300		255	10	265	325		255	10
20		280	320		275		280	345		275	
	22	315	335		285		315	365		285	
25		330	350		300		330	380		300	
	28	345	365	80	315		345	395	80	315	
	30	360	385		335		360	415		335	
32		375	405		355		375	435		355	

37. 磨前齿轮滚刀（GB/T 28252—2012）

滚刀的型式和尺寸按图 8-81 和表 8-119 所示。

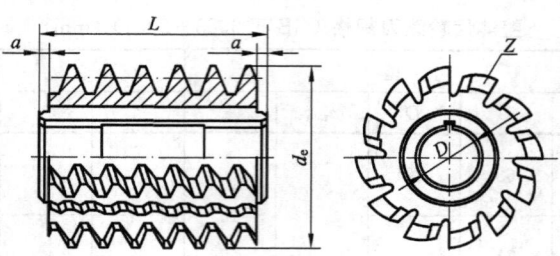

图 8-81 磨前齿轮滚刀

磨前齿轮滚刀规格尺寸（mm）   表 8-119

模数系列		外径	全长	孔径	轴台长度	槽数
I	II	d_e	L	D	a	Z
1		50	32	22		
1.25			40			
1.5		63	50	27		
	1.75					
2						
	2.25	71	56			12
2.5						
	2.75		63			
3.00		80	71			
	3.25					
	3.5			32		
	3.75	90	80		5	
4						
	4.5		90			
5		100	100			
	5.5	112	112			
6				40		10
	6.5	118	118			
	7		125			
8		125	132			
	9	140	152			
10		150	170	50		

38. 铰刀 （GB/T 1131.1—2004、GB/T 1132—2004、GB/T 4243—2004、GB/T 1134—2008）

铰刀（图 8-82）是提高孔的光洁度与精度的切削工具，铰刀有手用铰刀、直柄机用铰刀、锥柄机用铰刀、锥柄长刃机用铰刀、带刃倾角直柄机用铰刀、带刃倾角锥柄机用铰刀等多种形式。尺寸规格见表 8-120～表 8-124。

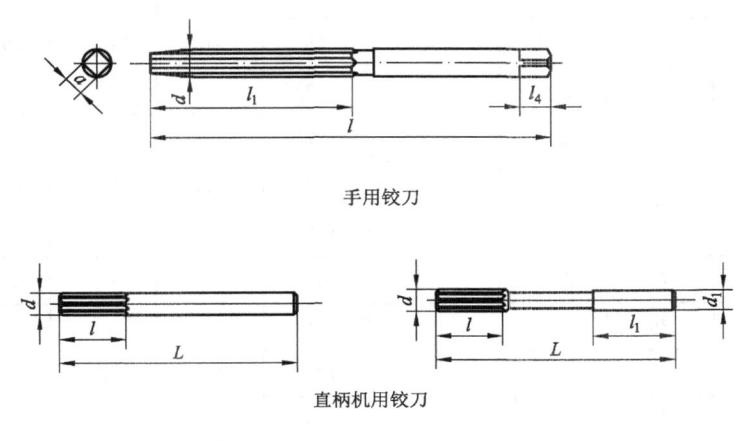

手用铰刀

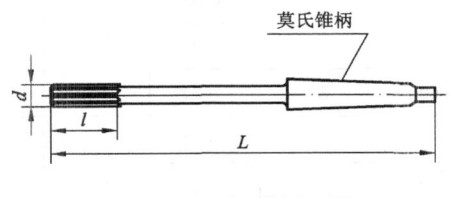

直柄机用铰刀

莫氏锥柄

莫氏锥柄机用铰刀

带刃倾角直柄机用铰刀

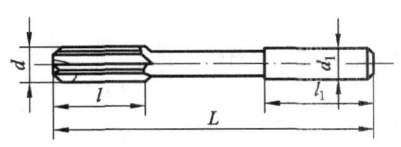

莫氏锥柄

莫氏锥柄长刃机用铰刀

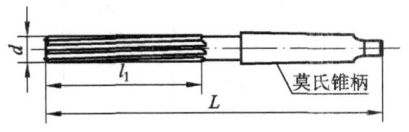

图 8-82　铰刀

手用铰刀规格（GB/T 1131.1—2004）（mm） 表 8-120

d	l_1	l	a	l_4	d	l_1	l	a	l_4
(1.5)	20	41	1.12		22	107	215	18.00	22
1.6	21	44	1.25		(23)				
1.8	23	47	1.40		(24)				
2.0	25	50	1.60	4	25	115	231	20.00	24
2.2	27	54	1.80		(26)				
2.5	29	58	2.00		(27)				
2.8	31	62	2.24		28	124	247	22.40	26
3.0				5	(30)				
3.5	35	71	2.80		32	133	265	25.00	28
4.0	38	76	3.15		(34)				
4.5	41	81	3.55	6	(35)	142	284	28.00	31
5.0	44	87	4.00		36				
5.5	47	93	4.50	7	(38)				
6.0					40	152	305	31.5	34
7.0	54	107	5.60	8	(42)				
8.0	58	115	6.30	9	(44)				
9.0	62	124	7.10	10	45	163	326	35.50	38
10.0	66	133	8.00	11	(46)				
11.0	71	142	9.00	12	(48)				
12.0	76	152	10.00	13	50	174	347	40.00	42
(13.0)					(52)				
14.0	81	163	11.20	14	(55)				
(15.0)					56	184	367	45.00	46
16.0	87	175	12.50	16	(58)				
(17.0)					(60)				
18.0	93	188	14.00	18	(62)				
(19.0)					63	194	387	50.00	51
20.0	100	201	16.00	20	67				
(21.0)					71	203	406	56.00	56

注：括号内的尺寸尽量不采用。

直柄机用铰刀规格（GB/T 1132—2004）(mm)　　　　　表 8-121

d	d_1	L	l	l_1	d	d_1	L	l	l_1
1.4	1.4	40	8	—	6	5.6	93	26	36
(1.5)	1.5	40	8	—	7	7.1	109	31	40
1.6	1.6	43	9	—	8	8.0	117	33	42
1.8	1.8	46	10	—	9	9.0	125	36	44
2.0	2.0	49	11	—	10	10.0	133	38	46
2.2	2.2	53	12	—	11	10.0	142	41	46
2.5	2.5	57	14	—	12	10.0	151	44	46
2.8	2.8	61	15	—	(13)	10.0	151	44	46
3.0	3.0	61	15	—	14	12.5	160	47	50
3.2	3.2	65	16	—	(15)	12.5	162	50	50
3.5	3.5	70	18	—	16	12.5	170	52	50
4.0	4.0	75	19	32	(17)	14.0	175	54	52
4.5	4.5	80	21	33	18	14.0	182	56	52
5.0	5.0	86	23	34	(19)	16.0	189	58	58
5.5	5.6	93	26	36	20	16.0	195	60	58

注：括号内的尺寸尽量不采用。

莫氏锥柄机用铰刀规格（GB/T 1132—2004）(mm)　　　　　表 8-122

d	L	l	莫氏锥柄号	d	L	l	莫氏锥柄号
5.5	138	26	1	(24)	268	68	3
6	138	26	1	25	268	68	3
7	150	31	1	(26)	273	70	3
8	156	33	1	28	277	71	3
9	162	36	1	(30)	281	73	3
10	168	38	1	32	317	77	3
11	175	41	1	(34)	321	78	4
12	182	44	1	(35)	321	78	4
(13)	182	44	1	36	325	79	4
14	189	47	1	(38)	329	81	4
15	204	50	2	40	329	81	4
16	210	52	2	(42)	333	82	4
(17)	214	54	2	(44)	336	83	4
18	219	56	2	(45)	336	83	4
(19)	223	58	2	(46)	340	84	4
20	228	60	2	(48)	344	86	4
22	237	64	2	50	344	86	4

注：括号内的尺寸尽量不采用。

带刃倾角直柄机用铰刀规格（GB/T 1134—2008）（mm）　　　　表 8-123

d	d_1	L	l	l_1	d	d_1	L	l	l_1
5.5	5.6	93	26	36	(13)	10.00	151	44	46
6					14		160	47	
7	7.1	109	31	40	(15)	12.5	162	50	50
8	8.0	117	33	42	16		170	52	
9	9.0	125	36	44	(17)	14.0	175	54	52
10		133	38		18		182	56	
11	10.00	142	41	46	(19)	16.0	189	58	58
12		151	44		20		195	60	

注：括号内的尺寸尽量不采用。

莫氏锥柄长刃机用铰刀（GB/T 4243—2004）（mm）　　　　表 8-124

d	l	L	莫氏锥柄号	d	l	L	莫氏锥柄号
7	54	134		(30)	124	251	3
8	58	138		32	133	293	4
9	62	142		(34)			
10	66	146		(35)	142	302	
11	71	151	1	36			
12	76	156		(38)			
(13)				40	152	312	
14	81	161		(42)			
(15)		181		(44)			
16	87	187		45	163	323	
(17)			2	(46)			
18	93	193		(48)			
(19)				50	174	334	
20	100	200		(52)		371	5
(21)				(55)			
22	107	207		56	184	381	
(23)				(58)			
(24)				(60)			
25	115	242	3	(62)			
(26)				63	194	391	
(27)	124	251		67			
28				71	203	400	

注：括号内的尺寸尽量不采用。莫氏锥柄按 GB/T 1443 的规定。

39. 1∶50 锥度销子铰刀（GB/T 20774—2006、GB/T 20331—2006、GB/T 20332—2006）

1∶50 锥度销子铰刀（图 8-83～图 8-85）分为手用和机用两种。手用 1∶50 锥度销子铰刀是用手铰制 1∶50 锥度销子孔用的切削工具。机用 1∶50 锥度销子铰刀是铰制 1∶50 锥度销子孔机用切削工具。尺寸规格见表 8-125～表 8-127。

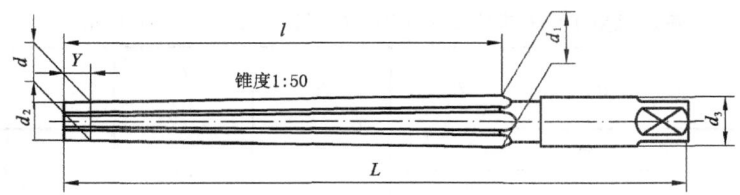

图 8-83　手用 1∶50 锥度销子铰刀

手用 1∶50 锥度销子铰刀（GB/T 20774—2006）（mm）　　　**表 8-125**

d h8	Y	d_1		d_2	l		d_3 h11	L	
		短刃型	普通型		短刃型	普通型		短刃型	普通型
0.6		0.70	0.90	0.5	10	20		35	38
0.8		0.94	1.18	0.7	12	24			42
1.0		1.22	1.46	0.9	16	28		40	46
1.2		1.50	1.74	1.1	20	32	3.15	45	50
1.5		1.90	2.14	1.4	25	37		50	57
2.0		2.54	2.86	1.9	32	48		60	68
2.5	5	3.12	3.36	2.4	36			65	
3.0		3.70	4.06	2.9	40	58	4.0		80
4.0		4.90	5.26	3.9	50	68	5.0	75	93
5.0		6.10	6.36	4.9	60	73	6.3	85	100
6.0		7.30	8.00	5.9	70	105	8.0	95	135
8.0		9.80	10.80	7.9	95	145	10.0	125	180
10.0		12.30	13.40	9.9	120	175	12.5	155	215
12.0		14.60	16.00	11.8	140	210	14.0	180	255
16.0	10	19.00	20.40	15.8	160	230	18.0	200	280
20.0		23.40	24.80	19.8	180	250	22.4	225	310
25.0		28.50	30.70	24.7	190	300	28.0	245	370
30.0	15	33.50	36.10	29.7		320	31.5	250	400
40.0		44.00	46.50	39.7	215	340	40.0	285	430
50.0		54.10	56.90	49.7	220	360	50.0	300	460

注：1. 除另有说明外，这种铰刀都制成右切削的。

2. 容屑槽可以制成直槽或左螺旋槽，由制造厂自行决定。

3. 直径 $d \leqslant 6mm$ 的铰刀可制成反顶尖。

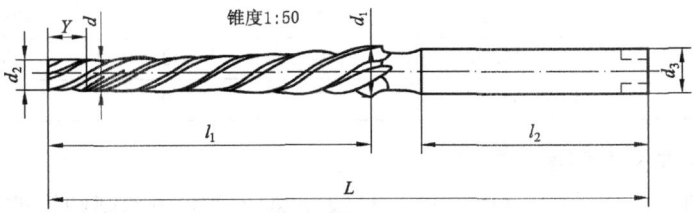

图 8-84　直柄机用 1∶50 锥度销子铰刀

直柄机用 1∶50 锥度销子铰刀（GB/T 20331—2006）（mm）　　表 8-126

d h8	Y	d_1	d_2	l_1	d_3 h9	l_2	L
2	5	2.86	1.9	48	3.15	29	86
2.5		3.36	2.4				
3		4.06	2.9	58	4.0	32	100
4		5.26	3.9	68	5.0	34	112
5		6.36	4.9	73	6.3	38	122
6		8.00	5.9	105	8.0	42	160
8		10.80	7.9	145	10.0	46	207
10		13.40	9.9	175	12.5	50	245
12	10	16.00	11.8	210	16.0	58	290

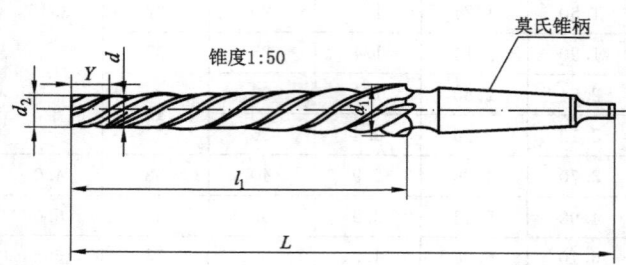

图 8-85　锥柄机用 1∶50 锥度销子铰刀

锥柄机用 1∶50 锥度销子铰刀规格（GB/T 20332—2006）（mm）　　表 8-127

d h8	Y	d_1	d_2	l_1	L	莫氏锥柄号
5	5	6.36	4.9	73	155	1
6		8.00	5.9	105	187	
8		10.80	7.9	145	227	
10		13.40	9.9	175	257	
12	10	16.00	11.8	210	315	
16		20.40	15.8	230	335	2
20		24.80	19.8	250	377	3
25	15	30.70	24.7	300	427	
30		36.10	29.7	320	475	4
40		46.50	39.7	340	495	
50		56.90	49.7	360	550	5

40. 莫氏圆锥与米制圆锥铰刀（GB/T 1139—2004）

莫氏圆锥与米制圆锥铰刀（图 8-86）是铰制莫氏圆锥和米制圆锥的切削工具。尺寸规格见表 8-128、表 8-129。

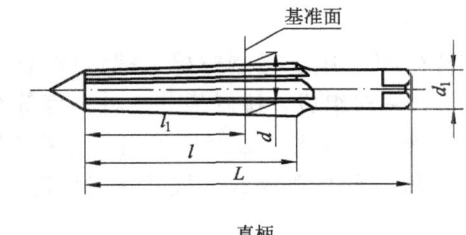

直柄

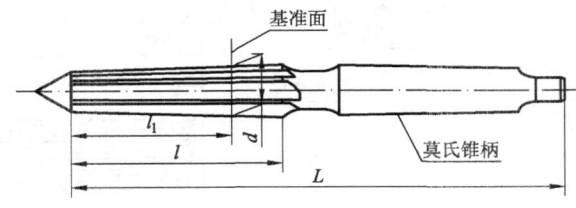

锥柄

图 8-86　莫氏圆锥与米制圆锥铰刀

直柄莫氏圆锥与米制圆锥铰刀规格（GB/T 1139—2004）（mm）　　**表 8-128**

圆　锥		mm					in				
代号		锥　度	d	L	l	l_1	d_1 (h9)	d	L	l	l_1	d_1 (h9)
米制	4	1：20＝0.05	4.000	48	30	22	4.0	0.1575	$1\frac{7}{8}$	$1\frac{3}{16}$	7/8	0.1575
	6		6.000	63	40	30	5.0	0.2362	$2\frac{15}{32}$	$1\frac{9}{16}$	$1\frac{3}{16}$	0.1969
莫氏	0	1：19.212＝0.05205	9.045	93	61	48	8.0	0.3561	$3\frac{21}{32}$	$2\frac{13}{32}$	$1\frac{7}{8}$	0.3150
	1	1：20.047＝0.04988	12.065	102	66	50	10.0	0.4750	$4\frac{1}{32}$	$2\frac{19}{32}$	$1\frac{31}{32}$	0.3937
	2	1：20.020＝0.04995	17.780	121	79	61	14.0	0.7000	$4\frac{3}{4}$	$3\frac{1}{8}$	$2\frac{13}{32}$	0.5512
	3	1：19.922＝0.05020	23.825	146	96	76	20.0	0.9380	$5\frac{3}{4}$	$3\frac{25}{32}$	3	0.7874
	4	1：19.254＝0.05194	31.267	179	119	97	25.0	1.2310	$7\frac{1}{16}$	$4\frac{11}{16}$	$3\frac{13}{16}$	0.9843
	5	1：19.002＝0.05263	44.399	222	150	124	31.5	1.7480	$8\frac{3}{4}$	$5\frac{29}{32}$	$4\frac{7}{8}$	1.2402
	6	1：19.180＝0.05214	63.348	300	208	176	45.0	2.4940	$11\frac{13}{16}$	$8\frac{3}{16}$	$6\frac{15}{16}$	1.7717

锥柄莫氏圆锥与米制圆锥铰刀规格（GB/T 1139—2004）（mm）　　**表 8-129**

圆　锥		mm				in				莫氏锥柄号
代号		锥　度	d	L	l	l_1	d	L	l	l_1	
米制	4	1：20＝0.05	4.000	106	30	22	0.1575	$4\frac{3}{16}$	$1\frac{3}{16}$	7/8	1
	6		6.000	116	40	30	0.2362	$4\frac{9}{16}$	$1\frac{9}{16}$	$1\frac{3}{16}$	
莫氏	0	1：19.212＝0.05205	9.045	137	61	48	0.3561	$5\frac{13}{32}$	$2\frac{13}{32}$	$1\frac{7}{8}$	
	1	1：20.047＝0.04988	12.065	142	66	50	0.4750	$5\frac{19}{32}$	$2\frac{19}{32}$	$1\frac{31}{32}$	
	2	1：20.020＝0.04995	17.780	173	79	61	0.7000	$6\frac{13}{16}$	$3\frac{1}{8}$	$2\frac{13}{32}$	2
	3	1：19.922＝0.05020	23.825	212	96	76	0.9380	$8\frac{11}{32}$	$3\frac{25}{32}$	3	3
	4	1：19.254＝0.05194	31.267	263	119	97	1.2310	$10\frac{11}{32}$	$4\frac{11}{16}$	$3\frac{13}{16}$	4
	5	1：19.002＝0.05263	44.399	331	150	124	1.7480	$13\frac{1}{32}$	$5\frac{29}{32}$	$4\frac{7}{8}$	5
	6	1：19.180＝0.05214	63.348	389	208	176	2.4940	$15\frac{5}{16}$	$8\frac{3}{16}$	$6\frac{15}{16}$	

41. 搓丝板（GB/T 972—2008）

搓丝板（图8-87）是装在搓丝机上用于搓制螺栓、螺钉或机件上普通外螺纹用的刀具。由活动搓丝板和固定搓丝板各一对组成，搓丝板分三种精度等级：1级、2级、3级。1级用于加工公差等级为4级、5级的外螺纹；2级用于加工公差等级为5级、6级的外螺纹；3级用于加工公差等级为6级、7级的外螺纹。尺寸规格见表8-130～表8-132。

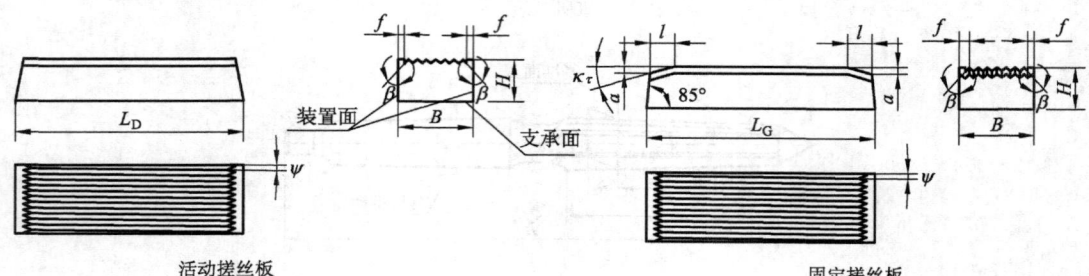

活动搓丝板　　　　　　　　　　　　　　　　固定搓丝板

图 8-87　搓丝板

普通螺纹用搓丝板外形尺寸（mm）　　　　　　　　　表 8-130

L_D	L_G	B	H（参考）	适用范围
50	45	15	20	M1～M3
		20		
55		22	22	M1.6～M3
60	55	20	25	M1.4～M3
		25		
65		30	28	M1.6～M3
70	65	20	25	M1.6～M4
		25		
		30		
		40		
80	70	30	28	M1.6～M5
85	78	20	25	M2.5～M5
		25		
		30		
		40		
		50		
125	110	40		M3～M8
		50		
		60		
170	150	50	30	M5～M10
		60		
		70		
		80	40	

L_D	L_G	B	H（参考）	适用范围
210	190	55		M5～M14
		80		
220	200	50	40	M8～M14
		60		
		70		
250	230	60	45	M12～M16
		70		
		80		
310	285	70		M16～M22
		80	50	
		105		
400	375	80		M20～M24
		100		

粗牙普通螺纹用搓丝板的推荐尺寸（mm）　　　　　　表 8-131

被加工螺纹公称直径 d	螺距 P	l	a	ψ	K_τ	f	β
1			0.16	5°44′			
1.1	0.25	6.1	0.15	5°05′		0.11	
1.2				4°35′			
1.4	0.30	7.3	0.19	4°43′			
1.6	0.35	8.4	0.22	4°49′		0.50	
1.8				4°11′			
2	0.40	9.9	0.26	4°19′		0.60	
2.2	0.45	11.0	0.29	4°25′		0.70	
2.5				3°48′			
3	0.50	12.2	0.32	3°29′		0.80	
3.5	0.60	16.0	0.42	3°35′		0.9	
4	0.70	18.7	0.49	3°40′		1.0	
4.5	0.75	20.2	0.53	3°28′	1°30′		25°
5	0.80	21.4	0.56	3°18′		1.2	
6	1.00	26.7	0.70	3°27′		1.5	
8	1.25	33.6	0.88	3°12′		2.00	
10	1.50	40.1	1.05	3°04′		2.50	
12	1.75	47.0	1.23	2°58′		2.70	
14	2.00	53.5	1.40	2°54′		3.00	
16				2°30′			
18				2°48′			
20	2.50	76.4	2.00	2°30′		4.00	
22				2°15′			
24	3.00	91.7	2.40	2°30′		4.50	

注：表中的 l、a、ψ、K_τ、f 和 β 为推荐尺寸。

细牙普通螺纹用搓丝板的推荐尺寸（mm）

表 8-132

被加工螺纹公称直径 d	螺距 P	l	a	ψ	K_τ	f	β
1				4°23′			
1.1				3°55′			
1.2	0.20	5.0	0.13	3°32′		0.3	
1.4				2°58′			
1.6				2°33′			
1.8				2°14′			
2	0.25	6.1	0.16	2°33′		0.4	
2.2				2°17′			45°
2.5				2°52′			
3	0.35	8.4	0.22	2°21′		0.5	
3.5				1°59′			
4	0.5	13.4	0.35	2°31′		0.8	
5				1°58′	1°30′		
6	0.75	20.3	0.53	2°31′		1.2	
8	1.00	26.7	0.70	2°30′		1.5	
10				1°58′			
12	1.25	33.6	0.88	2°03′		2.0	
14				2°30′			
				2°07′			
16				1°50′			
18	1.50	40.1	1.05	1°37′		2.4	25°
20				1°27′			
22				1°18′			
24	2.00	53.5	1.40	1°37′		3.0	

注：表中的 l、a、ψ、K_τ、f 和 β 为推荐尺寸。

42. 滚丝轮（GB/T 971—2008）

滚丝轮（图 8-88）是装在滚丝机上加工普通螺纹（GB/T 192～193、196～197）的刀具，成对使用。分为三种精度等级：1 级、2 级、3 级。1 级用于加工公差等级为 4 级、5 级的外螺纹；2 级用于加工公差等级为 5 级、6 级的外螺纹；3 级用于加工公差等级为 6 级、7 级的外螺纹。

滚丝轮根据内孔直径分为 45 型（d=45，键槽 b=12，h=47.9）；54 型（d=54，键槽 b=12，h=57.5）；75 型（d=75，键槽 b=20，h=79.3）三种。

尺寸规格见表 8-133～表 8-139。

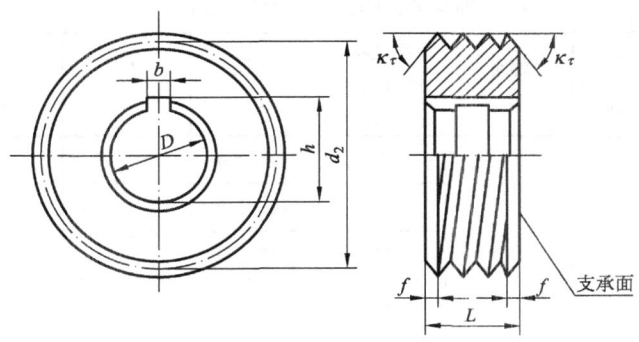

图 8-88 滚丝轮

滚丝轮型式（mm） 　　　　　　　　　　　　　　　　**表 8-133**

型　式	内　孔 D	键　槽	
		b	h
45 型	$45^{+0.025}_{0}$	$12^{+0.36}_{+0.12}$	$47.9^{+0.62}_{0}$
54 型	$54^{+0.030}_{0}$		$57.5^{+0.74}_{0}$
75 型	$75^{+0.030}_{0}$	$20^{+0.42}_{+0.14}$	$79.3^{+0.74}_{0}$

45 型粗牙普通螺纹用滚丝轮规格（mm） 　　　　　　　　　　**表 8-134**

被加工螺纹公称直径 d		螺距 P	滚丝轮螺纹头数 Z	中径 d_2	宽度 L（推荐）	倒　角	
第一系列	第二系列					κ_τ	f
3		0.5	54	144.450			0.5
	3.5	0.6	46	143.060			0.6
4		0.7	40	141.800	30	45°	0.7
	4.5	0.75	35	140.455			0.75
5		0.8	32	143.360			0.8
6		1.0	27	144.450	30；40		1.5
8		1.25	20	143.760			2.0
10		1.5	16	144.416	40；50		2.5
12		1.75	13	141.219			
	14	2.0	11	139.711	40；60	25°	3.0
16			10	147.010			
	18	2.5	9	147.384			
20			8	147.008	40；60		4.0
	22		7	142.632			

45 型细牙普通螺纹用滚丝轮规格（mm）　　　　　表 8-135

被加工螺纹公称直径 d		螺距 P	滚丝轮螺纹头数 Z	中径 d_2	宽度 L	倒　角	
第一系列	第二系列					κ_τ	f
8			20	147.000	30；40		
10			16	149.600	40；50		1.5
12		1.0	13	147.550	40；50		1.5
	14		11	146.850	50；70		
16			9	138.150	50；70		
10			16	147.008	40；50		
12		1.25	13	145.444	40；50		2.0
	14		11	145.068	50；70		
12			13	143.338	40；50		
	14		11	143.286	50；70		2.5
16			10	150.260	50；70		
	18		8	136.208			
20			7	133.182			
	22		7	147.182			
24		1.5	6	138.156	50；70	25°	2.5
	27		5	130.130			
30			5	145.130			
	33		4	128.104			
36			4	140.104			
	39		3	114.078			
	18		9	150.309			3.0
20			8	149.608			
	22		7	144.907			
24			6	136.206			
	27	2.0	5	128.505	40；60		
30			5	143.505			3.0
	33		4	126.804			
36			4	138.804			
	39		3	113.103			

54 型粗牙普通螺纹用滚丝轮规格（mm）　　　　表 8-136

被加工螺纹公称直径 d		螺距 P	滚丝轮螺纹头数 Z	中径 d_2	宽度 L	倒　角	
第一系列	第二系列					κ_τ	f
3		0.5	54	144.450			0.5
	3.5	0.6	46	143.060			0.6
4		0.7	40	141.800	30	45°	0.7
	4.5	0.75	35	140.455			0.75
5		0.8	32	143.360			0.8
6		1.0	27	144.450	30；40		1.5
8		1.25	20	143.760			2.0
10		1.5	16	144.416	40；50		2.5
12		1.75	13	141.219			
	14	2.0	12	152.412	50；70		3.0
16			10	147.010			
	18		9	147.384	60；80	25°	
20		2.5	8	147.008			4.0
	22		7	142.632			
24		3.0		154.357	70；90		4.5
	27		6	150.306			
30		3.5	5	138.635	80；100		5.5
	33			153.635			
36		4.0	4	133.608			6.0
	39			145.608			

54 型细牙普通螺纹用滚丝轮规格（mm）　　　　表 8-137

被加工螺纹公称直径 d		螺距 P	滚丝轮螺纹头数 Z	中径 d_2	宽度 L	倒　角	
第一系列	第二系列					κ_τ	f
8			20	147.000	30；40		
10			16	149.600	40；50		
12		1.0	13	147.550			1.5
	14		11	146.850	50；70		
16			10	153.500		25°	
10			16	147.008	40；50		
12		1.25	13	145.444			2.0
	14		11	145.068	50；70		

续表

| 被加工螺纹公称直径 d | | 螺距 P | 滚丝轮螺纹头数 Z | 中径 d₂ | 宽度 L | 倒 角 | |
第一系列	第二系列					κ_τ	f
12			13	143.338	40；50		
	14		11	143.286	50；70		
16			10	150.260	50；70		
	18		8	136.208			
20				152.208	60；80		
	22		7	147.182			
24		1.5	6	138.156	70；90		2.5
	27		5	130.130			
30				145.130			
	33			128.104			
36			4	140.104	80；100		
	39			152.104			
42			3	123.078			
	45			132.078			
	18		9	150.309	60；80	25°	
20			8	149.608			
	22		7	144.907			
24			6	136.206	70；90		
	27		5	128.505			
30		2.0		143.505			3.0
	33			126.804			
36			4	138.804			
	39			150.804			
42			3	122.103	80；100		
	45			131.103			
36			4	136.204			
	39		3.0		148.204			4.5
42			3	120.153			
	45			129.153			

75 型粗牙普通螺纹用滚丝轮规格 （mm）　　　表 8-138

被加工螺纹公称直径 d		螺距 P	滚丝轮螺纹头数 Z	中径 d_2	宽度 L	倒角	
第一系列	第二系列					κ_τ	f
6		1.0	33	176.550	45		1.5
8		1.25	23	165.324			2.0
10		1.5	19	171.494			2.5
12		1.75	16	173.808	60；70		2.5
	14	2.0	14	177.814			3.5
16			12	176.412			3.5
	18		11	180.136			
20		2.5	10	183.760		25°	4.0
	22		9	183.384			4.0
24		3.0	8	176.408			4.5
	27		7	175.357	70；80		4.5
30		3.5	7	194.089			5.5
	33		6	184.362			5.5
36		4.0	5	167.010			6.0
	39	4.0	5	182.010			6.0
42		4.5	5	193.385			6.5

75 型细牙普通螺纹用滚丝轮规格 （mm）　　　表 8-139

被加工螺纹公称直径 d		螺距 P	滚丝轮螺纹头数 Z	中径 d_2	宽度 L	倒角	
第一系列	第二系列					κ_τ	f
8			23	169.050	45		1.5
10			18	168.300			
12		1.0	15	170.250	50；60		1.5
	14		13	173.550			
16			11	168.850			
10			19	174.572			2.0
12		1.25	16	179.008			
	14		13	171.444	45；50	25°	
12			16	176.416			
	14		14	182.364			
16			12	180.312			
	18		10	170.260			2.5
20		1.5	9	171.234			
	22		9	189.234	60；70		
24			8	184.208			
	27		7	182.182			
30			6	174.156			

续表

被加工螺纹公称直径 d		螺距 P	滚丝轮螺纹头数 Z	中径 d_2	宽度 L	倒角	
第一系列	第二系列					κ_τ	f
	33		6	192.156			
36			5	175.130			
	39	1.5		190.130	70；80		2.5
42			4	164.104			
	45			176.104			
	18		11	183.711			
20			10	187.010			
	22		9	186.309	50；60		
24			8	181.608			
	27		7	179.907			
30		2.0	6	172.206		25°	3.0
	33			190.206	60；70		
36			5	173.505			
	39			188.505			
42			4	162.804	70；80		
	45			174.804			
36				170.255			
	39	3.0	5	185.255	90；100		4.5
42				200.255			
	45		4	172.204			

注：1. 表 8-107～表 8-112 中的 α_z、f 为推荐尺寸。

2. 使用厂因特殊需要，不能采用表 8-110～表 8-111 规定的滚丝轮宽度时，可按下列宽度系列另行选取：30、40、45、50、55、60、65、70、75、80、85、90、95、100、105。

3. 按使用厂需要制造具有备磨量的滚丝轮。

第九章 磨料、磨具

一、普通磨料、磨具

1. 普通磨料代号 （GB/T 2476—1994）

普通磨料的系别、名称、代号、特性及使用范围见表 9-1。

普通磨料的系别、名称、代号、特性及使用范围   表 9-1

系别	名 称	代号	特 性 及 使 用 范 围
刚玉	棕刚玉	A	棕褐色，硬度高，韧性大，能承受较大的压力，价格便宜。适用于磨削抗拉强度较高的金属，如碳钢、合金钢、可锻铸铁、硬青铜等
	白刚玉	WA	白色，硬度比棕刚玉高，韧性比棕刚玉低，切削性能优于棕刚玉。适用于磨削淬火钢、高速钢、各种合金钢，常用于磨螺纹、齿轮及薄壁零件
	单晶刚玉	SA	浅黄色或白色，颗粒呈球状，具有良好的多角多棱切削刃，硬度和韧性都比白刚玉高。磨削不锈钢、高钒高速钢、耐热钢、淬火钢、也可用于高效率和高光洁度的磨削
	微晶刚玉	MA	棕褐色，强度、韧性较高，颗粒由微小晶体组成。适用于高效率和高光洁度磨削，如不锈钢、碳素钢、轴承钢和特种球墨铸铁等
	铬刚玉	PA	紫红色或玫瑰红色，韧性比白刚玉好，硬度与白刚玉相似，磨削光洁度好，适用于淬火钢、合金钢刀具的刃磨以及螺纹工件、量具和仪表零件的磨削
	锆刚玉	ZA	褐灰色，具有磨削效率高、光洁度好、不烧伤工件和砂轮表面不易被堵塞等优点。适用于不锈钢，耐热合金钢和高铝钢的磨削
	黑刚玉	BA	黑色，硬度高，但韧性较差。适用于硬度不高的材料及钟表零件的磨削
碳化物	黑碳化硅	C	黑色，有光泽，硬度比刚玉高，但韧性比刚玉低，性脆而锋利。适用于抗拉强度低的金属及非金属如铸铁、黄铜、铝、耐火材料、皮革和硬橡胶等的磨削
	绿碳化硅	GC	绿色，硬度仅次于碳化硼和金刚石。适用于硬而脆的材料，如硬质合金、玻璃、玛瑙和珩磨钢套等的磨削
	立方碳化硅	SC	颗粒完整性好，韧性高，在空气中不易氧化。用于超精磨削轴承的沟槽，可以得到较好的光洁度
	碳化硼	BC	灰黑色，硬度比碳化硅高。适用于硬质合金、宝石、陶瓷等材料做的刀具、模具、精密元件的钻孔、研磨和抛光

2. 固结磨具用磨料的粒度 （GB/T 2481.1—1998、GB/T 2481.2—2009）

GB/T 2481.1—1998 规定了刚玉和碳化硅磨料 F4～F220 粗磨粒粒度组成及其检测方法，并规定了粒度标记方法，见表 9-2。

本标准适用于制造固结磨具和一般工业用途的磨粒，以及从固结磨具上回收的磨粒。

GB/T 2481.2—2009 规定了刚玉、碳化硅微粉 F230～F2000、♯240～♯8000 的粒度组成、粒度标记和检测方法，见表 9-3 和表 9-4。

F4～F220 粗磨粒粒度组成　　　　表 9-2

粒度标记	最粗粒 筛孔尺寸 mm	μm	筛上物 质量比%	粗粒 筛孔尺寸 mm	μm	筛上物≤ 质量比%	基本粒 筛孔尺寸 mm	μm	筛上物≥ 质量比%	混合粒 筛孔尺寸 mm	μm	筛上物≥ 质量比%	细粒 筛孔尺寸 mm	μm	筛下物≤ 质量比%
F4	8.00	—	0	5.60	—	20	4.75	—	40	4.75 4.00	—	70	3.35	—	3
F5	6.70	—	0	4.75	—	20	4.00	—	40	4.00 3.35	—	70	2.80	—	3
F6	5.60	—	0	4.00	—	20	3.35	—	40	3.35 2.80	—	70	2.36	—	3
F7	4.75	—	0	3.35	—	20	2.80	—	40	2.80 2.36	—	70	2.00	—	3
F8	4.00	—	0	2.80	—	20	2.36	—	45	2.36 2.00	—	70	1.70	—	3
F10	3.35	—	0	2.36	—	20	2.00	—	45	2.00 1.70	—	70	1.40	—	3
F12	2.80	—	0	2.00	—	20	1.70	—	45	1.70 1.40	—	70	1.18	—	3
F14	2.36	—	0	1.70	—	20	1.40	—	45	1.40 1.18	—	70	1.00	—	3
F16	2.00	—	0	1.40	—	20	1.18	—	45	1.18 1.00	—	70	—	850	3
F20	1.70	—	0	1.18	—	20	1.00	—	45	1.00 —	— 850	70	—	710	3
F22	1.40	—	0	1.00	—	20	—	850	45	—	850 710	70	—	600	3
F24	1.18	—	0	—	850	25	—	710	45	—	710 600	65	—	500	3
F30	1.00	—	0	—	710	25	—	600	45	—	600 500	65	—	425	3
F36	—	850	0	—	600	25	—	500	45	—	500 425	65	—	335	3
F40	—	710	0	—	500	30	—	425	40	—	425 335	65	—	300	3
F46	—	600	0	—	425	30	—	335	40	—	335 300	65	—	250	3
F54	—	500	0	—	335	30	—	300	40	—	300 250	65	—	212	3
F60	—	425	0	—	300	30	—	250	40	—	250 212	65	—	180	3
F70	—	335	0	—	250	25	—	212	40	—	212 180	65	—	150	3
F80	—	300	0	—	212	25	—	180	40	—	180 150	65	—	125	3
F90	—	250	0	—	180	20	—	150	40	—	150 125	65	—	106	3
F100	—	212	0	—	150	20	—	125	40	—	125 106	65	—	75	3
F120	—	180	0	—	125	20	—	106	40	—	106 90	65	—	63	3
F150	—	150	0	—	106	15	—	75	40	—	75 63	65	—	45	3
F180	—	125	0	—	90	15	—	75 63	40	—	75 63 53	65	—	—	—
F220	—	106	0	—	75	15	—	63 53	40	—	63 53 45	60	—	—	—

F230～F2000 微粉的粒度组成　　　　表 9-3

粒度标记	d_{s0}最大值/μm 光电沉降仪	沉降管粒度仪	d_{s3}最大值/μm 光电沉降仪	沉降管粒度仪	d_{s50}粒度中值/μm 光电沉降仪	沉降管粒度仪	最小值/μm 光电沉降仪 d_{s94}	沉降管粒度仪 d_{s95}
F230	—	120	82.0	77.0	53.0±3.0	55.7±3.0	34.0	38.0
F240	—	105	70.0	68.0	44.5±2.0	47.5±2.0	28.0	32.0
F280	—	90	59.0	60.0	36.5±1.5	39.9±1.5	22.0	25.0

续表

粒度标记	d_{s0}最大值/μm		d_{s3}最大值/μm		d_{s50}粒度中值/μm		最小值/μm	
	光电沉降仪	沉降管粒度仪	光电沉降仪	沉降管粒度仪	光电沉降仪	沉降管粒度仪	光电沉降仪 d_{s94}	沉降管粒度仪 d_{s95}
F320	—	75	49.0	52.0	29.2±1.5	32.8±1.5	16.5	19.0
F360	—	60	40.0	46.0	22.8±1.5	26.7±1.5	12.0	14.0
F400	—	50	32.0	39.0	17.3±1.0	21.4±1.0	8.0	10.0
F500	—	45	25.0	34.0	12.8±1.0	17.1±1.0	5.0	7.0
F600	—	40	19.0	30.0	9.3±1.0	13.7±1.0	3.0	4.6
F800	—	35	14.0	26.0	6.5±1.0	11.0±1.0	2.0	3.5
F1000	—	32	10.0	23.0	4.5±0.8	9.1±0.8	1.0	2.4
F1200	—	30	7.0	20.0	3.0±0.5	7.6±0.5	1.0 (80%处)	2.4(80%处)
F1500	—	—	5.0	—	2.0±0.4	—	0.8 (80%处)	—
F2000	—	—	3.5	—	1.2±0.3	—	0.5 (80%处)	—

♯240～♯8000 微粉的粒度组成 表9-4

粒度标记	最大值/μm		最大值/μm		粒度中值/μm		最小值/μm	
	沉降管粒度仪 d_{s0}	电阻法颗粒计数器 d_{v0}	沉降管粒度仪 d_{s3}	电阻法颗粒计数器 d_{v3}	沉降管粒度仪 d_{s50}	电阻法颗粒计数器 d_{v50}	沉降管粒度仪 d_{s94}	电阻法颗粒计数器 d_{v94}
♯240	127.0	127.0	90.0	103.0	60.0±4.0	57.0±3.0	48.0	40.0
♯280	112.0	112.0	79.0	87.0	52.0±3.0	48.0±3.0	41.0	33.0
♯320	98.0	98.0	71.0	74.0	46.0±2.5	40.0±2.5	35.0	27.0
♯360	86.0	86.0	64.0	66.0	40.0±2.0	35.0±2.0	30.0	23.0
♯400	75.0	75.0	56.0	58.0	34.0±2.0	30.0±2.0	25.0	20.0
♯500	65.0	63.0	48.0	50.0	28.0±2.0	25.0±2.0	20.0	16.0
♯600	57.0	53.0	43.0	43.0	24.0±1.5	20.0±1.5	17.0	13.0
♯700	50.0	45.0	39.0	37.0	21.0±1.3	17.0±1.3	14.0	11.0
♯800	46.0	38.0	35.0	31.0	18.0±1.0	14.0±1.0	12.0	9.0
♯1000	42.0	32.0	32.0	27.0	15.5±1.0	11.5±1.0	9.5	7.0
♯1200	39.0	27.0	28.0	23.0	13.0±1.0	9.5±0.8	7.8	5.5
♯1500	36.0	23.0	24.0	20.0	10.5±1.0	8.0±0.6	6.0	4.5
♯2000	33.0	19.0	21.0	17.0	8.5±0.7	6.7±0.6	4.7	4.0
♯2500	30.0	16.0	18.0	14.0	7.0±0.7	5.5±0.6	3.6	3.0
♯3000	28.0	13.0	16.0	11.0	5.7±0.5	4.0±0.5	2.8	2.0
♯4000	—	11.0	—	8.0	—	3.0±0.4	—	1.3
♯6000	—	8.0	—	5.0	—	2.0±0.4	—	0.8
♯8000	—	6.0	—	3.5	—	1.2±0.3	—	0.6(75%处)

　　本标准适用于制造固结磨具和一般工业用途的微粉、精密研磨用的微粉、从固结磨具上回收的微粉以及用于抛光的松散微粉。

本标准规定的微粉，是指用沉降法检验其粒度组成时，中值粒径 d_{s50} 不大于 60 μm 的磨粒，包括 F 系列微粉和 J 系列微粉两个系列，粒度号前分别冠以字母"F"和字符"#"。

F 系列微粉和 J 系列微粉的粒度组成根据下列准则确定：

（1）最大粒直径不应超过 d_{s0}（d_{v0}）的最大许可值；

（2）在粒度组成曲线的 3％点处，其粒径（理论粒径）不应超过 d_{s3}（d_{v3}）的最大许可值；

（3）在粒度组成曲线的 50％点处，其中值粒径（理论粒径）应在规定的 d_{s50}（d_{v50}）允许范围内；

（4）在粒度组成曲线的 94/95％点处，其粒径（理论粒径）应达到 $d_{s94/95}$（$d_{v94/95}$）的最小许可值。

此四条准则应同时满足。F 系列微粉各粒度号的规定值见表 9-3（适用于光电沉降仪，对应于 94％值，适用于沉降管粒度仪，对应于 95％值）；J 系列微粉各粒度号的规定值见表 9-4（适用于沉降管粒度仪，对应于 94％值，适用于电阻法颗粒计数器，对应于 94％值）。

F 系列微粉组成的检测用沉降管粒度仪、光电沉降仪或基于校正砂的其他方法进行；J 系列微粉的检测用沉降管粒度仪、电阻法颗粒计数器或基于校正砂的其他方法进行。

F 系列微粉和 J 系列微粉粒度组成的检测准则：

（1）最大粒的粒径（d_{s0}/d_{v0} 值）；

（2）粒度组成曲线 3％点处的理论粒径（d_{s3}/d_{v3} 值）；

（3）粒度组成曲线 50％点处的理论粒径（d_{s50}/d_{v50} 值）；

（4）粒度组成曲线 94/95％点处的理论粒径（$d_{s94/95}/d_{v94/95}$ 值）。

注：d_s 是用沉降法测得的粒径，称作斯托克斯（Stokes）粒径，d_v 是用电阻法测得的粒径，称作等效体积（Volume）粒径。

3. 磨料结合剂（GB/T 2484—2006）

结合剂的主要作用是将磨粒固结在一起，使之具有一定的形状和强度，以便有效地进行磨削工作。结合剂名称、代号、特性及用途见表 9-5。

结合剂名称、代号、特性及用途　　　　　　　　　　　　表 9-5

名　称	代　号	特性及用途
陶瓷结合剂	V	陶瓷结合剂磨具具有耐热、耐水及良好的化学稳定性，广泛用于各种材料和不同类型的磨削
树脂或其他热固性有机结合剂 纤维增强树脂结合剂	B BF	树脂结合剂磨具具有较高的强度和一定的弹性，多用于粗磨、荒磨、切断、开槽和自由磨削
橡胶结合剂 增强橡胶结合剂	R RF	橡胶结合剂具有强度高、弹性好、磨具结构紧密、气孔率小。多用于无心磨导轮、精磨轴承沟道和轴承滚柱、制作较薄的切割砂轮和抛光砂轮
菱苦土结合剂	Mg	主要材料由氧化镁和氯化镁两种材料所组成，主要用于细粒度磨料作精细加工用途
塑料结合剂	PL	

4. 固结磨具 (GB/T 2484－2006)

本标准适用于普通固结磨具 (砂轮、磨头、砂瓦和磨石)，不适用于金刚石或立方氮化硼磨料制品。

固结磨具的符号及其含义见表 9-6，固结磨具的形状代号和尺寸标记见表 9-7。

平形砂轮的圆周型面形状和代号见图 9-1。

固结磨具的符号及其含义　　　　　　　　　　　　　　　　　**表 9-6**

符号	含 义	符号	含 义
A	砂瓦小底的宽度	N	锥面深度
B	砂瓦、磨石的宽度	P	凹槽直径
C	砂瓦、磨石的厚度	R	凹形砂轮、砂瓦、磨头和带柄磨头的弧形半径
D	磨具的外径		
E	杯形、碟形、铙形砂轮孔处的厚度	S	带柄磨头柄的直径
F	第一凹面的深度	T	总厚度
G	第二凹面的深度	U	斜边形、凸形和铙形砂轮的最小厚度，如 4 型和 38 型砂轮
H	磨具孔径		
J	碗形、碟形、斜边形和凸形砂轮的最小直径	W	杯形、碗形、筒形和碟形砂轮的环端面宽度
K	碗形和碟形砂轮的内底径	V	圆周型面角度[①]
		X	圆周型面其他尺寸[①]
L	砂瓦、磨石的长度、磨头孔深度和带柄磨头柄的长度	↓	表示固结磨具磨削面的符号

① 砂轮圆周型面见图 9-1。

固结磨具的形状代号和尺寸标记　　　　　　　　　　　　　　**表 9-7**

型号	示　意　图	特征值的标记	尺寸见相关标准
1		平形砂轮 1 型-圆周型面[①]－$D \times T \times H$	GB/T 4127
2		粘结或夹紧用筒形砂轮 2 型-$D \times T \times W$	
3		单斜边砂轮 3 型-$D/J \times T \times H$	

型号	示 意 图	特征值的标记	尺寸见相关标准
4		双斜边砂轮 4 型-$D \times T \times H$	—
5		单面凹砂轮 5 型-圆周型面[①] $-D \times T \times H - P \times F$	
6		杯形砂轮 6 型-$D \times T \times H - W \times E$	
7		单面凹一号砂轮 7 型-圆周型面[①] $-D \times T \times H - P \times F/G$	GB/T 4127
8		双面凹二号砂轮 8 型-$D \times T \times H - W \times J \times F/G$	
9		双杯形砂轮 9 型-$D \times T \times H - W \times E$	
11		碗形砂轮 11 型-$D/J \times T \times H - W \times E$	

型号	示　意　图	特征值的标记	尺寸见相关标准
12a		碟形砂轮 12a 型-$D/J\times T\times H$	GB/T 4127
12b		碟形砂轮 12b 型-$D/J\times T\times H-U$	
13		茶托形砂轮 13 型-$D/J\times T/U\times H-K$	—
16		椭圆锥磨头 16 型-$D\times T\times H$	GB/T 4127
17a		60°锥磨头 17a 型-$D\times T\times H$	
17b		圆头锥磨头 17b 型-$D\times T\times H$	
17c		截锥磨头 17c 型-$D\times T\times H$	

型号	示意图	特征值的标记	尺寸见相关标准
18a		圆柱形磨头 18a 型-$D \times T \times H$	GB/T 4127
18b		半球形磨头 18b 型-$D \times T \times H$	
19		球形磨头 19 型-$D \times T \times H$	
20		单面锥砂轮 20 型-$D/K \times T/N \times H$	—
21		双面锥砂轮 21 型-$D/K \times T/N \times H$	—
22		单面凹单面锥砂轮 22 型-$D/K \times T/N \times H-P \times F$	—
23		单面凹锥砂轮 23 型-$D \times T/N \times H-P \times F$	GB/T 4127

型号	示　意　图	特征值的标记	尺寸见相关标准
24		双面凹单面锥砂轮 24 型-$D \times T/N \times H - P \times F/G$	—
25		单面凹双面锥砂轮 25 型-$D/K \times T/N \times H - P \times F$	—
26		双面凹锥砂轮 26 型-$D \times T/N \times H - P \times F/G$	GB/T 4127
27		钹形砂轮 27 型-$D \times U \times H$	
28		锥面钹形砂轮 28 型-$D \times U \times H$	—
31		平形砂瓦 3101 型-$B \times C \times L$	GB/T 4127
		平凸形砂瓦 3102 型-$B \times A \times R \times L$	

型号	示　意　图	特征值的标记	尺寸见相关标准
31		凸平形砂瓦 3103 型-$B \times A \times R \times L$	GB/T 4127
		扇形砂瓦 3104 型-$B \times A \times R \times L$	
		梯形砂瓦 3109 型-$B \times A \times C \times L$	
35		粘结或夹紧用圆盘砂轮 35 型-$D \times T \times H$	—
36		螺栓紧固平形砂轮 36 型-圆周型面$-D \times T \times H$ —嵌装螺母[2]	GB/T 4127
37		螺栓紧固筒形砂轮 ($W \leqslant 0.17D$) 37 型-$D \times T \times W$—嵌装螺母	—
38		单面凸砂轮 38 型-圆周型面[1] $-D/J \times T/U \times H$	GB/T 4127
39		双面凸砂轮 39 型-圆周型面[1] $-D/J \times T/U \times H$	—

型号	示　意　图	特征值的标记	尺寸见相关标准
41		平形切割砂轮 41 型-$D \times T \times H$	GB/T 4127
42		铙形切割砂轮 42 型-$D \times U \times H$	—
52		带柄圆柱磨头 5201 型-$D \times T \times S - L$	GB/T 4127
		带柄半球形磨头 5202 型-$D \times T \times S - L$	
		带柄球形磨头 5203 型-$D \times T \times S - L$	
		带柄截锥磨头 5204 型-$D \times T \times S - L$	
		带柄椭圆锥磨头 5205 型-$D \times T \times S - L$	
		带柄60°锥磨头 5206 型-$D \times T \times S - L$	
		带柄圆头锥磨头 5207 型-$D \times T \times S - L$	

型号	示 意 图	特征值的标记	尺寸见相关标准
54		长方形珩磨磨石 5410 型-$B \times C - L$	GB/T 4127
		正方形珩磨磨石 5411 型-$B \times L$	
		珩磨磨石 5420 型-$D \times T \times H$	—
90		长方形磨石 9010 型-$B \times C \times L$	GB/T 4127
		正方形磨石 9011 型-$B \times L$	
		三角形磨石 9020 型-$B \times L$	
		刀形磨石 9021 型-$B \times C \times L$	

型号	示　意　图	特征值的标记	尺寸见相关标准
90		圆形磨石 9030 型-$B \times L$	GB/T 4127
		半圆形磨石 9040 型-$B \times C \times L$	

① 对应的圆周型面见图 9-1。

② 嵌装螺母尺寸和位置见 GB/T 4127。

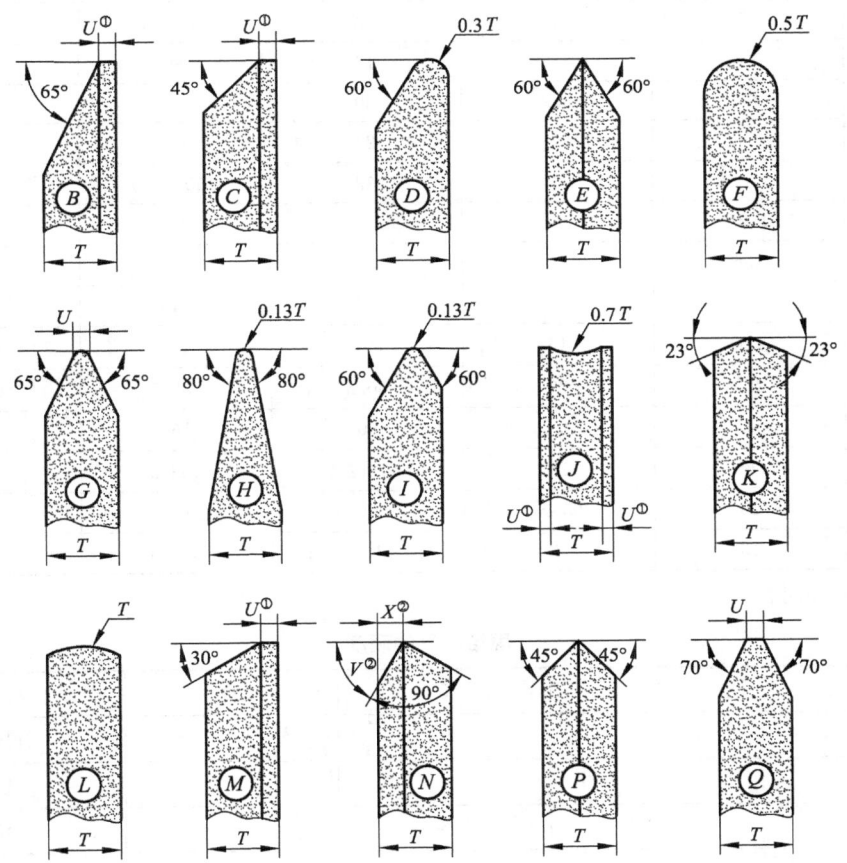

图 9-1　平形砂轮的圆周型面形状和代号

图中① 表示 $U=3.2$mm，除非订单另有规定；②表示对于 N 型面，V 和 X 根据订单而定

固结磨具的具体尺寸见 GB/T 4127。固结磨具的外形尺寸范围见表 9-8，对于外径≥

350mm 者，表 9-8 包含了 2 个尺寸范围，一个为公制尺寸，另一个由英制尺寸转化并圆整的公制值。若所需外径小于 6mm，应优先选择 R10 系列优先数系的圆整值。

固结磨具的硬度见表 9-9。

固结磨具的组织可用数字标记，通常为 0～14，数字越大，表示组织越疏松。

固结磨具应按照下列范围的最高工作速度进行制造：＜16—16—20—25—30—32—35—40—50—60—63—70—80—100—125—140—160，单位 m/s。

固结磨具的尺寸系列　　　　　　　表 9-8

	6	32	125	350/356	900/914
	8	40	150	400/406	1000/1015
	10	50	180	450/457	1060/1067
外径	13	63	200	500/508	1220
	16	80	230	600/610	1250
	20	100	250	750/762	1500
	25	115	300	800/813	1800
	0.5	2.5	16	80	400
	0.6	3.2	20	100	500
	0.8	4	25	125	600
厚度	1	6	32	150、160	
	1.25	8	40	200	
	1.6	10	50	250	
	2	13	63	315	
	1.6	16	40	127	400
	2.5	20	50.8	152.4	406.4①
孔径	4	22.23	60	160	508
	6	25	76.2	203.2	
	10	25.4①	80	250	
	13	32	100	304.8	

① 为非优先尺寸。

固结磨具的硬度　　　　　　　表 9-9

A	B	C	D	极软
E	F	G	—	很软
H	—	J	K	软
L	M	N	—	中级
P	Q	R	S	硬
T	—	—	—	很硬
—	Y	—	—	极硬

注：硬度等级用英文字母标记，"A" 到 "Y" 由软至硬。

固结磨具的标记代号：

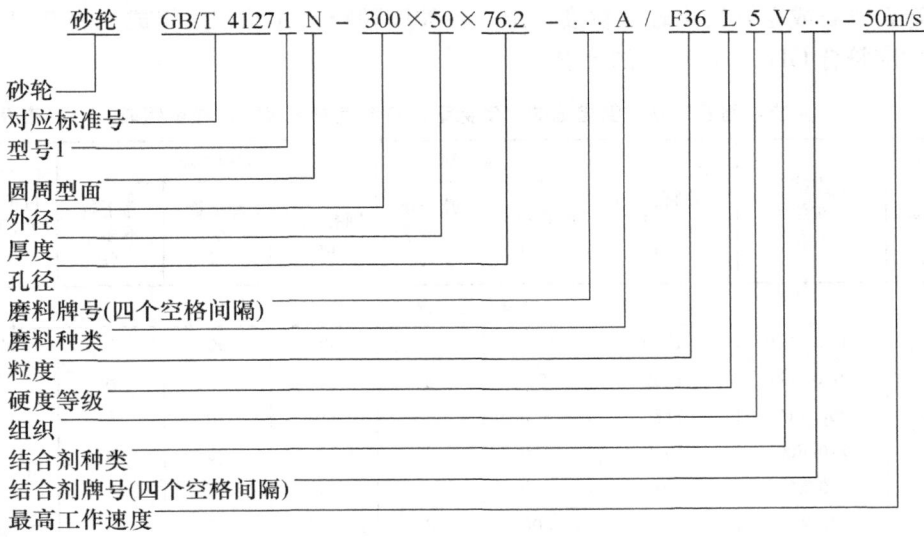

砂轮　GB/T 4127 1 N - 300×50×76.2 - ... A / F36 L 5 V... -50m/s

砂轮
对应标准号
型号1
圆周型面
外径
厚度
孔径
磨料牌号(四个空格间隔)
磨料种类
粒度
硬度等级
组织
结合剂种类
结合剂牌号(四个空格间隔)
最高工作速度

二、人造金刚石和立方氮化硼磨料、磨具

人造金刚石系用石墨等碳素材料为原料，以某些金属或合金为触媒，在超高温和高压条件下合成的，是迄今为止已知最硬的一种人造材料。它具有高的硬度和抗压强度、优异的耐磨性，小的热膨胀系数和良好的导热性与化学稳定性等。特别适用于硬脆金属和非金属材料的加工，广泛用于机械、冶金、地质、石油、煤炭、建筑材料、光学仪器、仪表、电子、国防工业及尖端技术部门。

立方氮化硼磨料是用立方氮化硼为原料，以适当的触媒，在超高压、超高温条件下合成的，其硬度仅次于金刚石，而热稳定性和对铁族金属的化学稳定性优于金刚石，适于加工硬而韧的难磨钢材。其应用范围与人造金刚石起着相互补充的作用。

1. 超硬磨料　人造金刚石品种（GB/T 23536—2009）

本标准适用于静压法合成的人造金刚石产品。人造金刚石粒度应符合 GB/T 6406 和 JB/T 7990 的规定。

人造金刚石品种、代号及使用范围见表 9-10。

人造金刚石品种、代号及使用范围　　　　　表 9-10

人造金刚石品种、代号		适 用 范 围	
品种	代号	粒度 窄范围	推荐用途
磨料级	RVD	35/40～325/400	陶瓷、树脂结合剂磨具；研磨工具等
	MBD		金属结合剂磨具；电镀制品等
锯切级	SMD	16/18～70/80	锯切、钻探工具、电镀制品等
修整级	DMD	30/35 及以粗	修整工具；单粒或多粒修整器等
微粉	MPD	M0/0.5～M36/54	精磨、研磨、抛光工具；聚晶复合材料等

2. 超硬磨料 人造金刚石或立方氮化硼颗粒尺寸（GB/T 6406—1996）

人造金刚石或立方氮化硼的粒度标记、各粒度颗粒尺寸及粒度组成见表 9-11。公称网孔尺寸应符合 GB/T 6003.1 的要求。

人造金刚石或立方氮化硼的粒度标记、各粒度颗粒尺寸及粒度组成　　　　表 9-11

粒度标记	公称筛孔尺寸范围 μm	99.9%通过的网孔尺寸（上限筛）μm	上检查筛		下检查筛			不多于2%通过的网孔尺寸（下限筛）μm
			网孔尺寸 μm	筛上物不多于 %	网孔尺寸 μm	筛上物不少于 %	筛下物不多于 %	
窄 范 围								
16/18	1180/1000	1700	1180	8	1000	90	8	710
18/20	1000/850	1400	1000	8	850	90	8	600
20/25	850/710	1180	850	8	710	90	8	500
25/30	710/600	1000	710	8	600	90	8	425
30/35	600/500	850	600	8	500	90	8	355
35/40	500/425	710	500	8	425	90	8	300
40/45	425/355	600	455	8	360	90	8	255
45/50	355/300	500	384	8	302	90	8	213
50/60	300/250	455	322	8	255	90	8	181
60/70	250/212	384	271	8	213	90	8	151
70/80	212/180	322	227	8	181	90	8	127
80/100	180/150	271	197	10	151	87	10	107
100/120	150/125	227	165	10	127	87	10	90
120/140	125/106	197	139	10	107	87	10	75
140/170	106/90	165	116	11	90	85	11	65
170/200	90/75	139	97	11	75	85	11	57
200/230	75/63	116	85	11	65	85	11	49
230/270	63/53	97	75	11	57	85	11	41
270/325	53/45	85	65	15	49	80	15	—
325/400	45/38	75	57	15	41	80	15	—
宽 范 围								
16/20	1180/850	1700	1180	8	850	90	8	600
20/30	850/600	1180	850	8	600	90	8	425
30/40	600/425	850	600	8	425	90	8	300
40/50	425/300	600	455	8	302	90	8	213
60/80	250/180	384	271	8	181	90	8	127

注：隔离粗线以上者用金属编织筛，其余用电成型筛筛分。

3. 超硬磨料制品 金刚石或立方氮化硼磨具 形状和尺寸（GB/T 6409.2—2009）

金刚石或立方氮化硼磨具包括砂轮、磨盘、磨石和磨头等。

金刚石或立方氮化硼砂轮形状和尺寸见表 9-12。

金刚石或立方氮化硼磨头形状和尺寸见表 9-13。

金刚石或立方氮化硼磨石形状和尺寸见表 9-14。

金刚石或立方氮化硼砂轮的形状代号及尺寸范围　　　　表 9-12

系列	代号	名称	断 面 形 状	尺 寸 范 围/mm
平形系列	1A1	平形砂轮		$D=$ 12、14、15、16、18、20、23、25、30、35、40、45、50、60、75、80、100、115、125、150、175、180、200、250、300、350、400、450、500、600、750、800、850、900 $T=0.2\sim60$ $H=5\sim305$ $X=2\sim25$
	1A8	平形砂轮		$D=2.5$、3、4、5、6、7、8、10、12、14、15、16、18、20、23 $T=4$、6、8、10、12、14、16、18、20 $H=1$、1.5、2、3、6、10
	1A1R	平形砂轮		$D=$ 60、80、100、150、200、250、300 $T/E=0.8/0.5$、1/0.5、1.2/0.8、1.4/1 $H=10$、20、31.75、32、75 $X=5$、8
	1A6Q	平形砂轮		$D=250$、300、400 $T=1.2$、1.6、2.1 $H=32$、40、75 $X=6$ $E=1$、1.5
	1DD1	平形砂轮		$D=75$、90、100、125、150 $T=$ 6、8、10、12、14、16、18、20 $H=19.05$、20、31.75、32 $\alpha=30°$、35°、40°、45°、60°、90° $X=1.5$、2、2.5、3、3.5、4、5、6、7 $U=1\sim4$
	1E6Q	平形砂轮		$D=$ 40、50、75、100、125、150、220 $T=6$、8、12 $H=$ 10、19.05、20、22.23、31.75、32、76.2、75 $\alpha=35°$、45°、60°、90° $X=6$ $U=1\sim2$

系列	代号	名称	断 面 形 状	尺 寸 范 围/mm
平形系列	1EE1V	平形砂轮		D=100、110、125、150、175 T=7、10、12、15 H=20、31.75、32 α=120°、125°、135° X=1.5、3
	1F1	平形砂轮		D=12、15、35、50、60、75、80、100、125、150、175、200、250、300、350、400 T=1~30 H=3~203 X=3、3.5、4、5、6、7、8、8.5、10、15 $R=T/2$
	1FF1	平形砂轮		D=50、75、100、125、150、200 T=4~20 $R=T/2$ $X \leqslant R$ H=10~75
	1FF1V	平形砂轮		D=125、150 T=13、18 H=20、32 X=10、15 R=10、12
	1L1	平形砂轮		D=50、60、75、100、125、150、175、200、250、300、350、400 T=3、4、5、6、8、10、12、15、20、25、30 H=10~203 X=2、3、4、5、6、8、10、12、15 R=0.5、1、2、3、4、5、6
	1V1	平形砂轮		D=45、50、60、75、80、100、125、150、175、200、250、300、350、400 T=2~35 H=10~203 α=20°、25°、30°、45°、60° X=2、3、4、5、6、8
	1V9	平形砂轮		D=150、175、200、250 T=10 H=32、75 U=2、3 X=1.5、3、6 α=90°、120°

系列	代号	名称	断 面 形 状	尺 寸 范 围/mm
平形系列	3A1	单面凸砂轮		$D=75$、100、125、150、175、200、250、300、350、400、500、600、700 $T=5\sim60$ $H=19.05$、20、31.75、32、75、127、203、305 $\alpha=30°$、45° $X=2$、3、4、5、6、8、10、12、15 $J=40\sim600$ $U=0.8\sim30$
	4BT1	斜边砂轮		$D=75$、100、125、150、175、200、250、300、350、400 $T=6\sim25$ $H=10$、19.05、20、31.75、32、75、127、203 $\alpha=15°$、20°、25°、30° $X=5$、8、10 $U=0.5\sim6$
	9A1	双面凹砂轮		$D=100$、125、150、160、175、200、250、300、350、400、450、500、600、700 $T=50$、60、80、100、120、125、150、200、225、250、300、400、600 $H=20\sim305$ $X=3$、5、6、10、15 $K=200$、265、375 E 供需双方商定
	9A3	双面凹砂轮		$D=75$、100、125、150、175、200、230、250、300、350 $T=15\sim50$ $H=16\sim127$ $X=2$、3、4、5 $W=4$、5、6、8、10、12、15 $E\leqslant T/2$
	14A1	双面凸砂轮		$D=75$、100、125、150、175、200、250、300、350、400、500、600、700 $T=5\sim60$ $H=19.05$、20、31.75、32、75、127、203、305 $X=2$、3、4、5、6、8、10、12、15 $J=40\sim600$ $U=0.8\sim30$ $\alpha=30°$、45°
	14E1	双面凸砂轮		$D=50$、60、70、100、125、150、200、300、400 $J=24$、28、35、50、66、85、120、250、350 $T=4\sim20$ $H=10$、20、31.75、32、75、127、203 $X=6$、8 $U=1\sim16$ $\alpha=35°$、40°、45°、60°、90°

系列	代号	名称	断 面 形 状	尺 寸 范 围/mm
平形系列	14E6Q	双面凸砂轮	ϕJ, ϕH, X, ϕD, U, T, α	$D=40、50、75、100、125、150、220$ $J=22、32、50、70、100、120、180$ $T=5、6、12$ $T_1=4、5$ $H=10、19.05、20、22.23、31.75、32、75、76.2$ $X=6$ $U=1\sim2$ $\alpha=35°、45°、60°、90°$
	14EE1	双面凸砂轮	ϕJ, ϕH, X, ϕD, U, T, α	$D=75、100、125、150、175、200、250、400$ $J=50、70、100、120、140、160、200、230$ $T=6、8、10、15$ $H=19.05、20、31.75、32、75、203$ $X=1.5、2、2.5、3、3.5、4、5、6、7$ $U=3、4、5、6、8$ $\alpha=30°、35°、40°、45°、60°、90°$
	14F1	双面凸砂轮	R, α, ϕH, X, U, ϕJ, ϕD, T	$D=75、100、125、150、175、200、250、300、350、400$ $J=40\sim350$ $T=5\sim50$ $H=19.05、20、31.75、32、75、127、203$ $X=3、4、5、6、7、8、10$ $U=1\sim20$ $\alpha=30°、45°$ $R=U/2$
	14A3	磨量规砂轮	ϕH, W, T, E, ϕD, X	$D=125、150、175、230$ $T=12、16、20$ $H=31.75、32、75$ $X=2、3$ $W=4、5、6、8、10$ $J、E$ 供需双方商定
	16A3	磨量规砂轮	ϕH, W, T, E, ϕJ, ϕD, X	

系列	代号	名称	断　面　形　状	尺　寸　范　围/mm
杯碗蝶形系列	6A2	杯形砂轮		$D=40$、50、75、100、125、150、175、200、250、300、350、400、450 $T=10\sim80$ $H=10$、19.05、20、25.4、31.75、32、75、127、203 $W=3\sim50$ $X=2$、3、4、5、6、8、10 E 供需双方商定
	6A9	杯形砂轮		$D=75$、100、125、150、175、200、250 $T=25$、30、35、40、50 $H=19.05$、20、31.75、32、75 $U=6$、10 $X=1.5$、3 E、K 供需双方商定
	11A2	碗形砂轮		$D=75$、100、125、150、200 $T=25\sim50$ $H=19.05$、20、31.75、32、40 $W=3$、6、8、10、12、15、20、25 $X=2$、3、4、5、6、8 $E=10$、12、15 K 供需双方商定
	11A9	碗形砂轮		$D=90$、100、125、150 $D_1=75\sim135$ $T=25\sim40$ $H=19.05$、20、31.75、32、35、40 $X=3$、4、5 $U=4\sim8$ E、K 供需双方商定
	11V2	碗形砂轮		$D=30$、50、75、90、100、125、150 $T=15$、25、30、32、35、40、45、50 $H=8$、10、19.05、20、31.75、32 $\alpha=60°$、$70°$ $X=1.5$、2、3、4、5、10（11V9） $X=3$、4、5、10（11V2） $U=5$、6、7、10（11V9） $U=2$、3、4（11V2） K、E 供需双方商定
	11V9	碗形砂轮		

系列	代号	名称	断 面 形 状	尺 寸 范 围/mm
杯碗蝶形系列	12A2/20°	蝶形砂轮		D = 75、100、125、150、175、200、250 T=12、15、18、20、22、24、26 H = 10、19.05、20、31.75、32、40、75 W=3、5、6、10、15、20 X=2、3、4、6 E=5、6、8、9、10、11、12 K 供需双方商定
	12A2/45°	蝶形砂轮		D = 50、75、100、125、150、175、200、250 T=20、25、32、40 H = 10、19.05、20、31.75、32、75 W=2、3、5、6、8、10、12、13、15、20 X=2、3、4、6 K、E 供需双方商定
	12D1	蝶形砂轮		D=50、75、100、125 T=6、8、10、12、15 H=10、19.05、20、31.75、32 α=20°、25° U=1～3 X = 6、7、8、8.5、10、12、14.5、15
	12V2	蝶形砂轮		D=50、75、90、100、125、150、175、200、250 T = 10、12、15、16、18、20、25、30 H = 10、19.05、20、31.75、32、75、127 α=25°、30°、40°、45° U=2、3、4、5、6、8 X=2、3、5、6、8、10 K、E 供需双方商定
	12V9	蝶形砂轮		D=75、100、125、150 T=20、25 H=19.05、20、31.75、32 U=6、10 X=1.5、3 E=10 K 供需双方商定

系列	代号	名称	断　面　形　状	尺　寸　范　围/mm
简形系列	2F2/1	简形砂轮1号		$D=$ 8、10、12、14.5、16.5、18.5、20.5、22.5 $D_1=$26、28 $W=$2、2.5 $H=$15.5 $X=$4、6 $R=$1、1.25 $T=$55 $T_1=$22 $T_2=$38 $T_3=$48
	2F2/2	简形砂轮2号		$D=$28、33、38、43、53、63 $D_1=$28 $W=$3 $H=$18 $X=$7 $R=$1.5 $T=$55 $T_1=$22
	2A2T	简形砂轮		$D=$300、450 $T=$50、60、80 $H=$240、250、360、370 $X=$3、5 $W=$25、40
专用系列	1DD6Y	磨边砂轮		$D=$ 101、102、103、104、105、106、161、162、163、164、165、166、167、168 $D_1=$100、160 $D_2=$65、105 $U=$ 4、6、8、10、12、16、20、25、32 $H=$30、32 $T_1=$6、8 $\alpha=$30°、45°、60°、90° $X=$2 $T=U+2T_1$

系列	代号	名称	断 面 形 状	尺 寸 范 围/mm
专用系列	2D9	磨边单斜边砂轮		$D=101、102、103、104、105、106、161、162、163、164、165、166、167、168$ $D_1=100、160$ $H=65、105$ $\alpha=30°、45°、60°$ $T=6(\alpha\geqslant45°)、8(\alpha<45°)$ $X=2$
	14A1	磨边砂轮		$D=100、160$ $J=65、105$ $H=30、32$ $T=14、15、16、18、20、22、24、25、26、28、30、35、42$ $U=4、5、6、8、10、12、14、15、16、18、20、25、32$ $X=2$
	16A1	磨边砂轮		$D=160、170、180、190$ $T=25$ $H=16$ $X=2.5$

金刚石或立方氮化硼磨头的形状代号及尺寸　　　　　　　表 9-13

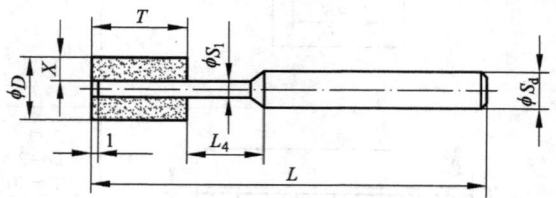

D	T	S_d	X	L	S_1	L_4
3	4、6		0.65			
4		3	1.15		1.7	
5	6、8		1.65	66		2~8
6			1.5			
8	6、8、10	6	2.0		3	
10			2.5			
12						
14	6、8、10、12		3.0		6	4~6
16		6、8、10		70		
20						

金刚石或立方氮化硼磨石的形状代号及尺寸　　　　表 9-14

名　称	代号	断　面　形　状	尺　寸　范　围/mm				
			L	L2	T	W	X
带柄长方磨石	HA		150	40	5	10	2
带柄圆弧磨石	HH		150	40	5	10	2
带柄三角磨石	HEE		150	40	12	10	2
圆头珩磨磨石	HMA/1		16	—	3、5	2.5、5	1、2
			20		3、5	5、6	
			25		3、5	5、6	
			26		10	10	
长方珩磨磨石	HMA/2		16	—	3.5	3、5	1、2、3
			22		3.5	3、5	
			26		3.5	3、5	
			30		5	3、5	
			40		5	3、5	
	HMH/1		50		6、8	6、8	
			63		6、8	6、8	
			72		8	6、8	
			80		8、10	8	
			100		10	10、12	
			125		10	10、12	
	HMH/2		150		10、13、14	12、13	
			160		10、13、14	12、13	
			200		10、13、14	12、13、16	
长方带斜珩磨磨石	HMA/S		12	—	3.5	2.5	1、1.5
平形带槽珩磨磨石	2×HMA		40	—	6	5、6	2、2.5、3
			63		6	5、6	
			80		6	5、6	
			100		6	5、6	
			125		6	5、6、7、8、9、10	
			160		6、8、10	5、6、7、8、9、10	
			200		8、10、12	5、6、7、8、9、10	
			250		8、10、12	5、6、7、8、9、10	

4. 超硬磨料制品 电镀什锦锉（JB/T 11430—2013）

电镀什锦锉的尺寸名称及代号见表 9-15。

电镀什锦锉尺寸名称及代号　　　　　　表 9-15

尺寸名称	代　号
柄径	d
工作面最大截面直径	D
工作面最大截面高度	h
总长度	L
工作面长度	L_1
正方形、正三角形工件面最大截面边长	S
柄厚度	T
工作面顶端厚度	T_1
工作面最大截面宽度	W

电镀什锦锉的形状分为平斜锉刀、平锉刀、尖头锉刀和异型锉刀四种，其中前三种又各有圆柄和方柄之分。

圆柄平斜锉刀（PTF 型）的形状如图 9-2 所示，尺寸见表 9-16。

方柄平斜锉刀（CF 型）的形状如图 9-3 所示，尺寸见表 9-17。

圆柄平锉刀（PF 型）的形状如图 9-4 所示，尺寸见表 9-18。

方柄平锉刀（IF 型）的形状如图 9-5 所示，尺寸见表 9-19。

圆柄尖头锉刀（PIF 型）的形状如图 9-6 所示，尺寸见表 9-20。

方柄尖头锉刀（ITF 型）的形状如图 9-7 所示，尺寸见表 9-21。

异型锉刀（BF 型）的形状如图 9-8 所示，尺寸见表 9-22。

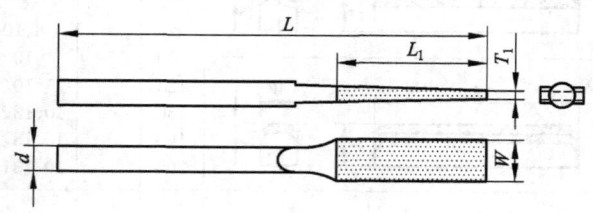

图 9-2 圆柄平斜锉刀（PTF 型）的形状

圆柄平斜锉刀（PTF 型）的尺寸（mm）　　　　表 9-16

截面形状	尺　寸				
	d	L	L_1	T_1	W
▨	3～4	55～140	15～50	0.30～0.45	2.0～6.0

注：本标准未规定的尺寸规格由供需双方商定。

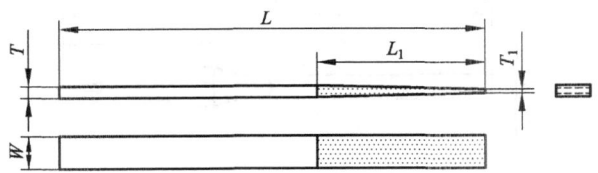

图 9-3　方柄平斜锉刀（CF 型）的形状

方柄平斜锉刀（CF 型）的尺寸（mm）　　　　　　　　　　**表 9-17**

截面形状	尺　　寸				
	L	L_1	T	T_1	W
	$160\sim180$	$40\sim60$	$1.5\sim2.5$	$0.3\sim0.6$	$2\sim10$

注：本标准未规定的尺寸规格由供需双方商定。

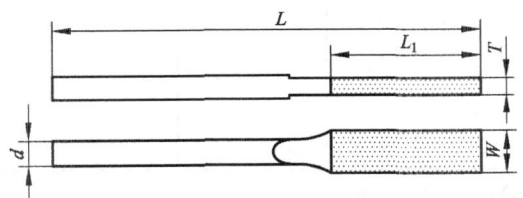

图 9-4　圆柄平锉刀（PF 型）的形状

圆柄平 锉刀（PF 型）的尺寸（mm）　　　　　　　　　　**表 9-18**

截面形状	尺　　寸				
	d	l	l_1	T_1	W
	3	$140\sim180$	$25\sim60$	$0.8\sim1.0$	$2\sim10$

注：本标准未规定的尺寸规格由供需双方商定。

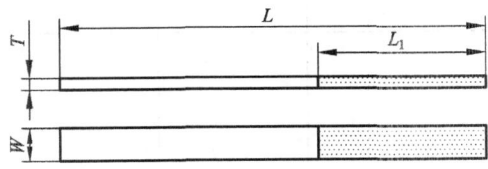

图 9-5　方柄平锉刀（IF 型）的形状

方柄平锉刀（IF 型）的尺寸（mm）　　　　　　　　　　**表 9-19**

截面形状	尺　　寸			
	L	L_1	T	W
	$200\sim230$	$60\sim80$	$1.5\sim3.5$	$3\sim10$

注：本标准未规定的尺寸规格由供需双方商定。

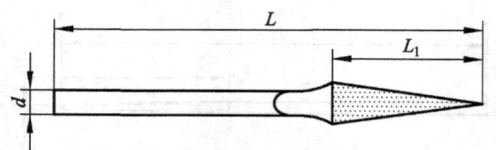

图 9-6　圆柄尖头锉刀（PIF 型）的形状

圆柄尖头锉刀（PIF 型）的尺寸（mm）　　　　　　表 **9-20**

截面形状	尺　寸					
	d	D	h	L	L_1	S
◗		5～11	2～3.5			—
●	3～5	2～5	—	140～215	30～80	—
■		—	—			2.5～6
▲		—	—			3～10

注：本标准未规定的尺寸规格由供需双方商定。

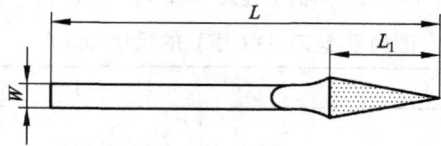

图 9-7　方柄尖头锉刀（ITF 型）的形状

方柄尖头锉刀（ITF 型）的尺寸（mm）　　　　　　表 **9-21**

截面形状	尺　寸					
	D	h	L	L_1	S	W
◗	5～11	2～3.5			—	
●	2～5	—	140～215	30～80	—	3～12
■	—	—			2.5～6	
▲	—	—			3～10	

注：本标准未规定的尺寸规格由供需双方商定。

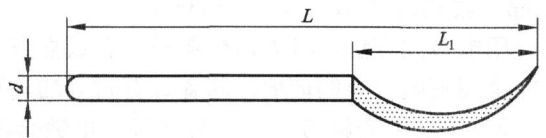

图 9-8　异型锉刀（BF 型）的形状

异型锉刀（BF 型）的尺寸（mm）　　表 **9-22**

截面形状	尺　寸						
	W	D	h	S	L	L_1	d
▨	3～6	—	1.2～1.6				
◖	—	5～7	1.6～2.2	—			
◯	—	3～5	—	—	60～100	20～45	3
□	—	—	—	2.5～3			
△	—	—	—	3～3.5			

注：本标准未规定的尺寸规格由供需双方商定。

5. 超硬磨料制品　电镀磨头（JB/T 11428—2013）

电镀磨头可采用图 9-9 或图 9-10 所示的形状，尺寸见表 9-23。

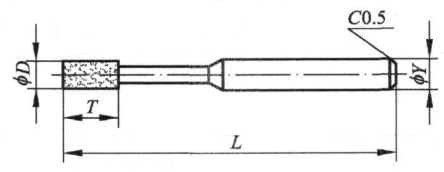

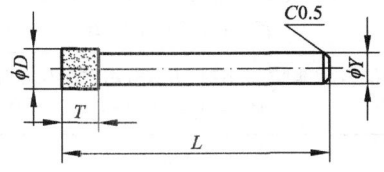

图 9-9　电镀磨头的形状　　　　　　图 9-10　电镀磨头的形状

电镀磨头尺寸（mm）　　表 **9-23**

直径 D	厚度 T	基体轴直径 Y	总长度 L
0.4～3	2.0～5.0	3.0	30～45
2.0～6.0	4.0～10.0	3.0～6.0	45～80
4.0～14.0	5.0～10.0	6.0	60～80
14.0～20.0	10.0～12.0	6.0～10.0	80

注：本标准未规定的尺寸规格，由供需双方商定。

6. 电镀超硬磨料制品　套料刀（JB/T 6354—2006）

电镀金刚石套料刀是用电镀的方法，将人造金刚石磨料或立方氮化硼磨料镀附于基体使用表面而制成，用于非金属硬脆材料如玻璃、陶瓷、石材等的套料及钻孔用。有 2 种型号，1 型套料刀，代号为 ED1，2 型套料刀，代号为 ED2。电镀金刚石套料刀的外形见图 9-11，各部位名称、代号和尺寸表 9-24 和表 9-25。

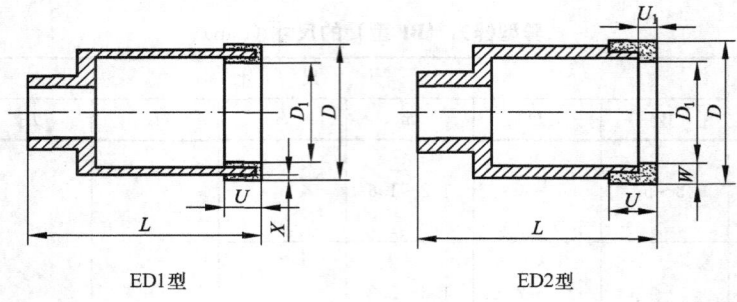

ED1型　　　　　ED2型

图 9-11　电镀金刚石套料刀

电镀金刚石套料刀各部位名称及代号　　　　　　　　表 9-24

名　称	代　号	名　称	代　号
外　径	D	磨料层总厚度	U
内　径	D_1	磨料层厚度	U_1
磨料层总宽度	W	套料刀总长度	L
磨料层深度	X		

电镀金刚石套料刀各部位尺寸（mm）　　　　　　　　表 9-25

代　号	ED1 型	代　号	ED2 型
D	5、6、8.5、10、12、13、15、16、18、19、20、22、26	D	25、28、30、35、40、45、50、55、60、80、90、100、110、120、150
D_1	D_1 及柄部尺寸和连接方式等由供需双方而定（亦适用于 ED2 型）	U	5～15
U	3、4、5、6、8、10	U_1	2、3、4、5
X	0.1～0.5	W	0.5～1.5
L	25～50	L	35～100

7. 金刚石砂轮整形刀

金刚石砂轮整形刀是把一个完整的优质天然金刚石镶焊在一定规格的柄体上，利用天然金刚石的自然尖角，发挥了天然金刚石的表皮硬度和耐磨性能，也可通过手工研磨成 60°、90°、100°和 120°或各种角度。适用于直径大、粒度大的磨床砂轮的精密修整，也适用于普通砂轮的修整。柄体有 ϕ14、ϕ12、ϕ10、ϕ8、ϕ6 等，等级分一、二、三级。使用砂轮刀前，必须按照砂轮的大小规格及性能选择使用砂轮刀的规格。使用时首先对准角度，

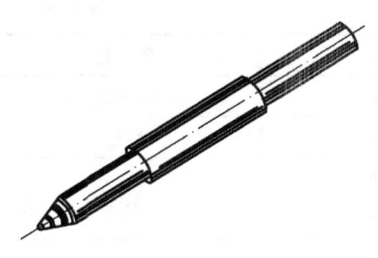

图 9-12　金刚石砂轮整形刀

注意距离≤0.5mm，徐徐向前推进，两者接触时用力千万不要过猛，以免损坏砂轮。金刚石坚硬无比，耐磨不刃，不宜碰撞，以免造成不应有的损失。修整时砂轮转速一般在 15～25m/s，中速为好，砂轮刀尖部不可高于砂轮中心线，尾部高于中心 10°～15°，砂轮刀不要只用一处，要不断调整方向。

金刚石砂轮整形刀的外形和规格见图 9-12 和表 9-26。由于金刚石砂轮整形刀多家厂家生产，外形和尺寸稍有差距。

金刚石砂轮整形刀规格　　　　　　　　　　表 9-26

金刚石型号	每粒金刚石含量克拉	适用修整砂轮尺寸范围（直径×厚度）/mm	金刚石型号	每粒金刚石含量克拉	适用修整砂轮尺寸范围（直径×厚度）/mm
100～300	0.10～0.30	≤100×12	800～1000	0.80～1.00	300×15～400×20
300～500	0.30～0.50	100×12～200×12	1000～2500	1.00～2.50	400×20～500×30
500～800	0.50～0.80	200×12～300×15	≥3000	≥3.00	≥500×40

8. 超硬磨料制品　人造金刚石或立方氮化硼研磨膏（JB/T 8002—2012）

人造金刚石或立方氮化硼研磨膏主要适用于研磨、抛光金属和非金属材料，其品种及代号见表 9-27。

研磨膏产品规格以单管（瓶）研磨膏净质量来表示，见表 9-28。研磨膏所用磨料的粒度和质量分数见表 9-29。研磨膏粒度及相应颜色见表 9-30。

研磨膏应贮存在避光处，远离热源；油溶性研磨膏保存期限自制造之日起不超过 1 年，水溶性研磨膏保存期限自制造之日起不超过 2 年。

人造金刚石或立方氮化硼研磨膏的品种及代号　　　　表 9-27

品种	水溶性人造金刚石研磨膏	水溶性立方氮化硼研磨膏	油溶性人造金刚石研磨膏	油溶性立方氮化硼研磨膏
代号	W SD-LP	W CBN-LP	O SD-LP	Ó CBN-LP

研磨膏产品规格（g）　　　　　　　　　　表 9-28

产品规格	单管（瓶）研磨膏净质量	产品规格	单管（瓶）研磨膏净质量
	5		80
	10		200
	20		500
	40		100

研磨膏所用磨料的粒度和质量分数　　　　　　表 9-29

磨料粒度	M0/0.25，M0/0.5，M0/1，M0.5/1，M0.5/1.5，M1/2，M2/4，M3/6，M4/8，M5/10，M6/12，M8/16，M10/20，M15/25，M20/30，M22/36，M36/54
磨料含量（质量分数）%	2，4，5，6，8，10，15，20，30，40

研磨膏粒度及相应颜色　　　　　　　　　　　　表 9-30

粒度	颜色	粒度	颜色
M0/0.25	灰白	M5/10	玫瑰红
M0/0.5	淡黄	M6/12	艳红
M0/1	黄	M8/16	朱红
M0.5/1		M10/20	
M0.5/1.5	草绿	M15/25	赭石
M1/2		M20/30	紫
M2/4	绿		
M3/6	蓝	M22/36	灰
M4/8	玫瑰红	M36/54	黑

三、涂 附 磨 具

涂附磨具是以布、纸等柔软材料为基材，加上磨料（人造刚玉、人造碳化硅、玻璃砂等）与粘结剂（胶、人造树脂等）而制成的一种软性磨具。主要包括砂布、砂纸、砂带、砂盘、页轮、砂圈等。

1. 涂附磨具用料　粒度分析（GB/T 9258.1—2000）

涂附磨具用料（磨料）的粒度，按照体积的大小，分为粗磨粒 P12～P220（直径在 3.35～0.053mm）和微粉 P240～P2500（等效中值粒径在 58.5～8.4μm）。

粗磨粒 P12～P220 的粒度组成见表 9-31，微粉 P240～P2500 的粒度组成见表 9-32。

粗磨粒 P12～P220 的粒度组成　　　　　　　　表 9-31

粒度标记	第一层筛 筛孔尺寸 W_1		第一层筛筛上物 Q_1	第二层筛 筛孔尺寸 W_2		第一、二层筛筛上物之和 Q_2 最大	第三层筛 筛孔尺寸 W_3		第一至三层筛筛上物之和 Q_3	第四层筛 筛孔尺寸 W_4		第一至四层筛筛上物之和 Q_4	第五层筛 筛孔尺寸 W_5		第一至五层筛筛上物之和 Q_5 最小	底盘中筛下物 ΔQ 最大
	mm	μm	%	mm	μm	%	mm	μm	%	mm	μm	%	mm	μm	%	%
P12	3.35	—	0	2.36	—	1	2.00	—	14±4	1.70	—	61±9	1.40	—	92	8
P16	2.36	—	0	1.70	—	3	1.40	—	26±6	1.18	—	75±9	1.00	—	96	4
P20	1.70	—	0	1.18	—	7	1.00	—	42±8		850	86±6		710	96	4
P24	1.40	—	0	1.00	—	1		850	14±4		710	61±9		600	92	8
P30	1.18	—	0		850	1		710	14±4		600	61±9		500	92	8
P36	1.00	—	0		710	1		600	14±4		500	61±9		425	92	8
P40		710	0		500	7		425	42±8		355	86±6		300	96	4
P50		600	0		425	3		355	26±6		300	75±9		250	96	4
P60		500	0		355	1		300	14±4		250	61±9		212	92	8

粒度标记	第一层筛		第二层筛		第三层筛		第四层筛		第五层筛		底盘中筛下物 ΔQ 最大
	筛孔尺寸 W_1	第一层筛筛上物 Q_1	筛孔尺寸 W_2	第一、二层筛筛上物之和 Q_2 最大	筛孔尺寸 W_3	第一至三层筛筛上物之和 Q_3	筛孔尺寸 W_4	第一至四层筛筛上物之和 Q_4	筛孔尺寸 W_5	第一至五层筛筛上物之和 Q_5 最小	
	mm	μm	%	mm	μm	%	mm	μm	%	mm	μm	%	mm	μm	%	%

粒度标记	mm	μm	%	mm	μm	%	mm	μm	%	mm	μm	%	mm	μm	%	%
P80	—	355	0	—	250	3	—	212	26±6	—	180	75±9	—	150	96	4
P100	—	300	0	—	212	1	—	180	14±4	—	150	61±9	—	125	92	8
P120	—	212	0	—	150	7	—	125	42±8	—	106	86±6	—	90	96	4
P150	—	180	0	—	125	3	—	106	26±6	—	90	75±9	—	75	96	4
P180	—	150	0	—	106	2	—	90	15±5	—	75	62±12	—	63	90	10
P220	—	125	0	—	90	2	—	76	15±5	—	63	62±12	—	53	90	10

微粉 P240～P2500 的粒度组成　　　　　　表 9-32

粒度标记	d_{s0} 值最大/μm	d_{s3} 值最大/μm	中值粒径 d_{s50} 值/μm	d_{s95} 值最小/μm
P240	110	81.7	58.5±2.0	44.5
P280	101	74.0	52.2±2.0	39.2
P320	94	66.8	46.2±1.5	34.2
P360	87	60.3	40.5±1.5	29.6
P400	81	53.9	35.0±1.5	25.2
P500	77	48.3	30.2±1.5	21.5
P600	72	43.0	25.8±1.0	18.0
P800	67	38.1	21.8±1.0	15.1
P1000	63	33.7	18.3±1.0	12.4
P1200	58	29.7	15.3±1.0	10.2
P1500	58	25.8	12.6±1.0	8.3
P2000	58	22.4	10.3±0.8	6.7
P2500	58	19.3	8.4±0.5	5.4

2. 涂附磨具　砂布（JB/T 3889—2006）

砂布是以动物胶、合成树脂等粘结剂将刚玉、碳化硅等人造磨料粘结在布基表面而制成的一种涂附磨具。砂布按形状分类及代号见表 9-33，砂布按粘结剂分类及代号见表 9-34，砂布按基材分类及代号见表 9-35，砂布的力学性能见表 9-36。

砂布形状分类及代号　　　　　　表 9-33

形　状	砂　页	砂　卷
代　号	S	R

砂布粘结剂分类及代号　　　　　　　　表 9-34

粘结剂	动物胶	半树脂	全树脂	耐　水
代　号	G/G	R/G	R/R	WP

砂布基材分类及代号　　　　　　　　表 9-35

基　材	轻型布	中型布	重型布
单重/（g/m²）	≥110	≥170	≥250
代　号	L	M	H

砂布的力学性能　　　　　　　　表 9-36

基　材	抗拉强度/（kN/m）(N/5cm)		标准试样 600N 负荷时的纵向伸长率/%
	纵　向	横　向	
L	≥15（750）	≥6（300）	≤5.0
M	≥20（1000）	≥7.0（350）	≤4.5
H	≥32（1600）	≥8（400）	≤3.0

3. 涂附磨具　耐水砂纸（JB/T 7499—2006）

耐水砂纸是以树脂为粘结剂将人造磨料粘结在纸基表面而制成的一种耐水涂附磨具。耐水砂纸按形状分类及代号见表 9-37，耐水砂纸按基材分类及代号见表 9-38，耐水砂纸卷的抗拉强度及湿抗拉强度见表 9-39。

耐水砂纸形状分类及代号　　　　　　　　表 9-37

形　状	砂　页	砂　卷
代　号	S	R

耐水砂纸基材分类及代号　　　　　　　　表 9-38

定量/（g/m²）	≥70	≥100	≥120	≥150
代　号	A	B	C	D

耐水砂纸卷的抗拉强度和湿抗拉强度　　　　　　　　表 9-39

基　材	抗拉强度/（kN/m)(N/5cm)		纵向湿抗拉强度（kN/m)(N/5cm)
	纵　向	横　向	
A	≥4.8(240)	≥2.6(130)	≥2.0(100)
B	≥7.0(350)	≥3.5(175)	≥2.4(120)
C	≥9.0(450)	≥4.5(225)	≥3.0(150)
D	≥15.0(750)	≥6.0(300)	≥5.0(250)

4. 涂附磨具　砂纸（JB/T 7498—2006）

砂纸是以动物胶、合成树脂为粘结剂，将人造磨料或天然磨料粘结在纸基表面而制成的涂附磨具。砂纸按形状分类及代号见表 9-40，砂纸按粘结剂分类及代号见表 9-41，砂纸按基材分类及代号见表 9-42，砂纸卷的抗拉强度及柔曲度见表 9-43。

砂纸形状分类及代号　　　　　　　　　　表 9-40

形　状	砂　页	砂　卷
代　号	S	R

砂纸粘结剂分类及代号　　　　　　　　　　表 9-41

粘结剂	动物胶	半树脂	全树脂
代　号	G/G	R/G	R/R

砂纸基材分类及代号　　　　　　　　　　表 9-42

定量/(g/m²)	≥70	≥100	≥120	≥150	≥220	≥300	≥350
代　号	A	B	C	D	E	F	G

砂纸卷的抗拉强度及柔曲度　　　　　　　　　　表 9-43

基　材	抗拉强度/(kN/m)(N/5cm)		柔 曲 度
	纵　向	横　向	
A	≥4.8(240)	≥2.6(130)	
B	≥7.0(350)	≥3.2(160)	
C	≥8.4(420)	≥3.6(180)	
D	≥15.0(750)	≥6.0(300)	任一裂缝的宽度不应超过
E	≥24.0(1200)	≥9.0(450)	砂纸厚度的 1.5 倍
F	≥32.0(1600)	≥12.0(600)	
G	≥40.0(2000)	≥15.0(750)	

5. 涂附磨具尺寸规格（GB/T 15305.1—2005、GB/T 15305.2—2008）

砂布（JB/T 3889—2006）、耐水砂纸（JB/T 7499—2006）和砂纸（JB/T 7498—2006）页的形状见图 9-13，尺寸规格见表 9-44。

砂布（JB/T 3889—2006）、耐水砂纸（JB/T 7499—2006）和砂纸（JB/T 7498—2006）卷的形状见图 9-14，尺寸规格见表 9-45。

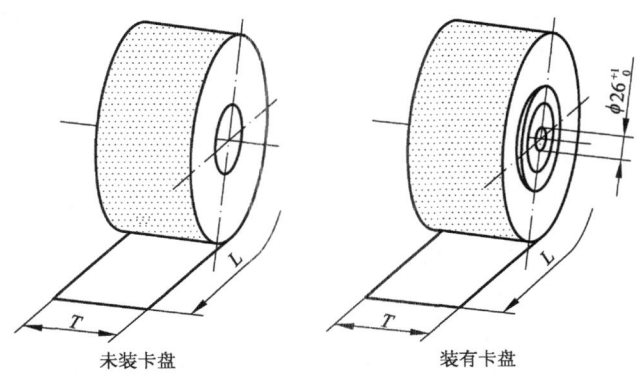

未装卡盘　　　　　　装有卡盘

图 9-14　砂卷的形状

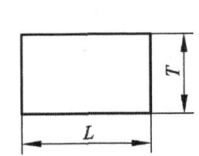

图 9-13　砂页的形状

砂布、耐水砂纸和砂纸页的尺寸规格（GB/T 15305.1—2005）（mm）　表 9-44

宽度 T	70	70	93	115	115	140	230
长度 L	115	230	230	140	280	230	280

砂布、耐水砂纸和砂纸卷的尺寸规格（GB/T 15305.2—2008）（mm）　表 9-45

宽度 T	长度 L	宽度 T	长度 L
12.5		115	
15		150	
25		200	
35		230	
40	25000 或 50000	300	50000①
50		600	
80		690	
93		920	
100	50000①	1370	

① 如果这些宽度需要更长的砂卷，在 50000mm 长度栏内可有多种长度。

第十章 工 具

一、钳 类 工 具

1. 钢丝钳（QB/T 2442.1—2007）

钢丝钳是应用最广泛的手工具，主要用于夹持圆柱形金属零件，弯曲、剪切金属丝及拔钉等用。钢丝钳的型式如图 10-1，其相关规格和技术要求见表 10-1、表 10-2。

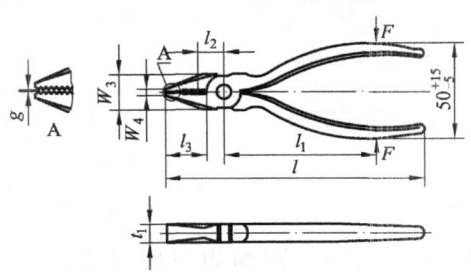

图 10-1　钢丝钳

钢丝钳规格（mm）　　　　　　　　　　　　　　　　　　　　　表 10-1

公称长度 l	140	160	180	200	220	250
l_1	70	80	90	100	110	125
l_{2max}	14	16	18	20	22	25

钢丝钳的抗弯强度和扭力要求　　　　　　　　　　　　　　　　表 10-2

剪 切 性 能		扭力[2]		抗 弯 强 度	
试验钢丝直径 d[3]/mm	剪切力 F_{1max}/N	扭矩 T/Nm	扭转角 α_{max}	载荷 F/N	永久变形量 S_{max}[1]/mm
1.6	580	15	15°	1000	1
1.6	580	15	15°	1120	1
1.6	580	15	15°	1260	1
1.6	580	20	20°	1400	1
1.6	580	20	20°	1400	1
1.6	580	20	20°	1400	1

[1] $S=W_1-W_2$，见 GB/T 6291。

[2] 见 GB/T 6291。

[3] 试验用钢丝，见 GB/T 6291。

2. 鲤鱼钳（QB/T 2442.4—2007）

鲤鱼钳其开口有两档调节，可以夹持较大的零件，刃口可剪切金属丝。鲤鱼钳的型式如图 10-2，其相关规格和技术要求见表 10-3、表 10-4。

鲤鱼钳规格（mm）　　　　　　　　　　　　　　表 10-3

公称长度 L	W_1	W_{3max}	W_{4max}	T_{1max}	L_1	L_3	G_{min}
125±8	40^{+15}_{-5}	23	8	9	70	25±5	7
160±8	48^{+15}_{-5}	32	8	10	80	30±5	7
180±9	49^{+15}_{-5}	35	10	11	90	35±5	8
200±10	50^{+15}_{-5}	40	12.5	12.5	100	35±5	9
250±10	50^{+15}_{-5}	45	12.5	12.5	125	40±5	10

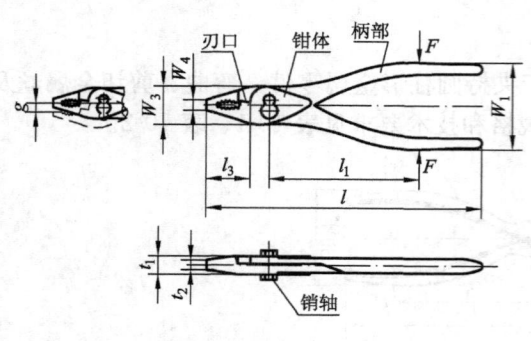

图 10-2　鲤鱼钳

鲤鱼钳钳柄抗弯强度要求　　　表 10-4

载荷 F/N	永久变形量 $S^{①}_{max}$/mm
900	1
1000	1
1120	1
1250	1
1400	1.5

①$S = W_1 - W_2$，见 GB/T 6291。

3. 尖嘴钳（QB/T 2440.1—2007）、**扁嘴钳**（QB/T 2440.2—2007）、**圆嘴钳**（QB/T 2440.3—2007）、**斜嘴钳**（QB/T 2441.1—2007）

尖嘴钳是在狭小工作空间夹持小零件用的手工工具。带刃尖嘴钳其刀口可以剪切细金属丝。尖嘴钳主要用于电器安装及其他维修工作中。尖嘴钳柄部有带塑料管与无塑料管两种。其规格和技术要求见表 10-5、表 10-6。

尖嘴钳规格尺寸（mm）　　　　　　　　　　　表 10-5

公称长度 l	l_3	W_{3max}	W_{4max}	t_{1max}	t_{2max}
140±7	40±5	16	2.5	9	2
160±8	53±6.3	19	3.2	10	2.5
180±10	60±8	20	5	11	3
200±10	80±10	22	5	12	4
280±14	80±14	22	5	12	4

尖嘴钳抗弯强度要求　　　　　　　　　　　表 10-6

公称长度 l/mm	l_1/mm	抗弯强度	
		载荷 F/N	永久变形量 S_{max}/mm
140	63	630	1
160	71	710	1
180	80	800	1
200	90	900	1
280	140	630	1

扁嘴钳主要用于装拔销子、弹簧等小零件及弯曲金属薄片及细金属丝。扁嘴钳柄部有

带塑料管与无塑料管两种。适用于在狭窄或凹下的工作空间使用。其规格和技术要求见表10-7、表10-8。

扁嘴钳规格尺寸（mm）　　　　　　　　　　　表 10-7

钳嘴类型	公称长度 l	l_3	W_{3max}	W_{4max}	t_{1max}
短嘴 (S)	125 ± 6	25_{-5}^{0}	16	3.2	9
	140 ± 7	$32_{-6.3}^{0}$	18	4	10
	160 ± 8	40_{-8}^{0}	20	5	11
长嘴 (L)	140 ± 7	40 ± 4	16	3.2	9
	160 ± 8	50 ± 5	18	4	10
	180 ± 9	63 ± 6.3	20	5	11

扁嘴钳抗弯强度要求　　　　　　　　　　　表 10-8

钳嘴类型	公称长度 l mm	l_1/mm	扭　力		抗弯强度	
			扭矩 T N·m	扭转角度 α_{max}	载荷 F/N	永久变形量 S_{max}/mm
短嘴 (S)	125	63	4	20°	630	1
	140	71	5	20°	710	1
	160	80	6	20°	800	1
长嘴 (L)	140	63	—	—	630	1
	160	71	—	—	710	1
	180	80	—	—	800	1

圆嘴钳可将金属薄片或金属丝弯曲成圆形，是维修工作和电器装配工作中常用的手工工具，圆嘴钳柄部有带塑料管与无塑料管两种。其规格和技术要求见表10-9、表10-10。

圆嘴钳规格尺寸（mm）　　　　　　　　　　　表 10-9

钳嘴类型	公称长度 l	l_3	d_{1max}	W_{3max}	t_{max}
短嘴 (S)	125 ± 6.3	25_{-5}^{0}	2	16	9
	140 ± 8	$32_{-6.3}^{0}$	2.8	18	10
	160 ± 8	40_{-8}^{0}	3.2	20	11
长嘴 (L)	140 ± 7	40 ± 4	2.8	17	9
	160 ± 8	50 ± 5	3.2	19	10
	180 ± 9	63 ± 6.3	3.6	20	11

圆嘴钳抗弯强度要求　　　　　　　　　　　表 10-10

钳嘴类型	公称长度 l/mm	l_1/mm	扭　力		抗弯强度	
			扭矩 T N·m	扭转角度 α_{max}	载荷 F/N	永久变形量 S_{max}/mm
短嘴 (S)	125	63	0.5	20°	630	1
	140	71	1.0	20°	710	1
	160	80	1.25	20°	800	1
长嘴 (L)	140	63	0.25	25°	630	1
	160	71	0.5	25°	710	1
	180	80	1.0	25°	800	1

斜嘴钳是剪切金属丝的常用工具。斜嘴钳分普通斜嘴钳和平口斜嘴钳两种，平口斜嘴钳可以在凹坑内剪切。斜嘴钳柄部有带塑料管与无塑料管两种。其规格和技术要求见表10-11、表10-12。

斜嘴钳规格尺寸（mm）　　　　　　　　　　　表 10-11

公称长度 l	l_{3max}	W_{3max}	t_{1max}	公称长度 l	l_{3max}	W_{3max}	t_{1max}
125±6	18	22	10	180±9	25	32	14
140±7	20	25	11	200±10	28	36	16
160±8	22	28	12				

斜嘴钳抗弯强度和剪切性能要求　　　　　　　　表 10-12

公称长度 l mm	l_1 mm	l_2 mm	剪切性能			抗弯强度
			试验用钢丝直径 d[①] /mm	剪切力 F_{1max}/N	载荷 F/N	永久变形量 S[②]$_{max}$ /mm
125	80	12.5	1.0	450	800	1
140	90	14	1.6	450	900	1
160	100	16	1.6	460	1000	1
180	112	18	1.6	460	1120	1
200	125	20	1.6	460	1250	1

① 试验用钢丝，见 GB/T 6291。

② $S = W_1 - W_2$，见 GB/T 6291。

尖嘴钳、扁嘴钳、圆嘴钳及斜嘴钳的型式如图 10-3。

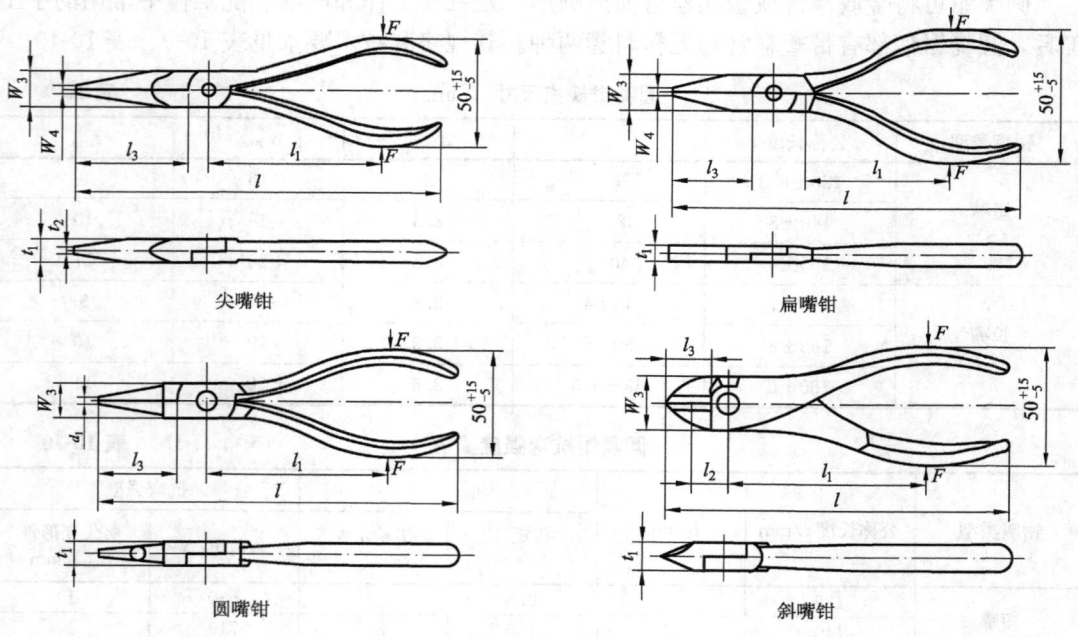

图 10-3　尖嘴钳、扁嘴钳、圆嘴钳、斜嘴钳

4. 挡圈钳

挡圈钳是专供拆装弹性挡圈用的钳子，钳子分轴用挡圈钳（JB/T 3411.47—1999）

与孔用挡圈钳（JB/T 3411.48—1999）。为适应安装在各种位置中挡圈的拆装，这两种挡圈钳又有直嘴式和弯嘴式两种结构，弯嘴式一般是90°角度，也有45°和30°的。孔用和轴用挡圈钳的形式见图10-4，规格分别见表10-13、表10-14。

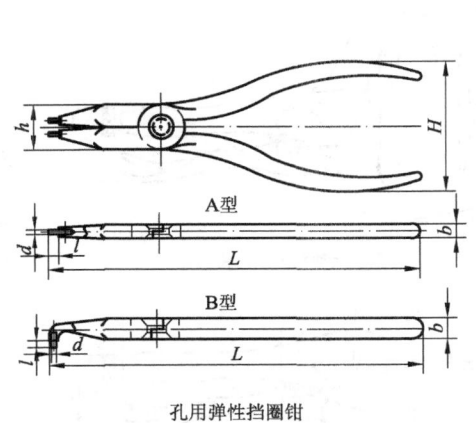
孔用弹性挡圈钳

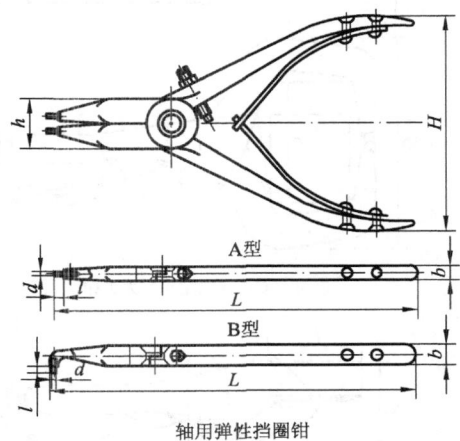
轴用弹性挡圈钳

图 10-4　挡圈钳

孔用挡圈钳规格（mm）　　　　　　　　　　　　　　　　**表 10-13**

d	L	l	H≈	b	h	弹性挡圈规格
1.0	125	3	52	8	18	8～9
1.5						10～18
2.0						19～30
2.5	175	4	54	10	20	32～40
3.0						42～100
4.0	250	5	60	12	24	105～200

轴用挡圈钳规格（mm）　　　　　　　　　　　　　　　　**表 10-14**

d	L	l	H≈	b	h	弹性挡圈规格
1.0	125	3	72	8	18	3～9
1.5						10～18
2.0						19～30
2.5	175	4	100	10	20	32～40
3.0						42～105
4.0	250	5	122	12	24	110～200

5. 异形大力钳（QB/T 4265—2011）

异形大力钳简称大力钳，是一种新颖、多用途的手工工具，它能夹持管子、板材，持工件后还可以自锁，不会自然松脱。大力钳综合了扳手、钢丝钳、手虎钳、管子钳的功能，其夹紧力胜过手虎钳，作业完毕又能迅速解脱，因此，大力钳是一种多功能，使用方便的工具。大力钳根据其钳口型式和作业用途，可分为C型、板夹型、焊接型、管夹型，其中C型又分为固定头和活动头两种类型。大力钳的形式见图10-5，品种规格见表10-15。

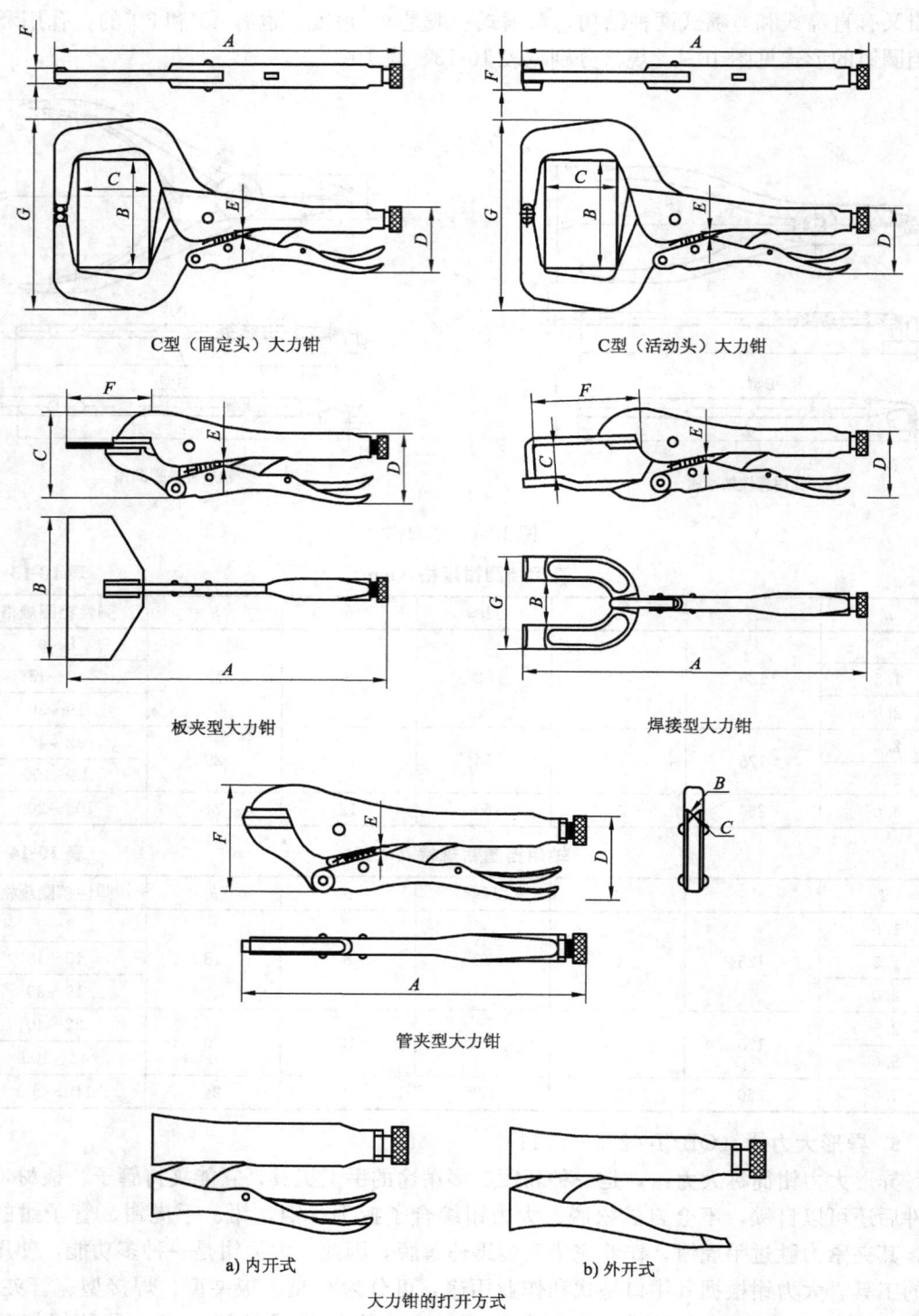

C型（固定头）大力钳

C型（活动头）大力钳

板夹型大力钳

焊接型大力钳

管夹型大力钳

a) 内开式

b) 外开式

大力钳的打开方式

图 10-5　大力钳

大力钳尺寸及夹持强度（mm）　　　　　　**表 10-15**

C型（固定头）大力钳

规格	全长 A	钳口闭合区宽 B	钳口闭合区深 C	柄部宽 D	手柄间隙 E	固定头宽 F	头部宽 G	夹持范围	手柄最大夹持锁定力 F_1/N	钳口顶端最小试验载荷 F_2/N
150	165±25	≥38.1	≥31.8	38±6	≥2.3	10±3	90±25	0～51	200	2225
280	270±25	≥76.2	≥57.2	51±6	≥4.1	13±3	140±25	0～86	200	4000

C型（活动头）大力钳

规格	全长 A	钳口闭合区宽 B	钳口闭合区深 C	柄部宽 D	手柄间隙 E	活动头宽 F	头部宽 G	夹持范围	手柄最大夹持锁定力 F_1/N	钳口顶端最小试验载荷 F_2/N
125	130±25	≥35.1	≥22.9	33±6	≥2.3	16±3	70±25	0～38	200	2000
150	165±25	≥38.1	≥28.7	38±6	≥2.3	22±3	90±25	0～51	200	2225
280	270±25	≥76.2	≥57.2	51±6	≥4.1	29±3	140±25	0～86	200	4000

板夹型大力钳

规格	全长 A	钳口宽 B	头部宽 C	柄部宽 D	手柄间隙 E	钳口深 F	夹持范围	手柄最大夹持锁定力 F_1/N	钳口顶端最小试验载荷 F_2/N
200	200±16	80±3	57±9	45±9	≥4.1	45±12.5	0～12.5	220	4450
250	250±16	94±3	66±9	54±9	≥4.1	51±12.5	0～20	220	7000

焊接型大力钳

规格	全长 A	钳口内宽 B	钳口闭合区宽 C	柄部宽 D	手柄间隙 E	钳口闭合区深 F	钳口外宽 G	夹持范围	手柄最大夹持锁定力 F_1/N	钳口顶端最小试验载荷 F_2/N
230	230±12.5	25±3	25±3	48±12.5	≥4.1	76±12.5	70±3	0～41.5	110	2225

管夹型大力钳

规格	全长 A	上钳口半径 B	下钳口半径 C	炳部宽 D	手柄间隙 E	头部宽 F
180	180±16	3.3±0.4	1.5±0.4	45±9	≥4.1	57±9

6. 水泵钳（QB/T 2440.4—2007）

水泵钳是用于夹持、旋转圆柱形管件的手工工具，其钳口的开口宽度有 3～10 档调节位置，因此可以夹持尺寸较大的零件，主要用于水管、煤气管道的安装、维修工程及汽车、农业机械的维修工作中。水泵钳的型式见图 10-6，规格及性能见表 10-16。

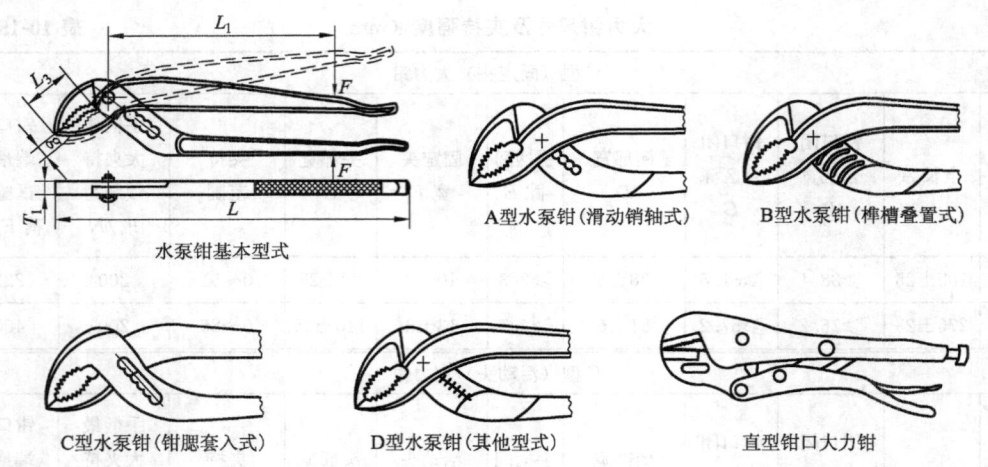

图 10-6 水泵钳

水泵钳规格及性能 （mm）　　　　　　　　表 10-16

公称长度 L	T_{1max}	G_{min}	L_{3min}	L_1	开口最小调整档数	抗弯强度	
						载荷 F/N	永久变形量 S_{max}[①]
100 ± 10	5	12	7.5	71	3	400	1
125 ± 15	7	12	10	80	3	500	1.2
160 ± 15	10	16	18	100	4	630	1.4
200 ± 15	11	22	20	125	4	800	1.8
250 ± 15	12	28	25	160	5	1000	2.2
315 ± 20	13	35	35	200	5	1250	2.8
350 ± 20	13	45	40	224	6	1250	3.2
400 ± 30	15	80	50	250	8	1400	3.6
500 ± 30	16	125	70	315	10	1400	6

① $S = W_1 - W_2$，见 GB/T 6291。

7. 管子钳 （QB/T 2508—2001）

管子钳是在建筑施工中用于夹持水管、煤气管等各类圆形工件用的手工工具，主要由五部分组成：手柄（力臂），活动钳口，调节轮，反力弹片和固定销。管子钳可根据管件的粗细相应调节夹持口的大小，其工作方式类似活动扳手。管子钳基本型式有Ⅰ、Ⅱ、Ⅲ三种，见图 10-7，管子钳具有很大的承载能力，每种型式按其承载能力又可分为重级（用 Z 表示）、普通级（用 P 表示）两个等级，其规格见表 10-17。

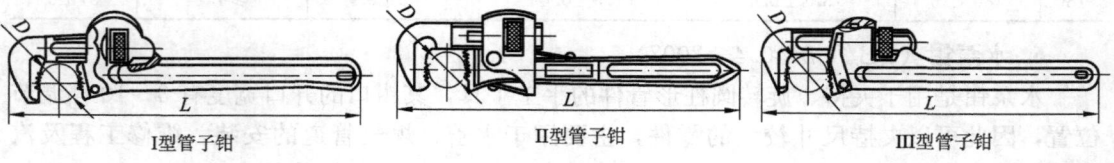

图 10-7　管子钳

规　　格	全长 L/mm	最大夹持管径 D mm	最大试验扭矩/N·m	
			普通级 P	重级 Z
150	150	20	105	165
200	200	25	203	330
250	250	30	340	550
300	300	40	540	830
350	350	50	650	990
450	450	60	920	1440
600	600	75	1300	1980
900	900	85	2260	3300
1200	1200	110	3200	4400

管子钳规格　　　　　　　　表 10-17

8. 链条管子钳（QB/T 1200—1991）

链条管子钳主要用于地质勘探、石油、水利工程、建筑安装等各类工程中。用以夹持和旋转较大口径的管子或其他圆柱体。管子钳分为 A、B 两种型号。链条管子钳型式见图 10-8，其规格和技术要求见表 10-18、表 10-19。

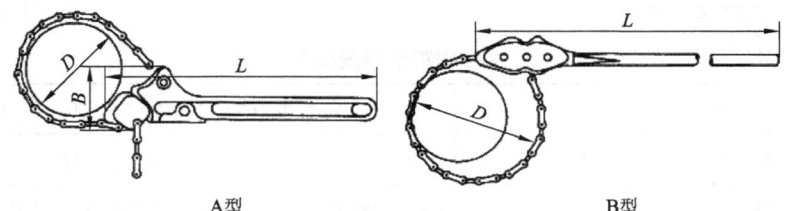

A型　　　　　　　　　　　B型

图 10-8　链条管子钳

链条管子钳规格（mm）　　　　　　表 10-18

规　　格		L_{min}	B_{max}	L_{max}	D_{max}
A　型	300	300	45	—	50
B　型	900	900	88	182	100
	1000	1000	98	200	150
	1200	1200	102	216	200
	1300	1300	108	224	250

链条管子钳能够承受的扭矩要求　　　　　　表 10-19

规　　格	300	900	1000	1200	1300
扭矩/N·m	800	830	1230	1480	1670

9. 断线钳（QB/T 2206—2011）

断线钳用于剪切硬度在 HRC30 以下的金属线材。型式有双连臂、单连臂、无连臂。断线钳型式见图 10-9，其规格和技术要求见表 10-20、表 10-21。

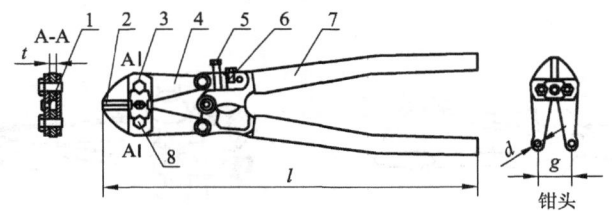

图 10-9　断线钳

1—中心轴；2—刃口；3—压板；4—刀片；5—调节螺杆；6—联臂；7—手柄；8—螺栓

断线钳规格尺寸（mm）   表 10-20

规格	l		d		g		t	
	尺寸	偏差	尺寸	偏差	尺寸	偏差	尺寸	偏差
200	203	+15 0	5	H12	22	+1 −2	4.5	h12
300	305		6		38		6	
350	360		6 (8)		40		7	
450	460		8		53		8	
600	615		10		62		9	
750	765	+20 0	10		68		11	
900	915		12		74	+1 −3	13	
1050	1070		14		82		15	
1200	1220		16		100		17	

注：括号内尺寸为可选尺寸。

断线钳剪切强度要求   表 10-21

规格/mm	200	300	350	450	600	750	900	1050	1200
试材直径/mm	2	4	5	6	8	10	12	14	16
试材材质	GB/T 699 规定的 45 号圆钢 硬度为 28HRC～30HRC								
试材材质	GB/T 699 规定的 20 号圆钢，抗拉强度不小于 410MPa 或同等抗拉强度的钢材								
剪切载荷/N	170	145	245	345	490	685	835	1130	1470

10. 十用钳

十用钳是一种式样新颖、小巧灵活的多用钳。其除具有普通钢丝钳的性能外。还具有螺钉旋具、撬钉器、圆锥锤、半角铆锤、呆扳手等多项功能。十用钳型式见图 10-10，其规格见表 10-22。

十用钳功能规格（mm）   表 10-22

项 目	公称长度	圆锥锤	呆扳手开口
规 格	175	Φ17	10，14，17

11. 手虎钳

手虎钳是夹持小型工件或薄壁工件以进行各种加工用的手工工具。手虎型式见图 10-11，其规格见表 10-23。

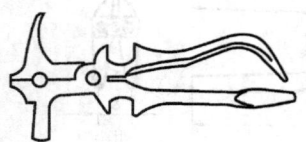

图 10-10 十用钳

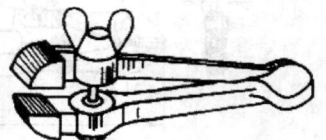

图 10-11 手虎钳

手虎钳规格（mm）			表 10-23	
钳口宽度	25	30	40	50
钳口弹开尺寸	15	20	30	36

12. 管子台虎钳（QB/T 2211—1996）

管子台虎钳是管道工在施工中用于夹持水管、煤气管等各种金属、非金属管件，以便铰制螺纹、切断或进行其他加工的手工工具。管子台虎钳型式见图 10-12，其规格见表 10-24。

图 10-12　管子台
虎钳

管子台虎钳规格					表 10-24	
规　　格	1	2	3	4	5	6
夹持管子直径 mm	10～60	10～90	15～115	15～165	30～220	30～300
加于试验棒力矩 N·m	90	120	130	140	170	200

常用管子台虎钳为龙门式结构。主要由底座、支架、丝杠、板杠、导板、上牙板、下牙板、钩子等组成。

13. 方孔桌虎钳（QB/T 2096.3—1995）

桌虎钳安装在工作台上，适于夹持小型工件，进行各种操作。按结构分为：燕尾型（固定式代号 YG，活动式代号 YH）；方孔型（固定式代号 FG，活动式代号 FH）；导杆型（固定式代号 DG，活动式代号 DH）。方孔桌虎钳型式见图 10-13，方孔桌虎钳规格和夹紧力见表 10-25。

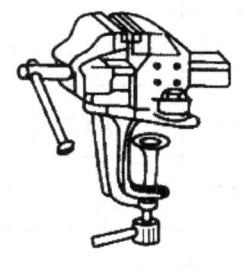

图 10-13　方孔桌虎钳

方孔桌虎钳规格				表 10-25	
规　　格	40	50	60	65
钳口宽度/mm	40	50	60	65
开口度/mm	35	45	65	
紧固范围/mm	15～45			
夹紧力/kN	4.0	5.0	6.0	

14. 普通台虎钳（QB/T 1558.2—1992）

台虎钳是安装在钳工台上用于夹持钳工加工工件用的，有固定式及转盘式两种，转盘式钳体可以转动。普通台虎钳按其夹紧能力分为轻级（用 Q 表示）和重级（用 Z 表示）两种。台虎钳型式见图 10-14，其规格见表 10-26。

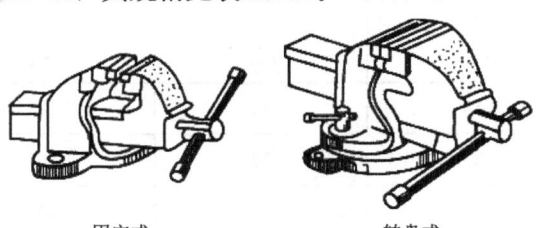

固定式　　　　　　转盘式

图 10-14　台虎钳

台虎钳规格   表 10-26

规 格		75	90	100	115	125	150	200
钳口宽度/mm		75	90	100	115	125	150	200
开口度/mm		75	90	100	115	125	150	200
外形尺寸 mm	长度	300	340	370	400	430	510	610
	宽度	200	220	230	260	280	330	390
	高度	160	180	200	220	230	260	310
夹紧力 kN	轻型	7.5	9.0	10.0	11.0	12.0	15.0	20.0
	重型	15.0	18.0	20.0	22.0	25.0	30.0	40.0

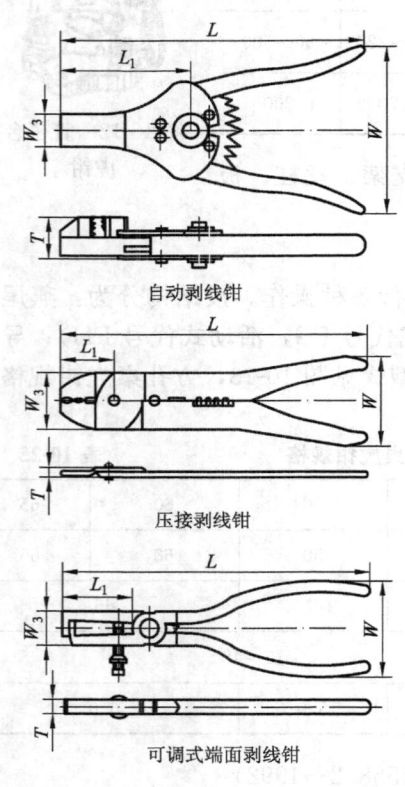

图 10-15 剥线钳

15. 剥线钳（QB/T 2207—1996）

剥线钳用于剥离电线绝缘层用，同时还可以剪切铜铝芯线。剥线钳品种很多，有可调式端面剥线钳、自动剥线钳、多功能剥线钳、压接剥线钳等。剥线钳型式见图 10-15，剥线钳规格见表 10-27。

剥线钳规格（mm）   表 10-27

尺寸 类别	L	L_1	W	W_{3max}	T_{max}
可调式端面剥线钳	160±8	36±4	50±5	20	10
自动剥线钳	170±8	70±4	120±5	22	30
多功能剥线钳	170±8	60±4	80±5	70	20
压接剥线钳	200±8	34±4	54±5	38	8

16. 扎线钳（QB/T 4266—2011）

扎线钳的型式按照用途和外形可以分为 A 型和 B 型两类。其外形见图 10-16，基本尺寸见表 10-28～表 10-29。

A 型扎线钳的基本尺寸（mm）   表 10-28

规格 l	l_3 max	t_1 min	w_3 max	g min
200±10	18	16	32	14
224±10	20	18	36	16
250±10	22	20	40	18
280±10	25	22	45	20

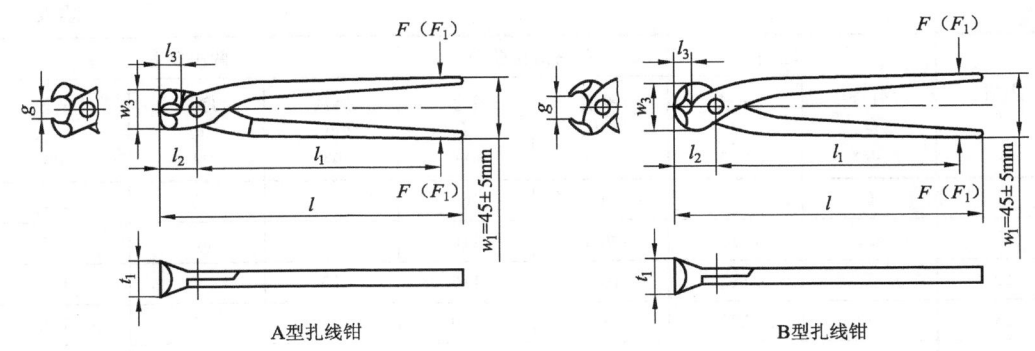

A型扎线钳　　　　　　　　　　　　B型扎线钳

图 10-16　扎线钳

B 型扎线钳的基本尺寸（mm）　　　　　　　　表 10-29

规格 l	l_3 max	t_1 min	w_3 max	g min
200±13	18	16	36	14
250±13	22	20	45	16
315±13	28	25	56	18
355±13	32	28	63	20

二、扳手类工具

1. 单头呆扳手、单头梅花扳手、两用扳手（GB/T 4388—2008）

单头呆扳手、单头梅花扳手、两用扳手都是用于紧固或拆卸固定规格的螺母或螺栓。单头梅花扳手还分为 A 型（矮颈）及 G 型（高颈）两种；两用扳手一端为呆扳手，另一端为梅花扳手。常用单头呆扳手、单头梅花扳手、两用扳手型式见图 10-17，其规格见表 10-30。

常用单头呆扳手、单头梅花扳手、两用扳手规格（mm）　　　表 10-30

规格 s	单头呆扳手 厚度 e max	单头呆扳手 全长 l min	单头梅花扳手 厚度 e max	单头梅花扳手 全长 l min	两用扳手 厚度 e_1 max	两用扳手 厚度 e_2 max	两用扳手 全长 l min
3.2					5	3.3	55
4					5.5	3.5	55
5					6	4	65
5.5	4.5	80			6.3	4.2	70
6	4.5	85			6.5	4.5	75
7	5	90			7	5	80
8	5	95			8	5	90
9	5.5	100			8.5	5.5	100

规格 s	单头呆扳手		单头梅花扳手		两用扳手		
	厚度 e max	全长 l min	厚度 e max	全长 l min	厚度 e₁ max	厚度 e₂ max	全长 l min
10	6	105	9	105	9	6	110
11	6.5	110	9.5	110	9.5	6.5	115
12	7	115	10.5	115	10	7	125
13	7	120	11	120	11	7	135
14	7.5	125	11.5	125	11.5	7.5	145
15	8	130	12	130	12	8	150
16	8	135	12.5	135	12.5	8	160
17	8.5	140	13	140	13	8.5	170
18	9	150	14	150	14	9	180
19	9	155	14.5	155	14.5	9	185
20	9.5	160	15	160	15	9.5	200
21	10	170	15.5	170	15.5	10	205
22	10.5	180	16	180	16	10.5	215
23	10.5	190	16.5	190	16.5	10.5	220
24	11	200	17.5	200	17.5	11	230
25	11.5	205	18	205	18	11.5	240
26	12	215	18.5	215	18.5	12	245
27	12.5	225	19	225	19	12.5	255
28	12.5	235	19.5	235	19.5	12.5	270
29	13	245	20	245	20	13	280
30	13.5	255	20	255	20	13.5	285
31	14	265	20.5	265	20.5	14	290
32	14.5	275	21	275	21	14.5	300
34	15	285	22.5	285	22.5	15	320
36	15.5	300	23.5	300	23.5	15.5	335
41	17.5	330	26.5	330	26.5	17.5	380
46	19.5	350	28.5	350	29.5	19.5	425
50	21	370	32	370	32	21	460
55	22	390	33.5	390			
60	24	420	36.5	420			
65	26	450	39.5	450			
70	28	480	42.5	480			
75	30	510	46	510			
80	32	540	49	540			

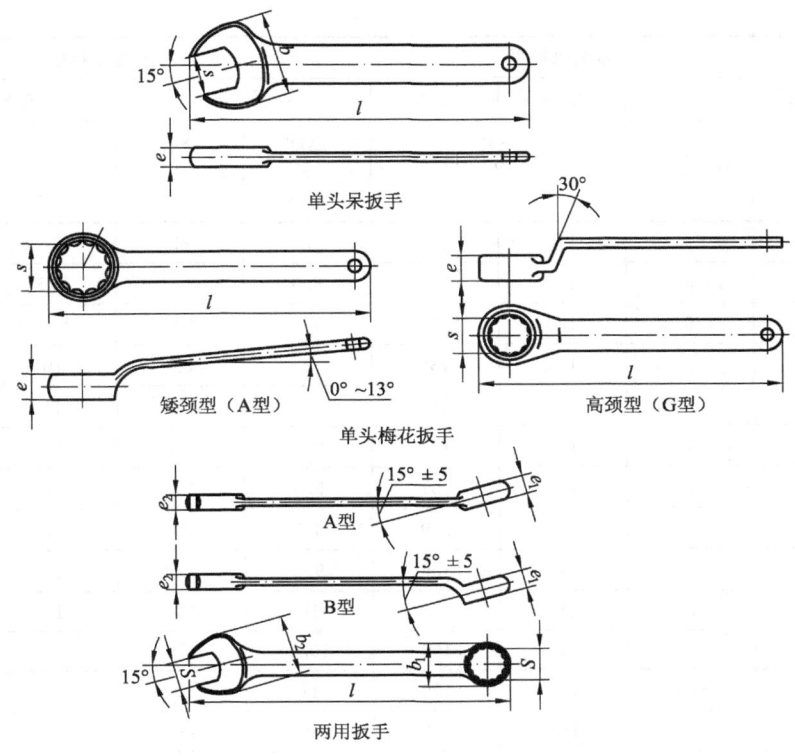

图 10-17　单头呆扳手、单头梅花扳手、两用扳手

2. 双头呆扳手、双头梅花扳手 （GB/T 4388—2008）

双头呆扳手、双头梅花扳手是两端有开口宽度不相同的呆扳手或梅花扳手，可拆卸或紧固两种规格不同的螺栓、螺母。双头呆扳手分为短型和长型两种长度；双头梅花扳手分为 A 型（矮颈）、G 型（高颈）、Z 型（直颈）及 W 型（弯颈）等 4 种。常用双头呆扳手、双头梅花扳手型式见图 10-18，规格见表 10-31，性能见表 10-32。

常用双头呆扳手、双头梅花扳手规格（mm）　　　　　　　　　表 10-31

规格[①]（对边尺寸组配）$s_1 \times s_2$	双头呆扳手			双头梅花扳手			
	厚度 e max	短型	长型	直颈、弯颈		矮颈、高颈	
		全长 l min	全长 l min	厚度 e max	全长 l min	厚度 e max	全长 l min
3.2×4	3	72	81				
4×5	3.5	78	87				
5×5.5	3.5	85	95				
5.5×7	4.5	89	99				
(6×7)	4.5	92	103	6.5	73	7	134
7×8	4.5	99	111	7	81	7.5	143
(8×9)	5	106	119	7.5	89	8.5	152

规格① (对边尺寸组配) $s_1 \times s_2$	双头呆扳手			双头梅花扳手			
	厚度 e max	短型	长型	直颈、弯颈		矮颈、高颈	
		全长 l min	全长 l min	厚度 e max	全长 l min	厚度 e max	全长 l min
8×10	5.5	106	119	8	89	9	152
(9×11)	6	113	127	8.5	97	9.5	161
10×11	6	120	135	8.5	105	9.5	170
(10×12)	6.5	120	135	9	105	10	170
10×13	7	120	135	9.5	105	11	170
11×13	7	127	143	9.5	113	11	179
(12×13)	7	134	151	9.5	121	11	188
(12×14)	7	134	159	9.5	121	11	188
(13×14)	7	141	159	9.5	129	11	197
13×15	7.5	141	159	10	129	12	197
13×16	8	141	159	10.5	129	12	197
(13×17)	8.5	141	159	11	129	13	197
(14×15)	7.5	148	167	10	137	12	206
(14×16)	8	148	167	10.5	137	12	206
(14×17)	8.5	148	167	11	137	13	206
15×16	8	155	175	10.5	145	12	215
(15×18)	8.5	155	175	11.5	145	13	215
(16×17)	8.5	162	183	11	153	13	224
16×18	8.5	162	183	11.5	153	13	224
(17×19)	9	169	191	11.5	166	14	233
(18×19)	9	176	199	11.5	174	14	242
18×21	10	176	199	12.5	174	14	242
(19×22)	10.5	183	207	13	182	15	251
(19×24)	11	183	207	13.5	182	16	251
(20×22)	10	190	215	13	190	15	260
(21×22)	10	202	223	13	198	15	269
(21×23)	10.5	202	223	13	198	15	269
21×24	11	202	223	13.5	198	16	269
(22×24)	11	209	231	13.5	206	16	278
(24×26)	11.5	223	247	15.5	222	16.5	296
24×27	12	223	247	14.5	222	17	296
(24×30)	13	223	247	15.5	222	18	296
(25×28)	12	230	255	15	230	17.5	305

规格①（对边 尺寸组配） $s_1 \times s_2$	双头呆扳手			双头梅花扳手			
	厚度 e max	短型	长型	直颈、弯颈		矮颈、高颈	
		全长 l min		厚度 e max	全长 l min	厚度 e max	全长 l min
(27×29)	12.5	244	271	15	246	18	323
27×30	13	244	271	15.5	246	18	323
(27×32)	13.5	244	271	16	246	19	323
(30×32)	13.5	265	295	16	275	19	330
30×34	14	265	295	16.5	275	20	330
(30×36)	14.5	265	295	17	275	21	330
(32×34)	14	284	311	16.5	291	20	348
(32×36)	14.5	284	311	17	291	21	348
34×36	14.5	298	327	17	307	21	366
36×41	16	312	343	18.5	323	22	384
41×46	17.5	357	383	20	363	24	429
46×50	19	392	423	21	403	25	274
50×55	20.5	420	455	22	435	27	510
55×60	22	455	495	23.5	475	28.5	555
60×65	23	490					
65×70	24	525					
70×75	25.5	560					
75×80	27	600					

① 括号内的对边尺寸组配为非优先组配。

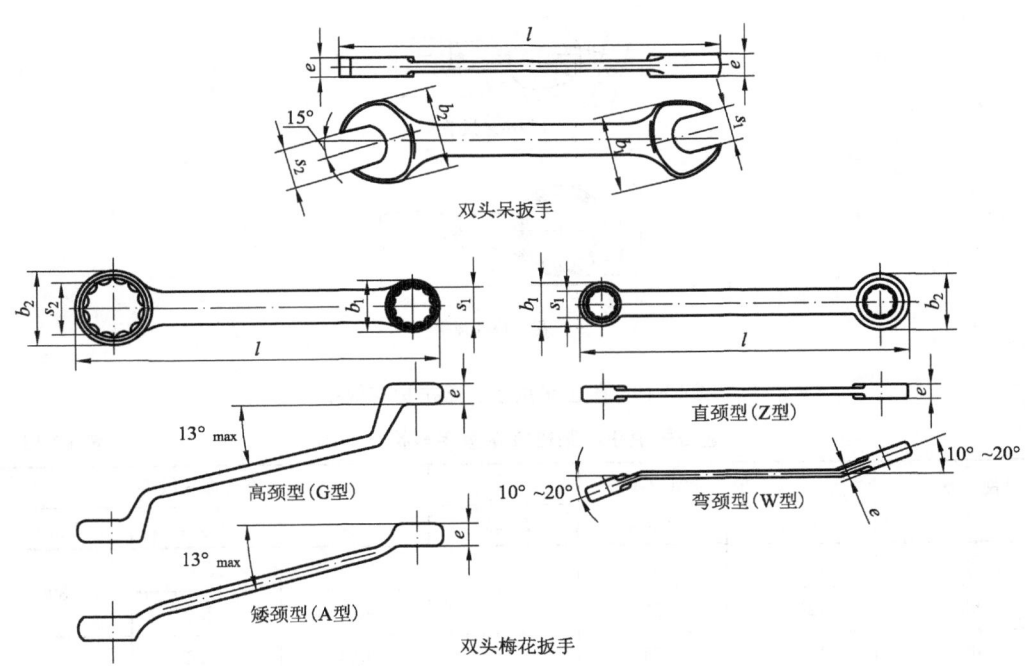

双头呆扳手

高颈型（G型）

矮颈型（A型）

直颈型（Z型）

弯颈型（W型）

双头梅花扳手

图 10-18　双头呆扳手、双头梅花扳手

常用双头呆扳手、双头梅花扳手扭矩系列（GB/T 4393—2008）　　表 **10-32**

规格(s)/mm	最小试验扭矩[①](M)/N·m		规格(s)/mm	最小试验扭矩[①](M)/N·m	
	梅花扳手	呆扳手		梅花扳手	呆扳手
3.2	4.04	1.02	19	261	149
4	6.81	1.9	21	330	198
5	11.50	3.55	22	368	225
5.5	14.40	4.64	24	451	287
6	17.60	5.92	27	594	399
7	25.20	9.12	30	760	536
8	34.50	13.3	32	884	643
9	45.40	18.4	34	1019	761
10	58.10	24.8	36	1165	894
11	72.70	32.3	41	1579	1154
12	89.10	41.2	46	2067	1453
13	107.00	51.6	50	2512	1716
14	128.00	63.5	55	3140	2077
15	150	77	60	3849	2471
16	175	92.3	65	4021	2900
17	201	109	70	4658	3364
18	230	128			

① 两用扳手的开口端和孔端分别采用呆扳手和梅花扳手的扭矩系列。

3. 敲击呆扳手和敲击梅花扳手（GB/T 4392—1995）

敲击扳手一般是指手持端为敲击端，前端为工作端的扳手，主要包括敲击梅花扳手和敲击呆扳手两种形式。敲击呆扳手和敲击梅花扳手型式见图 10-19，规格见表 10-33。

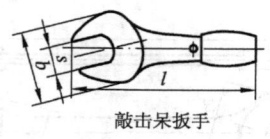

敲击呆扳手

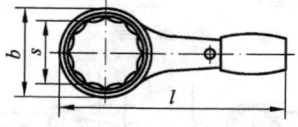

敲击梅花扳手

图 10-19　敲击呆扳手、敲击梅花扳手

敲击呆扳手和敲击梅花扳手规格（mm）　　表 **10-33**

规格 s	敲击呆扳手			敲击梅花扳手		
	$b_{1(max)}$	$H_{1(max)}$	$L_{1(min)}$	$b_{2(max)}$	$H_{2(max)}$	$L_{2(min)}$
50	110.0	20	300	83.5	25.0	300
55	120.5	22		91.0	27.0	
60	131.0	24	350	98.5	29.0	350
65	141.5	26		106.0	30.6	

规 格 s	敲击呆扳手			敲击梅花扳手		
	$b_{1(max)}$	$H_{1(max)}$	$L_{1(min)}$	$b_{2(max)}$	$H_{2(max)}$	$L_{2(min)}$
70	152.0	28	375	113.5	32.5	375
75	162.5	30		121.0	34.0	
80	173.0	32	400	128.5	36.5	400
85	183.5	34		136.0	38	
90	188.0	36	450	143.5	40.0	450
95	198.0	38		151.0	42.0	
100	208.0	40	500	158.5	44.0	500
105	218.0	42		166.0	45.6	
110	228.0	44		173.5	47.5	
115	238.0	46		181.0	49.0	
120	248.0	48	600	188.5	51.0	600
130	268.0	52		203.5	55.0	
135	278.0	54		211.0	57.0	
145	298.0	58		226.0	60.5	
150	308.0	60	700	233.5	62.5	700
155	318.0	62		241.0	64.5	
165	338.0	66		256.0	68.0	
170	345.0	68		263.5	70.0	
180	368.0	72	800	278.5	74.0	800
185	378.0	74		286.0	75.6	
190	388.0	76		293.5	77.5	
200	408.0	80		308.5	81.0	
210	425.0	84		323.5	85.0	

4. 棘轮扳手（QB/T 4619—2013）

棘轮扳手适用于扳拧螺栓和螺母或其他紧固件。

棘轮扳手按照外形分为单头棘轮扳手（代号为 D，单头活动头棘轮扳手代号为 DH）和双头棘轮扳手（代号为 S，双头活动头棘轮扳手代号为 SH）两种型式；按照使用方法分为单向棘轮扳手（代号为 A）和双向棘轮扳手（代号为 B）两种型式；按照长度分为长型（无代号）和短型（代号为 T）两种型式。如图 10-20 所示。

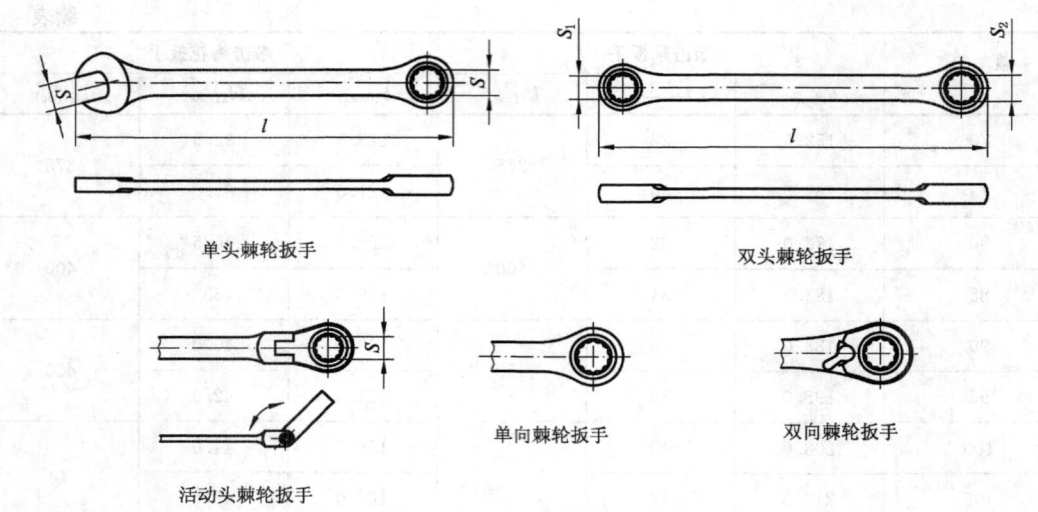

单头棘轮扳手   双头棘轮扳手

活动头棘轮扳手   单向棘轮扳手   双向棘轮扳手

图 10-20 棘轮扳手的型式

单头棘轮扳手和双头棘轮扳手的基本尺寸分别见表 10-34 和表 10-35。呆扳手部分的基本尺寸应符合 GB/T 4388、GB/T 4389 和 GB/T 4390 的规定。

单头棘轮扳手的基本尺寸（mm）   表 10-34

规格 s	扳手长度 l_{min}		规格 s	扳手长度 l_{min}	
	短型	长型		短型	长型
6	60	105	20	145	190
7	65	110	21	155	195
8	70	115	22	165	200
9	75	120	23	180	205
10	80	125	24	180	205
11	85	130	25	200	259
12	90	135	26	215	280
13	95	140	27	215	280
14	100	148	28	225	320
15	105	153	29	235	340
16	110	157	30	245	365
17	115	163	31	260	395
18	125	170	32	260	395
19	135	182			

双头棘轮扳手的基本尺寸（mm）　　　　　　　表 10-35

规格 $s_1 \times s_2$	扳手长度 l_{min}	规格 $s_1 \times s_2$	扳手长度 l_{min}	规格 $s_1 \times s_2$	扳手长度 l_{min}	规格 $s_1 \times s_2$	扳手长度 l_{min}
6×7	73	12×14	121	16×18	153	21×24	198
7×8	81	13×14	129	17×18	153	22×24	206
8×9	89	13×15	129	17×19	166	24×27	222
8×10	89	13×16	129	18×19	174	24×30	222
9×11	97	13×17	129	18×21	174	25×28	230
10×11	105	14×15	137	19×22	182	27×30	246
10×12	105	14×16	137	19×24	182	30×32	275
10×13	105	14×17	137	20×22	190		
11×13	113	15×16	145	21×22	198		
12×13	121	15×18	145	21×23	198		

5. 内六角扳手（GB/T 5356—2008）

　　内六角扳手是用于扳拧内六角螺钉。内六角扳手型式见图 10-21，规格见表 10-36，性能见表 10-37。

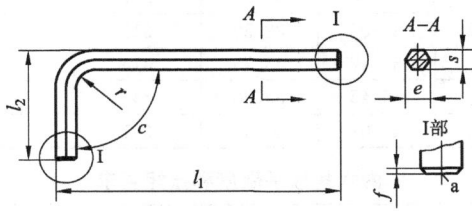

图 10-21　内六角扳手

内六角扳手基本尺寸（mm）　　　　　　　表 10-36

对边尺寸 s			对角宽度 e		长 度 l_1			长 度 l_2
标准	max	min	max	min	标准长	长型 M	加长型 L	长度
0.7	0.71	0.70	0.79	0.76	33	—	—	7
0.9	0.89	0.88	0.99	0.96	33	—	—	11
1.3	1.27	1.24	1.42	1.37	41	63.5	81	13
1.5	1.50	1.48	1.68	1.63	46.5	63.5	91.5	15.5
2	2.00	1.96	2.25	2.18	52	77	102	18
2.5	2.50	2.46	2.82	2.75	58.5	87.5	114.5	20.5
3	3.00	2.96	3.39	3.31	66	93	129	23
3.5	3.50	3.45	3.96	3.91	69.5	98.5	140	25.5
4	4.00	3.95	4.53	4.44	74	104	144	29
4.5	4.50	4.45	5.10	5.04	80	114.5	156	30.5
5	5.00	4.95	5.67	5.58	85	120	165	33
6	6.00	5.95	6.81	6.71	96	141	186	38
7	7.00	6.94	7.94	7.85	102	147	197	41
8	8.00	7.94	9.09	8.97	108	158	208	44

续表

对边尺寸 s			对角宽度 e		长 度 l_1			长 度 l_2
标准	max	min	max	min	标准长	长型 M	加长型 L	长度
9	9.00	8.94	10.23	10.10	114	169	219	47
10	10.00	9.94	11.37	11.23	122	180	234	50
11	11.00	10.89	12.51	12.31	129	191	247	53
12	12.00	11.89	13.65	13.44	137	202	262	57
13	13.00	12.89	14.79	14.56	145	213	277	63
14	14.00	13.89	15.93	15.70	154	229	294	70
15	15.00	14.89	17.07	16.83	161	240	307	73
16	16.00	15.89	18.21	17.97	168	240	307	76
17	17.00	16.89	19.35	19.09	177	262	337	80
18	18.00	17.89	20.49	20.21	188	262	358	84
19	19.00	18.87	21.63	21.32	199	—	—	89
21	21.00	20.87	23.91	23.58	211	—	—	96
22	22.00	21.87	25.05	24.71	222	—	—	102
23	23.00	22.87	26.16	25.86	233	—	—	108
24	24.00	23.87	27.33	26.97	248	—	—	114
27	27.00	26.87	30.75	30.36	277	—	—	127
29	29.00	28.87	33.03	32.59	311	—	—	141
30	30.00	29.87	34.17	33.75	315	—	—	142
32	32.00	31.84	36.45	35.98	347	—	—	157
36	36.00	35.84	41.01	40.50	391	—	—	176

内六角扳手硬度和扭矩要求 表 10-37

对边尺寸 s mm	最小硬度[①] HRC	最小试验扭矩[②] M_d N·m	套筒接头对边宽度[③]/mm		啮合深度[④]/mm
			max	min	啮合深度 t
0.7		0.08	0.724	0.711	1.5
0.9		0.18	0.902	0.889	1.7
1.3		0.53	1.295	1.270	2
1.5		0.82	1.545	1.520	2
2		1.9	2.045	2.020	2.5
2.5		3.8	2.560	2.520	3
3		6.6	3.080	3.020	3.5
3.5	52	10.3	3.595	3.520	4.5
4		16	4.095	4.020	5
4.5		22	4.595	4.520	5.5
5		30	5.095	5.020	6
6		52	6.095	6.020	8
7		80	7.115	7.025	9
8		120	8.115	8.025	10

续表

对边尺寸 s mm	最小硬度[1] HRC	最小试验扭矩[2] M_d N·m	套筒接头对边宽度[3]/mm		啮合深度[4]/mm
			max	min	啮合深度 t
9		165	9.115	9.025	11
10		220	10.115	10.025	12
11	48	282	11.142	11.032	13
12		370	12.142	12.032	15
13		470	13.142	13.032	16
14		590	14.142	14.032	17
15		725	15.230	15.050	18
16		880	16.230	16.050	19
17		980	17.230	17.050	20
18		1158	18.230	18.050	21.5
19		1360	19.275	19.065	23
21		1840	21.275	21.065	25
22		2110	22.275	22.065	26
23	45	2414	23.275	23.065	27.5
24		2750	24.275	24.065	29
27		3910	27.275	27.065	32
29		4000	29.275	29.065	35
30		4000	30.330	30.080	36
32		4000	32.330	32.080	38
36		4000	36.330	36.080	43

① 内六角扳手应整体淬硬。
② $M_d = 0.85(0.7R_m)(0.2245s^3)$，此处 R_m 为抗拉强度。该公式不适于对边宽度 s 为 29mm$\leqslant s \leqslant$36mm 的扳手。
③ 测试用六角套筒接头的硬度：$s \leqslant 17$ 不低于 60HRC；$s > 17$ 不低于 55HRC。六角套筒接头的对角宽度：$e_{min} = e_{max}$（表 10-32）$+0.05$。
④ $t \approx 1.2s(t \approx 1.5s$ 适用于尺寸小于 1.5mm)，此数值只适用于测试用，实用中，扳手啮合尺寸要小些。

6. 活扳手（GB/T 4440—2008）

活扳手的开口宽度可以调节，用于扳拧一定尺寸范围的六角或方头螺栓、螺母或其他紧固件。大力锁紧活扳手（企业标准）除具有普通活扳手的功能外，同时还具有大力锁紧的功能，使用更安全可靠，适于高空作业用。活扳手型式见图 10-22，规格见表 10-38。大力锁紧活扳手型式见图 10-23。

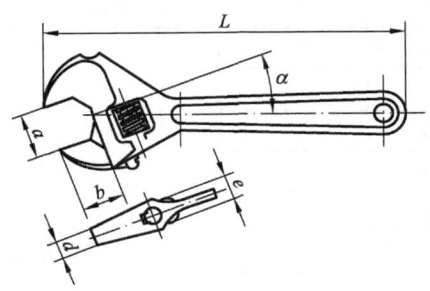

图 10-22　活扳手

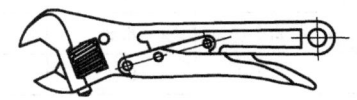

图 10-23　大力锁紧活扳手

活扳手规格 表 10-38

长度 L/mm 规 格	开口尺寸 a/mm ≥	开口深度 b/mm min	扳口前端深度 d/mm max	头部厚度 e/mm max	夹角 α/(°) A 型	B 型
100	13	12	6	10		
150	19	17.5	7	13		
200	24	22	8.5	15		
250	28	26	11	17		
300	34	31	13.5	20	15	22.5
375	43	40	16	26		
450	52	48	19	32		
600	62	57	28	36		

7. 套筒扳手（GB/T 3390.1—2013）

套筒扳手是扳拧六角螺栓、螺母的手工工具，套筒扳手因配有多种连接附件与传动附件，因此适合于位置特殊、空间狭窄、活扳手或呆扳手不能使用的场所。

手动套筒扳手工作部分的几何形状为六角孔和十二角孔两种形式，其中六角孔用 L 表示，十二角孔不予表示。根据套筒的长度分为普通型（A 型）和加长型（B 型）。根据套筒扳手传动方孔对边尺寸，将套筒分为 6.3，10，12.5，20，25 等 5 个系列。系列手动套筒扳手套筒的型式见图 10-24，基本尺寸分别见表 10-39～表 10-43。

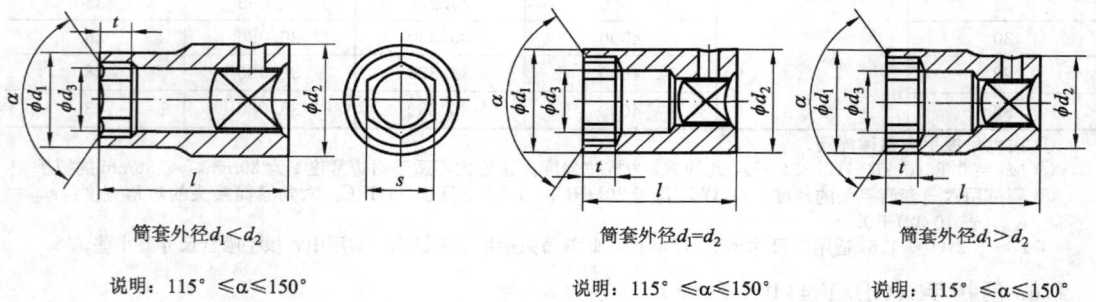

筒套外径$d_1 < d_2$ 　　　　筒套外径$d_1 = d_2$ 　　　　筒套外径$d_1 > d_2$

说明：$115° \leqslant \alpha \leqslant 150°$ 　　说明：$115° \leqslant \alpha \leqslant 150°$ 　　说明：$115° \leqslant \alpha \leqslant 150°$

图 10-24 手动套筒扳手套筒

6.3 系列手动套筒扳手套筒的基本尺寸（mm） 表 10-39

s	t min	d_1 max	d_2 max	d_3 min	l A 型 max	B 型 min
3.2	1.8	5.9	12.5	1.9		
4	2.1	6.9	12.5	2.4		
4.5	2.3	7.9	12.5	2.4		
5	2.4	8.2	12.5	3		
5.5	2.7	8.8	12.5	3.6	26	45
6	3.1	9.4	12.5	4		
7	3.5	11	12.5	4.8		
8	4.24	12.2	12.5	6		

s	t min	d_1 max	d_2 max	d_3 min	l A型 max	l B型 min
9	4.51	13.5	13.5	6.5		
10	4.74	14.7	14.7	7.2		
11	5.54	16	16	8.4		
12	5.74	17.2	17.2	9	26	45
13	6.04	18.5	18.5	9.6		
14	6.74	19.7	19.7	10.5		
15	7.0	21.5	21.5	11.3		
16	7.19	22	22	12.3		

10 系列手动套筒扳手套筒的基本尺寸（mm）　　　　　　表 10-40

s	t min	d_1 max	d_2 max	d_3 min	l A型 max	l B型 min
7	3.5	11		4.8		
8	4.24	12.2		6		
9	4.51	13.5		6.5		
10	4.74	14.7	20	7.2		44
11	5.54	16		8.4	32	
12	5.74	17.2		9		
13	6.04	18.5		9.6		
14	6.74	19.7		10.5		45
15	7.0	21.0	24	11.3		
16	7.19	22.2		12.3		50
17	7.73	23.5		13	35	54
18	8.29	24.7	24.7	14.4		
19	8.72	25	26	15		
21	9.59	28.5	28.8	16.8		60
22	9.98	29.7	29.7	17	38	
24	10.79	32.5	32.5	19.2		65

12.5 系列手动套筒扳手套筒的基本尺寸（mm） 表 10-41

s	t min	d₁ max	d₂ max	d₃ min	l	
					A 型 max	B 型 min
8	4.24	14		6		
10	4.74	15.5		7.2		
11	5.54	16.7		8.4		
12	5.74	18	24	9		
13	6.04	19.2		9.6	40	
14	6.74	20.5		10.5		
15	7.0	21.7		11.3		
16	7.19	23		12.3		
17	7.73	24.2	25.5	13		75
18	8.29	25.5		14.4	42	
19	8.72	26.7	26.7	15		
21	9.59	29.2	29.2	16.8	44	
22	9.98	30.5	30.5	17		
24	10.79	33	33	19.2	46	
27	12.35	36.7	36.7	21.6	48	
30	13.35	40.5	40.5	24	50	
32	14.11	43	43	26		
34	14.85	46.5	46.5	26.4	52	

20 系列手动套筒扳手套筒的基本尺寸（mm） 表 10-42

s	t min	d₁ max	d₂ max	d₃ min	l	
					A 型 max	B 型 min
21	9.59	32.1		16.8		
22	9.98	33.3	40	17	55	
24	10.79	35.8		19.2		
27	12.35	39.6		21.6		
30	13.35	43.3	43.3	24	60	85
32	14.11	45.8	45.8	26		
34	14.85	48.3	48.3	26.4	65	
36	15.85	50.8	50.8	28.8	67	
41	17.85	57.1	57.1	32.4	70	
46	19.62	63.3	63.3	36	83	
50	21.92	68.3	68.3	39.6	89	
55	23.42	74.6	74.6	43.2	95	100
60	25.92	84.5	84.5	45.6	100	

25 系列手动套筒扳手套筒的基本尺寸（mm）　　　　　表 10-43

s	t min	d_1 max	d_2 max	d_3 min	l A 型 max
41	17.85	61	59.7	32.4	83
46	19.62	66.4	55	36	80
50	21.92	71.4	55	49.6	85
55	23.42	77.6	57	43.2	95
60	25.92	83.9	61	45.6	103
65	26.92	90.1	78	50.4	110
70	28.92	96.5	84	55.2	116
75	30.92	110	90	60	120
80	34	115	95	65	125

8. 十字柄套筒扳手（GB/T 14765—2008）

用于装配汽车等车辆轮胎上的六角头螺栓（螺母）。每一型号套筒扳手上有 4 个不同规格套筒，也可用一个传动方榫代替其中一个套筒。十字柄套筒扳手型式见图 10-25，其规格见表 10-44。

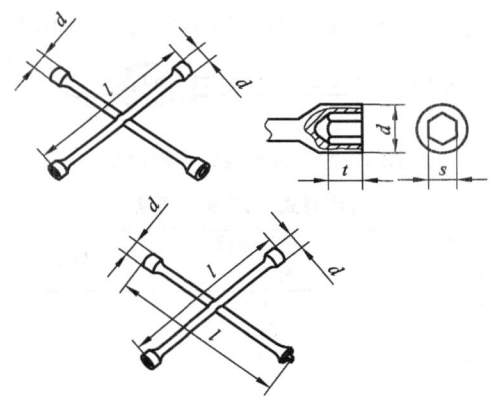

图 10-25　十字柄套筒扳手

十字柄套筒扳手规格（mm）　　　　　表 10-44

型　号	最大套筒的对边尺寸 S_{max}	传动方榫对边尺寸	最大外径 d	柄　长 L	套筒孔深 t
1	24	12.5	38	355	
2	27	12.5	42.5	450	
3	34	20	49.5	630	0.8S
4	41	20	63	700	

9. 省力扳手

省力扳手是装有行星齿轮减速器的新颖工具，它可以较小的输入力矩通过减速机构获得很大的输出力矩。省力扳手特别适用于铁路、桥梁、造船等大型建筑工程中，在无动力源的情况下拆装一般工具无法拧紧或拆卸的螺栓、螺母等。省力扳手型式见图 10-26，规格见表 10-45。

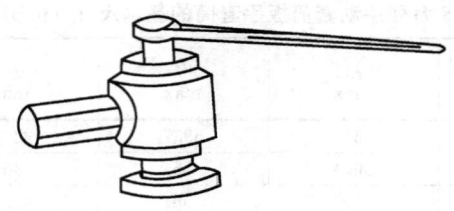

图 10-26 省力扳手

省力扳手的规格 表 10-45

名 称	额定输出力矩 N·m	减速比	效 率 %	主要尺寸/mm		重 量
				外 径	长 度	
二级省力扳手	4000	15.4	95	94	165	5.9
	5000	17.3	95	108	203	7.5
三级省力扳手	7500	62.5	91	112	273	11.5

10. 指示表式力矩扳手

指示表式力矩扳手用于拧紧有力矩要求的螺母,也可以作力矩值的检测校准用,力矩数值可以直接从指示表上读出。指示表式力矩扳手型式见图10-27,其规格见表10-46。

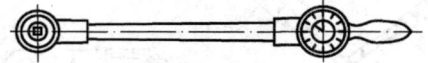

图 10-27 指示表式力矩扳手

指示表式力矩扳手规格 表 10-46

型 号	力矩范围 N·m	每格读数值 N·m	精度/%	长度×直径 mm
Z6447-48	0~10	5	5	278×40
Z6447-42	10~50	50	5	301×40
Z6447-38	30~100	50	5	382×46
Z6447-46	50~200	100	5	488×54
Z6447-45	100~300	100	5	570×60

11. 电子定扭矩扳手

在对紧固扭矩有较严格数值要求情况下,使用电子定扭矩扳手可预先对扭矩进行设置,当扭矩达到要求时,有发光指示或电子音响予以控制,可以准确控制扭矩,如用于压力容器螺栓的紧固等。电子定扭矩扳手型式见图10-28,其规格见表10-47。

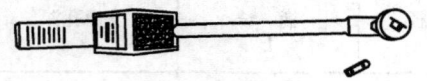

图 10-28 电子定扭矩扳手

电子定扭矩扳手规格 表 10-47

型 号	定扭矩范围 N·m	方榫 mm	总 长 mm	消耗功率 W	精 度 N·m
DDB503	8~30	6.3/10	300	静态	
DDB510	30~100	10/12.5	450	≤0.045	±(0.1+2%M)
DDB515	50~150	12.5	500		
DDB520	70~200	12.5	550	动态	
DDB530	100~300	12.5	650	≤0.12	

注:M 为在扳手扭矩范围内所施加的力矩。

12. 手用扭力扳手 （GB/T 15729—2008）

用于扳拧螺钉和螺母或其他类似零部件的工具，分为指示式扭力扳手和预置式扭力扳手两种类型。根据扭力扳手的扭矩显示和使用方式不同，指示式扭力扳手又可分为：A型—指针型扭力扳手，B型—表盘型扭力扳手，C型—电子数显型扭力扳手，D型—指针型扭矩螺钉旋具，E型—电子数显型扭矩螺钉旋具；预置式扭力扳手又可分为：A型—带刻度可调型扭力扳手，B型—限力型扭力扳手，C型—无刻度可调型扭力扳手，D型—带刻度可调型扭矩螺钉旋具，E型—限力型扭矩螺钉旋具，F型—无刻度可调型扭矩螺钉旋具，G型—扭力杆刻度可调型扭力扳手。各型扭力扳手型式见图10-29，其传动方榫尺寸见表10-48。

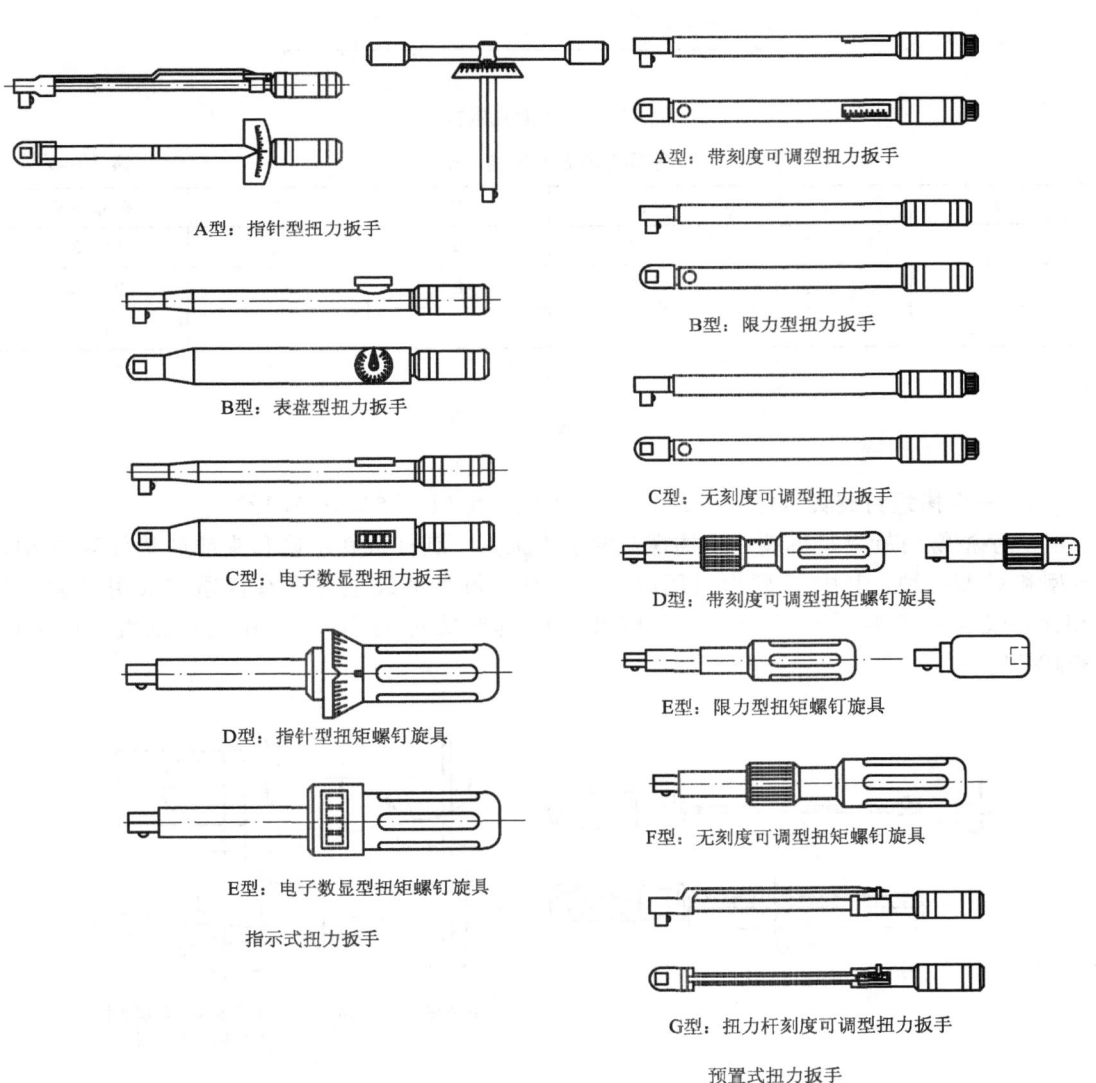

图 10-29　手用扭力扳手

扭力扳手的传动方榫尺寸　　　　　　　　　　　　表 10-48

最大实验扭矩/N・m	30	135	340	1000	2700
传动方榫对边尺寸/mm	6.3	10.0	12.5	20.0	25.0

13. 侧面孔钩扳手（JB/T 3411.38—1999）

　　侧面孔钩扳手是用于装卸 GB/T 816《侧面孔小圆螺母》、GB/T 2151《调节螺母》及 GB/T 2152《带孔滚花螺母》等各种圆螺母的专用工具。侧面孔钩扳手型式见图 10-30，规格见表 10-49。

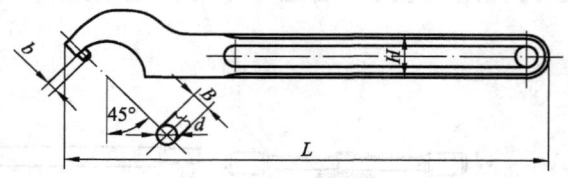

图 10-30　侧面孔钩扳手

侧面孔钩扳手规格（mm）　　　　　　　　　　　　表 10-49

d	L	H	B	b	螺母外径
2.5	140	12	5	2	14～20
3.0	160	15	6	3	22～35
5.0	180	18	8	4	35～60

三、旋　　具

1. 一字槽螺钉旋具（QB/T 2564.2—2012、QB/T 2564.4—2012）

　　一字槽螺钉旋具是拆装一字槽螺钉的手工工具。旋杆按其用途和头部形状分为 A 型、B 型和 C 型三种，其中 C 型为机用旋杆。旋杆与旋柄的装配方式有普通式（用 P 表示）和穿心式（用 C 表示）两种。一字槽螺钉旋具型式见图 10-31，其规格见表 10-50 和表 10-51。

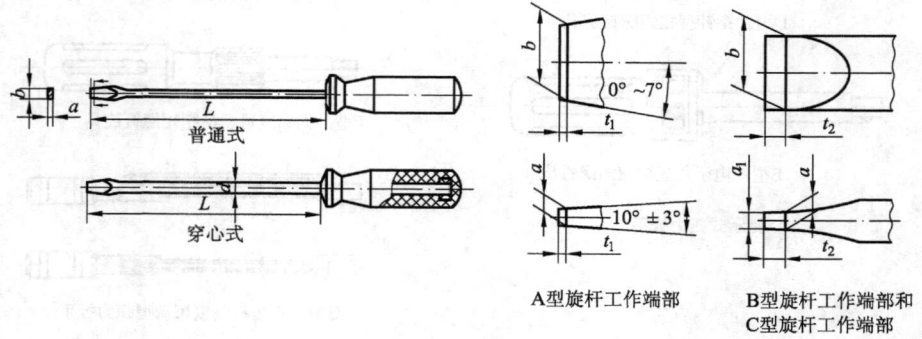

图 10-31　一字槽螺钉旋具

A 型和 B 型旋杆工作端部的基本尺寸（mm）　表 10-50

规格 a×b		公差			t_1[1]	$a_{1,min}$[2]	t_2[1]
公称厚度 a	公称厚度 b	a	b				
		A 型和 B 型	A 型	B 型			
0.4	2	+0.06 −0.02	0 −0.25	0 −0.14	0.2	0.32	0.7
	2.5						
0.5	3				0.3	0.4	0.9
0.6	3				0.4	0.48	1.1
	3.5						
0.8	4	+0.06 −0.04	0 −0.30	0 −0.18	0.5	0.64	1.4
1	4.5				0.6	0.8	1.8
	5.5						
1.2	6.5		0 −0.36	0 −0.22	0.7	0.96	2.2
	8						
1.6	8	±0.06			1	1.28	2.9
	10						
2	12		0 −0.43	0 −0.27	1.2	1.6	3.6
2.5	14				1.5	2	4.5

① t_1、t_2 为参考尺寸。$t_1 = 0.6 \times a$；$t_2 = 1.8 \times a$。

② $a_1 \leqslant a$，$a_{1,min} = 0.8 \times a$（在 t_2 长度内，a_1 至 a 的厚度应逐渐加大或至少保持一致）。

C 型旋杆工作端部的基本尺寸（mm）　表 10-51

规格 a×b		公差		$a_{1,min}$[1]	t_2[2]
公称厚度 a	公称宽度 b	a	b		
0.4	2	−0.04 0	0 −0.06	0.32	0.7
	2.5				
0.5	3		0 −0.075	0.4	0.9
	4				
0.6	3		0 −0.06	0.48	1.1
	3.5				
	4.5				
0.8	4		0 −0.075	0.64	1.4
	5.5				
1	4.5			0.8	1.8
	5.5				
	6.0				
1.2	6.5		0 −0.15	0.96	2.2
	8			1.28	2.9
1.6	8	±0.03		1.6	3.6
	10		0 −0.18		
2	12			2	4.5
2.5	14				

① $a_1 \leqslant a$，$a_{1,min} = 0.8 \times a$（在 t_2 长度内，a_1 至 a 的厚度应逐渐加大或至少保持一致）。

② t_2 为参考尺寸，$t_2 = 1.8 \times a$。

2. 十字槽螺钉旋具（QB/T 2564.3—2012、QB/T 2564.5—2012）

十字槽螺钉旋具是拆装十字槽螺钉的手工工具。十字槽螺钉旋具的螺杆根据十字槽的形状有 PH 型和 PZ 型两种，其强度分为 A 级和 B 级两个等级。旋杆和旋柄的装配方式有普通式（用 P 表示）和穿心式（用 C 表示）两种。十字槽螺钉旋具型式见图 10-32，其规格见表 10-52。

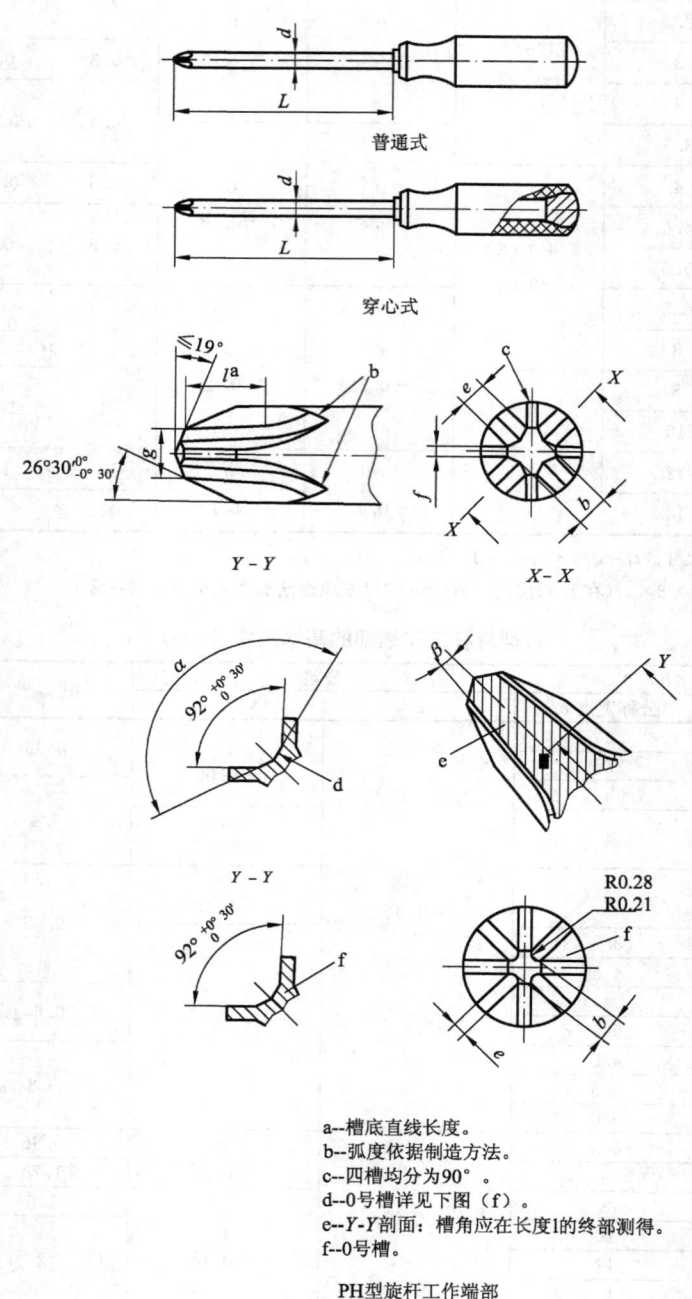

a--槽底直线长度。
b--弧度依据制造方法。
c--四槽均分为 90°。
d--0 号槽详见下图（f）。
e--Y-Y 剖面：槽角应在长度 l 的终部测得。
f--0 号槽。

PH型旋杆工作端部

图 10-32　十字槽螺钉旋具（一）

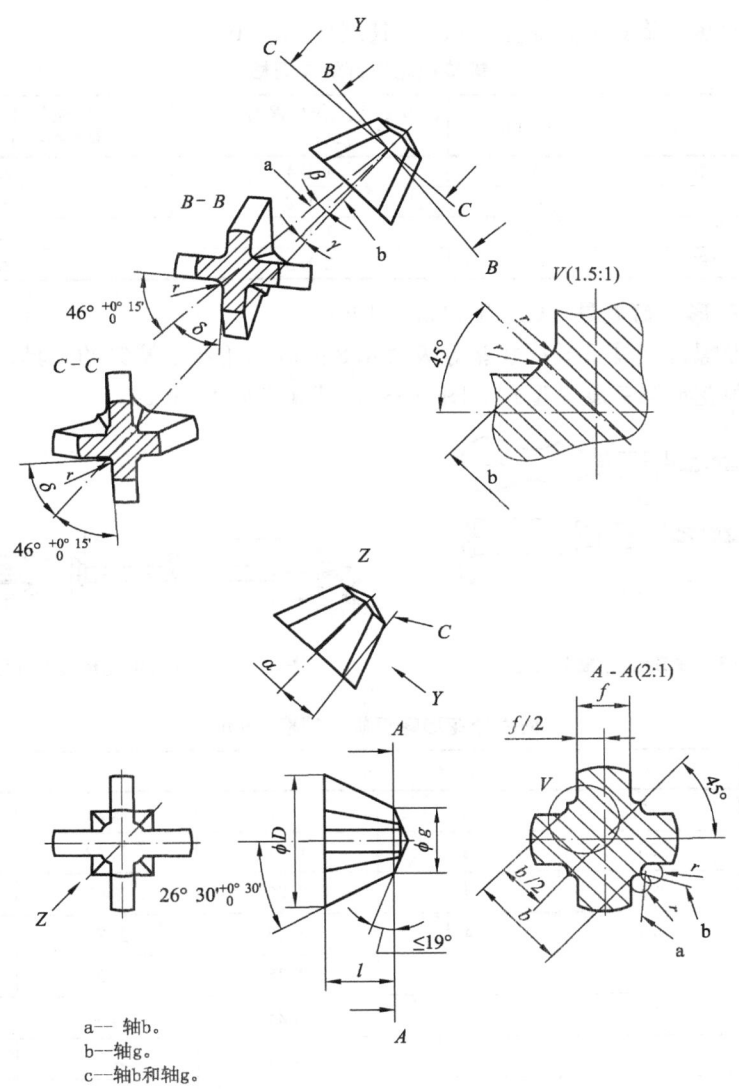

PZ型旋杆工作端部

a—— 轴b。
b—轴g。
c—轴b和轴g。

图 10-32　十字槽螺钉旋具（二）

十字槽螺钉旋具旋杆规格（mm）　　　　　　　　　　**表 10-52**

工作端部槽号 PH 和 PZ		0	1	2	3	4
旋杆直径		3	4.5	6	8	10
旋杆长度	A 系列	25（35）	25（35）	25（35）		
	B 系列	60	75（80）	100	150	200

注：括号里的尺寸为非推荐尺寸

3. 螺旋棘轮螺钉旋具（QB/T 2564.6—2002）

螺旋棘轮螺钉旋具又称自动螺丝刀，它是快速拆装与紧固一字槽或十字槽螺钉的手工工具。这种旋具备有多种用途旋杆，旋杆装卡简便。使用时通过开关转换，可使旋杆正转、倒转或与旋柄同转，工效高，适合于装配生产线用。若换上木钻或三棱锥可进行手工钻孔。螺旋棘轮螺钉旋具型式见图 10-33，其规格见表 10-53。

螺旋棘轮螺钉旋具规格 表 10-53

型 式	规 格	全长/mm	旋具在工作行程内夹头的旋转圈数/min	旋具的定位钮处于中位时，旋具能承受的扭矩值/（N·m）
A 型	220	220	1 1/4	3.5
	300	300	1 1/2	6.0
B 型	300	300	1 1/2	6.0
	450	450	2 1/2	8.0

4. 内六角花形螺钉旋具（GB/T 5358—1998）

内六角花形螺钉旋具是扳拧性能等级为 4.8 的内六角花形螺钉的工具。分木柄和塑料柄两种。内六角花形螺钉旋具型式见图 10-34，其规格见表 10-54。

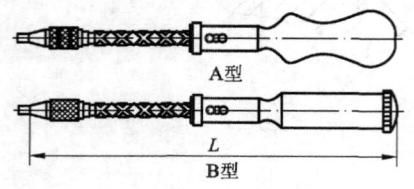

图 10-33　螺旋棘轮螺钉旋具

图 10-34　内六角花形螺钉旋具

内六角花形螺钉旋具规格（mm） 表 10-54

代 号	l	d	A	B	t（参考）
T6	75	3	1.65	1.21	1.52
T7	75	3	1.97	1.42	1.52
T8	75	4	2.30	1.65	1.52
T9	75	4	2.48	1.79	1.52
T10	75	5	2.78	2.01	2.03
T15	75	5	3.26	2.34	2.16
T20	100	6	3.94	2.79	2.29
T25	125	6	4.48	3.20	2.54
T27	150	6	4.96	3.55	2.79
T30	150	6	5.58	3.99	3.18
T40	200	8	6.71	4.79	3.30
T45	250	8	7.77	5.54	3.81
T50	300	9	8.89	6.39	4.57

注：旋杆长度（l）尺寸，可根据用户需要双方商定。

四、锉 刀

1. 锉刀的横截面（QB/T 3843—1999）

各种锉刀型式见图 10-35。

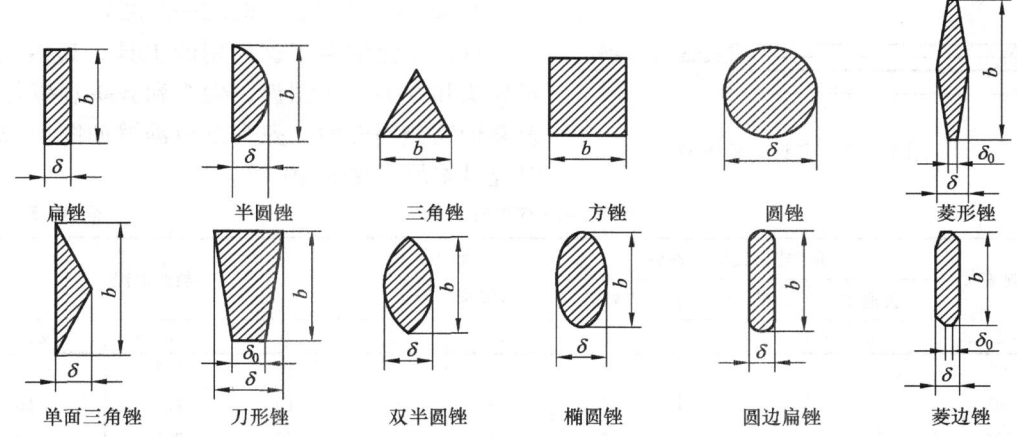

图 10-35　锉刀横截面图

2. 钳工锉 （QB/T 2569.1—2002）

钳工锉的型式包括尖头和齐头扁锉、半圆锉、三角锉、方锉以及圆锉。钳工锉型式见图 10-36，其基本尺寸见表 10-55。

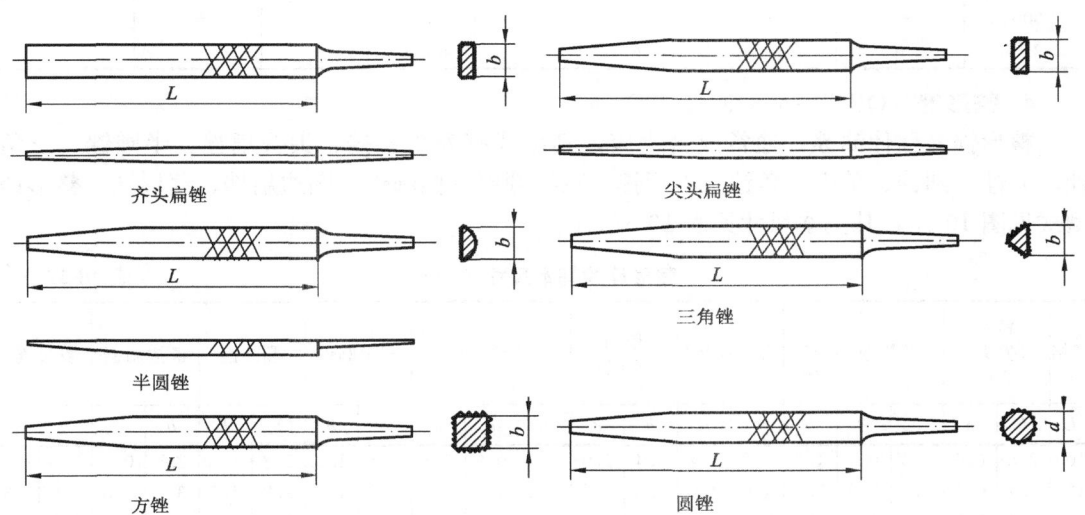

图 10-36　钳工锉

钳工锉的基本尺寸 （mm）　　　　　　　　　　　　表 10-55

规　格	扁锉（尖头、齐头）		半　圆　锉			三角锉	方　锉	圆　锉
	宽 b	厚 δ	宽 b	厚 δ		宽 b	宽 b	直径 d
L				薄型	厚型			
100	12	2.5（3.0）	12	3.5	4.0	8.0	3.5	3.5
125	14	3.0（3.5）	14	4.0	4.5	9.5	4.5	4.5
150	16	3.5（4.0）	16	4.5	5.0	11.0	5.5	5.5
200	20	4.5（5.0）	20	5.5	6.5	13.0	7.0	7.0
250	24	5.5	24	7.0	8.0	16.0	9.0	9.0
300	28	6.5	28	8.0	9.0	19.0	11.0	11.0
350	32	7.5	32	9.0	10.0	22.0	14.0	14.0
400	36	8.5	36	10.0	11.5	26.0	18.0	18.0
450	40	9.5					22.0	

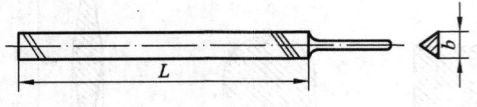

图 10-37　齐头三角锯锉

3. 锯锉 （QB/T 2569.2—2002）

锯锉是锉削木工锯齿用的工具。其型式包括尖头和齐头三角锯锉、尖头和齐头扁锯锉以及菱形锯锉等五种。齐头三角锯锉如图 10-37，锯锉基本尺寸见表 10-56。

锯锉的基本尺寸（mm）　　表 10-56

规格	三角锯锉（尖头、齐头）			扁锯锉（尖头、齐头）		菱形锯锉		
	普通型	窄 型	特窄型					
L	b	b	b	b	δ	b	δ	δ_0
60	—	—	—	—	—	16	2.1	0.40
80	6.0	5.0	4.0	—	—	19	2.3	0.45
100	8.0	6.0	5.0	12	1.8	22	3.2	0.50
125	9.5	7.0	6.0	14	2.0	25	3.5(4.0)	0.55(0.70)
150	11.0	8.5	7.0	16	2.5	28	4.0(5.0)	0.70(1.00)
175	12.0	10.0	8.5	18	3.0	—	—	—
200	13.0	12.0	10.0	20	3.5	32	5.0	1.00
250	16.0	14.0	—	24	4.5			
300				28	5.0			
350				32	6.0			

4. 整形锉 （QB/T 2569.3—2002）

整形锉又称什锦锉，通常成套供应，其型式有齐头扁锉、尖头扁锉、半圆锉、三角锉、方锉、圆锉、单面三角锉、刀形锉、双半圆锉、椭圆锉、圆边扁锉、菱形锉。整形锉型式见图 10-38，其基本尺寸见表 10-57。

整形锉的基本尺寸（mm）　　表 10-57

规格	扁锉（尖头、齐头）		半圆锉		三角锉	方锉	圆锉	单面三角锉	刀形锉			双半圆锉		椭圆锉		圆边扁锉		菱形锉	
L	b	δ	b	δ	b	b	d	b	b	δ	δ_0	b	δ	b	δ	b	δ	b	δ
100	2.8	0.6	2.9	0.9	1.9	1.2	1.4	3.4	3.0	0.9	0.3	2.6	1.0	1.8	1.2	2.8	0.6	3.0	1.0
120	3.4	0.8	3.3	1.2	2.4	1.6	1.9	3.8	3.4	1.1	0.4	3.2	1.2	2.2	1.5	3.4	0.8	4.0	1.3
140	5.4	1.2	5.2	1.7	3.6	2.6	2.9	5.5	5.4	1.7	0.6	5.0	1.8	2.4	2.4	5.4	1.2	5.2	2.1
160	7.3	1.6	6.9	2.2	4.8	3.4	3.9	7.1	7.0	2.3	0.8	6.3	2.5	3.4	2.4	7.3	1.6	6.8	2.7
180	9.2	—	8.5	2.9	6.0	4.2	3.9	8.7	8.7	3.0	—	7.8	3.0	5.4	4.3	9.2	2.1	8.6	3.5

5. 木锉 （QB/T 2569.6—2002）

木锉是木工施工中用于锉木材的手工工具，木锉按其外形分为扁木锉、半圆木锉、圆木锉及家具半圆木锉几种形式。木锉一般型式见图 10-39，其基本尺寸见表 10-58。

木锉的基本尺寸（mm）　　表 10-58

名　称	代　号	L	L_1	b	δ
扁木锉	M-01-200	200	55	20	6.5
	M-01-250	250	65	25	7.5
	M-01-300	300	75	30	8.5

名　称	代　号	L	L_1	b	δ
半圆木锉	M-02-150	150	45	16	6
	M-02-200	200	55	21	7.5
	M-02-250	250	65	25	8.5
	M-02-300	300	75	30	10
圆木锉	M-03-150	150	45	$d=7.5$	$d\leqslant80\%d$
	M-03-200	200	55	$d=9.5$	
	M-03-250	250	65	$d=11.5$	
	M-03-300	300	75	$d=13.5$	
家具半圆木锉	M-04-150	150	45	18	4
	M-04-200	200	55	25	6
	M-04-250	250	65	29	7
	M-04-300	300	75	34	8

注：δ——厚度；d_1——圆锉头部直径；d——圆锉直径；L_1——柄长；b——宽度。

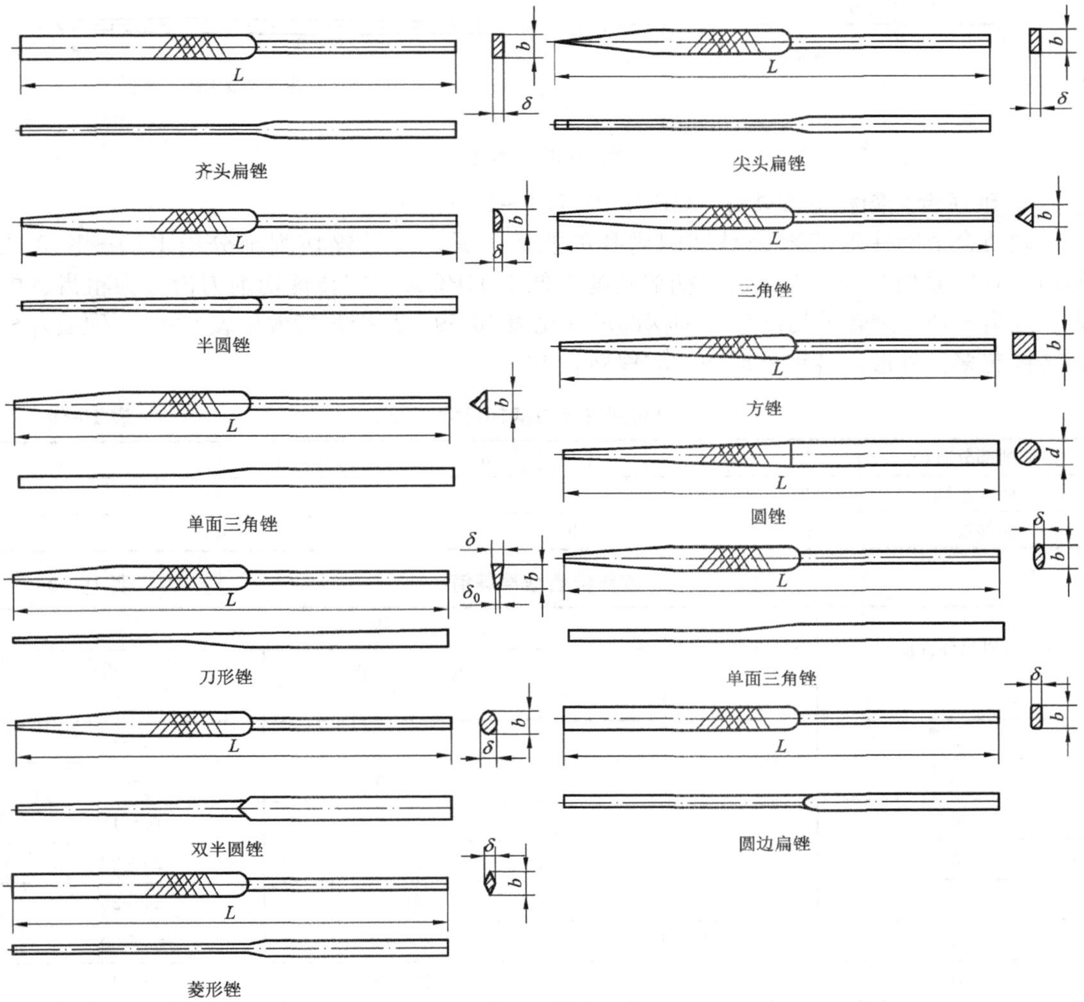

齐头扁锉　　　　　　　　　　　尖头扁锉

半圆锉　　　　　　　　　　　三角锉

单面三角锉　　　　　　　　　　方锉

刀形锉　　　　　　　　　　　圆锉

双半圆锉　　　　　　　　　单面三角锉

菱形锉　　　　　　　　　　圆边扁锉

图 10-38　整形锉

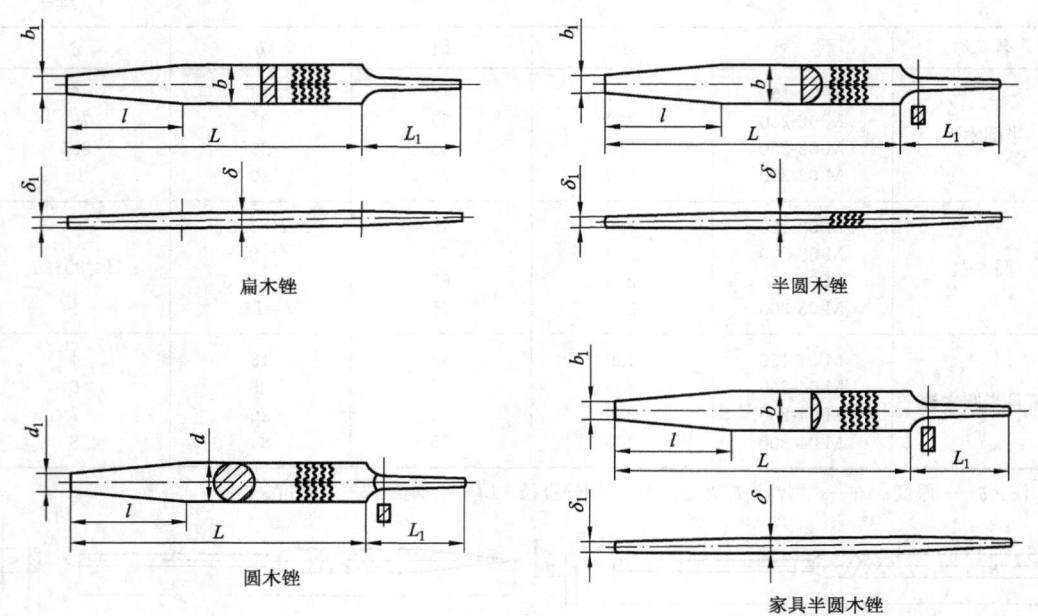

扁木锉　　　　　　　　　　　半圆木锉

圆木锉　　　　　　　　　　　家具半圆木锉

图 10-39　木锉

6. 硬质合金圆柱形旋转锉（GB/T 9217.1～12—2005）

硬质合金圆柱形旋转锉是锉削内孔的机用工具。旋转锉切削部分用 K10～K30 或 M10～M30 硬质合金材料制造，柄部硬度不低于 HRC30，旋转锉切削刀齿分为粗齿、中齿、细齿 3 种。旋转锉切削直径和柄部尺寸见表10-59，其推荐齿数见表10-60。硬质合金旋转锉有多种外形，各种外形和对应规格表10-61。

旋转锉切削直径与柄部尺寸（mm）　　　　　　　　　　　　　　表 10-59

切削部分直径	2	3	4	6	8	10	12	16
柄部直径	3	3, 6			6			
柄部长度	30	30, 40			40			

旋转锉齿数推荐值　　　　　　　　　　　　　　表 10-60

切削部分直径/ mm	齿　数		
	粗　齿 (C)	标准齿(中齿) (M)	细　齿 (F)
2	—	8～10	12～14
3	—	8～10	14～16
4	—	8～12	16～18
6	6～8	12～15	20～22
8	8～10	16～18	24～26
10	10～12	20～22	28～30
12	12～14	24～26	32～34
16	16～18	28～30	36～38

硬质合金旋转锉外形及规格（mm）　　　　　　　　　**表 10-61**

名称	外　形　图	d	l	d_1	L
圆柱形球头旋转锉	GB/T 9217.3—2005	2	10	3	40
		3	13		45
		4			53
		6	16	6	56
		8	20		60
		10			
		12	25		65
		16			
圆柱形旋转锉	GB/T 9217.2—2005	2	10	3	40
		3	13		45
		4			53
		6	16	6	56
		8	20		60
		10			
		12	25		65
		16			
圆球形旋转锉	GB/T 9217.4—2005	2	1.8	3	35
		3	2.7		
		4	3.6		44
		6	5.4	6	45
		8	7.2		47
		10	9		49
		12	10.8		51
		16	14.4		54
椭圆形旋转锉	GB/T 9217.5—2005	3	7	3	40
		6	10		50
		8	13		53
		10	16	6	56
		12	20		60
		16	25		65
弧形圆头旋转锉	GB/T 9217.6—2005	3	13	3	45
		6	18		58
		10	20	6	60
		12	25		65
弧形尖头旋转锉	GB/T 9217.7—2005	3	13	3	45
		6	18		48
		10	20	6	60
		12	25		65

火矩形旋转锉 GB/T 9217.8—2005

d	l	d₁	L	R≈
3	13	3	40	0.8
6	18		58	1.0
8	20		60	1.5
10	25	6	65	2.0
12	32		72	2.5
16	36		76	2.5

60°和90°圆锥形旋转锉 GB/T 9217.9—2005

d	l	d₁	L	l₁(R)	α
3	2.6	3	35	—	
6	5.2		50	9	
10	8.7		53	13	60°
12	10.4	6	55	15	
16	13.8		56	16	
3	1.5	3	35	—	
6	3		50	7	
10	5	6	50	10	90°
12	6		51	11	
16	8		55	15	

锥形圆头旋转锉 GB/T 9217.10—2005

d	l	d₁	L	l₁(R)	α
6	16		56	1.2	
8	22		62	1.4	
10	25	6	65	2.2	14°
12	28		68	3.0	
16	33		73	4.5	

锥形尖头旋转锉 GB/T 9217.11—2005

d	l	d₁	L	l₁(R)	α
3	11	3	45	—	14°
6	18		58	—	
10	20		60	—	
12	25	6	65	—	25°
16	25		65	—	30°

倒锥形旋转锉 GB/T 9217.12—2005

d	l	d₁	L	l₁(R)	α
3	7	3	40	—	10°
6	7		47	—	
12	13		53	—	20°
16	16	6	56	—	
12	13		53	—	30°
16					

<h1 style="text-align:center">五、斧、锤、冲、剪</h1>

1. 斧

斧是工农业生产与人民生活中不可缺少的手工工具，斧刃用于砍剁，斧背用于敲击，多用斧还具有起钉、开箱、旋具等功能。常用斧及其规格见表10-62。

常用斧及其规格　　　　　　　　表 10-62

名称	简　图	适用范围	斧头重量 kg	全　长 mm
采伐斧		采伐树木 木材加工	0.7，0.9，1.1，1.3，1.6，1.8，2.0，2.2，2.4	380，430，510，710～910
劈柴斧		劈木材	5.5，7.0	810～910
厨房斧		厨房砍剁	0.6，0.8，1.0，1.2，1.4，1.6，1.8，2.0	360，380，400，610～810，710～910
多用斧		锤击、砍削、起钉、开箱		260，280，300，340
消防平斧		消防劈破木质门窗等用	3.5	890
消防尖斧		除消防劈破木质门窗外，还可用于凿洞、破墙	3.5	817
消防腰斧		可挂于消防人员腰间，供登高上楼进行破拆工作用	GF285 型 0.8～1.0 GF325 型 0.9～1.1	GF285 型 285 GF325 型 325
木工斧		木工用	1.0，1.25，1.5	

续表

名称	简 图	适用范围	斧头重量 kg	全 长 mm
三用斧		砍伐、锤击、起钉	0.68	430
轻型四用斧		砍伐、锤击、起钉、旋具		230

2. 手锤

手锤是敲击用的工具，多用锤、羊角锤还有起钉或其他功能。手锤各行各业都要使用，根据各行业的特点，在外形上稍有区分。手锤规格以锤头重量（kg）区分，其规格见表10-63。

常用手锤形式规格　　　　　　　　表 10-63

名称	简 图	特点	规格（锤体重量）/kg
圆头锤 (QB/T 1290.2 —2010)		敲击用手工具。这是使用面最为广泛的一种手工具	0.11、0.22、0.34、0.45、0.68、0.91、1.13、1.36
石工锤 (QB/T 1290.10 —2010)		供石工敲击、凿刻砌墙等用	0.80、1.00、1.25、1.50、2.00
橡胶锤		用于铺设地板砖及钳工精密零件装配作业用	0.22、0.45、0.67、0.9
钳工锤 (QB/T 1290.3 —2010)	A型 B型	供钳工、锻工、安装工、冷作工等维修装配时用	A型：0.1、0.2、0.3、0.4、0.5、0.6、0.8、1.0、1.5、2.0 B型：0.28、0.40、0.67、1.50
扁尾锤 (QB/T 1290.4 —2010)		与钳工锤用途相同	0.10、0.14、0.18、0.22、0.27、0.35

名称	简图	特点	规格（锤体重量）/kg
焊工锤 （QB/T 1290.7 —2010）	A型 B型 C型	用于电焊作业中的除锈、除焊渣等	
羊角锤 （QB/T 1290.8 —2010）	A型 B型 C型 D型 E型	锤头有圆柱形（A、B型）、圆锥形（E型）、正棱形（C、D型）等数种，用于敲击、拔钉等	0.25，0.35，0.45，0.50，0.55，0.65，0.75
木工锤 （QB/T 1290.9 —2010）		为木工使用之锤，有钢柄及木柄	0.20，0.25，0.33，0.42，0.50
泥工锤		锤头一端呈方形，另一端弯曲成扁尖状，泥瓦工在砌墙时用于劈开砖瓦、弯曲面锤端还可用于修整砖瓦边缘	0.3、0.45、0.68、0.9
装饰工锤		室内装修作业用的工具，其一端有敲钉槽，经处理附磁，可吸附圆钉等	0.2，0.28

名称	简图	特点	规格（锤体重量）/kg
板墙锤		适用于安装板墙。锤击面呈凸圆状并带网纹，能将圆钉头敲入而不损坏墙板或墙纸	0.5
板墙羊角锤		锤击面呈凸圆状并带网纹，能将圆钉头敲入而不损坏板墙	0.5
砧锤		美式锤，适宜于重型敲击用，但其手柄比一般八角锤短，使用更加灵活	2、2.5、3、4（磅）
安装锤		锤头两端用塑料或橡胶制成，被敲击面不留痕迹、伤疤，适用于薄板的敲击、整形	0.11、0.19、0.31、0.45、 0.65、 0.8、1.05
八角锤 （QB/T 1290.1 —2010）		用于锤锻钢件，敲击工件，安装机器以及开山、筑路时凿岩、碎石等敲击力较大的场合	0.9、 1.4、 1.8、2.7、3.6、4.5、5.4、6.3、7.2、8.1、9.0、10.0、11.0
检车锤 （QB/T 1290.5 —2010）	A型　　　B型	用于铁路、矿山机车车辆及设备检修。分有尖头锤（A型）和扁头垂（B型）两种	0.25

名称	简图	特点	规格（锤体重量）/kg
敲锈锤 （QB/T 1290.6 —2010）		用于加工中除锈、除焊渣	0.2、0.3、0.4、0.5
电工锤		供电工安装和维修线路时用	0.5
什锦锤 （QB/T 2209 —1996）	三角锉 锥子 木凿 一字槽螺钉旋杆 十字槽螺钉旋杆	除作锤击或起钉使用外，如将锤头取下，换上装在手柄内的一项附件，即可分别作三角锉、锥子、木凿或螺钉旋具使用。主要用于仪器、仪表、量具等检修工作中，也可供实验室或家庭使用	全长 162mm，锤体高 80mm。 附件：螺钉旋具、木凿、锥子、三角锉

3. 冲子

冲子是钳工的主要工具之一。

（1）尖冲子（JB/T 3411.29—1999）

尖冲子用于在金属材料上冲凹坑，其型式见图 10-40，规格见表 10-64。

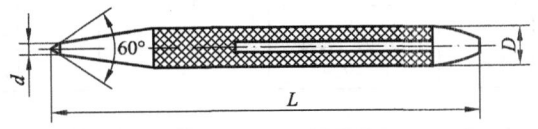

图 10-40　尖冲子

尖冲子规格（mm）　　　　　　　　　　　　　　　　　　　　　**表 10-64**

d	D	L
2	8	80
3		
4	10	
6	14	100

（2）圆冲子（JB/T 3411.30—1999）

圆冲子是装配中使用的冲击工具，型式见图 10-41，规格见表 10-65。

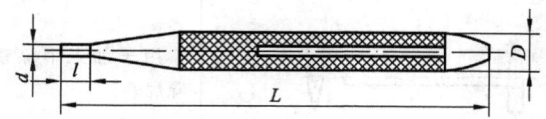

图 10-41 圆冲子

圆冲子规格（mm）　　　　　　　　　　　表 10-65

d	D	L	l
3	8	80	6
4	10		
5	12	100	10
6	14		
8	16	125	14
10	18		

（3）半圆头铆钉冲子（JB/T 3411.31—1999）

半圆头铆钉冲子用于冲击铆钉头，型式见图 10-42，规格见表 10-66。

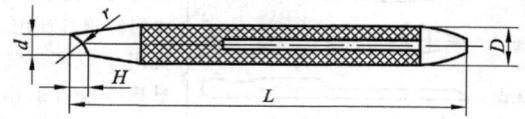

图 10-42 半圆头铆钉冲子

半圆头铆钉冲子规格（mm）　　　　　　　　表 10-66

公称直径 （铆钉直径）	r	D	L	d	H
2.0	1.9	10	80	5	1.1
2.5	2.5	12	100	6	1.4
3.0	2.9	14		8	1.6
4.0	3.8	16	125	10	2.2
5.0	4.7	18		12	2.6
6.0	6.0	20	140	14	3.2
8.0	8.0	22		16	4.4

（4）四方冲子（JB/T 3411.33—1999）

四方冲子用于冲内四方孔及《内四方紧定螺钉》尺寸系列的内四方孔，其型式见图 10-43，规格见表 10-67。

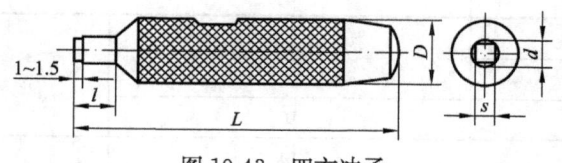

图 10-43 四方冲子

四方冲子规格（mm）　　　　　　　　　　　　　　表 10-67

S	d	D	L	l	S	d	D	L	l
2.00	3.0				8.00	11.3	18	100	14
2.24	3.2	8		4	9.0	12.7			
2.50	3.6				10.0	14.1	16.9		18
2.80	4.0		80		11.2	15.8		125	
3.00	4.2				12.0	16.9			
3.15	4.5	14		6	12.5	17.6	25		25
3.55	5.0				14.00	19.7			
4.00	5.6				17.00	22.6			
4.50	6.4				16.00	24.0			
5.00	7.0	16		10	18.00	25.4	30		
5.60	7.8		100		20.00	28.2		150	32
6.00	8.4				22.00	31.1	35		
6.30	8.9			14	22.40	31.6			
7.10	10.0	18			25.0	35.3	40		

（5）六方冲子（JB/T 3411.34—1999）

六方冲子用于冲内六方孔，其型式见图 10-44，规格见表 10-68。

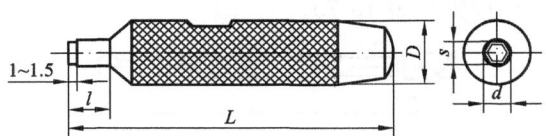

图 10-44　六方冲子

六方冲子规格（mm）　　　　　　　　　　　　　　表 10-68

S	d	D	L	l
3	3.5	14	80	6
4	4.6			
5	5.8	16		10
6	6.9		100	
8	9.2	18		14
10	11.5			
12	13.8	20		18
14	16.2		125	
17	19.6	25		25
19	21.9			
22	25.4	30		32
24	27.7		150	
27	31.2	35		

六、切 割 工 具

1. 电工刀（QB/T 2208—1996）

电工刀是电工切割用的刀具，电工刀按刀刃形状不同分为 A 型（直刃）、B 型（弧刃）两种；按用途不同分为一用、二用、三用、四用等多种，电工刀刀片应用 65Mn、65T8 等钢材制成，硬度为 HRC54～60，刃部锋利适度，切削轻快。锯片要具有弹性，弯曲 20°时应能自动弹直。型式见图 10-45，其规格见表 10-69。

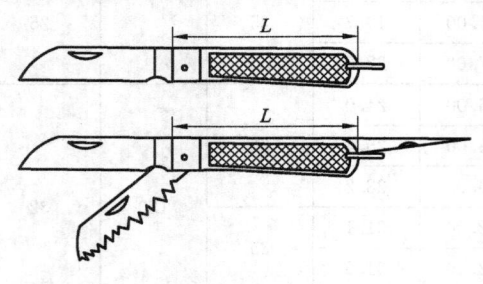

图 10-45　电工刀

电工刀规格（mm） 表 10-69

型式代号	产品规格代号	刀柄长度 L
A	1 号	115
	2 号	105
	3 号	95
B	1 号	115
	2 号	105
	3 号	95

2. 金刚石玻璃刀（QB/T 2097.1—1995）

金刚石玻璃刀是裁割平板玻璃的刀具，系采用天然金刚石磨制而成。金刚石玻璃刀型式见图 10-46，规格及使用规则见表 10-70。

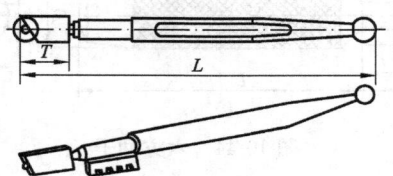

图 10-46　金刚石玻璃刀

金刚石玻璃刀规格及使用规则 表 10-70

规格	全长 L/mm	刀板长 T/mm	适裁玻璃厚度 /mm	使用规则
1	182	25	2～6	1. 裁划平板直线玻璃时，刀板应紧靠直尺 2. 划时手持压力约 2kg 左右，不宜过重过轻 3. 划过的线路不可再划 4. 磨砂玻璃面不宜裁割 5. 划路上先涂煤油再划，有利吃刀
2				
3				
4				
5	184	27		
6				

3. 管子割刀（QB/T 2350—1997）

管子割刀是切割金属管的刀具，刀体用可锻铸铁和锌铝合金制造，结构坚固。割刀轮用合金钢制造，锋利耐磨，切口整齐。管子割刀型式见图 10-47，规格见表 10-71。

管子割刀规格（mm）　　　　　　　　　　表 10-71

型　式	规格代号	全长	试验选用的管子		旋转次数	扭矩/N·m
			外径×壁厚	公称口径		（max）
GQ	1	124	25×1	—	2次以下	98
GT	1	260	33.50×3.25	25		147
	2	375	60×3.50	50	2次半以下	294
	3	540	88.50×4	80	3次以下	392
	4	665	114×4	100	3次半以下	490

4. 瓷砖切割机

　　瓷砖切割机是切割瓷砖、地板砖、玻璃等建筑装饰材料的手工工具，具有省时、省力、省料的特点。瓷砖切割机型式见图 10-48，规格见表 10-72。

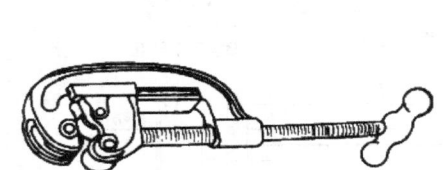
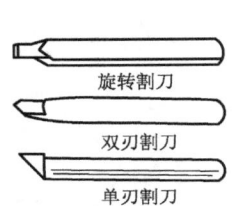

图 10-47　管子割刀　　　　　　　　图 10-48　瓷砖切割机及刀具

瓷砖切割机规格　　　　　　　　　　表 10-72

最大切割长度/mm	最大切割厚度/mm	重量/kg
36	12	6.5
切割刀具及用途	Φ5mm 旋转割刀——切割瓷砖、玻璃 硬质合金单刃割刀——切割瓷砖、铺地细砖 硬质合金双刃割刀——备用	

5. 多功能钳式切割器

　　多功能钳式切割器可将 20mm 厚度范围内的玻璃、陶瓷、红缸砖等脆性板材切割成任意形状。当切割像瓷砖之类的板材时，切割器紧靠直尺，可达到整批瓷砖宽度一致的最佳效果。切割器如切割弯曲形状和大块板材时，可以不用直尺进行切割。切割时要注意压角中心与下刀对准切割的线条，利用钳式原理，达到掰开的目的。对工件进行滚压切割时如图 10-49 所示，切割后断开工件如图 10-50。

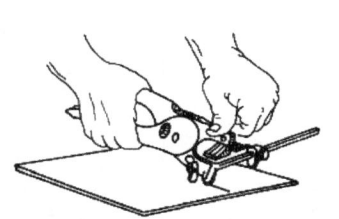

图 10-49　对工件进行滚压切割　　　　图 10-50　断开工件

6. 钢锯架及锯条

钢锯架是安装手用钢锯条后锯切金属材料后的工具。锯架有钢板制锯架及钢管制锯架两种，每种型式又有调节式与固定式之分。钢锯架型式见图 10-51，规格见表 10-73。

钢锯架规格（QB/T 1108—1991）（mm）　　　　　表 10-73

名　称	可装锯条长度		最大锯切深度
	调节式	固定式	
钢板制	200，250，300	300	64
钢管制	250，300	300	74

锯条有机用、手用钢锯条及木工锯条等多种，机用锯条是装在锯床上锯切金属材料的，手用钢锯条是装在钢锯架上手工锯切金属材料用的，木工锯条则是锯割木材用的。各种锯条型式见图 10-52。

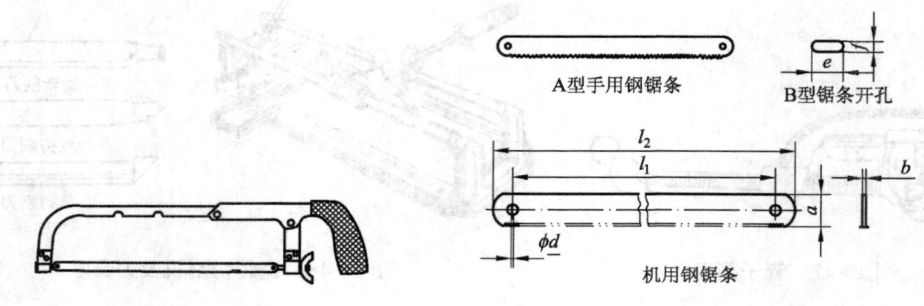

图 10-51　钢锯架　　　　　图 10-52　各种锯条

手用钢锯条按其特性分为全硬性（以 H 表示）和挠性型（以 F 表示）二种。按其型式分为单面齿型（以 A 表示）、双面齿型（以 B 表示）二种。手用钢锯条规格见表 10-74。

钢锯条以其材质不同分为优质碳素结构钢（以 D 表示）、碳素工具钢（以 T 表示）、合金工具钢（以 M 表示）、高速钢（以 G 表示）、双金属复合钢（以 Bi 表示）四种。机用钢锯条规格见表 10-75，木锯条见表 10-76。

手用钢锯条规格（GB/T 14764—2008）（mm）　　　　　表 10-74

型式	切削部长度	宽度	厚度	齿距	销孔 $d(e \times f)$	全长
	基本尺寸	基本尺寸	基本尺寸	基本尺寸	基本尺寸	基本尺寸
A 型	300	12.0 或 10.7	0.65	0.8 1.0 1.2 1.4 1.5 1.8	3.8	315
	250					265
B 型	296	22	0.65	0.8 1.0	8×5	315
	292	25		1.4	12×6	

机用钢锯条规格 （GB/T 6080.1—2010）（mm）　表 10-75

$l\pm2$	a_{-1}^{0}	b	齿距		l_2 max	d H14
			P	N		
300	25	1.25	1.8	14	330	8.4
			2.5	10		
		1.5	1.8	14		
			2.5	10		
			4	6		
350	25	1.25	1.8	14	380	
			2.5	10		
		1.5	1.8	14		
			2.5	10		
			4	6		
	30	1.5	1.8	14		
			2.5	10		
			4	6		
		2	1.8	14		
			2.5	10		
			4	6		
400	25	1.5	1.8	14	430	
			2.5	10		
			4	6		
	30	1.5	1.8	14		
			2.5	10		
			4	6		
		2	2.5	10		
			4	6		
			6.3	4		
	40		4	6	440	10.4
			6.3	4		
450	30	1.5	2.5	10	490	8.4
			4	6		
	40	2	2.5	10		8.4/10.4
			4	6		
			6.3	4		
500			2.5	10	540	10.4
			4	6		
			6.3	4		
575	50	2.5	4	6	615	
			6.3	4		
			8.5	3		
600			4	6	640	10.4/12.9
			6.3	4		
700			4	6	745	
			6.3	4		
			8.5	3		

木锯条规格 （mm）　表 10-76

规格（长度）	400	450	500	550	600	650	700	750	800	850	900
宽度	22	25	25	32	32	38		38，44			

续表

规格（长度）	400	450	500	550	600	650	700	750	800	850	900
厚度	0.50	0.50	0.50	0.50	0.60	0.60	0.70	0.70	0.70	0.70	0.70
齿距	3	3	3	3	4	4	5	5	6	6	6

7. 曲线锯条（QB/T 4267—2011）

曲线锯条可以实现板材的曲线切割，它广泛的应用于汽车制造、造船、航空、家具、装修、铁路、机加工、管材切割等，以精度高、效果好的优点广泛应用于各行各业。曲线锯条按其柄部形式分为 T 型、U 型、MA 型和 H 型；按照使用材质可以分为碳素工具钢（代号 T）、合金工具钢（代号 M）、高速工具钢（代号 G）以及双金属复合钢（代号 Bi）四种类型，其形式如图 10-53、图 10-54，基本尺寸见表 10-77。

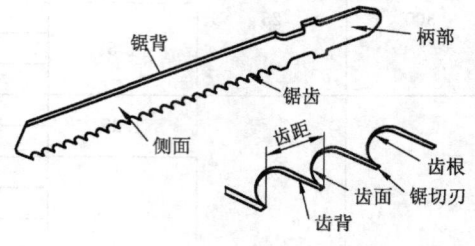

图 10-53　锯条各部分的名称

锯条的基本尺寸（mm）　　　　　　表 10-77

型式	全长 l	锯齿长度 l_2	宽度 a	厚度 b	齿数	齿距 p
T 型	70	45	5 8	0.9～1.5	32	0.8
	75	50			24	1.0
	80	55				
	95	70			20	1.2
	100	75				
	105	80	8		18	1.4
	125	100			16	1.5
	150	125	8 9.5		14	1.8
U 型	70	50	5 8		13	2.0
	80	60			10	2.5
	90	70			9	2.8
	100	80				
MA 型	70	50	—			3.0
	80	60			8	
	95	75				—
	120	100				3.5
H 型	80	60	8		7	3.6
	95	75				
	105	85				4.0
	115	95			6	
	125	105				4.2

注：1. 表中所有基本尺寸不包括涂层厚度。

　　2. 特殊用途的锯条不受本标准限制。

8. 手板锯、手锯

手板锯是用于锯开或锯断较宽的木材，例如三合板、五合板等用的手工工具。手板锯型式见图 10-55，规格见表 10-78；手锯主要用于锯截各种果树、绿化乔木等。手锯按刃线分为直线型和弧线型两种。手锯片硬度不低于 HRC47。图 10-56 为直线型手锯，规格见表 10-79。

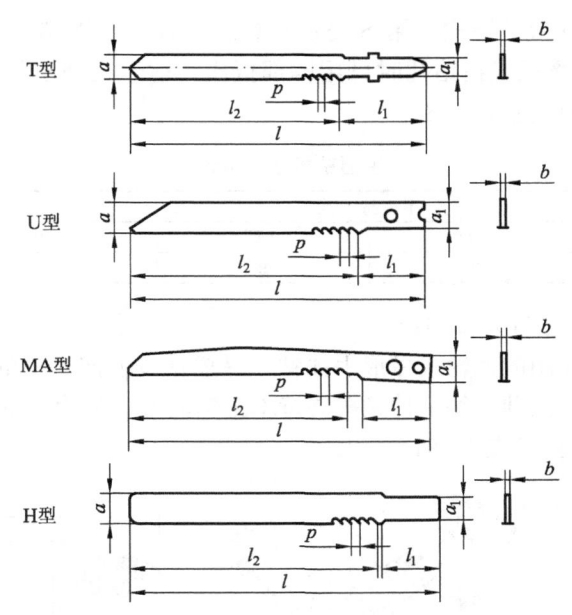

图 10-54　锯条类型

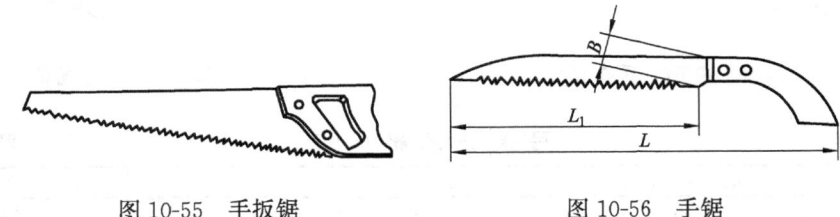

图 10-55　手扳锯　　　　　　　　图 10-56　手锯

手板锯规格（mm）　　　　　　　　　　　　表 10-78

规格	300	350	400	450	500	550	600
长度	300	350	400	450	500	550	600
厚度	0.85	0.85	0.85	0.85，0.95	0.85，0.95	0.95	0.95
齿距	3	3	3	4	4	5	5

手锯规格（mm）　　　　　　　　　　　　表 10-79

规格	L	L_1	齿距×齿数	锯片厚	齿厚	B
240	340±3.0	215±1.0	3.5×56	0.8±0.1	1.6±0.2	34±1.0
400	400±3.0	260±2.6	3.5×68	0.9±0.1	1.8±0.2	38±1.0

七、其 他 手 工 具

1. 手摇钻（QB/T 2210—1996）

手摇钻是在木材、塑料、胶木板、铝板、钢板等金属或非金属上钻孔用的手工工具。

手摇钻按其使用方式分为手持式（用 S 表示）和胸压式（用 X 表示）二种，并根据其结构分为 A 型和 B 型。胸压式在钻孔时可用胸部抵压，适于在硬质材料上钻大孔。手摇钻型式见图 10-57，其规格见表 10-80。

手摇钻规格 （mm）   表 10-80

型 式	手 持 式		胸 压 式	
	A 型	B 型	A 型	B 型
最大钻孔直径	6	9	9	12

2. 弓摇钻 （QB/T 2510—2001）

弓摇钻是木工钻孔用的棘轮式弓形手摇钻。弓摇钻按换向机构的不同分为转式（Z）、推式（T）、按式（A）三种，每一种又按夹持木工钻的方式分为二爪和四爪两种。弓摇钻型式见图 10-58，其规格见表 10-81。

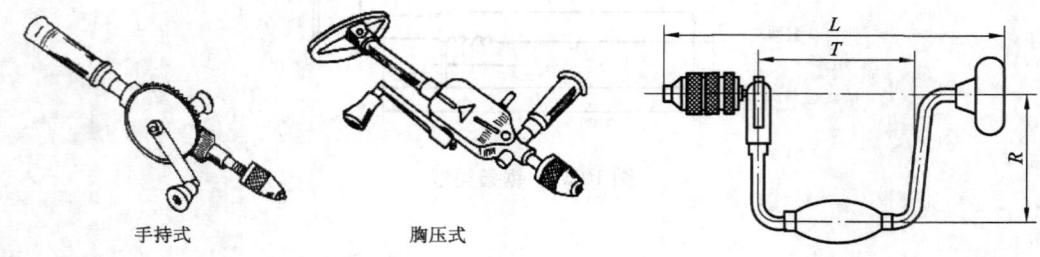

手持式   胸压式

图 10-57 手摇钻   图 10-58 弓摇钻

弓 摇 钻 规 格 （mm）   表 10-81

规 格	最大夹持尺寸	L	T	R
250	22	320～360	150±3	125
300	28.5	340～380	150±3	150
350	38	360～400	160±3	175

注：弓摇钻的规格是根据其回转直径确定的。

3. 管螺纹铰板 （QB/T 2509—2001）

管螺纹铰板是装夹管螺纹板牙，铰制低压流体输送用钢管管螺纹用的手工工具，可铰制管子外径为 21.3～114mm 的管螺纹，小型及轻型管螺纹铰板可以铰制 $\frac{1}{2}$ ～ $1\frac{1}{2}$ in 的管螺纹。管铰板按其结构分为普通型和万用型（用 W 表示）两种型式。普通型管螺纹铰板型式见图 10-59，管铰板规格见表 10-82。

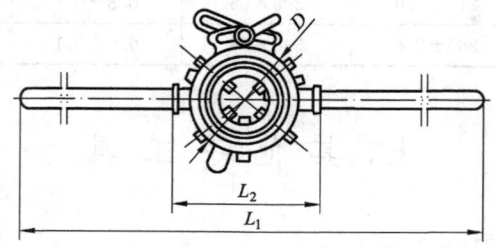

图 10-59 普通型管螺纹铰板

管铰板规格（mm） 表 10-82

规格	外形尺寸				扳杆数/根	铰螺纹范围		机构特性
	L_1	L_2	D	H		管子外径	管子内径	
	最小	最小	±2	±2				
60	1290	190	150	110	2	21.3～26.8 33.5～42.3	12.70～19.05 25.40～31.75	无间歇机构
60W	1350	250	170	140	2	48.0～60.0	38.10～50.80	有间歇机构，其使用具有万能性
114W	1650	335	250	170	2	66.5～88.5 101.0～114.0	57.15～76.20 88.90～101.60	

注：H 为管铰板的厚度。

4. 圆板牙架（GB/T 970.1—2008）

圆板牙架是装夹圆板牙，用手工铰制外螺纹的工具。圆板牙架型式见图 10-60，规格见表 10-83。

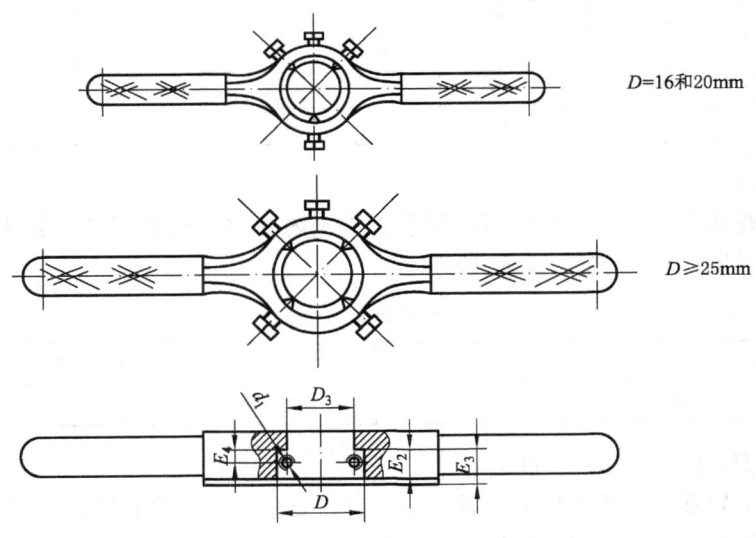

$D=16$ 和 20mm

$D \geqslant 25$mm

图 10-60 圆板牙架

圆板牙架规格尺寸（mm） 表 10-83

D D10	E_2	E_3	E_4 0 −0.2	D_3	d_1
16	5	4.8	2.4	11	M3
20	7	6.5	3.4	15	M4
25	9	8.5	4.4	20	M5
30	11	10	5.3	25	

续表

D D10	E_2	E_3	E_4 0 -0.2	D_3	d_1
38	10	9	4.8	32	M6
45	14	13	6.8	38	
	18	17	8.8		
55	16	15	7.8	48	
	22	20	10.7		M8
65	18	17	8.8	58	
	25	23	12.2		
75	20	18	9.7	68	
	30	28	14.7		
90	22	20	10.7	82	M8
	36	34	17.7		
105	22	20	10.7	95	M10
	36	34	17.7		
120	22	20	10.7	107	
	36	34	17.7		

5. 丝锥扳手

丝锥扳手是装夹丝锥或手用铰刀，用手工铰制内螺纹或铰制工件圆孔用的手工工具。丝锥扳手型式见图 10-61，规格见表 10-84。

丝锥扳手规格（mm）   表 10-84

规 格	130	180	230	280	380	480	600
适用丝锥直径	2~4	3~6	3~10	6~14	8~18	12~24	16~27

6. 划规（JB/T 3411.54—1999）

划规是钳工划圆、分度等用的工具。划线盘是划平行线、垂直线、水平线以及在平板上定位、校准用的工具。划规及划线盘型式见图 10-62，规格见表 10-85。

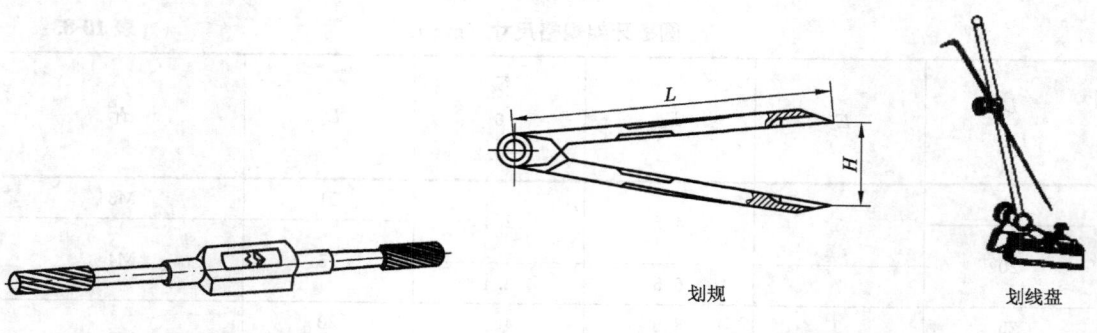

图 10-61 丝锥扳手

划规　　　划线盘

图 10-62 划规和划线盘

划规及划线盘规格（mm）　　　　　　　　表 10-85

	L	H_{max}	b
规　　划	160	200	9
	200	280	10
	250	350	
	320	430	13
	400	520	16
	500	620	
划线盘主杆长度	200，250，300，400，450		

注：b 为划规的厚度。

7. 长划规（JB/T 3411.55—1999）

长划规是钳工用于划圆、分度用的工具，其划针可在横梁上任意移动、调节，可划最大半径为 800～2000mm 的圆。长划规型式见图 10-63，规格见表 10-86。

长 划 规 规 格（mm）　　　　　　　　表 10-86

L_{max}	L_1	d	$H\approx$
800	850	20	70
1250	1315	32	90
2000	2065		

8. 手动拉铆枪（QB/T 2292—1997）

手动拉铆枪是拉铆抽芯铆钉以连接构件的手工工具，适宜于维修及小批量铆接，尤其适合在场地狭小的地方作业。拉铆枪按其结构分为单手式 A 型、单手式 B 型和双手式 A 型三种型式。手动拉铆枪的型式见图 10-64，基本尺寸见表 10-87。

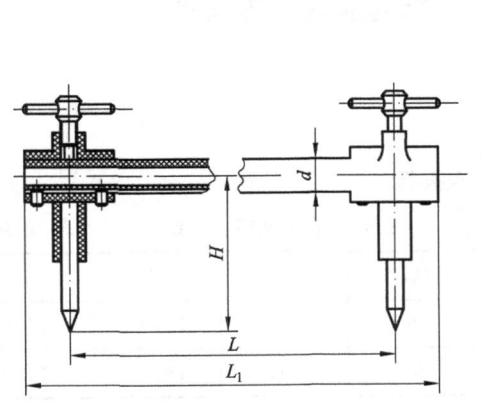

图 10-63　长划规

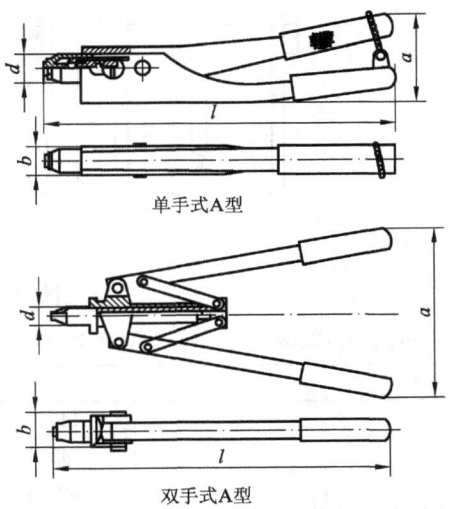

单手式A型

双手式A型

图 10-64　手动拉铆枪

手动拉铆枪的基本尺寸（mm）　　　　　　　　表 10-87

型　式	尺　寸			
	a	b	φd	l
单手式 A 型	58	31	26	350
单手式 B 型	90	29	19	260
双手式 A 型	110	32	22	450

9. 拔销器（JB/T 3411.44—1999）

拔销器是从销孔中拔出螺纹销用的手工工具。拔销器型式见图 10-65，规格见表 10-88。

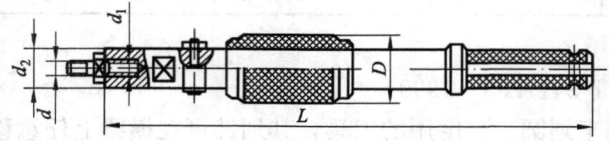

图 10-65　拔销器

拔销器规格（mm）　　　　　　　　表 10-88

适用拔头 d	d₁	d₂	D	L
M4～M10	M16	22	52	430
M12～M20	M20	28	62	550

10. 顶拔器（JB/T 3411.50—1999、JB/T 3411.51—1999）

顶拔器又称拉模器、拉马，是拆卸轴承、更换传动轴上的齿轮、连接器等零件用的手工工具。顶拔器通常有两爪及三爪两种，型式见图 10-66，两爪顶拔器还可以拆卸非圆形零件。两爪顶拔器规格见表 10-89，三爪顶拔器规格见表 10-90。

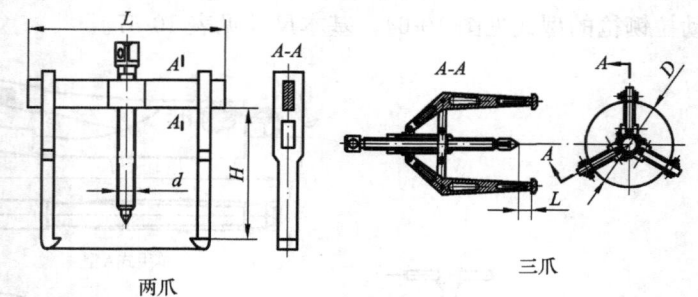

图 10-66　顶拔器

两爪顶拔器规格（mm）　表 10-89

H	L	d
160	200	M16
250	300	M20
380	400	T30×3

三爪顶拔器规格（mm）　表 10-90

D_max	L_max	d	d₁
160	110	T20×2	T40×6
300	160	T32×3	T55×8

11. 弓形夹（JB/T 3411.49—1999）

弓形夹是钳工、钣金工在加工过程中使用的紧固器材，它可将几个工件夹在一起以便进行加工，最大夹装厚度32～320mm。弓形夹型式见图10-67，规格见表10-91。

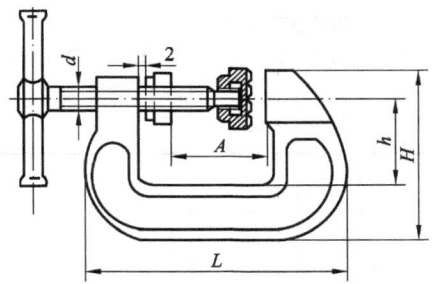

图 10-67　弓形夹

弓 形 夹 规 格（mm）　　　　　　　　　　**表 10-91**

d	A	h	H	L	b
M12	32	50	95	130	14
M16	50	60	120	165	18
M20	80	70	140	215	22
M24	125	85	170	285	28
	200	100	190	360	32
	320	120	215	505	36

注：b 为弓形夹厚度。

12. 手拉葫芦（JB/T 7334—2007）

手拉葫芦是一种使用简易，携带方便的手动起重机械，适用于工厂、矿山、建筑工地、码头、仓库中作为起吊货物与设备使用，特别在无电源场所使用，更有其重要功用。手拉葫芦工作级别，按其使用工况分为 Z 级（重载、频繁使用）和 Q 级（轻载、不经常使用）两种。手拉葫芦型式见图10-68，基本参数见表10-92。

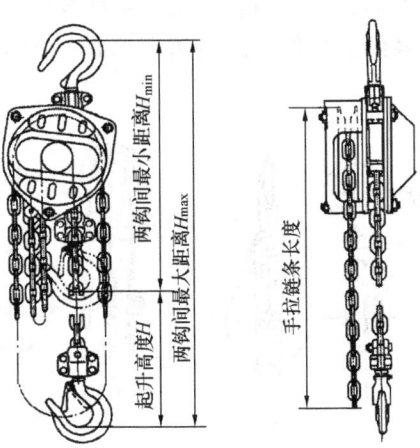

图 10-68　手拉葫芦

手拉葫芦基本参数　　　　　表 10-92

额定起重量 t	工作级别	标准起升高度/m	两钩间最小距离 H_{min}（不大于）/mm		标准手拉链条长度/mm	自重（不大于）kg	
			Z 级	Q 级		Z 级	Q 级
0.5	Z 级 Q 级	2.5	330	350	2.5	11	14
1			360	400		14	17
1.6			430	460		19	23
2			500	530		25	30
2.5			530	600		33	37
3.2	Z 级	3	580	700	3	38	45
5			700	850		50	70
8			850	1000		70	90
10			950	1200		95	130
16			1200	—		150	—
20			1350	—		250	—
32			1600	—		400	—
40			2000	—		550	—

13. 起重滑车（JB/T 9007.1—1999）

起重滑车用于吊升笨重物体，一般与卷扬机、手摇绞车等起重机械配合使用。吊滑车又称小滑车，用于吊放比较轻便的物件。起重滑车型式见图 10-69，各系列滑车品种和型式见表 10-93～表 10-96。

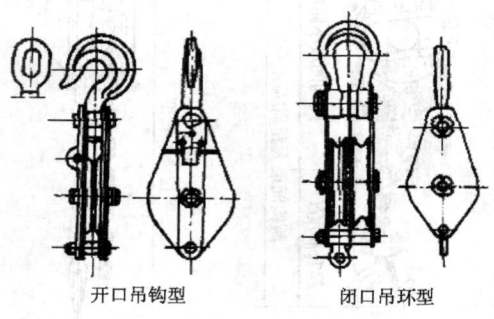

开口吊钩型　　　　闭口吊环型

图 10-69　起重滑车

HQ 系列滑车主要参数　　表 10-93

滑轮直径 mm	额定起重量 t																		钢丝绳直径范围 mm
	0.32	0.5	1	2	3.2	5	8	10	16	20	32	50	80	100	160	200	250	320	
	滑轮数量																		
63	1	—	—	—	—	—	—	—	—	—	—	—	—	—	—	—	—	—	6.2
71	—	1	2	—	—	—	—	—	—	—	—	—	—	—	—	—	—	—	6.2~7.7
85	—	—	1	2	3	—	—	—	—	—	—	—	—	—	—	—	—	—	7.7~11
112	—	—	—	1	2	3	4	—	—	—	—	—	—	—	—	—	—	—	11~14
132	—	—	—	1	2	3	4	—	—	—	—	—	—	—	—	—	—	—	12.5~15.5
160	—	—	—	—	1	2	3	4	5	—	—	—	—	—	—	—	—	—	15.5~18.5
180	—	—	—	—	—	—	2	3	4	6	—	—	—	—	—	—	—	—	17~20
210	—	—	—	—	—	1	—	—	3	5	—	—	—	—	—	—	—	—	20~23
240	—	—	—	—	—	—	1	2	—	—	4	6	—	—	—	—	—	—	23~24.5
280	—	—	—	—	—	—	—	—	2	3	5	8	—	—	—	—	—	—	26~28
315	—	—	—	—	—	—	—	—	1	—	—	4	6	8	—	—	—	—	28~31
355	—	—	—	—	—	—	—	—	—	—	1	2	3	5	6	8	10	—	31~35
400	—	—	—	—	—	—	—	—	—	—	—	—	—	—	—	8	10	—	34~38
450	—	—	—	—	—	—	—	—	—	—	—	—	—	—	—	—	—	10	40~43

HY 系列滑车主要参数　　表 10-94

滑轮直径 mm	额定起重量/t										钢丝绳直径范围 mm
	1	2	3.2	5	8	10	16	20	32	50	
	滑轮数量										
85	1	2	3	—	—	—	—	—	—	—	7.7~11
112	—	1	2	3	4	—	—	—	—	—	11~14
132	—	—	1	2	3	4	—	—	—	—	12.5~15.5
160	—	—	—	1	2	3	4	5	—	—	15.5~18.5
180	—	—	—	—	—	2	3	4	6	—	17~20
210	—	—	—	—	1	—	—	3	5	—	20~23
240	—	—	—	—	—	1	2	—	4	6	23~24.5
280	—	—	—	—	—	—	—	2	3	5	26~28
315	—	—	—	—	—	—	1	—	—	4	28~31
355	—	—	—	—	—	—	—	1	2	3	31~35

HQ 系列滑车品种、型式　　　　表 10-95

品种			型式	0.32	0.5	1	2	3.2	5	8	10	16	20	32	50	80	100	160	200	250	320
				额定起重量/t（型 号）																	
单轮	开口	滚针轴承	吊钩型	HQGZK 1-0.32	HQGZK 1-0.5	HQGZK 1-1	HQGZK 1-2	HQGZK 1-3.2	HQGZK 1-5	HQGZK 1-8	HQGZK 1-10				—	—	—	—	—	—	—
			链环型	HQLZK 1-0.32	HQLZK 1-0.5	HQLZK 1-1	HQLZK 1-2	HQLZK 1-3.2	HQLZK 1-5	HQLZK 1-8	HQLZK 1-10				—	—	—	—	—	—	—
		滑动轴承	吊钩型	HQGK 1-0.32	HQGK 1-0.5	HQGK 1-1	HQGK 1-2	HQGK 1-3.2	HQGK 1-5	HQGK 1-8	HQGK 1-10	HQGK 1-16	HQGK 1-20		—	—	—	—	—	—	—
			链环型	HQLK 1-0.32	HQLK 1-0.5	HQLK 1-1	HQLK 1-2	HQLK 1-3.2	HQLK 1-5	HQLK 1-8	HQLK 1-10	HQLK 1-16	HQLK 1-20		—	—	—	—	—	—	—
	闭口	滚针轴承	吊钩型	HQGZ 1-0.32	HQGZ 1-0.5	HQGZ 1-1	HQGZ 1-2	HQGZ 1-3.2	HQGZ 1-5	HQGZ 1-8	HQGZ 1-10				—	—	—	—	—	—	—
			链环型	HQLZ 1-0.32	HQLZ 1-0.5	HQLZ 1-1	HQLZ 1-2	HQLZ 1-3.2	HQLZ 1-5	HQLZ 1-8	HQLZ 1-10				—	—	—	—	—	—	—
		滑动轴承	吊钩型	HQG 1-0.32	HQG 1-0.5	HQG 1-1	HQG 1-2	HQG 1-3.2	HQG 1-5	HQG 1-8	HQG 1-10	HQG 1-16	HQG 1-20		—	—	—	—	—	—	—
			链环型	HQL 1-0.32	HQL 1-0.5	HQL 1-1	HQL 1-2	HQL 1-3.2	HQL 1-5	HQL 1-8	HQL 1-10	HQL 1-16	HQL 1-20		—	—	—	—	—	—	—
			吊环型	—	—	HQD 1-1	HQD 1-2	HQD 1-3.2	HQD 1-5	HQD 1-8	HQD 1-10				—	—	—	—	—	—	—
双轮	双开口		吊钩型	—	—	HQGK 2-1	HQGK 2-2	HQGK 2-3.2	HQGK 2-5	HQGK 2-8	HQGK 2-10				—	—	—	—	—	—	—
			链环型	—	—	HQLK 2-1	HQLK 2-2	HQLK 2-3.2	HQLK 2-5	HQLK 2-8	HQLK 2-10				—	—	—	—	—	—	—
	闭口	滑动轴承	吊钩型	—	—	HQG 2-1	HQG 2-2	HQG 2-3.2	HQG 2-5	HQG 2-8	HQG 2-10	HQG 2-16	HQG 2-20		—	—	—	—	—	—	—
			链环型	—	—	HQL 2-1	HQL 2-2	HQL 2-3.2	HQL 2-5	HQL 2-8	HQL 2-10	HQL 2-16	HQL 2-20		—	—	—	—	—	—	—
			吊环型	—	—	HQD 2-1	HQD 2-2	HQD 2-3.2	HQD 2-5	HQD 2-8	HQD 2-10	HQD 2-16	HQD 2-20	HQD 2-32	—	—	—	—	—	—	—

续表

额定起重量/t（型号）

品种	型式	0.32	0.5	1	2	3.2	5	8	10	16	20	32	50	80	100	160	200	250	320
三轮	吊钩型	—	—	—	—	HQG3-3.2	HQG3-5	HQG3-8	HQG3-10	HQG3-16	HQG3-20	—	—	—	—	—	—	—	—
三轮	链环型	—	—	—	—	HQL3-3.2	HQL3-5	HQL3-8	HQL3-10	HQL3-16	HQL3-20	—	—	—	—	—	—	—	—
三轮	吊环型	—	—	—	—	HQD3-3.2	HQD3-5	HQD3-8	HQD3-10	HQD3-16	HQD3-20	HQD3-22	HQD3-50	—	—	—	—	—	—
四轮（闭口滑动轴承）	吊环型	—	—	—	—	—	—	HQD4-8	HQD4-10	HQD4-16	HQD4-20	HQD4-32	HQD4-50	—	—	—	—	—	—
五轮		—	—	—	—	—	—	—	—	—	HQD5-20	HQD5-32	HQD5-50	HQD5-80	—	—	—	—	—
六轮		—	—	—	—	—	—	—	—	—	—	HQD6-32	HQD6-50	HQD6-80	HQD6-100	—	—	—	—
八轮		—	—	—	—	—	—	—	—	—	—	—	—	HQD8-80	HQD8-100	HQD8-160	HQD8-200	—	—
十轮		—	—	—	—	—	—	—	—	—	—	—	—	—	—	—	HQD10-200	HQD10-250	HQD10-320

表 10-96

HY 系列滑车品种和型式

额定起重量/t（型号）

品种		型式	1	2	3.2	5	8	10	16	20	32	50
单轮	开口	吊钩型	HYGK1-1	HYGK1-2	HYGK1-3.2	HYGK1-5	HYGK1-8	HYGK1-10	HYGK1-16	HYGK1-20	—	—
单轮	开口	链环型	HYLK1-1	HYLK1-2	HYLK1-3.2	HYLK1-5	HYLK1-8	HYLK1-10	HYLK1-16	HYLK1-20	—	—
单轮	开口（滚动轴承）	吊钩型	HYGKa1-1	HYGKa1-2	HYGKa1-3.2	HYGKa1-5	HYGKa1-8	HYGKa1-10	HYGKa1-16	HYGKa1-20	—	—
单轮	开口（滚动轴承）	链环型	HYLKa1-1	HYLKa1-2	HYLKa1-3.2	HYLKa1-5	HYLKa1-8	HYLKa1-10	HYLKa1-16	HYLKa1-20	—	—
单轮	闭口	吊钩型	HYG1-1	HYG1-2	HYG1-3.2	HYG1-5	HYG1-8	HYG1-10	HYG1-16	HYG1-20	—	—
单轮	闭口	链环型	HYL1-1	HYL1-2	HYL1-3.2	HYL1-5	HYL1-8	HYL1-10	HYL1-16	HYL1-20	—	—
双轮		吊环型	—	HYD2-2	HYD2-3.2	HYD2-5	HYD2-8	HYD2-10	HYD2-16	HYD2-20	HYD2-32	—
三轮		吊环型	—	—	HYD3-3.2	HYD3-5	HYD3-8	HYD3-10	HYD3-16	HYD3-20	HYD3-32	HYD3-50
四轮		吊环型	—	—	—	—	HYD4-8	HYD4-10	HYD4-16	HYD4-20	HYD4-32	HYD4-50
五轮		吊环型	—	—	—	—	—	—	—	HYD5-20	HYD5-32	HYD5-50
六轮		吊环型	—	—	—	—	—	—	—	—	HYD6-32	HYD6-50

八、电 动 工 具

1. 电钻（GB/T 5580—2007）

电钻是对钢板、塑料、木材或其他材料钻孔用的手持式电动工具，根据使用电源种类的不同，电钻有单相串激电钻、直流电钻、三相交流电钻等，还有可变速、可逆转或充电电钻。在形式上也有直头、弯头、双侧枪柄、枪柄、后托架、环柄等多种形式。

按电源种类分为单相交流电钻、直流电钻、交直流两用电钻。按对无线电和电视的干扰的抑制要求分为对无线电和电视的干扰无抑制要求的电钻和对无线电和电视的干扰有抑制要求的电钻。按触电保护分为Ⅰ、Ⅱ、Ⅲ三类电钻。按电钻的基本参数和用途分为 A、B、C 三种型号。

（1）A 型（普通型）电钻

主要用于普通钢材的钻孔，也可用于塑料和其他材料的钻孔，具有较高的钻削生产率，通用性强，使用于一般体力劳动者。

（2）B 型（重型）电钻

B 型电钻的额定输出功率和转矩比 A 型大，主要用于优质钢材及各种钢材的钻孔，具有很高的钻削生产率。B 型电钻结构可靠，可施加较大的轴向力。

（3）C 型（轻型）电钻

C 型电钻的额定输出功率和转矩比 A 型小，主要用于有色金属、铸铁和塑料的钻孔，尚能用于普通钢材的钻削，C 型电钻轻便，结构简单，施加较小的轴向力。

各型电钻型式见图 10-70，规格见表 10-97，温升限值见表 10-98。

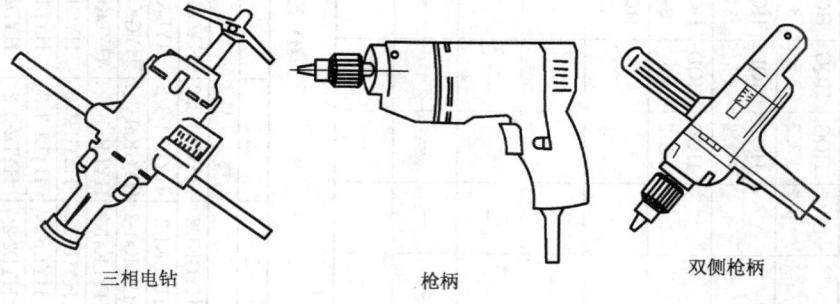

三相电钻　　　　　枪柄　　　　　双侧枪柄

图 10-70　电钻

电 钻 规 格　　　　　　　　　　　　　　　　　表 10-97

电钻规格 mm	4	6		8			10			13			16		19	23	32
	A	C	A	B	C	A	B	C	A	B	C	A	B	A	B	A	A	A
额定输出功率 W≥	80	90	120	160	120	160	200	140	180	230	200	230	320	320	400	400	400	500
额定转矩 N·m≥	0.35	0.50	0.85	1.20	1.00	1.6	2.2	1.5	2.2	3.0	2.5	4.0	6.0	7.0	9.0	12.0	16.0	32.0
噪声值 db(A)≥				84					86						90			92

注：电钻规格指电钻钻削抗拉强度为 390MPa 钢材时允许使用的最大钻头直径。

电 钻 的 温 升 限 值　　表 10-98

零　件	温升/K	零　件	温升/K
E 级绝缘绕组	90	正常使用中连续握持的手柄	
B 级绝缘绕组	95	按钮及类似零件：	
F 级绝缘绕组	115	——金属	30
正常使用中非握持的外壳	60	——塑料	50

注：当试验地点的海拔或使用地点与规定的环境条件不同时，绕组温升限值的修正按 GB 755 的规定进行。

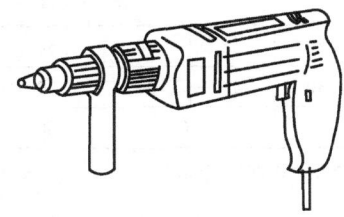

图 10-71　冲击电钻

2. 冲击电钻（GB/T 22676—2008）

冲击电钻是用旋转带冲击的交直流两用、单相串激式手提电动工具，冲击动作通过转换开关控制，不加冲击纯旋转时，与普通电钻一样可用麻花钻头在金属材料上钻孔；当旋转并伴有冲击时，用镶有硬质合金的冲击钻头，可在混凝土、砖墙上钻孔。冲击电钻型式见图 10-71，规格见表 10-99，温升极限值见表 10-100。

冲击电钻基本参数　　表 10-99

规格 mm	额定输出功率 W	额定转矩 N·m	额定冲击次数 次/min
10	≥220	≥1.2	≥46400
13	≥280	≥1.7	≥43200
16	≥350	≥2.1	≥31600
20	≥430	≥2.8	≥38400

注：1. 冲击电钻规格指加工砖石、轻质混凝土等材料时的最大钻孔直径。

2. 对双速冲击电钻表中的基本参数系指高速挡时的参数，对电子调速冲击电钻是以电子装置调节到给定转速最高值时的参数。

冲击电钻温升限值　　表 10-100

零　件	温升/K	零　件	温升/K
120 级绝缘绕组	90	正常使用中连续握持的手柄	
130 级绝缘绕组	95	按钮及类似零件：	
155 级绝缘绕组	115	——金属	30
正常使用中非握持的外壳	60	——塑料	50

注：当试验地点的海拔或使用地点与规定的环境条件不同时，绕组温升限值的修正按 GB 755 的规定进行。

3. 电锤（GB/T 7443—2007）

电锤是以冲击运动为主，辅以旋转运动的手提式电动工具，常用于对混凝土、岩石砖墙等钻孔、开槽、凿毛等作业。电锤用的电机为交直流两用或单相串激电机。电锤型式见图 10-72，规格见表 10-101，噪声和温升限值见表 10-102 和表 10-103，其干扰功率和电压分别见表 10-104 和表 10-105。

图 10-72 电锤

电锤规格 表 10-101

电锤规格/mm	16	18	20	22	26	32	38	50
钻削率/(cm³/min)不小于	15	18	21	24	30	40	50	70
脱扣力矩/(N·m)不大于		35			45		50	60

注: 电锤规格指在 C30 号混凝土（抗拉强度 30MPa～35MPa）上作业时的最大钻孔直径（mm）。

电锤的噪声限值 表 10-102

质量 M/kg	$M \leqslant 3.5$	$3.5 < M \leqslant 5$	$5 < M \leqslant 7$	$7 < M \leqslant 10$	$M > 10$
A 计权声功率 L_{WA}/dB	102	104	107	109	$100 + 11 \lg M$

电锤的温升限值 表 10-103

零 部 件	温升/K	零 部 件	温升/K
E 级绝缘绕组	90	机壳	60
B 级绝缘绕组	95	塑料手柄	50
F 级绝缘绕组	115		

注: 1. 规定的机壳温升限值不适用于冲击机构的外壳。

    2. 使用条件与规定不同时绕组温升限值的修正, 试验地点的海拔与使用地点不同时绕组温升限值的修正按 GB 755—2000 的规定进行。

电锤的干扰功率 表 10-104

频率范围 MHz	限值/dB(μW)准峰值		
	电动机额定功率≤700W	700W<电动机额定功率≤1000W	电动机额定功率>1000W
30～300	45～55	49～59	55～65

电锤的干扰电压 表 10-105

频率范围 MHz	限值/dB（μW）准峰值		
	电动机额定功率≤700W	700W<电动机额定功率≤1000W	电动机额定功率>1000W
0.15～0.35	45～55	随频率的对数线性 49～59	76～69
0.35～5.0	59	63	69
5～30	64	68	74

4. 电动冲击扳手（GB/T 22677—2008）

电动冲击扳手（简称电扳手）是拆装螺纹零件用的电动工具，在有大量螺纹连接的装配工程中，得到广泛应用。电扳手有单相串激式与三相工频电动扳手两大类，后者有启动扭矩大的特点，可用于拆装高强度、大规格螺纹紧固件。单相电扳手按其离合器结构分成安全离合器式（A 型）和冲击式（B 型）两种。电扳手型式见图 10-73，单相电扳手规格见表 10-106，其骚扰电压和功率限值见表 10-107、表 10-108。

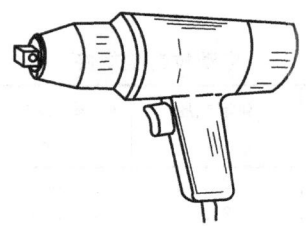

图 10-73　电扳手

单相电扳手规格　　　　　　　　　　　　　　表 10-106

规格	适用范围	力矩范围 N·m	方头公称尺寸 mm	边心距 mm
8	M6～M8	4～15	10×10	≤26
12	M10～M12	15～60	12.5×12.5	≤36
16	M14～M16	50～150	12.5×12.5	≤45
20	M18～M20	120～220	20×20	≤50
24	M22～M24	220～400	20×20	≤50
30	M27～M30	380～800	20×20	≤56
42	M36～M42	750～2000	25×25	≤66

注：1. 力矩范围的上限值（M_{max}）是对适用范围中大规格的上述螺栓联接系统最长连续冲击时间（t_{max}）后，系统所得到的力矩。t_{max} 对规格 42 为 10s；对规格 30 为 7s；对其余规格为 5s。
2. 力矩范围的下限值（M_{min}）是对适用范围中小规格的上述螺栓联接系统最短连续冲击时间（t_{min}）后，系统所得到的力矩。t_{min} 对各规格为 0.5s。
3. 电扳手的规格是指在刚性衬垫系统上，装配精制的、强度级别为 6.8（GB/T 3098）内外螺纹公差配合为 6H/6g（GB/T 197）的普通粗牙螺纹（GB/T 193）的螺栓所允许使用的最大螺纹直径 d，mm。

电扳手连续骚扰电压限值　　　　　　　　　　表 10-107

频率范围 MHz	电动机额定功率≤700W dB（μV） 准峰值	700W<电动机额定功率≤1000W dB（μV） 准峰值	电动机额定功率>1000W dB（μV） 准峰值
0.15～0.35	随频率的对数线性减小		
	66～59	70～63	76～69
0.35～5.0	59	63	69
5～30	64	68	74

电扳手连续骚扰功率限值　　　　　　　　　　表 10-108

频率范围 MHz	电动机额定功率≤700W dB（pW） 准峰值	700W<电动机额定功率≤1000W dB（pW） 准峰值	电动机额定功率>1000W dB（pW） 准峰值
30～300	随频率线性增大		
	45～55	49～59	55～65

5. 电动拉铆枪

电镀拉铆枪是铆接抽芯铆钉的专用电动工具，拉铆枪与抽芯铆钉相配合，一个人就可以在单面操作，特别适用于封闭结构与盲孔的铆接。电动拉铆枪型式见图10-74，规格见表10-109。

电动拉铆枪规格　　　　　　　　　　表 10-109

型　号	最大拉铆钉 mm	额定电压 N	输入功率 W	最大拉力 N	重量 kg
PIM-SA1-5	5	220	350	8000	2.5
PIM-5	5	220	300	7500	2.5
PIM-5	5	220	280	8000	2.5

6. 电动螺丝刀（GB/T 22679—2008）

电动螺丝刀是供拆装各种一字槽、十字槽螺钉、螺母、木螺钉、自攻螺钉的交直流两用或单相串激式电动工具。它可以通过调节工作弹簧压力，来满足不同直径螺钉所需的扭矩，防止过载损坏工件。电动螺丝刀型式见图10-75，规格见表10-110，其骚扰电压和功率限值见表10-111和表10-112，温升限值见表10-113。

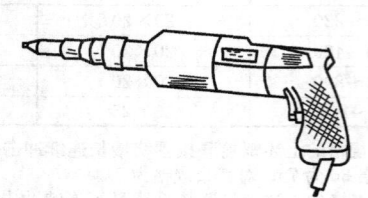 

图 10-74　电动拉铆枪　　　　图 10-75　电动螺丝刀

电动螺丝刀规格　　　　　　　　　　表 10-110

规　格 mm	适用范围 mm	额定输出功率 W	拧紧力矩 N•m
M6	机螺钉 M4～M6 木螺钉≤4 自攻螺钉 ST3.9～ST4.8	≥85	2.45～8.0

注：木螺钉4是指在拧入一般木材中的木螺钉规格。

电动螺丝刀连续骚扰电压限值　　　　　　　　　　表 10-111

频率范围 MHz	电动机额定功率≤700W	700W<电动机额定功率≤1000W	电动机额定功率>1000W
	dB（μV）准峰值	dB（μV）准峰值	dB（μV）准峰值
0.15～0.35	随频率的对数线性减小		
	66～59	70～63	76～69
0.35～5.0	59	63	69
5～30	64	68	74

电动螺丝刀连续骚扰功率限值 表 10-112

频率范围 MHz	电动机额定功率≤700W	700W<电动机额定功率≤1000W	电动机额定功率>1000W
	dB（pW）准峰值	dB（pW）准峰值	dB（pW）准峰值
30～300	随频率线性增大		
	45～55	49～59	55～65

电动螺丝刀温升限值 表 10-113

零　件	温升/K	零　件	温升/K
120 级绝缘绕组	90	正常使用中连续握持的手柄	
130 级绝缘绕组	95	按钮及类似零件：	
155 级绝缘绕组	115	——金属	30
正常使用中非握持的外壳	60	——塑料	50

注：当试验地点的海拔或使用地点与规定的环境条件不同时，绕组温升限值的修正按 GB 755 的规定进行。

7. 电剪刀（GB/T 22681—2008）

马蹄形刀架电剪刀是对金属板材进行剪切的电动工具，国内生产的电剪刀其额定电压为单相交流 220V。电剪刀型式见图 10-76，规格见表 10-114，其噪声允许值和温升限值见表 10-115 和表 10-116。

图 10-76　电剪刀

电剪刀规格 表 10-114

规格 mm	额定输出功率 W	刀杆额定往复次数 次/min	规格 mm	额定输出功率 W	刀杆额定往复次数 次/min
1.6	≥120	≥2000	3.2	≥250	≥650
2	≥140	≥1100	4.5	≥540	≥400
2.5	≥180	≥800			

注：1. 电剪刀规格是指电剪刀剪切抗拉强度 σ_b=390MPa 热轧钢板的最大厚度。

　　2. 额定输出功率是指电动机的输出功率。

电剪刀噪声允许值 表 10-115

规格 mm	1.6	2	2.5	3.2	4.5
噪声值 dB(A)	84(95)	85(96)	86(97)	87(98)	92(103)

注：在混响室内测量电剪刀的噪声时，其声功率级（A 计权）应不大于表中括号内的限值。

电剪刀温升限值 表 10-116

零　件	温升/K	零　件	温升/K
120 级绝缘绕组	90	正常使用中连续握持的手柄	
130 级绝缘绕组	95	按钮及类似零件：	
155 级绝缘绕组	115	——金属	30
正常使用中非握持的外壳	60	——塑料	50

注：当试验地点的海拔或使用地点与规定的环境条件不同时，绕组温升限值的修正按 GB/T 755 的规定进行。

8. 电动刀锯 （GB/T 22678—2008）

电动刀锯是对木材、金属、塑料、橡胶及类似材料的板材和管材，进行直线锯割的交直流两用或单相串励电机的手持式电动往复锯。所用的锯条为马刀状，较曲线锯条宽。其基本参数和噪声要求分别见表 10-117 和表 10-118。

电动刀锯的基本参数 表 10-117

规格 mm	额定输出功率 W	额定转矩 N·m	空载往复次数 次/min
24	≥430	≥2.3	≥2400
26			
28	≥570	≥2.6	≥2700
30			

注：1. 额定输出功率指刀锯拆除往复机构后的额定输出功率。
2. 电子调速刀锯的基本参数基于电子装置调节到最大值时的参数。

电动刀锯的噪声限值 表 10-118

规格 mm	噪声值 dB（A）
24	86（97）
26	
28	88（99）
30	

注：括号内噪声值是刀锯空载噪声功率级（A 计权）的限值。

9. 曲线锯 （GB/T 22680—2008）

曲线锯由单相串激电动机、减速器、往复运动机构、锯条等组成，机壳下部装有 0°～45°可调节的锯割斜度底板，电动曲线锯的锯条向上运动时作切割工作，向下运动则是空返回。

曲线据可锯割各种形状的板材，换上不同的锯条后，可锯割塑料、橡胶、皮革等，锯条宽度为 6.5～9mm，因而锯割的曲率半径可以较小。锯条齿距为 1.8mm 的粗齿锯条，用于锯割木材；齿距为 1.4mm 的中齿锯条适于锯层压板、铝板及有色金属板材；齿距为 1.1mm 的细齿锯条可以锯普通铁板。曲线锯型式见图 10-77，规格见表 10-119，噪声要求见表 10-120。

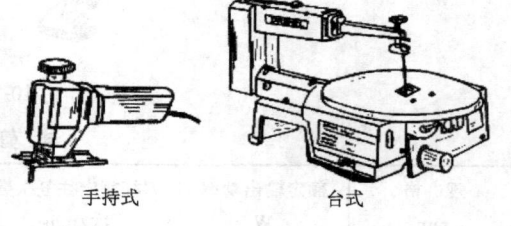

手持式　　　　　台式

图 10-77　曲线锯

曲 线 锯 规 格 表 10-119

规格 mm	额定输出功率 W	工作轴额定往复次数 次/min	规格 mm	额定输出功率 W	工作轴额定往复次数 次/min
40（3）	≥140	≥1600	65（8）	≥270	≥1400
55（6）	≥200	≥1500	80（10）	≥420	≥1200

注：1. 额定输出功率是指电动机的输出功率。（指拆除往复机构后的输出功率）
2. 曲线锯规格指垂直锯割一般硬木的最大厚度。
3. 括号内数值为锯割抗拉强度为 390MPa（N/mm²）钢板的最大厚度。

曲线锯噪声要求　　　　　　　　　　表 10-120

规格	40	55	65	80
噪声值 dB（A）	86（97）	88（99）	90（101）	92（103）

注：当在混响室内测量曲线锯的噪声值时，其声功率级（A 计权）应不大于括号内规定的限值。

10. 电圆锯（GB/T 22761—2008）

电圆锯是对木材、纤维板、塑料和软电缆以及类似材料进行锯割加工的交直流两用、单相串激式电动工具。它是一种便携式工具，广泛用于木工工场及外场作业中。电圆锯型式见图 10-78，其规格见表 10-121，其锯片夹紧压板尺寸见表 10-122。

图 10-78　电圆锯

电 圆 锯 规 格　　　　　　　　　　表 10-121

规格 mm	额定输出功率 W	额定转矩 N·m	最大锯割深度 mm	最大调节角度
160×30	≥550	≥1.70	≥55	≥45°
180×30	≥600	≥1.90	≥60	≥45°
200×30	≥700	≥2.30	≥65	≥45°
235×30	≥850	≥3.00	≥84	≥45°
270×30	≥1000	≥4.20	≥98	≥45°

注：表中规格指可使用的最大锯片外径×孔径。

电圆锯圆锯片夹紧压板尺寸（mm）　　　　　　表 10-122

圆锯片外径	夹紧压板尺寸		
	H	D	d
φ160	≥40	$30_{-0.031}^{0}$	≥2
φ180	≥43	$30_{-0.033}^{0}$	≥2
φ200	≥45	$30_{-0.033}^{0}$	≥2
φ235	≥50	$30_{-0.033}^{0}$	≥2
φ270	≥60	$30_{-0.033}^{0}$	≥2

注：在不影响最大切割深度的前提下 D 宜最大值。

11. 电刨（JB/T 7843—2013）

电刨是刨削木材用的交直流两用或单相串激式手持电动工具，适合刨削各种木材平面、倒棱和裁口，比手工刨削提高工效 10 倍以上，由于其体积小，携带方便，广泛用于各种装修及移动性强的工作场所。电刨型式见图10-79，规格见表10-123。

电刨规格　　　　　　　　　　　　　　表 10-123

刨削宽度×刨削深度 mm	额定输出功率 W	额定转矩 N·m	刨削宽度×刨削深度 mm	额定输出功率 W	额定转矩 N·m
60×1	≥250	≥0.23	82（80）×3	≥400	≥0.38
82（80）×1	≥300	≥0.28	90×2	≥450	≥0.44
82（80）×2	≥350	≥0.33	100×2	≥500	≥0.50

12. 角向磨光机（GB/T 7442—2007）

角向磨光机是对金属材料进行磨削的手持电动工具，常用于去除零件的毛边、磨平焊缝等。更换砂轮后还可用于切割小型钢材、磨光、抛光等用途。电动角向磨光机电源电压主要为交流 220V、42V、36V；交流频率 50Hz、200Hz、300Hz、400Hz；使用砂轮为安全工作线速度 72m/s、80m/s 的增强纤维拔形砂轮。电动角向磨光机型式见图10-80，规格见表10-124，干扰电压见表10-125。

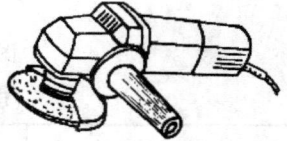

图 10-79　电刨　　　　　　　图 10-80　电动角向磨光机

电动角向磨光机规格　　　　　　　　表 10-124

规格		额定输出功率 W	额定转矩 N·m	空载转速允许值 r/min		噪声限值 dB(A)
砂轮外径×孔径/mm	类型			72m/s	80m/s	
100×16	A	≥200	≥0.30	≤13500	≤15000	88
	B	≥250	≥0.38			
115×16	A	≥250	≥0.38	≤11900	≤13200	90
	B	≥320	≥0.50			
125×22	A	≥320	≥0.50	≤11000	≤12200	91
	B	≥400	≥0.63			
150×22	A	≥500	≥0.80	≤9160	≤10000	
180×22	C	≥710	≥1.25	≤7600	≤8480	94
	A	≥100	≥2.00			
	B	≥1250	≥2.50			
230×22	A	≥1000	≥2.80	≤5950	≤6600	
	B	≥1250	≥3.55			

电动角向磨光机干扰电压　　　　　　表 10-125

频率 MHz	干扰电压/(dBµV)		
	$P \leqslant 700W$	$700W < P \leqslant 1000W$	$1000W < P \leqslant 2000W$
0.15～0.35	66～59	70～63	76～69
	随频率的对数线性减小		

续表

频　率	干扰电压/(dBμV)		
MHz	P≤700W	700W<P≤1000W	1000W<P≤2000W
0.35～5.00	59	63	69
5.00～30.00	64	68	74

注：1. 表中 P 为额定输入功率。

　　2. 干扰电压为：对无线电和电视干扰有抑制要求的交直流两用和单相串激磨光机在频率范围为 0.15～30MH 内测得的相线或中线对地的连续干扰电压值。

13. 直向砂轮机（GB/T 22682—2008）

直向电动砂轮机装平行砂轮，用其圆周面对钢铁进行磨削加工，常用于对大型机件或铸件表面清除飞边、毛刺、磨平焊缝等，更换砂轮后可用于抛光、除锈等。手持式直向电动砂轮机使用电源有单相交流 220V 及三相 380V 两种，直向砂轮机型式见图 10-81。交直流两用、单相串激及三相中频砂轮机规格见表 10-126，三相工频砂轮机规格见表 10-127，砂轮机轴伸尺寸见表 10-128，砂轮机噪声允许值见表 10-129。

图 10-81　直向砂轮机

单相串激及三相中频砂轮机规格　　　　表 10-126

规格 mm		额定输出功率 W	额定转矩 N·m	空载转速 r/min	许用砂轮安全线速度 m/s
φ80×20×20(13)	A	≥200	≥0.36	≤11900	≥50
	B	≥280	≥0.40		
φ100×20×20(16)	A	≥300	≥0.50	≤9500	
	B	≥350	≥0.60		
φ125×20×20(16)	A	≥380	≥0.80	≤7600	
	B	≥500	≥1.10		
φ150×20×32(16)	A	≥520	≥1.35	≤6300	
	B	≥750	≥2.00		
φ175×20×32(20)	A	≥800	≥2.40	≤5400	
	B	≥1000	≥3.15		

注：括号内数值为 ISO 603 的内孔值。

三相工频砂轮机规格　　　　表 10-127

规格 mm		额定输出功率 W	额定转矩 N·m	空载转速 r/min	许用砂轮安全线速度 m/s
φ125×20×20(16)	A	≥250	≥0.85	<3000	≥35
	B	≥350	≥1.20		
φ150×20×32(16)	A				
	B	≥500	≥1.70		
φ175×20×32(20)	A				
	B	≥750	≥2.40		

注：括号内数值为 ISO 603 的内孔值。

砂轮机轴伸尺寸(mm)　　表 10-128

砂轮外径 D	轴伸端螺纹 M	砂轮外径 D	轴伸端螺纹 M
80	≥M12	150	≥M14
100		175	≥M18
125	≥M14		

砂轮机噪声允许值　　表 10-129

规格 mm		φ80	φ100	φ125	φ150	φ175
噪声值 dB(A)	空载转速 ≥3000r/min	88(99)	90(101)		92(103)	
	空载转速 <3000r/min			65(76)		

注：括号内噪声值是砂轮机空载噪声功率极(A 计权)的限值。

14. 平板砂光机(GB/T 22675—2008)

砂光机有平面摆动式、砂带式及砂盘式等多种类型。平板砂光机依靠所夹持的砂纸(布)的往复平面摆动，可在工件平面上工作，也可在略有弧形的曲面上工作，往复砂磨使被加工的表面平整光洁。适合于油漆、家具、建筑、汽车等各部门作砂光、抛光、除锈之用。摆动式平板砂光机型式见图 10-82，规格见表 10-130，噪声允许值见表10-131。

图 10-82　平板砂光机

平板砂光机规格　　表 10-130

规格 mm	最小额定输入功率 W	空载摆动次数 次/min	规格 mm	最小额定输入功率 W	空载摆动次数 次/min
90	100	≥10000	180	180	≥10000
100	100	≥10000	200	200	≥10000
125	120	≥10000	250	250	≥10000
140	140	≥10000	300	300	≥10000
150	160	≥10000	350	350	≥10000

注：1. 制造厂应在每一档砂光机的规格上指出所对应的平板尺寸。其值为多边形的一条长边或圆形的直径。

2. 空载摆动次数是指砂光机空载时平板摆动的次数(摆动 1 周为 1 次)，其值等于偏心轴的空载转速。

3. 电子调速砂光机是以电子装置调节到最大值时测得的参数。

平板砂光机噪声值要求　　表 10-131

规格	90	100	125	150	180	200	250	300	350
噪声值 dB(A)		82(93)				84(95)		86(97)	

注：当在混响室内测量的噪声时，其声动率级(A 计权)应不大于表 10-131 括号内的允许值。

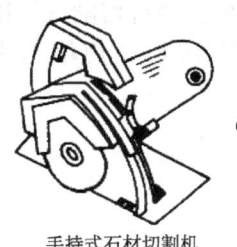
手持式石材切割机

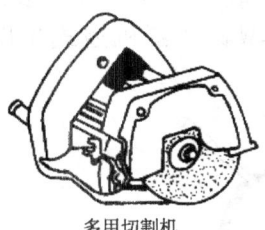
多用切割机

图 10-83　石材切割机

15. 石材切割机（GB/T 22664—2008）

石材切割机装上金刚石圆锯片后，可以切割大理石、水磨石、陶瓷、混凝土、石棉水泥板、耐火材料、玻璃、花岗岩等多种硬脆性材料。换上钢质圆锯片，也可以切割多种绝缘板材、棒材及金属材料等，主要用于建筑装修及各种工业炉窑的施工维修。石材切割机型式见图 10-83，规格见表 10-132，其切割片夹紧压板尺寸见表 10-133，噪声允许值见表 10-134。

石材切割机规格　　　　　　　　　　　　　　　　　　　　　　　表 10-132

规格	切割尺寸 mm 外径×内径	额定输出功率 W	额定转矩 Nm·m	最大切割深度 mm
110C	110×20	≥200	≥0.3	≥20
110	110×20	≥450	≥0.5	≥30
125	125×20	≥450	≥0.7	≥40
150	150×20	≥550	≥1.0	≥50
180	180×25	≥550	≥1.6	≥60
200	200×25	≥650	≥2.0	≥70
250	250×25	≥730	≥2.8	≥75

石材切割机切割片夹紧压板尺寸（mm）　　　　　　　　　　　　　表 10-133

切割片外径	夹紧压板尺寸	
	压板直径 ϕD	与砂轮接触面宽 B
$\phi 110$	≥35	≥4
$\phi 125$	≥35	≥4
$\phi 150$	≥35	≥6
$\phi 180$	≥40	≥6
$\phi 250$	≥40	≥6

石材切割机噪声允许值　　　　　　　　　　　　　　　　　　　　表 10-134

切割机规格/mm	$\phi 110$	$\phi 125$	$\phi 150$	$\phi 180$	$\phi 200$
噪声值/dB(A)	90(101)		91(102)		92(103)

注：在混响室内测量切割机的噪声值，其声功率级（A计权）应不大于表中括号内规定的限值。

16. 型材切割机（JB/T 9608—2013）

型材切割机是新型的高速电动切割工具，用于切割各种规格的普通型钢及高硬度钢、电线、电缆等。其中多用转盘式切割机，是一种多用途高速切割工具，当装上硬质合金锯片后，可切割铝、铜、塑料型材及木材；安装砂轮片后，可切割黑色金属薄壁型材，切断面光洁，角度准确。切割机有可移式、拎攀式、箱座式、转盘式等多种。型材切割机使用电源为单相交流 220V 或三相 380V。可移式型材切割机型式见图 10-84，规格见表10-135。

图 10-84 可移式型材切割机

型材切割机规格 表 10-135

规格 mm	额定输出功率 W ≥		额定输出转矩 N·m ≥		最大切割直径 mm	所装砂轮线速度 m/s	切割机最高空载转速 r/min ≤	砂轮夹紧压板尺寸 mm		噪声限值 dB（A）≤		
	A 型	B 型	A 型	B 型				夹紧压板外径 ≥	夹紧压板与砂轮接触部分尺寸 ≥	单相串励机	单相异步机	三相异步机
300	800	1100	3.5	4.2	30	72	4580	75	13	93（106）		
						80	5090					
350	900	1250	4.2	5.6	35	72	3920	88	15	95（108）	85（98）	
						80	4360					
400	1100（单相）		5.5（单相）		50	72	3430	100	17	97（110）		
	2000（三相）		6.7（三相）			80	3820					

注：1. 基本参数分为 A 型、B 型，以适合不同客户的需要，推荐 B 型。
    2. 表中噪声限值为噪声声压级（A 计权）的平均值，其声功率级（A 计权）应不大于表中括号内规定的限值。

17. 地面抹光机 （JG/T 5069—1995）

地面抹光机是专供振实、抹光混凝土表层的便携式电动工具，广泛适用于混凝土地坪施工，如上下楼层、狭窄场所通道、室内外地坪以及一般混凝土薄壳构件的光面等。其对各种干硬性混合料都能达到理想的振实、提浆、抹光。按动力配套形式分为电动式抹光机及内燃式抹光机。抹光机由操作手柄、电动机、偏心片、机壳、端盖及底板等几部分组成，电动机为全封闭自冷式结构，激振力

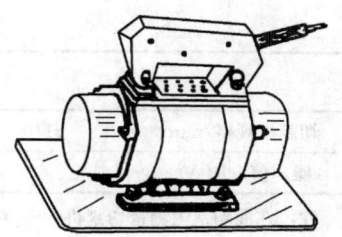

图 10-85 地面抹光机

可在一定范围里任意调节。地面抹光机型式见图 10-85，其抹头叶片直径规格见表10-136，噪声要求见表 10-137。

地面抹光机抹头叶片直径规格（mm）　　　表 10-136

名　　称	主参数系列
抹头叶片直径或抹盘直径	300，400，500，600，700，800，900，1000

地面抹光机噪声要求［dB（A）］　　　表 10-137

位　　置	电　动　式	内　燃　式
1.5m	87	90
7.5m	82	87

注：表中位置为距抹光机中心距离。

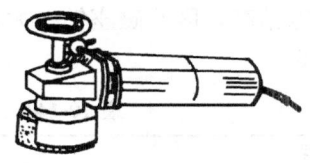

图 10-86　湿式磨光机

18. 电动湿式磨光机（JB/T 5333—2013）

湿式磨光机又称手提式水磨石机，主要用于地面、窗台、楼梯、台阶、立柱、墙边沿及小型预制构件的水磨，尤其适用于磨光受场地限制或形状复杂的建筑物表面，如盥洗设备、凉台扶手等，如换上不同的砂轮或抛光轮，亦可用于金属表面去锈、打磨、抛光、进行圆周磨、角向磨等。湿式磨光机型式见图 10-86，规格见表 10-138。

湿式磨光机规格　　　表 10-138

规　格 mm		额定输出功率/W ≥	额定输出转矩 /N·m ≥	最高空载转速/ (r/min)≤		碗式砂轮规格/mm			噪声限值 dB(A) ≤
				陶瓷结合剂	树脂结合剂	砂轮外径	砂轮厚度	螺纹孔径	
80	A	200	0.4	7150	8350	φ80	40	M10	88(98)
	B	250	1.1						
100	A	340	1	5700	6600	φ100	40	M14	91(101)
	B	500	2.4						
125	A	450	1.5	4500	5300	φ125	50	M14	93(103)
	B	500	2.5						
150	A	850	5.2	3800	4400	φ150	50	M14	93(103)
	B	1000	6.1						

注：1. A——标准型；B——重型。

　　2. 表中噪声限值为噪声声压级（A计权）的平均值，其声功率级（A计权）应不大于表中括号内规定的限值。

19. 模具电磨（JB/T 8643—2013）

模具电磨是用安全工作线速度不低于 35m/s 的各种型式的磨头或各种成型铣刀进行磨削、抛光、铣切的交直流两用或单相串激式电动工具，是模具制造和修理的常用电动工具，也适用于磨削不易在磨床等专用设备上加工的金属表面，是磨削粗刮的理想工具。模具电磨型式见图 10-87，规格见表 10-139。

图 10-87　模具电磨

模 具 电 磨 规 格 表 10-139

磨头最大尺寸 mm×mm	额定输出功率 W	额定转矩 N·m	最高额定转速 r/min	噪声限值 dB（A）
φ10×16	≥40	≥0.02	≤55000	≤84（94）
φ25×32	≥110	≥0.08	≤27000	
φ30×32	≥150	≥0.12	≤22000	≤86（96）

注：噪声声压级（A计权）不大于表中的噪声限值，其声功率级（A计权）应不大于表中括号内规定的限值。

20. 磁座钻 （JB/T 9609—2013）

磁座钻是依靠电钻上的电磁吸盘（直流电磁铁）将电钻吸附在工作台上或工件上实施钻孔的电动工具，磁座钻钻孔的垂直度及尺寸精度均比普通手电钻高，因此磁座钻在大型工程中得到广泛应用。磁座钻型式见图10-88，规格见表10-140。

磁 座 钻 规 格 表 10-140

规格代号	钻孔直径 φ mm	电钻		钻架		导板架		电磁铁吸力 kN	噪声限值 dB(A)
		额定输出功率 W	额定转矩 N·m	回转角度 (°)	水平位移 mm	最大行程 mm	移动偏差 mm		
13	13(32)	≥320	≥6	—	—	≥140	1	≥8.5	≤86(99)
19	19(50)	≥400	≥12	—	—	≥160	1.2	≥10.0	≤90(103)
23	23(60)	≥450	≥16	≥60	≥15	≥180	1.2	≥11.0	
32	32(80)	≥500	≥32	≥60	≥20	≥260	1.5	≥13.5	
38	38(100)	≥700	≥45	≥60	≥20	≥260	1.5	≥14.5	≤92(105)
49	49(130)	≥900	≥75	≥60	≥20	≥260	1.5	≥15.5	

注：1. 规格指电钻钻削抗拉强度为390MPa钢材时所允许使用的麻花钻头最大直径。
2. 表中钻孔直径括号内数值系指用空心钻切削的最大直径。
3. 电子调速电钻是以电子装置调节到给定转速范围的最高值时的基本参数、机械装置调速电钻是低速挡时的基本参数。
4. 电磁铁吸力值系指在材料为Q235A、厚度25mm、面积200mm×300mm、表面粗糙度Ra6.3的标准试验样板上测得的数值。
5. 表中噪声限值为噪声声压级（A计权）的平均值，其声功率级（A计权）应不大于表中括号内规定的限值。

21. 电动套丝机 （JB/T 5334—2013）

电动套丝机用于铰制圆锥或圆柱管螺纹、切断钢管、管子内口倒角等作业，为多功能电动工具，适用于流动性大的管道现场施工中。电动套丝切管机主要由电动机、变速箱、主轴及卡盘总成、冷却油泵、板牙架、切管器、倒角器、滑架及底座等组成。

电动套丝机型式见图10-89，其参数见表10-141，主要参数为加工最大钢管的公称直径。

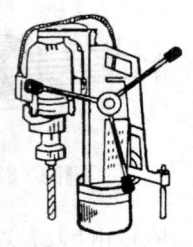
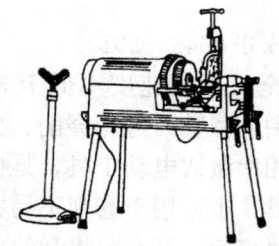

图 10-88 磁座钻　　　　图 10-89 电动套丝切管机

电 动 套 丝 机 参 数　　　　　　　　　　　　　表 **10-141**

规格代号	套制圆锥外螺纹范围 (尺寸代号)	电动机额定功率 W	主轴额定转速 r/min	噪声限值 dB(A)
50	$\frac{1}{2}\sim2$	≥600	≥16	≤83(96)
80	$\frac{1}{2}\sim3$	≥750	≥10	
100	$\frac{1}{2}\sim4$	≥750	≥8	≤85(98)
150	$2\frac{1}{2}\sim6$	≥750	≥5	

注：1. 规格是指能套制符合 GB/T 3091 规定的水、煤气管等的最大公称口径。
　　2. 表中噪声限值为噪声声压级(A 计权)的平均值,其声功率级(A 计权)应不大于表中括号内规定的限值。

九、气 动 工 具

1. 气钻(JB/T 9847—2010)

气钻是用压缩空气作动力源进行钻削的手持式气动工具,它具有单位重量输出功率大、安全可靠、使用方便等优点,如果夹持砂轮、铣刀等刃具,还可进行磨削、铣削等加工。产品按旋向分为单向和双向;按手柄形式分为直柄式、枪柄式和侧柄式;按结构形式分为直式和角式。气钻型式见图 10-90,基本参数见表 10-142。

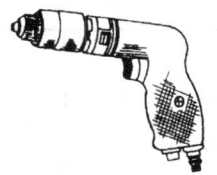

图 10-90　枪柄式气钻

气 钻 基 本 参 数　　　　　　　　　　　　　表 **10-142**

基本参数	产品系列								
	6	8	10	13	16	22	32	50	80
功率 kW	≥0.200		≥0.290		≥0.660	≥1.07	≥1.24	≥2.87	
空转转速 r/min	≥900	≥700	≥600	≥400	≥360	≥260	≥180	≥110	≥70
单位功率耗气量 L/(s·kW)	≤44.0		≤36.0		≤35.0	≤33.0	≤27.0	≤260	
噪声(声功率级) dB(A)	≤100		≤105			≤120			
机重 kg	≤0.9	≤1.3	≤1.7	≤2.6	≤6.0	≤9.0	≤13.0	≤23.0	≤35.0

续表

基本参数	产品系列								
	6	8	10	13	16	22	32	50	80
气管内径 mm	10			12.5		16		20	
寿命指标 h	≥800				≥600				

注：1. 验收气压为 0.63MPa。

2. 噪声在空运转下测量。

3. 机重不包括钻卡；角式气钻重量可增加 25%。

2. 纯扭式气动螺丝刀（JB/T 5129—2014）

气动螺丝刀是以压缩空气为动力进行旋紧或拆卸螺钉的气动工具，生产效率高，安全可靠，可减轻工人劳动强度，适用于大批量生产或修理作业中。气动螺丝刀有直柄式及枪柄式两种。气动螺丝刀型式见图 10-91，规格见表 10-143。

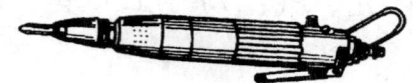

图 10-91 气动螺丝刀

纯扭式气动螺丝刀规格 表 10-143

产品系列	拧紧螺纹 规格/mm	扭矩范围 N·m	空转耗气量 L/s	空转转速 r/min	空转噪声(声功率级) dB(A)	气管内径 mm	机重/kg	
							直柄式	枪柄式
2	M1.6~M2	0.128~0.264	≤4.00	≥1000	≤93	6.3	≤0.50	≤0.55
3	M2~M3	0.264~0.935	≤5.00				≤0.70	≤0.77
4	M3~M4	0.935~2.300	≤7.00		≤98		≤0.80	≤0.88
5	M4~M5	2.300~4.200	≤8.50	≥800	≤103		≤1.00	≤1.10
6	M5~M6	4.200~7.220	≤10.50	≥600	≤105			

注：验收气压为 0.63MPa。

3. 直柄式气动砂轮机（JB/T 7172—2006）

直柄式气动砂轮机是以压缩空气作动力源，推动发动机作旋转运动，用砂轮圆周进行磨削的气动工具。如将砂轮换成布轮，还可以进行抛光；用钢丝轮代替砂轮可用于除锈。直柄式气动砂轮机型式见图 10-92，规格见表 10-144。

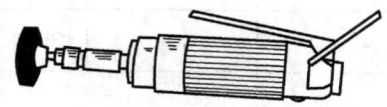

图 10-92 直柄式气动砂轮机

直柄式气动砂轮机规格　　　　　表 10-144

产品系列		40	50	60	80	100	150
空转转速/(r/min)		≥17500		≤16000	≤12000	≤9500	≤6600
负荷性能	主轴功率/kW	—		≥0.36	≥0.44	≥0.73	≥1.14
	单位功率耗气量/(L/s·kW)	—		≤36.27	≤36.95		≤32.87
噪声(声功率级)/dB(A)		≤108		≤110	≤112		≤114
机重(不包括砂轮重量)/kg		≤1.0	≤1.2	≤2.1	≤3.0	≤4.2	≤6.0
气管内径/mm		6	10	13		16	

注：验收气压为 0.63MPa。

4. 气动扳手

气动扳手是以压缩空气作动力源推动气动发动机旋转做功，用于拆装螺纹紧固件的手持式气动工具。其特点是输出功率大，安全可靠，因而在船舶制造、桥梁建筑等方面获得广泛用途。气动扳手种类很多，除通常使用的冲击式气扳手以外，还有定扭矩气扳手等。气动扳手型式见图 10-93，规格见表 10-145。

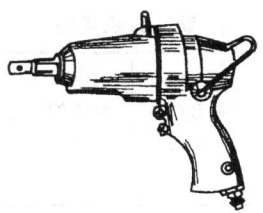

图 10-93　枪柄式气扳手

气 动 扳 手 规 格　　　　　表 10-145

型　号	适用范围	空载转速 r·min⁻¹	压缩空气消耗量 m³·min⁻¹	扭　矩 N·m
BQ6	M6～M18	3000	0.35	40
B10A	M8～M12	2600	0.7	70
B16A	M12～M16	2000	0.5	200
B20A	M18～M20	1200	1.4	800
B24	M20～M24	2000	1.9	800
B30	M24～M30	900	1.8	1000
B42A	M30～M42	1000	2.1	18000
B76	M56～M76	650	4.1	
ZB5-2	M5	320	0.37	21.6
ZB8-2	M8	2200	0.37	
BQN14		1450	0.35	17～125
BQN18		1250	0.45	70～210

5. 气动铆钉机 （JB/T 9850—2010）

气动铆钉机是由压缩空气作为动力源，推动气缸活塞作快速往复运动，推动冲击锤头，对铆钉进行锤击铆接的手持式气动工具。气动铆钉机有直柄式、弯柄式、枪柄式、环柄式等型式。因其安全可靠，广泛应用于造船、桥梁等工程中。气动铆钉机型式见图10-94，规格见表10-146。

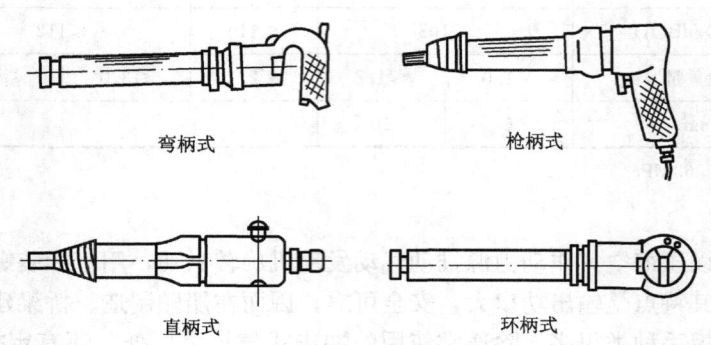

弯柄式　　　　　　　　枪柄式

直柄式　　　　　　　　环柄式

图 10-94　气动铆钉机

气动铆钉机规格　　　　　　　　　　　　　　　　表 **10-146**

产品规格	铆钉直径/mm		窝头尾柄规格 mm	机重 kg	验收气压 MPa	冲击能 J	冲击频率 Hz	耗气量 L/s	气管内径 mm	噪声（声功率级）dB(A)
	冷铆硬铝 LY10	热铆钢 2C								
4	4		10×32	≤1.2		≥2.9	≥35	≤6.0	10	≤114
5	5			≤1.5		≥4.3	≥24	≤7.0		
				≤1.8			≥28			
6	6		12×45	≤2.3		≥9.0	≥13	≤9.0	12.5	≤116
				≤2.5			≥20	≤10		
12	8	12	17×60	≤4.5	0.63	≥16.0	≥15	≤12		
16		16		≤7.5		≥22.0	≥20	≤18	16	≤118
19		19		≤8.5		≥26.0	≥18			
22		22	31×70	≤9.5		≥32.0	≥15	≤19		
28		28		≤10.5		≥40.0	≥14			
36		36		≤13.0		≥60.0	≥10	≤22		

6. 气动拉铆枪

气动拉铆枪用于拉铆抽芯铆钉以连接构件。使用这种工具，一人在单面就可以操作，广泛应用于航空、造船、车辆、建筑及通风管道等作业中。气动拉铆枪型式见图10-95，规格见表10-147。

	气动拉铆枪规格			表 10-147
型　号	适用铆钉直径/mm	工作气压/MPa	拉力/N	重量/kg
QLM-1	2.4～5.0	0.63	7200	2.25

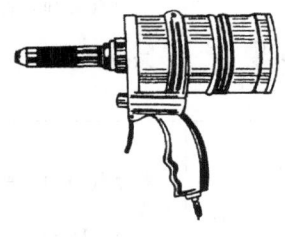

图 10-95　气动拉铆枪

7. 射钉器（枪）（GB/T 18763—2002）

射钉枪是利用射钉器（枪）击发射钉弹，使火药燃烧，释放出能量，把射钉钉在混凝土、砖砌体、钢铁、岩石上，将需要固定的构件，如管道、电缆、钢铁件、龙骨、吊顶、门窗、保温板、隔音层、装饰物等固定上去。其自带能源、操作快速、工期短、作用可靠、安全、施工成本低、大大减轻劳动强度，因而已被广泛用于建筑、安装、冶金、造船、电业、矿业及国防施工等。

射钉器是击发射钉的工具，轻型射钉器为半自动活塞回位，半自动退壳。半自动射钉器具有半自动供弹机构。

按工作原理，射钉器分为间接作用射钉器和直接作用射钉器。间接作用射钉器内有活塞结构，火药燃烧产生的高压气体作用于活塞，活塞再推动射钉运动；直接作用射钉器内无活塞结构，火药气体直接作用于射钉，推动射钉运动。射钉器两种作用原理见图10-96，其形式见图10-97。

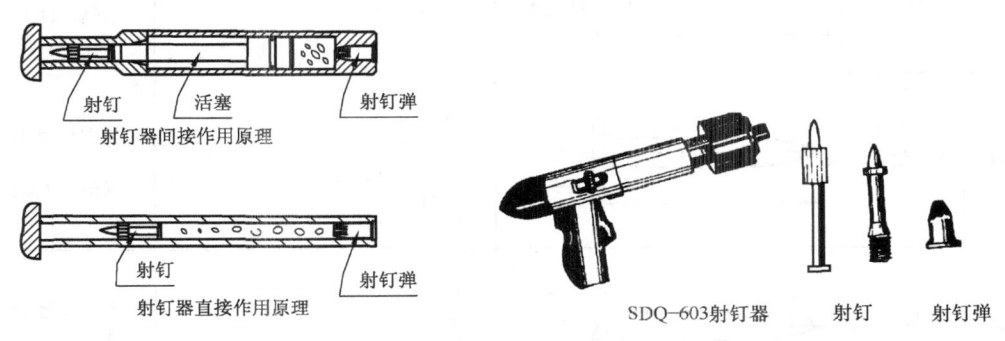

图 10-96　射钉器作用原理　　　　图 10-97　射钉器、射钉、射钉弹

按射钉飞行速度的大小，射钉器分为低速、中速和高速射钉器。

低速射钉器：射击时，射钉最大飞行速度（V2）的单发值不大于 108m/s，10 发平均值不大于 100m/s。

中速射钉器：射击时，射钉最大飞行速度（V2）的单发值不大于 160m/s，10 发平均值大于 100m/s，但不大于 150m/s。

高速射钉器：射击时，射钉最大飞行速度（V2）的 10 发平均值大于 150m/s。

（1）射钉（GB/T 18981—2008）

射钉钉体的类型代号、名称、形状、主要参数及代号见表 10-148。射钉定位件的类型代号、名称、形状、主要参数及代号见表 10-149。射钉附件的类型代号、名称、形状、主要参数及代号见表 10-150，由钉体和定位件构成的射钉的简图及代号见表 10-151。

射钉钉体的类型代号、名称、形状、主要参数及代号　　**表 10-148**

类型代号	名称	形 状	主要参数 mm	钉体代号
YD	圆头钉		$D=8.4$ $d=3.7$ $L=19, 22, 27, 32, 37, 42,$ $47, 52, 57, 62, 72$	类型代号加钉杆长度。 示例：YD32
DD	大圆头钉		$D=10$ $d=4.5$ $L=27, 32, 37, 42, 47, 52,$ $57, 62, 72, 82, 97, 117$	类型代号加钉杆长度。 示例：DD37
HYD	压花圆头钉		$D=8.4$ $d=3.7$ $L=13, 16, 19, 22$	类型代号加钉杆长度。 示例：HYD22
HDD	压花大圆头钉		$D=10$ $d=4.5$ $L=19.22$	类型代号加钉杆长度。 示例：HDD22
PD	平头钉		$D=7.6$ $d=3.7$ $L=19, 25, 32, 38, 51,$ $63, 76$	类型代号加钉杆长度。 示例：PD32
PS	小圆头钉		$D=8$ $d=3.5$ $L=22, 27, 32, 37, 42,$ $47, 52$	类型代号加钉杆长度。 示例：PS27
DPD	大平头钉		$D=10$ $d=4.5$ $L=27, 32, 37, 42, 47, 52,$ $57, 62, 72, 89, 97, 117$	类型代号加钉杆长度。 示例：DPD72
HPD	压花平头钉		$D=7.6$ $d=3.7$ $L=13, 16, 19$	类型代号加钉杆长度。 示例：HPD13

类型代号	名称	形 状	主要参数 mm	钉体代号
QD	球头钉		$D=5.6$ $d=3.7$ $L=22,27,32,37,42,47,52,62,72,82,97$	类型代号加钉杆长度。 示例：QD37
HQD	压花球头钉		$D=5.6$ $d=3.7$ $L=16,19,22$	类型代号加钉杆长度。 示例：HQD19
ZP	6mm平头钉		$D=6$ $d=3.7$ $L=25,30,35,40,50,60,75$	类型代号加钉杆长度。 示例：ZP40
DZP	6.3mm平头钉		$D=6.3$ $d=4.2$ $L=25,30,35,40,50,60,75$	类型代号加钉杆长度。 示例：DZP50
ZD	专用钉		$D=8.4$ $d=3.7$ $d_1=2.7$ $L=42,47,52,57,62$	类型代号加钉杆长度。 示例：ZD52
GD	GD钉		$D=8$ $d=5.5$ $L=45,50$	类型代号加钉杆长度。 示例：GD45
KD6	6mm眼孔钉		$D=6$ $d=3.7$ $L_1=11$ $L=25,30,35,40,45,50,60$	类型代号-钉头长度-钉杆长度。 示例：KD6-11-40
KD6.3	6.3mm眼孔钉		$D=6.3$ $d=4.2$ $L_1=13$ $L=25,30,35,40,50,60$	类型代号-钉头长度-钉杆长度。 示例：KD6.3-13-50
KD8	8mm眼孔钉		$D=8$ $d=4.5$ $L_1=20,25,30,35$ $L=22,32,42,52$	类型代号-钉头长度-钉杆长度。 示例：KD8-20-32

类型代号	名称	形 状	主要参数 mm	钉体代号
KD10	10mm 眼孔钉		$D=10$ $d=5.2$ $L_1=24$，30 $L=32$，42，52	类型代号-钉头长度-钉杆长度。 示例：KD10-24-52
M6	M6 螺纹钉		$D=M6$ $d=3.7$ $L_1=11$，20，25，32，38 $L=22$，27，32，42，52	类型代号-螺纹长度-钉杆长度。 示例：M6-20-32
M8	M8 螺纹钉		$D=M8$ $d=4.5$ $L_1=15$，20，25，30，35 $L=27$，32，42，52	类型代号-螺纹长度-钉杆长度。 示例：M8-15-32
M10	M10 螺纹钉		$D=M10$ $d=5.2$ $L_1=24$，30 $L=27$，32，42	类型代号-螺纹长度-钉杆长度。 示例：M10-30-42
HM6	M6 压花 螺纹钉		$D=M6$ $d=3.7$ $L_1=11$，20，25，32 $L=9$，12	类型代号-螺纹长度-钉杆长度。 示例：HM6-11-12
HM8	M8 压花 螺纹钉		$D=M8$ $d=4.5$ $L_1=15$，20，25，30，35 $L=15$	类型代号-螺纹长度-钉杆长度。 示例：HM8-20-15
HM10	M10 压花 螺纹钉		$D=M10$ $d=5.2$ $L_1=24$，30 $L=15$	类型代号-螺纹长度-钉杆长度。 示例：HM10-30-15
HTD	压花 特种钉		$D=5.6$ $d=4.5$ $L=21$	类型代号加钉杆长度。 示例：HTD21

射钉定位件的类型代号、名称、形状、主要参数及代号　　　　表 10-149

类型代号	名称	形 状	主要参数/mm	定位件代号
S	塑料圈		$d=8$	S8
			$d=10$	S10
			$d=12$	S12
C	齿形圈		$d=6$	C6
			$d=6.3$	C6.3
			$d=8$	C8
			$d=10$	C10
			$d=12$	C12
J	金属圈		$d=8$	J8
			$d=10$	J10
			$d=12$	J12
M	钉尖帽		$d=6$	M6
			$d=6.3$	M6.3
			$d=8$	M8
			$d=10$	M10
T	钉头帽		$d=6$	T6
			$d=6.3$	T6.3
			$d=8$	T8
			$d=10$	T10
G	钢套		$d=10$	G10
LS	连发塑料圈		$d=6$	LS6
			$d=8$	LS8
			$d=10$	LS10

射钉附件的类型代号、名称、形状、主要参数及代号 表 10-150

类型代号	名称	形 状	主要参数/mm	附件代号
D	圆垫片		$d=20$	D20
			$d=25$	D25
			$d=28$	D28
			$d=36$	D36
FD	方垫片		$b=20$	FD20
			$b=25$	FD25
P	直角片		—	P
XP	斜角片		—	XP
K	管卡		$d=18$	K18
			$d=24$	K24
			$d=30$	K30
T	钉筒		$d=12$	T12

由钉体和定位件构成的射钉的简图及代号 表 10-151

说 明	简 图	射 钉 代 号
由钉体和一个定位件（塑料圈）构成的射钉		钉体代号（如 YD32）加定位件（塑料圈）代号（如 S8）。 示例：YD32S8
由钉体和一个定位件（齿形圈）构成的射钉		钉体代号（如 PD38）加定位件（齿形圈）代号（如 C8）。 示例：PD38C8

说　明	简　图	射　钉　代　号
由钉体和一个定位件（金属圈）构成的射钉		钉体代号（如 HQD19）加定位件（金属圈）代号（如 J12）。 示例：HQD19J12
由钉体和一个定位件（钉尖帽）构成的射钉		钉体代号（如 KD6-11-40）加定位件（钉尖帽）代号（如 M6）。 示例：KD6-11-40M6
由钉体和定位件（连发塑料圈）构成的射钉		钉体代号（如 YD22）加定位件（连发塑料圈）代号（如 LS8）。 示例：YD22LS8
由钉体和两个定位件（塑料圈和金属圈）构成的射钉		钉体代号（如 M6-20-32）加定位件（金属圈）代号（如 J12）再加定位件（塑料圈）代号（如 S12），因两个定位件直径参数相同，故省略代号 J12 后面的参数。 示例：M6-20-32JS12
由钉体和两个定位件（钉头帽和齿形圈）构成的射钉		钉体代号（如 M6-20-27）加定位件（钉头帽）代号（如 T8）再加定位件（齿形圈）代号（如 C8），因两个定位件直径参数相同，故省略代号 T8 后面的参数。 示例：M6-20-27TC8
由钉体和两个定位件（齿形圈和钢套）构成的射钉		钉体代号（如 PD25）加定位件（齿形圈）代号（如 C8）再加定位件（钢套）代号（如 G10）。 示例：PD25C8G10
由钉体、一个定位件（齿形圈）和附件（圆垫片）构成的射钉		钉体代号（如 DPD72）加定位件（齿形圈）代号（如 C8）加斜杠（/）加附件（圆垫片）代号（如 D36）。 示例：DPD72C8/D36
由钉体、一个定位件（塑料圈）和附件（方垫片）构成的射钉		钉体代号（如 YD62）加定位件（塑料圈）代号（如 S8）加斜杠（/）加附件（方垫片）代号（如 FD20）。 示例：YD62S8/FD20
由钉体、两个定位件（齿形圈和钢套）和附件（直角片）构成的射钉		钉体代号（如 PD32）加定位件（齿形圈）代号（如 C8）再加定位件（钢套）代号（如 G10）加斜杠（/）加附件（直角片）代号（P）。 示例：PD32C8G10/P

说 明	简 图	射 钉 代 号
由钉体、一个定位件（齿形圈）和附件（斜角片）构成的射钉		钉体代号（如 PD32）加定位件（齿形圈）代号（如 C8）加斜杠（/）加附件（斜角片）代号（XP）。示例：PD32C8/XP
由钉体、一个定位件（齿形圈）和附件（管卡）构成的射钉		钉体代号（如 PD32）加定位件（齿形圈）代号（如 C8）加斜杠（/）加附件（管卡）代号（如 K24）。示例：PD32C8/K24
由钉体、一个定位件（塑料圈）和附件（钉筒）构成的射钉		钉体代号（如 YD37）加定位件（塑料圈）代号（如 S12）加斜杠（/）加附件（钉筒）代号（T12）。示例：YD37S12/T12

（2）射钉弹（GB 19914—2005）

射钉紧固技术是用射钉器击发射钉弹，使弹内火药燃烧释放出能量，将射钉直接钉入钢铁、混凝土、砖砌体或岩石等构件中，作固定之用。射钉弹是射钉紧固技术的能源部分，它的性能和质量直接关系到该技术的可靠性，加之射钉弹内装火药，是一种特殊产品，其安全性能至关重要。按口径，射钉弹一般分为 5.5mm、5.6mm、6.3mm、6.8mm、8.6mm、10mm 等几种。按全长，射钉弹一般分为 10mm、11mm、12mm、16mm、18mm、25mm 等几种。按击发位置，射钉弹分为边缘击发射钉弹和中心击发射钉弹两种。按封口形式，射钉弹分为收口射钉弹和卷口射钉弹两种。按体部形状，收口射钉弹分为直体射钉弹和缩颈射钉弹两种。按威力等级，射钉弹威力从小到大一般分为 1，2，3，4，5，6，7，8，9，10，11，12 级。按色标，射钉弹根据威力等级，分为白、灰、棕、绿、黄、红、紫、黑等多种颜色。按在射钉器上的供弹形式，射钉弹分为散弹、带弹夹的射钉弹和带弹盘的射钉弹。

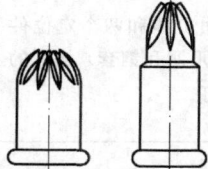

图 10-98 收口射钉弹和卷口射钉弹

收口射钉弹　卷口射钉弹

射钉弹型式见图 10-98，部分射钉弹主要尺寸见表 10-152，部分射钉弹威力、色标和速度表见表 10-153。

部分射钉弹主要尺寸（mm）　　　　　　　　　　　　　　　　表 10-152

射钉弹类别	d_{max}	d_{1max}	d_{2max}	l_{max}	l_{1max}	l_{2max}
5.5×16S	5.28	7.06	5.74	15.50	1.12	9.00
5.6×16	5.74	7.06	—	15.50	1.12	—
5.6×25	5.74	7.06	—	25.30	1.12	—
K5.6×25	5.74	7.06	—	25.30	1.12	—

续表

射钉弹类别	d_{max}	d_{1max}	d_{2max}	l_{max}	l_{1max}	l_{2max}
6.3×10	6.30	7.60	—	10.30	1.30	—
6.3×12	6.30	7.60	—	12.00	1.30	—
6.3×16	6.30	7.60	—	15.80	1.30	—
6.8×11	6.86	8.50	—	11.00	1.50	—
6.8×18	6.86	8.50	—	18.00	1.50	—
ZK10×18	10.00	10.85	—	17.70	1.20	—

部分射钉弹威力、色标和速度表（m/s）　　　　表 10-153

威力变化：小　◄————————　————————►　大

口径×全长 ＼ 威力等级	1	2	3	4	4.5	5	6	7	8	9	10	11	12
色标	灰	白	棕	绿	黄	蓝	红	紫	黑	灰	—	红	黑
5.5×16	91.4	—	118.9	146.3	173.7	—	201.2	—	—	—	—	—	—
5.6×16	—	—	—	146.3	173.7	—	201.2	228.6	—	—	—	—	—
6.3×10	—	—	97.5	118.9	152.4	—	173.7	185.9	—	—	—	—	—
6.3×12	—	—	100.6	131.1	152.4	173.7	201.2	—	—	—	—	—	—
6.3×16	—	—	—	149.4	179.8	204.2	237.7	259.1	—	—	—	—	—
6.3×11	—	112.8	128.0	146.3	170.7	—	185.9	—	201.2	—	—	—	—
6.3×18	—	—	—	167.6	192.0	221.0	234.7	—	265.2	—	—	—	—
10×18	—	—	—	—	—	—	—	—	283.5	310.9	338.3	365.8	393.2

注：所有速度的公差均为±13.6。

十、液 动 工 具

1. 手动加油泵（JB/T 8811.2—1998）

手动加油泵是将手动机械能转化为液压能的装置，为各种分离式液动工具提供动能。手动加油泵由泵体、阀门、手柄、高压胶管等组成，使用 10 号或 20 号机械油或液压油。手动加油泵型式见图 10-99，规格见表 10-154。

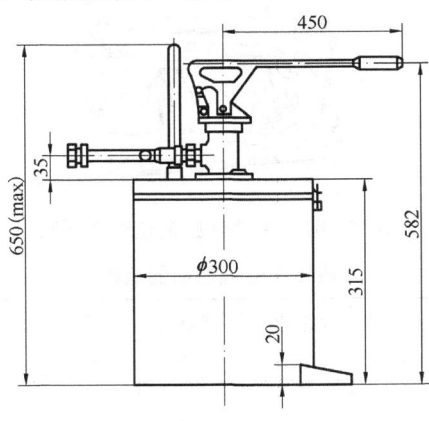

图 10-99　手动加油泵

手动加油泵规格　　　　　　　　　　表 10-154

公称压力 MPa	适 用 介 质	额定给油量 mL/循环	手柄力 N	贮油桶容积 L	重量 kg
25	锥入度 220～385（25℃，150g）1/10mm 的润滑脂；黏度值不小于 61.2mm^2/s 的润滑油	25	≤140	20	20

2. 分离式液压拉模器

拉模器又称顶拔器、拉马、卸轮器，是拆卸紧固在轴上的皮带轮、齿轮、法兰盘、轴承等的工具。分离式液压拉模器由手动（或电动）油泵及液压拉模器组成。三爪液压拉模器型式见图 10-100，规格见表 10-155。

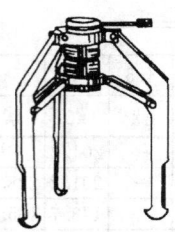

图 10-100　三爪液压拉模器

三爪液压拉模器规格　　　　　　　　　　表 10-155

型　　号	三爪最大拉力 kN	拆卸直径范围 mm	重量/kg	外形尺寸/mm
LQF$_1$-05	49	50～250	6.5	385×330
LQF$_1$-10	98	50～300	10.5	470×420

3. 手动液压钢丝绳切断器

手动液压钢丝绳切断器是用手动油泵推动刀，将预置在定刀座内的钢丝缆绳、起吊钢丝网兜、捆扎和牵引钢丝绳索等切断的专用工具。液压钢丝绳切断器型式见图 10-101，规格见表 10-156。

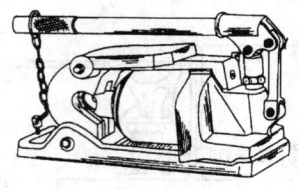

图 10-101　手动液压钢丝绳切断器

液压钢丝绳切断器规格　　　　　　　　　　表 10-156

型号	可切钢丝绳 直径/mm	动刀片行程 mm	油泵直径 mm	手柄力 N	贮油量 kg	外形尺寸 mm	重量 kg	剪切力 kN
YQ10-32	10～32	45	50	200	0.3	400×200×104	15	98

4. 千斤顶（JB/T 3411.58—1999）

千斤顶是顶举重物的工具，常在汽车修理、机械安装中作起重工具用。千斤顶型式见图 10-102，规格见表 10-157。

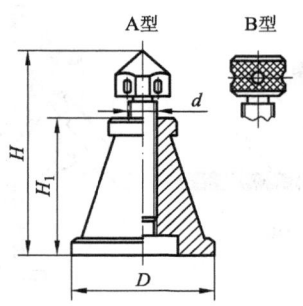

图 10-102　千斤顶

千 斤 顶 规 格（mm）　　　　　　　　　　　　　表 10-157

d	A 型		B 型		H_1	D
	$H_{\min}$	$H_{\max}$	$H_{\min}$	$H_{\max}$		
M6	36	50	36	48	25	30
M8	47	60	42	55	30	35
M10	56	70	50	65	35	40
M12	67	80	58	75	40	45
M16	76	95	65	85	45	50
M20	87	110	76	100	50	60
T26×5	102	130	94	120	65	80
T32×6	128	155	112	140	80	100
T40×6	158	185	138	165	100	120
T55×8	198	255	168	225	130	160

5. 齿条千斤顶（JB/T 11101—2011）

齿条千斤顶，也叫齿条顶升器，是采用齿条作为刚性顶举件的千斤顶。齿条式千斤顶由齿条、齿轮、手柄等组成，在承载齿条的上方有一转动头，用来放置被举升的载荷。使用时，只要摇动手柄，齿便带动齿条上升或下降，从而实现重物的上升或下降。有时被举升的载荷也可以放在侧面的凸耳上，但在此情况下，由于齿条受着偏心载荷，所以其允许的举重量只能是额定举重量的一半。为了支持其所举起的载荷，防止由于自重的降落应装有安全摇柄装置。齿条千斤顶按其结构可分为手摇式千斤顶和手扳式千斤顶（图 10-103）。齿条千斤顶的基本参数按照表 10-158 和图 10-104。

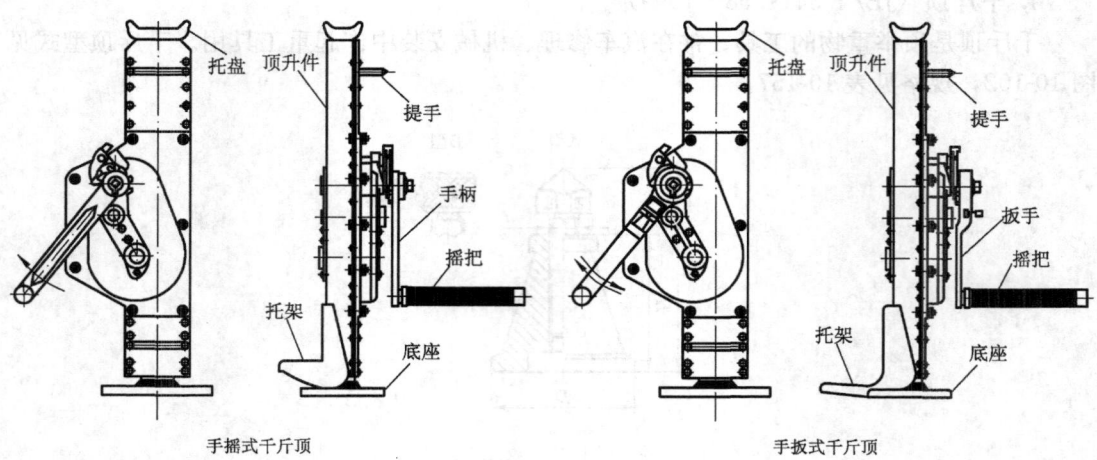

手摇式千斤顶　　　　　　　　　　　　手扳式千斤顶

图 10-103　齿条千斤顶

齿条千斤顶基本参数　　　　　　　　　　　　表 10-158

额定起重量 G_n t	额定辅助起重量 G_f t	行程 H mm	手柄（扳手）力（max） N
1.6	1.6	350	280
3.2	3.2	350	280
5	5	300	280
10	10	300	560
16	11.2	320	640
20	14	320	640

注：基本参数超出本表规定时，由供需双方协商在订货合同中约定。

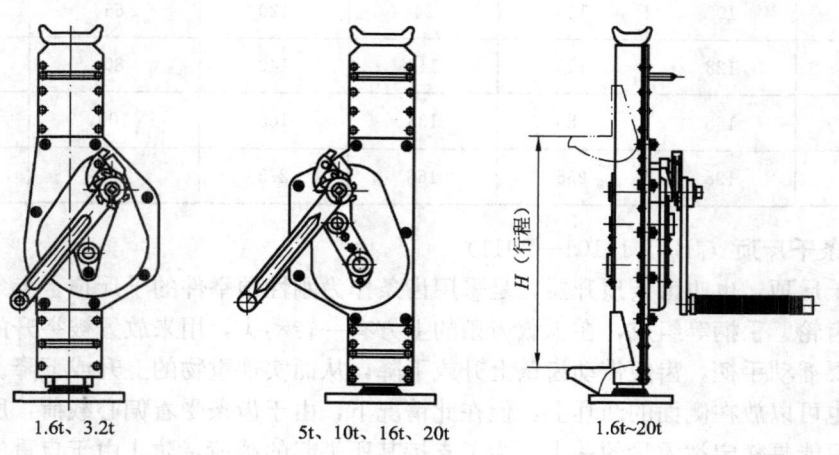

1.6t、3.2t　　　　　5t、10t、16t、20t　　　　1.6t~20t

图 10-104　齿条千斤顶的基本参数

6. 立式油压千斤顶（GB/T 27697—2011）

立式油压千斤顶可以直接对压力容器、胶管等进行压力试验，配备专用工作可进行起重、弯曲、校直挤压、剪切、顶升、拉伸、拆装、冲孔、建筑钢筋挤压、预应力、工程机械等各种作业。立式油压千斤顶按照结构可以分为单级活塞杆千斤顶和多级活塞杆千斤顶；按操纵方式可以分为手动千斤顶或/和其他动力源（气动或电动等）千斤顶。千斤顶的典型结构形式如图 10-105 所示，压下力见表 10-159。

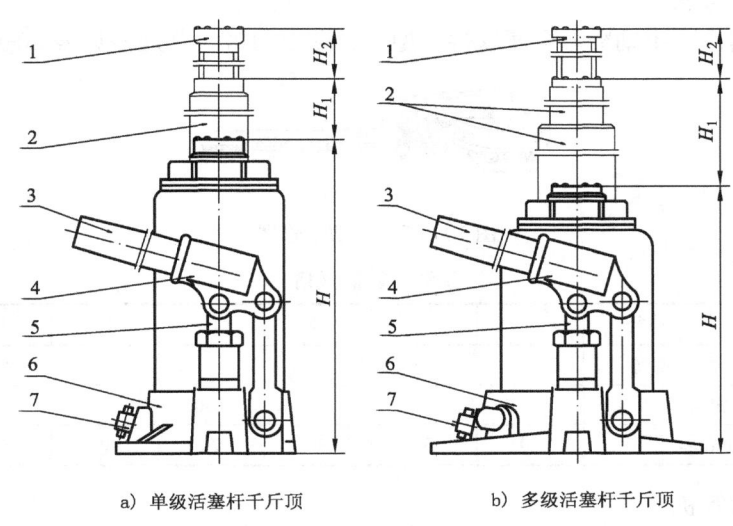

a) 单级活塞杆千斤顶　　　　b) 多级活塞杆千斤顶

图 10-105　千斤顶的典型结构形式

1—调整螺杆；2—活塞杆；3—配套手柄；4—撬手；5—泵芯；
6—底座；7—回油阀。
H—最低高度；H_1—起升高度；H_2—调整高度。

活塞杆压下力　　　　　　　　表 10-159

额定起重量 G_n t	单级活塞杆压下力 N	多级活塞杆压下力 N
$G_n \leqslant 16$	$\leqslant 220$	$\leqslant 350$
$16 < G_n < 100$	$\leqslant 445$	$\leqslant 700$
$G_n \geqslant 100$	$\leqslant 785$	$\leqslant 1000$

千斤顶的基本参数应包括：额定起重量（G_n）、最低高度（H）、起升高度（H_1）、调整高度（H_2）等。

优先选用的额定起重量（G_n）推荐如下（单位为 t）：2、3、5、8、10、12、16、20、32、50、70、100、200、320、500。

7. 弯管机

（1）手动弯管机

手动弯管机用在不需要装任何填料情况下对钢制管子进行弯曲变形，手动弯管机型式见图 10-106，规格见表 10-160。

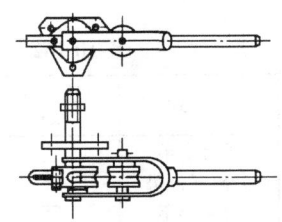

图 10-106　手动弯管机

手动弯管机规格

表 **10-160**

型　式	Ⅰ　型	Ⅱ　型	Ⅲ　型
管子直径/mm	15	20	25
弯曲半径/mm	50	63	85
外形尺寸/mm	500×152×292	640×162×292	722×230×271
质量/kg	11	14	17

（2）手动弯管器

手动弯管器用于手动冷弯金属管件，型式见图 10-107，其规格见表 10-161。

图 10-107　手动弯管器

手动弯管器规格

表 **10-161**

钢管规格 mm	外径	8	10	12	14	16	19	22
	壁厚		2.25				2.75	
冷弯角度					180°			
弯曲半径/mm≥		40	50	60	70	80	90	110

（3）液压弯管机

液压弯管机是一种可移动式弯管机，主要由油泵、弯管模具、支架等组成。手动液压弯管机由手动油泵作压力源，而电动液压弯管机则由电动油泵作压力源。液压弯管机有组合式与分离式两种。液压弯管机型式见图 10-108，规格见表 10-162。

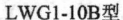

LWG1-10B型　　　　　　　　　　　　　　　　LWG2—10B型

图 10-108　液压弯管器

液压弯管机规格

表 **10-162**

型　号	最大推力 kN	弯管直径 mm	弯曲角度 (°)	弯曲半径 mm	型　式	质　量 kg
YW2A	90	12～50	90～180	65～295	组合小车	
LWG1—10B	100	10～50	90	60～300	分离三脚架	75
LWG2—10B	100	12～38	120	36～120	分离小车	75

第十一章 钢丝绳与绳具

一、钢 丝 绳

钢丝绳的种类很多，各种类型适用于不同的场合。由于钢丝绳的使用的场合多为十分重要，故钢丝绳需有高的可靠性和安全性，并注意按规章定期保养、检查，防止使用有过渡的磨损、锈蚀、变形以及断丝、绳芯露出等不合格的钢丝绳，避免发生工伤事故。

钢丝绳的规格、尺寸范围较大，本章摘录常用直径 60mm 以下的钢丝绳，以《一般用途钢丝绳》标准（GB/T 20118—2006）为主。需要时，可查阅《重要用途钢丝绳》标准（GB 8918—2006），在该标准中还有三角形股和椭圆形股制成的钢丝绳。钢丝绳直径在 60mm 以上的，查阅《粗直径钢丝绳》标准（GB/T 20067—2006）等。用户需要其他结构的钢丝绳，经供需双方协议，在符合国家安全规定的前提下，参照各标准也可提出使用其他规格和结构。

标准规定在钢丝绳表面应均匀地连续涂敷防锈润滑油脂。需方要求钢丝绳有增摩性能时，钢丝绳应涂增摩油脂。钢丝绳的试验和检测按各标准的规定进行。

1. 钢丝及钢丝绳的特性代号（GB/T 8706—2006）（表 11-1）

钢丝及钢丝绳的特征代号

表 11-1

项　　　目	代　号	项　　　目	代　号
单层钢丝绳		股结构类型	
纤维芯	FC	单捻	无代号
天然纤维芯	NFC	平行捻	
合成纤维芯	SFC	西鲁式	S
固态聚合物芯	SPC	瓦林吞式	W
钢芯	WC	填充式	F
钢丝股芯	WSC	组合平行捻	WS
独立钢丝绳芯	IWRC	多工序捻	
压实股独立钢丝绳芯	IWRC(K)	点接触捻	M
聚合物包覆独立绳芯	EPIWRC	复合捻①	N
平行捻密实钢丝绳		横截面形状	
平行捻钢丝绳芯	PWRC	圆形	无代号
压实股平行捻钢丝绳芯	PWRC(K)	三角形（钢丝及股）	V
填充聚合物的平行捻钢丝绳芯	PWRC(EP)	组合芯②（股）	B
阻旋转钢丝绳		矩形（钢丝）	R
中心构件		梯形（钢丝）	T
纤维芯	FC	椭圆形（钢丝及股）	Q
钢丝股芯	WSC	Z 形（钢丝）	Z
密实钢丝股芯	KWSC	H 形（钢丝）	H

续表

项　目	代　号	项　目	代　号
扁形或带形	P	A 级镀锌	A
压实形③（股及钢丝绳）	K	B 级锌合金镀层	A(Zm/Al)
编织形（钢丝绳）	BR	A 级锌合金镀层	B(Zm/Al)
扁形（钢丝绳）	P	捻向（见图 11-1）：	
——单线缝合（钢丝绳）	PS	右交互捻	SZ
——双线缝合（钢丝绳）	PD	左交互捻	ZS
——铆钉铆接（钢丝绳）	PN	右同向捻	ZZ
外层钢丝的表面状态		左同向捻	SS
光面或无镀层	U	右混合捻	aZ
B 级镀锌	B	左混合捻	aS

① N 是一个附加代号并放在基本代号之后，例如复合西鲁式为 SN，复合瓦林吞式为 WN。

② 代号 B 表示股芯由多根钢丝组合而成并紧接在股形状代号之后，例如一个由 25 根钢丝组成的带组合芯的三角股的标记为 V25B。

③ 代号 K 表示股和钢丝绳结构成型经过一个附加的压实加工工艺，例如一个由 26 根钢丝组成的西瓦式压实圆股的标记为 K26WS。

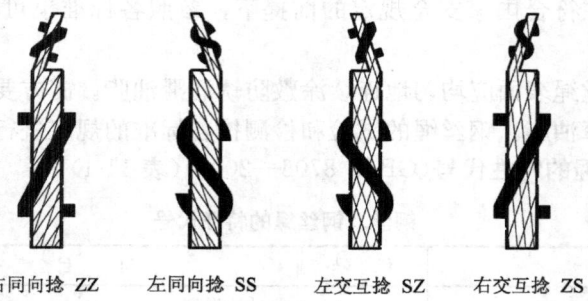

右同向捻 ZZ　　左同向捻 SS　　左交互捻 SZ　　右交互捻 ZS

图 11-1　绳索捻向

2. 钢丝绳的标记方法（GB/T 8706—2006）

标准规定钢丝绳标记中应由下列内容组成：尺寸、钢丝绳结构、芯结构、钢丝绳级别（适用时）、钢丝表面状态、捻制类型及方向等。标记示例如下：

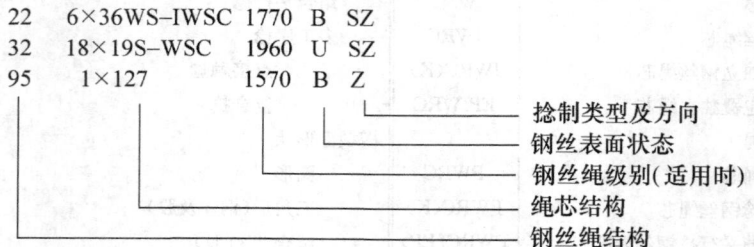

对于不同的钢丝绳标记方法有所不同，但标记的前三项是必须要标注明确的，具体标记在各类钢丝绳中说明。

购买钢丝绳时的订货单内容，应包括的主要内容有：产品名称、标准号、结构代号、公称直径、捻法、表面状态、公称抗拉强度、长度（单位为 m）及需方提出的其他要求等。

3. 钢丝绳的分类（GB/T 20118—2006）

钢丝绳的分类（表 11-2）摘自《一般用途钢丝绳》标准（GB/T 20118—2006）。

一般用途钢丝绳分类　　　　　　　　　　　**表 11-2**

组别	类别	分　类　原　则	典　型　结　构	
			钢丝绳	股
1	单股钢丝绳	1 个圆股，每股外层丝可到 18 根，中心丝外捻制 1～3 层钢丝	1×7 1×19 1×37	1+6 1+6+12 1+6+12+18
2	6×7	6 个圆股，每股外层丝可到 7 根，中心丝（或无）外捻制1～2层钢丝，钢丝等捻距	6×7 6×9W	1+6 3+3/3
3	6×19(a)	6 个圆股，每股外层丝 8～12 根，中心丝外捻制 2～3 层钢丝，钢丝等捻距	6×19S 6×19W 6×25Fi 6×26WS 6×31WS	1+9+9 1+6+6/6 1+6+6F+12 1+5+5/5+10 1+6+6/6+12
	6×19(b)	6 个圆股，每股外层丝 12 根，中心丝外捻制 2 层钢丝	6×19	1+6+12
4	6×37(a)	6 个圆股，每股外层丝 14～18 根，中心丝外捻制 3～4 层钢丝，钢丝等捻距	6×29Fi 6×36WS 6×37S （点线接触） 6×41WS 6×49SWS 6×55SWS	1+7+7F+14 1+7+7/7+14 1+6+15+15 1+8+8/8+16 1+8+8+8/8+16 1+9+9+9/9+18
	6×37(b)	6 个圆股，每股外层丝 18 根，中心丝外捻制 3 层钢丝	6×37	1+6+12+18
5	6×61	6 个圆股，每股外层丝 24 根，中心丝外捻制 4 层钢丝	6×61	1+6+12+18+24
6	8×19	8 个圆股，每股外层丝 8～12 根，中心丝外捻制 2～3 层钢丝，钢丝等捻距	8×19S 8×19W 8×25Fi 8×26WS 8×31WS	1+9+9 1+6+6/6 1+6+6F+12 1+5+5/5+10 1+6+6/6+12
7	8×37	8 个圆股，每股外层丝 14～18 根，中心丝外捻制 3～4 层钢丝，钢丝等捻距	8×36WS 8×41WS 8×49SWS 8×55SWS	1+7+7/7+14 1+8+8/8+16 1+8+8+8/8+16 1+9+9+9/9+18
8	18×7	绳有 17 或 18 个圆股，在纤维芯或钢芯外捻制 2 层股，外层有 10～12 股，每股外层丝 4～7 根，中心丝外捻制一层钢丝	17×7 18×7	1+6 1+6
9	18×19	绳有 17 或 18 个圆股，在纤维芯或钢芯外捻制 2 层股，外层有 10～12 股，每股外层丝 8～12 根，中心丝外捻制 2～3 层钢丝	18×19W 18×19S 18×19	1+6+6/6 1+9+9 1+6+12
10	34×7	绳有 34～36 个圆股，在纤维芯或钢芯外捻制 3 层股，外层有 17～18 股，每股外层丝 4～8 根，中心丝外捻制一层钢丝	34×7 36×7	1+6 1+6
11	35W×7	绳有 24～40 个圆股，在纤维芯或钢芯外捻制 2～3 层股，外层有 12～18 股，每股外层丝 4～8 根，中心丝外捻制一层钢丝	35W×7 24W×7	1+6 1+6
12	6×12	6 个圆股，每股外层丝 12 根，股纤维芯外层捻制一层钢丝	6×12	FC+12

续表

组别	类别	分类原则	典型结构 钢丝绳	股
13	6×24	6个圆股，每股外层丝 12～16 根，股纤维芯外层捻制 2 层钢丝	6×24 6×24W 6×24S	FC+9+15 FC+12+12 FC+8+8/8
14	6×15	6个圆股，每股外层丝 15 根，股纤维芯外层捻制一层钢丝	6×15	FC+15
15	4×19	4个圆股，每股外层丝 8～12 根，中心丝外捻制 2～3 层钢丝，钢丝等捻距	4×19S 4×25Fi 4×26WS 4×31WS	1+9+9 1+6+6F+12 1+5+5/5+10 1+6+6/6+12
16	4×37	4个圆股，每股外层丝 14～18 根，中心丝外捻制 3～4 层钢丝，钢丝等捻距	4×36WS 4×41WS	1+7+7/7+14 1+8+8/8+16

注：1. 3 组及 4 组内推荐用(a)类钢丝绳。
2. 12～14 组仅为纤维芯，其余组别的钢丝绳可由需方指定纤维芯或钢芯。
3. (a)为线接触，(b)为点接触。

4. 钢丝绳的用途（GB 8918—2006）

钢丝绳的用途（表 11-3）摘自《重要用途钢丝绳》标准（GB 8918—2006）的附录。

钢丝绳的推荐用途 **表 11-3**

用途	名称	结构代号	备注
立井提升	三角股钢丝绳	6V×37S　6V×37　6V×34　6V×30　6V×43 6V×21	
	线接触钢丝绳	6×19S　6×19W　6×25Fi　6×29Fi 6×26WS　6×31WS　6×36WS　6×41WS	推荐同向捻
	多层股钢丝绳	18×7　17×7　35W×7　24W×7 6Q×19+6V×21　6Q×33+6V×21	用于钢丝绳罐道的立井
开凿立井提升 （建升用）	多层股钢丝绳及异型股钢丝绳	6Q×33+6V×21　17×7　18×7　34×7 36×7　6Q×19+6V×21　4V×39S　4V×48S 35W×7　24W×7	
立井平衡绳	钢丝绳	6×37S　6×36WS　4V×39S　4V×48S	适用于交互捻
	多层股钢丝绳	17×7　18×7　34×7　36×7　35W×7　24W×7	
斜井卷扬 （绞车）	三角股钢丝绳	6V×18　6V×19	
	钢丝绳	6×7　6×9W	推荐同向捻
高炉卷扬	三角股钢丝绳	6V×37S　6V×37　6V×30　6V×34　6V×43	
	线接触钢丝绳	6×19S　6×25Fi　6×29Fi　6×26WS　6×31WS　6×36WS　6×41WS	
立井罐道及索道	三角股钢丝绳	6V×18　6V×19	
	多层股钢丝绳	18×7　17×7	推荐同向捻
露天斜井卷扬	三角股钢丝绳	6V×37S　6V×37　6V×30　6V×34　6V×43	
	线接触钢丝绳	6×36WS　6×37S　6×41WS　6×49SWS　6×55SWS	推荐同向捻
石油钻井	线接触钢丝绳	6×19S　6×19W　6×25Fi　6×29Fi　6×26WS　6×31WS　6×36WS	也可采用钢芯
钢绳牵引胶带运输机、索道及地面缆车	线接触钢丝绳	6×19S　6×19W　6×25Fi　6×29Fi　6×26WS　6×31WS　6×36WS　6×41WS	推荐同向捻 6×19W 不适合索道

用　途	名　称	结　构　代　号	备　注
挖掘机 （电铲卷扬）	线接触钢丝绳	6×19S＋IWR　6×19W＋IWR　6×25Fi＋IWR 6×29Fi＋IWR　6×26WS＋IWR　6×31WS ＋IWR 6×36WS＋IWR6×55SWS＋IWR　6×49SWS＋ IWR　35W×7　24W×7	推荐同向捻
	三角股钢丝绳	6V×30　6V×34　6V×37　6V×37S　6V×43	
起重机	大型浇铸吊车	三角股钢丝绳	6V×37S　6V×36　6V×43	
		线接触钢丝绳	6×19S＋IWR　6×19W＋IWR　6×25Fi＋IWR 6×36SW＋IWR　6×41SWS＋IWR	
	港口装卸、水利工程 及建筑用塔式起重机	多层股钢丝绳	18×19S　18×19W　34×7　36×7　35W×7 24W×7	
		四股扇形股钢丝绳	4V×39S　4V×48S	
	繁忙起重及 其他重要用途	线接触钢丝绳	6×19S　6×19W　6×25Fi　6×29Fi　6× 26WS　6×31WS 6×36S　6×37S　6×41WS　6×49SWS　6 ×55SWS 8×19S　8×19W　8×25Fi　8×26WS　8 ×31WS 8×36WS　8×41WS　8×49SWS　8×55SWS	
		多层股钢丝绳	4V×39S　4V×48S	
热移钢机 （轧钢厂推钢台用）		线接触钢丝绳	6×19S＋IWR　6×19W＋IWR　6×25Fi＋IWR 6×29Fi＋IWR　6×31WS＋IWR　6×37S＋IWR 6×36SW＋IWR	
船舶装卸		线接触钢丝绳	6×19W　6×25Fi　6×29Fi　6×31WS　6× 36WS　6×37S	镀锌
		多层股钢丝绳	18×19S　18×19W　34×7　36×7　35W×7	
		四股扇形股钢丝绳	4V×39S　4V×48S	
拖船、货网		钢丝绳	6×31WS　6×36WS　6×37S	
船舶张拉桅杆吊桥		钢丝绳	6×7＋IWR　6×19S＋IWR	
打捞沉船		钢丝绳	6×37S　6×36WS　6×41WS　6×31WS　6 ×49SWS 6×55SWS　8×19S　8×19W　8×31WS　8 ×36WS 8×41WS　8×49SWS　8×5SWS	镀锌

注：1. 腐蚀是主要报废原因时，应采用镀锌钢丝绳。绳钢丝的表面不得有裂纹、竹节、起刺和伤痕、钢丝断裂等
缺陷。

　　2. 钢丝绳工作时，终端不能自由旋转，或虽有反拔力，但不能相互纠合在一起的工作场合，应采用同向捻钢
丝绳。

5. 一般用途钢丝绳（GB/T 20118—2006）

本标准适用于机械、建筑、船舶、渔业、林亚、矿业、货运索道等行业使用的各种圆
股钢丝绳。

标准规定在钢丝绳表面应均匀地连续涂敷防锈润滑油脂。需方要求钢丝绳有增摩性能
时，钢丝绳应涂增摩油脂。各类钢丝绳的规格与力学特性如下。

（1）第 1 组单股绳类钢丝绳

本组钢丝绳断面结构共有 3 种，见图 11-2，其规格与力学性能见表 11-4。

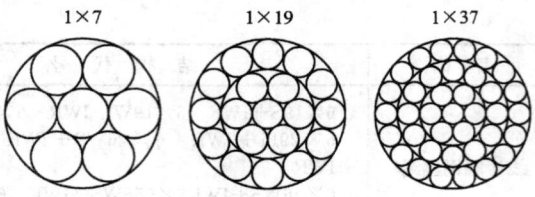

图 11-2 单股钢丝绳

单股绳类的规格与力学性能 表 11-4

结 构	钢丝绳公称直径 d/mm	钢丝公称抗拉强度/MPa				参考重量 kg/100m
		1570	1670	1770	1870	
		钢丝最小破断拉力总和/kN				
1×7	0.6	0.31	0.32	0.34	0.36	0.19
	1.2	1.22	1.30	1.38	1.45	0.75
	1.5	1.91	2.03	2.15	2.27	1.17
	1.8	2.75	2.92	3.10	3.27	1.69
	2.1	3.74	3.98	4.22	4.45	2.30
	2.4	4.88	5.19	5.51	5.82	3.01
	2.7	6.18	6.57	6.97	7.36	3.80
	3	7.63	8.12	8.60	9.09	4.70
	3.3	9.23	9.82	10.4	11.0	5.68
	3.6	11.0	11.7	12.4	13.1	6.77
	3.9	12.9	13.7	14.5	15.4	7.94
	4.2	15.0	15.9	16.9	17.8	9.2
	4.5	17.2	18.3	19.4	20.4	10.6
	4.8	19.5	20.8	22.0	23.3	12.0
	5.1	22.1	23.5	24.9	26.3	13.6
	5.4	24.7	26.3	27.9	29.4	15.2
	6	30.5	32.5	34.4	36.4	18.8
	6.6	36.9	39.3	41.6	44.0	22.7
	7.2	43.9	46.7	49.5	52.3	27.1
	7.8	51.6	54.9	58.2	61.4	31.8
	8.4	59.8	63.6	67.4	71.3	36.8
	9	68.7	73.0	77.4	81.8	42.3
	9.6	78.1	83.1	88.1	93.1	48.1
	10.5	93.5	99.4	105	111	57.6
	11.5	112	119	126	134	69.0
	1.2	122	130	138	145	75.2
1×19	1	0.83	0.89	0.94	0.99	0.51
	1.5	1.87	1.99	2.11	2.23	1.14
	2	3.33	3.54	3.75	3.96	2.03
	2.5	5.20	5.53	5.86	6.19	3.17
	3	7.49	7.97	8.44	8.92	4.56
	3.5	10.2	10.8	11.5	12.1	6.21
	4	13.3	14.2	15.0	15.9	8.11
	4.5	16.9	17.9	19.0	20.1	10.3
	5	20.8	22.1	23.5	24.8	12.7
	5.5	25.2	26.8	28.4	30.0	15.3
	6	30.0	31.9	33.8	35.7	18.3
	6.5	35.2	37.4	39.6	41.9	21.4
	7	40.8	43.4	46.0	48.6	24.8
	7.5	46.8	49.8	52.8	55.7	28.5
	8	56.6	56.6	60.0	63.4	32.4
	8.5	60.1	63.9	67.8	71.6	36.6
	9	67.4	71.7	76.0	80.3	41.1
	10	83.2	88.6	93.8	99.1	50.7
	11	101	107	114	120	61.3
	12	120	127	135	143	73.0
	13	141	150	159	167	85.7
	14	163	173	184	194	99.4
	15	187	199	211	223	114
	16	213	227	240	254	130

结 构	钢丝绳公称直径 d/mm	钢丝公称抗拉强度/MPa				参考重量 kg/100m
		1570	1670	1770	1870	
		钢丝最小破断拉力总和/kN				
	1.4	1.51	1.60	1.70	1.80	0.98
	2.1	3.39	3.61	3.82	4.04	2.21
	2.8	6.03	6.42	6.80	7.18	3.93
	3.5	9.42	10.0	10.6	11.2	6.14
	4.2	13.6	14.4	15.3	16.2	8.84
	4.9	18.5	19.6	20.8	22.0	12.0
	5.6	24.1	25.7	27.2	28.7	15.7
	6.3	30.5	32.5	34.4	36.4	19.9
	7	37.7	40.1	42.5	44.9	24.5
	7.7	45.6	48.5	51.4	54.3	29.7
	8.4	54.3	57.7	61.2	64.7	35.4
1×37	9.1	63.7	67.8	71.8	75.9	41.5
	9.8	73.9	78.6	83.3	88.0	48.1
	10.5	84.8	90.2	95.6	101	55.2
	11	93.1	99.0	105	111	60.6
	12	111	118	125	132	72.1
	12.5	120	128	136	143	78.3
	14	151	160	170	180	98.2
	15.5	85	197	208	220	120
	17	222	236	251	265	145
	18	249	265	281	297	162
	19.5	292	311	330	348	191
	21	339	361	382	404	221
	22.5	389	414	439	464	254

注：最小钢丝破断拉力总和＝钢丝绳最小破断拉力×1.111，其中 1×37 为×1.176。

(2) 第 2 组 6×7 类钢丝绳

本组钢丝绳断面结构共有 5 种，见图 11-3，其规格与力学性能见表 11-5。

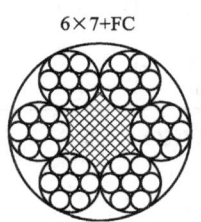 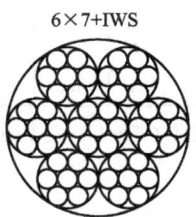 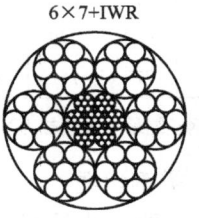 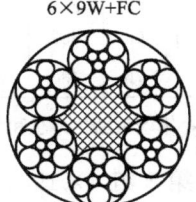

6×7+FC   6×7+IWS   6×7+IWR   6×9W+FC

图 11-3 6×7 类钢丝绳

6×7 类的规格与力学性能   表 11-5

钢丝绳公称直径 d/mm	钢丝公称抗拉强度/MPa								参考重量 kg/100m		
	1570		1670		1770		1870				
	钢丝最小破断拉力总和/kN										
	纤维芯	钢芯	纤维芯	钢芯	纤维芯	钢芯	纤维芯	钢芯	天然纤维芯	合成纤维芯	钢芯
1.8	1.69	1.83	1.80	1.94	1.90	2.06	2.01	2.18	1.14	1.11	1.25
2	2.08	2.25	2.22	2.40	2.35	2.54	2.48	2.69	1.40	1.38	1.55

续表

钢丝绳公称直径 d/mm	钢丝公称抗拉强度/MPa								参考重量 kg/100m		
	1570		1670		1770		1870				
	钢丝最小破断拉力总和/kN										
	纤维芯	钢芯	纤维芯	钢芯	纤维芯	钢芯	纤维芯	钢芯	天然纤维芯	合成纤维芯	钢芯
3	4.69	5.07	4.99	5.40	5.29	5.72	5.59	6.04	3.16	3.10	3.48
4	8.34	9.02	8.87	9.59	9.40	10.2	9.93	10.7	5.62	5.50	6.19
5	13.0	14.1	13.9	15.0	14.7	15.9	15.5	16.8	8.78	8.60	9.68
6	18.8	20.3	20.0	21.6	21.2	22.9	22.4	24.2	12.6	12.4	13.9
7	25.5	27.6	27.2	29.4	28.8	31.1	30.4	32.9	17.2	16.9	19.0
8	33.4	36.1	35.5	38.4	37.6	40.7	39.7	43.0	22.5	22.0	24.8
9	42.2	45.7	44.9	48.6	47.6	51.5	50.3	54.4	28.4	27.9	31.3
10	52.1	56.4	55.4	60.0	58.8	63.5	62.1	67.1	35.1	34.4	38.7
11	63.1	68.2	67.1	72.5	71.1	76.9	75.1	81.2	42.5	41.6	46.8
12	75.1	81.2	79.8	86.3	84.6	91.5	89.4	96.7	50.5	49.5	55.7
13	88.1	95.3	93.7	101	99.3	107	105	113	59.3	58.1	65.4
14	102	110	109	118	115	125	122	132	68.8	67.4	75.9
16	133	144	142	153	150	163	159	172	89.9	88.1	99.1
18	169	183	180	194	190	206	201	218	114	111	125
20	208	225	222	240	235	254	248	269	140	138	155
22	252	273	268	290	284	308	300	325	170	166	187
24	300	325	319	345	338	366	358	387	202	198	223
26	352	381	375	405	397	430	420	454	237	233	262
28	409	442	435	470	461	498	487	526	275	270	303
30	469	507	499	540	529	572	559	604	315	310	348
32	534	577	568	614	602	651	636	687	359	352	396
34	603	652	641	693	679	735	718	776	406	398	447
36	676	730	719	777	762	824	805	870	455	446	502

注：最小钢丝破断拉力总和＝钢丝绳最小破断拉力×1.134（纤维芯）或1.214（钢芯）。

(3) 第 3 组 6×19 (a) 类钢丝绳

本组钢丝绳断面结构有 4 种，见图 11-4，其规格与力学性能见表 11-6。

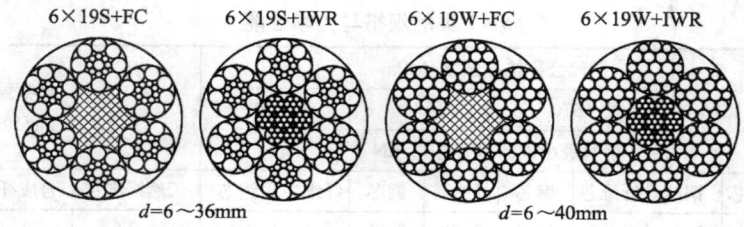

图 11-4 6×19 (a) 类钢丝绳

6×19 (a) 类的规格与力学性能　　　表 11-6

钢丝公称直径 d/mm	钢丝公称抗拉强度/MPa												参考重量 kg/100m		
	1570		1670		1770		1870		1960		2160				
	钢丝最小破断拉力总和/kN														
	纤维芯	钢芯	纤维芯	钢芯	纤维芯	钢芯	纤维芯	钢芯	纤维芯	钢芯	纤维芯	钢芯	天然纤维芯	合成纤维芯	钢芯
6	18.7	20.1	19.8	21.4	21.0	22.7	22.2	24.0	23.3	25.1	25.7	27.7	13.3	13.0	14.6
7	25.4	27.4	27.0	29.1	28.6	30.9	30.2	32.6	31.7	34.2	34.9	37.7	18.1	17.6	19.9
8	33.2	35.8	35.3	38.0	37.4	40.3	39.5	42.6	41.4	44.6	45.6	49.2	23.6	23.0	25.9
9	42.0	45.3	44.6	48.2	47.3	51.0	50.0	53.9	52.4	56.5	57.7	62.3	29.9	29.1	32.8
10	51.8	55.9	55.1	59.5	58.4	63.0	61.7	66.6	64.7	69.8	71.3	76.9	36.9	36.0	40.6
11	62.7	67.6	66.7	71.9	70.7	76.2	74.7	80.6	78.3	84.4	86.2	93.0	44.6	43.5	49.1
12	74.6	80.5	79.4	85.6	84.1	90.7	88.9	95.9	93.1	100	103	111	53.1	51.8	58.4
13	87.6	94.5	93.1	100	98.7	106	104	113	109	118	120	130	62.3	60.8	68.5
14	102	110	108	117	114	124	121	130	127	137	140	151	72.2	70.5	79.5
16	133	143	141	152	150	161	158	170	166	179	182	197	94.4	92.1	104
18	168	181	179	193	189	204	200	216	210	226	231	249	11.9	117	131
20	207	224	220	238	234	252	247	266	259	279	285	308	147	144	162
22	251	271	267	288	283	305	299	322	313	338	345	372	178	174	196
24	298	322	317	342	336	363	355	383	373	402	411	443	212	207	234
26	350	378	373	402	395	426	417	450	437	472	482	520	249	243	274
28	406	438	432	466	458	494	484	522	507	547	559	603	289	282	318
30	466	503	496	535	526	567	555	599	582	628	642	692	332	324	365
32	531	572	564	609	598	645	632	682	662	715	730	787	377	369	415
34	599	646	637	687	675	728	713	770	748	807	824	889	426	416	469
36	671	724	714	770	757	817	800	863	838	904	924	997	478	466	525
38	748	807	796	858	843	910	891	961	934	1010	1030	1110	532	520	585
40	829	894	882	951	935	1010	987	1070	1030	1120	1140	1230	590	576	649

注：最小钢丝破断拉力总和＝钢丝绳最小破断拉力×1.214（纤维芯）或 1.308（钢芯）。

（4）第 3 组 6×19 (b) 类钢丝绳

本组钢丝绳断面结构共有 3 种，见图 11-5，其规格与力学性能见表 11-7。

6×19+FC　　　6×19+IWS　　　6×19+IWR

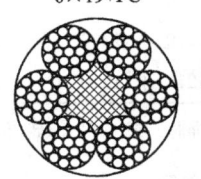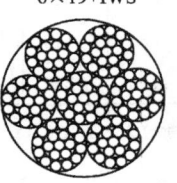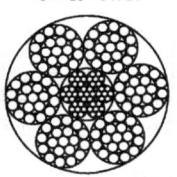

图 11-5　6×19 (b) 类钢丝绳

6×19 (b) 类的规格与力学性能　　　　　表 11-7

钢丝绳公称直径 d/mm	钢丝公称抗拉强度/MPa								参考重量 kg/100m		
	1570		1670		1770		1870				
	钢丝最小破断拉力总和/kN										
	纤维芯	钢芯	纤维芯	钢芯	纤维芯	钢芯	纤维芯	钢芯	天然纤维芯	合成纤维芯	钢芯
3	4.34	4.69	4.61	4.99	4.89	5.29	5.17	5.59	3.16	3.10	3.60
4	7.71	8.34	8.20	8.87	8.69	9.40	9.19	9.93	5.62	5.50	6.40
5	12.0	13.0	12.8	13.9	13.6	14.7	14.4	15.5	8.78	8.60	10.0
6	17.4	18.8	18.5	20.0	19.6	21.2	20.7	22.4	12.6	12.4	14.4
7	23.6	25.5	25.1	27.2	26.6	28.8	28.1	30.4	17.2	16.9	19.6
8	30.8	33.4	32.8	35.5	34.8	37.6	36.7	39.7	22.5	22.0	25.6
9	39.0	42.2	41.6	44.9	44.0	47.6	46.5	50.3	28.4	27.9	32.4
10	48.2	52.1	51.3	55.4	54.4	58.8	57.4	62.1	35.1	34.4	40.0
11	58.3	63.1	62.0	67.1	65.8	71.1	69.5	75.1	42.5	41.6	48.4
12	69.4	75.1	73.8	79.8	78.2	84.6	82.7	89.4	50.5	50.0	57.6
13	81.5	88.1	86.6	93.7	91.8	99.3	97.0	105	59.3	58.1	67.6
14	94.5	102	100	109	107	115	113	122	68.8	67.4	78.4
16	123	133	131	142	139	150	147	159	89.9	88.1	102
18	156	169	166	180	176	190	186	201	114	111	130
20	93	208	205	222	217	235	230	248	140	138	160
22	233	252	248	268	263	284	278	300	170	166	194
24	278	300	295	319	313	338	331	358	202	198	230
26	326	352	346	375	367	397	388	420	237	233	270
28	378	409	402	435	426	461	450	487	275	270	314
30	434	469	461	499	489	529	517	559	316	310	360
32	494	534	525	568	557	602	588	636	359	352	410
34	557	603	593	641	628	679	664	718	406	398	462
36	625	675	664	719	704	762	744	805	455	446	518
38	696	753	740	801	785	849	829	896	507	497	578
40	771	834	820	887	869	940	919	993	562	550	640
42	850	919	904	978	959	1040	1010	1100	619	607	706
44	933	1010	993	1070	1050	1140	1110	1200	680	666	774
46	1020	1100	1080	1170	1150	1240	1210	1310	743	728	846

注：最小钢丝破断拉力总和=钢丝绳最小破断拉力×1.226（纤维芯）或 1.321（钢芯）。

(5) 第 3 组和第 4 组 6×19 (a) 和 6×37 (a) 类钢丝绳

本组钢丝绳断面结构共有 18 种，见图 11-6，其规格与力学性能见表 11-8。

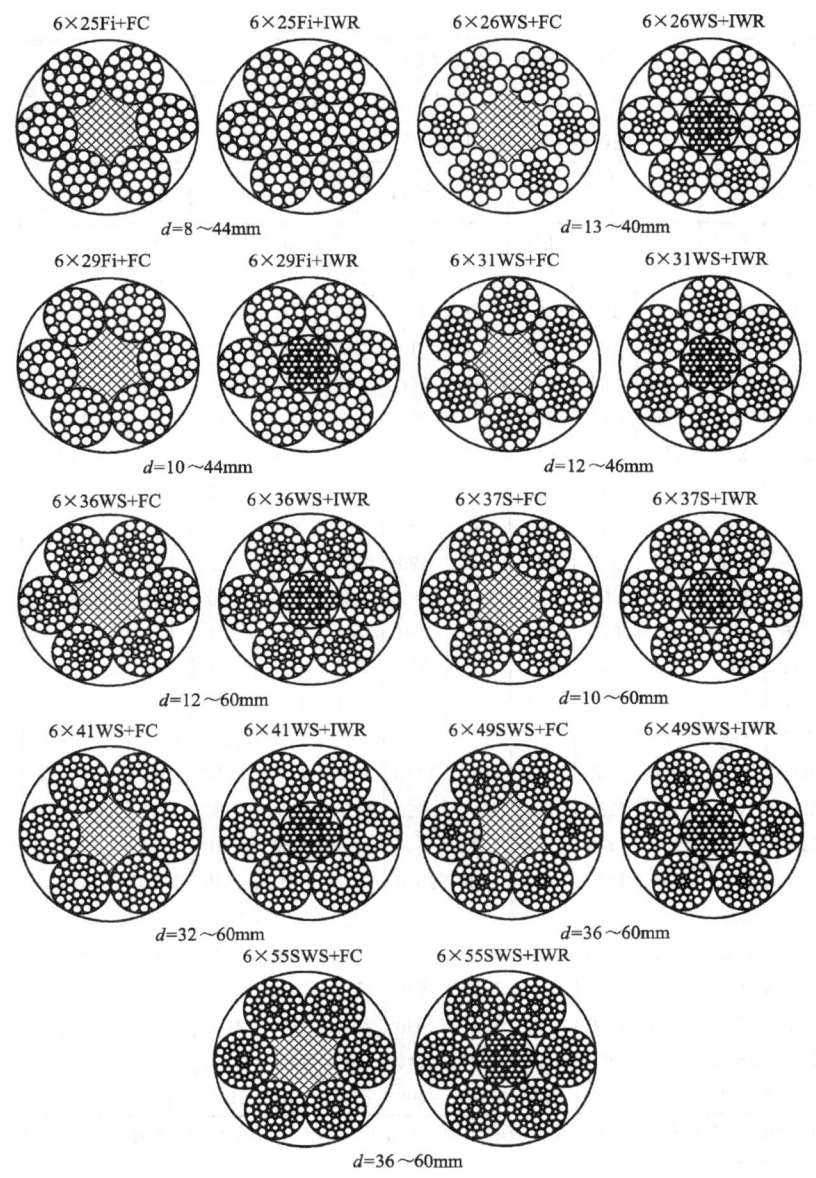

图 11-6 6×19（a）和 6×37（a）类钢丝绳

6×19（a）和 6×37（a）类的规格与力学性能 表 11-8

钢丝公称直径 d/mm	钢丝公称抗拉强度/MPa												参考重量 kg/100m		
	1570		1670		1770		1870		1960		2160				
	钢丝最小破断拉力总和/kN														
	纤维芯	钢芯	纤维芯	钢芯	纤维芯	钢芯	纤维芯	钢芯	纤维芯	钢芯	纤维芯	钢芯	天然纤维芯	合成纤维芯	钢芯
8	33.2	35.8	35.3	38.0	37.4	40.3	39.5	42.6	41.4	44.7	45.6	49.2	24.3	23.7	26.8
10	51.8	55.9	55.1	59.5	58.4	63.0	61.7	66.6	64.7	69.8	71.3	76.9	38.0	37.1	41.8
12	74.6	80.5	79.4	85.6	84.1	90.7	88.9	95.9	93.1	100	103	111	54.7	53.4	60.2

续表

钢丝公称直径 d/mm	钢丝公称抗拉强度/MPa												参考重量 kg/100m		
	1570		1670		1770		1870		1960		2160				
	钢丝最小破断拉力总和/kN												天然纤维芯	合成纤维芯	钢芯
	纤维芯	钢芯	纤维芯	钢芯	纤维芯	钢芯	纤维芯	钢芯	纤维芯	钢芯	纤维芯	钢芯			
13	87.6	94.5	93.1	100	98.7	106	104	113	109	118	120	130	64.2	62.7	70.6
14	102	110	108	117	114	124	121	130	127	137	140	151	74.5	72.7	81.9
16	133	143	141	152	150	161	158	170	166	179	182	197	97.3	95.0	107
18	168	181	179	193	189	204	200	216	210	226	231	249	123	120	135
20	207	224	220	238	234	252	247	266	259	279	285	308	152	148	167
22	251	271	267	288	283	305	299	322	313	338	345	372	184	180	202
24	298	322	317	342	336	363	355	383	373	402	411	443	219	214	241
26	350	378	373	402	395	426	417	450	437	472	482	520	257	251	283
28	406	438	432	466	458	494	484	522	507	547	559	603	298	291	328
30	466	503	496	535	526	567	555	599	582	628	642	692	342	334	376
32	531	572	564	609	598	645	632	682	662	715	730	787	389	380	428
34	599	646	637	687	675	728	713	770	748	807	824	889	439	429	483
36	671	724	714	770	757	817	800	863	838	904	924	997	492	481	542
38	748	807	796	858	843	910	891	961	934	1010	1030	1110	549	536	604
40	829	894	882	951	935	1010	987	1070	1030	1120	1140	1230	608	594	669
42	914	986	972	1050	1030	1110	1090	1170	1140	1230	1260	1360	670	654	737
44	1000	1080	1070	1150	1130	1220	1190	1290	1250	1350	1380	1490	736	718	809
46	1100	1180	1170	1260	1240	1330	1310	1410	1370	1480	1510	1630	804	785	884
48	1190	1290	1270	1370	1350	1450	1420	1530	1490	1610	1640	1770	876	855	963
50	1300	1400	1380	1490	1460	1580	1540	1660	1620	1740	1780	1920	950	928	1040
52	1400	1510	1490	1610	1580	1700	1670	1800	1750	1890	1930	2080	1030	1000	1130
54	1510	1630	1610	1730	1700	1840	1800	1940	1890	2030	2080	2240	1110	1080	1220
56	1620	1750	1730	1860	1830	1980	1940	2090	2030	2190	2240	2410	1190	1160	1310
58	1740	1880	1850	2000	1960	2120	2080	2240	2180	2350	2400	2590	1280	1250	1410
60	1870	2010	1980	2140	2100	2270	2220	2400	2330	2510	2570	2770	1370	1340	1500

注：最小钢丝破断拉力总和＝钢丝绳最小破断拉力×1.226（纤维芯）或1.321（钢芯），其中 6×37S 纤维芯为 1.191，钢芯为 1.283。

（6）第 4 组 6×37（b）类钢丝绳

本组钢丝断面绳结构共有 2 种，见图 11-7，其规格与力学性能见表 11-9。

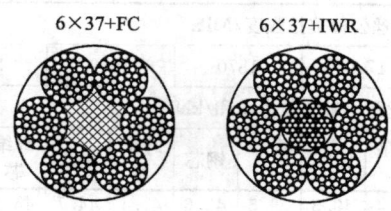

图 11-7　6×37（b）类钢丝绳

6×37 (b) 类的规格与力学性能

表 11-9

钢丝绳公称直径 d/mm	钢丝公称抗拉强度/MPa								参考重量 kg/100m		
	1570		1670		1770		1870				
	钢丝最小破断拉力总和/kN										
	纤维芯	钢芯	纤维芯	钢芯	纤维芯	钢芯	纤维芯	钢芯	天然纤维芯	合成纤维芯	钢芯
5	11.6	12.5	12.3	13.3	13.1	14.1	13.8	14.9	8.65	8.43	10.0
6	16.7	18.0	17.7	19.2	18.8	20.3	19.9	21.5	12.5	12.1	14.4
7	22.7	24.5	24.1	26.1	25.6	27.7	27.0	29.2	17.0	16.5	19.6
8	29.6	32.1	31.5	34.1	33.4	36.1	35.3	38.2	22.1	21.6	25.6
9	37.5	40.6	39.9	43.2	42.3	45.7	44.7	48.3	28.0	27.3	32.4
10	46.3	50.1	49.3	53.3	52.2	56.5	55.2	59.7	34.6	33.7	40.0
11	56.0	60.6	59.6	64.5	63.2	68.3	66.7	72.2	41.9	40.8	48.4
12	66.7	72.1	70.9	76.7	75.2	81.3	79.4	85.9	49.8	48.5	57.6
13	78.3	84.6	83.3	90.0	88.2	95.4	93.2	101	58.5	57.0	67.6
14	90.8	98.2	96.6	104	102	111	108	117	67.8	66.1	78.4
16	119	128	126	136	134	145	141	153	88.6	86.3	102
18	150	162	160	173	169	183	179	193	112	109	130
20	185	200	197	213	209	226	221	239	138	135	160
22	224	242	238	258	253	273	267	289	167	163	194
24	267	288	284	307	301	325	318	344	199	194	230
26	313	339	333	360	353	382	373	403	234	228	270
28	363	393	386	418	409	443	432	468	271	264	314
30	417	451	443	479	470	508	496	537	311	303	360
32	474	513	504	546	535	578	565	611	354	345	410
34	535	579	570	616	604	653	638	690	400	390	462
36	600	649	638	690	677	732	715	773	448	437	518
38	669	723	711	769	754	815	797	861	500	487	578
40	741	801	788	852	835	903	883	954	554	539	640
42	817	883	869	940	921	996	973	1050	610	594	706
44	897	970	954	1030	1010	1090	1070	1150	670	652	774
46	980	1060	1040	1130	1100	1190	1170	1260	732	713	846
48	1070	1150	1140	1230	1200	1300	1270	1370	797	776	922
50	1160	1250	1230	1330	1300	1410	1380	1490	865	843	1000
52	1250	1350	1330	1440	1410	1530	1490	1610	936	911	1080
54	1350	1460	1440	1550	1520	1650	1610	1740	1010	983	1170
56	1450	1570	1540	1670	1640	1770	1730	1870	1090	1060	1250
58	1560	1680	1660	1790	1760	1900	1860	2010	1160	1130	1350
60	1670	1800	1770	1920	1880	2030	1990	2150	1250	1210	1440

注：最小钢丝破断拉力总和＝钢丝绳最小破断拉力×1.249（纤维芯）或1.336（钢芯）。

（7）第 5 组 6×61 类钢丝绳

本组钢丝绳断面结构共有 2 种，见图 11-8，其规格与力学性能见表 11-10。

6×61+FC   6×61+IWR

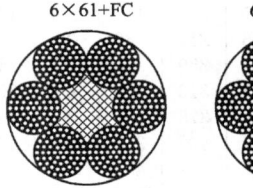 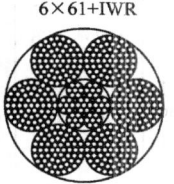

图 11-8 6×61 类钢丝绳

6×61 类的规格与力学性能　　　　表 11-10

钢丝绳公称直径 d/mm	钢丝公称抗拉强度/MPa								参考重量 kg/100m		
	1570		1670		1770		1870				
	钢丝最小破断拉力总和/kN										
	纤维芯	钢芯	纤维芯	钢芯	纤维芯	钢芯	纤维芯	钢芯	天然纤维芯	合成纤维芯	钢芯
40	711	769	756	818	801	867	847	916	578	566	637
42	784	847	834	901	884	955	934	1010	637	624	702
44	860	930	915	989	970	1050	1020	1110	699	685	771
46	940	1020	1000	1080	1060	1150	1120	1210	764	749	842
48	1020	1110	1090	1180	1150	1250	1220	1320	832	816	917
50	1110	1200	1180	1280	1250	1350	1320	1430	903	885	995
52	1200	1300	1280	1380	1350	1460	1430	1550	976	957	1080
54	1300	1400	1380	1490	1460	1580	1540	1670	1050	1030	1160
56	1390	1510	1480	1600	1570	1700	1660	1790	1130	1110	1250
58	1490	1620	1590	1720	1690	1820	1780	1920	1210	1190	1340
60	1500	1730	1700	1840	1800	1950	1910	2060	1300	1270	1430

注：最小钢丝破断拉力总和＝钢丝绳最小破断拉力×1.301（纤维芯）或 1.392（钢芯）。

（8）第 6 组 8×19 类钢丝绳

本组钢丝绳断面结构共有 4 种，见图 11-9，其规格与力学性能见表 11-11。

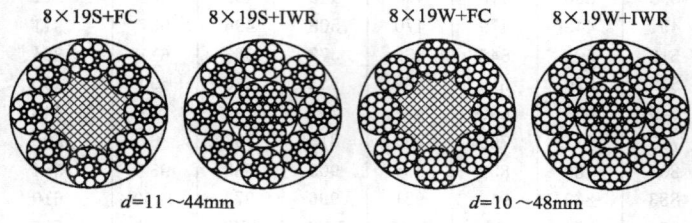

图 11-9　8×19 类钢丝绳

8×19 类的规格与力学性能　　　　表 11-11

钢丝绳公称直径 d/mm	钢丝公称抗拉强度/MPa												参考重量 kg/100m		
	1570		1670		1770		1870		1960		2160				
	钢丝最小破断拉力总和/kN														
	纤维芯	钢芯	纤维芯	钢芯	纤维芯	钢芯	纤维芯	钢芯	纤维芯	钢芯	纤维芯	钢芯	天然纤维芯	合成纤维芯	钢芯
10	46.0	54.3	48.9	57.8	51.9	61.2	54.8	64.7	57.4	67.8	63.3	74.7	34.6	33.4	42.2
11	55.7	65.7	59.2	69.9	62.8	74.1	66.3	78.3	69.5	82.1	76.6	90.4	41.9	40.4	51.1
12	66.2	78.2	70.5	83.2	74.7	88.2	78.9	93.2	82.7	97.7	91.1	108	49.9	48.0	60.8
13	77.7	91.8	82.7	97.7	87.6	103	92.6	109	97.1	115	107	126	58.5	56.4	71.3
14	90.2	106	95.9	113	102	120	107	127	113	133	124	146	67.9	65.4	82.7
16	118	139	125	148	133	157	140	166	147	174	162	191	88.7	85.4	108
18	149	176	159	187	168	198	178	210	186	220	205	242	112	108	137
20	184	217	196	231	207	245	219	259	230	271	253	299	139	133	169
22	223	263	237	280	251	296	265	313	278	328	306	362	168	162	204
24	265	313	282	333	299	353	316	373	331	391	365	430	199	192	243
26	311	367	331	391	351	414	370	437	388	458	428	505	234	226	285
28	361	426	384	453	407	480	430	507	450	532	496	586	271	262	331
30	414	489	440	520	467	551	493	582	517	610	570	673	312	300	380
32	471	556	501	592	531	627	561	663	588	694	648	765	355	342	432

钢丝绳公称直径 d/mm	钢丝公称抗拉强度/MPa												参考重量 kg/100m		
	1570		1670		1770		1870		1960		2160				
	钢丝最小破断拉力总和/kN														
	纤维芯	钢芯	纤维芯	钢芯	纤维芯	钢芯	纤维芯	钢芯	纤维芯	钢芯	纤维芯	钢芯	天然纤维芯	合成纤维芯	钢芯
34	532	628	566	668	600	708	633	748	664	784	732	864	400	386	488
36	596	704	634	749	672	794	710	839	744	879	820	969	449	432	547
38	664	784	707	834	749	884	791	934	829	979	914	1080	500	482	609
40	736	869	783	925	830	980	877	1040	919	1090	1010	1200	554	534	675
42	811	958	863	1020	915	1080	967	1140	1010	1200	1120	1320	611	589	744
44	891	1050	947	1120	1000	1190	1060	1250	1110	1310	1230	1450	670	646	817
46	973	1150	1040	1220	1100	1300	1160	1370	1220	1430	1340	1580	733	706	893
48	1060	1250	1130	1330	1190	1410	1260	1490	1320	1560	1460	1720	798	769	972

注：最小钢丝破断拉力总和＝钢丝绳最小破断拉力×1.214（纤维芯）或 1.360（钢芯）。

(9) 第 6 组和第 7 组 8×19 和 8×37 类钢丝绳

本组钢丝绳断面结构共有 14 种，见图 11-10，其规格与力学性能见表 11-12。

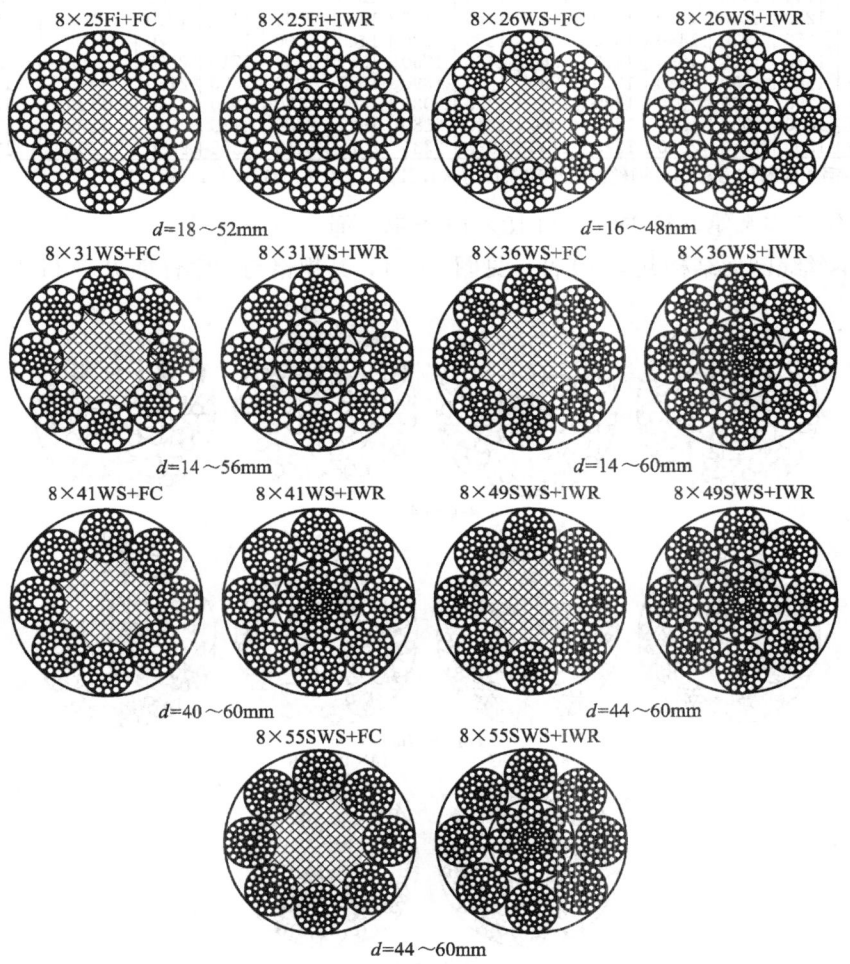

图 11-10 8×19 和 8×37 类钢丝绳

8×19 和 8×37 类的规格与力学性能　　　　　表 11-12

钢丝绳公称直径 d/mm	钢丝公称抗拉强度/MPa												参考重量 kg/100m		
	1570		1670		1770		1870		1960		2160				
	钢丝最小破断拉力总和/kN														
	纤维芯	钢芯	纤维芯	钢芯	纤维芯	钢芯	纤维芯	钢芯	纤维芯	钢芯	纤维芯	钢芯	天然纤维芯	合成纤维芯	钢芯
14	90.2	106	95.9	113	102	120	107	127	113	133	124	146	70.0	67.4	85.3
16	118	139	125	148	133	157	140	166	147	174	162	191	91.4	88.1	111
18	149	176	159	187	168	198	178	210	186	220	205	242	116	111	141
20	184	217	196	231	207	245	219	259	230	271	253	299	143	138	174
22	223	263	237	280	251	296	265	313	278	328	306	362	173	166	211
24	265	313	282	333	299	353	316	373	331	391	365	430	206	198	251
26	311	367	331	391	351	414	370	437	388	458	428	505	241	233	294
28	361	426	384	453	407	480	430	507	450	532	496	586	280	270	341
30	414	489	440	520	467	551	493	582	517	610	570	673	321	310	392
32	471	556	501	592	531	627	561	663	588	694	648	765	366	352	445
34	532	628	566	668	600	708	633	748	664	784	732	864	413	398	503
36	596	704	634	749	672	794	710	839	744	879	820	969	463	446	564
38	664	784	707	834	749	884	791	934	829	979	914	1080	516	497	628
40	736	869	783	925	830	980	877	1040	919	1090	1010	1230	571	550	696
42	811	958	863	1020	915	1080	967	1140	1010	1200	1120	1320	630	607	767
44	890	1050	947	1120	1000	1190	1060	1250	1110	1310	1230	1450	691	666	842
46	973	1150	1040	1220	1100	1300	1160	1370	1220	1430	1340	1580	755	728	920
48	1060	1250	1130	1330	1190	1410	1260	1490	1320	1560	1460	1720	823	793	1000
50	1150	1360	1220	1440	1300	1530	1370	1620	1440	1700	1580	1870	892	860	1090
52	1240	1470	1320	1560	1400	1560	1480	1750	1550	1830	1710	2020	965	930	1180
54	1340	1580	1430	1680	1510	1790	1600	1890	1670	1980	1850	2180	1040	1000	1270
56	1440	1700	1530	1810	1630	1929	1720	2030	1800	2130	1980	2340	1120	1080	1360
58	1550	1830	1650	1940	1740	2060	1840	2180	1930	2280	2130	2510	1200	1160	1460
60	1660	1960	1760	2080	1870	2200	1970	2330	2070	2440	2280	2690	1290	1240	1570

注：最小钢丝破断拉力总和＝钢丝绳最小破断拉力×1.226（纤维芯）或 1.374（钢芯）。

（10）第 8 组和第 9 组 18×7 和 18×19 类钢丝绳

本组钢丝绳断面结构共有 10 种，见图 11-11，其规格与力学性能见表 11-13。

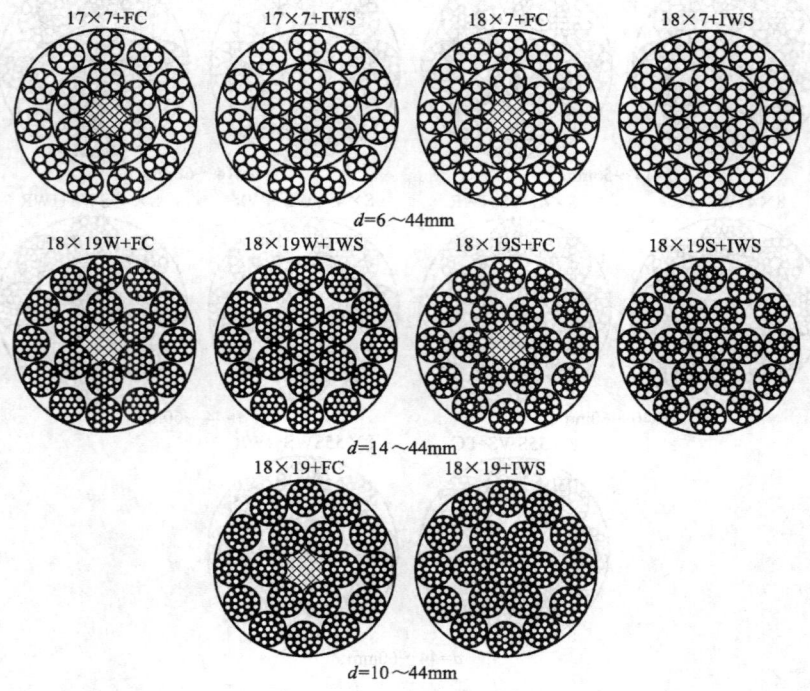

图 11-11　18×7 和 18×19 类钢丝绳

18×7 和 18×19 类的规格与力学性能　　表 11-13

钢丝绳公称直径 d/mm	钢丝公称抗拉强度/MPa												参考重量 kg/100m	
	1570		1670		1770		1870		1960		2160			
	钢丝最小破断拉力总和/kN													
	纤维芯	钢芯	纤维芯	钢芯	纤维芯	钢芯	纤维芯	钢芯	纤维芯	钢芯	纤维芯	钢芯	纤维芯	钢芯
6	17.5	18.5	18.6	19.7	19.8	20.9	20.9	22.1	21.9	23.1	24.1	25.5	14.0	15.5
7	23.8	25.2	25.4	26.8	26.9	28 4	28 4	30.1	29.8	31.5	32.8	34.7	19.1	21.1
8	31.1	33.0	33.1	35.1	35.1	37.2	37.1	39.3	38.9	41.1	42.9	45.3	25.0	27.5
9	39.4	41.7	41.9	44.4	44.4	47.0	47.0	49.7	49.2	52.1	54.2	57.4	31.6	34.8
10	48.7	51.5	51.8	54.8	54.9	58.1	58.0	61.3	60.8	64.3	67	70.8	39.0	43.0
11	58.9	62.3	62.6	66.3	66.4	70.2	70.1	74.2	73.5	77.8	81	85.7	47.2	52.0
12	70.1	74.2	74.5	78.9	79.0	83.6	83.5	88.3	87.5	92.6	96.4	102	56.2	61.9
13	82.3	87.0	87.5	92.6	92.7	98.1	98.0	104	103	109	113	120	65.9	72.7
14	95.4	101	101	107	108	114	114	120	119	126	131	139	76.4	84.3
16	125	132	133	140	140	149	148	157	156	165	171	181	99.8	110
18	158	167	168	177	178	188	188	199	197	208	217	230	126	139
20	195	206	207	219	219	232	232	245	243	257	268	283	156	172
22	236	249	251	265	266	281	281	297	294	311	324	343	189	208
24	280	297	298	316	316	334	334	353	350	370	386	408	225	248
26	329	348	350	370	371	392	392	415	411	435	453	479	264	291
28	382	404	406	429	430	455	454	481	476	504	525	555	306	337
30	438	463	466	493	494	523	522	552	547	579	603	638	351	387
32	498	527	530	561	562	594	594	628	622	658	686	725	399	440
34	563	595	598	633	634	671	670	709	702	743	774	819	451	497
36	631	667	671	710	711	752	751	795	787	833	868	918	505	557
38	703	744	748	791	792	838	837	886	877	928	967	1020	563	621
40	779	824	828	876	878	929	928	981	972	1030	1070	1130	624	688
42	859	908	913	966	968	1020	1020	1080	1070	1130	1180	1250	688	759
44	942	997	1000	1060	1060	1120	1120	1190	1180	1240	1300	1370	755	832

注：最小钢丝破断拉力总和＝钢丝绳最小破断拉力×1.283，其中 17×7 为 1.250。

（11）第 10 组 34×7 类钢丝绳

本组钢丝绳断面结构共有 4 种，见图 11-12，其规格与力学性能见表 11-14。

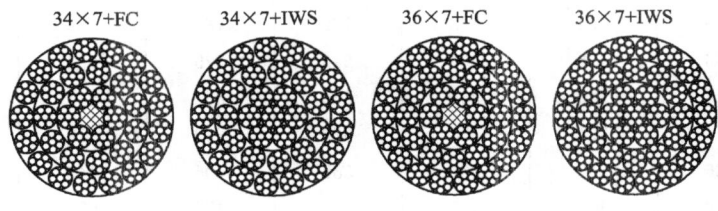

34×7+FC　　34×7+IWS　　36×7+FC　　36×7+IWS

图 11-12　34×7 类钢丝绳

34×7 类的规格与力学性能   表 11-14

钢丝绳公称直径 d/mm	钢丝公称抗拉强度/MPa								参考重量 kg/100m	
	1570		1670		1770		1870			
	钢丝最小破断拉力总和/kN									
	纤维芯	钢芯	纤维芯	钢芯	纤维芯	钢芯	纤维芯	钢芯	纤维芯	钢芯
16	124	128	132	136	140	144	147	152	99.8	110
18	157	162	167	172	177	182	187	193	126	139
20	193	200	206	212	218	225	230	238	156	172
22	234	242	249	257	264	272	279	288	189	208
24	279	288	296	306	314	324	332	343	225	248
26	327	337	348	359	369	380	389	402	264	291
28	379	391	403	416	427	441	452	466	306	337
30	435	449	463	478	491	507	518	535	351	387
32	495	511	527	544	558	576	590	609	399	440
34	559	577	595	614	630	651	666	687	451	497
36	627	647	667	688	707	729	746	771	505	557
38	698	721	743	767	787	813	832	859	563	621
40	774	799	823	850	872	901	922	951	624	688
42	853	881	907	937	962	993	1020	1050	688	759
44	936	967	996	1030	1060	1090	1120	1150	755	832

注：最小钢丝破断拉力总和＝钢丝绳最小破断拉力×1.334，其中 34×7 为 1.300。

（12）第 11 组 35W×7 类钢丝绳

本组钢丝绳断面结构共有 2 种，见图 11-13，其规格与力学性能见表 11-15。

35W×7   24W×7

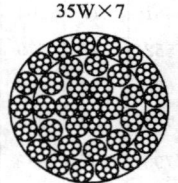 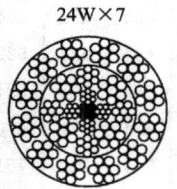

图 11-13 35W×7 类钢丝绳

35W×7 类的规格与力学性能   表 11-15

钢丝绳公称直径 d/mm	钢丝公称抗拉强度/MPa						参考重量 kg/100m
	1570	1670	1770	1870	1960	2160	
	钢丝最小破断拉力总和/kN						
12	81.4	86.6	91.8	96.9	102	112	66.2
14	111	118	125	132	138	152	90.2
16	145	154	163	172	181	199	118
18	183	195	206	218	229	252	149
20	226	240	255	269	282	311	184
22	274	291	308	326	342	376	223
24	326	346	367	388	406	448	265
26	382	406	431	455	477	526	311
28	443	471	500	528	553	610	361

续表

钢丝绳公称直径 d/mm	钢丝公称抗拉强度/MPa						参考重量 kg/100m
	1570	1670	1770	1870	1960	2160	
	钢丝最小破断拉力总和/kN						
30	509	541	573	606	635	700	414
32	579	616	652	689	723	796	471
34	653	695	737	778	816	899	532
36	732	779	826	872	914	1010	596
38	816	868	920	972	1020	1120	664
40	904	962	1020	1080	1130	1240	736
42	997	1060	1120	1190	1240	1370	811
44	1090	1160	1230	1300	1370	1510	891
46	1200	1270	1350	1420	1490	1650	973
48	1300	1390	1470	1550	1630	1790	1060
50	1410	1500	1590	1680	1760	1940	1150

注：最小钢丝破断拉力总和＝钢丝绳最小破断拉力×1.287。

（13）第 12 组 6×12 类钢丝绳

本组钢丝绳断面结构有 1 种，见图 11-14，其规格与力学性能见表 11-16。

6×12+7FC

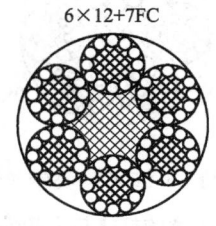

图 11-14　6×12 类钢丝绳

6×12 类的规格与力学性能　　　　　　　　　　　　　　　　　　表 11-16

钢丝绳公称直径 d/mm	钢丝公称抗拉强度/MPa				参考重量/(kg/100m)	
	1470	1570	1670	1770	天然纤维芯	合成纤维芯
	钢丝最小破断拉力总和/kN					
8	19.7	21.0	22.3	23.7	16.1	14.8
9	24.9	26.6	28.3	30.0	20.3	18.7
9.3	26.6	28.4	30.2	32.0	21.7	20.0
10	30.7	32.8	34.9	37.0	25.1	23.1
11	37.2	39.7	42.2	44.8	30.4	28.0
12	44.2	47.3	50.3	53.3	36.1	33.3
12.5	48.0	51.3	54.5	57.8	39.2	36.1
13	51.9	55.5	59.0	62.5	42.4	39.0
14	60.2	64.3	68.4	72.5	49.2	45.3
15.5	73.8	78.8	83.9	88.9	60.3	55.5
16	78.7	84.0	89.4	94.7	64.3	59.1
17	88.8	94.8	101	107	72.5	66.8
18	99.5	106	113	120	81.3	74.8
18.5	105	112	119	127	85.9	79.1

续表

钢丝绳公称直径 d/mm	钢丝公称抗拉强度/MPa				参考重量/(kg/100m)	
	1470	1570	1670	1770	天然纤维芯	合成纤维芯
	钢丝最小破断拉力总和/kN					
20	123	131	140	148	100	92.4
21.5	142	152	161	171	116	107
22	149	159	169	179	121	112
24	177	189	201	213	145	133
24.5	184	197	210	222	151	139
26	208	222	236	250	170	156
28	241	257	274	290	197	181
32	315	336	357	379	257	237

注：最小钢丝破断拉力总和＝钢丝绳最小破断拉力×1.136。

（14）第 13 组 6×24 类钢丝绳

本组钢丝绳断面结构共有 3 种，见图 11-15，其规格与力学性能见表 11-17。

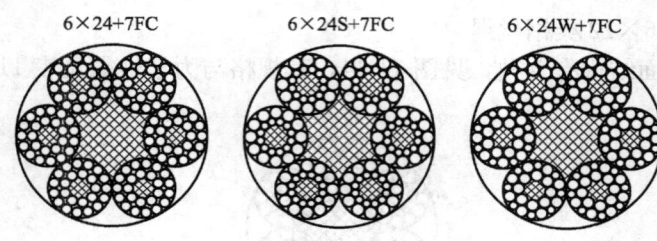

6×24+7FC　　　　6×24S+7FC　　　　6×24W+7FC

图 11-15　6×24 类钢丝绳

6×24 类的规格与力学性能　　　　　　　　　表 11-17

结构形式	钢丝绳公称直径 d/mm	钢丝公称抗拉强度/MPa				参考重量 kg/100m	
		1470	1570	1670	1770	天然纤维芯	合成纤维芯
		钢丝最小破断拉力总和/kN					
	8	26.3	28.1	29.9	31.7	20.4	19.5
	9	33.3	35.6	37.9	40.1	25.8	24.6
	10	41.2	44.0	46.8	49.6	31.8	30.4
	11	49.8	53.2	56.6	60.0	38.5	36.8
	12	59.3	63.3	67.3	71.4	45.8	43.8
	13	69.6	74.3	79.0	83.8	53.7	51.4
	14	80.7	86.2	91.6	97.1	62.3	59.6
	16	105	113	120	127	81.4	77.8
	18	133	142	152	161	103	98.5
6×24 +7FC	20	165	176	187	198	127	122
	22	199	213	226	240	154	147
	24	237	253	269	285	183	175
	26	278	297	316	335	215	206
	28	323	345	367	389	249	238
	30	370	396	421	446	286	274
	32	421	450	479	507	326	311
	34	476	508	541	573	368	351
	36	533	570	606	642	412	394
	38	594	635	675	716	459	439
	40	659	703	748	793	509	486

结构形式	钢丝绳公称直径 d/mm	钢丝公称抗拉强度/MPa				参考重量 kg/100m	
		1470	1570	1670	1770	天然纤维芯	合成纤维芯
		钢丝最小破断拉力总和/kN					
6×24S +7FC 6×24W +7FC	10	42.8	45.7	48.6	51.5	33.1	31.6
	11	51.8	55.3	58.8	62.3	40.0	38.2
	12	61.6	65.8	70.0	74.2	47.7	45.5
	13	72.3	77.2	82.1	87.0	55.9	53.4
	14	83.8	90.0	95.3	101	64 9	61.9
	16	110	117	124	132	84.7	80.9
	18	139	148	157	167	107	102
	20	171	183	194	206	132	126
	22	207	221	235	249	160	153
	24	246	263	280	297	191	182
	26	289	309	329	348	224	214
	28	335	358	381	404	260	248
	30	385	411	437	464	298	284
	32	438	468	498	527	339	324
	34	495	528	562	595	383	365
	36	554	592	630	668	429	410
	38	618	660	702	744	478	456
	40	684	731	778	824	530	506
	42	755	806	857	909	584	557
	44	828	885	941	997	641	612

注：最小钢丝破断拉力总和＝钢丝绳最小破断拉力×1.150。

（15）第 14 组 6×15 类钢丝绳

本组钢丝绳断面结构有 1 种，见图 11-16，其规格与力学性能见表 11-18。

6×15+7FC

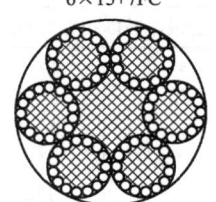

图 11-16　6×15 类钢丝绳

6×15 类的规格与力学性能　　　　　　　　　　表 11-18

钢丝绳公称直径 d/mm	钢丝公称抗拉强度/MPa				参考重量/(kg/100m)	
	1470	1570	1670	1770	天然纤维芯	合成纤维芯
	钢丝最小破断拉力总和/kN					
10	26.5	28.3	30.1	31.9	20.0	18.5
12	38.1	40.7	43.3	45.9	28.8	26.6
14	51.9	55.4	58.9	62.4	39.2	36.3
16	67.7	72.3	77.0	81.6	51.2	47.4
18	85.7	91.6	97.4	103	64.8	59.9
20	106	113	120	127	80.0	74.0
22	128	137	145	154	96.8	89.5
24	152	163	173	184	115	107
26	179	191	203	215	135	125
28	207	222	236	250	157	145
30	238	254	271	287	180	166
32	271	289	308	326	205	189

注：最小钢丝破断拉力总和＝钢丝绳最小破断拉力×1.136。

（16）第 15 组和第 16 组 4×19 和 4×37 类钢丝绳

本组钢丝绳断面结构共有 6 种，见图 11-17，其规格与力学性能见表 11-19。

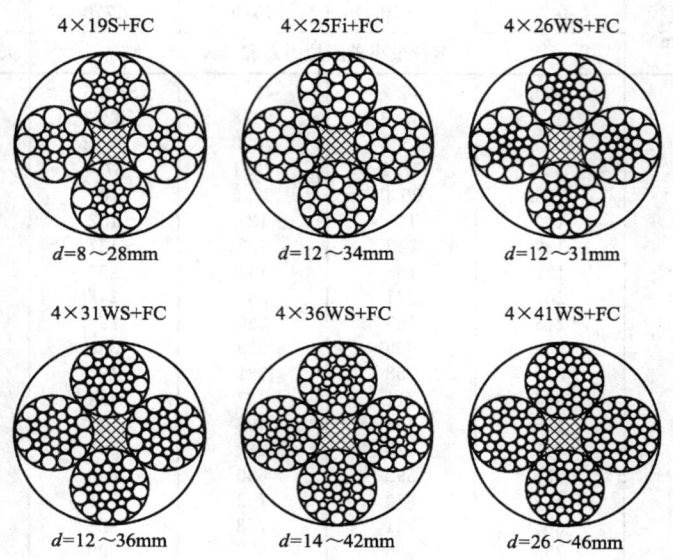

图 11-17　4×19 和 4×37 类钢丝绳

4×19 和 4×37 类的规格与力学性能　　　　　　　表 11-19

钢丝绳公称直径 d/mm	钢丝公称抗拉强度/MPa						参考重量 kg/100m
	1570	1670	1770	1820	1960	2160	
	钢丝最小破断拉力总和/kN						
8	36.2	38.5	40.8	43.1	45.2	49.8	26.2
10	56.5	60.1	63.7	67.3	70.6	77.8	41.0
12	81.4	86.6	91.8	96.9	102	112	59.0
14	111	118	125	132	138	152	80.4
16	145	154	163	172	181	199	105
18	183	195	206	218	229	252	133
20	226	240	255	269	282	311	164
22	274	291	308	326	342	376	198
24	326	346	367	388	406	448	236
26	382	406	431	455	477	526	277
28	443	471	500	528	553	610	321
30	509	541	573	606	635	700	369
32	579	616	652	689	723	796	420
34	653	695	737	778	816	899	474
36	732	779	826	872	914	1010	531
38	816	868	920	972	1020	1120	592
40	904	962	1020	1080	1130	1240	656
42	997	1060	1120	1190	1240	1370	723
44	1090	1160	1230	1300	1370	1510	794
46	1200	1270	1350	1420	1490	1650	868

注：最小钢丝破断拉力总和＝钢丝绳最小破断拉力×1.191。

6. 操纵用钢丝绳（GB/T 14451—2008）

本标准适用于操纵各种机械装置（航空装置除外）用镀锌钢丝绳。该钢丝绳的断面结构共有 7 种，见图 11-18，其规格与力学性能见表 11-20 及表 11-21。

钢丝绳按用途分为普通钢丝绳和柔性钢丝绳。普通钢丝绳的抗拉强度实测值：当 $d \leqslant 0.3\text{mm}$ 时应 $\geqslant 1870\text{MPa}$；当 $d > 0.3 \sim 0.5\text{mm}$ 时应 $\geqslant 1770\text{MPa}$；当 $d > 0.5\text{mm}$ 时应 $\geqslant 1670\text{MPa}$。柔性钢丝绳的抗拉强度实测值不低于 1960MPa。

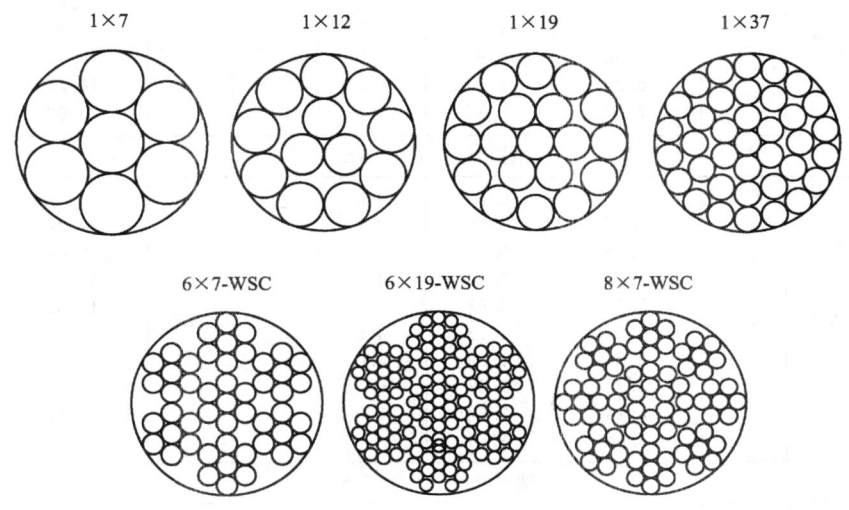

图 11-18　操纵用钢丝绳

钢丝绳规格与力学性能　　　　　　　　　　　　　　　　　　　　　　表 11-20

钢丝绳公称直径 d/mm	钢丝绳伸长率 弹性	钢丝绳伸长率 永久	钢丝绳最小破断拉力 kN	参考重量 kg/100m	钢丝绳公称直径 d/mm	钢丝绳伸长率 弹性	钢丝绳伸长率 永久	钢丝绳最小破断拉力 kN	参考重量 kg/100m
	不大于 %					不大于 %			
结构形式：1×7									
0.9			0.90	0.41	1.5			2.25	1.15
1.0	0.8	0.2	1.03	0.50	1.6	0.8	0.2	2.77	1.42
1.2			1.52	0.74	1.8			3.19	1.63
1.4			2.08	1.01	2.0			4.02	2.05
结构形式：1×12									
1.0			1.05	0.49	1.8			3.10	1.55
1.2			1.50	0.70	2.0			3.90	1.95
1.4	0.8	0.2	2.00	0.95	2.5	0.8	0.2	5.60	3.05
1.5			2.30	1.09	2.8			7.35	3.80
1.6			2.50	1.24	3.0			8.40	4.40
结构形式：1×19									
1.0			1.06	0.49	3.0			8.63	4.41
1.2			1.52	0.70	3.2			10.10	5.10
1.4			2.08	0.96	3.5			11.74	5.99
1.5			2.39	1.10	3.8			13.72	7.23
1.6	0.8	0.2	2.59	1.25	4.0	0.8	0.2	15.37	8.00
1.8			3.29	1.59	4.5			19.46	10.10
2.0			4.06	1.96	4.8			22.10	11.60
2.5			6.01	3.07	5.0			24.0	12.60
2.8			7.53	3.84	5.3			27.0	14.2

续表

钢丝绳公称直径 d/mm	钢丝绳伸长率 弹性 不大于 %	钢丝绳伸长率 永久 不大于 %	钢丝绳最小破断拉力 kN	参考重量 kg/100m	钢丝绳公称直径 d/mm	钢丝绳伸长率 弹性 不大于 %	钢丝绳伸长率 永久 不大于 %	钢丝绳最小破断拉力 kN	参考重量 kg/100m
结构形式：1×37									
1.5	0.8	0.2	2.41	1.16	3.0	0.8	0.2	8.80	4.5
1.6			2.65	1.30	3.5			11.80	6.00
1.8			3.38	1.61	3.8			13.20	7.30
2.0			3.92	1.96	4.0			14.70	7.90
2.5			6.20	3.10	4.5			18.50	10.00
2.8			7.60	3.86	5.0			23.00	12.30
结构形式：6×7-WSC									
1.0	0.9	0.2	1.00	0.50	3.0	0.9	0.2	7.28	3.77
1.1			1.17	0.58	3.5	1.1		10.37	5.37
1.2			1.35	0.67	3.6			10.68	5.68
1.4			1.76	0.87	4.0			12.92	6.70
1.5			1.99	0.98	4.5			15.89	8.69
1.6			2.29	1.13	4.8			17.79	9.73
1.8			2.81	1.39	5.0			19.79	10.83
2.0			3.38	1.67	5.5			23.19	12.63
2.5			5.45	2.37	6.0			28.11	12.37
2.8			6.45	3.34					
结构形式：6×19-WSC									
1.8	0.9	0.2	2.59	1.32	4.0	1.1	0.2	12.13	6.20
2.0			3.03	1.55	4.5			16.13	8.33
2.5			5.15	2.63	4.8			16.58	8.89
2.8			6.56	3.35	5.0			18.74	10.04
3.0			7.25	3.70	5.5			23.23	12.45
3.5	1.1		9.53	4.87	6.0			27.66	14.82

6×7-WSC、8×7-WSC 钢丝绳规格与力学性能　　　表 11-21

公称直径 d/mm	伸长率 弹性 不大于 %	伸长率 永久 不大于 %	最小破断拉力 kN	切断处直径允许增大值 mm	参考重量 kg/100m	公称直径 d/mm	伸长率 弹性 不大于 %	伸长率 永久 不大于 %	最小破断拉力 kN	切断处直径允许增大值 mm	参考重量 kg/100m
结构形式：6×7-WSC							结构形式：8×7-WSC				
1.50	0.9	0.1	1.80	0.22	0.96	1.50	0.9	0.1	1.90	0.22	0.99
1.80			3.00	0.25	1.34	1.80			3.00	0.25	1.36

注：钢丝绳的长度按需方要求，在订货单内注明，但单根长度最短不小于 25m（普通钢丝绳），和不小于 100m（柔性钢丝绳）。

7. 不锈钢丝绳（GB/T 9944—2002）

本标准适用于仪表和机械传动、拉索、吊索、减振器减振等使用的不锈钢丝绳。该钢丝绳的断面结构共有 20 种，见图 11-19，其规格与力学性能见表 11-22。

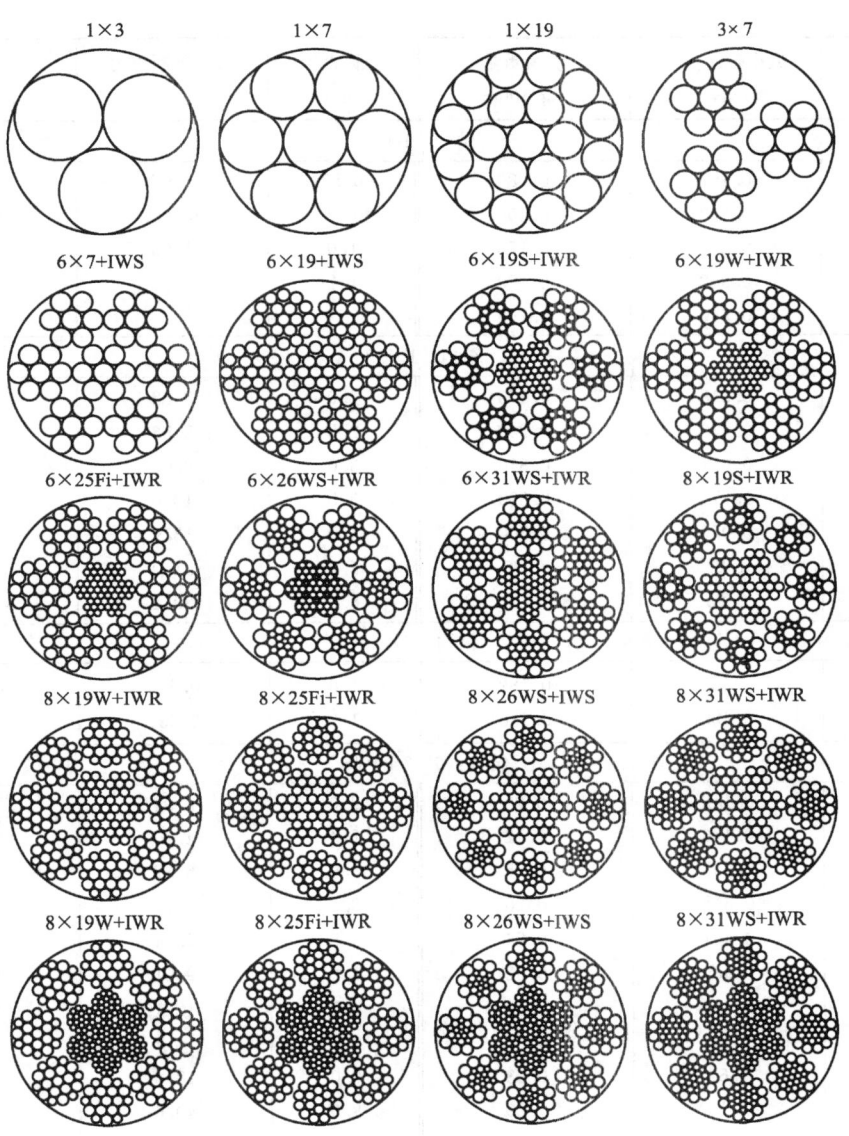

图 11-19 不锈钢丝绳

钢丝绳规格与力学性能   表 **11-22**

公称直径 mm	最小破断拉力 kN	参考重量 kg/100m	公称直径 mm	最小破断拉力 kN	参考重量 kg/100m
结构：1×3					
0.15	0.022	0.012	0.45	0.185	0.089
0.25	0.056	0.029	0.55	0.284	0.136
0.35	0.113	0.055	0.65	0.393	0.186
结构：1×7					
0.15	0.025	0.011	0.30	0.093	0.044
0.25	0.063	0.031	0.35	0.127	0.061

公称直径 mm	最小破断拉力 kN	参考重量 kg/100m	公称直径 mm	最小破断拉力 kN	参考重量 kg/100m
结构：1×7					
0.40	0.157	0.080	0.80	0.667	0.327
0.45	0.200	0.100	0.90	0.832	0.400
0.50	0.255	0.125	1.0	1.00	0.500
0.60	0.382	0.180	1.2	1.32	0.700
0.70	0.540	0.246			
结构：1×19					
0.60	0.343	0.175	2.0	3.82	2.00
0.70	0.470	0.240	2.5	5.58	3.13
0.80	0.617	0.310	3.0	8.03	4.50
0.90	0.774	0.390	3.5	10.6	6.13
1.0	0.950	0.500	4.0	13.9	8.19
1.2	1.27	0.70	5.0	21.0	12.9
1.5	2.25	1.10	6.0	30.4	18.5
结构：3×7					
0.70	0.323	0.182	1.0	0.686	0.375
0.80	0.488	0.238	1.2	0.931	0.540
结构：6×7+IWS					
0.45	0.142	0.08	2.0	2.94	1.65
0.50	0.176	0.12	2.4	4.10	2.40
0.60	0.253	0.15	3.0	6.37	3.70
0.70	0.345	0.20	3.2	7.15	4.20
0.80	0.461	0.26	3.5	7.64	5.10
0.90	0.539	0.32	4.0	9.51	6.50
1.0	0.653	0.40	4.5	12.1	8.30
1.2	1.20	0.65	5.0	14.7	10.5
1.5	1.67	0.93	6.0	18.6	15.1
1.6	2.15	1.20	8.0	40.6	26.6
1.8	2.25	1.35			
结构：6×19+IWS					
1.6	1.85	1.12	8.0	40.1	25.8
2.4	4.10	2.60	9.5	53.4	36.2
3.2	7.85	4.30	11.0	72.5	53.0
4.0	10.7	6.70	12.7	101	68.2
4.8	16.5	9.70	14.3	127	87.8
5.0	17.4	10.5	16.0	156	106
5.6	22.3	12.8	19.0	221	157
6.0	23.5	14.9	22.0	295	213
6.4	28.5	16.4	25.4	380	278
7.2	34.7	20.8	28.5	474	357

公称直径 mm	最小破断拉力 kN	参考重量 kg/100m	公称直径 mm	最小破断拉力 kN	参考重量 kg/100m
结构：6×19S　6×19W　6×25Fi　6×26WS　6×31WS					
6.0	23.9	15.4	14.0	123	82.8
7.0	32.6	20.7	16.0	161	108
8.0	42.6	27.0	18.0	192	137
8.75	54.0	32.4	20.0	237	168
9.0	54.0	34.2	22.0	304	216
10.0	63.0	42.2	24.0	342	241
11.0	76.2	53.1	26.0	401	282
12.0	85.6	60.8	28.0	466	327
13.0	106	71.4			
结构：8×19S　8×19W　8×25Fi　8×26WS　8×31WS					
8.0	42.6	28.3	16.0	156	113
8.75	54.0	33.9	18.0	187	143
9.0	54.0	35.8	20.0	231	176
10.0	61.2	44.2	22.0	296	219
11.0	74.0	53.5	24.0	332	252
12.0	83.3	63.7	26.0	390	296
13.0	103	74.8	28.0	453	343
14.0	120	86.7			

注：1. 8.75mm 钢丝绳主要用于电气化铁路接触网滑轮补偿装置。

2. 公称直径≤8.0mm 为钢丝股芯，≥8.75 为钢丝绳绳芯。

3. 钢丝绳的长度按需方要求，在订货单内注明，但单根长度最短不小于 25m。

8. 压实股钢丝绳（YB/T 5359—2010）

本标准适用于矿井提升、大型浇注、石油钻井、大型吊装、船舶、海上设施、架空索道和起重运输等设备用压实股钢丝绳。压实股钢丝绳是外层股经过模拔、轧制或锻打等压实加工的钢丝绳。钢丝绳是按其股数和股外层钢丝的数目分类。在钢丝绳中，如果需方没有明确要求某种的钢丝绳时，在同一组别内。结构的选择由供方确定。

图 11-20　钢丝绳
6×K7 类结构

钢丝绳的捻法有右交互捻、左交互捻、右同向捻和左同向捻 4 种。钢丝绳断面结构主要有 6×K7、6×K19、6×K36、8×K19、8×K36、15×K7、16×K7、18×K7、18×K19、35（W）×K7、8×K19-PWRC（K）、8×K36-PWRC（K）等 12 类 21 种，其结构见图 11-20～图 11-26，规格与力学性能见表 11-23～表 11-29。

（1）第 1 组 6×K7 类典型结构

本组钢丝绳断面结构见图 11-20，其规格与力学性能见表 11-23。

钢丝绳 6×K7 类规格与力学性能　　　　　　　表 11-23

钢丝绳公称直径 mm	参考质量 kg/100m	钢丝绳公称抗拉强度级别/MPa			
		1570	1670	1770	1870
		钢丝绳最小破断拉力/kN			
10	41	5809	62.6	66.4	70.1
12	59	8408	90.2	95.6	101
14	80	115	123	130	137
16	105	151	160	170	180
18	133	191	203	215	227
20	164	236	250	266	280
22	198	285	303	321	339
24	236	339	361	382	404
26	277	398	423	449	474
28	321	462	491	520	550
30	369	530	564	597	631
32	420	603	641	680	718
34	474	681	724	767	811
36	531	763	812	860	909
38	592	850	904	958	1010
40	656	942	1000	1060	1120

注：最小钢丝破断拉力总和＝钢丝绳最小破断拉力×1.134。

（2）第 2、3 组 6×K19、6×K36 类典型结构

本组钢丝绳断面结构有 6×K19S-IWRC、6×K19S-FC、6×K26WS-IWRC、6×K26WS-FC、6×K25F-IWRC、6×K25F-FC、6×K31WS-IWRC、6×K31WS-FC、6×K29F-IWRC、6×K29F-FC、6×K36WS-IWRC、6×K36WS-FC、6×K41WS-IWRC、6×K41WS-FC 等 14 种，结构见图 11-21，其规格与力学性能见表 11-24。

钢丝绳 6×K19、6×K36 类规格与力学性能　　　　　　表 11-24

钢丝绳公称直径 mm	参考质量 kg/100m		钢丝绳公称抗拉强度级别/MPa							
			1570		1670		1770		1870	
	纤维芯	钢芯	钢丝绳最小破断拉力/kN							
			纤维芯	钢芯	纤维芯	钢芯	纤维芯	钢芯	纤维芯	钢芯
12	61.2	68.7	84.3	92.7	89.7	98.6	95.1	105	100	110
14	83.3	93.5	115	126	122	134	129	142	137	150
16	109	122	150	165	159	175	169	186	179	196
18	138	155	190	209	202	222	214	235	226	248
20	170	191	234	257	249	274	264	290	279	307
22	206	231	283	312	301	331	320	351	338	371
24	245	275	337	371	359	394	380	418	402	442
26	287	322	396	435	421	463	446	491	472	518
28	333	374	459	505	488	537	518	569	547	601
30	382	429	527	579	561	616	594	653	628	690
32	435	488	600	659	638	701	676	743	714	785
34	491	551	677	744	720	792	763	839	806	885
36	551	618	759	834	807	887	856	941	904	994
38	614	689	846	930	899	989	953	1050	1010	1110
40	680	763	937	1030	997	1100	1060	1160	1120	1230
42	750	841	1030	1140	1100	1210	1160	1280	1230	1350
44	823	923	1130	1250	1210	1300	1280	1400	1350	1480
46	899	1010	1240	1360	1320	1450	1400	1540	1480	1620
48	979	1100	1350	1480	1440	1580	1520	1670	1610	1770

续表

钢丝绳公称直径 mm	参考质量 kg/100m		钢丝绳公称抗拉强度级别/MPa							
			1570		1670		1770		1870	
	纤维芯	钢芯	钢丝绳最小破断拉力/kN							
			纤维芯	钢芯	纤维芯	钢芯	纤维芯	钢芯	纤维芯	钢芯
50	1060	1190	1460	1610	1560	1710	1650	1810	1740	1920
52	1150	1129	1580	1740	1680	1850	1790	1960	1890	2070
54	1240	1390	1710	1880	1820	2000	1930	2120	2030	2240
56	1330	1500	1840	2020	1950	2150	2070	2280	2190	2400
58	1430	1600	1970	2170	2100	2300	2220	2440	2350	2580
60	1530	1720	2110	2320	2240	2460	2380	2610	2510	2760
62	1630	1830	2250	2470	2390	2630	2540	2790	2680	2950
64	1740	1950	2400	2640	2550	2800	2700	2970	2860	3140
66	1850	2080	2550	2800	2710	2980	2880	3160	3040	3340
68	1970	2210	2710	2980	2880	3170	3050	3360	3030	3550

注：最小破断拉力总和＝最小破断拉力×1.214(纤维芯)或1.260(钢芯)。

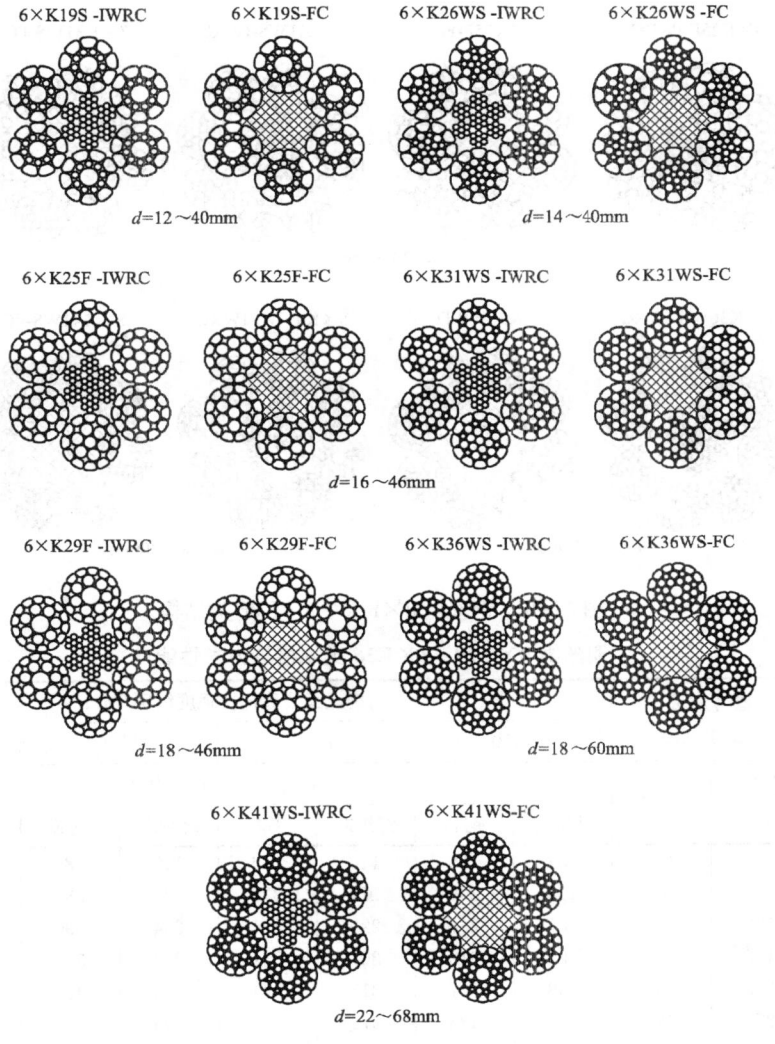

图 11-21　钢丝绳 6×K19、6×K36 类结构

（3）第4、5组 8×K19、8×K36 类典型结构

本组钢丝绳断面结构有 8×K19S-IWRC、8×K19S-FC、8×K26WS-IWRC、8×K26WS-FC、8×K25F-IWRC、8×K25F-FC、8×K31WS-IWRC、8×K31WS-FC、8×K36S-IWRC、8×K36S-FC、8×K41WS-IWRC、8×K41WS-FC 等 12 种，结构见图 11-22，其规格与力学性能见表 11-25。

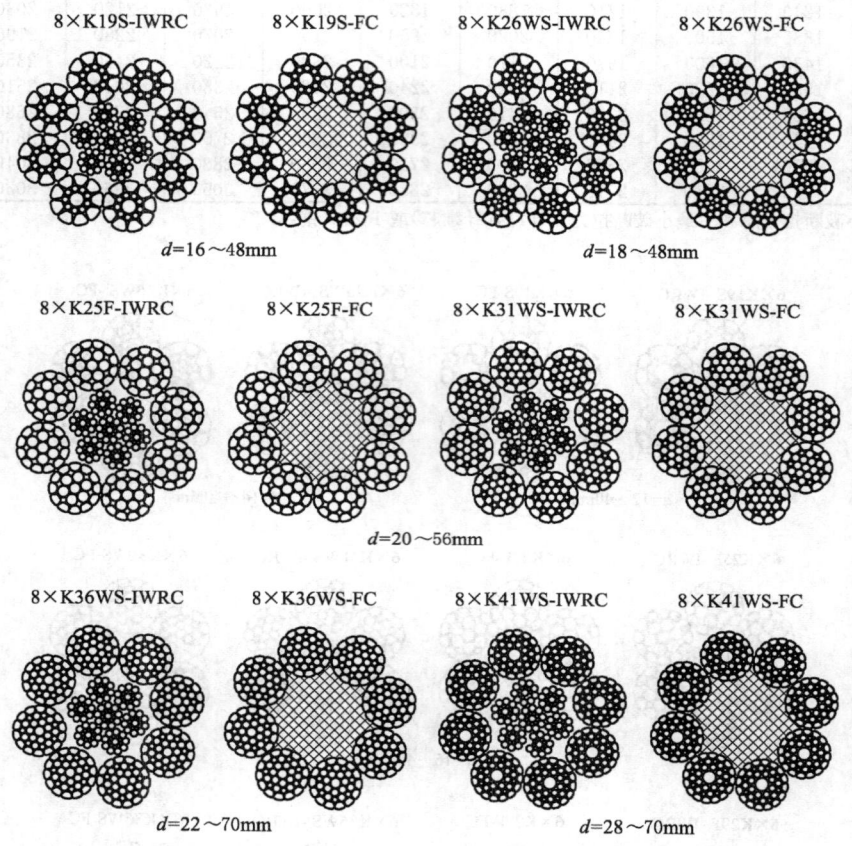

图 11-22　钢丝绳 8×K19、8×K36 类结构

钢丝绳 8×K19、8×K36 类规格与力学性能　　　　　　表 11-25

钢丝绳公称直径 mm	参考质量 kg/100m		钢丝绳公称抗拉强度级别/MPa							
			1570		1670		1770		1870	
			钢丝绳最小破断拉力/kN							
	纤维芯	钢芯	纤维芯	钢芯	纤维芯	钢芯	纤维芯	钢芯	纤维芯	钢芯
16	104	127	133	165	140	176	150	186	158	196
18	131	160	168	209	179	222	189	235	200	248
20	162	198	207	257	220	274	234	290	247	307
22	196	240	251	312	267	331	283	351	299	371
24	233	285	298	371	317	394	336	418	355	442
26	274	335	350	435	373	463	395	491	417	518
28	318	388	406	505	432	537	458	569	484	601

续表

钢丝绳公称直径 mm	参考质量 kg/100m		钢丝绳公称抗拉强度级别/MPa							
			1570		1670		1770		1870	
	纤维芯	钢芯	钢丝绳最小破断拉力/kN							
			纤维芯	钢芯	纤维芯	钢芯	纤维芯	钢芯	纤维芯	钢芯
30	364	446	466	579	496	616	526	653	555	690
32	415	507	531	659	564	701	598	743	632	785
34	468	572	599	744	637	792	675	839	713	886
36	525	642	671	834	714	887	757	941	800	994
38	585	715	748	930	796	989	843	1050	891	1110
40	648	732	829	1030	882	1100	935	1160	987	1230
42	714	873	914	1140	972	1210	1030	1280	1090	1350
44	784	958	1000	1250	1070	1330	1120	1400	1190	1480
46	857	1050	1100	1360	1170	1450	1240	1540	1310	1620
48	933	1140	1190	1480	1270	1580	1350	1670	1420	1770
50	1010	1240	1300	1610	1380	1710	1460	1810	1540	1920
52	1100	1340	1400	1740	1490	1850	1580	1960	1670	2070
54	1180	1440	1510	1880	1610	2000	1700	2120	1800	2240
56	1270	1550	1620	2020	1730	2150	1830	2280	1940	2400
58	1360	1670	1740	2170	1850	2300	1960	2440	2080	2580
60	1460	1780	1870	2320	1980	2460	2100	2610	2220	2760
62	1560	1900	1990	2470	2120	2630	2250	2790	2370	2950
64	1660	2030	2120	2640	2260	2800	2390	2970	2530	3140
66	1760	2160	2260	2800	2400	2980	2540	3160	2690	3340
68	1870	2290	2400	2980	2550	3170	2700	3360	2850	3550
70	1980	2430	2540	3150	2700	3360	2860	3560	3020	3760

注：最小破断拉力总和＝最小破断拉力×1.214（纤维芯）或 1.260（钢芯）。

（4）第 6、7 组 15×K7、16×K7 类典型结构

本组钢丝绳断面结构有 15×K7-IWRC、16×K7-IWRC 等 2 种，结构见图 11-23，其规格与力学性能见表 11-26。

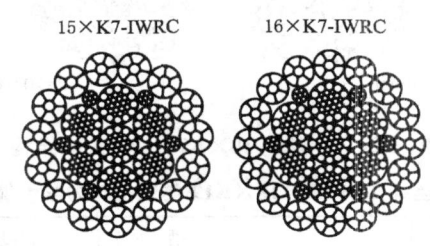

15×K7-IWRC　　16×K7-IWRC

图 11-23　钢丝绳 15×K7、16×K7 类结构

钢丝绳 15×K7、16×K7 类规格与力学性能　　　　表 11-26

钢丝绳公称直径 mm	参考质量 kg/100m	钢丝绳公称抗拉强度级别/MPa				
		1570	1670	1770	1870	1960
		钢丝绳最小破断拉力/kN				
20	196	257	274	290	307	321
22	237	312	331	351	371	389
24	282	371	394	418	442	463

续表

钢丝绳公称直径 mm	参考质量 kg/100m	钢丝绳公称抗拉强度级别/MPa				
		1570	1670	1770	1870	1960
		钢丝绳最小破断拉力/kN				
26	331	435	463	491	518	543
28	384	505	537	569	601	630
30	441	579	616	653	690	723
32	502	659	704	743	785	823
34	566	744	792	839	886	929
36	635	834	887	941	994	1040
38	708	930	989	1050	1110	1160
40	784	1030	1100	1160	1230	1290
42	864	1140	1210	128	1350	1420
44	949	1250	1330	1400	1480	1560
46	1040	1360	1450	1540	1620	1700
48	1130	1480	1580	1670	1770	1850
50	1220	1610	1710	1810	1920	2010
52	1320	1740	1850	1960	2070	2170
54	1430	1880	2000	2120	2240	2340
56	1540	2020	2150	2280	2400	2520
58	1650	2170	2300	2440	2580	2700
60	1760	2320	2460	2610	2760	2890

注：最小破断拉力总和＝最小破断拉力×1.287。

（5）第8、9组 18×K7、18×K19 类典型结构

本组钢丝绳断面结构有 18×K7-WSC、18×K7-FC、18×K19S-WSC、18×K19S-FC 等 4 种，结构见图 11-24，其规格与力学性能见表 11-27。

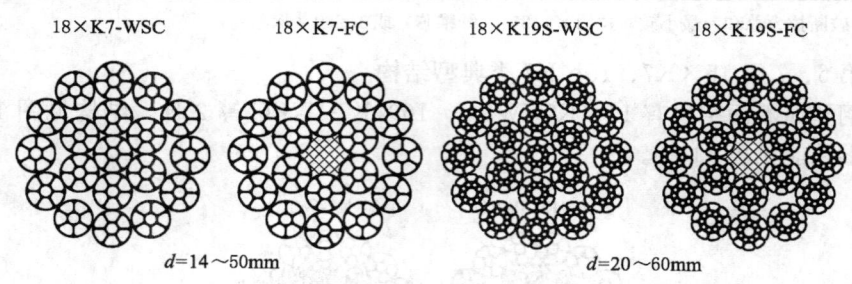

18×K7-WSC　　18×K7-FC　　18×K19S-WSC　　18×K19S-FC

d=14～50mm　　　　　　d=20～60mm

图 11-24　钢丝绳 18×K7、18×K19 结构

钢丝绳 18×K7、18×K19 类规格与力学性能　　　　　　表 11-27

钢丝绳公称直径 mm	参考质量 kg/100m		钢丝绳公称抗拉强度级别/MPa								
			1570		1670		1770		1870		1960	
	纤维芯	钢芯	钢丝绳最小破断拉力/kN								
			纤维芯	钢芯	纤维芯	钢芯	纤维芯	钢芯	纤维芯	钢芯	纤维芯	钢芯
14	83.7	92.1	108	114	115	121	121	128	128	136	134	142
16	109	120	141	149	150	158	159	168	168	177	176	186
18	138	152	178	188	189	200	201	212	212	224	222	235
20	171	188	220	232	234	247	248	262	262	277	274	290
22	207	227	266	281	283	299	300	317	317	335	332	351

钢丝绳公称直径 mm	参考质量 kg/100m		钢丝绳公称抗拉强度级别/MPa									
			1570		1670		1770		1870		1960	
	纤维芯	钢芯	钢丝绳最小破断拉力/kN									
			纤维芯	钢芯	纤维芯	钢芯	纤维芯	钢芯	纤维芯	钢芯	纤维芯	钢芯
24	246	271	317	335	337	356	357	377	377	399	395	418
26	289	318	371	393	395	418	419	443	442	468	464	490
28	335	368	431	455	458	484	485	513	513	542	538	569
30	384	423	495	523	526	555	558	589	589	623	617	653
32	437	481	563	595	599	633	634	671	670	709	702	743
34	494	543	635	672	676	714	716	757	757	800	793	838
36	553	609	712	753	758	801	803	849	848	897	889	940
38	617	979	793	869	844	892	895	956	945	999	991	1050
40	683	752	879	923	935	989	991	1050	1050	1110	1100	1160
42	753	829	969	1020	1030	1090	1090	1160	1150	1220	1210	1280
44	827	910	1060	1120	1130	1200	1200	1270	1270	1340	1330	1400
46	904	995	1160	1230	1240	1310	1310	1390	1380	1460	1450	1530
48	984	1080	1270	1340	1350	1420	1430	1510	1510	1590	1580	1670
50	1070	1180	1370	1450	1460	1540	1550	1640	1640	1730	1720	1810
52	1150	1270	1490	1570	1580	1670	1680	1770	1770	1870	1850	1960
54	1250	1370	1600	1690	1700	1800	1810	1910	1910	2020	2000	2110
56	1240	1470	1720	1820	1830	1940	1940	2050	2050	2170	2150	2270
58	1440	1580	1850	1950	1970	2080	2080	2200	2200	2330	2310	2440
60	1540	1690	1980	2090	2100	2220	2230	2360	2360	2490	2470	2610

注：最小破断拉力总和＝最小破断拉力×1.283。

（6）第 10 组 35（W）×K7 类典型结构

本组钢丝绳断面结构有 35（W）×K7、40（W）×K7 等 2 种，结构见图 11-25，其规格与力学性能见表 11-28。

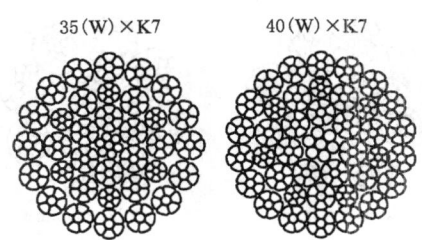

35（W）×K7　　40（W）×K7

图 11-25　钢丝绳 10（W）×K7 类结构

钢丝绳 15×K7、16×K7 类规格与力学性能　　　　表 **11-28**

钢丝绳公称直径 mm	参考质量 kg/100m	钢丝绳公称抗拉强度级别/MPa				
		1570	1670	1770	1870	1960
		钢丝绳最小破断拉力/kN				
14	100	126	134	142	150	158
16	131	165	175	186	196	206
18	165	209	222	235	248	260

续表

钢丝绳公称直径 mm	参考质量 kg/100m	钢丝绳公称抗拉强度级别/MPa				
		1570	1670	1770	1870	1960
		钢丝绳最小破断拉力/kN				
20	204	257	274	290	307	321
22	247	312	331	351	371	389
24	295	371	394	418	442	463
26	345	435	463	491	518	543
28	400	505	537	569	601	630
30	459	579	616	653	690	723
32	522	659	701	743	785	823
34	590	744	792	839	885	929
36	661	834	887	941	994	1040
38	736	930	989	1050	1110	1160
40	816	1030	1100	1160	1230	1290
42	900	1140	1210	1280	1350	1420
44	987	1250	1330	1400	1480	1560
46	1080	1360	1450	1540	1620	1700
48	1180	1480	1580	1670	1770	1850
50	1280	1610	1710	1810	1920	2010
52	1380	1740	1850	1960	2070	2170
54	1490	1880	2000	2120	2240	2340
56	1600	2020	2150	2280	2400	2520
58	1720	2170	2300	2440	2580	2700
60	1840	2320	2460	2610	2760	2890

注：最小破断拉力总和＝最小破断拉力×1.287。

（7）第 11、12 组 8×K19-PWRC(K)、8×K36-PWRC(K)类典型结构

本组钢丝绳断面结构有 8×K19S-PWRC(K)、8×K26WS-PWRC(K)、8×K31WS-PWRC(K)、8×K36WS-PWRC(K)等 4 种，结构见图 11-26，其规格与力学性能见表 11-29。

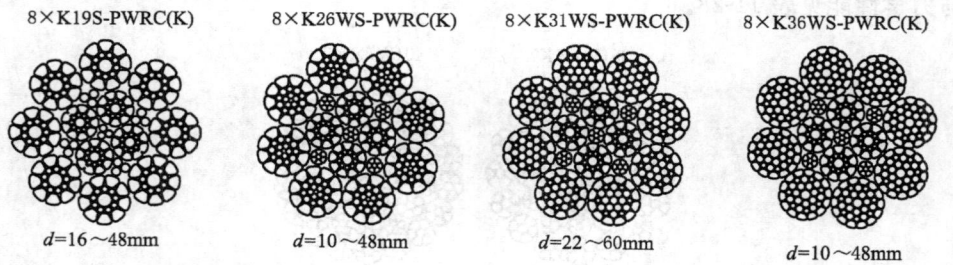

图 11-26   钢丝绳 10（W）×K7 类结构

钢丝绳 15×K7、16×K7 类规格与力学性能   表 11-29

钢丝绳公称直径 mm	参考质量 kg/100m	钢丝绳公称抗拉强度级别/MPa			
		1570	1670	1770	1870
		钢丝绳最小破断拉力/kN			
10	51	69.1	73.5	77.9	82.3
12	73	99	106	112	118
14	100	135	144	153	161

钢丝绳公称直径 mm	参考质量 kg/100m	钢丝绳公称抗拉强度级别/MPa			
		1570	1670	1770	1870
		钢丝绳最小破断拉力/kN			
16	131	177	188	199	211
18	165	224	238	252	267
20	204	276	294	312	329
22	247	334	356	377	398
24	294	298	423	449	474
26	345	467	497	526	556
28	400	542	576	611	645
30	459	622	661	701	741
32	522	707	752	797	843
34	590	799	849	900	951
36	661	895	952	1010	1070
38	736	998	1060	1120	1190
40	816	1110	1180	1250	1320
42	900	1220	1300	1370	1450
44	987	1340	1420	1510	1590
46	1080	1460	1550	1650	1740
48	1180	1590	1690	1790	1900
50	1280	1730	1840	1950	2060
52	1380	1870	1990	2110	2220
54	1490	2010	2140	2270	2400
56	1600	2170	2300	2440	2580
58	1720	2320	2470	2620	2770
60	1840	2400	2650	2800	2960

注：最小破断拉力总和＝最小破断拉力×1.250。

9. 电梯用钢丝绳（GB 8903—2005）

本标准的施行是属于强制性的，它适用于载客或载货电梯的曳引用钢丝绳、液压电梯悬挂用、补偿用和限速器用钢丝绳，及杂物电梯和在导轨中运行的人力升降机等用的钢丝绳。

本标准不适用于建筑工地、矿井升降机以及不在永久性导轨中间运行的临时升降机用钢丝绳。

（1）钢丝绳 6×19 类断面结构主要有 3 种，见图 11-27，其规格与力学性能见表 11-30。

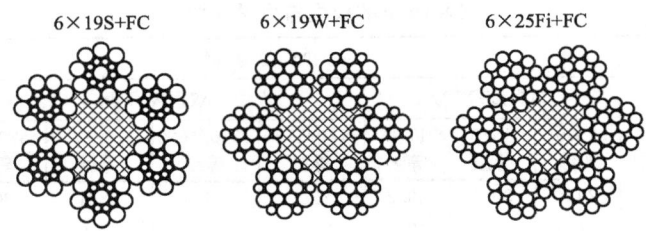

图 11-27　电梯用钢丝绳

6×19 类的规格与力学性能   表 11-30

钢丝绳公称直径 mm	最小破断拉力/kN							参考重量 kg/100m
	单强度/MPa			双强度/MPa				
	1570 等级	1620 等级	1770 等级	1180/1770 等级	1320/1620 等级	1370/1770 等级	1570/1770 等级	
6.0	18.7	19.2	21.0	16.3	16.8	17.8	19.5	12.9
6.3	—	21.3	23.2	17.9	—	—	21.5	14.2
6.5 *	21.9	22.6	24.7	19.1	19.7	20.9	22.9	15.2
8.0 *	33.2	34.2	37.4	28.9	29.8	31.7	34.6	23.0
9.0	42.0	43.3	47.3	36.6	37.7	40.1	43.8	29.1
9.5	46.8	48.2	52.7	40.8	42.0	44.7	48.8	32.4
10 *	51.8	53.5	58.4	45.2	46.5	49.5	54.1	35.9
11 *	62.7	64.7	70.7	54.7	54.3	59.9	65.5	43.4
12	74.6	77.0	84.1	65.1	67.0	71.3	77.9	51.7
12.7	83.6	86.2	94.2	72.9	75.0	79.8	87.3	57.9
13 *	87.6	90.3	98.7	76.4	78.6	83.7	91.5	60.7
14	102	105	114	88.6	91.2	97.0	106	70.4
14.3	—	—	119	92.4	—	—	111	73.4
15	117	—	131	102	—	111	122	80.8
16 *	133	137	150	116	119	127	139	91.9
17.5	—	—	179	138	—	—	166	110
18	168	173	189	146	151	160	175	116
19 *	187	193	211	163	168	179	195	130
20	201	214	234	181	186	198	216	144
20.6	—	—	248	192	—	—	230	152
22 *	251	259	283	219	225	240	262	174

注：尺寸旁带 * 的为新电梯的优先尺寸。

（2）钢丝绳 8×19 类断面结构主要有 3 种，见图 11-28，其规格与力学性能见表 11-31。

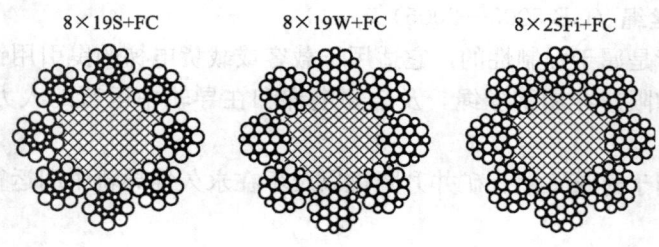

8×19S+FC   8×19W+FC   8×25Fi+FC

图 11-28 8×19 类钢丝绳

8×19 类的规格与力学性能   表 11-31

钢丝绳公称直径 mm	最小破断拉力/kN							参考重量 kg/100m
	单强度/MPa			双强度/MPa				
	1570 等级	1620 等级	1770 等级	1180/1770 等级	1320/1620 等级	1370/1770 等级	1570/1770 等级	
8.0 *	29.4	30.4	33.2	25.7	26.5	28.1	30.8	21.8
9.0	37.3	—	42.0	32.5	—	35.6	38.9	27.5
9.5	41.5	42.8	46.8	36.2	37.3	39.7	43.6	30.7

续表

钢丝绳公称直径 mm	最小破断拉力/kN							参考重量 kg/100m
	单强度/MPa			双强度/MPa				
	1570 等级	1620 等级	1770 等级	1180/1770 等级	1320/1620 等级	1370/1770 等级	1570/1770 等级	
10 *	46.0	47.5	51.9	40.1	41.3	44.0	48.1	34.0
11 *	55.7	57.4	62.8	48.6	50.0	53.2	58.1	41.1
12	56.2	68.4	74.7	57.8	59.5	63.3	69.2	49.0
12.7	74.2	76.6	83.6	64.7	66.6	70.9	77.5	54.8
13 *	77.7	80.2	87.6	67.8	69.8	74.3	81.2	57.5
14	90.2	93.0	102	78.7	81.0	86.1	94.2	66.6
14.3	—	—	—	82.1	—	—	98.3	69.5
15	104	—	117	90.3	—	98.9	108	76.5
16 *	118	122	133	103	106	113	123	87.0
17.5	—	—	—	123	—	—	147	104
18	149	154	168	130	134	142	156	110
19 *	166	171	187	145	149	159	173	123
20	184	190	207	161	165	176	192	136
20.6	—	—	—	170	—	—	204	144
22 *	223	230	251	194	200	213	233	165

注：尺寸旁带 * 的为新电梯的优先尺寸。

（3）钢丝绳 8×19 类断面结构主要有 5 种，见图 11-29，其规格与力学性能见表 11-32。

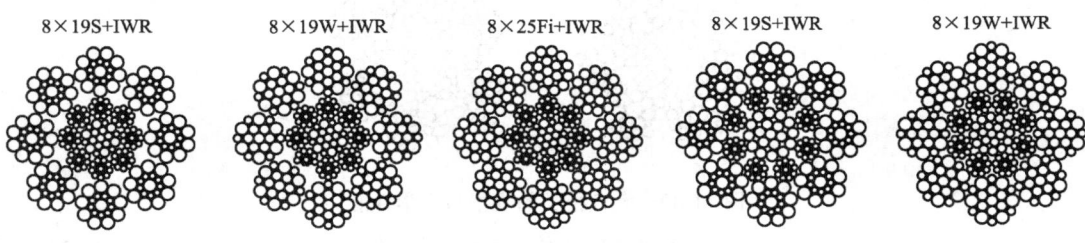

8×19S+IWR　　8×19W+IWR　　8×25Fi+IWR　　8×19S+IWR　　8×19W+IWR

图 11-29　8×19 类钢丝绳

8×19 类(钢丝芯)的规格与力学性能　　　　表 11-32

结构	钢丝绳 公称直径 mm	最小破断拉力/kN					参考重量 kg/100m
		单强度/MPa		双强度/MPa			
		1570 等级	1770 等级	1180/1770 等级	1370/1770 等级	1570/1770 等级	
8×19S+IWR 8×19W+IWR 8×25Fi+IWR	8	40.7	45.9	38.2	40.7	43.3	29.2
	9	51.5	58.1	48.4	51.5	54.8	37.0
	9.5	57.4	64.7	53.9	57.4	61.0	41.2
	10 *	63.6	71.7	59.7	63.6	67.6	45.7
	11 *	76.9	86.7	72.3	76.9	81.8	55.3
	12	91.6	103	86.0	91.6	97.4	65.8
	12.7	103	116	96.4	103	109	75.3
	13 *	107	121	101	107	114	77.2

结构	钢丝绳公称直径 mm	最小破断拉力/kN					参考重量 kg/100m
		单强度/MPa		双强度/MPa			
		1570 等级	1770 等级	1180/1770 等级	1370/1770 等级	1570/1770 等级	
8×19S+IWR 8×19W+IWR 8×25Fi+IWR	14	125	141	117	125	133	89.6
	15	143	161	134	143	152	103
	16 *	163	184	153	163	173	117
	18	206	232	194	206	219	148
	19 *	230	259	216	230	244	165
	20	254	287	239	254	271	183
	22 *	308	347	289	308	327	221

注：1. 尺寸旁带 * 的为新电梯的优先尺寸。

　　2. 钢丝绳外股与钢丝绳芯有分层捻制（8×19S+IWR、8×19W+IWR 和 8×25Fi+IWR），及一次平行捻制（6×29Fi+FC 和 6×36WS+FC）。

（4）大直径钢丝绳类断面结构主要有 2 种，见图 11-30，其规格与力学性能见表 11-33。

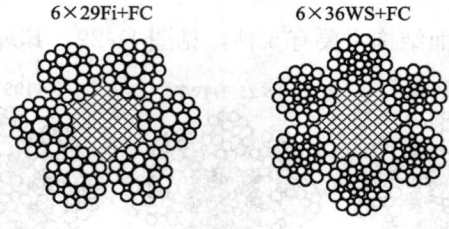

6×29Fi+FC　　　　　6×36WS+FC

图 11-30　大直径类的规格与力学性能

6×29、6×36 类的规格与力学性能　　　　　　　表 11-33

钢丝绳公称直径 mm	最小破断拉力/kN			参考重量 kg/100m
	1570MPa 等级	1770MPa 等级	1960MPa 等级	
24	298	336	373	211
25	324	365	404	229
26	350	395	437	248
27	378	426	472	268
28	406	458	507	288
29	436	491	544	309
30	466	526	582	330
31	498	561	622	353
32	531	598	662	376
33	564	636	704	400
34	599	675	748	424
35	635	716	792	450
36	671	757	838	476
37	709	800	885	502
38	748	843	934	530

（5）表 11-34～表 11-36 列出了电梯用钢丝绳尺寸和性能的公制与英制对照关系。

6×19 纤维芯电梯用钢丝绳的性能英制和公制对照　　　表 11-34

直径		等效的直径	英制钢丝绳		等效级别公制钢丝绳		英制钢丝绳		等效级别公制钢丝绳		钢丝绳长度参考重量			
英制	公制		优质碳素结构钢级别的最小值		1180/1770 级别的最小值		EHS 级别		1570/1770级别的最小值		英制尺寸绳		公制尺寸绳	
in	mm	mm	Ib	kN	Ib	kN	Ib	kN	Ib	kN	Ib/ft	kg/100m	Ib/ft	kg/100m
1/4	6.35	6.3	3600	16.0	4300	19.1	5200	23.1	5560	24.7	0.10	15	010	15.2
5/16	7.94	8	5600	24.9	6500	28.9	8100	36.0	8410	37.4	0.16	24	0.15	23.0
3/8	9.53	9.5	8200	36.5	9180	40.8	11600	51.6	11860	52.7	0.23	34	0.22	32.4
7/16	11.1	11	11000	48.9	12310	54.7	15700	69.8	15910	70.7	0.31	46	0.30	43.4
1/2	12.7	12.7	14500	64.5	16400	72.9	20400	90.7	19640	87.3	0.40	60	0.39	57.9
9/16	14.3	14.3	18500	82.5	20790	92.4	25700	114	56780	119	0.51	76	0.49	73.4
5/8	15.9	16	23000	102	26080	116	31600	141	33720	150	0.63	94	0.62	91.9
11/16	17.5	17.5	27000	120	31050	138	38200	170	40280	179	0.76	113	0.74	110
3/4	19.1	19	32000	142	26640	163	45200	201	47430	211	0.90	134	0.87	130
13/16	20.6	20.6	37000	165	43200	192	52900	235	55800	248	1.06	158	1.02	152
7/8	22.2	22	42000	187	49230	219	61200	272	63620	283	1.23	183	1.17	174

注：EHS 为超高强度优质碳素结构钢（下同）

8×19 纤维芯电梯用钢丝绳的性能英制和公制对照　　　表 11-35

直径		等效的直径	英制钢丝绳		等效级别公制钢丝绳		英制钢丝绳		等效级别公制钢丝绳		钢丝绳长度参考重量			
英制	公制		优质碳素结构钢级别的最小值		1180/1770 级别的最小值		EHS 级别		1570/1770级别的最小值		英制尺寸绳		公制尺寸绳	
in	mm	mm	Ib	kN	Ib	kN	Ib	kN	Ib	kN	Ib/ft	kg/100m	Ib/ft	kg/100m
1/4	6.35	6.3	3600	16.0	—	—	4500	20.0	—	—	0.09	14	—	—
5/16	7.94	8	5600	24.9	5780	25.7	6900	30.7	7460	33.2	0.14	21	0.15	21.8
3/8	9.53	9.6	8200	36.5	8150	36.2	9900	44.0	9800	43.6	0.20	30	0.21	30.7
7/16	11.1	11	11000	48.9	10930	48.2	13500	60.1	13060	58.1	0.28	42	0.28	41.1
1/2	12.7	12.7	14500	64.5	14560	64.7	17500	77.8	17420	77.5	0.36	54	0.37	54.8
9/16	14.3	14.3	18500	82.5	18460	82.1	22100	98.3	22100	98.3	0.46	68	0.47	69.5
5/8	15.9	16	23000	102	23150	103	27200	121	27650	123	0.57	84	0.59	87.0
11/16	17.5	17.5	27000	120	27650	123	32800	145	33050	147	0.69	103	0.70	104
3/4	19.1	19	32000	142	32600	145	38900	173	38890	173	0.82	122	0.83	123
13/16	20.6	20.6	37000	165	38200	170	46000	205	45860	204	0.96	143	0.97	144
7/8	22.2	22	42000	187	43610	194	52600	234	52380	233	1.11	165	1.11	165

8×19 钢芯电梯用钢丝绳的性能英制和公制对照 表 11-36

直径		等效的直径	英制钢丝绳	等效级别公制钢丝绳	英制钢丝绳	等效级别公制钢丝绳	钢丝绳长度参考重量	
英制	公制		优质碳素结构钢级别的最小值	1180/1770 级别的最小值	EHS 级别	1570/1770 级别的最小值	英制尺寸绳	公制尺寸绳
in	mm	mm	Ib	kN	Ib	kN	Ib/ft	kg/100m
5/16	7.94	8	7560	33.6	8560	38.0	0.18	26.0
3/8	9.53	9.5	10660	47.4	12090	53.7	0.25	36.7
7/16	11.1	11	14300	63.5	16190	71.9	0.33	49.2
1/2	12.7	12.7	19060	84.7	21580	95.9	0.44	65.6
5/8	15.9	16	30250	134	34240	152	0.70	104
3/4	19.1	19	42650	190	48290	215	0.95	147
7/8	22.2	22	57180	254	64740	288	1.33	197

10. 平衡用扁钢丝绳（GB/T 20119—2006）

本标准适用于竖井提升设备平衡用的扁钢丝绳。钢丝绳 6×19 类断面结构主要有 3 种，见图 11-31，其钢丝绳的规格与力学性能见表 11-37。

PD6×4×7扁钢丝绳断面图

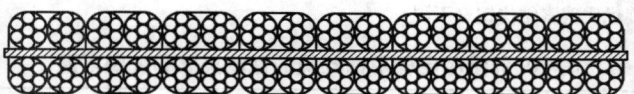

PD8×4×7扁钢丝绳断面图

PD8×4×9扁钢丝绳断面图

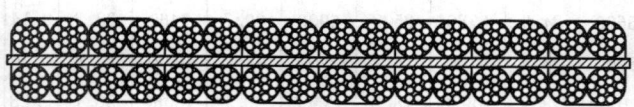

PD8×4×14扁钢丝绳断面图

PD8×4×19扁钢丝绳断面图

图 11-31　平衡用扁钢丝绳

扁钢丝绳典型结构、公称尺寸　　　　　　　　　　　　　　表 11-37

公称尺寸宽×厚 $b×h$ mm	子绳钢丝公称尺寸/mm	子绳钢丝断面积总和/mm²	扁钢丝绳公称抗拉强度/MPa			参考重量 kg/100m	编织方式
			1370	1470	1570		
			最小钢丝破断拉力总和/kN				
扁钢丝绳典型结构 6×4×7　子绳股结构(1+6)							
58×13	1.3	223	306	328	350	210	双纬绳两侧各2条
62×14	1.4	258	353	379	405	240	
67×15	1.5	297	407	437	466	280	
71×16	1.6	338	463	497	531	320	
75×17	1.7	381	522	560	598	360	
扁钢丝绳典型结构 8×4×7　子绳股结构(1+6)							
88×15	1.5	396	370	543	582	622	双纬绳两侧各2条
94×16	1.6	450	420	616	662	706	
100×17	1.7	508	470	696	747	798	
107×18	1.8	570	530	781	838	895	
113×19	1.9	635	580	870	933	997	
119×20	2.0	703	650	963	1030	1100	
扁钢丝绳典型结构 8×4×9　子绳股结构(FC+9)							
132×21	1.7	633	700	895	960	1030	双纬绳两侧各4条
139×23	1.8	732	770	1000	1080	1150	
143×24	1.85	774	800	1060	1140	1220	
147×24	1.9	816	840	1120	1200	1280	
155×26	2.0	904	940	1240	1330	1420	
163×27	2.1	997	1050	1370	1470	1570	
170×28	2.2	1090	1160	1490	1600	1710	
扁钢丝绳典型结构 8×4×14　子绳股结构(4+10)							
145×24	1.7	1020	960	1400	1500	1600	双纬绳两侧各4条
154×25	1.8	1140	1080	1560	1680	1790	
158×26	1.85	1200	1140	1640	1760	1880	
162×27	1.9	1270	1190	1740	1870	1990	
171×28	2.0	1410	1330	1930	2070	2210	
180×30	2.1	1550	1480	2120	2280	2430	
188×31	2.2	1700	1610	2330	2500	2670	
扁钢丝绳典型结构 8×4×19　子绳股结构(1+6+12)							
148×24	1.5	1070	980	1470	1570	1680	双纬绳两侧各4条
157×25	1.6	1220	1120	1670	1790	1920	
166×26	1.7	1380	1260	1890	2030	2170	
177×28	1.8	1550	1420	2120	2280	2430	
187×29	1.9	1720	1560	2360	2530	2700	
196×31	2.0	1910	1740	2620	2810	3000	
206×33	2.1	2100	1950	2880	3090	3300	
216×34	2.2	2310	2120	3160	3400	3630	

注：1. 子绳钢丝公称直径允许在±0.20mm 范围内调整。

　　2. 若纬绳钢丝损坏是钢丝绳报废的主要原因时，纬绳可以用其他构件代替，但应按本标准的规定进行检验验收。

　　3. 表中钢丝绳的参考重量为未涂油的重量，涂油钢丝绳的单位长度重量应双方协议。

11. 胶管用钢丝绳（GB/T 12756—1991）

本标准适用于胶管骨架增强材料用镀锌钢丝绳。钢丝绳断面结构主要有 2 种，见图 11-32，其规格与力学性能见表 11-38。

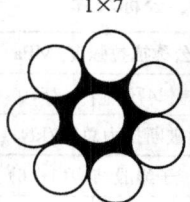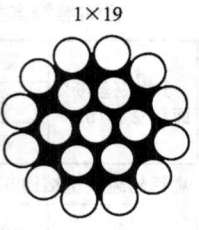

图 11-32 胶管用钢丝绳

钢丝绳规格与力学性能   表 11-38

结构	钢丝绳直径公称直径/mm	钢丝公称直径 mm	钢丝总横断面积 mm²	钢丝绳最小破断拉力 kN	参考重量 kg/100m	每根钢丝绳长度/m
1×7	2.1	0.7	2.79	4.67	2.27	1500
1×19	3.5	0.7	7.41	12.4	6.02	800
	4.0	0.8	9.66	16.17	7.85	

12. 输送带用钢丝绳（GB/T 12753—2008）

本标准适用于钢丝绳芯输送带骨架增强材料用镀锌钢丝绳。钢丝绳为开放式结构，断面结构有 6×7-WSC、6×19-WSC 和 6×19W-WSC 等 3 种，见图 11-33。其规格与力学性能见表 11-39。经供需双方协商，也可供应其他结构的钢丝绳。

钢丝绳按捻向分为右捻（Z）和左捻（S）2 种，交货时一般应按左右捻各半，也可根据用户订货需求供货。

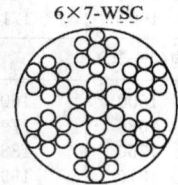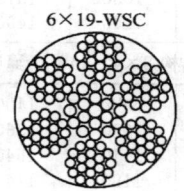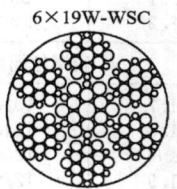

图 11-33 输送带用钢丝绳结构

钢丝绳规格与力学性能   表 11-39

钢丝绳公称直径 d/mm	钢丝绳最小破断拉力/kN			参考重量 kg/100m	钢丝绳公称直径 d/mm	钢丝绳最小破断拉力/kN			参考重量 kg/100m
	普通级强度	高级强度	特高级强度			普通级强度	高级强度	特高级强度	
结构：6×7-WSC									
2.50	5.3	5.5	5.8	2.4	4.30	16.8	17.8	19.0	7.5
2.60	5.5	6.0	6.5	2.7	4.40	17.5	18.5	19.7	7.7
2.70	6.4	6.7	7.0	2.9	4.50	18.2	19.3	20.7	8.1
2.80	6.8	7.2	7.6	3.2	4.60	19.2	20.1	21.3	8.4
2.90	7.5	7.7	8.1	3.4	4.70	19.6	20.8	22.5	8.7
3.00	8.0	8.5	9.0	3.7	4.80	20.4	21.5	23.2	9.2
3.10	8.8	9.5	10.0	3.9	4.90	21.5	22.7	24.1	9.5
3.20	9.5	10	10.5	4.1	5.00	22.2	23.3	24.9	9.8
3.30	10.3	10.8	11.4	4.4	5.10	23.4	24.2	25.7	10.4
3.40	10.6	11.1	12.0	4.6	5.20	24.5	25.6	26.7	10.6
3.50	11.4	12.0	12.8	4.9	5.30	25.2	26.1	27.5	11.1
3.60	12.0	12.7	13.3	5.3	5.40	26.2	27.5	28.7	11.5
3.70	12.7	13.2	14.2	5.5	5.50	27.5	28.5	29.7	12.1
3.80	13.7	14.5	15.0	5.8	5.60	28.1	29.0	30.1	12.5
3.90	14.0	14.8	15.8	6.3	5.70	28.5	29.6	31.0	13.0
4.00	14.5	15.2	16.3	6.5	5.80	29.2	30.7	31.3	13.4
4.10	15.3	16.2	17.4	6.8	5.90	30.0	31.7	32.5	14.1
4.20	15.9	16.6	17.8	7.1					

续表

钢丝绳公称直径 d/mm	钢丝绳最小破断拉力/kN			参考重量 kg/100m	钢丝绳公称直径 d/mm	钢丝绳最小破断拉力/kN			参考重量 kg/100m
	普通级强度	高级强度	特高级强度			普通级强度	高级强度	特高级强度	
结构：6×19-WSC									
4.5	18.2	18.6	19.3	7.8	10.0	78.7	82.3	86.3	37.8
4.8	20.0	20.7	21.2	8.7	10.4	84.8	88.6	92.5	40.5
5.0	22.5	23.2	23.9	9.8	10.8	90.0	94.0	97.7	43.1
5.4	25.2	26.1	27.0	11.2	11.2	98.3	101	104	46.4
5.6	27.5	28.7	29.9	12.1	11.6	104	108	112	50.8
5.8	29.6	31.0	31.6	13.2	12.0	110	114	118	53.4
6.0	31.0	32.3	33.3	13.9	12.2	112	116	121	54.0
6.2	33.1	34.4	35.7	14.8	12.4	116	121	126	55.9
6.4	34.5	36.2	37.4	15.7	12.6	121	125	130	58.1
6.8	39.3	41.0	42.7	18.0	12.9	124	129	135	58.9
7.2	43.0	45.0	47.1	19.9	13.0	128	133	139	62.0
7.6	48.8	51.0	53.0	22.5	13.2	132	137	143	64.0
8.0	53.2	55.3	57.2	24.4	13.4	135	140	146	65.5
8.4	56.4	59.0	62.4	26.7	13.6	141	146	152	68.0
8.8	63.2	66.2	68.3	29.4	13.8	145	150	155	70.0
9.0	65.0	68.0	71.0	30.8	14.0	148	154	160	71.5
9.2	67.8	71.1	73.9	32.1	14.5	156	162	168	76.1
9.6	73.6	77.2	79.7	34.8	15.0	165	172	180	81.3
结构：6×19W-WSC									
5.0	23.0	23.7	24.5	10.3	10.0	84.0	87.5	88.3	38.9
5.6	30.0	30.8	31.5	13.3	10.5	91.5	95.2	96.5	42.9
6.0	33.2	34.3	34.8	14.9	11.0	101	104	106	47.1
6.6	39.6	41.2	41.7	17.7	11.5	105	109	112	51.5
7.0	44.7	46.5	47.0	19.9	12.0	114	118	120	56.1
7.2	47.2	49.1	49.5	20.8	12.5	122	127	132	60.2
7.6	52.8	55.0	55.5	23.6	13.0	131	138	143	65.3
8.0	57.2	59.3	60.0	26.7	13.5	140	146	154	70.2
8.3	60.0	62.3	63.0	28.4	14.0	150	157	164	73.9
8.7	66.3	69.0	70.0	31.0	14.5	154	162	170	79.5
9.1	73.0	76.3	77.0	33.7	15.0	167	175	184	86.0

注：单根钢丝绳最小长度要大于70m。

13. 索道用钢丝绳（GB 26722—2011）

本标准规定了索道及地面缆车用钢丝绳的分类、材料、技术要求及质量证明书。

图 11-34　6×7-FC
类钢丝绳

本标准适用于客运、货运架空索道、地面缆车、拖牵索道用的圆股钢丝绳、压实股钢丝绳及密封钢丝绳，如未特别指明"货运索道"或"客运索道"，则为两者通用，如未具体说明是"承载索"、"运载索"、"牵引索"、"平衡索"、"张紧索"、"拖牵索"、"救护索"则为7种通用。

（1）第1组 6×7 类钢丝绳

本组钢丝绳有 6×7-FC 一种结构如图 11-34 所示，其规格和尺寸见表 11-40。

6×7-FC 类钢丝绳规格与力学性能　　　　　　　　　　表 11-40

钢丝绳公称直径 mm	钢丝绳公称抗拉强度/MPa					参考重量/（kg/100m）	
	1570	1670	1770	1870	1960	天然纤维芯	合成纤维芯
	钢丝绳最小破断拉力/kN						
8	33.7	35.8	37.9	40.1	42.0	22.5	22.0

续表

钢丝绳公称直径 mm	钢丝绳公称抗拉强度/MPa					参考重量/（kg/100m）	
	1570	1670	1770	1870	1960		
	钢丝绳最小破断拉力/kN					天然纤维芯	合成纤维芯
9	42.6	45.3	48.0	50.7	53.2	28.4	27.9
10	52.6	55.9	59.3	62.6	65.7	35.1	34.4
11	63.6	67.7	71.7	75.8	79.4	42.5	41.6
12	75.7	80.6	85.4	90.2	94.6	50.5	49.5
13	88.9	94.5	100	106	111	59.3	58.1
14	103	110	116	123	129	68.8	67.4
16	135	143	152	160	168	89.9	88.1
18	170	181	192	203	213	114	111
20	210	224	237	251	263	140	138
22	255	271	287	303	318	170	166
24	303	322	342	361	378	202	198
26	356	378	401	423	444	237	233
28	412	439	465	491	515	275	270
30	473	504	534	564	591	316	310
32	539	573	607	641	672	359	352
34	608	647	685	724	759	406	398
36	682	725	768	812	861	456	446
38	759	808	856	905	948	507	497

注：钢丝绳最小破断拉力＝最小钢丝破断拉力总和×0.896。

（2）第 2 组 6×19 类钢丝绳

本组钢丝绳有 6×19S-FC 及 6×25F-FC、6×26WS-FC 共 3 种结构，如图 11-35 和图 11-36 所示，其规格和尺寸见表 11-41 及表 11-42。

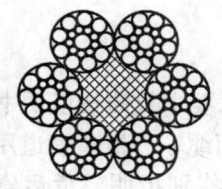

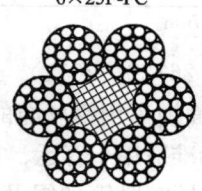
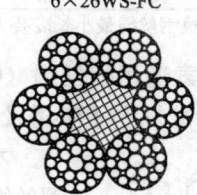

6×25F-FC   6×26WS-FC

图 11-35　6×19S-FC 类钢丝绳　　　　图 11-36　6×25F-FC、6×26WS-FC 类钢丝绳

6×19S-FC 类钢丝绳规格与力学性能　　　　　　　　　表 11-41

钢丝绳公称直径 mm	钢丝绳公称抗拉强度/MPa					参考重量/（kg/100m）	
	1570	1670	1770	1870	1960		
	钢丝绳最小破断拉力/kN					天然纤维芯	合成纤维芯
12	76.4	81.3	86.1	91.0	95.4	53.1	51.8
13	89.7	95.4	101	107	112	62.3	60.8
14	104	111	117	124	130	72.2	70.5
16	136	145	152	152	170	94.3	92.1
18	172	183	194	205	215	119	117
20	212	226	239	253	286	147	144

钢丝绳公称直径 mm	钢丝绳公称抗拉强度/MPa					参考重量/（kg/100m）	
	1570	1670	1770	1870	1960	天然纤维芯	合成纤维芯
	钢丝绳最小破断拉力/kN						
22	257	273	290	306	321	178	174
24	306	325	345	354	392	212	207
26	359	382	404	427	448	249	243
28	416	443	469	496	519	289	282
30	478	508	538	569	595	332	324
32	543	578	613	647	678	377	369
34	613	653	692	731	765	426	416
36	688	732	775	819	859	478	466
38	766	915	864	913	957	532	520

注：钢丝绳最小破断拉力＝最小钢丝破断拉力总和×0.824。

6×25F-FC、6×26WS-FC 类钢丝绳规格与力学性能　　　　　表 11-42

钢丝绳公称直径 mm	钢丝绳公称抗拉强度/MPa					参考重量/（kg/100m）	
	1570	1670	1770	1870	1960	天然纤维芯	合成纤维芯
	钢丝绳最小破断拉力/kN						
12	76.4	81.3	86.1	91.0	95.4	54.7	53.4
13	89.7	95.4	101	107	112	64.2	62.7
14	104	111	117	124	130	74.5	75.7
16	136	145	153	162	170	97.3	95.0
18	172	483	196	205	216	123	120
20	212	226	239	253	255	152	148
22	257	273	290	306	321	184	480
24	306	325	345	364	382	219	214
26	359	382	404	427	448	257	251
28	416	443	469	496	519	298	291
30	478	508	538	569	596	342	334
32	543	578	613	647	678	389	380
34	613	653	692	731	766	439	429
36	688	732	775	819	859	492	481
38	766	815	864	913	957	549	536
40	849	903	957	1010	1060	608	594
42	936	996	1060	1110	1170	670	654
44	1030	1090	1160	1220	1280	736	718

注：钢丝绳最小破断拉力＝最小钢丝破断拉力总和×0.824。

（3）第 3 组 6×36 类钢丝绳

本组钢丝绳有 6×29F-FC、6×31WS-FC、6×36WS-FC、6×41WS-FC 等 4 种结构，如图 11-37 所示，其规格和尺寸见表 11-43。

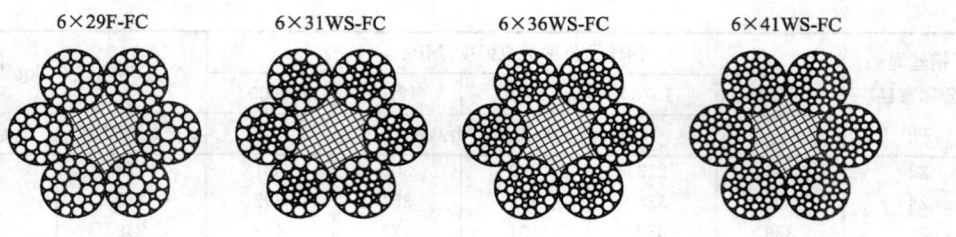

图 11-37 6×36 类钢丝绳

6×36 类钢丝绳规格与力学性能   表 11-43

钢丝绳公称直径 mm	钢丝绳公称抗拉强度/MPa					参考重量/（kg/100m）	
	1570	1670	1770	1870	1960		
	钢丝绳最小破断拉力/kN					天然纤维芯	合成纤维芯
13	76.9	81.8	86.7	91.5	95.0	54.7	53.4
14	105	111	118	125	131	74.5	72.7
16	137	145	154	163	171	97.3	95.0
18	173	184	195	206	216	123	120
20	214	227	241	254	267	152	148
22	258	275	291	308	323	184	180
24	307	327	347	366	384	219	214
26	361	384	407	429	450	257	251
28	418	445	472	498	522	298	291
30	480	511	542	571	600	342	334
32	547	581	616	651	682	389	380
34	617	656	696	735	770	439	429
36	692	736	780	824	864	492	481
38	771	820	869	918	962	549	536
40	854	908	963	1020	1070	608	594
42	942	1000	1060	1120	1180	670	554
44	1036	1100	1170	1230	1290	736	718
46	1130	1200	1270	1350	1410	804	785
48	1230	1310	1390	1460	1540	876	855
50	1330	1420	1500	1590	1670	950	928
52	1440	1540	1630	1720	1800	1030	1000
54	1560	1660	1750	1850	1940	1110	1080
56	1670	1780	1890	1960	2090	1190	1160
58	1800	1910	2020	2140	2240	1280	1250
60	1920	2040	2170	2290	2400	1370	1340

注：钢丝绳最小破断拉力＝最小钢丝破断拉力总和×0.816。

（4）第 4 组 6×K7 类钢丝绳

本组钢丝绳有 6×K7-FC 一种结构如图 11-38 所示，其规格和尺寸见表 11-44。

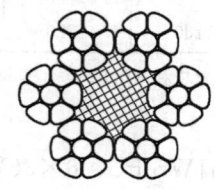

图 11-38 6×K7 类钢丝绳

6×K7 类钢丝绳规格与力学性能 表 11-44

钢丝绳公称直径 mm	钢丝绳公称抗拉强度/MPa					参考重量 kg/100m
	1570	1670	1770	1870	1960	
	钢丝绳最小破断拉力/kN					
10	58.9	62.6	66.4	70.1	73.5	41.0
12	84.8	90.2	95.6	101	106	59.0
14	115	123	130	137	144	80.4
16	151	160	170	180	188	105
18	191	203	215	227	238	133
20	236	250	266	280	294	164
22	285	303	321	339	356	158
24	339	361	382	404	423	236
26	398	423	449	474	497	277
28	462	491	520	550	576	321
30	530	564	597	631	662	369
32	603	641	680	718	753	420
34	681	724	767	811	850	474
36	763	812	860	909	953	531
38	850	904	958	1010	1060	592
40	942	1000	1050	1120	1180	656

注：钢丝绳最小破断拉力＝最小钢丝破断拉力总和×0.882。

（5）第 5、6 组 6×K19、6×K36 类钢丝绳

本组钢丝绳有 6×K19S-FC、6×K25F-FC、6×K26WS-FC、6×K29F-FC、6×K31WS-FC、6×K36WS-FC、6×K41WS-FC 共 7 种结构，如图 11-39 所示，其规格和尺寸见表 11-45。

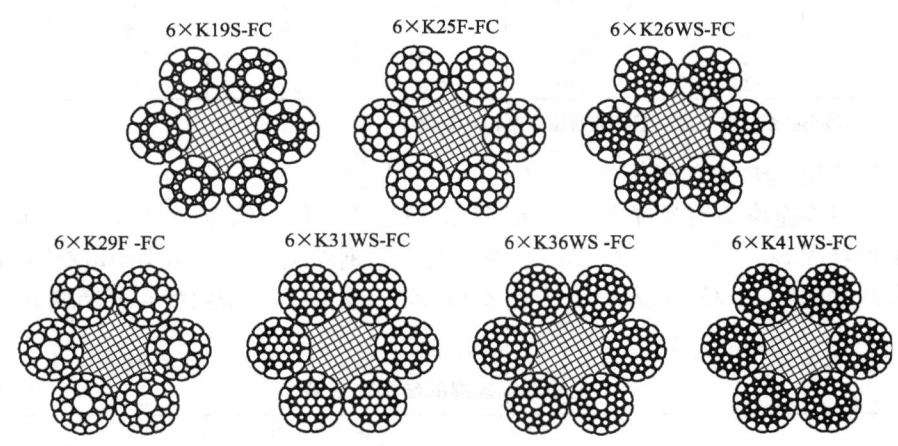

图 11-39 6×K19、6×K36 类钢丝绳

6×K19、6×K36 类钢丝绳规格与力学性能 表 11-45

钢丝绳公称直径 mm	钢丝绳公称抗拉强度/MPa					参考重量 kg/100m
	1570	1670	1770	1870	1960	
	钢丝绳最小破断拉力/kN					
12	84.3	89.7	95.1	100	105	61.2
14	115	122	120	137	143	83.3
16	150	150	169	179	187	109

钢丝绳公称直径 mm	钢丝绳公称抗拉强度/MPa					参考重量 kg/100m
	1570	1670	1770	1870	1960	
	钢丝绳最小破断拉力/kN					
18	190	202	214	226	237	138
20	234	249	264	279	292	170
22	283	301	320	338	354	205
24	337	359	380	402	421	245
26	390	421	446	472	494	287
28	459	488	518	547	573	333
30	527	561	594	628	658	382
32	600	638	676	714	749	435
34	677	720	763	806	845	491
36	759	807	856	904	947	551
38	846	899	953	1010	1060	614
40	937	997	1060	1120	1170	680
42	1030	1100	1160	1230	1290	750
44	1130	1210	1280	1350	1420	823
46	1240	1320	1400	1480	1550	890
48	1350	1440	1520	1610	1680	979
50	1460	1560	1650	1740	1830	1060
52	1580	1680	1790	1890	1980	1150
54	1710	1820	1930	2030	2130	1240
56	1840	1950	2070	2190	2290	1330
58	1970	2100	2220	2350	2460	1430
60	2110	2240	2380	2510	2630	1530
62	2250	2390	2540	2680	2810	1630
64	2400	2550	2700	2850	2990	1740
66	2550	2710	2880	3640	3180	1850
68	2710	2880	3050	3030	3380	1970

注：钢丝绳最小破断拉力＝最小钢丝破断拉力总和×0.824。

（6）第 7 组 全密封钢丝绳类

本组有单层全密封钢丝绳 WSC＋n_1Z、双单层全密封钢丝绳 WSC＋n_1Z＋n_2Z、三层全密封钢丝绳 WSC＋n_1Z＋n_2Z＋n_3Z、四层全密封钢丝绳 WSC＋n_1Z＋n_2Z＋n_3Z＋n_4Z、五层全密封钢丝绳 WSC＋n_1Z＋n_2Z＋n_3Z＋n_4Z＋n_5Z 等 5 种钢丝绳，其结构和规格尺寸见表 11-46。

全密封钢丝绳的结构和规格　　　　　　表 11-46

密封钢丝绳结构	钢丝绳公称直径 d/mm	钢丝绳公称抗拉强度/MPa					参考重量 kg/100m
		1370	1470	1570	1670	1770	
		钢丝绳最小破断拉力/kN					
单层全密封钢丝绳 WSC＋n_1Z							
	22	399	428	457	487	516	273
	24	475	510	544	579	614	331
	26	558	598	639	680	720	389
	28	647	694	741	788	835	451
	30	742	796	851	905	959	518
	32	845	906	968	1030	1090	589
	34	953	1020	1090	1160	1230	665
	36	1070	1150	1220	1300	1380	745

密封钢丝绳结构	钢丝绳公称直径 d/mm	钢丝绳公称抗拉强度/MPa					参考重量 kg/100m
		1370	1470	1570	1670	1770	
		钢丝绳最小破断拉力/kN					
双层全密封钢丝绳 WSC+n_1Z+n_2Z							
	28	658	706	755	803	851	468
	30	756	811	866	921	977	537
	32	860	923	986	1048	1111	611
	34	971	1040	1110	1180	1250	690
	36	1090	1170	1250	1330	1410	774
	38	1210	1300	1390	1480	1570	862
	40	1340	1440	1540	1640	1740	955
	42	1480	1590	1700	1810	1910	1050
	44	1630	1740	1860	1980	2100	1160
	46	1780	1910	2040	2170	2300	1260
三层全密封钢丝绳 WSC+n_1Z+n_2Z+n_3Z							
	46	1790	1920	2050	2180	2310	1260
	48	1950	2090	2240	2380	2520	1370
	50	2120	2270	2430	2580	2730	1480
	52	2290	2460	2620	2790	2960	1610
	54	2470	2650	2830	3010	3190	1730
	56	2660	2850	3040	3240	3430	1860
	58	2850	3060	3260	3470	3880	2000
四层全密封钢丝绳 WSC+n_1Z+n_2Z+n_3Z+n_4Z							
	58	2820	3030	3230	3440	3640	1980
	60	3020	3240	3460	3680	3900	2120
	62	3220	3460	3690	3930	4160	2270
	64	3430	3680	3940	4190	4440	2420
	66	3650	3920	4190	4450	4720	2570
	68	3880	4160	4440	4730	5010	2730
	70	4110	4410	4710	5010	5310	2890
五层全密封钢丝绳 WSC+n_1Z+n_2Z+n_3Z+n_4Z+n_5Z							
	60	3030	3250	3470	3690	3910	2140
	62	3230	3470	3710	3940	4180	2280
	64	3450	3700	3950	4200	4450	2430
	66	3660	3939	4200	4470	4730	2590
	68	3890	4170	4460	4740	5030	2750
	70	4120	4420	4720	5020	5330	2910

注：单根钢丝绳最小长度要大于 70m。

二、绳　具

1. 钢丝绳用楔形接头（GB/T 5973—2006）

本标准适用于各类起重机上的，符合 GB 8918—2006、GB/T 20118—2006 规定的绳端固定或连接的圆股钢丝绳用楔形接头，使用时应避免不正确的安装方法。接头形状见图 11-40，其规格尺寸见表 11-47。

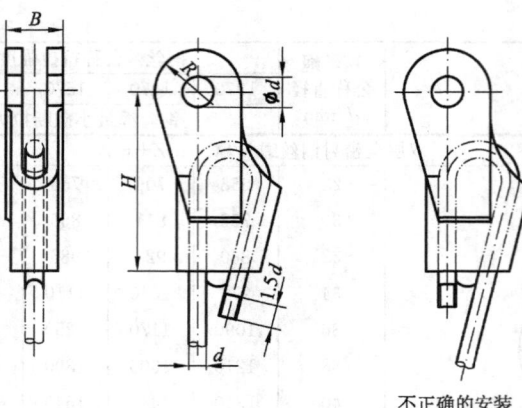

不正确的安装

图 11-40 楔形接头

楔形接头规格与尺寸   表 11-47

楔形接头公称尺寸 d/mm	尺寸/mm					断裂载荷 kN	许用载荷 kN	单组重量 kg
	适用钢丝绳公称直径 d/mm	B	D(H10)	H	R			
6	6	29	16	105	16	12	4	0.59
8	>6～8	31	18	125	25	21	7	0.80
10	>8～10	38	20	150	25	32	11	1.04
12	>10～12	44	25	180	30	48	16	1.73
14	>12～14	51	30	185	35	66	22	2.34
16	>14～16	60	34	195	42	85	28	3.27
18	>16～18	64	36	195	44	108	36	4.00
20	>18～20	72	38	220	50	135	45	5.45
22	>20～22	76	40	240	52	168	56	6.37
24	>22～24	83	50	260	60	190	63	8.32
26	>24～26	92	55	280	65	215	75	10.16
28	>26～28	94	55	320	70	270	90	13.97
32	>28～32	110	65	360	77	336	112	17.94
36	>32～36	122	70	390	85	450	150	23.03
40	>36～40	145	75	470	90	540	180	32.35

注：表中许用载荷和断裂载荷是楔套材料采用 ZG 275-500 铸钢件，楔的材料采用 HT 200 灰铸铁。

2. 钢丝绳夹（GB/T 5976—2006）

本标准适用于起重机、矿山运输、船舶和建筑业等重型工况中所使用的 GB 8918—2006、GB/T 20118—2006 中圆股钢丝绳的绳端固定或连接用的钢丝绳夹，绳夹形状见图 11-41，其规格尺寸见表 11-48。

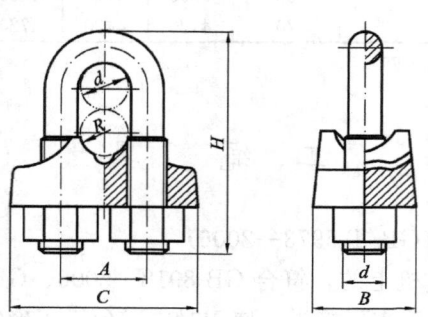

图 11-41 钢丝绳夹

绳夹规格与尺寸　　　　　　　　　　　　　　　　　　表 11-48

绳夹公称尺寸 d/mm	尺寸/mm						螺　母	单组重量 kg
	适用的钢丝绳公称直径	A	B	C	R	H		
6	6	13.0	14	27	3.5	31	M6	0.034
8	>6～8	17.0	19	36	4.5	41	M8	0.073
10	>8～10	21.0	23	44	5.5	51	M10	0.140
12	>10～12	25.0	28	53	6.5	62	M12	0.243
14	>12～14	29.0	32	61	7.5	72	M14	0.372
16	>14～16	31.0	32	63	8.5	77	M14	0.402
18	>16～18	35.0	37	72	9.5	87	M16	0.601
20	>18～20	37.0	37	74	10.5	92	M16	0.624
22	>20～22	43.0	46	89	12.0	108	M20	1.122
24	>22～24	45.5	46	91	13.0	113	M20	1.205
26	>24～26	47.5	46	93	14.0	117	M20	1.244
28	>26～28	51.5	51	102	15.0	127	M22	1.605
32	>28～32	55.5	51	106	17.0	136	M22	1.727
36	>32～36	61.5	55	116	19.5	151	M24	2.286
40	>36～40	69.0	62	131	21.5	168	M27	3.133
44	>40～44	73.0	62	135	23.5	178	M27	3.470
48	>44～48	80.0	69	140	25.5	196	M30	4.701
52	>48～52	84.5	69	153	28.0	205	M30	4.897
56	>52～56	88.5	69	157	30.0	214	M30	5.075
60	>56～60	98.5	83	181	32.0	237	M36	7.921

注：螺母应符合 GB/T 41—2000 标准的 5 级要求规定。

　　钢丝绳夹的布置应按下图所示把夹座扣在钢丝绳的工作段上，U 形螺栓扣在钢丝绳的尾段上，第一个绳夹应尽量靠近扣环，绳夹不得在钢丝绳上交替布置，见图 11-42。使用绳夹的数量和间距参考表 11-49。

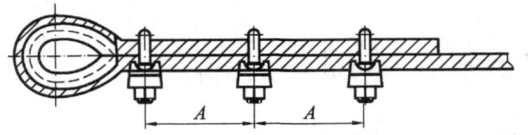

图 11-42　绳夹的布置

绳夹使用数量和间距　　　　　　　　　　　　　　　　表 11-49

绳夹公称尺寸(钢丝绳公称直径 d) mm	钢丝绳夹的最少数量 (组)	绳夹间距 A/mm
≤18	3	
>18～26	4	
>26～36	5	6～7 倍 钢丝绳直径
>36～44	6	
>44～60	7	

3. 钢丝绳用普通套环（GB/T 5974.1—2006）

　　本标准适用于各类起重机上的，符合 GB 8918—2006、GB/T 20118—2006 规定的圆股钢丝绳用普通套环。套环形状见图 11-43，其规格尺寸见表 11-50。

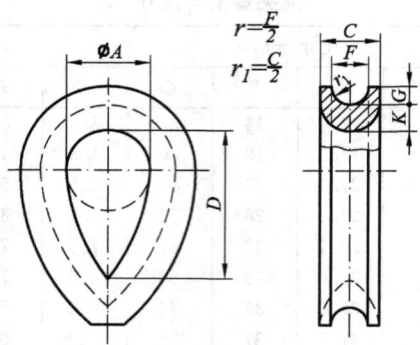

图 11-43　钢丝绳用普通套环

普通套环规格与尺寸　　　　　　　　　　　　　　　　表 11-50

套环规格（钢丝绳公称直径）d/mm	尺寸/mm						单件重量 kg
	F	C	A	D	G	K	
6	6.7	10.5	15	27	3.3	4.2	0.032
8	8.9	14.0	20	36	4.4	5.6	0.075
10	11.2	17.5	25	45	5.5	7.0	0.150
12	13.4	21.0	30	54	6.6	8.4	0.250
14	15.6	24.5	35	63	7.7	9.8	0.393
16	17.8	28.0	40	72	8.8	11.2	0.605
18	20.1	31.5	45	81	9.9	12.6	0.867
20	22.3	35.0	50	90	11.0	14.0	1.205
22	24.5	38.5	55	99	12.1	15.4	1.563
24	26.7	42.0	60	108	13.2	16.8	2.045
26	29.0	45.5	65	117	14.3	18.2	2.620
28	31.2	49.0	70	126	15.4	19.6	3.290
32	35.6	56.0	80	144	17.6	22.4	4.854
36	40.1	63.0	90	162	19.8	25.2	6.972
40	44.5	70.0	100	180	22.0	28.0	9.624
44	49.0	77.0	110	198	24.2	30.8	12.808
48	53.4	84.0	120	216	26.4	33.6	16.595
52	57.9	91.0	130	234	28.6	36.4	20.945
56	62.3	98.0	140	252	30.8	39.2	26.310
60	66.8	105.0	150	272	33.0	42.0	31.396

注：规格 16 适用于钢丝绳公称直径 d＝14～16mm 的普通套环。

4. 钢丝绳用重型套环（GB/T 5974.2—2006）

本标准适用于 GB 8918—2006、GB/T 20118—2006 中规定的圆股钢丝绳用重型套环。重型套环形状见图 11-44，其规格尺寸见表 11-51。

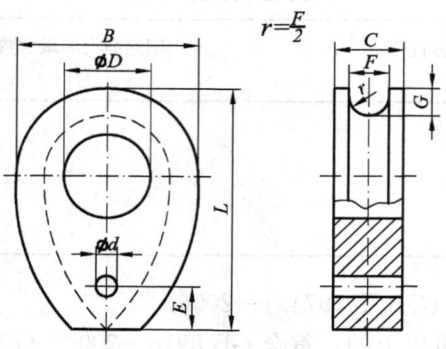

图 11-44　重型套环

重型套环规格与尺寸　　　　　　　　　　　　　　**表 11-51**

套环规格(钢丝绳公称直径)d/mm	尺寸/mm									单件重量 kg
	F	C	A	B	R	L	G_{min}	D	E	
8	8.9	14.0	20	40	56	59	6.0			0.08
10	11.2	17.5	25	50	70	74	7.5			0.17
12	13.4	21.0	30	60	84	89	9.0	5	20	0.32
14	15.6	24.5	35	70	98	104	10.5			0.50
16	17.8	28.0	40	80	112	118	12.0			0.78
18	20.1	31.5	45	90	126	133	13.5			1.14
20	22.3	35.0	50	100	140	148	15.0			1.41
22	24.5	38.5	55	110	154	163	16.5			1.96
24	26.7	42.0	60	120	168	178	18.0			2.41
26	29.0	45.5	65	130	182	193	19.5	10	30	3.46
28	31.2	49.0	70	140	196	207	21.0			4.30
32	35.6	56.0	80	160	224	237	24.0			6.46
36	40.1	63.0	90	180	252	267	27.0			9.77
40	44.5	70.0	100	200	280	296	30.0			12.94
44	49.0	77.0	110	220	308	326	33.0			17.02
48	53.4	84.0	120	240	336	356	36.0			22.75
52	57.9	91.0	130	260	364	385	39.0	15	45	28.41
56	62.3	98.0	140	280	392	415	42.0			35.56
60	66.8	105.0	150	300	420	445	45.0			48.35

5. 钢丝绳铝合金压制接头（GB/T 6946—2008）

　　本标准适用于直径 6～60mm，公称抗拉强度不大于 1770MPa 的圆股钢丝绳接头，不适用于单股或异型股钢丝绳，其结构形状见图 11-45，其规格尺寸见表 11-52。表 11-53 列出了钢丝绳金属截面积与接头号关系。

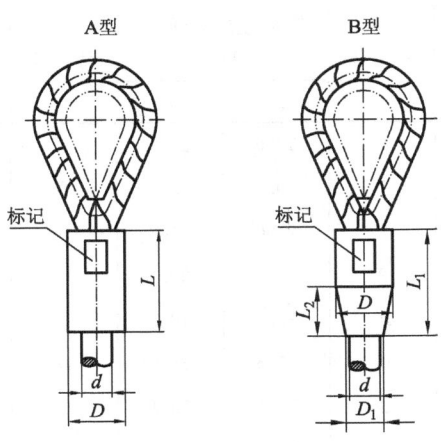

图 11-45　铝合金压制接头

铝合金压制接头规格与尺寸　　　　　　表 11-52

接头号	基本尺寸 D	D_{1min}	D_{2min}	L_{min}	L_{1min}	L_{2min}	$L_3\approx$	r	压制力参考值
	mm								kN
6	13	11	—	30	—	—	3	6	300
7	15	13	—	34	—	—	4	7	350
8	17	15	—	38	—	—	4	8	400
9	19	17	15	44	49	20	5	9	450
10	21	18	16	49	53	22	5	10	500
11	23	20	18	54	58	24	6	11	600
12	25	22	19	59	64	27	6	12	700
13	27	24	21	64	69	29	7	13	800
14	29	25	22	69	74	31	7	14	1000
16	33	29	25	78	83	35	8	16	1200
18	37	32	28	88	94	40	9	18	1400
20	41	36	31	98	105	44	10	20	1600
22	45	39	34	108	115	49	11	22	1800
24	49	43	37	118	126	53	12	24	2000
26	54	46	41	127	134	57	13	26	2250
28	58	50	44	137	145	62	14	28	2550
30	62	53	47	147	155	66	15	30	2950
32	66	56	50	157	168	71	16	32	3400
34	70	59	53	167	178	75	17	34	3800
36	74	63	56	176	185	79	18	36	4300
38	78	66	59	186	196	84	19	38	4800
40	82	69	62	196	200	88	20	40	5300
44	90	75	68	215	228	96	22	44	6200
48	98	71	74	235	248	106	24	48	7300
52	106	87	80	255	270	114	26	52	8600
56	114	93	86	275	290	124	28	56	1000
60	124	99	93	295	315	132	30	60	1200

钢丝绳金属截面积与接头号关系　　　　　　表 11-53

钢丝绳直径 mm	第一种情况			第二种情况			第三种情况		
	钢丝绳金属截面积 mm^2		接头号	钢丝绳金属截面积 mm^2		接头号	钢丝绳金属截面积 mm^2		接头号
	>	≤		>	≤		>	≤	
6	11.9	16.5	6	16.5	20.5	7	20.5	25.9	8
7	13.9	19.2	7	19.2	23.9	8	23.9	30.0	9
8	18.1	25.0	8	25.0	31.2	9	31.2	39.2	10
9	22.9	31.7	9	31.7	39.4	10	39.4	49.6	11
10	28.3	39.2	10	39.2	48.7	11	48.7	61.3	12
11	34.2	47.5	11	47.5	58.9	12	58.9	74.1	13
12	40.7	56.6	12	56.6	70.1	13	70.1	88.2	14
13	47.8	66.2	13	66.2	82.3	14	82.3	104	16
14	55.4	76.8	14	76.8	95.4	16	95.4	120	18

续表

钢丝绳直径 mm	第一种情况			第二种情况			第三种情况		
	钢丝绳金属截面积 mm²		接头号	钢丝绳金属截面积 mm²		接头号	钢丝绳金属截面积 mm²		接头号
	>	≤		>	≤		>	≤	
16	72.4	100	16	100	125	18	125	157	20
18	91.6	127	18	127	158	20	158	199	22
20	113	157	20	157	195	22	195	245	24
22	137	189	22	189	236	24	236	296	26
24	163	226	24	226	280	26	280	353	28
26	191	265	26	265	329	28	329	414	30
28	222	308	28	308	382	30	382	480	32
30	254	352	30	352	438	32	438	551	34
32	290	401	32	401	499	34	499	627	36
34	327	454	34	454	563	36	563	708	38
36	366	509	36	509	631	38	631	789	40
38	408	565	38	565	703	40	703	884	44
40	452	630	40	630	780	44	780	980	48
44	547	760	44	760	942	48	942	1185	52
48	651	904	48	904	1121	52	1121	1411	56
52	764	1061	52	1061	1316	56	1316	1656	60
56	886	1231	56	1231	1526	60	—	—	—
60	1017	1413	60	—	—	—	—	—	—
65	—	—	65	—	—	—	—	—	—

注：1. 按表中钢丝绳公称直径，再根据钢丝绳的金属截面积选取接头号。

2. 介于表中钢丝绳公称直径系列之间的钢丝绳，按下列原则靠人系列：

a. 钢丝绳公称直径为 6～14mm，按小数位四舍五入靠人系列。

b. 钢丝绳公称直径为＞1～44mm，当与表中系列之差＜1mm 时，靠人系列小值，当与表中系列之差≥1mm 时，靠人系列大值。

c. 钢丝绳公称直径＞40～65mm，当与表中系列之差≤2mm 时，靠人系列小值，当与表中系列之差＞2mm 时，靠人系列大值。

3. 接头表面应光滑，无裂纹，无毛刺、飞边；在使用中不允许受弯。

6. 建筑幕墙用钢索压管接头（JG/T 201—2007）

本标准适用于直径 6～36mm，钢丝抗拉强度不大于 1700MPa 的各类钢绞线、圆股钢丝绳的钢压管接头，不适用于半密封和密封型钢丝绳压管接头。

钢索压管接头按锚固端结构形式分为 4 种：单板柱形压制接头，代号为 D；叉板柱形压制接头，代号为 C；螺柱端形压制接头，代号为 L；平柱端形压制接头，代号为 P，其结构形状见图 11-46 所示，其规格尺寸见表 11-54。

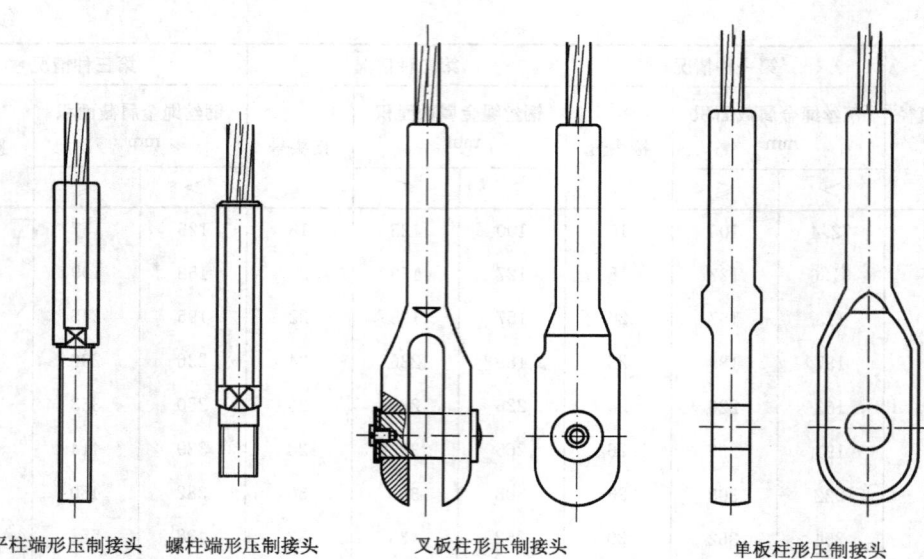

平柱端形压制接头　　螺柱端形压制接头　　　叉板柱形压制接头　　　　　单板柱形压制接头

图 11-46　钢索压管接头

钢索公称直径与接头系列　　　　　　　　　　　　　　　　　表 **11-54**

钢绞线 公称直径 mm	接头 系列代号	钢绞线 结构参数	钢绞线公称 金属截面积 mm²	钢丝绳 公称直径 mm	接头 系列代号	钢丝绳 结构参数	钢丝绳公称 金属截面积 mm²
6	6A		21.5	6	6B		15
8	8A		38.2	8	8B		27
10	10A	1×19	59.7	10	10B		41
12	12A		86.0	12	12B		60
14	14A		117	14	14B		93
16	16A		153	16	16B		122
18	18A		196	18	18B		155
20	20A	1×37	236	20	20B	6×19+IWS	191
22	22A		288	22	22B		235
24	24A		336	24	24B		267
26	26A		403	26	26B		295
28	28A		460	28	28B		374
30	30A	1×61	538	30	30B		429
32	32A		604	32	32B		460
34	34A		692	34	34B		524
36	36A		767	36	36B		592

注：A 为钢绞线结构，B 为钢丝绳结构。

7. 锚卸扣（GB/T 547—1994）

本标准适用于各类锚和锚索（链条、钢索或纤维索）连接用的锚卸扣。

卸扣结构形式分为 a（直）型锚卸扣和 b（圆）型锚卸扣 2 种，其结构形状见图 11-47，其规格尺寸见表 11-55 及表 11-56。

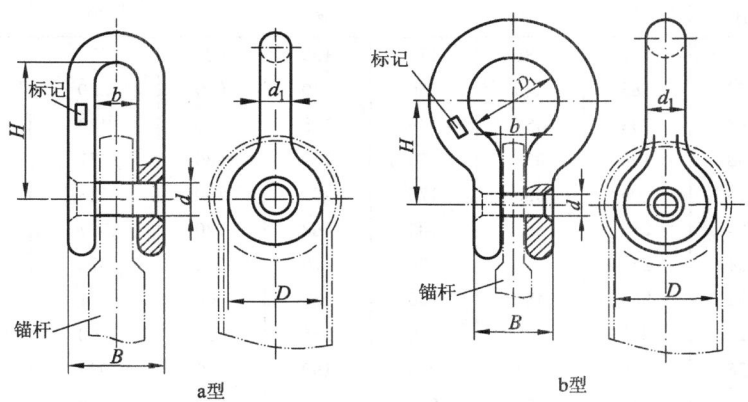

图 11-47　锚卸扣

直型锚卸扣的规格与尺寸　　　　　　　　　　　　　　　　表 **11-55**

卸扣型号	尺寸/mm						重　量 kg	最大配合锚重量 kg
	B	b	D	d	d_1	H		
a1	49	21	35	16	14	60	0.40	15
a2	57	25	40	19	16	72	0.63	20
a3	70	30	45	22	20	84	1.01	30
a4	78	34	50	26	22	98	1.43	50
a5	85	37	60	30	24	115	2.10	100
a6	98	42	68	34	28	130	3.20	150
a7	110	46	75	36	32	145	4.50	200
a8	122	50	80	40	36	160	6.00	250
a9	136	56	90	45	40	175	8.30	360
a10	151	61	100	52	45	192	11.50	450
a11	163	67	110	55	48	215	14.70	600
a12	174	74	120	60	50	235	17.80	800
a13	200	80	130	65	60	255	26.30	1020
a14	215	91	156	70	62	280	35.00	1500
a15	236	100	174	80	68	310	46.80	2000
a16	256	108	190	90	74	340	60.70	2500
a17	279	115	210	100	82	380	80.80	3060
a18	284	120	210	100	82	385	82.80	3540
a19	305	125	230	110	90	410	106	4050
a20	310	130	230	110	90	410	109	4500
a21	335	135	250	120	100	415	139	5000
a22	343	143	250	120	100	450	144	6000
a23	370	150	270	130	110	480	192	7000
a24	377	157	280	130	110	500	196	8000
a25	391	163	300	138	117	540	238	9000
a26	418	170	310	145	124	580	280	10000
a27	437	177	320	150	130	600	314	11100

卸扣型号	尺寸/mm						重 量 kg	最大配合锚重量 kg
	B	b	D	d	d_1	H		
a28	452	182	335	155	135	620	353	12300
a29	468	188	345	160	140	640	390	13500
a30	483	193	355	165	145	660	430	14700
a31	498	198	365	170	150	680	471	16100
a32	515	205	380	175	155	700	523	17800
a33	534	214	395	185	160	730	584	20000
a34	564	224	410	190	170	770	679	23000
a35	594	234	430	200	180	800	791	26000
a36	611	241	445	205	185	820	863	29000
a37	626	246	455	210	190	850	934	31000
a38	642	252	465	215	195	860	999	33000
a39	657	257	475	220	200	880	1072	35500
a40	674	264	490	225	205	910	1165	38500
a41	692	275	510	235	210	940	1279	42000
a42	720	280	520	240	220	960	1412	46000

圆型锚卸扣的规格与尺寸　　　　　　　　　　　　　　　　表 11-56

卸扣型号	尺寸/mm							重 量 kg	最大配合锚重量 kg
	B	b	D	D_1	d	d_1	H		
b1	53	21	40	60	16	16	83	0.71	15
b2	65	25	45	70	19	20	100	1.20	20
b3	74	30	50	82	22	22	115	1.66	30
b4	82	34	60	90	26	24	135	2.35	50
b5	93	37	68	108	30	28	160	3.70	100
b6	106	42	75	124	34	32	183	5.30	150
b7	118	46	80	138	36	36	200	7.20	200
b8	130	50	90	150	40	40	218	9.80	250
b9	146	56	100	166	45	45	242	13.70	300
b10	157	61	110	180	52	48	263	17.40	400
b11	167	67	120	200	55	50	290	21.00	600
b12	194	74	130	220	60	60	320	31.70	800
b13	200	80	130	236	65	60	345	33.40	1000

注：锚卸扣应载和锚杆装配时进行电焊。

8. 一般起重机用卸扣（JB 8112—1999）

本标准规定了 M（4）、S（5）和 T（8）级，极限工作载荷 0.63～100t 的 D 形和弓形的一般特性、性能以及与其他零件互换配合所必需的关键尺寸。D 形卸扣与锻造吊钩配合使用时，可采用一中间部件作连接用。D 形和弓形卸扣的构形式见图 11-48，其规格尺寸见表 11-57 和表 11-58。

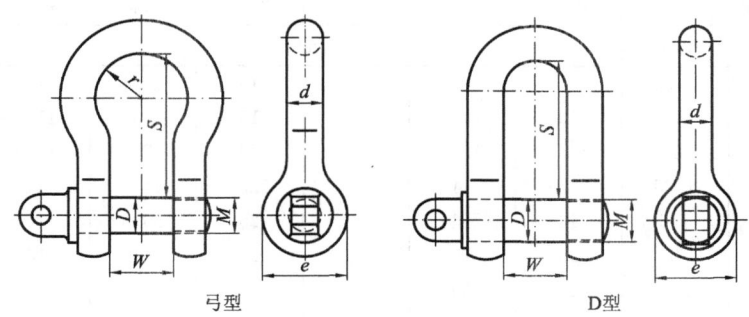

弓型　　　　　　　　　　D型

图 11-48　起重机用卸扣

D 形卸扣的规格与尺寸　　　　　　　　　　　　表 11-57

额定起重量/t			D_{max}	D_{max}	e_{max}	S_{min}	W_{min}	推荐销轴螺纹
M(4)	S(6)	T(8)	mm					
—	—	0.63	8	9		18	9	M9
—	0.63	0.8	9	10		20	10	M10
—	0.8	1	10	11.2		22.4	11.2	M11
0.63	1	1.25	11.2	12.5		25	12.5	M12
0.8	1.25	1.6	12.5	14		28	14	M14
1	1.6	2	14	16		31.5	16	M16
1.25	2	2.5	16	18		35.5	18	M18
1.6	2.5	3.2	18	20		40	20	M20
2	3.2	4	20	22.4		45	22.4	M22
2.5	4	5	22.4	25		50	25	M25
3.2	5	6.3	25	28		56	28	M28
4	6.3	8	28	31.5		63	31.5	M30
5	8	10	31.5	35.5	$2.2D_{max}$	71	35.5	M35
6.3	10	12.5	35.5	40		80	40	M40
8	12.5	16	40	45		90	45	M45
10	16	20	45	50		100	50	M50
12.5	20	25	50	56		112	56	M56
16	25	32	56	63		125	63	M62
20	32	40	63	71		140	71	M70
25	40	50	71	80		160	80	M80
32	50	63	80	90		180	90	M90
40	63	—	90	100		200	100	M100
50	80	—	100	112		224	112	M110
63	100	—	112	125		250	125	M125
80	—	—	125	140		280	140	M140
100	—	—	140	160		315	160	M160

弓形卸扣的规格与尺寸 表 11-58

额定起重量/t			d_{max}	D_{max}	e_{max}	$2r_{min}$	S_{min}	W_{min}	推荐
M(4)	S(6)	T(8)	mm						销轴螺纹
—	—	0.63	9	10		16	22.4	10	M10
—	0.63	0.8	10	11.2		18	25	11.2	M11
—	0.8	1	11.2	12.5		20	28	12.5	M12
0.63	1	1.25	12.5	14		22.4	31.5	14	M14
0.8	1.25	1.6	14	16		25	35.5	16	M16
1	1.6	2	16	18		28	40	18	M18
1.25	2	2.5	18	20		31.5	45	20	M20
1.6	2.5	3.2	20	22.4		35.5	50	22.4	M22
2	3.2	4	22.4	25		40	56	25	M25
2.5	4	5	25	28		45	63	28	M28
3.2	5	6.3	28	31.5		50	71	31.5	M30
4	6.3	8	31.5	35.5		56	80	35.5	M35
5	8	10	35.5	40		63	90	40	M40
6.3	10	12.5	40	45	$2.2D_{max}$	71	100	45	M45
8	12.5	16	45	50		80	112	50	M50
10	16	20	50	56		90	125	56	M56
12.5	20	25	56	63		100	140	63	M62
16	25	32	63	71		112	160	71	M70
20	32	40	71	80		125	180	80	M80
25	40	50	80	90		140	200	90	M90
32	50	63	90	100		160	224	100	M100
40	63	—	100	112		180	250	112	M110
50	80	—	112	125		200	280	125	M125
63	100	—	125	140		224	315	140	M140
80	—	—	140	160		250	355	160	M160
100	—	—	160	180		280	400	180	M180

9. 钢丝绳用压板（GB/T 5975—2006）

本标准适用于起重机卷筒上所用的 GB 8918—2006、GB/T 20118—2006 中规定的圆股钢丝绳的绳端固定的钢丝绳用压板。标准规定了标准槽压板和深槽压板的两种规格，其结构形状见图 11-49 所示，其规格尺寸见表 11-59。

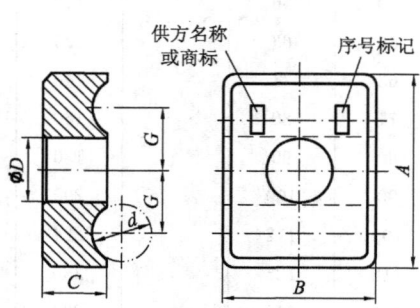

图 11-49 钢丝绳用压板

压板规格与尺寸 表 11-59

压板序号	适用钢丝绳公称直径 d/mm	A		B	C	D	G		压板螺栓直径	单件质量	
		标准槽	深槽				标准槽	深槽		标准槽	深槽
		mm								kg	
1	6～8	25	29	25	8	9	8.0	10.0	M8	0.03	0.04
2	＞8～11	35	39	35	12	11	11.5	13.5	M10	0.10	0.12
3	＞11～14	45	51	45	16	15	14.5	17.5	M14	0.22	0.25
4	＞14～17	55	66	50	18	18	17.5	21.5	M16	0.32	0.37
5	＞17～20	65	73	60	20	22	21.0	25.0	M20	0.48	0.55
6	＞17～23	75	85	60	20	22	24.5	29.5	M20	0.55	0.65
7	＞23～26	85	95	70	25	26	28.0	33.0	M24	0.91	1.05
8	＞26～29	95	105	70	25	30	31.5	36.5	M27	0.99	1.12
9	＞29～32	105	117	80	30	33	34.5	40.5	M30	1.52	1.75
10	＞32～35	115	129	90	35	33	38.0	45.0	M30	2.23	2.58
11	＞35～38	125	141	90	35	39	40.5	48.5	M36	2.29	2.69
12	＞38～41	135	153	100	40	45	44.0	53.0	M42	3.17	3.74
13	＞41～44	145	163	110	40	45	47.5	56.5	M42	3.82	4.44
14	＞44～47	155	175	110	50	45	51.5	61.5	M42	5.25	6.12
15	＞47～52	170	189	125	50	52	56.0	65.0	M48	6.69	7.57
16	＞52～56	180	—	135	50	52	60.0	—	M48	8.10	—
17	＞56～60	190	—	145	55	52	64.0	—	M48	9.20	—

第十二章 焊接器材

一、焊条、焊丝

1. 非合金钢及细晶粒钢焊条（GB/T 5117—2012）

非合金钢及细晶粒钢焊条用于手工电弧焊接低碳钢、中碳钢、普通低合金钢及低合金高强度钢结构。非合金钢及细晶粒钢焊条的熔敷金属抗拉强度代号见表 12-1、药皮类型代号见表 12-2、熔敷金属化学成分分类代号见表 12-3。焊条尺寸应符合 GB/T 25775 的规定，参见表 12-4。焊条熔敷金属化学成分及力学性能分别见表 12-5 和表 12-6。

熔敷金属抗拉强度代号   表 12-1

抗拉强度代号	最小抗拉强度值 MPa	抗拉强度代号	最小抗拉强度值 MPa
43	430	55	550
50	490	57	570

焊条药皮类型代号   表 12-2

代号	药皮类型	焊接位置①	电流类型
03	钛型	全位置②	交流和直流正、反接
10	纤维素	全位置	直流反接
11	纤维素	全位置	交流和直流反接
12	金红石	全位置②	交流和直流正接
13	金红石	全位置②	交流和直流正、反接
14	金红石＋铁粉	全位置②	交流和直流正、反接
15	碱性	全位置②	直流反接
16	碱性	全位置②	交流和直流反接
18	碱性＋铁粉	全位置②	交流和直流反接
19	钛铁矿	全位置②	交流和直流正、反接
20	氧化铁	PA、PB	交流和直流正接
24	金红石＋铁粉	PA、PB	交流和直流正、反接
27	氧化铁＋铁粉	PA、PB	交流和直流正、反接
28	碱性＋铁粉	PA、PB、PC	交流和直流反接
40	不做规定	由制造商确定	
45	碱性	全位置	直流反接
48	碱性	全位置	交流和直流反接

① 焊接位置见 GB/T 16672，其中 PA＝平焊、PB＝平角焊、PC＝横焊、PG＝向下立焊；

② 此处"全位置"并不一定包含向下立焊，由制造商确定。

熔敷金属化学成分分类代号　　　　　　　　表 12-3

分类代号	主要化学成分的名义含量（质量分数）%				
	Mn	Ni	Cr	Mo	Cu
无标记、—1、—P1、—P2	1.0	—	—	—	—
—1M3	—	—	—	0.5	—
—3M2	1.5	—	—	0.4	—
—3M3	1.5	—	—	0.5	—
—N1	—	0.5	—	—	—
—N2	—	1.0	—	—	—
—N3	—	1.5	—	—	—
—3N3	1.5	1.5	—	—	—
—N5	—	2.5	—	—	—
—N7	—	3.5	—	—	—
—N13	—	6.4	—	—	—
—N2M3	—	1.0	—	0.5	—
—NC	—	0.5	—	—	0.4
—CC	—	—	0.5	—	0.4
—NCC	—	0.2	0.6	—	0.5
—NCC1	—	0.6	0.6	—	0.5
—NCC2	—	0.3	0.2	—	0.5
—G	其他成分				

焊 条 尺 寸（mm）　　　　　　　　表 12-4

焊芯直径	焊条长度
1.6、2.0 、2.5	200～350
3.2、4.0、5.0、6.0、8.0	275～450

熔敷金属化学成分　　　　　　　　表 12-5

焊条型号	化学成分（质量分数）%									
	C	Mn	Si	P	S	Ni	Cr	Mo	V	其他
E4303	0.20	1.20	1.00	0.040	0.035	0.30	0.20	0.30	0.08	—
E4310	0.20	1.20	1.00	0.040	0.035	0.30	0.20	0.30	0.08	—
E4311	0.20	1.20	1.00	0.040	0.035	0.30	0.20	0.30	0.08	—
E4312	0.20	1.20	1.00	0.040	0.035	0.30	0.20	0.30	0.08	—
E5545-P2	0.12	0.90～1.70	0.80	0.03	0.03	1.00	0.20	0.50	0.05	—
E5003-1M3	0.12	0.60	0.40	0.03	0.03	—	—	0.40～0.65	—	—

焊条型号	化学成分（质量分数）%									
	C	Mn	Si	P	S	Ni	Cr	Mo	V	其他
E5010-1M3	0.12	0.60	0.40	0.03	0.03	—	—	0.40~0.65	—	—
E5011-1M3	0.12	0.60	0.40	0.03	0.03	—	—	0.40~0.65	—	—
E5015-1M3	0.12	0.90	0.60	0.03	0.03	—	—	0.40~0.65	—	—
E5016-1M3	0.12	0.90	0.60	0.03	0.03	—	—	0.40~0.65	—	—
E5018-1M3	0.12	0.90	0.80	0.03	0.03	—	—	0.40~0.65	—	—
E5019-1M3	0.12	0.90	0.40	0.03	0.03	—	—	0.40~0.65	—	—
E5020-1M3	0.12	0.60	0.40	0.03	0.03	—	—	0.40~0.65	—	—
E5027-1M3	0.12	1.00	0.40	0.03	0.03	—	—	0.40~0.65	—	—
E5518-3M2	0.12	1.00~1.75	0.80	0.03	0.03	0.90	—	0.25~0.45	—	—
E5515-3M3	0.12	1.00~1.80	0.80	0.03	0.03	0.90	—	0.40~0.65	—	—
E5516-3M3	0.12	1.00~1.80	0.80	0.03	0.03	0.90	—	0.40~0.65	—	—
E5518-3M3	0.12	1.00~1.80	0.80	0.03	0.03	0.90	—	0.40~0.65	—	—
E5015-N1	0.12	0.60~1.60	0.90	0.03	0.03	0.30~1.00	—	0.35	0.05	—
E5016-N1	0.12	0.60~1.60	0.90	0.03	0.03	0.30~1.00	—	0.35	0.05	—
E5028-N1	0.12	0.60~1.60	0.90	0.03	0.03	0.30~1.00	—	0.35	0.05	—
E5515-N1	0.12	0.60~1.60	0.90	0.03	0.03	0.30~1.00	—	0.35	0.05	—
E5516-N1	0.12	0.60~1.60	0.90	0.03	0.03	0.30~1.00	—	0.35	0.05	—

焊条型号	化学成分（质量分数）%									
	C	Mn	Si	P	S	Ni	Cr	Mo	V	其他
E5528-N1	0.12	0.60～1.60	0.90	0.03	0.03	0.30～1.00	—	0.35	0.05	—
E5015-N2	0.08	0.40～1.40	0.50	0.03	0.03	0.80～1.10	0.15	0.35	0.05	—
E5016-N2	0.08	0.40～1.40	0.50	0.03	0.03	0.80～1.10	0.15	0.35	0.05	—
E5018-N2	0.08	0.40～1.40	0.50	0.03	0.03	0.80～1.10	0.15	0.35	0.05	—
E5515-N2	0.12	0.40～1.25	0.80	0.03	0.03	0.80～1.10	0.15	0.35	0.05	—
E5516-N2	0.12	0.40～1.25	0.80	0.03	0.03	0.80～1.10	0.15	0.35	0.05	—
E5518-N2	0.12	0.40～1.25	0.80	0.03	0.03	0.80～1.10	0.15	0.35	0.05	—
E5015-N3	0.10	1.25	0.60	0.03	0.03	1.10～2.00	—	0.35	—	—
E5016-N3	0.10	1.25	0.60	0.03	0.03	1.10～2.00	—	0.35	—	—
E5515-N3	0.10	1.25	0.60	0.03	0.03	1.10～2.00	—	0.35	—	—
E5516-N3	0.10	1.25	0.60	0.03	0.03	1.10～2.00	—	0.35	—	—
E5516-3N3	0.10	1.60	0.60	0.03	0.03	1.10～2.00	—	—	—	—
E5518-N3	0.10	1.25	0.80	0.03	0.03	1.10～2.00	—	—	—	—
E5015-N5	0.05	1.25	0.50	0.03	0.03	2.00～2.75	—	—	—	—
E5016-N5	0.05	1.25	0.50	0.03	0.03	2.00～2.75	—	—	—	—
E5018-N5	0.05	1.25	0.50	0.03	0.03	2.00～2.75	—	—	—	—
E5028-N5	0.10	1.00	0.80	0.025	0.020	2.00～2.75	—	—	—	—

焊条型号	化学成分（质量分数）%									
	C	Mn	Si	P	S	Ni	Cr	Mo	V	其他
E5515-N5	0.12	1.25	0.60	0.03	0.03	2.00~2.75	—	—	—	—
E5516-N5	0.12	1.25	0.60	0.03	0.03	2.00~2.75	—	—	—	—
E5518-N5	0.12	1.25	0.80	0.03	0.03	2.00~2.75	—	—	—	—
E5015-N7	0.05	1.25	0.50	0.03	0.03	3.00~3.75				
E5016-N7	0.05	1.25	0.50	0.03	0.03	3.00~3.75				
E5018-N7	0.05	1.25	0.50	0.03	0.03	3.00~3.75				
E5515-N7	0.12	1.25	0.80	0.03	0.03	3.00~3.75	—	—	—	—
E5516-N7	0.12	1.25	0.80	0.03	0.03	3.00~3.75	—	—	—	—
E5518-N7	0.12	1.25	0.80	0.03	0.03	3.00~3.75	—	—	—	—
E5515-N13	0.06	1.00	0.60	0.025	0.020	6.00~7.00				
E5516-N13	0.06	1.00	0.60	0.025	0.020	6.00~7.00	—	—	—	—
E5518-N2M3	0.10	0.80~1.25	0.60	0.02	0.02	0.80~1.10	0.10	0.40~0.65	0.02	Cu：0.10 A1：0.05
E5003-NC	0.12	0.30~1.40	0.90	0.03	0.03	0.25~0.70	0.30	—	V	Cu：0.20~0.60
E5016-NC	0.12	0.30~1.40	0.90	0.03	0.03	0.25~0.70	0.30	—	—	Cu：0.20~0.60
E5028-NC	0.12	0.30~1.40	0.90	0.03	0.03	0.25~0.70	0.30	—	—	Cu：0.20~0.60
E5716-NC	0.12	0.30~1.40	0.90	0.03	0.03	0.25~0.70	0.30	—	—	Cu：0.20~0.60

焊条型号	化学成分（质量分数）%									
	C	Mn	Si	P	S	Ni	Cr	Mo	V	其他
E5728-NC	0.12	0.30~1.40	0.90	0.03	0.03	0.25~0.70	0.30	—	—	Cu: 0.20~0.60
E5003-CC	0.12	0.30~1.40	0.90	0.03	0.03	—	0.30~0.70		—	Cu: 0.20~0.60
E5016-CC	0.12	0.30~1.40	0.90	0.03	0.03	—	0.30~0.70		—	Cu: 0.20~0.60
E5028-CC	0.12	0.30~1.40	0.90	0.03	0.03	—	0.30~0.70		—	Cu: 0.20~0.60
E5716-CC	0.12	0.30~1.40	0.90	0.03	0.03	—	0.30~0.70		—	Cu: 0.20~0.60
E5728-CC	0.12	0.30~1.40	0.90	0.03	0.03	—	0.30~0.70		—	Cu: 0.20~0.60
E5003-NCC	0.12	0.30~1.40	0.90	0.03	0.03	0.05~0.45	0.45~0.75		—	Cu: 0.30~0.70
E5016-NCC	0.12	0.30~1.40	0.90	0.03	0.03	0.05~0.45	0.45~0.75		—	Cu: 0.30~0.70
E5028-NCC	0.12	0.30~1.40	0.90	0.03	0.03	0.05~0.45	0.45~0.75	—	—	Cu: 0.30~0.70
E5716-NCC	0.12	0.30~1.40	0.90	0.03	0.03	0.05~0.45	0.45~0.75	—	—	Cu: 0.30~0.70
E5728-NCC	0.12	0.30~1.40	0.90	0.03	0.03	0.05~0.45	0.45~0.75	—	—	Cu: 0.30~0.70
E5003-NCC1	0.12	0.50~1.30	0.35~0.80	0.03	0.03	0.40~0.80	0.45~0.70		—	Cu: 0.30~0.75
E5016-NCC1	0.12	0.50~1.30	0.35~0.80	0.03	0.03	0.40~0.80	0.45~0.70		—	Cu: 0.30~0.75
E5028-NCC1	0.12	0.50~1.30	0.80	0.03	0.03	0.40~0.80	0.45~0.70	—	—	Cu: 0.30~0.75
E5516-NCC1	0.12	0.50~1.30	0.35~0.80	0.03	0.03	0.40~0.80	0.45~0.70	—	—	Cu: 0.30~0.75
E5518-NCC1	0.12	0.50~1.30	0.35~0.80	0.03	0.03	0.40~0.80	0.45~0.70	—	—	Cu: 0.30~0.75

焊条型号	化学成分（质量分数）%									
	C	Mn	Si	P	S	Ni	Cr	Mo	V	其他
E5716-NCC1	0.12	0.50~1.30	0.35~0.80	0.03	0.03	0.40~0.80	0.45~0.70	—	—	Cu：0.30~0.75
E5728-NCC1	0.12	0.50~1.30	0.80	0.03	0.03	0.40~0.80	0.45~0.70	—	—	Cu：0.30~0.75
E5016-NCC2	0.12	0.40~0.70	0.40~0.70	0.025	0.025	0.20~0.40	0.15~0.30	—	0.08	Cu：0.30~0.60
E5018-NCC2	0.12	0.40~0.70	0.40~0.70	0.025	0.025	0.20~0.40	0.15~0.30	—	0.08	Cu：0.30~0.60
E50XX-G[①]	—	—	—	—	—	—	—	—	—	—
E55XX-G[①]	—	—	—	—	—	—	—	—	—	—
E57XX-G[①]	—	—	—	—	—	—	—	—	—	—

注：表中单值均为最大值。

① 焊条型号中"XX"代表焊条的药皮类型，见表12-2。

碳钢焊条熔敷金属力学性能　　　　　　　　　表 12-6

焊条型号	抗拉强度 R_m MPa	屈服强度[①] R_{eL} MPa	断后伸长率 A %	冲击试验温度 ℃
E4303	≥430	≥330	≥20	0
E4310	≥430	≥330	≥20	−30
E4311	≥430	≥330	≥20	−30
E4312	≥430	≥330	≥16	—
E4313	≥430	≥330	≥16	—
E4315	≥430	≥330	≥20	30
E4316	≥430	≥330	≥20	−30
E4318	≥430	≥330	≥20	−30
E4319	≥430	≥330	≥20	−20
E4320	≥430	≥330	≥20	—
E4324	≥430	≥330	≥16	—
E4327	≥430	≥330	≥20	−30
E4328	≥430	≥330	≥20	−20
E4340	≥430	≥330	≥20	0
E5003	≥490	≥400	≥20	0
E5010	490~650	≥400	≥20	−30
E5011	490~650	≥400	≥20	−30
E5012	≥490	≥400	≥16	—
E5013	≥490	≥400	≥16	—
E5014	≥490	≥400	≥16	—
E5015	≥490	≥400	≥20	−30

续表

焊条型号	抗拉强度 R_m MPa	屈服强度^① R_eL MPa	断后伸长率 A %	冲击试验温度 ℃
E5016	≥490	≥400	≥20	−30
E5016-1	≥490	≥400	≥20	−45
E5018	≥490	≥400	≥20	−30
E5018-1	≥490	≥400	≥20	−45
E5019	≥490	≥400	≥20	−20
E5024	≥490	≥400	≥16	—
E5024-1	≥490	≥400	≥20	−20
E5027	≥490	≥400	≥20	−30
E5028	≥490	≥400	≥20	−20
E5048	≥490	≥400	≥20	−30
E5716	≥570	≥490	≥16	−30
E5728	≥570	≥490	≥16	−20
E5010-P1	≥490	≥420	≥20	−30
E5510-P1	≥550	≥460	≥17	−30
E5518-P2	≥550	≥460	≥17	−30
E5545-P2	≥550	≥460	≥17	−30
E5003-1M3	≥490	≥400	≥20	—
E5010-1M3	≥490	≥420	≥20	—
E5011-1M3	≥490	≥400	≥20	—
E5015-1M3	≥490	≥400	≥20	—
E5016-1M3	≥490	≥400	≥20	—
E5018-1M3	≥490	≥400	≥20	—
E5019-1M3	≥490	≥400	≥20	—
E5020-1M3	≥490	≥400	≥20	—
E5027-1M3	≥490	≥400	≥20	—
E5518-3M2	≥550	≥460	≥17	−50
E5515-3M3	≥550	≥460	≥17	−50
E5516-3M3	≥550	≥460	≥17	−50
E5518-3M3	≥550	≥460	≥17	−50
E5015-N1	≥490	≥390	≥20	−40
E5016-N1	≥490	≥390	≥20	−40
E5028-N1	≥490	≥390	≥20	−40
E5515-N1	≥550	≥460	≥17	−40
E5516-N1	≥550	≥460	≥17	−40
E5528-N1	≥550	≥460	≥17	−40
E5015-N2	≥490	≥390	≥20	−40
E5016-N2	≥490	≥390	≥20	−40
E5018-N2	≥490	≥390	≥20	−50
E5515-N2	≥550	470～550	≥20	−40
E5516-N2	≥550	470～550	≥20	−40

焊条型号	抗拉强度 R_m MPa	屈服强度$^{①}R_{eL}$ MPa	断后伸长率 A %	冲击试验温度 ℃
E5518-N2	≥550	470~550	≥20	−40
E5015-N3	≥490	≥390	≥20	−40
E5016-N3	≥490	≥390	≥20	−40
E5515-N3	≥550	≥460	≥17	−50
E5516-N3	≥550	≥460	≥17	−50
E5516-3N3	≥550	≥460	≥17	−50
E5518-N3	≥550	≥460	≥17	−50
E5015-N5	≥490	≥390	≥20	−75
E5016-N5	≥490	≥390	≥20	−75
E5018-N5	≥490	≥390	≥20	−75
E5028-N5	≥490	≥390	≥20	−60
E5515-N5	≥550	≥460	≥17	−60
E5516-N5	≥550	≥460	≥17	−60
E5518-N5	≥550	≥460	≥17	−60
E5015-N7	≥490	≥390	≥20	−100
E5016-N7	≥490	≥390	≥20	−100
E5018-N7	≥490	≥390	≥20	−100
E5515-N7	≥550	≥460	≥17	−75
E5516-N7	≥550	≥460	≥17	−75
E5518-N7	≥550	≥460	≥17	−75
E5515-N13	≥550	≥460	≥17	−100
E5516-N13	≥550	≥460	≥17	−100
E5518-N2M3	≥550	≥460	≥17	−40
E5003-NC	≥490	≥390	≥20	0
E5016-NC	≥490	≥390	≥20	0
E5028-NC	≥490	≥390	≥20	0
E5716-NC	≥570	≥490	≥16	0
E5728-NC	≥570	≥490	≥16	0
E5003-CC	≥490	≥390	≥20	0
E5016-CC	≥490	≥390	≥20	0
E5028-CC	≥490	≥390	≥20	0
E5716-CC	≥570	≥490	≥16	0
E5728-CC	≥570	≥490	≥16	0
E5003-NCC	≥490	≥390	≥20	0
E5016-NCC	≥490	≥390	≥20	0
E5028-NCC	≥490	≥390	≥20	0
E5716-NCC	≥570	≥490	≥16	0
E5728-NCC	≥570	≥490	≥16	0
E5003-NCC1	≥490	≥390	≥20	0
E5016-NCC1	≥490	≥390	≥20	0

焊条型号	抗拉强度 R_m MPa	屈服强度[1]R_{eL} MPa	断后伸长率 A %	冲击试验温度 ℃
E5028-NCC1	≥490	≥390	≥20	0
E5516-NCC1	≥550	≥460	≥17	−20
E5518-NCC1	≥550	≥460	≥17	−20
E5716-NCC1	≥570	≥490	≥16	0
E5728-NCC1	≥570	≥490	≥16	0
E5016-NCC2	≥490	≥420	≥20	−20
E5018-NCC2	≥490	≥420	≥20	−20
E50XX-G[2]	≥490	≥400	≥20	—
E55XX-G[2]	≥550	≥460	≥17	—
E57X-G[2]	≥570	≥490	≥16	—

① 当屈服发生不明显时，应测定规定塑性延伸强度 $R_{p0.2}$。

② 焊条型号中"XX"代表焊条的药皮类型，见表12-2。

2. 不锈钢焊条（GB/T 983—2012）

不锈钢焊条用于手工电弧焊接不锈钢及部分耐热钢、碳钢和合金钢构件。焊条尺寸应符合 GB/T 25775 的规定，参见表12-4。焊条熔敷金属化学成分见表12-7，力学性能见表12-10。

不锈钢焊条熔敷金属化学成分　　　　　**表 12-7**

焊条型号[1]	化学成分（质量分数）[2] %									
	C	Mn	Si	P	S	Cr	Ni	Mo	Cu	其他
E209-XX	0.06	4.0~7.0	1.00	0.04	0.03	20.5~24.0	9.5~12.0	1.5~3.0	0.75	N：0.10~0.30 V：0.10~0.30
E219-XX	0.06	8.0~10.0	1.00	0.04	0.03	19.0~21.5	5.5~7.0	0.75	0.75	N：0.10~0.30
E240-XX	0.06	10.5~13.5	1.00	0.04	0.03	17.0~19.0	4.0~6.0	0.75	0.75	N：0.10~0.30
E307-XX	0.04~0.14	3.30~4.75	1.00	0.04	0.03	18.0~21.5	9.0~10.7	0.5~1.5	0.75	—
E308-XX	0.08	0.5~2.5	1.00	0.04	0.03	18.0~21.0	9.0~11.0	0.75	0.75	—
E308H-XX	0.04~0.08	0.5~2.5	1.00	0.04	0.03	18.0~21.0	9.0~11.0	0.75	0.75	—
E308L-XX	0.04	0.5~2.5	1.00	0.04	0.03	18.0~21.0	9.0~12.0	0.75	0.75	—
E308Mo-XX	0.08	0.5~2.5	1.00	0.04	0.03	18.0~21.0	9.0~12.0	2.0~3.0	0.75	—

焊条型号①	化学成分（质量分数）② %									
	C	Mn	Si	P	S	Cr	Ni	Mo	Cu	其他
E308LMo-XX	0.04	0.5~2.5	1.00	0.04	0.03	18.0~21.0	9.0~12.0	2.0~3.0	0.75	—
E309L-XX	0.04	0.5~2.5	1.00	0.04	0.03	22.0~25.0	12.0~14.0	0.75	0.75	—
E309-XX	0.15	0.5~2.5	1.00	0.04	0.03	22.0~25.0	12.0~14.0	0.75	0.75	—
E309H-XX	0.04~0.15	0.5~2.5	1.00	0.04	0.03	22.0~25.0	12.0~14.0	0.75	0.75	—
E309LNb-XX	0.04	0.5~2.5	1.00	0.040	0.030	22.0~25.0	12.0~14.0	0.75	0.75	Nb+Ta: 0.70~1.00
E309Nb-XX	0.12	0.5~2.5	1.00	0.04	0.03	22.0~25.0	12.0~14.0	0.75	0.75	Nb+Ta: 0.70~1.00
E309Mo-XX	0.12	0.5~2.5	1.00	0.04	0.03	22.0~25.0	12.0~14.0	2.0~3.0	0.75	—
E309LMo-XX	0.04	0.5~2.5	1.00	0.04	0.03	22.0~25.0	12.0~14.0	2.0~3.0	0.75	—
E310-XX	0.08~0.20	1.0~2.5	0.75	0.03	0.03	25.0~28.0	20.0~22.5	0.75	0.75	—
E310H-XX	0.35~0.45	1.0~2.5	0.75	0.03	0.03	25.0~28.0	20.0~22.5	0.75	0.75	—
E310Nb-XX	0.12	1.0~2.5	0.75	0.03	0.03	25.0~28.0	20.0~22.0	0.75	0.75	Nb+Ta: 0.70~1.00
E310Mo-XX	0.12	1.0~2.5	0.75	0.03	0.03	25.0~28.0	20.0~22.0	2.0~3.0	0.75	—
E312-XX	0.15	0.5~2.5	1.00	0.04	0.03	28.0~32.0	8.0~10.5	0.75	0.75	—
E316-XX	0.08	0.5~2.5	1.00	0.04	0.03	17.0~20.0	11.0~14.0	2.0~3.0	0.75	—
E316H-XX	0.04~0.08	0.5~2.5	1.00	0.04	0.03	17.0~20.0	11.0~14.0	2.0~3.0	0.75	—
E316L-XX	0.04	0.5~2.5	1.00	0.04	0.03	17.0~20.0	11.0~14.0	2.0~3.0	0.75	—
E316LCu-XX	0.04	0.5~2.5	1.00	0.040	0.030	17.0~20.0	11.0~16.0	1.20~2.75	1.00~2.50	—

续表

焊条型号①	化学成分（质量分数）② %									
	C	Mn	Si	P	S	Cr	Ni	Mo	Cu	其他
E316LMn-XX	0.04	5.0~8.0	0.90	0.04	0.03	18.0~21.0	15.0~18.0	2.5~3.5	0.75	N：0.10~0.25
E317-XX	0.08	0.5~2.5	1.00	0.04	0.03	18.0~21.0	12.0~14.0	3.0~4.0	0.75	—
E317L-XX	0.04	0.5~2.5	1.00	0.04	0.03	18.0~21.0	12.0~14.0	3.0~4.0	0.75	—
E317MoCu-XX	0.08	0.5~2.5	0.90	0.035	0.030	18.0~21.0	12.0~14.0	2.0~2.5	2	
E317LMoCu-XX	0.04	0.5~2.5	0.90	0.035	0.030	18.0~21.0	12.0~14.0	2.0~2.5	2	—
E318-XX	0.08	0.5~2.5	1.00	0.04	0.03	17.0~20.0	11.0~14.0	2.0~3.0	0.75	Nb+Ta：6×C~1.00
E318V-XX	0.08	0.5~2.5	1.00	0.035	0.03	17.0~20.0	11.0~14.0	2.0~2.5	0.75	V：0.30~0.70
E320-XX	0.07	0.5~2.5	0.60	0.04	0.03	19.0~21.0	32.0~36.0	2.0~3.0	3.0~4.0	Nb+Ta：8×C~1.00
E320LR-XX	0.03	1.5~2.5	0.30	0.020	0.015	19.0~21.0	32.0~36.0	2.0~3.0	3.0~4.0	Nb+Ta：8×C~4.00
E330-XX	0.18~0.25	1.0~2.5	1.00	0.04	0.03	14.0~17.0	33.0~37.0	0.75	0.75	—
E330H-XX	0.35~0.45	1.0~2.5	1.00	0.04	0.03	14.0~17.0	33.0~37.0	0.75	0.75	—
E330MoMn-WNb-XX	0.20	3.5	0.70	0.035	0.030	15.0~17.0	33.0~37.0	2.0~3.0	0.75	Nb：1.0~2.0 W：2.0~3.0
E347-XX	0.08	0.5~2.5	1.00	0.04	0.03	18.0~21.0	9.0~11.0	0.75	0.75	Nb+Ta：8×C~1.00
E347L-XX	0.04	0.5~2.5	1.00	0.040	0.030	18.0~21.0	9.0~11.0	0.75	0.75	Nb+Ta：8×C~1.00
E349-XX	0.13	0.5~2.5	1.00	0.04	0.03	18.0~21.0	8.0~10.0	0.35~0.65	0.75	Nb+Ta：0.75~1.20 V：0.10%~0.30 Ti≤0.15 W：1.25%~1.75
E383-XX	0.03	0.5~2.5	0.90	0.02	0.02	26.5~29.0	30.0~33.0	3.2~4.2	0.6~1.5	—

续表

焊条型号[①]	化学成分（质量分数）[②] %									
	C	Mn	Si	P	S	Cr	Ni	Mo	Cu	其他
E385-XX	0.03	1.0~2.5	0.90	0.03	0.02	19.5~21.5	24.0~26.0	4.2~5.2	1.2~2.0	—
E409Nb-XX	0.12	1.00	1.00	0.040	0.030	11.0~14.0	0.60	0.75	0.75	Nb+Ta：0.50~1.50
E410-XX	0.12	1.0	0.90	0.04	0.03	11.0~14.0	0.70	0.75	0.75	—
E410NiMo-XX	0.06	1.0	0.90	0.04	0.03	11.0~12.5	4.0~5.0	0.40~0.70	0.75	—
E430-XX	0.10	1.0	0.90	0.04	0.03	15.0~18.0	0.6	0.75	0.75	—
E430Nb-XX	0.10	1.00	1.00	0.040	0.030	15.0~18.0	0.60	0.75	0.75	Nb+Ta：0.50~1.50
E630-XX	0.05	0.25~0.75	0.75	0.04	0.03	16.00~16.75	4.5~5.0	0.75	3.25~4.00	Nb+Ta：0.15~0.30
E16-8-2-XX	0.10	0.5~2.5	0.60	0.03	0.03	14.5~16.5	7.5~9.5	1.0~2.0	0.75	—
E16-25MoN-XX	0.12	0.5~2.5	0.90	0.035	0.030	14.0~18.0	22.0~27.0	5.0~7.0	0.75	N：≥0.1
E2209-XX	0.04	0.5~2.0	1.00	0.04	0.03	21.5~23.5	7.5~10.5	2.5~3.5	0.75	N：0.08~0.20
E2553-XX	0.06	0.5~1.5	1.0	0.04	0.03	24.0~27.0	6.5~8.5	2.9~3.9	1.5~2.5	N：0.10~0.25
E2593-XX	0.04	0.5~1.5	1.0	0.04	0.03	24.0~27.0	8.5~10.5	2.9~3.9	1.5~3.0	N：0.08~0.25
E2594-XX	0.04	0.5~2.0	1.00	0.04	0.03	24.0~27.0	8.0~10.5	3.5~4.5	0.75	N：0.20~0.30
E2595-XX	0.04	2.5	1.2	0.03	0.025	24.0~27.0	8.0~10.5	2.5~4.5	0.4~1.5	N：0.20~0.30 W：0.4~1.0
E3155-XX	0.10	1.0~2.5	1.00	0.04	0.03	20.0~22.5	19.0~21.0	2.5~3.5	0.75	Nb+Ta：0.75~1.25 Co：18.5~21.0 W：2.0~3.0
E33-31-XX	0.03	2.5~4.0	0.9	0.02	0.01	31.0~35.0	30.0~32.0	1.0~2.0	0.4~0.8	N：0.3~0.5

注：表中单值均为最大值。
① 焊条型号中-XX表示焊接位置和药皮类型，见表12-8和表12-9。
② 化学分析应按表中规定的元素进行分析。如果在分析过程中发现其他化学成分，则应进一步分析这些元素的含量，除铁外，不应超过0.5%。

代号	焊接位置[①]
—1	PA、PB、PD、PF
—2	PA、PB
—4	PA、PB、PD、PF、PG

焊接位置代号　表 12-8

[①] 焊接位置见 GB/T 16672，其中 PA＝平焊、PB＝平角焊、PD＝仰角焊、PF＝向上立焊、PG＝向下立焊。

药皮类型代号　表 12-9

代号	药皮类型	电流类型
5	碱性	直流
6	金红石	交流和直流[①]
7	钛酸型	交流和直流[②]

[①] 46 型采用直流焊接；
[②] 47 型采用直流焊接。

不锈钢焊条熔敷金属力学性能　表 12-10

焊条型号	抗拉强度 R_m MPa	断后伸长率 A ％	焊后热处理
E209-XX	690	15	—
E219-XX	620	15	—
E240-XX	690	25	—
E307-XX	590	25	—
E308-XX	550	30	—
E308H-XX	550	30	—
E308L-XX	510	30	—
E308Mo-XX	550	30	—
E308LMo-XX	520	30	—
E309L-XX	510	25	—
E309-XX	550	25	—
E309H-XX	550	25	—
E309LNb-XX	510	25	—
E309Nb-XX	550	25	—
E309Mo-XX	550	25	—
E309LMo-XX	510	25	—
E310-XX	550	25	—
E310H-XX	620	8	—
E310Nb-XX	550	23	—
E310Mo-XX	550	28	—
E312-XX	660	15	—
E316-XX	520	25	—
E316H-XX	520	25	—
E316L-XX	490	25	—
E316LCu-XX	510	25	—
E316LMn-XX	550	15	—
E317-XX	550	20	—

续表

焊条型号	抗拉强度 R_m MPa	断后伸长率 A %	焊后热处理
E317L-XX	510	20	—
E317MoCu-XX	540	25	—
E317MoCu-XX	540	25	—
E318-XX	550	20	—
E318V-XX	540	25	—
E320-XX	550	28	—
E320LR-XX	520	28	—
E330-XX	520	23	—
E330H-XX	620	8	—
E330MoMnWNb-XX	590	25	—
E347-XX	520	25	—
E347L-XX	510	25	—
E349-XX	690	23	—
E383-XX	520	28	—
E385-XX	520	28	—
E409Nb-XX	450	13	①
E410-XX	450	15	②
E410NiMo-XX	760	10	③
E430-XX	450	15	①
E430Nb-XX	450	13	①
E630-XX	930	6	④
E16-8-2-XX	520	25	—
E16-25MoN-XX	610	30	—
E2209-XX	690	15	—
E2553-XX	760	13	—
E2593-XX	760	13	—
E2594-XX	760	13	—
E2595-XX	760	13	—
E3155-XX	690	15	—
E33-31-XX	720	20	—

注：表中单值均为最小值。
① 加热到 760℃~790℃，保温 2h，以不高于 55℃/h 的速度炉冷至 595℃以下，然后空冷至室温；
② 加热到 730℃~760℃，保温 1h，以不高于 110℃/h 的速度炉冷至 315℃以下，然后空冷至室温；
③ 加热到 595℃~620℃，保温 1h，然后空冷至室温；
④ 加热到 1025℃~1050℃，保温 1h，空冷至室温，然后在 610℃~630℃，保温 4h 沉淀硬化处理，空冷至室温。

3. 热强钢焊条 （GB/T 5118—2012）

热强钢焊条用于焊条电弧焊。热强钢焊条的熔敷金属抗拉强度代号、药皮类型代号、化学成分代号表 12-11～表 12-13。焊条尺寸应符合 GB/T 25775 的规定，参见表 12-4。热强钢焊条熔敷金属化学成分见表 12-14，力学性能见表 12-15。

熔敷金属抗拉强度代号 表 12-11

抗拉强度代号	最小抗拉强度值 MPa	抗拉强度代号	最小抗拉强度值 MPa
50	490	55	550
52	520	62	620

药皮类型代号 表 12-12

代号	药皮类型	焊接位置①	电流类型
03	钛型	全位置③	交流和直流正、反接
10②	纤维素	全位置	直流反接
11②	纤维素	全位置	交流和直流反接
13	金红石	全位置③	交流和直流正、反接
15	碱性	全位置③	直流反接
16	碱性	全位置③	交流和直流反接
18	碱性＋铁粉	全位置（PG 除外）	交流和直流反接
19②	钛铁矿	全位置③	交流和直流正、反接
20②	氧化铁	PA、PB	交流和直流正接
27②	氧化铁＋铁粉	PA、PB	交流和直流正接
40	不做规定	由制造商确定	

① 焊接位置见 GB/T 16672，其中 PA＝平焊、PB＝平角焊、PG＝向下立焊；

② 仅限于熔敷金属化学成分代号 1M3；

③ 此处"全位置"并不一定包含向下立焊，由制造商确定。

化学成分代号 表 12-13

分类代号	主要化学成分的名义含量
—1M3	此类焊条中含有 Mo，Mo 是在非合金钢焊条基础上的唯一添加合金元素。数字 1 约等于名义上 Mn 含量两倍的整数，字母"M"表示 Mo，数字 3 表示 Mo 的名义含量，大约 0.5%。
—×C×M×	对于含铬-钼的热强钢，标识"C"前的整数表示 Cr 的名义含量，"M"前的整数表示 Mo 的名义含量。对于 Cr 或者 Mo，如果名义含量少于 1%，则字母前不标记数字。如果在 Cr 和 Mo 之外还加入了 W、V、B、Nb 等合金成分，则按照此顺序，加于铬和钼标记之后。"." 标识末尾的"L"表示含碳量较低。最后一个字母后的数字表示成分有所改变。
—G	其他成分

熔敷金属化学成分（质量分数）（％） 表 12-14

焊条型号	C	Mn	Si	P	S	Cr	Mo	V	其他①
EXXXX-1M3	0.12	1.00	0.80	0.030	0.030	—	0.40～0.65	—	—
EXXXX-CM	0.05～0.12	0.90	0.80	0.030	0.030	0.40～0.65	0.40～0.65	—	—
EXXXX-C1M	0.07～0.15	0.40～0.70	0.30～0.60	0.030	0.030	0.40～0.60	1.00～1.25	0.05	—
EXXXX-1CM	0.05～0.12	0.90	0.80	0.030	0.030	1.00～1.50	0.40～0.65	—	—
EXXXX-1CML	0.05	0.90	1.00	0.030	0.030	1.00～1.50	0.40～0.65	—	—
EXXXX-1CMV	0.05～0.12	0.90	0.60	0.030	0.030	0.80～1.50	0.40～0.65	0.10～0.35	—
EXXXX-1CMVNb	0.05～0.12	0.90	0.60	0.030	0.030	0.80～1.50	0.70～1.00	0.15～0.40	Nb：0.10～0.25
EXXXX-1CMWV	0.05～0.12	0.70～1.10	0.60	0.030	0.030	0.80～1.50	0.70～1.00	0.20～0.35	W：0.25～0.50
EXXXX-2C1M	0.05～0.12	0.90	1.00	0.030	0.030	2.00～2.50	0.90～1.20	—	—
EXXXX-2C1ML	0.05	0.90	1.00	0.030	0.030	2.00～2.50	0.90～1.20	—	—
EXXXX-2CML	0.05	0.90	1.00	0.030	0.030	1.75～2.25	0.40～0.65	—	—
EXXXX-2CMWVB	0.05～0.12	1.00	0.60	0.030	0.030	1.50～2.50	0.30～0.80	0.20～0.60	W：0.20～0.60 B：0.001～0.003
EXXXX-2CMVNb	0.05～0.12	1.00	0.60	0.030	0.030	2.40～3.00	0.70～1.00	0.25～0.50	Nb：0.35～0.65
EXXXX-2C1MV	0.05～0.15	0.40～1.50	0.60	0.030	0.030	2.00～2.60	0.90～1.20	0.20～0.40	Nb：0.010～0.050
EXXXX-3C1MV	0.05～0.15	0.40～1.50	0.60	0.030	0.030	2.60～3.40	0.90～1.20	0.20～0.40	Nb：0.010～0.050
EXXXX-5CM	0.05～0.10	1.00	0.90	0.030	0.030	4.0～6.0	0.45～0.65	—	Ni：0.40
EXXXX-5CML	0.05	1.00	0.90	0.030	0.030	4.0～6.0	0.45～0.65	—	Ni：0.40
EXXXX-5CMV	0.12	0.5～0.9	0.50	0.030	0.030	4.5～6.0	0.40～0.70	0.10～0.35	Cu：0.5

续表

焊条型号	C	Mn	Si	P	S	Cr	Mo	V	其他①
EXXXX-7CM	0.05~0.10	1.00	0.90	0.030	0.030	6.0~8.0	0.45~0.65	—	Ni：0.40
EXXXX-7CML	0.05	1.00	0.90	0.030	0.030	6.0~8.0	0.45~0.65	—	Ni：0.40
EXXXX-9C1M	0.05~0.10	1.00	0.90	0.030	0.030	8.0~10.5	0.85~1.20	—	Ni：0.40
EXXXX-9C1ML	0.05	1.00	0.90	0.030	0.030	8.0~10.5	0.85~1.20	—	Ni：0.40
EXXXX-9C1MV	0.08~0.13	1.25	0.30	0.01	0.01	8.0~10.5	0.85~1.20	0.15~0.30	Ni：1.0 Mn+Ni≤1.50 Cu：0.25 Al：0.04 Nb：0.02~0.10 N：0.02~0.07
EXXXX-9C1MV1②	0.03~0.12	1.00~1.80	0.60	0.025	0.025	8.0~10.5	0.80~1.20	0.15~0.30	Ni：1.0 Cu：0.25 Al：0.04 Nb：0.02~0.10 N：0.02~0.07
EXXXX-G	其他成分								

注：表中的单值均为最大值。

① 如果有意添加表中未列出的元素，则应进行报告，这些添加元素和在常规化学分析中发现的其他元素的总量不应超过 0.50%；

② Ni+Mn 的化合物能降低 ACl 点温度，所要求的焊后热处理温度可能接近或超过了焊缝金属的 ACl 点。

熔敷金属力学性能　　　　　　　　　　　　　　　　　　表 12-15

焊条型号①	抗拉强度② R_m MPa	屈服强度② R_{aL} MPa	断后伸长率 A %	预热和道间温度 ℃	焊后热处理③	
					热处理温度 ℃	保温时间④ min
E50XX-1M3	≥490	≥390	≥22	90~110	605~645	60
E50YY-1M3	≥490	≥390	≥20	90~110	605~645	60
E50XX-CM	≥550	≥460	≥17	160~190	675~705	60
E5540-CM	≥550	≥460	≥14	160~190	675~705	60
E5503-CM	≥550	≥460	≥14	160~190	675~705	60
E55XX-C1M	≥550	≥460	≥17	160~190	675~705	60
E55XX-1CM	≥550	≥460	≥17	160~190	675~705	60
E5513-1CM	≥550	≥460	≥14	160~190	675~705	60

续表

焊条型号①	抗拉强度 R_m MPa	屈服强度② R_{aL} MPa	断后伸长率 A %	预热和道间温度 ℃	焊后热处理③ 热处理温度 ℃	保温时间④ min
E52XX-1CML	≥520	≥390	≥17	160～190	675～705	60
E5540-1CMV	≥550	≥460	≥14	250～300	715～745	120
E5515-1CMV	≥550	≥460	≥15	250～300	715～745	120
E5515-1CMVNb	≥550	≥460	≥15	250～300	715～745	300
E5515-1CMWV	≥550	≥460	≥15	250～300	715～745	300
E62XX-2C1M	≥620	≥530	≥15	160～190	675～705	60
E6240-2C1M	≥620	≥530	≥12	160～190	675～705	60
E6213-2C1M	≥620	≥530	≥12	160～190	675～705	60
E55XX-2C1ML	≥550	≥460	≥15	160～190	675～705	60
E55XX-2CML	≥550	≥460	≥15	160～190	675～705	60
E5540-2CMWVB	≥550	≥460	≥14	250～300	745～775	120
E5515-2CMWVB	≥550	≥460	≥15	320～360	745～775	120
E5515-2CMVNb	≥550	≥460	≥15	250～300	715～745	240
E62XX-2C1MV	≥620	≥530	≥15	160～190	725～755	60
E62XX-3C1MV	≥620	≥530	≥15	160～190	725～755	60
E55XX-5CM	≥550	≥460	≥17	175～230	725～755	60
E55XX-5CML	≥550	≥460	≥17	175～230	725～755	60
E55XX-5CMV	≥550	≥460	≥14	175～230	740～760	240
E55XX-7CM	≥550	≥460	≥17	175～230	725～755	60
E55XX-7CML	≥550	≥460	≥17	175～230	725～755	60
E62XX-9C1M	≥620	≥530	≥15	205～260	725～755	60
E62XX-9C1ML	≥620	≥530	≥15	205～260	725～755	60
E62XX-9C1MV	≥620	≥530	≥15	200～315	745～775	120
E62XX-9C1MV1	≥620	≥530	≥15	205～260	725～755	60
EXXXXX-G⑤	供需双方协商确认					

① 焊条型号中 XX 代表药皮类型 15、16 或 18、YY 代表药皮类型 10、11、19、20 或 27；

② 当屈服发生不明显时，应测定规定塑性延伸强度 $R_{p0.2}$；

③ 试件放入炉内时，以 85℃/h～275℃/h 的速率加热到规定温度。达到保温时间后，以不大于 200℃/h 的速率随炉冷却至 300℃以下。试件冷却至 300℃以下的任意温度时，允许从炉中取出，在静态大气中冷却至室温；

④ 保温时间公差为 0～10min；

⑤ 熔敷金属抗拉强度代号见表 12-11，药皮类型代号见表 12-12。

4. 堆焊焊条（GB/T 984—2001）

堆焊焊条用于手工电弧焊在机件上堆焊上一层耐蚀、耐磨、耐热合金的表面，也可修复机件上已被磨损或腐蚀的表面。堆焊焊条规格尺寸见表 12-16，熔敷金属化学成分分类见表 12-17，堆焊焊条药皮类型和焊接电流种类见表 12-18，其熔敷金属化学成分及硬度见表 12-19。

堆焊焊条规格尺寸（mm）　　　　　　　　　　　**表 12-16**

类别	冷拔焊芯		铸造焊芯		复合焊芯		碳化钨管状	
	直径	长度	直径	长度	直径	长度	直径	长度
基本尺寸	2.0 2.5	230～300	3.2 4.0 5.0	230～350	3.2 4.0 5.0	230～350	2.5 3.2 4.0 6.0	230～350
	3.2 4.0	300～450						
	6.0 6.0 8.0	350～450	6.0 8.0	300～350	6.0 8.0	350～450	6.0 8.0	350～450
极限偏差	±0.08	±3.0	±0.5	±10	±0.5	±10	±1.0	±10

注：根据供需双方协议，也可生产其他尺寸的焊条。

堆焊焊条熔敷金属化学成分分类　　　　　　　　　　　**表 12-17**

型号分类	熔敷金属化学成分分类	型号分类	熔敷金属化学成分分类
EDPXX-XX	普通低中合金钢	EDZXX-XX	合金铸铁
EDRXX-XX	热强合金钢	EDZCrXX-XX	高铬铸铁
EDCrXX-XX	高铬钢	EDCoCrXX-XX	钴基合金
EDMnXX-XX	高锰钢	EDWXX-XX	碳化钨
EDCrMnXX-XX	高铬锰钢	EDTXX-XX	特殊型
EDCrNiXX-XX	高铬镍钢	EDNiXX-XX	镍基合金
EDDXX-XX	高速钢		

堆焊焊条药皮类型和焊接电流种类　　　　　　　　　　　**表 12-18**

型　号	药皮类型	焊接电流种类
EDXX-00	特殊型	交流或直流
EDXX-03	钛钙型	
EDXX-15	低氢钠型	直流
EDXX-16	低氢钾型	交流或直流
EDXX-08	石墨型	

堆焊焊条熔敷金属化学成分及硬度　　　　　　表 12-19

序号	焊条型号	熔敷金属化学成分/%															熔敷金属硬度 HRC(HB)
		C	Mn	Si	Cr	Ni	Mo	W	V	Nb	Co	Fe	B	S	P	其他元素总量	
1	EDPMn2-XX		3.50													—	(220)
2	EDPMn4-XX	0.20	4.50	—												2.00	30
3	EDPMn5-XX		5.20														40
4	EDPMn6-XX	0.45	6.50	1.00													50
5	EDPCrMo-A0-XX	0.04~0.20	0.50~2.00		0.50~3.50									0.035	0.035	1.00	—
6	EDPCrMo-A1-XX	0.25			2.00		1.50									2.00	(220)
7	EDPCrMo-A2-XX		—	—	3.00	—		—	—		余量						30
8	EDPCrMo-A3-XX	0.50			2.50		2.50										40
9	EDPCrMo-A4-XX	0.30~0.60			5.00		4.00										50
10	EDPCrMo-A5-XX	0.50~0.80	0.50~1.50		4.00~8.00		1.00										—
11	EDPCrMnSi-A1-XX	0.30~1.00	2.50	1.00	3.50		—							0.035	0.035	1.00	50
12	EDPCrMnSi-A2-XX	1.00~2.00	0.50~2.00	0.50~2.00	3.00~5.00												
13	EDPCrMoV-A0-XX	0.10~0.30			1.80~3.80	1.00	1.00		0.35								
14	EDPCrMoV-A1-XX	0.30~0.60		—	8.00~10.00		3.00		0.50~1.00							4.00	50
15	EDPCrMoV-A2-XX	0.45~0.65			4.00~5.00		2.00~3.00		4.00~5.00								55
16	EDPCrSi-A-XX	0.35	0.80	1.80	6.50~8.50		—						0.20~0.40	0.03	0.03	—	45
17	EDPCrSi-B-XX	1.00		1.50~3.00									0.50~0.90				60
18	EDRCrMnMo-XX	0.60	2.50	1.00	2.00		1.00		—								40、45①
19	EDRCrW-XX	0.25~0.55			2.00~3.50	—	—	7.00~10.00	—		余量			1.00				48
20	EDRCrMoWV-A1-XX	0.50			5.00		2.50		1.00					0.035	0.04		55
21	EDRCrMoWV-A2-XX	0.30~0.50			5.00~6.50		2.00~3.00	2.00~3.50	1.00~3.00				—				50
22	EDRCrMoWV-A3-XX	0.70~1.00			3.00~4.00		3.00~5.00	4.50~6.00	1.50~3.00							1.50	
23	EDRCrMoWCo-A-XX	0.08~0.12	0.30~0.70	0.80~1.60	2.00~4.20		3.80~6.20	5.00~8.00	0.50~1.10	12.70~16.30				—		—	52~58①

续表

序号	焊条型号	熔敷金属化学成分/%															熔敷金属硬度 HRC (HB)
		C	Mn	Si	Cr	Ni	Mo	W	V	Nb	Co	Fe	B	S	P	其他元素总量	
24	EDRCrMoWCo-B-XX	0.08~0.12	0.30~0.70	0.80~1.60	1.80~3.20		7.80~11.20	8.80~12.20	0.40~0.80		15.70~19.30	—	—			—	62~66①
25	EDCr-A1-XX	0.15					—	—						0.03	0.04	2.50	40
26	EDCr-A2-XX	0.20	—	—	10.00~16.00	6.00	2.50	2.00									37
27	EDCr-B-XX	0.25					—		—							5.00	45
28	EDMn-A-XX	1.10	11.00~16.00		—	—											(170)
29	EDMn-B-XX		11.00~18.00				2.50				—	余量	—				
30	EDMn-C-XX		12.00~16.00	1.30	2.60~5.00	2.50~5.00	—	—									—
31	EDMn-D-XX	0.50~1.00	15.00~20.00		4.50~7.50	—			0.40~1.20					0.035	0.035	1.00	
32	EDMn-E-XX				3.00~6.00	1.00	—										
33	EDMn-F-XX	0.80~1.20	17.00~21.00														
34	EDCrMn-A-XX	0.25	6.00~8.00	1.00	12.00~14.00	—	—									—	30
35	EDCrMn-B-XX	0.80	11.00~18.00	1.30	13.00~17.00		2.00	2.00						—	—	4.00	(210)
36	EDCrMn-C-XX	1.10	12.00~18.00	2.00	12.00~18.00	6.00	4.00		—							3.00	28
37	EDCrMn-D-XX	0.50~0.80	24.00~27.00	1.30	9.60~12.50	—						余量				—	(210)
38	EDCrNi-A-XX	0.18	0.60~2.00	4.80~6.40	15.00~18.00	7.00~9.00					—		—				(270~320)
39	EDCrNi-B-XX		0.60~5.00	3.80~6.50	14.00~21.00	6.50~12.00	3.50~7.00			0.50~1.20						2.50	37
40	EDCrNi-C-XX	0.20	2.00~3.00	5.00~7.00	18.00~20.00	7.00~10.00								0.03	0.04	—	
41	EDD-A-XX	0.70~1.00	0.60	0.80	3.00~5.00	—	4.00~6.00	5.00~7.00	1.00~2.50	—						1.00	55
42	EDD-B1-XX	0.50~0.90					5.00~9.50	1.00~2.50	0.80~1.30								

续表

序号	焊条型号	熔敷金属化学成分/%														其他元素总量	熔敷金属硬度HRC(HB)
		C	Mn	Si	Cr	Ni	Mo	W	V	Nb	Co	Fe	B	S	P		
43	EDD-B2-XX	0.60~1.00	0.40~1.00	1.00	3.00~5.00		7.00~9.50	0.50~1.50	0.50~1.50					0.035	0.035	1.00	—
44	EDD-C-XX	0.30~0.50	0.60	0.80	3.00~5.00		5.00~9.00	1.00~2.50	0.80~1.20					0.03	0.04	1.00	55
45	EDD-D-XX	0.70~1.00	—	—	3.80~4.50		—	17.00~19.50	1.00~1.50					0.035	0.04	1.50	55
46	EDZ-A0-XX	1.50~3.00	0.50~2.00	1.50	4.00~8.00		1.00								0.035	1.00	—
47	EDZ-A1-XX	2.50~4.50	—	—	3.00~5.00	—	3.00~5.00			—	—	余量	—			—	55
48	EDZ-A2-XX	3.00~4.50	1.50	2.50	26.00~34.00		2.00~3.00									3.00	60
49	EDZ-A3-XX	4.80~6.00			35.00~40.00		4.20~5.80										60
50	EDZ-B1-XX	1.50~2.20	—					8.00~10.00								1.00	50
51	EDZ-B2-XX	3.00			4.00~6.00		—	8.50~14.00								3.00	60
52	EDZ-E1-XX	5.00~6.50	2.00~3.00	0.80~1.50	12.00~16.00		—		—	Ti:4.00~7.00				0.035	0.035	1.00	—
53	EDZ-E2-XX	4.00~6.00	0.50~1.50	1.50	14.00~20.00				1.50								
54	EDZ-E3-XX	5.00~7.00	0.50~2.00	0.50~2.00	18.00~28.00		5.00~7.00	3.00~5.00									
55	EDZ-E4-XX	4.00~6.00	0.50~1.50	1.00	20.00~30.00		2.00	0.50~1.50	4.00~7.00				—				
56	EDZCr-A-XX	1.50~3.60	1.50~3.00	1.50	28.00~32.00	5.00~8.00					—	余量		0.035	0.035	—	40
57	EDZCr-B-XX	1.50~3.60	1.00	—	22.00~32.00	—										7.00	45
58	EDZCr-C-XX	2.50~5.00	8.00	1.00~4.80	25.00~32.00	3.00~5.00										2.00	48
59	EDZCr-D-XX	3.00~4.00	1.50~3.50	3.00	22.00~32.00	—							0.50~2.50			5.00	58

续表

序号	焊条型号	熔敷金属化学成分/%															熔敷金属硬度HRC(HB)
		C	Mn	Si	Cr	Ni	Mo	W	V	Nb	Co	Fe	B	S	P	其他元素总量	
60	EDZCr-A1A-XX	3.50~4.50	4.00~6.00	0.50~2.00	20.00~25.00		0.5				—	余量		0.035	0.035	1.00	—
61	EDZCr-A2-XX	2.50~3.50	0.50~1.50	0.50~1.50	7.50~9.00					Ti:1.20~1.80							
62	EDZCr-A3-XX	2.50~4.50	0.50~2.00	1.00~2.50	14.00~20.00		1.5										
63	EDZCr-A4-XX	3.50~4.50	1.50~3.50	1.50	23.00~29.00		1.00~3.00										
64	EDZCr-A5-XX	1.50~2.50		2.0	24.00~32.00	4.00	4.00										
65	EDZCr-A6-XX	2.50~3.50	0.50~1.50	1.00~2.50	24.00~30.00		0.50~2.00										
66	EDZCr-A7-XX	3.50~5.00		0.50~2.50	23.00~30.00		2.00~4.50										
67	EDZCr-A8-XX	2.50~4.50		1.50	30.00~40.00		2.0										
68	EDCoCr-A-XX	0.70~1.40	2.00	2.00	25.00~32.00			3.00~6.00			余量	5.00				4.00	40
69	EDCoCr-B-XX	1.00~1.70			25.00~32.00			7.00~10.00									44
70	EDCoCr-C-XX	1.70~3.00			25.00~33.00			11.00~19.00									53
71	EDCoCr-D-XX	0.20~0.50			23.00~32.00			9.50	—							7.00	28~35
72	EDCoCr-E-XX	0.15~0.40	1.50		24.00~29.00	2.00~4.00	4.50~6.50	0.50						0.03	0.03	1.00	—
73	EDW-A-XX	1.50~3.00	2.00	4.00	—	—		40.00~50.00			—	余量				—	60
74	EDW-B-XX	1.50~4.00	3.00		3.00	3.00	7.00	50.00~70.00								3.00	
75	EDTV-XX	0.25	2.00~3.00	1.00	—		2.00~3.00		5.00~8.00				0.15	0.03	0.03	—	(180)
76	EDNiCr-C	0.50~1.00		3.50~5.50	12.00~18.00	余量		1.00			3.50~5.50	2.50~4.50		0.03	0.03	1.00	—
77	EDNiCrFeCo	2.20~3.00	1.00	0.60~1.50	25.00~30.00	10.00~33.00	7.00~10.00	2.00~4.00			10.00~15.00	20.00~25.00					

注：1. 若存在其他元素，也应进行分析，以确定是否符合"其他元素总量"一栏的规定。

　　2. 化学成分的单值均为最大值。硬度的单值均为最小平均值。

① 为经热处理的硬度值，热处理规范在说明书中规定。

5. 镍及镍合金焊条（GB/T 13814—2008）

用于焊接纯镍锻造及铸铁构件，也用于复合镍钢的焊接和钢表面堆焊以及异种金属、含镍合金的焊接。镍及镍合金焊条尺寸及夹持端长度见表 12-20，其熔敷金属化学成分见表 12-21，熔敷金属力学性能见表 12-22。

镍及镍合金焊条尺寸及夹持端长度（mm）　　　　　　　　　　　**表 12-20**

焊条直径	2.0	2.5	3.2	4.0	5.0
焊条长度	230~300			250~350	
夹持端长度	10~20			15~25	

表 12-21

镍及镍合金焊条焊敷金属化学成分

焊条型号	化学成分代号	化学成分（质量分数）/%																
		C	Mn	Fe	Si	Cu	Ni①	Co	Al	Ti	Cr	Nb②	Mo	V	W	S	P	其他③
ENi2061	NiTi3	0.10	0.7	0.7	1.2	0.2	≥92.0	镍	1.0	1.0~4.0	—	—	—	—	—	0.015	0.020	—
ENi2061A	NiNbTi	0.06	2.5	4.5	1.5	—	≥92.0		0.5	1.5	—	2.5	—	—	—	0.015	0.015	—
ENi4060	NiCu30Mn3Ti	0.15	4.0	2.5	1.5	27.0~34.0	≥62.0	铜	1.0	1.0	—	—	—	—	—	0.015	0.020	—
ENi4061	NiCu27Mn3NbTi	0.15	4.0	2.5	1.3	24.0~31.0	≥62.0		1.0	1.5	—	3.0	—	—	—	0.015	0.020	—
ENi6082	NiCr20Mn3Nb	0.10	2.0~6.0	4.0	0.8	0.5	≥63.0	镍铬	—	0.5	18.0~22.0	1.5~3.0	2.0	—	—	0.015	0.020	—
ENi6231	NiCr22W14Mo	0.05~0.10	0.3~1.0	3.0	0.3~0.7	0.5	≥45.0	5.0	0.5	0.1	20.0~24.0	—	1.0~3.0	—	13.0~15.0	0.015	0.020	—
ENi6025	NiCr25Fe10A1Y	0.10~0.25	0.5	8.0~11.0	0.8	—	≥55.0	镍铬铁	1.5~2.2	0.3	24.0~26.0	—	—	—	—	0.015	0.020	Y: 0.15
ENi6062	NiCr15Fe8Nb	0.08	3.5	11.0	1.0	0.5	≥62.0	—	—	—	13.0~17.0	0.5~4.0	—	—	—	0.015	0.020	—
ENi6093	NiCr15Fe8NbMo	0.20	1.0~5.0	11.0	1.0	0.5	≥60.0	—	—	—	13.0~17.0	1.0~3.5	1.0~3.5	—	—	0.015	0.020	—
ENi6094	NiCr14Fe4NbMo	0.15	1.0~4.5	12.0	0.8	0.5	≥55.0	—	—	—	12.0~17.0	0.5~3.0	2.5~5.5	—	1.5	0.015	0.020	—
ENi6095	NiCr15Fe8NbMoW	0.20	1.0~3.5	12.0	0.8	0.5	≥55.0	—	—	—	13.0~17.0	1.0~3.5	1.0~3.5	—	1.5~3.5	0.015	0.020	—
ENi6133	NiCr16Fe12NbMo	0.10	1.0~3.5	12.0	0.8	0.5	≥62.0	—	—	—	13.0~17.0	0.5~3.0	0.5~2.5	—	—	0.015	0.020	—
ENi6152	NiCr30Fe9Nb	0.05	5.0	7.0~12.0	0.8	0.5	≥50.0	—	0.5	0.5	28.0~31.5	1.0~2.5	0.5	—	—	0.015	0.020	—

续表

化学成分（质量分数）/%

焊条型号	化学成分代号	C	Mn	Fe	Si	Cu	Ni①	Co	Al	Ti	Cr	Nb②	Mo	V	W	S	P	其他③
ENi6182	NiCr15Fe6Mn	0.10	5.0~10.0	10.0	1.0	0.5	≥60.0	—		1.0	13.0~17.0	1.0~3.5	—		—			Ta: 0.3
ENi6333	NiCr25Fe16CoNbW	0.10	1.2~2.0	≥16.0	0.8~1.2	0.5	44.0~47.0	2.5~3.5	—		24.0~26.0	—	2.5~3.5		2.5~3.5			
ENi6701	NiCr36Fe7Nb	0.35~0.50	0.5~2.0	7.0	0.5~2.0	—	42.0~48.0		—	—	33.0~39.0	0.8~1.8	—					—
ENi6702	NiCr28Fe6W	0.35~0.50	0.5~1.5	6.0	0.8	—	47.0~50.0			—	27.0~30.0	—			4.0~5.5	0.015	0.020	—
ENi6704	NiCr25Fe10Al3YC	0.15~0.30	0.5	8.0~11.0	0.7	1.5~3.0	≥55.0	—	1.8~2.8	0.3	24.0~26.0			—				Y: 0.15
ENi8025	NiCr29Fe30Mo	0.06	1.0~3.0	30.0	0.7		35.0~40.0		0.1	1.0	27.0~31.0	1.0	2.5~4.5					—
ENi8165	NiCr25Fe30Mo	0.03	1.0~3.0	30.0	0.7		37.0~42.0			1.0	23.0~27.0		3.5~7.5					
ENi1001	NiMo28Fe5	0.07	1.0	4.0~7.0	1.0	0.5	≥55.0	2.5			1.0		26.0~30.0	0.6	1.0			
ENi1004	NiMo25Cr5Fe5	0.12	1.0		1.0	0.5	≥60.0				2.5~5.5		23.0~27.0					
ENi1008	NiMo19WCr	0.10	1.5	10.0	0.8		≥60.0				0.5~3.5		17.0~20.0		2.0~4.0			
ENi1009	NiMo20WCu	0.10	1.0	7.0	0.7	0.3~1.3	≥62.0				—		18.0~22.0		1.0	0.015	0.020	
ENi1062	NiMo24C8Fe6	0.02	1.0	4.0~7.0	0.7		≥60.0				6.0~9.0		22.0~26.0		—			
ENi1066	NiMo28	0.02	2.0	2.2	0.2	0.5	≥64.5				1.0		26.0~30.0		1.0			
ENi1067	NiMo30Cr	0.02	2.0	1.0~3.0	0.2		≥62.0	3.0			1.0~3.0		27.0~32.0		3.0			

注：上段为镍铬铁，下段为镍钼。

续表

焊条型号	化学成分代号	化学成分（质量分数）/%																
		C	Mn	Fe	Si	Cu	Ni①	Co	Al	Ti	Cr	Nb②	Mo	V	W	S	P	其他③
ENi1069	NiMo28Fe4Cr	0.02	1.0	2.0~5.0	0.7	—	≥65.0	1.0	0.5	—	0.5~1.5	—	26.0~30.0	—	—	0.015	0.020	
ENi6002	NiCr22Fe18Mo	0.05~0.15	1.0	17.0~20.0	1.0	—	≥45.0	0.5~2.5	—	—	20.0~23.0	—	8.0~10.0	—	0.2~1.0			
ENi6012	NiCr22Mo9	0.03	1.0	3.5	0.7	0.5	≥58.0	—	0.4	0.4	20.0~23.0	1.5	8.5~10.5	—	—			
ENi6022	NiCr21Mo13W3	0.02	0.5	2.0~6.0	0.2	0.5	≥49.0	2.5	—	—	20.0~22.5	—	12.5~14.5	0.4	2.5~3.5			
ENi6024	NiCr25Mo14	0.02	0.5	1.5	0.2	—	≥55.0	—	—	—	25.0~27.0	—	13.5~15.0	—	—			
ENi6030	NiCr 29Mo5Fe15W2	0.03	1.5	13.0~17.0	1.0	1.0~2.4	≥36.0	5.0	—	—	28.0~31.5	0.3~1.5	4.0~6.0	—	1.5~4.0			
ENi6059	NiCr23Mo16	0.02	1.0	1.5	0.2	—	≥56.0	—	—	—	22.0~24.0	—	15.0~16.5	—	—			
ENi6200	NiCr23Mo16Cu2	0.02	1.0	3.0	0.2	1.3~1.9	≥45.0	2.0	0.4	—	20.0~24.0	—	15.0~17.0	—	—			
ENi6205	NiCr25Mo16	0.02	0.5	5.0	1.0	2.0	≥50.0	—	—	—	22.0~27.0	—	13.5~16.5	—	—			
ENi6275	NiCr 15Mo16Fe5W3	0.10	1.0	4.0~7.0	1.0	0.5	≥50.0	2.5	—	—	14.5~16.5	—	15.0~18.0	0.4	3.0~4.5			

续表

焊条型号	化学成分代号	化学成分（质量分数）/%															
		C	Mn	Fe	Si	Cu	Ni①	Co	Al	Ti	Cr	Nb②	Mo	V	W	S	P	其他③
镍铬钼																		
ENi6276	NiCr15Mo15Fe6W4	0.02	1.0	4.0~7.0	0.2	0.5	≥50.0	2.5	—	—	14.5~16.5	—	15.0~17.0	0.4	3.0~4.5			
ENi6452	NiCr19Mo15	0.025	2.0	1.5	0.4	0.5	≥56.0	—	—	—	18.0~20.0	0.4	14.0~16.0	0.4	—			
ENi6455	NiCr16Mo15Ti	0.02	1.5	3.0	0.2	0.5	≥56.0	2.0	—	0.7	14.0~18.0	—	14.0~17.0	0.4	0.5			
ENi6620	NiCr14Mo7Fe	0.10	2.0~4.0	10.0	1.0	0.5	≥55.0	—	—	—	12.0~17.0	0.5~2.0	5.0~9.0	0.4	1.0~2.0			
ENi6625	NiCr22Mo9Nb	0.10	2.0	7.0	0.8	0.5	≥55.0		—		20.0~23.0	3.0~4.2	8.0~10.0	—	—	0.015		
ENi6627	NiCr21MoFeNb	0.03	2.2	5.0	0.7	0.5	≥57.0				20.5~22.5	1.0~2.8	8.8~10.0	—	0.5			
ENi6650	NiCr20Fe14Mo11WN	0.03	0.7	12.0~15.0	0.6	0.5	≥44.0	1.0	0.5		19.0~22.0	0.3	10.0~13.0	—	1.0~2.0	0.02	0.020	N: 0.15
ENi6686	NiCr21Mo16W4	0.02	1.0	5.0	0.3	1.5~2.5	≥49.0	—		0.3	19.0~23.0	—	15.0~17.0	—	3.0~4.4	0.015		
ENi6985	NiCr22Mo7Fe19	0.02	1.0	18.0~21.0	1.0	0.5	≥45.0	5.0			21.0~23.5	1.0	6.0~8.0	—	1.5			
镍铬钴钼																		
ENi6117	NiCr22Co12Mo	0.05~0.15	3.0	5.0	1.0	0.5	≥45.0	9.0~15.0	1.5	0.6	20.0~26.0	1.0	8.0~10.0	—	—	0.015	0.020	

注：除 Ni 外所有单值元素均为最大值。

① 除非另有规定，Co 含量应低于该含量的 1%。也可供需双方协商，要求较低的 Co 含量。

② Ta 含量应低于该含量的 20%。

③ 未规定数值的元素总量不应超过 0.5%。

镍及镍合金焊条熔敷金属力学性能

表 12-22

焊条型号	化学成分代号	屈服强度①R_{eL}/MPa	抗拉强度 R_m/MPa	伸长率 A/%
		不 小 于		
镍				
ENi2061	NiTi3	200	410	18
ENi2061A	NiNbTi			
镍 铜				
ENi4060	NiCu30Mn3Ti	200	480	27
ENi4061	NiCu27Mn3NbTi			
镍 铬				
ENi6082	NiCr20Mn3Nb	360	600	22
ENi6231	NiCr22W14Mo	350	620	18
镍 铬 铁				
ENi6025	NiCr25Fe10AlY	400	690	12
ENi6062	NiCr15Fe8Nb	360	550	27
ENi6093	NiCr15Fe8NbMo			
ENi6094	NiCr14Fe4NbMo	360	650	18
ENi6095	NiCr15Fe8NbMoW			
ENi6133	NiCr16Fe12NbMo			
ENi6152	NiCr30Fe9Nb	360	550	27
ENi6182	NiCr15Fe6Mn			
ENi6333	NiCr25Fe16CoNbW	360	550	18
ENi6701	NiCr36Fe7Nb	450	650	8
ENi6702	NiCr28Fe6W			
ENi6704	NiCr25Fe10Al3YC	400	690	12
ENi8025	NiCr29Fe30Mo	240	550	22
ENi8165	NiCr25Fe30Mo			
镍 钼				
ENi1001	NiMo28Fe5	400	690	22
ENi1004	NiMo25Cr5Fe5			
ENi1008	NiMo19WCr	360	650	22
ENi1009	NiMo20WCu			
ENi1062	NiMo24Cr8Fe6	360	550	18
ENi1066	NiMo28	400	690	22
ENi1067	NiMo30Cr	350	690	22
ENi1069	NiMo28Fe4Cr	360	550	20
镍 铬 钼				
ENi6002	NiCr22Fe18Mo	380	650	18
ENi6012	NiCr22Mo9	410	650	22
ENi6022	NiCr21Mo13W3	350	690	22
ENi6024	NiCr26Mo14			
ENi6030	NiCr29Mo5Fe15W2	350	585	22
ENi6059	NiCr23Mo16	350	690	22

续表

焊条型号	化学成分代号	屈服强度[①]R_{eL}/MPa	抗拉强度R_m/MPa	伸长率A/%
		不　小　于		
镍铬钼				
ENi6200	NiCr23Mo16Cu2			
ENi6275	NiCr15Mo16Fe5W3	400	690	22
ENi6276	NiCr15Mo15Fe6W4			
ENi6205	NiCr25Mo16	350	690	22
ENi6452	NiCr19Mo15			
ENi6455	NiCr16Mo15Ti	300	690	22
ENi6620	NiCr14Mo7Fe	350	620	32
ENi6625	NiCr22Mo9Nb	420	760	27
ENi6627	NiCr21MoFeNb	400	650	32
ENi6650	NiCr20Fe14Mo11WN	420	660	30
ENi6686	NiCr21Mo16W4	350	690	27
ENi6985	NiCr22Mo7Fe19	350	620	22
镍铬钴钼				
ENi6117	NiCr22Co12Mo	400	620	22

① 屈服发生不明显时，应采用0.2%的屈服强度（$R_{p0.2}$）。

6. 铜及铜合金焊条（GB/T 3670—1995）

铜及铜合金焊条用于手工电弧焊接铜及铜合金、铜与钢零件，也可用于焊补磨损和耐腐蚀的零件及铸铁件。铜及铜合金焊条尺寸及夹持长度见表12-23，其熔敷金属的化学成分见表12-24，力学性能见表12-25。

铜及铜合金焊条尺寸及夹持长度（mm）　　表 12-23

焊条直径	2.5	3.2	4	5	6
夹持长度	15～25			20～30	

铜及铜合金焊条熔敷金属的化学成分（%）　　表 12-24

型　号	Cu	Si	Mn	Fe	Al	Sn	Ni	P	Pb	Zn	f成分合计
ECu	>95.0	0.5		f							
ECuSi-A	>93.0	1.0～2.0	3.0		—						
ECuSi-B	>92.0	2.5～4.0		f				0.30			
ECuSn-A		f		f		5.0～7.0	f		0.02		
ECuSn-B			f			7.0～9.0					
ECuAl-A2		1.5		0.5～5.0	6.5～9.0	f				f	0.50
ECuAl-B				2.5～5.0	7.5～10.0		—				
ECuAl-C	余量	1.0	2.0	1.5	6.5～10.0		0.5		0.02		
ECuNi-A		0.5	2.5	2.5	Ti0.5	—	9.0～11.0	0.020	0.02		
ECuNi-B							29.0～33.0		f		
ECuAlNi		1.0	2.0	2.0～6.0	7.0～10.0		2.0		—		
ECuMnAlNi			11.0～13.0		5.0～7.5	f	1.0～2.5		0.02		

注：1. 表示所示单值除标记外为最大值。
　　2. 字母 f 表示微量元素。
　　3. Cu 元素中允许含 Ag。
　　4. ECuNi-A 和 ECuNi-B 类 S 应控制在 0.015% 以下。

铜及铜合金焊条熔敷金属的力学性能　　表 12-25

型　号	抗拉强度 σ_b MPa	伸长率 δ_5 %	型　号	抗拉强度 σ_b MPa	伸长率 δ_5 %
ECu	170	20	ECuAl-B	450	10
ECuSi-A	250	22	ECuAl-C	390	15
ECuSi-B	270	20	ECuNi-A	270	20
ECuSn-A	250	15	ECuNi-B	350	20
ECuSn-B	270	12	ECuAlNi	490	13
ECuAl-A2	410	20	ECuMnAlNi	520	15

注：表中单个值均为最小值。

7. 铝及铝合金焊条（GB/T 3669—2001）

铝及铝合金焊条用于焊接和焊补纯铝、铝锰合金及部分铝镁合金的零部件。焊条尺寸及夹持端长度见表 12-26，焊条焊芯化学成分见表 12-27，焊接接头抗拉强度见表 12-28。

铝及铝合金焊条尺寸及夹持端长度（mm）　　表 12-26

焊条直径	2.5	3.2	4.0	5.0	6.0
焊条长度			340～360		
夹持端长度		10～30			15～35

注：根据需要要求，允许通过协议供应其他尺寸的焊条。

铝及铝合金焊条焊芯化学成分（%）　　表 12-27

焊条型号	Si	Fe	Cu	Mn	Mg	Zn	Ti	Be	其他 单个	其他 合计	Al
E1100	Si+Fe 0.95		0.05～0.20	0.05	—			0.0008	0.05	0.15	≥99.00
E3003	0.6	0.7		1.0～1.5		0.10					余量
E4043	4.5～6.0	0.8	0.30	0.05	0.05		0.20				

注：表中单值除规定外，其他均为最大值。

铝及铝合金焊条焊接接头抗拉强度　　表 12-28

焊条型号	抗拉强度 σ_b/MPa
E1100	≥80
E3003	≥95
E4043	

8. 铸铁焊条及焊丝（GB/T 10044—2006）

铸铁焊接用焊条、填充焊丝、气体保护焊丝及药芯焊丝类别与型号见表 12-29，焊条和药芯焊丝熔敷金属化学成分见表 12-30，纯铁及碳钢焊条焊芯化学成分见表 12-31，铸铁填充焊丝化学成分见表 12-32，铸铁气体保护焊焊丝化学成分见表 12-33，各类焊丝和焊条的规格尺寸见表 12-34～表 12-36。

铸铁焊接用焊条、填充焊丝、气体保护焊丝及药芯焊丝类别与型号　　表 12-29

类别	型号	名称	类别	型号	名称
铁基焊条	EZC	灰口铸铁焊条	其他焊条	EZV	高钒焊条
	EZCQ	球墨铸铁焊条	铁基填充焊丝	RZC	灰口铸铁填充焊丝
镍基焊条	EZNi	纯镍铸铁焊条		RZCH	合金铸铁填充焊丝
	EZNiFe	镍铁铸铁焊条		RZCQ	球墨铸铁填充焊丝
	EZNiCu	镍铜铸铁焊条	镍基气体保护焊丝	ERZNi	纯镍铸铁气保护焊丝
	EZNiFcCu	镍铁铜铸铁焊条		ERZNiFeMn	镍铁锰铸铁气保护焊丝
其他焊条	EZFe	纯铁及碳钢焊条	镍基药芯焊丝	ET3ZNiFe	镍铁铸铁自保护药芯焊丝

焊条和药芯焊丝熔敷金属化学成分（%）　　表 12-30

型号	C	Si	Mn	S	P	Fe	Ni	Cu	Al	V	球化剂	其他元素总量
焊　条												
EZC	2.0~4.0	2.5~6.5	≤0.75	≤0.10	≤0.15	余量	—	—	—	—	—	—
EZCQ	3.2~4.2	3.2~4.0	≤0.80			余量					0.04~0.15	
EZNi-1	≤2.0	≤2.5	≤1.0	≤0.03	—	≤8.0	≥90	—	—	—		≤1.0
EZNi-2		≤4.0	≤2.5				≥85		≤1.0			
EZNi-3									1.0~3.0			
EZNiFe-1						余量	45~60	≤2.5	≤1.0			
EZNiFe-2									1.0~3.0			
EZNiFeMn		≤1.0	10~14				35~45		≤1.0			
EZNiCu-1	0.35~0.55	≤0.75	≤2.3	≤0.025	—	3.0~6.0	60~70	25~35				
EZNiCu-2							50~60	35~45				
EZNiFeCu	≤2.0	≤2.0	≤1.5	≤0.03		余量	45~60	4~10				
EZV	≤0.25	≤0.70	≤1.50	≤0.04	≤0.04		—	—		8~13		—
药芯焊丝												
ET3ZNiFe	≤2.0	≤1.0	3.0~5.0	≤0.03	—	余量	45~60	≤2.5	≤1.0	—	—	≤1.0

纯铁及碳钢焊条焊芯化学成分（%）　　表 12-31

型号	C	Si	Mn	S	P	Fe
EZFe-1	≤0.04	≤0.10	≤0.60	≤0.010	≤0.015	余量
EZFe-2	≤0.10	≤0.03		≤0.030	≤0.030	

铸铁填充焊丝化学成分 （%）   表 12-32

型 号	C	Si	Mn	S	P	Fe	Ni	Ce	Mo	球化剂
RZC-1	3.2~3.5	2.7~3.0	0.60~0.75		0.50~0.75	余量	—			—
RZC-2	3.2~4.5	3.0~3.8	0.30~0.80	≤0.10	≤0.50		—			—
RZCH	3.2~3.5	2.0~2.5	0.50~0.70		0.20~0.40		1.2~1.6		0.25~0.45	
RZCQ-1	3.2~4.0	3.2~3.8	0.10~0.40	≤0.015	≤0.05		≤0.50	≤0.20	—	0.04~0.10
RZCQ-2	3.5~4.2	3.5~4.2	0.50~0.80	≤0.03	≤0.10		—			

铸铁气体保护焊焊丝化学成分 （%）   表 12-33

型 号	C	Si	Mn	S	P	Fe	Ni	Cu	Al	其他元素总量
ERZNi	≤1.0	≤0.75	≤2.5	≤0.03	—	≤4.0	≥90	≤4.0	—	≤1.0
ERZNiFeMn	≤0.50	≤1.0	10~14	≤0.03		余量	35~45	≤2.5	≤1.0	

铸铁焊条的直径、长度及夹持端长度 （mm）   表 12-34

	冷拔焊芯					铸造焊芯				
焊条直径	2.5	3.2	4.0	5.0	6.0	4.0	5.0	6.0	8.0	10.0
焊条长度	200~300	300~450			400~500	350~400	350~500			
夹持端长度	15	20				20			25	

铸铁填充焊丝的尺寸 （mm）   表 12-35

焊丝横截面尺寸	3.2	4.0	5.0	6.0	8.0	10.0	12.0
焊丝长度	400~500	450~550					550~650

铸铁气体保护焊焊丝和药芯焊丝的直径 （mm）   表 12-36

焊丝直径	1.0，1.2，1.4，1.6，2.0，2.4，2.8，3.0，3.2，4.0

9. 气体保护电弧焊用碳钢、低合金钢焊丝 （GB/T 8110—2008）

气体保护电弧焊用碳钢、低合金钢焊丝用于碳钢、低合金钢熔化极气体保护电弧焊用的实心钢丝，推荐用于钨极气体保护电弧焊和等离子电弧焊的填充焊丝。焊丝按化学成分和采用熔化极气体保护电弧焊时熔敷金属的力学性能分类。焊丝表面必须光滑平整，不应有毛刺、划痕、锈蚀和氧化皮等，也不应有其他对焊接性能或焊接设备操作性能具有不良影响的杂质。焊丝的化学成分见表 12-37，熔敷金属力学性能见表 12-38，焊丝规格见表12-39。

表 12-37

焊丝的化学成分（质量分数）（%）

焊丝型号	C	Mn	Si	P	S	Ni	Cr	Mo	V	Ti	Zr	Al	Cu	其他元素总量
碳　钢														
ER50-2	0.07	0.90~1.40	0.40~0.70							0.05~0.15	0.02~0.12	0.05~0.13		—
ER50-3	0.07	0.90~1.40	0.45~0.75											
ER50-4	0.06~0.15	1.00~1.50	0.65~0.85	0.025	0.025	0.15	0.15	0.15	0.03	—	—	—	0.50	
ER50-6	0.06~0.15	1.40~1.85	0.80~1.15											
ER50-7	0.07~0.15	1.50~2.00	0.50~0.80											
ER49-1	0.11	1.80~2.10	0.65~0.95	0.030	0.030	0.30	0.20	—	—					
碳钼钢														
ER49-A1	0.12	1.30	0.30~0.70	0.025	0.025	0.20	—	0.40~0.65	—	—	—	—	0.35	0.50
铬钼钢														
ER55-B2	0.07~0.12	0.40~0.70	0.40~0.70	0.025	0.025	0.20	1.20~1.50	0.40~0.65	—					
ER49-B2L	0.05	0.40~0.70	0.40~0.70				1.20~1.50	0.40~0.65						
ER55-B2-MnV	0.06~0.10	1.20~1.60	0.60~0.90	0.030		0.25	1.00~1.30	0.50~0.70	0.20~0.40					
ER55-B2-Mn	0.06~0.10	1.20~1.70	0.60~0.90	0.030	0.025	0.25	0.90~1.20	0.45~0.65						
ER62-B3	0.07~0.12	0.40~0.70	0.40~0.70	0.025	0.025	0.20	2.30~2.70	0.90~1.20	—				0.35	
ER55-B3L	0.05	0.40~0.70	0.40~0.70	0.025			2.30~2.70	0.90~1.20						
ER55-B6	0.10		0.50			0.60	4.50~5.00	0.45~0.65	—					
ER55-B8	0.10		0.50			0.50		0.80~1.20						
ER62-B9	0.07~0.13	1.20	0.15~0.50	0.010	0.010	0.80	8.00~10.50	0.85~1.20	0.15~0.30	—		0.04	0.20	0.50

续表

焊丝型号	C	Mn	Si	P	S	Ni	Cr	Mo	V	Ti	Zr	Al	Cu	其他元素总量
镍 钢														
ER55-Ni1	0.12	1.25	0.40~0.80	0.025	0.025	0.80~1.10	0.15	0.35	0.05	—	—	—	0.35	0.50
ER55-Ni2						2.00~2.75								
ER55-Ni3						3.00~3.75								
锰 钼 钢														
ER55-D2	0.07~0.12	1.60~2.10	0.50~0.80	0.025	0.025	0.15	—	0.40~0.60	—	—	—	—	0.50	0.50
ER62-D2														
ER55-D2-Ti	0.12	1.20~1.90	0.40~0.80			—		0.20~0.50	—	0.20	—	—		
其他低合金钢														
ER55-1	0.10	1.20~1.60	0.60	0.025	0.020	0.20~0.60	0.30~0.90	—	—	—	—	—	0.20~0.50	—
ER69-1	0.08	1.25~1.80	0.20~0.55	0.010	0.010	1.40~2.10	0.30	0.25~0.55	0.05	—	—	—	—	—
ER76-1	0.09	1.40~1.80				1.90~2.60	0.50		0.04	0.10	0.10	0.10	0.25	0.50
ER83-1	0.10		0.25~0.60			2.00~2.80	0.60	0.30~0.65	0.03	—	—	—	—	—
ERXX-G	供需双方协商确定													

注：表中单值均为最大值。

熔敷金属力学性能　　　　　　　　　　　　　　表 12-38

焊丝型号	保护气体	抗拉强度 R_m/MPa	屈服强度 $R_{p0.2}$/MPa	伸长率 A/%	试样状态
碳　钢					
ER50-2	CO_2	≥500	≥420	≥22	焊态
ER50-3					
ER50-4					
ER50-6					
ER50-7					
ER49-1		≥490	≥372	≥20	
碳　钼　钢					
ER49-A1	Ar+(1%~5%)O_2	≥515	≥400	≥19	焊后热处理
铬　钼　钢					
ER55-B2	Ar+(1%~5%)O_2	≥550	≥470	≥19	焊后热处理
ER49-B2L		≥515	≥400		
ER55-B2-MnV	Ar+20%CO_2	≥550	≥440		
ER55-B2-Mn				≥20	
ER62-B3	Ar+(1%~5%)O_2	≥620	≥540	≥17	
ER55-B3L		≥550	≥470		
ER55-B6					
ER55-B8					
ER62-B9	Ar+5%O_2	≥420	≥410	≥16	
镍　钢					
ER55-Ni1	Ar+(1%~5%)O_2	≥550	≥470	≥24	焊态
ER55-Ni2					焊后热处理
ER55-Ni3					
锰　钼　钢					
ER55-D2	CO_2	≥550	≥470	≥17	焊态
ER62-D2	Ar+(1%~5%)O_2	≥620	≥540	≥17	
ER55-D2-Ti	CO_2	≥550	≥470	≥17	
其他低合金钢					
ER55-1	Ar+20%CO_2	≥550	≥450	≥22	焊态
ER69-1	Ar+2%O_2	≥690	≥610	≥16	
ER76-1		≥760	≥660	≥15	
ER83-1		≥830	≥730	≥14	
ERXX-G	供需双方协商				

气体保护电弧焊用碳钢、低合金钢焊丝直径（mm）　　　表 12-39

直条	1.2，1.6，2.0，2.4，2.5，3.0，3.2，4.0，4.8
焊丝卷	0.8，0.9，1.0，1.2，1.4，1.6，2.0，2.4，2.5，3.0，3.2
焊丝桶	0.9，1.0，1.2，1.4，1.6，2.0，2.4，2.5，3.0，3.2
焊丝盘	0.5，0.6，0.8，0.9，1.0，1.2，1.4，1.6，2.0，2.4，2.5，3.0，3.2

10. 低合金钢药芯焊丝（GB/T 17493—2008）

药芯类型、焊接位置、保护气体及电流种类见表 12-40，熔敷金属拉伸性能见表 12-41，熔敷金属化学成分见表 12-42，焊丝直径见表 12-43。以下表中 X 表示焊丝熔敷金属化学成分分类代号。

药芯类型、焊接位置、保护气体及电流种类　　　　　　　　表 12-40

焊丝	药芯类型	药芯特点	型　号	焊接位置	保护气体[1]	电流种类
非金属粉型	1	金红石型、熔滴呈喷射过渡	EXX0T1-XC	平、横	CO_2	直流反接
			EXX0T1-XM		$Ar+(20\%\sim25\%)CO_2$	
			EXX1T1-XC	平、横、仰、立向上	CO_2	
			EXX1T1-XM		$Ar+(20\%\sim25\%)CO_2$	
	4	强脱硫，自保护型，熔滴呈粗滴过渡	EXX0T4-X	平、横	—	
	5	氧化钙-氯化物型，熔滴呈粗滴过渡	EXX0T5-XC		CO_2	
			EXX0T5-XM		$Ar+(20\%\sim25\%)CO_2$	
			EXX1T5-XC	平、横、仰、立向上	CO_2	直流反接或正接[2]
			EXX1T5-XM		$Ar+(20\%\sim25\%)CO_2$	
	6	自保护型，熔滴呈喷射过渡	EXX0T6-X	平、横	—	直流反接
	7	强脱硫、自保护型，熔滴呈喷射过渡	EXX0T7-X			直流正接
			EXX1T7-X	平、横、仰、立向上		
	8	自保护型，熔滴呈喷射过渡	EXX0T8-X	平、横		
			EXX1T8-X	平、横、仰、立向上		
	11	自保护型，熔滴呈喷射过渡	EXX0T11-X	平、横		
			EXX1T11-X	平、横、仰、立向下		
	X[3]	c	EXX0TX-G	平、横		c
			EXX1TX-G	平、横、仰，立向上或向下		
			EXX0TX-GC	平、横	CO_2	
			EXX1TX-GC	平、横、仰、立向上或向下		
			EXX0TX-GM	平、横	$Ar+(20\%\sim25\%)CO_2$	
			EXX1TX-GM	平、横、仰、立向上或向下		
	G	不规定	EXX0TG-X	平、横	不规定	不规定
			EXX1TG-X	平、横、仰、立向上或向下		
			EXX0TG-G	平、横		
			EXX1TG-G	平、横、仰、立向上或向下		
金属粉型		主要为纯金属和合金，熔渣极少，熔滴呈喷射过渡	EXXC-B2,-B2L EXXC-B3,-B3L EXXC-B5,-B8 EXXC-Ni1,-Ni2,-Ni3 EXXC-D2	不规定	$Ar+(1\%\sim5\%)O_2$	不规定
			EXXC-B9 EXXC-K3,-K4 EXXC-W2		$Ar+(5\%\sim25\%)CO_2$	
		不规定	EXXC-C	不规定		

① 为保证焊缝金属性能，应采用表中规定的保护气体，如供需双方协商也可采用其他保护气体。

② 某些 EXX1T5-XC，-XM，为改善立焊和仰焊的焊接性能，焊丝制造厂也可能推荐采用直流正接。

③ 可以是上述任一种药芯类型，其药芯特点及电流种类应符合该类药芯焊丝相对应的规定。

低合金钢药芯焊丝熔敷金属拉伸性能　　　　表 12-41

型　　号	试样状态	抗拉强度 R_m/MPa	规定非比例延伸强度 $R_{P0.2}$/MPa	伸长率 A %	冲击性能 吸收功 A_{kV}/J	冲击性能 试验温度 ℃
非金属粉型						
E49XT5-A1C，A1M	焊后热处理	490～620	≥400	≥20	≥27	−30
E55XT1-A1C，A1M	焊后热处理	550～690	≥470	≥19		
E55XT1-B1C，-B1M，-B1LC，-B1LM	焊后热处理	550～690	≥470	≥19		
E55XT1-B2C，-B2M，-B2LC，-B2LM，-B2HC，-B2HM	焊后热处理	550～690	≥470	≥19		
E55XT5-B2C，-B2M，-B2LC，-B2LM	焊后热处理	550～690	≥470	≥19		
E62XT1-B3C，-B3M，-B3LC，-B3LM，-B3HC，-B3HM	焊后热处理	620～760	≥540	≥17		
E62XT5-B3C，-B3M	焊后热处理	620～760	≥540	≥17		
E69XT1-B3C，-B3M	焊后热处理	690～830	≥610	≥16		
E55XT1-B6C，-B6M，-B6LC，-B6LM	焊后热处理	550～690	≥470	≥19		
E55XT5-B6C，-B6M，-B6LC，-B6LM	焊后热处理	550～690	≥470	≥19		
E55XT1-B8C，-B8M，-B8LC，-B8LM	焊后热处理	550～690	≥470	≥19		
E55XT5-B8C，-B8M，-B8LC，-B8LM	焊后热处理	550～690	≥470	≥19		
E62XT1-B9C，-B9M	焊后热处理	620～830	≥540	≥16		
E43XT1-Ni1C，-Ni1M	焊态	430～550	≥340	≥22	≥27	−30
E49XT1-Ni1C，Ni1M	焊态	490～620	≥400	≥20		−30
E49XT6-Ni1	焊态	490～620	≥400	≥20		−30
E49XT8-Ni1	焊态	490～620	≥400	≥20		−30
E55XT1-Ni1C，-Ni1M	焊后热处理	550～690	≥470	≥19		−50
E55XT5-Ni1C，-Ni1M	焊后热处理	550～690	≥470	≥19		−50
E49XT8-Ni2	焊态	490～620	≥400	≥20		−30
E55XT8-Ni2	焊态	550～690	≥470	≥19		−30
E55XT1-Ni2C，-Ni2M	焊态	550～690	≥470	≥19		40
E55XT5-Ni2C，-Ni2M	焊后热处理	550～690	≥470	≥19	≥27	−60
E62XT1-Ni2C，-Ni2M	焊态	620～760	≥540	≥17		40
E55XT5-Ni3C，-Ni3M	焊后热处理	550～690	≥470	≥19		−70
E62XT5-Ni3C，-Ni3M	焊后热处理	620～760	≥540	≥17		−70
E55XT11-Ni3	焊态	550～690	≥470	≥19		−20
E62XT1-D1C，-D1M	焊态	620～760	≥540	≥17		−40
E62XT5 D2C，D2M	焊后热处理	620～760	≥540	≥17		−50
E69XT5 D2C，-D2M	焊后热处理	690～830	≥610	≥16		−40
E62XT1-D3C，-D3M	焊态	620～760	≥540	≥17		−30
E55XT5-K1C，-K1M	焊态	550～690	≥470	≥19		−40

型 号	试样状态	抗拉强度 R_m/MPa	规定非比例延伸强度 $R_{P0.2}$/MPa	伸长率A %	冲击性能 吸收功 A_{kv}/J	冲击性能 试验温度 ℃
E49XT4-K2						20
E49XT7-K2		490~620	≥400	≥20		−30
E49XT8-K2						−30
E49XT11-K2						0
E55XT8-K2						
E55XT1-K2C，-K2M		550~690	≥470	≥19		−30
E55XT5 K2C，K2M						
E62XT1 K2C，K2M		620~760	≥540	≥17		20
E62XT5 K2C，K2M						50
E69XT1-K3C，-K3M	焊态	690~830	≥610	≥16	≥27	−20
E69XT5-K3C，-K3M						−50
E76XT1-K3C，-K3M						−20
E76XT5-K3C，-K3M		760~900	≥680	≥15		−50
E76XT1-K4C，-K4M						−20
E76XT5-K4C，-K4M						−50
E83XT5-K4C，-K4M		830~970	≥745	≥14		
E83XT1-K5C，-K5M						—
E49XT5-K6C，K6M		490~520	≥400	≥20		−60
E43XT8-K6		430~550	≥340	≥22		−30
E49XT8 K6		490~620	≥400	≥20	≥27	−30
E69XT1 K7C，K7M		690~830	≥610	≥16		−50
E62XT8 K8		620~760	≥540	≥17		−30
E69XT1 K9C，K9M		690~830	560~670	≥18	≥47	−50
E55XT1 W2C，W2M		550~690	≥470	≥19	≥27	−30
金属粉型						
E49C-B2L		≥515	≥400	≥19		
E55C-B2		≥550	≥470			
E55C-B3L						
E62C-B3	焊后热处理	≥620	≥540	≥17		
E55C B6		≥550	≥470		—	
E55C B8						
E62C-B9		≥620	≥410	≥16		
E49C Ni2		≥490	≥400	≥24		−60
E55C-Ni1	焊态	≥550	≥470			−45
E55C-Ni2	焊后热处理	≥550	≥470	≥24		−60
E55C-Ni3						−75
E62C-D2		≥620	≥540	≥17		−30
E62C-K3				≥18		
E69C-K3	焊态	≥690	≥610	≥16	≥27	
E76C-K3		≥760	≥680	≥15		−50
E76C-K4						
E83C-K4		≥830	≥750	≥15		
E55C-W2		≥550	≥470	≥22		−30

注: 1. 对于 EXXXTX-G，-GC，-GM，EXXXTG-X 和 EXXXTG-G 型焊丝，熔敷金属冲击性能由供需双方商定。

2. 对于 EXXC-G 型焊丝，除熔敷金属抗拉强度外，其他力学性能由供需双方商定。

表12-42

焊丝熔敷金属化学成分（%）

型号	C	Mn	Si	S	P	Ni	Cr	Mo	V	Al	Cu	其他元素总量
非金属粉型　钼钢焊丝												
E49XT5-AIC,-AIM	0.12	1.25	0.80	0.030	0.030			0.40~0.65			—	—
E55XT1-AIC,-AIM												
非金属粉型　铬钼钢焊丝												
E55XT1-B1C,-B1M	0.05~0.12	1.25	0.80	0.030	0.030		0.40~0.65	0.40~0.65				
E55XT1-B1LC,-B1LM	0.05											
E55XT1-B2C,-B2M, E55XT5-B2C,-B2M	0.05~0.12						1.00~1.50					
E55XT1-B2LC,-B2LM, E55XT5-B2LC,-B2LM	0.05											
E55XT1-B2HC,-B2HM	0.10~0.15											
E62XT1-B3C,-B3M, E62XT5-B3C,-B3M E69XT1-B3C,-B3M	0.05~0.12						2.00~2.50	0.90~1.20				
E62XT1-B3LC,-B3LM	0.05											
E62XT1-B3HC,-B3HM	0.10~0.15											
E55XT1-B6C,-B6M E55XT5-B6C,-B6M	0.05~0.12		1.00		0.040	0.40	4.0~6.0	0.45~0.65				
E55XT1-B6LC,-B6LM E55XT5-B6LC,-B6LM	0.05											
E55XT1-B8C,-B8M E55XT5-B8C,-B8M	0.05~0.12						8.0~10.5	0.85~1.20			0.50	
E55XT1-B8LC,-B8LM E55XT5-B8LC,-B8LM	0.05				0.030	0.80						
E62XT1-B9C,-B9M①	0.08~0.13	1.20	0.50	0.015	0.020	0.80			0.15~0.30	0.04	0.25	

续表

型　号	C	Mn	Si	S	P	Ni	Cr	Mo	V	Al	Cu	其他元素总量
非金属粉型　镍钢焊丝												
E43XT1-Ni1C,-Ni1M												
E49XT1-Ni1C,-Ni1M												
E49XT6-Ni1	0.12	1.50	0.80	0.030	0.030	0.80~1.10	0.15	0.35	0.05		—	—
E49XT8-Ni1												
E55XT1-Ni1C,-Ni1M												
E55XT5-Ni1C,-Ni1M												
E49XT8-Ni2										1.8②		
E55XT8-Ni2						1.75~2.75						
E55XT1-Ni2C,-Ni2M												
E55XT5-Ni2C,-Ni2M												
E62XT1-Ni2C,-Ni2M												
E55XT5-Ni3C,-Ni3M③						2.75~3.75	—	—	—			
E62XT5-Ni3C,-Ni3M												
E55XT11-Ni3												
非金属粉型　锰钼钢焊丝												
E62XT1-D1C,-D1M	0.12	1.25~2.00	0.80	0.030	0.030	—	—		—		—	—
E62XT5-D2C,-D2M	0.15	1.65~2.25						0.25~0.55				
E69XT5-D2C,-D2M												
E62XT1-D3C,-D3M	0.12	1.00~1.75						0.40~0.65				
非金属粉型　其他低合金钢焊丝												
E55XT5-K1C,-K1M	0.15	0.80~1.40	0.80	0.030	0.030	0.80~1.10	0.15	0.20~0.65	0.05		—	—

续表

型号	C	Mn	Si	S	P	Ni	Cr	Mo	V	Al	Cu	其他元素总量
E49XT4-K2	0.15	0.50~1.75	0.80	0.030	0.030	1.00~2.00	0.15	0.35	0.05	1.8②		
E49XT7-K2												
E49XT8-K2												
E49XT11-K2												
E55XT8-K2												
E55XT1-K2C,-K2M		0.75~2.25										
E55XT5-K2C,-K2M												
E62XT1-K2C,-K2M												
E62XT5-K2C,-K2M											—	—
E69XT1-K3C,-K3M						1.25~2.60		0.25~0.65			—	
E69XT5-K3C,-K3M												
E76XT1-K3C,-K3M												
E76XT5-K3C,-K3M												
E76XT1-K4C,-K4M		1.20~2.25				1.75~2.60	0.20~0.60	0.20~0.65	0.03			
E76XT5-K4C,-K4M												
E83XT5-K4C,-K4M												
E83XT1-K5C,-K5M	0.10~0.25	0.60~1.60				0.75~2.00	0.20~0.70	0.15~0.55				
E49XT5-K6C,K6M	0.15	0.50~1.50				0.40~1.00	0.20	0.15	0.05	1.8②		
E43XT8-K6												
E49XT8-K6												
E69XT1-K7C,-K7M		1.00~1.75				2.00~2.75		—	—			
E62XT8-K8	0.07	1.00~2.00	0.40			0.50~1.50	0.20	0.20	0.05	1.8②		
E69XT1-K9C,-K9M	0.12	0.50~1.50	0.60	0.015	0.015	1.30~3.75	0.20	0.50			0.06	
E55XT1-W2C,-W2M		0.50~1.30	0.35~0.80			0.40~0.80	0.45~0.70	—	—		0.30~0.75	
EXXXTX-G①,-GC①,-GM①	—	≥0.50	1.00	0.030	0.030	≥0.50	≥0.30	≥0.20	≥0.10	1.8②	—	
EXXXTG-G①												

续表

型号	C	Mn	Si	S	P	Ni	Cr	Mo	V	Al	Cu	其他元素总量
铬钼钢焊丝 金属粉型												
E55C-B2	0.05~0.12						1.00~1.50	0.40~0.65			—	0.50
E49C-B2L	0.05			0.030								
E62C-B3	0.05~0.12	0.40~1.00	0.25~0.60		0.025	0.20	2.00~2.50	0.90~1.20	0.03		0.35	
E55C-B3L	0.05											
E55C-B6	0.10			0.025		0.60	4.50~6.00	0.45~0.65				
E55C-B8						0.20	8.00~10.50	0.80~1.20				
E62C-B9④	0.08~0.13	1.20	0.50	0.015	0.020	0.80		0.85~1.20	0.15~0.30	0.04	0.20	0.50
镍钢焊丝 金属粉型												
E55C-Ni1	0.12	1.50				0.80~1.10		0.30				
E49C-Ni2	0.08	1.25	0.90	0.030	0.025	1.75~2.75		—			0.35	0.50
E55C-Ni2	0.12	1.50				1.75~2.75						
E55C-Ni3						2.75~3.75						
锰钼钢焊丝 金属粉型												
E62C-D2	0.12	1.00~1.90	0.90	0.030	0.025			0.40~0.60	0.03		0.35	0.50
其他低合金钢焊丝 金属粉型												
E62C-K3	0.15						0.15					
E69C-K3		0.75~2.25	0.80	0.025	0.025	0.50~2.50		0.25~0.65	0.03		0.35	0.50
E76C-K3												
E76C-K4							0.15~0.65					
E83C-K4												
E55C-W2	0.12	0.50~1.30	0.35~0.80	0.030		0.40~0.80	0.45~0.70				0.30~0.75	
EXXC-G⑤	—	—	—	—	—	≥0.50	≥0.30	≥0.20	—	—	—	—

注：除另有注明外，所列单值均为最大值。

① Nb：0.02%~0.10%；N：0.02%~0.07%；(Mn+Ni) ≤1.50%。

② 仅适用于自保护焊丝。

③ 对于 EXXXTX-G 和 EXXXTG-G 型号，元素 Mn、Ni、Cr、Mo 或 V 至少有一种应符合要求。

④ Nb：0.02%~0.10%；N：0.03%~0.07%；(Mn+Ni) ≤1.50%。

⑤ 对于 EXXC-G 型号，元素 Ni，Cr 或 Mo 至少有一种应符合要求。

| 焊丝直径（mm） | 表 12-43 |

焊丝直径	0.8, 0.9, 1.0, 1.2, 1.4, 1.6, 2.0, 2.4, 2.8, 3.2, 4.0

11. 不锈钢焊丝和焊带 （GB/T 29713—2013）

用于熔化极气体保护电弧焊、非熔化极气体保护电弧焊、埋弧焊、电渣焊、等离子弧焊及激光焊等用不锈钢焊丝、填充丝及焊带。

焊丝及焊带型号由两部分组成：第一部分的首位字母表示产品分类，其中"S"表示焊丝，"B"表示焊带；第二部分为字母"S"或字母"B"后面的数字或数字与字母的组合表示化学成分分类，其中"L"表示含碳量较低，"H"表示含碳量较高，如有其他特殊要求的化学成分，该化学成分用元素符号表示放在后面。

焊丝及焊带尺寸应符合 GB/T 25775 的规定，焊丝及焊带的化学成分应符合表 12-44 的规定，熔敷金属力学性能见表 12-45。

| 不锈钢焊丝和焊带化学成分 | | | | | | | | | | | 表 12-44 |

化学成分分类	化学成分（质量分数）/%										
	C	Si	Mn	P	S	Cr	Ni	Mo	Cu	Nb[①]	其他
209	0.05	0.90	4.0～7.0	0.03	0.03	20.5～24.0	9.5～12.0	1.5～3.0	0.75	—	N：0.10～0.30 V：0.10～0.30
218	0.10	3.5～4.5	7.0～9.0	0.03	0.03	16.0～18.0	8.0～9.0	0.75	0.75	—	N：0.08～0.18
219	0.05	1.00	8.0～10.0	0.03	0.03	19.0～21.5	5.5～7.0	0.75	0.75	—	N：0.10～0.30
240	0.05	1.00	10.5～13.5	0.03	0.03	17.0～19.0	4.0～6.0	0.75	0.75	—	N：0.10～0.30
307[②]	0.04～0.14	0.65	3.3～4.8	0.03	0.03	19.5～22.0	8.0～10.7	0.5～1.5	0.75	—	—
307Si[②]	0.04～0.14	0.65～1.00	6.5～8.0	0.03	0.03	18.5～22.0	8.0～10.7	0.75	0.75	—	—
307Mn[②]	0.20	1.2	5.0～8.0	0.03	0.03	17.0～20.0	7.0～10.0	0.5	0.5	—	—
308	0.08	0.65	1.0～2.5	0.03	0.03	19.5～22.0	9.0～11.0	0.75	0.75	—	—
308Si	0.08	0.65～1.00	1.0～2.5	0.03	0.03	19.5～22.0	9.0～11.0	0.75	0.75	—	—
308H	0.04～0.08	0.65	1.0～2.5	0.03	0.03	19.5～22.0	9.0～11.0	0.50	0.75	—	—
308L	0.03	0.65	1.0～2.5	0.03	0.03	19.5～22.0	9.0～11.0	0.75	0.75	—	—

化学成分分类	化学成分（质量分数）/%										
	C	Si	Mn	P	S	Cr	Ni	Mo	Cu	Nb①	其他
308LSi	0.03	0.65~1.00	1.0~2.5	0.03	0.03	19.5~22.0	9.0~11.0	0.75	0.75	—	—
308Mo	0.08	0.65	1.0~2.5	0.03	0.03	18.0~21.0	9.0~12.0	2.0~3.0	0.75		
308LMo	0.03	0.65	1.0~2.5	0.03	0.03	18.0~21.0	9.0~12.0	2.0~3.0	0.75		
309	0.12	0.65	1.0~2.5	0.03	0.03	23.0~25.0	12.0~14.0	0.75	0.75		
309Si	0.12	0.65~1.00	1.0~2.5	0.03	0.03	23.0~25.0	12.0~14.0	0.75	0.75	—	—
309L	0.03	0.65	1.0~2.5	0.03	0.03	23.0~25.0	12.0~14.0	0.75	0.75		
309LD③	0.03	0.65	1.0~2.5	0.03	0.03	21.0~24.0	10.0~12.0	0.75	0.75		
309LSi	0.03	0.65~1.00	1.0~2.5	0.03	0.03	23.0~25.0	12.0~14.0	0.75	0.75	—	
309LNb	0.03	0.65	1.0~2.5	0.03	0.03	23.0~25.0	12.0~14.0	0.75	0.75	10×C~1.0	
309LNbD③	0.03	0.65	1.0~2.5	0.03	0.03	20.0~23.0	11.0~13.0	0.75	0.75	10×C~1.2	—
309Mo	0.12	0.65	1.0~2.5	0.03	0.03	23.0~25.0	12.0~14.0	2.0~3.0	0.75	—	
309LMo	0.03	0.65	1.0~2.5	0.03	0.03	23.0~25.0	12.0~14.0	2.0~3.0	0.75	—	—
309LMoD③	0.03	0.65	1.0~2.5	0.03	0.03	19.0~22.0	12.0~14.0	2.3~3.3	0.75		
310②	0.08~0.15	0.65	1.0~2.5	0.03	0.03	25.0~28.0	20.0~22.5	0.75	0.75	—	—
310S②	0.08	0.65	1.0~2.5	0.03	0.03	25.0~28.0	20.0~22.5	0.75	0.75	—	—
310L②	0.03	0.65	1.0~2.5	0.03	0.03	25.0~28.0	20.0~22.5	0.75	0.75	—	—
312	0.15	0.65	1.0~2.5	0.03	0.03	28.0~32.0	8.0~10.5	0.75	0.75	—	—
316	0.08	0.65	1.0~2.5	0.03	0.03	18.0~20.0	11.0~14.0	2.0~3.0	0.75	—	—
316Si	0.08	0.65~1.00	1.0~2.5	0.03	0.03	18.0~20.0	11.0~14.0	2.0~3.0	0.75	—	—
316H	0.04~0.08	0.65	1.0~2.5	0.03	0.03	18.0~20.0	11.0~14.0	2.0~3.0	0.75	—	—

化学成分分类	化学成分（质量分数）/%										
	C	Si	Mn	P	S	Cr	Ni	Mo	Cu	Nb[①]	其他
316L	0.03	0.65	1.0~2.5	0.03	0.03	18.0~20.0	11.0~14.0	2.0~3.0	0.75	—	—
316LSi	0.03	0.65~1.00	1.0~2.5	0.03	0.03	18.0~20.0	11.0~14.0	2.0~3.0	0.75	—	—
316LCu	0.03	0.65	1.0~2.5	0.03	0.03	18.0~20.0	11.0~14.0	2.0~3.0	1.0~2.5	—	—
316LMn[②]	0.03	1.0	5.0~9.0	0.03	0.02	19.0~22.0	15.0~18.0	2.5~4.5	0.5	—	N：0.10~0.20
317	0.08	0.65	1.0~2.5	0.03	0.03	18.5~20.5	13.0~15.0	3.0~4.0	0.75	—	—
317L	0.03	0.65	1.0~2.5	0.03	0.03	18.5~20.5	13.0~15.0	3.0~4.0	0.75	—	—
318	0.08	0.65	1.0~2.5	0.03	0.03	18.0~20.0	11.0~14.0	2.0~3.0	0.75	8×C~1.0	—
318L	0.03	0.65	1.0~2.5	0.03	0.03	18.0~20.0	11.0~14.0	2.0~3.0	0.75	8×C~1.0	—
320[②]	0.07	0.60	2.5	0.03	0.03	19.0~21.0	32.0~36.0	2.0~3.0	3.0~4.0	8×C~1.0	—
320LR[②]	0.025	0.15	1.5~2.0	0.015	0.02	19.0~21.0	32.0~36.0	2.0~3.0	3.0~4.0	8×C~0.40	—
321	0.08	0.65	1.0~2.5	0.03	0.03	18.5~20.5	9.0~10.5	0.75	0.75	—	Ti：9×C~1.0
330	0.18~0.25	0.65	1.0~2.5	0.03	0.03	15.0~17.0	34.0~37.0	0.75	0.75	—	—
347	0.08	0.65	1.0~2.5	0.03	0.03	19.0~21.5	9.0~11.0	0.75	0.75	10×C~1.0	—
347Si	0.08	0.65~1.00	1.0~2.5	0.03	0.03	19.0~21.5	9.0~11.0	0.75	0.75	10×C~1.0	—
347L	0.03	0.65	1.0~2.5	0.03	0.03	19.0~21.5	9.0~11.0	0.75	0.75	10×C~1.0	—
383[②]	0.025	0.50	1.0~2.5	0.02	0.03	26.5~28.5	30.0~33.0	3.2~4.2	0.7~1.5	—	—
385[②]	0.025	0.50	1.0~2.5	0.02	0.03	19.5~21.5	24.0~26.0	4.2~5.2	1.2~2.0	—	—
409	0.08	0.8	0.8	0.03	0.03	10.5~13.5	0.6	0.50	0.75	—	Ti：10×C~1.5
409Nb	0.12	0.5	0.6	0.03	0.03	10.5~13.5	0.6	0.75	0.75	8×C~1.0	—
410	0.12	0.5	0.6	0.03	0.03	11.5~13.5	0.6	0.75	0.75	—	—

续表

化学成分分类	化学成分（质量分数）/%										
	C	Si	Mn	P	S	Cr	Ni	Mo	Cu	Nb①	其他
410NiMo	0.06	0.5	0.6	0.03	0.03	11.5~12.5	4.0~5.0	0.4~0.7	0.75	—	—
420	0.25~0.40	0.5	0.6	0.03	0.03	12.0~14.0	0.75	0.75	0.75	—	—
430	0.10	0.5	0.6	0.03	0.03	15.5~17.0	0.6	0.75	0.75	—	—
430Nb	0.10	0.5	0.6	0.03	0.03	15.5~17.0	0.6	0.75	0.75	8×C~1.2	—
430LNb	0.03	0.5	0.6	0.03	0.03	15.5~17.0	0.6	0.75	0.75	8×C~1.2	—
439	0.04	0.8	0.8	0.03	0.03	17.0~19.0	0.6	0.5	0.75	—	Ti: 10×C~1.1
446LMo	0.015	0.4	0.4	0.02	0.02	25.0~27.5	Ni+Cu: 0.5	0.75~1.50	Ni+Cu: 0.5	—	N: 0.015
630	0.05	0.75	0.25~0.75	0.03	0.03	16.00~16.75	4.5~5.0	0.75	3.25~4.00	0.15~0.30	—
16-8-2	0.10	0.65	1.0~2.5	0.03	0.03	14.5~16.5	7.5~9.5	1.0~2.0	0.75	—	—
19-10H	0.40~0.08	0.65	1.0~2.0	0.03	0.03	18.5~20.0	9.0~11.0	0.25	0.75	0.05	Ti：0.05
2209	0.03	0.90	0.5~2.0	0.03	0.03	21.5~23.5	7.5~9.5	2.5~3.5	0.75	—	Ti: 0.08~0.20
2553	0.04	1.0	1.5	0.04	0.03	24.0~27.0	4.5~6.5	2.9~3.9	1.5~2.5	—	N: 0.10~0.25
2594	0.03	1.0	2.5	0.03	0.02	24.0~27.0	8.0~10.5	2.5~4.5	1.5	—	N: 0.20~0.30 W: 1.0
33-31	0.015	0.50	2.00	0.02	0.01	31.0~35.0	30.0~33.0	0.5~2.0	0.3~1.2	—	N: 0.35~0.60
3556	0.05~0.15	0.20~0.80	0.50~2.00	0.04	0.015	21.0~23.0	19.0~22.5	2.5~4.0	—	0.30	④
Z⑤	其他成分										

注：表中单值均为最大值。
① 不超过 Nb 含量总量的 20%，可用 Ta 代替。
② 熔敷金属在多数情况下是纯奥氏体，因此对微裂纹和热裂纹敏感。增加焊缝金属中的 Mn 含量可减少裂纹的发生，经供需双方协商，Mn 的范围可以扩大到一定等级。
③ 这些分类主要用于低稀释率的堆焊，如电渣焊带。
④ N：0.10~0.30，Co：16.0~21.0，W：2.0~3.5，Ta：0.30~1.25，Al：0.10~0.50，Zr：0.001~0.100，La：0.005~0.100，B：0.02。
⑤ 表中未列的焊丝及焊带可用相类似的符号表示，词头加字母"Z"。化学成分范围不进行规定，两种分类之间不可替换。

熔敷金属力学性能　　　　　　　　表 12-45

化学成分分类	抗拉强度 R_m/MPa	断后伸长率 A/%	焊后热处理	化学成分分类	抗拉强度 R_m/MPa	断后伸长率 A/%	焊后热处理
307	590	25	—	316LMn	510	25	—
307Mn	500	25	—	317	550	25	—
308	550	25	—	317L	480	25	—
308Si	550	25	—	318	550	25	—
308H	550	30	—	318L	510	25	—
308L	510	25	—	320	550	25	—
308LSi	510	25	—	320LR	520	25	—
308Mo	620	20	—	321	550	25	—
308LMo	510	30	—	330	550	10[①]	—
309	550	25	—	347	550	25	—
309Si	550	25	—	347Si	550	25	—
309L	510	25	—	347L	510	25	—
309LD	510	20	—	383	500	25	—
309LSi	510	25	—	385	510	25	—
309LNb	550	25	—	409	380	15	—
309LNbD	510	20	—	409Nb	450	15	[②]
309Mo	510	25	—	410[②]	450	15	[③]或[②]
309LMo	550	25	—	410NiMo	750	15	[④]
309LMoD	510	20	—	420	450	15	[③]
310	550	20	—	430	450	15	[⑤]
310S	550	20	—	430Nb	450	15	[⑤]
310L	510	20	—	430LNb	410	15	—
312	650	15	—	439	410	15	—
316	510	25	—	630	930	5	[⑥]
316Si	510	25	—	16-8-2	510	25	—
316H	550	25	—	19-10H	550	30	—
316L	510	25	—	2209	550	20	—
316LSi	510	25	—	2594	620	18	—
316LCu	510	25	—	33-31	720	25	—

注：表中单值均为最小值。
① 此类焊丝、填充丝及焊带的熔敷金属中的碳较高，适于在高温下服役。室温下断后伸长率相对于使用温度时有些低，熔敷金属的断后伸长率低于母材。
② 加热到 730℃～760℃，保温 1h，炉冷至 600℃，然后空冷。
③ 加热到 840℃～870℃，保温 2h，炉冷至 600℃，然后空冷。
④ 加热到 580℃～620℃，保温 2h，空冷。
⑤ 加热到 760℃～790℃，保温 2h，炉冷至 600℃，然后空冷。
⑥ 加热到 1025℃～1050℃，保温 1h，空冷至室温，然后加热到 610℃～630℃，保温 4h，空冷。

12. 铜及铜合金焊丝（GB/T 9460—2008）

铜及铜合金焊丝用于气焊、氩弧焊、碳弧焊，铜及铜合金焊丝也可用于钎焊碳钢及铸铁件。牌号表示方法是以焊丝的"焊"和"丝"字的汉语拼音第一个字母"H"和"S"作为牌号的标记，"HS"后面的化学元素符号表示焊丝的主要组成元素，元素符号后面的数字表示顺序号。焊丝尺寸规格见表 12-46，焊丝主要化学成分见表 12-47。

13. 铝及铝合金焊丝（GB/T 10858—2008）

铝及铝合金焊丝用于惰性气体保护焊、等离子弧焊、气焊等焊接铝及铝合金零件，焊接时应配用铝气焊熔剂。焊丝按化学成分分为铝、铝铜、铝锰、铝硅、铝镁等 5 类。焊丝表面应光滑，无毛刺、凹坑、划痕、裂纹等缺陷，也不应有其他不利于焊接操作或对焊缝金属有不良影响的杂质。焊丝化学成分见表 12-48，焊丝尺寸见表 12-49 和表 12-50。

表 12-46

焊丝尺寸规格（mm）

包装形式	焊丝直径	焊丝长度
直条焊丝卷	1.6、1.8、2.0、2.4、2.5、2.8、3.0、3.2、4.0、4.8、5.0、6.0、6.4	500~1000
直径 100 和 200mm 焊丝盘	0.8、0.9、1.0、1.2、1.4、1.6	
直径 270 和 300mm 焊丝盘	0.5、0.8、0.9、1.0、1.2、1.4、1.6、2.0、2.4、2.5、2.8、3.0、3.2	

表 12-47

铜及铜合金焊丝主要化学成分

焊丝型号	代号		化学成分（质量分数）/%											
			Cu	Zn	Sn	Mn	Fe	Si	Ni+Co	Al	Pb	Ti	S	P	其他
SCu1897	CuAg1	铜	≥99.5（含 Ag）	—	—	≤0.2	≤0.05	≤0.1	≤0.3		≤0.01	—	—	0.01~0.05	≤0.2
SCu1898	CuSn1		≥98.0	—	≤1.0	≤0.60	—	≤0.5		≤0.01	≤0.02	—	—	≤0.15	≤0.5
SCu1898A	CuSn1MnSi		余量	—	0.5~1.0	0.1~0.4	≤0.03	0.1~0.4	≤0.1		≤0.01			≤0.015	≤0.2
SCu4700	CuZn40Sn	黄铜	57.0~61.0	余量	0.25~1.0	—	—	—			≤0.05				≤0.5
SCu4701	CuZn40SnSiMn		58.5~61.5		0.2~0.5	0.05~0.25	≤0.25	0.15~0.4			≤0.02				≤0.2
SCu6800	CuZn40Ni		56.0~60.0		—	—	—	0.04~0.15	0.2~0.8	≤0.01	≤0.05				≤0.5
SCu6810	CuZn40FeISn1		56.0~60.0		0.8~1.1	0.01~0.50	0.25~1.20	0.04~0.25			≤0.05				
SCu8910A	CuZn40SnSi		58.0~62.0		≤1.0	≤0.3	≤0.2	0.1~0.5			≤0.03				≤0.2
SCu7730	CuZn40Ni10		46.0~50.0		—	≤0.3	≤0.2	0.04~0.25	9.0~11.0		≤0.05			≤0.25	≤0.5

续表

化学成分（质量分数）/%

类别	焊丝型号	化学成分代号	Cu	Zn	Sn	Mn	Fe	Si	Ni+Co	Al	Pb	Ti	S	P	其他
青铜	SCu6511	CuSi2Mn1	余量	≤0.2	0.1~0.3	0.5~1.5	≤0.1	1.5~2.0	—	≤0.01	—	—	—	≤0.02	≤0.5
青铜	SCu6560	CuSi3Mn	余量	≤1.0	≤1.0	≤1.5	≤0.5	2.8~4.0	—	—	≤0.02	—	—	—	≤0.5
青铜	SCu6560A	CuSi3Mn1	余量	≤0.4	—	0.7~1.3	≤0.2	2.7~3.2	—	≤0.05	≤0.05	—	—	≤0.05	≤0.5
青铜	SCu6551	CuSi2Mn1Sn1Zn1	余量	≤1.5	≤1.5	≤1.5	≤0.5	2.0~2.8	—	—	—	—	—	—	≤0.5
青铜	SCu5180	CuSn5P	余量	—	4.0~6.0	—	—	—	—	—	—	—	—	0.1~0.4	—
青铜	SCu5180A	CuSn6P	余量	≤0.1	4.0~7.0	—	—	—	—	≤0.01	≤0.02	—	—	0.01~0.4	≤0.2
青铜	SCu5210	CuSn8P	余量	≤0.2	7.5~8.5	—	≤0.1	—	≤0.2	—	—	—	—	≤0.1	≤0.5
青铜	SCu5211	CuSn10MnSi	余量	≤0.1	9.0~10.0	0.1~0.5	—	0.1~0.5	—	≤0.01	—	—	—	0.01~0.4	≤0.4
青铜	SCu5410	CuSn13P	余量	≤0.05	11.0~13.0	—	—	—	—	0.005	—	—	—	—	—
青铜	SCu6061	CuAl5Ni2Mn	余量	—	—	0.1~1.0	≤0.5	≤0.1	1.0~2.5	4.5~5.5	≤0.02	—	—	—	≤0.5
青铜	SCu6100	CuAl7	余量	≤0.2	—	—	—	≤0.2	—	6.0~8.5	—	—	—	—	—
青铜	SCu6100A	CuAl8	余量	—	≤0.1	0.5	≤0.5	≤0.1	≤0.5	7.0~9.0	—	—	—	—	≤0.2
青铜	SCu6180	CuAl10Fe	余量	≤0.1	—	—	≤1.5	—	—	8.5~11.0	—	—	—	—	—
青铜	SCu6240	CuAl11Fe3	余量	—	—	—	2.0~4.5	—	—	10.0~11.5	≤0.02	—	—	—	≤0.5
青铜	SCu6325	CuAl8Fe4Mn2Ni2	余量	≤0.2	—	0.5~3.0	1.8~5.0	≤0.2	0.5~3.0	7.0~9.0	—	—	—	—	≤0.4
青铜	SCu6327	CuAl8Ni2Fe2Mn2	余量	—	—	0.5~2.5	0.5~2.5	—	0.5~3.0	7.0~9.5	—	—	—	—	—
青铜	SCu6328	CuAl9Ni5Fe3Mn2	余量	≤0.1	—	0.6~3.5	3.0~5.0	—	4.0~5.5	8.5~9.5	≤0.02	—	—	—	≤0.4
青铜	SCu6338	CuMn13Al8Fe3Ni2	余量	≤0.15	—	11.0~14.0	2.0~4.0	≤0.1	1.5~3.0	7.0~8.5	—	—	—	—	≤0.5
白铜	SCu7158	CuNi30Mn1FeTi	余量	—	—	0.5~1.5	0.4~0.7	≤0.25	29.0~32.0	—	≤0.02	0.2~0.5	≤0.01	≤0.02	≤0.5
白铜	SCu7061	CuNi10	余量	—	—	—	0.5~2.0	—	9.0~11.0	—	—	0.1~0.5	≤0.02	—	≤0.4

注：1. 应对表中所列规定值的元素进行化学分析，但常规分析存在其他元素时，应进一步分析，以确定这些元素是否超出"其他"规定的极限值。
2. "其他"包含未规定数值的元素总和。
3. 根据供需双方协议，可生产使用其他型号焊丝。用SCuZ表示，化学成分代号由制造商确定。

焊　丝　化　学　成　分

表 12-48

类别	焊丝型号	化学成分代号	Si	Fe	Cu	Mn	Mg	Cr	Zn	Ga, V	Ti	Zr	Al	Be	其他元素 单个	其他元素 合计
铝	SAl 1070	Al 99.7	0.20	0.25	0.04	0.03	0.03	—	0.04	V 0.05	0.03		99.70		0.03	—
铝	SAl 1080A	Al 99.8 (A)	0.15	0.15	0.03	0.02	0.02		0.06	Ga 0.03	0.02		99.80		0.02	0.15
铝	SAl 1188	Al 99.88	0.06	0.06	0.005	0.01	0.01		0.03	Ga 0.03 V 0.05	0.01		99.88	0.0003	0.01	—
铝	SAl 1100	Al 99.0Cu	Si+Fe 0.95		0.05~0.20	0.05	—		0.10		—		99.00		0.05	0.15
铝	SAl 1200	Al 99.0	Si+Fe 1.00		0.05	0.05	—				0.05				0.03	—
铝	SAl 1450	Al 99.5Ti	0.25	0.40	0.05		0.05		0.07		0.10~0.20		99.50			
铜	SAl 2319	AlCu6MnZrTi	0.20	0.30	5.8~6.8	0.20~0.40	0.02	—	0.10	V 0.05~0.15	0.10~0.20	0.10~0.25	余量	0.0003	0.05	0.15
锰	SAl 3103	AlMn1	0.50	0.7	0.10	0.9~1.5	0.30	0.10	0.20	—	Ti+Zr 0.10		余量	0.0003	0.05	0.15
硅	SAl 4009	AlSi5Cu1Mg	4.5~5.5	0.8	1.0~1.5	0.10	0.45~0.6		0.10		0.20		余量	0.0003	0.05	0.15
硅	SAl 4010	AlSi7Mg	6.5~7.5	0.20	0.20	0.10	0.30~0.45		0.10		0.20		余量	0.0003	0.05	0.15
硅	SAl 4011	AlSi7Mg0.5Ti	6.5~7.5	0.20	0.20	0.10	0.45~0.7		0.10		0.04~0.20		余量	0.04~0.07	0.05	0.15
硅	SAl 4018	AlSi7Mg	6.5~7.5	0.20	0.05	0.10	0.50~0.8		0.10		0.20		余量	0.0003	0.05	0.15
硅	SAl 4043	AlSi5	4.5~6.0	0.8	0.30	0.05	0.05		0.10		0.20		余量		0.05	0.15
硅	SAl 4043A	AlSi5 (A)	4.5~6.0	0.6	0.30	0.15	0.20		0.10		0.15		余量		0.05	0.15
硅	SAl 4046	AlSi10Mg	9.0~11.0	0.50	0.30	0.40	0.20~0.50		0.10		0.15		余量	0.0003	0.05	0.15
硅	SAl 4047	AlSi12	11.0~13.0	0.8	0.30	0.15	0.10		0.20		—		余量		0.05	0.15
硅	SAl 4047A	AlSi12 (A)	11.0~13.0	0.6	0.30	0.15	0.10		0.20		0.15		余量		0.05	0.15
硅	SAl 4145	AlSi10Cu4	9.3~10.7	0.8	3.3~4.7	0.15	0.15	0.15	0.20		—		余量	0.0003	0.05	0.15
硅	SAl 4643	AlSi4Mg	3.6~4.6	0.8	0.10	0.05	0.10~0.30	—	0.10		0.15		余量		0.05	0.15

化学成分（质量分数）/%

续表

| 焊丝型号 | 化学成分代号 | 化学成分（质量分数）/% ||||||||||||| 其他元素 ||
		Si	Fe	Cu	Mn	Mg	Cr	Zn	Ga、V	Ti	Zr	Al	Be	单个	合计
SAl 5249	AlMg2Mn0.8Zr	0.25	0.40	0.05	0.50~1.1	1.6~2.5	0.30	0.20		0.15	0.10~0.20	余量	0.0003	0.05	0.15
SAl 5554	AlMg2.7Mn	0.25	0.40	0.10	0.50~1.0	2.4~3.0	0.05~0.20	0.25		0.05~0.20		余量	0.0003	0.05	0.15
SAl 5654	AlMg3.5Ti	Si+Fe 0.45		0.05	0.01	3.1~3.9	0.15~0.35			0.05~0.15		余量		0.05	0.15
SAl 5654A	AlMg3.5Ti	Si+Fe 0.45		0.05	0.01	3.1~3.9	0.15~0.35	0.20		0.05~0.15		余量	0.0005	0.05	0.15
SAl 5754①	AlMg3	0.40			0.50	2.6~3.6	0.30			0.15		余量	0.0003	0.05	0.15
SAl 5356	AlMg5Cr (A)	0.25	0.40	0.10	0.05~0.20	4.5~5.5	0.05~0.20	0.10	—	0.06~0.20	—	余量		0.05	0.15
SAl 5356A	AlMg5Cr (A)	0.25	0.40	0.10	0.05~0.20	4.5~5.5	0.05~0.20	0.10	—	0.06~0.20	—	余量	0.0005	0.05	0.15
SAl 5556	AlMg5Mn1Ti	0.25	0.40	0.10	0.50~1.0	4.7~5.5	0.05~0.20	0.25	—	0.05~0.20	—	余量	0.0003	0.05	0.15
SAl 5556C	AlMg5Mn1Ti	0.25	0.40	0.10	0.50~1.0	4.7~5.5	0.05~0.20	0.25	—	0.05~0.20	—	余量	0.0005	0.05	0.15
SAl 5556A	AlMg5Mn	0.25	0.40	0.10	0.6~1.0	5.0~5.5		0.20	—		—	余量	0.0003	0.05	0.15
SAl 5556B	AlMg5Mn	0.25	0.40	0.10	0.6~1.0	5.0~5.5		0.20	—		—	余量	0.0005	0.05	0.15
SAl 5183	AlMg4.5Mn0.7 (A)	0.40			0.50~1.0	4.3~5.2	0.05~0.25	0.25		0.15		余量	0.0003	0.05	0.15
SAl 5183A	AlMg4.5Mn0.7 (A)	0.40			0.50~1.0	4.3~5.2	0.05~0.25	0.25		0.15		余量	0.0005	0.05	0.15
SAl 5087	AlMg4.5MnZr	0.25		0.05	0.7~1.1	4.5~5.2					0.10~0.20	余量	0.0003	0.05	0.15
SAl 5187	AlMg4.5MnZr	0.25		0.05	0.7~1.1	4.5~5.2					0.10~0.20	余量	0.0005	0.05	0.15

注：1. Al 的单值为最小值，其他元素单值均为最大值。
2. 根据供需双方协议，可生产使用其他型号焊丝，用 SAl/Z 表示，化学成分代号由制造商确定。
① SAl 5754 中 (Mn+Cr)：0.10~0.60。

圆形焊丝尺寸（mm） 表 12-49

包 装 形 式	焊 丝 直 径
直 条 焊丝卷	1.6、1.8、2.0、2.4、2.5、2.8、3.0、3.2、4.0、4.8、5.0、6.0、6.4
直径 100mm 和 200mm 焊丝盘	0.8、0.9、1.0、1.2、1.4、1.6
直径 270mm 和 300mm 焊丝盘	0.8、0.9、1.0、1.2、1.4、1.6、2.0、2.4、2.5、2.8、3.0、3.2

注：根据供需双方协议，可生产其他尺寸、偏差的焊丝。

扁平焊丝尺寸（mm） 表 12-50

当量直径	厚 度	宽 度	当量直径	厚 度	宽 度
1.6	1.2	1.8	4.0	2.9	4.4
2.0	1.5	2.1	4.8	3.6	5.3
2.4	1.8	2.7	5.0	3.8	5.2
2.5	1.9	2.6	6.4	4.8	7.1
3.2	2.4	3.6			

二、钎料、焊剂

1. 铜基钎料（GB/T 6418—2008）

铜基钎料主要用于钎焊铜和铜合金，也钎焊钢件及硬质合金刀具，钎焊时必须配用钎焊熔剂（铜磷钎料钎焊紫铜除外）。铜基钎料及其分类见表 12-51，规格见表 12-52，铜基钎料化学成分见表 12-53。

铜基钎料及其分类 表 12-51

分 类	钎料型号	分 类	钎料型号
高铜钎料	BCu87	铜磷钎料	BCu95P
	BCu99		BCu94P
	BCu100-A		BCu93P-A
	BCu100-B		BCu93P-B
	BCu100 (P)		BCu92P
	BCu99Ag		BCu92PAg
	BCu97Ni (B)		BCu91PAg
铜锌钎料	BCu48ZnNi (Si)		BCu89PAg
	BCu54Zn		BCu88PAg
	BCu57ZnMnCo		BCu87PAg
	BCu58ZnMn		BCu80AgP
	BCu58ZnFeSn (Ni) (Mn) (Si)		BCu76AgP
	BCu59Zn (Sn) (Si) (Mn)		BCu75AgP
	BCu60Zn (Sn)		BCu80SnPAg
	BCu60ZnSn (Si)		BCu87PSn (Si)
	BCu60Zn (Si)		BCu86SnP
	BCu60Zn (Si) (Mn)		BCu86SnPNi
			BCu92PSb
其他钎料	BCu94Sn (P)	其他钎料	BCu92A1Ni (Mn)
	BCu88Sn (P)		BCu92Al
	BCu98Sn (Si) (Mn)		BCu89AlFe
	BCu97SiMn		BCu74MnAlFeNi
	BCu96SiMn		BCu84MnNi

钎料的规格（mm）　　　　　　　　　　表 12-52

	厚　度	宽　度		厚　度	宽　度
带状钎料	0.05～2.0	1～200	丝状钎料	无首选直径	
	直　径	长　度	其他钎料	由供需双方协商	
棒状钎料	1, 1.5, 2, 2.5, 3, 4, 5	450, 500, 750, 1000			

铜基钎料化学成分　　　　　　　　　　表 12-53

高铜钎料化学成分

型　号	化学成分（质量分数）/%									熔化温度范围/℃（参考值）	
	Cu（包括 Ag）	Sn	Ag	Ni	P	Bi	Al	Cu₂O	杂质总量	固相线	液相线
BCu87	≥86.5	—	—	—	—	—	—	余量	≤0.5	1085	1085
BCu99	≥99	—	—	—	—	—	—	余量	≤0.30（O 除外）	1085	1085
BCu100-A	≥99.95	—	—	—	—	—	—	—	≤0.03（Ag 除外）	1085	1085
BCu100-B	≥99.9	—	—	—	—	—	—	—	≤0.04（O 和 Ag 除外）	1085	1085
BCu100（P）	≥99.9	—	—	—	0.015～0.040	—	≤0.01	—	≤0.060（Ag、As 和 Ni 除外）	1085	1085
BCu99（Ag）	余量	—	0.8～1.2	—	—	≤0.1	—	—	≤0.3（含 B≤0.1）	1070	1080
BCu97Ni（B）	余量	—	—	2.5～3.5	—	0.02～0.05	—	—	≤0.15（Ag 除外）	1085	1100

铜锌钎料化学成分

型　号	化学成分（质量分数）/%								熔化温度范围/℃（参考值）	
	Cu	Zn	Sn	Si	Mn	Ni	Fe	Co	固相线	液相线
BCu48ZnNi(Si)	46.0～50.0	余量	—	0.15～0.20	—	9.0～11.0	—	—	890	920
BCu54Zn	53.0～55.0	余量	—	—	—	—	—	—	885	888
BCu57ZnMnCo	56.0～58.0	余量	—	—	1.5～2.5	—	—	1.5～2.5	890	930
BCu58ZnMn	57.0～59.0	余量	—	—	3.7～4.3	—	—	—	880	909
BCu58ZnFeSn（Si）（Mn）	57.0～59.0	余量	0.7～1.0	0.05～0.15	0.03～0.09	—	0.35～1.20	—	865	890
BCu58ZnSn（Ni）（Mn）(Si)	56.0～60.0	余量	0.8～1.1	0.1～0.2	0.2～0.5	0.2～0.8	—	—	870	890
BCu58Zn(Sn)（Si）（Mn）	56.0～60.0	余量	0.2～0.5	0.15～0.20	0.05～0.25	—	—	—	870	900
BCu59Zn(Sn)	57.0～61.0	余量	0.2～0.5	—	—	—	—	—	875	895
BCu60ZnSn(Si)	59.0～61.0	余量	0.8～1.2	0.15～0.35	—	—	—	—	890	905
BCu60Zn(Si)	58.5～61.5	余量	—	0.2～0.4	—	—	—	—	875	895
BCu60Zn(Si)(Mn)	58.5～61.5	余量	≤0.2	0.15～0.40	0.05～0.25	—	—	—	870	900

续表

铜磷钎料化学成分

型 号	化学成分(质量分数)/%				熔化温度范围/℃(参考值)		最低钎焊温度[1]/℃(指示性)
	Cu	P	Ag	其他元素	固相线	液相线	
BCu95P	余量	4.8~5.3	—	—	710	925	790
BCu94P	余量	5.9~6.5	—	—	710	890	760
BCu93P-A	余量	7.0~7.5	—	—	710	793	730
BCu93P-B	余量	6.6~7.4	—	—	710	820	730
BCu92P	余量	7.5~8.1	—	—	710	770	720
BCu92PAg	余量	5.9~6.7	1.5~2.5	—	645	825	740
BCu91PAg	余量	6.8~7.2	1.8~2.2	—	643	788	740
BCu89PAg	余量	5.8~6.2	4.0~5.2	—	645	815	710
BCu88PAg	余量	6.5~7.0	4.0~5.2	—	643	771	710
BCu87PAg	余量	7.0~7.5	5.8~6.2	—	643	813	720
BCu80AgP	余量	4.8~5.2	14.5~15.5	—	645	800	700
BCu76AgP	余量	6.0~6.7	17.2~18.0	—	643	666	670
BCu75AgP	余量	6.6~7.5	17.0~19.0	—	645	645	650
BCu80SnPAg	余量	4.8~5.8	4.5~5.5	Sn9.5~10.5	560	650	650
BCu87PSn（Si）	余量	6.0~7.0	—	Sn6.0~7.0 Si0.01~0.04	635	675	645
BCu86SnP	余量	6.4~7.2	—	Sn 6.5~7.5	650	700	700
BCu86SnPNi	余量	4.8~5.8	—	Sn 7.0~8.0 Ni0.4~1.2	620	670	670
BCu92PSb	余量	5.6~6.4	—	Sb 1.8~2.2	690	825	740

其他铜钎料化学成分

型 号	化学成分（质量分数）/%										熔化温度范围/℃(参考值)	
	Cu	Al	Fe	Mn	Ni	P	Si	Sn	Zn	杂质总量	固相线	液相线
BCu94Sn（P）	余量	—	—	—	—	0.01~0.40	—	5.5~7.0	—	≤0.4 (Al≤0.005、	910	1040
BCu88Sn（P）	余量	—	—	—	—	0.01~0.40	—	11.0~13.0	—	Zn≤0.05、其他0.1)	825	990
BCu98Sn（Si）（Mn）	余量	≤0.01	≤0.03	0.1~0.4	≤0.1	≤0.015	0.1~0.4	0.5~1.0	≤0.1		1020	1050
BCu97SiMn	余量	≤0.01	≤0.1	0.5~1.0	≤0.02		1.5~2.0	0.1~0.3	≤0.2	≤0.5	1030	1050
BCu96SiMn	余量	≤0.05	≤0.2	0.7~1.3	≤0.05		2.7~3.2	—	≤0.4	≤0.5	980	1035
BCu92AlNi（Mn）	余量	4.5~5.5	≤0.5	0.1~1.0	1.0~2.5	—	≤0.1	—	≤0.5		1040	1075
BCu92Al	余量	7.0~9.0	≤0.5	≤0.5	—	—	≤0.2	≤0.1	≤0.2	≤0.5	1030	1040
BCu89AlFe	余量	8.5~11.5	0.5~1.5	—	—	—	≤0.1	—	≤0.02	≤0.5	1030	1040
BCu74MnAlFeNi	余量	7.0~8.5	2.0~4.0	11.0~14.0	1.5~3.0	—	≤0.1	—	≤0.15	≤0.5	945	985
BCu84MnNi	余量	≤0.5	≤0.5	11.0~14.0	1.5~5.0	—	≤0.1	≤1.0	≤1.0	≤0.5	965	1000

注：1. 高铜钎料的杂质最大含量（质量分数）：Cd0.010 和 Pb0.025。
   2. 铜锌钎料最大杂质含量（质量分数）：Al0.01、Bi0.01、Cd0.010、Fe0.25、Pb0.25、Sb0.01；最大杂质总量（Fe除外）0.2。
   3. 铜磷钎料杂质最大含量（质量分数）：Cd0.010、Al0.01、Bi0.03、Pb0.025、Zn0.05、Zn＋Cd0.05；最大杂质总量 0.025。
   4. 其他铜钎料杂质最大含量（质量分数）：Cd0.010 和 Pb0.025。
[1] 多数铜磷钎料只有在高于液相线温度时才能获得满意的流动性；多数铜磷钎料在低于液相线某一温度钎焊时就能充分流动。

2. 铝基钎料（GB/T 13815—2008）

铝基钎料主要用于火焰钎焊、炉中钎焊、盐炉钎焊和真空钎焊中。铝基钎料的分类、牌号及形状见表12-54，规格见表12-55，化学成分见表12-56。

铝基钎料的分类、牌号　　表 12-54

分　类	型　号	分　类	型　号
铝硅	BAl95Si	铝硅铜	BAl86SiCu
	BAl92Si	铝硅镁	BAl89SiMg
	BAl90Si		BAl89SiMg（Bi）
	BAl88Si		BAl89Si（Mg）
铝硅锌	BAl87SiZn		BAl88Si（Mg）
	BAl85SiZn		BAl87SiMg

铝基钎料的规格（mm）　　表 12-55

	厚　度	宽　度	长　度
条状钎料	4	5	350
	5	20	
带状钎料	0.1, 0.15, 0.2	—	≥500
丝状钎料	直径：1.0, 1.5, 2.0, 2.5, 3.0, 4.0, 5.0		450
粉状钎料	粒度：0.08～0.315		

铝基钎料的化学成分　　表 12-56

牌　号	化学成分（质量分数）/%								熔化温度范围/℃（参考值）	
	Al	Si	Fe	Cu	Mn	Mg	Zn	其他元素	固相线	液相线
Al-Si										
BAl95Si	余量	4.5～6.0	≤0.6	≤0.30	≤0.15	≤0.20	≤0.10	Ti≤0.15	575	630
BAl95Si	科量	6.8～8.2	≤0.8	≤0.25	≤0.10	—	≤0.20	—	575	615
BAl90Si	余量	9.0～11.0	≤0.8	≤0.30	≤0.05	≤0.05	≤0.10	Ti≤0.20	575	590
BAl88Si	余量	11.0～13.0	≤0.8	≤0.30	≤0.05	≤0.10	≤0.20	—	575	585
Al-Si-Cu										
BAl86SiCu	余量	9.3～10.7	≤0.8	3.3～4.7	≤0.15		≤0.20	Cr≤0.15	520	585
Al-Si-Mg										
BAl89SiMg	余量	9.5～10.5	≤0.8	≤0.25	≤0.10	1.0～2.0	≤0.20		555	590
BAl89SiMg(Bi)	余量	9.5～10.5	≤0.8	≤0.25	≤0.10	1.0～2.0	≤0.20	Bi 0.02～0.2	555	590
BAl89Si(Mg)	余量	9.5～11.0	≤0.8	≤0.25	≤0.10	0.20～1.0	≤0.20	—	559	591
BAl88Si(Mg)	余量	11.0～13.0	≤0.8	≤0.25	≤0.10	0.10～0.50	≤0.20	—	562	582
BAl87SiMg	余量	10.5～13.0	≤0.8	≤0.25	≤0.10	1.0～2.0	≤0.20	—	559	579
Al-Si-Zn										
BAl87SiZn	余量	9.0～11.0	≤0.8	≤0.30	≤0.05	≤0.05	0.50～5.0	—	576	588
BAl85SiZn	余量	10.5～13.0	≤0.8	≤0.25	≤0.10		0.50～5.0	—	576	609

注：1. 所有型号钎料中，Cd 元素的最大含量（质量分数）为 0.01，Pb 元素的最大含量（质量分数）为 0.025。
　　2. 其他每个未定义元素的最大含量（质量分数）为 0.05，未定义元素总含量（质量分数）不应高于 0.15。

3. 银基钎料（GB/T 10046—2008）

银基钎料主要用于气体火焰钎焊、炉中钎焊或浸沾钎焊、电阻钎焊、感应钎焊和电弧钎焊等，可钎焊大部分黑色和有色金属（熔点低的铝、镁等除外），一般必须配用银钎焊熔剂。银基钎料的分类和型号见表12-57，规格见表12-58，化学成分见表12-59。

银基钎料的分类和型号　　　　　　表 12-57

分　类	钎料型号	分　类	钎料型号
银　铜	BAg72Cu		BAg30CuZnSn
银　锰	BAg85Mn		BAg34CuZnSn
银铜锂	BAg72CuLi		BAg38CuZnSn
	BAg5CuZn（Si）	银铜锌锡	BAg40CuZnSn
	BAg12CuZn（Si）		BAg45CuZnSn
	BAg20CuZn（Si）		BAg55CuZnSn
	BAg25CuZn		BAg56CuZnSn
	BAg30CuZn		BAg60CuZnSn
	BAg35ZnCu		BAg20CuZnCd
银铜锌	BAg44CuZn		BAg21CuZnCdSi
	BAg45CuZn		BAg25CuZnCd
	BAg50CuZn		BAg30CuZnCd
	BAg60CuZn	银铜锌镉	BAg35CuZnCd
	BAg63CuZn		BAg40CuZnCd
	BAg65CuZn		BAg45CdZnCu
	BAg70CuZn		BAg50CdZnCu
银铜锡	BAg60CuSn		BAg40CuZnCdNi
银铜镍	BAg56CuNi		BAg50ZnCdCuNi
银铜锌锡	BAg25CuZnSn	银铜锌铟	BAg40CuZnIn
	BAg34CuZnIn	银铜锌镍	BAg54CuZnNi
银铜锌铟	BAg30CuZnIn	银铜锡镍	BAg63CuSnNi
	BAg56CuInNi	银铜锌镍锰	BAg25CuZnMnNi
银铜锌镍	BAg40CuZnNi		BAg27CuZnMnNi
	BAg49ZnCuNi	银铜锌镍锰	BAg49ZnCuMnNi

银基钎料的规格（mm）　　　　　　表 12-58

	厚　度	宽　度
带状钎料	0.05~2.0	1~200
	直　径	长　度
棒状钎料	1, 1.5, 2, 2.5, 3, 5	450, 500, 750, 1000
丝状钎料	无首选直径	
其他钎料	由供需双方协商	

钎料的化学成分　　　　　　表 12-59

型　号	化学成分（质量分数）/%								熔化温度范围/℃（参考值）	
	Ag	Cu	Zn	Cd	Sn	Si	Ni	Mn	固相线	液相线
Ag-Cu 钎料										
BAg72Cu[①]	71.0~73.0	27.0~29.0	—	0.010	—	0.05	—	—	779	779
Ag-Mn 钎料										
BAgg85Mn	84.0~86.0	—	—	0.010		0.05		14.0~16.0	960	970
Ag-Cu-Li 钎料										
BAg72CuLi	71.0~73.0	余量		Li 0.25~0.50					766	766

型　号	化学成分（质量分数）/%								熔化温度范围 /℃（参考值）	
	Ag	Cu	Zn	Cd	Sn	Si	Ni	Mn	固相线	液相线
Ag-Cu-Zn 钎料										
BAg5CuZn（Si）	4.0~6.0	54.0~56.0	38.0~42.0	0.010	—	0.05~0.25	—	—	820	870
BAg12CuZn（Si）	11.0~13.0	47.0~49.0	38.0~42.0	0.010	—	0.05~0.25	—	—	800	830
BAg20CuZn（Si）	19.0~21.0	43.0~45.0	34.0~38.0	0.010	—	0.05~0.25	—	—	690	810
BAg25CuZn	24.0~26.0	39.0~41.0	33.0~37.0	0.010		0.05	—	—	700	790
BAg30CuZn	29.0~31.0	37.0~39.0	30.0~34.0	0.010		0.05	—	—	680	765
BAg35ZnCu	34.0~36.0	31.0~33.0	31.0~35.0	0.010		0.05	—	—	685	775
BAg44CuZn	43.0~45.0	29.0~31.0	24.0~28.0	0.010	—	0.05	—	—	675	735
BAg45CuZn	44.0~46.0	29.0~31.0	23.0~27.0	0.010		0.05	—	—	665	745
BAg50CuZn	49.0~51.0	33.0~35.0	14.0~18.0	0.010	—	0.05	—	—	690	775
BAg60CuZn	59.0~61.0	25.0~27.0	12.0~16.0	0.010	—	0.05	—	—	695	730
BAg63CuZn	62.0~64.0	23.0~25.0	11.0~15.0	0.010	—	0.05	—	—	690	730
BAg65CuZn	64.0~66.0	19.0~21.0	13.0~17.0	0.010	—	0.05	—	—	670	720
BAg70CuZn	69.0~71.0	19.0~21.0	8.0~12.0	0.010	—	0.05	—	—	690	740
Ag-Cu-Sn 钎料										
BAg60CuSn	59.0~61.0	29.0~31.0	—	0.010	9.5~10.5	0.05	—	—	600	730
Ag-Cu-Ni 钎料										
BAg56CuNi	55.0~57.0	41.0~43.0	—	0.010	—	0.05	1.5~2.5	—	770	895
Ag-Cu-Zn-Sn 钎料										
BAg25CuZnSn	24.0~26.0	39.0~41.0	31.0~35.0	0.010	1.5~2.5	0.05	—	—	680	760
BAg30CuZnSn	29.0~31.0	35.0~37.0	30.0~34.0	0.010	1.5~2.5	0.05	—	—	665	755
BAg34CuZnSn	33.0~35.0	35.0~37.0	25.5~29.5	0.010	2.0~3.0	0.05	—	—	630	730
BAg38CuZnSn	37.0~39.0	35.0~37.0	26.0~30.0	0.010	1.5~2.5	0.05	—	—	650	720

续表

型　　号	化学成分（质量分数）/%								熔化温度范围/℃（参考值）	
	Ag	Cu	Zn	Cd	Sn	Si	Ni	Mn	固相线	液相线
Ag-Cu-Zn-Sn 钎料										
BAg40CuZnSn	39.0~41.0	29.0~31.0	26.0~30.0	0.010	1.5~2.5	0.05	—	—	650	710
BAg45CuZnSn	44.0~46.0	26.0~28.0	23.5~27.5	0.010	2.0~3.0	0.05	—	—	640	680
BAg55ZnCuSn	54.0~56.0	20.0~22.0	20.0~24.0	0.010	1.5~2.5	0.05	—	—	630	660
BAg56CuZnSn	55.0~57.0	21.0~23.0	15.0~19.0	0.010	4.5~5.5	0.05	—	—	620	655
BAg60CuZnSn	59.0~61.0	22.0~24.0	12.0~16.0	0.010	2.0~4.0	0.05	—	—	620	685
Ag-Cu-Zn-Cd 钎料										
BAg20CuZnCd	19.0~21.0	39.0~41.0	23.0~27.0	13.0~17.0	—	0.05			605	765
BAg21CuZnCdSi	20.0~22.0	34.5~36.5	24.5~28.5	14.5~18.5	—	0.3~0.7		—	610	750
BAg25CuZnCd	24.0~26.0	29.0~31.0	25.5~29.5	16.5~18.5	—	0.05			607	682
BAg30CuZnCd	29.0~31.0	26.5~28.5	20.0~24.0	19.0~21.0		0.05			607	710
BAg35CuZnCd	34.0~36.0	25.0~27.0	19.0~23.0	17.0~19.0	—	0.05			605	700
BAg40CuZnCd	39.0~41.0	18.0~20.0	19.0~23.0	18.0~22.0		0.05		—	595	630
BAg45CdZnCu	44.0~46.0	14.0~16.0	14.0~18.0	23.0~25.0	—	0.05		—	605	620
BAg50CdZnCu	49.0~51.0	14.5~16.5	14.5~18.5	17.0~19.0	—	0.05		—	625	635
BAg40CuZnCdNi	39.0~41.0	15.5~16.5	14.5~18.5	25.1~26.5		0.05	0.1~0.3		595	605
BAg50ZnCdCuNi	49.0~51.0	14.5~15.5	13.5~17.5	15.0~17.0		0.05	2.5~3.5		635	690
Ag-Cu-Zn-In 钎料										
BAg40CuZnIn	39.0~41.0	29.0~31.0	23.5~26.5	In4.5~5.5					635	715
BAg34CuZnIn	33.0~35.0	34.0~36.0	28.5~31.5	In0.8~1.2					660	740
BAg30CuZnIn	29.0~31.0	37.0~39.0	25.5~28.5	In4.5~5.5					640	755
BAg56CuInNi	55.0~57.0	26.25~28.25		In 13.5~15.5			2.0~2.5	—	600	710

型　号	化学成分（质量分数）/%								熔化温度范围/℃（参考值）	
	Ag	Cu	Zn	Cd	Sn	Si	Ni	Mn	固相线	液相线
Ag-Cu-Zn-Ni 钎料										
BAg40CuZnNi	39.0~41.0	29.0~31.0	26.0~30.0	0.010	—	0.05	1.5~2.5		670	780
BAg49ZnCuNi	49.0~50.0	19.0~21.0	26.0~30.0	0.010	—	0.05	1.5~2.5		660	705
BAg54CuZnNi	53.0~55.0	37.5~42.5	4.0~6.0	0.010	—	0.05	0.5~1.5		720	855
Ag-Cu-Sn-Ni 钎料										
BAg63CuSnNi	62.0~64.0	27.5~29.5		0.010	5.0~7.0	0.05	2.0~3.0	—	690	800
Ag-Cu-Zn-Ni-Mn 钎料										
BAg25CuZnMnNi	24.0~26.0	37.0~39.0	31.0~35.0	0.010	—	0.05	1.5~2.5	1.5~2.5	705	800
BAg27CuZnMnNi	26.0~28.0	37.0~39.0	18.0~22.0	0.010	—	0.05	5.0~6.0	8.5~10.5	680	830
BAg49ZnCuMnNi	48.0~50.0	15.0~17.0	21.0~25.0	0.010	—	0.05	4.0~5.0	7.0~8.0	680	705

注：1. 单值均为最大值，"余量"表示 100%与其余元素含量总和的差值。

2. 所有型号钎料的杂质最大含量（质量分数/%）是：Al0.001、Bi0.030、P0.008、Pb0.025；杂质总量为 0.15；BAg60CuSn 和 BAg72Cu 钎料的杂质总量为 0.15；BAg25CuZnMnNi、BAg49ZnCuMnNi 和 BAg85Mn 钎料杂质的杂质总量为 0.30。

① 真空钎料杂质元素成分要求见 GB/T 10046—2008。

4. 镍基钎料（GB/T 10859—2008）

镍基钎料主要用于炉中钎焊、感应钎焊和电阻钎焊中。钎料可以棒状、箔带状、粉状及粉状加填料制成的带状等形式供货。其规格由供需双方协商确定。镍基钎料的分类和牌号见表 12-60，化学成分见表 12-61。

镍基钎料的分类和牌号　　　　　　　　　　表 12-60

类　别	钎料牌号	类　别	钎料牌号
镍铬硅硼	BNi73CrFeSiB（C）	镍铬钨硼	BNi63WCrFeB
	BNi74CrFeSiB		BNi67WCrSiFeB
	BNi81CrB	镍硅硼	BNi92SiB
	BNi82CrSiBFe		BNi95SiB
	BNi78CrSiBCuMoNb	镍磷	BNi89P
镍铬硅	BNi71CSi	镍铬磷	BNi76CrP
	BNi73CrSiB		BNi65CrP
	BNi77CrSiBFe	镍锰硅铜	BNi66MnSiCu

表 12-61

镍基钎料化学成分

型号	化学成分（质量分数）/%													熔化温度范围/℃（参考值）	
	Ni	Co≤	Cr	Si	B	Fe	C	P	W	Cu	Mn	Mo	Nb	固相线	液相线
BNi73CrFeSiB (C)	余量	0.1	13.0~15.0	4.0~5.0	2.75~3.5	4.0~5.0	0.6~0.9	≤0.02	—	—	—	—	—	980	1060
BNi74CrFeSiB	余量	0.1	13.0~15.0	4.0~5.0	2.75~3.5	4.0~5.0	≤0.06	≤0.02	—	—	—	—	—	980	1070
BNi81CrB	余量	0.1	13.5~16.5	—	2.25~4.0	≤1.5	≤0.06	≤0.02	—	—	—	—	—	1055	1055
BNi82CrSiBFe	余量	0.1	6.0~8.0	4.0~5.0	2.75~3.5	2.5~3.5	≤0.06	≤0.02	—	—	—	—	—	970	1000
BNi78CrSiBCuMoNb	余量	0.1	7.0~9.0	3.8~4.8	2.75~3.5	≤0.4	≤0.06	≤0.02	—	2.0~3.0	—	1.5~2.5	1.5~2.5	970	1080
BNi92SiB	余量	0.1	4.0~5.0	4.0~5.0	2.75~3.5	≤0.5	≤0.06	≤0.02	—	—	—	—	—	980	1040
BNi95SiB	余量	0.1	—	3.0~4.0	1.5~2.2	≤1.5	≤0.06	≤0.02	—	—	—	—	—	980	1070
BNi71CrSi	余量	0.1	18.5~19.5	9.75~10.5	≤0.03	≤0.5	≤0.06	≤0.02	—	—	—	—	—	1080	1135
BNi73CrSiB	余量	0.1	18.5~19.5	7.0~7.5	1.0~1.5	≤0.5	≤0.1	≤0.02	—	—	—	—	—	1065	1150
BNi77CrSiBFe	余量	0.1	14.5~15.5	7.0~7.5	1.1~1.6	≤1.0	≤0.06	≤0.02	—	—	—	—	—	1030	1125
BNi63WCrFeB	余量	0.1	10.0~13.0	3.0~4.0	2.0~3.0	2.5~4.5	0.4~0.55	≤0.02	15.0~17.0	—	—	—	—	970	1105
BNi67WCrSiFeB	余量	0.1	9.0~11.75	3.35~4.25	2.2~3.1	2.5~4.5	0.3~0.5	≤0.02	11.5~12.75	—	—	—	—	970	1095
BNi89P	余量	0.1	—				≤0.06	10.0~12.0	—	—	—	—	—	875	875
BNi76CrP	余量	0.1	13.0~15.0	≤0.1	≤0.02	≤0.2	≤0.06	9.7~10.5	—	—	—	—	—	890	890
BNi65CrP	余量	0.1	24.0~26.0	≤0.1	≤0.02	≤0.2	≤0.06	9.0~11.0	—	—	—	—	—	880	950
BNi66MnSiCu	余量	0.1	—	6.0~8.0	≤0.02	—	≤0.06	≤0.02	—	4.0~5.0	21.5~24.5	—	—	980	1010

注：表中钎料最大杂质质量含量（质量分数/%）Al0.05、Cd0.01、Pb0.025、S0.02、Se0.005、Ti0.05、Zr0.05。最大杂质质量总量 0.5。如果发现除表和表注中之外的其他元素存在时，应对其进行测定。

5. 锰基钎料（GB/T 13679—1992）

锰基钎料主要用于气体保护的炉中钎焊、感应钎焊、真空钎焊中。锰基钎料的分类和牌号见表12-62，规格见表12-63，化学成分见表12-64。

锰基钎料的分类和牌号　表 12-62

分　类	牌　号	分　类	牌　号
锰镍铬	BMn70NiCr BMn40NiCrCoFe	锰镍铜	BMn52NiCuCr BMn50NiCuCrCo BMn45NiCu
锰镍钴	BMn68NiCo BMn65NiCoFeB		

锰基钎料的规格（mm）　表 12-63

带状钎料	厚　度	宽　度	长　度
	0.05～0.5	20～100	≥200
丝状钎料	直　径	长　度	
	0.5～2.0	≥500	
粉基钎料	0.154～0.05		

锰基钎料的化学成分　表 12-64

牌　号	化学成分/%										其他元素总量/%
	Mn	Ni	Cu	Cr	Co	Fe	B	C	S	P	
BMn70NiCr		24.0～26.0		4.5～5.5	—	—					
BMn40NiCrCoFe		40.0～42.0		11.0～13.0	2.5～3.5	3.5～4.5					
BMn68NiCo		21.0～23.0	—	9.0～11.0	—						
BMn65NiCoFeB	余量	15.0～17.0		15.0～17.0	2.5～3.5		0.2～1.0	≤0.10	≤0.020	≤0.020	≤0.30
BMn52NiCuCr		27.5～29.5	13.5～15.5	4.5～5.5	—						
BMn50NiCuCrCo		26.5～28.5	12.5～14.5	4.0～5.0	4.0～5.0						
BMn45NiCu		19.0～21.0	34.0～36.0								

6. 低合金埋弧焊用焊丝和焊剂（GB/T 12470—2003）

焊丝尺寸见表12-65，化学成分见表12-66，熔敷金属拉伸强度见表12-67。

焊丝尺寸（mm）　表 12-65

直　径	1.6, 2.0, 2.5, 3.0, 3.2, 4.0, 5.0, 6.0, 6.4

注：根据供需双方协议，也可生产使用其他尺寸的焊丝。

焊丝的化学成分　表 12-66

序号	焊丝牌号	化学成分（质量分数）/%								S	P
		C	Mn	Si	Cr	Ni	Cu	Mo	V、Ti、Zr、Al	≤	
1	H08MnA	≤0.10	0.80～1.10	≤0.07	≤0.20	≤0.30	≤0.20	—		0.030	0.030
2	H15Mn	0.11～0.18	0.80～1.10	≤0.03	≤0.20	≤0.30	≤0.20		—	0.035	0.035

序号	焊丝牌号	化学成分（质量分数）/%									
		C	Mn	Si	Cr	Ni	Cu	Mo	V、Ti、Zr、Al	S	P
										≤	
3	H05SiCrMoA①	≤0.05	0.40～0.70	0.40～0.70	1.20～1.50	≤0.20	≤0.20	0.40～0.65	—	0.025	0.025
4	H05SiCr2MoA①	≤0.05	0.40～0.70	0.40～0.70	2.30～2.70	≤0.20	≤0.20	0.90～1.20	—	0.025	0.025
5	H05Mn2Ni2MoA①	≤0.08	1.25～1.80	0.20～0.50	≤0.30	1.40～2.10	≤0.20	0.25～0.55	V≤0.05 Ti≤0.10 Zr≤0.10 Al≤0.10	0.010	0.010
6	H08Mn2Ni2MoA①	≤0.09	1.40～1.80	0.20～0.55	≤0.50	1.90～2.60	≤0.20	0.25～0.55	V≤0.04 Ti≤0.10 Zr≤0.10 Al≤0.10	0.010	0.010
7	H08CrMoA	≤0.10	0.40～0.70	0.15～0.35	0.80～1.10	≤0.30	≤0.20	0.40～0.60	—	0.030	0.030
8	H08MnMoA	≤0.10	1.20～1.60	≤0.25	≤0.20	≤0.30	≤0.20	0.30～0.50	Ti：0.15（加入量）	0.030	0.030
9	H08CrMoVA	≤0.10	0.40～0.70	0.15～0.35	1.00～1.30	≤0.30	≤0.20	0.50～0.70	V：0.15～0.35	0.030	0.030
10	H08Mn2Ni3MoA	≤0.10	1.40～1.80	0.25～0.60	≤0.60	2.00～2.80	≤0.20	0.30～0.65	V≤0.03 Ti≤0.10 Zr≤0.10 Al≤0.10	0.010	0.010
11	H08CrNi2MoA	0.05～0.10	0.50～0.85	0.10～0.30	0.70～1.00	1.40～1.80	≤0.20	0.20～0.40		0.025	0.030
12	H08Mn2MoA	0.06～0.11	1.60～1.90	≤0.25	≤0.20	≤0.30	≤0.20	0.50～0.70	Ti：0.15（加入量）	0.030	0.030
13	H08Mn2MoVA	0.06～0.11	1.60～1.90	≤0.25	≤0.20	≤0.30	≤0.20	0.50～0.70	V：0.06～0.12 Ti：0.15（加入量）	0.030	0.030
14	H10MoCrA	≤0.12	0.40～0.70	0.15～0.35	0.45～0.65	≤0.30	≤0.20	0.40～0.60		0.030	0.030
15	H10Mn2	≤0.12	1.50～1.90	≤0.07	≤0.20	≤0.30	≤0.20	—	—	0.035	0.035
16	H10Mn2NiMoCuA①	≤0.12	1.25～1.80	0.20～0.60	≤0.30	0.80～1.25	0.35～0.65	0.20～0.55	V≤0.05 Ti≤0.10 Zr≤0.10 Al≤0.10	0.010	0.010
17	H10Mn2MoA	0.08～0.13	1.70～2.00	≤0.40	≤0.20	≤0.30	≤0.20	0.60～0.80	Ti：0.15（加入量）	0.030	0.030
18	H10Mn2MoVA	0.08～0.13	1.70～2.00	≤0.40	≤0.20	≤0.30	≤0.20	0.60～0.80	V：0.06～0.12 Ti：0.15（加入量）	0.030	0.030
19	H10Mn2A	≤0.17	1.80～2.20	≤0.05	≤0.20	≤0.30		—	—	0.030	0.030
20	H13CrMoA	0.11～0.16	0.40～0.70	0.15～0.35	0.80～1.10	≤0.30	≤0.20	0.40～0.60	—	0.030	0.030
21	H18CrMoA	0.15～0.22	0.40～0.70	0.15～0.35	0.80～1.10	≤0.30	≤0.20	0.15～0.25	—	0.025	0.030

注　1. 当焊丝镀铜时，除 H10Mn2NiMoCuA 外，其余牌号铜含量应不大于 0.35%。
　　2. 根据供需双方协议，也可生产使用其他牌号的焊丝。
① 这些焊丝中残余元素 Cr、Ni、Mo、V 总量应不大于 0.50%。

焊剂型号	抗拉强度 σ_b/MPa	屈服强度 $\sigma_{0.2}$或σ_s/MPa	伸长率 δ_s/%	焊剂型号	抗拉强度 σ_b/MPa	屈服强度 $\sigma_{0.2}$或σ_s/MPa	伸长率 δ_s/%
F48XX-HXXX	480～660	400	22	F69XX-HXXX	690～830	610	16
F55XX-HXXX	550～700	470	20	F76XX-HXXX	760～900	680	15
F62XX-HXXX	620～760	540	17	F83XX-HXXX	830～970	740	14

熔敷金属拉伸强度　　　　**表 12-67**

注：表中单值均为最小值。

三、焊　粉

1. 喷焊合金粉末（JB/T 3168.1—1999）

牌号前面用汉语拼音字母"F"表示粉末。牌号本身由三部分组成。第一部分用阿拉伯数字1，2，3表示基类，1表示镍基；2表示钴基；3表示铁基。第二部分用一位阿拉伯数字表示喷焊方法，1表示氧-乙炔火焰喷焊；2表示等离子喷焊。第三部分用两位阿拉伯数字表示喷焊层硬度参考值。第二、三部分中间须用横线分开，示例见图 12-1。等离子喷焊合金粉末化学成分和物理性能见表 12-68，氧-乙炔火焰喷焊合金粉末化学成分和物理性能见表 12-69，粉末粒度规格见表 12-70。

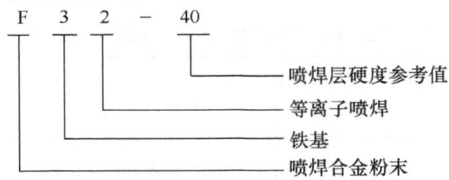

图 12-1　牌号示例

等离子喷焊合金粉末化学成分和物理性能　　　　**表 12-68**

类别	序号	牌号	化学成分/% C	B	Si	Cr	Ni	Fe	Al	Cu	Mb	Mn	氧含量 %	硬度 HRC	熔点 ℃
镍基	1	F12-20	—	1.00/1.50	2.00/3.00	—	余	≤4.00	—				0.08	15/25	1000/1100
	2	F12-27	1.20/1.40	≤0.20	2.00/2.50	35.00/38.00	余	≤5.00	—				0.08	25/30	1380/1400
	3	F12-37	0.70/1.20	1.00/2.00	2.00/3.00	24.00/28.00	余	≤5.00	0.50/0.60			0.40/0.60	0.08	35/40	1180
	4	F12-43	0.65/0.75	2.00/3.00	3.00/4.00	25.00/27.00	余	≤5.00	—				0.08	40/45	1120/1200
	5	F12-52	0.60/0.80	2.50/3.00	3.50/4.00	12.00/14.00	余	≤5.00	—				0.08	51/55	1100/1150
	6	F12-54	0.65/0.75	3.50/4.20	3.50/4.50	13.00/16.00	余	≤5.00	—	2.00/3.00	2.00/4.00		0.08	50/58	1050/1180
			C	B	Si	Cr	Ni	Fe	Co	W					
钴基	7	F22-40	1.00/1.40	—	1.00/2.00	26.00/32.00	≤3.00	余	4.00/6.00				0.10	38/42	1250/1290
	8	F22-42	0.80/1.00	1.20/1.80	0.50/1.00	27.00/29.00	10.00/12.00	≤3.00	余	3.50/4.50			0.10	40/44	1100/1180
	9	F22-45	0.50/1.00	0.50/1.00	1.00/3.00	24.00/28.00	—	≤3.00	余	4.00/6.00			0.10	42/47	1200
	10	F22-52	≤0.10	2.00/3.00	1.00/3.00	19.00/23.00	—	≤3.00	余	4.00/6.00			0.10	48/55	1000/1150

类别	序号	牌号	化学成分/%										氧含量%	硬度HRC	熔点℃
			C	B	Si	Cr	Ni	Fe	Al	Cu	Mb	Mn			
铁基	11	F32-32	0.10/0.20	1.80/2.40	2.50/3.50	18.00/20.00	21.00/23.00	余	1.20/2.00	—	—	—	0.12	30/35	1160/1230
	12	F32-38	<0.16	1.30/2.00	3.50/4.50	18.00/20.00	10.00/13.00	余	0.6/1.2	0.60/1.20	3.40/4.50	—	0.12	36/42	1290/1330
	13	F32-40	0.14/0.24	2.00/2.50	2.50/3.50	17.00/19.00	10.00/12.00	余	0.40/0.60	—	0.50/0.60	1.00/1.50	0.12	36/42	1150/1200
	14	F32-44	0.10/0.20	2.00/2.50	2.50/3.50	17.00/19.00	7.00/9.00	余	0.40/0.60	—	0.50/0.60	1.00/1.50	0.12	41/46	1200/1250
	15	F32-55	0.75/0.90	2.80/3.50	3.00/4.00	15.00/18.00	6.00/9.00	余	—	—	—	—	0.12	51/58	1200/1250
	16	F32-57	1.30/1.80	2.80/3.50	2.00/3.00	15.00/18.00	6.00/9.00	余	—	—	—	—	0.12	55/60	1100/1200
	17	F32-60	2.00/3.00	2.50/3.50	3.00/4.00	27.00/33.00	—	余	—	—	—	—	0.12	>58	1183/1203
	18	F32-63	3.30/4.30	1.00/2.00	1.20/2.00	23.00/27.00	4.00/6.00	余	—	—	—	—	0.12	61/65	1183/1253

注：F12-52 适用氧-乙炔火焰喷焊。

氧-乙炔火焰喷焊合金粉末化学成分和物理性能　　　　表 12-69

类别	序号	牌号	化学成分/%								氧含量%	硬度HRC	熔点℃
			C	B	Si	Cr	Ni	Fe	Co	W			
镍基	1	F11-25	<0.10	1.50/2.00	2.50/4.00	9.00/11.00	余	<8.00	—	—	0.08	20/30	985/1100
	2	F11-40	0.30/0.70	1.80/2.60	2.50/4.00	8.00/12.00	余	<4.00	—	—	0.08	35/45	970/1050
	3	F11-55	0.60/1.00	3.00/4.50	3.50/5.50	14.00/13.00	余	<5.00	—	—	0.08	>55	970/1050
	4	F11-60	F11−55+35%WC								0.08	>55	985/1100
钴基	5	F21-46	1.00/1.40	0.50/1.20	1.00/2.00	26.00/32.00	—	<3.00	余	4.00/6.00	0.10	40/48	1200/1280
	6	F21-52	0.30/0.50	1.80/2.50	1.00/3.00	19.00/23.00	—	<3.00	余	4.00/6.00	0.10	48/55	1000/1150
铁基	7	F31-28	0.40/0.80	1.30/1.70	2.50/3.50	4.00/6.00	28.00/32.00	余	—	—	0.12	26/30	1100
	8	F31-38	0.60/0.75	1.80/2.50	3.00/4.00	15.00/18.00	21.00/25.00	余	—	—	0.12	36/42	1100/1140
	9	F31-50	0.40/0.80	3.50/4.50	3.00/5.00	4.00/6.00	28.00/32.00	余	—	—	0.12	45/55	1050/1150
	10	F31-65	4.00/5.00	1.80/2.30	0.70/1.40	45.00/50.00	—	余	—	—	0.12	63/68	1200/1280

粉　末　粒　度（μm）　　　　表 12-70

喷焊方法	等离子喷焊	氧-乙炔喷焊
粒　　度	70～300	50～106

2. 热喷涂粉末 （GB/T 19356—2003）

热喷涂粉末按化学成分分类，可分为纯金属、金属合金和复合材料、碳化物、碳化物同金属、碳化物同金属合金、碳化物同复合材料、氧化物、磷酸盐和其他非碳化物类陶瓷以及有机材料，不包括由几种组分混合的粉末。纯金属粉末化学成分见表 12-71，自熔金属合金材料粉末化学成分见表 12-72，Ni-Cr-Fe 金属合金材料粉末化学成分见表 12-73，MCrAlY 金属合金材料粉末化学成分见表 12-74，Ni-Al-Fe 金属合金材料粉末化学成分见表 12-75，高合金钢粉末化学成分见表 12-76，Co-Cr 金属合金和复合材料粉末化学成分见表 12-77，Cu-Al 合金和复合材料、Cu-Sn 和 Cu-Ni 粉末化学成分见表 12-78，Al 合金粉末化学成分见表 12-79，镍-石墨复合材料粉末化学成分见表 12-80，碳化物、碳化物同金属、碳化物同金属合金和复合材料化学成分见表 12-81，氧化物、磷酸盐和非碳化物陶瓷粉末化学成分见表 12-82。

纯金属粉末化学成分　　　　　　　　　　　　　　　　**表 12-71**

编　号	化 学 成 分/%						
	主要成分	O	C	N	H	Al	Co
1.1	Ti 99	≤0.3	≤0.3	≤0.3	≤0.1	—	—
1.2	Nb 99	≤0.3	≤0.3	≤0.3	≤0.1	—	—
1.3	Ta 99	≤0.3	≤0.3	≤0.3	≤0.1	—	—
1.4	Cr 98.5	≤0.8	≤0.1	≤0.1	—	≤0.5	—
1.5	Mo 99	≤0.15	≤0.15	≤0.1	—	—	—
1.6	W 99	≤0.3	≤0.15	≤0.1	—	—	≤0.3
1.7	Ni 99.3	≤0.5	≤0.1	≤0.1	—	—	—
1.8	Cu 99	—	—	—	—	—	—
1.9	Al 99	≤0.5	—	—	—	—	—
1.10	Si 99	—	—	—	—	—	—

自熔金属合金材料粉末化学成分　　　　　　　　　　**表 12-72**

编号	缩写代号	化 学 成 分/%										
		C	Ni	Co	Cr	Cu	W	Mo	Fe	B	Si	其他
2.1	NiCuBSi 76 20	≤0.05	余量	—	—	19~20	—	—	≤0.5	0.9~1.3	1.8~2.0	≤0.5
2.2	NiBSi 96	≤0.05	余量	—	—	—	—	—	≤0.5	1.0~1.5	2.0~2.5	≤0.5
2.3	NiBSi 94	≤0.1	余量	—	—	—	—	—	≤0.5	1.5~2.0	2.8~3.7	≤0.5
2.4	NiBSi 95	0.1~0.2	余量	—	—	—	—	—	≤2.0	1.2~1.7	2.2~2.8	≤0.5
2.5	NiCrBSi 90 4	0.1~0.2	余量	—	3~5	—	—	—	≤1.0	1.4~1.8	2.8~3.5	≤0.5
2.6	NiCrBSi86 5	0.15~0.25	余量	—	4~6	—	—	—	3.0~3.5	0.8~1.2	2.8~3.2	≤0.5
2.7	NiCrBSi88 5	0.15~0.25	余量	—	4~6	—	—	—	1.0~2.0	1.0~1.5	3.5~4.0	≤0.5
2.8	NiCrBSi 83 10	0.15~0.25	余量	—	8~12	—	—	—	1.5~3.5	2.0~2.5	2.3~2.8	≤0.5

续表

编号	缩写代号	化学成分/%										
		C	Ni	Co	Cr	Cu	W	Mo	Fe	B	Si	其他
2.9	NiCrBSi85 8	0.15~0.25	余量	—	6~10		—	—	1.5~2.0	1.5~2.0	2.6~3.4	≤0.5
2.10	NiCrBSi84 8	0.25~0.4	余量	—	7~10		—	—	1.7~2.5	1.5~2.2	3.2~4.0	≤0.5
2.11	NiCrBSi88 4	0.3~0.4	余量	—	3.5~4.5		—	—	≤2	1.6~2.0	3.0~3.5	≤0.5
2.12	NiCrBSi80 11	0.35~0.6	余量	—	10~12		—	—	2.5~3.5	2.0~2.5	3.5~4.0	≤0.5
2.13	NiCrWBSi 64 11 16	0.5~0.6	余量	—	10~12		15.5~16.5	—	3.5~4.0	2.3~2.7	3.0~3.5	≤0.5
2.14	NiCrCuMoBSi 67 17 3 3	0.5~0.7	余量	—	16~17	2.0~3.5	—	2.0~3.0	2.5~3.5	3.4~4.0	4.0~4.5	≤0.5
2.15	NiCrCuMoWBSi 64 17 3 3 3	0.4~0.6	余量	—	16~17	2.0~3.5	2.0~3.0	2.0~3.0	3.0~5.0	3.5~4.0	4.0~4.5	≤0.5
2.16	NiCrBSi 74 15	0.75~1.0	余量	—	16~17		—	—	3.5~5.0	2.8~3.5	3.6~4.5	≤0.5
2.17	NiCrBSi 65 25	0.8~1.0	余量	—	24~26		—	—	0.2~1.0	3.2~3.6	4.0~4.5	≤0.5
2.18	NiCrBSi 74 14	≤0.05	余量	—	13~15		—	—	4.0~5.0	2.75~3.5	4.0~5.0	≤0.5
2.19	NiCrBSi 82 7	≤0.06	余量	—	6.5~8.5		—	—	2.5~3.5	2.5~3.5	4.1~4.6	≤0.5
2.20	NiBSi 92	≤0.06	余量	—	—		—	—	≤0.5	2.75~3.5	4.3~4.7	≤0.5
2.21	NiCoBSi 71 20	≤0.05	余量	20	—		—	—	≤0.5	2.7~3.2	4.0~5.0	≤0.5
2.22	CoCrNiMoBSi 40 18 27 5	≤0.1	26~28	余量	18~19			4.0~6.0	≤2.0	3.0~3.4	3.0~3.5	≤0.5
2.23	CoCrNiMoBSi 50 18 17 6	0.1~0.3	17~19	余量	18~20			6.0~8.0	≤2.5	3.0	3.5	≤0.5
2.24	CoCrNiWBSi 53 20 13 7	0.75~1.0	13~16	余量	19~20		6~8		≤3.0	1.5~1.8	2.4~2.5	≤0.5
2.25	CoCrNiWBSi 52 19 15 9	0.8~1.1	13~16	余量	19~20		8~10		≤3.0	1.5~1.8	2.4~2.5	≤0.5
2.26	CoCrNiWBSi 47 19 15 13	1.0~1.3	13~16	余量	19~20		12.5~13.5		≤3.0	1.5~2.0	2.0~2.5	≤0.5
2.27	CoCrNiWBSi 45 19 15 15	1.3~1.6	13~16	余量	19~20		14.5~15.5		≤3.0	2.8~3.0	2.7~3.5	≤0.5

Ni-Cr-Fe 金属合金材料粉末化学成分　　　　表 12-73

编号	缩写代号	化学成分/%										
		Ni	Cr	Al	W	Co	Mo	Fe	Si	Mn	Ti	C	其他
3.1	NiCr 80 20	余量	18~21	—	—	—	—	≤1	≤1.5	≤2.5	—	0.25	—
3.2	NiCrFe 75 15 8	余量	14~17	—	—	—	—	6~10	—	—	—	0.30	—

编号	缩写代号	化学成分/%											
		Ni	Cr	Al	W	Co	Mo	Fe	Si	Mn	Ti	C	其他
3.3	NiCrAl 74 19 5	余量	17~20	3~6	—	—	—	≤1	≤1.5	≤2.5	—	0.25	—
3.4	NiCrNb 70 21 4	余量	20~22	0.3~0.5	—	—	—	2~3	0.4~0.6	0.4~0.6	0.3~0.5	0.1	3~4Nb
3.5	NiCrMoW 54 16 17 5	余量	14~18	—	4~6	—	16~18	≤6	≤1.0	≤0.5	—	0.5	—
3.6	NiCrAlMoFe 73 9 7 6 5	余量	8~10	6~8.8	—	—	4~6	4~6	—	—	—	—	—
3.7	NiCrTiAl 75 20 3 2	余量	18~22	1.5~2.5	—	—	—	—	—	—	2~3	—	—
3.8	NiCrCoAlTi 67 16 9 4 4	余量	15~17	3~4	2~3	8~9	1~3	0.4~0.6	≤0.3	≤0.2	3~4	0.2	—
3.9	NiCoCrAlMoTi 63 15 10 5 3 4	余量	8~12	4~6	—	14~16	2~4	—	—	—	4~5	0.2	—
3.10	NiCoCrAlMoTi 57 17 11 5 6 4	余量	10~12	4~5	—	15~18	5~7	≤0.5	≤0.2	—	3~5	0.03	—
3.11	NiCr 50 50	余量	50~53				—		≤2	≤1		0.5	—
3.12	NiCrMoNb 64 22 9 3.5	余量	20~23				8~10	1	≤0.25			0.01	3~4Nb
3.13	NiCrCoMoTiAlW 57 18 12 6 3 2 1	余量	17~19	1.5~2.5	1	11~13	5~7				2.5~3.5		—
3.14	NiCrNbFeAl 66 14 7 8 5	余量	11.5~16	2.5~4.5				6~9.5	0.4~0.6	0.3~0.5		0.1	6.5~7.5Nb
3.15	NiCrFeAlMo 68 14 7 5 5	余量	12~16	4~6			4~6	5~9					—
3.16	NiCrAlMoTiO2 68 8 7 5 2.5	余量	7~10	5~9			3~7	1~3					2.5TiO₂, 2B
3.17	FeCrMoAl 65 23 5 5	≤0.5	20~25	4~6			3~7	余量				0.1~0.5	—

MCrAlY 金属合金材料粉末化学成分　　　　　表 12-74

编号	缩写代号	化学成分/%								
		Ni	Cr	Al	Co	Fe	Si	Y	C	其他
4.1	NiCrAlY 66 22 10 1	余量	21~23	9~11	—	—	—	0.8~1.2	—	—
4.2	NiCrAlY 70 23 6	余量	22~24	5~7	—	—	—	0.3~0.5	—	—
4.3	NiCoCrAlY 46 23 17 13	余量	15~19	11.5~13.5	20~26	—	—	0.2~0.7	—	—
4.4	NiCoCrAlY 47 22 17 13	余量	15~19	11.5~13.5	20~24	—	—	0.4~0.8	—	—
4.5	NiCoCrAlYSiHf 47 22 17 13	余量	15~19	11.8~13.2	20~24	—	0.2~0.6	0.4~0.8	—	0.1~0.4 Hf
4.6	CoCrAlY 63 23 13	—	22~24	12~14	余量	—	—	0.55~0.75	—	—
4.7	CoNiCrAlY 38 32 21 8	31~33	20~22	7~9	余量	—	—	0.35~0.65	—	—
4.8	CoCrNiAlYTa 52 25 10 7.5	8~12	23~27	5~9	余量	—	—	0.4~0.8	—	4~6 Ta
4.9	FeCrAlY 74 20 5		18~22	18~22	—	余量	—	0.3~0.7	≤0.02	—

Ni-Al-Fe 金属合金材料粉末化学成分　　　　表 12-75

编号	缩写代号	化学成分/%						
		Ni	Al	Mo	Fe	Si	Mn	C
5.1	NiAl 95 5	余量	3~6	—	≤1	≤0.5	—	—
5.2	NiAl 70 30	余量	28~32	—	≤1	≤0.5	≤1	≤0.25
5.3	NiAl 80 20	余量	18~22	—	≤1	≤0.5	≤1	≤0.25
5.4	NiAlMo 90 5 5	余量	3~6	4~6	≤1	≤0.5	—	—
5.5	NiAlMo 89 10 1	余量	8~12	0.5~1.5	≤1	≤0.5	—	—
5.6	FeNiAl 51 38 10	36~40	8~12	—	余量		—	—
5.7	FeNiAlMo 54 35 5 5	33~37	3~6	3~7	余量		—	—

高合金钢粉末化学成分　　　　表 12-76

编写	缩写代号	化学成分/%									
		Ni	Cr	Mo	Fe	Si	Mn	P	S	C	其他
6.1	X42Cr 13	—	11.5~13.5	—	余量	0.3~0.5	0.2~0.4	≤0.03	≤0.03	0.38~0.45	
6.2	X105CrMo 17	—	16~18	0.4~0.8	余量	≤1	≤1	≤0.045	≤0.03	0.95~1.20	
6.3	X2CrNi18 9	10~12.5	17~20		余量	≤1	≤2	≤0.045	≤0.03	≤0.03	
6.4	X5CrNi 18 9	8.5~10	17~20		余量	≤1	≤2	≤0.045	≤0.03	≤0.07	
6.5	X2CrNiMo 18 10	11~14	16.5~18.5	2~2.5	余量	≤1	≤2	≤0.045	≤0.03	≤0.03	
6.6	X2CrNiMo 18 12	12.5~15	16.5~18.5	2.5~3	余量	≤1	≤2	≤0.045	≤0.03	≤0.03	
6.7	X5CrNiMo 18 10	9.5~13.5	16.5~20.0	2~2.5	余量	≤1	≤2	≤0.045	≤0.03	≤0.07	
6.8	X5CrNiMo 18 12	11.5~①	16.5~18.5	2.5~3.0	余量	≤1	≤2	≤0.045	≤0.03	≤0.07	
6.9	X10CrNiMo 17 13	12~14	16~18	2~2.5	余量	≤0.7~5	≤2	≤0.045	≤0.03	0.08~0.11	
6.10	X2NiCrMoCu 25 20 5	24~26	19~21	4~5	余量	≤1	≤2	≤0.03	≤0.02	≤0.02	
6.11	X130CrMoWV 5 5 5 4	—	4~5	4~5	余量					1.0~1.5	V3.5~4.5, W5~6

① ISO 14232：2000（E）中如此。

Co-Cr 金属合金和复合材料粉末化学成分　　　　表 12-77

编号	缩写代号	化学成分/%										
		Ni	Cr	W	Co	Mo	Cu	Fe	Si	Mn	C	其他
7.1	CoCrW50 30 12	≤3	29~31	11.5~13.5	余量	—	—	≤3	0.8~1.1	—	2.3~2.5	—
7.2	CoCrW60 28 4	≤3	27~30	3.5~5	余量			≤3	0.8~1.1		0.9~1.2	—
7.3	CoCrW53 30 8	≤3	29~31	7.5~9	余量			≤3	1.0~1.6		1.3~1.6	—
7.4	CoCrNiW 50 26 10 7	9.5~11.5	24~27	6.5~8.5	余量			≤2	≤0.6	≤0.6	≤0.5	
7.5	CoCrMo60 27 5	≤3	25~29	—	余量	4.5~6.5		≤3	≤2.5	≤1	≤0.3	
7.6	CoCrNiW 40 25 22 10	20~24	23~27	10~14	余量					≤1	1.5~2.0	
7.7	CoMoCrSi 51 28 17 3	≤1.5	16~19	—	余量	27~30		≤1.5	3~4			
7.8	CoCrNiNb 50 28 7 6	5.5~7.5	26~30	—	余量	2.5~4.5	1.4~1.8	≤2	≤0.6	≤0.6	1.8~2.2	Nb 4.5~6.5

Cu-Al 合金和复合材料、Cu-Sn 和 Cu-Ni 粉末化学成分　　　　表 12-78

编号	缩写代号	化学成分/%						
		Ni	Al	Cu	Fe	Sn	P	其他
8.1	CuAl 10	—	9～11	余量	—	—	—	—
8.2	CuAl 10 Fe	—	9～11	余量	≤1	—	—	—
8.3	CuAl 10 Ni	2～5	9～11	余量	—	—	—	—
8.4	CuSn8	—		余量	—	7.5～9	≤0.4	—
8.5	CuNi38	35～40		余量	—	—	—	—
8.6	CuNi36In	35～38	—	余量	≤1	—	—	In4～6

Al 合金粉末化学成分　　　　表 12-79

编　　号	缩写代号	化学成分/%	
		Al	Si
9.1	AlSi88 12	余　量	11～13

镍-石墨复合材料粉末化学成分　　　　表 12-80

编　　号	缩写代号	化　学　成　分/%		
		Ni	Co	石　墨
10.4	Ni-Craphite 60/40	59～62	≤0.5	余　量
10.5	Ni-Graphite 75/25	74～76	≤0.5	余　量
10.6	Ni-Graphite 80/20	79～81	≤0.5	余　量
10.7	Ni-Graphite 85/15	84～86	≤0.5	余　量

碳化物、碳化物同金属、碳化物同金属合金和复合材料化学成分　　　　表 12-81

编号	缩写代号	化　学　成　分/%							
		W	Cr	Ti	Co	Ni	C	Fe	Si
11.1	TiC[1]	—		≥79.5	—	—	19～20	—	—
11.2	WC[1]	余量	—	—	—	—	6.0～6.2	—	—
11.3	W_2C/WC[1]	余量	—	—	—	—	3.8～4.3	—	—
11.4	W_2C[1]	余量	—	—	—	—	3.1～3.3	—	—
11.5	Cr_3C_2[1]	—	≥86	—	—	—	≥12.5	≤0.7	≤0.1
11.10	WC/Co 94 6	余量	—	—	5～7	—	≥5.2	—	—
11.11	WC/Co 88 12	余量	—	—	11～13	—	3.6～4.2	—	—
11.12	WC/Co 88 12	余量	—	—	11～13	—	4.8～5.5	—	—
11.13	WC/Co 83 17	余量	—	—	16～18	—	≥4.8	—	—
11.14	WC/Co 80 20	余量	—	—	18～20	—	4.5～5.0	—	—
11.15	W_2C/Co	余量	—	—	18～21	—	2.4～2.6	—	—
11.16	WC/Ni 92 8	余量	—	—	—	6～8	3.5～4.0	—	—
11.17	WC/Ni 88 12	余量	—	—	—	11～13	5.0～5.5	—	—
11.18	WC/Ni 85 15	余量	—	—	—	14～16	3～4	—	—
11.19	WC/Ni 83 17	余量	—	—	—	16～19	4.5～5.5	—	—
11.20	C/Co/Cr 86 10 4	余量	3.5～4.5	—	9～11	—	3.5～4.5	—	—
11.21	WCrC/Ni 93 7	余量	22～28	—	—	6～8	5～7	—	—
11.30	Cr_3/C_2/NiCr 75 25	—	余量	—	—	16～19	10～11	—	—
11.31	Cr_3C_2/NiCr 75 25	—	余量	—	—	19～21	9～10	—	—
11.32	Cr_3C_2/NiCr 80 20	—	余量	—	—	14～18	9～11	—	—

① 这些粉末与其他粉末混合。

氧化物、磷酸盐和非碳化物陶瓷粉末化学成分　　　　表 12-82

编号	缩写代号	化学成分/%								
		Al_2O_3	TiO_2	Cr_2O_3	ZrO_2	$MgO/CeO_2/$羟基磷灰石	Y_2O_3	CaO	FeO	SiO_2
12.1	Al_2O_3	≥99.5	—	—	—	—	—	—	≤0.1	≤0.1
12.2	Al_2O_3-TiO_3 97 3	≥96	2.5~3.5	—	—	—	—	—	≤1	≤1
12.3	Al_2O_3-TiO_2 87 13	余量	12~14	—	—	—	—	—	≤0.5	≤1
12.4	Al_2O_3-TiO_2 60 40	余量	37~42	—	—	—	—	—	≤0.5	≤1
12.5	Al_2O_3-MgO70 30	余量	—	—	—	MgO 28~31	—	—	≤0.5	≤1.5
12.6	Al_2O_3-SiO_2 70 30	余量	—	—	—	—	—	—	≤0.2	22~28
12.7	Al_2O_3-Cr_2O_3 98 2	≥97.5	—	1.5~2.1	—	—	—	—	≤0.1	≤0.3
12.8	Al_2O_3-Cr_2O_3 90 10	余量	—	8~12	—	—	—	—	≤0.1	≤0.2
12.9	Al_2O_3-Cr_2O_3 50 50	余量	—	48~52	—	—	—	—	≤0.1	≤0.2
12.20	Cr_2O_3	—	—	≥99.5	—	—	—	—	≤0.1	≤0.25
12.21	Cr_2O_3	≤1.0	—	≥96	—	—	—	—	≤1	≤1
12.22	Cr_2O_3-$TiO_2$97 3	—	≤3	≥96.5	—	—	—	—	≤0.5	—
12.23	Cr_2O_3-$TiO_2$45 55	—	53~56	余量	—	—	—	—	≤0.5	≤0.5
12.24	Cr_2O_3-$TiO_2$60 40	—	38~42	余量	—	—	—	—	≤0.5	≤0.5
12.25	Cr_2O_3-SiO_2 TiO_2 92 5 3	—	2~4	余量	—	—	—	—	≤0.5	4~6
12.30	TiO_2	—	≥99	—	—	—	—	—	≤0.5	≤0.5
12.40	ZrO_2-CaO95 5	≤0.5	—	—	余量	—	—	5~7	—	≤0.4
12.41	ZrO_2-CaO90 10	≤0.5	—	—	余量	—	—	8~10	—	≤0.4
12.42	ZrO_2-CaO70 30	≤0.5	—	—	余量	—	—	28~31	—	—
12.43	ZrO_2-MgO80 20	—	—	—	余量	MgO 18~24	—	1.5	—	≤1.5
12.44	ZrO_2-$Y_2O_3$93 7	≤0.2	≤0.3	—	余量	—	6~8	—	≤0.2	≤0.5
12.45	ZrO_2-$Y_2O_3$80 20	—	—	—	余量	—	18~21	—	≤0.2	≤0.5
12.46	ZrO_2-$SiO_2$65 35	—	≤0.3	—	余量	—	—	—	≤0.3	32~35
12.47	ZrO_2-CeO_2-$Y_2O_3$68-25-3	—	—	—	余量	CeO_2 24~26	2~4	—	≤0.2~0.5	0.5~1.5
12.60	Hydroxylapatite	—	—	—	—	≥羟基磷灰石 95[1]	—	—	—	—

① 其他杂质：As≤0.0003；Cd≤0.0005；Hg≤0.0005；Pb≤0.0003；总杂质≤0.1。

四、焊接工具

1. 等压式焊炬、割炬（JB/T 7947—1999）

　　等压式焊炬、割炬、焊割两用炬为单焰氧—乙炔焊接、切割金属的工具，它也可供钳焊、预热等各项火焰加工用。焊炬采用换管式，割炬采用更换孔径大小不同的割嘴，可适应焊接和切割不同厚度工件的需要。等压式焊、割炬型式如图 12-2 和图 12-3 所示，焊割炬的型号见表 12-83，等压式焊割炬的主要参数见表 12-84，等压式焊炬的基本参数见表 12-85，等压式割炬的基本参数见表 12-86，等压式焊割两用炬的基本参数见表 12-87。

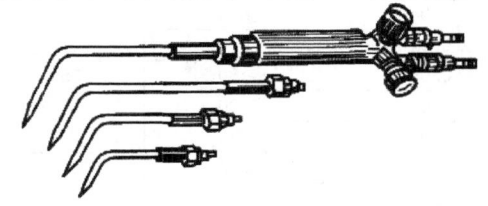

图 12-2　等压式焊炬

图 12-3　等压式割炬

焊割炬的型号			表 12-83
名　　称	焊　炬	割　炬	焊割两用炬
型　　号	H02-12	G02-100	HG02-12/100
	H02-20	G02-300	HG02-20/200

注：表中 H 表示焊的第一个字母，G 表示割的第一个字母。0 表示手工，2 表示等压式。12、20 表示最大的焊接低碳钢厚度，单位为 mm；100、200、300 表示最大的切割低碳钢厚度，单位为 mm。

等压式焊割炬的主要参数			表 12-84
名　　称	型　　号	焊接低碳钢厚度/mm	切割低碳钢厚度/mm
焊　炬	H02-12	0.5～12	—
	H02-20	0.5～20	
割　炬	G02-100	—	3～100
	G02-300		3～300
焊割两用炬	HG02-12/100	0.5～12	3～100
	HG02-20/200	0.5～20	3～200

等压式焊炬的基本参数						表 12-85
型　　号	嘴　号	孔径 mm	氧气工作压力 MPa	乙炔工作压力 MPa	焊芯长度 mm	焊炬总长度 mm
H02-12	1	0.6	0.2	0.02	≥4	500
	2	1.0	0.25	0.03	≥11	
	3	1.4	0.3	0.04	≥13	
	4	1.8	0.35	0.05	≥17	
	5	2.2	0.4	0.06	≥20	
H02-20	1	0.6	0.2	0.02	≥4	600
	2	1.0	0.25	0.03	≥11	
	3	1.4	0.3	0.04	≥13	
	4	1.8	0.35	0.05	≥17	
	5	2.2	0.4	0.06	≥20	
	6	2.6	0.5	0.07	≥21	
	7	3.0	0.6	0.08	≥21	

等压式割炬的基本参数 表 12-86

型 号	嘴 号	切割氧孔径 mm	氧气工作压力 MPa	乙炔工作压力 MPa	可见切割氧流长度 mm	焊炬总长度 mm
G02-100	1	0.7	0.2	0.04	≥60	550
	2	0.9	0.25	0.04	≥70	
	3	1.1	0.3	0.05	≥80	
	4	1.3	0.4	0.05	≥90	
	5	1.6	0.5	0.06	≥100	
G02-300	1	0.7	0.2	0.04	≥60	650
	2	0.9	0.25	0.04	≥70	
	3	1.1	0.3	0.05	≥80	
	4	1.3	0.4	0.05	≥90	
	5	1.6	0.5	0.06	≥100	
	6	1.8	0.5	0.06	≥110	
	7	2.2	0.65	0.07	≥130	
	8	2.6	0.8	0.08	≥150	
	9	3.0	1.0	0.09	≥170	

等压式焊割两用炬的基本参数 表 12-87

型 号	嘴 号		孔径 mm	氧气工作压力 MPa	乙炔工作压力 MPa	焰芯长度 mm	可见切割氧流长度 mm	焊割炬总长度 mm
HG02-12/100	焊嘴号	1	0.6	0.2	0.02	≥4		550
		3	1.4	0.3	0.04	≥13		
		5	2.2	0.4	0.06	≥20		
	割嘴号	1	0.7	0.2	0.04		≥60	
		3	1.1	0.3	0.05		≥80	
		5	1.6	0.5	0.06		≥100	
HG02-20/200	焊嘴号	1	0.6	0.2	0.02	≥4		600
		3	1.4	0.3	0.04	≥13		
		5	2.2	0.4	0.06	≥20		
		7	3.0	0.6	0.08	≥21		
	割嘴号	1	0.7	0.2	0.04		≥60	
		3	1.1	0.3	0.05		≥80	
		5	1.6	0.5	0.06		≥100	
		6	1.8	0.5	0.06		≥110	
		7	2.2	0.65	0.07		≥130	

2. 射吸式焊炬（JB/T 6969—1993）

射吸式焊炬为单焰氧-乙炔焊接金属的工具，也可作钎焊、预热等各种火焰加工用。焊炬采用固定射吸管，更换孔径大小不同的焊嘴，可适应焊接不同厚度工件的需要。射吸式焊炬型式见图 12-4，射吸式焊炬的主要参数和基本参数见表 12-88 和表 12-89，其焊嘴规格见表 12-90。

图 12-4　射吸式焊炬

射吸式焊炬的主要参数（mm）　　　　　　　　表 12-88

型　　号	H01-2	H01-6	H01-12	H01-20
焊接低碳钢厚度	0.5～2	2～6	6～12	12～20

射吸式焊炬的基本参数　　　　　　　　表 12-89

焊嘴号码 型号	氧气工作压力/MPa					乙炔使用 压力 MPa	可换焊嘴 个　数	焊嘴孔径/mm					焊炬 总长度 mm
	1	2	3	4	5			1	2	3	4	5	
H01-2	0.1	0.125	0.15	0.2	0.25	0.001～ 0.1	5	0.5	0.6	0.7	0.8	0.9	300
H01-6	0.2	0.25	0.3	0.35	0.4			0.9	1.0	1.1	1.2	1.3	400
H01-12	0.4	0.45	0.5	0.6	0.7			1.4	1.6	1.8	2.0	2.2	500
H01-20	0.6	0.65	0.7	0.75	0.8			2.4	2.6	2.8	3.0	3.2	600

射吸式焊炬焊嘴规格（mm）　　　　　　　　表 12-90

焊嘴号码 型号	D					MD	L	l_1	l_2
	1	2	3	4	5				
H01-2	0.5	0.6	0.7	0.8	0.9	M6×1	≥25	4	6.6
H01-6	0.9	1.0	1.1	1.2	1.3	M8×1	≥40	7	9
H01-12	1.4	1.6	1.8	2.0	2.2	M10×1.25	≥45	7.5	10
H01-20	2.4	2.6	2.8	3.0	3.2	M12×1.25	≥50	9.5	12

3. 射吸式割炬 （JB/T 6970—1993）

射吸式割炬为氧-乙炔切割金属的工具。割炬采用固定射吸管，更换切割氧孔径大小不同的割嘴，可适应切割不同厚度工件的需要。主要用于切割普通和特殊形状的碳钢。射吸式割炬和割嘴型式见图 12-5 和图 12-6，射吸式割炬的主要参数和基本参数见表 12-91 和表 12-92，其割嘴规格见表 12-93。

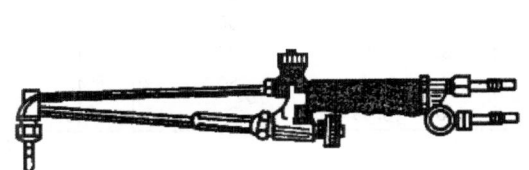

图 12-5　射吸式割炬

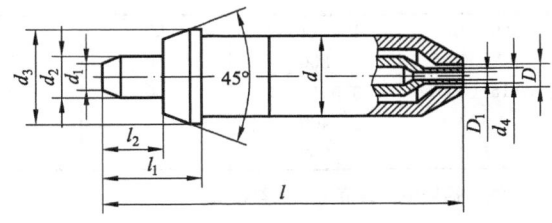

图 12-6　割嘴

射吸式割炬的主要参数（mm）　　　　　　　　表 12-91

型　　号	G01-30	G01-100	G01-300
切割低碳钢厚度	3～30	10～100	100～300

射吸式割炬的基本参数　　　　　　　　表 12-92

割嘴号 型号	氧气工作压力/MPa				乙炔使用 压力 MPa	可换割嘴 个　数	割嘴切割氧孔径/mm				割炬 总长度 mm
	1	2	3	4			1	2	3	4	
G01-30	0.2	0.25	0.3	—	0.001～ 0.1	3	0.7	0.9	1.1		500
G01-100	0.3	0.4	0.5	—		3	1.0	1.3	1.6	—	550
G01-300	0.5	0.65	0.8	1.0		4	1.8	2.2	2.6	3.0	650

割 嘴 规 格（mm） 表 12-93

型 号	G01-30			G01-100			G01-300			
L	≥55			≥65			≥75			
l_1	16			18			19			
l_2	10			11.5			12			
d	$13^{-0.150}_{-0.260}$			$15^{-0.150}_{-0.260}$			$16.5^{-0.150}_{-0.260}$			
d_1	4.5			5.5			5.5			
d_2	7			8			8			
d_3	16			18			19			
割嘴号	1	2	3	1	2	3	1	2	3	4
D	2.9	3.1	3.3	3.5	3.7	4.1	4.5	5.0	5.5	6.0
D_1	0.7	0.9	1.1	1.0	1.3	1.6	1.8	2.2	2.6	3.0
d_4	2.4	2.6	2.8	2.8	3.0	3.3	3.8	4.2	4.5	5.0

4. 电焊钳（QB 1518—1992）

电焊钳是夹持焊条进行手工电弧焊接的工具。电焊钳型式见图 12-7，其电焊钳主要参数见表 12-94。

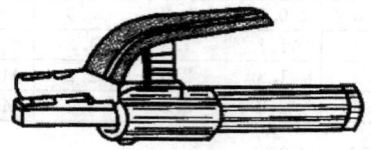

图 12-7　电焊钳

电焊钳主要参数 表 12-94

规 格 A	额定焊接电流 A	负载持续率 /1%	工作电压 ≈/V	适用焊条直径 mm	能接电缆截面积 mm²≥	温升 ≤/（℃）
160（150）	160（150）	60	26	2.0～4.0	25	35
250	250	60	30	2.5～5.0	35	40
315（300）	315（300）	60	32	3.2～5.0	35	40
400	400	60	36	3.2～6.0	50	45
500	500	60	40	4.0～（8.0）	70	45

注：括号中的数值为非推荐数值。

5. 金属粉末喷焊炬

金属粉末喷焊炬是用氧-乙炔焰把工件加热到 300～400℃，然后把自熔性金属粉末喷洒沉积在工件表面，使合金粉末与工件母材相互熔敷、扩散、渗透而形成冶金结合层。选用不同的合金粉末，可获得耐磨、耐蚀、耐高温、耐冲击等不同性能的强化表面层。金属粉末喷焊炬型式见图 12-8，其型号及规格见表 12-95。

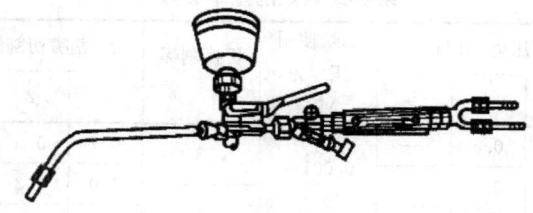

图 12-8　金属粉末喷焊炬

金属粉末喷焊炬型号及规格　　　　　　　　　表 12-95

型　号	喷焊嘴		用气压力/MPa		送粉量 kg/h	总长度 mm
	号	孔径/mm	氧	乙炔		
SPH-1/h	＃1	0.9	0.20	≥0.05	0.4～1.0	430
	＃2	1.1	0.25			
	＃3	1.3	0.30			
SPH-2/h	＃1	1.6	0.3	＞0.5	1.0～2.0	470
	＃2	1.9	0.35			
	＃3	2.2	0.40			
SPH-4/h	＃1	2.6	0.4	＞0.5	2.0～4.0	630
	＃2	2.8	0.45			
	＃3	3.0	0.5			
SPH-C	＃1	1.5×5	0.5	＞0.5	4.5～6	730
	＃2	1.5×7	0.6			
	＃3	1.5×9	0.7			
SPH-D	＃1	1×10	0.5	＞0.5	8～12	730
	＃2	1.2×10	0.5			780

6. 金属粉末喷焊喷涂两用炬

金属粉末喷焊喷涂两用炬是用氧-乙炔焰和送粉机构,将一种喷焊或喷涂用合金粉末喷射在工件表面上。金属粉末喷焊喷涂两用炬见图 12-9,其炬型号及规格见表 12-96。

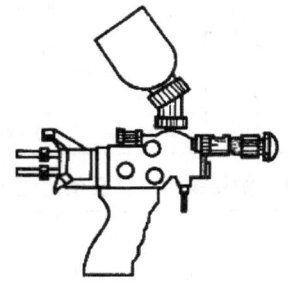

图 12-9　金属粉末喷焊喷涂两用炬

金属粉末喷焊喷涂两用炬型号及规格　　　　　　　　　表 12-96

型　号	喷嘴号	喷嘴型式	预热式孔径孔数/mm	喷粉孔径 mm	用气压力/MPa		送粉量 kg/h
					氧	乙炔	
QT-3/h	＃1	梅花	0.6/12	3.0	0.7	≥0.04	3
	＃2		0.7/12	3.2	0.8		
QT-7/h	＃1	环形	—	2.8	0.45	≥0.04	5～7
	＃2	梅花	0.7/12	3.0	0.50		
	＃3	梅花	0.8/12	3.2	0.55		
SPH-E	＃1	环形	—	3.5	0.5～0.6	≥0.05	≤7
	＃2	梅花	1.0/8	3.5			

7. 焊接眼面防护具（GB/T 3609.1— 2008）

焊接眼面防护具用于各类焊接工防御有害弧光、熔融金属飞溅或粉尘等有害因素对眼睛、面部（含颈部）伤害的护具。其颜色呈褐色或暗绿色，颜色愈深，遮光号数越大，有害光透过率越小，适用的焊接电流越大。焊接面罩型式见图 12-10，各类面罩规格见表 12-97，电焊护目镜片规格及使用选择见表 12-98。

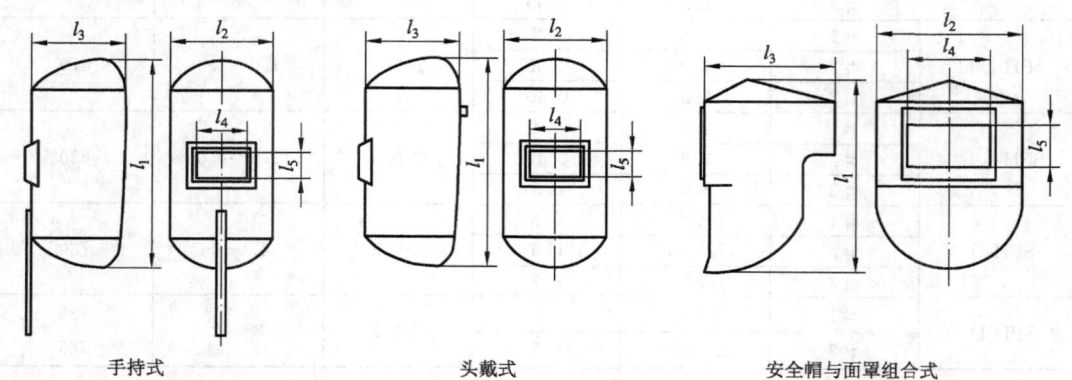

手持式   头戴式   安全帽与面罩组合式

图 12-10   焊接面罩

各类面罩规格（mm）   表 12-97

名 称	长 度	宽 度	深 度	观察窗	质 量
手持式	≥310	≥210	≥120	≥90×40	除去镜片、安全帽等附件其质量不大于 500g
头戴式	≥310	≥210	≥120	≥90×40	
安全帽与面罩组合式	≥230	≥210	≥120	≥90×40	

电焊护目镜片规格及使用选择   表 12-98

镜片遮光号	1.2, 1.4, 1.7, 2	3, 4	5, 6	7, 8	9, 10, 11	12, 13	14	15, 16
适用电弧作业	防侧光与杂散光	辅助工	≤30A	30~75A	75~200A	200~400A	≥400A	
外形尺寸	长×宽×厚：108×50×2~3.8mm							

8. 电焊手套及脚套

用于保护电焊工人的手及脚，避免熔渣灼伤。分大、中、小三号，由牛皮、猪皮及帆布制成。电焊脚套和手套见图 12-11。

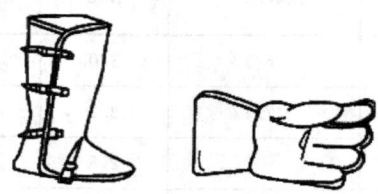

图 12-11   电焊脚套和手套

第十三章　润滑、密封及装置

一、润　滑　剂

1. 润滑油

润滑油按其来源分动、植物油，石油润滑油和合成润滑油三大类。石油润滑油的用量占总用量 97% 以上，因此润滑油常指石油润滑油。主要用于减少运动部件表面间的摩擦，同时对机器设备具有冷却、密封、防腐、防锈、绝缘、功率传送、清洗杂质等作用。常用润滑油的牌号、性能及应用见表 13-1。

常用润滑油的牌号、性能及应用　　　　　　　　表 13-1

名　　称		牌号（或黏度等级）	运动黏度/mm²·s⁻¹		黏度指数不小于	闪点（开口）℃不低于	倾点℃不高于	主要用途
			40℃	100℃				
L-AN 全损耗系统用油 (GB 443—1989)		5	4.14~5.06			80		主要适用于对润滑油无特殊要求的全损耗润滑系统，不适用于循环润滑系统
		7	6.12~7.48			110		
		10	9~11.0			130		
		15	13.5~16.5			150	−5	
		22	19.8~24.2					
		32	28.8~35.2					
		46	41.4~50.6			160		
		68	61.2~74.8					
		100	90~110			180		
		150	135~165					
工业闭式齿轮油 (GB 5903—2011)	L-CKB	100	90~110		90	180	−8	抗氧防锈工业齿轮油，适用于煤炭、水泥、冶金等工业部门大型封闭式、轻载荷下运转的齿轮传动装置的润滑
		150	135~165					
		220	198~242			200		
		320	288~352					
	L-CKC	32	28.8~35.2	报告	90	180	−12	中载荷工业齿轮油，适用于煤炭、水泥、冶金等工业部门大型封闭式、保持在正常或中等恒定油温和中等载荷下工作的齿轮传动装置的润滑
		46	41.4~50.6					
		68	61.2~74.8					
		100	90~110				−9	
		150	135~165					
		220	198~242			200		
		320	288~352					
		460	414~506					
		680	612~748					
		1000	900~1100		85		−5	
		1500	1350~1650					

续表

名　　称	牌号(或黏度等级)	运动黏度/mm²·s⁻¹ 40℃	运动黏度/mm²·s⁻¹ 100℃	黏度指数不小于	闪点(开口)℃不低于	倾点℃不高于	主要用途
工业闭式齿轮油(GB 5903—2011)	L-CKD	68	61.2~74.8	报告	90	180	-12	重载荷工业齿轮油，适用于煤炭、水泥、冶金等工业部门大型封闭式、较高的恒定油温和重载荷下工作的齿轮传动装置的润滑
		100	90~110					
		150	135~165			200	-9	
		220	198~242					
		320	288~352					
		460	414~506					
		680	612~748				-5	
		1000	900~1100					
合成工业齿轮油(NB/SH/T 0467—2010)	L-SCKC	68	61.2~74.8		130	210	-40	适用于闭式工业齿轮和蜗轮蜗杆传动装置的润滑，特别适用于由不同材料（如钢-铜）制成的摩擦副的长期润滑。使用温度范围为-35℃~150℃
		100	90~110			220	-36	
		150	135~165			220	-30	
		220	198~242			230	-30	
		320	288~352			230		
		460	414~506					
		680	612~748			230	-24	
		1000	900~1100					
	L-SCKD	100	90~100		130	230	-24	
		150	138~165			220	-36	
		220	198~242				-30	
		320	288~352			230	-30	
		460	414~506					
		680	612~748			230	-24	
		1000	900~1100					
	L-GCKC	68	61.2~74.8		160	210	-40	
		100	90~110		170	220	-36	
		150	135~165		180	220		
		220	198~242		190		-30	
		320	288~352		200			
		460	414~506			230		
		680	612~748		220		-24	
		1000	900~1100					
	L-GCKD	100	90~110		170	220	-36	
		150	135~165		180	220		
		220	198~242		190		-30	
		320	288~352		200			
		460	414~506			230		
		680	612~748		220		-24	
		1000	900~1100					

续表

名　称		牌号（或黏度等级）	运动黏度/mm²·s⁻¹		黏度指数不小于	闪点（开口）℃不低于	倾点℃不高于	主要用途
			40℃	100℃				
工业闭式齿轮油 (GB 5903—1995)	L-CKD	100	90～110		90	180	−8	在高的恒定油温和重载荷下运转的齿轮的润滑
		150	135～165					
		220	198～242			200		
		320	288～352					
		460	414～506					
		680	612～748				−5	
普通开式齿轮油 (SH/T 0363—1992)		68		60～750		200		适用于开式齿轮、链条和钢丝绳的润滑
		100		90～110				
		150		135～165				
		220		200～245		210		
		320		290～350				
蜗轮蜗杆油 (SH/T 0094—1991)	L-CKE	220	198～242		90		−6	复合型蜗轮蜗杆油，主要用于铜-钢配对的圆柱型和双包络等类型的承受轻载荷、传动中平稳无冲击的蜗杆副，包括该设备的齿轮及滑动轴承、气缸、离合器等部件的润滑，及在潮湿环境下工作的其他机械设备的润滑，在使用过程中应防止局部过热和油温在100℃以上时长期工作
		320	288～352					
		460	414～506					
		680	612～748					
		1000	900～1100					
	L-CKE/P	220	198～242		90		−6	极压型蜗轮蜗杆油，主要用于铜-钢配对的圆柱型承受重载荷，传动中有振动和冲击的蜗轮蜗杆副，包括该设备的齿轮和直齿圆柱齿轮等部件的润滑，及其他机械设备的润滑
		320	288～352					
		460	414～506					
		680	612～748					
		1000	900～1100					
普通车辆齿轮油 (SH/T 0350—1992)		80W/90		15～19	—	170	−28	适用于中等速度和载荷比较苛刻的手动变速器和螺旋伞齿轮的驱动桥
		85W/90		15～19	—	180	−18	
		90		15～19	90	190	−10	
重载荷车辆齿轮油 (GL-5) (GB 13895—1992)		75W		≥4.1	报告	150	报告	适用于在高速冲击载荷，高速低转矩和低速高转矩工况下使用的车辆齿轮。特别是客车和其他各种车辆的准双曲面齿轮驱动桥，也可用于手动变速器
		80W/90		13.5～24.0	报告	165	报告	
		85W/90		13.5～24.0	报告	165	报告	
		85W/140		24.0～41.0	报告	180	报告	
		90		13.5～24.0	75	180	报告	
		140		24.0～41.0	75	200	报告	

名　称	牌号 (或黏度 等级)	运动黏度/mm²·s⁻¹		黏度 指数 不小 于	闪点 (开口) ℃ 不低于	倾点 ℃ 不高于	主要用途
		40℃	100℃				
导轨油 (SH/T 0361—1998)	32	28.8～35.2		报告	150	−9	主要适用于机床滑动导轨的润滑
	46	41.1～50.6			160		
	68	61.2～74.8					
	100	90～110					
	150	135～165			180		
	220	198～242					
	320	288～352				−3	
轴承油 (SH/T 0017—1990)	L-FC	2	1.98～2.42	—	70 闭口	−18	L-FC 为抗氧防锈型油，L-FD 为抗氧防锈抗磨型油。 适用于锭子、轴承、液压系统、齿轮和汽轮机等工业机械设备，L-FC 还可适用于有关离合器
		3	2.88～3.52		80 闭口		
		5	4.14～5.06		90 闭口		
		7	6.12～7.48	报告	115	−12	
		10	9.00～11.0				
		15	13.5～16.5		140		
		22	19.8～24.2				
		32	28.8～35.2		160		
		46	41.4～50.6				
		68	61.2～74.8		180		
		100	90～110			−6	
	L-FD	2	19.8～2.42	—	70 闭口	−12	
		3	2.88～3.52		80 闭口		
		5	4.14～5.06		90 闭口		
		7	6.12～7.48		115		
		10	9.00～11.0	报告			
		15	13.5～16.5		140		
		22	19.8～24.2				
汽油机油 (GB 11121—2006)	SE、SF	0W-20	5.6～<9.3	—	200	−40	用于在各种操作条件下使用的汽车四冲程汽油发动机，如轿车、轻型卡车、货车和客车发动机的润滑。详细分类见 GB/T 7631.3、SAEJ 183、ASTMD 4485
		0W-30	9.3～<12.5				
		5W-20	5.6～<9.3			−35	
		5W-30	9.3～<12.5				
		5W-40	12.5～<16.3				
		5W-50	16.3～<21.9				
		10W-30	9.3～<12.5		205	−30	
		10W-40	12.5～<16.3				
		10W-50	16.3～<21.9				
		15W-30	9.3～<12.5			−23	
		15W-40	12.5～<16.3				
		15W-50	16.3～<21.9		215		
		20W-40	12.5～<16.3			−18	
		20W-50	16.3～<21.9				
		30	9.3～<12.5	75	220	−15	
		40	12.5～<16.3	80	225	−10	
		50	16.3～<21.9	80	230	−5	

续表

名　称		牌号（或黏度等级）	运动黏度/mm²·s⁻¹		黏度指数不小于	闪点（开口）℃不低于	倾点℃不高于	主要用途
			40℃	100℃				
汽油机油 (GB 11121—2006)	SG、SH、 GF-1、 GF-2、 GF-3、 SJ、SL	0W-20		5.6～<9.3	—	200	−40	用于在各种操作条件下使用的汽车四冲程汽油发动机，如轿车、轻型卡车、货车和客车发动机的润滑。详细分类见 GB/T 7631.3、SAEJ 183、ASTMD 4485
		0W-30		9.3～<12.5			−40	
		5W-20		5.6～<9.3		200	−35	
		5W-30		9.3～<12.5			−35	
		5W-40		12.5～<16.3			−35	
		5W-50		16.3～<21.9			−35	
		10W-30		9.3～<12.5		205	−30	
		10W-40		12.5～<16.3		205	−30	
		10W-50		16.3～<21.9		205	−30	
		15W-30		9.3～<12.5			−25	
		15W-40		12.5～<16.3		215	−25	
		15W-50		16.3～<21.9		215	−25	
		20W-40		12.5～<16.3			−20	
		20W-50		16.3～<21.9			−20	
		30		9.3～<12.5		220	−15	
		40		12.5～<16.3		225	−10	
		50		16.3～<21.9		230	−5	
柴油机油 (GB 11122—2006)	SE、SF	0W-20		5.6～<9.3	—	200	−40	产品适用于以柴油为燃料的四冲程柴油发动机。如卡车、客车和货车柴油发动机、农业用、工业用、和建设用柴油发动机的润滑。详细分类见 GB/T 7631.3、SAEJ 183、ASTMD 4485
		0W-30		9.3～<12.5			−40	
		0W-40		12.5～<16.3			−40	
		5W-20		5.6～<9.3		200	−35	
		5W-30		9.3～<12.5			−35	
		5W-40		12.5～<16.3			−35	
		5W-50		16.3～<21.9			−35	
		10W-30		9.3～<12.5		205	−30	
		10W-40		12.5～<16.3		205	−30	
		10W-50		16.3～<21.9		205	−30	
		15W-30		9.3～<12.5			−23	
		15W-40		12.5～<16.3		215	−23	
		15W-50		16.3～<21.9		215	−23	
		20W-40		12.5～<16.3			−18	
		20W-50		16.3～<21.9			−18	
		30		9.3～<12.5	75	220	−15	
		40		12.5～<16.3	80	225	−10	
		50		16.3～<21.9	80	230	−5	
		60		21.9～<26.1	80	240	−5	

名　　称	牌号(或黏度等级)	运动黏度/mm²·s⁻¹ 40℃	运动黏度/mm²·s⁻¹ 100℃	黏度指数不小于	闪点(开口)℃不低于	倾点℃不高于	主要用途
柴油机油 (GB 11122—2006)	0W-20		5.6～<9.3	—	200	-40	产品适用于以柴油为燃料的四冲程柴油发动机。如卡车、客车和货车柴油发动机、农业用、工业用、和建设用柴油发动机的润滑。详细分类见 GB/T 7631.3、SAEJ 183、ASTMD 4485
	0W-30		9.3～<12.5				
	0W-40		12.5～<16.3				
	5W-20		5.6～<9.3			-35	
	5W-30		9.3～<12.5				
	5W-40		12.5～<16.3				
	5W-50		16.3～<21.9				
	10W-30		9.3～<12.5		205	-30	
	10W-40		12.5～<16.3				
	10W-50		16.3～<21.9				
	15W-30		9.3～<12.5		215	-25	
	15W-40		12.5～<16.3				
	15W-50		16.3～<21.9				
	20W-40		12.5～<16.3			-20	
	20W-50		16.3～<21.9				
	30		9.3～<12.5	75	220	-15	
	40		12.5～<16.3	80	225	-10	
	50		16.3～<21.9	80	230	-5	
	60		21.9～<26.1	80	240	-5	
液压油 (L-HL、L-HM、L-HV、L-HS、L-HG) (GB 11118.1—2011)	15	13.5～16.5		80	140	-12	本品为抗氧防锈型液压油,常用于低压液压系统,也可使用于要求换油期较长的轻载荷机械的油浴式非循环润滑系统。无本产品时可用 L-HM 油或用其他抗氧防锈型润滑油
	22	19.8～24.2			165	-9	
	32	28.8～35.2			175		
	46	41.4～50.6			185		
	68	61.2～74.8			195	-6	
	100	90.0～110			205		
	150	135～165			215		
	32	28.8～35.2		95	175	-15	本品为抗磨液压油,适用于低、中、高压液压系统,也可用于其他中等载荷机械润滑部位。对油有低温性能要求或无产品时,可选用 L-HV 和 L-HS 油
	46	41.4～50.6			185		
	68	61.2～74.8			195	-9	
	100	90.0～110			205		
	22	19.8～24.2		85	165	-15	
	32	28.8～35.2			175		
	46	41.4～50.6			185		
	68	61.2～74.8			195	-9	
	100	90.0～110			205		
	150	135～165			215		

（柴油机油牌号栏：CF、CF-4、CH-4、CI-4）

（液压油牌号栏：L-HL；L-HM（高压）；L-HM（普通））

名　　称	牌号(或黏度等级)		运动黏度/mm²·s⁻¹ 40℃	100℃	黏度指数 不小于	闪点(开口)℃ 不低于	倾点 ℃ 不高于	主要用途
液压油 (L-HL、L-HM、L-HV、L-HS、L-HG) (GB 11118.1 —2011)	L-HV	10	9.0～11.0		130	—	−39	本品为低温液压油,适用于环境温度变化较大和工作条件恶劣的(指野外工程和远洋船舶等)低、中、高压液压系统和其他中等载荷的机械润滑部位。对油有更好的低温性能要求或无本产品时,可选用 L-HS 油
		15	13.5～16.5			125	−36	
		22	19.8～24.2			175		
		32	28.8～35.2				−33	
		46	41.4～50.6		140	180		
		68	61.2～74.8				−30	
		100	90.0～110			190	−21	
	L-HS	10	9.0～11.0		130	—	−45	本品为超低温液压油
		15	13.5～16.5			125		
		22	19.8～24.2			175		
		32	28.8～35.2		150			
		46	41.4～50.6			180	−39	
	L-HG	32	28.8～35.2			175		本品为液压导轨油,适用于液压和导轨润滑系统合用的机床,也可适用于其他要求油有良好黏附性的机械润滑部位
		46	41.4～50.6			185		
		68	61.2～74.8		90	195	−6	
		100	90.0～110			205		
涡轮机油 (GB 11120—2011)	L-TSA L-TSE	A级 32	28.8～35.2		90	186	−6	本品为汽轮机油,L-TSA 分 A 级和 B 级,B 级不适用于 L-TSE 类。用于电力、船舶及其他工业汽轮机组、水轮机组的润滑。倾点可与供应商协商较低的温度
		A级 46	41.4～50.6					
		A级 68	61.2～74.8			195		
		B级 32	28.8～35.2			186		
		B级 46	41.4～50.6		85		−6	
		B级 68	61.2～74.8			195		
		B级 100	90.0～110					
	L-TGA L-TGE	32	28.8～35.2		90	186	−6	本品为燃汽轮机油。倾点可与供应商协商较低的温度
		46	41.4～50.6					
		68	61.2～74.8					
	L-TGSB L-TGSE	32	28.8～35.2		90	200	−6	本品为燃/汽轮机油倾点可与供应商协商较低的温度
		46	41.4～50.6					
		68	61.2～74.8					

续表

名 称		牌号 (或黏度 等级)	运动黏度/mm²·s⁻¹		黏度 指数 不小 于	闪点 (开口) ℃ 不低于	倾点 ℃ 不高于	主要用途
			40℃	100℃				
空气压缩机油 (GB 12691—1990)	L-DAA	32	28.8～35.2	报告		175	−9	适用于有油润滑的活塞式 和滴油回转式空气压缩机 L-DAA 用于轻载荷空气 压缩机；L-DAB 用于中载 荷空气压缩机
		46	41.6～50.6			185		
		68	61.2～74.8			195		
		100	90.0～110			205		
		150	135～165			215	−3	
	L-DAB	32	28.8～35.2	报告		175	−9	
		46	41.6～50.6			185		
		68	61.2～74.8			195		
		100	90.0～110			205		
		150	135～165			215	−3	
10 号仪表油 (SH/T 0138—1994)			9～11			130	−52	适用于控制测量仪表（包 括低温下操作）的润滑
特种精密仪表油 (SH/T 0454—1992)		3 号		11～14		160		适用于精密仪表轴承和摩 擦部件上使用的温度范围 −60～120℃
		4 号		11～14				
		5 号	—	18～23		170		
		14 号		22.5～28.5				
		16 号		19～25				
4122 号高低温仪表油 (SH/T 0465—1992)		—	—	14	—	—	260	用于微型电机轴承的润滑 使用的温度范围−60～200℃
车轴油 (SH/T 0139—1995)		冬用	30～40			145	报告	适用于铁路车辆和蒸汽机 车滑动轴承的润滑
		复用	70～80	—	—	165		
		通用	报告		95	165		

2. 润滑脂

润滑脂俗称黄油，为稠厚的油脂状半固体，用于机械的摩擦部分，起润滑和密封作用；也可用于金属表面起填充空隙和防锈作用，主要由矿物油（或合成润滑油）和稠化剂调制而成。根据稠化剂的不同，可分为皂基脂和非皂基脂两类。皂基脂的稠化剂常用锂、钠、钙、铝、锌等，也有用钾、钡、铅、锰等金属皂；非皂基脂的稠化剂用石墨、碳黑、石棉。根据用途，润滑脂可分为通用和专用两种。前者用于一般机械零件；后者用于石油钻井机械、船舶机械、阀门等。常用润滑脂的牌号、性能及应用见表13-2。

常用润滑脂的牌号、性能及应用　　　表 13-2

名　称	牌号 （或代号）	滴点/℃ 不低于	工作锥入度 1/10mm	应　用
钙基润滑脂 （GB/T 491—2008）	1号	80	310～340	适用于汽车、拖拉机、冶金、纺织等机械设备的润滑，使用温度范围为－10～60℃
	2号	85	265～295	
	3号	90	220～250	
	4号	95	175～205	
石墨钙基润滑脂 （SH/T 0369—1992）		80		适用于压延机的人字齿轮，汽车弹簧，起重机齿轮转盘，矿山机械，绞车和钢绞绳等高线荷、低转速的粗糙机械的润滑
复合钙基润滑脂 （SH/T 0370—1995）	1号	200	310～340	适用于工作温度在－10～150℃范围及潮湿条件下机械设备的润滑
	2号	210	265～295	
	3号	230	220～250	
钠基润滑脂 （GB/T 492—1989）	2号	140	265～295	2号、3号均适用于工作温度不超过120℃的机械摩擦部位的润滑。4号适用于工作温度不超过130℃的重载荷机械设备的润滑。不能用于与潮湿空气或水接触的润滑部位
	3号	140	220～250	
	4号	150	175～205	
钙钠基润滑脂 （SH/T 0368—1992）	2号	120	250～290	适用于铁路机车和列车的滚动轴承、小电动机和发电机的振动轴承以及其他高温轴承等的润滑
	3号	135	200～240	
通用锂基润滑脂 （GB 7324—2010）	1号	170	310～340	适用于工作温度在－20～120℃范围内各种机械设备的滚动轴承和滑动轴承及其他摩擦部位的润滑
	2号	175	265～295	
	3号	180	220～250	
极压锂基润滑脂 （GB/T 7323—2008）	00号	165	400～430	适用于工作温度在－20～120℃范围内高载荷机械设备的轴承及齿轮的润滑，也可用于集中润滑系统
	0号	170	355～385	
	1号	170	310～340	
	2号	170	265～295	
汽车通用锂基润滑脂 （GB/T 5671—2014）	2号	180	265～295	适用于工作温度在－30～120℃范围内的汽车轮毂轴承、底盘、水泵等摩擦部位的润滑
	3号	180	220～250	
极压复合锂基润滑脂 （SH/T 0535—1993）	1号	260	310～340	适用于工作温度在－20～160℃范围的高载荷机械设备润滑
	2号	260	265～295	
	3号	260	220～250	
铝基润滑脂 （SH/T 0371—1992）		75	230～280	用于航运机器摩擦部分润滑及金属表面的防蚀
复合铝基润滑脂 （SH/T 0378—1992）	0号	235	355～385	1号用于高温并有集中供脂系统的润滑设备，2号用于没有集中供脂系统的润滑设备，其适用温度范围为－20～150℃
	1号	235	310～340	
	2号	235	265～295	

续表

名　　称	牌号 （或代号）	滴点/℃ 不低于	工作锥入度 1/10mm	应　　用
极压复合铝基润滑脂 （SH/T 0534—1993）	0 号	235	355～385	适用于工作温度在—20～160℃范围的高载荷机械设备及集中润滑系统
	1 号	240	310～340	
	2 号	240	265～295	
钡基润滑脂 （SH/T 0379—1992）		135	200～260	适用于船舶推进器、抽水机的润滑
膨润土润滑脂 （SH/T 0536—1993）	1 号	270	310～340	适用于工作温度在 0～160℃范围的中低速机械设备润滑
	2 号	270	265～295	
	3 号	270	220～250	
极压膨润土润滑脂 （SH/T 0537—1993）	1 号	270	310～340	适用于工作温度在—20～180℃范围内的高载荷机械设备润滑
	2 号	270	265～295	
精密机床主轴润滑脂 （SH/T 0382—1992）	2 号	180	265～295	主要用于精密机床、磨床和高速磨头主轴的长期润滑
	3 号	180	220～250	
7407 号齿轮润滑脂 （SH/T 0469—1994）		160	（1/4 锥入度） 75～90	适用于各种低速，中、重载荷齿轮、链轮和联轴节等部位的润滑，适宜采用涂刷润滑方式。使用温度范围为—10～120℃
二硫化钼极压锂基润滑脂 （SH/T 0587—1994）	0 号	170	355～385	适用于工作温度范围为—20～120℃的轧钢机械、矿山机械、重型起重机械等重载荷齿轮和轴承的润滑，并能使用于有冲击载荷的部件
	1 号	170	310～340	
	2 号	175	265～295	
3 号仪表润滑脂 （54 号低温润滑脂） （SH/T 0385—1992）		60	230～265	适用于工作温度在—60～55℃范围内的仪器
7017-1 号 高低温润滑脂 （SH 0431—1992）		300	65～80	适用于高温下工作的滚珠和滚柱轴承的润滑。温度范围为—60～250℃
特 7 号精密仪表脂 （NB/SH/T 0456—2014）		180		适用于工作温度在—70～120℃范围的精密仪器、仪表的轴承及摩擦部件上，作为润滑和防护剂
7108 号光学 仪器防尘脂 （SH/T 0444—1992）			55～70	用于光学仪器的内壁"防尘"。其适用温度范围为—50～70℃
7105 号光学 仪器极压脂 （SH/T 0442—1992）		160	65～80	用于光学仪器极压部位的润滑，如蜗轮、齿轮、钢铜轴和燕尾槽、滑道等。其适用温度范围为—50～70℃
7106、7107 号 光学仪器润滑脂 （SH/T 0443—1992）	7106	95	60～75	用于光学仪器不同间隙的滚动、滑动部位的润滑和密封。7106 号适用于较小间隙；7107 号适用于较大间隙。其适用温度范围为—50～70℃
	7107		45～60	
特 221 号润滑脂 （NB/SH/T 0459—2014）		260	64～84	适用于硬脂酸钙和醋酸钙稠化硅油制成的，与腐蚀性介质接触的摩擦组合件如：金属与金属或金属与橡胶的接触面上，起润滑和密封作用。也可用于滚动轴承的润滑。工作温度范围为—60～150℃

续表

名　　称	牌号 （或代号）	滴点/℃ 不低于	工作锥入度 1/10mm	应　　用
7903 号耐油 密封润滑脂 （SH/T 0011—1990）		350	55～70	适用于机械设备、机床、管路、变速箱、阀门及飞机燃油过滤器等与燃料油、润滑油、天然气、水或乙醇等介质接触的装配贴合面、螺纹接合面等部位的密封和润滑。工作温度范围为－10～150℃

二、润　滑　装　置

1. 直通式压注油杯（JB/T 7940.1—1995）

直通式压注油杯是适用于各种机械设备及汽车、船舶等用的润滑脂压注油杯，是用润滑脂对机器作间歇润滑的一种油杯，其型式和尺寸见图 13-1 和表 13-3。

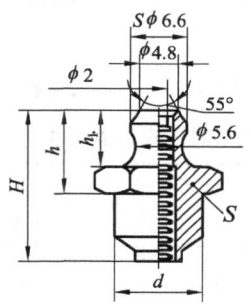

图 13-1　直通式压注油杯

直通式压注油杯的基本尺寸（mm）　　　　　　　　**表 13-3**

d	H	h	h₁	S		钢　球 （按 GB 308）
				基本尺寸	极限偏差	
M6	13	8	6	8		
M8×1	16	9	6.5	10	0 －0.22	3
M10×1	18	10	7	11		

2. 接头式压注油杯（JB/T 7940.2—1995）

接头式压注油杯由螺纹接头和直通式油杯组成，是一种润滑脂压注油杯，适用于场所狭窄、无法垂直注油的机械设备，其型式和尺寸见图 13-2 和表 13-4。

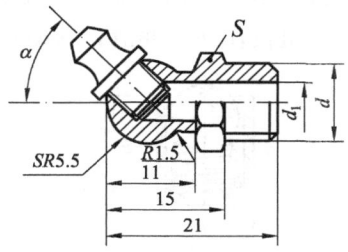

图 13-2　接头式压注油杯

接头式压注油杯的基本尺寸（mm） 表 13-4

d	d_1	α	S 基本尺寸	极限偏差	直通式压注油杯（按 JB/T 7940.1）
M6	3	45°、90°	11	0 −0.22	M6
M8×1	4				
M10×1	5				

3. 旋盖式油杯（JB/T 7940.3—1995）

旋盖式油杯是一种润滑脂压注油杯，一般用于转速不高的机器上，其型式和尺寸见图 13-3 和表 13-5。

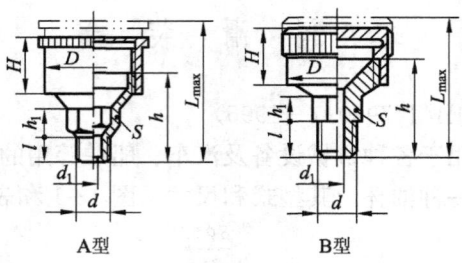

图 13-3 旋盖式油杯

旋盖式油杯的基本尺寸（mm） 表 13-5

最小容量 /cm³	d	l	H	h	h_1	d_1	D A型	D B型	L max	S 基本尺寸	极限偏差
1.5	M8×1	8	14	22	7	3	16	18	33	10	0 −0.22
3	M10×1		15	23	8	4	20	22	35	13	
6			17	26			26	28	40		
12	M14×1.5		20	30			32	34	47		0 −0.27
18			22	32			36	40	50	18	
25		12	24	34	10	5	41	44	55		
50	M16×1.5		30	44			51	54	70	21	0 −0.33
100			38	52			68	68	85		
200	M24×1.5	16	48	64	16	6	—	86	105	30	—

4. 压配式压注油杯（JB/T 7940.4—1995）

本标准适用于机械设备上机械油压注油杯。油杯与机械设备之间的连接是过盈配合，须用压力将润滑油脂注入油杯，对机器作间歇润滑，其型式和尺寸见图 13-4 和表 13-6。

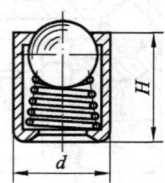

图 13-4 压配式压注油杯

压配式压注油杯的基本尺寸（mm）　　　　表 13-6

d		H	钢球
基本尺寸	极限偏差		（按 GB 308）
6	+0.040 +0.028	6	4
8	+0.049 +0.034	10	5
10	+0.058 +0.040	12	6
16	+0.063 +0.045	20	11
25	+0.085 +0.064	30	13

5. 弹簧盖油杯（JB/T 7940.5—1995）

本标准适用于机械设备上机械油润滑油杯。该油杯用润滑油对机件作间歇润滑，其型式和尺寸见图 13-5 和表 13-7～表 13-9。

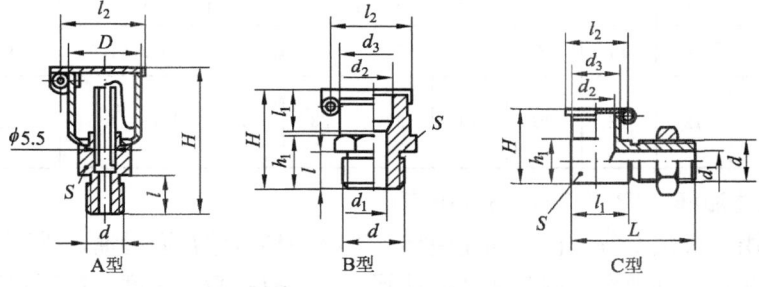

图 13-5　弹簧盖油杯

弹簧盖油杯 A 型的基本尺寸（mm）　　　　表 13-7

最小容量 /cm³	d	H	D	l₂	l	S	
		≤		≈		基本尺寸	极限偏差
1	M8×1	38	16	21	10	10	0 −0.22
2		40	18	23			
3	M10×1	42	20	25		11	
6		45	25	30			
12	M14×1.5	55	30	36	12	18	0 −0.27
18		60	32	38			
25		65	35	41			
50		68	45	51			

弹簧盖油杯 B 型的基本尺寸（mm） 表 13-8

d	d_1	d_2	d_3	H	h_1	l	l_1	l_2	S 基本尺寸	S 极限偏差
M6	3	6	10	18	9	6	8	15	10	0 −0.22
M8×1	4	8	12	24	12	8	10	17	13	0 −0.27
M10×1	5									
M12×1.5	6	10	14	26	14	10	12	19	16	
M16×1.5	8	12	18	28				23	21	0 −0.33

弹簧盖油杯 C 型的基本尺寸（mm） 表 13-9

d	d_1	d_2	d_3	H	h_1	l	l_1	l_2	螺母（按 GB/T 6172）	S 基本尺寸	S 极限偏差
M6	3	6	10	18	9	25	12	15	M6	13	0 −0.27
M8×1	4	8	12	24	12	28	14	17	M8×1		
M10×1	5					30	16		M10×1		
M12×1.5	6	10	14	26	14	34	19	19	M12×1.5	16	
M16×1.5	8	12	18	30	18	37	23	23	M16×1.5	21	0 −0.33

6. 针阀式注油杯（JB/T 7940.6—1995）

本标准适用于机械设备上机械油注油杯。油杯的杯体储存润滑油，供运动机件滴注润滑油，通过透视管，可观察、调节油杯的针阀位置，控制滴油速度。针阀式注油杯的型式和尺寸见图 13-6 和表 13-10。

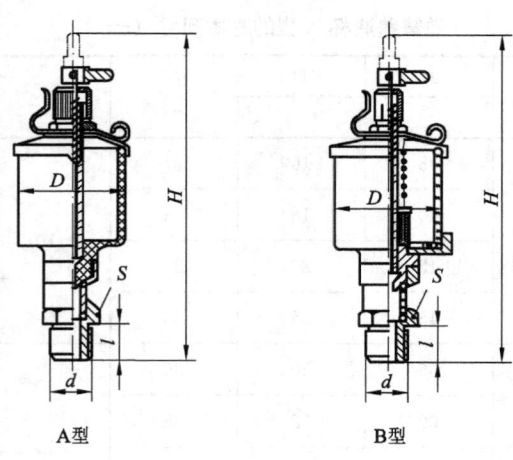

A型   B型

图 13-6 针阀式注油杯

<table>
<tr><th colspan="8">针阀式注油杯的基本尺寸（mm）</th><th>表 13-10</th></tr>
<tr><td rowspan="2">最小容量
/cm³</td><td rowspan="2">d</td><td rowspan="2">l</td><td rowspan="2">H</td><td rowspan="2">D</td><td colspan="2">S</td><td rowspan="2">螺母
（按 GB 6172）</td></tr>
<tr><td>基本尺寸</td><td>极限偏差</td></tr>
<tr><td>16</td><td rowspan="2">M10×1</td><td rowspan="3">12</td><td>105</td><td>32</td><td>13</td><td></td><td rowspan="2">M8×1</td></tr>
<tr><td>25</td><td>115</td><td>36</td><td rowspan="2">18</td><td rowspan="2">0
−0.27</td></tr>
<tr><td>50</td><td rowspan="2">M14×1.5</td><td>130</td><td>45</td><td rowspan="2">M10×1</td></tr>
<tr><td>100</td><td>140</td><td>55</td><td></td><td></td></tr>
<tr><td>200</td><td rowspan="2">M16×1.5</td><td rowspan="2">14</td><td>170</td><td>70</td><td rowspan="2">21</td><td rowspan="2">0
−0.33</td><td></td></tr>
<tr><td>400</td><td>190</td><td>85</td><td></td></tr>
</table>

7. 压配式圆形油标（JB/T 7941.1—1995）

　　压配式圆形油标是适用于窥视各种机械设备上润滑油油位面的工具。压配式圆形油标的型式和尺寸见图 13-7 和表 13-11。

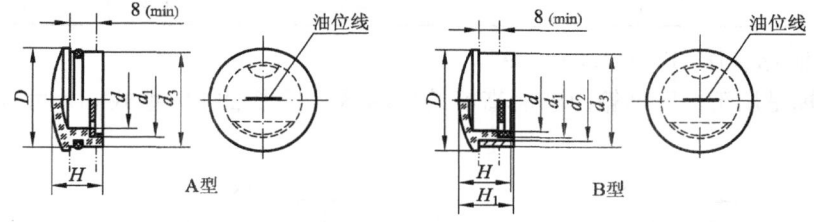

图 13-7　压配式圆形油标

<table>
<tr><th colspan="10">压配式圆形油标的基本尺寸（mm）</th><th>表 13-11</th></tr>
<tr><td rowspan="2">d</td><td rowspan="2">D</td><td colspan="2">d_1</td><td colspan="2">d_2</td><td colspan="2">d_3</td><td rowspan="2">H</td><td rowspan="2">H_1</td><td rowspan="2">O 形橡胶密封圈
（按 GB 3452.1）</td></tr>
<tr><td>基本尺寸</td><td>极限偏差</td><td>基本尺寸</td><td>极限偏差</td><td>基本尺寸</td><td>极限偏差</td></tr>
<tr><td>12</td><td>22</td><td>12</td><td>−0.005</td><td>17</td><td>−0.050</td><td>20</td><td>−0.065</td><td rowspan="2">14</td><td rowspan="2">16</td><td>15×2.65</td></tr>
<tr><td>16</td><td>27</td><td>18</td><td>−0.160</td><td>22</td><td>−0.160</td><td>25</td><td>−0.195</td><td>20×2.65</td></tr>
<tr><td>20</td><td>34</td><td>22</td><td>−0.065</td><td>28</td><td>−0.065</td><td>32</td><td rowspan="2">−0.080
−0.240</td><td rowspan="2">16</td><td rowspan="2">18</td><td>25×3.55</td></tr>
<tr><td>25</td><td>40</td><td>28</td><td>−0.195</td><td>34</td><td>−0.195</td><td>38</td><td>31.5×3.55</td></tr>
<tr><td>32</td><td>48</td><td>35</td><td>−0.080</td><td>41</td><td>−0.080</td><td>45</td><td></td><td rowspan="2">18</td><td rowspan="2">20</td><td>38.7×3.55</td></tr>
<tr><td>40</td><td>58</td><td>45</td><td>−0.240</td><td>51</td><td>−0.240</td><td>55</td><td rowspan="2">−0.100
−0.290</td><td>48.7×3.55</td></tr>
<tr><td>50</td><td>70</td><td>55</td><td>−0.100</td><td>61</td><td>−0.100</td><td>65</td><td rowspan="2">22</td><td rowspan="2">24</td><td rowspan="2"></td></tr>
<tr><td>63</td><td>85</td><td>70</td><td>−0.290</td><td>76</td><td>−0.290</td><td>80</td><td>−0.290</td></tr>
</table>

　　注：1. 与 d_1 相配合的孔极限偏差按 H11。
　　　　2. A 型用 O 形橡胶密封圈沟槽尺寸按 GB 3452.3，B 型用密封圈由制造厂设计选用。

8. 旋入式圆形油标（JB/T 7941.2—1995）

　　旋入式圆形油标是适用于窥视各种机械设备上润滑油油位面的工具。旋入式圆形油标的型式和尺寸见图 13-8 和表 13-12。

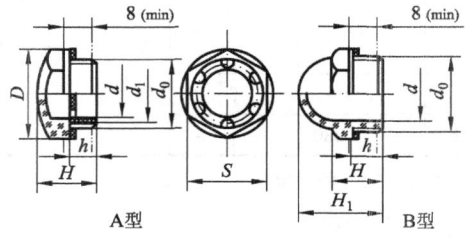

图 13-8　旋入式圆形油标

旋入式圆形油标的基本尺寸（mm）　　　　　　　　表 13-12

d	d_0	D		d_1		S		H	H_1	h
		基本尺寸	极限偏差	基本尺寸	极限偏差	基本尺寸	极限偏差			
10	M16×1.5	22	−0.065 −0.195	12	−0.050 −0.160	21	0 −0.33	15	22	8
20	M27×1.5	36	−0.080 −0.240	22	−0.065 −0.195	32	0 −1.00	18	30	10
35	M42×1.5	52	−0.100 −0.290	35	−0.080 −0.240	46		22	40	12
50	M60×2	72		55	−0.100 −0.290	65	0 −1.20	26	—	14

9. 长形油标（JB/T 7941.3—1995）

长形油标是用于标明油箱内油面高度的指示器。长形油标的型式和尺寸见图 13-9 和表 13-13。

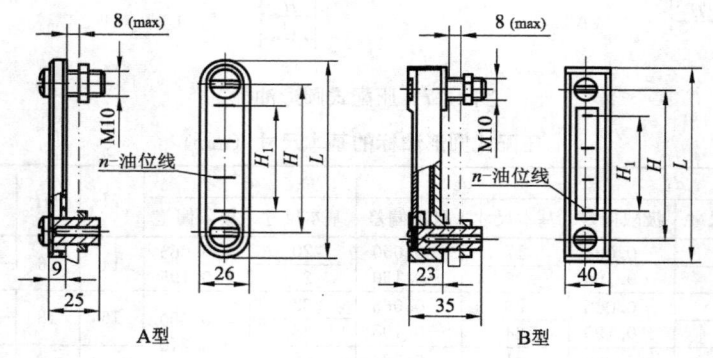

图 13-9　长形油标

长形油标的基本尺寸（mm）　　　　　　　　表 13-13

H		H_1		L		n（条数）		O 形橡胶密封圈（按 GB/T 3452.1）	六角螺母（按 GB/T 6172）	锁紧垫圈（按 GB/T 861）
基本尺寸										
A 型	B 型	极限偏差	A 型	B 型	A 型	B 型	A 型	B 型		
80		±0.17	40		110		2		10×2.65	M10	10
100	—		60	—	130	—	3	—			
125	—	±0.20	80	—	155	—	4	—			
160			120		190		6				
—	250	±0.23	—	210	—	280	—	8			

注：O 形橡胶密封圈沟槽尺寸按 GB 3452.3 的规定。

10. 管状油标（JB/T 7941.4—1995）

管状油标是适用于窥视各种机械设备上润滑油油位面的工具。管状油标的型式和尺寸见图 13-10 和表 13-14。

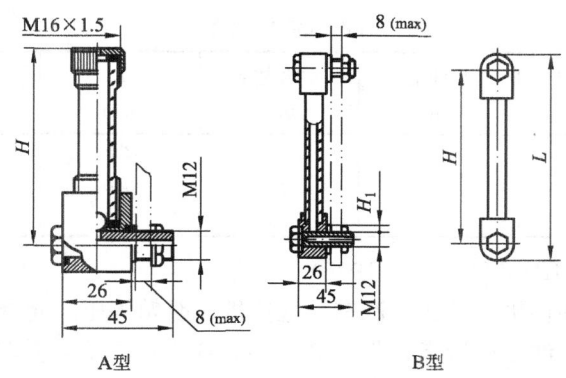

图 13-10　管状油标

管状油标的基本尺寸（mm）　　　　　　　　　　　　　　表 **13-14**

A 型 H	B 型				O 形橡胶密封圈（按 GB/T 3452.1）	六角薄螺母（按 GB/T 6172）	锁紧垫圈（按 GB/T 861）
	H		H_1	L			
	基本尺寸	极限偏差					
80	200	±0.23	175	226	11.8×2.65	M12	12
	250		225	276			
100	320	±0.26	295	346			
	400	±0.28	375	426			
125	500	±0.35	475	526			
160	630		605	656			
	800	±0.40	775	826			
200	1000	±0.45	975	1026			

11. 压杆式油枪（JB/T 7942.1—1995）

压杆式油枪是对各种机械设备、汽车、推拉机、船舶等压注润滑油脂用的工具。压杆式油枪适用于压注润滑脂，其油嘴分 A、B 两种型式，其型式和规格见图 13-11 和表 13-15。

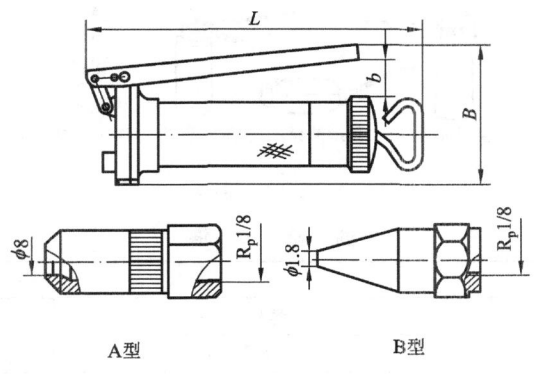

图 13-11　压杆式油枪

压杆式油枪规格　　　　　　　　　　　　表 13-15

储油量 cm³	公称压力 MPa	出油量 cm³	油枪内径 mm	L mm	B mm	b mm
100		0.6	35	255	90	
200	16	0.7	42	310	96	30
400		0.8	53	385	125	

12. 手推式油枪（JB/T 7942.2—1995）

手推式油枪用于各种机械设备、汽车、拖拉机、船舶等压注润滑油脂或机械油。手推式油枪适用于压注润滑油或润滑脂，其油嘴分 A、B 两种型式，其型式和规格见图 13-12 和表 13-16。

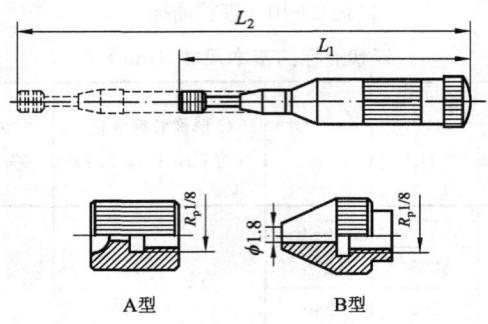

图 13-12　手推式油枪

手推式油枪规格　　　　　　　　　　　　表 13-16

贮油量/cm³	公称压力/MPa	出油量/cm³	D/mm	L_1/mm	L_2/mm	d/mm
50	6.3	0.3	33	230	330	5
100	6.3	0.5				6

注：1. 表中 D——外筒内径；d——内筒内径。
　　2. 公称压力指压注滑脂的给定压力。

13. 油壶

油壶用于盛润滑油，供向机器上加油用，其型式和规格见图 13-13 和表 13-17。

塑料油壶　　鼠形油壶　　压力油壶　　喇叭油壶

图 13-13　油壶

油壶规格　　　　　　　　　　　　表 13-17

品　种	规　　格	
塑料油壶	容量/cm³	180
鼠形油壶	容量/kg	0.25，0.5，0.75，1
压力油壶	容量/cm³	180
喇叭油壶	全高/mm	100，200

三、密封材料

常用密封材料见表 13-18。

常用密封材料　　　　　　　　　　　　　表 13-18

材料类别	材料名称	用　途	适用范围与特性
液体材料	多为高分子材料、如液态密封胶、厌氧胶、热熔型胶等		适用于静密封
纤维材料	植物纤维，如棉、麻、纸、软木等	软填料、垫片，防尘密封件，夹布胶木密封件	适于 −40～+90℃。耐油，弱酸
	动物纤维，如毛、皮革	垫片，软填料、成型填料、油封、防尘密封件	耐油，不可用于酸性或碱性介质
	矿物纤维，如石棉	垫片，软填料	适于＜450℃，耐酸、油、碱
	人造纤维，如有机合成纤维、玻璃纤维、碳纤维、陶瓷纤维等	软填料，夹布橡胶密封件	
弹塑性体	橡胶类[①]，包括天然橡胶、合成橡胶（丁腈橡胶、氯丁橡胶、硅橡胶、氟橡胶和聚氨酯橡胶等）	垫片、成型填料、油封、软填料、防尘密封圈、全密闭密封件	合成橡胶适于 −55～+200℃耐酸、耐碱、耐油；天然橡胶适于 −40～+100℃，耐酸、碱、油
	塑料，包括氟塑料、尼龙、聚乙烯、酚醛塑料、氯化聚醚、聚苯硫酸等	垫片、成型填料、油封、软填料、硬填料、活塞环，以及机械密封、防尘密封件、全封闭密封件	聚氯乙烯适于 −40～+60℃，聚四氟乙烯适于 −100～+300℃，耐酸、碱、油
无机材料	柔性石墨；天然石墨	垫片、软填料、密封件	适于 −200～+800℃，耐酸、碱
	碳石墨，包括焙烧碳、电化石墨	机械密封、硬填料，动力密封、间隙密封	适于 −200～+800℃，耐酸、碱
	工程陶瓷，如氧化铝瓷、滑石瓷、金属陶瓷、氧化硅、硼化铬等	同碳石墨	适于 −200～+800℃
金属材料	有色金属，如铜、铝、铅、锌、锡及其合金等	垫片、软硬填料、机械密封、迷宫密封、间隙密封	适于 100～450℃
	黑色金属，如碳钢、铸铁、不锈钢、堆焊合金、喷涂粉末等	垫片、硬填料、机械密封、活塞环、间隙密封、防尘密封件、全封闭密封件、成型填料	适于＜450℃
	硬质合金，如钨钴硬质合金，钨钴钛硬质合金等	机械密封	适于＜500℃
	贵金属，如金、银、铟、钽	高真空密封、高压密封、低温密封	

[①] 常用的橡胶密封材料分为三组：Ⅰ组—耐油通用胶料，Ⅱ组—耐油高温胶料，Ⅲ组—耐酸、碱胶料。Ⅱ组耐高温允许达 200℃，Ⅰ组允许达 100℃，Ⅲ组允许达 80℃。

四、密封装置

1. 机械密封用 O 形橡胶圈（JB/T 7757.2—2006）

机械密封用 O 形橡胶圈用于机械密封的旋转环及静止环上，其型式见图 13-14，其物理性能和尺寸分别见表 13-19 和表 13-20。

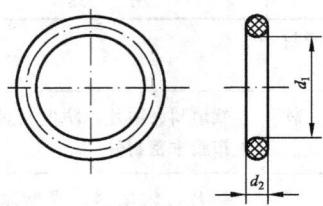

图 13-14　机械密封用 O 形橡胶圈

机械密封用 O 形橡胶圈胶料物理性能　　　　　　　　　　　　　表 13-19

名　　　称		单位	丁腈橡胶	氢化丁腈橡胶	乙丙橡胶	氟橡胶	硅橡胶	氯醚橡胶
硬度，邵尔 A 型		度	70±5	70±5	70±5	70±5	60±5	70±5
扯断强度　　　　≥		MPa	11	20	10	11	5	11
扯断伸长率　　　≥		%	220	220	250	180	200	220
压缩永久变形	空气，100℃×24h ≤	%	35	28	30	—	—	30
	空气，150℃×24h ≤	%	—	35	—	—	—	—
	空气，200℃×24h ≤	%	—	—	—	—	60	—
热空气老化	100℃×24h，　硬度变化 ≤	度	+10					
	扯断强度变化 ≤	%	−15					
	扯断伸长率变化 ≤	%	−35					
	150℃×24h，　硬度变化 ≤	度	—	+10				
	扯断强度变化 ≤	%	—	+15				
	扯断伸长率变化 ≤	%	—	+35	−20			
	200℃×24h，　硬度变化 ≤	度	—	—	—	0−+10		
	扯断强度变化 ≤	%				−20		
	扯断伸长率变化 ≤	%				−30	−20	
耐液体试验	ASTM1 号标准油，100℃×24h　硬度变化	度	−3～+7					
	ASTM1 号标准油，　体积变化	%	−8～+6					
	150℃×24h　体积变化	%	—	−8～+6	—	−3～+5	—	—
脆性温度　不高于		℃	−40	−35	−55	−25	−65	−35
胶料特性			耐油	耐油、耐热	耐放射性、耐碱	耐油、耐热、耐腐蚀	耐寒、耐热	耐油、耐臭氧
工作温度		℃	−30～100	−30～150	−50～120	−20～200	−60～200	−30～120

机械密封用 O 形橡胶圈规格 （mm）　　　　　　　　表 13-20

截面直径 d_2	内 径 系 列 d_1
1.60±0.08	6、6.9、8.0、9.0、10.0、10.6、11.8、13.2、15.0、16.0、17.0、18.0、19.0、20.0、21.2、22.4、23.6、25.0、25.8、26.5、28.0、30.0、31.5、32.5、34.5、37.5
1.80±0.08	6、6.9、8.0、9.0、10.0、10.6、11.8、13.2、15.0、16.0、17.0、18.0、19.0、20.0、21.2、22.4、23.6、25.0、25.8、26.5、28.0、30.0、31.5、32.5
2.10±0.08	6、8.0、10.0、11.8、13.2、15.0、18.0、20.0、22.4、25.0、28.0、30.0、32.5、34.5、37.5、38.7、40.0
2.65±0.09	10.6、11.8、13.2、15.0、16.0、17.0、18.0、19.0、20.0、21.2、22.4、23.6、25.0、25.8、26.5、28.0、30.0、31.5、32.5、34.5、37.5、38.7、40.0、42.5、43.7、45.0、47.5、48.7、50.0、53、54.5、56、58、60、61.5、63、65、67、70、75、80、85、90、95、100、105、110、115、120、125、130、135、140、145、150
3.10±0.10	17.0、18.0、19.0、20.0、21.2、22.4、23.6、25.0、25.8、26.5、28.0、30.0、31.5、32.5、34.5、37.5、38.7、40.0、42.5、43.7、45.0、47.5、48.7、50.0、53、54.5、56、60、65、70、75、80、85、90、95、100、105、110、115、120、125、130、135、140、145
3.55±0.10	18.0、19.0、20.0、21.2、22.4、23.6、25.0、25.8、26.5、28.0、30.0、31.5、32.5、34.5、37.5、38.7、40.0、42.5、43.7、45.0、47.5、48.7、50.0、53、54.5、56、60、65、70、71、75、77.5、80、82.5、85、90、92.5、95、97、100、103、105、110、115、120、125、130、135、140、145、150、155、160、165、170、175、180、185、190、195、200、205、210、215、220、225、230、235、240、245、250、258、265、272、280、290、300、307、315、325
4.10±0.10	47.5、48.7、50.0、53、54.5、56、60、65、70、75、80、85、90、95、100、105、110、115、120
4.30±0.10	30.0、31.5、32.5、34.5、37.5、38.7、40.0、42.5、43.7、45.0、47.5、48.7、50.0、53、54.5、56、60、65、70、71、75、77.5、80、82.5、85、90、92.5、95、97、100、103、105、110、115、120、125、130
4.50±0.10	45.0、47.5、48.7、50.0、53、54.5、56、60、65、70、71、75、77.5、80、82.5、85、90、92.5、95、97、100、103、105、110、115、120
4.70±0.10	45.0、47.5、48.7、50.0、53、54.5、56、60、65、70、71、75、77.5、80、82.5、85、90、92.5、95、97、100、103、105、110、115、120
5.00±0.10	28.0、30.0、32.5、34.5、37.5、40.0、45.0、50.0、54.5、60、65、70、75、80
5.30±0.10	30.0、31.5、32.5、34.5、37.5、38.7、40.0、42.5、43.7、45.0、47.5、48.7、50.0、53、54.5、56、60、65、70、71、75、77.5、80、82.5、85、90、92.5、95、97、100、103、105、110、115、120、125、130、135、140、145、150、155、160、165、170、175、180、185、190、195、200、205、210、215、220、225、230、235、240、245、250、258、265、272、280、290、300、307、315、325、335、345、355、375、387、400
5.70±0.10	90、92.5、95、97、100、103、105、110、115、120、125、130、135、140、145、150、155、160、165、170、175、180、185、190、195、200、205、210、215、220、225、230、235、240、245、250

续表

截面直径 d_2	内 径 系 列 d_1
6.40±0.15	45.0、47.5、48.7、50.0、53、54.5、56、60、65、70、71、75、77.5、80、82.5、85、90、92.5、95、97、100、103、105、110、115、120、125、130、135、140、145、150、155、160、165、170、175、180、185、190、195、200、205、210、215、220、225、230、235、240、245、250、258、265、272、280、290、300
7.00±0.15	110、115、120、125、130、135、140、145、150、155、160、165、170、175、180、185、190、195、200、205、210、215、220、225、230、235、240、245、250、258、265、272、280、290、300、307、315、325、335、345、355、375、387、400、412、425、437、450、462、475、487、500、515、530、545、560
8.40±0.15	150、155、160、165、170、175、180、185、190、195、200、205、210、215、220、225、230、235、240、245、250、258、265、272、280、290、300、307、315、325、335、345、355、375、387、400
10.0±0.30	412、425、437、450、462、475、487、500、515、530、545、560

2. 液压气动用 O 形橡胶密封圈（GB 3452.1—2005）

液压气动用 O 形橡胶密封圈适用于液压、气动系统的机械设备上的密封，它分为通用型（代号 G）和宇航用（代号 A）两类，其外形图与机械密封用 O 形密封橡胶圈相同，见图 13-14，其型式和尺寸见表 13-21，其适用范围和物理性能分别见表 13-22 和表 13-23。

液压气动用 O 形橡胶密封圈尺寸（mm）　　　表 13-21

截面直径 d_2	内 径 系 列 d_1
1.80±0.08	1.80、2.00、2.24、2.50、2.80、3.15、3.55、3.75、4.00、4.50、4.87、5.00、5.15、5.30、5.60、6.00、6.30、6.70、6.90、7.10、7.50、8.00、8.50、8.75、9.00、9.50、10.0、10.6、11.2、11.8、12.5、13.2、14.0、15.0、16.0、17.0、18.0、19.0、20.0、21.2、22.4、23.6、25.0、25.8、26.5、28.0、30.0、32.5、34.5、36.5、38.7、42.5、46.2、50.0
2.65±0.09	10.6、11.2、11.8、12.5、13.2、14.0、15.0、16.0、17.0、18.0、19.0、20.0、21.2、22.4、23.6、25.0、25.8、26.5、28.0、30.0、31.5、32.5、33.5、34.5、35.5、36.5、37.5、38.7、40.0、41.2、42.5、43.7、45.0、46.2、47.5、48.7、50.0、51.5、53.0、54.5、56.0、58.0、60.0、61.5、63.0、67.0、71.0、75.0、80.0、85.0、90.0、95.0、100、106、112、118、125、132、140、150
3.55±0.10	18.0、19.0、20.0、21.2、22.4、23.6、25.0、25.8、26.5、28.0、30.0、31.5、32.5、33.5、34.5、35.5、36.5、37.5、38.7、40.0、41.2、42.5、43.7、45.0、46.2、47.5、48.7、50.0、51.5、53.0、54.5、56.0、58.0、60.0、61.5、63.0、65.0、69.0、71.0、73.0、75.0、77.5、80.0、82.5、85.0、87.5、90.0、92.5、95.0、97.5、100、103、106、109、112、115、118、122、125、128、132、136、140、145、150、155、160、165、170、175、180、185、190、195、200
5.30±0.13	40.0、41.2、42.5、43.7、45.0、46.2、47.5、48.7、50.0、51.5、53.0、54.5、56.0、58.0、60.0、61.5、63.0、65.0、67.0、69.0、71.0、73.0、75.0、77.5、80.0、82.5、85.0、87.5、90.0、92.5、95.0、97.5、100、103、106、109、112、115、118、122、125、128、132、136、140、145、150、155、160、165、170、175、180、185、190、195、200、206、212、218、224、230、236、243、250、258、265、272、280、290、300、307、315、325、335、345、355、365、375、387、400

截面直径 d_2	内 径 系 列 d_1
7.00±0.15	109、112、115、118、122、125、128、132、136、140、145、150、155、160、165、170、175、180、185、190、195、200、206、212、218、224、230、236、243、250、258、265、272、280、290、300、307、315、325、335、345、365、375、387、400、412、425、437、450、462、475、487、500、515、530、545、560、580、600、615、630、650、670

注：内径公差：(1.80～6.00)±0.13；(6.30～10.0)±0.14；(10.6～18.0)±0.17；(19.0～30.0)±0.22；(31.5～40.0)±0.30；(41.2～50.0)±0.36；(51.5～63.0)±0.44；(65.0～80.0)±0.53；(82.5～118)±0.65；(122～180)±0.90；(185～250)±1.20；(258～315)±1.60；(325～400)±2.10；(412～500)±2.60；(515～630)±3.20；(650～670)±4.00。

液压气动用 O 形橡胶密封圈规格适用范围　　　　　　　　　　　　　**表 13-22**

O 形圈规格范围/mm		应 用 范 围					
		活塞密封			活塞杆密封		
d_2	d_1	液压动密封	气动动密封	静密封	液压动密封	气动动密封	静密封
1.80	3.75～4.50				△	△	△
	4.87		△		△	△	△
	5.00～13.2	△	△	△	△	△	△
	14.0～50.0			△			△
2.65	10.6～22.4	△	△	△	△	△	△
	23.6～150			△			△
3.55	18.0～41.2	△	△	△	△	△	△
	42.5～200			△			△
5.30	40.0～115	△	△	△	△	△	△
	118～400			△			△
7.00	109～250	△	△	△	△	△	△
	258～670			△			△

注：表中"△"表示有此规格。

液压气动用 O 形橡胶密封圈常用材料特性、适用介质、工作温度　　　　**表 13-23**

材料名称	特性及适用介质	使用温度/℃		注
		运动用	静止用	
丁腈橡胶	有良好的耐热性，优异的耐油性，可在120℃条件下连续使用，气密性及耐水性较好 适用于矿物油、汽油及苯	80	−30～120	
丁基橡胶	气密性好，耐腐蚀性强 适用于动植物油、弱酸、碱	80	−40～120	永久变形大，不适用矿物油
丁苯橡胶	耐磨性、抗撕裂性、回弹性优良 适用于碱、动植物油、水、空气	80	−30～100	不适用于矿物油
氯丁橡胶	耐油、耐溶剂、耐老化性均好，气密性也好 适用于空气、水、氨	80	−40～120	运动用应注意

续表

材料名称	特性及适用介质	使用温度/℃		注
		运动用	静止用	
硅橡胶	耐腐蚀性强，在浓盐酸、浓磷酸、浓醋酸中长期使用 适用于高、低温油、动植物油、矿物油、氧、弱酸、弱碱	−60～260	−60～260	不适用蒸汽，运动部位避免使用
聚四氟乙烯	具有优异的化学稳定性，与强酸、强碱或强氧化剂均不起作用，有很高的耐寒、耐高温性 适用于酸、碱、各种溶剂		−100～260	不适用运动部位

3. 耐正负压内包骨架旋转轴唇形密封圈 (HG/T 3880—2006)

耐正负压内包骨架旋转轴唇形密封圈是适用于安装在齿轮泵的旋转轴端，对液压油和润滑脂起密封作用的密封圈，其工作温度为−40℃～100℃，工作压力为−56kPa～0.2MPa，其型式和规格尺寸见图 13-15 和表 13-24，其密封圈用胶料的物理性能应符合表 13-25 的指标。

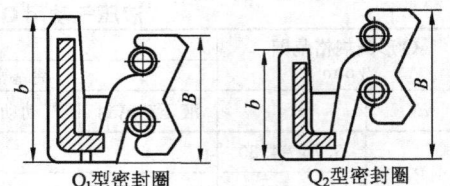

图 13-15　耐正负压内包骨架旋转轴唇形密封圈

内包骨架旋转轴唇形密封圈基本尺寸（mm）　　　　表 13-24

轴径 d_1	基本外径 D	基本宽度 b（Q_1型、Q_2型）	总宽度 B（Q_2型）	轴径 d_1	基本外径 D	基本宽度 b（Q_1型、Q_2型）	总宽度 B（Q_2型）
10	22			38	58		
12	25			40	62		
12	30			42	62		
15	30	8 ± 0.3	$10^{+0.3}_{-0.4}$	45	65		
16	30			50	70		
17	30			50	72	10 ± 0.3	$12^{+0.4}_{-0.5}$
18	30			50	80		
20	35			52	72		
20	40			55	75		
20	42			55	80		
22	47			60	80		
25	42	10 ± 0.3	$12^{+0.4}_{-0.5}$	60	85		
25	47			65	90		
28	47			70	90	12 ± 0.4	15 ± 0.5
30	50			75	95		
32	52			80	100		
35	55						

密封圈用胶料的物理性能　　　　表 13-25

性　能	指　标	试验方法
硬度/邵尔 A	78～85	GB/T 531
拉伸强度/MPa（最小）	12	GB/T 528
扯断伸长率/%（最小）	160	
压缩永久变形，100℃，22h/%（最大）	40	GB/T 7759

续表

性　　能	指　　标	试验方法
热空气老化，100℃，24h		GB/T 3512
硬度变化（最大）	＋10	GB/T 531
拉伸强度变化率/%（最大）	－20	GB/T 528
扯断伸长率变化率/%（最大）	－35	GB/T 528
耐液体，100℃，24h		
1♯标准油　体积变化率/%	－10～＋5	GB/T 1690
3♯标准油　体积变化率/%	0～＋20	
脆性温度/℃（不高于）	－30	GB 1682

4. 密封元件为弹性体材料的旋转轴唇形密封圈（GB/T 13871.1—2007）

唇形密封圈是在使用旋转轴的设备上用于密封液体或润滑脂的，本标准适用于轴径为
6～400mm 以及相配合的腔体为 16～440mm 的旋转轴唇形密封圈，不适用于较高的压力
（＞0.05MPa）下使用的旋转轴唇形密封圈。本标准规定了 6 种基本类型的密封圈：内包
骨架型、外露骨架型、装配型、带副唇内包骨架型、带副唇外露骨架型、带副唇装配型。
旋转轴唇形密封圈的基本尺寸见图 13-16 和表 13-26。

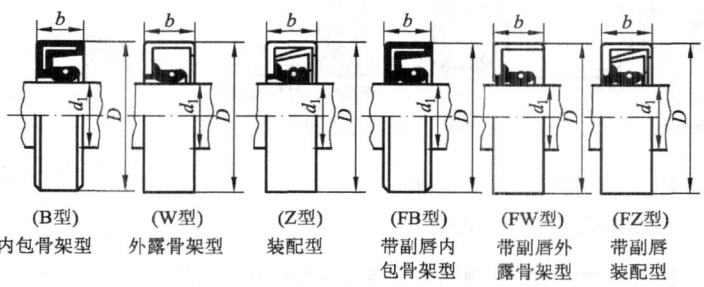

(B型)	(W型)	(Z型)	(FB型)	(FW型)	(FZ型)
内包骨架型	外露骨架型	装配型	带副唇内包骨架型	带副唇外露骨架型	带副唇装配型

图 13-16　旋转轴唇形密封圈

密封元件为弹性体材料的旋转轴唇形密封圈的基本尺寸（mm）　　　　　**表 13-26**

d_1	D	b	d_1	D	b	d_1	D	b	d_1	D	b
6	16	7	25	52	7	50	68	8	120	150	12
6	22	7	28	40	7	50①	70	8	130	160	12
7	22	7	28	47	7	50	72	8	140	170	15
8	22	7	28	52	7	55	72	8	150	180	15
8	24	7	30	42	7	55①	75	8	160	190	15
9	22	7	30	47	7	55	80	8	170	200	15
10	22	7	30①	50	7	60	80	8	180	210	15
10	25	7	30	52	7	60	85	8	190	220	15
12	24	7	32	45	8	65	85	10	200	230	15
12	25	7	32	47	8	65	90	10	220	250	15
12	30	7	32	52	8	70	90	10	240	270	15
15	26	7	35	50	8	70	95	10	250	290	15
15	30	7	35	52	8	75	95	10	260	300	20
15	35	7	35	55	8	75	100	10	280	320	20
16	30	7	38	55	8	80	100	10	300	340	20
16①	35	7	38	58	8	80	110	10	320	360	20
18	30	7	38	62	8	85	110	12	340	380	20
18	35	7	40	55	8	85	120	12	360	400	20
20	35	7	40①	60	8	90①	115	12	380	420	20
20	40	7	40	62	8	90	120	12	400	440	20
20①	45	7	42	55	8	95	120	12			
22	35	7	42	62	8	100	125	12			
22	40	7	45	62	8	105①	130	12			
22	47	7	45	65	8	110	140	12			
25	40	7									
25	47	7									

① 为国内用到而 ISO 6194-1：1982 中没有的规格。

5. 密封元件为热塑性材料的旋转轴唇形密封圈（GB/T 21283.1—2007）

本标准描述了密封元件为热塑性材料的旋转轴唇形密封圈，密封元件是以热塑性材料如聚四氟乙烯（PTFE）为基础，经适当配合制成的。本标准适用于密封元件为热塑性材料的旋转轴唇形密封圈。密封圈外缘结构有 4 种类型：金属骨架式、金属骨架半橡胶包覆式、金属骨架全橡胶包覆式、金属座式。密封圈的外缘结构型式见图 13-17，密封圈的结构及基本尺寸见图 13-18 和表 13-27。

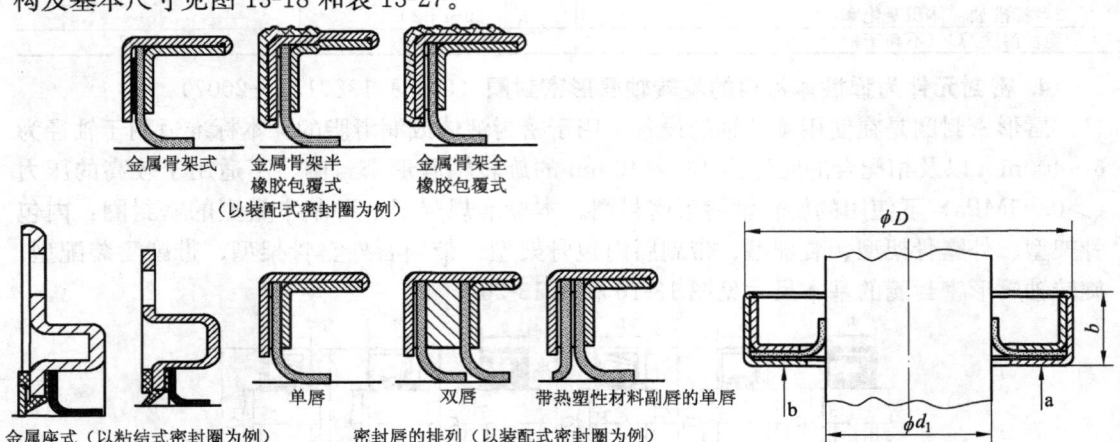

图 13-17　旋转轴唇形密封圈
外缘结构及密封唇的排列

图 13-18　旋转轴唇形密封圈
a——从空气侧看轴的旋转方向；
b——密封圈空气侧的标识（优先定位）

密封元件为热塑性材料的旋转轴唇形密封圈的基本尺寸（mm）　　　　表 13-27

d_1	D	$b^①$	d_1	D	$b^①$	d_1	D	$b^①$	d_1	D	$b^①$
6	16	7	25	40	7	45	62	8	120	150	12
6	22	7	25	47	7	45	65	8	130	160	12
7	22	7	25	52	8	50	65	8	140	170	15
8	22	7	28	40	8	50	72	8	150	180	15
8	24	7	28	47	8	55	72	8	160	190	15
9	22	7	28	52	8	55	80	8	170	200	15
10	22	7	30	42	8	60	80	8	180	210	15
10	25	7	30	47	8	60	85	8	190	220	15
12	24	7	30	52	8	65	85	10	200	230	15
12	25	7	32	45	8	65	90	10	220	250	15
12	30	7	32	47	8	70	90	10	240	270	20
15	26	7	32	52	8	70	95	10	260	300	20
15	30	7	35	50	8	75	95	10	280	320	20
15	35	7	35	52	8	75	100	10	300	340	20
16	30	7	35	55	8	80	100	10	320	360	20
18	30	7	38	55	8	80	110	10	340	380	20
18	35	7	38	58	8	110	110	12	360	400	20
20	35	7	38	62	8	85	120	12	380	420	20
20	40	7	40	55	8	90	120	12	400	440	20
22	35	7	40	62	8	95	120	12	450	500	25
22	40	7	42	55	8	100	125	12	480	530	25
22	47	7	42	62	8	110	140	12			

注：金属座式密封圈的尺寸可由供需双方协商确定。

① 为了便于结构更为复杂的密封圈的使用，宽度 b 可增加。

6. 往复运动橡胶密封圈（GB/T 10708.1—2000～GB/T 10708.3—2000）

（1）单向密封橡胶密封圈（GB/T 10708.1—2000）

　　单向密封橡胶密封圈适用于安装在液压缸活塞和活塞杆上起单向密封作用，其密封结构型式和规格尺寸见图 13-19～图 13-21 和表 13-28～表 13-30。

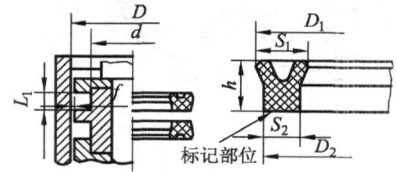

图 13-19　活塞 L_1 密封沟槽的密封结构型式及 Y 形圈

活塞 L_1 密封沟槽用 Y 形圈的尺寸（mm）　　　　　　表 13-28

D	d	L_1	外 径		宽 度		高 度
			D_1	D_2	S_1	S_2	h
12	4		13	11.5			
16	8		17	15.5			
20	12	5	21.1	19.4	5	3.5	4.4
25	17		26.1	24.4			
32	24		33.1	31.4			
40	32		41.1	39.4			
20	10		21.2	19.4			
25	15		26.2	24.4			
32	22		33.2	31.4			
40	30	6.3	41.2	39.4	6.2	4.4	5.6
50	40		51.2	49.4			
56	46		57.5	55.4			
63	53		64.2	62.4			
50	35		51.5	49.2			
56	41		57.5	55.2			
63	48		64.5	62.2			
70	65	9.5	71.5	69.2	9	6.7	8.5
80	65		81.5	79.2			
90	75		91.5	89.2			
100	85		101.5	99.2			
110	95		111.5	109.2			
70	50		71.8	69			
80	60		81.8	79			
90	70		91.8	89			
100	80		101.8	99			
110	90	12.5	111.8	109	11.8	9	11.3
125	105		126.8	124			
140	120		141.8	139			
160	140		161.8	159			
180	160		181.8	179			
125	100		127.2	123.8			
140	115		142.2	138.8			
160	135		162.2	158.8			
180	155	16	182.2	178.8	14.7	11.3	14.8
200	175		202.2	198.8			
220	195		222.2	218.8			
250	225		252.2	248.8			
200	170		202.8	198.5			
220	190		222.8	218.5			
250	220		252.8	248.8			
280	250	20	282.8	278.5	17.8	13.5	18.5
320	290		322.8	318.5			
360	330		362.8	358.5			
400	360		403.5	398			
450	410	25	453.5	448	23.3	18	23
500	460		503.5	498			

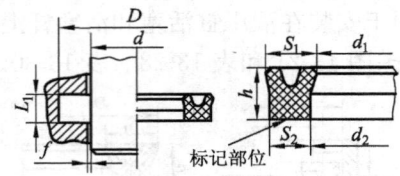

图 13-20 活塞杆 L_1 密封沟槽的密封结构型式及 Y 形圈

活塞杆 L_1 密封沟槽用 Y 形圈的尺寸（mm）　　　　　　**表 13-29**

d	D	L_1	内 径		宽 度		高 度
			d_1	d_2	S_1	S_2	h
6	14		5	6.5			
8	16		7	8.5			
10	18		9	10.5			
12	20		11	12.5			
14	22	5	13	14.5	5	3.5	4.6
16	24		15	16.5			
18	26		17	18.5			
20	28		19	20.5			
22	30		21	22.5			
25	33		24	25.5			
28	38		26.8	28.6			
32	42		30.8	32.6			
36	46	6.3	34.8	36.8	6.2	4.4	5.6
40	50		38.8	40.6			
45	55		43.8	45.6			
50	60		48.8	50.6			
56	71		54.5	56.8			
63	78		61.5	63.8			
70	85	9.5	68.5	70.8	9	6.7	8.5
80	95		78.5	80.8			
90	105		88.5	90.8			
100	120		98.2	101			
110	130	12.5	108.2	111	11.8	9	11.3
125	145		123.2	126			
140	160		138.2	141			
160	185		157.8	161.2			
180	205	16	177.8	181.2	14.7	11.3	14.8
200	225		197.8	201.2			
220	250		217.2	221.5			
250	280	20	247.2	251.5	17.8	13.5	18.5
280	310		277.2	281.5			
320	360	25	316.7	322	23.3	18	23
360	400		356.7	362			

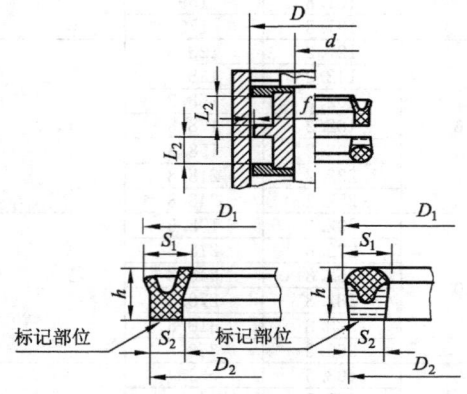

图 13-21 活塞 L_2 密封沟槽的密封结构型式及 Y 形圈、蕾形圈

活塞 L_2 密封沟槽用 Y 形圈、蕾形圈的尺寸（mm）　　　表 13-30

D	d	L_2	Y 形圈					蕾形圈				
			外径		宽度		高度	外径		宽度		高度
			D_1	D_2	S_1	S_2	h	D_1	D_2	S_1	S_2	h
12	4		13	11.5				12.7	11.5			
16	8		17	15.5				16.7	15.5			
20	12	6.3	21	19.5	5	3.5	5.8	20.7	19.5	4.7	3.5	5.6
25	17		26	24.5				25.7	24.5			
32	24		33	31.5				32.7	31.5			
40	32		41	39.5				40.7	39.5			
20	10		21.2	19.4				20.8	19.4			
25	15		26.2	24.4				25.8	24.4			
32	22		33.2	31.4				32.8	31.4			
46	30	8	41.2	39.4	6.2	4.4	7.3	40.8	39.4	5.8	4.4	7
50	40		51.2	49.4				50.8	49.4			
56	46		57.2	55.4				56.8	55.4			
63	53		64.2	62.4				63.8	62.4			
50	35		51.5	49.2				51	49.1			
56	41		57.5	55.2				57	55.1			
63	48		64.5	62.2				64	62.1			
70	55		71.5	69.2				71	69.1			
80	65	12.5	81.5	79.2	9	6.7	11.5	81	79.1	8.5	6.6	11.3
90	75		91.5	89.2				91	89.1			
100	85		101.5	99.2				101	99.1			
110	95		111.5	109.2				111	109.1			
70	50		71.8	69				71.2	68.6			
80	60		81.8	79				81.2	78.6			
90	70		91.8	89				91.2	88.6			
100	80		101.8	99				101.2	98.6			
110	90	16	111.8	109	11.8	9	15	111.2	108.6	11.2	8.6	14.5
125	105		126.8	124				126.2	123.6			
140	120		141.8	139				141.2	138.6			
160	140		161.8	159				161.2	158.6			
180	160		181.8	179				181.2	178.6			
125	100		127.2	123.8				126.3	123.2			
140	115		142.2	138.8				141.3	138.2			
160	135		162.2	158.8				161.3	158.2			
180	155	20	182.2	178.8	14.7	11.3	18.5	181.3	178.2	13.8	10.7	18
200	175		202.2	198.8				201.3	198.2			
220	195		222.2	218.8				221.3	218.2			
250	225		252.2	248.8				251.3	248.2			
200	170		202.8	198.5				201.4	198			
220	190		222.8	218.5				221.4	218			
250	220		252.8	248.5				251.4	248			
280	250	25	282.8	278.5	17.8	13.5	23	281.4	278	16.4	12.7	22.5
320	290		322.8	318.5				321.4	318			
360	330		362.8	358.5				361.4	358			
400	360		403.3	398				401.8	397			
450	410	32	453.3	448	23.3	18	29	451.8	447	21.8	17	28.5
500	460		503.3	498				501.8	497			

（2）双向密封橡胶密封圈（GB/T 10708.2—2000）

本标准适用于安装在液压缸活塞上起双向作用的橡胶密封圈，其密封结构型式有两种：第一种由一个鼓形圈和两个 L 形支承环组成；第二种由一个山形圈和一个 J 形、两个矩形支承环组成，见图 13-22。鼓形圈、山形圈及塑料支承环的形状和尺寸见图 13-23 和表 13-31，其中鼓形橡胶密封圈在往复运动速度为 0.5m/s 时，工作压力范围为 0.10～40MPa；在往复运动速度为 0.15m/s 时，工作压力范围为 0.10～70MPa。山形橡胶密封圈在往复运动速度为 0.5m/s 时，工作压力范围为 0～20MPa；在往复运动速度为 0.15m/s时，工作压力范围为 0～35MPa。

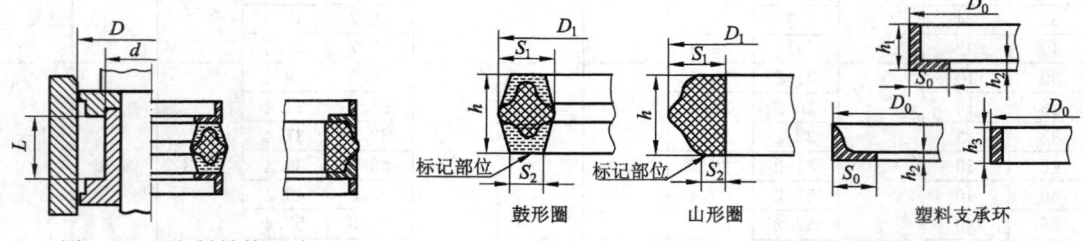

图 13-22　密封结构型式　　　　　图 13-23　鼓形圈、山形圈及塑料支承环

鼓形圈、山形圈及塑料支承环的基本尺寸（mm）　　　　　表 13-31

D	d	L	鼓形圈和山形圈						塑料支承环				
			D_1	h	鼓形圈		山形圈		D_0	S_0	h_1	h_2	h_3
					S_1	S_2	S_1	S_2					
25	17		25.6						25				
32	24	10	32.6	6.5	4.6	3.4	4.7	2.5	32	4			
40	32		40.6						40				
25	15		25.7						25				
32	22		32.7						32		5.5		4
40	30	12.5	40.7	8.5	5.7	4.2	5.8	3.2	40	5			
30	40		50.7						50				
66	46		56.7						56			1.5	
63	53		63.7						63				
50	35		50.9						50				
56	41		56.9						56				
63	48		63.9						63				
70	55		70.9						70				
80	65	20	80.9	14.5	8.4	6.5	8.5	4.5	80	7.5	6.5		5
90	75		90.9						90				
100	85		100.9						100				
110	95		110.9						110				
80	60		81						80				
90	70		91						90				
100	80		101						100				
110	90		111						110				
125	105	25	126	18	11	8.7	11.2	5.5	125	10	8.3		6.3
140	120		141						140			2	
160	140		161						160				
180	160		181						180				
125	100		126.3						125				
140	115	32	141.3	24	13.7	10.8	13.9	7	140	12.5	13		10
160	135		161.3						160				
180	155		181.3						180				

续表

D	d	L	鼓形圈和山形圈						塑料支承环				
			D_1	h	鼓表圈		山形圈		D_0	S_1	h_1	h_2	h_3
					S_1	S_2	S_1	S_2					
200	170	36	201.5	28	16.5	12.9	16.7	8.6	200	15	15.5	3	12.5
220	190		221.5						220				
250	220		251.5						250				
280	250		281.5						280				
320	290		321.5						320				
360	330		361.5						360				
400	360	50	401.8	40	21.8	17.5	22	12	400	20	20	4	16
450	410		451.8						450				
500	460		501.8						500				

（3）橡胶防尘密封圈（GB/T 10708.3—2000）

本标准适用于安装在往复运动液压缸活塞杆导向套上起防尘和密封作用的橡胶防尘密封圈（简称防尘圈）。橡胶防尘密封圈按其结构和用途分为三种基本类型：A 型防尘圈，是一种单唇无骨架橡胶密封圈，适于在 A 型密封结构型式内安装起防尘作用，如图 13-24 所示；B 型防尘圈，是一种单唇带骨架橡胶密封圈，适于在 B 型密封结构型式内安装起防尘作用，如图 13-25 所示；C 型防尘圈，是一种双唇橡胶密封圈，适于在 C 型密封结构型式内安装起防尘和辅助密封作用，如图 13-26 所示。橡胶防尘密封圈的基本尺寸见表 13-32～表 13-34。

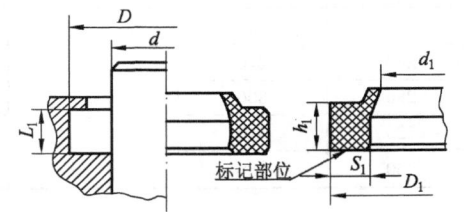

图 13-24　A 型密封结构型式及 A 型防尘圈

A 型防尘圈的尺寸（mm）　　　　　　　　　　　　表 13-32

d	D	L_1	d_1	D_1	S_1	h_1
6	14	5	4.6	14	3.5	5
8	16		6.6	16		
10	18		8.6	18		
12	20		10.6	20		
14	22		12.5	22		
16	24		14.5	24		
18	26		16.5	26		
20	28		18.5	28		
22	30		20.5	30		
25	33		23.5	33		
28	36		26.5	36		
32	40		30.5	40		
36	44		34.5	44		
40	48		38.5	48		
45	53		43.5	53		
50	58		48.5	58		

续表

d	D	L_1	d_1	D_1	S_1	h_1
56	66		54	66		
60	70		58	70		
63	73	6.3	61	73	4.3	6.3
70	80		68	80		
80	90		78	90		
90	100		88	100		
100	115		97.5	115		
110	125		107.5	125		
125	140		122.5	140		
140	155	9.5	137.5	155	6.5	9.5
160	175		157.5	175		
180	195		167.5	195		
200	215		197.5	215		
220	240		217	240		
250	270		247	270		
280	300	12.5	277	300	8.7	12.5
320	340		317	340		
360	380		357	380		

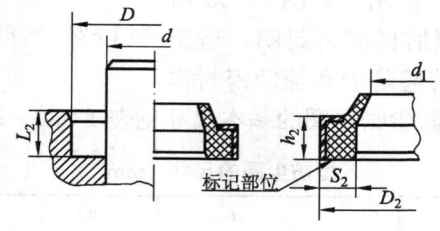

图 13-25 B 型密封结构型式及 B 型防尘圈

B 型防尘圈的尺寸（mm）　　　　　表 13-33

d	D	L_2	d_1	D_2	S_2	h_2
6	14		4.6	14		
8	16	5	6.6	16	3.5	5
10	18		8.6	18		
12	22		10.5	22		
14	24		12.5	24		
16	26		14.5	26		
18	28		16.5	28		
20	30	7	18.5	30	4.3	7
22	32		20.5	32		
25	35		23.5	35		
28	38		26.5	38		

d	D	L_2	d_1	D_2	S_2	h_2
32	42		30	42		
36	46		34	46		
40	50		38	50		
45	55		43	55		
50	60		48	60		
56	66	7	54	66	4.3	7
60	70		58	70		
63	73		61	73		
70	80		68	80		
80	90		78	90		
90	100		88	100		
100	115		97.5	115		
110	125		107.5	125		
125	140		122.5	140		
140	155		137.5	155		
160	175	9	157.5	175	6.5	9
180	195		177.5	195		
200	215		197.5	215		
220	240		217	240		
250	270		247	270		
280	300	12	277	300	8.7	12
320	340		317	340		
360	380		357	380		

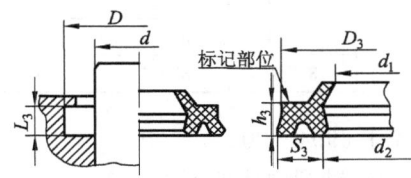

图 13-26　C 型密封结构型式及 C 型防尘圈

C型防尘圈的尺寸（mm）   表 13-34

d	D	L_3	d_1	d_2	D_3	S_3	h_3
6	12		4.8	5.2	12		
8	14		6.8	7.2	14		
10	16		8.8	9.2	16		
12	18		10.8	11.2	18		
14	20	4	12.8	13.2	20	4.2	4
16	22		14.8	15.2	22		
18	24		16.8	17.2	24		
20	26		18.8	19.2	26		
22	28		20.8	21.2	28		
25	33		23.5	24	33		
28	36		26.5	27	36		
32	40		30.5	31	40		
36	44	5	34.5	35	44	5.5	5
40	48		38.5	39	48		
45	53		43.5	44	53		
50	58		48.5	49	58		
56	66		54.2	54.8	66		
60	70		58.2	58.8	70		
63	73		61.2	61.8	73		
70	80	6	68.2	68.8	80	6.8	6
80	90		78.2	78.8	90		
90	100		88.2	88.8	100		
100	115		97.8	98.4	115		
110	125		107.8	108.4	125		
125	140		122.8	123.4	140		
140	155	8.5	137.8	138.4	155	9.8	8.5
160	175		157.8	158.4	175		
180	195		177.8	178.4	195		
200	215		197.8	198.4	215		
220	240		217.4	218.2	240		
250	270		247.4	248.2	270		
280	300	11	277.4	278.2	300	13.2	11
320	340		317.4	318.2	340		
360	380		357.4	358.2	380		

7. VD 形橡胶密封圈（JB/T 6994—2007）

VD 形橡胶密封圈适用于回转轴圆周速度不大于 19m/s 的机械设备，起端面密封和防尘作用。VD 形橡胶密封圈型式分为 S 型和 A 型，其型式和尺寸见图 13-27 和表 13-35。密封圈材料的物理性能见表 13-36。

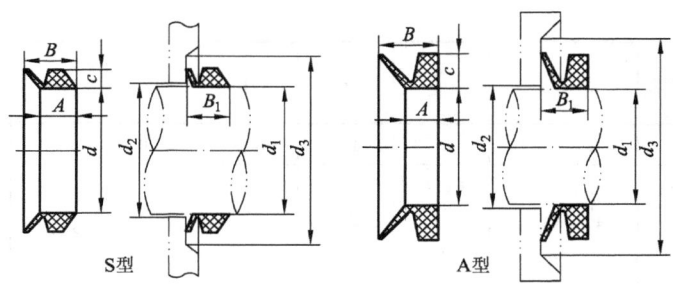

S型　　　　　　　　　　A型

图 13-27　VD 形橡胶密封圈

VD 形橡胶密封圈的尺寸（mm）　　　　　　　　　　　**表 13-35**

密封圈代号	公称轴径	轴径 d_1	d	c	A	B	d_{2max}	d_{3min}	安装宽度 B_1
V_D5S	5	4.5~5.5	4						
V_D6S	6	5.5~6.5	5	2	3.9	5.2	d_1+1	d_1+6	4.5
V_D7S	7	6.5~8.0	6						
V_D8S	8	8.0~9.5	7						
V_D10S	10	9.5~11.5	9						
V_D12S	12	11.5~13.5	10.5						
V_D14S	14	13.5~15.5	12.5	3	5.6	7.7		d_1+9	6.7
V_D16S	16	15.5~17.5	14				d_1+2		
V_D18S	18	17.5~19.0	16						
V_D20S	20	19~21	18						
V_D22S	22	21~24	20						
V_D25S	25	24~27	22						
V_D28S	28	27~29	25	4	7.9	10.5		d_1+12	9.0
V_D30S	30	29~31	27						
V_D32S	32	31~33	29						
V_D36S	36	33~36	31				d_1+3		
V_D38S	38	36~38	34						
V_D40S	40	38~43	36						
V_D45S	45	43~48	40						
V_D50S	50	48~53	45	5	9.5	13.0		d_1+15	11.0
V_D56S	56	53~58	49						
V_D60S	60	58~63	54						
V_D63S	63	63~68	58						
V_D71S	71	68~73	63						
V_D75S	75	73~78	67						
V_D80S	80	78~83	72						
V_D85S	85	83~88	76	6	11.3	15.5		d_1+18	13.5
V_D90S	90	88~93	81						
V_D95S	95	93~98	85				d_1+4		
V_D100S	100	98~105	90						
V_D110S	110	105~115	99						
V_D120S	120	115~125	108						
V_D130S	130	125~135	117	7	13.1	18.0		d_1+21	15.5
V_D140S	140	135~145	126						
V_D150S	150	145~155	135						
V_D160S	160	155~165	144						
V_D170S	170	165~175	153						
V_D180S	180	175~185	162	8	15.0	20.5	d_1+5	d_1+24	18.0
V_D190S	190	185~195	171						
V_D200S	200	195~210	180						

密封圈代号	公称轴径	轴径 d_1	d	c	A	B	d_{2max}	d_{3min}	安装宽度 B_1
V_D3A	3	2.7~3.5	2.5	1.5	2.1	3.0		d_1+4	2.5
V_D4A	4	3.5~4.5	3.2						
V_D5A	5	4.5~5.5	4						
V_D6A	6	5.5~6.5	5	2	2.4	3.7	d_1+1	d_1+6	3.0
V_D7A	7	6.5~8.0	6						
V_D8A	8	8.0~9.5	7						
V_D10A	10	9.5~11.5	9						
V_D12A	12	11.5~12.5	10.5						
V_D13A	13	12.5~13.5	11.7						
V_D14A	14	13.5~15.5	12.5	3	3.4	5.5		d_1+9	4.5
V_D16A	16	15.5~17.5	14				d_1+2		
V_D18A	18	17.5~19	16						
V_D20A	20	19~21	18						
V_D22A	22	21~24	20						
V_D25A	25	24~27	22						
V_D28A	28	27~29	25						
V_D30A	30	29~31	27	4	4.7	7.5		d_1+12	6.0
V_D32A	32	31~33	29						
V_D36A	36	33~36	31						
V_D38A	38	36~38	34						
V_D40A	40	38~43	36				d_1+3		
V_D45A	45	43~48	40						
V_D50A	50	48~53	45						
V_D56A	56	53~58	49	5	5.5	9.9		d_1+15	7.0
V_D60A	60	58~63	54						
V_D67A	67	63~68	58						
V_D71A	71	68~73	63						
V_D75A	75	73~78	67						
V_D80A	80	78~83	72						
V_D85A	85	83~88	76	6	6.8	11.0		d_1+18	9.0
V_D90A	90	88~93	81						
V_D95A	95	93~98	85						
V_D100A	100	98~105	90				d_1+4		
V_D110A	110	105~115	99						
V_D120A	120	115~125	108						
V_D130A	130	125~135	117	7	7.9	12.8		d_1+21	10.5
V_D140A	140	135~145	126						
V_D150A	150	145~155	135						

密封圈代号	公称轴径	轴径 d_1	d	c	A	B	d_{2max}	d_{3min}	安装宽度 B_1
V_D160A	160	155~165	144						
V_D170A	170	165~175	153	8	9.0	14.5	d_1+5	d_1+24	12.0
V_D180A	180	175~185	162						
V_D190A	190	185~195	171						
V_D200A	200	195~210	180						
V_D224A	224	210~235	198						
V_D250A	250	235~265	225						
V_D280A	280	265~290	247						
V_D300A	300	290~310	270						
V_D320A	320	310~335	292						
V_D355A	355	335~365	315						
V_D375A	375	365~390	337						
V_D400A	400	390~430	360						
V_D450A	450	430~480	405						
V_D500A	500	480~530	450						
V_D560A	560	530~580	495						
V_D600A	600	580~630	540						
V_D630A	630	630~665	600						
V_D670A	670	665~705	630						
V_D710A	710	705~745	670						
V_D750A	750	745~785	705						
V_D800A	800	785~830	745						
V_D850A	850	830~875	785						
V_D900A	900	875~920	825						
V_D950A	950	920~965	865	15	14.3	25	d_1+10	d_1+45	20.0
V_D1000A	1000	965~1015	910						
V_D1060A	1060	1015~1065	955						
V_D1100A	(1100)	1065~1115	1000						
V_D1120A	1120	1115~1165	1045						
V_D1200A	(1200)	1165~1215	1090						
V_D1250A	1250	1215~1270	1135						
V_D1320A	1320	1270~1320	1180						
V_D1350A	(1350)	1320~1370	1225						
V_D1400A	1400	1370~1420	1270						
V_D1450A	(1450)	1420~1470	1315						
V_D1500A	1500	1470~1520	1360						
V_D1550A	(1550)	1520~1570	1405						
V_D1600A	1600	1570~1620	1450						
V_D1650A	(1650)	1620~1670	1495						
V_D1700A	1700	1670~1720	1540						
V_D1750A	(1750)	1720~1770	1585						
V_D1800A	1800	1770~1820	1630						
V_D1850A	(1850)	1820~1870	1675						
V_D1900A	1900	1870~1920	1720						
V_D1950A	(1950)	1920~1970	1765						
V_D2000A	2000	1970~2020	1810						

注：带括弧的尺寸为非标准尺寸，尽量不采用。

密封圈的物理性能 表 13-36

项　目		单　位	丁腈橡胶 XA7453	氟橡胶 XD7433
邵氏硬度（A）		HSD	70±5	70±5
扯断强度	最小	MPa	11	10
扯断伸长率	最小	%	250	150
压缩永久变形　B型试样	最大	%	(100℃×70h)，50	(200℃×70h)，50
热空气老化：				
硬度变化［IRHD 或邵氏硬度（A）］	最大	度	(100℃×70h)，0～+15	(200℃×70h)，0～+10
扯断强度变化	最大	%	(100℃×70h)，−20	(200℃×70h)，−20
扯断伸长率变化	最大	%	(100℃×70h)，−30	(200℃×70h)，−30
耐液体（丁腈橡胶 100℃×70h，氟橡胶 150℃×70h）：				
1 号标准油，体积变化		%	−10～+5	−3～+5
3 号标准油，体积变化		%	0～+25	0～+15
脆性温度	不高于	℃	−40	−25
工作温度		℃	−40～+100	−25～+200
圆周速度		ms	<19	
胶料特性			耐油	耐油、耐高温
工作介质			油、水、空气	

8. U 形内骨架橡胶密封圈（JB/T 6997—2007）

本标准适用于公称通径 25～300mm、工作压力不大于 4MPa 的管路系统法兰连接结构中的密封圈。U 形内骨架橡胶密封圈的型式和尺寸见图 13-28 和表 13-37。密封圈材料的物理性能见表 13-38。

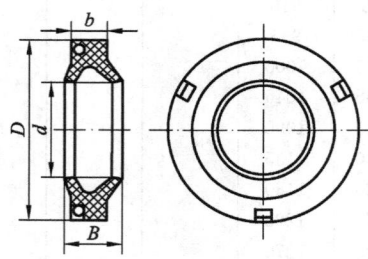

图 13-28　U 形内骨架橡胶密封圈

U 形内骨架橡胶密封圈的尺寸 （mm） 表 13-37

型式代号	公称通径	d	D	b	B	重　量 kg/100 件
UN25	25	25	50			2.7
UN32	32	32	57			3.0
UN40	40	40	65	9.5	14.5	3.5
UN50	50	50	75			4.1
UN65	65	65	90			4.9

续表

型式代号	公称通径	d	D	b	B	重 量 kg/100 件
UN80	80	80	105			7.6
UN100	100	100	125			9.2
UN125	125	125	150			11.1
UN150	150	150	175			13.1
UN175	175	175	200	9.5	14.5	15.0
UN200	200	200	225			17.0
UN225	225	225	250			18.9
UN250	250	250	275			20.9
UN300	300	300	325			24.8

密封圈的物理性能 表 13-38

项 目		单 位	丁腈橡胶 XA7453	氟橡胶 XD7433
硬度 IRHD 或邵氏硬度（A）		度	70±5	70±5
扯断强度	最小	MPa	11	10
扯断伸长率	最小	%	250	150
压缩永久变形 热空气（100℃×70h） 压缩率 20%	最大	%	50	—
热空气（200℃×70h） 压缩率 20%	最大	%	—	50
热空气老化（100℃×70h） 硬度变化	最大	度	0～+15	—
扯断强度变化	最大	%	—20	—
扯断伸长率变化	最大	%	—50	—
热空气老化（200℃×70h） 硬度变化	最大	度	—	0～+10
扯断温度变化	最大	%	—	—20
扯断伸长率变化	最大	%	—	—30
耐液体（100℃×70h） 1 号标准油，体积变化		%	—10～+5	—
3 号标准油，体积变化		%	0～+25	—
耐液体（150℃×70h） 1 号标准油，体积变化		%	—	—3～+5
3 号标准油，体积变化		%	—	0～+15
脆性温度	不高于	℃	—40	—25
胶料特性			耐 油	耐油、耐高温
工作温度		℃	—40～+100	—25～+200
工作压力		MPa	≤4	
工作介质			矿物油、水-乙二醇 空气、水	空气、水、矿物油

9. 石棉密封填料 (JC/T 1019—2006)

石棉密封填料主要分为橡胶石棉密封填料（代号 XS）、油浸石棉密封填料（代号 YS）和聚四氟乙烯石棉密封填料（代号 FS）三大类，其中，橡胶石棉密封填料是以橡胶为粘合剂，用石棉布、石棉线（或石棉金属布、线）卷制或编织成的密封材料；油浸石棉密封填料是以石棉线（或金属石棉线）浸渍润滑油和石墨编制或扭制而成的密封材料；聚四氟乙烯石棉密封填料是以石棉线浸渍聚四氟乙烯乳液编制而成的密封材料。石棉密封填料的规格和性能见表 13-39。

石棉密封填料的规格及性能　　　　　　　　　　　　表 13-39

名　　称		牌　　号	规格（直径或方形边长）mm	密度 g/cm³	适用范围		用　途
					压力 MPa	温度 ℃	
石棉密封填料（JC/T 1019—2006）	橡胶石棉密封填料	XS550A、XS550B	3.0、4.0、5.0、6.0、8.0、10.0、13.0、16.0、19.0、22.0、25.0、28.0、32.0、35.0、38.0、42.0、45.0、50.0	≥0.9	≤8.0	≤550	适用于蒸汽机、往复泵的活塞和阀门杆上的密封材料
		XS450A、XS450B			≤6.0	≤450	
		XS350A、XS350B			≤4.5	≤350	
		XS250A、XS250B			≤4.5	≤250	
	油浸石棉密封填料	YS350F、YS350Y、YS350N		≥1.1（夹金属丝）	≤4.5	≤350	适用于介质为蒸汽、空气、工业用水、重质石油产品的回转轴、往复活塞或阀门杆上的密封材料
		YS250F、YS250Y、YS250N			≤4.5	≤250	
	聚四氟乙烯石棉密封填料	FS-3～FS-50		≥1.1	≤12	−100～250	适用于管道、阀门或活塞杆上的密封材料

注：1. 橡胶石棉密封填料和油浸石棉密封填料牌号中的数字表示产品最高适应温度；聚四氟乙烯石棉密封填料牌号中的数字表产品规格。
2. 橡胶石棉密封填料牌号中末位字母含义：A——编织；B——卷制。
3. 油浸石棉密封填料牌号中末位字母含义：F——方型；Y——圆型；N——圆型扭制。
4. 夹金属丝的在牌号后边以金属丝的化学符号加括号注明。

10. 油浸棉、麻盘根 (JC/T 332—2006)

油浸棉、麻盘根是以棉线、麻线浸渍润滑油脂编织而成，截面为正方形，其规格及性能见表 13-40。

油浸棉、麻盘根的规格及性能　　　　　　　　　　　　表 13-40

规　格（正方形边长）/mm	密度 /g/cm³	适用范围		适用介质	用　途
		压力 /MPa	温度 /℃		
3、4、5、6、8、10、13、16、19、22、25、28、32、35、38、42、45、50	≥0.9	≤12	120	水、空气、润滑油、碳氢化合物、石油类燃料等。油浸麻盘根还适用于碱溶液	用于管道、阀门、旋塞、转轴、活塞杆等作密封材料

第十四章　建　筑　五　金

一、钉　类

1. 普通钉（GB 27704—2011）

普通钉广泛用于建筑业及日常生活中。

普通钉外形见图 14-1，尺寸规格见表 14-1。

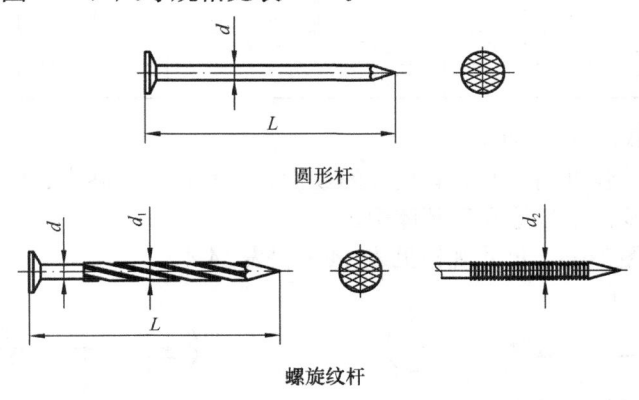

圆形杆

螺旋纹杆

图 14-1　普通钉

普通钉尺寸（mm）　　　　　　　　　　表 14-1

规格	钉长度 L	光杆钉杆直径 d	螺旋（斜槽）直径 d_1	环纹直径 d_2	规格	钉长度 L	光杆钉杆直径 d	螺旋（斜槽）直径 d_1	环纹直径 d_2
1.20×16	16	1.20	—	—	3.10×65	65	3.10	3.35	3.30
1.20×20	20	1.20	—	—	3.10×70	70	3.10	3.35	3.30
1.40×20	20	1.40	—	—	3.10×75	75	3.10	3.35	3.30
1.40×25	25	1.40	—	—	3.40×75	75	3.40	3.65	3.60
1.60×25	25	1.60	1.85	1.80	3.40×80	80	3.40	3.65	3.60
1.60×30	30	1.60	1.85	1.80	3.70×90	90	3.70	3.95	3.90
1.80×30	30	1.80	2.05	2.00	4.00×90	90	4.00	4.25	4.20
1.80×35	35	1.80	2.05	2.00	4.10×100	100	4.10	4.35	4.30
2.00×40	40	2.00	2.25	2.20	4.10×120	120	4.10	4.35	4.30
2.20×40	40	2.20	2.45	2.40	4.50×110	110	4.50	—	—
2.50×45	45	2.50	2.75	2.70	4.50×130	130	4.50	—	—
2.50×50	50	2.50	2.75	2.70	5.00×130	130	5.00	—	—
2.80×50	50	2.80	3.05	3.00	5.00×150	150	5.00	—	—
2.80×60	60	2.80	3.05	3.00					

2. 地板钉（GB 27704—2011）

地板钉主要用于实木地板与木龙骨之间的连接。

地板钉外形见图 14-2，尺寸规格见表 14-2。

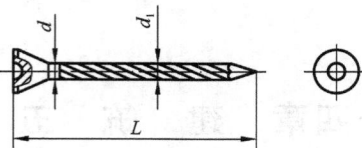

图 14-2 地板钉

地板钉尺寸（mm）   表 14-2

规格	钉长度 L	钉杆直径 d	螺旋直径 d_1	规格	钉长度 L	钉杆直径 d	螺旋直径 d_1
2.00×30	30	2.00	2.20	3.10×70	70	3.10	3.40
2.20×40	40	2.20	2.40	3.25×60	60	3.25	3.50
2.50×30	30	2.50	2.75	3.40×80	80	3.40	3.70
2.50×50	50	2.50	2.75	4.50×60	60	4.50	4.75
2.80×60	60	2.80	3.10				

3. 水泥钉（GB 27704—2011）

水泥钉硬度好、强度高，并具有良好的韧性，可直接钉入硬木、砖头、低强度等级的混凝土、矿渣砌块及薄钢板等硬质基体中。

水泥钉外形见图 14-3，尺寸规格见表 14-3 和表 14-4。

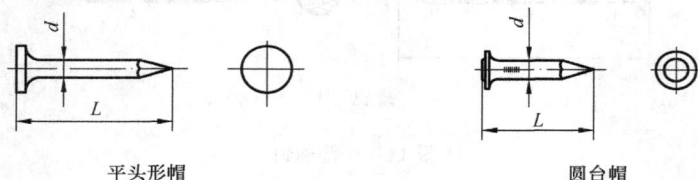

平头形帽   圆台帽

图 14-3 水泥钉

平头形帽水泥钉尺寸（mm）   表 14-3

规格	钉长度 L	钉杆直径 d	规格	钉长度 L	钉杆直径 d	规格	钉长度 L	钉杆直径 d
1.70×16	16	1.70	2.80×32	32	2.80	3.80×65	65	3.80
1.80×14	14	1.80	2.80×35	35	2.80	4.10×60	60	4.10
1.80×16	16	1.80	2.80×40	40	2.80	4.10×70	70	4.10
1.80×18	18	1.80	2.80×50	50	2.80	4.10×65	65	4.10
1.80×20	20	1.80	3.00×30	30	3.00	4.50×65	65	4.50
2.00×18	18	2.00	3.00×35	35	3.00	4.50×70	70	4.50
2.00×20	20	2.00	3.00×40	40	3.00	4.50×75	75	4.50
2.20×20	20	2.20	3.00×45	45	3.00	4.50×80	80	4.50
2.20×23	23	2.20	3.00×50	50	3.00	4.80×80	80	4.80
2.20×25	25	2.20	3.40×50	50	3.40	4.80×90	90	4.80
2.50×22	22	2.50	3.40×60	60	3.40	5.00×90	90	5.00
2.50×25	25	2.50	3.40×65	65	3.40	5.00×100	100	5.00
2.50×28	28	2.50	3.70×50	50	3.70	5.50×100	100	5.50
2.50×30	30	2.50	3.70×60	60	3.70	5.50×130	130	5.50
2.80×18	18	2.80	3.80×50	50	3.80			
2.80×25	25	2.80	3.80×60	60	3.80			

圆台帽水泥钉尺寸（mm）　　　　　　　　　　　表 14-4

规格	钉长度 L	钉杆直径 d	规格	钉长度 L	钉杆直径 d	规格	钉长度 L	钉杆直径 d
1.70×20	20	1.70	2.80×40	40	2.80	3.80×80	60	3.80
1.80×20	20	1.80	2.80×50	50	2.80	3.80×90	65	3.80
2.00×25	25	2.00	3.20×60	60	3.20	3.80×100	100	3.80
2.20×30	30	2.20	3.40×50	50	3.40	4.10×70	70	4.10
2.50×30	30	2.50	3.40×60	60	3.40	4.50×80	80	4.50
2.50×35	35	2.50	3.70×60	60	3.70	4.80×90	90	4.80
2.50×40	40	2.50	3.80×70	50	3.80	5.00×100	100	5.00

4. 托盘钉（GB 27704—2011）

托盘钉专用于钉托盘。

托盘钉外形见图 14-4，尺寸规格见表 14-5。

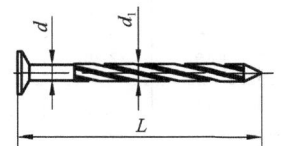

图 14-4　托盘钉

托盘钉尺寸（mm）　　　　　　　　　　　表 14-5

规格	钉长度 L	钉杆直径 d	螺旋、环纹直径 d_1	规格	钉长度 L	钉杆直径 d	螺旋、环纹直径 d_1
2.68×38.10	38.10			2.87×63.50	63.50	2.87	3.17	3.12
2.68×44.50	44.50	2.68	3.00	2.95	2.87×76.20	76.20			
2.68×50.80	50.80			3.05×41.30	41.30			
2.68×57.20	57.20			3.05×44.50	44.50			
2.87×38.10	38.10			3.05×50.80	50.80			
2.87×41.30	41.30			3.05×57.20	57.20	3.05	3.35	3.10
2.87×44.50	44.50	2.87	3.17	3.12	3.05×60.30	60.30			
2.87×50.80	50.80			3.05×63.50	63.50			
2.87×57.20	57.20			3.05×76.20	76.20			
2.87×60.30	60.30							

5. 鼓头钉（GB 27704—2011）

鼓头钉外形见图 14-5，尺寸规格见表 14-6。

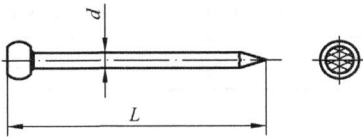

平头、花纹形帽　　　　　　　　凹穴帽

图 14-5　鼓头钉

鼓头钉尺寸（mm）

表 14-6

规格	钉长度 L	钉杆直径 d	规格	钉长度 L	钉杆直径 d	规格	钉长度 L	钉杆直径 d
1.00×12	12	1.00	2.00×30	30	2.00	2.80×60	60	2.80
1.00×15	15	1.00	2.00×40	40	2.00	2.80×65	65	2.80
1.25×20	20	1.25	2.00×45	45	2.00	3.15×50	50	3.15
1.25×25	25	1.25	2.00×50	50	2.00	3.15×65	65	3.15
1.40×20	20	1.40	2.50×40	40	2.50	3.15×75	75	3.15
1.40×30	30	1.40	2.50×45	45	2.50	3.75×75	75	3.75
1.60×25	25	1.60	2.50×50	50	2.50	3.75×90	90	3.75
1.60×30	30	1.60	2.50×65	65	2.50	3.75×100	100	3.75
1.60×40	40	1.60	2.80×40	40	2.80	4.50×100	100	4.50
1.80×25	25	1.80	2.80×45	45	2.80	5.60×125	125	5.60
1.80×30	30	1.80	2.80×50	50	2.80	5.60×150	150	5.60
1.80×40	40	1.80	2.80×55	55	2.80			

6. 油毡钉（GB 27704—2011）

油毡钉专用于建筑或修理房屋时钉油毛毡。

油毡钉外形如图 14-6 所示，尺寸规格见表 14-7。

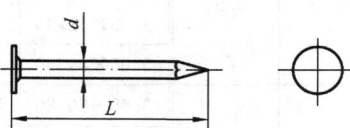

图 14-6　油毡钉

油毡钉尺寸（mm）

表 14-7

规格	钉长度 L	钉杆直径 d	规格	钉长度 L	钉杆直径 d	规格	钉长度 L	钉杆直径 d
3.05×12.70	12.70		3.05×25.40	25.40		3.05×44.50	44.50	
3.05×15.90	15.90	3.05	3.05×28.60	28.60	3.05	3.05×50.80	50.80	3.05
3.05×19.00	19.00		3.05×31.80	31.80		3.05×63.50	63.50	
3.05×22.20	22.20		3.05×38.10	38.10		3.05×76.20	76.20	

7. 石膏板钉（GB 27704—2011）

石膏板钉专用于钉石膏板。

石膏板钉外形如图 14-7 所示，尺寸规格见表 14-8。

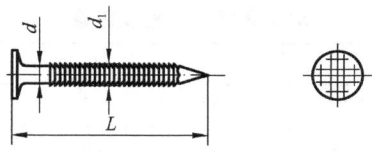

图 14-7　石膏板钉

石膏板钉尺寸（mm）　　　　　　　　　　　　　　　　　表 14-8

规格	钉长度 L	钉杆直径 d	螺旋、环纹直径 d_1	规格	钉长度 L	钉杆直径 d	螺旋、环纹直径 d_1
2.32×31.80	31.80			2.50×34.90	34.90		
2.32×34.90	34.90			2.50×38.10	38.10		
2.32×38.10	38.10			2.50×41.30	41.30		
2.32×41.30	41.30	2.32	2.60	2.50×44.50	44.50	2.50	2.80
2.32×44.50	44.50			2.50×47.60	47.60		
2.32×47.60	47.60			2.50×50.80	50.80		
2.50×31.80	31.80	2.50	2.80	2.80×30.00	30.00	2.80	3.10

8. 双帽钉（GB 27704—2011）

双帽钉的特点是容易拔出，可循环使用，避免造成临时建筑物的损坏，节省人力物力，降低成本，可以同时实现固定和悬挂物体两种功能。

双帽钉外形如图 14-8 所示，尺寸规格见表 14-9。

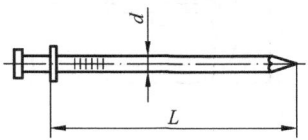

图 14-8　双帽钉

双帽钉尺寸（mm）　　　　　　　　　　　　　　　　　表 14-9

规格	钉长度 L	钉杆直径 d	规格	钉长度 L	钉杆直径 d
2.90×45	45	2.90	4.10×76	76	4.10
3.40×57	57	3.40	4.90×89	89	4.90
3.80×70	70	3.80	5.30×102	102	5.30
3.80×73	73	3.80			

9. 扁头圆钢钉

扁头圆钢钉主要用于木模制造、钉家具及地板等需将钉帽埋入木材的场合。

扁头圆钢钉外形如图 14-9 所示，尺寸规格列于表 14-10。

图 14-9　扁头圆钢钉

扁头圆钢钉规格及重量						表 14-10	
钉长/mm	35	40	50	60	80	90	100
钉杆直径/mm	2	2.2	2.5	2.8	3.2	3.4	3.8
每千只约重/kg	0.95	1.18	1.75	2.9	4.7	6.4	8.5

10. 拼合用圆钢钉

拼合用圆钢钉主要用途是供制造木箱、家具、门扇及其需要拼合木板时作销钉用。

拼合用圆钢钉外形如图 14-10 所示，尺寸规格列于表 14-11。

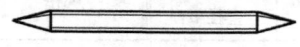

图 14-10 拼合用圆钢钉

拼合用圆钢钉规格及重量						表 14-11	
钉长/mm	25	30	35	40	45	50	60
钉杆直径/mm	1.6	1.8	2	2.2	2.5	2.8	2.8
每千只约重/kg	0.36	0.55	0.79	1.08	1.52	2	2.4

11. 骑马钉

骑马钉主要用于固定金属板网、金属丝网或室内挂线等，也可用于固定绑木箱的钢丝。

骑马钉外形如图 14-11 所示，尺寸规格列于表 14-12。

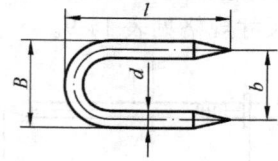

图 14-11 骑马钉

骑马钉规格及重量								表 14-12
钉长 l/mm	10	11	12	13	15	16	20	25	30
钉杆直径 d/mm	1.6	1.8	1.8	1.8	1.8	1.8	2.0	2.2	2.5/2.7
大端宽度 B/mm	8.5	8.5	8.5	8.5	10	10	10.5/12	11/13	13.5/14.5
小端宽度 b/mm	7	7	7	7	8	8	8.5	9	10.5
每千只约重/kg	0.37	—	—	—	0.56	—	0.89	1.36	2.19

注：材质为 Q195、Q215、Q235。

12. 瓦楞钉

瓦楞钉专用于固定屋面上的瓦楞铁皮。

瓦楞钉外形如图 14-12 所示，尺寸规格列于表 14-13。

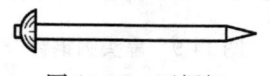

图 14-12 瓦楞钉

瓦楞钉规格及重量　　　　　　　　　　　　　　表 14-13

钉身直径/mm	钉帽直径/mm	长度（除帽）/mm			
		38	44.5	50.8	63.5
		每千只约重/kg			
3.73	20	6.30	6.75	7.35	8.35
3.37	20	5.58	6.01	6.44	7.30
3.02	18	4.53	4.90	5.25	6.17
2.74	18	3.74	4.03	4.32	4.90
2.38	14	2.30	2.38	2.46	—

13. 家具钉

家具钉用于制作家具，其特点是可将钉头埋于木材内。

家具钉外形如图 14-13 所示，尺寸规格列于表 14-14。

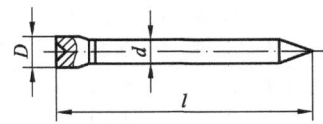

图 14-13　家具钉

家具钉规格（mm）　　　　　　　　　　　　　表 14-14

钉长 l	19	25	30	32	38	40	45	50	60	64	70	80	82	90	100	130
钉杆直径 d	1.2 1.5	1.5 1.6	1.6	1.6 1.8	1.8	1.8	1.8	2.1	2.3	2.4 2.8	2.5	2.8	3.0	3.0	3.4	4.1
钉帽直径 D	1.3～1.4d															

注：材质为 Q195、Q235。

14. 鱼尾钉

鱼尾钉用于制造沙发、软坐垫、鞋、帐篷、纺织、皮革箱具、面粉筛、玩具、小型农具等，特点是钉尖锋利、连接牢固。鱼尾钉分薄型和厚型两种，以薄型应用较广。

鱼尾钉外形如图 14-14 所示，尺寸规格列于表 14-15。

图 14-14　鱼尾钉

鱼尾钉规格及重量　　　　　　　　　　　　　表 14-15

种类	薄型（A 型）					厚型（B 型）					
全长/mm　≥	6	8	10	13	16	10	13	16	19	22	25
钉帽直径/mm　≥	2.2	2.5	2.6	2.7	3.1	3.7	4	4.2	4.5	5	5
钉帽厚度/mm　≥	0.2	0.25	0.30	0.35	0.40	0.45	0.50	0.55	0.60	0.65	0.65
卡颈尺寸/mm　≥	0.80	1.0	1.15	1.25	1.35	1.5	1.6	1.7	1.8	2.0	2.0
每千只约重/kg	44	69	83	122	180	132	278	357	480	606	800
每 kg 只数	22700	14400	12000	8200	5550	7600	3600	2800	2100	1650	1250

15. 鞋钉（QB/T 1559—1992）

鞋钉钉杆呈四棱锥形，钉尖锐利，用于钉鞋、玩具及木制农具、家具的制作及维修。
鞋钉外形如图 14-15 所示，尺寸规格列于表 14-16。

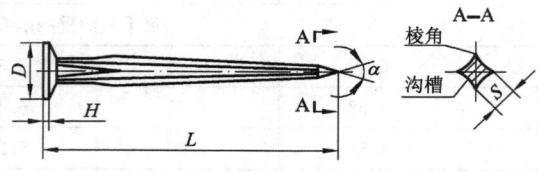

图 14-15　鞋钉

鞋钉规格尺寸　　　　表 14-16

鞋钉全长 L		10	13	16	19	22	25
顶帽直径 D / mm　≥	普通型 P	3.10	3.40	3.90	4.40	4.70	4.90
	重型 Z	4.50	5.20	5.90	6.10	6.60	7.00
顶帽厚度 H/mm　≥	普通型 P	0.24	0.30	0.34	0.40	0.44	
	重型 Z	0.30	0.34	0.38	0.40	0.44	
钉杆末端宽度 S/mm　≤	普通型 P	0.74	0.84	0.94	1.04	1.14	1.24
	重型 Z	1.04	1.10	1.20	1.30	1.40	1.50
顶尖角度 α/（°）≤	普通型 P		28			30	
	重型 Z		28			28	
每千只约重/g	普通型 P	91	152	244	345	435	526
	重型 Z	156	238	345	476	625	769
每 100g 只数≈	普通型 P	1100	660	410	290	230	190
	重型 Z	640	420	290	210	160	130

16. 木螺钉（GB/T 99—1986、GB/T 100—1986、GB/T 101—1986、GB/T 950—1986、GB/T 951—1986、GB/T 952—1986）

木螺钉用于在木制物体上紧固金属零件或其他物品，如铰链、插销、门锁、搭扣等，由碳素钢（Q215、Q235）或铜及铜合金（H62、HP659-1）制造。

木螺钉外形如图 14-16 所示，尺寸规格列于表 14-17。

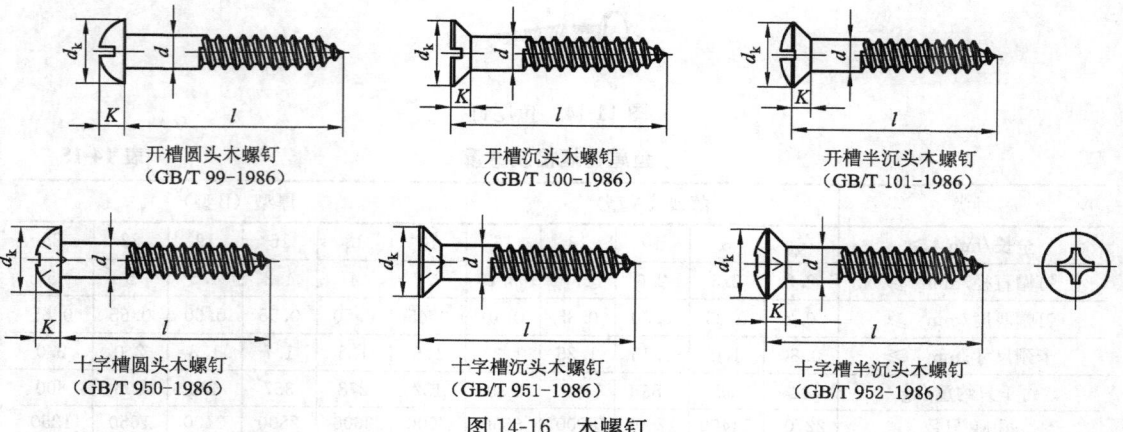

图 14-16　木螺钉

木螺钉规格尺寸（mm）　　　　　　　　**表 14-17**

公称直径 d	开槽圆头木螺钉 GB/T 99—1986			开槽沉头木螺钉 GB/T 100—1986 开槽半沉头木螺钉 GB/T 101—1986				十字槽圆头木螺钉 GB/T 950—1986 十字槽沉头螺钉 GB/T 951—1986 十字槽半沉头螺钉 GB/T 952—1986	十字槽 (H型) 槽号
	d_K	K	l	d_K	K	l（沉头）	l半沉头	l	
1.6	3.2	1.4	6~12	3.2	1	6~12	6~12	—	—
2	3.9	1.6	6~14	4	1.2	6~16	6~16	6~16	1
2.5	4.63	1.98	6~22	5	1.4	6~25	6~25	6~25	1
3	5.8	2.37	8~25	6	1.7	8~30	8~30	8~30	2
3.5	6.75	2.65	8~38	7	2	8~40	8~40	8~40	2
4	7.65	2.95	12~65	8	2.2	12~70	12~70	12~70	2
(4.5)	8.6	3.25	14~80	9	2.7	16~85	16~85	16~85	2
5	9.5	3.5	16~90	10	3	18~100	18~100	18~100	2
(5.5)	10.5	3.95	22~90	11	3.2	25~100	30~100	25~100	3
6	11.05	4.34	22~120	12	3.5	25~120	30~120	25~120	3
(7)	13.35	4.86	38~120	14	4	40~120	40~120	40~120	3
8	15.2	5.5	38~120	16	4.5	40~120	40~120	40~120	4
10	18.9	6.8	65~120	20	5.8	75~120	70~120	70~120	4

注：1. 公称长度系列为：6、8、10、12、14、16、18、20、（22）、25、30、（32）、35、（38）、40、45、50、（55）、60、（65）、70、（75）、80、（85）、90、100、120。

2. 尽可能不采用括号内的规格。

17. 金属膨胀螺栓

金属膨胀螺栓用于在混凝土地基或墙壁上安装、固定各种支架、构件、设备等。

金属膨胀螺栓外形如图 14-17 所示，尺寸规格列于表 14-18。

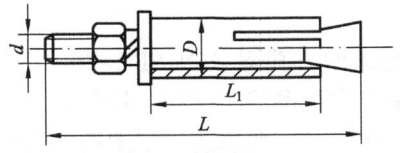

图 14-17　金属膨胀螺栓

膨胀螺栓规格（mm）　　　　　　　　**表 14-18**

螺栓直径 d	螺栓长度 L	胀管外径 D	胀管长度 L_1	被连接件厚度 H	钻孔直径	钻孔深度
M6	65，75，85	10	35	$L-55$	10.5	35
M8	80，90，100	12	45	$L-65$	12.5	45
M10	95，110，125，130	14	55	$L-75$	14.5	55
M12	110，130，150，200	18	65	$L-95$	19	65
M16	150，175，200，220，250，300	22	90	$L-120$	23	90

18. 塑料胀管

塑料胀管是在混凝土地基上或墙壁上旋拧木螺钉时用的衬管，由于胀管的膨胀，使木螺钉紧紧地嵌入混凝土地基或墙壁上的孔中，用以固定小型结构件等。

塑料胀管外形如图 14-18 所示，尺寸规格列于表 14-19。

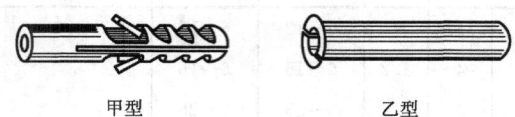

甲型　　　　　　乙型

图 14-18　塑料胀管

塑料胀管规格（mm）　　　　　　　　　　　　　　　　表 **14-19**

型　式		甲　　　型				乙　　　型			
直径		6	8	10	12	6	8	10	12
长度		31	48	59	60	36	42	46	64
适用木螺钉	直径	3.5，4	4，4.5	5，5.5	5.5，6	3.5，4	4，4.5	5，5.5	5.5，6
	长度	被连接件厚度＋胀管长度＋10				被连接件厚度＋胀管长度＋3			
钻孔尺寸	直径	混凝土：等于或小于胀管直径 0.3 加气混凝土：小于胀管直径 0.5～1.0 硅酸盐砌块：小于胀管直径 0.3～0.5							
	深度	大于胀管长度 10～12				大于胀管长度 3～5			

二、金属网和金属板网

1. 一般用途镀锌低碳钢丝编织方孔网 （QB/T 1925.1—1993）

一般用途镀锌低碳钢丝编织方孔网用于建筑、围栏、一般筛选、过滤等。按材料分为电镀锌低碳钢丝编织方孔网（代号 D）和热镀锌低碳钢丝编织方孔网（代号 R）。

型式和规格如图 14-19 和表 14-20 所示。

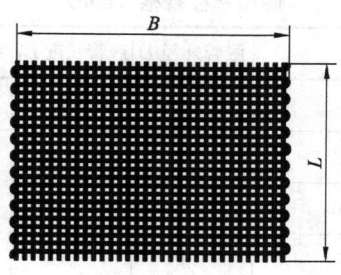

图 14-19　镀锌低碳钢丝编织方孔网

一般用途镀锌低碳钢丝编织方孔网规格（mm）　　表 14-20

网孔尺寸W	钢丝直径d	净孔尺寸	网的宽度B	相当英制目数	网孔尺寸W	钢丝直径d	净孔尺寸	网的宽度B	相当英制目数
0.50	0.20	0.30	914	50	1.80	0.35	1.45	1000	14
0.55		0.35		46	2.10	0.45	1.65		12
0.60		0.40		42	2.55		2.05		10
0.64		0.44		40	2.80		2.25		9
0.66		0.46		38	3.20	0.55	2.65		8
0.70		0.50		36	3.60		3.05		7
0.75	0.25	0.50		34	3.90		3.35		6.5
0.80		0.55		32	4.25		3.55		6
0.85		0.60		30	4.60	0.70	3.90		5.5
0.90		0.65		28	5.10		4.40		5
0.95		0.70		26	5.65		4.75		4.5
1.05		0.80		24	6.35	0.90	5.45		4
1.15	0.30	0.85		22	7.25		6.35		3.5
1.30		1.00		20	8.46		7.26		3
1.40		1.10		18	10.20	1.20	9.00	1200	2.5
1.60		1.25	1000	16	12.70		11.50		2

注：网面长度 L=30000mm。

2. 一般用途镀锌低碳钢丝编织六角网（QB/T 1925.2—1993）

一般用途镀锌低碳钢丝编织六角网适用于建筑保温、防护、围栏等一般用途。

分类见表 14-21，型式和规格如图 14-20 和表 14-22 所示。

一般用途镀锌低碳钢丝编织六角网分类　　表 14-21

分类	按镀锌方式分			按编织形式分		
	先编后镀网	先电镀锌后织网	先热镀锌后织网	单向搓捻式	双向搓捻式	双向搓捻式有加强筋
代号	B	D	R	Q	S	J

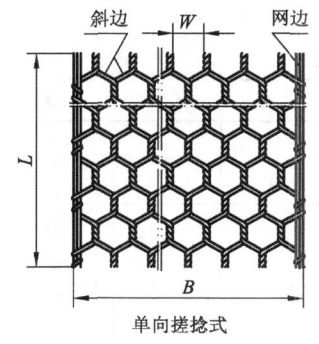

单向搓捻式

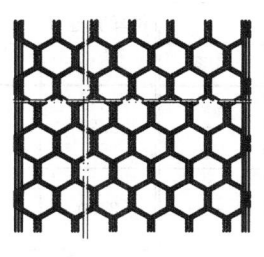

双向搓捻式

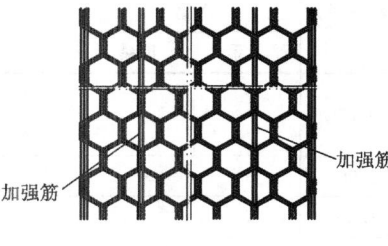

双向搓捻式有加强筋

图 14-20　一般用途镀锌低碳钢丝编织六角网

一般用途镀锌低碳钢丝编织六角网规格（mm） 表 14-22

网孔尺寸 W		10	13	16	20	25	30	40	50	75
钢丝直径 d	自	0.40	0.40	0.40	0.40	0.40	0.45	0.50	0.50	0.50
	至	0.60	0.90	0.90	1.00	1.30	1.30	1.30	1.30	1.30
网面尺寸	长度 $L \times$ 宽度 B		25000×500，30000×1000，50000×1500，50000×2000							

注：1. 钢丝直径系列 d（mm）：0.40，0.45，0.50，0.55，0.60，0.70，0.80，0.90，1.00，1.10，1.20，1.30。

2. 钢丝镀锌后直径应 $\geqslant d+0.02$mm。

3. 一般用途镀锌低碳钢丝编织波纹方孔网（QB/T 1925.3—1993）

一般用途镀锌低碳钢丝编织波纹方孔网适用于矿山、冶金、建筑及农业生产中的筛选、过滤等。按编织型式分为 A 型网和 B 型网。按材料分热镀锌低碳钢丝编织波纹方孔网（代号为 R）和电镀锌低碳钢丝编织波纹方孔网（代号为 D）。

型式和规格如图 14-21 和表 14-23 所示。

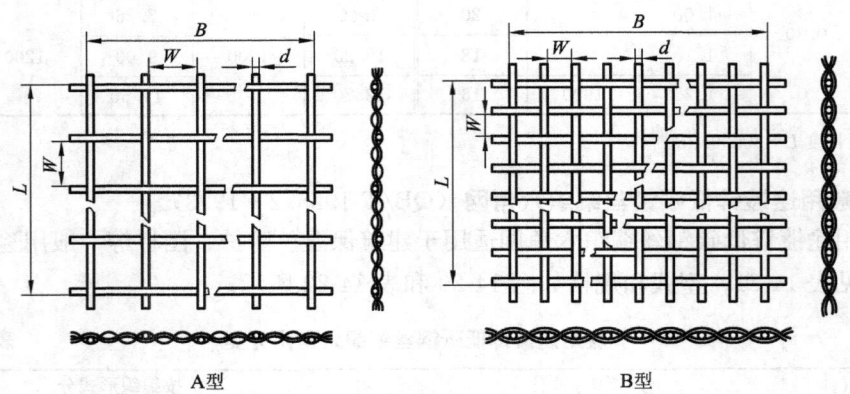

A型　　　　　　　　　　B型

图 14-21　一般用途镀锌低碳钢丝编织波纹方孔网

一般用途镀锌低碳钢丝编织波纹方孔网规格（mm） 表 14-23

钢丝直径 d	网孔尺寸 W				钢丝直径 d	网孔尺寸 W			
	A 型		B 型			A 型		B 型	
	Ⅰ系	Ⅱ系	Ⅰ系	Ⅱ系		Ⅰ系	Ⅱ系	Ⅰ系	Ⅱ系
0.70	—	—	1.5 2.0	—	2.20	12	15 20	4	6
0.90	—	—	2.5	—	2.80	15 20	25	6	10 12
1.20	6	8	—	—					
1.60	8 10	12	3	5	3.50	20 25	30		8 10 15

续表

钢丝直径 d	网孔尺寸 W				钢丝直径 d	网孔尺寸 W			
	A 型		B 型			A 型		B 型	
	I 系	II 系	I 系	II 系		I 系	II 系	I 系	II 系
4.0	20 25	30	6 8	12 16	8.0	40 50	45	30	35
5.0	25 30	28 36	20	22	10	80 100 125	70 90 110	—	—
6.0	30 40 50	28 35 45	20 25	22 22					

网面尺寸	分　类			
	片　网			卷网
长度 L	<1000	1000~5000	>5001~10000	10000~30000
宽度 B	900	1000	1500	2000

注：I 系为优先选用规格，II 系为一般规格。

4. 铜丝编织方孔网 （QB/T 2031—1994）

铜丝编织方孔网适用于作筛选、过滤等用途。按编织型式分为：平纹编织（代号为 P）、斜纹编织（代号为 E）和珠丽纹编织（代号为 Z）；按材料分为：铜（代号为 T）、黄铜（代号为 H）和锡青铜（代号为 Q）。

型式和规格如图 14-22 和表 14-24 所示。

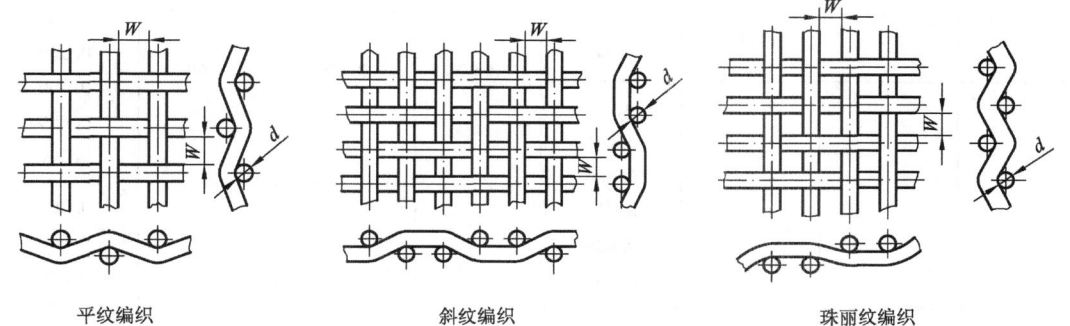

平纹编织　　　　　　　斜纹编织　　　　　　　珠丽纹编织

图 14-22　铜丝编织方孔网

铜丝编织方孔网规格（mm）　　　　　　　　　　　　　　　　**表 14-24**

网孔基本尺寸 W			金属丝直径	网孔基本尺寸 W			金属丝直径
主要尺寸	补充尺寸		基本尺寸	主要尺寸	补充尺寸		基本尺寸
R10 系列	R20 系列	R40/3 系列	d	R10 系列	R20 系列	R40/3 系列	d
5.00	5.00	—	1.60 1.25 1.12 1.00 0.90	—	—	4.75	1.60 1.25 1.12 1.00 0.90

网孔基本尺寸 W			金属丝直径	网孔基本尺寸 W			金属丝直径
主要尺寸	补充尺寸		基本尺寸	主要尺寸	补充尺寸		基本尺寸
R10 系列	R20 系列	R40/3 系列	d	R10 系列	R20 系列	R40/3 系列	d
—	4.5	—	1.40 1.12 1.00 0.90 0.80 0.71	2.50	2.50	—	1.00 0.710 0.630 0.560 0.500
4.00	4.00	4.00	1.40 1.25 1.12 1.00 0.900 0.710	—	—	2.36	1.00 0.800 0.630 0.560 0.500 0.450
—	3.55	—	1.25 1.00 0.900 0.800 0.710 0.630 0.560	—	2.24	—	0.900 0.630 0.560 0.500 0.450
—		3.55	1.25 0.900 0.800 0.710 0.630 0.560	2.00	2.00	2.00	0.900 0.630 0.560 0.500 0.450 0.400
3.15	3.15	—	1.25 1.12 0.800 0.710 0.630 0.560 0.500	—	1.80	—	0.800 0.560 0.500 0.450 0.400
				—	—	1.70	0.800 0.630 0.500 0.450 0.400
—	2.8	2.8	1.12 0.800 0.710 0.630 0.560	1.60	1.60	—	0.800 0.560 0.500 0.450 0.400

网孔基本尺寸 W			金属丝直径	网孔基本尺寸 W			金属丝直径
主要尺寸	补充尺寸		基本尺寸	主要尺寸	补充尺寸		基本尺寸
R10 系列	R20 系列	R40/3 系列	d	R10 系列	R20 系列	R40/3 系列	d
—	1.40	1.40	0.710 0.560 0.500 0.450 0.400 0.355	—	—	0.850	0.500 0.450 0.355 0.315 0.280 0.250 0.224
1.25	1.25	—	0.630 0.560 0.500 0.400 0.355 0.315	0.800	0.800	—	0.450 0.355 0.315 0.280 0.250 0.200
—	—	1.18	0.630 0.500 0.450 0.400 0.355 0.315	—	0.710	0.710	0.450 0.355 0.315 0.280 0.250 0.200
—	1.12	—	0.560 0.450 0.400 0.355 0.315 0.280	0.630	0.630	—	0.400 0.315 0.280 0.250 0.224 0.220
1.00	1.00	1.00	0.560 0.500 0.400 0.355 0.315 0.280 0.250	—	—	0.600	0.400 0.315 0.280 0.250 0.200 0.180
—	0.90	—	0.500 0.450 0.355 0.315 0.250 0.224	—	0.560	—	0.315 0.280 0.250 0.224 0.180

网孔基本尺寸 W			金属丝直径	网孔基本尺寸 W			金属丝直径
主要尺寸	补充尺寸		基本尺寸	主要尺寸	补充尺寸		基本尺寸
R10 系列	R20 系列	R40/3 系列	d	R10 系列	R20 系列	R40/3 系列	d
0.500	0.500	0.500	0.315 0.250 0.224 0.200 0.160	—	0.280	—	0.180 0.160 0.140 0.112
—	0.450	—	0.280 0.250 0.200 0.180 0.160 0.140	0.250	0.250	0.250	0.160 0.140 0.125 0.112 0.100
—		0.425	0.280 0.224 0.200 0.180 0.160 0.140	—	0.224	—	0.160 0.125 0.100 0.090
0.400	0.400	—	0.250 0.224 0.200 0.180 0.160 0.140	—	—	0.212	0.140 0.125 0.112 0.100 0.090
—	0.355	0.355	0.224 0.200 0.180 0.140 0.125	0.200	0.200	—	0.140 0.125 0.112 0.090 0.080
0.315	0.315	—	0.200 0.180 0.160 0.140 0.125	0.180	0.180	—	0.125 0.112 0.100 0.090 0.080 0.071
—	—	0.300	0.200 0.180 0.160 0.140 0.125 0.112	0.160	0.160	—	0.112 0.100 0.090 0.080 0.071 0.063
				—	—	0.150	0.100 0.090 0.080 0.071 0.063

网孔基本尺寸 W			金属丝直径	网孔基本尺寸 W			金属丝直径
主要尺寸	补充尺寸		基本尺寸	主要尺寸	补充尺寸		基本尺寸
R10 系列	R20 系列	R40/3 系列	d	R10 系列	R20 系列	R40/3 系列	d
—	0.140	—	0.100 0.090 0.071 0.063 0.056	—	—	0.075	0.063 0.056 0.050 0.045 0.040
0.125	0.125	0.125	0.090 0.080 0.071 0.063 0.056 0.050	—	0.071	—	0.056 0.050 0.045 0.040
—	—	0.106	0.080 0.071 0.063 0.056 0.050	0.063	0.063	0.063	0.050 0.045 0.040 0.036
0.100	0.100	—	0.080 0.071 0.063 0.056 0.050	—	0.056	—	0.045 0.040 0.036 0.032
—	0.090	0.090	0.071 0.063 0.056 0.050 0.045	—	—	0.053	0.040 0.036 0.032
				0.050	0.050	—	0.040 0.036 0.032 0.030
0.080	0.080	—	0.063 0.056 0.050 0.045 0.040	—	0.045	0.045	0.036 0.032 0.028
				0.040	0.040	—	0.032 0.030 0.025
				—	—	0.038	0.032 0.030 0.025
				—	0.036	—	0.030 0.028 0.022

注：产品每卷的网长为 30000mm，网宽系列为 914mm，1000mm。

5. 钢板网（QB/T 2959—2008）

钢板网适用于工业与民用建筑、装备制造业、交通、水利、市政工程以及耐用消费品等方面的用途。

按产品用途钢板网分为普通钢板网（代号 P）和建筑网，建筑网又分为有筋扩张网（代号 Y）和批荡网（代号 D）。

普通钢板网是各类用板材拉制而成的以菱形孔为主的网。有筋扩张网是以低碳钢热镀锌板为主要材料，经机械拉伸加工制成、有连续凸出的筋骨的钢板网。批荡网是以低碳钢热镀锌板为主要材料，经机械滚切扩张工艺制成的钢板网。

普通钢板网的型式尺寸如图 14-23 和表 14-25 所示。

有筋扩张网的型式尺寸如图 14-24 和表 14-26 所示。

批荡网的型式尺寸如图 14-25 和表 14-27 所示。

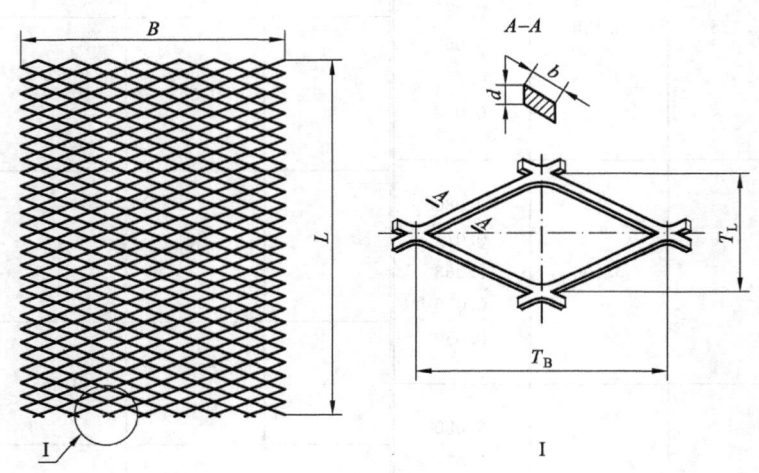

图 14-23　普通钢板网的型式

普通钢板网的尺寸（mm）　　　　表 14-25

d	网格尺寸			网面尺寸		钢板网理论重量 kg/m²
	T_L	T_B	b	B	L	
0.3	2	3	0.3	100～500		0.71
	3	4.5	0.4			0.63
0.4	2	3	0.4	500		1.26
	3	4.5	0.5			1.05
0.5	2.5	4.5	0.5	500		1.57
	5	12.5	1.11	1000		1.74
	10	25	0.96	2000	600～4000	0.75

续表

d	网格尺寸			网面尺寸		钢板网理论重量
	T_L	T_B	b	B	L	kg/m²
0.8	8	16	0.8	1000	600～5000	1.26
	10	20	1.0			1.26
1.0	10	25	0.96		600～5000	1.21
	10	25	1.10			1.73
	15	40	1.68		4000～5000	1.76
1.2	10	25	1.13			2.13
	15	30	1.35			1.7
	15	40	1.68			2.11
1.5	15	40	1.69			2.65
	18	50	2.03			2.66
	24	60	2.47			2.42
2.0	12	25	2	2000		5.23
	18	50	2.03			3.54
	24	60	2.47			3.23
3.0	24	60	3.0		4800～5000	5.89
	40	100	4.05		3000～3500	4.77
	46	120	4.95		5600～6000	5.07
	55	150	4.99		3300～3500	4.27
4.0	24	60	4.5		3200～3500	11.77
	32	80	5.0		3850～4000	9.81
	40	100	6.0		4000～4500	9.42
5.0	24	60	6.0		2400～3000	19.62
	32	80	6.0		3200～3500	14.72
	40	100	6.0		4000～4500	11.78
	56	150	6.0		5600～6000	8.41
6.0	24	60	6.0		2900～3500	23.55
	32	80			3300～3500	20.60
	40	100	7.0		4150～4500	16.49
	56	150			5800～6000	11.77
8.0	40	100	8.0		3650～4000	25.12
			9.0		3250～3500	28.26
	60	150			4850～5000	18.84
10.0	45	100	10.0	1000	4000	34.89

注：0.3～0.5 一般长度为卷网。钢板网长度根据市场可供钢板作调整。

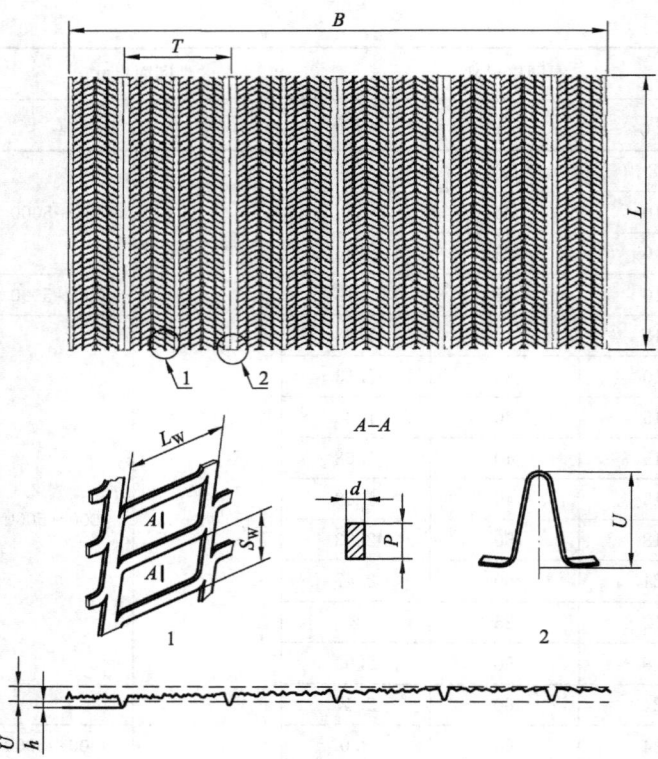

图 14-24　有筋扩张网的型式

有筋扩张网的尺寸（mm）　　　　　　　　表 14-26

网格尺寸				网面尺寸			材料镀锌层双面重量/(g/m²)	钢板网理论重量/(kg/m²)					
								d					
S_W	L_W	P	U	T	B	L		0.25	0.3	0.35	0.4	0.45	0.5
5.5	8	1.28	9.5	97	686	2440	≥120	1.16	1.40	1.63	1.86	20.9	2.33
11	16	1.22	8	150	600	2440	≥120	0.66	0.79	0.92	1.05	1.17	1.31
8	12	1.20	8	100	900	2440	≥120	0.97	1.17	1.36	1.55	1.75	1.94
5	8	1.42	12	100	600	2440	≥120	1.45	1.76	2.05	2.34	2.64	2.93
4	7.5	1.20	5	75	600	2440	≥120	1.01	1.22	1.42	1.63	1.82	2.03
3.5	13	1.05	6	75	750	2440	≥120	1.17	1.42	1.65	1.89	2.12	2.36
8	10.5	1.10	8	50	600	2440	≥120	1.18	1.42	1.66	1.89	2.13	2.37

批荡网的尺寸　　　　　　　　表 14-27

d	P	网格尺寸/mm		网面尺寸/mm			材料镀锌层双面重量/(g/m²)	钢板网理论重量/(kg/m²)
		T_L	T_B	T	L	B		
0.4	1.5	17	8.7					0.95
0.5	1.5	20	9.5	4	2440	690	≥120	1.36
0.6	1.5	17	8					1.84

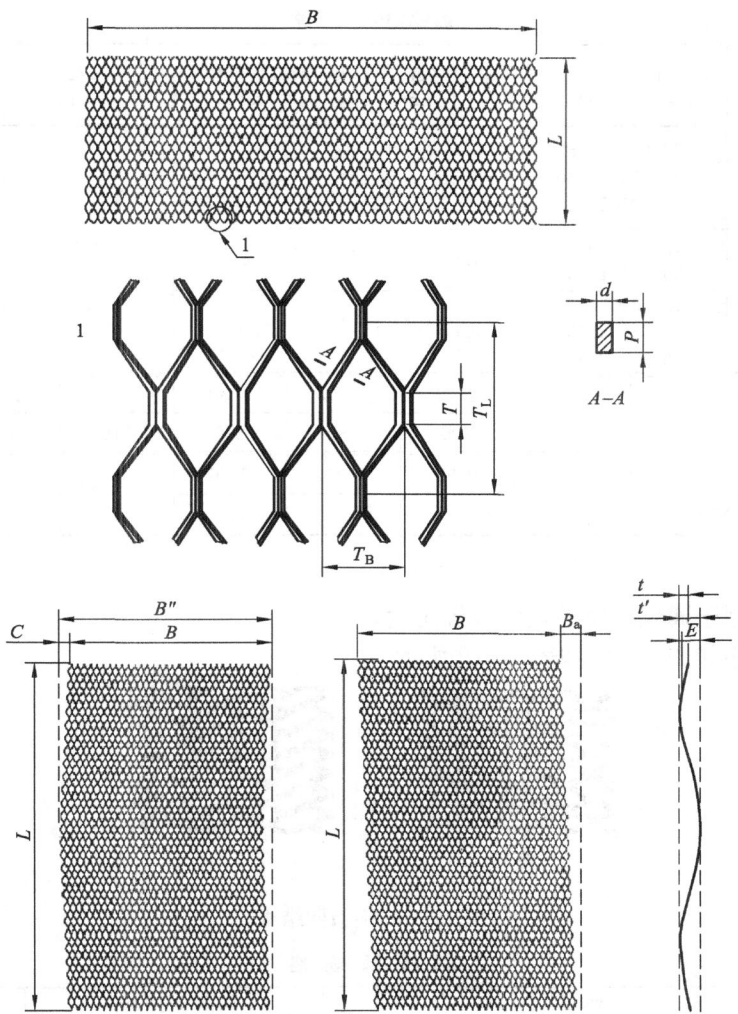

图 14-25 批荡网的型式

6. 镀锌电焊网（QB/T 3897—1999）

镀锌电焊网（代号为 DHW）适用于建筑、种植、养殖、围栏等用途。
型式和规格如图 14-26 和表 14-28 所示。

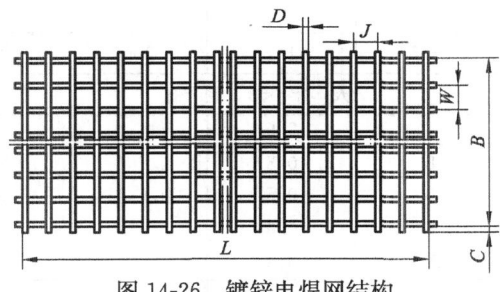

图 14-26 镀锌电焊网结构

B—网宽；D—丝径；L—网长；C—网边露头长；
J—经向网孔长；W—纬向网孔长

镀锌电焊网规格　　　　　　　　　　　表 14-28

网号	网孔尺寸 经×纬/mm	钢丝直径 D/mm	网边露头长 C/mm	网宽 B/mm	网长 L/mm
20×20 10×20 10×10	50.80×50.80 25.40×50.80 25.40×25.40	1.80～2.50	≤2.5	914	30000 30480
04×10 06×06	12.70×25.40 19.05×19.05	1.00～1.80	≤2		
04×04 03×03 02×02	12.70×12.70 9.53×9.53 6.35×6.35	0.50～0.90	≤1.5		

钢丝直径	2.50	2.20	2.00	1.80	1.60	1.40	1.20
焊点抗拉力/N＞	500	400	330	270	210	160	120
钢丝直径	1.00	0.90	0.80	0.70	0.60	0.55	0.50
焊点抗拉力/N＞	80	65	50	40	30	25	20

7. 铝板网

铝板网适用于通风、防护及装饰等用途。

型式和规格如图 14-27 和表 14-29 所示。

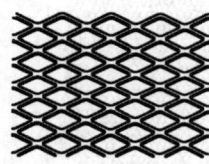　　　

菱形孔　　　　　　　　　人字形孔

图 14-27　铝板网结构

铝 板 网 规 格　　　　　　　　　　　表 14-29

d	网格尺寸/mm			网面尺寸/mm		铝板网理论重量 kg/m²
	TL	TB	b	B	L	
菱 形 网 孔						
0.4	2.3	6	0.7			0.657
0.5	2.3	6	0.7	200～500	500 650 1000	0.822
	3.2	8	0.8			0.675
	0.5	12.5	1.1			0.594
1.0	5.0	12.5	1.1	1000	2000	1.188
人 字 形 网 孔						
0.4	1.7	6	0.5		500	0.635
	2.2	8	0.5			0.491
0.5	1.7	6	0.5	200～500	650 1000	0.794
	2.2	8	0.6			0.736
	3.5	12.5	0.8			0.617
1.0	3.5	12.5	1.1	1000	2000	1.697

注：TL—短节矩；TB—长节矩；d—板厚；b—丝梗宽；B—网面宽；L—网面长。

8. 铝合金花格网（YS/T 92—1995）

铝合金花格网适用于建筑、装饰和防护、防盗装置等场合。

型式和规格如图 14-28 和表 14-30 所示。

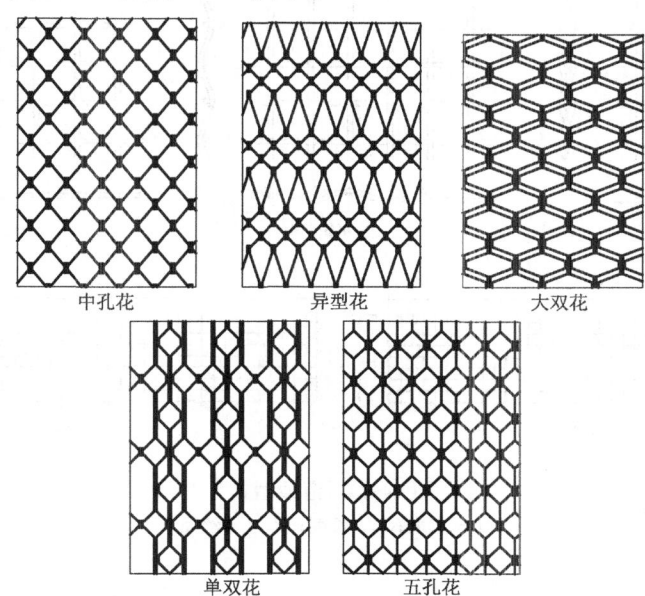

中孔花　　　　异型花　　　　大双花

单双花　　　　五孔花

图 14-28　铝合金花格网的花形

花格网合金牌号、供应状态、型号、花形及规格　　　　　表 14-30

合金牌号	供应状态	型　号	花　形	规格/mm		
				厚度	宽度	长度
6063	T2	LGH101	中孔花	5.0，5.5，6.0，6.5，7.0，7.5	480～2000	≤6000
		LGH102	异型花			
		LGH103	大双花			
		LGH104	单双花			
		LGH105	五孔花			

注：用户需要其他规格时，由供需双方协商。

9. 窗纱（QB/T 4285—2012）

窗纱供建筑物和卫生设施上用于防止蚊虫与扬尘侵入。产品使用玻璃纤维、合成纤维（聚乙烯、涤纶、尼龙）等非金属材料，以及不锈钢、铝合金、低碳钢等金属材料制成，用于纱窗、纱门、菜橱、菜罩、蝇拍、捕虫器等，工作温度不宜超过 50℃。

按加工工艺窗纱分为编织型和挤压成型。编织型又分为单丝平织和双丝绞织，平织和绞织还可分为无棱型和有棱型。

型式和规格如图 14-29 和表 14-31 所示。

窗纱的规格　　　　　表 14-31

基本目数/（24.5mm×24.5mm）	20×20，18×18，18×16，16×16，14×16，14×14，12×12
丝径/mm	0.15～0.25
长度/m	30
宽度/mm	900，1000，1200，1500

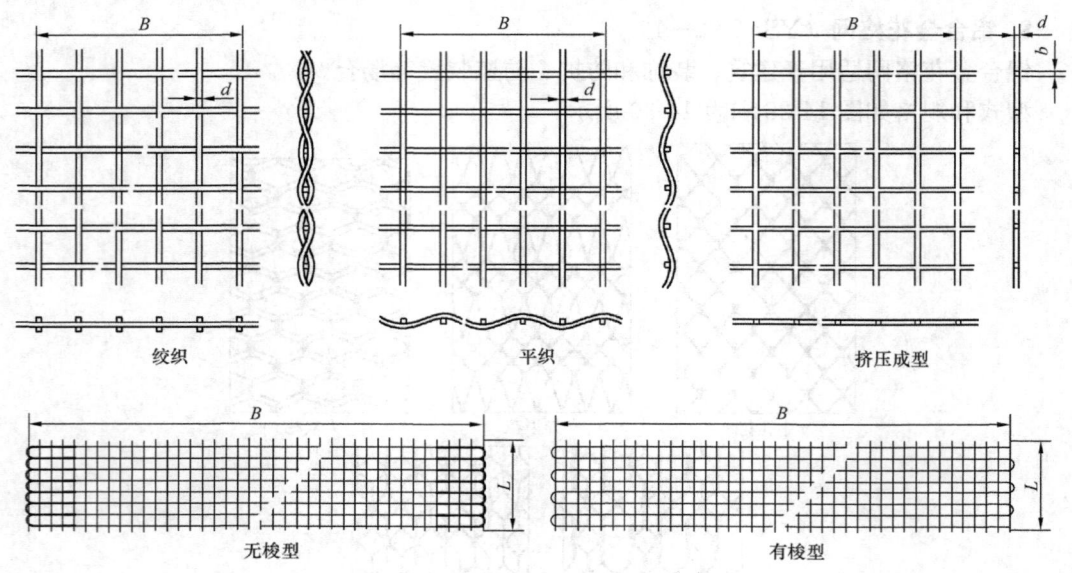

图 14-29 窗纱型式

B—宽度；*L*—长度；*d*、*b*—丝径

三、合页（铰链）

1. 普通型合页（QB/T 4595.1—2013）

普通型合页适用于厚度不小于 2.5mm、供各类建筑门窗及橱柜门转动连接用的矩形合页。

普通型合页的型式、基本尺寸及适用门质量见表 14-32。

全嵌型普通型合页的结构型式和尺寸参见图 14-30 和表 14-33。

无缝合页的结构型式和尺寸参见图 14-31 和表 14-34。

普通型合页的型式、基本尺寸及适用门质量 表 14-32

系列编号	合页长度 *L*/mm		厚度 *T*/mm	每片叶片最少螺孔数/个	适用门质量/kg
	Ⅰ组	Ⅱ组			
A35	88.90	90.00	2.50	3	20
A40	101.60	100.00	3.00	4	27
A45	114.30	110.00	3.00	4	34
A50	127.00	125.00	3.00	4	45
A60	152.40	150.00	3.00	5	57
B45	114.30	110.00	3.50	4	68
B50	127.00	125.00	3.50	4	79
B60	152.40	150.00	4.00	5	104
B80	203.20	200.00	4.50	7	135

注：1. 系列编号中 A 为中型合页，B 为重型合页，后跟两个数字表示合页长度。

2. Ⅰ组为英制系列，Ⅱ组为公制系列。

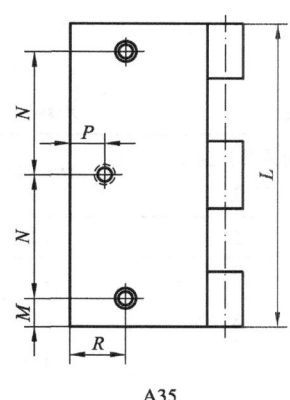
A35

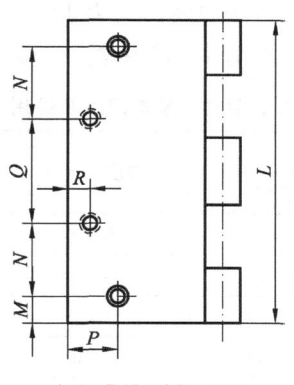
A45、B45、A50、B50

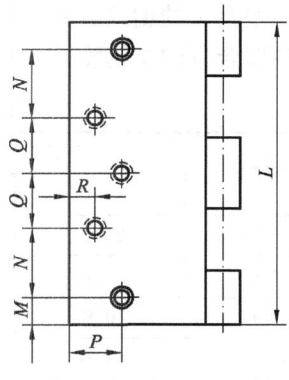
A60、B60

图 14-30　全嵌型普通型合页

全嵌型普通型合页的尺寸（mm）　表 14-33

系列编号	L	M	N	P	Q	R
A35	88.90	9.02	35.43	9.14	—	17.45
A45、B45	114.30	12.90	28.58	25.40	31.34	9.53
A50、B50	127.00	12.90	31.75	25.40	37.70	9.53
A60、B60	152.40	12.70	32.54	23.80	30.96	9.53

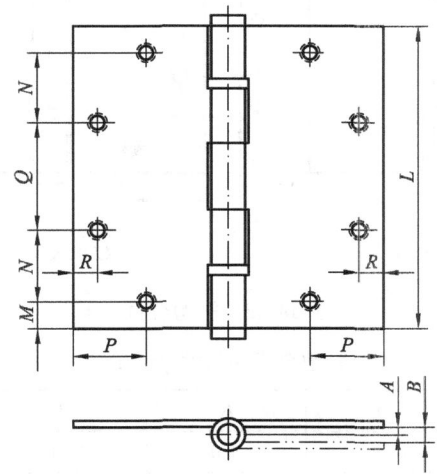

图 14-31　无缝合页

无缝合页的尺寸（mm）　表 14-34

系列编号	A	B	L	M	N	P	Q	R
A40、B40	2.38	4.76	101.60	13.00	25.50	19.05	24.60	9.53
A45、B45	2.38	4.76	114.30	12.90	28.58	25.40	31.34	9.53

2. 轻型合页（QB/T 4595.2—2013）

轻型合页是厚度小于 2.5mm 的矩形合页，适用于轻便门窗及橱柜类所使用的合页。

轻型合页的型式、基本尺寸及适用门质量见表 14-35。

轻型合页的结构型式和尺寸参见图 14-32 和表 14-36。

轻型合页的型式、基本尺寸及适用门质量

表 14-35

系列编号	合页长度 L/mm		厚度 T/mm	每片叶片最少螺孔数/个	适用门质量/kg
	Ⅰ组	Ⅱ组			
C10	25.40	25.40	0.70	2	12
C15	38.10	38.10	0.80	2	12
C20	50.80	50.00	1.00	3	15
C25	63.50	65.00	1.10	3	15
C30	76.2	75.00	1.10	4	18
C35	88.9	90.00	1.20	4	20
C40	101.60	100.00	1.30	4	22

注：1. C 为轻型合页，后面两个数字表示合页长度。

2. Ⅰ组为英制系列，Ⅱ组为公制系列。

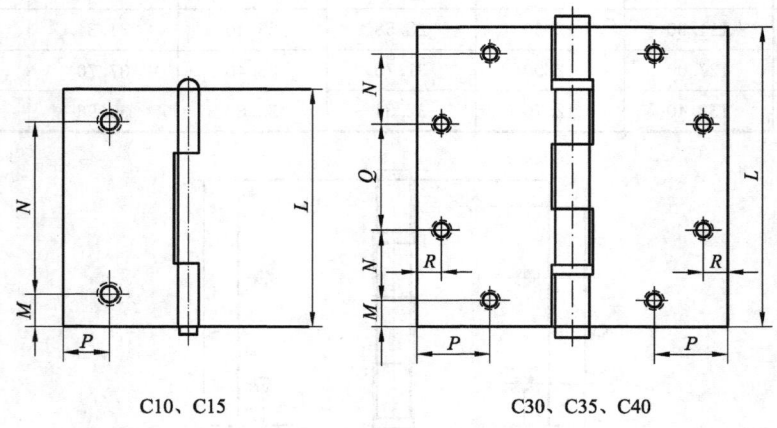

C10、C15　　　　　C30、C35、C40

图 14-32　轻型合页

轻型合页的尺寸（mm）

表 14-36

系列编号	L	M	N	P	Q	R
C10	25.40	3.50	18.00	4.00	—	—
C15	38.10	5.50	27.00	4.50	—	—
C30	76.20	9.50	15.00	13.00	27.00	8.00
C35	88.90	9.50	21.50	13.00	27.00	10.00
C40	101.60	9.00	28.00	13.00	28.00	8.00

3. 抽芯型合页（QB/T 4595.3—2013）

抽芯型合页是芯轴可以抽离的合页，适用于需要经常拆卸的门窗的合页。

抽芯型合页的型式、基本尺寸及适用门质量见表 14-37。

抽芯型合页的结构型式和尺寸参见图 14-33 和表 14-38。

抽芯型合页的型式、基本尺寸及适用门质量　　　　**表 14-37**

系列编号	合页长度 L/mm		厚度 T/mm	每片叶片的螺孔数/个	适用门质量/kg
	Ⅰ组	Ⅱ组			
D15	38.10	38.10	1.20	2	12
D20	50.80	50.00	1.30	3	12
D25	63.50	65.00	1.40	3	15
D30	76.2	75.00	1.60	4	18
D35	88.9	90.00	1.60	4	20
D40	101.60	100.00	1.80	4	22

注：1. D 为抽芯型合页，后面两个数字表示合页长度。

　　2. Ⅰ组为英制系列，Ⅱ组为公制系列。

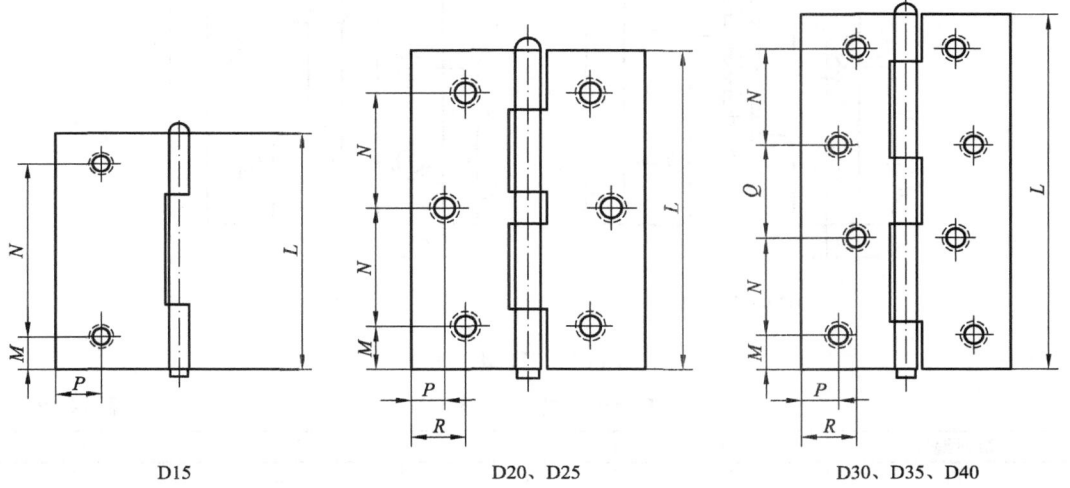

D15　　　　　　　　D20、D25　　　　　　　D30、D35、D40

图 14-33　抽芯型合页

抽芯型合页的尺寸（mm）　　　　**表 14-38**

系列编号	L	M	N	P	Q	R
D15	38.10	6.00	36.00	6.50	—	—
D20	50.80	7.00	18.00	7.50	—	9.00
D25	63.50	9.50	23.00	7.00	—	9.00
D30	76.20	9.50	15.00	13.00	27.00	8.00
D35	88.90	9.50	21.50	13.00	27.00	10.00
D40	101.60	9.00	28.00	13.00	28.00	8.00

4. H 型合页（QB/T 4595.4—2013）

H 型合页适用于需要经常脱卸而较薄的门窗所使用的两页片成"H"型的合页。

H 型合页的型式、基本尺寸及适用门质量见表 14-39。

H 型合页的结构型式和尺寸参见图 14-34 和表 14-40。

　　T 型合页的结构型式和尺寸参见图 14-35 和表 14-42。
　　三叉和四叉 T 型合页的结构型式和尺寸参见图 14-36 和表 14-43。

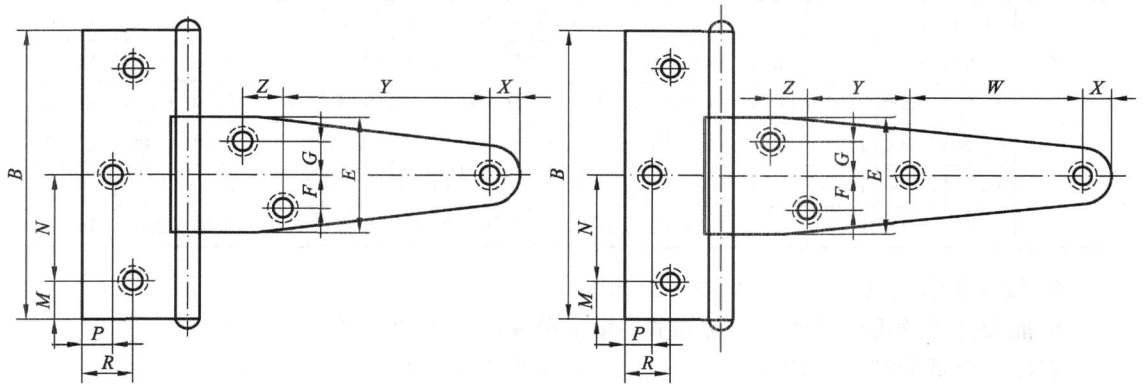

図 14-35　T 型合页

T 型合页的尺寸（mm）　　　　　　　　　　　　　　**表 14-42**

系列编号	L	B	M	N	P	R	X	Y	W	Z	E	F	G
T30	76.20	63.50	8.00	23.75	7.00	9.00	9.00	41.00	—	12.00	26.00	5.00	6.50
T40	101.60	63.50	8.00	23.75	7.00	9.00	9.00	63.00	—	14.00	26.00	5.30	6.50
T50	127.00	70.00	8.00	27.00	7.00	9.00	11.00	35.00	50.00	14.00	28.00	5.60	6.50
T60	152.40	70.00	8.00	27.00	7.00	9.00	11.00	45.00	63.00	18.00	28.00	5.80	6.70
T80	203.20	73.00	9.00	27.50	8.00	10.00	12.00	68.00	87.00	19.00	32.00	6.80	7.70

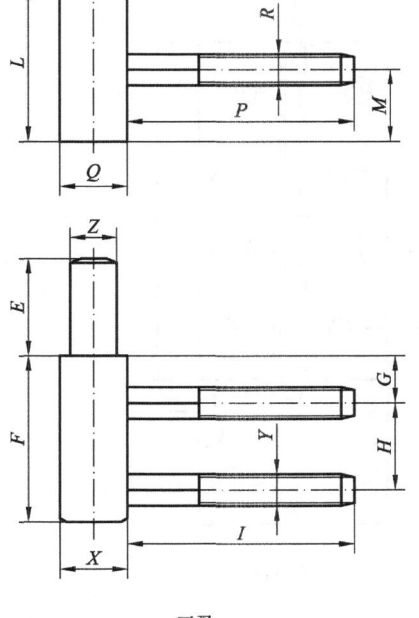
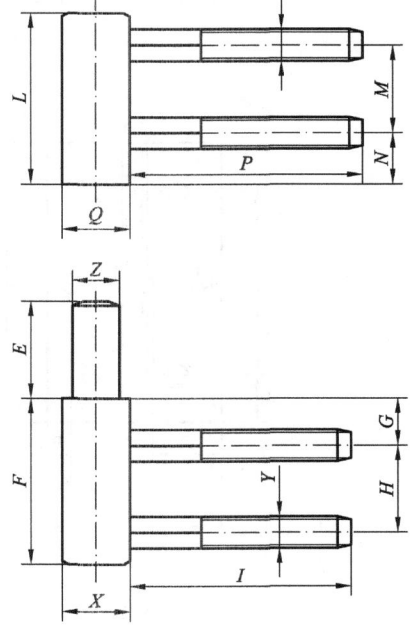

図 14-36　三叉和四叉 T 型合页

三叉和四叉 T 型合页的尺寸（mm）　　　　　　表 14-43

型式	L	M	N	Q	P	R	E	F	G	H	I	X	Y	Z
三叉	40.00	12.00	—	15.00	50.00	8.00	30.00	40.00	12.00	20.00	50.00	15.00	8.00	10.00
	50.00	18.00	—	15.00	55.00	10.00	35.00	50.00	16.00	22.00	55.00	15.00	10.00	10.00
	60.00	24.00	—	18.00	60.00	12.00	40.00	60.00	20.00	24.00	60.00	18.00	12.00	14.00
四叉	40.00	20.00	12.00	15.00	50.00	8.00	30.00	40.00	12.00	20.00	50.00	15.00	8.00	10.00
	50.00	22.00	16.00	15.00	55.00	10.00	35.00	50.00	16.00	22.00	55.00	15.00	10.00	10.00
	60.00	24.00	18.00	18.00	60.00	12.00	40.00	60.00	20.00	24.00	60.00	18.00	12.00	14.00

6. 双袖型合页（QB/T 4595.6—2013）

双袖型合页适用于需要经常脱卸的门窗的分左右使用的合页。

双袖型合页的型式、基本尺寸及适用门质量见表 14-44。

双袖型合页的结构型式和尺寸参见图 14-37 和表 14-45。

双袖型合页的型式、基本尺寸及适用门质量　　　　　　表 14-44

系列编号	合页长度 L/mm	厚度 T/mm	每片叶片的螺孔数/个	适用门质量/kg
G30	75.00	1.50	3	15
G40	100.00	1.50	3	18
G50	125.00	1.80	4	20
G60	150.00	2.00	4	22

注：G 表示双袖型合页，后面两个数字表示合页长度。

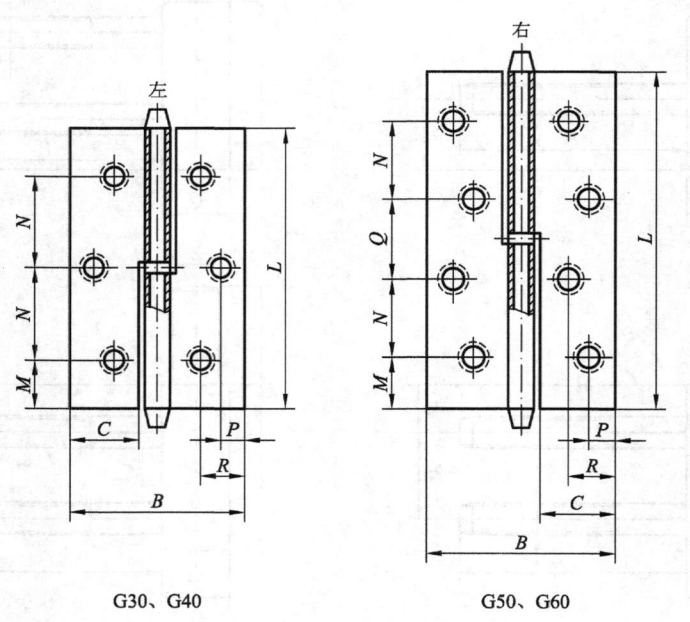

G30、G40　　　　　　　　　　　G50、G60

图 14-37　双袖型合页

双袖型合页的尺寸（mm）　　　　　　　　　表 14-45

系列编号	L	M	N	Q	P	R	C	B
G30	75.00	9.00	28.50	—	8.00	15.00	23.00	60.00
G40	100.00	9.50	40.500	—	9.00	17.00	28.00	70.00
G50	125.00	13.00	33.00	33.00	10.00	15.00	33.00	85.00
G60	150.00	15.00	40.00	40.00	10.00	17.00	38.00	95.00

7. 弹簧合页（QB/T 1738—1993）

弹簧合页用于公共场所及进出频繁的大门上，它能使门扇开启后自动关闭。单弹簧合页只能单向开启，双弹簧合页能内外双向开启。

弹簧合页的型式和基本尺寸符合图 14-38、图 14-39 和表 14-46 的规定。

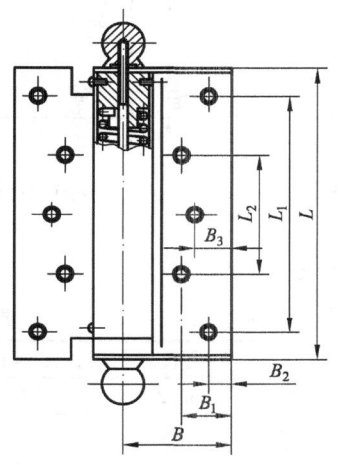

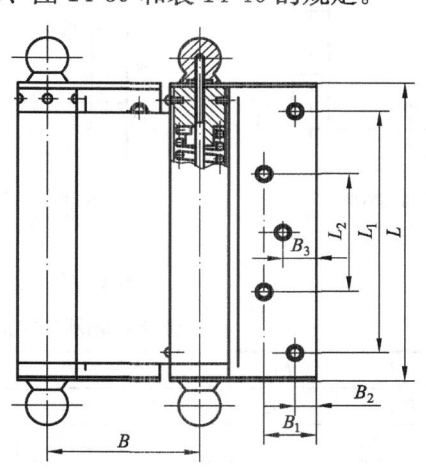

图 14-38　单弹簧合页　　　　　　图 14-39　双弹簧合页

弹簧合页基本尺寸（mm）　　　　　　　　　表 14-46

规　格		75	100	125	150	200	250
L	Ⅰ型	76	102	127	152	203	254
	Ⅱ型	75	100	125	150	200	250
B	图 14-38	36	39	45	50	71	—
	图 14-39	48	56	64		95	
L_1		58	76	90	120	164	—
L_2		34	43	44	70	82	
B_1		13	16	19	20	32	
B_2		8	9		10	14	
B_3		—				15	23

8. 轴承铰链（QB/T 4063—2010）

轴承铰链（合页）是指在铰链各活动部件之间有轴承材料的一类铰链，是传统铰链（合页）升级换代的新产品，近年来已经被广泛使用。轴承铰链与传统铰链（合页）相比，具有摩擦力小、使用寿命长等特点，其市场覆盖面越来越大。轴承铰链类型很多，可根据需要选用。

(1) 全嵌型轴承铰链

全嵌型铰链是指一页片嵌装在门侧、另一页片嵌入门框立柱的铰链。全嵌型轴承铰链的型式见图 14-40，基本尺寸见表 14-47。

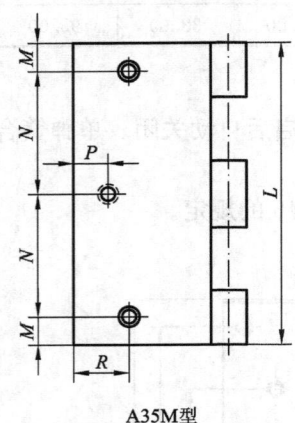

A35M型

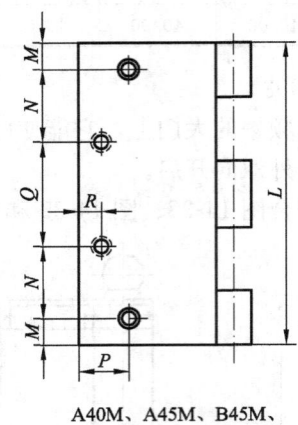

A40M、A45M、B45M、
A50M、B50M型

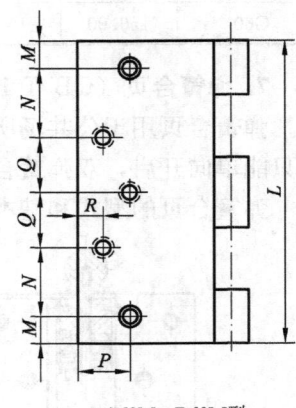

A60M、B60M型

图 14-40 全嵌型轴承铰链

全嵌型轴承铰链的基本尺寸（mm） 表 14-47

代号	L	M	N	P	Q	R	厚度	沉头机螺钉/木螺钉
A35M	88.90	9.02	35.43	9.14	—	17.45	3.12	10-24、M6
A40M	101.60	13.00	25.50	19.05	24.60	9.53	3.30	12-24、M6
A45M	114.30	12.90	28.58	25.40	31.34	9.53	3.40	12-24、M6
B45M	114.30	12.90	28.58	25.40	31.34	9.53	4.57	12-24、M6
A50M	127.00	12.90	31.75	25.40	37.70	9.53	3.71	12-24、M6
B50M	127.00	12.90	31.75	25.40	37.70	9.53	4.83	12-24、M6
A60M	152.40	12.70	32.54	23.80	30.96	9.53	4.06	1/4-20、M6
B60M	152.40	12.70	32.54	23.80	30.96	9.53	5.16	1/4-20、M6

(2) 半盖型轴承铰链

半盖型铰链是指一页片盖在门侧、另一页片嵌入门框立柱的铰链。半盖型轴承铰链的型式见图 14-41，基本尺寸见表 14-48。

半盖型轴承铰链的基本尺寸（mm） 表 14-48

代号	A	B	C	E	F	G	H	J	K
A40H	12.70	46.02	57.15	12.70	38.10	—	0.79	31.75	14.27
A45H	14.27	52.37	65.07	12.70	44.45	—	0.79	38.10	14.27
B45H	15.88	53.98	65.07	12.70	44.45	—	0.79	38.10	14.27
A50H	14.27	52.37	73.03	12.70	31.75	38.10	0.79	38.10	22.23
B50H	15.88	53.98	73.03	12.70	31.75	38.10	0.79	38.10	22.23
B60H	15.88	53.98	82.55	12.70	31.75		0.79	38.10	31.75

代号	L	M	N	P	Q	R	厚度	框片沉头机螺钉/木螺钉	门片半沉头
A40H	101.60	13.00	25.50	19.05	24.60	9.53	3.30	12-24、M6	1/4-20、M6
A45H	114.30	12.90	28.58	25.40	31.34	9.53	3.40	12-24、M6	1/4-20、M6
B45H	114.30	12.90	28.58	25.40	31.34	9.53	4.57	12-24、M6	1/4-20、M6
A50H	127.00	12.90	31.75	25.40	37.70	9.53	3.71	12-24、M6	1/4-20、M6
B50H	127.00	12.90	31.75	25.40	37.70	9.53	4.83	12-24、M6	1/4-20、M6
B60H	152.40	12.70	32.54	23.80	30.96	9.53	5.16	12-24、M6	1/4-20、M6

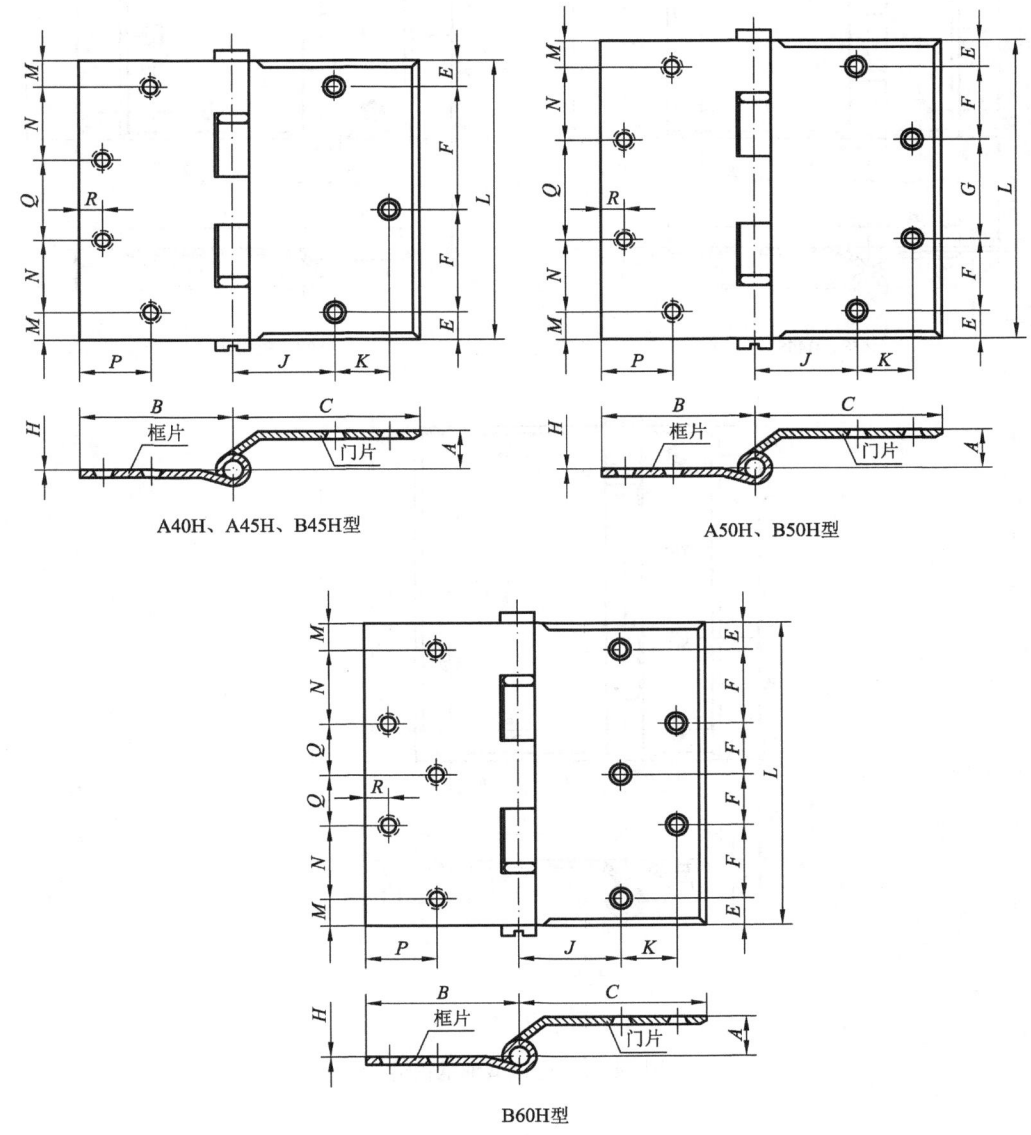

A40H、A45H、B45H型　　　　　　A50H、B50H型

B60H型

图 14-41　半盖型轴承铰链

（3）全盖型轴承铰链

全盖型铰链是指一页片覆盖在门侧、另一页片盖在门框立柱的铰链。全盖型轴承铰链的型式见图 14-42，基本尺寸见表 14-49。

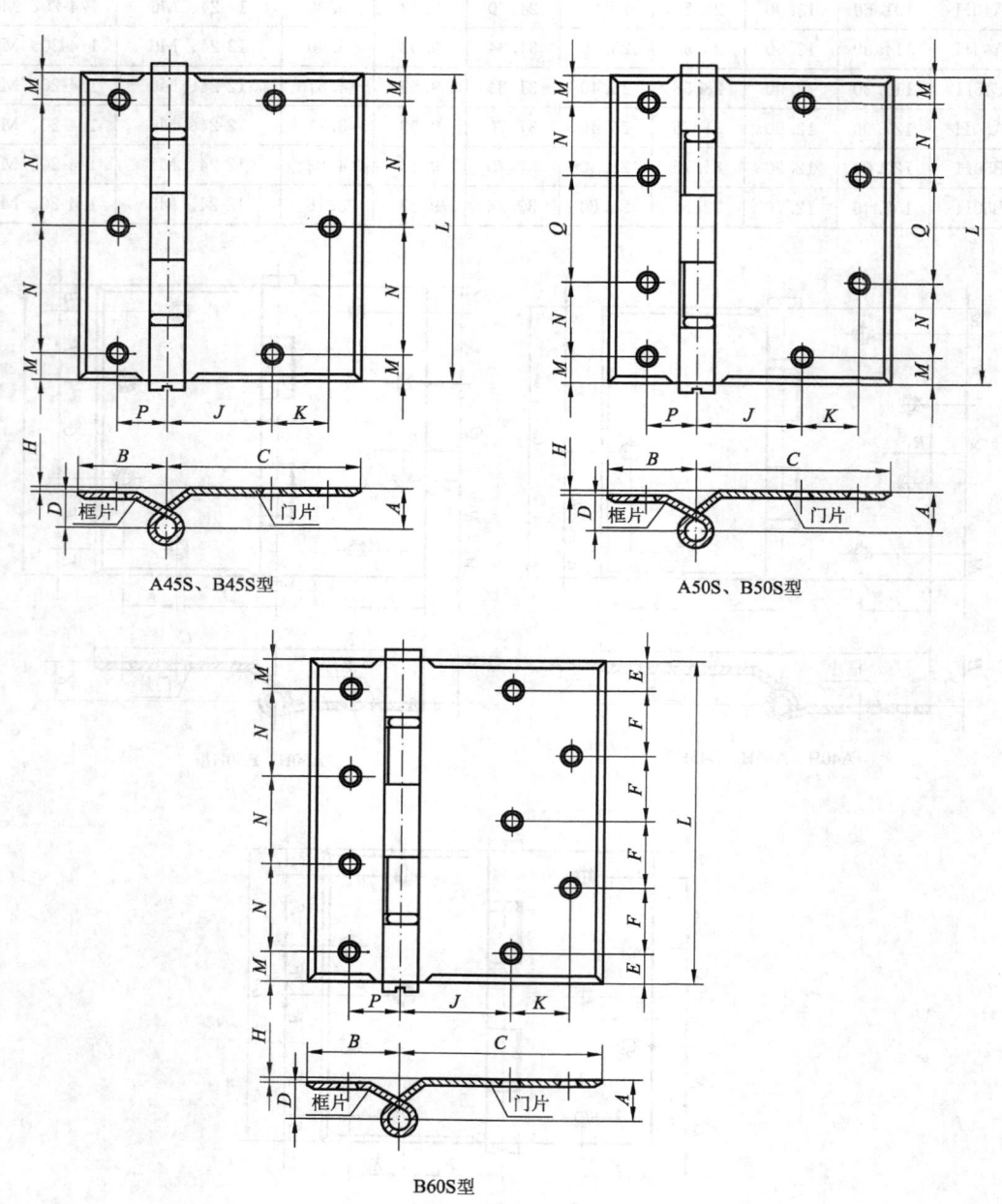

图 14-42　全盖型轴承铰链

全盖型轴承铰链的基本尺寸（mm）　　　　　　　　表 14-49

代号	A	B	C	D	E	F	H	J	K
A45S	14.27	38.10	65.07	11.13	—	—	3.18	38.10	14.27
B45S	15.88	38.10	65.07	12.70	—	—	3.18	38.10	14.27
A50S	14.27	38.10	73.03	11.13	—	—	3.18	38.10	22.23
B50S	15.88	38.10	73.03	12.70	—	—	3.18	38.10	22.23
B60S	15.88	38.10	82.55	12.70	12.70	31.75	3.18	38.10	31.75

代号	L	M	N	P	Q	厚度	框片半沉头机螺钉/木螺钉	门片螺钉
A45S	114.30	12.70	44.45	25.40	38.10	3.40	12-24、M6	1/4-20、M6
B45S	114.30	12.70	44.45	25.40	38.10	4.57	12-24、M6	1/4-20、M6
A50S	127.00	12.70	31.75	25.40	38.10	3.71	12-24、M6	1/4-20、M6
B50S	127.00	12.70	31.75	25.40	38.10	4.83	12-24、M6	1/4-20、M6
B60S	152.40	12.70	42.33	25.40	—	5.16	1/4-20、M6	1/4-20、M6

（4）半嵌型轴承铰链

半嵌型铰链是指一页片嵌装在门侧、另一页片盖在门框立柱的铰链。半嵌型轴承铰链的型式见图 14-43，基本尺寸见表 14-50。

半嵌型轴承铰链的基本尺寸（mm）　　　　　　　　表 14-50

代号	A	B	C	E	F	G	H	J	
A45HM	11.13	52.37	38.10	12.70	44.45	38.10	0.79	25.40	
B45HM	12.70	53.98	38.10	12.70	44.45	38.10	0.79	25.40	
A50HM	11.13	52.37	38.10	12.70	31.75	38.10	0.79	25.40	
B50HM	12.70	53.98	38.10	12.70	31.75	38.10	0.79	25.40	
B60HM	12.70	53.98	38.10	12.70	42.33	—	0.79	25.40	

代号	L	M	N	P	Q	R	厚度	框片半沉头机螺钉/木螺钉	门片沉头
A45HM	114.30	12.90	28.58	25.40	31.34	9.53	3.40	12-24、M6	12-24、M6
B45HM	114.30	12.90	28.58	25.40	31.34	9.53	4.57	12-24、M6	12-24、M6
A50HM	127.00	12.90	31.75	25.40	37.70	9.53	3.71	12-24、M6	12-24、M6
B50HM	127.00	12.90	31.75	25.40	37.70	9.53	4.83	12-24、M6	12-24、M6
B60HM	152.40	12.70	32.54	23.80	30.96	9.53	5.16	1/4-20、M6	1/4-20、M6

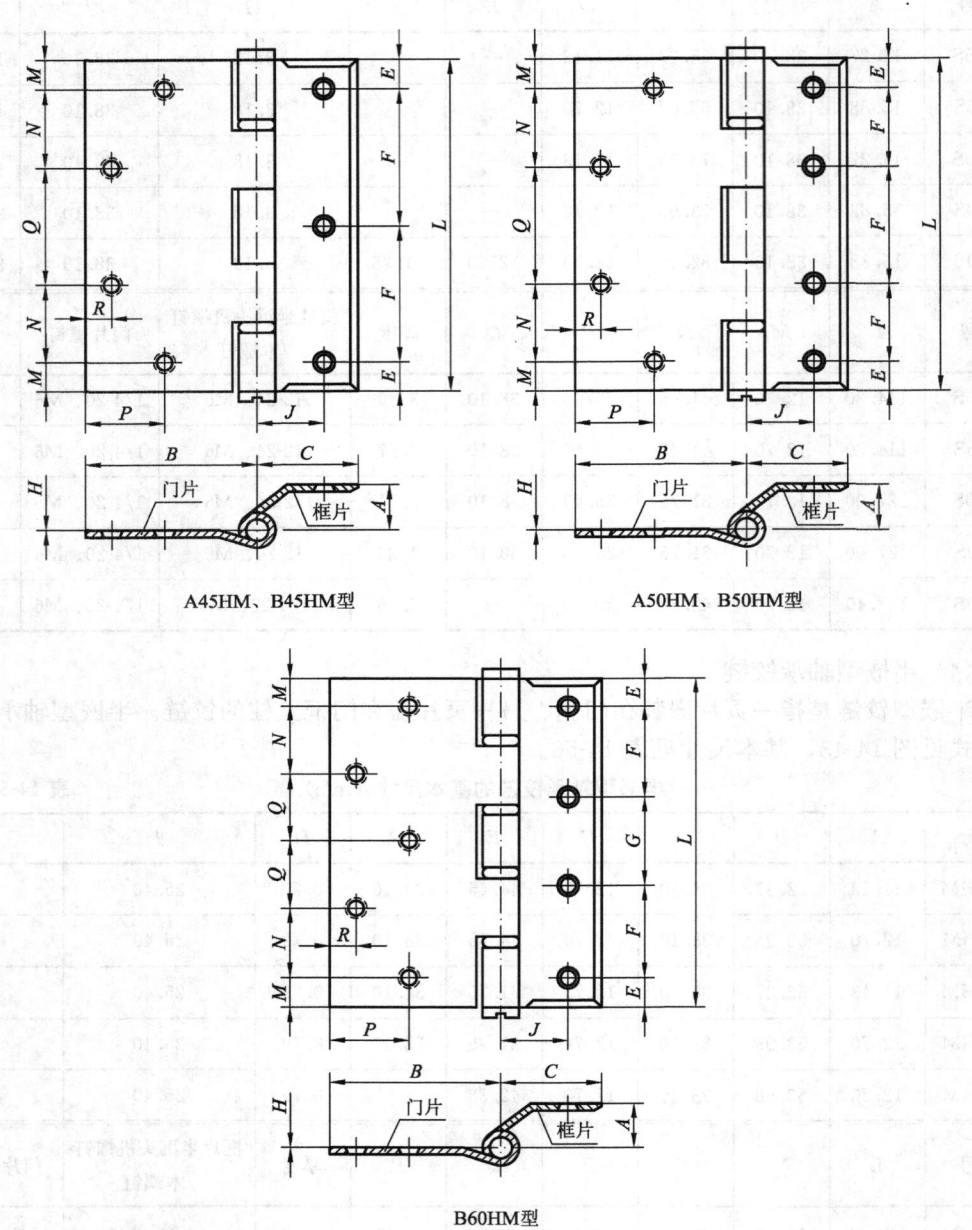

A45HM、B45HM型   A50HM、B50HM型

B60HM型

图 14-43 半嵌型轴承铰链

（5）无缝轴承铰链

无缝铰链是指页片可滑移到门或门框的预留孔穴中隐藏的铰链。无缝轴承铰链的型式见图 14-44，基本尺寸见表 14-51。

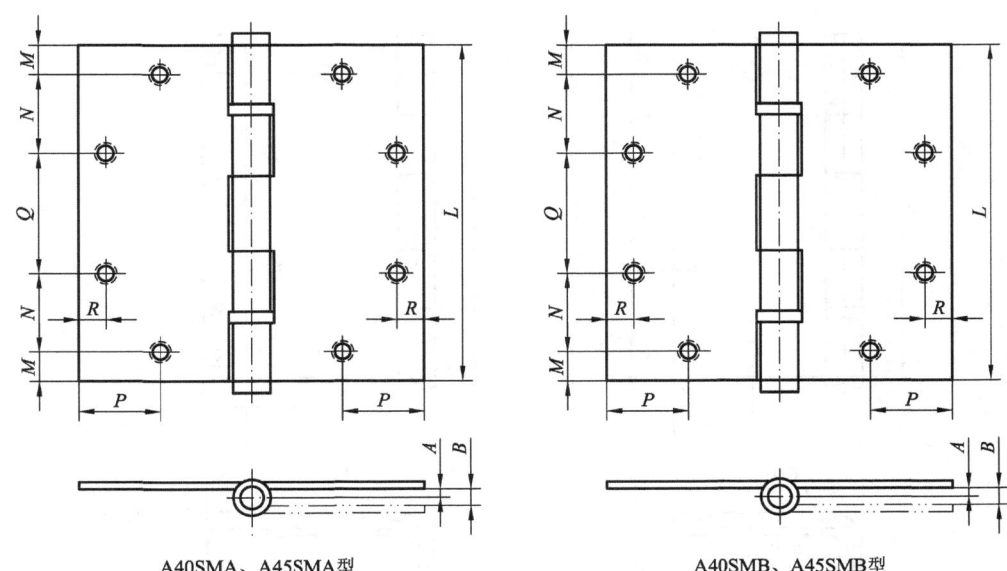

A40SMA、A45SMA型　　　　　　A40SMB、A45SMB型

图 14-44　无缝轴承铰链

无缝轴承铰链的基本尺寸（mm）　　　　　　　　表 14-51

代号	A	B	L	M	N	P	Q	R	厚度	门框页片孔	框片、门片叶片孔	门片沉头机螺钉/木螺钉
A40SMA	2.38	4.76	101.60	13.00	25.50	19.05	24.60	9.53	3.30	12-24、M6	—	12-24、M6
A45SMA	2.38	4.76	114.30	12.90	28.58	25.40	31.34	9.53	3.40	12-24、M6	—	12-24、M6
A40SMB	3.97	7.94	101.60	13.00	25.50	19.05	24.60	9.53	3.30	—	12-24、M6	—
A45SMB	3.97	7.94	114.30	12.90	28.58	25.40	31.34	9.53	3.40	—	12-24、M6	—

（6）摇摆轴承铰链

摇摆铰链是指当门打开超过 90°或 95°后可随意摇动的铰链。摇摆轴承铰链的型式见图 14-45，基本尺寸见表 14-52。

摇摆轴承铰链的基本尺寸（mm）　　　　　　　　表 14-52

代号	A	B	C	D	E	F	G	J	K	
A35MS	53.98	44.45	2.38	—						
A40MS	65.09	55.56	2.38	—						
B50HS	15.88	53.98	140.87	40.08	2.90	31.75	37.70	69.44	28.58	
B50SS	15.88	12.70	140.86	38.48	12.70	31.75	38.10	69.44	28.58	
B50HMS	38.48	12.70	42.44	53.98	12.70	31.75	—	25.78	37.70	
A35MS	88.90	9.02	35.43	9.14	24.60	17.45	3.12	10×1in	—	—
A40MS	101.60	13.00	25.50	19.05	24.60	9.53	3.30	12×1-1/4in	—	—
B50HS	127.00	15.88	47.63	25.40	28.58	9.53	4.83	—	12-24、M6	1/4-20、M6
B50SS	127.00	15.88	47.63	25.78	28.58	—	4.83	—	12-24、M6	1/4-20、M6
B50HMS	127.00	12.70	31.75	25.40	38.10	9.53	4.83	—	12-24、M6	1/4-20、M6（沉头）

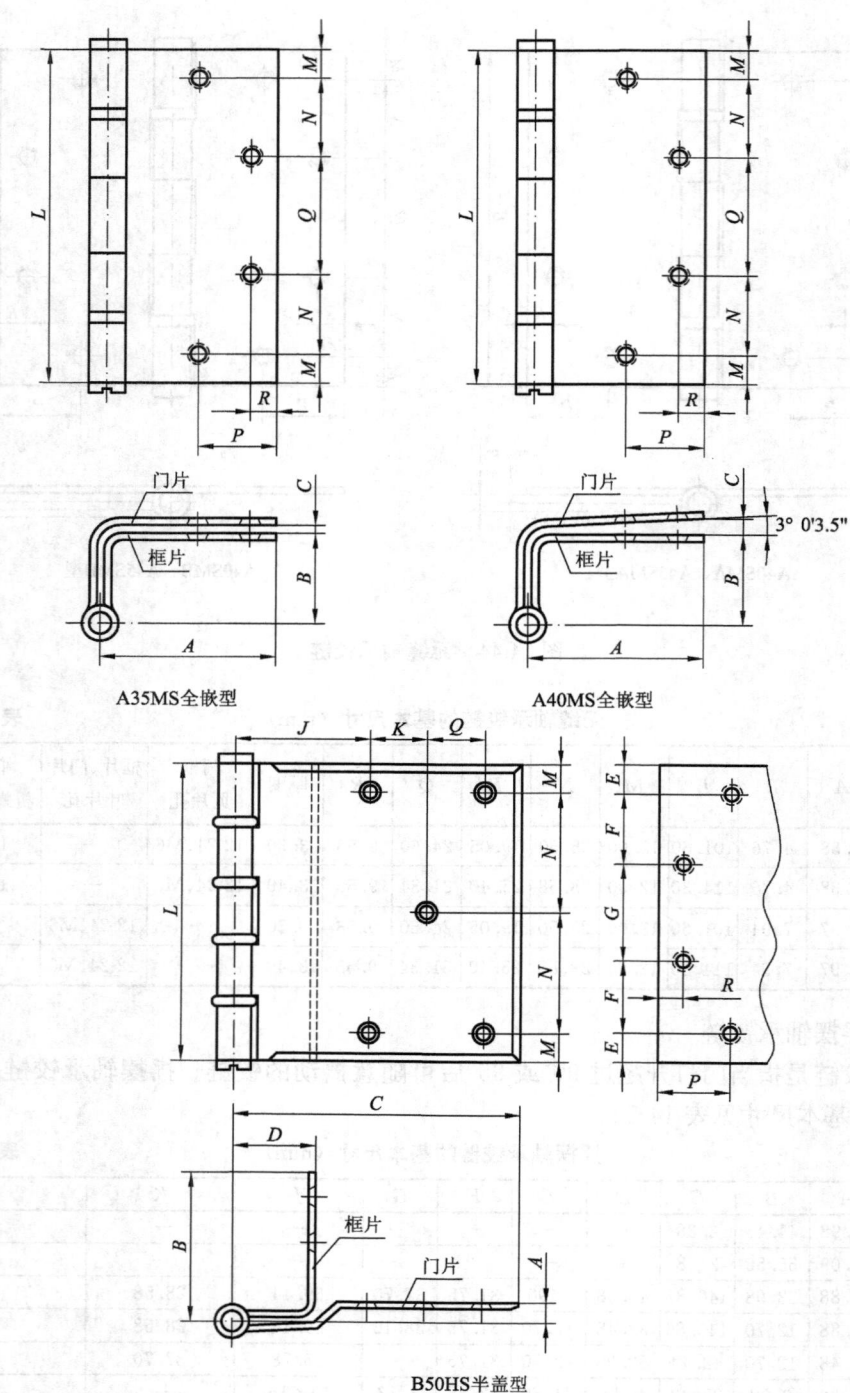

图 14-45 摇摆轴承铰链（一）

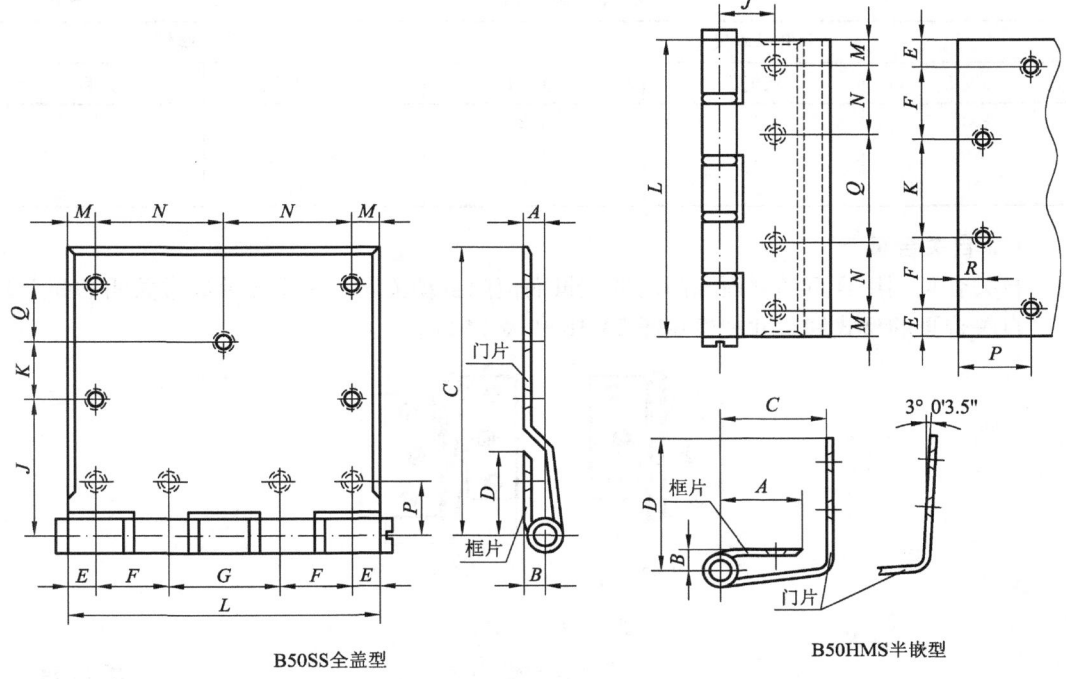

B50SS全盖型　　　　　　　　　　　　　　B50HMS半嵌型

图 14-45　摇摆轴承铰链（二）

9. 蝴蝶折叠合页

蝴蝶折叠合页用于方、圆桌面的四边折叠连接，使方、圆桌面的转换迅速、可靠。

蝴蝶折叠合页的型式见图 14-46。

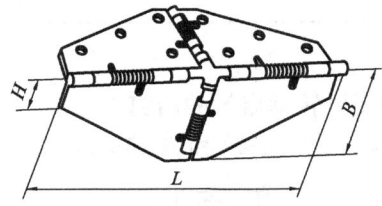

图 14-46　蝴蝶折叠合页

蝴蝶折叠合页规格：$L=169$，$B=65$，$H=35$，折弯角度 $89°$。

10. 脱卸合页

脱卸合页与双袖型合页相似，但页片较窄而薄，且多为小规格，用于需要脱卸轻便的门窗及家具上。

脱卸合页的型式和尺寸规格见图 14-47 和表 14-53。

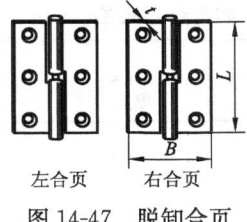

左合页　　右合页

图 14-47　脱卸合页

脱卸合页规格（mm） 表 14-53

页片基本尺寸			配用木螺钉	
长度 L	宽度 B	厚度 t	直径×长度	数目
50	39	1.2	3×20	4
65	44	1.2	3×25	6
75	50	1.5	3×30	6

11. 自关合页

自关合页利用合页的斜面和门扇的重量而使门自动关闭，用于需要经常关闭的门上。

自关合页的型式和尺寸规格见图 14-48 和表 14-54。

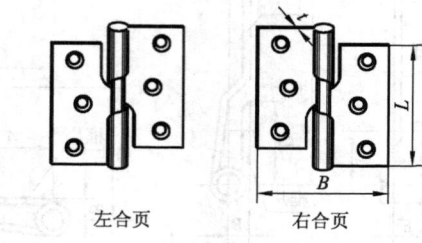

左合页　　　　右合页

图 14-48　自关合页

自关合页规格（mm） 表 14-54

页片基本尺寸				配用木螺钉	
长度 L	宽度 B	厚度 t	升高 a	直径×长度	数目
75	70	2.7	12	4.5×30	6
100	80	3.0	13	4.5×40	8

12. 扇形合页

扇形合页用于安装在各种需要转动启闭的门窗上。

扇形合页的型式和尺寸规格见图 14-49 和表 14-55。

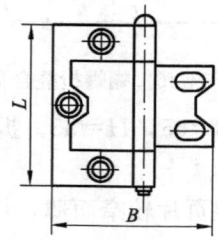

图 14-49　扇形合页

扇形合页规格（mm） 表 14-55

页片基本尺寸			配用木螺钉	
长度 L	宽度 B	厚度 t	直径×长度	数目
65（64）	60	1.6	4×25	5
120	70（67）	2	4.5×25	7

13. 翻窗合页

翻窗合页用于工厂、仓库、住宅、公共建筑物等的活动气窗上。

翻窗合页的型式和尺寸规格见图 14-50 和表 14-56。

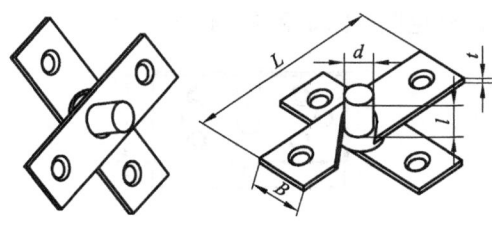

图 14-50　翻窗合页

翻窗合页规格（mm）　　　　　　　　　　　　　　　　　　　**表 14-56**

页片基本尺寸			芯轴		配用木螺钉	
长度 L	宽度 B	厚度 t	直径 d	长度 l	直径×长度	数目
50	19	2.7	9	12	3.5×18	8
65	19	2.7	9	12	3.5×18	8
75	19	2.7	9	12	4×25	8
90	19	3.0	9	12	4×25	8
100	19	3.0	9	12	4×25	8

14. 门头合页

门头合页用于橱门上，关上门时合页不外露，使门扇美观。

门头合页的型式和尺寸规格见图 14-51 和表 14-57。

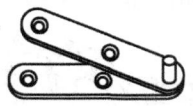

图 14-51　门头合页

门头合页规格（mm）　　　　　　　　　　　　　　　　　　　**表 14-57**

页片基本尺寸			配用木螺钉	
长度 L	宽度 B	厚度 t	直径×长度	数目
70	15	3	3×16	4

15. 暗合页

暗合页用于屏风、橱门上，当屏风展开、橱门关闭时看不见合页。

暗合页的型式见图 14-52。

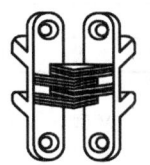

图 14-52　暗合页

暗合页规格：长度（mm）：40，70，90。

16. 台合页

台合页用于能折叠的台板上，如折叠的圆台面、沙发、学校用活动课桌的台面等。

台合页的型式和尺寸规格见图 14-53 和表 14-58。

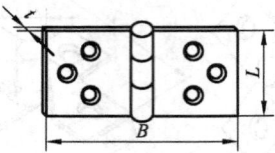

图 14-53　台合页

台合页规格（mm）　　　　　　　　　　　　　　表 14-58

页片基本尺寸			配用木螺钉	
长度 L	宽度 B	厚度 t	直径×长度	数目
34	80	1.2	3×16	6
38	136	2	3.5×25	6

17. 自弹杯状暗合页

自弹杯状暗合页用于板式家具的橱门与橱壁的连接，利用弹簧力，开启时，橱门立即旋转到90°位置；关闭时，橱门不会自行开启，合页也不外露。由带底座的合页和基座两部分组成。基座装在橱壁上，带底座的合页装在橱门上。直臂式适用于橱门全部遮盖住橱壁的场合；小曲臂式适用于橱门半遮盖住橱壁的场合；大曲臂式适用于橱门嵌在橱壁的场合。

自弹杯状暗合页的型式和尺寸规格见图 14-54 和表 14-59。

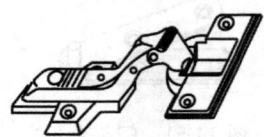

自弹杯状暗合页（直臂式）

全遮盖式橱门用
（直臂式暗合页）

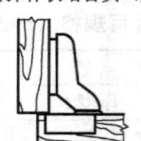

半遮盖式橱门用
（曲臂式暗合页）

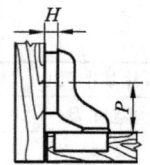

嵌式橱门用
（大曲臂式暗合页）

图 14-54　自弹杯状暗合页

自弹杯状暗合页规格（mm）　　　　　　　　　　表 14-59

带底座的合页				基　　座				
型式	底座直径	合页总长	合页总宽	型式	中心矩 P	底板厚 H	基座总长	基座总宽
直臂式	35	95	66	V 型	28	4	42	45
曲臂式	35	90	66	K 型	28	4	42	45
大曲臂式	35	93	66					

四、插　销

1. 钢插销（QB/T 2032—2013）

钢插销适用于各种门窗及橱柜的定位和锁闭。

钢插销按功能可分为单动型（直接操作完成往复运动，见图 14-55、图 14-56）和联动型（通过弹簧等部件间接操作完成往复运动，见图 14-60、图 14-61）；按型式可分为普通型、封闭型、蝴蝶型和翻窗型；按安装方式可分为明装和暗装。

普通型、封闭型单动插销的型式尺寸见图 14-55、图 14-56 和表 14-60。

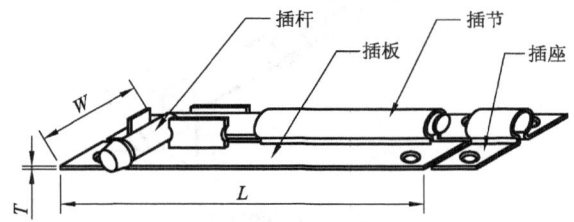

图 14-55　普通型单动插销

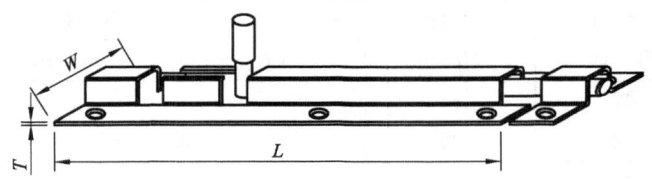

图 14-56　封闭型单动插销

普通型、封闭型单动插销的尺寸　　　　　　　　　　　**表 14-60**

插板长度 L/mm	插板宽度 W/mm		插板厚度 T/mm		配用螺钉		
	普通型	封闭型	普通型	封闭型	普通型（直径×长度）(mm×mm)	封闭型（直径×长度）(mm×mm)	数目/个
100	28	29	1.0	1.0	3×16	3.5×16	6
150	28	29	1.2	1.2	3×18	3.5×16	8
200	28	36	1.2	1.2	3×18	4×18	8
250	28	—	1.2	—	3×18	—	8
300	28	—	1.2	—	3×18	—	8

蝴蝶型插销的型式尺寸见图 14-57 和表 14-61。

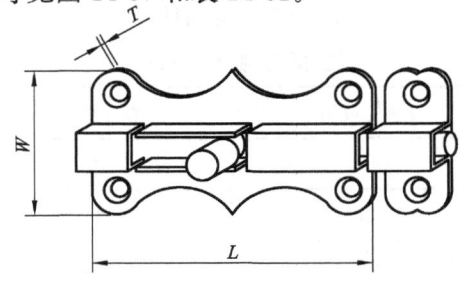

图 14-57　蝴蝶型插销

蝴蝶型插销的尺寸　　　　　　　　　　　　　　表 14-61

插板长度	插板宽度	插板厚度	插杆直径	配用螺钉	
L/mm	W/mm	T/mm	/mm	（直径×长度）/（mm×mm）	数目/个
40	35	1.2	7	3.5×18	6
50	44	1.2	8	3.5×18	6

暗插销的型式尺寸见图 14-58 和表 14-62。

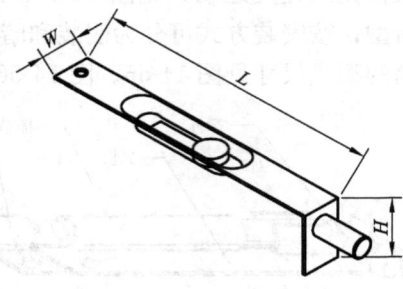

图 14-58　暗插销

暗插销的尺寸　　　　　　　　　　　　　　表 14-62

插板长度	插板宽度	插板深度	配用螺钉	
L/mm	W/mm	H/mm	（直径×长度）/（mm×mm）	数目/个
150	20	35	3.5×18	5
200	20	40	3.5×18	5
250	22	45	4×25	5
300	25	50	4×25	5

翻窗插销的型式尺寸见图 14-59 和表 14-63。

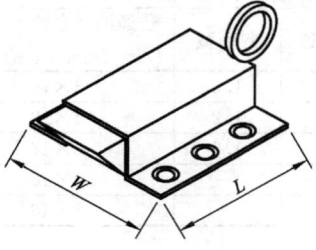

图 14-59　翻窗插销

翻窗插销的尺寸（mm）　　　　　　　　　　表 14-63

插板长度 L	插板宽度 W	销舌伸出量	配用螺钉（直径×长度）
30	43	9	3.5×18
35	46	11	3.5×20
45	48	12	3.5×22

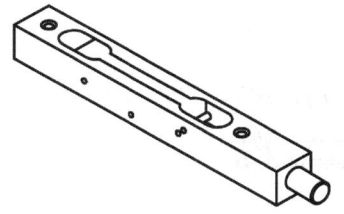

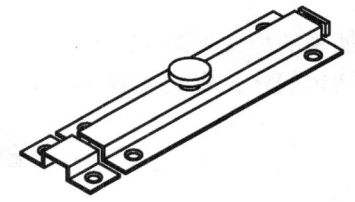

图 14-60　暗装普通型联动插销图　　　　图 14-61　明装封闭型联动插销

2. 铝合金门插销（QB/T 3885—1999）

铝合金门插销用于铝合金平开门、弹簧门关闭后的固定。型式有台阶式（代号为 T）和平板式（代号为 P）两种。

铝合金门插销的型式和尺寸规格见图 14-62 和表 14-64。

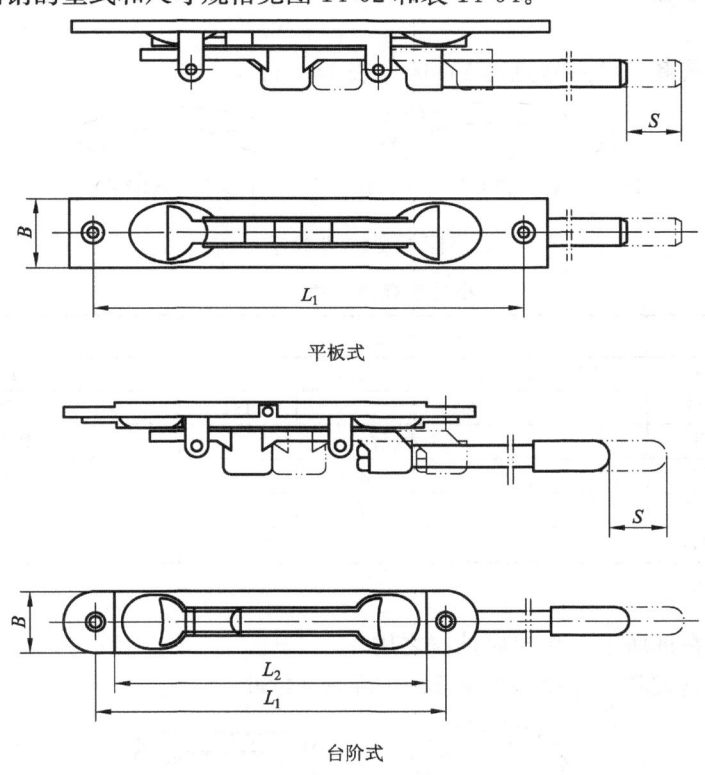

平板式

台阶式

图 14-62　铝合金门插销

门插销主要尺寸（mm）　　　　　　　　　　　　表 14-64

行程 S	宽度 B	孔距 L_1	台阶 L_2
>16	22	130	110
	25	155	

3. 扁插销

扁插销厚度比一般插销薄得多，可装在较狭窄处，使用较方便，多用于橱门及纱窗上。

扁插销的型式见图 14-63。

扁插销规格：底板长度（mm）：50，65，75，100，125，150。

图 14-63 扁插销

五、拉手、执手

1. 小拉手

小拉手一般装在木制房门或抽屉上，作推、拉房门或抽屉之用，也常用作工具箱、仪表箱上的拎手。

小拉手的型式和尺寸规格见图 14-64 和表 14-65。

普通式（A型，门拉手，弓形拉手）　　　　香蕉式（香蕉拉手）

图 14-64 小拉手

小拉手规格尺寸（mm）　　　　　　　　　　　表 14-65

拉手品种		普　通　式				香　蕉　式		
拉手规格（全长）		75	100	125	150	90	110	130
钉孔中心矩（纵向）		65	88	108	131	60	75	90
配用螺钉	品种	沉头木螺钉				盘头螺钉		
	直径	3	3.5	3.5	4	M3.5		
	长度	16	20	20	25	25		
	数目	4				2		

2. 蟹壳拉手

蟹壳拉手装在抽屉上，作拉启抽屉之用。

蟹壳拉手的型式和尺寸规格见图 14-65 和表 14-66。

 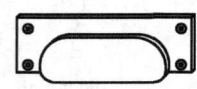

普通型　　　　　　　　　方型

图 14-65 蟹壳拉手

蟹壳拉手规格尺寸（mm）　　　　　　　　　　　表 14-66

长　　度		65（普通）	80（普通）	90（方形）
配用木螺钉	直径×长度	3×16	3.5×20	3.5×20
	数量	3	3	4

3. 圆柱拉手

圆柱拉手可装在橱门或抽屉上，作拉启之用。

圆柱拉手的型式和尺寸规格见图 14-66 和表 14-67。

圆柱拉手　　　　塑料圆柱拉手

图 14-66　圆柱拉手

圆柱拉手型式和尺寸（mm）　　　　　　表 14-67

品名	材料	表面处理	圆柱拉手尺寸		配用镀锌半圆头螺钉和垫圈
			直径	高度	
圆柱拉手	低碳钢	镀铬	35	22.5	M5×25；垫圈 5
塑料圆柱拉手	ABS		40	20	M5×30；垫圈 5

4. 底板拉手

底板拉手安装在中型门扇上，作推、拉门扇之用。

底板拉手的型式和尺寸规格见图 14-67 和表 14-68。

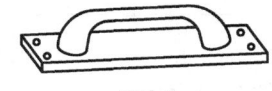 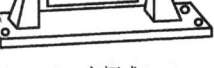

普通式　　　　　　方柄式

图 14-67　底板拉手

底板拉手规格（mm）　　　　　　表 14-68

规格（底板全长）	普　通　式				方　柄　式			每副（2只）拉手附镀锌木螺钉	
	底板宽度	底板厚度	底板高度	手柄长度	底板宽度	底板厚度	手柄长度	直径×长度	数目
150	40	1.0	5.0	90	30	2.5	120	3.5×25	8
200	48	1.2	6.8	120	35	2.5	163	3.5×25	8
250	58	1.2	7.5	150	50	3.0	196	4×25	8
300	66	1.6	8.0	190	55	3.0	240	4×25	8

5. 梭子拉手

梭子拉手装在一般房门或大门上，作推、拉门扇之用。

梭子拉手的型式和尺寸规格见图 14-68 和表 14-69。

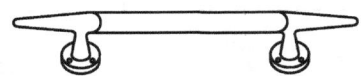

图 14-68　梭子拉手

梭子拉手规格尺寸（mm）   **表 14-69**

主 要 尺 寸					每副（2只）拉手附镀锌木螺钉	
规格（全长）	管子外径	高度	桩脚底座直径	两桩脚中心矩	直径×长度	数目
200	19	65	51	60	3.5×18	12
350	25	69	51	210	3.5×18	12
450	25	69	51	310	3.5×18	12

6. 管子拉手

管子拉手装在一般推、拉比较频繁的大门上，作推、拉门扇之用。

管子拉手的型式和尺寸规格见图 14-69 和表 14-70。

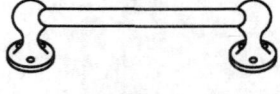

图 14-69　管子拉手

管子拉手规格尺寸（mm）   **表 14-70**

主要尺寸	管子	长度（规格）：250，300，350，400，450，500，550，600，650，700，750，800，850，900，950，1000
		外径×壁厚：32×1.5
	桩头	底座直径×圆头直径×高度：77×65×95
	拉手总长	管子长度＋40
每副（2只）拉手配用镀锌木螺钉（直径×长度）：4×25，12只		

7. 推板拉手

推板拉手装在一般房门或大门上，作推、拉门扇之用。

推板拉手的型式和尺寸规格见图 14-70 和表 14-71。

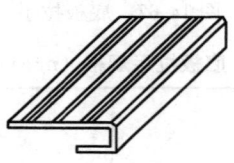

图 14-70　推板拉手

推板拉手型号规格（mm）   **表 14-71**

型号	拉手主要尺寸				每副（2只）拉手附件的品种、规格和数目，钢制品镀锌		
	规格（长度）	宽度	高度	螺栓孔数及中心距	双头螺柱	盖形螺母	铜垫圈
X—3	200	100	40	二孔，140	M6×65，2只	M6，4只	6，4只
	250	100	40	二孔，170	M6×65，2只	M6，4只	6，4只
	300	100	40	三孔，110	M6×65，3只	M6，6只	6，4只
228	300	100	40	二孔，270	M6×65，2只	M6，6只	6，4只

8. 方形大门拉手

方形大门拉手与管子拉手作用相同。

方形大门拉手的型式和尺寸规格见图 14-71 和表 14-72。

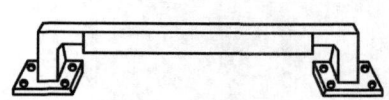

图 14-71　方形大门拉手

方形大门拉手规格（mm）　　　　　　　　　　　　　　　**表 14-72**

主要尺寸	手柄长度（规格）/托柄长度：250/190，300/240，350/290，400/320，450/370，500/420，550/470，600/520，650/550，700/600，750/650，800/680，850/730，900/780，950/830，1000/880
	手柄断面宽度×高度：12×16
	底板长度×宽度×厚度：80×60×3.5
	拉手总长：手柄长度＋64
	拉手总高：54.5
每副（2只）拉手附镀锌木螺钉：直径×长度 4×25，16 只	

9. 推挡拉手

推挡拉手通常横向装在进出比较频繁的大门上，作推、拉门扇用，并起保护门上的玻璃作用。

推挡拉手的型式和尺寸规格见图 14-72 和表 14-73。

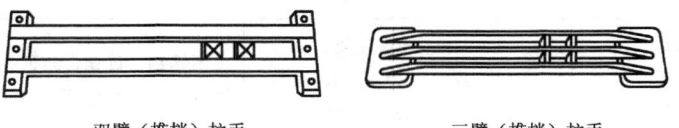

双臂（推挡）拉手　　　　　　　三臂（推挡）拉手

图 14-72　推挡拉手

推挡拉手规格（mm）　　　　　　　　　　　　　　　**表 14-73**

主要尺寸	拉手全长（规格）： 　双臂拉手——600，650，700，750，800，850 　三臂拉手——600，650，700，750，800，850，900，950，1000
	底板长度×宽度：120×50
每副（2只）拉手附件的品种、规格及数量： 　双臂拉手——4×25 镀锌木螺钉，12 只 　三臂拉手——6×25 镀锌双头螺栓，4 只；M6 铜六角球螺母，8 只；6 铜垫圈，8 只	

10. 玻璃大门拉手

玻璃大门拉手主要装在商场、大厦、俱乐部、酒楼等的玻璃大门上，作推、拉门扇用。

玻璃大门拉手的型式和尺寸规格见图 14-73 和表 14-74。

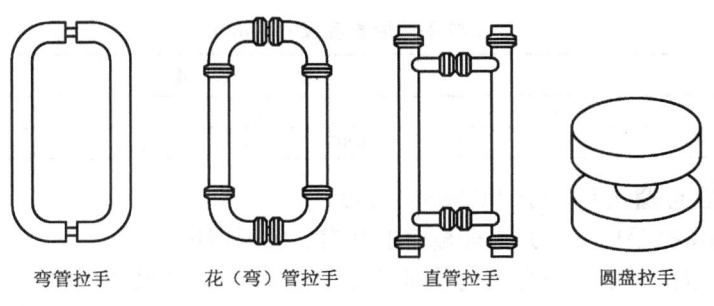

弯管拉手　　　　花（弯）管拉手　　　　直管拉手　　　　圆盘拉手

图 14-73　玻璃大门拉手

玻璃大门拉手（mm）   表 14-74

品 种	代 号	规 格	材料及表面处理
弯管拉手	MA113	管子全长×外径： 600×51，457×38， 457×32，300×32	不锈钢，表面抛光
花（弯）管拉手	MA112 MA123	管子全长×外径： 800×51，600×51， 600×32，457×38， 457×32，350×32	不锈钢，表面抛光，环状花纹表面为金黄色；手柄部分也有用柚木、彩色大理石或有机玻璃制造
直管拉手	MA104	600×51，457×38， 457×32，300×32	不锈钢，表面抛光，环状花纹表面为金黄色；手柄部分也有用彩色大理石、柚木制造
	MA122	800×54，600×54， 600×42，457×42	
圆盘拉手 （太阳拉手）		圆盘直径： 160，180，200，220， 457×32，300×32	不锈钢、黄铜，表面抛光；铝合金，表面喷塑（白色、红色等）；有机玻璃

11. 铝合金门窗拉手 （QB/T 3889—1999）

铝合金门窗拉手安装在铝合金门窗上，作推拉门扇、窗扇用。

拉手型式代号见表 14-75 和表 14-76，拉手外形长度尺寸见表 14-77 和表 14-78。

门用拉手型式代号   表 14-75

型式名称	杆式	板式	其他
代号	MG	MB	MQ

窗用拉手型式代号   表 14-76

型式名称	板式	盒式	其他
代号	CB	CH	CQ

门用拉手外形长度尺寸（mm）   表 14-77

名称	外 形 长 度					
门用拉手	200	250	300	350	400	450
	500	550	600	650	700	750
	800	850	900	950	1000	

窗用拉手外形长度尺寸（mm）   表 14-78

名 称	外 形 长 度			
窗用拉手	50	60	70	80
	90	100	120	150

12. 平开铝合金窗执手 （QB/T 3886—1999）

平开铝合金窗执手用于平开铝合金窗上开启、关闭窗扇。

平开铝合金窗执手型式分类及代号列于表 14-79，型式和尺寸规格见图 14-74～图 14-77 和表 14-80。

平开铝合金窗执手分类型式　表 14-79

型式	单动旋压型	单动板扣型	单头双向板扣型	双头联动板扣型
代号	DY	DK	DSK	SLK
图例	图 14-74	图 14-75	图 14-76	图 14-77

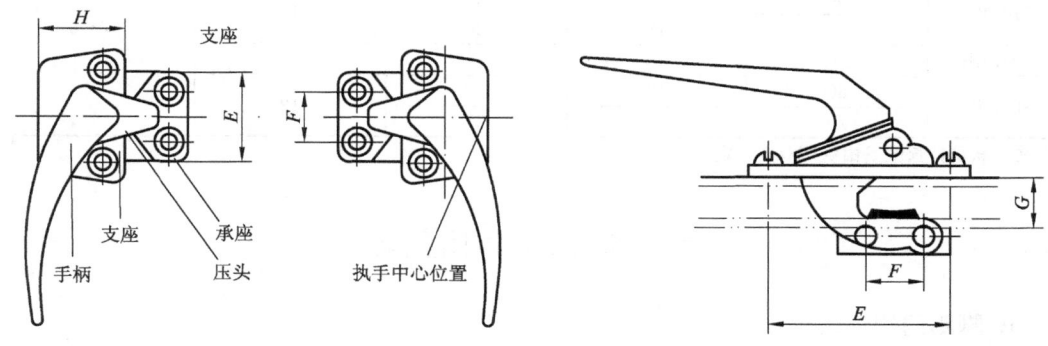

图 14-74　单动旋压型　　　　　　　　　　图 14-75　单动板扣型

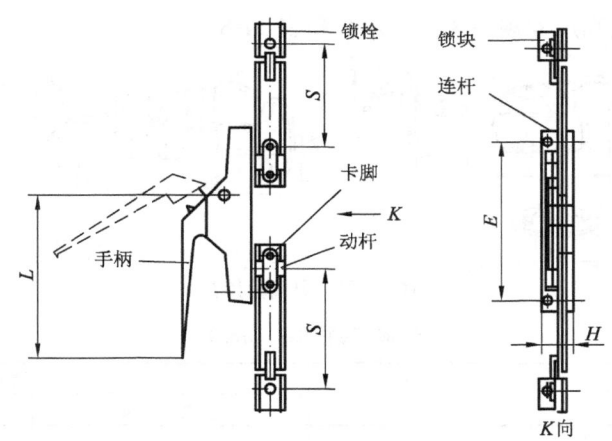

图 14-76　单头双向板扣型

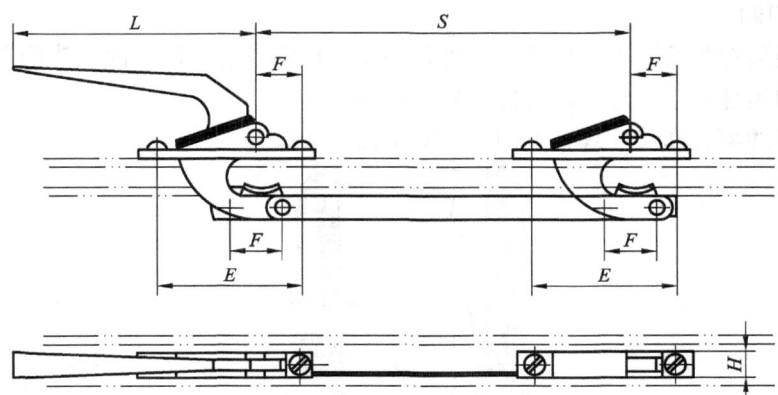

图 14-77　双头联动板扣型

平开铝合金窗执手的规格尺寸（mm）

表 14-80

型式	执手安装孔距 E	执手支座宽度 H	承座安装孔矩 F	执手座底面至锁紧面距离 G	执手柄长度 L
DY 型	35	29	16	—	
		24	19		
DK 型	60	12	23	12	≥70
	70	13	25		
DSK 型	128	22	—	—	
SLK 型	60	12	23	12	
	70	13	25		

注：联动杆长度 S 由供需双方协定。

六、定位器和闭门器

1. 脚踏门钩

脚踏门钩用来钩住开启的门扇，使门扇不能关闭。橡皮头用来防止门扇与底座碰撞。立式的底座装在靠近墙壁的地板上，横式的底座装在墙壁或踢脚板上。

脚踏门钩的型式和尺寸规格见图 14-78 和表 14-81。

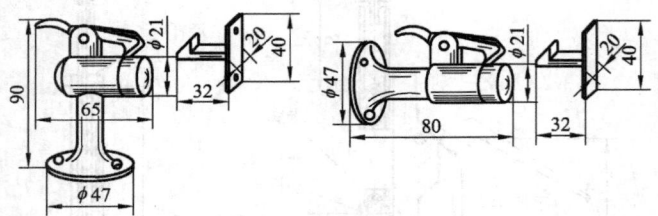

图 14-78　脚踏门钩

脚踏门钩规格（mm）

表 14-81

规格	尺寸	配用木螺钉	
		直径×长度	数目
立式	高 90	3.5×25	5
横式	长 40		

2. 脚踏门制

脚踏门制装在弹簧门上，用来固定弹簧门扇，使它不能自动关闭。当门扇开启后，用脚把脚踏门制顶部向下一踏，即可使门扇固定不动。

脚踏门制的型式和尺寸规格见图 14-79 和表 14-82。

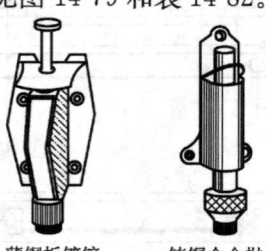

薄钢板镀锌　　铸铜合金抛光

图 14-79　脚踏门制

脚踏门制规格（mm）　　　　表 14-82

品种	主要尺寸				配用木螺钉	
	底板长	底板宽	总长	伸长<	直径×长度	数目
薄钢板镀锌	60	45	110	20	3.5×18	4
铸铜合金抛光	128	63	162	30	3.5×22	3

3. 门轧头

门扎头用来固定开启的门扇，使它不能关闭。开门时，将门扇向墙壁方向一推，钢皮轧头即将底座夹紧，门扇即被固定。如需关闭门扇时，只需将门扇用力一拉，即可使轧头与底座分开。装于一般门的中部或下部，底座安装方法同脚踏门钩。

门轧头的型式和尺寸规格见图 14-80 和表 14-83。

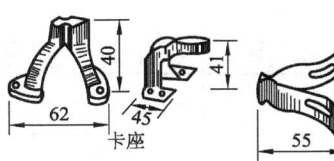
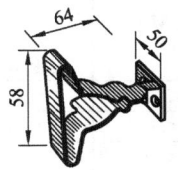

图 14-80　门轧头

门 轧 头 规 格（mm）　　　　表 14-83

形式	型号	尺寸	配用木螺钉			使用部位
			种类	直径×长度	数目	
横式	901	见图 14-72	半圆头	4×40	2	轧头
立式	902		沉头	4×25	2（横式）3~4（立式）	底座

4. 门吸（QB/T 4596—2013）

门吸为门扇开启后的定位装置，分为磁门吸和非磁门吸。门吸按安装方式分为立式门吸和卧式门吸，见图 14-81。

立式门吸的操作力应为 30N~80N；卧式门吸的操作力应为 5N~10N。

磁门吸的尺寸规格见表 14-84。

立式　　　　　　卧式

图 14-81　门吸

磁门吸规格（mm）　　　　表 14-84

使用部位	主要尺寸	配用木螺钉	
		直径×长度	数目
磁头座架吸盘座架	座架直径：55 磁头直径：36 直　　径：52 总　　长：90	3.5×18	7

注：非标准内容，仅供参考。

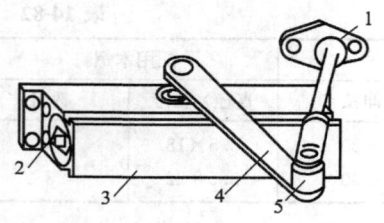

图 14-82　闭门器

1—连杆座；2—调节螺钉；
3—壳体；4—摇臂；5—连杆

5. 闭门器 （QB/T 2698—2013）

闭门器是安装在平开门上部，用于单向开门的各种关门或开门装置。

液压闭门器是由金属弹簧、液压阻尼组合作用的关门装置；电动闭门器是由电机驱动的自动关门装置。

闭门器按附加功能可以分为有定位装置、延时、缓冲 3 类。

闭门器的一般型式见图 14-82，规格见表 14-85。

闭门器规格　　　　　　　　　　　　　表 14-85

类别代号	关门力矩 $M_关$ N·m	能效比[1]/% ≥		规格	
		液压闭门器	电动闭门器	试验门质量/kg	推荐适用门最大宽度/mm
1	$9 \leqslant M_关 < 13$	45		15～30	750
2	$13 \leqslant M_关 < 18$	50		25～45	850
3	$18 \leqslant M_关 < 26$	55		40～65	950
4	$26 \leqslant M_关 < 37$	60	65	60～85	1100
5	$37 \leqslant M_关 < 54$	60		80～120	1250
6	$54 \leqslant M_关 < 87$	65		100～150	1400
7	$87 \leqslant M_关 < 140$	65		140～180	1600

[1] 能效比由关门力矩和开门力矩的比值确定，公式为 $\eta = \dfrac{M_关}{M_开} \times 100\%$，其中，$\eta$ 为能效比；$M_关$ 为关门力矩 （N·m）；$M_开$ 为开门力矩 （N·m）。

6. 地弹簧 （QB/T 2697—2013）

地弹簧是安装在平开门上部或下部，可单向或双向开门的各种关门或开门装置。

液压地弹簧是由金属弹簧、液压阻尼组合作用的关门装置；电动地弹簧是由电机驱动的自动开门、关门装置。

地弹簧按附加功能可以分为有定位装置、延时、缓冲 3 类。

地弹簧的一般型式见图 14-83，规格见表 14-86。

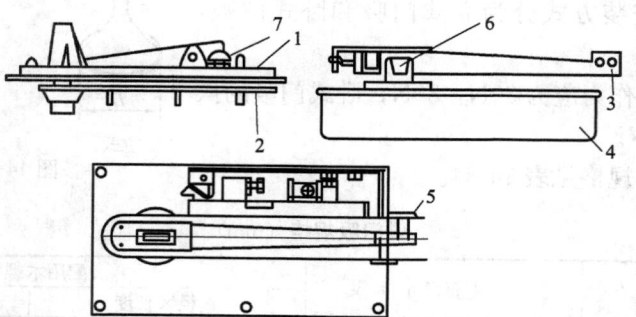

图 14-83　地弹簧

1—顶轴；2—顶轴套板；3—回转轴杆；4—底座；
5—可调螺钉；6—地轴；7—升降螺钉

地弹簧规格　　　　　　　　　　**表 14-86**

类别代号	关门力矩 $M_关$ N·m	能效比①/% ≥		规格	
		液压地弹簧	电动地弹簧	试验门质量/kg	推荐适用门最大宽度/mm
1	$9 \leqslant M_关 < 13$	45		15～30	750
2	$13 \leqslant M_关 < 18$	50		25～45	850
3	$18 \leqslant M_关 < 26$	55		40～65	950
4	$26 \leqslant M_关 < 37$	60	65	60～85	1100
5	$37 \leqslant M_关 < 54$	60		80～120	1250
6	$54 \leqslant M_关 < 87$	65		100～150	1400
7	$87 \leqslant M_关 < 140$	65		140～180	1600

① 能效比由关门力矩和开门力矩的比值确定，公式为 $\eta = \dfrac{M_关}{M_开} \times 100\%$ ，其中，η 为能效比；$M_关$ 为关门力矩（N·m）；$M_开$ 为开门力矩（N·m）。

7. 门底弹簧

门底弹簧功能相当于双面弹簧合页，可使门扇开启后自动关闭。依靠地轴与顶轴的轴心与门扇边梃连接，不需另装合页，适于弹簧木门。

门底弹簧的型式和尺寸规格见图 14-84 和表 14-87。

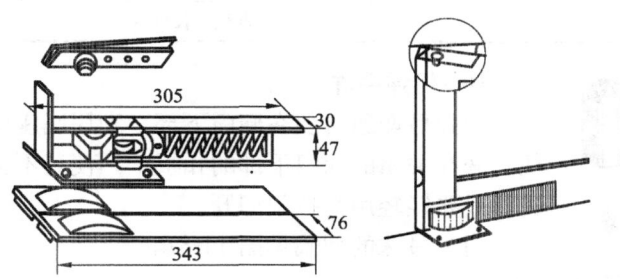

图 14-84　门底弹簧

门底弹簧规格（mm）　　　　　　　　　　**表 14-87**

型　　式	性　能　特　点
105 型（直式）	适用门型与 150 或 200mm 的双面弹簧合页相似
204 型（横式）	适用门型与 200 或 250mm 的双面弹簧合页相似，如不需门扇自动关闭时，把门扇开启到 90° 即可

8. 门弹弓（鼠尾弹簧）

门弹弓是装在门扇中部的一种自动闭门器，适用于装在单向开启的轻便门上。如门扇不使用自动关闭时，可将臂梗垂直放下。

门弹弓的型式和尺寸规格见图 14-85 和表 14-88。

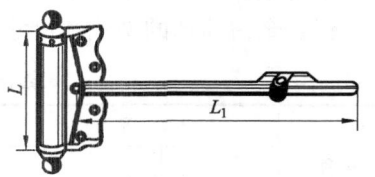

图 14-85　门弹弓

门 弹 弓 规 格 (mm)　　　　　　　　表 14-88

规　格	200	250	300	400	450
臂梗长度 L_1	203	254	305	406	457
合页页片长度 L		90			150
配用木螺钉　直径×长度		3.5×25			4×30
配用木螺钉　数目			6		

9. 磁性门夹

磁性门夹装在橱门上，利用磁力吸住关闭的橱门，使其不会自行开启。

磁性门夹的型式和尺寸规格见图 14-86 和表 14-89。

图14-86　磁性门夹

磁性门夹规格 (mm)　　　　　　　　表 14-89

规　格	A 型	B 型	C 型
底座长度×宽度	56×17.5	45×15	32×15
配木螺钉		直径×长度＝3×16	

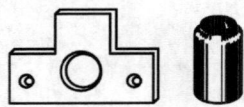

图 14-87　门弹弓珠

10. 门弹弓珠

门弹弓珠通常装在橱门下部，利用底座中的钢球（有弹簧顶住）嵌在关闭的橱门下部的扣板中，使其不会自行开启。如需开门，只要轻轻用力拉门即开。

门弹弓珠的型式见图 14-87。

规格：钢球直径 (mm)：6，8，10。

11. 碰珠

碰珠用于橱门及其他门上，当门扇关闭时，只需向关闭方向一推，门扇即被卡住。

碰珠的型式见图 14-88。

规格：长度 (mm)：50，65，75，100。

12. 铝合金窗撑挡 (QB/T 3887—1999)

铝合金窗撑挡是用于平开铝合金窗扇启闭、定位的装置。

铝合金窗撑挡的型式和尺寸规格见图 14-89、表 14-90 和表 14-91。

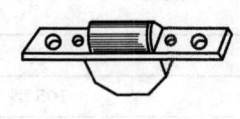

图 14-88　碰珠

铝合金窗撑挡的型式及材料标记代号　　　　　　　　表 14-90

名称	平开窗			带纱窗			铜	不锈钢
	内开启	外开启	上撑挡	上撑挡	下撑挡			
					左开启	右开启		
代号	N	W	C	SC	Z	Y	T	G

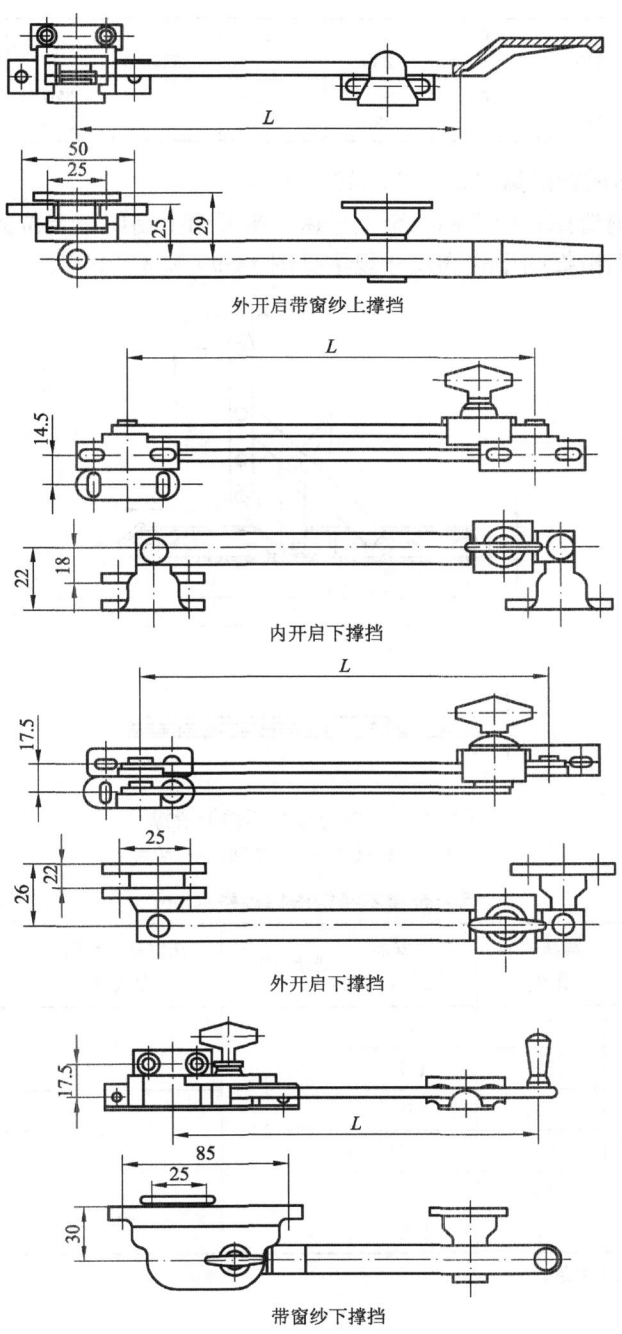

外开启带窗纱上撑挡

内开启下撑挡

外开启下撑挡

带窗纱下撑挡

图 14-89　铝合金窗撑挡

铝合金撑挡规格（mm）　　　　　　　　　　　　　表 14-91

品　种		基本尺寸 L						安装孔距	
								壳体	拉搁脚
平开窗	上	—	260	—	300	—		50	25
	下	240	260	280	—	310		—	
带纱窗	上撑挡	—	260	—	300		320	50	
	下撑挡	240	—	280	—		320	85	

13. 铝合金窗不锈钢滑撑（QB/T 3888—1999）

铝合金窗不锈钢滑撑是用于铝合金上悬窗、平开窗上启闭、定位的装置。

铝合金窗不锈钢滑撑的型式和尺寸规格见图 14-90 和表 14-92。

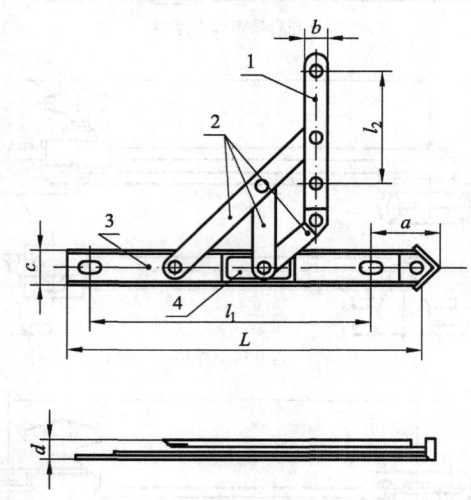

图 14-90　铝合金窗不锈钢滑撑
1—托臂；2—悬臂；3—滑轨；4—滑块

铝合金窗不锈钢滑撑规格（mm）　　　　　　　　　　表 14-92

规格	长度	滑轨安装孔距 l_1	托臂安装孔距 l_2	滑轨宽度 c	托臂悬臂材料厚度 δ	高度 h	开启角度
200	200	170	113	18~22	≥2	≤13.5	60°±2°
250	250	215	147				
300	300	260	156		≥2.5	≤15	85°+3°
350	350	300	195				
400	400	360	205		≥3	≤16.5	
450	450	410	205				

注：规格 200mm 适用于上悬窗。

七、门锁及家具锁

1. 挂锁（QB/T 1918—2011）

挂锁是以挂的形式锁住物件（体）的锁，用于门、窗、箱、抽屉等锁闭。

按结构分为弹子结构、叶片结构、号码结构；按锁闭方式分为有锁舌挂锁和无锁舌挂锁；按开启方式分为直开挂锁、横开挂锁、顶开挂锁和双开挂锁。

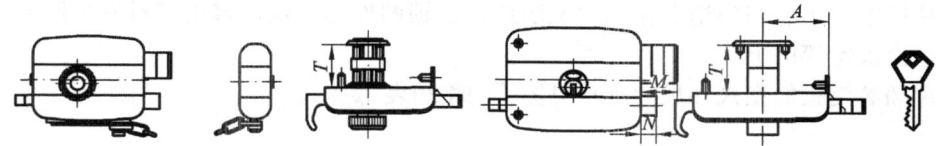

挂锁的一般型式见图 14-91。

尺寸规格按锁体宽度（mm）分为 20，25，30，35，40，45，50，60，75 等。

图 14-91
挂锁

2. 外装门锁（QB/T 2473—2000）

外装门锁装在门扇上作锁门用。门扇锁闭后，单头锁，室内用执手开启，室外用钥匙开启；双头锁，室内外均用钥匙开启。这类锁一般都具有室内保险机构、室外保险机构和锁体防御性能。

外装门锁的型式和尺寸规格见图 14-92 和表 14-93。

图 14-92　外装门锁

外装门锁主要尺寸（mm）　　　　　　**表 14-93**

类型	主　要　尺　寸			
	A	M	N	T
单头 双头	60	≥18	≥12	35～55

3. 弹子插芯门锁（QB/T 2474—2000）

弹子插芯门锁装在门扇上作锁门及防风用。单舌锁，需配执手使用；双舌锁，需配执手和按钮使用。

弹子插芯门锁的型式和尺寸规格见图 14-93 和表 14-94。

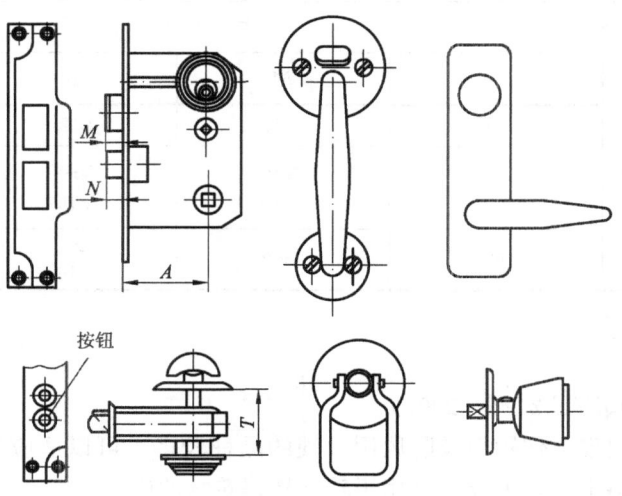

按钮

图 14-93　弹子插芯门锁

弹子插芯门锁主要尺寸（mm）　　　　　　　　　　　**表 14-94**

类　　型	主　要　尺　寸			
	A	M	N	T
单方舌		≥12	≥12	
单斜舌		≥12	≥12	
双舌掀压	40～60（5 进级），70	≥12.5	≥12	35～55，26～32①
双锁舌		≥12.5	≥12	
钩子锁舌		≥12.5	≥12	
双锁舌（钢门）		≥12.5	≥12	

① 只适用双锁舌（钢门）。

4. 叶片插芯门锁（QB/T 2475—2000）

叶片插芯门锁装在门扇上作锁门及防风用。锁的外形美观，多用于对安全性要求不高的教室、会议室等门上。

叶片插芯门锁的型式和尺寸规格见图 14-94 和表 14-95。

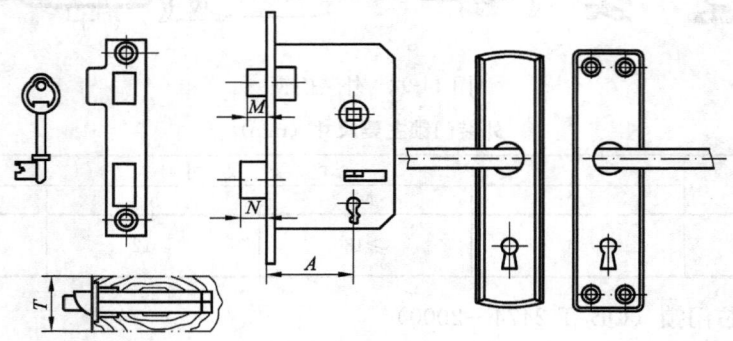

图 14-94　叶片插芯门锁

叶片插芯门锁主要尺寸（mm）　　　　　　　　　　　**表 14-95**

类　　型		主　要　尺　寸			
		A	M	N	T
狭型锁	单开式	45	≥10	≥12.5	35～50
	双开式	40	≥10	≥8①	35～50
		45	≥10	≥16②	35～50
中型锁	双开式	53	≥12	≥8① ≥16②	—

① 第一档。

② 第二档。

5. 球形门锁（QB/T 2476—2000）

球形门锁装在门扇上作锁门及防风用。锁的品种较多，可以适应不同用途门的需要。锁的造型美观，用料也比较考究，多用于较高档建筑物的门上。

球形门锁的型式和尺寸规格见图 14-95 和表 14-96。

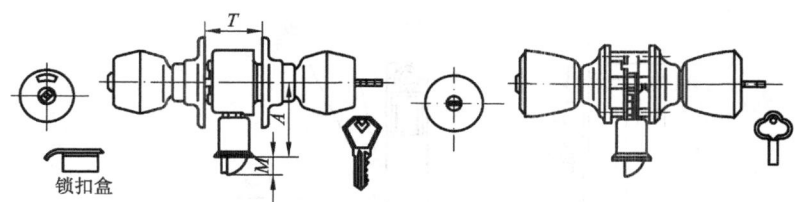

锁扣盒

图 14-95　球形门锁

球形门锁主要尺寸（mm）　表 14-96

类　型	主要尺寸		
	A	M	T
房间 壁橱 厕所 浴室 防风	60，70，80	≥11	35～50

6. 铝合金门锁（QB/T 3891—1999）

铝合金门锁安装在铝合金门上作锁门用，代号为 LMS。

铝合金门锁的技术特性代号和规格见表 14-97 和表 14-98。

技术特性代号　表 14-97

锁头代号		锁舌代号					执手代号		旋钮代号	
单锁头	双锁头	单方舌	单钩舌	单斜舌	双舌	双钩舌	有	无	有	无
1	2	3	4	5	6	7	8	0	9	0

铝合金门锁规格（mm）　表 14-98

安装中心距	基　本　尺　寸				
	13.5	18	22.4	29	35.5
锁舌伸出长度	≥8		≥10		

7. 铝合金窗锁（QB/T 3890—1999）

铝合金窗锁安装在铝合金窗上作锁窗用，代号为 LCS。

铝合金窗锁的型式见图 14-96，技术特性代号和规格见表 14-99 和表 14-100。

铝合金窗锁技术特性代号　表 14-99

型式	无锁头	有锁头	单面（开）	双面（开）
代号	W	Y	D	S

铝合金窗锁规格（mm）　表 14-100

规格尺寸	B	12	15	17	19
安装尺寸	L_1	87	77	125	180
	L_2	80	87	112	168

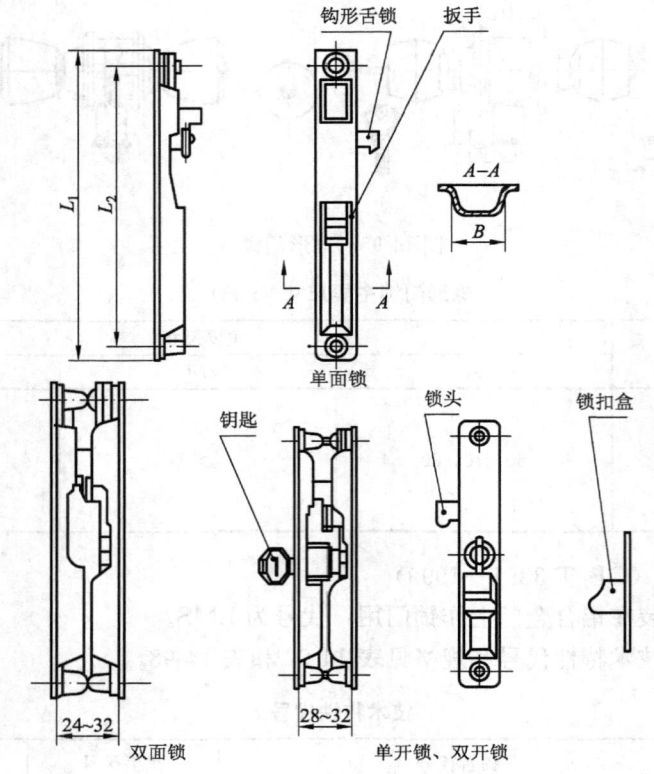

图 14-96 铝合金窗锁

8. 弹子家具锁（QB/T 1621—1992）

弹子家具锁用于抽屉、橱门等的锁闭。

弹子家具锁的型式和尺寸规格见图 14-97 和表 14-101。

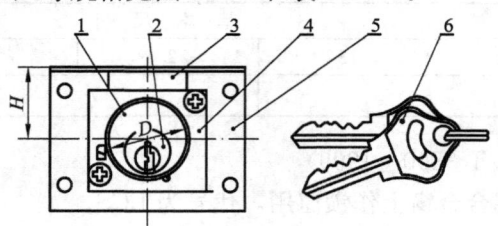

图 14-97 弹子家具锁

1—锁头体；2—锁芯；3—锁舌；4—罩壳；5—底板；6—钥匙

弹子家具锁主要尺寸（mm）　　　　　　　　　　　　表 14-101

锁头体直径 D	16	18	20	22	22.5
安装中心距 H	20，22.5			20，23	

9. 自力磁卡锁

自力磁卡锁（图 14-98）采用新型的机敏记忆材料和特殊的隐形水印式写码技术，其密码无形，难以破译，保密性好。

自力磁卡锁分为三类：

民用锁：一锁一卡，互不通用，适合家庭、写字楼、柜门使用。

宾馆锁：三级管理功能，分为门卡、层卡、总卡，适合酒店的分级管理要求。

变码锁：主人可根据使用要求变更密码，启用新卡。

关门时，民用锁必须将内执手按钮推进，处于锁闭保险状态。宾馆锁无按钮，关门即锁闭，开门时，门外将磁卡插入外执手上的槽口，握外执手向右旋转即开启。门内握内执手向右旋转即开启。

图 14-98　自力磁卡锁

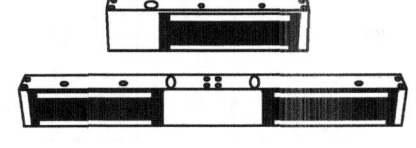

图 14-99　EM 系列磁力门锁

10. EM 系列磁力门锁

EM 系列磁力门锁是一种无机械卡扣，全部依靠电磁力吸合的锁具。通电电压为 12 或 24 伏直流电，产生约 500kg 的拉力，闭锁可靠，安装容易，操作时无噪声，断电后无残磁，适用于任何环境。

EM 系列磁力门锁的型式、型号和尺寸规格见图 14-99 和表 14-102。

EM 系列磁力门锁型号、规格　　表 14-102

型号		EM11	EM4	EM6	EM12	EM8	EM10	EM2	EM2H
电源（VDC）		12/24	12/24	12/24	12/24	12/24/	12/24	12/24	12/24
电流/mA		500/250	500/250	500/250	500/250	500/250	500/250	500/250	500/250
拉力/kg		500	500	500	500×2	500×2	500×2	280	280
残磁/kg		0	0	0	0	0	0	0	0
安装	埋入							△	
	外置	△	△	△	△	△	△		△
配合门式	单门	△	△	△					△
	双门				△	△	△		
	拉门							△	
功能	灯		△	△	△	△	△		△
	继电器		△	△		△	△		△
	磁簧							△	
	霍尔 IC			△			△		

注：表中 △ 号表示现有品种。

八、建 筑 小 五 金

1. 窗钩（QB/T 1106—1991）

窗钩装在门窗上，用来钩住开启的门窗，防止被风吹动。按钢丝直径的大小，分为普通型（P 型）窗钩和粗型（C 型）窗钩。

窗钩的型式和尺寸规格见图 14-100 和表 14-103。

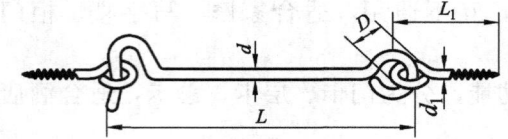

图 14-100 窗钩

窗 钩 规 格 (mm)   表 14-103

品　种	规　格	钩　身		羊　眼		
		全长 L	直径 d	全长 L_1	圈外径 D	直径 d_1
普通窗钩	40	38	2.8			
	50	51	2.8	23	9	2.5
	65	64	2.8			
	75	76	3.2	29	11.5	3.2
	100	102	3.6			
	125	127	4	34	13.5	4
	150	152	4.4	38	14	
	175	178	4.7	44	15	4.4
	200	203	5			
	250	254	5.4	45	17.5	5
	300	305	5.8	52	19	5.4
粗窗钩	75	76	4	34	13.5	4
	100	102	5	37	14.5	4.6
	125	127	5.4	41	16.5	5
	150	152	5.8	45	17.5	5

2. 羊眼圈

羊眼圈用于悬挂各种物件，也可装在门柜、橱箱等家具上供挂锁用。

羊眼圈的型式和尺寸规格见图 14-101 和表 14-104。

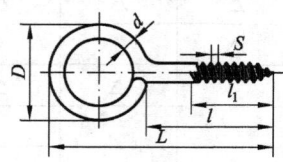

图 14-101 羊眼圈

羊 眼 圈 规 格 (mm)   表 14-104

号码	各部尺寸				号码	各部尺寸			
	全长 L	圈外径 D	直径 d	螺距 S		全长 L	圈外径 D	直径 d	螺距 S
1	20	9.0	1.6	0.85	9	39	18	4.0	1.80
2	22	10	1.9	1.00	10	41	19	4.3	1.95
3	24	11	2.2	1.05	11	43	20	4.6	2.10
4	26	12	2.5	1.15	12	46	21	4.9	2.30
5	28	13	2.8	1.25	14	52	24	5.5	2.50
6	31	14	3.1	1.40	16	58	26	6.1	2.80
7	34	15.5	3.4	1.60	18	64	28	6.5	2.80
8	37	17	3.7	1.70	20	70	31	7.2	2.80

3. 普通灯钩

普通灯钩用于吊挂灯具或其他物件。

普通灯钩的型式和尺寸规格见图 14-102 和表 14-105。

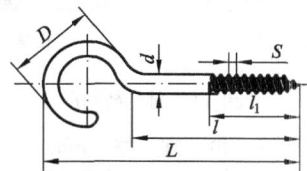

图 14-102　普通灯钩

普通灯钩规格（mm）　　　　　　　　　　　　　　　　　　　　　**表 14-105**

号码	各部尺寸				号码	各部尺寸			
	长度 L	钩外径 D	直径 d	螺距 S		长度 L	钩外径 D	直径 d	螺距 S
3	35	13	2.5	1.15	9	65	22	4.3	1.95
4	40	14.5	2.8	1.25	10	70	24.5	4.6	2.1
5	45	16	3.1	1.4	12	80	30	5.2	2.3
6	50	17.5	3.4	1.6	14	90	35	5.8	2.5
7	55	19	3.7	1.7	16	105	41	6.4	2.8
8	60	20.5	4	1.8	18	110	45	8.4	3.175

4. 双线灯钩、鸡心灯钩、瓶型灯钩

双线灯钩、鸡心灯钩、瓶型灯钩的用途同普通灯钩。

双线灯钩、鸡心灯钩、瓶型灯钩的型式和尺寸规格见图 14-103 和表 14-106。

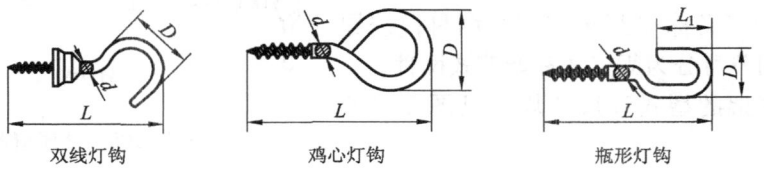

双线灯钩　　　　　　　　鸡心灯钩　　　　　　　　瓶形灯钩

图 14-103　双线灯钩、鸡心灯钩、瓶型灯钩

双线灯钩、鸡心灯钩、瓶型灯钩规格（mm）　　　　　　　　　　　　**表 14-106**

名称	规格	各部尺寸		
		长度 L	钩外径 D	直径 d
双线灯钩	54	54	24.5	2.5
鸡心灯钩	22	22	10.5	2.2
瓶形灯钩	27.5	27.5	8.5	2.2

5. 锁扣

锁扣安装在门、窗、橱、柜、箱、抽屉等上，作挂锁用。

锁扣的型式和尺寸规格见图 14-104 和表 14-107。

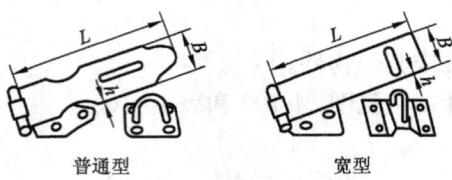

普通型   宽型

图 14-104 锁扣

锁 扣 规 格 (mm)   表 14-107

| 规格 | 面板尺寸 | | | | | | 配沉头木螺钉 | | 用量 (只) |
| | 长度 L | | 宽度 B | | 厚度 h | | 直径×长度 | | |
	普通	宽型	普通	宽型	普通	宽型	普通	宽型	
40	38.5	38	17	20	1	1.2	2.5×10	2.5×10	7
50	55	52	20	27	1	1.2	2.5×10	3×12	7
65	67	65	23	32	1	1.2	2.5×12	3×14	7
75	75	78	25	32	1.2	1.2	3×4	3×16	7
90	—	88	—	36	—	1.4	—	3.5×18	7
100	—	101	—	36	—	1.4	—	3.5×20	7
125	—	127	—	36	—	1.4	—	3.5×20	7

6. 金属窗帘架

金属窗帘架安装于窗扇上部作吊挂窗帘用，拉动一侧拉绳可移动窗帘，使其全部展开，或向一侧移动（固定式）或两侧移动（调节式）。

按导轨断面形状可分为方形（又称 U 形窗帘架）和圆形（又称 C 形窗帘架）两种；按导轨长度可否调节可分为固定式和调节式两种。

金属窗帘架的型式和尺寸规格见图 14-105 和表 14-108。

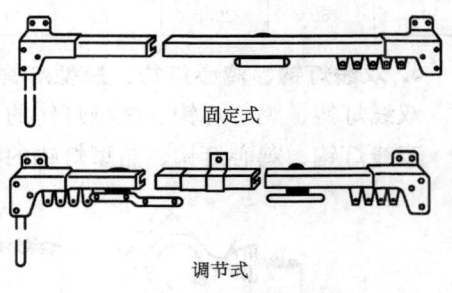

固定式

调节式

图 14-105 金属窗帘架

窗 帘 架 规 格 (m)   表 14-108

品种	规 格	轨道长度	安装距离范围
固定式窗帘架	1.2, 1.6, 1.8, 2.1, 2.4, 2.8, 3.2, 3.5, 3.8, 4.2, 4.5	规格+0.05	
调节式窗帘架	1.5		1.0~1.8
	1.8		1.2~2.2
	2.4		1.9~2.6

7. 百叶窗

百叶窗是室内窗门常用的一种遮阳设施，同时还可以代替屏风作室内隔断，既美观文雅，又不占面积。

百叶窗的型式见图 14-106。

规格：竖条式（mm）：高 1000~4000，宽 800~5000。

横条式：多种规格。

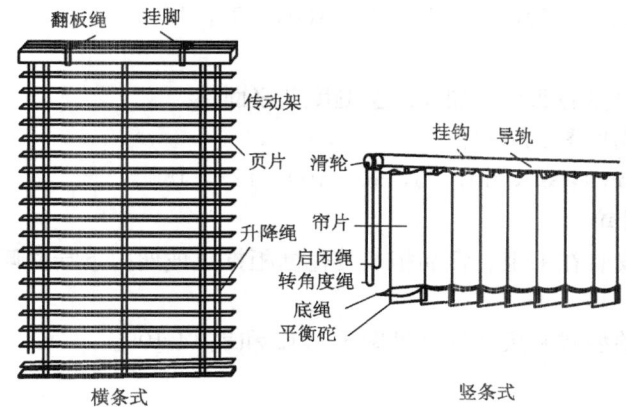

图 14-106　百叶窗

8. 橱门滑条

橱门滑条用于各种推拉门。

橱门滑条的型式见图 14-107。

规格：槽芯（mm）：900，1100，1200，1300，1500；

槽壳（mm）：750，800，900，1000，1200，1500，1600，1800，2000。

9. ⊥形拉门铁轨

⊥形拉门铁轨用于推拉橱门上。

⊥形拉门铁轨的型式见图 14-108。

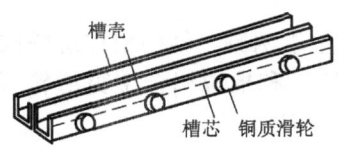 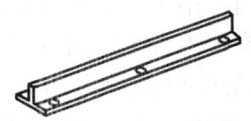

图 14-107　橱门滑条　　　　　图 14-108　⊥形拉门铁轨

规格：长度（mm）：1000，1200，1300，1500，2000。

10. 空心窗帘棍

空心窗帘棍由圆形空心窗帘管和套耳组成，套耳套在窗帘管两端，装于窗或门的上方，作吊挂窗帘或门帘用。

空心窗帘棍的型式见图 14-109。

规格：直径（mm）：10，13，15。

11. 铁三角

铁三角钉于门窗的四角，加强门窗刚度及坚固性。

铁三角的型式见图 14-110。

 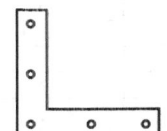

图 14-109　空心窗帘棍　　　　图 14-110　铁三角

规格：边长（mm）：50，60，75，90，100，125，150。

12. T形铁角

T形铁角钉于门窗的四角，加强门窗刚度及坚固性。

T形铁角的型式见图14-111。

规格：边长（mm）：50，60，75，90，100，125，150。

13. 玻璃移门滑轮

玻璃移门滑轮安装在书柜、食品柜及其他橱柜推拉玻璃门下端两侧，使门在滑槽推拉灵活、轻便。

玻璃移门滑轮的型式和尺寸规格见图14-112和表14-109。

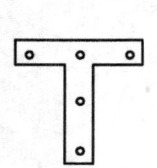
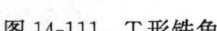

图14-111　T形铁角

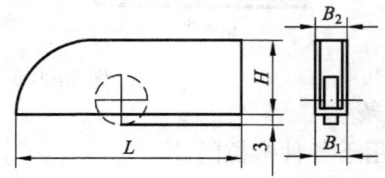

图14-112　玻璃移门滑轮

玻璃移门滑轮规格（mm）　　　　　　　　　　　　表14-109

名称	L	B_1	B_2	H	材料及处理
玻璃移门滑轮	77	7	5	23.5	铜镀铬
	62	7	5.5	18	
	50	6.5	4	17.5	

14. 推拉铝合金门窗用滑轮（QB/T 3892—1999）

推拉铝合金门窗用滑轮安装在铝合金门窗下端两侧，使门窗在滑槽推拉灵活、轻便。

按用途分为推拉铝合金门滑轮（代号TML）和推拉铝合金窗滑轮（代号TCL）；按结构形式分为可调式（代号K）和固定式（代号G）。

推拉铝合金门窗用滑轮的型式和尺寸规格见图14-113和表14-110。

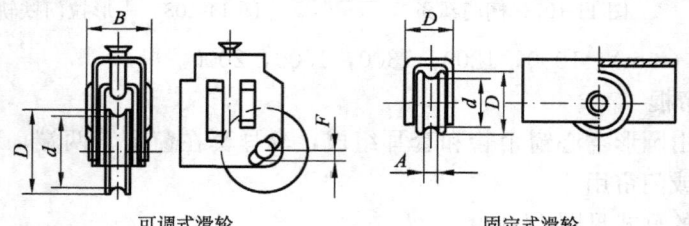

可调式滑轮　　　　　　　　　固定式滑轮

图14-113　推拉铝合金门窗用滑轮

推拉铝合金门窗用滑轮规格（mm）　　　　　　表14-110

规格	底径	滚轮槽宽 A		外支架宽度 B		调节高度 F
D	d	一系列	二系列	一系列	二系列	—
20	16	8		16	6~16	
24	20	6.50		—	12~16	
30	26	4	3~9	13	12~20	
36	31	7		17		≥5
42	36	6	6~13	24		
45	38					

注：第二系列尺寸选用整数。

15. 脚轮

脚轮用于洗衣机、沙发、旅游箱包、货柜、手推车、平板车、家用器具、食品机械、医疗机械等的底部，以便移动搬运。脚轮按移动方向分为固定式（只能沿直线移动）和万向式（可沿任意方向移动）两大类，按连接方式主要有平底型、螺纹型、插座型等型式。

脚轮的常用型式和尺寸规格见图 14-114 和表 14-111。

平底型　　螺纹型　　插座型　　可制动脚轮　　工业脚轮

图 14-114　脚轮的型式

脚 轮 规 格（mm）　　　　　　　　　　　　　表 14-111

结构形式		规格（英寸）	轮直径	全高	平底尺寸			安装杆		每只载重/kg
					长×宽	孔间距	孔直径	直径	杆长	
球形脚轮（万向式）	平底型	$1\frac{1}{2}$	φ40	58	38×38	27×27	φ5.5			25
			φ50	68	38×38	27×27	φ5.5			30
	插座型	$1\frac{1}{2}$	φ40	55				φ8	38	25
		2	φ50	65				φ8	38	30
	螺纹型	$1\frac{1}{2}$	φ40	60				M12	14	25
		2	φ50	70				M12	14	30
工业脚轮（万向式）		1	φ25	35	30×35	22×27	φ4			8
		$1\frac{1}{4}$	φ32	40	32×38	24×30	φ4			12
		$1\frac{1}{2}$	φ38	53	38×46	27×35	φ5			20
		2	φ50	65	48×59	34×45	φ6.5			30
		$2\frac{1}{2}$	φ65	82	54×63	40×48	φ6.5			40
		3	φ75	90	58×70	44×55	φ6.5			50
		4	φ100	125	82×104	78×61	φ10			60
		5	φ125	155	85×105	77×57	φ10			85
塑料脚轮		2	φ50	71	38×38	27×27	φ5.5			30
可制动脚轮		4	φ100	133			φ10			60
4英寸万向重型脚轮		4	φ100	144	95×95	71×71	φ11			100
4英寸固定重型脚轮		4	φ100	144	95×95	71×71	φ11			100
6英寸工业脚轮		6	φ150	190	115×100	85×70	φ10			175
8英寸万向脚轮		8	φ200	250	140×140	112×112	φ11.5			400

16. 门镜

门镜安装在门上，供人从室内观察室外情况用，而从室外无法观察室内情况。

门镜的型式和尺寸规格见图 14-115 和表 14-112。

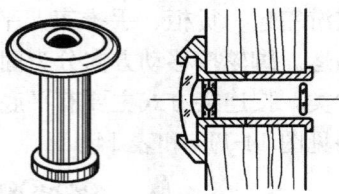

图 14-115 门镜

门 镜 规 格 （mm） 表 14-112

品 种	按视场角分	180°		160°	120°
	按镜片材料分	光学玻璃			有机玻璃
	按镜筒材料分	黄铜			ABS 塑料
规 格	镜筒外径	14			12
	适用门厚	23～43，28～48			23～43

17. 铝合金羊角及扁梗

铝合金羊角及扁梗安装于木质或铝合金陈列柜、橱窗中，供放置玻璃搁板，以便在搁板上陈列样品用，扁梗垂直固定连接在陈列框、橱窗的后部框架上，羊角用其 L 形弯角插入扁梗的长方形孔中。

铝合金羊角及扁梗的型式和尺寸规格见图 14-116和表 14-113。

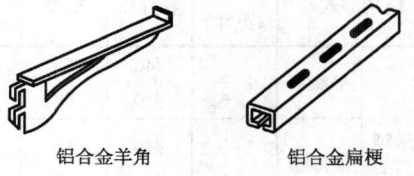

铝合金羊角   铝合金扁梗

图 14-116　铝合金羊角及扁梗

铝合金羊角及扁梗主要尺寸 （mm） 表 14-113

铝合金羊角及扁梗主要尺寸									
羊角规格	200	250	300	350	扁梗长度	480	730	910	1200
羊角总长	216	266	317	367	长方孔数	8	14	18	27
羊角高度	62.3				断面宽度	16			
羊有厚度	2.2				断面边长	19			
承受负荷/（kg/2 只）≤	20	20	16	16	断面壁厚	长方孔边 3，侧边 1.5			
					孔高×宽	15.8×3			

18. 门扣 （QB/T 4596—2013）

门扣为阻止门扇非预期打开的固定装置，分为防盗链和防盗扣，见图 14-117。

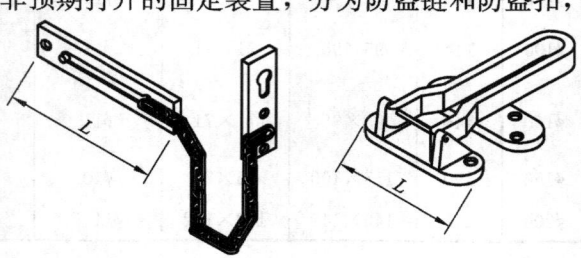

防盗链　　　　　　　　防盗扣

图 14-117 门扣

门扣的参考尺寸规格见表14-114。

门扣规格（mm）　　　　**表 14-114**

防盗链		防盗扣	
锁扣板全长 L	链长	主体座长 L	主体总长
123	190	68	107

注：非标准内容，仅供参考。

19. 搭扣锁

搭扣锁安装在机箱或木箱上，可使箱盖紧密地扣盖在箱体上，同时还可用挂锁锁闭，开启方便。

搭扣链的型式和尺寸规格见图14-118和表14-115。

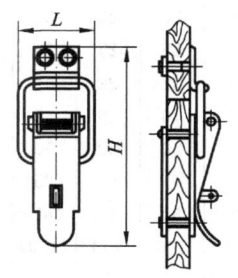

搭扣锁规格（mm）　　**表 14-115**

H	47	61	86
L	20	27	30

图 14-118　搭扣锁

九、管　　件

1. 可锻铸铁管路连接件（GB/T 3287—2011）

本标准适用于公称尺寸（DN）6～150输送水、油、空气、煤气、蒸汽用的一般管路上连接的管件。

（1）弯头、三通、四通

弯头、三通、四通的型式尺寸符合图14-119、表14-116的规定。

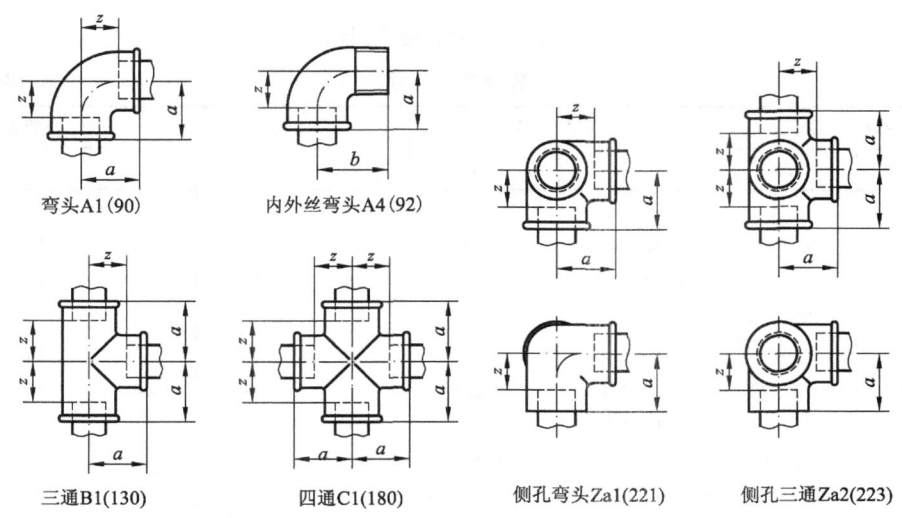

弯头A1(90)　　内外丝弯头A4(92)　　三通B1(130)　　四通C1(180)　　侧孔弯头Za1(221)　　侧孔三通Za2(223)

图 14-119　弯头、三通、四通型式

弯头、三通、四通尺寸　　　　表 14-116

公称尺寸 DN						管件规格						尺寸/mm		安装长度/mm
A1	A4	B1	C1	Za1	Za2	A1	A4	B1	C1	Za1	Za2	a	b	z
6	6	6	—	—	—	1/8	1/8	1/8	—	—	—	19	25	12
8	8	8	(8)	—	—	1/4	1/4	1/4	(1/4)	—	—	21	28	11
10	10	10	10	(10)	(10)	3/8	3/8	3/8	3/8	(3/8)	(3/8)	25	32	15
15	15	15	15	15	(15)	1/2	1/2	1/2	1/2	1/2	(1/2)	28	37	15
20	20	20	20	20	(20)	3/4	3/4	3/4	3/4	3/4	(3/4)	33	43	18
25	25	25	25	(25)	(25)	1	1	1	1	(1)	(1)	38	52	21
32	32	32	32	—	—	1¼	1¼	1¼	1¼	—	—	45	60	26
40	40	40	40	—	—	1½	1½	1½	1½	—	—	50	65	31
50	50	50	50	—	—	2	2	2	2	—	—	58	74	34
65	65	65	(65)	—	—	2½	2½	2½	(2½)	—	—	69	88	42
80	80	80	(80)	—	—	3	3	3	(3)	—	—	78	98	48
100	100	100	(100)	—	—	4	4	4	(4)	—	—	96	118	60
(125)	—	(125)	—	—	—	(5)	—	(5)	—	—	—	115	—	75
(150)	—	(150)	—	—	—	(5)	—	(6)	—	—	—	131	—	91

(2) 异径弯头

异径弯头的型式尺寸符合图 14-120、表 14-117 的规定。

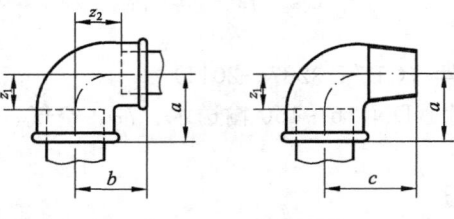

异径弯头A1(90)　　　　　异径内外丝弯头A4(92)

图 14-120　异径弯头型式

异径弯头尺寸　　　　表 14-117

公称尺寸 DN		管件规格		尺寸/mm			安装长度/mm	
A1	A4	A1	A4	a	b	c	z_1	z_2
(10×8)	—	(3/8×1/4)	—	23	23		13	13
15×10	15×10	1/2×3/8	1/2×3/8	26	26	33	13	16
(20×10)	—	(3/4×3/8)	—	28	28		13	18
20×15	20×15	3/4×1/2	3/4×1/2	30	31	40	15	18
25×15	—	1×1/2	—	32	34		15	21
25×20	25×20	1×3/4	1×3/4	35	36	46	18	21
32×20	—	1¼×3/4	—	36	41		17	26
32×25	32×25	1¼×1	1¼×1	40	42	56	21	25
(40×25)	—	(1½×1)	—	42	46		23	29
40×32	—	1½×1¼	—	46	48		27	29
50×40	—	2×1½	—	52	56		28	36
(65×50)	—	(2½×2)	—	61	66		34	42

（3）45°弯头

45°弯头的型式尺寸符合图 14-121、表 14-118 的规定。

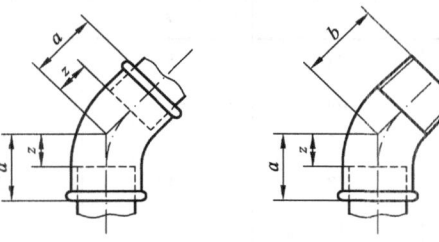

45° 弯头 A1/45° (120)　　　　45° 内外丝弯头 A4/45°（121）

图 14-121　45°弯头型式

45° 弯 头 尺 寸　　　　　　　　　　　　　　　**表 14-118**

公称尺寸 DN		管件规格		尺寸/mm		安装长度/mm
A1/45°	A4/45°	A1/45°	A4/45°	a	b	z
10	10	3/8	3/8	20	25	10
15	15	1/2	1/2	22	28	9
20	20	3/4	3/4	25	32	10
25	25	1	1	28	37	11
32	32	1¼	1¼	33	43	14
40	40	1½	1½	36	46	17
50	50	2	2	43	55	19

（4）中大异径三通

中大异径三通的型式尺寸符合图 14-122、表 14-119 的规定。

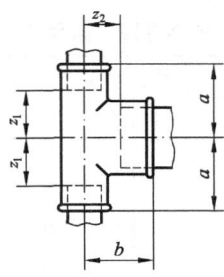

中大异径三通 B1(130)

图 14-122　中大异径三通型式

中大异径三通尺寸　　　　　　　　　　　　　　**表 14-119**

公称尺寸 DN	管件规格	尺寸/mm		安装长度/mm	
		a	b	z_1	z_2
10×15	3/8×1/2	26	26	16	13
15×20	1/2×3/4	31	30	18	15

续表

公称尺寸 DN	管件规格	尺寸/mm		安装长度/mm	
		a	b	z_1	z_2
(15×25)	(1/2×1)	34	32	21	15
20×25	3/4×1	36	35	21	18
(20×32)	(3/4×1¼)	41	36	26	17
25×32	1×1¼	42	40	25	21
(25×40)	(1×1½)	46	42	29	23
32×40	1¼×1½	48	46	29	27
(32×50)	(1¼×2)	54	48	35	24
40×50	1½×2	55	52	36	28

(5) 中小异径三通

中小异径三通的型式尺寸符合图 14-123、表 14-120 的规定。

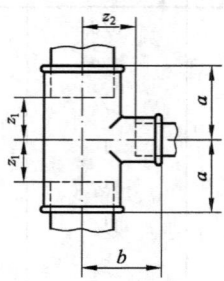

中小异径三通B1(130)

图 14-123 中小异径三通型式

中小异径三通尺寸　　　　　　　　　　　　　　表 14-120

公称尺寸 DN	管件规格	尺寸/mm		安装长度/mm	
		a	b	z_1	z_2
10×8	3/8×1/4	23	23	13	13
15×8	1/2×1/4	24	24	11	14
15×10	1/2×3/8	26	26	13	16
(20×8)	(3/4×1/4)	26	27	11	17
20×10	3/4×3/8	28	28	13	18
20×15	3/4×1/2	30	31	15	18
(25×8)	(1×1/4)	28	31	11	21
25×10	1×3/8	30	32	13	22
25×15	1×1/2	32	34	15	21
25×20	1×3/4	35	36	18	21
(32×10)	(1¼×3/8)	32	36	13	26
32×15	1¼×1/2	34	38	15	25
32×20	1¼×3/4	36	41	17	26
32×25	1¼×1	40	42	21	25

公称尺寸 DN	管件规格	尺寸/mm		安装长度/mm	
		a	b	z_1	z_2
40×15	1½×1/2	36	42	17	29
40×20	1½×3/4	38	44	19	29
40×25	1½×1	42	46	23	29
40×32	1½×1¼	46	48	27	29
50×15	2×1/2	38	48	14	35
50×20	2×3/4	40	50	15	35
50×25	2×1	44	52	20	35
50×32	2×1¼	48	54	24	35
50×40	2×1½	52	55	28	36
65×25	2½×1	47	60	20	43
65×32	2½×1¼	52	62	25	43
65×40	2½×1½	55	63	28	44
65×50	2½×2	61	66	34	42
80×25	3×1	51	67	21	50
(80×32)	(3×1¼)	55	70	25	51
80×40	3×1½	58	71	28	52
80×50	3×2	64	73	34	49
80×65	3×2½	72	76	42	49
100×50	4×2	70	86	34	62
100×80	4×3	84	92	48	62

（6）异径三通

异径三通的型式尺寸符合图 14-124、表 14-121 的规定。

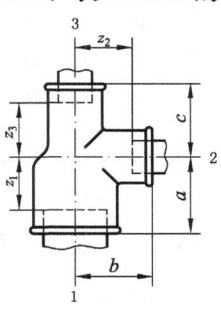

异径三通B1(130)

图 14-124　异径三通型式

异径三通尺寸　　　　　　　　　　　　　　表 14-121

公称尺寸 DN	管件规格	尺寸/mm			安装长度/mm		
标记方法 1 2 3	标记方法 1 2 3	a	b	c	z_1	z_2	z_3
15×10×10	1/2×3/8×3/8	26	26	25	13	16	15
20×10×15	3/4×3/8×1/2	28	28	26	13	18	13
20×15×10	3/4×1/2×3/8	30	31	26	15	18	16

公称尺寸DN	管件规格	尺寸/mm			安装长度/mm		
标记方法 1 2 3	标记方法 1 2 3	a	b	c	z_1	z_2	z_3
20×15×15	3/4×1/2×1/2	30	31	28	15	18	15
25×15×15	1×1/2×1/2	32	34	28	15	21	15
25×15×20	1×1/2×3/4	32	34	30	15	21	15
25×20×15	1×3/4×1/2	35	36	31	18	21	18
25×20×20	1×3/4×3/4	35	36	33	18	21	18
32×15×25	1¼×1/2×1	34	38	32	15	25	15
32×20×20	1¼×3/4×3/4	36	41	33	17	26	18
32×20×25	1¼×3/4×1	36	41	35	17	26	18
32×25×20	1¼×1×3/4	40	42	36	21	25	21
32×25×25	1¼×1×1	40	42	38	21	25	21
40×15×32	1½×1/2×1¼	36	42	34	17	29	15
40×20×32	1½×3/4×1¼	38	44	36	19	29	17
40×25×25	1½×1×1	42	46	38	23	29	21
40×25×32	1½×1×1¼	42	46	40	23	29	21
(40×32×25)	(1½×1¼×1)	46	48	42	27	29	25
40×32×32	1½×1¼×1¼	46	48	45	27	29	26
50×20×40	2×3/4×1½	40	50	39	16	35	19
50×25×40	2×1×1½	44	52	42	20	35	23
50×32×32	2×1¼×1¼	48	54	45	24	35	26
50×32×40	2×1¼×1½	48	54	46	24	35	27
(50×40×32)	(2×1½×1¼)	52	55	48	28	36	29
50×40×40	2×1½×1½	52	55	50	28	36	31

（7）侧小异径三通

侧小异径三通的型式尺寸符合图 14-125、表 14-122 的规定。

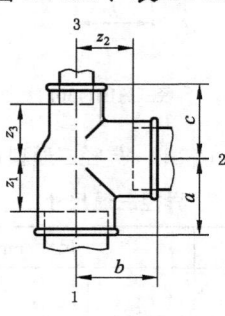

侧小异径三通 B1(130)

图 14-125　侧小异径三通型式

侧小异径三通尺寸　　　　　　　　　**表 14-122**

公称尺寸 DN	管件规格	尺寸/mm			安装长度/mm		
标记方法 1　2　3	标记方法 1　2　3	a	b	c	z_1	z_2	z_3
15×15×10	1/2×1/2×3/8	28	28	26	15	15	16
20×20×10	3/4×3/4×3/8	33	33	28	18	18	18
20×20×15	3/4×3/4×1/2	33	33	31	18	18	18
(25×25×10)	(1×1×3/8)	38	38	32	21	21	22
25×25×15	1×1×1/2	38	38	34	21	21	21
25×25×20	1×1×3/4	38	38	36	21	21	21
32×32×15	1¼×1¼×1/2	45	45	38	26	26	25
32×32×20	1¼×1¼×3/4	45	45	41	26	26	26
32×32×25	1¼×1¼×1	45	45	42	26	26	25
40×40×15	1½×1½×1/2	50	50	42	31	31	19
40×40×20	1½×1½×3/4	50	50	44	31	31	29
40×40×25	1½×1½×1	50	50	46	31	31	29
40×40×32	1½×1½×1¼	50	50	48	31	31	29
50×50×20	2×2×3/4	58	58	50	34	34	35
50×50×25	2×2×1	58	58	52	34	34	35
50×50×32	2×2×1¼	58	58	54	34	34	35
50×50×40	2×2×1½	58	58	55	34	34	36

(8) 异径四通

异径四通的型式尺寸符合图 14-126、表 14-123 的规定。

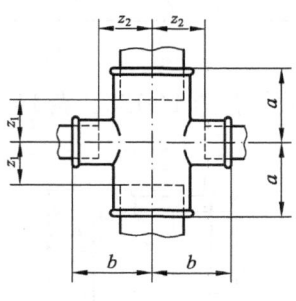

异径四通 C1(180)

图 14-126　异径四通型式

异径四通尺寸　　　　　　　　　**表 14-123**

公称尺寸 DN	管件规格	尺寸/mm		安装长度/mm	
		a	b	z_1	z_2
(15×10)	(1/2×3/8)	26	26	13	16
20×15	3/4×1/2	30	31	15	18
25×15	1×1/2	32	34	15	21
25×20	1×3/4	35	36	18	21
(32×20)	(1¼×3/4)	36	41	17	26
32×25	1¼×1	40	42	21	25
(40×25)	(1½×1)	42	46	23	29

（9）短月弯、单弯三通、双弯弯头

短月弯、单弯三通、双弯弯头的型式尺寸符合图 14-127、表 14-124 的规定。

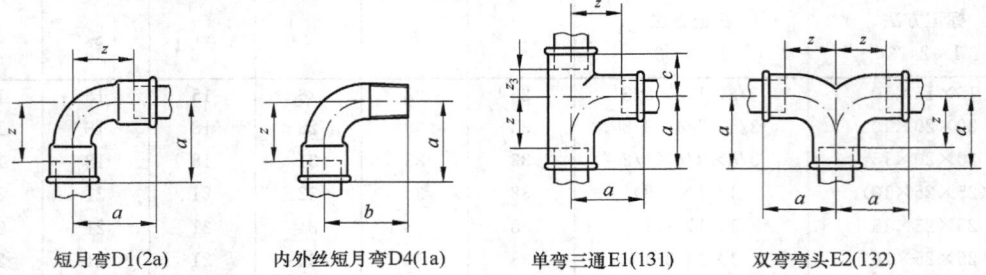

短月弯D1(2a)　内外丝短月弯D4(1a)　单弯三通E1(131)　双弯弯头E2(132)

图 14-127　短月弯、单弯三通、双弯弯头型式

短月弯、单弯三通、双弯弯头尺寸　　　　　表 14-124

公称尺寸 DN				管件规格				尺寸/mm		安装长度/mm	
D1	D4	E1	E2	D1	D4	E1	E2	$a=b$	c	z	z_3
8	8			1/4	1/4	—	—	30	—	20	—
10	10	10	10	3/8	3/8	3/8	3/8	36	19	26	9
15	15	15	15	1/2	1/2	1/2	1/2	45	24	32	11
20	20	20	20	3/4	3/4	3/4	3/4	50	28	35	13
25	25	25	25	1	1	1	1	63	33	46	16
32	32	32	32	1¼	1¼	1¼	1¼	76	40	57	21
40	40	40	40	1½	1½	1½	1½	85	43	66	24
50	50	50	50	2	2	2	2	102	53	78	29

（10）中小异径单弯三通

中小异径单弯三通的型式尺寸符合图 14-128、表 14-125 的规定。

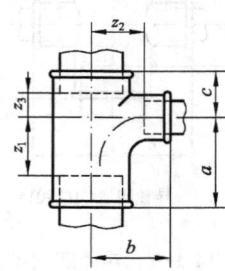

中小异径单弯三通E1(131)

图 14-128　中小异径单弯三通型式

中小异径单弯三通尺寸　　　　　表 14-125

公称尺寸 DN	管件规格	尺寸/mm			安装长度/mm		
		a	b	c	z_1	z_2	z_3
20×15	3/4×1/2	47	48	25	32	35	10
25×15	1×1/2	49	51	28	32	38	11
25×20	1×3/4	53	54	30	36	39	13

公称尺寸 DN	管件规格	尺寸/mm			安装长度/mm		
		a	b	c	z_1	z_2	z_3
32×15	1¼×1/2	51	56	30	32	43	11
32×20	1¼×3/4	55	58	33	36	43	14
32×25	1¼×1	66	68	36	47	51	17
(40×20)	(1½×3/4)	55	61	33	36	46	14
(40×25)	(1½×1)	66	71	36	47	54	17
(40×32)	(1½×1¼)	77	79	41	58	60	22
(50×25)	(2×1)	70	77	40	46	60	16
(50×32)	(2×1¼)	80	85	45	56	66	21
(50×40)	(2×1½)	91	94	48	57	75	24

（11）侧小异径单弯三通

侧小异径单弯三通的型式尺寸符合图 14-129、表 14-126 的规定。

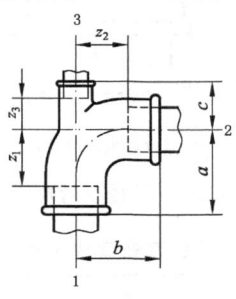

侧小异径单弯三通 E1(131)

图 14-129　侧小异径单弯三通型式

侧小异径单弯三通尺寸　　　　　　　　　　　**表 14-126**

公称尺寸 DN	管件规格	尺寸/mm			安装长度/mm		
标记方法 1 2 3	标记方法 1 2 3	a	b	c	z_1	z_2	z_3
20×20×15	3/4×3/4×1/2	50	50	27	35	35	14

（12）异径单弯三通

异径单弯三通的型式尺寸符合图 14-130、表 14-127 的规定。

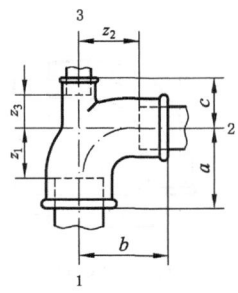

异径单弯三通 E1(131)

图 14-130　异径单弯三通型式

异径单弯三通尺寸　　　　　　　　表 14-127

公称尺寸 DN	管件规格	尺寸/mm			安装长度/mm		
标记方法 1 2 3	标记方法 1 2 3	a	b	c	z_1	z_2	z_3
20×15×15	3/4×1/2×1/2	47	48	24	32	35	11
25×15×20	1×1/2×3/4	49	51	25	32	38	10
25×20×20	1×3/4×3/4	53	54	28	36	39	13

（13）异径双弯弯头

异径双弯弯头的型式尺寸符合图 14-131、表 14-128 的规定。

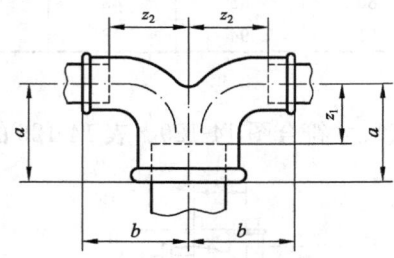

异径双弯弯头 E2(132)

图 14-131　异径双弯弯头型式

异径双弯弯头尺寸　　　　　　　　表 14-128

公称尺寸 DN	管件规格	尺寸/mm		安装长度/mm	
		a	b	z_1	z_2
(20×15)	(3/4×1/2)	47	48	32	35
(25×20)	(1×3/4)	53	54	36	39
(32×25)	(1¼×1)	66	68	47	51
(40×32)	(1½×1¼)	77	79	58	60
(50×40)	(2×1½)	91	94	67	75

（14）长月弯

长月弯的型式尺寸符合图 14-132、表 14-129 的规定。

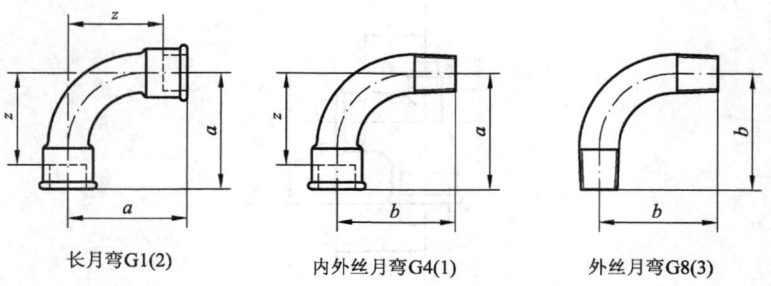

长月弯 G1(2)　　　　内外丝月弯 G4(1)　　　　外丝月弯 G8(3)

图 14-132　长月弯型式

长 月 弯 尺 寸 　　　**表 14-129**

公称尺寸 DN			管件规格			尺寸/mm		安装长度/mm
G1	G4	G8	G1	G4	G8	a	b	z
—	(6)	—	—	(1/8)	—	35	32	28
8	8	—	1/4	1/4	—	40	36	30
10	10	(10)	3/8	3/8	(3/8)	48	42	38
15	15	15	1/2	1/2	1/2	55	48	42
20	20	20	3/4	3/4	3/4	69	60	54
25	25	25	1	1	1	85	75	68
32	32	(32)	1¼	1¼	(1¼)	105	95	86
40	40	(40)	1½	1½	(1½)	116	105	97
50	50	(50)	2	2	(2)	140	130	116
65	(65)	—	2½	(2½)	—	176	165	149
80	(80)	—	3	(3)	—	205	190	175
100	(100)	—	4	(4)	—	260	245	224

（15）45°月弯

45°月弯的型式尺寸符合图 14-133、表 14-130 的规定。

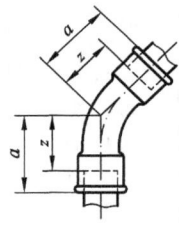 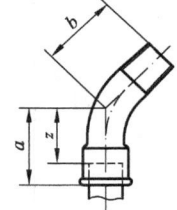

45° 月弯 G1/45° (41)　　　　45° 内外丝月弯 G4/45° (40)

图 14-133　45°月弯型式

45° 月 弯 尺 寸 　　　**表 14-130**

公称尺寸 DN		管件规格		尺寸/mm		安装长度/mm
G1/45°	G4/45°	G1/45°	G4/45°	a	b	z
—	(8)	—	(1/4)	26	21	16
(10)	10	(3/8)	3/8	30	24	20
15	15	1/2	1/2	36	30	23
20	20	3/4	3/4	43	36	28
25	25	1	1	51	42	34
32	32	1¼	1¼	64	54	45
40	40	1½	1½	68	58	49
50	50	2	2	81	70	57
(65)	(65)	(2½)	(2½)	99	86	72
(80)	(80)	(3)	(3)	113	100	83

（16）外接头

外接头的型式尺寸符合图 14-134、表 14-131 的规定。

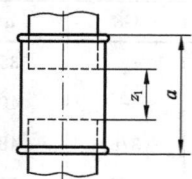 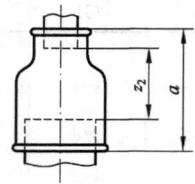

外接头 M2(270)
左右旋外接头 M2R-L(271)   异径外接头 M2(240)

图 14-134 外接头型式

外 接 头 尺 寸   表 14-131

公称尺寸 DN			管件规格			尺寸/mm	安装长度/mm	
M2	M2R-L	异径 M2	M2	M2R-L	异径 M2	a	z_1	z_2
6	—	—	1/8	—	—	25	11	—
8	—	8×6	1/4	—	1/4×1/8	27	7	10
10	10	(10×6)	3/8	3/8	(3/8×1/8)	30	10	13
		10×8			3/8×1/4			10
15	15	15×8	1/2	1/2	1/2×1/4	36	10	13
		15×10			1/2×3/8			13
20	20	(20×8)	3/4	3/4	(3/4×1/4)	39	9	14
		20×10			3/4×3/8			14
		20×15			3/4×1/2			11
25	25	25×10	1	1	1×3/8	45	11	18
		25×15			1×1/2			15
		25×20			1×3/4			13
32	32	32×15	1¼	1¼	1¼×1/2	50	12	18
		32×20			1¼×3/4			16
		32×25			1¼×1			14
40	40	(40×15)	1½	1½	(1½×1/2)	55	17	23
		40×20			1½×3/4			21
		40×25			1½×1			19
		40×32			1½×1¼			17
(50)	(50)	(50×15)	(2)	(2)	(2×1/2)	65	17	28
		(50×20)			(2×3/4)			26
		50×25			2×1			24
		50×32			2×1¼			22
		50×40			2×1½			22
(65)	—	(65×32)	(2½)	—	(2½×1¼)	74	20	28
		(65×40)			(2½×1½)			28
		(65×50)			(2½×2)			23

公称尺寸 DN			管件规格			尺寸/mm	安装长度/mm	
M2	M2R-L	异径 M2	M2	M2R-L	异径 M2	a	z_1	z_2
(80)	—	(80×40)	(3)	—	(3×1½)	80	20	31
		(80×50)			(3×2)			26
		(80×65)			(3×2½)			23
(100)	—	(100×50)	(4)	—	(4×2)	94	22	34
		(100×65)			(4×2½)			31
		(100×80)			(4×3)			28
(125)	—	—	(5)	—	—	109	29	—
(150)	—	—	(6)	—	—	120	40	—

（17）内外丝接头

内外丝接头的型式尺寸符合图 14-135、表 14-132 的规定。

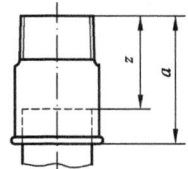
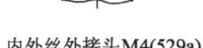
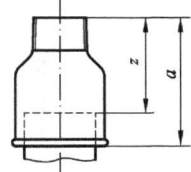

内外丝外接头M4(529a)　　　　异径内外丝接头M4(246)

图 14-135　内外丝接头型式

内外丝接头尺寸　　　　　　　　　　**表 14-132**

公称尺寸 DN		管件规格		尺寸/mm	安装长度/mm
M4	异径 M4	M4	异径 M4	a	z
10	10×8	3/8	3/3×1/4	35	25
15	15×8	1/2	1/2×1/4	43	30
	15×10		1/2×3/8		
20	(20×10)	3/4	(3/4×3/8)	48	33
	20×15		3/4×1/2		
25	25×15	1	1×1/2	55	38
	25×20		1×3/4		
32	32×20	1¼	1¼×3/4	60	41
	32×25		1¼×1		
—	40×25	—	1½×1	63	44
	40×32		1½×1¼		
—	(50×32)	—	(2×1¼)	70	46
	(50×40)		(2×1½)		

（18）内外螺丝

内外螺丝的型式尺寸符合图 14-136、表 14-133 的规定。

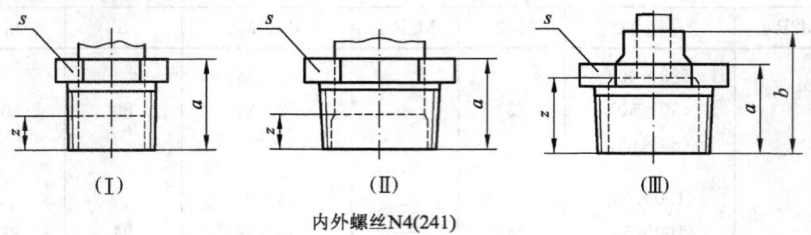

内外螺丝N4(241)

图 14-136 内外螺丝型式

内外螺丝尺寸   表 14-133

公称尺寸 DN	管件规格	型式	尺寸/mm		安装长度/mm
			a	b	z
8×6	1/4×1/8	I	20	—	13
10×6	3/8×1/8	II	20	—	13
10×8	3/8×1/4	I	20	—	10
15×6	1/2×1/8	II	24	—	17
15×8	1/2×1/4	II	24	—	14
15×10	1/2×3/8	I	24	—	14
20×8	3/4×1/4	II	26	—	16
20×10	3/4×3/8	II	26	—	16
20×15	3/4×1/2	I	26	—	13
25×8	1×1/4	II	29	—	19
25×10	1×3/8	II	29	—	19
25×15	1×1/2	II	29	—	16
25×20	1×3/4	I	29	—	14
32×10	1¼×3/8	II	31	—	21
32×15	1¼×1/2	II	31	—	18
32×20	1¼×3/4	II	31	—	16
32×25	1¼×1	I	31	—	14
(40×10)	(1½×3/8)	II	31	—	21
40×15	1½×1/2	II	31	—	18
40×20	1½×3/4	II	31	—	16
40×25	1½×1	II	31	—	14
40×32	1½×1¼	I	31	—	12
50×15	2×1/2	III	35	48	35
50×20	2×3/4	III	35	48	33
50×25	2×1	II	35	—	18
50×32	2×1¼	II	35	—	16
50×40	2×1½	II	35	—	16
65×25	2½×1	III	40	54	37
65×32	2½×1¼	III	40	54	35

续表

公称尺寸 DN	管件规格	型式	尺寸/mm		安装长度/mm
			a	b	z
65×40	2½×1½	Ⅱ	40	—	21
65×50	2½×2	Ⅱ	40	—	16
80×25	3×1	Ⅲ	44	59	42
80×32	3×1¼	Ⅲ	44	59	40
80×40	3×1½	Ⅲ	44	59	40
80×50	3×2	Ⅱ	44	—	20
80×65	3×2½	Ⅱ	44	—	17
100×50	4×2	Ⅲ	51	69	45
100×65	4×2½	Ⅲ	51	69	42
100×80	4×3	Ⅱ	51	—	21

（19）内接头

内接头的型式尺寸符合图 14-137、表 14-134 的规定。

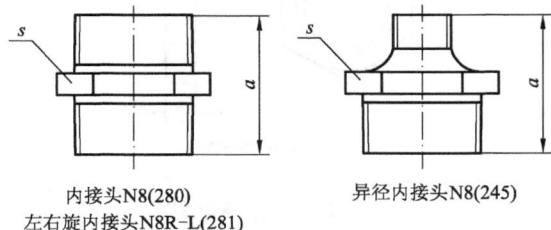

内接头N8(280)
左右旋内接头N8R-L(281)

异径内接头N8(245)

图 14-137　内接头型式

内 接 头 尺 寸　　　　表 **14-134**

公称尺寸 DN			管件规格			尺寸/mm
N8	N8R-L	异径 N8	N8	N8R-L	异径 N8	a
6	—	—	1/8	—	—	29
8	—	—	1/4	—	—	36
10	—	10×8	3/8	—	3/8×1/4	38
15	15	15×8 15×10	1/2	1/2	1/2×1/4 1/2×3/8	44
20	20	20×10 20×15	3/4	3/4	3/4×3/8 3/4×1/2	47
25	(25)	25×15 25×20	1	(1)	1×1/2 1×3/4	53
	—	(32×15) 32×20 32×25	1¼	—	(1¼×1/2) 1¼×3/4 1¼×1	57
40	—	(40×20) 40×25 40×32	1½	—	(1½×3/4) 1½×1 1½×1¼	59

续表

公称尺寸 DN			管件规格			尺寸/mm
N8	N8R-L	异径 N8	N8	N8R-L	异径 N8	a
50	—	(50×25) 50×32 50×40	2	—	(2×1) 2×1¼ 2×1½	68
65	—	65×50	2½	—	(2½×2)	75
80	—	(80×50) (80×65)	3	—	(3×2) (3×2½)	83
100	—	—	4	—	—	95

(20) 锁紧螺母

锁紧螺母的型式尺寸符合图 14-138、表 14-135 的规定。

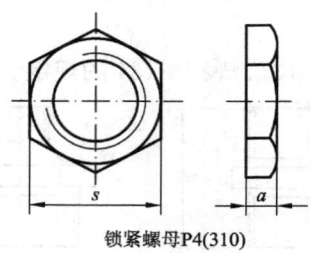

锁紧螺母P4(310)

图 14-138　锁紧螺母型式

锁紧螺母尺寸　　　　　　　　　　　　　　　　表 **14-135**

公称尺寸 DN	管件规格	尺寸/mm a_{min}	公称尺寸 DN	管件规格	尺寸/mm a_{min}
8	1/4	6	32	1¼	11
10	3/8	7	40	1½	12
15	1/2	8	50	2	13
20	3/4	9	65	2½	16
25	1	10	80	3	19

(21) 管帽和管堵

管帽和管堵的型式尺寸符合图 14-139、表 14-136 的规定。

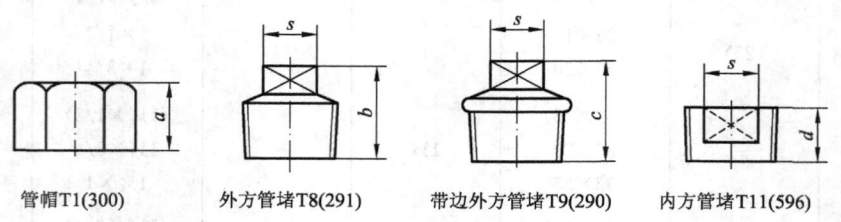

管帽T1(300)　　外方管堵T8(291)　　带边外方管堵T9(290)　　内方管堵T11(596)

图 14-139　管帽和管堵型式

管帽和管堵尺寸　　　　　　　　　　表 14-136

公称尺寸 DN				管件规格				尺寸/mm			
T1	T8	T9	T11	T1	T8	T9	T11	a_{min}	b_{min}	c_{min}	d_{min}
(6)	6	6	—	(1/8)	1/8	1/8	—	13	11	20	—
8	8	8	—	1/4	1/4	1/4	—	15	14	22	—
10	10	10	(10)	3/8	3/8	3/8	(3/8)	17	15	24	11
15	15	15	(15)	1/2	1/2	1/2	(1/2)	19	18	26	15
20	20	20	(20)	3/4	3/4	3/4	(3/4)	22	20	32	16
25	25	25	(25)	1	1	1	(1)	24	23	36	19
32	32	32	—	1¼	1¼	1¼	—	27	29	39	
40	40	40	—	1½	1½	1½	—	27	30	41	
50	50	50	—	2	2	2	—	32	36	48	
65	65	65	—	2½	2½	2½	—	35	39	54	
80	80	80	—	3	3	3	—	38	44	60	
100	100	100	—	4	4	4	—	45	58	70	

（22）活接头

活接头的型式尺寸符合图 14-140、表 14-137 的规定。

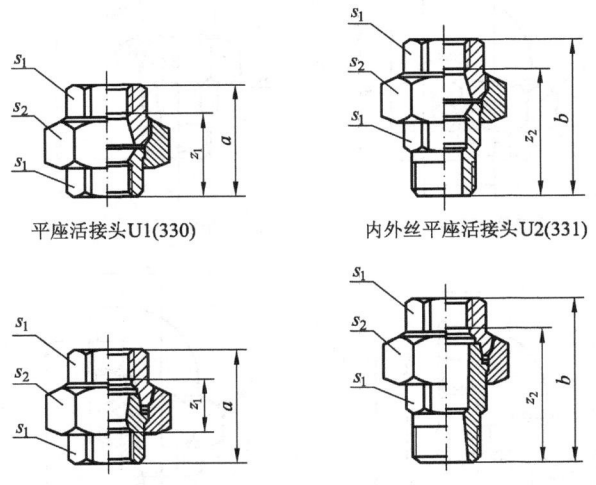

平座活接头U1(330)　　　内外丝平座活接头U2(331)

锥座活接头U11(340)　　　内外丝锥座活接头U12(341)

图 14-140　活接头型式

活 接 头 尺 寸　　　　　　　　　　表 14-137

公称尺寸 DN				管件规格				尺寸/mm		安装长度/mm	
U1	U2	U11	U12	U1	U2	U11	U12	a	b	z_1	z_2
—	—	(6)	—	—	—	(1/8)	—	38	—	24	—
8	8	8	8	1/4	1/4	1/4	1/4	42	55	22	45
10	10	10	10	3/8	3/8	3/8	3/8	45	58	25	48
15	15	15	15	1/2	1/2	1/2	1/2	48	66	22	53

续表

公称尺寸 DN				管件规格				尺寸/mm		安装长度/mm	
U1	U2	U11	U12	U1	U2	U11	U12	a	b	z_1	z_2
20	20	20	20	3/4	3/4	3/4	3/4	52	72	22	57
25	25	25	25	1	1	1	1	58	80	24	63
32	32	32	32	1¼	1¼	1¼	1¼	65	90	27	71
40	40	40	40	1½	1½	1½	1½	70	95	32	76
50	50	50	50	2	2	2	2	78	106	30	82
65	—	65	65	2½		2½	2½	85	118	31	91
80	—	80	80	3	—	3	3	95	130	35	100
—		100	—	—		4	—	100	—	38	—

（23）活接弯头

活接弯头的型式尺寸符合图 14-141、表 14-138 的规定。

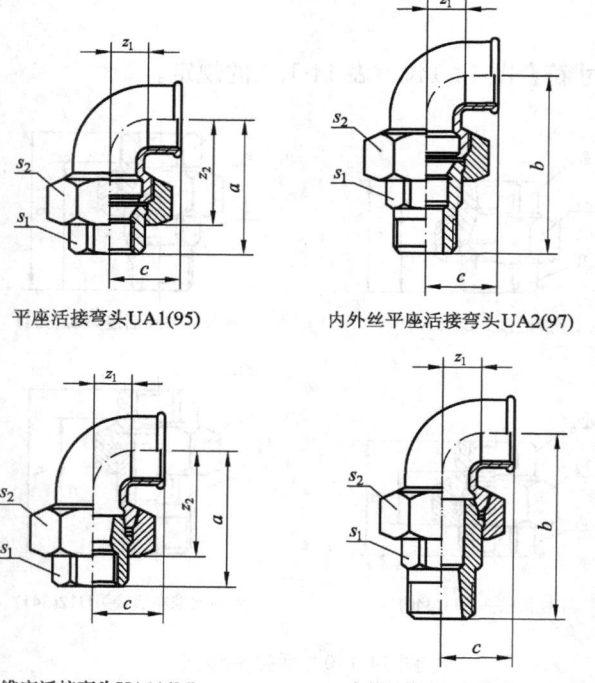

平座活接弯头UA1(95)　　　内外丝平座活接弯头UA2(97)

锥座活接弯头UA11(96)　　　内外丝锥座活接弯头UA12(98)

图 14-141　活接弯头型式

活接弯头尺寸　　　　　表 14-138

公称尺寸 DN				管件规格				尺寸/mm			安装长度/mm	
UA1	UA2	UA11	UA12	UA1	UA2	UA11	UA12	a	b	c	z_1	z_2
—	—	8	8	—	—	1/4	1/4	48	61	21	11	38
10	10	10	10	3/8	3/8	3/8	3/8	52	65	25	15	42
15	15	15	15	1/2	1/2	1/2	1/2	58	76	28	15	45

公称尺寸 DN				管件规格				尺寸/mm			安装长度/mm	
UA1	UA2	UA11	UA12	UA1	UA2	UA11	UA12	a	b	c	z_1	z_2
20	20	20	20	3/4	3/4	3/4	3/4	62	82	33	18	47
25	25	25	25	1	1	1	1	72	94	38	21	55
32	32	32	32	1¼	1¼	1¼	1¼	82	107	45	26	63
40	40	40	40	1½	1½	1½	1½	90	115	50	31	71
50	50	50	50	2	2	2	2	100	128	58	34	76

（24）垫圈

垫圈的型式尺寸符合图 14-142、表 14-139 的规定。

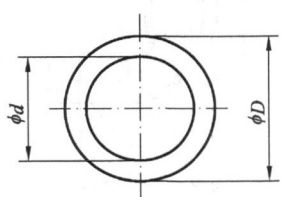

平座活接头和活接头弯头垫圈

U1(330)、U2(331)、UA1(95)和UA2(97)

图 14-142　垫圈型式

垫　圈　尺　寸　　　　　　　　　表 14-139

活接头和活接头弯头		垫圈尺寸/mm		活接头螺母的螺纹尺寸代号
公称尺寸 DN	管件规格	d	D	（仅作参考）
6	1/8	—	—	G1/2
8	1/4	13	20	G5/8
		17	24	G3/4
10	3/8	17	24	G3/4
		19	27	G7/8
15	1/2	21	30	G1
		24	34	G1⅛
20	3/4	27	38	G1¼
25	1	32	44	G1½
32	1¼	42	55	G2
40	1½	46	62	G2¼
50	2	60	78	G2¾
65	2½	75	97	G3½
80	3	88	110	G4
100	4	—	—	G5
				G5½

2. 建筑用铜管管件（承插式）（CJ/T 117—2000）

本标准适用于冷水、热水、制冷、供热（≤135℃高温水）、燃气、医用气体等管路系统，其他管路亦可参照使用。

建筑用铜管管件的型式尺寸符合图 14-143、表 14-140、表 14-141 的规定。

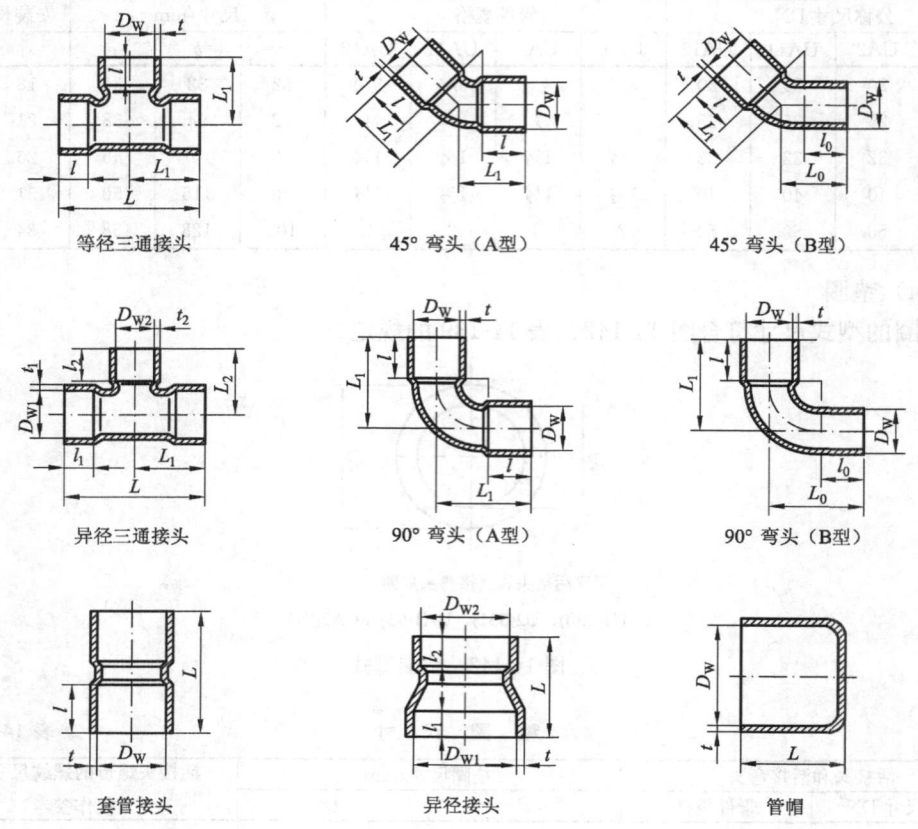

等径三通接头　　45° 弯头（A型）　　45° 弯头（B型）

异径三通接头　　90° 弯头（A型）　　90° 弯头（B型）

套管接头　　异径接头　　管帽

图 14-143　建筑用铜管管件型式

等径三通接头、弯头、套管接头、管帽尺寸（mm）　　表 14-140

公称通径 DN	配用铜管外径 D_W	公称压力		承口长度	插口长度	等径三通接头	45°弯头		90°弯头		套管接头	管帽	
		PN 1.0	PN 1.6										
		壁厚											
		t	t	l	l_0	L_1	L_1	L_0	L_1	L_0	L	L	R
6	8	0.75	0.75	7	9	14	12	12	14	15	21	9	2
8	10	0.75	0.75	7	9	15	13	13	15	16	21	9	2
10	12	0.75	0.75	9	11	18	15	16	19	19	25	11	2
15	16	0.75	0.75	11	13	23	19	20	24	24	30	16	3
20	22	0.75	0.75	15	17	32	26	26	32	32	39	18	3
25	28	1.0	1.0	17	19	37	31	31	37	38	45	21	4
32	35	1.0	1.0	20	22	44	37	36	45	45	51	24	4
40	44	1.0	1.5	22	24	52	43	42	56	55	58	26	4
50	55	1.0	1.5	25	27	61	51	50	66	66	64	29	4
65	70	1.0	2.0	28	30	73	61	59	81	79	74	—	—

续表

公称通径 DN	配用铜管外径 D_W	公称压力 PN 1.0 壁厚 t	PN 1.6 t	承口长度 l	插口长度 l_0	等径三通接头 L_1	45°弯头 L_1	L_0	90°弯头 L_1	L_0	套管接头 L	管帽 L	R
80	85	1.5	2.5	32	34	85	71	69	93	92	82	—	—
100	105	2.0	3.0	36	38	99	83	81	109	108	90	—	—
100	(108)	2.0	3.0	36	38	99	83	81	109	108	90	—	—
125	133	2.5	4.0	38	41	115	97	95	133	131	94	—	—
150	159	3.0	4.5	42	45	134	112	111	158	156	105	—	—
200	219	4.0	6.0	45	48	171	141	139	204	201	118	—	—

异径三通接头、异径接头尺寸（mm）　　　　　　**表 14-141**

公称通径 DN_1/DN_2	配用铜管外径 D_{W1}/D_{W2}	公称压力 PN 1.0 壁厚 t_1	t_2	PN 1.6 t_1	t_2	承口长度 l_1	l_2	异径三通接头 L_1	L_2	异径接头 L
8/6	10/8	0.75	0.75	0.75	0.75	7	7	16	16	22
10/8	12/10	0.75	0.75	0.75	0.75	9	7	19	17	24
15/8	16/10	0.75	0.75	0.75	0.75	11	7	25	21	27
15/10	16/12	0.75	0.75	0.75	0.75	11	9	25		28
20/10	22/12	0.75	0.75	0.75	0.75	15	9	28	26	36
20/15	22/16	0.75	0.75	0.75	0.75	15	11	30	28	36
25/15	28/16	1.0	0.75	1.0	0.75	17	11	34	28	44
25/20	28/22	1.0	0.75	1.0	0.75	17	15	34	35	44
32/15	35/16	1.0	0.75	1.0	0.75	20	11	37	31	50
32/20	35/22	1.0	0.75	1.0	0.75	20	15	40	35	51
32/25	35/28	1.0	1.0	1.0	1.0	20	17	41	40	50
40/15	44/16	1.0	0.75	1.5	0.75	22	11	42	38	57
40/20	44/22	1.0	0.75	1.5	0.75	22	15	45	40	58
40/25	44/28	1.0	1.0	1.5	1.0	22	17	48	41	57
40/32	44/35	1.0	1.0	1.5	1.0	22	20	49	48	56
50/20	55/22	1.0	0.75	1.5	0.75	25	15	48	46	70
50/25	55/28	1.0	1.0	1.5	1.0	25	17	51	48	69
50/32	55/35	1.0	1.0	1.5	1.0	25	20	54	51	68
50/40	55/44	1.0	1.0	1.5	1.5	25	22	57	58	66
65/25	70/28	1.0	1.0	2.0	1.0	28	17	56	56	79
65/32	70/35	1.0	1.0	2.0	1.0	28	20	60	59	79
65/40	70/44	1.0	1.0	2.0	1.5	28	22	64	61	76
65/50	70/55	1.0	1.0	2.0	1.5	28	25	67	70	74
80/32	85/35	1.5	1.0	2.5	1.0	32	20	62	66	84

公称通径 DN$_1$/DN$_2$	配用铜管外径 D$_{w1}$/D$_{w2}$	公称压力				承口长度		异径三通接头		异径接头
		PN 1.0		PN 1.6						
		壁厚								
		t_1	t_2	t_1	t_2	l_1	l_2	L_1	L_2	L
80/40	85/44	1.5	1.0	2.5	1.5	32	22	68	68	91
80/50	85/55	1.5	1.0	2.5	1.5	32	25	74	71	89
80/65	85/70	1.5	1.0	2.5	2.0	32	28	79	81	84
100/50	105/55	2.0	1.0	3.0	1.5	36	25	78	81	103
100/65	105/70	2.0	1.0	3.0	2.0	36	28	85	84	98
100/80	105/85	2.0	1.5	3.0	2.5	36	32	93	88	95
125/80	133/85	2.5	1.5	4.0	2.5	38	32	95	102	111
125/100	133/105	2.5	2.0	4.0	3.0	38	36	105	109	105
150/100	159/105	3.0	2.0	4.5	3.0	42	36	112	120	125
150/125	159/133	3.0	2.5	4.5	4.0	42	38	126	122	113
200/100	219/105	4.0	2.0	6.0	3.0	45	36	120	152	161
200/125	219/133	4.0	2.5	6.0	4.0	45	28	134	154	153
200/150	219/159	4.0	3.0	6.0	4.5	45	42	147	158	144

3. 不锈钢、铜螺纹管路连接件（QB/T 1109—1991）

本标准适用于公称压力（PN）不大于 3.4MPa，工作温度不大于 200℃，公称通径（DN）不大于 200mm 的用于化工、食品、医用等行业的不锈钢管件，及用于食品、建筑等行业的铜管件。

不锈钢、铜螺纹管路连接件的型式尺寸符合图 14-144、表 14-142、表 14-143 的规定。

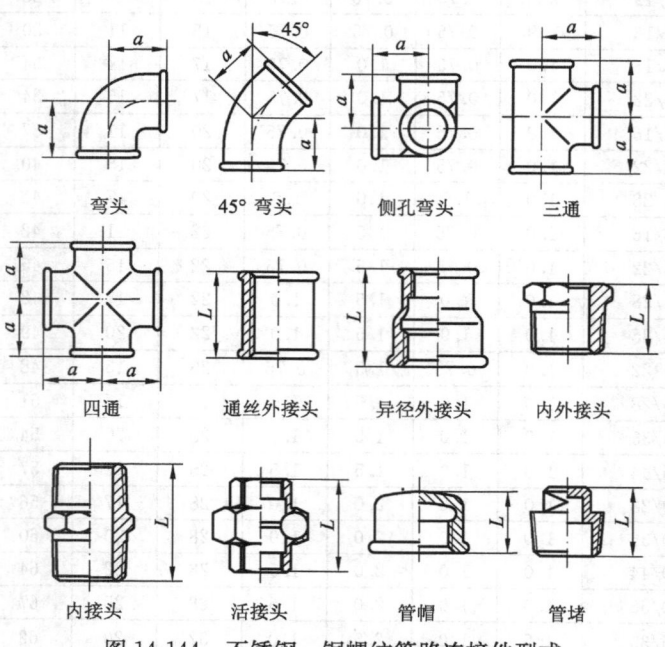

图 14-144　不锈钢、铜螺纹管路连接件型式

弯头、三通、四通、接头、管帽、管堵尺寸（mm）　　　　表 14-142

公称通径 DN	管螺纹尺寸 /in	a		L							
		弯头、三通、四通、45°弯头、侧孔弯头		通丝外接头		内接头	活接头	管帽		管堵
		Ⅰ	Ⅱ	Ⅰ	Ⅱ	Ⅰ、Ⅱ	Ⅰ、Ⅱ	Ⅰ	Ⅱ	Ⅰ、Ⅱ
6	1/8	19	—	17	—	21	38	13	14	13
8	1/4	21	20	25	26	28	42	17	15	16
10	3/8	25	23	26	29	29	45	18	17	18
15	1/2	28	26	34	34	36	48	22	19	22
20	3/4	33	31	36	38	41	52	25	22	26
25	1	38	35	43	44	46.5	58	28	25	29
32	1¼	45	42	48	50	54	65	30	28	33
40	1½	50	48	48	54	54	70	31	31	34
50	2	58	55	56	60	65.5	78	36	35	40
65	2½	70	65	65	70	76.5	85	41	38	46
80	3	80	74	71	75	85	95	45	40	50
100	4	—	90	—	85	90	116	—	—	57
125	5	—	110	—	95	107	132	—	—	62
150	6	—	125	—	105	119	146	—	—	71

注：适用公称压力（PN）分Ⅰ系和Ⅱ系两个系列。Ⅰ系列 PN≤3.4MPa，Ⅱ系列 PN≤1.6MPa。

异径外接头、内外接头尺寸（mm）　　　　表 14-143

公称通径 DN₁×DN₂	管螺纹尺寸 d₁×d₂ /in	全长 L			
		异径外接头		内外接头	
		Ⅰ	Ⅱ	Ⅰ	Ⅱ
8×6	1/4×1/8	27	—	17	—
10×8	3/8×1/4	30	29	17.5	—
15×10	1/2×3/8	36	36	21	—
20×10	3/4×3/8	39	39	24.5	—
20×15	3/4×1/2	39	39	24.5	—
25×15	1×1/2	45	43	27.5	—
25×20	1×3/4	45	43	27.5	—
32×20	1¼×3/4	50	49	32.5	—
32×25	1¼×1	50	49	32.5	—
40×25	1½×1	55	53	32.5	—
40×32	1½×1¼	55	53	32.5	—
50×32	2×1¼	65	59	40	39
50×40	2×1½	65	59	40	39
65×40	2½×1½	74	65	46.5	44
65×50	2½×2	74	65	46.5	44
80×50	3×2	80	72	51.5	48
80×65	3×2½	80	72	51.5	48
100×65	4×2½	—	85	—	56
100×80	4×3	—	85	—	56

注：适用公称压力（PN）分Ⅰ系和Ⅱ系两个系列。Ⅰ系列 PN≤3.4MPa，Ⅱ系列 PN≤1.6MPa。

十、阀 门

1. 阀门的种类与用途（表 14-144）

阀门的种类与用途　　　　表 14-144

类 型	代号	用 途
闸阀	Z	安装在管路上作启、闭（开关）使用。流体介质通过时，局部阻力小
截止阀	J	安装在管路或设备上，用于启闭管路及调节介质流量，应用较广

类　型	代号	用　　　　途
节流阀	L	安装在管路上主要用于流量调节，能够准确地改变流量，也可用于压力调节
球阀	Q	安装在管路上作开关用，特点是结构简单，操作方便
蝶阀	D	安装在管路上主要起切断和节流用，特点是结构简单、启闭灵活、具有良好的流体控制特性
隔膜阀	G	安装在管路上主要起接通或切断管路中的流体用。它的启闭件是一块用软质材料制成的隔膜，把阀体内腔与阀盖内腔及驱动部件隔开，其结构简单，启闭迅速
旋塞阀	X	安装在管路上，用于启闭管路中的介质。其特点是开关迅速，操作方便
止回阀和底阀	H	安装在管路或设备上，以阻止管路、设备中介质倒流
安全阀	A	安装在蒸汽、水及空气等中性介质的锅炉、容器或管道上，当设备或管路内的介质压力超过规定值时，安全阀启动，继而全量排放，使压力下降，直至降到规定数值后自行关闭，以保证设备管路的安全运行
减压阀	Y	安装在蒸汽、空气或水等介质的管路中，能自动将管路中介质压力减低到规定数值，并使之保持不变
蒸汽疏水阀	S	安装在蒸汽管路或加热器、散热器等蒸汽设备上，能自动排除管路或设备中冷凝水，并能防止蒸汽泄漏

2. 法兰连接铁制闸阀（GB/T 12232—2005）

本标准适用于公称压力 PN1～25，公称通径 DN50～2000 法兰连接灰铸铁和球墨铸铁制闸阀。

闸阀的结构型式如图 14-145 和图 14-146 所示。结构长度符合 GB/T 12221 的规定。阀体的最小壁厚按表 14-145 的规定。

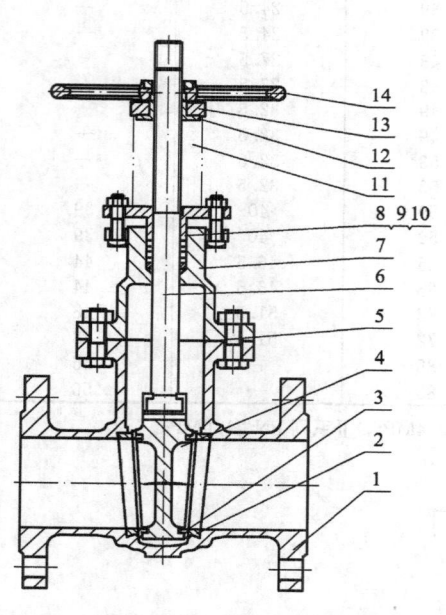

图 14-145　明杆闸阀结构型式

1—阀体；2—阀体密封圈（阀座）；3—闸板密封圈；4—闸板；5—垫片；6—阀杆；7—阀盖；8—填料垫；9—填料；10—填料压盖；11—支架；12—阀杆螺母；13—螺母轴承盖；14—手轮

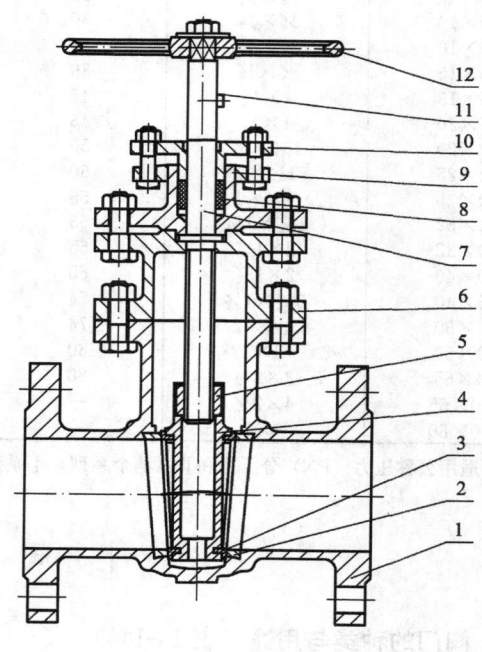

图 14-146　暗杆闸阀结构型式

1—阀体；2—阀体密封圈（阀座）；3—闸板密封圈；4—闸板；5—阀杆螺母；6—阀盖；7—阀杆；8—填料；9—填料箱；10—填料压盖；11—指示牌；12—手轮

阀体的最小壁厚（mm）　　　　　　　　　　　表 14-145

壳体材料	灰铸铁				球墨铸铁	
公称通径 DN	公称压力 PN					
	1	2.5	6	10	16	25
	最小壁厚					
50	—	—	—	7	7	8
65	—	—	—	7	7	8
80	—	—	—	8	8	9
100	—	—	—	9	9	10
125	—	—	—	10	10	12
150	—	—	—	11	11	12
200	—	—	—	12	12	14
250	—	—	—	13	13	—
300	13	—	—	14	14	—
350	14	—	—	14	15	—
400	15	—	—	15	16	—
450	15	—	—	16	17	—
500	16	16	—	16	18	—
600	18	18	—	18	18	—
700	20	20	—	20 *	20	—
800	20	22	—	22 *	22	—
900	20	22	—	24 *	24	—
1000	20	24	—	26 *	26	—
1200	22	26 *	26 *	28 *	28	—
1400	25	26 *	28 *	30 *	—	—
1600	—	30 *	32 *	35 *	—	—
1800	—	32 *	—	—	—	—
2000	—	34 *	—	—	—	—

注：1. 公称通径大于 250mm 的闸阀应有增强壳体刚度的加强筋。

　　2. 表中壁厚数值仅适用于灰铸铁 HT200（带 * 为 HT250）和球墨铸铁 QT 450-10，对其他牌号的材料需另行计算。

3. 铁制截止阀与升降式止回阀（GB/T 12233—2006）

本标准适用于公称压力 PN10～16，公称通径 DN15～200，适用温度不大于 200℃ 的内螺纹连接和法兰连接的铁制截至阀和升降式止回阀。

截止阀的结构型式如图 14-147 和图 14-148 所示；升降式止回阀的结构型式如图 14-149 和图 14-150 所示；节流阀的结构型式如图 14-151 所示。结构长度按表 14-146 的规定，阀体的最小壁厚按表 14-147 的规定。

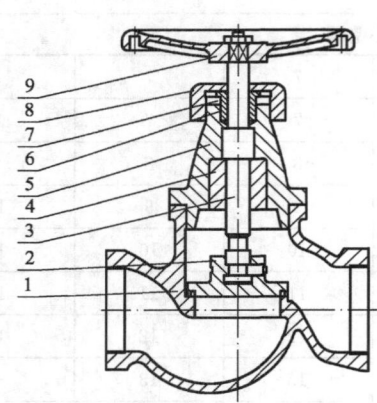

图 14-147　内螺纹连接截止阀

1—阀体；2—阀瓣；3—阀杆；
4—阀杆螺母；5—阀盖；6—填
料；7—填料压套；8—压套螺母；
9—手轮

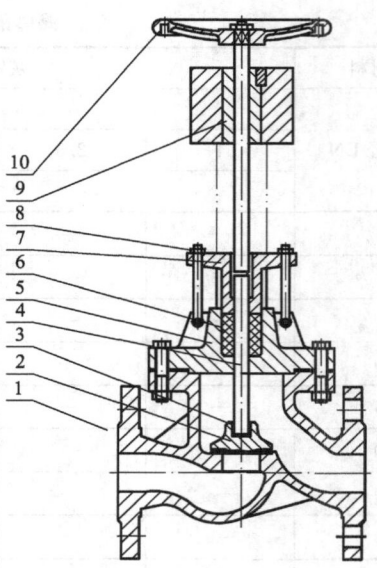

图 14-148　法兰连接截止阀

1—阀体；2—阀瓣；3—阀瓣盖；
4—阀杆；5—阀盖；6—填料；
7—填料压盖；8—活节螺栓；
9—阀杆螺母；10—手轮

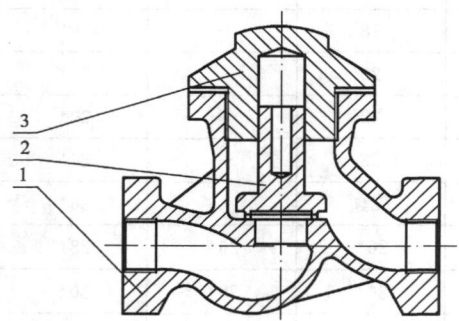

图 14-149　内螺纹连接升降式止回阀

1—阀体；2—阀瓣；3—阀盖

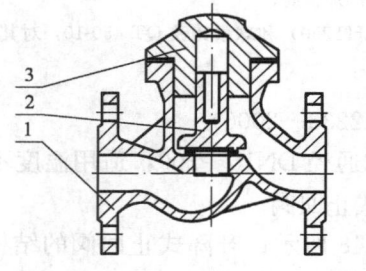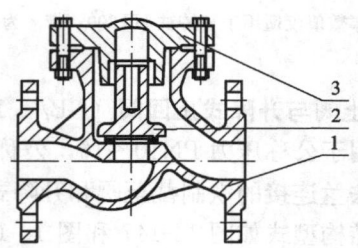

图 14-150　法兰连接升降式止回阀

1—阀体；2—阀瓣；3—阀盖

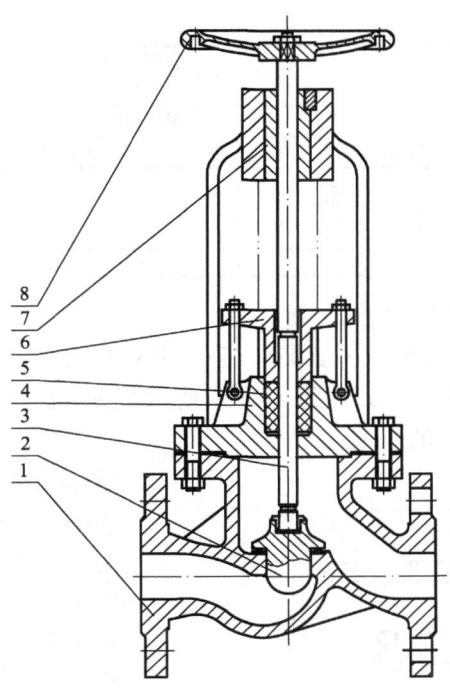

图 14-151 法兰连接节流阀

1—阀体；2—阀瓣；3—阀杆；4—阀盖；5—填料；

6—填料压盖；7—阀杆螺母；8—手轮

内螺纹连接截止阀、升降式止回阀的结构长度（mm） 表 14-146

公称尺寸 DN	结构长度	
	短系列	长系列
15	65	90
20	75	100
25	90	120
32	105	140
40	120	170
50	140	200
65	165	260

阀体的最小壁厚（mm） 表 14-147

公称尺寸 DN	公称压力				
	PN10	PN16	PN10	PN16	PN16
	阀体材料				
	灰铸铁		可锻铸铁		球墨铸铁
15	5	5	5	5	5
20	6	6	6	6	6
25	6	6	6	6	6
32	6	7	6	7	7
40	7	7	7	7	7
50	7	8	7	8	8
65	8	8	8	8	8
80	8	9	—	—	9

公称尺寸 DN	公称压力				
	PN10	PN16	PN10	PN16	PN16
	阀体材料				
	灰铸铁		可锻铸铁		球墨铸铁
100	9	10	—	—	10
125	10	12	—	—	12
150	11	12	—	—	12
200	12	14	—	—	14

4. 铁制旋塞阀（GB/T 12240—2008）

本标准适用于公称压力 PN2.5～PN25，公称尺寸 DN15～DN600 的旋塞阀。

旋塞阀的典型结构如图 14-152～图 14-156 所示。法兰连接结构长度见表 14-148。承压壳体最小壁厚按表 14-149 的规定。

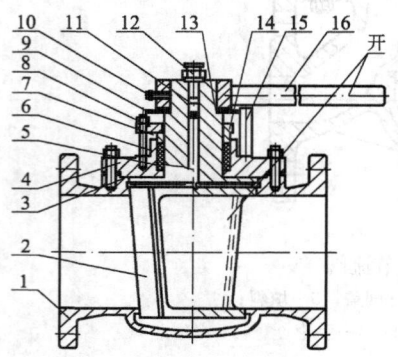

图 14-152　油封/润滑型旋塞阀
1—阀体；2—旋塞；3—垫片或密封圈；4—阀盖；5—填料垫；6—填料；7—填料压套；8—填料压板；9—指示板和限位板；10—紧定螺栓（钉）；11—止回阀；12—注入油嘴；13—卡圈；14—填料压盖；15—限位块；16—手柄

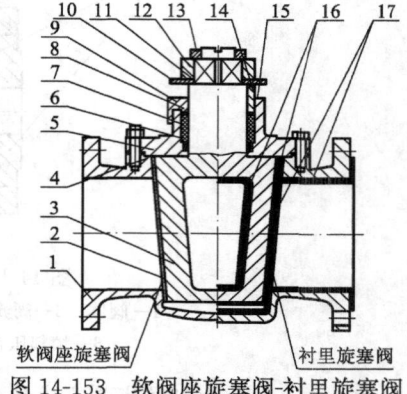

图 14-153　软阀座旋塞阀-衬里旋塞阀
1—阀体；2—软阀座；3—旋塞；4—垫片或密封圈；5—阀盖；6—填料垫；7—填料；8—填料压套；9—填料压板；10—指示板和限位板；11—卡圈；12—手柄；13—螺母；14—填料压套；15—导电弹性环；16—旋塞衬层；17—阀体衬里

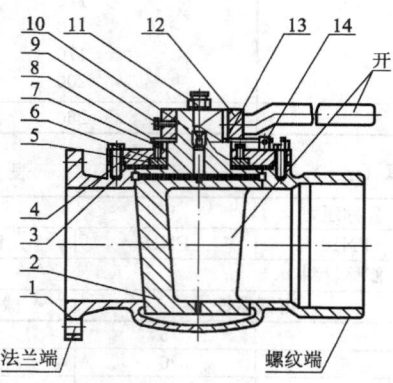

图 14-154　油封/润滑型旋塞阀（无填料压盖式）
1—阀体；2—旋塞；3—垫片或密封圈；4—阀盖；5—填料；6—填料垫板；7—填料压紧螺钉；8—指示板和限位板；9—紧定螺栓（钉）；10—止回阀；11—注入油嘴；12—手柄；13—卡圈；14—限位块

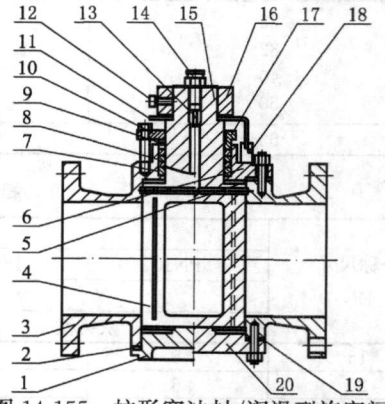

图 14-155　柱形塞油封/润滑型旋塞阀
1—阀盖；2—垫片；3—阀体；4—旋塞；5—垫片或密封圈；6—阀盖；7—填料垫；8—填料；9—填料压套；10—填料压板；11—指示板和限位板；12—紧定螺栓（钉）；13—止回阀；14—注入油嘴；15—卡圈；16—手柄；17—填料压盖；18—限位块；19—垫片；20—阀盖

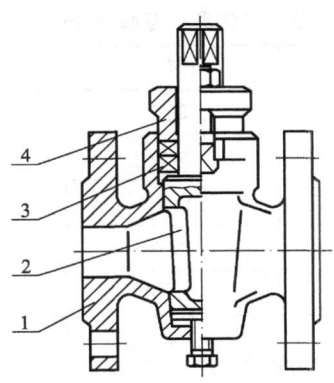

图 14-156　金属密封旋塞阀
1—阀体；2—旋塞；3—填料；4—填料压盖

法兰连接结构长度（mm）　　　　表 14-148

公称尺寸DN	PN2.5、PN6、PN10				PN16、PN20				PN25			
	短型	常规型	文丘里型	圆口全通径	短型	常规型	文丘里型	圆口全通径	短型	常规型	文丘里型	圆口全通径
15	108	—	—	—	—	—	—	—	—	—	—	—
20	117	—	—	—	—	—	—	—	—	—	—	—
25	127	140	—	140	140	—	—	176	165	—	—	190
32	140	165	—	152	—	—	—	—	—	—	—	—
40	165	165	—	165	165	—	—	222	190	—	—	241
50	178	203	—	191	178	—	178	267	216	—	216	283
65	191	222	—	210	191	—	—	298	241	—	241	330
80	203	241	—	229	203	—	203	343	283	—	283	387
100	229	305	—	305	229	305	229	432	305	—	305	457
125	245	355	—	381	254	356	—	—	—	—	—	—
150	267	394	394	457	267	394	394	546	403	403	403	559
200	292	457	457	559	292	457	457	622	419	502	419	686
250	330	533	533	660	330	533	533	660	457	568	457	826
300	356	610	610	762	356	610	610	762	502	648	502	965
350	—	686	686	—	—	686	686	—	—	762	762	—
400	—	762	762	—	—	762	762	—	—	838	838	—
450	—	864	864	—	—	864	864	—	—	914	914	—
500	—	914	914	—	—	914	914	—	—	991	991	—
550	—	—	—	—	—	—	—	—	—	1092	1092	—
600	—	—	1067	—	—	1067	1067	—	—	1143	1143	—

承压壳体最小壁厚（mm）   表 14-149

公称尺寸 DN	PN10	PN16	PN25	PN20
≤25	6.0	8.0	10.0	—
32	7.0	9.5	12.0	—
40	8.0	11.0	14.5	—
50	9.0	12.0	15.5	—
65	10.0	13.0	16.5	—
80	11.0	15.0	18.5	—
100	13.0	15.0	19.5	—
150	16.0	18.0	22.0	—
200	20.0	22.0	24.0	—
300	—	—	—	20.6
350	—	—	—	22.4
400	—	—	—	25.4
450	—	—	—	26.9
500	—	—	—	28.4
600	—	—	—	31.8

5. 石油、石化及相关工业用的钢制球阀（GB/T 12237—2007）

本标准适用于公称压力 PN16～PN100、公称尺寸 DN15～DN500，端部连接形式为法兰和焊接的钢制球阀；适用于公称压力 PN16～PN140、公称尺寸 DN8～DN50，端部连接形式为螺纹和焊接的钢制球阀。

浮动球球阀（一片式）的典型结构如图 14-157 所示；浮动球球阀（两片式）的典型结构如图 14-158 所示；固定球球阀的典型结构如图 14-159 所示。

球阀的结构长度按 GB/T 12221 的规定或按订货合同要求。

阀体流道最小直径按表 14-150 的规定。

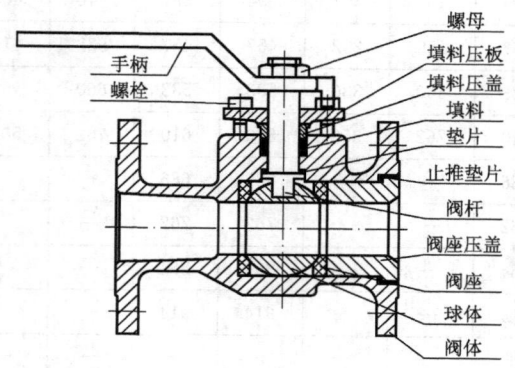

图 14-157　浮动球球阀

（一片式）典型结构示意图

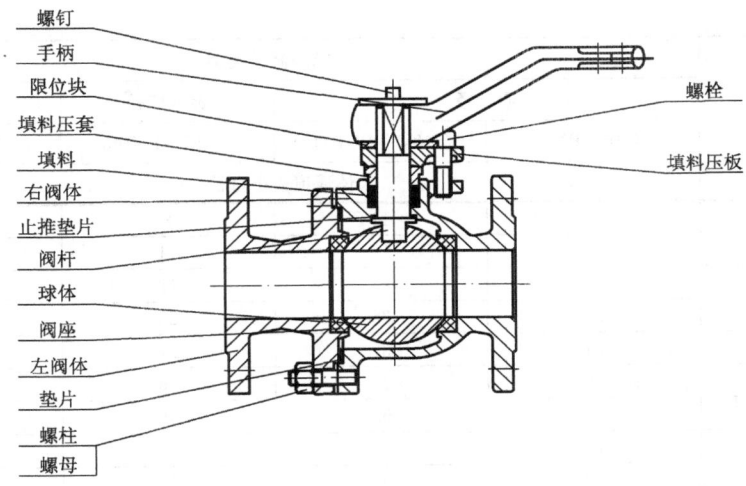

图 14-158 浮动球球阀
（二片式）典型结构示意图

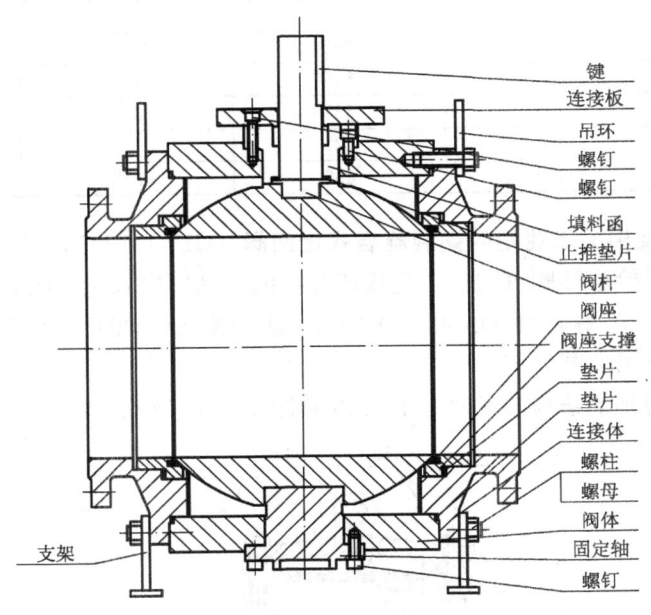

图 14-159 固定球球阀典型结构示意图

阀体流道最小直径   表 14-150

公称尺寸 DN	球阀流道类型			
	通 径		标准缩径	缩 径
	PN16～PN50	PN63～PN100	PN16～PN140	PN16～PN140
	阀体通道最小直径/mm			
8	6	6	6	不适用
10	9	9	6	不适用

续表

公称尺寸 DN	球阀流道类型			
	通 径		标准缩径	缩 径
	PN16～PN50	PN63～PN100	PN16～PN140	PN16～PN140
	阀体通道最小直径/mm			
15	11	11	8	不适用
20	17	17	11	不适用
25	24	24	17	14
32	30	30	23	18
40	37	37	27	23
50	49	49	36	30
65	62	62	49	41
80	75	75	55	49
100	98	98	74	62
125	123	123	88	—
150	148	148	98	74
200	198	194	144	100
250	245	241	186	151
300	295	291	227	202
350	325	318	266	230
400	375	365	305	250
450	430	421	335	305
500	475	453	375	335

6. 石油、化工及相关工业用的钢制旋启式止回阀（GB/T 12236—2008）

本标准适用于螺栓连接阀盖的法兰连接或焊接的钢制旋启式止回阀，其参数为：公称压力 PN16～PN240，公称尺寸 DN50～DN600，使用温度－29℃～538℃，使用介质石油、化工、天然气及相关制品等。

旋启式止回阀的典型结构形式如图 14-160 和图 14-161 所示。

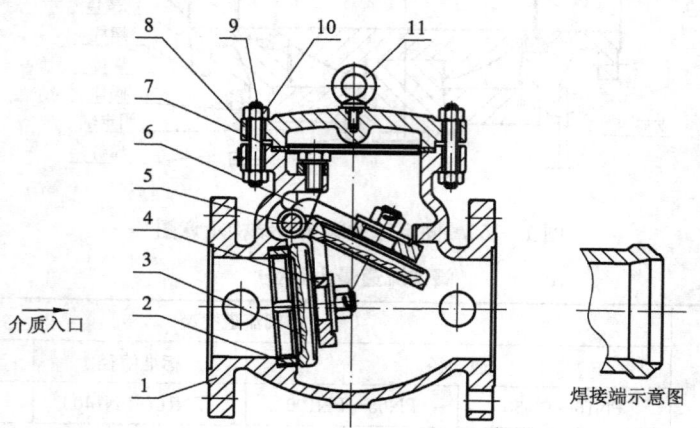

图 14-160 法兰连接旋启式止回阀典型结构示意图

1—阀体；2—阀座；3—阀瓣；4—摇杆；5—销州；6—支架；
7—垫片；8—阀盖；9—螺柱；10—螺母；11—吊环螺钉

止回阀的结构长度按 GB/T12221 的规定，或按订货合同的要求。

阀门壳体的最小壁厚按表 14-151 的规定。

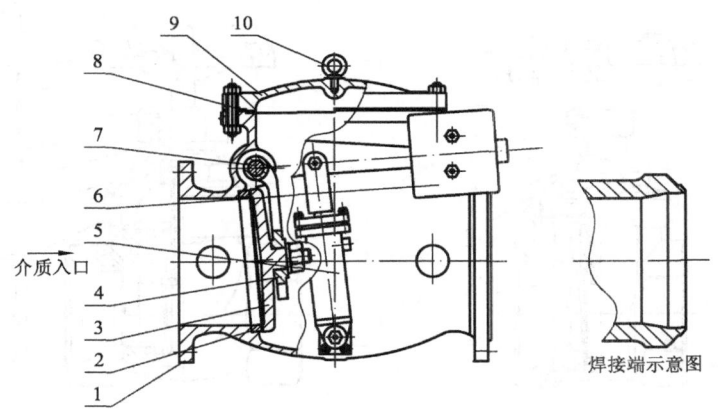

图 14-161　法兰连接旋启缓闭式止回阀典型结构示意图

1—阀体；2—阀座；3—阀瓣；4—摇杆；5—油缸；
6—垂锤；7—销；8—垫片；9—阀盖；10—吊环螺钉

阀门壳体的最小壁厚（mm）　　　　　　　　　　　　　　　　　　　**表 14-151**

公称尺寸 DN	公　称　压　力 PN									
	16	20	25	40	50	63	100、110	150、160	250、260	420
50	7.9	8.6	8.8	9.3	9.7	10.0	11.2	15.8	19.1	22.4
65	8.7	9.7	10.0	10.7	11.2	11.4	11.9	18.0	22.4	25.4
80	9.4	10.4	10.7	11.4	11.9	12.1	12.7	19.1	23.9	30.2
100	10.3	11.2	11.5	12.2	12.7	13.4	16.0	21.3	28.7	35.8
150	11.9	11.9	12.6	14.6	16.0	16.7	19.1	26.2	38.1	48.5
200	12.7	12.7	13.5	15.9	17.5	19.2	25.4	31.8	47.8	62.0
250	14.2	14.2	15.0	17.5	19.1	21.2	28.7	36.6	57.2	67.6
300	15.3	16.0	16.8	19.1	20.6	23.0	31.8	42.2	66.8	86.6
350	15.9	16.8	17.7	20.5	22.4	25.2	35.1	46.0	69.9	—
400	16.4	17.5	18.6	21.8	23.9	27.0	38.1	52.3	79.5	—
450	16.9	18.3	19.5	23.0	25.4	28.9	41.4	57.2	88.9	—
500	17.6	19.1	20.4	24.3	26.9	30.7	44.5	63.5	98.6	—
600	19.6	20.6	22.2	27.0	30.2	34.7	50.8	73.2	114.3	—

7. 铁制和铜制螺纹连接阀门（GB/T 8464—2008）

本标准适用于：螺纹连接的闸阀、截止阀、球阀、止回阀，公称压力不大于 PN16、公称尺寸不大于 DN100 的灰铸铁、可锻铸铁材料的阀门，公称压力不大于 PN25、公称尺寸不大于 DN100 的球墨铸铁材料的阀门，公称压力不大于 PN40、工作温度不高于 80℃的铜合金阀门，工作介质为水、非腐蚀性液体、空气、饱和蒸汽等。

螺纹连接闸阀的典型结构型式如图 14-162 所示。螺纹连接截至阀的典型结构型式如

图 14-163 所示。螺纹连接球阀的典型结构型式如图 14-164 所示。螺纹连接止回阀的典型
结构型式如图 14-165 所示。

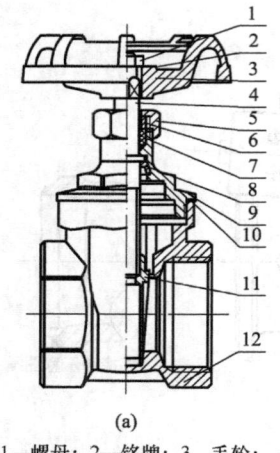
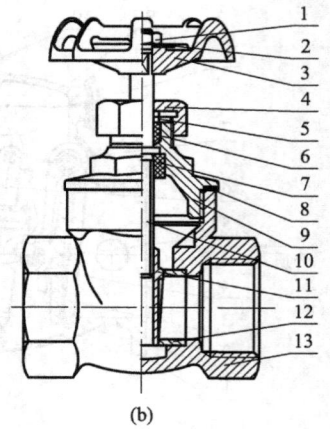

(a)

1—螺母；2—铭牌；3—手轮；
4—阀杆；5—压紧螺母；6—压圈；
7—填料；8—紧圈；9—阀盖；
10—垫片；11—闸板；12—阀体

(b)

1—螺母；2—铭牌；3—手轮；
4—压紧螺母；5—压圈；6—填料；
7—定位套；8—垫片；9—阀盖；
10—阀杆；11—闸板；12—阀座；13—阀体

图 14-162 螺纹连接闸阀结构型式

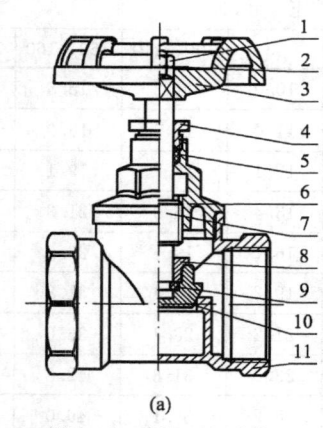
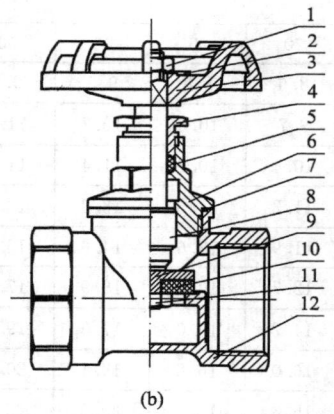

(a)

1—螺母；2—铭牌；3—手轮；
4—填料压盖；5—填料；6—阀盖；
7—阀杆；8—瓣盖；9—挡圈；
10—阀瓣；11—阀体

(b)

1—螺母；2—铭牌；3—手轮；
4—填料压盖；5—填料；6—阀盖；
7—口面垫圈；8—阀杆；9—密封座；
10—阀瓣；11—螺母；12—阀体

图 14-163 螺纹连接截止阀结构型式

螺纹连接阀门的公称尺寸按 GB/T 1047 的规定，且不大于 DN100。

螺纹连接阀门公称压力按 GB/T 1048 的规定，并且灰铸铁阀门公称压力不大于
PN16、可锻铸铁阀门公称压力不大于 PN25、球墨铸铁和铜合金阀门公称压力不大
于 PN140。

螺纹连接阀门的结构长度按 GB/T 12221 的规定，或按订货合同的要求。

螺纹连接阀门阀体端部采用圆柱管螺纹或圆锥管螺纹时，螺纹尺寸和精度应符合

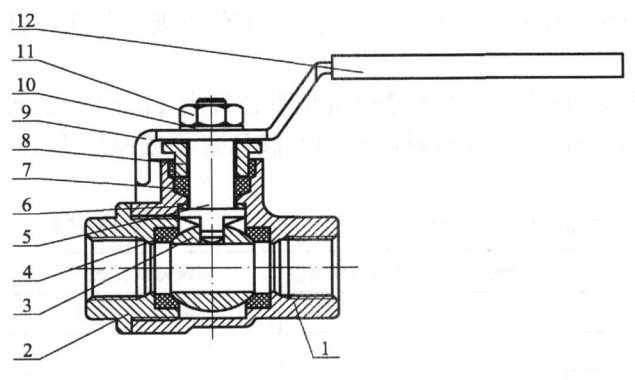

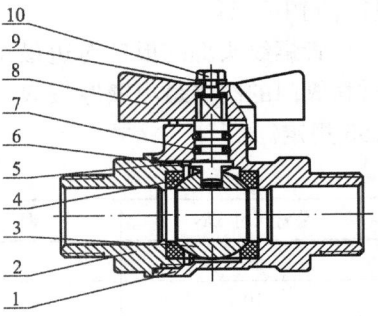

(a)

1—阀体；2—阀盖；3—球；
4—阀座；5—阀杆；6—阀杆垫圈；
7—填料；8—填料压盖；9—手柄；
10—垫圈；11—螺母；12—手柄套

(b)

1—阀体；2—阀盖；3—球；4—阀座；
5—阀杆；6—口面垫圈；7—O形圈；
8—手柄；9—垫圈；10—螺栓

图 14-164　螺纹连接球阀结构型式

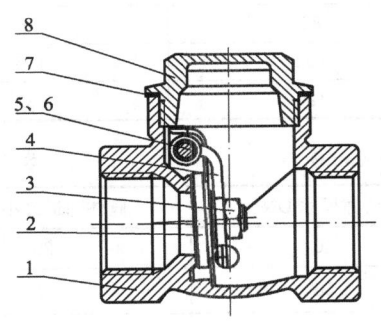

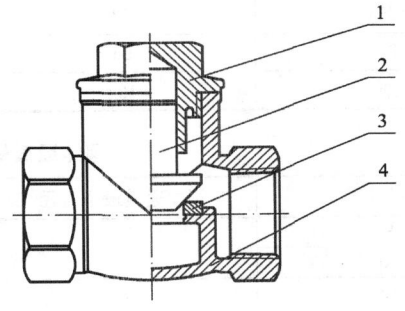

旋启式

1—阀体；2—阀瓣；3—螺母；4—摇杆；
5—销轴螺母；6—销轴；7—垫圈；8—阀盖

升降式

1—阀盖；2—阀瓣；3—阀座；4—阀体

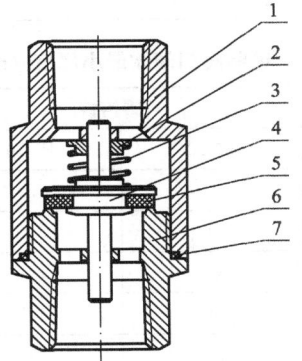

升降立式

1—阀盖；2—弹簧挡圈；3—弹簧；4—阀瓣架；
5—阀瓣；6—阀体；7—口面垫圈

图 14-165　螺纹连接止回阀结构型式

GB/T 7307、GB/T 7306.1、GB/T 7306.2 和 GB/T 12716 的规定；有特殊要求的应在订货合同中注明。

管螺纹头部的扳口对边最小尺寸见表 14-152；阀体通道最小直径见表 14-153；铁制材料阀门的阀体最小壁厚按表 14-154 规定；铜合金材料制阀门的阀体最小壁厚按表 14-155 规定。

扳口对边最小尺寸（mm）　　　　　　　　　表 14-152

公称尺寸 DN	铜合金材料	可锻铸铁材料、球墨铸铁材料	灰铸铁材料
8	17.5	—	—
10	21	—	—
15	25	27	30
20	31	33	36
25	38	41	46
32	47	51	55
40	54	58	62
50	66	71	75
65	83	88	92
80	96	102	105
100	124	128	131

阀体通道最小直径（mm）　　　　　　　　　表 14-153

公称尺寸 DN	阀体通道最小直径	公称尺寸 DN	阀体通道最小直径
8	6	40	28
10		50	36
15	9	65	49
20	12.5	80	57
25	17	100	75
32	23		

铁制阀门阀体最小厚度（mm）　　　　　　　　　表 14-154

公称尺寸 DN	灰铸铁	可锻铸铁		球墨铸铁	
	PN10	PN10	PN16	PN16	PN25
15	4	3	3	3	4
20	4.5	3	3.5	3.5	4.5
25	5	3.5	4	4	5
32	5.5	4	4.5	4.5	5.5
40	6	4.5	5	5	6
50	6	5	5.5	5.5	6.5
65	6.5	6	6	6	7
80	7	6.5	6.5	6.5	7.5
100	7.5	6.5	7.5	7	8

铜合金制阀门阀体最小厚度（mm）　　　　**表 14-155**

公称尺寸 DN	PN10	PN16	PN20	PN25	PN40
6	1.4	1.6	1.6	1.7	2.0
8	1.4	1.6	1.6	1.7	2.0
10	1.4	1.6	1.7	1.8	2.1
15	1.6	1.8	1.8	1.9	2.4
20	1.6	1.8	2.0	2.1	2.6
25	1.7	1.9	2.1	2.4	3.0
32	1.7	1.9	2.4	2.6	3.4
40	1.8	2.0	2.6	2.8	3.7
50	2.0	2.2	2.8	3.2	4.3
65	2.8	3.0	3.0	3.5	5.1
80	3.0	3.4	3.5	4.1	5.7
100	3.6	4.0	4.0	4.5	6.4

8. 卫生洁具及暖气管道用直角阀（GB/T 26712—2011）

卫生洁具及暖气管道用直角阀适用于卫生洁具、暖气管道中，控制介质（冷、热水、暖气）的启、闭。使用条件见表 14-156。

直角阀的型式尺寸符合图 14-166、图 14-167 和表 14-157 的规定。

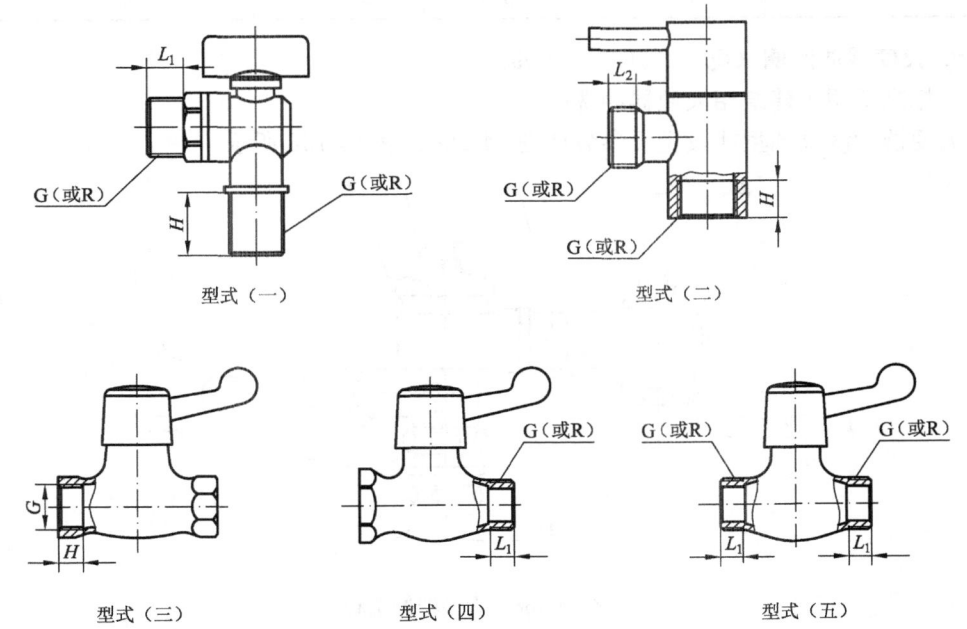

图 14-166　卫生洁具直角阀

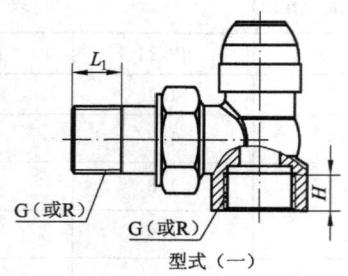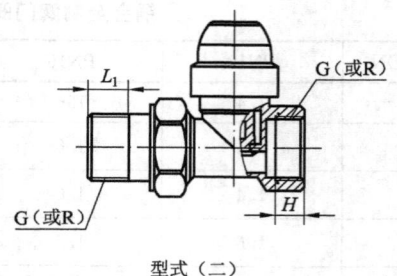

型式（一）　　　　　　　　　型式（二）

图 14-167　暖气管道直角阀

卫生洁具及暖气管道用直角阀使用条件　　　　　　　表 14-156

产品类型	公称尺寸	公称压力/MPa	介质	介质温度/℃
卫生洁具直角阀	DN15、DN20、DN25	1.0	冷、热水	≥90
暖气管道直角阀	DN15、DN20、DN25	1.6	暖气	≥150

卫生洁具及暖气管道用直角阀型式尺寸（mm）　　　　　表 14-157

产品名称	公称尺寸	螺纹特征代号	H	L_1	L_2
卫生洁具直角阀	DN15	G 或 R	≥12	≥8	≥6
	DN20	G 或 R	≥14	≥12	—
	DN25	G 或 R	≥14.5	≥12	—
暖气管道直角阀	DN15	G 或 R	≥10	≥16	—
	DN20	G 或 R	≥14	≥16	—
	DN25	G 或 R	≥14.5	≥18	—

9. 大便器冲洗阀（QB/T 3649—1999）

本标准适用于建筑用大便器冲洗阀。

大便器冲洗阀的型式及主要参数如图 14-168、表 14-158 所示。

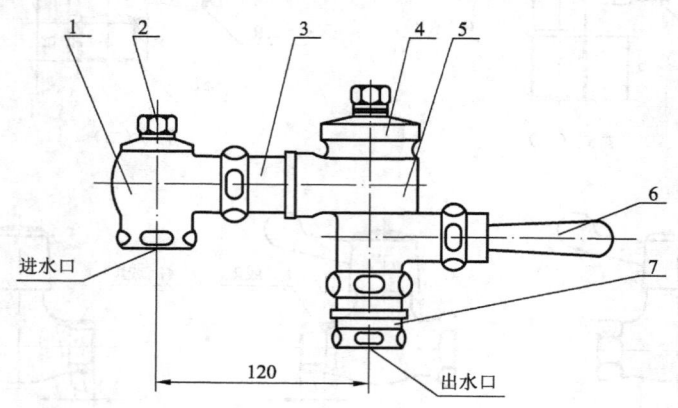

图 14-168　大便器冲洗阀

1—进水阀；2—进水阀盖；3—连接管；4—出水阀盖；

5—出水阀；6—手柄；7—防虹吸装置

大便器冲洗阀主要参数　　　　　表 14-158

项　　目		参　　数
公称通径 DN/mm		25
配接管螺纹		G1″
出水口直径/mm		32
公称压力 PN/MPa		0.6
工作压力/MPa	一级品	0.07～0.7
	合格品	0.1～0.6
适用介质		水
介质温度/℃		≤50
平均冲洗流量/（L/s）		0.8～1.2
冲洗时间/s		5～15

十一、水　　嘴

1. 普通洗涤水嘴与洗衣机水嘴（QB/T 1334—2013）

普通洗涤水嘴与洗衣机水嘴一般为壁式明装单柄单控水嘴，装于自来水管路上，作放水开关，适用于公称压力不大于 1.0MPa，供水温度 5℃～90℃条件下使用。

壁式明装单柄单控水嘴的结构尺寸符合图 14-169 和表 14-159 的规定。

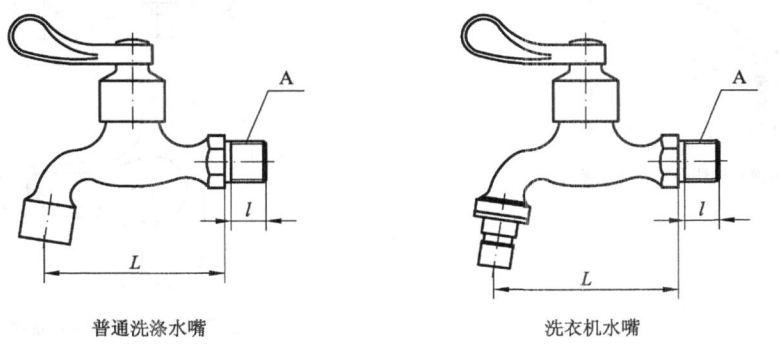

普通洗涤水嘴　　　　　　　　　洗衣机水嘴

图 14-169　壁式明装单柄单控水嘴

壁式明装单柄单控水嘴规格尺寸（mm）　　　　　表 14-159

公称尺寸 DN	螺纹尺寸 A	螺纹有效长度 l		L
		圆柱管螺纹	圆锥管螺纹	
15	G1/2B 或 R₁1/2 或 R₂1/2	≥10	≥11.4	≥55
20	G3/4B 或 R₁3/4 或 R₂3/4	≥12	≥12.7	≥70
25	G1B 或 R₁1 或 R₂1	≥14	≥14.5	≥80

2. 洗面器水嘴（QB/T 1334—2013）

洗面器水嘴装于洗面器上，用以开关冷、热水，适用于公称压力不大于 1.0MPa，供水温度5℃～90℃条件下使用。

洗面器水嘴的结构尺寸符合图14-170和表14-160的规定。

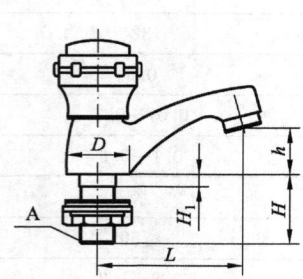

台式明装单柄单控洗面器水嘴

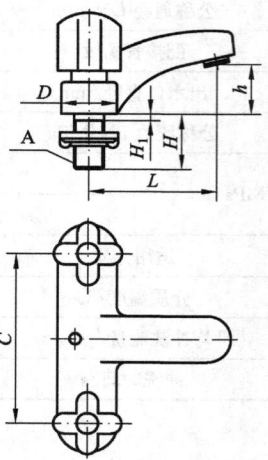

台式明装双柄双控洗面器水嘴

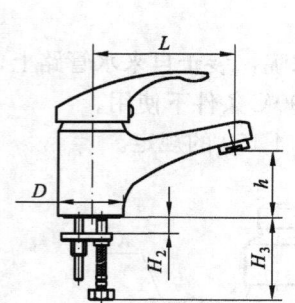

台式明装单柄双控洗面器水嘴（单孔）

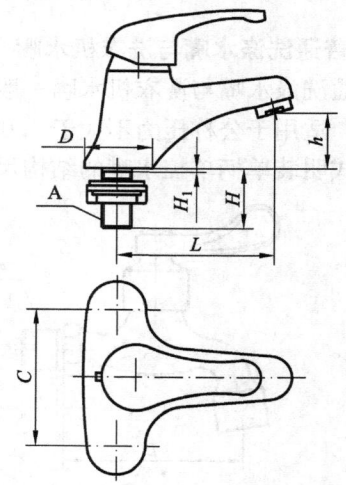

台式明装单柄双控洗面器水嘴（双孔）

图 14-170　洗面器水嘴

洗面器水嘴规格尺寸（mm）　　　　　　　　　　　表 14-160

公称尺寸 DN	螺纹尺寸 A	H	H_1	H_2	H_3	h	D	L	C
15	G1/2B 或 $R_1$1/2 或 $R_2$1/2	≥48	≤8	≥35	≥350	≥25	≥40	≥65	102±1 152±1 204±1

3. 浴缸水嘴（QB/T 1334—2013）

浴缸水嘴装于浴缸上，用以开关冷、热水，适用于公称压力不大于1.0MPa，供水温度5℃～90℃条件下使用。

浴缸水嘴的结构尺寸符合图 14-171 和表 14-161 的规定。

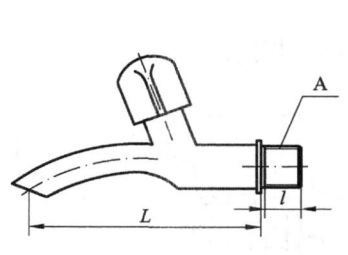

壁式明装单柄单控浴缸水嘴

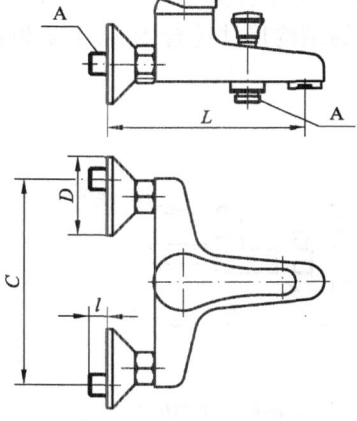

壁式明装单柄双控浴缸水嘴

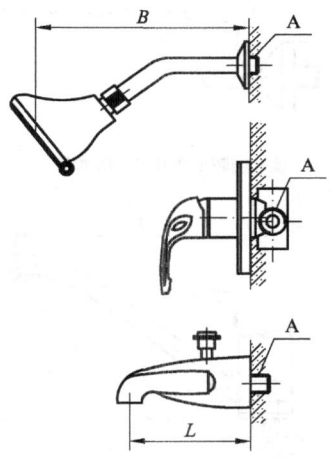

壁式暗装单柄双控浴缸水嘴

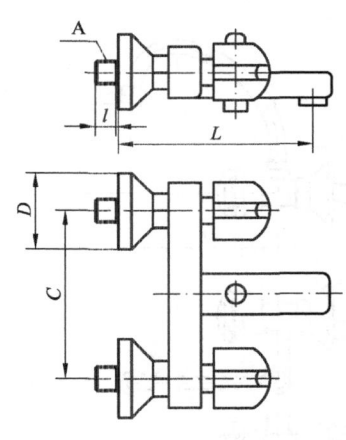

壁式明装双柄双控浴缸水嘴

图 14-171　浴缸水嘴

浴缸水嘴规格尺寸（mm）　　　　　　　　　　　　　　　　　表 14-161

公称尺寸 DN	螺纹尺寸 A	螺纹有效长度 l			D	C	B		L
							明装	暗装	
15	G1/2B 或 $R_1$1/2 或 $R_2$1/2	≥10			≥45	140～160	≥120	≥150	≥110
20	G3/4B 或 $R_1$3/4 或 $R_2$3/4	混合	非混合		50				
			圆柱螺纹	圆锥螺纹					
		≥15	≥12	≥12.7					

4. 厨房水嘴（QB/T 1334—2013）

厨房水嘴用于厨房与洗涤器配套作洗涤水源开关，供洗涤者使用，适用于公称压力不大于1.0MPa，供水温度5℃～90℃条件下使用。

厨房水嘴的结构尺寸符合图14-172和表14-162的规定。

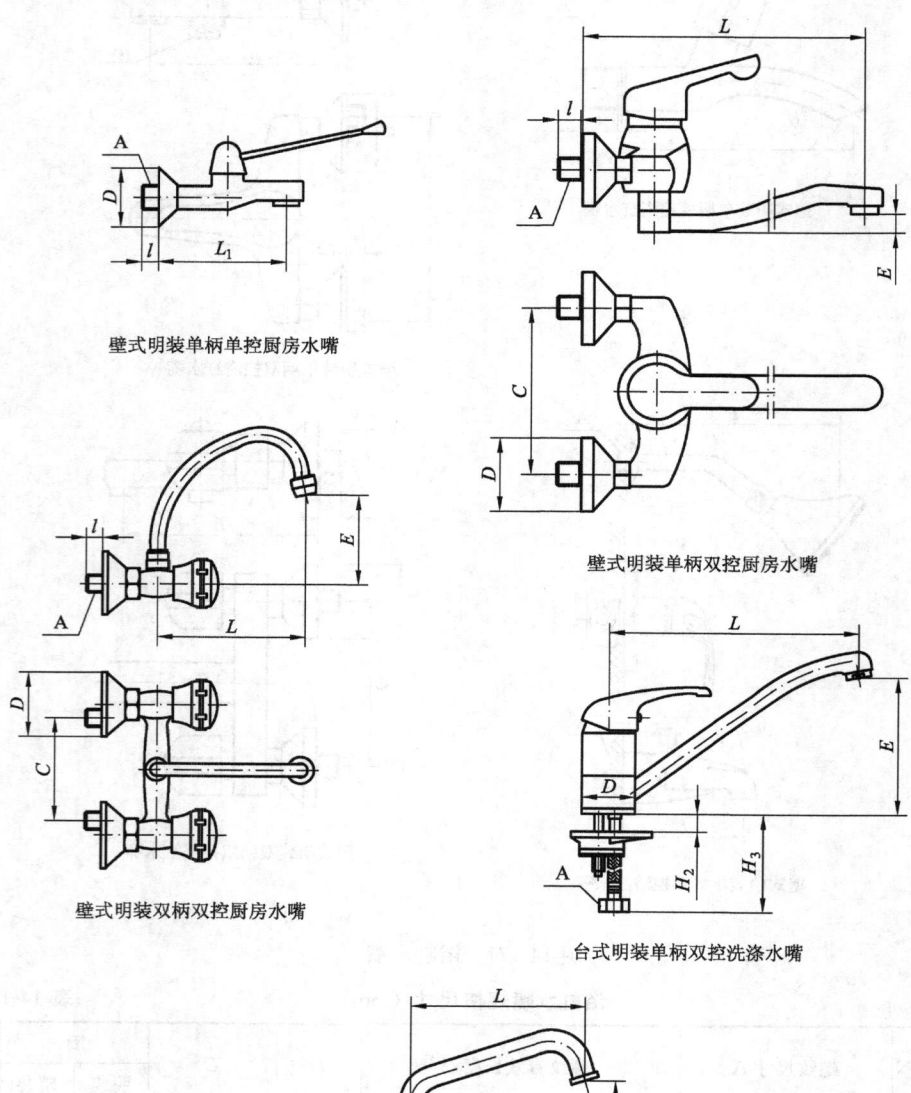

壁式明装单柄单控厨房水嘴

壁式明装单柄双控厨房水嘴

壁式明装双柄双控厨房水嘴

台式明装单柄双控洗涤水嘴

台式明装双柄双控厨房水嘴

图 14-172　厨房水嘴

厨房水嘴规格尺寸（mm） 表 14-162

公称尺寸 DN	螺纹尺寸 A	l	D	C		L	L_1	H	H_1	H_2	H_3	E
				台式	壁式							
15	G1/2B	≥13	≥45	102±1 152±1 204±1	140～160	≥170	≥100	≥48	≤8	≥35	≥350	≥25

5. 净身水嘴（QB/T 1334—2013）

净身水嘴装在洗涤器上，用以开关冷、热水，适用于公称压力不大于 1.0MPa，供水温度 5℃～90℃条件下使用。

明装净身水嘴的结构尺寸符合图 14-173 和表 14-163 的规定。

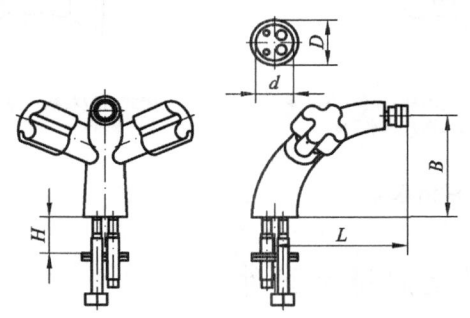
台式明装双柄双控净身水嘴

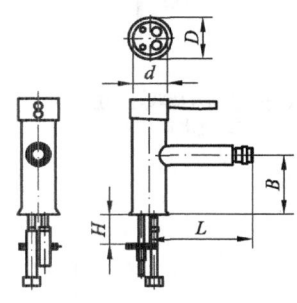
台式明装单柄双控净身水嘴

图 14-173 净身水嘴

净身水嘴规格尺寸（mm） 表 14-163

L	B	D	d	H
≥105	≥70	≥40	≤33	≥35

6. 淋浴水嘴（QB/T 1334—2013）

淋浴水嘴用于公共浴室或各类卫生间作淋浴之水源开关，适用于公称压力不大于 1.0MPa，供水温度 5℃～90℃条件下使用。

淋浴水嘴的结构尺寸符合图 14-174 和表 14-164 的规定。

淋浴水嘴规格尺寸（mm） 表 14-164

公称尺寸 DN	螺纹尺寸 A	螺纹有效长度 l			L	B	C	D	E
15	G1/2B 或 $R_1$1/2 或 $R_2$1/2	≥10			≥300	≥1000	140～160	≥45	≥95
20	G3/4B 或 $R_1$3/4 或 $R_2$3/4	混合	非混合						
			圆柱螺纹	圆锥螺纹					
		≥15	≥12	≥12.7					

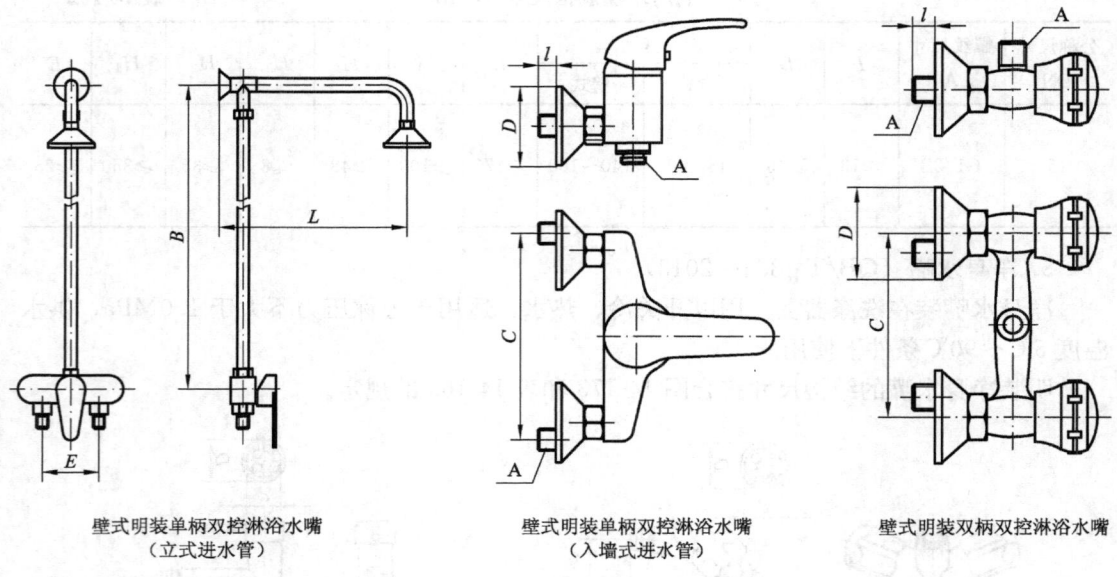

| 壁式明装单柄双控淋浴水嘴 | 壁式明装单柄双控淋浴水嘴 | 壁式明装双柄双控淋浴水嘴 |
| (立式进水管) | (入墙式进水管) | |

图 14-174　淋浴水嘴

十二、地漏及卫生间排水配件

1. 地漏（GB/T 27710—2011）

地漏是接纳并传输地面积水至排水系统的装置。

地漏的分类见表 14-165。地漏的基本构造示意图见图 14-175～图 14-185。

地漏的分类　　　　　　　　　　　　　　　　　　　　　　　　　　　　表 14-165

分　类		代号	说　　明
按密封形式分	水封地漏	S	充水后在其内部形成水封的地漏
	机械密封地漏	J	依靠机械构造来达到密封功能的地漏
	混合密封地漏	H	兼有机械密封和水封式密封功能的地漏
按使用功能或安装形式分	直通式地漏	ZT	没有任何阻止排水管道内气体返溢构造的地漏
	侧墙式地漏	CQ	算子为垂直方向安装且具有侧向接纳并排除地面积水功能的地漏
	密闭式地漏	MB	带有排水时可打开、不需排水时可密闭的盖板的地漏
	带网框式地漏	WK	带有可拦截杂物并可取出清洁的网框的地漏
	防溢式地漏	FY	具有防止废水在排放时冒溢出地面，同时兼可防止排水管道系统中的废水返溢至地面功能的地漏
	多通道式地漏	DT	具有多个入水通道，既能接纳地面排水，又可接纳多个器具排水的地漏
	直埋式地漏	ZM	安装在垫层且排出管不穿越楼层的地漏

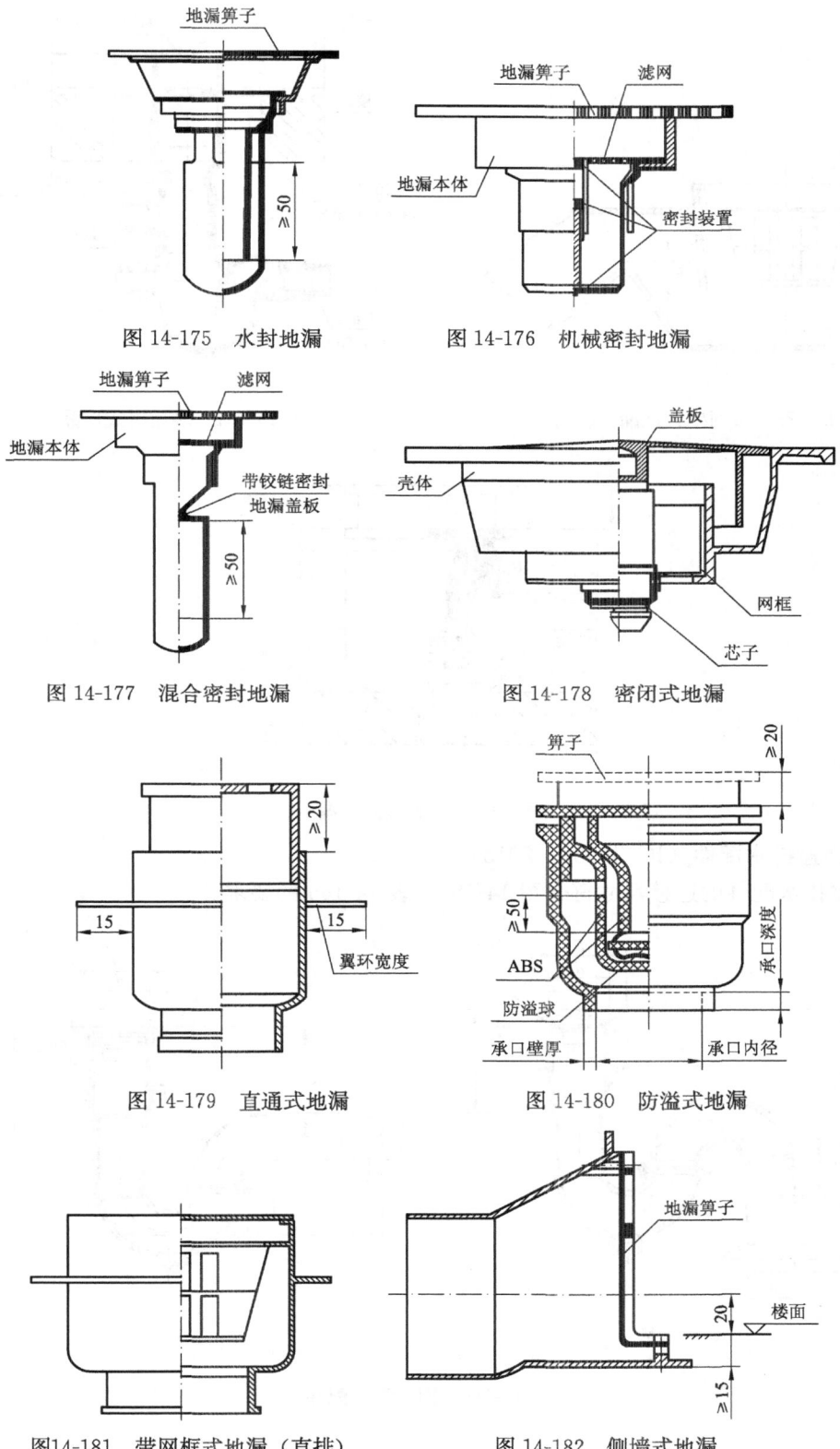

图 14-175　水封地漏

图 14-176　机械密封地漏

图 14-177　混合密封地漏

图 14-178　密闭式地漏

图 14-179　直通式地漏

图 14-180　防溢式地漏

图14-181　带网框式地漏（直排）

图 14-182　侧墙式地漏

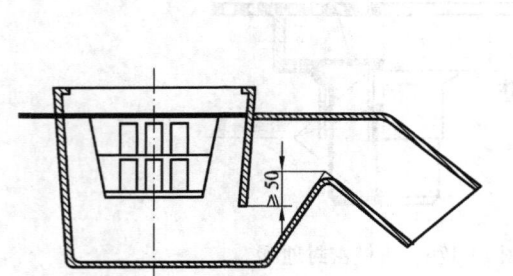

图 14-183 带网框式地漏（横向式）

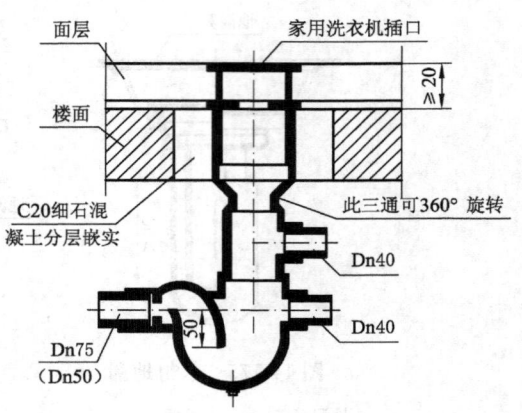

图 14-184 多通道式地漏

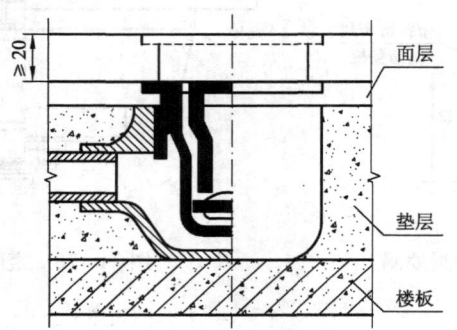

图 14-185 直埋式地漏

2. 面盆排水配件（JC/T 932—2013）

面盆排水配件的连接尺寸符合图 14-186、表 14-166 的要求。

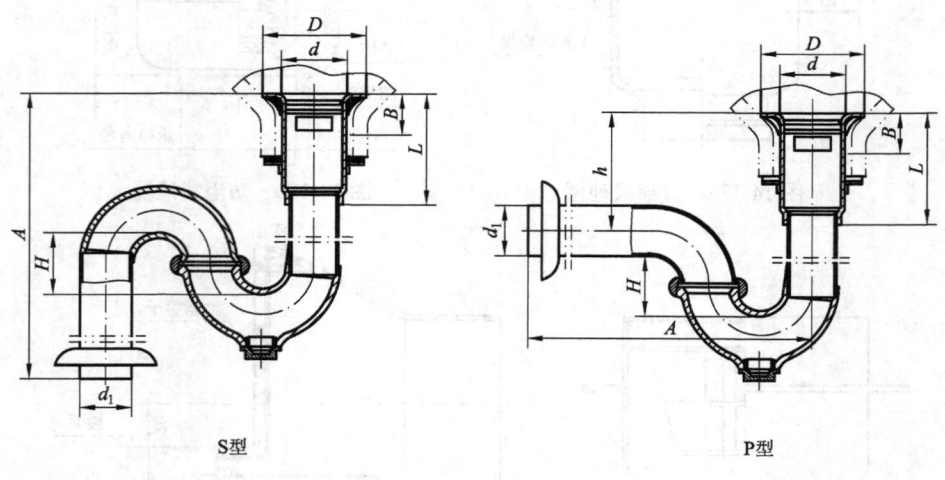

S型　　　　　　　　　　　　　　P型

图 14-186 面盆排水配件

面盆排水配件连接尺寸（mm）　　　　　　　**表 14-166**

名称	安装长度	溢流口位置	法兰外径	排水配件内经	有效工作长度	水封深度	出口尺寸	垂直安装距离
代号	A	B	D	d	L	H	d_1	h
尺寸	150～250（P型） ≥550（S型）	≤35	$\phi58～\phi65$	$\phi32～\phi45$	≥65	≥50	$\phi30～\phi32$	120～200

3. 浴盆排水配件（JC/T 932—2013）

浴盆排水配件的连接尺寸符合图 14-187、表 14-167 的要求。

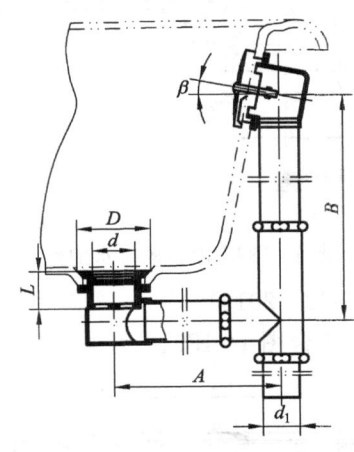

图 14-187　浴盆排水配件

浴盆排水配件连接尺寸（mm）　　　　　　　**表 14-167**

名称	安装长度	溢流距离	法兰外径	排水配件内经	出口尺寸	有效工作长度	倾角
代号	A	B	D	d	d_1	L	b
尺寸	150～350	250～400	$\phi60～\phi70$	≤50	$\phi30～\phi50$	≥30	10°

4. 净身器排水配件（JC/T 932—2013）

净身器排水配件本体部分的连接尺寸符合图 14-188、表 14-168 的要求。

净身器排水配件连接尺寸（mm）　　　　　　　**表 14-168**

名称	安装长度	溢流距离	有效工作长度	法兰外径	排水配件内经	出口尺寸
代号	A	B	L	D	d	d_1
尺寸	≥200	≤35	≥90	$\phi58～\phi65$	$\phi32～\phi45$	$\phi30～\phi32$

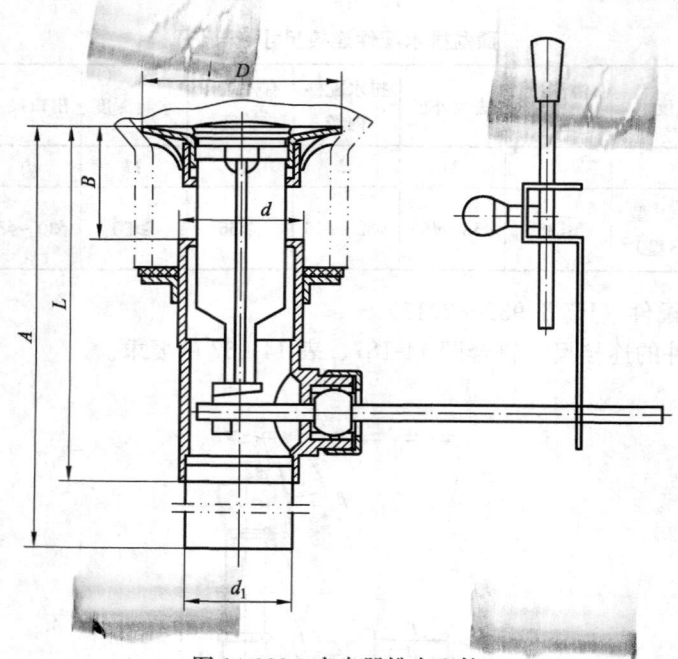

图 14-188　净身器排水配件

5. 洗涤槽排水配件（JC/T 932—2013）

洗涤槽排水配件的连接尺寸符合图 14-189、表 14-169 的要求。

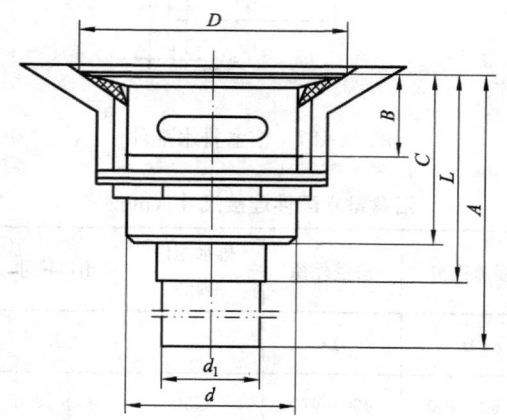

图 14-189　洗涤槽排水配件

洗涤槽排水配件连接尺寸（mm）　　　　表 14-169

名称	安装长度	溢流距离	螺纹长度	承口深度	法兰外径	配件出口尺寸	出口尺寸
代号	A	B	C	L	D	d	d_1
尺寸	≥180	≤35	≥55	≥55	$\phi80\sim\phi95$	$\phi52\sim\phi64$	$\phi30\sim\phi38$

主 要 参 考 文 献

[1] 孔凌嘉主编. 新五金手册. 北京：中国建筑工业出版社，2010.

[2] 张士炯主编. 新型五金手册(第二版). 北京：中国建筑工业出版社，2001.

[3] 祝燮全主编. 实用五金手册(第七版). 上海：上海科学技术出版社，2006.

[4] 朱华东，吕超主编. 实用五金手册. 北京：中国标准出版社，2006.

[5] 李维荣主编. 五金手册(第2版). 北京：机械工业出版社，2007.

[6] 廖灿戊主编. 五金手册. 北京：化学工业出版社，2005.

[7] 陈增强等主编. 实用五金手册. 广州：广东科技出版社，2004.

[8] 毛谦德，李振清主编. 袖珍机械设计师手册. 第3版. 北京：机械工业出版社，2007.

[9] 机械设计手册编委会. 机械设计手册(新版). 北京：机械工业出版社，2004.

[10] 《中国机械设计大典编委会》编. 中国机械设计大典. 南昌：江西科学技术出版社，2002.

[11] 成大先主编. 机械设计手册. 北京：化学工业出版社，2002.

[12] 曾正明主编. 机械工程材料手册：金属材料. 第6版. 北京：机械工业出版社，2003.

[13] 贾耀卿主编. 常用金属材料手册. 北京：中国标准出版社，2007.

[14] 曾正明主编. 实用有色金属材料手册. 北京：机械工业出版社，2008.

[15] 王静主编. 有色金属材料手册. 北京：中国标准出版社，2007.